国家出版基金项目
NATIONAL PUBLICATION FOUNDATION

"十三五"国家重点出版物出版规划项目

国家社科基金重大招标项目成果（批准号：12&ZD111）

20世纪中国美学史

第一卷 现代中国美学的开端

A History of Chinese Aesthetics in the 20th Century

主　编　高建平

本卷主编　吴泽泉

编写者　张建军　蒋　磊　杨　冰　张　华　杨和平　吴泽泉

江苏凤凰教育出版社
Phoenix Education Publishing, Ltd

图书在版编目(CIP)数据

20世纪中国美学史.四卷本/高建平主编.--南京:江苏凤凰教育出版社,2024.1(2025.10重印)

ISBN 978-7-5743-0801-5

Ⅰ.①2… Ⅱ.①高… Ⅲ.①美学史—中国—20世纪 Ⅳ.①B83-092

中国版本图书馆CIP数据核字(2024)第013889号

书　　名 20世纪中国美学史(四卷本)
主　　编 高建平
分卷主编 吴泽泉　杨向荣　丁国旗　张　冰
策 划 人 王瑞书　章俊弟
责任编辑 周敬芝　吴文昊　王建军　王　岚
装帧设计 夏晓烨
责任监制 石贤权
出版发行 江苏凤凰教育出版社(南京市湖南路1号A楼　邮编210009)
苏教网址 http://www.1088.com.cn
照　　排 江苏凤凰制版有限公司
印　　刷 南京爱德印刷有限公司(电话:025-57928000)
厂　　址 南京市江宁区东善桥秣周中路99号(邮编211153)
开　　本 787毫米×1092毫米　1/16
印　　张 105.25
版　　次 2024年1月第1版
印　　次 2025年10月第2次印刷
书　　号 ISBN 978-7-5743-0801-5
定　　价 600.00元
网店地址 http://jsfhjycbs.tmall.com
公 众 号 苏教服务(微信号:jsfhjyfw)
邮购电话 025-85406265,025-85400774
盗版举报 025-83658579

书写既是现代的，又是中国的美学史

——《20 世纪中国美学史》总序

高建平

历经十年，这套共四卷，150 万字的《20 世纪中国美学史》终于问世了，希望它对中国美学的建设，对当代中国美学在世界上的传播，都能起一些作用。

在中国，目前已经有了多种《中国美学史》著作。这些著作大都以中国古代美学为研究对象，论述的时间限于从先秦到清代。中国古代确实有着丰富的美学思想，这是宝贵的思想文化遗产，当然应该很好地总结。但是，“美学”(Aesthetics)这个名称在欧洲 18 世纪中叶才出现，由鲍姆加登提出，并在 18 世纪末由康德建立完整的美学体系。到了 19 世纪，逐渐在欧洲各国得到通行。19 世纪后期，流传到中国和日本，并在 19 世纪末，正式确定以“美学”这两个汉字来翻译这个学科的名称。

从这个意义上讲，“美学”是一门外来的学问，于 20 世纪初年在中国建立起来。在为朱光潜的《文艺心理学》一书所写的序言中，朱自清写道：“美学大约还得算是年轻的学问……据我所知，我们现有的几部关于艺术或美学的书，大抵以日文书为底本；往往薄得可怜，用语行文又太将就原作，像是西洋人说中国话，总不能够让我们十二分听进去。”[①]这准确地反映了当时人对这门学科的感受。他的意思是说，美学是外来的，引进中国的时间还不长，朱光潜在将美学中国化方面做得很成功。朱光潜在《西方美学史》一书中也指出，自从鲍姆加登正式用“埃斯特惕卡”来称呼他的研究感性认识的一部专著，“美学作为一门新的独立的科学就呱呱下地了”。[②]为了解释美学从鲍姆加登开始，而他的《西方美学史》却从古希腊写起的矛盾，朱光潜在晚年所写的《美学拾穗集》中指出，在鲍姆

① 朱光潜：《朱光潜美学文集》第 1 卷，上海文艺出版社 1982 年版，第 326 页。
② 朱光潜：《西方美学史》上卷，人民文学出版社 1979 年版，第 297 页。

加登以前，欧洲只有“美学思想”，而只有到了鲍姆加登，才出现了美学。[①]

在一篇讨论“美学”起源的文章中，我曾试图说明，现代美学的一些核心概念是18世纪在欧洲陆续出现的。其中维柯、夏夫茨伯里、哈奇生、休谟、博克、巴托、鲍姆加登等众多的美学家都对此作出了贡献，他们分别提出了一些重要的概念，对美、美感和艺术进行解释，而最后在康德的《判断力批判》一书中，将这些概念综合成为一个整体。[②] 在康德以后，19世纪的德国、法国、英国和意大利，以及其他一些国家，出现了丰富多彩的美学学说，使这个学科得到了确立，同时，艺术中的浪漫主义运动，推动了美学学术的发展，形成了这个学科的研究与艺术实践之间的紧密联系。

与此相似，在中国也可以区分“美学思想”与“美学”。“美学思想”是从先秦哲学兴起以后就有的古代中国人对美和艺术的反思成果。我们在《左传》《论语》，在《老子》《庄子》，甚至在《尚书》《诗经》《周易》中，都发现了非常精彩的美学思想，这是中国美学的宝贵财富，滋养着现代美学的成长。然而，现代意义上的美学，在“美学”这个名称引入中国以后，才开始建立。“美学”与许多学科一样，有名称与没有名称，是大不一样的。有了名称，就可以循名求实，形成相关的观念，建立相关的研究机构，在一些研究性的大学里，设立专门课程和教职，从事相应的教学和研究工作。“美学”这个名称，从19世纪之末至20世纪之初被引进中国，现代意义上的美学也从此开始了建立和发展的历程。

20世纪的中国美学，经历了一个世纪的风云激荡，从草创到论争，到重要观点的形成，再到20世纪后半叶的几起几落，有着丰富的历史内容和跌宕起伏的故事，也有着深刻的哲学洞见。但对此，外国人看不上，我们自己也没有自信，长期以来，一直没有得到很好的总结。

大约十年前，一位波兰学者克里斯蒂纳·维尔考茨维斯卡（Krystyna Wilkoszewska）给我写信，并发来一份英文《中国美学选集》的目录，她计划要据此编一本波兰文本的书，要征求我的意见。克里斯蒂纳是老朋友了，多次参加世界美学大会，而2013年的第19届世界美学大会就是由她和她所领导的团队承办。波兰也是一个美学大国，出现过像罗曼·茵加登（Roman Ingarden）、斯特

① 朱光潜：《美学拾穗集》，百花文艺出版社1980年版，第8页。
② 参见高建平：《“美学”的起源》，《外国美学》第19辑，江苏教育出版社2009年版，第1—23页。

凡·莫拉夫斯基(Stefan Morawski)、瓦迪斯瓦夫·塔塔尔凯维奇(Władysław Tatarkiewicz)这样一些著名的美学家。波兰年轻一代美学家的研究也很有成就，在学术上很活跃。克里斯蒂纳在主持一个身体美学研究所，还曾送我一本《物的美学》的书，内容很有价值。不过，她所提供的这个中国美学目录，却很令人失望。这份目录所收录的还是从孔子美学到清代诗论、画论的路子，根本没有 20 世纪中国美学。我当即给她回信，说 20 世纪中国也是有美学的，这样的一份目录很不全面。也许可以说，她只选了中国的美学前的美学，而美学学科在中国建立以后，出现了许多重要的美学家，提供了丰富的文本，其中有许多可选的内容。她没有回信，没有对我的信表示态度。后来听说成书了，我的意见没有被采纳。我想，她不是不想采纳，而是做不到，没有会汉语、懂当代中国美学的波兰学者参加她的团队，她能怎么办？整个西方美学界都缺乏对 20 世纪中国美学的基本了解，她也只好从俗从众。

对许多西方学者来说，中国就意味着古代的中国，中国美学就是中国古代美学。有一个流行的公式，西方等于现代，而中国等于古代。同样的公式，也适用于其他一些有着古代文明的国家，如印度、伊斯兰国家、日本。在这些国家里，研究者从事两种美学的研究，一是西方美学，一是自身的传统美学。这些国家中的现代形态的美学，却很难被认可。其实，在这些国家中，都出现了西方美学的地方化与古代美学的现代化，并且也各有其成就。然而，这一类的成果却不能受到关注。

在西方文化的强势影响下，一些中国学者也在做积极的配合工作。他们不承认 20 世纪中国美学的创造性，不承认在中国现当代美学之中，虽然受到西方美学的影响，却已经有了中国人的创造，也不承认中国古代的美学思想在融合进当代生活之时，已经有了现代人所作的转化，并将之放进了当代的美学理论框架之中。面对这种现象，当代美学界有很多争论。一种不同于西方，又不同于古代中国的现代中国美学是否存在，成为讨论的焦点。我们需要做的，就是去进行研究，在一个国际对话的语境中，将 20 世纪中国美学的创新成果总结出来。这才是有效的学问之道。

当然，我对这段历史的反思和写作，并不是从克里斯蒂纳的信开始的。1995 年，我去芬兰的南部小城拉赫蒂参加了第 13 届世界美学大会。当时我提交的论文是《论“美学大讨论”对“美学热”的影响》。文章的目的，首先是向西方学界介绍中国当代美学的盛况，说明当代的中国不仅有美学，而且有许多人对美学作了深入的研究。同时，这篇文章也是为了在众多的人都对 50 年代中国学术持贬斥的态度时，讨论“美学大讨论”，说明这种讨论中仍具有学术因素，并且它对此后的“美学热”在学科兴趣、学术风气和研究人才方面都有积极意义。此文后来发表在波兰的一家名为《对话与普遍主义》（*Dialogue and Universalism*）杂志上。①

那一段时间我所发表的文章，大都围绕着中国古典美学和艺术，但我的兴趣点却一直围绕在古代美学思想的现代意义这个命题上。2002 年，我在北京主持了一个国际美学会议。邀请了包括当时的国际美学协会会长、副会长、秘书长，以及多国美学学会负责人和一些重要美学家参加。在这次会议上，我提出了一个观点，20 世纪中国美学，经历了一个从“美学在中国”到“中国美学”的过程。也就是说，现代形态的美学，是在 20 世纪之初引进的，中国学者在引进的过程中，逐渐吸收古代的资源，面向当时的中国社会、政治，以及艺术的实际，形成了现代形态的中国美学。② 此后，我写了其他一些文章，例如，在一篇文章中提出“复数的世界文学”的观点，认为歌德和马克思、恩格斯所提出的世界文学概念是单数的。歌德的世界文学是以希腊罗马的文学为典范，再扩大视野，将各国的文学包括进来。我们也可以有这样的世界文学观，以《诗经》《楚辞》，唐诗、宋词为典范，再扩大视野，关心各国的文学。这样一来，不是只有一个世界文学，世界文学是各民族和文化之间相互看。而马克思、恩格斯是在肯定资产阶级在历史上的积极作用的语境下提出“世界的文学”的。他们无意将“世界的文学”看成是需要努力来实现的理想，也无意抹去文学的民族性。③实际上，世界各个民族都可以有属于自身的文学，也有自己的现代学术。后来，我还写过一篇文章，《“形象思维”的发展、终结与变容》，提出“形象思维”的讨论与中国的“美学大讨论”和“美学热”都有极其密切的关系。“美学大讨论”的话题是从“美的本质”转向“形象思维”，而“美学热”的话题是从“形象思维”转向“美学热”。

---

① Gao Jianping, “The ‘Aesthetics Craze’ in China: Its Cause and Significance”, A paper presented to the XIIIth International Congress of Aesthetics, Lahti, Finland in 1995, and was published in *Dialogue and Universalism* (Warsaw University, Poland) Vol. VII, No. 3－4/1997.

② 高建平：《什么是中国美学？》，见高建平、王柯平编：《美学与文化·东方与西方》，安徽教育出版社 2006 年版，第 25—42 页。

③ 高建平：《论文学艺术评价的文化性与国际性》，《文学评论》2002 年第 2 期。

其中还提出，围绕着“形象思维”的讨论，可以看出，中国学术界对艺术的本质的看法，经历了“艺术是认识”（无需“形象思维”），“艺术是一种特殊的认识”（因此需要“形象思维”），“艺术不是认识”（“形象思维”观过时，只被当成一种比喻），再到“艺术还是一种认识”（因此，出现“形象思维”观的新形态，即“变容”，也即认为艺术是通过符号来把握现实）。[①] 近年来，讨论艺术的进步与终结，讨论艺术的边界，讨论理论的理论品格与接地性，讨论美学与城市和乡村的关系，讨论美学与生态和环境关系等方面的文章，都是围绕着中国美学的现代发展所进行的思考。

本书有一个基本的看法，即 20 世纪中国美学，是 20 世纪中国历史的一部分，应该联系社会、政治和生活的实际来进行研究。根据这一理解，本书按照历史发展的线索，将这一个世纪分成了四段，形成了这一套四卷本的著作。

第一卷的主题是“现代中国美学的开端”，研究从 20 世纪初到 1919 年五四运动前后，美学作为一门现代学科如何被引入中国，并在中国形成第一批研究成果的情况。在这一部分，对世纪之初中国文化学术界的状况、美学的发展脉络进行描述，并对众多的早期美学研究者进行概括性扫描。同时，设立专章，对三位在美学上具有代表性的人物，即王国维、梁启超和蔡元培的美学成就进行重点研究，论述他们的美学观点以及他们对美学这个学科在中国建立所起的重要作用。这一卷还研究世纪之初的中外文化交流，特别是留日学生群体对外国美学的翻译、介绍和研究工作，以及《新青年》和其他一些杂志对现代中国美学的推动。这是一个中国现代美学的草创时期，缺乏系统的美学专著，但这一时期的一些散见的文章和零碎的材料却特别珍贵，它们对此后美学的发展，产生了深远的影响。

第二卷的主题是“现代中国美学的论争与建构”，研究从 20 世纪 20 年代到 1949 年美学在中国的发展。这其中分三个主要线索：(1) 中国对欧美主流美学的接受及其结合中国实际所进行的自主创新，包括朱光潜、宗白华等人对中国美学发展所作出的贡献，同时，也研究一些文学家和艺术研究者在研究中所体现的美学思想。(2) “艺术为人生”的审美观及其发展。重点研究从梁启超开始，以陈独秀、鲁迅、周作人等人为代表的强调艺术为社会人生服务的美学观。

---

① 高建平：《“形象思维”的发展、终结与变容》，《社会科学战线》2010 年第 1 期。

(3) 马克思主义美学的中国化及其发展,其中包括马克思主义美学的早期翻译介绍,左翼作家和艺术家群的创作,瞿秋白、周扬等人对俄苏美学的接受,蔡仪从日本学习,并加以发展的马克思主义美学,以及在 20 世纪 40 年代所写的一些美学专著,在这部分,还专辟章节讨论毛泽东《在延安文艺座谈会上的讲话》在美学上的影响。

第三卷研究 20 世纪 50 年代至 70 年代"文革"后期中国美学所经历的种种复杂情况。其中包括这样几个方面:(1) 中华人民共和国成立后文化界出现几次文学批判运动的历史原因与发展状况,包括对电影《武训传》的"讨论",对"《红楼梦》研究"的批判,对"胡风集团"的批判,文艺界的"反右"斗争等;(2)"美学大讨论"的文化与意识形态成因,以及主观派、客观派、主客统一派等各派论战的主要内容,梳理蔡仪与李泽厚两种不同客观论的异同之处,并讨论朱光潜主客观统一论的基本特点;(3) 梳理"左倾"文艺思潮的基本状况,划清"左翼"与"左倾"的界限,批判极"左"思潮,特别是试图在过去已有的对"文革"进行政治批判的基础上,从美学的角度对当时的文艺理论进行批判。

第四卷研究从 1978 年"美学热"的兴起,到世纪末的美学的复兴。其中主要包括这样几个方面:(1) 改革开放的大潮与美学在思想意识形态变革中所起的作用;(2) 20 世纪 50 年代的各派美学在新时期的进一步深化和体系化;(3) 美学的翻译运动推动了人文社会科学的革新;(4) 中国古代美学研究的兴起及其对"中国性"寻找和继承的意义;(5) 美学研究向各个艺术门类发展,形成了各种部门美学;(6) 文化研究热对美学的冲击,以及刺激和推动作用;(7) 美学的复兴及其相伴的人文社会科学和文学艺术理论的复兴。这是思想解放的二十年,也是学术大发展、大繁荣的二十年。经过二十年的发展,无论在美学理论,还是在西方美学和中国古代美学研究方面,都积累了丰硕的成果。

近年来,学术界转向现当代中国美学,出现了不少著作。例如,聂振斌等五人共同写作的《思辨的想象:20 世纪中国美学主题史》,分成五个专题,对百年中国美学按照专题进行研究。张法的《美学的中国话语:中国美学研究中的三大主题》,以美学原理、中国美学史、比较美学这三大话语为纲,对近年来美学研究的发展,进行了理论探讨。这些著作对本书的写作,有重要的启发。除了这几部著作以外,近年来,还出现了一些研究某一时期或美学发展的某一阶段的著作,以及研究某些重要美学家个人的专著,如研究梁启超、王国维、蔡元培、朱光潜、蔡仪、李泽厚、蒋孔阳等人的专人或专题著作。这些阶段史和对个人进行研究的专著对本书的研究有很大的帮助。

本书与以上所提到的著作相比，具有以下几个特色。

（一）全面而系统地描述和研究百年中国美学史，把时间的区隔与主题的分野结合起来。一个历史时期有一个历史时期的特点，有属于这个时期的中心话题。但同时，不同时期的美学研究课题，又有着一定的连续性。本书在研究过程中，努力处理好这种时代的独特性与历史继承性之间的关系，将不同话题的交替与承续在一部长时段的历史描绘中作恰当的处理，使之既显示时代的特色，也呈现历史的整体性。例如，20 世纪初的王国维美学，与 30 年代以后的朱光潜和宗白华的美学之间，有着承续的关系。20 年代以后的左翼美学，与 50 年代以后的新中国美学，也有着承续的关系。一些讨论，例如"形象思维"的讨论，在一个漫长的历史时期，从 30 年代至 50 年代，再到 70 年代末 80 年代初，一直在持续，却在不同的时代有着不同的特色，被赋予不同的内涵。还有，一些重要的人物，例如朱光潜和蔡仪，出现在不同的历史时期，在这一四卷本的历史著作中的第二、第三和第四卷中，都分别作为重要人物出现，李泽厚这位重要的美学家也出现在第三卷和第四卷中。他们的观点有前后一致性，也随着时代变化而变化。因此，本课题的研究，以其巨大的容量，既将一些学者和学术观点放在具体的历史时期中考察，也看到这些学者和一些重要的美学概念在跨越不同历史时期时所具有的连续性。

（二）本书的一个重要的着眼点，是以史带论。过去的美学史写作，有一种普遍流行的倾向，即"纯思想线索"。朱光潜先生在写作《西方美学史》时就已经指出过这一点，并表示应该克服这种"纯思想线索"，认为"纯思想线索"是"唯心史观"的一种表现。[①] 本书在设计时，就有这样的计划，要依靠集体的力量，克服"纯思想线索"，对一些重要美学观点、概念，以及人物进行历史的还原，将美学话题的提出，美学争论的出现，以及美学观念被接受并得以流行的原因，追溯到时代和社会的状况，追溯到人们的经济和政治生活之中。20 世纪的中国历史波澜壮阔，各个时期都有着其鲜明的特点。现代中国的各种美学的观点，都是从这种大历史上生长出来的。如果不联系历史，美学史就会变成抽象的观念而不

① 朱光潜：《西方美学史》上卷，人民文学出版社 1979 年版，第 21—25 页。

可理解。因此，联系历史来写作美学史，是本书的一个重要特点。

在写作中，特别注意避免两种倾向。一种倾向是，只列举人物和观点，就美学谈美学，把生动活泼的美学史简化为几个人物提出了几种观点，以及围绕着这些观点的抽象争论。为了克服这种倾向，要做到努力讲清楚各种观点和争论的来龙去脉，探索一些重要美学家的学术背景和他们的综合学术立场。另一种倾向是，用几个舶来的观点，对生动活泼、复杂多样的历史进行强行切割。例如，有人将 20 世纪分成两个阶段，一个阶段是“现代”时期，一个阶段是“后现代”时期，此后又有“后后现代”的时期，等等。这种用概念剪裁历史的做法，只能造成对百年美学史的曲解，无助于 20 世纪中国美学的研究。这种研究能够让一些并不了解中国的西方人看到后觉得有趣，从中折射出他们自身观点的影子，从而满足他们的虚荣心，但对客观而真实地理解当代中国美学的历史发展，却是非常有害的。

（三）本书还努力做到结合各个时期的文学和艺术发展的实际来研究美学。美学的研究对象是自然、社会和艺术中的美，在其中，艺术美是美学研究的重要组成部分。正像艺术学的研究不能离开美学一样，美学研究也不能离开艺术。20 世纪中国美学的发展，与艺术学研究始终是联系在一起的。一方面，许多美学研究者，同时也是文学和艺术理论的研究者。另一方面，许多从事具体艺术门类研究的学者，实际上也发展出了各自的门类美学，例如在美术、音乐、舞蹈、戏剧等门类之中，都生长出了属于这些艺术门类的美学思想。一部美学史，应该将之包括进去。在这些门类中，美学起着引领作用。克服“纯思想线索”，也包括要结合艺术发展的实际来研究美学。体现美学从艺术中来，到艺术中去，与艺术密切结合的特点。

（四）结合外国美学的发展，及对外国美学的介绍和引进的情况来研究这一个世纪的美学。中国美学的发展，并不是孤立的，时时受到外国美学的影响，同时，中国美学不是外国美学的简单的复制，而是在选择、接受和发展过程中，与中国人的审美和艺术实践，中国的社会、政治和意识形态的状况，有着密切的关系。

具体说来，在不同的历史时期，对外来思想的接受有着不同的特点。例如，在 20 世纪初年，主要是美学这个学科的介绍、引进。20 年代至 40 年代，当时的各种西方美学思潮进入中国，一些学者结合中国的情况，对之进行消化吸收，并尝试进行中西美学的结合。同时,苏联十月革命的影响,中国社会动乱和战争的环境,文学艺术革命的要求,推动了马克思主义在中国的传播,也带动了马克思主义美学在中国的发展。从50年代到70年代,中国的美学除了受苏联的美学影响之外,对西欧和北美的美学接受较少,与同时代的欧美分析美学的发展距离较远。70年代末和80年代初,在改革开放的大潮下,大量的西方现代美学著作被译介到国内。到了90年代末和世纪之交,中国美学实现了与西方的同步对话。中国美学与外国美学的关系,实际上也是中国美学本身发展程度的一个表现。在20世纪的前期和中期,中国美学界所译介的,主要是康德、席勒、黑格尔等人的德国古典美学著作,对欧洲当代美学的介绍,尽管朱光潜也做了一些工作,但对20世纪前期的欧美美学的翻译,是随着80年代的翻译大潮开始后才出现的。20世纪末对西方美学的新一轮的翻译,则引进了同时代的西方美学。这种翻译工作,更具有对话的性质。因此,从西方美学经典的学习,到结合中国情况对西方美学的有选择的接受,到强调中国主体性,在中国美学的自身发展过程中保持与同时代西方美学的对话关系,中国人在对西方美学的接受中经历了三大步。这是20世纪中国美学发展的一个重要的侧面。

(五)美学作为一门学科在中国的建立,还有一个重要的标志,这就是它进入了大学的课堂之中。因此,研究美学的历史,还要在观念的史之外,研究美学这门学科在大学的开设情况,它与大学美育的关系,以及美学教材的编写和使用情况。本书考察了在不同时期流行的美学教材,并对它们作出了一些评析。大学的分科,美学在学科体系中获得一席位置,以及相关研究岗位的设立,相关研究课题的形成,对于一个学科的发展,具有重要的作用。位置决定思维。这些物质性的设置,与相关学科的精神生产,具有相辅相成的关系。

(六)相对于现有的一些研究专著,本课题在研究中还努力做到,对于20世纪中国美学史上的各家各派的观点持论公允,对其意义和价值进行客观评价。目前对这段历史,特别是对50年代至60年代"美学大讨论",以及80年代初的"美学热",有不少研究文章和著作问世。但许多的当下研究,常常由于自身的种种原因,站在某一家、某一派的立场,对其他各家进行批判。即继续持门派之见,穿越到历史中去,充当其中的一派。这一类的文章,从性质上讲,还是当年的论争的继续。本书的作者们所采取的做法是,不回避各个时期的学术论争,对各派的观点都持"同情地理解"的态度,但与此同时,站在今天美学学术发展的新高度，客观地对这些论争进行分析解剖，在充分肯定其历史意义和当代价值的基础上，指出其不足之处。走出当年的争论，在新世纪有一个新的起点。对 20 世纪的美学，固然要进行一些清理，肯定其历史的价值，吸收其有益的因素，但同时，要说明美学话题的转换与时代发展的关系，以面向审美和艺术的实际，面向世界，面向未来的态度处理这些历史上的争论。当然，一部写到当下的历史，有它的难处。历史需要沉淀，一些纷繁复杂的历史现象，要经过时间过滤才能看清楚。但是，也正是当代的历史，才更有意义。这是一个需要勇气应对挑战的工作，也是一个要以史的考察推动当代研究的工作。

中国美学在当代，迎来了一个复兴和繁荣的机遇。经过一些年的经济发展，人民生活有了很大的改善，也产生了越来越大的对文化生活的需求。繁荣文学艺术，建设美丽中国，都有待于美学的发展。在美学实践轰轰烈烈地展开之时，也就相应地产生了对美学理论的旺盛的需求。当然，这种社会的需求只是为美学的发展准备了条件。美学的建设有待于美学研究者的努力。发展美学研究，以史为鉴，温故而知新，将 20 世纪中国美学研究的成果推向世界，这是我们的使命。

目　录

第四章　蔡元培美学和美育思想

第五章　“新小说”运动与现代美学思想的传播

第六章　留日学生群体的美学与艺术观

第七章　五四新文学与中国现代美学新趋势

导　论

19 世纪末 20 世纪初，特别是 20 世纪初的大约二十年，是现代中国美学的开端。中国古代有关于美及审美的思想学说，却并无现代意义上的系统的美学。现代意义上的中国美学，是 20 世纪初在西方美学的影响下诞生的。20 世纪初的二十年，在现代中国美学发展史上占有重要的地位。现代中国美学的许多重要概念、术语、命题，都在这一时期确立。贯穿整个 20 世纪中国美学的许多重要话题，都在这一时期形成。回顾 20 世纪初中国美学的发展，有以下几个问题值得注意。

一、 世纪初美学的社会历史背景

美学理论、美学思想作为一种社会意识绝不是孤立的，它和同时期的政治、经济、文化、学术等都有密切的关系。现代中国美学在 19、20 世纪之交的中国得以诞生，有其政治、文化、社会的原因与背景。在这些原因与背景中，有一条尤其重要，那就是近代以来中国知识分子努力向西方学习，探索救国道路的时代思潮。正是在向西方学习的背景下，现代意义上的美学在中国生根发芽。一般认为，鸦片战争以来中国人向西方学习经历了三个阶段，第一阶段在器物技术层面向西方学习，第二阶段在制度层面向西方学习，第三阶段在精神文化层面向西方学习。中国美学的诞生，处在第三阶段，是中国人向西方学习的思潮走向深入的结果。洋务运动、戊戌变法失败以后，中国人意识到器物、制度层面的变革不足以救中国，于是开始了在文化、知识、学术方面全面向西方学习的进程，美学在这一时期作为现代西方学术体系的一部分被引入中国。近代中国知识分子引入包括美学在内的现代西方学术，根本的目的是要以之改变中国，挽救中国的命运。

20 世纪初，提倡美学最积极的两个人是王国维与蔡元培。不论是王国维还是蔡元培，之所以不遗余力地提倡美学、输入美学知识，一个重要的原因是他们认定美学有助于人们更好地认清中国的弊病，有助于促进中国人在精神文化层面的觉醒。在《论哲学家与美学家之天职》《文学小言》等文章中，王国维从审美无功利性、艺术独立等现代美学的基本原则出发，批评中国古代哲人与诗人“多政治上之抱负”，不能超越现实功利进行纯粹的精神探求，中国既没有纯粹的哲学、形而上学，也没有纯粹的美术。借助美学，王国维表达了对于中国传统文化的批判性的反思。在《对于新教育之意见》中，蔡元培主张教育不能仅仅满足于“以现世幸福为鹄的”，还要培育受教育者的“超轶现世之观念”，教育者“立于现象世界，而有事于实体世界者也”，而美感的特点是“介乎现象世界与实体世界之间，而为津梁”，因此教育家欲引导受教育者由现象世界到达实体世界，“不可不用美感之教育”。在《以美育代宗教说》中，蔡元培阐述美育的发生原理，认为审美具有普遍性与超越性，这种普遍性与超越性可以帮助人们破除人我之见、利害之念，“纯粹之美育，所以陶养吾人之感情，使有高尚纯洁之习惯，而使人我之见、利己损人之思念，以渐消沮者也”。诸如此类的论述，显然也包含着某种“国民性改造”“文化改造”的意味。对于王国维与蔡元培来说，美学不仅仅是一种时新、有趣的现代学术，更是可以用来思考中国历史与现实的有力的理论工具。

为了挽救民族危亡，中国学人向西方学习，移植包括美学在内的西方现代学术。这种移植，是整体的移植，而非部分的移植。认识这一点，对于我们理解 20 世纪初中国美学的诞生非常重要。美学作为一个学科，不是孤立被引入中国的，而是与其他人文、社会学科一同被引入的。20 世纪初的美学，与同时期其他现代学术门类处于一种共生关系中。美学与其他学术门类特别是哲学、心理学、教育学的关系非常密切，甚至可以说，一开始，美学是寄生在这几门学科身上而进入中国的。20 世纪初，由于现代哲学知识的传播，中国人知道了作为哲学分支的美学的存在，了解到美学在现代学术中的重要地位。桑木严翼著、王国维译的《哲学概论》，以近千字的篇幅介绍了美学自柏拉图、亚里士多德以来的历史，这是汉语世界中关于美学学科历史的最早的详细介绍。教育学与美学的关系，至少表现在两个方面：在关于现代教育制度、学校制度的介绍中，中国人得知“美学”是现代大学中的一门重要教育科目，是与教育学密切相关的一门教育学的“补助学科”；在教育理论、教育方法的论著中，中国人得知美育是现代教育的重要方面。最后，由现代心理学著作，中国人学习到知、情、意与真、美、善三分的方法，知道美学是与人的情感、感性相对应的学问。以上种种，都对世纪初美学概念的传播、美学学科地位的确立起到了推动作用。

二、 世纪初美学的文学艺术背景

与现代中国美学的建立同步，20 世纪初中国文学、艺术也发生了重大的变革。世纪初中国美学的研究者往往具有双重身份，一方面是新的美学思想的传播者，一方面是文学艺术变革的提倡者。梁启超提出“诗界革命”“小说界革命”的口号，主编《新小说》，是新小说界的领袖人物。蔡元培热衷于提倡现代音乐与美术，曾推动国立美术专科学校的建立。王国维在其主编的《教育世界》杂志上刊发了大量小说。其他像徐念慈、黄人、李叔同、欧阳予倩等也都是当时新文艺运动的参与者，这些现象值得注意。世纪初美学不是单纯的理论架构，而是和当时的文学艺术实践结合在一起，二者紧密配合，互相促进。

在本卷第五章“‘新小说’运动与现代美学思想的传播”及第七章“五四新文学与中国现代美学新趋势”中，我们将讨论世纪初文学变革运动与中国现代美学之间的关系问题。从“诗界革命”“小说界革命”到后来的五四新文学运动，在一波接一波的文学变革运动中，有很多文学理论、批评文章问世。这些理论与批评文章从以下两个方面参与了 20 世纪初的美学发展。第一，有些文章直接引用、传播了某些西方美学家的美学理论。比如，徐念慈在《〈小说林〉缘起》中大段引用了黑格尔《美学》中的观点，这是黑格尔美学思想在中国的较早传播。第二，有些文章虽然没有直接引用现代西方美学，但其对文学的地位、性质、功用等问题的论述富有美学的意味，与当时的美学运动形成一种呼应。例如，在 1919 年前后，五四新文学阵营以《新青年》《新潮》《每周评论》等杂志为平台，发表了一大批讨论文学与艺术的文章，以此推动新文学运动的发展。在这些文章中，提出了一些重要的理论问题，如文学为人生的问题，文学为人生与为艺术相统一的问题，文学语言的现代化问题，文学的通俗化、大众化问题，等等。对这些问题的讨论，推动了中国现代美学的进一步发展。以这些讨论为契机，中国现代美学出现了一些新趋势。

在本卷第六章“留日学生群体的美学与艺术观”中，我们关注到早期留日学生关于文学、美术、戏剧等的实践及研讨。留日学生中，专门学艺术的人尽管很少，但热心于艺术，积极推动文学艺术变革的人却很多。留日学生创办的《江苏》《河南》《醒狮》《浙江潮》《游学译编》等刊物上，发表了不少关于美术、音乐、戏剧等的文章。例如，《浙江潮》刊发了《中国音乐改良说》等文章，《醒狮》开辟了“美术”“美术界杂俎”栏目，在这两个栏目中发表了《图画修得法》等讨论绘画的文章。以上这些文艺实践及相关理论思考，虽然大都是关于某一门类艺术的，似乎与纯粹的美学理论研究距离较远，但实际上也有着千丝万缕的关系。首先，在论述某一艺术问题时，有的论者引用了现代美学的观点，或者运用了现代美学的概念、术语。比如，李叔同在《图画修得法》中主张绘画具有审美教育功能，可以养成“锐敏之观察，确实之知识，强健之记忆，著实之想象，健全之判断，高尚之审美心”，“工图画者，其嗜好必高尚，其品性必高洁，凡卑污陋劣之欲望，靡不扫除而淘汰之”。[①] 其次，这些文艺实践及相关理论探讨中，包含着近代国人对于各门类艺术的现代理解——文学为何物，美术为何物，戏剧为何物，各门艺术在整个艺术体系中的地位如何，艺术批评鉴赏的标准为何，等等——这些现代理解构成了美学理论发展的基础。因此，对这些实践及理论文本进行研究，有助于丰富人们对世纪初中国美学的认识。

世纪初中国美学与文学艺术，实际构成一种双向互动关系。一方面，文学艺术领域的变革推动了现代美学理论、美学思想的传播，构成了现代美学发展的背景；另一方面，现代美学的发展，美学理论、美学观点的传播，又促进了文学艺术领域的变革，催生了文学家、艺术家关于艺术的自觉意识。可以说，世纪初中国美学的生成与发展，是建立在当时新文艺运动的坚实基础之上的，没有文学、戏剧、音乐、美术各领域的变革作为基础，世纪初的现代中国美学就成为空中楼阁。

三、比较文化视野中的美学建构

20 世纪初美学学科的建构，是在近代以来西方文化大规模输入中国并与中

① 惜霜:《图画修得法》,《醒狮》第 2 期,醒狮杂志社 1905 年版。

国传统文化剧烈撞击的背景下发生的。近代中国知识分子普遍具有深厚的古典文化素养。在传播西方文化的过程中,他们有一种自觉的中西文化比较意识。这种比较,有时表现为借助西方文化、思想来批判中国传统文化,有时表现为在中西两种文化间进行沟通与融合,以中国文化来补助、改造西方文化。在《文明之消化》《东西文化结合》中,蔡元培表达出这样一种看法:中西文化的接触与交流,其结果不是西方文化取代中国文化,而是两种文化融合,产生一种更高形态的新文化。梁启超在《欧游心影录》中也认为,中国传统文化中有许多宝贵资源,中国学者的责任,在于以西方的方法来对其研究、整理,然后将其贡献给全世界,使全世界的人都得到益处。这样一种中西文化比较、融合的思维,在美学领域也有表现。在建构中国美学的过程中,中国学者同时面对中西两方面的学术思想资源,从一开始,中国学者就试图在中西比较、融汇的视野中建构中国美学。

蔡元培在阐述其美育主张时,一方面介绍西方美育思想,一方面追溯中国古老的诗教与乐教传统。这种追溯,并非简单地"以中证西",即以中国材料证明西方观点,它同时也是"以中化西",即以中国的资源来改造西方理论,使其中国化。经蔡元培阐述过的美育理论,其形而上学色彩大大减弱,而中国式的伦理道德意味却大大加强。西方现代美育理论的代表人物,是德国人弗里德里希·席勒。在席勒看来,审美的首要职责在于实现人性的健全发展,审美并不直接带来人的道德提升或知识增长,"美既不给知性也不给意志提供任何结果,美也既不干预思维也不干预决断的事务,美只是给两者提供能力"①。而在蔡元培看来,审美的重要性恰恰在于它能够直接提升人的道德,养成人的高尚优美的情操。蔡元培一再强调,美育的目标是"提起一种超越利害的兴趣,融合一种画分人我的僻见,保持一种永久平和的心境"②,审美有助于克服自私狭隘的观念,有助于弥补国人在道德方面的缺陷。这样一种美育理论,显然不是对于西方理论的照搬,而是基于中国传统的再创造。

王国维的"境界"说,更明显地表现出要沟通、调合中西美学与艺术的意图。"境界"说的论述对象、论述方式、概念术语基本上是中国的,但实际上西方美学

---

① [德]席勒:《审美教育书简》,张玉能译,译林出版社 2009 年版,第 71 页。

② 蔡元培:《文化运动不要忘了美育》,《蔡元培全集》第 3 卷,高平叔编,中华书局 1984 年版,第 361 页。"画分人我"的"画"是蔡氏当时的用字习惯。

的影响已融化于其中。至少，在“词人者不失其赤子之心者也”的命题中我们能看到尼采的影子，而“以我观物”“以物观物”“遗其关系限制”的表述与叔本华的审美直观说也若合符契。“境界”说是中西美学思想融合的产物，单纯地将其视为某种西方概念的转译，或单纯地将其放在传统诗学思想的脉络中来理解，都是失于偏颇的。这一融合与创造是否成功，现在看还有争议。有的学者认为，“境界”说对中国古典诗歌具有强大的阐释力，“境界”说的出现，真的对古典诗歌艺术起到了“探其本”的作用。① 但也有学者认为，“境界”说是西方美学与中国传统美学与艺术的不甚成功的嫁接，“境界”说的意义与价值不宜夸大。特别是最近十余年来，对“境界”说的质疑与批评越来越尖锐。例如，罗钢在关于《人间词话》的系列研究中认为，虽然“境界”说的概念与表述方式是中国的，但实际上其理论内核完全是西方的，“境界”说实际是德国美学的中国变体，王国维试图以“境界”说与中国传统诗学达成认同，这一目的注定不能达到，因为中国传统诗学与西方美学是两种异质的存在。② 这一观点引起了热烈的讨论，学界出现了各种不同的观点。但是不管怎样，可以肯定的是，“境界”说表达了王国维在中西美学与艺术间力求融合、创新的立场。

四、世纪初美学主潮

从思潮、流派的角度把握美学史的话，会发现 20 世纪初中国美学有这样两个主潮：一是王国维代表的“超功利美学”，一是梁启超代表的所谓“功利主义美学”。

功利主义美学的特点是强调文艺和审美的社会功能，主张文艺服务于社会。在《论小说与群治之关系》中，梁启超主张小说关乎民族国家的兴衰，小说家应自觉以优秀作品鼓舞国民，推动社会进步，“欲新一国之民，不可不先新一国之小说”，“欲新道德，必新小说。欲新宗教，必新小说。欲新政治，必新小说。欲新风俗，必新小说。欲新学艺，必新小说”。在《饮冰室诗话》中，他表彰“能熔

① 叶嘉莹：《王国维及其文学批评》，河北教育出版社 1997 年版，第 297 页。

② 罗钢：《意境说是德国美学的中国变体》，《南京大学学报》（哲学・人文科学・社会科学）2011 年第 5 期，以及《“把中国的还给中国”——“隔与不隔”与“赋、比、兴”的一种对位阅读》，《文艺理论研究》2013 年第 2 期。

铸新理想以入旧风格”的诗人。所谓“新理想”，即爱国、民主、科学等思想，诗人应将爱国、民主、科学等思想融入诗歌作品，以启发国民，开通风气。文学之外，梁启超还注意到音乐、戏剧等艺术门类。他认为音乐可以伸民气、振精神、益教育，他说：“甚矣，声音之道感人深矣”，“欲改造国民之品质，则诗歌音乐为精神教育之一要件”。无论讨论何种艺术，梁启超均贯彻功利主义原则，强调其应有益于社会，有益于国家、民族。梁启超功利主义美学思想在近代产生了重大的影响，得到了诸多的响应。可以说，整个近代美学、文艺批评中，都弥漫着功利主义的气息。

与功利主义强调艺术的社会功用不同，超功利主义美学否定文艺的直接社会功用，强调审美活动的独立性与超越性。在《叔本华之哲学及其教育学说》《叔本华与尼采》《红楼梦评论》等文章中，王国维主要依据叔本华的哲学与美学理论，阐述了自己的超功利主义美学思想。他指出，人生的根本是欲望，以欲望之眼观世界，世界万物无往而不与利害相关，唯有在审美与艺术活动中，人暂时地摆脱与世界的利害关系：“唯美之为物，不与吾人之利害相关系；而吾人观美时，亦不知有一己之利害。何则？美之对象，非特别之物，而此物之种类之形式；又观之之我，非特别之我，而纯粹无欲之我也”①，“美术之为物，欲者不观，观者不欲，而艺术之美所以优于自然之美者，全存于使人易忘物我之关系也”②。审美与艺术是超功利的，美术使人超脱于现实利害关系之外，美术不追求直接的物质利益，但也正因此而具有自己独特的价值，这是王国维美学思想的核心内容。和功利主义美学思想的声势浩大相比，王国维超功利主义美学的影响相对较小，但也并非没有同道，从黄人、徐念慈、吕思勉到蔡元培，都先后或简要或详尽地阐述过超功利主义的美学原则。

功利主义与超功利主义两种美学思潮的对立与互补，不仅决定了 20 世纪初美学的格局，而且在很大程度上决定了后来整个现代中国美学的走向。有学者认为，整个 20 世纪中国美学，都贯穿着功利主义与超功利主义的斗争这一线索。梁启超开创了功利主义的传统，属于这个传统的重要人物有鲁迅、瞿秋白、胡风、周扬、蔡仪。王国维开创了超功利主义的传统，属于这个传统的人物有蔡

① 王国维：《叔本华之哲学及其教育学说》，《王国维遗书》第 5 卷，上海书店出版社 1983 年影印版，第 29 页。

② 王国维：《红楼梦评论》，《王国维遗书》第 5 卷，上海书店出版社 1983 年影印版，第 43 页。

元培、朱光潜、宗白华、丰子恺以及后期李泽厚。①

功利主义与超功利主义这一对概念对于我们理解 20 世纪初中国美学是有帮助的，但同时须注意其局限性。功利主义与超功利主义的区别只是相对的，并非绝对的，应注意其复杂性。梁启超强调文学为社会政治服务，但也并未忽略文学作为审美艺术的特殊性与独立性，在《论小说与群治之关系》《惟心》等文章中，梁启超对艺术创造与接受活动中的心理机制进行了细腻的分析，这些分析现在读来仍然非常富有启发性。王国维强调文艺的超功利性，但同时又指出文艺对社会人生的永恒价值。不论是功利主义美学还是超功利主义美学，其实都包含了一种启蒙主义的精神追求——通过审美与艺术的熏陶作用，对中国人进行精神文化上的洗礼，让中国人在精神上变得高尚起来、强大起来。梁启超强调文学为民族、国家服务，固然是要利用文艺对国人进行精神启蒙，王国维、蔡元培强调审美的超脱性与非功利性，同样是要对国人进行精神启蒙，希望国人摆脱蒙昧、野蛮、庸俗，养成优美高尚的人格。在很多问题上，两派都有共同点，两派之间并没有不可跨越的界限。

① 参考陈文忠：《美学领域中的中国学人》导言部分，安徽教育出版社 2001 年版；以及聂振斌等：《思辨的想象：20 世纪中国美学主题史》第二章，云南大学出版社 2003 年版。

第一章

美学学科的初建

从学科史的角度回顾19、20世纪之交的中国美学，会有一个感觉：与个别美学家在美学研究上的建树相比，美学作为一门学科从无到有的建立是一件更为重要的事情。从19世纪末中国人知道“美学”这个词，到20世纪20年代美学作为一门学科得到大家广泛的承认，经历了一段不寻常的过程。在这一过程中，有以下几个方面的事情值得记述：第一，“美学”概念的传播与确立；第二，美学进入大学的课程设置；第三，重要美学论著的翻译与撰写。

第一节　“美学”概念的确立

一套规范的、成熟的概念术语体系，是一门学科得以存在的前提条件，也是这门学科正式成立的标志。美学作为一门学科在中国成立，是以一系列概念术语的传播与确立作为起始的。其中，又以“美学”概念的传播与确立最为重要。因为对一门学科来讲，命名是一件至关重要的事情，学科是通过命名而正式出现的，没有“美学”这一学科的命名，也就没有美学这一学科的存在。

（一）“美学”之前的美学译名：从“审美之理”到“艳丽之学”

曾经有种观点认为，是王国维于 20 世纪初最早引入了美学概念。[①] 现在看来，这一时间要大大提前。早在 19 世纪六七十年代，就已经有人将美学概念引入了中国，只不过那时并未使用“美学”这个词，而是用的其他名称。

最早将 Aesthetics 引入汉语世界的，是西方来华传教士。西方传教士来华后，除了传教、办学、办医院外，还从事图书编纂工作，所编之书除了宗教类小册子外，还有一些中外文词典以及介绍西方历史文化的普及性读物。在这些出版物中，有零星的关于西方美学的介绍。1866 年，英国传教士罗存德（Wilhelm Lobscheid）在其所编的《英华词典》中，就开列了 Aesthetics 一词，他将此词译为“佳美之理”和“审美之理”。[②]

罗存德之外，另一位在美学概念传播史上值得纪念的人是德国传教士花之安（Ernst Faber）。有学者认为，花之安是最早创制“美学”一词，并以之对应西方 Aesthetics 的人，依据是 1875 年，花之安的《教化议》一书中出现了“美学”。[③]《教化议》提到“美学”的原文如下：

> 救时之用者，在于六端，一、经学，二、文字，三、格物，四、历算，五、

---

① 聂振斌：《中国近代美学思想史》，中国社会科学出版社 1991 年版，第 55 页。
② 黄兴涛：《“美学”一词及西方美学在中国的最早传播》，《文史知识》2000 年第 1 期。
③ 黄兴涛：《“美学”一词及西方美学在中国的最早传播》，《文史知识》2000 年第 1 期。

> 地舆，六、丹青音乐（二者皆美学，故相属）。①

在“丹青音乐”四字之后，花之安特地用小字作注写道：“二者皆美学，故相属。”但是结合上下文仔细推敲这段话后，会发现花之安这里提到的“美学”不应理解为 Aesthetics，而是应该理解为“美的技艺”或“关于美的学问”。理由有二。第一，这段话之后，花之安又用了一段比较长的话来一一论证他提出的“六端”所具有的“救时之用”，其中关于“丹青音乐”的论证如下：“音乐与丹青，二者本相属。音乐为声之美，丹青为色之美。论乐亦儒书所重，君子无故，琴瑟不去于身……人能知画，人品亦可高洁，绘山，绘水，恍然身置清幽世界。”从这段话可知，之所以说丹青音乐“相属”是因为二者都具有美的效果，音乐追求声之美，绘画追求色之美。既如此，那么前面提到的“美学”便应该理解为“追求美的技艺或学问”，而不应理解为作为一门学科的美学。第二，如果将“美学”理解为今天的美学的话，那么“丹青音乐（二者皆美学，故相属）”这句话说不通，绘画与音乐可以算是美学的研究对象，但不能说它们二者就是美学本身。

不过，尽管《教化议》中的“美学”不能理解为今天的美学，但在另一本写于 1873 年的《大德国学校论略》中，花之安却着实地向中国人介绍了美学。《大德国学校论略》的主要内容，是介绍德国大、中、小学教育的制度与现状，论证教育在促进德国学术进步、社会发展方面的作用，并劝说中国人努力兴学，以教育与学术兴国。在谈到德国的“太学院”即大学时，花之安提到德国大学分“经学”“智学”“法学”“医学”四科，其中“智学”即哲学的主要课程共有“八课”：

> 智学分八课。一课学话，二课性理学，三课灵魂说，四课格物学，五课上帝妙谛，六课行为，七课如何入妙之法，八课智学名家。

可以看出，这里的“八课”对应的是八种不同的学问，作者给每一种学问取了一个中文名字。后面，他又逐一对“八课”的内容作了说明，通过这些说明，我们可以猜出它们各自在今天的名称。比如关于“学话”，他的说明是：“不仅教习外国语言文字、声音点画等件，且论古今来有字有图之器皿，并有音无字者。二论文

① ［德］花之安：《教化议》，上海商务印书馆光绪二十三年（1897）再版本。

法之全，要旨何在，必须详释其理义，亦须比较万国之话。”可见，这门课应当是语言学。关于“灵魂说”，他的说明是：“论性情，论知觉，即外象自五官如何而入，论如何生出意思，论如何醒悟，论寝息，论成梦，论心如何分时分处，论记性、幻性、思虑、谨慎、自知。”可见，这门课应当是心理学。让我们最感兴趣的是对第七课“如何入妙之法”的说明：

> 七课论美形，即释美之所在：一论山海之美，乃统飞潜动植而言；二论各国宫室之美，何法鼎建；三论雕琢之美；四论绘事之美；五论乐奏之美；六论词赋之美；七论曲文之美，此非俗院本也，乃指文韵和悠、令人心惬神怡之谓。①

从这段说明可以看出，这门讲求“如何入妙之法”的学科，正是我们今天所说的美学。在这段关于西方美学的介绍中，作者不但替美学创造了一个描述性的汉语名称“如何入妙之法”，而且对美学的任务、美学研究的对象做了说明：美学的任务是研究美之所以为美，美的本质与根源何在；美学关注的对象不仅包括自然、建筑、音乐、绘画，而且包括文学、戏剧。

以今天的标准看，“如何入妙之法”不算是一个合格的译名，过于烦琐。不过站在花之安的角度来考虑的话，这一翻译又可以理解。要知道，当时的中国读者对 Aesthetics 一无所知，而汉语中又没有与之相近的现成的词可以拿来对应，为便于中国读者理解计，将其翻译为“如何入妙之法”也算是一个不错的选择。至少，这个名称可以帮助中国人部分地理解 Aesthetics 为何物。“妙”在中国古代诗文评及画论中是一个常见的概念，称赞一幅画画得好可以说“神妙”，称赞一首诗写得好可以说“臻于妙境”。“如何入妙之法”一眼望去的意思就是“如何进入艺术神妙境界的规则、法则”，如果像黑格尔那样把美学理解为艺术哲学的话，那么这个翻译也不能说是错误。与这个翻译相类似的另一个关于 Aesthetics 的翻译，是“审辨美恶之法”。1875 年，中国人谭达轩编辑出版、1884 年再版的《英汉辞典》里，Aesthetics 被译为“审辨美恶之法”。所谓“审辨美恶之法”，即“审查辨别何者为美何者为恶的规律或法则”。显然，词典编辑者在创制

① ［德］花之安：《大德国学校论略》，同治十二年(1873)羊城小书会真宝堂藏版。

这个译名的时候，也有希望这个译名能帮助中国读者更好理解美学的意思。

1889 年，供职于上海圣约翰书院的另一位中国人颜永京在翻译美国心理学家海文（Joseph Haven）《心灵学》时，创制了 Aesthetics 的另一个译名“艳丽之学”。《心灵学》是一本通论性质的心理学著作，在论述人的直觉能力（颜永京译为“理才”）的部分，该书设置了一个专章来讨论人的审美经验，这部分内容今天看来大致属于心理美学的范围。颜永京将这一章的题目翻译为“论艳丽之意绪及识知物之艳丽”。译作的开头这样写道：

> 讲求艳丽者，是艳丽之学，较他格致学，尚为新出，而讲求者尚希。[1]

显然，这里的“艳丽”的意思应该是美，而“艳丽之学”就是我们今天的美学。接下来，该书引出了美学中的一个难题——到底何为美，或者说何为“艳丽”：

> 艳丽之为何，一言难罄。若取诸物而谓是艳丽则不难，惟阐其艳丽之为何，难矣。艳丽之物愈多而各异，则愈难阐明。因物多且异，而皆称艳丽者，则必皆有一公同佳处，而欲指明一公同佳处为何，岂非难哉？

这段话像极了柏拉图《大希庇阿斯》篇中关于美的本质的讨论：现实生活中，我们可以轻易地找出一匹美的母马，一个美的汤瓶，可是要追问美本身是什么、何以美的东西是美的，就遇到了困难。针对这个问题，该书给出了几种解答，如美在“物之新奇”，在“物之有用”，在“多样性状合为一”，在“齐整均匀”等等，并一一对其辨析驳难。美的本质问题之外，该书还讨论了人的审美能力问题，颜永京将其翻译为“认知艳丽才”。总的来看，《心灵学》在美学概念的传播史上占有重要的地位，该书不仅较早向中国人介绍了美学，并且尽量以通俗易懂的方式介绍了美学的几个核心问题，对当时的中国人了解美学为何物大有帮助。

不论是罗存德的“审美之理”“佳美之理”，还是花之安、谭达轩的“如何入妙之法”“审辨美恶之法”，以及颜永京的“艳丽之学”，都各有特色，在推动中国人认识并接受美学上都起到了一定作用。然而，这几个译名都没有最终流传下

---

① ［美］海文：《心灵学》，颜永京译，上海益智书会光绪十五年（1889）版，第 13 页。

来。后来,它们都被来自日本的"美学"淘汰。之所以会有这样的结果,一方面固然是因为后来19、20世纪之交的几年日本新名词集体登陆中国所带来的强大冲击力,另一方面也因为这几个名称的先天不足。从语言学角度看,这几个名称有以下两个共同点:第一,都采用了"某某之某某"的文言结构,比较绕口,不符合后来现代白话文的表达习惯;第二,译名重在对 Aesthetics 为何物进行描述,而不是追求译名自身的简洁与有力。就语法上来分析,"审美之理""如何入妙之法""审辨美恶之法""艳丽之学"等都属于复合短语,而"美学"是一个复合词,用复合词而不是复合短语来翻译 Aesthetics 显然更简洁也更符合学科命名的国际惯例。毕竟,在西方文字中像美学、哲学、历史学等学科名称都只是一个单词,而不是一串短语。

(二)"美学"译名的最初引入

甲午战争后,兴起了一股关注并研究日本的风潮,越来越多的中国官员、知识分子前往日本考察。庚子事变后,更有数以万计的青年人前往日本留学。旅日及留日知识分子写了大量文字来介绍日本的国情政体,介绍日本自明治维新以来输入的各种西学知识。一时间,日本成为中国人了解世界的最重要窗口,中国人假道日本,了解到西方各种哲学社会科学的学说与知识。与此同时,日本人借用汉字来翻译西学所创造的各种新名词、新概念也铺天盖地进入中国,"美学"就是在这样一个背景之下被引入的。①

从现有材料看,较早引入"美学"一词的是康有为。1898年春,康有为在上海大同译书局出版了《日本书目志》一书,这是一本目录学著作。在这本书中,他将自己历年以来购买的数百种日文书籍分门别类,总共分成了十五"门":"生理门第一,理学门第二,宗教门第三,国史门第四,政治门第五,法律门第六,农业门第七,工业门第八,商业门第九,教育门第十,文学门第十一,文字语言门第十二,美术门第十三,小说门第十四,兵书门第十五。"其中在"美术门"下"美术书"中出现了"美学"字样:"维氏美学,二册,中江笃介述,八角。"②《维氏美学》是日本学者中江兆民(中江笃介)翻译的法国维隆(E. Veron)的著作,分上下卷,由

① 关于日本人创制"美学"一词的情况,参考冯天瑜:《新语探源——中西日文化互动与近代汉字术语生成》,中华书局2004年版,第409页。

② 康有为:《日本书目志》,《康有为全集》第3卷,中国人民大学出版社1991年版,第471页。

日本文部省在1883、1884年出版。在这里，康有为只是把“维氏美学”作为书名照抄了过来，对于这本书的内容到底为何，他并没有更进一步的介绍。

《日本书目志》之后，“美学”再度出现，是在一些前往日本考察教育的学者撰写的关于日本学校规制与课程的文字中。1900年，沈翊清在福州出版《东游日记》，提到日本师范学校开设“美学”与“审美学”。1901年10月，留日学生监督夏偕复作《学校刍言》一文，稍后出版的吴汝伦的《东游丛录》里，也使用过“美学”一词。同年，京师大学堂编辑出版的《日本东京大学规制考略》一书中，更是多次出现了“美学”一词。《日本东京大学规制考略》从“总规”“教科”“各科学科课程”等多方面介绍了日本东京大学的状况。在“教科”部分，该书提到东京大学文科有“国语学”“汉学”“史学”“哲学”“心理学”“美学”“博言学”等主干课程。在“各科学科课程”部分，该书罗列东大文科九个学科的课程表，其中“美学与美术史”在每个学科的课表中都出现了一次，并且都是在各科第三年的课表中，学时一般是每星期两课时。例如，文科哲学科的完整课表如下：

> 第一年：哲学概论，全体学，史学，西洋哲学史，腊丁语，动物学，国文学，英语，地质学，汉文学，德语；
>
> 第二年：西洋哲学史，中国哲学，腊丁语，论理学及知识论，印度哲学，德语，社会学，心理学，伦理学，比较宗教及东洋哲学；
>
> 第三年：美学及美术史，印度哲学，社会学，教育学，精神病论，梵语，哲学，哲学演习，希腊语，比较宗教及东洋哲学，中国哲学，心理学，精神物理学。①

再往后，在日本东京中国留学生办的一些同乡杂志上，也出现了“美学”。1903年《浙江潮》第六期“学术”栏下“文学”分栏中，发表了一篇署名“匪石”的文章《中国音乐改良说》，在这篇文章的标题下有一小段说明文字：“此篇例入美学，以本志无此专目，故栏入于此，体例外（舛）谬，阅者谅之。”②

翻阅该期杂志，可以看到“学术”栏下共设“经济”“教育”“军事”“历史”“传

---

① 《日本东京大学规制考略》，京师大学堂1901年铅印版，第29页。编者按：腊丁语即拉丁语。
② 匪石：《中国音乐改良说》，《浙江潮》第6期，浙江潮杂志社1903年版。

记”“文学”六个分栏，除“传记”外，其他五个栏目对应的是五种不同的学问，在该文作者心目中，“美学”本来也应该专门设一个栏目的。显然，这里的“美学”指的是与经济学、军事学、历史学等并列的一门学问，已经是在现代意义上使用的一个概念。1905 年 12 月，《新民丛报》刊登了蒋观云的译作《维朗氏诗学论》，文章开头蒋观云这样来介绍该文的出处：“是论本法国 Everon 氏所著 Esthetigue 书中之一篇，Esthetigue 者美学之意，日本中江笃介氏译其书为《维氏美学》。兹取其关于诗学者译述之，以供我国文艺界之参观。”[①]值得注意的是，这里不仅提到了“美学”，而且提到了“美学”对应的法文单词 Esthétique。

以上提到的关于“美学”的使用，都带有偶然性质，作者只是简单提到了“美学”，或者作为书名，或者作为学科名，或者作为课程名，并未解释“美学”到底为何物。“美学”概念要想真正确立，还需做进一步的工作，即不仅仅引入“美学”这样一个名称，还要对美学为何物、美学的历史如何、美学的使命为何等问题予以阐述。惟其如此，才说明中国人真正理解并接受了“美学”。这方面的工作，是由以王国维、蔡元培为代表的一批学人完成的。

（三）“美学”概念的基本确定

王国维关于“美学”的介绍，最早见于他的哲学与教育学译著。1902 年，王国维供职于罗振玉主办的《教育世界》杂志社，编辑刊物之余，他翻译了三本书：《哲学小辞典》《哲学概论》以及《教育学教科书》。第一本书收入“教育丛书”，后两本书收入“哲学丛书”，均由《教育世界》杂志社出版刊行。《哲学小辞典》提到了“美学”并为其下了这样一个定义：“美学、审美学：Aesthetics。美学者，论事物之美之原理也。”[②]《教育学教科书》在“总论”第三章《教育学与他科学之关系》中提到了“美学”：“于教育之实行时正其次序系统，而为真正之教授，不可不藉伦理学之知识。欲使教授时有生气、有兴味，而使生徒听之不倦，不可不依美学及修辞学之法则。”“美学”之外，《教育学教科书》还提到了美育：“文科、理科之

① 观云：《维朗氏诗学论》，《新民丛报》1905 年第 22 号。需要指出的是，蒋观云这段文字中列的两个法文词汇并不准确，Everon 应为 E. Veron，Esthetigue 应为 Esthétique。E. Veron 即 Eugen Veron，法国美学家，今通译维隆。

② 王国维：《哲学小辞典》，上海教育世界出版所 1902 年版。

教育，谓之智育；图画、唱歌等，谓之美育。”①《哲学概论》则不仅提到了“美学”，而且在题为“自然之理想——宗教哲学及美学”的专节中，以近千字的篇幅，介绍了美学自柏拉图、亚里士多德以来的发展历史。书中认为，柏拉图、亚里士多德、普罗提诺等古代思想家的著作中包含大量的美学思想，但过于支离片面。近世以来英国之夏夫兹博里、哈奇生等皆论述过美感之性质，但也未组织真正之美学。真正的美学自大陆派哲学家始：

> 伏尔夫之组织哲学也，由心性之各作用而定诸学。而于知性中设高下之别，以高等知性之理想为真，对之而配论理学。然对下等之知性，即不明之感觉，别无所言。拔姆额尔登（自一七一四至一七六二）补此缺陷，而以下等知性之理想为美，对之而定美学之一科。其中，一、如何之感觉的认识为美乎？二、如何排列此感觉的认识，则为美乎？三、如何表现此美之感觉的认识，则为美乎？美学论此三件者也。自此以后，此学之研究勃兴，且多以美为与其属于感觉，宁属于感情者。又文格尔曼、兰馨等由艺术上论美者亦不少。及汗德著《判断力批评》，此等议论始得确固之基础。汗德之美学分为二部，一优美及壮美之论，一美术之论也。汗德以美的与道德的、论理的快感的不同，谓离利害之念之形式上之愉快，且具普遍性者也。至汗德而美学之问题之范围，始得确定。②

可以说，这是自“美学”为中国人所知以来关于“美学”的最详尽的介绍了。

王国维个人著作中提到“美学”，是在 1903 年之后。1903 年春，王国维开始钻研康德哲学，苦于不能理解，转而阅读叔本华的《意志及表象之世界》《自然中之意志论》及《充足理由之原则论》。由叔本华哲学，王国维打开通往康德哲学的大门。1905 年，王国维又返而读康德，先后读完了康德的“三大批判”。在研读叔本华及康德哲学的三年中，王国维写出了《叔本华之哲学及其教育学说》（1904）、《叔本华与尼采》（1904）、《红楼梦评论》（1904）、《论哲学家与美术家之

---

① ［日］牧濑五一郎：《教育学教科书》，王国维译，《王国维全集》第 17 卷，浙江教育出版社 2009 年版，第 496 页。

② ［日］桑木严翼：《哲学概论》，王国维译，《王国维全集》第 17 卷，浙江教育出版社 2009 年版，第 288 页。这段文字中提到的西方美学家，伏尔夫今通译沃尔夫，拔姆额尔登今通译鲍姆加登，文格尔曼今通译温克尔曼，兰馨今通译莱辛，汗德今通译康德。

天职》(1905)等文章。在这些文章中,包含着王国维自己对哲学、美学的理解,当然也包含着对于"美学"概念的介绍与宣传。在《叔本华之哲学及其教育学说》中,他肯定叔本华对传统哲学与美学的突破:"叔氏之他学说虽不慊于今人,然于形而上学心理学渐有趋于主意论之势,此则叔氏大有造于斯二学者也。于是叔氏更由形而上学进而说美学。"①在《叔本华与尼采》中他分析叔本华与尼采学说异同,认为尼采晚期学说"虽若与叔氏相反对,然要之不外以叔氏之美学上之天才论应用于伦理学而已"。② 1905 年,王国维为其自编文集《静庵文集》作序,在序言中他提到自己数年来攻读康德及叔本华哲学与美学的艰辛,感慨哲学、伦理学、美学往往可爱者不可信,可信者不可爱:"余知真理,而余又爱其谬误。伟大之形而上学,高严之伦理学,与纯粹之美学,此吾人所酷嗜也。然求其可信者,则宁在知识论上之实证论,伦理学上之快乐论,与美学上之经验论。知其可信而不能爱,觉其可爱而不能信,此近二三年中最大之烦闷。"③在这些文章中,我们可以看到王国维是把美学作为一门极高深、极挑战人的智力同时又容易让人困惑的学问介绍给大家的。可以说,20 世纪最初十年里,对"美学"理解最深、宣传最力的人非王国维莫属。

王国维之外,另一位真正理解"美学",并努力鼓吹"美学"的人是蔡元培。和王国维一样,蔡元培首次提到"美学"也是在他的译著中。1903 年,蔡元培翻译了德国科培尔《哲学要领》。该书除序言外,分"哲学之总念""哲学之类别""哲学之方法""哲学之系统"四部分。在"哲学之类别"部分,该书介绍了作为哲学之分支学科的美学:

> 美学者,英语为欧绥德斯 Aesthetics,源于希腊语之奥斯妥奥,其义为觉为见。故欧绥德斯之本义,属于知识哲学之感觉界。康德氏常据此本义而用之。而博通哲学家,则恒以此语为一种特别之哲学。要之美学者,固取资于感觉界,而其范围在研究吾人美丑之感觉之原因。好美恶丑,人之情也,然而美者何谓也?此美者何以现于世界耶?美之原理如何耶?吾人

---

① 王国维:《叔本华之哲学及其教育学说》,《王国维遗书》第 5 卷,上海书店出版社 1983 年影印版,第 28 页。

② 王国维:《叔本华与尼采》,《王国维遗书》第 5 卷,上海书店出版社 1983 年影印版,第 62 页。

③ 王国维:《静安文集续编・自序二》,《王国维遗书》第 5 卷,上海书店出版社 1983 年影印版,第 21 页。

何由而感于美耶？美学家所见与其他科学家所见差别如何耶？此皆吾人于自然界及人为之美术界所当研究之问题也。

美术者 Art，德人谓之 Kunst，制造品之不关工业者也。其所涵之美，于美学对象中，为特别之部。故美学者，又当即溥通美术之性质、及其各种相区别、相交互之关系而研究之。①

这段文字的值得注意之处，是从词源学上指出了现代美学的来源，同时又说明了为什么本来是研究人的感觉的美学会与美及美术发生关系：美学的本义固然是感觉，但正是在感觉中蕴含着人对于美丑的感知，因此美学必然研究美以及人们对美的感知判断，另外美学还关注与美有关的各种艺术。这样的见解，在当时是比较超前的。

进入民国以后，蔡元培执掌教育部，后来又主持北京大学。他利用自己的地位，大力提倡美育。在《对于新教育之意见》(1912)、《养成优美高尚思想》(1913)、《教育界之恐慌及救济办法》(1916)、《以美育代宗教说》(1917)等系列文章、演讲中，他论证美术对人的情感的陶冶作用，呼吁以美育促进人的全面发展。提倡美术、美育之余，他也不忘向大家推荐以美术、审美为研究对象的美学。在出版于1915年的《哲学大纲》中，他多次提及美学：在“总论”部分，他将哲学区分为自然哲学与精神哲学，以美学为精神哲学分支；在“价值论”部分，他从“道德”“宗教思想”“美学观念”三方面阐述了哲学价值论为何物。1916年，他筹划编写“欧洲美学丛述”，先撰《康德美学述》，向国人扼要介绍康德美学，尤其重点介绍了康德《判断力批判》中的美感分析部分。1917年4月，在《以美育代宗教》的著名演说中，他提出美学上都丽之美(优美)与崇宏之美(壮美)的区分。如果说，20世纪最初十年，传播“美学”概念最有力的人是王国维的话，那么第二个十年，传播“美学”最有力的人物无疑是蔡元培。

王国维、蔡元培之外，徐大纯、萧公弼在“美学”概念的确立过程中也曾经起过作用。徐大纯于1916年撰《述美学》，萧公弼于1917年撰《美学·概论》。这两篇文章中，徐大纯的《述美学》尤其值得注意。《述美学》开头，作者即声称，美学是一门年轻的学问，不但“中土向所未有”，即在西方也是晚近之学，中国人对

① [德]科培尔：《哲学要领》，蔡元培译，《蔡元培全集》第1卷，中华书局1984年版，第184页。

美学还很陌生，作者写作本文的目的是“务求简单明了，以斯学之概念，输入读者脑中，而引起其研究之志”①。接下来，文章分四部分对“美学”进行了介绍。第一部分，作者介绍了 Aesthetics 一词的词源，以及鲍姆加登以 Aesthetics 命名美学这一学科的初衷，并简要说明了为什么美学研究会与审美与艺术相关。第二部分，作者介绍了鲍姆加登之前美学的学科前史，以及鲍姆加登之后美学学科的发展。值得注意的是，在这一部分，作者不仅介绍了康德、席勒、黑格尔、叔本华等 19 世纪德国美学的代表人物，还简要介绍了 19 世纪末以来美学的最新发展，提到了德国的费舍尔、哈特曼，俄国的别林斯基、托尔斯泰，美国的桑塔亚那。第三部分，作者提出了美学研究中的一个核心问题，美感的本质问题，介绍了康德的美感分析理论，以及康德之后其他学者对此问题的看法。第四部分，作者介绍了美学研究中的几个重要概念——美、丑、威严(即崇高)、滑稽美、悲惨美、自然美、艺术美等。可以说，这篇文章是蔡元培一系列美学讲稿问世之前，关于美学的概念、历史、问题的最全面介绍了。如果非要给“美学”概念的确立找一个标志性的时间点的话，那么可以说，经过很多人的努力，到徐大纯的《述美学》发表时，“美学”概念已经初步确立。

“美学”概念从引入到确立，并非总是一帆风顺，而是经历了不少波折。很长一段时间里，“一物多名”与“一名多指”的现象困扰着“美学”。所谓“一物多名”，是指“美学”被引入后，并没有马上成为美学唯一的名称，同时期还有其他一些名称与它竞争。所谓“一名多指”，指的是在很多人的笔下，“美学”并不仅仅指称 Aesthetics，同时还包含其他一些意思。

先说“一物多名”。20 世纪最初的几年，与“美学”并行的一个最常见的美学译名是“审美学”。如前所述，沈翊清《东游日记》提到美学时同时用了“美学”与“审美学”两个词。王国维《哲学小辞典》介绍 Aesthetics 时也同时用了“美学”与“审美学”。另外，1903 年汪荣宝《新尔雅》提到了“审美学”，该书这样解释“审美学”：“研究美之形式，及美之要素，不拘在主观客观，引起其感觉者，名曰审美学。”②1904 年 3 月王国维撰《孔子之美育主义》，用了“审美学”而没有用“美学”。③ 1906 年 4 月，《新民丛报》发表的《教育学剖解图说》中，将心理学、伦理

① 徐大纯：《述美学》，《东方杂志》第 12 卷第 1 号，商务印书馆 1916 年版。
② 汪荣宝、叶澜：《新尔雅》，光绪二十九年(1903)刻本。
③ 王国维：《孔子之美育主义》，《教育世界》1904 年第 69 号。

学、社会学、历史学、审美学、论理学、生理学、卫生学八门学科列为“教育学之补助学科”。[①] 直到 1915 年，上海商务印书馆出版的《辞源》，“美学”专条还是这样写的：“就普通心理上所认为美好之事物，而说明其原理及作用之学也……萌芽于古代之希腊。18 世纪中，德国哲学家薄姆哥登 Alexander Gottlieb Baumgarten 出，始成为独立之学科。亦称审美学。”“审美学”的流行，与日本有关系。明治时期日本人关于美学的译名原本就混乱，在中江兆民选定“美学”一词之前，西周曾经将其译为“善美学”“美妙学”。之后，森鸥外又将其译为“审美学”。1892 年起，森鸥外在庆应义塾以“审美学”的名义讲授美学。另外，森鸥外还撰写过《审美论》(1892)、《审美极致论》以及《审美纲领》(1899)。[②] 日本人关于用“审美”还是“审美学”“审美论”的分歧显然也延续到了中国。“审美学”之外，还有人用过“美术”，以及之前由中国人颜永京首创的“艳丽之学”。1908 年，颜永京之子颜惠庆所编的《英华大辞典》关于 Aesthetics 的翻译是这样的：“Aesthetics：philosophy of taste，美学、美术、艳丽学。”1916 年，该词典出版第四版，关于 Aesthetics 的翻译仍是“美学、美术、艳丽学”。[③]

再说“一名多指”。曾经有一段时间，在某些学者的笔下，“美学”不仅仅指称美学，还指称其他意思。比如，蔡元培译《伦理学原理》第八章“道德与宗教之关系”论述宗教利用美术时，有这样一句话：“多神教常界诸神以人类感官之性质，至为自由，故在美学界，极美满之观，是吾人今日所以尚惊叹于希腊诸神也。”仔细揣摩上下文，这句话中的“美学界”似乎应作“艺术界”或“美术界”来理解。又比如，蔡元培 1915 年撰写的《哲学大纲》第四编的“美学观念”部分，频频出现“美学之判断”一词：“美学之判断，所以别美丑”，“其细经绎纯粹美感之真相，发挥美学判断之关系者，始于近世哲学家，而尤以康德为最著。”[④]这里的“美学之判断”，应作今天“审美判断”来理解。同理，1916 年《康德美学述》中“美学之断定”[⑤]，也应作“审美之断定”解。

什么时候，“美学”的概念被完全确定下来，“美学”一词成为 Aesthetics 的专属名称的呢？我们很难给出一个确切的时间，而只能说，大概在 1920 年以

① 祖武：《教育学剖解图说》，《新民丛报》1906 年第 5 号。
② 森鸥外：《鸥外全集》第 1 卷，鸥外全集刊行会 1923 年版。
③ 颜惠庆：《英华大辞典》，上海商务印书馆 1916 年版，第 33 页。
④ 蔡元培：《哲学大纲》，《蔡元培全集》第 2 卷，中华书局 1984 年版，第 379、380 页。
⑤ 蔡元培：《康德美学述》，《蔡元培全集》第 2 卷，中华书局 1984 年版，第 498 页。

后。1920年之后，随着刘仁航译《近世美学》的出版，随着蔡元培一系列以“美学”命名的讲稿的发表，随着国内高校纷纷开设美学课，“美学”的名称才彻底被固定、强化下来。关于这几个事情，后面的两节还会讲到。

引入并树立一个“美学”概念，并不只是对这个学科的命名而已。实际上，这意味着学科的建立。学科的命名，从来都是有意识的学科建构的一部分。有名才有实，名称具有述行(performative)作用，在“美学”这个名称的刺激下，美学这个学科才建立起来。

(四) 其他几个概念的引入：审美、美、美术、艺术

“美学”之外，“审美”“美”“美术”“艺术”等相关概念的流变也值得关注。

先说“审美”。汉语“审美”一词对应英文中的 Aesthetic，“美学”一词对应英文中的 Aesthetics，两个单词仅相差一个字母，非常接近。19世纪末20世纪初，“美学”一词引入中国的同时，“审美”一词也随之输入。前面曾经提到，1866年罗存德《英华词典》即将 Aesthetics 翻译为“审美之理”“佳美之理”，这样算起来“审美”一词的出现还要早于“美学”。1901年王国维译的《教育学》一书中，没有出现“美学”，但是已出现了“审美”“审美的感情”等概念。《教育学》第二编“教育之原质”论儿童教育当注意环境美化：“小儿之周围，不可使驳杂。人间之审美的感情，自幼时之周围造成者也。”①1902年，王国维在翻译桑木严翼著的《哲学概论》时，则同时提到了“美学”与“审美”：“抑哲学者承认美学为独立之学科，此实近代之事也。在古代柏拉图屡述关此学之意见，然希腊时代尚不能明说美与善之区别……其他如普禄梯诺斯、龙其奴斯等亦述审美之学说，尚不与以完全之组织。”②

和“美学”一样，“审美”一词的引入，与世纪之交西方及日本教育学知识的输入有密切关系。20世纪最初的几年，提到“美学”与“审美”最多的，是一些有关教育的著作与文章。但是二者之间又有细微差异：“美学”一词通常在关于日本与西方教育制度的文章中出现，作为现代大学中的一门学科、学问而被提到；

---

① [日]立花铣三郎：《教育学》，王国维译，《王国维全集》第16卷，浙江教育出版社2009年版，第360页。

② [日]桑木严翼：《哲学概论》，王国维译，《王国维全集》第17卷，浙江教育出版社2009年版，第288页。书中提到的普禄梯诺斯今通译普罗提诺，龙其奴斯今通译朗吉努斯。

“审美”则往往在教育理论、教育方法的文章著作中出现，被认为是对中小学生特别是儿童施加教育的一种方法、手段。1904 年 2 月，王国维在所撰《孔子之美育主义》中，主张发挥审美在教育中的独特功效：“审美之境界乃不关利害之境界，故气质之欲灭，而道德之欲得由之以生。故审美之境界乃物质之境界与道德之境界之津梁也……而美育与德育之不可离，昭昭然矣。”1905 年《江苏》杂志发表的《教育学之补助学科》一文，也提到了“审美”：“感情之起源，有发于普通的……等而上之，则为情操，随吾人高尚思想以俱来，有知识的，有审美的，有伦理的。”1905 年《醒狮》杂志发表的《图画修得法》一文，强调图画在培养学生审美情操方面的重要性：“图画者可以养成绵密之注意，锐敏之观察，确实之知识，强健之记忆，著实之想像，健全之判断，高尚之审美心（今严冷之实利主义，主张审美教育，即其美之情操，启其兴味，高尚其人品之谓也）。”①

20 世纪初，“审美”成为哲学、美学以及文学批评中的常用概念术语。蔡元培《哲学大观》：“自美感进化之事实言之，其形式之渐进而复杂，常与内容相因，且准诸美术家之所创造，与审美者之所评鉴，则客观之价值，亦有未容蔑视者。”②蔡元培《以美育代宗教说》：“狮虎，人之所畏也，而芦沟桥之石狮，神虎桥之石虎，决无对之而生搏噬之恐者。植物之花，所以成实也，而吾人赏花，决非作果实可食之想。善歌之鸟，恒非食品。灿烂之蛇，多含毒液，而以审美之观念对之，其价值自若。”③梁启超《美术与生活》：“要而论之，审美本能，是我们人人都有的。”④

和“审美”不同，“美”本来是汉语中所固有的词。《论语》《庄子》《老子》中，“美”字屡见不鲜。但是，在中国古代“美”的含义很复杂，美经常与善联系在一起，美可以形容物体外形，也可以被用来形容政治与德行。然而在现代美学理论中，美与善与真被严格区分开来，真、善、美三分，三者分别与人的精神中的理智、意志、情感相关联。那么，这个意义上的“美”的概念是何时确立的呢？大概的时间也是在 19、20 世纪之交。世纪之交，伴随哲学、教育学、心理学等西方学术的输入，与“真”“善”相对的“美”的概念也被引入。1901 年王国维译《教育学》

---

① 惜霜：《图画修得法》，《醒狮》第 2 期，醒狮杂志社 1905 年版。
② 蔡元培：《哲学大观》，《蔡元培全集》第 2 卷，中华书局 1984 年版，第 380 页。
③ 蔡元培：《以美育代宗教说》，《蔡元培全集》第 3 卷，中华书局 1984 年版，第 33 页。
④ 梁启超：《美术与生活》，《饮冰室合集・文集之三十九》，中华书局 1936 年版，第 24 页。

中，较早引入了智、意、情三分的框架，该书强调教育之目的在使人三方面全面发展，最后达到真、善、美的境地："精而言之，道德上之自由者，使智识所指示之真、善、美体于我心，而真、善、美与心无二致之谓也。心之自由所动，即与真合、与善合、与美合所谓也。"该书第二编第二节提到对幼儿的教育应特别注意应用美的元素："使小儿之周围之物，常保持绮丽，则清洁之习惯，自为第二之天性，而为判别美丑之元素也。"[①]1903年秋《论教育之宗旨》一文中，王国维提出教育之宗旨为"使人为完全之人物"，人类精神有智力、情感、意志三方面，对之而有真、美、善三种理想，"欲为完全之人物，不可不备真、美、善之三德"。[②]

"美学"的概念输入并逐渐确立后，"美"的概念与"美学"如影随形。"美学"被认为是与"美"有关的学问，"美"的本质如何、"美"如何被鉴赏被认为是美学的核心问题。如前所述，1902年王国维《哲学小辞典》给"美学"的定义是这样的："美学、审美学：Aesthetics。美学者，论事物之美之原理也。"[③]1902年王国维译《哲学概论》关于"宗教及美学"的专节中，提到了"美与善之区别""美的感情之性质"，并再三强调"美"的问题在美学中的重要性："一、如何之感觉的认识为美乎？二、如何排列此感觉的认识则为美乎？三、如何表现此美之感觉的认识则为美乎？美学论此三件者也"。[④] 1903年蔡元培《哲学要领》关于"美学"的介绍中，强调美学的核心问题是研究"吾人美丑之感觉之原因"，研究"美何以现于世界""美之原理如何"。1915年蔡元培《哲学大纲》提出美学判断的关键在辨别美丑："科学在乎探究，故论理学之判断，所以别真伪；道德在乎执行，故伦理学之判断，所以别善恶；美感在乎赏鉴，故美学判断，所以别美丑。"1916年蔡元培《康德美学述》认为康德美学的精华是其关于优美与壮美的解剖，介绍康德关于优美分析的结论："美者，循超逸之快感，为普遍之断定，无鹄的而有则，无概念而必然者也。"

"美"是一种特殊的存在，美具有超概念性、超功利性与普遍性。这样一种"美"的概念被应用于艺术，便是对艺术超功利性的强调。美是无功利的，艺术

① ［日］立花铣三郎：《教育学》，王国维译，《王国维全集》第16卷，浙江教育出版社2009年版，第332、360页。
② 王国维：《论教育之宗旨》，《教育世界》1903年第56号。
③ 王国维：《哲学小辞典》，《教育世界》杂志社1902年版。
④ ［日］桑木严翼：《哲学概论》，王国维译，《王国维全集》第17卷，浙江教育出版社2009年版，第288页。

以美为目的，当然也超越道德与功利之外。王国维《红楼梦评论》："美术之为物，欲者不观，观者不欲；而艺术之美所以优于自然之美者，全存于使人易忘物我之关系也。"志忞《名人乐论》："即音乐之美以言音乐理论，日本音乐家中知之者、研究之者，恐无其人也。"[①]黄人《〈小说林〉发刊词》："小说者，文学之倾于美的方面之一种也。宝钗罗带，非高蹈之口吻。碧云黄花，岂后乐之襟期……一小说也，而号于人曰：吾不屑屑为美，一秉立诚明善之宗旨，则不过一无价值之讲义，不规则之格言而已。"[②]徐念慈《〈小说林〉缘起》："黑搿尔氏（Hegel，1770—1831）于美学，持绝对观念论者也。其言曰：艺术之圆满者，其第一义，为醇化于自然。简言之，即满足吾人之美的欲望，而使无遗憾也。"[③]20 世纪文学批评、艺术批评中，"美"成为一个核心关键词。

今天，"艺术"与"美术"被认为是两个不同的词。"艺术"的范围很广，包括文学、音乐、舞蹈、绘画、雕塑等在内。"美术"则专指造型艺术，包括绘画、雕塑以及建筑，有时甚至连建筑也排除在外。但是在 20 世纪初，这两个概念却没有像今天这样被严格区分。通常情况下，这两个概念被不加区分地互换使用，其含义都等同于今天的艺术，并且总起来看"美术"一词的使用频率要高于"艺术"。1902 年，王国维译《哲学概论》同时使用了"美术"和"艺术"："雅里大德勒应用美之学理于特别之艺术上……汗德之哲学分为二部，一优美及壮美之论，一美术之论也。"《红楼梦评论》《古雅之在美学上之位置》同样也是如此。《人间嗜好之研究》则只使用了"美术"，而没有用"艺术"。蔡元培早期的文章，也多用"美术"而不用"艺术"。大多数情况下，19 世纪末、20 世纪初的"美术"，其意思是"美的艺术"或"追求美的艺术"，大致相当于今天的"艺术"。当然，也有特殊的情况，有时候"美术"也在今天的意义上使用。比如，1901 年《译书汇编》第二年第一期发表了一篇《日本学校系统说》，提到日本东京美术学校教授铅笔、毛笔、油画、雕刻等各种美术，显然这里的"美术"就是今天狭义的美术。另外，还有些人同时在广义和狭义两个层面上使用"美术"。比如，《醒狮》杂志开辟有"美术"与"音乐"两个不同栏目，"美术"栏目全是画论，"音乐"栏目专论音乐，显然作为栏目名称的"美术"是狭义的。但是另一方面，"音乐"栏刊发的文章中又

① 志忞：《名人乐论》，《醒狮》第 2 期，醒狮杂志社 1905 年版。
② 黄人：《〈小说林〉发刊词》，《小说林》第 1 期，小说林社 1907 年版。
③ 徐念慈：《〈小说林〉缘起》，《小说林》第 1 期，小说林社 1907 年版。

声称"音乐者,美术的,亦教育的","目下之日本音(乐),总不得为美术"[①],"美术"又变成了广义的概念。

"美术"与"艺术"概念的混乱,同样来自日本。1882 年,费诺罗萨在《美术真说》中明确将"音乐、诗歌、书画、雕刻和舞蹈"纳入"美术"的范畴,确立了"美术"概念在日本的地位。但是紧接着中江兆民《维氏美学》又用"艺术"代替了"美术"。森鸥外《审美极致论》则混用"美术"与"艺术"。另一方面,大西祝、高山樗牛的一些著作中,"美术"又被在狭义上使用。这种混乱延续到了中国。

什么时候"美术"丧失了其广义的内涵,成为造型艺术的专称,而"艺术"取代了"美术"原来的地位呢? 大概在 1920 年左右。推动这一转变的因素有两个。一是不断有学者撰文,要求区分"艺术"与"美术",将"美术"的意义限定为造型艺术。比如吕澂 1919 年刊载于《新青年》的《美术革命》这样写道:"凡物象为美之所寄者,皆为艺术(Art),其中绘画雕塑建筑三者,必具一定形体于空间,可别成为美术(Fine Art),此通行之区别也。"二是各种美术专科学校、音乐专修学校纷纷开设,既然美术学校只教绘画、雕塑,音乐有专门学校,而文学又往往开设在综合大学的文科专业中,那么在一般人心目中,"美术"自然不再是一个总括各门艺术的概念。

第二节　大学的美学课程设置

现代学术的发展与大学的学科及课程设置有密切关系。衡量一门学科是否真正确立,一个重要标准是看其在大学的学科课程体系中是否占有一定位置。能够在大学的学科课程体系中占有固定的一席之地,不仅说明该学科的学科地位得到了官方与公众的承认,而且还意味着该学科的知识生产活动得到了体制的保障。美学学科地位在中国的确立,与清末以来中国大学的学科及课程设置有直接关系。

---

① 志忞:《名人乐论》,《醒狮》第 2 期,醒狮杂志社 1905 年版。

（一）清末大学中的"美学"课程

美学首次进入中国的大学课程体系，是在1904年张之洞、张百熙等人组织制定的《奏定大学堂章程》中。《奏定大学堂章程》规定，大学堂内设分科大学堂及通儒院，分科大学共八：一经学科大学，二政法科大学，三文学科大学，四医科大学，五格致科大学，六农科大学，七工科大学，八商科大学。各科大学又分为若干"门"（相当于现在的系），其中工科大学分九门："一土木工学门，二机器工学门，三造船学门，四造兵器学门，五电气工学门，六建筑学门，七应用化学门，八火药学门，九采矿及冶金学门。"其中，"建筑学门"第二年的课表中，出现了"美学"。建筑学门完整课表如下：

> 第一年：算学，热机关，应用力学，测量，地质学，应用规矩，建筑材料，房屋构造，建筑意匠，应用力学、制图及演习，测量实习，制图及配景法，计画及制图，建筑历史，配景法及妆饰法，自在画；
>
> 第二年：计画及制图，卫生工学，水力学，施工法，实地演习（不定），冶金制器学，配景及装饰法，自在画，美学，装饰画；
>
> 第三年：计画及制图，实地演习（不定），自在画，装饰画，地震学。[①]

在"建筑学门"开设"美学"课，这一做法出自对日本大学课程制度的模仿。《奏定大学堂章程》的编制，折衷了各国的大学制度，但主要是模仿学习日本，在日本大学制度的基础上略作调整而成。关于这一点，有《章程》制定过程中制定者的文稿函件为证。1902年张之洞致张百熙书信里提到："派员考察一层，最为扼要……日本学制，尤为切用，谕旨中有详细章程通行各省之谕，此时似可从容斟酌。"[②]另外，各分科大学下各门的设置，各门的具体课程设置，以及关于某些课程的说明，都可以证明这一点。比如经学科大学的"辩学"课程，后面以小字注明"日本名论理学，中国古名辩学"，政治科大学的"国家财政学"课程，小字注释"日本名为财政学，可暂行采用，仍应自行编纂"，等等。实际上，除了经学科

---

① 张之洞、张百熙等：《奏定学堂章程·大学堂章程》，光绪三十年（1904）陕西藩署刻本。

② 张之洞：《致京张冶秋尚书》，璩鑫圭、唐良炎编《中国近代教育史资料汇编·学制演变》，上海教育出版社2007年版，第141页。

大学、文学科大学的课程设置较有特色外，其他五科大学的分科及课程几乎都是照搬日本(其中商科大学系由日本政法学科中之商法独立出来)，这里不再赘述。想要说的是，就工科建筑学门美学课的设置来说，是受到日本东京大学的影响。前面曾经提到过的《日本东京大学规制考略》一书的“各科学科课程”中，介绍过日本东京大学工科“造家科”的课程设置，完整课表如下：

> 第一年：数学，建筑材料，自在画，蒸汽机关，家屋构造，材料及构造强弱制图演习，材料及构造强弱学，建筑沿革，实地测量，测量，住家意匠，制图及配景法，地质学，日本建筑学，意匠及制图，应用规矩，配景法。
>
> 第二年：卫生工学，施工法，装饰画，妆饰法，制造冶金学，意匠及制图，日本建筑学，美学，实地演习，特别建筑意匠，自在画。
>
> 第三年：实地演习，地震学，计划及卒业论说，建筑条例，自在画，装饰画，意匠及制图。①

将这份课表与《奏定大学堂章程》中工科建筑学门的课表仔细比较，会发现基本相同。《奏定章程》所列 3 年 24 门课程中，除了“水力学”课程东京大学“造家学门”没有，个别课程的名称稍有差异(如“热机关”东京大学为“蒸汽机关”，“建筑历史”东京大学为“建筑沿革”)外，其他课程均完全相同。显然，《奏定章程》建筑学门的课程设置，来自对日本东京大学建筑学门课程的复制，“美学”就是在这种复制中进入《奏定大学堂章程》中来的。

有意思的是，建筑学门依样画葫芦地设置了美学课，文学科大学却没有美学课。正如前面已经提到过的，日本东京大学文学科大学总共九门学科的课表中，均包含“美学及美术史”课程，这与《奏定大学堂章程》中文学科大学的情况形成了鲜明对比。《奏定大学堂章程》规定“文学科大学”分为九门：“一中国史学门，二万国史学门，三中外地理学门，四中国文学门，五英国文学门，六法国文学门，七俄国文学门，八德国文学门，九日本国文学门。”②搜寻各门的具体课程表，均不见“美学”。为什么会漏掉美学？或许，是设计者对美学这门课的性质、

---

① 京师大学堂编：《日本东京大学规制考略》，京师大学堂 1901 年铅印版。

② 张之洞、张百熙等：《奏定学堂章程・大学堂章程》，光绪三十年(1904)陕西藩署刻本。

内容不了解，不明白这门课对文学科各学科的意义。但更重要的原因，应该是设计者对整个文学科大学的设计思路。据《日本东京大学规制考略》，东京大学文学科分为九门："曰哲学科，曰国文学科，曰汉学科，曰国史科，曰史学科，曰博言学科，曰英文学科，曰德文学科，曰法文学科。"①比较《奏定大学堂章程》与它的差异，会发现除了改"国文学科"为日本文学科、增加中外地理学门及俄国文学门外，最重要的一个差异，是减掉了至关重要的哲学学科。在东京大学文学科大学里，哲学科居首位，哲学科的主课哲学概论、哲学史、美学等，在其他学科也是主干课程。而在《奏定大学堂章程》对文学科大学的设计中，却不见哲学的踪影。与哲学学科的空缺相对应，其他各科的课程中也不见哲学概论、哲学史、伦理学、美学等哲学学科的常见课程。也许在设计者看来，既然整个哲学学科都是多余的，那么作为哲学分支的伦理学、美学等也就自然付之阙如了。

《奏定大学堂章程》出炉后，引起王国维的强烈不满。1906年，王国维在《教育世界》杂志发表《奏定经学科大学文学科大学书后》一文，系统指摘《奏定大学堂章程》的缺点。王国维指出，《奏定大学堂章程》谬误甚多，其中最根本之谬误则为"缺哲学一科"，欧洲大学无不以神、哲、医、法为分科之基础，日本大学不设哲学科大学，但文学科大学中哲学门居各门之首。王国维猜测张之洞不设哲学科的各种可能的理由，如"以哲学为有害之学""以哲学为无用之学""以外国之哲学与中国古来之学术不相容"，等等，并一一予以驳斥。王国维认为，不但废除哲学科为无理由，哲学科当专设一门，并且经学科大学、文学科大学下各门均应讲授哲学概论及美学、名学（逻辑学）等哲学的分支学问。他特意谈到美学对文学科的意义："且定美之标准与文学上之原理者，亦唯可于哲学之一分科之美学中求之"。最后，他拟定了一个全新的文学科大学规程，将张之洞的"经学科大学"合并入文学科大学中，文学科大学分为五科：一经学科，二理学科，三史学科，四国文学科，五外国文学科。各科的课程如下：

一、经学科科目：一哲学概论，二中国哲学史，三西洋哲学史，四心理学，五伦理学，六名学，七美学，八社会学，九教育学，十外国文；

二、理学科科目：一哲学概论，二中国哲学史，三印度哲学史，四西洋哲

① 《日本东京大学规制考略》，京师大学堂1901年铅印版。

学史，五心理学，六伦理学，七名学，八美学，九社会学，十教育学，十一外国文；

三、史学科科目：一中国史，二东洋史，三西洋史，四哲学概论，五历史哲学，六年代学，七比较言语学，八比较神话学，九社会学，十人类学，十一教育学，十二外国文；

四、中国文学科科目：一哲学概论，二中国哲学史，三西洋哲学史，四中国文学史，五西洋文学史，六心理学，七名学，八美学，九中国史，十教育学，十一外国文；

五、外国文学科科目：一哲学概论，二中国哲学史，三西洋哲学史，四中国文学史，五西洋文学史，六国文学史，七心理学，八名学，九美学，十教育学，十一外国文。①

从这个课表可以看出，在王国维看来，除了史学科之外，文学科大学其他各科均应开设哲学课与美学课。

王国维的文章发表后，并未引起太大反响。1907 年，张謇等拟定的《江阴文科高等学校办法草议》中，在"文学部"的科目里列有"美学"一科，也许是受王国维主张的影响，也许不是。1910 年，按《奏定大学堂章程》组织的京师大学堂各分科大学行开学礼，除医科大学未招生外，其他七科大学共有十三门实际招生，王国维在文学科大学下设哲学科的建议并未被采纳。1911 年，由于辛亥革命的爆发，京师大学堂实际陷于停顿。

（二）民初大学堂的课程设置

进入民国以后，教育部对清末的大学规程作了大刀阔斧的改造。1913 年 1 月，《教育部公布大学规程》出炉。《规程》规定，大学分文科、理科、法科、商科、医科、农科、工科共七科。和《奏定大学堂章程》相比，少了经学科，文学科改称文科。各科下各门的具体课程设置，也有许多变化。这一次，美学课不仅在工科建筑学门，而且在文科哲学门、文学门的课程设置中均赫然在列。以下是文

① 王国维：《奏定经学科大学文学科大学章程书后》，《王国维遗书》第 5 卷，上海书店出版社 1983 年影印版，第 42 页。

科哲学门中国哲学类的课表：

(1) 中国哲学，(2) 中国哲学史，(3) 宗教学，(4) 心理学，(5) 伦理学，(6) 论理学，(7) 认识论，(8) 社会学，(9) 西洋哲学概论，(10) 印度哲学概论，(11) 教育学，(12) 美学及美术史，(13) 生物学，(14) 人类及人种学，(15) 精神病学，(16) 言语学概论。

以及文学门国文学类的课表：

(1) 文学研究法；(2) 说文解字及音韵学，(3) 尔雅学，(4) 词章学，(5) 中国文学史，(6) 中国史，(7) 希腊罗马文学史，(8) 近世欧洲文学史，(9) 言语学概论，(10) 哲学概论，(11) 美学概论，(12) 论理学概论，(13) 世界史。①

紧接着，1913 年 3 月《教育部公布高等师范学校课程标准》中，“美学”又进入了高等师范本科国文部、英文部的课程设置。该《标准》规定：本科国文部以伦理学、心理学、教育学、国文及国文学、英语、历史、哲学、美学概要、言语学、体操为主课，其中美学概要在第三学年上下学期均开设，每周学时 2 小时；本科英文部课程除多了一门英语及英文学外，其他与国文部课程大同小异，美学概要也是在第三年上下学期开设，每周学时 2 小时。

教育部关于大学文科开设美学课的规定，很快得到了一些大学的响应。《教育公报》1917 年 10 月发布《北京大学文、理、法科本、预科改定课程一览》，通过这份文件我们知道，改定后的北大哲学门与文学门课程中均设置了美学。下面是哲学门的课程：

通科：心理学概论、认识论、哲学史、生物学、人类学、伦理学概论、教育学概论、美学概论、言语学概论、玄学（即纯正哲学）、外国语（欧洲近代语）。

以上各科，各生所必习者，除外国语外，各科均在第一、二学年讲毕。

① 《教育部公布大学规程令》，《教育杂志》1913 年第 5 卷第 1 号。

专科：中国哲学史、印度哲学史（梵文）、西洋哲学史（希腊文）、论理学（名学）（因明学）、心理学（心理学史）（人体组织及解剖）（生理学）（精神病学）、伦理学（伦理学史）、教育学（教授法）（教育史）（教育学史）、宗教学（比较宗教学）（宗教史）、美学（美术史）（考古学）（文学史）、社会学（统计学）（法理学）（经济学）、言语学（发音学）（比较言语学）。

以上各科在第三、四学年讲授，任各生自择正科一科，副科一科或二科，听讲时间必在三〇单位以上。①

北京大学之外，一些师范类大学也设置了美学课。1917年1月《国立武昌高等师范学校本学年教授程序报告》提到该校英语部三年级开设的美学课程："美学，授《欧洲美术史》（History of European Arts），每周授课二小时，用英文教授，第二学期终即可授毕。"②1920年2月《北京女子高等师范学校八年九月开学后现行校务状况报告》介绍该校图画手工专修科课程，其中也有美学："美学：本学期讲授美学序论、材料形式内容等。每周一小时，用讲义。"③

综合大学、师范学校之外，专门美术学校美学课的设置也值得关注。1918年7月，在蔡元培等人的倡导下，国立北京美术学校成立。该校分中等部和高等部，高等部设中国画科、西洋画科、图案科及图画手工师范科。有意思的是，在中国画科、西洋画科、图案科第二部、图画手工师范科的课程表中，均出现了"美学与美术史"，可见这门课在该校的重要性。这样的设置，与蔡元培有没有关系呢？我们不得而知。另外，各科课表对"美学与美术史"课程内容及讲授顺序的规定也很有意思。中国画科、西洋画科、手工师范科的"美学与美术史"分三部分内容：第一学年讲中国绘画史，第二学年讲西洋绘画史，第三学年讲美学。图案科第二部（建筑装饰图案）的"美学与美术史"也分三部分内容：第一学年西洋建筑史，第二学年美学，第三学年美学。④ 设计者似乎刻意将美学放在了

① 《北京大学文、理、法科本、预科改定课程一览》，潘懋元、刘海峰编《中国近代教育史资料汇编·高等教育》，上海教育出版社2007年版，第391页。

② 《国立武昌高等师范学校本学年教授程序报告》，潘懋元、刘海峰编《中国近代教育史资料汇编·高等教育》，上海教育出版社2007年版，第751页。

③ 《北京女子高等师范学校八年九月开学后现行校务状况报告》，潘懋元、刘海峰编《中国近代教育史资料汇编·高等教育》，上海教育出版社2007年版，第769页。

④ 《北京美术学校学则》，潘懋元、刘海峰编《中国近代教育史资料汇编·高等教育》，上海教育出版社2007年版，第637、641页。

艺术史的后面，是否考虑到这两部分内容性质的不同呢？

1919年，上海图画美术学校刊发的《上海图画美术学校概况》中，也提到该校开设了美学课。据文章介绍，该校正科课程中包含“伦理学、透视学、解剖学、美术史、美学、画学、几何学、投影学、铅笔画、钢笔画、水彩画、彩油画、木炭画、图案画，均以实写为要”。文章还特别提到各课教学均包含野外写生部分，“务使学生得直接审案自然界真美的精神，而于美学上且有所心得。”①

回溯20世纪初“美学”课在中国大学中的历史，一个重要但现在却很难考索的问题是：虽然很多学校很早就设置了“美学”“美学及艺术史”的课程，但这些课程实际开设的情况到底怎样，有多少学校真的将这门课开出来了？

据《北京大学学科史》介绍，直到1914年，北大哲学系才迎来第一批学生，则此前哲学系不可能开出美学课。那么1914年之后有没有可能呢？《北京大学哲学学科史》认为，由于师资缺乏，直到1921年蔡元培在北大讲授美学通论前，北大哲学系一直未正式开设美学课。这个说法可备一说。哲学系如此，中文系的情况又怎样呢？北京大学档案馆藏《北京大学文科一览》中，有一张中文系1918年的课表：

姓　　名	担任学科	每周学时
刘师培	中国文学 文学史	六 二
黄　侃	中国文学	十
朱希祖	中国古代文学史 中国文学史大纲	二 三
钱玄同	文字学	六
周作人	欧洲文学史 十九世纪文学史	三 三
黄　节	中国诗	六
吴　梅	词曲 近代文学史	十 二

① 《上海图画美术学校概况》，潘懋元、刘海峰编《中国近代教育史资料汇编·高等教育》，上海教育出版社2007年版，第647页。

可以看出，在这张课表中没有美学课。另外，北大红楼纪念馆展示的 1918 年北大文科教员及其所授课程表中，也没有关于美学课的信息：

姓名	职称	课程	课时		薪资	住址
李煜瀛	讲师	法国文学	一	五	一〇〇	东城遂安伯胡同四号
		生物学 生物学方法论	三 一			
梁漱溟	讲师	印度哲学	三	三	一〇〇	崇文门外缨子门外胡同路东十六号
顾兆熊	教授	经济学 兼习德文	二 三	五	二二〇	东城新开路门牌七十六号
杨昌济	教授	伦理学 伦理学史	三 二	五	二四〇	宝钞胡同北头豆腐池胡同九号
沈步洲	讲师	言语学	二	二	四〇	西城后王公厂路南电话西局一四一
刘师培	教授	中国文学 文学史	六 二	八	二八〇	西城南池子老爷庙电话南局二千七百六十九号
黄　侃	教授	中国文学	一〇	一〇	二八〇	北池子北沙滩二十二号
朱希祖	教授	中国古代文学史	二	五	二八〇	黄仪门内帘子库胡同北口路西栅栏门内
钱玄同	教授	文字学	六	六	二四〇	教员寄宿舍
周作人	教授	欧洲文学史 十九世纪文学史	三 三	六	二四〇	宣武门外南半截胡同绍兴会馆
吴　梅	教授	词曲 近代文学史	一〇 二	一二	二二〇	东斜街二十七号
黄　节	教授	中国诗	六	六	一八〇	南深沟高井胡同八号电话南局九百零一
辜汤生	教授	英国诗 拉丁文	四 三	七	二八〇	东安门外椿树胡同门牌三十号
Bush	外国教员	英文门英文	一四	一四	二八〇	什锦花园东口外莫宅
Wiliam	外国教员	预科英文 本科作文及英文学	九 七	一六	四五〇	东华门骑河楼门牌十一号
杨荫庆	教授	预科英文 兼习班英文 英文演说	九 三 二	一四	二八〇	崇文门外香串胡同门牌十四号

续表

姓名	职称	课程	课时		薪资	住址
文　讷	外国教员	英国史	三	三	六〇	亮果厂一号
宋春舫	教授	十九世纪文学史 法文门	二五二	一二	二八〇	景山东街中老胡同路北志宅

其他学校的美学课，倒是有确定已经开设的。《北京女子高等师范学校八年九月开学后现行校务状况报告》是对将要结束的1918—1919学年第一学期校务状况的报告，该文提到本学期美学课“讲授美学序论、材料形式内容等。每周一小时，用讲义”，则这门课正在上，讲授者为谁呢？《国立武昌高等师范学校本学年教授程序报告》显示该校美学课“每周授课二小时，用英文教授，第二学期终即可授毕”，则亦已实际开课。实际讲课者为谁？《教育公报》第五年第十三期刊登了一篇《武昌高等师范学校教员及担任学科一览表》，列出了该校总共36位中外教师的名字以及他们所担任的学科，但是在担任学科一栏中又没有发现美学或美术史的字样。《报告》提到该课程用英文讲授，是否该课程是由担任英文课的老师兼任呢？查《一览表》，担任英文的老师共六位：张锡周，北洋大学毕业；王恭宽，美国大学毕业；华尔伟，美籍教师；陈辛恒，英国万特别大学硕士毕业；张瑛，北洋大学毕业；沈溯明，美国康奈尔大学毕业。是否是他们六位中的某一位担任的美学课呢？留待以后查找。

1920年以后，国内各综合性大学普遍都开设了美学课，且都留下了可查的文字记录。1921年蔡元培在北大讲授美学课，1923年邓以蛰在北大讲授美学课，1925年宗白华在中央大学讲授美学课，是学术界众所周知的事情，这里不再赘述。

第三节　美学著作的翻译与撰写

引入“美学”这样一个概念，开设美学这样一门课程，还不足以保证美学这门学科的真正确立。美学要成为大家都公认的一门学问，还需满足两个条件：

外国美学著作的翻译，以及中国人自己的美学著作的撰写。前者标志着美学学科规范、研究典范的确立，后者则意味着美学这门学科真正在中国生根发芽。

（一）哲学、心理学译著中的美学内容

专门的美学著作的翻译，在中国出现相对较晚。在此之前，一部分哲学、心理学方面的译著，承担起了输入美学知识的任务。前面提到，颜永京译约瑟·海文的《心灵学》中，有关于美学的专章。王国维译桑木严翼的《哲学概论》中，有名为"自然之理想——宗教哲学及美学"的专节。在这两部译著中，我们看到不仅"美学"的概念被介绍进来，而且关于美学的一些较系统的知识也得以输入。与这两部译著类似的书还有一些，以心理学方面的为最多。

1902 年王国维译元良勇次郎《心理学》一书中，第十章"音乐"，第十一章"绘画"，第十二章"美丽之学理"，以今天观点看属于心理美学的内容。在"音乐"章，作者分析音乐使听者产生快感的原因，指出音乐由声高搭配而成，此种搭配对人耳蜗中的不同神经产生刺激，最后使人产生和谐与不和谐的感觉。在"绘画"章，作者探讨绘画能给人以快感的原因，结论有三点："第一，模拟之巧拙；第二，绘画之选择；第三，画工之意匠是也。"模拟之巧拙，即画家模仿得像与不像。绘画之选择，即绘画对象的选择，"画粗俗之瓷盆，不如画古代之酒器；画婀娜之娼妓，不若画优美之贵妇人；画洋服之勇士，不若画服甲胄者"。画工之意匠，即画家在绘画中表现的主观精神，优美之绘画应以高尚之观念，引起观赏者同样的观念。在"美丽之学理"章，作者分析美丽之物使人愉快的原因，同样归结为三点："第一，眼球筋肉之感；第二，色之调和；第三，由同伴法所惹起主观的之观念是也。"所谓"同伴法"，即我们现在所说的联想作用。作者特意举希腊雕塑《拉奥孔》为例，指出拉奥孔群雕本述恐怖之事，但之所以使观者产生快感，一个原因是观者欣赏群雕时会产生种种精神的联想，比如命运、神罚的可惧，等等。①1907 年，王国维译海甫定《心理学概论》中，也有关于美学的内容。该书第五篇"感情之心理学"第三章以专节论述"智力的感情及审美的感情"，第五章以专节论述"滑稽之情"。特别是在论滑稽之情的专节中，作者以约三千字的篇幅，分

① [日]元良勇次郎：《心理学》，王国维译，《王国维全集》第 17 卷，浙江教育出版社 2009 年版，第 393、394、395 页。

析滑稽之感的原因，列举了多种说法，如欲望满足说、优越感说、同情说、期待落空说，并一一予以辨析。在朱光潜《文艺心理学》问世之前，这是国内能看到的关于“滑稽”的最详尽的论述了。

其他人翻译的心理学译著中，也出现了一些关于美学的内容。比如，1903年出版的《心界文明灯》一书中设有“美的感情”专节。其中提到“美的感情可分为美丽、宏壮二种”，面对美丽之物，人只有快乐一种感情，面对宏壮之物，人于快感之中又伴以恐惧、勇敢之情。1905年陈惺编译的《心理易解》一书，有关于美感的相对性的论述：“甲所美者，未必乙多美也。好恶之不齐，境遇教育习惯等，且均有关系焉。”1907年杨保恒所编《心理学》一书中，设有“美的情操”专节，在该节中，不仅介绍了“美的情操”的三要素说，即“体制”“形式”和“意匠”，同时还阐明了优美、壮美和滑稽美的区别。诸如此类的译著，在输入西方美学思想上都起过一定作用。①

（二）专门的美学译著

专门的美学译著方面，现在看到的比较早的是1905年蒋观云译的《维朗氏诗学论》。蒋观云，浙江诸暨人，同情康梁的君主立宪主张，1904—1905年曾协助梁启超主编《新民丛报》，《维朗氏诗学论》即发表在《新民丛报》上。从这篇译文开头的说明我们知道，该文原为日本中江兆民翻译的法国维朗（今译维隆）《维氏美学》中的一篇，译者又将其转译为中文。中江兆民译《维氏美学》分上下卷，其中下卷共七篇，蒋观云的译文对应的是其第七篇《诗学》，而认真比对后发现蒋对这一篇的翻译也不完整：中江兆民《诗学》原文有八章，蒋观云译文只有两章，分别对应原文第一、二章。译文第二章的末尾有括弧，括弧内两个字“未完”，但实际上后来没有再续登。看来译者本来打算将《诗学》全篇译完，但后来因为其他事情中止了。

维隆《维氏美学》的理论出发点，是一种浪漫主义的表现论，即认为艺术是人类感情、性情的表现。《诗学篇》贯彻了这一理论，主张诗歌的使命是表达情感，诗人体会到一种深厚的感情，以合适的方式传达出来，然后又引起读者的某

① 关于近代心理学译著与美学的关系，参考黄兴涛：《“美学”一词及西方美学在中国的最早传播》，《文史知识》2000年第1期。

种感情，这就是诗歌的价值所在。蒋观云翻译的第一、二章的主要内容，也围绕这一理论而展开。在第一章中，维隆提出，所谓文艺才能，可以理解为“能感动人心之性”，即受到外部环境刺激而产生感情的能力。人人都有诗才，但诗人的诗才更大一些，原因是诗人观察事物与一般人不同，同样的事物诗人的观察更敏锐，由此产生的感慨更深。不仅如此，诗人还能以合适的技巧，将自己的感慨表达出来，使人人都能知晓，这是诗人之所以为诗人的独特之处。另外，诗人表达情感还有一个特点，即往往不是在感情最浓烈的时候把这种情感表达出来，而是等激情过后经理性反思然后再传达出来，“诗人之作，非发于其方有感激之时，而发于其既有感激之后者也。由是观之，所谓诗者，非真写其感激而写其感激后之一影像也。”[①]在第二章中，作者提出另一个观点：诗人有感动人心之能，但诗人并不是简单将自己所有而读者没有的感情灌输给读者，读者读了诗人的作品之所以感动，原因是自己脑中本来就有感情的积蓄，诗人“不过以感情惹起读者之感情而已”。[②] 读者的感情不一定等同于诗人的感情，因为读者阅读时常伴以想象与联想。那些在情感表达方面适当含蓄，既不晦涩也不过度直白的诗歌，往往容易激发读者感情，因为这类诗歌为读者想象留下了空白。诗歌作品往往运用比喻，也是这个道理，比喻的妙处在于不直言某物而是用相似之物来比拟。另外，在表达情感方面，古代诗人与现代诗人也有一些差异，古代诗人善于表达种族的共同情感，现代诗人善于表达个人性的情感。可以看出，《诗学论》的主要内容，大致属于文学创作论的范围。

值得注意的是，在《维朗氏诗学论》的正文中，夹杂着一些蒋观云对原文表达意见的按语。这些按语的内容，主要是对原文中的观点进行解释、说明、补充，比如第二章的一段按语举《诗经》中的比兴来肯定维隆关于比喻的看法。还有个别按语，是表达对原文的批评与纠正的。例如，第一章中维隆提出诗人不是在刚有感情时表达感情，而是在感情已经过去之后再将其复现。蒋观云对此表达异议，认为诗人之感慨有两种，一平日之感情，一临时之感情，“由追忆往日之感情而作诗者固多，以触发一时之感情而作诗者尤不少”，当然有时还有这种情况，即诗人因一时触发之感情而作诗，而作诗过程中平日蓄积之感情也发挥

① 观云：《维朗氏诗学论》，《新民丛报》1905 年第 22 号。
② 观云：《维朗氏诗学论》，《新民丛报》1905 年第 24 号。

了重要作用。又比如，第一章末尾维隆提出，一个时代有一个时代的潮流风尚，伟大诗人能表达此一时代风尚，于是能风靡一世之人心。对此，蒋观云也提出异议："一时代之人，往往有以风俗人心退化之故，其思想有甚失之于卑近者，若必强作者而与流俗同好，其造诣不必能高。余尝论英雄之所以能成为英雄者，谓必与时代相合，而又必稍稍有高出乎时代之处……诗人亦然，其思想不出时代之中，而又不可不占时代思想中最高之一位置，此其所以能为一代之大家也。"[①]可见，在翻译《维朗氏诗学论》时，蒋观云并未完全认同作者的观点，而是有自己的判断和取舍。

紧接着《维朗氏诗学论》而问世的，是严复译的《美术通诠》。严译《美术通诠》共三篇，第一篇《艺术》，第二篇《文辞》，第三篇《古代鉴别》。第三篇的最后标有"未完"二字，可见并非全译。三篇译文于1906年10月至1907年6月分三次刊载于《寰球中国学生报》，发表时署"英国倭斯弗著，侯官严复译"。由于严复并未标注作者的英文原名，所以"倭斯弗"是谁我们还不知晓。从严复的译文看，该书的论述综括各门艺术，但以文学为主，应该是一本文学理论或文学批评学的著作。但是严复将其翻译为"美术通诠"，可见他是把该书作为一本艺术通论来移译的。

《美术通诠》第一篇《艺术》中，作者对艺术概念予以辨析，指出艺术可分为两类，一"美术"，二"实艺"，前者如雕塑、绘画、音乐、诗赋，后者如各种手工技艺，二者的区别在于"美术所以娱心，而实艺所以适用"。美术又大概可分为"目治之美术"与"耳治之美术"两种，前者包括"营建"（建筑）、"刻塑"（雕塑）、"丹青"（绘画），后者包括"乐律"（音乐）与"诗歌"。以上总共五门美术中，诗歌对材料介质的依赖最少，所以地位也最尊贵。不管何种美术，都可从三个方面来考察："一其所托之物质也，二其为接于耳目之途术也，三其意境之显晦也。"[②]接下来，作者从这三个方面一一论述了建筑、雕塑、绘画、音乐、文学五种艺术。在第二篇《文辞》中，作者将文辞与图画两种艺术进行对比，突出文辞的优长。作者认为，和图画相比，文辞的表现能力更强，艺术效果更持久，文辞所写者"概古今人事之变端，统幽明物界之现象，其所传载者，不独人类之言行事功散然粲著者

① 观云：《维朗氏诗学论》，《新民丛报》1905年第22号。
② 严复：《美术通诠》，《寰球中国学生报》第3期，环球中国学生会1906年版。

也，且凡人情物理之所会通，所可垂之以为义法者”[①]。第三篇《古代鉴别》中，作者提出文辞可分为两种，一种为“实录之文”，一种为“创意之文”，前者纪实，后者构虚，很难说谁高谁低。就“创意之文”来说，其带给读者之享受有三，“事实也，文章也，机趣也”。接下来，作者介绍了古希腊柏拉图和亚里士多德的诗论，并一一对其评骘。作者认为，柏拉图指责诗人说谎，败坏道德，这种批评只顾及了前面所提到的“创意之文”三要素中的一种，而忽略了另外两种要素。亚里士多德《诗学》的值得注意之处，是其对“脱拉节地”（即 tragedy，悲剧）的格外重视。

《美术通诠》的正文中，也夹杂着一些译者的按语，当然这是严复译文的一贯风格。这些按语，一般是对原文进行阐释的，往往有借题发挥的意味。比如，在关于“实录之文”与“创意之文”区分的部分，严复加了一段按语，藉倭斯弗的理论，对中国人关于小说词曲的偏见进行了抨击：“复按：文字分为创意、实录二种，中国亦然。叙录实事者固为实录，而发挥真理者亦实录也。至创意一种，如词曲小说之属，中国以为乱雅，摈不列于著作之林，而西国则绝重之。”这是典型的严复按语的特点。也有些按语，是单纯对原文进行解释的。比如，在关于亚里士多德的“脱拉节地”论部分，严复加了一段按语：“欧洲词曲，大者分为三科：一曰脱拉节地，描摹高义俊伟慨慷，而其中往往有死亡危苦之人事；次曰康密地，嬉笑讥呵，意存讽刺，而其文邻于游戏；三曰额毕格，则以诗为史，类中国之弹词。”[②]这是中国人对于悲剧、喜剧、史诗的较早的介绍了。还有些按语，是对原文观点进行修正的。比如，在第一篇的结尾的一段按语中，严复指出书法在中国为一种独特之美术，很难归入倭斯弗的艺术五种类中去。

《美术通诠》的语言风格，也是典型的严氏译文的“渊雅”风格。“渊雅”的重要表现，是在译名上力求古朴。虽然也采用了一些当时通行的译名，如“艺术”“美术”等，但也有很多概念，尽管当时已有较为通俗的、为一般人所认可的译名，但严复并没有采用，而是选用了一些非常古老的词来对译。比如，“文学”一词久已输入，严复没有采用，而是用的“文辞”“文章”。“建筑”一词在《钦定大学堂章程》(1902)、《奏定大学堂章程》(1904)中已经出现，早为一般人所承认，严

---

① 严复：《美术通诠》，《寰球中国学生报》第 4 期，环球中国学生会 1907 年版。

② 严复：《美术通诠》，《寰球中国学生报》第 5、6 期合刊，环球中国学生会 1907 年版。

复也没有采用，而是用了“营建”。“建筑师”一词，严复用的是“梓人”“梓匠”。当然，这些译名还不会影响读者对原文意思的理解。而有些词语的使用，却足以导致读者理解的混乱。在讲到建筑材料的使用时，有这样一句译文：“营建所托之物质，乃其最粗。略言所用：石也，砖也，木也，铁也，及其他所常用者。是其物为最常之五材。”[①]“五材”是中国古书中的概念。《左传·襄公二十七年》：“天生五材，民并用之，废一不可。”杜预注：“金、木、水、火、土也。”[②]西方并没有“五材”的说法，“五材”用在这里没有必要，反而容易让读者产生困惑，以为真的是指砖石木铁等五种建筑材料。诸如此类的译文，让人不禁对严复“信、达、雅”的翻译追求产生疑问：“信”“达”“雅”三者之间的关系到底应该如何处理，是否要将对于“雅”的追求控制在一定范围以内，才不致损害译文的“信”与“达”？

《美术通诠》与《维朗氏诗学论》两部译著，都只翻译了原书的一部分，并非全璧。大部头的外国美学著作的完整翻译，始于刘仁航译高山林次郎的《近世美学》。刘仁航，江苏邳州官湖镇人，早年就读于徐州中学堂、南京高等学堂、上海广方言馆，后往日本留学，曾任江苏省立第七师范校长，中年后信佛，著有《印度游记》《东方大同学案》等书。《近世美学》是其留日归国后所译。《近世美学》于1920年由商务印书馆出版，但是据书后附的《译余赘言》，我们知道作者翻译这本书的时间是1917年。《近世美学》的原作者高山林次郎（1871—1902）又名高山樗牛，日本明治时期思想家、文艺评论家，东京大学毕业，曾任《太阳》杂志编辑，以输入介绍尼采思想闻名于日本。《近世美学》系高山樗牛醉心尼采之前的译作，1899年由博文馆出版。

《近世美学》的开头，附有高山樗牛的原序，序里写道：“是书之著，于今日美学，非有新知识之贡献，其目的所在，不过示现今美学之状态而已。”[③]可见，这是一本以介绍西方美学最新发展状况为宗旨的美学史类著作。该书共分上下两编。上编“美学史一斑”分两章。第一章“绪言”篇幅很短，简单介绍了美学名称的来源，美学的任务，美学研究的必要性等问题。第二章“美学史之概观”则以近百页的篇幅，完整叙述了西方美学自柏拉图、雅里大德理（亚里士多德）、普劳提尼（普罗提诺）到吴福（伍尔夫）、博格通（鲍姆加登）、李新（莱辛）、康德、黑格

---

① 严复：《美术通诠》，《寰球中国学生报》第3期，环球中国学生会1906年版。
② 《春秋左传正义》，李学勤主编《十三经注疏》标点本，北京大学出版社1999年版，第1065页。
③ ［日］高山樗牛：《近世美学》，刘仁航译，商务印书馆1920年版，第1页。

尔的历史。下编“近世美学”是全书主体,共四章:第三章(章节顺序承上编而来)“克尔门氏之美学”介绍了“德国感情美学之代表”克尔门(Kirchmann,1802—1884,今译基尔希曼)的美学思想;第四章“哈尔土门氏之美学”以百页的篇幅,详述德国哈尔土门(Eduard von Hartmann,今译哈特曼)的审美假象论;第五章“斯宾塞尔及葛兰德亚铃氏之生理美学”介绍了英国学者斯宾塞的游戏说以及葛兰德亚铃的生理美学;第六章“马侠尔氏快乐论之美学”评述了美国学者马侠耳(Henry Rutgers Marshall,今译马歇尔)的快乐论美学。

《近世美学》一书的写作重点,是19世纪中后期以来的西方美学,其中又以德国美学家哈特曼为重中之重,整本书中关于哈特曼的篇幅占了全书篇幅的三分之一还要多。作者高山樗牛在序言中对哈特曼推崇备至:“近世美学者中,以哈尔土门氏为精。”以今天的眼光看,哈特曼并非第一流的美学家,为什么作者对他如此推崇?这与明治时期哈特曼在日本的特殊地位有关。在日本,第一位广为人知的西方美学家不是康德、黑格尔,而是哈特曼。1890年,在关于“日本绘画的未来”的争论中,森鸥外援引哈特曼的美学理论,对东京帝国大学外山正一的画论进行了猛烈抨击。紧接着,在著名的“没理想的论争”中,森鸥外又一再援引哈特曼的“具像理想”说来批判坪内逍遥的写实主义,哈特曼的威名进一步传播。1892年,森鸥外在庆应大学讲授哈特曼美学,次年东京帝国大学邀请哈特曼的朋友凯贝尔担任哲学、美学教授。1899年,森鸥外、大村西崖共同编译了哈特曼的《审美纲领》。在明治二十年的日本思想界,哈特曼是绝对的权威。[①] 1899年6月,就在《近世美学》出版前夕,高山樗牛还发表了一篇关于《审美纲领》的书评。《近世美学》对哈特曼的格外青睐,就是在上述历史背景之下发生的。

就体系的完备和结构的均衡而言,《近世美学》并非一本合格的美学史著作。不过,在范寿康《美学概论》、吕澂《现代美学思潮》及《美学浅说》出版之前,这是中文世界里关于西方美学发展史的最详尽的著述了。这本书的翻译出版,对于中国人了解美学为何物、美学如何研究、美学史上各家代表学说如何等具有重要的意义。

---

① 关于哈特曼在明治时期日本的影响,参考神林恒道:《“美学”事始——近代日本“美学”的诞生》,杨冰译,武汉大学出版社2011年版,第51—57页。

（三）美学著作的撰写

20 世纪初中国美学史上，值得提及的人物不少，但这些人中的大多数都仅有一些零星的、片段的美学思想，或者若干具有美学史意义的文学、艺术学命题，而缺乏专门的、系统的美学著作。在专门的美学著作的撰写方面，成就最为突出的是王国维、梁启超与蔡元培。

王国维所有著作中，能称得上专门美学著作的，都集中在他学术生涯的早期，按时间先后主要有如下几种：《孔子之美育主义》(1904)，《红楼梦评论》(1904)，《论哲学家与美术家之天职》(1905)，《文学小言》(1907)，《屈子文学之精神》(1907)，《古雅之在美学上之位置》(1907)，《人间嗜好之研究》(1907)，《人间词话》(1908)。将这几篇著作进行纵向的比较，会发现两点变化。第一，最早，王国维关注的是一般意义上的审美以及美术（艺术），越往后，关注的对象越聚焦在文学这一具体的艺术样式上。这一变化与王国维 1905 年以后学术兴趣由抽象哲学理论向感性文学艺术的转移有关。第二，论述方式上，由照搬西方理论，以中国事实阐释、比附西方理论，到努力融汇中西、自出机杼。在《孔子之美育主义》《红楼梦评论》《论哲学家与美术家之天职》中，王国维征引席勒、叔本华、康德等人的美学观点，并以之为标准来衡量中国古代的文学与艺术观念。在《文学小言》《屈子文学之精神》中，王国维的立论出发点不再是西方美学，而是转向了中国传统的文艺实践，他从中国古代文学经典出发，来阐述他心目中“真文学”“纯文学”的精神。在《人间词话》中，他对康德、叔本华等西方美学家的名字几乎只字不提，而专注于自己以境界为核心的词学理论的建构。越往后，王国维关于文学的论著越少直接引用康德、叔本华，但实际上康德、叔本华、尼采的影响已融于精神。至少，在《人间词话》“词人者不失其赤子之心者也”的命题中我们能看到尼采的影子，而“以我观物”“以物观物”“遗其关系限制”的表述与《叔本华之哲学及其教育学说》《叔本华与尼采》中的若干表述也若合符契。王国维所追求的，是使西方美学理论融入中国本土的文艺实践，提炼出一套能够有效阐释中国古代文学经典的美学范畴。20 世纪初，自觉从事美学研究，并努力追求理论创新的人当中，王国维是首屈一指的人物。

与王国维主要在其学术生涯的早期关注艺术与审美不同，梁启超一生都保持了对于文艺问题的关注。早年，梁启超著有《论小说与群治之关系》《小说丛话》《译印政治小说序》《饮冰室诗话》等。晚年，又有《中国韵文里头表现的情感》《情圣杜甫》《屈原研究》《陶渊明》《"知不可而为"主义与"为而不有"主义》《趣味教育与教育趣味》《美术与生活》《美术与科学》《学问之趣味》《敬业与乐业》等一系列论著。严格说来，梁启超早期的论著如《论小说与群治之关系》《饮冰室诗话》等，虽然具有美学史的意义，但并非真正意义上的美学著作，而是文学理论、文学批评的著作。晚年的一系列论著，则具有鲜明的美学色彩，既是文学理论、文学批评的著作，又是美学的著作。这其中，尤其又以《美术与生活》《"知不可而为"主义与"为而不有"主义》《中国韵文里头表现的情感》《情圣杜甫》等几篇著作的美学意味最为浓厚。在这几篇著作中，梁启超超越了文学的界限，讨论一般意义上的艺术，艺术的本质是什么，艺术何为，艺术与人生的关系，等等。在《中国韵文里头表现的情感》中，他主张人生的根本是情感，情感教育的利器是艺术。在《情圣杜甫》中，他提出"美术是情感的产物，情感是不受进化法则支配的"。在《美术与人生》中，他提出趣味是人生的根本动力，艺术的使命在于创造与激发趣味。可以看出，在这几篇论著中，梁启超在有意识地建构一套以"情感"和"趣味"为核心的艺术理论。因此，虽然没有明确拈出"美学"二字，但梁启超的这几篇论著却无疑属于美学。总起来看，在专门美学著作的撰写方面，梁启超做了一些工作，但成就与贡献要小于王国维与蔡元培。

蔡元培的美学研究生涯，以 1916 年为界，可以分为两个时期。1916 年之前，蔡元培有关美学的著述主要有两类：第一类是从教育学需要出发，提倡美术、美育的，如《对于新教育之意见》(1912)，《养成优美高尚思想》(1913)，《教育界之恐慌及救济方法》(1916)等；第二类是旨在介绍西方哲学思想，附带提到美学的，如《哲学要领》(1903)，《伦理学原理》(1909)，《哲学大纲》(1915)等。严格地讲，这两类著作都只能算是与美学相关，并非真正的、专门的美学著作。1916 年起，蔡元培连续撰写了一系列专门的美学著作，主要有：《康德美学述》(1916)，《以美育代宗教说》(1917)，《美术的起原》(1920)，《美术的进化》(1921)，《美学的进化》(1921)，《美学的研究法》(1921)，《美学讲稿》(1921)，《美学的趋向》(1921)，《美学的对象》(1921)《美育实施的方法》(1922)，等等。这批著作按内容不同可分为两类：一类是艺术哲学方面的，如《美术的起原》《美术的进化》；一类是美学史及美学通论，如《美学的进化》《美学的研究法》《美学讲稿》等。其中后一类著作尤其值得重视。在这一类著作中，蔡元培做了两方面有意思的工作。一方面，他追溯了中西方古代美学思想的发展，尤其梳理了中国古代的美学思想，指出美学虽然是一门外来的学问，但中国古代早已有美学的萌芽。在《美学的进化》《美学讲稿》中，他指出中国古代《礼记·乐记》《考工记·梓人篇》等著作中，已经包含极精的美学理论，后世《文心雕龙》《诗品》，各种诗话、词话、书谱、画论中，也都有美学方面的内容，只不过“没有人能综合各方面的理论，有统系的组织起来，所以至今还没有建设美学”。① 另一方面，他着重介绍、评述了西方美学最近的发展趋向。在《美学的研究法》《美学讲稿》中，他介绍了费希耐（Fechner，今译费希纳）、摩曼（Meumann，今译梅伊曼）、惠铁梅（Witmer，今译韦特默）、射加尔（Segal，今译希格尔）、爱铁林该（Ettlinger，今译埃特林格）等人的试验美学，列举了试验美学对美术家及鉴赏家心理所运用的各种研究方法，并一一评价之，指出其可借鉴之处及可改进之处。在《美学的趋向》中，他介绍了立普斯（Lipps）、洛特茨（H. Lotze，今译洛采）的感情移入说，认为“感情移入的理论，在美的享受上，有一部分可以应用，但不能说明全部”。② 通过这些论述，我们可以领会蔡元培关于中国美学发展的设想：中国美学的发展，不仅要继往，继承古代美学思想并将之发扬光大，而且要开新，借鉴西方美学最新方法并将其推进到新的高度。

蔡元培美学著作在现代中国美学史上的意义，不仅仅在于这些著作是首次直接冠以“美学”之名的专著，在这些著作中提出了若干重要的美学观点，更重要的意义在于，在这些著作中，蔡元培从学科规划的高度，规定了美学的学科地位、研究对象、研究范畴、研究方法，从而从根本上树立了中国美学的学科规范。

小　结

“美学”概念的输入与广泛传播，为美学带来了学科的命名。大学美学课程的设置，以制度的方式保证了美学的学科地位。美学著作的翻译以及撰写，则意味着美学学科规范、研究方法的确立。短短二十年的时间里，美学作为一门

① 蔡元培：《美学的进化》，《蔡元培全集》第 4 卷，中华书局 1984 年版，第 20 页。
② 蔡元培：《美学的趋向》，《蔡元培全集》第 4 卷，中华书局 1984 年版，第 117 页。

学科被迅速建立起来。美学学科地位的迅速确立，一个重要原因是救亡图存背景下中国知识分子对于西方学术如饥似渴的学习、借鉴。和哲学、教育学、心理学、社会学一样，美学作为现代西方学术的一部分，也被视为西方国家富强、文明的原因之一而被中国人接受。但是对于美学学科来说，仅仅是“挟洋自重”还不够，要想在中国真正扎根并繁荣发展，还需要在以下两个方面努力：第一，与中国的文学艺术深度融合；第二，与中国的历史传统与现实需要深度融合。幸运的是，在这两方面，20 世纪初的中国美学家们都做了大量工作。

第二章

王国维美学思想

王国维(1877—1927)是近代第一个对西方美学理论有所研究而作深入引介的人,也是第一个对美学问题作专门而深入讨论的人,冯友兰因此称他是“中国近代美学的奠基人”。

王国维以国学家名世，其实他早年曾致力于哲学（尤其是西方哲学）和文学的研究。王国维研究哲学始于 1901 年，至 1906 年后渐渐移心于文学，其专心治哲学的时间约 5 年。至 1913 年撰成《宋元戏曲考》（后改题《宋元戏曲史》），其专心治文学的时期亦结束，历时约 6 年。这样算起来，他从事美学活动的时间前后约 11 年。这期间王国维写了许多哲学、美学、文学评论的文章。其中与美学相关的主要有《叔本华之哲学及其教育学说》《红楼梦评论》《论哲学家与美术家之天职》《文学小言》《屈子文学之精神》《去毒篇》《人间嗜好之研究》《古雅之在美学上之位置》《人间词话》。《人间词话》有单行本，其他论文收集在他自编的《静庵文集》（1905）和他自沉后门人杨万里辑的《静庵文集续编》中。此外，佛雏《王国维哲学美学论文辑佚》有《孔子之美育主义》一篇，也很重要。

西方哲学中，王国维浸染最深的是叔本华和康德。这令他的思想兼具西方近代的启蒙精神和浪漫气质。王国维对西方近代启蒙文化的精神，颇能心领神会。他向国人介绍的西方哲学家，主要即是启蒙时代以来的哲学家。他说："启蒙时代之第一特点，在力戒盲信盲从。"[①]他认为英国自培根以来的经验主义，法国自笛卡尔以来的理性主义，对于旧说都持宁怀疑而不盲信的态度[②]，其后乃有康德的批判哲学，对于理性自身亦加以反思，完成了从独断论哲学向批判哲学的变革。同时，叔本华、尼采的影响，对歌德、席勒的推崇，又让他的文化理想染上了些许浪漫的色彩而高扬情感的旗帜。他的文学批评也表现出这样的性质。他的文学批评有两个基本倾向：一，提倡独立、纯粹、真正的文学，反对政治化、道德化的文学；二，注重情感，强调文学培养、慰藉情感的功能。

如此鲜明的近代文化特征，似乎很难与作为国学大师的王国维联系起来。所以新文化阵营里的顾颉刚在纪念王国维的文章中特意提醒人们："他的学问，恐怕一般人要和别的老先生老古董们相提并论，以为他们都是研究旧学，保存国粹的。这是大错误。"又说，"王国维在廿余年前治哲学、文学、心理学、法学等，他的研究学问的方法已经上了世界学术的公路……他对于学术界的最大功

① 王国维：《述近世教育思想与哲学之关系》，《王国维哲学美学论文辑佚》，佛雏校辑，华东师范大学出版社 1993 年版，第 14 页。

② 王国维：《述近世教育思想与哲学之关系》，《王国维哲学美学论文辑佚》，佛雏校辑，华东师范大学出版社 1993 年版，第 8—10 页。

绩，便是经书不当作经书（圣道）看而当作史料看，圣贤不当作圣贤（超人）看而当作凡人看。他把龟甲文、钟鼎文、经籍、实物作打通的研究，说明古代的史迹。他已经把古代的神秘拆穿了许多，这和一班遗老们迷信古代，将‘圣道王功’常挂在嘴边的，会相同吗?”所以，“我们单看王国维的形状，他确是一个旧思想的代表者；但细察他的实在，他却是一个旧思想的破坏者。”的确，受过西方近代哲学洗礼的王国维，思想和眼光都超出时辈，与旧派的学者是迥然不同的。他早年的理想是作思想的革命，以西方近代文化的精神，批评、改造传统文化，以为传统文化找到一条发展的道路。他的美学研究是其思想革命的一部分，其立脚点在西方近代文化，这是我们需要特别注意的。

王国维的美学思想，起初完全立足于叔本华，这方面的代表作是《红楼梦评论》。此后他渐渐走出叔本华美学思想的束缚而走向康德、席勒——当然也并非完全绝去了叔本华的影响——从《论哲学家与美术家之天职》到《屈子文学之精神》，可以看到其中发展的痕迹。他一步步建立起自己新的文学观，即文学当以写真情、真景为根本的目的。最后，经过《古雅之在美学上之位置》对第一形式和第二形式的区分，终于在《人间词话》中提出了他的“境界”说。境界理论是王国维文学思想的结晶，其形态是传统的，其内容却融合了西方近代文化的精神，显示出试图沟通中西美学与艺术的努力。

第一节　叔本华哲学与美学思想的引介与《红楼梦评论》

王国维美学上的第一件工作，是引介叔本华哲学与美学思想，并将之应用于文学批评而作《红楼梦评论》。

（一）叔本华哲学与美学思想的引介

王国维的哲学兴趣原本在康德（王国维译为“汗德”），但他在研读康德时遇到很大困难，于是转而读叔本华。他的初衷是想以叔本华作为通往康德的桥梁，不意“读叔本华之书而大好之”，竟至沉浸其中一年有余。或许因为个性气质上的契合，他一时被叔本华的学说深深吸引而笃信不疑——“其所尤惬心者，则在叔本华之知识论……然于其人生哲学，观其观察之精锐与议论之犀利，亦未尝不心怡神释也。”[①]他甚至一度认为叔本华超过了康德：“自希腊以来至于汗德之生二千余年，哲学上之进步几何？自汗德以降至于今百有余年，哲学上之进步几何？其有绍述汗德之说，而正其误谬，以组织完全之哲学系统者，叔本华一人而已矣。而汗德之学说，仅破坏的而非建设的。彼憬然于形而上学之不可能，而欲以知识论易形而上学，故其说仅可谓之哲学之批评，未可谓之真正之哲学也。叔氏始由汗德之知识论出，而建设形而上学，复与美学、伦理学以完全之系统。然则视叔氏为汗德之后继者，宁视汗德为叔氏之前驱者为妥也。”[②]他先作了一篇论文《叔本华之哲学及其教育学说》，从叔本华的哲学推演其教育学；后又借叔本华的哲学分析《红楼梦》，作《红楼梦评论》。

《叔本华之哲学及其教育学说》思路清晰，论证谨严。其中论叔本华哲学的部分，从叔本华信奉的知识论推及其形上学，然后从其形上学推及其美学，最后推及其伦理学，清晰地呈现了叔本华美学的来龙去脉及其旨趣。王国维介绍说：

Ⅰ. 叔本华在知识论上信奉康德之说，认为“世界者，吾人之观念也。一切万物，皆由充足理由之原理决定。而此原理，吾人知力之形式也。物之为吾人所知者，不得不入此形式，故吾人所知之物，绝非物之自身，而但现象而已，易言以明之，吾人之观念而已”。叔本华所认同康德的，到此为止，再往后就分道扬镳了。分歧的起点在于对“物之自身”（即“物自体”）的看法。依照王国维当时对康德的理解，康德认为“物之自身”不可知，所以他的哲学也就止步于与物之现象相关的知识论，而没有与“物之自身”相关的形而上学。但是，叔本华却在探求“物之自身”的问题上另辟蹊径。叔本华从对“我”的反观入手，看出“我之自身”乃是“意志”；而身体则是意志的客观化，即“意志之入于知力之形式中者也”。然后叔本华由“观我”例推，得出“一切物之自身皆意志”的结论。叔本华既以意志为世界万物的本质，又借助于对生物界和人的精神发展次序的考察，证明就人而言意志是精神中的第一原质，知力（包括悟性和理性）是第二原质，即是说：人的知力是意志的奴隶，它因意志而生，为意志服务。王国维认为这是叔本华对形而上学和心理学的一大贡献，因为古往今来论形而上学和心理学，

---

① 王国维：《静安文集·自序》，《王国维全集》第1卷，浙江教育出版社2009年版，第3页。

② 王国维：《叔本华之哲学及其教育学说》，《王国维全集》第1卷，浙江教育出版社2009年版，第35页。

皆偏重于知力的方面，以为世界及人的本体是知力，至叔本华倡意志论，才把那倾向扭转过来。

Ⅱ．叔本华更由形而上学，进而说美学。既然人的本质是意志，而意志的一大特质是生活之欲，因此保存生活——从保存个体生活进而到保存种族生活——遂成为人生唯一的大事业。“吾人之意志，志此而已；吾人之知识，知此而已。”[①]人的所有活动，包括认识活动以及由此而形成的知识，都是围绕着生活之欲打转；人的所有情感，无始无终的满足与空泛，希望和恐怖，也都由此而起。因此，人“目之所观，耳之所闻，手足所触，心之所思，无往而不与吾人之利害相关”，而人之“终身仆仆，而不知所税驾者，天下皆是也”[②]。那么，这利害之念，竟没有休止的时候？我们在这桎梏的世界中，竟不能获得一时的救济吗？叔本华说：有。

> 唯美之为物，不与吾人之利害相关系；而吾人观美时，亦不知有一己之利害。何则？美之对象，非特别之物，而此物之种类之形式，又观之之我，非特别之我，而纯粹无欲之我也。夫空间、时间，既为吾人直观之形式，物之现于空间者皆并立，现于时间者皆相续，故现于空间时间者皆特别之物也。既视为特别之物矣，则此物与我利害之关系，欲其不生于心，不可得也。若不视此物为与我有利害之关系，而但观其物，则此物已非特别之物，而代表其物之全种，叔氏谓之曰实念。故美之知识，实念之知识也。而美之中又有优美与壮美之别。今有一物，令人忘利害之关系而玩之而不厌者，谓之曰优美之感情；若其物直接不利于吾人之意志，而意志为之破裂、唯由知识冥想其理念者，谓之曰壮美之感情。然此二者之感吾人也，因人而不同。其知力弥高，其感之也弥深。独天才者，由其知力之伟大，而全离意志之关系，故其观物也视他人为深，而其创作之也与自然为一。故美者，实可谓天才之特许物也。[③]

简而言之，审美能使人暂息利害之念，暂脱意志（生活之欲）的罗网。惟在常人，

① 王国维：《叔本华之哲学及其教育学说》，《王国维全集》第1卷，浙江教育出版社2009年版，第39页。
② 王国维：《叔本华之哲学及其教育学说》，《王国维全集》第1卷，浙江教育出版社2009年版，第39页。
③ 王国维：《叔本华之哲学及其教育学说》，《王国维全集》第1卷，浙江教育出版社2009年版，第39页。

知力仅作意志的奴隶，只有在天才，知力始不复为意志之奴隶而为独立之作用。因此，美是“天才的特许物”。

Ⅲ. 但是一方面，天下之人，终生局促于利害之桎梏而不知美之为何物者，滔滔皆是；另一方面，美对于吾人，仅一时的救济，而非永远的救济。因此乃有叔氏走向拒绝意志的伦理学——若极力主张自己的生活之欲而至侵凌、牺牲他人的生活之欲，斯为恶；若以己所欲而欲人，己所不欲而勿施于人，则各自限制或拒绝一己之欲而遂他人之欲，斯为善，而视其限制或拒绝生活之欲的程度而有正义之德、博爱之德。

以上是王国维对叔本华哲学的介绍。王国维介绍叔本华哲学，大致按照叔本华《作为意志和表象的世界》一书。叔氏《作为意志和表象的世界》共四章，第一章讨论认识论，第二章讨论意志论形而上学，第三章讨论美学与艺术问题，第四章讨论伦理学。由此可以看出，美学是叔本华哲学系统的一个重要环节。在叔本华看来，审美是拯救人生的一条途径，虽然只是一时的救济而非彻底的解决，但这毕竟为人类的审美/艺术活动提供了一个价值依据。由此亦可知，王国维一开始就是从哲学层面介入美学/艺术问题的，这与梁启超等人从政治层面介入艺术问题大异其趣。至于内容方面，则有所谓“天才”观，是我们需要留心的。康德论艺术亦说天才，然康德说天才，侧重于艺术家通过作品而为艺术立法的能力；叔本华说天才，则侧重于摆脱利害关系和充足理由律而观物的能力。

《叔本华之哲学及其教育学说》的后半部分，即是基于以上对叔本华哲学（知识论、形而上学、美学、伦理学）的分析而推论叔本华的教育学，其中亦涉及一个与美学有关的重要话题，即叔本华的直观思想。王国维说：“至叔氏哲学全体之特质，亦有可言者。其最重要者，叔氏之出发点在直观（即知觉）而不在概念是也。”[①]为什么呢？因为叔本华认为“直观者，乃一切真理之根本，唯直接间接与此相联络者，斯得为真理，而去直观愈近者，其理愈真；若有概念杂乎其间，则欲其不罹于虚妄难矣”。[②] 这直接决定了叔本华对美术（艺术）的态度。王国维评论说：

---

① 王国维：《叔本华之哲学及其教育学说》，《王国维全集》第1卷，浙江教育出版社2009年版，第43页。
② 王国维：《叔本华之哲学及其教育学说》，《王国维全集》第1卷，浙江教育出版社2009年版，第45页。

> 美术之知识全为直观之知识，而无概念杂乎其间，故叔氏之视美术也，尤重于科学……科学上之所表者，概念而已矣。美术上之所表者，则非概念，又非个象，而以个象代表其物之一种之全体，即上所谓“实念”者是也，故在在得直观之。如建筑、雕刻、图画、音乐等，皆呈于吾人之耳目者。唯诗歌（并戏剧、小说言之）一道，虽藉概念之助以唤起吾人之直观，然其价值全存于其能直观与否。诗之所以多用比兴者，其源全由于此也。由此，叔氏于教育上甚蔑视历史，谓历史之对象，非概念，非实念，而但个象也。诗歌之所写者，人生之实念，故吾人于诗歌中，可得人生完全之知识。故诗歌之所写者，人及其动作而已。而历史之所述，非此人即彼人，非此动作即彼动作，其数虽巧历不能计也，然此等事实，不过同一生活之欲之发现。故吾人欲知人生之为何物，则读诗歌贤于历史远矣。①

王国维认为，直观之知识乃最确实之知识，而概念者，仅为知识之记忆传达之用，不能由此而得新知识；真正的新知识，必不可不由直观之知识，即经验之知识中得之。他说，“自中世纪以降之哲学，往往从最普遍之概念立论……一切谬妄，皆生于此”，又说“古今之哲学家，往往由概念立论，汗德且不免此，况他人乎！特如希哀林（谢林）、海额尔（黑格尔）之徒，专以概念为哲学上唯一之材料，而不复求之于直观，故其所说非不庄严宏丽，然如蜃楼海市，非吾人所可驻足者也”。② 因此他对富于直观的叔本华哲学，有极高的评价：

> 叔氏之哲学则不然，其形而上学之系统，实本于一生之直观所得者，其言语之明晰与材料之丰富，皆存于此……彼以天才之眼，观宇宙人生之事实，而于婆罗门、佛教之经典及柏拉图、汗德之哲学中，发见其观察之不谬，而乐于称道之。然其所以构成彼之伟大之哲学系统者，非此等经典及哲学，而人人耳中目中之宇宙人生即是也。③

---

① 王国维：《叔本华之哲学及其教育学说》，《王国维全集》第 1 卷，浙江教育出版社 2009 年版，第 50—51 页。
② 王国维：《叔本华之哲学及其教育学说》，《王国维全集》第 1 卷，浙江教育出版社 2009 年版，第 43 页。
③ 王国维：《叔本华之哲学及其教育学说》，《王国维全集》第 1 卷，浙江教育出版社 2009 年版，第 43—44 页。

王国维认为叔本华哲学之所以凌轹古今，原因实在于此。

叔本华对人生之本质乃生活之欲的判断，即是建立在对人生的直接观察之上。这判断是极其悲观的，对于习惯了以理性为人之高贵本性的传统来说，其震撼力不言而喻。叔氏对人生的观察与判断，或正与王国维对人生的观察与判断相吻合[①]，遂令王国维笃信不疑。这笃信可以在《叔本华之哲学及其教育学说》一文中清楚地看到——虽然不久之后他就对叔氏伦理学上的拒绝意志说发生了怀疑。然则王国维之作《红楼梦评论》，就不仅是“取外来之观念与本土固有之材料相参证”而已，亦是基于他自己的世界观与人生观，对于《红楼梦》的深切感悟与分析。

（二）《红楼梦评论》一：人生与艺术的概观

《红楼梦评论》的立脚地几乎全在叔本华哲学，这一点王国维自己也承认的[②]。但是在这篇论文里，王国维是以自己的口吻说话，其所引证亦不限于叔氏哲学，所以冯友兰称之为王国维的第一个美学纲领[③]。拿《红楼梦评论》与《叔本华之哲学及其教育学说》相比较，可以发现《叔本华之哲学及其教育学说》一文中的诸多美学观点在《红楼梦评论》中都有更充分的展开，表述亦更为流畅自然。

《红楼梦评论》计五章。

第一章“人生及美术之概观”，给出了关于人生和艺术的一般理论。这个理论无疑是叔本华式的。与《叔本华之哲学及其教育学说》一文略有不同的是，《红楼梦评论》刻意突出了生活之欲所引起的痛苦——这样的处理当然与他要讨论《红楼梦》有关。他说人生的实际不过是要维持一己之生活与图种姓之永远生活，而生活的本质是欲望，与欲望始终相连的是痛苦：

> 生活之本质何？欲而已矣。欲之为性无厌，而其原生于不足。不足之状态，苦痛是也。既偿一欲，则此欲以终。然欲之被偿者一，而不偿者什

① 关于王国维思想与叔本华哲学之关系，参见缪钺：《王静安与叔本华》，《诗词散论》，开明书店 1948 年版，第 68—69 页。

② 王国维：《静安文集・自序》（“去夏所作《红楼梦评论》，其立论虽全在叔氏之立脚地”），《王国维全集》第 1 卷，浙江教育出版社 2009 年版，第 3 页。

③ 冯友兰：《中国哲学史新编》（下），人民出版社 1999 年版，第 538 页。

佰。一欲既终，他欲随之。故究竟之慰藉，终不可得也。即使吾人之欲悉偿，而更无所欲之对象，倦厌之情即起而乘之。于是吾人自己之生活，若负之而不胜其重。故人生者，如钟表之摆，实往复于痛苦与倦厌之间者也。夫倦厌固可视为苦痛之一种。有能除去此二者，吾人谓之曰快乐。然当其求快乐也，吾人于固有之苦痛外，又不得不加以努力，而努力亦苦痛之一也。且快乐之后，其感苦痛也弥深……又此苦痛与世界之文化俱增，而不由之而减。何则？文化愈进，其知识弥广，其所欲弥多，又其感苦痛亦弥甚故也。然则人生之所欲，既无以逾于生活，而生活之性质，又不外乎苦痛，故欲与生活与苦痛，三者一而已矣。（《红楼梦评论》第一章）①

人类生活的性质既如此矣，人类的知识又如何呢？王国维说，知识的产生无非是为了欲的满足：

吾人之知识遂无往而不与生活之欲相关系，即与吾人之利害相关系……故科学上之成功，虽若层楼杰观、高严巨丽，然其基址则筑乎生活之欲之上，与政治上之系统立于生活之欲之上无以异。然则吾人理论与实际之二方面，皆此生活之欲之结果也。（第一章）②

他由此得出一个人生的“概观”：吾人之知识与实践二方面，无往而不与生活之欲相关系，即与苦痛相关系。

他进而论艺术（即他所谓美术）：

兹有一物焉，使吾人超然于利害之外，而忘物与我之关系。此时也，吾人之心无希望，无恐怖，非复欲之我，而但知之我也。此犹积阴弥月，而旭日杲杲也；犹覆舟大海之中，浮沉上下，而飘著于故乡之海岸也；犹阵云惨淡，而插翅之天使，赍平和之福音而来者也；犹鱼之脱于罾网，鸟之自樊笼出，而游于山林江海也。然物之能使吾人超然于利害之外者，必其物之于

① 王国维：《红楼梦评论》，《王国维全集》第1卷，浙江教育出版社2009年版，第55页。
② 王国维：《红楼梦评论》，《王国维全集》第1卷，浙江教育出版社2009年版，第55—56页。

吾人无利害之关系而后可，易言以明之，必其物非实物而后可。然则非美术何足以当之乎？夫自然界之物，无不与吾人有利害之关系，纵非直接，亦必间接相关系者也。苟吾人而能忘物与我之关系而观物，则夫自然界之山明水媚，鸟飞花落，固无往而非华胥之国，极乐之土也。岂独自然界而已，人类之言语动作，悲欢啼笑，孰非美之对象乎？然此物既与吾人有利害之关系，而吾人欲强离其关系而观之，自非天才，岂易及此？于是天才者出，以其所观于自然人生中者复现之于美术中，而使中智以下之人，亦因其物之与己无关系而超然于利害之外。（第一章）①

据此，则唯有审美的对象能使人超出利害的纠缠而脱离欲望的苦海。唯常人难以进入审美的状态，于是天才将其在审美状态下的所见复现于艺术，以帮助常人超出利害而观之。王国维由此得出一个艺术/美术的概观："美术之为物，欲者不观，观者不欲；而艺术之美所以优于自然之美者，全存于使人易忘物我之关系也。"他引出"艺术之美"优于"自然之美"，自然也是为讨论《红楼梦》作铺垫。

他又进而论美之种类：

美之为物有二种：一曰优美，一曰壮美。苟一物焉，与吾人无利害之关系，而吾人之观之也，不观其关系而但观其物，或吾人之心中无丝毫生活之欲存，而其观物也，不视为与我有关系之物，而但视为外物，则今之所观者，非昔之所观者也。此时吾心宁静之状态，名之曰优美之情，而谓此物曰优美。若此物大不利于吾人，而吾人生活之意志为之破裂，因之意志遁去，而知力得为独立之作用，以深观其物，吾人谓此物曰壮美，而谓其感情曰壮美之情。（第一章）②

这一段与前引《叔本华之哲学及其教育学说》涉及优美、壮美概念的一段相似，唯在表述上略趋严密，明确区分了"优美/壮美"与"优美之情/壮美之情"：以"优美/壮美"属物，以"优美之情/壮美之情"属人（观者）。

---

① 王国维：《红楼梦评论》，《王国维全集》第1卷，浙江教育出版社2009年版，第56—57页。
② 王国维：《红楼梦评论》，《王国维全集》第1卷，浙江教育出版社2009年版，第57页。

另一个更值得留意的进步，是他在优美、壮美之外，补充了叔本华美学中另一个具有负面价值的概念：眩惑。他说：

> 至美术中之与二者（优美、壮美）相反者，名之曰眩惑。夫优美与壮美，皆使吾人离生活之欲，而入于纯粹之知识者。若美术中而有眩惑之原质乎，则又使吾人自纯粹之知识出，而复归于生活之欲。如粔籹蜜饵，《招魂》《启文》《发》之所陈；玉体横陈，周昉、仇英之所绘……徒讽一而劝百，欲止沸而益薪。（第一章）[①]

用叔本华的话说，眩惑迎合、激发人的意志/欲望。不过在叔本华那里，"眩惑"是"壮美"的对立面，而在王国维这里，"眩惑"被调整成了"美"（包括优美和壮美）的对立面。[②]

以上是王国维提出来的一个"哲学—美学"纲领。《红楼梦评论》即是依据这个纲领解析《红楼梦》：第二章"《红楼梦》之精神"是哲学维度的解析，第三章"《红楼梦》之美学上之价值"是美学维度的解析。

（三）《红楼梦评论》二：悲剧精神及其美学价值

照王国维的思路，人生的本质是意志，诸意志中最强烈最根本的意志是生存之欲；生存之欲包括保存个体的生存之欲和求永久生存的种姓之欲，二者之中又以后者与我们一生的所作所为以及所受的苦难关系最大。而种姓之欲的起点是男女之欲，于是男女之欲问题就成为解开人生之秘的关键。王国维说，两千年来，自哲学上解开此问题的只有叔本华的《男女之爱之形而上学》，而古今中外的诗歌小说，描写男女之爱的不可悉数，能解决此问题的却极少。唯《红楼梦》一书，"非徒提出此问题，又能解决之"，因为"《红楼梦》一书，实示此生活此苦痛之由于自造，又示其解脱之道不可不由自己求之者也"——所谓由自己求之，是指如宝玉经历种种苦痛之后，最终自觉地拒绝生活之欲（出世）。王国

---

① 王国维：《红楼梦评论》，《王国维全集》第1卷，浙江教育出版社2009年版，第58页。

② 德文原文 Reizende（Arthu Schopenhauer, Die Welt als Wille und Vorstellung Ⅰ, Diogenes, 1977, p265.），石冲白译作"媚美"（叔本华《作为意志和表象的世界》，石冲白译，商务印书馆2009年版，第288页），佛雏据英译本译作"俏媚或魅惑"（佛雏：《王国维诗学研究》，北京大学出版社1987年版，第124页）。按：Reizende，英语世界也有不同译法，或译为 charming/attractive，或译为 stimulating。

维认为这就是《红楼梦》的精神。

王国维并由此建立其艺术批评理论。这个艺术批评理论几乎是为《红楼梦》量体而定：

> 宇宙一生活之欲而已。而此生活之欲之罪过，即以生活之苦痛罚之，此即宇宙之永远的正义也。自犯罪，自加罚，自忏悔，自解脱。美术之务，在描写人生之苦痛与其解脱之道，而使吾侪冯生之徒，于此桎梏之世界中，离此生活之欲之争斗，而得其暂时之平和，此一切美术之目的也。(《红楼梦评论》第二章)①

王国维在东西方小说中各找到一部名著来说明他的这个批评理论：一个是歌德的《浮士德》，一个是曹雪芹的《红楼梦》。他说，欧洲近代文学所以推《浮士德》为第一，即因为它"描写博士浮士德之苦痛及其解脱之途径最为精切"；《红楼梦》所以为一"宇宙之大著述"，亦即因为它描写宝玉"(之苦痛及)解脱之行程、精进之历史，明了精切"。然后他又进一步指出："浮士德之苦痛，天才之苦痛。宝玉之苦痛，人人所有之苦痛也，其存于人之根柢者为独深，而其希救济也为尤切。"这等于说《红楼梦》所表现的人生之苦痛，较《浮士德》所表现的人生之苦痛更为普遍，更为深刻。这个问题是第三章"红楼梦之美学上之价值"要集中讨论的。

王国维认为，《红楼梦》的美学价值在于其悲剧精神。他从两个方面揭示《红楼梦》的悲剧特性。

(一) 与国人传统的乐天精神不同，《红楼梦》是"彻头彻尾的悲剧"。他说：

> 吾国人之精神，世间的也，乐天的也，故代表其精神之戏曲小说，无往而不著此乐天之色彩，始于悲者终于欢，始于离者终于合，始于困者终于亨……吾国之文学，以挟乐天的精神故，故往往说诗歌的正义，善人必令其(善)终，而恶人必罹其罚，此亦吾国戏曲小说之特质也。(第三章)②

---

① 王国维：《红楼梦评论》，《王国维全集》第1卷，浙江教育出版社2009年版，第63页。
② 王国维：《红楼梦评论》，《王国维全集》第1卷，浙江教育出版社2009年版，第64、66页。

而：

《红楼梦》一书，与一切喜剧相反，彻头彻尾之悲剧也。①

说《红楼梦》是“彻头彻尾的悲剧”，乃因为它表现了宇宙中“苦痛”与“生活之欲”二者“如骖之靳”而“相始终”的“永远的正义”。王国维说：

凡此书中之人，有与生活之欲相关系者，无不与苦痛相终始。②

而且与一般戏曲小说中善有善报、恶有恶报的“诗歌的正义”不同，《红楼梦》中：

赵姨、凤姊之死，非鬼神之罚，彼良心自己之苦痛也。③

最能体现其悲剧精神之彻底性的，当然是书中表现出的对于人生之虚幻性和悲剧性的自觉。王国维引《红楼梦》十四曲中李纨受封一曲为证。李纨受封曲云：

镜里恩情，更那堪梦里功名！那美韶华去之何迅，再休提绣帐鸳衾。只这戴珠冠，披凤袄，也抵不了无常性命。虽说是人生莫受老来贫，也须要阴骘积儿孙。气昂昂头戴簪缨，光灿灿胸悬金印，威赫赫爵禄高登，昏惨惨黄泉路近。问古来将相可还存？也只是虚名儿与后人钦敬。

人生的悲剧性在于：所有恩情韶华、荣华富贵、功名事业，随着黄泉路近，都成梦幻泡影。《红楼梦》所揭示的，正是人生的这种悲剧性。王国维由此得出结论说：“此足以知其非诗歌的正义，而既有世界人生以上，无非永远的正义之所统辖也。故曰《红楼梦》一书，彻头彻尾的悲剧也。”④

---

① 王国维：《红楼梦评论》，《王国维全集》第1卷，浙江教育出版社2009年版，第65页。
② 王国维：《红楼梦评论》，《王国维全集》第1卷，浙江教育出版社2009年版，第65页。
③ 王国维：《红楼梦评论》，《王国维全集》第1卷，浙江教育出版社2009年版，第66页。
④ 王国维：《红楼梦评论》，《王国维全集》第1卷，浙江教育出版社2009年版，第66页。按：王国维对此悲剧性有极深的体认，类似“也只是虚名儿与后人钦敬”的话，多次出现在他的诗词中，如《清玉案》题吴中真娘墓：“算是人间赢得处，千秋诗料，一抔黄土。”《蜀道难》悼端方之死：“赠官赐谥终何济。”

（二）《红楼梦》表现普通人的悲剧，是"悲剧中的悲剧"。王国维依叔本华之说分悲剧为三种，而以为《红楼梦》正是叔本华所谓的第三种悲剧：

> 由叔本华之说，悲剧之中，又有三种之别：第一种之悲剧，由极恶之人极其所有之能力以交构之者；第二种由于盲目的命运者；第三种之悲剧由于剧中之人物之位置及关系，而不得不然者，非必有蛇蝎之性质与意外之变故也，但由普通之人物，普通之境遇，逼之不得不如是。彼等明知其害，交施之而交受之，各加以其力而各不任其咎。此种悲剧，其感人贤于前二者远甚。何则？彼示人生最大之不幸，非例外之事，而人生所固有故也……若《红楼梦》，则正第三种之悲剧也。①

王国维以《红楼梦》主角宝玉、黛玉为例，指出二人的悲剧"不过通常之道德，通常之人情，通常之境遇为之而已"，而非有"蛇蝎之人物，非常之变故行于其间"。王国维最终得出结论说："由此观之，《红楼梦》者，可谓悲剧中之悲剧者也。"

王国维又从《红楼梦》的悲剧性质——"彻头彻尾的悲剧""悲剧中的悲剧"——说明《红楼梦》美学上的风格："由此之故，此书中壮美之部分，较多于优美之部分，而眩惑之原质殆绝焉。"②

（四）《红楼梦评论》三：对解脱说的疑问及辩护

第三章的末尾，王国维论及艺术的美学价值与其伦理价值的关系。他说："叔本华置诗歌于美术之顶点，又置悲剧于诗歌之顶点；而悲剧之中，又特重第三种，以其示人生之真相，又示解脱之不可已故。故其美学上最终之目的，与伦理学上最终之目的合。由是《红楼梦》之美学上之价值，亦与其伦理学上之价值相联络也。"然而也就在这联络中，引出了第四章中关于艺术价值的两个疑问。

这两个疑问都跟他对叔本华之解脱伦理学的怀疑有关。第一个疑问：解脱果真可以作为伦理学上最高的理想吗？就通常的道德观念来说，解脱让人沦为"绝父子、弃人伦、不忠不孝"的罪人。但是王国维说，世上本无所谓绝对的道

---

① 王国维：《红楼梦评论》，《王国维全集》第1卷，浙江教育出版社2009年版，第66、67页。
② 王国维：《红楼梦评论》，《王国维全集》第1卷，浙江教育出版社2009年版，第67页。

德，通常所谓的道德问题，从一个更高的层面看（“开天眼而观之”），其实不成问题，因此解脱之罪并不成立。接下来的问题是：如果人生都没有了，那么宇宙间最可宝贵的艺术不也就要废亡了？王国维回答说：

> 美术之价值，对现在之世界人生而起者，非有绝对的价值也。其材料取诸人生，其理想亦视人生之缺陷逼仄，而趋于其反对之方面。如此之美术，唯于如此之世界，如此之人生中，始有价值耳……（其）价值存于使人离生活之欲，而入于纯粹之知识。然而超今日之世界人生以外者，于美术之存亡，固自可不必问也。（第四章）①

他认为，对解脱说将引起艺术之废亡的疑虑，与道德方面的疑虑一样，都是没有必要的。

第二个疑问：解脱果真可能实现吗？王国维经过一番考察与论证，得出结论说：叔本华所谓拒绝生活意志（或曰寂灭），终究不过是个“可近而不可即（及）”的理想，在现实中是无法实现的。既然解脱不可能，那么艺术以解脱为理想不就失去依据了吗？王国维认为不妨碍，因为：

> 以人生忧患之如彼，而劳苦之如此，苟有血气者，未有不渴慕救济者也；不求之于实行，犹将求之于美术。（第四章）②

不可能解脱，并不妨碍人渴慕救济；不能求之于现实，不妨求之于美术。然则解脱的伦理学不能成立，并不妨碍艺术以解脱为理想。如此，则《红楼梦》之精神存于解脱，也就无可厚非了。

可见王国维对叔本华伦理学的怀疑，并没有导致他对叔本华形而上学和美学的怀疑。所以他在第五章（余论）批评当时人以“考据之眼读《红楼梦》”时提到的两个艺术原则，也全然来自叔本华。其一曰：艺术之所写，非个人之性质，而人类全体之性质。惟艺术之特质贵具体而不贵抽象，于是举人类全体之性

① 王国维：《红楼梦评论》，《王国维全集》第1卷，浙江教育出版社2009年版，第71—72页。
② 王国维：《红楼梦评论》，《王国维全集》第1卷，浙江教育出版社2009年版，第75页。

质，置诸个人之名字之下。其二曰：美之知识，断非自经验得之（即先天的，而非后天的）。艺术家是先天中有美的预想而后实现之于具体的作品。

（五）《红楼梦评论》的成就与缺点

《红楼梦评论》在中国近代文学批评史、美学史，乃至思想史上，都有重要的地位和意义。陈寅恪说王国维"取外来之观念与本土固有之材料相参证"的文学批评著作，足以"转变一代风气"，其所举的代表之一即是《红楼梦评论》（另一是《宋元戏曲史》）。

从文学研究的角度看，《红楼梦评论》的贡献主要有两点。第一个贡献，为小说争地位。中国文学史历来以诗文为正宗，而鄙视戏曲、小说这类通俗文学。王国维从"人生及美术"的概观入手，论证了小说的重要意义。他说：

> 美术中以诗歌、戏曲、小说为其顶点，以其目的在描写人生故。（第一章）①

其时梁启超也在为小说作呼吁，并在《论小说与群治之关系》（1902）一文中提出"小说界革命"的话题。王国维之关注小说，或许是受梁启超的影响，不过王国维论证小说之价值的路向与梁启超迥异。梁启超用政治的眼光看小说，所以从政治的角度论小说的价值；王国维用哲学的眼光看小说，所以从哲学的角度论小说的价值。他对《红楼梦》的解读即是哲学的解读，而不是政治的或历史的解读。与当时流行的影射派或索隐派相比，这解读极为独特，也最为深刻。第二个贡献，是揭示《红楼梦》的悲剧特性，并批判中国文化中过度的"乐天的精神"和文学中普遍存在的"诗歌的正义"。后来蔡元培、胡适、鲁迅等人批评中国小说、戏曲普遍追求大团圆结局的陋习，都可以说是对王国维这一揭示和批判的响应。②

《红楼梦评论》也是中国近代第一篇美学论文，规模宏阔，时见胜义——王国维曾称赞叔本华的文章"思精而笔锐"，他自己的这篇《红楼梦评论》确实也可

---

① 王国维：《红楼梦评论》，《王国维全集》第1卷，浙江教育出版社2009年版，第59页。

② 聂振斌：《王国维美学思想研究》，商务印书馆2012年版，第192页。

以说“思精而笔锐”，尤其是其中所展现的对传统文化的批判的锋芒，对于习惯了道德的乐天主义的国人而言，真可以有“若受电然”的感觉。

这篇论文当然也有不少可检讨之处。比如对于《红楼梦》内容的一些具体的解读——特别是释宝玉之“玉”为“欲”的隐喻——不免有为了配合其批评的哲学基础而削足适履的痕迹。然而最大的可检讨之处——无论对读者而言，还是对王国维自己而言——乃是作为其理论依据的哲学。王国维自己在《红楼梦评论》的第四章已对叔本华拒绝意志的伦理学提出“绝大之疑问”，后来又终于悟到“叔氏之说，半出于其主观的气质，而无关于客观的知识”[①]。我们对于王国维的“人生及美术之概观”，亦可以提出同样的疑问。在叔本华那里，人有两面：一面是意志/欲望的主体，生殖器为其极；一面是认识的主体，大脑为其极[②]。艺术/审美帮助人由意志/欲望的主体，走向纯粹认识的主体。从消极的方面说，是摆脱欲望；从积极的方面说，是进入纯粹认识。《红楼梦评论》抓住了叔本华学说消极的一面，把论述的重点放在意志/欲望的主体及其苦痛，并相应地把对艺术的关注放在其解脱功能——选择这样的论述方向，显然与王国维自己偏于悲观的主观气质有关，亦与他年轻的偏于个人之伤感、浪漫的情怀有关。但随后的对叔本华寂灭的伦理学理想的怀疑，为他从积极的方面看待叔本华美学提供了一个契机——此后他对艺术/审美价值的论述，逐渐转向其显现真理与慰藉情感的一面，这与《红楼梦评论》侧重于艺术/审美的解脱功能，显然不同了。[③]

第二节　王国维美学思想的发展

《红楼梦评论》之后，《人间词话》之前，是王国维美学思想的发展时期。这一时期，他的美学思考向多个方向展开而不再囿于叔本华。但是走出叔本华，

① 王国维：《静安文集自序》，《王国维全集》第 1 卷，浙江教育出版社 2009 年版，第 3 页。按：据《静安文集自序》，王国维对叔本华人生哲学观的怀疑，初发于《红楼梦评论》第四章，而畅发于稍后的《叔本华与尼采》一文。

② [德]叔本华：《作为意志和表象的世界》，石冲白译，商务印书馆 2009 年版，第 274 页。

③ 关于《红楼梦评论》之后，王国维美学思想的转向，冯友兰《中国哲学史新编》中说是“由叔本华上溯柏拉图”，其理由是王国维在《红楼梦评论》“余论”引述叔本华的一段话中出现了“理念”一语。这样的推断是不能成立的，因为：一，叔本华哲学原本就吸收了柏拉图的“理念”论；二，柏拉图对艺术的态度与王国维对艺术的态度完全不同。

并不意味着彻底放弃叔本华。实际上，他的美学思考中一直存在着叔本华的影响和痕迹——他有选择地放弃，也有选择地继承。

（一）艺术、哲学与真理

依叔本华之说，人在艺术/审美活动中不是意志的主体，而是纯粹的认识主体；其所观的对象，非特别（个体）之物，而是物之种类的代表。所以艺术的知识，是关于"实念"（Idea，后人译作"理念"）的知识。这种知识超绝了各种关系，是超越时空的永远的知识。这一思想给王国维留下了极深的印象，亦给了王国维深刻的影响——他在《叔本华之哲学及其教育学说》《红楼梦评论》《叔本华与尼采》诸文中都曾提及或引用此说，后又由此说发展出艺术的真理性问题。

艺术的真理性问题，一直贯穿于王国维关于艺术的思考，集中而且成熟的讨论则见于《论哲学家与美术家之天职》（1905）。我们就从这篇文章说起。

《论哲学家与美术家之天职》一文的主旨是揭示哲学与艺术的特有价值，呼吁一种独立于政治、独立于道德的纯粹的哲学与艺术。这篇文章可以看作是我国近代哲学与艺术的独立宣言——既是对中体西用派抵制和非议哲学的回应[①]，也是对梁启超把诗歌小说政治化的回应——其核心的思想，是这样一段话：

> 夫哲学与美术之所志者，真理也。真理者，天下万世之真理，而非一时之真理也。其有发明此真理（哲学家），或以记号表之（美术）者，天下万世之功绩，而非一时之功绩也。[②]

这段话可以分两层看：就其所同而言，哲学与艺术皆志于真理；就其所异而言，哲学家揭示真理，艺术家表记真理。然而无论如何，二者皆以寻求并揭示真理为目标。

此所谓真理，指宇宙人生的真相。比如，叔本华的哲学全在思索人生的本质，其所谓宇宙人生的本质是意志，而意志与苦痛相始终，人乃以拒绝意志为自

① 王国维：《哲学辩惑》，《王国维全集》第 14 卷，浙江教育出版社 2009 年版，第 6—9 页。
② 王国维：《论哲学家与美术家之天职》，《王国维全集》第 1 卷，浙江教育出版社 2009 年版，第 131 页。

我拯救的途径。此即是叔本华所发明的关于宇宙人生的真理。曹雪芹在《红楼梦》中揭示“此生活此苦痛之由于自造，又示其解脱之道不可不由自己求之”①，此亦即是曹雪芹所觉解到的人生的真理。真理具有普遍性，是“天下万世之真理，而非一时（一地）之真理”。此所谓“天下万世”，即是《红楼梦评论》中所曾强调的“人类之全体”。《红楼梦评论》第五章“余论”说：

> 夫美术之所写者，非个人之性质，而人类全体之性质也。惟美术之特质，贵具体而不贵抽象，于是举人类全体之性质，置诸个人之名字之下……善于观物者能就个人之事实，而发见人类全体之性质。②

《红楼梦》之为伟大的艺术，即因为它在主人公贾宝玉身上展现了人类普遍的境遇。于此我们亦可以明白，王国维说“美术中以诗歌、戏曲、小说为其顶点，以其目的在描写人生故”，其所谓“描写人生”的“人生”，不是某个人的人生，而是就人类之全体而言的“实念”意义上的人生。这观念亦体现于他对《桃花扇》的批评。他说“《桃花扇》之作者，但借侯、李之事以写故国之戚，而非以描写人生为事。故《桃花扇》，政治的也，国民的也，历史的也”。③ 我们知道，亚里士多德、叔本华都曾比较历史与诗。历史是实然的，同时也是偶然的，有限的；诗是理想的，同时也是包含必然性的，全体的。偶然的东西当然与真理无关，必然的才是真理。说《桃花扇》是政治的、国民的、历史的，即是说它无与于真理。

以能否“替人类全体代言”来判断艺术家及其作品的高下，是王国维一贯的标准。《红楼梦评论》之后，他在《人间嗜好之研究》(1907)中亦论及此问题：

> 若夫真正之大诗人，则又以人类之感情为其一己之感情，彼其势力充实不可以已，遂不以发表自己之感情为满足，更进而欲发表人类全体之感情。彼之著作实为人类全体之喉舌。④

---

① 王国维：《红楼梦评论》，《王国维全集》第 1 卷，浙江教育出版社 2009 年版，第 62 页。
② 王国维：《红楼梦评论》，《王国维全集》第 1 卷，浙江教育出版社 2009 年版，第 76 页。
③ 王国维：《红楼梦评论》，《王国维全集》第 1 卷，浙江教育出版社 2009 年版，第 65 页。
④ 王国维：《人间嗜好之研究》，《王国维全集》第 14 卷，浙江教育出版社 2009 年版，第 115 页。

最后在《人间词话》(1908—1909)中，他又把这标准用于宋徽宗(道君)词与南唐后主李煜词的比较，说："道君不过自道身世之戚，后主则俨有释迦、基督担荷人类罪恶之意，其大小固不同矣。"宋道君的词止于写一己的遭遇，李后主的词却是替人类之全体发声，因此二者的高下不可同日而语。

与艺术的真理性/普遍性相关的一个问题，是艺术与哲学的关系。对王国维来说，这个问题多少有些困难。一方面，他跻艺术于哲学。《红楼梦评论》中，他赞誉《红楼梦》"哲学的也，宇宙的也，文学的也"。联系他对《桃花扇》的批评来看，"哲学的""宇宙的""文学的"三者皆指向普遍性，即皆指向"人类全体""人生"。在王国维看来，文学作品如果能够像《红楼梦》那般以描写人生为目的，替全人类发声，展现普遍的人性和人类普遍的境遇，换句话说，文学作品如果能够示现宇宙人生之本质/真相，则它就不仅是文学的，而同时亦是哲学的了。这样的思路，显然从叔本华来，因为是叔本华赋予了艺术/审美以哲学意义。不过王国维没有停留于此。他进一步思考艺术与哲学的异。集中的思考首先即出现在《论哲学家与美术家之天职》中。其一即"发明此真理(哲学家)"与"或以记号表之者(美术家)"的区分。在这个区分中，不同的是两者行为的方式，或曰两者与真理发生关系的方式，至于行为的对象或目标，两者是一致的，都是"真理"。这种区分思路，在《奏定经学科大学文学科大学章程书后》(1906)一文中有更清晰的表述：

> 特如文学中之诗歌一门，尤与哲学有同一之性质。其所欲解释者，皆宇宙人生上根本之问题，不过其解释之方法，一直观的，一思考的；一顿悟的，一合理的耳。[①]

如果这段话的末尾再加上"一具体的，一抽象的"一句，区分就更明了了。

应该说，如此的区分从逻辑上看是充分而且明确的。但是在实际的方面，仍然隐藏着危机。这危机仍然与叔本华美学有关。叔本华说，艺术/审美中的主体是纯粹的认识主体。据此，则艺术/审美乃是一种认识活动，惟其所得的知

---

① 王国维：《奏定经学科大学文学科大学章程书后》，《王国维全集》第 14 卷，浙江教育出版社 2009 年版，第 37 页。

识不是关于现象的知识，而是关于理念的知识而已。艺术/审美的目的仍是认识（获得知识）——其间没有情感的位置。然而实际的情形——就常识而言——艺术/审美主要涉及情感而非知识。

一旦把情感问题考虑进来，立即就会敏觉到哲学与艺术之间另一种基于情感和认识的分际。对此分际的敏觉亦在《论哲学家与美术家之天职》一文中初现端倪。

（二）艺术与情感

《论哲学家与美术家之天职》说：

> 夫人之所以异于禽兽者，岂不以其有纯粹之知识与微妙之感情哉？至于生活之欲，人与禽兽无以或异。后者政治家及实业家之所供给，前者之慰藉满足，非求诸哲学及美术不可。①

这似乎是以“知识”归哲学，而以“感情”归美术了。文中另有一段话，也表现出这样的倾向。他说：

> 今夫人积年月之研究，而一旦豁然悟宇宙人生之真理，或以胸中惝恍不可捉摸之意境，一旦表诸文字、绘画、雕刻之上，此固彼天赋之能力之发展，而此时之快乐，绝非南面王之所能易者也。②

这隐隐约约是以“真理”归哲学，而以“意境”归艺术。“意境”固然可以蕴含或暗示“宇宙人生之真理”，但并不就是“宇宙人生之真理”；意境固然并不全关乎情感，而毕竟主要地关乎情感。把上面两段话联想起来，我们大致可以看到王国维的另一个思考方向：哲学—真理—纯粹知识—满足纯粹知识之需要；艺术—意境—情感—满足情感之需要（慰藉情感）。这思路里呈现出来的哲学与艺术的分际，与基于叔本华哲学而阐述的哲学与艺术之关系，可谓大异其趣。

---

① 王国维：《论哲学家与美术家之天职》，《王国维全集》第1卷，浙江教育出版社2009年版，第131页。
② 王国维：《论哲学家与美术家之天职》，《王国维全集》第1卷，浙江教育出版社2009年版，第133页。

艺术与情感的关系，是王国维关于艺术的另一个向度的思考。这一思考的起点是美育，或他所谓的情育。他特别看重艺术的情感培育和慰藉功能，主张以艺术为美育/情育的主要手段。这是从欣赏的方面看艺术与情感的关系。更进一步的思考，则是从创作的方面看艺术与情感的关系。这涉及艺术的构成（或曰艺术的本质），是王国维后期美学思考的中心问题。我们首先在《文学小言》（1906）中看到这样的思考：

> 文学中有二原质焉，曰景，曰情。前者以描写自然及人生之事实为主，后者则吾人对此种事实之精神的态度也。故前者客观的，后者主观的也；前者知识的，后者感情的也。自一方面言之，则必吾人之胸中洞然无物，而后其观物也深，而其体物也切，即客观的知识，实与主观的感情为反比例。自他方面言之，则激烈之感情，亦得为直观之对象；文学之材料，而观物与其描写之也，亦有无限之快乐伴之。要之，文学者，不外知识与感情交代之结果而已，苟无敏锐之知识与深邃之感情者，不足与于文学之事。①

这思考当然是继《论哲学家与美术家之天职》中以“知识”归哲学，以“情感”归艺术的区分而来。不过在这里，他对艺术（文学）作了更精密的分析，分析出艺术中的两种原质（基本元素）——情和景——然后把“知识”与“景”联系起来，从而将“知识”重新纳入艺术，并与“情”作一种新的调和。他得出的结论是：文学是知识与感情共同的产物；敏锐的知识与深邃的情感，都是文学所必须的，缺一不可。我们不清楚王国维所谓“交代”是否有相互影响的意思。如果没有相互影响，则知识与情感在文学中仅是平行的关系；如果有相互影响，则知识的客观性就不能成立，而王氏的这一段议论仍属“于义未安”。《文学小言》中的另一段话，给出了倾向于后者的答案。这段话是从历史上的名句说起的。他说：

> “燕燕于飞，差池其羽。”“燕燕于飞，颉之颃之。”“睍睆黄鸟，载好其音。”“昔我往矣，杨柳依依。”诗人体物之工，侔于造化，然皆出于离人、孽

① 王国维：《文学小言》，《王国维全集》第14卷，浙江教育出版社2009年版，第93页。

子、征夫之口，故知感情真者，其观物亦真。①

他直觉到诗中之景物与诗人之情感的关系：感情真者，观物亦真。至于何以如此，他没有说。

大略同时而发表稍后的《屈子文学之精神》对此问题有进一步的思考。这一次他把情感提高到基础的地位——他说：

诗歌之题目皆以描写自己之感情为主，其写景物也，亦必以自己深邃之感情为之素地，而始得于特别之境遇中用特别之眼观之。②

又说：

要之，诗歌者，感情的产物也。虽其中之想象的原质（即知力的原质），亦须有肫挚之感情为之素地，而后此原质乃显。③

前一段话是对诗中之景物与诗人之情感之关系的进一步思考。他说诗人描写景物是以深邃的情感为基础的。惟其有深情，乃能对于景物发生特别的关注，特别的观照，从而有所洞见，有所妙赏。后一段话是对诗中情感与知识之关系的进一步思考。他认为情感显然具有比知识更为根本的地位，它既是艺术的源动力，也是艺术之景（联系于知识）的基础——诗中的景物是画在情感这块画布上的。

然而这还不是王国维关于情感与知识问题的最终答案。最终的答案在《人间词话手稿》（1907—1908）的这句话：

昔人论诗词，有景语、情语之别。不知一切景语，皆情语也。④

① 王国维：《文学小言》，《王国维全集》第14卷，浙江教育出版社2009年版，第94页。
② 王国维：《屈子文学之精神》，《王国维全集》第14卷，浙江教育出版社2009年版，第98页。
③ 王国维：《屈子文学之精神》，《王国维全集》第14卷，浙江教育出版社2009年版，第101页。
④ 王国维：《人间词话手稿》，《王国维全集》第1卷，浙江教育出版社2009年版，第502页。

“一切景语皆情语”，等于是把“景”的客观性——亦可以说诗中之知识的客观性——消解于“情”的主观性了。这就承认了艺术中情感对于景物/知识的主导、统摄地位，而不仅是基础（素地）了。

从《红楼梦评论》到《人间词话》，情感在王国维艺术理论中一步步上升至核心的地位，而所谓“纯粹知识”则从核心一步步退出。这与他学术关注的重心从哲学向文学的转移有关，亦与他的人生态度从对人生问题的形而上思考并寻求彻底的解决，转向现实人生并在艺术中寻求情感的慰藉有关。①

（三）艺术与政治

在《红楼梦评论》中，王国维曾以是否与人的生活之欲相关（即利害相关）论艺术与政治的不同旨趣：政治与利害相关，而艺术无利害关系。至《论哲学家与美术家之天职》，王国维又以普遍性为依据，区分哲学/艺术与政治/实业：前者（哲学/艺术）系于天下万世，后者（政治/实业）系于一时一地或一国一家。

在王国维看来，哲学家和艺术家摆脱一时一地之利害关系而求索、揭示真理，以慰藉人类普遍的知识与情感需求，是千秋功业，这与政治家之服务于一时一地特定、有限的群体，以满足其生活之欲，二者性质的贵贱与价值的高下，不言而喻。正是真理的那种普遍性，赋予了“哲学（家）艺术（家）神圣的位置和独立的价值”。在此基础上，王国维批判了中国文化的一个顽疾。他说，自古以来中国的哲学家和诗人，无不兼欲为政治家。哲学家从孔、孟到程、朱、陆、王固皆如此，诗人如杜甫、韩愈、陆游亦皆如此——他们都有“致君尧舜上，再使风俗淳”的抱负。王国维感叹说：

> 美术之无独立之价值也久矣！此无怪历代诗人，多托于忠君爱国、劝善惩恶之意以自解免，而纯粹美术上之著述，往往受世之迫害，而无人为之昭雪者也。此亦我国哲学、美术不发达之一原因也。②

这种普遍的政治热情，使得中国的哲学和文学失去了志于真理的神圣地位和价

① 参见张郁乎：《王国维及其悲观主义三境界》，《春归合早——诗与哲学之间的王国维》，北京大学出版社 2013 年版。

② 王国维：《论哲学家与美术家之天职》，《王国维全集》第 1 卷，浙江教育出版社 2009 年版，第 132 页。

值，所以中国向来没有纯粹/真正的哲学和纯粹/真正的艺术——他大声疾呼："夫忘哲学、艺术之神圣而以为道德政治之手段者，正使其著作无价值者也。愿今后之哲学、美术家毋忘其天职及独立之位置，则幸矣。"

另一种更为不堪的行为，是依附于政治，沦为政治和道德的婢女。王国维在《文学小言》(1906)中针对这种现象展开了更激烈的批评。他说：

> 若哲学家而以政治及社会之兴味为兴味，而不顾真理之如何，则又决非真正之哲学。此欧洲中世哲学之以辨护宗教为务者所以蒙极大之污辱……文学亦然，餔餟的文学决非真正之文学也。[①]（《文学小言》第一则）

文学家依附于政治或社会，固已失掉了他独立的思想。他之依附于政治或社会，是为了谋食。王国维接着说：

> 以文学为职业，餔餟的文学也。职业的文学家以文学得生活，专门之文学家为文学而生活。今餔餟的文学之途盖已开矣，吾宁闻征夫思妇之声，而不屑使此等文学嚣然污吾耳也。[②]（《文学小言》第十七则）

王国维提出哲学的独立价值问题，有其实际的针对性。当时以张之洞为代表的"中体西用派"，出于维护传统道德体系的目的，对哲学怀着戒惧的心理，采取排斥、攻击的态度。王国维遂以哲学专攻者的身份，接连写了《哲学辨惑》《论哲学家与美术家之天职》《奏定经学科大学文学科大学章程书后》三篇文章予以批驳。他提出文学的独立价值问题，亦似有实际的针对性，他在《论近年之学术界》(1905)一文中曾说："又观近数年之文学，亦不重文学自己之价值，而唯视为政治教育之手段，与哲学无异。如此者，其亵渎哲学与文学之神圣之罪固不可逭，欲求其学说之有价值，安可得也。"[③]相比于当时梁启超出于政治的兴味而提出"诗界革命""小说界革命"，以及后来胡适等人亦出于政治运动的兴味而提倡"新文学"，王国维出于哲学的兴味而呼吁文学的独立性，提倡独立于政治的纯

① 王国维：《文学小言》，《王国维全集》第14卷，浙江教育出版社2009年版，第92页。
② 王国维：《文学小言》，《王国维全集》第14卷，浙江教育出版社2009年版，第97页。
③ 王国维：《论近年之学术界》，《王国维全集》第1卷，浙江教育出版社2009年版，第123页。

粹/真正的文学/艺术，正是其思想的深刻之处。当然，王国维鼓吹纯粹/真正的文学，与后来人鼓吹“为艺术而艺术”并不相同，因为他的“情感”不完全是自我的情感，他的“为文学而生活”也不是“为文学而文学”。他是以“文学为人生”代替“文学为生活”。超越了个体而联系于人类全体的“人生”，仍是其艺术的祈向。《人间词话手稿》有一则说：

> “君王枉把平陈业，换得雷塘数亩田”，政治家之言也。“长陵亦是闲丘垄，异日谁知与仲多”，诗人之言也。政治家之眼，域于一人一事。诗人之眼，则通古今而观之。词人观物，须用诗人之眼，不可用政治家之眼。①

诗人之眼，具有穿越历史（一时一地一人之事）而洞见“人生”本质的能力，是邻于哲学的。

（四）艺术与道德

王国维不承认有所谓“绝对的道德”（《红楼梦评论》第四章），王国维亦反对为道德服务，反对劝善惩恶的文学（《论哲学家与美术家之天职》）。这两个方面都可以从叔本华哲学找到依据。叔本华以生存意志为宇宙人生的本质，而以审美/艺术为解脱的途径，其间没有道德的位置。但是在康德哲学中，实践理性（涉及道德）乃是宇宙人生的本质，而审美/艺术构成纯粹理性与实践理性之间的桥梁。因此，若王国维摆脱叔本华哲学的限制而上溯康德，道德问题必然进入其艺术思考的视野。②

体现这种思考的，主要是《文学小言》（1906）、《屈子文学之精神》（1906）两文。

《文学小言》之十六曰：

---

① 王国维：《人间词话手稿》，《王国维全集》第1卷，浙江教育出版社2009年版，第519—520页。关于这两句诗何以一是政治家之言，一是诗人之言，许文雨《人间词话讲疏》解析颇得其要。他说：前者“盖悼炀帝平陈大业不能久保，仅留区区葬身之所。此意自专吊炀帝一人之得失，不得移之与古今任何人”；后者“意谓由殁后论之，则汉高亦何殊于其弟，同荒没于丘垄而已。凭吊一人，而古今无数人无不可同此感慨。此之谓诗人造情之伟大”。

② 参见：蓝国桥、吕中元：《康德与王国维美学之道德走向》，《湛江师范学院学报》2012年第4期。

《三国演义》无纯文学之资格，然其叙关壮缪之释曹操，则非大文学家不办。《水浒传》之写鲁智深，《桃花扇》之写柳敬亭、苏昆生，彼其所为固毫无意义，然以其不顾一己之利害，故犹使吾人生无限之兴味，发无限之尊敬，况于观壮缪之矫矫者乎！若此者，岂真如汗德所云，实践理性为宇宙人生之根本欤？抑与现在利己之世界相比较，而益使吾人兴无涯之感也。则选择戏曲小说之题目者，亦可以知所去取矣。①

他一面坚持认为《三国演义》《水浒传》《桃花扇》不是纯文学，一面为其中某些人物的道德力量发感慨。这个矛盾起于文学之理想与文学之实际的差异——他的纯文学理想立足于叔本华哲学之以生存意志为宇宙人生的根本，而实际的文学作品并非如此。倘若转换到康德哲学之以实践理性为宇宙人生的根本，则道德就可能是文学的题中应有之义，而那矛盾亦可以得到消解了。王国维用“岂真如”一个反问句模糊了他的转换，而将那道德的力量追溯到“大文学家”。然而这转换的痕迹在《文学小言》中是很清晰的。

《文学小言》之六、七曰：

三代以下之诗人，无过于屈子、渊明、子美、子瞻者。此四子者，苟无文学之天才，其人格亦自足千古。故无高尚伟大之人格而有高尚伟大之文学者，殆未之有也。（六）

天才者，或数十年而一出，或数百年而一出，而又须济之以学问，帅之以德性，始能产真正之大文学。此屈子、渊明、子美、子瞻等所以旷世而不一遇也。②（七）

在这里，“天才”不是产生伟大文学的充足条件，有“高尚伟大之人格”的天才，才能创作伟大的文学。“人格”固然不全是道德的事，但是道德（德性）却是“人格”的应有之义。这里举的屈原、杜甫亦都是忠君爱国的道德主义者——我们记得他曾在《论哲学家与美术家之天职》中批评杜甫以文学家而兼欲为政治家！

① 王国维：《文学小言》，《王国维全集》第14卷，浙江教育出版社2009年版，第97页。
② 王国维：《文学小言》，《王国维全集》第14卷，浙江教育出版社2009年版，第94页。

《文学小言》还举了些反例。在讨论了屈子、渊明、子美、子瞻四位具有高尚伟大人格的大文学家之后，他感叹我国叙事文学缺少伟大的成就：

> 至叙事的文学（谓叙事传、史诗、戏曲等，非谓散文也），则我国尚在幼稚之时代。元人杂剧，辞则美矣，然不知描写人格为何事。至国朝之《桃花扇》，则有人格矣，然他戏曲则殊不称是[①]……以东方古文学之国，而最高之文学无一足以与西欧匹者，此则后此文学家之责矣。（十四）[②]

他把中国戏曲的不发达，归咎为其不知描写人格。他称赞《桃花扇》"有人格"，一定程度上可以说是为曾被他苛责的《桃花扇》平反。他刻意回避了小说，大概是为了回避曾为他盛称的《红楼梦》——《红楼梦》的精神在解脱而不在"描写人格"，可以说它"伟大"，"高尚"却是无从谈起的。王国维研究戏剧，本是想从事戏剧的创作，以弥补中国文学的缺憾。他后来放弃了创作戏剧的念头，我们也就不知道他所要创作的戏剧是以解脱为精神呢，还是以描写人格为精神。

《屈子文学之精神》一文的旨趣，是探讨"人格"与"天才"这两种大文学家所需的原质的历史结合。他说：

> 北方人之感情，诗歌的也，以不得想像之助，故其所作遂止于小篇。南方人之想像，亦诗歌的也，以无深邃之感情之后援，故其想像亦散漫而无所丽，是以无纯粹之诗歌。而大诗歌之出，必须俟北方人之感情与南方人之想像合而为一，即必通南北之驿骑而后可，斯即屈子其人也。[③]

其所谓北方人的感情，指国家的、道德的、担当的入世情怀。我们可以认为此即是人格。其所谓南方人的想象力，是个人的、知力的、遁世的精神。我们可以认为此即是天才。

---

① 《人间词话手稿》中亦有相似的议论："叔本华曰：抒情诗，少年之作也。叙事诗及戏曲，壮年之作也。余谓抒情诗，国民幼稚时代之作也。叙事诗，国民盛壮时代之作也。故曲则古不如今。（元曲诚多天籁，然其思想之陋劣，布置之粗笨，千篇一律，令人喷饭。至本朝之《桃花扇》《长生殿》诸传奇则进矣。）词则今不如古。盖一则以布局为主，一则须伫兴而成故也。"

② 王国维：《文学小言》，《王国维全集》第14卷，浙江教育出版社2009年版，第96页。

③ 王国维：《屈子文学之精神》，《王国维全集》第14卷，浙江教育出版社2009年版，第100页。

他又说：

> 所以驱使想像而成此大文学者[①]，实由其北方之肫挚的性格……（故）周秦间之大诗人不能不独数屈子也……观后世之诗人，若渊明，若子美，无非受北方学派之影响者。岂独一屈子然哉！[②]

可见《文学小言》中所谓高尚伟大之人格，即此北方人的肫挚感情。

在这些论述中，王国维没有使用“道德”一词，而是用了“人格”“感情”。但是“人格”当然蕴涵着道德，而感情亦当然是属于人的蕴涵着道德的感情。实际上，自《论哲学家与美术家之天职》提出情感的问题，道德问题亦已如在弦上。《文学小言》由情感问题而引出人格问题，《屈子文学之精神》讨论情感与想象力的历史结合，无疑是一条线的发展。通过强调“人格”“感情”，他把道德重新收摄进文学。这与他反对道德主义的文学是否矛盾？有张力，但不矛盾，因为道德主义者和有道德的人是两回事，道德说教和人格的感动也是两回事。

（五）论古雅：第一形式与第二形式的区分

《古雅之在美学上之位置》(1907)是王国维完成了由叔本华上溯康德之后的一篇美学论文。这篇文章里，王国维提出了“古雅”概念，作为对康德形式主义美学的补充。

文章开头说：

> “美术者，天才之制作也。”此自汗德以来百余年间学者之定论也。然天下之物，有决非真正之美术品而又决非利用品者；又其制作之人，决非必为天才，而吾人之视之也，若与天才所制作之美术无异者，无以名之，名之曰古雅。[③]

---

① 指屈原的《天问》《远游》。

② 王国维：《屈子文学之精神》，《王国维全集》第14卷，浙江教育出版社2009年版，第101—102页。按：此处所说屈子之“大文学”，指《天问》《远游》一类富于想象力的作品。

③ 王国维：《古雅之在美学上之位置》，《王国维全集》第14卷，浙江教育出版社2009年版，第106页。

可见他提出“古雅”，是为讨论康德天才理论未能涵盖的那些居于真正之艺术品与纯粹之实用品之间的物品，以及非天才之艺术家的作品。这类物品或作品的美学品质，他名之曰“古雅”。他说美学史上还没有人专论过“古雅”，所以他要特意提出来讨论一番。

但是“欲知古雅之性质，不可不知美之普遍的性质”，于是他先讨论美的普遍性质（即一般性质）。这部分讨论完全基于康德的美学理论。他先说：

> 美之性质，一言以蔽之曰：可爱玩而不可利用者是已。①

这是康德的“非功利性”观念。他借康德的优美、宏壮理论，说明美的欣赏是对对象之形式的无利害的沉浸观照。然后他又说：

> 一切之美，皆形式之美也。②

这也是康德的思想。任何一物，都有质料和形式两方面，美只涉及其形式。王国维说：“凡属于美之对象者，皆形式而非材质也。”

由此他引出“古雅”概念：

> 而一切形式之美，又不可无他形式以表之，惟经过此第二之形式，斯美者愈增其美，而吾人之所谓古雅即此第二种之形式。即形式之无优美与宏壮之属性者，亦因此第二形式故，而得一种独立之价值。故古雅者，可谓之形式之美之形式之美也。③

第一形式是天才（大艺术家）眼中所见或心中所预想之物或境的形式，他把所见或所预想之物或境表现于一艺术品，那艺术品的形式即是第二形式。王国维举了许多例子说明艺术的第一形式与第二形式。以音乐为例，同一首曲子，由不

---

① 王国维：《古雅之在美学上之位置》，《王国维全集》第 14 卷，浙江教育出版社 2009 年版，第 106 页。
② 王国维：《古雅之在美学上之位置》，《王国维全集》第 14 卷，浙江教育出版社 2009 年版，第 107 页。
③ 王国维：《古雅之在美学上之位置》，《王国维全集》第 14 卷，浙江教育出版社 2009 年版，第 107、108 页。

同人演奏而呈现不同的结果。作曲家给出的是此曲的第一形式，演奏家给出的是此曲的第二形式（舞台呈现）。以绘画为例，画面布置属第一形式，用笔用墨属第二形式。他说："凡吾人所加于雕刻、书画之品评，曰神，曰韵，曰气，曰味，皆就第二形式言之者多，而就第一形式言之者少。文学亦然。"①据此，则艺术作品的风格，如绘画里的笔墨风格，文学作品的语言风格，皆属第二形式。"古雅"的概念即建立在第一形式与第二形式的区分上：康德所说的优美和宏壮，是第一形式的美；而他所要说的古雅，是第二形式的美。

这区分是极精微的区分，也是意蕴极丰富的区分。其丰富的意蕴包含在王国维对古雅之性质的进一步分析和说明中。我们择其要者，概括地介绍如下：

Ⅰ. 自然只有第一形式，唯艺术既有第一形式，又有第二形式，因此：一，"古雅之致存于艺术而不存于自然"②，即是说唯有艺术品才有古雅的问题；二，艺术之美可以有两个层面：第一形式的美，即优美或宏壮；第二形式的美，即古雅之致。说"可以有两个层面"，是因为并非所有艺术品都具有两个层面的美。有些艺术品但有第二形式的美（雅），而不具备第一形式的美（优美或宏壮）。

Ⅱ. 判断优美及宏壮的能力是先天的，因此唯有天才能够看到优美及宏壮并捕攫而表出之。即是说，唯有天才（第一流艺术家）的作品才具有第一形式的美。判断古雅的能力是后天的（经验的），因此不必俟天才，凭人力就可以致之——"苟其人格诚高，学问诚博，则虽无艺术上之天才者，其制作亦不失为古雅"③。所以古今三流而下的艺术家，只能得第二形式之美，而不能预第一形式之美。王国维也就此举了一些例子。他说绘画上如清初的王翚，诗歌上如宋朝的黄庭坚，明朝的高启（青邱）、李攀龙（历下），清朝的王士禛（新城），都是没有天才而以古雅取胜的。就美学的价值而言，第一形式之美高于第二形式之美，即优美、壮美高于古雅。

Ⅲ. 艺术的第一形式之美须通过第二形式之美表现出来，即"优美及宏壮必与古雅合，然后得显其固有之价值"。但二者之间通常呈现一种反比例的矛盾状况，即"优美及宏壮之原质愈显，则古雅之原质愈蔽"④。申言之，最佳的状况

① 王国维：《古雅之在美学上之位置》，《王国维全集》第14卷，浙江教育出版社2009年版，第109页。
② 王国维：《古雅之在美学上之位置》，《王国维全集》第14卷，浙江教育出版社2009年版，第108页。
③ 王国维：《古雅之在美学上之位置》，《王国维全集》第14卷，浙江教育出版社2009年版，第110页。
④ 王国维：《古雅之在美学上之位置》，《王国维全集》第14卷，浙江教育出版社2009年版，第108页。

当然是第一形式与第二形式相协调，于是古雅而不觉其古雅，优美及宏壮之质乃得以充分地显现。最坏的状况则是第一形式与第二形式不协调，于是古雅竭力地凸现出来，掩盖或阻碍了优美及宏壮的呈现或传达。

Ⅳ. 最后，王国维重申了艺术品（美）的一般性质："可爱玩而不可利用者，一切美术品之公性也。优美与宏壮然，古雅亦然。"[①]这不啻是在形式美中补充了古雅之后，向康德的又一次致敬。

在王国维美学思想的发展中，提出第一形式之美和第二形式之美的区分，是至关重要的一步。借此他可以建立起一个以第一形式之美之有无为标准的艺术评价系统：第一流的艺术必定是以第一形式之美取胜的，无第一形式之美（即无优美与壮美之属性）的作品，绝不能算第一流。二三流的作品，以第二形式之美取胜。艺术家当以追求第一形式之美为第一义，如此才能创作出第一流的作品。如果艺术家徒知追求第二形式之美，则只能出二三流的作品，他也绝无可能成为第一流的艺术家。不过，能不能成为第一流的艺术家，能不能创作出具有第一形式之美的作品，要看天分。一个艺术家，如果没有天才，则无论后天如何努力，也不可能创作出具有第一形式之美的作品；然则他只好退而求其次，凭修养之功在第二形式上用力，争取而且甘心地做个二三流的艺术家。

王国维发现，一般人常常混淆了第一形式与第二形式，把第二形式之美（古雅）错当成艺术的第一义，因而把一些仅凭第二形式之美取胜的艺术家滥入第一流艺术家之列。书画方面如此，文学方面亦如此。这个错误，使人们错会了艺术的第一义。由此引申开去，我们亦可以说这个错误导致人们对艺术的价值发生误解，而政治的文学，道德的文学，餔餟及文绣的文学所以流行，亦未始不与人们不能认清艺术的真正价值有关。试看这一段话：

> 苟其人格诚高，学识诚博，则虽无艺术上之天才者，其制作亦不失为古雅。而其观艺术也，虽不能喻其优美及宏壮之部分，犹能喻其古雅之部分。若夫优美及宏壮，则非天才殆不能捕攫之而表出之。今古第三流以下之艺术家，大抵能雅而不能美且壮者，职是故也。[②]

---

① 王国维：《古雅之在美学上之位置》，《王国维全集》第 14 卷，浙江教育出版社 2009 年版，第 111 页。
② 王国维：《古雅之在美学上之位置》，《王国维全集》第 14 卷，浙江教育出版社 2009 年版，第 110 页。

这岂非在《文学小言》将“人格”纳入艺术考察的视野后，又重申“天才”对于艺术的根本意义吗？

因此，《古雅之在美学上之位置》的初衷，或许只是想指出古雅亦有其美学上的意义，而实际的结果却是确认第一形式为艺术的第一义，并由此建立起一个新的艺术评价系统。随后的《人间词话》，可以说是这个新的评价系统的实践——标举“境界”为词的根本，即是标举第一形式之美；追求“不隔”，即是主张第一形式与第二形式相协调；批评“隔”，即是批评第二形式之美对第一形式之美的阻碍。

《古雅之在美学上之位置》是王国维走出叔本华之后，提出的又一个美学纲领。这个美学纲领以康德美学为基础，有补充，亦有发展，其中融入了中国艺术实践的丰富经验。

第三节 《人间词话》

王国维的兴趣从哲学转向文学之后，致力于研究词曲，关于词的主要著作是《人间词话》，关于曲的著作是《宋元戏曲考》。1907 至 1908 年间，王国维作词话一百二十余则，题曰《人间词话》，后从中选出六十三则，另补作一则，计六十四则，分三期发表在 1908—1909 年的《国粹学报》（其时《教育世界》已停刊）。1926 年，朴社以发表在《国粹学报》上的六十四则词话为据，出版《人间词话》（六十四则）单行本，由俞平伯标点并撰序。这单行本的印行是经过王国维首肯的，可以视为《人间词话》的定本。此处要讨论的亦即此六十四则《人间词话》。①

《人间词话》的六十四则词话是从百余则词话中精心挑选出来的，顺序也重新做了安排，形成了一个相对有逻辑的论说系统。大致来说，《人间词话》可以

① （一）王国维《人间词话手稿》现藏国家图书馆，2005 年浙江古籍出版社曾将之与《人间词手稿》一并影印发行。（二）六十四则《人间词话》中，第六十三则未见于初稿本，其余皆出自初稿本而略有改动或润色。（三）学界关于《人间词话》的所指并不统一。最初的《人间词话》单行本，以发表在《国粹学报》上的六十四则为准。后人将王国维词话稿本中未发表的部分作为《人间词话》下卷，而将发表的六十四则作为《人间词话》上卷，后又有人把王国维其他论词的话（包括书眉上的批注）收集起来作为《人间词话》的补遗。目前通行的《人间词话》常有上卷、下卷、补遗三部分，即由此而来。按：本文未注明出处的引文，皆出自六十四则本《人间词话》。

分为三个部分。第一至九则为第一部分,提出他的“境界”理论,并从多个方面对之加以说明。第十至五十二则为第二部分,以境界论为依据,评论历代词人。这部分亦有一个重要的理论问题,即“隔”与“不隔”。第五十三至六十四则为第三部分,是一些总论性质的话。这部分亦有一个理论问题,即文学的“时代升降”。《人间词话》有两个基本倾向:一是标举“境界”为词的根本,一是尊崇五代北宋词而鄙薄南宋词。这两个倾向也可以说是一个,因为他轩轾北宋南宋词的依据即是其境界的有无深浅。

(一)境界论一:标举“境界”

“境界”是《人间词话》的核心概念。《人间词话》第一则即说:

> 词以境界为最上。有境界则自成高格,自有名句。五代、北宋之词所以独绝者在此。①

“境界”又称“境”,是诗人所见出或想见的优美或壮美的情境,属第一形式。诗人将之表现于诗词作品,此作品之辞句、格调,属第二形式。以“境界为最上”,即是以第一形式为根本。王国维在其他地方还说过:“言气格、言神韵,不如言境界。境界,本也。气格、神韵,末也。境界具而二者随之矣。”②本末是传统的说法,用《古雅之在美学上之位置》的说法,就是艺术的第一形式和第二形式。第一流的作品,以第一形式之美取胜,即是以“境界”取胜。

对于自己拈出“境界”二字作为诗词的根本,王国维颇为得意。他说:

> 严沧浪《诗话》谓:“盛唐诸公,惟在兴趣。羚羊挂角,无迹可求。故其妙处,透澈玲珑,不可凑拍。如空中之音,相中之色,水中之影,镜中之象,言有尽而意无穷。”余谓北宋以前之词,亦复如是。然沧浪所谓“兴趣”,阮

① 王国维:《人间词话》,《王国维全集》第1卷,浙江教育出版社2009年版,第461页。

② 王国维:《词话摘录》,《二牖轩随录》之四十三,《王国维全集》第3卷,浙江教育出版社2009年版,第494页。按:1914年,王国维从昔时所作的词话中,选出三十一则,发表在日人办的《盛京时报》上,前有按语曰:“余于七八年前,偶书词话数十则,今捡旧稿,颇有可采者,摘录如下。”

亭所谓“神韵”，犹不过道其面目，不若鄙人拈出“境界”二字，为探其本也。①

这自负是有其道理的。“兴趣”是诗人见出或创造“境界”所需的一个主观条件，是诗之前，然而毕竟还不是诗本身。“神韵”不过描述了诗的一种性质，亦可以说是诗之境界的一种性质，是诗之后，然而也还不是诗本身。唯“境界”——诗的第一形式——可以说是诗本身。说境界是诗本身，意思是说：境界作为审美观照的对象，是诗人呈现于心而表现于作品者，境界的营造既是艺术的目的，营造成的境界也就是作品的基本构成与存在，所以谓之“本”。

诗词当以境界（优美之境或壮美之境）的创造为第一义。文辞的雕琢，格调的讲求，是第二义；此外如刻意求深，以之为政治或道德情怀的寄托，则是根本错会了艺术的天职与价值。王国维曾以自己的诗词为例说明此问题。他说：

樊抗父谓余词如《浣溪沙》之“天末同云”，《蝶恋花》之“昨夜梦中”“百尺朱楼”“春到临春”等阕，凿空而道，开词家未有之境。余自谓才不若古人，但于力争第一义处，古人亦不如我用意耳。②

他力争的第一义，即是“境界”的创造。这是艺术家的天职与价值所在。

所以标举境界的意义，还须联系其所否定的方面，才能够看得清楚。境界主于美，标举境界即是提倡出于美学兴味的艺术，亦即他在《论哲学家与美术家之天职》《文学小言》中所主张的纯粹、真正的艺术。它所针对而否定的，一方面是错会了艺术的价值，而出于政治/道德兴味的政治/道德的艺术；一方面是混淆了第一形式之美（优美及壮美）与第二形式之美（古雅），不知追求第一形式之美（真情实感）而专在第二形式（文辞）上用功的文绣的艺术。就词的方面而言，它是针对晚清词坛兴盛的，主张在词中寄托家国情怀的寄托派。

（二）境界论二：对境界的说明

第二至第九则是对境界的进一步说明，涉及境界的生成方式、境界的类型、

① 王国维：《人间词话》，《王国维全集》第1卷，浙江教育出版社2009年版，第463页。“凑拍”一词《沧浪诗话》作“凑泊”。

② 王国维：《人间词话手稿》，《王国维全集》第1卷，浙江教育出版社2009年版，第494页。按：樊抗父即王国维的友人樊炳清。

境界的构成因素(原质)三个方面。

第二则说:

> 有造境,有写境,此理想与写实二派之所由分。然二者颇难分别,因大诗人所造之境必合乎自然,所写之境亦必邻于理想故也。[①]

这是说艺术境界的生成,有“造”与“写”两种方式,因而形成了理想派与写实派两个流派。但是王国维认为,二者的分别并不绝对,因为大诗人所造之境必定是合乎自然的,而大诗人所写之境亦必定是邻近理想的。为什么大诗人之写境必邻于理想,而造境必合乎自然,王国维亦有说明。不过这说明在第五则:“自然中之物互相关系,互相限制,然其写之于文学及美术中也,必遗其关系限制之处,故虽写实家亦理想家也。又虽如何虚构之境,其材料必求之于自然,而其构造亦必从自然之法律,故虽理想家亦写实家也。”

第三则和第四则,是关于境界之类型的说明。第三则说:

> 有有我之境,有无我之境。“泪眼问花花不语,乱红飞过秋千去”,“可堪孤馆闭春寒,杜鹃声里斜阳暮”,有我之境也。“采菊东篱下,悠然见南山”,“寒波澹澹起,白鸟悠悠下”,无我之境也。[②]

第四则说:

> 无我之境,人惟于静中得之。有我之境,于由动之静时得之。故一优美,一宏壮也。[③]

结合这两则词话,可知王国维分境界为有我之境、无我之境两种,前者的美学性质是优美,后者的美学性质是壮美。

---

① 王国维:《人间词话》,《王国维全集》第 1 卷,浙江教育出版社 2009 年版,第 461 页。
② 王国维:《人间词话》,《王国维全集》第 1 卷,浙江教育出版社 2009 年版,第 461 页。按:为行文方便,此处截引第三则的前半部分。
③ 王国维:《人间词话》,《王国维全集》第 1 卷,浙江教育出版社 2009 年版,第 462 页。

第六则是关于境界之构成(内容)的说明：

> 境非独谓景物也。喜怒哀乐，亦人心中之一境界。故能写真景物、真感情者，谓之有境界，否则谓之无境界。①

这是为消除人们通常将"境界"等同于"景物"的误解，而特意强调"情"亦是境界的一方面内容。不过我们须知道，这里的喜怒哀乐之情，不是诗人的感情，而是诗人观照和描写的对象，正如《文学小言》(第四则)所说："激烈之感情，亦得为直观之对象、文学之材料，而其观之与描写之也，亦有无限之快乐伴之。"对于情感之作为观照和描写的对象，《红楼梦评论》亦曾有相似的议论。《红楼梦评论》第一章说："苟吾人能忘物与我之关系而观物，则夫自然界之山明水秀，鸟飞花落，固无往而非华胥之国，极乐之土也。岂独自然界而已？人类之言语动作，悲欢啼笑，孰非美之对象乎?"此段文字前半大致论景物之作为审美观照的对象，后半大致论情感之作为审美观照的对象。借古人的话说，以前者为内容的境界，可谓之"物境"，以后者为内容的境界，可谓之"情境"。

关于境界的构成(内容)，王国维没有进一步明确说明。我们可以结合《文学小言》作一些推测。他以情和景作为构成境界的两种原质(基本元素)，而形成的具体境界则有三种情况。其一，纯以情为构成元素；其二，纯以景为构成元素；其三，以情和景两种元素化合而成的情景交融。《人间词话手稿》中的一则即约略有此意。他说：

> 词家多以景寓情。其专作情语而绝妙者，如牛峤之"甘作一生拚，尽君今日欢"，顾琼之"换我心为你心，始知相忆深"，欧阳修之"衣带渐宽终不悔，为伊消得人憔悴"，美成之"许多烦恼，只为当时，一晌留情"，此等词古今曾不多见。②

其意或以为词中境界，以情景交融型为多，而纯以情为构成元素而成功者则不

① 王国维:《人间词话》,《王国维全集》第1卷，浙江教育出版社2009年版，第462页。
② 王国维:《人间词话手稿》,《王国维全集》第1卷，浙江教育出版社2009年版，第503页。

多见。他此处所举即是纯以情为构成元素而成功的境界。纯以景物为元素而构成的境界，我们可以替他举出一些，如他在《人间词话》中曾提到的“叶上初阳干宿雨，水面清圆，一一风荷举”（写荷），“桂华流瓦”（写月），“寒波澹澹起，白鸟悠悠下”。情景交融的更容易列举了——他一再提及的秦观的名句“可堪孤馆闭春寒，杜鹃声里斜阳暮”是最好的例子。

情、景是构成境界的基本元素，但并非写情写景就是“有境界”——否则所有诗词都可以说是“有境界”了——能“写真景物真感情”者，才算“有境界”。何谓真景物、真感情，我们暂不深究，我们且借一个比方来说明“有境界”。比方我们说某人“有道德”，我们是说他具有“美德”，而不是说他有“道德/伦理”。类似地，我们说某诗某词“有境界”，亦是说其境界具有优美或壮美之质。

（三）境界论三：境界必有所见

在《文学小言》和《屈子文学之精神》中，王国维曾将“情”放在一个比“景”更基础的位置，而流露出以情统景、以情率景的意味。《人间词话手稿》中也有一则说“一切景语皆情语也”。如此，则表现在艺术中的一切境界，皆非与主体无关的客观的物理之境，而皆是与主体相关的主观的情境或心境——是主体心灵状态的映射。即便所谓的“无我之境”，也并非真的“无我”，只不过物我之间没有冲突（无紧张关系），遂进入“不知何者为我，何者为物”的和谐状态，而起一种闲适优美之情罢了——“悠然见南山”之“悠然”，“寒波澹澹起”之“澹澹”，“白鸟悠悠下”之“悠悠”，无不映射着人的闲适优美之情。①

境界必是见人心，见情趣，见意趣的。《人间词话》说：

> “红杏枝头春意闹”，著一“闹”字，而境界全出。“云破月来花弄影”，著一“弄”字，而境界全出矣。（七）②

红杏枝头与春意，云破月来与花影，原都是物理，而“闹”与“弄”则关乎人情意

① 上文引了《人间词话》中论“有我之境”“无我之境”一则的前一半，此则后一半为：“有我之境，以我观物，故物皆著我之色彩。无我之境，以物观物，故不知何者为我，何者为物。古人为词，写有我之境者为多，然未始不能写无我之境，此在豪杰之士能自树立耳。”

② 王国维：《人间词话》，《王国维全集》第1卷，浙江教育出版社2009年版，第462—463页。

趣。诗的"境界"因此二字而出，可见王国维所说的"境界"是属人而非属物的。

境界也必是有所见的。凡言"境界"，必预示着一种新鲜的发现，是作者特别之心特别之眼所独辟独见之境，其中包含着作者对于宇宙人生的真切的解悟。《文学小言》（第八则）说：

> 感情真者，其观物亦真。①

有一种真情，始有一种真心，始有一种真见。物之真——不是物理之真，物态之真，而是情态之真，真切之真——是凭真情之眼真情之心见出的。《人间词话》说：

> 能写真景物、真感情者，谓之有境界，否则谓之无境界。（六）②

此真景物、真感情，即是作者之所见。有所见则有境界，无所见则无境界。《人间词话》又说：

> 大家之作，其言情也必沁人心脾，其写景也必豁人耳目。其辞脱口而出，无矫揉妆束之态。以其所见者真，所知者深也。（五十六）③

可以说，"境界"乃是基于对宇宙人生的洞见与深情，而产生于对宇宙人生的妙赏。

《人间词话》之后，王国维有《清真先生遗事》一文，其中论及境界说：

> 山谷云："天下清景，不择贤愚而与之。然吾特疑其端为吾辈设。"诚哉斯言。抑岂独清景而已！一切境界，无不为诗人设。世无诗人，即无此境界。④

---

① 王国维：《文学小言》，《王国维全集》第14卷，浙江教育出版社2009年版，第94页。
② 王国维：《人间词话》，《王国维全集》第1卷，浙江教育出版社2009年版，第462页。
③ 王国维：《人间词话》，《王国维全集》第1卷，浙江教育出版社2009年版，第477页。
④ 王国维：《清真先生遗事》"尚论三"，《王国维全集》第2卷，浙江教育出版社2009年版，第424页。

我们亦可以说：诚哉斯言！境界乃诗人之心所独辟，诗人之眼所独见。然后王国维又说：

> 夫境界之呈于吾心而现于外物者，皆须臾之物，惟诗人能以此须臾之物，镌诸不朽之文字，使读者自得之。①

岂惟诗人而能写之而已，亦惟诗人而能见之！

"境界"概念的语源与历史问题，留待后文讨论。这里引《人间词话》里曾称许的一些有境界或境界好的诗句，略示其义："明月照积雪"；"大江流日夜"；"西风吹渭水，落叶满长安"；"中天悬明月"；"黄河落日圆"。王国维评价说："此种境界，可谓千秋壮观。"

（四）隔与不隔

"隔"与"不隔"是《人间词话》着重讨论的另一个理论问题。这个问题是从讨论词中的代字引出的。《人间词话》说：

> 词忌用替代字。美成《解语花》之"桂华流瓦"，境界极妙，惜以"桂华"二字代"月"耳。梦窗以下，则用代字更多。其所以然者，非意不足，则语不妙也。盖意足则不暇代，语妙则不必代。此少游之"小楼连苑""绣毂雕鞍"所以为东坡所讥也。（三十四）
>
> 沈伯时《乐府指迷》云："说桃不可直说破'桃'，须用'红雨''刘郎'等字。说柳不可直说破'柳'，须用'章台''灞岸'等字。"若惟恐人不用代字者。果以是为工，则古今类书具在，又安用词为耶？宜其为《提要》所讥也。（三十五）②

前一则批评词家喜用代字的陋习，认为这是词人在掩饰自己的无能。东坡讥讽少游，是刘熙载《艺概》记载的一个故事。秦观有一首《水龙吟》，起句曰"小楼连

① 王国维：《清真先生遗事》"尚论三"，《王国维全集》第2卷，浙江教育出版社2009年版，第424页。
② 王国维：《人间词话》，《王国维全集》第1卷，浙江教育出版社2009年版，第470、471页。

苑横空，下窥绣毂雕鞍骤”，苏轼听了讥笑说：“十三个字只说得一个人骑马楼前过。”这是讽刺秦观词文饰太过，费辞了。王国维认为这与用代字同病。后一则批评沈义父（字伯时）《乐府指迷》提倡用代字的陋见。纪昀在《四库提要》中讥笑沈义父此说“欲避俚俗，转成涂饰”，即是说因求“雅”而至“涂饰”之病。这批评与判断是王国维认同的。

王国维说，词中用代字，无非两种情况。其一曰“意不足”，即词人胸中本无境界，只得在玩弄词藻上费心事。一种是“语不妙”，即境界本好，可惜词人才华不足，无妙语表达这境界，于是求助于用代字，如“桂华流瓦”之类。代字与所指之间，总是有一道弯，如隔着一层纱，干扰读者的理解和感受，使得境界不能完美地呈现。这当然是很可惜的事。

接下来王国维就说到“隔”的问题。他说：

> 白石写景之作，如“二十四桥仍在，波心荡，冷月无声”，“数峰清苦，商略黄昏雨”，“高树晚蝉，说西风消息”，虽格韵高绝，然如雾里看花，终隔一层。梅溪、梦窗诸家写景之病，皆在一“隔”字。（三十九）

又说：

> 问“隔”与“不隔”之别，曰：陶、谢之诗不隔，延年则稍隔矣。东坡之诗不隔，山谷则稍隔矣。“池塘生春草”“空梁落燕泥”等二句，妙处唯在不隔。词亦如是。即以一人一词论，如欧阳公《少年游·咏春草》上半阕云：“阑干十二独凭春，晴碧远连云。二月三月，千里万里，行色苦愁人。”语语都在目前，便是不隔。至云“谢家池上，江淹浦畔”，则隔矣。白石《翠楼吟》：“此地，宜有词仙，拥素云黄鹤，与君游戏。玉梯凝望久，叹芳草、萋萋千里。”便是不隔。至“酒祓清愁，花消英气”，则隔矣。（四十）①

所谓“隔”，即是写景“如雾里看花”；所谓“不隔”，即是“语语都在目前”。前一则专就写景言，后一则兼叙事抒情言，可见“隔”与“不隔”不单是针对写景之

① 王国维：《人间词话》，《王国维全集》第1卷，浙江教育出版社2009年版，第472页。

句——一切文辞，包括叙事言情，都有隔与不隔的问题。所以王国维又举例说：

“生年不满百，常怀千岁忧。昼短苦夜长，何不秉烛游？”“服食求神仙，多为药所误。不如饮美酒，被服纨与素。”写情如此，方为不隔。“采菊东篱下，悠然见南山。山气日夕佳，飞鸟相与还。”“天似穹庐，笼盖四野。天苍苍，野茫茫，风吹草低见牛羊。”写景如此，方为不隔。（四十一）①

这也就是另一则词话里所概括的：“大家之作，其言情也必沁人心脾，其写景也必豁然耳目，其词脱口而出，无矫揉妆束之态。”

王国维对“隔”的批评常常以姜夔为例。说到咏荷的词，他说“觉白石《念奴娇》《惜红衣》二词犹有隔雾看花之恨”；说到咏梅的词，他说“白石《暗香》《疏影》，格调虽高，然无一语道着”。对这个“隔”之病的代表，王国维下结论说：

古今词人格调之高，无如白石。惜不于意境上用力，故觉无言外之味，弦外之响，终不能与于第一流之作者也。（四十二）②

这让我们想起王国维在《古雅之在美学上之位置》中对姜夔的评价：

姜夔之于词，且远逊于欧、秦，而后人亦嗜之者，以雅故也。③

在那篇论文中，王国维说第一流作者（或第一流作品）以第一形式之美取胜，而二三流的作者，无捕攫第一形式之美的能力，只能以第二形式之美（即古雅）取悦于人。把这两段话对看，可知《人间词话》说姜夔“格调”高，是说他的词长于第二形式之美，有一种古雅之致；说姜夔“不于意境上用力”，是说他不知在第一形式上用力，所以作品无第一形式之美，不能成第一流作者。

于是我们知道，讨论“隔”与“不隔”，其实是在讨论艺术的第一形式与第二

① 王国维：《人间词话》，《王国维全集》第1卷，浙江教育出版社2009年版，第473页。
② 王国维：《人间词话》，《王国维全集》第1卷，浙江教育出版社2009年版，第473页。
③ 王国维：《古雅之在美学上之位置》，《王国维全集》第14卷，浙江教育出版社2009年版，第109页。

形式的关系，在诗词即是境界与文辞的关系。境界与文辞相得（即第一形式与第二形式合），便是“不隔”；不相得，则文辞对境界的呈现构成障碍，便是“隔”。这其中又有两种情况，即前面论“代字”时的“意不足”与“语不妙”。“意不足”即第一形式本不美，是则无第一形式之美可言，亦无感动的力量可言，自然给人“无一语道着”的感觉。“语不妙”即第二形式不足以表现第一形式，于是第一形式之美终究不能尽显，遂让人有“隔雾看花”之恨。关于“意不足”与“语不妙”，《人间词话》另有一个具体的说明。他说：

> 人能于诗词中不为美刺、投赠之篇，不使隶事之句，不用粉饰之字，则于此道已过半矣。（五十七）[①]

“美刺投赠之篇”，无真情实感，固然是“意不足”。“隶事之句”“粉饰之字”，典型的矫揉妆束之态，亦固然是“语不妙”。这两方面的毛病姜夔都有，所以王国维说他不在“意境”上用力。

“隔”与“不隔”，直接关系到境界的有无深浅。所以批评“隔”与提倡“境界”，其实是一个问题的两面，可谓一正一反，相为表里。无怪乎王国维反复申说，而使之成为贯穿《人间词话》第二、第三部分的一个重要话题了。

（五）文体之时代升降一：与境界论之关系

《人间词话》最后一则说：

> 白仁甫《秋夜梧桐雨》剧，沉雄悲壮，为元曲冠冕。然所作《天籁词》，粗浅之甚，不足为稼轩奴隶。创者易工，而因者难巧欤？抑人各有能有不能也。读者观欧、秦之诗远不如词，足透此中消息。（六十四）[②]

他以白朴（字仁甫）之长于曲而劣于词，给了《人间词话》一个意味深长的结尾——元是戏曲的时代，词的时代结束了。这是历史潮流的起落，非个人所能

---

① 王国维：《人间词话》，《王国维全集》第1卷，浙江教育出版社2009年版，第477—478页。
② 王国维：《人间词话》，《王国维全集》第1卷，浙江教育出版社2009年版，第480页。

左右。回过头去看宋代，欧阳修、秦观的诗都远远不如他们的词，这也是历史潮流的起落——宋是词的时代，诗的时代过去了。这就是所谓的文体“时代升降”：一代有一代之文学。

文体的时代升降现象其实早就有人注意，不过一直没有人深究，也没有形成完整的历史的了解。王国维对此似乎尤有兴趣，《人间词话》更是反复申说。

为什么文体时代升降的问题对于王国维如此重要？这也与他以“境界”为核心的词学批评体系有关。盖判分五代、北宋词与南宋词的高下，固然可以以境界的有无深浅为依据；至于什么原因造成了五代、北宋词与南宋词之境界的有无深浅的差别，即何以五代、北宋人能写出有境界的词，南宋人写不出有境界的词，则须由文体时代升降的理论来说明。这也决定了《人间词话》讨论文体的时代升降，重点不在描述此现象，而在解释此现象。《人间词话》说：

> 四言敝而有《楚辞》，《楚辞》敝而有五言，五言敝而有七言，古诗敝而有律绝，律绝敝而有词。盖文体通行既久，染指遂多，自成习套。豪杰之士亦难于其中自出新意，故遁而作他体，以自解脱。一切文体所以始盛终衰者，皆由于此。故谓文学后不如前，余未敢信，但就一体论，则此说固无以易也。（五十四）①

这一段话的要点在“文体通行既久，染指遂多，自成习套”。既成习套，自然就没有新鲜的生命力了。但是“习套”的惰性如此强大，任你是天才豪杰之士，也难以在习套中自出新意，唯一的办法是离开已成习套的旧体而另辟新体，于是有无休止的新旧替代。

“习套”之论，固然可以解释新旧文体的盛衰替代，然而似乎还未能把境界的有无深浅问题说透。《人间词话手稿》中另有一则，可以拿来补充。那一则是就唐诗宋词的陵替而论的，其言曰：

> 诗至唐中叶以后，殆为羔雁之具矣。故五代、北宋之诗，佳者绝少，而词则为其极盛时代。即诗词兼擅如永叔、少游者，亦词胜于诗远甚，以其写

① 王国维：《人间词话》，《王国维全集》第1卷，浙江教育出版社2009年版，第476—477页。

之于诗者，不若写之于词者之真也。至南宋以后，词亦为羔雁之具，而词亦替矣。此亦文学升降之一关键也。[①]

他说五代、北宋诗不如词，是因为五代、北宋人"写之于诗者，不若写之于词者之真也"。而五代之后诗不能真的原因，则是由于那时候诗已经成应酬的工具了。同样的道理，我们亦可以说元代词不如曲，是因为元代人写之于词者不若写之于曲者真，而其所以如此者，则是由于南宋以后，词也已经成应酬的工具了。"羔雁之具"论，固然不如"习套"论涵盖广，然而是否"真"，确乎比是否有"新意"更切近境界的有无深浅问题。不真就是没有真情实感，诗人或词人不能写一己的真情实感，自然就不能写真感情真景物，如此即是"无境界"。扩展到一个时代来说，一时代有一时代继承自前时代的习套，一时代亦有一时代自己的精神。代表一时代的文体，如唐之诗，宋之词，元之曲，都是为表现那时代的精神而产生的。能写那时代的精神，即是能写其真。就此而言，文体的时代升降问题，可以说是其境界论的延伸。

然而就具体的作家而言，也有例外，即确实有个别的大艺术家能够用旧体而不落习套——例如词家之有清代的纳兰容若。纳兰容若是宋代之后唯一被王国维列入第一流的词人。对于这个例外，王国维解释说：

纳兰容若以自然之眼观物，以自然之舌言情。此由初入中原，未染汉人风气，故能真切如此。北宋以来，一人而已。（五十二）[②]

"以自然之眼观物，以自然之舌言情"，即是未染习套，所以如此者，是因为他根本就是个外来人。这是个人的例外，而不是文体之时代升降的例外。

（六）文体之时代升降二：词曲之地位

王国维重视文体的时代升降问题，另有一层深意，即将词、曲确立为一代之文学，从而为一向不为人重视的词和曲争得与诗文同样的地位。

---

① 王国维：《人间词话手稿》，《王国维全集》第1卷，浙江教育出版社2009年版，第491页。按：此则词话亦见于《文学小言》，文字小异。

② 王国维：《人间词话》，《王国维全集》第1卷，浙江教育出版社2009年版，第476页。

正统的文学观念,以诗文为雅为正宗,而以词曲为俗为旁道。王国维致力于词曲的研究,颇有以俗抗雅的意味。他当然不是欣赏庸俗,他是在俗文学中发现了“自然”和“真”,一种新鲜活泼的感发的力量。这也与他提倡写真感情真景物的纯粹/真正的文学有关。他早就发现,古代那些体物之妙侔于造化的诗句,多出于“离人孽子征夫”之口。他亦说过,“宁闻征夫思妇之声,而不屑使此等(餔餟/文绣的——编者注)文学嚣然污吾耳也”。征夫思妇之声,虽或鄙野不雅,然而“真”。

《人间词话》也贯穿着这一态度。

词本是起于民间的,中唐而后渐有文人参与词的创作,词的雅化亦从此开始。然而直到五代、北宋诸大家,艳情仍是词的重要内容,而且与诗相比,词亦还是在野的身份而未失其清新活泼的原始力量。南宋起了一个大变化。南宋人举起崇雅正、黜浮艳的旗帜,主张以词言志,寄托家国身世之感,格调上尚清空而黜靡曼,其代表人物是姜夔(白石)和张炎(玉田)。可是王国维论词一向反对“寄托”,或许在他看来这是渐成习套的过程,或者竟已经是“羔雁之具”了。王国维认为,这看似雅,其实是一副真正的俗子面目。他说:

> 唐、五代、北宋之词家,倡优也。南宋后之词家,俗子也。二者其失相等。然词人之词,宁失之倡优,不失之俗子。以俗子之可厌,较倡优为甚故也。①

唐、五代、北宋词虽有些倡优的性质,然而“真”,有一种“生香活色”之美。南宋词则似雅而实俗——那份矜持与造作,说到底乃是“不真”。《人间词话》又说:

> “昔为倡家女,今为荡子妇。荡子行不归,空床难独守。”“何不策高足,先据要路津。无为久贫贱,轗轲长苦辛。”可谓淫鄙之尤。然无视为淫词、鄙词者,以其真也。五代、北宋之大词人亦然。非无淫词,读之者但觉其亲切动人。非无鄙词,但觉其精力弥满。可知淫词与鄙词之病,非淫与鄙之

① 王国维:《人间词话手稿》,《王国维全集》第1卷,浙江教育出版社2009年版,第520—521页。

病，而游词之病也。（六十二）[1]

只要“真”，就会给人亲切动人或精力弥满的感觉，而不觉其淫或鄙。所以关键不在淫或鄙，而在真或不真（游）。

清代词学，自朱彝尊开始即推崇南宋，其论词亦如张炎一样重雅黜艳。这倾向一直维持到清末。王国维批评说：

竹垞以降之论词者，大似沈归愚（之论诗），其失也枯槁而庸陋。[2]

沈德潜论诗主风教之旨，朱彝尊一派论词亦如此，王国维统统斥之为“庸陋”。王国维词学，在清末可谓独树一帜。

继词的研究之后，王国维又曾倾力研究元曲，著有《曲录》《戏曲考原》《宋大曲考》《优语录》《古剧脚色考》《曲调源流考》，最后写出了著名的《宋元戏曲史》。《宋元戏曲史》自序说：

凡一代有一代之文学，楚之骚，汉之赋，六代之骈语，唐之诗，宋之词，元之曲，皆所谓一代之文学，而后世莫能继焉者也。独元人之曲，为时既近，托体稍卑，故两朝史志与《四库》集部，均不著于录，后世硕儒，皆鄙弃不复道……遂使一代文献，郁湮沉晦者且数百年。愚甚惑焉。往者读元人杂剧而善之，以为能道人情，状物态，词采俊拔而出乎自然，盖古之未有，而后人所不能仿佛也。[3]

在《宋元戏曲史》正文里，他数度盛赞元剧“写情则沁人心脾，写景则在人耳目，述事则如其口出”。这态度也与《人间词话》之推崇五代、北宋词是一贯的。

王国维研究戏剧，也有为自己创作戏剧做准备的打算。他创作戏剧的计划终于未见实行，而《宋元戏曲史》因为在俗文学研究上的开拓之功，与鲁迅的《中国小说史略》被郭沫若誉为我国早期俗文学研究的双峰。

---

① 王国维：《人间词话》，《王国维全集》第1卷，浙江教育出版社2009年版，第479页。
② 王国维：《人间词话》，《王国维全集》第1卷，浙江教育出版社2009年版，第525页。
③ 王国维：《宋元戏曲史・序》，《王国维全集》第3卷，浙江教育出版社2009年版，第3页。

第四节　“境界”概念的历史与纷争

《人间词话》最初在《国粹学报》发表时，并没有得到多少反响。直至十八年后的1926年，由俞平伯标点并撰序的《人间词话》单行本问世，才引起广泛的注意——这时王国维已经是名满天下的国学大师了。俞氏在为单行本所作的短序中对《人间词话》推崇备至，以为“虽只薄薄的三十页，而此中所蓄几全是深辨甘苦惬心贵当之言，非胸罗万卷者不能道”。俞氏在序中又特别指出王国维论词“标举‘境界’”，于是作为《人间词话》核心概念的“境界”，亦从此得到学界的青睐，并逐渐被接受为传统诗学、传统美学的核心概念。对“境界”概念及王国维“境界”理论的研究亦随之得到了多方面的展开和深入。下面，略述学界关于“境界”研究的几个热点话题，并提出我们的看法。

（一）“境界”概念的历史

学界关于“境界”的研究，最重要的一个成果，是对“境界”概念的渊源、流变的历史考察与整理。

“境界”常常简称“境”。“境”字的本意是“边疆”——“土”之“竟”——我们如今说“境内”“境外”，即是用它的本意。“境”的这个本义与“界”的含义约略相同——“界”是分界、界限——土之竟，自然就到了它的“界”。不过“境”还有一个引申义——地域或区域——当然是那边疆所围成的地域或区域。此义上的“境”，与后来形成的合成词“境界”的含义相同。于是我们得到“境界/境”的第一层面含义：一个有边界的区域，区域内的一切事物所构成的一个整体（场景）及其氛围。此意义上的“境界/境”，是一个具象的有空间结构的实存（现实存在）。大约自唐朝始，佛家（尤其禅宗）常称心中幻现的场景为“境界/境”，诗家亦称诗中呈现的场景为“境界/境”，于是有“境界/境”的一个引申义：呈现于心中或作品中的场景（形象或画面）及其氛围。此意义上的“境界/境”亦是具象的，亦有其空间结构，但不是实存，而是虚存。另外，“境界/境”还有一个比喻义，喻指人的精神/心灵状态。我们说一个人的“心境”如何（好或坏），一个人的“精神/思想境界”如何（高或低），即是用其比喻义。这种用法亦起于佛家，后来宋明理学家也常用此义，称人的不同修为层次或阶段为不同的境界[①]。古代汉语中，上述“境界/境”的三种含义——实存义、虚存义、比喻义是并存的。

诗学方面，以“境”论诗始于唐代。王昌龄《诗格》分诗中之境为三：物境（描写自然风光之诗），情境（叙事抒情之诗），意境（写心中之意之诗，与禅极有关系）。“意境”后来成为诗学中的一个重要概念，不过其含义与王昌龄《诗格》所谓的“意境”已大为不同——凡诗家所营造而表现于诗者，皆称“意境”。诗学中“境界”一词的应用，似自宋人始[②]，略晚于“意境”，使用似亦不如“意境”普遍。明清以降，以“意境”或“境界”谈诗者渐多[③]。清末民初，“意境”“境界”已经是诗论中的习语了，常州派大词家陈廷焯（1853—1892）的《白雨斋词话》即以“意境”作为评词的核心术语，而与王国维（1877—1927）约略同时的梁启超（1873—1929）论诗著述中也常见“意境”一词，亦偶见“境界”一词。[④]

要之，以“境界”论诗（词），其来已久，并非王国维的创举。不过前人诗论中用“境界”一词，只是拈取而用，并无对此概念的分析与论说，更无以此概念建构一个批评系统的意图。用“境界”论诗（词），并对此概念加以分析与论说，而且有意识地以此概念为核心，建构起一个批评系统，是王国维的独特之处。王国维在“境界论”上，有其特殊贡献，因而也有其特殊地位。

（二）“意境”与“境界”

“意境”与“境界”，在诗学文献中是两存的，未见有人深究二者含义和使用上的差别。近人亦多以为二者为同义词：有人用“意境”，有人用“境界”，纯属习惯问题；同一人此时此处用“意境”，彼时彼处又用“境界”，亦纯属偶然。然而，倘若我们把眼光放宽，不仅局限在诗学的领域，则“境界”与“意境”之间的一个差异就会显现出来——“境界”一词不仅见于诗学文献，亦常见于佛学和理学文

① 参见刘任萍《境界论及其称谓的来源》，范宁《关于境界说》。两文收录于姚柯夫编《〈人间词话〉及评论汇编》，书目文献出版社 1983 年版，第 101—107、366—368 页。

② 参见佛雏：《王国维诗学研究》，北京大学出版社 1987 年版，第 154 页。

③ 佛雏：《王国维诗学研究》，北京大学出版社 1987 年版，第 156—157 页。

④ 一般以为王国维之用“意境/境界”论词，是受梁启超的影响，近年罗钢研究王国维与常州词派的关系，提出一新说，认为直接启发王国维以“意境/境界”论词的，很可能是陈廷焯，而不是梁启超，因为“在王国维之前，唯一一位把‘意境’作为评词的核心术语的清代词家正是陈廷焯，而陈廷焯的《白雨斋词话》又恰恰是王国维十分熟悉的一部著作”。（罗钢：《意境说是德国美学的中国变体》，《南京大学学报》（哲学·人文科学·社会科学）2011 年第 5 期）

献,即"境界"不仅是一个诗学范畴,还是一个哲学范畴,它比"意境"多一层哲学的意味。近代的新儒家如冯友兰、唐君毅等人,为彰显中国哲学的特质,提出了所谓"境界论"哲学,以区别于西方的知识论哲学。于是"境界"作为哲学范畴的地位进一步突出了。因此之故,冯友兰虽然认为"意境"与"境界"的含义并无不同,但是在论及《人间词话》时还是忍不住要给二者的使用范围作出划分。冯友兰说,"境界"主要是个哲学范畴,"意境"主要是个诗学范畴,谈论诗词还是用"意境"一词为好。①

然而王国维取作《人间词话》核心概念的,偏偏是"境界",而非"意境"。更为重要的是,王国维有意识地选择了"境界"作为其文学批评理论的核心概念。

在"意境""境界"这两个概念的使用上,王国维有过徘徊。他最初也是按照冯友兰所提到的那个使用范围的划分,在哲学语境中使用"境界"一词,而在艺术批评语境中使用"意境"一词。前者的使用集中在他译述西方哲学(包括心理学、美学)的文字中,取"境界"的比喻义(心灵、精神、思想状态)。后者的使用见于其《论哲学家与美术家之天职》《人间词乙稿序》。特别是在《人间词乙稿序》中,王国维给出一个以"意境"为核心概念的诗词理论系统。这个理论系统的要义即是稍后《人间词话》的理论系统的要义,只不过在《人间词话》里,"意境"换成了"境界"——他将此前译述西方哲学时使用的"境界"一词移用于文学批评,作为其艺术批评的核心概念。

为什么会有这样的变化?王国维自己没有说明。不过我们可以结合王国维当时的思想作一个大胆的推测——他或许借此向艺术或他的艺术理论加入一个哲学维度。

"意境"略同于虚存义上的"境界",而并不具"境界"所具有的比喻义。《人间词话》中的"境界"概念,是结合了其虚存义和比喻义的。以"境界"替换"意境",自然就把哲学的维度引进了艺术。换句话说,王国维选择"境界"作为《人间词话》的核心概念,是看中了"境界"兼具哲学的维度。艺术与哲学的关系,是王国维一直思考的问题。在王国维看来,艺术和哲学都以真理(宇宙人生的真相)为目标——哲学家通过思考揭示真理,艺术家以符号表出真理。真理性是

① 冯友兰:《中国哲学史新编(下)》,人民出版社 1999 年版,第 547 页。

艺术所内含的哲学维度。王国维认为，好的艺术作品，须是哲学的、宇宙的。[①]

这推测的一个佐证，是《宋元戏曲史》中的“意境”概念的再次使用。《宋元戏曲史》论“元剧之文章”说：

> 然元剧最佳之处，不在其思想、结构，而在其文章。其文章之妙，亦一言以蔽之，曰：有意境而已矣。何以谓之有意境？曰：写情则沁人心脾，写景则在人耳目，述事则如其口出是也。古诗词之佳者无不如是，元曲亦然。明以后，其思想、结构尽有胜于前人者，唯意境则为元人所独擅。

此处所谓“文章”，指向元剧的艺术性方面。王国维说元剧之佳在其文章，而文章之妙，在于有“意境”。从他所举的“有意境”的三个方面——“写情则沁人心脾”“写景则在人耳目”“述事则如其口出”——并联系《人间词话》的相关论说来看，“有意境”其实就是他所谓“不隔”的艺术效果，此即文辞之美的最高境界。可见王国维这里的“意境”概念，指向作品的艺术性方面——文章——而与作品的思想性无关。

元剧的“思想性”，王国维有时称之为“人格”。他在《文学小言》中批评道：

> 元人杂剧，辞则美矣，然不知描写人格为何事。[②]

结合《文学小言》及稍后的《屈子文学之精神》来看，王国维认为第一流作家需兼具天才和人格——天才指向一个人的艺术天分，在作品的方面则是其“文章/意境”；人格指向一个人的精神修养，在作品的方面则是其思想性。以这样的标准看，“辞则美矣，然不知描写人格为何事”的元剧，自然算不上第一流的文学。于此我们可以知道，在王国维的话语系统中，仅仅联系于文章/文辞的“意境”概念似不足以表达文学的最高品质和最高追求，因为它不能涵盖文学的人格或思想性方面的要求。

然而“境界”概念所兼具的哲学维度恰可以弥补这一不足——哲学维度无

① 张郁乎：《春归合早：诗与哲学之间的王国维》，北京大学出版社 2013 年版，第 161—182 页。
② 王国维：《文学小言》之“十四”，《王国维全集》第 14 卷，浙江教育出版社 2009 年版，第 96 页。

疑可以收摄“人格”或文学作品的“思想性”。从“意境”到“境界”,内含着王国维艺术观念的一个重要拓展。这一拓展,类似于康德从美到崇高的发展。康德借助“崇高”概念重新建立起艺术与道德的联系,王国维借助“境界”概念为艺术纳入了人格或思想性的维度。如果王国维心里存着“意境”与“境界”的这一分际,则他只能说元剧有“意境”,而不能说元剧有“境界”。

从《宋元戏曲史》“意境”概念的这种使用,还可以反观《人间词话》中“意境”概念的使用。

《人间词话》的核心概念是“境界”,唯独论姜夔时用了一次“意境”:

> 古今词人格调之高,无如白石,惜不于意境上用力,故觉无言外之味,弦外之响,终不能与于第一流之作者。(四十三)

这是“意境”在《人间词话》的唯一一次出场。这唯一一次出场颇令人疑惑:何以论姜夔用“意境”而不用“境界”?答案或许就在王国维设定的“意境”与“文章/文辞”的关系上。从《人间词话》来看,王国维对姜夔的批评集中在其“文章/文辞”的方面——“隔”。此处批评姜夔不在“意境”上用力,亦是如此——不在“意境”上用力,是说他不追求文辞的“不隔”。即是说,《人间词话》中的“意境”概念,也是设定在“文章/文辞”的方面,与《宋元戏曲史》中的使用,恰相一致。

如果在王国维那里,“意境”与“境界”并非如一般人所认为的那样含义相同,那么古代诗论里“意境”与“境界”是否如一般人所认为的那样含义相同?古人是随意地或取此或取彼,还是因不同的语境而或取此或取彼——两者之间,古人在心里是否有一个难以言传的微妙分际呢?若这个问题得不到有效的解决,则延续至今的关于王国维境界论的许多论争,终究是一笔糊涂账。①

(三)王国维的“境界”理论与传统文化及西方文化之关系

王国维的文学批评是立于古今与中西两个交叉点上的。讨论这问题之前,

---

① 周振甫1962年发表的《〈人间词话〉初探》首先留意到王国维著述中意境、境界两个概念的使用问题。20世纪80年代开始有专文讨论王国维著述中这两个概念的区别与联系。这些讨论互有短长,一个共同的问题是都没有能够全面而准确地厘清王国维著述中此两个概念的使用情况,至今还有不少人误以为“王国维用‘境界’比较早,后来逐渐改用‘意境’”。

我们须了解两个基本的事实。第一，王国维在30岁之前，有数年的时间沉浸在西方哲学/美学的研究中，他最先即是在译介西方哲学/美学的文章中使用意境、境界这两个术语的。西方哲学/美学的研习，对他的文学思想有深刻的影响，即他的文学思想带有浓厚的西方近代文化精神，而绝无传统的酸腐气息。这在他后期的文学批评如《文学小言》《人间词话》中亦有明显的痕迹。第二，30岁之后的数年间，王国维又曾沉浸在词的创作与研究中，《人间词话》的撰写，即是以他的创造和阅读经验为基础的——这里所说的阅读经验，指他对历代词作和词学批评的广泛阅读①。这两个基本的事实，引发我们去思考：他的境界理论有没有传统诗学的影响？其间的联系如何？有没有西方美学的影响？其间的联系又如何？

王国维境界论与传统诗学的关系，似乎是不言而喻的事。首先，“境界/境”本是传统诗学中的一个概念，而清代以来使用益见频繁。其次，王氏关于“境界”的一些进一步说明，与传统诗学有明显的交集或继承关系，如境界论中的情、景关系，原是传统诗学的一个话题；有我之境、无我之境的区分，不唯基于传统诗歌的事实，其理论概括的源头亦可以追溯至严羽在《沧浪诗话》中将诗境大略区分为“优游不迫”与“沉著痛快”两种；宋人提出的“状难言之景如在目前，含不尽之意见于言外”，与王氏境界论所指向的第一流作品，亦颇有相合之处。大致而言，近人读《人间词话》，一方面惊讶于其思想见解之新，而同时亦不觉得其与传统诗学脱节或不相容；许多人孜孜不倦，从不同的方面去探讨王氏境界论与传统诗学的关联——包括其与前人相关学说的异与同——即是基于这种直觉。王国维中年而后放弃西方哲学的研究而转向传统学术并成为国学大师，也加重了人们的这种直觉——不少人把《红楼梦评论》到《人间词话》及其中的境界论，看作王国维走出叔本华乃至整个西方美学而回归传统诗学的标志。实际的情形是否果真如此呢？

20世纪40年代，缪钺(1905—1995)读了叔本华的著作，认为王国维的两部文学批评名著《红楼梦评论》《人间词话》的立论根据多出于叔本华之书。他写了一篇《王静安与叔本华》(1943)，不仅具体分析了王氏《红楼梦评论》与叔本华哲学的联系，还提出王氏《人间词话》中的见解“似亦相当受叔本华哲学之濬

① 之所以特别提出他在词作和词学上的创作阅读经验，是因为有人嘲讽他撰写《人间词话》时不过三十来岁，还没有很好的传统文化基础，仿佛他的《人间词话》是闭门造车的结果。

发”。他举了一个例子：

> (叔本华)《意志与表象之世界》第三卷中论及艺术……以为人之观物，如能内忘其生活之欲，而为一纯粹观察之主体，外忘物之一切关系，而领略其永恒，物我为一，如镜照形，此即臻于艺术之境界，此种观察，非天才不能。《人间词话》曰：“自然中之物，互相关系，互相限制，然其写之于文学及美术中也，必遗其关系限制之处。”又曰：“无我之境，以物观物，故不知何者为我，何者为物。”皆与叔氏之说有贯通之处。[①]

缪钺此处所引的叔本华关于艺术的议论，王国维早年在《叔本华及其教育学说》曾有详细的介绍，缪钺就此而论《人间词话》中类似的说法受叔本华哲学的启发，自然是可信的；说王国维有关“无我之境”的论述与叔氏之说“有贯通之处”，亦无不可。

缪钺在王国维受叔本华影响的问题上，态度其实十分谨慎。他认为王国维是学术上的奇才，“其胸中如具灵光，各种学术，经此灵光所照，即生异彩”，如在文学批评的方面，“(王氏)粗习西文，略窥西籍，而评论文学，已多新见，摆脱传统之束缚，能言时人之所不能言”。所以他不承认王国维对于叔本华乃至西方学说只是简单的接受的关系，但是他认为西方文化对王国维确有“攻错之益”——他说：“凡学术思想之能开新境扬光辉者，多赖他山攻错之益。”[②]所谓“他山攻错”，当然是中西文化的相互砥砺与激荡。

尽管缪钺的意见并不是针对王国维的境界论而发，但是他将叔本华的影响引入《人间词话》的研究，却对后来的境界论研究产生了重大的影响。盖自此而后凡研究王国维境界论的人，都不能回避其中的西方美学影响，而诸多分歧也随之而生。周振甫《〈人间词话〉初探》(1962)首次将缪钺的看法推向极致，从多个方面论证“(王国维)境界说本于叔本华的唯心主义美学观点”[③]；后来佛雏《王国维诗学研究》(1987)将叔本华《作为意志和表象的世界》与王国维《人间词话》作了对比式的阅读，不仅认定“王氏的诗词‘境界’跟叔氏的艺术‘理念’，是平行

① 缪钺：《王静安与叔本华》，《诗词散论》，开明书店 1948 年版，第 72 页。
② 缪钺：《王静安与叔本华》，《诗词散论》，开明书店 1948 年版，第 80—81 页。
③ 周振甫：《〈人间词话〉初探》，《文汇报》1962 年 8 月 15 日。此文收录于《〈人间词话〉及评论汇编》(书目文献出版社 1983 年版)。

的美学范畴”，而且为《人间词话》里的几乎每一个观点都在《作为意志和表象的世界》里找到了根源[①]。大略而言，20 世纪的八九十年代研究王国维境界论者，一般都会说到叔本华美学的影响。但是也就在这时期，另一种声音开始出现，并在 21 世纪的头十年里蔚然成一新潮流。陈鸿祥较早注意到席勒对王国维的影响，他在 20 世纪 80 年代的《王国维与文学》(1988)一书中说：

> 若仅以“西方影响”而言，《人间词话》中与“境界”之“真”相关的属于文学方面的观点，诸如“写境”与“造境”，“主观之诗人”与“客观之诗人”，“理想”与“写实”，决不能归“本”于叔本华，而实出于席勒。[②]

这个批评直接针对周振甫“境界说本于叔本华的美学观点”之说。进入 21 世纪，罗钢对王国维所受席勒影响作了更为细致的探讨，提出了王国维由叔本华转向席勒的问题。不仅如此，他还超出叔本华、席勒的范围而将王国维的境界论与整个德国美学传统联系起来[③]。他认为：

> 王国维的“意境”说在中国诗学传统中的确称得上是“截断众流”，因为它基本上是以一种与整个中国诗歌传统异质的西方美学为基础建构起来的……王国维寄植在“意境”中的这一束西方美学观念，其实都来自一种西方美学传统——德国美学传统。[④]

因此：

> 王国维的“境界说”不是如许多学者所言；是从“兴趣说”“神韵说”“一

① 佛雏：《王国维诗学研究》，北京大学出版社 1987 年版。对于佛雏的这个文献对勘式的研究得失，可参见夏中义：《〈王国维诗学研究〉之研究》，《文艺理论研究》1995 年第 2 期。

② 陈鸿祥：《王国维与文学》，陕西人民出版社 1988 年版，第 187 页。

③ 参见罗钢：《七宝楼台，拆碎不成片断——王国维“有我之境、无我之境”说探源》，《中国现代文学研究丛刊》2006 年第 2 期；《意境说是德国美学的中国变体》，《南京大学学报》（哲学・人文科学・社会科学）2011 年第 5 期。

④ 罗钢：《意境说是德国美学的中国变体》，《南京大学学报》（哲学・人文科学・社会科学）2011 年第 5 期。按：“这一束西方美学观念”指：一、以叔本华的直观说为核心的认识论美学；二、席勒关于自然与理想诗的区分；三、康德的自然天才理论；四，席勒-谷鲁斯的游戏论。

线下来的”，而是以叔本华为代表的西方近代美学的嫡系后裔。[①]

这一番关于王国维境界说的议论，也确实有截断众流之意。他的过人之处，在于他的反思能力，以及他把王国维的境界理论与更为广泛的西方近代美学传统联系起来。他的果敢勇猛之处是将王国维的境界论与西方美学作单线的联系，而斩断其与传统诗学的关系。这与老一辈学者有很大不同。前辈学者，无论佛雏还是陈鸿祥，虽然重视王国维境界论所受西方美学的影响，却也并不否认其与传统诗学的联系，而毋宁把西方美学作为其理论的来源之一而不是唯一的来源。

罗钢一系列的王国维研究，是近十年来此方面最有影响的研究之一。他的批判的锋芒显而易见，在这批判的锋芒的背后，另有两个强烈的反思意识：其一，反思20世纪80年代以来的境界论研究，进而反思王国维境界论与传统诗学的关系；其二，反思20世纪从王国维到朱光潜、宗白华嫁接中西美学（诗学），援西释中的中国近代美学建构方式。

我们从第一个反思说起。20世纪的后70年，王国维的《人间词话》及其中的境界论可以说是誉满士林，既有人称它是中国传统美学的最后一个高峰，又有人称它是中国近代美学的开山。这里隐藏着一个问题：中国近代美学与传统美学究竟什么关系？如果中国近代美学是或可以是传统与西方的结合，则上述对《人间词话》/境界论的称许可以两立。如果中国传统与西方美学无法嫁接，则中国近代美学与传统根本是两个东西，上述对《人间词话》/境界论的称许必有一错。境界论中的西方美学因素无可否认，《人间词话》之为中国近代美学的开山之作，亦几乎没有异议。但是对于《人间词话》及境界理论与传统诗学的关系，“境界”概念是否是传统诗学的核心，则向来有不同的意见。我们知道清代词学自中叶以来一直有其传承系统，此传承系统在清末民初的代表是朱祖谋（1857—1931）、况周颐（1859—1926）。王国维自开户牖，论词旨向与朱、况系统格格不入，其所以如此者即是因为王国维的词论吸收了西方近代美学的思想。新文化阵营的人自胡适始对《人间词话》推崇备至，而朱、况一线的人则对《人间词话》多有批评，不过那批评的声音似乎被崇拜者的欢呼声完全淹没了。进入

① 罗钢：《本与末——王国维“境界说”与古代中国诗学传统关系的再思考》，《文史哲》2009年第1期。

21 世纪后，出现了反思五四新文化（反传统）的思潮，结合着新的国学热，以及冷静下来的热情，那曾经的批评的声音重新被发现，人们也开始反思这一场继续了几十年的近乎狂欢的“境界/意境”热。反思首先来自古典诗学研究的内部。20 世纪 80 年代以来的 20 年间，传统诗学文献的整理与研究取得长足的进展，随着研究的细化和深入，肖驰逐渐认识到：一，意境论的时限只涵盖唐代诗学，宋元明清诗学的重点都很难纳入境界/意境说的范围；二，古代诗学中的许多重要学说都无法用境界/意境说来概括。因此，如果把境界/意境当作传统诗学的一贯的核心，只会把传统诗学狭隘化。肖驰的这些想法表现在其《抒情传统与中国思想——王夫之诗学发微》（2003）、《佛法与诗境》（2005）两部著作中。稍后蒋寅发表《原始与会通：“意境”概念的古与今——兼论王国维对“意境”的曲解》（2007），大意是说：王国维的诗学基本与传统诗学没什么关系，他是将源于西洋诗学的新观念植入了传统名词中，或者说顺手拿几个耳熟能详的本土名词来表达他受西学启迪形成的艺术观念；王国维的境界说，与清代前辈诗论家所使用的意境、境界概念没有什么相通之处，他之使用境界/意境概念，是对传统的意境、境界概念的误读和曲解[①]。肖、蒋的一个共同的判断是：我们现在挂在嘴边的发端于王国维的意境概念，与 20 世纪以前古人使用的意境概念没有什么关系。罗钢的研究即启发、筑基于肖驰、蒋寅的这个判断——他说，对于正在凯歌行进的意境说而言，这两位学者提出的挑战无疑是具有颠覆性的。[②]

肖、蒋的反思固然有价值，他们击中了狂热的境界/意境论研究的要害，也揭示出境界/意境概念史本身的许多问题。但是他们的颠覆性的判断是否成立，尚需要细致的检验。这依赖于两个更基本的问题：一，传统诗学是否有其一贯的不变的内涵与外延，在传统诗学内是否有一贯的哪怕是约定俗成的境界/意境概念的使用方法？二，如果这个传统的诗学概念是历史地发展着的，那么

---

① 蒋寅：《原始与会通：“意境”概念的古与今——兼论王国维对“意境”的曲解》，《北京大学学报》（哲学社会科学版）2007 年第 3 期。蒋文认为在王国维那里“境界”与“意境”的含义没有区别。

② 参见罗钢《境界说是德国美学的中国变体》。按：罗钢在此文中回顾了肖驰、蒋寅的工作，此处所述肖驰的观点即依据罗文。又：据蒋寅《原始与会通》，王一川《通向中国现代性诗学》（2001）已有此论。王一川说：“意境与其说是属于中国古典美学的，不如说是专属于中国现代美学的。它在中国古代还不过是一般词汇，只是到了现代才获得了基本概念的意义，把意境看作古典美学概念，是错以现代人视点去衡量古代人，把意境对于现代人的特殊美学价值错误地安置到古代人身上……只是从王国维开始，意境才获得真正的现代性生命：他借助德国古典美学慧眼重新发现意境在中国文化中的积极意义。”《北京师范大学学报》（人文社会科学版）2001 年第 3 期。

王国维的境界/意境是否可以纳入这个发展的序列？换句话说，我们不能由王国维境界/意境概念的内涵与前人不同，或其使用境界/意境概念与前人不同而简单地断定其与传统没有关系。若这两个问题不能得到认真的检讨，则正在凯歌行进着的颠覆也时刻有被颠覆的危险。

另一个反思涉及对五四新文化运动的意义重估，有一个更为宏大的思想背景。在新一轮国学热中，人们开始反思五四时期对传统文化的激烈批判，以及胡适所倡导的整理国故。在追求原汁原味的传统文化的人眼里，不仅五四新文化运动对传统文化的激烈否定是错误的，即使胡适倡导的整理国故也是不对的，因为整理国故派(针对国粹派)提倡用西方的学术规范研究传统文化，破坏了传统文化的原质——援西释中，抓不住传统文化的真精神。王国维是受过西方近代文化精神浸润的人，他用科学的方法研究国学，当然属于整理国故派，《人间词话》亦不例外。罗钢显然把这样的反思用到王国维的境界论上了，不仅如此，他还考察了朱光潜、宗白华的关于境界/意境的论述，得出结论说：

> 意境说的理论家们其目的原本是在西方文化的冲击下重建民族美学和诗学的主体性，然而结果是完全丧失了自身的主体性；他们的初衷是与民族的诗学传统认同，结果是与一种西方美学传统认同；他们力图克服近代以来中国所遭遇的思想危机，结果却是更深地陷入这种危机。①

果真如此，则从王国维到朱光潜、宗白华，整个建设中国近代美学的努力都是错了方向，白费力气。他们的错误都是援用西方近代美学的思想和方法来研究中国的传统艺术。

这样的反思固然有价值，它提醒我们“把意境说看作中西美学的融合，而且进一步用意象等西方的诗学范畴来阐释和重构中国古代诗学”有“造成对传统诗学的某些最重要的精神和价值的遮蔽和压抑”②的风险。不过与风险共存的

---

① 罗钢：《境界说是德国美学的中国变体》，《南京大学学报》(哲学・人文科学・社会科学)2011 年第 5 期。

② 罗钢：《“把中国的还给中国”——“隔与不隔”与“赋、比、兴”的一种对位阅读》，《文艺理论研究》2013 第 2 期。

还有新的生机，即这种阐释与重构也能够唤醒传统诗学中隐伏、沉睡，甚或被压抑的某些重要的精神和价值。况且，要求一种原汁原味的传统诗学——“把中国的还给中国”——这要求是否合理呢？也许这根本就是个伪命题。

这牵涉到两种截然不同的文化心态，两种截然不同的看待中西文化的态度。

一种文化传统总是历史地形成的，即是说它是在发展中形成的，而且处在不断的形成与发展中。一个概念也总是有其历史的，即是说一个概念的内涵是随着历史而变化的。境界概念亦是如此——没有一个含义不变的亘古亘今的境界概念。王国维在新的历史条件，新的文化背景下，通过吸收西方文化，为境界概念注入新的内容——也是新的血液，新的生命——从而丰富了境界概念的内涵，这是他的贡献，也是他的文化责任。在王国维自己，这种吸纳与融合并不构成问题，因为他在文化上持开放的态度，认为学问无所谓古今中西，而只有是非对错。所以他根本无意固守一个中国传统文化的立场，当然也无意固守一种中国传统的学说或理论，这与“中学为体”派和“国粹”派是完全不同的。他标举“境界”，绝非是为了整理和发扬传统，而是为了提出和建立自己的文学批评理论。所以他不必固守“境界”的传统用法/习惯用法，对境界理论的展开也不必固守传统的路径。

这种开放的文化态度，体现出一种科学的精神。此科学的精神有两个要点：一，无预设的立场，而由观察和实验入手；二，超越特殊性而追求普遍性。受这种科学精神影响的人，在面对中西文化时，会不自觉地观其会通，求其同。他们并不认为真理有东西民族之别，而认为不同文化乃是同一原理的“殊相”，求其同，即是求其理。有此普遍性的信仰，朱光潜遂可以理直气壮地用西人的美学理论分析中国的艺术现象，或者用中国的艺术经验去印证、检验西人的美学理论，而不觉其有何不妥——只要他认为那个理论是合理的，姓西姓东有什么关系！但是这种普遍性的信仰，在后来强调文化的民族性的思潮中受到了愈来愈严峻的挑战。比如冯友兰在20世纪30年代就提出，自然科学没有民族性，我们不能说中国化学或英国化学，但是哲学有民族性，所以我们可以说中国哲学或英国哲学[①]。哲学如此，文学艺术亦如此。受此种民族精神影响的人，在面

① 陈来：《中国哲学的近代化与民族化——从冯友兰的哲学观念说起》，《学术月刊》2002年第1期。

对中西文化时，会有意识地辨其异。观其同与辨其异，本该是互为补充的。然而在激烈怀疑、批评传统文化的心情下，往往把西方的思想误认为普遍性而加以推崇；在浓厚的怀旧与热爱传统文化的心情下，又往往把特殊性作为遮羞布，自欺欺人。两方面的缺陷，都需要警惕。20 世纪 90 年代以来出现的对五四新文化运动的反思，固然可以看作对前者的纠偏，但同时兴起，至今不衰，而且有愈演愈烈趋势的国学热，似乎在把民族性的思潮推向一个极端，却是我们不得不警惕的。

民族性的思潮同样体现在近十年来对王国维境界论的颠覆性的研究中。这种研究把中西文化对立起来，把主体和他者挂在嘴边，仿佛一沾西学便是他者化，就不是真正的传统，就失掉了中国文化的自我主体性。但是文化的民族主体性，本身隐藏着将中学、西学相区分相对立这一文化视角的陷阱。这陷阱是近一二十年挖成的，而且是与新引进的后殖民理论、拒他者化理论，以及新一轮国学热联系在一起的。在王国维、朱光潜、宗白华，还没有这个问题。他们那两代人的文化理想是超越了古今中西的争论的——诚如梁启超所说，将来的新的文化，必定是化合了中西文化之长的文化。那眼光和胸襟实在要比时下拥抱传统文化而高喊中国文化主体性的人要高出许多。盖两种文化相遇时，融汇互释是必然的。若有人乘此风云际会，左右采撷而成一家之言，正是其度越前人之处，亦正是文化向前发展的驱动。其间或有凿枘，此其小疵，那化合的方向却是不错的。

小　结

对于王国维及其美学理论，加以神化而顶礼膜拜固然不对。完全否定其功绩与价值，将他的观点与西方美学的观点一一配对，仿佛他是完全没有创造的文化贩子，也不是正途。更为可取的态度是，还原世纪初的学术语境，看到王国维向西方美学学习，同时整理反思中国美学思想遗产的积极意义和历史贡献，从而形成对他的客观而公正的评价。

在近代中国，王国维是第一个深刻认识到美学的重要性，并大力提倡美学的人。在王国维的笔下，叔本华、康德等西方美学家的思想，以及优美、壮美、悲剧等现代西方美学的重要概念，首次得到系统而深入的介绍。美学作为一门专门的学问在近代中国得以成立，王国维功不可没。在美学研究的方法上，王国维由一开始的照搬西方美学，以中国文艺作品解释、印证西方美学，到后来努力融汇中西美学的传统、自出机杼，表现出越来越强的学术创新意识。以境界说为例，境界说借用西方美学的思想、观念，来诠释中国诗学中固有的概念“境界”，赋予其丰富的含义。一方面，境界说标志着王国维至少在形式上摆脱了西方美学的拘限，开始围绕中国诗学与中国艺术来展开论述。另一方面，境界说又是对中国古典美学思想的超越，通过境界说，王国维试图总结并超越自“兴趣”说、“神韵”说以来的中国古典诗学，为中国美学开辟出一条新的路径。在中国美学学科建立之初，王国维便为现代中国美学树立了开拓创新的品格。尤其值得肯定的是，王国维的美学研究具有突出的问题意识与现实感，不论引介西方美学还是提出自己的美学学说，王国维的最终目的都是以之阐释、批评中国本土的文艺实践，促进中国文学艺术甚至中国社会向着他心目中更理想的方向去发展。正是这种突出的问题意识与现实感，赋予了王国维美学研究以生命力，使得他提出的美学主张，不管是悲剧论、艺术独立论还是境界说，都产生了深远的影响。

第三章

梁启超美学思想

20世纪中国美学史上，梁启超是一个非常特殊的人物。梁启超并无明确的美学学科的意识，他既没有像王国维那样，就“优美”“壮美”“悲剧”“喜剧”等美学核心概念进行系统论述，也没有像蔡元培那样就美学的学科发展作规划、设计，他只是针对文学艺术的性质、功用、创造、接受等问题提出了一些有影响的看法。梁启超诸多关于文艺的论著中，能称得上专门美学论著的并不太多。但是尽管如此，梁启超在中国现代美学史上仍应占有重要的一席之地，这一方面是由于他的美学思想的广泛传播与影响，一方面是由于他的美学思想与王国维、蔡元培等人的美学思想之间构成了事实上的对话关系。可以说，少了梁启超，20世纪中国美学史便是不完整的。

第一节　民族文学的倡导

（一）文学救国论

一般认为，梁启超的美学思想，代表了中国现代美学中功利主义的一派。一种广泛流传的观点认为，梁启超所开创的功利主义美学传统，与王国维开创的超功利主义美学，是 20 世纪中国美学的两条主流。梁启超被看作功利主义美学的代表人物，主要是由于他早期的美学思想。梁启超早期美学思想最为人所知的一点，是强调文艺与现实政治的关联，主张文学尤其是小说为民族、国家的富强崛起而服务，文学应承担挽救民族国家危亡的责任，这一观点被后来文学史家概括为“文学救国论”。[①] 文学救国论在梁启超早期关于诗歌、小说、散文的论述中均有体现。

诗歌方面，梁启超最有名的主张是“诗界革命”。“诗界革命”的宗旨，是为诗歌开辟“新理想”“新意境”。《饮冰室诗话》表彰“能熔铸新理想以入旧风格”的诗人。所谓“新理想”，即爱国、民主、科学等思想。诗人应将爱国、民主、科学等思想融入诗歌作品，以教育国民，推动社会进步。他称赞丁惠康“卓荦有远志，忧国如瘬，而诗尤以神味胜”，称赞清宗室寿富“其天性厚，其学博，其识拔，爱国之心，盎睟于面”。称赞蒋观云诗歌中的民主思想：“倏忽宙运变，兹理有乘除。昔者尚专制，今兹道犹醵。昔隆礼与法，今画自由陡。孟晋足竞存，墨守丧其车。”他尤其推崇黄公度为以旧风格含新意境之表率，称赞公度诗“文章巨蟹横行日，世界群龙见首时”精彩，“余甚爱之”，《以莲菊花杂供一瓶作歌》“半取佛理，又参以西人植物学、化学、生物学诸说，实足为诗界开一新壁垒”。[②]

小说方面，文学救国论体现得最典型、最充分。在发表于 1898 年的《译印政治小说序》中，梁启超盛赞小说在欧洲各国政治变革中起到的巨大作用：“在昔欧洲各国变政之始，其魁儒硕学、仁人志士，往往以其身之所经历，及其胸之

① 参考夏晓虹：《觉世与传世——梁启超的文学道路》，中华书局 2006 年版，第 38 页。
② 《饮冰室诗话》第二十、四十、四十六则，人民文学出版社 1959 年版，第 15、31、35 页。

所怀，一寄之于小说……往往每一书出，而全国之议论为之一变。”①之后，发表于《新小说》创刊号的著名文章《论小说与群治之关系》，以夸张的口吻强调小说之于国家政治的重要性：

> 欲新一国之民，不可不先新一国之小说。故欲新道德，必新小说；欲新宗教，必新小说；欲新政治，必新小说；欲新风俗，必新小说；欲新学艺，必新小说；乃至欲新人心、欲新人格，必新小说。何以故，小说有不可思议之力支配人道故。②

小说有益于国家、民族，所凭借的方法是：以通俗的、容易为人接受的方式，启发、培育国民的政治思想、政治觉悟。《中国之唯一文学报〈新小说〉》（1902）：“本报宗旨，专在借小说家言，以发起国民政治思想，激励其爱国精神”。③《〈新小说〉第一号》：“盖今日提倡小说之目的，务以振国民精神，开国民智识，非前此诲盗诲淫诸作可比。”④《新中国未来记·绪言》：“兹编之作，专欲发表区区政见，以就正于爱国达识之君子……其有不喜政谈者乎，则以兹覆瓿焉可也。”⑤小说关乎国家兴亡，小说家应自觉以小说启发教育国民，是梁启超的基本主张。

文学救国论通常被认为与梁启超所接受的西方传教士与日本政治小说的影响有关⑥，同时又常常被与中国古代文论相联系。有一种观点认为，梁启超所倡导的文学救国论、小说救国论是中国传统的“文以载道”“文章经国”论的变种。梁启超所代表的近代知识分子强调文学与民族国家富强之间的关系，是传统文学观念仍然统治近代文学界的结果。近代知识分子从“文以载道”的传统观念出发，在新的社会条件下审视文学，发现古人“以文治国”“文章经国”理论遗漏了小说、戏曲等通俗文学，实在是一大遗憾，于是提倡以小说改良群治、拯救国家。小说救国论、文学救国论与文以载道论并无本质差异，都是一种功利

---

① 梁启超：《译印政治小说序》，《清议报》第一册，清议报社1898年版。
② 梁启超：《论小说与群治之关系》，《新小说》第一号，横滨新小说社1902年版。
③ 梁启超：《中国之唯一文学报〈新小说〉》，《新民丛报》1902年第14号。
④ 梁启超：《〈新小说〉第一号》，《新民丛报》1902年第20号。
⑤ 梁启超：《新中国未来记》，《新小说》第一号，横滨新小说社1902年版。
⑥ 参考夏晓虹：《觉世与传世——梁启超的文学道路》，中华书局2006年版，第192—223页。

主义的文学观念。[①] 该如何看待这种观点呢？

文以载道论也好，文学救国论也好，笼统地说，都是强调文学的社会政治功能，这一点没有问题。但仅仅认识到这一点还不够，还需要进而提出以下两点辨析。第一，同样是强调文学的社会政治功能，梁启超的小说救国、文学救国与“文以载道”二者在具体内涵上有很大差异，不能简单等同。第二，强调文学的社会政治功能的同时，梁启超并未忽略文学的特殊性与独立性，文学具有政治教化作用，但这种政治教化作用是以文学特有的方式来实现的。

先说第一点。文学救国论不能简单等同于文以载道论，一个重要原因是，梁启超笔下的“国”或“国家”不是传统意义上的国家，而是现代意义上的民族国家。所谓民族国家，即建立在民族基础上的国家。民族国家是近代的产物，民族国家观念的出现，与19、20世纪之交西方民族主义思潮的引入有关。在发表于1901年的《国家思想变迁异同论》中，梁启超率先向人们介绍了“民族主义”以及与民族主义密切相关的“民族国家”概念。梁启超认为，18世纪以来的欧美世界，是一个“民族主义”的世界，“民族主义”发展到极致，就是“民族帝国主义”，后者是前者发展的一个新阶段。“民族主义”的最重要一点，是主张在民族的基础上建立国家，以国家来保障民族全体成员的利益，“盖民族主义者，谓国家恃人民而存立者也”，“国家者，由人民之合意结契约而成立者也。故人民当有无限之权，而政府不可不顺从民意，是即民族主义之原动力也”。根据民族主义原则建立的国家，“其在于本国也，人之独立；其在于世界也，国之独立”。文章的最后，梁启超鼓吹“民族主义”是“世界最光明正大公平之主义”，民族国家是世界最合理的国家，“凡国而未经过民族主义之阶级者，不得谓之为国”。[②] 稍后，在《论中国学术思想变迁之大势》《论民族竞争之大势》(1902)、《新民说》(1902)、《大政治家伯伦知理之学说》(1903)中，梁启超继续其民族主义的宣传，强调在民族基础上建立国家的必要性与合理性。

民族国家与传统国家的区别何在呢？为什么说民族国家一定会取代传统的国家形态？在发表于《清议报》的《积弱溯源论》中，梁启超系统指摘中国传统国家观念的三大“谬误”：一曰“不知国家与天下之差别”，“国也者，以平等而

---

① 袁进：《近代文学的突围》，上海人民出版社2001年版，第320、323页。
② 梁启超：《国家思想变迁异同论》，《清议报》第九十四、九十五册，清议报社1901年版。

成”，“必对于他国，然后知爱吾国”，中国数千年来独处于一“小天下”中，“视吾国之外，无他国焉”；二曰“不知国家与朝廷之界限”，“以国家与朝廷混为一谈”，甚且“以国家为朝廷所有物”，而不知国家是“全国人之公产”，朝廷只是“一姓之私业”，“有国家而后有朝廷，国家能变置朝廷，朝廷不能吐纳国家”；三曰“不知国家与国民之关系”，以国家为一姓之产业，以国民为君相之奴隶，而不知“国也者积民而成”，国民才是“国家之主人”，君相只是代国民治理国家之“公奴仆”。①中国人对于国家缺乏正确的理解，是国势衰颓的重要原因。

民族国家可以从多个维度去理解——国家与世界、国家与政府、国家与国民等等——但最重要的维度是国家与国民。民族国家的基础是千千万万的国民，而不是少数的官员或君相。《新民说·叙论》中梁启超这样写道：

> 国也者，积民而成。国之有民，犹身之有四肢、五脏、筋脉、血轮也。未有四肢已断，五脏已瘵，筋脉已伤，血轮已涸，而身犹能存者。则亦未有其民愚陋、怯弱、涣散、混浊，而国犹能立者。故欲其身之长生久视，则摄生之术不可不明。欲其国之安富尊荣，则新民之道不可不讲。②

只有造就万千合格的国民，国家的未来才有希望。对梁启超来说，“文学兴国”的第一步，是以文学启发教育国民，培育国民的爱国精神与公民素质，这一层意思显然不是传统的“文以载道”论、“文章经国”论所能涵盖的。“文以载道”论、“文章经国”论的背后，是封建等级观念与皇朝意识，文学须维护君臣、父子、夫妻间固有的神圣秩序，而小说救国论、文学救国论的背后是现代民族、民主意识，即每一个国民作为国家的主人翁、国家的一分子应对国家尽自己的责任和义务，二者之间具有根本的不同。因此，与其指责梁启超重弹“文以载道”的老调，不如说他为“文以载道”注入了崭新的时代精神，使之变成了一个现代美学命题。

第二点，在强调文学的社会政治功能的同时，梁启超实际并未忽略文学作为审美艺术区别于一般政论文字的特殊性与独立性。同样是宣传、教化，文学

① 梁启超：《中国近十年史论·积弱溯源论》，《清议报》第七十七、七十八册，清议报社1901年版。
② 梁启超：《新民说·叙论》，《新民丛报》1902年第1号。

的宣传、教化功能是以自己特有的方式实现的。《译印政治小说序》：

> 凡人之情，莫不惮庄严而喜谐谑，故听古乐，则惟恐卧，听郑卫之音，则靡靡而忘倦焉。此实有生之大例，虽圣人无可如何者也。善为教者，则因人之情而利导之，故或出之以滑稽，或托之于寓言。孟子有好货好色之喻，屈平有美人芳草之辞，寓谲谏于诙谐，发忠爱于馨艳，其移人之深，视庄言危论，往往有过，殆未可以劝百讽一而轻薄之也。

"谐谑""寓言""馨艳"等等，可以理解为小说的形象性，小说要用生动的语言、有趣的故事与人物来打动人，而不是用枯燥的理论来说服人。

有一个有意思的现象，不论是"诗界革命"还是"小说界革命"，梁启超都主张"旧风格"与"新意境"的统一。《饮冰室诗话》称赞黄遵宪诗歌能"以旧风格含新意境"，谭嗣同诗歌"独辟新界而渊含古声"，《〈新小说〉第一号》则提出"新小说"的理想是"处处皆有寄托"，能促进中国文明进步，"至其风格笔调，却又与《水浒》《红楼》不相上下"。以旧风格含新意境，并非是说风格不重要，而恰恰是出于对风格的重视。梁启超认为，中国文学仅仅在思想主旨以及社会功能方面不如西方文学，若论风格之典雅、形式之优美，中国文学却远远胜过西方文学。以小说论，中国小说需要向西方小说学习和借鉴的，仅仅是小说的主旨与思想方面，至于叙事的技巧、人物的塑造，中国小说已经足够发达，无需向外人学习，"以旧风格含新意境"恰恰能达到最好的审美效果。在由日文转译焦士威尔奴（凡尔纳）的《十五小豪杰》时，梁启超选择了使用中国传统的章回体，原因是他认为章回体对中国读者来说更有趣，同时也适合于报刊连载的需要："森田译本共分十五回，此编因登录报中，每次一回，故割裂回数，约倍原译。然按之中国说部体制，觉割裂停逗处，似更优于原文也。"①事实上，在小说叙事技巧、情节铺叙以及人物塑造方面，梁启超是下了很多功夫的。

不论在诗歌还是小说方面，梁启超都试图达到教化与审美、内容与形式的统一。当然，这种统一某种程度上只是空想，无论如何，二者都会有冲突。《新中国未来记》在《新小说》上连载两回后，黄遵宪致信梁启超："《新中国未来记》

① 《十五小豪杰》第一回批语，《新民丛报》1902年第2号。

表明政见，与我同者十之六七，他日再细评之与公往复。此卷所短者，小说中之神采（必以透切为佳）之趣味耳（必以曲折为佳）……仆意小说所以难作者，非举今日社会中所有情态一一饱尝烂熟，出于纸上，而又将方言谚语一一驱遣，无不如意，未足以称绝妙之文。”[①]《新中国未来记》政论精彩，但文学趣味欠佳，对此梁启超自己也有体认。《〈新小说〉第一号》：“小说之作，以感人为主，若用著书演说窠臼，则虽有精理名言，使人厌厌欲睡，曾何足贵？故新小说之意境，与旧小说之体裁，往往不能相融，其难二也。”但是不管怎样，说梁启超片面注重小说的政治教化功能，而遗忘其审美属性是不全面的。

由此，我们可以领悟一个事实：美学上的功利主义与超功利主义只是相对而言的，并不能绝对化。梁启超的早期美学思想是功利主义的，但也有注重文学的审美特质的一面。同样，王国维、蔡元培的美学思想可以认为是超功利主义的，但也绝非为艺术而艺术。王国维一方面标举艺术的独立价值，主张艺术“可爱玩而不可利用”，另一方面，也试图用艺术与审美来慰藉国民灵魂，塑造国民的健康人格。《去毒篇》主张以美育代鸦片，对民众进行灵魂慰藉，《孔子之美育主义》《论教育之宗旨》强调美育“一面使人之感情发达，以达完美之域，一面又为德育与智育之手段”，便是明证。有学者提出，王国维、蔡元培的美学思想是一种“中国化了的‘审美⇌功利’主义”[②]，这一说法是有一定道理的。无论是王国维、蔡元培还是梁启超，都试图在国民精神启蒙与艺术的独立价值之间寻求一种平衡，只不过他们各自找到的平衡点不同而已。

（二）民族文学概念的提出

治近代文学史者，往往只关注梁启超的文学观念与文学活动（如创办《新小说》），而很少有人注意到在文学批评概念术语的创造方面，梁启超也是一位影响深远、值得纪念的人物。下面，以两个概念术语作为例子来说明。

第一个概念是“中国小说”。乍看上去，这个概念非常自然，没有任何问题，我们不假任何反思地使用它，好像这个概念一直就存在在那儿似的。很少有人想到，这个概念其实是梁启超等近代知识分子的创造，有着一个相当晚近的起

① 黄遵宪：《与饮冰室主人书》，丁文江、赵丰田主编《梁启超年谱长编》，上海人民出版社2009年版，第198页。

② 陈文忠：《美学领域中的中国学人》，安徽教育出版社2001年版，第11页。

源。的确，“中国”源远流长，“小说”也古已有之，但是这两个词语在古代却从来没有被连缀起来使用过。古人论小说，有“唐人小说”“宋人小说”“志怪小说”“传奇小说”“讲史小说”等种种名目，但就是没有“中国小说”。“中国小说”的揭橥，要一直等到19世纪末20世纪初。1898年11月，梁启超发表《译印政治小说序》，提出“中土小说”概念，认为与泰西小说相比较，“中土小说”形式陈旧，思想腐朽：“中土小说，虽列之于九流，然自《虞初》以来，佳制盖鲜，述英雄则规画《水浒》，道男女则步武《红楼》，宗其大较，不出诲盗诲淫两端”。嗣后在发表于《新民丛报》的《中国唯一之文学报〈新小说〉》(1902)中，他又提出“中国小说界革命”的口号，宣称《新小说》杂志的目标是为“中国说部”开辟一个新境界。很有可能，这是“中国小说”这一词语在汉语世界中的首次出现。其后短短数年之内，这一词语迅速流传：“中国小说欲选其贯彻始终，绝无懈笔者，殆不可多得”①，“中国小说每一书中所列之人，所叙之事，其种类必甚多”，“中国小说卷帙必繁重”，“中国小说起局必平正”②，“中国小说起于宋朝”③，形形色色的关于“中国小说”的论述，使得这个词迅速成为现代汉语中的一个常用词语。

和“中国小说”相类似的另一个概念是“中国文学”。表面看来，这个概念和“中国小说”一样自然，也是一个古已有之的东西，其实不然。首先，“文学”一词古今意义大相径庭。现代意义上的“文学”与英文中的“literature”相对应，是19世纪末经由日本而引入的一个西方概念，而古汉语中的“文学”其意义更偏重于知识学问方面，与“文学”相比，古人笔下的“文”或者“文章”倒是更接近我们今日的“文学”概念，但是也不完全相同。其次，即便不考虑“文学”一词的古今差异，同时将“文”“文章”与“文学”完全混同，“中国文学”的概念在古代还是无法成立，因为“文”也好，“文章”也好，“文学”也好，在古代几乎就没有用“中国”一词修饰过。19世纪末20世纪初的时候，事情发生了变化，有两个新的现象出现。一是“文学”的意义发生变化，“文学”一词逐渐与西方的“literature”相对应，并且开始取代“文”及“文章”，成为想象虚构性文字作品的统称。二是“文学”一词，开始与“中国”并列使用，“中国文学”的概念开始形成。这两个变化都

① 《小说丛话》中曼殊语，《新小说》第八号，横滨新小说社1903年版。
② 《小说丛话》中侠人语，《新小说》第十三号，上海广智书局1905年版。
③ 《小说丛话》中定一语，《新小说》第十五号，上海广智书局1905年版。

与梁启超有关。1902年《新民丛报》第四号上连载的《饮冰室诗话》中，梁启超认为“中国事事落他人后，惟文学似差可颉颃西域”，然后举黄遵宪作品为例，感叹“有诗如此，中国文学界足以豪矣”。这段话如果不是“中国文学”一词第一次出现于汉语世界的话，最起码也是比较早的一次。稍后在《新民丛报》第六号发表的《〈十五小豪杰〉译后语》中，梁启超再次使用了“中国文学”这一概念：“语言、文字分离，为中国文学最不便之一端，而文界革命非易言也。”又《饮冰室诗话》第七十七则：“顷读杂志《江苏》，屡陈中国文学改良之义，其第七号已谱出军歌、学校歌数阕，读之拍案叫绝，此中国文学复兴之先河也。”梁启超之外，刘师培、黄人、林传甲等人也相继使用了“中国文学”概念，但相比较的话，梁启超对这个概念的使用更早，也更集中。

“中国文学”“中国小说”等概念在近代的确立，与梁启超等近代知识分子所受的西方及日本文化的影响有关系。在近代西方及日本文化语境中，“中国文学”“中国小说”“中国诗歌”等概念早就已经确立。以“中国文学”为例，1880年，俄国人瓦西里耶夫便写出了《中国文学史纲要》。1901年，英国人翟里斯写出了第一部英文的《中国文学史》。1880年代，日本东京大学便开设了“汉文学史”课程。1882至1912年间，日本总共问世了20余种《中国文学史》。[①] 很有可能，梁启超是从日文报刊、书籍中看到了“中国文学”，然后直接借用到自己的文章中。但是，对于这个概念来说这还不够。一个新生的概念被创造出来或引入进来了，但这个概念要真正确立、得到大家的普遍接受，还需要某种文化的土壤。对于“中国文学”这个概念来说，这个土壤便是现代民族国家观念的确立。

“中国”在今天意味着世界上众多国家中的一个国家，但是在古代这个词的意思却是“中央之国”。历史上曾经有一些时期，中国在军事上、政治上曾经受周边游牧部族的压迫，但是在文化上中国人一向有一种强烈的自我中心主义，认为自己是整个文明世界的中心，从某种程度上也可以说是世界的全部，“中国以外，无所谓世界”，“中国即世界，世界即中国，一而二二而一者也”。[②] 这种“居天下之正中”的自我中心主义和世界主义，导致了“中国小说”

① 参考段江丽：《明治年间日本学人所撰“中国文学史”述论》，《中国文化研究》2014年第4期。

② 杨度：《金铁主义说》，《中国新报》第一号，东京中国新报社1907年版。

乃至“中国文学”(假如我们承认古代也有“文学”的话)概念不可能在古代产生。古代“中国”人相信自己在人类文明高级形态方面所取得的一切成就——不论是政治制度、礼乐仪节还是诗赋文章——都独一无二,冠绝天下。“中国”人的一切创造,不论是诗赋、文章还是不登大雅之堂的小说,都是全天下独一无二的,是唯一的,这种唯一性使得人们在提到它们时直呼其名——“诗”“文”“小说”——就可以了,根本不必在它们之前加上“中国”来进行修饰或限定。对于古人来说,“中国小说”“中国诗歌”“中国文章”的提法既不必要,也不合理。不必要,是因为“小说”或“诗歌”“文章”本来就是“中国”的独创,“诗歌”“小说”“文章”而“中国”,是一种不必要的同义反复。不合理,是因为古人并不认为他们所创造的“诗歌”“小说”“文章”仅属于“中国”,相反,他们认为它们属于全“天下”。

近代以来新兴的民族国家观念改变了“中国”人关于自身的意识:在新的“地球”“全球”视野中,“中国”人发现“中国”不是居天地之正中的中央王朝,不是世界唯一的国家,而是世界众多彼此对等、相互竞争的“万国”中的一国。这一变化,使得中国人对自己的文明成就所抱有的普遍性信念面临着危机。如果说在过去“中国”因为“处天下之正中”,是世界文明的核心,因此“中国”人所创造的诗赋文章小说也就等同于“天下之文”,具有“放诸四海而准”①的普遍性的话,那么在新的民族国家视野中,这种独一无二性与普遍性便变得十分可疑:既然“中国”并非世界之中心,而只不过是“地球万国”中的一国,并且这“万国”中的相当一部分国,其诗文成就并不亚于我——“西人文体,何乃甚类我史迁也”②,“拜轮足以贯灵均、太白,师梨足以合义山、长吉”③——那么“中国”人所创造的诗赋文章小说又有什么理由继续被人们视为世间唯一普遍之物而径直呼以“诗赋”“文章”“小说”呢?更理性的观念,似乎是在“诗赋”“文章”“小说”的前面加“中国”一词以修饰限定之,也就是说,将“中国”人所创造的诗赋文章小说,仅仅看作是“中国”一国的诗赋文章小说。于是,“中国诗歌”“中国小说”乃至“中国文学”等一系列的概念诞生了。“中国小说”“中国文学”概念的产生,与现代民族国家观念的确立,有着至为直接而又深刻的

① 宋濂:《文原》,《宋文宪公全集》卷二十六,四部备要集部八十二,中华书局1989年版,第316页。
② 林纾:《斐州烟水愁城录·序》,商务印书馆1905年版。
③ 苏曼殊:《与高天梅书》,《苏曼殊全集》第3卷,大达图书供应社1935年版,第17页。

联系。

与“中国小说”“中国文学”概念同时诞生的，是一种新的文化所有权观念。当中国古代的文人们从一种天下/世界的观念出发，将自己的作品看作世间唯一普遍之“文”的时候，他们当然也在暗示这种“文”是属于普天下所有人的共同财富。但是这种质朴的文学共产主义，在晚清特定的时代文化氛围中，变得不合时宜：既然“中国”的诗歌、小说、文章并非世间唯一普遍之物，而只是“中国”一国所产，那么它也就不可能继续无等差地属于全天下；更合乎逻辑的做法，是将“中国小说”“中国文学”看作“中国”这一特定民族国家的私有财产。“中国小说”“中国文学”也许是属于全世界的，但是在属于全世界之前，它首先属于创造它的那个民族“中国”。关于“中国小说”，晚清流行着两种看似截然相反的态度：一种为“中国小说”的落后状况感到痛心疾首，认为与西方小说相较，“中国小说”无论是内容还是形式都陈腐至极，无可救药；一种则认为“中国小说”有自己的优势和特点，并不像有的人想象得那样不堪，“吾祖国政治法律虽多不如人，至于文学与理想，吾雅不欲以彼族加吾华胄也”①，“吾祖国之文学，在五洲万国中，真可以自豪也”②。而不论是痛心疾首还是扬眉吐气，背后其实都有一种共同的心理：“中国小说”“中国文学”是“中国”这一特定民族国家的重要文化资产，“中国小说”“中国文学”的数量与质量，直接体现“中国”的国家形象和国际地位。

（三）文学与“国民之魂”

现代人从现代民族国家观念出发，对古代文化遗产进行重组、分割，构造出“中国文学”“中国小说”等一系列以民族国家命名的概念，这就是“中国文学”“中国小说”等概念的由来，但是问题还远不止于此。现代民族主义在形塑“中国文学”“中国小说”的同时，还附带生产出一套相关的理论话语，这套话语认为“中国文学”“中国小说”与“中国”之间，存在着某种深刻的内在联系，具体说来就是：作为“中国人”创造的精神财富，“中国文学”特别是“中国小说”，能够表现

① 《小说丛话》中曼殊语，《新小说》第十一号，横滨新小说社 1904 年版。
② 《小说丛话》中侠人语，《新小说》第十三号，上海广智书局 1905 年版。

中国国民的“国民精神”或者中国民族的“民族精神”。[1] 这样一套话语的较早的提出者，同样是梁启超。《译印政治小说序》的结尾，称赞完小说在欧洲、日本各国起到的重要作用后，梁启超提出了这样一个观点：

英名士某曰：小说为国民之魂。岂不然哉！岂不然哉！[2]

所谓“国民之魂”，也就是国民精神或民族精神。梁启超认为，正如一个人必需同时具备形体和精神两方面的因素才能成为一个人一样，一个国家、民族也必然同时具备形体、精神两方面的因素，“国家自有其精神，自有其形体，与人无异”，“民族者，有同一之言语风俗，有同一之精神性质，其公同心渐因以发达，是固建国之阶梯也”[3]。每个民族都有自己独特的民族精神，这种精神使其区别于其他民族，比如日本人的民族精神是武士道：“日本人之恒言，有所谓日本魂者，有所谓武士道者。又曰日本魂者何？武士道是也。日本之所以能立国维新，果以是也。”

中国人作为一群国民或一个民族具有哪些精神方面的特征呢？梁启超在《中国积弱溯源论》中概括了中国国民的六大恶习：“一曰奴性”，“二曰愚昧”，“三曰为我”，“四曰好伪”，“五曰怯懦”，“六曰无动”。[4] 后来在《论中国国民之品格》中，他用更精练的方式，概括了“我国民之品格”中他认为最致命的几个缺点：“一爱国心之薄弱”，“一独立性之柔脆”，“一公共心之缺乏”，“一自治力之欠阙”。[5] 除了负面的缺陷以外，中国人作为一群/个国民/民族，是不是也有一些正面的、值得肯定的品格或精神呢？对此，梁启超并不否认，在《新民说》中他这样写道：“我同胞能数千年立国于亚洲大陆，必其所具特质，有宏大高尚完美，厘

---

① “国民”与“民族”这两个词的关系，在近代是一个很复杂的问题。有些时候，近代知识分子也对这两个词进行区分，如汪精卫在《民族的国民》中指出，“民族者，人种学上之用语也”，“同气类之继续的人类团体也”，“国民云者，法学上之用语也”，“构成国家之分子也”。但在大多数情况下，这两个词其实是一个词，都对应于英文中的“nation”，在近代启蒙知识分子的笔下，经常可以见到对这两个词的不加区分的互换使用。如梁启超有时说“今日世界之竞争国民竞争也”，换一个场合又大谈当今世界“民族竞争之大势”，而在同一篇文章如《新民说》中，也一会儿说“我国民”，一会儿说“我民族”。相应地，“国民性”“国民精神”“民族精神”这几个词也可以大概通用。

② 任公：《译印政治小说序》，《清议报》第一册，清议报社 1898 年版。

③ 梁启超：《政治学大家伯伦知理之学说》，《新民丛报》1903 年第 38、39 号合本。

④ 梁启超：《中国近十年史论・积弱溯源论》，《清议报》第七十八、七十九、八十册，清议报社 1901 年版。

⑤ 梁启超：《论中国国民之品格》，《新民丛报》1903 年第 27 号。

然异于群族者，吾人所当保存之而勿失坠也。”[①]不过，与这些“宏大高尚”的正面品格相比较，梁启超更喜欢强调中国人品性中“萎靡腐败劣下”的部分，因为他认为正是这些部分，构成了中国今日积弱不振的根源。

而所有这些关于中国国民恶劣“品格”、腐败“精神”的话语，最后都落实到对于“中国文学”的批评上来，因为在以民族主义之眼观照文学的近代知识分子看来，“文章者，国民精神之所寄也”[②]，文学表现国民精神，同时反过来又强化国民精神，通过文学的批判与改造，可以实现国民精神的批判与改造。在《饮冰室诗话》第五十四则中，梁启超指责中国诗歌向来风格柔靡，缺乏蓬勃向上、发扬蹈厉的“出军歌”，此种缺点与中国人柔弱萎靡的国民性互为表里：

> 中国人无尚武精神，其原因甚多，而音乐靡曼亦其一端，此近世识者所同道也……吾中国向无军歌，其有一二，若杜工部之前后出塞，盖不多见。然于发扬蹈厉之气尤缺。此非徒祖国文学之欠点，抑亦国运升沉所关也。往见黄公度出军歌四章，读之狂喜。[③]

稍后，《饮冰室诗话》第七十七则又这样写道：“去年闻学生某君入东京音乐学校，专研究音学，余喜无量。盖欲改造国民之品质，则诗歌音乐为精神教育之一要件。”言下之意，仍以诗歌、文学为国民精神重要载体，以诗歌、文学改良为国民精神改良的重要途径。

梁启超将文学视为国民精神载体的做法，在近代产生了巨大的影响。在他之后，很多人都致力于文学的国民性批判，试图在中国文学尤其是中国小说中寻找中国人的国民劣根性。《浙江潮·发刊词》：“小说者，国民之影而亦其母也。”[④]《新世界小说社报发刊辞》：“夫为中国数千年之恶俗，而又最牢不可破者，则为鬼神。而鬼神之中，则又有神仙、鬼狐、道佛、妖魅之分。小说家于此，描写鬼神之情状，不啻描写吾民心理之情状。”[⑤]海天独啸子：“我国说部多名家，绮丽

① 梁启超：《新民说》，《新民丛报》1902 年第 1 号。
② 周作人：《论文章之意义暨其使命因及中国近时论文之失》，《河南》第 5 期，东京河南杂志发行所 1908 年版。
③ 梁启超：《饮冰室诗话》，《新民丛报》1903 第 26 号。
④《浙江潮发刊词》，《浙江潮》第 1 期，日本东京浙江同乡会 1903 年版。
⑤ 佚名：《新世界小说社报发刊词》，《新世界小说社报》第 1 期，新世界小说社 1906 年版。

缠绵，盛矣，观止矣。然作者好道风流，说鬼神……故其风俗，人人皆以名士自命，人人皆以风雅自命。妇人女子，慕名女美人故事，莫不有模效之心焉。至其崇信鬼神之风潮，几于脑光印烙，牢不可破。”[①]佚名《中国小说大家施耐庵传》："中国小说，亦夥颐哉！大致不外二种，曰儿女，曰英雄，而英雄小说辄不敌儿女小说之盛，此亦社会文弱之一证。”[②]在激进的启蒙知识分子看来，中国小说是中国人“国民性”“民族精神”的一面镜子，举凡愚昧、迷信、懦弱、自私、虚伪等中国国民的劣根性，都可以在中国小说中找到其表现。

梁启超们所批判的中国人的“国民性”“民族精神”是否真实？这个问题很难回答。不过有一点可以肯定，不管民族精神是否真实，认为一个民族的文学表现这个民族的精神，这是一个现代命题，不是古来就有。古代中国人并不认为文学——在古人那里是“诗赋”“文章”——能够表征一个民族的“民族性”“民族精神”或别的什么东西。中国人很早就认识到“文章”的时代差异——“时运交移，质文代变”，“歌谣文理，与世推移”，“枢中所动，环流无倦”[③]；也认识到“文章”的地域差异——“江左宫商发越，贵于清绮，河朔词义贞刚，重乎气质”[④]；但是总的说来，古代中国人相信“文章”是一项普遍的、放之四海而皆准的事业。虽然存在种种细微的差异，但是不同时代、不同地域的文学从根本上是相同的，“蔚映十代，词采九变”，但不论怎么变，都离不开自己的本来面目，“终古虽远，旷焉如面”[⑤]。对古代中国人来说，文学承载与表现的不是某一特定民族的“品格”或“精神”，而是具有更普遍意义的“道”。《文心雕龙·原道》："玄圣创典，素王述训，莫不原道心以敷章，研神理而设教”，“道沿圣以垂文，圣因文而明道”。

近代以来中西之间的交往在实际改变“中国”在制度、器物层面的面貌的同时，也在心理层面不断塑造中国人关于自身的想象与认知。在与西方国家及亚洲近邻日本之间无休止的战争、和约、割地、勘界工作中，中国人意识到中国不是一个漫无边际的中央之国，而是与他国对等的具有明确疆界的国家；生活在“中国”这块土地上的人们，不论怎样四分五裂，彼此之间争斗不休，都是一个休戚与共的共同体，这一共同体的想象因中西之间愈演愈烈的经济、军事冲突而

---

① 海天独啸子：《空中飞艇·弁言》，商务印书馆光绪三十一年(1903)九月再版本，第2页。
② 《中国小说大家施耐庵传》，《新世界小说社报》第8期，新世界小说社1907年版。
③ 刘勰：《文心雕龙·时序》，黄叔琳注《增订文心雕龙校注》，中华书局2012年版，第545、548页。
④ 李延寿：《北史·文苑传》，中华书局1974年版，第2781页。
⑤ 刘勰：《文心雕龙·时序》，黄叔琳注《增订文心雕龙校注》，中华书局2012年版，第548页。

变得越来越强烈。在这样一种情况下，中国人“发现”自己是一个统一的“民族”，“发现”作为一个统一的民族，自己和其他民族一样，有着独特的区别于其他民族的共同特征，即“国民性”“民族精神”或“国民品格”。而与“民族”“民族性”“国民性”概念的创生同步，文学尤其是小说开始被看作特定民族的精神产品，被认为表现特定民族的民族性或国民性。

“民族性”“国民性”与文学的关联，在西方同样是一个近代的事件。古希腊、古罗马人谈论文学——史诗、悲剧、喜剧的时候，也不认为它们是特定民族精神的载体，相反它们被视为更普遍的人类精神的载体。亚里士多德《诗学》：“诗艺的产生似乎有两个原因，都与人的天性有关。首先，从孩提时候起人就有模仿的本能……其次，每个人都能从模仿的成果中得到快感。”[①]人，人的天性，而非民族性，是亚里士多德解释文学的基本出发点。亚里士多德之后的希腊化时代、罗马时代，一直延伸到基督教的中世纪，文学一直被视为人类普遍精神的产品，对于文学的种族的、地域的差异的关注，并不占据文学批评的核心。17、18世纪以来伴随近代民族观念的确立以及民族国家的兴起，各种各样的关于“民族性”“民族精神”的话语开始出现。经赫尔德、费希特、谢林等人的阐发，“民族精神”(Volksgeist)在欧洲成为一个人们耳熟能详的概念。随之而来的，是“民族”“民族精神”概念进入文学与艺术批评并在其中占据重要位置，文学界和美学界逐渐形成这样一种普遍共识：每一个文明开化的民族都必然拥有其独特的民族文学，这一独特的民族文学以本民族个别的天才为代表，表现本民族独特的民族性或民族精神。歌德在不止一个场合强调，伟大艺术作品的特质“不是专属于某些个别人物，而是属于并且流行于那整个时代和整个民族的”[②]。黑格尔主张艺术的使命在于“替一个民族的精神找到适合的艺术表现”[③]，“一切民族都要求艺术中使他们喜悦的东西能够表现出他们自己”[④]。丹纳在他著名的种族、环境、时代三要素说中，将艺术定义为“整个民族的出品”，主张艺术“与民族的生活相连，生根在民族性里面”[⑤]。丹纳之后，文学与民族精神之间的关系成为文学批评中最为老生常谈的一个话题。19世纪中后期英国文学史写作

---

① ［古希腊］亚里士多德：《诗学》，陈中梅译注，商务印书馆2005年版，第47页。
② ［德］歌德：《歌德谈话录》，爱克曼辑录，朱光潜译，人民文学出版社2003年版，第139页。
③ ［德］黑格尔：《美学》第2卷，商务印书馆1997年版，第375页。
④ ［德］黑格尔：《美学》第1卷，商务印书馆1997年版，第348页。
⑤ ［法］丹纳：《艺术哲学》，傅雷译，人民文学出版社1983年版，第147页。

热潮中问世的文学史，几乎每一本的作者都宣称文学是“民族的传记”，文学史写作的目标是描述“英国人精神的故事”或“英国民族灵魂的道德节奏的律动”①。文学与“民族精神”的关系如此频繁地被强调，以至于人们经常忘记它只是一个近代以来的话题。

第二节　文艺心理学的探寻

梁启超早期文艺思想的一个重要方面，是文艺心理学的思索与探究。《论小说与群治之关系》(1902)被认为是“小说界革命”的纲领性的文件，这篇文章的内容大致有三个方面：第一，小说对于人类的不可思议的支配力；第二，中国旧小说的缺点及危害；第三，小说界革命的刻不容缓。从篇幅上看，第一部分占了全篇的三分之二，而这一部分的论证方法，完全是文艺心理学的，具体来说，是从读者心理接受的角度，来论证小说文体的重要性。

文章的开头，梁启超提出了一个问题：为什么人类对于小说的嗜好要超过对于其他书籍的嗜好？他列举了两种可能的答案，一是小说“浅而易解”，二是小说“乐而多趣”，认为这两种答案都不能令人完全满意。然后，他给出了自己的答案：小说之所以为人喜闻乐见，是因为它满足了人类两种心理需求。第一种心理需求是超越现实的世界，进入未知的无限世界：

> 凡人之性，常非能以现境界而自满足者也。而此蠢蠢躯壳，其所能触能受之境界，又顽狭短局而至有限也。故常欲于其直接以触以受之外，而间接有所触有所受，所谓身外之身、世界外之世界也。此等识想，不独利根众生有之，即钝根众生亦有焉。而导其根器，使日趋于钝，日趋于利者，其力量无大于小说。小说者，常导人游于他境界，而变换其常触常受之空气者也。此其一。

① [美]勒内·韦勒克、奥斯汀·沃伦：《文学理论》，刘象愚、邢培明、陈圣生、李哲明译，江苏教育出版社2005年版，第302、303页。

第二种需求，是对于外在现实世界及人的内在精神世界的认识与表达：

人之恒情，于其所怀抱之想象，所经阅之境界，往往有行之不知，习矣不察者。无论为哀、为乐、为怨、为怒、为恋、为骇、为忧、为惭，常若知其然而不知其所以然。欲摹写其情状，而心不能自喻，口不能自宣，笔不能自传。有人焉，和盘托出，彻底而发露之，则拍案叫绝曰："善哉善哉！如是如是！"所谓"夫子言之，于我心有戚戚焉"。感人之深，莫此为甚。此其二。[①]

梁启超认为，满足人类的这两种需求，是一切文学之真谛，一切文学要想打动读者，都需在这两方面下工夫，而小说和一般文体相比，尤其具有自己得天独厚的优势，所以"小说为文学之最上乘"。另外，梁启超还提出，由这两种需求的不同，还产生出理想派小说与写实派小说的不同：侧重于满足人类对于理想世界的向往的，称为理想派小说；侧重于满足人类对于现实世界的认识表达需要的，称为写实派小说。小说种类虽多，但没有超出这两派范围之外者。

借由对读者阅读心理的分析，梁启超实际论述了小说乃至文学的两种基本能力：第一，虚构，对于未知世界的探索与想象；第二，写实，对于现实世界（这里的现实世界也包括人的心理世界）的敏锐发现与表达。梁启超的论述是完全出于个人的独创呢，还是有所本？从现有的材料来看，应该是有所本。这里提供一份材料作为参考。1883—1884年，日本文部省委托中江兆民翻译了法国维隆（E. Veron）的《美学》。这部书最后出版时定名为《维氏美学》，分上、下部，其中下部又分为七篇，第七篇为《诗学》。《诗学》篇的开头，讨论了一个有趣的问题：诗歌是人类情感的表达，诗人受到外界环境的触发，产生一种情感，然后将这种情感传达出来，这就是诗，人人都有情感，但并不是人人都能成为诗人，原因何在呢？维隆分析，一个重要原因是诗人的观察力与感受力比一般人要强，同样的事物诗人的观察更敏锐，由此产生的感慨更深：

诗人之观物也，与庸人观物之情异。故其观物之点，亦自与庸人异。其所以异者，则诗人之观物，其所见有大于庸人之处，此诗人感慨之所以亦

① 梁启超：《论小说与群治之关系》，《新小说》第一号，横滨新小说社1902年版。

大也。譬之犹物理学家,以显微镜视物,物之大小,初非有异,而自吾之目见之,则物之形,皆从而大。诗人之观物也亦然。

不仅如此,诗人还能以合适的技巧,将自己的感慨表达出来,使人人都能知晓:

大凡吾人之于物也,其物虽美,若吾人见之而不以为美,则终不觉其美。诗人之于诗也亦然。彼虽具有若何之感慨,而不能使人知之,则人终无由知其感慨为如何者。是故欲为诗人者,既观于物而有感动之性,尤不可无所以自写此感动之性,而使人知之之技能也。①

将这两段话与梁启超关于小说的第二种能力即写实能力的论述相比较,会发现非常相似。梁启超关于小说写实能力的论述,实际共两层意思:第一,一般人看不到的、体会不到的,"行之不知,习矣不察"现象,小说能予以发现并捕捉;第二,一般人看到、体会到,但由于表达能力的限制,"口不能自宣,笔不能自传"的现象或心理,诗人能"和盘托出,彻底而发露之"。这两层意思,分别对应维隆关于诗人的两层论述:第一层意思,对应维隆的"诗人之观物也,与庸人观物之情异";第二层意思,对应维隆的"诗人者,既观于物而有感动之性,尤不可无所以自写此感动之性,而使人知之之技能"。梁启超是否读过《维氏美学》呢?现在还不能肯定,但有两条线索值得一提。1898年,康有为主编的《日本书目志》由上海大同译书局出版,该书将编者购求的日本书籍分类编纂为十五门,其中"美术门"的第一本书便是维隆著、中江兆民译的《维氏美学》。1905年,《新民丛报》上刊载了蒋观云译的《维朗氏诗学论》,这篇文章实际就是《维氏美学》下卷第七篇《诗学》,是蒋观云从中江兆民的日文译本转译而来的。《日本书目志》由康有为"钦定"、梁启超协助编纂,《新民丛报》是梁启超主编,蒋观云又是梁启超的好朋友,种种迹象表明,梁启超读过《维氏美学》并受其启发的可能性是非常大的。

论述完小说写实与虚构两方面的能力之后,《论小说与群治之关系》接下来论述了小说对于读者的巨大精神感染力:

① 这里采用的,是蒋观云《维朗氏诗学论》中的译文,见《新民丛报》1905年第22号。

抑小说之支配人道也，复有四种力：

一曰熏。熏也者，如入云烟中而为其所烘，如近墨朱处而为其所染，《楞伽经》所谓“迷智为识，转识成智”者，皆恃此力。人之读一小说也，不知不觉之间，而眼识为之迷漾，而脑筋为之摇飏，而神经为之营注；今日变一二焉，明日变一二焉；刹那刹那，相断相续；久之而此小说之境界，遂入其灵台而据之，成为一特别之原质之种子……

二曰浸。熏以空间言，故其力之大小，存其界之广狭；浸以时间言，故其力之大小，存其界之长短。浸也者，入而与之俱化者也。人之读一小说也，往往既终卷后数日或数旬而终不能释然。读《红楼》竟者，必有余恋有余悲，读《水浒》竟者，必有余快有余怒，何也？浸之力使然也。等是佳作也，而其卷帙愈繁事实愈多者，则其浸人也亦愈甚。如酒焉，作十日饮，则作百日醉。我佛从菩提树下起，便说偌大一部《华严》，正以此也。

三曰刺。刺也者，刺激之义也。熏、浸之力利用渐，刺之力利用顿。熏浸之力，在使感受者不觉；刺之力，在使感受者骤觉。刺也者，能使人于一刹那顷，忽起异感而不能自制者也。我本蔼然和也，乃读林冲雪天三限，武松飞云浦厄，何以忽然发指？我本愉然乐也，乃读晴雯出大观园，黛玉死潇湘馆，何以忽然泪流？我本肃然庄也，乃读实甫之《琴心》《酬简》，东塘之《眠香》《访翠》，何以忽然情动？若是者，皆所谓刺激也。大抵脑筋愈敏之人，则其受刺激力也愈速且剧，而要之必以其书所含刺激力之大小为比例。禅宗之一棒一喝，皆利用此刺激力以度人者也……

四曰提。前三者之力，自外而灌之使入；提之力，自内而脱之使出，实佛法之最上乘也。凡读小说者，必常若自化其身焉，入于书中，而为其书之主人翁。读《野叟曝言》者，必自拟文素臣。读《石头记》者，必自拟贾宝玉。读《花月痕》者，必自拟韩荷生若韦痴珠。读“梁山泊”者，必自拟黑旋风若花和尚。虽读者自辩其无是心焉，吾不信也……然则吾书中主人翁而华盛顿，则读者将化身为华盛顿，主人翁而拿破仑，则读者将化身为拿破仑，主人翁而释迦、孔子，则读者将化身为释迦、孔子，有断然也。度世之不二法门，岂有过此？[①]

---

① 梁启超：《论小说与群治之关系》，《新小说》第一号，横滨新小说社1902年版。

小说具有惊人的感染教化能力，这一点古人早就发现。冯梦龙认为小说能使“怯者勇，淫者贞，薄者敦，顽钝者汗下”，但这种感染力到底是怎样发生作用的，冯梦龙并没有明言。梁启超的贡献在于，从心理学的角度，用熏、浸、刺、提四个概念将小说对于读者的精神感染力具体而微地展示了出来。熏、浸、刺、提是读者阅读小说时发生的四种心理作用，这四种作用以今天通用的术语解释分别是熏陶、浸染、刺激、提升。从梁启超的论述看，熏、浸、刺、提涉及的人类心理活动的层次是不同的：熏、浸主要涉及人的情感（“脑筋为之摇飏”“读《红楼》竟者，必有余恋有余悲”，可为证），提主要涉及人的想象力（“读《野叟曝言》者，必自拟文素臣”“读《石头记》者，必自拟贾宝玉”，可为证），刺则涉及人的非理性的欲望、冲动（“忽然发指”“忽然泪流”“忽然情动”，可为证）。不仅如此，熏、浸、刺、提发生作用的机制也不同：熏、浸是逐渐的陶冶，刺是突然的刺激，熏、浸、刺是由外而内，提是由内而外。熏、浸、刺、提层次分明、含义丰富，构成一个严密配合的整体。熏、浸、刺、提“四力”说的提出，表明梁启超对现代心理学的知识有较多掌握，且能灵活运用。而在《论小说与群治之关系》一文中，梁启超也的确提到了心理学：“人类之普通性，嗜他文终不如其嗜小说，此殆心理学自然之作用，非人力之所得而易也。”毫无疑问，心理学构成了《论小说与群治之关系》的重要写作资源。

心理学之外，佛学也是《论小说与群治之关系》的重要资源。在对熏、浸、刺、提进行说明解释时，梁启超使用了大量的佛教术语、典故，如“转识成智”“菩提说法”“棒喝”“顿渐”，等等。但这还不是最重要的。最重要的一点是，在梁启超看来，佛学的基本方法本来就是心理学的，佛学与心理学有相通之处。1922年6月，梁启超做了一场名为《佛教心理学浅测》的讲演。在这次讲演中，梁启超提出一个观点，认为佛学的研究方法完全是心理学的，“研究佛学应该从经典中所说的心理学入手”，“研究心理学，应该以佛教教理为重要研究品”。梁启超认为，佛教的基本方法，是对一般人妄执为实体的人、我诸相，进行层层的心理分析，最后证明它们不过是“意识相续集起的统一状态”，并非真实。他举佛教常说的“五蕴”为例，佛教认为“五蕴皆空”“五蕴皆苦”，五蕴实际上是五种心理的表象，用现代术语来表述的话，色蕴相当于事物之形状、性质、颜色，受蕴相当于人的感觉，想蕴相当于记忆，行蕴相当于作意及行为，识蕴相当于意识。在学佛者看来，五蕴都是人的心理活动的结果，不能离开人的心理而独立存在，一样是无常不实。五蕴如此，其他概念亦然。梁启超说："所谓五蕴，所谓十二因缘，所谓十二处、十八界，所谓八识，哪一门子不是心理学？又如四圣谛、八正道等种种法门所说修养功夫，也不外根据心理学上正当见解，把意识结习层层剥落。"佛学的最大特点，是针对人的心理进行严密分析，"大抵佛家对于心理分析，异常努力，愈析愈精……他们的分析是极科学的，若就心理构造机能那方面说，他们所研究自然比不上西洋人，若论内省的观察之深刻，论理上施设之精密，恐怕现代西洋心理学大家还要让几步哩"①。梁启超具有深湛的佛学修养，万木草堂时代，早已熟读佛教诸重要经典。乙未(1895)、丙申(1896)年间，又与谭嗣同、夏曾佑在京师日夕讲论佛法。以他在佛学方面的深厚修养，再加上西方现代心理学的知识，提出熏、浸、刺、提"四力"来对小说阅读经验进行精密的心理学分析，并不是一件令人吃惊的事情。

熏、浸、刺、提说强调审美过程中审美主体与审美客体的融合、统一，与西方现代心理美学、特别是立普斯的移情说及谷鲁斯的内模仿说有相通之处。1897年，立普斯在《空间美学和几何学·视觉的错觉》中提出移情说，认为人在审美欣赏中会将主体内在的情感、情绪投射到对象身上，和对象发生情感的共鸣。谷鲁斯则在《动物的游戏》(1898)、《人类的游戏》(1901)中提出内模仿说，主张艺术是一种模仿性的游戏，在艺术欣赏中，欣赏主体不仅将内在情感移入客体身上，而且会悄悄模仿对象的形状与运动。梁启超强调小说读者在阅读过程中全身心投入，"入而与之俱化""自化其身入于书中"，与立普斯的移情说有异曲同工之妙。梁启超分析"提"的作用，指出小说读者在阅读中常化身为小说中主人公，与谷鲁斯的内模仿说也非常相似。梁启超有没有可能直接读过立普斯或谷鲁斯的著作，并受到其启发呢？至少就立普斯来讲，这个可能性是存在的。19世纪末20世纪初，森鸥外等人致力于德国心理美学的介绍，将立普斯等人的著作翻译为日文，产生了较大影响，梁启超当时在日本，极有可能看到这些译作。这方面的具体情况，还有待于深入考证。

找到梁启超与立普斯、谷鲁斯的直接联系之前，暂且先指出他们的区别。首先，就梁启超与立普斯来说，区别主要有两点。第一，立普斯的主要论述对象是空间艺术、几何形体，梁启超论述的对象则为文学、小说。立普斯移情学说强

① 梁启超：《佛教心理学浅测》，《饮冰室合集·专集之六十八》，中华书局1936年版，第40、50、51页。

调审美主体的内在情感向无生命的审美对象的移注，本来无生命的客体在主体情感的灌注下仿佛有了生命，而梁启超“四力”说中，审美客体不一定是无生命的，也可能是有生命的人。第二，立普斯否认审美经验中的观念联想作用，移情过程可能涉及对过去经验的某种朦胧的联想，但这种联想只是在下意识中发生作用，审美主体意识不到这种联想，“过去经验无疑地在我们心里不涉及意识地发挥作用，它们在我们心里发挥作用，并不是作为个别孤立的东西……而是像一般规律一样，作为共同性或整体发挥作用。”而梁启超主张“读《野叟曝言》者，必自拟文素臣。读《石头记》者，必自拟贾宝玉”，并未否定有意识的观念联想作用的存在。其次，就梁启超与谷鲁斯来说，区别至少有一个：谷鲁斯主张内模仿是在身心两个层面同时进行的活动，内模仿的过程中伴随轻微的筋肉动作、器官感觉，梁启超也强调审美主体对客体的内在的模仿（“自拟”），但并未明言这种模仿是否伴随筋肉动作与器官感觉。

《论小说与群治之关系》中的审美心理学分析，在梁启超早期美学与文论思想中占有特殊地位。在《译印政治小说序》《中国唯一之文学报〈新小说〉》等文章中，梁启超给人的印象是一个庸俗的功利论者，要利用小说对读者进行生硬的政治灌输。《论小说与群治之关系》的发表，向人们彰示了梁启超文艺思想中的另一面，它告诉人们：小说可以教育、改变读者，但这种改变不是通过枯燥的说理、劝诫，而是通过潜移默化的审美熏陶；小说、文学能带给读者的，不仅有知识的教益，更有情感、想象、欲望的综合的刺激与满足。

第三节　文学进化观念

20 世纪初中国文学的一大现象，是“进化”观念在文学批评、文学研究中的运用。文学可以并且应当“进化”，是现代文学理论与批评的一个基本理论预设。文学进化观念出现与形成，其背景是 19、20 世纪之交西方进化论思想在中国的传播。“社会改良之声与文学进步之论，双方并进”①，进化论广泛传播，影响人们的社会历史观念的同时，也开始进入文学领域，影响人们在文学方面的

① 管达如：《说小说》，《小说月报》1913 年第 3 卷第 11 号。

思考。

梁启超是较早将进化观念运用于文学的人之一。1902 年 3 月，梁启超《饮冰室诗话》开始在《新民丛报》上连载。《饮冰室诗话》中，文学进化的意识便已初步显露。《诗话》第八则：

> 中国结习，薄今爱古，无论学问文章事业，皆以古人为不可几及，余生平最恶闻此言。窃谓自今以往，其进步之远轶前代，固不待蓍龟，即并世人物，亦何遽让于古所云哉！①

接下来，梁启超举黄遵宪为例，认为黄遵宪的长诗《咏锡兰岛卧佛》，是否能比肩荷马、莎士比亚、弥尔顿不知，“若在中国，吾敢谓有诗以来所未有也”。他还极力称赞黄遵宪的《出军歌》，“精神之雄壮活泼沉浑深远不必论，即文藻亦二千年所未有也”。另外，他认为陈三立诗“不用新异之语，而境界自与时流异，醲深俊微，吾谓于唐宋人集中，罕见伦比”。诸如此类的论述，显然已经包含了文学进化的意识，只不过“进化”一词未明确拈出而已。

1902 年 11 月，梁启超创办《新小说》。在《新小说》创刊号上，梁启超发表《论小说与群治之关系》，鼓吹“小说为文学之最上乘”。稍后，《新民丛报》发表的《〈新小说〉第一号》一文，再次重申了这一观点：“小说为文学之最上乘，近世学于域外者，多能言之。”小说为文学最上乘的说法，实际已经包含了文学进化的观念：从文学发展的历史来讲，小说是后起的文体，后起的文体却代表了文学的最上乘，显然文学发展是向上、进化的过程。

1903 年 8 月，梁启超在《新小说》上开辟《小说丛话》专栏，刊发关于小说的丛谈文章。《小说丛话》第一期的打头一段，便是梁启超本人撰写的论文学进化的文字，这段文字明确拈出了“进化”概念：

> 文学之进化有一大关键，即由古语之文学，变为俗语之文学是也。各国文学史之开展，靡不循此轨道。中国先秦之文，殆皆用俗语，观《公羊传》《楚辞》《墨子》《庄子》，其间各国方言错出者不少，可为左(佐)证…… 自宋

---

① 梁启超：《饮冰室诗话》，《新民丛报》1902 年第 9 号。

> 以后，实为祖国文学之大进化，何以故？俗语文学大发达故。宋后俗语文学有两大派，其一则儒家、禅家之语录，其二则小说也。小说者，绝非以古语之文体而能工者也。本朝以来，考据学盛，俗语文体，生一顿挫，第一派又中绝矣。①

这段话中，梁启超提出了两个影响深远的观点。第一，俗语文体取代古语文体，是文学进化的必然趋势，俗语文学是中国文学的正宗。第二，俗语文学在中国古代的两个高峰，一个是儒家与佛家的语录，一个是白话小说。这两个观点，在当时均具有振聋发聩的轰动效应，当时即有很多人响应，后来倡导俗语文学、白话文学者，如胡适、郑振铎等，也都一再重复过这两个观点。② 梁启超的第一个观点，俗语文学为文学正宗，涉及对于文言、白话的价值判断问题，现在看仍有争论。第二个观点，以语录与白话小说为俗语文学两大收获，现在已得到学术界公认。特别是将禅宗语录视为俗语文学先驱的观点，显示出梁启超高人一等的学术判断力。1920 年，在《翻译文学与佛典》时，梁启超再次讨论了这个问题。梁启超认为，禅宗语录开中国文艺之新体，而追根溯源，语录体的产生又来自佛典的翻译："自禅宗语录兴，宋儒效焉，实为中国文学界一大革命，然此殆可谓为翻译文学之直接产物也。"③佛典翻译的一个重要副产品，是一种新的书面文体的出现，这种文体既非文言，也非简单的民间白话，而是同时吸收了民间白话与印度梵语优长的一种新的文体。这一观点到现在仍为治古代语言、文学史者重视。

语言、文体的进化之外，在《小说丛话》中，梁启超还讨论了文学的形式、体裁的进化问题。梁启超指出，中国人向来主文学退化之说，认为三代以后之文学一代不如一代，如果从文学的风格来论的话的确是这样的，但如果以体裁论的话则大谬不然。以文学的形式、体裁而论，三代以后的文学是不断进化的：

> 凡一切事物，其程度愈低级者则愈简单，愈高等者则愈复杂，此公例也。故我之诗界，滥觞于三百篇，限以四言，其体裁为最简单。渐进为五

① 《小说丛话》中饮冰语，《新小说》第七号，横滨新小说社 1903 年版。
② 比如，胡适在《历史的文学观念论》一文中，几乎原样重复了梁启超《小说丛话》中的观点。
③ 梁启超：《翻译文学与佛典》，《饮冰室合集・专集之五十九》，中华书局 1936 年版，第 29 页。

言，渐进为七言，稍复杂矣。渐进为长短句，愈复杂矣。长短句而有一定之腔，一定之谱，若宋人之词者，则愈复杂矣。由宋词而更进为元曲，其复杂乃达于极点。

梁启超认为，和之前的各种诗体相比较，戏曲的优胜之处至少有四：一、唱歌与科白相间，互相补助；二、一出戏中，可同时抒发十数人乃至数十人之情感；三、篇幅可长可短；四、格律不严，“稍解音律者可任意缀合诸调，别为新调”。戏曲具《诗经》《楚辞》所不具备之优长，为中国韵文之巨擘，“虽使屈宋苏李生今日，亦应有前贤畏后生之感”①。

仔细剖析梁启超的文学进化论，可以寻绎出这样几个基本要点：

第一，文学是发展变化的；

第二，文学的发展变化是由低级到高级不断进化的过程，后来的文学会胜过之前的文学；

第三，文学进化的一个重要方面是语言的进化，俗语文学取代古文文学是必然的、合理的趋势。

关于第一点，文学（文章）随时代而变迁，一代有一代之文学，这一点其实古人早就提出过。袁宏道曾说：“世道既变，文亦因之，今之不必摹古者也，亦势也。”②李贽《童心说》：“诗何必古选，文何必先秦。降而为六朝，变而为近体；又变而为传奇，变而为院本，为杂剧，为《西厢曲》，为《水浒传》，为今之举子业，皆古今至文，不可得而时势先后论也。”③袁宏道《序小修诗》：“文准秦汉矣，秦汉人曷尝字字学六经欤？诗准盛唐矣，盛唐人曷尝字字学汉魏欤？秦汉而学六经，岂复有秦汉之文？盛唐而学汉魏，岂复有盛唐之诗？”④强调文学的发展变化，并非现代人的专利。但古代形形色色的文学变化论，与现代文学进化论之间，仍有一个相当大的距离，这个距离就是梁启超强调的第二点——文学发展变化是不断进化的、进步的，后胜于前的。现代文学进化论的最重要一点，是赋予文学发展变化以价值论的色彩，即认为文学的发展变化是朝向一个理想的方向的，

① 梁启超：《小说丛话》，《新小说》第七号，横滨新小说社1903年版。
② 袁宏道：《与江进之》，《袁中郎全集・尺牍》，世界书局1935年版，第37页。
③ 李贽：《童心说》，《焚书》卷三，中华书局1975年版，第99页。
④ 袁宏道：《序小修诗》，《袁中郎全集・尺牍》，世界书局1935年版，第6页。

是一种不断的向上运动，现在的文学一定优于过去，将来的文学一定胜过现在。而古人的变化论则虽然也强调文学（在古人那里是“文章”）的发展变化，却拒绝对这种发展变化给予某种目的论的解释及价值论的判断，文学（文章）的确不断发生着变化，但是这种变化并不指向任何特定的方向，也不包含任何伦理价值的意味。在传统的文学变化论看来，不同时代的作品“代有升降，而法不相沿，各极其变，各穷其趣，所以可贵，原不可以优劣论也！”[①]自古至今的文章处于无规律、无目的的永恒变动之中，既不趋向于越来越坏，也不趋向于越来越好。

关于第三点，文学进化的关键是语言的进化，白话、俗语文体取代古文文体是历史的必然，这一点也是现代人的创见，古人并不如此看。认定俗语较文言更优越、更进步，依据何在呢？在《小说丛话》中，梁启超只给出了一个极简略的答案——俗语文体有利普及，“苟欲思想之普及，则此体非徒小说家当采用而已。凡百文章，莫不有然”。而差不多同时期发表的另一篇文章《新民说·论进步》中，梁启超对于文言、俗语的优劣进行了详细的比较。他认为，言文一致的俗语相较于言文分离的白话，其优越性主要有二：第一，有利于新思想的表达与传播，“社会变迁日繁，其新现象、新名词必日出，或从积累而得，或从交换而来。故数千年前一乡一国之文字，必不能举数千年后万流汇沓、群族纷拏时代之名物、意境而尽载之、尽描之，此无可如何者也。言文合，则文增而言与之俱增。一新名物、新意境出，而即有一新文字以应之。新新相引，而日进焉”；第二，有利于教育的普及，“言文合，则但能通今文者，已可得普通之知识”，“言文分，则非多读古书、通古义，不足以语于学问”，“故泰西、日本，妇孺可以操笔札，车夫可以读新闻，而吾中国或有就学十年，而冬烘之头脑如故也”。[②]

梁启超认定言文一致是语言发展的必然趋势，与明治时期日本思想界的影响有关。明治时期日本启蒙学者在思考日本与西方国家文明差距时发现，西方国家语言文字一致，而日本则是语言、文字相分离，他们认为，这是日本落后的重要病根。以福泽谕吉、中江兆民等为首的一批学者，主张向西方学习，改革日本的文字，具体的措施是限用汉字，扩大假名的使用范围，最终实现言文一致。文字改革论者认为，相比汉文文体，言文一致的俗语文体具有很多优势，其中最

---

① 袁宏道：《序小修诗》，《袁中郎全集·尺牍》，世界书局 1935 年版，第 6 页。
② 梁启超：《新民说·论进步》，《新民丛报》1902 年第 10 号。

重要者有两点：第一，有利于现代新思想、新事物的精确表达；第二，有利于教育的普及，“使广大民众获得文明的新思想”。到梁启超倡导“俗语文体”时，言文一致运动在日本已经取得很大成绩，“言文一致体”在日本文界的地位已经确立。梁启超关于言文一致必要性的论述，基本没有超出明治时期日本学者的论述范围。很大程度上，梁启超的文字变革理论是对明治时期日本文字改革论的直接复制。①

后胜于前，俗语胜于文言，是梁启超早期文学进化观念的两个基本理论支点。有意思的是，20 年后，梁启超几乎完全否定了这两点。在《研究文化史的几个重要问题》(1923)一文中，梁启超提出了一个问题：“历史是进化的吗？”梁启超说，他对于历史进化的观念，向来深信不疑，但现在却生了疑问，觉得有必要把历史进化的内涵重新规定一回：历史现象可以确认为进化者有二，“一、人类平等及人类一体的观念，的确一天比一天认得真切”，“二、世界各部分人类心能所开拓出来的‘文化共业’，永远不会失掉，所以我们积储的遗产，的确一天比一天扩大”，除这两点之外，人类历史的其他方面很难说是进化的，倒更像是“一治一乱”的。他特别以思想史与文学史为例，指出进化论后胜于今的荒谬：

> 说孟子、荀卿一定比孔子进化，董仲舒、郑康成一定比孟、荀进化，朱熹、陆九渊一定比董、郑进化，顾炎武、戴震一定比朱、陆进化，无论如何，恐说不去。说陶潜比屈原进化，杜甫比陶潜进化，但丁比荷马进化，索士比亚比但丁进化，摆伦比索士比亚进化，说黑格尔比康德进化，倭铿、柏格森、罗素比黑格尔进化，这些话都从那里说起？②

在《情圣杜甫》(1922)中，他以古典文学为不可超越的典范：

> 新事物固然可爱，老古董也不可轻轻抹杀。内中艺术的古董，尤为有特殊价值。因为艺术是情感的表现，情感是不受进化法则支配的，不能说

① 关于这一点，参考夏晓虹《觉世与传世——梁启超的文学道路》，中华书局 2006 年版，第 225—237 页。

② 梁启超：《研究文化史的几个重要问题》，《饮冰室合集・文集之四十》，中华书局 1936 年版，第 5 页。文中提到的倭铿(R. C. Eucken，1846—1926)，又译奥伊肯，是一战前后影响较大的德国哲学家。

现代人的情感一定比古人优美，所以不能说现代人的艺术一定比古人进步。①

1927年，在《晚清两大家诗抄题辞》中，梁启超又质疑了白话必胜文言的观点。他说，现在一帮"新进青年"，主张白话为唯一新文学，极端排斥文言，此种偏激之论与顽固冬烘先生并无差异。文学的根本是实质而非形式，是情感思想而非语言，以诗歌论，"若真有好意境好资料，用白话也做得出好诗，用文言也做得出好诗"。他分析白话的缺点：第一，"凡文以词约义丰为美妙，总算得一个原则，拿白话和文言比较，无论在文在诗，白话总比文言冗长三分之一"；第二，文贵含蓄，白话容易浅露寡味；第三，词藻贫乏，高深、微妙的思想难以传达；第四，枝词太多，动辄伤气，文章很难有好的"音节"。白话、文言各有优劣，梁启超的主张是去除门户之见，"采绝对自由主义"，除了用艰深古字、砌陈腐典故应排斥外，"只要是朴实说理，恳切写情，无论白话、文言，都可尊尚"，"甚至一篇里头，白话、文言，错杂并用，只要调和得好，也不失为名文，这是我对于文学上一般的意见"。②

至此，梁启超早年关于文学进化的几个基本观点，已经被他自己否定殆尽，只剩下"文学是要常常变化更新的"一点还没有否定。这种否定，一方面让人感叹梁启超"不惜以今日之我，难昔日之我"的勇气，一方面也启发人们对20世纪初以来"进化"观念在文学领域的运用进行反思。文学领域是否能运用"进化"的概念？如果能的话，该怎样理解、界定进化，文学进化与生物学意义上的、社会学意义上的进化有何区别？这些问题，都需要深长的反思。

第四节　情感论与趣味论

梁启超晚年，文论与美学方面较重要的学说是情感论与趣味论。情感论与趣味论的提出时间相连，内涵相近，可以放在一起讨论。

---

① 梁启超：《情圣杜甫》，《饮冰室合集·文集之三十八》，中华书局1936年版，第37页。
② 梁启超：《晚清两大家诗抄题辞》，《饮冰室合集·文集之四十三》，中华书局1936年版，第73—78页。

（一）情感论与趣味论的提出

1922 年至 1923 年，在关于中国古代诗歌的几篇专论（这几篇专论实际都是在演讲稿基础上整理的）中，梁启超提出了情感论。情感论的核心，是强调情感在艺术中的地位、作用。在《中国韵文里头所表现的情感》（1922）中梁启超称，天下最神圣的莫过于情感，“用理解来引导人，顶多能叫人知道那件事应该做，那件事怎样做法，用情感来激发人，却好像磁力吸铁一般”，对人产生巨大的作用，所以情感可以说是人类一切动作的原动力。情感很重要，但情感并不都是善的、美的，所以古来的宗教家、教育家都注意情感的陶养，都把情感教育放在第一位，情感教育的利器就是艺术：

> 情感教育最大的利器，就是艺术。音乐、美术、文学这三件法宝，把“情感秘密”的钥匙都掌住了。艺术的权威，是把那霎时间便过去的情感，捉住他令他随时可以再现……艺术家认清楚自己的地位，就该知道：最要紧的功夫，是要修养自己的情感，极力往高洁纯挚的方面，向上提携，向里体验，自己腔子里那一团优美的情感养足了，再用美妙的技术把他表现出来，这才不辱没了艺术的价值。①

艺术的使命是表达优美高尚的情感，对于艺术家来讲，情感的陶养很重要，表情的技巧同样重要。《中国韵文里头所表现的情感》接下来的部分，是对中国古代诗歌表情方法的总结，共列举并分析了“奔迸的表情法”“回荡的表情法”“含蓄蕴藉的表情法”“浪漫派的表情法”“写实派的表情法”共五种表情法，每种表情法的下面又分为若干亚种。

艺术的使命，在于以恰当的方式表达情感，这是梁启超情感论的核心观点。稍后的《情圣杜甫》（1922）、《屈原研究》（1922）、《陶渊明》（1923）中，都贯彻了这一观点。《情圣杜甫》称杜甫之所以伟大，一方面是因为“他的情感的内容，是极丰富的，极真实的，极深刻的”，一方面是因为“他表情的方法又极熟练，能鞭辟

---

① 梁启超：《中国韵文里头所表现的情感》，《饮冰室合集・文集之三十七》，中华书局 1936 年版，第 71、72 页。

到最深处，能将他全部完全反映不走样子，能像电气一般一振一荡的打到别人的心弦上”[①]。《屈原研究》认为屈原是“一位有洁癖的人为情而死”，“屈原脑中，含有两种矛盾元素，一种是极高寒的理想，一种是极热烈的感情”，“屈原是情感的化身，他对于社会的同情心，常常到沸度，看见众生苦痛，便和身受一般”。[②]《陶渊明》认为陶渊明整个人格中有三点应特别注意，“第一须知他是一位极热烈极有豪气的人”，“第二须知他是一位缠绵悱恻最多情的人”，“第三须知他是一位极严正、道德责任心极重的人”。

与情感论相联系，在1921至1922年的一组讲演稿中，梁启超又集中阐发了以“趣味”为核心的艺术论与人生论，其中重要者有《“知不可而为”主义与“为而不有”主义》(1921)、《趣味教育与教育趣味》(1922)、《教育与政治》(1922)、《美术与生活》(1922)、《学问之趣味》(1922)、《敬业与乐业》(1922)、《教育家的自家园地》(1922)，等等。需要注意的一点是，在这组文章中，梁启超有时用“趣味”，有时用“兴味”，总起来看用“趣味”多些，但实际上二者并无分别。比如，在《敬业与乐业》中梁启超说“我生平最受用的有两句话，一是责任心，二是趣味”，而《“知不可而为”主义与“为而不有”主义》则说“我自己的人生观是拿两样事情做基础，一责任心，二兴味”。

梁启超对趣味极其重视，他强调趣味是人生活的原动力，是人类幸福的根源。《学问之趣味》：“我以为：凡人必常常生活于趣味之中，生活才有价值。若哭丧着脸捱过几十年，那么生命便成沙漠，要来何用？”[③]《美术与生活》：“问人类生活于什么？我便一点不迟疑答道：生活于趣味。这句话虽然不敢说把生活全内容包举无遗，最少也算把生活根芽道出。”[④]《趣味教育与教育趣味》：“总而言之，趣味是活动的源泉，趣味干竭，活动便跟着停止。好像机器房里没有燃料，发不出蒸汽来……人类若到把趣味丧失掉的时候，老实说，便是生活得不耐烦，那人虽然勉强留在世间，也不过行尸走肉。倘若全个社会如此，那社会便是痨病的社会，早已被医生宣告死刑。”[⑤]

趣味如此重要，到底何为趣味呢？认真研读梁启超关于趣味的文章，会发

---

① 梁启超：《情圣杜甫》，《饮冰室合集·文集之三十八》，中华书局1936年版，第38页。
② 梁启超：《屈原研究》，《饮冰室合集·文集之三十九》，中华书局1936年版，第55、65页。
③ 梁启超：《学问之趣味》，《饮冰室合集·文集之三十九》，中华书局1936年版，第15页。
④ 梁启超：《美术与生活》，《饮冰室合集·文集之三十九》，中华书局1936年版，第22页。
⑤ 梁启超：《趣味教育与教育趣味》，《饮冰室合集·文集之三十八》，中华书局1936年版，第13页。

现他笔下的“趣味”至少有两层内涵。第一，兴趣、爱好。《趣味教育与教育趣味》：“趣味的性质，不见得都是好的，譬如好嫖好赌，何尝不是趣味”，“人生在幼年青年期，趣味是最浓的，成天价乱碰乱迸，若不引他到高等趣味的路上，他们便非流入下等趣味不可”。[①] 第二，人生的乐趣、快乐，以及与乐趣、快乐相伴的一种欣欣向荣、生机勃勃的人生状态。《趣味教育与教育趣味》：

> 趣味的反面，是干瘪，是萧索。晋朝有位殷仲文，晚年常郁郁不乐，指着院子里头的大槐树叹气，说道：“此树婆娑，生意尽矣。”一棵新栽的树，欣欣向荣，何等可爱！到老了之后，表面上虽然很婆娑，骨子里生意已尽，算是这一期的生活完结了。殷仲文这两句话，是用很好的文学技能，表出那种颓唐落寞的情绪。[②]

趣味的反面是干瘪、萧索、郁郁不乐、颓唐落寞，其正面含义当然是饱满、热情、兴高采烈、生机勃勃。

梁启超认为，真正的趣味应满足两个条件。第一，须以趣味始以趣味终：

> 怎么样才算趣味，不能不下一个注脚。我说：凡一件事做下去不会生出和趣味相反的结果的，这件事便可以为趣味的主体。赌钱趣味吗，输了怎么样？吃酒趣味吗，病了怎么样？做官趣味吗，没有官做的时候怎么样？……诸如此类，虽然在短时间内像有趣味，结果会闹到俗语所说的“没趣一齐来”，所以我们不能承认他是趣味。凡趣味的性质，总要以趣味始以趣味终。[③]

第二，超功利，“无所为而为”。《学问之趣味》：

> 趣味主义最重要的条件是“无所为而为”。凡有所为而为的事，都是以别一件事为目的而以这件事为手段……有所为虽然有时也可以为引起趣味的一种方便，但到趣味真发生时，必定要和“所为者”脱离关系。你问我

①② 梁启超：《趣味教育与教育趣味》，《饮冰室合集·文集之三十八》，中华书局1936年版，第13页。
③ 梁启超：《学问之趣味》，《饮冰室合集·文集之三十九》，中华书局1936年版，第15页。

> “为什么做学问”？我便答道：“不为什么。”再问，我便答道：“为学问而学问。”或者答道：“为我的趣味。”①

深入分析的话，会发现这两个条件其实是一个条件：做官、赌钱等等趣味的“主体”会弄到“没趣”，根本的原因是这些事情被赋予了其自身之外的其他目的，这些目的达不到时便产生烦恼，而真正的趣味应该是无目的的、“无所为而为”的。所以，综合起来，可以对梁启超的“趣味”以及“趣味主义”给出这样的定义：所谓趣味，即一种超功利的人生乐趣、快乐；所谓趣味主义，即一种超功利的、无所为而为的乐观人生态度。

趣味是超功利的人生乐趣，有哪些人生活动可以产生趣味呢？梁启超列举了四项：“能为趣味之主体者，莫如下列的几项：一、劳作；二、游戏；三、艺术；四、学问。”在《美术与生活》一文中，他专门论述了艺术中的美术（专指绘画与雕塑）与趣味的关系。梁启超说，人生趣味之源泉有三种：第一，“对境之赏会与复现”，一个人无论操何职业，总有机会与自然之美相接触，倘若把自然之美印在头脑中使其不时复现，便可领略某种趣味；第二，“心态之抽出与印契”，遇到快乐的事告诉别人，可以增加自己的快乐，遇见痛苦的事向别人倾诉，可以减少自己的痛苦；第三，“他界之冥构与蓦进”，对于现在环境不满，是人类普通心理，若能超越此现实世界进入理想世界，那便有无穷的快乐。美术的作用在于诱发、刺激人的器官，使人人都能充分享受这三种趣味。美术中有描写自然的一派，有刻画心态的一派，有凭理想构造的一派，这三派分别对应人的三种趣味。艺术的价值，在于趣味的刺激与养成：

> 要而论之，审美本能，是我们人人都有的。但感觉器官不常用或不会用，久而久之麻木了。一个人麻木，那人便成了没趣的人；一民族麻木，那民族便成了没趣的民族。美术的功用，在把这种麻木状态恢复过来，令没趣变为有趣。②

---

① 梁启超：《学问之趣味》，《饮冰室合集·文集之三十九》，中华书局1936年版，第16页。
② 梁启超：《美术与生活》，《饮冰室合集·文集之三十九》，中华书局1936年版，第24页。

细心的读者会发现，梁启超这里所列的艺术所能激发的三种“趣味”，与1902年的论文《论小说与群治之关系》所列的小说的“两种德”非常相似：“对境之赏会与复现”“心态之抽出与印契”，对应于小说将现实人生“和盘托出，彻底而发露之”的功能，“他界之冥构与蓦进”对应于小说“常导人游于他境界”的功能。可见，他是比照小说的功能来论述美术的功能的，在他心目中文学与美术两种艺术是有根本的相通之处的。

（二）情感、趣味的关系

情感论与趣味论几乎同时提出，这两种学说之间是一种什么关系？有学者认为，梁启超笔下的“情感”与“趣味”并无差别①，相应地趣味论与情感论也没有太大差异。该如何看待这个问题呢？

梁启超关于情感与趣味的有些表述，的确是雷同的。比如，在《中国韵文里头所表现的情感》中他说“情感是人类一切动作的原动力”，而一年后在《趣味教育与教育趣味》中他又强调“趣味是生活的原动力，趣味丧掉，生活便成了无意义”，情感与趣味似乎是一回事。《翻译文学与佛典》有一节专论佛教导致的“文学的情趣之发展”，《国学入门书要目及其读法》有一节论证“好文学是涵养情趣的工具”，“情”与“趣”被合成了一个词，似乎也证明这两个概念是重合的。但是，若对梁启超的相关论述作全面梳理与比较的话，会发现这两个概念还是有一些差异。

首先，这两个概念的层次不同。情感的地位更为基础，情感是趣味的前提，趣味是情感的结果。《晚清两大家诗钞题辞》：“文学的本质和作用，最主要的就是‘趣味’。趣味这件东西，是由内发的情感和外受的环境交媾发生出来。”②《孔子》(1920)提出一个观点，认为凡理智发达的人，头脑总是冷静的，往往对于世事，作一种冷酷无情的待遇，而且这一类人“生活都会单调性，凡事缺乏趣味”。孔子却不然，他是个最富于同情心的人，孔子的一往情深，一方面表现为他对民生多艰的悲悯，一方面表现为他“常常玩领自然之美，从这里头，得着人生的趣味”。理智发达的人缺乏趣味，情感发达的人常常领略人生的趣味。显然，趣味

① 徐林祥：《中国美学初步》，广东人民出版社2001年版，第524页。
② 梁启超：《晚清两大家诗钞题辞》，《饮冰室合集·文集之四十三》，中华书局1936年版，第70页。

与情感是两个互相关联但又不能混同的概念：情感是趣味的基础，有情感方能体会趣味，无情感则不能体验趣味。

其次，两个概念应用的范围广狭不同。“情感”多应用于具体的艺术流派、作家作品的分析，比如《中国韵文里头所表现的情感》《情圣杜甫》《屈原研究》等等，而“趣味”则多用于抽象地讨论艺术的一般性质、功能时，如《美术与生活》《美术与科学》等。另外，“趣味”不光应用于艺术，还应用于学术、劳动、教育乃至整个人生。在《学问之趣味》《敬业与乐业》《趣味教育与教育趣味》《“知不可而为”主义与“为而不有”主义》中我们看到，“趣味”不仅是艺术的本质，更是人生的本质，是一种审美化的人生态度。

综上，情感论是一种较为单纯的文学理论、美学理论，而趣味论则不仅是一种美学理论，更是一种人生哲学。情感论强调艺术的情感本质，趣味论强调艺术乃至人生的趣味本质，人生应“无所为而为”“为而不有”，二者的应用范围及具体内涵都有所区别。

（三）情感论与趣味论的美学史意义

情感论与趣味论的内涵不尽相同，但有一点是相同的，它们都表达了梁启超对自己早年功利主义艺术观的一种修正。情感论强调文艺的情感特质，强调以情动人，显然是对功利主义的一种反转。因为在梁启超的情感论中，情感本来就是理智、理解的对立面，文学表现情感，隐含了对于文学的说理、教化功能的否定。趣味论强调人生应“无所为而为”，艺术的本质是趣味，艺术也应该是“无所为而为”的，是超越现实功利之外的。《“知不可而为”主义与“为而不有”主义》以孔子的“知不可而为”与老子的“为而不有”来解释趣味，最后的结论是：

> “知不可而为”主义与“为而不有”主义都是要把人类无聊的计较一扫而空，喜欢做便做，不必瞻前顾后。所以归并起来，可以说这两种主义就是“无所为而为”主义，也可以说是生活的艺术化，把人类计较利害的观念，变为艺术的、情感的。①

---

① 梁启超：《“知不可而为”主义与“为而不有”主义》，《饮冰室合集·文集之三十七》，中华书局1936年版，第68页。

这里，梁启超明确将“艺术的、情感的”，与人类计较利害的观念对立起来，显然，艺术、情感意味着超功利、无利害。

这种修正与梁启超晚年告别政治后的学院生活有关系。从 1915 年始，梁启超逐渐告别政治，专注于学术研究。他开始反思自己早年将学术依附于政治的缺失，认为清末“新学家”所以失败，有一总根源，“曰不以学问为目的而以为手段”[1]。他开始提倡为学问而学问。《为学与做人》：“我只是为学问而学问，为劳动而劳动，并不拿学问劳动等等做手段来达到目的。”这种做学问的态度影响到他关于文学艺术的看法，于是，情感论与趣味论被提出。早就有学者指出，梁启超早、晚期文学思想的差异与其晚年身份变化具有密切的关系：早年，梁启超是一名改良派政治家，专从政治的角度考虑问题，其文学思想自然带有强烈的功利色彩，强调文学的政治教育功能；晚年，梁启超的身份是从事中国古代历史文化研究的学者，当他作为一名学者研究中国古代文学遗产时，自然不再追求文学的现实功利，而注目于文学的永久价值，强调文学的感情净化与趣味陶养作用。[2]

但另一方面，趣味论与情感论是否可以理解为一种唯美主义，理解为“为艺术而艺术”呢？同样也不能。

晚年梁启超并非埋首书斋不问世事的学者。对梁启超来说，从事学术事业，并非简单的“为学问而学问”，长远的目标仍是振兴民族文化。《欧游心影录》(1918)号召青年人以致用的态度，研究本国传统文化：“我希望我们可爱的青年，第一步，要人人存一个尊重爱护本国文化的诚意；第二步，要用那西洋人研究学问的方法去研究他，得他的真相；第三步，把自己的文化综合起来，还拿别人的补助他，叫他起一种化合作用，成了一个新文化系统；第四步，把这新系统往外扩充，叫人类全体都得着他好处。”[3]《颜李学派与现代教育思潮》同样主张学以致用：“老子说的‘为而不有’，我们也认为是学者最高的品格。但是把效率的观念完全打破，是否可能？况且凡学问总是要应用到社会的，学问本身可以不计效率，应用时候是否应不计效率？”[4]在梁启超看来，研究学问，固然应该

① 梁启超：《清代学术概论》，朱维铮校，上海世纪出版集团 2005 年版，第 82 页。
② 夏晓虹：《觉世与传世——梁启超的文学道路》，中华书局 2006 年版，第 35—38 页。
③ 梁启超：《欧游心影录》，《饮冰室合集 · 文集之二十三》，中华书局 1936 年版，第 37 页。
④ 梁启超：《颜李学派与现代教育思潮》，《饮冰室合集 · 文集之四十一》，中华书局 1936 年版，第 18 页。

为学问而学问,但这不等于说学问就没有现实的功用,如果学术对于现实人生完全没有意义的话,那就没有必要耗费精力去研究。

同样,强调趣味与感情,也不是要把艺术变成独立王国,根本目标仍是现实人生。提倡"趣味",是为了让人生丰富有趣,不堕入枯寂。1927 年 8 月,梁启超在写给孩子的信中说:"思成所学太专门了,我愿意你趁毕业后一两年,分出点光阴多学些常识,尤其是文学或人文科学中之某部门,稍为多用点工夫。我怕你因所学太专门之故,把生活也弄成近于单调,太单调的生活,容易厌倦,厌倦即为苦恼,乃至堕落之根源。"他告诫思成,"专门科学之外,还要选一两样关于自己娱乐的学问,如音乐、文学、美术等",个人生活丰富有趣了,才能更好地服务社会。《敬业与乐业》:"我生平最受用的有两句话,一是责任心,二是趣味。我自己常常力求这两句话之实现与调和。"《'知不可而为'主义与'为而不有'主义》:"责任心强迫把大担子放在肩上是很苦的,兴味是很有趣的。二者在表面上恰恰相反,但我常把他调和起来。"同样,提倡"情感",也有现实的目的——利用艺术对国民进行情感教育,使国民人格上更健全。《中国韵文里头表现的情感》一开头便强调情感的重要性,指出情感与理智二者应并重,古往今来教育家都重视情感教育,而艺术正是情感教育的利器。《国学入门书要目及其读法》提出"好文学是涵养情趣的工具","做一个民族的分子,总须对于本民族的好文学十分领略。能熟读成诵,才在我们的下意识里头,得着根柢,不知不觉会发酵"。艺术的情感教育功能,不仅可以使人成为情、理均衡发展的合格的人,而且可以使人成为对民族文化具有基本情感认同的合格的中国人。

《情圣杜甫》中有这样一段话:

> 我们应该为做诗而做诗呀,抑或应该为人生问题中某项目的而做诗?这两种主张,各有极强的理由,我们不能作极端的左右袒,也不愿作极端的左右袒。依我所见:人生目的不是单调的,美也不是单调的。为爱美而爱美,也可以说为的是人生目的,因为爱美本来是人生目的的一部分。①

由这段话我们可知,晚年梁启超的艺术观并非"为艺术而艺术",而是艺术与人

---

① 梁启超:《情圣杜甫》,《饮冰室合集·文集之三十八》,中华书局 1936 年版,第 49、50 页。

生的统一：艺术服务于人生，人生艺术化。梁启超早年与晚年的文艺美学思想看似矛盾断裂，实则具有内在的一致性：在艺术的审美特性与现实使命之间寻求平衡。早年，梁启超注重文学的政治教化功能，但并未忽略文学作为审美艺术的特殊性与独立性；晚年，梁启超强调文学、审美的独立价值，但并未忘却其对于现实人生的意义，只不过由注重文学艺术的直接社会效益，变为了侧重其间接作用。

正如有学者指出的，终其一生，梁启超都不能算是一个唯美的美学家，不管是前期强调艺术的社会功能，还是后期突出艺术的人生价值，求是与致用的统一是梁启超不变的出发点。①

（四）“趣味”与“情感”的来源

情感论与趣味论从何而来？梁启超提出这两种学说时，依据了哪些思想资源？这个问题学术界过去研究得不够。

先说趣味论。趣味论首先能想到的来源，是梁启超本人的人生态度。如前所述，“趣味主义”的实质，是一种“无所为而为”的乐观主义人生态度。这样一种乐观人生态度，正是梁启超本人一贯秉持、坚持的。《学问之趣味》：“我是个主张趣味主义的人，倘若用化学化分‘梁启超’这件东西，把里头所含一种原素名叫‘趣味’的抽出来，只怕所剩下仅有个零了。”②《趣味教育与教育趣味》：“假如有人问我：‘你信仰的甚么主义？’我便答道：‘我信仰的是趣味主义。’有人问我：‘你的人生观拿什么做根柢？’我便答道：‘拿趣味做根柢。’我生平对于自己所做的事，总是做得津津有味，而且兴会淋漓，什么悲观咧，厌世咧，这种字面，我所用的字典里头，可以说完全没有。我所做的事，常常失败——严格的可以说没有一件不失败——然而我总是一面失败一面做，因为我不但在成功里头感觉趣味，就在失败里头也感觉趣味。”③

——以上两段话，并非梁启超为了宣传“趣味主义”而刻意地自我吹嘘，而的确是他的夫子自道。以超脱的胸怀去做事，不计成败，兴会淋漓，是梁启超一贯的人生态度。早在青年时期，梁启超就在康有为的指点下，努力树立一种超

① 金雅：《梁启超美学思想研究》，商务印书馆2005年版，第241页。
② 梁启超：《学问之趣味》，《饮冰室合集·文集之三十九》，中华书局1936年版，第15页。
③ 梁启超：《趣味教育与教育趣味》，《饮冰室合集·文集之三十八》，中华书局1936年版，第12页。

功利的人生态度。1896年，梁启超致康有为的书信中这样写道：

> 视一切事，无所谓成，无所谓败，此事弟子亦知之。然同学人才太少，未能布广长舌也。如此则于成败之间，不能无芥蒂焉矣。
>
> 某昔在馆亦曾发此论，谓吾党志士皆须入山数年，方可出世。而君勉诸人大笑之…… 不知我辈宗旨乃传教也，非为政也；乃救地球及无量世界众生也，非救一国也。一国之亡于我何与焉。①

传道、维新、变法，只是志士仁人尽自己做人义务，至于成败利钝，非所逆睹，也不必逆睹。青年时期的梁启超认识到了这一点，但并未能完全做到。1899年，经历戊戌变法失败，仓皇逃亡日本后，梁启超彻底参透成败。在《自由书·成败》中他写道："凡任天下大事者，不可不先破成败之见……必知天下之事，无所谓成，无所谓败，参透此理而笃信之，则庶几矣。"天下事无所谓成，因为"进化之理，无有穷也"，"今之所谓文明大业者，自他日观之，或笑为野蛮，不值一钱矣，然则所谓成者果何在乎？"天下事无所谓败，因为"天下之理，不外因果。不造因则断不能结果，既造因则无有不结果"，"败于此者或成于彼，败于今者或成于后，败于我者或成于人"②。梁启超认为，仁人志士只有看破成败，才能做到"无希冀心，无恐怖心"，无希冀心，无恐怖心，然后能"尽吾职分之所当为"，独往独来，心无挂碍。稍后，在《十九世纪之欧洲与二十世纪之中国》中他充满感情地这样写道：

> 吾中国动机，今始发轫，此后反动，其必四次五次乃至六七八九十次而未有已……吾意今世纪之中国，其波澜俶诡，五光十色，必更有壮奇于前世纪之欧洲者。哲者请拭目以观壮剧，勇者请挺身以登舞台。③

将波谲云诡、凶险万分的政治运动看成一出波澜壮阔的历史剧，将自己想象为

① 梁启超：《与康有为书》，丁文江、赵丰田主编《梁启超年谱长编》，上海人民出版社2009年版，第39页。
② 梁启超：《自由书·成败》，《饮冰室合集·专集之二》，中华书局1936年版，第1、2页。
③ 梁启超：《自由书·十九世纪之欧洲与二十世纪之中国》，《饮冰室合集·专集之二》，中华书局1936年版，第59页。

历史剧的演员，没有一种“趣味主义”的超脱态度是做不到的。梁启超一生都秉持了这样一种超脱，不论从事何种事业，都努力做到但求耕耘，不问收获。早年从事政治宣传、组织时如此，晚年从事学术研究同样如此。可以说，正是在梁启超本人人生态度的基础上，趣味论才最终得以提出。

梁启超为什么能秉持“趣味主义”的人生观呢？一方面，与他乐观、豁达的天性有关。另一方面，又与他从小所受的儒家、道家的影响有关。在《“知不可而为”主义与“为而不有”主义》中，梁启超用“知不可而为”与“为而不有”来解释“趣味主义”。“知不可而为”为儒家思想，“为而不有”为道家思想。梁启超解释，“知不可而为”主义之所以发生，是因为成功与失败不过是相对的名词，进一步讲可以说宇宙间的事绝对没有成功，只有失败。孔子看破这一层道理，所以干脆不做成败之打算，自己捆绑自己，只是顺自己理想做去。“知不可而为”主义是绝对自由的生活，也是有趣味的生活，因为抱这种主义的人，“他们用的字典里，从没有成功二字，那末，还有什么可惑可忧可惧呢，所以他们常把精神放在安乐的地方”。“知不可而为”主义者是趣味主义者，“为而不有”主义者亦复如是。所谓“为而不有”，即为劳动而劳动，为工作而工作，不为利益而劳动、工作。“为而不有”主义者不以所有观念作标准，不因为所有观念始劳动，于是得无限的精神愉快。梁启超认为，人生之所以是可赞美的、可讴歌的、有趣的，原因便在于孔子所说的“知其不可而为之”与老子所说的“为而不有”。显然，儒家、道家思想构成了“趣味主义”的重要思想资源。

另一方面，在说明“知不可而为”与“为而不有”时，梁启超又时常杂以佛家言。他认为道家的“为而不有”相当于佛家所说的“无我、我所”。他分析儒家对成功不抱必然之期，是因为“人在无边的‘宇’中，只是微尘，不断的‘宙’中，只是断片”，“在无量数年中，无量数人，所做的无量数事，个个都是不可，个个都是失败”。“无量”“无边”“微尘”等等，是佛经中经常出现的概念。《金刚经》上说：“一切众生之类……我皆令入无余涅槃而灭度之。如是灭度无量、无数、无边众生，实无众生得灭度者。何以故？须菩提，若菩萨有我相、人相、众生相、寿者相，即非菩萨。”又说：“须菩提，若善男子、善女人以三千大千世界碎为微尘，于意云何？是微尘众宁为多不？……佛说微尘众，即非微尘众，是名微尘众。”[1]佛

---

[1] 《金刚波若波罗蜜经》，《碛砂大藏经》第15册，线装书局2005年影印版，第191、198页。

教使用这些概念，目的是开导人认识世界的相对性，破除人我之见，执着之苦，得大自在。但在大乘佛教，这种破除并非是要人远离世间，寻求自我个人的解脱，因为在大乘佛教看来，“所谓法即非法”，“所谓庄严佛土即非庄严佛土”。大乘佛教寻求的是出世与入世的统一，仅有出世没有入世，是自了汉，仅有入世没有出世，又与世间逐利之徒无别。出世的目的，从某种程度上说是为了更好地入世：因为意识到世界的广大无边、佛法的广大无边，所以普渡众生时不抱必然成功之望，更加自由；因为破除了人我之见，“无我、我所”，所以做事情时更能勇猛精进、不计较自我得失。这种境界与儒家“知不可而为”主义、道家“为而不有”主义是相通的，与梁启超关于趣味与社会责任相统一的观点也是相通的。梁启超说，责任心很苦，趣味很轻松，二者须统一、调和，因为有了趣味的调和、帮助，责任的履行才不再那么苦，这正是出世法与入世法的统一。梁启超对佛教有精深理解，他常常肯定、赞扬大乘佛教出世与入世相统一的精神：“像我们的禅宗，真可以算得应用的佛教，世间的佛教，的确是要印度以外才能发生，的确是表现中国人特质，叫出世法和现世法并行不悖。”[①]说大乘佛教以出世情怀做入世事业的精神，构成了梁启超趣味论的重要理论基础，当不为过。

就趣味论的基本观点、理论内核而言，它的来源非常复杂，儒、释、道三家都有。但就“趣味”这一概念术语本身来说，其具体的来源又是什么呢？学术界目前似乎还没有人探究过。下面，从中国古代典籍以及梁启超所处时代的文献资料中，寻找一些线索。

中国古代典籍中，“趣味”早就已经存在。北京大学开发的《四库全书》全文检索系统中，输入“趣味”二字，共可检索出 177 条文献，203 个匹配。在浩如烟海的四库文献中，这个数量不算多，但也不算太少。从四库检索的结果以及四库之外的其他文献中“趣味”的使用情况看，古人笔下的“趣味”，有两种基本意思，或两种基本使用方法。第一，意味、意义，尤其是文艺作品的意味、意义。宋叶适《水心集》卷二九《跋刘克逊诗》：“怪伟伏平易之中，趣味在言语之外。”谢尧臣《〈于湖集〉序》：“柳子厚专下刻深工夫，黄山谷、陈后山专寓深远趣味。”第二，乐趣、快乐。《水经注》卷三四《江水二》：“清荣峻茂，良多趣味。”《文忠集》卷一百五十二《与薛少卿书》：“自还田舍已百余日，庶可稍成伦理，粗免劳心，始觉渐

① 梁启超：《欧游心影录》，《饮冰室合集・专集之二十三》，中华书局 1936 年版，第 37 页。

有闲中趣味。”

值得注意的是，“趣味”在宋代理学家的著作中出现的频次颇高。《朱子全书》中有多处提及“趣味”，卷十七《答严时亨》：“浴沂风雩，人人可为，而未必能得其乐者，正以穷达利害得以累其心，而不知其趣味耳。”朱熹学生陈淳的著作中，“趣味”更是多次出现。《北溪大全集》卷十五《似学之辨》：“徒知取青紫伎俩之美，而不知潜心大业趣味无穷之可嗜。”卷二六《答陈伯澡三》：“都了得圣贤严密精微之旨，须至于再、至于三而浃洽之，方见得趣味源源而出。”卷二九《答林司户三》：“孜孜真积力久，便知趣味无穷，而不能以自止矣。”朱熹与陈淳笔下的“趣味”，指的是人潜心问道时所体会到的超功利的快乐，与梁启超笔下的“趣味”意思是非常接近的。所不同的是，他们的“趣味”主要是就学问道德来说的，而梁启超的“趣味”使用得更宽泛些，任何正当的事业只要专注去做的话都有“趣味”。梁启超有没有可能从古代典籍特别是宋明理学著作中借用“趣味”概念呢？非常有可能。在《学问之趣味》与《教育家的自家园地》中，梁启超鼓励学者要孜孜不倦、学而不厌，因为“趣味这样东西，总是愈引愈深，最怕是尝不着甜头，尝着了一定不能自已”，“趣味总是慢慢的来，越引越多”，诸如此类的表述与前引陈淳关于趣味“源源而出”“不能以自止”的表述非常相似，也许就是受了陈淳的影响也未可知。

但是正如前面指出的，梁启超的“趣味”除了指乐趣、快乐外，还指兴趣、爱好、嗜好。甚至可以说，“趣味”的含义首先是兴趣、爱好，然后由兴趣、爱好引申为人生的乐趣、快乐。而在中国古典典籍中，“趣味”却很少被如此使用，至少在《四库》中很难找到这样的例子。宋代张方平《题代祠部书院》中有“上第西归即弃官，此子趣味亦堪怜”句，陈淳《卓氏二子名字说》谈到自己与卓廷瑞“襟怀输写，趣味投合，有金兰之契”，这两例中的“趣味”固然可以理解为兴趣、爱好，但理解为性情、人生志向的话似乎更恰当些。那么，梁启超作为兴趣、爱好来使用的“趣味”概念到底来自何处呢？这里提出一个假说：梁启超用“趣味”来指称人的兴趣、爱好，很可能是受到了近代由日本及西方引入的教育学知识的影响；梁启超整个的“趣味”概念，都受到了近代教育学的影响。

1921至1922年间，梁启超集中阐述趣味论的文章共有八篇，其中从篇名上与教育直接相关的就有三篇，分别是《趣味教育与教育趣味》《教育家的自家园地》《教育与政治》，可见教育问题在梁启超趣味论建构中的重要性。在《趣味教育与教育趣味》一文中，梁启超首先强调趣味对人生的重要性，趣味是生命活力的源泉，然后交代了“趣味教育”主张的由来：

> “趣味教育”这个名词，并不是我所创造，近代欧美教育界早已通行了。但他们还是拿趣味当手段。我想进一步，拿趣味当目的……我们主张趣味教育的人，是要趁儿童或青年趣味正浓而方向未决定的时候，给他们一种可以终身受用的趣味。这种教育办得圆满，能够令全社会整个永久是有趣的。①

梁启超认为，教育家无论多大能力，总不能把某种学问直接灌输给学生，只能令学生产生某种学问的趣味，或者学生对于某种学问原有趣味，教育家把他加深加厚，“教育事业，从积极的方面说，全在唤起趣味；从消极的方面说，要十分注意不可以摧残趣味。”教育的目的是趣味，教育者应注意唤起并培养受教育者的趣味，这正是现代教育学的基本观点。

19、20世纪之交，教育兴国成为知识界普遍共识，兴办各种官办、民办新式学校的运动如火如荼，与此相应，教育学也成为一门显学。据统计，1900—1915年间，共有60余种教育学教科书、教育学概论出版，这些教科书、概论多由日文翻译而来。② 1900—1920年间，共有100余种专门教育杂志问世。③ 综合性杂志、报纸中教育学方面的文章、译著也比比皆是。20世纪初留日学生办的刊物，如《浙江潮》《江苏》《游学译编》等，皆开辟有教育学专栏。梁启超本人主编过的刊物，如《新民丛报》《大中华》等，也发表过教育学的相关文章。

立花铣三郎著、王国维译的《教育学》，被认为是近代中国第一部专门的教育学译著，这部著作中多次提到“趣味”或“兴味”。该书第二章“智育”第一节“智育总论”的开头，提出人类精神生活可分感情、智识、意志三部分，三者中感情为根本，感情是人类“应外界之刺激，精神所现最初之形”，而连接感情与智

---

① 梁启超：《趣味教育与教育趣味》，《饮冰室合集·文集之三十八》，中华书局1936年版，第13—14页。
② 陈志萍：《1914—2000年的“教育概论”教科书——回顾与反思》，华南师范大学2005年硕士论文。
③ 田正平、商丽浩：《中国教育期刊的现代化特征》，《高等教育研究》2003年第1期。

识、意志的则为“兴味”：

自此感情而对事物之兴味而生，而此兴味向两面进步，即一面向客观的，一面向主观的也。前者欲知使我感兴味之对境之事物有如何之性，即进于思想（智识）之方；后者欲使感兴味之我活动进于意志之方。故心育可分为智识之教育与实行意志之教育，即智育与德育也。①

接下来，该章专门就智育展开论述，指出智育应立足于心理学，依据人类“精神发达之次第”来展开。作者认为，就心理学而论，人类智识活动有三“境界”（这里的境界应作阶段解），第一境界为直觉，第二境界为观念，第三境界为思索，关于直觉作者给出了这样的解释：

案吾人之精神觉醒之次第，其最初由外界直接之刺激，即先自外界之刺激，而吾人之心始生兴味。既生兴味，则其外物非单一之外物，而加以心者，即被精神的者也。此之动作，名曰直觉。换言之，直觉者，吾人之精神受外界之作用第一境界也。②

这段话中，作者强调直觉中不可或缺的一个因素是兴味，由于兴味的作用，人所感知的外物不再是单一的外物，而是蒙上了人的精神的色彩。再往下，第二节“智育各论”中，作者对直觉进行进一步的分析，将直觉分为三个阶段：智力的感情、留意、直觉。所谓智力的感情，作者解释说即兴味，兴味因人而异：

兴味之多少，与吾人之主观适应事物之力之程度为比例，勿论也。又自人之性质如何、精神发达之度之如何，兴味不同。譬如于甲为有兴味之事物，而乙对之或漫无兴味。又如小儿听和平单调之音乐而喜，大人则喜乱调。③

---

① ［日］立花铣三郎：《教育学》，王国维译，《王国维全集》第16卷，浙江教育出版社2009年版，第348页。
② ［日］立花铣三郎：《教育学》，王国维译，《王国维全集》第16卷，浙江教育出版社2009年版，第349页。
③ ［日］立花铣三郎：《教育学》，王国维译，《王国维全集》第16卷，浙江教育出版社2009年版，第351页。

作者认为，兴味为直觉的基础，直觉为智力的基础，教育者应充分利用兴味。一方面，应选择受教育者感兴味的事物，另一方面又应对受教育者既有的兴味进行引导，比如“自教育者处理之如何，小儿无兴味之事物，亦可使有兴味……不感兴味之事物，亦感兴味而容易入之”。

报纸杂志上发表、连载的教育学文章中，也有许多提到了“趣味”或“兴味”。《教育杂志》刊发的《儿童读书之心理》一文提出儿童心理与成人不同，对于儿童读书的趣味，不应妄加限制，而应因势利导，“儿童读其嗜读之书，视指定之书，较有兴味，已验之屡矣”，儿童所读之书“以言日常生活之事，又富有趣味者为佳……惟大思想则不必灌注于儿童之脑，以与儿童年力脑力均不相应也”，又“动物丛书，实为儿童教育所不可缺者，使为亲者亦读之，常有此种兴味蕴于胸中，则可使其格外亲密”。另外，该文还论述男女两性在阅读趣味方面的差异：“男女读书趣味之不同，在幼童时代初无分别，至二十左右其差异之点渐见。女子自十三至十九所读书，大抵相似，未见有何特别者。女子又喜读师友称道之书。男子之选择书籍，则有独立性与个人性。女子于人人共知之书，虽无甚趣味，亦必读之。男子则否，喜读僻书，且有以能读人所不知之书为高者，停刊之书及禁书尤其所好，往往闭户而窃读之……又男子最喜读历史、科学书、游记等，女子则喜读诗及小说，其历史兴味，则多为个人的、传记的。男子喜冒险谈，女子喜感情的事情……高等女学生之趣味，多为人道的、教育的、一般的；男学生之趣味，则为实际的、职业的、特殊的。”①同一杂志第二年第一期刊发的《初入学学生之教授管理》一文，建议初等年级之教师在教学中须“好为学生伴侣”，“随机应变”，另外还须“常作有兴味之言语及游戏，常作愉快之状态”，“教授时无论何种枯寂科目，须运用得宜，使学生兴致勃发”。② 其他报纸杂志刊发的教育学论著中，也有关于“趣味”或“兴味”的。比如，《江苏》第九、十期合刊上发表的《教育学之补助学科》指出，心理学将人的心理分为知的作用、情的作用两部分，“情之作用关精神现象之苦乐，人无不喜乐境，厌苦境，而儿童为尤甚，故主教育者当顺其情而导之，使入于快乐之途以鼓其兴味”。③

梁启超本人主编的刊物上发表的教育学论著，也多有关于“趣味”及“兴味”

---

① 佚名：《儿童读书之心理》，《教育杂志》1909 年第 12 期。
② 庄俞：《初入学学生之教授管理》，《教育杂志》1910 年第 1 期。
③ 佚名：《教育学之补助学科》，《江苏》1905 年第 9、10 期合刊。

者。《新民丛报》1905年连载的《教育学剖解图说》一文，以图表的形式介绍现代教育学的知识谱系，其中多次提到了“兴味”“趣味”。该文第一章“总说”之“教育之目的”一节，提到教育的实质的目的于“个人的方面”在于使受教育者“得生活高尚之趣味，即宗教上、学问上、审美上种种方面均可得高尚之趣味”。第三章“教授”之“兴味”专节，集中展示了“兴味”的意义及种类。关于“兴味”的意义，该文解释为：“如某事有趣味之感触，即益加热中而追求之，此精神之状态之谓也。”关于“兴味”的种类，该文分为“直接的兴味”与“间接的兴味”两类。所谓直接的兴味，即受教育者“于事物之内容，即有所感触之趣味，将为永久持续之状态也”。所谓间接的兴味，即受教育者于课堂讲授过程中“观方便巧妙之准备，有一时感触之兴味者也”。另外，该文还将“直接的兴味”进一步细分为“知的兴味”与“情的兴味”，并对每种兴味都做了详细解释及举例说明。

毫不夸张地说，“趣味”在近代教育学论著中已经成为一种陈词滥调。《教育杂志》1910年第2期发表的《趣味教育之弊》一文这样写道：“方今盛倡趣味教育矣，毋论何种教科，皆当挟有趣味，盖已成为一般之风尚。”①如此多的关于“趣味”的论著，梁启超不可能不知。而从概念术语使用习惯、概念的基本内涵及具体论证上看，梁启超关于“趣味”的论述也与这些论著多有吻合。比如，近代教育学论著中“趣味”与“兴味”两个词往往混用，这点在梁启超著作中得到了体现。比如，近代教育学论著中“趣味”兼有兴趣爱好与乐趣快乐两种意思，梁启超笔下的“趣味”同样兼具这两种含义。又比如，近代教育学论著中“趣味”往往与“情感”相关联，“情感”被认为是“趣味”的基础（比如前引《教育学之补助学科》提到“主教育者当顺其情而导之，使入于快乐之途以鼓其兴味”），这点在梁启超论著中也得到了体现。更为关键的一点是，在所使用的具体的论据、资料上，梁启超的论述与近代教育学论述也有一些惊人的重合。这里举一个例子，梁启超《教育与政治》（1922）一文提到英国人注重趣味教育，“采半游戏、半实习的方法，令学生随着趣味的发展，不知不觉便养成政治上良好习惯”。他举英国学校注重体育竞赛为例，认为英国学校鼓励学生参与体育竞赛，并不专为锻炼学生身体，而是含有公民教育的意味在里面：

① 佚名：《趣味教育之弊》，《教育杂志》1910年第2期。

> 英国人之如此注意体育，我们确信他的目的不单在操练身体，实在从这里头教人学得团体生活中对抗和协同的原则。所以英国人对于政治活动感觉极浓厚的趣味，他们竞争选举乃至在国会议场里奋斗，简直和赛球无异。这是教人学团体生活的最妙法门，我们应该采用他。①

这段论述与《教育杂志》发表的《英国之教育观》一文内容高度相似。《英国之教育观》提到英国人酷爱运动，上至贵族，下至平民，皆热衷运动，学校学生尤其积极参与运动，运动、竞技对英国人来讲不仅是身体的锻炼，更是国民教育的一种手段：

> （运动）能养其忍耐之力，抑制其自负之心及神经过敏之弊，敦廉耻重友谊，见义勇为，无惮冒险，此铸造良性质之益也。运动之时，非争区区之胜负，全体相竞，浑然无我，但较技艺之优劣，不论境地之贫富，平时阶级至此泯焉，此社会交际之益也。且英人所为之事，无不成功者，由于共同一致也。英人奖励运动，为国民、为国家之前途，非为一人一家计也。

这段论述与前面引的梁启超的论述基本意思完全一致，而该文中也多处提到了“趣味”“兴味”，强调英国竞技体育的趣味教育性质：“英人所以无人不运动者，非义务也，以有兴味也”，“英人富有体力，运动之时，有凌驾他人之性质，故无不兴会飚举”，“英人竞马，兴趣尤高烈”，“孙唐为有名之体育家，并擅音乐，举止活泼，为兴趣最高之人”。② 梁启超是否读过《英国之教育观》一文呢？很有可能。退一步说，即便他没读过这篇文章，他也一定读过与这篇文章类似的关于英国学校体育竞赛的文章，否则《教育与政治》这篇文章是写不出来的。

种种迹象表明，“趣味”论与近代教育学论著之间存在着密切的联系。梁启超“趣味”概念即便不是完全来自近代教育学的话，至少也部分地来自近代教育学。梁启超将近代教育学中的“趣味”概念，与他个人的人生体验、学术积累以及艺术思考相结合，提出了系统的“趣味”理论。在近代教育学论著中，“趣味”

---

① 梁启超：《教育与政治》，《饮冰室合集·文集之三十八》，中华书局1936年版，第77页。
② 佚名：《英国之教育观》，《教育杂志》1909年第12、13期。

本来就带有超功利、不计利害的意味，梁启超保留了这一点，同时又将这一概念的使用范围大大扩大——不光教育的目的是趣味，整个人生的目的都是趣味，做任何事都应该讲究趣味。另外，梁启超在趣味与审美间建立起根本的联系，所谓趣味即人生的艺术化、审美化，人生应该艺术化，反过来艺术要服务于人生。经过这样的改造后，"趣味"已经由一个教育学的概念，变成了一个哲学与美学的概念。

"趣味"的来源如上所述，下面说"情感"。梁启超情感论的来源，学术界讨论较多的有两点。第一点，梁启超本人的个性。梁启超是情感极其丰富的人，这一点他自己并不讳言。《"知不可而为"主义与"为而不有"主义》："我是感情最富的人，我对于我的感情都不肯压抑，听其尽量发展。发展的结果常常得意外的调和。责任心和兴味都是偏于感情方面的多，偏于理智方面的很少。"《致孩子们》："你们须知你爹爹是最富于情感的人，对于你们的爱情，十二分热烈。"梁启超本人的个性，影响到他对情感的看法。第二，中国古代"尊情说"的影响，特别是明代汤显祖，清代龚自珍、戴震的影响。汤显祖、孔尚任是梁启超最推崇的戏剧家，汤显祖的《牡丹亭》以推崇情而著名；龚自珍对梁启超有重大影响，龚以"尊情""宥情"而著名。戴震是梁启超最看重的清代学者之一，梁启超将戴震哲学概括为"情感哲学"，认为"情欲主义"是戴震哲学的重要内容，等等①。凡此种种，都说明梁启超"情感"论与中国古代思想之间的关系。②

除了以上两个方面的因素之外，还应注意情感论提出的一个至关重要的背景——"新文化运动"以来科学主义的泛滥以及梁启超对科学主义的反思。"新文化运动"树立了科学的权威，这种权威甚至发展为科学至上主义：认为科学可以解决一切问题，包括人生观的、道德的问题。③ 梁启超对于科学主义话语开始是较为认可的，后来逐渐有反思，关键性的转折发生在 1918—1919 欧洲游之后。梁启超欧游途中的一大感慨，是欧美人对科学主义的反思。梁启超认为，欧战之前欧洲人过于相信科学万能，认为人生一切问题都可以由科学来解决。科学万能论在经济、政治方面的表现是功利主义、富强崇拜，在哲学方面的表现

① 参考梁启超的《清代学术概论》(1918)及《戴东原哲学》(1923)。

② 关于梁启超情感论的古代来源，参考金雅《梁启超美学思想研究》，商务印书馆 2005 年版，第 127、128 页。

③ "科学与玄学之争"中，丁文江便持这种观点。

是庸俗唯物论与机械论。欧战后，科学万能论破产，表现在哲学、思想方面便是新派哲学的出现。梁启超着重提到了美国占晤士（詹姆斯）的人格唯心论、法国柏格森的人格创化论，认为这两派哲学的功绩在于强调人类精神与自由意志的作用，“把从前机械的唯物的人生观，拨开几重云雾”。在给弟弟梁仲策的书信中，梁启超提到了欧游期间与柏格森的会晤：“所见人最得意者有二，其一为新派哲学巨子柏格森……吾与百里、振飞三人先一日分途预备谈话资料彻夜，其所著书，撷择要点以备请益……及既见为长时间之问难，乃大得柏氏之褒叹，谓吾侪研究彼之哲学极深邃云。可愧也。”[①]梁启超是否真正理解了柏格森的哲学，是一个值得讨论的问题，但不管怎样，梁启超欧游接触到柏格森哲学，深受其影响并以其为资源来反思科学崇拜，是一个可以肯定的事实。

梁启超认为，科学万能主义的危害在于：它排除情感与意志，使人成为单纯理性的动物，使人的内在精神生活面临危机。《欧游心影录》：“要而言之，近代人因科学发达，生出工业革命，外部生活变迁急剧，内部生活随而动摇，这是很容易看得出的。”“现在都会的生活和从前堡聚的村落的生活截然两途。聚了无数素不相识的人在一个市场或一个工厂内共同生活，除了物质的利害关系外，绝无感情之可言”，“依着科学家的新心理学，所谓人类心灵这件东西，就不过物质运动现象之一种，精神和物质的对待，就根本不成立……他们把心理和精神看成一物，根据实验心理学硬说人类精神，也不过一种物质，一样受‘必然法则’所支配。于是人类的自由意志，不得不否认了。意志既不能自由，还有什么善恶的责任？”梁启超尤其指出了科学万能论在文学上的表现：“科学的研究法，既已无论何种学问都广行应用，文学家自然也卷入这潮流，专用客观分析的方法来做基础。”科学主义的、自然主义的文学其最重要的信条是“即真即美”，对人类行为进行机械的、纯理性的分析：“他们把社会当作一个理科试验室，把人类的动作行为，当作一瓶一瓶的药料，他们就拿它分析化合起来，那些名著，就是极翔实极明了的试验成绩报告。又像在解剖室中，将人类心理层层解剖，纯用极严格极冷静的客观分析，不含分毫主观的感情作用……书中的事迹，不是什么惊天动地的大业，不是什么可歌可泣的奇情，却是眼面前日常生活的些子

① 梁启超：《与梁仲策书》，丁文江、赵丰田主编《梁启超年谱长编》，上海人民出版社 2009 年版，第 567 页。

断片。”[①]

科学是理性的，唯科学是尚，将导致人类精神生活的畸形。有鉴于此，梁启超反对对于科学、理性的独尊，而主张发挥情感与意志的作用。《评非宗教同盟》：“宗教这样东西，完全是情感的。情感这样东西，含有秘密性，想要用理性来解剖他，是不可能的”，对于宗教徒来讲，“只有情感能变易情感，理性绝对的不能变易情感”。他这样来论述情感与理性的优劣及各自的必要性：“须知理性是一件事，情感又是一件事。理性只能叫人知道某件事该做、某件事该怎样做法，却不能叫人去做事；能叫人去做事的，只有情感。我们既承认世界事要人去做，就不能不对于情感这样东西十分尊重……一个人做按步就班的事，或是一件事已经做下去的时候，其间固然容得许多理性作用，若是发心着手做一件顶天立地的大事业，那时候，情感便是威德巍巍的一位皇帝，理性完全立在臣仆的地位。”[②]《人生观与科学》：“人生问题，有大部分是可以——而且必要用科学方法来解决的。却有一小部分——或者还是最重要的部分是超科学的……人类生活，固然离不了理智；但不能说理智包括尽人类生活的全内容。此外还有极重要一部分——或者可以说是生活的原动力，就是‘情感’。”[③]

——正是在反思科学、张扬情感这样一个思想背景之下，梁启超提出了他的艺术表情理论。他认为，艺术是可贵的，可贵之处正在于它诉诸人的情感，因而可以制衡科学，消弭科学的过度发达给人类精神带来的伤害。《美术与科学》：“从表面看来，美术是情感的产物，科学是理性的产物。”《人生观与科学》：“情感表出来的方向很多，内中最少有两件的的确确带有神秘性的，就是‘爱’和‘美’。‘科学帝国’的版图和威权无论扩大到什么程度，这位‘爱先生’和那位‘美先生’依然永远保持他们那种‘上不臣天子，下不友诸侯’的身分。请你科学家把‘美’来分析研究罢，什么线，什么光，什么韵，什么调……任凭你说得如何文理密察，可有一点儿搔着痒处吗?”在科学与理性的重压下，艺术成为梁启超心目中的最后的救赎，因为艺术是情感的而非理性的。

---

① 梁启超：《欧游心影录》，《饮冰室合集・专集之二十三》，中华书局 1936 年版，第 10—14 页。
② 梁启超：《评非宗教同盟》，《饮冰室合集・文集之三十八》，中华书局 1936 年版，第 21、22 页。
③ 梁启超：《人生观与科学》，《饮冰室合集・文集之四十》，中华书局 1936 年版，第 23、26 页。

小　结

梁启超一生的特点是“善变”，“数十年日在旁皇求索中”[①]，这一点使得对他的美学思想的研究也遇到了困难。梁启超美学思想有无内在的、一贯的系统？这一点学术界有争议。比较稳健的做法，是区分不同的时代，以时代为单位逐一研究，然后审慎比较。梁启超一生的美学思想，至少可以分为早、晚两个时期。早期，梁启超主要从现实政治运动的需要出发来思考艺术、文学，思考文学如何以自己特有的方式发挥政治作用。晚期，梁启超从艺术与一般意义上的人生的关系出发，强调艺术的情感与趣味属性，同时主张艺术致力于人生的优化与改良。早期，梁启超的美学思想可以看成是其政治活动的副产品。晚期，梁启超积极地、有意识地想要在文艺领域提出自己的一家之言。而不论是梁启超早期还是晚期的文艺思想，都浸透着强烈的现实关怀：早期，面对列强入侵、国家民族危在旦夕的局面，梁启超主张以文学启发教育国民，培育民族精神，建设强大的现代民族国家；晚期，面对五四后科学主义、功利主义盛行的时代风气，梁启超高扬艺术的情感性与无功利性，主张人生艺术化，希望艺术、审美为国人提供精神救赎。从美学史发展的脉络来看，梁启超早期美学思想构成后来“为人生的艺术”“普罗艺术”“文艺为工农兵服务”等美学主张的先导，而梁启超晚期美学思想则与朱光潜、宗白华的美学思想具有较明显的亲缘关系。

① 梁启超：《清代学术概论》，商务印书馆 1947 年版，第 149 页。

第四章

蔡元培美学和美育思想

梁启超的文艺美学思想，是将文艺视为民族国家救亡的必要工具，以功利性的视角来理解文艺中的审美现象与经验，这与清末民初知识分子以救亡图存为学术要旨的时代环境有关，也与梁启超作为政治家、革命家的多重身份有关。而在这一时期，年长梁启超五岁的教育家蔡元培，则从另一视角提出其独特的、带有功利性质的、实用主义的美学思想，并试图尽力将之付诸实践。

第一节　中西文化融合视野中的美学建构

作为世纪初中国美学的一位代表性人物，蔡元培对近现代中国美学的贡献是多方面的：他介绍美学在西方的发展历史，促进国人对美学的理解与接受；他翻译西方哲学、伦理学、美学著作，为中国美学学科的建立提供了广泛的学术文化资源；他身体力行研究美学的基本问题，深入讨论美感与美术等原理性问题；他在大学课堂上讲授《美学通论》，对美学的学科地位、研究对象、研究方法、发展趋势等问题进行了详细探讨，为美学的学科发展奠定了理论基础。可以说，王国维、梁启超引入了西方美学的若干代表性观点，提出了一些重要的美学命题，但他们并未从学科发展的角度，对中国美学的未来进行系统规划，而蔡元培则认真开展了这项工作。

在蔡元培的美学研究中，尤为突出的贡献是，他凭借自己深厚的中西美学素养，针对自己所熟悉的教育问题，提出了自成体系的、颇具实践意义的美育学说。尤其是在新文化运动发展到高峰的 1917 年前后，蔡元培提出其个性鲜明的"以美育代宗教"的主张，这成为蔡氏美学的标志性理论观点。在新旧文化交替、中西思想激烈碰撞的 20 世纪初，"以美育代宗教"主张的提出具有重要意义。"以美育代宗教"主张一方面与蔡元培对宗教与美术的一贯看法有关，另一方面也是对当时教育界现状的积极回应。"以美育代宗教"的主张试图用美育来取代宗教在教育中的作用，这成了蔡元培美学美育思想中最具实践性的一部分。因而，蔡元培的美学研究不是单纯书斋里的研究，而是将学术与教育、救国等理念有机联系在一起。这固然符合清末民初时期中华文化衰微，知识人不得不为国为民奋起而救亡的时代氛围；同时，这也与其担任中华民国临时政府教育总长、北京大学校长①等社会身份密切相关。

除去实践性特色以外，和近代其他一些美学家类似的是，蔡元培的学术研究也具有强烈的在中西学术间寻求折衷、调合的色彩。晚清时期的传统教育环境决定了他与王国维、梁启超一样，自小接受了深厚的旧学教育，而于人生半途

① 蔡元培教育总长任期自 1912 年 1 月至同年 7 月，北大校长任期自 1917 年至 1926 年。

中开始受到西学影响，逐渐将治学的注意力转向“新文化”①。

可以看到，蔡元培对于美、美感、美学、美术、美学史、艺术等基本概念的理解，往往都建立在西方哲学美学的基本框架之上。例如，在对西方美学观念的总体把握上，蔡元培将美学史上的各家各派学说区分为主观论与客观论两种趋向。也正是在这一思维框架下，蔡元培提出了自己的“主客观调和”的美学观。他认为：“美学的主观与客观，是不能偏废的。在客观方面，必需具有可以引起美感的条件；在主观方面，又必需具有感受美的对象的能力。与求真的偏于客观，求善的偏于主观，不能一样。”②这就是说，蔡元培承认美感源于某种客观现实条件，但他认为在客观现实条件之上，一定要有获取美感的主体存在，方能完成审美活动。显然，这种从主客体二分的视角来考察美感起源的思维模式，沿袭自17世纪以来的欧洲认识论哲学传统。

在1921年秋所撰的《美学通论》中，他说：

> 一讲到美学的对象，似乎美高、悲剧、滑稽等等，美学上所用的静词，都是从外界送来，不是自然，就是艺术。但一加审核，就知道美学上所研究的情形，大部分是关于内界生活的，我们若从美学的观点，来观察一个陈设的花瓶，或名胜的风景，普通的民谣，或著名的乐章，常常要从我们的感触、情感、想象上去求他关联的条件。所以，美学的对象，是不能专属客观，而全然脱离主观的。③

由此可见，在蔡元培的美学观中，“内”与“外”的区分是明晰的。譬如自然、艺术即为“外界”，而人的感触、情感、想象则为“内界生活”，前者是客体范畴，后者为主体范畴。并且在这一理论框架内，蔡元培指出了美学对象的主客观双重属性。然而须知，在西方思想进入近代中国以前，中国知识人的艺术观、审美观

① 少年时代的蔡元培在其叔父蔡铭恩的指导下，阅读了《史记》《汉书》《困学纪闻》《文史通义》《说文通训定声》等传统典籍，成为一名旧学功底深厚的青年才俊。后参加科举，先后中举人、进士，并任翰林院编修，这些经历使其后半生在接受西学时，不免从中学的视角出发，对西学进行修改；甲午战后，蔡元培受到时局的影响与刺激，开始从传统的迷梦中摆脱出来，转而关注西方思想与维新政治，并于1907年赴德国留学，这些经历使其在反思中国传统思想之时，获得了强大的批判反思资源。

② 蔡元培：《美学的趋向》，高平叔编《蔡元培全集》第4卷，中华书局1984年版，第105页。

③ 蔡元培：《美学的对象》，高平叔编《蔡元培全集》第4卷，中华书局1984年版，第124页。

从来不是如此的结构，而是天与人、心与物、形与神、理与气等概念组合。因此，正是在西方哲学的观念之下，蔡元培才发现了美感的“内界生活”的一面，从而发现了“主体”。

但是，如果将蔡元培简单地定义为西方美学思想的转介者，则可能忽略了他的另一面。实际上，处于中西思想交汇、社会激烈变革时期的蔡元培，和同时代的许多新派学者类似，他对于西方思想的大力引进，其意图并非是要以西学来简单地否定中学，而更多的是要将西学作为中学的“方法”，从中学之中叙述、开辟出民族文化更生、中华文明进步的新路，并将其“学以致用”的学术理想贯穿始终。

一方面，蔡元培美学思想的形成的确受到西方美学的启发，并主要接受了康德美学的影响，但这种接受并非全盘照搬，而是有所取舍和再创造。另一方面，蔡元培又从西方美学的观念出发，试图对儒家传统思想中蕴含的美学思想进行发掘与重塑，从而建构起自己的、具有近现代过渡时期特色的美学思想体系。

清末时期，蔡元培于德国留学期间接触到康德美学，并将其积极引入国内学界。蔡元培认为，美学虽起于鲍姆加登，但美学真正确立其学科上的地位，是始于康德的。正是自有康德的学说以来，“美”才具有了与“真”“善”等相类的价值，于是，美学开始具有了与“论理学”(也即逻辑学)和伦理学同等的地位。在这一观念指导下，蔡元培美学体系的建构，也多以康德美学为基础。例如，在对“美育与人生”关系的阐发中，蔡元培认为，人有伟大而高尚的行为，这完全是发于感情的，而感情何以推动高尚行为的形成？则有赖于“陶养”。而美的对象，即为陶养的工具。那么，“美的对象，何以能陶养感情？因为他有两种特性：一是普遍；二是超脱。”①

这里所谓“一是普遍，二是超脱”的思想，都来自康德美学。在《美学讲稿》②(1921)中，蔡元培即有此表述：“康德对于美的定义，第一是普遍性。盖美的作用，在能起快感；普通感官的快感，多由于质料的接触，故不免为差别的；而美的快感，专起于形式的观照，常认为普遍的。第二是超脱性，有一种快感，因利益

① 蔡元培：《美育与人生》，高平叔编《蔡元培全集》第6卷，中华书局1988年版，第157—158页。
② 1921年秋，蔡元培在北京大学主讲《美学》课程，形成讲稿。

而起；而美的快感，却毫无利益的关系。”[①]

不过，“普遍”与“超脱”固然来自对康德美学的挪用，却并非毫无保留地照搬。蔡元培在引用康德美学学说的过程中，经常有意过滤掉一部分内容，同时，也对征用过来的概念进行再加工。

民国初期，蔡元培在其《哲学大纲》(1915)的《价值论》一篇中如此介绍康德美学：“康德立美感之界说，一曰超脱，谓全无利益之关系也。二曰普遍，谓人心所同然也；三曰有则，谓无鹄的之可指，而自有其赴的之作用也；四曰必然，谓人性所固有，而无待乎外烁也。”[②]而在1916年所作《康德美学述》(未完)中，蔡元培也在“优美之解剖”一节中，分别详述了“超逸”“普遍”“有则”“必然”等四个方面的内涵。由此可见，蔡元培对康德美学基本要义的理解是全面的。

但到了新文化运动之后，蔡元培对康德美学的阐发则发生了微妙的变化。对于康德为美感所立的四种规定性，蔡元培只择其二详加阐发，也即只重美之“普遍”与“超脱”，而所谓“有则”与“必然”，则被有意无意地忽略乃至抹去了。这一变化，自然与蔡氏美学的实用主义倾向有关，但同时，这种选择也更易于将康德美学引向与中国传统文化精神的嫁接、对儒家美学思想的阐扬。在蔡元培看来，唯有“普遍”与“超脱”，既符合民国时期革命、救亡的需要，又能与儒家思想中的礼乐精神与人格理想相融合。因而可以看到，在对美的“普遍”与“超脱”特性的阐释中，蔡元培以挽救民众、重建社会伦理价值规范为目的，又多以孔孟之道、老庄之学为佐证，强化其观点的说服力。例如他论美之普遍性：

一瓢之水，一人饮了，他人就没得分润；容足之地，一人占了，他人就没得并立；这种物质上不相入的成例，是助长人我的区别、自私自利的计较的。转而观美的对象，就大不相同。凡味觉、臭觉、肤觉之含有质的关系者，均不以美论；而美感的发动，乃以摄影及音波辗转传达之视觉与听觉为限。所以纯然有“天下为公”之概；名山大川，人人得而游览；夕阳明月，人人得而赏玩；公园的造像，美术馆的图画，人人得而畅观。齐宣王称“独乐乐不若与人乐乐”，“与少乐乐不若与众乐乐”；陶渊明称“奇文共欣赏”；这

① 蔡元培：《美学讲稿》，高平叔编《蔡元培全集》第4卷，中华书局1984年版，第99页。
② 蔡元培：《哲学大纲》，高平叔编《蔡元培全集》第2卷，中华书局1984年版，第380页。

都是美的普遍性的证明。①

在《以美育代宗教说——在北京神州学会演说词》(1917)中,也有类似的表述:

> 盖以美为普遍性,决无人我差别之见能参入其中。食物之入我口者,不能兼果他人之腹;衣服之在我身者,不能兼供他人之温,以其非普遍性也。美则不然。即如北京左近之西山,我游之,人亦游之;我无损于人,人亦无损于我也。隔千里兮共明月,我与人均不得而私之。中央公园之花石,农事试验场之水木,人人得而赏之。埃及之金字塔,希腊之神祠,罗马之剧场,瞻望赏叹者若干人,且历若干年,而价值如故。各国之博物院,无不公开者,即私人收藏之珍品,亦时供同志之赏览。各地方之音乐会、演剧场,均以容多数人为快。所谓独乐乐不如与人乐乐,与寡乐乐不如与众乐乐,以齐宣王之惛,尚能承认之。美之普遍性可知矣。且美之批评,虽间亦因人而异,然不曰是于我为美,而曰是为美,是亦以普遍性为标准之一证也。②

在这些文章和演说词中,蔡元培先以"一瓢之水""容足之地"或"食物""衣服"为喻,说明人与人之间总会产生不可调和的利害相争。那么,互利共赢的社会规范将如何建立?"天下为公"的理想价值观将如何实现?蔡元培发现,名山大川、夕阳明月、公园的造像和美术馆的图画等等美物,恰恰是不能为某个人或某个群体所独占的。埃及之金字塔、希腊之神祠、罗马之剧场或博物馆、音乐会、演剧场,也都能突破时空的限制,为不同时代、不同地域的人所共赏,这便打破了"人我的成见"。而在蔡元培看来,这种美之普遍性的观念虽由康德直接点出,但在中国古典思想中却早已存在,因而蔡元培十分自然地以孟子的"独乐乐不若与人乐乐""与少乐乐不若与众乐乐",以及陶渊明的"奇文共欣赏"等经典学说作为佐证,使之与康德美学形成相互映照。这就是说,在蔡元培的潜意识

① 蔡元培:《美育与人生》,高平叔编《蔡元培全集》第6卷,中华书局1988年版,第158页。
② 蔡元培:《以美育代宗教说——在北京神州学会演说词》,高平叔编《蔡元培全集》第3卷,中华书局1984年版,第33页。

中,并未将康德美学置于独异的地位而予以特殊化,而康德对美的普遍性的论证,也并非发前人之所未有之论。康德美学之于蔡元培,乃是借以“再发现”中国古典美学精神的手段,其目的是实现中西美学观念的统合、汇流。

这种美学观念的融合,最终又以论证美育的必要性为旨归。因而他说:“既有普遍性以打破人我的成见,又有超脱性以透出利害的关系;所以当着重要关头,有‘富贵不能淫,贫贱不能移,威武不能屈’的气概;甚且有‘杀身以成仁’而不‘求生以害仁’的勇敢;这种是完全不由于知识的计较,而由于感情的陶养,就是不源于智育,而源于美育。”①在这里,蔡元培将康德美学与孟子思想中的人格精神结合起来,并最终点出了“美育”的重要性。

在对“美育”概念的详细阐释中,蔡元培首先分析了中国古代的美育:

> 吾国古代教育,用礼、乐、射、御、书、数之六艺。乐为纯粹美育;书以记述,亦尚美观;射御在技术之熟练,而亦态度之娴雅;礼之本义在守规则,而其作用又在远鄙俗。盖自数以外,无不含有美育成分者。其后若汉魏之文苑、晋之清谈、南北朝以后之书画与雕刻、唐之诗、五代以后之词、元以后之小说与剧本,以及历代著名之建筑与各种美术工艺品,殆无不于非正式教育中行其美育之作用。②

从上述文字中可以发现,蔡元培认为“美育”并不是一个近代西方的概念。在中国古代教育、哲学、艺术、建筑、工艺品中,无不包含着美育的因素。除了“乐”是“纯粹美育”以外,其他如“书”是“尚美观”的,自然也涉及美育;“射”与“御”需要“态度之娴雅”,这也牵涉到美的教养;“礼”有“远鄙俗”的作用,当然也是与美育相关的。“六艺”之中,唯有“数”与美育无关。

可以发现,蔡元培的“泛美育”观念,是将古今中西凡属文化艺术范畴的所有教养,都包纳在内的,并且他思考美育原理问题的对象,往往是中华古典艺术对象。而如此一来,蔡元培所试图建立的美育学说,也就必然是在中国传统思想的基础架构之上创生而来的,吸收了大量中学的养料。

---

① 蔡元培:《美育与人生》,高平叔编《蔡元培全集》第6卷,中华书局1988年版,第158页。
② 蔡元培:《美育》,高平叔编《蔡元培全集》第5卷,中华书局1988年版,第508—509页。

但紧接着，他也论及西洋的美育：

其在西洋，如希腊雅典之教育，以音乐与体操并重，而兼重文艺。音乐、文艺，纯粹美育。体操者，一方以健康为目的，一方实以使身体为美的形式之发展；希腊雕像，所以成空前绝后之美，即由于此。所以雅典之教育，虽谓不出乎美育之范围，可也。罗马人虽以从军为政见长，而亦输入希腊之美术与文学，助其普及。中古时代，基督教徒，虽务以清静矫俗；而峨特式之建筑，与其他音乐、雕塑、绘画之利用，未始不迎合美感。自文艺复兴以后，文艺、美术盛行。及十八世纪，经包姆加敦（Baumgarten，1714—1762）与康德（Kant，1724—1804）之研究，而美学成立。经席勒尔（Schiller，1759—1805）详论美育之作用，而美育之标识，始彰明较著矣。[①]

与前文同样的逻辑，蔡元培力图从古希腊、古罗马到中世纪、文艺复兴各个时期的西方艺术中寻找美育的因素，而直到席勒尔[②]那里，美育才真正“彰明较著”。在这样的中西并置的论述中，可以发现，蔡元培总是习惯以中华传统来引出西方，又以西方近代思想来与中华传统相映照。

又如，在《美学讲稿》的开篇，蔡元培介绍道：“美学是一种成立较迟的科学，而关于美的理论，在古代哲学家的著作上，早已发见。”[③]这是对西方美学历程的最基本的描述。但紧接着，蔡元培便试图以中国古代典籍中的“美的理论”，来与西方美学相呼应。他说：“在中国古书中，虽比较的少一点，然如《乐记》之说音乐，《考工记》梓人篇之说雕刻，实为很精的理论。”[④]这是将中学与西学描述为相类的发展史，也即“中国古代虽无美学，但有美学理论”。可以看到，中学在这里并不被蔡元培用作对西学的补充或解释，而是对西学的受容之物。准确而言，蔡元培一方面引入了西方美学观，并从这一观念出发去重新解释中国古代典籍，但另一方面，他其实也在“中学”的框架内重新“发现”了西方美学，使西方美学具有了中学的意味。在蔡元培的美学观念架构中，西学与中学并不是非此

① 蔡元培：《美育》，高平叔编《蔡元培全集》第 5 卷，中华书局 1988 年版，第 509 页。峨特式，今译哥特式。包姆加敦，今译鲍姆加登。

② 席勒尔，今译席勒。

③ 蔡元培：《美学讲稿》，高平叔编《蔡元培全集》第 4 卷，中华书局 1984 年版，第 97—98 页。

④ 蔡元培：《美学讲稿》，高平叔编《蔡元培全集》第 4 卷，中华书局 1984 年版，第 98 页。

即彼、二元对立的关系，而似乎是并行不悖、相互融合的。

在近代中国这一思想文化大变革的时期，新文化运动、五四思想历来被视为“反传统主义”的思潮，是现代中国的开端。在这一思想基础上，从晚清到民国的近代文化史，也常被描述为“传统与现代”“落后的中华文明与先进的西洋文明”相搏斗的历史。因此，从严复译《天演论》，到连续几轮的中西文化论战，再到《新青年》的大量发行，种种文化事件都被置于“现代如何取代传统”的问题框架中去看待。然而，从蔡元培引介西方美学、建立自身美学观念的过程中可以发现，这位历来被视为“积极接纳西方文化”的新派人物，其实经常是在中华文化传统的基点上去看待西方文化的。对于蔡元培来说，他所想要建立、但实际并未完成的理想化的美学美育体系，其实本无中西之分，而是在两条文化脉络发展至近代时，自然而然融汇为一体的结果。而这样一种独特的学术思维模式，与其引发的后世思想一起，共同构成了 20 世纪中国美学的学术脉络之一。

第二节　实验科学与民族学上的美学

蔡元培的美学理论，在很大程度上来自他的留德经历。在建立自己的美学理论的过程中，当时在德国学界最为活跃的威廉·马克西米利安·冯特（Wilhelm Maximilian Wundt）、卡尔·兰普勒希特（Karl Lamprecht）等人对蔡元培构成了巨大的影响。

威廉·冯特和兰普勒希特并非纯粹的美学家，而是心理学家和史学家，但他们是蔡元培在莱比锡大学留学期间直接接触并深为信服的学者，他们的思想其实直接构成了蔡元培美学美育思想的核心（尤其是前者）。蔡元培晚年曾回忆说：“我向来是研究哲学的，后来到德国留学，觉得哲学的范围太广，想把研究的范围缩小一点，乃专攻实验心理学。当时有一位德国教授，他于研究实验心理学之外，同时更研究实验的美学。我看看那些德国人所著的美学书，也非常喜欢，因此我就研究美学。”[①]这里所言的德国教授，正是威廉·冯特。

威廉·冯特是 19 世纪德国实验心理学的代表人物，倡导以科学实验的

① 蔡元培：《民族学上之进化观》，高平叔编《蔡元培全集》第 6 卷，中华书局 1988 年版，第 455 页。

方法研究心理活动和精神现象，他曾在莱比锡大学创建了心理学史上第一个实验室，成为现代实验心理学的正式开端。同时，冯特的心理学突破了只研究个体、忽视群体的局限，他继承了维科和赫德尔的知识传统，偏好将所有的个体现象都放置到民族文化历史中去看待，将心理学研究与历史研究相结合。这种研究方式深刻影响了蔡元培美学研究的思维理路。可以看到，蔡元培对美学概念的种种剖析，大都带有强烈的实验科学的色彩，例如在《美学讲稿》(1921)、《美学的趋向》(1921)、《美学的对象》(1921)、《美学的研究法》(1921)、《美学的进化》(1921)、《实验的美学》(1930)等专论美学的篇章中，以冯特、费希耐①、摩曼②等人为代表的实验美学是蔡元培重点关注的对象，并被描述为美学研究的正途。

在《美学讲稿》等文中，蔡元培梳理了西方美学的发展历程，但对实验美学之前的美学史，却叙述得十分简要，仅提到了鲍格登③和康德，便迅速转向对费希纳、冯特和梅伊曼等实验美学的介绍。在蔡元培看来，近代以来的审美研究，其总体趋向即是用科学实验的方法进行探究，包括物体的长短、部位、比例、色彩的搭配等等，都可以用实验测定。并且，“美感与心理关系，尤为密切，世界大文学家、美术家，每有特别心理现象，极可供研究”④。

因此，在介绍美学的研究法时，蔡元培首先着眼的便是对美术家的主观心理的研究。他指出，“实验美学，是从实验心理学产生的，所以近来实验的结果，为偏于赏鉴家的心理。又因美术的理论，古代早已萌芽，所以近来专门研究美术，要组织美术科学的也颇多。一是偏于主观的，一是偏于客观的，我们要以主客共通的方面作出发点，就是美术家。他所造的美术是客观的；他要造那一种的美术的动机是主观的。”⑤从这一观念出发，蔡元培认为，美学研究首先要研究美术家，这包括关注美术家对自己著作的说明、就美术品中的重要点询问美术家、搜集美术家传记、从美术家的作品推测其心理的偏重处、从病理学的角度剖析美术家、用实验方法探寻美术家的特点。

① 费希耐 Fechner，今译费希纳。
② 摩曼 Meumann，今译梅伊曼。
③ 鲍格登 Baumgarten，今译鲍姆加登。
④ 蔡元培：《实验的美学》，高平叔编《蔡元培全集》第5卷，中华书局1988年版，第452页。
⑤ 蔡元培：《美学的研究法》，高平叔编《蔡元培全集》第4卷，中华书局1984年版，第25页。

其次，蔡元培认为，除了对美术家的研究，还要研究美术的鉴赏家。在这方面，蔡元培提出了六种研究方法：选择法、装置法、用具观察法、表示法、瞬间试验法和间断试验法。这些均为费希纳等近代实验心理学家所采用的典型研究方法。例如“间断试验法”：“给他看一幅图画，或十秒钟时，或二十秒、三十秒时，即遮住了，问他：‘所见的是什么？觉得怎么样？有什么想象？’继续这样试验下去，就可以看出美感的内容与时间很有关系。或念一首诗，念而忽停，停而忽念，问他觉得怎么样。这种试验的结果，知道形象的美术，起初只看到颜色与形色；音乐，止听到节奏与强度。其次，始接触到内容。又其次，始见到表示内容的种类。又其次，始参入个人的联想。”①这种实验，其实是将美术鉴赏视为一种可以为自然科学所把控的心理活动来看待。在这些实验中，美术鉴赏的过程被机械地分割为颜色与形式、节奏与强度、内容、内容的种类、个人的联想等相对独立的部分。由此可见，蔡元培十分信服西方近代实验心理学的研究方法，并直接以之构建中国美学研究的方法体系，是十分明确的。

在对“美的文化”的研究方面，蔡元培提出了五种研究方法，即“民族的关系”“时代的关系”“宗教的关系”“教育的关系”和“都市美化的关系”，并明确指出：“照上列各种研究法，分门用功，等到材料略告完备了，有人综合起来，就可以建设科学的美学了。”②在蔡元培的学科观念中，美学正是建立在实验科学基础之上的一门特殊的“科学”。

不过，准确而言，蔡元培并非将美学完全置于科学的体系之内，而是借鉴实验科学的研究方法，用以构建其相对独立的美学体系。实际上，蔡元培在注重实验科学方法的同时，也十分强调美学研究的特殊性。例如在引述康德美学以阐明“美学观念”这一概念时，蔡元培认为，美是一种基于“快与不快”的感觉：“美学观念者，基于快与不快之感，与科学之属于知见、道德之发于意志者，相为对待。科学在乎探究，故论理学之判断，所以别真伪；道德在乎执行，故伦理学之判断，所以别善恶；美感在乎赏鉴，故美学之判断，所以别美丑。是吾人意识发展之各方面也。”③这就是说，美学与科学、道德是“相为对待”的一门学科，有

---

① 蔡元培：《美学的研究法》，高平叔编《蔡元培全集》第 4 卷，中华书局 1984 年版，第 27—28 页。
② 蔡元培：《美学的研究法》，高平叔编《蔡元培全集》第 4 卷，中华书局 1984 年版，第 31 页。
③ 蔡元培：《哲学大纲》，高平叔编《蔡元培全集》第 2 卷，中华书局 1984 年版，第 379 页。

其自身的研究理路。

无论是古代西方还是古代中国，都只有美学的理论，而无“科学的美学”，这是蔡元培关于美学学科属性的一个基本看法。因此，蔡元培之所以关注西方现代美学家，其目的就是要在中国建立真正的“科学的美学”。在这一思想指导下，他所描述、转介的西方美学史，很大程度上是“科学美学史”。在《美学的进化》一文中，蔡元培罗列了大量“从事实验”的心理学家和美学家，如费希纳、惠铁梅[①]、射加尔[②]、伯开[③]、马育[④]、梅伊曼、爱铁林该[⑤]、孟登堡[⑥]、沛斯[⑦]等。这些人或以计量的方式研究美，或注重研究色彩，或专事声音的美学，或偏好探究线条，都取得了良好的研究效果，但都“偏于一方面”，而没有建立完整、成熟的科学美学体系。而另一些美学家如科恩[⑧]、维绥[⑨]、栗丕斯[⑩]、富开尔[⑪]、斯宾赛尔[⑫]、纪约[⑬]等，他们或继承康德美学，或尊崇黑格尔美学，或提出“移情说”，或证明“游戏冲动说”，或“反对超脱主义”，也都采用了一些科学研究的方法，但总体立足点仍然在哲学，因而蔡元培说：“科学的美学，至今还没完全成立。”[⑭]其意在于，如费希纳等实验美学家，为美学所做的贡献主要在于提供了科学的方法，而像柯亨那样的哲学家，主要还是在延续哲学的思路，仅仅将“美的研究”作为哲学研究的一个课题。总而言之，蔡元培所憧憬的美学，理应是在科学方法论的基础之上，独异于科学、哲学的一门学科。从这一意义上讲，蔡元培的美学追求，隐约已经超越了西方近代实验科学的局限，同时也与康德式的哲学美学有所区别。

除了对实验科学的方法的重视，蔡元培还沿袭了冯特的民族心理学和兰普

---

① 惠铁梅 Witmer，今译韦特默。
② 射加尔 Segal，今译希格尔。
③ 伯开 Baker，今译贝克。
④ 马育 Major，今译马约。
⑤ 爱铁林该 Ettlinger，今译埃特林格。
⑥ 孟登堡 Munsterberg，今译孟斯特伯格。
⑦ 沛斯 Piorce，今译皮尔斯。
⑧ 科恩 Cohn，今译柯亨。
⑨ 维绥 Vischer，今译费舍尔。
⑩ 栗丕斯 Th. Lipps，今译立普斯。
⑪ 富开尔 Volkelt，今译福克尔特。
⑫ 斯宾赛尔 Spencer，今译斯宾塞。
⑬ 纪约 Guyau，今译居约。
⑭ 蔡元培：《美学的进化》，高平叔编《蔡元培全集》第4卷，中华书局1984年版，第24页。

勒希特[1]的文化史研究方法，惯于从民族文化史的角度谈论美与美感。在其论述过程中，也多以中西各国民族文化现象作为观点的佐证。例如关于美术的历史，蔡元培认为，“各种美术的进化，总是由简单到复杂，由附属到独立，由个人的进为公共的。”[2]而在描述这一美术“进化”的历史时，蔡元培总是倾向于以民族学、文化人类学的考察成果作为其观点的例证。在他看来，美术最早起源于原始人对自己身体的装饰，而后延及他们所使用的器物，再扩展到建筑，最后进化到现代都市设计。这是一个由近及远的延伸过程。他举例说：

> 未开化的民族，最初都有文身的习惯，有人说文身是一种图腾的标记；有人说文身是纯为装饰。然即使前说可信，亦必兼合装饰的动机。文身之法，或在身体各部涂上颜色，或先用针刺然后用色。此外，或将耳朵或下唇凿孔，放入木块，使积渐张大；后来中国的裹足，欧洲的束腰，亦是此类。稍后，在身体上加上一件东西，如耳环是，其大小颇不一致。现在海南岛的黎人，耳环系以许多很大的圈子做成，多至八九个，平时把他攒在顶上，盛装时把他放下，也不顾什么痛苦。中国旧有穿耳带环，亦是此意；汉唐时之去眉而重画，及涂脂抹粉，再如理发装髻以至于现代的烫发，皆属于此阶段。[3]

他以文身、耳环等全世界各民族常见的身体装饰现象为例，说明了美术的起源。他尤其提及了海南黎族的穿耳环现象，并引申至画眉、理发装髻、烫发等现象，将不同历史阶段的身体装饰现象联系为一线，也即民族美术发展的历史脉络。他又说：

> 再进一步，则有戒指、手镯、冠巾、衣服之类。再进一步所用的器具也装饰起来了。如旧石器时代所用的石斧是很粗的，至新石器时代已将它磨

① 在 1900 年前后的德国史学界，兰普勒希特是反对 19 世纪“兰克史学”的代表性学者，这使他成为了结束 19 世纪史学、开启 20 世纪“新史学”的转折期人物。正是从兰普勒希特开始，以研究个人为中心的政治史学的“霸权”被打破，史学的视野更多地扩展到社会史、文化史的范畴。兰普勒希特的史学偏重于文化史的研究，尤其关注美术，试图从造型艺术中观察文明的起源。因此，作为兰普勒希特的学生与研究助手的蔡元培，常从文化史的角度梳理、探究民族美术的起源与发展，评论造型艺术，这一学术理路深受兰普勒希特的影响。

② 蔡元培：《美术的进化》，高平叔编《蔡元培全集》第 4 卷，中华书局 1984 年版，第 19 页。

③ 蔡元培：《民族学上之进化观》，高平叔编《蔡元培全集》第 6 卷，中华书局 1988 年版，第 456 页。

光，且有时刻上花纹，又如装柄者，柄上也或刻花纹，或涂颜色。后来开化的民族，于日用器物上，求种种美观，也属于此阶段。①

农耕时代的器具上的装饰，与工业文明时期日常用品上的装饰，在蔡元培的论述中，都被纳入美术进化的历程中。而同时，这又是从身体装饰到器物装饰的延伸。而后他又推及建筑：

再进一步，乃注意于建筑，最初人类的居住，上者为巢，下者营窟，当然简单之至。后来由水上杙屋之制而进为楼阁，由游牧帐幕之式而进为圆穹。于是崇閎之宫殿，清雅之别墅，优美之园亭，亦为人类必需之品；而应用之建筑，如学校、剧场、图书馆、博物院之类，无不求其美观。建筑遂为美术学校之一科。至于雕刻、图画，本建筑上之装饰品，而其后始成为独立之美术也。②

在身体与器物之后，建筑成了更为大型的审美空间。蔡元培由原始人所居的巢窟，论及宫殿、别墅、园亭，以及现代学校、剧场、图书馆、博物院，梳理出建筑的发展史。最后他说：

最后的阶段为都市美观的设计，如衢路之布置，广场之规划，公园之整理，花木喷泉之点缀，公共建筑之伟大，市民住宅之新式，无不通盘计划，成一系统，较之专就身体较量美丑者，其广狭之相去何如？③

在这几段话中，蔡元培以民族学、人类学为基点，从空间与时间两个向度描述了美术的“进化”。在空间方面，从身体、器物、建筑到都市，美的视野逐渐扩展，因而也就实现了由简单到复杂、由原始到现代的“进步”；在时间方面，几乎所有民族的艺术都可以在原始人类那里找到源头，而原初的民族艺术也正是通过从传统到现代的历史进步才得以发扬光大的。

① 蔡元培：《民族学上之进化观》，高平叔编《蔡元培全集》第 6 卷，中华书局 1988 年版，第 456 页。
② 蔡元培：《民族学上之进化观》，高平叔编《蔡元培全集》第 6 卷，中华书局 1988 年版，第 456 页。
③ 蔡元培：《民族学上之进化观》，高平叔编《蔡元培全集》第 6 卷，中华书局 1988 年版，第 456—457 页。

可以发现，蔡元培在借鉴民族学方法探讨美学时，已经提供了有别于西方美学研究理路的某种可能性。尽管受到康德美学的影响，但与康德富于思辨色彩的论述方式不同，蔡元培的美学研究更倾向于引入丰富的历史文化现象作为例证。在蔡元培的民族艺术观中，一切既有的艺术文化均由历史起源、演变或积淀而来，而不同时代的审美特点都与其时代精神相符。文身与原始文明、农具的装饰与农耕文明、宫殿与贵族文明、都市与现代文明，既有横向的关系，又有纵向的联系，成为一个完整的社会历史体系。值得注意的是，这种建立于丰富的历史文化观察之上的美学研究方式，成为后来中国美学家的共同偏好，成为20世纪中国美学的理论特色之一。

第三节　美育原理及其实践

蔡元培将康德美学及费希纳、梅伊曼等人的实验美学介绍到中国，并对其进行了历史梳理和理论阐发，形成了自己的美学与艺术观。然而，他毕竟不是一位专事学术研究的思想者，由于社会身份的限制，蔡元培的美学研究只能形成一些不成体系的散篇残章。相较于梁启超、王国维等人，蔡元培更富独创性和现实意义的理论建树，还是其美育思想。

在中国近现代教育史上，蔡元培首次将美育确立为国家教育方针，使其与体育、智育和德育并列。在1920年于新加坡南洋华侨中学的演说词中，蔡元培提出："所谓健全的人格，内分四育，即：(一) 体育，(二) 智育，(三) 德育，(四) 美育。这四育是一样重要，不可放松一项的。"[①]在他看来，美育以前是被包含在德育中的，然而近代以来，美育愈加被忽视了，"为要特别警醒社会起见，所以把美育特提出来，与体智德并为四育"。[②] 而这四育，都要时时推进，无一偏废，才能使儿童具有健全的人格。

因此，蔡元培多次撰文或发表演说，宣扬美育的重要性，而在1919年，他还

① 蔡元培：《普通教育和职业教育——在新加坡南洋华侨中学演说词》，高平叔编《蔡元培全集》第3卷，中华书局1984年版，第474页。

② 蔡元培：《普通教育和职业教育——在新加坡南洋华侨中学演说词》，高平叔编《蔡元培全集》第3卷，中华书局1984年版，第476页。

大声疾呼“文化运动不要忘了美育”，试图改变当时的学校教育体制。他特别强调学校美术教育的重要作用，认为“文化进步的国民，既然实施科学教育，尤要普及美术教育”[①]。出于强烈的实践意图，蔡元培认真探讨了美育的实施方法，为美术教育提供了指导方案。

（一）美育概念的提出

在蔡元培之前，王国维、鲁迅等人都曾提出过关于美育的主张，但总体看来，他们关于美育的论述是零散的、不成系统的，并且也未能产生太大的社会反响。[②] 而作为教育家的蔡元培，在建构近代中国美学观念体系的同时，更花费了较多精力来探讨美育问题。相较于王国维、鲁迅，蔡元培对美育进行了更为系统化、理论化的论述，并以各种方式向社会推广。正是由于蔡元培的努力，美育概念开始与近代中国的教育体制相结合，由理论变为了实践，由上层走向了民间。

在就任中华民国临时政府教育总长不久之后，蔡元培发表了《对于新教育之意见》(1912)一文，在这篇文章中，他明确提出了美育的概念。他认为，人所处的世界有两方面，一为现象世界，一为实体世界，前者是相对的、具体的，后者是绝对的、抽象的。与现象世界、实体世界的区分相对应，教育也分为两部分，一部分是隶属于政治的教育，一部分是超轶于政治的教育。隶属于政治的教育包括实利主义教育、军国民教育、道德教育，其目标是教导人们追求现象世界的幸福，实现最大多数人的福祉。超轶于政治的教育即世界观教育，其目标是教导人们超越有限的相对的现象世界，进入无限的绝对的实体观念世界。世界观教育不可能以枯燥的说教来完成，而是必须借助于其他的手段来完成，这个其他的手段就是美育也即美感教育。什么是美感呢？“美感者，合美丽与尊严而言之，介乎现象世界与实体世界之间，而为津梁”[③]，美感是沟通现象世界与实体世界的津梁，因此教育家欲引导受教育者由现象世界而达于实体世界，则不可不用美感之教育。

---

① 蔡元培:《文化运动不要忘了美育》，高平叔编《蔡元培全集》第3卷，中华书局1984年版，第361页。
② 1903年，王国维在《世界杂志》发表了《论教育之宗旨》一文，最早提出了美育问题。王国维希望清政府采纳其建议实施美育，然而并未得到清政府的认同。
③ 蔡元培:《对于新教育之意见》，高平叔编《蔡元培全集》第2卷，中华书局1984年版，第134页。

那么，美育与其他教育门类的关系如何呢？一方面，蔡元培将美育与公民道德教育、实利主义教育、军国民主义教育、世界观教育并列称为“五育”，一方面，他又以美育为世界观教育之“津梁”，在“五育”之上又提出“超轶于政治之教育”“隶属于政治之教育”，学术名词花样繁多，逻辑体系也未免有些混乱。不过，在新文化运动之后，蔡元培对美育概念的理解变得更为清晰，他放弃了“五育”的说法，而代之以更加简明扼要的“四育”提法，即德育、智育、体育、美育。他说：“美育者，应用美学之理论于教育，以陶养感情为目的者也。人生不外乎意志，人与人互相关系，莫大乎行为，故教育之目的，在使人人有适当之行为，即以德育为中心是也。顾欲求行为之适当，必有两方面之准备：一方面，计较利害，考察因果，以冷静之头脑判定之；凡保身卫国之德，属于此类，赖智育之助者也。又一方面，不顾祸福，不计生死，以热烈感情奔赴之，凡与人同乐、舍己为群之德，属于此类，赖美育之助者也。所以美育者，与智育相辅而行，以图德育之完成者也。”[①]这便是美育在“四育”中所处的位置。蔡元培认为，“普通教育”的宗旨应为“养成健全的人格”或“发展共和的精神”，要实现这些目标，就需推行“四育”。

基于这样的社会理想和教育理念，蔡元培曾多次在报纸杂志或公开演讲中呼吁国人重视美育。1919年，新文化运动进入高潮，“德先生”与“赛先生”的口号响彻国内。蔡元培发表《文化运动不要忘了美育》一文，提醒人们，提倡新文化、发展民主与科学固然重要，但也不要忽视美术和美育：“文化不是简单，是复杂的；运动不是空谈，是要实行的。要透澈复杂的真相，应研究科学。要鼓励实行的兴会，应利用美术……文化进步的国民，既然实施科学教育，尤要普及美术教育。”[②]而在《何谓文化》(1921)的讲演中，他呼吁：“文化是要实现的，不是空口提倡的。文化是要各方面平均发展的，不是畸形的。文化是活的，是要时时进行的，不是死的，可以一时停滞的。”[③]此外，在《美术与科学的关系》(1921)的讲演中，他提出：“科学与美术，不可偏废”，“科学虽然与美术不同，在各种科学上，都有可以应用美术眼光的地方”。[④] 甚至在抗日战争时期，蔡元培仍不遗余力地

① 蔡元培：《美育》，高平叔编《蔡元培全集》第5卷，中华书局1988年版，第508页。
② 蔡元培：《文化运动不要忘了美育》，高平叔编《蔡元培全集》第3卷，中华书局1984年版，第361页。
③ 蔡元培：《何谓文化》，高平叔编《蔡元培全集》第4卷，中华书局1984年版，第15页。
④ 蔡元培：《美术与科学的关系》，高平叔编《蔡元培全集》第4卷，中华书局1984年版，第32页。

宣传美育，他说："抗战时期所最需要的，是人人有宁静的头脑，又有强毅的意志……为养成这种宁静而强毅的精神，固然有特殊的机关，从事训练；而鄙人以为推广美育，也是养成这种精神之一法。"[①]可以说，终其一生，蔡元培都在介绍、宣传、推广其美育主张。美育概念能够在中国生根发芽、深入人心，蔡元培居功至伟。

概括而论，蔡元培对美育概念的介绍传播可以分为两个阶段：第一个阶段是从辛亥革命到五四运动前，在这一阶段，他主要是从教育的角度宣扬美育，强调美育在促进人的全面发展方面的重要意义；第二个阶段是五四运动之后，在这一阶段，他把美育放置在更为广阔的背景之上，强调美育对整个社会文化、文明发展的重要意义。当从教育的角度论述美育时，他更多地是把美育与德育、智育、体育加以区别，但又指出了它们之间的复杂联系。当从文化的角度论述美育时，他更多地是把美育（或美术）与科学加以区别和联系，强调美术与科学是文化的两大支柱，二者不可偏废。

（二）美育的原理

美育发生的原理是怎样的？审美何以能促进人的健康发展？对于这样的问题，王国维与鲁迅并没有给出明确的回答，而蔡元培却进行了详尽的论述。通观蔡元培对美育原理的阐述论证，可以概括出以下两个基本观点：

第一，审美通过陶养人的感情，促进健全人格的发育。蔡元培沿袭康德以来知、情、意三分的传统，将人的精神世界分为知识、意志（道德）、感情三个部分。他认为，与知识相关的是各门科学，与意志相关的是伦理学，与感情相关的是美术。美术与人的感情密切相关，美术通过陶养人的情感，可以促进人的知、情、意三方面的全面发展。在蔡元培看来，专治科学、不兼涉美术的人，难免有萧索无聊的状态，原因就是专治科学，太偏于概念，太偏于机械的分析，而忽略了感情的培育陶养。"知识与感情不好偏枯，就是科学与美术，不可偏废。"为精神的健康起见，治科学的人应于知识以外，兼养感情，于科学以外，兼治美术，"有了美术的兴趣，不但觉得人生很有意义，很有价值，就是治科学的时候，也一定添了勇敢活泼的精神"。[②]

---

① 蔡元培：《在香港圣约翰大礼堂美术展览会演说词》，《蔡元培文集》，线装书局2009年版，第259页。
② 蔡元培：《美术与科学的关系》，高平叔编《蔡元培全集》第4卷，中华书局1984年版，第31—32、34页。

第二，审美通过破除人的狭隘自私的观念，有助于人的高尚纯洁情操的养成。蔡元培认为，在审美欣赏活动中，引起欣赏主体注意的，是对象的形式，而非内容，而形式是超脱于现实利害之外的："采莲煮豆，饮食之事也，而一入诗歌，则别成兴趣。火山赤舌，大风破舟，可骇可怖之景也，而一入图画，则转堪展玩。"①美是普遍的，美感是超脱的，这种普遍性与超脱性可以帮助人破除人我之见、利害之念：

> 美以普遍性之故，不复有人我之关系，遂亦不能有利害之关系。马牛，人之所利用者，而戴嵩所画之牛，韩幹所画之马，决无对之而作服乘之想者。狮虎，人之所畏也，而芦沟桥之石狮，神虎桥之石虎，决无对之而生搏噬之恐者。植物之花，所以成实也，而吾人赏花，决非作果实可食之想。②

在西方美学中，美有崇高与优美之分。蔡元培认为，不论是崇高之美，还是优美之美，皆足以破人我之见，去利害得失之计较，使人日进于高尚纯洁之境，"纯粹之美育，所以陶养吾人之感情，使有高尚纯洁之习惯，而使人我之见、利己损人之思念，以渐消沮者也"③。

将蔡元培关于美育发生原理的论述与席勒进行比较，至少可以看出以下两点不同：

首先，席勒对美育发生原理的论述，所关注焦点是审美如何克服理性与感性的分歧，实现人的全面自由发展。而蔡元培除了强调审美促进人性健全发展外，还以大量篇幅论证审美如何促进人的道德观念的提升。在席勒看来，审美的首要职责在于实现人性的健全发展，审美并不直接带来人的道德的提升或知识的增长，"美既不给知性也不给意志提供任何结果，美也既不干预思维也不干预决断的事务，美只是给两者提供能力，但对实际使用这种能力它却绝对不作任何规定"④。而在蔡元培看来，审美的重要性恰恰在于它能够直接提升人的道

---

① 蔡元培：《对于新教育之意见》，高平叔编《蔡元培全集》第2卷，中华书局1984年版，第134页。

②③ 蔡元培：《以美育代宗教说——在北京神州学会演说词》，高平叔编《蔡元培全集》第3卷，中华书局1984年版，第33页。

④ [德]席勒：《审美教育书简》，张玉能译，译林出版社2009年版，第71页。

德，养成人的高尚优美的情操。蔡元培一再强调，美育的目标是“提起一种超越利害的兴趣，融合一种划分人我的僻见，保持一种永久和平的心境”[①]。审美有助于克服自私狭隘的观念，推广美育有助于弥补国人在道德方面的缺陷，培养合格的国民，“美育发达，人格完备，而道德亦因之高尚矣”[②]。

之所以有这样的差异，根本原因是蔡元培所处的特定时代文化语境。近代以来，中国知识人不断进行对于传统文化的反思，反思存在于中国人身上的造成中国落后局面的“劣根性”，在种种的国民“劣根性”中，有一条似乎是知识界普遍承认的，那就是中国人自私自利、缺乏公德心与公共关怀。不论是康有为、梁启超还是严复，都曾严厉批评过中国人的自私自利与缺乏公德心。正是在这样一个时代背景下，蔡元培提出了他的美育理论。蔡元培认为，美育的好处恰恰在于它可以帮助人们破除自私自利，树立公德心。

其次，在论证审美促进人的全面发展时，席勒运用了一套德国古典哲学特有的关于矛盾对立面互相“扬弃”的学说：在审美冲动中，人同时受到感性冲动与理性冲动的作用，两种对立冲动的共同作用，导致的结果是“扬弃”，人的意志既不受感性冲动的强制，也不受理性冲动的强制，而是在两者之间保持了自己的独立和自由，当理性冲动过于强烈时，人就会通过感性质料来放松自己，当感性冲动过于强烈时，人可以通过理性形式来放松自己。总之，通过审美，人能够克服理性与感性、形式与材料、精神与自然的对立，实现自身人格的全面发展，“美把两种彼此对立的、永远不可能一致的状态互相结合起来”，“美把那两种对立的状态结合起来，因而也就扬弃了对立”。[③]

然而，这样一套关于“扬弃”的烦琐哲学论证，在蔡元培的美育体系中被彻底删除掉了。蔡元培直截了当地提出，美与人的情感密切相关，审美通过陶冶人的情感，可以纠正知识片面发展带来的弊端，从而维护人性的健全与协调。之所以如此处理，也是基于当时特定的时代文化语境：一方面，中国没有德国所特有的那种思辨哲学传统，如果将席勒的那一套“扬弃”学说原封不动地引入中国，恐怕不会有太多人欣赏；另一方面，自魏晋南北朝以来，“诗缘情”“诗本性

① 蔡元培：《文化运动不要忘了美育》，高平叔编《蔡元培全集》第3卷，中华书局1984年版，第361页。

② 蔡元培：《教育界之恐慌及救济方法——在江苏省教育会演说词》，高平叔编《蔡元培全集》第2卷，中华书局1984年版，第489页。

③ ［德］席勒：《审美教育书简》，张玉能译，译林出版社2009年版，第55页。

情”的说法深入人心，与其照搬席勒的感性、理性互相扬弃的学说，倒不如引用中国本土诗学，强调审美的情感属性，更容易为中国人所接受。

（三）美育实施的方法与“美术”教育

蔡元培不但论述了美育的本质、目标及美育发生的原理，还针对近代中国的国情，详细规划了美育实施的蓝图。早在 1919 年，他就在《文化运动不要忘了美育》一文中，初步构想了一个美育实施的方案。1922 年，他更专门写了《美育实施的方法》一文，系统阐述自己的美育实施方案。文章提出，正如教育可以分为家庭教育、学校教育、社会教育三个方面一样，美育也可以分为家庭美育、学校美育、社会美育三个方面：

家庭美育，即儿童入学以前的美育。理论上讲，对幼儿进行美育最理想的地方是公立的胎教院和育婴院，在这些公立机关未成立之前，婴幼儿的美育只能放在家庭里面进行。学校美育，即对在校学生进行的审美教育，从幼儿园起，学龄儿童就应该学习舞蹈、绘画、音乐等美术课程，这是美育的专课。专课之外，学校其他的课程如数学、物理、化学、地理等等，都应或多或少应用美术的因素，对学生进行审美的陶养。由普通教育转到专门教育，音乐学校、美术学校、戏剧学校等等都应该次第举办，以便有专门爱好的学生深造。而家庭美育、学校美育之外，还有社会美育，对象是已离开学校的人。社会美育从专设机关做起，包括美术馆、美术展览会、音乐会、剧院、影戏馆、历史博物馆、古物学陈列所、人类学博物馆、博物学陈列所与植物园、动物园等，同时在这些特别设施之外，还要有一些普遍的设施，即人的日常生活环境的美化，比如道路、建筑、公园、名胜、古迹、公坟等等。①

从蔡元培的这些美育实施方案来看，他所倡导的“美育”，实在是一种“大美育”，含义丰富，包罗万象。从美育实施的范围看，不只是学校，还包括家庭和社会。从美育实施的对象看，不只是学生、青少年，还包括婴幼儿、成年人、老年人，“我说美育，一直从未生以前，说到既死以后，可以休了”。从美育实施的主体看，不只是艺术美，还包括自然美、环境美、制度美以及社会风俗美。蔡元培尤其强调美育实施主体的广泛性，他强调美育的主体绝不能理解为狭义的“美

① 参阅蔡元培《美育实施的方法》，高平叔编《蔡元培全集》第 4 卷，中华书局 1984 年版，第 211—217 页。

术”，他曾说过：“美育的范围，比美术大得多，包括一切音乐、文学、戏院、电影、公园、小小园林的布置，繁华的都市（例如上海），幽静的乡村（例如龙华）等等；此外如个人的举动（例如六朝人的尚清谈），社会的组织，学术的团体，山水的利用，以及其他种种的社会现状，都是美化。美育是广义的；而美术则意义太狭。”[①]由此可见，蔡元培对美育的广义的界定与理解，使得他的美育理论与席勒、黑格尔、赫尔巴特等西方理论家都截然不同，带有强烈的个人色彩。

然而，虽然蔡元培多次强调“美育”的范畴较之“美术”要大得多，却又常常将“美育”与“美术教育”等同，进而强调“美术教育”的重要性。他认为：“教育的方面，虽也很多，他的内容，不外乎科学与美术。科学的重要，差不多人人都注意了。美术一方面，注意的还少。”[②]并且，“有了美术的兴趣，不但觉得人生很有意义，很有价值，就是治科学的时候，也一定添了勇敢活泼的精神”。[③] 在这些论述中，“美术教育”其实与“美育”的概念并无太大差别。

在《文化运动不要忘了美育》一文中，他也强调“美术教育”的重要性：“文化进步的国民，既然实施科学教育，尤要普及美术教育。”[④]他清醒地看到，“科学的教育，在中国可算有萌芽了。美术的教育，除了小学校中机械性的音乐、图画之外，简截可说是没有”。[⑤]然而在此处，究竟何为“美术教育”，它与“美育”的关系如何？蔡元培的看法并不一贯而无变化。

可以发现，在《美术的进化》(1921)，以及一些论及美术的言论中，蔡元培将“美术”理解为与“艺术”相类的概念。他认为：“美术有静与动两类：静的美术，如建筑、雕刻、图画等。占空间的位置，是用目视的。动的美术，如歌词、音乐等，有时间的连续，是用耳听的。介乎两者之间是跳舞，他占空间的位置，与图画相类；又有时间的连续，与音乐相类。”[⑥]

但看似矛盾的是，在《文化运动不要忘了美育》等文中，蔡元培又将“美术”理解为“美感”之术，其内涵与其“美育”概念几近对等。例如，究竟有哪些机构推动了美术教育的普及呢？蔡元培列举出的艺术单位十分普泛：

① 蔡尚思：《蔡元培学术思想传记》，棠棣出版社 1950 年版，第 329 页。
② 蔡元培：《美术的进化》，高平叔编《蔡元培全集》第 4 卷，中华书局 1984 年版，第 15—16 页。
③ 蔡元培：《美术与科学的关系》，高平叔编《蔡元培全集》第 4 卷，中华书局 1984 年版，第 34 页。
④⑤ 蔡元培：《文化运动不要忘了美育》，高平叔编《蔡元培全集》第 3 卷，中华书局 1984 年版，第 361 页。
⑥ 蔡元培：《美术的进化》，高平叔编《蔡元培全集》第 4 卷，中华书局 1984 年版，第 16 页。

专门练习的，既有美术学校、音乐学校、美术工艺学校、优伶学校等，大学校又设有文学、美学、美术史、乐理等讲座与研究所。普及社会的，有公开的美术馆或博物院，中间陈列品，或由私人捐赠，或用公款购置，都是非常珍贵的。有临时的展览会，有音乐会，有国立或公立的剧院，或演歌舞剧，或演科白剧，都是由著名的文学家、音乐家编制的。演剧的人，多是受过专门教育、有理想、有责任心的。市中大道，不但分行植树，并且间以花畦，逐次移植应时的花。几条大道的交叉点，必设广场，有大树，有喷泉，有花坛，有雕刻品。小的市镇，总有一个公园。大都会的公园，不只一处。又保存自然的林木，加以点缀，作为最自由的公园。一切公私的建筑，陈列器具，书肆与画肆的印刷品，各方面的广告，都是从美术家的意匠构成。①

在这里，“美术”不仅是绘画、音乐、建筑，也包括了美术馆、博物馆、展览会、剧院，甚至还有都市街道、公园和广告。以今日的眼光看来，像城市街道的植树造型、花坛的布设、广场喷泉的设计等事物，自然属于艺术设计的范畴，但与“美术”却有微妙的差异，然而在蔡元培那里，美术、艺术、美育等概念是含混不清的，并且似乎也没有区分的必要。

从这些微妙的概念差别、前后矛盾的论述中可以看出，蔡元培所推行的美育、美术教育，尚处于理论摸索阶段。一方面，由于蔡元培多重社会身份的限制，使其始终没有获得相对安稳的学术研究环境，也就无力对美育思想进行较为完整的体系构建；另一方面，在那个知识界普遍呼唤国民精神变革、国民观念迅速蜕变更新的特殊时期，任何知识生产的实用性、现实有效性都被置于了至关重要的地位，而理论层面的探索也就必然急功近利地指向现实实践。作为中华民国教育总长或北京大学校长的蔡元培，就更是如此。

因此，对于蔡元培来说，美育的实施是应急之举，凡有利于国民文化进步的方面，都可以包纳到美育之中，而无一定的实施规范。蔡氏美学中这种概念含混多变、观念意图不定的现象，正是时代转折期所特有的现象，它与“以美育代宗教”这样旗帜鲜明的理论主张一样，都反映了文化启蒙背景下的功利性思想特色。

---

① 蔡元培:《文化运动不要忘了美育》，高平叔编《蔡元培全集》第3卷，中华书局1984年版，第361—362页。

第四节　“以美育代宗教”

实际上，蔡元培关于美育、美感、美术等原理问题的阐发，在民国初期并未引起巨大反响。而蔡氏美育思想中影响最大、争议也最大的，是他的“以美育代宗教”说。

新文化运动时期，针对北京基督教青年会发起的旨在拉拢青年学生信教的“宗教运动”，蔡元培在北京神州学会的演说词中，正式提出了他的以美育代宗教学说，以期与之对抗。其后，蔡元培又多次对这一论点进行深入阐发，使其成为蔡元培美学思想的塔尖。他从启蒙理性和审美功利主义的思想出发，将美育的作用提高到宗教所不可及的高度，从而将美育的功能泛化，体现了新文化运动时期知识分子普遍的时代责任感和文化焦虑感。

值得一提的是，在新文化运动之前的《对于新教育之意见》《赖斐尔》(1916)等文章中，蔡元培其实已经隐约透露出以美育代宗教的思想，只不过未详加论证而已。例如，在发表于1912年的《对于新教育之意见》中，蔡元培提出，世界观教育的目标是引导人由相对的现象世界进入绝对的实体世界，宗教是关于实体世界的，但是宗教却不能应用于教育，因为宗教过于偏狭，只承认实体世界，不承认现象世界，只有美育才能承担起世界观教育的任务。这实际上已经在阐述“宗教教育不及美育”的观点。而在1916年，蔡元培针对当时甚嚣尘上的“以孔教为国教”的谬说，在演讲中提出“宗教为野蛮民族所有，今日科学发达，宗教亦无所施其技，而美术实可代宗教”[①]的看法，进一步摆明了宗教批判的姿态，同时提高了美术的社会推动作用。在《赖斐尔》一文中，蔡元培指出赖斐尔一生功业与宗教相连，但又绝不为宗教所束缚，“虽托像宗教，而绝无倚赖神佑之见参杂其间，教力既穷，则以美术代之。观于赖斐尔之作，岂不信哉”。[②] 他以文艺复兴时期的艺术家为例，从拉斐尔身上发现了艺术对宗教的超越性。

---

① 蔡元培:《教育界之恐慌及其救济方法——在江苏省教育会演说词》，高平叔编《蔡元培全集》第2卷，中华书局1984年版，第489页。

② 蔡元培:《赖斐尔》，高平叔编《蔡元培全集》第2卷，中华书局1984年版，第466页。赖斐尔，今译拉斐尔。

由此可以看出，蔡元培早就已经开始酝酿以美育代宗教的主张，至于1917年在神州学会的演讲词《以美育代宗教说》，只不过是之前思考的一次集中表述而已。

那么，美育何以能取代宗教，又为什么要取代宗教呢？蔡元培的回答是：上古时代，人们智识浅陋，思想蒙昧，于是发明宗教，宗教对原始人而言具有知识、道德、感情三方面的功用。知识方面，宗教以创世说解释世界起源，消解人对宇宙万物的疑问与恐惧；道德方面，宗教家提倡利他主义，批判恃强凌弱，维护社会秩序；感情方面，宗教家利用舞蹈、音乐、美术、建筑、山水等，慰藉信徒之感情，引导信徒对神明之信仰。后来随着社会文化的日渐进步，宗教在知识、道德方面的功用逐渐为其他活动所取代。首先，地质学、生物学等科学的进步使得宗教的神创说相形见绌，宗教在知识方面的作用为科学所取代。其次，社会学、历史学的进步使人们明白，道德必随时代而变迁，不存在永恒不变的道德标准，于是宗教在道德方面的作用为社会学、伦理学所取代。知识、道德两种作用既然都脱离宗教而独立，于是宗教最有密切关系的唯有情感作用，即所谓美感。然而美术的发展历程，也渐有脱离宗教之趋势。盖宗教所以能慰人情感者，全赖美术，宗教得美术之帮助，方能伸展其势力，而美术之依附于宗教者，却常受宗教之累，失其陶冶感情之作用，而转以刺激人类偏狭之感情，“鉴激刺感情之弊，而专尚陶养感情之术，则莫如舍宗教而易以纯粹之美育”。[①] 美育之所以应取代宗教，是人类历史发展进步的结果，是美术（艺术）发展进步的需要。

以美育代宗教说的提出，与蔡元培对宗教的一贯看法有关系。蔡元培认为，宗教只是“人类进程中间一时的产物，并没有永存的本性”。宗教产生的原因，是远古时代人类的无知与愚昧，随着人类文明的发展进步，宗教必将日渐消亡。就全人类来讲，宗教没有前途，就中国人来讲，宗教更没有存在必要：“中国自来在历史上便与宗教没有甚么深切的关系，也未尝感非有宗教不可的必要。将来的中国，当然是向新的和完美的方面进行，各人有一种哲学主义的信仰。在这个时候，与宗教的关系，当然更是薄弱，或竟至无宗教的存在。”[②]在他看来，宗教是一种野蛮的落后的意识形态，中国人应该做的，不是张开双臂去拥抱宗

① 蔡元培：《以美育代宗教说——在北京神州学会演说词》，高平叔编《蔡元培全集》第3卷，中华书局1984年版，第33页。

② 蔡元培：《关于宗教问题的谈话》，高平叔编《蔡元培全集》第4卷，中华书局1984年版，第70页。

教，而是要创造条件，让宗教早日消亡。

那么，应该如何促进宗教的消亡呢？答案是美育。正如科学的发达让宗教失去了智育的功能，社会学、伦理学的发达让宗教失去了德育的功能一样，美育的发达必将使宗教连慰藉人类情感的功能也一并消失，从而彻底消除宗教的存在基础。蔡元培说："有人以为宗教具有与美术、文学相同的慰情作用，对于困苦的人生，不无存在的价值。其实这种说法，反足以证实文学、美术之可以替代宗教，及宗教之不能不日就衰亡。因为美术、文学乃人为的慰藉，随时代思潮而进化，并且种类杂多，可任人自由选择。其亲切活泼，实在远过宗教之执着而强制。"①蔡元培认为，宗教是保守的，美育是进步的，宗教是强制的，美育是自由的，宗教是偏狭的，美育是普遍的，以美育取代宗教，是用文明替代野蛮。

以美育代宗教说的背景，除了蔡元培个人对宗教的一贯成见外，有一点不容忽视：基督教在近代中国教育中举足轻重的地位和影响。近代以来，基督教在近代中国社会变革中起到了特殊作用。利用在各不平等条约中获得的权利，欧美各国教会尤其是英国、美国的新教教会在中国积极地进行活动，除传教之外，他们还兴办各种慈善、医疗机构，发行众多报纸杂志。基督教传教士竭力向中国人灌输这样一种信念：基督教是自由、文明、幸福的传播者，中国人要摆脱蒙昧，迈向文明，就必须接受基督教的福音。《中国人的素质》的作者明恩溥说："中国的各种需要只是一种需要，这种需要，只有基督教文明，才能永恒而又完整地给以满足。"②为了树立文明开化的形象，基督教会创办了各级各类新式学校，从幼儿园、小学、中学到大学。据中国基督教教育调查会统计，到 1921 年时，基督教会在中国共创办初级小学 5637 所，高级小学 962 所，中学 291 所，在校学生接近 20 万人③。近代时期很多著名的大学如燕京大学、辅仁大学、复旦大学、东吴大学、金陵大学、齐鲁大学、山西大学等等，都有教会背景。教会学校不但向学生教授基督教义，在学生中发展信徒，还组织师生举行礼拜、忏悔、祈祷等各种宗教活动。

面对这种情况，身为国民政府教育总长、北大校长，同时又深恶宗教的蔡元培，内心忧虑万分。他曾发问说："今年忽然有一个世界基督教学生同盟，要在

① 蔡元培：《关于宗教问题的谈话》，高平叔编《蔡元培全集》第 4 卷，中华书局 1984 年版，第 71 页。
② [美]明恩溥：《中国人的素质》，秦悦译，学林出版社 2001 年版，第 293 页。
③ 参阅《中国近代教育史教学参考资料》下册，人民教育出版社 1988 年版，第 387 页。

中国的清华学校开会。为什么这些学生，愿意带上一个基督教的头衔？为什么清华学校愿给一个宗教同盟作会场？真是大不可解。”[①]正是在这样的社会文化背景下，他提出了“以美育代宗教”的命题，试图对抗基督教会的强大影响。从这一角度来说，“以美育代宗教”中的“宗教”，或许并非宽泛意义上的人类文明之一切宗教信仰，而是有特定的时代与地域所指，也即日渐渗透近现代中国社会的基督教教会及其相关组织。而以美育代宗教说的现实目的，便是以美育抑制基督教会的文化影响力，从基督教教会手中争夺教育的自主权。

不过，除了基督教会外，美育代宗教说还有另外一个现实针对目标——康有为及其支持者所倡立的“孔教会”。1912 年，陈焕章、张勋、沈曾植等谋划创立“孔教会”，康有为积极赞助，连续撰写了《孔教会序一》《孔教会序二》《以孔教为国教配天议》等文章，鼓吹仿波斯、暹罗政教合一之例，以孔教为国教，尊孔子为教主。康有为认为，欧美国家之所以富强，不徒在其政治，亦有宗教为其根本。天下万国莫不有宗教，唯独中国没有宗教，补救之道，在立孔教为国教，以孔教整理人心，挽救风俗：“皮之不存，毛将焉傅。今欲存中国，先救人心，善风俗，拒诐行，放淫辞，存道揆法守者，舍孔教末由已。”[②]在康有为的推波助澜下，以孔教为国教的呼声一时间颇为引人注目。

对于此等复古保守的言论，作为新派人物的蔡元培自然是不以为然的。1916 年 12 月，即将就任北大校长的蔡元培在信教自由会发表演说，力排“孔教会”与“国教说”。蔡元培认为，宗教是宗教，孔子是孔子，国家是国家，各有范围，不能并作一谈，从而将孔子与“宗教”区别开来，甚至将孔子列为宗教的对立面，去除了儒学的宗教性质。在蔡元培看来，孔子向来“不语怪力乱神”，其学说以今日眼光看，当属政治学、教育学、伦理学，与宗教无丝毫关涉。至于“国家”与宗教更是界限分明，国家是政治团体，一国之中不妨有多种宗教，而一宗教之中也不妨包含多个国家之人民，“国家自国家，宗教自宗教，‘国教’二字，尚能成一名词耶？”[③]在蔡元培看来，只要是宗教，就必然是排他的、强制的，外来的基督教固然不可取，人为地制造一个“孔教”更不可取。

---

① 蔡元培：《非宗教运动——在北京非宗教大同盟讲演大会的演说词》，高平叔编《蔡元培全集》第 4 卷，中华书局 1984 年版，第 179—180 页。

② 康有为：《孔教会序二》，《康有为政论集》卷下，中华书局 1981 年版，第 740 页。

③ 蔡元培：《在信教自由会之演说》，高平叔编《蔡元培全集》第 2 卷，中华书局 1984 年版，第 491 页。

在这篇演说发表之后仅仅四个月，蔡元培就发表了著名的《以美育代宗教说》。从《以美育代宗教说》的内容及发表时间看，显然有针对基督教会与孔教会之意。

从今日的视角看来，"以美育代宗教"的提出在理论层面上未免粗疏，并且缺乏现实可行性。但考虑到蔡元培当时所处的社会位置，以及基督教盛行、孔教复古的文化背景，便可以理解蔡元培急于抛出此论的心情及目的。

而事实上，蔡元培也未尝不想将"以美育代宗教"这一理论主张予以深入阐发，构建出一套完整的理论体系。蔡元培晚年曾为萧瑜编著的《居友学说评论》(1938)一书作序，他借此回忆起自己提出"以美育代宗教"时的理论预想："余在二十年前，发表过'以美育代宗教'一种主张，本欲专著一书，证成此议，所预拟的条目有五：(一) 推寻宗教所自出的神话；(二) 论宗教全盛时期，包办智育、德育与美育；(三) 论哲学、科学发展以后，宗教对于智育、德育两方面逐渐减缩以至于全无势力，而其所把持、所利用的，唯有美育；(四) 论附宗教的美育，渐受哲学、科学的影响，而演进为独立的美育；(五) 论独立的美育，宜取宗教而代之。此五条目，时往来于余心，而人事牵制，历二十年之久而尚未成书，真是憾事。"[①]据此可知，蔡元培曾试图作专著详述"以美育代宗教"的思想，只是因其参与社会事务太多，最终未能成书。但从其预拟的条目中，仍然可以清晰地见到蔡元培思考宗教、科学和美育问题的基本思路，也即，首先从教育功能的角度入手，解析历史上的宗教如何起到了智育、德育和美育的作用；其次，指出哲学、科学取代宗教之智育、德育功能；最后，进入理论的关键，将美育从宗教中剥离，论证美育成为一项独立的教育方式的可能性。

可以说，由于极强的现实针对性，蔡元培的"以美育代宗教"说，并未真正形成成熟的理论体系，在文化运动的大潮中，它更像是一句响亮的口号，成为了过渡性的思想。但是，蔡元培通过这一观点的阐扬，在"以科学代宗教"[②]的社会思潮之外，提供了另一种文化演进的可能性路径，同时也从理论上扩展了美学的实用功能的内涵，从这一意义上说，其思想在今日仍然发挥着效力。

---

① 高平叔编：《蔡元培全集》第 7 卷，中华书局 1989 年版，第 203 页。

② 以科学代宗教，是新文化运动到五四时期较为主流的科学观，例如陈独秀便明确提出用西方自然科学取代宗教，以拯救中国社会转型时期的信仰危机。

第五节　科学主义与蔡元培的美学美育思想

在新文化运动时期，蔡元培与其他留欧留美的新派学者类似，也十分推崇“赛先生”对于社会改造的作用，相信科学主义的建立是社会发展的趋势，因而他的美学美育思想也都是建立在这一学理基础之上的，具有鲜明的科学主义色彩。

但是，与陈独秀等人不同的是，蔡元培或许是最早意识到西方近代科学主义的不足之处的学者，他虽然积极引进自然科学式的美学研究方法和视角，却在引进的同时，已对科学主义有所反思，并试图创立一种源发于科学、却又相对独立于科学之外的美学体系。而所谓“以美育代宗教”，实际意图之一便是用美育来平衡科学。五四时期，文化界盛行以“科学”代“宗教”。而蔡元培提出以“美育”代“宗教”，正可以补“科学”之不足。

例如，蔡元培推崇实验科学式的美学研究，正是基于此种观念。他认为，美术史的进步，很大程度上是依靠科学技术推动的：“即就装饰美术而论，形式与花纹的布置，借助于数学及几何学；色彩的映照，借助于光学；装置的蕃变，借助于力学及机械学；感应的强弱，借助于心理学；材料的丰富，借助于各种自然科学及社会学；这都是显而易见的事。”①单看这样的论述，不免带有技术决定论的色彩。基于这一观察，他认为近代中国在艺术方面是发展缓慢的，其原因正在于技术的不发达：“不幸我国最近的千年，为烦琐哲学所束缚，而科学尚未发达，所以最擅长之装饰美术，亦不免进步稍缓，而不能与科学发达的各国为同一速度的演进。我们因此决不能逐自满足，而谓无参考他国美术之需要。”②由此可知，蔡元培一度认为科学技术的发展状况是美术是否发达的决定性力量，而近代中国之所以“进步稍缓”，皆因“为烦琐哲学所束缚”。但同时，蔡元培更注重发掘美术之于科学的作用。在《美术与科学的关系》中，蔡元培对于科学与美术

① 蔡元培：《巴黎万国美术工艺博览会中国会场陈列品目录序》，高平叔编《蔡元培美育论集》，湖南教育出版社 1987 年版，第 180 页。

② 蔡元培：《巴黎万国美术工艺博览会中国会场陈列品目录序》，高平叔编《蔡元培美育论集》，湖南教育出版社 1987 年版，第 180—181 页。

的特点进行了对比。他首先将人的心理分为三个方面：一是意志，二是知识，三是感情。在这之中，各类科学是属于知识层面的，而感情则与美术相对。那么，知识与感情，究竟是何关系，孰轻孰重呢？蔡元培认为，知识与感情，在人的自然行为中缺一不可，均为行为完成的要素，二者皆不可废，因此，与此相对的科学与美术，也是同等重要的，不可偏废。

科学与美术的特点不同：科学是以概念的形式去把握对象的，讲究理法，而美术则是一种直观的把握，无法用推理的方式来完成。不过，尽管二者有着认识论上的区别，蔡元培却并不认为科学与美术是两种截然不同、各自为阵的学科。他努力在各类科学中发掘美术的存在空间，他在算术、形学（几何学）、声学、色彩学、矿物学、生物学和天文学中，都找到了美术研究的价值所在。进而他有此感叹：

常常看见专治科学、不兼涉美术的人，难免有萧索无聊的状态。无聊不过于生存上强迫的职务以外，俗的是借低劣的娱乐作消遣，高的是渐渐的成了厌世的神经病。因为专治科学，太偏于概念，太偏于分析，太偏于机械的作用了。譬如人是何等灵变的东西，照单纯的科学家眼光，解剖起来，不过几根骨头，几堆筋肉。化分起来，不过几种原质。要是科学进步，一定可以制造生人，与现在制造机械一样。兼且凡事都逃不了因果律。即如我们今日在这里会谈，照极端的因果律讲起来，都可以说是前定的。我为什么此时到湖南，为什么今日到这个第一师范学校，为什么我一定讲这些呢，为什么来听的一定是诸位，这都有各种原因凑泊成功，竟没有一点自由的。就是一人的生死，国家的存亡，世界的成毁，都是机械作用，并没有自由的意志可以改变他的。抱了这种机械的人生观与世界观，不但对于自己毫无生趣，对于社会毫无爱情，就是对于所治的科学，也不过“依样画葫芦”，决没有创造的精神。①

在蔡元培看来，中国的科学时代虽然已经来临，但这并不意味着科学能应对社会转型期出现的一切问题，能解决人类生存的根本性问题。在这里，蔡元

① 蔡元培：《美术与科学的关系》，高平叔编《蔡元培全集》第4卷，中华书局1984年版，第33—34页。

培重点谈到的是人的精神危机，也即“无聊”的存在状态。人生而为人，总得以某种精神信仰为支撑，使人生获得动力，从而克服掉人生的荒诞感。在前科学时代，宗教神学起到了这样的作用，使人从来世那里获得了在世的“生趣”。然而在近代工业文明产生、发展的历史过程中，宗教神学的这种信仰机制被消解了，科学主义大有替代宗教之势，创造出工业文明时期的新型信仰模式。但是，由于自然科学的“祛魅”作用，它不仅未能替代宗教神学的信仰维持功能，反而制造了新的精神危机，制造了新的“无聊”的人生存在状态。蔡元培敏锐地观察到了科学主义的这一软肋，因而在面对科学研究者时，发出了上述慨叹。他剖析科学主义所造的“无聊”，认为“无聊不过于生存上强迫的职务以外，俗的是借低劣的娱乐作消遣，高的是渐渐的成了厌世的神经病”。在他看来，机械主义的科学研究根本无法避免这一后果，因而必须重视美术教育，以超越机械的人生观和世界观，避免人生的“毫无生趣”。1924年，在旅法中国美术展览会招待会的演说词中，他更为明确地分析了科学与美术的互补性：

有人疑科学家与美术家是不相容的，从科学方面看，觉得美术家太自由，不免少明确的思想，从美术方面看，觉得科学家太枯燥，不免少活泼的精神。然而事实上并不如此，因为爱真爱美的性质，是人人都有的。虽平日的工作，有偏于真或偏于美的倾向；而研究美术的人，决不致嫌弃科学的生活；专攻科学的人，也决不肯尽弃美术的享用。文化史上，科学与美术，总是同时发展。美术家得科学家的助力，技术愈能进步；科学家得美术的助力，研究愈增兴趣。①

这就是说，科学与美术虽有学科上的不同，却为人人所共同追寻。在科学家和美术家的日常工作中，虽因工作性质的差异，有偏重于某一方面的倾向，但研究美术的人，却可以过“科学的生活”，而科学研究者也需要“美术的享用”。美术家需要科学的“技术”助力，科学家也需要美术来获得研究的兴趣。

除此之外，还可以发现，蔡元培对近代西方科学主义的发展趋势，有着先知

① 蔡元培：《旅法中国美术展览会招待会演说词》，高平叔编《蔡元培全集》第4卷，中华书局1984年版，第483页。

式的预见性。他似乎很早便意识到了科学发展的不良后果，也即对人的“僭越”，他预测说：“要是科学进步，一定可以制造生人，与现在制造机械一样。”而这正是20世纪后半叶乃至21世纪的当下，西方科学主义逐渐面临的严重危机。可以说，在引进、倡导科学主义的同时，蔡元培已经觉察到科学这个“弗兰肯斯坦式”的怪物的可怕之处，因而他在大力推崇科学主义的同时，更注重探究如何调和科学与信仰的矛盾、克服科学主义的弊端。正是在这一思想基础上，蔡元培提出了美学与美育的思路，试图寻求一种艺术形式的精神拯救方案。因而他说，要“防这种流弊，就要求知识以外，兼养感情，就是治科学以外，兼治美术。有了美术的兴趣，不但觉得人生很有意义，很有价值，就是治科学的时候，也一定添了勇敢活泼的精神。请诸君试验一试验”①。他设想用美术的眼光，将“萧索无聊”的科学研究改造为一种艺术活动，从而获得人生的意义。

甚至有时，蔡元培在强调美术的重要性时，已试图将美术作为科学的精神动力。1921年，在爱丁堡中国学生会及学术研究会欢迎会的演说词中，蔡元培首先从军事技术、器物工艺、医术、法学、政治学和哲学等方面肯定了西方文明的进步，进而指出中国留学生专为学技术的人多，但注重学理的人少，而科学即学理的一部分，是技术的源头。紧接着，蔡元培着重点出了更富创建性的观点：“外人能进步如此的，在科学以外，更赖美术。”②这就是说，美术是比科学更重要、更为关键的文明动因，美术是科学得以进步发达的精神来源。他说：

> 人不能单纯工作，以致脑筋枯燥，与机器一样。运动、吃烟、饮酒、赌博，皆是活泼脑筋的方法，但不可偏重运动一途。烟酒、赌博，又系有害的消遣，吾们应当求高尚的消遣。西洋科学愈发达，美术也愈进步。有房屋更求美观，有雕刻更求精细。一块美石不制桌面，而刻石像，一块坚木不作用器，而制玩物。究竟有何用意？有大学高等专门学校，更设美术学校、音乐学校等。既有文法书，更要文学。所建设的美术馆、博物馆，费多少金钱，收买物品，雇人管理，外人岂愚？实则别有用心。过劳则思游息，无高尚消遣则思烟酒、赌博，此系情之自然。所以提倡美术，既然人得以消遣，

① 蔡元培：《美术与科学的关系》，高平叔编《蔡元培全集》第4卷，中华书局1984年版，第34页。

② 蔡元培：《在爱丁堡中国学生会及学术研究会欢迎会演说词》，高平叔编《蔡元培全集》第4卷，中华书局1984年版，第42页。

又可免去不正当的娱乐。①

人在工作之余，总会寻求消遣，而消遣则有有害的消遣和高尚的消遣之分。在蔡元培看来，美术即是一种高尚的消遣，但其意义又不仅止于消遣，而是起到提振创造精神的作用。而科学的创造精神，正来源于此，科技产品也必须经过美术的点化，才能获得生命力。在1927年暨南大学的演说词中，蔡元培提出工业制造品是以美为要件的："譬如一只花瓶，一定要经过科学方法的发明，富有美术的意味，买花瓶的人，必定选一个合意的，就是以它为美丽。"②在这里，蔡元培几乎将"美"作为了科学技术价值的根本。

可以说，蔡元培的美学观是建立在西方近代科技理性的思维模式之上的，这与五四时期新派知识分子的整体的思想倾向是一致的。然而，蔡元培的独特之处在于，他并不甘心使美学这门学科仅仅囿于"科学"的范畴之内，不满足于把美育这项事业仅仅视作与军事技术、制造工艺、医术等相类的技术性学科，而是希望赋予美学美育以独立的品格，用以弥补科技理性的不足，甚至创造一种有别于西方近代科技理性的"新科学"精神。这固然是过于理想化的见解，在历史现实中也难以真正实现，但蔡元培的一些不经意、不成熟的论断，却与后世的思想有着微妙的联系。正如有学者所论："蔡元培最初确立的美学学科，正是一种包含甚广的开放的美学。我们今天回到蔡元培，在某种意义上具有与西方当代美学家回到鲍姆加登同样的意义。"③

在蔡元培求学于欧洲的清末时期，西方学界对启蒙理性的反思尚未展开，启蒙理性所衍生的科技理性精神正处于巅峰期。作为现代思想的"后进生"的中国人，蔡元培深受西方科学主义思潮的影响，是自然而然的事情。但是，蔡元培虽不遗余力地向中国学界"推销"近代西方的科学观，却同时又着力提升美学的地位、提倡以"美育代宗教"，有意无意地对"科学"进行了反思。尽管蔡元培的美学体系并未完全建立，他的许多美学观点也只是在一些散碎的篇章或演说中以分散的方式存在，但从20世纪后期的社会思潮反观蔡元培，仍然可以隐约

① 蔡元培：《在爱丁堡中国学生会及学术研究会欢迎会演说词》，高平叔编《蔡元培全集》第4卷，中华书局1984年版，第42—43页。

② 蔡元培：《中国新教育之趋势——在暨南大学演说词》，高平叔编《蔡元培全集》第5卷，中华书局1988年版，第171页。

③ 彭锋：《从狭义美学到广义美学》，《北京大学学报》2002年第3期。

地发现，蔡元培所推崇的科学主义美学观，已经具有了一些不同于近代西方美学的独特品质。甚至可以说，对于20世纪中叶西方反思科技理性的思潮来说，蔡元培的美学美育思想是一个遥远的呼应。

小　结

蔡元培作为中国现代美学创生时期的人物，他的美学美育思想不可避免地带有过渡时期的特色，不可避免地有许多缺憾和不尽如人意之处。首先，与王国维类似的是，蔡元培在向国人介绍美学为何物、美学的历史与现状如何时，在美学、美感、美术、美育等基本概念的选择、运用上，也出现过前后矛盾、语意含混等现象，这与近现代时期中国学界的整体氛围是一致的，也反映了蔡氏在追寻“美学”建立的过程中，各类思想潮流及社会历史因素对其造成的交叉影响。其次，蔡元培在引入西方美学的同时，又力图以传统的“中学”视角去受容西学，虽然视野宏阔，但在具体论述中，未免多有忽视中西思想差异的“错位”之处，因而有时显出理论推导的生硬或叙述方式的过于简单。再次，强调“科学的美学”，是蔡元培美学研究的特点之一，但因其囿于这种理论基点的指导，便造成了对西方美学史的转介过于偏向实验科学基础上的美学家。但毋庸置疑的是，蔡元培是现代中国美学史上一位举足轻重的人物。美学在中国成为一门广为人接受的学问，与蔡元培的努力有着最为关键、最为直接的关系。蔡元培的美育思想，特别是以美育代宗教的思想，产生了巨大的社会影响，即便今天看来也仍然有继续讨论的必要。21世纪的今天，回顾百年前的蔡元培美学思想，一方面应注意总结其缺点矛盾，另一方面，更应惊叹其在中西古今间大胆取舍、发挥创造的雄伟魄力。

第五章

“新小说”运动与现代美学思想的传播

考察世纪初中国美学的发展，一个不可忽视的重要因素是世纪初文学艺术的发展及其与美学间的互动。19、20世纪之交，发生过“诗界革命”“文界革命”及“新小说”运动，其中规模最大影响最广的是“新小说”运动。

“新小说”相对于旧小说而言，被认为是在题材、主旨、写作方法等方面全面区别于旧小说的一种新型小说。“新小说”的出现与发展，与西方小说的输入有密切的关系，是西方文学思潮影响下的结果。“新小说”得名于梁启超的《新小说》杂志，但“新小说”运动的酝酿，却远远早于《新小说》杂志的创办。19世纪末，就有人提出了参照西方小说，对中国小说进行大规模变革的主张。1895年，传教士傅兰雅发表《求著时新小说启》，号召中国作家以小说为手段，抨击中国社会弊端，推动社会进步。1897年，严复在《本馆附印说部缘起》中发愿，要多多输入西方小说，用小说来变革中国社会。创作方面，问世于1892年的《海上花列传》，问世于1895年的《熙朝快史》《花柳深情传》，在叙事角度、创作主旨方面都表现出了新的时代特点。翻译方面，1897年林纾便将《茶花女》译为中文。以上，都算是“新小说”运动酝酿期的重要事件。之后，1902年梁启超《新小说》杂志的创办，标志着“新小说”运动的正式开始。然后，“新小说”迅速走向繁荣，短短几年间，出现了数十种以刊载新小说为主的文学杂志，“新小说”创作蔚为大观。进入民国以后，小说创作中的政治热情消退，通俗娱乐性凸显，“鸳鸯蝴蝶派”的小说一度流行，但总起来看，民国初年的小说仍然在沿着“新小说”所开辟的道路前进，仍然可以算作“新小说”的一部分。

在“新小说”运动中，不仅问世了大量的原创小说及翻译小说作品，而且问世了很多小说理论、批评方面的著作。“新小说”的主要倡导者梁启超、夏曾佑、狄葆贤、黄人、徐念慈、黄世仲、王钟麒等，都曾就小说的性质、地位、功用、历史等写过专题的论文。“新小说”的重要作家吴趼人、李伯元、曾朴，重要翻译家林纾、周桂笙等，也都有一些小说序跋、评点类的文章发表。就论述的内容来看，这一时期的小说理论与批评著作主要涵括以下几个方面：第一，小说的性质及社会功用，小说与社会人生的关系；第二，小说的文学特性、艺术特性，小说与其他文学样式、艺术样式的比较；第三，小说的发展演变；第四，具体作家作品的评述、分析。就与20世纪中国美学史的关系来说，这一时期的小说理论与批评著作主要在以下两个方面，参与了当时的美学发展：首先，有些著作直接引用、传播了某些西方美学家的美学理论;其次,还有些著作,虽然没有直接引用现代西方美学,但其对小说地位、性质、功用等问题的论述,对小说文学特性、艺术特性的论述,与当时的美学运动形成了一种呼应。下面,以几位比较重要的小说理论家的著作为中心,适当结合其他小说理论家的著作,就此问题来展开论述。①

① 世纪初最重要的小说理论家当然是梁启超,但梁启超的小说理论及其与世纪初美学的关系,本书第三章已经专章论述,这里从略。

第一节　徐念慈

如前所述，小说的性质与地位问题是世纪初小说理论与批评的首要问题。小说是什么，小说对社会有什么用？这是“新小说”倡导者首先要解决的问题。在这个问题上，“新小说”倡导者的主流态度是偏功利主义的，即认定小说是社会改良和国民教育的利器，小说可以启迪国民的思想，振奋国民的精神，提升国民的智识。《新小说》创办伊始，梁启超便刊发纲领性文章《论小说与群治之关系》，宣称“小说有不可思议之力支配人道”，“今日提倡小说之目的，务以振国民精神，开国民智识，非前此诲淫诲盗诸作可比”。① 《绣像小说》创办之初，也追随梁启超的论调，认定小说的价值在于推动社会进步，“欧美化民，多由小说，扶桑崛起，推波助澜”，并借名士夏曾佑之笔，鼓吹“妇女与粗人，无书可读，欲求输入文化，除小说更无他途”。② 《月月小说》的创办者则于创刊号中宣称，小说具有“输入知识”，“补助记忆力”两种功能。③ 再后来，“新小说”倡导者干脆将小说与学校教育直接联系起来，主张“以小说辅教育之不足”，“以小说谋教育之普及”，吴趼人甚至要以小说来充当小学校的教科书，“将遍撰译历史小说，以为教科之助”④。在这样一个功利主义的滔滔洪流中，《小说林》同人的审美主义立场显得难能可贵。《小说林》同人认为，小说可以启迪国民，但小说首先是一种艺术，作为艺术小说的首要价值在于审美、娱情。《小说林》的审美主义倾向，与其主编徐念慈有重要关系。徐念慈，原名徐烝乂，字念慈，号觉我，1875 年生，江苏昭文县人。1895 年，徐念慈中秀才，后弃帖括之学，致力于西学，投身地方教育事业，曾参与创办常熟中西学社、速成算学社、竞化女学、常熟两等小学。1904 年，协助曾朴创办小说林社并任编辑主任，1907 年复任《小说林》杂志主编。曾翻译科幻小说《黑行星》《新舞台》，自著科幻小说《新法螺先生谭》。

---

① 梁启超：《〈新小说〉第一号》，《新民丛报》1902 年第 20 号。

② 别士：《小说原理》，《绣像小说》1903 年第 3 期。

③④ 吴趼人：《月月小说序》，《月月小说》1906 年第 1 号。

《小说林》创刊伊始，徐念慈便发表《〈小说林〉缘起》，旗帜鲜明地树立起审美主义的旗帜。尤其引人注目的是，在这篇文章中，徐念慈直接援引了西方美学理论，来论证小说的艺术属性。文章的开头，徐念慈首先指出近年来新小说的繁荣以及在社会上产生的巨大影响，认为小说的性质为何、小说的价值究竟何在是一个值得认真思考的问题。他提出这样一个小说定义：

所谓小说者，殆合理想美学、感情美学而居其最上乘者。

接下来，他连续引用德国美学家“黑搿尔”与“邱希孟”的观点，来论证小说的艺术特点与价值。首先，他引“黑搿尔”艺术醇化、改造自然的命题，认为中国古代戏曲小说中的“大团圆”叙事是艺术醇化自然的最好例证。其次，他引“黑搿尔”关于艺术个性的观点，“黑搿尔”认为“事物现个性者，愈愈丰富，理想之发现，亦愈愈圆满”，这一观点特别适合小说，中国小说最重视人物个性的塑造。再次，他引“邱希孟”关于艺术形象的两段话，认为邱氏“美的快感，谓对于实体之形象而起”的观点，最能揭示小说的魅力所在，小说完全靠形象来感人。最后，他引邱氏“美之第四特性，为理想化”的观点，指出小说富有理想化特点，小说作者在小说创作中往往遵循理想的指引，“于艺术上除去无用分子，发挥其本性”。[①] 总起来看，徐念慈借助德国古典美学，讨论了小说创作中的四个问题：第一，小说与自然（现实）的关系；第二，小说中的人物个性塑造；第三，小说的形象性；第四，小说的理想化创作方法。整篇文章中，徐念慈流露的倾向是一种审美本位主义，即强调小说是一种高超的艺术，小说来源于现实但又高于现实，小说应塑造个性化的人物形象，小说凭形象与情感动人，等等。

《〈小说林〉缘起》中，徐念慈总共引用了两位德国美学家的五段美学论述。这两位美学家中，“黑搿尔”即黑格尔，大名鼎鼎，无须说明。但是，另一位“邱希孟”何许人也？邱希孟，又译克尔门，全名冯·J. H. V. 克尔门（Von. J. H. V. Kirchmann，1802—1884），19 世纪著名哲学史家、美学家。克尔门的主要著作有：《康德的实践理性批判》（1869）、《康德的逻辑学与形而上学》（1870）、《斯宾

① 徐念慈：《〈小说林〉缘起》，《小说林》1907 年第 1 期。

诺莎的哲学著作》(1871)、《莱布尼兹哲学著作注释》(1879)、《亚里士多德的政治学》(1880)、《哲学问答》(1881)、《关于亚里士多德的话题》(1882)、《亚里士多德的诡辩论反驳》(1883)、《伊曼努尔·康德的纯粹理性批判》(1884)。1921年蔡元培《美学的进化》一文中曾提到克尔门："由形式论转为感情论的是克尔门(Kirchmann)，他说美是一种想体，就是实体的形象；但这实体必要有感兴的，且取它形象时，必要经理想化，可以起人纯粹的感兴。"①

徐念慈从何处得知黑格尔与克尔门的美学理论？是得之于原著，还是从其他人的著作中间接读到？长久以来，这是近代美学史上的一桩疑案。最近，栾伟平先生的一篇文章，揭开了这桩疑案的谜底。栾先生指出，徐念慈《〈小说林〉缘起》中提到的德国美学知识，来自日本高山樗牛的《近世美学》一书。《近世美学》出版于1899年，是一本旨在介绍西方美学最新发展状况的美学史著作。徐念慈关于黑格尔的两段文字，来自于该书第二章第十四节"黑格尔氏绝对观念论之美学"，关于克尔门的三段文字，来自该书第三章"克尔门氏之美学"。② 以下，是徐念慈的五段文字与该书原文的对照：

(一) 徐念慈："黑搿尔氏(Hegel，1770—1831)于美学，持绝对观念论者也。其言曰：艺术之圆满者，其第一义，为醇化于自然。简言之，即满足吾人之美的欲望，而使无遗憾也。"

高山樗牛《近世美学》："圆满之艺术，其第一义，不可不醇化自然。然非如雅里大德理氏对于模仿自然必予以排斥也。若当前之自然，果能于吾人之美欲，圆满无遗憾者，此等自然与艺术，其价值自无上下，则模仿亦何不可。唯艺术家若胸中漫无标准，而专事模仿，则应排斥耳。然普通自然界事物，多缚束于外表之偶性，故必以醇化自然为原则焉。"

(二) 徐念慈："(黑搿尔)又曰：事物现个性者，愈愈丰富，理想之发现，亦愈愈圆满。故美之究竟，在具象理想，不在于抽象理想。"

高山樗牛《近世美学》："特事物之偶性，亦非必尽予排斥。盖理想本体虽平等，而常随外缘以生差别。故事物所现个性愈丰富者，理想之发现，亦

① 蔡元培：《美学的进化》，《蔡元培全集》第4卷，中华书局1984年版，第23页。
② 栾伟平：《黄人和徐念慈小说理论的东学与西学来源》，《中国近代文学学会第十七届年会会议论文集》，天津师范大学2014年版，第336页。

愈近于圆满。故美之究竟，在于具象理想，而不存于抽象理想。”

（三）徐念慈：“邱希孟氏（Kirchmann，1802—1884），感情美学之代表者也。其言美的快感，谓对于实体之形象而起。”

高山樗牛《近世美学》：“克尔门氏者（Kirchmann，1802—1884），为德国感情美学之代表者……美之快感，常与实际快感并存是也。详言之，即对某实体起实际快感时，此美之快感，必属诸实体之形象。”

（四）徐念慈：“（邱希孟）又曰：美的概念之要素，其三为形象性。形象者，实体之模仿也。”

高山樗牛《近世美学》：“美概念中，第三要素则其形象性是也。以有此形象性，美乃得有特质。昔者雅里大德理氏，说明美之定义，以模仿为主脑，即模仿实体者也。”

（五）徐念慈：“（邱希孟）又曰：美之第四特性，为理想化。理想化者，由感兴的实体，于艺术上除去无用分子，发挥其本性之谓也。”

高山樗牛《近世美学》：“美之第四特性为理想化。理想化者，由感兴实体，除去艺术上无用之分子，而善发挥美之本性者也。”①

通过比较可以看出，徐念慈关于黑格尔与克尔门的五段引文，与高山樗牛的《近世美学》高度雷同，毫无疑问来自后者。《近世美学》充当了徐念慈了解德国美学的窗口。

那么，这五段引文到底对应黑格尔与克尔门美学著作的哪一部分，与原文有哪些出入呢？徐念慈又是否准确理解了这五段引文呢？下面，以关于黑格尔的两段引文为中心，来考察一下。

先看第一段引文：

黑搿尔氏（Hegel，1770—1831）于美学，持绝对观念论者也。其言曰：艺术之圆满者，其第一义，为醇化于自然。简言之，即满足吾人之美的欲望，而使无遗憾也。②

① 以上《近世美学》的原文，中文译文全部采用刘仁航1920年译本。

② 徐念慈：《〈小说林〉缘起》，《小说林》1907年第1期。

首先要指出，在第一句“艺术之圆满者，其第一义，为醇化于自然”中，徐念慈有一处文字讹误。“醇化于自然”五字，应改为“醇化自然”。如前所述，这一句化用自高山樗牛《近世美学》：“圆满之艺术，其第一义，不可不醇化自然。”所谓“醇化自然”，即对自然进行加工、提炼，使自然更加真醇，这是黑格尔美学的基本观点。而“醇化于自然”字面的意思是艺术妙肖自然、融化于自然，这是不符合黑格尔原意的。众所周知，黑格尔美学主张艺术要改造、提升自然，艺术美要高于自然美。《美学》第一卷第三章：“艺术究竟根据现在的外在形状照实描绘呢，还是要对自然现象加以提炼和改造呢？……人们说，艺术作品当然要自然，但是也有平凡丑陋的自然，这就不该模仿……在任何艺术中妙肖自然这一个原则都不应导入迷途，成为现实自然的散文或是现实自然的依样模仿”。[①] 黑格尔认为，艺术比现实更纯粹，更高明：“艺术作品抓住事件、个别人物以及行动的转变和结局所具有的人的旨趣和精神价值，把它表现出来，这就比起原来非艺术的现实世界所能表现的，更为纯粹，也更为鲜明”，“艺术用这种观念性把本来没有价值的事物提高了”。[②]显然，“醇化自然”是对的，而“醇化于自然”则说不通。

不过，从后面紧接着的一句关于“醇化于自然”的解释来看，也许徐念慈本来的意思就是“醇化自然”，“醇化于自然”是一个笔误，或者是印刷错误。徐念慈说：“简言之，即满足吾人之美的欲望，而使无遗憾也。”这一句的来源，是高山樗牛《近世美学》中的下面一段：“若当前之自然，果能于吾人之美欲，圆满无遗憾者，此等自然与艺术，其价值自无上下……然普通自然界事物，多缚束于外表之偶性，故必以醇化自然为原则焉。”[③]徐念慈的理解是：因为自然界是有缺憾的，不能完全满足人类美的欲望，所以艺术才有其价值，艺术的使命在于满足人类美的愿望，使其不再有缺憾。艺术因自然之缺憾而起，当然不可能“醇化于自然”，而只能“醇化自然”。自然美有缺憾，艺术美的目的是弥补这些缺憾，是黑格尔美学的另一基本观点。黑格尔认为，自然中也有美，但前提是自然作为理念、精神的感性表现时，“我们只有在自然形象的符合概念的客体性相之中见出受到生气贯注的互相依存的关系时，才可以见出自然的美”。自然美受制于自

① ［德］黑格尔：《美学》第 1 卷，朱光潜译，商务印书馆 1997 年版，第 206、324 页。
② ［德］黑格尔：《美学》第 1 卷，朱光潜译，商务印书馆 1997 年版，第 37、210 页。
③ ［日］高山樗牛：《近世美学》，刘仁航译，商务印书馆 1920 年版，第 76 页。

然事物的粗糙、无序、杂乱，呈现出一种偶然性与不确定性。在自然美中，精神、理念还无法表现出其自由与无限。正因为自然美有这样的缺陷，才产生了对艺术美的需求：“艺术的必要性是由于直接现实有缺陷，艺术美的职责就在于它须把生命的现象，特别是把心灵的生气灌注现象按照它们的自由性，表现于外在的事物，同时使这外在的事物符合它的概念。”①艺术为弥补自然美之缺憾而作，这就是徐念慈“满足吾人之美的欲望，而使无遗憾”的由来。

接下来，徐念慈以中国古代小说戏曲为例，对黑格尔艺术醇化自然的命题给予了阐释。他说：

> 曲本中之团圆（《白兔记》《荆钗记》）、封诰（《杀狗记》）、荣归（《千金记》）、巧合（《紫箫记》）等目，触处皆是。若演义中之《野叟曝言》，其卷末之踌躇满志者，且不下数万言。要之不外使圆满，而合于理性之自然也。②

从这段话看，徐念慈对艺术醇化自然的理解是艺术应该美化自然，艺术比自然更美好，更圆满，更合乎人的心愿。这一理解与黑格尔本人的思想并不完全吻合。黑格尔强调艺术提炼、改造自然，指的是在艺术创作中艺术家舍弃外在自然中一切偶然无序的东西，着力去表现某种精神或理想，使艺术形象的每一个部分都浸透在精神或理想中，在精神、理想的灌注下成为一个有生气的整体。他说：“因为艺术要把被偶然性和外在形状玷污的事物还原到它与它的真正概念的和谐，它就要把现象中凡是不符合这概念的东西一齐抛开，只有通过这种清洗，它才能把理想表现出来。”他举人物绘画为例：“就连最不过问理想的画像家也必须谄媚，这是就这个意义来说的：他必须抛开形状、面容、形式、颜色、线条等方面的一切外在细节，必须抛开有限事物的只关自然方面的东西如头发、毛孔、瘢点之类，然后把主体的普遍性格和常住特征掌握住，并且再现出来。”③艺术应舍弃自然中无关紧要的细枝末节，而集中于表现人物的某种普遍性格，这一要求显然不能简单理解为对自然进行美化、将现实中不尽如人意的东西予以修改。黑格尔从未说过仅仅对自然进行美化便成其为艺术，更没有说过文学

---

① ［德］黑格尔：《美学》第1卷，朱光潜译，商务印书馆1997年版，第195页。
② 徐念慈：《〈小说林〉缘起》，《小说林》1907年第1期。
③ ［德］黑格尔：《美学》第1卷，朱光潜译，商务印书馆1997年版，第200页。

作品为了美化自然可以采取“大团圆”的情节结构。事实上，在文学方面黑格尔最为推崇的是古希腊悲剧。黑格尔认为，古希腊悲剧中矛盾对立的双方所争求的目标各自都有一部分合理性，双方各代表了真理的一部分，矛盾双方的冲突、斗争以至最后的毁灭，表现的是绝对精神自身从统一到分裂、斗争最后又重归于统一的整个历程。这样一类文学作品，与中国古代表现正义战胜邪恶、有情人终成眷属的“大团圆”叙事显然相去甚远。徐念慈用《白兔记》《荆钗记》《野叟曝言》等“大团圆”作品来解释黑格尔的艺术醇化自然理论，无疑是对黑格尔美学的严重误解。

再看第二段引文：

> 事物现个性者，愈愈丰富，理想之发现，亦愈愈圆满。故美之究竟，在具象理想，不在于抽象理想。①

这段话的来源，是黑格尔对艺术个性的强调。黑格尔说：“我们原来的出发点是引起动作的普遍的有实体性的力量。这些力量需要人物的个性来达到它们的活动和实现，在人物的个性里这些力量显现为感动人的情致。但是这些力量所含的普遍性必须在具体的个人身上融会成为整体和个体。这种整体就是具有具体的心灵性及其主体性的人，就是人的完整的个性，也就是性格。”②黑格尔认为，人物个性应尽量丰富：“因此，人物性格也须现出这种丰富性。一个性格之所以能引起兴趣，就在于它一方面显出上文所说的整体性，而同时在这种丰富中它却仍是它本身，仍是一种本身完备的主体。如果人物性格没有现出这样的完满性和主体性，而只是抽象的，任某一种情欲去支配的，它就会显得不是什么性格，或是乖戾反常，软弱无力的性格”，“只有这样的多方面性才能使性格具有生动的兴趣。同时这种丰满性必须显得凝聚于一个主体，不能只是乱杂肤浅的东西，或是偶然心血来潮的激动。”③

黑格尔认为，丰富的个性与美的理想的表现并不矛盾：“因此，性格就是理想艺术表现的真正中心……因为理念作为理想，在它的得到定性的状态中就是

① 徐念慈：《〈小说林〉缘起》，《小说林》1907年第1期。
② [德]黑格尔：《美学》第1卷，朱光潜译，商务印书馆1997年版，第300页。
③ [德]黑格尔：《美学》第1卷，朱光潜译，商务印书馆1997年版，第302、303页。

自己和自己发生关系的主体的个性。但是真正的自由的个性，如理想所要求的，却不仅要显现为普遍性，而且还要显现为具体的特殊性，显现为原来各自独立的这两方面的完整的调解和互相渗透，这就形成完整的性格，这种性格的理想在于自身融贯一致的主体性所包含的丰富的力量。”“对于性格的理想表现，坚定性和决断性是一种重要的定性。像我们前已约略提到的，性格之所以有这种坚定性和决断性，是由于所代表的力量的普遍性与个别人物的特殊性融会在一起，而在这种统一中变成本身统一的自己与自己融贯一致的主体性和整一性。”[①]这大概就是“事物现个性者，愈愈丰富，理想之发现，亦愈愈圆满”的出处了。

与对人物个性的强调相一致，黑格尔主张美的本质为一种具体化的理念。美本身应该被理解为理念，却是一种确定形式的理念。黑格尔指出，艺术批评中有一种倾向，即否认艺术理念的存在，认为一切理念都是抽象的、空洞的，艺术追求理念是不正确的、徒劳的。黑格尔认为，“这种指责却不能适用于我们所说的‘理念’，因为这完全是具体的，是一种统摄各种定性的整体，其所以美，只是由于它(理念)和适合它的客体性相直接结成一体”。黑格尔说：“美通体是这样的概念：这概念并不超越它的客观存在而和它处于片面的有限的抽象的对立，而是与它的客观存在融合成为一体”，“我们对于美的理念，也要如其本质地就它在它的现实客观存在中作为具体的主体性因而也就是作为个别事物去理解，因为只有作为现实的理念，美的理念才能存在，而理念的现实性，只有在具体个别事物里才能得到”。[②] 美作为理念，是现实的、具体的，而非抽象的、片面的，这应该就是“美之究竟，在具象理想，不在于抽象理想”的出处。明治时期，关于黑格尔美学强调“具象理想”而非“抽象理想”的说法在日本美学界颇为流行。除高山樗牛《近世美学》外，其他美学家的著作中也时有出现。比如，森鸥外在发表于 1892 年的《审美论》中这样写道：“近代人不仅不相信审美学甚至不屑一听。这是因为它原本是抽象的理想主义、形而上的美学。幸而黑格尔以来，出现了具体的理想主义与它对峙，认为不应在感官以外寻求美之所在。美唯一的所在是触及感官的假象，而这一假象同时又是极为具体的。”

---

① [德]黑格尔：《美学》第 1 卷，朱光潜译，商务印书馆 1997 年版，第 301、307 页。
② [德]黑格尔：《美学》第 1 卷，朱光潜译，商务印书馆 1997 年版，第 136、143、185 页。

艺术形象应该是具体与理想、个性与普遍性的统一体，人物个性越丰富，理想越圆满，这都符合黑格尔的原意。但是到底何谓个性丰富，怎样做到个性丰富？徐念慈接下来的解释，却不能说是正确。他说：

> 西国小说，多述一人一事；中国小说，多述数人数事。论者谓为文野之别，余独谓不然。事迹繁，格局变，人物则忠奸贤愚并列，事迹则巧绌奇正杂陈，其首尾联络、映带起伏，非有大手笔、大结构，雄于为文者，不能为此。盖深明乎具象理想之道，能使人一读再读即十读百读亦不厌也，而西籍中富此兴味者实鲜。孰优孰绌，不言可解。然所谓美之究竟，与小说固适合也。①

在这里，徐念慈将个性丰富理解为具有个性的人物形象非常众多，这种理解显然脱离了黑格尔的原意。如前所述，黑格尔所谓个性的丰富，指的是每个有个性的人物性格中，都包含多个方面，丰满立体，同时又统一。黑格尔论荷马笔下的人物："在荷马的作品里，每一个英雄都是许多性格特征的充满生气的总和。阿喀琉斯是个最年轻的英雄，但是他一方面有年轻人的力量，另一方面也有人的一些其他品质，荷马借种种不同的情境把他的这种多方面的性格都揭示出来了。阿喀琉斯爱他的母亲特提斯，布里赛斯被人夺去，他为她痛哭，他的荣誉受到损害，他就和阿伽门农争吵……他一方面是个最漂亮最暴躁的少年，既会跑，又勇敢，可是另一方面他也很尊敬老年人……每个人都是一个整体，本身就是一个世界，每个人都是一个完满的有生气的人，而不是某种孤立的性格特征的寓言式的抽象品。"②个性丰富并不是有个性的人物很多，而是每个单个人物的性格中都包含丰富、复杂的多面，徐念慈以中国小说人物事件众多来阐释个性丰富，如果不能说错误的话，也至少偏离了黑格尔的原意。

《〈小说林〉缘起》之外，徐念慈的另一篇重要小说理论文章是《余之小说观》。该文发表于1908年4月，比《〈小说林〉缘起》晚了约一年。在这篇文章中，徐念慈仍然坚持了审美本位主义，将小说作为美的艺术的一种来理解。文章的开头，徐念慈指出近年来中国社会各方面的变革都突飞猛进，"即趋于美的

---

① 徐念慈：《〈小说林〉缘起》，《小说林》1907年第1期。
② ［德］黑格尔：《美学》第1卷，朱光潜译，商务印书馆1997年版，第302、303页。

一方面之音乐、图画、戏剧，亦且改良之声，喧腾耳鼓……然而此中绝尘而驶者，则当以新小说为第一。”文章认为，文学的目的是审美、娱情，而小说为文学之一种：“小说者，文学中之以娱乐的，促社会之发展，深性情之刺戟者也。”小说本质上是一种以审美为目的的艺术，过去国人以小说为鸩毒霉菌，“不免失之过严”，现在国人以小说为救国良药，“又不免誉之失当”。[①]

总起来看，徐念慈的小说理论，建立在他对西方美学尤其是德国美学的了解的基础上。正是因为有了西方美学作为知识背景，他的小说理论才在当时显得独树一帜、卓尔不群。徐念慈对西方美学的理解，有不够准确之处，这是他的局限。但是另一方面，引西方美学来讨论小说艺术，即便有错误，也具有重要的学术史的意义。正是因为小说理论、文学批评的引用，现代美学知识在中国才更好地扎下根来。

第二节 黄人

“新小说”阵营中，与徐念慈观点一致且个人关系密切的是黄人。黄人，江苏常熟人，原名黄振元，字慕庵，号摩西，笔名蛮。黄人的正式身份，是东吴大学文科教授。课余时间，黄人帮助好友兼同乡徐念慈、曾朴编辑《小说林》杂志。黄人小说理论与批评方面的代表作，是发表于《小说林》杂志的《〈小说林〉发刊词》，以及连载文章《小说小话》。

《〈小说林〉发刊词》的开头，黄人指出中国人在对待小说的态度上存在一种极端倾向，即“昔之视小说也太轻，而今之视小说又太重也”。过去极端否定小说的价值，将小说视为俳优、鸩毒、妖孽，“言不齿于缙绅，名不列于四部”。现在又极端肯定小说，“出一小说，必自尸国民进化之功；评一小说，必大倡谣俗改良之旨”，“一若国家之法典，宗教之圣经，学校之科本，家庭社会之标准方式，无一不赐于小说者”。“小说之实质”到底何在，小说之价值到底何在呢？黄人提出了自己的看法：

① 徐念慈：《余之小说观》，《小说林》1908 年第 9 期。

小说者,文学之倾于美的方面之一种也。宝钗罗带,非高蹈之口吻,碧云黄花,岂后乐之襟期。微论小说,文学之有高格可循者,一属于审美之情操,尚不暇求真际而择法语也。然不佞之意,亦非敢谓作小说者,但当极藻绘之工,尽缠绵之致,一任事理之乖僻,风教之灭裂也。玉颅珠领,补史氏之旧闻,气液日精,据良工所创获,未始非即物穷理之助也。不然,则有哲学、科学专书在。吁天诉虐,金山之同病堪怜,渡海寻仇,火窟之孝思不匮,固足收振耻立懦之效也。不然,则有法律、经训原文在。且彼求诚止善者,未闻有玩华绣帨之不逮,而变诚与善之目的以迁就之,则从事小说者,亦何必椎髻饰劳,黥容示节,而唐捐其本质乎?嫱、施天下之美也,鸱夷一舸,讵非明哲?青冢一抔,不失幽芬。藉令没其倾吴宫、照汉殿之丰容,而强与孟庑齐称,娥台合传,不将疑其狂易乎?一小说也,而号于人曰,吾不屑屑为美,一秉立诚明善之宗旨,则不过一无价值之讲义、不规则之格言而已。[①]

黄人认为,小说是美文学的一种,是文学中"有高格可循者",小说的根本价值在审美。作为旨在审美的艺术,小说与旨在立诚的科学、哲学有别,与旨在明善的法律、宗教("经训")也有别。小说可以立诚,也可以明善,但那是不期然的效果,小说的根本目的还是审美,离开审美小说便不再是小说。

强调小说审美特性的立场,在连载评论《小说小话》中也有体现。在《小说小话》中,黄人屡次强调小说与历史、小说与学术的区别。他主张历史小说与历史应保持一定距离:

历史小说,当以旧有之《三国志演义》《隋唐演义》,及新译之《金塔剖尸记》《火山报仇录》等为正格。盖历史所略者应详之,历史所详者应略之,方合小说体裁,且耸动阅者之耳目。若近人所谓历史小说者,但就书之本文,演为俗语,别无点缀斡旋处,冗长拖沓,并失全史文之真精神,与教会中所译土语之新旧约无异,历史不成历史,小说不成小说。谓将供观者之记忆乎?则不如直览史文之简要也。谓将使观者易解乎?则头绪纷繁,事虽显而意仍晦也。或曰:"彼所谓演义者耳,勿苛求也。"曰:演义者恐其义之晦

① 摩西:《〈小说林〉发刊词》,《小说林》1907年第1期。

塞无味，而为之点缀，为之斡旋也。兹则演词而已，演式而已，何演义之足云！①

他主张小说远离说教：

小说之描写人物，当如镜中取影，妍媸好丑，令观者自知，最忌搀入作者论断。或如戏剧中一角色出场，横加一段定场白，预言某某若何之善，某某若何之劣，而其人之实事，未必尽肖其言，即先后绝不矛盾，已觉叠床架屋，毫无余味。故小说虽小道，亦不容着一我之见。如《水浒》之写侠，《金瓶梅》之写淫，《红楼梦》之写艳，《儒林外史》之写社会中种种人物，并不下一前提语，而其人之性质、身份，若优若劣，虽妇孺亦能辨之，真如对镜者之无遁形也。夫镜，无我者也。②

他批评《野叟曝言》内容的驳杂：

夫小说虽无所不包，然终须天然凑合，方有情趣。若此书之忽而讲学，忽而说经，忽而谈兵论文，忽而诲淫语怪，语录不成语录，史论不成史论，经解不成经解，诗话不成诗话，小说不成小说。杂事秘辛，与昌黎原道同编，香奁妆品，与庙堂礼器并设，阳阿激楚，与云门咸池同奏，岂不可厌。③

主张小说与历史保持距离也好，远离说教、避免变成大杂烩也好，目的都是维护小说的独立地位，强调小说与实用文体的区别，这与《〈小说林〉发刊词》对小说审美特性的强调是一脉相承的。

要透彻理解黄人《〈小说林〉发刊词》及《小说小话》中的观点，需参照黄人的另一部著作《中国文学史》。1904年，在东吴大学执教的黄人应教学需要，开始编撰一部《中国文学史》，1907年这部著作基本完成。这部文学史一般公认是中国最早的文学史，与京师大学堂林传甲的《中国文学史》几乎诞生在同一时间。

① 蛮：《小说小话》，《小说林》1907年第2期。
② 蛮：《小说小话》，《小说林》1907年第1期。
③ 蛮：《小说小话》，《小说林》1907年第6期。

这部文学史共二十九册，分为四编，前三编是总论、略论和分论，第四编是作家评点和作品辑录。在第一编总论部分的“文学之目的”一节以及第三编分论部分的“文学定义”一节中，黄人旁征博引西方学者关于文学的定义界说，对文学的定义、性质、功能等问题予以了回答。这些论述，对我们理解黄人的小说理论具有重要参考意义。

在“文学的目的”一节，黄人提出，人生有三大目的，“曰真，曰善，曰美”。与真、善、美三大目的相对应，有三种不同的学问：求真之学，求善之学，求美之学。科学、哲学求真，伦理学、教育学、政法学等求善，而文学、艺术等则“属于美之一部分”。三种学问彼此分立，同时又互有关系。文学作为求美之学其根本目的是审美，但也兼顾真与善，“远乎真者，其文学必颇”，“反乎善者，其文学亦亵”。从广义上来理解文学的话，文学“实为代表文明之要，具达审美之目的，而并以达求诚明善之目的者也”，“无三才万象为之资料，则虽穷高骛远，而无异贫儿之说金。无德慧术智为之结构，则虽盈篇累牍，而仍同鹦鹉之学语。是则不能求诚明善，而但以文学为文学者，亦终不能达其最大之目的也。”①

在“文学定义”一节，黄人首先梳理中国古代“文”与“文学”概念变迁，认为古人对“文”的理解“皆无当于文学之真际”。然后，引西方从达克士（今译塔西佗）、西在洛（今译西塞罗）、苦因地仑（今译昆体良）到巴尔克（今译布鲁克）、阿诺图（今译阿诺德）、狄比图松（今译大卫森）、科因西哀（今译德·昆西）关于文学的定义，认为它们都不够完善。最后，引烹苦斯德（Pancoast，今译朋科斯德）《英国文学史》中的文学定义，认为其解释文学最详。烹苦斯德对文学有广义、狭义两种解释，广义的文学包括所有的文字书籍，狭义的文学“为美术作品要素之一，与绘画、音乐、雕刻等，皆以描写感情为事”。文学以描写人类感情为根本使命，同时也具备灌输道德、传播知识的功效，但尽管如此文学仍与宗教、科学等有别，“文学虽出于垂教，以智识为最要目的，而与平常之教科书不同”，“文学之关系于科学历史者诚不少，而当其用之，则必选其能动感情，能娱想象为要”，“然则文学者，扫除偏际之特殊知识，而喻以普通之兴味，以发挥永远不易之美

---

① 黄人：《中国文学史》，汤哲声、涂小马编《黄人评传·作品选》，中国文史出版社 1998 年版，第 37、38 页。

之价值者也”。黄人认可烹苦斯德关于文学的狭义理解，认为其“详密不漏”，“颇觉正确妥当，盖不以体制定文学，而以特质定文学者也”。①

接下来，黄人引烹苦斯德关于文学具有六种“特质”的说法：(一) 文学者虽亦因乎垂教，而以娱人为目的；(二) 文学者当使读者能解；(三) 文学者当为表现之技巧；(四) 文学者摹写感情；(五) 文学者有关于历史科学之事实；(六) 文学以发挥不朽之美为职分。黄人对烹苦斯德所列文学的六种特质一一进行了疏解。比如对第一项“文学者虽亦因乎垂教，而以娱人为目的”，黄人解释说文学一方面属于艺术，具有娱情作用，一方面又兼以教化人心为目的，“然以教训为文学目的，终觉勉强，盖文学概属于情的一方面，其于知识及意志不过取为资料，而非其本职”，“文学之职分，以感动人情为主，属于情之范围者，美也。故文学属于美学之范围，所谓赋予娱乐者，即超美之快感也”。对第三项“文学者当为表现之技巧”，黄人作了这样的按语：“所谓表现之美者，非特文学之内容宜美，即其外形亦不可不美也。”对于第五项“文学者有关于历史科学之事实”，黄人解释说：“文学之资料不能不取决于历史科学之事实，然思想感情为主，而事实为宾，其轻重缓急必当审择。若为资料所累，其记事也，如断烂朝报；其体物也，如市侩簿记。而内无情致，外无藻彩者，不得谓之文学。”对第六项“文学以发挥不朽之美为职分”，黄人解释说：“文学须发挥不变不易之美，则价值贵而历久常新。或趋一时之风气，或投流俗之嗜好，非不粲然可观，然朝荣暮落，有如舜华，非特于文学史上无价值，且无生命。”最后，黄人重申，人之思想有真、善、美三方面，“美为构成文学的最要素，文学而不美，犹无灵魂之肉体，盖真为智所司，善为意所司，而美则属于感情，故文学之实体可谓之感情云。”②

综上，黄人《中国文学史》中的基本文学观念可以概括如下：第一，人的精神有知、意、情三方面，对之而生真、善、美三大人生目的，科学、哲学求真，宗教、法律、道德求善，文学、艺术求美；第二，文学求美，但又兼及真、善，“远乎真者，其文学必颇”，“反乎善者，其文学亦衰”，求诚、明善为文学题中应有之义；第三，文

---

① 黄人：《中国文学史》，汤哲声、涂小马编《黄人评传 · 作品选》，中国文史出版社 1998 年版，第 68、69 页。

② 黄人：《中国文学史》，汤哲声、涂小马编《黄人评传 · 作品选》，中国文史出版社 1998 年版，第 69、70、72 页。

学虽然离不开真与善，但美仍是第一位的，文学的本职在于审美娱情，文学不能脱离自己的本职而去片面追求真与善。可以看出，这样一套文学观念，与《〈小说林〉发刊词》及《小说小话》中的小说观念，是完全吻合的。或者说，正是《中国文学史》中的文学观念，奠定了《〈小说林〉发刊词》及《小说小话》中小说观念的基础。黄人的小说观念，完全是从其基本文学观念中推导出来的，他的推导逻辑是：文学是求美的，小说作为文学的一种，其本质也是求美，“宝钗罗带，非高蹈之口吻，碧云黄花，岂后乐之襟期”；文学求美，同时兼及真、善，不能求诚明善，但以文学为文学者不足取，小说同样如是，“玉颀珠颔，补史氏之旧闻，气液日精，据良工之所获，未始非即物穷理之助也”，“吁天诉虐，金山之同病堪怜，渡海寻仇，火窟之孝思不匮，固足收振耻立懦之效也”；文学兼及真善，但以美为主，文学不美犹“无灵魂之肉体”，小说也不可因追求诚、善而泯灭其本质，“一小说也，而号于人曰，吾不屑屑为美，一秉立诚明善之宗旨，则不过一无价值之讲义、不规则之格言而已”。

那么，这种在知、情、意与真、善、美三分的框架中界定文学（小说），强调文学的审美特性的文学观念，又是从哪里来的？是否出于黄人的闭门自造呢？不是。已有学者指出，黄人《中国文学史》中的基本文学观念，来自日本太田善男的《文学概论》。而太田善男的《文学概论》，又主要从19世纪英国文学批评资源中吸取营养，也就是说，黄人的文学观念来自经日本人转手的西方文学理论与批评。①

太田善男，日本文学批评家、文学史家，1880年出生，1905年毕业于东京大学英文科，曾供职于东京博文馆、庆应义塾，《文学概论》是其1906年供职于博文馆时的著作。该书分上下编，上编“文学总论”包括“何谓艺术”“艺术的组成”“文学之解说”共三章，下编“文学各论”包括“何谓诗”“韵文”“美文”“杂文学”共四章。黄人基于真、善、美三分的理论框架，就是来自太田善男的这部《文学概论》。《文学概论》第三章“文学之解说”第二节“文学的要素”有这样一段话：

① 关于黄人文学论与太田善男《文学概论》的关系，参考陈广宏《黄人的文学观念与19世纪英国文学批评资源》，《文学评论》2008年第6期。

人的思想有三个侧面，一为真，一为善，一为美。因美形成的思想即谓美的思想（aesthetical thoughts），实为构成文学的最重要因素，如若没有它，文学犹如无灵魂之躯壳，说它是何等的权威都不为过。而真由知所司，善由意所司，美由感情所司，是故文学的实体，可谓由感情（feeling）得之。

比较黄人《中国文学史》“总论”中“人生有三大目的：曰真，曰善，曰美”的论述，以及“分论”第一章第一节“文学定义”中“文学而不美，犹无灵魂之肉体”“真由智所司，善由意所司，而美则属于感情”的论述，可以说若合符契。不仅如此，在具体的论据和论证上，黄人对太田善男《文学概论》也多有借用。据陈广宏先生比对，《中国文学史》“文学定义”整节的内容中，除了开头梳理中国古代“文学”与“文”历史演变的部分外，其他都分别译自太田善男《文学概论》，连按语亦不例外，唯中间有删略处，有据理解自述或作文字润色处。具体而言，从达克士、西在洛、苦因地仑、巴尔克、阿诺图、狄比图松、科因西哀关于文学的定义，到烹苦斯德《英国文学史》中关于文学的广、狭两种定义，全部系《文学概论》第二章第一节“文学的意义”的内容。分释烹苦斯德论文学特质的部分，从第一条“文学者虽亦因乎垂教，而以娱人为目的”到第六条“文学以发挥不朽之美为职分”，全部系《文学概论》第二章第二节“文学之特质”的内容，唯中间略有删减处而已。

黄人的基本文学观点受太田善男的影响，受经太田善男中转而引入的西方文论的影响，看来已经没有疑问。但是，这里还是要强调以下几点。第一，虽然受外来文学观念的影响，提出了一套审美主义的文学定义，强调文学与历史、学术、政治等的界限，但是在关于中国文学的具体论述中，黄人并未将这一套文学观念、文学标准生搬硬套，而是对其进行灵活调整，以使其适应中国文学的实际。黄人认为，对文学进行界定时，不妨严一点，但文学史的具体写作中，又不妨把标准放得宽一点，“客嘲宾戏，呈诡辩之才；石鼎锦图，极文心之巧；典午清谈，为两宋南宗北宗之滥觞；舒王经义，树有明甲科乙科之正鹄。此皆文学之不循故辙而独辟一区者”①。《中国文学史》“略论”部分及作家作品评点部分的写

① 黄人：《中国文学史》，汤哲声、涂小马编《黄人评传·作品选》，中国文史出版社1998年版，第42页。

作，实际上大大突破了“总论”“分论”部分确立的美文学的定义。① 第二，太田善男《文学概论》是一部文学通论性质的著作，并非小说专论，而黄人则不仅通论了文学的性质、功用等问题，而且由对文学的一般理解出发，论述了小说的性质、功用，提出小说为“文学之倾于美的方面之一种”的命题，在清末“新小说”阵营中独树一帜，这是他的富有创造之处。

总起来看，黄人小说及文学观念的特点是，从现代美学、文学理论的基本假定出发，在知、意、情与真、善、美三分的框架中思考小说、文学，强调小说、文学作为美的艺术的超功利性与独立性。这样一套文学观念的出现，与同时期的美学运动构成一种呼应，具有重要的美学史的意义。

第三节　林纾

在“新小说”阵营中，林纾是一个特殊的人物：并非职业小说家，却以小说闻名；在小说界影响巨大，举足轻重，但个人创作的作品不多，主要以翻译外国小说为主；译作众多，但本人却不通外语。

从1897年翻译《巴黎茶花女遗事》开始，到1924年逝世，林纾的翻译生涯持续了将近三十年，共翻译外国小说170余种，其中一多半由商务印书馆出版。林纾翻译的外国小说中，既有塞万提斯的《堂吉诃德》（林纾将其译为《魔侠传》）、狄更斯的《雾都孤儿》（林纾译为《贼史》）等一流作家的一流作品，也有哈葛德、柯南·道尔等通俗作家的通俗作品。虽然原作的流品不齐，林纾翻译时的投入程度、翻译的质量也参差不齐②，但林纾的文名加上商务印书馆强大的商业促销网络，使得林译小说非常受欢迎，差不多每一本出来都能畅销。在翻译过程中，林纾习惯于为原作写作一些序跋性质的文章，如“小引”“达旨”“例言”“译余剩语”等，这些序跋性质的文章也伴随着译著而广泛传播。阅读林纾译作的这些序跋文章，会发现这些文章除了介绍原作品的内容、评论作品中的人物外，还侧重以下两个方面的论述：第一，总结西方小说在结构、布局、描写方面的

---

① 关于这一点，参考拙文《20世纪初“纯文学”观念的流变及其反思——以王国维、黄人、周氏兄弟为中心》，《汉语言文学研究》2016年第1期。

② 关于这一点，参考钱钟书《论林纾的翻译》，商务印书馆1981年版，第35页。

特点，提醒读者注意小说的形式美；第二，介绍小说在西方社会的地位、作用，强调小说、文学相对于历史、科学、道德、政治等的独立价值。以上两方面的论述，均具有一定的美学史的价值，值得我们关注。

（一）小说形式美

林纾小说序跋文章中，关于西方小说形式、技巧的分析占了很大篇幅。而西方小说形式、技巧中，他最感兴趣、论述最多的是西方小说在叙事结构、布局方面的技巧。他称赞斯托夫人的《黑奴吁天录》：“是书开场、伏脉、接笋、结穴，处处均得古文家义法。可知中西文法，有不同而同者。”称赞狄更斯的《块肉余生述》“伏脉至细，一语必寓微旨，一事必种远因”，“前后关锁，起伏照应，涓滴不露”。称赞柯南·道尔《歇洛克奇案开场》：“故为停顿蓄积，待结穴处，始一一点清其发觉之处，令读者恍然。”称赞狄更斯《冰雪因缘》布局之巧可媲美《左传》《史记》：“左氏之文，在重复能不自复，马氏之文，在鸿篇巨制中，往往潜用抽换埋伏之笔而人不自觉。迭更司亦然，虽细碎芜蔓，若不可收拾，忽而井井胪列，将全章作一大收束，醒人眼目。”称赞司各特《撒克逊劫后英雄略》结构谨严，度越古人：“古人为书，能积至十二万言之多，则其日月必绵久，事实必繁夥，人物必层出。乃此篇为人不过十五，为日同之，而变幻离合，令读者若历十余稔之久”。对于他最熟悉的哈葛德，他尤其不吝笔墨，极力赞美。在《〈洪罕女郎传〉跋语》(1906)中，他称赞哈葛德叙事不落窠臼，善于推陈出新，且善用伏笔：

> 哈葛德之为书，可二十六种。言男女事，机轴只有二法，非二女争一男者，则两男争一女……然其文心之细，调度有方，非出诸空中楼阁，故思路亦因之弗窘。大抵西人之为小说，多半叙其风俗，后杂入以实事。风俗者不同者也，因其不同，而加以点染之方，出以运动之法，等一事也，赫然观听异矣。中国文章魁率，能家具百出不穷者，一惟马迁，一惟韩愈。试观马迁所作，曾有一篇自袭其窠臼否……若韩愈氏者，匠心尤奇。序事之作，少于史公，而于书及赠送叙二体，则无奇不备。伏流沈沈，寻之无迹，而东云出鳞，西云露爪，不可捉扪。由其文章巧于内转，故百变不穷其技。盖着纸之先，先有伏线，故往往用绕笔醒之，此昌黎绝技也。哈氏文章，亦恒有伏线

处，用法颇同于《史记》。[①]

更为有名的，是《〈斐洲烟水愁城录〉序》(1905)里的一段话：

西人文体，何乃甚类我史迁也！史迁传大宛，其中杂沓十余国，而归氏本乃联而为一贯而下。归氏为有明文章巨子，明于体例，何以不分别部落，以清眉目，乃合诸传为一传？不知文章一道，凡长篇巨制，苟得一贯穿精意，即无虑委散。《大宛传》固极绵褫，然前半用博望侯为之引线，随处均着一张骞，则随处均联络。至半道张骞卒，则直接入汗血马。可见汉之通大宛诸国，一意专在马，而绵褫之局，又用马以联络矣。哈氏此书，写白人一身胆勇，百险无惮，而与野蛮拼命之事，则仍委之黑人，白人则居中调度之，可谓自占胜著矣。然观其着眼，必描写洛巴革为全篇之枢纽，此即史迁联络法也。文心萧闲，不至张皇无措，斯真能为文章矣！[②]

以上批评的最大特色，是时时将中国古文(这里的古文是唐宋八大家及桐城派意义上的)与西方小说进行类比，努力发现其共同之处。左丘明、司马迁、韩愈是古文家的典范，“开场”“伏脉”“接笋”“结穴”“照应”“鳞爪”“内转”“百变不穷”“引线”等等，是明清古文家古文鉴赏常用的术语[③]，是“古文义法”的直接体现。哈葛德、司各特等人的小说能暗合古文义法，其价值自不容低估。以古文义法来评论小说，并不自林纾始。明代唐顺之、王景中等早就把《水浒传》来匹配《史记》，清代阮元认为《儒林外史》笔力可媲美欧、苏。[④] 而金圣叹批评《水浒传》、张竹坡批评《金瓶梅》、脂砚斋批评《石头记》，动辄使用“顿荡”“波澜”“伏

① 林纾：《〈洪罕女郎传〉跋语》，陈平原主编《二十世纪中国小说理论资料》第1卷，北京大学出版社1997年版，第181页。

② 林纾：《〈斐洲烟水愁城录〉序》，陈平原主编《二十世纪中国小说理论资料》第1卷，北京大学出版社1997年版，第158页。

③ 比如，方东树评司马迁《六国表序》“从秦入六国，草蛇灰线，引脉令人不觉”；林云铭评苏洵《权书·高帝》“起落转接，灵妙无敌”，评《权书·六国》“结穴全在篇末一段，感慨含蓄”；刘大櫆评韩愈《讳辩》“结处反复辩难，曲盘瘦硬已开半山门户”；沈德潜评苏轼《争臣论》“四问四答，首尾关应”；吴汝纶评《东坡志林·鲁隐公》“鳞爪时时一露，身首固未见也”；谢枋得评韩愈《获麟解》“许多转换往复变化，议论不穷”，刘大櫆评苏洵《管仲论》“婀娜百折，情态不穷”；茅坤评《东坡志林·平王》“此文以‘迁’之字为案，以无畏而迁者五，以有畏而不果迁者二，以畏而迁者六，共十三国，以错证存亡处，如一线矣”。以上事例均见吴孟复、蒋立甫主编《〈古文辞类纂〉评注》，安徽教育出版社2004年版。

④ 钱钟书：《论林纾的翻译》，商务印书馆1981年版，第35页。

线”“草蛇灰线”“伏脉千里”等古文家术语[①]，也早为大家熟知。所不同的是，金圣叹、张竹坡等仅以古文义法来批评中国小说，而林纾则更将其施于外国小说，其用意不仅在沟通古文与小说的轩轾，提升小说的地位，而且要沟通中西两种文学的界限，论证“中西文法，有不同而同者”。在《〈离恨天〉译余剩语》中，林纾感叹：“天下文人之脑力，虽欧亚之隔，亦未有不同者。”林纾的主旨，是强调中西作家、文人在创作时所追寻的共同目标：如何妙笔生花，将题材处理得更生动，文章写得更精彩。

叙事结构、布局之外，林纾最喜欢称道的，是西方小说家在社会写实方面的本领。在这方面，他最推崇的作家是司各特与狄更斯。他称赞司各特《撒克逊劫后英雄略》在写实方面的卓越成就：“吾闽有苏三其人者，能为盲弹词，于广场中，以相者囊琵琶至，词中遇越人则越语，吴人、楚人则又变为吴、楚语。无论晋、豫、燕、齐，一一皆肖，听者倾靡。此书亦然，述英雄语，肖英雄也；述盗贼语，肖盗贼也；述顽固语，肖顽固也。虽每人出话，恒至千数百言，人亦无病其累复者，此又一妙也。”[②]他一再称道狄更斯的写实本领，认为在体物写实方面，狄更斯的成就甚至要超过司马迁、班固。狄更斯擅长写家常琐事，尤其是“下等社会”的种种家常琐事，而班、马由于受写作体例的限制，对于此等事实不能尽情表现。《〈块肉余生述〉前编序》(1908)：“史、班叙妇人琐事，已绵细可味矣，顾无长篇可以寻绎。其长篇可以寻绎者，惟一《石头记》，然炫语富贵，叙述故家，纬之以男女之艳情，而易动目。若迭更司此书，种种描摹下等社会，虽可哕可鄙之事，一运以佳妙之笔，皆足供人喷饭。”在《〈孝女耐儿传〉序》(1907)中，林纾详细论证了狄更斯在描绘家常琐事方面的成就：

> 天下文章，莫易于叙悲，其次则叙战，又次则宣述男女之情。等而上之，若忠臣、孝子、义夫、节妇，决脰溅血，生气凛然，苟以雄深雅健之笔施

---

① 如金圣叹批评本《水浒传》第一回夹批：“忽作一结结住，下又另起，文字顿挫有法”，“看他文字，极尽起抑跌顿之妙”，“行文至此又路绝矣，又无转处矣，忽然先伏一奇峰在此”，“后文水穷云起，全仗此语作线”。第八回总批：“又如洪教头要使棒，反是柴大官人说且吃酒，此一顿已是令人心痒之极，乃武师又于四五合时跳出圈子，忽然叫住，曰除枷也；乃柴进又于重提棒时，又忽然叫住。凡作三番跌顿，直使读者眼光一闪一闪，直极奇极恣之笔也。”

② 林纾：《〈撒克逊劫后英雄略〉序》，见陈平原主编《二十世纪中国小说理论资料》第 1 卷，北京大学出版社 1997 年版，第 160、161 页。

之，亦尚有其人。从未有刻画市井卑污龌龊之事，至于二三十万言之多，不重复，不支厉，如张明镜于空际，收纳五虫万怪，物物皆涵涤清光而出，见者如凭栏之观鱼鳖虾蟹焉；则迭更司盖以至清之灵府，叙至浊之社会，令我增无数阅历，生无穷感喟矣。

中国说部，登峰造极者无若《石头记》。叙人间富贵，感人情盛衰，用笔缜密，着色繁丽，制局精严，观止矣。其间点染以清客，间杂以村妪，牵缀以小人，收束以败子，亦可谓善于体物；终竟雅多俗寡，人意不专属于是。若迭更司者，则扫荡名士美人之局，专为下等社会写照：奸狯驵酷，至于人意所未尝置想之局，幻为空中楼阁，使观者或笑或怒，一时颠倒，至于不能自已，则文心之邃曲宁可及耶？余尝谓古文中叙事，惟叙家常平淡之事为最难着笔……究竟史公于此等笔墨，亦不多见，以史公之书，亦不专为家常之事发也。今迭更司则专意为家常之言，而又专写下等社会家常之事，用意着笔为尤难。[①]

由小说写家常琐事出发，林纾悟出了小说与历史的不同。在《〈利俾瑟战血余腥记〉叙》(1904)中，他提出小说可以补历史之不足，历史记军国大事，小说记日常琐事，历史记军政，小说叙风俗，小说与历史各有其不可替代之价值：

余历观中史所记战事，但状军师之摅略，形胜之利便，与夫胜负之大势而已，未有赡叙卒伍生死饥疲之态，及劳人思妇怨旷之情者。盖史例至严，不能间涉于此。虽开宝诗人多塞下诸作，亦仅托诸感讽，写其骚愁，且未历行间，虽空构其众，终莫能肖。至《嘉定屠城记》《扬州十日记》，于乱离之惨，屠夷之酷，纤悉可云备著。然《嘉定》一记，貌为高古，叙事颠倒错出，读者几于寻条失枝。余恒谓是记笔墨颇类江邻几。江氏身负重名，为欧公所赏，而其文字读之令人烦懑。然则小说一道，又似宜有别才也。[②]

---

① 林纾：《〈孝女耐儿传〉序》，陈平原主编《二十世纪中国小说理论资料》第 1 卷，北京大学出版社 1997 年版，第 293 页。

② 林纾：《〈利俾瑟战血余腥记〉叙》，陈平原主编《二十世纪中国小说理论资料》第 1 卷，北京大学出版社 1997 年版，第 138 页。

小说具有区别于正史的“别才”，这个“别才”就是生动而又有条理地记录正史、古文所不屑写、不方便写的各种生活琐事、平淡之事。

在诸如此类的论述中，林纾所表达的，是一种写实主义的小说价值观：小说的价值不在其题材、对象，而在能否将对象真实而又生动地摹写出来。小说可以写下流社会，写庸人甚至小人，写日常生活中“至琐至屑无奇”看上去毫无价值的各种事迹。只要小说家将这些人与事如实而又真切地刻画出来，使其栩栩如生，马上便可以点铁成金，化腐朽为神奇，“种种描摹下等社会，虽可哕可鄙之事，一运以佳妙之笔，皆足供人喷饭”。小说家只需将社会现状如实、生动地描绘出来，便已完成自己的职志，而不必担心作品所表现的人与事本身是否重要，是否对读者有道德或知识上的教益，这是林纾这段话的潜台词。

有时候，林纾对西方小说文法修辞方面的优点也颇能欣赏。他称赞司各特文风的幽默、诙谐：“《汉书·东方曼倩传》叙曼倩对侏儒语及拔剑割肉事，孟坚文章，火色浓于史公，在余守旧人眼中观之，似西文必无是诙诡矣。顾司氏述弄儿汪霸，往往以简语泄天趣，令人捧腹，文心之幻，不亚孟坚。”赞赏司各特辞藻的华美、丰赡：“华德马者，合贾充、成济为一手者也，其劝谕诸将，虽有狡诈者，亦将为之动容。天下以义感人，人固易动，从未闻用篡窃之语宣之广众，竟似节节可听者；则司氏辞令之美，吾不测其所至矣，此又一妙也。”①不过，这样的论述并不多。更多的时候，林纾还是从叙事及描写两个方面来评述其所翻译的西方小说。

总起来看，林纾的小说理论与批评文章中，表现出一种比较强的形式主义倾向，即强调小说、文学作为审美艺术区别于一般实用性著作的特质，强调形式、技巧对于文学的重要性。文学的价值不仅仅在内容、题材，更在于形式，不仅仅在写什么，更在于怎样写。文学的使命不是给人提供某种知识或道德上的教益，而是以某种高超的技艺予人以愉悦。这样一种文学观念，显然带有鲜明的现代色彩，与中国古代强调文学的政治教化功能、强调“劝善惩恶”的正统文学观念差别甚大。事实上，林纾的小说序跋文章，与同时期王国维的《红楼梦评论》《论哲学家与美术家之天职》《文学小言》《屈子文学之精神》等文章之间，在

① 林纾：《〈撒克逊劫后英雄略〉序》，见陈平原主编《二十世纪中国小说理论资料》第1卷，北京大学出版社1997年版，第161页。

捍卫文学的独立性、强调“美术之独立价值”上，基本立场是一致的。在宽泛的意义上，可以把它们归入同一种美学思潮中去。

林纾注重形式的文学观念，与其古文家的身份有很大关系。林纾一向以古文家自许，而对外界首先称道其小说成就不满。[①] 明清以降的古文家，虽然念念不忘“载道”，但实际上一直存在注重形式的风气。桐城派刘大櫆论文，首重文人能事。所谓文人能事，即文人独有的表现自我、处理材料的本领。刘大櫆说，作文“明义理、适世用，必有待于文人能事”，“自古文字相传，另有个能事在”。方苞提倡“雅洁”说，将语言的纯化作为古文写作的首要法则。姚鼐编选《古文辞类纂》，从意、辞两方面着眼，要求入选的古文必须“谊忠而辞美”“意与辞俱美”，为此，甚至不惜将经、史、子部著作几乎全部排斥于《古文辞类纂》之外。林纾一向推尊桐城派，认为桐城派古文为“天下之正宗”，“天下正宗尊桐城”。[②] 作为桐城派古文的倾慕者，林纾论文首重形式美，也就是可以理解的了。另一方面，林纾注重形式的文学观念，又与域外文学的影响有关。小说在近代西方被视为纯文学的一种，林纾所推崇的司各特、狄更斯、小仲马等人，是公认的小说艺术大师，他们在小说艺术方面的成就，如林纾自己已经意识到的，并非狭隘的“古文义法”所能限定。作为一名翻译者，林纾在对他们的作品进行评论、介绍时，首先注重对其艺术形式的分析，而忽略对其社会政治意义的阐释，是一件很自然的事情。

（二）小说地位与价值

林纾小说序跋中，有一些关于小说家在西方社会中崇高地位的论述，颇引起当时国人注目。在《〈迦因小传〉引》（1905）中，他引他的翻译助手魏易的话：“魏子冲叔告余曰：小说固小道，而西人通称之曰文家，为品最贵，如福禄特尔、司各德、洛加德及仲马父子，均用此名世，未尝用外号自隐。”在《〈撒克逊劫后英雄略〉序》（1905）中，他盛赞司各特在英国文界地位崇高，“可侪吾国之史迁”。与对小说家崇高地位的鼓吹相适应，他强调小说在西方国家所发挥的社会功用，尤其是政治、教化方面的功用。强调小说的实际社会功用，似乎与他小说批

① 林纾：《〈鹰梯小豪杰〉叙》：“本非小说家，而海内知交咸目我以此，余只能安之而已。”陈平原主编《二十世纪中国小说理论资料》第1卷，北京大学出版社1997年版，第552页。

② 林纾：《〈慎宜轩文集〉序》，《林琴南文集》，北京中国书店1985年影印本版，第5页。

评中的形式主义倾向有矛盾，但他并未意识到这一矛盾，或者说有意回避了这一矛盾。在《〈鲁滨孙漂流记〉序》(1902)中，他称该书为探险类文学中首屈一指者，“为欧人家弦户诵之书，哲学家尤动必引据之”。在《〈译林〉序》(1901)中，他指出伏尔泰曾以小说为工具来教化国民：“巴黎有汪勒谛者，在天主教汹涌之日，立说辟之，其书凡数十卷，多以小说启发民智。至今巴黎言正学者，宗汪勒谛也。”他尤其称赞狄更斯、斯威夫特作品的政治讽谕意义。《〈贼史〉序》(1908)：“迭更司极力抉摘下等社会之积弊，作为小说，俾政府知而改之。”《〈红礁画桨录〉译余剩语》(1906)：“西人小说，即奇恣荒眇，其中非寓以哲理，即参以阅历，无苟然之作。西小说之荒眇无稽，至噶利佛极矣，然其言小人国、大人国之风土，亦必兼言其政治之得失，用讽其祖国。”

强调小说在西方国家政治教化功能的同时，林纾期望自己的翻译作品能够在中国起到同样的作用。他尤其希望自己的作品能够起到鼓舞国民爱国、尚武精神的作用。他期待《黑奴吁天录》关于黑奴悲惨命运的描述，能够成为中国人“振作志气，爱国保种之一助”。他称赞《爱国二童子传》“全副精神不悖于爱国之宗旨”，“读之以振动爱国之志气”。他肯定《鬼山狼侠传》中的“盗侠气概”，“无论势力不敌，亦必起角，百死无馁，千败无怯”，此种盗侠气概“用以振作积弱之社会，颇足鼓动其死气”，“吾民苟用以御外侮，则于社会又未尝无益”。他直言翻译《剑底鸳鸯》的动机是鼓舞国民尚武精神：“余之译此，冀天下之尚武也……俾吾种亦去其倦敝之习，追蹑于猛敌之后。”

诸如此类的观点，与梁启超在《译印政治小说序》《中国唯一之文学报〈新小说〉》《论小说与群治之关系》中的论调非常相似。正如我们在关于梁启超的部分中已经指出的，对于此种论调，应充分注意其两面性。一方面，我们当然可以像有的学者那样，指出小说救国论与中国古代的“文以载道”论的联系，指出二者在本质上都是一种功利主义的文学观，甚至我们也可以将小说救国论定性为文以载道论的一个时代新变种。但是，另一方面，我们又应充分注意这两种文学观念的差异。“载道”论的“道”是儒家意义上的道，“其文诗、书、易、春秋，其法礼乐刑政，其民士农工贾，其位君臣、父子、师友、宾主、昆弟、夫妇”；而小说救国论的“国”是现代意义上的民族、民主国家，“小说救国”“小说爱国”的背后是现代民族、民主意识，即每一个国民作为国家的主人翁、国家的一分子应对国家尽自己的责任和义务，二者之间具有根本的不同。正如韩南早就正确地指出过的，“处理和解决复杂的为民族关注的问题”，服务于现代民族国家的建设，是小说过去在中国“还不曾被要求过的功能”。[①] 19、20世纪之交，小说被期待发挥这样的功能，这一变化的背后，是近代中西交通以来中国人现代民族、国家意识的形成，以及西方小说观念、文学观念的输入。18世纪以来，在各主要欧洲国家，小说、文学表现特定民族的民族精神，小说、文学应服务于民族国家的建设，是美学界、文艺批评界的一个老生常谈。但是，对于同时期的中国读者来说，这却是一个全新的观念。因此，与其指责林纾、梁启超们重弹“载道”论的老调，不如说他们引入了一个对于中国读者来讲具有足够新鲜意义的现代美学命题。

另外需要注意的是，虽然林纾对小说的政治教化功能念念不忘，但实际上在他内心深处，他只是把政治教化视为小说的次要的、附属的功能。有时候，他甚至流露出这样的想法：小说的使命仅仅在于给人提供审美的愉悦，与知识及教化无关。在《〈英国诗人吟边燕语〉序》(1904)中，他指出一个有意思的现象，英国是一个科学发达、文教昌明的国家，但英国文学中却颇多鬼神灵异之事：“英文家之哈葛得，诗家之莎士比，非文明大国英特之士耶？顾吾尝译哈氏之书矣，禁蛇役鬼，累累而见。莎氏之诗，直抗吾国之杜甫，乃立义遣词，往往托象于神怪。”英国人并不因莎士比亚作品好言神怪而唾弃之，反而推崇备至，“家弦户诵，而又不已，则付之梨园，用为院本”，“欷歔感涕，竟无一斥为思想之旧”，原因何在呢？林纾解释说，英国人并不像中国人一样将文学与政教混为一谈，而是将其区分对待：

> 盖政教两事，与文章无属。政教既美，宜泽以文章；文章徒美，无益于政教。故西人惟政教是务，赡国利兵，外侮不乘，始以余闲用文章家娱悦其心目。虽哈氏、莎氏，思想之旧，神怪之托，而文明之士，坦然不以为病也。[②]

“政教既美，宜泽以文章”，文章为“余闲”之物，与席勒、斯宾塞的“剩余精力”说非常相似。“政教两事，与文章无属……文章徒美，无益于政教”的观点，则与唯美主义近似。林纾是否从他的翻译助手那里直接听到过斯宾塞、王尔德

① [美]韩南：《中国近代小说的兴起》，上海教育出版社2004年版，第162页。
② 林纾：《〈英国诗人吟边燕语〉序》，陈平原主编《二十世纪中国小说理论资料》第1卷，北京大学出版社1997年版，第139、140页。

等人的理论呢？我们不得而知。但即便他的观点不是直接来自某一位英国美学家或文学批评家，至少也应该受到当时英国美学界、文学批评界普遍风气的影响。19 世纪后期以来英国文学批评的主流，是反思维多利亚时期的教谕主义，强调文学的审美属性。王尔德的唯美主义固然标举艺术至上主义，反对文学的任何实用目的，一般比较稳健的批评家、文学史研究者也纷纷主张文学的根本目的是审美，道德教谕只是文学的附属的功能。布鲁克《英国文学》主张文学之本质为人类“思想感情之记录”，文学之目的为“娱乐读者”。德·昆西《亚历山大·蒲伯论》提出“知的文学”与“情的文学”的区分，认为前者以教化为职分，后者以感人为职分。朋科斯德的《英国文学史》区分文学的广、狭两种定义，认为广义文学包括一切文字著作，狭义文学为艺术之一种，就文学的狭义来说，文学虽有教谕功能，但“以娱乐为目的”，文学应讲究表现之技巧，“以发挥不朽之美为职分”。从常理上讲，林纾“文章徒美，无益于政教”的观点，来自 19 世纪末、20 世纪初英国文学批评，是非常可能的。

第四节　管达如与吕思勉

与林纾一样，虽然在论著中没有直接标明美学，但所论却具有重要的美学史的意义的，是管达如与吕思勉两位表昆仲。管达如与吕思勉都不是职业小说家或小说翻译家，但作为小说爱好者及“新小说”的热心读者，却都留下了关于小说的重要论著，在近代小说及文学批评史上占有一定地位。

管达如(1882—1941)，名联第，字达如，小字达官，江苏常州人，清末时为常州府学秀才，民国后曾任财政部佥事、中央银行天津分行文书课主任等职。管达如的主要小说论著，是连载于《小说月报》第三卷第五号至十一号的《说小说》[①]。该文共分为六章，第一章“小说之意义”，第二章“小说之分类”，第三章“小说之势力及其风行于社会理由”，第四章“小说在文学上之位置”，第五章无标题，从内容看为关于译本小说与自著小说优劣的比较，第六章“中国旧小说之

① 邬国义先生在《民初小说理论：管达如〈说小说〉与吕思勉〈小说丛话〉新探》(《文史哲》2015 年第 4 期)中认为，《说小说》系管达如与吕思勉两人合著。

缺点及今日改良之方针”。总共六章的内容中，比较富有美学意味的，是第一章“小说之意义”及第四章“小说在文学上之位置”。

在“小说之意义”部分，管达如从事实界与理想界的区别出发来讨论小说的价值。管达如认为，人类世界分为两部分，一为事实界，一为理想界。事实界即人类耳目所接触的现实的世界，理想界即超出此现实世界之外的世界。人类区别于动物的一个重要方面，在于人类有自由思想而动物没有自由思想，所谓自由思想，即“超出现世界之外而为思想”，即超出事实界的限制而进入理想界。小说的意义与价值就在于表现人类的这种自由思想：

> 自然界之事实有二：一事实界之事实，一理想界之事实。事实界之事实，人类形体之所触接者是已；理想界之事实，人类精神之所构造是已。一切书籍皆所以记载事实界之事实，小说则所以记载理想界之事实者也。

可以看出，管达如论述的其实是小说的虚构性问题：小说源于虚构，小说中的人物与事实是作者运用想象力创造出来的。管达如之前，“新小说”阵营中也有人曾论及小说的虚构性。夏曾佑在《小说原理》中通过比较小说与史传两种不同文体的特点，得出这样的结论：史传之所以不如小说普及，是因为史传写的是“实有之事”，而小说写的是“诳设之事”，“实有之事常平淡，诳设之事常秾艳，人心去平淡而即秾艳，亦其公理，此史之处于不能不负者也”①。侠人在《小说丛话》中也通过与史传相比较，来突出小说的虚构性质。侠人认为，史传文学的劣势在于只能就已有历史事实进行剪裁褒贬，“材料之如何，固系于历史上之人物，非吾之所得自由也”，“小说则不然，有如何之理想，则造如何之人物以发明之，彻底自由，表里无碍，真无一人能稍掣我之肘者也”②。夏曾佑、侠人都注意到了小说的虚构性质，但是他们只是把虚构当作小说诸特性中的一种来看待，并没有将虚构上升到小说“本体”的地位。梁启超《论小说与群治之关系》指出小说“常导人游于他境界，而变换其常触常受之空气”③，实际也触及了小说的想象虚构性质，但是梁启超只是把它看作理想派小说的特征，并未将其视为小说

① 别士：《小说原理》，《绣像小说》1903年第3期。
② 《小说丛话》中侠人语，《新小说》第十三号，上海广智书局1905年版。
③ 梁启超：《论小说与群治之关系》，《新小说》第一号，横滨新小说社1902年版。

全体之性质。管达如的不同之处在于，把虚构上升到小说“本体”的地位，将其视为小说全体之根本性质，小说因表现人类精神所虚构的“理想界之事实”，而区别于非文学的历史、科学等，获得其独立存在的意义。

如何看待文学作品中的想象与虚构，是西方美学史、文艺理论与批评史上的一个古老话题。柏拉图因诗人经常描述自己没有亲身经历的事，而指责诗人为说谎者。亚里士多德则说，诗人的职责恰恰不在于描述已经发生的事，“而在于描述可能发生的事，即根据可然或必然的原则可能发生的事”，“与其说诗人应是格律文的制作者，倒不如说应是情节的编制者”。① 亚里士多德认为，诗歌因为表现可能发生而实际并未发生的事情，而比历史更严肃，更富有哲学性。18 世纪以来，伴随浪漫主义文学运动的兴起，想象虚构被视为文学的生命与灵魂，文学因想象虚构而区别于非文学的历史与科学。在《说小说》中，通过对小说这一特定文体的探讨，管达如实际回应了这一问题，他的答案是：文学的本质在于虚构，文学尤其是小说离不开虚构。

在《说小说》的第四部分“小说在文学上之位置”中，管达如进一步论述了小说作为文学艺术的特性，小说与其他文学样式的不同。他说：“文学者，美术之一种也。小说者，又文学之一种也。人莫不有爱美之性质，故莫不爱文学，即莫不爱小说。然文学之美者亦多矣，而何必斤斤焉惟小说之是好也？”小说得到读者特殊的钟爱，原因何在呢？管达如的回答是，小说具有“一种特别之性质”。接下来，他从几个方面论述了小说的“特别之性质”。

首先，他分析说：“小说者，通俗的而非文言的也。”同为语言艺术，诗歌、古文使用的语言是高雅语言，小说使用的语言是通俗语言，通俗语言的好处是雅俗共赏，同时叙述眼前景物又能“曲折详尽，纤悉不遗”，这是小说的特殊优长。紧接着，他又分析道：

> 小说者，事实的而非空言的也。凡事空谈玄理则难明。举例以示之则易晓。此读哲学书者所以难于读历史也。孔子曰：“我欲垂之空言，不如见之行事之深切著明。”亦谓此也。凡著小说者，固各有其所主张。然使为空言以发表之，则一篇论说文字耳，必不能为社会所欢迎。今设为事实以明

① ［古希腊］亚里士多德：《诗学》，陈中梅译，商务印书馆 2005 年版，第 81、82 页。

之，而其所假设者，又系眼前事物，则不特浅近易明，抑且饶有趣味，其足以引人入胜宜矣。

细读原文，这里的"事实的"一词应理解为具体的、生动的、感性的，而不能理解为"真实的"。管达如所要表达的意思是，小说用生动的故事和形象来感人，而不是用枯燥的说理来服人。类似的意思，"新小说"阵营中其他人也曾表达过。夏曾佑《小说原理》曾经指出："人所乐者，肉身之实事，而非乐此缥缈之空谈也。惟有时不得实事，使听其空谈而如见事实焉，人亦乐于就之。"①侠人在梁启超主编的《小说丛话》中也曾指出："夫人之稍有所思想者，莫不欲以其道移易天下，顾谈理则能明者少，而指事则能解者多。今明著一事焉以为之型，明言一人焉以为之式，则吾之思想，可瞬息而普及于最下等之人，是实改良社会之一最妙法门也。"②陶祐曾《论小说之势力及其影响》："举凡宙合之事理，有为人群所未悉者，庄言以示之，不如微言以告之；微言以告之，不如婉言以明之；婉言以明之，不如妙譬以喻之；妙譬以喻之，不如幻境以悦之。"③这个意思，正是别林斯基曾经说过的，诗用形象来思维，诗歌只展示真理而不论证真理。严格地说，其实这并不仅仅是小说、诗歌的特长，而是一切艺术的特长。黑格尔说，美的本质在于理念的感性显现，即抽象的理念外化为具体的、感性的形象。一切艺术都必须以感性的、生动的形象来动人，并不是只有小说才如此。

接下来，管达如又提出：

小说者，理想的而非事实的也。

这句话似乎与前面"事实的而非空言的"相矛盾。仔细阅读上下文后发现，这句话里的"事实的"一词，与"事实的而非空言的"中的"事实的"应作两种不同的理解。前面"事实的"意思是具体、生动、感性的，而这句话里的"事实的"应理解为"实际发生的"。小说所描绘的事实并非实际发生的事实，而是理想的事实，即由人的精神所构造出的事实。"小说虽为事实的，然其事实，乃理想的事实，而

① 别士：《小说原理》，《绣像小说》1903年第3期。
② 《小说丛话》中侠人语，《新小说》第十三号，上海广智书局1905年版。
③ 陶祐曾：《小说之势力及其影响》，《游戏世界》1907年第10期。

非事实的事实，此其所以易于恢奇也。”这里所强调的，还是文章开头即已经提出的小说的想象虚构性质。如前所述，这一性质其实也不是小说独有的性质，而是几乎所有文学样式都具备的性质，只不过小说尤为突出而已。

论述完“小说者，理想的而非事实的也”后，管达如又提出了如下命题：

> 小说者，抽象的而非具体的也。

管达如解释说，小说描绘的事实是理想界的事实，而一切理想界的事实“皆抽象的而非具体的”，因此小说中的事实也是抽象的，正因为如此，它才比自然界中的事实更美。他说：“小说所述之事实，皆为抽象的，故其意味，较之自然之事，常加一倍之浓深。叙善人则愈觉其善，叙恶人则愈觉其恶，叙可爱之物，则愈觉其可爱，状可憎之态，则愈觉其可憎，其使读者悲喜无端，涕流交集，宜矣。”这里所表达的意思，用黑格尔的术语来表达的话就是艺术的普遍性与特殊性、理想与定性的统一。黑格尔说，艺术的本质在于理念的感性显现，艺术的形象固然是特殊的、富有定性与个性的，但这种特殊的、定性的形象却必须同时是某种普遍理念的表现，艺术中“感性的客观的因素在美里并不保留它的独立自在性，而是要把它的存在的直接性取消掉(或否定掉)，因为在美里这种感性存在只是看作概念的客观存在与客体性相”。[①] 不同的是，黑格尔将普遍性与特殊性的统一作为一切艺术的特质来讨论，而管达如仅将其运用于小说。

总起来看，虽然存在种种概念的混乱、逻辑的不清晰，管达如关于小说性质、地位的论述，还是富有较强的美学、艺术哲学的色彩。他的基本思路，是从美的艺术的一般性质出发来展开论述。小说为文学的一种，文学为美术(艺术)的一种，从这样一个前提出发，他分析了小说的艺术特质，这些特质有的是属于所有艺术的，有的是属于整个文学而不仅仅是小说的，有的是小说所独有而其他艺术所没有或较弱的。可以看出，管达如对现代西方美学的基本概念、观点有一定的了解。这种了解是直接来自某一部西方美学著作，还是间接来自文学理论或小说理论的著作呢，我们现在还不得而知。

和《说小说》一样，从美的艺术的一般性质出发，来论证小说的性质与地位

---

① [德]黑格尔：《美学》第1卷，朱光潜译，商务印书馆1997年版，第143页。

的，还有吕思勉的《小说丛话》。吕思勉，字诚之，1884年生，江苏常州人。1907年起，先后任职于东吴大学、南通国文专修馆、上海私立甲种商业学校、中华书局、商务印书馆、沈阳高等师范学校、沪江大学、光华大学。1951年高校院系调整后，任华东师范大学历史系教授。主要著作有《先秦学术概论》《中国民族史》《中国制度史》《白话本国史》《中国通史》等。吕思勉是史学名家，但青年时期喜好小说，曾经创作《中国女侦探》。《小说丛话》系吕思勉30岁时的作品，1914年3月至8月连载于中华书局发行的小说杂志《中华小说界》，初连载时作者尚任职于上海私立甲种商业学校，连载完毕后作者已进入中华书局任编辑。①

《小说丛话》的开头，吕思勉提出了一个困扰当时小说界的问题——小说之性质为何，小说是“社会现象之反映”，还是“人间状态之描写”？吕思勉认为，要回答这一问题，应该首先追问美术的性质，因为小说是美术之一种。美术的性质为何呢？吕思勉给出了这样的回答：

> 夫美术者，人类之美的性质之表现于实际者也。美的性质之表现于实际者，谓之美的制作。②

接下来，吕思勉分析了美术作品作为“美的制作”，其制作过程必须经历的四个阶段：

> 凡一美的制作，必经四种阶级而后成。
>
> 所谓四种阶级者，一曰模仿。模仿者，见物之美而思效其美之谓也。凡人皆能有辨美恶之性。物接于我，而以吾之感情辨其妍媸。其所谓美者，则思效之；其所谓不美者，则思去之（美不美为相对之现象，效其美即所以去其不美也）。丑若无盐，亦欲效西施之颦笑；生居僻陋，偏好袭上国之衣冠，其适例也。
>
> 二曰选择。选择者，去物之不美之点而存其美点之谓也。接于目者不止一色，接于耳者不止一音。色与色相较而优劣见焉，音与音相较而高下

① 李永圻：《吕思勉先生编年事辑》，上海书店1992年版，第54页。
② 成之（吕思勉）：《小说丛话》，陈平原主编《二十世纪中国小说理论资料》第1卷，北京大学出版社1997年版，第439页。

殊焉。美者存之,恶者去之,此选择之说也。

能模仿矣,能选择矣,则能进而为想化。想化者不必与实物相触接,而吾脑海中自能浮现一美的现象之谓也。艳质云遥,闭目犹存遐想;八音既戢,倾耳若有余音:皆离乎实物之想象也。人既能离乎实物而为想象,则亦能错综增删实物而为想象。姝丽当前,四支百体,尽态极妍。惟稍嫌其长,则吾能减之一分;稍病其短,则吾能增之一寸。凡此既经增减之美人,浮现于脑海之际者,已非复原有之美人,而为吾所错综增删之美人矣。此所谓想化也。

能想化矣,而又能以吾脑海中之所想象者,表现之于实际,则所谓创造也。合四是者,而美的制作乃成。故美的制作者,非模拟外物之谓,而表现吾人所想象之美之谓也。①

吕思勉认为,美术之性质既明,则小说之性质亦明。美术作为美的制作,并非对于外物的简单模拟,小说作为美的制作之一种,也必然不是对客观自然的忠实模拟,而是建立在选择、想象基础上的创造:“小说者,第二人间之创造也。第二人间之创造者,人类能离乎现世界之外而为想象,因能以想化之力,造出第二之社会之谓也”。

艺术为人类美的制作,艺术美高于自然美,是西方现代美学的基本观点。黑格尔说:“艺术表现必须显得很自然,但是形式意义的诗的或观念性的因素不能是生糙的自然,而是取消感性物质与外在情况的那种制作或创造。一种使人感到快乐的表现必须显得是由自然产生的,而同时却又像是心灵的产品……这种对象之所以使我们欢喜,不是因为它很自然,而是因为它制作得很自然。”②吕思勉是如何达到这一观点的呢?关诗佩先生通过认真查找,发现吕思勉观点的来源,是日本太田善男的《文学概论》。太田《文学概论》上编“文学总论”在艺术哲学的框架中讨论文学,将艺术定义为“通过想象,将自然理想化而成美的制作”,并进而分析艺术作品的生成过程,将艺术创作大致分为模仿、选择、想化、创作四个阶段。关于选择,太田解释“即通过比较对照二物,判断优劣,挑选优

---

① 成之(吕思勉):《小说丛话》,陈平原主编《二十世纪中国小说理论资料》第 1 卷,北京大学出版社 1997 年版,第 439—440 页。以下涉及《小说丛话》的引文均出于此,不再一一标注。

② [德]黑格尔:《美学》第 1 卷,朱光潜译,商务印书馆 1997 年版,第 210 页。

美者”。关于想化，太田解释即理想化，其结果有两种，一为增加，“即在实物以上放大美之成分”，一为减少，“即将污点去除以及稍加变化，而保持实物之美”。关于创作，太田解释“就是将自己观察结果集中起来，以一个理想形式呈现出来”。两相比较，会发现吕思勉的艺术“制作”论以及制作的四阶段说，完全来自太田的《文学概论》，所不同的是，在解释“制作”以及“制作”的四个阶段时，吕思勉根据自己的理解，对太田的原话进行了若干改动，并加入了一些富有中国特色的论据，如“西施颦笑”“艳质云遥”“八音既斁”等等。①

小说的性质之外，吕思勉重点论述的另一问题是小说的分类。吕思勉认为，根据不同的标准可以将小说分为不同类型：由文学语言的不同，可分为散文小说与韵文小说两种；由所叙事实的繁与简，可分为复杂小说与简单小说两种；由叙事角度的不同，可分为自叙式小说与他叙式小说两种；由所记录事迹之虚实言之，可分为写实主义与理想主义两种；由写作之目的言之，可分为有主义小说与无主义小说两种；由小说题材之不同，可分为武事小说、写情小说、神怪小说、传奇小说、科学小说等等。对每一种分类标准及相应的小说类别，吕思勉都做了详细解释及举例说明。其中，关于理想主义小说与写实主义小说、无主义小说与有主义小说的说明，值得我们关注。

吕思勉这样来解释写实主义小说：“写实主义者，事本实有，不借虚构，笔之于书，以传其真，或略加以润饰考订，遂成绝妙之小说者也。”吕思勉认为，从小说本质上来说，小说为美的制作，“义主创造，不尚传述”，但之所以制作、创造，无非因自然之美不能完全符合人类美的欲望，因而选择、变化、增删之，假如自然之物本身已经“尽合乎吾人之美感”，那么“吾人但能记述抄录之，而亦足成其为美的制作矣”，这就是写实主义小说的由来。写实主义小说所记录之事实出于天然，故“竟可作历史读”。理想主义小说与写实主义小说的不同，在于理想主义小说宗旨“不在描写当时之社会现状，而在发表自己所创造之境界”，理想主义小说也需要“天然之事实”来充当写作素材，但总是对“天然之事实”加以变化、改造，“而别造成一新物”。吕思勉认为，小说发展的次序，是先写实而后理想，中国自唐代以后，理想小说方才盛行，唐以前“无纯结撰事实为小说者”。从

① 关诗佩：《吕思勉〈小说丛话〉对太田善男〈文学概论〉的吸入，兼论西方小说艺术论在晚清的移植》，《复旦学报》（社会科学版），2008年第2期。

小说"美的制作"的性质来说,和事本实有、不借虚构的写实小说相比,理想小说更能代表小说之"正格"。可以看出,吕思勉主要是从创作的方法、技巧层面来理解写实主义与理想主义的,如实记录事实、不加虚构的,是写实主义,依靠想象、虚构来写作的,是理想主义。这样一种理解与写实主义、理想主义的本来意思相差甚远。在西方,写实主义(realism)、理想主义(idealism)的区分主要是从文学创作的观念层面来说的,与具体的技巧、方法关系不大。一般来说,像狄更斯、巴尔扎克那样,以客观的、现实的态度去写作,如实表现生活本来面目的,被认为是现实主义;而以主观的、理想的态度去写作,表现超现实的奇情、浪漫的作品,如骑士小说等,便被认为是理想主义。在具体的写作技巧层面,不论是写实主义还是理想主义,都离不开想象与虚构,都不可能是对于自然事实的简单记录,骑士小说固然与真实世界相去甚远,狄更斯小说也不是对于生活中已经发生的事情的简单复制。吕思勉将写实主义理解为事本实有、不借虚构,显然误解了写实主义的原意。这种误解,是西方美学、文学理论初入中国时的常见现象。

关于"有主义小说"与"无主义小说"的区别,吕思勉的理解是:"有主义之小说,或欲借此以牖启人之道德,或欲借此以输入智识,除美的方面外,又有特殊之目的者也,故亦可谓之杂文学的小说。无主义之小说,专以表现著者之美的意象为宗旨,为美的制作物,而除此以外,别无目的者也,故亦可谓之纯文学的小说"。纯文学小说与杂文学小说的差异,在于前者诉之于人类精神中情的方面,而后者诉之于知的方面:"纯文学的小说,专感人以情;杂文学的小说,则兼诉之知一方面"。吕思勉指出,中国旧时之小说大抵为纯文学的小说,而近年来杂文学小说大盛,提倡小说者期待通过小说来开通风气、输入知识,此种现象并不正常,"开通风气,贯输知识,诚要务矣,何必牵入于文学之问题?必欲以二者相牵混,是于知识一方面未收其功,而于文学一方面,先被破坏也"。纯文学小说/无主义小说与杂文学小说/有主义小说的区分,同样来自日本太田善男的《文学概论》。《文学概论》上编第三章"文学之解说"中,将文学分为纯文学与杂文学两大类。太田善男认为,纯文学的内容、外形等皆为美的体现,其特色在诉诸人"情的"一方面,以感人为目的,杂文学的特色在诉诸人"知的"一方面,以启发教谕为目的。可以看出,吕思勉接受了太田善男纯文学/情、杂文学/知的区分,并将其套用在小说上,然后提出了纯文学小说与杂文学小说的区分。

《小说丛话》的后半部分，吕思勉以万余字的篇幅，分析了《红楼梦》的人物与故事。吕思勉认为，小说描写之人物、事实常较现实中的人物、事实为“小”，这种“小”不是真正的小，而是期待读者以小见大。小说中的人物、事件实际上是一种“代表”：“然则小说所假设之事实，所描写之人物，可谓之代表主义而已，其本意固不徒在此也。”《红楼梦》是小说“代表主义”的最佳例证。吕思勉说，《红楼梦》中十二金钗“乃作者取以代表世界上十二种人物者也”，十二金钗之遭遇“则此十二种人物在世界上所受之苦痛也”，比如元春之短命所以“悼人命之不常也”，探春之远嫁所以“悼生离之苦也”，迎春之遭遇所以“伤弱肉强食也”，熙凤之结局所以“叹权力执着之苦也”，等等。从“小说所描写之人物，为代表主义”出发，吕思勉对索隐派的《红楼梦》研究提出了批评，认为“小说所载之事实，谓为真亦可，谓为伪亦可”，“必欲考《红楼梦》所隐者为何事，其书中之人物为何人，宁非笨伯乎？”吕思勉认为，《红楼梦》中所写的人物并非现实中实际存在的人物，而是作者以现实人物为基础所创造的人物“代表”，作为“代表”，《红楼梦》中的人物不能简单等同于现实中的某个人物，这一观点与王国维《红楼梦评论》中的观点不谋而合。王国维认为艺术中的人物并非艺术家将现实中的人物东鳞西爪拼凑而成，而是艺术家从“美的预想”出发所作的创造，“美术之所写者非个人之性质，而人类全体之性质也”。吕思勉的这一论断，当然也与王国维观点一样，具有浓厚的美学色彩。

总起来看，《小说丛话》的论述思路是，将小说置于艺术哲学的视野之中，由美的艺术的一般性质出发，强调小说作为艺术制作的想象性、创造性、理想性，强调小说与现实人生的距离。这样一套小说观念的提出，对民初的小说界来说具有特别的意义。民国二年至三年(1913 至 1914)，小说界迎来了自梁启超《新小说》创办以来的第二个发展高峰，仅在上海，就有近 20 种小说杂志问世。这些小说杂志，大多具有“鸳鸯蝴蝶派”的色彩，比较典型者如《礼拜六》《小说丛报》《民权素》《游戏杂志》等。鸳蝴派的小说观念，是否定小说的政治教化功能，而极力强调小说的消闲、娱乐性质。有的鸳蝴派作家甚至将小说与人的酒、色嗜好相提并论，“买笑耗金钱，觅醉碍卫生，顾曲苦喧嚣，不若读小说之省俭而安乐也”①。有些鸳蝴派作家，则主张小说以表现风花雪月为宗旨：“有口不谈家

---

① 钝根：《〈礼拜六〉出版赘言》，《礼拜六》1914 年第 1 期。

国,任他鹦鹉前头;寄情只在风花,寻我蠹鱼生活。”①中华书局主办的《中华小说界》,就是在这样一种环境下问世的。作为《中华小说界》上重头的理论文章,吕思勉《小说丛话》实际表达了中华书局同人对当时文坛潮流的判断与思考:一方面,他们顺应当时小说与政治分离的趋势,主张小说与现实人生的距离,主张小说不以灌输知识、服务政治为目的;另一方面,又不满于鸳蝴派将小说等同于一般消闲娱乐的倾向,强调小说为美的制作,小说是人类美的思想、美的性质之表达,具有高度的技巧性、艺术性。《小说丛话》的宗旨,是努力树立小说作为高雅艺术的形象:小说既不是政治的传声筒,也不是低级、庸俗的娱乐,而是一门高雅的、复杂的艺术,小说的创作与欣赏均需要高超的修养与智慧。

小 结

以上关于“新小说”运动与现代美学思想传播的梳理,证明一个事实:世纪初美学不是单纯的理论架构,而是和当时的文学艺术实践结合在一起。美学运动与文学艺术运动紧密配合,互相促进。一方面,文学艺术运动推动了现代美学思想、美学理论的传播;另一方面,现代美学思想、美学理论的传播,又促进了文学艺术领域的变革,美学思想、美学理论催生了文学的自觉意识,文学家、文学批评家对文学的独立价值、文学家的独立地位提出越来越强的诉求。

---

① 徐枕亚:《〈小说丛报〉发刊词》,《小说丛报》1914 年第 1 期。

第六章

留日学生群体的美学与艺术观

20世纪最初的十年，中国知识界掀起了一个赴日留学的热潮，数以万计的青年学生奔赴日本留学。[①] 留日学生所学的专业，以法政、军事、师范等实用性较强的专业为主，人文、历史学科较少人学习，文学、艺术专业更少有人问津。不过，虽然留日学生中专门学文学艺术的人很少，对文学艺术感兴趣、热衷者却并不少。不论是文学、美术、音乐还是戏剧方面，留学生们都积极地尝试变革。20世纪初文学艺术领域的很多新气象，都是由留日学生开创的。创作实践之外，留学生们还留意进行理论上的探讨。当时，以各地同乡会为纽带，留日学生结成了很多群体，创办了一批同人杂志，如《江苏》《河南》《云南》《浙江潮》《游学译编》等等。在这些杂志上，留学生们零星地发表了一些关于美学与艺术的文章。例如，《河南》刊发了鲁迅与周作人的一系列关于文学的文章，《浙江潮》刊发了《中国音乐改良说》等文章，《醒狮》开辟了“美术”“美术界杂俎”栏目，这两个栏目中发表了《图画修得法》等讨论绘画的文章。以上这些创作实践及理论研讨，虽然大都是属于某一门类艺术的，距离纯粹的美学理论似乎较远，却代表着近代国人对于各门类艺术的现代理解，这种现代理解构成了美学理论发展的基础。对这些实践及理论批评文本进行研究，有助于丰富人们对世纪初中国美学的认识。

① 参考实藤惠秀《中国人留学日本史》第二章，三联书店1983年版。

第一节　鲁迅、周作人的“纯文学”理论

如前所述，20 世纪纪初的留日学生群体中，实用主义、功利主义的倾向很严重。据周作人回忆，“其时留学界的空气是偏重实用，什九学法政，其次是理工，对于文学都很轻视”[①]。在这样的环境下，鲁迅、周作人兄弟的选择显得难能可贵。周氏兄弟是早期留日学生(辛亥前留日)中，以文学为主业并且后来也终生从事文学的几乎绝无仅有的两个。在日本，周氏兄弟对欧洲及日本文学进行了深入学习，并对文学的性质为何、中国文学如何发展等问题做了系统思考。

1908 年 2 月至 3 月，鲁迅在留日学生杂志《河南》上，发表了一篇重要文章《摩罗诗力说》。《摩罗诗力说》的主旨，是论证文学的性质与价值，鼓吹文学变革的必要性。有意思的是，虽然当时鲁迅身处日本，却没有使用当时在日本已很流行的“文学”概念，而是使用了中国传统的“文章”。但是从他的论述来看，他的“文章”并非“文章流别”意义上的“文章”，而是与西文中的 literature 对应，相当于我们今天的“文学”。文章的开头，鲁迅提出，“人文之留遗后世者，最有力莫如心声”，文学可以保存、发扬国民精神，弱小民族的诗人往往通过诗歌来鼓舞国民精神，推动民族的独立解放，“败拿破仑者，不为国家，不为皇帝，不为兵刃，国民而已。国民皆诗，亦皆诗人之具”。行文至此，鲁迅忽然笔锋一转，指出前面对文学的社会功能的强调，不过“聊以震崇实之士，使知黄金黑铁，断不足以兴国家”，“此篇本意，固不在是也”。文学固然可以有益于国家、社会，但那却不是文学的本来目的。文章、文学的本质是求美：

> 由纯文学上言之，则以一切美术之本质，皆在使观听之人，为之兴感怡悦，文章为美术之一，质当亦然，与个人暨邦国之存，无所系属，实利离尽，究理弗存。

从纯文学的意义上说，文学作为美术之一种，其根本使命不在教化众生，而在愉

---

① 周作人:《关于鲁迅之二》，见《鲁迅的青年时代》，河北教育出版社 2002 年版，第 126 页。

悦情感，促进人的精神的健康发展。他引英国学者道覃（E. Dowden，今译多顿）的话说："美术文章之杰出于世者，观诵而后，似无裨于人间者，往往有之。然吾人乐于观诵，如游巨浸，前临渺茫，浮游波际，游泳既已，神质悉移。而彼之大海，实仅波起涛飞，绝无情愫，未始以一教训一格言相授。"[①]愉悦人情、涵养神思，是文学的本职功用，其他皆次要的、间接的功用。

《摩罗诗力说》发表后不久，周作人在名为《论文章之意义暨其使命因及中国近时论文之失》的文章中，也论及了文学的审美无功利性质。和鲁迅一样，周作人也没有使用较新的"文学"概念，而是使用了旧有的"文章"一词而赋予其新的意义。在正面阐述自己的文学观念之前，周作人也像黄人一样旁征博引西方学者关于文学的定义。他先后引挞实图（塔西佗）、阔迭廉（昆体良）、昔什洛（西塞罗）、倭什斯多、布路克（布鲁克）、爱诺尔德（阿诺德）、波士纳德（波斯奈特）关于文学的定义，认为它们不是失之太狭，便是失之太广。相比较之下，美国人宏德（Hunt，1844—1930）的文学定义不偏不倚，庶几中庸。宏德的文学定义如下："文章者，人生思想之形现，出自意象、感情、风味（taste），笔为文书。脱离学术，遍及都凡，皆得领解（intelligible），又生兴趣（interesting）者也。"周作人将宏德的文学定义疏解为如下四点：其一，文章必形诸笔墨；其二，文章必非学术；其三，文章为人生思想之形现；其四，文章有不可或缺者三状，"具神思（ideal）、能感兴（impassioned）、有美致（artistic）也"，文章可以表现思想，但须以意象、感情、风味为中介来表现。论述完文学的性质后，周作人又据宏德的观点，进而论文学的价值功用：一、文章使命在裁铸高义鸿思，汇合阐发之；二、文章使命在阐释时代精神，的然无误；三、文章使命在阐释人情以示世；四、文章使命在发扬深思，趣人生以进于高尚，文章之别于其他的有形功利之物，就在于文章超脱凡俗，以发扬人之神思为己任。

正面阐述文学的性质、功用之外，周作人的另一任务，是批判中国从古至今错误的文学观念。周作人说，"吾国之昧于文章意义也，不始今日"，"古者以文章为经世之业，上宗典经，非足以弼教辅治者莫与于此"。古代文学观念的最大谬误，是抹杀文学的独立价值，以文学为政治教化的附庸，此种谬误的根源在儒家学说，"盖自孔子定经而后，遂束思想于一缚，而文艺之作靡不以润色鸿业、宣

① 鲁迅：《摩罗诗力说》，《河南》第 2、3 期，日本东京河南发行所 1908 年版。

布皇猷为用，所谓为一人者也”。批评完古人后，周作人又将矛头对准当下。周作人认为，自从梁启超创办《新小说》以来，小说在著、译两方面都有一些进步，但小说观念方面仍然停滞不前。他批评国人关于小说的两种错误观念：第一，不以小说为文章；第二，虽以小说为文章，但仍昧于文章之义。关于前者，他举林传甲为例，林传甲《中国文学史》自称效仿日本笹川种郎《中国文学史》体例，但又批评笹川将元杂剧、院本、小说纳入文学史中的做法，认为词曲、说部不足语乎文学，笹川种郎“自乱其例耳”。针对林传甲的观点，周作人驳斥道：“夫文章一语，虽总括文、诗，而其间实分两部。一为纯文章，或名之曰诗，而又分之为二：曰吟式诗，中含诗赋、词曲、传奇，韵文也；曰读式诗，为说部之类，散文也。其他书、记、论、状之属，自为一别，皆杂文章耳。”小说是正宗的纯文学，其重要性不下诗赋。关于后者，他举梁启超、吴趼人的小说有益群治说为例，批评他们的实用主义倾向：“今言小说者，莫不多立名色，强比附于正大之名，谓足以益世道人心，为治化之助……手治文章而心仪功利，矛盾奈何！”最后，周作人呼吁：“文章一科，后当别为孤宗，不为他物所统。又当摒儒者于门外，俾不得复煽祸言，因缘为害。”[①]

周氏兄弟的共同观点，是强调文学的独立地位与审美超功利性，主张文学不追求直接的现实功利，文学与实用性质的学术、政治、科学不同。二人相较，鲁迅的论证较简单，而周作人则复杂、精密也翔实得多。他们这种观点的来源，是明治年间日本流行的各种西方美学与文艺理论。明治十年左右，西方美学与文艺理论开始输入日本。先是美国人费诺罗萨的《美术真说》和法国人维隆的《维氏美学》被翻译成日文出版，这两部书在相当长的时间里充当了日本人的美学启蒙读物。稍后，坪内逍遥、吉田幸太郎致力于英国文学史与文学批评的介绍。另一方面，德国的美学与文论主要通过森鸥外、石桥忍月等传入日本，特别是森鸥外，翻译了哈特曼与立普斯的美学著作。在这些译著的刺激下，日本人自己的文学论著开始出现，坪内逍遥的《小说神髓》(1885)、二叶亭四迷的《小说总论》(1886)、内田鲁庵的《文学一斑》(1892)、岛村抱月《文艺上的自然主义》、太田善男的《文学概论》(1906)、夏目漱石的《文学论》(1907)等相继出版。鲁迅

① 周作人：《论文章之意义暨其使命因及中国近时论文之失》，《河南》第4、5期，日本东京河南发行所1908年版。

的《摩罗诗力说》和周作人的《论文章之意义暨其使命因及中国近时论文之失》，就是在摄取以上论著的养料的基础上写成的。《摩罗诗力说》与《论文章之意义》中的许多观点和材料，都直接袭自日本学者的译著或论著。比如，鲁迅的"一切美术之本质，皆在使观听之人，为之兴感怡悦"，很有可能来自坪内逍遥。坪内逍遥在《小说神髓·小说总论》中曾经说过："所谓艺术，原本就不是实用的技能，而是以娱人心目，尽量做到其妙入神为'目的'的。"①周作人博引西方自塔西佗、昆体良、西塞罗以来的文学定义，与黄人《中国文学史》中的引述如出一辙，显然也是受了太田善男《文学概论》的影响。

周氏兄弟文学主张的一个特点，是在文学的功用问题上的"力主持平"（周作人语）：一方面，主张文学为艺术之一种，不追求直接的现实功利；另一方面，又强调文艺尽管没有直接的功利性，但通过涵养人类之神思，趣人生以进于高尚之境，仍然可以对人类社会和民族国家有益，也就是说"文章虽非实用，而有远功"，具有一种"不用之用"。周作人认为文学不光可以裁铸高义鸿思、阐释时代精神，更重要的是能发扬民族精神："夫文章者，国民精神之所寄也。精神而盛，文章固即以发皇，精神而衰，文章亦足以补救"。鲁迅《摩罗诗力说》的大半篇幅，是对摩罗派诗人社会影响力的描述。摩罗派诗人的共同特点是"刚健不挠，抱诚守真，不取媚于俗，以随顺旧俗，发为雄声，以起其国人之新生，而大其国于天下"。不论是鲁迅，还是周作人，都对"为艺术而艺术"的口号保持了警惕。周作人说："有别说焉，其义亦正，而为众所可认者，谓著作极致在怡悦读者，令得兴趣、有美感也。理固纯定，亦为文章所当有事，第复失于偏，未能圆满……若文章为用唯观听之娱，则其流甚易入于纯艺派。"而从鲁迅和周作人晚年的回忆文章看，他们之投身于文学运动，最初目的本来就是要靠文学来改良社会。鲁迅在《域外小说集》的再版序言里说："我们在日本留学时候，有一种茫漠的希望：以为文艺是可以转移性情，改造社会的。因为这意见，便自然而然的想到介绍外国新文学这一件事。"②周作人也承认，他们兄弟早年的文学主张和梁任公相比，"只是不侧重文学之直接的教训作用，本意还没有什么变更，即仍主张以文学来感化社会，振兴民族精神，用后来的熟语来说，可说是属于为人生

① ［日］坪内逍遥：《小说神髓》，刘振瀛译，人民文学出版社 1991 年版，第 22 页。
② 鲁迅：《域外小说集序》，《鲁迅全集》第 10 卷，人民文学出版社 1982 年版，第 161 页。

的艺术这一派的”[1]。

周氏兄弟之所以在文学功用问题上持调和立场，有多个方面的原因。首先一个原因，是他们所受的明治时期日本文艺理论的影响。明治时期的很多日本文艺理论家，如坪内逍遥、太田善男等，在文学的价值功用问题上本来就持一种调和立场，即兼顾审美主义与实用主义，既强调审美是文学的根本目的，又不排除文学的教谕功能。坪内逍遥曾经说过，小说能够给人带来两种利益，“一种是直接的利益，一种是间接的裨益”，“直接的利益，就在于娱悦人心”，“间接裨益是多种多样的，如可以使人们的品味高尚，可以对人进行劝善惩诫，可以补正史的缺遗，可以成为文学的楷模”。[2] 日本影响之外，还有一个更重要的原因，就是周氏兄弟所要承担的救亡图存的爱国使命。周作人说：“巨浸稽天，民胡所宅？为今之计，窃欲以虚灵之物为上古之方舟焉。”[3]面对故国风雨飘摇的局势，想要以文学来感化民众，救国救民，这个时候，不可能把文学仅仅作为游戏的赏玩，而是必然在文学的审美功能之外，更加注重其教化价值。周氏兄弟之注重摩罗派诗人，并不是偶然的。《摩罗诗力说》：“今且置古事不道，别求新声于异邦，而其因即动于怀古。新声之别，不可究详。至力足以振人，且语之较有深趣者，实莫如摩罗诗派。”[4]摩罗派诗人的特点是“力足以振人”，能够转移风气，感化愚顽，同时又“语之较有深趣”，也就是说具有审美价值，能够发扬神思，怡情悦智。周氏兄弟对摩罗派诗人的赞赏，充分表现出他们的调和主义的文学观。

20 世纪初，现代纯文学观念逐渐在中国确立。纯文学观念确立过程中，很多人都起到了作用。周氏兄弟之外，王国维、黄人等人也都倡导纯文学观。有意思的是，这些人中除王国维的纯文学观较为圆融外，其他人的纯文学观都颇多内在矛盾。以黄人为例，黄人在理论上赞成纯文学观，但在文学史的实际编纂中却背离了纯文学观。在黄人的《中国文学史》中，论述了大量的杂文学甚至非文学的作品。这种背离，换一种角度看，可以看成是对于纯文学观的灵活处理：纯文学观是后起的，古人并没有纯文学的观念，纯文学、杂文学处于共生的状态。黄人实际从中国文学的现实出发，进行了灵活处理：一方面从纯文学出

---

① 周作人：《鲁迅的青年时代·附录三》，河北教育出版社 2002 年版，第 125 页。

② ［日］坪内逍遥：《小说神髓》，刘振瀛译，人民文学出版社 1991 年版，第 63、64 页

③ 周作人：《论文章之意义暨其使命因及中国近时论文之失》，《河南》第 4、5 期，日本东京河南发行所 1908 年版。

④ 鲁迅：《摩罗诗力说》，《河南》第 2、3 期，日本东京河南发行所 1908 年版。

发，来写作文学史，另一方面具体写作中，又不固守纯文学，适当论述杂文学、非文学，以使文学史更加丰富、完整。

如果说黄人的《中国文学史》向我们展示了纯文学概念输入中国后所遭遇的第一个挑战——中国古代纷纭复杂、变动不居的艺文实践——的话，那么周氏兄弟的早期论文则向我们展示了纯文学概念所遭遇的另一困境：近代知识分子所面对的启迪民众、教化国民的历史使命。面对这样一个必须要承担的历史使命，纯文学是否还能够存在，以什么样的方式存在？王国维说："文学者，游戏的事业也……民族文化之发达非达一定之程度，则不能有文学，而个人之汲汲于争存者，绝无文学家之资格。"[①]个人之汲汲于争存者无文学家之资格，民族之汲汲于争存者是否也无文学之资格呢？回答这个问题的关键是如何理解文学。如果把文学理解为纯粹意义上的无目的游戏，那么正在为生存而奋斗的民族的确没有从事文学的资格。如果认为文学除了游戏审美之外，还有教化民众、鼓舞国民的功用，那么为生存而奋斗的民族也有从事文学的权力。周氏兄弟的理解是后者。

《摩罗诗力说》与《论文章之意义》这两篇文章，除了论述文艺的功利性与超功利性之外，实际还触及了现代美学中的另一重要理论——美育。周氏兄弟认为，文艺的本质是求美，但是尽管如此，文艺仍然有其不用之用，这种不用之用即通过涵养人类之神思，趣人生进于高尚之境，从而实现人的健全发展，"特世有文章，而人乃以几于具足"。所谓"具足"，即全面、健全。通过审美，实现人的全面健康发展，这正是现代美育理论的核心主张。《摩罗诗力说》强调摩罗派诗人的特点是"以殊特雄丽之言"，振奋其国民之精神，提升其国民之人格，使即于"诚善美伟强力敢为之域"。文章号召中国的诗人、文士向摩罗派诗人学习，以文学为媒介，致力于国民人格的培育与塑造，"宣彼妙音，传其灵觉，以美善吾人之性情，崇大吾人之思理"，"作至诚之声，致吾人于善美刚健"，"作温煦之声，援吾人出于荒寒"。[②] 诸如此类的论述中，显然都包含着美育的主张。

紧随《论文章之意义》之后发表的两篇文章《文化偏至论》以及《科学史教篇》，同样涉及了美育的问题。发表于 1908 年 8 月的《文化偏至论》中，鲁迅提

---

① 王国维：《文学小言》，《王国维遗书》第 5 卷，上海古籍出版社 1983 年影印版，第 27、28 页。
② 鲁迅：《摩罗诗力说》，《河南》第 2、3 期，日本东京河南发行所 1908 年版。

出了一个观点：一种文化或文明发展到极致时就会产生许多偏颇（鲁迅称其为“偏至”），为了矫正这些偏颇，一种新的文明出现；新文明发达到极致，又会产生偏颇，于是又有一种更新的文明出现，此种更新的文明在某种程度上是过去已经消亡的旧文明的复归——通过恢复过去的旧文明来矫正当前新文明所带来的偏颇。人类社会发展的过程，就是一个钟摆状的不断纠偏的过程，通过不断地以偏纠偏，人类努力追求着“全”，即文明的健康与健全。以18世纪以来欧洲文明的发展为例，18、19世纪欧洲文明的特点是强调物质与众数（所谓物质即功利主义，所谓众数即多数人意志，少数服从多数），之所以标举物质与众数，是为了矫正此前中世纪文明的教权专制与君权专制。但是物质与众数发展到极致，又产生了新的弊端，物质崇拜导致人的主观精神的萎缩、创造力的枯竭，众数崇拜导致庸人社会和多数人的专制。为了矫正这些偏颇与弊端，19世纪末期以来欧洲思想界出现了一股新的潮流，这股新潮流的核心主张有两个：“曰非物质，曰重个人。”非物质即否定物质的优先性，强调人的主观内面精神的重要，重个人即质疑群体的合法性，强调个体的尊严与价值。之所以提出非物质与重个人两个主张，是为了消除前此的物质与众数所带来的人性的压迫与扭曲，实现人类社会的健康发展。论述完欧洲思想界的最新趋势后，鲁迅话题一转，谈到了时下中国的问题。他认为中国人自古以来，就崇尚功利而疾视天才，现在受到西方人船坚炮利、上下一心的刺激，短视之徒纷纷鼓吹效仿西方，追逐物质与众数，此种论调若广泛流行，中国将陷入万劫不复之境地。鲁迅认为，物质也好，众数也好，其道皆“偏至”，在西方早就是已陈之刍狗，现在将它们原封不动地引入中国，只会加重中国原有的问题。他提醒人们，在物质与众数之外，中国人更应该重视西方19世纪末期以来的新思潮，通过引入重个人、张精神的新思潮，来振奋国人的精神，培育合格的国民，实现民族的复兴：“诚若为今立计，所当稽求既往，相度方来，掊物质而张灵明，任个人而排众数。人既发扬踔厉矣，则邦国亦以兴起。”①

可以看出，在《文化偏至论》中，鲁迅的出发点有两个：文化、文明的健全发展以及人的健全发展。理想的文化应兼顾众数与个人、精神与物质两方面，理想的人格也应包含群体与个性、外在与内面两方面的因素，不能顾此而失彼，偏

① 鲁迅：《文化偏至论》，《河南》第7期，日本东京河南发行所1908年版。

于一极而忘记另一极。此种论调，显然容易让人联想起席勒关于人的全面发展的理论。而在文章中，鲁迅也的确提到了席勒，他引席勒的观点，来说明18、19世纪“神思宗”的人格理想：“往所理想，在知见情操，两皆调整……希籁（Fr. Schiller）氏者，乃谓必知、感两性，圆满无间，然后谓之全人。”①种种迹象表明，在写作《文化偏至论》的时候，鲁迅对席勒所代表的西方美育理论有所了解，美育理论是鲁迅《文化偏至论》的一个重要思想来源。

《文化偏至论》批判的对象有两个——物质与众数，《科学史教篇》则将矛头专门对准物质。文章从梳理科学发展的历史入手，批评科学崇拜与物质至上主义。文章认为，18世纪以来科学的进步带来了经济的繁荣与物质的增长，但同时也滋生了一部分人的科学崇拜与物质崇拜，认为科学与物质可以解决一切问题，科学之外的其他学科如哲学、文学等都是无用之学，不值得探究。文章认为，这是一种错误的观念。文章提醒人们注意以下三点。第一，从科学发展的历史看，科学的发展常受科学之外的道德、文艺等因素的推动，“盖科学发见，常受超科学之力，易语以释之，亦可曰非科学的理想之感动，古今知名之士，概如是矣”。科学、宗教、文艺三者互相羽翼，互相促进，不能厚此薄彼，执一而忘其余。第二，科学发展为人们带来了物质上的利益，但科学家研究科学的初衷却是为追求真理，功利只是科学不期然的成果。世间有很多事物，其价值并不显现于当前，而是彰显于后世，因此不应该要求所有人都汲汲于当世之务，应该允许一部分人从事那些在当前看来没有实用价值的工作。第三，过度重视科学，而忽略人文学科，会导致社会的片面发展和人性的扭曲变形，“使举世惟知识是崇，人生必大归于枯寂，如是既久，则美上之感情漓，明敏之思想失，所谓科学，亦同归于无有矣”。而文学、艺术的功用即在于丰富人的精神生活，促进人性的健全发展。人类社会不仅需要牛顿、玻尔式的科学家，还需要莎士比亚式的诗人，拉斐尔式的画家，“凡此者，皆所以致人性于全，不使之偏倚，因以见今日之文明者”。②

从《摩罗诗力说》到《文化偏至论》到《科学史教篇》，有一个一以贯之的理论出发点，这个出发点用鲁迅的话说就是“立人”，即培育国民健全的人格，鼓舞国

① 鲁迅：《文化偏至论》，《河南》第7期，日本东京河南发行所1908年版。
② 鲁迅：《科学史教篇》，《河南》第5期，日本东京河南发行所1908年版。

民奋斗的精神。从“立人”的理想出发，鲁迅论述了文学艺术的价值，肯定了文学在培育健全人格方面的独特功效。显然，鲁迅已经触及了美育理论的核心，阐发出了美育理论的基本原理。因此，虽然没有明确拈出“美育”这样一个词，但是将鲁迅看成是美育理论在中国的一个早期传播者，相信不会引起太大争议。不过，需要注意的是，和席勒所代表的西方美育理论相比，鲁迅的美育主张有很强的属于自己的特色：

首先，鲁迅并未原封不动地系统引入西方美育理论，而只是借用了西方美育理论中的一个重要命题，来展开自己的论述，这个命题就是审美促进人的全面自由发展。席勒认为，“政治方面的一切改善都应该从性格的高尚化出发”①，而审美可以培育人的高尚健全的性格。鲁迅也认为，“将生存两间，角逐列国是务，其首在立人，人立而后事举”②，而文学有助于立人。但是仅仅如此而已，除此之外，鲁迅并未过多地照搬西方美育理论，而是大胆地进行了自己的创造。比如，在人的全面发展之外，鲁迅还论述了文化、文明的全面发展，论述了文化发展过程中的“偏至”现象，谈到了文化发展中创新与复古的问题，所有这些现象与问题都是超出席勒美育理论之外的。

其次，审美可以培育健全理想的人格，这一点是鲁迅和西方美育理论家们所共同承认的，但是在何谓健全理想的人格以及审美如何培育健全理想的人格的问题上面，鲁迅和席勒所代表的西方美育理论家们的理解大不相同。在席勒看来，健全的理想的人格应该是理性与感性、主观与客观、精神与物质、自由与必然、判断力与想象力等一系列对立因素的完美统一。而在鲁迅看来，席勒所设想的理性与感性、主观与客观完美统一的人物只是一个空想，很难在现实世界中实现，“明哲之士，反省于内面者深，因以知古人所设具足调协之人，绝不能得之今世”③。正如文化发展的理想是群体与个体、精神与物质的完美结合，但现实中文化的发展却往往趋于“偏至”，人们只能以偏救偏，在偏中求“全”一样，人格发展的理想是理性与感性、主观与客观、内在与外在的完美统一，但现实中此种理想也很难达到，现实中人们往往趋向于某一特定方向发展，为了避免在

---

① ［德］席勒：《审美教育书简》，张玉能译，译林出版社 2009 年版，第 23 页。
②③ 鲁迅：《文化偏至论》，《河南》第 7 期，日本东京河南发行所 1908 年版。

此歧途上越走越远，人们只能选择趋于另一相反方向来发展，以此来矫正之前人格发展的缺陷。也就是说，人格的健全发展只能是相对的，不可能是绝对的，绝对健全的人格永远不能实现。那么，对于 20 世纪初的中国人来讲，应该选择一个什么样的人格发展方向呢？鲁迅的答案是：高扬人的主观内面精神，抗拒世俗功利的诱惑，刚毅不挠，勇猛奋进，向不合理的外部世界开战。鲁迅认为，长久以来，中国人受君主专制与实利主义的毒害，精神本已极度颓靡萎弱，现在西方物质文明滚滚而来，形势更是岌岌可危。当此之时，唯有矫枉过正，高扬人的主观精神，鼓舞国人以主观精神对抗外部世界，则国人庶几还有一线生机，否则只有日趋沦亡而已。他赞美摩罗派的诗人，号召国人向摩罗派诗人学习。摩罗派诗人的特点是精神发皇，意志坚强，不屈从于众，不随顺于俗，“立意在反抗，旨归在动作”，“不为盛世和乐之音，动吭一呼，闻者兴起，争天拒俗，而精神复深感于后世人心，绵延至于无已”。他称赞英国诗人拜伦文章“函刚健抗拒破坏挑战之声”，“所遇常抗，所向必动，贵力而尚强，尊己而好战”，称赞雪莱“神思之人，求索而无止期，猛进而不退转”，称赞俄国诗人莱蒙托夫力抗社会，“奋战力拒，不稍退转”。一句话，席勒要培育的，是内外兼修、文质彬彬的君子，而鲁迅所欣赏的，是意力超群、百折不挠的斗士，这是他们之间最大的区别。

第二节　李叔同的“绘画论”

和文学专业相比，美术（这里指的是狭义的美术，主要包括绘画和雕塑）专业的留日学生数量相对较多。辛亥之前，就有李叔同、曾孝谷、黄辅周、谈谊孙、白常龄、何香凝、高剑父、高奇峰、陈树人等至少十余人留学日本专习美术。辛亥之后，又有陈抱一、王悦之、卫天霖、许敦谷、俞寄凡、胡根天等相继留日学习美术。在留学西方的美术生大批回国之前，留日学生较早地把现代美术思潮引入中国，引发了中国近代美术的变革运动。

在早期留日美术生当中，李叔同是时间较早、影响又较大的一个。并且李叔同的特殊性在于，他不仅实际地学习美术、改良中国传统的美术教育，更撰写专门的文章，试图从理论上阐明美术特别是绘画到底为何物，美术改良的方向是什么，等等。[1] 下面，以李叔同最早的一篇美术理论文章《图画修得法》为中心，概述李叔同的美术思想及其美学史意义。[2]

（一）中国近代第一次对“图画”的定义

《图画修得法》是李叔同留学日本后发表的第一篇文章。他于1905年8月孤身赴日留学，在抵日四个月后（12月）即在留学生杂志《醒狮》[3]第二期与第三期上连载了《图画修得法》。这一时期李叔同还没有进入东京美术学校对油画进行系统的学习。[4]《图画修得法》的内容共三章[5]，第一章“图画之效力”，第二章“图画之种类”，第三章“自在画概说”，其中第三章“自在画概说”最后附有五页画法示意图。

在文章开篇的第一段，即相当于全篇序言的部分，李叔同这样写道：

> 我国图画，发达盖早。黄帝时，史皇作绘，图画之术，实肇乎是。有周聿兴，司绘置专职，兹事寖盛。汉唐而还，流派灼著，道乃烈矣。顾䊹序杂遝，教授鲜良法，浅学之士，靡自窥测。又其涉想所及，狃于故常，新理眇法，匪所加意，言之可为于邑。不佞航海之东，忽忽逾月，耳目所接，辄有异想。冬夜多暇，掇拾日儒柿山、松田两先生之言，间以己意，述为是编。夫唯大雅，倘有取于斯欤？

李叔同开篇并没有解释什么是“图画”，而是简略地介绍了中国图画的历史。在它的产生与发展阶段，他没有用“图画”而是“绘”，指出绘产生于黄帝时代发展于汉代唐代，历史悠久，流派众多，但秩序杂沓，教授起来缺乏良好的方法。接

---

① 李叔同之外，也有其他个别留日学生写过美术理论方面的文章。陈树人曾经在《真相画报》第17期（1913年出版）发表过《图画教授法》，在这篇文章中陈树人提出图画与言语“同为发表思想之要具”，不同的是言语以知识概念发表思想，图画以具象发表思想，图画属平面艺术，等等。但总起来看，陈树人的这篇文章内容较为简单，在论述的深度与广度上不能与李叔同相比。

② 李叔同早年专论美术的文章除《图画修得法》外，还有《水彩画法说略》。《水彩画法说略》主要介绍了水彩画所需的材料，如颜色、笔、纸、画板，水彩画常用临本（作品集）等，技术性较强，理论性几乎没有，所以这里基本不涉及。

③《醒狮》创刊于1905年9月，是在日本东京出版的月刊。编辑兼发行者署李累，实为高旭（天梅）。参考上海图书馆编撰的《中国近代期刊篇目汇录 第二卷》，上海人民出版社1976年版，第1700页。

④ 翌年9月，李叔同考入东京美术学校西洋画科选科开始了系统的油画学习。

⑤ 目前看到的《图画修得法》共三章，也许还有其他章。但由于《醒狮》杂志目前只能找到1至4期，所以不能判断。以下相关引文均出于此，不再一一标注。

着说“浅学之士”因为拘泥于常规，所以不足以自创出优秀新颖的教授方法（“新理妙法”）。做了如上铺垫后，接下来他引出这一段非常重要的内容，即关系到这篇文章来源的话。他说自己来到日本数月，种种耳闻目睹后有了新的想法（“异想”）。于是在这漫长而又难眠的冬夜，“拾掇”了柿山与松田两位日本学者的言论，其间加以自己意见的补充，写成了这一篇《图画修得法》。

李叔同提到的柿山与松田的言论究竟是什么？经过笔者最初步的调查得知，李叔同提到的柿山与松田两先生的言论，实际上是李叔同赴日的两年前即1903年东京三省堂出版的柿山蕃雄与松田茂合著的一部名为《普通教育之图画教授法》的教材。虽然在这本书的封面上赫然写着柿山蕃雄与松田茂同为东京高等师范学校的教师，但实际上他们二人是执教于东京高等师范学校附属小学的美术教师。在《普通教育之图画教授法》（以下简称《图画教授法》）一书的《凡例》中，柿山与松田这样说明编写这本书的目的：“本书为资小学教师及培养小学教师之各学校教师参考而编，准据现行小学校令实行规则，避免空理空论以实际为旨。”[①]由此可见，《图画教授法》是为从事小学美术教育的教师以及培养小学美术教师的师范教师而写的教材。1905年来到日本后的李叔同，最初关注的就是这种美术教学法性质的著作。李叔同以《图画教授法》为基础，结合自己对绘画的理解，写出了《图画修得法》。因此，《图画修得法》本身也是一篇美术教学法方面的论文。有意思的是，正是在这篇美术教学法性质的论文中，李叔同在中国历史上首次对绘画做了现代意义上的界定。

《图画修得法》的第一章“图画之效力”的主题，是图画对人类社会整体的效力。李叔同在大方向上，指出图画具有两个方面效力：一、实质上；二、形式上。然后，再细分，把“实质上的效力”又分为两方面：一、作为“普通技能”的图画；二、作为“专门技能”的图画。这种逐步分项具体说明的方法，遵循的是西方逻辑学的说理方式。我们先看图画实质上的两个效力：一作为普通的技能，二作为特殊的技能。李叔同认为，作为普通技能的图画，与人类的语言和文字一样，是人类表达思想情感的工具。李叔同从人类“说的语言”与“写的文字”的产生说起：人类为了表达复杂的思想感情而发明了“语言”与“文字”这两种符号。但随着社会的进步，人类思想感情也日益复杂，“语言”与“文字”意图要完全表达

① 柿山蕃雄、松田茂：《普通教育における圖畫教授法》，东京三省堂1903年版，第1页。

人类的思想感情时，就会面临“冗长”且“粗略”两个缺陷，而图画作为同样可以表达人复杂的思想与感情的符号则简明而且具体：

> 图画者，为物至简单，为状至明确。举人世至复杂之思想感情，可以一览得之。晚近以还，若书籍，若报章，若讲义，非不佐以图画。匡文字语言之不逮，效力所及，盖有如此。①

看到这里后，我们便可以知道李叔同选择在开篇说明“图画之效力”的目的了。这里虽然说的是图画的效力，但实质上是为“图画”做了不同于中国传统的、西方符号学的定义。中国的传统是将图画视为文人墨客闲暇时的娱乐。而在这里图画被定义为与语言文字一样反映人复杂的思想与感情的符号。作为符号，图画的意义与价值超越于娱乐之上：

> 说者曰：图画者，娱乐的，非实用的。虽然，图画之范围綦广，匪娱乐的一端所能括也。夫图画之效力，与语言文字同，其性质亦复相似。脱以图画属娱乐的，又何解于语言文字？倡优曼辞，独非语言？然则闻倡优曼辞，亦谓语言属娱乐的乎？小说传奇，独非文字？然则诵小说传奇，亦谓文字属娱乐的乎？②

接下来，李叔同继续通过与语言的比较，来说明图画作为人类“普通技能”的效力。既然图画与语言都是表达人类思想感情的符号，既然语言的发达被认为与社会的发达有关，那么图画的发达同样与社会的发达有关。图画越发达，说明人类思想感情精密表达的能力越强。因此，为人类社会的发达进步考虑，应大力发展图画。

论述完图画作为“普通技能”的功效后，李叔同进而论述图画作为“专门技能”的功用。他指出，作为“专门技能”，图画是现代美术工艺的源本。他举1851年“英国设博览会”为例，在这次博览会上，英国人意识到自己国家工艺品的低劣现状，于是定图画为国民教育的必修课。不过数年，英制的工艺品变得优美，

①② 李叔同：《图画修得法》，《醒狮》第2期，醒狮杂志社1905年版。

让欧洲各国震惊。又提到法国举办“万国大博览会”后，政府投入财力劳力发展图画教育，遂成为美术大国，美国日本向法国学习，这两个国家的美术工艺也日益进步。

——在这里，李叔同从世博会召开后的西方的视点，也可以理解为“近代的视点”，来重新定义图画，阐述图画与一个国家的近代化程度的关系。图画是衡量一个国家近代化程度的标志。很显然，这里的“图画”是不同于中国传统的“绘”的，它是象征着“近代”的名词。前引《图画修得法》的序言中，李叔同一开始提到了“绘”（“史皇作绘”），但接下来他没有用“绘”，而是使用了“图画”。“绘”是中国的传统概念，孔子早就说过“绘事后素”。而“图画”这个概念虽然对于现今的我们已经非常熟悉了，但在《图画修得法》写成的 1905 年，这个词还是很新鲜的。追溯它的来历，应该是在清末随着日本的教育制度被介绍到中国，从日本传到中国来的。在李叔同的《图画修得法》发表的三年前，即 1902 年的《教育世界》（罗振玉创刊）里的《小学校拟章》可以找到这个词[①]。而《小学校拟章》就是按照当时的日本明治时期的小学教育章程编写的。李叔同用的是“图画”而不是“绘”，这是因为“图画”是一个有着近代意义的概念，可以说是中国传统的“绘”的近代的新定义。《图画修得法》的目的不仅在于说明如何修得图画，还在于提出“图画”这个具有近代意义的新的美术概念并对其进行阐释。《图画修得法》是中国近代第一次对“图画”进行了准确定义的文章。

李叔同的学生丰子恺曾发表过的一篇题为《图画与人生》的文章。在这篇文章中丰子恺提到，不应把“图画”等同于“琴棋书画”的“画”，不应把画画儿当作一种娱乐，一种游戏，认为是用来消遣的。中国有许多人把音乐、图画看成与麻将相似的东西，这是由于“琴棋书画”这个词的流弊。丰子恺区别“图画”与琴棋书画的“画”，指出音乐与图画都不是娱乐消遣，这一观点的源头应该是丰子恺的老师李叔同。

（二）美育视野下的绘画功用观

从李叔同对图画作为“普通技能”与“专门技能”的论述看，他所说的图画的

① “图画以使生徒看取通常之形体，而能正画之，兼养其美感为要旨。于寻常小学校之教科书加图画时，须自单形，始渐及简易之形体。于高等小学校初以前项为准，渐进其程度，又就实物或标本，使常以自己之心思画之，又依土地之情况，得授简易几何画。”《小学校拟章》，《教育世界》1902 年第 25 号。

“实质上的效力”，指的是图画在实用方面的效力。相应地，他所说的“形式上的效力”指的是图画的非实用性的效力。李叔同认为，图画在形式上具有智育、德育、体育三个方面的效力：

> 图画家将绘某物，注意其外形姑勿论，甚至构成之原理，部分之分解，纵极纤屑，靡不加意。故图画者，可以养成绵密之注意，锐敏之观察，确实之知识，强健之记忆，着实之想象，健全之判断，高尚之审美心。此图画之效力关系于智育者也。
>
> 若夫发扬审美之情操，图画有最大之伟力。工图画者其嗜好必高尚，其品性必高洁，凡卑污陋劣之欲望，靡不扫除而淘汰之，其利用于宗教教育道德上为尤著。此图画之效力关系于德育者也。
>
> 又若为户外写生，旅行郊野。吸新鲜之空气，览山水之佳境。运动肢体，疏曜精气。手挥目送，神为之怡。此又图画之效力关系于体育者也。①

李叔同从德、智、体三个方面，来论述图画对于人的健康发展的意义。显然，这是一种基于美育理论的论述。而在图画可以养成人的“高尚审美心”的后面，李叔同也的确用小字注释的方式，提到了现代西方美育理论，他说：“今严冷之实利主义，主张审美教育，即其美之情操，启其兴味，高尚其人品之谓也。”在李叔同的论述中，图画作用于人的德、智、体，而其发挥作用的媒介则是真、善、美。智育的效力上，绵密之注意、敏锐之观察、确实之知识、健全之判断，这些都是有关获得真正的知识。德育方面，“审美之情操”则是有关美好的情感。前者是“真”的范畴，后者是“美”的范畴。还是在德育方面，正如最后说的那样，图画是与宗教道德有关的，也就是“善”的范畴。也就是说，图画作用于人的德、智、体，可以满足人真、善、美的追求。

李叔同对“图画之效力”的论述，大量参考了前面我们提到的柿山蕃雄与松田茂合著的《图画教授法》。具体地说，是参考了《图画教授法》的第二章“图画于人世之价值”。通过比较可以发现，有一些句子，李叔同几乎原封不动地忠实翻译了《图画教授法》的论述，甚至在句式上也沿用了《图画教授法》的对偶句

---

① 李叔同：《图画修得法》，《醒狮》第2期，醒狮杂志社1905年版。

式。但是同时，李叔同也并没有仅仅是照搬日本学者的观点。正如他自己所说的，很多地方，他都“间以己意”进行了引申和发挥。特别是在图画的“形式上的效力”部分，李叔同的即兴发挥尤其突出。《图画教授法》原文对于图画在形式上的效力只涉及了“智育”与“德育”两方面，而李叔同则补充了第三方面，“体育”的方面。

细细体味李叔同对于图画体育方面效力的论述，会发现他在文字修饰上花了不少心思。“户外写生”“旅行郊野”“吸新鲜之空气”“览山水之佳境”上下句基本对仗，“运动肢体，疏曜精气”还押了韵，并且“手挥目送，神为之怡”还用了典。三国魏嵇康在其《赠秀才入军第四首》里有“目送归鸿，手挥五弦。俯仰自得，游心泰玄”句。[①] 嵇康说的是目送远飞的鸿雁，手挥五弦的古琴，身心自得愉悦，与自然造化融为一体。李叔同的“手挥目送”是对“目送归鸿，手挥五弦”的概括，而“神为之怡”则是对下一句“俯仰自得，游心泰玄”的概括。嵇康说的是弹琴，而李叔同说的是在户外写生的挥动画笔，嵇康的户外奏琴被李叔同发挥为户外写生，李叔同巧妙地化用了嵇康的诗。通过《图画修得法》，李叔同试图向国内的学堂教育提供西方主导的现代艺术观念，但透过他的文体，我们还可以感受到他对中国传统文学、传统文化的执着与深爱。在他看来，中国传统文化与现代绘画艺术之间并没有截然的界线，二者之间可以互通。“手挥目送，神为之怡”，既是嵇康等魏晋名士的精神境界，也是现代绘画艺术所追求的境界。向西方学习，建立现代绘画艺术，并不必然意味着背弃传统，相反倒可以重温中国人自古以来追求的融于自然、解脱自我的审美理想。

（三）“自在画”的界说

以上是对《图画修得法》第一章“图画之效力”的分析，下面陆续分析第二章“图画之种类”、第三章“自在画概说”。第二章“图画之种类”内容非常简短。在这一部分，李叔同先从性质上区分了“图”与“画”。图跟美术没有关系，比如建筑图、地图、解剖图等。而额面、轴物、画帖则是画，只有画与美术有关系。然后，李叔同又从描写方法上区分了“用器图”与“自在画”：借助器械（比如尺、圆

---

① 全诗为：“息徒兰圃，秣马华山。流磻平皋，垂纶长川。目送归鸿，手挥五弦。俯仰自得，游心泰玄。嘉彼钓翁，得鱼忘筌。郢人逝矣，谁与尽言。”参考《文选》卷 24，上海古籍出版社 2007 年点校本，第 1129 页。

规)的就是用器图,相反不借助器械的就是自在画。

凡知觉与想象各种之象形,假自力及手指之微妙以描写者,曰自在画。依器械之规矩而成者,曰用器图。①

接下来,李叔同用非常简洁而一目了然的图表的方式,对用器图与自在画做了进一步的分类。对于用器图,李叔同将其分为几何图、投影图、阴影图、透视图四种。对于自在画,李叔同先将其分为西洋画与日本画两类。然后,将西洋画分为铅笔画、擦笔画、钢笔画、水彩画、油绘五种。对于日本画,先指出是从中国传来的,后在日本形成了诸流派,包括土佐派、狩野派、南宗派、岸派、圆山派,以及"汇集诸派,参集西洋派之长"的新派。

在以图表方式对图画进行分类后,李叔同对图画的各种类并没有继续做详细的解释,而是马上完结了第二章"图画之种类",进入了第三章"自在画概说"。从内容看,这一章应当是《图画修得法》中最重要的一章,也就是应题的一章。因为所谓"图画修得法",即学习图画的方法,或图画创作中应当注意的方法,而这一章介绍的三个方法——精神法、位置法、轮廓法——组成了李叔同要说明的"修得法"。我们先来看第一法"精神法",李叔同说:

吾人见一画,必生一种特别之感情,若者严肃,若者滑稽,若者激烈,若者和霭,若者高尚,若者潇洒,若者活泼,若者沉着。凡吾人感情所由发即画之精神所由在。精神者,千变万幻,匪可执一以搦之者也。竹茎之硬直,柳枝之纤弱。兔之轻快,豚之鲁钝。其现象虽相反,其精神正以相反而见。姝于成心求之,傎矣。故作画者,必于物体之性质、常习、动作,研核翔审,握筦撝写,庶几近之。②

李叔同先从欣赏者(看画的人)的体验说起,认为"吾人见一画,必生一种特别之感情"。然后,有了第一次追溯,即从欣赏者的体验追溯到在欣赏者体验之前就存在的画自身。欣赏者"感情的发"是由于画里"精神的在",欣赏者感到的"感

①② 李叔同:《图画修得法》,《醒狮》第 3 期,醒狮杂志社 1905 年版。

情”是来自画里存在的“精神”。接下来是第二个追溯，从画具有的精神追溯到画家作画时面对的描写对象所具有的精神：“竹茎之硬直，柳枝之纤弱。兔之轻快，豚之鲁钝。其现象虽相反，其精神正以相反而见。”画的精神是来自描写对象之精神。画家在对物体的“性质”“常习”“动作”等认真观察审视的基础上，把握住物体的精神，然后将此精神表现于绘画作品，这就是“精神法”。

再看第二法“位置法”。李叔同说：

> 论画与画面之关系，曰位置法。普通之式，画面上方之空白，常较下方为多。特别之式，若飞鸟轻气球等，自然之性质，偏于上方，宜于下方多留空白，与普通之式正相反。又若主位偏于一方，有一部歧出，其歧出之地之空白，宜多于主位。其他向左方之人物，左方多空白。向右方之人物，右方多空白。位置大略，如是而已。①

可以看出，所谓位置法，即作画时要注意画面的空间布局。再看第三法“轮廓法”：

> 大宙万类，象形各殊。然其相似之点，正复不少。集合其相似之点，定轮廓法凡七种。②

所谓“轮廓法”，即作画时注意观察和表现对象的几何轮廓。李叔同列举了常见的七种轮廓——竿状体、正方体、球、方柱、方锥、圆柱、圆锥，并分别举了一些物体作为例子，认为不同种类的物体可以利用不同的几何图形来把握。

李叔同的图画修得三法中，第二法“位置法”与第三法“轮廓法”，基本上可以说是来自西方绘画的方法。而第一法“精神法”，虽然也包含了西方绘画写实的方法在里面——“于物体之性质、常习、动作，研核翔审”——但总起来看中国画论的味道更浓一些，更容易让人联想起中国古代画论中的“气韵生动”“传神写照”等命题。实际的情形到底是怎样的呢？李叔同到底因何而提出这样一个似乎带有中国色彩的概念的呢？

①② 李叔同：《图画修得法》，《醒狮》第 3 期，醒狮杂志社 1905 年版。

从现有的材料来看，李叔同“精神法”的来源，应当还是前面提到的柿山与松田的《图画教授法》。《图画教授法》第六章“小学应教授之图画之形式”中，提到图画作为技术学科，在教授上主要应该注意的是眼与手的练习，而眼与手的练习应该遵循一定的顺序方法，而作为顺序方法的前三个方法就是李叔同在《修得法》里列举的精神法、位置法与轮廓法。[①] 关于精神法，《图画教授法》的日文原文及参考译文如下：

> 今一枚の圖畫を取って此れを檢するに、必ずや先づ一種の靈感を看る者に興ふるものあるべし、靈感とは即ち畫者の精神なり。或る畫を見ては極めて謹嚴なる感を起し、或る者に對しては極めて崇高の感を生じ、或るひは感藹然たる和氣に對して燻ぜられ、或るひは壯烈なる和氣に動かされ、或るものは滑稽、或るものは清洒、皆是れ畫者精神出現にあらざるはなし、而して畫者の精神は描くべき物體の心なり。描くべき物體の心とは、其の物體の性質・常習及び活動をいふ。（取一幅画仔细端详之，此时观者必会兴发出一种灵感，灵感即画之精神。或起极谨严之感，或生极崇高之感，或熏染蔼然之和气，或被壮烈之和气所动，有滑稽者，亦有清洒者，诸般皆为画者精神之出现，而画者精神即是描绘物体之心。描绘物体之心即是物体之性质、常习及活动。）

将这段文字与李叔同关于“精神法”的论述相对照，可以看出意思大致相同，但李叔同的文字表述更充实、丰富一些。李叔同在《图画教授法》的基础上，增加了一些例证，补充了自己的看法（“姝于成心求之，偵矣”等），最后形成了自己对于“精神法”的表述。

那么，《图画教授法》的“精神法”又是如何形成的呢？关于这个问题，首先需要指出一点：虽然《图画教授法》是柿山蕃雄与松田茂的合著，但“精神法”出现的第六章“小学应教授之图画之形式”是出自柿山蕃雄一人的笔下。因为这一部分的内容也曾出现在其他教科书中，作者的署名是柿山蕃雄。其次，柿山

① 《图画教授法》里在这三个方法以后还详细介绍了骨格法，远近法（三原则，四现象），描线法（点，线，运笔的方向，主线及辅线，阳线及阴线，远线及近线），浓淡法，平涂法，渲晕法，彩色法（色的种类），记名法，美的要素（何为美，何为统一，主眼，照应，比例，均齐，何为变化）。

作为一名 30 岁的小学教员，独创出“精神法”的可能性也是很低的。他的这个“精神法”，也是有理论源头的。在《图画教授法》的第四章“图画教授法之沿革”中，提到明治时期掀起了日本传统美术复兴运动的一位重要人物，而这位重要人物也是柿山的老师，他就是冈仓天心。柿山的“精神法”，就来自冈仓天心。

在此有必要对冈仓天心及对冈仓美术思想影响很深的冈仓的老师菲诺罗萨做简单的说明。菲诺罗萨是明治政府从美国聘请来的东京大学的哲学教授，赴日后他游历了古都奈良及京都。在日本这两个古都他造访古寺考察古建筑艺术品，而这个经历给他带来了震撼，他深感日本传统美术的价值可以匹敌古希腊罗马艺术。从此，作为一个外国人的菲诺罗萨，开始倡议明治政府不应一味引进西方美术而摒弃日本的传统艺术，因为在他眼里日本艺术有着西方艺术所不具有的“妙味”。冈仓天心就是菲诺罗萨在东京大学教授的得意门生。冈仓与菲诺罗萨曾远赴欧洲实地考察，发现法国美术也借鉴了日本美术的布局与画风，从而认识到日本传统美术是有自己独特价值的。回国后他们向政府汇报实地考察后得到的对日本美术价值的确信，他们提出的一个重要观点就是日本画所用的工具毛笔要比西方素描用的铅笔有价值。具体地说便是毛笔可以“自在”地表现线的肥瘦，以及墨的清润，而相比之下，铅笔的线缺乏变化。从此明治政府也在他们的倡议下调整图画教育的大方向，在明治十九年(1886)先是在东京的两所师范学校实行了毛笔教育，获得成功后逐渐在全国的小学推行毛笔画，在明治二十三年(1890)终于过半，而最近才普及。

在《图画教授法》的第四章“图画教授法之沿革”中，柿山对明治初期从重视铅笔画到明治中后期重视毛笔画的这一转变过程予以了勾勒。对于这一转变，他是持支持态度的。柿山毕业于东京美术学校。东京美术学校创建于 1887 年，各学科起步于 1889 年，主创人就是倡议日本传统美术复兴的菲诺罗萨与冈仓天心。日本美术学校的宗旨是保存日本传统美术以及把日本美术推向世界，1889 年开设传统日本画学科、木雕学科，一年之内又设立了铸金、雕金、漆艺等工艺学科，而西洋画科是直到 1896 年才设立的。柿山就读于 1892 年至 1897 年，他的专业就是日本画，他也曾经接受过冈仓的日本美术史的讲义。

阅读柿山曾经接受过的冈仓的日本美术史讲义，可以发现冈仓对于日本美术的定位是“亚洲美术的一分子”，他最为推崇的画论是“亚洲最为重要的”画论，南北朝时代谢赫的画六法(《古画品录》)。冈仓高度评价画六法是“真正的古今通用的画论”，他特别推崇的就是第一法“气韵生动”。他这样说：

> 第一法，气韵生动是指表现出高尚之思想。把它置于第一位是因为应以气韵为画之本意。六朝是形成唐宋文化源流之时代，气韵生动可谓道破了东洋文化第一义。若当时之画不重气韵而重写生主义，今日东洋美术之体系便会截然不同。①

这里冈仓说的是“气韵生动”是表现出“高尚之思想”，在柿山的精神法里，强调画里存在“精神”。冈仓的“思想”与柿山的“精神”虽然不完全相同，但无论思想还是精神都是与人的内心有关的，这两个词具有共通性。柿山之所以选择“精神”一词应该是结合了冈仓阐释的画六法的第二法“骨法用笔”。冈仓这样分析第二法骨法用笔：

> 第二，骨法用笔即是画的组织及用笔，画里须有筋有骨。若是西洋画论，诸如用笔会被置于末端论述，之所以被放在第二位，是因东洋画与书法有关联，其用笔是画之精神，不止于形似之妙，以为笔亦有妙味。②

画六法中，谢赫接着第一法的气韵生动，第二法就举出了骨法用笔。冈仓分析骨法用笔之所以被如此重视是因为画与书法有关联。在东方艺术中，绘画与书法密不可分。作为绘画工具的毛笔，最初是作为书写工具而诞生的，它的书写职能甚至要比它的作画职能更普遍更广泛。在书法中，毛笔传导了用笔者手腕的力度，而这个力度又传达着用笔者的日积月累的功夫的沉淀与书写那一时刻的情感波动。书法与画不同在于画有具体表现的主题，即是描写的对象，因此画不能完全放弃形似，而书写不然。虽然最早是象形字，但随着书法的演变，出现草书后，已经没有了象形的局限。于是书法具体表现的对象就可以是写字的人。自古就有“文如其人，字如其人”的说法，用毛笔写的字，反映的是写字的人的精神。那么，用毛笔画的画反映的也是画家的精神。

柿山的“精神法”正是源于冈仓对于谢赫的画六法的阐释，具体地说他综合

---

①② 冈仓觉三：《天心全集 日本美术史》，日本美术院 1922 年版，第 342 页。

了冈仓阐释的第一法气韵生动与第二法骨法用笔。图画的首要目的不是追求形似，而是表现“精神”。这个“精神”不仅是画的精神，同时也是画家的精神。而之所以可以表现出画家的精神，是因为绘画与书法共用的工具毛笔所具有的精神属性。《图画教授法》中有一段关于毛笔与铅笔不同表现效果的话：“毛笔画的线变化无穷，细则微于毛发，大则粗过棍棒，一扬一抑一张一弛一浓一淡一润一渴，殆语言不可尽数。”[①]这个观点，正是冈仓在给明治政府提交的欧洲美术考察的报告书中写下的。柿山对毛笔独特功能的自信与赞赏的态度是来自冈仓的。相应地，他也接受了冈仓对谢赫“气韵生动”“骨法用笔”的阐释，并将其概括为“精神法”。

从最初源头上说，“精神法”本来就源于中国古代画论。李叔同身为中国人，自幼又浸淫于中国书法与绘画艺术之中，艺术修养深厚[②]，自然会对其感到亲切、认同。而从《图画修得法》的最后李叔同亲手绘制的位置法与轮廓法的示意图看，他不仅在理论上认可“精神”，而且在绘画实践中，比柿山与松田更深刻地体会和践行了“精神”。虽然是在效仿《图画教授法》里的示范图，但李叔同的笔迹与《图画教授法》里的示范图完全不同。比如飞行中的燕子，李叔同勾画燕子身体形状的线具有很强的流线感，可以感到燕子飞翔的速度。还有站立的鸟，它的眼睛的线表现出了鸟的眼神，要比原图的眼神深邃而有力。比较《图画教授法》里的示范图与李叔同的示范图，可以看出李叔同的线具有力度与韧性，洋溢着遒劲飙烨之感。李叔同的线就是李叔同的，它体现的是李叔同的“精神”。

当然，正如我们前面提到的，“精神法”既有东方画论的色彩，也融入了西方绘画的元素，是中西艺术精神的融合。李叔同提到的对于“物体之性质、常习、动作，研核翔审”中，包含着西方绘画的精神与方法。另外，“位置法”与“轮廓法”，更是基本上来自于西方。因此，李叔同将“精神法”“位置法”“轮廓法”三种方法并置，表现出的是一种开放的艺术观念：不是简单地引入和模仿西方绘画，也不是单纯地继承中国古典绘画，而是将中西绘画传统结合在一起，推陈出新。而从李叔同后来的美术教学以及美术创作实践来看，他也的确具有一种融汇中

---

① 原文：毛筆畫は其の點並びに線が變化極まりなく、一畫線と雖も細は毛髪の微より大は棒にも餘らしむべく、一揚・一抑・一張・一弛・一濃・一淡・一潤・一渇殆んど言語に盡すべからざるものあり。

② 赴日本留学前，李叔同已在金石、书画方面有相当修养。21 岁时，便与著名书画家任伯年、高邕之等组织上海书画公会，在上海有一定名气。

西的艺术信念与追求。在《浅谈西画》与《浅谈国画》两篇教学讲稿中，他对中西绘画的历史与成就均作了肯定性的描述。在《中西绘画比较谈》中，他简要比较了中西绘画的不同，认为中国画注重写神，注重主观的心理描写，西方画重在写形，在写形的基础上追求形神一致，二者可以互相补充，特别是中国画应向西方画学习、借鉴："观察事物与社会现象作描写技术的进修，还须与时俱进，多吸收新学科，多学些新技法，有机会不可错过。"[①]毕克官分析李叔同1912年为《太平洋报》所作的图案设计后认为，李叔同的广告及美术设计作品中"书法和金石气息很重"，这一特点"与他的书法家和金石家的气质和特征有关"。另外，可能是李叔同晚年作品的《白描佛像》，也被认为是"以作书之笔写佛"，既能看出作者运用中国传统书画笔墨的功力，也能看出作者对西洋绘画技法的吸收与消化。[②]在融汇中西绘画艺术之长、为中国绘画开辟新路径方面，李叔同是有明确的自觉的。而这一自觉的开始，就是《图画修得法》。

（五）结论：近代美术改良运动的第一人

虽然《图画修得法》并非完全出于李叔同的原创，而只是他基于柿山与松田《普通教育之图画教授法》的一部编译之作，但在那个时代依然具有重要的启蒙意义。如前所示，在《图画修得法》中，李叔同从符号学角度，阐述了一个崭新的图画概念，这一概念区别于中国传统的"绘（画）"的概念，是一个具有近代意义的概念。在导入具有近代意识的图画概念的同时，他还积极介绍绘画艺术在西方及日本的发展历史及现状，传播西方及日本关于绘画创作的"新理妙法"。有意思的是，这些"新理妙法"是明治后期东西方美术思想融汇后的结晶，本身带有中国文化的基因。通过学习域外的"新理妙法"，并将这些"新理妙法"与个人的艺术修养、心得体会相结合，李叔同又实现了对中国传统文化的认同与回归。在提倡改革、向西方学习的同时，李叔同没有忘记传统的价值。因此可以说，《图画修得法》这篇文章一方面揭开了中国美术现代化的序幕，另一方面又标志着中国近代美术思想的"自我意识"的萌发。李叔同是中国近代美术改良运动的当之无愧的第一人。

---

① 李叔同：《中西绘画比较谈》，《李叔同谈艺术》，行痴编，陕西师范大学出版社2007年版，第23页。
② 毕克官：《近代美术的先驱者李叔同》，《美术研究》1984年第4期。

第三节　留日学生群体的音乐观

20 世纪初，一场主要由留日学生发起并推动的学堂乐歌运动，颇受社会各界的瞩目。学堂乐歌运动的宗旨，是在中小学学堂中引入西式音乐课程，以音乐、唱歌来教育启迪学生，培养未来的合格国民。一百年后的今天，回顾这一场运动，会发现这场运动的意义不仅仅是将西方的歌曲形式和音乐基础理论引入中国，从更深层次的音乐文化而言，学堂乐歌运动标志着国人音乐观念、音乐思想由传统到现代的转移。音乐不再是礼之附庸、文人之消遣和市井之娱乐，音乐开始担负起对新的社会成员进行文化启蒙的使命。由学堂乐歌而引发的理论探究，成为中国近代新音乐美学思想诞生的起点。

（一）音乐启民思潮与乐教传统结合下的音乐价值重估

学堂乐歌运动中，最响亮、最突出的一个口号，是以音乐为工具，对国人进行思想启蒙，锻造新的国民：

> 盖欲改造国民之品质，则诗歌、音乐为精神教育之一要件，此稍有识者所能知也。①
>
> 有一事而可以养道德、善风俗、助学艺、调性情、完人格，集种种不可思议之支配力者乎？曰有之，厥惟音乐。②
>
> 惟唱歌则以道德与优美之理想化合，以激天良……昔孔子以诗教人，实为深得教育之原理。③

从上述引文中可以发现，音乐被赋予了造国民、养道德、完人格等新的社会功能，尽管其中能清楚地看到中国传统乐教观念的影响，但这种源自日本明治

① 梁启超：《饮冰室诗话》，《饮冰室文集点校》第 6 集，云南教育出版社 2001 年版，第 3820 页。

② 黄子绳等：《教育唱歌・叙言》，张静蔚编《中国近代音乐史料汇编（1840—1919）》，人民音乐出版社 1998 年版，第 147 页。

③ 沈心工：《小学唱歌教授法》，王宁一、杨和平主编《二十世纪中国音乐美学（文献卷）》第 1 卷，现代出版社 2000 年版，第 26 页。

维新、被梁启超称之为“精神教育”的音乐教育观念，同中国传统的乐教观念还是存在差异的。如果说传统的乐教理论要求音乐传递的主要是封建伦理道德和纲常礼教的话，“音乐启民”说所传递的则是体现其新民宗旨的现代民主主义价值观念和改良主义社会精神，正是这种新的精神内涵为新的音乐形式的存在与传播提供了合法性的辩护。也正因如此，学堂乐歌的文化意义绝不亚于近代文学领域的“诗界革命”与“小说界革命”，完全可以称之为近代的“乐界革命”。当然这场革命与前者一样，是不彻底的革命，同其所革命的对象始终存在着千丝万缕的关系。学堂乐歌的编创本身和当时有关的理论阐述也体现了这样的特点，可以看作传统乐教观念同新的音乐价值观念的媾和。但是，这种对音乐功能价值的重新体认与阐释，显然已经初步摆脱了传统音乐美学思想的藩篱。

学堂乐歌运动的几个代表人物中，曾志忞的经历与观点尤其具有代表性。曾志忞，号泽民，上海人，1901 年留日，1903 年进入东京音乐学校学习。梁启超在《饮冰室诗话》中提到：“去年闻学生某君入东京音乐学校，专研究乐学，余喜无量。”这里提到的“学生某君”，就是曾志忞。在《音乐教育论》一文中，曾志忞这样写道：

> 今试就教育者而叩之曰：“公等日孜孜于音乐，究竟目音乐为何物？音乐之存于世其价值如何？其功用如何？”此问题固更其难决。试更叩问之曰：“西人之视音乐为何物？其国之有音乐究与其国有何等之关系？”此问题范围太广，非一二语所能了结。①

尽管该文在其后的论说中，仍然没有摆脱“以乐助风教，尧舜以来之治道也”的传统乐教观念，但不管怎样，这篇文章思考音乐的出发点已经指向了音乐本身：音乐是什么？音乐对于国家、社会的特殊价值何在？这样一种提出与思考问题的方式，显然已经与传统的乐教理论拉开了一定距离。

总起来看，这一时期对音乐功能价值的体认与阐发，都带有强烈的功利性色彩。这一方面反映了转型中的音乐观念与古代音乐理论难以割裂的血缘关

① 曾志忞：《音乐教育论》，王宁一、杨和平主编《二十世纪中国音乐美学（文献卷）》第 1 卷，现代出版社 2000 年版，第 11 页。

系，一方面也是当时社会现实的影响与制约使然。就理论层面而言，此时一般知识精英和专门的音乐家并未将音乐看作具有独立审美价值的美学对象，而是将其看成教育国民的手段；从实践层面而言，具有纯粹音乐审美价值的、基于西方作曲原则的纯音乐创作也还没有发展起来。学堂乐歌最根本的目的在于开启民智，鼓吹维新与革命，以音乐为载体宣扬新观念、新思想，这也就使针对新音乐的价值解读具有了功利性的倾向，特别增强了社会价值与道德价值的负荷。曾志忞说："海内达者，皆以为知教育上音乐之功用矣；然亦知音乐为最有普及性之物，于何种方面上皆有效用，且用焉而其效立见乎？今就吾国时势，择其尤要者，特揭于左：一、音乐于教育上之功用；二、音乐于政治上之功用；三、音乐于军事上之功用；四、音乐于家族上之功用。"[①]上述关于"音乐之功用"的论断，完全是这种功利性音乐价值观的体现，其中难以见到对音乐审美价值的直接阐述。

总之，由于国之时势和新音乐实践发展的限制，面向音乐审美价值的美学思考，此时并没有进入近代知识分子的理论视野之中。这样一种关于音乐功能与价值的重估和思考，尽管相对于中国传统音乐美学思想中将音乐作为礼之附庸、道德教化之载体的观念有了较大的进步，但近代中国救亡图存的社会主题所赋予的不可推卸的文化使命，文化血脉中无法摆脱的传统音乐美学思想的影响，最终使中国近代音乐美学从萌生伊始就浸染了功利主义与实用主义的学术底色。

（二）音乐感性审美体验激发面向新音乐的理性反思

尽管学堂乐歌时期针对音乐价值的重估并未凸显音乐的审美价值，但新的音乐感性样式却不可避免地激发了针对新的感性体验的美学反思。学堂乐歌的迅速推广和普及，绝不纯粹是社会思潮推动和功利价值判断之下的理性筛选，它是这种理性选择同新的音乐形式所引发的新的审美意识合力推进的结果。正如有学者指出的："西方音乐本身所给中国人带来的新鲜的审美体验，也是其中一个非常重要的原因。作为音乐功能之重要方面的审美功能，总是以其

---

① 曾志忞：《音乐教育论》，王宁一、杨和平主编《二十世纪中国音乐美学（文献卷）》第 1 卷，现代出版社 2000 年版，第 11 页。

最为直接、最为感性的方式迅速地影响着欣赏者的感官和心灵世界。"[①]在强烈的审美愉悦中，审美主体便会极易对审美对象作出充满肯定与富于同情的价值判断，从而进一步促使审美主体对审美对象的接受。这一现象与当时的功利性音乐功能观并行不悖。甚至可以这样认为，对音乐感性审美体验的充分肯定，是构成近代知识分子不遗余力推广学堂乐歌、鼓吹音乐启民的最真切的感性理由和情感起点，是近代音乐美学思想萌生的情感基础。

沈心工和李叔同在论及乐歌时都认识到音乐所具有的审美功能：

> 唤小儿之美情，而敏锐其感受性者，美育之事也。[②]
>
> 陶冶性情，感精神之粹美，效用之力，宁有极欤！[③]

学堂乐歌现实性的影响在于对西方乐理与音乐形式的推广，并且将西方音乐美的式样从理论形态转化为实际的艺术实践，它与中国传统音乐最大的区别也正是在于音乐形式的差异。主要以西乐曲调填词或运用西乐语汇探索性创作的原创乐歌，以新的音乐形式美推动了中国近代知识分子阶层音乐审美品味的转变。而新的音乐审美体验触发了对新音乐的理性思考，这首先导致了对音乐概念的重新定义。曾志忞认为，"近世既认音乐为一科学，夫既曰学，则研究是者，安可不知其定义。"[④]这一为音乐正名的举动，体现的正是近代音乐学者面向新的音乐实践而进行抽象思考和理性辩护的迫切意愿。作者历数了古今中外八种对于音乐的定义后认为，"古今东西达者之解释音乐，大都重于本质，注意于一方一部，不足窥全豹。或自宗教方面，或自理学方面，或自技术方面，或自哲学方面，或自社会学方面，各下其说，此非不得其当，然断不得许其说为完全无缺。"[⑤]在批评各种成说的基础上，曾志忞为音乐下了一个新的定义：

> 音乐者，以器为本，以音为用，音器相和，是为神乐。

---

① 冯长春：《中国近代音乐思潮研究》，人民音乐出版社2007年版，第18页。

② 沈心工：《小学唱歌教授法》，张静蔚编《中国近代音乐史料汇编（1840—1919）》，人民音乐出版社1998年版，第219页。

③ 李叔同：《音乐小杂志·序》，《李叔同音乐集》，苏州大学出版社2017年版，第3页。

④⑤ 曾志忞：《音乐教育论》，王宁一、杨和平主编《二十世纪中国音乐美学（文献卷）》第1卷，现代出版社2000年版，第15页。

> 音乐者，信之声，法之音，充于天地，实情的化身，生的具体也。①

这个定义还谈不上是严谨的学术界定，但从中已能明确感受到作者对音乐关切角度的改变：宗教伦理、礼法谶纬均不构成音乐定义的来源，对于音乐的感性审美体验却成为音乐定义之核心要素。曾志忞的这些论述，体现了新音乐的感性审美样式对近代知识分子审美观念的影响。如前所述，尽管这种审美观念的改变尚未达到一种美学意识的自觉，并未改变此时音乐价值判断中的功利性倾向，但这一基于音乐审美体验而产生的理论反思不啻为近代音乐美学之一先声，是近代音乐美学思想最具光彩的理论星火。

总之，学堂乐歌的感性体验，提升了人们对于新音乐形式美的认同感，从而使音乐的审美价值隐含于社会价值的诠释与解读，缓慢渗入中国近代音乐学者的理论视域。基于感性审美体验而进行的理性思辨成为音乐思想发展的必然逻辑结果，这向我们昭示了近代音乐美学思想诞生的潜在的必然性。中国近代新音乐的发展，正在尝试中小心翼翼地呵护着朦胧的、纯粹的音乐美感意识，为寻求自己合适的理论表述做着最初的准备。

从整体来看，真正美学意义上的言说在学堂乐歌时期尚无法形成，稍具音乐美学意味的论乐文章呈现出在传统音乐美学思想同西方音乐美学思想之间碰撞与徘徊的姿态。用中国传统音乐思想解读新的音乐现象，呈现出一种对象错位和目的分歧带来的理论尴尬，而运用西方音乐思想来解读中国音乐现象却又存在着一种接受语境和传播土壤水土不服的矛盾。当然，这一切都不妨碍学堂乐歌运动成为中国近代音乐美学思想发展的逻辑起点。没有这样的徘徊和迷惑，就不会有去蔽、解释、揭示、总结甚至创造。中国近代音乐美学思想正是在这样的尴尬中得以艰难萌生。

第四节　留日学生群体的戏剧观

19 世纪末至 20 世纪初，中国戏剧界经历了一场重要的变革。这场变革的

---

① 曾志忞：《音乐教育论》，王宁一、杨和平主编《二十世纪中国音乐美学（文献卷）》第 1 卷，现代出版社 2000 年版，第 16 页。

酝酿和发生，是由当时中国戏剧的内外生态环境决定的：一方面，中华民族正处于生死危亡的特殊时期，在政治、文化、思想领域均洋溢着进步知识者变革图治、弃旧求新的强烈呼声，作为回应，戏剧必须从“艺术与社会”“艺术与人生”等新型外部关系中确立自己的位置和发展方向；另一方面，在世界戏剧艺术现代化进程的大格局中，中国传统戏曲已鲜明呈现出价值观念落后、精神内涵萎缩、人物形象体系模式化和舞台表演方式固化等负面特征，这促使人们从戏剧的艺术本体层面重新审视和改变传统戏曲。正是在上述两种动力的驱使下，晚清以来戏曲改良运动的掀起和文明新戏的建立发展成为历史必然。它们以积极的姿态为五四戏剧观念的革新提供了理论支持和实践准备，并对20世纪中国戏剧创作的整体风貌和戏剧美学思想的发展产生了深远的影响。

戏剧革新理论主张的先锋代表当推梁启超，他最初看中戏剧在西方社会中的地位和教育功能，进而把文艺、戏剧的功能与变法维新、救国图强联系起来。他在《论小说与群治之关系》(1902)等文中视戏剧为“文学之最上乘”，重视戏剧开启民智、移风易俗的审美教育作用，不遗余力地鼓吹戏曲改革，呼唤提高戏剧的社会地位。[①] 在其影响下，以1903年底蔡元培与陈去病等创办《俄事警闻》(次年改为《警钟日报》)、1904年9月柳亚子与陈去病联合戏剧家汪笑侬创办中国文学史上第一个戏剧杂志《二十世纪大舞台》为标志，戏剧革新运动提倡者们创建了自己的理论阵地。同时，随着陈去病《论戏剧之有益》(1904)、蒋智由《中国之演剧界》(1904)、陈独秀《论戏曲》(1904)、王钟麒《剧场之教育》(1908)、欧榘甲《观戏记》(1908)等文章的发表，各种新编“传奇”“杂剧”的出现，以及文明新戏(新型话剧)的风生水起，戏剧革新运动的规模和影响得到迅速扩大。

近代中国戏剧革新的实质是效仿西方戏剧，改造传统戏曲，建立和发展中国现代戏剧。值得注意的是，由于戊戌维新失败以后留学日本的中国人一时剧增，西方思潮主要是经由日本而不是直接从欧美进入中国这一历史事实，西方戏剧主要是通过当时留日学生的“中转”得以进入中国，从而对中国戏剧产生了“非直接的、变异的西方影响”[②]。在此过程中，以陈独秀、欧阳予倩、陈去病、蒋智由、王钟麒等为代表的留日学生积极发表文章，对晚清以来的“戏曲改良”进

---

① 梁启超：《论小说与群治之关系》，《新小说》第一号，横滨新小说社1902年版。这里的“小说”，按照当时的习惯，包括戏曲——笔者注。

② 孙玫：《非直接的、变异的西方影响——清末“戏曲改良与日本关系初探》，《艺术百家》2011年第5期。

行舆论助威和理论推动。同时在以春柳社、春阳社为代表的“新兴话剧”活动中，他们将戏剧革新理念与戏剧创作、演剧实践结合起来，对中国戏剧的现代形态转型发挥了突出而重要的作用。尽管留日学生群体中的多数人并非专门研究戏剧，对戏剧社会功利性的强调经常大于对戏剧艺术本身的思考，有关戏剧理论的文字表述也往往趋于零碎，但通过对相关文献的梳理，可以看出他们在现代戏剧观念的探索上作出过相当的努力，并在总体上形成了较为完备的体系。下面，从戏剧功用观、戏剧创作观、戏剧审美观这三个相互联系的方面，简述留日学生群体的戏剧观念。

（一）戏剧功用观："转移风气""开通智识""鼓舞精神"

与世纪初中国知识精英关于政治与社会的现代性诉求相一致，留日学生群体戏剧理论与实践的根本目标是改良社会、救亡图强、建立现代民族国家，从而，其戏剧功用观一开始便带有强烈的社会功利色彩——他们看重的主要是戏剧在社会变革中独特的“宣教”作用。在众多艺术种类里，戏剧为什么如此不可替代？这源于戏剧艺术的综合特性。如李叔同说：“第演说之事迹，有声无形；图画之事迹，有形无声；兼兹二者，声应形成，社会靡然而响风，其惟演戏欤？”[①]由于戏剧在表现上形象直观、通俗易懂，较其他艺术而言，容易对接受者形成强大的情感冲击力。陈独秀认为：

> 戏曲者，普天下人类所最乐睹、最乐闻者也，易入人之脑蒂，易触人之感情。故不入戏院则已耳，苟其入之，则人之思想权未有不握于演戏曲者之手矣。使人观之，不能自主，忽而乐，忽而哀，忽而喜，忽而悲，忽而手舞足蹈，忽而涕泗滂沱，虽些少之时间，而其思想之千变万化，有不可思议者也。故观《长板坡》[②]《恶虎村》，即生英雄之气概；观《烧骨记》《红梅阁》，即动哀怨之心肠；观《文韶关》《武十回》，即起报仇之观念；观《卖胭脂》《荡湖船》，即长淫欲之邪思；其他神仙鬼怪、富贵荣华之剧，皆足以移人之性情。由是观之，戏园者，实普天下人之大学堂也；优伶者，实普天下人之

① 李叔同：《春柳社演艺部专章》，《北新杂志》1907年第30卷。
② 原文为“板”，一般作“坂”。

大教师也。①

陈去病则有此表述：

惟兹梨园子弟，犹存汉官威仪；其间所谱演之节目、之事迹，又无一非吾民族千数百年前之确实历史；而又往往及于夷狄外患，以描写其征讨之苦、侵凌之暴，与夫家国覆亡之惨、人民流离之悲；其词俚，其情真，其晓譬而讽喻焉，亦滑稽流走而无有所凝滞。举凡士庶工商，下逮妇孺不识字之众，苟一窥睹乎其情状，接触乎其笑啼哀乐、离合悲欢，则鲜不情为之动，心为之移，悠然油然，以发其感慨悲愤之思而不自知；以故口不读信史，而是非了然于心，目未睹传记，而贤奸判然自别。②

联系上下文可知，这两段论述主要针对传统戏曲而言，是基于作者对戏剧艺术普遍特性（主要是剧场性）的理解，可以看成对传统戏剧活动中“观演关系”的一般性把握，而对于戏剧在近代中国社会语境中具体功用的阐释尚未充分展开。

在《〈二十世纪大舞台〉招股启并简章》里，陈去病、汪笑侬等人主张：“本报以改革恶俗，开通民智，提倡民族主义，唤起国家思想为唯一之目的。”③与这种表述接近，李叔同在《春柳社演艺部专章》中提及“本社以研究各种文艺为目的，创办伊始骤难完备，兹先立演艺部，改良戏曲，为转移风气之一助” 。又云“本社无论演新戏、旧戏，皆宗旨正大，以开通智识，鼓舞精神为主”。④ 这里，“转移风气”“开通智识”和“鼓舞精神”作为春柳社的演剧宗旨，均从戏剧功用层面表达了其戏剧活动的革新意识和现代性追求，因其内涵不同程度地散见于当时留日学生的相关论述，亦可看成该群体戏剧功用观的集中概括。鉴于此，下文借用这三点“宗旨”作为线索分述。

1. 关于“转移风气”。留日学生普遍认为戏剧活动在“移风易俗”“开通风气”上具有独特而重要的作用，并因此忧虑中国戏剧社会地位的低下和发展的

① 三爱（陈独秀）：《论戏曲》，阿英编《晚清文学丛钞·小说戏曲研究卷》，中华书局 1960 年版，第 52 页。
② 陈佩忍（陈去病）：《论戏剧之有益》，《二十世纪大舞台》1904 年第 1 期。
③ 《〈二十世纪大舞台〉招股启并简章》，《二十世纪大舞台》1904 年第 1 期。
④ 李叔同：《春柳社演艺部专章》，《北新杂志》1907 年第 30 卷。

滞后。如陈独秀认为“人类之贵贱，系品行善恶之别，而不在于执业之高低。我中国以演戏为贱业，不许与常人平等；泰西各国则反是，以优伶与文人学士同等，盖以为演戏事，与一国之风俗教化极有关系，决非可以等闲而轻视优伶也”。（《论戏曲》）王钟麒在《剧场之教育》中说：“国之兴亡，政之理乱，由风俗生也。风俗之良窳，由匹夫匹妇一二人之心起也。此一二人之心，由外物之所濡，耳目之所触，习而成焉者也……其始也起点于一二人，其终也被于全国。造因至微，而取效甚巨。”因而，他得出“吾国风俗之弊，其关系于戏剧者，为故非浅鲜矣”的认识。[①] 欧榘甲在《观戏记》中援引了这种观点，他同样看重戏剧在“移风易俗”方面的重要作用，并得出“演戏之移易人志，直如镜之照物，靛之染衣，无所遁脱”的结论。[②] 这些认识可以看成留日学生群体戏剧功用观的起点。

2. 关于“开通智识”。如果说对戏剧能“转移风气”的认识仍然主要是从戏剧活动的一般性特点出发，并未体现出新旧戏剧的根本差异，那么，“开通智识”的提出则表明留日学生们已经初步将西方现代启蒙意识引入了对戏剧功用的阐释，从而在戏剧观念的革新上迈出了重要一步。它主要体现在相互联系的两个层面：第一，强调戏剧对下层民众心智学识的“开通”作用，即戏剧可以启蒙下层社会。如王钟麒认为，古人之所以重视演剧，是因为社会上观剧的人以“妇人”“孺子”及“细民”占多数，而这三种人“脑海中皆空洞无物”，在观剧过程中，“施者既不及知，而受者亦不自觉，先入为主，习与性成。”（《剧场之教育》）陈独秀也认为“国势危急，内地风气不开”的情况下，与“编小说、开报馆”相比，戏剧的优势主要在于“能开通不识字人”。（《论戏曲》）陈去病也是在“人民屈伏”“风俗萎靡”的情况下论述戏剧的“有益”，并在《告女优》中呼吁演员“人人都能识字，人人都有爱国的心”，要通过戏剧“开通这班痴汉，唤醒那种迷人”，[③]等等。第二，受近代西方自由平等思想和革命成功的影响，留日学生在鼓吹戏剧改良时始终不忘将西方（包括日本）文明作为正面参照物，因而他们的戏剧启蒙观初具一定的世界眼光。如云“晚近号文明者，曰欧美，曰日本。欧美优伶，靡不学，博洽多闻，大儒愧弗及……”（《春柳社演艺部专章》），“方今各国之剧界，皆日益

① 天僇生（王钟麒）：《剧场之教育》，《月月小说》1908年第2卷第1期。

② 失名（欧榘甲）：《观戏记》，阿英编《晚清文学丛钞·小说戏曲研究卷》，中华书局1960年版，第72页。该文最初发表时署名“无涯生”。王立兴考证出“无涯生”系欧榘甲的笔名，参见王立兴：《晚清戏剧理论探考》，《中国近代文学考论》，南京大学出版社1993年版，第158—163页。

③ 醒狮（陈去病）：《告女优》，《二十世纪大舞台》1904年第2期。

进步，务造其极而尽其神。而我国之剧，乃独后人而为他国之所笑，事稍小，亦可耻也”[①]，“同人痛念时局沦滑，民智未迪，而下等社会犹如睡狮之难醒，侧闻泰东西各文明国，其中人士注意开通风气者，莫不以改良戏曲为急务”[②]等。柳亚子在《〈二十世纪大舞台〉发刊辞》中忧虑“欧亚交通，几五十年，而国人犹茫昧于外情”，并展望“他日民智大开，河山还我，建独立之阁，撞自由之钟，以演光复旧物、推倒虏朝之壮剧快剧”。[③] 在上述文章中，“自由”“民主”“文明”等关键词间或出现，并被与“民智”联系在一起讨论，表明留日学生已经初具戏剧启蒙的现代意识。应看到，这里“启蒙”的对象仍然是作为民族群体的“国人”，主要指向国家民族意识，因此与五四时期以“人的觉醒”为要义的文化启蒙有很大不同。

3. 关于“鼓舞精神”。这里的“精神”可以理解为奋发有为、直面人生的个体精神和抵御外侮、图存自强的国家民族精神。在戏剧改革的意义上，它的对立面是旧剧中的“红粉佳人、风流才子、伤风之事、亡国之音”。与前两者相比，“鼓舞精神”更为直接地体现出留日学生对现实政治的关注，它在表述中通常体现出对国家和民族的严重关切。如在民族危亡的关头，陈去病痛觉“且夫今者外祸之来……而吾黄种同胞，沉沉黑狱……彼其见解、其理想，以为吾自祖宗以来，知有珠甲，生世以降，即蒙辫发；明社虽屋，吾仍有君，黄帝其谁，何关血统：凡此鸩毒，深入脑筋，非极惨睹，不能转变”。他热情鼓舞道：“我青年之同胞，赤手擎鲸，空拳射虎，事终不成，而热血陡冷。则曷不如一决藩篱，遁而隶诸梨园菊部之籍……要反足以反舒其民族主义，而一吐胸中之块垒。”在他看来，由于戏剧“可以对同族而发表宗旨，登舞台而亲演悲欢。大声疾呼，垂涕以道”，其奏效之快捷，比演《革命军》之类的著作要高出千万倍。他这样总结：戏剧能“随俗嗜好，徐为转移，而潜以尚武精神、民族主义，一一振起而发挥之，以表厥目的。夫如是而谓民情不感动，士气不奋发者，吾不信也”。（《论戏剧之有益》）此文值得注意的是，与旧戏的“粉饰太平”不同，新戏“鼓舞精神”得以实现的起点是直面社会生活的种种惨痛，从而激发族人之同情、抗争之愿望。这种倾向在其他人的论文中也有体现，如欧榘甲在《观戏记》里谈到“法国败于德国，法人设剧场

---

① 蒋观云（蒋智由）：《中国之演剧界》，《新民丛报》1904 年第 17 号。

② 《〈二十世纪大舞台〉招股启并简章》，《二十世纪大舞台》1904 年第 1 期。

③ 柳亚子：《〈二十世纪大舞台〉发刊辞》，《二十世纪大舞台》1904 年第 1 期。“发刊辞”虽为柳亚子执笔，但因为该刊为陈去病、汪笑侬等主办，亦在很大程度上反映了陈去病的思想，故可援为留日学生观点。

于巴黎”一事：法国人在剧场里模写法人被杀、流血之惨状以及“孤儿寡妇、幼妻弱子之泪痕”，促使人们追问国家破败的原因，以唤起“誓雪国耻、誓雪公仇”的决心。另在王钟麒《剧场之教育》里也可看到同样的事例、类似的表述。

应该看到，上述三点尽管各具内涵，但在留日学生群体的戏剧功用观里是相辅相成、互为建构的。从戏剧艺术的基本特征出发，呼应戏剧革新的时代要求，留日学生上述对戏剧功用的探索是第一步；而真正发挥戏剧在改良社会中的特殊作用，完成中国戏剧现代形态的转变，还必须切实地从戏剧创作观念的革新出发。

（二）戏剧创作观：“组织关于戏剧之文字”“养成演剧之人才”

若立足于戏剧活动的全过程，将剧作家、导演、演员等视为戏剧活动不同阶段的创作主体，则“戏剧创作”包括剧本创作（内容）和舞台演出（形式）两个基本层面。顺此思路来考察留日学生的戏剧创作观，可以从相互联系而侧重点不同的“戏曲改良派”和“文明戏实践派”两个方面来进行。

从注重“戏剧宣教”的效果出发，陈独秀在《论戏曲》中提出对传统戏曲的五项改良主张：“宜多新编有益风化之戏，采用西法，不可演神仙鬼怪之戏，不可演淫戏，除富贵功名之俗套。”这可以看成留日学生早期戏曲改良派的代表性言论。除对戏剧创作题材进行规定（这是“主张”的主要内容）外，关于“采用西法”，作者有进一步的论述：“戏中有演说，最可长人之见识；或演光学、电学各种戏法，则又可联系格致之学。”[①]这里的“演说”和“光学、电学”之法，均来源于西方戏剧创作和演剧实践。尽管“采用西法”的提法比较粗略，甚至因其包含对传统戏曲演剧形式的否定意味而失之武断，但它至少表明，在戏曲改良的意义上，留日学生关注的不仅仅是内容方面，还有戏剧表现形式的革新；在戏剧创作的意义上，他们已经把戏剧当成综合艺术来看待，也初步触及了戏剧艺术的本体特征问题。

讨论戏剧创作问题不离开“戏曲改良”的框架，这种情况在当时国内的戏剧理论界一度占据主流；而立足于社会改良的意愿，重视戏剧题材对“时事”或“史实”的运用又成为留日学生理论表述中的主要倾向。除了上述的陈独秀以外，

---

① “格致之学”是清代末年对声光化电等自然科学部门的统称。

其他如王钟麒在《剧场之教育》里明确反对“淫亵”“劫杀”“神仙鬼怪”之类旧戏曲中的常见题材，提出戏剧在题材选择上要尽量选择（西方的）“国家思想”①和“文明思想”，并认为戏剧中“引证的事实”不能与时局无涉。欧榘甲在《观戏记》里反对旧剧中充斥的“红粉佳人、风流才子、伤风之事、亡国之音”，并从内容和形式出发，呼唤戏曲“一曰改班本，二曰改乐器”。其中，“改班本”即为剧本创作内容的革新，它提示创作者要重视戏剧活动中的“事实”和“精神”。蒋观云在《中国之演剧界》中反对旧剧中“以舞洋洋，笙锵锵，荡人魂魄而助其淫思”的现象，以西方反映现实悲剧的创作为例证，呼唤触动人心的“悲剧”作品的诞生。陈去病则立足于参与社会政治的戏剧思维，重视历史题材（史实）的运用和发挥，强调借“确实历史”和“活历史”的权威性来涤荡世俗人心、树立民族观念。如他在《论戏剧之有益》中呼唤“苟有大侠，独能慨然舍其身为社会用，不惜垢污，以善为组织名班，或编明季稗史，而演汉族灭亡记，或采欧、美近事，而演维新活历史”，以使民众“通古今之事变，明夷夏之大防，睹故国之冠裳，触种族之观念”，等等。

在创作观念上真正突破“戏曲改良”框架，并正式确立话剧这一中国戏剧现代形态的当属以春柳社②成员为代表的留日学生。尽管前期春柳的戏剧革新主张与国内的戏剧改良运动有一脉相承之处，且高举“研究新旧戏曲，冀为吾国艺界改良之先导”③的旗帜，但从春柳社理论与实践的实际情况来看，其艺术思想和戏剧观念受日本新剧的影响颇大，而日本新剧一开始就是以欧洲近代戏剧理论和思潮为指导的。因而有论者认为，“春柳社的所谓‘新戏’，则是指‘欧美所流行’的‘以言语动作感人为主者’，显然就是西方戏剧。而春柳社所说的‘旧戏’，才是国内的‘改良新戏’”。④ 春柳社同人早就认识到戏剧是一种综合艺术，他们对“欧美所流行”的“新戏”情有独钟，且始终认为“戏剧是神圣的”⑤，决心在

---

① 这里的“国家思想”主要是指“国民”要担负起“国家的责任”。参见天僇生（王钟麒）：《中国无国民说》，《安徽白话报》1908年第2期。

② 春柳社被视为中国早期话剧的第一个艺术团体，1906年底创建于日本。从日本东京时期的“春柳社文艺研究会”（一般称“前期春柳”），至上海春柳剧场时期的“新剧同志会”（一般称“后期春柳”），前后活动近十年。

③ 《春柳社开丁未演艺大会之趣意》，《中国话剧运动五十年史料集》第1辑，中国戏剧出版社1958年版，第14页。

④ 黄爱华：《中国早期话剧与日本》，岳麓书社2001年版，第199页。

⑤ 欧阳予倩：《自我演戏以来》，《欧阳予倩全集》第6卷，上海文艺出版社1990年版，第49页。

戏剧活动中“以庄严的态度实现艺术的理想”[①]。作为演剧团体，春柳社在其长约十年的活动期间并无系统的戏剧理论建树，其戏剧创作观念主要散见于其演剧主张及一些传单、海报等，也体现在剧本的“结撰”和选用上。撷其要者有：1. 在戏剧创作的诸要素中，认为剧本最重要，所谓“剧必有所本，则剧本尚已”[②]。前期春柳对待剧本有这样的自我要求：“本社所出脚本，必屡经社员排演后，审定合格，始传习他人。”[③]后期春柳则追求“剧本之高尚”，他们认为：“以嬉笑怒骂，皆成文章为遁词，弃剧本不讲，而信口开河者，同人所不取，抑亦不敢出，以与演剧远离背也。”[④]并强调：“本剧场所用剧本，除采用名人笔记及选译东西洋著名剧本外，凡有编著莫不由会员精心结撰而成，绝不肯摭拾毫无价值之弹词小说。”(《传单》)在剧本为先的思想指导下，春柳剧场的演剧“或依据译本，或采取时事以及历史、科学、社会、政治、家庭、教育等，无不词旨芬芳，寄情深远，优美高尚，兼而有之”，一时引起“新剧莫不曰春柳第一”“新剧为春柳第一高尚”等赞誉。[⑤] 2. 重视演员的自身修养和舞台创造意识。春柳社认为，戏剧的艺术要素包括文学、美术、音乐以及人的动作语言等，而演员“即以穷此数部之艺术，其轻重取舍有不当者，即不足以言剧”。演员在表演时，应注意避免人物塑造的脸谱化、类型化，追求“艺术之老练”。(《传单》)3. 重视演员服饰、舞台音乐和背景的制作。前期春柳提出：“舞台上所需之音乐、图画及一切装饰，必延专门名家者平日指导，临时布置，事后评议，以匡所不逮。”[⑥]后期春柳则在舞台设置上明确了“布景之优美”“衣装之适宜”“剧场之精洁”等要求。(《传单》)

春柳社对待戏剧创作这种“庄严的态度”和“艺术的理想”虽然没能挽回文明戏的衰落，但它和春阳社等其他早期文明戏社团一起作为中国话剧早期探索的主体，对话剧这一舶来艺术品种在中国土壤的移植和发展作出了重要贡献。留日学生创建的春柳社虽然解散，但其理论成果却集中体现在欧阳予倩(“春柳

① 欧阳予倩：《回忆春柳》，《欧阳予倩全集》第6卷，上海文艺出版社1990年版，第174页。
② 《春柳剧场开幕传单》，《中国话剧运动五十年史料集》第1辑，中国戏剧出版社1958年版，第22—23页中插图。以下采用文中注释，简称“《传单》”。
③ 李叔同：《春柳社演艺部专章》，《北新杂志》1907年第30卷。
④ 《春柳剧场开幕宣言》，《申报·自由谈》1914年4月17日。
⑤ 春柳社上演广告，转引自黄爱华：《中国早期话剧与日本》，岳麓书社2001年版，第205—206页。
⑥ 李叔同：《春柳社演艺部专章》，《北新杂志》1907年第30卷。

四友”之一)的论文《予之戏剧改良观》(1918)里。鉴于作者在春柳戏剧活动及至整个世纪初戏剧革新运动中的突出地位，这篇论文既是五四戏剧论争中新青年派戏剧理论的重要文献，也可以看成是春柳留日学生戏剧创作主张的一种深化和总结。

在该文中，欧阳予倩立足于世界艺术的发展进程，振聋发聩地对中国戏剧界发出改革的呼声：

试问今日中国之戏剧，在世界艺术界，当占何等位置乎！吾敢言中国无戏剧，故不得其位置也。何以言之？旧戏者，一种之技艺……戏剧者，必综文学、美术、音乐及人身之语言动作，组织而成。有其所本焉，剧本是也。剧本文学既为中国从来所未有，则戏剧自无从依附而生。元明以来之剧、曲、传奇等，颇有可采，然决不足以代表剧本文学。其他如皮簧唱本，更无足道。盖戏剧者，社会之雏形，而思想之影像也。剧本者，即此雏形之模型，而此影像之玻璃版也。剧本有其作法，有其统系。一剧本之作用，必能代表一种社会，或发挥一种理想，以解决人生之难问题，转移误谬之思潮。[①]

作者认为，要创造“真戏剧”，则需要“组织关于戏剧之文字”和“养成演剧之人才”。这里有几点值得注意：1. 明确剧本创作在戏剧活动中的重要性，强调剧本文学对社会人生的独特作用，并立足于当时中国戏剧发展的现实状况，在创作内容上建议从“试行仿制”外国剧本入手，在语言和格式上提出“(语言)不必故为艰深；贵能以浅显之文字，发挥优美之思想。无论其为歌曲，为科白，均以用白话，省去骈俪之句为宜。盖求人之易于领解，为效速也。惟格式作法，必须认定”。2. 进而认为演剧应该从剧本出发，注重演员、舞台形式与剧本“精神”上的一致性，如云“演剧者，根据剧本，配饰以相当之美术品(如布景衣装等)，疏荡以适宜之音乐，务使剧本与演者之精神一致表现于舞台之上，乃可利用于今日鱼龙曼衍之舞台也”。3. 特别强调戏剧评论对创作的促进作用：“必有精确之剧论，能获信于社会，则不近人情，与无价值之戏，当然渐就澌灭，同时真戏剧亦因

---

① 欧阳予倩：《予之戏剧改良观》，《欧阳予倩全集》第5卷，上海文艺出版社1990年版，第1—3页。

之而生。”他抨击了评论界“对于伶人，非以好恶为毁誉，则视交情为转移；剧本一层，在所不问；而人情事理，亦置诸脑后”的时弊，指出“所谓正当之剧评者，必根据剧本，必根据人情事理以立论”。出于对戏剧审美特征和巨大社会影响的认识，他要求剧评家“必有社会心理学、伦理学、美学、剧本学之智识”，并指出剧评家具有参与戏剧创作的功能：“剧评有监督剧场及俳优，启人猛省，促进改良之责；决不容率尔操觚，卤莽从事也”。这种关于戏剧评论重要性的理解和剧论家的要求已经非常成熟，对当时及至现今的戏剧活动都具有普遍性的指导意义。

（三）戏剧审美观：写实主义审美原则与悲剧审美意识

戏剧审美观作为一种（群体）对待戏剧艺术的意识范畴或精神意向模式，应包括“审美形态”“审美功能（效果）”“审美精神”等层面。上文论述的两点已经触及或包含了留日学生群体的戏剧审美意识：虽然以社会改良为现实矢的，但他们戏剧革新理论的起点是戏剧艺术具有独特的审美教育功能，而其“戏曲改良”和“新戏”的理论与实践已经包含着戏剧审美形态转变的诉求，其戏剧创作观念也必然离不开主体的审美生活实践和审美精神的注入。那么，留日学生的戏剧审美观对 20 世纪初的戏剧革新运动究竟有何独特贡献？下文仅就两个主要方面作简要论述。

1. 写实主义戏剧审美原则的探索

这里的“写实主义”，在内容上主要指向以易卜生为代表的现实主义戏剧创作观念，即主张理想的、写实的现代戏剧应该表现出社会人生的真实状态；在形式上主要指向舞台演剧审美上的“求真”意识，即追求演员表演中语言和动作的现实生活化，以及舞台设计中为演员表演提供符合生活逻辑的支点（如门窗、山坡、桌椅）等。[①] 写实主义作为一种审美原则进入中国现代戏剧创造，与留日学生群体的早期探索是分不开的。

---

① 在当时中国人的观念中，以西方戏剧为摹本的现代戏剧最重要的审美特征便是写实、求真。随着健鹤在 1904 年提出演剧的价值在于“写真”和“纪实”、1916 年南开新剧团明确将“占有写实剧中之写实主义”作为其美学追求，及至五四新文化运动前后欧阳予倩、傅斯年等人相关论文的发表，写实主义成为讨论现代戏剧审美特征的出发点，并成为人们区别新旧戏剧的重要美学标准。参见健鹤：《戏剧改良之计画》，《警钟日报》1904 年 5 月 31 日、1904 年 6 月 1 日；周恩来：《吾校新剧观》，南开《校风》1916 年第 38—39 期。

李涛痕在1918年撰文认为："旧戏之佳处，在使人知其假，即于假处而娱人耳目，新戏之佳处，在使人疑为真，即于真处而动人哀乐。"[①]这里的"真"显然包含着对于"新戏"写实性较为宽泛的理解，是从内容和形式两方面着眼的。何为"真"？综观留日学生的理论与实践，可以从以下方面理解：

(1) 在题材、语言和结构等剧本要素上求真。首先，戏剧选材要立足于表现历史生活的"事实"，关注当下的社会与人生。陈独秀、欧榘甲等人提出摒弃"神仙鬼怪"等虚幻的、远离人类生存实际的题材，而要表现与"时事""时局"密切相关的真实事件(包括"确实历史")[②]；传统戏曲并非全不重视审美教育作用，其选材也并非全无生活基础，但其中的"事实"大多数或因社会的变迁而变得失真，或因时间的流逝而与观众的当下生活产生了隔阂，从而不能产生预期的效果。如王钟麒在《剧场之教育》中认识到"古人之于戏剧，非仅以怡耳而怿目也，将以资劝惩、动观感，迁流既久，愈变而愈失真"。欧榘甲在《观戏记》里指责"潮州班"的演剧"守其方音，不能通行于全省，且专演前代时事，全不知当今情形，其于激发国民之精神，有乎古而遗乎今者也"等。其次，戏剧要表现平常人的日常生活，从而，戏剧语言也应是平常人的生活语言，"大团圆"也不应该是戏剧当然的结构原则。如陈独秀、王钟麒等人明确反对"淫亵""劫杀""富贵功名"等非日常生活内容，对于佳人才子、帝王将相这一类戏曲选材模式也持全面的否定态度。欧阳予倩表示戏剧语言要用人人能懂的白话(上文论及)，而在上述王钟麒、欧榘甲、蒋观云等人论文中，反对"大团圆"结构模式、直面悲惨人生已经成为显在的戏剧审美追求。

(2) 在演员表演和服饰等方面求真。首先，演员要通过平常人的动作和语言进入角色，重视对现实生活关系中"人情事理"的客观呈现。如欧阳予倩在《予之戏剧改良观》中提出期望："如俳优能勉守人情事理之范围，庶几真戏剧有养成之希望焉"。其次，在拒绝戏剧人物脸谱化、类型化的同时，认为人物性格和形象的展露需要一个过程，而非一蹴而就，且演员服饰上亦应符合时代特征。如春柳社认为"英雄圣贤神奸巨盗……其面目初非有特异，欲一一状而出之，不能仅恃绘抹，则语言动作姿势神情，不容顾此失彼明矣"，"凡演一剧必研究一剧之时代及人物，而后制定其衣装，否则年龄、习惯、品性、境地等等，即不能吻合"

①② 李涛痕：《论今日之新戏》，《春柳》创刊号，1918年12月。

等(《传单》)。第三,从现代演剧写实性的审美特征出发,从舞台表演上质疑中国古代演剧中的写意手法。如蒋观云在《中国之演剧界》中认为:“中国戏剧界演战争也,尚用旧日古法,以一人与一人,刀枪对战,其战争犹若儿戏,不能养成人民近世战争之观念。”

(3) 在舞台设计上求真。受欧美和日本现代演剧的影响,李叔同在《春柳社演艺部专章》提出中国旧戏的“场面布景必须改良”,反对旧戏“一桌二椅”的程式化舞台场面布置方法。自此,借助现代绘画和科技手法来制造貌似逼真的舞台幻觉空间,一直是春柳社孜孜以求的目标。如春柳剧场《爱欲海》(1914)一剧广告“新制奇巧布景:海天荒岛,触目凄凉,渔火夕阳,荧荧景色。观此,如身历其境矣”,《新不如归》(1914)一剧广告“战地,恍若千军万马,声势汹然;雪景,天半飞花,一白无际,洵大观也”等,都将舞台布置写实作为广告宣传中的亮点。① 同时,春柳社对舞台设计的细节真实也有充分考虑,如云“剧中布景,断不能因陋就简,甚至一剧之中甲家与乙家房屋用具不稍更易,以致炫乱观者目光”等。(《传单》)

2. 现代悲剧审美意识的觉醒

在留日学生中,蒋观云是将悲剧作为一种戏剧审美形态进行专门论述的第一人。他在《中国之演剧界》中首先以拿破仑为例强调悲剧的重要性:

> 拿破仑好观剧,每于政治余暇,身临剧场,而其最所喜观者为悲剧。拿破仑之言曰:“悲剧者,君主及人民高等之学校也,其功果盖在历史之上。”又曰:“悲剧者,能鼓励人之精神,高尚人之性质,而能使人学为伟大之人物者也,故为君主者不可不奖励悲剧而扩张之。”……吾不知拿破仑一生,际法国之变乱,挺身而救时艰,其志事之奇伟,功名之赫曜,资感发于演剧者若何?第观其所言,则所以陶成盖世之英雄者,无论多少,于演剧场必可分其功之一也。剧场亦荣矣哉!虽然,使剧界而果有陶成英雄之力,则必在悲剧。②

① 春柳社上演广告,转引自黄爱华:《中国早期话剧与日本》,岳麓书社2001年版,第215页。
② 春柳社上演广告,转引自黄爱华:《中国早期话剧与日本》,岳麓书社2001年版,第434页。

进而认为：

> 剧界佳作，皆为悲剧，无喜剧者。夫剧界多悲剧，故能为社会造福，社会所以有庆剧也；剧界多喜剧，故能为社会种孽，社会所以有惨剧也。其效之差殊如是矣。嗟呼！使演剧而果无益于人心，则某窃欲从墨子非乐之议。不然，而欲保存剧界，必以有益人心为主，而欲有益人心，必以有悲剧为主。①

该文中，蒋观云在痛陈中国戏剧发展滞后之余，认为“我国之剧界中，其最大之缺憾”为“无悲剧”。应该看到，他推崇悲剧的初衷仍然主要停留在社会政治层面，即试图通过舞台上战争场景、生命毁灭情状的展示，消除旧戏中粉饰太平之弊端，激发民众的生存危机和抗争意识，以唤起变革社会所需要的“陶成英雄之力”。这种将现实悲剧的感染力与社会变革诉求结合起来的努力在陈去病、欧榘甲、王钟麒等人的论文中亦有投影。因为在他们看来，民众蒙昧最直接的体现便是对国家发展落后、民众生存不幸的麻木，而悲剧的意义恰恰在于可以引领民众正视种种苦难，改变民众的精神现状(即“有益人心”)。

而对于文学中“悲、喜”这两种情感或心理，蒋观云并无偏重，他甚至还认为“悲与喜合并而为一种之心理，此最能感人之深，而使人有不能自已之概者也。盖人之心，专于悲则其气易郁，而专于喜则其气又易散……”②那么，他何以得出“剧界佳作，皆为悲剧，无喜剧者”的结论呢？这显然取决于他对戏剧艺术本体特征的认识。或者说，蒋氏关于悲剧的论述除了来自社会改良、戏剧革新的现实需要，还在于他认为悲剧在审美上具有独特性，在“撄人心”的意义上喜剧无法取代之。如果说他批评中国无一部剧能“委曲百折，慷慨悱恻，写贞臣孝子仁人志士困顿流离，泣风雨动鬼神之精诚者”的着眼点仍然是“为社会造福”，那么他认为悲剧能“造人心”和“道人心”、能“启发人广远之理想，奥深之性灵”则可视为超越了戏剧的社会功利性，而指向戏剧对于人生、人性的深层关注，初步进入对悲剧审美心理和悲剧精神的探讨。

---

① 蒋观云(蒋智由)：《中国之演剧界》，《新民丛报》1904年第17号。

② 蒋观云(蒋智由)：《维朗氏诗学论按语》，黄霖等主编《中国历代文论选新编》(精选本)，上海教育出版社2008年版，第263页。

虽然作者在文中并没有令人满意地界定悲剧的内涵，且过分贬低喜剧的审美效果和社会价值，但他毕竟较早从悲剧、喜剧的角度来看待戏剧作品，打破了明清以来以“神仙道化”“忠臣烈士”等，或以“本色派”“骈丽派”进行戏剧分类的模式，唤醒人们直面现实不幸的审美眼光，探讨悲剧与社会政治、人生人性的关系，这丰富和深化了现代戏剧的审美内涵。

留日学生中重视悲剧审美的还有春柳社同人。李叔同在《春柳社演艺部专章》就春柳社的演剧倾向曾说：“偶有助兴会之喜剧，亦必无伤大雅，始能排演。”言外之意，即春柳社主要排演悲剧，且只有悲剧才能实现“开通智识、鼓舞精神”的演剧宗旨。事实上，受欧洲浪漫主义戏剧和日本新派悲剧的影响，春柳排演的戏大多数是悲剧：“悲剧的主角有的是死亡、被杀或者是出家，其中以自杀为最多。”[①]这里有三点值得注意：(1) 尽管受西方悲剧的影响颇深，春柳社并不热衷于表现“重要人物”或“非凡人物”的悲剧，[②]也不热衷于通过悲剧呼唤蒋观云所谓“陶成英雄之力”，而是多以爱情婚姻、家庭伦理为题材表现普通人的悲剧生存和命运，这一点恰与王国维所谓悲剧要描写“通常之道德，通常之人情，通常之境遇”“示人生之真相，又示解脱之不可已”[③]相通，体现了对人生和生命价值的近代思考。(2) 春柳社的悲剧很多是“一悲到底”的大悲剧，使人产生类于“吾观春柳之侠恋记，而叹善人之不获善果”[④]的观剧体验。这来自对人类、对现实人生的悲剧认识和幻灭感，在戏剧实践上反思了中国传统民族心理结构中的“乐天之色彩”，改变了传统戏剧中“大团圆”的结构意识和美学致思模式，从而显示了较强的悲剧审美的主动性和西方式的现代悲剧意识。(3) 从审美主体的角度来看，初步实现了从“类主体”（国家民族主体）向“自我主体”（个人主体）的转变，戏剧主角的悲剧或缘起于社会和历史，但最终指向人生、人性的悲剧，在观演关系层面体现了与观众现实心理和情感的“共通性”，从而增强了戏剧审美的延伸力。至此，春柳社的悲剧观念标志着中国戏剧已初步确立起了现代悲剧意识，也标志着留日学生群体在中国戏剧现代化进程中迈出了关键性的一步。

---

① 欧阳予倩：《谈文明戏》，《欧阳予倩全集》第 6 卷，上海文艺出版社 1990 年版，第 196 页。

② 朱光潜在解读西方美学时认为崇高是悲剧的主要美学特征，就悲剧主人公来说，崇高首先体现在地位的重要；其次，崇高意味着悲剧主角“往往是一个非凡的人物，无论善恶都超出一般水平，他的激情和意志都具有一种可怕的力量”。朱光潜：《悲剧心理学》，人民文学出版社 1983 年版，第 88—89 页。

③ 王国维：《红楼梦评论》，浙江古籍出版社 2012 年版，第 14 页。

④ 雪泥：《春柳社之侠恋记》，《繁华杂志》1914 年第 2 期。

综上，留日学生群体的戏剧观虽基于当时改良社会的现实诉求，却不乏对戏剧艺术本体内容的思考。它既在戏剧功用和创作理念上显示出对于艺术与政治、社会、人生关系的多方位关注，又在戏剧审美价值和精神内涵等方面体现出对中国现代戏剧发展方向的主动探索。作为20世纪初中国戏剧观念现代化的重要组成部分，留日学生的戏剧观念有力地推动了中国现代戏剧的发展。

小 结

20世纪初留日学生在文学、音乐、美术、戏剧等方面的探索，在当时具有先锋、试验的性质。留日学生对于各门艺术的理解，也代表着近代国人对于各门类艺术的最新的现代的理解，这种理解大不同于传统，但又与传统保持着千丝万缕的联系。这种理解严格地说不是美学理论，却与美学理论的发展有着密切的关系，构成了美学理论发展的基础：由对某一门艺术的性质、地位、功用、发展方向的思考，很自然地会产生对于艺术本身是什么、艺术何为、艺术发展的趋向、不同门类艺术的关系等问题的思考，而这些问题正是美学理论所要面对的问题。另外我们看到，在讨论文学、音乐、美术等的性质、功用时，留日学生们运用了很多现代西方美学的概念，引入了现代西方美学的诸多观点，这一现象本身，也在事实上促进了中国现代美学的发生与发展。

第七章

五四新文学
与中国现代美学新趋势

1915至1921年间，以《新青年》杂志的创办与改组为标志，中国出现了一场规模巨大的思想、文化变革运动，这场运动后来被称为五四新文化运动。在五四新文化运动中，新文化的倡导者从西方的科学、民主、自由等观念出发，对中国传统的伦理、风俗、文学、哲学、宗教以及社会制度等，作了空前激烈的批判，希望能够以西方文化为参照，建设全新的中国文化、文明。关于五四新文化运动的历史意义，学术界存在不同的声音。自由主义者认为，五四运动是一场启蒙运动、文艺复兴运动，是中国文化走向新生的开始。马克思主义者认为，五四运动是反帝反封建运动，是无产阶级登上历史舞台的开始，五四倡导的新文化为共产主义文化在中国的发展铺平了道路。而在一些文化保守主义者看来，五四新文化运动是一场灾难，是中国后来一系列不幸的开端。① 但是不管怎样，大家都普遍承认，五四新文化运动是一场重要的运动，对中国现代文化、思想和社会政治的发展，都具有深远的影响。可以说，不了解五四新文化运动，就不能透彻地理解20世纪中国历史。

五四新文化运动的一个重要方面，是新文学的倡导与创作。新文化的倡导者们认为，文学是文化的非常重要的一个方面，通过文学的“革命”可以有力地推进中国社会文化的全面革新。以《新青年》《新潮》《每周评论》等杂志为平台，新文化倡导者发表了一大批讨论文学与艺术的文章，以此推动新文学运动的发展，希望能在中国文坛上造成一种与过去一切文学都截然不同的“新文学”。② 在这些文章中，新文化倡导者提出并讨论了几个重要的文学理论问题，如文学进化问题，文学语言的现代化问题，文学与现实人生的关系问题，国语文学与文学的国语的问题，国民文学的问题，等等。从文学史的角度来看，对这些问题的讨论，指明了新文学发展的方向，搭建了新文学发展的广阔平台。而从美学史的角度来看，这些讨论也具有重要的意义。这些讨论的发生，带动了中国现代美学的进一步发展。以这些讨论为契机，中国现代美学出现了一些新趋势。

---

① 关于五四新文化运动历史意义的争论，参考周策纵在《五四运动史》(岳麓出版社1999年版)第十四章的梳理。

② 五四新文学是否是一种全新的文学，五四新文学与古典文学、近代文学的关系等等，都是非常复杂的。但不可否认的一点是，五四新文学掀开了中国文学史的新的一页。

第一节　进化论与反传统：现代审美理想的确立

五四新文学运动令人瞩目的一点，是它的彻底、激烈的反传统姿态。中国古代文学中，摹古、复古是一个悠久的传统。但另一方面，强调通变、变易，也是一个悠久的传统。刘勰在《文心雕龙·通变》中，总结不同时代文章的特点，指出“黄唐淳而质，虞夏质而辨，商周丽而雅，楚汉侈而艳，魏晋浅而绮，宋初讹而新”，文章变迁的总的趋势是“从质及讹，弥近弥淡”。[①] 胡应麟《诗薮》考察《诗经》以来诗歌变迁的历史，得出的结论是：“四言变而离骚，离骚变而五言，五言变而七言，七言变而律诗，律诗变而绝句，诗之体以代变。”近代，黄遵宪提出了“我手写我口，古岂能拘牵”的口号，梁启超提出了“诗界革命”“文界革命”“小说界革命”的主张。古代、近代的这些文学变革思想，一方面强调文学因时变化、不可机械模仿古人，另一方面，也并不否认古代文学的光辉与伟大。“复古”“拟古”作为文学发展的一个可能的选项，在五四之前从来没有被彻底否定过。五四新文学阵营的不同之处在于，在否定旧文学的毅力与韧性、坚定与果决方面，都远远超出前人，达到了空前的程度。由于新文学阵营彻底而毫不妥协的态度，使得源远流长、根底深厚的“复古”“拟古”主张面临着前所未有的根本性的危机，一种求新、求变的现代审美理想得到越来越多人的认可。

在中国现代文化史上，陈独秀是以一个不妥协的斗士形象为大家所知的。不论在文化思想方面，还是文学方面，对于旧传统，陈独秀的态度都是坚决、彻底否定，毫不妥协。陈独秀花了大量的精力不断地反复论证儒家传统思想与西方先进的民主思想的尖锐矛盾，得出的结论是：中国要革命，要强大，要适应现代社会发展的进程，自立于世界民族之林，必须彻底抛弃儒家思想。思想变革如是，文学变革亦如是。必须以疾风暴雨之势，扫荡一切旧文学。在《文学革命论》中，陈独秀提出了著名的“三大主义”：

> 曰，推倒雕琢的阿谀的贵族文学，建设平易的抒情的国民文学；曰，推

---

① 刘勰：《文心雕龙·通变》，黄叔琳注《增订文心雕龙校注》，中华书局2016年版，第400页。

倒陈腐的铺张的古典文学，建设新鲜的立诚的写实文学；曰，推倒迂晦的艰涩的山林文学，建设明了的通俗的社会文学。

细读《文学革命论》全文，会发现“贵族文学”“古典文学”“山林文学”的内涵极宽，范围极广：汉赋、魏晋六朝诗、骈体文、律诗、唐宋八大家、明代前后七子、桐城派等，皆囊括在内。可以说，除了《诗经·国风》《楚辞》、元明剧本、明清白话小说之外，中国古代、近代其他所有作家作品皆在三种文学的范围之内。陈独秀历数三种文学的种种弊端，指出：

> 贵族文学，藻饰依他，失独立自尊之气象也；古典文学，铺张堆砌，失抒情写实之旨也；山林文学，深晦艰涩，自以为名山著述，于其群之大多数无所裨益也。其形体则陈陈相因，有肉无骨，有形无神，乃装饰品而非实用品；其内容则目光不越帝王权贵，神仙鬼怪，及其个人之穷通利达。所谓宇宙，所谓人生，所谓社会，举非其构思所及，此三种文学公同之缺点也。[①]

和陈独秀否定一切的决绝态度不同，胡适对于古典文学的态度相对温和。他并不全盘否定古典文学，而是认为唐诗、宋词、元曲、明清小说都是一代之文学，都具有不朽的价值。但是尽管如此，他仍然坚持文学的出路在于创新，认定“复古”“拟古”没有任何的前途。《文学改良刍议》提出文学改良的“八事”，其第二事是“不模仿古人”，“文学者，随时代而变迁者也。一时代有一时代之文学。周秦有周秦之文学，汉魏有汉魏之文学，唐宋元明有唐宋元明之文学”。《历史的文学观念论》提出，“居今日而言文学改良，当注重‘历史的文学观念’。一言以蔽之，曰：一时代有一时代之文学。此时代与彼时代之间，虽皆有承前启后之关系，而决不容完全抄袭；其完全抄袭者，决不成为真文学。愚惟深信此理，故以为古人已造古人之文学，今人当造今人之文学”[②]。

文学因时代而变化，原因何在呢？胡适指出，原因在“文明进化之公理”。进化不仅是自然界规律，也是文学界规律，各体文学发展都遵循进化的规律：

---

① 陈独秀：《文学革命论》，《新青年》1917年第2卷第6号。
② 胡适：《历史的文学观念论》，《中国新文学大系·建设理论集》，上海文艺出版社2003年影印版，第57页。

> 即以文论：有尚书之文，有先秦诸子之文，有司马迁班固之文，有韩柳欧苏之文，有语录之文，有施耐庵曹雪芹之文，此文之进化也。试更以韵文言之：击壤之歌，五子之歌，一时期也；三百篇之诗，一时期也；屈原荀卿之骚赋，又一时期也；苏李以下，至于魏晋，又一时期也……

文学"因时进化"，所以不应模仿古人，"今日之中国，当造今日之文学，不必模仿唐宋，亦不必模仿周秦也。"①

"进化"概念是从生物学中来的。在生物学中，进化往往意味着进步、增长、向上。文学是进化的，是不是意味着后来的文学胜过之前的文学呢？答案是肯定的。《文学改良刍议》：

> 吾辈以历史进化之眼光观之，绝不可谓古人之文学皆胜于今人也。左氏史公之文奇矣，然施耐庵之《水浒传》视《左传》《史记》，何多让焉？《三都》《两京》之赋富矣，然以视唐诗宋词，则糟粕耳。此可见文学因时进化，不能自止。

接下来，胡适又说：

> 吾每谓今日之文学，其足与世界"第一流"文学比较而无愧色者，独有白话小说（我佛山人，南亭亭长，洪都百炼生三人而已）一项……施耐庵、曹雪芹、吴趼人皆文学正宗，而骈文律诗乃真小道耳。②

唐诗宋词超越汉赋，曹雪芹、吴趼人为文学正宗，为世界第一流文学家，显然，文学是进化的，越往后，文学的水平越高、价值越高。

在另一篇文章《国语的进化》中，胡适论证白话、文言的优劣。胡适认为，语言有四大功能，一是表情达意，二是记载人类生活的过去经验，三是教育的工具，四是人类共同生活的唯一媒介物。"我们研究语言文字的退化进化，应该根

---

①② 胡适：《文学改良刍议》，《新青年》1917年第2卷第5号。

据这几种用处。”[①]不论是表情达意的能力方面，还是在记载人类生活经验方面，作为教育的工具方面，作为人与人沟通的媒介方面，白话都远优于古文，因此白话是古文的进化。白话优于古文，同样，使用白话的白话文学也优于古文文学。后起的白话文学优于古文文学，显然，文学的发展是进化的、后胜于今的。

文学发展后胜于今，今日之白话文学，必胜过去之古文文学，这是五四新文学阵营的共识。那么，今天大家所创造的白话文学，有朝一日会不会也被后来的文学超越呢？答案也是肯定的。刘半农《我之文学改良观》：“即吾辈主张之白话新文学，依进化之程序言之，亦绝不能视为文学之止境，更不能断定将来之人不破坏此种文学而建造一更新之文学。吾辈生于斯世，惟有尽思想能力之所及，向‘是’的一方面做去而已。”[②]在五四新文学的倡导者看来，五四新文学并不试图给后世留下某种永恒的、不可超越的传统，如果非要说它给后世文学留下了某种传统的话，那么这种传统就在于“反传统”。文学因时变化，永不停止，永远没有尽头，永远不要向后看，这就是五四的传统。

卡林内斯库在《现代性的五副面孔》中指出，艺术上的现代性首先意味着一种新的美学纲领、审美理想的出现。这种审美理想否定不变的、超验的美的理想的存在，转而崇尚变化和新奇。现代性最显著的特征是其“趋于某种当下性的趋势”，是其“认同于一种感官现时的企图”，用波德莱尔的话说，“现代性是短暂的、易逝的、偶然的，它是艺术的一半，艺术的另一半是永恒和不变的”。[③] 当五四新文学阵营宣称文学应当不断进化、不断创新时，他们实际宣告了一种新的审美理想的来临。这种新的审美理想，对于后来美学理论的发展起到了推动作用。至少，在创造社“没有创造，就没有世界”的美学宣言中，在朱光潜的直觉主义、表现主义以及宗白华的“生生主义”美学思想中，我们都看到一种对于创造、想象、突破的认同。艺术体现人的生生不息的创造力，艺术要创造、突破，艺术与生命的机械化格格不入，是朱光潜和宗白华共同强调和认可的。而这种对于创造、想象、突破的认同，一方面固然与他们所受的西方美学的影响有关，另一方面不能不说与五四新文艺运动有密切关系。

---

① 胡适：《国语的进化》，《中国新文学大系·建设理论集》，上海文艺出版社2003年影印版，第237页。
② 刘半农：《我之文学改良观》，《新青年》1917年第3卷第3号。
③ ［美］马泰·卡林内斯库：《现代性的五副面孔》，顾爱彬、李瑞华译，商务印书馆2004年版，第9、55页。

第二节　写实主义与浪漫主义

写实主义与浪漫主义的论争与交锋，是贯穿五四新文学运动的一条重要线索。

自一开始，五四新文学就与写实主义结下了不解之缘。早在1915年的《现代欧洲文艺史谭》中，陈独秀就表达了对于写实主义以及由写实主义衍生出来的自然主义的浓厚兴趣。陈独秀指出，18、19世纪之交欧洲文艺思潮由古典主义变而为理想主义，19世纪末科学大兴，"宇宙人生之真相日益暴露"，文学艺术顺此潮流由理想主义变而为写实主义以及自然主义。现代欧洲文艺"无论何派，悉受自然主义之感化"，写实主义与自然主义的信条是"凡属自然现象莫不有艺术之价值梦想，理想之人生不若取夫世事人情诚实描写之"。[①] 1917年2月，在《文学革命论》中，陈独秀再次祭出"写实"的大旗。"三大主义"中的第二项，便是"推倒陈腐的铺张的古典文学，建立新鲜的立诚的写实文学"。陈独秀批评贵族文学、古典文学、山林文学，认为三者的重要缺陷是缺乏写实精神，"所谓宇宙，所谓人生，所谓社会，举非其构思所及，此三种文学公同之缺点也"。他还批评魏晋以来的五言诗："抒情写事，一变前代板滞堆砌之风，在当时可谓为文学一大革命，即文学一大进化，然希托高古，言简意晦，社会现象，非所取材。"

五四新文学的另一位领袖胡适，也对写实主义情有独钟。胡适很少直接提"写实主义"四字，但他关于文学的系列文章中，皆包含写实主义的精神。《文学改良刍议》提出的文学改良"八事"中，第五条是"务去滥调套语"，要求"人人以其耳目所亲见亲闻所亲身阅历之事物，一一自己铸词以形容描写之，但求其不失真，但求能达其状物写意之目的"。《建设的文学革命论》认为，"《儒林外史》所以能有文学价值者，全靠一副写人物的画工本领"。胡适指出，为了把人物、故事写得活灵活现，作家必须实际观察："真正文学家的材料大概都有'实地的观察和个人自己的经验'做个根底。不能做实地的观察，便不能做文学家；全没有个人的经验，也不能做文学家。"有了观察与经验后，还要讲描写的方法，"写

① 陈独秀：《现代欧洲文艺史谭》，《新青年》1915年第3、4号。

人要举动，口气，身分，才性……都要有个性的区别”，“写境要一喧，一静，一石，一山，一云，一鸟……也都要有个性的区别”，“写事要线索分明，头绪清楚，尽情尽理，亦正亦奇。写情要真，要精，要细腻婉转，要淋漓尽致”。①

陈独秀、胡适对写实主义的强调，为新文学的未来发展定下了原则性的基调。之后，文学研究会将这一基调进一步发扬光大。文学研究会的核心刊物《小说月报》在其《改革宣言》中宣称：“写实主义文学，最近已见衰歇之象，就世界观之立点言之，似已不应多为介绍；然就国内文学界情形言之，则写实主义之真精神与写实主义之真杰作实未尝有其一二，故同人以为写实主义在今日尚有切实介绍之必要。”②稍后，茅盾在《文学与人生》中详细阐释写实主义：“西洋文学研究者有一句最普通的标语：是‘文学是人生的反映’。人们怎样生活，社会怎样情形，文学就把那种种反映出来。譬如人生是个杯子，文学就是杯子在镜子里的影子。所以可说‘文学的背景是社会的’。‘背景’就是所从发的地方。譬如有一篇小说，讲一家人家先富后衰的情形，那么，我们就要问讲的是哪一朝。如说是清朝乾隆的时候，那么，我们看他讲的话，究竟像乾隆时候的样子不像。要是像的，才算不错。”③茅盾认为，“真的文学也只是反映时代的文学”，为了更好地反映时代、生活，作家有必要深入社会：“国内创作小说的人大都是念书研究学问的人，未曾在第四阶级社会内有过经验，像高尔基之做过饼师，陀斯妥耶夫斯基之流过西伯利亚。印象既然不深，描写如何能真？”④

写实主义强调文学再现客观的现实人生，这一主张与强调文学是作家的自我表现的浪漫主义形成了鲜明对立。一般认为，是创造社率先提出了浪漫主义的文学主张。但实际上，浪漫主义的理论基础，在陈独秀、胡适的文学变革宣言中已经奠定。陈独秀《文学革命论》标举“写实文学”的同时，还提出“国民文学”“社会文学”的口号，“国民文学”的完整表述，是“平易的、抒情的国民文学”，“抒情”二字，已经蕴含浪漫主义的意味。胡适强调作家要自铸新词，以求其“状物写意”之目的，要“自己铸词造句以写眼前之景，胸中之意”，“写意”“胸中之意”等等，也已经暗示浪漫主义的可能性。

---

① 胡适：《建设的文学革命论》，《新青年》1918年第4卷第4号。
② 《小说月报改革宣言》，《小说月报》1921年第12卷第1号。
③ 茅盾：《文学与人生》，《松江第一次暑期学术演讲会演讲录》第1期，《文学运动史料选》第一册，上海教育出版社1979年版，第186、187页。
④ 郎损：《社会背景与创作》，《小说月报》1921年第12卷第7号。

陈独秀、胡适的文学主张中，为浪漫主义预留出了一定的位置，但他们并未直接提出浪漫主义的口号。创造社成立之后，彻底的浪漫主义的文学主张才正式被提出。成仿吾《新文学之使命》："文学上的创作，本来只要是出自内心的要求，原不必有什么预定的目的"，"如果我们把内心的要求作一切文学上创造的原动力，那么艺术与人生便两方都不能干涉我们"[①]。郭沫若说："我们的主义，我们的思想，并不相同，也并不必强求相同。我们所同的，只是本着我们内心的要求，从事于文艺的活动罢了。"[②]从自我内心要求出发，创造世界，是创造社的核心主张。"创造""自我""美善"等词，是创造社作家笔下经常出现的热词。创造社认为，文学的根本不是外在的社会，而是作家自我，不是物质，而是作家主观的精神。郭沫若《我们的文学新运动》："我们要自己种棉，自己开花，自己结絮。我们要自己做太阳，自己发光，自己爆出些新鲜的星球。"[③]这一创作态度，与文学研究会显然是有重大区别的。总起来看，创造社是偏于浪漫主义的。郑伯奇在《中国新文学大系・小说三集导言》中指出，在尊重主观、否认现实上，创造社诸作家是一脉相通的，总的说来，创造社的文学主张是倾向于浪漫主义的。

文学研究会的写实主义与创造社的浪漫主义的对立发展，是现代中国文坛上值得注意的有趣的现象。但实际上，两者之间的关系不仅仅是对立，对立之外，它们之间也有一些共同点。

首先，不论是写实主义，还是浪漫主义，都反对文学成为空洞的道德说教。对于写实主义者来说，文学的任务是描写现实，不是"载道"，能将现实真实地呈现出来，文学的任务已经完成，文学"不是以教训、以传道为目的"，文学家"不必，而且也不能，故意地在文学中去灌输什么教训"。[④] 茅盾《什么是文学》："道义的文学界限，说得太狭隘了。他的弊病尤在把真实的文学弃去，而把含有重义的非纯文学当作文学作品……把文学的界说缩得小些，还没有大碍，不过把文学的范围缩小了一些，要是把文学的界说放大，将非文学的都当作文学，那么

① 成仿吾：《新文学之使命》，《创造周报》1923 年第 2 号。
② 郭沫若：《编辑余谈》，《创造季刊》1922 年第 1 卷第 2 期。
③ 郭沫若：《我们的文学新运动》，《中国新文学大系・文学论争集》，上海文艺出版社 2003 年影印版，第 186 页。
④ 郑振铎：《新文学观的建设》，《文学旬刊》1922 年第 37 期。

非但把真正的文学埋没了,还使人不懂文学的真义,这才是遗害不少哩。”[①]对于浪漫主义者来说,文学的任务是表达情感,能将情感完全地表达出来就是好文学,情感本身是病态还是健康,无关文学的高低。郁达夫的《沉沦》大肆描写性欲,甚至是病态的性欲,但作者并未认为不妥。不管是写实主义还是浪漫主义,都对中国传统的“载道”“劝惩”等观念嗤之以鼻。

其次,不论是写实主义还是浪漫主义,都将文学所使用的语言、文字理解为某种“透明的东西”[②]。文学的价值在于忠实的传达,因此文学语言本身要尽量朴素。茅盾反对文学成为消遣,成为文字游戏,主张“文学以求真为唯一目的”,文学重“客观的描写”,“眼睛里看见的是怎样一个样子,就怎样写。”[③]成仿吾《新文学之使命》也说:“我们的新文学运动,自从爆发以来,即是一个国语的运动……我们这运动的目的,在使我们表现自我的能力充实起来,把一切心灵与心灵的障碍消灭了。”[④]对于写实主义者来说,语言应尽量成为社会人生的镜子。对于浪漫主义者来说,语言应成为人的内在情感、思想的镜子。在要求文学的语言要尽量朴素,尽量减少语言自身的存在感方面,二者是完全一致的。

事实上,这样一种对待语言的态度,在“文学革命”初期就已经出现。在《文学改良刍议》《建设的文学革命论》中,胡适要求作者“有什么话,说什么话,话怎么说,就怎么说”,反对用典,反对套话。为什么不能用典故、套话呢?胡适解释说,典故、套话反映的是作者状物写意能力的贫弱:“吾所谓用典者,谓文人词客不能自己铸词造句以写眼前之景,胸中之意,故借用或不全切,或全不切之故事陈言以代之,以图含混过去。”因为不能实写眼前之景、胸中之意,所以用典故、套话来蒙混。这一因果关系,反过来也可以成立:因为使用了太多典故、套话,所以不能很好地实写眼前之景、胸中之意。因此,为写景、抒情计,必须摒除典故与套话,有什么话就说什么话。周作人《平民文学》提出:“平民文学应以真挚的文体,记真挚的思想与事实……我们说及切己的事,那时心急口忙,只想表出我的真意实感,自然不暇顾及那些雕章琢句了。”胡适、周作人都将文字的单纯、

① 沈雁冰(茅盾):《什么是文学》,《中国新文学大系・文学论争集》,上海文艺出版社2003年影印版,第153、154页。
② 日本学者柄谷行人语,参考其《日本现代文学的起源》,赵京华译,三联书店2006年版,第51页。
③ 茅盾:《文学与人生》,《松江第一次暑期学术演讲会演讲录》第1期,《文学运动史料选》第一册,上海教育出版社1979年版,第189页。
④ 成仿吾:《新文学之使命》,《创造周报》1923年第2号。

朴素作为文学抒情、状物的前提。从他们的主张中，既可以引申出写实主义的观点，也可以引申出浪漫主义的观点。

写实主义也好，浪漫主义也好，其实都有一个共同的哲学基础——认识论哲学。它们都把文学视为人类认识世界的一个工具。只不过对于写实主义来说，“世界”指的是客观的现实世界，而对于浪漫主义者来说，“世界”指的是人的主观精神世界。蔡仪《新艺术论》指出：“浪漫主义和旧现实主义的根本的区别，是浪漫主义在艺术的认识上重视主观，而现实主义则相反，在艺术的认识上重视客观……容易陷于偏重客观。”[①]这一判断是正确的，在将艺术视为对于现实（这里的现实包括外在与内在两方面）的认识、反映上面，浪漫主义和写实主义是一致的。不论是写实主义还是浪漫主义，都持一种认识论的艺术观。

从认识论的角度出发讨论艺术，强调艺术、审美的认识价值，是20世纪中国美学的一个强有力的传统。20世纪40年代，在《新艺术论》及《新美学》中，蔡仪将认识论的原则贯穿始终，建构了一整套的认识论美学。蔡仪认为，美的本质在于典型，美感活动是人对于现实的认识，是人对于客观存在的美的反映与摹写。艺术是客观实在的反映，艺术“以现实为对象而反映现实”，艺术与科学的不同在于艺术对现实的认识是由感性来完成的，“是以个别显现着一般”。[②] 1949年之后，由于马克思主义成为官方权威学说，认识论在美学研究中跃居统治地位。50、60年代的美学大讨论中，各家各派的美学学说实际都或多或少地受认识论哲学的影响。蔡仪的客观论美学固然一如既往地以认识论为基础，朱光潜、李泽厚甚至吕荧的美学学说同样也带有浓厚的认识论色彩。吕荧一方面主张美的主观性，一方面又不忘强调这种主观是“客观决定的主观”，美是一种观念，而任何一种观念都是以现实生活为基础的，是一定历史条件下“社会存在的反映”。[③] 一直到80年代，关于“形象思维”的讨论中，我们仍然能感受到认识论的强有力存在。今天，当我们梳理认识论美学的变迁时，不应忘记五四时期现实主义与浪漫主义的论争。正是这场论争，实际构成了后来认识论美学、反映论美学的先导。

---

① 蔡仪：《新艺术论》，上海商务印书馆1947年版，第162、163页。

② 关于蔡仪的美学思想及其评价，参考本书第二卷之第八章“蔡仪的美学思想与艺术观”。

③ 关于美学大讨论中各家各派的美学观点，参考本书第三卷。

第三节 “为人生”与“为艺术”

五四新文学运动既是文学运动,也是思想启蒙运动。新文学倡导者之所以提倡新文学,一个重要目的是用文学来启发教育国民。当然,这种启发、教育通常被认为应该以文学特有的方式来进行,而不是违背文学的本性,进行生硬的教训与灌输。蔡元培在《中国新文学大系》总序中指出:“为怎么改革思想,一定要牵涉到文学上?这因为文学是传导思想的工具。”①陈独秀《文学革命论》认为,中国政治腐朽黑暗,一个重要原因是中国人在精神上、思想上尚未经彻底革命,文学革命的目的就是通过改变中国人的精神、思想来改变中国社会:“今欲革新政治,势不得不革新盘踞于运用此政治者精神界之文学。”傅斯年《白话与文学心理的改革》认为,真正的中华民国必须建筑在新思想的上面,新思想必须放在新文学的里面。李大钊《“晨钟”之使命》则指出,“由来新文明之诞生,必有新文艺为之先声,而新文艺之勃兴,尤必赖有一二哲人,犯当世之不韪,发挥其理想,振其自我之权威,为自我觉醒之绝叫,而后当时有众之沉梦,赖以惊破”。②

新文学阵营的这一启蒙主义立场,在周作人《人的文学》一文中得到最完整的表达。什么是“人的文学”?周作人首先从何为人,人的理想生活是怎样的谈起。他说:

> 我们要说人的文学,须得先将这个人字,略加说明。我们所说的人,不是世间所谓“天地之性最贵”,或“圆颅方趾”的人。乃是说,“从动物进化的人类”。其中有两个要点,(一)“从动物”进化的,(二)从动物“进化”的……这两个要点,换一句话说,便是人的灵肉二重的生活。③

灵与肉本是一物的两面,并非对抗的二元。正常的人性,是灵与肉、神性与兽性的结合。正常的人类生活,是灵肉一致的生活。在这种生活中,人们“彼此都是

① 蔡元培:《中国新文学大系·建设理论集·总序》,上海文艺出版社2003年影印版,第9页。
② 李大钊:《“晨钟”之使命》,《文学运动史料选》第一册,上海教育出版社1979年版,第10页。
③ 周作人:《人的文学》,《中国新文学大系·建设理论集》,上海文艺出版社2003年影印版,第194页。

人类，却又各是人类的一个。所以须营一种利己而又利他，利他即是利己的生活”。在道德方面，理想的人须“革除一切人道以下或人力以上的因袭的礼法，使人人能享自由真实的幸福生活”。

解决了何为人，人的理想、正常生活怎样的问题后，周作人正面论述了何谓“人的文学”。所谓“人的文学”，即从人的理想状态出发，对于人生问题加以记录、研究，旨在改善提高人的生活状况的文学。他说：

> 这种“人的”理想生活，实行起来，实于世上的人无一不利。富贵的人虽然觉得不免失了他的所谓尊严，但他们因此得从非人的生活里救出，成为完全的人，岂不是绝大的幸福么？这真可说是二十世纪的新福音了。只可惜知道的人还少，不能立地实行。所以我们要在文学上略略提倡，也稍尽我们爱人类的意思。①

他又进一步将“人的文学”分为两种：

> （一）是正面的，写这理想生活，或人间上达的可能性。（二）是侧面的，写人的平常生活，或非人的生活，都很可以供研究之用。这类著作，分量最多，也最重要。因为我们可以因此明白人生实在的情状，与理想生活比较出差异与改善的方法。②

“人的文学”通过对人的理想生活或非人生活的揭示、描写，引起人们对现实生活的反思、不满，最终达到对于现实人生的改善。这一对文学的理解，包含两个值得注意的方面：第一，文学应当并且能够改变现实人生；第二，文学改善现实人生，是通过文学的表现，而不是道德的说教。

文学研究会成立后，“人的文学”的主张被进一步发展为“为人生”的主张。

周作人起草的《文学研究会宣言》这样写道：“将文艺当作高兴时的游戏或失意时的消遣的时候，现在已经过去了。我们相信文学是一种工作，而且又是

---

①② 周作人：《人的文学》，《中国新文学大系·建设理论集》，上海文艺出版社2003年影印版，第195—196页。

于人生很切要的一种工作。”[①]茅盾后来解释周作人的这段话：“这一句话，不妨说是文学研究会集团名下有关系的人们的共通的基本的态度。这一个态度，在当时是被理解作‘文学应该反映社会的现象，表现并且讨论一些有关人生一般的问题’。这个态度，在冰心，庐隐，王统照，叶绍钧，落华生，以及其他许多被目为文学研究会派的作家的作品里，很明显地可以看出来。”

稍后，周作人在《新文学的要求》中，正式提出了“为人生”的口号。周作人指出，从来关于艺术的主张，大概可以分为艺术派与人生派两派，这两派观点各有缺点，艺术派“重技工而轻情思，妨碍自己表现的目的”，人生派“容易讲到功利里边去”。正确的态度是在两派中适当折衷，“仍以文艺为究极的目的，但这文艺应当通过了著者的情思，与人生的接触。换一句话说，便是著者应当用艺术的方法，表现他对于人生的情思。”这篇文章中，虽然周作人给人的感觉是力求折衷，但实际上，他的态度更倾向于为人生。对于唯美主义思潮，他给予了更多的批评：“背义过去的历史，生在现今的境地，自然与唯美及快乐主义不能多有同情。这感情上的原因，能使理性的批判更为坚实，所以我们相信人生的文学实在是现今中国唯一的需要。”[②]

在“为艺术”还是“为人生”上，茅盾的倾向更加明显。《新文学研究者的责任和努力》指出，欧洲文学的发展历史是由古典之浪漫，由浪漫之写实，由写实之新浪漫，“这样一连串的变迁，每进一步，便把文学的定义修改了一下，便把文学和人生的关系束紧了一些”，“这一步进一步的变化，无非欲使文学更能表现当代全体人类的生活，更能宣泄当代全体人类的情感，更能声诉当代全体人类的苦痛与期望，更能代替全体人类向不可知的运命作奋抗与呼吁”。茅盾说：“‘艺术为艺术呢，艺术为人生’的问题尚没有完全解决，然而以文学为纯艺术的艺术我们还是不承认的。”他尤其对王尔德的唯美主义进行了尖锐批评，认为唯美主义绝对不能成为中国新文学借鉴的对象：“英国唯美派王尔德的‘人生装饰观’的著作，也不是篇篇可以介绍的。王尔德的‘艺术是最高的实体，人生不过是装饰’的思想，不能不说他是和现在精神相反；诸如此类的著作，我们若漫不分

---

① 《文学研究会宣言》，《小说月报》1921年第12卷第1号。

② 周作人：《新文学的要求》，《中国新文学大系・文学论争集》，上海文艺出版社2003年影印版，第141、142页。

别地介绍过来,委实是太不经济的事——于成就新文学运动的目的是不经济的。"①

文学研究会这种偏重人生,反对唯美的态度,遭到创造社的激烈反对。创造社认为,艺术固然有益于人生,但这并非艺术的首要目的,艺术的首要目的,仍然是美,是艺术自身;艺术首先对自己负责,其次才对人生、社会负责。成仿吾《新文学之使命》:"不论什么东西,除了对于外界的使命之外,总有一种使命对于自己。文学也是这样……艺术派的主张不必皆对,然而至少总有一部分的真理。不是对于艺术有兴趣的人,决不能理解为什么一个画家肯在酷热严寒里工作,为什么一个诗人肯废寝忘餐去冥想。"成仿吾认为,除去一切功利的打算,专求文学的全与美有值得"终身从事的价值之可能性","一种美的文学,纵或它没有什么可以教我们,而它所给我们的美的快感与慰安,这些美的快感与慰安对于我们日常生活的更新的效果,我们是不能不承认的。"同一篇文章中,成仿吾还指出,中国目前正在建设的新文学,应当有三种使命:第一,对于时代的使命;第二,对于国语的使命;第三,对于文学本身的使命。成仿吾认为,过去几年里,新文学的倡导者、参与者们过分重视了前两个使命,而忽略了第三个使命,而这个使命恰恰是文学之为文学最为重要的,现在是时候纠正这个错误了。

针对创造社的批评,文学研究会积极进行了反批评。在《什么是文学》中,茅盾对中国历史上的"名士"现象进行了尖锐批判,他指责名士把文学当作游戏,当作不关人生的饰物。他认为,名士派文学现在有了新的变种,这个变种穿上了洋装,这就是"文学上的颓废主义或唯美主义"。《"大转变时期"何时来呢》一文中,茅盾干脆不避功利主义的嫌疑,直接对文坛上的浪漫唯美风气发动了总攻击:"反对'吟风弄月'的恶习,反对'醉呀,美呀'的所谓唯美的文学,反对颓废的,浪漫的倾向的文学,这是最近两三月来常常听得的论调……我们自然不赞成托尔斯泰所主张的极端的'人生的艺术',但是我们决然反对那些全然脱离人生的而且滥调的中国式的唯美的文学作品。我们相信文学不仅是供给烦闷的人们去解闷,逃避现实的人们去陶醉;文学是有激励人心的积极性的。尤其在我们这时代,我们希望文学能够担当唤醒民众而给他们力量的重大责任……现代

① 茅盾:《新文学研究者的责任与努力》,《中国新文学大系·文学论争集》,上海文艺出版社 2003 年影印版,第 145、146 页。

的活文学一定是附着于现实人生的，以促进眼前的人生为目的的。"①

"为人生"主张与"为艺术"主张的交锋，是 20 世纪 20 年代初文坛上的一道亮丽风景。这一场论争，正如双方当事人后来指出的，有许多为世人所误解的地方。文学研究会同人主张文学为人生，但并未否定文学的艺术性，他们也承认文学首先是艺术，以艺术的方式干预人生。同样，创造社也并未否定艺术的社会责任，而是一再强调"既是真的艺术，必有它的社会的价值"②。但总起来看，双方的观点还是有着巨大的差异的，这是一场真正意义上的文学论争。

"为艺术"与"为人生"的论争，对于世纪初梁启超美学与王国维美学的论争来说，是一种延续。所不同的是，在世纪初功利主义与超功利主义美学的论争中，两种美学观点其实只是互相对立，并未形成你来我往的真正交锋。而在"为艺术"与"为人生"的论争中，双方唇枪舌剑，互相辩难，上演了一出热闹的文坛大戏。而再往后看的话，对于 30 年代"京派"与左翼的论争来说，"为艺术"与"为人生"又是一场预演。不同的是，在"京派"与左翼的论争中，"为人生"的涵义有了进一步的拓展——艺术被认为要为革命服务，为阶级斗争服务。还有一个悖谬之处在于，在"京派"与左翼的论战中，当年主张艺术独立的人，纷纷跑到了"为艺术而艺术""超功利主义"的对立面，成为"革命文学"的坚决拥护者。

第四节　"国民文学"与"国语文学"

陈独秀"三大主义"的第一条，是"推倒雕琢的阿谀的贵族文学，建设平易的抒情的国民文学"。何谓"国民文学"呢？陈独秀没有明确解释。但就上下文来看，可以理解为属于国民的、平易通俗的文学。国民文学针对贵族文学而言，但又不仅仅针对贵族文学，同时也针对古典文学、山林文学。细读《文学革命论》会发现，陈独秀笔下的贵族文学、古典文学、山林文学三者之间并非截然分离，

① 茅盾：《"大转变时期"何时来呢》，《文学旬刊》1923 年第 103 期。
② 成仿吾：《艺术之社会的意义》，《中国新文学大系·文学论争集》，上海文艺出版社 2003 年影印版，第 191 页。

而是互相交叉，具有一些共同的特征。贵族文学顾名思义，属于贵族，当然是少数人的艺术，古典文学、山林文学同样也是。陈独秀批评山林文学“艰深晦涩，自以为名山著述，于其群之大多数无所裨益也”，针对的就是山林文学的脱离大众。显然，贵族文学也好，古典文学、山林文学也好，都是脱离大众的，是少数人的赏玩。而国民文学则与它们相反，国民文学是属于国民的，是为大多数国民服务的。

与“国民文学”口号相映成趣的，是胡适“国语文学”的提法。胡适《建设的文学革命论》提出，文学运动的目标是“国语的文学，文学的国语”。“国语的文学，文学的国语”有两层意思：第一，文学要使用国语来写作，要借助于国语；第二，国语又依赖于文学，文学可以促进国语的成立与成熟。胡适重点论述了第二层意思，他说：“我们所提倡的文学革命，只是要替中国创造一种国语的文学。有了国语的文学，方才可有文学的国语。有了文学的国语，我们的国语才可算得真正国语。”为什么有了国语文学才有真正的国语呢？胡适解释，因为文学是语言的生命，“国语没有文学，便没有生命，便没有价值，便不能成立”。国语不是单靠几位语言学家就能造得成的，也不是单靠国语教科书和国语字典就能造得成的。若要造国语，先须造国语的文学，“有了国语的文学，自然有国语”。他举英国国语的形成为例子：

> 现在通行全世界的“英文”，在五百年前还只是伦敦附近一带的方言，叫做“中部土话”。当十四世纪时，各处的方言都有些人用来做书。后来到了十四世纪的末年，出了两位大文学家，一个是赵叟(Chaucer, 1340—1400)，一个是威克列夫(Wycliff, 1320—1384)。赵叟做了许多诗歌、散文，都用这“中部土话”。威克列夫把耶教的《旧约》《新约》也都译成“中部土话”。有了这两个人的文学，便把这“中部土话”变成英国的标准国语……到十六、十七两世纪，萧士比亚和“伊里沙白时代”的无数文学大家，都用国语创造文学。从此以后，这一部分的“中部土话”，不但成了英国的标准国语，几乎竟成了全地球的世界语了！

胡适认为，欧洲各国国语的形成，都是依靠文学的力量。中国要想创造标准的统一的国语，也须依靠文学，“国语的小说、诗文、戏本通行之日，便是中国国语成立之时”。[①]

“国民文学”与“国语文学”的共同点是“国”。需要注意的是，这里的国，不是“文章，经国之大业”意义上的“国”，而是现代意义上的民族国家。民族主义与民主主义是近现代中国的主流社会思潮，在民族主义、民主主义的影响下，近现代国人，特别是近现代中国的知识分子对于国家的理解，相对于古人来说发生了很大变化。当近现代知识分子提到“国家”时，他们对其有这样一套约定俗成的理解：国家是建立在民族的基础上的，民族的所有成员都是平等的，都是这个国家的国民，每一个国民作为国家的主人翁、国家的一分子，都应该对国家尽自己的责任和义务。关于这一点，本书第三章、第五章中已有论述，这里不再赘言。[②] 这里要说的是，当陈独秀和胡适提出“国民文学”“国语文学”的口号时，他们共同强调的是，文学要服务于现代民族国家的建设。对于陈独秀来说，文学要成为国民的共同读物，为国民提供共同的精神食粮。对于胡适来说，文学要致力于国语的建设，为国民提供沟通联系的纽带。

“国民文学”与“国语文学”这两个口号，是陈独秀与胡适从建构现代民族国家的需要出发，对文学提出的要求。要理解这两个口号，须从分析现代民族国家的本质入手。

现代民族国家是如何诞生的，民族主义思潮从何而来？关于这个问题，有许多解释。我们从英国学者厄内斯特·盖尔纳的解释入手。盖尔纳认为，现代民族国家是工业时代的产物，是工业社会特有的结构性要求，催生了现代民族国家与民族主义。工业社会使劳动分工达到前工业时代的人们无法想象的一个水平，“这种劳动分工要求参与者在一代人与另一代人之间，甚至在自己的一生里，时刻准备从一种职业转换到另一种职业”，“要求他们在同任何人的面对面的短暂接触当中，用抽象的交流方式进行不受语境限制的、准确的交流”[③]。为此，劳动分工的参与者需要共享一种相同的文化，一种识字的、普遍的高层次文化。为了满足这一需要，工业社会发展出一套庞大的、标准化的教育体系，这套教育体系向受教育者灌输一种同质的文化，其中包括共通的、标准的口语与

① 胡适：《建设的文学革命论》，《新青年》1918 年第 4 卷第 4 号。胡适文中提到的“赵叟”今通译乔叟，“威克列夫”今通译威克利夫，“沙士比亚”今通译莎士比亚，“伊里沙白”今通译伊丽莎白。

② 参考本书第三章第一节以及第五章第三节。

③ Ernest Gellner, *Nations and Nationalism*, Ithaca and London: Cornell University Press, 1983, pp. 140 - 141.

书面语，通俗的科学知识与历史常识，以及基本的工作习惯与社会技能。通过普遍性大众文化的黏合作用，分散的个人被连接成为一个紧密的整体，陌生人之间持续、经常和直接的交流成为可能。于是，民族国家诞生了。现代民族国家从根本上讲，是建立在普遍性大众文化的基础上的，民族主义的实质，是将一种普遍性大众文化全盘强加于整个社会之上，与此同时整合、排除、过滤掉前工业社会中多样性、异质性的民间文化与地方文化。民族主义，盖尔纳强调，“意味着一种匿名的、非个人化的社会的建立”[①]。

盖尔纳关于民族国家发生发展的理论模型，是从西方历史经验中抽绎而出的。因此，当我们试图用他这套理论来阐释近代以来中国的民族主义运动时，会发现许多矛盾与错位之处。这其中最重要的一点是，在近代中国，民族主义运动发生的动力根源，不是中国本土的工业资本主义，而是西方民族国家的经济、军事扩张主义。在近代，促使人们认为必须按照民族主义的原则改造中国的最主要因素，是上上下下都感觉到的来自西方民族国家的强大军事、政治压力。之所以要将中国改造成一个民族国家，是因为中国面对的竞争对手是民族国家，要与它们抗衡，中国必须首先把自己也变成一个民族国家。不过，尽管在民族主义的动力方面，近代中国的情况与盖尔纳的理论模型并不吻合，但是在民族建国诉诸的方法、手段方面，近代中国的民族主义却与盖尔纳的论述高度契合。和西方原发型的民族国家致力于将一种普遍高层次文化施加于全体国民一样，近代中国也出现了旨在打破文化的等级制度，将知识与学问普遍施加于整个社会之上的文化普及运动，这就是晚清、民国知识界轰轰烈烈开展的以“开民智”“鼓民气”为目标的思想启蒙运动。启蒙知识分子认为，除非设法开通风气，启发民智，使人人皆具备普通之知识与相当之文化，否则中国难以成为一个真正意义上的“国家”。与开通民智、普及知识的要求相对应，晚清知识分子还提出了改革学校教育的口号。教育的宗旨，被认为是“造就多数之国民”，而不是“少数之人才”。教育的根本目标，是将知识与文化普及于全民，“令全国人民无人不学”。

陈独秀“国民文学”的口号，就是在这样的历史背景下提出的。“国民文学”的实质，是要求文学承担起普及知识文化的任务，将一种普遍性的文化施加于

① Ernest Gellner, *Nations and Nationalism*, Ithaca and London: Cornell University Press, 1983, p. 57.

全体国民，使全体国民皆具备相当的知识与觉悟。与“国民文学”属于同一性质的，还有周作人的“平民文学”口号。和“国民文学”一样，“平民文学”所追求的目标，也是文化的民主化、普遍化。周作人说：“我们说贵族的平民的，并非说这种文学是专做给贵族或平民看，专讲贵族或平民的生活，或是贵族或平民自己做的。不过说文学的精神的区别，指他普遍与否，真挚与否的区别”，“平民文学应以普通的文体，写普遍的思想与事实”。[①] 需要注意的是，“国民文学”也好，“平民文学”也好，并不是简单地将某种已经存在于广大民众中的文学，提升至民族、国家的层次，而是创造一种新的文学，用这种新的文学来教育启发民众，做广大国民的精神食粮。周作人说：“平民文学绝不单是通俗文学。白话的平民文学比古文原是更为通俗，但并非单以通俗为唯一之目的。因为平民文学不是专做给平民看的，乃是研究平民生活——人的生活——的文学。他的目的，并非要想将人类的思想趣味，竭力按下，同平民一样，乃是想将平民的生活提高，得到适当的一个地位。”

实际上，以文学启迪、教育国民，并最终服务于民族国家的建设，这样一种观念并非始于五四新文学。晚清的“新小说”变革运动中，就已经出现了这样的口号。晚清“新小说”运动的倡导者们认定，小说是开通民智、普及知识的重要津梁。梁启超在《新小说》创办伊始，便宣称：“今日提倡小说之目的，务以振国民精神，开国民智识，非前此诲淫诲盗诸作可比。”[②]《绣像小说》创办之初，也鼓吹“妇女与粗人，无书可读，欲求输入文化，除小说更无他途”。[③]《月月小说》的创办者于《月月小说》创刊号中声称，编辑小说杂志的目标是以小说“输入知识”，“补助记忆力”。[④] “新小说”运动的后期，“新小说”倡导者将小说与学校教育直接联系起来，主张“以小说辅教育之不足”。吴趼人《月月小说序》：“吾发大誓愿，将遍撰译历史小说，以为教科之助。”[⑤]《新世界小说社报发刊辞》：“二十世纪之民族，必无不学而能幸存于地球之理。然则以至浅极易小说之教育，教育吾愚民，又乌可缓哉！乌可缓哉！”[⑥]更有甚者，还有人奉小说为“教科书之圭臬”，主

---

① 周作人：《平民文学》，《文学运动史料选》第一册，上海教育出版社1979年版，第114、115页。
② 梁启超：《〈新小说〉第一号》，《新民丛报》1902年第20号。
③ 别士：《小说原理》，《绣像小说》1903年第3期。
④⑤ 吴趼人：《月月小说序》，《月月小说》1906年第1号。
⑥《新世界小说社报发刊辞》，《新世界小说社报》1906年第1期。

张全国各中小学立即“推广以小说为教科书”[1]。总之,小说能够开通民智、普及教化,铸造现代意义上的合格“国民”,在20世纪初是一个广为人接受的观点。五四时期“国民文学”的口号,只是进一步发展了这一观点而已。小说“开国民智识”也好,建设“国民文学”也好,都是在回应建构现代意义上的民族国家这样一个20世纪上半叶中国最为紧迫的社会议题。

“国民文学”的实质,是营造现代民族国家所必须的“普遍性大众文化”。“国语文学”亦如是。

在厄内斯特·盖尔纳的民族主义理论体系中,语言文字的地位非常突出。在盖尔纳看来,语言——一套标准的、同时满足口头与书面交流需要的语言,既是普及性大众文化的重要组成部分,又是这种文化得以传播的前提条件,当且仅当一个群体使用同一种语言,并且用这同一种语言进行书面交流时,这个群体才能够被称为一个民族,民族主义“意味着一套由学校调节、由专家管理的,适用于比较精确的官僚和技术沟通的习惯用语的广泛传播”。统一的、标准的民族共同语,对民族主义者来说至关重要。民族主义者不希望也不容许在本民族的内部出现语言的多样性与异质性。欧洲近代各主要民族国家形成之际,都发生过异质语言的合并统一运动,这就是所谓的“言文一致”。“言文一致”正如日本学者柄谷行人早就已经指出的,是一个非常容易引起误解的词,因为所谓“言文一致”,并非真的如字面所显示的那样,完全废弃原来的书写语言拉丁文,采用本地的某种方言俗语进行写作,然后将这种方言俗语上升为本民族的通用语。“言文一致”的实质,是同时摆脱拉丁文与俗语,在吸收拉丁文与俗语成分的基础上创造一种新的书写语言,然后将这种新的书写语言推广使其成为本民族的共同语言。

和西方国家一样,近现代中国在试图将自己变成一个现代意义上的民族国家的时候,也发生了“言文一致”“国语统一”的运动。运动的倡导者们主张废除文言,使用白话或注音字母来写作,实现言文一致;在言文一致的基础上,进一步实现国语统一——选定一种俗语或白话,将之推向全国,使其成为整个民族的通用语言。胡适“国语文学”的口号就是这样产生的。胡适自觉地将文学运动与“国语统一”的目标联系起来,他敏锐地抓住了以下要点:国语不是现成的,

① 老棣:《学堂宜推广以小说为教书》,《中外小说林》1908年第18期。

而是待创造的，并不是说随意地选定一种俗语，将它推向全国，就可以成为国语，国语没有这么简单。理想的国语应该基于俗语、白话，但又高于现实中的任何一种现成的俗语、白话，国语是有待创造的，是“重新规定的”。而正是在创造、规定国语方面，文学可以发挥自己独特的作用。《建设的文学革命论》：“我以为我们提倡新文学的人，尽可不必问今日中国有无标准国语。我们尽可努力去做白话的文学。我们可尽量采用《水浒》《西游记》《儒林外史》《红楼梦》的白话。有不合今日的用的，便不用它；有不够用的，便用今日的白话来补助；有不得不用文言的，便用文言来补助。这样做去，决不愁语言文字不够用，也决不用愁没有标准白话。中国将来的新文学用的白话，就是将来中国的标准国语。造中国将来白话文学的人，就是制定标准国语的人。”①

胡适敏锐地把握住了“国语运动”的实质，对于文学与国语的关系、文学对国语的意义等问题进行了深刻的阐发。但实际上，在他之前，已经有不少人提出了文学与国语建设的关系问题，只不过他们的论述没有胡适那么深入、全面而已。1905 年，佚名的《〈母夜叉〉闲评八则》就这样写道：“现在的有心人，都讲着那国语统一……我这部书，恭维点就是国语教科书罢！”②1915 年，许与澄在《关于小说月报之一得》中也提出：“小说能转移社会，而《月报》之短篇小说，尤能为学校国文之助手。”③稍后，恽铁樵的以下一段话，则比较详细地阐发了自己对小说与“国语”关系的看法：

> 小说之为物，其力量大于学校课程奚啻十倍。青年脑筋对于国文有如素丝，而小说力量伟大又如此，则某等滥竽小说界中者，执笔为文，宜如何审慎将事乎？尝谓谓小说仅所以消遣，未足尽小说之量；谓小说仅所以语低等社会，犹之未尽小说之量。谓撰小说宜多用艳词绮语，于是以雕辞琢句当之，吾期期以为不可；谓撰小说宜浅俗，浅则可，俗则吾尤期期以为不可。吾国文之为物至奇，字之构造为最有条理，若句之构造，则无一定成法。有之，上焉者为模仿诗书六艺，下焉者为依据社会通用语言。语言因地而异，故白话难期尽人皆喻。正当之文字，以模仿诗书古籍为必要。古

① 胡适：《建设的文学革命论》，《新青年》1918 年第 4 卷第 4 号。
② 佚名：《〈母夜叉〉闲评八则》，《母夜叉》，小说林社 1905 年版。
③ 许与澄：《关于小说月报之一得》，《小说月报》1915 年第 6 卷第 2 号。

籍之字，有现时不常用者，用之将无从索解，则去之，是之为浅；有现时所有古籍中不能求相当之字以写之者，参用新造名词，是之为新……故曰国文之为物甚奇也。就以上所言观之，小说不止及于低等社会，实及于青年学子。青年于国文为素丝，而小说之力大于教科，实能染此素丝。[①]

这段今天读来缺乏条理、颠三倒四的文字，主要表达了以下两层意思：第一，“国文”不是单纯的白话，也不是单纯的古文，而是综合了白话、古文以及外来新名词的一种新的语言；第二，在帮助青年学子学习掌握这种新语言方面，小说能够起到重要的作用。可以看出，胡适《建设的文学革命论》中的主要观点，都已经包含在内，只是不系统、不明确而已。

综上，“国民文学”“国语文学”口号的提出，是民族国家思潮影响新文学的结果。五四新文学倡导者从建构现代意义上的民族国家的需要出发，要求文学服务于国民的启蒙，致力于国语的建设。“国民文学”“国语文学”的实质，是文学理论话语、美学话语对近代民族国家话语的回应与借鉴。这种回应与借鉴，在西方是早已发生的事实。17、18 世纪以来，伴随近代民族观念的确立以及民族国家的兴起，“国家”“民族”“民族精神”等概念纷纷进入文学与艺术批评领域。西方文学批评界和美学界形成了这样一个共识：每一个独立的民族国家都有其独特的民族文学，每个民族的文学都使用自己本民族的语言，表现本民族的民族精神或“国民精神”。歌德认为伟大艺术作品的特质“属于并且流行于那整个时代和整个民族”[②]，黑格尔主张艺术的使命在于“替一个民族的精神找到适合的艺术表现”[③]，丹纳提出艺术是“整个民族的出品”，等等。如果我们将他们的上述观点视为现代美学理论的一部分的话，那么，陈独秀的“国民文学”以及胡适的“国语文学”主张，也应被看成现代中国美学的一部分。

面对西方列强的强势入侵，如何唤起中国人的民族意识、民族认同，如何更好地维护民族的生存与独立？在这样一个过程中，文学或者艺术能够起到什么样的作用？这是 19 世纪末以来中国几乎所有文艺运动都必须面对的问题。对这个问题，五四新文学运动给出了自己的回应。五四之后的知识分子、文艺工

---

① 陈光辉、树珏：《关于小说文体的通信》，《小说月报》1916 年第 7 卷第 1 号。
② ［德］歌德：《歌德谈话录》，爱克曼辑录，朱光潜译，人民文学出版社 2003 年版，第 139 页。
③ ［德］黑格尔：《美学》第 2 卷，商务印书馆 1997 年版，第 375 页。

作者，也都试图对这个问题给予回应。20世纪30年代末、40年代初，一场关于“民族形式”的论争在左翼艺术界兴起。在这场论争中，一种主流的观点认为，当代中国文艺应该充分地大众化与民族化，应该具有鲜明的“中国气派与中国作风”，为了达到这一目的，文艺工作者应该更多地从民间文艺、通俗文艺中吸取营养，在批判地利用旧形式的过程中创造新形式。[①] 20世纪50年代，发生了一场关于新民歌以及新诗的讨论。参加讨论的人几乎一致认为，五四以来新诗的根本问题是脱离群众、西化，因此有必要重塑新诗传统。在这个重塑的过程中，民歌尤其是新民歌以及古典诗歌应该起到重要作用。[②] 在“民族形式”论争以及“新民歌”运动中问世的文艺作品，不论是内在精神还是外在形式上都与五四时期的文艺作品相差甚远，但是至少在自觉服务于民族国家建设、召唤民族认同这一点上，它们是一脉相承的。

小 结

综上，在五四新文学运动中，针对文艺的地位、功能，文艺与人生的关系，文艺的发展等问题，参与者提出了许多新命题，发起了许多新争论。这些命题与争论一直延续到后来的文艺运动以及文艺论争中去。因此，对这些命题与争论产生发展的过程进行梳理，有助于我们更好地理解20世纪中国文学艺术，也有助于我们更好地理解20世纪中国美学。

---

① 关于“民族形式”论争，可以参考《文学运动史料选》（上海教育出版社1979年版）第四册收录的一系列文章。

② 关于新民歌运动以及新诗问题讨论，参考洪子诚、刘登翰《中国当代新诗史》，人民文学出版社1994年版。

结　语

19 世纪最后的几年，到 20 世纪最初的 20 年，是中国美学发展史上非常特殊的一个时间段。盘点这段时间里发生的重要事情，必须首先提及的，是现代意义上的美学学科的建立。美学作为学科的建立，至少表现在以下几个方面。第一，重要美学概念的传播与确立。“美学”“审美”“艺术”“美术”等概念从引入到最终确立，经历了一些波折。第二，美学进入大学的课程设置。从 1904 年美学被列入《奏定大学堂章程》工科建筑学门的课表，到 1913 年《教育部公布大学规程》美学被列为文学科大学必修课程，到 1921 年蔡元培在北大讲授《美学通论》，美学在中国大学中的命运也经历了一段曲折的历程。第三，美学学科规范的建立。世纪初的美学研究者，不仅仅满足于输入、介绍、研究美学，更注重美学学科规范的建立。1916 年起，蔡元培连续撰写了《康德美学述》《美学的进化》《美学研究法》《美学讲稿》《美学的趋向》《美学的对象》等著作，在这些著作中，蔡元培从学科规划的高度，讨论了美学的学科地位、研究对象、研究范畴、研究方法。蔡元培的这些努力，使得美学作为一门学科在近代中国得以完全成立。虽然并非一帆风顺，但是短短的 20 余年时间里，美学由籍籍无名，到成为万众瞩目的显学，这一现象令人吃惊。这一现象的背后，是近代中国学人对于美学的格外厚爱，美学被期待承担某些重大的社会使命。

美学学科基础的奠定之外，这一时期的美学研究，还贡献了若干具有深远影响的美学命题、学说。王国维的“境界”说，蔡元培的美育理论、以美育代宗教说，都产生了重要的影响，直到今天仍引发人们的讨论和思考。这些命题、学说的提出，说明了这一时期美学研究的深度与活力。另外，还有个别的美学命题、学说，虽然一直没有产生太大的影响，但现在看内涵丰富，值得深入挖掘、阐释，比如梁启超晚年提出的趣味论。趣味论一方面强调艺术的本质在趣味，趣味的特性在超功利，“无所为而为”；另一方面，又反对艺术成为独立王国，强调艺术与现实生活的连续性。艺术的本质是趣味，但趣味并不专属于艺术，劳作、游戏、学问都可以产生趣味。所谓趣味，即一种超功利的人生乐趣，写一首诗、作一幅画是有趣味的，研究一门学问、从事一项工作同样也可以是有趣味的。趣味主义的极致，是使人的整个生活都艺术化、审美化，使劳动、工作不再是人的负担，不再是谋生的手段，而是成为人的必需，人们"为劳动而劳动"，"为工作而工作"，在劳动与工作中体会一种审美的愉快。这一思想，与马克思关于人的全面发展的学说，以及杜威的艺术即经验的学说，都有一定的相通之处。今天，打破艺术与生活的界限，重新思考艺术与生活的关系，成为美学界的一个热点话题，在讨论这一话题的时候，我们不妨回到梁启超，看看一百年前梁启超关于这个问题说了些什么。

这一时期，还出现了美学流派的分化与对立。梁启超代表的强调文艺的社会功能的功利主义美学思潮，与王国维、蔡元培代表的强调审美的独立自主性的美学思潮，形成了交锋与对峙。但是需要注意，美学上的功利主义与超功利主义只是相对而言的，并不能绝对化。梁启超的早期美学思想是功利主义的，但也有注重文学的审美特质的一面，对于文学与非文学的差异、文学创作与接受中的心理问题，梁启超自始至终给予了高度的重视。同样，王国维、蔡元培的美学思想是超功利主义的，但也绝非为艺术而艺术。王国维一方面标举艺术的独立价值，另一方面也试图用艺术与审美来慰藉国民灵魂，塑造国民人格。蔡元培的美育学说，更是透露出强烈的启蒙、救世的意图。超功利主张的背后，其实蕴含了某种功利的意图，功利主义的艺术概念，也不一定意味着取消艺术。认识到这一点，对于我们理解三四十年代左翼文论与"京派"美学之间的论争，以及八九十年代围绕审美自主性话语发生的论争，都有一定的帮助。

理论与实践密切结合，是这一时期美学研究的鲜明特色。这里的"实践"有两层意思，一是艺术实践，二是现实生活实践。这一时期提倡美学的人，往往具有双重身份，他们既是美学的研究者，又是新的文学艺术运动的提倡者。他们研究美学，不是进行空对空的理论架构，而是努力以之指导当时的文学艺术实践。美学的诞生与发展，与文学艺术的发展形成一种良性的互动：一方面，文学艺术的发展呼唤着美学和艺术理论；另一方面，美学和艺术理论的发展，又刺激了文学艺术领域的进一步的变革，催生了文学家、艺术家关于艺术何为、艺术家何为的自觉思考。不仅如此，这一时期的美学还直面当时的社会发展。不论是王国维还是蔡元培，都具有强烈的现实关怀，他们将美学引入中国，不是为追逐学术时髦，而是试图用它来回应中国社会发展中的一些重大的、普遍的问题。中国作为一个国家、民族面临严重的生存危机，中国人、中国文化向何处去，在这个过程中美学、艺术能起到什么样的作用，这是他们关心的问题。世纪初美学的这一段历史，对于我们当前的美学建设具有重要的启发意义。美学并不单纯是书斋里的学问，而是与我们的现实生活息息相关。能否直面当下的现实生活，能否为当下的文明建设、社会进步提供灵感与动力，是美学能否真正发展的关键。中国正处在一个大变革的时代，不论是艺术的发展，还是整个社会的发展、人的发展，都面临着许多新的问题。这些问题也许不像 20 世纪初国人所面对的问题那么严峻，但也同样重大。对于这样一些问题，美学应该以自己的方式给予回应。

后　记

作为《20世纪中国美学史》的第一卷，本书论述的时间范围是从20世纪初到五四新文学运动，大约20余年的时间。在实际的论述中，我们有时也会超过这个范围。现代中国美学的成立与发展，主要是20世纪以来的事情，但19世纪末的时候，美学概念、现代美学知识已经有一定的传播。研究20世纪初的中国美学，不能不追溯到19世纪。同样，五四之前的美学与五四之后的美学之间，也有千丝万缕的联系，要讲清楚五四与五四之前，必然得涉及五四之后。

本书由多位研究者合作完成，具体分工如下。吴泽泉：导论，第一章，第三章，第五章，第六章第一节，第七章，结语。张建军：第二章。蒋磊：第四章。杨冰：第六章第二节。杨和平：第六章第三节。张华：第六章第四节。为保证全书的统一性，我们利用"20世纪中国美学史"课题组开会的机会多次碰面，明确本书在整部《20世纪中国美学史》中的位置，商定本书的结构、各部分的任务与要求。初稿完成后，按照"20世纪中国美学史"课题总负责人高建平老师的意见，各位研究者对各自负责的部分进行了认真修改。最后，由吴泽泉进行了统稿、润色。在合作完成研究任务的过程中，课题组成员之间结下了真诚的友谊，体会到"君子以文会友，以友辅仁"的快乐。

《20世纪中国美学史》是一部具有史的性质的著作，如何在这样一部著作中实现足够的学术创新，对于研究者来说是一个考验。就本卷书而言，我们着重在以下两个方面下了功夫。第一，拓宽研究广度，将清末及五四时期文学艺术运动与美学的关系、留日学生群体的美学与艺术观等问题纳入研究视野，填补以往20世纪中国美学史研究的空白。第二，从充分占有原始文献资料入手，深度还原20世纪初美学发展的社会文化语境，结合近代以来社会思潮、学术思想、教育制度的变革来讨论20世纪初中国美学，对世纪初中国美学中的重要观点、命题、论争进行重新审视。我们期待呈现在读者面前的，是一本体例完备、内容丰富、立论稳健,同时又包含诸多创新性观点的美学史著作。这一目的是否达到,要由读者来判断。

最后,向在本书出版过程中付出辛勤劳动的出版社朋友们表达诚挚谢意。

吴泽泉

2020 年春于北京

国家出版基金项目
NATIONAL PUBLICATION FOUNDATION

「十三五」国家重点出版物出版规划项目
国家社科基金重大招标项目成果（批准号：12&ZD111）

20世纪中国美学史

第二卷 现代中国美学的论争与建构

A History of Chinese Aesthetics in the 20th Century

主　编　高建平

本卷主编　杨向荣

编写者　杨向荣　黄宗喜　罗如春
刘中望　李圣传

江蘇鳳凰教育出版社
Phoenix Education Publishing, Ltd

图书在版编目(CIP)数据

20 世纪中国美学史. 四卷本 / 高建平主编. —南京:江苏凤凰教育出版社,2024. 1(2025. 10 重印)

ISBN 978 - 7 - 5743 - 0801 - 5

Ⅰ. ①2… Ⅱ. ①高… Ⅲ. ①美学史—中国—20 世纪 Ⅳ. ①B83 - 092

中国版本图书馆 CIP 数据核字(2024)第 013889 号

书　　名	**20 世纪中国美学史(四卷本)**
主　　编	高建平
分卷主编	吴泽泉　杨向荣　丁国旗　张　冰
策 划 人	王瑞书　章俊弟
责任编辑	周敬芝　吴文昊　王建军　王　岚
装帧设计	夏晓烨
责任监制	石贤权
出版发行	江苏凤凰教育出版社(南京市湖南路 1 号 A 楼　邮编 210009)
苏教网址	http://www.1088.com.cn
照　　排	江苏凤凰制版有限公司
印　　刷	南京爱德印刷有限公司(电话:025 - 57928000)
厂　　址	南京市江宁区东善桥秣周中路 99 号(邮编 211153)
开　　本	787 毫米×1092 毫米　1/16
印　　张	105.25
版　　次	2024 年 1 月第 1 版
印　　次	2025 年 10 月第 2 次印刷
书　　号	ISBN 978 - 7 - 5743 - 0801 - 5
定　　价	600.00 元
网店地址	http://jsfhjycbs.tmall.com
公 众 号	苏教服务(微信号:jsfhjyfw)
邮购电话	025 - 85406265,025 - 85400774
盗版举报	025 - 83658579

目　录

第四章　朱光潜的美学与诗学观

第五章　左翼美学的建构

第六章　“三十年代”的美学论争

第七章　《在延安文艺座谈会上的讲话》的文艺观

第八章　蔡仪的美学思想与艺术观

导　论

20世纪上半期是现代中国美学展开自身理论构建的重要时期，同时也是美学思想激烈碰撞和论争的时期。从20世纪初到1949年，扫描这一期间中国美学思想史的发展历程，有三条较明显的发展路径。第一，欧美主流思潮影响下的美学路径。在这条路径上，学者们继承中国传统美学中的静观美学观，接受西方主流美学，强调审美无功利，追求审美纯粹性。第二，艺术为社会人生服务的美学路径。从梁启超"为人生"和"爱美"的艺术观到陈独秀的"文学革命论"，再到鲁迅"为人生"的艺术观，"艺术为人生"的思想成为20世纪上半叶中国美学建构中的重要一维。第三，马克思主义美学的中国化路径。左翼作家对俄苏美学的接受，毛泽东《在延安文艺座谈会上的讲话》的发表，以及蔡仪从日本接受并加以发展的唯物主义新美学，成为马克思主义美学中国化的重要标志。在20世纪中国现代美学的构建中，这三条思想路径并非独行发展，存在彼此的论争、交锋和汇流。①

一、欧美思潮影响下的美学观

中国现代美学的构建是承继近代美学而来的，近代美学对于现代美学的发展有着不可忽略的影响。19世纪中叶，在西学东渐的浪潮之下，西方思潮开始大量涌入国内。中国现代学者面对欧美主流美学的同时，也开始重新反思传统，并努力探索中西美学的融通之道，寻求中国美学的现代性的发展方向。他们在对欧美主流美学进行研究和接受的基础上，反思中国美学传统，以期探索

① 杨向荣：《现代中国美学的论争与建构——20世纪上半期中国美学史的理论建构》，《社会科学战线》，2015年第8期。本部分内容参考了这篇文章，并做了不少修改。

近代中国美学的发展方向。

近代学人王国维把西方美学概念引入中国，他深受康德、叔本华等西方美学观念的影响，结合对中国传统美学思想的阐发，逐渐形成以“静观”为核心，强调超功利的美学理念。承继王国维的“静观”美学观，中国不少学者在接受欧美美学思潮的同时，走上了一条按照自主性原则进行现代美学构建的路线。前期创造社在“为艺术而艺术”旗帜之下的一系列艺术主张，现代派艺术家群强调主观意识在艺术创作中的独一无二的地位，新月派以艺术本位为基础的美学观念，朱光潜接受西方现代心理美学思想，以及宗白华融汇中西美学思想而产生的美学观，等等，都受到了王国维美学观的影响。在这条发展线索上，学者们在自身理论的建构过程中，不断与其他流派或学者展开思想论争，构成了 20 世纪中国美学现代性探索和构建中的重要维度。

在新文化运动的早期，积极开展译介工作成为中国学者接受欧美主流思潮的主要方式。西方近现代美学思潮都被介绍到国内，如浪漫主义、象征主义、唯美主义、印象主义、意象主义，等等。大量美学思潮的介绍和引进，形成了中国思想界的多元化格局。纷繁复杂的思想流派的引入给中国知识分子以强烈的冲击，而且，中西文化的差异，也使中国学者们面对中国传统美学和西方美学思潮时产生了一种复杂心态：如何实现中西不同美学体系的融合。在这种背景下，中国对于外来美学思潮的接受也由最初的被动接受，逐渐过渡到在传统美学基础上有选择地接受外来美学思潮的方式，如蔡元培等。在这一时期，中国学者并没有全盘接受和盲目照搬欧美主流美学理论，而是选择以中国传统美学为基础，对欧美主流美学观念进行合理引介，并力图实现二者的融合。

20 世纪 20 年代早期，涌入中国的西方不同流派、不同创作倾向的美学思潮导致不同主张、不同宗旨、不同目标的文学社团的蜂起。创造社 1921 年成立，以郭沫若、郁达夫、张资平、成仿吾、田汉等留学日本的青年学生为主体。早期创造社主要受西方现代思想影响，如启蒙主义、浪漫主义、唯美主义和德国表现主义等。创造社成员偏爱歌德、海涅、惠特曼、王尔德、波德莱尔、柏格森和尼采等人。创造社创办了《创造（季刊）》《创造日》《创造周报》和《创造月刊》等刊物，翻译德国浪漫主义作家的文学作品，同时也介绍西方的象征主义、表现主义和未来主义等思潮。创造社前期主张“为艺术而艺术”，强调文学表现作者自己“内心的要求”（郭沫若），追求文学的“全”与“美”（成仿吾），推崇文学创作的“直觉”与“灵感”，重视文学的美感作用等。创造社追求自我表现，强调艺术的“无目的性”，关注艺术自身的独立性和超脱性，这在某种意义上是对康德美学和王国维早期美学观的一种延续。

创造社的主张是针对文学研究会“为人生而艺术”的主张提出的，两者不同的美学构建路线也引发了相互之间的论争。1922 年 1 月 20 日，《晨报副刊》发表了吕一鸣与周作人的通信《文艺的讨论》，吕一鸣认为“文学的本质既是美，则文学的作品当然是唯美，不唯美不能谓为文学”，“纯艺术的文学，能造成人类唯美的观念，而动摇社会间一切罪恶的基础……用不着再标榜社会主义”。周作人在回信中认为：“文艺是以表现个人情思为主，因其情思之纯真与表现之精工，引起他人之感激与欣赏，乃是当然的结果而非第一的目的。”[①]俞平伯针对当时“艺术的艺术”和“人生的艺术”的“恶斗”，在《诗底进化的还原论》中提倡“人生的艺术”，认为“诗是人生的表现，这不但是诗，可以推之于一切文学，我不过是就诗言诗罢了”。他从托尔斯泰的《艺术论》出发，提出“反对以美为鹄的主张”，强调“以宗教意识——向善——代之”，得出了“艺术本无绝对的价值可言，只有相对的价值——社会的价值”的观点。[②] 梁实秋在《读〈诗底进化的还原论〉》中反对俞平伯的观念，认为“情感是惟一的重要的素质”，“艺术家之感人，是以情感为立脚点，与道德家宗教家绝不相同……此其所以成为艺术家”。[③] 梁实秋认为俞平伯的“人生的艺术”观否定了美的实现和艺术家存在的基础，并明确指出，“文学艺术都是超越善恶的，艺术没有善恶只有美丑……艺术是为艺术而存在的，他的鹄的只是美……他的效用只是供人们的安慰与娱乐”。[④] 创造社成员关注艺术自身的自足性，他们在与文学研究会成员的论争中，虽然也认为艺术具有社会效用，但却并不认为这是艺术的本质和目的。郭沫若认为：“艺术与人生，只是一个晶球的两面。……我不反对艺术的功利性，但我对于艺术上的功利主义的动机说，是有所抵触的。”“我承认一切艺术，虽然貌似无用，然而有大用存焉。”[⑤]郭沫若的观点表明：艺术本质在于无目的性和纯粹性，艺术的美可以实现感化人性的功用效果。

---

① 吕一鸣、周作人：《文艺的讨论》，《晨报副刊》1922 年 1 月 20 日。
② 俞平伯：《俞平伯自选集》，首都师范大学出版社 2008 年版，第 323—328 页。
③ 梁实秋：《读〈诗底进化的还原论〉》，《晨报副刊》1922 年 5 月 27 日。
④ 梁实秋：《读〈诗底进化的还原论〉》，《晨报副刊》1922 年 5 月 27 日。
⑤ 郭沫若：《文艺论集》，人民文学出版社 1979 年版，第 111—112 页。

早期创造社成员认为艺术是超越善恶、超越道德等外在因素的存在。“唯美”是艺术的衡量标准和价值体现，只有美的作品才是艺术，美即艺术的本质。这种观点隐约地透露出美的“无目的的合目的性”思想，与康德的美学思想极其相似。一方面，创造社成员强调“为艺术而艺术”理念，力求保持艺术的独立性；另一方面，他们又都注重内心的情感与表现。在与文学研究会成员的论争中，创造社成员对艺术与人生完全分离开来的思想展开了反思，这也为五卅运动之后，创造社大部分成员倾向革命，转而关注现实人生做了思想铺垫。尽管创造社后期的美学主张发生了改变，但强调艺术自主性的美学思潮却一直得到了延续。

早期创造社坚持艺术的自主性，而 30 年代的现代艺术家们则大多坚持自由主义美学思想，如新月派、象征派、九叶派、第三种人等，同时也还有从事文学批评活动的自由主义作家，如周作人、刘西渭、沈从文等。在现代文学史上，自由主义文学是指“在现代中国文学史上出现的那些深受西方自由主义思想和文学观念影响的独立作家和松散组合的文学派别，他们创作的那些具有较浓厚的超政治、超功利色彩，专注于人性探索和审美创造的文学作品及相关的文学现象”①。这里的自由主义思潮主要包含两种情况：一是纯粹的自由主义，追求超功利、超政治和艺术独立性，追求人性和审美创作；二是打着自由主义的旗帜，却暗含着政治的诉求。尽管后者的美学主张有其功利性的诉求，但其坚持艺术独立性的理论诉求却可以说是对王国维美学观的延续和发展，如新月派追求艺术“独立”和“自由”，就体现出对“静观”美学观的延续。

从 1923 年成立到 1928 年，新月派以《晨报》副刊的《诗镌》作为其代表刊物；1928 年，徐志摩在上海创刊《新月》，发表《新月的态度》，提倡“健康”和“尊严”的原则，标榜“独立”立场。新月派追求艺术“独立”和“自由”之时，恰逢中国左翼作家联盟成立。左联“文艺为政治服务”的文艺观使新月派感觉到压力，时任《新月》主编的梁实秋以一种强硬坚定的态度同左翼作家发生了激烈论争。梁实秋高举“人性”的旗帜，在《新月》上发表《文学是有阶级性的吗?》，强调文学是表现基本人性的艺术，认为无产阶级文学理论的错误在于否认资本者和劳动者人性的共通性，“把阶级的束缚加在文学上面”和“把文学当作阶级斗争的工

① 刘川鄂：《中国自由主义思潮与自由主义文学》，《中国现代文学研究丛刊》1998 年第 3 期。

具而否认其自身的价值”。[①]

从思想来源看，梁实秋的“人性论”观点主要受到了白璧德的影响。梁实秋就读于哈佛期间师从白璧德，系统研读了白璧德的著作，如《卢梭与浪漫主义》等。梁实秋反对卢梭的“自然人性论”，提出二元人性论（强调通过个体内在的控制，实现社会稳健的发展、进步），并以此来反对革命文学所大力倡导的自然人性论（强调人的善良的自然天性与不合理的社会环境的对立必然导致推翻现有秩序的革命性结论）。[②] 在《文学的永久性》中，梁实秋认为：“思想可以有进化，技术可以有进化，情感是没有进化的。……情感就无所谓新旧，谈不到亘古常新，也谈不到陈腐老旧。喜怒哀乐永远是喜怒哀乐，几千年来还不曾有什么新的情感的发生。”他由此得出结论：“人性是不变的，情感是没有新旧的。文学是有永久性的。这是铁一般的事实。”[③]在梁实秋看来，人性不仅不变，且具有普遍性，“伟大的文学乃是基于固定的普遍的人性，……文学所要求的只是真实，忠于人性”[④]。他试图通过人性的普遍性来反驳左翼的“无产阶级”文学的基础，认为左翼文学强调革命的角度，是根本不可行的。

梁实秋还深受英国历史学家卡莱尔的影响，强调文学的超阶级性，认为作家不受阶级约束才能创作出好的作品。梁实秋主张在社会各阶层间实行道德调解，并反对阶级斗争和阶级报复。他反对文学为革命服务，拒绝将阶级性作为艺术的衡量标准，宣称“真的文学家并不是人群中的寄生虫，他不能认定贵族资本家是他的主雇，他也不能认定无产阶级是他的主雇”[⑤]。梁实秋强调作家立场的独立性，提倡一种自由主义的创作姿态。这种否定阶级革命、阶级斗争的观念同其人性论的思想是分不开的。梁实秋反对自然人性论是针对当时左翼文学革命性的要求，他以康德的“天才论”来反对无产阶级的文学革命论，认为“一切的文明，都是极少数的天才的创造”，“大众是没有文学的品位的，而比较有品位的是占少数”。[⑥] 在这里，梁实秋的观点主要是针对左翼的普罗文学（无

① 梁实秋：《梁实秋批评文集》，珠海出版社 1998 年版，第 141 页。

② 罗钢：《梁实秋与新人文主义》，《文学评论》1988 年第 2 期。

③ 黎照：《鲁迅梁实秋论战实录》，华龄出版社 1997 年版，第 447—448 页。本文首刊于 1933 年 8 月 5 日天津的《益世报·文学周刊》。

④ 梁实秋：《文学与革命》，《新月》1928 年第 4 期。

⑤ 梁实秋：《梁实秋批评文集》，珠海出版社 1998 年版，第 143 页。

⑥ 梁实秋：《文学与革命》，《新月》1928 年第 4 期。

产阶级文学）主张，反对将文学进行单纯阶级划分。他提倡在讨论文学与大众的关系时应该把经济的、阶级的观念抛开，其实质是强调审美的纯粹性和超功利性。

梁实秋的观点受到了鲁迅的批判。在鲁迅看来，没有超阶级的文学，文学的阶级性是必然的。面对梁实秋所提出的无产阶级文学有公式化和概念化弊病的观点，鲁迅批评梁实秋“天才论”的实质是在为资产阶级辩护。虽然受到鲁迅的批判，但梁实秋等新月派理论家并没有因此改变自己的美学主张，在同左翼批评家进行论争的过程中，他们始终坚持美的独立性、超利害性、超阶级性，试图保持艺术与美的纯粹性地位。梁实秋的观点在当时产生了较广泛的回应，同时也引发了新月派其他成员以及其他自由主义作家同左翼批评家的论争。

20世纪30年代，在中国北方还形成了以《骆驼草》《大公报·文艺副刊》《水星》《文学杂志》为主要阵地的一个作家群，称为“北方作家群”，又称为“京派”。京派文人圈主张文学与时代、政治保持距离，在文学价值上强调人性，如朱光潜和沈从文等。1935年，朱光潜发表《说“曲终人不见，江上数峰青”》，认为“和平静穆”的美是“极境”，是美的最高境界，同时也是人生哲理的最高理想。为了达到这一境界，朱光潜提倡在审美中应当保持“凝神关照”的态度，提倡人生艺术化，强调一种超脱现实、消除利害和是非善恶，达到个人内心“无矛盾、无冲突”的美学观。京派文人的这种美学观，要求审美与现实生活保持距离，保持一种“静观”姿态，显然也是对康德和王国维早期美学观的延续。

在中国现代美学史上，朱光潜是一个受传统文化熏陶且拥有欧美留学背景的美学家，他融汇中西美学思想，构建起自己的文艺心理学和美学体系。在留学期间，朱光潜深受当时欧美主流美学的影响，如康德、尼采的美学思想，以及以克罗齐、布洛、谷鲁斯、立普斯等人为代表的现代心理美学思想，他的《文艺心理学》的写作就深受这些思想家影响。除了西学影响之外，朱光潜的美学思想中也有着中国传统美学思想的影子。中国古典美学思想中的“情景交融”“意在言外”等思想，以及王国维的“物我统一”“超然物表”等思想，都潜移默化地影响着朱光潜美学思想的发展。朱光潜的“和平静穆”命题，也与王国维的“离生活之欲之争斗而得平和，超利害之外而得宁静”的美学观不谋而合。此外，在朱光潜看来，克罗齐的“直觉说”同传统文化中的“物—我”关系和“天人合一”命题也有很大的相似之处，而立普斯的“移情说”则更多是与“情景交融”“物我两忘”等命题相关联。可以说,朱光潜是将中国传统美学与克罗齐的“直觉说”、布洛的“距离说”、立普斯的“移情说”等观点相融汇,进而整合成具有自己特色的美学与诗学理论。

朱光潜的审美心理学理论与当时强调文艺与政治革命密切相连的左翼美学思潮形成了对立。鲁迅用战斗的“力的美”来反驳静穆美,批评朱光潜美学观中的现实超脱性,强调政治与美学的关联。朱光潜强调审美自律,坚持“静观”(纯粹和超功利性)美学观,而鲁迅从文艺或者美的功用出发,坚持审美他律原则,认为美有外在需要才能称之为美。鲁迅等左翼批评家的观点主要以当时社会时代为出发点,是从创作者与时代关系角度出发谈论美的现实基础,两者的论争其实是两种不同的美学思想之间的论争。

朱光潜从心理学层面上探讨文学内部问题,30 年代的自由主义学者也认识到了文学与现实人生之间不可切割的关联,他们主张通过一种曲折的方式反映现实和改造社会。朱光潜认为,“就某种观点看,文艺与道德密切相关,是不成问题的;就另一种观点看,文艺与道德分开,也是不成问题的”①,“离开人性便无所谓艺术,因为艺术是情趣的表现,而情趣的根源就在人生,反之,离开艺术也便无所谓人生,因为凡是创造和欣赏都是艺术的活动,无创造无欣赏的人生是一个自相矛盾的名词”②。朱光潜强调非功利性的审美,但他也主张艺术并不完全脱离现实,强调以艺术涵养生命,以人生通达社会,通过“人生艺术化”实现人生和社会的和谐发展。朱光潜的美学与诗学思想也体现出当时自由主义的美学家将人生、社会、学术三大问题统一到“人生艺术化”的理想之中,强调挣脱现实物质的功利束缚而追求精神的自由和超脱。

朱光潜关注西方的现代审美心理流派,宗白华则关注以康德和柏格森为代表的生命哲学,并将其同中国传统的生命美学观进行比较互释。宗白华从生命哲学的角度论及人生的艺术化,他把人生问题与生命意志联系在一起,认为艺术的本质就是生命的传达。在人生中展开艺术祈望,在艺术中探寻生命悸动,是宗白华艺术人生观的主要特点。与此同时,与宗白华并称为“南宗北邓”的邓以蛰在融合西方美学思想的基础上对中国传统诗画艺术进行解读,他的《书法

① 朱光潜:《文艺心理学》,复旦大学出版社 2009 年版,第 114 页。
② 朱光潜:《谈美》,北京大学出版社 2008 年版,第 127 页。

之欣赏》《画理探微》等作品对中国现代艺术产生了积极影响。除了邓以蛰，当时还出现了一批现代派艺术家，如刘海粟、林风眠、徐悲鸿、丰子恺等，他们在西方现代艺术思潮的影响下，在现代艺术中实践新的探索，倾向于表现自我主观世界，注重作品形式和结构布局，强调心理分析、意象描绘和情感的流溢等。此外，中国现代文艺家表现出来的对个性的张扬和对主流思想（特别是政治）的疏离，以及对艺术自由和宽容态度的强调，也促进了中国现代派文学的发展。刘呐鸥的《赤道下》、穆时英的《上海的狐步舞》、施蛰存的《四喜子底生意》和《鸥》，戴望舒和李金发的现代派诗歌等，都体现出现代派艺术的美学理念。

现代派艺术家所主张的美学观念偏向于强调主观意识的决定作用，强调艺术表现作家的主观感受和内心体验。这种美学观念也引起了左翼理论家的批评，争论的焦点集中在艺术与政治的关系上。20 世纪 30 年代初，以自由人自诩的胡秋原连续发表《阿狗文艺论》《勿侵略文艺》等文章，强调文艺“至死也是自由的、民主的”，强调政治“勿侵略文艺”。而自称为“第三种人”的苏汶（杜衡）在《现代》上发表《关于〈文新〉与胡秋原的文艺论辩》等文，指责左联霸占文坛，将艺术演变成政治的留声机。鲁迅随即反驳认为：“生在有阶级的社会里而要做超阶级的作家，生在战斗的时代而要离开战斗而独立，生在现在而要做给予将来的作品，这样的人，实在也是一个心造的幻影，在现实世界上是没有的。……所以虽是‘第三种人’，一定超不出阶级的。”①抛开文艺与政治的关系不谈，“自由人”和“第三种人”的美学文艺观，反对政治干涉文学，强调文学真实性的独立地位，其实也是坚持艺术的独立性和纯粹性的思想观念的一种体现。②

从王国维早期的“静观”美学观，到朱光潜、宗白华以及一批现代派艺术家们对文学超功利性的强调，在 20 世纪上半叶形成了现代中国美学思想发展中的一条独特路径。他们强调艺术自主性，并针对当时学界的不同声音进行了回应，在论争中不断完善自我的理论。尽管后来这些声音逐渐被湮没，但他们的

① 鲁迅：《鲁迅全集》第四卷，中国文联出版社 2013 年版，第 348 页。

② 虽然受到了左翼美学思潮的批判，但自由主义美学思潮并没有因此销声匿迹，到了 40 年代，以朱光潜为代表的自由主义文人再次提出文艺的独立性问题，希望通过对文艺本身的研究来构建起独立的美学理论体系。他们并不反对文学反映现实，但是不同意将文艺作为一种政治工具来使用。对于朱光潜的美学观，周扬和蔡仪均对其进行了批驳，而 1942 年《在延安文艺座谈会上的讲话》以及随后的整风运动也对自由主义思想进行了批判和清算。

美学追求和超功利性的静观美学观却一直延续了下来，并在20世纪80年代末重新得以复苏。

二、为社会人生服务的美学观

中国传统美学思想不乏以现实人生为目的和追求的美学观，如先秦时期孔子的“兴观群怨”说、白居易的“文章合为时而著，歌诗合为事而作”和韩愈的“文以明道”等命题。近代以来，梁启超将“爱美”与“人生目的”结合在一起，蔡元培将美育诉诸教育实践中，文学研究会“为人生而艺术”的主张，鲁迅、沈雁冰、郑振铎等人的“为社会人生服务”的美学观等，在某种意义上都是对中国传统美学在价值取向上以现实人生为目的的美学观的延续。

20世纪初，中国学界对外来思想的接受更多是从现实需要的角度出发，以求能解决当时所面临的社会困境，唤醒人们思想的觉醒。中国学者因而有选择性地接受西方的美学主张，提出了一系列与社会人生相关的美学诉求。这种诉诸社会人生的美学追求紧跟当时的时代语境，“为人生而艺术”的美学主张也逐渐发展成“为社会人生服务”的美学观，在后期与马克思主义美学合流，最终发展成为20世纪上半叶中国美学构建的主流。

梁启超的后期美学思想提倡审美教育，主张借艺术的手段培养高尚情趣，推动人类的进步，他将“为人生而艺术”的理论付诸实践，由此开启了“诗界革命”“小说界革命”等文体改革运动。梁启超的“艺术为人生服务”命题和注重艺术经世致用的观点，在一定程度上开启了20世纪现代美学“为社会人生服务”美学线索的构建。蔡元培延续了梁启超的美育思想，自1917年在北京作了《以美育代宗教说》的讲演之后，蔡元培多次发表“以美育代宗教”的文章，认为美学的普遍性可以“打破人我之成见”，培育人的公德之心；美学的超脱性则可以超出利害关系，使人获取自由之空间。[①] 蔡元培试图用审美艺术启迪人心，达到激励人们觉醒并获得生活自由的目的。

1921年，由郑振铎、茅盾、周作人和叶绍钧等12人发起的文学研究会在北京成立。其成员主要受19世纪俄国和欧洲现实主义美学思潮的影响，同时借

---

① 蔡元培：《蔡元培哲学论著》，河北人民出版社1985年版，407—408页。

鉴西方的自然主义美学思想，以社会人生为创作题材，注重反映社会现实。文学研究会的美学观念和主张是针对鸳鸯蝴蝶派休闲和游戏的美学观念而提出的，《文学研究会宣言》强调："将文艺当作高兴时的游戏或失意时的消遣的时候，现在已经过去了。我们相信文学是一种工作，而且又是于人生很切要的一种工作；治文学的人也当以这事为他终身的事业，正同劳农一样。"[①]茅盾也认为，文学的目的是表现人生，不论是用写实的方法，还是用象征的方法，其目的总是表现人生，扩大人类的喜悦与同情，把时代特色当作背景。[②] 以上论述，无疑表明了文学研究会"为人生而艺术"的审美主张。

在文学研究会的美学观中，"为人生的艺术"主要有两层含义：艺术要反映人生；艺术要对人生有现实意义。文学研究会提倡在创作中采用现实主义创作手法，提倡对现实进行客观描写和真实反映，并实现"艺术为人生服务"的目的。在鲁迅的早期作品中，"国民性批判""立人"和"救救孩子"等命题，都带有浓郁的五四新文化运动的启蒙气息。鲁迅早期接受卢梭、尼采、易卜生和俄国批判现实主义作家的影响，作品体现出较强的"为人生服务"的创作倾向，批判的重点是立足于国民性的"文明批评"或"文化批评"。在《摩罗诗力说》中，鲁迅一方面强调超功利的纯美诉求；另一方面又强调文学的现实性。"由纯文学上言之，则以一切美术之本质，皆在使观听之人，为之兴感怡悦。文章为美术之一，质当亦然，……其为用决不次于衣食，宫室，宗教，道德。"[③]在鲁迅看来，知识分子应当有美学情怀，但也应当具有社会责任感。学界后来给鲁迅贴标签，将鲁迅视为一种精神符号而推崇，更多是因为鲁迅在五四时期所体现出来的启蒙情怀，因为在批评者们看来，这种情怀也是五四时期知识分子符号化的群体性抽象表征。

鲁迅有《朝花夕拾》和《野草》这样的纯文学作品，也有"听将令"而创作的政论作品。鲁迅给《新青年》投稿时，曾戏称自己的作品是遵命文学："不过我所遵奉的，是那时在压迫之下的革命的前驱者的命令，也是我自己本来愿意遵奉的命令，决不是皇上的圣旨，也不是金元和真的指挥刀。"[④]在这里，鲁迅的遵命文

---

① 《文学研究会宣言》，《小说月报》1921年1月10日。
② 茅盾：《文学和人的关系及中国古来对于文学者身份的误认》，《小说月报》1921年1月10日。
③ 鲁迅：《鲁迅全集》第一卷，中国文联出版社2013年版，第71页。
④ 鲁迅：《鲁迅自选集》，上海天马书店1933年版，第3期。

学是遵革命民主主义者改良人生和改造社会的命。他认为文艺应该以“伟大壮丽之笔，……美善吾人之性情，崇大吾人之思理”[①]。鲁迅的早期创作主要从社会现实出发，他的作品顺应时代的潮流，并希望通过文艺来推动社会进步。鲁迅在谈及自己做小说的初衷时表示，自己是“抱着十多年前的‘启蒙主义’，以为必须是‘为人生’，而且要改良这人生”[②]。在五四运动期间，鲁迅坚持文艺的批判性，他的创作多从社会人生出发，表现出对封建制度和封建礼教的不满和批判，体现了反映民众疾苦，要求思想解放，以达到改良社会人生的目的。

鲁迅强调文学艺术是真善美的统一，他提出“美的圈”“真实的圈”和“前进的圈”等理论，认为艺术的“真”是艺术的生命，艺术的“美”是艺术成为艺术的先决条件，艺术的“善”是艺术的核心和灵魂，以“善”为主导的艺术是“真善美”三要素的有机统一。鲁迅认为艺术是审美愉悦性和功利性的统一，功利性通过愉悦性实现，艺术要为现实人生和革命事业服务，但又要保持独立的审美品性。在这里，“艺术为社会人生”服务的美学观虽然带有社会功利性成分，但不可否认，当时的时局与社会需求无疑也为这种美学观提供了阐释空间。

文学研究会“为人生而艺术”的口号与创造社“为艺术而艺术”的口号之间的相互对立，也引发了两个社团成员之间的激烈论争。1927年底至1928年初，鲁迅与提倡“无产阶级革命文学”的后期创造社、太阳社成员发生了论战。论争双方虽然都是基于艺术的功利性和价值论角度，却有很大的差异：鲁迅反对艺术直接为政治和阶级目的服务；革命文学的倡导者却有着明显的阶级立场和政治诉求，将艺术视为政治的附庸和工具。鲁迅批判后期创造社，认为他们投身革命文学是基于投机的考虑。“或者因为看准了将来的天下，是劳动者的天下，跑过去了；或者因为倘帮强者，宁帮弱者，跑过去了；或者两样都有，错综地作用着，跑过去了。也可以说，或者为恐怖，或者因为良心。”[③]鲁迅反对艺术家以政治为艺术的武器，而非以社会进步为艺术目标。在同创造社成员的论争中，鲁迅针对围攻之人提出的“新革命名词”，对马列主义原著展开了深入研读，以加深他自己对革命文学的认识，这种研读也为鲁迅后期左翼美学观的形成奠定了思想基础。

---

① 鲁迅：《鲁迅全集》第一卷，中国文联出版社2013年版，第201页。
② 鲁迅：《鲁迅全集》第四卷，中国文联出版社2013年版，第403页。
③ 鲁迅：《鲁迅全集》第一卷，中国文联出版社2013年版，第63页。

除了鲁迅，文学研究会的其他成员也大多强调"艺术为人生"的创作方向。茅盾强调"文学应该反映社会的现象表现并且讨论一些有关人生一般的问题"[①]。王统照认为，"无论'艺术的文学'或'人生的文学'，都不能离开人生"，它们所"描写的喜怒及快乐悲哀的感情，都是从人生中得来的。"[②]许地山把人生作为文艺创作的三宝之一，认为："创作者底生活和经验既是人间的，所以他底作品含有人生的原素。"[③]俞平伯指出文学与生活不是分立的："文学只是人生底一部分，是他底自动的表现。……文艺所表现的是整个的人生，并非一个小圈子的人生。"[④]可以说，在文学研究会的大部分成员眼里，文艺是人生的反映，文艺创作可以且能很好地实践"为人生"的创作导向。

文学研究社的成员也做了不少的译介工作，这些译介工作同样体现出"艺术为人生"的目的，如鲁迅认为翻译应当关注"被压迫的民族中的作者的作品"[⑤]。鲁迅翻译普列汉诺夫的《艺术论》，也是想为其"为人生"的美学观提供更坚实的学理基础。在当时的很多译者看来，译介工作在于为迷茫的大众提供批判的思想武器，激励世人反思社会现状，改造社会人生。

三、马克思主义美学的中国化

马克思主义美学的中国化进程，是中国学者将经典马克思主义美学理论同中国国情相结合的过程。从李大钊和陈独秀等人对马克思主义思想的引介，到中国共产党成立之后马克思主义美学思想的接受和传播，再到创造社对革命文学的倡导，以及左联成立之后对马克思主义美学中国化理论的探索、构建和丰富，最后到《在延安文艺座谈会上的讲话》的出台，马克思主义美学确立了在中国现代文艺史上的话语权威，并最终演变成20世纪中国现代美学构建中的主导性方向。

20世纪早期，马克思主义思潮开始进入中国。1918年，李大钊发表《法俄革命之比较观》《庶民的胜利》和《布尔什维主义的胜利》等文章，开始传播马克思主义思想。李大钊在《什么是新文学》中运用历史唯物主义方法论介绍和传

① 茅盾：《中国新文学大系·小说一集》导言。
② 王统照：《文学观念的进化及文学创作的要点》，《晨报副刊·文学旬刊》，1923年9月11日。
③ 许地山：《创作底三宝和鉴赏底四依》，《小说月报》第12卷第7号，1921年7月。
④ 俞平伯：《文艺杂论》，《小说月报》，1923年4月，第14卷第4号。
⑤ 鲁迅：《鲁迅全集》第四卷，中国文联出版社2013年版，第402页。

播马克思主义理论和俄国现实主义文学。1919 年,李大钊负责编辑《新青年》,主持“马克思主义研究”专号,集中发表研究和介绍马克思主义的文章。陈独秀 1920 年在《新青年》发表《谈政治》,阐述了社会主义和无产阶级等思想。李大钊和陈独秀对马克思主义思想的引介与传播,对随后马克思主义美学的中国化产生了积极的影响。

中国共产党成立后,马克思主义的传播变得更为迅速。1923 年,共产党人邓中夏、恽代英、萧楚女、沈泽民、蒋光慈等人提出建设“革命文学”的主张。沈泽民主张诗人要亲自参与革命,“诗人若不是一个革命家,他决不能凭空创造出革命的文学来。诗人若单是一个有革命思想的人,他亦不能创造革命的文学。因为无论我们怎样夸称天才的创造力,文学始终只是生活的反映”①。蒋光慈在《无产阶级革命与文化》和郭沫若在《革命与文学》中都提出了“革命文学”口号,倡导无产阶级革命文学运动。郭沫若强调:“我们的运动要在文学之中爆发出无产阶级的精神,精赤裸裸的人性。”②

1927 年大革命失败之后,一批参加过革命的共产党员成立了太阳社,积极主张无产阶级革命文学。1928 年,太阳社成员以及一批从日本等地归国的激进青年提出“无产阶级革命文学”口号,力图使五四时期的文学革命转变为革命文学,转变为无产阶级历史使命服务的革命文学。需要指出的是,早期革命文学的倡导者由于缺少对中国革命现状的深入调查,其论调和口号带有一定片面性,这也引起了鲁迅、茅盾等人的批评。鲁迅、茅盾等人一方面从现实角度出发肯定了“革命文学”的存在合理性;另一方面也对空喊口号,片面强调革命,将文学作为革命工具的做法提出了批驳。

随后,“革命文学”和“无产阶级文学”遭到国民党的扼杀,而参与论争的太阳社、创造社成员以及鲁迅、茅盾等人,开始停止论争,转而相互联合,成立统一的革命文学组织,对抗国民党的文化围剿。1930 年,中国左翼作家联盟在上海成立,提出“反封建的、反资产阶级的,反对‘失掉了社会地位’的小资产阶级的倾向”,“援助而且从事无产阶级艺术的产生”的口号。③ 20 世纪 20 年代革命文学的论争在 30 年代由于“左联”的成立而停止,随后中国现代美学思想的发展

---

① 沈泽民:《文学与革命文学》,《民国日报 · 觉悟》1924 年 11 月 6 日。
② 郭沫若:《我们的文学新运动》,《创造周报》1923 年 5 月 27 日。
③ 钱理群:《中国现代文学三十年》,北京大学出版社 1998 年版,第 150 页。

也由此发生了变化。马克思主义美学以左翼批评家为代表，在同自由主义美学思潮的论争中，逐渐地同中国革命相结合，成为中国现代美学发展的主流。与此同时，左联成立了马克思主义文艺理论研究会，加强翻译和介绍工作，更多的马克思主义美学理论被引介到国内。从鲁迅等人从日文转译马克思主义经典作家的主要理论著作，到瞿秋白、周扬等人从俄文翻译介绍马克思主义美学，中国在30年代逐渐形成建立在唯物史观基础上的马克思主义文艺和美学批评潮流。

在马克思主义美学思想的中国化过程中，左翼美学思想家不仅与持其他美学思想的学者们展开了激烈论争，而且自身内部也有思想差异。左联成立之后，开展了一次关于"文艺大众化"问题的讨论。鲁迅在《集外集拾遗》中认为大众化的文艺"是现今的急务"，瞿秋白则大力推动文艺大众化运动，先后发表《普罗大众文艺的现实问题》和《论大众文艺》等文，提出"艺术大众化"观点。瞿秋白认为，"革命的和普罗的文艺自然应当是大众化的文艺"①，大众文艺就是"要用劳动群众自己的言语，针对着劳动群众实际生活所需要答复的一切问题……去完成劳动民众的文学革命，……要创造革命的大众文艺的问题。这是要来一个无产阶级领导之下的文艺复兴运动，无产阶级领导之下的文化革命和文学革命"②。瞿秋白从历史唯物主义的角度探讨了大众文艺，认为革命的大众文艺应当揭穿现实中一切假面具，表现革命战斗的英雄。在讨论中，瞿秋白解答了"用什么话写，写什么东西，为着什么写，怎么样去写以及要干些什么"等问题，并使讨论从"应不应该"进入了"怎样去做"的阶段。通过这场讨论，"文艺大众化"成了左翼美学思想的指导方向。

在30年代，左翼内部还产生了"国防文学"和"民族革命战争的大众文学"两个口号的论争，直到《文艺界同人为团结御侮与言论自由宣言》的发表，抗日民族统一战线建立，这场论争才告一段落。在这个阶段，胡风和周扬曾就马克思主义的"典型"问题展开论争。胡风在1935年发表《什么是"典型"和"类型"》，讨论了典型的普遍性和特殊性问题，并且以阿Q作例，认为典型是针对人物所属的社会群体里的各个个体而言的，文学典型是这个人物所处的社会相互

① 瞿秋白：《瞿秋白文集》（第3卷），人民文学出版社1953年版，第875页。
② 瞿秋白：《瞿秋白文集》（第3卷），人民文学出版社1953年版，第886页。

关系的反映。周扬在《现实主义试论》中认为，阿Q的特殊性并不是针对他所处的社会群体中的其他人群而言的，而是代表着他那一类人的特殊存在，是阿Q自身的独特性存在，成就了他的典型性。之后，胡风发表《现实主义底"修正"》，周扬发表《典型与个性》，彼此展开了针锋相对的争论。在左翼作家对马恩经典作家的有关艺术问题的书信进行深入研究之后，关于创作典型化问题的讨论也随之进入了一个新的高潮。

左翼美学家们与当时持相异主张的其他美学家之间也产生了激烈的论争，这些论争贯穿于整个30年代。左翼美学家所主张的唯物辩证法是从日本介绍到中国的，他们在接受时并没有很好地结合中国的现实状况，在当时也引发了来自"自由人"和"第三种人"的诘难。胡秋原以"自由人"的身份自居，认为左翼美学的政治诉求破坏了艺术形式，使艺术堕落为政治的留声机。苏汶也反对主观精神对文艺的过度干涉，主张创作的自由空间。"第三种人"的思想主张，左翼成员并不完全认同。瞿秋白在《"自由人"的文化运动——答复胡秋原和〈文化评论〉》和《文艺的自由和文学家的不自由》等文中，借用列宁论文学艺术"党性原则"批驳了胡秋原的唯物史观。瞿秋白还认为苏汶"反对某种政治目的"的理论主张本身就持有某种政治目的。鲁迅在《论"第三种人"》中也对苏汶的观点进行了批判，认为生长在阶级社会里而要做超阶级的人，在现实世界上并不存在。而要做这样的人，恰如用自己的手拔着头发，要离开地球一样。[①] 在论争中，最初的美学论争逐渐转变为政治论争，左翼批评家们的政治倾向性也日益彰显出来。

30年代后期，朱光潜与梁实秋关于"观念论"美学的论争引起了周扬的注意，周扬提出"新美学"口号，试图用历史唯物主义原理批判旧美学。与周扬相呼应，蔡仪也对旧美学展开了批判。首先，从方法论上批判各种唯心主义和其他旧美学派别，进而确立其唯物主义的新美学方法论；其次，批判旧美学在美的本质问题上的错误，确立唯物主义新美学的基本观点；第三，批判种种旧美学的美感论，确立新美学的美感论；最后，批判艺术问题上的唯心主义和其他旧美学的错误，确立唯物主义新美学的艺术观。[②] 蔡仪在接受马克思主义文艺理论的

---

① 鲁迅：《鲁迅全集》第四卷，中国文联出版社2013年版，第348页。

② 具体参见蔡仪所著《新美学》和《新艺术论》。

基础上，揭露旧美学的痼疾，希望构建唯物主义的新美学体系。

左翼美学思潮同其他思潮之间的论争，也是马克思主义美学不断克服自身理论缺陷，逐渐丰富和完善自身体系的过程。30 年代末，抗日战争全面爆发，中国文学界将民族救亡作为首要任务。昔日政治、文学和美学等方面彼此观念不同的文人聚集到一起，汇聚成抗日民族统一战线。抗战时期，国统区主要翻译出版的马恩文艺论著有《马恩科学的文学论》《科学的艺术论》等。延安解放区除了出版马克思和恩格斯的著作外，还选录翻译了列宁、托尔斯泰、斯大林、高尔基等人的论著。以上著作的出版进一步促进了马克思主义美学的中国化进程。

抗日战争全面爆发后，文艺也被纳入了革命的体系，成为革命事业的一部分。这一时期，抗战文艺运动蓬勃兴起。在政治的号角下，文艺走向抗战前沿，听命于抗战的呼唤，服务于抗战热情高涨的人民大众。这一时期的中国文艺批评最突出的成果，是 1942 年毛泽东的《在延安文艺座谈会上的讲话》（以下称《讲话》）的发表。这是一篇有着划时代意义的文艺美学文献，标志着马克思主义美学中国化进入了一个新阶段。

《讲话》是马克思主义美学中国化的一个阶段性理论成果，延续了延安整风运动中关于文艺和美学的一系列探讨。《讲话》确定了文艺的“为人民”方向：“无论高级的或初级的，我们的文学艺术都是为人民大众的，首先是为工农兵的，为工农兵而创作，为工农兵所利用的。”①“一切革命的文学家艺术家只有联系群众，表现群众，把自己当做群众的忠实的代言人，他们的工作才有意义。只有代表群众才能教育群众，只有做群众的学生才能做群众的先生。”②为了阐释文艺批评的“为人民”任务，《讲话》对当时流行的一些文艺观和作家作品进行了批判，如对“文艺的任务在于暴露”观的批判等。

《讲话》认为，对文艺作品进行评价要有批评标准作为依据。《讲话》提出文艺批评的两个标准：政治标准和艺术标准，并强化了政治标准，“任何阶级社会中的任何阶级，总是以政治标准放在第一位，以艺术标准放在第二位的”③。《讲话》不仅整合了五四以来的文艺话语、马克思主义文艺话语、苏联的革命文艺话

① 毛泽东：《在延安文艺座谈会上的讲话》，见《毛泽东文艺论集》，中央文献出版社 2002 年版，第 67 页。
② 毛泽东：《在延安文艺座谈会上的讲话》，见《毛泽东文艺论集》，中央文献出版社 2002 年版，第 67 页。
③ 毛泽东：《在延安文艺座谈会上的讲话》，见《毛泽东文艺论集》，中央文献出版社 2002 年版，第 73 页。

语，同时也总结了中国革命文艺运动的基本历史经验，丰富了中国化的马克思主义美学理论。此外，《讲话》强调了文艺批评的意识形态性，展现了文艺的政治话语建构，基本确立了马克思主义文艺观在现代中国的话语权威性，并对40年代之后中国美学和文艺理论的发展产生了巨大影响。

把文艺与民族命运、社会革命紧密联系起来是20世纪以来中国文艺批评的一贯传统，《讲话》可以说是这一传统的集大成之作。毛泽东认为："必须将马克思主义的普遍真理和中国革命的具体实践完全地恰当地统一起来，就是说，和民族的特点相结合，经过一定的民族形式，才有用处，决不能主观地公式地应用它。"[①]毛泽东坚持将马克思主义文艺理论与中国的革命实践结合起来，这一方面符合中国在革命历史条件下文艺发展的实际需要；另一方面也促进了当时中国革命和革命文艺的发展。《讲话》发表之后，解放区文艺运动得到了蓬勃发展，周扬、邵荃麟、冯雪峰等一批马克思主义文论家的文艺理论批评，也相对集中地体现和延续了《讲话》的主题与精神。

《讲话》批驳了自由主义文艺思想，直接引发了解放区对自由主义思想的清算。1948年，郭沫若在《一年来中国文艺运动及其趋向》中强调对"茶色文艺""黄色文艺""无所谓的文艺""通红的文艺""托派的文艺"等进行揭穿。郭沫若发表《斥反动文艺》，对以朱光潜、萧乾、沈从文等为代表的"蓝色""黑色"和"桃红色"文艺展开了批判，号召"读者和这些人们绝缘，不读他们的文字，并劝朋友不读。不和他们合作，并劝朋友不合作"[②]。乃超的《略论沈从文的〈熊公馆〉》将沈从文的作品定义为"典型地主阶级的文艺，也是最反动的文艺"。[③] 邵荃麟的《朱光潜的怯懦与凶残》批评朱光潜的作品"卑劣，无耻，阴险"，呼吁要"撕毁这一切纸糊的面幕，让他们一切凶残，怯懦，阴险，狠毒的脸孔显露出来！"[④]在这段时期内，对自由主义思想的批判直接导致其在中国大陆的消失。

应当说，20世纪中国现代美学的构建呈现出多元并存的局面，有着多重的复调声音。这一时期有几个明显的阵营之争，如左翼和自由派、京派与海派、俄

① 毛泽东：《新民主主义的文化》，见《毛泽东文艺论集》，中央文献出版社2002年版，第42页。
② 郭沫若：《郭沫若佚文集：1906—1949》，四川大学出版社1988年版，第206页。
③《大众文艺丛刊》(第1辑)，1938年3月1日。
④《大众文艺丛刊》(第2辑)，1948年5月1日。

日影响与欧美影响，等等。在这段美学史建构过程中的各种声音，体现着论争与建构的同步性。欧美主流思潮影响下的美学观、为社会人生服务的美学观、马克思主义美学中国化三条线索相互砥砺，在论争中共同建构着 20 世纪现代中国美学的发展面貌，展示出现代中国美学建构过程中的内在张力。

第一章

鲁迅的美学与艺术观

鲁迅(1881—1936),原名周树人,浙江绍兴人,1918年发表《狂人日记》开始使用笔名“鲁迅”。鲁迅出生于浙江绍兴城内东昌坊新台门周家,十一岁时入三味书屋读书,师从寿镜吾。1898年入南京水师学堂,1899年转入矿物铁路学堂求学。1902年,鲁迅赴日本留学学医,期间弃医从文。1909年,鲁迅回国任师范学堂教员,后应蔡元培之邀任教育部佥事,期间参与整理国故的工作。作为五四新文化运动的重要倡导者与参与者,鲁迅致力于文学创作、批评和翻译等工作,被视为中国现代文学的奠基人。鲁迅在美学、美术理论等领域也做出了重要贡献,形成了他自己的美学艺术观。改造“国民性”是鲁迅文学创作和美学艺术观的核心主题。鲁迅认为,立国先要立人,立人先要改变国民精神,他把文章作为推动社会进步的重要力量,强调通过文艺“涵养人之神思”,用文艺揭露社会罪恶和解救国人。在鲁迅看来,文艺的真谛“固在发扬真美,以娱人情,比其见利致用,乃不期之成果”①。鲁迅用犀利而冷峻的笔锋,无情地解剖社会的赘瘤,呼唤关注个体的精神世界,拓宽个体的内心世界,用战斗的文艺解救世人。在20世纪的中国文学界,鲁迅无疑已成为一个文化符号。作为中国现代思想史上各种文化思想交锋的联结点,鲁迅成为一个在历史性和当代性之间不断被言说的文化符号存在。

① 鲁迅:《拟播布美术意见书》,《鲁迅全集》第六卷,中国文联出版社2013年版,第54页。

第一节　鲁迅“为人生”的美学艺术观

鲁迅并没有系统的美学理论，其美学见解散见于大量的论著中，并实践于他的文学创作中。鲁迅较为广泛地接触到外国文艺思潮，并翻译和介绍厨川白村的《苦闷的象征》和普列汉诺夫的《艺术论》，其美学思想有一个从偏浪漫主义转向现实主义，并逐渐形成“为人生”美学艺术观的发展过程。

一、“为人生”美学艺术观的渊源

鲁迅美学文艺观思想来源是多方面的，既有中国传统文化的影响，又有日本文艺思想的影响，也有欧美进化论和浪漫主义思想的痕迹，甚至还有西方科学文化等思想的影响。种种思想杂合在一起，使鲁迅“为人生”的美学文艺观的思想渊源呈现出复杂性和复调性。

（一）鲁迅与中国传统文化

中国传统文化是鲁迅“为人生”美学艺术观的重要来源，鲁迅自小受到传统文化的熏陶，传统文化在鲁迅的思想中留下了不可磨灭的印记。传统文化的熏陶为鲁迅打下了坚实的古典文化素养基础，对鲁迅美学观的形成及其文艺创作产生了重要影响。

鲁迅吸收中国传统文化的精华，并以此建构他“为人生”的美学艺术观，如《离骚》、魏晋文章、宋元话本、明清小说以及一些民间艺术作品，都极大地影响了鲁迅。鲁迅审校和研读过大量关于古小说的史料，研究过碑帖和汉画像等古典艺术。鲁迅的讽刺艺术与近代讽刺小说有相近之处，而他的很多文学作品也多以古代神话、寓言、故事为题材。对传统文化的研究和涉猎，成为鲁迅美学艺术观的重要思想渊源。孙伏园曾忆及刘半农赠给鲁迅的联语“托尼学说，魏晋文章”[①]，此联在一定程度上说明了鲁迅对中国传统文化的偏爱与借鉴。在郭沫

① 孙伏园：《鲁迅先生二三事》，湖南人民出版社 1980 年版，第 46 页。

若的《庄子与鲁迅》和许寿裳的《屈原与鲁迅》等文中，也都谈到了中国传统文化对鲁迅美学文艺观的影响。

对于传统文化，鲁迅有着矛盾的复杂心态。虽然受到中国传统文化的深刻影响，但鲁迅也毫不留情地对传统文化中的糟粕与不合理性展开了批判。作为五四新文化的提倡者，鲁迅认为，“要我们保存国粹，也须国粹能保存我们”[①]。鲁迅曾设计新文化运动发展的两条路：“采用外国的良规，加以发挥，使我们的作品更加丰满是一条路；择取中国的遗产，融合新机，使将来的作品别开生面也是一条路。”[②]鲁迅一方面对传统文化有着极深的眷念之情，但他也认为，传统文化中的封建残余也是五四新文化运动发展中不容忽视的阻碍因素。鲁迅在《狂人日记》中扬起反封建反传统的大旗，揭露旧社会的“吃人”本质。鲁迅很早就关注和探索改造国民性的问题，这也很容易让他对厨川白村的作品产生共鸣。在翻译厨川白村的《出了象牙之塔》时，鲁迅认为，厨川白村批判日本国民性的用意在于正视本民族的劣根性，然后对症下药。鲁迅以此来表明自己批判国民劣根性的用意：“并非想揭邻人的缺失，来聊博国人的快意”，只是因为“我旁观他鞭责自己时，仿佛痛楚到了我的身上了，后来却又霍然，宛如服了一帖凉药”。[③]

鲁迅试图批判和改造国民性，以期启蒙大众，改变旧中国落后的现状，让中华民族走上复兴强大之路。鲁迅在很多文章中表达了对封建旧文化的批判和否定态度。“保存旧文化，是要中国人永远做侍奉主子的材料，苦下去，苦下去。”[④]“我们此后实在只有两条路：一是抱着古文而死掉，一是舍掉古文而生存。”[⑤]在鲁迅眼中，不彻底批判封建旧文化中的劣根性，新文化的诞生将会举步维艰。

中国传统文化源远流长，承载了中华民族的智慧与结晶，而鲁迅批判的是导致社会弊病的封建等级、礼教和伦理文化等文化的不合理性。鲁迅对传统文化不只是批判，而是希望通过批判使民族获得新生。在他看来，新文化只有破除劣根性，从传统的束缚中解放出来，才能获得新文艺的“立”，重新确立中国美学的现代性价值理念。

---

① 鲁迅：《热风·三十五》，《鲁迅全集》第二卷，中国文联出版社 2013 年版，第 165 页。
② 鲁迅：《荆天丛笔（下）·〈木刻纪程〉小引》，《鲁迅全集》第七卷，中国文联出版社 2013 年版，第 50 页。
③ 鲁迅：《出了象牙之塔·后记》，《鲁迅全集》第十三卷，中国文联出版社 2013 年版，第 422 页。
④ 鲁迅：《荆天丛笔·老调子已经唱完》，《鲁迅全集》第六卷，中国文联出版社 2013 年版，第 305 页。
⑤ 鲁迅：《三闲集·无声的中国》，《鲁迅全集》第四卷，中国文联出版社 2013 年版，第 13 页。

（二）鲁迅与厨川白村

在留学日本期间，鲁迅将不少日本学者引介到了中国，如夏目漱石、片上伸、内山完造、芥川龙之介、武者小路实笃、厨川白村，等等。1924 年，厨川白村《苦闷的象征》出版，鲁迅同年翻译出版了此书。《苦闷的象征》论及创作论、鉴赏论、文艺的本质、文学的起源等文艺理论的核心问题，而鲁迅对此兴趣浓厚，甚至把此书作为授课讲义。1925 年，鲁迅又翻译厨川白村的文艺论集《出了象牙之塔》，并撰写不少论及厨川白村的文章。

鲁迅高度评价厨川白村，认为他对文艺有着独到的见解和深切体会。鲁迅对厨川白村的“辛辣的攻击和无所假借的批评”观点相当认同，[①]对“生命力受了压抑而生的苦闷懊恼乃是文艺的根柢”[②]命题也深有同感。与厨川白村相似，鲁迅的《狂人日记》是忧愤深广的产物，他的杂文也是为了“借此来释愤抒情”。[③]在五四运动之后，鲁迅对厨川白村的“苦闷”的象征体悟更是深刻，主张文艺应当抛弃虚伪，把内心苦闷真实地书写出来。

厨川白村对鲁迅的影响，体现在以下几个方面。首先，厨川白村认为：“文艺是纯然的生命的表现；是能够全然离了外界的压抑和强制，站在绝对自由的心境上，表现出个性来的唯一的世界。”[④]厨川白村的话极大地契合了鲁迅对文艺本质的认识，在鲁迅看来，文艺是超脱外界束缚、张扬个性的净土和阵地，文艺有着启蒙思想和解放人性的重要作用。其次，厨川白村认为：“文艺决不是俗众的玩弄物，乃是该严肃而且沉痛的人间苦的象征。”[⑤]厨川白村关注人间疾苦，强调用文艺创作表现人间的苦，批评和攻击“微温，中道，妥协，虚假，小气，自大，保守等事态”，强调“文艺就是朝着真善美的理想，追赶向上的一路的生命的进行曲，也是进军的喇叭”。[⑥] 与厨川白村类似，鲁迅的创作也关注现实人生，认为艺术应当与民众的命运结合起来，要书写现实人生。真善美是鲁迅文艺美学观的主线，他的作品展现劳苦大众的悲惨生活，塑造了一个个受封建旧文化迫

---

① 鲁迅：《出了象牙之塔・后记》，《鲁迅全集》第十三卷，中国文联出版社 2013 年版，第 422 页。
② 厨川白村：《苦闷的象征》，《鲁迅全集》第十三卷，中国文联出版社 2013 年版，第 158 页。
③ 鲁迅：《华盖集续编・小引》，《鲁迅全集》第三卷，中国文联出版社 2013 年版，第 158 页。
④ [日]厨川白村：《苦闷的象征》，《鲁迅全集》第十三卷，中国文联出版社 2013 年版，第 168 页。
⑤ [日]厨川白村：《苦闷的象征》，《鲁迅全集》第十三卷，中国文联出版社 2013 年版，第 178 页。
⑥ [日]厨川白村：《苦闷的象征》，《鲁迅全集》第十三卷，中国文联出版社 2013 年版，第 176 页。

害的人物形象，揭示了封建旧文化吃人的本质。再次，厨川白村提出“缺陷美”，认为正是因为有了黑暗之影，明亮之光才会更加亮丽。鲁迅也认为美和丑是对立存在的，他批驳文艺创作中十全十美的圆满和虚假的乐观主义，要求打破“大团圆”，反对“瞒和骗”。最后，鲁迅受到厨川白村“广义的象征主义”命题的影响，他在自己的创作中大量使用象征手法，如《野草》将现实的世界和幻想的景象交织在一起，充满了隐喻现实人生的象征意象。

鲁迅对厨川白村文艺美学观的接受也是有选择和筛选的，并融入了自己的理解。厨川白村把苦闷作为文艺生产的根源，认为文艺是苦闷的象征，强调苦闷可以超脱现实的束缚，这无疑有着乌托邦的浪漫主义色彩。鲁迅在苦闷基础上强调对“人间苦”的深刻剖析，可以说更侧重苦闷的现实意义。

（三）鲁迅与普列汉诺夫

鲁迅“为人生”美学艺术观的形成受到了俄国文艺理论家普列汉诺夫的影响。鲁迅热衷于译介俄苏文学，认为：“俄国的文学，从尼古拉斯二世时候以来，就是‘为人生’的，无论它的主意是在探究，或在解决，或者堕入神秘，沦于颓唐，而其主流还是一个：为人生。”[①]鲁迅通过对俄苏文艺思想的接受，逐渐实现了美学艺术观向马克思主义艺术观的转变。

1928 年，“革命文学”的论争使鲁迅把视线转移到马克思主义理论。鲁迅自述说：“他们‘挤’我看了几种科学底文艺论，明白了先前的文学史家们说了一大堆，还是纠缠不清的疑问。并且因此译了一本蒲力汗诺夫的《艺术论》，以救正我——还因我而及于别人——的只信进化论的偏颇。”[②]普列汉诺夫的《艺术论》对鲁迅影响较大，他接受普列汉诺夫的文艺思想，进而传播马克思主义文艺理论。

早在 1925 年前后，鲁迅购买了《俄国现代的思潮及文学》《新俄美术大观》《文学与革命》《无产阶级文化论》《无产阶级艺术论》等著作，并助推未名社出版《苏俄的文艺论战》等书介绍俄苏文艺思潮。[③] 1929 年至 1930 年，鲁迅翻译出版了卢那察尔斯基的《艺术论》《文艺与批评》以及普列汉诺夫的《艺术论》。鲁

---

① 鲁迅：《荆天丛笔（上）·〈竖琴〉前记》，《鲁迅全集》第六卷，中国文联出版社 2013 年版，第 606 页。
② 鲁迅：《三闲集·序言》，《鲁迅全集》第四卷，中国文联出版社 2013 年版，第 7 页。
③ 许广平：《鲁迅回忆录》，作家出版社 1961 年版，第 3 页。

迅评价普列汉诺夫为“俄国马克思主义者的先驱”，“所遗留的含有方法和成果的著作，却不只作为后人研究的对象，也不愧称为建立马克思主义艺术理论，社会学底美学的古典底文献的了”。[①] 鲁迅翻译了普列汉诺夫论及艺术的三篇论文，并撰写了序言。在翻译普列汉诺夫《艺术论》的过程中，鲁迅的马克思主义美学思想得到不断发展和深化。

普列汉诺夫论及原始艺术的两篇文章论证了“劳动先于艺术生产”和“艺术起源于劳动”等命题。普列汉诺夫以达尔文的进化论思想作为艺术起源的支撑，把艺术根植于人类的社会存在中，并以此探析艺术的本质、功能和起源发展等，进而分析生产力、生产关系以及阶级怎样作用于艺术。鲁迅相当认同普列汉诺夫的艺术思想，在他看来，普列汉诺夫基于唯物史观探讨艺术问题，并将艺术视为一种社会现象。

普列汉诺夫认为社会存在决定社会意识，艺术和美受阶级和社会所影响的观点，不仅体现了马克思主义对文艺本质的理解，同时也为鲁迅后来参与“革命文学”的论争提供了思想依据。虽然鲁迅也批评普列汉诺夫的思想“还未能俨然成一个体系”，其政治立场“不免常有动摇”。[②] 但事实上，对普列汉诺夫的接受不仅强化了鲁迅“为人生”文艺观的阶级立场，也间接驳斥了他的论敌们所坚持的“为艺术而艺术”的文艺观。正是由于受到普列汉诺夫的影响，鲁迅批评“象牙之塔”里的艺术家，立场坚定地强调艺术为人生服务，从马克思主义维度为“为人生”的美学艺术观注入了新的内涵。

二、　“为人生”美学艺术观的发展

新文化运动引发了反封建的文化启蒙，西方近代文艺思潮被引介到中国。民主与科学带来破除封建迷信的巨大力量，民主主义、人道主义和社会主义等思想成为当时知识分子理想中的救世良药。在这样的时代背景下，鲁迅从介绍摩罗诗学转为深切关注人生，主张文艺“为人生”服务，并自觉把“为人生”的美学艺术观贯穿于创作实践中。

---

① 鲁迅：《艺术论（蒲氏）·序言》，《鲁迅全集》第十五卷，中国文联出版社 2013 年版，第 262、268 页。

② 鲁迅：《艺术论（蒲氏）·序言》，《鲁迅全集》第十五卷，中国文联出版社 2013 年版，第 268、262 页。

在日本留学时期，鲁迅弃医从文，力图通过文学拯救国民精神，促进民族新生，并提倡“为人生”的美学艺术观。有学者认为：“‘直面人生’‘正视鲜血’的生存姿态决定了鲁迅与许多自得其乐的学院派知识分子的根本区别：他从来不会回避对于现实中国问题的关注和议论，从来不会割断自身精神发展与中国文艺界种种繁复现象之间的联系。”①可以说，鲁迅“为人生”美学艺术观的形成源于他对中国社会和文艺现状的关注。鲁迅常以战士自居，他的一生几乎都在各种各样的论战中度过。通过论战，鲁迅逐渐建构了“战斗文学”的风格。

1917 年，胡适在《新青年》上发表《文学改良刍议》，标志着五四文学革命开始。随后，陈独秀在《文学革命论》中提出推倒贵族文学、古典文学和山林文学，建设国民文学、写实文学和社会文学的主张。鲁迅 1918 年加入《新青年》编辑部，5 月发表《狂人日记》，向封建制度发起猛烈进攻。随后，鲁迅陆续发表作品，以现实主义情怀展现和批判社会顽疾，期望惊醒“陷入昏睡”的国人。

鲁迅发现，要“为人生”和“改良这人生”，必须深刻剖析国民的劣根性和反思封建旧文化的不合理性，才可能给麻木的国人当头棒喝。鲁迅主张文艺救国，强调艺术“为人生”服务，他写道：“说到‘为什么’做小说罢，我仍抱着十多年前的‘启蒙主义’，以为必须是‘为人生’，而且要改良这人生。”②鲁迅翻译介绍了不少现实主义的文学作品，探求救国立民的新路径。鲁迅“为人生”的美学艺术观闪耀着现实主义的光辉，“为人生”是鲁迅美学思想的目的与核心，而现实主义则是实现这个目的和核心的主要途径。

鲁迅认为文艺“为人生”服务，应当对现实人生进行反映和揭露。1925 年“五卅”惨案和 1926 年“三·一八惨案”发生后，国内革命战争的爆发引发了革命文学的高潮，出现了不少反映和批判社会现实的作品。在这期间，鲁迅与现代评论派展开论争，揭露他们偏袒帝国主义和北洋军阀，以此鼓舞有志之士坚持战斗。鲁迅与现代评论派的论战也反映了新文学阵营的分化，双方矛盾聚焦在政治和文艺关系的分歧上，以及对自由主义态度的分歧上。两派虽然经常围绕一些个人的学术观点展开论战，但其中隐含的政治意义却不言而喻。

1927 年，国民革命宣告失败，不少人鼓吹民族和国家观念，并以此为意识形

① 李怡、郑家建：《鲁迅研究》，高等教育出版社 2010 年版，第 13 页。
② 鲁迅：《南腔北调集·我怎么做起小说来》，《鲁迅全集》第四卷，中国文联出版社 2013 年版，第 403 页。

态影响制造舆论。受新的革命形势影响,革命文学开始逐渐受到重视和被大众所接受。1928 年,创造社和太阳社提倡无产阶级革命文学,强调文学是宣传的工具,认为作者可以超越时代的限制。显然,创造社和太阳社夸大了文艺的作用,忽视了文艺的独特性。由于把无产阶级革命文学看得过于简单,加上对当时中国的现实以及革命的首要任务认识不清,创造社和太阳社成员把批判矛头对准了鲁迅,革命文学阵营内因此在文艺思潮上产生了冲突和争论。

创造社、太阳社成员与鲁迅的论争历时一年多,他们批判鲁迅错误地分析国内革命形势和任务,并且教条主义地挪用了马克思主义,认为鲁迅是封建余孽、时代落伍者和资产阶级代言人。面对创造社和太阳社成员的批判,鲁迅针锋相对地反驳道:“他们对于中国社会,未曾加以细密的分析,便将在苏维埃政权之下才能运用的方法,来机械地运用了。”[①]鲁迅发表《“醉眼”中的朦胧》《文坛的掌故》《文艺与革命》《文学的阶级性》等文章来阐明自己的立场。在他看来,创造社和太阳社成员的所谓“艺术的武器”,“实在不过是不得已,是从无抵抗的幻影脱出,坠入纸战斗的新梦里去了”,[②]这实质上是逃避现实,缺乏面对现实的勇气。

鲁迅与创造社及太阳社成员的分歧并不在于否定革命文学,正如有学者所言:“鲁迅与创造社、太阳社的分歧并不在是否提倡革命文学,而是在于怎样提倡和提倡什么样的革命文学。”[③]鲁迅撰写的一系列文章不仅回应了创造社和太阳社成员的质疑,同时也阐释了文学的阶级性、文艺与宣传、“革命人”和“革命文学”等问题。在论战开始后,鲁迅翻译了卢那察尔斯基的《艺术论》和《文艺与批评》、普列汉诺夫的《艺术论》、法捷耶夫的《毁灭》等。此外,鲁迅还根据日本人藏原惟人和外村史郎的日译本重译了俄共中央 1924—1925 年间颁布的《苏俄的文艺政策》,出版了文艺理论论文集《壁下译丛》。这些译介工作让国人更深入地了解马克思主义美学与文艺理论,也进一步确立了鲁迅基于革命文学的“为人生”的美学艺术观。

1930 年,中国左翼作家联盟成立,马克思主义文论得到了更广泛的传播。鲁迅作为左联的旗手,与其他文学流派发生了数次论争。首先是与梁实秋为代

---

① 鲁迅:《二心集·上海文艺之一瞥》,《鲁迅全集》第四卷,中国文联出版社 2013 年版,第 226 页。
② 鲁迅:《三闲集·“醉眼”中的朦胧》,《鲁迅全集》第四卷,中国文联出版社 2013 年版,第 51 页。
③ 李怡、郑家建主编:《鲁迅研究》,高等教育出版社 2010 年版,第 264 页。

表的新月派。梁实秋反对文学阶级论，主张文学表现人性。鲁迅发表《文学和出汗》，强调文学不能表现抽象不变的人性，以人为对象的文学也不可能超越阶级而存在。新月派之后，鲁迅又与“民族主义”文艺派产生了论争。“民族主义”文艺派配合国民政府的军事围剿展开文化围剿，带有强烈的政治目的。除了上述两个文艺派别，鲁迅还与“第三种人”发生了论争。鲁迅与“第三种人”的论争围绕文艺与政治的关系、革命文学家对小资产阶级作家态度的问题而展开。在论战后期，鲁迅撰写《论“第三种人”》，明确反对超阶级和超政治的文艺观。通过以上论争，鲁迅进一步强调了“为人生”的美学艺术观。

30年代，随着民族矛盾上升为中华民族的主要矛盾，建立更为广泛的抗日民族统一战线成为当务之急。在时势的影响下，周扬提出“国防文学”的口号，并按照共产国际的指示解散了左联。在鲁迅看来，这一口号存在或左（如排斥非国防题材的作品）或右（如忽视统一战线内部的斗争与相互批评）的错误。[①]鲁迅提出“民族革命战争的大众文学”的口号，重新阐释了文艺与政治的关系，进一步强化了“为人生”美学艺术观的建构。

三、“为人生”美学艺术观的内容

鲁迅强调文艺的社会功利性与审美艺术性相统一，坚持艺术是真善美的统一。从鲁迅著作的字里行间，可以归纳出其“为人生”美学艺术观的主要内涵。

艺术是真善美的和谐统一，这是鲁迅“为人生”美学艺术观的核心与灵魂。唐弢认为，鲁迅美学观的立足点是现实主义，鲁迅强调艺术反映生活和艺术服务政治，认为真需要善来衡量和把握，善需要通过美来烘托和传播，善和美也不容许随便脱离真。[②] 刘再复总结了鲁迅论及艺术美的三条规律：真实律、功利律以及美感律，认为这是鲁迅美学思想的精华。[③] 从学界的研究来看，鲁迅诉求文艺真善美的统一，主要强调文艺源于真实生活并高于生活，强调文艺追求真美。

鲁迅认为，应当从善的维度来衡量和把握真实，这样可以更好地看清现实社会的复杂脉络。鲁迅强调，文艺可以反作用现实，指导现实生活和革命实践。

---

① 陈漱渝：《一个都不宽恕——鲁迅和他的论敌》序言，中国文联出版公司1996年版，第7页。
② 唐弢：《论鲁迅的美学思想》，《文学评论》1961年第5期。
③ 刘再复：《鲁迅美学思想论稿》题记，中国社会科学出版社1981年版。

艺术追求真和善，对真和善的追求使文艺兼具战斗性和革命性。鲁迅还认为，虽然真和善不一定产生美，但文艺的真和善需要通过美来感知。艺术是真善美的统一体，只有把握了艺术的真善美，才能揭露和批判现实人生，实现对苦难人生的疗效功能。在鲁迅眼里，文艺要"为人生"服务，就必须坚持真善美的和谐统一。

对艺术与人生以及现实关系的梳理，是我们理解鲁迅"为人生"美学艺术观内涵的根本。鲁迅强调"为人生"的美学艺术观，在他眼中，"为人生"并不是无源之水和无本之木，而是扎根于现实人生。鲁迅早期主张艺术源于生活，他强调艺术家要先"受"后"作"，肯定了生活美的第一性，提倡"发扬真美"。鲁迅发现，只有把握了现实人生的深刻内涵，对真实性的理解才会更为深刻。在他看来，真实的不一定是美的，但美的一定是真实的。

鲁迅追求"真美"，强调艺术家在创作时要有真实的感情，要对自己创作的文本内容"虽然不必亲历过，最好是经历过"①。在他眼中，"文艺大概由于现在生活的感受，亲身所感到的，便影印到文艺中去"②。鲁迅比较了 19 世纪后半叶前后的文艺观，认为 19 世纪后半叶之前的文艺作品大多描述一个异于生活的非真实社会，而 19 世纪后半叶的文艺作品则描绘作者们亲历过的真实生活，通过直面现实社会而呈现生活的血和肉。鲁迅认同后者，在他看来，真实是作家的真实情感与社会现实的统一，作者要真实地描写和揭露现实社会。鲁迅批判封建旧文化"不过是安排给阔人享用的人肉的筵席"，旧社会"不过是安排这人肉的筵席的厨房"，吃人的社会"以凶人的愚妄的欢呼，将悲惨的弱者的呼号遮掩"。③ 鲁迅呼吁文艺作品描写真实生活，要展示人间和人民的苦难，要用现实主义的犀利笔锋无情地鞭笞社会的罪恶，对黑暗现实进行毫不留情地批判。

在鲁迅看来，文艺创作中的"真美"不只是简单地呈现现实生活，而是"采取一端，加以改造，或生发开去"。④ 鲁迅认为，艺术的"改造和生发"能更深刻地揭示现实。"真美"可以使用白描手法，要有真意，要去粉饰、少做作、不卖弄。鲁迅对世事有着敏锐的洞悉，他喜欢使用讽刺的手法，提炼现实生活，以夸张的手

---

① 鲁迅:《荆天丛笔(下)·叶紫作〈丰收〉序》,《鲁迅全集》第七卷,中国文联出版社 2013 年版,第 200 页。
② 鲁迅:《荆天丛笔(上)·文艺与政治的歧途》,《鲁迅全集》第六卷,中国文联出版社 2013 年版,第 343 页。
③ 鲁迅:《坟·灯下漫笔》,《鲁迅全集》第二卷,中国文联出版社 2013 年版,第 434—435 页。
④ 鲁迅:《南腔北调集·我怎么做起小说来》,《鲁迅全集》第四卷,中国文联出版社 2013 年版,第 404 页。

段把现实中的丑陋暴露出来。鲁迅强调讽刺的真实性，他认为真实是讽刺的生命，而虚假的讽刺会沦为造谣和污蔑，会丧失应有的批判效果。

鲁迅反对“瞒和骗”的文艺观，他批评有些作家没有正视人生和社会的勇气，认为这些作家即便对社会深感不满和愤懑，但也总闭着眼强调所谓的圆满，虚假地建构一个个团圆的结局。鲁迅指出，这些作家即便看到人世间的不幸和社会中的苦难，也不会想到去解决、改革或反抗，而是自欺和欺人。鲁迅强调，不敢正视人生苦难的作家，必然会生出瞒和骗的文艺来。[①] 鲁迅呼吁，文艺要立足于真实，作家应该撕下假面具，真诚且大胆地直面惨淡的人生和正视淋漓的鲜血，书写有血有肉的真实人生，要成为卢梭、尼采、托尔斯泰、易卜生之类的“轨道破坏者”，成为“将碍脚的旧轨道不论整条或碎片，一扫而空”的勇将。[②] 在鲁迅看来，现实生活中的真实人生有很多，上到领袖巨擘，下至贩夫走卒，每个人都有着各自的真实。鲁迅正是精准地把握到了这些现实真实，并把这些真实带到文艺实践中，实现“为人生”的美学艺术观。

鲁迅“为人生”的美学艺术观还体现在对文艺阶级性的强调上。在鲁迅与新月派的论争中，他反对超阶级的文艺观，批评新月派超时代和超阶级的文艺作品是远离真实的空中楼阁。鲁迅反对梁实秋在《文学批评辩》中提出的“普遍的人性”命题，不赞同文学描写永远不变的人性。在鲁迅看来，人性并非永久不变，文学也不可能超越阶级。虽然人人都有喜怒哀乐，但“穷人决无开交易所折本的懊恼，煤油大王那会知道北京捡煤渣老婆子身受的酸辛，饥区的灾民，大约总不去种兰花，像阔人的老太爷一样，贾府上的焦大，也不爱林妹妹的”。[③] 因此，鲁迅虽然强调文艺的阶级性，但也并非将文艺与阶级性画上等号，他反对超阶级的文艺主张，认为这是作家不肯面对社会现实，企图通过逃避现实的方式来欺骗自我和大众。

艺术对人生有着巨大的反作用，追求文艺的真实与美感，强调艺术的善和对人生的功用，这也是鲁迅“为人生”美学艺术观内涵的体现。鲁迅弃医从文，其目的是为了改良人生。鲁迅早期认为文艺是为了“使人兴感怡悦”的“不用之

---

① 鲁迅,《坟·论睁了眼看》,《鲁迅全集》第二卷,中国文联出版社 2013 年版,第 451 页。
② 参见鲁迅:《坟·再论雷峰塔的倒掉》,《鲁迅全集》第二卷,中国文联出版社 2013 年版,第 416 页。
③ 鲁迅:《二心集·“硬译”与“文学的阶级性”》,《鲁迅全集》第四卷,中国文联出版社 2013 年版,第 159 页。

用”,后来坚持“为人生”的美学艺术观,坚持文艺具有对人生的改良作用,强调用文艺去解救苦难民族和民生。当革命高潮来临时,作为革命的先驱者,鲁迅一直坚持文艺的善和美,强调文艺要以善和美作用于革命人生。鲁迅后期转向马克思主义后,更是强调文艺的善和美,强调文艺审美性与功利性的统一。

鲁迅认为,善不是美,但美的事物一定是善的。鲁迅的美学艺术观与中国社会现实紧密联系。在鲁迅看来,要发扬文艺的善和美,就应当坚持文艺的战斗性,如他所言:“人固然应该生存,但为的是进化;也不妨受苦,但为的是解除将来的一切苦;更应该战斗,但为的是改革。”[①]从 1918 年到 1926 年,鲁迅发表了大量具有战斗色彩的文章:揭示北洋军阀“残虐险狠的行为”的反动本质;讽刺在国人头脑中根深蒂固的封建传统,打击与军阀、帝国主义勾结在一起的复古派;与偏袒军阀列强的现代评论派展开激烈论争;批评只是呻吟、叹息、哭泣和哀求的怯者,号召人们做“抽刃向更强者的”勇士。可以说,在鲁迅的著作中,他一直坚持文艺的革命斗争精神。

鲁迅认为,如果没有“受伤”,文艺“没有苦痛和愉悦之歌”,[②]就不能带来社会的变革和人类的进步。鲁迅分析了革命与文学的三种关系:大革命之前抒发痛苦和鸣不平的文学对革命并无裨益,唯有怒吼、奋起反抗的文学才蕴有力量;大革命时代没有文学,呼喊已经转为行动,革命的激荡使文学暂时静寂;大革命成功后会出现“对旧制度挽歌,对新制度讴歌”的文学。鲁迅认为,革命的最终结果会产生“平民文学”;但他同时也认为,在中国并没有出现这样的文学,因为革命尚未成功。

在革命的发展中,鲁迅逐渐改变早期对文艺功用过分夸大的态度,他批判各种各样的所谓“革命文学”,认为大多数“革命文学”的实质是维护国民政府的独裁统治。鲁迅认为,真正的革命文学家要用文艺促进革命和完成革命。在鲁迅看来,优秀的文艺作品是自然而然从人们心里涌出来的东西,真正的革命文学应当发扬善和美,文艺创作者要成为“从喷泉里出来的都是水,从血管里出来的都是血”[③]的革命人。鲁迅认为,只有这样的革命人创作出来的文学,才是真正的革命文学,“革命文学家,至少是必须和革命共同着生命,或深切地感受着

---

① 鲁迅:《花边文学·论秦理斋夫人事》,《鲁迅全集》第五卷,中国文联出版社 2013 年版,第 394 页。
② 鲁迅:《华盖集·马上日记之二》,《鲁迅全集》第三卷,中国文联出版社 2013 年版,第 289 页。
③ 鲁迅:《而已集·革命文学》,《鲁迅全集》第三卷,中国文联出版社 2013 年版,第 459 页。

革命的脉搏的”[1]。文学是革命的战斗武器，这是鲁迅对革命人的使命要求，也是他“为人生”的美学艺术观在革命运动中的体现。

转向马克思主义之后，鲁迅对文艺的功用性特征认识更加深刻，并深化了他早期“不用之用”的美学观。在鲁迅看来，没有善，就谈不上美，善需要通过美而感知。“在一切人类所以为美的东西，就是于他有用——于为了生存而和自然以及别的社会人生的斗争上有着意义的东西。”[2]同时，对善的接受需要通过美，“享乐着美的时候，虽然几乎并不想到功用，但可由科学底分析而被发现”[3]。在分析文艺的审美性与功利关系之后，鲁迅进而强调，文艺有其特有的美学特征和规律，“一切文艺固是宣传，而一切宣传却并非全是文艺，这正如一切花皆有色（我将白也算作色），而凡颜色未必都是花一样。革命之所以于口号，标语，布告，电报，教科书……之外，要用文艺者，就因为它是文艺”[4]。鲁迅在强调文艺功利性的同时也肯定了文艺的审美性，并且阐释了真、善、美的关系，认为艺术是真善美的和谐统一。

真善美的统一是鲁迅美学艺术观的灵魂，也是其实践“为人生”的文艺创作的基本原则，如唐弢所言，“在鲁迅看来，一件作品不能不是善的，同时也不能不是美的和真的。鲁迅不仅在论争里反复地申述了这个观点，并且还把这个观点应用到具体的文艺批评上”[5]。

四、“为人生”的文艺批评观

五四运动之后，各种文学社团和文艺流派涌现。鲁迅重视文艺批评，呼吁对文艺作品要展开批评与自我批评。鲁迅认为，批评可以帮助读者更好地欣赏作品，也可以帮助作家更好地进行创作。“必须更有真切的批评，这才有真的新文艺和新批评的产生的希望。”[6]

---

① 鲁迅：《二心集·上海文艺之一瞥》，《鲁迅全集》第四卷，中国文联出版社2013年版，第229页。
② 鲁迅：《苦闷的象征·序言》，《鲁迅全集》第十三卷，中国文联出版社2013年版，第270页。
③ 鲁迅：《苦闷的象征·序言》，《鲁迅全集》第十三卷，中国文联出版社2013年版，第270页。
④ 鲁迅：《三闲集·文艺与革命》，《鲁迅全集》第四卷，中国文联出版社2013年版，第64页。
⑤ 唐弢：《论鲁迅的美学思想》，《文学评论》1961年第5期。
⑥ 鲁迅：《荆天丛笔（上）·〈文艺与批评〉译者附记》，《鲁迅全集》第四卷，中国文联出版社2013年版，第507页。

鲁迅强调文艺批评的必要性，但他同时认为不能胡批乱评。对作家和批评家的关系，鲁迅有一个形象的比喻：厨师和食客。厨师做出食品，食客要品尝，给出评价，要么好要么坏，也“必须坏处说坏，好处说好”[①]。鲁迅还以英雄和娼妇为例认为，批评英雄是娼妇，这是乱骂；而认为娼妇是英雄，则是乱捧，而更为糟糕的情况则是：被骂杀的少，被捧杀的多，腐烂被视为健康而被倡导。在鲁迅看来，批评家对艺术作品的评判要实事求是，在批评的同时也要扬其所长，不能掩嘴不说，也不能乱骂与乱捧。

鲁迅还提到批评家的另一个问题：漫骂。鲁迅认为，漫骂批评对天才来说是一种灾害，“能将好作品骂得缩回去，使文坛荒凉冷落”[②]。相反，漫骂对庸才反而是帮助，虽然极易使他们被漫骂所吓倒，却“能保持其成为作家”。[③] 鲁迅强调：“批评家的职务不但是剪除恶草，还得灌溉佳花，——佳花的苗。”[④]批评家对青年作家应当更多鼓励，而不能过于漫骂、痛击、冷笑和抹杀。鲁迅反对掌握作家作品生杀大权，“灵魂上挂了刀”[⑤]的批评家，呼吁文艺界出现“坚实的，明白的，真懂得社会科学及其文艺理论的批评家”[⑥]。鲁迅还强调，对批评家同样也要批评，“批评如果不对了，就得用批评来抗争，这才能够使文艺和批评一同前进，如果一律掩住嘴，算是文坛已经干净，那所得的结果倒是相反的”[⑦]。

文艺批评是主观的，难免会发生批评家认为没有好作品，作家认为没有好批评家的情况。衡量作家以及批评家的标准是什么？鲁迅认为，文艺批评有一定的圈子。“我们曾经在文艺批评史上见过没有一定圈子的批评家吗？都有的，或者是美的圈，或者是真实的圈，或者是前进的圈。……我们不能责备他有圈，我们只能批评他这圈子对不对。”[⑧]在鲁迅看来，不瞒不骗，正视人生是真；引人向上，对社会有益是前进；内容充实，文法精湛是美。美、真实和前进既相互独立又和谐统一，这样的批评观才体现了真善美的统一。鲁迅认为，文艺作品是真善美的统一，文艺批评也应当符合这一点。

---

① 鲁迅：《南腔北调集·我怎么做起小说来》，《鲁迅全集》第四卷，中国文联出版社 2013 年版，第 405 页。
② 鲁迅：《花边文学·推己及人》，《鲁迅全集》第五卷，中国文联出版社 2013 年版，第 389 页。
③ 鲁迅：《花边文学·推己及人》，《鲁迅全集》第五卷，中国文联出版社 2013 年版，第 389 页。
④ 鲁迅：《华盖集·并非闲话（三）》，《鲁迅全集》第三卷，中国文联出版社 2013 年版，第 133 页。
⑤ 鲁迅：《而已集·读书杂谈》，《鲁迅全集》第三卷，中国文联出版社 2013 年版，第 378 页。
⑥ 鲁迅：《二心集·我们要批评家》，《鲁迅全集》第四卷，中国文联出版社 2013 年版，第 183 页。
⑦ 鲁迅：《花边文学·看书琐记（三）》，《鲁迅全集》第五卷，中国文联出版社 2013 年版，第 447 页。
⑧ 鲁迅：《花边文学·批评家的批评家》，《鲁迅全集》第五卷，中国文联出版社 2013 年版，第 351 页。

对于文艺批评的标准，鲁迅认为，艺术应当呈现出美感，否则就没有批评的价值；不真实的东西就不可能前进，更谈不上美。因此，批评应当先从作品是否美入手，再深入分析是否真实和是否有前进性等特性。应当说，鲁迅关于文艺批评的“三个圈子”的衡量标准，在今天仍然具有适应性。不管时代如何变化，真实都是文艺批评的生命，只有真实，才能唤起读者与作者的情感共鸣，使读者在情感共鸣中体验美感。

鲁迅认为，文学欣赏是文艺批评的重要组成部分。“文艺本应该并非只有少数的优秀者才能够鉴赏，而是只有少数的先天的低能者所不能鉴赏的东西。”[①]在鲁迅看来，大众有鉴赏文艺的要求和能力。文艺作品应当反映社会底层劳苦大众的生活，并唤起大众的斗争意识和革命精神。文艺应该大众化，追求通俗之美，而优秀的作者会尽量让自己的作品通俗易懂和合乎读者的艺术取向，使作品为更多的人所接受。鲁迅认为，欣赏者应该具有一定的接受能力，欣赏者的鉴赏能力应当与阅读能力相匹配。鲁迅看到，由于普通民众受教育程度较低，即使是白话文也不一定都能读懂，因而要求文艺立即为大众所接受和赏析是不可能的。虽然如此，但“应该多有为大众设想的作家，竭力来作浅显易解的作品，使大家都懂，爱看”，“若文艺设法俯就，就容易流为迎合大众，媚悦大众”[②]。在鲁迅看来，这不仅对大众没有助益，而且对文艺也是一种迫害。

鲁迅还提到读者的欣赏体验对文艺接受的影响，认为：“文学虽然有普遍性，但因为读者的体验的不同而有变化，读者倘没有类似的体验，它也就失去了效力。”[③]鲁迅强调，共同的经验对文艺接受来说尤为重要，这是读者能接受与否的前提。作者应当描述真实的社会生活和抒发真情实感，以此引起读者共鸣。鲁迅认为，艺术的真实性在文艺欣赏中相当重要，如果文艺作品远离现实，读者就不会因为作品联想到自身真实生存的社会生活，因而无法产生共鸣，作品的艺术感染力也会大打折扣。

鲁迅描述了不同读者阅读《红楼梦》的情形：“经学家看见《易》，道学家看见淫，才子看见缠绵，革命家看见排满，流言家看见宫闱秘事……”[④]在鲁迅看来，

---

① 鲁迅：《荆天丛笔（上）·文艺的大众化》，《鲁迅全集》第六卷，中国文联出版社 2013 年版，第 545 页。
② 鲁迅：《荆天丛笔（上）·文艺的大众化》，《鲁迅全集》第六卷，中国文联出版社 2013 年版，第 545 页。
③ 鲁迅：《花边文学·看书琐记》，《鲁迅全集》第六卷，中国文联出版社 2013 年版，第 433 页。
④ 鲁迅：《荆天丛笔（上）·〈绛洞花主〉小引》，《鲁迅全集》第六卷，中国文联出版社 2013 年版，第 299 页。

每个读者都是独立的个体，有着各自不同的人生境遇和经验。对同一部作品，不同的人会有不同理解。只有重视读者的阅读需求和欣赏层次，立足于读者角度创作作品，作品的感染力才能得到彰显。

第二节 鲁迅的小说美学观

《中国小说史略》是鲁迅最具体系的小说研究成果。此外，鲁迅还在《中国小说的历史的变迁》《小说旧闻钞》《唐宋传奇集》等文本和其他序跋、书信札记中论及了小说美学思想。鲁迅自幼便对“言情谈故刺时志怪”的中国古典小说情有独钟，幼年时期的兴趣爱好和阅读经历，使鲁迅对小说艺术有着不同于常人的艺术感受力和研究兴趣。无论是对中国古典小说的梳理和批评，还是对中国现代小说的开创和探索，抑或是对西方小说的研究和借鉴，鲁迅都展示出他在小说艺术研究方面的深刻造诣。

一、《中国小说史略》的古典小说美学观

1912年，鲁迅应蔡元培之邀到北京工作。在教育部当佥事期间，鲁迅的业余时间大部分都用在古籍文物的整理和研究上。鲁迅编纂和校辑多本古籍，并整理出版三本编著。《古小说钩沉》是鲁迅所辑录的唐代之前的36种古小说轶文，后成为《中国小说史略》前7篇的素材；《唐宋传奇集》收集了明清刊印的唐宋时期的45篇传奇小说，并在附录中对每篇小说的源流及版本情况均有说明；《小说旧闻钞》是鲁迅在北京大学教授“中国小说史”时的讲义，内容涉及37种小说的出处、版本情况，并附有鲁迅自己的评论。

鲁迅的《中国小说史略》运用西方小说理论研究中国古典小说美学，将小说置于一个广阔的背景中，描绘出了中国古代小说从神话、传说到清末谴责小说的发展线索，重点讨论了古典小说的讽刺性、真实性和现代性等特征。在《中国小说史略》中，鲁迅将“讽刺派”视为清末小说的四派之一，并对其源流和讽刺美学观展开了论述。鲁迅认为，中国古代小说中批判讽刺之风始于晋唐，明代的人情小说尤盛，并在清代以《儒林外史》为代表的讽刺小说中得到集中体现。

鲁迅认为，小说内含讥讽之风在晋代和唐代就已经出现，而清代的《儒林外史》可以看作是古代讽刺小说的绝响。鲁迅辟专章对《儒林外史》中的讽刺美学思想进行了深入分析，提出了讽刺艺术的审美标准："迨吴敬梓《儒林外史》出，乃秉持公心，指擿时弊，机锋所向，尤在士林。其文又戚而能谐，婉而多讽：于是说部中乃始有足称讽刺之书。"①鲁迅提炼出古代讽刺小说"公心讽世"和"旨微而语婉"的美学特征，认为唯有满足这两个特征才算得上是优秀的讽刺小说。

鲁迅对讽刺小说与谴责小说的不同艺术风格展开了比较研究。鲁迅认为，将小说变成污蔑他人工具的做法可追溯到唐代，清朝末年谴责小说盛行，使这种风气达到了高潮。鲁迅还另辟一章论述了清末的谴责小说，认为特点是"辞气浮露，笔无藏锋"。② 针对古代小说中宣泄私怨和诬蔑他人的不良风气，鲁迅提出"公心讽世"的讽刺小说艺术标准。在鲁迅看来，以毁谤攻击为目的的小说，都不能称为真正意义上的讽刺。鲁迅将《儒林外史》称为"讽刺之书"，指出吴敬梓能够站在公正的立场来针砭时弊，而非出于私怨或人云亦云。鲁迅认为，像《儒林外史》这样"公心讽世"的小说在当时是难能可贵的，后来却很少有了。

鲁迅的讽刺小说美学标准要求"旨微而语婉"，追求一种含蓄而深刻的讽刺美。他在《清末小说之四派及其末流》中指出："讽刺小说是贵在旨微而语婉的，假如过甚其辞，就失了文艺上底价值。"③"旨微而语婉"即指用含蓄的形式来表征深刻的思想内容。鲁迅认为，《儒林外史》呈现出"戚而能谐，婉而多讽"的艺术特性。在他看来，能用幽默的语言来叙述悲惨的故事，用委婉的议论来批判社会的黑暗，才能称得上真正意义上的讽刺艺术。

鲁迅在批判传统小说"瞒与骗"的弊病以及"溢美"和"溢恶"的缺点时，强调小说创作内容的真实性，视真实为艺术的生命。通过整理与研究古代小说，鲁迅认为"瞒和骗"是中国传统文化国民性弱点的一种表现，并对此展开了深刻有力的批判。鲁迅对《红楼梦》给予了很高评价，认为其艺术价值在一切人情小说之上，是中国古代小说史上不可多得的佳作，是"三百年中创作之冠冕"。《红楼

---

① 鲁迅：《中国小说史略・清之讽刺小说》，《鲁迅全集》第十七卷，中国文联出版社 2013 年版，第 173 页。

② 鲁迅：《中国小说史略・清末之谴责小说》，《鲁迅全集》第十七卷，中国文联出版社 2013 年版，第 228 页。

③ 鲁迅：《中国小说的历史的变迁・清小说之四派及其末流》，《鲁迅全集》第十七卷，中国文联出版社 2013 年版，第 275 页。

梦》“敢于如实描写，并无讳饰，和从前小说叙好人完全是好，坏人完全是坏的，大不相同，所以其中所叙的人物，都是真的人物”①。在鲁迅看来，《红楼梦》具有“不虚美，不隐恶”和“爱而知其丑，恨而知其善，善恶必书”的批判精神，这使其与某些小说的虚假内容形成了鲜明对比。

鲁迅对“瞒和骗”的批驳，也是其现实主义美学艺术观的集中表述。在《论睁了眼看》中，鲁迅指出：“中国人向来因为不敢正视人生，只好瞒和骗，由此也生出瞒和骗的文艺来，由这文艺，更令中国人更深地陷入瞒和骗的大泽中，甚而至于已经自己不觉得。世界日日改变，我们的作家取下假面，真诚地、深入地、大胆地看取人生并且写出他的血和肉来的时候早到了；早就应该有一片崭新的文场，早就应该有几个凶猛的闯将！”②鲁迅评价清末谴责小说：“虽命意在于匡世，似与讽刺小说同伦，而辞气浮露，笔无藏锋，甚且过甚其词，以合时人嗜好，则其度量技术之相去亦远矣，故别谓之谴责小说。”③在鲁迅看来，谴责小说较之讽刺小说来说，显得过于直白和浮露，有时甚至为了迎合读者的需求过分夸张和言过其实。

鲁迅强调小说创作的客观性和真实性原则，认为仅仅表达作家一家之言的作品有失客观公允，起不到针砭时弊的作用。在点评清代人情小说时，鲁迅提出“溢美”和“溢恶”的批评观念。他对《青楼梦》《海上花列传》和《九尾龟》为代表的描写妓女的小说展开了比较分析，并在总结中提出：“作者对于妓家的写法凡三变，先是溢美，中是近真，临末又溢恶，并且故意夸张，谩骂起来；有几种还是诬蔑、讹诈的器具。”④鲁迅还在点评《二十年目睹之怪现状》时评论道：“惜描写失之张皇，时或伤于溢恶，言违真实，则感人之力顿微，终不过连篇‘话柄’，仅足供闲散者谈笑之资而已。”⑤在这里，鲁迅批评了谴责小说的“溢恶”倾向，认为其过分渲染官场和社会的黑暗，只不过为了迎合当时读者的审美趣味，难免有

① 鲁迅：《中国小说的历史的变迁·清小说之四派及其末流》，《鲁迅全集》第十七卷，中国文联出版社 2013 年版，第 278 页。

② 鲁迅：《坟·论睁了眼看》，《鲁迅全集》第二卷，中国文联出版社 2013 年版，第 450 页。

③ 鲁迅：《中国小说史略·清末之谴责小说》，《鲁迅全集》第十七卷，中国文联出版社 2013 年版，第 228 页。

④ 鲁迅：《中国小说的历史的变迁·清小说之四派及其末流》，《鲁迅全集》第十七卷，中国文联出版社 2013 年版，第 279 页。

⑤ 鲁迅：《中国小说史略·清末之谴责小说》，《鲁迅全集》第十七卷，中国文联出版社 2013 年版，第 233 页。

失真实性。鲁迅提倡小说美学的现实主义精神和真实性，反对“瞒和骗”以及“溢美”和“溢恶”的美学倾向，认为作家的主观情感也应具有真实性，在他看来，不真实地表达作者的主观情感，故意夸大情感或表达虚情假意的小说作品缺乏艺术感染力，也不能引起读者的共鸣。

西方现代小说观念从晚清传入国内，到五四时期得到广泛宣传，对近代中国文学的历史进程产生了深远影响。鲁迅在对中国古典小说的整理和研究中，探索着适合中国小说史研究的理论体系和批评方法，寻求着中国古典小说独特的现代性意识和特性。

鲁迅以文学现代性的视角梳理中国古典小说的源流，研究和总结古典小说的创作特色和风格，体现出鲜明的文学现代性意识。《中国小说史略》是对中国古代小说的历史梳理，但鲁迅在梳理的同时也强调立足当下。虽然鲁迅在《中国小说史略》中并未在严格意义上讨论现代小说，全书中也没有出现“现代”一词。但从鲁迅对“小说”一词的理解与运用，以及重溯中国古典小说的起源和建构中国古典小说的体系构架，都是立足于现代小说的观念基础之上。

《中国小说史略》从现代性角度对小说创作的虚构性特征展开了深入论述。鲁迅在论述传统小说观念时，提出小说需要“创作”或“独造”的观点：“《汉志》乃云处于稗官，然稗官者，职惟采集而非创作，‘街谈巷语’自生于民间，固非一谁某之所独造也，探其本根，则亦犹他民族然，在于神话与传说。”[①]鲁迅重视小说的虚构性特征，认为小说创作需要融入作者的主观体验和艺术加工，而非只对故事进行简单采集和记录。在鲁迅看来，晋唐两代小说的不同之处在于唐代小说能刻意为工，并有意识地加以发挥“幻设”，使之“作意好奇，假小说以寄笔端”。[②] 此外，《中国小说史略》散见于各章的“幻设”“尽幻”“构想之幻”等词语，也就是“虚构”与“想象”的另一种表述。可以说，鲁迅对小说“虚构”和“独造”的论述，丰富了近现代中国小说现代性文体的理论建构。

《中国小说史略》里渗透着鲁迅的国民性批判观念，这也是其小说现代性社会批判意识的隐性体现。鲁迅曾说：“在中国，小说不算文学，做小说的也决不能称为文学家，所以并没有人想在这一条道路上出世。我也并没有要将小说抬

① 鲁迅：《中国小说史略·神话与传说》，中华书局 2016 年版，第 6 页。
② 鲁迅：《中国小说史略·唐之传奇文〈上〉》，《鲁迅全集》第十七卷，中国文联出版社 2013 年版，第 52 页。

进‘文苑’里的意思，不过想利用他的力量，来改良社会。但也不是自己想创作，注重的倒是在绍介，在翻译，而尤其注重于短篇，特别是被压迫的民族中的作者的作品。”①鲁迅研究具有批判意识的古典小说，为现代文学史上“新小说”的创作提供了理论资源。在这个意义上，探寻鲁迅中国古代小说批评中的现代性意识，不仅是探寻鲁迅古代小说美学观的新视角，而且有助于我们从另一个角度理解和阐释鲁迅的中国现代小说观念。

二、 鲁迅的现代小说美学观

在中国现代文学史上，小说的地位得到显著提升，逐渐成为中国现代文学的主流。小说被推到文学革命前端，这是新文学倡导者实现其文化主张，力图建立新的文化与文学秩序的需要。在这样的语境中，鲁迅呼吁通过启蒙实现小说的疗效作用，并提出现代小说创作的现实主义典型观。

鲁迅希望通过文艺启蒙来改造国民精神，他在早期呼吁通过诗歌实现启蒙的疗效作用，主张以诗去“美善吾人之性情，崇大吾人之思理”，改变中国国民的劣根性状态。鲁迅的小说往往带有社会隐喻性，寓意着现代生活的某一个侧面，是中国社会文化结构中的深层次心理意识的呈现。鲁迅后期更侧重强调通过小说进行国民性批判和民众精神启蒙，认为小说的意义在于揭示时代的苦难和弊病，引起疗救的注意，最终实现启蒙目的。

鲁迅在《我怎么做起小说来》中写道：“说到‘为什么’做小说罢，我仍抱着十多年前的‘启蒙主义’，以为必须是‘为人生’，而且要改良人生。我深恶先前的称小说为‘闲书’，而且将‘为艺术的艺术’看作不过是‘消闲’的新式的别号。所以我的取材，多采自病态社会的不幸的人们中，意思是在揭出病苦，引起疗救的注意。”②在鲁迅看来，小说应当实现改良人生和社会这一目的。

鲁迅的小说创作也实践着“为人生”的小说美学观。他的第一篇白话小说《狂人日记》，就蕴涵着“为人生”的美学艺术观。《狂人日记》的创作并不是偶然的，它一方面是五四时代精神的反应；另一方面也是鲁迅长期以来对历史和现

---

① 鲁迅：《南腔北调集·我怎么做起小说来》，《鲁迅全集》第四卷，中国文联出版社 2013 年版，第 402 页。
② 鲁迅：《南腔北调集·我怎么做起小说来》，《鲁迅全集》第四卷，中国文联出版社 2013 年版，第 52 页。

实进行反思的结果。鲁迅运用象征手法塑造了一个外表披着“狂人”外衣，但内心却清醒无畏的反封建战士形象，巧妙地将“狂人”的狂姿与醒态交织在一起，从而深刻揭露封建家族制度和礼教对人性的毒害。

鲁迅“为人生”的小说美学艺术观是我国民主革命的一面镜子，不仅反映出那个时代的特殊国情和人生百态，也揭示和探讨了历史发展的必然规律。小说集《呐喊》体现五四反封建的思想启蒙精神，《彷徨》将社会人生百态通过深沉冷峻的笔调展示出来，均是体现“为人生”美学艺术观的典型文本。鲁迅通过小说剖析人物的灵魂深处，希望实现治疗国民劣根性的思想诉求。鲁迅肯定和主张文学艺术的功利性，认为文艺创作的目的是改造社会和改良人生。

现实主义的典型美学观是鲁迅现代小说美学思想的重要组成部分。虽然鲁迅没有专门论述典型问题的文章，但从1923年到1934年的11年里，鲁迅多次论及典型问题，生动而又不失深度。在《中国小说史略》中，鲁迅评《三国志演义》时写道：“至于写人，亦颇有失，以致显刘备之长厚而似伪，状诸葛之多智而近妖；惟于关羽，特多好语，义勇之概，时时如见矣。”[①]在这里，鲁迅讨论的是人物的典型特性，只是没有使用“典型”这个概念。在鲁迅看来，罗贯中小说中人物的塑造不真实，没有实现个性与共性的交融，而是有着“似伪”和“近妖”的特点。在评述《金瓶梅》中的西门庆形象时，鲁迅高度认同这一人物形象塑造的典型意义。“西门庆故称世家，为搢绅，不惟交通权贵，即士类亦与周旋，著此一家，即骂尽诸色。”[②]在鲁迅看来，西门庆身上体现了权贵、士类和搢绅等阶层的人物特性，具有典型性意义。通过西门庆这个特殊个体，表现了特定群体的普遍性。

鲁迅小说所塑造的一系列人物，在形象、行动、语言、心理和环境等方面，都与每个人所生活的典型环境有关，打上了时代和社会的印迹，是独特的“这一个”。如阿Q形象身上所体现的怕强欺弱、怕硬欺软、轻视妇女等性格特征，可以说表征了辛亥革命时期我国江浙一带农村的典型环境下的典型人物形象，同时也映射出当时中国半殖民地半封建社会的某些本质特性。又如祥林嫂这个

---

① 鲁迅：《中国小说史略·元明传来之讲史〈上〉》《鲁迅全集》第十七卷，中国文联出版社2013年版，第99页。

② 鲁迅：《中国小说史略·明之人情小说〈上〉》《鲁迅全集》第十七卷，中国文联出版社2013年版，第140页。

人物形象，其命运是与鲁镇这个典型环境联系在一起的，是一个受封建礼教这把杀人不见血的软刀所迫害的悲惨劳动妇女形象。

鲁迅在《我怎样做起小说来》中提到："要极省俭的画出一个人的特点，最好是画她的眼睛。"[①]"画眼睛"就是通过抓主要特征的方式来塑造形象。鲁迅认为，"所写的事迹，大抵有一点见过或听过的缘由，但决不全用这事实，只是采取一端，加以改造，或生发开去，到足以几乎完全发表我的意思为止。"[②]在这里，"一端"就是暗藏在原型中的特征。"加以改造，或生发开去"是指作者对人物形象的特征化过程。如在《风波》中，辫子就是特征，是社会改革的象征，辫子难以彻底剪去，表明了革命的困难和不彻底性。《药》中"带血的馒头"、《祝福》中"捐门槛"、《狂人日记》中"吃人"、《阿Q正传》中"儿子打老子"等，都属于典型形象身上体现出来的重要特征。

在1933年的《准风月谈·二丑艺术》中，鲁迅使用了"类型"概念。"世间只要有权门，一定有恶势力，有恶势力，一定有二花脸，而且有二花脸艺术。……小百姓是明白的。早已使他的类型在戏台上出现了。"[③]这里的类型其实就是典型的另一种说法。同年，鲁迅在《致徐懋庸》的信中，第一次使用了"典型"概念。韩侍桁和苏汶等自称"第三种人"，宣扬超阶级和超政治的艺术至上论。鲁迅指出，"倘如韩先生（指韩侍桁）所说，则小说上的典型人物，本无其人，乃是作者案照他在社会上有存在之可能，凭空造出，于是而社会上就发生了这种人物。"[④]时隔一年，在《且介亭杂文·答〈戏〉周刊编者信》中，鲁迅又对典型人物塑造的真实性问题展开了具体论述。

鲁迅对小说典型问题的论述是多方位的，如典型人物的创造、情节的典型化和环境的典型化等。鲁迅强调了作家的能动创造性，认为作家的创作虽然源于生活，要以生活为依托，但作家并不是生活的记录员，也不能完全按照现实进行创作，而必须对现实生活进行提炼和升华。在鲁迅看来，典型人物的塑造源于现实生活，不能凭空产生。典型虽然源于生活，但并非是对生活的机械反映和照抄，必须将生活真实进行典型化处理。

---

① 鲁迅：《鲁迅杂文集》，天津人民出版社2013年版，第319页。
② 鲁迅：《鲁迅杂文集》，天津人民出版社2013年版，第317—318页。
③ 鲁迅：《中国小说史略·清之拟晋唐小说及其支流》，《鲁迅全集》第十七卷，中国文联出版社2013年版，第164页。
④ 鲁迅：《致徐懋庸》，《鲁迅全集》第十卷，中国文联出版社2013年版，第499页。

三、鲁迅小说美学观的实践

鲁迅小说体现出独特的美学意蕴，这是其小说美学思想的具体实践和文本表达。鲁迅的小说有着独具一格的悲剧美与喜剧美，通过虚实相生的叙事策略，呈现出独特的艺术韵味。

鲁迅的短篇小说内蕴深厚的悲剧意蕴，强调在寻常人生事态中呈现出悲剧意味，其悲剧观念和美学特征具有强烈的现代意义。在鲁迅看来，日常生活中的悲剧远比偶然事件或自然力量造成的悲剧更普遍、更平常，因而更令人感受到压抑。鲁迅在《几乎无事的悲剧》中认为："人们灭亡于英雄的特别的悲剧者少，消磨于极平常的，或者简直近于没有事情的悲剧者却多。"[①]"几乎无事的悲剧"是鲁迅晚年翻译果戈理的《死魂灵》时提出来的。"这些极平常的，或者简直近于没有事情的悲剧，正如无声的言语一样，非由诗人画出它的形象来，是很不容易察觉的。"[②]鲁迅发现，在"吃人"的旧社会里，这样的悲剧普遍存在，且无时无刻不在身边上演，人们的感受也因而会更深刻和深入骨髓。

鲁迅认为"悲剧是将人生的有价值的东西毁灭给人看"[③]，强调悲剧与现实、人生，尤其是启蒙之间的关系。他在《呐喊·自序》中将当时中国社会比喻成一间黑暗、令人窒息而又万难破毁的"铁屋子"。这一比喻源自鲁迅对当时社会现实的深刻感受与清醒认识。在他看来，中国几千年的封建专制形成了民族的奴性心理，面对麻木奴性的同胞，要强调启蒙教育，进而达到觉醒大众的目的。

鲁迅小说的悲剧性主要体现为悲剧人物的毁灭和弱者的"被吃"。如果说《狂人日记》《在酒楼上》等作品主要表现的是个性主义者在强大的社会黑暗面前的悲剧性，那么《孔乙己》《阿Q正传》等作品则通过表现社会对弱者的欺侮，揭示出个体价值的被践踏，从而传达出深沉的悲剧意味。孔乙己的死亡，阿Q被杀头，祥林嫂的毁灭都显示出生命的脆弱和微贱，是对残酷无情的"吃人"社会的深刻揭露。小说通过社会氛围的营造以及悲剧人物的刻画，使一种深沉而强烈的悲剧美感贯穿始终，进而起到了揭露社会黑暗和启蒙大众的作用。

---

① 鲁迅：《几乎无事的悲剧》，《鲁迅全集》第七卷，中国文联出版社2013年版，第328页。
② 鲁迅：《几乎无事的悲剧》，《鲁迅全集》第七卷，中国文联出版社2013年版，第328页。
③ 鲁迅：《坟·再论雷峰塔的倒掉》，《鲁迅全集》第二卷，中国文联出版社2013年版，第417页。

除了悲剧美，鲁迅小说语言营造了讽刺戏谑的喜剧意蕴，体现出独特的讽刺美。鲁迅没有创作过喜剧，也没有论述喜剧的专篇论文和理论著作，但他仍被看作是中国现代文学史上伟大的讽刺作家和讽刺理论家。喜剧艺术被注入现代美学特征，构成鲁迅小说美学风格的独特性。鲁迅认为："喜剧是将那无价值的撕破给人看。讥讽又不过是喜剧的变简的一支流。"[①]在鲁迅眼中，喜剧将丑的事物揭露甚至毁灭，通过扬美贬丑的方式实现深层次"笑"的社会意义。对鲁迅而言，讽刺的本质是揭露和批判社会现实，体现了清醒的现实主义精神和人本主义精神。正是如此，从题材、语言、风格等不同角度，鲁迅小说展示出真实的讽刺艺术生活、生动的讽刺艺术形象和浓郁的讽刺艺术情感。

《肥皂》《风波》《鸭的喜剧》等小说是以单纯的喜剧形式出现的，《孔乙己》《阿Q正传》《离婚》等小说则是在喜剧中深隐悲剧意味。在《孔乙己》中，孔乙己在笑声中登场，最后又在笑声中走向死亡。"笑声"贯穿全篇，与孔乙己的不幸遭遇形成了鲜明对照。鲁迅通过以喜写悲的手法，不仅深刻揭露封建社会的黑暗和冷酷，同时也将群众的麻木表现得淋漓尽致。《阿Q正传》中的阿Q是一个典型的具有喜剧性的悲剧形象，作为其性格主要特征的"精神胜利法"包含了悲喜剧两种因素，丑陋的现实装点上美的外衣的种种做法表现出浓浓的喜剧效果。"精神胜利法"使阿Q丧失了对任何侮辱和打击的反抗意识，小说"哀莫大于心死"的悲哀气氛无疑制造出更加浓烈的悲剧色彩。可以说，叙述风格的喜剧性和故事情节的悲剧性有机结合，形成了小说悲喜交加的美学风格。

除了悲剧与喜剧的美学思想，鲁迅的小说还体现了虚实相生的叙事美。冲破"瞒和骗"的迷障，刻画中国现代社会的人生百态，记录现代生活的真实图景和展现时代的精神图景，是鲁迅小说创作的艺术诉求。鲁迅追求艺术的"真"，在他看来："只要写出实情，即于中国有益，是非曲直，昭然俱在，揭其障蔽，便是公道耳。"[②]只有这样，才能让读者在阅读中虚中求实，假中窥真。

在小说的艺术表现上，鲁迅时而强调故事情节真实的叙述和描绘，让读者感受到身临其境般的艺术效果；时而又隐去情节内容，形成空白和想象的艺术效果。在小说语言的运用上，鲁迅有时直抒胸臆，借小说人物之口道出内心所

---

① 鲁迅：《坟·再论雷峰塔的倒掉》，《鲁迅全集》第二卷，中国文联出版社2013年版，第417页。
② 鲁迅：《致姚克》，《鲁迅全集》第十一卷，中国文联出版社2013年版，第15页。

感所言；有时又故意含糊其词，不直接说明，让读者穿云入雾，去猜测和想象。在小说人物的描绘上，鲁迅有时用虚笔作幕后处理，在侧面描写中揭示其丑恶，如《药》中的夏三爷、《孔乙己》中的丁举人；有时又直接描写和勾画出谴责对象的行为举止，如《阿Q正传》中的赵太爷、《风波》中的赵七爷等。鲁迅把创作的视角置于底层社会，通过塑造小人物形象展其悲苦和哀其不幸。

鲁迅小说的故事时间大多始于辛亥革命前，终于五四运动后，故事背景以江浙为主，城乡混为一体。小说中人物形象极其丰富，如官绅、商人、士大夫、农民等，不同阶级的人物在社会大环境下演绎着各自的悲欢离合，呈现出一幅幅真实的历史画卷。小说人物爱憎分明的情感态度，以及小说虚实相生的叙事方式可以让读者产生强烈的代入感，而这也正是鲁迅小说的艺术魅力之所在。

第三节　鲁迅的散文美学观

鲁迅的散文功底深厚，题材和风格也十分丰富，有抒情优美的回忆性散文，也有轻松诙谐的喜剧性散文，还有深沉思辨的哲理性散文。在他的散文世界中，鲁迅既能将社会人生和风俗世态描绘得生动逼真，又能将内心深藏的感受和情感表达得充满意味和哲思。鲁迅的抒情叙事散文（五四时期与文艺性的政论杂文呈现出不同的风貌的美文），连同散文诗集《野草》《朝花夕拾》等，构成了其美学艺术观的另一道风采。

一、鲁迅散文的生命美学观

19世纪前期，德国浪漫派美学家施莱格尔关注精神的内在生命力，提出以心灵为核心的生命哲学观。1907年，柏格森的《创造进化论》出版，进而在西方掀起了一股“柏格森热”。[①] 柏格森在书中思考了生命与意识的关系。在他看来，任何生命状态都是在时间中流动和变化的。柏格森认为：“对于有意识的生

① 柏格森哲学的核心概念是“绵延”，根据他自己的看法，“绵延”就是运动、发展、变化的过程；就是“自我”或“自我意识状态”，是自我的基本生存方式。（参见柏格森：《时间与自由意志》，商务印书馆1958年版。）

命来说，要存在就是要变化，要变化就是要成熟，而要成熟，就是要连续不断地进行无尽的自我创造。”[①]鲁迅通过翻译《苦闷的象征》，逐渐形成了以生命哲学为思想基础的美学艺术观。

《朝花夕拾》与《野草》渗透着十分浓厚的生命意识，可以说是鲁迅生命美学观的文本实践。《朝花夕拾》是富有生活情趣的回忆性散文，在回忆与对现实的思索中表现出理想的人性关怀。以“朝花”和“夕拾”作为散文集名称，也表达了鲁迅对生命本真意义的思考和对自由的追寻。《野草》所收录的23篇散文是鲁迅最富灵感的作品，被称为“废弛的地狱边沿的惨白色小花”[②]。《野草》中无论是强调韧性战斗精神的颂歌，如《秋叶》《过客》等，还是心灵的自我解剖，如《影的告别》《死火》等，无不显示出独特的散文美学意蕴。

鲁迅在《苦闷的象征》译本引言中写道：“作者据柏格森一流的哲学，以进行不息的生命力为人类生命生活的根本，又从弗罗特一流的科学，寻出生命力的根柢来，即用以解释文艺，尤其是文学。…… 这在目下同类的群书中，殆可以说，既异于科学家们的专断和哲学家们的玄虚，而且也并无一般文学论者的繁碎。”[③]鲁迅在《生命的路》中写道：“生命的路是进步的，总是沿着无限的精神三角形的斜面而向上走，什么都阻止他不得。”[④]这句话可以看作是鲁迅生命美学的宣言，也可以看出柏格森的生命哲学思想对鲁迅的影响。鲁迅生命美学中追求创新、追求自由、追求个性解放的精神与柏格森的生命美学中生生不息的创造精神，对自由意志的孜孜以求，对向上的生命力的赞美是一脉相承的。

鲁迅在《野草》的“题记”中说：“过去的生命已经死亡。我对于这死亡有大欢喜，因为我借此知道它曾经存活。死亡的生命已经朽腐。我对于这朽腐有大欢喜，因为我借此知道它还非空虚。”[⑤]《野草》表现出一种关于绝望与反绝望的人生哲学，生与死是《野草》的重要主题，其中展现出情感世界的爱与哀愁、心灵深处的痛苦与反思、现实生活的孤独与寂寞感、未来生存的精神与力量等，都体现出独特的生命美学追求。竹内好认为鲁迅的作品体现了一种冲突和本质上的对立矛盾，如城市和农村、追忆和现实，这大概是种小小的表现，或许还有死

① [法]柏格森：《创造进化论》，肖聿译，华夏出版社第2000年版，第13页。
② 鲁迅：《二心集·〈野草〉英文译本序》，《鲁迅全集》第四卷，中国文联出版社2013年版，第272页。
③ 鲁迅：《苦闷的象征》，《鲁迅全集》第十三卷，中国文联出版社2013年版，第158页。
④ 鲁迅：《热风·生命的路》，《鲁迅全集》第二卷，中国文联出版社2013年版，第227页。
⑤ 鲁迅：《鲁迅全集》第一卷，中国文联出版社2013年版，第424页。

和生、绝望和希望等。[①] 竹内好所强调的鲁迅作品中的相互对立，最明显地存在于《野草》中，如生与死、希望与绝望、天上与深渊、梦与现实、爱者与不爱者等。《野草》展示了一个悲凉而不绝望的世界，凸显了人情世态彻骨的凉意，不仅表达了鲁迅对生存的痛苦感悟，也表现了他反抗的战斗精神，具有独特的审美意义。

鲁迅散文中的生命美学主题是丰富的，痛苦、苦闷、彷徨、孤独、绝望和抗争等，都是鲁迅对生命深刻体验的反映。在鲁迅的散文作品中，迷茫困顿、孤独苦闷等情绪在充满哲思的语言之中流露，绝望的抗争赋予生命以意义，显示出生生不息的顽强生命力量。

对生命的探索是鲁迅散文中的重要生命美学主题。《朝花夕拾》对往事的追述，流露出对传统封建思想压抑下生命形式的批判，并表现出对生命价值的肯定与对生命本真的思考。对生活在几千年封建传统制度下的国民来说，封建宿命论已深入骨髓，大多数人的生命意识都受到压抑。在鲁迅眼中，生命的本真是自由的，为唤醒国人，鲁迅的创作多以“立人”为理念，呼吁民众做自己命运的主人。

对生命的抗争也是鲁迅生命美学的重要主题，如《野草》中的《秋夜》就将这种锲而不舍的战斗情怀和抗争精神进行了寓意深远的书写。作品展示了一幅富有象征意味的深秋夜色图景，蕴含了深刻的现实意义。位于图景中央的是后院墙外的两株枣树，以及将霜洒在野花和草木上的秋夜的天空。两个尖锐对立的艺术形象同时呈现，形成一种对抗的景象。怪而高的夜空象征着黑暗、冰冷而又残酷的反动统治者，而两株枣树则象征着与这冷酷阴险的夜空相对抗的不屈不挠的战斗形象。在漆黑夜空下，枣树既不痛苦也不绝望，依然毫无顾忌地进行着战斗。“一无所有的干子，却仍然默默地铁似的直刺着奇怪而高的天空，一意要制他的死命，不管他各式各样地睒着许多蛊惑的眼睛。”[②]

痛苦、苦闷、彷徨的生命体验是鲁迅散文生命美学的另一主题。鲁迅生命的痛苦体验来自多方面，个人婚姻的不幸、与二弟的决裂、人生和社会理想的破灭，等等。《影的告别》写于 1924 年，是鲁迅解剖自我内心阴影的一篇作品。文

① [日]竹内好：《鲁迅》，李心峰译，浙江文艺出版社 1986 年版，第 38—39 页。
② 鲁迅：《野草・秋夜》，《鲁迅全集》第一卷，中国文联出版社 2013 年版，第 427 页。

中“影的告别”是鲁迅在直面内心的这些阴影之后，决定要去除灵魂中的“毒气”和“鬼气”的一篇自白。此文写作时，鲁迅正陷于苦闷彷徨的时期，文中隐现着作者内心深处深深的矛盾与痛苦。此时的鲁迅一方面保持了所谓最清醒的现实主义，另一方面自我的怀疑精神又让他否定了未来的理想和期望。

此文全篇就是睡梦中的人告别时的细语。作品中的“影”是鲁迅内心思想矛盾的化身，散文诗以一个新奇别致的构思开篇：“人睡到不知道时候的时候，就会有影来告别，说出那些话。”①文中晦涩难解的语词，表达了鲁迅内心深处想要告别但又彷徨虚无的心境。“有我所不乐意的在天堂里，我不愿去；有我所不乐意的在地狱里，我不愿去；有我所不乐意的在你们将来的黄金世界里，我不愿去。”②鲁迅憎恨苦难深重的地狱，但又并不向往现实中根本不存在的虚无缥缈的天堂，而对于未来的“黄金世界”，他亦不敢轻信。如《影的告别》中“黑暗又会吞并我，然而光明又会使我消失”③的体验一样，在 1925 年五卅运动爆发前所写的《死火》中，鲁迅展现出自己那种进退维谷、矛盾苦闷的生命体验，流露出在现实斗争中所产生的矛盾和痛苦。

对生命的怜惜与赞美是《野草》生命美学的另一重要主题。对于生命的衰老和颓败，鲁迅有着深刻的体验。在他笔下，对生命的静观体验是孤独的，亦是壮美的。“我大概老了。我的头发已经苍白，不是很明白的事么？我的手颤抖着，不是很明白的事么？那么，我的灵魂的手一定也颤抖着，头发也一定苍白了。”④这种青春已逝，老之将至的迟暮情绪让鲁迅感到深层次的悲凉，最后“只得由我来肉搏这空虚中的暗夜了”⑤。《腊叶》中作者看到夹在书中的腊叶，联想到他自己的生存境况，不由悲从心生。《好的故事》讲述作者梦到一个好的故事：“这故事很美丽，幽雅，有趣。许多美的人和美的事，错综起来像一天云锦，而且万颗奔星似的飞动着，同时又展开去，以至于无穷。”⑥这是孤独的抗战者怀着痛苦和疲惫的心灵对宁静、和谐和美的理想生活的追求，更是一种生命的审美体验。

---

① 鲁迅：《野草·影的告别》，《鲁迅全集》第一卷，中国文联出版社 2013 年版，第 429 页。
② 鲁迅：《野草·影的告别》，《鲁迅全集》第一卷，中国文联出版社 2013 年版，第 429 页。
③ 鲁迅：《野草·影的告别》，《鲁迅全集》第一卷，中国文联出版社 2013 年版，第 429 页。
④ 鲁迅：《野草·希望》，《鲁迅全集》第一卷，中国文联出版社 2013 年版，第 439 页。
⑤ 鲁迅：《野草·希望》，《鲁迅全集》第一卷，中国文联出版社 2013 年版，第 440 页。
⑥ 鲁迅：《野草·好的故事》，《鲁迅全集》第一卷，中国文联出版社 2013 年版，第 446 页。

《朝花夕拾》表现出强烈的生命之爱，流露出鲁迅对生命的尊重与肯定。鲁迅将这些书写旧时回忆的散文篇章看作是在纷扰中寻出的“一点闲静”，其中大部分也是鲁迅热爱生命与生活的真实写照。鲁迅认为生命的存在是人从事一切活动的前提和基础，这存在本身是一种美。《狗·猫·鼠》谈到仇猫的原因时，追忆了童年时救养的隐鼠遭到摧残的经历，强调这与人们“幸灾乐祸，默默地折磨弱者的坏脾气”相似，从而表达出对弱小生命的同情以及对暴虐行为的憎恶。《阿长与〈山海经〉》记叙了儿时与保姆长妈妈相处的情景，长妈妈身上虽有迷信愚昧和各种麻烦的礼节，但保存着朴实与善良，让鲁迅尊敬、感激。文末作者呼唤：“仁厚黑暗的地母呵，愿在你怀里永安她的魂灵！”这表达了对已故之人的敬爱与怀念。《从百草园到三味书屋》更是用许多鲜亮的词语追忆了百草园中无忧无虑的生活，表现出童年生活的情趣。鲁迅将百草园视作他儿时的乐园：碧绿的菜畦、高大的皂荚树、火红的桑葚、长吟的鸣蝉和轻捷的云雀等，都饱含着童年生活的无限乐趣。无论是拍雪人、塑雪罗汉，还是扑鸟雀的百草园生活，都与三味书屋中的书塾生活形成了鲜明对比，表现出对童年生活的热爱与珍视。

二、鲁迅散文的死亡美学观

作为生命美学观的一部分，鲁迅的散文体现出对死亡的美学思考。鲁迅强调对死亡的美学书写，这一方面来源于他自身经历的苦闷与彷徨体验；另一方面也源于他对生命与死亡的深刻哲学洞见。

鲁迅一方面坦然地面对死亡，一方面深感死之悲凉；一方面感叹死之虚无，一方面深感死亡的无处不在；一方面叹息死亡的不可避免，一方面肯定着向死而生的价值。在《朝花夕拾》中，对父亲的病痛与死亡感受，是鲁迅关于生命的最初体验，也让他对死亡产生恐惧与敬畏之感。在《野草》中，鲁迅有感于自身的衰老，因而对死亡的体验更为丰富而深刻。可以说，随着人生经历的不断增加，鲁迅对生命与死亡的体验和理解也在不断加深。

鲁迅的很多散文都呈现出生与死、明与暗的意象，如《野草》等。《野草》中描写了很多黑暗阴沉的故事及场景，以及各种灰暗、阴沉的意象，呈现出死亡美学意味。鲁迅散文中呈现出的这种死亡美学取向有其独特的原因，如《野草》中的黯淡情绪和苦难意识就与鲁迅写作时的心境有着密切关系。

1924年到1926年是鲁迅人生中较为痛苦的时期，此时五四运动高潮已经退去。鲁迅视自己为一个在旧战场中徘徊的零余兵卒，他将自己的第二本小说集命名为“彷徨”，杂文集命名为“华盖”。此外，父亲的病和死也影响了鲁迅，使鲁迅陷入一种苦闷抑郁的情绪之中，这种对死亡的强烈感受在《朝花夕拾·父亲的病》中有着集中体现。从中医怎样治病失败，再到父亲临死时场景的真实、细致描写，都可以感受到父亲的病与死给鲁迅带来的深刻心理体验。可以说，从青年的“我以我血荐轩辕”的豪壮，到中年《野草》中的死亡描写，再到暮年创作的《死》和《女吊》，死亡意识贯穿了鲁迅的整个创作生涯。

鲁迅赋予死亡以深刻的社会文化内涵，并将个人死亡意识与广大社会、民族存亡结合在一起，他散文中的死亡意识表现出鲜明的现代性表征。鲁迅在《野草》的世界里直面死亡，生与死的讨论贯穿《野草》，《题辞》更是鲁迅对命运和生命意义的深刻自省。在《写在〈坟〉后面》中，鲁迅表达了自己对生命终点的看法：“我只很确切地知道一个终点，就是：坟。”[①]鲁迅认为，生命的终点即死亡，死亡是人类无法逃避的终点和归宿。在《过客》中，鲁迅塑造了一个面向坟而又坚持不停地走过去的“过客”形象，展现了向死而行的生存方式。鲁迅将死亡视为生命的一部分，认为个体正是在走向死亡的过程中确证了生命的价值。在鲁迅看来，当个体面对死亡这一确定的终极命运时，无疑会思索生存的意义。

鲁迅对死亡的理解是丰富而深刻的，他肯定了人是“向死而生”的存在，认为这是个体无法逃避的现实。鲁迅对死亡的理解是一种对人生悲剧和残酷现实的冷峻洞察，是在生与死的夹缝间寻求生命的意义所在。《死后》描述了一个象征性的梦境，这个荒诞、象征的场景是鲁迅对个体死后状态的追寻和预测。鲁迅从个体死后的推衍中探求着生活的意义和生命的价值，在抛弃旧我、认识自我的过程中寻找着个体生命的存在位置和意义。生命中的个体“宛然目睹了‘死’的袭来，但同时也深切地感受着‘生’的存在”[②]。在鲁迅看来，死亡并不等于空无，死亡从另一个维度证明了生命的存在，确证了生命存在的意义和价值。

生命与死亡意识是鲁迅散文美学思想的重要组成部分。他的散文集中体

① 鲁迅：《坟·写在〈坟〉后面》，《鲁迅全集》第二卷，中国文联出版社2013年版，第481页。
② 鲁迅：《野草·一觉》，《鲁迅全集》第一卷，中国文联出版社2013年版，第480页。

现出的生命与死亡美学观，在某种意义上也是鲁迅的个体生命存在感悟，如《朝花夕拾》和《野草》从自身经历出发，强调对个体生命及其存在意义的理解。需要指出的是，无论是从个体出发的生命美学和死亡美学，还是从社会出发的“为人生”美学观，都是立足于“人”的美学探讨，体现出鲁迅对个体主体性的关注。

第四节　鲁迅的美术思想

鲁迅对艺术美学中的一系列问题发表了独到的见解，其中暗藏深刻的人生思索，并寄寓了强烈的人生观照和社会批判意识，闪烁着现实主义和人本主义的精神光辉。纵观鲁迅的美术生涯，他与漫画和版画有着密切的关联，有着难以割舍的情结。鲁迅在漫画和版画中寻求艺术旨趣，以期找到影射现实与慰藉精神的救赎之路。

一、鲁迅的漫画思想

漫画是带有讽刺性、批判性和思想性的美术。在鲁迅看来，漫画亦即讽刺画，“漫”并不是“中国旧日的文人学士所谓‘漫题’‘漫书’的‘漫’。当然也可以不假思索，一挥而就的，但因为发芽于诚实的心，所以那结果也不会仅是嬉皮笑脸”。[①] 在鲁迅看来，漫画创作如果毫无目的，会导致讽刺和幽默功能的偏离，最终堕落为“嬉皮笑脸”，丧失漫画的本质功能。

（一）鲁迅的漫画情结

鲁迅的漫画情结体现为他对漫画艺术的偏爱，同时也体现为他借助漫画探寻“立人”和“立国”的宏愿。在鲁迅眼中，漫画逐渐从单纯的审美愉悦演变为改造国民，反思和批判社会的工具。

童年时期，鲁迅便对“民间风俗漫画”相当喜爱，《八戒招赘》和《老鼠成亲》是少年鲁迅床头梦乡中的玩伴。鲁迅曾回忆他曾看的漫画《老鼠成亲》，认为这

① 鲁迅：《荆天丛笔（下）·漫谈“漫画”》，《鲁迅全集》第七卷，中国文联出版社2013年版，第214页。

幅画“自新郎新妇以至傧相、宾客、执事,没有一个不是尖腮细腿,像煞读书人的,但穿的都是红衫绿裤”①。鲁迅对这样的漫画很痴迷,这些饶有趣味的民间风俗漫画也带给童年鲁迅漫画艺术的启蒙。

鲁迅不仅喜爱民间风俗漫画,对漫画中的魔幻神奇世界同样着迷。在童年读过的《山海经》《西游记》《毛诗品物图考》等书中,鲁迅看到的是一个个充满魔幻色彩的神异世界。故事中“人面的兽,九头的蛇,三脚的鸟,生着翅膀的人,没有头而以两乳当作眼睛的怪物”②等奇幻事物使鲁迅全身“都震悚起来”,这些无疑丰富了鲁迅的艺术想象力和感受力。在阅读过程中,鲁迅描摹他所看到的这些形象,以至“读的书多起来,画的画也多起来;书没有读成,画的成绩却不少了”③。可以说,童年的漫画阅读和绘画体验,使鲁迅对漫画产生了特殊情结,同时也极大地培养了童年鲁迅的审美感知能力,潜移默化地影响了他的审美意识,成为鲁迅后来介入和推崇漫画艺术的主要原因。

童年的大量漫画阅读为鲁迅的漫画情结奠定了基础,成年后的鲁迅希望通过文艺启蒙国民,疗治国人魂灵和改造社会,这是他致力于涵括漫画在内的新兴美术事业的现实基础。在鲁迅看来,五四运动并未拉近启蒙者与大众之间的距离,反而加深了启蒙者与大众之间的鸿沟。鲁迅有意淡化立意高雅的油画和水彩艺术,着重突显简便易懂、贴近生活的漫画、版画和连环画等美术。鲁迅积极推进漫画、版画、连环画、插画等中国新兴美术,呼吁艺术家创造适应大众的浅显易懂的作品。在他看来,漫画是一种通俗而又备受底层大众喜闻乐见的艺术形式。漫画的讽刺性使其能有效地展开社会批判和现实反思,因此具有揭露现实、启蒙大众的反思和批判功能。在鲁迅看来,对漫画的倡导和推进,可以反思启蒙,是消解启蒙者与大众之间鸿沟的策略。历史与现实语境是鲁迅选择漫画作为其救赎策略的客观前提,也是其漫画情结形成的重要原因。鲁迅以极大的热情和精力提倡和推进新兴漫画,毕生对漫画有着偏爱,体现出浓烈的漫画情结。

首先,尝试漫画创作。鲁迅童年就喜欢漫画创作,他曾“在院子里矮墙上画

---

① 鲁迅:《朝花夕拾·〈狗·猫·鼠〉》,《鲁迅全集》第二卷,中国文联出版社2013年版,第11页。
② 鲁迅:《朝花夕拾·阿长与山海经》,《鲁迅全集》第二卷,中国文联出版社2013年版,第19页。
③ 鲁迅:《朝花夕拾·从百草园到三味书屋》,《鲁迅全集》第二卷,中国文联出版社2013年版,第45页。

有尖嘴鸡爪的雷公，荆川纸小册子上也画过‘射死八斤’的漫画。”[1]在北平任教时，鲁迅以许广平为原型绘制了一幅“刺猬撑伞图”。在中华艺术大学的演讲中，鲁迅随手创造一个左脚站在写有“革命”的葫芦上，右脚站在写有“文学”的葫芦上的人，[2]讽刺倾向不明的“革命人”。保存在《那怕你，铜墙铁壁！》里的“活无常图”是鲁迅较为满意，也是他唯一留世的漫画习作。漫画人物的举止中透露出仁义和抗争，寄予着鲁迅反抗黑暗现实的祈愿。留学日本时，鲁迅接触和研究从古希腊到十九世纪的欧洲艺术作品和艺术流派等，掌握了大量的外国美术知识和理论，并画过大量的人体解剖图，这也使得他的漫画创作有着深厚的艺术理论基础。

其次，发表漫画评论，翻译相关文献。五四运动前夕，鲁迅在《新青年》上发表《随感录四十三》《随感录四十六》和《随感录五十三》等与漫画相关的评论文章。在这些文章中，鲁迅探讨了漫画的社会功能，认为漫画所揭露和针砭的对象是“社会的锢疾”[3]和腐蚀人心、腐化思想的“劳什子”[4]。在鲁迅看来，漫画创作应有鲜明的阶级立场和社会属性，要对大众有益，而不能成为少数上流社会人士嬉笑怒骂的园地。1924年，鲁迅译介厨川白村的《为艺术的漫画》；1927年，鲁迅译介板垣鹰穗的《近代美术史潮论》，这些译著极大开拓了中国现代美术的漫画研究视域。晚年的鲁迅更是撰写专文论及漫画创作及其艺术特点，如《漫谈“漫画”》《漫而又漫画》《论讽刺》和《“滑稽”例解》等。

再次，收藏漫画作品。鲁迅一生收集了众多漫画书籍和画册，在他的日记中，提及的《漫画大观》和《川柳漫画全集》等与漫画相关的书籍就有近二十册。[5]鲁迅曾先后函托在外留学的友人代为广泛搜罗漫画书籍和画册，托请书店购买漫画画册，等等。鲁迅广泛搜罗这些漫画书籍和画册，希望以此扩展进步美术青年的艺术思维和审美视野，推动中国新兴美术的发展。

最后，关心漫画刊物发展。鲁迅积极支持漫画刊物的发展，《漫画生活》创

---

① 周作人：《鲁迅的青年时代・避难》，《周作人散文全集》第十二卷，广西师范大学出版社2009年版，第582页。

② 李乔：《不能忘记的声音》，朱金顺编，《鲁迅演讲资料钩沉》，湖南人民出版社1980年版，第134页。

③ 鲁迅：《热风・随感录四十六》，《鲁迅全集》第二卷，中国文联出版社2013年版，第190页。

④ 鲁迅：《荆天丛笔（上）・文艺的大众化》，《鲁迅全集》第六卷，中国文联出版社2013年版，第545页。

⑤ 据鲁迅的“书帐”记载，鲁迅分别于1928年购进《漫画大观》系列期刊九本，1930年购买《川柳漫画全集》系列画册四本，1931年购得《川柳漫画全集》系列画册五本，1932年购《川柳漫画全集》系列画册一本。（参见鲁迅：《日记》，《鲁迅全集》第十七卷，中国文联出版社2013年版，第53—302页。）

刊词上曾引用鲁迅的漫画理论。鲁迅极为重视这本漫画月刊,共为其写过三篇文章,同时还把该刊物介绍到国外去。鲁迅不仅关心漫画杂志,还经常引荐出版漫画插图,为待出版的漫画插图作说明和标注,积极扩大新兴漫画刊物的影响力。

(二)鲁迅漫画思想的旨归

鲁迅把漫画纳入到社会和文明中加以考察,他的漫画思想展现出对民众生存现状的思考,对人生的深切观照,对社会矛盾和黑暗现实的揭露,以及对社会痼疾的批判,等等。

鲁迅认为,以人生观照为旨归的漫画是具有真正社会意义和价值的作品。鲁迅认为,这种漫画"在中国的过去的绘画里很少见,《百丑图》或《三十六声粉铎图》庶几近之,可惜的不过是戏文里的丑脚的摹写;罗两峰的《鬼趣图》,当不得已时,或者也就算进去罢,但它又太离开了人间"。[①] 在鲁迅看来,《鬼趣图》组画是不得已而纳入的漫画,其原因在于虽然《鬼趣图》揭露了现实的黑暗和丑恶,却由于表达方式过于曲折和隐晦,作品偏离了对现实人生的关注和反思,不能有效地唤起民众的共鸣和体验。鲁迅强调漫画应当具有大众意识,他把目光聚焦到处于水深火热的劳苦大众的生存境遇上。同时,鲁迅介绍反映大众苦难生活的漫画作家,如西班牙的戈雅和法国的杜米埃等,促进中国漫画家画出真正有人生观照的作品,使漫画成为劳苦大众的艺术。

漫画思想中的人生观照是鲁迅"为人生"艺术观在漫画理论中的延伸和体现。在鲁迅看来,漫画要寄予对现实人生及其生存现状的观照。鲁迅不仅强调漫画应当反映大众的生活和要求,同时也要求漫画创作对人民大众有益。鲁迅指出:"为中国大众工作的,倘我力所及,我总希望(并非为了个人)能够略有帮助。"[②]鲁迅认为,真正的漫画艺术家应当自觉以人民大众的利益为立场,其漫画作品"不但欢喜赏玩,尤能发生感动,造成精神上的影响"[③],要达到疗救的功效。鲁迅极其重视漫画在人的精神方面的感召力,认为漫画作为一种绘画艺术,应

---

① 鲁迅:《荆天丛笔(下)·漫谈"漫画"》,《鲁迅全集》第七卷,中国文联出版社 2013 年版,第 214 页。
② 鲁迅:《书信·360802 致曹白》,《鲁迅全集》第十一卷,中国文联出版社 2013 年版,第 576 页。
③ 鲁迅:《热风·随感录四十三》,《鲁迅全集》第二卷,中国文联出版社 2013 年版,第 187 页。

当像木刻一样成为“引导国民精神的前途的灯火”①。

鲁迅强调漫画创作应当关注和呈现习以为常的社会生活，将“匕首和投枪”指向病态社会的脓包和痼疾，揭露和批判社会的罪恶和荒谬，使人们清醒地认识社会和反思现实。在鲁迅看来，漫画作为讽刺艺术的一支，要戳破隐藏在社会常态下，被层层包裹的丑恶的、无意义的虚假面目，通过深挖和揭发社会的痼疾，激起人们在快感和嘲笑中反思。鲁迅强调讽刺漫画的社会批判性，认为缺失了社会批判性，讽刺漫画就会陷入虚幻和低级的无意义泥沼中。漫画应当针砭社会的痼疾，要指出社会发展的正确方向和引导社会。在鲁迅看来，讽刺漫画要“表现些所见的平常的社会状态”②，寓批判于平凡当中，充当反映社会陋习的镜子。讽刺漫画要以怪趣来吸引读者，并以此影射人们的生存现状，要通过精炼的笔法挖掘平常事和平常话中的不平常之处，让读者在平淡无奇的社会常态中嘲笑和戳穿社会的丑，进而引发大众反思和实现社会批判效果。

鲁迅指出：着眼于生活，揭露和批判社会黑暗，应当是进步的漫画美术家的职责。“美术家固然须有精熟的技工，但尤须有进步的思想与高尚的人格。……我们所要求的美术家，是能引路的先觉，不是‘公民团’的首领。”③在鲁迅看来，高尚的思想和进步的人格是评价漫画家能否自觉地拿起讽刺武器，挖掘社会症结和批判病态社会的重要尺度。鲁迅推崇漫画家勃拉特来和格罗斯，认为他们的漫画作品有着强烈的社会批判性而为世人瞩目。勃拉特来和格罗斯的作品所呈现出来的批判态度与鲁迅的现实启蒙思想不谋而合，都强调应当在漫画中置入批判精神，以此引起国民关注和唤起国民的觉醒。

鲁迅终其一生都保持着对漫画的钟爱，他把漫画置入对深邃的社会现实的考察中。他不仅在漫画的评论中暗含真切的人生观照和深刻的社会批判，而且通过漫画的实践创作，实现救赎人生的艺术功效。

（三）鲁迅的漫画创作思想

鲁迅提出了一系列深刻的漫画理论，这既是他漫画创作思想的核心，也是他面对中国社会现实而采取的一种艺术拯救策略。

---

① 鲁迅：《坟·论睁了眼看》，《鲁迅全集》第二卷，中国文联出版社2013年版，第450页。
② 鲁迅：《书信·350204致李桦》，《鲁迅全集》第十一卷，中国文联出版社2013年版，第292页。
③ 鲁迅：《热风·随感录四十三》，《鲁迅全集》第二卷，中国文联出版社2013年版，第187页。

漫画作为艺术的门类之一，同样具备艺术的共性，离不开对客观现实的艺术再现，也离不开主观情感的融入，亦即主客观的真实与真情。鲁迅强调漫画创作的两种态度：客观的真实与主观的真情。在他看来，两种真实最终可归为漫画艺术的真实律问题，是漫画创作的根基所在。

鲁迅认为漫画作品本身就具有客观实在性，它是思想、情感物化的客观存在。他在《漫谈“漫画”》中指出：“因为真实，所以也有力。”[①]在鲁迅看来，真实是漫画作品注入精神力量和深层意旨的根源。在谈到讽刺漫画时，鲁迅又指出：“‘讽刺’的生命是真实；不必是曾有的实事，但必须是会有的实情。”[②]在鲁迅眼中，漫画真实性要求也决定了漫画讽刺的内容。“其实，现在的所谓讽刺作品，大抵倒是写实。非写实决不能成为所谓‘讽刺’；非写实的讽刺，即使能有这样的东西，也不过是造谣和诬蔑而已。”[③]

依据漫画的真实性要求，鲁迅对漫画的“伪真实”展开了批判。鲁迅认为，漫画作为一门“笑”的艺术，幽默性是其重要艺术特性，但以林语堂为代表的一些人却主张以幽默遮蔽真实的社会丑，无意义、造作的滑稽和讥笑掩盖苦痛和奴役的生存现状，以笑的形式掩饰丑恶的现实和罪恶的社会，以此淡化大众对丑的、无价值的事物的愤恨以及大众对现实社会的批判反思。鲁迅指出，这种“幽默”在当时中国社会毫无根基可言，也无长期存在的可能性。在鲁迅看来，“笑”的目的在于超越表层嬉笑和狂笑形式，感悟其现实本真和意义，应该饱含着严肃的社会真理和人生要义，揭露社会的真实面目，避免堕入“‘说笑话’和‘讨便宜’”[④]的漩涡中。漫画应当把严肃性和幽默性有机地结合起来，在笑的过程中闪烁出真理和人性光芒，不但要引人发笑，更要引起人们对社会现象和人生问题的反思。

漫画真实律的另一个维度则是漫画家的真情，“无真情，亦无真相”。[⑤] 在鲁迅看来，成功的漫画创作寄寓了作家的真挚情感和强烈爱憎，而一些随意而为、

① 鲁迅：《荆天丛笔(下)·漫谈“漫画”》，《鲁迅全集》第七卷，中国文联出版社 2013 年版，第 215 页。
② 鲁迅：《荆天丛笔(下)·什么是“讽刺”?》，《鲁迅全集》第七卷，中国文联出版社 2013 年版，第289 页。
③ 鲁迅：《荆天丛笔(下)·论讽刺》，《鲁迅全集》第七卷，中国文联出版社 2013 年版，第 249 页。
④ 鲁迅：《伪自由书·从讽刺到幽默》，《鲁迅全集》第五卷，中国文联出版社 2013 年版，第 36 页。
⑤ 鲁迅：《书信·340430 致曹聚仁》，《鲁迅全集》第十一卷，中国文联出版社 2013 年版，第 69 页。

毫无真意的涂鸦和骂语脱离了“被画者的形体和精神”[1]，造成了主客观的双重失真。鲁迅认为：“漫画的第一件紧要事是诚实，要确切的显示了事件和人物的姿态，也就是精神。”[2]在这里，“诚实”与“真情”相通，它既要求漫画作家不能脱离客观现实或创作对象的姿态和精神，更要在漫画中饱含艺术家自身的真诚态度和真挚感情。不仅如此，鲁迅对漫画家的创作还提出“形神俱似”的美学要求，强调漫画所塑的形象不仅要画出客观世界外在真实的“肉”，还要呈现出客观世界内在本真的“灵”。

鲁迅区分了漫画中讽刺与冷嘲、有趣和肉麻的界限，并以此告诫新兴漫画创作不能坠入虚情假意的深渊。鲁迅认为，有情的讽刺和无情的冷嘲只是一“情”之隔，后者毫无主观的真情与热情，而只为个人私利，把漫画变为人身攻击的工具。“讽刺作者虽然大抵为被讽刺者所憎恨，但他却常常是善意的，他的讽刺，在希望他们改善，并非要捺这一群到水底里。……如果貌似讽刺的作品，而毫无善意，也毫无热情，只使读者觉得一切世事，一无足取，也一无可为，那就并非讽刺了，这便是所谓‘冷嘲’。”[3]鲁迅在《二十四孝图》中写道：“讽刺和冷嘲只隔一张纸，我以为有趣和肉麻也一样。孩子对父母撒娇可以看得有趣，若是成人，便未免有些不顺眼。放达的夫妻在人面前的互相爱怜的态度，有时略一跨出有趣的界线，也容易变为肉麻。”[4]在鲁迅眼中，有趣和肉麻的界限取决于创作是否带有真情，前者因带有主体的真情实感，能通过艺术家的创造而最终形成艺术趣味性；后者因主观感情的失真，反而令人反感。

如果说真实与真情的创作态度体现了鲁迅对社会生活的审视和批判的话，那么漫画“一目了然”的创作形式则是鲁迅着眼于中国民众的社会生活，主张漫画亲近民众，实现漫画观照现实人生，以及实现对个体启蒙救赎的进一步探索。

20世纪初，西方的现代派艺术进入中国，其荒诞和怪异的画风波及漫画和版画等新兴美术领域，造成了画坛上盲目崇拜与模仿的不良风气。很多漫画作品追求怪诞猎奇，使人费心于观赏与思索而往往不能理解。鲁迅虽然对一些表现主义画家十分推崇，认为现代派绘画在破坏旧制方面是革命者的同路人，但

---

① 鲁迅：《荆天丛笔（下）·漫谈“漫画”》，《鲁迅全集》第七卷，中国文联出版社2013年版，第214页。
② 鲁迅：《荆天丛笔（下）·漫谈“漫画”》，《鲁迅全集》第七卷，中国文联出版社2013年版，第214页。
③ 鲁迅：《荆天丛笔（下）·什么是“讽刺”？》，《鲁迅全集》第七卷，中国文联出版社2013年版，第290页。
④ 鲁迅：《朝花夕拾·后记》，《鲁迅全集》第二卷，中国文联出版社2013年版，第82页。

他对现代派艺术还是持批判态度。鲁迅认为现代派艺术远离现实，过于追逐形式的解放和内容的解体，引导了趋奇逐怪的画风。鲁迅指出，现代派绘画虽善于破坏，却败于怪异，因为“怪”并非艺术的正道，“一怪，即便于胡为，于是畸形怪相，遂弥漫于画苑”①。现代派艺术的致命伤在于“虽属新奇，而为民众所不解”②。基于此，鲁迅提出“漫画要使人一目了然”③的命题。

早在20世纪30年代初期，鲁迅在为连环图画辩护时就提出艺术要通俗易懂的要求。鲁迅认为，再伟大的艺术作品也要有人懂，倘要发挥启蒙的功效，懂才是紧要事。在鲁迅眼里，漫画、版画、连环画等中国新兴美术要使那些并无“观赏艺术的训练的人，也看得懂，而且一目了然。……是不可堕入知识阶级以为非艺术而大众仍不能懂（因而不要看）的绝路里”④。鲁迅指出，如一味地迁就大众，势必要形成低级化和庸俗化的审美风貌。鲁迅发现，当时低级庸俗的漫画席卷了大半个漫画市场，造成了极坏的影响。鲁迅强调漫画要“一目了然”，要求进步的漫画家的创作要在易懂的基础上，加以提炼和升华，发挥漫画艺术的独特艺术魅力，使漫画作品成为“标记中国民族知能最高点的标本，不是水平线以下的思想的平均分数”⑤。

鲁迅还提出“一目了然”（或“懂”）的标准和限度，认为“易懂”并不是迁就，而是要顾及普通大众，“迎合和媚悦，是不会于大众有益的”⑥。如果漫画家为了迎合大众的口味，甚至掩盖现实真相，最终会沦为误导和残害大众的“新帮闲”。在鲁迅看来，迎合和取悦的结果只会是更加远离大众，导致其自身艺术价值的丧失，进而走向衰败。鲁迅期望那些心怀大众的漫画艺术家远离低级趣味和庸俗化艺术倾向，使漫画作品成为启发和引导大众的利器。

鲁迅强调“一目了然”和对大众有益的漫画主张，不仅体现了他对漫画创作认识的透彻性和深刻性，同时也隐含着他对真善美的艺术追求。在鲁迅那里，漫画艺术是反映现实生活的明镜，它能推进社会发展和民众进步，使民众产生

---

① 鲁迅：《书信·340602 致郑振铎》，《鲁迅全集》第十一卷，中国文联出版社2013年版，第102页。
② 鲁迅：《荆天丛笔（上）·〈新俄画选〉小引》，《鲁迅全集》第六卷，中国文联出版社2013年版，第550页。
③ 鲁迅：《荆天丛笔（下）·漫谈“漫画”》，《鲁迅全集》第七卷，中国文联出版社2013年版，第214页。
④ 鲁迅：《书信·330801 致何家骏、陈企霞》，《鲁迅全集》第十一卷，中国文联出版社2013年版，第426页。
⑤ 鲁迅：《热风·随感录四十三》，《鲁迅全集》第二卷，中国文联出版社2013年版，第188页。
⑥ 鲁迅：《荆天丛笔（下）·文艺的大众化》，《鲁迅全集》第六卷，中国文联出版社2013年版，第545页。

审美愉悦和艺术快感。

在漫画创作方面，鲁迅提倡“夸张”与“廓大”的创作方法。在鲁迅看来，漫画“廓大”的是那些显现的、表层的、具体化的外在特征，这也是众多漫画家广泛采用的创作方法。鲁迅要求漫画家透过表面现象捕获对象的本质特征，通过夸张使其表现出来。鲁迅提过一个生动的案例：若讽刺对象是一位皮肤白皙、身材苗条的美女，就很难讽刺其形体上的特征。有些漫画家把她画作骷髅或狐狸，借以显示蛇蝎美人的魅惑及危害，其实这多半是无能的表现。而有创新意识的漫画家则用放大镜来照出美人粉饰和掩盖的褶皱，以此来讽刺她掩饰遮蔽、混淆事实的本质。

在描绘官僚作风的漫画佳作中，画家通过“廓大”那些“并非特点之处”的心理细节，塑造契合现实中官僚主义者心理的典型讽刺形象，可以达到与批判阿Q相似的讽刺效果。用鲁迅的话来说，就是“夸张了这个人的特长——不论优点或缺点，却更知道这是谁”①。这也使那些官僚主义者疑心这像在画自己，又像在画别人，起到了特殊的警示和讽刺的功效。鲁迅还举例指出，无缘无故地把毫无驴气息的讽刺对象画作一头驴，那是毫无效果的，但假使讽刺的对象自身带有驴气息，漫画家加以夸张的描绘，“那就糟了，从此之后，越看越像，比读一本做得很厚的传记还明白”②。鲁迅认为，漫画家抓住精神本质上的相似而加以夸张，则会起到鞭辟入里、切中要害的讽刺效果。

在这里，漫画创作的“廓大”是以外在真实为基础的，其目的是发现、突显和强化真实，贬丑而扬美，而不是扼杀和歪曲事实。鲁迅意在提供一种美学启示：漫画的夸张与真实保持距离的同时，也切不可全然抛离真实的现实依据，造成无限的虚空和不尽的虚幻。“廓大”是鲁迅为限制任意的和过度的夸张而提出来的，在他看来，漫画的夸张必须要有限度，且要合情合理。

鲁迅对漫画理论的深入探究和分析丰富了现代中国的漫画美学理论。在鲁迅眼中，只有基于主客观真实这一基础，漫画的夸张与廓大才能具有强烈的社会批判力量。漫画只有具有“一目了然”的创作形式，才能与个体达成共鸣，进而实现对人生社会的深切观照。鲁迅认为，漫画创作要实现主客观真实和真

① 鲁迅：《荆天丛笔（下）·五论“文人相轻”——明术》，《鲁迅全集》第七卷，中国文联出版社2013年版，第339页。
② 鲁迅：《荆天丛笔（下）·漫谈“漫画”》，《鲁迅全集》第七卷，中国文联出版社2013年版，第215页。

情的高度结合，需“一目了然”且要暗含深刻的旨意，要夸张且要拿捏自如和张弛有度。

二、 鲁迅的木刻与版画艺术观

除漫画艺术思想外，鲁迅的版画与木刻艺术思想理论亦十分丰富，并推动了我国现当代的美术创作。新美术运动作为新文化运动的一支，接受了西洋绘画的一些观点，以师法自然、写生实物为特点，提倡美术创作应以反映客观事物为基础。鲁迅对新美术的介绍和论述颇多，1913 年的《拟播布美术意见书》集中阐述了他早期的美术思想，是新美术运动的第一篇理论著作。鲁迅将美术作为对抗一切黑暗、落后、腐朽的武器，企图以此唤醒民众，改造国民精神。

鲁迅对传统书籍插画有着浓厚兴趣，《山海经》《荡寇志》《毛诗品物图考》都是鲁迅少年时为之着迷的书籍。他曾收集和描摹各种带精美插图的书籍和画谱。传统民间版画艺术在他心中扎了根，这是鲁迅版画美学思想形成的源头。与传统民间文化相融合的传统版画艺术让鲁迅对木刻版画有着一种自然的亲近感，这也是鲁迅大力推崇木刻版画的主要原因。

中国的木刻版画有着悠久的历史，唐代的《金刚经》木刻插图已展现出十分成熟的版画技巧。鲁迅从日本回国后，曾收集与整理金石造像拓本，这对他木刻版画美学思想的形成亦有重要影响。明清时期是木刻版画的辉煌时期，在文人、书商、刻工的共同努力下，木刻版画出现了各种流派。宗教版画在明代达到顶峰，观赏性版画在这一时期也得到广泛传播。明代的木刻版画不仅包括各种书籍插图，还有许多画家传授画技的“画谱”、制墨名家的“墨谱”、民间娱乐的“酒牌”等等，形式多种多样。汉代的石刻画像、唐人的线画、明清的书籍插画和民间年画等艺术，都是新兴木刻版画从中不断吸取营养的宝贵遗产。鲁迅收集的拓本多以汉代画像、魏晋墓志铭和唐代佛像为主，他强调新兴木刻版画应借鉴传统艺术风格，尤其是汉唐气度。在他看来，汉唐版画艺术大气磅礴，想象天马行空，充满着力之美。

对于传统木刻版画艺术的不足，鲁迅展开了深入分析。在他看来，一方面，传统木刻版画在内容上单一、缺乏创新，主要取材于传统文学，多为文学作品的插图，图画从属于文字而存在；另一方面，传统木刻版画主要用于书籍装饰，仅为娱乐和美化的作用，缺乏艺术独立性和形而上意义。这些不足使传统木刻版画虽然技艺成熟，但并无法获得独立的艺术地位。这也是木刻版画虽然很早出现，却中途逐渐衰退的主要原因。

1928 年，鲁迅为《奔流》杂志附上外国木刻版画作为插图，并于 1930 年在上海中华艺大做以“绘画杂论”为题的演讲。在这次演讲中，他首次将“新写实主义”（又称“革命写实主义”）一词应用于美术，并通过现场展示苏联木刻艺术，推崇可印刷的版画艺术。在对中国传统木刻版画分析的基础上，鲁迅提出借鉴和吸收西方版画艺术的现实主义精神来复兴传统木刻版画的艺术形式，进而探索新美术形式实践的道路。

鲁迅对西方现代版画的接触，可追溯到他留日期间对西方艺术的涉猎。鲁迅对西方现代版画的认识全面而丰富，在《近代木刻版画选集》的两篇引言中，他详细介绍了西方版画的发展历程和代表人数，并对木刻版画的创作方法进行了详细的介绍。其中，苏联木刻版画艺术朴实、严谨的表现手法，引起了鲁迅的特别关注。鲁迅出版了《新俄画选》（1930）、《小说士敏土之图》（1931）、《引玉集》（1934）、《苏联版画集》（1936）等一系列版画集，对苏联的现代版画艺术进行了系统介绍。鲁迅认为苏联现代版画“不像法国木刻的多为纤美，也不像德国木刻的多为豪放；然而它真挚，却非固执，美丽，却非淫艳，愉快，却非狂欢，有力，却非粗暴；但又不是静止的，它令人觉得一种震动——这震动，恰如坚实的步法，一步一步，踏着坚实的广大的黑土进向建设的路的大队友军的足音”[①]。鲁迅对苏联版画有着极高的评价，并对其写实主义风格作了充分肯定。

鲁迅认为，木刻版画是适合于现代中国的一种艺术形式。他在《木刻创作法》中论及了中外木刻的演变历史，将中国的现状与西方相对照，认为现代木刻版画必将在中国掀起热潮。鲁迅分析了木刻版画与社会发展的关系，对这一艺术形式的作用与地位进行了肯定。在他看来，中国现代木刻艺术应借鉴西方的创作模式，寻求艺术的社会性与独立性，使其成为真正影响大众、为大众所接受与喜爱的艺术形式。

---

① 鲁迅：《荆天丛笔（下）·记苏联版画展览会》，《鲁迅全集》第七卷，中国文联出版社 2013 年版，第 439 页。

鲁迅强调要在吸取我国传统艺术精髓的基础上，借鉴西方尤其是苏联版画的艺术技巧与写实主义风格，创作贴近中国现实和大众的现代木刻版画。鲁迅晚年花了大量的精力倡导新兴木刻版画运动，在1931年创办“木刻讲习会”之后的六年中，他一直致力于培养青年木刻艺术家，并从思想和艺术上对他们进行指导。在他有关木刻的众多文章和致木刻青年的一百多封信件中，鲁迅对木刻创作的问题发表了许多独到的见解，对当时的木刻艺术发展起到了巨大的推动作用。鲁迅的木刻创作理论为我国的现代版画理论奠定了重要的基础，他也因而被称为“中国现代木刻版画之父”。

第五节　鲁迅美学艺术观的影响

鲁迅希望通过文艺对人生和社会进行干预和改良，促发人本身及其生存状态的转变，实现文艺改良人生的目的，并形成了具有融汇现实剖析和人生关怀的美学艺术观。鲁迅“为人生”的美学艺术观不仅体现在他的文学创作上，也体现在他的绘画艺术中。鲁迅认为漫画能补文字之不及，即便是不通文墨的底层民众也易通晓，因而在启蒙大众方面提供了另一种可能性。鲁迅的美学艺术观不仅是其整体思想的重要组成部分，对其自身的文学创作有着独特的作用，而且对中国现代美学也产生了重要影响，留下了弥足珍贵的思想遗产。

鲁迅的美学艺术观对中国现代美学的影响不仅仅体现在他对中国现当代美学流派发展演变的推进，而且还体现在他有着具体的艺术创作贡献以及由此延伸出来的对中国现代美学史和艺术史的意义。在鲁迅的美学思想中，艺术观照人生所隐含的对“人之价值”的推崇和重塑，不仅是鲁迅终生所追求的艺术理想，也是其“为人生”观念在艺术创作领域的具体表现。

从鲁迅弃医从文伊始，他便以启蒙者的姿态坚持文艺观照人生，艺术为人生服务的意旨。鲁迅始终如一地坚持着他最初的理想，为追求人之价值、人的自主独立的最终实现而不懈努力。鲁迅终其一生都在审视和探索有理想的人性和完善的人格，他虽多次疑心不会存在尽善尽美的理想世界，但又“确信将来总有尤为高尚尤近圆满的人类出现”①。鲁迅强调对社会人生展开批判和反思，他不断地探求着人之价值的体现，在完善人的精神世界的同时寻求个体的“全灵魂”②，以帮助个体回归到本真的心灵家园。

强调文艺“为人生”的创作导向，新文化运动时期曾有过诸多讨论，如周作人就曾呼吁：“人生的文学实在是现今中国唯一的需要。”③茅盾也提出文艺“为人生”服务，认为文艺应融入现实和理想的精神，着眼于非特殊阶级的平民大众，以人生为对象，表现并指导人生。茅盾强调，文艺在呈现现实人生和揭示社会弊病时，要“指示人生向美善的将来”④。文艺应当“疗救灵魂的贫乏，修补人性的缺陷”⑤。周作人和茅盾的观点与鲁迅强调以文艺“引起疗救的注意”的思想主张基本一致。事实上，“为人生”的审美艺术观在鲁迅等一批文人的助推下，迅速成为20世纪中国美学发展史上的一条主线。

鲁迅自始至终都坚持着人的价值以及人的自主与解放，这也是他倾其一生所追求的理想目标。鲁迅的美学艺术观一直紧密围绕现存的客观世界，他倾心于揭露现实和批判社会，期望借助文艺揭露现实和照见人生的力量，使麻木的民众觉醒。在鲁迅看来，通过文艺可以促使人们从传统的封建精神枷锁中解放出来，从陈腐的思想困顿和意志压制的束缚中挣脱出来，生成自我意识和自主思想，进而追求个体的真实情感，获得自我价值的实现。

鲁迅关注现代人的内部价值世界的回归和重建，强调通过文艺去探寻现代人的主体精神和自我价值，希望探索出一条既合乎艺术内部规律，又适应中国革命现实需求的发展路径。可以说，鲁迅美学艺术观的理论建构与文艺实践，丰富和完善着五四时期“为人生”美学艺术观的内涵，对20世纪中国现代美学

---

① 鲁迅：《热风·随感录四十一》，《鲁迅全集》第二卷，中国文联出版社2013年版，第181页。

② 鲁迅：《集外集·〈穷人〉小引》，《鲁迅全集》第六卷，中国文联出版社2013年版，第267页。

③ 周作人：《新文学的要求》，转引自李玉珍等编，《文学研究会资料上·中国文学史资料全编现代卷》，知识产权出版社2010年版，第54页。周作人早年受日本现实主义文艺思潮和俄国民主主义文学的影响，首倡“为人生”的文艺观，作为“为人生”派的先锋代表人物为文学研究会起草宣言，在当时的文艺界享有盛誉，但他并未自始至终地坚持此种文艺主张。其实，鲁迅和周作人一样都曾在五四退潮之后疑心文艺的现实功用，不同的是鲁迅研读和吸收了很多外国的文艺理论，形成了鲜明的历史唯物主义思想观念，进一步介入和扶持了中国新兴美术运动，而周作人却苦于现实的挫败与思想的困惑，退隐文坛，躲进“文学店”的象牙塔里，其文艺观也在自我否认之后走向了“为人生”观的对立面，从追捧以人本主义和现实主义为主导的“为人生”观转向载个人之道和表现自我欲求的“为艺术”观。可以说，对“为人生”观念的不同态度是周氏兄弟感情破裂、各行其道的重要原因。

④ 茅盾：《文学者的新使命》，《茅盾全集》第十八卷，人民文学出版社第1989年版，第539页。

⑤ 茅盾：《一年来的感想与明年的计划》，《茅盾全集》第十八卷，人民文学出版社第1989年版，第148页。

史上“为人生”美学艺术观的演变和发展产生了较为深远的影响。

鲁迅对国民性的批判，对社会阴暗面的揭露和对传统文化的批判似乎已不再适应当下的中国现实。当下学界也开始出现对鲁迅的质疑和批判性反思，但不容置疑的是，对鲁迅的肯定仍是主流。钱理群认为，鲁迅所批判的社会弊病即便在今天也仍然存在，“他所攻击的时弊并没有随他而同时灭亡，不但病菌尚在，且大有繁衍之势”①。在钱理群看来，即便时过境迁，但鲁迅当年所批判的社会问题依旧存在。正是在这个意义上，鲁迅美学艺术观中的批判精神对当下现实仍然有着重要的意义。

当下，现代文明和科技理性已逐渐深入到个体的生存空间之中，物化和世俗化等趋势也使外在物质文化逐渐压制主体的内在精神文化，进而导致个体的精神危机和生存悲剧。鲁迅在新文化运动期间就诊断出现代人的生存现状，认为对“器械”“功利”的追逐会带来个体的价值迷失和精神缺失危机。“盖浇季士夫，精神窒塞，惟肤薄之功利是尚，躯壳虽存，灵觉且失。”②鲁迅主张要“掊物质而张灵明，任个人而排众数”③。在鲁迅看来，应当高扬个体的精神价值立场，进而抵制异己物化世界的侵蚀，要以个性价值打破僵化固守的思维惯性和无意识束缚，最终实现个体的审美救赎。

虽然现代人的生存语境与鲁迅所描述的情境大有不同，但由于受制于现代物化的掌控，现代人日趋消极和孤独。思想虚无、个性压制和信仰滑落等，似乎已成为现代性精神萎缩的症候，现代人似乎被抛入了一个个无限的泡沫和幻影当中。只不过相对于鲁迅对封建文化的批判，前者受制于君，而后者受制于物。但不管如何，从深层的生存状态和社会语境来看，个体的精神价值始终都受外部异己力量的压制，个体依旧尚未脱离他者的制约。

个体价值的终极追求始终是文学和美学的主题，也是学界不断反复言说的话题。从对传统封建文化的反省和批判来看，鲁迅受到近现代西方文化和美学的影响，其美学与艺术观呈现出鲜明的现代性理念特性。正是这种相似的时代语境和生存困境，让我们继续探求鲁迅的美学艺术观有其合理性和必要性。文艺为人生服务，对人的价值的重塑和尊崇，是鲁迅所处时代的主题，也仍然是今

---

① 钱理群：《心灵的探寻》，北京大学出版社 1999 年版，第 169 页。
② 鲁迅：《人海杂言·破恶声论》，《鲁迅全集》第六卷，中国文联出版社 2013 年版，第 24 页。
③ 鲁迅：《坟·文化偏至论》，《鲁迅全集》第二卷，中国文联出版社 2013 年版，第 305 页。

天时代的主题，这也是鲁迅美学艺术观依旧具有现实意义的根本所在。而且，鲁迅对文学本土化和民族化的强调也应当引起我们的关注，特别是在全球化时代，文学世界性与民族性的问题更加突出，而这使我们对鲁迅的反思尤其具有现代性意义。

当然，对鲁迅在中国现代美学史上的地位，我们也应当辩证看待。在过去一段时间内，鲁迅往往被视为一个文化符号而出现在文学史或美学史上。其实，正是因为受到意识形态的符号化处理，鲁迅也不断被简化和改写，日益远离真实的鲁迅。在20世纪中国美学史上，鲁迅不应当，也不能被简化为历史或时代的符号化表征，简化为意识形态的话语体现。我们应当舍弃对鲁迅美学史意义的情绪表达或时代符号表达，回到真实的鲁迅或还原真实的鲁迅形象。

在某种意义上，符号化的鲁迅已成为20世纪中国美学史上的独特个案。鲁迅身上的矛盾也因而承载了现代中国转型期的文化印记或时代印记。或者说，成为符号化的鲁迅已不再是单一的个体，而是那个时代的知识分子群体镜像。因此，只有回归历史本身，将鲁迅置于20世纪新文化运动的时代文化和美学语境中予以考察，才能真正洞悉鲁迅，洞悉鲁迅的美学艺术观，以及洞悉那个时代的美学建构，正如竹内好所言："中国文学只有不把鲁迅偶像化，而是破除对鲁迅的偶像化、自己否定鲁迅的象征，那么就必然能从鲁迅自身中产生出无限的、崭新的自我。这是中国文学的命运，也是鲁迅给予中国文学的教训。"①也只有这样，才能真实地窥见历史，促进文化的自由发展和进步。

需要指出的是，从鲁迅在20世纪中国现代思想史上的影响来看，他一直是作为一个"启蒙者"形象出现的。在启蒙语境下，鲁迅的影响力无疑是巨大的，这也因此造就了鲁迅的伟大。但随着历史的发展，当启蒙让位于救亡，鲁迅身上所赋予的启蒙意义也因而被消解。后期的鲁迅更强调社会现实批判，矛头指向现实生活和社会体制中的种种不合理性，而非前期所批判的思想层面的国民劣根性，正如他自己所言："仅仅有叫苦鸣不平的文学时，这个民族还没有希望，因为止于叫苦和鸣不平……至于富有反抗性，蕴有力量的民族，因为叫苦没用，

① [日]竹内好：《鲁迅》，李心峰译，浙江文艺出版社1986年版，第38—39页。

他便觉悟起来，由哀音而变为怒吼。怒吼的文学一出现，反抗就快到了。”①

从当时的社会语境来看，鲁迅无疑是作为启蒙话语的呐喊者而存在，有着诸多的不自由或身不由己，正如他自己所言：“既然是呐喊，则当然须听将令的了，……我所遵奉的命令，是那时革命的先驱者的命令，也是我自己愿意遵奉的命令，决不是皇上的圣旨，也不是金元和真的指挥刀。”②在鲁迅看来，“主将是不主张消极的”，因而“删削些黑暗，装点些欢容，使作品比较的显出若干亮色”。③鲁迅后期批评朱光潜把“静穆美”视为美的极境，其实也是强调文学革命立场的一种体现，他认为文艺要发挥战斗性作用，不能成为日常闲适趣味的反映。

从鲁迅与 20 世纪中国文学和美学的关联来看，他是以一个特殊的符号参与到中国现代文学和美学的建构历程中的。鲁迅更多表征着新文化运动时期的启蒙精神，是五四新文化运动时期知识分子启蒙过程中的群体化映象表征。这在中国现代美学史上，是其他学者所无法比拟的，也是鲁迅伟大和有着深远影响的原因之所在。当然，鲁迅不是神，也不是完美的存在，将鲁迅视为完善的神，是对鲁迅形象的误读。正是在这个意义上，学界对鲁迅的评价毁誉参半，支持启蒙者视鲁迅为神，而诟病启蒙者则将鲁迅拉下神坛，甚至批判鲁迅为现代文学史上的启蒙幻象。当然，无论怎么批判鲁迅，我们都不能否认或因此抹杀他对 20 世纪中国美学建构的独特意义。特别是将鲁迅视为民族化的符号参与到世界文学的建构中时，还原和反思真实的鲁迅，无疑就显得更加重要。

---

① 鲁迅：《而已集・革命时代的文学》，《鲁迅全集》第三卷，中国文联出版社 2013 年版，第 354 页。
② 参见鲁迅：《呐喊》自序，《鲁迅全集》第一卷，中国文联出版社 2013 年版。
③ 鲁迅：《南腔北调集〈自选集〉自序》，《鲁迅全集》第四卷，中国文联出版社 2013 年版，第 360 页。

第二章

现代派艺术的美学建构

现代艺术的美学探索与建构是20世纪中国美学史建构的重要一维。这里的“现代”并不是传统意义上作为历史分期的时间概念,“现代艺术”亦不同于20世纪流行于欧美的西方现代主义艺术流派,而是一个概括中国现代艺术发展情境的概念,特指这一时期探索和学习国外现代艺术的艺术家群体创作的艺术。具体而言,是指20世纪上半叶一批受西方现代美学思潮和先锋艺术探索精神影响的艺术家,在创作中融合西方现代美学和艺术观,并自觉进行本土化的转换吸收。中国现代艺术家群体的创作基本上涵盖了文学、戏剧、电影、美术和音乐等各种艺术形式。虽然创作主体多元,创作类型多样,且具有不同的美学和艺术探索方向,但现代艺术家群总体上是在中国传统艺术精神的基础上借鉴西方现代美学思潮和先锋艺术理念。他们通过具体的艺术实践和理论探索,结合中国艺术发展的现实语境,建构了中国现代艺术的美学话语。

第一节　现代艺术的美学探索

西方现代艺术和美学思潮能够在中国生根发芽，是五四运动之后中国知识分子向西方学习、寻求改造中国文化思想的需求的产物，也是西方现代美学艺术思想与中国社会现实文化融合的结果。20世纪之初的中国文化和社会语境为西方现代美学思潮提供了合适的植根土壤，一批现代知识分子引介西方美学和艺术思潮，并展开本土化的思考与实践。他们吸收西方现代美学和艺术思想，以此来改造中国艺术现实，探索中国现代艺术的发展方向。西方现代美学思想受到现代艺术家群体的青睐，成为中国现代艺术发展的理论基础，如对康德非功利审美思想的探究，试图克服传统文化"文以载道"思想的影响；对叔本华意志论、尼采超人哲学和伯格森生命哲学的引介，回应的是当时的个人主义思潮，等等。现代艺术家们的探索，一方面推动了西方现代美学思潮东渐的进程；另一方面也建构了中国现代派艺术的独特美学话语。

一、现代艺术家群体的形成

鲁迅曾描述过五四时代的知识青年情境："那时觉醒起来的知识青年的心情，是大抵热烈，然而悲凉的，即使寻到一点光明，'径一周三'，却是分明的看见了周围的无涯际的黑暗。摄取来的异域的营养又是'世纪末'的果汁：王尔德，尼采，波特莱尔，安特莱夫们安排的。'沉自己的船'还要在绝处求生，此外的许多作品，就往往'春非我春，秋非我秋'，玄发朱颜，却唱着饱经忧患的不欲明言的断肠之曲。"[①]现代艺术家群体正是鲁迅所言的这类知识青年群体，他们感受到时代与社会的无垠黑暗，试图寻找光明来进行救赎。但在五四退潮之后，尤其在五卅惨案之后，不同于五四先驱者们的文艺创作呈现出的积极战斗风格，他们的斗争意志逐渐消沉，对社会现实的无力感、苦闷感和颓废感占据上风，对文学艺术本身的兴趣甚于对文化思想的关注，更多地回归到对自我世界的观照

① 鲁迅：《且介亭杂文二集·〈中国新文学大系〉小说二集序》，万卷出版公司2014年版，第17页。

当中。从某种程度上讲，他们主要致力于汲取异域的现代主义营养，来实现改造社会现实、疗救中国国民精神的目的。在当时的现实语境中，他们既想另辟蹊径探索救赎之道和文艺发展路径，但又对时代与社会感到苦闷和无力。西方现代艺术和美学的先锋探索主张恰好契合了他们此时的精神需求，因而成为他们汲取的主要异域理论资源。

20 世纪初的西方现代艺术和美学思潮的中国化经历了传播期和成熟期两个阶段。随着 20 世纪初的一批艺术家对西方现代艺术和美学思潮的吸收借鉴，他们在创作中探索和践行西方现代美学思想，并结合中国现实语境和传统艺术形式，进行本土化的实践探索，由此形成独具特色的中国现代艺术家群体。

在西方现代艺术和美学思潮的传播期，中国现代艺术的理论和实践探索主要集中在诗歌艺术中。中国最具代表性的现代主义艺术流派是以李金发为代表的象征主义诗派。五四运动期间，《新青年》等杂志开始介绍西方现代主义诗人，虽然周作人、徐志摩、鲁迅等人也译介过西方现代主义的相关作品，但并未形成系统推广和广泛实践。李金发身体力行地践行着象征主义的创作理念，创作了大量现代主义诗作。创造社的王独清、穆木天和冯乃超等人也各自阐发了象征主义理论，并借用西方浪漫主义和中国古典诗歌传统，对李金发的诗歌创作展开了批判与反思。篷子、胡也频、侯汝华等人受李金发影响较大，探索并创作了大量象征派诗歌。戴望舒汲取东西诗学的精髓和诗艺，创作出《雨巷》等现代主义诗作，标志着中国象征主义诗歌走向成熟。以胡适、徐志摩、闻一多、梁实秋等人为代表的新月派，站在“纯诗”立场，坚持审美的非功利性，提倡诗歌的自我表现功能，积极表现情感，是对西方唯美主义和浪漫主义思想的借鉴。以戴望舒为代表的一群人更是在 30 年代以《现代》杂志为阵地，形成了后来被称为“现代派”的诗歌团体，并在创作实践中进一步推动了西方现代美学思潮在中国的传播。

到了成熟期，随着中国现代派诗歌理论和创作实践的持久发展，西方现代美学思潮逐渐拓展和延伸到其他艺术创作领域，涌现出一大批受西方现代主义思潮影响的艺术家。

在诗歌艺术方面，以曹辛之、辛笛、穆旦、袁可嘉等人为代表的九叶派影响巨大。他们既反对逃避现实的唯艺术论，也反对艺术的唯功利论，认为“人的文学”“人民的文学”和“生命的文学”应该综合起来，现实和艺术也应当平衡。在创作中,他们将西方现代主义、现实主义和浪漫主义等美学思想进行了融合吸收。

在小说艺术方面,以施蛰存、刘呐鸥、穆时英为代表的新感觉派风靡一时,他们以新视觉、新方法来书写现代都市生活,描写手段和叙述方法等多借鉴西方电影的蒙太奇手法和意识流手法,影响较大。

以欧阳予倩为代表的话剧团体"春柳社"强调向欧美戏剧学习,重视戏剧演出的艺术性。闻一多、余上沅等留洋学生归国后提倡"国剧运动",主张纯艺术,反对问题剧和易卜生主义,倡导"由中国人将中国材料去演给中国人看的中国戏"的主张。田汉在早期戏剧创作中强调美的诉求,显示出唯美主义倾向。曹禺的民主主义戏剧美学致力于探讨人性的丰富与复杂。可以说,以上都是西方现代主义思想在中国戏剧艺术中的典型表现。

电影作为舶来品,其在中国的兴起与发展更是受到西方现代美学思想的影响。从任庆泰拍摄第一部电影《定军山》,到张石川和郑正秋联合导演第一部民族故事片《难夫难妻》,再到 30 年代中国电影第一次兴盛期的夏衍、郑伯奇、钱杏邨等人所领导的"左翼电影运动",现代电影艺术的效果和功能开始告别单一、简陋,逐渐讲究分镜、蒙太奇、场面调度运镜等摄影技巧。他们进一步融合了西方的现代电影创作艺术和审美思想,使中国的现代电影艺术更具现代性。

在美术方面,刘海粟提倡在发展东方艺术的同时研究西方艺术。林风眠偏爱中国古典素材,同时对西方表现主义、象征派艺术手法等相当熟稔,呈现出强烈的现代先锋探索意识。徐悲鸿向西洋画学习,融合东西绘画技艺和艺术实践。邓以蛰以黑格尔美学思想为基础,在书画艺术中探索形式和意境的关系。丰子恺以超功利的审美心态去关照审美对象。李叔同吸收西洋技法,同时坚守中国绘画传统。潘天寿坚持艺术的独立性,认为独特的风格是保持艺术审美价值的关键。这些艺术家们通过对西方绘画艺术的考察与反思,对比中西美术差异,进而探索中国现代绘画艺术的出路,具有重要的现代性探索意义。

在音乐方面,以赵元任、萧友梅、王光祈、刘天华、黎锦晖等为代表的五四音乐家群,借鉴西方的音乐技法和表演形式,重视音乐的科学审美内涵和美育实践,为中国现代音乐理论和实践做出了巨大贡献。此后,以聂耳、田汉、吕骥、冼星海等为代表的左翼音乐艺术家群,倡导新音乐运动,深入推进并实践现实主义和马克思主义等音乐美学思想。

二、现代艺术家群体的美学倾向

从理论来源上看，现代艺术家群体主要受到西方现代主义的直接影响，但他们又不局限于对西方现代主义的接受，而是主张融合西方思潮和中国传统艺术理论，其美学主张呈现出杂糅性表征。从理论界限上看，现代艺术家群体之间不同流派的艺术创作理念并没有泾渭分明的理论边界，而是呈现出互相弥合和渗透的杂糅样态。新月派的创作中杂糅了英美浪漫主义、唯美主义和中国古典美学中的“和谐均齐”思想。九叶派关注人内在精神世界的复杂性，以及个体精神与外部世界的平衡，这是与西方现代主义最直接和最深刻联系的体现。同时九叶派还倡导现实主义与浪漫主义的结合，表现出极大的包容性和杂糅性。

这种杂糅性究其根源，是现代艺术家群体既对西方现代艺术的先锋探索寄予厚望，又质疑其是否能够实现其理论承诺，继而多方探索寻觅，多维审视纠结的结果。这种异于西方现代派艺术的创作，事实上却是中国艺术自身发展对西方现代派艺术的一种本土化操作。客观上讲，西方现代艺术的理论主张和艺术技法，因其生成语境和形式上的异质性，未必能够完美契合中国艺术的现实发展，必须要加以甄别和选择。现代艺术家群体以一种主动选择的姿态寻求中国艺术的生存发展策略，他们将西方现代主义的理论主张作为主要指导思想和基本原则，通过对中国古典艺术和西方不同艺术流派的美学理论和创作技巧的吸收借鉴，进而探索出适合中国艺术发展现实的艺术理论和创作技法。

（一）以西方现代主义思想为主

西方现代艺术表现出荒诞、晦涩和变异等审美表征，在内容上强调对丑陋现实的揭示和对理性的质疑，呈现出非理性色彩。这种思想传入中国后，明显难以扮演启蒙的重要角色，因而在五四时期并未成为主流思想，只能通过标新立异的艺术表现手法和非理性的创作风格来曲折反映现实生活和外部世界。中国现代艺术家群体主要兴起于“五四”退潮之后，尤其是五卅惨案的发生，刺激到相当一部分知识分子，他们基于强烈的社会责任感和个人精神危机，对艺术的价值和社会作用产生了深深怀疑，更对自我的价值认同产生了迷茫。作为经历过五四的知识分子，他们在思想上表现为一种独立与自由意识的觉醒与增强，并试图唤起人们对人自身生存价值和人生观问题的探索。当他们面对复杂惨淡的现实社会，自我的惶惑不安、孤独痛苦、茫然失措成为主要的心理焦点，而西方现代主义思想恰逢其时，成为其首要选择。

从中国现代艺术家群体的形成过程可以看到，不管是哪种艺术形式，它们或是对传统文化进行彻底批判，或是表现现实的荒诞性，或是表达战士的孤独感，都或多或少在创作实践中践行了西方现代主义的思想和艺术技法，打上了现代主义的烙印。而且，这种对西方现代主义思想的汲取并非浅尝辄止，而是广泛运用到各种艺术形式的革新上。从诗歌象征主义创作手法到电影蒙太奇拼接技法，从借鉴现代主义绘画技法到建立中国现代音乐体系，都能看到现代主义的影子。象征派诗人李金发，受到西方象征主义思潮“以丑为美”美学观念的影响，在其诗歌中将社会的阴暗面作为表现的对象，尽力去挖掘生活中的丑和恶。他把生活丑陋和不美好的一面，通过诗歌中病态的意象这样一种反常规的形式宣泄出来。李金发将意象打上病态的丑恶的印记，这与西方现代主义所表现的异化主题是契合的。李金发通过荒诞、变形、丑陋、扭曲的形象来揭示现代社会的荒谬，进而实现艺术“以丑为美”的震惊效果。

（二）对西方其他美学思想的借鉴

中国现代美学和艺术的发展是一个不断继承和革新的过程。中国现代艺术家群体作为一群探索者，他们对于西方各种美学思想的态度是兼收并蓄。在中国当时的艺术现实语境中，但凡能够对中国艺术发展和社会救赎产生作用，几乎都被吸收和借鉴过来。他们既受到五四前期推崇的西方现实主义和浪漫主义等思潮的影响，又认识到五四后期的西方现代主义思潮更契合复杂的社会现实和苦闷的内心情绪。虽然西方现代主义思潮明显更契合当时的语境，成为他们主要的借鉴对象，但是他们也并未放弃对其他西方美学思想的借鉴和实践。

梁实秋是新月派的代表，提出“理性节制情感”的美学原则，强调用理性去克制内在的欲望和冲动。这里的理性是一种自我情感的克制与束缚，它不是情感的直接抒发，更不是情感的泛滥成灾。这种“理性节制情感”的美学原则是艺术自主性在文学中的体现。田汉在早期戏剧创作中，受西方艺术纯粹性思想影响，其戏剧艺术对美的追求占主导地位，显示出唯美主义倾向。新感觉派的代表作家施蛰存用弗洛伊德心理分析方法深入人物的内心世界，将触角深入到人物隐藏的深层意识领域，强调本我和超我，即性本能和道德矛盾冲突的主题。

这段时期思想上的解放带来的是审美自主意识的彰显，而自主意识让艺术有了保持自身纯粹性的可能。在这种思想的引导下，现代艺术家的审美观体现出独特的形式美，这主要包括对称平衡、和谐均齐、调和对比、比例、节奏韵律和多样统一。在新月派诗人眼中，诗歌要满足“和谐”与“均齐”的特点。为实现诗歌的审美化，新诗需要格律化，如闻一多在诗歌中追求以音乐、绘画和建筑的美为内涵的“三美”原则。“和谐均齐”的美学观和“三美”的审美原则是新月派诗歌在追求形式美方面做出的重大的尝试，也是借鉴西方唯美主义和浪漫主义思想的新艺术探索。

（三）对中国古典美学思想的继承融合

大多数现代派艺术家都是外出留洋的知识分子，他们一方面对中国传统文化有着深刻的认识和了解，另一方面也经历了外来美学思潮的影响。在他们的作品中，体现出传统和现代相融合的特点：既有对西方现代美学思想的追求，也不乏对中国传统古典美学思想的融合。

徐志摩的诗歌受西方浪漫主义的影响很深，但他骨子里对“东方主义”是热爱的。他的诗歌美学中既有对唯美主义的发展，又有对“和谐”与“均齐”形式美的追求，是东西方融合的产物。戴望舒在诗歌创作中将本土文化传统和西方象征主义的艺术经验结合，他从中国古典诗词中汲取养分，摄取古典诗词的神韵和感伤情怀，将二者结合在一起。戴望舒的诗歌作品寻求的是一种内在灵魂深度的隐藏性传达，体现出民族性很强的现代审美原则和艺术追求。九叶派的诗歌美学追求一种平衡的状态，是对西方现代主义的借鉴与创新，也是对中国诗歌传统的继承和发扬。中国现代话剧受到西方话剧史上众多派别的影响，如现实主义和浪漫主义等观念都被引入到国内，戏剧作家在其作品中体现出来的美学思想也杂糅了西方的现代化追求和中国的本土化倾向。随着西方绘画美术理论的引入，现代美术学家在传统国粹与外来思潮的双重影响下寻找自身的生存与发展空间。现代电影美学也存在中西融合的痕迹，并在此基础上实现对时代和生活的折射。

第二节　现代诗歌和小说的美学探索

五四运动的爆发为中国诗歌和小说的发展开启了一条新的道路，文坛上呈现出繁荣景象。新月派、象征派和九叶派等诗歌流派的革命性审美突破以及新感觉派小说的审美诉求，构建了20世纪中国美学发展的独特审美风采。

一、新月派诗人的美学探索

在郭沫若的《女神》为新诗的发展开辟道路以后，诗歌的创新与变革对中国传统的诗歌形式造成了极大的冲击。新诗出现了散乱化发展状态，因而对内容和形式和谐统一的规范显得迫在眉睫。

1923年，胡适、徐志摩、闻一多、梁实秋等人成立新月社，倡导新诗的规范化与格律化。新月诗派以1927年为界限分为前后两个时期，在中国现代文学史上产生了重要影响。诗派前期的核心成员有徐志摩和闻一多等，以北京《晨报副刊·诗镌》为主要阵地。早期新月派成员一方面深受中国传统文化影响，对传统文化有着深厚的情感；另一方面他们大都留学欧美，学习西方文化，他们的诗歌主张和美学观可以说是中西结合的产物。新月派后期阵地由北京转移到上海，强调诗歌应当蕴含情感，注重内心世界的表达。新月派坚持诗歌创作上的“健康”和“尊严”原则，坚持审美的非功利性，认为诗歌不应沦为世俗的功利之物，提倡诗歌的自我表现功能，强调站在纯诗立场，创作出纯粹表现情感的诗歌艺术。而且，新月派的诗歌美学观念建立在资产阶级自由民主思想的基础上，他们试图通过文艺的美学作用达到改良社会的目的。

新月派强调诗的内容和形式美，“理性节制情感”是新月派诗人的一个重要美学主张，由梁实秋首先提出来。梁实秋针对诗歌中情感的过度抒发，强调用理性去克制内在的欲望和冲动，有节制地表现情感。新月派诗人所说的理性，是一种自我在情感上的克制与束缚，而不是情感的直接抒发，更不是情感的泛滥成灾。在他们看来，情感表达若不加节制，便会演变为空洞的赞颂或情绪的表达。

梁实秋反对情感的过度抒发，强调作家的情感应受到理性力量的束缚。他认为诗歌作为一种艺术，应该在情感上保持一定的平衡。在他看来，文学要有纪律，这样文学才能保持一种健康的良性状态，而这种纪律便是理性。梁实秋所说的理性，并不是绝对意义上的极端理性，而是一种适度的理性。在他看来，适度的理性才是正常的人性。梁实秋从中国古典主义中汲取养分，主张诗歌的各个成分之间应当保持一种和谐的状态，他提出"中庸"观念，试图寻求一个中间点，这与中国传统道德内在要求吻合，同时也把诗歌艺术的审美导向一条伦理的道路。

新月派诗人强调"理性节制情感"，认为不能一味沉浸在感情的漩涡里，否则诗歌便会空洞无物。新月派诗人创造了客观抒情诗，将直接表达情感的方式转变成主观情感的客观化，努力在诗和诗人之间拉开一定的距离。新月派反对无谓的感伤主义和情感放纵，反对诗人在诗歌中过度表现情感，反对诗人毫无节制地直抒胸臆。在他们看来，主观情感客观化的做法，能使情感的表现不再赤裸裸，可以给读者留下一定的想象空间，激发他们参与审美再创造。另外，在诗歌中，叙事成分的增加也能使诗歌更加理性。诗人应当将主观情绪掩藏，尽可能置身事外，不过度表露情感，要以旁观者的姿态体现客观化倾向。对超出理性和伦理之外的情感倾向，新月派诗人认为需要通过一定的方式加以规范。在他们看来，"理性节制情感"的美学观是对个体精神世界的治愈，也是对中国传统美学"乐而不淫，哀而不伤"抒情模式的继承。

在诗歌的形式方面，新月派主张诗的形式格律化，扬起"和谐均齐"的旗帜。这面旗帜是新诗最重要的审美特征，力图表现出一种整齐与规范的效果，尤其以闻一多的新诗格律化主张为突出代表。留学美国的闻一多虽然受到西方文化的熏陶，但他的骨子里对东方文化有着割舍不掉的感情。"我个人同《女神》底作者底态度不同之处是在：我爱中国……尤因他是有他那种可敬爱的文化的国家。"而"东方底文化是绝对地美的，是韵雅的，……是人类所有的最彻底的文化"[①]。对东方及其文化的热爱，让闻一多在诗歌美学的追求中专注"和谐均

① 闻一多：《闻一多全集》第三卷，湖北人民出版社 1994 年版，第 121 页。

齐”，强调诗歌的形式美。

在《格律底研究》中，闻一多明确提出抒情的作品应该具有“齐整”的特点，“中国艺术中最大的一个特质是均齐，而这个特质在其建筑与诗中尤为显著。中国底这两种艺术底美可说就是均齐底美——即中国式的美。”[①]中国传统美学讲求对称和齐整，纵观古今建筑、雕塑、绘画等艺术门类，大都要求对称和齐整，如此方能和谐，才能体现出美感。中国这种传统的审美观念，是对形式美的追求。这种追求投射在诗歌中，便要求诗歌在形式上能够呈现出整齐与和谐的效果，给人形式上的审美愉悦感。为了达到诗歌艺术在形式上的美感，闻一多提出了诗歌要遵循“三美”的原则，即音乐美、绘画美和建筑美。

闻一多提出的诗歌“三美”原则是对“新诗格律化”主张的响应。“三美”是一种外在形式上的美，也是对新诗形式美的积极实践。音乐美在艺术形式美中处于一个重要的位置，所谓音乐美，是听觉的美，是传递到耳朵里的无违和感，只有诗歌达到节奏上的和谐方可。诗歌能够给人一种强烈的节奏感和韵律感，达到音乐的审美效果。绘画美是指诗歌在词藻的运用方面要追求色彩和美丽，使诗歌实现一种视觉形象的美感。闻一多是画家出身，对色彩有特殊的亲近感，他在诗歌中对色彩感比较强的词语表现出一种偏爱，强调诗歌中明艳的色彩搭配与对比，主张诗歌应和书画一样五彩斑斓。建筑美是指诗歌要达到建筑一般的匀称，给人以空间上的美感。对建筑美的追求，是新月派诗歌形式美探索中非常重要的方面。从诗的外在形态上来看，诗歌排列起来要像协调的建筑，前后节之间没有悬殊的差距，行与行之间要均齐，且各行的差距不能太大，不能破坏整体的和谐感。在新月派诗人看来，一首诗歌如能达到“三美”要求，不论内容如何，这首诗从形式上来看就是美的。

“和谐均齐”的美学观和“三美”的审美原则是新月派诗歌在追求形式美方面做出的重大尝试，是新月派诗人融合中国古典美学，使新诗形成形式规范的艺术美存在。但需要指出的是，虽然闻一多受到西方唯美主义思想的影响，其诗歌艺术重视形式上的美感，但这也并不意味着他摒弃了诗歌的内容，这一点与王尔德为代表的西方唯美主义的主张是不同的。

在新月派的发展过程中，无论是前期还是后期，徐志摩均做出了重要贡

---

① 闻一多:《闻一多全集》第三卷，湖北人民出版社 1994 年版，第 121 页。

献。徐志摩受西方浪漫主义的影响很深，英国剑桥的留学生活对徐志摩人生观和艺术观的塑造作用更是巨大。爱、美和自由是他热烈追求的对象，人与自然的和谐也是他的追求目标。徐志摩在追求诗歌形式美的同时，也追求美的内容和形式的统一。徐志摩擅长用优美的形象来表达自身情感，实现人与自然的完美融合，人生雅趣凝聚在徐志摩笔下，融合成唯美主义的审美境界与趣味。

徐志摩爱情诗强调以巧妙的构思和新颖的意象打动人。在《雪花的快乐》里，他写道："假如我是一朵雪花，翩翩的在半空里潇洒，我一定认清我的方向——飞扬，飞扬，飞扬，飞扬，——这地面上有我的方向。"[①]作者选取"雪花"这一美好的意象自比，表达出对爱情和理想的颂扬。这一灵动的意象，呈现在读者面前的是天空中飞扬着的美丽。洁白的外形、轻盈的姿态，使得诗歌的境界更加空灵澄澈。徐志摩择取这些富有美感的意象作为抒发情感的载体，给人无尽的想象空间，进而营造诗歌的空灵美感。徐志摩使用一系列的手法，如反复、排比、对偶等，不仅在音乐上给人一种美感，像是在聆听一首动人的歌曲；同时也营造出一种境界，仿佛漫天的雪花充盈在人们的眼前，动感的美让人愉悦，让人心情舒畅。不可否认，徐志摩运用语言的能力十分娴熟，在他的笔下，冰冷的词语变得鲜活起来，他赋予词语以生命力，如"翩翩的"和"潇洒"这两个简单的词语，让雪花由无生命力的事物瞬间变为活泼的个体。徐志摩通过意象选取和意境营造，不仅丰富了新诗的艺术世界，同时为新诗注入了一种美感，一种形式和内容的和谐统一美感。

新月诗派发展后期，社会局势更加动荡不安。"尊严""健康""超功利"等字眼在新月派诗人笔下频繁出现，他们开始寻求艺术的独立地位，追求一种健康自然的状态。新月派追求"尊严"，强调诗歌作为一门艺术的自由和独立精神，认为只有这样，诗歌才能保持尊严。虽然新月派在审美上仍然追求古典主义美学，在规范上也追求一种相对的自由和尊严，但他们追求的健康属于伦理学的善或人性的善，即诗歌中要有道德感的存在。新月派诗人中，受过西方浪漫主义思潮影响的人占很大比重，他们呼吁诗歌艺术乃至文学艺术不应沦为表现社会功利性的产物。他们不希望诗歌被打上功利的烙印，沦为社会世俗的奴隶。

---

① 徐志摩：《徐志摩诗集》，四川人民出版社 1981 年版，第 3 页。

他们采取一种相对缓和的折中策略：抛弃直接表现生活的方式，将美好的艺术形象作为中介，以此表现自然现实，抒发感情。这样，艺术获得了一种独立的地位，艺术不再为现实功利所蒙蔽，进而变得纯粹和唯美。

新月派诗歌“和谐均齐”的美学观，既是针对早期诗歌反韵律、反格律而出现的散文化倾向的审美重建，也是对诗歌发展规律的尊重。新月派诗人从理论到实践为丰富新诗的格律及其表现力做出了贡献，他们既借鉴西方格律体诗歌，又从中国古典诗歌艺术中吸纳养料，这是对早期新诗创作散乱自由的局面的改善，新诗的地位因为形式上的规范而得到了一定程度的巩固。综而观之，新月派追求“理性节制情感”“和谐诗学观”“唯美主义”等审美境界，以及“三美”“健康”“尊严”“超功利”等审美原则，是对中国古典美学追求形式与内容统一原则的继承。

二、 象征派诗人的美学探索

20 世纪上半叶，中国社会处在新的历史转折时期，知识分子普遍感觉苦闷，表现出颓废和感伤等情绪。中国象征诗派也正是兴起于这一时期，以李金发在 1925 年出版诗集《微雨》为标志。象征诗派兴起之时，正是法国象征主义风靡全球之际。国内很多刊物开始翻译象征派文学作品，介绍象征主义诗人，如波德莱尔、马拉美等。法国象征主义文学反对传统和理性，在中国，象征派诗人表达情感的方式是暗示与象征，他们希望通过这种方式为情感表达找到栖身场所，代表人物有李金发、戴望舒、卞之琳、冯至等。一方面，中国象征派诗人促进了中国新诗的发展，在借鉴西方文学思潮的同时也在诗歌中注入了颇具中国特色的意象；另一方面，他们的探索也使新诗朝着现代性的方向迈进。

李金发留学法国期间深受象征派诗人影响，波德莱尔的《恶之花》以及马拉美、魏尔伦等法国象征派诗人及其诗歌作品对李金发的诗歌创作影响深远。通常来说，美或美的事物是诗人歌颂和表达的对象，但波德莱尔却反其道行之，认为丑中包含着美的存在，他讴歌现实生活中的丑恶事物。波德莱尔在《恶之花·序》中如此定义恶与美的关系：“长久以来，杰出的诗人已瓜分了诗歌领域中最为灿烂的题材，而让我感到满意，甚至愉悦的是，从恶中发觉美成为更加艰巨的任务。”[①]对此，萨特评论认为：“波德莱尔是在有意识地作恶时，而且通过他在恶中的意识依附善的。”[②]雨果在致函波德莱尔时也写道：“你给艺术的天空带来说不出的阴森可怕的光线，你创造出新的战栗。”[③]可见，象征派诗人眼中的美丑观念与世人截然相反，其他人认为美的事物，象征派诗人却认为是丑的；其他人认为丑的，象征派诗人却认为是美的。

波德莱尔的《恶之花》提倡“以丑为美”的美学观，李金发的诗歌创作也深受这种美学观念的影响，他的《夜之歌》描述了枯草、朽兽、泥污和死尸等一系列丑陋的事物和现象，以表达作者对现实的悲愤之情。在诗人眼中，人生不是永恒，丑也可以转化为美。李金发对死亡的认知与歌颂，对丑的事物的礼赞，与他受波德莱尔的影响是分不开的。在李金发的诗里，我们可以感受到波德莱尔笔下的忧郁、感伤等情绪，也可以看到波德莱尔等象征派诗人对通感、暗示、跳跃、意象等艺术手法的运用。

李金发目睹现实生活中理想生活与美好现实的幻灭，他在创作中并没有歌颂美和善，而是“以丑为美”，将社会的阴暗面作为表现的对象，尽力去挖掘生活中的丑和恶。审丑与死亡是李金发诗歌的重要主题，他看到生活中的丑陋，众多情绪郁结在心中，因而通过一种反叛的方式将此情绪表达出来，通过死亡的恐惧和歌颂表现他的复杂心态。他的《寒夜之幻觉》描述了很多丑陋的意象，他笔下的塞纳河，飘着无数人和动物的尸体，让读者惊悚和产生非美的情绪反应。需要指出的是，李金发的“以丑为美”，表现丑恶并非他的终极目标，他希望通过对丑陋与恶毒的描写，激发人们对善与美的追求。

为了实现“以丑为美”的美学观念，李金发采用的是一种美和丑的强烈对比方式。两个极端的存在，让读者更能直观把握所表达的内容，对主题的理解也会更加深刻。李金发虽然表现的是丑和恶，但是他想抒发的是美和善的理想与追求。在诗作《温柔》中，屠夫猎杀生命的时候，眼睛里是冷冰冰的，凶残中人性已被泯灭，而在情人眼中，却充满了爱怜之意。在李金发的诗中，美与丑形成强烈的对比，美以一种特殊的方式呈现出来。他的诗歌表现出“以丑为美”的审美特征，他被当时文坛称为“诗怪”。

---

① [法]波德莱尔：《恶之花》，郭宏安译，广西师范大学出版社2002年版，序言。
② [法]萨特：《波德莱尔》，施康强译，北京燕山出版社2006年版，第44页。
③ [法]波德莱尔：《恶之花》，郭宏安译，广西师范大学出版社2002年版，引言。

李金发的诗歌呈现出感伤和颓废的情绪，他的诗歌意象怪诞、诡异、新奇。李金发深入到个体的深层体验和潜意识领域，以一种阴柔的方式将感伤和颓废扩散于诗作中。他借鉴法国象征主义诗歌表现手法，在诗歌中营造出一种朦胧和神秘色彩的氛围和意境，以一种特殊的艺术方式冲击着人们的审美体验。李金发的诗歌意象怪诞、诡丽、新奇，结构灰色、朦胧，对新诗审美意蕴的开拓具有重大的意义。死亡、悲哀等消极的意象是李金发的主要表现对象，他的诗歌以神秘、死亡、悲哀为主题，呈现出悲观主义色彩，中心意象是表现生与死的忧伤以及对现实的迷茫，弥漫着对世界和人生的悲观与失望，以及对梦幻现实的不懈追求。

在李金发的诗作中，很难见到太阳、明月等色彩明艳的意象，大多是寒夜、残月、落叶、坟墓等冰冷意象。在他的笔下，灵魂是“荒野的钟声”，生命是“死神唇边的笑”。他的诗以忧郁和感伤为美，他的诗作中大多是一些灰色的意象，充盈着浓郁的死亡气息。作品所选取的形象有着共同的情感色彩，大都能激发感伤、颓废和忧郁的情绪。在《弃妇》中，第三节“弃妇之隐忧堆积在动作上/夕阳之火不能把时间之烦恼/化成灰烬/从烟突里飞去/长染在游鸦之羽/将同栖止于海啸之石上/静听舟子之歌”。诗呈现出来的是黑色的基调，见不到任何明亮的色彩。

李金发不仅选取的意象怪诞诡异，不同于寻常，表现的主题也以抑郁为主，呈现出“病态美”和“忧郁美”。这种不同于常人的声音，也让其诗作有着特殊的思考空间，进而表达对现代都市异化文明的批判意识。一般来说，艺术家应该去积极追求美的事物，表现和歌颂美好的事物。以丑为美，以忧郁为美的审美追求，与中国传统诗歌的审美趣味不相符合，也与早期白话新诗的审美观念差距悬殊。但需要指出的是，虽然“以丑为美”的美学观挑战了传统的主流审美趣味，但李金发所描述的并非是畸形的审美，也可以说是特定环境下现代人审美意识和观念的体现，可谓新诗艺术探索的大胆革新与尝试，在很大程度上丰富了新诗的创作主题，传达出特殊的审美体验。

除了李金发主张“以丑为美”的美学观外，象征派诗人还强调诗歌的朦胧美感。为了表现朦胧美，象征派诗人运用隐喻、象征、通感等手法，实现情绪的意象化。在象征派诗人笔下，难以捉摸的情绪幻化为具体可感的事物，如有“雨巷诗人”称谓的戴望舒追求含蓄的朦胧美。戴望舒在诗歌中多运用象征性的形象和意象，来表现内心世界的复杂与微妙，他通过情绪意象化的方式，将隐蔽自己和表现自我巧妙地结合在一起。

戴望舒一方面提倡诗歌艺术表现的朦胧美，同时也追求诗歌艺术表现的感伤美。在他看来，诗歌是用来自我表现的载体，但由于现实生活的黑暗，现代个体深感苦闷彷徨，无处消解，无处排遣，只能从诗歌中寻求寄托和安慰。在戴望舒笔下，知识分子拥有一颗感伤的心，感伤的情绪时常缠绕在心头，并被转换成诗歌中的感伤美。在戴望舒的《雨巷》里，“撑着油纸伞/独自彷徨在悠长、悠长又寂寥的雨巷/我希望逢着一个丁香一样地/结着愁怨的姑娘/她是有丁香一样的颜色/丁香一样的芬芳/丁香一样的忧愁/在雨中哀怨/哀怨又彷徨”。[①]《雨巷》是一首有着古典美的现代诗。诗歌语言和音节的优美让人向往，一系列意象营造出令人神往的境界，朦胧的气氛中夹杂着淡淡的哀愁，浓重的失望和彷徨情绪在诗间盘旋萦绕。

戴望舒诗歌所体现出的朦胧美，既有语言上的含蓄委婉，也有事物处理上的象征化，还有情感表现上的隐蔽曲折。从语言到意象再到情感，无不体现出缥缈含蓄、隐约朦胧和意境深远的特点。戴望舒的诗歌从形式上打破了传统诗歌的表达，他的诗歌通过朦胧飘忽的形象，巧妙地表现复杂而不确定的主题。诗歌流露出的是忧郁、迷惘与悲伤等情绪，甚至是诉说不尽的感伤。

戴望舒偏爱法国后期象征主义的作品，加上戴望舒自我人生的失意与苦闷，法国象征主义诗歌中的感伤情绪对他的影响不容小觑。同时戴望舒还从中国古典诗词中汲取养分，摄取古典诗词的神韵，将二者很好地结合在一起。戴望舒追求诗歌韵律所带来的音乐美感，强调形象的生动性，诉求主题的朦胧美。戴望舒的诗歌寻求一种内在灵魂深度的隐藏性传达，在展现民族性的同时体现出很强的现代性审美探索和艺术追求，其诗歌所营造的朦胧美和感伤美也对现代新诗美学的发展产生了较大影响。

三、九叶派诗人的美学探索

1947年7月，曹辛之等人在上海创办诗歌刊物《诗创造》，周围聚集着一大

---

① 戴望舒：《戴望舒诗集》，四川人民出版社1981年版，第28页。

群青年诗人，他们以探讨现代诗艺美学为宗旨，寻找新诗现代化的途径，后来发展为中国现代文学史上有名的“九叶诗派”。《中国新诗》的创办是九叶诗派正式形成的标志，核心成员有曹辛之、辛笛、穆旦、袁可嘉等九个人。

九叶派诗人对社会现实怀有一种强烈的责任感，他们对中国新诗的发展有着清醒认识：“中国新诗虽还只有短短二十年的历史，无形中却已经有了两个传统：就是说，两个极端，一个尽唱的是‘梦呀，玫瑰呀，眼泪呀’，一个尽吼的是‘愤怒呀，热血呀，光明呀’，结果是前者走出了人生，后者走出了艺术，把它应有的将人生和艺术综合交错起来的神圣任务，反倒搁置一旁。”[①]九叶派诗人反对逃避现实的唯艺术论，也反对扼杀艺术的唯功利论，认为“人的文学”“人民的文学”和“生命的文学”应该综合起来，现实和艺术也应该平衡。

九叶派诗人生活的年代正是时局动乱之时，但不同于新月派诗人和象征派诗人对革命持逃避态度，九叶派诗人面对现实时更多选择了积极回应，将诗歌与政治、社会和时代结合起来。九叶派诗人对诗歌与现实政治的结合持肯定态度，但他们也认为诗歌与现实应该达到平衡的和谐状态，认为诗歌不能成为为政治歌功颂德的工具，沦为政治的附庸。九叶派诗人希望通过诗歌本身艺术的锤炼，平衡诗歌与现实之间的关系。九叶派诗人强调诗歌应当拥有独立的生命，主张诗歌表现真实的生活和反映现实人生。

“平衡”是九叶派诗人处理诗歌与现实关系的基本准则。在九叶派诗人的创作实践中，他们始终把追求诗歌艺术与现实的“平衡”之美当作自己的目标。他们“不许现实淹没了诗，也不许诗逃离现实，要诗在反映现实之余还享有独立的艺术生命，还成为诗，而且是好诗”[②]。在他们看来，诗歌艺术和现实之间要达到一定程度的平衡状态。诗歌艺术一方面要反映人生，与现实相结合，反映人生的现实性；另一方面诗歌作为一门艺术，自身的独立性必不可少。诗歌具有自身的生命，它不是任何附属品，诗歌应当有艺术的自由想象空间。

九叶派诗人强调现实与内心世界的平衡，注重内部自我世界与外部世界的沟通。他们关注个体的精神生活和内心世界的丰富复杂性，寻求自我世界与外在世界的平衡，这也是九叶派与西方现代主义最直接和最深刻的联系。九叶派

① 陈敬容：《真诚的声音》，《诗创造》，星群出版公司 1948 年版。
② 袁可嘉：《论新诗现代化》，三联书店 1988 年版，第 220 页。

诗人注重挖掘自我世界的微妙变化与细小情绪，但也不忽视现实世界的千变万化与错综复杂。这样，感性的世界内化为心灵的触动，理性和感性进而达到一种平衡。九叶派诗人将题材范围延伸到城市生活的内部，通过描写人们的心理状态去表现社会现状。由此，诗歌联通了内心小世界与外部的大世界，内心变化折射出世界的现状，达到一种内外世界的平衡姿态。九叶派诗人在表现社会重大问题时，也不忘抒发胸臆和表达个人情感。他们在通过诗歌表现社会和人生时，也会对个体进行哲学层面的理性思考。

在诗歌艺术上，九叶派诗人对浪漫主义感伤缠绵的美学观持反对态度。他们反对浪漫主义诗人的主观抒情，将笔触从外部客观世界转移到人的内心世界，倡导现实主义与浪漫主义相结合，让诗歌融汇现实、象征和玄学等因素。九叶诗派强调诗歌在哲理上要具有思辨性，希望通过对情感的升华来展现隐喻意义。在这里，玄学指的是情感和智慧的不经意流露。九叶派诗人对玄学的提倡与他们追求内外部世界平衡的美相照应，同时与他们在诗歌中诉求感性与理性的探讨目的也是一致的。

九叶派诗人提出诗歌展现“玄学”思想，这涉及诗与哲学的关系，即诗歌艺术中理性和感性的关系。九叶派诗人袁可嘉在评价冯至的诗时说：“冯至作为一位优越的诗人，主要并不得力于观念本身，而在抽象观念能融于想象，透过感觉、感情而得着诗的表现……十七世纪玄学派诗人及受他们影响的现代诗人，都不时提醒我们，抽象观念必须经过强烈的感觉才能得着应有的诗的表现，否则只有粗糙的材料，不足以产生任何效果，他们成功的诗作即足以证明所言不虚，《十四行集》的作者也令人羡慕地完成了发自诗底本质的要求，其中观念被感受的强烈程度都可从意象及比喻得着证明，这些诗哲理性的观念不是裸体直陈，而是从想象的渲染，情感的振荡，尤其是意象的夺目闪耀给死的抽象观念以活的诗的生命。”[①]在袁可嘉眼中，诗歌艺术是感性的存在，而哲学是理性的存在，理性与感性的统一就是哲学和诗的统一。要实现这样的效果，在表达抽象的概念之时，应当将富于想象的感觉和感情融入其中。感性与理性的融合不仅需要对现实进行模仿或者再现，同时也需要主体发挥自身能动作用，积极从事心智创造。

---

① 袁可嘉：《论新诗现代化》，三联书店1988年版，第76页。

九叶派诗人大多对西方文化比较了解，他们研读和翻译西方文学作品。九叶派诗人受到新文学诞生以来的各种各样文学思潮的熏陶，还有西方文学思潮的影响，他们“本着诗人的社会良知和自身的诗学原则……主动地借鉴外国诗歌，尤其注重横移现代西方诗歌的艺术精神和表现手法。他们根植在中国现实的土壤里，以双重的传统生命（古典诗歌传统和新诗的优秀传统）去融化他们，同时表现出一种新的自觉，试图创作出具有现代诗美的中国新诗”①。可以说，九叶派的美学追求以现代主义为主导，同时也杂带有现实主义和古典主义风格。

九叶派诗人追求兼顾中西诗歌技艺，古典与现代相结合的“平衡”美学观，他们强调艺术与现实，内心世界与外部现实的多重平衡。九叶派诗人不仅推动了中国新诗的现代化进程，他们对西方现代主义的融汇与创新，以及对中国诗歌传统的继承和发扬，有着重要的现代文学史和美学史意义。

四、新感觉派小说的美学探索

中国新感觉派小说一方面受到日本新感觉派的影响，另一方面也受到法国都市文学的影响。新感觉派以都市空间为文学的审美对象，致力于描绘都市形态，将快节奏的都市生活凝聚于笔触，捕捉都市中新奇和光怪陆离的感觉。新感觉派借鉴了电影蒙太奇手法和西方意识流手法，表现都市生活的快节奏和都市繁华的稍纵即逝，飞机、电影、高楼大厦等表征都市现代性的事物受到新感觉派的青睐。这些现代化事物一方面表现了现代物质生活的丰富，另一方面也展示了现代人内心深处的孤独和寂寞。

新感觉派的主要代表是施蛰存，他的小说主要受到精神分析学家弗洛伊德的影响。精神分析学派认为，人的首要需要是本能需要，但在文明社会里，太多的东西阻碍了原始本能的满足，本能因而受到压抑，得不到释放。弗洛伊德认为：“在文明的进展中，这类弃绝原是缓慢进行的，一步一步地因宗教加以神圣化了。个人牺牲其本能的满足，奉献于神明，由此得到的公众利益自然是神圣不可侵犯的。某些人也许冲动特别强烈，压制不住自己的本能，不能适应社会

① 王圣思：《九叶之树常青：“九叶诗人”评论资料选》，华东师范大学出版社 1994 年版，第 143 页。

的要求，他就变成一个罪犯、一个恶徒。”[1]伴随着社会文明的进步，阻碍人的本能快乐的因素反而越来越多，社会和家庭都可以成为压抑机制的执行者，而文明进程所带来的压抑也深刻地影响着现代人的内在心理。

施蛰存以敏锐的知觉去透视他人潜在的情感，揭示个体的潜意识。在《将军底头》中，主人公唐代将军花惊定奉命征讨吐蕃，在途中遇到了一位漂亮的女子，受到美色诱惑，成为情感欲望的承担者。但花惊定的身上承载着军令，道德感和责任感压抑着他的情欲。带着这种矛盾心理，他仍然走上了战场，不幸却在战场上被杀了头。小说通过精神分析法来剖析本我和超我的矛盾，展现了道德和情欲的激烈冲突。作者展现了民族命运与爱情的冲突，前者是道德的束缚，后者是本能的快感。在小说中，作为性本能的爱欲遇到了现实的道德，本我让位于超我，超我具有传承价值的事物得以传承下来。

作为 30 年代海派中有着较大影响力的小说流派，新感觉派小说促进了现代都市文学的发展，丰富了现代小说的表现手法。但新感觉派的一些作品在暴露现代都市生活的病态时，并没有表现出鲜明的决裂和否定态度，反而流露对颓废都市生活的留恋，因而也受到了不少批判和诟病。

第三节 现代戏剧和电影的美学探索

戏剧在中国有着悠久的历史与传统，早在周朝和秦朝的时候就已经开始萌芽，宋元时期杂剧的出现更是将戏剧艺术推向灿烂繁荣的高峰阶段。在中国戏曲艺术漫长的历史演变过程中，一系列优秀的剧作家和戏剧艺术家涌现出来，成为中国传统文化的有机组成部分。作为戏剧的一种形式，话剧起源于欧洲，在 20 世纪伊始的时候被引进我国，并逐渐走向成熟。自近现代以降，中国戏剧在接受西方戏剧思想的过程中，不断充实和发展自己，造就了一系列优秀的剧种和优秀的剧作家，发展充实着传统的戏剧美学思想。1905 年，《定军山》的演出揭开了中国电影发展的序幕，随后，电影呈现出不同的审美诉求。在 20 世纪，戏剧和电影面临着来自外来文化与本土文化的冲突和张力。

---

[1] ［奥地利］弗洛伊德：《爱情心理学》，林克明译，作家出版社 1986 年版，第 170 页。

一、现代戏剧的美学探索

清朝末期，西方启蒙思想传入中国，晚清的剧作家们致力于西方启蒙思潮的传播和普及工作，有的传奇剧和杂剧甚至直接采用欧洲启蒙时期的人物与事件为故事原型。由于职业演员对“新戏剧运动”的倡导，西方话剧也逐渐传入中国。

20世纪初成立的春柳社是中国现代文学史上最早的话剧团体，以李叔同、曾孝谷、欧阳予倩等为代表。春柳社提出向欧美戏剧和日本新派戏剧学习，演出了《茶花女》《黑奴吁天录》等话剧。其中《黑奴吁天录》这部由中国人创作和表演的戏剧成为文明新戏的开端。春柳社强调新的戏剧样式应当与中国传统戏剧有区别，他们在内容和形式上借鉴西方戏剧，试图改变中国传统戏剧以歌曲和舞蹈为表现形式的方式，主张让言语和动作成为戏剧的主要表现手段，以此表现人物的性格和命运。他们在戏剧创作中采用分幕制，要求有完整的剧本和一系列的排练，重视戏剧演出的艺术性。在他们看来，这样的戏剧才能适应现代文明发展的需要，跟上现代文明的步调。从春柳社开始，中国现代话剧艺术开始走上自觉探讨与自我创造的美学探索道路。

早期的话剧开创了一种新的创作与演出模式，但也强调戏剧的教育和感化功能，并以此作为抨击封建统治的武器和政治宣传的工具。随着辛亥革命的失败，话剧受时局影响慢慢走向衰落。五四时期，话剧开始复兴，但再次复兴的话剧面临着来自各方的质疑，如关于新剧和旧剧哪一个更优、更善、更美，更是让一大批学者争论不休。

1917—1918年，傅斯年、胡适和周作人等人以《新青年》为阵地，发表文章抨击中国传统戏剧。在他们看来，中国传统戏剧的儒家和道家思想印记太深，旧戏剧遵循的大团圆式结局是一种封建性和迂腐性思想的表现，对人的思想戕害极深。在对旧戏剧的批判以及与旧戏剧理论家的论战中，《新青年》同仁要求废旧立新，改革封建的旧戏剧模式，创新西洋式的新戏剧。在这种语境下，对外国戏剧理论的译介和传播蔚然成风，如现实主义、自然主义、唯美主义、未来主义等戏剧创作理论涌入中国，对中国传统戏剧理念带来了一波又一波的冲击。

傅斯年提倡现实主义戏剧，要求戏剧在现实社会中取材，表现“每日的生活”，描写“平常的普通人”。[①] 1919 年，胡适模仿易卜生社会问题剧《娜拉》创作并演出《终身大事》，现实主义戏剧逐渐在现代戏剧史上占据主导地位。胡适反对中国戏剧、小说的大团圆结局，否定这种非现实的合家欢结局，强调悲剧对社会的道德净化和陶冶功能，这在当时引发了一些学者的反驳。反驳者认为中国旧的戏曲不可完全废除，中国的传统戏曲，无论是文戏还是武戏都有一定的审美价值，其艺术价值不应该完全被否定。

陈大悲出版的《爱美的戏剧》是中国现代戏剧史上第一本成体系的戏剧理论专著。“爱美”是音译，意思是非职业的、业余的。陈大悲提倡“爱美剧”，将批判的矛头指向传统旧戏和文明戏。同时，他还提出戏剧改革的主张，提倡翻译介绍西方话剧，借鉴西方话剧的内容形式与表现手法。在陈大悲看来，应当建立一种新的戏剧观念，用来传播各种各样思想，达到改善社会和人生的目的。

1926 年，闻一多、余上沅等留洋学生提倡国剧运动，反对易卜生的社会问题剧。他们倡导演给中国人看的中国戏。在他们看来，社会问题剧试图将社会的矛盾解决置于戏剧中的做法是不实际的，其结果只会使得戏剧不像戏剧，社会矛盾也没有得到合理的解决，反而毁坏了戏剧本身的艺术性。[②] 在这场国剧运动中，余上沅提出要建立中国新戏剧，认为应当从中国旧戏剧中汲取营养，进而整合和利用旧的戏剧元素。传统戏曲基本上是纯艺术的，具有自身的独立性。余上沅等人亦认为这种追求纯粹艺术性的主张是可取的，他们认为戏剧不应该成为宣传政治和社会现实的工具。

对于五四时期推崇的易卜生主义，国剧运动者反对将戏剧作为一种社会教化的工具，他们希望在东方和西方的戏剧文化之间架起一座桥梁，融合东西方戏剧文化的精髓。但这种主张后来被一些学者斥为“形式主义复古逆流”而受到强烈批判。客观地说，国剧运动希望构建具有本族文明特色的戏剧，希望在传统的写意和现代的写实之间连接一根纽带，从而使中国戏剧具有鲜明的民族特色。他们倡导通过中西戏剧艺术的比较来思考中国戏剧的发展，这种思路基本上是可取的。

自西方戏剧进入中国，本土戏剧的发展可谓一波三折，自五四时期的被批

① 傅斯年：《论编制剧本》，《中国新文学大系 · 建设理论集》，上海文艺出版社 1981 年版，第 390—391 页。
② 周安华：《戏剧艺术通论》，南京大学出版社 2005 年版，第 86 页。

判与全面否定，到国剧运动期间重新被提及，本土剧被极大推崇。本土剧主张纯艺术，学习传统戏剧，反对易卜生主义等。本土戏剧之所以会有如此波折，是戏剧工作者在中国话剧遭到西方戏剧冲击时的不同选择，同时也是中西方文明受到冲击时的矛盾反映。五四时期反对传统文明的美学价值，推崇外来主义，而国剧运动是推崇本土文明，反对外来文明。在中国传统与西方文化的交流碰撞过程中，中国现代戏剧美学观念的探索也在不断发生着变化。

在这段时期，中国话剧受到西方话剧发展史上众多派别的影响，如现实主义、浪漫主义、象征派、表现派等。王尔德、奥尼尔、斯特林堡、梅特林克等一大批国外戏剧埋论家思想的引进，促进了中国现代文学史上多元化的戏剧创作格局的初步形成。正是在多元化的戏剧创作格局之下，出现了田汉、曹禺等一批优秀的剧作家和理论家，带来了戏剧美学思想的多元发展。

大革命失败后，中国左翼作家联盟成立，田汉提倡戏剧艺术的真善美，中国戏剧创作逐渐从革命浪漫主义走向现实主义，从感伤主义走向革命理想主义。田汉 1920 年创作第一个剧本《梵峨嶙与蔷薇》，其中“梵峨嶙”是音译小提琴，象征着艺术，而“蔷薇”代表的是美好爱情。谈到剧本的创作方法，田汉说：“此剧是通过了现实主义熔炉的新浪漫主义剧。”①在这里，现实主义体现出对中国社会的关照和对社会改革的迫切希望，新浪漫主义则是指西方的现代主义艺术，强调象征和抒情的艺术方法。对美的追求是田汉早期剧作中重要的主题，他经常在剧作中设置一些离奇的情节，渲染一种可以为了美抛弃一切的神秘情调。此外，传奇性和神秘性也是田汉早期剧作重要的艺术特征，他吸收西方浪漫主义与现代主义的艺术理论，剧作的主观性和抒情性特征比较明显。

20 世纪 30 年代，民族矛盾和阶级矛盾日益激化，在革命作家的参与推动下，整个文艺界发起了一场“革命文学”运动，“左联”也在此阶段成立。受此影响，田汉认为浪漫主义作品并不利于时代的发展进步，转而朝着革命现实主义的戏剧创作方向发展，作品呈现出很强的现实主义风格。田汉既有对现代文明的追求，也注重从传统文化中获取能量，这种现代性的追求和本土化的倾向，是其戏剧艺术美学探索的鲜明表征。学习西方戏剧的精华，体现了现代化的追求，而对传统戏剧元素的承继，这是戏剧本土化的需求。戏剧要发展，需要不断

① 田汉等：《三叶集》，上海亚东图书馆 1920 年版，第 81 页。

丰富其美学内涵和价值，需要充分吸收中外文化的精华为其所用。

需要指出的是，戏剧艺术有其自身的审美要求，这是其作为艺术独立性的先决条件。戏剧艺术如何在不毁坏自身艺术性的同时去表现社会现实，艺术与现实的关系问题也确实是一个值得探讨的问题。事实上，这个问题涉及艺术审美和现实功利的关系。中国文学在走向现代化的道路中，有关文学功用的探讨历来有两种声音：一种声音认为文学是唯美的，艺术有着其自身的生命力；另一种声音认为文学艺术反映社会现实与人生，是表现现实的工具。这两种对立的观点在不同时期有着不同表现，由此也反映出文学发展的时代语境及其轨迹。在现代戏剧艺术的美学探索中，田汉前后期戏剧美学观念的变化，也正体现了不同的艺术与现实关系观。田汉早期戏剧对美的追求占主导地位，显示出唯美主义的倾向。在后期创作中，田汉的戏剧创作开始和政治现实相结合，强调艺术审美性和社会功利性的结合。

曹禺原名万家宝，他从小就接触了中国传统戏剧，在清华大学西洋文学系读书的时候，广泛接受了西方莎士比亚、易卜生、契诃夫等人的戏剧艺术思想。《雷雨·序》和《日出·跋》是曹禺戏剧美学探索的代表作，也是中国现代戏剧美学的重要篇章。曹禺积极探讨人性的丰富性和复杂性，刻画各种各样的人生，努力让观众看到舞台上人物的复杂性和真实性。

谈起《雷雨》的创作动机，曹禺写道："写《雷雨》是一种情感的迫切的需要。我念起人类是怎样可怜的动物，带着踌躇满志的心情，仿佛是自己来主宰自己的命运，而时常不能自己来主宰着。受着自己——情感的或者理解的——捉弄，一种不可知的力量的，——机遇的，或者环境的——捉弄……在《雷雨》里，宇宙正像一口残酷的井。落在里面，怎样呼号也难逃脱这黑暗的坑。自一面看，《雷雨》是一种情感的憧憬，一种无名的恐惧的表征……所以《雷雨》的降生，是一种心情在作祟，一种情感的发酵，说它为宇宙作一种隐秘的理解，乃是狂妄的夸张。但以它代表个人一时性情的趋止，对那些'不可理解的'莫名的爱好，在我个人短短的生命中是显明地划成一道阶段。"[①]在曹禺看来，创作源泉是一种情感的需要和抒发，并在戏剧中找到了喷薄而出的缺口。因为洞见了社会的千姿百态，尤其认识到个体卑微到无法主宰自己的命运，曹禺主张悲剧的作用

① 曹禺：《曹禺作品精选珍藏版》，长江文艺出版社2012年版，第5—6页。

是使人的情感得到陶冶和疏泄，即亚里士多德意义上的净化。在曹禺看来，戏剧具有道德净化和情感陶冶的双重功能，情感抒发也成了他戏剧创作的主要动因。曹禺以极大的兴趣去探究社会中人的命运，尤其是对现实中黑暗面的观察，他的戏剧创作呈现出极大的人文终极关怀色彩。

在《雷雨·序》中，曹禺受西方表现主义风格的影响，注重内部的主观世界，强调情绪和情感的抒发。在表现说那里，艺术所表现的情感一是创作主体的情感，二是观众从艺术作品中体会到的情感。艺术表现指艺术家将自己内心的感情或是情绪通过一定的方式宣泄出来。在曹禺的戏剧中，他强调情感的表现，认为借戏剧作品去表现内心的情感，观众亦能感受到这种情感的表达。曹禺的《雷雨》展示了一幕幕家庭生活的场景，其中的人物形象具有各自的性格特征，从不同的角度展示着命运的深刻性。周萍作为家里的长子，出身于一个封建色彩十分浓厚的资产阶级家庭。周萍因为内心巨大的精神压力而走向毁灭，其性格上的劣根性让他表现出自私与软弱的一面，但同时他又痛恨父亲的冷漠与残酷，渴望自由和真爱。曹禺刻画这一个人物，表达了他对封建家庭继承人命运的情感，暗示着封建大家庭灭亡的必然性。

曹禺戏剧创作中的关照对象是社会现实、人生和社会中人的命运。《雷雨》通过人物的安排和情节的设置，用戏剧中人物的性格命运去表现现实。同时，《雷雨》还用更深的笔触去探寻隐藏在现实背后的人生和人性问题。继《雷雨》之后，曹禺创作了《日出》，展现出更加宽阔的社会生活画面。曹禺将戏剧创作的笔触伸向了上流社会和下层社会的各个片段，使得戏剧的冲突尽可能与生活本身相贴近。在主题上，曹禺对造成生活黑暗的恶势力发起控诉，将整个社会制度的腐朽面暴露在公众面前，表达出对光明和美好生活的憧憬与向往。

曹禺在《日出·跋》里写道："我应该告罪的是我还年轻，我有着一般年轻人按捺不住的习性，问题临在头上，恨不得立刻搜索出一个答案。苦思不得的时候便冥眩不安，流着汗，急躁地捶击着自己，如同肚内错投了一服致命的药剂。这些年在这光怪陆离的社会里流荡着，我看见过多少梦魇一般的可怖的人事，这些印象我至死也不会忘却。它们化成多少严重的问题，死命地突击着我，这些问题灼热我的情绪，增强我的不平之感，有如一个热病患者。我整日觉得身旁有一个催命的鬼，低低地在耳边催促我，折磨我，使我得不到片刻的宁贴。”[①]正是因为发现了社会中的诸多问题，曹禺才想通过戏剧艺术创作的形式，表现内心的情感，进而表现人生和人性的丰富复杂。曹禺在《日出》中刻画了众生百态，他把这些人分为“不足者”和“有余者”，形成两个对立的世界和价值观，以此来批判现代都市中“损不足而奉有余”的现象。在曹禺的笔下，小人物往往具有高尚的品格，与大人物形成强烈的对比和反差。

曹禺的《雷雨》《日出》和《原野》等作品在中国现代戏剧发展史上有着重要的影响和意义。曹禺丰富了现代话剧的美学史意义，他极具想象力的创作为中国现代话剧的发展开辟了一片广阔的发展空间。曹禺的创作也是中西融汇结合的产物，显示了中国传统戏剧与西方戏剧艺术的融合，是中国传统诗学与西方象征主义的融合，也是艺术写实主义与写意主义的融合。《雷雨》的“序”和《日出》的“跋”均是中国现代戏剧美学史上的重要篇章，曹禺强调艺术反映现实和表现人生，进而使情感得到净化和陶冶。在曹禺看来，戏剧创作要努力刻画人物形象，表现人生的千姿百态，控诉黑暗人生和抨击不公正命运，表达内心深处对光明和自由的渴望。

二、 现代电影的美学探索

在中国电影界，一般将 1949 年之前的电影分为初创时期(1905—1932)、转折时期(1932—1937)、抗战时期(1937—1945)和解放战争时期(1945—1949 年)四个阶段。由于受到西方文艺思潮的影响，电影在不同时期呈现出不同的审美风格和诉求。中国人第一次看真正意义上的电影，是在 1896 年 8 月 2 日晚上上海徐园“又一村”的游艺活动上，当时电影作为一种舶来品，被称为“西洋影戏”，游客们只需花上二角小洋就可以欣赏到这种影戏。随后，电影放映活动逐渐在上海、北京、天津、广州这样的大城市兴起，放映内容一般都是一些尺寸短小的西洋风光、戏法和滑稽片，主要由外国文化商人主持。

1905 年，丰泰照相馆的老板任庆泰拍摄了中国第一部电影《定军山》，由京剧谭派艺术创始人谭鑫培主演。《定军山》是中国民族电影以独立形象出现的开端，它的内容(戏曲)、形式(记录式)以及简单的镜头表达方式是中国电影在

① 曹禺:《曹禺论创作》，上海文艺出版社 1986 年版，第 30 页。

相当长的时期所承袭的基本方式。此后，任庆泰与其他名伶合作，拍摄了《艳阳楼》《青石山》《金钱豹》《白水滩》《收关胜》等戏曲纪录片。虽然这批短片的视觉效果并不理想，但由于是本土传统艺术内容与外来新兴娱乐形式的首次结合，对于中国观众来说，已经足够新奇了。1913 年，张石川与郑正秋成立新民公司，联合创作导演了第一部民族故事片《难夫难妻》。《难夫难妻》是中国第一个具备情节的故事短片，而且有了事先写好的剧本，并且有专门的执导人，这在中国电影史上具有跨时代的意义。

20 世纪 20 年代是中国电影发展的尝试与摸索期。在这一时期，中国的无声电影迅猛发展。电影与戏曲进入独立创作的阶段，形成了中国电影史上第一个热潮。娱乐性是 20 年代早期电影从业者的追求，以电影为商品来取悦观众和赢取利益，在小篇幅中极尽插科打诨之技巧。这些电影在思想上并没有什么可取之处，但拍摄技巧在这一时期却逐渐成熟。随着西方社会改良思潮和启蒙思想涌入，故事片逐渐代替短篇，电影的教化功能逐渐增长，出现了一批社会问题片和家庭伦理片，如郑正秋的《孤儿救祖记》(1923 年)、孙瑜的《故都春梦》(1930 年)等。整体来说，爱国主义的现实批判意识和富于正义情怀的人道主义精神，是这一时期电影创作的主要潮流。与此同时，也有一些商业性质很强的影片逐渐衍生，产生了“古装片”(多为一些“才子佳人”和“英雄救美”的故事，如取材于《三国演义》的《美人计》等)和“武侠片”(多脱胎于坊间流传的传统侠义小说，如《大侠甘凤池》《儿女英雄传》《方世玉打擂台》和《夜光珠》等)。武侠片和古装片在 20 年代后期的流行，在客观上丰富了电影的技巧和形式，为中国电影的发展留下了可贵的经验。

20 世纪 30 年代是中国电影的第一次兴盛与高潮时期。30 年代初，在瞿秋白的倡议下，由夏衍、郑伯奇、钱杏邨等人组成电影领导小组，当时的左翼作家如阳翰笙、王莹、沈西苓等人也都参与电影创作和评论活动，史称左翼电影运动。左翼电影运动对中国电影的影响巨大，它不仅改变了电影创作的倾向，也在确立电影现实主义创作方向的同时提高了电影创作的质量。在这段时间内，《三个摩登女性》《狂流》《城市之夜》和《都会的早晨》等一大批新兴电影接连问世，这些影片从不同侧面暴露和批判现实，获得了较好的票房。1934 年公映的《姐妹花》和《渔光曲》取得了空前的社会反响，《渔光曲》获得了 1935 年莫斯科国际电影展览会荣誉奖，成为中国电影在国际电影节的第一部获奖影片。此外，这段时间内"国防电影"开始兴起，以反映在帝国主义军事侵略和经济侵略下的各种现实生活和社会问题，如《新旧上海》《迷途的羔羊》《十字街头》《马路天使》和《壮志凌云》等。

1937年抗日战争全面爆发，形成国统区、租界区、沦陷区和共产党根据地四个大的电影创作区域。在国统区，自1937年年末到1938年年初，进步电影人士成立了中华全国电影界抗敌协会，中国电影制片厂拍摄完成战时第一部故事片《保卫我们的土地》。在1938年10月武汉沦陷前的短短数月，抗战影人先后拍摄了3部故事片，50多部新闻纪录片和卡通宣传片。在艰苦抗战期间，大后方的电影人克服种种困难，拍摄了21部故事片（其中两部未完成）和近百部抗战宣传影片。租界区的电影主要阵地在香港和上海，被称为"孤岛"现象。租界区的电影人士借助特殊的政治地理环境，所拍摄的影片有较多商业竞争的成分，同时也将一些忧国伤时的情怀寄寓在影片中。沦陷区的电影主要集中在长春和1941年被日军占领的上海。这两个地区的电影主要为侵华战争服务，突出娱乐功能。这段时间抗日根据地虽然没有故事片产出，却也有《延安和八路军》和《南泥湾》等一批纪录片，留下了大量珍贵的影像资料。总体而言，抗战时期是中国电影的特殊时期，这一时期的电影已经不可能再单纯地作为一种艺术或是娱乐工具而立足于世，它与现实社会不可避免地联系到一起。

抗战结束后，中国电影格局又有了新的变化。在1946年"中美商约"签订之后，美国影片汹涌流入中国市场，民族电影的生存空间被严重挤压，面临着前所未有的生存危机。在这段时期，民族电影克服重重困难，拍摄了《八千里路云和月》《一江春水向东流》《万家灯火》和《小城之春》等一大批银幕佳作。战后电影由于饱受民族苦难，批判的力度和揭露的深刻性都更加明显，宏大的历史眼光和视角使这一时期的电影既批判社会和记录时代，又对银幕语言进行了大胆创新。电影不再局限于个人悲欢，而是将目光投向民族灾难、时代变迁和家庭离合。三者有机结合在一起，构成了这一时期电影的现实主义创作风格，民族电影开始逐渐走向成熟。

首先，中国现代电影的美学探索体现在时代性上。时代性在这里主要指不同时期电影带有本身所在时代的印记，如主题、情感和独有的技术元素等。电影在最初传入中国时被称为"西洋影戏"，既然是戏，自然会令人联想到中国的传统戏曲，因此观众最初看到的都是用极为原始的方式拍摄的一些戏曲纪录片。第一部故事片《难夫难妻》是郑正秋根据家乡广东潮州的社会旧俗构思改编而成的，批判和讽刺了落后的封建婚姻制度。《庄子试妻》在世俗眼光普遍视伶人为戏子、“下九流”的时代，导演黎民伟让自己的妻子在片中扮演角色，随他一起投身电影事业，可以说是对世俗旧观念的一个有力冲击。1923 年张石川与郑正秋创作拍摄的《孤儿救祖记》，其目的就是为了教化社会，并开创了国产片自有电影以来的最高卖座纪录。作为刚刚起步的中国电影，虽然并没有改造社会的宏大叙事和理想，但电影中所蕴含的教化理念已经出现了萌芽。

由于中国革命的特殊性，左翼电影的农村题材自然而然地带有革命与斗争色彩。“在二十世纪三十年代，左翼电影工作者对农村题材的电影格外关注，因为这里面蕴含着他们对中华民族前途命运的思考和对中国社会矛盾的解释。”① 左翼电影工作者不仅拍摄农村题材影片，同时也批判没有通过革命方式来教育民众和解决社会问题的电影，如《狂流》《丰年》《铁板红泪录》《重婚》《春蚕》《狼山喋血记》等，引起了社会的较大反响。1932 年淞沪战争爆发，电影体现出强烈的民族主义色彩，如《共赴国难》《上海之战》《抗日血战》《上海浩劫记》《十九路军血战抗日》等有关战争的影片以及《十九路军抗日战史》《暴日祸沪记》《淞沪抗日救亡将士追悼会》等新闻纪录片。

1937 年，抗战全面爆发，以国共合作为基础，抗战电影在这一时期大量涌现，“中国电影制片厂”与“中央电影摄影场”（前者属于国营，后者属于国民党党营）所拍摄制作的电影都与抗战密切相关。导演史东山指出，抗战电影“必须选择当前情势中亟待反映的现实，或亟待提出讨论的问题以为主题”②。这一时期出现如《保卫我们的土地》《好丈夫》《还我故乡》等电影，同时还诞生了《胜利进行曲》《保家乡》《东亚之光》《日本间谍》《中华儿女》和《青年中国》等抗战故事片和纪录片，体现出鲜明的时代性诉求。

其次，中国现代电影的美学探索体现在传奇性上。以情节取胜是这个时期电影的主导模式，如 1923 年公映的《孤儿救祖记》。身怀六甲的守寡儿媳余蔚如遭到侄子杨道培的诬陷，被有钱的公公杨寿昌赶出家门，此后的十年，余蔚如含辛茹苦独自将孩子余璞养大，还送他到学校接受教育。此时公公却晚景凄

① 杨远婴：《中国电影专业史研究·电影文化卷》，中国电影出版社 2006 年版，第 164 页。
② 史东山，《关于〈胜利进行曲〉的摄制》，《国民公报》1941 年 4 月 20 日。

凉，杨道培觊觎他的财产并起了谋财害命的歹心。最后真相大白，余蔚如洗清沉冤，祖孙三代相认团圆。余蔚如为报答学校的教育之功，将所继承的财产一半捐了出来，兴办义学，惠泽乡里。《孤儿救祖记》之所以能够如此打动观者，与故事本身柳暗花明、峰回路转的情节发展不无关系。之后的《十字街头》《姐妹花》《夜半歌声》《桃李劫》《马路天使》等影片都故事曲折，情节生动，带有传奇色彩。

在中国早期的电影制作中，传奇性削弱了个体在电影作品中的主体地位。在绝大多数影片中，人物并不是描写的中心，而是把故事推向传奇性情节的桥梁。当然，这也使电影在追求情节猎奇的同时掩遮了人物内心活动的表现，削弱了作品的思想高度。

再次，中国现代电影的美学探索体现在对比性上。对比手法在早期电影中运用较多，如《姐妹花》通过一对孪生姐妹完全不同的人生遭遇来鞭挞军阀统治的腐朽和黑暗。为了强化两姐妹的对比度，特意由当红影星胡蝶一人分饰两角。此外，影片情节的安排充满巧合，善恶对比尤为明显，贫富阶层尖锐对立。《马路天使》侧重于性格对比。影片中结拜兄弟老王和小陈虽亲密无间，性格却是一个老成、内向，一个活泼、开朗；小云和小红虽是姐妹，但年龄、生活经历与性格也是相差很大。此外，《一江春水向东流》选择夫妻展开对比，《八千里路云和月》选择亲戚展开对比，《天堂春梦》选择朋友展开对比，《渔家女》选择情人展开对比，等等。

除了人物形象和性格的对比之外，对立原则在这段时期的电影语言中也有鲜明体现。以《天堂春梦》为例，为抗战做过贡献的设计工程师丁建华为寻找工作四处奔走，双脚在泥泞中艰难前行。此时的大汉奸龚某却在家中花天酒地，一双乌黑铿亮的皮鞋在打蜡的木质地板上起舞。在《一江春水向东流》中，李素芬在敌占区吃尽苦头的场景和张忠良在大后方和黄丽珍鬼混，拼命投靠买办资本家的场景，两组画面交替放映，对比尤为强烈。可以看出，这个时期的电影更多是从社会、家庭以及伦理道德的善与恶、好与坏、是与非的对比中安排人物和情节，进而揭示人的本性以及独属于那个时代的一些本质，这种对比也标志着中国早期电影运用艺术语言表达思想感情的成熟。需要指出的是，虽然强调对比在特殊的政治时代具有战斗和净化民心的作用，但若过分强调，势必会弱化艺术本身的特点，使艺术变为说教文艺，也会使概念僵化，这是我们在考察中国早期电影时不能忽视的问题。

最后，中国现代电影的美学探索体现在技术性上。从诞生到发展，电影始终是一门与现代科学技术紧密结合的艺术形式。技术的发展和进步对电影语言的创新，以及对电影美学观念的演变都有着不容小觑的巨大影响力。巴赞认为，“外部世界的影像第一次按照严格的决定论自动生成，不需人加以干预，参与创造，摄影师的个性只是在选择拍摄对象、确定拍摄角度和对现象的解释中表现出来，这种个性在最终的作品中无论表露得多么明显，它与画家表现在绘画中的个性也不能相提并论”。[①] “摄影的客观性赋予影像以令人信服的，任何绘画作品都无法具有的力量，不管我们用批判精神提出多少异议，我们不得不相信被摹写的原物是确实存在的。它是确确实实被重现出来，即被再现于时空之中的。摄影得天独厚，可以把客体如实地转现到它的摹本上。”[②]巴赞所说的客观性，就是指电影的记录功能，即电影技术层面的再现功能。

技术的发展对电影来说有着基础、直接和重大的影响。最初的电影都是无声的，人们称之为默片，声音的引入是电影史上的一次技术革命。电影从此有了台词，观众可以听见演员的对话。电影中也出现了音乐，以烘托气氛和渲染情感，以插曲或者背景音乐的形式使观众对影片的感知更加强烈，对故事的理解也更加深刻。除声音外，随着技术的不断革新，影像设备的效果和功能开始告别单一、简陋，逐渐讲究分镜头、蒙太奇、场面调度运镜等摄影技巧。电影故事的叙事更加生动，越来越富于生命力和创造性，更受观众喜爱和欢迎。

现代电影以一种新的姿态汇入到中国现代美学的建构中，和诗歌、小说、美术等艺术形态一起构成了中国现代美学探索的主体。中国现代电影美学讲究写实性和奇幻性的结合，通过荧幕上图像与声音的结合，以一种新奇的方式再现生活。电影作为一种新的传播方式和艺术表现形式，为中国现代美学的艺术形式探索注入了新鲜活力。

---

① [法]巴赞：《电影是什么》，崔君衍译，江苏教育出版社 2005 年版，第 16 页。

② [法]巴赞：《电影是什么》，崔君衍译，江苏教育出版社 2005 年版，第 7 页。

第四节　现代美术的美学探索

在中国现代美术史上，随着西方美术绘画理论的引入，现代艺术家在传统美术思想与外来思潮的影响下探索自身的生存与发展空间。在中国现代美术的美学探索中，一部分艺术家主张将东西方的绘画理论和技艺结合起来，引进西方现代美术思想来改革中国美术；另一部分艺术家虽然也受到西方现代美术思想的影响，但更多致力于传统美术基础上的创新。这两部分艺术家都受到了西方现代前卫美术思想的影响，只是受影响的程度不同罢了。

一、 革新派美术的美学探索

在中国现代美术的发展中，一直存在着革新派与传统派之间的论争。革新派看到西洋画法的先进性，认可西方美术技法，主张接受西方美术思想，将中西艺术融合起来，创造出符合时代发展的新美术艺术，如刘海粟、林风眠、徐悲鸿和邓以蛰等艺术家都提倡中西美术的融合。

刘海粟是中国近代美术教育事业的奠基人之一，是提倡中国新美术的开山之人。在美术思想上，刘海粟提倡发展东方艺术，研究西方艺术。刘海粟创办了中国第一所正规的美术学府——上海图画美术院，反对束缚艺术个性，认为青年学生应实现思想上的解放。刘海粟以超常人的勇气和精力去深刻考察中国和西方的绘画艺术，他对东西方的绘画潮流有着深刻的研究。在《国画苑》中，刘海粟认为："故近数十年来，虽西学东渐之潮流日甚，新思想之输入如火如荼，艺术上亦开始容纳外来情调，惟无鉴别、无抉发，本末不具，派别不明，一味妄从其形式，故少新机运之开拓。愚生于此种'艺术饥荒'之时代，冥思苦索，发愿一面尽力发掘吾国艺术史固有之宝藏，一面尽量吸收外来之新艺术，所以转旋历史之机运，冀将来拓一新局面。"[①]如何对待东西方艺术，刘海粟提倡"穷古

① 朱金楼、袁志煌：《刘海粟艺术文选》，上海人民美术出版社1987年版，第303页。

今东西各派名家之画，而又努力冲决其樊篱，将一切樊篱冲决矣”[①]。他一方面认为要发掘本国艺术的精华，另一方面也强调借鉴吸收西方现代前卫艺术经验，将东西方绘画艺术融合起来。

刘海粟是中国第一个使用人体模特的人。在当时的艺术家眼中，人的身体是不可向外人展示的。1920 年 7 月 20 日，刘海粟在上海成立了中国历史上第一个人体画室，他对真善美的追求都反映在他对人体的喜爱上。在他看来，只有人体的美感才能真正体现形式与内容上美的一致。刘海粟看到了人体之美，强调人体的张力美和生命力。在他看来，人体创造了生命，也能体现美的真正意义所在。人体模特的出现可以引导国人高尚纯真的人格，并从中感悟出美好的事物从而达到自我救亡的目的。但当时国人受中国传统文化思想影响，不能完全接受人体模特，而刘海粟对人体美的追求也引起了社会的争议，并长达十年之久。

刘海粟追求人体美，其主要目的在于推进当时美术教育的革新。刘海粟一生都在为美术教育而奋斗，他认为真正的审美趣味是在写生中不断发现美的事物，强调在表现日常生活时要加入自己的主观情感。可以说，刘海粟对美的追求、理解和感悟，推动了中国美术的进步。

刘海粟对待东西方美术文化，并不是简单地抛弃其中一种而选择另外一种，他将中西艺术的精华结合起来，将国画和西洋画的研究结合起来。刘海粟看到了西方美术的审美价值，主张吸收外来精髓为其所用，他将东西方艺术思想融会贯通，具有强烈的革新性。

与刘海粟一样，林风眠也深受西方现代艺术思想的影响。林风眠在欧洲留学时受到西方绘画艺术的熏陶和影响，并因此确立了他自己的艺术发展方向。林风眠将中西绘画理论结合在一起，呈现出既有中国画特色，又有西方绘画风格的艺术新风格。在北京国立艺专和杭州国立艺专任校长时，林风眠在探索西方现代艺术经验时大力提倡新美术思想，推动艺术运动和艺术教育。

林风眠有着较为自觉的现代性意识，主张借鉴西方现代艺术经验来促进和发展中国现代新美术。他强调艺术创作中的自由精神，主张在中西艺术精神相互沟通的前提下，建构有时代性和民族性的中国新艺术。在林风眠看来，绘画

---

① 朱金楼、袁志煌：《刘海粟艺术文选》，上海人民美术出版社 1987 年版，第 303 页。

艺术并没有中西之分，只要回归到绘画本身，就是真正的艺术。林风眠不仅强调技艺上的进步，也强调艺术突显其审美本质。在他看来，要了解艺术品传达出来的情感，必须有丰富的主观情感投入，而不能靠单纯的技艺提升，美术改革并不要“无为”的艺术。

林风眠关注艺术情感，他的艺术表现形式更接近于凡·高和蒙克。在林风眠的艺术作品中，他注重自我情感的表现，“中国现代艺术，因构成之方法不发达，结果不能自由表现其情绪上之希求；因此当极力输入西方之所长，而期形式上之发达，调和吾人内部情绪上的需求，而实现中国艺术之复兴”①。林风眠具有强烈的艺术先锋意识，他在创作材料上不断创新，大胆运用新型材料，在中国画创作中不再局限于水墨与丹青，而是加入了节奏、风格等西方元素和艺术形式。他反思中国现代艺术的发展，试图融合西方现代艺术风格来调和中国现代艺术。

林风眠受西方象征派艺术的影响较大，他采用象征化的形象语言，通过美与丑的冲突，彰显崇高的审美意象。在《人道》《人类的痛苦》《死》《悲哀》等作品中，这种倾向尤为明显。《人类的痛苦》挤满了受苦受难的人体，“从正、背、站、俯、仰、欹、侧各个角度，表现出各种内心强烈痛苦的情状。色彩以灰黑为主，有的女人体作了绿色”②。林风眠选择一系列怪诞诡异的意象，通过美和丑的对比与冲突，揭露残酷的社会现实，表现内心的痛苦情绪。林风眠在绘画艺术中表现出的“以丑为美”和李金发诗歌创造中的“以丑为美”有着共通的性质。二者的题材来源均是生活中的残酷和黑暗面。这种看似反叛的美学观，实际是作者对现实的揭露和反抗。在林风眠看来，表现丑陋并不是最终目的，而是通过丑所带来的反差，引起人们的关注和思考，进而让人们去追求美和善。

林风眠的作品有着独特的艺术风格，他在创作中将西方现代艺术元素，与陶瓷、壁画、皮影、剪纸、戏曲等中国传统艺术融合在一起，丰富了中国现代派艺术的创作风格。如潘公凯所言，林风眠“流连于中国铜器、漆器、汉砖、皮影、剪纸、磁州窑、壁画、青花瓷之间，在丰富的形式因素中寻觅表现符号，同时糅进塞尚式的风景、马蒂斯式的背景、莫迪里阿尼式的人体、毕加索式的立体分割处

---

① 林风眠：《东西艺术之前途》，《东方杂志》1926年第10期。

② 郑朝、金尚义：《林风眠论》，浙江美术学院出版社1990年版，第101页。

理”①。林风眠对美术的责任感使他在绘画表现形式上不断创新，他的艺术实践也为中国画的发展引领了新的方向。

林风眠对中国美术所做的贡献是毋庸置疑的，他一生都在追求创新，不断尝试新的元素和材料来丰富中国美术。在他看来，美术改革始终要回到绘画本身中去，绘画作品不仅要表达创作者的主观思想，也要体现出绘画本身的审美性。受蔡元培影响，林风眠一生致力于美术教育事业的发展。他用画家之眼传递审美，在西方绘画与中国传统艺术的结合道路上开创了新的方向。赵无极、吴冠中、朱德群等一大批艺术家，正是沿着林风眠开创的现代派艺术风格，在中西融合的基础上致力于民族绘画的探索和创新。

徐悲鸿受过系统的西方绘画艺术训练，他主张融合东西方艺术，既吸收中国传统画的精髓和精神，也学习西方绘画的科学技法。徐悲鸿认为中国画和西方画均是文明的产物，具有各自的价值，但由于中国画技艺逐渐衰败，因此向西洋画学习，融合东西方技艺是很有必要的。

徐悲鸿倡导写实，认为艺术与生活有密切关联。艺术要以生活为题材，不能脱离生活而存在。徐悲鸿认为应该仔细观察自然，观察宇宙间一切事物的神态。在谈到中国近代艺术时，徐悲鸿说：“从古昔到现在我国画家都忽略了表现生活的描写，只专注意山水、人物、鸟兽、花卉等，抽象理想，或模仿古人的作品，只是专讲唯美主义。当然艺术最重要的原质是美，可是不能单独讲求美而忽略了真和善，这恐怕是中国艺术界犯的通病吧。……要把艺术推广到大众里去。”②在徐悲鸿眼中，艺术不是简单地模仿生活的外部形态，更应当表现生活的内在精神。艺术应该是大众的艺术，艺术要进入大众，就得表现与人们生活息息相关的题材，缩小艺术与大众的距离，体现大众的美好精神品质。

虽然强调艺术的写实性，但徐悲鸿也认为，过于强调真实也会使绘画作品丧失美感，不符合自然境界。“吾所谓艺者，乃尽人力使造物无遁形；吾所谓美者，乃以最敏之感觉支配，增减，创造一自然境界，凭艺以传出之。艺可不借美而立（如写风俗、写像之逼真者），美必不可离艺而存。艺仅足供人参考，而美方足令人耽玩也。”③在徐悲鸿眼里，美不能离开艺而单独存在，美和艺要达到一定

① 潘公凯：《中国现代美学之路》，北京大学出版社 2012 年版，第 235 页。
② 徐悲鸿：《徐悲鸿论艺》，上海书画出版社 2010 年版，第 105 页。
③ 徐悲鸿：《徐悲鸿论艺》，上海书画出版社 2010 年版，第 11 页。

的和谐与平衡。美离不开艺，美和艺结合，才能达到艺术的最高境界。

基于写实的美学观，徐悲鸿提倡要改良中国画。“画之目的，曰‘惟妙惟肖’，妙属于美，肖属于艺。故作物必须凭实写，乃能惟肖。待心手相应之时，或无须凭实写，而下笔未尝违背真实景象，易以浑和生动逸雅之神致，而构成造化。偶然一现之新景象，乃至惟妙。然肖或不妙，未有妙而不肖者也。（前曾作美与艺可参阅之）妙之不肖者，乃至肖者也。故妙之肖为尤难。故学画者，宜摒弃妙袭古人之恶习，（非谓尽弃其法，）一一按现世已发明之术。则以规模真景物，形有不尽，色有不尽，态有不尽。趣有不尽，均深究之。”[①]在徐悲鸿看来，绘画要达到惟妙惟肖的效果，既要呈现出美感，又要表现出艺术真实。一方面，作为绘画艺术的模仿要以客观自然为表现对象，而惟妙惟肖和模仿说均要求艺术品与原物有一定的相似性，只不过惟妙惟肖更注重神态表现上的形神兼备；另一方面，艺术内在的审美属性也不可少，艺术品应当具有一定的审美价值。

除了写实性，徐悲鸿的绘画还体现出很强的时代性风格。徐悲鸿擅长采用颜色拼接，并通过对色块的层次过渡来突破中国画的固有表现形态和丰富中国画的表现内容。徐悲鸿提倡美术改革，认为“欲救目前之弊，必采欧洲之写实主义”[②]。“美术应以写实主义为主，虽然不一定为最后目的，但必须用写实主义为出发点。”[③]徐悲鸿是学院派写实主义的捍卫者，在他的作品中不仅能看到他的写实功底，还可以体验画中形象所要表达的意境。他的作品并不是纯粹技法上的追求，而寄寓着那个时代的精神追求。

徐悲鸿对真善美的要求是源于他对社会和时代的责任感以及对绘画和美术教育的热爱。徐悲鸿追求真，追求写实主义，但并不仅仅是形式上的简单拷贝和复制，而是强调形神兼备，强调形式与内容的统一。徐悲鸿对中国画的改良做了很多贡献，他不仅将写实主义与中国现有的绘画技法相结合，还在创作题材上加入了现实问题，把美术和革命真正融合在一起。潘公凯曾评论说：“徐悲鸿推出‘新七法’作为其改良中国画的具体方法，并意欲取代谢赫六法。这七法为：一、位置得宜；二、比例正确；三、黑白分明；四、动态天然；五、轻重和谐；六、性格毕现；七、传神阿堵。‘新七法’立足于西方造型系统的基本功训练法，

---

① 沈鹏、陈履生：《美术论集第四辑》，人民美术出版社1986年版，第64页。
② 徐悲鸿：《美的解剖》，《上海时报》1926年3月19日。
③ 徐悲鸿：《对〈世界时报〉记者谈话》，《徐悲鸿文集》，上海画报出版社2005年版，第73页。

徐悲鸿视其为培养'健全之画家',尤其是健全之中国画家的准绳。"[①]可以说,"新七法"在今天的美术教育中仍有着广泛的适用性。

徐悲鸿是中国现代艺术的先锋探索者,他改良中国画,不仅用西方写实画法进行创作,同时在细节上保留了中国画中工笔画的边线和构图留白。在徐悲鸿大量的素描作品和油画作品中,都能发现中国画的笔墨韵味。徐悲鸿主张从西方绘画艺术中汲取养分,用一种科学写生和写实的方式,拯救中国早已衰落的绘画艺术。在他看来,国画只有在保留旧的形式的同时加入新的精神,才会彰显时代性和民族性。

在力主革新的现代美术家当中,还有一个人的名字不得不提,那就是邓以蛰。邓以蛰早年留学日本和美国,其代表作有《艺术家的难关》《书法之欣赏》和《画理探微》等。邓以蛰是五四新文化运动的拥护者和新艺术思想的传播者,他受黑格尔影响较大,同时对中国传统书画美学也有着深入研究。

邓以蛰的《艺术家的难关》以黑格尔的美学思想为基础。在他看来,"艺术家的难关"是一个普遍存在的问题。他肯定艺术存在的价值,认为艺术有一种力量,这股力量能够让人超脱自然,获得圆满安宁的心境,艺术并非像柏拉图所说的那样只是自然的影子。邓以蛰认为艺术只有攻克这个被误解的难关,为艺术的真实身份正名,才能有良性的发展。

在邓以蛰看来,艺术与人生的关系很近,艺术很容易与生活混淆,从而使艺术的表现力受到影响。艺术家要竭尽全力去对抗生活中的常规和习惯,创造出有特色的艺术,"艺术正要与一般人的舒服畅快的感觉相对筑垒呢!它的先锋队,就是绘画与雕刻(音乐有时也靠近),因为这两种艺术最易得同人类的舒服畅快的感觉与肤泛平庸的知识交绥的。……但是人事上的情理,放乎四海而皆准的知识,百世而不移的本能,都是一切艺术的共同的敌阵,也就是艺术家誓必冲过的难关"[②]。邓以蛰认为,有的艺术有很高的造诣,但是因为没能引起情感的愉悦,价值因而被抹杀掉。因此,艺术的价值不能简单按照这个标准去评判,这是艺术家需要攻克的难题。艺术家如果被情理和本能包围,便会陷入生活的藩篱,不自觉地去表现本能性的事物,因而缺乏创造性。

---

① 潘公凯:《中国现代美术之路》,北京大学出版社 2012 年版,第 233 页。
② 邓以蛰:《邓以蛰全集》,安徽教育出版社 1998 年版,第 43—44 页。

邓以蛰集中研究了书体和书法，认为书体可以归纳为形式和意境两种。邓以蛰发现，魏晋之时，承载书法的工具主要为纸墨，书法进入了美术领域，讲求入神。在他看来，飘逸的行草书体是书法形式意境美的代表。在论及书体的意境时，邓以蛰认为："意境出自性灵，美为性灵之表现，若除却介在之凭借，则意境美为表现之最直接者。……摆脱一切拘束，凭借，保得天真，然后下笔；使其人俗也则其书必俗，使其人去俗已尽则其书必韵。书者如也，至此乃可谓真如。"[①]在邓以蛰看来，意境来源于人的性灵，是性情和心灵之物的结晶，美即是性灵之物外化的结果。艺术品和人本身有很大的相连，创作者的人品和艺术作品的风格有着内在一致性。在他看来，风格即人，一个俗人难以创作出高雅的作品。

邓以蛰认为书法的形式和意境不可分离。书法不仅需要具备字的形式，还需要一种美的成分，即意境。"意境亦必托形式以显。意境美之书体至草书而极；然草书若无篆笔之筋骨，八分之波势，飞白之轻散，真书之八法，诸种已成之形式导之于前，则不能使之达于运转自如，变化无方之境界，亦无疑也。故曰，形式与意境，自书法言之，乃不能分开也。"[②]在邓以蛰眼里，书法是意境和形式和谐统一的艺术，意境的表现需要一定的形式作为载体，如草书的飘逸变幻就能将书法的意境阐释得淋漓尽致。

"气韵生动"最早出现在南朝画家谢赫的《古画品录》中。所谓"气韵"，不仅仅表现出人的精神面貌和品格，还同外部的环境息息相关，关涉到宇宙的元气和艺术家的生命力和创造力。邓以蛰从艺术发展的角度考察"气韵生动"的由来，论述了"气韵生动"与艺术的关系及其哲理价值。邓以蛰认为，心本来是没有行迹的，胸襟、意境、诗意等通过一定的方式表现出来，即气韵或者神韵。神韵来源于生动，没有生动的描写，神韵便难以表现出来，生动将本是无行迹的事物在绘画艺术中体现出来。"神韵出于生动……生动尚有形迹可状，神韵在心，无形迹可状也。然形迹非全为有生动者，如无生命之图案花纹或初唐以前之山水画；生动亦非全有神韵，如仅得禽兽飞动之形似者。但形迹既可有生动，则生动亦可有神韵。有神韵之生动，谓之人物。神韵为无形迹可见之物而可托生动

---

① 邓以蛰：《邓以蛰全集》，安徽教育出版社1998年版，第167页。
② 邓以蛰：《邓以蛰全集》，安徽教育出版社1998年版，第168页。

以见，则凡无形迹可见之胸襟、意境、诗意、古意、逸格、人格之得表出于画者，皆属于神韵及生动矣。”①在邓以蛰看来，气韵与物体外在形式的关系不大。如果艺术作品符合气韵生动的要求，形式上也应当符合形似的特点，但若只有外在形式的相似，这并不意味具备了内在的神韵。邓以蛰将气韵归结到“理”的层面，“艺术不因与气韵不相容而失其存在，而气韵则超过一切艺术，即形超乎体，神或意出于形，而归乎一‘理’之精微。此其所以为气韵生动之理，而为吾国画理造境之高之所在也”②。

邓以蛰认为“气韵”与艺术家的创作也有着密切关系。作家在进行艺术创造时，需要充分发挥自身主观能动性去表现宇宙的内在生气，探求宇宙人生的奥妙和玄理。“人为飞动之伦，能观天地之大，岂曰以大观小？以大观小仍就艺术之规律与义法而言，若乃画理，则当立于艺术之外观吾人之明赏、妙得可也。赏者何？得者何？曰：气韵而已矣。”③“气韵”着眼的是整个宇宙、人生和历史大境界，更多是表现整个宇宙和人生，强调艺术品要蕴含宇宙元气。如果说西方的模仿说强调的是对外部客观自然的再现，那么气韵不仅需要对客观自然的认真观察，更需要内在情感的表现，艺术创作者的元气要和整个宇宙的元气达到和谐统一的状态。

二、传统派美术的美学探索

与革新派不同，在中国现代美学史上，有一批坚持传统艺术审美风格的艺术家。他们坚守传统，宣传中国古典美术的风格和价值，如丰子恺、潘天寿和李叔同等。他们虽然也受西方现代艺术的影响，但更多在坚守和维护着中国传统的艺术精髓，在现代美学的探索中发出了自己的独特声音。

丰子恺将东方和西方的美学思想融会贯通，引进西方美学思想来实现其本土化的目标，并以此来推动中国现代美学的发展。在中国现代美术史上，丰子恺的美学探索主要体现对情趣、苦闷和绝缘等范畴的提出与阐释上。

丰子恺曾留学日本，他所提倡的“情趣说”受到了日本夏目漱石的“余裕”说

① 邓以蛰：《邓以蛰全集》，安徽教育出版社1998年版，第210页。
② 邓以蛰：《邓以蛰全集》，安徽教育出版社1998年版，第217页。
③ 邓以蛰：《邓以蛰全集》，安徽教育出版社1998年版，第224页。

影响。“余裕”说强调对生活的观察和反映，它反对灰暗琐碎地描写生活，主张以一种新的态度去观照人生，给人一种美的感觉。丰子恺主张艺术创作要有情感投入，艺术的作用就是书写和排遣感情。丰子恺认为，将自己的感情投射到对象身上，与自己的对象共喜共悲，暂时进入“无我”之境。丰子恺的观点与立普斯的移情说有所相似，也与康德的审美非功利性思想大致相同。在丰子恺看来，艺术家应该具有感性情怀，要去感受对象身上的趣味，然后把这种情趣表现出来。

丰子恺认为，趣味属于画家感兴的范畴，“趣味即画家之感兴也。一画家之感兴，不当与凡众相同……所谓中国之洋画家者，皆逞其模仿之本领，负依赖之性质，不识独立之趣味为何物，直一照相器耳（有远近法、位置法等都不顾到者，则反不如照相器），岂可谓之画家哉！予不敢自命画家，但自信未入歧途”[①]。在丰子恺看来，趣味独立是画家的一个重要的素质。绘画艺术中不能缺少独立的趣味，独立的趣味能够带来意志、身体和时间的自由，如果在绘画艺术中缺少趣味，便会坠入粗鄙。丰子恺批评西洋画照相机似的画法，认为这只是追求艺术品与原物模仿的相似程度，使绘画失去了艺术应有的独立趣味，因而不是真正的绘画艺术。丰子恺反对这种照相机似的绘画艺术，提倡捕捉和表现趣味。

丰子恺对儿童教育十分关注，认为儿童的天真烂漫是极其美好的，小孩的童真和童心在大人眼里便是一种趣味。艺术家也应该具有孩童般的趣味，在对现实和自然进行审美关照和艺术创作时，应有博大的胸襟，不要受到现实功利因素的困扰。在丰子恺看来，趣味是艺术审美内涵中一个相当重要的因素，是艺术区别于他物的重要特征，艺术家通过对趣味的表现使创作成为真正的艺术。

丰子恺提出“苦闷说”，其理论主要来源于厨川白村。丰子恺受厨川白村影响，认为：“生命力受抑压而生的苦闷懊恼便是文艺底根柢，又文艺底表现法是广义的象征主义等意见。”[②]丰子恺认为，随着年龄的增长，孩童时期的自由奔放的情感被压制，年纪的增长所带来的是人生的苦闷和对现实的无奈。“孩子渐渐长大起来，碰的钉子也渐渐多起来，心知这世间是不能应付人的自由的奔放

① 丰子恺：《丰子恺集》，东方出版社2008年版，第203页。
② ［日］厨川白村：《苦闷的象征》，丰子恺译，商务印书馆1925年版，第16页。

的感情的要求的，于是渐渐变成驯服的大人。……我们虽然由儿童变成大人，然而我们这心灵是始终一贯的心灵，即依然是儿时的心灵，不过经过许久的压抑，所有的怒放的、炽热的感情的萌芽，屡被磨折，不敢再发生罢了。这种感情的根，依旧深深地伏在做大人后的我们的心灵中。这就是'人生的苦闷'的根源。"[①]在丰子恺看来，苦闷的根源是被压制的自由感情，当情感得不到疏泄，便会导致苦闷和抑郁。

对于人生的苦闷，丰子恺认为并非不可消解。在他看来，艺术具有排遣苦闷的作用和效果，能将心中郁结的感情通过一定的方式表达出来。"我们的身体被束缚于现实，匍匐在地上，而且不久就要朽烂。然而我们在艺术的生活中，可以瞥见生的崇高、不朽，而发现生的意义与价值了。"[②]丰子恺认为，艺术具有永恒的价值，能引导人走出人生的苦闷和彷徨，由此可以看出艺术对人生的教化作用。丰子恺充分认同艺术的教育作用，强调通过艺术引导个体走出人生苦闷。在这个意义上，"苦闷"的疏泄和亚里士多德的"净化说"具有一定的相通性，即都强调艺术具有排遣压抑情绪的功效。

丰子恺提出"绝缘说"，"所谓绝缘，就是对一种事物的时候，解除事物在世间的一切关系、因果，而孤零地观看……绝缘的眼，可以看出事物的本身的美，可以发现奇妙的比拟。"[③]丰子恺认为，天真烂漫的儿童对人生自然所采取的态度具有绝缘的性质。"绝缘"不同于实用的或者是科学的态度，它要求一种纯粹的眼光去欣赏艺术，强调审美的非功利性态度。在丰子恺看来，注重事物本身审美经验和注重实用功利的日常经验是两种截然不同的态度。审美经验应当是一种绝缘的态度，即以超越功利的审美心态去看事物，断绝各种实用的功利联系，即"绝缘"。"绝缘"要求破除一切相关的利害关系，直接用直觉去感受形象，获得最真切的审美感受。审美主体要排除功利实际的占有欲，用一种超功利的审美态度去观照审美对象，如此才能获得最本真的审美体验。

丰子恺在《艺术教育的原理》中指出："科学是有关系的，艺术是绝缘的，这绝缘便是美的境地——吾人达到哲学论究的最高点，因此可以认出知的世界和

① 丰子恺：《丰子恺文集》(2)，浙江文艺出版社、浙江教育出版社 1990 年版，第 225—226 页。
② 丰子恺：《丰子恺文集》(2)，浙江文艺出版社、浙江教育出版社 1990 年版，第 226 页。
③ 丰子恺：《丰子恺文集》(2)，浙江文艺出版社、浙江教育出版社 1990 年版，第 250 页。

美的世界来。”[①]对于艺术家而言，如果要对事物进行审美观照，一方面需要破除实用的功利方法，另一方面需要破除科学上的求真和求实方法。在丰子恺看来，只有抛弃世俗功利的感知方式和科学求真的认知方式，不执着于求利和求真，才能进入到对人和事物等的审美观照。要达到这种绝缘的艺术效果，关键是要拥有一颗儿童般的超凡脱俗的心。保持纯粹之心，在看待事物时便会“绝缘”，便不再因为世俗的功利化而丧失艺术本质。显然，丰子恺所论及的“绝缘”其实是一种审美非功利性态度，即强调艺术的纯粹性和自主性。

除了丰子恺，李叔同与潘天寿等人也立足于中国美术传统，对现代美术的发展进行了积极探索。李叔同肯定艺术的审美作用和功能，认为艺术不仅能陶冶人的情操，也具有实际的功用性。在《图画修得法》中，李叔同肯定图画的效用和力量，认为图画能够弥补语言文字穷尽的遗憾，对于文化的传承有着重大意义。李叔同特别提到图画的优势，“图画者，为物至简单，为状至明确。举人世至复杂之思想感情，可以一览得之。挽近以还，若书籍、若报章、若讲义，非不佐以图画，匡文字语言之不逮。效力所及，盖有如此”[②]。此外，李叔同在《音乐小杂志》的序中，专门论述了音乐对人情感的陶冶作用，充分肯定了音乐艺术的审美价值，“繄夫音乐，肇自古初……盖琢磨道德，促社会之健全；陶冶性情，感情神之粹美。效用之力，宁有极矣”[③]。

李叔同主张在吸收西洋技法的基础上，形成自己独特的美学观。在《中西绘画比较谈》中，李叔同谈到中国画和西洋画由于文化传统等各方面的原因存在差异，他认为西洋画在一些方面比国画具有优越性，中国画需要吸收西洋画的优秀之处，“中画虽不拘泥于形似，但必须从形似到不拘形似方好；西画从形似到形神一致，更到出神入化……观察事物与社会现象作描写技术的进修，还须与时俱进，多吸收新学科，多学些新技法，有机会不可放过”[④]。不难看出，李叔同在对现代美术的美学探索中，不仅受到中国古代美学思想的影响，同时也受到了西方现代艺术思想的影响。

潘天寿同样认为艺术创作必须有独特的风格，艺术应保持其独特性，不可

① 丰子恺：《丰子恺文集》(2)，浙江文艺出版社、浙江教育出版社1990年版，第15页。
② 李叔同：《李叔同谈艺》，陕西师范大学出版社2007年版，第19页。
③ 李叔同：《李叔同谈艺》，陕西师范大学出版社2007年版，第236页。
④ 李叔同：《李叔同谈艺》，陕西师范大学出版社2007年版，第23页。

失去自身的原则，一味地复制和模仿也不是长久之计。对于绘画艺术来说，东西方绘画体系可以相互吸收对方的长处以供学习，但不能漫无原则。“漫无原则的随便吸收，决不是一种有理的进取。中国绘画应该有中国独特的民族风格，中国绘画如果画得同西洋绘画差不多，实无异于中国绘画的自我取消。”①在潘天寿眼里，真正优秀的艺术家应该是民族风格的体现者。民族风格需要不断继承与发展，才不会脱离时代的精神和要求。潘天寿强调，独特的风格应当具有以下三点：“一要不同于西方绘画而有民族风格，二要不同于前人面目而有新的创获，三要经得起社会的评判和历史的考验而非一时哗众取宠。”②潘天寿追求绘画艺术的独特风格，实际上是对艺术独立性的坚持与追求。在他看来，只有独特的风格才能使绘画艺术拥有真正的审美价值和意义。

三、 革新派与传统派的美学论争

20世纪初，西方艺术和美学理论的传入对中国传统文化形成了冲击。在这种情况下，保守派选择坚守传统的阵营，力求将传统的艺术精髓发扬光大。而改革派在接受西方理论之后，强调借用西方理论探索和构建中国艺术。保守派关注中国传统，强调发展传统艺术精华的理念；改革派更多关注西方绘画理念，强调以此来激发中国传统绘画精华。

绘画中保守派与改革派的论争，更多源于西洋画引入时知识分子心理上的失衡。面对西方的技术和文化的冲击，如何对待中国传统文化成了一个问题，也因而产生了中国文化和西方文化的优劣比较。在绘画领域，产生了中国画和西洋画哪一个更为优秀的论争。在中国绘画现代转型的历史时期，改革派看到了西洋绘画的优势，认为西洋画注重求真求实，是一种讲求科学的艺术。改革者对中国传统绘画提出批评和否定，倡导学习科学画法的西洋画。在这种情形下，不少人质疑中国传统绘画，进而否定中国传统绘画的价值。

在中西绘画艺术的论争中，康有为、梁启超、陈独秀、徐悲鸿等都纷纷表达

① 沈鹏、陈履生：《美术论集》第四辑，人民美术出版社1998年版，第119页。
② 沈鹏、陈履生：《美术论集》第四辑，人民美术出版社1998年版，第121页。

他们的观点，他们否定中国传统的文人画，批评中国传统文人画不求形似的特点，主张学习西洋画求真求实的精神。在这场论证中，还有一部分人反对学习西洋画的求真求实，提倡保留传统画，代表人物有金城，他充分肯定文人画的价值。

在这场论争中，也形成了保守派与改革派两派画家，虽然他们都主张学习西方绘画理论，但是对待绘画的具体态度有所区别。保守派坚持中国传统艺术审美品格，坚守中国的传统，如丰子恺就坚守中国传统的艺术精髓，强调情趣、苦闷、绝缘等美学观。丰子恺擅长将东方和西方的美学思想融会贯通，他引进西方美学思想主要是为了实现其本土化目标，以此来推动中国现代美学的发展和进步。此外，李叔同和潘天寿也主张艺术创作要有自己的鲜明风格，不应该为了复制和模仿而失去艺术创作的原则。

与保守派不同，改革派要求融合西方的绘画理念去革新中国的传统绘画，改革派关注西方绘画艺术，希望实现中西融合的效果。改革派的代表人物有刘海粟、林风眠、徐悲鸿、邓以蛰等。刘海粟主张学习西方绘画艺术，发展中国绘画艺术。林风眠介绍了西方的艺术，在整理中国艺术的基础上，创造出新时代的艺术。而受过系统西画教育的徐悲鸿，主张中西融合的绘画艺术。徐悲鸿倡导建立一种写实的美学观，认为艺术应该去表现生活，艺术的表现从生活中观察取材。徐悲鸿认为应该去仔细观察自然，观察宇宙间一切事物的神态，以此作为绘画的表现对象。徐悲鸿认为中国近代艺术普遍存在的问题便是因求美而失去了对真的追求，“从古昔到现在我国画家都忽略了表现生活的描写，只专注山水、人物、鸟兽、花卉等，抽象理想，或模仿古人的作品，只是专讲唯美主义。当然艺术最重要的原质是美，可是不能单独讲求美而忽略了真和善，这恐怕是中国艺术界犯的通病吧”①。因此。徐悲鸿主张学习西洋绘画的那种写实主义精神，充分吸收西洋画的科学技法。

无论是改革派抑或是保守派，他们都希望为中国绘画的发展谋求出路，改良或者是创新都是希望借鉴西方的绘画艺术理论，以此促进中国绘画理论和绘画艺术的发展，推动中国美术的现代化进程。面对西方文化的冲击，两个派别的侧重点不同，保守派更多倾向于立足中国传统，发扬中国传统文化，试图将传

---

① 徐悲鸿:《徐悲鸿论艺》，上海书画出版社 2010 年版，第 105 页。

统文化发扬光大。改革派则强调立足于中西融合来发展中国现代艺术。二者的论争,其实也是中国传统文化在面对外来文化冲击时所采取态度的区分。

在这场论争中,西方的绘画美术理论给中国传统文化的发展提供了新鲜的血液,面对西方绘画艺术,中国现代绘画艺术应持一种开放的心态,不要闭关自守。但在学习和借鉴西方的同时,中国现代绘画艺术也要对自身实际情况有着清醒认识,不能盲目借鉴和吸引。中国绘画艺术应该在借鉴的基础上,自主选择与建构,而不能在外来思潮的冲击下迷失自我。

第五节　现代音乐的美学探索

舒巴尔特在《论音乐美学的思想》中首次提出“音乐美学”的概念。音乐美学真正意义上独立出来成为一门学科是在里曼《音乐美学的要义》的出版之后。在中国现代美学史上,20 世纪上半叶是中国音乐美学发展的关键时期,中国音乐在半个世纪内的不同阶段,体现出不同的审美风格。

随着新文化运动的兴起和一批留学归国的音乐家投身到中国新音乐文化的建设中,作为新文化运动重要组成部分的新音乐取得了初步发展。因为五四运动的影响和推动,中国的音乐事业从此进入了一个新的发展阶段。从 20 世纪 20 年代开始,西方音乐技法和形式传入国内,艺术歌曲、合唱歌曲、歌舞剧、钢琴曲与小提琴曲乃至管弦乐,都开始出现在新文化运动时期的舞台上,新音乐的内涵也得到了极大丰富。五四时期的中国音乐呈现出四个方面的美学内涵,即强调民主与科学的审美尺度;突显音乐与革命的审美交织;深化音乐的美育维度;彰显音乐学科的学术自觉。

首先,强调民主与科学的审美内涵。音乐的民主性审美主要体现在追求自由和个性解放这两个方面,如赵元任的歌曲作品就是其代表。五四运动之后,白话文和新诗创作呈现出良好的发展势头,而新诗尤其能较好地反映出人们追求自由和个性解放的积极心态。赵元任洞察到新诗中所蕴含的这一强大的生命力,促成了新诗与音乐的结合。赵元任选择了许多适合歌唱的新诗谱成乐曲,其中具有代表性的有《卖布谣》《他》《瓶花》《上山》《自立立人歌》《海韵》和《教我如何不想他》等。赵元任通过音乐与诗歌的巧妙结合,使五四以后的音乐传达出了追求自由和个性解放的审美新风貌，拓宽了音乐题材来源的新领域。

音乐的科学性审美内涵主要体现在音乐家们的学术研究上。萧友梅对中国音乐有着很深的研究，1916 年他在德国完成了《17 世纪以前中国管弦乐队的历史的研究》博士论文，之后陆续发表《中西音乐的比较研究》《对于大同乐会拟仿造旧乐器的我见》《普通乐学》等论著。王光祈对音乐进行过深入研究，论著有《欧洲音乐进化论》《东西乐制之比较》《音学》《东方民族之音乐》《各国国歌评述》等。王光祈对中外音乐文化的差异有着自己的理解，在论及欧洲近代关于音乐定律的方法时指出："古代希腊定律系纯用'五阶定律制'。与我们中国所谓'音以八相生'者相同。到了近代欧洲更于'五阶定律制'之外采取'三阶定律制''八阶定律制'两种。所有各律皆用此三种方法定出。"①由此可见王光祈对中外音乐历史的熟悉程度。此外，青主、刘天华、黎锦晖也曾对音乐的学理性问题进行过研究。通过音乐家们从学科的专业性视角切入音乐研究，这一时期的音乐呈现出科学性的审美内涵。

其次，突显音乐与革命的交织。五四运动促进了思想的解放，此后，革命运动和社会改革的呼声也加速了音乐创作与社会革命的结合。音乐突显出反映社会现实，表达爱国情感和传递革命呼声的内涵。1926 年，赵元任在"三一八"事件后，愤然创作《呜呼！三月一十八》。"呜呼！三月一十八，北京杀人如乱麻。养官本是为卫国，谁知化作豺与蛇，高标廉价卖中华，甘拜异种做爹妈，愿枭其首藉其家。"②这首歌曲一方面描述了"三一八"事件，表达了赵元任对牺牲学生的同情；另一方面强烈谴责了当时北洋军阀政府的恶劣行径，体现了作者的爱国情怀。赵元任还创作了《村魂歌》《黄花歌》等具有革命内涵的作品。

萧友梅的音乐创作也传达出强烈的革命思想和爱国热情。1928 年发生了"五卅惨案"后，萧友梅谱写了《国耻》和《国难歌》。其中《国耻》的歌词写道："五卅惨案血未干，五三国耻又失节。日本占我济南杀我民众，阻我北伐想将我国灭！亲爱的同胞呀！我们要夺回济南雪尽国耻！铲除我国贼！经济绝交把伊粮缺！奋斗！牺牲！战胜一切！努力！努力！我们有犀利的枪炮！我们有鲜红的热血！"③萧友梅在面对国仇家恨的形势时并没有丝毫退缩，而是毅然号召

① 王光祈：《东西乐制之研究》，音乐出版社 1958 年版，第 222 页。
② 赵元任：《呜呼！三月一十八》，《赵元任音乐作品全集》，上海音乐出版社 1987 年版，第 32—33 页。
③ 萧友梅：《萧友梅作品选》，人民音乐出版社 1984 年版，第 57 页。

同胞们进行革命斗争，以争取雪尽国耻和铲除国贼。同年，萧友梅创作《国民革命歌》，歌曲激昂、雄壮，唤醒了广大同胞们的民族危机感，进一步激发了同胞们为国家振兴和民族进步而进行革命斗争的决心和斗志。此外，萧友梅还谱写了《五四纪念爱国歌》《民本歌》《问》等具有爱国情怀的乐曲，产生了积极的影响。

再次，重视音乐的美育维度。自20世纪初的音乐教学和研究过程中透露出音乐的美育性审美启蒙之后，美育维度得到了音乐家们的重视和深化。但是，对人们进行音乐的审美教育需要长期的努力，如刘天华所言："要说把音乐普及到一般民众，这真是一件万分渺远的事。而且一国的文化，也断然不是抄袭些别人的皮毛就可以算数的，反过来说，也不是死守老法，固执己见，就可以算数的，必须一方面采取本固有的精粹，一方面容纳外来的潮流，从东西的调和与合作之中，打出一条新路来，然后才能说得到'进步'两个字。"①刘天华一方面积极促成"国乐改进社"的成立，另一方面还创作出了二胡曲、丝竹合奏曲以及琵琶曲多部，有效推进了中国的音乐教育事业。

青主的音乐美学观点集中体现在他的《乐话》和《音乐通论》中，他指出："我们知道音乐是一种能够直达人们的灵魂的语言，那么，要治理人们一切灵魂上的毛病，最好是莫如音乐。"②冯长春肯定青主的音乐美学思想在20世纪上半叶占有核心地位，认为"青主音乐美学思想的实质是表现主义，确切讲，是融会浪漫主义音乐美学思想加以嫁接、改造的表现主义"。③ 黎锦晖认为音乐美育不应该忽视孩童，他的音乐美学思想主要体现在他的儿童歌舞音乐方面。在20年代，黎锦晖创作了儿童歌舞剧十多部，谱写了《好朋友来了》《老虎叫门》《努力》等具有广泛影响的儿童歌曲。王光祈认为："欲使中国人能自觉其为中华民族，则宜以音乐为前导。何则盖中华民族者，系以音乐立国之民族也。"④在王光祈看来，音乐不仅对人们进行审美教育，它还包含着一层更高的追求，即实现人们的梦想。

在推进音乐美育的过程中，上海国立音乐院所发挥的作用功不可没。1927年上海国立音乐院（1928年改名国立音乐专科学校）的建立，是中国近代新音乐

① 刘天华：《国乐改进社缘起》，《刘天华全集》，人民音乐出版社1997年版，第185页。
② 青主：《音乐通论》，商务印书馆1933年版，第76页。
③ 冯长春：《青主音乐美学思想的表现主义实质》，《音乐研究》2003年第4期。
④ 王光祈：《东西乐制之研究》，音乐出版社1958年版，第10页。

文化发展中具有划时代意义的事件。尽管此后全国又成立了不少专业音乐教育系科，但国立音乐院在专业音乐教育中的龙头地位却是毋庸置疑的。它的建立不仅揭开了中国近代专业音乐教育史的新篇章，而且为当时的新音乐教育、新音乐创作和音乐学研究提供了阵地。依托这一阵地，一批留洋归国的专业音乐家担负起了新音乐文化建设与发展的重任。

最后，彰显音乐学科的学术自觉。一门学科的自觉应当追溯到学科概念的提出和界定上，但这种最初的提出和界定往往是某个时期个别音乐家的个人行为，并不能视为普遍意义上的学科自觉。如果某一学科的名称不断出现于同时期不同学者的理论视域中，并有意识地对此学科的相关概念进行界定和论述，那么也就意味着该学科有了真正意义上的学科自觉。音乐美学这个学科概念也正是在这一时期，频繁出现在音乐学者的论著中：

> 音乐美学与演奏论亦是必要的科目，前者乃欣赏音乐之指南针，后者即批评演奏者之法规。[①]
>
> 这些问题往深里研究起来，非常有趣，但涉入‘音乐美学’的专科了，深奥的乐理这里从略了。[②]

特别是在王光祈的音乐学论著中，音乐美学已经成为一个常用概念：

> 希腊大哲学家柏拉图，以音乐为治心治世之手段，近世学者呼之为“音乐伦理学”。到了大哲亚里斯多德，于是乃有“音乐美学”之创立。[③]
>
> 对于音乐各要素（如主调、谐和、节奏、轻重涨缩、乐器音色之类）之表情方法，一一加以研究。西洋讨论此事之书籍，多属于“音乐美学”一类。[④]

---

① 柯政和：《音乐的欣赏法》，王宁一、杨和平主编《二十世纪中国音乐美学（文献卷）》第一卷，现代出版社 2000 年版，第 177 页。

② 黄伯申：《音乐的形式》，王宁一、杨和平主编《二十世纪中国音乐美学（文献卷）》第一卷，现代出版社 2000 年版，第 359 页。

③ 王光祈：《中西音乐之异同》，冯文慈、俞玉滋选注《王光祈音乐论著选集》，人民音乐出版社 2009 年版，第 203 页。

④ 王光祈：《通信》，冯文慈、俞玉滋选注《王光祈音乐论著选集》，人民音乐出版社 2009 年版，第 49 页。

在中国古代，伦理观念代替了音乐美学。①

中国的音乐由于吸收了外来因素而得到极大的丰富。但其音乐感和音乐美学却始终保持着中国的特色。②

西洋在古代希腊之时，关于“音乐美学”，即有“形式”与“内容”两派之争。③

通过上述引文可以发现，音乐美学这个概念的使用在当时已经变得相当普遍。王光祈关于音乐美学的使用，表明了他对音乐美学学科属性、范畴、研究对象、研究方法以及学科史的清晰把握。音乐美学学科概念的广泛使用，也从一个侧面反映了音乐美学已经开始拥有明确的学科身份。

一个学科创立伊始，总是会面临着学科结构模糊、研究方法缺失、研究范畴不明、言说语言匮乏等具体问题。建立在传统音乐思想断裂和西方音乐文化强势输入语境之下的中国音乐美学，更是面临着这样的问题。新音乐的不断发展，使音乐美学在传统的古代思想资源中无法汲取到学科发展所需的学术营养，也缺乏足够坚定的理论基础对传统音乐美学资源进行整合和重建。因此，与学习西方音乐语言一样，音乐美学学科建设的理论资源与方法论参照的视线不可避免地投向了西方。于是，译介国外对应学科的理论就成为一种学科建设的迫切需求，这种迫切性恰恰反映出了学科的自觉程度。

缪天瑞在音乐美学理论的转译方面做出了突出贡献。他所主编的音乐期刊《音乐教育》是当时刊载音乐译文的主要阵地。当时的音乐译文有 90%左右是发表于《音乐教育》，内容涉及音乐基本理论、音乐作曲理论、音乐美学以及西方音乐家与音乐生活等诸多方面，体现出对西方音乐文化较为全面的引入与介绍。其中涉及音乐美学的译文占据译文总量的 1/3 以上，内容涉及音乐美学学科内涵、对象范畴、研究方法等诸多方面。④ 缪天瑞翻译了德国学者塞西·格

① 王光祈:《论中国古典歌剧》，冯文慈、俞玉滋选注《王光祈音乐论著选集》，人民音乐出版社 2009 年版，第 84 页。

② 王光祈:《千百年间中国与西方的音乐交流》，冯文慈、俞玉滋选注《王光祈音乐论著选集》，人民音乐出版社 2009 年版，第 211 页。

③ 王光祈:《西洋音乐史纲要》，冯文慈、俞玉滋选注《王光祈音乐论著选集》，人民音乐出版社 2009 年版，第 232 页。

④ 参见李文如编:《二十世纪中国音乐期刊篇目汇编》，文化艺术出版社 2005 年版。

雷、雨果·黎曼和日本学者门马直卫、小泉洽等人的音乐美学论著。通过缪天瑞以及同时期其他音乐学者的文献翻译，我们可以清晰地感受到音乐学科自觉意识的诞生与成长。没有这些音乐美学思想的译介，很难有与当时新音乐创作发展相对应的美学话语，新的音乐美学学科也就缺乏元理论的支撑与方法论的参照。

学科的自觉必然带来理论研究的深入发展。黄伯申《音乐的形式》、张洪岛《和声美的追求》、黄自《音乐的欣赏》和《调性的表情》、唐学咏《音乐的社会作用》、萧友梅《音乐的势力》、王光祈《音乐与时代精神》、马采《音乐与世界观》、吴瑞娴《音乐表现与音乐感受》、柯政和《音乐的欣赏法》、健人《关于音乐欣赏》等文章的不断发表，标志了这一时期中国的音乐美学研究取得了引人注目的成果。就研究方法而言，哲学、心理学和社会学的方法，已经走进了当时学人的视野；就研究范畴而言，已经涉及音乐本体、本质、功能、价值以及音乐实践的各个环节，这些内容迄今依然是音乐美学研究的基本方法与范畴。难能可贵的是，这一时期的音乐美学在没有专业研究队伍的条件下，初步实现了学科建设的理论阐述与初期的学术实践，为此后音乐美学的发展奠定了初步的学科基础。遗憾的是，抗战的全面爆发和随后的国内战争，没有为音乐美学的发展留下足够的空间。立脚未稳的音乐美学学科，在战争的硝烟中开始了又一次转向。

进入 20 世纪 30 年代，伴随着“九一八”事件的爆发，中日两国的民族矛盾逐渐升级为主要矛盾。随着中华民族的抗日救亡浪潮不断高涨，在当时的音乐界也掀起了“左翼”音乐运动。以“左翼”音乐运动为标志，中国的音乐创作和研究开始步入了一个新的重要阶段。音乐美学的价值评判标准也逐渐与革命和抗战紧密联系起来，如居其宏所言：“自 30 年代初期共产党人以崭新姿态登上中国乐坛以来，我国‘新音乐’的理论与实践便从曾志忞、萧友梅、赵元任、刘天华等人以启蒙、美育为主要主题的‘新音乐’发展为以抗日救亡为主要主题的左翼‘新音乐运动’。”[①]在这种历史语境中，音乐的社会功能问题迅速凸显。从近代学堂乐歌以来就带有鲜明社会功利性色彩的新音乐文化，在经历了短暂、局部性的学科自觉发展后，义无反顾地投身到以抗日救亡为根本诉求的音乐文化建设中。抗日救亡成为“左翼”音乐的主旋律，音乐为社会和人生服务的功能得到了突显与强化。

① 居其宏：《战时左翼音乐理论建构与思潮论争》，《中国音乐学》2014 年第 2 期。

第三章

宗白华的美学与艺术观

宗白华(1897—1986),美学家、哲学家、诗人。原名之櫆,字伯华,生于安徽安庆,祖籍江苏常熟。在安庆成长至八岁后就学于南京模范小学。1916 年入同济大学医科预科学习,1919 年被五四时期广有影响的文化团体"少年中国学会"选为评议员,并成为《少年中国》月刊的主要撰稿人,积极投身于新文化运动。同年 8 月受聘上海《时事新报》副刊"学灯",任编辑、主编,其间该刊成为"五四"时期四大著名副刊之一,诗人郭沫若等即经由此刊崭露头角。1920 年赴德留学,先后在法兰克福大学、柏林大学学习哲学和美学。1925 年回国,任南京东南大学、中央大学哲学系教授。抗战期间随校西迁重庆,抗战胜利后返回南京继续任教。1952 年改任北京大学哲学系美学史教授直至逝世。①

① 参见宗白华《自传》,《宗白华全集》第三卷,安徽教育出版社 1994 年版,第 598—599 页;林同华《宗白华生平及著述年表》,《宗白华全集》第四卷;王德胜《宗白华生平及学术年谱》,《美学散步:宗白华美学思想新探》,河南人民出版社 2004 年版。

第一节　宗白华的生生美学

宗白华传承中国的易儒释道文化，结合西方新兴的生命哲学，融会中西，提出了他自己的生生美学。

本书不拟采用对宗白华美学常见的“生命美学”命名，如此命名也有其合理性，一则宗白华确实受到了现代西方生命哲学的影响；二则他在著作中频频用到了“生命”一词，他的美学在很大程度上是围绕着“生命”的关键词而展开。在他的诸多论述中，可以时常看见“生生”“生命”两词的交替使用，甚至有时就将其作为可以替代的同义词。但本书以为，在宗白华的美学中，实际上存在着“生生”与“生命”概念之间的内在张力：除了表面上的动态、静态意义的差别之外；“生生”源自易道中的“天地之大德曰生”，一个本体论、存在论意义上的概念，表征着天地大道的本体性存在变化状态，所谓的“生生不息”即此之谓也。“生生”是一个具有浓厚中国文化哲学色彩的概念，宗白华也常常自觉不自觉地使用这一概念。而“生命”一词，则更偏向于西方近现代哲学、生物学的发明，是主客论框架下对于动植物、微生物等大自然生物属性的认识，包括据其所建构的生命美学，具有强烈的科学论、人本主义色彩。

宗白华并没有明确意识到“生生”与“生命”之间的关联有些类似于海德格尔所谓的“存在”与“存在者”之间的关系：“生生”奠立了“生命”，“生生”是基础性的“生命”存在，是“生命”之所以诞生的本体性前提，“生生”的敞开生发了“生命”；“生命”则是“生生”的展开，是“生生”“存在”的“存在者化”；“生生”是不可像“生命”那样感性认识、理性把握的，甚至不能是在主客观念下的感悟与体验，①而只

① 将“体验”概念用于中国式的“悟道”“开悟”“证道”经验显得扞格不入，至少不很恰当，后者应该是“感通”，而不是主客对立范畴的“体验”。“感通”强调人天不分的浑整感应，天地人都是易道宇宙的未(不)分化的本体和表征，人之“悟道”是人早已经(向来是，always ready)在道之中的“悟道”，道不是客体，不是体验的对象，不是在道之外的“体道”，所谓“道不远人”，道在人中。虽然宗白华也讲了对于“道”的“体验”，他也似乎感受到了用“体验”一词去描述“体道”的局限性，比如，在说到艺术家进入“舞”的虚空神妙的意境时，他强调了“沉冥入神”“行神如空”的特性，颇近于“体道”的真切描述，但最终并没有自觉意识到用“体验”去描述“体道”的不相宜。可参见：“艺术家在这时失落自己于造化的核心，沉冥入神，‘穷元妙于意表，合神变乎天机’(唐代大批评家张彦远论画语)。‘是有真宰，与之浮沉’(司空图《诗品》语)，从深不可测的玄冥的体验中升化而出，行神如空，行气如虹。在这时只有‘舞’，这最紧密的律法和最热烈的旋动，能使这深不可测的玄冥的境界具象化、肉身化。”(宗白华：《美学散步》，上海人民出版社1981年版，第79页。)

能是在存在意义上的“思”与“悟”，是前主客关系中的共在。

因此，“生生”包纳了“生命”，“生生美学”包含了“生命美学”，前者可以生发出后者，反之则不行，“生生”是本体论上的，“生生”是宗白华美学体系的根本，是其美学形上学的本体。说宗白华的美学是“生命美学”显得偏狭片面，如果易之以“生生美学”，则更为全面深刻，且能凸显其对于中国美学与文化的真实特质的论述旨趣。

那么，“生生哲学”何以转换成“生生美学”呢？其实，这不需要进行一般所谓合法性的逻辑论证，而是自我论证成的，它根本上来自中国人对大自然的生生不已、生命脉动的感受与体验。《周易·系辞上》曰：“日新之谓盛德，生生之谓易。”我们知道，宗白华在学术成熟期特别重视《易经》。宗白华最早在发表于1934 年的《论中西画法的渊源与基础》一文中提出了他的“气本论哲学”：“中国画所表现的境界特征，可以说是根基于中国民族的基本哲学，即《易经》的宇宙观：阴阳二气化生万物，万物皆禀天地之气以生，一切物体可以说是一种‘气积’(庄子：天，积气也)。这生生不已的阴阳二气织成一种有节奏的生命。”①

宗白华认为中国艺术境界是奠基于易道的宇宙观之上的，而“一阴一阳谓之道”，阴阳二气生生不已化生成万物，万物各具有节奏的生命，宗白华的“气本论哲学”是综合了《易经》与道家的气本论而提出来的，“道”即气也，所谓“道生一，一生二，二生三，三生万物，万物负阴而抱阳，冲气以为和”。十年后，他又在《中国艺术意境之诞生》中提出“道”就是“宇宙真体的内部和谐与节奏”②，道家、易学和儒家之“道”的“生生的节奏是中国艺术境界的最后源泉”③。而“中国哲学境界和艺术境界的特点”在于“中国哲学是就‘生命本身’体悟‘道’的节奏”，“道”表现在生活、礼乐制度，尤其是“艺”中：“艺”赋予“道”以“形象和生命”，“道”给予“艺”以“深度和灵魂”。④ “艺”与“道”的结合就是非无非有、不皦不昧，境相之“象”与虚幻之“罔”相结合，也可以说是虚实相生，艺术家“创造虚幻的境相以象征宇宙人生的真际”，而生命就是这宇宙的真际。⑤ 哲学境界和艺术境界都“诞生于一个最自由最充沛的深心的自我”，而这充沛的自我，需要空间超脱

---

① 宗白华：《美学散步》，上海人民出版社 1981 年版，第 131—132 页。
② 宗白华：《美学散步》，上海人民出版社 1981 年版，第 79 页。
③ 宗白华：《美学散步》，上海人民出版社 1981 年版，第 78 页。
④ 宗白华：《美学散步》，上海人民出版社 1981 年版，第 80 页。
⑤ 宗白华：《美学散步》，上海人民出版社 1981 年版，第 81 页。

自在的活动。

宗白华在另一篇差不多同时的文章《中西画法所表现的空间意识》中也表明了这一点，"《淮南子》的《天文训》首段说：'……道始于虚霩（通廓），虚霩生宇宙，宇宙生气……'这和宇宙虚廓合而为一的生生之气，正是中国画的对象。而中国人对于这空间和生命的态度却不是正视的抗衡，紧张的对立，而是纵身大化，与物推移。中国诗中所常用的字眼如盘桓、周旋、徘徊、流连，哲学书如《易经》所常用的如往复、来回、周而复始、无往不复，正描出中国人的空间意识"①。他在《介绍两本关于中国画学的书并论中国的绘画》（1934）中则进一步说"中国人感到这宇宙的深处是无形无色的虚空，而这虚空却是万物的源泉，万动的根本，生生不已的创造力。"②

宗白华一以贯之地认定，哲学和艺术的最高境界都是"道"——生生之道。宗白华的美学并不是一般意义上的易道哲学与美学，而是更为强调易道之气化生的生生不息及其生命节奏，故为"生生美学"。当然，"生生美学"是根源于"气本论"易道哲学，二者有着根本精神上的一致性。

"生生"之下的"生命"还与"自然""精神"紧密相连，"艺术是精神和物质的奋斗……艺术是精神的生命贯注到物质界中，使无生命的表现生命，无精神的表现精神。……艺术是自然的重现，是提高的自然"③。宗白华自承其自幼的人生观和自然观就是"创造的活力是我们生命的根源，也是自然的内在的真实"。他相信自然中到处都是"生命""活动"，都是"优美光明"，"大自然的全体"就是"理性的数学""情绪的音乐""意志的波澜"，这"宇宙的图画是个大优美精神的表现"。后来认识到这个世界不再是"已经美满的世界"，乃是"向着美满方面战斗进化的世界"。大自然对抗"冷静的、无情的、对抗的物质"和"悲惨的、冷酷的、愁闷的、龌龊的现状"，因此，宗白华认为，"自然无往而不美"，因为自然中有生命，自然就是生命，而"一切有机生命"能够推到"为我们自我表现、意志活动的阻碍"，"皆凭借物质扶摇而入于精神的美。大自然中有一种不可思议的活力，推动无生界以入于有机界，从有机界以至于最高的生命、理性、情绪、感觉。

① 宗白华：《美学散步》，上海人民出版社 1981 年版，第 143—144 页。
② 宗白华：《美学散步》，上海人民出版社 1981 年版，第 148 页。
③ 宗白华：《看了罗丹雕刻以后》（1920 年），《美学散步》，上海人民出版社 1981 年版，第 268 页。

这个活力是一切生命的源泉，也是一切‘美’的源泉”。①

“自然”皆美，在于自然有活力，就是有“精神”。自然是“一切艺术的范本”。艺术之美就是要表现这种精神与活力。相较于“图画”，照片则不美，就是因为后者只是摄取了自然的表面，“而不能表现自然底面的精神故”。“自然”物皆“动”，“物即是动，动即是物”，“物”与“动”须臾不可分离，艺术的要旨在于写出“动者”“动象”，“动者”是“生命之表示，精神的作用”。因此，艺术表现动象，才能表现精神、表现生命。“艺术最后目的”就是这种“动象的表现”，是将瞬息变化、起灭无常的“自然美的印象”借着图画、雕刻的作用，“扣留下来，使它普遍化、永久化”。②

宗白华提出生生哲学、美学观，一方面固然出于文化与社会的需要，反思启蒙运动以来片面发展的工具理性、人类中心主义以及资本市场体制下日趋流行的实用主义等弊端，另一方面也有着存续、认同、光大、创新中华传统文化从而施于实践改造世界的旨趣。他在作于1944年的《中国艺术意境之诞生》一文中就说：“现代的中国站在历史的转折点。新的局面必将展开。然而我们对旧文化的检讨，以同情的了解给予新的评价，也更重要。就中国艺术方面——这中国文化史上最有世界贡献的一方面——研寻其意境的特构，以窥探中国心灵的幽情壮采，也是民族文化的自省工作。希腊哲人对人生指示说：‘认识你自己！’近代哲人对我们说：‘改造这世界！’为了改造世界，我们先得认识。”③

宗白华的生生哲学与美学受到了以康德为代表的德国古典理性主义哲学终结后的叔本华、尼采的人生、生命哲学以及法国柏格森生命哲学的巨大影响。宗白华早在其第一篇哲学论文《萧彭浩（今译叔本华）哲学大意》（1917年）中即谈到叔本华的唯意志人生哲学：“继康德而起者多人，而萧彭浩最为杰出。造《世界唯意识论》，人谓此书，集欧洲形而上学之大成，其义尤与佛理相契合，阅者自明，今不强解。其言曰：唯物唯心，皆坠独断，盖心外无物，物外无心，心物二者，成此幻相，心不见心，无相可得，不生心则无自相（此皆译述《世界唯意识论》首篇大意）。而超乎心物两者之上，立于两相之后，发而为心（按此心字，当识字义），因而见外物者，厥维意志。此意志为混沌无知之欲，所欲者，即兹生存

① 宗白华：《看了罗丹雕刻以后》（1920年），《美学散步》，上海人民出版社1981年版，第269页。
② 宗白华：《看了罗丹雕刻以后》，《美学散步》，上海人民出版社1981年版，第270页。
③ 宗白华：《美学散步》，上海人民出版社1981年版，第68—69页。

（所谓生存者，即现此世中）。”[①]宗白华承认读到叔本华著作时“抚掌惊喜”，以为“颇近于东方大哲之思想”[②]，他借此表达了自己的宇宙人生观：“无限之同情，悲悯一切众生，为道德极则。此其意志中已觉宇宙为一体。无空间中之分别。”[③]他认为“柏格森的创化论中深含着一种伟大入世的精神，创造进化的意志，最适宜做我们中国青年的宇宙观”，而且认为其“人类智慧具有机器观之天性”的主张是一句“极精”的话，因为它将“机器观”同“究竟观”（即目的观）虽似相反而实不能相离的关系讲透了。[④]

宗白华所发现和创立的生生哲学美学吸收了叔本华、柏格森等西方近代生命哲学，[⑤]但并非亦步亦趋、照单全收，而是有所扬弃的。他批评了叔本华的悲观论，“盖宇宙一体，无所欲也，再进则意志完全消灭，清净涅槃，一切境界，尽皆消灭，此其境界，不可思议矣”[⑥]。

第二节　宗白华的意境理论

宗白华的意境理论是其生生美学的重要组成部分，意境的根源是生生之天道，意境也是生生天道的表现。宗白华主要从意境研究的意义、意境创造与客观山水、意境创造与人格修养的关系、意境的三层次、中国艺术意境的结构特点

① 宗白华：《宗白华全集》第一卷，安徽教育出版社 1994 年版，第 3 页。
② 宗白华：《宗白华全集》第一卷，安徽教育出版社 1994 年版，第 5 页。
③ 宗白华：《宗白华全集》第一卷，安徽教育出版社 1994 年版，第 8 页。
④ 宗白华：《读柏格森“创化论”杂感》（1919 年），《宗白华全集》第一卷，安徽教育出版社 1994 年版，第 79 页。
⑤ 作为意境说的最后总结者的王国维也是把生命力的“弥满”、生命节律的颤动看作是“意境-境界”说的核心，他所讲的生命力观念不但来自古代的“气韵生动”“生气远出”的理想，更重要的是吸收了德国生命哲学的精神。王国维对于叔本华、尼采的意志欲望理论很是推崇，十分熟悉德国的生命哲学，还曾写过《叔本华与尼采》等论文。他正是把中外关于“生命力”的思想熔铸于意境理论中，并强调只有鲜活的、充溢着生命活力的情景世界，才可能具有意境，否则便无。（参见童庆炳《“意境”说六种及其申说》，《东疆学刊》2002 年第 3 期）不同的是，宗白华的生生美学较王国维的更为全面系统。与宗白华同时的方东美也提出了生生美学的系统性主张，二者的比较，可参看宛小平《简论方东美宗白华时空意识与西方时空意识的异同——兼论方宗两先生以时空为形而上的艺术哲学》，《中华美学学会第五届全国美学会议论文集》，1999 年；汤拥华《方东美与宗白华生命美学的“转向”》，《江西社会科学》2007 年第 1 期；姜勇《宗白华美学与现代新儒学》，吉林大学博士论文，2008 年；张泽鸿、吴家荣《方东美与宗白华艺术学思想之比较》，《美与时代（下）》2012 年第 1 期；张泽鸿《宗白华与现代新儒家美学思想考论》，《美与时代旬刊》2014 年第 6 期。
⑥ 宗白华：《宗白华全集》第一卷，安徽教育出版社 1994 年版，第 9 页。

（道、舞、空白等）等维度全面论述了意境的内涵特征，构成了其相对完整的意境美学体系。

宗白华意境理论有着深厚的中西文化背景，林同华曾在《哲人永恒，“散步”常新——忆宗师白华的教诲》一文中写道：“宗先生的青年时期，则爱读那优美的《华严经》，视‘圆融无碍’为认识的最高境界。又喜爱庄子、康德、叔本华、歌德的思想和王、孟、韦、柳等人的绝句，闲和静穆的境界，天真自然的态度，寓秾丽于冲淡之中的审美情趣，禅宗的不立文字，直指人心，见性成佛，一闻言下大悟，顿见真如本性的顿悟超感性论，叔本华的直观中浸沉，物我交融，主客为一和忘情于无意志的审美直观，魏晋玄学主张得意忘象、得意忘言，这些思想均为相通。”①

宗白华在《中国艺术意境之诞生》（1943年）中第一次较为系统地提出了中国艺术意境理论，作为其《论中西艺术的写实、传神与造境》的第三部分，作者率先说明研究中国艺术“意境的特构”的意义：中国艺术是“中国文化史上最中心最有世界贡献的一方面”，借此研究，可以“窥探中国心灵的幽情壮采”，也是“民族文化的自省工作”。也就是说，出于中国民族文化的自我认识与身份辨认及其认同建构，这是宗白华提出意境论的出发点。

宗白华的“意境论”是奠基于其人生境界论、艺术境界论之上的。他按照人与世界之间关系层次的不同提出五种境界说，依次为：主于“利”的功利境界、主于“爱”的伦理境界、主于“权”的政治境界、主于“真”的学术境界和主于“神”的宗教境界。他认为主于“美”的艺术境界介于学术境界和宗教境界之间。而“艺术境界”具体指“以宇宙人生的具体为对象，赏玩它的色相、秩序、节奏、和谐，借以窥见自我的最深心灵的反映；化实景而为虚境，创形象以为象征，使人类最高的心灵具体化、肉身化”。② 宗白华在此已经道出了“艺术境界”的主客观合一的特性，但是更为强调主观的一面。宗白华还指出这些不同层级境界奠基在实用的礼乐教化之上：“中国哲人则倾重于‘利用厚生’之器，及‘观其会通以行其典礼’之器之知识。由生活之实用上达生活之宗教境界、道德境界及审美境界。于礼乐器象征天地之中和与序秩理数！使器不仅供生活之支配运用，尤须化

① 宗白华：《宗白华全集》第四卷，安徽教育出版社1994年版，第774页。
② 宗白华：《宗白华全集》第三卷，安徽教育出版社1994年版，第357—358页。

‘器’为生命意义之象征，以启示生命高境如美术，而生命乃益富有情趣。”①

宗白华之所以重视并提出自己的境界论，根源于对现实社会与近代哲学以来的功利主义和唯理思潮的不满，意欲借中国意境文化匡正时弊，以实践社会和自身的审美人生。他说，中国哲人“不似近代人与无情无表现，纯理数之机器漠然，惟有利害应用之关系，以致人为机器之奴。更进而人生生活机械化，为卓别林之《摩登时代》讥刺之对象”②！

无独有偶，很多中国现代美学家哲学家都提出了各自的境界论，更早的有王国维提出著名的“有我之境”和“无我之境”；冯友兰在著名的“贞元六书”之一的《新原人》(重庆商务印书馆1943年初版)中根据人对外界事物“觉解”程度的不同，将人生境界由低到高划分为四个境界：自然境界、功利境界、道德境界、天地境界。③ 方东美则提出了“人生六境界”说：物质境界、生命境界、心灵境界、艺术境界、道德境界、宗教境界。唐君毅在其晚年巨著《生命存在与心灵境界》中建构了一个以“心之本体”为终极指向的“一心三向九境”(“生命三向与心灵九境”或一心通三界[客观、主观、超主客观三界]、心灵九境说)的道德理想主义哲学体系。诸如此类，不一而足，现代思想家们如此热衷于境界论，固然出于中国传统哲学、美学有着论境界的传统影响，还同宗白华一样，面临着相同的时代焦虑而导致了以境界拯救心灵的共通情感结构。

那么何为“意境”呢？宗白华明确指出，意境是“情”与“景”(意象)的结晶品，“艺术家以心灵映射万象，代山川而立言，他所表现的是主观的生命情调与客观的自然景象交融互渗，成就一个鸢飞鱼跃、活泼玲珑、渊然而深的灵境；这灵境就是构成艺术之所以为艺术的‘意境’”④。主客相融，这是生命与自然的融合，因此意境自生。情景交融，情更深，景更晶莹，“在一个艺术表现里情和景交融互渗，因而发掘出最深的情，一层比一层更深的情，同时也透入了最深的景，一层比一层更晶莹的景；景中全是情，情具象而为景，因而涌现了一个独特的宇宙，崭新的意象，为人类增加了丰富的想象，替世界开辟了新境”⑤。

艺术意境，因人因地因情因景的不同，现出种种色相，“影映出几层不同的

① 宗白华：《宗白华全集》第一卷，安徽教育出版社1994年版，第592页。
② 宗白华：《宗白华全集》第一卷，安徽教育出版社1994年版，第592页。
③ 参见冯友兰：《冯友兰文集第五卷·新原人》，长春出版社2008年版。
④ 宗白华：《美学散步》，上海人民出版社1981年版，第70页。
⑤ 宗白华：《美学散步》，上海人民出版社1981年版，第72页。

诗境”，宗白华大略将“意境”分为四类：“一主气象”（函盖乾坤的宏大气概）、“一主幽思（禅境）”（迥绝世尘的幽人境界）、“一主情致”（风流蕴藉、流连光景）和“主于咏物”（偏于赋体）。前三者侧重内在情思气概，最后一种偏于外在描写敷陈，宗白华对此似乎评价稍低：“偏于赋体，诗境虽美，主于咏物。”宗白华艺术感悟深邃细致，运用独特的例举启悟式的论述书写方式，但是这四种“意境”分类并不全面也不十分周延，而且他贬抑“主于咏物”的意境也并不太公正。

关于“意境”的“创构”，宗白华主要从两个方面进行了说明：在客体方面主要以山水为对象，在主体方面则奠基于“人格涵养”之上。艺术意境的创构，主要使“客观景物作我主观情思的象征”，而我人心中万千情思，“不是一个固定的物象轮廓能够如量表出”，“只有大自然的全幅生动的山川草木，云烟明晦，才足以表象我们胸襟里蓬勃无尽的灵感气韵”①。因此，山水成了中国诗人画家抒写情思的对象和媒介，这和西洋自希腊以来拿“人体”做主要对象的艺术途径迥然不同。

“意境”微妙境界的实现，在主观上，既需要艺术家平素的精神涵养，又有赖于“在活泼泼的心灵飞跃而又凝神寂照的体验中突然地成就”②。所以，艺术境界对于山川景物的显现，不是纯客观地临摹，“须凭胸臆的创构，才能把握全景”③。意境是艺术家的独创，是主客合一的产物，是主体的深厚素养与瞬间感悟的产物：从他“最深的‘心源’”和‘造化’接触时突然的领悟和震动中诞生的”④。

艺术意境“不是一个单层的平面的自然的再现，而是一个境界层深的创构”。艺术意境的创构分为三个层次：“直观感相的模写”“活跃生命的传达”“最高灵境的启示”。宗白华是根据蔡小石《拜石山房词·序》里对“词”的三层境层的“极为精妙”的形容中总结出来的，这三层境界又是另一位批评家江顺贻所说的：“始境，情胜也。又境，气胜也。终境，格胜也。”宗白华对此作了进一步解释：“‘情’是心灵对于印象的直接反映，‘气’是‘生气远出’的生命，‘格’是映射着人格的高尚格调”⑤。它实际上也是“写实”“传神”到“妙悟”的三层境界。不

① 宗白华：《美学散步》，上海人民出版社1981年版，第72—73页。
② 宗白华：《美学散步》，上海人民出版社1981年版，第73页。
③ 宗白华：《美学散步》，上海人民出版社1981年版，第74页。
④ 宗白华：《美学散步》，上海人民出版社1981年版，第79页。
⑤ 宗白华：《美学散步》，上海人民出版社1981年版，第75页。

过“写实”“传神”和“妙悟”三层境界的说法在此只是顺带提及,《中国艺术的写实精神——为第三次全国美展写》(1943)进一步提出:“但写实终只是绘画艺术的出发点,从写实到传达生命及人格之神味,从传神到创造意境,以窥探宇宙人生之秘,是艺术家最后最高的使命。”①该文是作者《论中西艺术的写实,传神与造境》的第三部分,在此宗白华的三境界说法有了少许变化:第三层境界从“妙悟”变为了“造境”。而在《中国艺术三境界》(1945)中,宗白华则明确系统地提出了“写实或写生”“传神”到“妙悟”或“玄境”三境界说。②

艺术意境在具体内涵上,还有其深度、高度、阔度。一如既往,宗白华并没有对深度、高度、阔度进行严格的概念定义,而是以李、杜诗境界为例,加以体验式的说明,并对李、杜境界作了比较:李白“情调较偏向于宇宙境象的大和高”;杜甫则“更能以深情掘发人性的深度”;但不管是李、杜境界的高、深、大,还是王维的“静远空灵”,“都植根于一个活跃的、至动而有韵律的心灵”。③

在此,宗白华罕见地运用“以中释西”的“格义”法,将上述中国的意境三境层理论用于解释西方主流艺术思潮。“西洋艺术里面的印象主义、写实主义,是相等于第一境层。浪漫主义倾向于生命音乐性的奔放表现,古典主义倾向于生命雕象式的清明启示,都相当于第二境层。至于象征主义、表现主义、后期印象派,它们的旨趣在于第三境层。”④这种比附,多扞格不通,显然离双方的特质都相去甚远。宗白华揭示了中国自六朝以来“意境”追求的特质,与西方不同,“意境”的“理想境界”是对于“禅境”的“澄怀观道”(南朝宋画家宗炳语),“在拈花微笑里领悟色相中微妙至深的禅境”。

宗白华认为,“禅”是中国人接触、体认佛教大乘义且深入发挥的哲学与艺术境界,是动与静的结合。“禅是动中的极静,也是静中的极动,寂而常照,照而常寂,动静不二,直探生命的本源。……静穆的观照和飞跃的生命构成艺术的两元,也就是禅的心灵状态。”⑤宗白华引用“白云山头月,太平松下影。良夜无狂风,都成一片镜”(白云演和尚)来加以说明。本书以为,宗白华绝非是有学者

① 宗白华:《宗白华全集》第二卷,安徽教育出版社 1994 年版,第 325 页。
② 宗白华:《宗白华全集》第三卷,安徽教育出版社 1994 年版,第 382—387 页。还可参见邹士方:《宗白华评传》,北京西苑出版社 2013 年版,第 257—260 页。
③ 宗白华:《美学散步》,上海人民出版社 1981 年版,第 87—88 页。
④ 宗白华:《美学散步》,上海人民出版社 1981 年版,第 75 页。
⑤ 宗白华:《美学散步》,上海人民出版社 1981 年版,第 76 页。

认为的仅仅只是推崇“安详静穆的审美意境”[1]，正如唐代韦应物所说“喧静两皆禅”（《赠琮公》）。尽管禅诗的意境更偏于静穆观照，尚清静虚空，透显出空寂渺远的韵味，但骨子里却是动静相宜，有无相生。禅宗六祖临终留偈曰：“但识自本心，见自本性，无动无静，无生无灭，无去无来，无是无非，无住无往。”清人杨益豫早在《方外诗选序》中描述了作诗与参禅的相似性：“当夫冥心取影，入瓮捻须，木然兀然，入无声无臭而不知者，诗境也，抑禅象也：当夫水流花放，悟彻慧通，融然杳然，至于不生不灭而不知者，禅象也，抑诗境也。”

更进一步说，在道禅的动静结构中，“静”是“道”的根本，“静”是“动”的源泉，“动”是生命之“道”、“道”之生命，生命之“动”是静照之“道”的具体表现，“深沉的静照是飞动的活力的源泉。反过来说，也只有活跃的具体的生命舞姿、音乐的韵律、艺术的形象，才能使静照中的‘道’具象化、肉身化”[2]。本书认为，老子早有言，“有生于无”，“无”趋于“静”，“有”则与“动”相通，在此也暗示着“无”“静”比“有”“动”更为根本，“无”的“寂静”“静默”中蕴含着动力与生机；庄子说：“虚室生白”“唯道集虚”，较之“实”，“虚”看来更为根本。后来，宗白华还引入佛禅“空”的范畴，认为“空寂中生气流行，鸢飞鱼跃，是中国人艺术心灵与宇宙意象‘两镜相入’互摄互映的华严境界”[3]。由此，“无”“静”“虚”“空寂”较之“有”“动”“实”“生气”具有本体性的地位。故而苏轼有言：“欲令诗语妙，无厌空且静。静故了群动，空故纳万境。”（《送参寥师》）

在《介绍两本关于中国画学的书并论中国的绘画》（1934 年）[4]一文中，宗白华认为，在中国绘画里所表现的“最深心灵”就是“深沉静默地与这无限的自然，无限的太空浑然融化，体合为一”，“它所启示的境界是静的，因为顺着自然法则运行的宇宙是虽动而静的，与自然精神合一的人生也是虽动而静的。它所描写的对象，山川、人物、花鸟、虫鱼，都充满着生命的动——气韵生动。但因为自然是顺法则的（老、庄所谓道），画家是默契自然的，所以画幅中潜存着一层深深的静寂。就是尺幅里的花鸟、虫鱼，也都像是沉落遗忘于宇宙悠渺的太空中，意境旷邈幽深。至于山水画如倪云林的一丘一壑，简之又简，譬如为道，损之又损，

---

① 宗白华：《宗白华全集》第四卷，安徽教育出版社 1994 年版，第 779 页。
② 宗白华：《美学散步》，上海人民出版社 1981 年版，第 80 页。
③ 宗白华：《美学散步》，上海人民出版社 1981 年版，第 85 页。
④ 宗白华：《美学散步》，上海人民出版社 1981 年版，第 149 页。

所得着的是一片空明中金刚不灭的精萃。它表现着无限的寂静，也同时表示着是自然最深最后的结构”。[①] 宗白华的艺术感悟精妙深邃，深契其论述对象“旷邈幽深”的意境之道，由此可见一斑。这里中国画里的“最深心灵”其实就是最高意境的表现，其本质仍然是“虽动而静”的“气韵生动”，是生生之道的体现。

宗白华动静美学的辩证法揭示了中国艺术和文化以静为本、“以静制动”的深层本质意蕴。[②]“所以中国艺术意境的创成，既须得屈原的缠绵悱恻，又须得庄子的超旷空灵。缠绵悱恻，才能一往情深，深入万物的核心，所谓‘得其环中’。超旷空灵，才能如镜中花，水中月，羚羊挂角，无迹可寻，所谓‘超以象外’。色即是空，空即是色，色不异空，空不异色，这不但是盛唐人的诗境，也是宋元人的画境。”[③]就是说，中国艺术意境的创成，既要有“得其环中”之“实”，又要有“超以象外”之“虚”，即空即色、即色即空，要动静相宜，既能缠绵悱恻，又须超旷空灵，方能达致艺术、哲学的最高意境——禅境。

宗白华还探索了中国艺术意境结构的特点。“道”“舞”“空白”之间的关系如下：宗白华认为庄子对于艺术境界的阐发“最为精妙”，受其影响，宗白华认为“道”是艺术意境的“形而上原理”，“道”和“艺”能够体合无间。“道”的生命进乎技，“技”的表现启示着“道”。[④]“道”的生命和“艺”的生命，游刃于“虚”，莫不中音，合于桑林之“舞”，乃中经首之会。[⑤] 如此，在意境之中，“道”是根本，“道”在“空白”之“虚”中作生命之“舞”，“舞”是“道”的象征，这应该就是宗白华意境的内在结构。

深邃幽冥之“道”只有活跃的具体的生命舞姿才能表现。而“舞”是“高度的韵律、节奏、秩序、理性，同时是最高度的生命、旋动、力、热情，它不仅是一切艺术表现的究竟状态，且是宇宙创化过程的象征”。[⑥] 艺术家进入“舞”的状态，就“失落自己于造化的核心，沉冥入神……从深不可测的玄冥的体验中升化而出，行神如空，行气如虹。在这时只有‘舞’，这最紧密的律法和最热烈的旋动，能使这深不可测的玄冥的境界具象化、肉身化”[⑦]。

---

① 宗白华：《美学散步》，上海人民出版社 1981 年版，第 147—148 页。

② 宗白华还在《凤凰山读画记》(1944 年)一文中表达了相似思想，参见《宗白华全集》第二卷，第 377—378 页。

③④ 宗白华：《美学散步》，上海人民出版社 1981 年版，第 77 页。

⑤ 宗白华：《美学散步》，上海人民出版社 1981 年版，第 78 页。

⑥⑦ 宗白华：《美学散步》，上海人民出版社 1981 年版，第 79 页。

“舞”是道“最直接、最具体”的自然流露，于是，“舞”成了“中国一切艺术境界的典型”。①

既然“天地是舞，是诗（诗者天地之心），是音乐（大乐与天地同和）”②，中国绘画（艺术）境界的特点就是这音诗合一的天地之舞，生命之舞的空间由“空白”来表象，“画家解衣盘礴，面对着一张空白的纸（表象着舞的空间），用飞舞的草情篆意谱出宇宙万形里的音乐和诗境”③。“空白”于是成为艺术生命意境的基础性结构。“空白在中国画里不复是包举万象位置的轮廓，而是溶入万物内部，参加万象之动的虚灵的‘道’。画幅中虚实明暗交融互映，构成飘渺浮动的絪缊气韵，真如我们目睹山川真景。此中有明暗、有凹凸、有宇宙空间的深远，却没有立体的刻画痕；亦不似西洋油画如可走进的实景，乃是一片神游的意境。因为中国画法以抽象的笔墨把捉物象骨气，写出物的内部生命，则‘立体体积’的‘深度’之感也自然产生，正不必刻画雕凿，渲染凹凸，反失真态，流于板滞”。④

宗白华在更早的《介绍两本关于中国画学的书并论中国的绘画》(1934)中说中国人感到“宇宙的深处是无形无色的虚空，而这虚空却是万物的源泉，万动的根本，生生不已的创造力”。老、庄名之为“道”“自然”“虚无”，儒家则名之为“天”。“万象皆从空虚中来，向空虚中去。所以纸上的空白是中国画真正的画底。”⑤中国哲学用“太空”“太虚”“无”“混茫”“大象无形”等“来暗示或象征这形而上的道，这永恒创化着的原理”⑥。宗白华没有点明“空”乃是佛家的最高境界，代表中国文化精神的儒释道三家的宇宙观都是以“虚空”为根本，“虚空”并非一无所有的真空，而是万物化生之地。

看来，中国艺术的“空白”无非是宇宙“虚空”的表现而已，意境就奠立在这“虚空”“空白”之上。“中国画家面对这幅空白，不肯让物的底层黑影填实了物体的‘面’，取消了空白，像西洋油画；所以直接地在这一片虚白上挥毫运墨，用各式皴文表出物的生命节奏。（石涛说：‘笔之于皴也，开生面也。’）同时借取书法中的草情篆意或隶体表达自己心中的韵律，所绘出的是心灵所直接领悟的物态天趣，造化和心灵的凝合。自由潇洒的笔墨，凭线纹的节奏，色彩的韵律，开

① 宗白华：《美学散步》，上海人民出版社 1981 年版，第 81 页。
②③ 宗白华：《美学散步》，上海人民出版社 1981 年版，第 82 页。
④ 宗白华《论中西画法的渊源与基础》(1936)，《美学散步》，上海人民出版社 1981 年版，第 122—123 页。
⑤ 宗白华：《美学散步》，上海人民出版社 1981 年版，第 148 页。
⑥ 宗白华：《美学散步》，上海人民出版社 1981 年版，第 115 页。

径自行，养空而游，蹈光揖影，抟虚成实。”[①]庄子说：“虚室生白”“唯道集虚”，中国诗词文章里都着重这空中点染、抟虚成实的表现方法，使诗境、词境里面有空间，有荡漾，和中国画面具同样的意境结构。[②] 中国人对“道”的体验，是“于空寂处见流行，于流行处见空寂”，唯道集虚，体用不二，这构成中国人的生命情调和艺术意境的实相。[③]

在后来的《中国诗画中所表现的空间意识》(1949年)一文中，宗白华还进一步从庄子“瞻彼阕（空处）者，虚室生白”一语提炼出“虚白”的美学概念，似于苏辙《论语解》“贵真空，不贵顽空”的命题中的“真空”。庄子的“虚白”是“创化万物的永恒运行着的道”，“白”是“道”的吉祥之光，“虚白”不是几何学的空间间架，即死的空间——顽空。庄子的“体尽无穷而游无朕”即体现了“虚白”的意味：“体尽无穷”是已经“证入生命的无穷节奏，画面上表出一片无尽的律动”；“而游无朕”，即是在中国画的“底层的空白里表达着本体‘道’(无朕境界)”。[④]

宗白华的“虚白”也即是苏辙所谓的“真空”“虚空”，与“顽空”对立(苏辙“贵真空，不贵顽空……皆自虚空生”。《论语解》)。“道”是“虚灵”的，是“出没太虚自成文理的节奏与和谐”[⑤]。“中国画中所表现的万象，正是出没太虚而自成文理的。画家由阴阳虚实谱出的节奏，虽涵泳在虚灵中，却绸缪往复，盘桓周旋，抚爱万物，而澄怀观道。”[⑥]“以追光摄影之笔，写通天尽人之怀”，这两句话表出中国艺术的“最后的理想和最高的成就”。[⑦] 中国诗词、绘画、书法、建筑都有空间，有生气，“具有同样的意境结构”。[⑧] 中国山水画上空间境界的表现法在于虚实相生、明暗相形，“我们画面的空间感也凭借一虚一实、一明一暗的流动节奏表达出来。虚(空间)同实(实物)联成一片波流，如决流之推波。明同暗也联成一片波动，如行云之推月。”[⑨]“我们宇宙既是一阴一阳、一虚一实的生命节奏，所以它根本上是虚灵的时空合一体，是流荡着的生动气韵。”[⑩]

---

① 宗白华：《美学散步》，上海人民出版社1981年版，第82页。
② 宗白华：《美学散步》，上海人民出版社1981年版，第82—83页。
③ 宗白华：《美学散步》，上海人民出版社1981年版，第83页。
④ 宗白华：《美学散步》，上海人民出版社1981年版，第114页。
⑤ 宗白华：《美学散步》，上海人民出版社1981年版，第116页。
⑥ 宗白华：《美学散步》，上海人民出版社1981年版，第116页。
⑦ 宗白华：《美学散步》，上海人民出版社1981年版，第84页。
⑧ 宗白华：《美学散步》，上海人民出版社1981年版，第83页。
⑨ 宗白华：《美学散步》，上海人民出版社1981年版，第110页。
⑩ 宗白华：《美学散步》，上海人民出版社1981年版，第114页。

意境的“空白”问题实际上是“虚实”问题的一个表现，二者有着内涵上的统一性。宗白华还对这一重要的“虚实”问题进行了专题论述。

对于艺术意境中的“虚”“实”问题，宗白华在《论文艺的空灵与充实》(1943)、《中国艺术表现里的虚和实》(1961)等论文题目中就明确提出这样的论题，而《中国美学史中重要问题的初步探索》(1979)则将其作为重要的专题进行了研究。其实，在他几乎所有的论艺术和意境的文章中都或多或少涉及这一问题。

对于中国思想“虚”“实”问题的产生，宗白华主要在《中国美学史中重要问题的初步探索》[①]一文中进行了探讨。在中国思想史上，先秦《考工记·梓人为笋虡》章“已经启发”了虚和实的问题，“在这里艺术家创造的形象是‘实’，引起我们的想象是‘虚’，由形象产生的意象境界就是虚实的结合”。

这种“虚实结合”的思想，主张“以虚带实，以实带虚，虚中有实，实中有虚，虚实结合”，它是中国艺术的一个特点，也是中国美学思想中的“核心问题”。比如中国画很重视空白，中国画的线条之间就是“空白”；中国书家也讲究布白，要求“计白当黑”；中国戏曲舞台上也利用“刁窗”等“虚空”；中国园林建筑更是注重布置空间、处理空间。

宗白华明确指出，“虚”“实”的问题关涉“哲学宇宙观”，实际上是说中国“虚”“实”问题的哲学基础就是易道“宇宙观”。这种“宇宙观”又可以分为两派：孔孟与老庄。老庄认为“虚”比真“实”更真实，它是后者的原因，没有“虚空”存在，“万物就不能生长，就没有生命的活跃”。儒家思想则从“实”出发，孔子讲“文质彬彬”、孟子所谓“充实之谓美”就是说的“实”，但孔孟也并不停留于实，而是要“从实到虚，发展到神妙的意境”，孟子“圣而不可知之之谓神”，“神”就是“虚”。《易经》是儒家和道家的共同经典，孟子与老庄并不矛盾，他们都认为宇宙是虚和实的结合，“也就是易经上的阴阳结合”。易系辞传：“易之为书也，不可远；为道也，屡迁。变动不居，周流六虚”，所以老子说：“有无相生”，“虚而不屈，动而愈出”。

这种宇宙观表现在艺术上，就要求艺术也必须“虚实结合”，才能真实地反映有生命的世界。

如何做到“虚实结合”的艺术创造？宗白华认为主要手段是“化景物为情

---

① 宗白华：《美学散步》，上海人民出版社1981年版，第38—43页。

思”，是“化实为虚，把客观真实化为主观的表现”，就是通过“逼真的形象”表现出内在的精神，即“用可以描写的东西表达出不可以描写的东西”。在这里是“虚”“实”分别被解释为“主观”“情思”（内在情感、思想、见解等）等“不可描写的东西”和“客观”“景物”等“可以描写的东西”。“化景物为情思”也是对艺术中虚实结合的“正确定义”。要“化实为虚”，不能虚实相离，“以虚为虚，就是完全的虚无；以实为实，景物就是死的，不能动人；唯有以实为虚，化实为虚，就有无穷的意味，幽远的境界”①。

略有不足的是，宗白华只是强调了“化实为虚”“以实为虚”的问题，而未能明确讲到“化虚为实”。

总之，宗白华的意境理论实际上综合了中国主流文化儒释道特别是道禅的思想传统，从“道”“实”“生”“虚”“无”“空”等重要范畴着眼，揭示了意境中的阴阳、动静、虚实相互结合融为一体的根本特质，还依循意境的意义、创构、产生根源、表现和结构等方面，第一次全面深入阐释了中国艺术意境的理论体系。

第三节　宗白华的艺术人生观

宗白华的人生观、人生与其艺术观达到了和谐的统一，他的人生是其观念的践履，其观念是其人生的映射。就如“天人合一”的哲学观一样，他的人生及其人生观是道器不二、内外通达、无所滞碍、周流圆转的，是一而二、二而一的，是通体的明净、乐生、旷达，有着魏晋风骨的流风遗韵。宗白华的人生也是美的人生，正如其在晚年（1982 年 10 月）所说的：“美学的内容，不一定在于哲学的分析，逻辑的考察，也可以在于人物的趣谈、风度和行动，可以在于艺术家的实践所启示的美的体会与体验。”②

宗白华在五四时期发表的《说人生观》（1919 年）一文中完整系统地提出了自己的人生观。在该文中，他主张建立在“真实宇宙观”之上的“真实人生观”：“（一）依诸真实之科学（即有实验证据之学），建立一真实之宇宙观，以统一一切

① 宗白华：《美学散步》，上海人民出版社 1981 年版，第 41 页。
② 宗白华：《〈艺苑趣谈录〉序》，《宗白华全集》第三卷，安徽教育出版社 1994 年版，第 604 页。

学术；(二)依此真实之宇宙观，建立一真实之人生观，以决定人生行为之标准。”他提出并概括分析了“乐观”“悲观”和“超世入世观”等三种人生态度，分析了哲人、诗人、政治家、社会学家、普通人等不同情况。在三种人生态度中，每种人生观又细分为三个类别，“乐观”派分为乐生派、激进入世派和佚乐派；“悲观”派又分为遁世派、悲愤自残派和消极纵乐派；“超然派”又分为超世入世派、旷达无为派和消闲派。总体上，宗白华对于各派都有体贴入微的辩证考察，陟罚臧否，使之各得其所。其中，宗白华批评“乐观”和“悲观”两种人生观，而主张超越二者的作为“超然派”“正宗”的“超世入世”人生观，“不为无识之乐观，亦非消极之悲观。二观之病，皆能永离。是以超世入世之派，为世界圣哲所共称也”。其他八派都各有偏执，要不就是过于超然、悲观、遁世，趋于无为、寂灭，要不就是过于乐观、堕于激进，最后导致败落绝望，都未臻圆融之境。“超世入世”人生观首先是超然物外，秉持高洁情怀，以平常心作入世事业，这样才能做到矢志不渝、百折不挠，其“大勇猛，大无畏，其思想之高尚，精神之坚强，宗旨之正大，行为之稳健，实可为今后世界少年，永以为人生行为之标准者也”。因之，“超世”而“入世”，“超世”“绝非遁世”，“超世”与“入世”之间要保持动态的平衡与张力。

宗白华在《说人生观》中表达了特别欣赏有老庄之风的陶渊明式的乐观旷达：“乐观之辈，视宇宙如天堂，人生皆乐境，春秋佳日，山水名区，无往而非行乐之地……明理哲人，神识周远，深悉苦乐，皆属空华。栖神物外，寄心世表，生死荣悴，渺不系怀。……乐观云者，即是心中意中，以为宇宙美满，人生无憾，纵时事有困难窳败之点，而以为此种现象，适所以砥砺磨炼，以成将来美满之果。……乐观诗人，徜徉天地间，惊自然之美，叹造化之功，歌咏之，颂扬之，手之舞之，足之蹈之，誉宇宙为天堂，为安乐园，人之生世，在此大宇长宙间，山明水秀，鸟语花香，无往而非乐境也。此派乐观诗人，因惊宇宙之美，遂忘人世之苦，固属偏见，而自然界现象之宏伟壮丽，亦人类所共认也。……又有一类隐逸诗人，旷达高士，如陶渊明其人者，田园幽居，东窗啸傲，陶然自得，藜藿自甘，自食其力，不待给于社会，亦欣欣然有乐生之意，而旷达为怀，斯乃由旷达而生乐观者也。列之乐生派中，而高风邈矣。”①

---

① 以上参见《说人生观》，《宗白华全集》第一卷，安徽教育出版社 1994 年版，第 17—25 页。

在此基础上，他在稍后的《新人生观问题的我见》一文中又提出所谓的“艺术的人生态度”就是“积极地把我们人生的生活，当作一个高尚优美的艺术品似的创造，使它理想化，美化”。“艺术创造”和“人生创造”联系紧密，在手段和作用上具有极大的相似性，“艺术创造的手续，是悬一个具体的优美的理想，然后把物质的材料照着这个理想创造去。我们的生活，也要悬一个具体的优美的理想，然后把物质材料照着这个理想创造去。艺术创造的作用，是使他的对象协和、整饬、优美、一致。艺术创造的目的是一个优美高尚的艺术品，我们的人生目的是一个优美高尚的艺术品似的人生。这是我个人所理想的艺术的人生观”。不仅是“艺术的人生观”，宗白华还提出了“科学的人生观”的建构，前者从主观方面弥补了后者仅从客观方面建设新人生观的不足。

宗白华提出新的科学和艺术人生观建构，并不仅仅是出于个人修养，目的更在于对社会责任的自觉承担，“是要替中国一般平民养成一种精神生活、理想生活的‘需要’，使他们在现实生活以外，还希求一种超现实的生活，在物质生活以上还希求一种精神生活”。他批评当时社会一般民众“几乎纯粹是过的一种机械的、物质的、肉的生活”，而“我们的文化运动”必须建基于这样的“需要”之上，在如何替平民造出这种需要的“第一步的手续”则是“替他们造出一个新的正确的人生观”，超越根源于孔孟和老庄哲学流弊的两种中国旧式人生观：“现实人生主义”和“悲观命定主义”，要从“科学的”和“艺术的”两种途径创造新的人生观。[①] 这可以说是那个时代典型的启蒙主义精英人生观。有趣的是，宗白华在此处提出“科学的人生观”和“艺术的人生观”，约三年后，张君劢在清华大学作了题为“人生观”的演讲，对“科学万能”的科学主义提出批评，引发了历时两年的“科玄论战”(1923 年 2 月至 1924 年底)。

与一般人不同，宗白华的生生美学并非只是纸上的学问，而是落实到自己的人生态度和生活实践中，使人生审美化，达致审美的人生。他 1949 年后的生活，一如其学生袁鸿寿所言，“……宗老是以行为及思想写美学的……他到北京后虽然没有发表过大文章，但是生活十分美，以其昭昭，使人昭昭，见似韬晦，实不韬晦。凡接触宗老的人，都有如坐春风之感”[②]。

① 参见宗白华：《新人生观问题的我见》(1920 年)，《宗白华全集》第一卷，安徽教育出版社 1994 年版，第 204—208 页。

② 转引自邹士方：《宗白华评传》“原香港繁体字版自序”，北京西苑出版社 2013 年版，第 2 页。

宗白华的审美理想与艺术理念来自其诗化的人生。在写于1923年的《我和诗》一文中，宗白华用诗一般的笔调深情叙述了他少年、青年时诗化的人生。他自承年少时就“酷爱”自然山水，“天空的白云和覆成桥畔的垂柳，是我孩心最亲密的伴侣”①。古城南京的湖山清景映现着“各样境界”，滋养着他诗人般的灵性，激发他审美的幻想，带给他生命的快乐；十七岁扶病去青岛求学半年，纤弱灵敏的神经更是感受到大海的拨动，他的生命世界全面苏醒，“青岛海风吹醒我心灵的成年。世界是美丽的，生命是壮阔的，海是世界和生命的象征”。“青岛的半年没读过一首诗，没有写过一首诗，然而那生活却是诗，是我生命里最富于诗境的一段。青年的心襟时时像春天的天空，晴朗愉快，没有一点尘滓，俯瞰着波涛万状的大海，而自守着明爽的天真。”后来到了上海求学，更是受到《华严经》和王、孟、韦、柳等人诗歌的深刻影响：感动于《华严经》“词句的优美”“音调高朗清远有出世之慨”；而唐人的绝句，“境界闲和静穆，态度天真自然，寓秾丽于冲淡”；还有声调“苍凉幽咽，一往情深”，引起“一股宇宙的遥远的相思的哀感”的泰戈尔园丁集诗，这都极大地影响了（尽管宗白华自己说“泰戈尔的影响也不大”）后来宗白华的小诗创作。此时，哲学也进入了他的视野。庄子、康德、叔本华、歌德等相继“在其精神人格上留下不可磨灭的印痕”②。

不仅仅是自然、佛经、哲学和诗歌，更有生命中的爱使宗白华的生命得以升华，人生得以诗化，并在其学思生命中形成了微渺深静的境界论的因子。宗白华两次寒假在浙东万山之中的小城度过，“纯真的刻骨的爱和自然的深静的美在我的生命情绪中结成一个长期的微渺的音奏，伴着月下的凝思，黄昏的远想”③。

1920年宗白华出国，更加对德国浪漫派、歌德小诗、罗丹的造像生发无穷兴趣，并激发起创作《流云小诗》的诗兴。人生诗化、诗化人生，这是宗白华青少年时期切实的生命历程，也是其后来人生的基本状况。宗白华很尊崇“世界诗人”歌德，钦佩其人生的艺术化，“歌德与其他世界文豪不同的地方，就是他不只是在他文艺作品里表现了人生，尤其在他的人格与生活中启示了人性的丰富与伟

---

① 宗白华：《美学散步》，上海人民出版社1981年版，第279页。
② 宗白华：《美学散步》，上海人民出版社1981年版，第280—281页。
③ 宗白华：《美学散步》，上海人民出版社1981年版，第282页。

大。所以人称他的生活比他的创作更为重要，更有意义。他的生活是他最美丽最巍峨的艺术品"[①]。可以说，这也是他的夫子自况。

宗白华的艺术人生观念受到了中西生命文化的共同影响。他崇尚自由的生命，他最神往的时代应该是魏晋和"文艺复兴"时期。他认为，虽然汉末魏晋六朝是中国"政治上最混乱、社会上最苦痛"的时代，尽管"文化衰堕"，却是"精神史上极自由、极解放，最富于智慧、最浓于热情"的一个时代，因此也就是"最富有艺术精神"的一个时代，它是"强烈、矛盾、热情、浓于生命彩色"的一个时代，使他联想到西欧 16 世纪的"文艺复兴"。不同的是，后者的"艺术(建筑、绘画、雕刻)所表现的美是秾郁的、华贵的、壮硕的"，而以晋人书法为代表的魏晋人则"倾向简约玄澹，超然绝俗的哲学的美"。[②] "总而言之，这是中国历史上最有生气，活泼爱美，美的成就极高的一个时代。"[③]

宗白华详细研究了以《世说新语》为代表的魏晋人乃至"中国人的美感和艺术精神的特性"。其一，一般知识分子多半超脱礼法观点直接欣赏"人格个性之美"，"尊重个性价值"；在生活上格上持守"自然主义"和"个性主义"，解脱了汉代儒教统治下的礼法束缚。[④] 其二，"晋人向外发现了自然，向内发现了自己的深情"。[⑤] 晋宋人发现了山水美，他们欣赏山水，"由实入虚，即实即虚，超入玄境"。[⑥] 他们拥有"风神潇洒，不滞于物"的"优美的自由的心灵"。[⑦] 其三，晋人艺术境界造诣高超，原因不仅是他们"意趣超越，深入玄境，尊重个性，生机活泼"，更主要的还是他们的"一往情深"，无论对于自然、友谊还是析理都有至深的热爱。其四，因为魏晋时代人是"最解放""最自由的"，其精神因而是"最哲学的"，充满了近代哲学上所谓"生命情调""宇宙意识"。其五，晋人形成一种如"竹林之游，兰亭禊集"的"高级社交文化"，其主要内容在于"玄理的辩论"和"人物的品藻"，其审美成效是形成了"空前绝后"的"隽妙"谈

---

① 宗白华：《〈歌德评传〉序》，《宗白华全集》第二卷，安徽教育出版社 1994 年版，第 42 页。
② 宗白华：《美学散步》，上海人民出版社 1981 年版，第 208—209 页。
③ 宗白华：《美学散步》，上海人民出版社 1981 年版，第 219 页。
④ 宗白华：《美学散步》，上海人民出版社 1984 年版，第 209 页。
⑤ 宗白华：《美学散步》，上海人民出版社 1981 年版，第 215 页。
⑥ 宗白华：《美学散步》，上海人民出版社 1981 年版，第 210 页。
⑦ 宗白华：《美学散步》，上海人民出版社 1981 年版，第 212 页。

吐措词并影响及于晋人书札和小品文。其六，晋人之美在神韵，神韵即“事外有远致”，“不沾滞于物的自由精神”。其七，晋人的美学是“人物的品藻”，拿自然界的美来形容人物品格的美。其八，晋人的道德观与礼法观：“超然于礼法之表追寻活泼的真实的丰富的人生。”①晋人能摆脱礼法的虚伪和顽固，“从性情的真率和胸襟的宽仁建立他的新生命”，而且其道德教育也“以人格的感化为主”，实施“德教”。②

对于李泽厚曾经提到过的宗白华“极少写作”的问题，本书以为，这可能也是他践履诗化人生、审美人生的一个切实体现——不为写作这样的外物“役使”，用心去真实地生活。其实真正想透人生、生命、艺术等安身立命的大问题，只需三言两语，不必重章叠句地言说书写，余下的就是去体验和创造人生（至多，学术、写作只是生命的一个部分）。宗白华正是这样做的，“述而不（少）作”正符合他诗人的、艺术的古典化活泼泼的生命意趣，这对于人心激瞰的今日社会和发表主义盛行的当今学术界，不能说不具有警醒启发的意义。

宗白华在《美学散步・小言》中说：“散步是自由自在、无拘无束的行动，它的弱点是没有计划，没有系统。”“散步的时候可以偶尔在路旁折到一枝鲜花，也可以在路上拾起别人弃之不顾而自己感到兴趣的燕石。”“无论鲜花或燕石，不必珍视，也不必丢掉，放在桌上可以做散步后的回念。”③这些有关散步的话，既是他悠然随意的日常生活的一个写照，也是其生活化写作的一个隐喻：他没有将写作看成是脱离了生活的什么“伟业”或“盛事”，他没有将其意义加以拔高，也不是将其贬低，而是以平常心看待，“不必珍视，也不必丢掉”，将写作看作是“散步后的回念”。由此，“美学散步”的写作与日常生活的“散步”水乳交融，真正达到了他自己所称的中国人“悠然意远而又怡然自足”“超脱的，但又不是出世的”（冯友兰称作“极高明而道中庸”）人生至境。

① 宗白华：《美学散步》，上海人民出版社 1981 年版，第 222 页。
② 宗白华：《美学散步》，上海人民出版社 1981 年版，第 224—225 页。
③ 宗白华：《美学散步》，上海人民出版社 1981 年版，第 1—2 页。

第四节　宗白华的美学成就、影响与缺憾

冯友兰曾认为宗白华是现代中国最早建立中国美学体系的人。[①] 宗白华确实以生生美学为基石，以意境理论为核心，提出了诸多重要的美学命题比如“气韵生动”“生命节奏”“阴阳”“动静”“时空”，贯穿了从诗歌、绘画、建筑到音乐、舞蹈、书法甚至考古文物鉴赏等几乎所有的中国艺术门类，并落实到其艺术人生观上，全面系统地总结了中国传统美学的特质，建构起了一个较为完整的理论体系。

李泽厚则认为宗白华“直观式地牢牢把握和强调”了中国美学的“精英”和“灵魂”：“‘天行健，君子以自强不患’的儒家精神、以对待人生的审美态度为特色的庄子哲学，以及并不否弃生命的中国佛学——禅宗，加上屈骚传统，我以为，这就是中国美学的精英和灵魂。宗先生以诗人的锐敏，以近代人的感受，直观式地牢牢把握和强调了这个灵魂（特别是其中的前三者）。”[②]基本上，我们认可这样的判断。

宗白华的理论体系并不是刻意建构的，只是潜在的话语体系。宗白华的美学话语有着自己鲜明的特点。首先它是“散步”式的，多采用笔记式的书写方式。尽管宗白华有着中西哲学的深厚修养，也毫不缺乏把握鸿篇巨制的能力（比如《形而上学——中西比较》《美学》《中国近代思想史纲要》《西洋哲学史》和《中国哲学史提纲》诸篇），但宗白华的重要美学论文大都采取的是感悟而非严格逻辑论证的方式。就像他认识到的那样，传统的一些文人笔记和艺人的心得，“虽则片言只语，也偶然可以发现精深的美学见解”[③]，他自己的文章语体上也颇似于古代文人笔记的心得体会，用语颇多四字句，典雅幽致，深邃自然，看似不成系统的感悟中常常蕴含深刻的见解；其行文“轻灵飞动，宁谧安详”，[④]与其所主张的动静相宜的生生美学完美谐和。宗白华深谙中国艺术，自觉继承了

① “早在 40 年代，中国现代哲学家冯友兰，曾对当时担任《哲学评论》的业余编辑冯契说过，中国真正构成美学体系的是宗白华。”（林同华：《宗白华美学思想研究》，辽宁人民出版社 1987 年版，第14 页。）

② 宗白华：《美学散步》“李泽厚序”，上海人民出版社 1981 年版，第 3 页。

③ 宗白华：《宗白华全集》第四卷，安徽教育出版社 1994 年版，第 776 页。

④ 邹士方：《宗白华评传》，北京西苑出版社 2013 年版，第 242 页。

汉民族模糊的直觉思维传统和随笔体的书写方式，而刻意排斥特别强调系统性、逻辑性、抽象性的西方哲学思维方法，这在中国现代美学史上虽不能说是独树一帜（另外诸如梁启超、王国维，甚至包括朱光潜也都具有相似的特征）的，但却具有其鲜明的特色：以中国思维话语讲中国意境和美学，他实际上参与并较为成功地塑造了中国古典美学进行现代性转换的一个话语传统，这种感悟式的话语系统与当时流行的逻辑话语的美学体系（比如与宗白华命意相似的方东美之“生命美学”）并趋而行，共同为中国美学话语的现代化进程做出了贡献。

其次，宗白华的美学话语融会了广博深刻的艺术体验，它并不仅仅是从书本到书本的概念推演，而是奠基于切身的艺术体验上，他喜欢结合艺术品来谈中国美学的意境，对于中国传统各项艺术门类如国画、书法、建筑、戏曲、舞蹈、音乐，乃至考古文物都有着深厚广泛的把握与感悟，并都围绕着其生生美学（哲学）而展开论证，思路圆融活泛，明净透彻。作为一位诗人，他还偶尔在论证中引用自己的诗歌，比如，在论述“传达中国心灵的宇宙情调”时，就引用了自己的《柏溪夏晚归棹》作例证：

飙风天际来，绿压群峰暝。
云罅漏夕晖，光写一川冷。
悠悠白鹭飞，淡淡孤霞迥。
系缆月华生，万象浴清影。[①]

再次，宗白华生生美学在方法上广泛运用了令人瞩目的中西比较法。宗白华很早就对于新文化建设的路径应该建立在中西文化结合基础上有着明确的看法：“保存中国旧文化中不可磨灭的伟大庄严的精神，发挥而重光之，一方面吸收西方新文化的菁华，渗合融化，在这东西两种文化总汇基础之上建造一种更高尚更灿烂的新精神文化。”[②]后来，在1920年刚到德国留学不久给友人的信中更具体地说到实施办法：“我预备在欧几年把科学中理、化、生、心四科，哲学中的诸代表思想，艺术中诸大家作品和理论，细细研究一番，回国后再拿一二十

① 宗白华：《美学散步》，上海人民出版社1981年版，第87页。
② 王德胜编：《中国现代美学家文丛·宗白华卷》，浙江大学出版社2009年版，第20页。

年研究东方文化的基础和实在，然后再切实批评，以寻出新文化建设的真道路来。我以为中国将来的文化决不是欧美文化搬了来就成功。中国旧文化中实有伟大优美的，万不可消灭。”①通观宗白华的一生学术，基本上践行了他的类似主张。宗白华主要是以西方作为参照系，常见的是援西入中平行比较，而援中入西则很少见到；另外还有中学的内部比较。宗白华的很多中西艺术比较显示了其深厚的中西学功底和敏锐眼光，极富学术思想价值，往往成为不刊之论：如中西绘画雕刻建筑的总体特性比较；②中西画法中的空间意识及其渊源与基础、中西艺术的无穷空间观之比较③、中西戏剧比较④等等，都是例子。这些在前文多已述及，此不赘。

极而言之，宗白华在二十世纪中国美学史上具有开创性的意义，他对于中国艺术特性与本质的论断深入腠理，可以说，他运用审美现代性的话语第一次对中国艺术特性与本质做出了整体而适切的总结。这些理论成果在根本的意义上影响了后世学者在此一领域的探索，具有奠基性的意义。宗白华的美学在1980年代被重新发现后，立即获得了轰动性的效应，对以后的中国美学研究产生了巨大的影响。对此，有学者认为：“《美学散步》一经问世，就风靡美学乃至整个人文学界。……可以毫不夸张地说，80年代后一批批致力于中国美学研究的学子，正是在《美学散步》的熏陶和启示下成长起来的，至今仍然活跃在这一领域笔耕不辍的学者，也是不断从中汲取营养一步步走过来的。”⑤

不仅如此，时至今日，随着中国综合国力的显著提升，中国文化地位的不断加强，富有浓厚“中国性”的宗白华美学，在全球化的背景下，日益获得了中国人更深的文化身份认同，也逐步引起了世界美学更多的垂注。随着全球化的深入展开，可以预料，宗白华美学及其所涉及的中国传统美学，其影响还在持续，并将进一步加深。

但是，宗白华美学也有其不可忽视的缺憾。

宗白华的个别论断存在问题，比如讲到中国平民旧式的人生观，认为一般人大半还没有人生观可言，其盛行的“现实人生主义”“大半由孔孟哲学不谈天

---

① 王德胜编：《中国现代美学家文丛·宗白华卷》，浙江大学出版社2009年版，第71页。
② 参见《宗白华全集》第四卷，安徽教育出版社1994年版，第784页。
③ 参见宗白华：《美学散步》，上海人民出版社1981年版，第102、112—113页。
④ 宗白华：《漫话中国美学》，《宗白华全集》第三卷，安徽教育出版社1994年版，第392—393页。
⑤ 张锡坤、姜勇、窦可阳：《周易经传美学通论》，北京三联书店2011年版，第505页。

道，不管形而上问题”。[1]实际情形是：孔孟哲学并非不谈天道，不管形而上问题，如果说《论语》时期的孔子特别重视人文而比较忽视天道，那么在晚年天道则成为其思考的中心问题。

宗白华时常还将西方思想比附于解释中国，不免“反向格义”的局限。[2] 比如，在论及晋人酷爱精神自由，追求精神解放，“接受宇宙和人生的全景”时，他就附会西方“近代哲学上所谓‘生命情调’‘宇宙意识’，遂在晋人这超脱的胸襟里萌芽起来（使这时代容易接受和了解佛教大乘思想）”。（《论〈世说新语〉和晋人的美》）[3]

还如，在他说到陶渊明、谢灵运等晋人的山水诗“那样的好”，是将山水“虚灵化”了，也“情致化”了，且对自然“有那一股新鲜发现时身入化境浓酣忘我的趣味”，因而他们“随手写来，都成妙谛，境与神会，真气扑人”。这些都是不刊之论，但他却说谢灵运的“池塘生春草”“也只是新鲜自然而已”，“然而扩而大之，体而深之，就能构成一种泛神论宇宙观，作为艺术文学的基础”。[4] 一旦将中国山水意境联系上具有浓厚西方特色的泛神论宇宙观（尽管中国也不乏泛神论）的框架，宗白华所论就显得有些枘凿不入、削足适履了：中国山水诗呈现的是人与天道相契相合的自然清新的天人合一境界，自然“虚灵化”（此“灵”应该是“灵性”而非“神灵”）“境与神会”（此“神”应该是与“形”对举之“神”而非“神灵”），这里没有什么人格神，也没有丝毫泛神论的意味，就像宗白华在另一处说到陶渊明“则从他的庭园悠然窥见大宇宙的生气与节奏而证悟到忘言之境”。[5] 宗白华的言下之意是，“池塘生春草”的境界还赶不上泛神论宇宙观，顶多是后者的初级形态，这就流露出其隐含的西方中心论倾向。而且不知何故，既然宗白华在前文都肯定了陶谢之诗是“那样的好”，何以在此独独拈出“池塘生春草”一句加

---

① 宗白华：《新人生观问题的我见》（1920年），《宗白华全集》第一卷，安徽教育出版社1994年版，第204页。

② 有关“格义”“反向格义”等，参见刘笑感、张汝伦、陈少明等人的评论：刘笑敢：《诠释与定向——中国哲学研究方法之探索》，商务印书馆2009年版；张汝伦：《邯郸学步，失其故步——也谈中国哲学研究中的“反向格义”问题》，《南京大学学报》（哲学·人文科学·社会科学版）2007年第4期；陈少明：《等待刺猬》，上海三联书店2004年版；陈少明：《经典世界中的人、事、物——对中国哲学书写方式的一种思考》，《中国社会科学》2005年第5期。

③ 宗白华：《美学散步》，上海人民出版社1981年版，第216页。

④ 宗白华：《论〈世说新语〉和晋人的美》，《美学散步》，上海人民出版社1981年版，第215页。

⑤ 宗白华：《中西画法所表现的空间意识》（1949），《美学散步》，上海人民出版社1981年版，第105—106页。

以贬抑，众所周知（料宗白华也不会反对），“池塘生春草”句可是谢诗中的代表性名句，既如此，那么此句也应该符合他前边对于陶谢山水诗的判断，但在此处却趋于否定，这岂不矛盾？如果说“那样的好”还是不及泛神论的“好”，那么就有抑中扬西、厚此薄彼的问题；如果其中的“虚灵化”“境与神会”真有“泛神论”的意味[①]，那么还是说明了中国山水诗“泛神论”的程度不够，或者仅仅只是“池塘生春草”句的“泛神论”意味不够，无论怎样，都显示出他潜在的西方式泛神论阐释框架。如果我们不满足于宗白华是随意无心之论的假设的话，那么宗白华的思想内部确实存在着不可忽视的矛盾，这可能还为他本人所不自觉。

最后要指出的是，由于身处后殖民式的文化语境，宗白华的一些艺术观念带上了强势西方话语下的二元对立特征，其艺术论题及其参照体系的设置也潜在受到西方话语霸权的规制，总体上，他是在西方霸权话语框架局限下努力争取中国文化与美学的独立身份，从而带上了那个时代的烙印。宗白华的艺术话语与论题设置呈现出与西方唯一参照框架对应、拮抗乃至对立的特征。另外，可资借鉴的是，与同时代的书写《中国文化要义》的梁漱溟相比，宗白华的这一西方中心主义限制下的话语框架特征尤其明显：因为前者在西方之外，还引进了印度文化作为参照系，从而极大弱化乃至消解了后殖民语境的负面效应。由此可见，即使在同一后殖民文化语境之下，因为论述者在文化视野上的差异，不同后殖民主体在寻求自身民族文化的主体性及其身份认同上，也呈现出不同甚至相反的意趣。

我们在此指出宗白华美学思想的局限，并不是对其缺乏同情的理解，进而苛责前贤，而是要吸取其经验教训，着眼于未来，以有启于来者。指出这一点，至少可以为今日更为纯粹（当然不可能绝对纯粹）的“就中国论中国”的本土文化追寻与身份认同塑造提供一种美学方法论的历史镜鉴。

---

① 不过本书以为，以宗白华之深厚古典修养，当不会有此之误。

第四章

朱光潜的美学与诗学观

朱光潜(1897—1986),安徽桐城人,中国现代著名美学家和文艺理论家。朱光潜有深厚的古典文化底蕴,多年的留学生活让他能直接接触到大量西方理论,其美学与诗学观呈现出中西交融的特点。朱光潜早期代表作有《文艺心理学》《悲剧心理学》《变态心理学派别》《变态心理学》和《诗论》等,他吸收西方现代心理美学家克罗齐、布洛、立普斯和谷鲁斯等人的美学思想,与中国传统美学相结合,建构了独具特色的美学与诗学理论。朱光潜的美学与诗学观追求“人生的艺术化”,这不仅是他人格理想的体现,也是其美学与诗学观的诉求目标,是贯穿朱光潜学术生涯的一条主线。

第一节　朱光潜美学思想的渊源

朱光潜出生于文化底蕴深厚的安徽桐城，幼时就读于桐城中学，1918 年进入武昌高等师范学校中文系，1919 年到香港求学。毕业后，朱光潜在吴淞中国大学、浙江春晖中学和立达学园工作。1925 年，朱光潜到英国留学，1933 年归国。朱光潜是较早将西方现代美学思想系统引介到国内的美学家，他以中国传统文化为连接线，实现了中西美学的融合汇通。朱光潜开创了一条独特的心理学美学建构路径，其美学思想的形成，主要有以下方面的来源。

一、中国古典美学的影响

朱光潜的祖父和父亲都是经历过科举考试的文人，科举失败后都曾在家乡开设私塾。因为祖父和父亲的影响，朱光潜从小打下了良好的传统文化基础。① 朱光潜家中藏书丰富，他从小就对阅读有着极大兴趣。在传统文化的熏陶中，朱光潜对中国儒家文化，特别是孟子思想比较偏爱，如他所言："只有孟子的'尽性'一个主张，含义非常深广。一切道德学说都不免肤浅，如果不从'尽性'的基点出发。如果把'尽性'两字懂得透彻，我以为生活目的在此，生活的方法也就在此。"②

朱光潜的中学老师潘季野是宋诗派诗人，晚清诗坛风气的传承者。受潘季野影响，朱光潜对中国古典诗词产生了浓厚兴趣，这为他后来的诗学研究奠定了良好基础。季羡林在回忆听朱光潜的课时也提到："他介绍西方各国流行的文艺理论，有时候举一些中国旧诗词作例子，并不牵强附会，我们一听就懂。对那些古里古怪的理论，他确实能讲出一个道理来，我听起来津津有味。"③

---

① 朱光潜在其自传中谈道："我从六岁到十四岁，在父亲的鞭挞之下受了封建私塾教育，读过且大半背诵过四书五经、《古文观止》和《唐诗三百首》，看过《史记》和《通鉴辑览》，偷看过《西厢记》和《水浒》之类旧小说，学过写科举时代的策论时文。"正是幼时教育中对中国传统文化的涉猎，使得朱光潜的美学思想深涵中国的传统文化情怀。

② 朱光潜：《朱光潜全集》第一卷，安徽教育出版社 1987 年版，第 12 页。

③ 陈云路：《听朱光潜讲美学》，安徽人民出版社 2012 年版，第 244 页。

除了家庭和老师的影响之外，桐城派发源地的桐城也潜移默化地影响着朱光潜的美学和诗学研究。在朱光潜的少年时代，桐城依旧保留着厚重的文化传统，这成为朱光潜早期教育的一部分，在朱光潜的《文艺心理学》等著作中，仍可以依稀看到桐城派文学和美学观念的影子。

如果说桐城的文化底蕴对朱光潜的美学与诗学研究产生了潜在影响，那么魏晋文人及其超越观念则是朱光潜学术研究中有意识的主观选择，这在他的《无言之美》中得到了充分彰显。相较于朱光潜的其他著作，无论是从文本的语言文字风格，还是文本的深层意义来说，《无言之美》显然受中国传统文化的影响更大。《无言之美》的名字源自《庄子》的“天地有大美而不言”和《论语·阳货篇》的“孔子：予欲无言”。朱光潜认为，日常生活的很多美学现象，特别是日常生活的审美是无法用言语表达的。人类的语言是有限的，与其用有限的语言去表达无限的美，不如无言。在朱光潜看来，在这种“无言之美”中，我们可以体验到“此处无声胜有声”的艺术境界。

“无言之美”同时也体现出朱光潜艺术化的人生态度：日常生活千头万绪，并不是所有的事情都能尽如人意。面对生活的不如意或无可奈何，与其强求，不如“无为”。在20世纪上半叶，中国内忧外患，动荡的社会局势影响着像朱光潜一样的大批文人。他们用手中的笔，宣泄着自己的情绪，并提出各种各样的救世之道，如鲁迅就以手中的笔为武器批判现实和社会的不合理。与鲁迅不一样，朱光潜选择了另一种方式，他希望从现实的压抑中超脱出来，获得精神上的愉悦，如他所言：“我们处世有两种态度，人力所能做到的时候，我们竭力征服现实。人力莫可奈何的时候，我们就要暂时超脱现实，储蓄精力待将来再向他方面征服现实。超脱到那里去呢？超脱到理想界去。”①

朱光潜选择了暂时超脱现实的生存和处世方式，《无言之美》正体现了这样一种超脱观念。宗白华在《美学散步》中曾提到：“汉末魏晋南北朝是中国政治上最混乱、社会上最痛苦的时代，然而却是精神史上极自由、极解放，最富于智慧、最浓于热情的一个时代。”②宗白华认为，魏晋文人雅士无望和困苦时，往往会寻求精神寄托和审美诉求。朱光潜强调超脱和静穆的美学精神，这种观念一

① 朱光潜：《朱光潜全集》第一卷，安徽教育出版社1987年版，第67页。
② 宗白华：《美学散步》，上海人民出版社1982年版，第177页。

方面受到中国时局的影响，另一方面也是魏晋风度在其思想中的体现。从20世纪上半期的社会情境来看，魏晋文人雅士的处世态度是中国文人的首要选择，朱光潜无疑也是如此。虽然这样的方式看起来有些消极，但是在当时的社会情况之下，却是大多数文人面对困境时的无奈选择。

出世以谋求精神超越的观念，其实不仅仅体现在魏晋文人身上，其源头可以上溯到老庄的道家思想。老子强调在"无为"的思想境界中获得自由、安乐和祥和。庄周梦蝶，不刻意去区分现实和梦境，而将人生当成一场梦，进而在精神上获得满足和自我实现。可以说，老庄思想的核心正是出世，提倡脱离现实，不要融入现实的纷争苦闷中，而谋求精神和思想上的宁静。

魏晋时期，陶渊明选择与山水为伴，希望以此超脱无奈的现实。朱光潜推崇和欣赏陶渊明的超越精神，他曾评述陶渊明："我们一般人的通病是囿在一个极狭小的世界里活着，狭小到时间上只有现在，在空间上只有切身利益相关的人与物；如果现在这些切身利害关系的人与物对付得不顺意，我们就活活地被他们扼住颈项，动弹不得，除掉怨天尤人以外，别无解脱的路径。渊明像一切其他大诗人一样，有任何力量不能剥夺的自由，在这'樊笼'以外，发现一个'天空任鸟飞'的宇宙。第一是他打破了现在的界限而游心于千载，发现许多可'尚友'的古人……他的诗文不断地提到他所景仰的古人，《述酒》与《扇画赞》把他们排起队来，向他们馨香祷祝，更可以见出他的志向。"①朱光潜认为，陶渊明正是通过对广阔精神世界的追求来实现对现实人生的超越。

从精神上超脱苦闷的现实世界，是朱光潜在中国传统文化影响下寻求精神安慰的救赎之路，也是朱光潜早期美学思想的精神品格之体现。不过，在当时的社会情境下，朱光潜的人生观也受到了鲁迅等人的批判。鲁迅批评朱光潜对陶渊明的理解是"摘句式"理解，只看到陶潜"见南山"的闲适，而不见其《饮酒》中的政治；只看到陶渊明诗歌的美，而不见其诗歌背后的现实。在鲁迅看来，静穆的人生观只不过是朱光潜逃避现实的方式，无疑消极作用大于积极作用。

---

① 朱光潜：《朱光潜全集》第三卷，安徽教育出版社1987年版，第258页。

二、 西方现代美学的影响

朱光潜对西学的接触，最早可以追溯到在香港大学求学时期。当时香港大学在很多地方都效仿英国本土的大学，在教学资源和方式上都模仿西方的教学模式。朱光潜进入香港大学就读，这让他有机会体验西方文化和西式教育。在香港大学期间，朱光潜阅读了梁启超的《饮冰室文集》，这应该是他了解西学的最早通道。梁启超的《饮冰室文集》不仅谈论了中国的时局与中国传统文化思想的变迁等问题，同时也介绍了中国与欧洲国家的思想差异，特别介绍了古希腊的思想文化，以及达尔文和康德等西方学者的经典理论。通过阅读梁启超的著作，朱光潜探索了一条迥异于中国古典美学的西方文化线索，为他后来系统学习西方美学和文化提供了理论基础。可以说，在香港大学的求学经历为朱光潜的美学研究打开了不同于中国古典美学的另一扇窗户。

深受传统文化熏陶的朱光潜在新文化运动中受了新的洗礼，并在梁启超的影响下开始接触西学。新文化运动为中国打开了一扇新的大门，它破坏中国传统文化中原有的许多观念，令深受传统观念影响的大批传统文人难以接受。朱光潜最初也对新文化运动持排斥态度："我是旧式教育培训起来的，脑里被旧式教育所灌输的那些固定观念全是新文化运动的攻击目标。……尤其是文言文要改成白话文一点我更有切肤之痛。"[①]虽然有排斥心理，但朱光潜也发现，必须打破思维的界限，实现中西思想的汇融，才能实现思想上的创新和变革。

在国外留学期间，朱光潜先后接触到柏拉图、黑格尔、康德和鲍姆加通等西方美学家的作品，并撰写了大量介绍西方美学思想的著作。这些著作，不仅为国人打开了视野，同时也为朱光潜形成系统的文艺心理学思想奠定了厚实的西学根基。在影响朱光潜美学思想发展的西方理论家中，有一些人我们无法绕过，如克罗齐、布洛、康德和谷鲁斯等。

朱光潜是第一个将克罗齐美学思想引介到国内的学者，他翻译了克罗齐的著作，并在自己的著作中大量征引克罗齐的美学理论。朱光潜高度评价克罗齐，认为："在现代一般美学家中没有一个人比得上他重要，无论是就影响还是

---

① 朱光潜：《朱光潜全集》第三卷，安徽教育出版社 1987 年版，第 444 页。

就实际贡献说。”[①]朱光潜认为，审美经验源自个体对外界事物的直觉感受，这种直觉是个体见到审美对象之后的第一反应，无关理性的思考。这种美学观源于克罗齐的审美直觉理论，它是朱光潜文艺心理学思想的直接来源。

除克罗齐之外，布洛的距离说也备受朱光潜推崇，成为朱光潜文艺心理学中距离理论的思想来源。布洛提出审美感知的“心理距离”概念，强调审美距离既不是时间距离，也不是空间距离，而是一种心理距离。布洛的距离说对朱光潜的影响很大，在讨论审美经验时，他强调需要一定的心理距离才能真正体验到事物的美。在讨论悲剧时，朱光潜开篇讨论悲剧中的心理距离。在讨论人生艺术化的审美艺术观时，也随处涉及审美心理距离埋论。朱光潜认为现代与古代，东方与西方之间之所以会在审美上有差异，也正是由于审美心理距离的存在。

康德美学思想对朱光潜影响很大。在《判断力批判》中，康德认为对于美的鉴赏判断应该不带任何的利害关系，“每个人都必须承认，关于美的判断只要混杂有丝毫的利害在内，就会是很有偏心的，而不是纯粹的鉴赏判断了。我们必须对事物的实存没有丝毫的倾向性，而是在这方面完全抱无谓的态度，以便在鉴赏的事情中担任评论员”[②]。在朱光潜早期的美学思想中，他认为艺术是一种直觉性审美：一种以人的直觉感受为主的体验，一种将功利目的排除在外的审美体验。不难看出，这一思想与康德的审美非功利性思想极为契合。

除了上述学者的思想对朱光潜美学思想的影响，在阐释悲剧理论的时候，朱光潜还参照了西方的经典悲剧理论。朱光潜在接受西方美学思想时，强调要结合中国古典美学思想进行融汇创新，让西方美学成为美学理论建构的不可分割的元素。作为一个有着深厚中国传统思想基础，并且直接接触西学思想的学者，朱光潜比其他美学家更有融合中西文化思想的优势。中西思想的交融直接影响了朱光潜对美学问题的思考，也是朱光潜美学思想的主要特点。

在朱光潜的心理距离理论中，他一方面将心理学带入美学讨论中，将人的心理活动作为审美经验存在与否的一个重要评判标准，很自然地从心理学的角度切入美学思想的探讨；另一方面，朱光潜也结合中国传统文化思想来理解和

---

① 朱光潜：《朱光潜全集》第一卷，安徽教育出版社 1987 年版，第 353 页。
② ［德］康德：《判断力批判》，邓晓芒译，人民出版社 2002 年版，第 39 页。

阐释美学理论。在中国，儒家奉行中庸之道，强调思想和行为方式上的适度。朱光潜主张心理距离应当在一个相对适度的范围之内，应当留有余地，这样一种理解与他从小受到中国传统文化的熏陶不无关系。

从朱光潜对于中国古典艺术的讨论中，我们也可以看到中西美学思想交融的影子。新文化运动要求破除中国老旧的文化艺术传统，有着悠久传统的中国戏剧也岌岌可危。朱光潜认为，那些认为中国旧戏"不近人情"的人并没有了解中国传统艺术的真正含义，中国旧戏曲的珍贵之处恰恰在这种极度不近人情和抽象的地方。朱光潜认为，从美学的角度而言，要欣赏戏剧需要一个恰当的距离，倘若欣赏者太过沉醉于戏剧，将自我代入戏剧，便会陷入自身的功利目的，会厌恶剧中的恶人和同情剧中的受难者，这反而会使得欣赏者无法全心地感受整部戏剧带来的美感。而中国传统戏曲的不近人情，可以将戏曲与观众的距离隔开，使艺术与生活的距离拉开，从而使观众获得真正的审美体验。

朱光潜善于挖掘中西文化中相互补充的成分，通过融合，建构有自己特色的美学理论。《诗论》就是运用西方诗歌理论和方法，结合中国传统思想文化，对中国诗词展开分析，如朱光潜对"境界"的讨论。中国传统文化中有着大量关于意境的讨论，这些理论固然对朱光潜有着深刻的影响，但朱光潜在分析时融入西方审美元素，力图寻找中西诗歌理论上的相似之处，并以此来阐释中国诗歌的意境美。朱光潜吸收了克罗齐的直觉说、尼采的日神精神与酒神精神等美学思想，认为读者之所以能从诗歌意境中产生审美体验，实际上是立普斯的"移情"理论在发挥作用。

朱光潜的美学思想以西方美学理论为基础，并且融合中国传统美学和思想文化元素，他不仅将西方美学思想介绍到国内，还致力于使其与中国传统美学相结合，这对于阐释和理解中国传统文化的继承与发展问题有着有开创性意义。

三、 京派文人圈的影响

谈到朱光潜美学与诗学思想的来源，还得提及朱光潜活跃其中的一个文人圈——京派文人圈。京派是一个活跃于 30 年代的文学流派，主要集中在京津两地，其中大多数成员都是在校任教的老师或者自由学者，如沈从文、胡适、林徽因、周作人和朱光潜等。与当时另一个相对激进的文学共同体“海派”不同，京派文人大多不参与直接的政治斗争与讨论，而是追求文学艺术自身的趣味性。他们不认同将文学艺术视为社会政治斗争工作的做法，也不赞同文学通过反映现实社会的黑暗与残暴来推动社会的发展。

朱光潜与京派文人圈的正式接触是在他从国外留学回来之后。当时，徐中舒将朱光潜推荐给北京大学文学院院长胡适。胡适在看过《诗论》初稿后对朱光潜大为赞赏，请他担任西语系教授，讲授《西方名著选读》和《文学批评史》，后来又开设《诗论》课程。在北大任教期间，朱光潜接受朱自清的邀请在清华大学讲授《文艺心理学》，并在授课讲义基础上完成《文艺心理学》的写作。朱光潜在《文艺心理学》序言中写道：“在这四年中我拿它做讲义在清华大学讲过一年，今年又在北京大学的《诗论》课程里择要讲了一遍。每次讲演，我都把原稿更改过一次。只就分量说，现在付印的稿子较四年前请朱佩弦先生看过的原稿已超过三分之一。第六、七、八、十、十一诸章都完全是新添的。”①

1937 年 5 月，京派文人创办《文学杂志》，朱光潜任主编。朱光潜谈道：“编委会之中有杨振声、沈从文、周作人、俞平伯、朱自清、林徽音(因)等人和我。他们看到我初出茅庐，不大为人所注目或容易成为靶子，就推我当主编。”②京派文人圈致力于创办“一种宽大自由而严肃的文艺刊物”，认为这是“对于现代中国新文艺运动应该负有的使命”。③ 朱光潜在编辑刊物时强调艺术创作的“良心”，认为“没有‘艺术良心’，决不会有真正的艺术上的成就。别人的趣味和风格尽管和我们的背道而驰，只要他们的态度诚恳严肃，我们仍应表示相当的敬意”④。

在京派文人圈中，胡适是领袖人物。在胡适周围聚集了一大批拥有留学背景的学者以及自由派文人，朱光潜很快也融入了这个圈子。朱光潜与京派文人的交往不仅仅是朋友间的单纯娱乐，他们在生活上相互包容，在学术上积极交流讨论，产生了一次又一次的思想碰撞。在 20 世纪 30 年代的社会动荡局势中，京派文人们颇有一种闲云野鹤般不问世事的悠然之态。他们以教学或者文化

① 朱光潜：《朱光潜全集》第一卷，安徽教育出版社 1987 年版，第 197 页。
② 朱光潜：《朱光潜全集》第三卷，安徽教育出版社 1987 年版，第 438 页。
③ 朱光潜：《朱光潜全集》第三卷，安徽教育出版社 1987 年版，第 437—438 页。
④ 朱光潜：《朱光潜全集》第三卷，安徽教育出版社 1987 年版，第 437 页。

交流为乐趣，避免对于政治的直接参与，而这正与朱光潜的信念不谋而合，可谓给了朱光潜人生观强大的信念支持。朱光潜在《给青年的十二封信》中专门提到他对人生超脱观念的推崇和对陶渊明的认同。可以说，朱光潜对待人生的态度是京派文人们所倡导的，他的静穆人生观也得到了京派文人的支持。

京派的大多数文人与朱光潜一样拥有欧美留学背景，对西方文学有一定了解，往往一起讨论和交流中西文化。当时，京派文人们经常在朱光潜与梁宗岱合租的小院里聚会，他们在一起读诗、论诗，讨论文艺与学术。朱光潜注重诗歌音律和节奏感，认为要通过诵读才能感受到诗歌的节奏。他在回国进入京派文人圈后，也开始自己举办读诗会。李醒尘在研究中发现，朱光潜从1933年起，“在家里经常举办文学沙龙，大约每月活动一次，朗诵中外诗歌和散文”①。朱光潜在回国前完成了《诗论》的初稿，而参加读诗会的文人，大多精通中西诗学理论，他们也给予朱光潜很多建议，帮助其完善《诗学》研究工作。除了《诗学》，朱光潜在《文艺心理学》的序言中提到朱自清对他的帮助：“这部书的完成靠许多朋友的帮助。第一是朱佩弦先生，他在欧洲旅途匆忙中替我仔细看过原稿，做了序，还给我许多谨慎的批评。第六章《美感与联想》就是因为他对于原稿不满意而改作的。”②可以说，京派文人圈对朱光潜许多著作的写作产生了较大影响。

鲁迅曾批评朱光潜等京派文人们的人生态度，认为这是一种消极避世态度，而他们将情趣当做信仰也存在问题。鲁迅强调文章应当介入社会现实，在《题未定草（七）》中，鲁迅批判朱光潜的静穆人生观，认为：“朱先生就只能取钱起的两句，而踢开他的全篇，又用这两句来概括作者的全人，又用这两句来打杀了屈原、阮籍、李白、杜甫等辈……其实是他们四位，都因为垫高朱先生的美学说，做了冤枉的牺牲……自己发出眼光看过较多的作品，就知道历来伟大的作者，是没有一个‘浑身是静穆’的。陶潜正是因为并非‘浑身是静穆’，所以他伟大。”③

京派文人们虽然不过多介入政治与社会变革，但终究无法完全实现在象牙塔中享受“情趣”。抗日战争爆发以后，流离的生活使京派文人圈逐渐走向解散，抗战胜利后，京派文人圈也不复当初。但不管如何，与京派文人们的交往，

---

① 李醒尘：《朱光潜传略》，《新文学史料》1988年第3期。

② 朱光潜：《朱光潜全集》第一卷，安徽教育出版社1987年版，第200页。

③ 鲁迅：《荆天丛笔（下）·“题未定”草（六至九）》《鲁迅全集》第七卷，中国文联出版社2013年，第380页。

不仅稳定了朱光潜回国之后的学术发展和学术地位，也促进了朱光潜美学与诗学思想的形成与完善。

第二节　朱光潜的文艺心理学

《文艺心理学》与《悲剧心理学》是朱光潜文艺心理学研究的代表性成果。《文艺心理学》初稿完成于他就读于法国斯特拉斯堡大学期间，《悲剧心理学》是他留学期间的博士论文。这两本书不仅吸收了克罗齐、布洛、立普斯和谷鲁斯等西方现代心理美学家们的思想，同时也融汇了中国传统美学思想。文艺心理学是贯穿于朱光潜美学思想研究的主线，也是他后来《诗论》的理论基础。

一、 审美直觉说

朱光潜的直觉理论源自克罗齐的直觉说。朱光潜对克罗齐美学直觉思想的偏好，一方面是因为克罗齐是当时西方艺术心理学理论的主流，另一方面也是因为克罗齐的思想与他所接受的中国古典美学思想的契合。

为了阐释直觉的内涵，朱光潜首先分析了美感经验的基础。朱光潜认为，当人们看到一朵美丽的花的时候，首先会感受到这朵花的形象，之后才会对花产生美感。朱光潜认为，最初感受花的形象的信息过程，便是直觉过程。"'美学'在西文原为 aesthetics，这个名词译为'美学'还不如译为'直觉学'，因为中文'美'字是指事物的一种特质，而 aesthetics 在西文中是指心感知物的一种最单纯最原始的活动，其意义与 intuitive 极相近。本书为了便利了解起见，仍沿用'美学'这个译名，不过读者须先明白本书所谓的'美感的'，和'直觉的'意义相近。'美感的经验'就是直觉的经验，直觉的对象是上文所说的'形象'，所以'美感经验'可以说是'形象的直觉'。这个定义已隐寓在 aesthetic 这个名词里面。"[①]朱光潜认为，美学一词的内涵就是直觉，而美感经验的基础是形象的直觉过程。在克罗齐那里，直觉是美感经验的基础，人通过直觉体验美。在直觉过

① 朱光潜：《朱光潜全集》第一卷，安徽教育出版社 1987 年版，第 208 页。

程中，人们所获得的是直觉对象的单纯意象，而不涉及其他。与克罗齐不同，朱光潜认为直觉虽然受到现实情境潜移默化的影响，但这种影响并不表现在直觉过程中，而个体对形象的感知过程也会受到主观因素的影响，如生活经验等。

克罗齐的核心论点是“直觉即表现”。① 朱光潜认为，对克罗齐来说，“每一个真直觉或表象同时也是表现……心灵只有借造作、赋形、表现才能直觉。若把直觉与表现分开，就永没有办法把它们再联合起来”②。“直觉的活动能表现所直觉的形象，才能掌握那些形象。”③克罗齐认为直觉是人们接受形象和感受事物的基础。朱光潜与克罗齐一样，都将直觉作为一种感受外界形象最原始的方式，是美感产生的重要因素。但朱光潜也强调，应当将直觉与知觉、概念等“知”的形式区分开来，美感经验就是“知”的最初部分，即直觉。朱光潜强调，在“知”的过程中，直觉最为简单和原始，是感受外物形象时获得的最初印象。

克罗齐认为直觉是一种不依赖概念的感受过程。④ 在克罗齐眼里，虽然个体的直觉不可避免地包含概念，但个体在直觉过程中不会明显地感受到概念，概念已消融在直觉中。在克罗齐的基础上，朱光潜强调直觉的独特性，以人对待事物的三种态度为例分析了直觉与概念的关系和差异。

朱光潜认为，个体对梅花的态度可以分为三种：当个体看到梅花的时候，想到梅花的名称、构成、生长等科学态度；看到梅花，想到梅花能用来做什么的实用态度；看到梅花，不会联想任何事物，只是纯粹地被梅花的形象所吸引的审美态度。朱光潜认为，在感受外物时，审美态度是一个相当自主的感觉过程，就是直觉，纯粹的直觉过程才是审美体验。一旦这种直觉形式夹杂了对于事物的其他思考，那么这种直觉态度就会转变为实用态度或科学态度，而不再是纯粹的直觉。朱光潜对直觉的阐释源于克罗齐，但也有康德的“审美无功利性”命题的

---

① 朱光潜在翻译《美学原理》时曾批注克罗齐的“表现”二字。他认为这里的表现与传统意义上的表现有很大的不同之处，在传统意义上，“心里有一个意思，把它说出来（用文字或用其他媒介）叫做表现”，而克罗齐的表现是“事物触到感官（感受），心里抓住它的完整的形象（直觉），这完整形象的形成即是表现，即是直觉，亦既是艺术”。这里的表现指的是人们在感知一个形象时所感受到的最初的、不带理性思考的完整形象，而这就是克罗齐眼中的直觉。

② 朱光潜：《朱光潜全集》第十一卷，安徽教育出版社 1987 年版，第 138 页。

③ 朱光潜：《朱光潜全集》第十一卷，安徽教育出版社 1987 年版，第 139 页。

④ 克罗齐在《美学原理》中对知识的两种形式进行了区分。“知识有两种形式：不是直觉的，就是逻辑的；不是从想象得来的，就是从理智得来的；不是关于个体的，就是关于共相的；不是关于诸个别事物的，就是关于它们中间关系的；总之，知识所产生的不是意象，就是概念。”这里的意象是指直觉，就是对于外物的形象整体把握的过程，而概念指的个体对外物更为深层次的逻辑思维和推理。

内涵，强调美感不应当带有任何功利态度，只是纯粹关于对象形象的感受。

朱光潜在克罗齐理论基础上也提出了自己的理解。朱光潜认为，首先，直觉是审美经验的基础。个体对客观对象的感受便是一种直觉；其次，直觉是个体把握世界的一种方式，对于直觉的理解，关键在于审美过程中直觉与概念的先后对于审美经验的影响。面对对象时，牵扯到对象的概念是否就一定无法产生审美体验？面对一株牡丹，是否当认出这是牡丹时，审美体验就结束了？朱光潜强调，审美直觉是指感受美的事物的形象而产生的反应，无关于对象的概念。在个体熟知对象概念之后，如果依旧将全部精力用于对象形象的欣赏，同样也是一种审美直觉，因为此时个体感受到的依旧是纯粹的对象形象。

朱光潜不同意克罗齐对"美感的人"的单纯强调。在他看来，克罗齐"将整个的人分析为科学的、实用的（伦理的在内）和美感的三大成分，单提'美感的人'出来讨论。它忘记'美感的人'同时也还是'科学的人'和'实用的人'"①。朱光潜强调，一旦将美感经验作为单独存在，从个体的整个有机体中间抽离出来，就相当于否定了美感与个体实际生活以及抽象思想之间的各种牵连。朱光潜认为，这种割裂个体有机体的分析方式存在片面性，因为在具体审美过程中，无论是艺术家还是欣赏者，现实生活经历都会影响他对美的事物的体验。因此，虽然在分析审美直觉时可以将个体区分为美感的人、科学的人和实用的人，但现实社会与人生经历同样也是影响审美的主要因素，"任何艺术和人生绝缘，都不免由缺乏营养而枯死腐朽"②。

二、 心理距离说

朱光潜的距离理论源于布洛，他运用心理距离理论分析美学现象，如《悲剧心理学》用距离来分析观众的各种心理感受，《诗论》用距离分析情与景之间的关系，等等。

布洛的心理距离是一种审美心理距离，强调对象与主体功利性的分离。为了说明审美心理距离，布洛举了一个海上大雾的例子。"设想海上起了大雾，这

---

① 朱光潜：《朱光潜全集》第一卷，安徽教育出版社 1987 年版，第 360—361 页。
② 朱光潜：《朱光潜全集》第一卷，安徽教育出版社 1987 年版，第 362 页。

对于大多数人都是一种极为伤脑筋的事情。除了身体上感到的烦闷以及诸如因担心延误日程而对未来感到忧虑外，它还常常引起一种奇特的焦急之情，对难以预料的危险的恐惧。以及由于看不见远方，听不到声音，判别不出某些信号的方位而感到情绪紧张。”①虽然海上的大雾对海边的居民以及海上生活的海员们来说是“一种极为伤脑筋的事情”和“一场大恐怖”，但如果能与大雾保持一定的心理距离，海上的大雾也能够成为愉悦和欢乐的源泉。也就是说，如果我们暂时摆脱海雾的危险性情境，把注意力转向形成周围景色的种种景物，就能够欣赏海上雾景的那种非同寻常的美。

在布洛看来，当个体带着非功利性的眼光去看待外界事物时，仿佛是怀着旁观者的无动于衷的心情来注视着某种即将来临的灾祸。在这种注视中，个体不会感觉到危险，反而会感觉到一种痛感中的快感。布洛进而认为，在对象与主体利害关系的分离中，对象的某些方面反会引起主体的注意，成为一种“艺术的启示”。布洛的审美心理距离有其内在矛盾性：一方面，心理距离具有否定性和抑制性的一面，即“摒弃了事物实际的一面，也摒弃了我们对待这些事物的实际态度”；另一方面，心理距离也有肯定的一面，即“在距离的抑制作用所创造出来的新基础上将我们的经验予以精炼”。② 距离一方面使我们摆脱了对象的实际功利性考虑，另一方面又使主体在超越对象的功利性的同时获得了纯粹的审美感知。

朱光潜分析距离的积极与消极两个方面，其思想来源正是布洛。从距离的构成上看，朱光潜认为：“‘距离’含有消极的和积极的两方面。就消极的方面说，它抛开实际的目的和需要；就积极的方面说，它着重形象的观赏。它把我和物的关系由实用的变为欣赏的。”③其实，不论是强调距离的积极一面，还是强调距离的消极一面，都应该消除实际的目的和需要，要抛开个体对审美对象的实际功利态度。一旦个体对审美对象投射了实际的态度，那么就跳出了对象的形象直觉把握，就不是纯粹的审美活动了。因此，只有站在不同的角度，抛开对于对象的各种实际性联想，个体才能发现事物不平常的一面。“东方人徒然站在西方的环境中，或者是西方人徒然站在东方的环境中，都觉得面前的事物光怪

① 朱立元：《二十世纪西方美学经典文本》一，复旦大学出版社 2000 年版，第 352 页。
② 朱立元：《二十世纪西方美学经典文本》一，复旦大学出版社 2000 年版，第 354 页。
③ 朱光潜：《朱光潜全集》第一卷，安徽教育出版社 1987 年版，第 218 页。

陆离，别有一种美妙的风味”①。

在布洛眼里，距离不是越大或者越小就好，也不是不近不远就好，而是应该尽可能在缩短与审美对象距离的同时又不消解这种距离。朱光潜认为：“‘距离’太远了，结果是不可了解；‘距离’太近了，结果又不免让实用的动机压倒美感，‘不即不离’是艺术的一个最好的理想。”②在布洛的分析中，距离是基于审美对象所能承受的最小距离，只要这种距离在审美活动中不消失，那么这就是合适的距离。而在朱光潜眼里，心理距离是一种不近不远的距离，要求主体在一个相对宽松的距离之内进行审美欣赏。在布洛看来，距离会随着个体的不同而产生变化，而朱光潜则强调审美活动中的距离变化是主观与客观的相互统一。高建平曾研究朱光潜与布洛理论的联系与区别，他讨论了朱光潜对布洛心理距离理论的接受，强调布洛距离说的影响主要归功于朱光潜的介绍，同时对朱光潜与布洛理论的区别进行了详细分析。高建平认为布洛思想中的距离作用包含两个意思：否定的、阻止性的方面和肯定的方面，而朱光潜对布洛的观点有所修正。③ 沿着高建平的分析，我们发现，相较于布洛，朱光潜将距离从一个个体的情感判断概念转变为了一个强调主客观统一的理性判断。

朱光潜将审美心理距离中的态度区分为科学态度与审美态度：科学态度超脱出自身之外，从纯粹的知识层面来看待和认知事物；审美态度则在超脱现实的同时关切到自身。朱光潜认为，距离的消极面与积极面是相互依存的整体，我们在超脱审美对象的实用目的时，要强调对对象本身的形象把握。也就是说，在审美直觉过程中，要暂时地忘却对象的功利因素，只关注对象的形象本身。

朱光潜认为，心理距离一方面是指审美距离；另一方面也指个体对待日常生活的一种人生态度。朱光潜曾讨论“看戏”与“演戏”两种人生理想，认为“看戏”与“演戏”是心理距离在人生态度上的不同体现。在人生态度上，朱光潜也强调一种审美心理距离，要求与人生保持一定的距离或远离，而不要过于介入其中、不能出来。这种人生态度不仅强调要站在现实之外，与现实保持一定距离，也可以说是中国传统文化中道家思想的体现。朱光潜欣赏老子和魏晋文

---

① 朱光潜：《朱光潜全集》第一卷，安徽教育出版社 1987 年版，第 219 页。
② 朱光潜：《朱光潜全集》第一卷，安徽教育出版社 1987 年版，第 221 页。
③ 参见高建平：《“心理距离”研究纲要》，《学人》第 15 辑，江苏文艺出版社 2000 年版。

人，希望通过与现实保持一定的距离，以超然物外的方式来逃避现世的丑陋和罪恶。这种思想在当时受到了来自左翼阵营文人们的否定，在1949年前后，更是受到大量学者的猛烈批判。

三、物我同一说

朱光潜的文艺心理学思想还论及了“物我同一”命题，这是融合立普斯的移情说、谷鲁斯的内模仿说以及中国传统诗学“天人合一”理论而提出的一个新命题，是朱光潜对心理距离理论的补充和完善。朱光潜一方面强调距离，要求物与我在实用关系上相隔绝；另一方面又希望在物与我之间搭建联系。

朱光潜通过“移情”概念来解释物我之间的关系。钱念孙发现，朱光潜希望以此解释“为什么文艺家一面要和实际生活拉开‘距离’，一面又要和它保持‘切身’的关系，则不得不进而讨论情感在审美活动中的特点和作用问题。于是，《文艺心理学》紧随‘心理距离’之后，对‘移情作用’作了探讨”①。朱光潜认为，移情过程就是物与我相互交融、相互作用的过程。个体将自我情感向外投射到对象身上，使对象带有人的各种情感或者意志，从而达到一种物我两忘的境界。② 在这个过程中，个体感受的对象身上的情感，实际上是主体自身的情感。朱光潜举例说：“看古松看到聚精会神时，我一方面把自己心中清风亮节的气概移注到松，于是松俨然变成了一个人；同时也把松的苍老劲拔的情趣吸收于我，于是人也俨然变成了一棵古松。”③在朱光潜看来，“物我同一”的移情作用不仅仅发生在对自然对象的欣赏中，同样也发生在文艺创作以及艺术欣赏中。在创作过程中，艺术家们将自身的情感投入到所创作的作品中，同时也受到作品的反影响。一些作家在创作小说的时候，会不由自主地受到小说情节的影响，或泪流满面，或惊喜欲狂；在艺术欣赏中，欣赏者也会不自觉地将艺术家投入作品中的情感与意志接收到自我的审美体验中，同时也会不自觉地将自我情感投到

① 钱念孙：《朱光潜出世的精神与入世的事业》，文津出版社2005年版，第108页。

② 在朱光潜看来，人们在面对审美对象的时候，通过直觉感受到对象形象，在不自觉中会将个人情感和意志投射到对象中，同时也接受对象本身所具有的特性。在这个过程中，主体将对象与自身结合到一起，这就是“物我同一”；而在观照对象的时候，无论是主体还是观照对象，人们无法在意识上进行区分，所有的关注点都在审美感受上，忘却了物与我的存在，这就是“物我两忘”。

③ 朱光潜：《朱光潜全集》第一卷，安徽教育出版社1987年版，第233页。

艺术品身上。

在立普斯的理论中，移情是在联想的基础上产生的情感外射作用：个体将自我感情投射到对象上，使客体对象拥有个体的情感状态。立普斯发现，人们看到支撑房屋的石柱，觉得石柱的美在于向上的挺拔，而不是被房顶压迫下的弯曲姿态，是因为看到站立的石柱，想到自己在站立扛起重物时姿态也是向上的，从而产生石柱向上挺拔的体验。立普斯认为，移情作用之所以能带来美的感受，因为移情可以使原本禁锢在身体中的个体情感随物而动。立普斯的移情说是主体的情感外射到物，是一种单向的活动过程，对此，朱光潜解释说："我们最原始、最切身的经验就是自己的活动以及它所发生的情感，我们最原始的推知事物的方法也就是根据自己的活动和情感，来测知我以外一切人物的活动和情感。"①

立普斯提出"类似联想"的概念：主体之所以会产生审美感受，是因为物的形态动作符合了主体在面对物体时所产生的类似联想。在面对多立克式石柱时产生的上腾或者下垂所带来的感受，就是因为主体在凝神观照石柱时，在主观上联想到自我上腾或下垂的感受，从而使主体与物达到了同一。"单从近代心理学说观点看，像'耸立''腾起''出力抵抗'一类的观念都是'运动意象'。在运动的意象复现于记忆时，以往运动经验至少也须有一部分复现出来。"②立普斯坚定地认为移情只涉及个体的主观意识，与生理感受无关。在他看来，一旦移情涉及生理因素，那么就表明个体对物的凝神关照不再纯粹，主体会因为自我意识增强而导致美感淡化。

为了强调物与我在审美活动中的互动性，朱光潜借用了谷鲁斯的"内模仿"说。"寻常知觉都要伴着若干模仿，不过谷鲁斯以为美感的模仿和寻常知觉的模仿微有不同。寻常知觉的模仿大半实现于筋肉动作，美感的模仿大半隐在内而不发出来。谷鲁斯把它称为'内模仿'。"③在谷鲁斯看来，模仿是寻常知觉感受所必有的，是感受世界的一种方式，幼儿最初对世界的理解就是基于模仿，然后才慢慢学会用知觉去感受世界。同样，美的感受也是建立在模仿之上，只不过寻常知觉的模仿牵动肌肉和身体，审美感受中的模仿却不一定，甚至某种渴

① 朱光潜：《朱光潜全集》第一卷，安徽教育出版社1987年版，第244页。
② 朱光潜：《朱光潜全集》第一卷，安徽教育出版社1987年版，第265页。
③ 朱光潜：《朱光潜全集》第一卷，安徽教育出版社1987年版，第256页。

望模仿美的对象的冲动也是一种模仿，这种模仿就是“内模仿”。谷鲁斯认为，审美活动会伴随有生理动作，“一个小孩子在路上看见许多小孩子在追逐一个同伴，站住旁观了几分钟，越看越高兴，最后也跟着他们追逐。在我看来，这几分钟的旁观就是对于那运动现象的最初步的美感的观赏。这里已经有‘内模仿’，不过它只是真的外模仿的准备……再如一个人在看跑马，真正的模仿当然不能实现，他不但不愿离开他的座位，而且他有许多理由不能去跟着马跑，所以他只心领神会地在模仿马的跑动，在享受这种内模仿所生的快感”①。在谷鲁斯眼中，即使这种模仿的动作有时候不明显，或者只是一种下意识的动作冲动，那也是人们在模仿对象时的生理性表现。

朱光潜在借鉴谷鲁斯观点的基础上，将审美主体区分为分享者和旁观者。分享者将自己的情感完全地投入对象中去，与对象分享情感。在观赏戏剧的时候，分享者的态度是将自己的情感投入到剧中，将自己化为剧中的某个角色或多个角色。当他们看到剧中的恶人做恶事，或好人即将有危险时，会不自觉地产生与剧中角色同样的情感，甚至会因代入太深不自觉地做出某些举动，这就是移情作用超过了原本应该有的审美距离。这种情况虽然使得观赏者有很强烈的切身感受，但这种感受不一定就是美感体验，因为他们将对象当成了自己，而不是视为审美欣赏的对象。朱光潜认为，分享者在审美过程中会因移情而无法把握对象与自身的距离，会将对象中的故事或者人生当做了自己的故事和人生，因而无法把对象作为艺术或者审美对象看待。

与分享者不同，旁观者是站在对象之外进行审美体验。旁观者们虽然在欣赏对象时不会产生移情，但仍然能在旁观过程中产生审美体验。旁观者在观赏戏剧的时候，把自己的位置放在戏剧之外，他们与对象保持一定的距离，进而体验剧中美感。虽然旁观者的审美体验看上去更为理性，然而相对于分享者，旁观者更能把握作品形象，自身的审美体验会更强烈。在朱光潜看来，因为旁观者站在适度的距离范围内观赏对象，不会因为距离太近而分不清对象和自身的关系，也不会因为距离太远而导致无法欣赏。

立普斯的移情说强调将个体的情感投向对象，谷鲁斯的内模仿说则强调将

---

① ［德］谷鲁斯：《动物的游戏》，转引自朱光潜《西方美学史》，《朱光潜全集》第七卷，安徽教育出版社1991年版，第283页。

物的姿态投射到主体身上。朱光潜调和了立普斯和谷鲁斯的观点，强调物我的双向移情和相互交融。“物我同一”理论既受到立普斯理论的影响，同时也有谷鲁斯理论的影子，是对“移情”说和“内模仿”说的融合。

四、悲剧心理学

朱光潜的《悲剧心理学》是对悲剧与人们心理变化的研究，主要研究悲剧元素与悲剧美感之间的关系。朱光潜希望通过对西方悲剧心理美学的梳理和研究来解读悲剧所产生的特殊美感心理。

在对西方悲剧的研究上，学界大多针对悲剧某一特征所产生的审美心理或体验。悲剧的心理距离是朱光潜阐释悲剧时首先面对的一个问题，他想回答为何同样是悲剧，但现实悲剧让人痛苦，而艺术悲剧却能产生快感这个问题。朱光潜认为，因为现实悲剧是个体身临其境，这些悲剧事实直接对当事人产生伤害，因而会产生痛苦；然而在艺术悲剧中，主体处在一个安全的环境中，只会因为悲剧中人物命运的大起大落而产生情绪反应。一旦观赏者离开剧院，除了对悲剧情节进行回味而产生快感外，不会产生任何真实的悲剧事实。因此，现实悲剧和艺术悲剧会产生截然不同的心理反应，这也正是审美心理距离在悲剧中的体现。

朱光潜认为，西方美学史上对悲剧快感的讨论主要集中在“恶意说”“同情说”“怜悯与崇高”等几个层面。“恶意说”认为，欣赏者是从他者的悲剧中获得自己所需要的安全感，或者说在悲剧中感受自身超越他人的一种优越感，从而获得一种恶意般的快感。“同情说”认为，人们之所以会从悲剧中获得快感，是因为悲剧人物引发了观赏者的同情，观赏者在这种同情中获得自我满足，从而在悲剧欣赏中获得快感。除了“恶意说”和“同情说”，还有学者将悲剧与崇高结合在一起，认为当悲剧中主人公面临着残酷命运和无奈现实等不可抗拒因素时，欣赏者也会随着剧情而感受到不可抗力所带来的无奈以及悲痛，会因这种不可抗力产生压迫感，进而获得一种审美快感。

朱光潜认为，“恶意说”混淆了艺术与现实的区别。在他看来，在观看戏剧的时候，个体与现实的联系实际上是分割开的，“一个人的道德天性和他对悲剧的喜爱之间并没有必然的联系。一个善良的人可以带着好奇的心情仔细观看伊阿古的阴谋，一个邪恶的人也可以出于审美的同情为无辜的苔丝狄蒙娜之死而哭泣”①。朱光潜认为，一个人的本性无法影响他对悲剧的观看态度。如果悲剧产生快感的原因在于恶意的话，那么也就是说悲剧反映的是人性中残忍的一面，这样一来，悲剧的场面越血腥可怕是不是越能激起人们对于悲剧的欣赏？然而事实却不是这样，悲剧的目的并不在于展示事件的可怕或者恐怖，而是希望观看者通过悲剧事件或情节体验鼓舞和振奋等情感。

朱光潜认为，“同情说”与“恶意说”一样混淆了现实与艺术的区别。“恶意说”认为人性对艺术会产生重要影响，而“同情说”则将道德同情与审美同情混用了。在朱光潜看来，道德同情是人们基于现实道德对事物产生的一种悲悯情感，审美同情则是一种在审美欣赏过程中将自己与审美对象等同，进而感受对象情感的状态。“同情说”将道德同情与审美同情混淆了，没有区分它们的本质差别。朱光潜认为，即便是审美同情，也不是悲剧快感形成的全部原因，因为悲剧中角色众多，人们无法将自己与每个角色都建立同情关系。对欣赏者而言，从旁观者角度一般不会与悲剧对象建立同情关系。

在朱光潜的理论中，悲剧美感来源于两个方面：一是类似康德所言的崇高感；二是尼采的日神精神和酒神精神。朱光潜认为，悲剧美感与崇高感有一定的相似之处。首先，悲剧与崇高一样，都存在力量或者数量上的压迫感，如希腊悲剧中的英雄人物，拥有绝对的力量以及地位；其次，悲剧与崇高一样，其中的超越性力量或形象会使观看者感觉到自身的渺小，如希腊悲剧中的命运会使英雄人物无可避免地陷入悲剧境地，观赏者在命运面前也会感觉自身的渺小和无能为力；最后，悲剧中的痛苦与恐惧与崇高的痛感相似，都是达到目的的一种方式，其目的是让观看者通过痛感而获得美感，进而产生积极的抗争性情绪。

摩勒在研究中认为：“根据《悲剧的诞生》，朱光潜觉得尼采的悲剧理论是某种超越叔本华悲观主义的乐观主义理论……我们目睹悲剧的时候就‘能够暂时摆脱求生的意志’，而‘悲剧快感和一般快感一样，都来自痛苦的暂时休止’。尼采乐观的悲剧理论正以酒神和日神之间的辩证关系来改变这种解释。在朱光潜看来，酒神象征悲剧中的困难，而日神象征悲剧中困难的美感式超越。”②显

① 朱光潜：《朱光潜全集》第二卷，安徽教育出版社 1987 年版，第 256—257 页。
② ［德］摩勒：《酒神和日神及否定的否定：评论朱光潜对于尼采哲学的解释》，文洁华主编《朱光潜与当代中国美学》，中华书局 1998 年版，第 56 页。

然，尼采的日神精神表征的是一种强烈而平静的情感，主要指造型艺术和史诗，这是一种静态的艺术；酒神精神代表一种迷狂状态或情感，强调放纵和狂欢，主要在音乐艺术中体现出来。

朱光潜和尼采都认为，不论现实如何变化，但生命本质依旧是美的。悲剧主角虽然失败或毁灭了，但悲剧的斗争精神和永恒生命之美却不会消失，因此观看者才能获得超脱性和自由性的审美体验。朱光潜的悲剧思想更多源于尼采，如他自己所说："一般读者都认为我是克罗齐式的唯心主义信徒，现在我自己才认识到我实在是尼采式的唯心主义信徒。"[①]在朱光潜看来，悲剧快感是一种"玄思的安慰"，是人们在经受现实的苦难之后所寻求的一种精神上的满足。

第三节　朱光潜的诗学观

朱光潜的《诗论》涉及中国古代诗和现代白话诗等，内容极其丰富。朱光潜对诗歌的起源，诗的本体，诗与散文、音乐、绘画的关系，诗歌的发展和诗的理想境界等问题展开了具体分析。朱光潜引用中西文献材料来发掘诗歌的本质，中西互释互证的方法贯穿了《诗论》全篇。他论述了诗歌与其他艺术形式的区别与联系，剖析了诗的节奏、声韵、顿等形式特点。

一、诗的文体论

朱光潜梳理了诗与散文、音乐、绘画的异同，《诗论》对诗的起源、类型特征、节奏声韵和诗律的形成等的分析，构成了朱光潜诗歌文体论的主要内容。

1. 诗的起源

《诗论》开篇就探讨了"诗是什么"的问题。[②] 朱光潜认为关于诗歌起源的历史学和考古学知识都不足为凭，他从文艺心理学的层面来发掘诗的起源，"诗的起源实在不是一个历史的问题，而是一个心理学的问题。要明白诗的起源，我

① 朱光潜：《朱光潜全集》第二卷，安徽教育出版社1987年版，第210页。

② 之所以将诗的起源说列入文体论，是因为诗的起源对它形成一种特定的文体具有决定性的作用。诗歌的起源、演变及其转化、兴替，都是诗歌文体"支配性语言规范"流变的一部分。

们首先要问：‘人类何以要唱歌作诗？’”[①]“诗歌所保留的诗、乐、舞同源的痕迹后来变成它的传统的固定的形式，把这个道理认清楚，我们将来讨论实质与形式的关系，就可以省却许多误会和纠葛了。”[②]朱光潜发现，在重叠、迭句和衬字等的运用方面，诗与乐、舞有着共同源流的痕迹。

在论述诗的来源时，朱光潜认为谐、隐与文字游戏都是诗所借鉴的技巧，因此文字游戏可看作诗的源头之一。“写自己的悲剧，或是写旁人的悲剧。都是‘痛定思痛’，把所写的看成一种有趣的意象，有几分把它当作戏看的意思。丝毫没有谐趣的人大概不易做诗，也不能欣赏诗。诗和谐都是生气的富裕。不能谐是枯燥贫竭的征候。枯燥贫竭的人和诗没有缘分。”[③]可见，谐、隐和文字游戏是建构诗歌独特语言系统和体现其内在本质的规定性因素，这也是诗无法完美地译成其他语言，也无法通过散文表现其精妙神韵的关键性原因。

2. 诗的类型特征

朱光潜通过比较的方法来论述诗歌，“现在西方诗作品与诗理论开始流传到中国来，我们的比较材料比从前丰富得多，我们应该利用这个机会，研究我们以往在诗创作与理论两方面的长短究竟何在，西方人的成就究竟可否借鉴”[④]。朱光潜用中西互释的方法，层层剥茧阐述中国与西方诗歌的情趣、文体、韵律方面的异同。他将诗与散文、音乐、图画进行互相参照，梳理出它们的异同，以此彰显诗歌的类型特征和文体特征。

诗与散文同属于现代意义的文学类型，但二者又有明显差异。散文偏重叙事说理，它的风格直截了当，晓畅自然；诗偏重抒情遣兴，它的风格或华丽或平淡，但有其自身的特点。朱光潜认为诗与散文既不能单从形式（音律）上比较，也不能单从实质（情与理的差异）上比较，而要在实质和形式两方面同时进行比较。在朱光潜看来，诗的形式起于实质的自然需要，“就文学说，诗词比散文的弹性大；换句话说，诗词比散文所含的无言之美更丰富。散文是尽量流露的，愈发挥尽致，愈见其妙。诗词是要含蓄暗示，若即若离，才能引

① 朱光潜：《朱光潜全集》第三卷，安徽教育出版社 1987 年版，第 11 页。
② 朱光潜：《朱光潜全集》第三卷，安徽教育出版社 1987 年版，第 18 页
③ 朱光潜：《朱光潜全集》第三卷，安徽教育出版社 1987 年版，第 33 页。
④ 朱光潜：《朱光潜全集》第三卷，安徽教育出版社 1987 年版，第 4 页。

人入胜”[①]。

在诗与乐的关系上，朱光潜认为二者在历史渊源和性质上有着相似性。朱光潜分析了诗与乐的共同命脉——节奏，认为乐的节奏可谱，而诗的节奏不可谱；乐的节奏为纯形式的组合，诗的声音组合受文字意义影响，不能看成纯形式的。“诗是一种音乐，也是一种语言。音乐只有纯形式的节奏，没有语言的节奏，诗则兼而有之。这个分别最重要。”[②]朱光潜推崇格律，对现代新诗轻视格律的审美倾向表示出忧虑之情。

诗与画同是艺术，但二者在使用媒介、表现内容、创作方式等方面有着诸多差别，对此，朱光潜引入莱辛《拉奥孔》的诗画异质说来展开分析。莱辛认为，画只宜于描写静物，诗只宜于叙述动作。朱光潜认为，莱辛过于看重艺术的模仿性质而忽略了作者的情感与想象的作用。在朱光潜看来，中国画重意不重形，讲神似而不主形似，中国诗向来就不看重叙事，尤其西晋以后偏重景物描写，这与莱辛的学说恰恰相反。

3. 诗的节奏声韵

在《诗论》中，朱光潜从声、顿、韵三个方面分析了诗的节奏与声韵，从声、顿、韵等不同方面对中文诗、英文诗和法文诗展开了比较研究。

从诗的声音来看，朱光潜认为：“诗讲究声音，一方面在节奏，在长短、高低、轻重的起伏；一方面也在调质，在字音本身的和谐以及音与义的协调。”[③]音律的技巧就在于选择富于暗示性或象征性的调质，如韩愈《听颖师弹琴歌》：“昵昵儿女语，恩怨相尔汝；划然变轩昂，猛士赴敌场。”朱光潜认为，一系列双声叠韵词的运用可以见出“四声”的功用在调质，它能产生和谐的印象，并与音义形成配合。依照朱光潜的观点，“四声”最不易辨别的是它的节奏性，最易辨别的是它的调质和和谐性。对朱光潜的这个观点，张士禄提出了质疑。“‘四声’的声，跟‘声母’的声，绝对不可相混：前者是指字母的分别，后者是指字母起首的辅音。朱氏此书第八章论‘声’，讲到中国的‘四声’问题，有几处不免与‘音质’的问题相纠缠起来。”[④]“这里所说的‘调质’，明明说即是‘音质’，实在使读者很难了解

① 朱光潜：《朱光潜全集》第一卷，安徽教育出版社 1987 年版，第 70 页。
② 朱光潜：《朱光潜全集》第三卷，安徽教育出版社 1987 年版，第 133 页。
③ 朱光潜：《朱光潜全集》第三卷，安徽教育出版社 1987 年版，第 168 页。
④ 张士禄：《评朱光潜〈诗论〉》，《国文月刊》第 58 期，1947 年 7 月。

朱氏所指的‘四声’的分别，是属于语音上的哪种现象？是否可以跟‘声母’‘韵母’上的辨别混为一谈？”①

从诗的“顿”来看，中国诗的节奏不易在“四声”上看出，这主要是“顿”的作用。朱光潜将“顿”与英诗“步”、法诗“顿”作比较，指出“步”可先重后轻，而中诗必须先抑后扬。在朱光潜看来，“顿”并不必真的停顿，只略延长、提高、加重，而法诗“顿”往往是确实要停顿的。中文诗到“顿”必扬，这使得中文诗的节奏首先表现在“顿”的抑扬上。据此，朱光潜认为：“中国诗的节奏第一在抑扬上看出，至于平仄相间，还在其次。”②

从诗的用韵来看，朱光潜认为中国诗向来以用“韵”为常例，“韵”也是影响中国诗节奏的原因之一。“韵”的最大作用是把涣散的声音联络贯串起来，成为一个完整的曲调。朱光潜把“韵”比作贯珠的串子，认为在中国诗里串子必不可少。他尤其着重强调韵脚，即句末一字，认为这是全诗音节最着重的地方。若韵脚不和谐，诗读起来就如同一盘散沙。

4. 诗的音律

音律节奏是诗的命脉，也是朱光潜艺术生理学（审美筋肉论）的基础。朱光潜给诗下了“有音律的纯文学”的定义，可见他对诗歌音律的重视和强调。朱光潜对中国诗歌的音律节奏，及其对审美主体的筋肉运动的渗透展开了深刻论证。他纵向梳理诗歌格律进化的通例和中国诗歌最终走上格律化道路的规律，从史的角度对中国古代诗文进行了宏观把握和深入分析。

在中国诗歌史上，促使诗走上重视音律道路的是赋。自古以来，人们一直认为“赋自诗出”。刘勰《文心雕龙·诠赋》说：“诗有六义，其二曰赋。赋者铺也。铺采摛文，体物写志也。”朱光潜将赋的特点归纳为三点：就体裁而言，赋与诗不可分割；就作用而言，赋是状物诗；就性质而言，赋可颂不可歌。诗和散文的骈俪化都起源于赋，但赋打破了诗和散文的界限，而且，经过魏晋文人曹植、谢灵运、鲍照等文人的运用，诗用赋的写法日见其盛。朱光潜认为：“意义的排偶和声音的对仗都发源于词赋，后来分向诗与散文两方面灌流。散文方面排偶对仗的支流到唐朝为古文运动所挡塞住，而诗文排偶对仗的支流则到唐朝因律

---

① 张士禄：《评朱光潜〈诗论〉》，《国文月刊》第58期，1947年7月。

② 朱光潜：《朱光潜全集》第三卷，安徽教育出版社1987年版，第178页。

诗运动而大兴波澜,几夺原来词赋正流的浩荡声势。"[1]在朱光潜看来,排偶对仗是中国诗歌的内因所致,它是一个特点,也是一个优点。

朱光潜发现,声律研究盛于齐梁时代,其主因是赋的影响,但同时也受到佛教经典翻译和梵音研究的影响。朱光潜认为,乐府衰亡以后,诗转入有词而无调的时期,词从乐调独立出来,不再用于配合乐调。"音律的目的就是要在词的文字本身见出诗的音乐。"[2]诗与乐调分离,进入无调时期,实现了诗以音律表现重心的一次重大转移。

二、 诗的本质论

朱光潜诗的本质论可从诗的境界[3]和诗的表现两方面展开具体分析。"诗境"是《诗论》讨论的核心问题,也是朱光潜诗学理论的讨论重点。在朱光潜的理论中,诗的艺术性体现在"情趣"和"意象"的二元结构中。在王国维境界说的基础上,朱光潜对诗境的内涵、特征、构成要素展开了详细分析。在讨论诗的表现说时,朱光潜从克罗齐的直觉说出发,对诗境的传达问题进行了深入探讨。[4] 可以说,《诗论》的诗学观与《文艺心理学》的美学思想相互呼应,交相辉映。

1. 诗的境界

朱光潜认为诗的艺术体现在"情趣"和"意象"的二元结构中,并用王国维的境界概念进行概括。"诗的境界是理想境界,是从时间和空间中执着一微点而加以永恒化与普遍化。"[5]

朱光潜将克罗齐的直觉概念引入诗学,认为诗的"见"(境界)必为"直觉",

---

① 朱光潜:《朱光潜全集》第三卷,安徽教育出版社 1987 年版,第 210 页。

② 朱光潜:《朱光潜全集》第三卷,安徽教育出版社 1987 年版,第 214 页。

③ 将境界归入诗的本质,是因为诗的本质并不是形式,语言文字等形式不过是一个载体。"诗境"在朱光潜诗学体系中则是情感的表达方式,诗歌的一切都是指向人生,而意象与情趣的结合(即诗的境界),是诗人与读者寄托情感的重要媒介。通过意境,诗的抒情功能才得以充分发挥,诗的本质才得以完整体现。

④ 朱光潜早期运用"意象"这一概念时,取其与"实在"相对的意义,强调美感经验和艺术活动不同于实在的独特法则。当他发现艺术活动与美感经验的不同之后,于是又在意象概念之外,使用了意境与境界的概念。朱光潜发现艺术与直觉不同,艺术可以传达情感经验,因为可以传达,艺术便必须诉诸语言,而语言又并非情趣和意象之外的附加物,而是可以与情趣和意象同时发生。诗境只有传达出来才能成为诗,必须经过语言文字把蕴藏在心中的境界表达出来,这个过程就是"表现"。

⑤ 朱光潜:《朱光潜全集》第三卷,安徽教育出版社 1987 年版,第 50 页。

诗的境界是用直觉“见”出来的。“一个境界如果不能在直觉中成为一个独立自足的意象，那就还没有完整的形象，就还不能成为诗的境界。”[①]在朱光潜看来，联想和思考可以促进对诗的境界的领会，但是联想和思考只是一种酝酿工作，直觉与名理（联想、思考）决不能同时进行。当人们产生审美直觉时，他通过心灵的综合作用，在欣赏的同时也在创造。

为了说明意象与情趣的契合，朱光潜借用了立普斯的移情说和谷鲁斯的内模仿说。在朱光潜看来，移情作用是凝神注视的结果，但直觉有不发生移情作用的，移情并不是直觉的必要条件。然而移情却是欣赏自然，在自然中发现诗的境界的一大要素。通过情趣的灌输，再通过诗意的文字表现出来，客观的审美对象才具有了生命力，它被诗人赋予丰富的情感和趣味，再通过诗句传达给欣赏者，再次被赋予意义。

按朱光潜的逻辑，诗境界的创造与欣赏，都与人的情趣与性格有密切关联。情趣源于人生，情趣不同则景象虽似而实不同。每个人所领略到的境界都是性格、情趣和经验的反映。朱光潜一直关注物与我的交融，认为美感经验中“心-物”的关系是“直觉-形象”关系，而在诗境的创造中，“心-物”的关系是“情趣-意象”关系。朱光潜从情趣与意象的结合角度将中国古诗的发展分为三个阶段：汉魏以前的因情生景或因情生文；汉魏时代的情景交融或情文并茂，至陶渊明达到巅峰；六朝时期的即景生情或因文生情。朱光潜认为，诗的好坏不能以绝对的标准去衡量，景富于情或情富于景的诗都有不少上乘之作，不可轻言哪种更好。

对境界理论中的“隔”与“不隔”两个概念，朱光潜解释为“显”与“隐”。在王国维看来，“隔”如雾里看花，“不隔”为“语语都在目前”。在王国维看来，陶渊明、谢灵运、苏轼的诗风是“不隔”的，而颜延年、黄庭坚、姜夔等诗风就是“隔”的。但以一人一词论，则每个诗人的具体作品中有“隔”，也有“不隔”。朱光潜高度评价王国维发现了这个“前人未曾道破的分别”。[②] 同时，他也认为，王国维只举事例，但没有具体说明理由，说服力不强。从情趣与意象契合的程度，以及这种契合程度在读者心中引发的心理效果上看，朱光潜认为，“情趣与意象恰相

① 朱光潜：《朱光潜全集》第三卷，安徽教育出版社 1987 年版，第 52 页。
② 朱光潜：《朱光潜全集》第三卷，安徽教育出版社 1987 年版，第 57 页。

熨帖，使人见到意象，便感到情趣，便是不隔。意象模糊凌乱或空洞，情趣浅薄或粗疏，不能在读者心中现出明了深刻的境界，便是隔”①。朱光潜批评王国维的境界说太偏重“显”，在他看来，“显则轮廓分明，隐则含蓄深永，功用原来不同。说概括一点，写景诗宜于显，言情诗所托之景虽仍宜于显，而所寓之情则宜于隐”②。因此，“显”与“隐”的功用不同，不能要求一切诗都“显”。

朱光潜对诗的“显”与“隐”分析无疑有其合理性，但他以“隐”与“显”来阐释王国维的“隔”与“不隔”，在学界也引起了一些争议。吴文祺和张世禄认为王国维所谓的“隔”，并非排斥朱光潜所言的“隐”的表情法。叶朗认为，王国维对“隔”与“不隔”的区分，“并不是从‘意象’与‘情趣’的关系上见出，而是从语言与意象的关系中见出”③。当然，如我们立足朱光潜的分析逻辑，从情趣和意象的契合关系层面来分析“隔”与“不隔”，在朱光潜眼里，这两者不仅不相悖，反而显示出整一性。

王国维将境界分为“有我之境”和“无我之境”，“有我之境，以我观物，故物皆着我之色彩；无我之境，以物观物，故不知何者为我，何者为物。无我之境，人唯于静中得之；有我之境，于由动之静时得之，故一优美，一宏壮也”④。朱光潜并不完全认同王国维的区分，他提出“同物之境”和“超物之境”两个概念。朱光潜写道：“王氏所谓‘有我之境’其实是‘无我之境’（即忘我之境）。他的‘无我之境’的实例为‘采菊东篱下，悠然见南山’‘寒波澹澹起，白鸟悠悠下’，都是使人从冷静中回味出来的妙境（所谓‘于静中得之’），没有经过移情作用，所以实是‘有我之境’。与其说‘有我之境’与‘无我之境’，似不如说‘超物之境’和‘同物之境’，因为严格地说，诗在任何境界中都必须有我，都必须为我的性格、情趣和经验的返照。”⑤不难看出，朱光潜重视诗歌中主体因素的重要性，认为诗在任何境界中都必须有“我”的存在。

2. 诗的表现

朱光潜认为，诗意同思想一样，与诗的语言不能分开。诗意融合在语言中，和语言是同一个完整而连贯的心理反应的不同部分，不可以分离开来。同样，

---

① 朱光潜：《朱光潜全集》第三卷，安徽教育出版社 1987 年版，第 57 页。
② 朱光潜：《朱光潜全集》第三卷，安徽教育出版社 1987 年版，第 57 页。
③ 叶朗：《中国美学史大纲》，上海人民出版社 2005 版，第 619—620 页。
④ 朱光潜：《朱光潜全集》第三卷，安徽教育出版社 1987 年版，第 59 页。
⑤ 朱光潜：《朱光潜全集》第三卷，安徽教育出版社 1987 年版，第 59—60 页。

由于艺术家在想象时要借助于媒介，如诗的语言、绘画的线条和色彩等，所以诗的表现和传达同样不能分开。

在克罗齐的理论中，直觉＝表现＝创造＝欣赏＝艺术＝美，艺术即直觉，直觉即表现。朱光潜在解释“意象”概念时，取其与“实在”相对的意义，强调美感经验及艺术活动不同于实在的独特法则，认为意象是“个别事物在心中所印下的图影”，是诗“创造个别的意境的基础”。[①] 朱光潜写道：“克罗齐的学说有一部分是真理，也有一部分是过甚其辞，应该分开来说。各种艺术就其为艺术而言，有一个共同的要素，这就是情趣饱和的意象；有一种共同的心理活动，这就是见到（用克罗齐的术语来说，‘直觉到’）一个意象恰好能表现一种情趣……每个艺术家都要用他的特殊媒介去想象，诗人在酝酿诗思时，就要把情趣意象和语言打成一片，正犹如画家在酝酿画稿时，就要把情趣意象和形色打成一片。”[②]在朱光潜眼里，意境除了意象之外，还需有情趣和语言，意境是意象、情趣与语言的统一体。

依照克罗齐的观点，情趣与意象都与直觉同时发生，凡是能直觉的人便可以称之为艺术家。朱光潜并不认同这个观点，他认为艺术与直觉并不是一回事。艺术需要传达，必须诉诸语言，是“实有事物或想象事物的一种符号系统”。[③] 朱光潜同时认为，语言并非情趣、意象之外的附加物，而是与情趣、意象同时发生之物。在克罗齐看来，“传达”无关于艺术创造（即直觉或表现），而朱光潜认为，“表现”（即直觉）和“传达”并非毫无关联的两个阶段。朱光潜批评克罗齐没有认清传达媒介在艺术想象中的重要性，而是把“表现”（直觉）和“传达”看成没有沟通衔接桥梁的两个阶段，没有分清创造性的“传达”（语言的生展）和无创造性的记载。[④] 在朱光潜看来，诗境只有传达出来才能成为诗，这个过程就是表现。通过表现，诗人和读者的心灵交流才有可能。

在中国现代诗学史上，《诗论》不仅呈现出朱光潜西学理论的深厚，同时也有着中国诗学理论的积淀。《诗论》中西互阐的方法也开拓了诗学研究的视界，提供了诗学研究的可借鉴思路。朱光潜对诗学比较方法的运用，开拓中西比较

① 朱光潜：《朱光潜全集》第九卷，安徽教育出版社 1993 年版，第 369 页。
② 朱光潜：《朱光潜全集》第三卷，安徽教育出版社 1987 年版，第 94—95 页。
③ 朱光潜：《朱光潜全集》第九卷，安徽教育出版社 1993 年版，第 385 页。
④ 朱光潜：《朱光潜全集》第三卷，安徽教育出版社 1987 年版，第 96 页。

诗学的先河，而他对音律节奏以及诗歌形式发展渊源的探索，也为中国现代文学史上诗歌理论的发展提供了新的研究路径。

第四节　朱光潜论“人生艺术化”

艺术与人生是朱光潜美学理论中的核心话题，朱光潜将艺术与人生联系在一起。他一方面推崇艺术对人生的重要性，将人生艺术化；另一方面认为人生对艺术同样有着重要的影响，离开人生，艺术也不能再称之为艺术。

一、无言之美与人生艺术化

我们在日常生活中时常可以感受到无声之美的存在，朱光潜把这种美称为“无言之美”。在朱光潜看来，无言之美的主要特点是移情，即主体将自身的情感移注于外物，达到我与物的和谐交流。因此，强调审美移情的“无言之美”因而成为人生艺术化的存在形式：在静穆中观照自我，再将自身的情感投射到宇宙万物，外物亦成为主体自身的返照，共同体验世间的人情冷暖，从而达到物即是我、我即是物的境地。

“言有尽而意无穷”也是“无言之美”所表达的要义。在中国古典美学中，艺术的美在于含而不露，曲尽其妙。佛教中的“一花一世界，一叶一菩提”，《诗大序》的“乐而不淫，哀而不伤”，陶渊明的“此中有真意，欲辨已忘言”，苏东坡的“相顾无言，惟有泪千行”，柳永的“执手相看泪眼，竟无语凝噎”，等等。这些名句充分说明了中国古典美学对“无言”境界的强调。朱光潜说：“我们可以得一个公例：拿美术来表现思想和情感，与其尽量流露，不如稍有含蓄；与其吐肚子把一切都说出来，不如留一大部分让欣赏者自己去领会。”[①]依朱光潜的理解，“无言之美”是一种强调内在体验的含蓄美，它不是通过逻辑推演与理性分析出来的实体美。“无言之美”强调情感体验性，认为美在体验境界中得以呈现。

朱光潜称赞陶渊明“打破了现在的界限，也打破了切身利害相关的小天地

① 朱光潜：《朱光潜全集》第一卷，安徽教育出版社1987年版，第66页。

界限，他的世界中人与物及人与我的分别都已化除，只是一团和气，普运周流，人我物在一体同人的状态中各徜徉自得，如庄子所说的‘鱼相忘于江湖’。他把自己的胸襟气韵贯注于外物，使外物的生命更活跃，情趣更丰富；同时也吸收外物的生命与情趣来扩大自己的胸襟气韵。这种物我的回响交流，有如佛家所说的‘千灯相照’，互映生辉”①。朱光潜认为，过一世生活好比做一篇文章，因而艺术化的人生也应有上品诗文所具有的特征，而陶渊明堪称在做诗与做人方面“艺术化”的典范。在朱光潜看来，陶渊明打破了现在的界限，他在生活中把自己的人格涵养成一首完美的诗。

朱光潜的“无言之美”将中国儒家传统文化与西方美学相结合，包含了众多人生哲理方面的思考。朱光潜提倡超脱现实的“无言之美”，是在五四运动到抗日战争期间。在当时的语境下，“无言之美”的艺术人生化处世态度也被不少人认为是一种逃避和忍让态度，是对日益高涨的革命热潮沉默、冷淡和消极避世态度的体现。

《谈美》写于 1932 年，较为集中地体现了朱光潜的“人生艺术化”美学观，是继《给青年的十二封信》之后的“第十三封信”，朱光潜自述该书是《文艺心理学》的缩写本。朱光潜认为：“人生本来就是一种较广义的艺术。每个人的生命史就是他自己的作品。”②在《谈美》中，朱光潜讨论了美感态度和实用态度的区别，以及艺术和人生之间的关系，在他看来，“美是事物的最有价值的一面，美感的经验是人生中最有价值的一面”③。

朱光潜以对古松为例解释了人们对待事物的三种态度：实用态度、科学态度和美感态度。美感态度是朱光潜极力赞扬和推崇的态度，它要求观者注意力的集中，要求不计较实用，心中没有任何欲念，也不考察内在的关系、条理、因果等理性因素。“实用的态度以善为最高目的，科学的态度以真为最高目的，美感的态度以美为最高目的。”④“美感经验就是形象的直觉，美就是事物呈现形象于直觉时的特质。”⑤在朱光潜看来，美没有实际功利目的，它是人区别于其他动物的主要特点，美感经验就是一种超脱世俗的超功利感性经验。

---

① 朱光潜：《朱光潜全集》第一卷，安徽教育出版社 1987 年版，第 259 页。
② 朱光潜：《朱光潜全集》第二卷，安徽教育出版社 1987 年版，第 91 页。
③ 朱光潜：《朱光潜全集》第二卷，安徽教育出版社 1987 年版，第 12 页。
④ 朱光潜：《朱光潜全集》第二卷，安徽教育出版社 1987 年版，第 11 页。
⑤ 朱光潜：《朱光潜全集》第二卷，安徽教育出版社 1987 年版，第 11 页。

针对艺术与人生的关系，朱光潜强调主体应该站在适当的距离外观照人生百相。距离不能太近，也不能太远，艺术家在创作时，既要使接受主体获得对现实生活的解放和超越，同时也使主体能进入艺术去了解和欣赏。艺术家描述情感，如写一首悲伤的诗时，若诗人沉浸在悲伤情绪中不可自拔，就无法写出真正打动人心的诗句。艺术家应当将自己的情感客观化，从情感的亲历者转换为情感的观赏者。读者也是如此，若因为文本而推及自身，直接与实际的现实人生联系，便不能将注意力专注于文本的美感体验上，而只会停留在现实人生层面。

朱光潜指出："美感经验即是人的情趣和物的姿态的往复回流。"①在他看来，人生艺术化的实质是审美移情，在移情中，"凭想象与情感的指使，人把自我伸张到外在自然里，从而冲破人与自然的隔阂"②。朱光潜称这种移情作用为"宇宙的人情化"，即主体在审美活动中把自身的情感移注在对象物身上，同时也把物的姿态融合到主体身上。我之情趣和物之姿态形成往复回流，从而进入"物我两忘"或"物我同一"的境界。

二、 艺术与人生的双重变奏

朱光潜将艺术放在人生的大背景下来剖析，同时也将人生放在艺术的维度上来考察。出世与入世、看戏与演戏，和谐并存于朱光潜的"艺术人生化"命题中。

在讨论悲剧美学时，朱光潜对人生的悲剧性展开了深入讨论，他认为悲剧并不等同于现实人生的困苦与灾难，而是现实人生的艺术提炼与升华：

> 我们所居的世界是最完美的，就因为它是最不完美的。这话表面看去，不通已极。但是实含有至理。假如世界是完美的，人类所过的生活——比好一点，是神仙的生活，比坏一点，就是猪的生活——便呆板单调已极，因为倘若件件事都尽善尽美了，自然没有希望发生，更没有努力奋斗的必要。人生最快乐的就是活动产生的感觉，就是奋斗成功而得的快慰。

---

① 朱光潜：《朱光潜全集》第二卷，安徽教育出版社 1987 年版，第 25 页。
② 朱光潜：《朱光潜全集》第七卷，安徽教育出版社 1991 年版，第 294 页。

世界既完美，我们如何能尝创造成功的快慰？这个世界之所以美满，就在有缺陷，就在有希望的机会，有想象的田地。换句话说，世界有缺陷，可能性才大。①

朱光潜认为，人生正是因为有悲剧，才显得更有价值。悲剧是人生的一种缺陷体验，但因为这种缺陷，平凡的人生才显出庄严，黑暗的人生才能见出光彩。在朱光潜看来，这是一种超脱的境界，是超脱现实，实现个体“慰情”的途径。

“超脱”是朱光潜美学思想的核心观念，它不仅是一种人生态度，同时也是一种审美态度。在朱光潜看来，作为人生态度，“超脱”能实现对生命理想和人心的净化功能；作为审美态度，“超脱”能将有缺陷的现实世界通过艺术的方式呈现出来，进而在超越现实的基础上实现对理想世界的追求。在中国古典哲学中，“超脱”观念与道家思想有着密切联系，可以为现实世界中有缺陷的个体及其情感提供精神上的乌托邦。在朱光潜眼中，个体处世有两种态度：人力所能做到的时候，我们应努力克服困难征服现实；人力无可奈何的时候，我们可以暂时超脱现实来实现另一种审美生存。在朱光潜笔下，超脱的方向便是理想界，是由艺术所创造出来的理想化精神世界。

从渊源来看，朱光潜的“超脱”观一方面是五四以后苦闷时代氛围的反映，另一方面也受到了精神分析学说的影响。朱光潜在香港大学研究弗洛伊德的精神分析学说时提出“超脱”观，认为文艺是被现实压抑的“隐意识”发泄口，是现实中无法实现的理想和欲望的寄托处。

“超脱”观念也有着中国传统文化的痕迹。朱光潜一直实践“以出世的精神做入世的事业”的人生态度。他在纪念弘一法师的文中说：“弘一法师替我写的《华严经》偈对我也是一种启发。佛终生说法，都是为了救济众生，他正是以出世精神做入世事业的。”②朱光潜把“出世-入世”的人生态度作为自己的理想人生观，尤其是在《给青年的十二封信》中，涉及此方面的相关论述较多。朱光潜不仅有儒家学以致用、兼济天下的热肠和“君子以自强不息”的信念，同时也有

① 朱光潜：《朱光潜全集》第一卷，安徽教育出版社1987年版，第71—72页。
② 朱光潜：《朱光潜全集》第十卷，安徽教育出版社1993年版，第525页。

道家超然物外、虚静无为的心境。在《悼夏孟刚》中，朱光潜曾阐述他做“入世”事业的决心，他认为世界虽污浊，但既然自己已堕入苦海，却也不能眼睁睁地看别人跟着下水。他努力想把外在的社会环境完美化，使后人不再受他曾受过的痛楚。在他看来，“假如孟刚也努力‘以出世的精神，做入世的事业’，他应该能打破几重使他苦痛而将来又要使他人苦痛的孽障”[①]。

“出世-入世”所形成的人生艺术化思考，也源自朱光潜对佛家思想的接受和解读。朱光潜认为释迦牟尼一生都是“以出世的精神，做入世的事业”。在朱光潜眼里，释迦牟尼形象是出世精神与入世事业的结合体。释迦牟尼对人生并不抱一种消极的态度，而是一种“绝我而不绝世”的“入世”和“出世”相统一的态度。这种态度被朱光潜看作是“知”（“出世”，即超脱现实的人生艺术化的观照）和“行”（“入世”，因为这种观照的根本目的还是普度众生）的统一。

1947年，朱光潜发表《看戏与演戏——两种人生理想》，探讨了两种人生态度：看与演。在他看来，生来爱看戏的以“看”为人生归宿，生来爱演戏的以“演”为人生归宿，双方各有乐趣，各是人生的实现。“古今中外许多大哲学家，大宗教家和大艺术家对于人生理想费过许多摸索，许多争辩，他们所得到的不过是三个不同的简单的结论：一个是人生理想在看戏，一个是它在演戏，一个是它同时在看戏和演戏。”[②]朱光潜阐释了以日神与酒神为例的两种精神：日神是观照的象征，酒神是行动的象征。演戏实际上就是践行着酒神精神，而看戏则是践行着日神精神。在朱光潜看来，柏拉图、庄子、释迦、耶稣、但丁等人是看戏人，而秦始皇、大流士、亚历山大、忽必烈、拿破仑等人则是演戏人。

朱光潜推崇演戏的人生态度，“世界如果当成行动的场合，就全是罪孽苦恼；如果当作观照的对象，就成为一件庄严的艺术品”[③]。朱光潜将尼采“从形象中得解脱”的思想转换成“将酒神精神投入日神的怀抱”的人生态度和人生理想，即将可体验而不可直接描绘的情感，投影于可直接描绘但并不是任何人都可借以有所体验的意象。在朱光潜看来，“我们尽管有丰富的人生经验，有深刻的情感，若是止于此，我们还是站在艺术的门外，要升堂入室，这些经验与情感

① 朱光潜：《朱光潜全集》第一卷，安徽教育出版社1987年版，第76页。
② 朱光潜：《朱光潜全集》第九卷，安徽教育出版社1993年版，第258页。
③ 朱光潜：《朱光潜全集》第九卷，安徽教育出版社1993年版，第261页。

必须经过阿波罗的光辉照耀，必须成为观照的对象”[1]。朱光潜接受了尼采的艺术人生观，同时也结合了中国传统文化元素。在他笔下，看戏与演戏其实就是《中庸》提及的“知”与“行”的分别。儒家是演戏人的代表，认为人生的最终目的在行；而道家是看戏人的代表，认为“人生的目的在看而不在于演”[2]。

朱光潜强调人生艺术化，认为通过这样的方式，艺术才能给陷入烦恼苦闷、想要超脱到理想界的个体以心灵上的慰藉。在朱光潜眼中，艺术家如果沉迷于自己的情感，其作品便无法实现净化心灵的效果。在这个意义上，艺术是人生现实的返照，离开对人生的观照，艺术也很难生存。

三、 人生艺术化的旨归

朱光潜提倡人生艺术化，强调一种理想的人生境界和美学境界。在他看来，只有以艺术作为中介，才能让人生走向审美自由和超越。

在对人生艺术化的描述中，朱光潜强调自由的作用。他认为，人生的四大理想之一是艺术家的“胸襟”，“是在有限世界中做自由人的本领。有了这副本领，我们才能在急忙流转中偶尔驻足，作一番静观默索，作一番反省回味，朝外可以看出世相的庄严，朝内可以看出人心的伟大”[3]。朱光潜借鉴克罗齐的“物我”思想，希望通过他的美学思考寻求超越尘世生活与虚无精神之路，既可入世又可出世的自由生存路径。

朱光潜发现，人类真性情最初并不是以艺术的姿态显现，而是以游戏的姿态呈现。游戏正是因为呈现人类的真性情，才体现其存在的重要性。游戏是艺术的雏形，艺术中也常见出游戏的痕迹，如诗词中的重叠、排比和押韵等，都是从文字游戏中直接沿用而来。朱光潜认为，生命是“无所为而为的玩索”，强调把游戏和娱乐摆在一个重要的地位，他从人本主义出发，肯定艺术和美育的解放和自由性质。[4] 在他看来，游戏与消遣并不是浪费时间，而是实现自由的途径。可以说，以游戏的态度践行人生，体现了朱光潜崇尚人文主义和自由境界

① 朱光潜：《朱光潜全集》第九卷，安徽教育出版社 1993 年版，第 265 页。
② 朱光潜：《朱光潜全集》第九卷，安徽教育出版社 1993 年版，第 260 页。
③ 朱光潜：《谈理想的青年：回答一位青年朋友的询问》，《朱光潜全集》第八卷，安徽教育出版社 1993 年版，第 73 页。
④ 朱光潜：《美感教育》，《朱光潜全集》第四卷，安徽教育出版社 1988 年版，第 147 页。

的审美艺术追求。

朱光潜强调，人生的艺术化也就是人生的情趣化。在“人生—情趣—艺术”三者之间，情趣是人生和艺术联系的中介环节，是人生艺术化活动的聚焦点。朱光潜在《消除烦闷与超脱现实》中援引王徽之的故事：有一晚雪后初晴，月亮照得非常清澈。王徽之忽然想去朋友处谈心。王徽之撑一小船，不多会儿到了朋友家门口，但忽然地又转身离去。别人问他缘故，他说：“我乘兴而来，乘兴而返”，何足为奇？[①] 王徽之无功利和无目的的人生情趣备受朱光潜推崇，在他看来，情趣愈丰富，生活也愈美满。人生必须艺术化，艺术必须人生化，现实生活才能像诗、小说和戏剧那样充满诗情画意。

如何才能形成情趣化的人生态度？朱光潜指出，一个人如要具备文学修养，须做到三个方面：第一是人品的修养；第二是一般学识经验的修养；第三是文学本身的修养。[②] 在朱光潜看来，这三者是形成情趣化的人生态度的必要前提。艺术是人生情趣化的载体，通过艺术的审美，可以让个体的生命情趣得到自由张扬。

朱光潜认为，艺术情趣与生活情趣不同。一般人感受生活情趣时会被情趣所牵绊；艺术家感受情趣之后，却能冷静地进行观照和体验。朱光潜认为感受情趣应当在沉静中回味，朱光潜赞赏陶渊明，认为“许多自然诗人的毛病在只知雕绘声色，装点的作用多，表现的作用少。原因在缺乏物我的混化与情趣的流注。自然景物在渊明诗中向来不是一种点缀式陪衬，而是在情趣的戏剧中扮演极生动的角色，稍露面目，便见出作者的整个人格”[③]。朱光潜劝导青年人，强调人生第一桩事是生活，第二桩事才是做学问和做事业。在朱光潜看来，生活是享受和领略，是培养生机，如一味迎合社会需要而不顾自己的兴趣，便失去了学问和事业在人生中的真正意义与价值。

朱光潜一生都在追求艺术的性灵和情趣，认为艺术和欣赏艺术的趣味都要有创造性，艺术的功用也在于见出我们所不能见，能在我们日常认为平凡的地方感觉出新鲜有趣。这样，人生有了情趣，生命才会有生机和活力。朱光潜一再强调，离开人生便无所谓艺术，离开艺术也无所谓人生。完满的人生和真善

---

① 朱光潜：《朱光潜全集》第八卷，安徽教育出版社 1993 年版，第 94—95 页。
② 朱光潜：《朱光潜全集》第四卷，安徽教育出版社 1987 年版，第 167—169 页。
③ 朱光潜：《朱光潜全集》第三卷，安徽教育出版社 1987 年版，第 259 页。

美统一的人格理想是朱光潜人生艺术化思想的最终指向和归属。求知、想好、爱美，三者都是人类天性，真善美具备，人生才完美。

朱光潜强调“真—善—美”的融合。在他看来，真与善趋向极境时，便进入审美境界。“善与美不但不相冲突，而且到最高境界，根本是一回事。……从伦理观点看，美是一种善；从美感观点看，善也是一种美。”①柏拉图和亚里士多德认为至高的善是“无所为而为的玩索”（即对美的欣赏）。同样，真理在离开实用而成为情趣中心时就已经是美感的对象了，科学家去寻求科学真理的事实，他们有着震慑灵魂的效果，因此科学的活动也是一种艺术活动。在朱光潜看来，不但善与美是一体，真与美也并没有隔阂。

朱光潜分析了康德的“依存美”概念。“人是有机整体，审美功能不但不能脱离其他功能，取抽象的纯粹的形式而独立存在，而且必然要结合其他功能才好发挥它的作用：考虑到这个事实时，理想美就不能是‘纯粹的’，就必然是‘依存的’，必然是在于能表现道德精神的外在形体，这也必然就是人的形体。”②朱光潜将人生艺术化看作一个类似康德的理性观念的存在。在他看来，艺术化人格理想是人格的一种完整体现，是由真而善而美的递进。它们在最高层面统一于美，美即人生艺术化。真善美统一的人格理想是生命的至境，但唯有以艺术为情感中介，以审美为生命承载，才能最终实现真善美的统一。

朱光潜认为艺术与人生并无隔阂，他将尼采的酒神精神与日神精神很好地融到了“人生艺术化”命题之中。朱光潜早期的艺术美学实践是一种人生艺术美学，即在“人生艺术化”之旅中探索人生的美化或艺术化途径。朱光潜认为：“人力莫可奈何的时候，我们就要暂时超脱现实，……超脱到哪里去呢？超脱到理想界去。现实界处处有障碍有限制，理想界是天空任鸟飞，极空阔极自由的。”③“美术家的生活就是超现实的生活，美术作品就是帮助我们超脱现实到理想界去求安慰的。”④在《谈美》中，朱光潜标举“人生艺术化”主张，该书最后一章“慢慢走，欣赏啊！”的副标题就是“人生的艺术化”。朱光潜认为：“人生本来就是一种较广义的艺术。每个人的生命史就是他自己的作品。……知道生活的

---

① 朱光潜：《朱光潜全集》第四卷，安徽教育出版社1988年版，第146页。
② 朱光潜：《朱光潜全集》第七卷，安徽教育出版社1991年版，第50页。
③ 朱光潜：《朱光潜全集》第一卷，安徽教育出版社1987年版，第68页。
④ 朱光潜：《朱光潜全集》第一卷，安徽教育出版社1987年版，第72页。

人就是艺术家，他的生活就是艺术作品。”①“人生的艺术化就是人生的情趣化。”②当然，在当时的时局下，朱光潜提倡人生艺术化也有其自己的考虑，“坚信中国社会闹得如此之糟，不完全是制度的问题，是大半由于人心太坏”。要救治“人心”，就需要“人生的艺术化”，“要求人心净化，先要求人生美化”。③

朱光潜强调人生艺术化，致力于在感性生命的基础上建立真善美三位一体的人生。他所提出“慢慢走，欣赏啊”和“无所为而为的玩索”等命题，都是为了在艺术中洗涤心灵，感受妙悟，追求灵魂自由，进而获得人性解放，达到和谐完整的艺术化审美生存。

第五节　朱光潜美学与诗学观的贡献

朱光潜从中国传统文化的堡垒安徽桐城走出，后受西方文化影响，将中西美学思想熔铸在一起，构建了一个独特的思想体系。朱光潜以中国传统美学为内在参照，借鉴西方近代美学思想，实现了中西美学的融汇。朱光潜的学术生涯是中国现当代美学发展的一面镜子，在20世纪中国美学史上有着相当重要的意义。

一、 中西美学的融汇

朱光潜被学界誉为中国现代美学的奠基者之一，也是我国现代审美心理学最具影响的代表性人物之一。朱光潜建构了一个极为复杂的审美心理学理论体系，在这个体系的网络交节点上有着克罗齐、布洛、立普斯、谷鲁斯、弗洛伊德、尼采、康德、黑格尔、维柯和马克思等学者的名字。

在朱光潜早期的艺术美学中，有着中西跨文化的对话特性。克罗齐和尼采论及直觉的美学理论直接构成了朱光潜美感经验描述的思想基础。即便如《无言之美》这样讨论中国艺术美学的著作，在文体和思想上也体现了中西文体要

① 朱光潜：《朱光潜全集》第二卷，安徽教育出版社1987年版，第91页。
② 朱光潜：《朱光潜全集》第二卷，安徽教育出版社1987年版，第96页。
③ 朱光潜：《朱光潜全集》第二卷，安徽教育出版社1987年版，第6页。

素和艺术思想的融汇与共通。如在讨论“无言之美”的根源时，朱光潜结合西方美学艺术的超现实功用理论来谈，进而探讨超现实与现实界的关系以及讨论“无言之美”在哲学、教育、宗教生活中的呈现。

朱光潜所提出的“无言之美”命题不仅有中国传统道家美学的影子，如“心斋”“坐忘”等，同时也有康德美学“非功利性”观念的痕迹。《谈美》也受到康德美学和克罗齐直觉理论的影响。朱光潜认为：“美感的世界纯粹是意象世界，超乎利害关系而独立。在创造或是欣赏艺术时，人都是从有利害关系的实用世界搬家到绝无利害关系的理想世界里去。艺术的活动是‘无所为而为’的。”①朱光潜把美感世界规定为无功利的意象世界，其中康德和克罗齐的影响相当明显。

朱光潜的美学与诗学观总体上坚守传统的“主客二分”模式，但在对审美活动进行具体分析的时候，他常常突破“主客二分”的模式，而趋向“天人合一”的模式。这种突破主要体现在朱光潜美学与诗学观所贯穿的另一条主线：人生艺术化。

“人生艺术化”是朱光潜美学经验分析的落脚点，他认为：“直觉活动只限于创造或欣赏白热化的那一刹那，而艺术活动并不只限于那一刹那，在那一刹那的前或后，抽象的思维，道德政治等等的考虑，以及与对象有关的种种联想都还是可以对艺术发生影响的。”②朱光潜把审美活动中“物我两忘而物我同一”的瞬间与艺术活动区分开来，强调物的形象包含有观照者的创造性，强调物的形象与观照者的情趣不可分离。

二、 多学科的融合

朱光潜到香港大学和西方留学，“前后读了五所大学，历时近十四年之久，由心理学、教育学进入文学、艺术、哲学、美学、历史，甚至符号逻辑、鲨鱼解剖等等多种门类、学科，无一不取得相当的成绩，而且又有随读随写的良好习惯”③。阎国忠认为，朱光潜美学观艺术观是一种社会学、心理学、生理学等相互综合而

① 朱光潜：《朱光潜全集》第二卷，安徽教育出版社1987年版，第6页。
② 朱光潜：《朱光潜全集》第五卷，安徽教育出版社1989年版，第20页。
③ 文洁华主编：《朱光潜与当代中国美学》，中华书局1998年版，第238页。

形成的观念。[①] 可以说，朱光潜美学思想中的多学科融汇使不同文化背景的思想能够相互交融，这对中国现代美学的发展产生了深远影响。

在朱光潜的美学与诗学观中，心理学占据了很大比重，“朱光潜在介绍、批评弗洛伊德的理论的同时，也自觉或不自觉地受到了其影响，他赖以建立自己的美学思想体系的逻辑起点并非哲学，而是心理学”[②]。朱光潜从心理学的角度分析审美距离，分析对象与主体的感受，如在《文艺心理学》中讨论生理产生的美是否就是人们直接感受到的美感问题，在《我与文学与其他》中以心理距离说为中国艺术辩护。可以说，朱光潜是从多学科中提取材料，实现其美学与诗学观的建构与发展的。

与朱光潜同时代的蔡仪偏向于美的客观说，从美的本质讨论美学；宗白华在讨论美的时候，更加偏向于中国传统文化，有更加深刻的古典韵味。朱光潜美学与诗学观的多学科融合特性在当时学界可谓独具一格。如李泽厚所言：“朱先生解放前后著述甚多，宗先生却极少写作；朱先生的文章和思维方式是推理的，宗先生却是抒情的；朱先生偏于文学，宗先生偏于艺术；朱先生更是近代的，西方的，科学的；宗先生更是古典的，中国的，艺术的；朱先生是学者，宗先生是诗人。”[③]在李泽厚看来，朱光潜注重中西结合的多学科发展，更偏向于西学，而宗白华坚持中国古典艺术观念，更具有中国本土的韵味。

朱光潜的早期美学思想，一方面使中国美学打破自身传统的束缚，开始接受西方理论，实现对中国传统美学的补充与完善；另一方面，朱光潜在中西融汇的基础上实现多学科并融，不仅使他的美学与诗学观富有建设性，拥有自身独特的学术特点，同时也让他的美学与诗学观能够为更多人所理解与接受。

---

① 阎国忠：《论朱光潜先生在美学上的贡献》，《学术月刊》1986 年 5 月 1 日。
② 王宁：《朱光潜与弗洛伊德》，《北京大学学报（哲学社会科学版）》1989 年 8 月 29 日。
③ 李泽厚：《宗白华〈美学散步〉序》，《读书》1981 年第 3 期。

第五章

左翼美学的建构

20世纪30年代是世界文明发展史上一个重要的时代，这种重要性表现在经济运行、政治格局、社会发展和文化潮流等各个方面，诸如，初次爆发的严重的资本主义经济危机席卷欧美诸国，德意日法西斯政权登台并进行迅猛扩张和武力侵略，世界各国纷纷建立与调整抗战体制机制，东西方广泛掀起国际共产主义运动，民族主义情绪在全球范围内普遍高涨，以劳工运动和知识界力量勃兴为标志的民主运动此起彼伏，思想文化领域主张林立且时有交锋。

处身于跌宕起伏、风起云涌、交流争鸣的时代大背景，对于20世纪中国美学史而言，20世纪30年代也是一个重要的发展阶段。在革命浪潮、社会形势、学术脉络的综合影响和多方作用下，20世纪30年代的中国美学思想活跃，影响广泛，其中颇为醒目的当属左翼美学及其与其他流派、群体、个人的论争。在大撞击、大交流、大整合的社会背景下，在与新月派、“自由人”、“第三种人”、京派、海派等派别、阵营、个体的激烈论争中，左翼美学引进、吸收和消化域外美学理论资源，影响了20世纪20年代末至30年代中后期中国文艺界的审美实践与艺术创造，初步完成了理论建构和思想实践。用“阶级论”否定“人性论”，用“唯物论”批判“唯心论”，用“功利论”反对“超功利论”，用“反映论”颠覆“天才论”，用“社会主义”指责“人道主义”，推动了革命进程、社会发展和学术进步，进步意义明显，社会价值突出。但其“极左”的思想倾向、对社会历史批评方法的误植和机械运用，也带来了功利主义、关门主义、情绪主义、学理欠缺、思维绝对化等明显不足。

第一节　作为新型美学范式的左翼美学

作为一种美学流派，左翼美学在思想主张、话语方式和实践创作上具有鲜明特色。中国左翼美学的产生，既遵循学术发展的内在逻辑，又受到当时社会历史文化语境的外在影响。现代中国左翼美学的产生与发展过程，可以划分为多个阶段，产生了广泛而深远的影响。

一、 几个关键概念的界定

在词语构成上，"现代中国左翼美学"包含三个关键词，即"现代中国""左翼""美学"。从字表上拆分"现代中国左翼美学"，绝非能指与所指滑动的文字游戏，而是为了对左翼美学的指称和构成进行必要的学术界定和历史规范。

在左翼美学体系中，"现代中国"既遵循中国现代历史学的一般性约定，在构成上可框定为 1919 年"五四运动"到 1949 年中华人民共和国成立这一时间段；同时，作为一种具体的美学形态，这里的"现代中国"对应的时间跨度可以进一步缩小为 1927 年大革命失败后至 1937 年中国全面抗日战争爆发这 10 余年的时间。本书之所以要进行这样的时间节点切割，主要基于如下思量：一方面，并非完全不考虑"五四运动"至 1927 年的左翼美学的准形态或者说萌芽形态，也不是没有注意到全面抗战时期解放区文艺、国统区文艺的左翼美学主张和实践，同样不是漠视抗战胜利后中国左翼美学在大陆、台湾、香港等的多种承载形态，甚至也没有忽视左翼文艺及其美学与今日中国特色社会主义文艺建设的内在关系，我们充分尊重思想潮流和审美实践的历史连续性、继承性和发展性；另一方面，需要开宗明义就厘清或者说约定的是，之所以进行这样的时间段划分，具有多方面的具体原因。将伴随 1927 年中国大革命失败而兴起的新社会科学运动、"革命文学"论争作为左翼美学的起点，主要原因在于，自此之后，左翼美学作为一种属性独特、影响骤增、"体量"迅速扩大的美学形态登上了中国历史舞台和学术殿堂；以 1936 年春"左联"及其他左翼文艺团体相继解散、1936 年底国共合作统一战线重新建立、1937 年中国对日全面抗战这三者作为左翼美学的终点，主要是因为，显性标志是“左联”的解体、抗战文艺对左翼文艺的取代，隐性事实是新社会科学运动、左翼学术风气及其论争实践的逐渐停歇，“左翼美学热”不断消减。正是基于上述这些考量，近二十年来国内外学术界便有“左翼十年”的通行说法，这种时间指涉显然长于 1930 年至 1936 年的“左联美学”（狭义“左翼美学”）。作为时间发生学意义上的左翼美学所对应的“三十年代”（在现代文学史上，三十年代指涉为 1927 年至 1937 年），我们对其开展研究，旨在发现、挖掘被“革命幽灵”“红色幽灵”缠绕的 20 世纪 30 年代中国的左翼美学形态及其学术生态。

“左翼”是“现代中国左翼美学”中的美学性质指涉关键词。按照现代汉语的词义解释，左翼包含“左边的翅膀”“作战时处于正面部队左侧的部队”“政党、派别、团体中的左派”这三层含义。显然，左翼美学中的“左翼”当取第三种含义。这种含义的“左翼”概念，又称“左派”，具有鲜明的政治倾向指涉，最早来自法国大革命时期，当时通常指代在会场左边就座的议员，他们支持共和体制，主张扩大民众的政治权利、推动世俗化进程，希望变革旧有社会秩序和既定规则、在财富和基本权利分配上更为公平。而在 1848 年的六月革命中，第一国际视自己为法国大革命的左翼继承者，之后，“左翼”常常用于指涉全世界范围内的某些革命运动，尤其是社会主义、无政府主义和共产主义运动，有时也包括社会民主主义理论及其实践。在当代政治话语体系中，“左翼”通常指涉社会自由主义或社会主义，以区别于保守主义的“右翼”。当然，这种划分只是相对的，至今尚无一种确切性的一致定义，但在哲学观、社会观、历史观上，左翼普遍信奉“小民史观”，关注底层民众的需求，强调社会公平，反对贫富差距过大，追求社会变革。“左翼”具备上述共有特征和指代内涵，在当代理论界和社会政治界，是没有多少争议的。可以这么说，左翼的上述意义指涉很大程度上决定了“现代中国左翼美学”的左翼色彩、革命调性、激进身份，但需要说明的是，作为一种美学形态的“左翼”，与政治学、社会学的言说和指涉又是不尽相同的，或者说，在左翼美学当中，要特别注意政治立场、美学主张、文艺实践的矛盾冲突、内在纠结，它们或一致，或并向，或逆袭，共同构成了左翼美学的言说场域和艺术实践，这一点至关重要。由此更进一步，落实到“现代中国左翼美学”中的“左翼”，其具体指涉可作这样的表述，左翼美学是中国现代文艺史上的一个特定概念，一般冠之以“普罗列塔利亚”（简称普罗）美学，实即由中国共产党领导、由革命文艺工作者参加、团结一切进步文艺力量的无产阶级美学，它既区别于国民党的右翼文艺，又有别于小资产阶级文艺，还区别于一般的民主主义文艺。①

“美学”是梳理“现代中国左翼美学”的学术旨归和研究指向。也就是说，全景呈现和细致扫描左翼美学产生、发展、成熟、衰落和转型的过程，不是为了凸显其中的阶级斗争史、社会革命史、政治主张史，而是站在20世纪中国美学实践和建设的高度，以“美学在中国”和“中国美学”为核心，兼用“旁观者式”“介入式”的研究方法，做到审美实践（作品）、历史事件（史料）和概念范畴（史论）三者的有效对接，对左翼美学的历史贡献和局限不足进行理论研究和学术思考，旨在推动21世纪中国美学的发展和成熟。同时，本书以左翼作家、理论家、艺术家的思想建构与文本实践为核心梳理线索，关联社会主题、文化思潮、美学发展等宏观向度，致力于综合探讨左翼美学，不仅关注左翼理论家的美学主张与理念、植根左翼文艺当中的美学思潮，同时注重分析左翼文艺的审美实践、美学创造，考察范围较广，视角多维。

二、左翼美学的产生背景

左翼美学的产生，紧密关联当时的革命氛围和社会语境，内在呼应国际性的左翼文艺运动，直接受到苏联文艺政策的启发和引导，拥有广泛的社会基础和大量的读者群体，其具体生成背景如下。

第一，大革命受挫，进步革命陷入低潮，“激情革命”转向“文艺抗争”成为全国性的风尚和热潮，左翼文艺运动的兴起，推动现代中国左翼美学登上历史舞台。

1927年蒋介石发动“四一二”反革命政变，全国陷入白色恐怖，标志着北伐革命的失败，中国革命由此进入无产阶级单独领导的土地革命时期。鲁迅这样感知此种转型，“在我自己，觉得中国现在是一个进向大时代的时代。但这所谓大，并不一定指可必由此得生，而也可以由此得死”②。革命或大胜或惨败的高变数，昭示着时代的大变局，革命文艺的兴盛并非缘于革命大获成功而带来的

① 参见张大明、王保生：《三十年代左翼文艺大事记》，中国社会科学院文学研究所编《左联回忆录》，中国社会科学院出版社1982年版。

② 鲁迅：《〈尘影〉题辞》，《鲁迅全集》第三卷，中国文联出版社2013年版，第461页。

群情激奋及其大力推动，相反，是革命的失败和挫折激起革命文艺的雷霆气势和迅猛发展，革命受挫反倒成就了文艺的繁荣，社会革命与美学艺术呈现“辩证法”的“二律背反”之势。在这个时间节点上，自“五四运动”以来席卷中国社会的革命浪潮，仿佛遇到了新的问题、新的瓶颈，其不可遏止、眼花缭乱的革命形势突然被逆袭，向前、向好的革命“愿景”轰然崩裂，曾经象征力量、承载理想的革命惯性突然消失。斗争激情仍在，社会形势却迥异，现实革命的无力感、压抑感和革命激情的充沛感、爆发感，形成强烈反差，构成巨大冲突。在此种背景下，革命文艺便成为释放斗争激情、保持进步状态的替代性武器，功能顺承和逻辑转换色彩明显，革命文艺运动由此风起云涌、蔚成大潮。

关于革命文艺的这种生成状态和发展前景，有一批理论家、文艺家在当时都提到过。成仿吾指出，“革命的文学家，当他先觉或同感于革命的必要的时候，他便以审美的文学的形式传出他的热情。他的作品常是人们的心脏，常与人们以不息的鼓动”①，审美成为革命的先导和觉醒性力量，功能独特而富有巨大价值。长风强调：“把这些无穷的苦闷，与无尽的幻想，以艺术底手段，具体地表现于言语，动作，文字，声，色，以及一切的符号，便是文学，它把内心的振动去散播于他人，把曾经燃烧了自己的生命的东西去燃烧他人，同时接受的一方，他要甜蜜的安慰，他要壮厉的鼓励，而他恰恰可以从文学里得到，于是他就很热心地接受了。”②文艺的功用是如此强大，成为抒发苦闷、寄托理想和排遣压抑的绝佳工具。在革命文艺主张的言说逻辑中，表面上看是呼吁文艺应该具备更多的革命性，但关联大革命失败的社会现实语境，其内涵实质和实际效果却是投身革命行动向注重文艺实践的转变。当此之时，郭沫若、成仿吾、冯乃超、李初梨、彭康、朱镜我、蒋光慈、钱杏邨、阳翰笙等一批青年作家纷纷著文、激愤发声，寄望于“笔”与“剑”的内在共通，“一扫传统文人的沉沉暮气，以新世纪青年的崭新形象横空出世，一个充满自信的有着鲜活生命力的自我得以孕育，真正宣告了现代意义上的审美独立论思想的诞生”③，狂飙突进的革命文艺主张成为宣泄激情、实现理想的补偿性满足物。同时，“革命文学”论争结束后，为适应国内外革命斗争形势的变化，中共中央成立了文化工作委员会（简称“文委”），领导成立

① 成仿吾：《革命文学与他的永远性》，《创造月刊》第1卷第4期，1926年6月16日。
② 长风：《新时代的文学的要求》，《洪水》半月刊第3卷第27期，1927年2月16日。
③ 叶世祥：《20世纪中国审美主义思想研究》，商务印书馆2011年版，第113页。

了中国左翼文化界总同盟（简称“文总”），强化了党对左翼文化运动的思想领导、组织领导，也很大程度上推动了左翼文艺实践的迅猛发展。

第二，国际左翼文艺运动风起云涌，中国与国外著名左翼文化人士联系日益频繁，加上苏联社会形势和文艺政策的直接启发、国际革命作家联盟的号召，加快推动了左翼美学的建构进程。

20 世纪 20 年代末至 30 年代初，国际左翼文艺运动的勃兴建立在对当时国际革命形势乐观估计的基础上。1929 年世界范围内开始的经济危机，导致了资本主义世界的普遍困境，许多人认为全球无产阶级革命高潮就要到来，纷纷跃跃欲试，准备推翻资本主义制度，其中第三国际对革命形势的估计尤其乐观。国际左翼文艺运动作为世界无产阶级革命的重要组成部分，自然也就受到重视，尤以美、日、德等国掀起的左翼文艺运动为代表，声势浩大，影响空前。在此背景下，“中国对国际的亦步亦趋，既表现为政治的，更表现为组织的，尤其表现在思想、理论上”[①]，这种紧跟、追随表现在文艺领域，便是国际左翼文艺运动成为左翼美学生成的重要外域资源与外源性因素。除日本福本主义、苏联“拉普”理论之外，马雅可夫斯基及其创作也对左翼美学的历史文化意识、艺术创作理念、主题话语诉求和审美精神气质产生过巨大影响，而拉法格和鲍狄埃的文艺活动和理念、辛克莱的创作实践和文艺主张对左翼美学的建构也都发挥过重要作用，左翼文艺运动与国际文艺界、理论界的紧密关联性、同步跟随性可见一斑。

在国际左翼文艺运动蔚成巨潮的大背景下，国内革命人士纷纷联络国际进步文艺人士，中国与苏联高尔基、法捷耶夫、绥拉菲靡维奇，法国罗曼·罗兰、巴比塞、古久利，英国萧伯纳，德国布莱希特、路特·维奇棱、珂罗维支、基希，美国史沫特莱、斯特朗、斯诺，日本小林多喜二、秋田雨雀、尾崎秀实，新西兰艾黎等众多进步作家或大批左翼记者，取得了直接联系，建立了深厚友谊。这些进步人士对中国革命的同情、对中国无产阶级底层的关注、对中国人黑暗生存状况的忧心，又进一步强化了国人学习国际左翼文艺人士以“笔”为武器进行抗争的决心和实践，中国左翼文艺运动在上述标杆人士的关心和感召下，加快了前行

---

① 张大明：《左翼文学与国际左翼文学思潮》，方全林主编《纪念中国左翼作家联盟成立 70 周年文集》，上海文艺出版社 2000 年版，第 127 页。

的脚步，尤其是获得了如宗教信仰般巨大的发展动力。

从20世纪20年代中后期开始，斯大林提出“文艺服务于经济建设”等口号，普罗文艺运动在苏联兴起，苏联文艺被视为世界进步文艺运动的先锋。当时中国革命反帝反封建的现实需要，进一步推动了文艺大众化观念在国内的迅速传播和重点倡导，而苏联大众文艺发展的现实，又以某种乌托邦幻象的方式激励国人，成为推动革命进步的重要动力和方向指引。基于此种逻辑，苏联文艺界无产阶级文化派、“拉普”文艺理论、苏联文艺政策及其具体做法等被迅速引入中国，高尔基、法捷耶夫等人的文艺作品常被提及，苏联文艺现实对接中国人的“苏联想象”，在“对未来理想社会的自我美化”的情感认同和逻辑归属中，快速推动了现代左翼美学的中国式建构进程。

国际革命作家联盟的前身为“莫尔普”，成立于1925年，旨在贯彻俄共（布）中央《关于党在文学方面的政策》的决议。1927年11月，第一次革命作家代表大会在莫斯科召开，宣布成立革命文学国际局，制定了政治纲领，并决定出版机关刊物《外国文学通报》，强调凡是反对法西斯主义、帝国主义战争威胁和白色恐怖的作家都可以成为它的会员。1930年11月，第二次国际革命作家代表大会在苏联哈尔科夫举行，决定改组为“国际革命作家联盟”，会议讨论和肯定了资本主义国家在社会主义取得胜利以前有可能发展无产阶级文学和文化的观点，通过和发表了《致世界各国革命作家书》，号召他们联合起来反对帝国主义，并决定以俄、法、英、德4种文字出版机关刊物《世界革命文学》，以代替《外国文学通报》。此后，作为国际革命作家联盟的一个支部，中国左翼作家联盟开展活动。国际革命作家联盟的组织功能和理论主张，直接推动了左翼文艺运动的开展，尤其对后者的某些重大决策和关键性转向产生过直接影响，这一点从本章关于左翼美学生成过程的梳理中完全可以看出。

第三，左翼文艺运动恰逢政治文化氛围浓烈的时代语境，吻合社会大众尤其是青年“为政治上苦闷而追求文学，又从文学中找寻政治出路”的群体文化心理，具有广泛的社会基础和大量的阅读群，影响广泛而深远。

20世纪30年代的中国社会，政治文化氛围浓厚，“政治焦虑”普遍存在，左翼文艺之所以广受欢迎，很重要的原因就在于其较多表达了社会大众关注的左翼政治思想及其价值取向，有效对接了当时左翼思想大行其道、知识界较为关注马克思主义的社会心理。这种情况在广大青年中表现得尤其明显，大家见面谈论得最多的往往是工作和政治，个人生活反倒很少涉及。左翼文艺成为排解政治郁结、释放政治激情的替代性工具，因而广为运用和备受关注，“那年头，青年为解脱思想苦闷，到处找文艺书读。对于无关痛痒的作品，厌弃不顾，专门找鲁迅、郭沫若、蒋光慈作品来读，从中寻求启示和刺激。只要有进步的名教授、名作家讲演，不管路程远近总要去聆听一通”①。当时的进步青年因为政治上的苦闷而寄情文艺，从文艺中探索政治出路，杨纤如的这段回忆生动复现了这一点。“一切文学，不管多么虚弱，都必定渗透着我们称之为一种政治无意识的东西，一切文学都可以解作对群体命运的象征性思考”②，对于身份低微、贫困潦倒、以“卖文”为生、饱含革命激情却深感报国无门、渴望改变现状、苦于寻找出路的许多青年人而言，尤其如此。当时许多作家和读者都希望文学反映现实政治，体现政治倾向，左翼思想比较流行。再加之，“一·二八”事变后，中国共产党被视为重要抗日力量而获得存在和发展的合法性，中间或中间偏右的许多报刊都欢迎左翼作家发表文章，左翼文艺更加兴盛。1933 年后，即便中国国民党加大了宣传控制，但上海几大主要报纸的副刊，如《申报·自由谈》《电影副刊》，晨报《每日电影》《时事新报》副刊等，几乎都由“左联”或“左翼”的人担任编辑，在郑振铎的努力下，商务印书馆甚至也愿意出左翼作家的作品。左翼思想在社会各界广泛流行、左翼刊物拥有巨大的受众市场等上述情况，无疑有助于左翼美学的勃兴和发展。

三、 左翼美学的形成过程

左翼美学的生成与左翼文艺运动具有大致的同步性、相似的阶段性，参考后者的标志性事件，综合考察美学发展的具体规律和时间节点，现代中国左翼美学的形成过程可以相对划分为以下五个阶段。③

第一，“革命文学”论争与左翼美学的产生，对应时间为 1927 年中至 1930 年初，这一时期的重要事件主要包括“革命文学”论争，对鲁迅和茅盾等人的批

---

① 杨纤如：《寿南北两“左联”六秩》，中国左联作家联盟成立大会会址纪念馆编《“左联”纪念集》，百家出版社 1990 年版，第 26 页。

② [美]弗雷德里克·詹姆逊：《詹姆逊文集》第二卷，王逢振等译，中国人民大学出版社 2004 年版，第 192 页。

③ 以下归纳参考：马良春、张大明：《三十年代左翼文艺资料选编》，四川人民出版社 1983 年版。

判与联合，对论语派、新月派的批判等。

1927年5月，由鲁迅、成仿吾等签名的《中国文学家对于英国知识阶级及一般民众宣言》发表，呼吁英国工人和进步知识界同中国人民一起打倒帝国主义，拉开左翼文艺运动的序幕，左翼美学随之开端。由此，“文学革命”发展为“革命文学”，“平民文学”蜕变成“无产阶级文学”，声势浩大的左翼文艺运动随之登上历史舞台。1927年9月，茅盾《幻灭》在《小说月报》连载，后有《动摇》《追求》，合称“《蚀》三部曲”，以美学方式反映大革命失败前后小资产阶级知识青年的政治文化心理。1927年10月21日，鲁迅发表《革命文学》，批判吴稚晖以“救护”国民党为名发起的“清党”运动，认为“在革命时代有大叫‘活不下去了’的勇气，才可以做革命文学”；以苏联作家叶赛宁和梭波里为代表，认为“革命人”思维的获得是革命文学创作的基础。1927年11月，上海泰东书局出版蒋光慈中篇小说《短裤党》，其政治思想和艺术修养获得较大突破，虽然小说中塑造的人物形象一直受到争论，但这是中国现代文学史上首部以中国共产党领导工人武装斗争为题材的小说，具有开创性价值。《短裤党》出版后，“光赤（即蒋光慈）的读者崇拜者，突然增加了起来”（郁达夫语）。1927年12月，鲁迅写作《卢梭与胃口》《文学和出汗》，批判新月派主将梁实秋的“人性论”，强调文学描写的人性是变动的、具体的，人格平等是相对的、具有差异的。1927年冬，泰东书局出版《革命文学论》（丁丁编），内收陈独秀、瞿秋白、邓中夏、郭沫若、沈雁冰、蒋光慈、郁达夫等人的文章17篇，从多个视角和侧重点，对革命文学的产生背景、基本主张、主要特征、创作成绩、存在问题和未来发展等进行了论述和建言，这本小册子初步表达了左翼美学的理论主张和思想追求。

1928年1月，蒋光慈、钱杏邨、洪灵菲、孟超等组建太阳社并创办《太阳月刊》，郭沫若发表《英雄树》宣传无产阶级艺术，蒋光慈发表《现代中国文学与社会生活》论述文学与时代、生活的关系，创造社后期重要理论刊物《文化批判》创刊号登载冯乃超《艺术与社会生活》，批判文学研究会和鲁迅，左翼美学的激进色彩、狂飙突进风格更加凸显，同时显露斗争指向狭隘、主张与实践脱节、理论储备偏少等不足。1928年2月，成仿吾《从文学革命到革命文学》、蒋光慈《关于革命文学》发表，宣扬革命文艺，强调革命文学的划时代价值；丁玲短篇小说《莎菲女士的日记》在《小说月报》发表，反映当时知识少女的苦闷与追求，摹写独特群体心理，表达左翼美学主张。同月，李初梨发表《怎样地建设革命文学？》强调

“一切的文学，都是宣传”，批评鲁迅、郭沫若、蒋光慈的相关观点；周作人继1月发表《文学的贵族性》后，又发表随感录《爆竹》，否认文艺的阶级性，与左翼美学界的普遍主张明显对立。1928年3月，成仿吾发表《全部的批判之必要——如何才能转换方向的考察》，强调从经济基础和上层建筑关系角度认识文艺，为左翼美学提供更具深度、更为宏阔的理论资源和学术思想，左翼美学建构的学术含量明显提升；钱杏邨发表《死去了的阿Q时代》，严厉批评鲁迅的创作“没有现代意味”，过于强调左翼文艺的宣传功用，忽视文艺审美的独特作用和相对独立性。同月，《新月月刊》创立，徐志摩执笔《〈新月〉的态度》，倡导“健康”与“尊严”，反对无产阶级革命文艺；鲁迅发表《“醉眼”中的朦胧》，回应创造社的批评，大规模的“革命文学”论争由此开端；郭沫若发表《留声机器的回音》，强调以“辩证法的唯物论”批判“新月派”徐志摩的文艺观。1928年4月，蒋光慈发表《论新旧作家与革命文学》，提出作家创作按“亲近生活”“明白生活”“生活态度”递进的“生活体验层次论”，倡导写出“时代生活的实感”，同时与茅盾辩论，强调新作家应该肩负建设革命文艺的重任；洪灵菲长篇小说《流亡》出版，进步（取材新倾向）与不足（文学技巧欠缺）并存；鲁迅发表《文艺与革命（并冬芬来信）》，讨论文艺与宣传的关系，强调“一切文艺固然是宣传，而一切宣传却并非全是文艺”；胡秋原发表《革命文学问题》，强调挖掘文艺的政治效用时，不可“破坏了艺术的创造”，“破坏了艺术在美学上的价值”。1928年6月，梁实秋发表《文学与革命》，认为“伟大的文学乃是基于固定的普遍的人性”，否认无产阶级革命文学的存在；鲁迅所译苏联《文艺政策》在《奔流》连载。1928年7月，彭康《什么是“健康”与“尊严”》、冯乃超《冷静的头脑》、冯雪峰《革命与智识阶级》发表，回应“新月派”的批评。1928年10月，茅盾发表《从牯岭到东京》，重视文艺技巧，反对标语文学，对文学与社会环境的关系进行整体考察。1928年底，周恩来、李立三、李富春指示停止批判鲁迅、结束“革命文学”论争；太阳社、创造社联席会议决定，“创造社、太阳社所有的刊物一律停止对鲁迅的批评，即使鲁迅还批评我们，也不要反驳，对鲁迅要尊重”[①]。1928年12月，《文艺理论小丛书》开始出版，其中收录弗里契、日本左翼作家论文。

---

① 阳翰笙：《中国左翼作家联盟成立的经过》，中国社会科学院文学研究所编《左联回忆录》，知识产权出版社2010年版，第50页。

1929 年 3 月，蒋光慈《丽莎的哀怨》发表，引发华汉等人批评其政治思想错误；勺水（陈启修）发表《论写实主义》，创作方法问题日益被关注；不少刊物发表文章，介绍苏联文坛情况。1929 年 5 月，茅盾发表《读〈倪焕之〉》，肯定叶圣陶描写城市知识分子的重要价值；《科学的艺术论丛书》开始出版，其中包含普列汉诺夫、卢那察尔斯基、梅林等马克思主义美学家的重要论著。1929 年 6 月，胡也频长篇小说《到莫斯科去》出版，革命倾向鲜明。1929 年 8 月，鲁迅为柔石中篇小说《二月》作序，肯定小说的艺术成就。1929 年 10 月，中国共产党在上海成立了中央文化工作委员会，进一步加强党对文艺工作的领导；第一个左翼戏剧团体——艺术剧社在国统区宣告成立。1929 年 12 月，梁实秋发表《文学是有阶级性的吗？》《论鲁迅先生的硬译》，传播资产阶级人性论，批判革命文艺观，批评鲁迅翻译外国作品时主张的“硬译”法。1930 年 1 月，《萌芽月刊》刊登冯雪峰所译马克思《〈政治经济学批判〉导言》摘要，钱杏邨发表《中国新兴文学中的几个具体的问题》，回应茅盾批评有的普罗文艺作品存在“写标语”“喊口号”等低层次的缺点；鲁迅写作《“硬译”与“文学的阶级性”》，阐述文学的阶级性，重视文艺工作者的思想改造。1930 年 2 月，冯雪峰发表译文《论新兴文学》，译介列宁《党的组织和党的文学》，夏衍发表译文介绍列宁的艺术观。

在这两年半的时间当中，左翼美学得以产生，这一阶段的基本特征主要表现在承载形式和资源取向这两个方面。

从承载形式来看，表现为一般社科理论著述、美学与文艺批判论著、文艺作品三种方式，这三者所发挥的作用各有差异。前者虽多为哲学、社会学、政治学、文化理论、革命史著述，数量并不大，但发挥风潮引领、思想支撑和宣传指导的重要作用，为美学论文研究和论证提供大前提和理论养分。中者是美学成果最为标准的呈现方式，具体涵括美学和文艺理论译作、著述两种形式，其中又以论文为主。著作主要是译著，涉及文艺与阶级、人性、时代、生活的关系，文艺与宣传的异同，革命文艺的特征、使命和创作状况等一系列重要问题。基于学术思想发轫时期常见的模糊属性，也因为所涉及问题的复杂性和变化性，这一时期的美学观点可谓主张林立、交锋不断，大阵线上左翼对新月派的批判自不待言，就是在小阵营里，既有在一段不短的时间内对鲁迅的猛烈批判及至统一要求的停止批判，亦有在我们今天看来同属左翼美学阵营内的互相批评与往来攻讦，诸如李初梨与郭沫若、蒋光慈的争论，蒋光慈与茅盾、华汉等人的分歧。从这种角度视之，这一时期，尤其是1928年底之前，“左翼美学的发端”实际指涉“革命文学的论争”。这是此时左翼美学最为突出的样态，讨论和争鸣、批判和攻讦，而不是成熟、定于一尊的思想表达。后者是美学主张的文艺作品承载形式，虽然这一时期左翼作品的数量并不多，但它具有开创性、先锋性的鲜明特色。虽然具有诸多不足，尤其是表现技巧不够高明、人物形象不丰满，但文艺作品以美学实践的鲜活方式，既宣传了左翼美学的主张，又反过来检验和修正左翼美学的若干偏激观点，以接受检验、对接社会反响的方式丰富、推动左翼美学的发展。

从资源取向来看，外域资源是左翼美学援用最多的思想文化资源，这种态势与20世纪前30年中国对世界文化广泛吸收的整体状况相匹配。在左翼美学发端这个特殊的时间节点上，外域资源引用与转换的具体情况又有其独特个性。就整体格局而言，左翼美学与其他阵营的论争与辩驳，所掘取和依赖的资源存在巨大差异，左翼所汲取的外域资源主要来自日本、俄苏，这种理论发生过程可称之为现代中国美学的“日本经验”“俄苏经验”，而自由主义、纯艺术论者等其他阵营主要从欧美艺术界、思想知识界引入话语资源，大致对应现代中国美学的“欧美经验”。援用不同的外域资源基于选择主体的立场差异和需求区别，势必对论证前提、推导逻辑和所得结论产生巨大影响，这与双方的争议和攻击大有关系。就资源使用而言，左翼美学与对峙阵营都更为重视俄苏资源，俄苏资源愈发为双方理论言说和观点辩论所无法绕开：一方面，左翼美学阵营的外域资源汲取，从日本进步美学不断转向俄苏马克思主义美学，从阐释性、修正性的汲取变为经典性、正统性的吸收，虽然这种过程在此阶段未能完结，但瞿秋白、鲁迅等做了不少工作；另一方面，左翼阵营所依赖的主体资源依然是欧美自由主义的抽象人性论，但了解甚至是吸收俄苏资源亦成为他们主动或被迫的选择，与左翼美学不同，后者只是选取俄苏资源中“文化主义”“艺术至上论”和“修正主义”的艺术主张和美学观点。“以俄为主”的外域资源汲取态势既呼应了时代大趋势，又生动展现了左翼美学发轫期的具体特征。

第二，“中国左翼文化界总同盟”各团体成立与左翼美学的发展，对应时间为1930年初至1931年底。这一时期的重要事件主要包括“左联”成立，“中国左翼文化界总同盟”成立，对民族主义文艺的批判，三次文艺大众化座谈会等。

1930年3月，中国左翼作家联盟（简称“左联”）在上海“中华艺术大学”正式宣布成立，共有会员 50 多人，推选鲁迅、钱杏邨、夏衍三人为主席团成员，决定鲁迅、夏衍、冯乃超、钱杏邨、田汉、郑伯奇、洪灵菲七人为执行委员，周全平、蒋光慈为候补执行委员，通过了左联纲领和行动方案，成立了“马克思主义文艺理论研究会”“国际文化研究会”“文艺大众化研究会”等分支机构，宣布创办机关刊物《世界文化》杂志。在成立大会上，鲁迅发表题为《对于左翼作家联盟的意见》的著名演说，提出文艺应该与实际社会斗争相结合，“革命当然有破坏，然而更需要建设”，“战线应当扩大”等主张。同月，文艺大众化第一、二次座谈会召开，蒋光慈长篇小说《咆哮了的土地》开始连载，标志着蒋光慈革命小说走向成熟，这是左翼美学创作实践的重要成果。1930 年 8 月，左联执委通过《无产阶级文学运动新的情势及我们的决议》，虽然错误估计了当时中国的革命形势，但较为正确地认识了中国无产阶级文艺运动的发展趋势，对于推动左翼文艺运动的纵深发展具有重要指导作用。

1931 年 2 月，柔石、胡也频、殷夫、冯铿、李伟森五位革命作家（史称“左联五烈士”）被国民党淞沪警备司令部残酷杀害。1931 年 4 月，鲁迅发表《黑暗中国的文艺界的现状》，揭露国民党对左翼文艺创作、出版的控制与污蔑，指出“来抵制左翼文艺的，只有诬蔑，压迫，囚禁和杀戮；来和左翼作家对立的，也只有流氓，侦探，走狗，刽子手了”。1931 年 6 月，瞿秋白开始领导“左联”。1931 年 8、9 月，瞿秋白、茅盾等批判“民族主义文艺”主张及其实践运动，批评王平陵、朱应鹏、范争波、黄震遐等以所谓的“民族主义”为核心观念而攻击无产阶级文艺运动，揭露“民族主义文艺”的“为王前驱”和虚假性。1931 年 11 月，左联执委通过重要决议《中国无产阶级革命文学的新任务》，提出加强理论斗争、狠抓创作、推动大众化、实现文学的新任务。1931 年冬，左翼文坛第三次就文艺大众化问题展开大规模的专门讨论。

从以上对左翼美学第二个阶段所做的粗略回顾来看，进一步发展是其主要特征，并且发展的重点是实际工作组织的发动。一方面，这一时期左翼美学的主要成绩在于组织机构建设及其活动开展，核心工作是如何开展左翼美学实践，而重中之重是推进文艺大众化运动。不同于第一个时期流行与其他阵营的论争，即便此时曾批判“民族主义文艺”，但学理介入的深度和广度远不及前一个阶段，当时成立左翼美学机构、明确人员分工、创办刊物、发表宣言、狠抓创作等组织行为如火如荼，左翼界非常看重声势巨大的发动工作，“论争”让位于“组织”。另一方面，与左翼做法对应，且不同于第一个阶段以理论为主，国民党政府此时采用武力或行政干预方式，屠杀“左联五烈士”，发动“民族主义文艺”运动，缩减文艺作品出版，执行最严厉的书报检查制度，剥夺言论自由。严酷“打压”取代了第一阶段的“论争”，“探讨”让位于“控制”。双方都很重视组织发动工作，左翼致力于发动革命群众、团结统一战线队伍，士气高涨地推进文艺大众化运动，“化大众”和“大众化”并举，凸显包括左翼美学在内的进步文化战线所蕴涵的实际力量和积极因素。国民党政府以“全民抗战”的“民族主义”意识为幌子，对左翼施行高压、控制和打击的做法。二者组织行为直接对立，其实质焦点是争夺文化领导权。事实上，这是左翼十年最为核心的思想文化命题，理论争鸣、文化论战、宣传发动、氛围营造、激烈冲突、血腥镇压，形式多样，涉及广泛。

第三，与“自由人”“第三种人”的文艺论争与左翼美学的高潮，对应时间为1931年末至1933年底。这一时期的重要事件主要包括对“自由人”胡秋原、“第三种人”苏汶的批判，瞿秋白与茅盾“大众文艺”论争，继续批判“民族主义文学”，《子夜》出版，对《论语》杂志的批判等。

1931年12月，《文化评论》创刊号发表胡秋原《阿狗文艺论》，自称“自由人”，认为“文学与艺术，至死也是自由的，民主的”，批评左翼文艺运动；鲁迅作答沙汀、艾芜，谈作家世界观和创作的关系，总结八条创作经验。1932年1月，《北斗》第2卷第1期出版，讨论“文艺创作不振之原因及其出路”；《文艺新闻》刊文批判胡秋原，与“自由人”论战。1932年4月前，瞿秋白编写《现实——马克思主义文艺论文集》，从俄文转译多篇马克思、恩格斯经典文学论文。1932年4月，苏联解散“拉普”，指出其宗派主义、关门主义错误，强调唯物辩证法的创作方法已不适应新形势，成立全苏作家联盟；瞿秋白发表《普罗大众文艺的现实问题》，强调“要在思想上武装群众，意识上无产阶级化”。1932年5月，施蛰存主编的《现代》月刊创刊；瞿秋白发表《“自由人”的文化运动》，批判胡秋原“艺术至上”主义的思想。1932年6月，左联机关刊物《文学月报》创刊，瞿秋白发表《大众文艺问题》，强调大众文艺要新旧形式并用，提高艺术水平；茅盾写成著名短篇小说《林家铺子》。

1932年7月，苏汶发表《关于“文新”与胡秋原的文艺辩论》，自称“第三种人”，强调“勿侵略文艺”，文艺不能堕落为“政治的留声机”，声援胡秋原；茅盾发表《问题中的大众文艺》，强调文艺大众化“技术是主”，“文字本身是末”；《北斗》

第 2 卷第 3、4 期发表大量文章讨论文艺大众化问题；左翼电影刊物《电影艺术》创刊，推动左翼电影运动发展。1932 年 9 月，林语堂创办《论语》半月刊；苏联举行高尔基创作 40 周年庆祝活动，中国左翼文坛发表大量文章介绍高尔基及其文艺创作；苏汶发表《“第三种人”的出路》和《论文学上的干涉主义》，讨论文艺和政治的关系，批判左翼文艺运动。1932 年 10 月，瞿秋白发表《文艺的自由和文学家的不自由》，周扬发表《到底是谁不要真理，不要文艺?》，依据列宁反映论、文学党性原则，批判胡秋原、苏汶的文艺观；瞿秋白发表《再论大众文艺答止敬》，与茅盾商榷；《文学月报》发表评论，批判“民族主义文学家”黄震遐创作的小说《大上海的毁灭》。1932 年 10 月底至 11 月初，苏联提出社会主义现实主义创作方法，批判“拉普”唯物辩证法的创作方法。1932 年 11 月，鲁迅发表《论“第三种人”》，批判“第三种人”，阐述统一战线思想；茅盾写成著名短篇小说《春蚕》，解剖中国社会；张闻天发表《文艺战线上的“关门主义”》，批评“左的”关门主义，主张不排斥“自由人”和“第三种人”，应该给他们以“自由”，从而实现“广泛的革命统一战线”[①]；国民党公布《宣传品审查标准》。

1933 年 1 月，冯雪峰发表《关于“第三种文学”的理论与倾向》，承认左翼内部存在“指友为敌”和“宗派性”的错误，强调“不把苏汶先生等认为是我们的敌人，而是看作应当与之同盟战斗的自己的帮手，我们应当建立起友人的关系来”，认为“第三种文学”“多少有些革命的意义的，多少能够反映现在社会的真实的现实的文学。他们不需要和普罗革命文学对立起来，而应当和普罗革命文学联合起来的”[②]；苏汶发表《一九三二年的文艺论辩之清算》，强调通过这次论争，获得三大收获，并认为己方取得论辩胜利；茅盾长篇小说《子夜》出版，标志着左翼文艺走向成熟，瞿秋白高度评价，称 1933 年是《子夜》年，鲁迅称它是普罗文学的重要收获。1933 年 2 月，鲁迅发表《为了忘却的纪念》；萧伯纳抵达上海，瞿秋白、鲁迅编《萧伯纳在上海》；日本无产阶级革命文学作家小林多喜二被杀害，“左联”发表《小林同志事件抗议书》。1933 年 3 月，苏汶编著的《文艺自由论辩集》出版；“电影小组”成立，确立中国共产党对电影运动的领导，1933 年被电影史家誉为“中国电影年”，大批左翼影片公开发行。1933 年 4 月，瞿秋白编

---

① 歌特：《文艺战线上的“关门主义”》，《斗争》1932 年第 11 期。

② 丹仁：《关于“第三种文学”的倾向与理论》，《现代》1933 年第 1 期。

《鲁迅杂感选集》,并作长序,高度评价鲁迅。1933 年夏,神州国光社出版译文集《列宁与艺术》,比较全面地汇集列宁论文艺的言论。1933 年 7 月,《文学》杂志创刊,郑振铎、傅东华担任主编,发表叶圣陶《多收了三五斗》、艾芜《咆哮的许家屯》;鲁迅发表《又论“第三种人”》,反驳戴望舒的观点,认为中、法文坛不同,“第三种人”不同于纪德,左翼理论家“必须更加继续这内战,而将营垒分清,拔去了从背后射来的毒箭”。[①] 1933 年 8 月,鲁迅写《“论语”一年》《小品文的危机》和《帮闲法发隐》,批评“论语派”周作人、林语堂的“幽默闲适”美学。1933 年 9 月,臧克家写成长诗《罪恶的黑手》,歌颂工人阶级;上海戏剧协社举行《怒吼吧,中国!》公演,影响巨大。1933 年 10 月 30 日,国民党政府颁布查禁普罗文艺的密令。

用左翼美学的高峰来概括这一阶段的主要特征,不仅强调左翼美学界与“自由人”“第三种人”论争所取得的理论成就和巨大影响,而且这种高峰性广泛反映在文艺创作成绩及经验总结,文艺大众化讨论深度,论争态度和格局,本土文艺偶像打造,中外文艺交流强化,对马克思、恩格斯、列宁文艺美学思想的直接借鉴等诸多方面。

这一时期左翼文艺创作成绩突出,小说、电影、戏剧、绘画、诗歌这五个领域都有精品力作问世,社会影响很大,不仅各门类艺术均有巨大进步,还涌现出茅盾、臧克家等一批杰出左翼文艺家,而且创作经验的讨论在当时也很流行。正是因为惧怕这种巨大成绩,国民党进一步加强了对左翼文艺的控制,查禁文艺刊物,关停社会科学书店,销毁相关出版物,手段较以往更严酷。文艺大众化讨论在这一时期变得更有深度、更加集中,并进入焦点环节,围绕技术与理念、形象与语言、实际运动的展开等众多重要话题,进行过多次深刻、辩证地讨论。

现代中国左翼美学在论争中开展自身理论建构,这种特征最明显地反映在本阶段。这一时期的论争主要是左翼与“自由人”及“第三种人”的讨论,还包括与戴望舒、周作人、林语堂等人的论争,各方论争的话题比较丰富,参与人员较多,产生了大量的观点。从论争的整体基调和宏观氛围来看,既有针锋相对的争论、直接严厉的批评,也有进入对方言说逻辑、汲取正确成分的换位思考,平

---

① 李洪华:《从同路人到“第三种人”:论 1930 年代左翼文化对现代派群体的影响》,《南昌大学学报》(人文社会科学版)2009 年第 3 期。

等讨论、以理服人、理解商量的方式很明显，这种论争格局前所未有。这是左翼美学巨大的发展进步，理论自信和学术分析非常有助于左翼美学的学理建构。左翼美学的发展一直离不开外域资源的引入和助推，在此方面这一时期达到了新的高度。一方面，俄苏美学作为左翼美学的主要外域资源，其引入的经典性、集中性更进一步。在瞿秋白等人的努力下，马克思、恩格斯论文艺的经典著述经俄文转译在国内产生巨大影响，列宁文艺思想被快速引入而广泛应用于左翼文坛，这是新情况。另一方面，在中外左翼文艺交流更加畅达的前提下，国外左翼或进步文化偶像直接来华、与国内左翼成员交流更加密切，高尔基、萧伯纳、小林多喜二、罗素等文艺名人与国内联系广泛。与此同时，左翼文坛也开始塑造自己的文化偶像，在"中国高尔基"的美誉下，鲁迅成为国内文坛的偶像，其创作成绩、精神风格被前所未有地高度评价。此外，苏联文艺政策对国内文坛的影响速度加快，苏联批判和解散"拉普"、成立苏联作家协会、推崇高尔基，国内左翼文化界号召不能排斥"自由人"和"第三种人"、高度评价鲁迅、强调建构文艺统一战线，二者之间有着较为明显的关联。

第四，与"京派""海派"的论争与左翼美学的转型，对应时间为1933年底至1935年末。这一时期的重要事件主要包括电影"软""硬"性质之争，鲁迅对"京派""海派"的批判，沈从文对左翼、海派的批评，进步文化界对"新生活运动"的声讨等。

1933年至1935年，中国电影界发生电影"软""硬"性质的激烈论争。刘呐鸥、穆时英、黄嘉谟等批评左翼电影"内容偏重主义""多半带有点小儿病"①，反对把电影"利用为宣传的工具"，指责左翼电影"硬要在银幕上闹意识，使软片充满着干燥而生硬的说教的使命"②，左翼电影界批判刘呐鸥等人的"软性电影论""纯艺术论""纯粹电影题材论""美的照观态度论"和"冰淇淋论"。1933年11月，周扬发表《关于"社会主义的现实主义与革命的浪漫主义"》，介绍社会主义现实主义创作方法。1933年10月至1934年4月，"京海论争"发生。1933年10月，沈从文发表《文学者的态度》，认为"现在玩票白相的文学家，实占作家中的最多数"。1933年12月，苏汶发表《文人在上海》，认为"海派"一词是对上海

① 刘呐鸥：《中国电影描写的深度问题》，《现代电影》1933年第3期。
② 黄嘉谟：《硬性电影和软性电影》，《现代电影》1933年第6期。

文人的恶意称呼。1934 年 1 月，沈从文发表《论“海派”》一文，用“投机取巧”“见风转舵”“冒充风雅”“哄骗读者”“思想浅薄可笑”“邀功侔利”“传述撮取不实不信的消息”等词汇，严厉批评部分海派作家利用文学沽名钓誉、投机取巧的行径；鲁迅就资产阶级文人内部的京派、海派之争发表意见，强调，“‘京派’是官的帮闲，‘海派’则是商的帮忙”。韩侍桁、曹聚仁、徐懋庸、荆有麟等纷纷加入此次论争。在这场论争中，沈从文等批评左翼作家“记着‘时代’，忘了‘艺术’”，指责左翼文学“‘艺术’或‘技巧’都在被嘲笑中地位缩成一个零”[①]，大多数左翼文艺家则批评京派文化人“不关心现实社会”，“不关心国家民族的前途命运”，“只专注于象牙塔中的艺术”。经过这场论争，加上出版空间的缩小，左翼作家一改“直白显露”的惯常创作方式，注重写作深度、运用曲笔、强调“含蓄化的幽默”，崇尚修辞美学、重视文学技巧，大幅提升了左翼文艺作品的质量，左翼文艺在与京派的论争中获得转型、发展的新契机。

1934 年 2 月，蒋介石发表题为“新生活运动要义”演讲，再次掀起“尊孔读经”复古逆流，对进步文化界进行声讨；国民党查禁上海出版的大量文艺和社会科学书籍、刊物。1934 年 4 月，林语堂创《人间世》月刊，宣扬“闲适”“幽默”。1934 年 6 月，大众语讨论（文言、白话之争）在上海广泛开展；鲁迅发表《拿来主义》。1934 年 7 月，《文学》一周年纪念特辑《我与生活》出版，内收茅盾、巴金、沈从文、艾芜等 59 位文艺家谈文学创作的文章。1934 年 9 月，《文学新地》创刊，刊登译文《马克思论文学》，详细介绍马克思、恩格斯的文艺观和评论。1934 年 10 月，京派著名刊物《水星》月刊创刊；周扬发表《“国防文学”》，介绍苏联的国防文学理论及其创作。1935 年 3 月，叶紫《丰收集》出版，鲁迅作序。1935 年 6 月，沈从文《边城》出版。1935 年 8 月，中共中央发表《八一宣言》，号召建立抗日民族统一战线。1935 年秋，《中国新文学大系》开始分册出版。1935 年 11 月，肖三在莫斯科根据王明、康生指令，写信给“左联”，要求解散该组织。1935 年 12 月，周立波阐述中国倡导国防文学与苏联的不同；萧红长篇小说《生死场》发表；巴金主编“文学丛刊”开始出版，体裁丰富，入选作家众多。

从以上梳理不难发现，这一阶段左翼美学的转型主要体现在艺术性大幅

---

① 沈从文：《短篇小说》，《沈从文全集》第 12 卷，北岳文艺出版社 2002 年版，第 58 页。

提升、从新文学整体地位高度总结创作经验、趋向于消解左翼美学等多个方面。“京海”之争是这一时期发生的重大文化事件。京派作家与左翼美学阵营没有交集，一部分海派作家创作了左翼文艺作品，但就整体而言，海派文艺风格不同于左翼。而京派与海派的论争之所以牵涉左翼，除了海派与左翼的若干交叉外，更重要的是，京派批评左翼美学与时代关联过于紧密。但在“京海”之争当中，左翼美学在创作上大有收获，不仅学习了海派的先锋性技巧，而且部分吸收了“京派”美学的艺术格局和人生情怀。虽然它们的传播范围和受众大为不同，但在锻造艺术技巧上，左翼却受益很多，其含蓄表达的“曲笔修辞”既有效应对国民党的文化钳制政策，又大幅提升了创作水准，作用独特而巨大。

左翼美学发展的二、三阶段也常总结创作经验，但就研究高度和集中程度而言，远不及本阶段。这时的经验总结在格局上大幅提高，不再局限于从左翼经验内部来梳理创作成绩，而是从新文学整体地位的高度，去考虑左翼文艺的历史功绩问题。“中国新文学大系”工程不仅服务于提振抗战所需的民族自信，而且从新文艺发展史的高度，思考文脉存亡问题。与这种高度相匹配，这一时期有了59位著名文艺家一起谈创作经验的集子出版，这种格局为以往所没有，虽然是集体成果且水平参差不齐，但研究的聚焦性和深度还是可圈可点的。转型的第三个表现是左翼美学逐渐走向消解。在建构民族统一战线成为中国共产党战略主张的大前提下，解散左联及整个左翼文艺界，不仅是共产国际的远东指示，亦是全民族抗日大背景下的必然要求。周扬“国防文学”口号的提出反映了这种趋势，不管是左翼、右翼，还是其他哪一翼，都应该聚拢在全民族抗日大旗下，左翼将以消解自我的方式完成自己的使命。在这一时期电影界热闹的讨论中，电影艺术必须服务抗日救亡宣传的总体要求，也是基于同样的道理。

第五，“两个口号”之争与左翼美学的衰歇，对应时间为1936年初至1937年中。这一时期的重要事件主要包括“左联”解散，“国防文学”与“民族革命战争的大众文学”的“两个口号”之争，周扬与胡风“典型问题”之争，中国文艺家协会成立等。

1936年春，“左联”“剧联”相继解散。1936年2月，周立波发表《“国防文学”与民族性》和《非常时期的文学研究纲领》，徐行发表《评国防文学》，围绕国防文学的存在意义、发展方向进行辩论。1936年3月,《生活知识》推出"国防文学特辑",作"国防文艺"与"汉奸文艺"的划分。1936年4月,周扬发表《典型与个性》,就典型问题与胡风辩论;《生活知识》出"国防音乐特辑";《文学青年》发表拥护国防文学的多篇文章;上海剧作者协会召开"国防戏剧"《赛金花》讨论会。1936年5月,茅盾发表《需要一个中心点》,讨论"国防文学"的题材关键;徐行发表《我们现在需要什么文学》,批评"国防文学"理论家。1936年6月,周扬发表《关于国防文学》,阐述"国防文学"主张;中国文艺家协会在上海成立;《光明》半月刊创刊,发表"国防文学"作品,刊载徐懋庸、周扬的"国防文学"论文,批判胡风"民族革命战争的大众文学"口号;《中国文艺工作者宣言》发表,强调"我们愿意和站在同一战线的一切争取民族自由的斗士热烈的握手";《夜莺》推出"民族革命战争的大众文学特辑",刊登鲁迅、欧阳山、聂绀弩、吴奚如等人的文章;高尔基逝世,中国文艺界开展广泛的悼念活动;周扬发表《现阶段的文学》,强调国防文学的创作实绩和意义。

1936年7月,鲁迅发表《论现在我们的文学运动》,认为"民族革命战争的大众文学"与"国防文学"是包含关系;郭沫若、徐懋庸、张天翼发表论文,参加"两个口号"的讨论。1936年8月,《文学界》出"国防文学"特辑;鲁迅发表长文《答徐懋庸并关于抗日统一战线问题》,强调"民族革命战争的大众文学"口号的正确性和深刻性,并就对抗日统一战线的态度、对文艺家协会的看法、文坛"交友"与"树敌"的关系等发表自己的看法。1936年9月,老舍长篇小说《骆驼祥子》开始在《宇宙风》连载;《新认识》发表《文艺界的统一战线问题》,总结"两个口号"论争的价值。1936年10月,《文艺界同人为团结御侮与言论自由宣言》发表,强调围绕抗日救国,各文艺流派可以自由发展;两个口号论争资料《现阶段的文学论战》与《国防文学论战》出版;鲁迅逝世,国内举行大型纪念活动。1936年12月,《光明》发表周立波、杨骚、张庚、吕骥的文章,总结、肯定当年的小说、诗歌、戏剧、音乐创作。1936年,埃德加·斯诺《活的中国——现代中国短篇小说选》在伦敦出版。1937年7月,卢沟桥事变爆发,抗战文艺取代国防文艺与民族革命战争的大众文艺,左翼美学逐步衰歇。

以上简单回顾了左翼美学尾声时期的基本情况,在此作一个简要评析。这一时期的核心特征是左翼美学的衰退与停歇,左联的解散自然是它的标志性事件,但这一事件又与左翼美学上一阶段的转型紧密关联,或者说,上一个时期已为这种解散做了足够多的理论和现实铺垫。正是基于此，此时左联的解散似乎是水到渠成，没有引发太多震动，没有掀起文坛非议。这种巨变引起的震动与思考被转移到了“国防文学”与“民族革命战争的大众文学”的“两个口号”之争。这种争论发生在左翼文艺界内部，讨论围绕“阶级正义”或“民族正义”的优先性而展开，涉及周扬、鲁迅、冯雪峰、徐懋庸等人。周扬基于“泛民族统一战线”，首倡“国防文学”口号。鲁迅、胡风、茅盾坚持抗战革命者的阶级斗争立场，强调“民族革命战争的大众文学”口号的深度和内涵。作为周扬与鲁迅主张的调解者，冯雪峰有意强调两个口号的趋同和互补。作为鲁迅喜欢的“左联”年轻党团书记，徐懋庸语气偏重的提醒劝告，被误解为打击异己的小团体主义、关门主义。各方争论激烈，相互指责，言辞间充斥浓烈的火药味，但在理论追问和求得共识上具有重要收获，“这是左翼的阶级价值观与民族价值观的第一次冲突也是第一次整合”，“民族价值观最终实现了与左翼阶级价值观的融合，也使得左翼革命文学单一的阶级价值发生了结构性嬗变，成为阶级—民族的双核结构”①。这种结果和格局既回应了左联等左翼文艺团体解散的必要性和合理性，又赋予全民族抗战时代新文艺发展的空间与价值，为左翼美学的消歇尤其是新的转换创造了可能。中国文艺家协会、中华全国文艺界抗敌协会等抗日文艺团体的成立，便是这种延续和转型的明显标志。

周扬与胡风的“典型问题”之争是这一时期与美学走向关系较大的另一个问题。胡风强调从具体个体中抽取普遍性，再诉诸综合和归纳以获取典型。周扬主张通过深度开掘“个人的特殊性”，以接近典型。在塑造文艺典型的创作过程中，胡风更加关注文学世界内部的事件发生，更加强调文学创作与事件的内在关联性。塑造典型是现实主义文学创作的重要技法，典型问题是 20 世纪中国文学理论的重要母题。周扬和胡风此时的论争拉开了文学典型问题的讨论序幕，其后有大批文艺家、美学家和理论家参与讨论，亦为毛泽东《在延安文艺座谈会上的讲话》等文艺政策文本所重点关注，影响巨大而深远。

---

① 方维保:《左翼民族价值观与阶级价值观的整合——1936 年春夏之交的“国防文学”论争》,《文史哲》2015 年第 3 期。

第二节　群体导向的政治美学

左翼美学反对个体主义，坚持群体导向，不仅重视审美效应的生成，更强调社会价值的实现，其美学主张和创作实践背后蕴涵的是文化领导权思想及其现实指涉，并直接体现在左翼美学的身份建构和主体意识上。

一、社会学对美学的挤压

一方面，在美学理念上，左翼美学坚持集体主义，由五四式的“个体”意识转向“群体”本位，社会价值疏淡审美价值，“社会化”倾向加重，其文学史意义大于美学意义。

左翼美学强调，“文学是社会改造运动的一种工具，是挑发社会改造运动的，是引导社会改造运动的，是站在社会改造的火线上的”[①]，文学作为上层建筑形式之一，必须与社会发展阶段相适应，“必须从事近代资产阶级社会全部的合理的批判，把握着唯物的辩证法的方法，明白历史的必然的进展”[②]，社会现实对文艺审美具有决定作用。革命文学是反个人主义的群众文艺形式，以满足被压迫群众的需求作为创作的出发点，反抗各种旧恶势力，“一个作家一定脱离不了社会的关系，在这一种社会的关系之中，他一定有他的经济的，阶级的，政治的地位——在无形之中，他受这一种地位的关系之支配，而养成了一种阶级的心理。也许作家完全觉悟不到这一层，也许他自以为超乎一切，不受什么物质利益的束缚，但是在社会的关系上，他有意识地或无意识地，总是某一个社会团体的代表”[③]，左翼美学坚持集体主义本位，强调社会阶级或团体意识对文艺创作的重要影响；强调社会科学方法不仅是政治研究、社会分析、经济探讨的必要方法，而且“它对于艺术家，特别是对于文学家，也还是一种必要的方法”[④]，“思想

① 丁丁：《文艺与社会改造》，《泰东月刊》第1卷第4期，1927年12月1日。
② 成仿吾：《从文学革命到革命文学》，《创造月刊》第1卷第9期，1928年2月1日。
③ 蒋光慈，《关于革命文学》，《太阳月刊》二月号，1928年2月1日。
④ 钱杏邨：《中国新兴文学中的几个具体的问题》，《拓荒者》创刊号，1930年1月10日。

是生活的指路碑。文艺家哟，请彻底翻读一两本社会科学的书籍罢"[①]，重视社会科学方法及其思维模式对文艺创作的影响与作用。

另一方面，在创作实践上，以左翼小说为典型，左翼美学的叙事模式历经"漂泊"模式、"革命加恋爱"模式到社会剖析模式的嬗变。左翼文学以茅盾长篇小说《子夜》为美学模板，视社会剖析方法为重要的美学追求和创作准则。

首先，在创作动力上，视社会科学理论为创作基点和建构范式，注重社会学与美学的结合和统一。茅盾在回忆《子夜》创作过程时就指出，"看了当时一些中国社会性质的论文，把我观察得的材料和他们的理论一对照，更增加了我写小说的兴趣"[②]，社会分析方法和视角在文学创作中的重要性可见一斑。其次，在创作来源上，强调社会经验及对其进行社会科学研究，注重纵横开掘题材、塑造典型人物，坚持真实性和倾向性的统一。茅盾强调，作家必须横向了解社会生活的各个环节，纵向把握社会发展的总体方向，选择最典型、最深刻的事物和现象作为小说题材，"一个做小说的人不但须有广博的生活经验，亦必须有一个训练过的头脑能够分析那复杂的社会现实；尤其是我们这转变中的社会，非得认真研究过社会科学的人每每不能把它分析得正确"[③]。1932年9月，苏汶在《现代》杂志发表小说《人与女人》，讲述一个在工厂做工的哥哥被捕后，其妻和妹都相继沦为娼妓的故事。上述左翼作家和批评界纷纷对其指责说，难道这是参加革命的必然结果吗？小说产生了坏的社会影响，尤其不利于发动革命、服务抗战，但苏汶坚持说，题材确有其事，他写的是"真实"。左翼美学界反对这种观点和创作实践，其"真实性"和"倾向性"相统一的文艺理念和美学主张显而易见。再次，在创作观念上，重视社会科学的指导作用，注重发挥文艺的意识形态功能。钱杏邨认为，"在文艺书籍受了非常的打击之后，社会科学书籍的要求在青年读者方面差不多普遍起来，因此，在这一年，我们有了不少的社会科学书籍的产生。社会科学书籍的发行，直接的间接的对于普罗作家给予了不少的在意识形态方面的影响，这将使此后的中国普罗文艺更加坚强起来"[④]，可见新社会

---

① 麦克昂：《英雄树》，《创造月刊》第1卷第8期，1928年1月1日。

② 茅盾：《〈子夜〉是怎样写成的》，孙中田、查国华编《茅盾研究资料》上册，知识产权出版社2010年版，第327页。

③ 茅盾：《〈子夜〉是怎样写成的》，孙中田、查国华编《茅盾研究资料》上册，知识产权出版社2010年版，第480页。

④ 刚果伦：《一九二九年中国文坛的回顾》，《现代小说》第3卷第3期，1929年12月15日。

科学运动对文艺审美的直接影响，文艺的意识形态属性明显加强。

此外，左翼美学的审美特征及其具体呈现的情节、结构，直接呼应其大多数创作者的社会科学家气质，郭沫若、朱镜我、李初梨、彭康等文艺家更是撰写了大量社会科学论著。

新社会科学运动是1927年大革命失败后在国内兴起的一场以探求、译介、研究西方哲学社会科学理论，尤其是马克思主义理论为中心的文化运动。它持续到20世纪30年代中期，因中日民族矛盾紧张使思想界关注焦点转移而逐渐衰竭。它是“五四”后又一场有巨大影响的文化运动，形成20世纪上半叶中国哲学社会科学发展的黄金时期。新社会科学运动快速推动了马克思主义理论在中国的传播与应用，直接、全面、深刻地影响了中国现代左翼美学的生成，也带来或强化了泛政治化、相对轻视审美性和艺术性、推崇二元对立思维等不足。同时，在资源援用和理论建构过程中，文人知识分子意愿与政党政治需要并存，选择性接受、变异性阐发时有发生。加上20世纪30年代初，中国马克思主义文艺理论既相对成熟又迥异于政策化文论的独特属性，导致学术话语、文艺话语、政治话语的多维交织和内在扭结，极具现代性张力。在左翼文化运动中，文艺家与社会科学家密切联系开展工作，“社联”与“左联”巧妙配合，“文委的这些成员，绝大部分是社会科学工作者，因而在文委内部讨论社会科学问题，自然多一些”①。左翼文艺家兼具的社会科学家身份对其美学表达具有重要影响，加剧了社会学对美学的挤压，使左翼美学“群体美学”“政治美学”的特征更加明显。

二、 文化领导权与文艺大众化美学

在左翼文化场域中，政治革命实践与革命文艺的艺术探索均离不开文艺大众化，文艺大众化美学品格确保了它的成功、力量和价值。在左翼文艺运动中，创办通俗刊物，创作民歌民谣，将名著改编为通俗小说，建立工人夜校，在工厂组织读报组，办墙报，开展工农通讯员运动，组织工农剧社，成为最普通，也最重

① 吴黎平：《长念文苑战旗红：我对左翼文化运动的点滴回忆》，中国社会科学院文学研究所编《左联回忆录》，知识产权出版社2010年版，第59页。

要的文艺形式，受到普遍重视。在“大众化”和“化大众”的二元张力结构中，“所谓艺术运动应与政治运动合流者，这不外乎是以艺术底力量来启示读者大众，使一般意识退后及低下底大众，向着革命底途径前行。但是这种底艺术，并不是千篇一律底政治论文，亦不是解释社会主义底说教文章，它必须要使大众理解；使大众爱护；能结合大众底感情与思想及意志而加以抬高。简言之，这里底作品，必须具有真正底艺术性，这里底作家，必须有优秀底素养及努力。真正能够鼓动及宣传大众底艺术，就是达到确立普罗列塔利亚艺术底途径”[①]，产生了巨大的社会影响，文艺的意识形态领导和组织功能得以凸显。对其大众作品的美学风格，左翼文艺界曾经这样界定：“新写实派的作品，应该是富于情热的，引得起大众的美感的”，“这里所谓美，是指那些能够引起现今社会上一般大众的热情的美”，“这样的完全作品，一定是能够教训大众的观点，暗示大众的出路，鼓舞大众的勇气，安慰大众的痛苦，满足大众的需要”。[②] 在文艺大众化原则背后，左翼美学蕴涵着一种流血的冲动与新伦理道德建构的理想。文艺被视为社会改造的重要工具性力量而受到普遍重视，其焦点是对文化领导权的争夺，以普罗作家为主体的左翼知识界认为，只有无产阶级才能担负创造未来文化的历史责任，他们强调的文艺阶级论和革命道德观打破了许多传统的审美惯例与接受者的心理秩序。

一方面，要发挥无产阶级文艺的社会功用，文艺青年尤其应该坚守这一信条。忻启介呐喊，“我们认为有产阶级底艺术是欺瞒的，麻醉的。而无产阶级艺术，是宣传的，煽动的，革命的”[③]，他所理解的无产阶级文艺特性由此可见一斑。郭沫若疾呼，“当一个留声机器——这是文艺青年们的最好的信条”，“文艺青年们应该做一个留声机器——就是说，应该克服自己旧有的个人主义，而来参加集体的社会运动”，“阶级文艺是途中的文艺。她是一道桥——不必是多么华美的桥——架设到彼岸”，[④]文艺的阶级宣传功能在此彰显。顾凤城强调：“一切个人主义，自然主义……，已是历史上的陈列品，我们所需要的，就是非个人主义的集体的以群众的意志为意志底模型的文学。……末了，我再引卢纳卡尔斯基

① 沈起予：《艺术运动底根本概念》，《创造月刊》第2卷第3期，1928年10月10日。
② 勺水：《论新写实主义》，《乐群月刊》第1卷第3期，1929年3月1日。
③ 忻启介：《无产阶级艺术论》，《流沙》半月刊第4期，1928年5月1日。
④ 麦克昂：《英雄树》，《创造月刊》第1卷第8期，1928年1月1日。

的话作结:‘革命可以给艺术以灵魂,艺术可以给革命以口舌。’”[①]在这里,阶级文艺、留声机般的文艺宣传功能、集体意志成为左翼美学的重要概念,直接服务于无产阶级文化领导权的争夺。

另一方面,以“左联”为核心,中国共产党强化了对文艺工作的领导。尽管是党与非党作家联合组成的群众性团体,但“左联”实质上还是一个缺少掩护、“第二党式”的所谓赤色群众团体,“左联这一通过‘左翼身份’以吸引文学爱好者甚至一般积极分子加入联盟以扩大中共政治组织的做法贯穿了左联的始终”[②]。左联的党团书记是其实际负责人,鲁迅虽然参与不少重要工作,但更多扮演的是旗手和精神领袖的象征性角色,他与左联内部一部分人的广泛联系和深入交流更多基于私人情感和文艺赏识,“左联组织的领导权自始至终掌握在中共的党团手里,鲁迅之与左联只不过一个相当于‘顾问’的角色”[③]。茅盾曾经回忆说,“左联的工作应该是文学工作,但中国左联自始就有一个毛病,即把左联作为‘政党’似的办,因此它不能成为广泛的反帝反封建的文学团体”[④],这从一个侧面反映当时党对左翼文艺的思想领导、组织领导状况。对此,非左翼文艺阵营则有“一班先从事于政治运动的朋友们,在没有准确的认识文艺之前,就想把‘文艺’整个推翻,将他们的政治理想代替了”[⑤]的批评。苏汶更是将自由人与左翼人士之间的论争解读为“作家之群”与政治家群体的矛盾,嘲笑左翼文艺界产生不了托尔斯泰和福楼拜。此话虽然不一定正确,但也见出当时文化领导权争夺的激烈程度和牵涉广度。当时革命文艺实践及其左翼美学的建构,不仅关系到文化精神和价值秩序的重建,更是涉及文化领导权的批判与争夺。

瞿秋白较早强调文艺的阶级属性、意识形态功能,推动文艺大众化进程,注重发挥文艺的政治宣传功能,推崇现实主义的创作原则和美学理念,实践“文艺社会学”式的文学批评,凸显对文艺工作的领导权意识,对左翼美学界影响巨大。在瞿秋白看来,文艺大众化是“普洛大众文艺的现实问题”,是革命文艺建

① 顾凤城:《文学与时代》,《泰东月刊》第1卷第7期,1928年3月1日。
② 曹清华:《中国左翼文学史稿》,中国社会科学出版社2008年版,第105页。
③ 曹清华:《中国左翼文学史稿》,中国社会科学出版社2008年版,第117—118页。
④ 茅盾:《关于“左联”》,中国社会科学院文学研究所编《左联回忆录》,知识产权出版社2010年版,第118页。
⑤ 李作宾:《革命文学运动的观察》,《文学周刊》第332期,1928年9月2日。

设的首要任务。他从“用什么话写”“写什么东西”“为着什么而写”“怎么样去写”“要干些什么”等五个方面，进行了分析。瞿秋白认为，在文艺形式上，大众文艺作品主要应该是鼓动作品、为着组织斗争而写的作品，为着理解人生而写的作品；在创作技法上，需要克服感情主义、个人主义、团圆主义、脸谱主义等各种“轻率态度”；在文艺组织上，大众文艺运动要做好俗话文学革命运动、街头文学运动、工农通讯运动、自我批评的运动等；在核心理念上，大众文艺要建立“新中国文”，表现群众的生活、理想、希望，要善于描写英雄、揭露敌人、反映反帝反封建的革命战争，革命作家必须深入群众、融入生活，进行观察体验。

三、 身份意识与主体建构

左翼文艺的创作主体和接受客体主要是“中小地主及商人”“没落官绅”“农民”，他们都处于中国社会的底层或中下层。左翼美学团体由两类人组成，“一是 1920、1930 年代曾受到晚清革命思想、马克思主义和日本左翼社会思潮极深影响的日本留学生，归国后他们与另一批由破败乡村走向城市的知识青年汇合，通过上海这个新文化中心把左翼激进思潮传播到中国的广大城乡”，“一是抗战时期的流亡学生和解放后培养的工农作者，他们人生的选择与中国革命的发展具有某种‘同步性’，在他们身上，折射出左翼文学思潮的本土化倾向和文化心理特征”。这些缺乏真正“学院”和“书斋”体验的左翼文艺家，对上层社会生活抱持敌对态度，“当时代激流涌来时，它便容易作出告别都市走向乡村、告别个性而选择大众、告别幻想而投身革命的抉择”。[①]

左翼文艺人士的这种身份特点，植根于真实生活和社会环境，并深刻影响其文艺创作、社会实践、思想主张。基于时代氛围的影响、左翼文化的盛行，对左翼身份的坚持，对左翼文艺理想的追求，对左翼革命精神的捍卫，成为当时很多左翼文艺家的创作动力和前行勇气。身份意识与主体建构由此交相辉映，生命感受与革命理想得以内在结合。艾芜是这方面的典型。加入左翼大家庭之初，艾芜珍惜的更多是作家身份而非左翼属性，但朴素的阶级感情使他获得某种共鸣感，大家庭一员的温暖感又让他感佩于心，并以实实在在的文艺创作成

---

① 程光炜:《左翼文学思潮与现代性》,《海南师范学院学报》(人文社会科学版)2002 年第 5 期。

绩在上海文坛初露头角、产生影响。左翼作家身份使艾芜获得强烈的归属感，虽然加入“左联”后的艾芜更多地被安排参加各种飞行集会、开展文艺大众化活动、讨论政治形势而非文艺实践，没有太多时间和精力进行文艺创作，但“他并没有因此放弃左翼的立场，这主要还是因为他对左翼文学精神的认同。这种认同，是与他的底层生活经验相契合的，反过来又形成了支撑他继续写作的精神力量”[①]。而1933年入狱半年多的经历使艾芜重新思考文艺与革命的关系，他向时任左联党团书记的周扬表达了专门从事文艺创作、不参加“左联”社会活动的想法，引起胡风等左翼人士“从左面上来，却要从右面下去”的批评和误解。事实上，艾芜的这种行为是对左翼文艺理想的真正坚守，尤其是对文艺创作的美学品质和艺术水准的执着追求。对于此时的艾芜而言，“朝文学道路上走下去”“勇敢地走自己应走的路”成为一种坚定而自觉的主体性选择。他在这一时期创作的《山峡中》《南国之夜》《南行记》《松岭上》《海岛上》等众多佳作不仅负荷着鲜明的左翼文艺理想，而且承载着深切的文艺感受、生活体验和革命情怀，其文艺作品的倾向性、思想性建立在强大的生命体验和真诚的情感观照基础之上，因而具有较高的艺术水平和美学价值。

左翼美学的这种身份意识和主体精神，充分体现在左翼文艺作品中的身体形象塑造上。在左翼文本中，塑造阳刚、健硕、伟岸的身体形象成为左翼作家建构“尚力”美学、生成力量感的重要叙事策略。阳翰笙《两个女性》中的云生，历经革命洗礼，由“文弱气”十足的书生，蜕变为体格健硕、臂弯强大、双眼炯炯的“粗暴青年”。蒋光慈《咆哮了的土地》中的张进德，身材魁梧、野性雄壮、性格刚毅、行事果断。《短裤党》中的李金贵、《最后的微笑》中的阿贵、《冲出云围的月亮》中的李尚志，都是如此。在审美讴歌的笔法中，革命观念和身体形式得以有机统一。左翼文本中的这种革命者形象，“通常往往以压抑或忍耐，甚至割裂正常的欲望和需求来换取信仰的纯净和理想的崇高”。蒋光慈《咆哮了的土地》中的李杰，丁玲《韦护》中的主人公韦护，便是如此，“尽管革命者因为成功克服世俗的欲望而最终抵达崇高，但个体形象在完成崇高化的过程中的痛苦、灵魂挣扎却是伴随始终的”[②]。这些牺牲精神突出、集体主

① 陈国恩、陈昶：《从“游民”到左翼作家：论艾芜20世纪30年代的创作》，《江汉论坛》2013年第4期。
② 姜辉：《“红色经典”的叙事模式与左翼文学经验：20世纪20—60年代革命叙事的互文性考察》，暨南大学2010年博士论文，第38—41页。

义观念明显、革命热情高涨的人物形象，展示了工农群众阶级意识觉醒及其巨大的反抗力量，成为左翼文艺作品形象塑造的着力之处，有效渲染了革命行动的神圣感、合理性，发挥了强大的社会舆论动员功能，以文艺的方式推动着革命形势的不断高涨。

左翼美学的上述身份意识和主体建构，往往建立在道德想象、情感皈依、语言指涉的基础之上。在创作实践中，尤其应该注意清除概念主义、抽象主义、表层主义的明显毒害和负面影响。在左翼美学体系中，道德想象使“无产阶级意识”“无产阶级”“劳苦大众”等核心概念承载社会变革理想、指涉公平正义、负荷人文关怀，成为彰显重要价值的核心载体。在左翼美学场域中，“无产阶级意识”表征理想而完美的社会道德境界，“无产阶级”的社会变革与进步图景意义明显，“文艺大众化”不是一般文艺实践活动的指涉性词汇，而具有指引知识分子文艺创作方向的规制意蕴。将“大众”缩小，约定为“劳苦大众”，不仅关注社会现实和底层困境，“其重要意义还在于通过‘被压迫’‘被压榨’‘劳苦’等词语塑造出一个弱势的社会群体，并以此反衬出现实社会的罪恶和不平。‘劳苦大众’这一‘弱者’的代称，成为左翼作家驱逐了‘社会大众’所拥有的社会丰富性和复杂性的另一语言工具”[①]。左翼美学的上述道德想象与审美认同，对于争夺无产阶级文化领导权、发挥意识形态的统率功能具有重要意义，但其概念主义、脸谱主义、浅层主义等不足却应该警惕和予以清算，“不是仅仅在文学底赤裸裸的头上加上‘革命’两个字就够了，或是仅仅在字面上多用些‘炸弹手枪，干干干干’等花样就算是革命文学了”，“对于民众的深沉的苦痛，要透地去观察，对于社会的真实的要求，要加以充分的体验，有了澈底的了解，有了相当的涵养，自然就可以创作出最好的最伟大的文学”，“如果我们在创作之前，眼光只拘束于表面，头脑只羡慕时髦的名词，是把文学独立的，上进的，内在的精神通通都给埋煞了，这样，决不会写出好的作品来，不过只是些不真实的，浅薄的，不能感人的文字罢了”[②]。左翼美学的“浪漫主义的白日梦”和“济世救国的英雄情结”必须应对问题、面向实践，才能落地生根、获得发展。

---

① 曹清华：《中国左翼文学史稿》，中国社会科学出版社 2008 年版，第 149 页。
② 岂理：《论文学》，《沙蚩》月刊创刊号，1930 年 3 月 1 日。

第三节　基于斗争的尚力美学

左翼美学延续近代中国美学的“尚力”传统，在美学主张、创作实践、实践策略等各个方面多有体现。这种基于斗争的尚力美学过于重视唤起左翼文艺界的集体战斗意识，急于实现审美的社会价值，明显削弱了审美性的追求，存在明显不足。

一、近现代中国美学的力量崇拜

左翼阵营与论语派、新月派的论争与博弈，是“尚力”与“闲适”两种美学思潮的直接对话和争锋。与论语派、新月派倡导“闲适”美学相对应，尚力美学思潮“崇尚审美对人生和现实的提升、扩张与鼓动的力量”，“以运动、矛盾和力量为价值追求，所显示的中国美学的现代性特征”以文艺力量的张扬为中心，强调悲剧意识及其审美力量。在近现代中国美学史上，尚力美学的提倡者众多，且影响巨大。[①]

梁启超在《小说与群治之关系》一文中提出“熏、浸、刺、提”四神力说，强调以小说改良群治，培养新国民。王国维借用叔本华悲剧理论，评价《红楼梦》为“可谓悲剧中之悲剧”“彻头彻尾之悲剧也”。蔡元培倡导“以美育代宗教”，强调“美育是自由的，而宗教是强制的”，“美育是进步的，而宗教是保守的”，“美育是普及的，而宗教是有界的”，美育意在“陶养吾人之感情，使有高尚纯洁之习惯”。鲁迅提出“摩罗诗力”说，强调“贵力而尚强，尊己而好战”，呼唤“精神界之战士”以“立人”，认为“悲剧将人生有价值的东西毁灭给人看”。郭沫若倡导“浪漫情力”精神，通向自我“解放”。徐朗西认为，“艺术却确是一种社会力，而对于社会之组织上，自有无限的影响”[②]。立足于“到处是榛棘，是悲惨，是枪声炮影”的社会现实环境，针对“雍容尔雅”“吟风啸月”的作品，郑振铎提出“血和泪的文学”

---

① 王本朝：《闲适与尚力：中国现代审美价值的裂变》，《贵州社会科学》2009年第12期。

② 徐朗西：《艺术与社会》，上海现代书局1932年版，第73页。

主张。瞿秋白称鲁迅为“莱谟斯”“封建宗法社会的逆子”“绅士阶级的贰臣”“浪漫谛克的革命家的诤友”，塑造“战士鲁迅”形象。鲁迅坚持“生是战斗”理念，与一切反动力量作斗争。李健吾表示，“我相信力是五四运动以来最中心的表征。它从四面八方来，再奔四面八方去。它以种种面目出现，反抗是它们共同的特点”[①]。曹禺认为，“悲剧的精神，使我们振奋，使我们昂扬，使我们勇敢，使我们终于看见光明，获得胜利”。冰心强调，悲剧具有“思力深沉，意味深沉，感人深烈，发人猛省”的审美效果。李石岑推崇尼采的“酒神精神”和“权力意志”论，提出“生命冲动”说。“战国策”派宣扬“意力”“权力”说。林同济认为，这是一个讲求“力”的时代，“力”是一切，其具体要点包括：西方人的人生观是力的人生观；西方文化是力的文化；文艺复兴以来，力的组织愈演愈显著地以民族、国家为单位；到了 20 世纪，国与国间的“力的大拼”已成为中心现实；面对日本全面侵略，中国唯一的出路是“组织国力，抢救自己”。以“力”为母题的思想构成林同济“战国时代”“尚力政治”说的基础。胡风提出“主观战斗精神”说，要求主观力量的坚强，坚强到能够和血肉的对象搏斗，能够对血肉的对象进行批判。冯雪峰的“艺术力”主张，坚持“战斗力”“主观力”和“人民力”的三位一体。

尚力美学的思想渊源主要是现代西方哲学与美学，尤其是以叔本华、尼采、柏格森为代表的非理性主义哲学与美学。现代尚力美学的内在逻辑和主要目的是论证、挖掘和利用审美对社会人生的功利性价值关系。尚力美学思潮表征着审美主体的现代觉醒，充实了中国美学的现代建构。尚力美学体现了中国美学从讲求“和谐”“闲适”的传统形态，过渡为彰显力量、速度、节奏，讲求“悲剧”“崇高”的现代形态，具有美学发展史上的进步意义和变革价值。然而，需要注意的是，因其在诞生之日便与社会现实形成过于紧密的联系，在现实需求的挤压之下，非审美性因素甚至是反审美性因素常常被强调，“尚力”被演绎为“唯力”，相对缺乏美学精神的守望和价值规范的约束。“这种审美的热情，仅当它受到理性、责任感以及受到帮助他人的人道主义的迫切要求的约束时，它才会变得有价值。否则，它就是一种危险的热情，有发展成为一种神经官能症或歇斯底里的危险。”[②]在“战国策”派等少数流派或个体的极端主张中，尚力美学更

① 李健吾：《咀华集 咀华二集》，复旦大学出版社 2005 年版，第 127 页。
② [英]卡尔·波普：《开放社会及其敌人》第 1 卷，陆衡等译，中国社会科学出版社 1999 年版，第 309 页。

是陷入“唯意志论”或“虚无主义”的泥沼，丧失了起码的社会功能和美学意义，无疑应该引起警醒和深刻反思。

二、 作为左翼实践策略的尚力美学

左翼美学明显的尚力风格，体现了革命文艺界发展新的文艺形态和艺术精神的内在诉求，现实指向性明显，社会革命借助文艺审美形式得以呈现，“艺术与革命在‘改造世界’即解放中，携起手来；但是，艺术在其实践中，并不放弃它自身的紧迫性，并不离开它自身的纬度：艺术总是非操作性的东西。在艺术中，政治目标仅仅表现在审美形式的变形中”①。作为中国左翼文艺实践策略的尚力美学主要体现在以下几个方面。

第一，在逻辑推导和学理论证上，左翼美学注重发挥“武器的文艺”的“社会变革手段”功能，强调“把这种斗争的生活表现出来”，建设“一种斗争的文学”，践行“艺术是阶级对立的强有力的武器”“普罗文艺运动是普罗斗争中的一种方式”理念。

成仿吾指出，“在文艺本身上，由自然生长的成为目的意识，在社会变革的战术上由文艺的武器成为武器的文艺……它应该积极地成为变革社会的手段”②，文艺应该成为反映社会、推动社会变革的强大工具。蒋光慈认为，“现代中国的文学，照理讲，应当把这种斗争的生活表现出来”③，文艺必须描写正义战胜邪恶、光明胜过黑暗的过程。李初梨表示，“无产阶级文学是：为完成他主体阶级的历史的使命，不是以观照的——表现的态度，而以无产阶级的阶级意识，产生出来的一种斗争的文学”④，革命文艺家不仅要表现和观照社会生活，还要以实际行动推动社会变革，要进行血泪控诉，发挥“机关枪”“迫击炮”的战斗功用，认为“艺术是阶级对立的强有力的武器”⑤。何大白强调，要用诗歌表现无产阶级的朴素情调和斗争情绪，要用小说和戏剧讴歌斗争生活、暴露反动阶级的虚弱和胆怯，要用电影和戏剧塑造英雄人物，要用文艺批评指出革命文艺的发

---

① [美]赫伯特·马尔库塞：《审美之维》，李小兵译，广西师范大学出版社 2001 年版，第 164 页。
② 成仿吾：《全部的批判之必要》，《创造月刊》第 1 卷第 10 期，1928 年 3 月 1 日。
③ 蒋光慈：《现代中国文学与社会生活》，《太阳月刊》创刊号，1928 年 1 月 1 日。
④ 李初梨：《怎样地建设革命文学》，《文化批判》第 2 号，1928 年 2 月 15 日。
⑤ 李初梨：《普罗列塔利亚文艺批评底标准》，《我们月刊》第 2 期，1928 年 6 月 20 日。

展方向，主张“一切艺术的武器都是普罗勒特利亚的斗争的武器。一切既成文学的形式都是普罗勒特利亚文学——革命文学应当夺取而且利用的武器”①。林伯修提出，革命文艺运动是大众革命的重要形式，与政治运动紧密关联，“它与政治运动是有着内面的必然的联络，所以它必须与政治运动合流”②，文艺要发挥斗争武器的社会政治功用。

第二，在主体建构和文艺精神上，左翼美学要求中国新文艺家成为“新生活中的战士”和“斗争中的走卒”，强调“文艺界中应该出些暴徒出来”，“革命就是艺术”，要“一齿还一齿，一目还十目”，“要以生命的炸弹来打破这毒龙的魔宫”，力量崇拜、尚力美学特质展露无遗。

左翼美学强调，“二十世纪的中国的新文学家，不是闲散的中国式的文人，不是浪漫时代的歌者，不是发梦的预言家，更不是忧时伤世的骚人，而是新生活中的战士”③，在暴风骤雨的时代，革命文艺应该发挥摧枯拉朽的社会变革功用，革命文艺家应该成为斗争中的走卒。长风认为，“我们要求那些站在人生战阵的前锋者的文学，我们要求在机器旁边作工的劳工小说家，我们要求负着枪为民众流血的战士的文学家，我们要求提着锄头在绿野里耕种的农民诗人”④，革命文艺反映最底层的苦难诉求，表现最广大劳工大众的质朴情感。郭沫若高喊，“文艺界中应该出些暴徒出来才行了”，“文艺是阶级的勇猛的斗士之一员，而且是先锋。他只有愤怒，没有感伤。他只有叫喊，没有呻吟。他只有冲锋前进，没有低徊。他只有手榴弹，没有绣花针。他只有流血，没有眼泪”⑤，活灵活现地描写了最勇敢、最坚决、最具力量的“文艺斗士”形象。蒋光慈认为，“革命就是艺术，真正的诗人不能不感觉得自己与革命具有共同点。诗人——罗曼蒂克更要比其他诗人能领略革命些”⑥，革命诗人具有感应革命冲动、鼓舞革命士气、推动革命进程的巨大作用。

第三，在文艺创作和审美表现上，左翼美学聚焦工农群众的身体力量，描写

① 何大白：《革命文学的战野》，《畸形》半月刊第 2 号，1928 年 6 月 15 日。
② 林伯修：《1929 年急待解决的几个关于文艺的问题》，《海风周报》第 12 期，1929 年 3 月 23 日。
③ 同人：《前言》，《流沙》创刊号，1928 年 3 月 15 日。
④ 长风：《新时代的文学的要求》，中国社会科学院文学研究所编《“革命文学”论争资料选编》上册，人民文学出版社 1981 年版，第 30 页。
⑤ 麦克昂：《桌子的跳舞》，《创造月刊》第 1 卷第 11 期，1928 年 5 月 1 日。
⑥ 蒋光慈：《蒋光慈文集》第 4 卷，上海文艺出版社 1988 年版，第 68 页。

被压抑、被迫害的场景和情节，文本充斥着对“暴力”口号式的恣意渲染，建构“毁灭”与“反抗”并存的尚力美学。

在左翼文本中，经常使用“干干干”“杀杀杀”“打打打”“血血血”“死死死”等尚力美学语言，这种语言深得“法国革命式写作”理论的精髓。“法国的革命式写作永远以流血的权利或一种道德辩护为基础”①，蕴涵流血冲动和破坏情结。在阳翰笙的小说中，“那码头工人突然将两个拳头一捏，双手向肩上伸了一伸，大大的打了个呵欠，只见他两膀上隆起的健康的筋肉，起了一阵伸缩。浑身的骨头骨节都嚓嚓嚓的响起来了”②，工农群众的雄健力量和壮硕形象令人难忘。在郁达夫的文学世界里，“在技巧方面表现出伟大的力量！要震动！要咆哮！要颤抖！要热烈！要伟大冲决一切，破坏一切，以表现出狂风暴雨时代精神的力量”③，尚力精神可见一斑。在洪灵菲的笔下，“我俩就今晚结婚吧！让这里的臭味，做我们点缀着结婚的各种芬馥的花香；让这藏棺材的古屋，做我们结婚的礼拜堂；让这楼上的鼠声，做我们结婚的神父的祈祷；让这屋外的狗吠声，做我们结婚的来宾的汽车声；让这满城的屠杀，做我们结婚的牲品；让这满城戒严的军警，做我们结婚时用以夸耀子民的卫队吧”④，杂乱、简陋、血腥、恐怖的场景和色调，为婚礼带来死亡、冷峻、刚强的独特意蕴，令人印象深刻。此外，大量无产阶级被压迫、受剥削的故事还在左翼电影荧屏上演，毁灭性的故事结局、对暴力场景的渲染尤其令人印象深刻。在左翼文艺的创作实践中，无产阶级“尚力美学”又常常与小资产阶级“颓废美学”对比出现、并置凸显，在后者堕落、庸俗、颓废美的衬托下，前者的苦难、伟大、悲壮美更加突出、明显。“你们在崎岖险峨的危崖上，建筑了金碧辉煌的艺术之宫，暖室的玫瑰花开放了，夜莺在枝头娇啼着；电灯光的底下，你们拥着爱人，斟起美酒，给那些有福享受的人们举觞称寿。你们讴歌恋爱，你们赞美和平，吟吟风，弄弄月，说是要睡在‘自然’母亲的怀里；再不然便呻吟哭泣着呢：‘酒还是不足尽兴呵’‘爱人不爱我了！怎么办呢？’——醉舞于红氍毹上，歌唱着许多柔靡肉麻的调子气而艺术之宫外则是‘黑沉沉狂风骤雨，挟着拳大的冰雹，打得山石砰砰不断的响，可怜的弱小的

---

① ［德］卡尔·马克思：《〈政治经济学批判〉导言》，中央编译局编《马克思恩格斯选集》第2卷，人民出版社1972年版，第112—113页。
② 阳翰笙：《泵船上的一夜》，《阳翰笙选集》第1卷，四川人民出版社1982年版，第76—79页。
③ 阿英：《郁达夫》，邹啸编《郁达夫论》，上海北新书局1932年版，第32页。
④ 洪灵菲：《流亡》，黄勇编《洪灵菲小说经典》，印刷工业出版社2001年版，第144页。

动物，无处躲避，有的尸骨破碎血肉横飞，有的皮破肢残纵横奔窜’”[①]，显然，这种对比最大限度地放大了二者的区别，有效凸显了左翼美学的力量感、悲壮感。

第四，在实践策略和社会效果上，左翼美学以介入社会革命、崇拜力量为抓手，有意误读文本和进行过度阐释，以便唤起文艺界的集体战斗意识，社会功利特性突出，情绪化色彩明显，过于追求审美的社会价值，过多的社会革命内容削弱了审美性的追求。

在 20 世纪 30 年代特殊的政治文化语境中，左翼美学界对“自由人”和“第三种人”的批判，存在本文误读与过度阐释倾向。他们“误读”了“自由人”和“第三种人”的“作者意图”，把本是“同路人”的“自由人”和“第三种人”错误地当作敌人加以批判。这极有可能是一种集体性的、刻意的“误读”，以便唤起左翼美学界的集体战斗意识。[②] 受当时社会政治斗争的冲击和影响，左翼美学的社会功利特性突出，特别追求以审美助益革命、推动进步的社会价值，在批判“闲适”美学时，常带有明显的情绪化色彩。其实，作为“闲适”美学思潮重要流派的论语派，以创作“无所为的幽默小品文”为宗旨，代表人物为林语堂，还包括陶亢德、徐舒、章克标、邵洵美、潘光旦等。他们采取与政治保持距离的自由主义立场，主张“以自我为中心，以闲适为格调”，自命为“性灵派”“语录体”的继承者，提倡“幽默闲适”“性灵嬉笑”，将“幽默”提升到心境、人生态度、美学风格的高度，主张文风“清淡”“隽永”“甘美”。虽然其美学理念和创作实践与民族矛盾、阶级矛盾尖锐的 20 世纪 30 年代格格不入，但“闲适美学也是有一定价值意义的，只是由于 30 年代社会矛盾和文化冲突非常尖锐和激烈，在观念背后是政治的分歧，是文学价值的不同，是现代知识分子的分化”，“尚力美学有力量，闲适美学何尝不也有情趣”，“这是中国美学的现代性，也是现代美学的‘中国性’”。[③] 同时，左翼创作主体的小资产阶级意识本能与他们通过理论斗争所接受的无产阶级革命意识形态之间存在矛盾冲突，左翼美学过多参与社会革命削弱了审美性的追求，过于强调文艺的宣传、教育、救亡功用影响了审美价值的多维性和自足性。文艺工作者过多地参加撒传单、喊口号、组织游行示威等飞行集会，过于

① 芳孤：《革命的人生观与文艺》，霍楼编《革命文学论文集》，生路社 1928 年版，第 42—43 页。
② 黄德志：《左翼对自由人与第三种人的误读》，《中国现代文学研究丛刊》2007 年第 4 期。
③ 王本朝：《闲适与尚力：中国现代审美价值的裂变》，《贵州社会科学》2009 年第 12 期。

关注和参加现实政治活动，很大程度上影响了文艺创作的质量、数量尤其是审美价值的实现。

第四节　左翼美学的多维呈现

左翼美学以文学为核心形式和重要载体，同时又较多体现在电影、戏剧、音乐、美术这四种艺术样式中，这反映了当时美学发展的基本规律和主要线索。本节以美学为中心，拟对左翼电影、戏剧、音乐、美术这四种文艺类型进行宏观探讨和专题研究，以便更好地还原、梳理左翼美学的多维呈现，同时，为我们多维梳理左翼美学的建构及其论争提供重要对象和研究着力点。

一、左翼电影

在中国，“左翼电影”全名为“中国左翼电影运动”，最早见于1931年9月公布的《中国左翼戏剧家联盟最近行动纲领》。《纲领》指出，“本联盟目前对于中国电影运动实有兼顾的必要”，“组织‘电影研究会’，吸收进步的演员与技术人才，以为中国左翼电影运动的基础”，“同时为准备并发动中国电影界的‘普罗机诺’运动与布尔乔亚及封建倾向作斗争，对于现阶段中国电影运动实有加以批判与清算的必要”①，上述规约体现了左翼电影运动诞生的重要性、针对性。服务于1930年代初隐蔽革命斗争策略的需要，与“左翼电影”指涉类似的表述还有“电影文化运动”“新兴电影运动”“革命的民族电影运动”等。

世界性左翼电影运动是左翼电影兴起的重要外源性因素。在20世纪二三十年代之交兴起的世界性左翼电影运动中，苏联的社会主义现实主义电影、日本的“倾向电影”、美国的“流浪汉电影”、意大利的“新现实主义电影”等所谓“范本”直接影响了中国左翼电影运动的产生和发展。关于这一点，鲁迅是较早意识到电影的实际效用的人，20世纪20年代末在翻译卢那察尔斯基《艺术论》《文艺与批评》两部文艺论著时，鲁迅便注意到列宁论电影的名言——“一切我国的

---

①《中国左翼戏剧家联盟最近行动纲领》，《文学导报》第1卷第6、7期合刊，1931年10月23日。

艺术之中，为了俄罗斯，最为重要的，是电影”[①]，对电影的文艺功用寄予厚望。

中国共产党对电影界的直接领导则始于1932年夏，“中央文委”决定夏衍、钱杏邨、郑伯奇三人担任“明星影片公司”编剧。1932年6月，洪深、沈西苓、郑伯奇、夏衍、钱杏邨等15位影评人发表《我们的陈述，今后的批判是“建设的”》，左翼电影批评受到重视并逐步走向自觉。1932年7月，左翼电影刊物《电影艺术》创刊，致力于“公开的斗争，客观的批判，理论的研究，学术的介绍”，为推动左翼电影运动发挥了重要作用。在瞿秋白的领导和启发下，[②]1933年3月，中国共产党的“电影小组”成立，夏衍任组长，最初组员仅钱杏邨、王尘无、石凌鹤、司徒慧敏4人，后又团结著名导演蔡楚生、洪深、史东山、应云卫、程步高等，以至上海几家著名电影公司的编导权几乎都掌握在左翼手中，由此确立了党对电影运动的领导，进一步扩大了电影文化界的统一战线。1933年被电影史家誉为“中国电影年”，《狂流》（夏衍编剧）、《春蚕》（夏衍编剧）、《上海24小时》（夏衍编剧）、《时代的儿女》（夏衍、郑伯奇、阿英编剧）、《母性之光》（田汉编剧）、《三个摩登女性》（田汉编剧）、《都会的早晨》（蔡楚生编导）、《小玩意》（孙瑜编导）、《姊妹花》（郑正秋编导）等一大批质量较高的左翼影片公开发行，并产生了巨大的社会影响。伴随上述左翼影片的上映，电影界发表了一批评论文章，初步奠定了中国电影美学的基础。[③]

1933年11月，国民党特务捣毁艺华电影公司。1934年1月，国民党以“中国青年铲共大同盟”名义散布“铲除电影赤化宣言”，称田汉、夏衍、钱杏邨、沈西苓为“赤色作家或共产党徒”，“呈报政府通缉”，恐吓各大电影公司不得采用他们的剧本，左翼电影运动一度陷入困境。与此相关联的是，围绕电影“软”“硬”性质问题，1933—1935年间的中国电影界发生了一场激烈论争。“新感觉派”阵营主张“软性论”，代表人物包括刘呐鸥、穆时英、黄嘉谟、江兼霞。他们以《现代电影》为主要园地，发表多篇文章批评左翼电影，“对左翼的工具论、反映论、本质真实论等都做出了否定性批判”；强调电影艺术应当“有它自己的美学”[④]，提

① 刘思平、邢祖文：《鲁迅与电影》，中国电影出版社1981年版，第131页。

② 夏衍：《“左联”成立前后》，中国社会科学院文学研究所编《左联回忆录》，知识产权出版社2010年版，第42页。瞿秋白曾对钱杏邨、夏衍说：“我们还没有力量和可能办自己的电影公司，而电影又是影响最大的宣传工具，你们可以试试。”

③ 张晓飞：《1930年代中国左翼电影批评再解读》，辽宁大学2013年博士论文，第25页。

④ 呐鸥：《论取材：我们需要纯粹电影作者》，《现代电影》第1卷第4期，1933年7月1日。

出“影艺是沿着由兴味而艺术，由艺术而技巧的途径走的”，认为左翼影片是“内容偏重主义”的“畸形儿”，是把“艺术当作‘问题’或‘议论’的工具”[1]，按照“美的观照态度”理论，若“作者有很浓的热意和义愤”，作品就“必定有破绽可露”，“阻塞内容的现实性”[2]；认为“正确地、忠实地反映客观现实，就不能有倾向性”[3]。夏衍、唐纳、王尘无、柯萍、萍华等一批左翼电影工作者、批评家进行了有力回击。双方言语尖锐，其间发表的部分文章甚至将这场交锋中的文艺论战上升为政治争斗，足见论争的激烈程度。

1934年夏，“电通”制片公司成立，一年后拍摄《桃李劫》《风云儿女》等进步影片。1934年至1937年发行并产生巨大影响的中国左翼电影有《渔光曲》（蔡楚生编导），《神女》（吴永刚编导），《大路》（孙瑜编导），《风云儿女》（田汉、夏衍编导），《逃亡》（杨翰笙编剧），《劫后桃花》（洪深编剧），《新桃花扇》（欧阳予倩编导），《船家女》（沈西苓编导），《新女性》（孙师毅编剧），《壮志凌云》（吴永刚编导），《迷途的羔羊》（蔡楚生编导），《狼山喋血记》（沈浮、费穆编剧），《十字街头》（沈西苓编导），《马路天使》（袁牧之编导），《压岁钱》（夏衍编剧），《夜半歌声》（马徐维邦编导），《青年进行曲》（田汉编剧）等，创作成绩巨大。伴随全面抗战形势的到来，全国上下进入紧急战时状态。1936年1月，“上海电影救国会”成立，7、8月间，进行“国防电影”讨论，郑伯奇、孙逊、王尘无等发表文章，讨论“国防电影”的功能、特点、风格等，创作“国防电影”《生死同心》（杨翰笙编剧）。“左联”解散后，左翼电影运动随之结束，左翼文艺进入转折期。[4]

在左翼电影运动中，夏衍做出了突出贡献。首先，在电影美学理论和创作实践中，夏衍始终坚持现实主义原则，坚决批评“软性电影论者”。他认为，成功的电影靠的“不是绚烂的技巧，不是出奇的情节”，而是“极度平凡而朴素的描写，能否把握真实，这是艺术家能否成功的分歧”。其次，夏衍创作了大批经典电影作品，艺术创作实践建树明显。在1930年代，夏衍创作了《狂流》《脂粉市场》《前程》《春蚕》《上海二十四小时》《时代的儿女》《同仇》《女儿经》《自由神》《压岁钱》等10余部电影剧本，且都被搬上银幕，产生了巨大的社会影响。《春

① 呐鸥：《中国电影描写的深度问题》，《现代电影》第1卷第3期，1933年5月1日。
② 呐鸥：《关于作者的态度》，《现代电影》第1卷第5期，1933年10月1日。
③ 穆时英：《电影批评的基础》，上海《晨报》副刊《每日电影》，1935年2月27日至3月3日。
④ 张晓飞：《1930年代中国左翼电影批评再解读》，辽宁大学2013年博士论文，第25—27页。

蚕》更是中国新文学作品第一次被改编成电影剧本，从书写“浪漫情爱”转向“社会生活史”的叙述，电影《春蚕》具有首创之功，开辟了中国新文艺电影之路，影响深远。再次，夏衍立足当时的现实语境，坚持“双赢”思维，注重革命宣传与商业利益的结合，采用灵活多样的方式，以便尽可能实现左翼电影的社会功用，因地制宜、“经权”并举的电影发展思路值得肯定。①

二、 左翼戏剧

1929年10月下旬在上海初创的艺术剧社是中国共产党在国统区领导成立的第一个左翼戏剧团体，它受“中央文委”的直接领导。上海艺术剧社的成立是左翼戏剧运动的开端。郑伯奇担任艺术剧社社长，沈西苓任导演，许幸之负责美工，冯乃超和夏衍抓宣传，成员还有钱杏邨、孟超、司徒慧敏、朱光、刘保罗、石凌鹤、王莹、陈波儿、吴印咸、龚冰卢、唐晴初等人，下设文学部、美工部、音乐部、演技部、导演部、总务部等。艺术剧社举行过两次公演，演出剧本包括法国罗曼·罗兰《爱与死的角逐》、美国辛克莱《梁上君子》、德国米尔顿的《炭坑夫》等著名曲目，“艺术剧社的第一次公演，虽然演技水平并不高，却受到观众的欢迎，连续两天，整个剧场都挤满了观众，情绪非常热烈，据说是以前的公演所没有的”②。戏剧界知名人士田汉、洪深、朱穰丞、应云卫等纷纷前来观看并给予高度评价，国外著名左翼记者史沫特莱、尾崎秀实等进行了报道，公演后田汉发表著名长文《我们的自己批判》，总结了南国社的戏剧电影艺术活动，强调其创作立场由小资产阶级向无产阶级的转变。此外，艺术剧社还出版了《戏剧论文集》，创办了月刊《艺术》和《沙仑》，这些刊物主要刊登戏剧、电影作品，还发表了郑伯奇《中国戏剧运动的进路》、沈西苓《艺术剧社的自己批判》、冯乃超《中国戏剧运动的苦闷》等著名革命戏剧理论文章。沈西苓认为艺术样式中“谁也比不上戏剧有时代性，和现实社会的迫切，受社会情势的决定，同时是更比较容易反响到现实社会中去”③。郑伯奇并且首次提出“普罗列塔利亚戏剧”（无产阶级戏剧）的著名口号，强调“戏剧也同其他艺术一样，不站在前进的阶级的立场上，绝对

① 任动：《夏衍对30年代中国左翼电影运动的贡献》，《电影文学》2008年第3期。
② 郑伯奇：《回忆艺术剧社》，《中国左翼戏剧家联盟史料集》，中国戏剧出版社1991年版，第180页。
③ 沈西苓：《戏剧与时代》，《艺术》第1卷第1期，1930年3月16日。

没有发展的可能"[1]，推崇无产阶级戏剧艺术的美学立场和创作准则，倡导戏剧的大众化。关于艺术剧社的地位和贡献，郑伯奇这样总结，"艺术剧社是在左翼文化运动初步达到高潮，而戏剧运动也开始走向发展繁荣的时期才宣告成立，公开演出的。可以说，艺术剧社的出现完全合乎当时革命的要求。所以，艺术剧社的生命昙花一现，但对于当时正在蓬勃发展的戏剧运动，却产生了巨大的影响，完成了它的历史使命"。[2]

1930 年 3 月，由艺术剧社和摩登剧社发起，联合南国社、戏剧协社、大夏剧社、辛酉社、复旦剧社等进步戏剧团体，上海戏剧运动联合会成立，后易名为"中国左翼剧团联盟"。为适应新的斗争形势、应对加剧的白色恐怖、发挥戏剧家个体的斗争优势，1931 年 1 月，"中国左翼剧团联盟"改组为"中国左翼戏剧家联盟"。成立大会在上海召开，发表《中国左翼戏剧家联盟最近行动纲领》，选举产生以田汉为首的执行委员会，刘保罗主持总务，赵铭彝担任组织委员，郑君里负责宣传工作。联盟在北平、汉口、广州、南京、杭州、天津、太原、济南、成都等地设立了分盟或小组，旗下有大道剧社、春秋剧社、戏剧协社、大众剧社、新民剧社、五月花剧社等 50 多个左翼剧团，活跃在全国各地，社会影响巨大。如，1933 年 9 月，为纪念"九一八"事变两周年，戏剧协社曾在上海黄金大戏院公演话剧《怒吼吧，中国》，选用《国际歌》作为全剧的主题曲，气势磅礴，富有战斗激情，获得巨大成功，影响遍及全国。"中国左翼戏剧家联盟"的戏剧创作、组织演剧活动、发表理论文章、帮助上海工人组建"蓝衣剧团"、领导成立上海学生剧团联合会等工作，有力扩大了左翼戏剧的社会影响。[3] 尤其值得注意的是，在左翼戏剧运动中，中国传统的古典美学趣味、民族性的美学主张被充分表达和有效展示，艺术创作和美学实践取得巨大成功，如田汉《回春之曲》《械斗》《洪水》等作品在情节、结构、意境等方面，均进行过这方面的有益探索和创新实践。

郑伯奇是左翼戏剧运动的先驱者。郑伯奇对于左翼戏剧运动的贡献，除了组织艺术剧社，进行相关实践活动外，最主要的还在于他对无产阶级戏剧艺术的思考和见解。他提出了不少富有真知灼见的左翼戏剧美学主张，其代表性论

---

① 郑伯奇：《中国戏剧运动的进路》，《艺术》第 1 卷第 1 期，1930 年 3 月 16 日。
② 郑伯奇：《郑伯奇文集》，陕西人民出版社 1988 年版，第 1219 页。
③ 宋建林：《左翼戏剧对中国现代戏剧的理论贡献》，《文艺理论与批评》2007 年第 4 期。

文包括《中国戏剧运动的进路》《戏剧运动的狂风暴雨时代》《关于戏剧的通俗化》《戏剧文学的通俗化问题》《大众所要求的戏》《从戏剧的发展过程看目前的文艺趋向》等。郑伯奇特别强调左翼戏剧艺术的现实功能,指出"它的武器性是pistol一类所仅有,而其他长枪大炮所没有的。pistol随时可以发挥武器的特性。艺术运动到了某一阶段,木人戏会变成我们所需要的武器"[①]。他以"中国戏剧运动的四个阶段"为线索,发表了自己对左翼戏剧运动的总体性建设意见,即"一、促成旧剧及早崩坏;二、批判布尔乔亚戏剧,同时要积极学得它的成功的技术;三、提高现在普罗列塔利亚文化的水准;四、演剧和大众的接近——演剧的大众化"[②],该文对于推动左翼戏剧艺术的前行、促进20世纪中国戏剧美学的发展具有重要作用,但也存在一些明显不足,比如,过于强调戏剧与现实生活、政治革命的关系,不太重视对戏剧自身艺术规律的深入探讨。

洪深是左翼戏剧运动的集大成者。洪深的戏剧创作致力于"社会问题剧"与"宣传剧"的结合,在现实主义戏剧观念的理论建构与创作实践上,都取得较大成绩。洪深最重要的戏剧作品当属1930至1932年创作的"农村三部曲",即《五奎桥》《香稻米》《青龙潭》。它们尽管还具有图景化、模式化的不足,但全景式地反映了20世纪二三十年代中国农村生活的主要方面,艺术还原了江南农村阶级斗争、社会生活的历史细节,在当时产生巨大影响。在长期的创作实践和美学思考中,洪深形成了较为全面、系统的现实主义戏剧美学观,集中体现在《电影戏剧的编剧方法》《电影戏剧表演术》《戏剧导演的初步知识》等著作中,内容涉及编剧理论、导演、表演、发声学、朗诵学、灯光布景、舞台美术、世界戏剧史、中国话剧运动史、剧作评论等许多领域。洪深推崇"不可逃避现实,而去把握现实"的编剧方法,从目的、手段、情调等多个角度指出20世纪现实主义和19世纪写实主义戏剧的不同。他指出,"旧写实主义,不过欲使读者冲动,或惊奇,或难受,至多对于不幸的人们发生怜悯而已;但现实主义是忠实地同情地记录人们在社会的环境中怎样去和丑恶的混乱的不公道的不平等的不自由的一切,对抗奋斗;并怎样才能获到有计划的,有组织的,平等自由的,合理的生活,作为观众们的'借镜'与鼓励的";"旧写实主义,着意在琐屑事物的搜集,偏重于人生

① 郑伯奇:《武器的"木人戏"》,《大众文艺》第2卷第3期,1930年3月1日。
② 郑伯奇:《中国戏剧运动的进路》,《艺术》第1卷第1期,1930年3月16日。

黑暗面的描写，而对于特殊情形的丑恶，尤为乐道，但现实主义，除开仔细真实外，还要正确的传达‘典型的环境’中的‘典型的性格’”；“旧写实主义，是阴郁暗淡的，是不能使人欢欣鼓舞的；但现实主义是乐观的，是给予观众希望的；它从那现实已经存在的东西，推展到现实中可能存在的东西的”①。基于此，洪深认为，“用这样的方法写剧，才可以说，戏剧是于‘世道人心’有益”②。他的现实主义戏剧美学观为左翼戏剧美学提供了强大的理论支持，有效推动了戏剧的发展和创新。

三、左翼音乐

在组织推广、创作实践、理论主张等多个方面，左翼音乐进行了富有成效的美学探索，产生了巨大的社会影响。

在组织推广方面，一大批进步音乐工作者以“左联”为中心，先后成立了“北平左翼音乐家联盟”（北京，1932 年秋成立）、“中国新兴音乐研究会”（上海，1933 年春成立）、“中苏音乐学会”（上海，1933 年春成立）、“左翼戏剧家联盟音乐小组”（上海，1934 年春成立）等组织，开展左翼音乐活动，组织和参加者有聂耳、任光、田汉、吕骥、王旦东、李元庆、肖之亮、安娥、张曙、孙师毅、王为一、陈梦庚等人。贺绿汀、冼星海、麦新等音乐家虽然没有加入上述组织，但其创作实践与“左联”主张也是一致的。这些团体和个人发起的“左翼音乐运动”“新音乐运动”“国防音乐”和“抗日救亡歌咏运动”等活动，对当时乃至新中国音乐事业都产生了深远而广泛的影响。

在艺术实践方面，一批左翼音乐家通过深入群众、讲授音乐知识、组织开展歌咏活动等实际行动，具体落实 1930 年 8 月“左联”执行委员会决议《无产阶级文学运动新的形式及我们的任务》。涌现出任光、聂耳、贺绿汀、冼星海、吕骥等一批著名左翼音乐家，创作《渔光曲》《义勇军进行曲》《大路歌》《码头工人歌》《四季歌》《新女性》《开路先锋》《夜半歌声》《牺牲已到最后关头》《打回老家去》《大刀进行曲》《保卫国土》《游击队歌》《扬子江暴风雨》《放下你的鞭子》等大批

① 洪深：《电影戏剧的编剧方法》，正中书局 1935 年版，第 39—40 页。
② 洪深：《电影戏剧的编剧方法》，正中书局 1935 年版，第 40 页。

质量上乘、脍炙人口、影响深远的歌曲。这些音乐作品深蕴时代精神,歌词通俗形象,风格明快有力,结构短小精炼,民族气息浓郁,借助电影和唱片等媒介形式被推向全国,广为传唱,在救亡图存、发动民众、鼓舞斗志等方面,产生了巨大的社会影响与艺术反响。

在美学主张方面,“左联”成立伊始,瞿秋白等左翼领导人便要求文艺家利用民间音乐等形式进行革命文艺创作。夏蔓蒂、聂耳、周扬等人开展了左翼音乐美学批评活动。夏蔓蒂提出“音乐是绝对现实的东西,是人类的意识和感情的组织化的表现”“无论是自然界的感触,或作家主观的情感,都是在一定的时代生活必然所形成的,被时代、社会、决定着的”“音乐是社会的意识形态”等唯物主义音乐观点。[①] 聂耳认为,当今音乐界迫切需要反映劳苦大众,“新鲜的材料,创造出新鲜的艺术”,而非“红男绿女”“香艳肉感”的“软豆腐”,他呼吁音乐工作者多听“周围的呐喊,狂呼”。[②] 周扬强调,音乐不只是“音响的要素之物质的组合”,还应该是“为实现党的一般路线”的急先锋,“内容上是无产阶级的,形式上是民族的音乐的创造便是目前普罗作曲家的主要任务”,以“代替那庸俗的小资产阶级的音乐”。[③]

此外,左翼音乐的美学主张还涉及“古今中西”音乐关系、国防音乐大众化等论题。关于前者,贺绿汀认为,一方面,“我们虽然用不着刻板地模仿西洋音乐,但是有许多极有价值的西洋音乐理论我们必须采取”,音乐“决不为狭义的民族意识所束缚,决不能为固有的,落后的乐器所束缚”[④],主张学习、汲取西方音乐精髓,提升音乐创作水平;另一方面,“我们这时候根本不需要贝多芬、莫扎特”,“需要的是一些容易上口的热情的歌曲”,我们的欣赏力“还是古代的单音音乐时代,我们民族思想的进步性也许远远超过贝多芬,但是从音乐文化本身来看,我们民众的理解力与古典派的贝多芬时代相差尚远”,[⑤]强调音乐创作与时代特征、社会任务的结合,呼吁提高大众的音乐欣赏水平。针对“国防音乐”运动,周巍峙、吕骥、陶行知、刘良模、周钢鸣、麦新、孟波等认为,“建设国防音乐

① 夏蔓蒂:《音乐短论》,《戏剧与音乐》创刊号,1931 年 12 月 10 日。
② 聂耳:《中国歌舞短论》,《电影艺术》第 1 卷第 3 期,1932 年 7 月 13 日。
③ [美]J. 弗莱曼:《苏联的音乐》,周扬译,良友印刷公司 1932 年版,译后记。
④ 贺绿汀:《音乐艺术的时代性》,《新夜报》音乐周刊第 12 期,1934 年 12 月 11 日。
⑤ 贺绿汀:《中国音乐现状及我们对于音乐艺术所应有的认识》,《明星》半月刊第 5、6 期合刊,1936 年 9 月 15 日。

的第一个条件就是大众化”，“国防音乐应当以歌曲为中心”，“我们的音乐运动是与救亡运动不可分离的”，强调新音乐文化运动是音乐活动和无产阶级革命斗争的有机结合。①

美学论争同样发生在左翼音乐阵营与其他流派之间，主要有两次大的论战。1934 年底穆华（吕骥）和汀石（张昊）以对音乐本质和功能的理解为核心，围绕“有条件的复古”和“平衡人民的精神生活与物质生活”这两个问题，共发表 6 篇文章，展开激烈辩论。吕骥在《反对毒害音乐》中批判了张昊“人的精神生活与现实政治应保持和谐”的观点，认为在当时的历史条件下这种音乐观是错误的。1936 年 3 月，青主在《乐话》中提出音乐是“灵魂的语言”，“音乐是最高、最美的艺术”，“要把音乐当作是新的爱的宗教”等观点，宣扬“音乐是上界的语言”和“音乐无国界”等思想，左翼音乐界对其进行了批判。吕骥强调，“新音乐不是作为抒发个人情感而创造的，更不是凭什么神秘的灵感而唱出的上界语言，而是作为争取大众解放的武器，表现、反映大众生活、思想、情感的一种手段，更担负起唤醒、教育、组织大众的使命”，“虽然现在全部新音乐只包含有不多的歌曲，但在不多的歌曲中，已经显露了一种特异的精神。既不像古典主义者一样，如莫扎特或勃拉姆斯企求使他们的作品如何典雅如何庄严；也不像浪漫主义者一样，如肖邦或舒曼要想造成一个崇高的境界；也不像印象主义者一样，如德彪西追求于瞬间所感受的美，它是热情的，也给你一个境界，使你感到这时代活跃的律动。在这些方面却和现代的上等人的作品有一种共通精神，无疑地在这共通精神后面存在了一个共通的世界观和反映着世界观的共通创作方法的现实主义”，号召新音乐工作者“从广大的群众生活中获得无限新的题材”，创作“民族形式，救亡内容”的新歌曲，建立“中国新音乐的强固的基础”。②

四、 左翼美术

20 世纪 30 年代的中国左翼美术经历过一个以现代主义反叛面貌登场、再回归现实主义的转折过程。这种转变一方面体现了左翼坚持底层创作、追求反

① 余峰：《论左翼音乐理论批评》，《文艺理论与批评》1998 年第 5 期。
② 吕骥：《中国新音乐的展望》，《光明》第 1 卷第 5 号，1936 年 8 月 10 日。

抗精神、颠覆艺术传统的本色，另一方面反映了现代主义思潮技法与现实主义绘画的结合及其本土化进程。一批具有现代主义风格的艺术社团，开启了1930年代中国左翼美术的文艺征程，其中，尤以决澜社、中华独立美术协会为代表。

1931年秋天，狂飙突进色彩浓烈的决澜社在上海宣告成立并召开第一次会务会议，这一较早主张吸收现代西方绘画营养、有宣言、有纲领的绘画团体的组建，标志着中国现代绘画运动的开始。决澜社的核心发起人是庞薰琹、张弦、倪贻德，主要参与者是“苔蒙”画会、“摩社”的成员。决澜社痛感“中国艺术界精神之颓废与中国文化之日趋堕落”，心怀“挽狂澜于既倒”的矢志，集结一批“不避艰辛，不问凶吉，更不计成败，向前不息勇猛的进”的艺术战士，肩负“创造中国新兴辉煌艺术的使命”，倡导“用新的技法来表现新时代的精神”。“苔蒙”画会成立的直接目的是试图保持国内与巴黎绘画界的联系，由庞薰琹发起，主要参加者包括王济远、周多、周真太、段平右、张弦、阳太阳、杨秋人等20多人。1930年12月因在画展前言中表现出激进的左翼色彩，“苔蒙”画会遭到国民党当局查封，大部分会员被逮捕。“摩社”成员包括刘海粟、汪济远、张玄、倪贻德、关良、王远勃、傅雷、段平佑、周多、庞薰琹、周瘦鹃、潘玉良等，以上海美专为中心，正式成立于1932年8月1日，刘海粟为召集人。“摩社”名字取古希腊神话文艺女神Muses(缪斯)的法文音译，另有“观摩”之义，宗旨是“发扬固有文化，表现时代精神”。摩社创办《艺术旬刊》杂志，由倪贻德任主编，办至12期停刊。摩社是一个艺术主张和创作手段多样、组织形式较为松散的绘画团体。①

“中华独立美术协会”于1935年成立于上海，受弗洛伊德心理美学的直接影响，倡导野兽主义和超现实主义的前卫画风，美学特点鲜明。中华独立美术协会的创作实践植根于崇尚现代主义、体现消费文化浸淫、展现都市体验的海派绘画沃土上，更是离不开上海中华艺术大学这一“左翼文艺大本营”的直接推动。左翼美联设在上海中华艺术大学，学校负责人陈望道更是宣传马克思主义、在国内最早译介《共产党宣言》的著名左翼人士，“中华艺大的艺术空气非常活跃，从巴黎到东京传来的新派绘画印象主义、后期印象主义十分流行。马奈、塞尚、马蒂斯、杜菲、凡高、高庚等新派画家的名字时时可以在人们的谈论中听到”②。

① 范建华：《作为“先锋”的1930年代左翼美术思潮》，《文艺理论与批评》2014年第1期。
② 林镛：《往事的回忆：怀念陈抱一》，陈瑞林编《现代美术家陈抱一》，人民美术出版社1988年版，第152页。

其他著名左翼美术团体还有杭州的一八艺社和上海的时代美术社，它们共同构成了“中国左翼美术家联盟”主体。其中尤其值得提及的是一八艺社(即春地美术研究所)，1930 年 5 月 21 日成立于杭州，社团骨干有江丰、艾青、于海、季春丹、黄山定等人。该社重视学习进步文艺理论，坚持革命美术创作，经常举办展览会，鲁迅倡导的中国“新兴木刻运动”最早便萌生于该社团。1931 年 6 月鲁迅发表《一八艺社习作展览会小引》这篇美术史上具有划时代意义的重要文献，期待“以清醒的意识和坚强的努力，在榛莽中露现了日见生长的健壮的新芽”，新兴美术定能战胜那貌似强大、“连骗带吓，令人觉得似乎了不得”的内容空虚的所谓“高级”艺术。

左翼美联成立后，MK 研究会、大地画会、春阳画会、涛空画会、未名木刻社、野风画会、野穗木刻社等左翼美术团体相继组建。在日本加紧侵略中国、全民抗战氛围日益浓烈的社会大背景之下，左翼美术越来越舍弃现代色彩而转向革命表达，越来越致力于发挥美术在实际抗战宣传、鼓舞斗志的现实功能。就整体发展路径而言，左翼美术内在遵循和有效匹配中国现代绘画的宏观变迁路径，以“中西融合”和“变革传统”为重点，在学习与借鉴西方现代主义、助益与服务左翼社会革命的两大节点上，获得艺术发展，找到前进方向，产生美学影响。

第五节 对左翼美学的整体评价

左翼美学作为特定发展阶段的美学形态，遵循美学理论演进、现实社会所需的双重发展逻辑，它的产生、发展、成熟、衰歇、消解自有其历史脉络和内在线索，兼具正面作用和负面影响。一方面，左翼美学具有突出的正面价值，推动了中国美学的现代转型和快速发展，尤其是服务于当时思想文化领导权的争夺，具有积极意义。另一方面，左翼美学对政治社会功利性的过分凸显、对审美性的相对忽视、对社会学模式的格外强调、对苏联模式的亦步亦趋等，证明它还存在不少缺陷，并且产生了不好的学术影响和社会反响。这需要我们坚持当代视野，回归历史语境，全面、客观、辩证地审视左翼美学的文化艺术遗产。

一、 正面价值

在十余年的发展过程中，左翼美学坚持文艺大众化本位，在价值立场、文艺题材、表达技巧、语言媒介等方面，积极推行和重点实践文艺大众化美学，在文学、电影、戏剧、音乐、美术等领域都取得较大成绩，做出了巨大贡献，这从要求深入群众、与底层保持思想感情的相通、提升普罗大众的文艺水平、进行多次大众语的讨论活动等许多方面均可以看出。在左翼美学的积极推动下，当时中国下层民众的生活需求和精神状态得到艺术展现和生动书写，“把三十年代左翼创作作为一个整体来看，无论是反映生活的广度和深度，还是情节的生动和丰富，人物形象的多样性和性格的典型化，都达到了新的水平，把我国现代文学推向了一个新的阶段”①，“群之大觉”的不断实现体现的是左翼美学对于底层生存状态及其出路的关注和重视。

左翼美学具有强烈的现实批判性、社会抗争性，同时对封建文化传统、殖民主义意识形态、颓废流行文化展开批判，眼光独到，指向性强，产生了巨大的社会影响。事实上，左翼美学并非否定美学、抵制美学，只是偏重“尚力”美学，在阶级矛盾和民族危机日益严峻的社会大背景下，特别强调其与现实介入、政治功利的关系，注重发挥左翼文学、电影、戏剧、音乐、美术的组织动员和宣传斗争功能，相对有意削弱个体审美特色，“在他们的视野里，美不再是存在于世俗生活之外的更高贵的东西，即不再将审美视为与‘此在’人生相疏离的虚幻的‘彼在’”②，致力于美学的公众表达和革命动员，可以说坚持和发展了马克思主义美学的理论内涵和实践品格。同时，左翼美学追求独立品格和社会理想，强调思想的革命性和文体形式的先锋性，其民间属性、政治化与思想启蒙兼备的话语姿态，与当时官方主流意识构成明显的对抗性关系，大幅推动了社会文化、美学理论的向前发展，具有历史进步意义。③

在左翼美学发展过程中，它与新月派、“自由人”“第三种人”、京派、海派等

① 周扬：《继承和发扬左翼文化运动的革命传统》，中国社会科学院文学研究所编《左联回忆录》，知识产权出版社2010年版，第12页。

② 叶世祥：《20世纪中国审美主义思想研究》，商务印书馆2011年版，第114—115页。

③ 黄万华：《战后中国左翼文学的三种形态及其文学史意义》，《文史哲》2013年第3期。

美学形态和文艺群体进行了激烈论争和深入辩驳，救亡电影性质与功能的大讨论，音乐本质及其与现实生活的关系论争，左翼戏剧、美术运动的开展及其与其他流派的冲突，不断引发了审美价值的冲突、分裂和融合，生动展现了自由主义、激进主义和保守主义思潮对美学及其文艺创作实践的影响，集中反映了文人知识分子、社会政治知识分子的分化、冲突和交流，这些论争、批评和交流具有丰富的美学史意义，反映了美学的分化、裂变和重构。

二、主要不足

左翼美学特别强调文艺的政治功利原则，在"极左"思维和绝对化理念不断强化的国内外政治大背景下，左翼美学有时以"思想立场"和"阶级意识"为出发点，热衷于挑起意识形态论争而非提升文艺创作实绩。费正清说："'左联'十分活跃，但不是在提拔新的无产阶级人才上，而是在挑起意识形态的论战上。'左联'十年的历史，充满了针对各种各样'敌人'的连续不断的论争。从鲁迅与自由派新月社的论战开始，'左联'接连与'民族主义文学'的保守派倡导者们，与倾向左派的'第三种人'作家们，最后又在关于'大众语'的争论以及与 1936 年'左联'突然解散有关的'两个口号'的争论中，与自己的某些成员展开了斗争。"①这一点集中表现在将"同路人"错误批判为敌人上，左翼美学反对"右"和中间派，走向了"极左"。在左翼美学"非此即彼"的斗争思维世界中，没有"政治上左翼，文艺上自由主义"的中间地带。同时，受到文艺领域"关门主义""宗派主义""口号主义"的影响，左翼虽然提出了不少新思想、新观点，但缺乏系统完整的理论，左翼文艺尤其是前期的创作成绩和质量确实不高。

左翼美学非常注重文艺的社会性，强调文艺的阶级性、功利性、革命性，相对忽视其共同性、非功利性、审美性。它是在社会局面最复杂、矛盾斗争最激烈的时期，因民族矛盾、民主与专制对抗的内在交织，为了战时需要而产生一种急功近利、文艺服务于政治的实用美学观。这种美学观念在当时就受到批评，"他们的无产阶级的文学论，是只抓住了一个文学之社会学的或革命意义上的解

① [美]费正清、费维恺：《剑桥中华民国史》下册，刘敬坤等译，中国社会科学出版社 1993 年版，第 488 页。

释,而蔑视了文学的本身,那文学之所以成长和存在的心理的因素”[①],“所谓艺术理论家都不站在艺术的立场上论艺术,却在什么主义,什么阶级斗争,宣传与政策上面,这种的行为可算对于艺术的强奸了”[②]。左翼美学在核心理念和推演逻辑上存在较大偏颇,这种不足在左翼文学、电影、戏剧、音乐、美术中都有明显体现。同时,在左翼美学的批评观念和创作实践中,拒斥合理趣味的现象时有发生,再加上对生活感性经验的相对漠视,某些左翼文艺作品具有内涵简单、形象单调、不够精细等明显不足,常常以革命的内容取消了“美”。受新社会科学运动的影响,左翼美学常常以社会科学的概念化图景指导文艺创作实践,“缺乏文学本质的研究,实在是那般无产阶级文学者之对于文学,忽视了心理学的研究方法,而完全应用社会学的方法之故”[③],过多摄入社会学知识及其图解形态,最终损害的是文艺美的实现和创造。在左翼美学的发展过程中,国际左翼文艺运动,尤其是苏联文艺政策和做法的影响,发挥了重要作用。左翼美学从“打倒一切”转向“联合一切”,固然是出于对自身情况、前进目标的考量,但明显存在对苏联文艺政策,尤其是拉普文艺理论和做法的亦步亦趋,特别是在框架性问题设定和理论判断上,许多观点是抽象、口号式的,存在简单化、庸俗化、肤浅化的明显不足,并且在中国文坛产生了较大的负面影响。

需要注意的是,对于左翼美学的这些问题,左翼文化界并非没有察觉。相反,通过内部讨论和与外界的频繁论争和沟通,左翼美学在发展过程中也认识到了自身的不足和改进的方向,并在文艺实践中进行了有效调整。这里需要特别提到的是左翼内部的自我批评,最具代表性的当属 1928 年至 1930 年瞿秋白、茅盾、郑伯奇、钱杏邨以华汉《地泉》为范本进行的普罗文艺批评,指出它存在概念主义、脸谱主义、内容空洞、认识片面、艺术性不够等诸多不足。在瞿秋白、鲁迅的领导下,左翼文艺家们纷纷改变创作观念,更加融入底层社会生活,左翼文艺创作技巧得到明显提升。同时,左翼电影在论争中不断提高艺术水准;左翼音乐在更好地理解和把握音乐本质的前提下注重发挥其鼓舞斗志功能;左翼戏剧学习其他剧种经验,致力于提升艺术水准,左翼美术在古今中外的大参照系中不断自我否定与超越,也是改进与调整的典型表现。

---

① 尹若:《无产阶级文艺运动的谬误》,《现代文化》创刊号,1928 年 8 月 1 日。
② 柳絮:《民众艺术与作家》,南京《现代文化》创刊号,1928 年 8 月 1 日。
③ 尹若:《无产阶级文艺运动的谬误》,《现代文化》创刊号,1928 年 8 月 1 日。

第六章

“三十年代”的美学论争

左翼美学在发展过程中，曾经发起、参与过多次规模大、影响深的论争，构成了“三十年代”现代中国美学论争的主要内容。探讨左翼美学的发展和成熟过程，离不开对这些论争进行专题审视和集中研究。在这些论争中，最具典型性的当属“革命文学”论争，左翼与论语派、新月派、“自由人”“第三种人”“京派”“海派”的论争，电影“软”“硬”性质论争，音乐性质和功能论争，“两个口号”论争。考虑“革命文学”与“两个口号”论争更多地发生在左翼内部，左翼与论语派的论争发轫于左翼美学产生之前、论争的广度和影响力相对有限，电影“软”“硬”性质论争声势浩大但其影响主要在电影界，因此，本章主要对左翼与新月派、“自由人”“第三种人”“京派”“海派”的论争进行专门研究和具体分析。

第一节 左翼与新月派的“阶级论”“人性论”矛盾与论争

以梁实秋为主将的新月派倡导闲适美学，左翼美学强调斗争精神，左翼美学与新月派的冲突与论争体现了“阶级论”与“人性论”艺术主张的直接交锋和根本对峙，二者的美学理念难以调和。

一、新月派的闲适美学

新月派作为闲适美学思潮的重要流派，因泰戈尔《新月集》而命名，以 1927 年为界可以划分为前后两个时期：前期自 1923 年开始，以北京的《晨报副刊·诗镌》为阵地，主要成员包括闻一多、徐志摩、朱湘、饶孟侃、孙大雨等人；后期始于 1927 年，以新月书店、《新月》月刊、《诗刊》季刊为阵地，代表性人物有梁实秋、徐志摩、闻一多、陈梦家、方玮德、卞之琳等。前期新月派提倡创作新格律诗，坚持“理性节制情感”的美学原则，反对滥情主义和诗的散文化倾向，闻一多曾经提出著名的“三美”主张（音乐美、绘画美、建筑美）。后期新月派提出“健康”与“尊严”的原则，坚持超功利、自我表现、贵族化的“纯诗”立场，讲求“本质的醇正、技巧的周密和格律的谨严”。因出现时间相近，后期新月派的许多主张与左翼美学发生过直接交锋，尤以梁实秋与左翼的论争为焦点。

作为著名的散文家、翻译家、文学批评家、英国文学史家，梁实秋给中国文坛留下 2000 多万字的著作，历时 40 年翻译的《莎士比亚全集》产生过重要影响，其莎士比亚研究在中国具有开创之功。他创作的散文集《雅舍小品》曾经创造中国现代散文著作出版数量的最高纪录。他主编了《远东英汉大词典》，出版《浪漫的与古典的》和《文学的纪律》两本文艺批评专著。在文艺思想和美学观念上，梁实秋强调文学对抽象、永恒、超阶级人性的描写，提倡文艺的节制与理性，主张“文学无阶级”；批评鲁迅对外国文学作品的“硬译”主张，抵制和批判鲁迅等强调和推崇的苏俄“文艺政策”，坚持思想独立和文艺创作自由，强调文学家必须保持自由独立的人格，崇尚闲适美学。梁实秋与鲁迅等左翼作家的论争与笔战，自 1927 年“革命文学”论争开始，直到 1936

年 10 月鲁迅去世，持续八年多时间，这场针锋相对的所谓“对垒式”论战影响深远，不仅波及重庆抗战时期文艺“与抗战无关”的论争，甚至还扩展到文学以外的领域。

二、冲突与论争的主要表现

左翼美学与新月派的冲突与论争主要表现在文艺功用、性质、创作主体特征、情感与趣味的关系等几个方面，具体情况如下：

第一，在文艺功用上，左翼美学坚持“普罗武器”和“斗争工具”说，强调艺术运动与现实政治的配合，注重发挥阶级文艺的宣传功能；新月派认为，文学并非阶级斗争工具或宣传品，文学的价值由其本身所决定，文学价值具有长远性、广泛性、非功利性。

在左翼美学看来，“普罗文学，它是普罗底一种武器”①，文艺理应发挥斗争武器的现实功用。“我们的艺术是阶级解放的一种武器，又是新人生观新宇宙观的具体的立法者及司法官”②，“无产阶级文学运动却是现实的解放斗争的全体之一部分”③，文艺活动应该有助于人类斗争和阶级解放工作。“艺术运动底结论，是应当与政治合流”④，文艺实践与政治运动具有某种天然的联系，“一切的文学，都是宣传。普遍地，而且不可逃避地是宣传；有时无意识地，然而常时故意地是宣传”。“文学，与其说它是自我的表现，毋宁说它是生活意志的要求。文学，与其说它是社会生活的表现，毋宁说它是反映阶级的实践”⑤，文艺必须发挥宣传政治思想、鼓舞阶级意志的重要作用。与之针锋相对，以梁实秋为代表的新月派作家、理论阵营认为，“‘革命的文学’这个名词实在是没有意义的一句空话，并且文学与革命的关系也不是一个值得用全副精神来发扬鼓吹的题目”，文学与革命之间没有内在的天然联系，文学的革命属性挖掘不能覆盖所有、压倒一切，“伟大的文学家足以启发革命运动；革命运动仅能影响到较小的作家”；文学的巨大功能比革命启发作用要大得多，“假如‘革命的文学’解释做以文学

① 林伯修：《1929 年急待解决的几个关于文艺的问题》，《海风周报》第 12 期，1929 年 3 月 23 日。
② 冯乃超：《怎样地克服艺术的危机》，《创造月刊》第 2 卷第 2 期，1928 年 9 月 10 日。
③ 冯乃超：《文艺理论讲座》，《拓荒者》创刊号，1930 年 1 月 10 日。
④ 沈起予：《艺术运动底根本概念》，《创造月刊》第 2 卷第 3 期，1928 年 10 月 10 日。
⑤ 李初梨：《怎样地建设革命文学》，《文化批判》第 2 号，1928 年 2 月 15 日。

为革命的工具,那便是小看了文学的价值。革命运动本是暂时的变态的,以文学的性质而限于‘革命的’,是不啻以文学的固定的永久的价值缩减至暂时的变态的程度。文学是广大的;而革命不是永久进行的”①;文学具有超越现实革命的广泛意义和长远价值,“我们不反对任何人利用文学来达到另外的目的,这与文学本身无害的,但是我们不能承认宣传式的文字便是文学”,发挥文学功用不能有违文学本质,文学客观上具有宣传作用,但并非宣传文字都是文学,宣传不可侵略文学。在新月派看来,左翼文艺的错误在于,“把阶级的束缚加在文学上面。错误在把文学当做阶级斗争的工具而否认其本身的价值”,文学价值具有某种超然独立性、内在涵括性,“无产文学家攻击资产文学的力量实在也是薄弱的很,因为他们只会用几个标语式口号式的名词来咒人,例如‘小资产阶级’‘有闲阶级’‘绅士阶级’‘正人君子’‘名流教授’‘布尔乔亚’等等,他们从不确定,分析,辨别这些名词的涵意,只以为这些名词有辟邪的魔力,加在谁的头上谁就遭到了打击。这实在是无聊的举动”②。左翼文艺批评带有概念图谱主义、乱贴标签的明显不足,对所谓“资产文学”的批判,缺少深度,带有偏见,常常停留于表面,很难令人信服。

第二,在文艺性质上,左翼美学强调无产阶级文艺绝非“消遣品”或“奢侈品”,而是“血与泪的文艺”,要“把群众的根本要求为中心”;新月派表示,“革命的文学”口号“在文学的了解上是徒滋纷扰”,文艺是尊重天才式的个人主义创作,不可能迎合“大多数”,文艺没有阶级性。

左翼美学指出,“文学并不是茶余饭后围在火炉旁边的一种消遣品,也不是可有可无不足轻重的一种奢侈品”③,文艺承担着非常重要的社会责任和历史使命,紧密关联“经国之大业,不朽之盛世”,不可等闲视之,“我们疮痍满目的社会,决不该有惟美派与颓唐派的文艺,而应该是血与泪的文艺”。④ 在当时中国反帝国主义反殖民主义反封建主义的社会大背景下,文艺尤其应该成为反抗压迫、争取权利的强大工具,而不可逍遥任之,“伟大的文学家的伟大的精神,是要把群众的根本要求为中心的思想而明白地恳切地表现的”⑤,文艺应该成为联

---

① 梁实秋:《文学与革命》,《新月》月刊第1卷第4期,1928年6月10日。
② 梁实秋:《文学是有阶级性的吗?》,《新月》月刊第2卷第6、7期,1929年9月10日。
③ 梓艺:《文学的永远性》,《泰东月刊》第1卷第6期,1928年2月1日。
④ 甘人:《中国新文艺的将来与其自己的认识》,《北新》半月刊第2卷第1期,1927年11月1日。
⑤ 丁丁:《文艺与社会改造》,《泰东月刊》第1卷第4期,1927年12月1日。

系、发动、鼓舞群众的强大武器。与左翼美学的主张针锋相对，新月派指出，“文学是没有阶级性的”，“‘革命的文学’这个名词，纵然不必说是革命者的巧立名目，至少在文学的了解上是徒滋纷扰”，革命性不是文学的固有属性，“‘大多数的文学’是一个没有意义的名词”，“大多数就没有文学，文学就不是大多数的”，因文艺审美与实践有知识门槛、美学趣味、艺术修养等要求，导致其天然地很难被普通群众所掌握，因为“无论是文学，或是革命，其中心均是个人主义的，均是崇拜英雄的，均是尊重天才的，与所谓的‘大多数’不发生若何关系”①，文艺具有浓烈的精英主义、灵感主义色彩。

第三，在文艺创作主体的特征上，左翼美学认为无产阶级艺术家绝非“空想的唯美主义者”，注重艺术家和政治家的心脑相通，要求文艺家感受时代痛苦、发现痛苦根源，用“生花的妙笔”创造“有时代价值的作品”；新月派强调，面对革命，很多伟大文艺家都会经历“富有革命情绪”“同情革命”“看见群众暴行和血腥”“收回同情”的情感转变过程，革命很多时候不是他们的最终归宿。

左翼美学强调，“我们不是空想的唯美主义者，以为艺术是超社会生活的东西，或以为艺术家的创作不受时代的限制……或以为艺术的作品只是自我的表现”②，文艺不是抒发情感、以表胸臆的娱乐消遣工具，“政治家该具有艺术的心，艺术家也该具有政治家的头”③，文艺家应以“政治头脑”来武装和引领艺术创作，真正的文学家“必须有热烈的感情，锐敏的眼光，看清了我们今日所处的时代，感受到时代的痛苦，更发现那痛苦的根源；同时不要懦怯，不要退避，要有一种革命性的反抗热情，将这种热情，用生花的妙笔，传布在文字里，那样你就成功了一篇有时代价值的作品”④，文艺家应该具有反思时代、批判现实、传达革命热情的自觉意识和创作立场。与之迥异，新月派认为，“很多的大文学家，他们的天性过于真挚的，最厌恶虚伪与强暴，所以很富有革命的情绪。对于革命运动起初很表同情，但是到了革命进展之后，看着群众的暴行，对于一切标准的毁灭，纪律的破坏，天才的摧残，他们便要认为这是过度，收回他们的同情”⑤，强调文艺家“革命者”身份的嬗变关系和复杂性，突出文艺家“创作表达”与“现实介

① 梁实秋：《文学与革命》，《新月》月刊第 1 卷第 4 期，1928 年 6 月 10 日。
② 蒋光慈：《现代中国文学与社会生活》，《太阳月刊》创刊号，1928 年 1 月 1 日。
③ 冯乃超：《冷静的头脑》，《创造月刊》第 2 卷第 1 期，1928 年 8 月 10 日。
④ 芳孤：《革命的人生观与文艺》，《泰东月刊》创刊号，1927 年 9 月 1 日。
⑤ 梁实秋：《文学与革命》，《新月》月刊第 1 卷第 4 期，1928 年 6 月 10 日。

入”“革命行为”的联系与差异,不可简单视之。

第四,在文艺情感和价值上,左翼美学强调革命文艺作品是“极热烈的感情之忠实的表现”,“政治的急转激变”宣告文艺趣味美学观的彻底破产,“笔”“剑”并用是文艺家“最有趣味的生活”;新月派指出,文艺的效用在于使人宁静、思考、舒适,不赞成文艺引发“伤感与热狂”,强调文艺的集中、节制。

左翼美学认为,“所谓革命的文学是时代的文学,时代的思潮是不可遏抑的,这洪水般的狂澜,泛滥在社会上,自然就会生出一种普遍性的情感;这情感的具体表现,便是革命文学。于此,我们就可以知道革命文学绝对不是矫揉造作,而且是极热烈的感情之忠实的表现”①,强调文艺描写、记录和推动时代变迁的狂飙功用,“一切以文学为趣味的仁情的欣赏的见解都已经死去了,它的重大的使命已跟着社会斗争的日趋激烈,政治的急转激变而由模糊的笼统的分化了显明了,过去一半从事文学的人他不能跟着这新的激变而完成他的新生命,因此完全表现出他阶级性的犹豫懦弱而甚至于跟着统治阶级反动了”②,挖掘文艺对于社会进步、政治革命、阶级斗争的推动作用,看重文艺激进、尚力、社会性、介入性的一面,“有笔的时候提笔,有枪的时候提枪。——这是最有趣味的生活”③,视文艺为作用堪比军事斗争的文化宣传利器。区别于左翼美学,新月派主张,“文学的效用不在激发读者的狂热,而在引起读者的情绪之后,予以和平的宁静的沉思的一种舒适的感觉”,“文学的力量,不在于开扩,而在于集中;不在于放纵,而在于节制”,“文学的纪律是内在的节制,并不是外在的权威”④,强调文艺宁静、闲适、精神性、独立性的一面,“我们不敢赞许伤感与热狂,因为我们相信感情不经理性的清滤是一注恶浊的乱泉,它那无方向的激射至少是一种精力的耗废……我们当然不反对解放情感,但在这头骏悍的野马的身背上我们不能不谨慎的安上理性的鞍索。我们不崇拜任何的偏激,因为我们相信社会的纪纲是靠著积极的情感来维系的,在一个常态社会的天平上,情爱的份量超过仇恨的份量,互相的精神一定超过互害与互杀的动机……我们希望看一个真,看一个正”⑤,文艺情感不同于仇恨杀戮、对立性压

① 香谷:《关于“革命文学”的几句话》,《泰东月刊》第1卷第4期,1927年12月1日。
② 另境:《文学的历史任务:建设多数文学》,《文化批判》第4号,1928年4月15日。
③ 麦克昂:《英雄树》,《创造月刊》第1卷第8期,1928年1月1日。
④ 梁实秋:《文学的纪律》,《新月》月刊创刊号,1928年3月10日。
⑤ 梁实秋:《〈新月〉的态度》,《新月》月刊创刊号,1928年3月10日。

倒包容性的革命政治情感，文艺理想应该建立在理性、节制、爱的基础之上，是真善美的有机统一体。

三、 简要评价

在左翼美学与各流派、个人的论争中，左翼与新月派之间的论战出现时间最早，延续时间也最长，其影响甚至扩展到一般社会属性、党派主张的论争和辨析领域，这说明这场论争的焦点具有某种社会文化母题的性质，是根本美学主张和核心文艺观点的论争，是针锋相对、很难调和的对垒式论争。

30 年代的美学论争中，基于文艺功用、性质、创作主体、情感、价值等观念和实践的差异和对立，新月派成为左翼文艺和理论阵营重点批判的对象。左翼坚持激进立场，以政治与政党价值为评判标准，强调发挥文艺的现实斗争、宣传动员功能，更多地看重和挖掘文艺的外部功能，并且希望将此种文艺形态规定为向前的、主流的、权威的文艺样式，同时，以主动发声、情绪亢奋的斗争姿态，批判其他类型的文艺样式并贬低乃至否定其作用。这种言说立场和批判架势是咄咄逼人的，反映了在当时社会革命和民族存亡的紧要关头，左翼阵营担负社会责任、试图改变文艺现状的迫切愿望和理论热忱，具有历史进步意义。但左翼过于强调文艺的社会功能、革命作用和现实意义，过于突出文艺与阶级、政治及革命的联系，相对忽略文艺情感抒发、意志描写、宁静闲适的其他特征。毋庸置疑，这是存在巨大偏颇的。

作为论争另一方的梁实秋等新月派人士，从精英主义、创作灵感、思想自由、艺术创新等角度出发，着力强调文艺描写真善美、表现人性的核心功能，突出文艺对现实政治、阶级斗争、社会动员的超越和穿透功能，试图阻断“革命”“无产阶级”与“文学”的内在联系，颠覆革命文艺、普罗文艺的学理依据和实践基础，虽然新月派的回应带有某种被迫应战的味道，但它对左翼的批判同样是针锋相对、釜底抽薪、招招要命的，旨在摧毁左翼革命文艺的基本理念和建构基石，这种言说方式就当时社会语境和国际环境来说，带有“稳坐高台”“管它冬夏”的怡然自得感和超然享乐味，显得不合时宜。但从文艺的特性和丰富性来看，新月派的美学主张不乏科学性和合理性，在美学学科发展史上尤其具有重要意义。

左翼美学与新月派的冲突和争论，是不同政治意识形态所决定的文学主张的直接碰撞，服务于当时中国文化领导权的实际争夺，是 20 世纪二三十年代中国思想界、文艺界、美学界的大事，值得后人不断研究和反思。

第二节 聚焦文艺与政治关系的“文艺自由”论辩

在整个中国知识界声讨民族主义文艺运动的紧要关头，左翼美学与“自由人”“第三种人”发生激烈论争，历时一年多的“文艺自由”论辩是中国现代文艺史上的重要论争。这场左翼阵营与“自由人”和“第三种人”之间的论争不仅富有相当的理论深度，其最特别之处更在于，双方基本认同马克思主义的立场、原则和观点，属于在马克思列宁主义理论体系中进行的、聚焦文艺与政治关系的思想大论争。基于马克思主义理论不同思想资源的选择、强调和援用，政党身份属性浓郁和自由主义立场明显的两类马克思主义知识分子之间发生了一次文艺观念的正面交锋和深度对话，产生了巨大而深远的影响。

一、左翼美学与“自由人”“第三种人”论争缘起

在 20 世纪 30 年代发生的“文艺自由”著名论辩中，“自由人”以胡秋原为首，“第三种人”主要指苏汶。1931 年 12 月 25 日，胡秋原主编的《文化评论》在上海创刊，胡秋原代表“文化评论社”发表宣言《真理之檄》，首次提出“自由的智识阶级”概念，之后发表《阿狗文艺论——民族文艺理论之谬误》《艺术非至下》《勿侵略文艺》《是谁为虎作伥》《关于文艺之阶级性》《浪费的论争》等文章，打出文艺“自由人”旗号，反对“只准某一种文学把持文坛”，引发左翼文坛的激烈批判。当左翼文坛与“自由人”辩论正酣之时，苏汶发表《关于“文新”与胡秋原的文艺论辩》一文，声援胡秋原，表达对左翼文坛的不满，并提出“第三种人”概念，针对瞿秋白、鲁迅、周扬、舒月等人的批评，苏汶又发表《“第三种人”的出路》《答舒月先生》《论文学上的干涉主义》《一九三二年的文艺论辩之清算》等文章，阐述主张，应对辩驳。左翼阵营与“自由人”“第三种人”之间，围绕文艺与政治关系这个核心命题，开展激烈辩论。

二、左翼美学与“自由人”“第三种人”论争的主要内容

左翼美学界与“自由人”“第三种人”的论争主要围绕文艺与政治的关系展开，同时涉及文艺的真实性、阶级性、立场、任务与功能等几个方面。[①]

第一，在文艺与政治的关系问题上，“自由人”和“第三种人”反对政治对文艺的过分干涉，否认文艺的绝对政治功利性，胡秋原同时批判民族主义文艺与左翼文艺，苏汶将矛头直指左翼文坛；左翼美学界批评了苏汶“反干涉主义”“非政治主义”的文艺观，强调“政治真理”和“文学真理”的内在联系，认为“政治行动”对“艺术行动”具有直接或间接的决定作用。

胡秋原认为，“将艺术堕落到一种政治的留声机，那是艺术的叛徒”[②]，但他并非彻底抵制利用文艺来达成政治目的，“对于利用艺术为革命的政治手段，并不反对。为什么呢？因为革命是最高利益，不能为艺术障碍革命”[③]，“我们固然不否认文艺与政治意识之结合”，只不过“那种政治主张，应该是高尚的，合乎时代最大多数民众之需要的”，“那种政治主张不可主观地过剩，破坏了艺术之形式；因为艺术不是宣传，描写不是议论”[④]，主张政治上抗日与思想上自由的统一。与此类似，“第三种人”苏汶反对将文学完全当成政治留声机，尤其反感以“理论指导大纲”规范文艺创作的“一刀切”做法。他指出，“每当文学做成了某种政治势力的留声机的时候，它便根本失去了做时代的监督那种效能了。它不但不能帮助历史的演化，反之，它是常常做了历史演化的障碍，因为他有时不得掩藏了现实去替这种政治势力粉饰太平”[⑤]，而“一些官方的批评家讨论着文学创作的问题，根据极精细的政治观点来决定着创作的路径，又规定着一些像‘指导大纲’一类的东西”，这些短见的批评家“因为太热衷于政治的原故，又往往会把实际上无害的东西，都神经过敏地认为是有害的”，这些行径实在令人反感。但苏汶也并非完全切断文艺与政治的联系，他认为“干涉在某一个时候也是必

---

① 黄德志：《左翼对自由人与第三种人的误读》，《中国现代文学研究丛刊》2007年第4期。
② 胡秋原：《阿狗文艺论：民族文艺理论之谬误》，《文化评论》创刊号，1931年12月25日。
③ 胡秋原：《浪费的论争》，《现代》第2卷第2期，1932年12月。
④ 胡秋原：《勿侵略文艺》，《文化评论》第4期，1932年4月20日。
⑤ 苏汶：《论文学上的干涉主义》，《现代》第2卷1期，1932年11月。

要的，这就是在前进的政治势力或阶级的敌人也利用了文学来做留声机的时候”[①]，表示“不反对文学作品有政治目的，但我反对因这政治目的而牺牲真实。更重要的是，这政治目的要出于作者自身的对生活的认识和体验，而不是出于指导大纲”，“这些作品不是由政治的干涉主义来塑定的；即使政治毫不干涉文学，它们也照样地会产生”，[②]强调文艺生成的自然规律。在左翼美学界看来，“苏汶先生的非政治主义或反干涉主义，是不但反对地主资产阶级的政治势力来利用文艺，并且也反对群众的革命的政治势力来利用文艺，因为他也未能满意这一种政治势力”[③]，政治好恶影响其文艺与政治关系观。丹仁辩驳道：“一切时代的一切阶级的艺术行动，不过是直接间接地由当时的政治行动所决定的东西；它的客观价值的构成，就看它帮助了那当时的为现在同时也为未来的政治行动多少，把当时的客观现实反映了多少，客观和真理把握住了多少而决定的”[④]，艺术反映、政治行动与客观真理之间具有内在联系。周杨（周起应）甚至主张，“文学的真理和政治的真理是一个，其差别，只是前者是通过形象去反映真理的。所以，政治的正确就是文学的正确。……作为理论斗争之一部的文学斗争，就非从属于政治斗争的目的，服务于政治斗争的人物之解决不可”[⑤]，政治对文艺具有重大影响，恰如葛兰西所言，“并不存在任何独立的知识分子阶层；然而，历史上进步阶级的知识分子在特定的环境下具有一种吸引力，致使他们归根结底要以制服其他社会集团的知识分子而告终”[⑥]，在左翼美学界这里，植根当时的政治文化语境，文艺的政治言说成为压倒一切的逻辑力量。

第二，关于文艺的真实性，“第三种人”主张区分“意识正确不正确”“真实不真实”，反对“要求作家写理想，不要写现实”的做法，认为存在“客观的真实”，致力于表现社会真实这一“唯一的真实”，希望艺术家“为着真实而牺牲正确”，反对干涉主义对文艺真实性的损害；左翼美学强调，文艺真实是“存在于现实中的客观的真实之表现”，苏汶文艺观的错误根源在于，将文艺的真实性和阶级性截然分开。

---

① 苏汶：《论文学上的干涉主义》，《现代》第 2 卷 1 期，1932 年 11 月。
② 苏汶：《论文学上的干涉主义》，《现代》第 2 卷 1 期，1932 年 11 月。
③ 丹仁：《关于“第三种文学”的倾向与理论》，《现代》第 2 卷 3 期，1932 年 11 月 26 日。
④ 丹仁：《关于“第三种文学”的倾向与理论》，《现代》第 2 卷 3 期，1932 年 11 月 26 日。
⑤ 周起应：《文学的真实性》，《现代》第 3 卷第 1 期，1933 年 5 月。
⑥ [意]安东尼奥·葛兰西：《狱中札记》，曹雷雨等译，中国社会科学出版社 2000 年版，第 40 页。

苏汶指出，“官方批评家们好用意识正确不正确这论点来评衡一般的作品，他们是很少从真实不真实这方面去探讨的……这绝对的正确意识，并不是真正作为社会组织的上层建筑而出现，而是一般理论家所塑造出来的……这就是要求作家写理想，不要写现实”，左翼美学界应该区分社会现实和理想规划，“这样地以纯政治的立场来指导文学，是会损坏了文学的对真实的把握的”①。苏汶认为，政治需求与文艺真实之间存在矛盾，“反对干涉主义，要是这种干涉会损害了文学的真实性的话，我们要求真实的文学更甚于那种只在目前对某种政治目的有利的文学，因为我们要求文学能够永远保持着它的对人生的任务”，“艺术家是宁愿为着真实而牺牲正确的；政治家却反之，他往往重视正确而只把真实放到第二的观点上”②，应该将文艺真实摆在最为突出的位置，赋予其核心属性的身份认定，左翼文坛“因为太热忱于目前的某种政治目的这原故，而把文学的更久远的任务完全忽略了。其实，只要作者是表现了社会的真实，而不是粉饰的真实，那便即使毫无煽动的意义也都绝不会是对于新兴阶级的发展有害的……因为这才是唯一的真实”③。在左翼美学看来，文艺真实性与文艺阶级性问题联系紧密，“苏汶先生把文学的真实性和文学的阶级性分开这一事实，这是苏汶先生的一切错误的根源”，因为“文学，和科学，哲学一样，是客观事实的反映和认识，所不同的，只是文学是通过具体的形象去达到客观的真实的。文学的真实，就不外是存在于现实中的客观的真实之表现”④，文艺应该反映包括阶级斗争、社会革命在内的完整社会现实。

第三，对于文艺的阶级性，“自由人”和“第三种人”并不完全否认文艺的阶级性，他们更强调文艺阶级性的复杂内涵，指责左翼文坛对文艺阶级性认识的机械性、片面性、孤立性；左翼美学界强调，文艺“有意的无意的反映着某一阶级的生活”，“文学是阶级的意识形态的反映”，苏汶错误地坚持“革命与文学不能并存论”，他“让文学脱离新兴阶级和群众而自由”，苏汶的理论和倾向具有“反无产阶级的，反革命的性质”，其“阶级的偏见”影响他认识的正确性。

胡秋原并不否认文艺与阶级的关联，“艺术家不是超人，他是社会阶级之

---

① 苏汶：《论文学上的干涉主义》，《现代》第2卷1期，1932年11月。
② 苏汶：《论文学上的干涉主义》，《现代》第2卷1期，1932年11月。
③ 苏汶：《“第三种人”的出路》，《现代》第1卷第6期，1932年10月。
④ 周起应：《文学的真实性》，《现代》第3卷第1期，1933年5月。

子，他生长熏陶于其阶级意识形态之中，将他的阶级之思想，情绪，趣味，欲求，带进于其艺术之中，是必然的事实”[①]。他表示，“我们不否认革命的情思是高尚的情思”，也承认“一切文学都是有阶级性的”，但文艺的阶级性具有异常丰富的内涵，“一篇作品反映其阶级心理，同时反映其时代的一般特征”，“同一阶级，又表现有不同的层或集团的意识形态”，“有阶级斗争又有阶级同化”，“文学上阶级性之流露，常是通过极复杂的阶级心理、社会心理，并在其中发生‘屈折’的”，“从来的文学作家，常大多数是属于中间阶级——小地主阶级、小资产阶级的，因此，他们的阶级性常表现一种动摇与朦胧”，[②]文艺的阶级属性具有丰富性、复杂性、曲折性、变动性等特点，“没有高尚情思的文艺，根本伤于思想之虚伪的文艺，是很少存在之价值的”[③]，强调文艺的阶级属性必须兼容丰富的情感性、充沛的思想性。

苏汶同样承认文艺的阶级性，承认“在天罗地网的阶级社会里，谁也摆脱不了阶级的牢笼，这是当然的，因此作家也便有意无意地露出了某一阶级的意识形态。文学之有阶级性者，盖在于此”[④]，但他不同意左翼文坛的阶级性观点，提出“阶级性是否单指那种有目的意识的斗争作用”“反映某一阶级的生活的文学是否必然是赞助某一阶级的斗争”“是否一切非无产阶级的文学即是掩护资产阶级的文学”这三个问题，并一一予以否定性作答。在他看来，左翼文坛和理论界恰好犯了这些错误，“我们不能进一步说，泄露某一阶级的意识形态就包含一种有目的意识的斗争作用……假定说，阶级性必然是那种有目的意识的斗争作用，那我便敢大胆地说，不是一切文学都是有阶级性的”[⑤]，在左翼文坛看来，“中立却并不存在，他们差不多是把所有非无产阶级文学都认为是拥护资产阶级的文学了”，“真正无产阶级的文学，由于几位指导理论家们的几次三番的限制，其内容已缩到了无可再缩的地步。因而许多作家都不敢称赞无产阶级作家，而只以‘同路人’自期”[⑥]，左翼对于文艺阶级性的理解过于简单、机械。

左翼美学界瞿秋白、鲁迅、冯雪峰、周扬、舒月等纷纷发表文章，批驳胡秋

① 胡秋原:《关于文艺之阶级性》,《读书月刊》第3卷第5期,1932年12月。
② 胡秋原:《浪费的论争》,《现代》第2卷第2期,1932年12月。
③ 胡秋原:《勿侵略文艺》,《文化评论》第4期,1932年4月20日。
④ 苏汶:《“第三种人”的出路》,《现代》第1卷第6期,1932年10月。
⑤ 苏汶:《“第三种人”的出路》,《现代》第1卷第6期,1932年10月。
⑥ 苏汶:《“第三种人”的出路》,《现代》第1卷第6期,1932年10月。

原、苏汶关于文艺阶级性的观点。瞿秋白强调，“著作家和批评家，有意的无意的反映着某一阶级的生活，因此，也就赞助着某一阶级的斗争。有阶级的社会里，没有真正的实在的自由。当无产阶级公开的要求文艺的斗争工具的时候，谁要出来大叫‘勿侵略文艺’，谁就无意之中做了伪善的资产阶级的艺术至上派的‘留声机’”，对阶级意识的反映是文艺的实际效果。他指出，“苏汶先生还嫌胡秋原的自由主义不澈底，他主张把一切群众的新兴阶级的文艺运动，一概归到‘非文学’之中去，让文学脱离新兴阶级和群众而自由”，“每一个文学家，不论他们有意的，无意的，不论他是在动笔，或者是沉默着，他始终是某一阶级的意识形态的代表。在这天罗地网的阶级社会里，你逃不到什么地方去，也就做不成什么‘第三种人’”。[①] 鲁迅认为，“自由人”“在指挥刀的保护之下，挂着‘左翼’的招牌，在马克思主义里发见了文艺自由论，列宁主义里找到了杀尽‘共匪’说”，理论资源的实际选用失之偏颇、有违经典，“生在有阶级的社会里而要做超阶级的作家，生在战斗的时代而要离开战斗而独立，生在现在而要做给与将来的作品，这样的人，实在也是一个心造的幻影，在现实世界上是没有的。要做这样的人，恰如用自己的手拔着头发，要离开地球一样”[②]，“自由人”和“第三种人”的文艺观着实荒唐可笑。冯雪峰认为，“文学的阶级性，以及对于阶级的利益，首先是因为文学是阶级的意识形态的反映”，“苏汶先生的倾向和理论，实在也含着很大的反无产阶级的，反革命的性质的”，“苏汶先生的阶级的偏见，和他所抱的对于现实的态度，妨碍他对于客观的理论的明确的澈底的认识”。[③] 周扬强调，真正马克思主义者的行动和理论是不能分离的，“苏汶先生的目的就是要使文学脱离无产阶级而自由，换句话说，就是要在意识形态上解除无产阶级的武装”[④]，“愈是贯彻着无产阶级的阶级性、党派性的文学，就愈是有客观的真实性的文学”[⑤]，文艺能够做到党派性要求和真实性原则的有机统一。舒月指出，“因为无阶级性的文学在有阶级的社会里，无论如何是找不出的，只是苏汶先生不能用唯物论者的立场去考察罢了”[⑥]，苏汶的认识立场完全错误。

① 易嘉：《文艺的自由和文学家的不自由》，《现代》第 1 卷第 6 期，1932 年 10 月。
② 鲁迅：《论“第三种人”》，《现代》第 1 卷第 7 期，1932 年 11 月。
③ 丹仁：《关于“第三种文学”的倾向与理论》，《现代》第 2 卷 3 期，1932 年 11 月 26 日。
④ 周起应：《到底是谁不要真理，不要文艺》，《现代》第 1 卷第 6 期，1932 年 10 月。
⑤ 洛扬：《致文艺新闻的一封信》，《文艺新闻》第 58 号，1932 年 6 月 6 日。
⑥ 舒月：《从第三种人说到左联》，《现代》第 1 卷第 6 期，1932 年 10 月。

第四，在文艺立场上，“自由人”强调自己是“自由的智识阶级”“无党无派”，坚持“唯物史观”，采取自由人的态度立场，“第三种人”自称是“智识阶级的自由人”或“不自由的，有党派的”之外的“第三种人”，具体指“欲依了指导理论家们所规定的方针去做而不能的作者之群”；左翼美学界强调，“自由人”“智识阶级的特殊使命论”的立场是“五四的自由主义的遗毒”所致，胡秋原的理论杂糅“普列汉诺夫和安得列耶夫，艺术至上论派”的观点，视其为攻击普罗文艺运动、“红皮白肉”式的危险敌人，“比民族主义文学者站在更‘前锋了’”，对他们予以彻底否定。

胡秋原强调，“我们是自由的智识阶级，完全站在客观的立场，说明一切批评一切。我们没有一定的党见，如果有，那便是爱护真理的信心”，“我并不能主张只准某种艺术存在而排斥其他艺术，因为我是一个自由人”①，“我们无党无派，我们的方法是唯物史观，我们的态度是自由人立场”②。他将马克思主义理论与自由主义主张揉捏、捆绑，以此批判左翼文坛。苏汶指出，“在‘智识阶级的自由人’和‘不自由的，有党派的’阶级争着文坛的霸权的时候，最吃苦的，却是这两种人之外的第三种人。这第三种人便是所谓作者之群”③，“第三种人”具体指“那种欲依了指导理论家们所规定的方针去做而不能的作者”④，即那些保持政治中立、否认文艺政治功能的一部分小资产阶级知识分子。苏汶判定和放大左翼阵营中政治家群体与作家群体的矛盾，试图挑起左翼内部的争端。围绕文艺立场，瞿秋白、冯雪峰、周扬对胡秋原进行了批判。瞿秋白指出，“‘自由人’的立场，‘智识阶级的特殊使命论’的立场，正是‘五四’的衣衫，‘五四’的皮，‘五四’的资产阶级自由主义的遗毒。‘五四’的民权革命的任务是应当彻底完成的，而‘五四’的自由主义的遗毒却应当肃遗”⑤，他号召将“五四”革命进行到底，“红萝卜是一种植物，外面的皮是红的，里面的肉是白的。它的皮的红，正是为着肉的白而红的。这就是说：表面做你的朋友，实际是你的敌人，这种敌人自然更加危险”⑥。瞿秋白指出，与穆时英一样，胡秋原就是这样的危险人物，他坚持

---

① 胡秋原：《勿侵略文艺》，《文化评论》第4期，1932年4月20日。
② 胡秋原：《是谁为虎作伥》，《文化评论》第4期，1932年4月20日。
③ 苏汶：《“文新”与胡秋原的文艺论辩》，《现代》第1卷第3期，1932年7月。
④ 苏汶：《“第三种人”的出路》，《现代》第1卷第6期，1932年10月。
⑤ 瞿秋白：《请脱弃“五四”衣衫》，《文艺新闻》第45号，1932年1月18日。
⑥ 司马今：《财神还是反财神(乱弹)·红萝卜》，《北斗》第3、4期合刊，1932年7月20日。

“艺术至上”论，反对“阶级文学”理论，并非真正的马克思主义文艺理论家，其主张只不过是“普列汉诺夫和安得列耶夫，艺术至上论派等等”的混杂物，其实质是“百分之一百的资产阶级的自由主义”，是“要文学脱离无产阶级而自由，脱离广大的群众而自由”[①]，不利于左翼文艺运动的发展。冯雪峰认为，胡秋原“不是为了正确的马克思主义的批评而批判了钱杏邨，却是为了反普洛革命文学而攻击了钱杏邨；他不是攻击杏邨个人，而是进攻整个普洛革命文学运动。胡秋原曾以‘自由人’的立场，反对民族主义文学的名义，暗暗地实行了反普洛革命文学的任务，现在他是进一步的以‘真正马克思主义者应当注意马克思主义的赝品’的名义，以‘清算再批判’的取消派的立场，公开地向普洛文学运动进攻，他的真面目完全暴露了”。冯雪峰甚至极端地认为，胡秋原“反对普洛革命文学，已经比民族主义文学者站在更‘前锋了’”[②]，必须注意和清算胡秋原理论的巨大危害。周扬强调，“胡秋原就是在自由主义这个虚伪的招牌底下，很巧妙地拒绝列宁的原则之在文学上的应用的”[③]，应该予以批判。

第五，就文艺的任务与功能而言，“自由人”和“第三种人”反对左翼文坛把文艺功能局限于斗争工具、批判武器的狭隘认识，指责左翼文人颠倒了武器和艺术的本末次序；左翼美学界认为，文艺“有意的无意的都是宣传”，每个文艺家“始终是某一阶级的意识形态的代表”，决非“目前主义的功利论者”，“为着‘美’牺牲一切是‘第三种人’唯一出路”，无产阶级文艺是无产阶级斗争的有力武器。

胡秋原首先承认艺术是一种武器，但他强调，“艺术底武器，本来是通过心理及借助于形象来表现的，只是一种间接的补助的观念的武器”，“不是普罗文学创造了十月革命，而是十月革命创造了普罗文学”[④]，批评左翼文坛将其本末倒置；他同时强调，就核心功能而言，“艺术者，是思想感情之形象的表现”，“艺术只有一个目的，那就是生活之表现、认识与批评”[⑤]。苏汶也不反对文艺的武器功用说，“我不是说文学绝对没有武器的作用”，只不过强调这种作用是有限度、有条件的，“不能整个包括文学的涵意”，但“左翼文坛在目前既然拿文艺只当作一种武器而接受；而他们之所以要艺术价值，也无非是为了使这种武器作

① 易嘉：《文艺的自由和文学家的不自由》，《现代》第1卷第6期，1932年10月。
② 丹仁：《“阿狗文艺”论者的丑脸谱》，《文艺新闻》第58号，1932年6月6日。
③ 洛扬：《致文艺新闻的一封信》，《文艺新闻》第58号，1932年6月6日。
④ 胡秋原：《关于文艺之阶级性》，《读书月刊》第3卷第5期，1932年12月。
⑤ 胡秋原：《阿狗文艺论：民族文艺理论之谬误》，《文化评论》创刊号，1931年12月25日。

用加强而已:因为定要是好的文艺才是好的武器。除此之外,他们便无所要求于文艺。这无疑是说,除了武器文学之外,其它的文学便什么都不要”[①],左翼文坛的这种艺术功用观过于狭隘、太过直接、流于表面。与“自由人”及“第三种人”针锋相对,左翼美学界强调,艺术美是具体的、实践性的,“文艺——广泛地说起来——都是煽动和宣传,有意的无意的都是宣传。文艺也永远是,到处是政治的‘留声机’”,在当时的社会环境下尤其应该发挥文艺的现实功用,“他们绝不是什么‘目前主义的功利论者’。他们在文艺战线上,一样是为着创造整个的新社会制度——整个的新的宇宙观和人生观而斗争的”[②],“无产阶级文学是无产阶级斗争中的有力的武器。无产阶级作家就是用这个武器来服务于革命的目的的战士”[③];左翼文艺代表着进步、向前、革命的发展方向,应该鼓励和支持。

三、 简要评价

在这场论争中,左翼美学界坚持“不革命”即“反革命”的“非此即彼”式的绝对斗争思维,视“自由人”与“第三种人”为进攻左翼文坛的敌人。实际上,“文艺自由”论辩当中的“自由人”与“第三种人”在很大程度上是左翼文坛的“同路人”,与国民党的反动御用文人有着天壤之别。胡秋原和苏汶并没有完全否定文艺的阶级性、政治性,胡秋原《阿狗文艺论》旨在揭露“民族文艺理论之谬误”,他对左翼文坛最初的不满更多针对钱杏邨个人。这位被徐复观誉为“今日的梁启超”的“国民党要员”曾经两次冒死掩护和营救瞿秋白、冯雪峰,亦曾加入“中国著作者抗日联合会”并当选为执委,同情左翼文艺运动,批判左翼但“决非存心攻击”。他的思想路径和学术范式经历过“倾心普列汉诺夫之唯物史观”,再至马克思主义唯物史观,后转“自由主义的马克思主义”,又转“新自由主义的人文化史观”,继至“理论历史学”等多次重大嬗变,社会语境关涉性明显,情况比较复杂。胡秋原关于文艺与政治的复杂关系、文艺的独特属性、文艺发展的自由环境等的论述是深刻、合理的,对左翼文坛排他性、宗派性的批判是中肯、准

① 苏汶:《“第三种人”的出路》,《现代》第1卷第6期,1932年10月。
② 易嘉:《文艺的自由和文学家的不自由》,《现代》第1卷第6期,1932年10月。
③ 周起应:《到底是谁不要真理,不要文艺》,《现代》第1卷第6期,1932年10月。

确的，他的这种“对着说”与“反着说”，而非“跟着说”或“接着说”，体现了难得的理论勇气和独特的学术品格。

但是，在左翼文坛屡遭国民党文化围剿、左翼文艺界与民族主义阵营激烈论战的当时，胡秋原的文艺自由观无疑触到了左翼人士的立场痛处，被视为对左联的攻击。受特殊政治文化语境的影响，胡秋原之“学者式的理论”（书斋中的马克思主义）与左翼批评家的“政治家式的策略”被严重对立起来，前者侧重于文艺本体论的思考，后者关注文艺工具论的挖掘。再加上，左翼界有意“误读”和过度诠释了“自由人”与“第三种人”的“作者意图”，“在更普遍的意义上，内部斗争尽管在原则上是充分独立的，但在根源上总是能与外部斗争——无论是在权力场内部还是从总体上来讲的社会内部的斗争——保持着联系”[①]，“这极有可能是一种集体性的、刻意的本文‘误读’，以便唤起左翼作家的集体战斗意识”，“左翼文坛首先需要内部统一并形成强大的集团力量，以便与国民党右翼话语相抗衡”，对“自由人”“第三种人”的批判成为一种策略性很强、指向性明确的话语实践活动。[②]

同时，这场论争也反映了左翼美学和“自由人”与“第三种人”各自的不足。左翼阵营坚持大众文艺立场，重视文艺的阶级性、革命性，相对忽视文艺的人性、艺术性，并且主张以此类主张统领文坛，同一性思维明显。“自由人”和“第三种人”秉持精英文艺立场，追求自由思想和多元创作，主张文艺的艺术性、真实性，相对忽略文艺的社会性、阶级性。事实上，“在同路人，一切是最怕左翼以政治这个家伙掮到文学的领域里来。左翼以政治问题，消极地去裁制非普罗的文学，当然是一种懒惰而放弃了艺术的武器，是非常不行的。但也不见得同路人所设想的那样坏，认为这是毒死了，窒死了，饿死了文学”[③]，左翼文艺和“自由人”与“第三种人”等同路人的关系问题比较复杂，需要全面探讨和细致分析。

经过这场激烈论辩，左翼和“自由人”“第三种人”双方的观点走向“趋同”，虽然其核心观点并未能达到真正的一致和相通，但左翼美学界开始反思和实际修正自己当初在文艺与政治关系上的简单看法和不成熟判断。当然，这种改变

---

① [法]皮埃尔·布迪厄:《艺术的法则:文学场的生成和结构》，刘晖译，中央编译出版社 2001 年版，第 158 页。

② 黄德志:《左翼对自由人与第三种人的误读》，《中国现代文学研究丛刊》2007 年第 4 期。

③ 刘微尘:《“第三种人”与“武器文学”》，出处失考，1932 年 11 月 2 日。

的直接动因更多的是中国共产党文艺政策的调整，不能简单地视为“自由人”与“第三种人”主张对左翼的内在说服和重大影响。这种调整主要指张闻天对左翼文坛“关门主义”的批评与反思。1932 年 11 月 3 日，《斗争》杂志发表张闻天《文艺战线上的“关门主义”》一文，张闻天指出，“中国左翼文艺运动，所以一直到今天没有发展的原因，主要的是我们的右倾消极与左倾空谈”，“使左翼文学运动始终停留在狭窄的秘密范围内的最大的障碍物，却是‘左’的关门主义”。[①]受张闻天文章启示和“文委”相关指示，左联党团书记冯雪峰承认左翼文坛的“关门主义”错误，对“自由人”和“三种人”由批判转为视其为“同路人”，认为“苏汶先生等现在显然至少已经消极地反对着地主资产阶级及其文学了。因此，我们不把苏汶先生等认为我们的敌人，而是看作应当与之同盟战斗的自己的帮手，我们就应当建立起友人的关系来”。[②] 同样，胡秋原也表示，“不是反对普罗文学运动，而也从来就没有反对普罗文学运动”，“对于真正的革命家思想家，我从来就尊敬，对于整个普罗文学运动，也只有无限同情，至于对若干人的不敢佩服，那也不能怪我。而中国左翼文坛是一天一天向比较正确的路线上走，我也是承认的……”[③]苏汶也强调，“所谓‘第三种人’也者，坦白地说，实在是一个被‘左倾宗派主义’的铁门弹出来的一个名词，它本来就没有成立的必要和可能。现在时过境迁，这种徒增纠纷的名词实在还不如取消为是”[④]。左翼界与“自由人”“第三种人”的冲突似乎获得了某种和解，双方的文艺观从某种程度上说走向“妥协”。

然而，在论争结束时，苏汶总结了三点收获，“第一，文艺创作自由的原则是一般地被承认了”，“第二，左翼方面的狭窄的排斥异己的观念是被纠正了”，“第三，武器文学的理论是被修正到更正确的方向了”[⑤]，认为自己取得了论辩的胜利，留下了继续讨论的空间，而且这位左翼看重的“同路人”最终转投国民党、偏离了进步文艺事业，这种不光彩某种程度上又增添了重新审视抑或彻底批判的必要。同样，当时的左翼理论界也并没有统一认识。周扬仍然坚持认为“自由人”胡秋原是“文学领域内的社会法西斯蒂”，认为他“作了进攻中国普洛革命文

---

① 歌特:《文艺战线上的“关门主义”》,《斗争》第 30 期,1932 年 11 月 3 日。

② 丹仁:《关于“第三种文学”的倾向与理论》,《现代》第 2 卷第 3 期,1932 年 11 月 26 日。

③ 胡秋原:《浪费的论争》,《现代》第 2 卷第 2 期,1932 年 12 月。

④ 苏汶:《一九三二年的文艺论辩之清算》,《现代》第 2 卷第 3 期,1933 年 1 月。

⑤ 苏汶:《一九三二年的文艺论辩之清算》,《现代》第 2 卷第 3 期,1933 年 1 月。

学的比民族主义者还要恶毒的但是同样徒然的企图”，其文艺自由论“不但和马克思主义毫无共同之点，而且这正是百分之百的资产阶级的见解”[①]。冯雪峰也认为“苏汶先生的倾向和理论，实在也含着很大的反无产阶级的，反革命的性质的，何况对于真的压迫者并不说什么，因为那是真的压迫者，而对于群众，则尽多污蔑，因为能够自由地污蔑”[②]。如沈从文所指出的，“争斗的延长，无结果的延长，实在可说是中国读者的大不幸。……一个时代的代表作，结起账来若只是这些精巧的对骂，这文坛，未免太可怜了”[③]。文艺党性原则与反对党性要求之争一直延续到延安整风运动，直至毛泽东《在延安文艺座谈会上的讲话》这一经典文本的出现，才得到较为完满的厘清与解决。

第三节　左翼与京派的“审美化”“政治化”论争及其影响

在20世纪30年代，与左翼文艺同时存在的还有“京派”“海派”等大型文艺流派。左翼文艺以阶级斗争、社会革命理论为基础，强调文艺对革命、社会、人生的功用，挖掘文艺介入社会的参与性力量，推崇力量、速度、激情，倡导“立意在反抗，指归在动作”（鲁迅语），内蕴文艺政治化思路。海派文艺强调商业化运作、欲望写作、消费体验附和文艺世俗化思潮。京派文艺同时反对这两种实用性的文艺，倡导真正的“文学自由”，既不为政治所束缚，也不做金钱的奴仆，而是寄情山水乡土、投射作家情感，描写人心、人性、人生，追求“心灵的净土”，慰藉“失落的心情”，从“写实”向“写心”过渡，摹写“情思之美”和“形式之美”，做一个超越实用的诗意个体。京派美学既是对现代政治经济和社会发展模式的批判和反思，又是对现代社会变迁表达出的怀旧感伤和静默坚守，隐含在“感伤”里的却是现代政治无意识，是现代社会的理想叙事和审美幻象，是一种“政治”诗学，它以想象的对抗方式试图重构文艺与社会、文艺与审美的同一性和复杂性。以沈从文为典型，京派对左翼美学进行了激烈而具体的批评，左翼美学的回应则显得笼统、模糊。

① 绮影：《自由人文学理论检讨》，《文学月报》第5、6号合刊，1932年12月。
② 丹仁：《关于“第三种文学”的倾向与理论》，《现代》第2卷3期，1932年11月26日。
③ 沈从文：《谈谈上海的刊物》，《沈从文文集》第12卷，花城出版社1982年版，第177页。

一、 京派的构成和美学主张

“京派”具有丰富的指涉含义，京派文化、京派作家、京派批评、京派知识分子、京派文人、京派现象等等。正是基于此，学界讨论“京派”问题时，不同学者往往站在不同层面，难以做到真正的内在沟通。本书中的“京派”，一方面，基于美学研究的跨学科性、广涉性，主要取“京派知识分子”“京派文人”的含义，指涉范围较广。“京派”不仅包含了沈从文、杨振声、卞之琳、朱光潜等一批诗人、小说家、翻译家、文学批评家，而且还包括金岳霖、邓以蛰、林徽因、梁思成等一群哲学家、画家、建筑学家、艺术评论家。从这种意义上说，京派其实并非一个文艺流派，而是一个结构松散的知识分子群体，“京派”的命名更像是一种文学想象。另一方面，基于与左翼美学的对应性、关联性，重点取“京派作家”的含义，兼及其他门类指涉，从这种意义上来说，京派是指 20 世纪 30 年代前后新文学中心南移上海后、继续留在北京活动的自由主义作家群，主要包括沈从文、废名、朱光潜、李健吾、梁宗岱、萧乾、老舍、李长之等人。之所以称之为“京派”，是因为他们当时主要在京津两地进行文艺活动，其作品较多在京津刊物发表，主要是《文学杂志》《文学季刊》《大公报·文艺副刊》，其美学理念和艺术风格在本质上较为一致：关注人生，和现实政治斗争、商业时尚文化保持距离，讲求“纯正的文学趣味”，强调艺术品位和格调，崇尚“和谐”“节制”“恰当”的审美原则，虽然身处大都市，却常常描写“乡村中国”，热衷于寄情乡土，作品富有文化底蕴和现实生活情怀。

京派美学对一切政治功利、党派活动和文艺的商业化保持足够警觉和较大距离，在剧烈变动的时代中保持自由品格和独立尊严，在纯美的文艺世界中构建自己的人生目标和艺术理想，推崇从容、静穆、幽远、平淡、自然、澄澈的美学理念和审美风格。京派美学追求人性修炼、审美境界，强调“不即不离”“若即若离”的艺术创作与美学观，追求田园风光、隐者气度，对文艺的现实社会功用抱持怀疑态度，反对狭隘的文艺工具价值论，强调文艺功能的广义性、心灵化、情感化，视其为“无用之用”，不主张文艺对人生的过多干预，强调作家创作的个性和自由，主张生命之美和艺术之美的融为一体，期盼徜徉在美丽、缥缈、澄澈的艺术天地之中，致力于打造圆润、洒脱、自然的艺术风格。

在京派的美学世界中，沈从文、朱光潜、李健吾、萧乾等堪为代表。在苦心经营的“湘西世界”里，沈从文“隐忧”民生现实，追求、建构“美”“爱”“善”，善于将表面的“恶”和内在的“善”结合起来，进行复杂人性的刻画，“从他们龌龊，卑鄙，粗暴，淫乱的性格中；酗酒，赌博，打架，争吵，偷窃，劫掠的行为中，发现他们也有一颗同我们一样的鲜红热烈的心，也有一种同我们一样的人性”①，尤其对“美”更是有着近乎宗教般的狂热追求。朱光潜以“趣味论”为核心，强调美“在文学中的重要不亚于其他艺术”②，特别重视作家的情思之美。借助印象式、感悟式的批评，以“美”为尺度，以“爱”和“同情”为支撑，李健吾热情而直率地肯定、研究沈从文、蹇先艾、芦焚、叶紫、萧军、废名等人的文艺创作，敏锐感知、细腻阐发文本中的“美”，挖掘其中的人性美，“一个批评者，穿过他所鉴别的材料，追寻其中人性的昭示。因为他是人，他最大的关心是人”③。寄寓《篱下》，抒发“企图以乡人衬托出都会生活”“想望却都寄在乡野”④的心声，萧乾讴歌“乡人”“乡野”“乡情”，由此建构自己的乡村牧歌世界。⑤ 京派美学坚持人文主义关怀、人性的视角，除周作人、废名“审美趣味的个人化色彩相当浓厚”，京派美学的“自我表现”趣味不同于创造社作家的强烈个性展示、狂飙突进的宣言呐喊、自我力量的反叛性确证，表现为某种灵动、模糊的审美趣味。

二、 京派与海派论争的简要过程

1933至1934年，京派与海派之间发生激烈论争。作为先导，京派与海派之争中最先登场的是沈从文。1931年8月，他在南京《文艺月刊》发表《窄而霉斋闲话》一文，首次提出京派海派问题，京沪两地都曾居住、生活过的经历使其能够对京派、海派文学进行比较，沈从文对后者的弊端印象尤为深刻。真正引发文坛地震的是沈从文1933年10月在《大公报・文艺副刊》发表的《文学者的态度》一文，沈从文直指上海文坛“玩票白相”的不良风气。对此，上海文艺界迅速回应，苏汶发表《文人在上海》，认为“海派”一词是对上海文人的恶意称呼，强调

① 苏雪林：《沈从文论》，《文学》第3卷第3号，1934年9月。
② 朱光潜：《与梁实秋先生论“文学的美”》，《朱光潜全集》第8卷，安徽教育出版社1993年版，第512页。
③ 李健吾：《咀华集 咀华二集》，复旦大学出版社2005年版，第122—125页。
④ 萧乾：《给自己的信》，鲍霁编《萧乾研究资料》，十月文艺出版社1988年版，第309页。
⑤ 余荣虎：《论京派乡土小说的审美趣味》，《中国现代文学研究丛刊》2012年第6期。

“文人在上海，上海社会的支持生活的困难，自然不得不影响到文人，于是上海的文人，也像其他各种人一样，要钱”①，作家靠卖文为生的理所当然、举世皆然，不应受到责难，“京海”论争由此展开。接着，沈从文《论“海派”》《关于海派》、韩侍桁《论海派文学家》、曹聚仁《京派与海派》《续谈“海派”》、徐懋庸《“商业竞卖”与“名士才情”》、鲁迅《“京派”与“海派”》、胡风《南北文学及其他》《再论京派海派及其他》、姚雪垠《京派与魔道》、青农《谁是“海派”?》、毅君《怎样清除“海派”?》、师陀《“京派”与“海派”》、仰孟的《大学生与海派》等文章纷纷发表，直至1934年3月末，这场热闹的使双方都“灰头土脸”的“京海”论争才基本结束。

在这场论争中，沈从文历数海派文人利用文学发财致富、投机取巧的各种丑恶行径，强调“妨害新文学健康的发展，使文学本身软弱无力，使社会上一般人对于文学失去它必需的认识。且常歪曲文学的意义，使若干正拟从事于文学的青年，不努力写作却先去做作家。便皆为这种海派风气作祟”，主张“扫荡这种海派的坏影响”②，要求端正文艺创作态度，致力于提高文学作品的艺术水准。曹聚仁、徐懋庸都以诙谐、轻松、自嘲的笔调为“海派”辩护。曹聚仁强调，“‘京派’和‘海派’本来是中国戏剧上的名词，京派不妨说是古典的，海派不妨说是浪漫的；京派如大家闺秀，海派则如摩登女郎”，“若大家闺秀可嘲笑摩登女郎卖弄风骚，则摩登女郎亦可反唇讥笑大家闺秀为落伍”，“海派文人无一是，固也。然而穿高跟鞋的摩登女郎，在街头往来，在市场往来，在公园往来，她们总是社会的，和社会接触的。那些裹着小脚，躲在深闺的小姐，不当对之有愧色吗”，③将京派、海派比喻为各有特色、难判高低的两种风格，反对相互攻击。徐懋庸指出，“文坛上倘真有‘海派’与‘京派’之别，那末我以为‘商业竞卖’是前者的特征，‘名士才情’却是后者的特征。海派文人，多半以稿费为第一目的，故‘投机取巧’‘见风转舵’等丑态，诚不能免。京派文人，则或为大学教授，或兼政府官职，凭借官僚机关而生活，基础巩固，薪金丰厚，自不至如海派文人那样之穷形极相，故亦不必‘投机’‘看风’”，“商人和名士都要钱用。但商人用的钱，是直接地用手段赚来的，名士用的钱，则可来得曲折，从小百姓手中出发，经过无数机

① 苏汶：《文人在上海》，《现代》第4卷第2期，1933年12月。
② 沈从文：《论“海派”》，《大公报·文艺副刊》1934年1月10日。
③ 曹聚仁：《京派与海派》，《申报·自由谈》1934年1月17日。

关而到名士手中的时候，腥气已完全消失，好像离开厨房较远的人吃羊肉一样”[①]，以“名士才情”和“商业竞卖”指称两派的风格，强调“商人和名士都要钱用”，区别只在于途径不同而已，不存在伦理道德上的高下之别。

鲁迅、胡风也参加了这场论争。鲁迅强调，“文人之在京者近官，没海者近商，近官者在使官得名，近商者在使商获利，而自己也赖以糊口。要而言之，不过‘京派’是官的帮闲，‘海派’则是商的帮忙而已”，“在北平的学者文人们，又大抵有着讲师或教授的本业，论理，研究或创作的环境，实在是比‘海派’来得优越的，我希望着能够看见学术上，或文艺上的大著作”[②]，希望京派、海派应对不同的现实情况，发挥自己的优势，除用词一贯的讽刺诙谐外，持论相对公允。对于这场论争，胡风批评为几个小卒在文坛上乱捧乱喝，名之曰“野狐禅”。“野狐而大谈禅理，其理之荒唐可知”，“北地狐多而禅狐少，南方狐少而禅狐多，只看那班人在大谈文学的分类或诗的作法，听者皆系青年，也可仿佛狐禅之一二”[③]，批评论争行为本身，强调换位思考和融合考量，直接加速了这场论争的结束。

这场论争从侧面反映了京派、海派的诸多特点，如朱光潜所深刻归纳的，京派和海派的区别可用“象牙塔”和“十字街头”来概括。“象牙塔”是京派知识分子构筑的宁静、优雅、清新、自足的美学世界，坚持文学独立、人生艺术化；“十字街头”是海派文人的寄居之地，商业气息、都市体验、浮躁消费之气笼罩其上，据此朱光潜喊出“要时时戒备十字街头的危险，要时时回首瞻顾象牙之塔”[④]，同时，他将“陈腐”“虚伪”“油滑”痛斥为“流行文学三弊”。朱光潜对海派文学的这种看法，虽然放大了海派作品的某些不足，一定程度上存在情绪化认知的偏颇，但从整体上有助于把握京派、海派美学的特征和风格。

三、京派批评左翼美学的主要内容

京派对左翼美学的批评以沈从文为代表，散见于他写作的《政治与文学》《新的文学运动与新的文学观》《文学运动的重造》《作家间需要一种新运动》《白

① 徐懋庸：《“商业竞卖”与“名士才情”》，《申报·自由谈》1934年1月20日。
② 鲁迅：《“京派”与“海派”》，《申报·自由谈》1934年2月3日。
③ 胡风：《再论京派海派及其他》，《申报·自由谈》1934年3月17日。
④ 朱光潜：《谈十字街头》，《朱光潜全集》第1卷，安徽教育出版社1987年版，第78页。

话文问题——过去当前和未来检视》《文坛的重建》《纪念五四》《小说作者和读者》《论郭沫若》《郁达夫张资平及其影响》《现代中国文学的小感想》《杂谈六》《十年以后》《论中国创作小说》《禁书问题》等大量文章中。沈从文对左翼文艺的批评并非否定左翼文艺本身，而是对其过度政治倾向的质疑，对其艺术水准不高的指责，相对忽略了左翼文艺的巨大成绩。对于艺术价值高的左翼文艺作品，沈从文是鼓励、欢迎的，他曾说，“容纳左翼作家有价值的作品，以及很公正的批评这类作品。同情他们，替他们说一点公道话”①。但就整体而言，沈从文对左翼文艺更多持批评态度，具体表现在以下几个方面。②

第一，左翼美学追求极端的政治功利，抹杀“文学自由”，遗忘真与美。

沈从文指出，“我初不反对人利用这文学目标去达到某一目的，只请他记着不要把艺术的真因为功利观念就忘掉到脑后。政治的目的是救济社会制度的腐化与崩溃，文学却是一个民族的心灵活动，以及代表一个民族心灵真理的寻找”③，文学比政治更具长远生命和根本价值，“文学的结果，若是真在走到真与美的一条路上去的，则我们也应相信文学的思想至少应当把它放在与政治行为上平列。强说归纳到最平常的社会行为里去，作一种工具，这文学很难使人有那伟大信心。这也绝不会伟大的”④；文学绝非普通的社会行为，“文学作家归入宣传部作职员，这是现代政治的悲剧。文学上的自由和民主，绝不是去掉那边限制让我再来统治。民主在任何一时的解释都包含一个自由竞争的原则，用成就和读者对面，和历史对面的原则。文学涉于创作，没有什么人在作品以外能控制他人的权利”⑤；文艺应该享有自己的自由，然而“普罗文学”只是“一个没有作品的政治意识名词”⑥，“文学作品成了政治点缀物，由表现真理而转成解释政策，宣传政策”⑦，政治干涉使其严重异化。事实上，不同于左翼美学界对时代、政治、革命、历史等宏大概念的关注，京派美学格外关注作为个体的人，沈从文的人性小庙“选山地作基础，用坚硬的石头堆砌它。精致、结实、匀称，形体虽小

① 沈从文：《上海作家》，《沈从文全集》第 17 卷，北岳文艺出版社 2002 年版，第 54 页。
② 以下归纳借鉴：尹变英：《沈从文对左翼文学的批评》，《重庆师范大学学报》（哲学社会科学版）2012 年第 4 期。
③ 沈从文：《杂谈六》，《沈从文全集》第 14 卷，北岳文艺出版社 2002 年版，第 68 页。
④ 沈从文：《杂谈六》，《沈从文全集》第 14 卷，北岳文艺出版社 2002 年版，第 69 页。
⑤ 沈从文：《政治与文学》，《沈从文全集》第 14 卷，北岳文艺出版社 2002 年版，第 124 页。
⑥ 沈从文：《文坛的重建》，《沈从文全集》第 1 卷，北岳文艺出版社 2002 年版，第 178 页。
⑦ 沈从文：《新的文学运动与新的文学观》，《沈从文全集》第 12 卷，北岳文艺出版社 2002 年版，第 46 页。

而纤巧，是我理想的建筑”[①]。朱光潜反对中国传统“文以载道”观，倡导“人生艺术化”“生活艺术化”，强调“文艺自有它的表现人生和怡情养性的功用，丢掉这自家园地而替哲学宗教或政治做喇叭或应声虫，是无异于丢掉主子不做而甘心做奴隶”。[②] 李健吾表示，“我爱广大的自然和其中活动的各不相同的人性”[③]，并以此为核心论点开展了大量的文艺批评实践活动。

第二，左翼美学具有浓烈的斗争思维，致力于传播狂热情绪，渲染破坏性后果。

沈从文指出，“读高尔基，或辛克莱，或其他作品，又看看杂志上文坛消息，从那些上面认识一切，使革命的意识从一个传奇上培养，在一个传奇上生存，作者所谓觉悟了，便是模仿那粗暴，模仿那愤怒，模仿那表示粗暴与愤怒的言语与动作。使一个全身是农民的血的佃户或军人，以夸张的声色，在作品中出现，这便是革命文学作品所做的事。又在另一方面，用一种无赖的声色，攻击到另一群人，这成就，便是文学家得意的战绩，非常的功勋。作者中如蒋光慈，批评者中如鲁迅，是那么为人发生兴味的”[④]，革命文学过于宣扬“粗暴”“愤怒”，“由上海创造社作大本营，挂了尼采式的英雄主义，或波特莱尔的放荡颓废自弃的喊叫，成了到第二次就接受了最左倾的思想的劳动文学的作者集团，且取了进步的姿态，作高速度的跃进。但基础，这些人皆是筑于一个华丽与夸张的局面下，文体的与情绪的，皆仍然不缺少那‘英雄的向上’与‘名士的放纵’相纠结，所以对于‘左倾’这意义，我们从各作者加以检察，似乎就难于随便首肯了”[⑤]，创造社的左倾、激进令人难以接受，“他们缺少理智，不用理智，才能从一点伟大自信中，为我们中国文学史走了一条新路，而现在，所谓普罗文学，也仍然得感谢这团体的转贩，给一点年青人向前所需要的粮食。在作品上，也因缺少理智，在所损失的正面，是从一二自命普罗作家的作品看来，给了敌对或异己一方面一个绝好揶揄的机缘，从另一面看，是这些人不适于作那伟大运动，缺少比向前更需要认真的一点平凡顽固的力”[⑥]，普罗文学运动作用有限、效果堪忧。与之比照，

---

① 沈从文：《沈从文文集》，花城出版社1984年版，第56页。
② 朱光潜：《自由主义与文艺》，《朱光潜全集》第9卷，安徽教育出版社1993年版，第482页。
③ 李健吾：《李健吾批评文集》，珠海出版社1998年版，第110页。
④ 沈从文：《现代中国文学的小感想》，《沈从文全集》第17卷，北岳文艺出版社2002年版，第78页。
⑤ 沈从文：《郁达夫张资平及其影响》，《沈从文全集》第16卷，北岳文艺出版社2002年版，第168页。
⑥ 沈从文：《论郭沫若》，《沈从文全集》第16卷，北岳文艺出版社2002年版，第46页。

在沈从文看来，“神圣伟大的悲哀不一定有一滩血一把眼泪，一个聪明的作家写人类痛苦是用微笑来表现的”[①]，这才是更高的艺术境界，文艺创作“这是一种体操，属于精神或情感内方面的。一种使情感‘凝聚成为渊潭，平铺成为湖泊’的体操。一种‘扭曲文字试验它的韧性，重摔文字试验它的硬性’的体操”[②]，艺术表现、美学趣味、灵性文字具有重大意义。

第三，左翼作家大多缺少基本的艺术技巧，创作实践存在不少偏颇之处。

在沈从文看来，就整体而言，“其实正是文学从商业转入政治，‘艺术’或‘技巧’都在被嘲笑中地位缩成一个零”[③]，左翼文艺的艺术技巧较低，而从取材、情节、结构、讲故事的技巧、效果、文字等具体角度视之，“单就小说看，取材不外农村贫困，小官僚嘲讽，青年恋爱的小悲剧。作者一种油滑而不落实的情趣，简单异常的人生观，全部明明朗朗反映在作品里。故事老是固定一套，且显出一种特色，便是一贯流注在作家观念中那一种可怕的愚昧。对人事拙于体会，对文字缺少理解。虽在那里写作，对于一个文学作品如何写来方能在读者间发生效果，竟似乎毫不注意，毫不明白。所有工作即或号称是在那里颂扬光明的理想，诅咒丑恶的现实，悲惨的事，便是不知道那个作品本身，就是一种具体的丑恶的现实。作家缺少一个清明合用的脑子，又缺少一枝能够自由运用的笔，结果自然是作品一堆，意义毫无，锅中煮粥，同归糜烂罢了”[④]。左翼文艺作品质量较低，可以这么说，“作品在文体上无风格无性格可言，这也就是大家口头上喜说‘时代’意义。文学在这种时代下，与政治大同小异，就是多数庸俗分子的抬头和成功”[⑤]，左翼美学为了获得时代意义却忽视了艺术价值。与之形成明显区别，在沈从文的美学世界中，“一切优秀作品的制作，离不了手与心。更重要的，也许还是培养手与心那个‘境’，一个比较清虚寥廓，具有反照反省能够消化现象与意象的境”[⑥]，追求审美意境的营造，对美更是有着近乎疯狂、痴迷的追求，“一个人过于爱有生一切时，必因为在一切有生中发现了‘美’，亦即发现了

① 沈从文：《废邮存底·给一个写诗的》，《沈从文全集》第17卷，北岳文艺出版社2002年版，第186页。
② 沈从文：《情绪的体操》，《沈从文全集》第17卷，北岳文艺出版社2002年版，第216页。
③ 沈从文：《短篇小说》，《沈从文全集》第12卷，北岳文艺出版社2002年版，第117页。
④ 沈从文：《作家间需要一种新运动》，《沈从文全集》第17卷，北岳文艺出版社2002年版，第89页。
⑤ 沈从文：《小说作者与读者》，《沈从文全集》第12卷，北岳文艺出版社2002年版，第65页。
⑥ 沈从文：《从徐志摩作品学习“抒情”》，《沈从文全集》第11卷，北岳文艺出版社2002年版，第217页。

‘神’”[1]，“不管是故事还是人生，一切都应当美一些”，“什么叫作真？我倒不大明白真和不真在文学上的区别，也不能分辨它在情感上的区别。文学艺术只有美和不美”[2]，美成为艺术创作的动力和旨归，具有最高价值。

第四，左翼美学热衷于创作诙谐讽刺体，悲观文体的泛滥、过于急切的社会关怀与介入，不利于“纯正趣味”的打造，左翼独霸文坛的狭隘化更是阻碍新文学的健康发展。

沈从文认为，“鲁迅的悲哀，是看清楚了一切，辱骂一切，嘲笑一切，却同时仍然为一切所困窘，陷到无从自拔的沉闷里去了的”，“许钦文、冯文炳、王鲁彦、蹇先艾、黎锦明、胡也频。各人文字风格均有所不同，然而贯以当时的趣味，却使每个作者皆自然而然写了许多创作，同鲁迅的讽刺作品取同一路线。绅士阶级的滑稽，年青男女的浅浮，农村的愚暗，新旧时代接替的纠纷，凡属作家凝眸着手，总不外乎上述各点”，落入窠臼的讽刺体无助于实际问题的解决。在这方面，受朱光潜“距离”说的启发和影响，李长之的《鲁迅批判》强调，“艺术必须得和现实生活有一点距离，因为，这点距离的所在，正是审美的领域的所在”[3]。他认为鲁迅原本善写抒情文章，但这类作品却不多，尤其是中后期越来越少，“小半的原因是因为鲁迅碰到要攻击的对象是太多了，他那种激昂的对于社会的关怀遂使得他闲适不得。即是他的杂感，也每每不大从容”[4]。这种分析完全不同于瞿秋白对鲁迅杂文创作的高度评价和研究逻辑。非但如此，沈从文更为忧心左翼文坛的独霸，“在人人为一种新旧思想冲突中，有那感着政治的嗜好普遍形势时代，谈艺术也得附属于政治下面，这结果，纵有好东西，也不过是也似乎的宣传品罢了，那里能说？然而大家在此时却如此的大喊，要合社会，要合时代思想，还要什么什么。不合则不算。于是刀呀枪呀爱呀打成一片，算是时髦东西，作这个的不论他作得是怎样坏，也认为伟大。也没有所谓深一点的意思在东西里面，只是血或什么的字样倒并不少；正因为这个就算是艺术与人生联成一片了。还有些，则只是口号，也以为是自己在左边走，而其他不喊的则全是坏东西了。把文学观念看作这样惊人的浅薄，是正有着不少的人的。这类人见解高等

① 沈从文：《美与爱》，《沈从文全集》第11卷，北岳文艺出版社2002年版，第376页。
② 沈从文：《水云》，《沈从文全集》第10卷，花城出版社1984年版，第276页。
③ 李长之：《鲁迅批判》，上海北新书局1936年版，第47页。
④ 李长之：《鲁迅批判》，上海北新书局1936年版，第63页。

一点儿的，也免不了以为不写苦恼惨酷便不算好文章。文章真是这样狭？若果是这样的狭，我想上千年来中外无数的作者大致全是为这范围逼死的”[①]，附属于政治、好似宣传品、“血”字样不少、口号多等特征明显的左翼文艺统治文坛，绝非好事。

第五，左翼美学援用非民族性的理论资源，不一定有好的发展。

沈从文指出，“正因为便是左翼也还缺少一种具有我们这个民族丰富的历史知识的文学理论者，能作出较有系统的理论与说明，致从事于文学创作的，即欲以唯物论的观念为依据，在接受此观念之际，因理论者的解释识见的不一，致作者对于作品的安排，便依然常有无所适从之概。三数年来的挣扎努力，予反对者以多少借口，予同情者以多少失望，同时又予作家之群以多少的牺牲”。左翼美学缺少能接本土“地气”、便于指导文艺创作的哲学、方法论资源，沈从文指责左翼文艺家“记着‘时代’，忘了‘艺术’”，甚而认为大批作者标榜时代精神实际上是为获取商业利益而追逐时髦，故而，“多数人对于左翼文学的明日，感到在希望中光明的缺少。即或从国际方面他们还有可以相互呼应处，在租界上最小范围内他们还依然能够存在，对中国前途的利害，不至于如鸦片烟公然的流行，与其他种种现象的可怕，也是极显然的事情了”[②]，左翼文艺的流行未必是好事，其发展结果不一定好。

四、 左翼美学对京派批评的回应

针对沈从文对左翼文艺的激烈批评，1935 年 9 月鲁迅写作《七论“文人相轻”——两伤》一文，进行了初步回应。他希望沈从文“该放弃了‘看热闹的情趣’，加以分析，明白的说出你究以为那一面较‘是’，那一面较‘非’来”，强调“至于文人，则不但要以热烈的憎，向‘异已’者进攻，还得以热烈的憎，向‘死的说教者’抗战。在现在这‘可怜’的时代，能杀才能生，能憎才能爱，能生与爱，才能文”[③]，主张具体分析，推崇文艺的战斗精神。

1937 年 7 月茅盾发表《关于“差不多”》一文，进行了针对性很强的专门回

① 沈从文：《杂谈六》，《沈从文全集》第 14 卷，北岳文艺出版社 2002 年版，第 68 页。
② 沈从文：《禁书问题》，《沈从文全集》第 12 卷，北岳文艺出版社 2002 年版，第 104 页。
③ 鲁迅：《七论“文人相轻”：两伤》，《文学》月刊第 5 卷第 4 号，1935 年 10 月。

应。首先，在批评视野上，茅盾认为，沈从文的批评态度不友善和缺乏建设性，"取了向人挑战的态度而没有'自剖'的精神"，他"不知道应从新文艺发展的历史过程中去研究'差不多'现象之所由发生"，因而"充满了盲目的夸大"，"盲目，因为他不知道他所'发见'的东西早已成为讨论的对象；夸大，因为在他看来，国内的文艺界竟是黑漆一团，只有他一双炯炯的巨眼在那里关心着。此种闭起眼睛说大话的态度倘使真成为'一种运动'，实在不是文艺界之福"，对于近年来国外先进创作方法资源和书籍的引入，"炯之先生好象全未闻见"，批评缺少根据和公允性。其次，在批评内容上，沈从文"抹煞了新文艺发展之过程，幸灾乐祸似的一口咬住了新文艺发展一步时所不可避免的暂时的幼稚病，作为大多数应社会要求而写作的作家们的弥天大罪，这种'立言'的态度根本不行"，缺少对左翼文艺的细致分析和具体研究，"大概在炯之先生看来，作家们之所以群起而写农村工厂等等，是由于趋时，由于投机，或者竟由于什么政党的文艺政策的发动；要是炯之先生果真如此设想，则他的短视犹可恕，而他的厚诬作家们之力求服务于人群社会的用心，则不可恕"；茅盾指出，沈从文主观设想和轻率猜测的成分较多，因此可以说，"事实不如炯之先生所设想，因而他的格言式的'基本信条'等于没有"，沈从文的批评不符合左翼文坛的实际情况。再次，在文艺成绩上，茅盾强调，在无产阶级文艺发展过程中，"统而观之，则有一事不容抹煞，即作家的视野是步步扩大了"，"新文艺和社会的关系是步步密切了。而这'扩大'这'密切'的原动力，与其说是作家主观的制奇出胜，毋宁说是客观形势的要求"，因此可以说，"新文艺发展的这一条路是正确的；作家们应客观的社会需要而写他们的作品——这一倾向，也是正确的"，应该承认和肯定左翼文艺运动的主要成绩和突出建树，不能持"唯京派第一"的偏狭想法。①

五、简要评价

不同于沈从文对左翼文坛具体、尖锐、明确的批评，左翼美学对于京派的非议比较笼统、着墨不多。虽然也有针对性较强的往来回复，比如，冯乃超与沈从文的观点博弈、胡风对李长之主张的反驳，但更多的时候，左翼美学界往往是笼

① 茅盾：《关于"差不多"》，《中流》第 2 卷第 8 期，1937 年 7 月 5 日。

统批评京派“不关心现实社会”，甚至“对国家民族的前途命运冷淡”，而“只专注于象牙塔中的艺术”。在当时的社会文化语境中，这种带有“贴标签”性质的批评往往基于“京派——注重审美——忽视时代精神和逃避社会现实”“左翼——重视社会价值、肩负社会责任”的二元对立式惯性思维，并不符合实际情况。其实，京派中的很多人也写过忧国忧民、关心民间疾苦、同情女性和弱小、尊重人性的大量文字，只不过京派多以远离激进政治的温和方式，以营造审美意境、关注个体、尊重人性的具体方式来参与社会变革和文化传承而已。这种思路迥异于左翼界，二者的着眼点不同，各具意义。与左翼美学关注“时代”“历史的必然”“革命”等宏大叙事、挖掘“社会生活的革命意义”不同，京派更多反映社会生活的丰富性和变动性，更喜欢体味人生的丰富滋味，更善于表现个体的独特感受和审美境界。这是京派与左翼美学的区别及开展论争的出发点和言说依据。

值得注意的是，在论辩氛围浓厚、文艺交流频繁的20世纪30年代，京派与左翼美学之间的论争和批评，也带来了相互之间的学习和融合，尤其对左翼美学的发展产生了重要的正面影响。以创作体验、读者接受为核心，左翼逐步舍弃“脸谱主义”“标语主义”“公式主义”“直露主义”等创作方法，更加注重从情感体验、审美感受上打动读者，提升作品的艺术价值和冲击力。只不过受当时社会革命形势狂飙突进、文化领导权争夺异常激烈、双方“敌对性”成见较深、政治审判代替学术考量等众多因素的影响，这种对话很难做到不带情绪地从容进行、静心展开，很难做到真正的“自由生发，自由讨论”。[①]

此外，这场论争除了暴露左翼美学及其文艺创作的若干不足之外，也可以见出当时京派美学自身存在的一些问题。比如，受美学主张和理论视野的偏好及其局限的影响，京派基本否认左翼文艺运动的成绩，有意放大、错误判定左翼文艺的某些不足，对鲁迅、郭沫若等左翼文艺家及其创作成绩评价过低，常怀精英主义的优越感看待文艺发展问题，唯京派独尊，提倡“文艺自由”却难以平等看待其他文艺流派，对马克思主义缺少了解、存在偏见而又缺乏主动学习、研究等等，这些也都是事实。

① 黄键:《京派文学批评研究》,北京师范大学2000年博士论文,第118—121页。

第四节　左翼与海派的“阶级意识”“唯美感觉”关联与论争

左翼美学与海派文艺具有千丝万缕的联系，双方的一致性、冲突性因素均不少。左翼美学与海派文艺的冲突与论争具有多重逻辑指涉的鲜明特征，其关系的复杂也推动了二者的反思性总结和融合发展。

一、 海派的含义和美学趣味

与“京派”一词类似，“海派”具有丰富的含义，与之关联的表述常有海上画派、海派文学、海派文化、海派美学、海派作家、海派小说、海派音乐、海派电影、海派戏剧等。一般认为，“海派”一词的最初出现，与清末民初的“海上画派”有关，其前身是以董其昌为代表的松江画派。用“海派”来指称上海文艺界，则起源于 20 世纪 20 年代后期新文学中心由北京转移至上海，随着“左联”以及“孤岛文学”的兴起，上海文艺界出现持续繁荣局面。用海派指称文艺流派，最初是包含贬抑之意的，始于挑起“京海之争”的沈从文笔下，后来渐渐使用开去。实际上，与京派一样，海派并不是一个组织严密、主张一致、标举“海派”旗帜的单一性文艺团体。

在本书中，“海派”指代“礼拜六派”“现代派”“唯美派”、后期创造社宣扬“革命罗曼蒂克”的某些成员、鸳鸯蝴蝶派的部分成员等。其主体是以穆时英、施蛰存、刘呐鸥为代表的“新感觉派”（有时称“现代派”），具有都市体验、商业写作、世俗化、先锋性、注重心理描写等美学特征，代表作品包括穆时英《白金的女体塑像》《公墓》、施蛰存《上元灯》《鸠摩罗什》《将军底头》、刘呐鸥《都市风景线》、张资平《飞絮》《苔莉》、叶灵凤《姊嫁之夜》《女娲氏的遗孽》、徐訏《吉布赛的诱惑》《荒谬的英法海峡》《精神病患者的悲歌》、张爱玲《倾城之恋》《金锁记》等。

作为海派核心的“新感觉派”是 20 世纪第一个被引入中国的现代主义小说流派，主要作家包括穆时英、施蛰存、刘呐鸥、黑婴、禾金等。中国的新感觉派创作深受日本新感觉派作家川端康成、横光利一等人的影响，尤其是吸收了他们的动态化、立体式、感觉外化的行文技法。20 世纪 30 年代的中国社会，阶级矛盾、民族危机空前激化,一批小资产阶级知识分子为填补精神空虚、追求刺激,接受和尝试现代派小说“新、奇、怪”的艺术风格,同时汲取心理分析、意识流、蒙太奇等西欧新兴创作手法的精髓,强调作家的主观感觉,不太注重对客观生活的真切描写,作品带有浓厚的唯美情调,由此形成中国本土特色浓郁的“新感觉派”。所谓新感觉,指将主观感受投射到客观事物上,使主观感觉客体化,生成所谓的“新现实”,为了实现这种效果,“新感觉派”作品常常使用怪异的文体、唯美的语言、象征和通感等技法。

二、 左翼与海派的关联及论争的主要表现

与“京海”之争既内在交织又存在较大差异的是,施蛰存、穆时英、刘呐鸥等海派作家与左翼文坛的正面冲突始于左翼与“第三种人”的论争,兼及著名的电影“软”“硬”性质之争,其中心话题不是“京海”论争中文艺审美化自律与商业化生存的二元对立之辨,而是更多指向文艺与政治关系的深度思考与创作实践。

在左翼美学与“第三种人”的论争过程中,《现代》主编施蛰存明确表达了对苏汶的支持,从而一定程度上与左翼主张构成冲突。施蛰存强调,“凡进步的作家,不必与政治有直接的关系”,“我们的进步的批评家都忽视了这事实,所以苏汶先生遂觉得非一吐此久鲠之骨不快了。这篇文章也很有精到的意见,和爽朗的态度”[①],并公开认同该期发表的苏汶《论文学上的干涉主义》,意味着对其批评左翼文坛合理性的认可。施蛰存还指出,“苏汶先生送来《一九三二年的文艺论辩之清算》一文,读后甚为快意。以一个编者的立场来说,我觉得这个文艺自由论战已到了可以相当的做个结束的时候。苏汶先生此文恰好使我能借此作一结束的宣告”[②],肯定苏汶的总结;针对胡风对苏汶坚持“中间立场”的批判,施蛰存表示,“我对于文艺的见解是完全与苏汶先生没有什么原则上的歧异的”[③],声援苏汶。

事实上,在这件事情前后,施蛰存也曾多次陈述自己迥异于左翼文坛的文艺观:在文艺与政治的关系上,施蛰存声称,“我们自己觉得我们是左派,但是左

① 施蛰存:《社中日记》,《现代》第2卷第1期,1932年11月。
② 施蛰存:《社中日记》,《现代》第2卷第3期,1933年1月。
③ 施蛰存:《社中日记》,《现代》第2卷第5期,1933年3月。

翼作家不承认我们。我们几个人，是把政治和文学分开的"，"我们标举的是，政治上左翼，文艺上自由主义"[①]，"在现代的美国文坛上，我们看到各种倾向的理论、各种倾向的作品都同时并存着"，"任何一种都没有用政治的或社会的势力来压制敌对或不同的倾向"，"我们所要学的，却正是那种不学人的、创造的、自由的精神"[②]，坚持自由主义的文艺观；在文艺创作实践上，受普罗文艺运动席卷中国文坛热潮的鼓舞，施蛰存也曾写过《阿秀》《花》两部短篇小说，但之后"我没有写过一篇所谓普罗小说。这并不是我不同情于普罗文学运动，而实在是我自觉到自己没有这方面发展的可能"[③]，个中原因在于，"我明白过来，作为一个小资产阶级知识分子，他的政治思想可以倾向或接受马克思主义，但这种思想还不够作为他创作无产阶级文艺的基础"[④]，这表达了对左翼文艺美学及其阶级基础、核心理念某种程度的疏离；在文艺功用和办刊思想上，施蛰存认为，"文艺的最大功效，就不过是这一点点刺激和兴奋"[⑤]，因此他"想弄一点有趣味的轻文学"[⑥]，明确表达对"把杂志对于读者的地位，从伴侣升到师傅"[⑦]的不满。施蛰存对左翼美学的态度和批判可见一斑。

穆时英与左翼文坛的关系，最能反映左翼美学与海派的关联与论争。"鬼才"作家、"中国新感觉派圣手"穆时英初登文坛，始于 1930 年 2 月 15 日《新文艺》第 1 卷第 6 号发表其小说处女作《咱们的世界》，该刊编辑施蛰存"一个能使一般徒然负着虚名的壳子的'老大作家'羞愧的新作家"的激赏评价使穆时英声名大震。随后穆时英发表多部描写底层民众生活的小说，"几乎被推为无产阶级优秀文学的作品"，"一时传诵，仿佛左翼作品中出了个尖子"。然而，当《被当作消遣品的男子》《空闲少佐》《公墓》等感伤气息明显、颓废色彩突出的新感觉小说问世后，穆时英遭遇瞿秋白、舒月、胡风等左翼美学界的"集团式的批判"。瞿秋白认为，穆时英的作品是"红萝卜"，"外面的皮是红的，正是为着肉的白而红的。这就是说：表面做你的朋友，实际是你的敌人，这种敌人自然更加危

---

① 施蛰存：《沙上的脚迹》，辽宁教育出版社 1995 年版，第 181 页。
② 施蛰存：《现代美国文学专号・导言》，《现代》第 5 卷第 6 期，1934 年 10 月。
③ 施蛰存：《我们经营过三个书店》，《新文学史料》1985 年第 1 期。
④ 施蛰存：《沙上的脚迹》，陈子善、徐如麒编《施蛰存七十年文选》，上海文艺出版社 1996 年版，第 56 页。
⑤ 施蛰存：《社中谈座》，《现代》第 3 卷第 4 期，1933 年 8 月。
⑥ 孔另境：《现代作家书简》，花城出版社 1982 年版，第 79 页。
⑦ 施蛰存：《编辑座谈》，《现代》第 1 卷第 1 期，1932 年 5 月 1 日。

险”[①]，在思想倾向上，穆时英及其作品具有隐蔽性、高危险性。舒月指出，穆时英作品中的人物具有“非常浓重的流氓无产阶级的意识”，“连社会问题的初步都没有碰到”，与真正的普罗文学相比，“《南北极》无论在意识，形式，技巧方面，都是失败的”[②]，穆时英的创作存在明显缺陷。胡风批评穆时英的小说“和一定带有特定阶级的历史特征的活生生的‘现实’是无关的”，“和现实简直牛头不对马嘴”[③]，穆时英的小说没有反映客观现实。

面对这些批评，穆时英进行了回击和说明。他说，“我是比较爽直坦白的人，我没有一句不可对大众说的话，我不愿意象现在许多人那么地把自己的真正面目用保护色装饰起来，过着虚伪的日子，喊着虚伪的口号……说我落伍，说我骑墙，说我红萝卜剥了皮，说我什么都可以，至少我可以站在世界的顶上，大声地喊‘我是忠实于自己，也忠实于人家的人’”，强调自身创作对文学真实性的坚守；“记得有一位批评家说我这里的几个短篇全是与生活，与活生生的社会隔绝的东西，世界不是这么的，世界是充满工农大众，重利盘剥，天明、奋斗……之类的。可是，我却就是在我的小说里的社会中生活着的人，里边差不多全部是我亲眼目睹的事。也许是我在梦里过着这种生活，因为我们的批评家说这是偶然，这是与社会隔离的，这是我的潜意识。是梦也好，是偶然也好，是潜意识也好，总之，我不愿意自己的作品受误解，受曲解，受政治策略的排斥”[④]，表示他关心的只是“应该怎么写”，而不是“写什么”，似乎对左翼批评意见不以为然，但从再版时增补《偷面包的面包师》《断了条胳膊的人》《油布》这三篇“左翼式”底层小说来看，左翼批评家的所谓“意见”直接影响了穆时英当时的创作选择，其长篇小说《一九三一年》更是明显受到茅盾《子夜》和丁玲《水》的影响。对此，穆时英解释道，“当时写的时候是抱着一种试验及锻炼自己的技巧的目的写的”，“发表了以后，蒙诸位批评家不弃，把我的意识加以探讨，劝我充实生活，劝我克服意识里的不正确分子，那是我非常感谢的，可是使我衷心地感谢的却是那些指导我在技巧上的缺点的人们”[⑤]，从中可以看出左翼理念规约对穆时英心理状态和文艺创作的巨大影响，甚至在作为“汉奸”被暗杀前两年的1938年，穆时英仍

① 瞿秋白：《财神还是反财神(乱弹)》，《瞿秋白文集》第1卷，人民文学出版社1985年版，第407页。
② 舒月：《社会渣滓堆的流氓无产者与穆时英的创作》，《现代出版界》第2期，1932年7月。
③ 胡风：《粉饰、歪曲、铁一般的事实》，《文学月报》第1卷第5、6号合刊本，1932年12月。
④ 穆时英：《自序》，《公墓》，上海现代书局1933年版，第2—3页。
⑤ 穆时英：《改订本题记》，《南北极》，上海现代书局1933年版，第1页。

然未能摆脱受左翼思想影响的困惑与焦虑。他说，“终年困扰着我，蛀蠕着我的，在我身体里边的犬儒主义和共产主义，蓝色狂想曲和国际歌，牢骚和愤慨，卑鄙的私欲，和崇高的济世度人的理想，色情和正义感，我的像火烧了的杂货铺似的思想和感情，正和这宇宙一样复杂而变动不居”①，“不站在里边又站在哪儿呢”是穆时英小说主人公潘鹤龄的疑问，更是他自己的困惑。对于穆时英而言，他对左翼文艺既跟随又反感的这种态度，此种融合与疏离生动展现了穆时英对左翼美学的布鲁姆所谓之“影响的焦虑”。②

不仅仅是左翼界批评穆时英的创作，穆时英受其影响对创作进行调整，反过来，穆时英对左翼文坛也多有指责。在《说话与天真》里，穆时英讥笑过左翼文坛极力倡导的大众语。在《伟大与天才》中，穆时英说，“我们的文坛上充斥了喜欢说点空话，来填补文坛空虚的人。这些人反复贩卖各种主义和运动”，“他们既懂文学，又明政治，经济，甚至于……对于每一件事，皆有一大篇说教式的议论。是专家，也是百科全书！他们有着独创的用语，独创的逻辑，由于运用得法，而他们的举动言辞就都成了权威”③，对左翼文艺创作进行冷嘲热讽，做出较低评价。在《文艺画报》创刊号《编者随笔》中，穆时英说，“不够教育大众，也不敢指导(或者该说麻醉)青年，更不想歪曲事实，只是每期供给一点并不怎样沉重的文字和图画，使对文艺有兴趣的读者能醒一醒被其他严重的问题所疲倦了的眼睛，或者破颜一笑，只是如此而已”，与施蛰存一样，穆时英致力于办趣味性强、政治性弱的文艺刊物。在小说《Pierrot》中，穆时英塑造了潘鹤龄这个不为左翼批评家所理解的作家形象，“他们要求我顺从他们，甚至于强迫我，他们给我一个圈子，叫我站在圈子里边，永远不准跑出来，一跑出来就骂我是社会的叛徒，就拒绝我的生存。我为什么要站在他们的圈子里边呢”④，穆时英仿佛借潘鹤龄之口，表达了自己对左翼文坛的不满。

穆时英对左翼美学的专门批评和理论思考还集中表现在电影领域。电影“软硬性质”论争中，穆时英发表了《电影的批评底基础问题》《〈百无禁忌〉与说教式的拟现实主义》《电影艺术防御战——斥掮着“社会主义的现实主义”的招

① 穆时英:《无题》,《大公报》1938 年 10 月 16 日。
② 陈海英:《“影响的焦虑”:穆时英与 30 年代左翼文学》,《文艺理论研究》2011 年第 6 期。
③ 穆时英:《伟大与天才》,《穆时英全集》第 3 卷,十月文艺出版社 2008 年版,第 36 页。
④ 穆时英:《Pierrot》,《白金的女体塑像》,上海现代书局 1934 年版,第 211 页。

牌者！》《当今电影批评检讨》等多篇文章，针对左翼倡导的“艺术反映客观现实论”，穆时英强调，艺术“是人格对于客观存在的现实底情绪的认识，把这认识表现并传达出来，以求引起其他人格对于同一的客观存在的现实获得同一的情绪认识底手段”①，否定左翼理论的权威性和正确性。针对左翼电影美学主张的内容偏重主义、内容决定形式论，穆时英强调形式是划分艺术与非艺术的标志物，彰显形式的重要性。穆时英坚持社会价值和艺术价值相统一的电影价值评价标准，强调“不但要批判作品底社会价值，而且要透过作品底形式去把握它的内容，从它底美学价值底批判上去估计它底社会价值”②，批判左翼电影对社会价值的过分追求、过多强调。

三、 简要评价

左翼美学界与海派之间之所以发生论争，深层原因缘于双方文艺立场、文艺观的对立冲突。以“新感觉派”为代表的海派作家，坚持自由主义的文艺立场，反对文艺的政治功利性，这显然迥异于左翼文艺观，在当时的社会文化语境中，必然不为后者所容。左翼文坛之所以在 1931 年底开始严厉批判新感觉派，具有多方面的原因。一方面，苏联文艺政策的影响发挥了重要作用。经萧三的介绍，1930 年 11 月在苏联召开的国际革命作家联盟会议精神发表在“左联”机关刊物《文学导报》上。在这次会议上，“拉普”负责人阿维尔巴赫对个人心理主义进行了严厉批判。以心理分析见长的中国新感觉派，自然首当其冲地成为被批判对象，沈起予、楼适夷等人纷纷撰文予以批判。另一方面，“左联”对于文艺领导工作的强化也是重要原因。1931 年 6 月起，瞿秋白开始领导“左联”，加强党对文艺领域的领导和干预，更加强调成员的组织纪律性。因而，随着“唯物辩证法创作方法”的推广和应用，“阶级意识”被格外强调，穆时英便因《南北极》不恰当的阶级意识而遭到多方的严厉批评。③

需要注意的是，左翼美学与海派进行论争期间，争辩双方的关系并非水火

① 穆时英：《电影批评底基础问题》，《穆时英全集》第 3 卷，十月文艺出版社 2008 年版，第 169 页。
② 穆时英：《电影艺术防御战：斥掮着“社会主义的现实主义”的招牌者！》，《穆时英全集》第 3 卷，十月文艺出版社 2008 年版，第 235 页。
③ 吴述桥：《新感觉派和左翼文学关系再考察》，《中国现代文学研究丛刊》2012 年第 1 期。

不容、形同敌人，而是互有来往、紧密联系的。诸如，“许多重要文章，都先经对方看过”，方便进行充分讨论和有针对性的争辩；尽可能将论辩双方的文章刊载在同一期杂志，以便广大读者对双方观点的准确掌握和详细了解；论辩双方的不少文章均呈送鲁迅审阅，鲁迅进行总结。正是基于此，左翼美学与海派之间的论争总给人“事先策划”“有效执行”“规划效果”的感觉，论辩双方仿佛是文化领导权争夺中的演员，分别饰演不同的角色，以便引起社会各界的最大关注、求得问题的完满解决，尤其是激发左翼文化界的“集体战斗意识”。这说明在当时的社会文化语境中，不同文艺流派之间的交流和沟通具有相当的有效性和明显的建设性，这种共同、相通的言说空间预设了这类论争的方向和结果，在此前提下，他们的言说、论辩乃至批判共同推动了美学的向前发展和不断走向成熟。

此外，左翼美学与海派论争的影响和意义，不仅仅表现在美学理论和主张的交流、融通上，更是反映在双方文艺创作实践的强化和互补中。通过论争和交流，基于城市现代性和现代主义等共同的基本价值取向，左翼美学与海派之间的融合表现在对都市题材、社会现代性、艺术先锋性的追求以及文艺技巧的互相借鉴等许多方面，大幅推动了各自文艺创作实绩的取得，不同文艺流派间抗衡、共生、互动的复杂关系可见一斑，反过来又说明了论争的必要性和实践性价值。

第七章

《在延安文艺座谈会上的讲话》的文艺观

毛泽东认为:“要使文艺很好地成为整个革命机器的一个组成部分,作为团结人民、教育人民、打击敌人、消灭敌人的有力的武器,帮助人民同心同德地和敌人作斗争。”[①]在毛泽东看来,文艺批评是文艺界的主要斗争方法之一。1942年,《在延安文艺座谈会上的讲话》出台,随后迅速成为中国现代文艺话语中的主流声音。《讲话》权威性地位的确立,不仅对当时的文艺实践产生了很大影响,也规范了此后文艺发展的主要方向。

① 毛泽东:《在延安文艺座谈会上的讲话》,《毛泽东文艺论集》,中央文献出版社2002年版,第49页。

第一节 《讲话》产生的文化语境

在中国文艺理论发展史上,《在延安文艺座谈会上的讲话》(以下简称《讲话》)的出现并不是一个偶然事件,而是多种因素交织影响下的综合产物。在特定的时代与文化语境下,《讲话》整合了多重话语,呈现出复调性。

一、《讲话》与中国传统文化

《讲话》的出台与毛泽东从小所接受的传统文化熏陶是分不开的。中国传统文化的影响在毛泽东的文艺批评思想的形成中占据着十分重要的地位。国外有学者曾统计过毛泽东著述中的引用数据,发现毛泽东引用最多的是孔子的原话。①

毛泽东的传统文化情结要追溯到年少时的教育经历。毛泽东八岁进私塾接受儒家教育,系统熟读了《论语》《孟子》《中庸》和《大学》等经书典籍,这些儒家经典在他的脑海中留下了深刻的印记,并在他的文章中被频频引用。毛泽东还熟读大量中国古代的章回体小说,如《三国演义》《水浒传》《西游记》《说岳全传》等等。毛泽东对中国古典诗词青睐有加,在抗战时期仍然坚持读《唐诗三百首》等。在毛泽东的求学过程中,对他产生深远影响的老师,如毛宇居、杨昌济和袁吉六等,都是在中国传统文化研究上有着深厚造诣的学者。中国传统文化浸润和熏陶着毛泽东,并且化为一种深层心理结构和文化背景,在毛泽东文艺思想的形成和发展中发挥着巨大的作用。

在中国古代文艺批评史上,从政治和功用的角度来论述文艺的观点,比比皆是。传统诗歌的"美刺说"包含了文艺的政治意义,儒家的"厚人伦、美教化、移风俗"的诗教传统要求注重文艺的社会功用性,孔子的"兴观群怨"说也与表达政治意愿有关;曹丕的《典论·论文》称文学是"经国之大业,不朽之盛事",极力宣扬文学的政治功用性;柳宗元主张"文以明道",白居易和元稹主张"文章合

① [澳]尼克·赖特:《西方毛泽东研究:分析及评价》,《毛泽东思想研究》1989 年第 4 期。

为时而著，歌诗合为事而作”；唐宋八大家、明代前后七子、清代桐城派也都强调文艺的功用性。在中国古代，文艺往往与政治教化联系在一起，政治性也贯穿于毛泽东的文艺思想及其《讲话》中，这与中国传统文化的教化基调有着一致性。

经世致用精神是中国传统文化，特别是湖湘文化的精髓。从王夫之到魏源、曾国藩、谭嗣同等，他们都是主张经世致用且付诸实践的代表性人物。近代改良派要求对文学进行改良，也是立足于经世致用的目的。毛泽东生长于湖湘大地，湖湘文化力戒空谈虚浮、主张务实躬行、倡导实事求是的学风对毛泽东产生了深刻的影响。梁启超和胡适等学者以更新国民为目的的改良思想也对毛泽东产生了重要影响。在北大期间，毛泽东对胡适的《文学改良刍议》，特别是其中提出的作文“须言之有物”“不作无病之呻吟”“务去滥调套语”“不避俗字俗语”等主张，印象深刻，并在多年以后《反对党八股》的演讲中加以征引和强调。在经世致用思想的影响之下，毛泽东的艺术主张也取得了重要的实际效果，如革命文艺尤其是抗日剧社在群众中起到了很大的宣传作用。

二、《讲话》与中国现代文艺思潮

20 世纪早期，在中国政治局势的影响下，思想界呼吁社会变革，力图挽救民族危亡，五四新文化运动应运而生。这是一场解放国人思想的伟大运动，它承担着思想启蒙的任务，促进了西方思想的传播，也为随后中国革命道路的探索提供了契机。可以说，五四新文化运动促成了新思想的解放，也为后来《讲话》的出台提供了思想基础和准备。

五四新文化运动批判孔孟以来的“文以载道”思想，但否定的并不是“文以载道”这个命题，而是命题中“道”的内容，如陈独秀就认为：“‘文以载道’之‘道’，在主张‘载道’的人眼中，‘实谓天经地义神圣不可非议之孔道’。”①“孔道”是中国文化的核心内容，却是五四新文化运动要打倒的目标。对“文以载道”的批判恰恰体现了新文化运动新的“文以载道”的政治文论观，只不过载的是新文化之“道”而已。

---

① 黄曼君：《中国近百年文学理论批评史》，湖北教育出版社 1997 年版，第 213 页。

1921年,文学研究会成立,《文学研究会宣言》宣告:“将文艺当作高兴时的游戏或失意时的消遣的时代,已经过去了。我们相信文学是一种工作,而且又是于人生很切要的一种工作。”[①]另一重要文学团体创造社,从前期到后期也逐渐完成了从文学革命到革命文学的转变。1923年,由共产党人创办的《中国青年》杂志的诞生标志着革命文学的萌芽,革命文学批判“文学无目的论”,要求文学必须坚定地担负起社会革命的重任。

1927年,大革命失败后,社会政治局势更为严峻,阶级斗争也更为激烈,以左翼文艺运动为标志的无产阶级革命文艺理论开始发展和兴盛。严峻的社会政治局势和激烈的阶级斗争现实,使这个时期的文学批评呈现出政治色彩,涌现出“文学的阶级性色彩”“文学的政治功用”“文学的党派性”等主张。蒋光慈提出“革命文学是以被压迫的群众作为出发点的文学”,“革命文学是要认识现代的生活,而指示出一条改造社会的新路径”![②] 1930年,中国左翼作家联盟在上海成立,明确提出:“中国无产阶级革命文学必须确立新的路线。首先第一个重大的问题,就是文学的大众化。”[③]在这里,《讲话》所提出的文艺批评“为人民”的服务方向对文学大众化有着内涵的承继性。

20世纪早期,不少学者表现出对文艺批评中政治视角的偏好。李大钊强调以“爱”和“美”为核心的新文学观。“我们所要求的新文学,是为社会写实的文学,不是为个人造名的文学;是以博爱心为基础的文学,不是以好名心为基础的文学;是为文学而创作的文学,不是为文学本身以外的什么东西而创作的文学。”[④]在李大钊看来,新文学是内含社会功能和艺术功能的文学,这里的社会功能和艺术功能的统一,如果宽泛地理解的话,也可以看作是道与艺的统一。鲁迅不同意“为艺术而艺术”的纯文学观,主张将文学与思想倾向性、社会功利性和革命战斗性结合在一起,并提出“遵命文学”的主张。

瞿秋白的文艺批评同样立足于政治视域,强调政治性与艺术性的融合。有学者指出:“瞿秋白的文艺批评长于阶级分析,富有敏锐的政治洞察力。他习惯于从政治视角切入批评对象,进而进行深入的阶级分析,从中引发出切实的政

---

① 黄曼君:《中国近百年文学理论批评史》,湖北教育出版社1997年版,第302页。
② 蒋光慈:《关于革命文学》,《太阳月刊》1928年第2期。
③《中国无产阶级革命文学的新任务》,《文学导报》1931年第8期。
④ 李大钊:《什么是新文学》,《星期日》社会问题号,1919年12月8日。

治论断。他对鲁迅政治思想的评论是如此，对茅盾《子夜》的评论也是如此。他很关注文学作品的艺术性，有很高的艺术鉴赏水平，但他对文学作品艺术性的评析一般都立足于阶级分析。例如，他与茅盾探讨《子夜》中某些情节的具体写法，侧重点就放在怎样更好地表现政治意图上。他对鲁迅杂文的艺术特征的阐扬，也得力于他的政治眼光。”①

20世纪的中国文艺思想从早期就打上了较为明显的政治烙印，这种将政治使命赋予文艺的倾向对毛泽东文艺思想的形成产生了很大影响。青年毛泽东在与学友的谈论中，也透露出他对改造思想、改造精神和改造国民性的关注。毛泽东挚友张昆弟日记曾记载："毛君润芝云：现在国民思想狭隘，安得国人有大哲学革命家，如俄之托尔斯泰其人，以洗涤国民之旧思想，开发其新思想。"②1919年，毛泽东在北京大学图书馆工作期间，认识了陈独秀和李大钊两位新文化运动领军人物，他多次在论及文艺批评的文章中提到陈独秀和李大钊等人。陈独秀和李大钊等人文艺批评观中的政治维度，对《讲话》中文艺批评的政治性也产生了一定影响。

早期周扬的文艺批评观也立足于反封建和反资本主义的政治立场，分析作品也大多是从政治视角切入。黄曼君认为："毛泽东《在延安文艺座谈会上的讲话》发表以后，周扬30年代文艺思想侧重文艺为政治服务的内核与毛泽东文艺思想紧密结合，发展成相当完备的文艺思想体系。"③在某种意义上，周扬30年代的文艺批评观是《讲话》政治话语的先声。政治在30年代的左翼文艺理论家那里主要有两层内涵：政党、政体和政治共同体具体的政治主张、策略和措施；生活本质或历史真实。在这里，周扬所言的政治主要侧重的是第一层内涵。

在《讲话》出台之前，文论界发生了"抗战文艺价值和前途"的论争。在抗日战争的背景下，一部分富有爱国热忱的作家出于歌颂伟大民族战争的需要，强调发挥文艺的战斗武器作用，创作了一些牵强附会、空喊口号的粗糙缺乏艺术性的作品，引发了文艺界的批评。1938年，周扬在《新的现实与文学上的新任务》中指出："单单凭几篇政治论文，剪接新闻上的一些消息，就写成抗战主题的

---

① 黄曼君：《中国近百年文学理论批评史》，湖北教育出版社1997年版，第547—548页。
② 李锐：《毛泽东同志的初期革命活动》，中国青年出版社1957年版，第78页。
③ 黄曼君：《中国近百年文学理论批评史》，湖北教育出版社1997年版，第573页。

作品,那也只会产生出空洞概念、标语口号的东西。”[①]在周扬看来,作家进步的阶级立场和正确的政治思想是第一位的,而作家的艺术观和艺术修养只是处于附属的地位。批评家应当“把世界观放在第一等重要位置上”,作者首先应当形成“一个完整的,各部一致的,没有内在矛盾的世界观”[②]。与周扬的观点相呼应,茅盾在《论加强批评工作》中批评了把抗战观念“填在人物身上”的“注意写‘事’而不注意写‘人’”的不良现象。[③] 周扬和茅盾看到了文艺的政治性和艺术性的重要性,他们的观点也可以说是《讲话》文艺批评两个标准论的前奏和先声。

周扬和茅盾的观点在当时并没有受到重视,反而是后来梁实秋的批评言论引发了一场论争。梁实秋认为:“现在抗战高于一切,所以有人一下笔就忘不了抗战。我的意见稍为不同。与抗战有关的材料,我们最为欢迎,但是与抗战无关的材料,只要真实流畅,也是好的,不必把抗战勉强截搭上去。至于空洞的‘抗战八股’,那是对谁也没有益处的。”[④]“我相信人生中有许多材料可写,而那些材料不必限于‘与抗战有关’的。”[⑤]梁实秋看到了抗战文艺的不足,但由于他“不必限于与抗战有关”的文艺主张与时代要求有所疏离,遭到了不少人的批评。与他一起提倡“与抗战无关”论而受到批评的还有沈从文。沈从文提出抗战文艺要避免“虚伪”“浮夸”的建议,认为“商业与政治是文艺的枷锁,而商业尚能推动文学普及,但‘成为政治工具’,文学则只能‘堕落’”[⑥]。梁实秋和沈从文的主张,遭到了抗战文艺家们的反驳和批评。在这场论争中,辩论双方所争论的实质问题是文艺应当遵循政治标准还是艺术标准。抗战文艺者坚持政治标准,梁实秋和沈从文坚持艺术标准。这场论争引发了人们对文艺的政治性和艺术性的重新讨论,而《讲话》正是把这两者统一起来,提出了文艺批评的两个标准。

《讲话》与左翼文艺思想的联系主要表现在文艺大众化的问题上。左翼思想家认为,中国无产阶级革命文学的首要问题就是文学的大众化问题。瞿秋白

① 黄曼君:《中国近百年文学理论批评史》,湖北教育出版社 1997 年版,第 661 页。
② 周扬:《现代主义论》,《周扬文集》第 1 卷,人民文学出版社 1984 年版,第 159 页。
③ 黄曼君:《中国近百年文学理论批评史》,湖北教育出版社 1997 年版,第 661 页。
④ 梁实秋:《编者的话》,《中央日报》1938 年 12 月 1 日。
⑤ 梁实秋:《与抗战无关》,《中央日报》1938 年 12 月 6 日。
⑥ 沈从文:《文学运动的重造》,《文艺先锋》1942 年第 2 期。

先后发表《普罗大众文艺的现实问题》《论大众文艺》等文，认为革命文艺应当是大众化的文艺，大众文艺“要用劳动群众自己的言语，针对着劳动群众实际生活所需要答复的一切问题……去完成劳动民众的文学革命”[①]。在讨论中，瞿秋白对“用什么话写，写什么东西，为着什么写，怎么样去写以及要干些什么”等问题进行了回答和阐释，这也可以说是《讲话》所提出的文艺方向的先声。

正是吸引了自五四以来的政治和革命文艺主张，《讲话》将文艺运动作为革命工作的枢纽，对文艺服务的对象以及如何创造大众文艺作了更明确、系统的回应，完成了从大众文艺向工农兵文艺的过渡，在延续文艺为革命服务的问题上进一步强化了文艺的阶级、政治和意识形态属性。

三、《讲话》与马克思主义文论中国化

《讲话》的出台与马克思主义思想的影响是分不开的，它是马克思主义文艺思想中国化的标志性和代表性成果。

《讲话》提出的文艺批评的“两个标准”论可以追溯到马克思主义文艺批评的主要原则：历史观点和美学观点相统一的原则。这一原则最早由恩格斯在《卡尔·格律恩〈从人的观点论歌德〉》中提出。“我们决不是从道德的、党派的观点来责备歌德，而只是从美学和史学的观点来责备他，我们并不是用道德的、政治的、或‘人的’尺度来衡量他。”[②]在谈论歌德及其作品时，恩格斯对文学批评的美学观点和历史观点进行了深入解释，强调他不是从道德的、政治的、或人的尺度来衡量歌德及其作品。“我们并不像白尔尼和门采尔那样责备歌德不是自由主义者，我们是嫌他有时居然是庸人；我们不是责备他没有热心争取德国的自由，而是嫌他由于对当代一切伟大的历史浪潮所产生的庸人的恐惧心理而牺牲了自己有时从心底出现的较正确的美感；我们并不是责备他做过宫臣，而是嫌他在拿破仑清扫德国这个庞大的奥吉亚斯的牛圈的时候竟能郑重其事地替德意志的一个微不足道的小宫廷做些毫无意义的事情和寻找小小的乐趣。”[③]

① 瞿秋白：《瞿秋白文集》第3卷，人民文学出版社1953年版，第886页。

② 《卡尔·格律恩〈从人的观点论歌德〉》，《马克思恩格斯选集》第4卷，人民出版社1972年版，第256—257页。

③ 《卡尔·格律恩〈从人的观点论歌德〉》，《马克思恩格斯选集》第4卷，人民出版社1972年版，第257页。

“歌德在自己的作品中对当时的德国社会的态度是带有两重性的……在他心中经常进行着天才诗人和法兰克福市议员的谨慎的儿子、可敬的魏玛的枢密顾问之间的斗争；前者厌恶周围环境的鄙俗气，而后者却不得不对这种鄙俗气妥协迁就。因此，歌德有时非常伟大，有时极为渺小；有时是叛逆的、爱嘲笑的鄙视世界的天才，有时是谨小慎微、事事知足胸襟狭隘的庸人。”[①]后来，恩格斯在《致斐迪南·拉萨尔》中明确指出：“我是从美学的观点和历史的观点，以非常高的，即最高的标准来衡量你的作品的。”[②]

恩格斯文学批评的美学观点和历史观点有着较深的政治内涵。恩格斯称赞维尔特写出了“社会主义的和政治的诗篇”，认为他是“德国无产阶级第一个和最重要的诗人”。他的作品有着“值得赞美的坚定信念和令人肃然起敬的对‘暴君’的憎恨，同时也描述了他们对于社会关系和政治关系的全部观点”[③]。在恩格斯那里，用历史的观点来要求、衡量和评价作家作品，应当结合艺术及其所反映出来的社会内容和历史环境。因此，作家在创作时也要顺应和表现进步的历史潮流；而用美学的观点来要求、衡量和评价作家作品，要强调文艺的特殊规律和审美属性，遵循艺术的特殊规律，肯定作品的审美意义和审美价值。

美学的观点和历史的观点也就是《讲话》所主张的政治标准和艺术标准。《讲话》所提出的文艺批评标准，是对马列经典理论家所倡导的美学的观点（艺术性）和历史的观点（思想性）的具体化和中国化。虽然《讲话》的“政治标准”和恩格斯所说的“历史的观点”内涵不尽相同，但其内在精神是一致的。《讲话》的“政治标准”包含浓厚的历史意识，毛泽东把抗日、团结和进步作为当时的政治标准，这一方面与当时延安的政治文化语境相关；另一方面也是为了使文艺能有助于群众改变历史，推动历史的前进。

《讲话》提出的“两个标准”还受到苏联革命文艺话语的影响。卢那察尔斯基认为：“我们在文学批评领域已经创造出巨大珍品，那么这在很大程度上应归功于普列汉诺夫和沃罗夫斯基。”[④]沃罗夫斯基在《夏娃与江孔达》中认为文艺批评有两个标准：艺术标准和思想标准。“我们评价一部艺术作品，就需要运用两种尺度：第一，它是否符合艺术性的要求，也就是总的来说，它是不是一部真正

---

① 《卡尔·格律恩〈从人的观点论歌德〉》，《马克思恩格斯选集》第4卷，人民出版社1972年版，第256页。

②③ 《致斐迪南·拉萨尔》，《马克思恩格斯选集》第4卷，人民出版社1972年版，第347页。

④ ［苏］沃罗夫斯基：《沃罗夫斯基论文学》，人民文学出版社1981年版，第440页。

的艺术作品；第二，它是否贡献出了某种新的、比较高级的东西，所谓新的东西，指的就是它用来丰富文学宝库的那种东西。”[①]在这里，第一个尺度是指文艺批评中的艺术标准，第二个尺度是指内容，强调的是思想内容方面的标准。

普列汉诺夫在谈到文艺的批评标准时，强调内容与形式的统一。“描绘同构思愈相符合，或者用更普通的话说，艺术作品的形式同它的思想愈相符合，那么这种描绘就愈成功。”“在艺术的整个宽广的领域中，都能同样适合地运用我在上面所说的标准：形式和思想完全相一致。”[②]在强调思想性与艺术性的同时，普列汉诺夫更偏向思想性。“任何一个政权，只要注意到艺术，自然就总是偏重于采取功利主义的艺术观。这也是可以理解的，因为它为了自己的利益就要使一切意识形态都为它自己所从事的事业服务。” [③]普列汉诺夫坚持认为，绝对的艺术标准是不存在的，因为对艺术的观念认知在历史发展过程中会不断地发生变化。

《讲话》还吸收了马克思主义的现实主义创作理论。在《致斐迪南·拉萨尔》中，恩格斯批评从观念出发的“席勒化”创作倾向，推崇“莎士比亚化”，提倡从现实生活出发，按照现实的本来面貌再现现实，不应该为了观念的东西而忘掉现实主义的东西。恩格斯反对从观念出发，把作品中的个人变成时代精神的单纯的传声筒，而是强调坚持现实主义原则，强调革命文艺工作者必须深刻地了解自己的工作对象，要深入人民群众，观察、感受并参与其生活之中的要求，收集一切文学和艺术的原始材料，才能创作出优秀作品。恩格斯对现实主义高度重视，在他看来，无产阶级革命斗争的现实，不允许以任何虚空幻想和浪漫情调代替对实际存在的阶级关系和力量对比的精确分析。革命实践是严峻而现实的，任何不切实际的想法和做法，都可能造成损失或导致失败，因此，对现实关系进行真实描写的文学作品才是真正优秀的文学作品。

《讲话》明确指出：革命的文艺，则是人民生活在革命作家头脑中的反映的产物。文艺作品中反映出来的生活却可以而且应该比普通的实际生活更高，更强烈，更有集中性，更典型，更理想，因此就更带普遍性。[④]《讲话》对人

---

① ［苏］沃罗夫斯基：《沃罗夫斯基论文学》，人民文学出版社 1981 年版，第 55 页。

② ［俄］普列汉诺夫：《没有地址的信——艺术与社会生活》，人民文学出版社 1962 年版，第 288—289 页。

③ ［俄］普列汉诺夫：《艺术与社会生活》，《普列汉诺夫美学论文集》第2卷，人民出版社1983年版，第830页。

④ 毛泽东：《在延安文艺座谈会上的讲话》，《毛泽东文艺论集》，中央文献出版社 2002 年版，第 63—64 页。

民的生活和面临的现实问题如此看重，是因为革命的文艺应当根据实际生活创造出各种各样的人物来，帮助群众推动历史的前进。《讲话》强调，文艺工作者在创作过程中，必须切实考虑群众的接受程度。文艺工作者的创作作品的实际对象是最广大的人民大众，对于不同层面的人物，需要有不同的创作态度和创作内容。要使接受者的接受水平提高，使接受者的认识达到创作者的理想期待值，就必须将普及和提高相结合，要在普及基础上进行提高，在提高指导下普及。

《讲话》对马克思主义文艺批评的继承，与中国的具体国情相适应，是马克思主义文艺批评中国化的理论成果。在学习马克思主义思想的过程中，毛泽东一直注重将其与中国具体实践相结合。他在《新民主主义的文化》中曾指出："必须将马克思主义的普遍真理和中国革命的具体实践完全地恰当地统一起来，就是说，和民族的特点相结合，经过一定的民族形式，才有用处，决不能主观地公式地应用它。"[①]坚持马克思主义文艺理论与中国革命实践相结合，这一方面符合中国在具体时代文艺发展的实际需要；另一方面也极大地促进了中国革命和革命文艺的发展。

四、《讲话》与延安政治文化语境

《讲话》出台前后，中国面临的最大现实是抗日战争。基于延安所面临的时代形势和当时的政治文化语境，《讲话》这部文艺工作的指导性和政策性文件也因而应运而生。

《讲话》产生于 1942 年的延安，当时中国国内的政治形势相当严峻。抗日革命根据地在 1942 年接连受到敌军的强烈攻击，民族解放事业备受压力，需要广大人民群众的支持。加强革命队伍的团结，取得革命队伍思想和行动的一致，便成为当时的首要任务。为了解决尖锐的民族矛盾，取得革命事业的胜利，政治需要通过影响和管理文学艺术，使文学艺术运动与当时的革命战争互相结合，更好地团结人民，争取战争的最终胜利。基于此，《讲话》一开始就明确了开

① 毛泽东：《新民主主义的文化》，《毛泽东文艺论集》，中央文献出版社 2002 年版，第 42 页。

会目的：要使文艺很好地成为整个革命机器的一个组成部分，作为团结人民、教育人民、打击敌人、消灭敌人的有力的武器，帮助人民同心同德地和敌人作斗争。[①]

在内战期间，革命文艺运动配合军事上的反围剿，展开了文化上的反围剿，并取得了不错的成果。在严峻的政治局势中，革命文艺的发展也面临着困境。由于党内出现过几次"左"倾和右倾的错误，革命队伍内部产生了教条主义和宗派主义的思想情绪，影响了革命文艺队伍的团结。当时革命文艺的发展方向和服务对象也不明确，文艺批判和思想斗争缺乏马克思主义指导，自由主义思想泛滥，极大地阻碍了革命文艺的发展。可以说，《讲话》正是顺应这种延安政治文化语境的时势需要而出现的。

在毛泽东看来，文学艺术并非现实状况的单向作用，文艺思想是在政治形势的强烈需求下产生的。正是针对国内革命运动和革命文学的发展所面临的这一系列的现实问题，毛泽东试图以此找出方针、政策和办法来，并在延安政治语境的前提下对文学艺术这种意识形态进行讨论和完善，以求得革命文艺对政治局势和革命工作的协助。因此，《讲话》所提出的诸多文艺主张不可避免地带有政治意识形态的印迹。

《讲话》受到中国传统思想文化的影响，并将五四以来的革命文艺话语、马克思主义文论话语和中国的政治文化语境有机地结合在一起。多层次的文艺话语构建与特殊的中国经验相结合，最终成为中国现代文艺发展史的主流话语。

第二节　《讲话》文艺观的体现

《讲话》将文艺作为革命意识形态的重要构成要素，把文艺与革命工作相联系，将文艺与政治意识形态挂钩，展现了一种独特的政治文艺观。

① 毛泽东：《在延安文艺座谈会上的讲话》，《毛泽东文艺论集》，中央文献出版社 2002 年版，第 49 页。

一、文艺批评的标准

批评标准是文艺批评的核心，对文艺作品进行评价首先要有一定的批评标准。毛泽东十分重视文艺批评的标准，这在《讲话》中体现得相当明显。

《讲话》提出文艺批评的"两个标准"：政治标准和艺术标准。什么是政治标准，"按照政治标准来说，一切利于抗日和团结的，鼓励群众同心同德的，反对倒退、促成进步的东西，便都是好的；而一切不利于抗日和团结的，鼓动群众离心离德的，反对进步、拉着人们倒退的东西，便都是坏的"。[①] 显然，《讲话》中的政治标准将文艺与政治密切结合起来，文艺的政治因素被提升到前所未有的重要地位。在衡量文艺作品时，政治因素起着决定性的作用，文艺作品的好与坏直接与政治目的挂钩。

毛泽东反对将文艺与政治分裂开来，《讲话》强调："在现在世界上，一切文化或文学艺术都是属于一定的阶级，属于一定的政治路线的。为艺术的艺术，超阶级的艺术，和政治并行或互相独立的艺术，实际上是不存在的。"[②]在《讲话》的话语表述中，文艺不可能超脱于政治的范围之外，虽然文艺与政治同属于上层建筑，但是政治作为经济的集中体现，在所有上层建筑中总是居于主导地位，而文艺等则是处于次要地位。

文艺的意识形态性质也决定了政治对文艺的影响以及文艺对政治的反作用。《讲话》认为："文艺是从属于政治的，但又反转来给予伟大的影响于政治。"[③]在抗日战争时期，"文艺服从于政治，今天中国政治的第一个根本问题是抗日。"[④]政治对其他意识形态起着重大的甚至决定性的作用，由此不难理解，《讲话》为何要提出以有利于团结抗日为评判准绳的政治标准。从整个社会来说，政治是经济的集中表现；就各个阶级而言，政治与阶级和阶级斗争密切相关。只有通过政治，阶级和群众的需要才能集中地表现出来，一定阶级和群众的经济利益也要靠一定的政治才能得到应有的保证。

---

① 毛泽东：《在延安文艺座谈会上的讲话》，《毛泽东文艺论集》，中央文献出版社 2002 年版，72 页。
② 毛泽东：《在延安文艺座谈会上的讲话》，《毛泽东文艺论集》，中央文献出版社 2002 年版，第 69 页。
③ 毛泽东：《在延安文艺座谈会上的讲话》，《毛泽东文艺论集》，中央文献出版社 2002 年版，第 70 页。
④ 毛泽东：《在延安文艺座谈会上的讲话》，《毛泽东文艺论集》，中央文献出版社 2002 年版，第 71 页。

在提出文艺批评政治标准的基础上，《讲话》进一步对政治标准中的“好坏”进行了说明。在毛泽东看来，“好坏”不能简单地进行区分，“好坏”是“动机”与“效果”的统一。“唯心论者是强调动机否认效果的，机械唯物论者是强调效果否认动机的，我们和这两者相反，我们是辩证唯物主义的动机和效果的统一论者。为大众的动机和被大众欢迎的效果，是分不开的，必须使二者统一起来。为个人的和狭隘集团的动机是不好的，有为大众的动机但无被大众欢迎、对大众有益的效果，也是不好的。检验一个作家的主观愿望即其动机是否正确，是否善良，不是看他的宣言，而是看他的行为（主要是作品）在社会大众中产生的效果。社会实践及其效果是检验主观愿望或动机的标准。”①在这里，《讲话》强调“为大众的动机”和“被大众欢迎的效果”必须统一起来，只有有了“被大众欢迎的效果”，才能更好地保证“为大众的动机”的实现。

需要指出的是，毛泽东眼中的政治是与文艺要为人民大众服务的根本原则相一致的。“文艺服从于政治，这政治是指阶级的政治、群众的政治，不是所谓少数政治家的政治。政治，不论革命的和反革命的，都是阶级对阶级的斗争，不是少数个人的行为。革命的思想斗争和艺术斗争，必须服从于政治的斗争，因为只有经过政治，阶级与群众的需要才能集中地表现出来。”②作为中国革命的领导人，毛泽东强调文艺从属于政治，是为了维护国家和政党的统一和对抗敌对力量。在他看来，文艺是整个革命事业的一部分，“是团结人民、教育人民、打击敌人、消灭敌人的有力武器”③。应当说，在民族矛盾尖锐、革命战争频繁的岁月，强调文学的政治引导作用仍然是十分必要的。在这个意义上，《讲话》政治批评标准的提出有其特定的历史背景和时代针对性。

在提出文艺批评的政治标准之后，《讲话》又提出文艺批评的艺术标准：“按着艺术标准来说，一切艺术性较高的，是好的，或较好的；艺术性较低的，则是坏的，或较坏的。这种分别，当然也要看社会效果。文艺家几乎没有不以为自己的作品是美的，我们的批评，也应该容许各种各色艺术品的自由竞争；但是按照艺术科学的标准给以正确的批判，使较低级的艺术逐渐提高成

① 毛泽东：《在延安文艺座谈会上的讲话》，《毛泽东文艺论集》，中央文献出版社 2002 年版，第 72—73 页。

② 毛泽东：《在延安文艺座谈会上的讲话》，《毛泽东文艺论集》，中央文献出版社 2002 年版，第 70 页。

③ 毛泽东：《在延安文艺座谈会上的讲话》，《毛泽东文艺论集》，中央文献出版社 2002 年版，第 49 页。

为较高级的艺术，使不适合广大群众斗争要求的艺术改变到适合广大群众斗争要求的艺术，也是完全必要的。”[①]对于艺术标准，毛泽东认为要将艺术性高低作为衡量优劣的标准。然而何谓艺术性？何谓艺术性高或低？《讲话》并没有展开具体说明。

在文艺批评的两个标准中，《讲话》对政治标准的重视显然更多一点，“任何阶级社会中的任何阶级，总是以政治标准放在第一位，以艺术标准放在第二位的”[②]。因此，政治标准高于艺术标准。毛泽东在阐释艺术标准时，甚至有时用政治标准干预艺术标准。如在《在鲁迅艺术学院的讲话中》中，毛泽东说：“当然对我们来说，艺术上的政治独立性仍是必要的，艺术上的政治立场是不能放弃的，我们这个艺术学院便是要有自己的政治立场的。我们在艺术论上是马克思主义者，不是艺术至上主义者。”[③]又说：“一种艺术作品如果只是单纯地记述现状，而没有对将来的理想的追求，就不能鼓舞人们前进。在现状中看出缺点，同时看出将来的光明和希望，这才是革命的精神，马克思主义者必须有这样的精神。”[④]

尽管毛泽东十分重视政治标准，但我们还是能够在不少地方读到他对艺术性的强调。如论文章气势，“文章须蓄势，河出龙门，一泻至潼关”。[⑤] 论艺术表现形式，“艺术的基本原理有其共同性，但表现形式要多样化，要有民族形式和民族风格。一棵树的叶子，看上去是大体相同的，但仔细一看，每片叶子都有不同。有共性，也有个性，有相同的方面，也有相异的方面。这是自然法则，也是马克思主义的法则。作曲、唱歌、舞蹈都应该是这样”。[⑥] 论艺术技巧，“我们的许多作家有远大的理想，却没有丰富的生活经验，不少人还缺少良好的艺术技术。这三个条件，缺少任何一个便不能成为伟大的艺术家”。[⑦] “至于艺术技巧，这是每个艺术工作者都要学的。因为没有良好的技巧，便不能有力地表现丰富的内容。”[⑧]由于作品的思想政治倾向总是通过艺术形象表现出来的，出于对效

---

① 毛泽东：《在延安文艺座谈会上的讲话》，《毛泽东文艺论集》，中央文献出版社 2002 年版，第 73 页。
② 毛泽东：《在延安文艺座谈会上的讲话》，《毛泽东文艺论集》，中央文献出版社 2002 年版，第 73 页。
③ 毛泽东：《在鲁迅艺术学院的讲话》，《毛泽东文艺论集》，中央文献出版社 2002 年版，第 15—16 页。
④ 毛泽东：《在鲁迅艺术学院的讲话》，《毛泽东文艺论集》，中央文献出版社 2002 年版，第 16 页。
⑤ 毛泽东：《讲堂录》，《毛泽东早期文稿》，湖南出版社 1990 年版，第 588 页。
⑥ 毛泽东：《同音乐工作者的讲话》，《毛泽东文艺论集》，中央文献出版社 2002 年版，第 146 页。
⑦ 毛泽东：《在鲁迅艺术学院的讲话》，《毛泽东文艺论集》，中央文献出版社 2002 年版，第 18 页。
⑧ 毛泽东：《在鲁迅艺术学院的讲话》，《毛泽东文艺论集》，中央文献出版社 2002 年版，第 20 页。

果的重视，毛泽东提出文艺批评的艺术标准也就自然而然了，因为艺术性的高低将直接影响到文艺作品发挥功用的效果。

对政治标准与艺术标准的关系问题，学者们多有误读。由于《讲话》中有“政治标准放在第一位，艺术标准放在第二位”“文艺是从属于政治的”和“文艺为政治服务”的表述，因此一些学者认为《讲话》只重视政治标准，而不重视艺术标准。这种误读在一段时期内给文艺批评的发展带来了不良影响。事实上，虽然《讲话》重视政治标准，但也强调两者的统一。“任何阶级社会中的任何阶级，总是以政治标准放在第一位，以艺术标准放在第二位的。资产阶级对于无产阶级的文学艺术作品，不管其艺术成就怎样高，总是排斥的。无产阶级对于过去时代的文学艺术作品，也必须首先检查它们对待人民的态度如何，在历史上有无进步意义，而分别采取不同态度。”①在这里，《讲话》明确了政治标准和艺术标准的“第一位”和“第二位”之分，因此不能只看到政治标准而陷入“唯一论”的误区。艺术标准虽然居于第二位，但并不意味着艺术标准无足轻重。“政治并不等于艺术，一般的宇宙观也并不等于艺术创作和艺术批评的方法。”②文艺批评要实现“政治和艺术的统一，内容和形式的统一，革命的政治内容和尽可能完美的艺术形式的统一”③。在政治标准与艺术标准的关系中，政治标准和艺术标准都不能缺，既要有思想性，又要有艺术性。这正如毛泽东所言：“《昭明文选》里也有批评，昭明太子萧统的那篇序言里就讲‘事出于沈思’，这是思想性；又讲‘义归乎翰藻’，这是艺术性。单是理论，他不要，要有思想性，也要有艺术性。”④

强调政治标准和艺术标准的统一性，毛泽东在不同场合均有表述：

> 艺术至上主义是一种艺术上的唯心论，这种主张是不对的。……艺术至上主义者是只注重味道好不好吃，不管有没有营养，他们的艺术作品内容常常是空虚的或者有害的。艺术作品要注重营养，也就是要有好的内容，要适合时代的要求，大众的要求。⑤

---

① 毛泽东：《在延安文艺座谈会上的讲话》，《毛泽东文艺论集》，中央文献出版社 2002 年版，第 73—74 页。
② 毛泽东：《在延安文艺座谈会上的讲话》，《毛泽东文艺论集》，中央文献出版社 2002 年版，第 73 页。
③ 毛泽东：《在延安文艺座谈会上的讲话》，《毛泽东文艺论集》，中央文献出版社 2002 年版，第 74 页。
④ 毛泽东：《同文艺界代表的谈话》，《毛泽东文艺论集》，中央文献出版社 2002 年版，第 175 页。
⑤ 毛泽东：《在鲁迅艺术学院的讲话》，《毛泽东文艺论集》，中央文献出版社 2002 年版，第 15—17 页。

> 我们不但否认抽象的绝对不变的政治标准，也否认抽象的绝对不变的艺术标准，各个阶级社会中的各个阶级都有不同的政治标准和不同的艺术标准。……缺乏艺术性的艺术品，无论政治上怎样进步，也是没有力量的。因此，我们既反对政治观点错误的艺术品，也反对只有正确的政治观点而没有艺术力量的所谓“标语口号式”的倾向。①
>
> 太强调革命性而忽视艺术性，认为只要是革命的东西，标语口号式的也好，艺术上不像样子的东西也行。这就把文学艺术降低到和普通东西一样没有区别了，因为别的东西是不采取文学艺术这种艺术形态的。现在强调革命性，就把文学艺术的革命性所需要的艺术形态也不要了，这又是一种偏向。我们只是强调文学艺术的革命性，而不强调文学艺术的艺术性，够不够呢？那也是不够的，没有艺术性，那就不叫做文学，不叫做艺术。②

《讲话》所提出的政治标准和艺术标准的关系是相辅相成、缺一不可的。任何只讲究政治标准不讲究艺术标准，或只讲究艺术标准不讲究政治标准都不能产生出适应时代要求、对人民有益、受人民欢迎的好作品。任何文艺作品都是二者统一的完整体，是政治（思想）和艺术、内容和形式的水乳交融的统一体。

二、 文艺批评的人民性方向

《讲话》对文艺的服务对象有着明确规定，确立了“文艺为工农兵服务”基本原则。《讲话》提出“为什么人的问题，是一个根本的问题、原则的问题”③，并明确指出：文学批评的指导原则是为人民，“为人民服务”是文艺批评的主要任务。人民是《讲话》文艺观的核心概念，同时也将延安文艺大众化运动推向了新的高潮。

《讲话》明确了人民概念的外延：“最广大的人民，占全人口百分之九十以上的人民，是工人、农民、兵士和城市小资产阶级。”④在明确人民的外延之后，毛泽

① 毛泽东：《在延安文艺座谈会上的讲话》，《毛泽东文艺论集》，中央文献出版社 2002 年版，第 73—74 页。
② 毛泽东：《文艺工作者要同工农兵相结合》，《毛泽东文艺论集》，中央文献出版社 2002 年版，第 91 页。
③ 毛泽东：《在延安文艺座谈会上的讲话》，《毛泽东文艺论集》，中央文献出版社 2002 年版，第 60 页。
④ 毛泽东：《在延安文艺座谈会上的讲话》，《毛泽东文艺论集》，中央文献出版社 2002 年版，第 58 页。

东进而对文艺的“为人民”任务进行了规定：“我们的文艺，第一是为工人的，这是领导革命的阶级。第二是为农民的，他们是革命中最广大最坚决的同盟军。第三是为武装起来了的工人农民即八路军、新四军和其他人民武装队伍的，这是革命战争的主力。第四是为城市小资产阶级劳动群众和知识分子的，他们也是革命的同盟者，他们是能够长期地和我们合作的。这四种人，就是中华民族的最大部分，就是最广大的人民大众。”①这四种人是《讲话》所强调的人民内涵的命意所指。“我们要为这四种人服务，就必须站在无产阶级的立场上，而不能站在小资产阶级的立场上。”②我们的文艺工作者“一定要把立足点移过来，一定要在深入工农兵群众、深入实际斗争的过程中，在学习马克思主义和学习社会的过程中，逐渐地移过来，移到工农兵这方面来，移到无产阶级这方面来。只有这样，我们才能有真正为工农兵的文艺，真正无产阶级的文艺。”③

《讲话》提出，文艺作品价值的有无与高低，都必须以是否能使人民群众得到真实的利益为评判标准。在这个意义上，文艺批评并非纯粹的统治阶级的政治意识形态，而是群众利益的体现。在这个意义上，文艺批评方向的核心内容是对待人民的态度问题。“某种作品，只为少数人所偏爱，而为多数人所不需要，甚至对多数人有害，硬要拿来上市，拿来向群众宣传，以求其个人的或狭隘集团的功利，还要责备群众的功利主义，这就不但侮辱群众，也太无自知之明了。任何一种东西，必须能使人民群众得到真实的利益，才是好的东西。”④这与《讲话》所论述的文艺要站在人民大众的立场上，为工农兵、城市小资产阶级劳动群众和知识分子服务这一根本方向是一致的。

文艺为何要为人民服务？首先，弄清“为什么人”的问题是为人民服务的前提和基础。《讲话》提倡的文艺是革命的文艺，是站在无产阶级革命立场上的文艺。现阶段的中国新文化，是无产阶级领导的人民大众的反帝反封建的文化，革命文艺也必须是为无产阶级，为人民大众服务的文艺。其次，只有从工农兵出发，才能找到文艺工作的正确方向，只有这样才能创造出人民群众需要的作品，推动人民群众走向团结和斗争，从而更好地协助完成民族解放的任务。最

① 毛泽东：《在延安文艺座谈会上的讲话》，《毛泽东文艺论集》，中央文献出版社 2002 年版，第 58 页。
② 毛泽东：《在延安文艺座谈会上的讲话》，《毛泽东文艺论集》，中央文献出版社 2002 年版，第 58 页。
③ 毛泽东：《在延安文艺座谈会上的讲话》，《毛泽东文艺论集》，中央文献出版社 2002 年版，第 60 页。
④ 毛泽东：《在延安文艺座谈会上的讲话》，《毛泽东文艺论集》，中央文献出版社 2002 年版，第 68 页。

后，人民生活是文学艺术原料的矿床，文艺作品"是一定的社会生活在人类头脑中的反映的产物。革命的文艺，则是人民生活在革命作家头脑中的反映的产物…… 它们是一切文学艺术的取之不尽、用之不竭的唯一的源泉"①。

如何为人民服务？《讲话》从以下几个方面进行了明确规定。

普及和提高。《讲话》总的方针是向工农兵普及，为工农兵提高；总要求是用工农兵自己所需要、所便于接受的东西去普及，立足于工农兵群众的基础，沿着工农兵和无产阶级前进的方向上去提高。毕竟在当时现实条件之下，普及工作相对于提高工作，任务更为迫切。再次，普及和提高不能截然分开，必须是在普及基础上的提高和提高指导下的普及。最后，提高分为直接为群众所需要的提高和干部所需要的提高。

继承和借鉴。《讲话》提到，我们"决不可拒绝继承和借鉴古人和外国人，哪怕是封建阶级和资产阶级的东西"，我们需要继承中国和外国所遗留下来的文学艺术遗产和文学艺术传统，但是不能"毫无批判的硬搬和模仿"②；对于过去时代的文艺形式，我们要加以改造，加进新的内容，变成革命的为人民服务的东西。

到群众中去。《讲话》遵循着"为人民"的根本原则，强调革命的文艺工作者"必须到群众中，必须长期地无条件地全心全意地到工农兵群众中去，到火热的斗争中去，到唯一的最广大最丰富的源泉中去，观察、体验、研究、分析一切人，一切阶级，一切群众，一切生动的生活形式和斗争形式，一切文学和艺术的原始材料，然后才有可能进入创作过程"③。文艺工作者首先要与群众打成一片，要加强和人民群众的联系。毛泽东认为，一切文艺的专家同志都应该和在群众中做文艺普及工作的同志们发生密切的联系，一方面帮助他们，指导他们，一方面又向他们学习，从他们当中吸收养料，把自己充实和丰富起来，以免使自己立于脱离群众、脱离实际经验的空中楼阁之中。

典型化的创作方法。《讲话》用六个"更"字突出文学艺术塑造现实典型的创作方式。如生活中一方面是人们受饿、受冻、受压迫，一方面是人剥削人、人压迫人，这个事实到处存在着，人们也看得很平淡。但文艺创作应当把这种日

① 毛泽东：《在延安文艺座谈会上的讲话》，《毛泽东文艺论集》，中央文献出版社 2002 年版，第 63 页。
② 毛泽东：《在延安文艺座谈会上的讲话》，《毛泽东文艺论集》，中央文献出版社 2002 年版，第 63 页。
③ 毛泽东：《在延安文艺座谈会上的讲话》，《毛泽东文艺论集》，中央文献出版社 2002 年版，第 64 页。

常现象集中起来，使其中的矛盾和斗争典型化，创造有典型意义的文学作品或艺术作品，这样就能使人民群众惊醒起来，感奋起来。

《讲话》指出："一切革命的文学家艺术家只有联系群众，表现群众，把自己当作群众的忠实的代言人，他们的工作才有意义。"[①]文艺工作者要想写出群众所急需的和容易接受的文化知识和文艺作品，必须联系群众，了解人民群众的丰富的生动的语言，投入群众活动中去，和工农兵大众的思想感情打成一片，亲身观察、体验、分析、总结，将自己作为群众的代言人，揭露人民群众所面临的典型而又残酷的社会现实和阶级矛盾，展现群众的面貌和心理，赞扬、歌颂群众的劳动和斗争，以此提高人民的斗争热情和胜利信心，加强他们的团结，便于他们同心同德地去和敌人作斗争。

在《同文艺界代表的谈话》中，毛泽东总结了当时的三类文艺批评："一类是抓到痒处，不是教条的，有帮助的；一类是隔靴搔痒，空空泛泛，从中得不到帮助的，写了等于不写；一类是教条的，粗暴的，一棍子打死人，妨碍文艺批评开展的。"[②]毛泽东认为，在这三类批评中，真正有利于人民的，能对人民有所帮助的，只有第一类。立足于人民是毛泽东文艺观的批评方向和宗旨，人民的缺点应当进行批评，但这种批评"必须是真正站在人民的立场上，用保护人民、教育人民的满腔热情来说话。如果把同志当作敌人来对待，就是使自己站在敌人的立场上去了"[③]。例如在谈到文艺界批评王蒙时，毛泽东指出："从批评王蒙这件事情来看，写文章的人也不去调查研究王蒙这个人有多高多大，他就住在北京，要写批评文章，也不跟他商量一下，你批评他，还是为着帮助他嘛！要批评一个人的文章，最好跟被批评人谈一谈，把文章给他看一看，批评的目的，是要帮助被批评的人。"[④]

为了提倡文艺批评"为人民"服务，《讲话》还对当时流行的一些文艺观点进行了批评，如"文艺的任务在于暴露"的观点，"'从来文艺的任务就在于暴露。'这种讲法和前一种一样，都是缺乏历史科学知识的见解"[⑤]。在毛泽东看来，文艺的任务并不仅仅在于暴露，因为"对于革命的文艺家，暴露的对象，只能是侵

① 毛泽东：《在延安文艺座谈会上的讲话》，《毛泽东文艺论集》，中央文献出版社2002年版，第67页。
② 毛泽东：《同文艺界代表的谈话》，《毛泽东文艺论集》，中央文献出版社2002年版，第173页。
③ 毛泽东：《在延安文艺座谈会上的讲话》，《毛泽东文艺论集》，中央文献出版社2002年版，第77页。
④ 毛泽东：《同文艺界代表的谈话》，《毛泽东文艺论集》，中央文献出版社2002年版，第173页。
⑤ 毛泽东：《在延安文艺座谈会上的讲话》，《毛泽东文艺论集》，中央文献出版社2002年版，第76页。

略者、剥削者、压迫者及其在人民中所遗留的恶劣影响,而不能是人民大众。人民大众也是有缺点的,这些缺点应当用人民内部的批评和自我批评来克服,而进行这种批评和自我批评也是文艺的最重要任务之一”①。因此,以人民为本位,“一切危害人民群众的黑暗势力必须暴露之,一切人民群众的革命斗争必须歌颂之,这就是革命文艺家的基本任务”②。“无论高级的或初级的,我们的文学艺术都是为人民大众的,首先是为工农兵的,为工农兵创作,为工农兵所利用的。”③

文艺批评“为人民”服务的方向,决定了文艺的评价标准以及文艺工作者的出发点和落脚点。以人民性为本位,《讲话》将文艺工作者、文学创作、文艺批评与人民群众紧密地结合,以此带动革命文艺的发展,团结革命力量,促进革命事业的发展和人民的解放。

三、 文艺的意识形态性

《讲话》要求文艺运动与革命战争相互结合,以及文艺工作者与人民群众的结合,其最终的落脚点还是在于文艺运动对革命战争的辅助作用之上。《讲话》将文艺工作者的自身问题置于需要解决的问题前列,从阶级性立场、人民性方向、政治话语建构等方面强调了文艺的意识形态性。

强调文艺的阶级性,这是《讲话》意识形态性的主要表现。《讲话》受苏联革命文艺的影响很深,如“文艺事业是整个革命事业的一部分”“文艺为人民服务”等观点,均源于 1905 年 11 月载于俄国《新生活报》的《党的组织和党的出版物》。此文最早在 1926 年的《中国青年》上刊登过选译本。1936 年鲁迅所编瞿秋白的译文集《海上述林》收录了《文艺理论家的普列哈诺夫》一文,其中引用了列宁的这篇文章。1942 年,博古为了当时延安“文艺座谈会”的讨论需要,又重新编译发表了这篇文章。在《讲话》中,毛泽东对列宁的文艺思想进行大量引述,可见《讲话》受苏联革命文艺话语的影响之大。

列宁在《党的组织和党的出版物》中首次提出“党的出版物的原则”的口号,

---

①② 毛泽东:《在延安文艺座谈会上的讲话》,《毛泽东文艺论集》,中央文献出版社 2002 年版,第 76 页。
③ 毛泽东:《在延安文艺座谈会上的讲话》,《毛泽东文艺论集》,中央文献出版社 2002 年版,第 67 页。

把文学艺术视为革命利益的必然要求。毛泽东继承了列宁的文学党性原则，强调了文学是革命事业的一部分，是为工农兵服务的。作为马克思主义的拥护者，毛泽东认为："革命文艺是整个革命事业的一部分，是齿轮和螺丝钉，……对于整个革命事业不可缺少的一部分。"[①]《讲话》还强调："党的文艺工作，在党的整个革命工作中的位置，是确定了的，摆好了的；是服从党在一定革命时期内所规定的革命任务的。"[②]毛泽东确定了党的文艺在革命工作中的重要意义，进而批判小资产阶级的文艺观，强调党对思想文化和文艺工作的领导。

《讲话》强调文艺工作者的阶级性立场，认为阶级立场决定艺术立场。《讲话》主张对不同的人采取不同态度，如对于日本帝国主义和一切人民的敌人，革命文艺工作者的任务是暴露他们的残暴和欺骗，并指出他们必然失败的趋势，鼓励抗日军民同心同德，坚决地打倒他们。而对于统一战线中各种不同的同盟者，则应该是有联合有批评：他们的抗战，我们是赞成的，如果有成绩，我们也是赞扬的；但是如果抗战不积极，我们就应该批评；如果有人要反共反人民，要一天一天走上反动的道路，那我们就要坚决反对。至于对人民群众，对人民的劳动和斗争，对人民的军队，人民的政党，我们当然应该赞扬。[③] 在《讲话》中，有利于人民群众的军队、政党和联合者，才是革命的文艺工作者歌颂的对象；只有积极参与抗战的同盟者才是我们需要赞扬的对象。文艺工作的对象是工农兵和干部，《讲话》特别指出，文艺工作者要学习马克思列宁主义和进入社会，要同工人农民和革命军战士的思想感情打成一片。

《讲话》认为，从阶级立场和政治立场出发，是开展文艺工作的前提和基础，也成为解决文艺态度、工作对象、工作、学习等各种问题的出发点。《讲话》强调："在现在世界上，一切文化或文学艺术都是属于一定的阶级，属于一定的政治路线的。为艺术的艺术，超阶级的艺术，和政治并行或互相独立的艺术，实际上是不存在的。"[④]"你是资产阶级文艺家，你就不歌颂无产阶级而歌颂资产阶级。你是无产阶级文艺家，你就不歌颂资产阶级而歌颂无产阶级和劳动人民，二者必居其一。"[⑤]革命文艺应当是"为人民大众"服务的文艺，是为工人、农民、

---

① 毛泽东：《在延安文艺座谈会上的讲话》，《毛泽东文艺论集》，中央文献出版社 2002 年版，第 70 页。
② 毛泽东：《在延安文艺座谈会上的讲话》，《毛泽东文艺论集》，中央文献出版社 2002 年版，第 69 页。
③ 毛泽东：《在延安文艺座谈会上的讲话》，《毛泽东文艺论集》，中央文献出版社 2002 年版，第 50 页。
④ 毛泽东：《在延安文艺座谈会上的讲话》，《毛泽东文艺论集》，中央文献出版社 2002 年版，第 69 页。
⑤ 毛泽东：《在延安文艺座谈会上的讲话》，《毛泽东文艺论集》，中央文献出版社 2002 年版，第 77 页。

兵士和城市小资产阶级等革命力量重要组成部分的人民服务的文艺。在阶级社会里,文艺作品是社会生活在作家头脑中反映的产物,必然要表现作者的思想感情和阶级立场,带有一定的阶级倾向性。

《讲话》反对"封建的、资产阶级的、小资产阶级的、自由主义的、个人主义的、虚无主义的、为艺术而艺术的、贵族式的、颓废的、悲观的以及其他种种非人民大众非无产阶级的创作情绪"①。《讲话》批判超阶级的人性和超阶级的爱,认为"在阶级社会里,也只有阶级的爱,但是这些同志却要追求什么超阶级的爱,抽象的爱,以及抽象的自由、抽象的真理、抽象的人性等等"②。"没有抽象的人性。在阶级社会里就是只有带着阶级性的人性,而没有什么超阶级的人性……现在延安有些人们所主张的作为所谓文艺理论基础的'人性论'……这是完全错误的。"③显然,《讲话》的这些表述是对当时自由派美学思想的批驳,也与当时的左翼思想家们的文艺观有着共通性。

除了强调阶级性,《讲话》坚持人民本位的唯物史观,强调以人民为本位,站在人民的立场上,肯定人民是历史的主体和创造者。《讲话》继承和坚持马克思主义的人民性思想和五四以来的人民性方向,建立了一种"为人民"的文艺观,并对人民这个概念进行了细化和明确。《讲话》提出革命的文艺工作者要站在无产阶级的立场上,为最广大的人民——工农兵和城市小资产阶级服务,最终的落脚点则是为革命事业服务。《讲话》将"为人民"和"如何为人民"视为解决文艺工作问题的中心和关键,这是革命文艺的大众化路线讨论的延续,也是延安政治和文艺工作所面临的文化语境体现。

《讲话》更多是想解决延安文艺工作者的问题,解决阵营内的文艺工作者的问题,以及解决文艺界统一战线内部工作者的问题。因此,在文艺的大众化路线上,《讲话》强调对人民的缺点应耐心地教育,帮助其改正和提高。如果说左翼思想家对文艺大众化的提倡是为了求得新兴资产阶级的解放的话,《讲话》对文艺路线的强调则是为了团结人民,最终的落脚点也是为革命和政

---

① 毛泽东:《在延安文艺座谈会上的讲话》,《毛泽东文艺论集》,中央文献出版社 2002 年版,第 79 页。
② 毛泽东:《在延安文艺座谈会上的讲话》,《毛泽东文艺论集》,中央文献出版社 2002 年版,第 54 页。
③ 毛泽东:《在延安文艺座谈会上的讲话》,《毛泽东文艺论集》,中央文献出版社 2002 年版,第 74—75 页。

治服务，两者都具有较强的政治目的和意识形态性。在左翼美学文艺大众化的基础上，《讲话》实现了大众文艺创作方向向工农兵文艺创作方向的过渡。

《讲话》的意识形态性还体现在文艺批评的政治话语建构上。《讲话》强调，文艺服从于政治，建立党对文艺的领导权，要用到斗争方法，主要形式便是文艺批评。《讲话》通过对文艺批评两个标准的阐释将文艺与政治密切结合起来，文艺的政治因素被提升到前所未有的重要地位。《讲话》强调文艺从属于政治，是为了维护国家和政党的统一和对抗敌对力量而服务的。在毛泽东看来，文艺是整个革命事业的一部分。毛泽东是一个革命家，他更多是从政治和意识形态的视角考察文学艺术，显然也更关注文本中所体现出来的政治意识形态性。

对意识形态性的诉求使《讲话》呈现出政治话语的建构。《讲话》将五四以来的审美政治话语与马克思主义美学话语，以及苏联的革命文艺话语整合在了一起。多层次的审美构建与独特的中国经验相结合，不仅丰富了《讲话》文艺观的内涵，也使《讲话》的文艺观呈现出意识形态的复调性。

第三节 《讲话》文艺观的影响

《讲话》不仅是毛泽东文艺观的呈现，同时也是中国革命文艺工作的经验总结，是历史积淀的产物。《讲话》的重要性不仅在于其自身理论体系的完善，还在于其权威性的确立。《讲话》在很长一段时间内决定了中国文艺工作的发展方向，甚至成为中华人民共和国成立初期文艺创作和文艺批评活动的基本准则。

一、《讲话》权威性的确立

《讲话》最初是以文件政令的方式出台的，它承接延安整风浪潮，其实质是文艺政策话语的表达。毛泽东认为，当时的文艺界存在作风不正等不良风气，很多文艺家有着教条主义、空想、空谈、轻视实践、脱离群众等思想观念和作风。“要领导革命运动更好地发展，更快地完成，就必须从思想上组织上认真地整顿一番。"[①]《讲话》出台一系列文艺方针、政策和路线,是为了能更好地指导革命和政治事业。在《讲话》出台的同时,新华社刊发中共总学习委员会关于学习《在延安文艺座谈会上的讲话》的通知,公开评论《讲话》是党在思想建设理论建设的事业上最重要的文献之一。可见,《讲话》在传播之始就被高度定位,这也为党和国家随后制定文艺政策和推行文艺运动奠定了基础。

在《讲话》中,毛泽东以领导人的身份来谈论文艺问题,从一开始便赋予了《讲话》政治色彩以及独特地位。毛泽东政治身份的特殊性,是《讲话》权威性地位确立的重要原因之一。

《讲话》所提出的文艺路线也是毛泽东思想的一种反映。毛泽东主张要团结一切可以团结的人,《讲话》指出文艺服务的对象是最广大的人民,占全人口百分之九十以上的人民,要帮助小资产阶级克服缺点,将其团结到为人民服务的战线上来。毛泽东主张群众路线,《讲话》将"为群众"和"如何为群众"作为革命文艺工作的中心问题,并围绕这一中心展开了多方面表述,主张文艺工作者在情绪、作品和行动中都应该和群众的需要相符合。毛泽东关注党的建设问题,《讲话》对文艺的党性原则、党的文艺工作与党的工作的关系问题,党的文艺工作和非党的文艺工作的关系问题,文艺界的统一战线问题都做出了回答。随着毛泽东的个人威信的确立和稳固,到中共七大毛泽东思想被定为党的指导思想之后,《讲话》所制定的文艺路线的权威性也最终被确立起来。

1949 年伊始,首要的工作就是巩固政权,政治上的统一必然要求文化和思想等意识形态的统一。此时的文艺批评活动主要是将《讲话》所提出的批评原则进一步系统化、具体化和明确化,将《讲话》精神贯彻到新中国的文学工作事业中,将文艺思想统一到毛泽东思想的旗帜下。在 1949 年召开的第一次中华全国文学艺术工作者代表大会上,毛泽东重申了文艺"为人民服务"的思想。"你们开的这样的大会是很好的大会,是革命需要的大会,是全国人民所希望的大会。因为你们都是人民所需要的人,你们是人民的文学家、人民的艺术家,或者是人民的文学艺术工作的组织者。你们对于革命有好处,对于人民有好处。

① 毛泽东:《在延安文艺座谈会上的讲话》,《毛泽东文艺论集》,中央文献出版社 2002 年版,第 80 页。

因为人民需要你们，我们就有理由欢迎你们。”[①]大会明确《讲话》是指导新中国文艺工作的总方针，强调文艺“为人民大众服务首先是为工农兵服务”的方向是新中国文艺运动的总方向。

二、《讲话》文艺观的延续

《讲话》权威性的确立对其后文艺美学的发展产生了重影响。解放区文艺运动的蓬勃发展，周扬、邵荃麟、冯雪峰等人的文艺批评都延续了《讲话》的主题与精神。

《讲话》发表后，解放区出现了对各种非马克思主义文艺思想的批判现象，如对自由主义文艺思想的批判等。1948年，郭沫若发表《一年来中国文艺运动及其趋向》的演说，总结了四种反人民的文艺：“茶色文艺”“黄色文艺”“无所谓的文艺”“通红的文艺，托派的文艺”，强调对这样的文艺要“揭穿”“打击”和“消灭”。[②] 郭沫若发表《斥反动文艺》，认为在“红蓝黄白黑”等“五花八门”的反动文艺中，要重点打击和反攻以朱光潜、萧乾、沈从文等为代表的“蓝色”“黑色”和“桃红色”文艺，并号召“读者和这些人们绝缘，不读他们的文字，并劝朋友不读。不和他们合作，并劝朋友不合作”[③]。《大众文艺丛刊》刊发冯乃超的《略论沈从文的〈熊公馆〉》，批评沈从文的“整个作品所要说的就是一句话，地主是慈悲的，他们不剥削。拿这种写法来遮掩地主剥削农民的生活现实，粉饰地主阶级恶贯满盈的血腥统治”，并将沈从文视为“地主阶级的弄臣”，是“典型地主阶级的文艺，也是最反动的文艺”。[④] 邵荃麟的《朱光潜的怯懦与凶残》认为朱光潜所发表的《谈群众培养怯懦与凶残》是“卑劣，无耻，阴险，狠毒的文字”，主张“撕毁这一切纸糊的面幕，让他们一切凶残，怯懦，阴险，狠毒的脸孔显露出来”！[⑤] 在这段时期内，对自由主义思想的批判较为集中，朱光潜后来在《人民日报》上发表《自我检讨》，申明自己转而学习马克思主义文艺思想。[⑥]

---

① 《中华全国文学艺术工作者代表大会纪念文集》，新华书店1950年版，第3页。
② 郭沫若：《郭沫若佚文集1906—1949》（下），四川大学出版社1988年版，第206页。
③ 《大众文艺丛刊》（第一辑），1948年3月1日。
④ 《大众文艺丛刊》（第一辑），1948年3月1日。
⑤ 《大众文艺丛刊》（第一辑），1948年3月1日。
⑥ 朱光潜：《自我检讨》，《人民日报》1949年11月27日。

《讲话》发表后，文艺界对文艺批评的任务进行了强化。周扬提出文艺批评的任务是使文艺朝着“大众化”的方向迈进。“文学革命是在谋文学和大众结合的目标之下实行的。第一是提供了白话，宣布了文言为‘死文学’，吸收了民间话语和方言，使文学与大众之间的距离缩短了一大步；第二是创作的视野伸展到了平民的世界，对于下层民众的生活和命运给予了某种程度的关心；第三是‘五四’以来新文学最优秀的代表者向大众立场的移行。”[①]周扬在阐述文艺的“大众化”时，结合了《讲话》“为人民”的文艺批评任务。周扬高度评价《讲话》最正确、最深刻、最完全地从根本上解决了文艺“为群众”与“如何为群众”的问题。“毛泽东同志作了关于‘大众化’的完全的新的定义：大众化‘就是我们的文艺工作者的思想感情和工农兵大众的思想感情打成一片’。这个定义是最最正确的。”“我们要在生活和工作的实践中来进一步地更彻底地改变我们的情感，使得我们的思想情感真正地做到与工农兵大众的思想感情打成一片，这样才能完成文艺大众化的任务。”[②]可以说，周扬 40 年代关于文艺批评的大众化论述主要是结合《讲话》精神而展开的。除了周扬，邵荃麟也主张文艺批评的任务是“为人民”，“为人民服务，这是今天艺术运动的一个基本前提”。[③] 从文艺为人民服务的前提出发，邵荃麟强调文艺批评一方面要反映人民的生活，促进人民的抗战情绪；另一方面也要打破民众的封建迷信和奴隶守旧思想。

《讲话》所提出的文艺批评的两个标准也得到了周扬、邵荃麟、冯雪峰等人的关注。周扬强调政治性与艺术性的结合，认为“为艺术而艺术的思想在中国新文学史上不曾占有过地位。新文化运动的创始者诸人，就都是文学上现实主义的主张者。他们反对雕琢虚伪的文学，反对把文学当作装饰品，而主张文学的实用性，主张文学应当于群众之大多数有所裨益，应当成为革新政治的一种工具”[④]。周扬认为，艺术表现无产阶级的政治方向和表现党性，在组织关系上就是要求革命艺术家服从革命的组织。艺术家要参加实际工作和斗争，一方面用艺术创造服务于当前的革命斗争；另一方面更加深入和细致地去研究实践。[⑤]

---

① 周扬：《新的现实与文学上的新的任务》，《周扬文集》第一卷，人民文学出版社 1984 年版，第 257 页。
② 周扬：《〈马克思主义与文艺〉序言》，《解放日报》1944 年 4 月11 日。
③ 邵荃麟：《艺术的民族化与现代化的关系》，《邵荃麟评论选集》上，人民文学出版社 1981 年版，第 170 页。
④ 周扬：《抗战时期的文艺》，《自由中国》1938 年 4 月 1 日。
⑤ 周扬：《王实味的文艺观与我们的文艺观》，《解放日报》1942 年 7 月 28—29 日。

虽然周扬并不主张文学成为政治的附庸，认为“以政治思想的前进来弥补艺术技巧的缺陷，对于其他作家的一切严肃真挚的努力取着一种轻视的态度，这是要不得的”[①]。但在周扬看来，文艺服从政治，就是服从政治的目的。

对政治与艺术的关系，冯雪峰在30年代的《民族革命战争的五月》中便大声呼吁：“革命文学者应当携带文学的武器加入民族的革命战争。”[②]在40年代，冯雪峰虽然强调对文艺审美特性和内部规律的尊重，但在根本上认为文艺仍然是“作为改造社会、人民，争取解放之广阔的武器”[③]。这一主张也成为他的革命现实主义理论的立足点，如他所言：“正确地解决着艺术与政治之间的关系的基本原则，是现实主义的创作原则。”[④]需要指出的是，在冯雪峰的理论语境中，政治的内涵相对宽广，甚至在某种意义上等同于“生活”这个概念。“文艺与政治的关系，是文艺和生活的关系的根本形态，因为文艺是生活的实践，它和现实生活的相互关系就构成它和现实生活之间的政治关系。”“文艺所追求的是现实的历史的真实；文艺的政治的意义就建立在这现实的历史的真实的获得上。”[⑤]立足于这一前提，冯雪峰将文艺视为社会生活中的政治关系和政治活动的一种特殊形态，认为文艺虽然为政治服务，但文艺不是被动地服务于政治，而是主动的，有自己的规律。“达到了现实的真实的文艺的政论性，总是在本质上不失其为诗的；它总和现实的生活的形象不致分离，也必不可分离的；艺术与政论的这种结合，也和艺术作品的内容与形式的美术性不致分离，也必不可分离的。”[⑥]

通过对政治概念内涵的转化，冯雪峰实现了文艺批评思想性与艺术性的结合。这种结合相当明显地体现于他对鲁迅及其作品人物形象如阿Q的分析中。冯雪峰认为鲁迅精神的产生缘于“中国的革命和鲁迅的爱国思想以及人民被压迫的实际状况；其中又有着中国过去那些最突出的诗人和文人的优良传统的因素和气质，同时充满着沾染着他同时代的革命志士和人民的血”[⑦]。与冯雪峰相比，邵荃麟在文艺批评的标准上强调真、善、美的统一，认为“真善美的一致是艺

① 周扬：《现实主义和民主主义》，《中华公论》1937年7月20日。
② 冯雪峰：《雪峰文集》第2卷，人民文学出版社1983年版，第342页。
③ 冯雪峰：《雪峰文集》第2卷，人民文学出版社1983年版，第61页。
④ 冯雪峰：《雪峰文集》第2卷，人民文学出版社1983年版，第30页。
⑤ 冯雪峰：《冯雪峰论文集》上，人民文学出版社1981年版，第191—192页。
⑥ 冯雪峰：《冯雪峰论文集》上，人民文学出版社1981年版，第193页。
⑦ 冯雪峰：《冯雪峰论文集》中，人民文学出版社1981年版，第192页。

术的美底最高评价"[①]。在邵荃麟那里,三者统一的内在核心也是强调文艺在为人民服务的前提下实现文艺的政治性与艺术性的统一。

1949年以后,文艺政策也随之调整。茅盾在第一次全国文代会上做了关于《十年来国统区革命文艺运动的报告》。茅盾认为文艺界思想的波动"最强烈地表现在文艺的政治性与艺术性问题上。表面上不否认文艺的政治性,实际上则把艺术性摆在政治性之上,这样的倾向潜生暗长"[②]。周扬在《解放区革命文艺运动》的报告中强调文艺工作者必须学习各项基本政策,认为"离开了政策观点,便不能懂得新时代的人民生活的根本规律"[③]。毛泽东提出的"政治标准第一,艺术标准第二",实际上被片面发挥成政策标准第一,艺术标准第二。

在时局的影响下,40年代重视政治而忽略文艺自身规律的现象仍然被延续下来。1950年初,阿垅从艺术作品的美学特性出发阐释作品产生政治效果的特殊途径,反对将艺术性与政治性割裂,反对将政治性凌驾于艺术性之上。但他的观点很快就遭到批驳。陈涌发表《论文艺与政治的关系》,批评阿垅的观点是鲁莽的,"在形式上是进行两条战线的斗争,反对为艺术而艺术和公式主义,但实质上,却是也同时反对艺术为政治服务的。它以反对为艺术而艺术始,以反对艺术积极地为政治服务终"。"目前许多未经改造或未经根本改造的文艺工作者,他们的问题恰好不是政治太多,而是太少。"[④]邵荃麟则进一步将文艺创作和批评中政治的内涵定义为政策,强调文艺与政策相结合。[⑤] 陈涌和邵荃麟的出发点是为了贯彻《讲话》精神,但他们对文学批评政治标准的过分强调无疑走上了另一个极端。

这一时期,文艺界强调文艺"为人民服务"的大方向虽然没有变,但在对文艺批评功能的理解上,却出现了简单化和粗暴化的情形,如过于强调文艺批评是文艺界的主要斗争方式,相对忽视了文艺自身的复杂性。这段时期内,大量的文艺批评活动都超出了学术争鸣的理性范围,演变成一种政治争论。学界对萧也牧小说的批判、对胡风思想的批判、对电影《武训传》的批判,以及对俞平伯《红楼梦》研究的批判,等等,都远远超出了学术讨论和批评的范围,升级为一种

---

① 邵荃麟:《邵荃麟评论选集》下,人民文学出版社1981年版,第412页。
② 《中华全国文学艺术工作者代表大会纪念文集》,新华书店1950年版,第59页。
③ 朱寨:《中国当代文学思潮史》,人民文学出版社1987年版,第51页。
④ 陈涌:《论文艺与政治的关系》,《文艺报》1950年第2期。
⑤ 邵荃麟:《论文艺创作与政策和任务相结合》,《文艺报》1950年第1期。

政治上的批判和斗争。文艺批评成为少数人的专利，在思想意识形态上给文艺家们造成威慑，以政治觉悟和阶级立场给文艺活动施加约束，不利于文艺批评活动的正常发展。

50年代中期到60年代初，是文艺批评活动的活跃阶段。1956年4月，毛泽东的《论十大关系》主张在艺术问题上"百花齐放"，学术问题上"百家争鸣"。"双百方针"的提出使这一时期的文学批评活动比较灵活开放，带来了文学艺术的繁荣。但是在对作家与作品的批评上，仍然存在着单一化和狭隘化的倾向。"双百方针"政策没有持续多久，由于当时国家对政治形势的估计出现偏差，导致了反右派斗争的展开，一系列政治斗争接踵而至。从1960年的"文艺反修"到1964年的"文艺大批判"，再到1966年的"文化大革命"，文艺批评活动深陷政治斗争的漩涡。改革开放后，文艺才开始恢复自主，文艺批评才真正获得新生。

三、《讲话》文艺观的实践

《讲话》权威性地位的确立也表现在对文艺实践的规约作用上，而文艺实践反过来又进一步稳固了《讲话》的权威地位。

《讲话》将理论阐述与现实政治关怀结合起来，对文艺工作者的一系列创作问题指明了方向，要求文艺工作者和工农兵大众在思想感情上打成一片，主张在群众生活和群众斗争中实践马克思主义文艺批评。文艺工作者从行动上积极响应《讲话》的群众化路线要求，要求加强同人民群众的联系。文艺座谈会召开之后，不少作家要求下乡，在国家的统一部署下，下乡成为延安文化运动的主题。

首先是文学形式方面的创新。文艺工作者开始深入人民群众，从人民群众的生活中去寻找创作素材，根据人民群众所面临的现实问题，充分吸收民间传统艺术形式，创造适合广大群众需求的文学作品。解放区文学的代表作家赵树理将传统小说的结构、叙述方式、表现手法进行改造，以说唱的形式进行文学创作，如《小二黑结婚》《李有才板话》《邪不压正》等，均是在《讲话》精神的指引下的文学创作尝试，受到了广大群众的普遍欢迎。另外，像《吕梁英雄传》《新儿女英雄传》等英雄体小说表现革命英雄主义和乐观主义的作品，赋予了革命新思想、新内容和新色彩。解放区还盛行民歌体叙事诗,《王贵和李香香》是众多评论家普遍认为表现革命主题最成功的作品之一,它将才子佳人的情节与民间小调的形式相结合,并加上抗日救国的革命内容,成为新歌谣的基本主题。当然,这种综合使作品的艺术性呈现出某种夸张,这也是解放区文艺遭后来批评家们诟病的主要原因。此外,贺敬之和丁毅的《白毛女》、魏风的《刘胡兰》、阮章竞的《赤叶河》,以及以新歌剧作品《白毛女》为代表的新歌剧的改革,也带来了文艺的新变化,促进了话剧的民族化以及秦腔、京剧等传统戏剧的改变。作品《逼上梁山》《血泪仇》等,也都贴合群众需要,为广大群众所喜爱。

其次是文学形象塑造的创新。以赵树理、孙犁为代表的革命文艺工作者坚持"文艺工作者要学习社会……要研究社会上的各个阶级,研究它们的相互关系和各自状况,研究它们的面貌和它们的心理"①的要求,其笔下的人物形象更多偏向人民大众和农民阶层,其作品多反映农民的思想、情绪、愿望和要求,能为普通农民群众所接受。在这个阶段,赵树理被解释为一种新型文学方向的代表,是能体现《讲话》所提出的文艺路线的典范。② 由于赵树理直接参与农村基层变革,深入到人民生活深处,他也能抓住社会变革中的农民心理、情绪和命运的变化。孙犁对于农民形象的描写则更多是挖掘灵魂美和人情美,带有浪漫主义色彩。

在文艺的题材创新上,主要体现为对革命、抗日、民族解放、社会变革等传统或现实题材进行创新叙述,如赵树理、孙犁、孔厥等人的作品,以及刘白羽的《无敌三勇士》和《战火纷飞》,邵子南的《地雷阵》等表现部队生活的军事题材作品。此外,在土地革命运动中,许多作家转向书写此运动及其影响,如丁玲的《太阳照在桑干河上》、周立波的《暴风骤雨》等。

在《讲话》确立权威的过程中,解放区的文艺实践形成了一股独特的创作潮流。《讲话》权威性的确立不仅对 40 年代的文学创作产生了重要影响,同时也规范了 1949 年之后的文艺创作方向,成为中国半个多世纪以来文学创作和文艺工作的指导性文本。

---

① 毛泽东:《在延安文艺座谈会上的讲话》,《毛泽东文艺论集》,中央文献出版社 2002 年版,第 54 页。
② 钱理群、温儒敏、吴福辉:《中国现当代文学三十年》,北京大学出版社 1998 年版,第 366 页。

第八章

蔡仪的美学思想与艺术观

蔡仪(1906—1992),原名蔡南冠,湖南攸县人,马克思主义美学家、文艺理论家,也是中国现代美学、艺术学的奠基者之一。蔡仪一生信奉马克思主义,并在自己的学术活动中坚持不懈地运用马克思主义世界观和方法论去研究美学与文学艺术问题。基于对西方形而上学美学、心理学美学、客观论美学三种“旧美学”方法的不满,尤其是中国本土语境中以朱光潜为代表的唯心主义美学的广泛社会影响,促使留日归来的蔡仪在马克思“现实主义与典型论”的逻辑框架内对之加以了系统性批判,从而在唯物主义基础上率先从美学学科的角度系统地构建起了一套独具特色的马克思唯物主义的“新美学”体系。《新艺术论》与《新美学》的先后出版,则是这一体系建构成熟的理论标志。这两部美学著作,不仅在美论、美感论、艺术论等维度上提出了一系列富于创见的马克思主义美学理论观点与范畴,还对中国当代美学的论争与发展形成了重要影响。20世纪40年代是蔡仪美学的辉煌期,这既在于其依据马克思主义观点和方法独辟蹊径地从美学学科规律出发创立了崭新的美学体系,也在于其改变了中国现代美学的格局,并直接影响着中国当代美学的发生。因此,在20世纪中国美学谱系中,蔡仪美学艺术思想值得我们高度重视和不断开掘。

第一节　蔡仪美学的历史条件与思想来源

众所周知，美学自 20 世纪初由王国维引入直至三四十年代朱光潜《谈美》及《文艺心理学》为代表的系列著作对西方美学的系统介绍，作为学科形态的美学知识方正式成型，并在社会中形成广泛影响。然而，在蔡仪之前，中国美学主要仍是对西方理论知识的译介，缺乏系统的本土性创构。尽管无产阶级革命家和思想家如瞿秋白、周扬、毛泽东以及鲁迅、蔡元培、陈独秀、丰子恺等人在美学领域均有开拓，但真正从美学学科角度以马克思唯物主义为基础进行系统理论创构的仍首推蔡仪。

20 世纪 40 年代以前，美学领域最重要的代表是推崇“静穆”、主张“人生的艺术化”的朱光潜，他在艺术与人生的关系体悟中强调个体精神的美学境界。这种美学思想在革命的抗战语境中显然对青年们产生了“消极影响”，而朱光潜的“唯心主义美学”思想也成为蔡仪美学建设的对立面和切入口。自 1937 年周扬《我们需要新的美学》一文中所提出的“现代美学的主观化，形式化，神秘化，和那完全失去了进步性的资产者层的文化全体的没落和颓废相照应，显示了它已不能再往前发展”而“对观念论美学的批判是一件于新艺术理论的建立十分重要的工作”，[①]尤其是 1942 年毛泽东《在延安文艺座谈会上的讲话》中对于马克思主义文艺理论的新要求，使得建立新的马克思主义文艺学美学观成为时代迫切的任务。这也促使从事政治宣传工作的蔡仪逐渐回到文艺理论和美学研究工作中，并力图对此作出新的理论回应。《新艺术论》与《新美学》的先后出版，则是蔡仪批判“旧美学”建立“新体系”开始的标志。

首先，作为“旧美学”的学术批判者，蔡仪革命的理论矛头直指世界美学中的各种不同美学思潮以及中国美学界不同流派的问题与弊端。用蔡仪的话说，就是要对“数十年乃至百余年来种种否定美学而主张艺术学的论调”以及种种“没有正确理解美的本质或美的法则”的“旧美学的缺点和错误”作出“新的探

---

① 周扬：《我们需要新的美学——对于梁实秋和朱光潜两先生关于“文学的美”的论辩的一个看法和感想》，《周扬文集》第一卷，人民文学出版社 1984 年版，第 215 页。

索”。[1]就世界美学而言，蔡仪自柏拉图始，历数鲍姆加登、康德、黑格尔、叔本华、费希纳、新康德主义以及丹纳、格罗塞，直至立普斯、布洛、克罗齐等人的美学思想，认为他们在“把握美的本质”这一美学途径上要么是遵循“形而上学”的哲学思想“自上而下”地说明美，要么以其经验为根据“由下而上”地说明美，要么则是从艺术去考察美；而无论是形而上的美学途径，还是心理学的美学途径，抑或是客观艺术的考察路径，都是“美学方法论”上的迷失。因为无论是“由主观意识去考察美”还是“由艺术去考察美”，它们的立学根基均是建立在“唯心论哲学”基础之上，没能超越美感去考察美，因而注定只能失败。[2] 同理，就中国本土美学倾向而言，蔡仪则着力针对康德、克罗齐一脉的具有广泛影响的朱光潜美学，认为其“美在心与物的关系”这一美学思想实质上是收罗了西方“主观论”美学各派的意见，因而在“心与物的关系”“美的客观的标准”等问题的论证上同样处处充斥着矛盾，更暴露其哲学上“主观唯心”的实质。[3] 以上各种“旧美学”思潮与倾向，均是蔡仪所处时代的主流并急须作出马克思主义理论上的历史回应。

其次，作为“新美学”的体系建构者，蔡仪工作的重点则是全面揭露与批判“旧美学”的种种矛盾缺陷，并“以新的方法建立新的体系”[4]，从而服务于“人民的艺术”之发展。但正如蔡仪所言，其体系创构的工作是极其艰难的，这一方面在于战时国统区“美学史资料的严重缺乏”[5]，另一方面也在于马克思唯物主义美学艺术学“新方法”创造性体系改革的空白。尽管自20世纪早期起，瞿秋白、鲁迅、冯雪峰、周扬、黄药眠等人便开始译介马克思、恩格斯、普列汉诺夫以及列宁等人关于文学艺术的论著，并有相关评论与美学阐发，但均是零散的，这些理论的介绍与阐发也不成理论系统。因而，真正从马克思主义学术体系进行美学理论的系统化创构，蔡仪可谓开山之人。

从上述理论背景与时代条件可知，历史赋予了蔡仪“破旧”与“立新”的双重使命。因“革命”与“启蒙”可谓是中国现代美学的主旋律，现代中国美学作为“思想启蒙”的重要部分，不仅是人们观察世界、传播科学进步思想的知识载体，

---

① 蔡仪：《美学论著初编序》，《美学论著初编》上，上海文艺出版社1982年版，第10页。
② 参蔡仪：《新美学》，群益出版社1951年版，第38页。
③ 参蔡仪：《新美学》，群益出版社1951年版，第47页。
④ 蔡仪：《新美学·序》，群益出版社1951年版，第1页。
⑤ 蔡仪：《美学论著初编序》，《美学论著初编》上，上海文艺出版社1982年版，第10页。

还为“革命”的现实政治斗争服务。为此,当时许多激进的文艺理论者和思想家,一味宣扬并将美学与现实“革命”斗争密切关联,忽视了美学自身的学科规律;相反,另一些知识分子则一味强调美学自身的规律性,无视特定时期社会对文艺的要求,高扬“为艺术而艺术”的唯美主义态度,进而割裂了美学与时代社会的关联。蔡仪则是将美学作为一门学科的“自律性”与服务现实革命的“他律性”有机结合并取得突出成绩的美学家。他不仅从现实革命需要出发确立了马克思唯物主义的美学观,还从美学学科自身规律出发建立起了一套系统的新美学知识体系。那么,蔡仪在“批判旧美学”基础上究竟如何“建立新美学”?其“新美学”建构的哲学基础、理论依据与思想资源又是如何?下面将重点阐明。

需要率先点明的是,蔡仪《新美学》的写作紧紧承接于《新艺术论》。据蔡氏交代:“当我写到最后一章,论证艺术的美就是具体形象的真理,也就是艺术的典型这个论点时,我的心情是颇为兴奋的。凭已有的一点美学知识,想到这个论点还关系着广阔的理论领域,还需要作更充分的论证发挥,我也就感到应为此作出更大的努力。《新艺术论》完稿之后,我就开始考虑美学问题。”[①]因而,《新美学》的写作绝非仅仅针对本土朱光潜美学为代表的趋向,而是其反映的整个思想网络。蔡仪《新艺术论》与《新美学》的写作在当时看来是空谷足音的,而其思想来源也较为驳杂:除20世纪30年代本土语境中朱光潜以及“左翼”文人的美学构成其批判与借鉴的背景资源外,既有马克思“现实主义与典型”理论原则贯彻始终,又有黑格尔“理念论”美学以及丹纳、格罗塞为代表的艺术哲学的影子,更有日本左翼理论家甘粕石介的深刻理论影响。这其中,马克思“现实主义与典型”原则可谓是蔡仪搭建“客观典型论”美学艺术思想的核心。

众所周知,在蔡仪建构“新美学”之前,马克思、恩格斯等经典作家关于文学艺术的论述便有中译本,列宁、普列汉诺夫、卢那察尔斯基等俄苏理论家关于社会学美学的思想也对当时的左翼文坛形成了重要影响。这些运用马克思主义哲学认识论去看待社会、分析艺术的思想自然是形成蔡仪美学艺术学思想的理论基础。[②] 当然,作为留学日本的左翼青年,蔡仪最为主要的资源仍是“日译”的马克思、恩格斯关于文学艺术的文献以及1930年代日本左翼思想的影响,如恩

① 蔡仪:《美学论著初编序》,《美学论著初编》上,上海文艺出版社1982年版,第10页。
② 王善忠、张冰主编:《传承与鼎新——纪念蔡仪诞辰百年》,中国社会科学出版社2009年版,第160页。

格斯给哈克奈斯的信，如关于“典型环境”与“典型人物”的概念启发，等等。正是这些理论的阅读与储备，成为蔡仪挣脱唯心论纠缠、创立唯物论美学体系的思想动力。关于马恩著作影响，学界多有论述。在此，需要重点澄清的是——日本左翼理论家甘粕石介对于蔡仪美学与艺术学的深刻理论影响，这也是学界至今尚未关注的一大理论重点。

事实上，作为留日时期蔡仪学习与关注的兴趣点，“唯物论全书”中关于哲学与文艺理论的书籍，不仅锻造了蔡仪美学艺术思想的雏形，还直接为1941年后《新艺术论》与《新美学》的撰写奠定了理论基础。这其中，尤以“唯物论研究会”的重要成员，日本著名美学家甘粕石介（见田石介，Mida Sekisuke，1906—1975）为代表。其重要性正如蔡仪夫人乔象钟女士所说：“在‘东高师’学习的四年间，他认真阅读了哲学及文艺理论的书籍，对那些书有深刻的印象，以致新中国成立后，他还托金子二郎替他在日本购买当年他曾读过的书，如甘粕石介的《艺术论》。”[①]作为一名留日学生，早在东京高等师范留学期间，蔡仪就写信参加了“唯物论研究会”，对其组织的学术讨论会和刊行的书籍十分关注。因此，蔡仪当时正是如饥似渴地吮吸着这些源自苏联“拉普”的“日化”的马克思主义理论营养。而在1937年回国后，受限于材料的匮乏，甘粕石介的《艺术论》也自然而然地成为蔡仪在艺术与美学领域中破“旧”立“新”的理论资源。

《艺术论》作为“唯物论研究会”在艺术学、美学领域的理论代表作，甘粕石介站在马克思唯物主义的立场，“按照建设新艺术科学的目标”[②]，批判了诸种旧美学艺术体系，并从“客观现实”的唯物主义认识论出发重新考察了艺术的发生、发展，艺术与社会生活以及艺术与科学、艺术与艺术家的世界观及创作方法的关系，并提出了艺术作为一种客观真理的认识这一见解。甘粕石介的这些艺术理论思想也对留日归国后的蔡仪产生了直接的理论影响。且比较甘粕石介《艺术论》与蔡仪《新艺术论》在相似章节目录中对同一艺术理论命题的论述，我们便可看出由日本到中国、从甘粕石介到蔡仪的艺术理论流变与谱系关联。

先看“艺术与现实”关系的论述。甘粕石介认为“现实的艺术论者以作为客观的存在的艺术作品为对象，因之而欲发现现实的法则”[③]，而这种现实的法则

---

① 乔象钟：《蔡仪传》，文化艺术出版社2002年版，第34页。
② ［日］甘粕石介：《艺术学新论》，谭吉华译，上海辛垦书店1936年版，第11页。
③ ［日］甘粕石介：《艺术学新论》，谭吉华译，上海辛垦书店1936年版，第12页。

也正是“新艺术论”所以区别于“旧美学”的基础和前提，因为“艺术是客观的实在之反映”①。同样，在艺术反映现实的关系上，蔡仪持相同看法，主张“艺术是以现实为对象而反映现实的，也就是艺术是认识现实并表现现实的”②，并进一步申发出“艺术是现实的典型化”③这一观点。

再看“艺术与科学”关系的阐发。甘粕石介认为艺术与科学的相同之处“都在于真理底认识，在于如实地把握客观的真，表现客观的真”④，而其同中之异在于“艺术的抽象是在感性的（表象的）个体的形态上把握一般的、必然的东西，而科学的抽象在于论理的、一般的形态上把握现实之感性的个别的现象”⑤；与此相似，蔡仪同样认为无论是科学还是艺术都是“认识现实”，是观察、比较、分析、综合后的“正确的认识”，只不过“艺术的认识是由感性来完成，艺术的认识的内容是以个别显现着一般”，而“科学的认识是由智性作用完成，科学的认识的内容是以一般包括着个别”。⑥

再看“创作方法与世界观”。需要注意的是，在这一话题的论证中，蔡仪罕见地明确引用了甘粕石介《艺术论》中的观点，并作了辩证地批判与肯定。蔡仪《新艺术论》中既充分肯定了石介对苏联“拉普派”以世界观代替创作方法口号的批评，并同样举例予以了批判，但与此同时，却又责难石介将“世界观与创作方法”对立的错误。但事实上，只要细读石介的著作，不但可以看出蔡仪对石介的误读，反倒可以窥见蔡氏对其观点的挪用。甘粕石介认为“世界观是认识客观世界的工具，世界观对于创作方法具有优越性”⑦，并异常清晰地指出，“把创作方法还原为世界观虽是错误的，但把创作方法与世界观分开更为错误”⑧。可见，石介不仅没有将创作方法与世界观对立，还尤其重视两者间的相互渗透与统一。对此，蔡仪在貌似责难的批评声中加以继承，指出：“正确的世界观对创作方法具有绝对优位”，而且“世界观和创作方法并不矛盾，更非对立，而是有机

① ［日］甘粕石介：《艺术学新论》，谭吉华译，上海辛垦书店 1936 年版，第 44 页。
② 蔡仪：《新艺术论》，《美学论著初编》上，上海文艺出版社 1982 年版，第 4 页。
③ 蔡仪：《新艺术论》，《美学论著初编》上，上海文艺出版社 1982 年版，第 8 页。
④ ［日］甘粕石介：《艺术学新论》，谭吉华译，上海辛垦书店 1936 年版，第 125 页。
⑤ ［日］甘粕石介：《艺术学新论》，谭吉华译，上海辛垦书店 1936 年版，第 133 页。
⑥ 蔡仪：《新艺术论》，《美学论著初编》上，上海文艺出版社 1982 年版，第 11—14 页。
⑦ ［日］甘粕石介：《艺术学新论》，谭吉华译，上海辛垦书店 1936 年版，第 153—158 页。
⑧ ［日］甘粕石介：《艺术学新论》，谭吉华译，上海辛垦书店 1936 年版，第 160 页。

地统一关联。”[①]

最后，“艺术的美”与“艺术的典型”关系的论述。甘粕石介在“绪论”中明确指明“新艺术理论”对于“旧美学”的不满后，依次对康德、黑格尔为代表的“观念论的美学”以及泰纳、格罗塞为代表的“客观方向”上的“实证主义的艺术理论”和立普斯、费希纳为代表的“主观方向”上的“经验的美学”予以了批判，并指出这些“旧美学”的不足都在于“不以客观的艺术作品为对象，而以享受它的人间之独特的美的能力，或者因那能力而唤起的印象为对象”，因为“美底本质只应该从客观的艺术之历史本身中找出来”以便表现“客观的真理”[②]；而艺术最完善地表现客观的真理的方法“非是这典型地把握不可。它既不是单纯的个人化，也不是单纯的一般化概括，而是包含一般的个别化”[③]。“美的本质”在于客观事物本身，而艺术表现客观真理就在“典型性地把握”上。石介这一观点在蔡仪论著中也处处得到彰显。蔡仪认为，“一切的客观现象是以真为基础的。客观事物的善或美，也是以真为基础的”[④]，而只有体现了“最正常的、最普遍的、最合规则合理的形象，或者说，最能表现正常性、普遍性的形象，最能表现事物的规律、真理的形象”，也即“典型的形象”的真才是美的，蔡仪据此进一步推论出“所谓美的就是典型的，典型的就是美的”。[⑤]

由上看来，无论是甘粕石介的《艺术论》还是蔡仪的《新艺术论》，都以马克思唯物主义认识论为其哲学基础，从“反映—被反映”这一唯物反映论层面考察艺术，并得出艺术是一种认识，是对现实“客观真理”的反映，而实质在于“典型性”的艺术把握上这一结论。相似的写作缘起、相似的章节体例、相同的方法论原则以及相同命题的相似性阐发，这种逻辑与体例上的一致性，正鲜明地呈示出蔡仪深受“异邦之音”的启示后而在学术实践研究中的学理延续。这种理论上的谱系关联与代际传递：一方面表征着俄苏、日本与中国在特定时期处于“同一性”话语“阐释场域”内，且均是对马克思“列宁主义哲学阶段”话语的共同接受与同步阐发；另一方面则从侧面表征着抗战时期中国现代马克思主义美学艺术理论自俄苏到日本再到中国的一条曲线流变历程。

---

① 蔡仪：《新艺术论》，《美学论著初编》上，上海文艺出版社 1982 年版，第 163 页。
② ［日］甘粕石介：《艺术学新论》，谭吉华译，上海辛垦书店 1936 年版，第 11 页。
③ ［日］甘粕石介：《艺术学新论》，谭吉华译，上海辛垦书店 1936 年版，第 126 页。
④ 蔡仪：《新艺术论》，《美学论著初编》上，上海文艺出版社 1982 年版，第 167 页。
⑤ 蔡仪：《新艺术论》，《美学论著初编》上，上海文艺出版社 1982 年版，第 168—169 页。

无论甘粕石介还是蔡仪，其著作的哲学理论基础都是马克思主义唯物反映论，且均是对马克思"列宁主义"哲学话语的理论阐发。如果说，马克思、恩格斯关于文学艺术的理论文献为蔡仪开辟了新的美学艺术视野，并确立了新的世界观和方法论，那么，以甘粕石介《艺术论》为代表的"唯物论丛书"无疑则为蔡仪提供了践履这一路径的效仿案例。当蔡仪《新艺术论》写到最后一章关于"艺术的美"与"艺术的典型"问题时，他无比喜悦，因为他意识到这一问题的理论前景与可拓空间。正如蔡氏当时所感："凭已有的一点美学史的知识，想到这个论点还关系着广阔的理论领域，还需要作更充分的论证发挥，我也就感到应为此做出更大的努力。"[①]于是，如何围绕"典型"这一核心观念，在"新"的马克思主义的美学路径上作系统地延伸与外拓，是蔡仪《新艺术论》写作中蔓生出的新课题。

尽管"典型"概念在《新艺术论》中主要还是在"艺术真实"的层面上用来阐明艺术反映现实，表现事物规律、真理的"形象"，但对于蔡仪美学思想的形成却有着愈发关键的重要意义。因受马克思、恩格斯"现实主义"理论的启发，蔡仪自然而然地将"艺术的真"与"艺术的美"以及"典型"与"现实主义"统一起来，进而沿着唯物主义反映论的思维理路，在"艺术是现实的典型化"基础上得出"艺术的美就在于艺术的典型"，并进而推演出"美的就是典型的"[②]这一逻辑结论。

正是在"艺术真实"这一重要环节上，蔡仪得以将"艺术观"与"美学观"在"现实主义"与"典型论"的支撑下有机地结合起来，并由"艺"至"美"地完成文艺理论向美学研究的纵深与外拓建构了《新美学》的理论轴心。对此，蔡仪曾回忆说："在四十年代初期，我写完《新艺术论》之后又写了《新美学》。当时想试用唯物主义原则考察美学上的基本问题，并批判唯心主义的旧美学，为新美学的前进扫清道路。"[③]正如蔡氏所言，延续着《新艺术论》中初步形成的"美即典型"的理论见解，蔡仪很快便完成了《新美学》的写作，还在"旧美学"的全盘批判与改造中重置了一幅新的马克思主义的美学图景。

然而，《新美学》与《新艺术论》一样，除马克思、恩格斯"现实主义与典型"的哲学理论基础外，还与甘粕石介的《艺术论》颇多相似。这一方面因《新美学》本

---

① 蔡仪：《美学论著初编序》，《美学论著初编》上，上海文艺出版社 1982 年版，第 10 页。

② 蔡仪：《新艺术论》，《美学论著初编》上，上海文艺出版社 1982 年版，第 169 页。

③ 蔡仪：《蔡仪美学论文选・序》上，湖南人民出版社 1982 年版，第 1 页。

身就是《新艺术论》在美学层面的延伸与拓展，而《新艺术论》又与《艺术论》存在着谱系性的脉络关联，因而理论观点的前后相承与一致实属正常；但另一方面也确因甘粕石介的《艺术论》同样构成了蔡仪写作《新美学》的思想资源与理论底色。这从以下三方面可见一斑。

其一，鲜明地体现在批判的入手处与批判目的上。《新美学》写作目的之一在于对本土长期占据主流的朱光潜美学进行批判，这点可谓不假，但绝非关键，蔡仪更大的抱负在于对整个的“旧美学”体系加以全盘性地批判与摧毁，以重建新美学，这才是终极目的。由此，蔡仪建构“新美学”的第一步是率先细数、挖掘与罗列出美学谱系中需要批判摧毁的“人员名册”，并在此基础上“重建”美学体系。有意味的是，在这份批判名录中，除本土语境中的朱光潜外，蔡仪《新美学》不仅与甘粕石介《艺术论》所陈人员近乎一致，如康德、黑格尔、克罗齐、泰纳、格罗塞、立普斯、柏格森等，还均声明自己批判的目的是“站在唯物论”的立场建设与“旧美学”相对的“新美学”“新艺术理论”。

其二，体现在“新艺术学”与“新美学”重建的哲学基础与方法路径上。作为日本马克思主义美学的重要人物，甘粕石介与围绕《唯物论研究》聚集的其他诸多学者一样，强调运用现代唯物论的实证精神进行哲学、科学与美学、文化艺术的研究。“受苏联哲学战线的总清算刺激”以及“西田、田边等讲坛哲学者和资产阶级哲学家”①的理论影响，甘粕石介的《艺术论》从唯物主义认识论出发考察了艺术整体，并在各种“唯心论哲学”的“旧美学”批判中得出艺术反映客观现实，是对现实真理的认识这一逻辑结论。蔡仪在《新美学》的建构中，同样以哲学认识论为方法，在“存在—意识”的思维层面上将美感视为“客观事物的美的反映”②，坚持现实美的客观存在。

其三，在“现实主义”与“典型”的核心美学观念以及“美的本质”在于“客观现实本身”的逻辑脉络上相互承接。甘粕石介的《艺术论》作为与“旧美学”对立的“新艺术理论体系”，站在马克思唯物主义的哲学高地上，不仅驳斥了各种形而上学的观念论的旧美学，还在“现实主义”与艺术“典型地把握现实”这一路径上诠释了艺术认识现实和表现客观真理的法则。正是立足于唯物主义反映论，

① ［日］岩崎允胤：《唯物论研究会的创立及其发展》，叶平、谷学译，《延边大学学报（社会科学版）》1983年第S1期。
② 蔡仪：《新美学》，群益出版社1951年版，第51页。

并依照“现实主义”的法则，甘粕石介认为“美的本质”只能是“客观的艺术之历史本身”①。蔡仪的《新美学》在唯物主义反映论的路径上，更将“现实主义”与“典型”的美学观念在《新艺术论》基础上系统发挥，进而明确提出“美的本质”是“客观的，不是主观的”，美在于“事物本身”，“所谓美的就是典型的，典型就是美学”这一结论②，体现着与石介相同的“美的本质”观念。

应该说，建立于旧美学批判基础之上的蔡仪美学有着鲜明的时代特色。这既表现在创造全新的为无产阶级和广大劳动人民服务的新的文化、艺术体系这一“文艺为革命服务”之根本出发点，又体现在从美学学科规律出发创立起唯物主义美学这一较之过往不同的全新的美学理论体系。这也充分彰显了蔡仪美学“从合科学规律出发，力求取得合革命目的性的结论，以达到美学的合规律性与合目的性的统一”③这一时代美学特色。也正是这一时代理论背景，促使蔡仪运用“辩证唯物主义”这一与社会相适应的革命思想理论，对“旧美学”与“旧方法”进行了深入批判和全新改写，并在马克思主义思想资源尤其是日本马克思唯物论研究成果的充分汲取上，创建起了全新的本土特色的唯物主义美学体系，为中国现代美学学科的发展和完善作出了巨大贡献。

总体而言，蔡仪美学思想的孕育有着复杂的历史条件，体现了合革命目的性与合学科规律性这一时代理论特色。为对“旧美学”与“旧方法”进行变革，蔡仪运用辩证唯物主义开创了一个唯物主义的新美学体系，而这种思想的形成则起步于日本留学时期对马克思主义书籍的大量阅读。其中，马克思、恩格斯关于文学艺术的文献，尤其是有关“现实主义与典型”的言论，无疑开拓了蔡仪的思路和视野，并成为其 20 世纪 40 年代破“旧”立“新”以建构“新艺术论”和“新美学”的哲理依据。与此同时，作为日本战前马克思唯物论研究中最为引人瞩目的现象，20 世纪 30 年代“唯物论研究会”及其出版发行的“唯物论全书”，尤其是美学艺术领域中以甘粕石介《艺术论》为代表的理论著作，同样成为蔡仪贯彻落实马克思唯物主义新美学的参照样本。在蔡仪归国后 40 年代的理论研究中，在“参考书奇缺”的背景下，正是甘粕石介的《艺术论》成为其《新艺术论》与《新美学》写作中可供借鉴的理论资源，并构成其“客观典型论”美学艺术思想的

① ［日］甘粕石介：《艺术学新论》，谭吉华译，上海辛垦书店 1936 年版，第 11 页。
② 蔡仪：《新美学》，群益出版社 1951 年版，第 68—69 页。
③ 陈伟：《中国现代美学思想史纲》，上海人民出版社 1993 年版，第 390 页。

重要理论底色。因此，在今天，尽管甘粕石介在我国影响不大，但我们切不可由此忽视同为“唯物论研究会”成员的蔡仪与他之间，还存在着一段鲜为人知却又重要而无法割斩的异域美学情缘。

第二节　蔡仪美学的主要内容与理论建树

蔡仪美学思想的来源是较为驳杂的，但在稍显驳杂的思想资源中，却形成了其一以贯之的美学思想——即以“唯物主义认识论”为基础，以“真理观”为基石，以“典型论”为核心所构筑起的唯物主义反映论美学体系。蔡仪早期美学思想集中体现在《新美学》中，该书无论是对“旧美学”的批判还是对“新美学”中新观点的阐发，均是依照反映论的原则，提出了一系列关于美论、美感论、审美形态论的美学新见，并将其理论系统化。蔡仪的这一美学体系架构，从五六十年代的“美学大讨论”到八十年代“美学热”，贯穿始终，并在细微的理论调整与自我捍卫中将之不断发展、丰富与完善。在蔡仪完整而庞大的美学理论体系中，依据其思考逻辑与理论进路，我们基本可从“美论”“美感论”与“美的形态论”三个方面对之加以分析阐明。

一、美论——“客观”与“典型”

美的本质论是蔡仪《新美学》建构的核心与主体，也是对旧美学与旧方法进行集中批判和变革的入手点。蔡仪认为，美学作为一门学科自独立以来，包括鲍姆加登、康德等美学家均没有认清美学的途径、美学研究的对象，因而一直“旁徨岐路、误入迷途”，究其根本原因则在于“方法的错误”①。为此，要建立新美学，首先就要从美学方法论，尤其是美学的途径，即“怎样去把握美的本质”这一根本问题入手。据此，蔡仪细数西方美学史上的“形而上学美学方法”“心理学美学方法”和“客观艺术美学方法”三大“旧美学”方法流派，认为三者要么误

① 蔡仪：《新美学》，群益出版社1951年版，第1页。

入主观的“观念意识”，要么陷入客观的“单以艺术为研究对象”的误区中[1]。通过对过往“旧美学”方法的批判，蔡仪指出：

> 我认为美在于客观的现实事物，现实事物的美是美感的根源，也是艺术美的根源，因此正确的美学的途径是由现实事物去考察美，去把握美的本质。[2]

显而易见，蔡仪通过追溯西方美学与本土朱光潜为代表的美学弊端，反思质疑“观念意识”与“艺术中心论”的旧美学路线，希望能从“现实事物”出发去把握“美的本质”。作为美的存在和美的认识的关系及其发展的法则之学，美学就是要去揭示客观事物的美的规律。这就是蔡仪“新美学”与“旧美学”最大的区别，也是蔡仪建构新美学的时代特色，而这种独特性尤其体现在两个方面。

一是唯物主义反映论的方法特色。正如蔡仪所批判的，无论是西方以鲍姆加登、康德为代表的美学，还是以朱光潜为代表的中国现代美学，均将美学视为一种“感性学”，并偏重于对审美经验、审美心理等主观意识的探索。然而，在蔡仪看来，这些主观意识作为“客观存在的美的反映”，均体现在客观事物本身之中，而从客观事物去发现美，才是美学唯一正确的途径。这样，在美学逻辑起点上，蔡仪便确立了坚实的唯物主义方法论基础，并异常清晰地与旧美学划开了界限。

二是将美与美感、美的种类与美感的种类区分开来。在中国现代美学史上，尽管主观与客观、美与美感的问题时常提及，朱光潜在《文艺心理学》和《诗论》中也反复涉及，但真正从“存在—意识”这一反映论层面将“美—美感”严格区分并进行深入学理阐释，则始于蔡仪。为充分贯彻唯物主义反映论原则，美与美感，美的种类与美感的种类，在蔡仪美学体系中均有着不同的内涵，这种区分既将西方美学史中古典形态的“美的本质”问题重新提出，也为改造完善现代中国美学提供了另一种思路。

---

① 蔡仪：《新美学》，群益出版社 1951 年版，第 16 页。
② 蔡仪：《新美学》，群益出版社 1951 年版，第 17 页。

“以新方法建立新体系”和“新美学”——在如上方法前提下，蔡仪秉持实事求是的精神，按照反映论原则，提出了一系列关于“美的本质”的观点。

其一，美是客观的，不是主观的。蔡仪认为，“旧美学”最大的问题在于“只由主观的美感去考察美，而不能超越美感去考察美”，进而在“美—美感”的混淆中“否认客观的美”①。但事实上，“美是客观的，不是主观的；而且美的根源也不在于最高理念或客观精神，是在于现实事物”②。

其二，美是客观事物显现其本质真理的典型。蔡仪认为，客观事物之所以美，其本质在于“事物的典型性，就是个别之中显现着种类的一般”，因此“典型的东西就是美的东西，典型便是美，事物的典型性便是美的本质”③。此外，美的事物是典型的事物，表现在事物的特殊形象中，其条件就体现在诸如“变化的统一和秩序”“比例和调和”以及“均衡和对称”等关系上。

其三，任何客观事物可以属于许多种类，而事物种类的本然范畴对于该事物的美有决定性。比如说，一个砚池，既可在形状上属于方形的种类，也可在颜色上属于黑色的种类，但只有“具有优势的种类的属性条件的客观事物”，也即“典型的，美的事物”更完全丰富地体现着种类，体现着事物的本质。④

其四，没有绝对、永恒的美。因美在于客观事物，客观事物的美在于其典型性，客观事物的典型性决定于种类的属性条件，而种类又关乎事物的变化。因此，蔡仪认为：“事物的美，事物的典型也得随之而变化，所以没有绝对的美，没有永远的美。”⑤

应该说，美论作为《新美学》建构的首要部分，延续了此前《新艺术论》中关于典型问题的构想，并在“事物的典型性便是美的本质”这一核心观点的强调拓展中进一步丰富了其学理内涵。

“典型问题”是蔡仪美论建构的学理核心，并体现出由“艺术典型”到“美的典型”这一思考线索。从蔡仪对于“典型”的论述看，其对于典型的探讨是从文学艺术入手的，认为典型就是“个别里显现着一般的艺术的形象”，“艺术的创作

① 蔡仪：《新美学》，群益出版社 1951 年版，第 38 页。
② 蔡仪：《新美学》，群益出版社 1951 年版，第 52 页。
③ 蔡仪：《新美学》，群益出版社 1951 年版，第 68 页、70 页。
④ 蔡仪：《新美学》，群益出版社 1951 年版，第 85 页。
⑤ 蔡仪：《新美学》，群益出版社 1951 年版，第 92 页。

就是典型的创造，典型实是艺术的核心”①。根据辩证唯物主义与历史唯物主义观点，艺术的本质是现实生活的客观反映，艺术的美则必然是现实美的反映。正是从艺术问题与客观现实出发，蔡仪进一步对黑格尔“美是理念的感性显现”这一著名命题进行了改造：一方面，他反对黑格尔将“理念”视为“绝对理念、绝对精神”，而是认为理念“渊源于客观事物”，是客观事物的普遍性在意识上的反映；另一方面，又据此认为“理念”实则为“典型”，就是“个别中显现着种类普遍性的个别事物”。由此，蔡仪得出：“美的本质就是事物的典型性，就是这个别事物中所显现的种类的普遍性。”②此外，围绕这种“美的理念论”，黑格尔就“自然美”围绕“灌注生命”“自发运动”“自在自为”③角度对自然物、无机生命体及动物等类型依次进行了美的分析。这种美的本质的探讨理式同样出现在蔡仪对自然美之均衡、协调、对称、生命灌注等探求上，显示出黑格尔美学对蔡仪“典型论”美论的重要理论影响。

今天看来，蔡仪的“典型性”其实就是“类的普遍性”，而以典型为美，就是强调事物的普遍性。这种美的本质的规定性无疑深深契合唯物主义的传统，却忽视了美的历史性、社会性、实践性及其自身规律，由此也无法有效解释诸多复杂的社会现象。

总体而言，通过对黑格尔“理念论”的学习化用与改造，蔡仪的“典型论”将基石牢牢扎根在客观现实的土壤中，并从艺术反映生活的角度将之从艺术问题上升到美的问题，认为美也在“客观现实”，进而将“艺术典型”与“美的典型”勾连起来，得出“美即典型”，并成为蔡仪“美的本质论”的理论轴心。应该说，用“典型”去解释诸如“典型人物”“典型环境”等文学艺术的奥秘或许可行，但倘若由此推广去解释一切囊括自然、社会、艺术等的审美现象，则又显然映照出其理论的缺陷。此外，因“典型论”思想建立在唯物主义认识论的哲学原则上，从“存在决定意识，意识是对现实的反映与摹写”这一唯物主义原则出发，则不仅为蔡仪美感论的哲学基础奠定了理论基调，也同样显示其美感论理论阐释的不足。

---

① 蔡仪：《新艺术论》，《美学论著初编》上，上海文艺出版社 1982 年版，第 96 页。
② 蔡仪：《新美学》，《美学论著初编》上，上海文艺出版社 1982 年版，第 243 页。
③ 黑格尔：《美学》第一卷，朱光潜译，商务印书馆 1981 年版，第 168—171 页。

二、美感论——“认识”与“摹写”

蔡仪认为美是客观的，是脱离人的“主观意识”的一种独立存在，而美感的发生就是由于客观事物的美或其摹写与美的观念适合一致，只不过这种“美的观念”并非直觉、形象或主观精神，而是根源于客观事物，是对现实的认识。据此，蔡仪在美论基础上进一步通过对“旧美学”美感诸说的批判，对美感进行了理论探索，提出了系列见解。

首先，美感是一种认识活动，源于“事物的摹写”与“美的观念”适合一致。蔡仪认为，在“旧美学”诸说中，无论是“形象直觉说”“美感态度说”“感情移入说”“内模仿说”还是“生理学的美学”，对美感的理解都是错误的，也无法正确理解美和美感。蔡仪指出：

> 美感的发生，是由于外物的美或其摹写和美的观念适合一致。而这所谓美的观念，又不是观念论的美学家或艺术理论家一样认为是根源于最高理念或绝对精神；相反的，它是根源于客观事物。换句话说，它是客观事物的摹写，也就是对于现实的认识。[①]

实质上，与克罗齐、朱光潜等美学家阐发美感的路径不同，蔡仪将美感活动视为一种“认识活动”，并从反映论的认识模式出发，将美感视为“对于现实的认识”[②]，因而美感只能是对“客观存在的美”的反映与摹写。

其次，美感作为认识的精神活动，以快感为阶梯，又高于快感。蔡仪认为，美感建立在美的观念基础上，但与心理学美学主张“美感即快感”以及形而上学否认美感与快感关系不同，美感与快感相关但不同：美感有密接于快感的，也有超越快感的，一方面快感是美感的阶梯，另一方面美感又超越快感。

再次，美感根源于自我充足欲求的满足时的愉快。蔡仪认为，所谓美的观念，是因“对同种类的客观事物的表象概括而得的，美感便是由于外物的美或其

① 蔡仪：《新美学》，群益出版社1951年版，第129页。
② 蔡仪：《新美学》，群益出版社1951年版，第129页。

摹写之能适合于这美的观念，使它的自我充足的渴望得以满足”，这种自我充足愈强，美感愈强；与此同时，因美感的愉快源于欲望的满足，而欲望满足有断续性，因而美感也是变化的，“没有绝对的永久性”。[①] 美感是“精神欲求满足的愉快”，那么“美的观念”又怎样得以满足呢？蔡仪认为源于两个方面：一是“借以记忆联想为基础的想象，使它成为一个鲜明的形象”从而使得“美的观念”自我充足遂发生美感，尤其是将“形象”通过艺术创作表现出来时，美感愈发强烈；二是“外物所予的印象”与“原有的美的观念相适合时，美的观念得以充足而完全，于是而发生美感，美的情绪的激动”。[②]

此外，将“雄伟”“秀婉”等美学范畴置于美感领域探讨，也是蔡仪美感论的一大特色。蔡仪将美感种类分为两组：雄伟（崇高）和秀婉（优美）的美感；悲剧和笑剧的美感。雄伟和秀婉“是由于客观的美和主观的美的观念结合时而有的形式上的不同”[③]，其中，“雄伟”是耳目受到强大刺激进而伴随着紧张、不快、抗拒和逆受的一种精神活动；“秀婉”的美感则是“精神能自然适应于这种刺激”，即日常生活中已惯于并顺受这种刺激。悲剧的美感和笑剧的美感不是现实美所能引起的，而是“艺术美扩充了的美感的形式”，“雄伟以上的即悲剧的美感，秀婉以下的即笑剧的美感”。[④] 悲剧的美感是因对象刺激极强而引发明显的逆受的精神反应，这种反应不是“朦胧的紧张兴奋”而是“鲜明的悲哀”；笑剧的美感由秀婉扩充起来，“是由于对象的刺激更柔弱，引起过度的顺受的精神反应，这在现实的对象时则不会发生美感的，但因对象是艺术，美增高了，现实性削弱了，故尚能引起相当的美感”[⑤]。

纵观蔡仪美感论，始终将“美—美感”在“存在—反映”这一唯物主义反映论层面上严格区分，并依照唯物主义认识论原则，对美感问题进行机械套用，将美感经验、美的认识过程这一审美精神活动，与存在反映的哲学规定性捆绑。尽管对美感与美的区分，以及美感对现实的认识和摹写，尤其是将带有主体性因素的崇高、优美等“美的范畴”置于美感领域探讨，使其美学观的唯物主义性质更加稳固彻底，却也让其美感论既显被动又十分牵强。当然，蔡仪美学的逻辑

---

① 蔡仪：《新美学》，群益出版社 1951 年版，第 167—168 页、170 页。
② 蔡仪：《美学论著初编》上，上海文艺出版社 1982 年版，第 313 页。
③ 蔡仪：《新美学》，群益出版社 1951 年版，第 230 页。
④ 蔡仪：《新美学》，群益出版社 1951 年版，第 237—238 页。
⑤ 蔡仪：《新美学》，群益出版社 1951 年版，第 242 页。

结论与其思维方法息息相关，其美感论的偏失与美论一样，均是在美学路径上严格执行列宁《唯物主义与经验批判主义》中唯物反映论的认识模式所致。另需指明的是，“新美学”的建设意图旨在摧毁“旧美学”的美感途径，因而其基于唯物主义反映论基础上的美论和美感论，不仅符合了马克思唯物主义的时代理论要求，还获得了当时读者的欢迎与鼓励。

三、 美的形态论——“形态”的古典主义

蔡仪在美论与美感论基础上，又对美的形态进行了深入研讨，并依此从“客观事物本身”“美的对象和美的观念结合时的形式”以及“艺术”出发，对美的形态、美感的形态、艺术的形态进行了划分。

一是从客观事物入手，将美的事物依照其“种类的属性条件”分为两组：从构成状态的不同分为单象美、个体美和综合美；从产生条件不同分为自然美、社会美和艺术美。蔡仪认为单象美偏于形式，其美感较弱；个体美由单象美构成，是形式与内容的配合，美感颇强；综合美由个体美构成，显现着客观现实的规律、真理，因而偏于内容，其美感极强。同理，从自然美、社会美到艺术美，也体现了“非人为”和“人为的”不同，因而在自然“运动”及“人的意志自由”和“依照人美的法则”层面体现出美感的差异。值得注意的是，蔡仪《新美学》在“自然美”与“社会美”这一“现实美”之外提出了“艺术美”的范畴，认为艺术是“根据现实而创造的”美的事物，艺术美则是“按照美的法则以形成的美”。[①] 很显然，这种根据“美的法则”而“创造”的美的事物带有极为强烈的主观自由精神，也体现艺术的自律性。但与此同时，蔡仪却仍延续着《新艺术论》中“艺术反映现实”“艺术是现实的典型化”这一传统认识论思想，强调艺术美的现实认识原则，进而在“自由创造”与“现实反映”的美学艺术观上烙上了鲜明的内在思想的矛盾性，并在理论的瑕瑜互见中映射出时代限制。

二是从“客观对象和美的观念结合的形式”出发，将雄伟/秀婉、崇高/优美等美学范畴视为美感之种类进行了形态划分。蔡仪这一划分，旨在消除这些美学范畴所蕴含的主体性因素对于“美在客观”的影响，因而列入美感论中予以研

① 蔡仪：《新美学》，群益出版社1951年版，第213页。

讨，且不管其理论内部的矛盾性，单就其对于这些美学范畴本身的理论分析，仍可见出蔡仪美学思想中暗含的可资汲取的成分。

三是从"艺术所反映的客观现实的美的种类"出发，将艺术划分为单象美的艺术、个体美的艺术、综合美的艺术三种艺术理论形态。单象美接近"现象范畴"，偏于形式，其美感接近快感；个体美的艺术集中体现为"绘画雕刻"，是"内容和形式的谐和一致，快感和美感的调和一致"；综合美的艺术集中表现为文学，尤其是悲剧文学，其引发的强烈美感往往高于其他文学。[①]

应该看到，蔡仪对美的形态、美感的形态、艺术的形态这一种类划分，从美学形态看仍体现出一种古典的美学观念。尤其是在客观的美的种类划分上，从"单象美"到"个体美"再到"综合美"以及从"自然美"到"社会美"再到"艺术美"，不仅显示出其朴素的对于现实审美对象的生命秩序的把握，还体现了一条由低级到高级的人类审美形态的进化历程。从生物进化的视角，从无机物到有机物，从植物到动物，从低等动物到高等动物这一生物等级秩序出发进行美学的逻辑评判，无疑在复杂多元的审美经验路线上蕴含着机械静态的生物进化论的思想痕迹。

从上述美论、美感论、美的形态论分析可见，蔡仪立论的出发点始终是建立在对"旧美学"的批判基础之上，因而其美学便自然呈现出较之以往美学不同的鲜明特色，而且在"变革—创造"中自成一家，这是蔡仪美学的首要建树。蔡仪立足于哲学认识论基础上张扬"美是客观""美即典型"的思想，并在美的本质论与美感论中充分贯彻，因而也建构起一套相对完整的具有独创性的唯物主义"客观典型论"美学体系。他不仅为20世纪中国美学提供了一个经典的美学范本，还在"美的本质"的哲学思考中为中国现当代美学领域"提供了一个经典性的元话语"[②]，这是蔡仪美学的又一建树。从美学观点上看，蔡仪基于"旧美学"批判基础上对美与美感的区分、对"典型问题"的讨论，对雄伟与秀婉、悲剧和笑剧的理论分析也颇为精彩，这些研究虽然因时代所限存在思维方法上的限锢，但在一定程度上仍可说是将相关理论命题向前推进，并在学理上予以系统梳理和纵深发展。

① 蔡仪：《新美学》，群益出版社1951年版，第262页、267页、285页。
② 薛富兴：《分化与突围：中国美学1949—2000》，首都师范大学出版社2006年版，第35页。

总之，在20世纪40年代特殊的革命性语境中，蔡仪美学系统开辟出另一条与朱光潜为代表的西方现代美学所不同的马克思主义唯物论美学的新路径。这一“新美学”体系的创设不仅服务于社会之启蒙与革命，还在学科自律性层面将美学理论话语不断推向深入和系统化。尽管受思维方法及路径视野的限制，蔡仪美学仍存在诸多不足，但其奏响了中国现代美学“学科化”系统建设的号角，为中国当代美学的论争发展勾勒了理论草图，还奠定了马克思主义美学中国化的基础与方向，其开拓性、进步性，均可谓意义深远。

第三节　现实主义艺术观及其理论贡献

事实上，艺术理论是蔡仪文艺理论研究的起始，也是其美学研究的发端。作为《新美学》思想的雏形，《新艺术论》不仅是蔡仪扩展通往新美学的桥梁，也是蔡仪早期艺术观的集中体现。受抗战环境的政治影响，加上马克思主义中国化的理论要求，蔡仪于1941年初便开始全面转入到“自己曾经关心”的艺术理论研究上，并试图“用新的观点来写一本较有系统的艺术理论的书”，且要“把它当作政治任务来做”。[①] 这既可视为催生蔡仪艺术观的政治土壤，也是特殊时代语境中的理论吁求。正如蔡仪所言：“当时只觉得应当做点什么、应当写点什么，借以刺破那压下来的黑色帷幕让自己透一口气。此外还说有点什么意图，也不过是想整理荒疏已久的关于艺术的一点知识罢了。”[②]蔡仪可谓言辞恳切，而所谓“荒疏已久的”艺术知识，从蔡仪《新艺术论》所引资料看，是较为驳杂的，如柏拉图、黑格尔、柏格森、泰纳、左拉、费尔巴哈、卢那察尔斯基、高尔基、罗森塔尔、厨川白村以及各种中国古典诗论与画论，均有论及，对于这些理论倾向各异的艺术理论，蔡仪有批判，也有吸收。最为核心的，也是其“新艺术论”体系建构的核心枢纽，仍是马克思恩格斯关于“现实主义与典型”的相关言论，并在艺术与现实、艺术认识、典型与现实主义的逻辑脉络中搭建起了其现实主义艺术观的完备知识体系。当然，在这一知识体系的建构中，除本土现实主义文艺相

① 蔡仪：《美学论著初编序》，《美学论著初编》上，上海文艺出版社1982年版，第9页。
② 蔡仪：《美学论著初编序》，《美学论著初编》上，上海文艺出版社1982年版，第10页。

关理论资源外，日本左翼理论家甘粕石介的《艺术论》也为蔡仪提供了知识性的履践范本。

一、艺术的本质特性——形象的认识

在《新艺术论》中，蔡仪集中从艺术与现实、艺术的认识及艺术的表现三方面对艺术的特性进行了全面系统的阐发，进而充分论证了艺术不是“一般的认识”而是“形象的认识”这一本质的特性。

首先，为说明艺术是一种特殊的认识，蔡仪通过艺术与现实、艺术与科学以及艺术与技术三方面的比较加以综合阐明。“艺术虽然是反映现实，可不是反映现实的单纯的现象，而是反映现实的现象以至本质”，只有“将现实典型化”才是本质的现象，才是艺术家对于现实的认识的表现；此外，艺术与科学、与技术的认识也不同，“艺术的认识的过程，主要是由受智性制约的感性来完成”，是形象的，而“科学是主要地诉之智性的，是论理的”；“艺术需要技术，但决不是单纯的技术”，因为“艺术是没有任何实用的目的，而技术是有某种实用的目的”。[①] 根据艺术与现实、科学、技术的综合比较，蔡氏得出，艺术的特性在于其“形象性”，因而其认识就不是一般的认识，而是“形象的认识”，而这种形象的认识就决不是“单纯的现实现象的反映”，而是具有“典型性”，体现了作者的思想意识。

其次，蔡仪还就“艺术何以是现实的一种认识”加以进一步说明，认为“一切的认识，都是客观现实的反映；而且一切的意识，都是由客观现实所产生的”，但艺术的认识是“以概念的具体性为基础而反映客观现实的现象以至本质”，因此，艺术的特质就在于“受智性制约的感性以显现客观现实的一般于个别之中”。[②] 蔡仪这种艺术认识的观点显然是基于批判“机械唯物论的认识论”而试图走向所谓“辩证唯物论的认识论”，但显然，蔡仪并未充分估计到实践的重要性，尤其是忽视了“主体意识活动”的重要性，过分强调对客观现实的反映，因而仍未免掉入机械的认识论之中。

再者，蔡仪认为艺术活动可分为“认识阶段”和“表现阶段”，两者有区别却

① 蔡仪:《新艺术论》,《美学论著初编》上，上海文艺出版社 1982 年版，第 15 页、18 页。
② 蔡仪:《新艺术论》,《美学论著初编》上，上海文艺出版社 1982 年版，第 32 页、44 页。

无界限。艺术的表现是“艺术的认识的摹写”，而艺术的认识则是“艺术表现的根源”，只有将艺术表现中“所表现的对象”“表现的人”及“表现的工具”三者相互关联起来，才是艺术表现的至上方法。①

在以上对艺术本质特性的阐发中，受限于反映论的方法论视野，蔡仪对艺术特性的理解仍存在简单化的不足。尽管蔡仪对于艺术活动中主观精神和客观认识都有论及，但对于艺术主体的创造性精神关注不够。然而，正所谓“外师造化，中得心源”，除对大自然的师法外，艺术家内心的情思和构设至为关键。当然，蔡仪对艺术与科学、技术的区别，尤其是关于“艺术表现”的论述，是较为深刻的，不仅在中西方各种翔实理论资源的批判中提出了自己的独特看法，还将理论观点予以系统化。可以说，蔡仪的这种批判性理解，不仅把诸如“艺术表现”等艺术范畴“置于认识论的坚实基础上，完整地把握认识与表现的辩证关系”②，还为自己唯物主义认识论美学体系奠定了基调。

二、 艺术本身的相关属性

在艺术认识、艺术表现等艺术创作过程之外，蔡仪还就“艺术本身”的问题进行了考察，而所谓“从艺术本身考察艺术”即是“以艺术本身为中心对象，来考察它固有的属性、条件及其和外界的关联”以便“进一步把握艺术的主要性质”。③ 为此，蔡仪依次从内容与形式、主观性与客观性、反映作者主观的个性与阶级性、反映客观社会的时代性与永久性四个核心理论层面对艺术属性展开了深入把握。

其一，就艺术的形式与内容，蔡仪集中批判了传统的“艺术的内容是主题中心思想，艺术的形式就是主题的形象化”“艺术的形式是艺术的体裁或样式，这种体裁或样式所表现的便是内容”以及“艺术的内容是中心思想，艺术的形式是体裁或样式”三种观点，并认为这些意见均把艺术形式与内容相分离，没有指出其特殊的本质。据蔡仪理解，“艺术的内容就是艺术的认识，而艺术的形式就是艺术的表现”并且两者有机关联与统一；艺术并非“内容加形式”也非“思想加体裁样式”，而是相互作用，内容既“决定形式”，形式也“反作用于内容”；“艺术的

① 蔡仪：《新艺术论》，《美学论著初编》上，上海文艺出版社1982年版，第62页。
② 杨汉池：《〈新艺术论〉述评》，《蔡仪美学思想研究》，中国展望出版社1986年版，第193页。
③ 蔡仪：《新艺术论》，《美学论著初编》上，上海文艺出版社1982年版，第68页。

形式是一定的艺术内容的形式，艺术的内容是一定形式的内容”，艺术的价值就“取决于内容与形式的统一”①。

其二，蔡仪站在辩证唯物主义的立场详细考察了艺术的“主观性—客观性”问题，并提出“艺术是主观性和客观性统一”的艺术观。依其常例，蔡仪仍是从对传统观点的批判入手，先反驳了“艺术是主观的精神活动，无所谓客观性”以及“艺术是客观的形象的写照，无所谓主观性”两种观点，并认为“各有各的道理”但“都不完全”。据此出发，蔡仪指出：

> 艺术是客观现实的摹写，所以艺术有客观性；同时艺术又是作者精神的所产，所以它有主观性。换句话说，艺术是作者的主观意识对客观现实的摹写，或者说，是客观现实在作者意识上的反映，所以它是客观的同时又是主观的。没有无主观性的艺术，而优秀的艺术也不是没有客观性的。……艺术所摹写的客观现实不是单纯的外在的客观现实，而是和我们有关系的客观现实；换句话说，艺术不仅是要表现客观现实本身，而且要表现我们和客观现实的关系。于是在这里便充分地表示着艺术的主观性。②

很明显，蔡仪高度重视艺术活动中“客观现实”以及“主观意识”的双重作用，既认为“排斥主观意识的渗透作用，不但不可能，也是不必要的”，又认为“主观的认识的特殊条件所反映的客观现实的特殊属性、侧面，必须是客观现实所固有的”，进而提出了一种“艺术是主客观统一”的艺术观。蔡仪这种艺术思想实则与同时期朱光潜《诗论》中所主张的“主客观统一”思想内在契合，也体现了美学艺术活动中主客体双向互动的审美关系。但蔡仪这种“主客观统一”的艺术观缘何扩展到美学上，却极力排除“主观意识”的作用进而提倡“美是客观存在”呢？这值得我们进一步思考与发掘。

其三，因艺术具有“主观性”，因而才“强化了艺术的成就”，但艺术的主观性根源何在呢？蔡仪对此进行了知识考掘，进而指出了艺术主观性的两个根源：一是“个性”，受生活状况、学力、修养、个人性格等因素影响而不同；二是“艺术

① 蔡仪：《新艺术论》，《美学论著初编》上，上海文艺出版社1982年版，第75页、77页、79页。
② 蔡仪：《新艺术论》，《美学论著初编》上，上海文艺出版社1982年版，第80—81页。

的所以是社会的那东西”，即阶级意识，并且只有“前进的阶级意识”才能对艺术起正面的作用，使之成为优秀艺术，反之妨碍艺术成为优秀艺术。[①]

其四，因艺术具有“客观性”，因而才体现了艺术的客观现实的真理性，但艺术的“永久性”并不在于“艺术所含有的真理是绝对永久的”，不在于“艺术所具有的诉之于感情之力是永久的”，也不在于“艺术所描写的是一切时代的人间生活、不变的人性”，而是在于它能否正确地真切地反映着它的时代。蔡仪指出：

> 因为艺术的相对永久性就在于它的时代性，艺术的时代性就是它的相对永久的前提，艺术的时代性和永久性看来是矛盾的，而实是统一的。而且艺术的相对永久性是决定于它的时代性的。因为离开一个一个的时代便无所谓永久，而永久不过一个一个的时代所延续的，于是漠视艺术的时代性而追求它的永久性，自然是等于捕风捉影。要追求艺术的永久性，就要把握艺术的时代性。换句话说，艺术要追求永久，就要把握时代。[②]

艺术的“永久性”在于它的“时代性”，艺术要把握时代特有的内涵，这些观点有着很强的当下意义。今天，我们仍主张艺术要把握时代风气和审美风尚，要敏锐把握时代风气，掌握审美变化，要立足创作而从文艺作品、文艺现象的实际出发，要尊重艺术规律，有坚守、有关怀、有情感，这些都是艺术“时代性”的内在理论品格。

应该说，蔡仪关于艺术属性的上述论说是较为精辟的，无论是其关于“内容与形式的相互作用”、艺术的“主客观统一”，还是“艺术的经典性”在于“把握时代性”等命题，就问题直陈己见，很少有哲学抽象的概念玄说，并在中西文论的举例阐发中加以印证，可谓言之凿凿。蔡仪上述关于艺术属性的理论思想，在当下仍有其理论生命和艺术参考价值。

三、艺术的理论核心——典型

“典型”是蔡仪美学理论的枢纽，也是其艺术观的核心。蔡仪关于典型的论

① 蔡仪：《新艺术论》，《美学论著初编》上，上海文艺出版社 1982 年版，第 88—89 页。
② 蔡仪：《新艺术论》，《美学论著初编》上，上海文艺出版社 1982 年版，第 95 页。

述也是从《新艺术论》开始的，并由此作为逻辑起点生发建构起了其独树一帜的新美学体系。究其思想来源，则直接受恩格斯"现实主义和典型"的理论影响，蔡仪对此有明确说明：

> 首先且说，我受前人的启发主要是，也首先是恩格斯的现实主义和典型的理论。我在一九三一年至一九三二年间写《新艺术论》时，就是根据这一理论，用专章论现实主义，专章论典型，专章论艺术美与艺术评价。在论艺术美那章的第一节里，就得出结论说："所以我们可以规定地说，所谓美的就是典型的，典型的就是美的。这就客观现实来说是如此，就艺术来说也是如此。"而按艺术来说，艺术美就在于艺术的典型。艺术的典型形象就是美的形象。①

在《新艺术论》"典型"一章中，蔡仪也开宗明义即指出典型就是"个别里显现着一般的艺术的形象"，"艺术的创作就是典型的创造，典型实是艺术的核心，艺术的不得不是典型的创造"。② 据此，依据唯物主义反映论原理以及马克思主义经典作家关于文艺问题的观点，蔡仪从艺术认识出发，依次考察了"现实的典型与艺术的典型""典型的性格与典型的环境"以及"正的典型与负的典型"，不仅强调了艺术典型是"现实的典型性之扩大、加深，成为中心的、基础的"，还在典型人物基础上进一步考察了正的典型与负的典型。蔡仪认为，典型的正负之分仅是从"社会的观点"的界分，都是构成客观现实的部分，且无艺术高下之别，只不过因"旧世界的社会里"不健全的现象较多而"新生的部分"不显著，艺术家也不能明确认识，因而"在旧现实主义阶段，艺术上负的典型居于优势地位"，读者也较容易接受负的典型。值得注意的是，蔡仪书中还多处引用了马克思、恩格斯《致拉萨尔》《致玛·哈克奈斯》以及高尔基、鲁迅关于"艺术典型"创造的原话，有力地深化了自己艺术典型的思想。

蔡仪的艺术典型观在随后的《新美学》写作中得到进一步明确具体的实践，并成为其美的本质论思想的核心："典型的东西就是美的东西，典型便是美，事

---

① 蔡仪：《致王世德》，《蔡仪文集》第 10 卷，中国文联出版社 2002 年版，第 294—295 页。
② 蔡仪：《新艺术论》，《美学论著初编》上，上海文艺出版社 1982 年版，第 95 页。

物的典型性便是美的本质”①。蔡仪“典型是艺术的核心”与“美即典型”这一“典型规律”通过与马克思“美的规律”的结合，则构成了其美学艺术思想的理论法则，并延续到此后的文艺理论与美学研究中。应该说，蔡仪以“典型”为核心的美学艺术思想不仅开辟了马克思新艺术观与新美学观的方向，还吻合了毛泽东《在延安文艺座谈会上的讲话》中对于文学艺术所谓“更高，更强烈，更有集中性，更典型，更理想，因此就更带普遍性”②的要求。为此，在 1945 年写作的《为人民的文艺》一文中，蔡仪重申了自己关于美学艺术的典型论法则：

> 美是属于客观事物，艺术的美的根源即在于客观事物，换句话说，艺术美是现实事物的美的根源的加工，也就是现实事物的典型性通过人们意识的更典型化。……客观事物有它的美就有它的美的法则，离开客观事物别无所谓美的法则。③

可以见出，蔡仪关于“典型”的论述始终围绕“客观自然”，也即是说，竭力从自然界的现象中得出这一结论，由此才有由“物的种类”基础上显示出“生物的一般的属性条件”④才是美，否则就是不美。

上文已论及，蔡仪关于“普遍性”“特殊性”“个别性”等“典型”观念以及对于自然美的理解，实则是对黑格尔美学思想的化用与改造，只不过用蔡仪的话讲，就是将黑格尔理论“头脚倒竖”罢了。

黑格尔在《美学》第一卷中明确将美定义为“美就是理念的感性显现”，而其“感性的客观的因素在美里并不保留它的独立自在性，而是要把它的存在的直接性取消掉”⑤，也即是说，对象的真实只以“理念”或“形象”存在，只不过这种“理念”仍是一种“客观存在”。对此，蔡仪在《新美学》中有着直接回应，认为黑格尔美学思想“包含着关于美的天才的卓见”，只不过其“理念”并不应看成是“绝对精神”而是“源于客观事物”，是“个别中具现着普遍”，也即是“典型”，而

① 蔡仪：《新美学》，群益出版社 1951 年版，第 70 页。
② 毛泽东：《在延安文艺座谈会上的讲话》，《毛泽东文艺论集》，中共文献出版社 2002 年版，第64 页。
③ 蔡仪：《论人民的艺术》，《美学论著初编》上，上海文艺出版社 1982 年版，第 418—419 页。
④ 蔡仪：《新美学》，《美学论著初编》上，上海文艺出版社 1982 年版，第 345 页。
⑤ 黑格尔：《美学》第一卷，朱光潜译，商务印书馆 1981 年版，第 142—143 页。

“美的本质就是事物的典型性，就是这个别事物中所显现的种类的普遍性”。[①]此外，在黑格尔看来，理念一定要符合“真”，因为观念必须是“客观真实的”，只有“当真在它的这种外在存在中是直接呈现于意识，而且它的概念是直接和它的外在现象处于统一体时，理念就不仅是真的，而且是美的了”[②]。据此，蔡仪也将美学艺术的本质定义为“客观事物显现其本质真理的典型”，是一种“具体的形象的真”。[③]

由上分析可见，蔡仪的“典型论”充分吸收了黑格尔关于美的定义的思想，尤其是黑格尔“理念论”及其关于自然美、艺术美的论述，对蔡仪美学艺术思想形成了重要影响。在《新艺术论》与《新美学》中，蔡仪更在多处毫不避讳地对黑格尔美学思想进行了高度肯定和评价。当然，在“美在典型”“美是真理的形象”等系列命题阐释外，蔡仪在美学艺术观中还辟出一块“社会美”的理论地盘，不仅把美分成自然美、社会美、艺术美，更对社会主义现实主义艺术以及艺术的社会实践经验进行了分析，这可谓是蔡仪在新的时代条件下运用马克思主义理论克服黑格尔美学局限的一大理论超越。

此外，值得特别注意的是，蔡仪在艺术“典型论”阐发中，除对马克思主义理论与黑格尔思想的改造化用外，还从中国古典文学、画论、诗论中汲取了知识营养。在蔡仪看来，文学叙景咏物诗、绘画中的风景画静物画以及近于天籁的音乐，实则都是通过“艺术的认识”表现一种“典型的形象”，正如石涛所言“搜尽奇峰打草稿”，这在蔡仪看来就是“典型的创造”。再如，就王维的诗与诗论，蔡仪认为：

> 传为王维所著之《山水诀》中亦曾说：“夫画道之中，水墨最为上，肇自然之胜，成自然之功。”这也是从自然的见地创造山水的典型之理论……在诗方面，如王维的“大漠孤烟直，长河落日圆”算是名句。其所以成为名句，也因为道出自然景色的典型的一个场面。但是这种诗究竟好的很少，一般的咏景咏物诗，虽反映自然的事物而终于渗透着社会的观点，所以在这些诗里都可以看出它和人的关系来，其中好诗比较多，因为艺术的典型的创

① 蔡仪：《新美学》，《美学论著初编》上，上海文艺出版社 1982 年版，第 243 页。
② 黑格尔：《美学》第一卷，朱光潜译，商务印书馆 1981 年版，第 142 页。
③ 蔡仪：《新艺术论》，《美学论著初编》上，上海文艺出版社 1982 年版，第 168 页。

造，原需主观精神强化客观现实的典型性。[①]

从王维到石涛，中国古典诗学与画论中对“造化自然”的艺术境界的追求，成为蔡仪构筑艺术“典型论”的资源。从蔡仪的论述中也可以见出，他着力提取了艺术审美认识活动中的客观对象的属性一面，即是对客观自然的纯然观照，发掘对象的“典型”之“形象”。然而，“典型”究竟能否描述作家艺术家对于自然的审美认识活动，典型与“妙悟”或谓之艺术活动中的“直觉”有何异同？这些问题，蔡仪并没有涉及，而这恰恰就是其艺术“典型论”建构中难以自圆其说而遭受批判的理论缺陷。

总体而言，蔡仪于1940年代在艺术美学体系的创构中，运用马克思主义学说对黑格尔美学思想进行了改造与化用，还充分汲取了中国古典诗学与画论的营养，提出了自己的“典型论”美学艺术思想。蔡仪在“现实的典型—艺术典型”“正的典型—负的典型”等具体文学艺术问题分析中，不仅将“典型规律”与“美的规律”结合，还对典型人物、典型性格、典型环境以及现实与艺术的典型等范畴进行了深入研讨。蔡仪以“典型论”为核心的现实主义美学艺术观，虽有其理论的时代局限，但在理论与实践上初步建构起了属于自己的系统完备的美学艺术体系，既具有特定时代的独创性，至今也仍受学界关注。

四、 艺术的哲学方法——现实主义

蔡仪“新艺术论”之所以“新”，根本原因在于其使用了新的哲学艺术方法——“现实主义”。在蔡仪的艺术观中，“现实主义”与“典型”是相辅相成的，艺术要“创造典型”，要“真实地表现典型环境中的典型人物”，其创作方法就是“现实主义的创作方法”，而根据这种方法创造的艺术才是“现实主义的艺术”。[②]与“典型论”类似，蔡仪同样将“现实主义”方法立于唯物主义认识论这一哲学基础上，并对其本质、发展与渊源进行了系统论述。

第一，现实主义艺术的本质特征。蔡仪认为“艺术是对于客观现实的从现

① 蔡仪：《新艺术论》，《美学论著初编》上，上海文艺出版社1982年版，第105—106页。
② 蔡仪：《新艺术论》，《美学论著初编》上，上海文艺出版社1982年版，第141页。

象到本质的一种认识”，因此，依据现实主义唯物反映论，艺术就是对客观现实的反映。而作为能动的主观意识，它也只有“正确地反映客观现实”时才具有“现实主义的根本要素”。蔡氏指出：

> 所谓现实主义的艺术，一方面是对于客观现实的认识，即是从客观现实的世界，而不是从主观幻想的世界获得它的内容；另一方面表现是这种认识的艺术的完成，即这种认识本身就规定了它的表现方法和表现形式，形式乃是决定于内容，不是要求在内容之外，和内容脱离的形式的美。①

蔡仪强调现实主义艺术的内容，实则一方面为强调其认识论基础，另一方面则是为凸显其“典型”形象的艺术创造，而避免“空洞、公式的”艺术形式。

第二，现实主义的四个阶段。蔡仪认为，现实主义文艺是随历史发展而进步的，仅从西方艺术思想史角度，即可划分为“古代的现实主义”“文艺复兴时期的现实主义”“批判现实主义”及“社会主义现实主义”四个阶段。古代现实主义与“朴素唯物论”哲学相适应而表现为“朴素的现实主义”，因而氏族时期的艺术不仅简单，而且还只是单纯的不完整的艺术形象；文艺复兴时期的现实主义与科学及机械唯物论哲学相适应，不仅使得哲学脱离了神学的羁绊，还承继了古代希腊的现实主义而出现艺术的意外繁荣；批判现实主义是“资本主义时期的现实主义的代表”，在经验论、自然主义、印象主义以及机械唯物论的相伴相随中含有资产阶级世界观的缺点，因而具有现实主义的局限性；社会主义现实主义则与过去现实主义截然不同，它立足于“阐明自然、社会及人类精神”这一哲学基础上，不仅“承继批判的现实主义的优点”还“克服它的弱点”，因而是“现实主义发展的最新阶段”，是能够“非常正确地完全地指导艺术创作的艺术思想”②。

第三，社会主义现实主义的渊源及其内涵。蔡仪对“社会主义现实主义”的艺术渊源有专门论述，并从浪漫主义与批判现实主义的比较发展中进行反思立论，指出：“社会主义现实主义则是根源于无产阶级的世界观，根源于辩证唯物主义的认识论，认识现实，并了解认识过程中客观与主观的关系，以至把握客观

---

① 蔡仪：《新艺术论》，《美学论著初编》上，上海文艺出版社 1982 年版，第 144 页。
② 蔡仪：《新艺术论》，《美学论著初编》上，上海文艺出版社 1982 年版，第 147—150 页。

现实的关系及发展规律。它一方面要克服批判的现实主义的可能有的流弊和缺点，而间接地接受浪漫主义可能有的优点。它虽然是批判的现实主义的承继，却不是它的单纯的复归，而是它的更进一步的发展。”①

可见，在蔡仪看来，社会主义现实主义艺术是对批判现实主义与浪漫主义的继承、扬弃与批判、融合，它遵循辩证唯物主义认识论的观点方法，认识客观现实的本质、真理，正确反映客观现实的关系、规律，进而创造出高度真实的艺术作品。蔡仪从社会主义现实主义哲学方法出发，又进一步考察了“创作方法与世界观”问题。蔡仪指出，“社会主义现实主义”是苏联文艺理论家对“拉普派（全俄无产作家同盟）的唯物辩证法的创作方法的批判”②中引出的，不仅克服了机械论，还依照艺术的认识论原则确立了世界观与艺术创作方法的有机关联。

总体而言，蔡仪以《新艺术论》为核心所形成的艺术思想，不仅提出并解决了诸多艺术理论命题，还对中国现当代文学理论产生了积极深远的影响。诸如关于“形象思维”的论述、对艺术本质的阐发、对艺术内容与形式诸属性的探讨、对“典型”理论的强调与拓展、对社会主义现实主义及其创作方法的阐明，等等，不仅吸收了中外各种美学艺术理论的营养，还在批判反思中形成了本土特色，体现了鲜明的时代性与理论倾向。蔡仪的艺术观与美学观相关且相通，尤其是当蔡仪将艺术观推向“真”与“美”的层面高度论述时，其艺术与美学思想是契合一致的，即：“艺术是反映客观现实的真实的，所以艺术也追求真；而艺术的反映客观现实的真实，是以个别具现一般的典型，所以艺术也创造美。而且艺术的真，艺术的美，并不是个别的东西，是相关的东西，都在于艺术的典型。”③蔡仪基于唯物主义认识论这一哲学基础上所形成的这些美学艺术思想，站在时代的历史潮流中看，是有其创见的，而且具有理论上的体系性与完整性，并代表着时代艺术的理论潮流。蔡仪《新艺术论》出版后不仅获得社会的广泛认可，甚至受到郭沫若在大会上的点名表扬，并“号召大家向他那样埋头苦干的精神学习”，并在会上向大家推荐“《新艺术论》是一部切合时宜的书，希望大家都能读一读”。④

---

① 蔡仪：《新艺术论》，《美学论著初编》上，上海文艺出版社 1982 年版，第 155 页。
② 蔡仪：《新艺术论》，《美学论著初编》上，上海文艺出版社 1982 年版，第 157 页。
③ 蔡仪：《新艺术论》，《美学论著初编》上，上海文艺出版社 1982 年版，第 173 页。
④ 王琦：《有关蔡仪同志的二三事》，《美术研究》1986 年第 2 期。

《新艺术论》后来又一度改名为《现实主义艺术论》，其思想还贯穿于他后来主编出版的《文学概论》中，对当代文学理论的发展建设产生了深远的影响，有着积极的时代性、进步性和历史意义。

第四节　蔡仪美学艺术思想的成就与反思

杜书瀛曾将蔡仪的美学贡献归为四个方面，即“20 世纪 40 年代的中国美学革新者——当时他是中国最激进、最先进的美学家”“中国美学马克思主义学派的创建者之一”“极大地推进了中国马克思主义美学的学术化”“中国现代美学的系统、完整体系的第一位构想者和实施者”①。杜书瀛的这一评价应该说是非常中肯的。的确，在现代中国美学史上，蔡仪由《新艺术论》《新美学》先后建构形成的“典型论”美学艺术观，不仅形成了广泛的社会影响，还在马克思主义原则基础上凭借新的方法论建立起了唯物主义的“新”美学艺术体系。这一美学艺术理论体系不仅系统地揭露和批判了整个旧的“观念论”的唯心主义美学传统，还在反思中提出了自己完备系统的通往新艺术与新美学的方法途径。蔡仪这些理论工作无论是对于马克思主义美学的中国化，还是中国美学学科理论体系的革新与建设都贡献卓著。尤其是蔡仪围绕马克思主义认识论所建构起的反映论美学体系，不仅成为新中国初期美学学科的逻辑起点以及“美学大讨论”时期美学批判改造的起点，还同样成为“文革”后当代中国美学发展超越的历史基点。这些都是蔡仪在特定历史时期内的美学贡献，也是我们客观评价其美学艺术思想需要予以赞同和认可之处。

与此同时，由于历史视域的局限以及时代学术话语的建构要求，蔡仪美学艺术思想中又蕴含着诸多内在的理论矛盾和不足，因而同样需要我们站在新的时代高度上加以理论的反思和清理。

众所周知，蔡仪是中国马克思唯物主义美学理论体系的创立者，也是 1940 年代和新中国初期马克思主义美学的权威代表。然而，在学术界，无论是 1950

① 杜书瀛：《蔡仪先生——纪念蔡仪先生百年诞辰》，王善忠、张冰编《美学的传承与鼎新：纪念蔡仪先生诞辰百年》，中国社会科学出版社 2009 年版，第 250 页。

年代的“美学大讨论”还是 1980 年代以后的美学发展建设中，蔡仪美学并没有得到广泛认可与接受，反而屡遭质疑与批判。在大多数学者眼中，尽管蔡仪通过自己的不懈努力，逐步建立起了一整套独具一格的美学理论体系，却基本代表着一种机械静止的旧唯物主义美学观，因而饱受诟病。当然，造成这种美学悲剧的原因不免时代历史的视域所限，而更多的还在于蔡仪美学自身思路与方法中所蕴含的诸多内在矛盾。

首先，就方法论而言，蔡仪从唯物主义认识论考察美学问题，并将“美—美感”的探讨置入“思维—存在”的界面内，这不仅导致美学与哲学的错位，还直接在美的实体化的认识中扼杀了美学的感性学内涵。现实生活中并不存在一种客观的“实体”的美，任何审美现象都是一种人与对象双向互动的过程，而“美”作为一种主体的评价，它是与人的价值需要密切相关的。“美”作为一种价值属性，既离不开对象事物，也离不开主体的需要。因此，离开价值论的方法，而妄图从唯物主义反映论角度去认识美、揭示美的规律显然是行不通的。

其次，因坚持社会主义现实主义的方法，蔡仪在追求“客观真理”的美学路线中混淆了科学的“真”与艺术的“美”之间的差异。蔡仪始终将“美”视为物的固有属性，因而坚持“美是客观的”观点。以“花红”与“花美”为例，蔡仪认为：“美呢？我看也应当和红一样是物的属性，是客观的。倘若说我们考察客观事物虽然有引起美感的条件，但是那并不是美，这犹如说考察红纸和红花没有发现红一样。”[①]很显然，与花“红”这一与植物吸收与反射光线进而呈现出不同颜色的“物理存在”不同的是，花“美”却并非这种科学的物理特性的属性，而是一种“价值存在”，是一种人的审美感受力的评价。与花“红”这一不依存人的主体意识而存在的科学规律的“真”不同，“美”与“善”一样，都是流动变化的，它是一种人对事物的感性的审美评价。蔡仪正是混淆了这样一种客观存在与价值存在的区别，进而抹煞了美与真的界限，导致得出美是属于客观存在的物理属性的美学结论。

再次，尽管蔡仪尝试运用马克思主义观点解决美学问题，但在“客观典型”的美学艺术观上却存在机械唯物论的倾向。蔡仪认为美是对现实的认识，是对客观事物的摹写，其本质在于显现种类的普遍性、必然性，即“典型性”。据此出

---

① 蔡仪：《新美学》，群益出版社 1951 年版，第 48 页。

发,蔡仪认为生物比无生物美,动物比植物美,高等动物比低等动物美,而“人是高等动物之中比较美的”。[①] 显然,蔡仪这种机械化的美学观存在着巨大的理论漏洞,并很难对现实审美现象作出有力的说明。正如李泽厚批判所说:“是把美或美的法则变成了一种一成不变的绝对的自然尺度的脱离人类的先天的客观存在,而事物的美只是这一机械抽象的尺度的体现而已。这种尺度实际上就已成为超脱具体感性事物的抽象的实体,而这也就已十分接近客观唯心主义了。把人类社会中活生生的极为复杂丰富的现实的美抽象出来僵死为某种脱离人类而能存在的简单的不变的自然物质的属性、规律,这与柏拉图、黑格尔的先验的客观的绝对理念,又能有多大的区别呢?”[②]应该说,蔡仪的这种“客观典型论”美学艺术体系,在将“美”视为超越人的生活和意识的“客观存在”的同时,也将人看作为超越社会、历史和阶级的生物学种类上的客观存在。正像吕荧所批判的那样,蔡仪美学暗含着一种“生物社会学、生物学与庸俗社会学的混合物”[③]。

从上述分析可知,蔡仪美学之所以难以获得认同,根本原因在于三方面:一是哲学认识论的方法论局限;二是混淆了科学之“真”与艺术之“美”的差别;三是存在机械唯物主义的简单化倾向。这些思维方法上的不足综合形成了蔡仪僵化简单的美学理解,因而很难对各种审美现象作出合理阐释,也失去了理论的力量。

因蔡仪谨守哲学认识论,将复杂的美的问题窄化为单一的对现实的客观反映,并在“存在决定意识”的路线上将“美”视为一种外在于“人”的实体化的存在。应该看到,与蔡仪将美视为一种“客观现实的反映”以及将美学视为关于“美的存在和美的认识的关系及其发展之学”不同,美学是一项满足人的精神需要的审美活动,是人在审美活动中依据自身价值需要而对事物所作出的审美的评价。因此,与蔡仪将美学研究设定为“美”并排斥“审美”相反的是,“美”恰恰存在于审美活动中,并且与人的审美经验、审美趣味、审美心理、审美能力等要素紧密关联。

蔡仪的“客观典型论”美学艺术观,在唯物主义哲学立场上,实则排除了

---

① 蔡仪:《新美学》,群益出版社 1951 年版,第 200—202 页。

② 李泽厚:《论美感、美和艺术——兼论朱光潜的唯心主义美学思想》,《中国当代美学论文选·第一集 1953—1957》,重庆出版社 1984 年版,第 122 页。

③ 吕荧:《美学问题——兼评蔡仪教授的〈新美学〉》,《文艺报》1953 年第 17 期。

“人”的主体性因素，试图从客观现实事物中去寻找美的根源，这种绝对的客观主义思维路径不仅将美学问题纳入认识论的框框造成理论上的混乱与矛盾，还将美的问题本质化、实体化，扼杀了美学感性丰富的审美内涵。蔡仪这种美学思路当然与其日本留学时期所接受的苏联列宁时期的辩证唯物主义哲学以及社会主义现实主义思想相关，因而仍停留于机械静止的近乎前现代的美学阶段。正如有学者所指出的，蔡仪“典型论”美学从形态上看，仍是一种“古典和谐型的观念”，而所谓“新”艺术论与“新”美学，也仍是一种“‘新的’古典主义”的文艺观和美学观。①

实际上，蔡仪美学在“苏化”美学话语日益膨胀的历史时期登场，不但与“西化”美学话语模式相排斥，而且与中国古典美学也相互隔离。因此，无论是朱光潜所代表的关注审美现象、审美经验的心理学美学，还是中国古典美学中的天人合一思想，恰恰可从反面鲜明映照出蔡仪美学模式的巨大漏洞与理论不足。

法国现象学美学家杜夫海纳指出：“审美经验揭示了人类与世界的最深刻和最亲密的关系，他需要美，是因为他需要感到他自己存在于世界。”②也即是说，审美活动作为人性需求，是一种人的精神活动，而只有事物成为人的对象，成为审美对象，人才能在审美活动中确证自己的存在。这种“人存在于世界”的审美活动思想显然与蔡仪脱离人的“美本在物”的客观论思想截然不同。朱光潜也早在《诗论》中指出：“以‘景’为天生自在，俯拾即得，对于人人都是一成不变的，这是常识的错误。”③在《谈美》中，朱光潜便从人情与物理这一“物我同一”角度对“美的本质”进行了探讨：

> 依我们看来，美不完全在外物，也不完全在人心，它是心物婚媾后所产生的婴儿。美感起于形象的直觉。形象属物而却不完全属于物，因为无我即无由见出形象；直觉属我却又不完全属于我，因为无物则直觉无从活动。美之中要有人情也要有物理，二者缺一都不能见出美。④

① 陈伟：《中国现代美学思想史纲》，上海人民出版社 1993 年版，第 397 页、403 页。
② [法]杜夫海纳：《美学与哲学》，中国社会科学出版社 1985 年版，第 3 页。
③ 朱光潜：《诗论》，《朱光潜美学文集》第二卷，上海文艺出版社 1982 年版，第 55 页。
④ 朱光潜：《“情人眼底出西施”——美与自然》，《无言之美》，北京大学出版社 2005 年版，第 36 页。

在此，朱光潜的解释从审美经验层面看，较之蔡仪美学显然更合理，也更具理论力量。与蔡仪将美学问题纳入唯物反映论，进而在“思维—存在”与“唯心—唯物”这一主客二分框架内讨论美的问题不同，朱光潜关注的是“审美心理经验”，且从心物交融的角度去解释美。这种思路与实用主义美学有着某种相似性。依据实用主义美学的理论路线，恰恰是在“经验”层面上，“经验是第一性的，不分主体与客体”，只区分自我与对象，因而“主体与对象之间，总是存在着你中有我、我中有你的复杂关系”。[①] 朱光潜的心物关系、物我同一论，正是要在这种主体与对象的“对象化”过程中去理解作为形容词的“美”，而其形容与关注的对象也非作为名词的“心”或“物”，而是一个由动词变成名词的“表现”或“创造”。显然，朱光潜这种心物交媾、互渗统一的对象化过程，尽管也没有完全超脱主客二分的状态，但在审美经验的路线上，却较之蔡仪美学更进一步，也更具理论的阐释效力。

其实，与蔡仪美学关注思维存在问题，拘泥于主客二分模式，并将美视为外在于人的“实体化”的存在不同，中国古典美学思维在人与自然的“天人合一”路线上恰恰与之形成鲜明的反差，也提供了一条超越蔡仪美学局限的现代性反思之路。

唐代文学家、哲学家柳宗元在《邕州柳中丞作马退山茅亭记》中有曰：“夫美不自美，因人而彰。兰亭也，不遭右军，则清湍修竹，芜没于空山矣。”[②]柳宗元关于“美不自美，因人而彰”的思想不仅将自然景物与人的“天人合一”之审美关系淋漓尽致地呈现出来，还恰恰说明了美并非“客观的物的属性”（蔡仪语），它离不开人的审美体验，只有审美的主体与欣赏的客体双向互动构成审美关系时，审美活动才能发生。诚如张世英所言：“决不否认事物离开人而独立存在，决不否认，没有人，事物仍然存在，但事物的意义，包括事物之‘成为真’，则离不开人，离不开人的揭示。”[③]明清之际杰出思想家王夫之在《古诗评选》对谢灵运《登上戍石鼓山》诗的评语中亦有曰：

言情则于往来动止、缥缈有无之中，得灵蠁而执之有象；取景则于击目

---

① 高建平：《美是主观的还是客观的？》，《文史知识》2015 年第 2 期。
② （唐）柳宗元：《柳宗元集》三，中华书局 1979 年版，第 730 页。
③ 张世英：《哲学导论》，北京大学出版社 2008 年版，第 63 页。

经心、丝分缕合之际，貌固有而言之不欺。而且情不虚情，情皆可景；景非滞景，景总含情。神理流于两间，天地供其一目，大无外而细无垠，落笔之先，匠意之始，有不可知者存焉。①

“情不虚情”“景总含情”，情因景而生，景以情而发。外在客观事物只有触动了作为主体的人的感情，情与景才得以在蓦然契合中达到内在的融合统一。审美活动也正是要在这种外在的“物理世界”的审美体验中建构形成一个情景交融的意象世界，并在情景与意象的交融互渗中体验审美的快感。

由上可见，蔡仪受时代理论的制约及其方法论的阈限，其唯物主义认识论立场上的“新美学”理论体系在“审美”（美）与“认识”（真）的混同中，不但将美学纳入到哲学认识论的框架内，还在绝对客观的反映摹写上排斥人的主体性因素。蔡仪这种绝对客观的唯物主义美学思想，仍是苏联“列宁哲学阶段”的唯物辩证法思维，它不仅不符合西方现代美学的发展趋势，更与中国古典美学中“天人合一”的思维以及“感性”诗意的美学传统相违背。这是蔡仪美学即使在“唯物”作为主流意识形态背景的五六十年代“美学大讨论”中也无法获得认同与支持的根本原因，是蔡仪美学在失去国家意识形态支撑后难以获得理论发展与更新的学理缘由。

总之，20 世纪 40 年代是蔡仪美学的辉煌时期，他既承担起了“旧美学”批判摧毁的历史重任，又肩负起了重建“新美学”的理论职责，既从文艺为革命服务出发合乎革命目的，又以学科规律为起点建构起了完备的美学话语体系。作为“批判者”与“建构者”这一双重角色的美学扮演者，蔡仪以一名共产主义战士的激情不辱使命地严格遵照马克思列宁唯物主义的理论要求，在“现实反映”与“客观典型”的核心理路上“空谷足音”式地创构起了一套唯物主义反映论美学体系。这一思想理论体系不仅在当时产生重大影响，还直接对当代中国美学的发生、发展与建设造成直接影响。与此同时，受日本左翼“唯物辩证法”思维影响，蔡仪美学因将审美与认识等同，将复杂的美学问题窄化为单一的认识论问题，并在“思维—存在”界面上对“美—美感”加以机械推演，不仅将“人”排斥于

① （清）王夫之：《古诗评选 · 卷五谢灵运〈登上戍鼓山诗〉评语》，《古诗评选》，张国星校点，文化艺术出版社 1999 年版，第 217 页。

"美"之外,还造成与西方现代美学发展趋势相脱节,更与中国古典美学传统相背离。因此,在20世纪中国美学史版图中,蔡仪美学艺术思想可谓瑕瑜互见、功过并存,他既立下了马克思主义美学的"开创"之功,并为中国现代美学的学科完善与发展做出了不可磨灭的贡献,又在脱离审美艺术实践的抽象思辨中一度造成中国美学在思维方法与言说范式上的格局性偏失。

后 记

本书作为国家社科基金重大课题“20世纪中国美学史”第二子课题的结题成果，自2012年年底立项，2013年年初开始启动，到2019年完成书稿的所有撰写与校对工作，历经6年多。

本书主要研究20世纪20年代到1949年美学在中国的发展情况。从20世纪初到1949年中华人民共和国成立，这一期间中国美学史的发展历程有着三条较明显的发展路径。第一，欧美主流思潮影响下的文艺思想路径。重点探讨朱光潜和宗白华等人对中国美学发展的贡献，以及现代派艺术家群体的美学思想建构。第二，艺术为社会人生服务的文艺思想路径。重点探讨从梁启超开始，由陈独秀、鲁迅、周作人等人为代表的强调艺术为社会人生服务的美学观。第三，马克思主义文艺理论的中国化路径。重点探讨左翼美学家瞿秋白、周扬等人对俄苏美学的接受，以及蔡仪从日本接受，并加以发展的马克思主义美学，同时辟专章节讨论《在延安文艺座谈会上的讲话》的美学思想与意义。应当说，20世纪中国现代美学的构建呈现出多元并存的局面，有着多重的复调声音，如左翼和自由派、京派与海派、俄日影响与欧美影响，等等。在这段美学史建构过程中各种论争声音的背后，体现着论争与建构的同步性。欧美主流思潮影响下的美学观、为社会人生服务的美学观、马克思主义美学中国化三条线索相互砥砺，在论争中共同建构着20世纪现代中国美学的发展面貌，展示出现代中国美学建构过程中的内在张力。

本书的研究过程颇为不易，一方面缘于这段时期的美学特别重要，一些重要的美学体系都是在这一时期成型的；另一方面也缘于这段时期的美学思想在学界基本已有定论，要实现创新尤其困难。当然，还有一个重要原因是课题组成员本身研究水平的有限。自2013年课题开题启动后，先是提纲数易其稿，中途又因为老师有客观原因而无法继续展开研究，不得不临时由我自己顶上。在书稿完成后,又有部分章节因各种原因,几乎要推倒重来。其间多次反复修改和调整,直到2019年暑假才可以说基本完成。

课题首席专家高建平先生对本书的进展相当关注,在提纲的修改和完善期间,几次前往湘潭与课题组成员面对面沟通和交流,帮助我们调整和完善提纲,这才使得本书后来的写作变得不那么艰难。完成初稿后,高老师又仔细审阅全书,并数次来杭州与我交流书稿中存在的问题,并提出了许多严谨而富有建设性的修改意见。本书最后能完成,得益于高老师与我们的多次深入且富有成效的交流。如果我们能吸纳全部的建设性意见,本书无疑将变得更加厚重与精彩。但事实无疑证明,由于我们能力有限,这也只能是一个美好且期待今后能继续实现的愿望。感谢本课题的其他所有成员,尤其是吴泽泉、丁国旗和张冰三位子课题负责人对我们研究的支持和帮助。大家参与本书的讨论,提出的许多针对性建议也让本书的写作变得更富有活力和更充实。

本卷主要撰写人员如下:

导论:杨向荣

第一章:杨向荣

第二章:杨向荣、黄宗喜

第三章:罗如春

第四章:杨向荣

第五章:刘中望

第六章:刘中望

第七章:杨向荣

第八章:李圣传

雷云茜、邹潇、吴永卓、蒋燕、覃洋、何晓军、赵玉彩参与了资料的收集与整理工作,全卷最后由杨向荣统稿、修改和审订。

是为记。

杨向荣

2019年8月

国家出版基金项目
NATIONAL PUBLICATION FOUNDATION

「十三五」国家重点出版物出版规划项目

国家社科基金重大招标项目成果（批准号：12&ZD111）

20世纪中国美学史

第三卷

从『美学大讨论』走向美学的危机

A History of Chinese Aesthetics in the 20th Century

主　　编　高建平

本卷主编　丁国旗

编 写 者　周兴杰　丁国旗　李小贝
　　　　　李圣传　董　宏　江　飞
　　　　　安　静　范玉刚　曹　谦

江苏凤凰教育出版社
Phoenix Education Publishing, Ltd

图书在版编目(CIP)数据

20世纪中国美学史. 四卷本 / 高建平主编. --南京:江苏凤凰教育出版社,2024.1(2025.10重印)

ISBN 978-7-5743-0801-5

Ⅰ. ①2… Ⅱ. ①高… Ⅲ. ①美学史—中国—20世纪
Ⅳ. ①B83-092

中国版本图书馆CIP数据核字(2024)第013889号

书　　名 20世纪中国美学史(四卷本)
主　　编 高建平
分卷主编 吴泽泉　杨向荣　丁国旗　张　冰
策 划 人 王瑞书　章俊弟
责任编辑 周敬芝　吴文昊　王建军　王　岚
装帧设计 夏晓烨
责任监制 石贤权
出版发行 江苏凤凰教育出版社(南京市湖南路1号A楼　邮编210009)
苏教网址 http://www.1088.com.cn
照　　排 江苏凤凰制版有限公司
印　　刷 南京爱德印刷有限公司(电话:025-57928000)
厂　　址 南京市江宁区东善桥秣周中路99号(邮编211153)
开　　本 787毫米×1092毫米　1/16
印　　张 105.25
版　　次 2024年1月第1版
印　　次 2025年10月第2次印刷
书　　号 ISBN 978-7-5743-0801-5
定　　价 600.00元
网店地址 http://jsfhjycbs.tmall.com
公 众 号 苏教服务(微信号:jsfhjyfw)
邮购电话 025-85406265,025-85400774
盗版举报 025-83658579

目 录

第五章　客观形象派美学的波折与“转正”

第六章　五六十年代李泽厚的美学思想

第七章　五六十年代其他美学观点

第八章　形象思维全国大讨论

第九章　“十七年”时期美学建设的成就与反思

导 论

1949 年 10 月，中华人民共和国成立，揭开了中华民族新的历史篇章，美学学科也迎来了前所未有的发展契机。当然，新的历史阶段也意味着要面临许多新的需要解决的问题和需要完成的任务，而这些新问题、新任务是没有可资参考的经验和前鉴的。由于这一原因，中国美学在新中国成立后的发展虽然取得了巨大的成就，但也遭遇了一些失误和挫折。结合具体历史分期与美学发展实际，本时段的美学大体可以划分为三个阶段，即新中国成立之初美学和文艺的发展、50 年代中期到 60 年代“美学大讨论”中的美学，以及 60 年代中期到 70 年代中期，即“文化大革命”十年左右时间的美学发展遭遇等。

一、 新中国成立之初的文艺和美学建设

从美学和文艺发展来看，所谓的“新中国成立之初”是一个大致的时间段，它不是起于 1949 年 10 月 1 日的中华人民共和国成立，而是始于 1949 年初开始筹备并于当年 7 月召开的中华全国文学艺术工作者代表大会，直到 1956 年开始的“美学大讨论”之前。在这一时段中，美学与艺术的发展，既有与新中国成立前美学发展的连续性，又有因新中国文化建设需要而出现的新情况。相对于继之而起的“美学大讨论”，它是后者的政治背景、理论语境以及话语酝酿阶段，在一定程度上与其形成一种历史性对照。

1949 年 1 月底，北平和平解放；3 月，来自华北解放区和“国统区”的文艺工作者齐聚北平，商讨召开全国文艺工作者大会的筹备事宜。对于即将召开的大会，筹备会主任郭沫若明确指出它的目的：“举行这一个空前盛大与空前团结的大会，主要目的便是要总结我们彼此的经验，交换我们彼此的意见，接受我们彼此的批评，砥砺我们彼此的学习，以共同确定今后全国文艺工作的方针任务，成

立一个新的全国性的组织。”[①]于当年7月召开的第一次全国“文代会”，也正是向着这一目标而开展。“文代会”上的三个报告，茅盾的《在反动派压迫下斗争和发展的革命文艺——十年来国统区革命文艺运动报告提纲》介绍了“国统区”的文艺经验，周扬的《新的人民的文艺》论述了解放区的文艺经验，郭沫若的《为建设新中国的人民文艺而奋斗》则提出了文艺工作新形势下的新目标。郭沫若的话以及这三个代表性报告，都反映出当时文化界所存在的区域性和文艺队伍之间的区别与分野，而这种区别与分野的弥合是新中国成立之初亟需解决的文艺任务。具体说来，当时的文艺工作者主要来自解放区和“国统区”。在战争以及两军对峙时期，分处解放区和“国统区”的文艺工作者一直面临着不同的任务。前者的服务对象是解放区的人民大众和人民军队，工作的指导方针主要是1942年毛泽东同志《在延安文艺座谈会上的讲话》的相关内容；而后者面对的不仅有“国统区”的普通百姓，还有站在进步对立面的旧势力和反动势力，因此他们的主要任务则是揭露国民党统治的黑暗与启蒙广大民众，主导方针除了传到“国统区”的《在延安文艺座谈会上的讲话》外，还有“五四”以来的启蒙立场及其思想武器。这是两条战线，两种经验。随着全国的解放，两条战线上的战友实现会师。然而，这种会师并不意味着消灭或解决了二者在文化立场和文艺经验方面的原有分歧。郭沫若在第一次“文代会”上提出“为建设新中国的人民文艺而奋斗”，这一目标看起来明确，但结合不同的文化立场和文艺经验看，会带来完全不同的诠释。几年之后，胡风在“三十万言书”中表现出来的困惑，正是这种分歧的体现。

不仅如此，在第一次“文代会”上，除了可以从地域差异来区分文艺工作者之外，还可以见到不同社会阶层与团体的区分，不同行业或艺术门类的区分。如在大会上讲话的还有代表农民团体的李秀真，代表全国民主妇联的李德全，代表新民主主义青年团的钱俊瑞等，而在参加会议的代表当中，除了文学界外，还有美术界、舞蹈界、曲艺界、电影界等。如何让这些不同知识背景、不同文化立场的文艺工作者达成共识，为新中国文化建设添砖加瓦，是新中国伊始执政党面临的紧迫任务。

---

① 中国现代文学研究中心：《六十年文艺大事记（1919—1979）》，学明印务公司1979年版，第122—123页。

应该说，从第一次“文代会”的筹备与召开开始，解决这种分歧，统一和改造文艺界思想意识的工作就已经拉开了大幕。具体而言，可以从如下三个方面来看，其一是建立制度，将所有文艺工作者都纳入到国家管理范围。在“文代会”召开期间，成立了中华全国文学艺术界联合会，选出了全国委员会，制定了章程。相继成立的组织还有中华全国美术工作者协会、中华全国舞蹈工作者协会、中华全国曲艺改进会筹备会、中华全国文学工作者协会、中华全国音乐工作者协会、中华全国电影艺术工作者协会等。1949 年 9 月，曾在“文代会”期间试版的全国文联机关刊物《文艺报》正式创刊；10 月，“文协”机关刊物《人民文学》创刊。资料显示，从 1949 年 7 月第一次“文代会”到年底，“全国各省、市成立了四十个地方文联或文联的筹备机构，出版了四十种文艺刊物。”①这些机构都有一定行政级别，相关负责人也享受相应的行政待遇。这种方式将文艺工作者全部纳入体制之内，从日常生活、工作、经济来源到创作及其创作出来的作品，都由相关部门统一安排。这些与新中国成立之前，很多文艺工作者属于自由职业者，刊物往往由几个同志者搭伙创办的情形完全不同。

其二，组织知识界参加思想改造等一系列政治运动，使其逐渐与国家意识形态保持一致。新中国成立之初的思想改造活动并不限于知识界，还包括工商业从业者等，但主要是知识界，在这当中又包括两个部分，一个是知识分子的改造，另一个是知识青年的改造，知识分子的改造是重点。进行思想改造，有一个总的逻辑前提，即进入新中国，意味着进入新社会，人们不能够再留有旧社会的思想痕迹。从马克思主义基本原理来看，经济基础决定上层建筑，既然社会基础已经发生本质性变化，人们自然应该调整其观念，使之与经济基础相适应。由此来看，这一改造是有其历史合理性和必然性的。然而，这里还有一个关键性的问题，即知识分子在思想改造中改造的是什么？出版于 1952 年的一本谈及知识分子思想改造的书中是这样解释的：“在我们的知识分子当中，有不少的人存在着自高自大的思想包袱，这将是他自己进步的一个最大的障碍。还有一些知识分子，以为解放以前我就学过马列主义的理论，人家不懂的时候，我老早就懂了，便自以为很进步；或者，在解放以前曾参加过反饥饿、反迫害、反扶日等

① 《六十年文艺大事记(1919—1979)》，第 125 页。

民主爱国运动的人，自以为很了不起了。并且正因为有了这些小小的功劳，他们就采取了‘以不变应万变’的态度而不愿参加学习，这是大错特错的。这样的思想包袱背上之后，这种人的前途就非常危险了。”[①]从这一解释来看，知识分子需要改造的是自身的自高自大的心理和行为，这是站在非知识分子的立场来审视知识分子的阶层本质的。因此，知识分子的思想改造就包含了两个方面：其一是在思考和解决问题的出发点和方式上，向马克思主义靠拢，使运用马克思主义基本原理成为一种理论自觉；其二是在价值立场上，要放弃知识分子的所谓清高和骄傲情绪，放弃拥有知识的优越感，而向人民大众靠拢，认同大众的情感和生活态度。这与毛泽东同志《在延安文艺座谈会上的讲话》的会议精神是一致的。新中国成立之后，对“知识分子”这一词汇的使用，主要指人文学科和社会科学领域的、具有较强人文精神和素养的人。这一理解今天看来显然不太全面，但当时这是比较普遍的认识，因此，在思想改造运动中，人文知识分子往往首当其冲、成为重点对象也就不难理解了。这样，经过一系列的培训班、自我检讨、文艺界整风以及“三反”“五反”等运动的改造，人文知识分子迅速转变了自我价值观，甚至以一种“原罪”心态来审视自己的小资产阶级品位和思想倾向，逐渐达到了与国家意识形态需要的一致性。

其三，通过一系列文艺界的争鸣与批判，逐渐使文艺工作者熟悉了马克思主义基本原理，开始自觉以马克思主义为思想武器来分析和解决问题，并在这一过程中，使文艺工作者逐渐熟悉了当时国家意识形态的基本意图和边界。在本卷第一章中，我们提到了新中国成立之初的三大文艺批判运动，即关于电影《武训传》的批判，关于《红楼梦评论》、俞平伯和胡适的批判，以及“胡风案”。实际上，争鸣与批判早在《武训传》的批判之前就已经开始了。1949 年 8 月，上海《文汇报》曾就小资产阶级是否可以成为文艺作品的主角展开争论。其中何其芳的观点非常具有代表性，他认为，可以写小资产阶级，但要少写，并且要站在批判的立场。要学习马列主义，转变作家的世界观。[②] 这种观点很好地代表了当时讨论问题的方式，即将结论归结到马克思主义对世界观的改造上。1950 年二三月，围绕作家阿垅《论倾向性》《论正面人物与反面人物》等文章，也曾展开

---

① 沈志远:《论知识分子的思想改造》，展望周刊社辑 1952 年版，第 4 页。
② 何其芳:《一个创作问题的争论》，《文艺报》1949 年 11 月 10 日。

讨论与争鸣。除这些之外，当时很多文艺团体、刊物以及文艺工作者个人都自觉主动地检讨缺点与问题。如，1950 年 5 月，《文艺报》以编辑部的名义发表了自我检讨文章。随后在 6 月，《人民文学》也发表了自我检讨的文章。总体而言，这时候的很多争鸣比较温和，形成了非常活泼生动的论争局面。然而"三大批判"的情形有些不同。例如关于电影《武训传》的讨论，自 1951 年上半年开始，从一开始的叫好到提出相反意见，再到毛泽东为《人民日报》写的重要社论《应当重视电影〈武训传〉的讨论》的发表，批判的声浪逐步升级，语气也越来越严厉。社论指出："电影《武训传》的出现，特别是对于武训和电影《武训传》的歌颂竟至如此之多，说明了我国文化界的思想混乱达到了何等的程度！"8 月 8 日《人民日报》发表了周扬的批判文章《反人民，反历史的思想和反现实主义的艺术——电影〈武训传〉批判》，从争鸣到批判，一个文艺问题逐渐变成了政治问题。这是那一时段对待文艺工作出现的惯常方式，不可否认，这种方法不利于文艺的正常发展。

新中国成立之初这段的文艺政策与文艺发展状况为接下来的"美学大讨论"定下了基调，即它是讨论也是批判，是文艺或美学论题也是政治问题。"美学大讨论"晚于三大文艺批判运动，但它兴起之时，三大批判方兴未艾，其他文艺批判有的也在进行之中，因此，它们彼此间形成一种呼应，构成了五六十年代美学与文艺的整体景观。

二、50 年代中期到 60 年代中期的美学争鸣

由于在中国生长的特殊性，美学一直与文艺理论联系紧密，界限往往也比较模糊。例如，第一次"文代会"上被冠以"文艺工作者"之名的，有作家，也有艺术家、美学家等，而朱光潜在美学大讨论之初写作的《我的文艺思想的反动性》，很明显是对其美学而非文艺思想的反思。我们将文艺批判运动作为新中国成立之初美学发展的前奏，正是缘于这种学科认识与发展的基本现实。另外，这种认识也能在一个更切合我国文艺与美学发展的应有状况下，加深对美学讨论本身特性的理解。当然，这一认识并不是说新中国成立之初除了文艺之外，我们没有专门的美学方面的研究或著述出现。当时虽然美学学科意识较弱，但还是有学者自觉地在以美学的方式从事着研究工作。专著如萧三的《高尔基的美

学观》[①]，论文如兰野的《关于现实主义与美学》[②]、吕荧的《美学问题——兼评蔡仪教授的〈新美学〉》[③]、施昌东的《论美是生活》[④]，等等。但这些与如火如荼的文艺争鸣与批判运动比起来，声音要微弱得多，也没有引起学界更大的波澜。美学问题，作为重要文艺现象的出场是 1956 年 5 月开始的，这就是“美学大讨论”的出现。

“美学大讨论”，学界一般认为持续的时间是 1956 至 1962 年，并可分成两个阶段：第一阶段是 1956 到 1957 年，在这一阶段，主要围绕着美的主客观问题展开；第二个阶段是从 1958 年底开始，这个阶段的讨论出现了一些新的现象，即参与者开始关注社会主义美学特质、美学与社会生活关系等问题。而在我们看来，在大讨论的后期，形象思维问题成为非常重要的美学命题被大家所广泛关注，对它的讨论一直持续到了“文革”前夕，因此，“美学大讨论”的结束可以延伸到那个时候。

目前学界一般把朱光潜发表于《文艺报》1956 年第 12 期的《我的文艺思想的反动性》一文以及其他学者，如曹景元、贺麟、黄药眠等在新中国成立前对朱光潜的美学思想的批判作为大讨论的发端[⑤]。自 1956 年 5 月到 60 年代，正如杉思所言：“争论虽时起时落，但一直没有停歇。”[⑥]学者们集中讨论了如下几个问题：

第一，美在主观还是美在客观的问题，这是有关美学的哲学基础的讨论。对于此，形成了四派观点[⑦]。主观派以吕荧、高尔泰[⑧]为代表。吕荧[⑨]认为，“美

---

① 新文艺出版社，1953 年出版。

② 《新建设》1952 年 1 月。

③ 《文艺报》1953 年第 16、17 期。

④ 《文史哲》1954 年第 2 期。

⑤ 如《美学问题讨论集》第六集最后，杉思在综述美学大讨论各方观点时说：“批判朱光潜过去的唯心主义美学思想成为这次美学讨论的前奏。”

⑥ 新建设编辑部：《美学问题讨论集》第六集，作家出版社 1964 年版，第 395 页。

⑦ “四派”之说最早体现在李泽厚论文《关于当前美学问题的争论——试再论美的客观性与社会性》（发表于《学术月刊》1957 年第 1 期）之中，但后来李泽厚又否定了这一看法，认为只有“三派”，排除了主观派。本书认为，吕荧、高尔泰虽著述不多，观点应者寥寥，但与其他三派有明显不同，因此仍按照“四派”范式来展开论述。

⑧ 高尔泰，又写作“高尔太”。“高尔太”是在 1956 年发表《论美》时由于“泰”字排版错误，因而误写作“高尔太”，但由于《论美》一文流传甚广，这一名字也一直沿用。在本书中，我们统一名字为“高尔泰”。

⑨ 吕荧的美学观早在 1953 年批评蔡仪美学思想的《美学问题——兼评蔡仪教授的〈新美学〉》一文中就已经明确提出，但由于当时没有形成讨论态势，因此并未引起大的关注。1956 年美学大讨论发起之后，很多人关注到了吕荧的观点，对其提出商榷。于是在 1957 年 2 月，吕荧又写了《美是什么》一文，该文发表于《人民日报》1957 年 12 月 3 日。从这一过程中可以看出，吕荧美学观被关注，带有一点回溯性质，是美学大讨论使他的美学观点重新回到了人们的视野之中。

是物在人的主观中的反映,是一种观念。”[①]在这一观点受到学者质疑之时,吕荧的回答是:“美的观念(即审美观),一如任何第二性现象的观念,它是第一性现象的反映,是由客观所决定的主观,在它里面,客观性和主观性是统一的。唯物论者所说的观念(社会存在决定的社会观念),跟唯心论者所说的观念(独立自在的绝对观念),有根本上的不同,不能用后者来代替前者。”[②]从中我们可以归结出吕荧对美的理解:美是一种观念,它存在于人的主观之中,但它不是孤立的绝对观念,而是对第一性,即客观的反映,是受客观制约的观念,因此,它是主客观统一体。吕荧的美学观念是在与其他学者的争鸣中展示出来的。相对说来,以他的观点批驳蔡仪的美学思想会较为有力,但用于批驳朱光潜的观点,则显得无力得多,因为他的观点与朱光潜的观点之间存在一定的相似性。主观派的另一位代表高尔泰认为:“有没有客观的美呢? 我的回答是否定的:客观的美并不存在。”[③]“不被感受的美,就不成其为美。”[④]从对主观性的坚持来看,高尔泰的观点要比吕荧的更加彻底。在他那里,将美与客观性的任何一种联系都是错误的,无论是美的规律,还是美的范畴,都需要在人的主观那里去寻找答案。

客观派以蔡仪为代表。蔡仪的美学观念早在新中国成立前就已经形成,他的《新美学》出版于 1948 年。在这本书里,他明确提出:“我认为美在于客观的现实事物,现实事物的美是美感的根源,也是艺术美的根源,因此,正确的美学的途径是由现实事物去考察美,去把握美的本质。”[⑤]蔡仪的美学观,其最大特点在于他将美赋予客观的物,他要寻找的是典型的物,也即典型的美。在美学大讨论中,他坚持自己的这一立场,与其他学者,如朱光潜、吕荧、黄药眠、李泽厚等人展开对话和争鸣,而其他学者也主要是围绕着他的美的典型说、强调美的客观性等内在理路的短板来展开批驳。主客观统一派的代表人物是朱光潜,朱光潜经历了自身的思想转变。在新中国成立之前,他的美学观念主要是一种主观主义美学,包括形相的直觉、移情、心理距离等。新中国成立后,他接受了马克思主义的积极影响,提出美是主客观的统一。他说:“美感的对象不是自然物而是作为物的形象的社会的物”,“美感在反映外物界的过程中,主观条件却起

① 吕荧:《美学问题》,载吕荧:《美学书怀》,作家出版社 1959 年版,第 5 页。
② 吕荧:《美是什么》,载《美学书怀》,第 41 页。
③ 高尔泰:《论美》,载文艺报编辑部:《美学问题讨论集》第二集,作家出版社 1957 年版,第 132 页。
④ 同③,第 144 页。
⑤ 蔡仪:《新美学》,群益出版社 1948 年版,第 17 页。

很大的甚至是决定性的作用，它是主观与客观的统一，自然性与社会性的统一”。[①] 相对于新中国成立前的主观唯心论美学观，朱光潜的转变在于，他开始强调美的社会性和客观属性，而不是像在《文艺心理学》中，在主客观统一的随后分析中，将美归结为一种纯粹主观的东西。李泽厚是客观性与社会性的统一派的代表，他的这一观点是在批驳朱光潜、蔡仪等人基础上确立起来的。他认为朱光潜、黄药眠否认了美存在的客观性，蔡仪则否定了美存在的社会性。这不是非此即彼的问题，美实际上是客观性与社会性的统一：“美一方面既不能脱离人类社会，另一方面却又是能独立于人类主观意识之外的客观存在。”[②]美是一种社会现象，因此具有社会性，同时它又具有客观性，这种客观性的意思是指，美存在于现实生活之中，是生活中“包含着社会发展的本质、规律和理想而用感官可以直接感知的具体的社会形象和自然形象”[③]。与李泽厚观点相近的，还有洪毅然等。

第二，关于自然美的问题。这个问题承接着上一问题的讨论，美在物还是美在心，都需要解释如何看待自然美的问题。相应地，各派对自然美的解释，也都是依据各自的哲学、美学立场。主观派的高尔泰认为，自然无所谓美丑，它只是物的属性，美在人心，是人将自身的美感赋予到物的身上，于是产生了美。客观派的蔡仪认为，美是个别显现一般的典型，因此自然美也是个别自然物显现一般的典型。山峰之美、树木之美、人体之美，都是在其个别中显示出一般。由于自然物有差别，因此自然美可分为单象美、个体美和综合美。主客观统一派的朱光潜认为，自然美和艺术美一样，都是主观和客观辩证统一的产品。仅凭自然是无法产生美的，必须要有人的意识的参与。因此自然美具有社会性、阶级性和意识形态性。客观性和社会性统一派的李泽厚认为，自然具有社会性，这种社会性指的是人类出现以后，人类与自然之间形成的客观社会关系。人类与自然的关系有多复杂，自然的社会性就有多复杂。因此对自然美的心领神会也是复杂多样的。

第三，关于美学的研究对象问题。美学的研究对象是艺术，还是广义的美，自学科诞生时起就有争议。鲍姆加登（亦译鲍姆嘉通）在《美学》一书里给美学

① 朱光潜：《美学怎样才能既是唯物的又是辩证的》，载《美学问题讨论集》第二集，第21页。
② 李泽厚：《美的客观性和社会性》，载《美学问题讨论集》第二集，第31页。
③ 同②，第40页。

开列了一大批研究对象,而黑格尔在《美学》一书开篇即言,美学主要研究对象是艺术,美学是艺术哲学。在美学大讨论中,关于美学的研究对象,国内学者也有不同声音。一种声音是认为美学是研究美的学科,这一看法以洪毅然等为代表。洪毅然认为,美学不能只是研究艺术,这是一种过时的观点。他不反对美学研究艺术,但不能以其为中心,这样会混淆艺术学和美学两个学科①。另一种声音认为美学研究对象是艺术,美学是关于艺术的哲学。朱光潜在《美学研究些什么?怎样研究美学?》中明确指出,美学的研究对象是艺术。他补充道,这一观点并不是在美学与艺术理论之间划等号,只是强调艺术是艺术方式把握世界的最高形式,是认识现实生活中存在的美的前提。美学是一切艺术理论的基础。马奇虽然不同意朱光潜的一些观点,但他也认为,美学就是艺术观,即研究艺术的一般理论。从美学史发展来看,绝大多数美学家都以艺术为研究对象。

第四,关于形象思维的问题。有关这一问题的讨论是在美学大讨论后期出现的,它的背后是对艺术特质的辨识。"形象思维"不是一个新话题,早在20世纪30年代,中国学者就从别林斯基、普列汉诺夫那里注意到了这个概念。在新中国成立前,蔡仪、胡风等人都对此有过论述。在美学大讨论中,对形象思维的讨论集中在它是否存在的问题上。一种观点认为存在形象思维。霍松林就认为,形象思维与逻辑思维有共同性,即作为思维,它们都依附于存在,而形象思维与逻辑思维一样,也能揭示生活的规律与本质。在霍松林看来,形象思维是一种创造性思维,它的特殊性与艺术的特殊性相关联②。陈涌认为,形象思维是艺术的思维特点,但不能把形象思维和逻辑思维对立起来,对于一个艺术家来说,两种思维可以互相启发③。李泽厚《试论形象思维》的开篇,就明确指出:"第一个问题,有没有形象思维,答曰:'有'。"④在他看来,无论是形象思维,还是逻辑思维,作为一种思维,都是对认识的深化,是人的认识的理性阶段。形象思维的过程,也是由现象到本质,由感性到理性。另一种观点则否认形象思维的存在。毛星在其《论所谓形象思维》一文中指出:"许多人认为有一种和一般思维完全不同的为作家和艺术家所运用的形象思维。因此不但文学艺术特殊,连作

---

① 洪毅然:《发展密切联系人民生活的美学》,载新建设编辑部:《美学问题讨论集》第六集。

② 参见霍松林:《试论形象思维》,载复旦大学中文系文艺理论组编:《形象思维问题参考资料》第一辑,上海文艺出版社1978年版。

③ 参见陈涌:《关于文学艺术特质的一些问题》,载《形象思维问题参考资料》第一辑。

④ 李泽厚:《试论形象思维》,载《形象思维问题参考资料》第一辑,第152页。

家艺术家的思维也是十分特殊的了。我认为这种说法是不正确的，至少，形象思维这个词是不科学的。”①在他看来，思维的特性和规律只有一个，但思维的内容可以多样化。文艺的特性，并不是表现在思维方式的特殊性，而是表现在思维内容的特殊性上。郑季翘在“文革”前夕写作了《文艺领域里必须坚持马克思主义的认识论——对形象思维论的批判》一文，在文中，他指出形象思维是不存在的。在他看来，“要思维，要发现事物的本质，就必须运用抽象的方法。没有抽象就根本不可能有思维”。② 郑季翘的文章中用语严厉，将倡导形象思维论定性为反马克思主义和反毛泽东思想。这种风格与当时严峻的政治环境形成呼应。很快，“文化大革命”开始了。学术争鸣戛然而止。

可以说，美学大讨论，从理论层面来看，是马克思主义基本原理与美学学科实践的结合；从政治层面来看，是国家意识形态统一和思想整合的一种方式；从美学研究者角度来看，也是他们思想改造，主动向马克思主义靠拢，进行批评与自我批评的试验场。除以上所论及的问题外，美学大讨论中还讨论了美的性质、美感的性质、美与美感的关系、美与社会实践等问题，所有这些问题在新时期之后都再度重提，为新时期“美学热”的出现埋下了伏笔。

由于受到“左”倾极权主义的干扰，“文革”十年左右的时间里，文艺与美学的发展并不正常，作品数量少，艺术水准总体不高。每每说到这一时段，人们想起的总是八个“样板戏”，可以看出当时艺术创作方面的问题所在。为了批判的需要，当时还成立了一些写作组，用统一的笔名发表，如文化组创作领导小组办公室的“初澜”“江天”、上海市委写作组的“丁学雷”等。同样为了批判的需要，当时还创作了一些话剧、电影等艺术作品，如话剧《千秋业》、电影《春苗》等，创办了一些新的文艺刊物，如《朝霞》。“文革”后期，民心所向，国家层面也曾试图扭转或调整政治权力对于文艺的一些不正常干扰与破坏，一些刊物开始复刊，如《中国摄影》《人民文学》等。一些“文革”前拍摄的电影得到了重新放映，一些作品被重新改写，前者如《英雄儿女》《打击侵略者》等，后者如《南征北战》《年轻的一代》等的重拍、李心田《闪闪的红星》的改写等。虽然有“左”倾政治的强力施压，但当时还是产生了一些新的作品或理论文章，只不过它们一出现，就往往

① 《形象思维问题参考资料》第一辑，第 187 页。
② 郑季翘：《文艺领域里必须坚持马克思主义的认识论——对形象思维论的批判》，载《形象思维问题参考资料》第一辑，第 222 页。

成为批判的靶子，如电影《海霞》《创业》，高玉宝的文艺评论《文艺创作不能凭空编造假人假事》等。同时也开展了一些美术活动，如 1973 年举办有全国连环画、中国画展览以及户县农民画展等。总体而言，由于当时的思想局限和政治束缚，艺术作品和文艺批评质量总体不高。无论是批判的一方，还是被批判的一方，他们的思维逻辑、话语表述体系都带有当时的历史局限。

新中国成立之初到“文化大革命”结束，美学和艺术的发展与新成立的国家一样，经历了风风雨雨，取得了非凡的成绩，也遭遇到了重重挫折和危机。但美学在五六十年代大讨论中迸发的勃勃生机，给知识界留下了美好记忆。新时期伊始，美学和艺术成为了新的历史阶段的“报春花”，再次引领了时代风潮。

第一章

新中国成立之初政治文化与哲学语境

新中国成立伊始，百废待兴。处于这样一个时代的开端，新生的共和国面临诸多困难：被战争严重破坏的经济、仍在持续的或明或暗的军事斗争、国内外敌对势力的封锁与破坏，等等。现实的困难越多，越需要为新中国建设创造有利的思想条件。为此，党和政府大力推动了文化知识界的思想改造，文艺领域也屡屡成为思想斗争的前哨阵地，引发了数次大规模文艺批判运动。新中国的美学研究就是在这样的环境中逐步展开的，“美学大讨论”就是在这样的环境中出现的，它实际上也是新中国整体意识形态建构的一个部分。因此，必须将它与新中国成立前后的政治背景、文艺实践和思想语境等联系起来考察，才能理解何以在那样严峻的政治气候中，会产生一场持续多年、且保持了可贵的学术品质的“美学大讨论”。

第一节　新中国成立初期的政治语境

总体上说，新中国成立初期的政治工作是围绕新政权的建立和巩固而展开的。在国际上，通过与苏联建立友好关系、“抗美援朝”和一系列外交努力，中国的国际威望和影响都进一步提升了。在国内，通过持续采取军事行动和政治措施，基本结束了社会和政体的分裂局面，使国家重新统一起来，并确立和巩固了人民民主专政的国家体制。通过土地改革、三大改造、农业合作化等政治经济措施，完成了生产关系和所有制的彻底改造，奠定和巩固了新政权的经济基础。这些措施和第一个五年计划的实施，对国民经济的恢复和发展起到了极大的促进作用，当然，之后的“大跃进”等“左”的冒进举措又导致了经济的严重失调。而且，通过“三反”“五反”“镇反”“肃反”，以及思想改造、“反右”等政治运动，中国共产党对全社会的思想整顿不断加强。

在这样的政治气候中，中国共产党和政府对文化建设和文艺工作给予了高度重视，力图使文艺为政治形势服务，帮助塑造牢固而统一的意识形态。就思想渊源而言，这样的重视和考虑当然与马克思主义对文艺的意识形态性的基本认识有关。这一基本认识在《在延安文艺座谈会上的讲话》中被明确为文艺是“团结人民、教育人民、打击敌人、消灭敌人的有力的武器”的著名论断，并成为毛泽东文艺思想的基本观点之一，它对新中国文艺实践的指导意义不言而喻。除此之外，这样的重视还有更为重要的现实根由。在政治、军事上取得了决定性的胜利之后，党和政府在思想文化领域面临的问题仍然十分复杂。这一方面固然是因为我们还必须与国内外的敌对势力在思想文化领域进行复杂的意识形态斗争，另一方面也是因为社会成员的思想状况同样十分复杂。新中国的成立让“翻身做了主人”的广大工农兵迸发出巨大的革命热情，但他们普遍知识文化水平低下，阶级意识、政治觉悟也因之受到限制，还不能完全满足新中国建设的需要。同时，中小资产阶级和知识分子因为其知识文化方面的优势，成为新中国经济建设和文化建设上重要的依靠力量，但在思想上（特别是政治意识上）存在复杂性和动摇性：他们虽然大多具有爱国主义精神，拥护共产党和新政权，同情社会主义，但也深受西方民主主义和自由主义思想影响，存在崇美、亲美和恐美等情绪。特别是当国际、国内形势出现变化时，他们往往会表现出较大的思想波动。

为应对这种复杂状况，党和政府将文艺实践当作解决思想文化领域问题的重要手段，故而才如此高度重视文化建设和文艺工作。例如，对于人民群众而言，文艺是团结和教育他们的手段，是培养他们的阶级意识和政治觉悟的途径，因而群众文艺活动得到大力扶持，为群众喜闻乐见的戏曲极受重视，戏曲改革极受重视。但对出身资产阶级或地主阶级的知识分子而言，文艺就不仅发挥团结和教育功能，许多时候还是用于改造和打击的思想武器。因此，如何写知识分子就变成了当时文艺创作的重要问题，需要有关领导作指示才能明确的重要问题。与此同时，由于本身就是思想文化领域的重要组成部分，文艺领域当然也具有上述的复杂性，并常常被这种高度的政治关注所放大，像当时的许多作品就被认为是不够革命的，甚至是反革命的，因而被禁或受到批判。这就使文艺领域既成为社会关注的焦点，也往往变成斗争的前沿和整风的重点。正如我们在历史上看到的，文艺事件不止一次成了政治运动的发起点。文艺领域因而既十分重要，又十分敏感，被频繁地“运动”起来。

处在这样一个历史时期中，美学研究自然深受影响。既然美学是对文艺的理论研究，那么，它当然属于文艺领域，因而政治界对文艺界采取的各种政策、措施当然会或直接或间接地作用于美学界，使美学的理论思考和言说深受现实政治的羁绊，自觉或不自觉地参与到主流意识形态的建构当中去。可以说，由于这些政策和措施的作用，新中国的美学与政治运动、文艺运动密切联系在了一起，它们的综合作用引发了“美学大讨论”，也制约了“美学大讨论”。这种综合作用主要体现在如下几个方面：

一、 文艺组织体制化的作用

将文艺工作纳入事业体制的步骤从新中国成立前夕的“第一次文代会”就开始了，并在很短时间内迅速完成。新中国成立前，文艺界的组织、机构还有相当一部分是民间性的同人组织。第一次文代会后，文艺组织的性质迅速改变。在第一次文代会上，周恩来的报告曾着重阐述“组织问题”：“因为这次文代大会代表大家都感到要成立组织，也的确需要解决这个问题。不仅我们要成立一个中华全国文学艺术界的联合会，而且我们要像总工会的样子，下面要有各种产业工会，要分部门成立文学、戏剧、电影、音乐、美术、舞蹈等协会。因为只有这样，我们才便于进行工作，便于训练人材，便于推广，便于改造。这一点是大家所赞同的，现在就需要开始，因为我们不可能常开这样的大会。希望在会中或会后，就把各部门的组织成立。这是群众团体方面。……同时，人民政治协商会议将要产生全国性的民主联合政府，而在这个政府机构之中，也要有文艺部门的组织。"[①]于是，会议的最后一天，"中华全国文学艺术界联合会"这一全国性的文艺组织就宣告成立了。郭沫若在《大会结束报告》中将这作为本次大会的一大收获，并预言了今后的文学艺术工作的效果，那就是"工作纲领将更加集中，工作内容将更加丰富，工作步骤将更加整齐了"[②]。随后不久，另一个重要的文学组织"中华全国文学工作者协会"宣告成立，接着中华全国戏剧工作者协会、诗歌工作者联谊会等也宣告成立。然后是戏曲、电影、音乐、舞蹈、美术等各类相关的全国性文艺协会的成立。这些重要的文艺组织的负责人由中共中央宣传部甚至是毛泽东直接领导。从全国"文代会"闭幕到这年年底，各省、市成立了 40 个地方文联或文联的筹备机构，出版了 40 种文艺刊物。[③] 这样，一个自上而下的、有行政色彩的文艺组织网络很快覆盖全国。

这种文艺组织的体制化、机关化，使新中国的文艺实践迅速成为党领导下的文艺事业，使文艺界人士逐渐成为受体制制约的工作人员，使文艺话语、包括文艺批评和美学话语日益成为适应体制需要的话语，其整合作用是十分强大的。就像我们后来看到的，"美学大讨论"期间尽管出现了不同的派别，但他们的观点、方法和言说方式都力求依循当时马克思主义哲学认识论的主流见解，因而实质上只存在一种美学——马克思主义的美学。

作为这种文艺体制建构的重要方面，一套便于行政监管的文艺报刊管理体制也随之建立。新中国成立之前的文艺期刊多为同人刊物，新中国成立后，这种办刊宗旨失去生存土壤，文艺期刊出版逐步被纳入国家计划轨道和行政管理体制。《文艺报》的演变很能说明问题。《文艺报》原来只是为宣传、报道"第一

① 《中华全国文学艺术工作者代表大会纪念文集》，新华书店 1950 年版，第 32 页。
② 同①，第 117 页。
③ 田居俭主编：《中华人民共和国史编年（1949 年卷）》，当代中国出版社 2004 年版，第 837 页。

次文代会”大会筹备及进程而出版的周刊，但随着全国“文联”的成立，它转为全国“文联”的机关刊物。其他各大区、省、市、自治区的“文联”或相应文艺组织亦办起相应机关刊物。如此，形成了从“国家级”到“地方级”刊物的等级体系。1951 年全国“文联”调整文艺刊物后，《文艺报》更是被赋予监管所有文艺刊物的任务，强化了与其他刊物的领导与被领导关系。后来，全国“文联”规定：“《文艺报》上重要的社论和文章，地方文艺刊物亦应及时予以转载和介绍。”[①]这进一步加强了它的权威性，使之不仅成为引领文艺批评、理论研讨的风向标，而且成为文艺政策的发布地（当然还有《人民日报》《光明日报》和《人民文学》等其他国家级刊物）之一。地方刊物则由此领会中央精神，并上行下效，制定、调整自己的办刊方向与内容。

这样的管理体制使文艺报刊（实际上是所有的报刊）处于党的统一领导之下，成为强大的宣传机器，在意识形态整合方面发挥了重大作用。新中国成立后，几次重要的文艺批判都是党的领导人通过权威性的报刊发起的，并通过其他各级报刊的响应迅速形成全国性的影响。“美学大讨论”也基本如此。美学之所以形成“大讨论”，形成新中国第一次美学研究的热潮，不能不说与这种管理体制，以及这种管理体制赋予《文艺报》等几家国家级报刊的地位有关。或者说，发起“美学讨论”，是《文艺报》当时必须完成的一项政治任务。

由于在批判《红楼梦研究》的运动中没有正确领会党的领导人的意图，冯雪峰被撤去《文艺报》主编职务，《文艺报》被迫整顿。与之相先后，“批判资产阶级唯心主义”运动轰轰烈烈展开，作为文艺界风向标的《文艺报》被要求配合运动形势，找到文艺界内的资产阶级唯心主义代表人物展开批判。这才有了《文艺报》组织的朱光潜的自我批判和对朱光潜的批判。而由于《文艺报》的巨大影响力，以及《人民日报》《新建设》等重要报刊的响应，这次自我批判与相互批判才迅速演变成影响广泛的“美学大讨论”。在新中国成立以来文艺思想（包括美学）的变化、发展过程中，这一整套的体制性因素发挥着基础性的作用，不容忽视。

---

① 《全国文联为加强文艺干部对〈文艺报〉的学习给各地文联和各协会的通知》，《文艺报》1952 年第1 期。

二、思想改造等政治运动的锻炼

新中国成立后的十余年是一个政治运动非常频繁的时期。这其中，思想改造运动(1951—1952)是专门针对知识分子的。但是在此之前，有以历史唯物主义教育为主题的思想教育活动，在此之后，有对俞平伯的批判、对胡适的批判、对资产阶级唯心主义的批判、“反右”运动等，思想整风、改造的意图也在这些运动中贯穿着。在这些运动中，知识分子也是主要的运动对象，而文艺界又往往处在这些运动的前沿，因此可以说，文艺界知识分子(当然包括美学家)经受了包括思想改造运动在内的一系列政治运动的锻炼和改造。

这一系列思想整风、改造运动的根本目的，就是要让马列主义、毛泽东思想真正成为全中国的指导思想。从第一次文代会开始，在全国文艺界确立毛泽东文艺思想(主要是《在延安文艺座谈会上的讲话》精神)的领导地位的工作就已经启动。周恩来、郭沫若和周扬的报告都一再强调这一点。周扬说得最是不容商量：“毛主席的《在延安文艺座谈会上的讲话》规定了新中国的文艺的方向，解放区文艺工作者自觉地坚决地实践了这个方向，并以自己的全部经验证明了这个方向的完全正确，深信除此之外再没有第二个方向了，如果有，那就是错误的方向。”①

此后，在各地创办的各种短期的政治大学或训练班中，毛泽东思想的学习也是重点之一。1950 年，陆定一这样描述当时的知识分子政治教育状况：“在各地创办各种短期的政治大学或训练班……一九四九年中，有二十余万人参加了这类学校……各种工作干部，教授与教师，艺术家与科学家，特别是知识青年，都把政治学习看作是他们日常生活中不可缺少的一部分。他们一般学习的项目，是社会发展史、政治经济学与马恩列斯的主要著作以及毛泽东同志的著作……”②

虽然经过多次学习，但文艺界的状况还不能令党满意：一些作品还不能满足党的要求(像小说《我们夫妇之间》、电影《武训传》受到批判)，理论认识上还

---

① 《中华全国文学艺术工作者代表大会纪念文集》，第 70 页。
② 陆定一：《新中国的教育与文化》，《人民日报》1950 年 4 月 19 日。

存在相当程度的混乱（如 1950 年对阿垅的系列文章的批评）。因此，思想改造运动开始后，1951 年 11 月 24 日，胡乔木在北京文艺界整风学习动员大会上作了题为《文艺工作者为什么要改造思想》的报告。报告就指出："虽然一九四九年七月全国文学艺术工作者代表大会就已经宣布了接受毛泽东同志在一九四二年延安文艺座谈会上所指示的方向，但是这并不是说，不经过像一九四二年前后在解放区文艺界进行过的那样具体的深刻的思想斗争，这个方向就真的会被全国文学艺术工作者所自然而然地毫无异义地接受。"因此，必须"按照毛泽东同志的指示，认真进行思想改造的学习"。① 按照这一要求，文艺界的许多思想检讨文章纷纷表达了对毛泽东文艺思想的衷心拥护，如《人民日报》发表蔡楚生的《改造思想，为贯彻毛主席文艺路线而斗争》，《解放日报》发表于伶的《检查错误，改造思想，为毛主席文艺方向在电影艺术中的彻底胜利而奋斗》、叶以群的《坚决地改正错误，改进工作，执行毛主席的文艺路线》，《大公报》发表熊佛西的《纠正错误，坚决贯彻毛主席的文艺方针》等。② 通过思想改造运动，毛泽东文艺思想的指导地位进一步落实。

朱光潜是接受思想教育而成功转变的典型。新中国成立后，他率先在《人民日报》上发表了《自我检讨》。文中，他一面总结自己的"基本的毛病"，一面说明自己的学习和转变："开始读到一些共产党的书籍，像共产党宣言、联共党史、毛泽东选集以及关于唯物论辩证法的著作之类。在这方面我还是一个初级小学生，不敢说有完全正确的了解，但在大纲要旨上我已经抓住了共产主义所根据的哲学，苏联革命奋斗的经过，以及毛主席的新民主主义的理论和政策。我认为共产党所走的是世界在理论上所应走而在事实上所必走的一条大路。"③这段话表明，通过学习，朱光潜不但政治觉悟有了提升，而且已经开始形成理论自觉。

思想改造中，朱光潜这样说土地改革对自己的思想触动："二十年来我的活动只限于学校的窄狭圈子，把自己养成一个井底蛙，这次亲眼看到了土地改革这个翻天覆地的大变革，算是从井底跳出，看了一次大世面。"④在《人民日报》发

① 胡乔木：《文艺工作者为什么要改造思想》，《文艺报》1951 年第 5 卷第 4 期，第 7—8 页。
② 参见笑蜀：《知识分子思想改造运动说微》，《文史精华》2002 年第 8 期，第 39—40 页。
③ 朱光潜：《自我检讨》，《人民日报》1949 年 11 月 27 日。
④ 朱光潜：《从参观西北土地改革认识新中国的伟大》，《人民日报》1951 年 3 月 27 日。

表《努力改造思想，做一个新中国的人民教师！最近学习中几点检讨》的检讨时，他更加彻底地否定了自己过去的自由主义立场。[①] 因此，朱光潜的思想改造得到了毛泽东的肯定。这期间，朱光潜不仅有检讨，他的思想转变效果还通过学术研究成果体现了出来。1951 年，他翻译的哈拉普的《艺术的社会根源》出版。同年，在《柏拉图〈文艺对话集〉引论》中，他借鉴哈拉普的方法，结合古希腊的政治经济环境和思想文化背景，提炼出哲学史上唯物主义与唯心主义的论争线索，在阐述柏拉图的文艺思想的同时批判了它的"反动方面"。朱光潜的思想转变表明：许多知识分子已经觉悟到自己需要改造，发自内心地渴望成为一个用马列主义思想武装头脑的"新人"。

与思想改造的运动要求相适应，不仅是朱光潜，其他美学家与文艺理论家在思想改造运动中也进行了更为深入的自我批判，发生了类似的学术转型。如宗白华就不再从事他所熟悉的中西美学和中西艺术的比较研究，而是按照马列主义观点来重新审视哲学史和思想史，将中西的哲学史进程都化约为唯物论与唯心论的斗争史。另一位美学家邓以蛰也做了类似的工作，他的长文《中国艺术的发展——从这个观察上体会毛主席的〈实践论〉的真理》，最后也要落脚到毛泽东思想来将中国艺术史的发展过程总结为"充满着矛盾与斗争"，是"唯物的"。[②]

思想改造运动中，还有过一次与美学研究密切相关的批判，那就是对文艺理论教学的批判。在新中国的文学教育课程中，文艺学极受重视。当时教育部的课程草案规定："文艺学不同于古典名著研究或外国文学史，它是一门有思想性、战斗性的课程，它的首要任务是教育同学们能够系统掌握毛主席的文艺思想。"[③]因此，不仅大学中文系开设文艺学课程，一些中专和中学也开设了这门课程。在思想改造的严峻运动形势中，《文艺报》专门组织了对文艺学教学的批判。一些美学家、文论家，如黄药眠、吕荧和林焕平等都成为重点批判对象。有的作了自我检讨，如黄药眠就说自己的教学"脱离实践""教条主义""自由主义"，甚至说自己的"艺术思想、态度和趣味基本上还是小资产阶级的，从而归根

① 参见第五章对朱光潜改造和反省的阐述。
② 邓以蛰：《中国艺术的发展——从这个观察上体会毛主席的〈实践论〉的真理》，载《邓以蛰全集》，安徽教育出版社 1998 年版，第 361 页。
③ 参见吕山查：《希望吕荧先生虚心检查自己的思想》，《文艺报》1952 年第 4 号，第 31 页。

结底说起来也就是属于资产阶级的思想范畴的”①，因而决心改正。但也有人对此抗拒，像吕荧就愤然出走，离开了山东大学到北京从事翻译工作。

总的来看，这次批判已经显露出“左”的思想倾向。如有人举报说，一次上课，吕荧在黑板上画了两道横线，上一条代表西洋古典作品，下一道代表人民文艺。而这不管代表“水平”或“艺术上达到的高度”，都是不对的。因此，“吕荧先生的文艺教学，肯定地说是没有给我们树立起一个正确的文艺方向的，相反地却给一部分同学树立了一个向古典文学投降的方向，这是存在于文艺学中的根本问题”。② 这种举证表明，这是为了批判而刻意罗织罪名。同时也可发现，当时一些人对马列主义以及马克思主义美学的认识还停留在相当机械与教条的水平上。

在这一系列的思想改造运动中，美学家们不仅要自我改造，而且要拿起理论武器改造别人。三大文艺批判运动中对俞平伯、胡适、胡风的批判，对资产阶级唯心主义的批判，和后来“美学大讨论”中的自我批判、相互批判，同样都有思想改造的意味（详见下文）。频繁的思想运动给知识界带来了巨大的精神压力。

给知识界、文艺界带来更大打击的是“反右”运动。“胡风案”后，知识分子的精神整体已处于极度压抑的状态，缺乏工作热情。为此，党和政府开始反思和调整处理、对待知识分子问题的方式。1957 年 2 月 27 日，毛泽东发表《关于正确处理人民内部矛盾的问题》的讲话，号召知识分子出来对党的工作提出批评，防止官僚主义。到了这一年的年中，知识分子的批评意见与党的初衷之间出现了偏移，政治风向迅速转变。1957 年 6 月 12 日党内印发毛泽东的文章《事情正在起变化》，反右运动开始。一批有影响的民主党派人士，如章伯钧、罗隆基、储安平等，以及许多文艺界人士如丁玲、冯雪峰、刘绍棠等都被划成“右派”。

其时“美学大讨论”正在进行，也受到一定波及。参与讨论的高尔泰、黄药眠二人被打成“右派”，但原因并不相同。高尔泰是因其“美在主观”的美学主张，而黄药眠则是因参与所谓“六教授聚会”事件。③ 二人因此而失去继续在讨论中阐发自己美学见解的机会，不能不说是“大讨论”的遗憾。

---

① 黄药眠：《关于文艺学教学的初步检讨》，《文艺报》1952 年第 4 号，第 23—25 页。

② 杨建中：《对吕荧先生教学及其来信的意见》，《文艺报》1952 年第 4 号，第 31 页。

③ “六教授聚会”事件是指 1957 年 6 月 6 日民盟中的一些著名人士在全国政协俱乐部聚会，故亦称“666”事件，是“反右”运动中的一次重要事件。事件中的其他五位教授是：中央民族学院教授费孝通、清华大学教授钱伟长、北京大学教授曾昭抡、北京师范大学教授陶大镛和中国人民大学教授吴景超。

但思想上经历了上述的一再改造之后，美学家们的理论方向更加自觉地向官方认可的主流意识形态靠拢。

三、文艺政策因素的推动

新中国成立后的十余年，整个文艺领域都受到新政权的有力管控。文艺政策作为政权意志在文艺领域的直接表达，对文艺创作和理论探索都产生了重大影响。处在新政权刚刚成立、正在逐步巩固的那样一个特定的历史时期，文艺政策也经历了一个由产生、发展到波动的过程，由此产生了形态多样的文艺政策文本。其中既有权威的政府部门制订、发布的政策文件，也有国家领导人、各相关部门重要负责人的著述、讲话、指示和批示等。居于这个文本系统核心的是毛泽东的文艺思想，并由此生发、缠附了其他重要人物的见解、主张，以及相应的重要的政府部门文件。而这其中的许多人又具有政治家、领导人、思想家、学者，甚至文艺创作的实践者或鉴赏者等多重身份，这就使得新中国成立后一段时期内的文艺政策受到他们现实的政治形势判断、理论认知、欣赏趣味等多方面因素的影响，从而出现转折、波动和反复。尽管如此，从这复杂的政策变动轨迹中，我们仍然可以把握住两个重大政策方针及其作用方向：那就是以“文艺为无产阶级政治服务”“文艺为工农兵服务”方针所代表的突出政治服务功能的向度，和以“百花齐放，百家争鸣”方针所代表的承认艺术和学术规律的向度。新中国成立后十余年的其他文艺政策总体上在这两个向度或者说两个方针所指示的方向之间调整、震荡，文艺实践（当然也就包括文艺学、美学在内的理论探索）总体上也随着这些政策方针的调整、震荡而辗转行进。其中，必须承认，“文艺为无产阶级政治服务”“文艺为工农兵服务”的方针发挥着根本性的指导作用，其他的文艺政策方针的作用都相对有限。[①] 尽管如此，当这一方针在实践中暴露出严重问题后，像“百花齐放，百家争鸣”方针这样的政策对文艺环境的良好调节作用就体现了出来。具体到“美学大讨论”来说，它的发生就是得益于

---

① 例如，《中国人民政治协商会议共同纲领》第四十五条就规定：“提倡文学艺术为人民服务，启发人民的政治觉悟，鼓励人民的劳动热情。奖励优秀的文学艺术作品。”这里的“人民”内涵就远比“工农兵”有包容性。它为新中国成立之初学术思想活动的恢复、发展创造了一定条件。如 1950 年朱光潜与蔡仪、黄药眠在《文艺报》上就有一次小范围的美学争论。但是不久，随着“过渡时期总路线”的提出和毛泽东的思想变化，《共同纲领》的文化教育政策就失去了它应有的效力。

“百花齐放，百家争鸣”方针提出后形成的有益局面，但是它仍然不能脱离“文艺为无产阶级政治服务”“文艺为工农兵服务”方针的政治正确性要求。

“文艺为无产阶级政治服务”“文艺为工农兵服务”方针是在确立毛泽东文艺思想的领导地位过程中明确的，也是适应新中国成立之初的形势需要而确立的。这一方针在1942年“延安文艺座谈会讲话”时期就已提出。[①] 第一次文代会上，周恩来的报告、周扬的报告以及其他人的发言都从不同方面对“文艺为无产阶级政治服务”“文艺为工农兵服务”的问题进行了阐述。[②] 通过这次会议，毛泽东文艺思想和“文艺为无产阶级政治服务”“文艺为工农兵服务”方针在全国的指导地位基本得以确立。

在毛泽东文艺思想和这一方针的指引下，形成了一系列的文艺政策话语，以及落实这些文艺政策的措施。这其中有毛泽东新中国成立后的一系列著述、指示和讲话（可参见下文论三大文艺批判运动与“美学大讨论”的关联性部分），也包括拥护、阐发这些精神的有关领导的讲话、指示，以及有关部门的文件。基于为政治服务的目的，在功能上，这些思想和政策强化了文艺工作的任务性。如在“第二次文代会”上周恩来作的报告《为总路线而奋斗的文艺工作者的任务》、茅盾的讲话《新的现实和新的任务》，以及林默涵撰写的《人民日报》社论《继续为毛泽东所提出的文艺方向而斗争》、周扬在中国作协第二次理事会（扩大）上的报告《建设社会主义文学的任务》等。在性质上，这些思想和政策突出了文艺的思想性（或者说意识形态性）和革命化。如胡乔木《文艺工作者为什么要改造思想?》、周扬《整顿文艺思想，改进领导工作》、1954年12月8日周扬在中国文联主席团和中国作协主席团扩大会议上的讲话《我们必须战斗》、1954年第15号《文艺报》社论《加强学习，提高政治热情和道德修养》等。这些思想和政策大力推进了文艺的大众化（也包括民族化），如《中央人民政府政务院关于戏曲改革工作的指示》、周恩来《要做一个革命的文艺工作者》和《在音乐舞蹈座谈会上的讲话》等。

这些文艺政策适应了新中国成立之初的形势需要，取得了多方面成绩。通过这些政策的落实，党和政府“普及与提高”兼顾，大大提高了广大劳动人民的

① 《毛泽东选集》第三卷，人民出版社1991年版，第861页。
② 《中华全国文学艺术工作者代表大会纪念文集》。

文化水平和文艺水平(如识字运动)。这些政策明确了新中国的文艺发展方向,整体提升了文艺界的政治思想觉悟,对旧文艺改造提供了思想指引(如戏曲改革)。这些政策的落实,也促进了具有中国特色的文化管理机构的形成,其中的大部分机构及其运作方式,至今仍行之有效。

但是,以“文艺为无产阶级政治服务”“文艺为工农兵服务”方针为指导的相关文艺政策,由于其内在的激进逻辑,也在相当大的程度上局限、阻碍了文艺的发展。由于过度追求革命的彻底性,而使文艺实践运动化、斗争化;由于过分重视政治的纯洁性,而使文艺的主题模式化、文艺的创作方式教条化;由于片面强调文艺的服务作用,而使文艺的功能单一化、文艺的地位附庸化。文艺论争与文艺批评当然也受影响。例如,这一时期出现的文艺争论,如关于文艺作品可不可以以小资产阶级作为主角的讨论、关于文艺与政治的关系的讨论、关于塑造英雄人物问题的讨论、歌颂新生活新人物时可否批评人民内部矛盾的讨论,等等,就反映了政治指令的强力干预给文艺工作者带来的思想困扰。更为严重的是,一些文艺批评因此最后蜕变为政治批判(如新中国成立后的三大文艺批判运动)。特别是批判“胡风集团”运动之后,文艺界与学术界受到极大冲击。

正因为如此,党中央经过反思、总结,才明确了“百花齐放,百家争鸣”的方针。

这一方针的表述方式与内涵阐述经历了一个逐步明确和完善的过程。1951 年 4 月 3 日,毛泽东为中国戏曲研究院成立题词:“百花齐放,推陈出新。”5 月 5 日,周恩来签发《关于戏曲改革工作的指示》,指出戏曲工作“应以发扬人民新的爱国主义精神,鼓舞人民在革命斗争与生产劳动中的英雄主义为首要任务”,要继续发扬民族传统剧目中一切健康、进步、美丽的因素,鼓励各种戏曲形式的自由竞赛,促进戏曲艺术的“百花齐放”。同时,布置“改戏、改人、改制”的“三改”工作。[①] 1952 年 11 月,全国第一届戏曲观摩演出大会在京举行。周恩来在闭幕式上就戏曲改革发表了重要讲话,讲话对“百花齐放,推陈出新”方针作了进一步阐述,也对文艺的普及与提高、文艺的政治标准与艺术标准、文艺工作者的团结与改造等问题进行了专门论述。

1953 年,一些学者在中国古代奴隶社会何时向封建社会转变的历史分期问

① 文化部文学艺术研究院编:《周恩来论文艺》,人民文学出版社 1979 年版,第 27—30 页。

题上产生热烈争论。对此，毛泽东指示，要百家争鸣。[①] 1955 年 3 月 1 日，中共中央发出《关于宣传唯物主义思想批判资产阶级唯心主义的指示》，强调“解决学术的争论，应当采取自由讨论的方法，反对采取行政命令的方法”[②]。批判“胡风集团”运动后的 1956 年 1 月，周恩来在以全面解决知识分子问题为主题的大型会议上作了《关于知识分子问题的报告》，明确知识分子中间的绝大部分已经是工人阶级的一部分。陆定一也发言指出，学术问题、艺术问题、技术问题，应该放手发动党内外知识分子进行讨论，放手让知识分子发表自己的意见，发挥个人的才能，采取自己的风格，应该容许不同学派的存在和新的学派的树立。[③]

经历了上述的酝酿、准备，1956 年 4 月 28 日，毛泽东采纳中共中央政治局扩大会议讨论中的意见，明确提出“百花齐放，百家争鸣”的方针：

> 艺术问题上的百花齐放，学术问题上的百家争鸣，我看应该成为我们的方针。“百花齐放”是群众中间提出来的，不晓得是谁提出来的。人们要我题词，我就写了“百花齐放，推陈出新”。“百家争鸣”，这是两千年以前就有的事，春秋战国时代，百家争鸣。讲学术，这种学术也可以讲，那种学术也可以讲，不要拿一种学术压倒一切。你讲的如果是真理，信的人势必就会越来越多。[④]

5 月 2 日，毛泽东在最高国务会议上正式宣布了这一方针。5 月 26 日，陆定一向科学界和文艺界的代表人物又作了题为《百花齐放，百家争鸣》的报告，进一步阐释这一方针。[⑤]

“双百”方针贯彻不久即取得了初步成效。广大文艺工作者、科学工作者建设社会主义的积极性被调动起来，知识界迎来了生机盎然的“早春天气”。文学创作方面，初步打破了题材和主题的禁区，涌现了一批富于创新精神的作品。如被称为“一出戏救活了一个剧种”的昆曲《十五贯》进京上演，为贯彻“双百”方针树立了榜样。文学上也涌现了敢于反映现实，暴露生活中阴暗面的作品，如

---

①③ 参见龚育之：《陆定一与“双百”方针》，《纵横》2006 年第 6 期。
② 《建国以来重要文献选编》第 6 册，中央文献出版社 2011 年版，第 59 页。
④ 《毛泽东文集》第七卷，人民出版社 1999 年版，第 55 页。
⑤ 《陆定一文集》，人民出版社 1992 年版，第 527 页。

刘宾雁的《在桥梁工地上》、王蒙的《组织部新来的青年人》等；曾被视为禁区的人性和人情也再次获得了表现，如宗璞的《红豆》、邓友梅的《在悬崖上》、陆文夫的《小巷深处》等。舞台表演方面，第一届全国话剧观摩会演共上演了 49 个不同题材、风格的话剧；第一届全国音乐周演出了我国古代和现代各个时期的音乐作品。会演期间，还就音乐创作和演出问题进行了自由讨论。

学术界独立思考、自由讨论的风气也浓厚起来。在遗传学、人口学、经济学、社会学、史学、哲学等方面都出现了热烈的学术争论。1956 年一年的学术著作出版数量超过了 1950 至 1955 年间的总和。特别是文学理论方面，秦兆阳的《现实主义——广阔的道路》、陈涌的《关于社会主义的现实主义》、周勃的《现实主义及其在社会主义时代的发展》等集中探讨了现实主义的有关问题，巴人的《论人情》、钱谷融的《论"文学是人学"》等对历来有争议的文艺与政治的关系、阶级性与人性、世界观与创作方法、歌颂与暴露、人物塑造、风格与表现手法多样化等问题进行了积极探索。

在文艺界、学术界愈来愈浓郁的"早春天气"中，为配合"百家争鸣"的形势，"美学大讨论"开始了。朱光潜在自传中回忆道，美学讨论开始前，周扬等主管意识形态工作的领导就向他打过招呼。有了这些高级领导的支持，朱光潜才在《文艺报》上发表了那篇著名的《我的文艺思想的反动性》。率先发表批判朱光潜文章的黄药眠也说，他的文章是为响应"百家争鸣"的号召而写的。因此可以说是"双百"方针为"美学大讨论"提供了政策支持和保障，营造了必要的社会和学术氛围。

但贯彻"双百"方针其实遇到了不小阻力。毛泽东就曾估算过："地委书记、地区专员以上的干部一万多，其中是否有一千人是赞成百花齐放、百家争鸣的都很难说，其余十分之九还是不赞成的，这些都是高级干部呢！"①为此，在 1957 年 2 月的最高国务会议第十一次会议上，毛泽东作了《关于正确处理人民内部矛盾的问题》的讲话，再一次集中阐述了"百花齐放，百家争鸣"的方针，并提出了辨别"香花"和"毒草"的六条政治标准。1957 年 3 月，毛泽东在中国共产党全国宣传工作会议期间同文艺界部分代表进行了座谈，阐述对与"双百"方针有关的一些文艺问题的看法。

---

① 《毛泽东文集》第七卷，第 257 页。

在对“双百”方针强调、阐发的过程中，也形成了一系列重视学术规律和文艺特性的文艺政策话语。毛泽东在8月24日会见中国音乐协会负责人时，谈了艺术的民族化等多个问题：“艺术的基本原理有其共同性，但表现形式要多样化，要有民族形式和民族风格……一棵树的叶子，看上去大体是相同的，但仔细一看，每片叶子都不同……这是自然法则，也是马克思主义的法则。作曲、唱歌、舞蹈都应该这样”，以及“艺术有形式问题，有民族形式问题”“社会主义的内容，民族的形式，在政治方面是如此，在艺术方面也是如此”；还有艺术的“洋为中用，古为今用”问题：“应该学外国的近代的东西，学了以后去研究中国的东西”；艺术的多样性问题：“为群众所欢迎的标新立异，越多越好，不要雷同。雷同就成为八股……是不能持久的”，“还是要多样化好”；艺术的时代性问题：“吸收外国的东西，要把它改变，变成中国的。鲁迅的小说，既不同于外国的，也不同于中国古代的，它是中国现代的。”[①]这次讲话阐述的观点流传很广，对中国当代的文艺实践和理论研究产生了深远影响。

其中，周恩来的一些讲话，既有理论阐发，也有政策反省，非常值得重视。例如，1957年7月14日，周恩来的《在中共中央宣传部、文化部、全国文联召集的文艺界人士座谈会上的讲话》，就指出应正确处理改革与“鸣放”、内行与外行、集体与个人、新生力量与创作、整风与自我批评等问题。[②] 这次讲话，虽然坚持要“坚决开展反右派斗争”，但也强调“百花齐放、推陈出新”的改革意义，强调对“内行”的尊重和对个人创作自由的包容等。

1959年5月3日，周恩来又作了《关于文化艺术工作两条腿走路的问题》的讲话。他在这次讲话中一共讲了十点，其中的“既要有思想性，又要有艺术性”“既要浪漫主义，又要现实主义”“既要有基本训练，又要有文艺修养”“既要敢想、敢说、敢做，又要有科学的分析和根据”“既要有独特的风格，又要兼容并包（或叫丰富多彩）”等要点，[③]既是针对现实问题的解决方案，也包含了对相应的理论命题的阐发。而这次讲话的中心思想，即是要依据“对立统一”的思想原则，来消除“大跃进”等运动中的偏颇做法对文艺实践造成的伤害。周恩来本人非常重视这一讲话，后来在其他关于文艺工作的讲话中还多次强调。像1961

---

① 《毛泽东文集》第七卷，第76—83页。
② 文化部文学艺术研究院编：《周恩来论文艺》，第58—60页。
③ 同②，第69—72页。

年 6 月 19 日的《在文艺工作座谈会和故事片创作会议上的讲话》就重提了这一讲话，并在这次讲话中，既强调了“为谁服务的问题”，也强调了“文艺规律问题”。1962 年 2 月 17 日的《对在京的话剧、歌剧、儿童剧作家的讲话》又提到了“两条腿走路”的问题，并对文艺的“时代精神”“典型人物”“关于写人民内部矛盾”“生活真实、历史真实和艺术真实”等具体的文艺理论、美学问题进行了阐述。

1963 年 4 月 19 日的《要做一个革命的文艺工作者》是又一个重要的讲话。在这次讲话中，周恩来提出了“对革命的文艺工作者的五项基本要求”，将“革命文艺路线”总结为四点：“(1)文艺工作的对象，是为工农兵服务。(2)文艺工作的目的，是为社会主义服务。(3)文艺工作的方针，是百花齐放、百家争鸣。(4)提倡革命的现实主义与革命的浪漫主义相结合的创作方法”①，并对“阶级性问题”“时代性问题”“民族化、大众化问题”“战斗性问题”等“文艺创作和表演”中的具体问题进行了阐述，提出了“今天的无产阶级的阶级性也可以说是今天的人民性”“不能认为传统的或外来的艺术形象都是纯技术性的”“典型同真实有区别”“艺术形式不能勉强移植”“民族化主要是形式，但也关系到内容”“民族化关系到大众化”“提倡战斗性，并不是取消多样性”等有益的理论命题。② 1963 年 8 月 16 日，他又作了《在音乐舞蹈座谈会上的讲话》，将上一次讲话中的关于“文艺创作和表演”的具体问题概括为“阶级问题”“革命问题”“中外问题”和“古今问题”，又重新阐发了一遍，并提出把“百花齐放，推陈出新，百家争鸣，薄古厚今”四句话结合起来，作为对我国文艺方针的完整表述。③ 综观这些讲话，我们发现，周恩来总是在坚持政治正确性的同时，保持了对艺术规律的尊重，并针对当时的激进政治举措提出匡正、弥补的措施，这些讲话对保持、推进社会主义文艺的正常发展起到了积极的作用。正如他自己所说的：“我们要……为社会主义服务，为工农兵服务。执行百花齐放、百家争鸣的文艺政策。只有这样，才能真正出现文艺的繁荣局面，使社会主义祖国的文艺放出更多的光彩……”④

---

① 文化部文学艺术研究院编：《周恩来论文艺》，第 165 页。
② 同①，第 166—172 页。
③ 同①，第 179 页。
④ 同①，第 174—175 页。

但值得注意的是，这时毛泽东一方面提倡“双百”方针，另一方面阶级斗争的意识仍然在他的思想中占据突出位置。由于在世界观问题上，他始终坚持认为只有两家，就是无产阶级一家，资产阶级一家，故此，相对宽松的思想局面没有保持多久。随着“反右”斗争的扩大化和“大跃进”运动的开展，“双百”方针的贯彻遭到严重破坏。1958年11月，开始纠正“大跃进”中的某些错误后，“双百”方针的贯彻重现起色。在向国庆10周年献礼的活动中出现了一批优秀的中长篇小说、电影和戏剧，但很快又被“反右倾”运动和思想文化领域的批判运动扼制了。1961年经济工作实行“调整、巩固、充实、提高”的八字方针，知识分子政策和科学、文艺、教育等政策也相应调整，重申必须贯彻执行“双百”方针。但接踵而来的八届十中全会又强调阶级斗争，以至于提出“以阶级斗争为纲”，“双百”方针又被弃置。在这一重申、弃置，再重申、再弃置的不断反复的过程中，“美学大讨论”得以继续，并基本保持了论争的学术品格，成为新中国学术史上的一个独特案例。

第二节　新中国成立初期的文艺批判运动

中华人民共和国成立不久，连续爆发了三次大规模的文艺批判运动，分别是批判《武训传》运动（1951.3—1952.8）、批判《红楼梦研究》运动（1954.10—1955.3）和批判“胡风集团”运动（1955.1—1955.6）。这三次批判运动都将文艺批评上升为政治批判，形成声势浩大的运动态势，在对文艺界进行思想整顿的同时，也带来了巨大的精神打击。虽然这三大批判运动并非直接针对美学研究，但是，由于它们对文艺界知识分子的整体规训作用，以及由此形成的文艺再生产和理论再生产的前提条件，使得它们实际上都影响到了随后不久发生的“美学大讨论”。本节将从这三大文艺批判运动与美学讨论之间的内在关联角度来审视前者对后者的影响，解释新中国成立之初的文艺和美学活动的具体语境。

一、三大文艺批判运动所形成的社会思想氛围规定了“美学大讨论”的意识形态取向

经过这一系列批判运动，一种由最高领导人作出指示，党和政府相关部门组织发起，《人民日报》以社论来指导和引领运动方向，《文艺报》等大小报刊全力配合，最后形成席卷全国的政治运动的文艺批判运动的模式基本形成。在这些运动中，毛泽东不仅有指示，而且有文章。如批判《武训传》时，1951 年 5 月 20 日《人民日报》刊登著名社论《应当重视电影〈武训传〉的讨论》[①]就为毛泽东主笔。在批判《红楼梦研究》时，毛泽东写下了《关于〈红楼梦〉研究问题的信》。[②] 1955 年 6 月 12 日，人民出版社出版《关于胡风反革命集团的材料》一书。毛泽东为该书撰写《序言》[③]《按语》和《注文》。在这些批判运动中，党的相关机构发挥了巨大的推动作用。几乎每一次运动都是由中宣部、全国作协等传达指示，《人民日报》重要的社论被全国各大机关报刊迅速转载，从中央到地方的各级机关部门迅速行动起来，纷纷举行相应的批判座谈会，各类宣传机构和刊物更是连篇累牍地发表批判文章，或者相关人士的自我批判文章。据统计，批判《武训传》时，仅仅从 1951 年 5 月 20 日到 8 月底，全国各类主要报刊上个人署名的批判类文章就多达 800 余篇。[④] 而 1955 年底，作家出版社编辑出版的《红楼梦问题讨论集》就达四集，收录文章 129 篇，近 100 万字。批判胡风时，从 1955 年 1 月至 5 月 12 日，发表的批判文章的数量超过了 400 篇，同年由三联书店出版的《胡适思想批判》就达八辑。通过这些机构的运作，我们能够清楚地把握一次又一次运动从发动、推向高潮到结束的脉络。

文艺批判运动的效果也非常明显，那就是文艺的政治管理体制进一步加强。在批判《武训传》中，“中央人民政府文化部电影指导委员会”常委会组建，以加强对电影工作的思想指导。也是在此期间，全国文联对北京的文艺刊物进

① 社论《应当重视电影〈武训传〉的讨论》，《人民日报》1951 年 5 月 20 日。

② 毛泽东：《关于〈红楼梦〉研究问题的信（一九五四年十月十六日）》，《毛泽东文集》第六卷，人民出版社 1999 年版。

③ 《“关于胡风反革命集团的材料”的序言》，载“人民日报”编辑部：《关于胡风反革命集团的材料》，人民出版社 1955 年版。

④ 参见杨俊：《批判电影〈武训传〉运动研究》，复旦大学 2006 年博士学位论文，第 119 页。

行调整，并赋予了《文艺报》监管所有文艺报刊的使命。与此同时，电影、报刊、出版业都加快了国有化的步伐。在批判《红楼梦研究》中，《文艺报》又经历一次重大整顿。批判“胡风集团”，更是波及了全国各级文化机关内部。总之，这些运动强化了党和政府对媒体或文化机构的管理，使之成为国家机器密不可分的一个部分。

不仅如此，三大文艺批判运动也强化了对文艺界的理论改造。通过这样的反复运动与反复批判，固定的思维模式就形成了，它不仅改造了文艺界的整体思想，也改造了理论家们的理论。或者说，理论改造成了这种思想改造的具体体现。这种效果，在对胡适和胡风的批判中表现得尤为明显。

胡适批判的一个重点领域就是其文学思想。在此领域，何其芳、游国恩、罗根泽等人批判了胡适的文学思想、文学史观点以及对中国古典文学的考证。他们认为，胡适的文学思想是为资产阶级和帝国主义服务的自然主义和形式主义思想，是他的实用主义和庸俗进化论的哲学思想的亲骨肉。胡适的中国文学史观点也是自然主义唯心观点的反映。他只能看到历代文学的形式，看不到决定文学发展的社会动力。他的中国古典文学考证是污蔑歪曲事实的。由此，批判者们一致认定，胡适研究学术文艺的观点方法同样也是以实用主义为理论基础的。胡适妄想牵着中国人民的鼻子走向“充分世界化”“全盘西化”，也就是彻底殖民地化，实现为帝国主义服务的文化目的。其中，王元化更是由胡适的文学思想延伸到朱光潜等，对整个胡适派一并作了批判：“俞平伯所提倡的‘怨而不怒’，周作人所提倡的‘和平冲淡’，朱光潜所提倡的‘静穆’，以及他们反对‘愤激之情’反对‘金刚怒目’，难道不是胡适派资产阶级唯心论文学观点的真实表露么？既然他们否定文学服务基础、服务社会的积极作用，认为文学只是给人以‘快感’和‘美感’，那么也就不可避免的阉割了我们民族古典文学遗产中的人民性和现实主义成分。”①

在批判胡风文艺思想时，美学家们更是有了明确分工。② 如蔡仪主要是批

① 王元化：《胡适派文学思想批判》，《胡适思想批判》第三辑，生活·读书·新知三联书店 1955 年版，第 202 页。

② 当然也不是所有美学家都参与了对胡风的批判。在 1955 年 5 月 25 日中国文联主席团和作家协会主席团召开的联席扩大会议上，吕荧就试图替胡风辩护。而他也在《人民日报》《关于胡风反革命集团的第三批材料》的编者按中被点名定为“胡风分子”。此后吕荧被隔离审查一年多，在“美学大讨论”中复出，但“文革”开始后，又作为“胡风分子”被投进农场进行改造。

判胡风对社会主义现实主义问题的认识，黄药眠批判他的“主观战斗精神”，敏泽则负责“党性”问题，等等。但是，从批判分析角度和理论依据来看，他们的批判则大同小异，甚至基本上是对林默涵（也包括何其芳）的文章的论点和思路的重复。

首先，一致批判胡风的理论没有阶级立场。在1953年的文章中，林默涵就批判胡风理论的错误根源在于没有阶级立场，即“一贯采取了非阶级的观点来对待文艺问题”[①]。这是他分不清旧现实主义与社会主义现实主义的根源，也是他没有“党性”的根源，也是他在“民族形式”问题上出现认识错误的根源。运动中，蔡仪在批判胡风对社会主义现实主义问题的认识时，也是从阶级立场问题入手的，认为胡风否认现实主义的阶级性，否认阶级性差异会产生“各种不同的”唯物主义认识论，这就违反了“马克思主义的常识”。[②] 这也就证明了胡风是资产阶级观点和反马克思主义的观点。黄药眠在批判胡风的“主观战斗精神”时，很重要的一点也是说他未指明其阶级性。[③] 敏泽关于文艺“党性”问题对胡风的批判，第一点也是因为缺乏阶级性，所以无法区别新旧现实主义。[④] 这跟林默涵的论证思路几乎如出一辙。

其次，以马列主义经典作家的言论为依据，指出胡风思想对这些真理性认识的歪曲，将之贴上唯心论标签。林默涵的文章就是在每一个方面都援引马列主义领袖的论述，将之与胡风进行对比，论证胡风的认识错误。其他人的文章也基本如此。如在“社会主义现实主义”的问题上，胡风曾依据斯大林的一句话，把社会主义现实主义的“本质的意义”理解为“写真实”。而蔡仪在批判文章中还原了这句话的语境，指出斯大林这句话是针对一些“旧知识分子”说的，并另外引用斯大林语录，说明斯大林其实是强调作家应该学习马克思主义的。黄药眠则主要论证了胡风对毛泽东思想的歪曲。如在思想改造问题上，毛泽东倡导的是一种到工农兵群众中去，到斗争中去的思想改造，而胡风的“思想改造”不过是作家知识分子“不断的自我斗争，不断的自我扩张”，这自然也是错误的。胡风虽然引用了马克思、列宁、毛泽东的许多语录，但都只是扭曲它们，用来装

① 林默涵:《胡风的反马克思主义的文艺思想》,《文艺报》1953年第2号。
② 蔡仪:《批判胡风的资产阶级唯心论文艺思想》,《文艺报》1955年第5号。
③ 黄药眠:《论胡风的“主观战斗精神”》,《文艺报》1955年第6号。
④ 敏泽:《胡风怎样歪曲和取消文艺的党性原则》,《文艺报》1955年第5号。

饰、掩饰自己的唯心论的。故此，“读了‘胡风对文艺问题的意见’以后，我认为胡风的这些意见是直接和今天国家过渡时期总任务所规定的社会主义建设与社会主义改造的方针相对立的。他企图以个人主义的唯心论的文学观来代替马克思列宁主义的文学观。他抹杀马克思主义学习的重要意义，用诡辩的形式反对思想改造，甚至狂妄到要求党放弃领导，以资产阶级的反动的文学思想来作为当前文艺运动的准绳”①。

当然，批判运动中的文章还要上升到政治高度，论证《人民日报》社论和领导人讲话、指示中的结论的正确性。也正是在这里，我们不难发现问题，即批判运动中的文章与运动之前林默涵、何其芳的文章在论据、论证方式上并无本质区别，但是结论的性质完全不一样了。这只能说是政治权力话语直接干预才造成的结果。

批判角度有些不同的是朱光潜的文章。朱光潜采取的是一种类似“推己及人”（“拿胡风的镜子照一照我自己，也拿我自己的镜子照一照胡风”）的方式，从哲学基本问题“主观世界还是客观世界处在第一位的问题”谈起，由剖析自我到剖析对象，由自我批判到批判对象，层层推进，论证自身早期思想错误与胡风思想的一致性，最后总结道：“胡风的整个文艺思想只消用一个等式就可以包括无余了：创作过程＝艺术实践＝生活实践＝自我扩展＝思想斗争＝思想改造＝现实主义的最基本的精神。”②如此化繁为简，算是剥去了胡风的外衣，得出了胡风在文艺上所站的立场和自己过去相去不远的结论，呈现出不一样的说服力。朱光潜通过对胡风的批判，也展示了自己的文艺思想正在逐步向马克思主义美学思想靠拢的态势。

对比“美学大讨论”与三大文艺批判运动，不难发现一些差别。如“美学大讨论”没有得到最高指示，“美学大讨论”是相互批判而不是一边倒的批判等。但是，不可否认，“美学大讨论”的发起是有组织安排的因素在内的。特别是，大讨论中的美学话语与批判运动中的理论话语存在一致性，即它们都以马克思主义反映论为哲学根基，突出阶级立场；都力图证明对方的认识是唯心主义的，因而在政治上是错误的等。从这个意义上说，“美学大讨论”具有明显的意识形态

① 黄药眠：《论胡风的“主观战斗精神”》，《文艺报》1955 年第 6 号。
② 朱光潜：《剥去胡风的伪装看他的主观唯心论的真面目》，《文艺报》1955 年第 9、10 号。

倾向，而这一倾向又为三大批判形成的社会思想氛围所制约。

二、三大文艺批判运动暴露出来的问题产生了“美学大讨论”的需要

但是，三大文艺批判运动与“美学大讨论”的关联性并非仅仅体现在上述规定性、制约性上，它还体现为一种弥补、一种纠正。换言之，是三大文艺批判运动暴露出来的问题一定程度上产生了“美学大讨论”的需要。这种需要突出地表现在两个方面。

一是文艺界、知识界受到批判运动的严重压抑、打击，需要拨乱反正，恢复学术研究的自由。

新中国成立后的这三大文艺批判运动，每一次都是对文艺界乃至知识界的沉重打击，而且造成的恶劣影响马上就暴露出来。批判《武训传》运动之后，文艺界的创作积极性受到沉重打击。尽管运动很早就确定了“对事不对人”的原则，孙瑜、赵丹等主创人员因此并未丧失工作的权利和机会，后来还推出了《宋景诗》这样带有将功赎罪意味的作品（这与后来的胡风集团批判、反右运动以及“文化大革命”中文艺工作者和知识分子的悲惨际遇相比，还是要好很多），但是，当时铺天盖地的大批判的舆论形势，仍然对文艺工作者产生了巨大的压力，使他们不敢创作或不知如何创作。夏衍回忆：“《武训传》批判对电影界，对知识分子，影响还是很大的，1950 年、1951 年全国年产故事片二十五六部，1952 年骤减到两部。剧作者不敢写，厂长不敢下决心了，文化界形成了一种不求有功、但求无过的风气。当时就有人向我开玩笑，说拍片找麻烦，不拍保平安。”①

批判《红楼梦研究》运动也给知识分子带来了痛苦的思想折磨。尽管毛泽东指示只批判思想而团结本人，运动后仍给俞平伯保留了全国人大代表的资格，1957 年全国第一次评职称，他还被评为中国社会科学院文学研究所的一级研究员（文学所仅评三人，另两个是钱钟书和何其芳），但这场大批判仍使俞平伯身心俱疲，受到长期影响，直至晚年，都倦谈《红楼梦》。他的研究助手王佩璋也因此去职，遭遇很多磨难，早早离世。还有周汝昌、顾颉刚、文怀沙等亦受牵

① 夏衍：《〈武训传〉事件始末》，《战略与管理》1995 年第 4 期。

连，其中受影响最大的当属冯雪峰。他不仅被免去主编职务，而且从此以后，冯雪峰在历次运动中均受牵连和打击，直至“文革”末期，郁郁病逝。

一次又一次的批判运动加深了知识界整体的不安，就连一些文艺界、知识界的领袖也出现了思想顾虑，感慨思想转变的困难。批判中，郭沫若就感叹：“我感觉着我们许多上了年纪的人，脑子实在有问题。我们的大脑皮层，就像一个世界旅行家的手提箧一样，全面都巴满了各个码头上的旅馆商标。这样的人，那真可以说是一塌糊涂，很少有接受新鲜事物的余地了。”[①]茅盾的自我反思更显谦卑：“我觉得，我们学习马克思列宁主义没有学得好，就好像是在贴满了各种各样的旅馆标签的大脑皮层上又加贴了马克思列宁主义的若干标语；表面上看看，有点马克思列宁主义，但经不起考验；一朝考验，标语后面的那些乱七八糟的商标就会冒出头来；如果是从那些马克思列宁主义的标语的缝隙里钻了出来，那就叫作露了马脚，那倒是比较容易发现的；最危险的，是顶着马克思列宁主义的标语而冒出来，那就叫作挂羊头卖狗肉，自命为马克思主义者，足以欺世盗名！我想：我们一定要有勇气来反躬自省，从今后，一定要老老实实好好学习，一定要用马克思列宁主义这个思想武器来肃清我们大脑皮层上那些有毒素的旅馆商标，而不是在这些旅馆商标上加贴了马克思列宁主义的标语。我们必须改掉那种自欺欺人的作风，我们要反躬自省，老实学习，这才不辜负党中央对我们敲起警钟的苦口婆心！”[②]批判使知识分子在精神上的不断自我“矮”化，由此可见。

而批判“胡风集团”运动则是三次运动中对知识分子伤害最严重的。胡风对当时文艺状况的陈言，其性质本属文艺争鸣，却被定性为“反革命集团”。1955 年 5 月 16 日晚，公安部拘捕胡风。18 日，全国人民代表大会常委会批准逮捕胡风。1965 年 11 月 26 日，北京市高级人民法院判处胡风 14 年有期徒刑，“文革”中又被加刑为无期徒刑。所谓的“反革命集团”三批材料公开后，全国掀起声讨胡风的浪潮，胡风的朋友、同人亦受株连。“胡风案件触及 2100 余人，逮捕 92 人，隔离审查 62 人，停职反省 73 人，正式定为胡风分子 72 人（其中共产党员 32 人），胡风骨干分子 23 人，到 1958 年给予停职、劳教、下放劳动处理的 62 人。”[③]运动之

① 郭沫若：《三点建议》，《文艺报》1954 年第 23、24 号，第 6 页。
② 茅盾：《良好的开端》，《人民日报》1954 年 12 月 9 日。
③ 黎辛：《关于“胡风反革命集团”案件》，《新文学史料》2001 年第 2 期。

后，知识界整体陷入万马齐喑之境，弥漫着“避祸”的心态。

这样的局面严重阻碍了正在进行的社会主义改造和建设进程，因而才有了党对知识分子工作的反思以及政策调整，才会提出“双百方针”，给予知识分子一定程度的学术自由，才有了发起“美学大讨论”的需要。

二是文艺批判暴露出的问题需要美学给予理论解答。

三大文艺批判运动暴露文艺界对马克思主义文艺理论掌握不足的问题。如在批判《武训传》过程中，中央文学研究所[①]的《我们讨论了电影〈武训传〉》中就检讨道：“对理论学习重视还不够，或者对理论还只限于教条的理解，不善于用马列主义理论来分析历史实际问题。”[②]此后，夏衍的检讨、周扬的总结都表达了类似的认识。如夏衍就说，在准备拍摄《武训传》时，“我们也没有严肃地、坚决地用马列主义和历史唯物论的观点来研究、认识与处理这个问题”。[③] 正是基于这样的认识，胡乔木才在《文艺工作者为什么要改造思想》中强调：“充分地宣传马克思主义的文艺思想，批评反马克思主义的文艺思想，使大家彻底认识文学艺术事业是工人阶级阶级斗争事业的一个重要部分，它……必须在工人阶级领导下成为团结人民、教育人民、打击敌人、消灭敌人的强大武器。”[④]文艺整风运动开展后，《人民日报》在《继续为毛泽东同志所提出的文艺方向而斗争》的社论中也强调，为在批评工作中防止简单化的、骂倒一切的粗暴现象，“批评工作者不仅要有高度的马克思列宁主义的理论修养和各种政策知识，而且也要和作家一样去研究生活，了解生活，这样才能做到不是从概念出发来批评作品，而是从生活出发来批评作品”。[⑤] 但是由于巨大的意识形态压力的存在，大部分人的马克思主义文艺理论学习只停留在思想检讨的层次，真正学理性的研讨并未随即出现。

批判俞平伯时，虽然也有一些很见学术功底的文章，但更多公式化的批判，有的文章甚至捕风捉影，乱扣罪名。后来，陆定一在向知识分子宣布“双百”方

---

① “第一次文代会”结束后即成立了“中华全国文学艺术界联合会（简称‘中国文联’）”。成立伊始，它就将“创办文学院”列入1950年的工作计划，后由其下属的“中华全国文艺界协会”草拟《创办文学院建议书》上报文化部。1951年1月，“中央文学研究所”正式成立，丁玲任第一任所长。这个文学所，周扬用“教学机关”“艺术创作与研究活动的中心”和“培养能忠实地执行毛主席文艺方针的青年文学的干部”来定性。或者说，它就是一所“文艺党校”。详见邢小群：《丁玲与文学研究所的兴衰》，山东画报出版社，2003年。

② 孟冰：《我们讨论了电影〈武训传〉》，《文艺报》1951年第4期。

③ 夏衍：《从〈武训传〉的批判检讨我在上海文化艺术界的工作》，《文艺报》1951年第4卷第10期。

④ 胡乔木：《文艺工作者为什么要改造思想》，《文艺报》1951年第5卷第4期。

⑤《继续为毛泽东同志所提出的文艺方向而斗争》，《人民日报》1952年5月23日。

针的报告时就反思道：“当时确有一些批判俞平伯先生的文章写得好的，但是有一些文章则写得差一些，缺乏充分的说服力量，语调也过分激烈了一些，至于有人说他把古籍垄断起来，则是并无根据的说法。这种情况，我要在这里解释清楚。”[①]批判胡适时，情况亦是如此。多数文章也属于重复论证，鲜有独到之见，而且用语粗暴，观点片面。1955 年 5 月 16 日，中共中央批转的中宣部《关于胡适思想批判运动的情况和今后工作的报告》中，就对批判中的缺点有所检讨：“由于我们理论工作基础薄弱……在批判中进一步发挥马克思列宁主义理论观点的更少。……许多作者不善于从根本上抓住胡适思想的实质，不善于揭露胡适思想内部的自相矛盾和混乱，不善于揭露胡适骗人的手法，常常摘引胡适的几句话就大做文章，用驳斥胡适每一句话的方法来进行战斗，甚至还不符原意地加以引申，连同胡适用来伪装自己的、本意正确的话也加以否定。有的文章论证不多，说理不够，结论武断。”[②]

批判胡风文艺思想的情况，上文已有揭示。总体来看，这三大批判从对作品的批判到对文学批评的批判到对文艺思想的批判，是步步深入，但它们都暴露出了重复论证、文风简单粗暴的问题。这样问题的出现，除了批判导向本身的牵强之外，多数批判者本身理论素养不够，特别是对马克思列宁主义文艺思想掌握得不够，不能不说是造成批判缺乏质量的重要原因。因此，这些批判运动也就将如何运用马克思主义美学原则进行文艺批判的问题以非常尖锐的方式暴露了出来，需要从马克思主义美学理论的高度予以解答。就此而言，“美学大讨论”也可以说是适应新中国文艺研究的需要而产生的了。

第三节　新中国成立初期的哲学语境

新中国成立以后，为确立和巩固马列主义、毛泽东思想的领导地位，哲学问题受到了新中国政权高度的重视，这就形成了新中国成立后十余年特定的哲学

① 黎之：《回忆与思考——从“知识分子会议”到“宣传工作会议”》，《新文学史料》1994 年第 4 期。
② 陈大白主编：《北京高等教育文献资料选编 1949—1976》，首都师范大学出版社 2002 年版，第 244 页。

语境。大体上说，这一哲学语境由新中国成立初期的历史唯物主义教育、50年代中期的批判资产阶级唯心主义运动和后来的工农兵学哲学用哲学的马克思主义哲学大众化运动等几个方面构成。它们顺应特定的政治需要而起，在政治力量的推动下使社会各界均卷入其中，深刻影响了那个时代的人们的世界观、价值判断、思维方式和言说方式。“美学大讨论”发生在这一历史时期，当然也深受这一哲学语境的影响。实际上，“美学大讨论”的发生，就是当时批判资产阶级唯心主义哲学运动的需要，是文艺界响应党中央的指示，贯彻落实批判运动的重要举措。因此，阐明当时的哲学语境对“美学大讨论”的影响，对于把握“美学大讨论”的思想成因、存在形态，以及理论局限等都是十分必要的。

一、中国哲学的马克思主义化推动了中国美学的马克思主义化

在新中国成立之前，中国的哲学领域是中国传统哲学思想、西方的现代哲学思想与马克思主义等多种哲学思想并存博弈的局面。甚至在知识分子群体中，中国传统哲学思想和西方的一些哲学思想的影响要远大于马克思主义哲学的影响，而对于广大的农民阶级和工人阶级而言，他们基本上是文盲，故而对马克思主义同样缺乏必要的了解。即使在党内，对马克思主义哲学的掌握程度也是有限的。直到1955年初，马克思列宁学院在一份哲学教学经验总结中，还这样介绍学员的情况和哲学水平：该院500多名学员，都是县团级乃至师级干部，95%的人最初的文化程度都在初中以上，绝大多数有8年以上党龄，长期做党的工作，经历过历次整风运动。这样的学员素质在当时已经属于非常难得了。但他们中“绝大多数的同学从来都是没有学过哲学，或至多只是零碎看过一点哲学书，只有极少数的人对马克思列宁主义哲学有若干基本的理解。因此，他们对于哲学就有着各种不正确的看法”①。新中国成立之初党内的马克思主义哲学水平可以想见。这样的情况已不符合新中国建设的需要。新中国成立后，为使新政权获得牢固的思想基础，在全国范围内传播和普及马克思主义哲学就成了当务之急。而新政权随之而来的一系列举措不仅使马克思主义哲学在中国的绝大部分疆域内被推广、普及，而且实质上使马克思主义哲学成了其中唯

① 《马克思列宁学院第二部哲学教学的经验》，《人民日报》1955年1月11日。

一具有合法性的哲学，从而使中国哲学马克思主义化了。

历史唯物主义教育是新中国推广马克思主义哲学的发起点。在马克思主义传入中国之初，唯物史观就是中国先进知识分子认识和接受马克思主义的切入点。在新中国成立前夕一些新解放的城市进行马克思列宁主义、毛泽东思想教育时，同样是以社会发展史、历史唯物主义的学习为突破口的。基于这样的经验，历史唯物主义再次成为新的哲学学习教育运动的发起点。以唯物史观为马克思主义哲学学习运动的主要内容不仅是教育发起者的安排，也是学习者的内在需要。因而新中国成立之初的历史唯物主义教育在人民群众中，特别是广大青年学生中引起了热烈的反响，掀起了学习历史唯物主义的热潮。像艾思奇由讲座讲义整理而成的《历史唯物论、社会发展史》一书，1951 年由三联书店初版，1958 年 6 月第 13 次印刷时已近五十万册。新中国成立初期历史唯物主义的教育与学习状况，由此可见一斑。

通过这样的教育与学习，人们初步掌握了劳动创造人、人民是历史的创造者、阶级斗争是历史发展的动力、生产力决定生产关系、经济基础决定上层建筑等历史唯物主义的基本观点和原理，并且在教育学习过程中，注重将历史唯物主义基本原理与中国革命斗争、新中国的政权、阶级状况等现实内容相结合，这就确认了中国革命胜利的必然性和中国共产党领导的合法性，也在很大程度上解答了人们非常关心又时常被困惑的世界观、人生观问题，使他们更积极、更自觉地投身到新中国的建设中去。这样的历史唯物主义教育也极大地促进了知识分子的思想转变。历史唯物主义既是世界观也是方法论，通过学习，一些知识分子逐步学会运用历史唯物主义对自己的人生经历和主观世界进行剖析与反省，开始了自己的世界观的改造历程。朱光潜就是其中的代表。在这样的思想转变历程中，他们不仅逐渐形成了唯物主义的世界观，而且马克思主义也越来越成为他们解决学术问题的方法论武器。

而对各种非马克思主义的猛烈批判则确立了马克思主义哲学在中国的唯一合法性地位。哲学批判运动的重点是批判资产阶级唯心主义，而重中之重是批判胡适哲学。胡适成为最重要的批判目标，根本原因在于他对当时知识分子的巨大影响。像 1954 年底，周扬在《我们必须战斗》的发言中就说，要批判胡适思想，是因为“它在人民和知识分子的头脑中还占有很大的地盘。不能设想，不经过马克思主义在各个具体问题上的彻底批判，唯心论思想可以自然消灭。因此，全面地、彻底地揭露和批判胡适派资产阶级的唯心论，就是当前马克思主义十分重要的战斗的任务”[①]。在批判中，人们纷纷从辩证唯物主义的基本观点出发，从实在论、方法论、真理论、唯心史观、人生观、哲学史观等不同方面着手批判。不止于此，胡适哲学的主要思想来源——杜威的实用主义哲学，同样遭到集中批判。基本的批判方式也是将杜威哲学的方方面面与辩证唯物主义一一对照，进而得出杜威哲学从世界观到方法论无不荒谬的结论。如金岳霖就说：“杜威的世界观是主观唯心论的、庸俗进化论的，认识论上反理性论的，行动上盲目主义的。这个世界观和我们马克思列宁主义者的世界观是根本对立的。”[②]锋芒所及，贝克莱主义、马赫主义等受到经典马克思主义作家批判的各种西方唯心论思想也被顺带提出，再作批判。这样，大张旗鼓的批判不仅向全国人民揭示了各种唯心主义的谬误与危害，也实际上确立了辩证唯物主义（马克思主义）的唯一正确性：“辩证唯物主义的世界观、方法论、认识论，才能是唯一科学的世界观、方法论、认识论。”[③]

对非马克思主义的批判不止于对资产阶级唯心主义的批判，而且还包括对中国传统哲学的批判。在新中国成立最初几年的哲学语境中，人们曾经展开过关于老子哲学是否是唯物主义的、张载的哲学是否是唯物主义的一些讨论。认为老子、张载等的哲学是唯物主义的学者，主要是用辩证唯物主义（“物质第一性、精神第二性”）的基本观点来判断老子、张载哲学的性质。如任继愈、杨超等认为老子的“道”的概念既指物质实体又指宇宙规律，这就等于承认了“物质第一性”，因而是唯物主义的。他们还从苏联汉学理论中寻求支持。像杨超就援引苏联汉学家杨兴顺、A. A. 彼得洛夫的话来支持老子哲学是唯物主义的观点。[④] 而否认老子、张载等的哲学是唯物主义的学者，同样依据上述辩证唯物主义的基本原则来反驳。如胡瑞昌、胡瑞祥认为，老子的“道”是先于自然界、物质的东西，[⑤]这实际是承认了“精神第一性”，因而是唯心主义的。而邓冰夷则从人性论、认识论到本体论等诸多方面来批评张载颠倒了心物关系，不过是客观唯

---

① 周扬：《我们必须战斗》，《光明日报》1954 年 12 月 10 日。
② 金岳霖：《批判实用主义者杜威的世界观》，《哲学研究》1955 年第 2 期。
③ 孙定国：《胡适派哲学思想反动本质的批判——关于“真理论”与“实在论”的批判》，《哲学研究》1955 年第 11 期。
④ 杨超：《老子哲学的唯物主义本质》，《哲学研究》1955 年第 4 期。
⑤ 胡瑞昌、胡瑞祥：《老子的哲学是唯心论》，《哲学研究》1955 年第 4 期。

心主义。[①] 其实，在这些论辩中，正方不过是以马克思主义的、主要是辩证唯物主义的观点来重新阐释中国哲学传统，而反方则运用辩证唯物主义的观点、立场，去分割、斫砍中国传统哲学，其结果都是马克思主义的胜利。而随着批判的观点占据主导地位，中国传统哲学的研究走向消沉。

与上述批判相关的，是对承继中国传统哲学思想学者的思想的批判。由于梁漱溟曾提出所谓"九天九地"之说对过渡时期总路线表示质疑，成为批判的主要目标，这一批判也最具代表性。众多名家学者参与了这一批判运动，批判内容也涵盖文化观、教育观、乡村建设的理论与实践，以及宗教观等各个方面。而哲学批判的重点则在于从哲学观的阶级性、世界观、认识论、历史观等方面，揭露和批判梁漱溟哲学思想的唯心主义本质，认为其哲学"乃是佛学和儒家陆王学派思想中带有神秘主义的主观唯心思想。崇尚'直觉'，宣扬'非象'，把宇宙看成'大意欲'的'生活相续'。主张什么'物我一体'，'人我一体'"，"这一套完整的反动思想，在旧社会是起过极大的欺骗作用的"。[②] 通过这样的批判，中国传统哲学思维方式被贴上各种唯心主义的标签而冻结。而上述一系列批判也使各种非马克思主义哲学在新中国的思想学术领域内失去了生存空间，马克思主义哲学成为具有唯一合法性的哲学。

马克思主义哲学的大众化构成了新中国成立初期哲学语境的又一重要向度。某种意义上说，新中国成立后包括历史唯物主义教育在内的思想教育活动，以及一些批判运动都具有马克思主义大众化的性质，但是马克思主义哲学大众化更重要的内容还在于对毛泽东思想这一中国式马克思主义哲学的阐释工作，以及历时八年（1958—1966）的工农兵学哲学用哲学运动。与马克思主义创始人以及一些国外经典马克思主义作家的著作相比，以《实践论》《矛盾论》为代表的毛泽东著作，是与中国革命经验结合更为紧密、更符合中国人表达习惯的哲学著作。对它的阐释与传播有利于毛泽东思想掌握新中国的意识形态领导权，也有助于用马克思主义哲学更快地武装广大人民群众的头脑。因此，艾思奇、李达等对毛泽东思想的阐释，以及媒体的大力宣传，很快在全国范围内掀起了学习马克思主义哲学的新高潮。而工农兵学哲学用哲学运动是前述哲学

① 邓冰夷：《"张横渠的哲学"一文读后感》，《哲学研究》1955 年第 3 期。
② 《思想学术动态·对梁漱溟的反动思想展开批判》，《哲学研究》1955 年第 3 期。

运动的延续，而且在理论联系实际原则的指导下，它更是吸引了数以亿计的工农兵，塑造了整整一代人的精神面貌和思维方式，不仅影响了当时社会生活的方方面面，而且在后来的中国思想进程中也是余响不绝。可以说，它带来了一次空前的马克思主义哲学大解放和大普及，也造成了哲学认识的简单化、庸俗化与政治化，影响的优点、缺点都十分突出。

历史唯物主义教育、批判各种非马克思主义哲学和马克思主义哲学大众化构成新中国成立后十余年的哲学语境的主要内容。经过一系列的运动，历史唯物主义、辩证唯物主义的基本原理深入人心，新中国社会成员对马克思主义哲学的整体认识获得了质的提升，马克思主义哲学获得了唯一合法性的地位，因而可以说中国哲学马克思主义化了。而中国哲学的马克思主义化也推动了中国美学的马克思主义化。具体到"美学大讨论"来说，就是由于唯物史观教育等系列措施改造了人们的世界观与方法论，像朱光潜这样的学者不管在新中国成立之前采取什么样的美学立场，现在都必须运用马克思主义的观点和方法来研究美学问题了。而在大讨论中，论者们无论对"美的本质"等问题的认识存在多大差异，却无一例外地宣称自己是站在马克思主义的立场上的。不止于此，由于对各种非马克思主义哲学的猛烈批判，像宗白华这样的对中国古典美学、中西美学比较研究等领域有深厚造诣的学者则在大讨论中基本选择了沉默，这就大大限制了中国美学的研究范围，让它局限在马克思主义哲学讨论所引发的几个问题的狭小范围内。而马克思主义哲学大众化虽不能说对美学大讨论产生什么直接作用，但是它营造的总体社会氛围，激发起的哲学学习热情和理论兴趣，以及由此而孕育的审美趣味，对于美学讨论引发全社会的关注而形成"美学热"，则不能说没有影响。

二、 哲学的唯心与唯物之辨限定了美学的主观与客观之争

众所周知，"美学大讨论"的核心问题是"美的本质"问题，对这个问题的解答虽然当时形成了四派相持不下的美学观念，但这些美学观念实际上都是围绕着"美是主观的？还是客观的？"的哲学叩问而展开的。而这一美学问题域的形成也是直接为当时的哲学语境所规定的，确切地说是为当时的哲学批判运动中对"唯心"与"唯物"问题的极端重视所限定的。

对于唯心与唯物问题，恩格斯将之明确为哲学的“最高问题”，这一界说在马克思主义哲学思想系统内产生了深远影响。他认为：“全部哲学，特别是近代哲学的重大的基本问题，是思维和存在的关系问题。”“哲学家依照他们如何回答这个问题而分成了两大阵营。凡是断定精神对自然界说来是本原的……组成唯心主义阵营。凡是认为自然界是本原的，则属于唯物主义的各种学派。”但他强调：“除此之外，唯心主义和唯物主义这两个用语本来没有任何别的意思，它们在这里也不是在别的意义上使用的。……如果给它们加上别的意义，就会造成怎样的混乱。”[①]在马克思、恩格斯的时代，给这两个概念加上“别的意义”的做法之一，就是将唯物主义庸俗化、将唯心主义理想化。费尔巴哈因此都不愿意承认自己的哲学是唯物主义的。但造成混乱的不止于此，恩格斯还告诫我们，由于思维与存在的同一性的存在，哲学家们会在自然、社会和历史等不同领域对二者的关系形成不同理解，这就造成唯心论与唯物论出现各种各样的相互渗透与转化。这与后来出现的给某一思想简单地贴上唯心主义或者唯物主义标签的做法是有根本区别的。

列宁继承了思维与存在的关系问题是哲学最基本的问题这一见解，并把唯心与唯物的区分提高到哲学的党性原则这一高度。他不仅把唯心主义与唯物主义当作划分哲学派别的“基石”，而且在他看来，马克思的哲学著作存在一个“始终不变的基本观点”，那就是“坚持唯物主义、轻蔑地嘲笑一切模糊问题的伎俩、一切糊涂观念和一切向唯心主义的退却”[②]。由此他发现了马克思主义哲学的党性原则，“马克思和恩格斯在哲学上自始至终都是有党性的，他们善于发现一切‘最新’流派背弃唯物主义以及纵容唯心主义和信仰主义的倾向”。[③]列宁提炼的马克思主义哲学的党性原则就是要严肃而严格地区分唯心主义、唯物主义，并坚持唯物主义立场，与一切唯心主义坚决斗争。列宁对哲学的党性原则的认识经过斯大林等人的转化在苏联官方哲学中得以稳固，并用于指导意识形态斗争，但也因此在思想上将哲学的党性等同于政治的党性，在实践中使哲学论战蜕变为政治批斗。

---

① 恩格斯：《路德维希·费尔巴哈和德国古典哲学的终结》，载《马克思恩格斯选集》第四卷，人民出版社1995年版，第223—225页。

② 列宁：《唯物主义与经验批判主义》，载《列宁全集》第十四卷，人民出版社1963年版，第356页。

③ 同②，第358页。

恩格斯、列宁的思想，以及苏联式马克思主义哲学对中国马克思主义哲学的影响是显而易见的。在《大众哲学》中，艾思奇就实际上复述了恩格斯、列宁的观点，如哲学的基本问题是主观与客观的关系问题，实质上也就是思维与存在的关系问题；哲学可区分为两大基本派别：一类是观念论，即唯心论，另一类便是唯物论；等等。由于《大众哲学》在中国的广泛影响，以思维与存在的关系问题为哲学的最基本问题的认识对中国的影响也就可以想见。新中国成立后，时任中共中央马列学院副院长的杨献珍在为宣传"批判资产阶级唯心主义、宣传马克思主义唯物主义的运动"而作的一次重要讲座中，首先就阐述了恩格斯、列宁的相关见解，并说："哲学史之所以能够成为科学，就是由于掌握了思维对存在的关系这个哲学上最根本的问题作为阐述哲学史的总的线索。"①而且，"真正严肃地对待唯物主义的世界观，把这个世界观彻底地运用到所考察的一切知识领域里面去，这是马克思主义哲学的党性的表现"。"我们现在学习马克思主义哲学，也应当真正严肃地对待唯物主义的世界观，并把这个世界观彻底地运用到我们的一切实际工作部门（包括经济建设文化建设的各个部门）。"② 可以说，恩格斯、列宁等关于"哲学最基本问题"的认识就是新中国成立后中国哲学界执着于唯心与唯物问题的思想渊源。

由于把唯心唯物之辨视为攸关党性原则的问题，由于要把这种唯物主义的世界观彻底运用到一切实际工作部门中去，批判唯心主义成为一场在中国学术界全面铺开的运动。不仅哲学及其他人文社会科学领域展开了批判（参见前文所述对胡适哲学等的批判），而且整个自然科学领域也被要求肃清唯心主义的影响。于是，物理学、化学、生物学、遗传学、宇宙学、医学、心理学等领域的学者纷纷发表哲学论文，清算本学科领域内的唯心主义反动思想。这些批判文章的基本论调是，在自然科学领域肃清唯心主义的意义是极其重大的，因为，唯心主义对各自然学科的歪曲使这些学科披上了神秘的外衣，掩盖了其科学内容，妨害了人们对它的理解，把科学家的努力引入歧途，所以唯心主义阻碍了科学的发展。因此批判唯心主义就是捍卫真正的科学，帮助科学的发展。而且，批判唯心主义，就必然要指出怎样正确地用辩证唯物主义来理解自然科学取得的新

①② 杨献珍：《思维对存在的关系这个哲学上最根本的问题也是我们一切实际工作中最根本的问题》，《哲学研究》1955 年第 2 期。

成就，这样也就丰富了辩证唯物主义。因此在自然科学领域开展唯心主义批判会促进辩证唯物主义发展。总之，在他们看来："辩证唯物主义是研究自然、社会以及认识的变化和发展的最普遍的客观规律。必须以这个最普遍的客观规律作为指南，才有可能正确地发展科学。"①坚持辩证唯物主义的指导，批判唯心主义，不仅被提到了发展科学的必然要求的高度，而且还被看作了意识形态斗争的一部分。因为，"我们是处在社会主义阵营日益壮大和发展，而资本主义日趋腐朽死亡的时代。在资本主义包围仍然存在的今天，不仅不会减弱，今后反将更会加强。只有依靠辩证唯物主义，才有可能警觉资产阶级对科学的曲解，才有可能维护科学的健康发展"。②

唯心与唯物之辨不仅限定了哲学批判的基本问题，而且限定了人们对辩证唯物主义的理解。列宁特别强调，辩证唯物主义认识论就以承认外部世界及其在人们意识中的反映为一切认识的基础。他又在《哲学笔记》中的《黑格尔辩证法（逻辑学）的纲要》中提出辩证法、逻辑学、认识论三者同一这样的命题，并且认为三者是由反映论统一起来的。受此影响，中国的马克思主义哲学也将反映论置于辩证唯物主义的核心位置。毛泽东在《实践论》中就提出："从认识过程的秩序说来，感觉经验是第一的东西……认识开始于经验——这就是认识论的唯物论。"③李达在《〈实践论〉解说》中，对此作了进一步阐发：他从感觉对于整个认识的初始意义出发，把认识过程中的一系列因素如感觉、省悟、印象、概念、判断、推理、思想、法则、结论等都看作是客观世界的反映，又把反映看作是一个矛盾运动的过程，如本质与现象的矛盾、感觉与概念的矛盾等。这样，所谓从实际出发，"即是从感性认识的阶段出发"。因而反映论"是辩证唯物论的认识论的核心"。④

由于反映论被置于辩证唯物论的核心，或者说反映论、认识论的思维模式被当作最根本、最科学的哲学思维模式，"认识即反映"成为当时被广泛接受、甚至不容置疑的观点："何谓认识？认识就是反映。马克思列宁主义的唯物主义的认识论就是反映论。离开了反映论，也就没有唯物主义的认识论。所以，只有根据'存在是第一性的、思维是第二性的、思维是存在的反映'这个唯物主义

①② 孙承谔、戴乾圜：《辩证唯物主义认识论与化学》，《哲学研究》1955 年第 4 期。
③ 毛泽东：《实践论》，人民出版社 1953 年版，第 11 页。
④ 李达：《〈实践论〉解说》，三联书店 1978 年版，第 31—32 页。

的原理，我们才能走到主观和客观的统一。而主观和客观的统一，乃是认识世界、改造世界的关键。以毛泽东同志为首的党中央所领导的中国共产党，正是由于掌握了这个主观和客观统一的原理来指导中国革命，所以才能够把中国革命引上胜利的道路。”①在这样的思维模式中，主观即思维，客观即存在，而存在的第一性、思维的第二性也就决定了，强调主观即唯心主义，强调客观即唯物主义。又因为唯心与唯物的区分是关系党性原则的问题，所以必须从党性原则的高度来认识主观与客观问题，必须站稳唯物主义的立场，批判和反对唯心主义。

在这样的社会环境与思想氛围中，“美学大讨论”当然不能例外，只能跟在主导性的哲学思想后面亦步亦趋地讨论美学问题，从而使认识论、反映论成为美学探讨的唯一思维模式，使唯心与唯物这样的哲学基本问题不证自明地成为美学基本问题，使一代美学家只能在主观与客观的狭小问题域中寻找美的本质的答案。

三、 哲学的政治化增加了美学判断的意识形态色彩

在“美学大讨论”中，另外非常引人注目的一点是，各派美学观点，不管认为美在主观、美在客观、美在主客观的统一抑或其他，他们最后都要不遗余力地证明自己的观点是唯物主义的，而批判别人的观点是唯心主义的。如黄药眠批判朱光潜的美学是“唯我论”，甚至是“食利者的美学”；蔡仪将朱光潜、吕荧、黄药眠都批判为“唯心主义”；李泽厚批判蔡仪美学是“客观唯心主义认识论”；朱光潜则批判李泽厚是“客观唯心主义”，批判蔡仪是“机械唯物主义”；等等。为什么美学家们都要以唯心与唯物的区分为自己理论判断的落脚点呢？这是因为唯物主义还是唯心主义，不仅意味着理论上是正确的还是错误的，而且意味着思想上是革命的还是反动的。这种思维倾向的形成同样与当时哲学政治化的倾向有着密切联系。

马克思主义哲学的现实关怀使政治成为马克思主义哲学的必有向度。这种现实关怀在《关于费尔巴哈的提纲》中对于“改变世界”的重要性的强调上得以显著体现，它也使理论与实践的辩证统一成为马克思主义的内在要求：“哲学

---

① 杨献珍：《思维对存在的关系这个哲学上最根本的问题也是我们一切实际工作中最根本的问题》。

把无产阶级当作自己的物质武器，同样，无产阶级也把哲学当作自己的精神武器”[①]，而“理论一经掌握群众，也会变成物质力量”。[②] 换言之，理论与实践的辩证统一的内在要求使马克思主义自觉地将哲学与政治联系起来，并要求哲学不能脱离政治，但这种要求不是以牺牲理论的探索性和否认科学理论对实践的指导意义为代价的。因此，承认马克思主义哲学内含政治向度不等于将哲学政治化。但是斯大林之后的苏联马克思主义，是通过歪曲马克思主义关于理论与实践的辩证统一的认识，而将哲学政治化了。他们的做法是，通过强调理论不能脱离实践、哲学不能脱离政治，而将实践置于更具基础性的地位，并据之来检验理论。但是“实践”是什么呢？1930年12月9日斯大林就“哲学战线上的形势问题”发表“谈话”之后，“实践”实际上沦为政治领袖的现实形势判断和相应的政治路线的实施。这样的“实践”检验，实际上是以领袖意图和政策决议来检验理论，使哲学失去了其探索功能和作为理论对实践的指导地位，而沦为为政治辩护的工具。甚至在哲学辩论中，因为可以“为了进行战斗，需要所有的武器”[③]，苏联御用哲学家竟然通过寻找对手在政治生活经历上的污点来攻击对手，以揭露对手曾经的政治立场的错误来论证其现在的哲学立场的错误，使哲学批判彻底蜕变为政治批斗，并最终在政治权力的裹挟下沦为政治压迫。

苏联式的哲学政治化对中国新中国成立后的哲学语境造成了深刻影响，或者说，中国的马克思主义哲学也被政治化了。它在观念上的突出表现是，“哲学”概念本身成了阶级斗争的意识形态体现：“哲学，如毛泽东同志所指示的，是‘关于自然知识和社会知识的概括和总结’（整顿党的作风）。依据马克思列宁主义的理论，哲学史是唯心论与唯物论斗争的历史，本质上是唯物论发展的历史，是一定的意识形态适应着一定的社会形态而发展的历史，是把各种阶级的利益和要求曲折地表现而为理论斗争的历史”[④]，而“唯心论和唯物论是分别代表着反动阶级和进步阶级利益的两个相反的哲学方向”[⑤]。由此，哲学的两大阵营的区分变成了政治上的两条路线的斗争，哲学的党性原则被等同于政治的党

① 《马克思恩格斯选集》第一卷，人民出版社1995年版，第15页。
② 同①，第9页。
③ 米丁：《斯大林与哲学和自然科学红色教授学院党支部委员会的谈话》，《哲学译丛》1999年第2期。
④ 侯外庐：《从对待哲学遗产的观点方法和立场批判胡适怎样涂抹和污蔑中国哲学史》，《哲学研究》1955年第2期。
⑤ 胡瑞昌、胡瑞祥：《老子的哲学是唯心论》，《哲学研究》1955年第4期。

性原则，一切思想文化现象都被政治化了。

中国的哲学政治化在实践上则突出表现在由于政权力量的直接介入，哲学议题紧紧跟随政治需要而被运动化。如前所述，新中国成立后最早的哲学议题是历史唯物主义教育。为了推进这一议题，当时的主要举措有：第一，利用各类培训班，在对广大工人、农民进行技术和文化知识教育的同时进行唯物史观的教育；第二，在高校开设“社会发展史”“新民主主义论”“辩证唯物主义与历史唯物主义”等课程；第三，从中央到地方建立各级党校，对党的干部进行系统的马克思主义教育；第四，发起《武训传》批判等文艺批判运动和思想改造运动，开设各类学习班、培训班，用马克思主义改造知识分子思想。同时，利用广播等媒体，组织艾思奇等专家学者进行面向全社会的宣讲。而这些举措离开政权力量的介入、安排是不能想象的。不止于此，新中国成立后的一系列哲学批判，如对梁漱溟哲学的批判、对胡适哲学的批判，乃至围绕“经济基础与上层建筑”问题、“思维与存在的同一性”问题等展开的论争，都有非常明显的政治动因。随着胡适哲学批判运动的推进，1955 年 3 月 1 日，中共中央发出《关于宣传唯物主义思想批判资产阶级唯心主义思想的指示》。指示要求：“在党内外干部和知识分子中，宣传唯物主义思想，批判资产阶级唯心主义思想，并且通过他们，用唯物主义思想教育文化水平较低的广大的人民群众，是极为艰巨的任务。为此必须在全国范围内进行一个长期的思想运动。”①并要求报刊编辑部和学术机关应当在党委领导之下发起和组织学术问题的讨论，要求党的宣传部门要制定计划，以追求“唯物主义在各个学术部门中的彻底胜利”。3 月 21 日，毛泽东在党的全国代表会议上的总结发言中提出：“我们要作出计划，组成这么一支强大的理论队伍，有几百万人读马克思主义的理论基础，即辩证唯物论和历史唯物论，反对各种唯心论和机械唯物论。我们现在有许多做理论工作的干部，但还没有组成理论队伍，尤其是还没有强大的理论队伍。……我劝同志们要学哲学。”②随后这一运动贯彻所有学术领域，并席卷全国。正是为了将对唯心主义的批判运动推向深入，澄清思想问题，朱光潜才在几位意识形态部门领导的直接授意下，写出了《论我的文艺思想的反动性》，从而引发了后来的持久美学争论。而密切关注

---

① 中共中央政策研究室：《建国以来重要文献选编（第六册）》，中央文献出版社 1993 年版，第 72 页。
② 《毛泽东文集》第六卷，人民出版社 1999 年版，第 405 页。

这一运动的李泽厚(他曾为这一运动写下《全国广泛展开批判资产阶级唯心主义宣传马克思主义唯物主义的斗争》的综述[①]),才会毅然从哲学领域介入美学论争,并发展出具有广泛学术影响的重要美学派别。

因此在“美学大讨论”中,由于哲学政治化思维模式的作用,仅仅在学理上阐明“美在主观”“美在客观”或者其他观点是不够,还必须论证自己的观点是唯物的,而对手的观点是唯心的,即从政治上论证对手的错误性质,将学理批判上升到政治批判,才能体现批判的深刻性和论者本人的政治觉悟。也正因为如此,尽管相对同时期的其他批判运动而言,美学大讨论体现出了难能可贵的学术品格,但在讨论过程中,高尔泰还是因阐述“美在主观”的学术观点被打成“右派”,黄药眠因讨论开始不久被打成“右派”而失去了继续参与大讨论的资格。这都使我们不得不承认,美学大讨论仍然烙上了高度意识形态化的时代印记。

第四节　新中国成立初期的美学发展

前文的分析意在表明,“美学大讨论”的出现,离不开新中国成立之初特定的政治形势、文化背景和哲学语境等因素的影响,但是,在揭示了前述种种因素的影响之外,美学领域内部的话语演进对“大讨论”形成的作用也是不容忽视的。为此,我们还有必要从文献史料爬梳入手,厘清从新中国成立前后到大讨论发生的美学话语发展线索。

一、美学整合:新中国美学言说的初始形态

就言说形态而言,新中国的美学话语是从美学整合,而不是从美学争鸣开始的。甚至这种美学整合的指示,在新中国成立前夕就已经发出了。1948 年,革命与反革命的斗争已经处于短兵相接的关键时刻,在这年 3 月的《大众文艺

① 李泽厚:《全国广泛展开批判资产阶级唯心主义宣传马克思主义唯物主义的斗争》,《哲学研究》1955 年第 1 期。

丛刊》创刊号上，郭沫若发表了《斥反动文艺》一文。在文中，郭沫若开门见山指出，值此关键时刻，“衡定是非善恶的标准非常鲜明。凡是有利于人民解放的革命战争的，便是善，便是是，便是正动；反之，便是非，便是恶，便是对革命的反动”。[①] 秉承这种非此即彼的标准，他将朱光潜与萧乾、沈从文等人一道，列为反动文艺的突出代表。这里，郭沫若对朱光潜的批判，已不是40年代初蔡仪、黄药眠式的学理批评，而是一种政治漫画式的脸谱勾画。尽管如此，由于《大众文艺丛刊》是在中国共产党的领导下，向“国统区”广大读者传播革命文艺、指引文艺发展方向的重要阵地，刊物的地位和郭沫若在文艺界的地位决定了《斥反动文艺》不仅是一篇战斗檄文，更是一则划分敌我阵营、指导文艺整合的政策指令。此文一出，朱光潜就被完全置于革命文艺思想的对立面，成为新中国的美学整合中首要的批判对象。

朱光潜受到如此重视，与其身份的特殊性与重要性密切相关。因为他并非寻常的美学家，而是一个既在学术界和青年读者群体中有着重大影响的学术名家，又在国民党中有着极高地位的政治人物。这一点，直到新中国成立几年后胡风仍念念不忘：

> 在反动统治的许多年中间，我们看到朱光潜这个名字是会感到痛的。朱光潜，是国民党（或三青团）的中委，是第一个以名教授和名学者的身份自愿到蒋介石中央训练团去受训，起了“带头”作用，是蒋介石《中央周刊》的经常撰稿人，强烈地表现了污蔑革命的“思想”，他抗战前和抗战后主编过《文学》杂志，坚守资产阶级文学的阵地，到抗日胜利后蒋介石发动内战的时候，他是胡适所倡导的“和比战难”主张底支持者，到解放前蒋介石政权快要完蛋的时候，他又是所谓“新的第三方面”底主要策动者之一，但朱光潜又是名“学者”，大约二十年以来，他出版了《给青年的十二封信》《谈美》《文艺心理学》《诗学》等，在读者里面发生了极其广泛的影响。他用资产阶级唯心论深入到美学这个领域，“开辟”了广大的战场，在单纯的青年们和文学教授中间起了极其危害的作用。[②]

---

① 郭沫若：《斥反动文艺》，徐迺翔主编：《中国新文艺大系 1937—1949 理论史料集》，中国文联出版社1998年版，第406页。

② 胡风：《对〈文艺报〉的批评·胡风的发言》，《文艺报》1954年第22号。

胡风之“痛”反衬的恰是朱光潜身份地位之“重”：一个曾经在“学术—政治”两个方面都占据了显著位置的人，一个无产阶级在夺取文化领导权过程中必须打败的思想对手。因而对朱光潜的批判，就能收到从学术到政治的多重效果，难怪他会被列为首要的批判目标。

《斥反动文艺》的话语效果很快显现出来。1949 年 7 月“第一次文代会”召开，朱光潜连代表资格都未获得，只能在《人民日报》上作自我检讨，成为知识界自我批判的第一人。

在排除了朱光潜的情况下（或许褫夺其代表资格亦可视为一种整合举措），美学整合首先从革命文艺队伍内部开始了。我们知道，“第一次文代会”是解放区与“国统区”两支文艺队伍的会师。会议期间还举行了戏剧音乐演出、文艺展览会等，进行作品的观摩与交流。来自解放区的作品自然占据了主要位置，因为它们“在毛主席的文艺方针下，在和工农兵群众相结合的基础上创造了许多范例”①，代表了“人民的文艺”的方向，但对这些作品的评价并不统一。为弥合分歧，树立正确的审美观，在党内负责文艺评论工作的王淑明特意在《文艺报》发表了《要求新的美学观点》。文章首先道明写作缘由：“近来有些人，对于解放区的作品的观感，觉得是‘不免粗糙’。”②继而，他一方面替解放区文艺辩护，一方面批评上述“观感”。辩护的美学根据在于形式与内容关系的不可分割，“而内容却决定着形式”。③也就是说，解放区文艺作品的形式是为作品的内容所决定的，因而这些作品并非形式粗糙，而是形式适应了内容的结果，甚至在他看来，解放区作品的形式恰是适应了新内容的新形式。批评的美学根据在于“美学，正和其他意识形态一样，都是有阶级性的”。④据此，王淑明也就把一定的艺术、美学观念，与一定的意识形态、阶级立场一一对应起来，认为“不免粗糙”的观感暴露的恰是观者在思想上还有“旧的美学观念的残余”，还没有“摆脱过去传统教养的束缚”。故此，当他说“新的人物，新的故事，就要求着新的美学观点”时，实质是要求整个文艺界的美学认识统一到解放区文艺所代表的马克思主义立场上来。因而文章最后发出召唤：

---

①《中华全国文学艺术工作者代表大会纪念文集》，新华书店 1950 年版，第 126 页。
②③④ 王淑明：《要求新的美学观点》，《文艺报》1949 年第 10 期。

> 对于一个新的文艺批评作者来说，也只有和新的作家一样，面向工农兵群众，学习马列主义，学习社会，把自己小资产阶级的思想感情，逐渐予以克服，只有这样的进行自我改造，然后才能建立起新的美学观念来，也只有这样，才能真正评鉴为工农兵的文学作品，而担负起新的文学理论建设的任务来！①

作为新的话语权的代表发出这样的召唤本无可厚非，但王淑明的论述由于依循明显的机械论逻辑而刻意制造出了“新”与“旧”的二元对立，一定程度上也暴露了其在马克思主义美学认识上的思维局限。值得注意的是，这并非个别现象。会议期间，吕荧也发表了一篇题为《新的课题》的文章，以理论家的姿态向作家们发出类似召唤，②思维方式也与王淑明基本一致。这种局限性思维作为一种惯性思维，在之后一段时间内的影响日趋显著。

新中国美学整合的另一重要方面是对文艺界之外的民众的审美观念的整合。新中国成立之初，党和政府采取了一系列措施来普及文化知识，提高人民群众的文艺水平。各地普遍开办了工农速成中学，并适当地加入了文艺娱乐活动，以提高广大工农群众的政治觉悟和文化水平。各类报刊对人民群众的文艺实践非常关注，经常报道。正是在这样的背景下，1949 年 10 月一封提出美学问题的读者来信，引起了《文艺报》的重视。这位署名为“丁进”的读者，是浙江富阳人民政府的工作人员，他在新中国成立前读过朱光潜的美学著作，了解了“移情说”与“距离说”，自身的欣赏体验又颇能与之印证。但现在学习了毛泽东文艺思想，知晓了“文艺批评有政治与艺术的二个标准”后，又听说“朱光潜是用美学理论的手段来达到替资产阶级服务的目的”的，思想上产生困惑和紧张，希望通过讨论得到解决。③

“丁进的困惑”还原为美学问题，即美感是非功利性的还是功利性的问题。为解答问题，《文艺报》与这封信一起刊发了蔡仪先生的《谈“距离说”与“移情说”》。蔡仪解决问题的分析途径是抓住美感与现实感受的关系问题来揭示朱光潜观点的错误。他同样以来信中的《百万雄师下江南》的观感为例，指出人们

---

① 王淑明：《要求新的美学观点》，《文艺报》1949 年第 10 期。
② 吕荧：《新的课题》，《文艺报》1949 年第 11 期。
③ 丁进：《读者来信》，《文艺报》1949 年第 3 期。

在观赏影片时不能不与发自内心的“具体的实际的感情”相联系，即与人民的革命事业和利益相联系，因此美感不可能和所谓“实感”无关，当然“距离说”中“美感态度是超脱的，是排除一切情感欲望的”的观点也就不能成立。至于“移情说”强调“忘我境界”，蔡仪认为朱光潜只是说到了美感具有的“情绪满足状态”的一面，而忽略了“美感原是社会生活决定的，也就是它是有社会性，而且是有阶级性的”另一面，从而不仅揭示了“移情说”的错误，而且也就论证了为什么必须是“艺术标准服从政治标准”。[①] 这也就同时为毛泽东美学观念的权威性进行了辩护。

因此，“丁进的困惑”也反映了美学话语权的争夺状况，内含一项美学整合必须完成的艰巨任务，那就是必须清除旧的美学权威话语的影响，增进广大民众对新的美学权威话语的信仰，以使新的美学观念获得牢固的社会基础。基于这种需要，朱光潜作为批判目标，重新获得了在新中国美学语境中出场的机会。

二、 大整合中的小讨论：新中国成立初期的美学议题转换

意识形态整合的大环境使美学整合的着眼点不得不与审美实践更紧密地联系起来。王淑明文章探讨的实际是审美问题，丁进来信提出的同样是审美问题，这也是朱光潜早期美学思想核心所在。而朱光潜的出场，使批评者与被批评者之间有了对话，竟然在整合的大背景下形成了讨论的小气候。当然，由于这几方面因素的影响，新中国美学的议题是从美感问题开始的，并且是由于美感问题讨论的触动才转向美的本质问题的。

这次讨论是丁进问题的延续。讨论同样由《文艺报》组织，并于 1950 年初将三篇讨论文章——朱光潜的《关于美感问题》、蔡仪的《略论朱光潜的美学思想》以及黄药眠的《答朱光潜并论治学态度》——一并发表。《文艺报》选择这三位在一起讨论是有道理的。因为蔡仪不仅是丁进问题的解答者，而且他和黄药眠都早在解放前就批判过朱光潜的美感认识了（蔡仪的批判见诸《新美学》，而黄药眠的批判文章则是 1946 年发表的《论美之诞生》[②]）。因而这一次讨论实际

① 蔡仪：《谈“距离说”与“移情说”》，《文艺报》1949 年第 3 期。
② 黄药眠：《论美之诞生》，载《黄药眠美学文艺学论集》，北京师范大学出版社 2002 年版，第 1—17 页。

上也将新中国成立后的美学话语与新中国成立前的美学话语联系了起来。

朱光潜的文章是为自己辩护。他的话语策略，不是质疑蔡仪的学术观点而捍卫审美无功利的观点，而是从治学方法上对蔡仪提出反批评。他强调审美无功利是康德、克罗齐等的观点，并不是他的，他只是评介。他尽管承认在美感问题的认识上受到了康德至克罗齐的形式论美学的影响，但更强调自己其实在《文艺心理学》中对此已有反思，并举了书中几处论述来印证。由此他反诘蔡仪："从何处看出我否认艺术与人生的关系?"并认为蔡仪的治学方法是"断章取义"的。[①] 对此，蔡仪从三个方面做出回应：一是重新从朱光潜的著作中摘引许多论述来印证自己并未歪曲他；二是再梳理朱氏与克罗齐的理论渊源，证明他并不只是在介绍，而是持同一理论立场；最后是剖析朱氏关于艺术与人生的主张，论证他的确是主张"为艺术而艺术"的。[②] 因而蔡仪认为并非是他本人断章取义，而是朱光潜避重就轻。

由于蔡仪主要承担了对朱光潜美学思想的理论批判，黄药眠则除了指出朱光潜美学的自相矛盾之处外，还就治学态度问题做出了答复。因为朱光潜在文中也提出了治学态度的问题，那就是在"无产阶级革命的今日"，是否要全然否弃过去的学术思想？还是承认历史发展的连续性，辩证吸收传统学说呢？朱光潜提出这个问题虽然在主观上是为自己辩护，但其实切中当时主流治学方法的要害，如由此引发认真反思，是可以减轻极"左"思想的危害的。但由于黄药眠认为，"朱先生的学说，是和我们今天马列主义的艺术思想直接处于冲突地位，是和我们今天的文艺运动背道而驰"，他也就得出结论："抱歉得很，朱先生所介绍的各种学说，乃正是我们所要扬弃的一部分。"[③]遗憾的是，"扬弃"实际上变成了"否弃""抛弃"，掌握了话语权的一方并未进行自我反思。

总体看来，这次讨论，受朱光潜话语策略的影响，讨论的问题已变成了"朱光潜的美学是否否认了艺术与人生的关系"，而不再是"美感究竟是功利性的还是非功利性"，因而在美感研究上的理论贡献并不大。而且在辩护过程中，朱光潜实际已放弃了美感是非功利性的观点，如他表示"现在从马列主义的观点"已能看出自己的许多地方是"错误的或过偏的"，美感问题的讨论此时也就难以为

---

① 朱光潜：《关于美感问题》，《文艺报》1950年第1卷第8期。
② 蔡仪：《略论朱光潜的美学思想》，《文艺报》1950年第1卷第8期。
③ 黄药眠：《答朱光潜并论治学态度》，《文艺报》1950年第1卷第8期。

继了。但是，由于朱光潜这个旧美学权威公开表达了向马克思主义美学靠拢的意愿："愿意在对于马列主义多加学习之后，再对美学作一点批判融贯的工作。"[①]因而就讨论的意识形态效果而言，新的美学话语的权威性还是得到了确认和巩固，故而也可以说讨论是有成效的。而对朱光潜来说，他此时已开始设想"'移情说'和'距离说'是否可以经过批判而融合于新美学"，这或许为大讨论中他提出"主客观统一说"埋下了伏笔。

这次讨论的另一收获是促成了新中国语境中美学议题的转换。在批评朱光潜对"苹果之红"性质认识的自相矛盾时，黄药眠就提出了"苹果之红""究竟……是主观的存在呢？还是客观的存在呢"这样的问题。讨论后不久，他为阐述自己对于"美和美学的基本看法"又发表了《论美与艺术》一文。值得注意的是，他在文章一开始就提出：

> 什么是美呢？美的标准是什么呢？这是古往今来聚讼纷纭的问题。但是现在我想把这两个问题暂时抛开，首先究明：究竟美是主观上存在的呢？还是客观上存在的呢？[②]

这个问题的提出实际上开启了新中国美学研究由"美感"问题向"美的本质"问题的转向，也初步规约了后来"美的本质"问题探讨的思考方向，即围绕"美是主观的还是客观的"而展开。

对这个问题，黄药眠自己的回答是"美在客观"，并得出了"美是典型"的结论。这些观点看似非常接近蔡仪，但是与蔡仪以哲学认识论为起点不同，黄药眠的分析路径是循着车尔尼雪夫斯基的生活实践观展开的。因此当他说"美就是在同一种类中既具有个性，而又具有普遍的代表性、典范性的东西"[③]他强调不是从自然科学的意义上，而是从社会形态的意义上来看待"种类"一词，这样他的"典型性"也就包含了社会性、集体性和阶级性的内涵，并呈现出一种向"主观能动性"敞开的理论姿态。看来，一进入"美的本质"问题，美学家们的认识就很难统一了。但由于随之而来的《武训传》的批判运动和知识分子的思想改造

---

① 朱光潜：《关于美感问题》，《文艺报》1950年第1卷第8期。
②③ 黄药眠：《论美与艺术》，《文艺报》1950年第1卷第12期。

运动，这个问题没能马上引发讨论。

运动告一段落之后，并非偶然的，美学问题上的批评又被推动起来。《文艺报》在 1953 年的第 16 号和第 17 号上，特意发表了吕荧的长文《美学问题》，并加“编者按”说：“对于文艺理论的学术性的研究，我们现在还很缺乏，但这种研究在现在也很重要。吕荧同志这篇文章，是批评蔡仪同志的《新美学》的，这是一个值得重视的工作。我们发表它，希望引起研究者的注意和讨论。”①呼唤学术性讨论的“编者按”，隐隐透露了美学言说氛围的些许调整，以及深化马克思主义美学研究的期盼。

吕荧批评蔡仪“美的本质”的认识。他从蔡仪所举的《登徒子好色赋》的“东家之子”等例子中发现了蔡仪“美在客观”“美即典型”命题的不足，那就是这一命题忽视了美的认识的社会性。在这里，“社会性”更明确地说就是阶级性，因为“东家之子”不过是封建贵族阶级眼中的美女典型。于是，吕荧重新依据车尔尼雪夫斯基的“美是生活”的命题提出了对立性的命题：“美是物在人的主观中的反映，是一种观念。”当然，他也补充强调：“作为社会意识形态之一的美的观念，它是客观的存在，但是是在一定的社会生活中和历史条件下的客观存在。”②可见，在大讨论之前，主观派和客观派的分歧已经出现。

不仅指出蔡仪理论命题上的不足，文中，吕荧还竭力论证蔡仪美学其实是一种唯心论美学。因为，蔡仪虽然强调“美在客观”，但这种看法只将物看作孤立的、抽象的个体，所以其美的本质观必将蜕变为一种形而上学的观念。概言之，由于未能从社会历史的角度观照事物，蔡仪的唯物论只是一种不彻底的唯物论，这就使他的理论难免最终沦为唯心论。总之，“《新美学》实际上是折衷德国唯心论各派美学的产物，从古典唯心论者到近代唯心论者。”③不仅指出对方的理论局限，而且还力图证明对方是唯心主义的，这是后来在“美学大讨论”中屡见不鲜的言说方式。从中，我们不难发现美学整合的话语逻辑的支配作用。

但同时，吕荧的批评也意味着批评态势的“开放”。因为与之前朱光潜只是质疑蔡仪的治学态度不同，吕荧则直接是对蔡仪学术观点的批评。这是第一次，在新中国语境中，蔡仪这样一位中国马克思主义美学的代表人物遭到公开

---

① 《美学问题》“编者按”，《文艺报》1953 年第 16 号。
② 吕荧：《美学问题》，《文艺报》1953 年第 16 号。
③ 同②，第 17 号。

批评。这对形成平等的批评立场，活跃批评思维无疑是有益的。

吕荧的文章发表之后，蔡仪准备了反驳的文章，可惜未获马上发表。[①] 但从黄药眠重新提出“什么是美”的问题并阐发自己的见解，到吕荧对蔡仪的批评，以及蔡仪反批评的论稿，实际已为大讨论的开展做了必要的学术思想上的储备。

三、 美学争鸣的形成：美学话语的全面马克思主义化

虽然已经有了必要的学术思想储备，但美学讨论尚不能在新中国文化和意识形态建设的议程设置中占据重要位置。因为当时还有像俞平伯、胡适批判和胡风文艺思想批判这样更为重大的议题正在开展，主流意识形态对美学讨论的需要并不强烈，以至于延搁、压制了美学讨论（如蔡仪批评吕荧的文章向《文艺报》等投稿被退）。但是，当这些文艺批判运动基本停息后，弊端和危害就马上显露出来了。在总结对《红楼梦研究》的批判时，郭沫若就说：“解放以来……我们的学术文化部门在思想论争方面的空气却未免太沉寂了。”[②]批判胡风之后，知识分子受到的打击、伤害更为明显。为此，党才作出重大文艺政策调整，明确了“百花齐放，百家争鸣”的文艺方针，发起学术讨论以匡正极“左”的思想整合之错。因此可以说，是意识形态需要学术争鸣的氛围，“美学大讨论”才得以实现。这一点从大讨论的发起安排上可以看得非常明白。众所周知，大讨论的起点始于1956年12号《文艺报》上发表的朱光潜的《我的文艺思想的反动性》一文。朱光潜后来在自传中说：“美学讨论开始前，胡乔木、邓拓、周扬和邵荃麟等同志就已分别向我打过招呼，说这次美学讨论是为澄清思想，不是要整人。”[③]而黄药眠随之而来的批评文章也是响应“百家争鸣”的号召而作。这都表明，发起美学讨论是有意识形态诉求的。

但为什么是美学，而不是其他学科被选择形成了大讨论呢？作为大讨论的重要参与者李泽厚认为，与其他学科相比，“美学的自由度要大一些。五六十年

① 蔡仪：《唯心主义美学批判集·序》，载《唯心主义美学批判集》，人民文学出版社1958年版，第14页。
② 郭沫若：《三点建议》，《文艺报》1954年第23、24号。
③ 朱光潜：《作者自传》，载《朱光潜全集》第一卷，安徽教育出版社1987年版，第7页。

代美学之所以能够讨论起来,也是由于这个原因”。[①] 此诚有理,但仍不能忽略新中国美学话语的自身演进及其与文艺的密切联系所起到的作用。可以说,新中国美学话语经过了如前所述的几年发展,从议题、观念到理论积累,已经基本具备了讨论的条件,这是当时其他学科所不及的。同时,经历了文艺大批判之后,文艺批判严重失范,因而更需要美学来给文艺批评提供理论依据。至少,朱光潜对这一点是有所认识的:“美的问题之所以重要,因为对于美的看法就是文艺批评的根据。”[②]因此可以说,除了意识形态的需要之外,文艺自身也有了美学讨论的需要。

而且我们还可以说,唯有美学界提供了大讨论的合适的发起点。这个发起点与其说是朱光潜《我的文艺思想的反动性》这篇文章,不如说是朱光潜被赋予的身份内涵。回顾朱光潜这一段的思想转变历程我们可以发现,其身份内涵在主流意识形态定位中是渐次变化着的,即在新中国成立前,他处在无产阶级美学的对立面;在“第一次文代会”时,他是被排除在代表之外的边缘人;在思想改造运动中,他是重点思想改造对象;到了大讨论发起时,他已被视为思想改造成功的典型。其地位随着身份内涵的变化逐步提升。

之所以如此,是与他积极投身思想改造,在批判与自我批判中不断发展自己的思想分不开的。1951 年,朱光潜一面翻译哈拉普的《艺术的社会根源》,一面从他那里汲取马列主义的方法,化入到自己的研究中。如在同年的《柏拉图〈文艺对话集〉引论》中,文章的论证逻辑顺序即是先政治经济环境,再文化背景,再思想渊源,再柏拉图的文艺思想,最后于阐述的同时批判其“反动方面”,[③]非常符合马克思主义从经济基础到上层建筑、从社会存在到意识形态的分析逻辑。批判胡风时,朱光潜“拿胡风的镜子照一照我自己,也拿我自己的镜子照一照胡风”,由剖析自我到剖析他人,由自我批判到批判对方,得出胡风与自己过去的文艺立场相去不远的结论。[④] 如此,朱光潜在一次次批判改造中,实实在在地展示着自己向着马克思主义的思想转变。到了发表《我的文艺思想的反动性》时,他已能娴熟地运用马列主义原理,剖析自己旧美学思想的“反现实主义

① 李泽厚、戴阿宝:《美的历程——李泽厚访谈录》,《文艺争鸣》2003 年第 1 期。

② 朱光潜:《我的文艺思想的反动性》,《文艺报》1956 年第 12 号。

③ 朱光潜:《柏拉图〈文艺对话集〉引论》,载《朱光潜美学文集》第五卷,上海文艺出版社 1989 年版,第 127—148 页。

④ 朱光潜:《剥去胡风的伪装看他的主观唯心论的真面目》,《文艺报》1955 年第 9、10 号。

和反人民的本质”，并对“美是什么”问题表达些许看法了。至此，朱光潜已“自信在基本上已经从腐朽思想的泥淖中拔了出来”①，成为一个思想改造成功的典范了。《文艺报》在给这篇文章所加的编者按中清楚地确认了这重身份内涵：“近几年来，特别是去年全国知识界展开对胡适、胡风思想批判以来，朱先生对于自己过去的文艺思想已开始有所批判，现在的文章，进一步表示了他抛弃旧观点，获取新观点的努力。我们觉得，作者的态度是诚恳的，他的这种努力是应当欢迎的。”②因而，此时的朱光潜美学话语已经具备了重要的展示价值，这样的特殊人物，同样是其他学科中难觅的。

相应的，围绕批判朱光潜而展开的美学话语的意识形态定位也是不尽相同的：它在新中国成立前夕，构成了无产阶级夺取文化领导权的整体战略的一个方面；它在过渡时期（1949—1956），则构成了新民主主义文化和意识形态整合的必要措施；它在1956年之后的社会主义建设时期，已变成了弥补整合过失、响应“双百”方针的范例。实际上，从当年王淑明发出“担负起新的文学理论建设的任务”的召唤，到了大讨论确立“逐步地建设”“根据马克思列宁主义原则的美学”的目标③，以朱光潜为代表的所有非马克思主义的美学话语要么主动转变，要么被清洗，要么归于沉寂，中国美学已经实现了全面马克思主义化。因而，选择美学开展讨论、选择朱光潜为讨论的发起点，在当时实为一个能满足学术与意识形态的多重诉求的不可多得的选择。

总之，有了这样一个合适的发起点，美学讨论才得以发起，而有了之前美学言说中的思想储备，美学家们才能各抒已见、相互批评，形成各个学术流派，美学争鸣的大格局才得以形成。在这个问题上，尽管我们不能否认政治力量的推动作用，但一代美学研究者自身的努力也是不容抹杀的。

---

① 朱光潜:《我的文艺思想的反动性》，《文艺报》1956年第12号。
②③《我的文艺思想的反动性》“编者按”，《文艺报》1956年第12号。

第二章

俄苏美学的引入与影响

在新中国成立前的1949年6月，毛泽东发表了《论人民民主专政》一文，并在文中提出："十月革命帮助了全世界也帮助了中国的先进分子，用无产阶级的宇宙观作为观察国家命运的工具，重新考虑自己的问题。走俄国人的路——这就是结论。"[①]这种外交方针明确表示了即将成立的中华人民共和国在今后的国际斗争中，还将继续坚定地站在以苏联为首的社会主义阵营一边。于是，苏联被我们尊称为"老大哥"，"向苏联老大哥学习"成为那段时期最响亮的口号。在这股思潮的影响之下，我国在国家体制、发展政策、经济建设、中高等教育等方面展开了全方位、多层次的向苏联借鉴、学习的过程。也正是在这一时期，俄苏文学、文艺理论及美学思想被大规模地翻译、介绍到国内，并在很长时间内对我国的文艺创作和批评产生着重要的影响。可以说，俄苏文艺及美学思想对中国的持续影响，是与社会主义的政治意识形态性质紧密相关的，同时，俄苏文论在中国的走向，与中国与苏联两国的政治关系的远近亲疏，与中国在社会主义建设中的思想、政治、经济等领域的发展与独立等不可分割。

① 毛泽东:《毛泽东选集》第4卷，人民出版社1991年版，第1471页。

第一节　新中国成立后俄苏文论和美学在中国的历史回望

按照学界的习惯，我们一般把1949到1978年前后称为新中国成立后第一个30年，这30年可以分为三个阶段，新中国成立后"十七年"、"文革"十年以及"文革"后的三年调整时期。三年的调整期一般被看作是向新时期的过渡阶段，因此，人们在谈论前30年的时候，往往根据历史事件及影响情况，而习惯以1966年为界，将前30年主要分为"十七年"和"文革"十年两段来谈，本文在讨论包括俄苏文论和美学在内的我国文论和美学的发展情况时，为论述上的方便，也基本遵从这一习惯。可以说，"十七年"时期，虽然中苏关系面临了许多问题与考验，但总体上说是俄苏文艺和美学思想在我国最受追捧的时期，出现了新中国成立后译介与研究的第一次高潮，被学者们称为是俄苏文学与中国文学的"蜜月期"。"文革"十年是极"左"文艺思潮盛行泛滥的时期，包括俄苏文艺理论在内的整个马克思主义文论都遭到了前所未有的破坏和背弃，可以称之为是两者的"疏离期"。这种划分方法较为简单明了，使我们可以对新中国成立后俄苏文艺思想在我国的命运遭际有一个基本的判断。但不得不说，这种过于简单的划分方式其实遗漏了诸多历史的细节，就像任何两个恋人从相识到热恋再到离别一样，俄苏文艺和美学思想与中国文艺思想不管是在前"十七年"的"蜜月"期间还是"文革""十年"的疏远期间，都有着诸多的倾心、追随、适应、磨合、分歧、揪扯、挣脱、超越等环节，风平浪静的表面之下有着诸多的暗潮涌动，不了解这些，就无法完整地理解俄苏美学与中国美学之间的"爱恨情仇"。

1949至1956年间，是我国对俄苏文论和美学的倾心、追随时期，或可称为"全面接受"时期。在这一时期，我国不仅大量地翻译了俄苏的文学作品、文艺理论、美学著作，积极地以苏联的文学思想、文艺政策为自己的创作和批评导向，同时还聘请苏联学者专家来华讲授文艺理论课程、编写文艺理论教材，而我国的一些重要的理论批评家，如周扬、冯雪峰、邵荃麟等都以苏联的文艺理论作为自己的思想资源和理论依据。可以说中国文学、文论和苏联文学、文论的发展在这一时期颇有步调一致的气象，呈现出同期相应的特点。

首先，表现在引入作品的数量巨大和专业上。卞之琳等人发表于1959年的《十年来的外国文学翻译和研究工作》一文中提到“仅从1949年10月到1958年12月止，我国出版的苏联（包括旧俄）文学艺术作品3526种，占这个时期翻译出版的外国文学作品总种数的65.8%强（总印数82505000册，占整个外国文学译本总印数的74.4%强……）”[①]。这个数据之大是非常惊人的。苏联著名文学史论家季莫菲耶夫在他的《苏联文学史》中也提到：“仅仅在1950年，中国就出版了三百多种苏联作品，所有获得‘斯大林奖金’的作品大部分都已经译成中文。著名作家如伊凡诺夫、革拉特珂夫、富曼诺夫、肖洛霍夫、费定、奥斯特洛夫斯基、列昂诺夫、诺维科夫-普利波依、阿·托尔斯泰、克雷莫夫、卡达耶夫、爱伦堡、西蒙诺夫、聂克拉索夫、潘诺娃、尼古拉耶娃、巴甫连柯、波列伏依、阿札耶夫、绥拉菲摩维支、拉夫列乌夫、马雅可夫斯基、别德内依、特瓦尔朵夫斯基、伊萨柯夫斯基、苏尔科夫、阿菲诺盖诺夫、维什涅夫斯基以及其他许多作家的作品都有了中文译本。”[②]这股对俄苏文学翻译的热潮，并非只是供给方的一厢情愿，国内的需求方也表现出了极大的接受热情。仅以国人耳熟能详的奥斯特洛夫斯基的《钢铁是怎样炼成的》为例，在1952年由人民出版社重版之后，仅在此年就印刷了50万册，截止到1966年，又先后印刷了20多次，发行了近百万册，这种盛况，是此前的任何一部作品都没有达到过的。与此同时，翻译的水平也有提高，“五四”之后，虽然也有数量不少的俄苏文学作品被翻译过来，但大多是从其他语种转译过来的，如郭沫若等从德语转译，夏衍、蒲风等从日语转译，周作人、刘半农等从英语转译，等等。而在新中国成立后，更多的学者开始倾心地学习俄语，也就此开始了直接从俄语进行作品翻译的专业化历程。正如有学者所说：“如果说解放前每七八本译著中只有一本译自俄语的话，那么到了50年代中期以后平均每十本就有九本是根据原文翻译的。”[③]

其次，表现在对俄苏文艺政策的紧紧追随上。在1949年7月的“第一次全国文代会”宣言中，就提出要“坚决站在以苏联为首的世界和平民主阵营里，发扬革命的爱国主义和国际主义精神”[④]。茅盾在1949年10月创刊的《人民文

---

① 卞之琳、叶水夫、袁可嘉、陈燊：《十年来的外国文学翻译和研究工作》，《文学评论》1959年第5期。
② 季莫菲耶夫：《苏联文学史》，水夫译，作家出版社1957年版，第30页。
③ 陈建华：《20世纪中俄文学关系史》，学林出版社1998年版，第184页。
④《中华全国文学艺术工作者代表大会纪念文集》，“大会宣言”，第148页。

学》发刊词指出，在译文这一点上："我们的最大的要求是苏联和新民主主义国家的文艺理论，群众性文艺运动的宝贵经验，以及卓越的短篇作品。"[①]而创刊号的社论题为《欢迎苏联代表团，加强中苏文化交流》。周扬更是在1952年明确地提到："斯大林同志关于文艺的指示，联共中央关于文艺思想问题的历史性决议，日丹诺夫同志的关于文艺问题的讲演，以及最近联共十九次党代表大会上马林科夫同志的报告中关于文艺部分的指示，所有这些，为中国和世界一切进步文艺提供了最丰富和最有价值的经验，给予了我们最正确的、最重要的指南。"[②]不管是"第一次文代会"、《人民文学》杂志还是作为当时文艺工作领导者的周扬，他们都以自身的权威地位肯定了苏联文艺工作的先进性，并积极号召全国文艺工作者以苏联文学作为"最正确的、最重要的指南"，根据苏联文学的经验和方针开展自己的文艺工作。如果我们稍微梳理一下国内理论界50年代对于"典型性""写真实""形象思维""社会主义现实主义"的讨论就会发现，这些问题与当时苏联文艺理论界所关注的问题基本是一致的。

第三，通过大量引入和出版苏联文艺理论教材、著作规训中国文艺理论形态。季莫菲耶夫是当时苏联颇具影响力的文艺理论家，他的《文学原理》(1948)一书被称为是苏联文艺学的最早论著之一，是苏联高等教育部批准用作大学教材的文艺理论著作。该书于1953年翻译引入国内，在当时中国文论界产生了重要的影响。此外，维诺格拉多夫的《新文学教程》(1952)、契尔柯芙斯卡雅等的《苏联文学理论简说》(1954)以及从苏联大百科全书选译的《文学与文艺学》(1955)等著作也都被一一翻译过来。同时，1954年春至1955年夏，依·萨·毕达可夫在北京大学中文系为文艺理论研究生讲授"文艺学引论"[③]。1956—1957年北师大请了柯尔尊，为该校研究生和进修教师讲授"文艺学概论"[④]。这些著作和课程在当时国内的文艺理论界被奉为"圣经"，可以说为中国文学理论设定了一个基本框架，对中国以后的文艺理论教材体系产生了深远的影响，使中国整个文艺学和美学，从体系、框架到理论内涵，基本上都是模仿苏联，表现

① 《人民文学》"发刊词"，1949年第1期。

② 周扬：《社会主义现实主义——中国文学前进的道路》，载《周扬文集》第二卷，人民文学出版社1985年版，第190页。

③ 讲稿《文艺学引论》由北京大学中文系文艺理论研究室翻译，于1956年由北京大学印刷厂付印，后经整理于1958年由高等教育出版社正式出版。

④ 讲稿《文艺学概论》1959年由高等教育出版社出版。

出了严重的“苏化”特点。同时，在这一时期，列宁、斯大林等人的文艺论著及相关研究著作也被大量、完整地译介到国内。如列宁的《党的组织和党的文学》[①]《论托尔斯泰》[②]，以及斯大林关于民间文艺的论述、“社会主义现实主义”创作原则、文学艺术的“竞赛”原则、语言的非阶级性问题等，都被引介进来。此外，在1953—1954 年间，上海新文艺出版社还出版了七辑《文艺理论学习小译丛》，译介了大量当时苏联文坛的最新文艺动态。[③]

以上是 50 年代前中期国内对于俄苏文艺理论的接受状况。至于在新中国成立之初，中国人为什么选择了俄苏文论作为自身发展新文学的思想资源，这其中最主要的原因，自然避不开政治上的追随和意识形态上的相近，正如有学者所言：“新中国刚刚建立，旧有的国民党时代文学，基本上被否定，中国传统文学并未像后来那样提倡，解放区文学无论数量、质量都还不能满足人们的精神需求，新一代作家，尚未蔚然成势，在‘一边倒’的主导思想下这些苏联文学的大批入境，也是势所必然。”[④]其实，除了意识形态的相似性使两国文学的联系变得紧密之外，俄苏文学自身的魅力及其深层的思想上的共鸣也是它吸引国人的一个内在动因。就像卢卡奇在谈到一国文学对他国文学接受的外在条件时所说：“只有当一个国家的文学发展中需要一种外来的刺激，需要一种动力为它指出一条新路时，外国文学才能在那里有所作为。”[⑤]在“五四”之后，国内学者也曾经向欧美国家寻找理论资源和思想启蒙，但并没有得到有益的启示，而俄苏与中国相似的文化制度背景及内在精神的契合，特别是他们把艺术和社会的变革紧密联系在一起，他们以自己的作品思考、指导、干预着社会现实，这些无疑都契合了当时国内学人深层的精神需求，也正是这种内在的心理共鸣，才是解释俄苏文艺思想在新中国成立初期在我国的接受盛况最充分的理由。

1956 年，是俄苏文艺思想在我国的命运遭遇转折的一年。学界一般认为，苏共二十大是中苏关系恶化的滥觞，它对后来中苏关系的演变影响很大。但从一些历史资料可以看出，苏共二十大之后一段时间，中共并没有否定向苏联学

① 列宁：《党的组织和党的文学》，司徒真译，新潮书店 1950 年出版。
② 列宁：《党的组织和党的文学》，载《论托尔斯泰》，林华译，北京中外出版社 1952 年出版。
③ 参见丁国旗：《建国后俄苏马克思主义文论在中国的基本走向》，《学习与探索》2013 年第 10 期。
④ 李国文：《并非陨星的苏联文学》，《文学自由谈》1993 年第 4 期。
⑤ 卢卡契(现通译卢卡奇)：《托尔斯泰与西欧文学》，载《卢卡契文学论文集(2)》，中国社会科学出版社 1981 年版，第 452—453 页。

习的方针，例如经中共中央政治局讨论、以《人民日报》名义发表的《关于无产阶级专政的历史经验》一文中，就肯定了苏共二十大的历史功绩，特别是揭露个人崇拜问题的勇气，并对斯大林问题展开了全面讨论。这篇权威性的文章可以看作中共中央对待苏共二十大的一个官方态度。在此后一段时间，毛泽东、周恩来等国家领导人依然在多次场合发表了继续向苏联老大哥学习的报告和指示。① 也就是说，在苏共二十大之后，中苏关系并没有明显的交恶迹象，但不可否认的是，从这一段时间开始，在风平浪静背后，中共领导人开始反思苏联的权威性地位，也开始尝试着探索一条独立的发展道路，这个迹象不仅表现在政治上，在文艺思想上也有明显的显现。

于是，从 1956 年开始到 50 年代末，是中国对于苏联文艺的反思和产生分歧的时期，我们不妨把这段时期称之为“有意疏离”时期。1956 年 8 月 24 日，毛泽东在《同音乐工作者的谈话》中就有意识地强调了中国革命与苏联十月革命的不同：“中国革命有中国的特点……我们的情况和苏联不同。中国不是帝国主义国家。我们打了二十多年仗，有军队，有二百万党员。中国的民族资产阶级也受帝国主义压迫。因此，革命的表现形式不同。”②进而又说到文学艺术问题：“表现形式应该有所不同，政治上如此，艺术上也如此。”③“艺术的基本原理有其共同性，但表现形式要多样化，要有民族形式和民族风格。”④主管意识形态和文学艺术工作的主要领导人周扬也明确提出：“我们在文艺工作中的总方针是建设社会主义的民族的新文化”，而这个新文化“只能在自己民族传统上面才能建成”⑤。可以看出，此时不管是在政治上还是在文艺上，中国的领导人们开始探索一条具有本民族特色、民族传统的发展之路，而不再时时强调“向苏联学习”或“以苏联为思想指南”的口号。思想上虽已先行，但行动和政策还需要一定的反应时间，表现出了一定的滞后性。这就使得我们在一段时间内，依然惯

---

① 周恩来在 1956 年 5 月的一次报告中指出：“苏联是最先进的社会主义国家，我们首先要向苏联学习。这一点是肯定的，不容许动摇的。我们并不因为这次苏联共产党第二十次代表大会批判了斯大林，就说苏联也有错误，就不学了，那是不对的。”（《周恩来经济文选》，中央文献出版社 1993 年版，第 256 页。）毛泽东在中共八大的开幕词中又重申：“我们的许多办法不可能在一切方面都规定得很恰当，……必须很好地继续发展同伟大的先进社会主义国家苏联和各人民民主国家的亲密合作……”（《在中国共产党全国代表会议上的讲话》，载《毛泽东选集》第五卷，人民出版社 1977 年版，第139 页）

②③ 中共中央文献研究室：《毛泽东文艺论集》，中央文献出版社 2002 年版，第 151 页。

④ 同②，第 146 页。

⑤ 周扬：《在中国音协第二次理事（扩大）会议上的报告》，载《周扬文集》第二卷，第434—435 页。

性地或翻译出版苏联学者的文艺思想著作，或聘请苏联专家来华讲学，并整理出版他们的讲义和教材，如朝花美术出版社 1958 年出版的涅陀希文的《艺术概论》，高等教育出版社 1958 年出版的毕达可夫在北京大学的讲义《文艺学引论》、1959 年出版的柯尔尊在北京师范大学的讲义《文艺学概论》，人民文学出版社 1959 年出版的谢皮洛娃的《文艺学概论》，等等。甚至在 1957 年，苏联十月社会主义革命 40 周年之际，《文艺报》还特地举办了“感谢苏联文学对我的帮助”的征文活动，在一段时间内又把俄苏文学在国内推向一个小小的高潮。但同时，摆脱苏联文艺的束缚，发表自己的看法，走出自己的道路的努力也在积极地进行。1956 年 4 月 28 日，毛泽东在中央政治局扩大会议上提出了“百花齐放，百家争鸣”的方针，此后，文艺界的高层领导也开始在公开场合支持对苏联文艺理论的单一化的批评。随后，秦兆阳的《现实主义——广阔的道路》、钱谷融的《论“文学是人学”》、巴人的《论人情》等一批切中时弊的理论文章相继发表，这些文章批判了“教条主义对我们的束缚”，批判了苏联的“社会主义现实主义”定义的僵化性等，这些充满了探索勇气的文章在当时的国内引起了巨大的反响，也在一定程度上打破了我国文艺界长久以来对苏联的迷信和依附。

从 1960 年起，苏联文学开始被定性为“苏修文学”，从此中国对苏联文学、文论和美学思想的态度急转直下，由全面学习、全面接受转向全盘批判、全盘否定。从 1960 年开始到“文革”前夕，国内图书市场流通的苏联文学作品中译本渐次消失，但值得注意的是，中苏此时在文艺上并非是“老死不相往来”，而是更像一对离异的老夫妻，对彼此的关注并没有一时变少，只是从“堂而皇之”转为了“地下”。“文革”的前几年，《世界文学》杂志出版了一系列内部刊物，如《世界文学参考资料》《外国文学参考资料》《外国文学情况汇报》《世界文学情况汇报副刊》等[①]，重点介绍苏联文艺界的动态及近期出现的文学作品。所不同的是，这些刊物不允许对外公开出版，而是标记有“内部刊物，请勿外传”字样。同时，由作家出版社和中国戏剧出版社为主出版的“供内部参考”的“黄皮书”（因其封面是黄色而得名）系列也刊印了大量苏联文艺作品。关于“黄皮书”刊印的背景，人民文学出版社的张福生在《我了解的“黄皮书”出版始末》中曾谈到：“这个问题我曾请教过出版界的前辈、‘黄皮书’最初的负责人孙绳武和秦顺新等先

① 古凡：《黄皮书及其他：中苏论争时期的几种外国文学内部刊物》，《文艺理论与批评》2001 年第 6 期。

生。他们说，1959 年至 1960 年以后，中苏关系逐步恶化，中宣部要求文化出版界配合反修斗争。人民文学出版社作为国家级文学专业出版社，为反修工作服务是责无旁贷的。根据当时苏联文学界争论的一些问题，如描写战争、人性论、爱伦堡文艺思想等，出版社确定了一批选题，列选的都是在苏联或受表扬或受批评的文学作品。”“这个问题，我也曾问过《世界文学》的老领导陈冰夷先生。那天(1998 年 10 月 15 日)，他讲了许多，大致的意思是：1959 年 12 月到 1960 年 1 月，中宣部在新侨饭店跨年度地开了一次文化工作会议，当然透露出来的是比中宣部周扬更高一层人物的精神。会后周扬找一些人谈话，讲要出版反面教材，为反修提供资料。这是很明确的，但没有正式文件。”①可以看出，这些内部翻译出版的读本，是专供批修参考之用的，正如有学者所说：“‘黄皮书’的出现可视为中苏关系破裂的表征，其当下性、及时性正反映了当时国内试图通过‘黄皮书’等内部书了解‘反修’对象以增强斗争力‘实力’的心态。”②

进入“文革”后，苏联文艺在我国很长时间内进入了“销声匿迹期”，俄苏文艺和美学在我国的盛况不再，可以说几乎停止了一切翻译、研究和出版工作。一直到“文革”的中后期，即 1972—1976 年间，社会秩序有所恢复，出版行业才开始重新启动，开始部分地出版苏联作家的文学作品，如上海人民出版社出版了沙米亚金的《多雪的冬天》(1972)，巴巴耶夫斯基的《人世间》(1972)，柯切克夫的《你到底要什么》(1972)、《落角》(1973)，肖洛霍夫的《他们为祖国而战》(1973)，艾特玛托夫的《白轮船》(1973)，西蒙诺夫的《最后一个夏天》(1975)，人民文学出版社出版了纳沃洛奇金《阿穆尔河的里程》(1975)等。上海的《摘译》期刊甚至开设了多期“苏修社会生活面面观”的专栏，此外，上海和北京等地公开或内部出版的《学习与批判》《朝霞》《苏修文艺资料》《苏修文艺简况》《外国文学资料》和《外国文学动态》等杂志③，其中刊登了批判“苏修文艺”的文章或供批判用的材料。可以看出，这一时期依然是以一种批判、排斥的心态对待苏联文艺的，这种状况一直到“文革”结束后才有所好转。

---

① 张福生：《我了解的“黄皮书”出版始末》，《中华读书报》2006 年 8 月 23 日。
② 李琴：《“黄皮书”出版的政治文化语境》，《中国现代文学研究丛刊》2010 年第 1 期。
③ 陈建华主编：《中国俄苏文学研究史论》(第一卷)，重庆出版集团重庆出版社 2007 年版，第 105 页。

第二节　新中国成立初期日丹诺夫理论体系的中国影响

解放初期，我国文艺界对日丹诺夫主义的介绍和接受，成为当时译介的重要内容之一。安德烈·亚历山德罗维奇·日丹诺夫是斯大林在文艺界实行一系列文艺政策的忠诚执行者，他用政治宣判的方法解决文艺问题，成为斯大林时期苏共文艺界的主要理论模式。日丹诺夫从30年代开始接管苏联的文艺工作，在1934年苏联第一次作家代表大会上，他代表联共（布）和苏联人民委员会致辞，声称苏联文学是“最有思想，最先进和最革命的文学”，“在资本主义国家里，没有而且也不能有一种文学，能像我们的文学一样彻底粉碎各种蒙昧主义、各种神秘主义，以及各种僧侣主义和恶魔主义”。① 而这一切文学成就的取得，“是以社会主义建设的成功为先决条件的”。②这篇颂扬斯大林文艺政策的报告，虽然还没有明显地表现出此后他在苏联国内所进行的以文艺作品来宣判政治地位的粗暴批判模式，但已经有迹象暗示着苏联的文艺事业已完全处于意识形态的臣属地位，并且他所表现出的对各种“主义”“彻底粉碎”的决心和不共戴天的势头，都预示着将要到来的文学批评和文化大批判运动。到了1946年，大规模的文化批判运动开始了，此年的8月，追随着联共（布）中央发布的《联共（布）中央关于〈星〉和〈列宁格勒〉两杂志问题的决议》，日丹诺夫在列宁格勒做了《关于〈星〉和〈列宁格勒〉两杂志的报告》，在该报告中，他把文学定位于“对人们进行政治教育”，同时对苏联的一位讽刺小说家左琴科和女诗人阿赫玛托娃进行了猛烈的言语攻击，称左琴科是“非苏维埃作家”，称阿赫玛托娃是“发狂的贵妇人”③，并勒令发表了他们作品的《星》杂志改组，《列宁格勒》杂志停止出版。随后的9月，日丹诺夫又在《真理报》发表了社论《苏联文学的崇高任务》，将先前《报告》中已颇为激烈的言辞升级为谩骂，说左琴科“不能够在苏联人民的生活中找出任何一个正面的现象、任何一个正面的典型”，“惯于嘲笑苏联生活、苏维

①② 日丹诺夫：《在第一次全苏作家代表大会上的讲演》，载《日丹诺夫论文学与艺术》，戈宝权等译，人民文学出版社1959年版，第6页。

③ 日丹诺夫：《关于〈星〉与〈列宁格勒〉两杂志的报告》，载《日丹诺夫论文学与艺术》，第9—15页。

埃制度、苏联人"[1]，是"凶狠的下流胚和流氓"，而女诗人阿赫玛托娃是"离弃和歧视人民的文化残渣"，"并不完全是尼姑，并不完全是荡妇，说得确切一些，而是混合着淫秽和祷告的荡妇和尼姑"[2]。可以说，到了这个时候，正常的文学批评已不复存在，文艺问题成为人身攻击的利器，成为对人进行政治打压的借口。《报告》和《崇高》两篇文章，也开启了不需要理论依据的独断谩骂式的文艺批评模式，文艺问题也不再仅仅是审美趣味的问题，而成为直接关系政治倾向的阶级立场问题。1947 年，日丹诺夫又开始关注哲学领域，作了《在关于亚历山大洛夫著〈西欧哲学史〉一书的讨论会上的发言》，在讲话中，日丹诺夫指责亚历山大洛夫"连一点马克思主义分析的影子都没有了"，批评他是"资产阶级哲学史家的俘虏"，"对资产阶级献媚，夸大他们的功劳，剥夺我们哲学的战斗进攻精神"，并提出哲学就是要"以新的、有力的意识形态武器来武装我们的知识分子、我们的干部、我们的青年"。[3] 日丹诺夫企图用政治的逻辑规范哲学史研究，他对哲学"缺乏专业性"的批评，使得苏联的哲学史研究在很长时间处于停顿状况，而他对哲学的强制干预，也深深地影响了我国的哲学界，特别是在 50 年代末和 60 年代，日丹诺夫的《发言》成为指导我国哲学史研究工作的"圣经"，使得我国哲学史的研究工作出现简单化、公式化、教条化的情况。1948 年 1 月，在联共(布)中央召开的苏联音乐家会议上，日丹诺夫又作了讲话，批评了肖斯塔科维奇、普鲁科菲耶夫、米亚斯科夫斯基、哈恰都梁、波波夫和卡巴列夫斯基等苏联作曲家，谴责他们音乐中的反人民倾向，提出要对音乐事业进行组织上的整改。1948 年 8 月，日丹诺夫因病去世。

1946 年《关于〈星〉和〈列宁格勒〉两杂志的报告》，1947 年《在关于亚历山大洛夫著〈西欧哲学史〉一书的讨论会上的发言》，1948 年《在联共(布)中央召开的苏联音乐家会议席上的发言》，日丹诺夫分别对文学、哲学、音乐做了有指向性的指导，这三篇发言稿构成了日丹诺夫最核心的文艺方针。所谓的"日丹诺夫主义"也就此成熟，即是以政治倾向规约文艺问题，用政治批判代替文艺批评，用谩骂和侮辱攻击艺术家的一种文化专制行为。他的具体运作模式，是"以斯

---

① 日丹诺夫:《日丹诺夫论文学与艺术》，第 13—14 页。

② 日丹诺夫:《在第一次全苏作家代表大会上的讲演》，载《日丹诺夫论文学与艺术》，戈宝权等译，人民文学出版社 1959 年版，第 14—21 页。

③ 日丹诺夫:《在关于亚历山大洛夫著〈西欧哲学史〉一书讨论会上的发言》，李立三译，人民出版社 1954 年版，第 16 页。

大林的意旨为指针，以‘中央决议’为先声，以‘中央’主管领导的‘讲话’为后继，以中级干部的呼应为奥援，以全社会的群众性参与为‘热潮’，从而将一个纯粹的文学艺术问题，演化为一场轰轰烈烈的群众性的政治运动”。[①] 这种自上而下的文化批判运动，其实只是斯大林政治专制扩展到文化领域的一个具体表现，换句话说，政治上的“斯大林主义”，必然会催生文化上的“日丹诺夫主义”，两者是一主一从、一里一表的关系。

在新中国成立初期，日丹诺夫主义在一定程度上适应了一个新生政党对国家意识形态建设的需要，因此这种“主义”在 50 年代初的中国影响甚大，直接与毛泽东文艺思想一起成为当时我国文艺理论界的主要思想。国内对日丹诺夫主义的引入，可以追溯到 1948 年，当时在延安创刊的《群众文艺》第 4 期就发表了《日丹诺夫语录》。在日丹诺夫作了《在关于亚历山大洛夫著〈西欧哲学史〉一书的讨论会上的发言》后不久，这篇发言就被老革命家李立三在晋察冀解放区翻译成了中文，1948 年由华东新华书店以《苏联哲学问题》一书出版，并和《联共（布）党史简明教程》一书一起，成为当时及新中国成立后很长时间中国哲学家们的必读书目。同年，一本名为《论文学、艺术与哲学诸问题》的文艺理论书籍由时代书报出版社出版，该书封面是一张日丹诺夫“领袖式”的大照片，书中收录了日丹诺夫分别于 1934、1946、1947 及 1948 年所作的关于文学、艺术和哲学问题的演说、报告等 5 篇，并附录联共（布）党中央委员会 1946 年及 1948 年关于文学、戏剧、电影、音乐的 4 个决议，书前有莫洛托夫在日丹诺夫葬礼时的演说《永别了，我们亲爱的朋友！》，书末附日丹诺夫传略。徐迟曾在《日丹诺夫研究》一文中回忆到：“一九四九年一月。正当中国人民胜利在望、一本文艺理论书籍叫作《论文学、艺术与哲学诸问题》的，由时代书报出版社，出版于上海。当时不少读者，怀着景仰之心，如饥似渴地阅读着一位安德烈・亚历山德罗维奇・日丹诺夫所作的几篇批判讲话，以及作为其附录的几篇决议，错以为这是苏联的、社会主义的，故我们必须遵循的文艺路线和方针政策，那时还不能将它和马克思主义文艺的理论之间的某些原则差别区分出来，误把它作为法式而认真地学习，最初几年里并诚惶诚恐地接受而奉行不渝……”[②] 1951 年，日丹诺夫

① 李建军：《一头闯进瓷器店的公牛——论作为教训的日丹诺夫主义》，《名作欣赏》2015 年第 10 期。
② 徐迟：《日丹诺夫研究》，《外国文学研究》1981 年第 1 期。

《关于〈星〉与〈列宁格勒〉两杂志的报告》连同 1946 年联共(布)中央关于文学艺术的系列决议一起被列为文艺界整风学习的官方文件。1953 年,人民文学出版社编辑出版了《苏联文学艺术问题》,其中选入了日丹诺夫的多篇报告和联共(布)决议。1959 年 6 月,人民文学出版社出版了《日丹诺夫论文学与艺术》一书。可以看出,国内对于日丹诺夫文艺方针的贯彻也弥漫着一种浓重的"日丹诺夫主义"风格,即是由上而下、由中央到群众的输入路线,中央的大力推崇使日丹诺夫的理论思想在当时我国的文艺界成为不容置疑的金科律例,而这种树为楷模和精神领袖式的宣传方式,也使得日丹诺夫式的批判风格——政治宣判、无限上纲,人身攻击与谩骂式的"批评"被渗透和运用到了新中国成立后的历次思想大批判运动中。当时的文艺界,不仅领导人把日丹诺夫式的政治干预看作是加强党对文艺工作领导的必要手段,而且文艺理论家与作家们也都诚惶诚恐地按照这一标准校正着自己的方向。

1951 年对电影《武训传》的批判,可以看作是新中国成立后文艺领域第一次重大的"日丹诺夫主义"式事件,正如有学者所言:"从批判的形式、批判的内容、批判的'规格'等方面看,都能明显发现'日丹诺夫主义'的影子。"[①]对电影《武训传》的批判由毛泽东亲自撰写的发表在《人民日报》上的《应当重视电影〈武训传〉的讨论》(5 月 20 日)社论发起,批判的核心在于《武训传》让"资产阶级的反动思想侵入了战斗的共产党",认为武训的个体善举是维护和宣传封建文化的"奴才"行为。6 月 5 日,《人民日报》再次刊登了文章《赵丹与武训》,把批判的矛头由电影指向了扮演武训的演员赵丹,并由此展开了全国范围内的大批判运动。这次批判的直接后果就是该影片被禁播,直到 2012 年才重新搬上荧幕。该影片的导演、演员受到了批判,一众曾经给过该影片好评的文艺评论家们,如郭沫若、田汉、夏衍、朱光潜等也纷纷写检查检讨自身思想的落后性。同时,《武训传》的全国性大批判给新中国的电影创作带来了不小的冲击,导致 1952 年全国只创作出 5 部影片[②]。从"武训事件"我们可以看出明显的"日丹诺夫主义"的幽灵,它和日丹诺夫对于左琴科和阿赫玛托娃的批判有异曲同工之处,都是由国家高层领导人发起,以国家权威媒体为传播渠道,以政治手段干预文艺批评,

---

① 洪宏:《论"十七年"中苏电影关系——"日丹诺夫主义"与"解冻"思潮对中国电影的影响》,《电影艺术》2006 年第 3 期。

② 根据中国现代文学研究中心《六十年文艺大事记》1952 年统计数据,见该书第 142 页。

用阶级划分代替审美判断，进而对艺术家进行人身攻击和谩骂。1951年开始进行知识分子思想改造运动之后，这种“日丹诺夫”式的批判模式在我国愈演愈烈，如1954年批判俞平伯、胡适资产阶级学术思想运动，1955年反对“胡风反革命集团”运动，1955年的批判“丁玲、陈企霞反党集团”运动，1956年的美学大讨论等，莫不可以看到日丹诺夫的影子。如夏中义在《日丹诺夫与朱光潜美学——重读〈西方美学史〉的一个角度》中就认为：“可以说，朱光潜美学在1949年后所以蹉跎不止，缠上了日丹诺夫这一幽灵，当是缘由之一。”“虽然朱光潜著述中几乎没有提及‘日丹诺夫’这个名字，但日丹诺夫主义与朱光潜的关系是考察1949年后朱光潜美学的一个极为重要的视角。”[①]李圣传在《“他者”镜像中的美学史案：从日丹诺夫看中国》中说：“发生于上世纪五六十年代的美学大讨论是与‘日丹诺夫’这一镜像如影随形的。‘美学大讨论’作为逆行的‘日丹诺夫式批判’，两者的‘律令模式’都是文学服从于大一统的意识形态并在文艺领域内的贯彻执行。”[②]

如果要对“日丹诺夫主义”对中国当时的哲学、艺术、文学理论等造成的影响进行一下总结的话，可以大致概括为三点：

一是开启了文化领域谩骂式批评、棍子批评的先河。在五六十年代的文艺批评中，如果一些素养良好的评论家尚能让批评维持在学理讨论的范围之内，尚能维持一种彬彬有礼的探讨式态度的话，很多的“跟风而起”但又缺乏专业知识素养的“拍砖者”，则让原本的理论探讨升级为人身攻击。在那些年代的报纸或杂志上，经常可以看到“流氓”“无赖”“阴险”“狡诈”“卑鄙”等已经脱离了文化领域的词汇。如果说这种谩骂式批评只是让人觉得匪夷所思，欲辩不能的话，那么“棍子批评”则威胁到了人的生命安全，一旦在文艺争论中被扣上了“资产阶级”“人民公敌”或“唯心论者”“主观派”的帽子，则很可能被监禁、劳教、改造，这“棍子”伤害的就不是声誉，而是生命了。

二是用阶级标准进行道德评判。日丹诺夫在《关于〈星〉和〈列宁格勒〉两杂志的报告》中，把左琴科称为“非苏维埃作家”，把阿赫玛托娃称为是“发狂的贵妇人”，而在具体论述时，左琴科作为“非苏维埃作家”是如何破坏苏维埃社会主

---

① 夏中义：《日丹诺夫与朱光潜美学——重读〈西方美学史〉的一个角度》，《复旦学报》（社会科学版）2010年第4期。

② 李圣传：《“他者”镜像中的美学史案：从日丹诺夫看中国》，《美与时代》（下）2012年第10期。

义建设的，或者阿赫玛托娃作为“发狂的贵妇人”是如何压制和剥削“无产阶级”的，并没有任何理性的证据。但是不管是否有真凭实据，一旦被冠以这些头衔，任何艺术家都无法逃脱自身“道德的沦丧”，成为民族的罪人和敌人，这也深深影响着国内的批判模式。对于《我们夫妇之间》《关连长》等电影的批判，就是因为其中的“小资产阶级创作倾向”。在这些“小资产阶级倾向”的作品背后，隐藏的必然是代表“资产阶级思想”的文艺工作者，而他们也必然是社会主义建设的阴谋破坏者，是整个民族的敌人，这一并不严谨甚至漏洞百出的逻辑推理，却成为当时文艺界的一项金科玉律。

三是用政治运动解决文艺问题。正如一些学者所认为的，“日丹诺夫现象与其说是一个文艺现象不如说是一个政治领域的现象”。[①] 政治专制导致了文化专制，文化专制对政治专制是依附和从属的关系。苏联当时的国内局势，需要一个人把政治领域的“斯大林主义”贯彻到文化领域，日丹诺夫是一个应时而出的“时势英雄”，恰好担负起了这一历史使命。正是政治与文化之间如此亲密的关系，所以用政治运动解决文艺问题的方法就理所当然、顺理成章了，并且在很长一段时间成为一种惯性，进而漂洋过海成为我国一段时间内的文化批判模式。这种批判模式不尊重文学和艺术的规律，更不会尊重艺术家的人格和尊严，而批判的具体运作，往往是先由“上面”发出声音，进而由上而下，将一个文艺问题演化为轰轰烈烈的群众运动。

第三节　苏联文艺学教材的引入与文艺“党性”原则的巩固

一项科学知识的最广泛、有效的传播，莫过于设立一门正式的学科，美学也不例外。虽然在光绪二十九年(1904)，由张之洞、张百熙、荣庆等奏拟的《奏定学堂章程》(又称《癸卯学制》)中，在“工科大学”第六学门系“建筑学门”的“补助课”里，已经出现了“美学”课程，但此“美学”远非我们当下意义中的“美学”，而

① 《对日丹诺夫文艺理论的反思——本刊召开第三次“回顾与反思”的研讨会》,《人民音乐》1989 年第 2 期。

是更接近于“审美学”或“美术”的含义，在体制上模仿的是同一时期日本的美学课程设置。此后，经过蔡元培的积极提倡，在壬子一癸丑学制中，美学成为文科中哲学门、文学门、历史学门等的核心专业，标志着美学在中国现代学术体系中开始具有独立的地位。但需要注意的是，此时的“美学”课程的内涵依然比较狭窄，正如蔡元培在《对于新教育之意见》中所提出的：“注重道德教育，以实利教育、军国民教育辅之，更以美感教育完成其道德。”[①]可以看出，此时的“美学”课程注重“美感教育”，目的是完善人的道德，更类似于西方的“宗教学”或东方的“伦理学”，其思想精髓也是借鉴了近代西方式的学科门类及知识系统。新中国之后，探索一条社会主义国家的建设道路成为首要任务，而“由于我们没有管理全国经济的经验，所以第一个五年计划的建设，不能不基本照抄苏联的办法”[②]成为当时的特殊国情。在当时全国“向苏联学习”的背景之下，国内“美学”学科的建设也在很长时间内对苏联亦步亦趋。

在美学问题上最先值得一提的是1949年10月《文艺报》第1卷第3期的“文艺信箱”栏目中登载的署名“丁进”的一位读者的来信，在信中他表达了自己在一些美学问题上的困惑：有一些人在杂志上批评“朱光潜是用美学理论的手段来达到替资产阶级服务的目的”，可是丁进对他在《文艺心理学》里所讲的一些理论觉得很有道理，比如“他的移情说与距离说，曾给我许多‘美感’”，难道是“我的理论或者染了朱光潜的什么毒”，“我希望这个问题，能够展开讨论”。[③]

---

① 舒新城：《中国近代教育史资料（上册）》，人民教育出版社1981年版，第226页。

② 中共中央文献研究室编：《毛泽东文集》第八卷，人民出版社1999年版，第117页。

③ 丁进：《读者来信》，1949年《文艺报》第1卷第3期，第26页。全文如下：

编辑同志：

在美学上，我很早就有个问题，到现在看了毛主席论文艺问题中说的：文艺批评有政治与艺术的两个标准后，对这问题的解决愈感迫切起来。因为一谈艺术，便使我想到美学上的问题了。

记得什么人曾在杂志上说：朱光潜是用美学理论的手段来达到替资产阶级服务的目的，可是我对他《文艺心理学》上讲的，至今还觉得他在许多地方有理。他的移情说与距离说，曾给我许多“美感”。

固然，这种美感经验是要我们用超世的思想、情绪和冷静到催眠状态时才能完成。但你若说这是一种资产阶级消闲法、享乐法，那么，当我们看到如《百万雄师下江南》，我们的“喜怒哀乐全凭它支配”（丁玲语）时的“忘我境界”，你能说不是正当的美感吗？

既然“忘我境界”可得美感，那么当我们看到一幅裸体画，而实感不被驱逐（性欲冲动）时，我们怎能得到“忘我境界”？为了驱逐实感，使艺术品与自然物间有距离的距离说也就有了价值。——我的理论或者染了朱光潜的什么毒，但我希望这个问题，能够展开讨论。

敬礼

浙江富阳人民政府丁进

十月六日

《文艺报》在刊发“读者来信”的同时，刊发了蔡仪《谈“距离说”与“移情说”》一文进行“答惑”，认为朱光潜将美感看成是与现实人生“孤立绝缘”的、“排除一切情感欲望”的理论是不符合实际的，因为对象的“社会的政治的意义，实是基本上决定它成为我们美感对象的条件”，并且“艺术标准要服从政治标准”。[①]《文艺报》此次全国范围的讨论，并不在于仅仅答复某个读者的美学困惑，其实质是清算和批判“旧”的美学理论和美学观念，树立新的有利于社会主义建设的、符合马克思主义的美学观念。这次“读者来信”事件在当时国内美学界明确了两项内容：首先，美学包含着大量的宣扬资产阶级思想的内容，因为这种潜在的政治危险，所以新中国成立后很长时间都没有开设这门课程；其次，以朱光潜为代表的西方资产阶级的美学理论是“旧”的、反动的思想，必须要清算和批判。所以，一方面是“向苏联学习”的全国大背景，另一方面是西方美学思想的反动性，向苏联美学学习就成为唯一的道路。

一、 模仿苏联成立“美学组”

苏联美学在其发展初期，是把美学视为马克思、恩格斯、列宁文艺思想的重要组成部分，紧紧围绕如何建立马克思主义美学这一核心问题展开讨论的，如从20年代中期到30年代初，苏联报刊就围绕这一问题展开了论争，提出了有关美学的对象、界限和原则等一系列问题。50年代，苏联美学进入了活跃期，各种报刊围绕美的本质、美的对象、美的形式等问题展开了热烈的讨论。而这一时期一个特别需要注意的事件就是苏联科学院哲学研究所设立了“美学组”。1956年，苏联《哲学问题》杂志编辑部、苏联科学院哲学研究所连续举行了美学问题的讨论，在讨论中，发言者一致认为，苏联哲学界和文艺界对马克思列宁主义美学的研究已经取得了一定的成就，但是还远远落后于现实生活，落后于苏联艺术的迫切需要。而落后的主要原因之一，是研究者往往多从孤立的、抽象的方法去研究美学问题，彼此之间的创作活动还没有很好的配合与联系，因此就难免产生理论与实践之间、美学与艺术之间脱节的现象。[②] 因此，为了美学学

① 蔡仪：《谈“距离说”与“移情说”》，《文艺报》1949年第1卷第3期。
② 司马舒：《苏联美学问题讨论简况》，《学术月刊》1957年第9期。

科之间的交流合作，苏联科学院哲学研究所于当年设立了“美学组”。这一举措也迅速引起了国内美学界的关注，1956 年七八月份，《文艺报》组织成立了“《文艺报》美学小组”，小组是以自愿结合的方式成立的，成员有朱光潜、宗白华、贺麟、王朝闻、蔡仪、黄药眠、张光年、刘开渠、陈涌、李长之、敏泽等，这是新中国第一个美学同仁的组织，也是一个组织松散而自由的学术社团。“美学小组”的讨论涉及了美学的对象问题、美的主观与客观问题、美的主观规律性问题、美感的差异性、形象思维和逻辑思维在创作和欣赏中的原则等问题，但进行过 3 次讨论后就停止了。[①] 而在当时的高校中，新中国成立后很长一段时间，因为美学被视为资产阶级的学科，所以没有美学的专业设置，也无人讲授。到了 1956 年，北京大学哲学系成立了“美学组”，挂在辩证唯物论和历史唯物论教研室，成员有王庆淑、杨辛和甘霖等人，在这个“美学组”的基础上，1960 年，北京大学哲学系成立了全国第一个美学教研室，成员有杨辛、甘霖、于民、阎国忠、李醒尘、金志广、朱光潜、宗白华等[②]。国内“美学组”或“美学教研室”的设立，一方面是模仿苏联的“教研组”设置，同时也是当时国内“美学大讨论”的迫切需要，是当时学界探索如何用马克思主义观点来说明各种美学问题的现实需要，[③] 因而是中苏双重背景共同促成的结果。总之，“美学教研室”的成立对于国内美学学科的发展具有重要的意义，它使得一些专业的美学研究者有了一个可以不断地从事美学教学和研究的阵地，并且可以开始培养此学科的学生，从而使美学学科得以持续发展，获得了生生不息的力量。

二、 译介苏联美学和文艺学教材

在新中国成立初期，因为国内没有开设美学方面的课程，所以也没有相关的美学教材被引进。但这并不意味着有关美学问题的讨论一无所获，事实上，因为有着共同的研究对象，所以很多时候美学问题和文艺理论方面的问题是杂糅在一起的，两者所探讨的问题大同小异，许多美学著作同时也是艺术理论著作，反之亦然。

---

① 敏泽、李世涛：《“‘国家不幸诗家幸，赋到沧桑句便工’——敏泽先生访谈录”》，《文艺研究》2003 年第 2 期。

②③ 李醒尘、李世涛：《中国第一部美学教材〈美学概论〉的编写与出版》，《河北学刊》2010 年第 5 期。

在50年代初期，文艺理论界组织了全国大规模的理论学习，由此引发了对文艺理论教材教学的讨论。从1951年11月到1952年4月，《文艺报》开展了关于高校文艺学教学的大讨论，[①]文艺学教学没有突出毛泽东文艺思想，理论脱离实际，流于教条主义等问题受到了理论界批评；1951年的文艺学教材大讨论则批判了文艺学教学中的资产阶级观点，这样一来，新中国成立前从西方引进的或自编的文艺教材被要求停止使用，而当时中国并没有自己的文艺理论教材，这样，1953年，查良铮翻译了季摩菲耶夫的《文学原理》，1954年春至1955年夏，依·萨·毕达可夫在北京大学中文系为文艺理论研究生讲授"文艺学引论"，1958年高等教育出版社正式出版了他的讲稿《文艺学引论》。这两本书给中国文学理论带来了一个基本框架，对中国以后的教材体系产生了深远的影响。季摩菲耶夫是苏联文艺学的权威，毕达可夫师承季摩菲耶夫，他们的文艺学教材体系和观点是一脉相承的。除此之外，1956—1957年北师大请了柯尔尊，他的讲稿以《文艺学概论》为名于1959年由高等教育出版社出版。

在50年代不长的时间里，我国翻译出版了苏联的文艺理论和美学教材十余种，其中产生重要影响的还有维诺格拉多夫的《新文学教程》(1952)、季摩菲耶夫的《文学发展过程》(1954)、涅多希温的《艺术概论》(1953)、契尔柯芙斯卡雅等的《苏联文学理论简说》(1954)、叶皮诺娃的《文艺学概论》(1958)以及从苏联大百科全书选译的《文学与文艺学》(1955)等；我国还翻译或编译出版了《文艺理论译丛》《苏联文学艺术论文集》《苏联美学论文集》等数种。由此，在拒绝西方文艺学教材之后，苏联文艺学教材在我国解放后的高校文艺学教学中占据了中心地位。尽管50年代中期，国内也出现了由我国学者自编的文艺学教材，但其观点和体系都来自苏联文艺学教材。在相当长的时期内，中国马克思主义文论家、批评家理论的开展主要依赖于苏联文论。

在美学教材方面，到了50年代中期，国内翻译引进了两本苏联美学教材。

---

① 在中国1950年代建构一体化的文艺观念过程中，苏联文论起了极为重要的作用，而《文艺报》又在其中扮演了一个十分重要的角色。如现实主义问题的论争、真实性问题的论争、典型问题的论争等，都是由《文艺报》发起的。《文艺报》主要是在历次重大文艺论争中，通过译介苏联文论来引导国内文艺潮流的。《文艺报》的译介工作强化了现实主义的地位，为真实性原则找到了合法性依据，同时又深化了对典型问题的认识。但《文艺报》的译介也存在着缺点，主要是对苏联文艺思想缺乏应有的批判和反思，助长了对苏联文艺观的盲从倾向。详情见陈国恩、祝学剑：《1950年代文艺论争与苏联文论传播中的〈文艺报〉》，《江汉论坛》2008年第2期。

一本是瓦·斯卡尔仁斯卡娅的《马克思列宁主义美学》，1957 年由潘文学等人翻译，该教材是瓦·斯卡尔仁斯卡娅在中国人民大学哲学系的讲稿，该讲稿主要论述了美学历史上唯物主义与唯心主义之间的斗争，同时讲述了马克思列宁美学中关于美的本质、艺术形象、艺术种类、艺术特点等内容。另一本是 1961 年陆梅林等人翻译、三联书店出版的《马克思列宁主义美学原理》，该书由别列斯特涅夫和涅托希文担任主编，苏联科学院哲学研究所和艺术史研究所集体创作，该书分上下两册，共四编，第一编主要讨论作为一门学科的马克思列宁主义美学和美学的发展历程。“马克思列宁主义美学”，主要探讨什么是美学、美学和实践以及美学的对象三个问题；第二部分“美学史的几个主要阶段”，分 12 节依次探讨了奴隶制时代希腊和罗马的美学、古代中国的美学观点、中世纪初期的美学、中世纪中国的美学观点、古代和中世纪印度的美学观点、欧洲资本主义关系形成时期的美学、古典主义的美学、启蒙运动的美学、德国古典唯心主义的美学、19 世纪俄国革命民主主义者的美学、马克思列宁主义美学的发生和发展以及马克思主义美学发展上的列宁主义阶段。第二编主要讨论艺术美学问题，如艺术对现实的审美关系，艺术的社会作用、艺术的党性、阶级性等。第三编主要讨论艺术与美范畴以及基本问题，如艺术形象、艺术的内容与形式、美的本质、艺术的种类与体裁等。第四编集中讲现实主义和社会主义现实主义问题。可以看出，这两本教材都紧紧围绕“马克思主义”这一核心为依托和评价标准，来建构美学理论或梳理美学历史，这一点也深深影响了我国的美学发展。在五六十年代的很长时间内，不管是发表美学方面的文章，还是学者之间的美学争论，都囿于“唯物”和“唯心”、“主观”和“客观”之中难以超越，在王国维之后发展起来的美学讨论深度不复存在，又回到了二元对立的思维模式之中。而更为惋惜的是，美学或文艺理论方面的二元对立同时波及了讨论者的社会政治地位，美学或文艺思想上的“唯心”“主观”必然等于政治上的落后、反动，甚至要被批判、清算和打倒，美学立场成为判断政治立场的重要标准。

三、借鉴苏联经验编著美学和文艺理论教材

在上世纪二三十年代，国内已经有了较为完整系统的文艺理论教材，如被称为国内第一部文学理论教材，由伦达加编撰的《文学理论》（广东师范学校贸

易部，1921），还有潘梓年的《文学概论》（上海北新书局，1925），田汉的《文学概论》（上海中华书局，1927），姜亮夫的《文学概论讲述》（上海北新书局，1930），马仲殊的《文学概论》（上海现代书局，1930）等。进入 40 年代后，还有顾仲彝的《文学概论》（上海永祥印书馆，1945），蔡仪的《文学论初步》（上海生活书店，1946）等。这些文艺理论教材多以日本、西方的理论资源加以本土化，主要围绕文学艺术的概念、特征、发生和发展进行探讨，出现最多的核心词汇是诸如想象、情感、形象、国民性、时代性、道德、人生等，这些理论思想也在很长时间内指导着国内的艺术创作。新中国成立后，建立一套符合社会主义国家建设的理论话语成为一项重要任务，这个时候曾经以日本或西方为思想依托编著的文艺教材就显得不合时宜，也不再适用。于是，经过了最初单纯的译介苏联文艺理论和美学教材的过程后，国内开始着手编著自己的文艺教材。

五六十年代，新中国的文艺学教材经历了一个从无到“盛”的高速繁殖期。这一时期，国内的学人们多在维诺格拉多夫的《新文学教程》或季摩菲耶夫的《文学发展过程》基础上建构文艺学教材的理论体系及核心思想。同时，教材出版的种类和数量也是相当的惊人，我们现在能查阅到的曾出版的教材种类不下 20 种，而很多教材都是一版再版，发行量也是前所未有的。50 年代初，新文艺出版社出版了巴人的《文学初步》（1950 年 1 月初版）一书，该书是在其新中国成立前创作的《文学读本》和《文学读本续编》的基础上重新改写的。在该书的后记中，巴人写道：“全书的纲要，大致取之于苏联维诺格拉多夫的《新文学教程》，因为在它提出的各项问题，确是最基本的问题。然而我或者把它扩大，或者把它缩小，而充实以‘中国的’内容。”[①]该书出版后虽然有一些概念学界有所争议，但仍大受好评并得到了广泛的推广，仅在 1950 年 1 月到 1951 年 11 月之间，就连续三次再版，先后发行了 12000 册。另一本较有影响的文艺教材，是光明书局 1950 年出版的齐鸣的《文艺的基本问题》。该书 1950 年 6 月初版，10 月再版，可以看出在当时也是较受欢迎的。该书的前半部分主要探讨文艺的特质、发生发展、古典、浪漫、现实主义的创作风格以及内容和形式的统一等内容，看得出来所依据的大多还是西方文艺理论的话语资源。但是在该书的后半部分，如第六章“世界观和创作方法”，第七章“社会主义的现实主义”，第八章“文艺的

① 巴人：《文学初步》，新文艺出版社 1951 年版，第 480 页。

党性和党性的文艺”等内容，可以看出已经不可避免地受到了当时苏联文艺思想的影响，有着非常鲜明的“苏联痕迹”。

1957 年，是国内文艺理论教材的“丰收年”，连续出版的近十本文艺方面的教材成为当时文艺界的一大景观，而这些教材的体系和内容，正如徐中玉在其回忆中所言：“1957 年夏，高教部让黄药眠和我起草了一个文艺学教学的大纲供讨论，内容多半参考苏联。……当时总的情况是很‘左’的，大纲主要学习苏联机械、简单的那一套，强调阶级斗争。”①例如，蒋孔阳 1954 年在北京大学文艺理论研究班亲聆毕达可夫的课程后，编著了《文学的基本知识》一书②，该书 1957 年由中国青年出版社出版，在谈到该书时蒋孔阳说：“本书的结构的顺序，主要是参考季摩菲耶夫的《文学原理》。”而在具体内容上，诸如“文学是什么”“形象”“典型”“阶级性和倾向性”“人民性”“党性”等章节，和季摩菲耶夫的观念大同小异。由于该书写得通俗易懂，所以发行量极大。蒋孔阳曾回忆说：“《文学的基本知识》一书，几个月之内，就销了 20 多万册。”③除此之外，同是 1957 年出版的文艺学教材还有：刘衍文的《文学概论》（新文艺出版社，1957），李树谦、李景隆编著的《文学概论》（吉林人民出版社，1957），冉欲达等编著的《文艺学概论》（辽宁人民出版社，1957），霍松林编著的《文艺学概论》（陕西人民出版社，1957），钟子翱编著的《文艺学概论》（北京师范大学出版，1957），吴调公编著的《文学概论》（南京师范学院函授科，1957）等。此后，在 50 年代末 60 年代初，随着“大跃进”的推进，还出现了大批以教研室或系为单位编著文艺教材的情况，如山东大学中文系编的《文艺学新论》（1959），湖南师范学院中文系编的《文艺理论》（1959）等。

可以说，1950 至 1960 年这十年间，国内文艺理论教材的编写在数量上是可喜的，但这种向苏联“一面倒”的倾向以及教材创作上的“大跃进”之风，使得很多教材质量并不太高，正如周扬在一次报告中所说：“1958 年以后，教育革命，解

---

① 李世涛：《回望我的学术生涯——徐中玉先生访谈录》，《艺术百家》2008 年第 5 期。

② 吴中杰曾回忆了蒋孔阳《文学的基本知识》出版后的盛况：文艺理论讲习班上的学员们回到原来的学校之后，不但以毕达可夫带来的苏联文艺理论体系来讲课，而且，有好几位还从这个体系出发，写出自己的文艺理论教材，向全国教育界、文艺界辐射。孔阳先生回复旦后，也写了一本《文学的基本知识》，因为 写得通俗流畅，发行量很大，影响远远超过那些高校教材。有一次，我下乡劳动，还在 一位生产队会计家发现此书，纸张都被翻烂了。（吴中杰：《海上学人》，广西师范大学出版社 2005 年版，第 128 页。）

③ 蒋孔阳：《百花盛开庆天时》，《文艺与人生》，首都师范大学出版社 1994 年版，第 433—434 页。

放思想，青年人集体编了不少教材，出现了一种新气象，但由于对旧遗产和老专家否定过多，青年人知识准备又很不足，加上当时一些浮夸作风，这批教材一般水平都很低，大都不能继续使用。”[①]正是在这样的背景下，1961 年 4 月，中宣部组织召开了关于全国高等学校文科教材编选工作的会议，周扬在会上作了长篇报告，部署了全国高校文科 80 多个专业的教材编写工作，大学文科教材编选工作主要由时任中宣部副部长的周扬亲自来抓。在这些规划教材中，文艺理论和美学方面的就有蔡仪主持编写的《文学概论》、以群主持编写的《文学的基本原理》、王朝闻主持编写的《美学概论》。遗憾的是，这三部承载着诸多期望的教材在 60 年代都经历了一波三折。以群主编的《文学的基本原理》（上、下），虽然 1963 年由上海文艺出版社出版，但由于“文革”未能投入使用；蔡仪的《文学概论》和王朝闻的《美学概论》则在“文革”期间被中断了编写工作，一直到“文革”结束后才又重新改编出版。这三本教材虽然道路坎坷，但在出版后都产生了巨大的影响力，两本文艺理论的教材在很长时间里都是全国高校的指定教材，特别是其“五论”（即本质论、创作论、发展论、作品论、批评鉴赏论）的体系雏形，成为此后文艺理论教材难以逾越的模型，具有不可撼动的权威地位。而王朝闻的《美学概论》则是国人自己编写的第一本美学教材，对推动美学的复兴和以后美学教材的编写产生了积极的影响，具有一定的历史意义。

除了模仿苏联成立“美学小组”、译介苏联美学和文艺学教材、借鉴苏联经验编著美学和文艺理论教材外，新中国成立后我们还积极实行“请进来”和“走出去”的交流互动活动，例如 1954 年春至 1955 年夏，聘请毕达可夫在北京大学中文系为文艺理论研究生讲授《文艺学引论》；1956 至 1957 年，聘请柯尔尊为北京师范大学中文系俄罗斯苏维埃文学研究生和进修教师讲授《文艺学概论》；1956 年，聘请瓦·斯卡尔仁斯卡娅为中国人民大学哲学专业学生讲授《马克思列宁主义美学基础》等。而王朝闻则在 1954—1959 年间三次赴苏交流，与苏联美学界交流了“马克思列宁主义美学”的诸多问题，为其此后《美学概论》的编写奠定了理论基础。

由以上可以看出，通过一系列举动，在 60 年代初我们基本解决了国内没有符合新中国建设的文艺理论教材的问题，新中国的文艺理论话语也从 20 世纪

① 周扬：《周扬文集》（第四卷），人民文学出版社 1991 年版，第 143 页。

上半期的欧美日传统转变为 50 年代以后的苏联文艺传统，完成了当代文艺理论、美学的意识形态改造和话语转型的历史任务。

第四节 “以苏为鉴”与文艺工作的不断调整

新中国成立后，由于国内建设各方面的条件还不够成熟，所以在一段时期内照搬了苏联模式，提出了“以俄为师”“向苏联老大哥学习”的口号，这是当时新中国第一代领导人在初步建设一个新兴的社会主义国家的探索性尝试，也是当时国内、国际环境的必然选择。但随着新中国的逐步稳定和成长，亦步亦趋地向苏联学习显然已不是最好的选择。首先，经过几年的发展实践，我们已积累了一定的实践经验，开始慢慢摸索出一套更符合中国国情的发展之路，对苏联做法中的缺陷和不足也开始有所认识；其次，苏共二十大的召开，苏联的“自我否定”，也让我们重新思索苏联模式的权威性。

一、从“以俄为师”到“以苏为鉴”

本章前三节所讲述的内容，可以归为中国“以俄为师”的各种实践。学界一般认为，1956 年赫鲁晓夫在主持召开的苏共二十大上发表反斯大林的“秘密报告”，这一事件可以看作中苏关系发生变化的转折点。从苏共二十大之后，国内开始反思苏联模式的弊端，进而提出了“以苏为鉴”的口号，标志着我们不再照搬苏联的社会主义建设模式，而是以苏联的经验教训作为参照和借鉴，开始积极探索一条适合中国国情的社会主义建设道路。但如果我们把目光再向前看就会发现，其实即使在一再强调“向苏联老大哥学习”的时期，新中国的领导人们也从没有迷失于“权威”之中，而是对苏联模式保持着清醒的认识。早在 1954 年 6 月 14 日，毛泽东在《关于中华人民共和国宪法草案》讲话的结尾，就提出了“破除迷信”的问题：“我们除了科学以外，什么都不要相信，就是说，不要迷信。中国人也好，外国人也好，死人也好，活人也好，对的就是对的，不对的就是不对的，不然就叫作迷信。要破除迷信，不论古代的也好，现代的也好，正确的就信，不正确的就不信，不仅不信而且还要批评。这才是科学的态度。”①这种拒绝迷信的态度，也在一定程度上暗示着毛泽东同志对待苏联的立场。苏共二十大后，在国际形势急剧动荡的情况之下，毛泽东用较为清醒和理智的目光注视着周围大环境的变化，他认为斯大林受批判，有利于我们“揭掉盖子，破除迷信，去掉压力，解放思想”，是完全有必要的，同时又反对苏联对斯大林的所作所为“一棍子打死”的做法，认为“这是不好的”。在1956年4月《论十大关系》讲话中，他指出：“特别值得注意的是，最近苏联暴露了他们在建设社会主义过程中的一些缺点和错误，他们走过的弯路，你还想走？过去我们就是鉴于他们的经验教训，少走了一些弯路，现在当然更要引以为戒。”②在这个讲话中，毛泽东一一对比了中、苏在经济建设，国防建设，国家、生产单位和生产者个人关系，中央和地方的关系，是非关系问题等方面的方法上的异同，更重要的是根据苏联的经验教训总结了我国社会主义建设的经验，提出了探索适合我国国情的社会主义建设道路的任务。可以说，正是以此为标志，我们正式明确了“以苏为鉴”的思想。此后，毛泽东曾多次提到了《论十大关系》，肯定了它在探索适合中国情况的社会主义建设道路中的地位和作用。例如，在1958年3月的成都会议上，他特别指出：“1956年4月提出十大关系，开始提出自己的建设路线，原则和苏联相同，但方法有所不同，有我们自己的一套。”③1960年6月，他在《十年总结》中又说：“前八年照抄外国的经验，但从1956年提出十大关系起，开始找到自己的一条适合中国的路线。”④

这条“适合中国的路线”，不仅仅表现在重工业、轻工业、农业、中央和地方、党和非党、革命和反革命、中国和外交关系等一系列直接关系社稷民生发展的建设路线，同时在文学艺术等意识形态领域，学者们也在进行着积极的探索。

二、“百花齐放，百家争鸣”的提出

赫鲁晓夫在主持召开的苏共二十大上发表了反斯大林的“秘密报告”，从根本上否定斯大林，组织了对过去某些案件的复查和平反工作，在社会主义阵营

① 《毛泽东文集》第六卷，第330页。
② 《毛泽东文集》第七卷，第23页。
③ 同②，第369页。
④ 《建国以来毛泽东文稿》第九册，中央文献出版社1996年版，第213页。

内产生了巨大的震动。因此，苏共二十大之后，我国国内政策出现调整，开始以苏联为借鉴，探索适合中国情况的建设社会主义的正确道路。正是在这样的背景下，如一些外国学者所说“中国共产党领导人打算给予学术与文化领域更多自由，希望化解日益临近的危险，避免招致激烈反对”[①]。1956年4月28日，毛泽东在中央政治局扩大会议上提出了“百花齐放，百家争鸣”的方针。此后，文艺界的高层领导也开始在公开场合支持对苏联文艺理论的单一化的批评，秦兆阳的《现实主义——广阔的道路》、钱谷融的《论“文学是人学”》、巴人的《论人情》等一批切中时弊的理论文章相继发表。与此相适应，我国高校文艺学教材的编纂也出现了试图突破苏联毕达可夫等建立的“苏联框架”的倾向，先后有蒋孔阳的《文学的基本知识》（中国青年出版社，1957），霍松林编著的《文艺学概论》（陕西人民出版社，1957），冉欲达等编著的《文艺学概论》（辽宁人民出版社，1957），李树谦、李景隆编著的《文学概论》（吉林人民出版社，1957），以及北大中文系1955级编著的《毛泽东文艺思想概论》等。尽管这些教材依然在强调文艺为政治服务的意识形态功能，却是中国学者自身努力的成果，这些成果构成这一阶段中国学者对自身文艺理论追求的积极探索。

三、从“保卫社会主义现实主义”到“两结合”的提出

1956年10月“匈牙利事件”给国际社会带来巨大震动，国际上掀起了反苏反共浪潮，对苏联为首的社会主义国家的文学进行肆意攻击，所有这一切迫使阶级斗争的神经再一次紧绷在中国国家领导人的意识之中。1956年11月召开的中国共产党八届二中全会，决定从1957年起开展党内整风运动。对意识形态层面控制的加强，在文艺理论方面的体现则是高调提出“保卫社会主义现实主义”[②]的文艺斗争路线。与捍卫苏联共产党主导的“社会主义现实主义”原则

① 佛克马：《中国文学与苏联影响（1956—1960）》，季进、聂友军译，北京大学出版社2011年版，第84页。

② 1958年7月，由译文社编辑、作家出版社出版的《保卫社会主义现实主义》第一辑出版，同年10月，该系列的第二辑出版。第一辑“前言”，在介绍本书编选背景时有这样的话：“为了保卫马克思列宁主义的文艺思想和社会主义现实主义文学，苏联和其他社会主义国家的文学界，在各国兄弟党领导下，对敌人进行了坚决的反击，同时也对错误的文艺思想和文学作品展开了讨论和批判。经过一两年时间大规模的辩论和斗争，马克思列宁主义原则终于在文学战线上取得了又一次伟大的胜利。”“前言”指出：“为了帮助我国读者比较全面和系统的了解这次斗争的情况，我们从两年来国外报刊上选择一部分最主要的有关这次斗争的批评文章，编辑成专集，以资参考。”（见“前言”第1—2页）

相一致，当时中国科学院文学研究所苏联文学组编写了《苏联文艺理论译丛》，包括《苏联作家论社会主义现实主义（第一次苏联作家代表大会前后的有关言论）》（人民文学出版社 1960 年版）、《世界文学中的现实主义问题》（主要是关于苏联文艺界有关“社会主义现实主义”的几次大规模讨论文章，人民文学出版社 1958 年版）；同时还翻译出版了一批有关社会主义现实主义的著作，如留里科夫的《关于社会主义现实主义的几个问题》（殷涵译，作家出版社 1956 年版）、奥泽洛夫的《社会主义现实主义的若干问题》（戈安译，新文艺出版社 1957 年版）、阿·杰明季耶夫的《社会主义现实主义——苏联文学的主要方向》（曹庸译，新文艺出版社 1957 年版）、特罗斐莫夫的《社会主义现实主义——苏联艺术的创作方法》（牛冶译，新文艺出版社，1958 年版）等论著。1958 年 10 月，苏联学者谢皮洛娃著《文艺学概论》[①]由罗叶、光祥、姚学吾、李广成翻译出版。在这本翻译的《文艺学概论》中，我们可以看到上世纪 50 年代末期社会主义对文艺研究的深刻影响，文学艺术已经成为意识形态的一种特殊形式，在这一思想指导下，“社会主义现实主义”自然成为解读所有文艺现象的有力法宝。

但是，“保卫社会主义现实主义”的文艺路线并非文艺界的不二准绳，在 50 年代中后期，伴随着这一路线且在一段时期内与之并肩存在，随后呈现压倒之势并几乎取而代之的，则是 1958 年 3 月，毛泽东在成都会议上谈到关于诗歌问题时提到“现实主义和浪漫主义的对立统一”的创作方法。随后的 5 月，毛泽东在中共中央第八届代表大会第二次会议上提出了“无产阶级文学艺术应该采用革命现实主义和革命浪漫主义结合的创作方法”，这一“两结合”的方法的提出，实际上对苏联主导的“社会主义现实主义”原则提出了挑战，是我国高层在文艺理论上自觉自主、试图走出苏联影响的一种表现。在 1960 年 7 月全国“第三次文代会”上，周扬所作的《我国社会主义文学艺术的道路》报告中，详细地论述了“两结合”的创作方法，称它是“毛泽东同志对马克思主义文艺理论的又一重大贡献”。他提出：“关于‘真实’，关于‘现实主义’，我们和修正主义者之间存在着截然不同的理解。修正主义者常常在‘写真实’和‘现实主义’的幌子下，反对社会主义文艺的倾向性。他们故意把真实性和倾向性对立起来，认为倾向性会妨碍真实性。其实他们所反对的只是文艺的革命倾向性，目的是要代之以资产阶

---

① 谢皮洛娃：《文艺学概论》，罗叶、光祥、姚学吾、李广成译，人民文学出版社 1958 年版。

级的反动倾向性。他们排除生活中的先进理想，他们的所谓现实主义，是没有先进理想的‘现实主义’，实际上不是现实主义，而是卑琐的自然主义或颓废主义。他们的所谓‘真实’，其实是对于现实的歪曲。我们从来主张文艺必须真实，反对虚伪的文艺。但是我们却不是‘为真实而真实’论者。在阶级社会中，文艺家总是带着一定阶级的倾向来观察和描写现实的，而只有站在先进阶级和人民群众的立场，才能最深刻地认识和反映时代的真实。人民的作家选择和描写什么题材，首先就要考虑是否于人民有益。真实性和革命的倾向性，在我们是统一的。”①

可以看出，从1960年起，文艺上的修正主义被视为一种国际性现象，人性论和人道主义则被看作修正主义者的主要思想武器。与此同时，苏联文学开始被定性为“苏修文学”。从此我国对苏联文学和文论的态度急转直下，由全面学习、全面接受转向全盘批判、全盘否定。有关苏联文学和文论中的人性论、人道主义等著述，以及苏联对现代主义的重新探讨等著述，都被列入“现代修正主义文艺思潮”在内部翻译出版，专供批修参考之用，这就是那套内部刊行的“黄皮书”。

以上中苏政治关系与文艺事业关系的微妙变化，不仅成为“美学大讨论”的一个理论背景，同时许多思想和观点也成为“美学大讨论”中的直接内容，其与“美学大讨论”的关系及对“美学大讨论”的影响是无法分开的。

---

① 周扬：《我国社会主义文学艺术的道路》，《中国文学艺术工作者第三次代表大会文件》，人民文学出版社1960年版，第47页。

第三章

主观派的美学思想及其论争

50年代的美学大讨论，涌现出了大批美学家，形成了不同的美学派别，其中吕荧与高尔泰合二为一，都被视作主观派的代表。由于特殊的政治语境，在当时的美学家中，他们受到的批判和否定是更加严厉的，其个体命运也更加曲折。本章将分别论述这两位美学家的思想特质，以及这些特质带给他们沉重的人生轨迹。

第一节　20 世纪 50 年代的吕荧及其美学思想

在美学大讨论中，吕荧的“美是观念”说一经提出便成为众矢之的，遭到了很多学者的批评和诟病。近年来，虽然一些学者开始重新审视美学大讨论中吕荧的美学思想，并积极提倡摒弃思维惯性中的“帽子主义”，去客观、真实地还原吕荧的美学思想体系，但以目前的研究来看，这种公允的研究还很难抵抗长久以来的“帽子影响”，提到吕荧，人们还是习惯性地将之划分到“主观派”之中。这种派别上的归类，以当下的眼光来看，显然有着一种限于字词的机械性，并且由于这种划分，在很大程度上遮蔽了吕荧美学思想中的合理性和深刻性。本节对吕荧的研究，将尽量回归真实的吕荧及其美学思想。

一、吕荧的个人遭际与美学思想历程

（一）《文艺报》对吕荧“资产阶级文艺观”的批判

1951 年，时任青岛山东大学中文系主任、教授的吕荧遭到了来自《文艺报》的批判。在该年 11 月 10 日出版的《文艺报》头版上，以“关于高等学校文艺教学中的偏向问题”为主题发表了六篇文章，并在“编辑部的话”中指出：“现在有些高等院校，在文艺教育上，存在着相当严重的脱离实际和教条主义的倾向，也存在着资产阶级的教学观点。有些人，口头上常背诵马克思列宁主义的条文和语录，而实际上却对新的人民文艺采取轻视的态度，对毛主席的《在延安文艺座谈会上的讲话》认识不足，甚至随便将错误理解灌输给学生……我们觉得，对于这一类错误论点与欧美资产阶级思想意识的残余展开批评，是完全必要的。”[①]在该组的六篇文章中，有一篇署名张祺，以《离开毛主席的文艺思想是无法进行文艺教学的》为题目的读者来信，该信件向《文艺报》反映，他所在的山东大学的

---

① “编辑部的话”，《文艺报》1951 年 11 月 10 日。

文艺教学存在着“不是以人民的文艺和社会主义现实主义文艺为主要线索，而是以古典的外国文学作品如哈姆雷特、奥勃洛摩夫为主要例子”“不注重工农兵文艺，不注重当代写工农兵的文艺作品”“对于现实政治不积极”①等问题，并希望他们的文艺教学能回到正确的方向上来，以毛泽东的文艺思想作为文艺教学的基本原则。这封来信虽然没有指名道姓，但矛头已经直指当时担任文艺理论教学的吕荧。正如吕荧当时的学生李希凡在后来所作的《回忆与悼念》一文中所言，这封发表在《文艺报》上的信件，“不仅在山大中文系引起了思想震动（不如说是引起混乱），而且造成了‘运动’的声势”。② 于是，在该校的进一步组织下，经过全系学生的积极认真学习讨论后，很多学生又分别写信向《文艺报》反映了自己的感受和观点，分别是刘乃昌、任思绍和冯少杰以山东大学学生会名义发表的《这是我们迫切需要解决的问题》③，樊庆荣的《反对脱离实际的文艺教学》④，崔杰民、赵开华的《为甚么不热爱新的人民文艺》⑤，李希凡的《对我校文艺教学问题的几点意见》⑥等，这些来信或文章对吕荧保持了较为一致的声讨基调，从各自的不同角度指责了他们的文艺教学中的教条主义、轻视人民、小资产阶级倾向等，并纷纷呼唤对这门课程进行改革，建立新的文艺体系。

在这次事件中，《文艺报》虽然保持了一种开放的姿态，随后也刊发了吕荧为自己辩护的信件⑦，但显然势单力薄，并不能起到太大的挽回作用。于是在 1952 年第 2 期《文艺报》的“编辑部的话”里，对于吕荧的文艺教学有了基本的定

---

① 张祺：《离开毛主席的文艺思想是无法进行文艺教学的》，《文艺报》1951 年 11 月 10 日。

② 吕荧：《吕荧文艺与美学论集》，上海文艺出版社 1984 年版，第 548 页。

③ 文中写到：“我们的文艺学，虽然在概念上给了同学一些知识，但由于没有贯彻毛泽东文艺思想，片面地强调了外国的古典作品，错误地解释了普及与提高，这就使得同学距离人民文艺越来越远了。”

④ “编辑部的话”，《文艺报》1952 年第 2 期。

⑤ 文中写到：“现在我们明白了，我们感到这样下去非常危险，我们希望对文艺学这门课程进行改革，首先要求先生端正他的文艺思想和教学方法。”

⑥ 文章共分为六部分。(1) 小资产阶级思想改造问题。(2) 轻视人民文艺问题。(3) 西洋古典文学借鉴问题。(4) 理论问题上的选材。(5) 对所谓“系统化”“联系实际”“普及提高”等问题的理解。(6) 方法问题还是思想问题。李希凡在信中直接提到了自己的老师吕荧的名字。他认为：“吕荧先生的对于古典文学的介绍，客观上是引导我们陶醉于古典主义文学的迷窟里，不能自拔。”他在文章最后说：“我们热烈地希望先生，在文艺教学问题上，端正教条主义脱离实际的错误，粉碎主观主义的教学体系，从中国革命现实，从中国革命文学实际出发，建立文艺教学的新体系。”

⑦ 尽管吕荧先生在《文艺报》上极力为自己辩护，指出：“××同志没有去听过文艺学的课，可是他引了我在课堂上讲的话。这些话经他一写之后，和原意正相反。还有一些话我根本就没有讲过。”吕荧为自己辩护的例子，是他于 1949 年到 1950 年间写的关于学习毛泽东《在延安文艺座谈会上的讲话》文章。他说：“(这是) 我对毛主席文艺思想的尊崇和对人民文艺的重视。现在竟有人制造一些莫须有的话加在我的身上，这实在是不能缄默的。”但这样的解释，对吕荧已无意义。

论:“在该校的行政领导下,该系同学经过了热烈的学习和讨论之后,大都明确地认识了吕荧同志教学中脱离实际、脱离毛泽东文艺思想的教条主义的错误,并迫切要求改进。”[①]在此之后,时任山东大学校长的华岗劝说吕荧做一下自我批评以保护自己,但吕荧没有同意,于是离开了山东大学,并在1952年冬天,经冯雪峰介绍到人民文学出版社担任特约翻译工作。

在该事件过去32年之后,当时事件的亲历者和参与者反思说,所谓的全系学生热烈的学习和讨论,不过是“被动员起来给先生提意见,批评先生的‘教条主义’”[②],而站在当下,当我们有条件把当时的历史在一定程度上做较为完整的还原后就会看出,吕荧这次有口难辩的遭遇,实是当时国内“知识分子思想改造”之下整个社会文化氛围的一个具体表现。吕荧成为这场运动的“众矢之的”,虽带有一定的历史偶然性,但不能不说这个“偶然性”遭遇,为随后学界对其美学思想中“主观性”因素的批判,起着“先入为主”的重要影响作用。

(二)“美,是一种观念”的首次亮相

1953年,吕荧在《文艺报》第16、17期上发表了《美学问题——兼评蔡仪教授的〈新美学〉》一文。关于写作这篇文章的目的,吕荧在文章的开头有比较明确的表示:关于美的问题,自古而来的美学家都有讨论和论述,但他们的美学如同他们的哲学思想体系一样,大多属于唯心论的美学。而中国的美学发展也不容乐观,如朱光潜和蔡仪的美学思想,特别是蔡仪的《新美学》一书,基本没有脱离旧美学的窠臼,带着鲜明的唯心主义色彩。[③] 正是基于这一原因,吕荧试图通过对《新美学》一书的探讨和解剖,重新阐释美学研究中存在的一些问题。由对美的本质“美是什么”开始发问,吕荧质疑了蔡仪的“美的东西就是典型的东西”“美的本质……就是个别之中显现着种类的一般”的思想,并进而提出自己的美学观点:“美,这是人人都知道的,但是对于美的看法,并不是所有的人都相同的。同是一个东西,有的人会认为美,有的人却认为不美,甚至于同一个人,他对美的看法在生活过程中也会发生变化,原先认为美的,后来会认为不美;原先

① “编辑部的话”,《文艺报》1952年第2期。
② 吕荧:《吕荧文艺与美学论集》,第548页。
③ 同②,第412页。

认为不美的，后来会认为美。所以美是物在人的主观中的反映，是一种观念。”[①]这篇文章发表于1953年，距离第一次美学大讨论还有三年之隔，在这之前，吕荧的学术活动主要在文学翻译、文艺理论与作品批评方面，关于美学的探讨和研究相对较少，因此，这篇文章可以说是吕荧美学思想的首次亮相。在这篇文章中，可以说已经涵盖了后来学者所批判的吕荧美学思想中的大部分“主观性”观点，但从现有的资料来看，这篇文章在当时并没有引起人们太多的关注，更遑论争鸣和批判。就连在这篇文章中吕荧直接挑战的对象——蔡仪本人也并没有急于回驳，一直到大讨论已经开始，学界对于吕荧的“唯心主义美学思想”开始轰轰烈烈的批判之后，蔡仪才先后发表了《论美学上的唯物主义与唯心主义的根本分歧——批判吕荧的美是观念之说的反动性和危害性》[②]和《吕荧对“新美学”美是典型之说是怎样批评的？——我的美学思想和我的批评者之二》[③]两篇文章，一并批判了吕荧“美是观念”的唯心主义倾向，反驳了吕荧对自己“美是典型”说的误解。

在1950至1956年间，中国的文化环境悄然发生着改变，虽然观点还是同样的观点，但前后有着截然不同的待遇。在知识分子的思想改造运动之后，到1955年，中央又先后发出了《关于在干部和知识分子中组织宣传唯物主义思想批判资产阶级唯心主义思想的演讲工作的通知》《关于宣传唯物主义思想批判资产阶级唯心主义思想的指示》等文件，《人民日报》发表了题为《必须宣传唯物主义思想，批判唯心主义思想》的社论，这些指示的核心内容是要向全国知识界宣传与普及马克思主义基本理论，清除各种非马克思主义的思想观念。这些通知和指示迅速演变为思想观念的改造运动，又很快升级为非此即彼的政治斗争——强调“客观”就是忠实的马克思主义思想的坚守者，而突出“主观”就是“歪曲马克思列宁主义的原则”，就是“反革命活动”（蔡仪语）。正是在这一时代背景下，同样的“美是观念”的表述，却经历了从默默无闻到全民批判这样“冰火两重天”的待遇。

---

① 吕荧：《吕荧文艺与美学论集》，第416页。

② 蔡仪：《论美学上的唯物主义与唯心主义的根本分歧——批判吕荧的美是观念之说的反动性和危害性》，《北京大学学报（人文科学）》1956年第4期。

③ 蔡仪：《吕荧对“新美学”美是典型之说是怎样批评的？——我的美学思想和我的批评者之二》，《学术月刊》1957年第9期。

（三）惹祸上身——为胡风的辩解

1955年5月25日，中国文联主席团和中国作协主席团在北京召开了七百余人参加的“撤销胡风等反革命分子职务”的批判大会，在大会步调一致地对胡风的严厉声讨中，吕荧“不合时宜”地提出，胡风的问题是学术思想问题，不是政治问题。他因此被赶下台，并被定性为胡风集团的反动分子，经最高人民检察院批准后进行了为期一年多的隔离审查。在此期间，学界发表了一系列批判吕荧的文章，如：刘泮溪、孙昌熙《揭发吕荧反革命的文艺思想》（《文史哲》1955年第8期），邢福祟、袁世硕《彻底清算胡风分子吕荧的罪恶活动》（《文史哲》1955年第8期），赵俪生《批判吕荧的反马克思主义文学理论》（《文史哲》1955年第8期），袁世硕《吕荧是胡风的忠实信徒和帮凶》（《文史哲》1955年第10期），徐维垣《揭发胡风分子吕荧通过介绍俄罗斯文学和苏联文艺理论所犯的罪行》（《文史哲》1955年第11期）等。1956年6月25日，经过中央的批准，解除了对吕荧的隔离审查，并证明了吕荧“没有参与胡风反革命集团的活动”，但在这一年多的审查中，吕荧的脑神经受到了比较严重的伤害，健康状况也极度恶化。

在吕荧被隔离审查期间，虽然“胡风反革命分子”的罪名并没有确立，但对于这“莫须有”之罪的批判却已经轰轰烈烈的开始了。“起火的后院”首先就是吕荧曾经任教的山东大学，在山东大学文学院和历史语文研究所共同创办的综合性学术刊物《文史哲》杂志上，在1955年的第8至11期中，先后刊发了多篇批判吕荧的文章，其中有专门针对吕荧所犯下的“胡风罪行”的，但大多数文章，则主要是由“反革命”问题而引发的对吕荧文艺思想的批判。造成这种现象的原因，一方面可以看作是对其1952年文艺教学风波的批判“惯性”使然，而另一方面，我们也可以看出在人们心目中“政治批判”与“文艺批判”之间根深蒂固的联系。“政治上的反革命”必然等于“文艺上的反革命”，这一并没有严密逻辑依据的等式却是当时社会环境中大多数人的自然或必然判断。在这个时候，吕荧“美是主观”的观点虽然还没有引起人们的注意，但它被批判的命运已经被悄悄地注定了。

（四）重量级的回归

在1956年解除审查之后，吕荧重新开始了自己的美学研究工作。1957年

12月3日，《人民日报》发表了吕荧的美学论文《美是什么》，同时配发据说是由胡乔木拟稿、毛泽东亲自修改定稿的“编者按”指出：“本文作者在解放前和胡风有较密切的交往。当1955年胡风反革命集团揭露，引起全国人民声讨的时候，他对胡风的反革命面目依然没有认识，反而为胡风辩解，这是严重的错误。后来查明，作者和胡风反革命集团并无政治上的联系。他对自己过去历史上和思想上的错误，已经有新认识。我们欢迎他来参加关于美学问题的讨论。”①这篇颇具“重量”的“编者按”，一方面可以看作中央通过《人民日报》这个权威性的平台为吕荧公开平反，恢复名誉，但同时，如果我们结合1956年4月28日、5月2日，1957年2月27日毛泽东多次在国家重要的会议场合高倡的“百花齐放，百家争鸣”的“双百方针”就可以看出，②中央为吕荧安排的这次高调亮相，在一定程度上，有着一种为“百花齐放，百家争鸣”的方针做宣传的考虑。而从后来学界的反响来看，吕荧的这篇文章显然属于“百花”中的异数，注定了只能孤傲绽放。

在《美是什么》一文中，吕荧对其在《美学问题》中所提出的“美是一种观念”的论点加以进一步阐释，指出：“美是人的社会意识。它是社会存在的反映，第二性的现象。”③“作为一种社会意识，美为社会生活所决定，也反作用于社会生活，它随社会生活的发展而发展，在发展中美有它的相对独立性，有它的继承性和连续性，并且与其他的社会意识发生相互的影响，在阶级社会中美也有它的阶级性。”④在文末，吕荧还充满希望地期待，在厘清了“美是什么”这一关键性的美学问题之后，我们可以从马克思主义的观点进行新美学的研究，使美学也可以加入创造社会主义现实主义的艺术行列中去，从而创造出更伟大的美。在该文发表之后，吕荧受到了学界的直接批判，在《美学问题讨论集（第四集）》中，收

① “编者按”，《人民日报》1957年12月3日。

② 1956年4月28日，毛泽东在中共中央政治局扩大会议上的总结讲话中提出了百花齐放、百家争鸣的“双百方针”；1956年5月2日，毛泽东在最高国务会议第七次会议上说：“现在春天来了嘛，一百种花都让它开放，不要只让几种花开放，还有几种花不让它开放，这就叫百花齐放。”并主张在文艺上百花齐放、在学术上百家争鸣；1957年2月27日毛泽东在《关于正确处理人民内部矛盾的问题》的讲话中重申：“百花齐放、百家争鸣的方针，是促进艺术发展和科学进步的方针，是促进我国的社会主义文化繁荣的方针。艺术上不同的形式和风格可以自由发展，科学上不同的学派可以自由争论。利用行政力量，强行推行一种风格，一种学派，禁止另一种风格，另一种学派，我们认为会有害于艺术和科学的发展。”

③ 吕荧：《吕荧文艺与美学论集》，第400页。

④ 同③，第410页。

录两篇批判吕荧"美是观念"的文章，一篇是由余素纺、梁水台共同署名，发表于《羊城晚报》的《美是主观的，还是客观的？——评吕荧的美学观点》，该文认为吕荧是"在这种唯物主义词句的掩饰之下，他贩卖的还是十足的唯心论的货色"①。另一篇是朱光潜的《美就是美的观念吗？——评吕荧先生的美学观点》，认为吕荧的"美学观点是混乱的，自相矛盾的"②。而他认为吕荧之所以陷入自相矛盾的死胡同，是因为"美是人的一种观念"的提法的主观唯心主义色彩太过刺眼，于是只好采用"偷梁换柱"和"骑墙"的方式来打掩护，一方面用"社会意识"装饰他的"观念"论，一方面积极迎合流行的机械唯物主义思想。③

（五）对自身观点的不断补充与矫正

在受到来自学界的批判后，1958 年，吕荧又先后在《人民日报》上发表了《美学论原——答朱光潜教授》和《再论美学问题——答蔡仪教授》两篇美学论文。在回答朱光潜的文章中，吕荧先是探讨了朱光潜"美是艺术的一种属性"的定义和"美是客观与主观的统一"的观点，认为这两个理论，前者是混淆了"艺术"这个词汇两种不同的意义，后者则是借"客观与主观的统一"把客观"统一"于主观意识中，于是美的自然事物和社会事物也被当成艺术的作品，是从唯心主义的观点出发所建立的美学理论。在该篇文章中，吕荧还进一步丰富了自己的美学观念，首先是对"美"的补充，认为"美"其实是在社会意识和个人观念的双向互动中形成的，因此一方面有它在社会中形成发展的历史，同时也有它在个人生活中形成发展的过程。因而，"美的观念"有一个从表象到概念到观念的形成发展过程，而这个过程全部是在个人生活与社会生活中实现的。④ 吕荧以此来反驳他人对自己的唯心主义批判。在该篇文章中，另一个值得注意的问题，就是吕荧提出了要对"美是什么"有一个较为明确的认识，需要从本质论、认识论、实践论三个方面进行综合的研讨，⑤应该说，吕荧的这一认识，对于当时大多数人都专注于美本质的大讨论来说，确实具有开拓意义。

在《再论美学问题》一文中，吕荧对于蔡仪"意图求得美之客观规律，建立一

---

① 《美学问题讨论集》第四集，第 19 页，原载《羊城晚报》1957 年 12 月 24 日。
② 同①，第 24 页，原载《人民日报》1958 年 1 月 16 日。
③ 同①，第 31—32 页，原载《人民日报》1958 年 1 月 16 日。
④ 吕荧：《吕荧文艺与美学论集》，第 410 页。
⑤ 同④，第 456 页。

种客观的美学，自然科学的美学”的希望深表同情，认为在当时科技已经发展到原子能的时代下，都没能在事物本身寻找到美的属性或客观规律，只能说明这样的想法既无科学根据又无事实根据。该文进一步丰满了吕荧的美学观点，他开始以一种发展论的眼光看待有关美的问题，提出“美不仅与事物本身有关，而且与人有关，与人的社会生活、历史时代，各种社会意识有关，并且，美不是固定不变的，它发生着，消灭着，变化着，发展着”①。

1962年9月，吕荧发表了他的最后一篇美学论文《关于“美”与“好”》。在这篇文章中，吕荧指出：“美与好是人对于事物的评价，论美，论美与好，论及人与事物的关系，就必须考虑到人与事物的实际上的联系，就必须考虑到人的生活。”②吕荧把美与好看作是人对客观事物的判断和评价，把它们看成是人对客观事物的一种认识。

（六）最终难逃“胡风反革命分子”的命运

1966年“文化大革命”开始，吕荧以“胡风反革命分子影响社会治安罪”的罪名被送到北京“268”集中营强制劳动。1969年3月5日，吕荧含冤逝世于清河农场，终年54岁。1979年5月，公安部为其平反，恢复政治名誉。

二、吕荧美学的基本观点

（一）在批判和否定中的美学建构

吕荧的美学研究，是从对他人美学思想的批判开始的。他的第一篇较为完整的美学论文——《美学问题》，就主要是针对蔡仪的《新美学》一书中的美学问题展开讨论并进而猛烈批判的。在“美学大讨论”开始后，鉴于朱光潜对他的“美是观念”论的质疑，吕荧在《人民日报》发表了《美学论原》一文，主要回答了朱光潜的问题，同时也一并批判了朱光潜美学中的“主观唯心主义”思想。而在对蔡仪和朱光潜的美学批判中，吕荧溯源了他们的理论来源，顺带也对康德的

① 吕荧：《吕荧文艺与美学论集》，第503页。
② 吕荧：《关于“美”与“好”》，《人民日报》1962年9月16日。

美感理论和克罗齐的“直觉论”美学进行了反驳。如果说对于国内理论家的相互批判和指责是当时国内学术研究的普遍风气和必然路径，那么吕荧表现出的对于当时大多数学者一味盲从西方美学思想的理性和清醒态度，就显得弥足珍贵。

1. 对蔡仪美学观的批判

吕荧对于蔡仪美学思想的批判，主要是围绕其在《新美学》中提出的“美的东西就是典型的东西，就是个别之中显现着一般的东西”“美的本质就是事物的典型性，就是个别之中显现着种类的一般”的相关论断展开的。在当时的美学界，由于蔡仪提出的“我们认为美是客观的，不是主观的；美的事物之所以美，是在于这事物本身，不在于我们的意识作用”中鲜明的唯物主义倾向，所以很多人都力挺蔡仪，认为他的美学观念是对马克思主义唯物论和反映论的忠实实践。但吕荧显然并不这样看，他一方面指出了蔡仪“美是典型”论背后的迷雾，同时也毫不留情地批评了其美学思想中的机械性和唯心主义实质。

首先，吕荧认为蔡仪的“美是典型”说无法在实际生活中得到验证，因而是超社会、超现实的东西。蔡仪在《新美学》中援引了宋玉的《登徒子好色赋》，认为这个“增之一分则太长，减之一分则太短，着粉则太白，施朱则太赤”的东家之子的形态颜色，一切都是最标准的，由此可知她的美就是在于她是典型的。吕荧针对这个例证提出疑问：“大多数眼睛都像它那副模样”的“典型的眼睛”究竟是什么样的？什么样的女人才是“典型”的女人？这一切似乎是个谜，依然让读过的人不知所以然。而科学的理论显然不是让人读后依然感觉像谜的理论，“科学的理论应该是从实践产生而又为实践所证实的理论”①。吕荧认为，蔡仪之所以存在这样的思想错误，就在于把事物当成了孤立的、固定的、不变的个体，即“把现实的事物的本质变为一种形而上学的观念”②，而这样的观念在实际中又根本无法自圆其说。就像如果“典型就是美”，那么“典型的恶霸”“典型的帝国主义者”，是否也是美的？因此，不管是对于蔡仪自己的例证所作出的发问，还是由他的理论逻辑所推导出的问题，“美是典型”的观点都无法作出合理的解答，这也就使这一理论有着空洞臆想的嫌疑。吕荧在对这一理论缺陷批判

---

① 吕荧：《吕荧文艺与美学论集》，第 414 页。
② 同①，第 417 页。

之后提出：

> 马克思主义文学理论家在自己的著作中，就不应该从抽象的“艺术原则”或“美的规范”出发，而应从具体的社会物质生活条件，即从社会发展的决定力量出发；不应从“伟大天才”的善良愿望出发或以“艺术”“普遍的美”等等要求为基础，而应从社会物质生活发展的现实需要出发。

在《再论美学问题》中，吕荧以“胭脂和粉”以及自然界中的现象为例驳斥了“美是物的属性”的观点：胭脂和粉搽在脸合适的位置上就是美的，若搽在鼻子或其他地方就不美了；自然界中的花有若干种，但并不是所有的花都是美的；风、雨、雪对于闲情逸致的人是美的，对于饥寒交迫的人就不是美的。在这些事例中，“物的属性”并没有改变，但美丑之感觉截然不同了。因此，美学不是自然科学，而是与人的生活和人的主观意识息息相关的。

其次，吕荧认为蔡仪的美学是打着唯物主义旗号的唯心主义。吕荧肯定了《新美学》是一本宣扬唯物论的著作，但仅仅是先在性地预定了这一前提，而在后来的进一步研究中，就偏离了这一前提，走向了唯心论的道路，陷入了思想上的混乱。在《新美学》中，蔡仪在对物的属性层层剖析之后，把诸如形体、音响、颜色、气味、温度及硬度等看作是事物低级的属性条件，这实际上是重蹈了马赫物是“感觉的综合”的覆辙，把事物当成了“观念的集合”。这样，“《新美学》虽然承认物的客观的存在，但是当它把物还原成‘属性条件的统一’的时候，就在实际上取消了物的现实性的客观存在，把它变成了抽象的主观观念中的存在，走向了主观唯心论的道路”。[①] 同时，对于蔡仪所认为的客观事物的属性条件是相对的、可以互相推移、错杂的、无限的观点，吕荧认为这其实又陷入了“不可知论”，这样“美”也成为不可知的东西，“典型就是美”的理论也就彻底地破灭了。而在把蔡仪的美学理论与西方理论家康德、克罗齐、叔本华、维齐尔等人的思想进行联系后，吕荧认为：“《新美学》实际上是折衷德国唯心论各派美学的产物，从古典唯心论者到近代唯心论者。”[②]

---

① 吕荧：《吕荧文艺与美学论集》，第422页。
② 同①，第433页。

不仅如此，吕荧还批判了蔡仪在《论美学上的唯物主义与唯心主义的根本分歧》一文中，修改、歪曲了马克思的意识论、列宁的反映论，杜撰了他自己的"马克思列宁主义的反映论"。① 吕荧认为，"美的观念是客观事物的美的'映象'"的观念并不是唯物主义的，马克思主义哲学中的"社会存在"是指一切社会的生产方式的总和，而不限于某一具体的"客观事物"，列宁的"知觉和表象"也不等于"观念"，这些词汇之间虽有着一定的相似性，但蔡仪如此主观地，一而再、再而三地置换概念，就不仅违反了自然科学，而且也违反了马克思列宁主义的哲学。②

在对蔡仪的观点批判之后，吕荧公布了自己的研究结果：

> 美是人的观念，不是物的属性。人的观念是主观的，但是它是客观决定的主观，人的社会生活，社会存在决定的社会意识。在这一意义上它也有客观性。③

第三，吕荧认为蔡仪的美学走向了"美学至上""为美而艺术"的道路。既然"艺术所要表现的是现实事物的种类的一般性，是它的本质真理，是它的典型性"，那么艺术就必然与社会的现实性、阶级性相脱离，因而无益于为帮助一定的社会基础而战斗。但是，自从有艺术的历史以来，就没有什么纯粹的"美的艺术"，而只有社会的阶级的艺术。在此，吕荧又进一步重申了自己的美学观点：

> 美是生活本身的产物，美的决定者，美的标准，就是生活。凡是合于人的生活概念的东西，能够丰富提高人的生活，增进人的幸福的东西，就是美的东西。美不是超现实的，超功利的，无所为而为的。美随历史和社会生活本身的变化和发展而变化发展，并且反作用于人的生活和意识。美不是超然的独立的存在，也不是物的属性。美和善一样，是社会的观念。④

---

① 吕荧：《吕荧文艺与美学论集》，第484页。
② 同①，第486—487页。
③ 同①，第495页。
④ 吕荧：《美学书怀》，作家出版社1959年版，第30页。

如以上所述，把吕荧对于蔡仪的批判进行一下条分缕析之后就会发现，批判的核心其实紧紧围绕“社会生活”四个大字。“美是典型”说脱离生活实际，无法在现实中自圆其说；对物的属性条件的分析最终陷入了唯心主义的窠臼，是对马克思“社会存在”的狭隘理解；艺术要表现“本质真理”“典型性”的观念，使艺术的目的离开了生活的大地，成为飘浮在空中的东西。由此我们也可以对“社会生活”在吕荧美学思想中的地位窥见一斑。

2. 对朱光潜美学观的批判

吕荧对于朱光潜美学思想的批判，集中在其《美学论原》一文之中，此文是他专门用来答复朱光潜 1958 年 1 月 16 日发表在《人民日报》上批判自己观点的《美就是美的观念吗？》一文的。表面上看，这是迫不得已的“兵来将挡”之举，但如果对吕荧的美学作一个回溯就会发现，早在 1953 年他批判蔡仪的《美学问题》一文中，就已经表露出对于朱光潜美学理论的质疑。在此文的开头，吕荧写道：“中国美学家所著的美学，也大都是唯心论的美学。朱光潜教授的《文艺心理学》是一个例子。”[1]虽只是只言片语，批判的锋芒却已毕露，并且此时对于朱氏的美学思想已定下了唯心主义的批判基调。在《美学论原》中，吕荧对于朱光潜的批判依然主要是针对其美学思想中鲜明倒退的唯心主义的，在归纳综合之后，我们认为，这种批判主要体现在以下三个方面。

首先，朱光潜的“美是艺术的一种属性”的定义混淆了自然、社会与艺术的区别。吕荧指出，朱氏的这个定义，会让人认为只要美的东西都可以归属到艺术之中，那么自然中的花草、社会中的道德，这些让人产生美感的事物是否都可以理解为是艺术的作品？显然，自然事物或社会事物与艺术作品之间有着根本的区别，那么朱光潜的这个关于“美的定义”也就不合事实，是不能够成立的。

其次，朱光潜“美是客观与主观的统一”论属于主观唯心主义的康德学派。批判的焦点主要围绕“统一”二字。吕荧认为，此处的“统一”不能仅仅理解为“一致”，如果说“美是客观与主观的一致”，这样的论点虽是唯物主义的，但在认识论上只有一般的意义，没有什么思想含量，只不过是一个“普通的思想”而已。再者，“一致”也有多种理解，“从唯物主义的观点来看，这个‘一致’需要具有客观的真实性，即主观认识应该是客观存在的表象或映象。从唯心主义的观点来

---

① 吕荧：《吕荧文艺与美学论集》，第 412 页。

看，这个‘一致’则需要具有主观的真实性，即客观存在是主观意识产生或创造的形象或心象，可以任意的加以主观主义的理解或领悟”。[①] 而从朱光潜的“美感经验”论来看，他的“一致”显然属于后一种理解。朱氏在阐释“美感经验”时说道：“直觉除形相之外别无所见，形相除直觉之外也别无其他心理活动可见出。有形相必有直觉，有直觉也必有形相。”[②]由此可见，物的形相是与直觉共存的，而“这个‘形相’并不是物本有的实在的形象，而是主观心灵直觉或创造出来的意象或形相”[③]。这样，“形相直觉”说与康德“先验的心理学”中的“物体仅为吾人外感之现象，而非物自体”[④]，“在吾人之体系中，此等所名为物质之外物（在其所有一切形态及变化中），皆不过现象而已，即不过吾人内心中之表象而已”[⑤]以及“我若除去思维的主体，则全体物质界将因而消灭，盖物质不过吾人主观所有感性中之现象及主观所有表象之形相而已”[⑥]，在本质上其实是相同的。不仅如此，朱光潜还进一步抛弃了康德哲学中的唯物论因素，而积极地向克罗齐“彻底的主观唯心主义”靠近。吕荧认为，在朱光潜最著名的“物甲物乙”论中，不仅割裂了物和物的形象，这个夹杂着人的主观成分的“物乙”必定因人而异，那么我们也就不可能通过“物乙”去还原、认识客观存在的“物甲”，这其实就是克罗齐的“直觉即表现”、巴克莱（贝克莱）的“存在就是被感知”、休谟的“我们的知觉是我们的唯一的客体”，是“从康德退回到休谟、巴克莱”[⑦]。

其三，朱光潜的美学排除了“现实美”，曲解了毛泽东《讲话》的理论内涵。吕荧认为朱光潜对毛泽东《在延安文艺座谈会上的讲话》中的思想存在着严重的误读，《讲话》的中心并不在于“解决了自然美与艺术美孰高孰低的问题”[⑧]，更不会认为艺术美要高于自然美。在美学上，毛泽东是认为社会生活与文艺作品并美的，并且指出现实是艺术的唯一源泉，艺术较之现实“有不可比拟的生动丰富的内容”[⑨]。但朱光潜认为“社会美”和“自然美”只是“一般意义上的美”，只有

---

① 吕荧：《吕荧文艺与美学论集》，第 444 页。
② 朱光潜：《文艺心理学》，开明书店 1936 年版，第 14 页。
③ 同②，第 445 页。
④ 康德：《纯粹理性批判》，蓝公武译，商务印书馆 1997 年版，第 291 页。
⑤ 同④，第 291 页。
⑥ 同④，第 306 页。
⑦ 同①，第 458 页。
⑧ 朱光潜：《论美是客观与主观的统一》，《哲学研究》1957 年第 4 期。
⑨ 毛泽东《在延安文艺座谈会上的讲话》，载《毛泽东选集》第三卷，人民出版社 1991 年版，第 861 页。

“艺术美”才是“美学意义上的美”，也就是认为，凡是没有经过自我的主观改造过的事物，都不能称之为是“美学意义上的美”，这显然就是排除了“现实美”，而彻底地沦为主观唯心论了。

《美学论原》一文中，在对朱光潜美学思想中的诸种不合理进行了分析批判之后，吕荧还一并对朱光潜的美学思想来源进行了探讨，历述了康德、克罗齐、巴克莱（贝克莱）的美学思想，并由邦格腾（鲍姆加登）开始，对“美学”一词进行了溯源，最后提出了“清理康德主义之感性学或直觉学的美学思想，与近百年来唯心论的诸流派分手，明确地走上历史唯物论的社会学的，亦即科学的道路”[①]的美学愿景。

综观吕荧对蔡仪、朱光潜的批判可以看出，他始终站在明确的唯物主义立场，重点强调“美”与社会现实不可分割的关系。脱离现实生活的，于现实无益的美学思想，最终会沦入唯心主义的泥淖。在近年学界对吕荧的研究中，虽然有学者一一对比分析了吕荧与他的批判者和被批判者蔡仪、朱光潜以及李泽厚、高尔泰在美学思想上的“五十步笑百步”，但不能不说的是，从吕荧的第一篇美学论文开始，他就坚实地踏在现实生活的大地之上。

3. 站立在现实生活之上的美学论断

如果说吕荧在美学方面的相关表述存在着概念上的混用，某些字词的使用也容易让人在理解时产生一定的误解，因而遮蔽了对于其美学思想的完整和真实理解，那么，回归到吕荧美学思想的根源上，去还原一下吕荧美的论述的思想来源，将有助于我们摒弃陷入某些字词上的片面判断，认识真实的吕荧及其美学观念。从吕荧较为重要的五篇美学论文[②]可以看出，对车尔尼雪夫斯基的“美是生活”和对马克思“反映论”“历史唯物主义”理论的继承和借鉴，是其美学观念的源头之水。

（1）对车尔尼雪夫斯基“美是生活”的继承与发展

车尔尼雪夫斯基是对吕荧的美学思想产生最重要影响的一位，在吕荧五篇关于美的论文中，除了《关于“美”与“好”》一篇外，其他四篇都或多或少引用了车氏美学方面的相关论述，或以此证明自身观点的合理性，或以此批判他人思

① 吕荧：《吕荧文艺与美学论集》，第478页。

② 即《美学问题——兼评蔡仪教授的〈新美学〉》《美是什么》《美学论原——答朱光潜教授》《再论美学问题——答蔡仪教授》《关于“美”与“好”》，分别发表于1953至1962年间。

想的唯心性。在最早的《美学问题》中，吕荧就直接大篇幅地引用了车氏《生活与美学》中的话："'美是生活'…… 任何事物，我们在那里面看得见依照我们的理解应当如此的生活，那就是美的；任何东西，凡是显示出生活或使我们想起生活的，那就是美的。""在普通人民看来，'美好的生活''应当如此的生活'就是吃得饱，住得好，睡眠充足；但是在农民，'生活'这个概念同时总是包括劳动的概念在内：生活而不劳动是不可能的，而且也是叫人烦闷的……总之，民歌中关于美人的描写，没有一个美的特征不是表现着旺盛的健康和均衡的体格，而这永远是生活富足而又经常地、认真地、但并不过度地劳动的结果。上流社会的美人就完全不同了：她的历代祖先都是不靠双手劳动而生活过来的；由于无所事事的生活，血液很少流到四肢去；手足的筋肉一代弱似一代，骨骼也愈来愈小；而其必然的结果是纤细的手足——社会的上层阶级觉得唯一值得过的生活，即没有体力劳动的生活的标志。"①正是在对车氏艺术与现实关系的学习与借鉴后，吕荧得出了自己后来备受瞩目的"美是观念"的论断：

美，这是人人都知道的，但是对于美的看法，并不是所有的人都相同的。同是一个东西，有的人会认为美，有的人却认为不美；甚至于同一个人，他对美的看法在生活过程中也会发生变化，原先认为美的，后来会认为不美；原先认为不美的，后来会认为美。所以美是 4。②

这一段文字，正是吕荧"美是观念"的首次亮相。这里的"观念"就是马克思所说的"观念的东西不外是移入人的头脑并在人的头脑中改造过的物质的东西而已"③，也是恩格斯所说的"一切观念都来自经验，都是现实的反映——正确的或歪曲的反映"④。但遗憾的是，吕荧并没有对他的"观念"在此处作出更进一步的解释，以至于除了"美是物在人的主观中的反映"几个字外，其他各句确实会让人产生"唯心主义"的感觉。但紧接其后，吕荧重申了美与现实生活的联系：

① 车尔尼雪夫斯基：《生活与美学》，周扬译，新中国书局 1949 年版，第 6—7 页。
② 吕荧：《吕荧文艺与美学论集》，第 416 页。
③《马克思恩格斯选集》第二卷，人民出版社 1995 年版，第 112 页。
④《马克思恩格斯全集》第二十卷，人民出版社 1957 年版，第 661 页。

> 美是人的一种观念，而任何精神生活的观念，都是以现实生活为基础而形成的，都是社会的产物，社会的观念。……作为社会意识形态之一的美的观念，它是客观的存在的现象；但是是在一定的社会生活中和历史条件下的客观的存在的现象，并不是离开社会和生活的抽象的客观的存在的现象。所以，美的观念因时代、因社会、因人、因人的生活所决定的思想意识而不同。①

在《美是什么》中，吕荧又提到：

> 美是人的社会意识。它是社会存在的反映，第二性的现象。②

由此来看，吕荧对于车氏美学除了借鉴之外，还有一定程度的改造和发展。他将车氏艺术与生活的关系借用过来，同时放置在马克思反映论的框架之下，一方面像车氏一样强调现实生活对于美的观念的重要意义，另一方面还论述了两者之所以密不可分的哲学依据，即“作为社会意识形态之一的美的观念，它是客观的存在的现象”，也就是把他的“美的观念”放在了第二性的社会意识之中，因而是必然要受到第一性的社会存在的决定性影响，并且会在一定程度上反作用于社会存在的。这也正是吕荧在其后论述的“美随历史和社会生活本身的变化和发展而变化发展，并且反作用于人的生活和意识”③。

(2) 对马克思“反映论”及“历史唯物主义”的忠实坚守

不管当时学界认为吕荧的美学思想如何主观、如何反动，从吕荧的主观动机来看，他是一直忠实地以马克思主义思想为指导，以社会生活作为美的根本源泉的。吕荧对于马克思主义社会存在与社会意识理论的运用在上段文字中已有过论述，兹不赘述。以下重点论述吕荧对马克思“历史唯物论”的运用和坚守。

吕荧认为，任何美学理论，归根到底是一定社会经济状况的产物，因此，“美必须从社会科学观点，历史唯物论的观点加以说明，不是从离开了人的自然科

---

① 吕荧：《吕荧文艺与美学论集》，第416页。
② 同①，第400页。
③ 同①，第437页。

学观点可以得到解释的”。[①] 正是在此基础上，吕荧提出了进行马克思主义美学研究的两个基本原则，一个是它“必须在社会生活的基础上进行研究”，一个是它“必须在历史的关联上进行研究”。[②] 对于前者，吕荧引用了马克思在《1844年经济学哲学手稿》中的话，“假如认为人的情感、热情等等，不仅是狭义的人类学上的定义，而且是人性的真正本体的确定”[③]，那么就必须站立在现实生活的基础上，而不是在抽象的玄学冥想中去考察它们。唯心论美学正是离开了社会生活的基地，形而上学地讨论美的，因而只能限于在“玄学”的世界里兜圈子，而解释不了关于美的任何问题。实际上，坚守“美与社会生活”的关系，是吕荧的美学中最为清晰的思想主线。

对于后者，吕荧曾在论述“美”的起源时有过比较详细的说明，例如，他以我们的祖先为例，在他们茹毛饮血、身居洞穴的时代，是说不出“美”这个字的，只有随着人类的进步、历史的发展，人们对于周遭的事物有了审美上的判断，才在观念中形成了美，并且这个美的观念，也是随着历史的发展而不断发展变化的。因此，吕荧提出：“马克思主义的美学不仅应作社会的历史的研究和分析，批判的接受人类在历史过程中在美的方面的创造和成就，从而更向前进，而且必须彻底的批判各种超社会超现实的美的思想，使美学积极地为人民的利益服务，参加建设社会主义社会和共产主义社会的斗争。”[④]

吕荧的美学论述，或许因为某些字词的使用，确实存在着一些令人质疑之处，但不管是他对车尔尼雪夫斯基“美是生活”的借鉴和发展，还是对马克思主义哲学的吸收和运用，都可以在一定程度上说明其在“唯物”立场上的坚守，为其戴上“主观”“反动”的帽子，确实有些“欲加之罪”的味道。

三、吕荧美学思想中的“矛”与“盾”

吕荧的美学思想虽自始至终站立在现实生活的大地之上，但因为在某些概念使用上的含混，也使其美学论述中确实存在着自相矛盾之处，这也是他的“美

① 吕荧：《吕荧文艺与美学论集》，第400页。

② 同①，第437页。

③ 现译为“如果人的感觉、激情等等不仅是‘本来’意义上的人本学规定，而且是对本质（自然）的真正本体论的肯定”，马克思：《1844年经济学哲学手稿》，人民出版社2000年版，第140页。

④ 同①，第439—440页。

是观念”说不能被人理解、接受，进而遭受批判的原因所在。在美学大讨论中，对吕荧美学思想的批判，主要集中在蔡仪的《论美学上的唯物主义与唯心主义的根本分歧——批判吕荧的美是观念之说的反动性和危害性》《吕荧对“新美学”美是典型之说是怎样批评的？——我的美学思想和我的批评者之二》，余素纺、梁水台的《美是主观的，还是客观的？——评吕荧的美学观点》，朱光潜的《美就是美的观念吗？——评吕荧先生的美学观点》四篇文章之中，这四篇文章从各自不同的角度分析了吕荧“美是观念”说中的不合理之处，但基本上保持着吕荧的美学思想是“唯心论”的基本步调。

综合来看，他们对吕荧的批判主要集中在以下几个方面：

第一，客观世界中是否有美？

吕荧认为美是人的一种观念，但这种观念是以社会生活为基础而形成的，是社会的产物。蔡仪据此提出质疑：这是否意味着“客观事物本身没有所谓美，客观世界本也没有什么美的东西；我们平时所谓美的东西都不是真正美的东西，只是由于它适合于我们的美的观念而我们认为它是美的”[①]。那么，我们祖国的河山、云冈的雕像、战斗英雄或劳动模范，是否本身也不是美的，只是因为符合了我们美的观念所以才被看作是美的？蔡仪认为，按照吕荧的“美是观念”，这一判断是成立的，那么对于“美是生活本身的产物，美的决定者，美的标准就是生活”又该作何理解？可以看出，蔡仪用的是其“美是物的属性”来批判吕荧“观念说”的，所以吕荧在其后的文章中以胭脂和粉以及自然界的风、雨、雪来作出回应，认为这些事物如果不和人发生联系，是无法判断是否为美的，所以依然认为不存在一部客观的“科学”的美学，美学不是自然科学。但同时，吕荧又认为“现实中的美反映在人的意识中”，“在现实生活中没有美的存在，因而在观念中也没有美的存在”，这显然与对蔡仪的答复有一定的矛盾之处，对于这一点，朱光潜也有所意识，所以在文章中发问说：“‘现实中的美’是第一性的呢，还是第二性的呢？”[②]吕荧在其后的文章中承认“现实中的美”是第一性的，这等于承认了客观事物是具有美的，而这又确实重新陷入了蔡仪的批判之中。

其实对于这一问题，吕荧在《美是什么》一文中回答一些同志的来信时，曾

① 蔡仪：《论美学上的唯物主义与唯心主义的根本分歧——批判吕荧的美是观念之说的反动性和危害性》，载《美学问题论集》第二集，第 171 页。

② 《美学问题论集》第四集，第 31 页。

经有过阐释。他认为，我们确实会欣赏自然中的美，但没有意识到，我们所欣赏的自然其实是“人化的自然”，人类是在征服控制了自然，拥有了主人地位之后，才开始欣赏这种美的，“所以在一个人的美的观念里，自然美和社会性以至艺术美是统一的”。[①] 从这一点上来说，吕荧所强调的，还是“美”必须要与人发生关系，这样来看，吕荧确实有着一些主观派的嫌疑，但他又时时刻刻都在强调，这种美的观念、美的意识、美的判断并不是由个人凭空生发的，而是从人类第一次意识到美的存在时，就与他所生活的社会物质生活息息相关，并且受制于社会物质生活的，这样又给看似主观的美加上了一层坚固的“客观”外衣。吕荧在此备受诟病，其根源在于他的“自然”与其他学者的“自然”并不在同一个意义层面上，其他学者的“自然”是外在于人类的自然，吕荧的“自然”则是“人化的自然”，是处处刻印着人类痕迹的自然，所以这个“人化自然”中的美，都是经过人“再创造”之后的，正是在这一层面上，他得出了“美是人的一种观念”的论断。

第二，“美”和“美的观念”是否一样？

在余素纺、梁水台的文章中，他们认为吕荧犯下了一个原则性的错误，即把美和美学看作是同一样东西。他们认为：“美是客观地历史地存在于人类社会生活之中而又独立于人的意识之外的东西；而美学是研究美的科学，这是意识形态的东西，可以‘作为哲学的一部分来处理’（车尔尼雪夫斯基）。”[②]但吕荧在“美是人的社会意识”的表述中，显然把两者混为一谈了，这就意味着吕荧把“客观的美”完全等于“主观的意识形态”，显然走到了唯心主义的歧途上。朱光潜也提出了同样的问题，即“美是否就是‘社会意识’”。朱光潜认为：“美”只是表明某种实体（如艺术）的一种属性，艺术才是一种社会意识形态，所以“美”（属性）就不能同时是一种社会意识形态（实体）[③]。不管是余素纺提出的“美”与“美学”的混用，还是朱光潜提出的“美”是否是意识形态，其实最终都指向了“美”是否能等于“美的观念”，正像朱光潜所说，“花的观念”并不等于“花”，[④]“量布的尺不能就是所量的布”[⑤]。不得不说，在这一点上，吕荧确实存在着概念上的混用情况，在他的论述中，“美”“美的观念”“美的概念”“美的意识”“美的认识”等词

---

① 吕荧：《吕荧文艺与美学论集》，第 440 页。
② 《美学问题论集》第四集，第 18 页。
③ 同②，第 25 页。
④ 同②，第 26 页。
⑤ 同②，第 27 页。

汇常常纠缠在一起，所以只能授人以柄。[①] 从这一点上来说，吕荧虽一直主张要从本质论、认识论、实践论三方面去考察美，但在他的美学体系中，实际上并没有解决“美是什么”这一本质论问题，而大多还是有关美的认识论方面的内容。

第三，“美感”是否等于“美的概念”。

吕荧认为：“美也是一种认识，它由感性认识上升为理性认识。美的认识必须经过感性阶段——美感，但是不能都用感觉（美感）代替乃至取消理性认识（美的概念、观念）。在人的认识中，美的感觉和美的概念、观念是统一的。”[②]朱光潜对此提出异议，他认为吕荧一是把“美感”等同于“快感”，二是在理性阶段取消了“美感”代之以“判断”，三是把“理性认识”等同于美的概念、观念。由于这些混用，吕荧不仅回到了康德“美感判断”的老玩意儿，同时又使“‘美的观念’不但就是美本身，而且又是美的原因（判断的根据），又是美的结果了”[③]。

吕荧的美学研究，是在批判他人“唯心论”的美学思想中逐步建立和完善起来的，不管是在先前的以文艺评论和翻译为主的学术研究时期，还是在后来的美学研究中，他都始终站立在现实的大地之上，以马克思和车尔尼雪夫斯基作为自己最重要的思想资源，真正地成了理论研究中的“安泰俄斯”[④]。但在当时的学界，普遍有着“魔床”的通病，学者们大都以自己的一家之言去刻意裁剪他人的观点，所有的人，包括吕荧在此方面都未能免俗。在这种相互指责对方为“唯心论”的争鸣和批判中，一些观点越辩越明，一些观点被曲解、沉沦。吕荧的“美是观念”，因为在某些概念上的混用和言说不清，被划分到了“主观派”中。假以时日，吕荧或许能让自己的美学观点更为清晰、完善，但因为身体和社会环境等诸方面原因，他的美学研究没能再进行下去。

---

① 如：“美是人的社会意识”“作为社会意识形态之一的美的观念”“既然我们认为‘艺术’和‘美术’是社会意识，那末也需要研究和认识艺术和美学之美的科学——‘美学’，可以不是社会意识，而是一种自然科学吗？”

② 吕荧：《吕荧文艺与美学论集》，第 406 页。

③《美学问题论集》第四集，第 30 页。

④ 吕荧的学生曾在一篇回忆文章中写道，吕荧在讲授文艺理论课程时不止一次提到希腊的两则神话，一是大力神安泰的故事，一是魔床的故事。他总是告诫学生：搞创作的人要记住安泰的教训，作家不能离了生活就像安泰不能离了土地，创作只能从生活出发，不能从理论出发。搞文艺批评的人要以魔床为戒，千万不能把批评弄成死框框，到处硬套，像魔床那样，把人家按到床上，短了硬拉长，长了就砍短。

第二节　20世纪50年代的高尔泰及其美学思想

在“美学大讨论”中，高尔泰因《论美》一文备受瞩目，因为某些字词使用上的近似，和当时“美是观念”说的提倡者吕荧捆绑在了一起，都成为“主观派”的代表人物。但对两人的美学思想进行辨析会发现，他们的美学主张不仅在观点上有着本末之异，哲学基础更是南辕北辙。本节将结合高尔泰50年代的美学著述，重点阐述其在“美学大讨论”第二阶段中的美学思想和学者对他的相关争论。

一、美学大讨论中的高尔泰

（一）《论美》在学界掀起的轩然大波

1957年2月，高尔泰在《新建设》上发表了《论美》一文，在此文中他开门见山地提出：“有没有客观的美呢？我的回答是否定的：客观的美并不存在。”[①]“美和美感，实际上是一个东西。”“美，只要人感受到它，它就存在，不被人感受到，它就不存在。要想超美感地去研究美，事实上完全不可能”，“任何想要给美以一种客观性的企图都是与科学相违背的”。[②] 这篇文章中的观点，在当时的社会环境中显示着一种鲜明的不合时宜和自撞南墙的决绝，一时间在学界激起了轩然大波。虽然有着“百花齐放，百家争鸣”的文化氛围作为前提，但该文还是在刊出之时就已经被定下了“准备迎接批判”的基调。在文前的“编者按”中，直接表示了不同意文章的观点，但为了遵照党的“双百”方针刊出，以供讨论，并预告说下一期将刊出批评文章。文章发表后，《新建设》在3月份刊出了宗白华《读“论美”后的一些疑问》、侯敏泽《主观唯心论的美学思想》的批评文章，随后《文

① 《美学问题讨论集》第二集，第132页。
② 同①，第134页。

艺报》《哲学研究》《学术研究》《学术月刊》等杂志也相继刊登批评文章，这些文章一致认为《论美》的观点是唯心主义的。

宗白华认为《论美》行文的逻辑不够强，此其一，而最严重的错误，是他认为高尔泰所坚持的"善与爱的原则，是唯一正确的原则，因为只有它适用于一切场合"的观点混淆了美学和伦理学的研究范围："美的'自己的意义'就是'爱''善'。那么，美学应该划归到伦理学的范围了。"①"如果说，'爱''善'就是美，就是'美的基本法则'，那么伦理学就该划归到美学范围里去了。"②此其二。其三，宗白华认为在"艺术和美"的关系上，高尔泰一会儿说"艺术在创造着美"，一会儿说"美是在读者受到感动的时候产生出来的"，显然是陷入一种思维的混乱之中。宗白华这篇批评文章仅两千余字，却直击要害，点出了《论美》中的一些硬伤。高尔泰对其意见相对比较认可，曾在其后的文章中提出"宗白华先生的意见对我说来是很珍贵的"③。

相比于宗白华止于学术观点的探讨，侯敏泽的文章则有着"上纲上线"的味道。在《主观唯心论的美学思想》中，侯敏泽认为，在无数生动的事例和实践已经证明了唯心主义美学的破产的今天，高尔泰在想方设法地证明已经被证明了是错误的东西的正确性，这充分说明了美学思想中的唯心主义是怎么地顽强，怎样地不甘于退出美学的舞台。④ 在具体的批评中，他主要指出了高尔泰主张一个人就是一个标准，是典型的美学思想上的绝对的相对主义；⑤"宣扬一种抽象的人性、超阶级的善恶等"⑥。这一观点主要还是集中在对"主观唯心论"的批判中，并没有太多实质性的学术探讨和问题意识，因而并没有显示出特强的反驳力量。

在学界接踵而来的批评中，高尔泰也对自己的美学观念进行了反思。他在《寻找家园》中回忆道："后来我重读《论美》，发现问题很多。以人为本，却没有区别个体与整体，文中的'人'字有时是指前者有时是指后者。概念不清造成逻

---

① 《美学问题讨论集》第二集，第154页。
② 同①，第155页。
③ 《美学问题讨论集》第三集，第390页。
④ 同①，第157页。
⑤ 同①，第164页。
⑥ 同①，第168页。

辑混乱。"[①]高尔泰虽认识到了《论美》中的缺陷，并为自己没有把文章多斟酌一下感到懊悔，但从后来的文章来看，其"美是一种感受"的基本思想并没有改变过。

（二）与"客观派"的针锋相对

在《论美》备受责难后，高尔泰对自己的美学观点进行了反思，但在反思之后，更决绝地走上了一条"背水一战"的道路。1957 年 7 月，高尔泰又在《新建设》上抛出了自己的《论美感的绝对性》一文，不留后路地与当时占主流思潮的"客观派"决裂，提出："客观因素只是美的条件，并不就是美。"[②]"在美学上，是不能承认有客观标准的，否则，我们就要逼得去否定不可能否定的东西，弄得矛盾重重。"[③]"人的心灵，是美之源泉。"[④]高尔泰走上了一条与主流思想针锋相对的道路。

在该文的开始，高尔泰饶有趣味地写道：

> 读了"新建设"三月号上对我的"论美"一文的批判，我便试着假定美是客观的，这个假定的确给美学上许多问题的解决，带来了方便。谁不愿意走捷径呢，于是我就朝这条路走过去。可是，所遇到的许多矛盾使我懊丧地发觉，这条路似乎并不是通向真理的。[⑤]

高尔泰所说的矛盾，主要集中在以下几个方面：一是，产生美感的对象的客观条件是什么？高尔泰举例说：如果青蛙让人觉得美是因为背上碧绿的颜色和三根金线，为什么有人又对青蛙的丑陋不可忍？由此来看，这些让青蛙美的条件对于讨厌它的人来说并不能成为条件。二是，美的社会功利性质是否可以作为美感对象的客观性依据？高尔泰认为，美之所以为美，是因为它自己的特征，这特征并不因为它的形成原因而失掉意义，就像我们欣赏湖沼的美，是因为它是"充满静水的凹地"这一特征，而不会关注它是因为地壳陷落还是因为江流堰

---

① 高尔泰：《寻找家园》，北京十月文艺出版社 2014 年版，第 106—107 页。
② 《美学问题讨论集》第三集，第 389 页。
③ 同②，第 392 页。
④ 同②，第 394 页。
⑤ 同②，第 385 页。

塞而形成的。三是，对于美感，是否存在一个“社会标准”？高尔泰认为并不存在一个美感的社会标准，就像某些人具备了“幸福”的条件，而内心痛苦着一样，可见缺少了承认“美”的心理条件，其他的一切都失去了意义。因此，客观因素只是美的条件，并不就是美本身。

在该文中，高尔泰还否定了在《论美》中把“美”与“善”联系在一起的看法，重新思考了“美的标准”是什么的问题，但他否定了车尔尼雪夫斯基“美是生活”的观点，认为在美学上，“不能承认有客观标准”的存在。在这一点上，高尔泰显然陷入了一种不可知论的无意义探讨之中。

在《论美感的绝对性》发表之后，李泽厚在《关于当前美学问题的争论——试再论美的客观性和社会性》一文中，针对高尔泰的两篇文章提出了质疑。他认为，“美感总应该有个来源”，“美感总应该有一个客观标准”，否则跟人们的常识就是相冲突和违背的。但他对高尔泰并没有全盘否定，认为他的一些观点仍然值得重视和研究，比如：美不能从物的表面自然属性中分析出来，这个问题需要认为美是客观的人解答；美是人对事物的一种判断，有主观成分在内，因人而异，这个问题需要认为美感也是反映的学者来回答。① 综合来看，李泽厚对于高尔泰的批评较为中肯和客观，在对高尔泰的批判中，是为数不多的限于学术的交流和探讨。

（三）在工作单位第一个被打成“右派”

反右运动开始后，对高尔泰的批判由学术观点上升到政治立场。虽然在那段“整风”时期高尔泰对于时局已有清醒的嗅觉，所以什么也没说，什么也没做，但还是在当时的工作单位第一个被打成“右派”。② 被打成“右派”，其中的一个很重要的原因，就是因为《论美》在学界受到的批判③。原本的学术争鸣，终于还是演变成为政治斗争，当时的杂志《陇花》里写道：“敌人在磨刀霍霍，胡风的幽

---

① 《美学问题讨论集》第三集，第 137 页。

② 高尔泰在《寻找家园》里回忆：“我们学校有个四十多岁的女教师叫杨春台，丈夫是西北师范学院的地理系主任，家在西师。那天早上在院子里遇见，我问她西师的右派分子是怎么处理的。她说还没处理。当天下午墙上就出现了一张题为《质问高尔泰》的大字报，说你不是右派，为什么鬼鬼祟祟打听右派分子怎么处理？你不是右派，为什么鸣放声中噤若寒蝉？”载《寻找家园》，北京十月文艺出版社 2014 年版，第 113 页。

③ 《寻找家园》：“就像报纸的通栏标题。下面都是揭发我的大字报，内容除了摘抄报刊上对《论美》的政治批判，都是两年前在肃反运动中整过的材料。”载《寻找家园》，第 113 页。

灵又在高尔泰身上复活了……”[1]高尔泰因此被发配到戈壁滩的劳改营劳教，经历一段自以为“为真理而受苦难”的日子。

颇有意味的是，在《论美》发表时，高尔泰还是正常人的身份，而在《论美感的绝对性》被收录在《美学问题讨论集》时，他已成为“资产阶级右派分子”了。[2]

（四）80年代之后的美学活动

从20世纪80年代开始，高尔泰再次加入到了美学研究的队伍之中，一如往常，他在美学上与众不同的言说和特立独行的坚守备受瞩目，有人为之侧目，有人为之倾倒。此时的学术环境跟50年代相比，多了更多自由和新鲜的空气，是一段真正可以“百家争鸣”的黄金时期。于是，先前没有机会论说充分的美学问题又一次被学者们提起，高尔泰也继续深入发展和完善其美学思想。在此期间，他发表了一系列的论文，如《关于人的本质》《异化现象近观》《异化及其历史考察》《美是自由的象征》《美的追求与人的解放》《现代美学与自然科学》等。后来这些论文结集成书，即《美是自由的象征》。

在80年代的美学著述中，高尔泰一方面继续论述和补充其在《论美》中提出的“美是美感”理论，同时也在吸收大量西方美学理论和自然科学理论的基础上，试图构建基于人学之上的美学体系。正如他在《美是自由的象征》一书的前言中所说：“本书的内容有两个方面：一个是‘人’的问题；一个是‘美’的问题。而主要是‘人’的问题，即人道主义问题。”在当时，高尔泰对人的主体性地位的肯定，对人的本质即自由的提倡，对人的价值的揭示，令很多人紧紧追随，但不得不说，把“美学”与“人学”联系起来，这就使他的美学实质上又回到了宗白华最初对《论美》的批判：美学划归到了伦理学的范围，伦理学成了美学。这个错误，高尔泰在《论美感的绝对性》一文中其实有过反思，但现在显然又回到了原点。

在论述“美是自由的象征”这一核心思想时，他在马克思“美是人的本质的

---

① 高尔泰：《寻找家园》，第106页。

② 《美学问题讨论集》第三集出版说明中写道：“附录中的三篇是资产阶级右派分子许杰、鲍昌和高尔太写的，收在集内以便参考。”

对象化”的思想基础上，发展了自己的三段论，即：

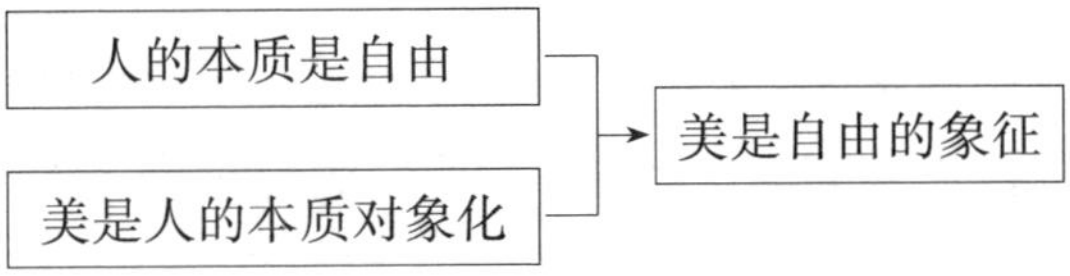

显然，在这个三段论中，前提和结论之间并没有严格的逻辑规则，“象征”能否替代“对象化”，是需要认真探讨的问题。但这些失误，并没有影响高尔泰美学思想的魅力，“美是自由的象征”这一充裕着浓浓人本主义色彩的思想，成为众多青年学子追捧的对象，而高尔泰也和蔡仪、朱光潜、李泽厚、宗白华并列成为国内最有影响的美学家之一。

二、 高尔泰美学思想的主要观点

80年代之后，学界对于高尔泰美学思想的评价日益提升，其美学主张甚至自成一家，成为一种美学风格的代表。如有学者认为，高尔泰建立了一种“主体性美学”，他对于自由内涵的美学解释、从人的需要论述审美活动的本质和动力、从人的感觉事实论述美感的绝对性、不可超越性、以价值体系为构架剖析美感的人类主体结构等方面，具有鲜明的人文主义特征，因而形成了自己的主体性美学。[①] 有的学者则认为高尔泰的美学思想是一种浪漫美学、启蒙美学等。[②]这些研究，都对我们更进一步认识高尔泰提供了帮助。在80年代，高尔泰在美学上确实展露了自身立意创新的美学追求，特别是“美是自由的象征”的提出，奠定了其基于人学之上的美学体系。而我们回顾高尔泰50年代的美学理论，就会发现其后期的美学主张不过是在前期基础上的延伸发展，可以说，他50年代的美学主张已基本包含了80年代的美学思想。

（一）以“人”为主体的美学建构

高尔泰的美学贯穿着一条明显的以“人”为中心的思想主线，他强调从主观

① 冯宪光：《主体性美学——高尔泰美学思想的主要特点》，《文艺研究》1988年第2期。
② 李新亮：《论新时期高尔泰的美学追求》，《徐州师范大学学报》2011年第4期。

方面来研究美，认为研究“美”这门学问，必然绕不过对“人”的认识，正是在这一基础上，他提出了自己的一系列观点。

1.“美即美感”

在《论美》一文中，高尔泰开文指出，在生命发展到一定阶段之后，物质的满足已不再是人类最为迫切的需要，这个时候便会建成一个“抽象世界”，而这个世界只有对于思维着的人来说才存在，才有意义。而“美”就是这个“抽象世界”中颇为重要的一个部分。他认为，在认识“美”的过程中，如果没有“人”这一主体去发现，去感受，客体只是一个无关的外物，这时候所谓的“美”是根本不存在的。只有当客体成为主体的对象时，“美”才被发现、被感受和体验，因此，“美”这一概念只有对人来说才有意义。

美产生于美感，产生以后，就立刻溶解在美感之中，扩大和丰富了美感。由此可见，美与美感虽然体现在人物双方，但是绝对不可能把它们割裂开来。美，只要人感受到它，它就存在，不被人感受到，它就不存在。要想超美感地去研究美，事实上完全不可能。超美感的美是不存在的，任何想要给美以一种客观性的企图都是与科学相违背的。①

可以看出，高尔泰一方面承认美必须体现在一定物象上，同时又认为物象之所以能成为“美的物象”，必须具备一定的条件，即审美主体。审美主体是冷冰冰的客观物象转化为“美”的必要条件。因此，在整个审美活动中，审美主体，即人是第一性的，而审美对象则是第二性的。而我们平常所认为的自然界中美的事物，只是因为这个客观现象符合了人的心理，因而“人把美附加给自然”②，所有能引起人的美感的条件，都是“人化”之后的结果。

2.“美的条件，并不是美”

高尔泰认为，我们之所以会认为星星、雄鹰、杜鹃的啼叫是美的，是因为它们或无言，或高傲，或哀伤的特性，这些特性，与最初的事物本身并没有直接的关系，而完全是人类在历史的发展过程之中赋予它们的，即所谓“主观力求向客观去”的过程，在这一过程中，“人一面认识着和改造着自然，一面自发地或自觉地评价着自然。在这评价中，人们创造了美的观念”。③ 所以我们看似在欣赏星

---

① 《美学问题讨论集》第二集，第134—135页。
② 同①，第133页。
③ 同①，第138页。

星的深邃、雄鹰的伟姿，究其根本是在欣赏人类自身的智慧。正是在这一基础上，他得出了“美底本质，就是自然之人化”。这一提法，与吕荧“我们现在所说的自然，已经是人工改变了的自然——人化的自然”[①]，“自然美也就是一种社会美”[②]的观点有不谋而合之处。所不同的是，吕荧从这一概念出发，最后又回归到了现实的土壤之上，得到了美之所以具有民族性、阶级性、地域性的答案，正是因为人类在“人化自然”时不同的生活环境和生存理念，不同的生活状态决定了人们具有不同的意识观念，这其实又在一定程度上证实了“美”归根结底是由“社会存在”所决定的事实。高尔泰虽然也承认我们所欣赏的是“自然之人化”，但是又认为“主观要人化客观，不仅要有客观条件，而且要有主观条件”[③]，“没有了人，就没有了价值观念。价值，是人的东西，只有对人来说，它才存在”[④]在《论美感的绝对性》一文中，他又重申了这一理念，认为人们所谓的“美的社会功利性质”，只是形成美的条件，但这些条件并不是美，“把这种内在的、沉潜的，非特征性的东西拿来作为美感对象的客观性之依据，是理由不足的。”[⑤]由此可以看出，高尔泰的“自然人化”的过程同时也是一个审美体验和审美创造的过程，这与大多数学者所认为的是人类社会物质生产实践的过程的观点迥然不同。

（二）以“善与爱”为核心的美学原则

高尔泰强调“人”这一主体在美学中的决定性地位，却并非是无限度的“随心所欲”，他认为主观在人化客观的过程中，不仅要有客观条件，同时更要具备主观条件，而这个主观条件的基本范畴，高尔泰把它限制在了“善与爱”两字之上。

> 爱与善，这是美学上的两个基本原则。美永远与爱，与人的理想关联着，黑夜的星，黑夜的灯，黑夜的荧光，在我们看来是美的，甚至美到诗的境界，因为我们爱黑暗中的光明，因为它们装饰了温柔的夜。但是，当我们知道了那是对于狼的眼睛的错觉的时候，我们就不再爱它，同时，它也就因此

---

① 吕荧：《吕荧文艺与美学论集》，第403页。
② 同①，第404页。
③《美学问题讨论集》第二集，第140页。
④ 同③，第138页。
⑤《美学问题讨论集》第三集，第387页。

消失了一切的美。同是一个现象，黑暗中幽微的亮光，从形式上、直觉上来说，它们是相同的，但是，人凭自己的主观爱憎，修改了它的美学意义。[①]

美是与善相联系的，恶的东西总是丑的。

任何东西，只有在不和至善相违背的时候，才有可能成为美的东西。[②]

高尔泰认为，善与爱的原则，是唯一正确的原则，不仅适用于美学，也适用于其他一切学科领域。他还认为，人作为社会成员的一分子，因此在感受时，不仅感受到大自然，同时也感受社会生活，所以当美学的对象是社会生活时，便不能不带上伦理学的色彩。在这一点上，宗白华在其《读“论美”后的一些疑问》文中批判了高尔泰的这些提法，认为混淆了美学与伦理学的范域。高尔泰在后来也承认了这一错误，并重新探讨了美的主观条件，但他在否定了车尔尼雪夫斯基的“美是生活”之后，并没有给出一个相对满意的答案。

高尔泰对“善与爱”在美学中的强调，使他的理论陷入了一种吊诡之中。正如他自己所说：“善就是个人言行与人类共同利益的符合，就是减轻别人的痛苦或创造别人的幸福。”问题在于，正像每个人对美的感受都不一样，“善和爱”的标准如何才能达到一个公认的标准？如果没有供大多数人都乐意接受的“善和爱”的标准，那么对于“美”或“美感”的探讨就无从说起。如果有一个社会所公认的“善和爱”的标准，那么就证明美的客观标准是存在的，这就与其在《论美感的绝对性》中所谈到的“在美学上，是不能承认有客观标准”的观点是相违背和冲突的。如果说用“主观”还能对其“美感”说有一个相对信服的解释，但在谈到美的条件和标准时，“主观”二字显然有种力不从心的感觉。在这一点上，高尔泰确实陷入了自相矛盾之中。

造成高尔泰美学思想上这一理论矛盾的，当然有其思维逻辑上的缺陷，但更为重要的原因，则是他对“美”负载的重任，他把美与人的理想联系起来，于是不再单纯地谈论美学有关问题，而是把“美”看作教人去“爱自然”“爱人类”“教人行动，勇敢地、热情地建设自己的生活”的必不可少的工具。这样他就把美学

---

① 《美学问题讨论集》第二集，第 140 页。
② 《美学问题讨论集》第三集，第 141 页。

带入了一个更为广阔的研究空间，或许正是在这一理论基础上，在80年代复出之后，他把“自由”引入美学研究领域，提出了“美是自由的象征”这一概念，把“人学”囊括到了美学研究的范域之中。

（三）“美感说”与“美是自由的象征”

80年代之后，高尔泰以饱满的热情重新投入到美学研究之中，提出了“美是自由的象征”这一著名论断。在这一时期，“人”则成为其美学研究中必不可少的关键性因素，“审美能力是人的一种本质能力。审美的需要是人的一种基本的需要。所以美的本质，基于人的本质。美的哲学，是人的哲学中的一个关键性的有机组成部分。研究美而不研究人，或者研究人而不研究美，在这两个方面都很难深入”。① 因此，在其写作时，“美”与“人”、与“自由”、与“人道主义”成为关键词的核心词汇。这种对个体的尊严、幸福的重视，对人的内在生命力的挖掘，对新生活的热切呼唤，现在看来虽是“不足为奇”，但在“文革”刚刚过去的那段时期，魔咒一样地吸引着众多的青年学子们。这也是我们至今仍不断地提起和研究高尔泰的原因所在。

1957年发表的《论美》《论美感的绝对性》等文章奠定了高尔泰美学思想的基础，其后一系列的美学论述，都是在“美感说”基础上的进一步延伸和拓展。而高尔泰之所以能在80年代成为很多人追捧的对象，恐怕不仅在于其美学思想上的独特性，更在于其一以贯之的特立独行的人格魅力。其实，不管是从性格特征、个性气质还是人文素养上来说，高尔泰都更适合做一名画家、诗人或散文家——他临摹的敦煌壁画在国外展出时备受欢迎，他创作的小说《在山中》被国外选入《当代中国小说选》，他写作的自传体文集《寻找家园》曾在国内被广为流传，但他偏偏做了一名美学家，并因“美学家”这个名分被争鸣、批判、流放和铭记。关于高尔泰美学思想的研究和争论，在当下的学界仍在继续，反对者贬之为缺乏学理、不值一提，誉之者认为思想启蒙、无可超越，在这毁誉参半中，高尔泰本人已宠辱不惊、去留无意，只留下他的那些文字任人评说，正像他一贯的美学主张——只有感受到了，它才存在，不被人感受到，它就不存在。

① 高尔泰:《美是自由的象征》，人民文学出版社1986年版，第4页。

第四章

朱光潜美学思想的马克思主义范式转换

1949年北平解放，朱光潜留在了北平。他努力适应新形势，积极参加文艺批判运动，思想有了很大的转变。1956年，他写作并在《文艺报》上发表《我的文艺思想的反动性》，批判了自己过去的文艺和美学思想。此后在“美学大讨论”中，他认真学习马克思主义，积极参加讨论，创立了独树一帜的美学上的“主客观统一”派。

第一节　“主客观统一论”及其美学交锋

朱光潜《我的文艺思想的反动性》发表后，批判声浪便接踵而至。贺麟、黄药眠、曹景元、侯敏泽等人纷纷撰文参与批判。正如朱光潜“自我批判”文章中所指出的：“我的文艺思想是从根本上错起的，因为它完全建筑在主观唯心论的基础上。主观唯心论根本否认物质世界，把物质世界说成意识和思想活动的产品，夸大‘自我’，并且维护宗教的神权信仰，所以表现在文艺方面，它必然是反现实主义的，也必然是反社会，反人民的。”①在特定意识形态背景下，“批判方”也依此逻辑将朱光潜西方渊源的“主观唯心论”美学置于反现实主义、反人民的对立面上加以抨击。

贺麟《朱光潜文艺思想的哲学根源》紧紧揪住朱光潜与克罗齐的思想渊源，批判朱光潜：方法论上“丢掉了黑格尔辩证法中的合理内核，趋向于形式主义和形而上学”；观点上“发展了黑格尔体系中的唯心的和神秘的一面，退回到康德，转变成了主观唯心论”；政治立场上则“替反动的资产阶级服务，反对辩证唯物论和历史唯物论”②。黄药眠《论食利者的美学——朱光潜美学思想批判》同早期《论美之诞生》一样，依次从“形相的直觉说”“心理距离说”“移情说”等层面予以社会学的美学批判，并在“生活实践”与“美学评价”的维度上批判其“孤立绝缘的‘形相’直觉”与“个人情趣意象化”③的美学局限。曹景元《美感与美——批判朱光潜的美学思想》则从“否认艺术与现实的联系；否认艺术的社会作用；宣传无思想性，为艺术而艺术等反科学的反动的观点”④等思想线索上批判朱光潜的主观唯心主义美学。侯敏泽《朱光潜反动美学思想的源与流》一文则更加色彩鲜明，也更传递出“批判资产阶级唯心主义”背景下对朱光潜施以思想整肃的根本性意图：“朱光潜先生虽然是克罗齐的忠实信徒，但他的美学中，却包含着

---

① 朱光潜：《我的文艺思想的反动性》，《文艺报》1956 年第 12 号。
② 贺麟：《朱光潜文艺思想的哲学根源》，《人民日报》1956 年 7 月 9 日。
③ 黄药眠：《论食利者的美学——朱光潜美学思想批判》，《文艺报》1956 年第 14 号。
④ 曹景元：《美感与美——批判朱光潜的美学思想》，《文艺报》1956 年第 17 号。

比克罗齐更为黑暗、更为反动的思想”，而“为建设起新的马克思主义美学，现在是加以彻底清理的时候了”①。

正当众人纷纷朝朱光潜“鸣枪”之时，“百家争鸣”方针的出台及时扭转了这一基于历史清算为初衷的“政治批判”局面。蔡仪因批评朱光潜文章屡遭《文艺报》《人民日报》“压稿”和“退稿”的郁愤情况下，调转了批判的矛头，将批判角色由朱光潜挪向了黄药眠，并得以在《人民日报》倡导“鸣放”的情形下发表《评“论食利者的美学”》一文。这不仅改变了批判的局面和形式，还意味着针对朱光潜的“政治批判”得以向“美学争鸣”发生学术转型②。

蔡仪文章同以上基于批判清算为目的的出发点不同，他是在“百家争鸣”呼声下站在“美学商讨”的角度试图在学理层面上对黄药眠文章提出批评：认为黄药眠依据“生活理想”“美学的意义”及“美学评价”等“人的主观的原因”出发批判朱光潜不但“不说明问题反而抹杀问题”，并且同样是“站在朱光潜的基本论点上”，只不过“朱光潜是所谓‘纯粹的唯心论’，而黄药眠也许是不纯粹的唯心论罢了”③。蔡仪文章同时提出了自己对于美的见解：“物的形象是不依赖于鉴赏者的人而存在的，物的形象的美也是不依赖于鉴赏的人而存在”，“客观存在是第一义的，艺术的美，主要的是在于它能够通过生活现象的描写，真实地表现出或者暗示出客观事物的本质和规律”④。

从文章论点看，蔡仪基本仍延续其20世纪40年代《新美学》中即已形成的“美在客观自然属性”的思想，且无大的理论变化。但这篇文章的意义在“百家争鸣”形势中打破了预定的组织秩序，不仅制造了“批判方”内部权威观点的美学分歧，还为“被批判方”的朱光潜提供了“反批评”的话语权。

于是，紧接着蔡仪文章，朱光潜随后便在《人民日报》上发表了《美学怎样才能既是唯物的又是辩证的——评蔡仪同志的美学观点》一文。如果说此前《我的文艺思想的反动性》还意味着意识形态压力下的“自我否定”，那么从这篇文章起，则可谓是先“破”后“立”中的“自我树立”。

文章中，朱光潜先是对蔡仪批评黄药眠的意见表示认同，并肯定蔡仪“用唯物主义的原则来解决美学问题”的方向，但又并不同意其美学观点。朱光潜认

① 敏泽：《朱光潜反动美学思想的源与流》，《哲学研究》1956年第4期。
② 李圣传：《美学大讨论始末与六条“编者按”》，《清华大学学报（哲学社会科学版）》2015年第6期。
③④ 蔡仪：《评“论食利者的美学”》，《人民日报》1956年12月1日。

为，蔡仪美学观的毛病重在三点：一是没有认清美感的对象，没有在“物-物的形象”中见出分别；二是否定美感影响美；三是将美看成一种绝对观念且将审美标准绝对化。在朱光潜看来，导致蔡仪这种美学观的原因同样在于三方面：一是片面、机械而教条地运用马克思列宁主义，进而导致将美视为永恒的客观实在；二是单方面强调“存在决定意识”而忽视“意识也可以影响存在”，进而在“逃避主观”中忽视主观决定的美感因素；三是没有依循“发展的观点”，进而将“美”视为绝对客观的实体而否认美、美感与美的标准的发展联系。正是基于以上问题与弊病的分析，朱光潜重新提出了自己对于美的见解：

> 我现在的想法是倾向于承认美感能影响美的。美感怎样影响美呢？这里我们须回到上文所分析的“物”（物甲）与“物的形象”（物乙）的分别。物甲是自然存在的，纯粹客观的，它具有某些条件可以产生美的形象（物乙）。这物乙之所以产生，却不单靠物甲的客观条件，还须加上人的主观条件的影响，所以是主观与客观的统一。①

应该说，仅从“主观与客观的统一”这一美学观点上看，其美学观并不新鲜，因为早在 1932 年出版的《谈美》中，朱光潜便已提出：

> 美不完全在外物，也不完全在人心，它是心物婚媾后所产生的婴儿。美感起于形相的直觉。形相属物而却不完全属于物，因为无我即无由见出形相；直觉属我而却不完全属于我，因为无物则直觉无从活动。②

在《诗论》中讨论“情趣与意象契合的分量”时，朱光潜更直呈其意：“诗的理想是情趣与意象的欣合无间，所以必定是‘主观的’与‘客观的’。”③然而，尽管在“主客观统一”的核心论点上，朱光潜美学与 1949 年前仍一脉相承，但在理论资源与思维逻辑上存在根本的差别。与 1949 年前建筑于克罗齐“形相直觉论”基

---

① 朱光潜：《美学怎样才能既是唯物的又是辩证的——评蔡仪同志的美学观点》，《人民日报》1956 年 12 月 25 日。

② 朱光潜：《谈美》，中华书局 2011 年版，第 47 页。

③ 朱光潜：《诗论》，北京出版社 2009 年版，第 57 页。

础上而主张“意象与情趣”相统一所不同的是，迫于马克思主义思想改造的压力，此时朱光潜的“主客观统一论”已在《政治经济学批判》中“意识也可以影响存在”的阅读与运用上，逐渐将理论重心挪移置换到马克思主义维度上，并在超越“机械”而走向“辩证”的努力中重新提出了“物甲物乙说”。

但朱光潜的“主客观统一论”立即遭到了来自青年李泽厚等人的指责与批判。先是李泽厚在《人民日报》上撰文批判说：

> 朱光潜在这里的主要错误，过去在于现在就仍然在于取消了美的客观性，而在主观的美感中来建立美，把客观的美等同于、从属于主观的美感，把美看作是美感的结果、美感的产物。在文章中，朱光潜虽然提出了“美”和“美感”的两个概念，但却始终没有区分和论证两者作为反映和被反映者的主、客观性质的根本不同…… 这与“文艺心理学”中用“美感经验”来代替美、决定美，认为美是“美感经验”的结果和产物完全一样，朱光潜现在希望是“既唯物又辩证”的“主客观的统一”论就实际上仍然是美感决定美、主观决定客观、“心借物以表现情趣”的主观唯心主义。[①]

与李泽厚从“客观社会性存在”出发主张美是“客观存在的反映”，进而批判朱光潜“主观”即“唯心”思维理路类似的是：侯敏泽也对朱光潜的美学思想提出了批评。他首先肯定了朱光潜“独立思考”的学术精神，并批判了蔡仪“左的庸俗社会学和机械唯物论的倾向”，同时又对朱光潜“右的主观唯心论的倾向”加以了批评，认为朱光潜尽管有创见性地提出了“物甲物乙说”力图解决美感欣赏的差异问题，但他“把主观精神这样那样的看作艺术的美学性质的根源”而抹杀了“自然界的实在规律性”[②]。曹景元则更进一步认为朱光潜的“新”美学观既不“唯物”也不“辩证”，而只是“一个晃眼的花招”，因为“主观因素不但不影响事物的美，而且恰恰相反，人的审美能力、审美观点等正是为客观存在的事物的美所决定的。”[③]

---

① 李泽厚：《美的客观性和社会性——评朱光潜、蔡仪的美学观》，《人民日报》1957年1月9日。

② 敏泽：《美学问题争论的分歧在哪里》，《学术月刊》1957年第4号。

③ 曹景元：《既不唯物也不辩证的美学——评最近美学问题的讨论》，载《美学问题讨论集》第二集，第81页。

应该说，以上诸种针对朱光潜美学观的批评，既有合理处，也有其偏执的地方。一方面，这些批评提出了朱光潜美学中一直所缺乏的现实社会的实践性维度，另一方面则继续促使朱光潜竭力思考并扭转美学讨论中众人讨论美学的思维模式。不言自明的是，在思想改造压力中，朱光潜努力将美学视点转向马克思主义唯物论，但他又绝非转向到蔡仪式的“机械”唯物反映论立场上，而是试图在“唯物主义”立场上体现马克思主义的“辩证法”精神。这其中，除引入“发展的观点”以及在马克思“存在决定意识”中格外强调“意识也可以影响存在”、进而守护美感经验的主观性因素外，其更大的贡献与思考还在于——在初步接受的同时，挑战与质疑了列宁《唯物主义与经验批判主义》所阐明的反映论原则。

朱光潜认为，美学讨论难以发展而“走到死胡同里”的根本症结即在于思想方法上教条主义的、未经消化的、甚至是曲解和不正确地应用马克思主义，其表现有三：一是不加分析地套用列宁《唯物主义与经验批判主义》一书中所阐明的反映论；二是忽视主观能动性对于艺术的作用；三是对“主观”范畴怀有疑惧且妄图“消灭”主观。针对这三种倾向和不足，朱光潜在边“破”边“立”中进一步重申和阐发了“美是客观与主观的统一”这一核心思想。

首先，针对诸美学家所反复引证的列宁的“反映论”，朱光潜认为，其荒谬就在于“死守住列宁在‘唯物主义与经验批判主义’里所阐明的反映论”，且混淆了“科学的反映与意识形态式的反映之间的这个分别”[①]。他指出：

> 意识形态式的反映与一般感觉或科学的反映有一个基本的分别：一个是上层建筑，一个不是上层建筑；一个受主观方面意识形态总和的影响，对所反映的事物有所改变甚至于歪曲，一个不大受意识形态的影响（这当然也只是相对的），而基本上是对于事物的正确的反映；一个随基础改变，一个不是如此。[②]

在此，朱光潜同样站在辩证唯物主义的立场，通过引入马克思主义“意识形态论”进而反对用反映论硬套美学的做法。朱光潜信奉马克思主义，但并不代

①② 朱光潜：《论美是客观与主观的统一》，《哲学研究》1957 年第 4 期。

表无条件不加分析地跟风而滥用马克思主义，这是其讨论中极其可贵的精神品质。朱光潜对马克思主义辩证法的学习运用就表现在这些具体问题的具体分析上。尤其是对两个不同反映阶段的分析，更体现出其理论审慎性思考后的良苦用心：

> 艺术和美感的反映要经过两个阶段：第一个是一般感觉阶段，就是感觉对于客观现实世界的反映；第二个是正式美感阶段，就是意识形态对于客观现实世界的反映。……列宁在“唯物主义与经验批判主义”里所揭示的反映论只适用于第一个阶段。在第一个阶段，这个反映论肯定了物的客观存在和它对于意识的决定作用，就替美学打下了唯物主义的基础。美学上的唯物主义与唯心主义的分别首先就在这个出发点上见出。……目前美学家们如蔡仪、李泽厚诸人却走到另一极端，他们把只适用于第一阶段的反映论套用到第二个阶段，否定了意识形态的作用，实际上就是宰割了第二个阶段，即艺术之所以为艺术的阶段。①

不难看出，朱光潜不仅辩证地区分了科学与艺术的不同反映方式，强调了“主观因素”在艺术反映阶段的重要性，还在马克思主义“文艺为一种意识形态”的论证中将美学的基础进一步由“反映论”推向至“意识形态论”。

顺此逻辑纵深，朱光潜还进一步引入“文艺是一种生产”的原则，进而更可无所避讳地强调“主观”在文艺和美学生产上的重要性。因为只从反映论看，只要强调“主观能动性”“意识的能动性”就必然在“违反列宁的反映论”路线上落入“唯心主义”。通过引入“意识形态论”和“文艺生产论”，便不仅将文艺视为一种认识过程，还是一种实践的过程。将此原则运用到文艺领域内，文艺就不只是要反映世界、认识世界，更要改变世界。

应该说，到此为止，通过由“反映论—意识形态论—文艺生产论”，在步步为营的战略中，朱光潜煞费苦心地在维护“主观性”或谓之“人性”在美感经验中的重要作用。通过马克思主义原则的选择与运用，朱光潜也基本委婉而有力地反击了列宁“反映论”在美学上的不足。朱光潜甚至从根底上提出问难：“我们应

---

① 朱光潜：《论美是客观与主观的统一》，《哲学研究》1957年第4期。

该提出一个对美学是根本性的问题:应不应该把美看成只是一种认识论?”①

众所周知,认识论强调感觉、知觉和概念对于客观现实事物的摹仿。将这种科学认知的理论运用到人文学科上,尤其是审美经验活动中,显然是行不通的。朱光潜立足于审美活动,尤其是其早期心理学美学的经验,他非常清醒地意识到这种方法论简单化地运用到美学问题存在的不妥。然而,包括他本人在内,在美学讨论初期,恰恰谨守哲学认识论,认为“美学科学的哲学基本问题是认识论问题”②,强调对于“客观事物的正确反映”③。对于朱光潜本人,早期对认识论的服从和拥护,显然有意识形态话语建构的外部因由,而对于蔡仪、李泽厚诸人,显然则是一种知识性的信服、推崇与认可。

因此,朱光潜这一问难,既是由“反映论”到“意识形态论”“文艺生产论”置换与挪移后的理论反击,又是基于审美经验活动自身特性基础上对认识论哲学模式的反思与超越。有此理论支撑,他不仅严厉批判了美学家们对于“主观”疑惧的态度,还对自己“主客观统一论”的美学观作了进一步澄清与申明。

朱光潜认为:首先应该区分“物”与“物的形象”,因为物本身只是“美的条件”,只有物的形象即艺术形象才是“美学意义的美”④;其次,艺术主要是探讨美感活动阶段,这一艺术生产过程由诸多因素起作用,尤其是意识形态通过个人生活经验的作用,因而美感也是“发见客观方面某些事物、性质和形状适合主观方面意识形态,可以交融在一起而成为一个完整形象的那种快感”⑤。在此,艺术活动既离不开“物本身”,同时也依存于“人的主观意识”,因而必然是客观与主观的统一。然而,无论是“物甲”与“物乙”,还是“美的条件”与“美”,朱光潜的意图是非常明确的,他既要在反映论与“物”这一“大前提”的强调中树立自己的“唯物主义”立场,同时又希望突破机械反映论模式在辩证立场上维护美学自身的特质。正如他所解释的:

> 我接受了存在决定意识这个唯物主义的基本原则,这就从根本上推翻了我过去的直觉创造形象的主观唯心主义。我接受了艺术为社会意识形态和艺术为生产这两个马克思主义关于文艺的基本原则,这就从根本上推

①④⑤ 朱光潜:《论美是客观与主观的统一》,《哲学研究》1957年第4期。

② 李泽厚:《论美感、美和艺术》,《哲学研究》1956年第5期。

③ 蔡仪:《评“论食利者的美学”》,《人民日报》1956年12月1日。

翻了我过去的艺术形象孤立绝缘，不管道德政治实用等等那种颓废主义的美学思想体系。①

更具体地说，朱光潜接受反映论的“大前提”，试图在马克思唯物主义“话语潮流”的学习中摘除“唯心主义”的帽子，与此同时，又通过引入马克思主义“意识形态论”，试图证明主观性因素在美感活动中的重要性。然而，无论是机械反映论还是意识形态反映论，美感活动都仅仅只是第二性的，都是对第一性的“物本身”的反映，只不过意识形态反映较之机械反映注意到了人的主观因素的重要作用。为此，为突出强调审美活动自身的精神性与主观能动性，又规避“唯心主义”之嫌疑，朱光潜再次引入马克思“文艺生产论”，有效维护了审美活动中“艺术之所以为艺术”以及“人之所以为人”的主观的能动性、创造性。

当然，尽管朱光潜本人信心满满，认为自己在反映论基础上既树立了唯物主义立场，“摘掉了唯心主义这顶肮脏的帽子”，又在辩证立场上引入意识形态论和文艺生产论，进而坚守了审美活动的主观能动性和精神创造性，并且重新确立了自己马克思主义立场上的“美是客观与主观统一”的美学构型。但因他此时仍未完全摆脱哲学认识论，美学的立场与前提也仍然是唯物反映论，并且其西方渊源的心理学美学也使得他难以挣脱这种主客二分的思维模式，因而其美学构想也仍然留下了许多理论的盲点，并遭到众人的批判。如洪毅然指出：

显而易见，既然承认“物”是客观存在的，那么，就不应当不承认“物的形象”“物乙”，也同样是客观存在的。因为“物乙”是不能脱离“物甲”而存在；“物甲”也不能没有“物乙”而单独存在的。否则“物乙”既为无源之水，“物甲”也将成为抽象的存在了。……换言之，即原本为意识形态的美的观念（它是由美感逐渐形成的），在实践中转化为某种一定的物质力量，遂将现实世界改造成更美，亦即使客观现实事物不美者变美，美者变得更美。但绝不是说，仅由于美感那样的意识本身，不必转化为实践的物质力量，便可以把作为美感对象的事物之美或不美，及其怎样的美，直接加以转移和

① 朱光潜：《论美是客观与主观的统一》，《哲学研究》1957年第4期。

改变。可见这里存在的问题，不是美感能否影响美，而乃是美感怎样影响美。①

与洪毅然从实践角度批判朱光潜“物甲物乙说”缺乏最根本的社会性解释力度相似的是，黄药眠同样从“社会生活实践”角度批评其理论的不妥，认为“物甲—物乙”应该改成“物甲（一）—物甲（二）”，因为“作者描写甲，结果比甲更多些，也少一些，带有作者的感情和希望，描写必带有主观色彩”，并且“原来的事物已无所谓美，要经过作者的评价才有”②。应该说，且不论洪毅然和黄药眠两人自身的观点能否经得起检验，就其对朱光潜的责难与批判而言，都有其道理。这既是朱光潜方法论上必然遗留的学理缺陷，也是其长期贯行的西方心理学美学在社会实践层面上根本无力也无法解决的理论阴暗面。

总的说来，通过对马克思主义经典理论的学习与运用，尽管朱光潜这些论点也同样遭到了诸美学家的猛烈攻击，也有诸多遗漏与不足，但通过对意识形态论、文艺生产论的先后引入，朱光潜不仅煞费苦心地在唯物主义大厦内坚守了美学自身的感性学特质，还有效地将美学问题的哲学立场转向到美学立场，将“美是第一性，美感第二性”这一机械反映论模式更深地引向“美—美感”、美感经验等美学本体问题的讨论上。尤其是“物甲物乙说”这一颇具创见性理论的提出，更在中西美学精神的继承发扬中提出了新的美学理论话题，推进了美学讨论，并在荆棘丛生的政治语境中维护了美学论辩的学术性。

第二节　“物甲物乙说”与两种“反映形式论”

“物甲物乙说”是朱光潜美学讨论前期“主客观统一论”的理论内核，也是其思想改造过程中斩断与过去美学思想瓜葛后努力向马克思主义靠拢的首要步骤。在“主观”即“唯心”的政治语境下，为划清“唯心—唯物”的界限，同时又希

---

① 洪毅然:《美是什么和美在哪里?》,《新建设》1957 年 5 月号。

② 黄药眠:《看佛篇》,1957 年北京师范大学“美学论坛”听讲笔记速记稿,张荣生记录。另可参见《文艺研究》2007 年第 10 期。

望在“辩证立场”上纠正蔡仪机械、教条的唯物反映论，维护美的“主观性”因素，因而朱光潜策略性地提出了“物甲物乙说”。他认为：

“物的形象”是“物”在人的既定的主观条件（如意识形态，情趣等）的影响下反映于人的意识的结果，所以只是一种知识形式。在这个反映的关系上，物是第一性的，物的形象是第二性的。但是这“物的形象”在形成之中就成了认识的对象，就其为对象来说，它也可以叫做“物”，不过这个“物”（姑简称物乙）不同于原来产生形象的那个“物”（姑简称物甲），物甲只是自然物，物乙是自然物的客观条件加上人的主观条件的影响而产生的，所以已经不纯是自然物，而是夹杂着人的主观成分的物，换句话说，已经是社会的物了。美感的对象不是自然物而是作为物的形象的社会的物。[①]

显而易见，朱光潜“物甲物乙说”与1949年前《文艺心理学》中强调“美感中心所以接物者只是直觉，物所以呈现于心者只是形象”[②]在美学实质上内在相通，尤其是在美感的主观性维度上更一脉相承。但在美学讨论的政治语境中，“物甲物乙说”与早期“心物关系说”在话语建构的思想资源上悄然了发生改变，其支撑有二：一是基于“意识也可以影响存在”基础上对两种“反映形式”的界分；二是马克思《1844年经济学哲学手稿》的初步运用。

“物甲”（自然物）与“物乙”（物的形象）的区分目的就是要突显美感的对象不是“自然物”（物甲）而是“夹杂着人的主观成分的社会物”（物乙），且“主观条件”在美感反映过程中起着重要作用。因此，“物的形象的美”并非如蔡仪所说“是不依赖于鉴赏的人而存在”，美只是“真实地表现出或者暗示出客观事物的本质和规律”。[③] 为支撑自己关于“物甲物乙说”的论点，朱光潜在“意识也可以影响存在”的基础上进一步提出了两种“反映形式”的区别，即“美感的或艺术的反映形式”和“一般知识或科学的反映形式”：

科学在反映外界的过程中，主观条件不起什么作用，或是只起很小的

① 朱光潜：《美学怎样才能既是唯物的又是辩证的——评蔡仪同志的美学观点》。
② 朱光潜：《文艺心理学》，复旦大学出版社2009年版，第5页。
③ 蔡仪：《评“论食利者的美学”》，《人民日报》1956年12月1日。

> 作用，它基本上是客观的；美感在反映外界的过程中，主观条件却起很大的甚至是决定性的作用，它是主观与客观的统一，自然性与社会性的统一。[①]

应该说，朱光潜这种区分不仅扭转了美学的哲学认识论化倾向，还符合了美学学科自身的审美特性。从西方美学发展历程看，自鲍姆加登提出“美学的目的是感性知识的完善”[②]到康德认为鉴赏判断的根据不是任何客观表象的东西而只是“不带任何目的（不管是主观目的还是客观目的）的主观合目的性”[③]，再到里普斯、克罗齐等现代美学家，从美学的主体性出发探讨美感经验和审美现象，始终是美学研究的发展主潮。然而，以别林斯基、车尔尼雪夫斯基为代表的俄苏美学家从黑格尔的美学中将“精神实体”的“绝对理念”加以继承发扬，并在“美的事物存在于现实里”与“美是生活”的张扬中将美学拉向日渐远离“人”的客观“真实性”维度上。以后者为代表的“苏化”美学潮流在三四十年代中进一步与“社会主义现实主义”思潮并轨进而形成了苏联50年代初中期“自然派”美学的理论主张以及“社会派”美学的知识背景。中国语境中以蔡仪、吕荧、洪毅然及李泽厚为代表的学人与这种美学思潮均或多或少地存在着美学谱系上的历史亲缘性。

朱光潜正是在这种“苏化”理论笼罩的背景中提出两种“反映形式论”：一方面以期在“艺术反映形式”中突破“科学反映形式”，在“客观”与“真理”的战阵上维护美感的主观特性；另一方面则试图反击蔡仪“美感不能影响美”“美是一成不变，永远客观存在”的机械反映论。在此，“存在决定意识”与“意识影响存在”是辩证互动的：只承认前者，那就是科学式的反映，虽“唯物”却不“辩证”，容易导致机械反映论；而彻底否定前者，则又不是唯物主义。应该说，朱光潜处理这一问题的办法是审慎而独具创意的：他一方面站在“唯物主义”立场上肯定“自然物”（物甲）以突显美的“客观性”，另一方面又站在“艺术反映形式”的角度上，在意识形态、情趣等“主观条件”的“物乙”中强调美的“主观性”。

美感的主要对象是“物乙”，而“美是对物乙的评价”，因而美感也就能够影响“物乙”的形成，进而影响美。朱光潜这一基于“物甲”和“物乙”界分基础上的

---

① 朱光潜：《美学怎样才能既是唯物的又是辩证的——评蔡仪同志的美学观点》。
② 鲍姆嘉通：《美学》，载《西方美学家论美和美感》，商务印书馆1982年版，第142页。
③ 康德：《判断力批判》，人民出版社2011年版，第56—57页。

逆向性思维推断可谓圆融，不仅在“主观”即“唯心”的语境中有理有据地维护了美的现代性主体意涵，还自成一说。朱光潜甚至还通过对马克思《经济学—哲学手稿》[①]的引用来证明自己的论断：

> 我之所以作如此想法，是由于体会马克思在“经济学—哲学手稿”里论美感的发展时所说的一句话而得到的启发。这句话是：“最美的音乐对于不能欣赏音乐的耳就没有意义，就不是对象。”我想马克思这里所说的“不是对象”并不是要取消最美的音乐（物甲）的存在，而只是说这最美的音乐（物甲）对于不能欣赏音乐的耳（主观条件的差异）不能产生美的形象（物乙）。[②]

与诸美学家从认识论、反映论角度解读这段话——“一方面说，只有音乐才激起人的音乐感，只有音乐的美才激起人的音乐的美感；也就是说，只有现实的美才激起人对现实的美感。另一方面说，对于不辨音律的耳朵，最美的音乐也毫无意义，但这个音乐还是最美的”[③]——不同，朱光潜则极力从这种“物”的桎梏中将“人”的审美情趣、审美能力、审美个性等主观性因素呈现出来。

尽管此时朱光潜仍未将美学的“实践观点”引入论述中，未能将主观条件建立在社会实践基础上，更未能将审美意识对于“美的形象”的作用的基础落实到实践层面，尤其是未能将美学的思考方式从“思维—存在”的认识论关系中解放出来，因而仍然深陷在时代的桎梏中。但是，通过对马克思主义理论论点的吸纳与阐发，朱光潜的“物甲物乙说”在当时语境中仍可谓是蕴含着极为重要的理论意涵和历史价值：

首先，通过界分“物甲”和“物乙”，既在“物甲”说上贯彻了唯物主义，在向马克思主义理论靠拢中修正了过去的美学思想，更在“物乙”说的强调中超越了蔡仪式的机械唯物反映论，注意到了美学艺术的复杂性，为建构辩证唯物主义美学奠定了基础。

---

① 人民出版社1956年版。
② 朱光潜：《美学怎样才能既是唯物的又是辩证的——评蔡仪同志的美学观点》。
③ 蔡仪：《〈经济学—哲学手稿〉初探》，《蔡仪美学论文选》，湖南人民出版社1982年版，第303页。

其次，通过“科学反映形式”与“艺术反映形式”两种反映论的区分，进一步强调了美感活动中人的主观能动性和创造性，突显了人的“主观条件”在美感活动中的重要功能。两种“反映形式论”也为“物甲物乙说”提供了理论支撑。

第三，在“物甲物乙说”基础上，朱光潜将美学问题讨论进一步深入到美感经验活动中，不仅提供了新的美学理论话题，还深化了美学论争，为美学研究自然美和具体艺术对象开辟了方向。

此外，“物甲物乙说”还在一定程度上映射出朱光潜1949年后间接地融通中西美学精神的一种尝试。众所周知，朱光潜学贯中西，美学造诣极深，无论是西方美学还是中国古典诗学，他均有涉猎，《文艺心理学》和《诗论》可谓是这两方面的代表作。朱光潜早期的美学贡献也是将移情说、距离说、内模仿说等西方现代心理学诸流派熔铸于“直觉论”的网络中，从而搭建起了中国现代美学的学科范式。因此，虽然思想改造背景下的“美学大讨论”的目的就是要批判朱光潜这种“资产阶级唯心主义”的美学思想，但正如朱光潜“自我批判”中所言“这个看法我至今还以为是基本正确的”[①]一样，他仍然在美学改造中有所坚守和保留。高建平也指出：“朱光潜在实际上并没有完全放弃他以前的美学立场”，对诸如“距离说”以及审美中“想象”的作用等因素“仍有着情感上的亲和，试图将它放入到新理论的框架之中”，因此朱光潜1949年后的美学观点“不过是他旧观点的基础上，努力加入一些当时被人们普遍认定的唯物主义的因素而已”。[②]应该注意到，无论是早期“心物关系说”中的“物我同一”“情趣与意象的融合”[③]，还是后期“物甲物乙说”中的“主客统一”“客观方面某些事物、性质和形状”与“主观方面意识形态”的交融[④]，朱光潜都一以贯之地延续着对审美活动中主体审美心理经验的重视。若进一步观察思考，我们也能从“物甲物乙说”中窥见其美学实质上与早期思想一致的对于中西美学传统资源的吸纳与继承：在西方美学资源上，“物甲物乙说”最突出的是受到英国经验主义美学，尤其是洛克美学思想的影响，强调“物”与“人心构造”内外相应的观点[⑤]，因而在物自身属性“物

① 朱光潜：《我的文艺思想的反动性》，《文艺报》1956年第12号。
② 高建平：《美学的当代转型：文化、城市、艺术》，河北大学出版社2013年版，第9页。
③ 朱光潜：《诗论》，北京出版社2009年版，第57页。
④ 朱光潜：《论美是客观与主观的统一》，载《美学问题讨论集》第三集，第34页。
⑤ 朱光潜：《西方美学史》，人民文学出版社2011年版，第244页。

甲”基础上突出主观方面“物乙”的重要作用；在中国古典美学资源上，“物甲物乙说”则吸纳了传统“画竹理论”中的营养：苏轼在《文与可画筼筜谷偃竹记》中曾言“画竹必先得成竹于胸中”①，清代郑板桥在苏轼“胸有成竹”的基础上进一步提出“胸中之竹，并不是眼中之竹也。因而磨墨展纸，落笔倏作变相，手中之竹又不是胸中之竹也”②。在此，朱光潜所指的“物甲”就是指“眼中之竹”，它是自然存在的，纯粹客观的；而“物乙”就是指“胸中之竹”，是它指眼中所见之物与人的主观情感观照相契合而成的意象，是艺术家审美意识熔铸加工而成的“物的形象”。“眼中之竹”（“物甲”）只是感觉素材，还只是“美的条件”，而只有经过艺术家的“意匠经营”后形成的“胸中之竹”（“物乙”），才能在艺术的欣赏与创造活动过程中体验到美学意义上的“美”。

由上可知，在“美学大讨论”中，从“物甲物乙说”的提出到两种“反映形式论”的界分，朱光潜均是希冀在唯物主义话语中坚守早期美学思想中的合理成分，进而达成一种辩证的唯物主义美学话语体系。从逻辑进路看，通过马克思“意识影响存在”到《经济学—哲学手稿》的引用，朱光潜在压力中已经逐步向马列主义艰难靠拢；但从思想脉络看，从早期“心物关系说”到“物甲物乙说”，朱光潜仍是在马克思主义美学基础上曲折性地融化并表述着过去的美学话语。“物甲物乙说”作为美学讨论前期朱光潜美学思想的理论创造，它仍是建立在上一时期西方美学思想以及中国传统美学思想的根基之上，是中西美学在当代语境中的批判融贯与合理继承，也吻合并延续了朱光潜毕生所坚持的融通中西美学思想的学术追求。当然，也正因“物甲物乙说”是对早期美学思想话语的延续改造，尽管朱光潜在两种“反映形式论”的界分上对“存在—意识”的美学阈限有所突破，并提出了审美意识、美感影响美、美感的发展变化等审美经验不同于艺术认识的复杂因素，但他在“唯心—唯物”的厘定廓清中仍未将美学的立学根基建立在实践论的基础上，因而无法解决诸如“物乙”（“物的形象”）何以具有“物甲”（“物本身”）所没有的“美”的属性等社会领域中的美学问题。

---

① 苏轼：《文与可画筼筜谷偃竹记》，载王振复主编：《中国美学重要文本提要》上，四川人民出版社 2002 年版，第 419 页。

② 郑板桥：《板桥题画》，载潘运告：《中国历代画论选（下）》，湖南美术出版社 2007 年版，第 203—204 页。

第三节　马克思的启示与美学的“实践观点”

通过上一阶段拉锯式的来回论争，朱光潜立足于“意识形态”基础上以“物甲物乙说”为内核的“主客观统一论”不仅未能获得众人的认同，反而招致蔡仪诸如“旧货新装”式的批判。朱光潜意识到：要想在批判他人美学观点基础上建立自己的美学观且能获得赞同，还必须寻求其他权威的理论资源和话语支撑。受马克思、恩格斯经典理论以及苏联学者论作的影响，“生产劳动”与“艺术掌握世界”的观点日渐进入朱光潜的美学视野内，并引入美学研究中，从而得以将美学思维模式转移到“美学实践论”的路线上。

1958年，朱光潜替《译文》杂志翻译了英国马克思主义文论家考德威尔的《论美》一文，并作了评论。朱光潜发现考德威尔不仅在“主客观统一论”观点上与自己相似，还格外重视主体与客体（对象）关系中“社会环境”这一中介项的重要作用，认为“只有把美看作是一种社会的产品，是在社会演进过程中分泌出来的一种东西，美作为一种价值所现出的矛盾才能得到解决”①。针对考德威尔的美学观，朱光潜评论说：“作者的基本出发点是人在劳动实践中认识现实，改变现实从而也改变自己的这一马克思主义的基本原则。劳动过程或实践行动都是人（主体）对环境（现实、自然、客体）所采取的反应。在这反应中，人一方面根据对客观世界必然规律的认识，一方面根据自己的主观的情感理想和愿望，要在客观世界中掀起一种改变，结果不但改变了环境，也改变了自己。”②

受考德威尔“劳动实践”观的启发影响，朱光潜也在主客观辩证统一的基础上从“劳动实践”的角度来解释美学问题，并重新积极地从马克思《经济学—哲学手稿》《〈政治经济学批判〉导言》以及恩格斯、列宁、高尔基等人的著作中寻找相关理论依据。1960年初，针对过去美学研究“停留在哲学阶段，停留在一般哲学原则，如艺术反映现实，艺术是一种意识形态，艺术是形象思维之类，没有足

① 克·考德威尔：《论美——对资产阶级美学的研究》，载朱光潜：《美学批判论文集》，“附录”，作家出版社1958年版，第235页。
② 朱光潜：《关于考德威尔的“论美”》，载《美学批判论文集》，第212页。

够地重视艺术之所以为艺术的特殊性”等问题，朱光潜进一步指出，美学既要“朝上看”，“从马克思列宁主义哲学的认识论和实践论出发”，又要“朝下看”，“找到各种形式的艺术掌握的一般规律，替各别艺术理论做基础”。① 此前，朱光潜主要从意识形态出发考察美学，现在“艺术掌握”与“劳动实践”观点的引入，则更加充分有力地成为他阐释审美艺术活动的重要基点。

如果说，考德威尔“劳动实践观”以及马克思《关于费尔巴哈论纲》《〈政治经济学批判〉导言》等思想的影响成为朱光潜实践美学思想轮廓的萌芽，那么在“自然人化”“意识形态理论”与“艺术掌握”“生产劳动”等整体思想的日渐融合促发下，朱光潜随后发表的《生产劳动与人对世界的艺术掌握——马克思主义美学的实践观点》一文，则意味着对“实践美学”的深入把握与阐释。该文中，朱光潜再次从《费尔巴哈论纲》入手，并紧紧抓住“直观观点”与“实践观点”两种相对立的哲学美学思想的差别，指出：

> 直观观点把现实世界看作单纯的认识的对象，只看到事物的片面的静止面，不是像实践观点那样就主客观的统一来看在实践中人与物互相因依，互相改变的全面发展过程。……实践观点是马克思主义以前所没有的，是马克思主义所特有的。②

朱光潜认为，与“直观观点”不同，实践观点既重视“客观方面”又重视“主观方面”，尤其强调将对象摆在社会历史发展过程和具体历史条件的大轮廓里去看，也即是说，与认识论孤立静止的反映不同，实践观点强调自然人化过程中人与对象的实践性关联。基于此，朱光潜对“美”以及“美学”与“实践观点”之间的关系作出进一步释义，认为美“是人在生产实践过程中既改变世界从而改变自己的一种结果。发现事物美是人对世界的一种关系，即审美的关系”，而“马克思主义的实践观点对于美学起了根本变革的作用”。③ 应该说，与过去孤立的意识形态论不同，通过劳动实践与意识形态观的结合，朱光潜的美学瞬间获得了

---

① 朱光潜：《美学研究些什么？怎样研究美学？》，载《朱光潜全集》第十卷，安徽教育出版社1993年版，第183页。

②③ 朱光潜：《生产劳动与人对世界的艺术掌握——马克思主义美学的实践观点》，《新建设》1960年4月号。

阐释的动力与社会支撑，不仅突破了机械静止的直观反映论，还在人与对象的劳动生产过程中，在自然人化与人的本质力量对象化的逻辑路线上建立起了人与世界的实践关系及其审美关系。为说明美学实践观点对于美学研究的"变革性"，朱光潜基于马克思《经济学—哲学手稿》基础上，还着重从"生产劳动与人对世界的艺术掌握""审美创造精神与实践的能动性"以及"人与自然相统一"三个层面对"美学实践论"进行了深刻阐发与学理建构。

一、生产劳动与人对世界的艺术掌握

朱光潜认为，马克思主义美学的中心思想在于艺术掌握方式与实践精神掌握方式的联系，是对"现实世界的具体事物的整体"把握，这也是艺术的实践精神的掌握方式与科学掌握方式的不同。而这种整体性正是建立在"劳动或生产实践"这个基本原则上。根据马克思《经济学—哲学手稿》，朱光潜指出，最初人是无意识地与物同处于大自然中，直到人开始劳动、开始自觉地改造自然时，人才开始意识到自己与物之间的对象化关系，于是也就产生了"社会意识"，人变成了"种族的存在"或"社会的存在"，紧接着在"逐渐摆脱肉体的直接需要的限制"而进行广泛的物质生产和精神生产时，人的劳动实践就具有了普遍的社会性质。① 当人在自觉的劳动实践中进行有目的的活动时，人的本质力量就在生产实践中对象化，这样世界在人的自觉的有目的的实践中就不仅仅实现"自然的人化"，具有社会性，而且人在劳动过程中也实现了本质力量的对象化。简言之，生产实践，不仅依据人的主观需要进行创造，而且也依据客观事物的认识进行改造。以石刀为例：

> 人为着更好地生活，感到天然的石头不够锋利，不能应付他和他的种族的日益提高的需要。根据这种需要，结合到他对石头的客观属性的认识，人开始进行生产石刀的劳动，这正是根据"种族的标准"和"对象的内在的标准"，也就是"按照美的规律"来制造事物。②

---

①② 朱光潜：《生产劳动与人对世界的艺术掌握——马克思主义美学的实践观点》，《新建设》1960 年 4 月号。

这种对象已经不是“生糙的自然”，而是“人的劳动产品”，是“人化的自然”，“人的本质对象化”，它不仅具有了物质的性质，而且还具有人的精神的属性，可以见出人的本质力量。朱光潜指出过去的美学家都持“直观”的美学观点，把艺术或审美事实看作单纯的认识对象，把艺术或审美活动看作一个独立自足的领域，因此只能是一种片面孤立的看法，而马克思主义的实践观点则“把艺术摆在人类文化发展史的大轮廓里去看，要求把艺术看作人改造自然，也改造自己的这种生产实践活动中的一个必然的组成部分”，也即是说不仅看到了艺术的外在联系，同时又注重内在本质和发展规律，不仅看成是一种社会实践，同时也是“人对世界的艺术的或审美的掌握”①。从“生产劳动”出发，人在生产实践中产生了社会意识，成了“社会的存在”，而人的生产劳动也就成为一种“目的性的”自觉的活动，因此，劳动产品也在“自然人化”与“人的本质力量的对象化”中既适应了对象的内在标准，也在“美的规律”上体现了人的愿望需求。基于以上对马克思主义美学的理解与阐释，朱光潜指出：

> 劳动生产是人对世界的实践精神的掌握，同时也是人对世界的艺术的掌握。在劳动生产中人对世界建立了实践的关系，同时也就建立了人对世界的审美的关系。一切创造性的劳动（包括物质生产与艺术创造）都可以使人起美感。人对世界的艺术掌握是从劳动生产开始的。②

人对世界的艺术掌握从生产劳动开始，这是朱光潜美学实践观点的切入口，也是其“能动的认识论”迈入“审美实践论”的核心步骤。其重心与理路也意在重新说明：人与自然、心与物只有通过“劳动实践”才能达成“辩证统一”。通过“实践论”基点的确立，朱光潜不仅从过去平面静态的“心-物”关系完全转入多维动态的“生产论”中，有力地击破了“直观的”审美反映论，还在马克思主义经典理论著作中强有力地提出并阐明了建立在实践关系上的人与世界的审美实践关系。

①② 朱光潜：《生产劳动与人对世界的艺术掌握——马克思主义美学的实践观点》。

二、审美创造精神与实践的能动性

受马克思主义思想启发，朱光潜逐渐将“劳动实践”视为美学的出发点，这也是朱光潜美学思想向马克思主义转变的标志。在这种生产劳动的实践关系中，人与自然、主体与对象、物质生产与精神生产，都是相互联系、相互作用与相互促进的。为了说明实践关系中物质生产与精神生产的关系，朱光潜还突出强调了审美的创造精神，即试图通过艺术创作的主观能动性和创造性去解释实践的能动性。为说明艺术与美感活动中主观与客观通过能动的审美创造精神达成辩证统一关系，朱光潜从马克思《经济学—哲学手稿》《资本论》以及《德意志意识形态》等经典文献出发，加以了渐进式的阐明。首先，客观世界和主观能动性统一于实践。艺术并非“直观观点”的单纯的认识与反映，而是实践中的人与物互相因依，互相改变，是长久的生产过程中“自我意识”“社会意识”对自然对象的能动性的审美加工与创造。在艺术活动和审美活动中，只有“发挥主观能动性和创造性(社会意识形态，文艺修养和创作的劳动等)”[①]才能在认识世界的同时改变世界，达成主客观世界的对立矛盾与辩证统一。其次，精神需要的满足使得人对世界的单纯的实践精神掌握发展为艺术和审美的掌握。也即是说，人的主观丰富性随认识和实践能力的加强日益凸显，进而按照“美的理想”为依据对自然进行加工和创造。朱光潜举例说：

> 人开始凭抽象化和概括化的活动，把在生产实践中所发现的一些引起美感的形式，例如节奏、平衡、对称、整齐、变化之类，加以总结，得到一些抽象的“美的形式”，把它们运用来制造一些与直接实用需要无关或关系不大的，主要为满足审美要求的，多少带有独立性的产品，例如器具的花纹、着色、装饰、文身之类。这就是艺术的萌芽。[②]

尽管朱光潜对“美的形式”的艺术创造观的解释如洪毅然所批判的是“把

① 朱光潜:《美学中唯物主义与唯心主义之争——交美学的底》，载《美学问题讨论集》第六集，第232页。
② 朱光潜:《生产劳动与人对世界的艺术掌握——马克思主义美学的实践观点》，载《朱光潜美学文集》第三卷，第297页。

‘审美认识’的主观能动作用，无限制地夸大到淹没其为一种认识，超越其为一种认识的程度，因而简直变成就是‘实践’、就是‘生产’、就是‘创造’”，且将美和艺术简化成“美的形式”和“美的形式的创造”，[①]但无可否认的是，通过对艺术创作过程中人的精神需要等“主观因素”的强调，朱光潜突出强调了美感与艺术活动中人的主观能动性与审美创造精神的重要作用。再次，实践的能动性与审美创造性还体现在依据美的理想去改变世界，而美作为一种精神生产，不仅是“主观世界的反映”，还是“意识形态性的，有时代性，有民族性，有阶级性”[②]。

应该看到，在美学“实践观点”基础上，朱光潜反复强调主观能动性和创造性活动的重要性，并竭力整合艺术审美活动与劳动实践之间的关联。正如朱光潜所呼吁：

> 毛主席和党是一向从主客观统一这个马克思主义的基本原则出发来制定方针政策的，是一向看重人的主观能动性和创造性的，是主张既要见物又要见人，并且把人的因素看作比物的因素还更重要些，是不讳言主观可以改变客观和主观理想可以化为客观现实的。我们的文艺创作方法基本原则是革命的现实主义与革命的浪漫主义的结合，这也正是客观现实与主观理想的统一。能说这样给主观能动性和创造性的作用以充分的估计，就犯了主观唯心主义的嫌疑吗？[③]

很显然，朱光潜的美学意图正是为了强调审美实践过程中“艺术加工”等人的审美创造性，强调“人的世界观、阶级意识等主观因素”对于艺术审美活动的能动性作用。从这一理路逻辑看，朱光潜“主客观统一说”与前期观点实则仍有其一脉相承性，仍是突显其主观性的意识形态特性。只不过较之前期，后期论争中基于马克思“实践观点”上的朱光潜美学，更加重视生产劳动以及社会历史发展大轮廓这一美感形成的社会性动力机制。

---

① 洪毅然：《论“人对世界的艺术掌握”及其相关问题——对朱光潜先生美学近著的几点质疑》，《学术月刊》1960年第12期。

② 朱光潜：《美学中唯物主义与唯心主义之争——交美学的底》，载《美学问题讨论集》第六集，第230页。

③ 同②，第247页。

三、人与自然既对立又统一的辩证关系

在美学论争的后期，朱光潜的美学方法论应该看成是认识论与实践论的结合。用朱先生自己的话说，在“存在决定意识，而意识又反过来影响存在”这一完整辩证发展过程中“不仅仅涉及认识活动，而更加重要的是涉及实践活动”①。依照这种认识与实践的辩证原则，朱光潜对人与自然（即主观与客观）的辩证关系也进行了有力的诠释，不仅从“人化”与“对象化”的角度说明了二者相互依存与影响的关系，还从人对世界的艺术掌握的产生发展说明了美感的发生发展过程。朱光潜认为，在人与自然、我与物、意识与存在、主观与客观等关系维度上，均是对立统一的，人里面有自然，自然里面也有人，因而美必然是主客观的辩证统一。从马克思《经济学—哲学手稿》出发，朱光潜的理据在于：

> 人自从进行生产劳动成为社会的人之日起，就在自然上面打下了人的烙印，自然便变成了“人化的自然”，体现了人的“本质力量”（能力、愿望、理想等），这就是说，自然里面也有人。另一方面，人的活动不外认识与实践，脱离自然，这认识与实践便没有对象，自然毕竟“对象化”了人的“本质力量”；人是社会关系的总和，社会关系便是客观存在而且本身由物质基础决定。所以人里面也有自然。总之，人与自然这两对立面是互相依存，互相渗透，互相转化的。②

应该说，朱光潜这一论点并不新鲜，其旨趣仍在主张“主客观的统一”（即“自然与人的统一”），但其妙处在于“实践论”基点上的新说明。而且，通过马克思的“人化”与“对象化”，朱光潜更加强有力地反击了单一片面的蔡仪派的“自然性”以及李泽厚派的“社会性”，进而在两者的辩证统一中巩固了自己“主客观统一论”的理论合法性。

朱光潜这一“主（人）客（自然）观统一”观点在新的理论支撑与论证中似乎

① 朱光潜：《美学中唯物主义与唯心主义之争——交美学的底》，第 228 页。
② 同①，第 229 页。

显得有理有据，但随后却遭到魏正[①]、李泽厚[②]等人的尖锐反驳与批判。尽管如此，但正如马克思所言："人依靠自然而生活。这就是说，自然是人的身体，人为了不致死亡，必须始终处在同它不断交往的过程中。人的物质生活和精神生活是同自然不可分割地联系着，这一事实不过是表明：自然是同它自身不可分割地联系着，因为人是自然的一部分。"[③]马克思的话中无疑暗含着自然与人的紧密关联，也即是说，自然离开人毫无意义，人也无法脱离自然而单独存在。美正是在"人的本质力量的对象化"中体现，也在"自然人化"的改造中丰富发展，世界没有"纯自然性"的美与艺术，自然要体现美，必须在"自然人化"中通过人的精神创造与艺术加工体现出来。正如朱光潜所说："从历史发展看，在人类社会出现以前，自然本身无所谓美丑，美是随着社会的人的出现而出现的。自然本来是与人对立的。人自从从事生产劳动，成为社会的人之日起，自然成为人的认识和实践的对象，成为人所征服与改造的对象，只有到了这个时候自然才对人有意义，有价值，有美丑。"[④]

综上可知，在"美学大讨论"中，通过对马克思主义经典理论以及考德威尔、苏联美学等论作与资源的不断学习，朱光潜后期美学也逐渐在"生产劳动"的枢纽上日渐过渡到"美学实践论"路线上。通过对"生产劳动与人对世界的艺术掌握""审美创造精神与实践的能动性"以及"人与自然相统一"三个层面的反复论述，朱光潜的美学"实践观点"也不断深入与成熟。朱光潜的美学"实践观点"，在认识论与实践论的辩证统一路线上，既极力发扬意识的能动性、审美的创造性以及人的本质力量的重要作用，同时也充分肯定客观存在、物质属性以及自然属性的构成性作用。美与艺术也正是在这种"自然人化"与"人的本质对象

① 魏正在《关于美学的哲学基础问题——与朱光潜同志商榷》一文中认为，朱光潜"人与自然统一说"的错误仍在于只"看到了社会里面有人的主观在其作用这一面，而否定了社会存在的客观性"，因为"人通过生产实践改造了自然，然而这并没有改变自然的客观性"，并反驳说"照朱先生这种说法，自然是主客观的统一，人也是主客观的统一"。参见《哲学研究》1961年第4期。

② 李泽厚在《美学三题议——与朱光潜先生继续论辩》中指出，朱光潜因一直强调"主观能动性"，但他混淆了两种"主观"（实践与意识），从而也混淆了两种主观能动性，并且在"实践观点"上，也将实践、生产夹杂在一起，时而"生产实践"时而"艺术实践"，时而"物质生产"时而"精神生产"，而实质上却是用艺术实践吞并了生产实践，精神生产吞并了物质生产。因而其"主（人）客（自然）观的统一"美学也是一条"以唯心主义哲学作基础的美学路线"。参见《哲学研究》1962年第2期。

③ 《马克思恩格斯论艺术》，曹葆华译，人民文学出版社1959年版，第224页。

④ 朱光潜：《山水诗与自然美》，《文学评论》1960年第6期。

化”的劳动生产实践过程中体现，是人（主观）与自然（客观）在历史社会发展的整体性矛盾统一关系中的轮转、确证与生成。

第四节　从“直观观点”到“实践观点”

从考德威尔“劳动实践观”到马克思“用艺术方式掌握世界”再到“人与自然的对立统一”，在“自然人化”与“人的本质力量对象化”这一社会历史实践轮廓的路线展开中，朱光潜逐渐批判性地超越了前期认识论意义上的“美学的直观观点”并过渡到“美学的实践观点”上。美学实践观点上对“主客观统一说”的重新确立与阐明，也是“美学大讨论”中朱光潜美学思想完成马克思主义思想改造与角色转换的理论标志。

应该看到，通过反复论辩以及对马克思主义经典理论的不断学习和运用，朱光潜美学讨论后期建立在“实践观点”基础上的“主客观统一说”与美学讨论前期以及早期“直观观点”的美学思想，在思维方法、运思理路、核心观点等诸多层面上均存在着较大区别。其思想与理论上的转变主要表现在如下诸方面：

首先，方法论的转变。正如朱光潜所说“直观观点与实践观点的基本分别在于前者是从单纯认识活动来看美学问题，而后者则是从认识与实践的统一而实践为基础的原则来看美学问题的”[①]。这一思维方法的根本性转变，使得朱光潜美学得以从早期“物我两忘”“凝神观照”[②]的美感经验以及美学讨论前期“美是客观方面某些事物、性质和形状适合主观方面意识形态，可以交融在一起而成为一个完整形象的那种特质”[③]，在劳动实践的理路上转换为“人在生产实践过程中既改变世界从而改变自己”的人对世界的“审美的关系”[④]。无论是“心物关系说”还是讨论前期基于“物甲物乙说”为内核的“主客观统一说”，都还是从“物—我”对立的静止的认识论角度加以观照，而讨论后期实践观点上的“主客

① 朱光潜：《美学中唯物主义与唯心主义之争——交美学的底》，载《美学问题讨论集》第六集，第244页。
② 朱光潜：《文艺心理学》，复旦大学出版社2009年版，第9页。
③ 朱光潜：《论美是客观与主观的统一》，载《美学问题讨论集》第三集，第36页。
④ 朱光潜：《生产劳动与人对世界的艺术掌握——马克思主义美学的实践观点》，载《美学问题讨论集》第六集，第178页。

观统一论”则将审美的活动看作人改变世界的一种创造性的审美活动。通过审美活动与劳动实践的结合，既强调了艺术和审美活动与劳动实践之间的血肉联系，还将人的“主观能动性”和“审美创造性”在“人对世界的艺术掌握”及“美的规律”论证中凸显出来。

其次，在“人化的自然”路线上对“意识形态式的反映”这一运思理路的转变。这一变化尤其突出地体现在讨论前期“物甲物乙说”与后期“美学实践论”对待“美感”来源的动力机制这一问题的分析上。在50年代美学讨论前期，朱光潜认为，“物甲”只是“美的条件”，本身“还没有美学意义的美”，只有“物乙”（“物的形象”）才能有“美”，而“物乙”“不纯是自然物，而是夹杂着人的主观成分的物”。[①] 很明显，在早期论争中，虽然朱光潜也主张美感是一种意识形态的反映，但其基于“人的主观条件”和“意识形态”“情趣”基础上的美感论正如李泽厚所批判的“过去在于现在就仍然在于取消了美的客观性”[②]一样，缺乏美感来源的客观基础。到了60年代美学论争的后期，建立在“劳动生产实践”与“人对世界的审美关系”这一基点上的美学思想，则在“自然人化”与“人的本质力量对象化”路线上将“自然对象”（如石刀）视为“人化的自然”，而美则是劳动实践过程中“人的对象化”所见出的人的“本质力量”。这样，朱光潜就不仅找到了美与美感的客观现实基础，还将意识形态的艺术掌握方式有力地建立在社会劳动实践的现实性土壤中。正如朱光潜后来所省思：“单提‘艺术是现实的反映’而不提艺术是人对现实的一种掌握方式，侧重艺术的认识的意义而忽视艺术的实践意义。这就是仍旧停留在美学的直观观点。”[③]因此，从实践观点出发，将美与美感、主观力量和理想，在“自然的人化”路线上深深植根于广阔的生产劳动的现实生活土壤中，这是朱光潜后期“实践论美学”获得阐释空间与动力的关键所在。

再次，在人“人化”了自然与自然也“对象化”了人这一“审美实践活动”关系上对“自然美”等问题的思维转变。在美学讨论前期，朱光潜认为，任何自然状态的东西，包含未经认识的艺术品在内，都没有美，只有当自然美“引起意识形

① 朱光潜：《论美是客观与主观的统一》，载《美学问题讨论集》第三集，第31—32页。
② 李泽厚：《美的客观性和社会性——评朱光潜、蔡仪的美学观》，载《美学问题讨论集》第二集，第33页。
③ 朱光潜：《生产劳动与人对世界的艺术掌握——马克思主义美学的实践观点》，载《新建设》编辑部编：《美学问题讨论集》第六集，第207页。

态共鸣”且“投合了主观方面意识形态总和”①的霎时契合，才产生了美。此时，朱光潜对于“自然美”的理解在“物”与“主观意识形态”心物契合的关系路向上实则与早期“直觉论”的“心物关系说”逻辑一致。而到了美学论争后期，基于“美学的实践观点”路向上，朱光潜对于“自然美”的理解已然发生根本性变革：人在劳动生产过程中改变了自然，使得自然在“人化”中具有人的意义；与此同时又在对象的“本质力量”中认识自己，从而丰富物质生活和精神生活；自然对象的美也正是在这种创造者生产劳动过程中对世界的实践精神的掌握这一“本质力量”的“复现”中生成。

此外，从美学讨论前期的“物甲物乙说”和两种“反映形式论”到后期“审美活动四因素说”也深刻体现了朱光潜不断用马克思主义资源修正、补充与改造前期美学思想的理论努力。无论是“物甲物乙说”还是两种“反映形式论”，都是将美与美感问题置于马克思“存在决定意识”与“意识影响存在”这一原则上平面静态地展开，而后期“审美活动四因素说”则将美与美感置于社会历史发展的人与自然的有机关系上进行考察，并在“生理基础”（生物机能的有机体人）、“社会基础”（历史传统和社会意识形态的社会人）、“自然的自然性”（单纯的自然事物）与“自然的社会性”（社会意义的自然事物）四者的整体统一中加以观照②。依此逻辑，“自然”既是自然的“自然属性”，同时也是人认识与改造世界的实践对象，而“人”既是“生物有机体人”，同时也是受历史文化传统与环境影响的“社会人”，因而自然与人、美与美感的关系，就绝非简单而机械的认识与反映的关系，而更是一种人的感性的创造性的审美实践活动。

应该说，受马克思的启发，在“生产劳动”“人对世界的艺术掌握”“自然的人化”“人的本质力量的对象化”等命题的渐次展开中，朱光潜逐渐过渡到“实践”语义层面重新释义自己的美学思想。通过“实践观点”对“直观观点”的反驳，朱光潜不仅在审美实践论为基本方法的视域内，将审美与艺术活动重新定义为人既改造世界也改变自我的一种满足“人生第一需要”的创造性审美活动，还在自然（客观）与人（主观）、客观现实与主观理想、必然与自由等矛盾关系的辩证统一中树立起了自己基于“实践论”基石上的新的美学实践观，具有强大的阐释

---

① 朱光潜：《论美是客观与主观的统一》，载《美学问题讨论集》第三集，第 40 页。
② 朱光潜：《“见物不见人”的美学——再答洪毅然先生》，《新建设》1958 年第 4 期。

效力。

回归历史语境，从朱光潜美学整体发展的逻辑脉络看：克罗齐与马克思无疑代表着两种不同的美学范式，用马克思主义的“药方”清除克罗齐的影响，是其终极目的。由此，在克罗齐与马克思的两种范式传统中抛舍、抉择与建构，则是朱光潜美学论争的整体线索。自1949年意识形态背景的更替始，久沐西学的“旧知识分子”朱光潜便抛入到另一种“学术范式”传统中。因此，马克思主义的思想改造，成为其重建美学合法性与扭转身份危机的唯一选择。借助“百家争鸣”语境中的“美学大讨论”，朱光潜得以在马克思主义理论的学习中斩断与过去美学思想的瓜葛，并通过论争中不断改造与修正自己的美学观点。从美学“直观观点”到“实践观点”的确立，则深刻体现着朱光潜在马克思主义话语改造与整合中充分完成了自己对前期美学思想的范式转换。如果说，因心理学美学的视角方法“不容易上升到哲学的、本体论的和价值论的层面”上，因而“没有实现从古典到现代的转化”且始终无法“完全摆脱传统的认识论的模式，即主客二分的模式”[①]，这是朱光潜在“美学大讨论”时期美学思想的严重不足，那么，从“直观观点”到“实践观点”的马克思主义范式转换，尤其是将“美—美感”问题从平面静态的“存在—意识”“反映—被反映”关系中拉出进而逐步深化到“物甲—物乙”、两种“反映形式论”、“审美活动四因素说”再到“美学的实践观点”图式中，则是朱光潜“美学大讨论”中不断拓展与深化美学论争“论题”与“论域”的巨大历史贡献。

然而，从“直觉论”到“实践论”，思想改造的“完成”并不意味着朱光潜美学事业的狂欢。在整个美学讨论中，当我们从朱光潜论争文字中细读深思，尤其是论战中运用马克思主义理论话语对过去美学思想的曲折表达与重复强调，则仍未免感受到丝丝“未竟”事业的凉意。因意识形态的干预，朱光潜不得不从马克思唯物主义和认识论出发，在充分肯定“唯物”与“客观”的前提下，在“物甲—物乙”“艺术是一种意识形态”“艺术是一种生产劳动”“人对世界的艺术掌握”中曲折而“辩证”地表述自己的美学见解。哪怕是到后期论争中，当朱光潜斩钉截铁地宣告克罗齐“艺术即直觉说”是把“直观观点”推演到“荒谬的极端”而只有

① 叶朗：《从朱光潜“接着讲”》，载叶朗主编：《美学的双峰——朱光潜、宗白华与中国现代美学》，安徽教育出版社1999年版，第18—19页。

马克思“实践观点”对于美学才起了根本变革的作用时，他仍不忘延续着前期美学思想中的某些成分。兹举理据如下：

其一，对“人”的“主观因素”（“主观条件”）或“主观能动性”的维护与延续。早在《文艺心理学》时期，朱光潜便主张美感经验是“观赏者的性格和情趣的返照”，是一种“艺术的创造”，“凡是美都要经过心灵的创造”①，强调艺术和美的主观决定性作用。顺此脉络，到美学讨论前期，与蔡仪“客观自然性”与李泽厚“客观社会性”不同，朱光潜“物甲物乙说”仍极力彰显“主观意识形态”作用，强调“唯物主义的美学也决不能忽视美的意识形态的基础”且不能“对主观存在着迷信式的畏惧，把客观绝对化起来”②。同理，到美学讨论后期，在美学实践观点的路线上，朱光潜同样将人的“主观情感”与“自我意识”凸显出来，并反复批评“美学讨论中有些人对于主观创造活动带有主观唯心主义嫌疑的危惧，就是顽强抗拒实践观点的一种表现”，极力申明“发挥主观能动性和创造性”③对于艺术审美活动的重要性。应该说，朱光潜对此一论点的延续，与其说是“意识形态话语”中对自我美学观合理的前后继承与延续，倒不如说是对美学“知识性话语”的一种求真性探寻，并将美学从政治话语中回归到感性学的学科知识体系内，维护了美学的现代性主体意涵。

其二，将美视为一种“意识形态性”。尽管在1949年前，朱光潜还未提及马克思的“意识形态”概念，但据其内在思想看，《文艺心理学》中关于美的“意象”“形象”“美感的人格”实则有其相通处。到美学讨论前期，依据马克思“文艺是一种社会意识形态”的原则，朱光潜便提出了美的“意识形态式的反映”这一观点。而针对洪毅然将美与美感视为“存在范畴”而非“意识形态范畴”④的反驳，朱光潜更明确提出：“美必然是意识形态性的。所谓‘意识形态性的’就是说：美作为一种性质，是意识形态的性质，而不是客观存在的性质。”⑤到美学讨论后期，朱光潜依然认为，“美是社会意识形态性的，有时代性，有民族性，有阶级性

① 朱光潜：《文艺心理学》，复旦大学出版社2009年版，第10—11页、140页。
② 朱光潜：《论美是客观与主观的统一》，载《美学问题讨论集》第三集，第29、40页。
③ 朱光潜：《美学中唯物主义与唯心主义之争——交美学的底》，载《美学问题讨论集》第六集，第247页。
④ 洪毅然：《美是不是意识形态？——评朱光潜“论美是客观与主观的统一”及其他》，载《美学问题讨论集》第四集，第65页。
⑤ 朱光潜：《美必然是意识形态性的——答李泽厚、洪毅然两同志》，载《美学问题讨论集》第四集，第99页。

的”且“肯定了美的意识形态性，并不等于否定了美的客观现实基础”①。从朱光潜美学实践观点出发，在人对世界建立的审美实践关系中，我们甚至还能从朱光潜的美学思考中找到20世纪80年代中期学界关于文艺是一种“审美意识形态性”的思想胚芽。

其三，对审美个体和个体审美能力的重视。早在《谈美》中探讨对古松的实用的、科学的、美感的三种态度中，朱光潜便强调个体的“心理直觉”与审美个体的“精神上的饥渴”，认为“真善美都是人所定的价值，不是事物所本有的特质。离开人的观点而言，事物都浑然无别，善恶、真伪、美丑就漫无意义”②。在美学讨论中，朱光潜更是以苏轼的“琴诗”“若言琴上有琴声，放在匣中何不鸣？若言声在指头上，何不于君指上听”为证，指出主体与客体、审美个体与审美客体在欣赏接受之间的紧密关联。只有个体先具备对外界客体的审美感知，审美价值活动才能发生，而个体的不同审美经验又会造成不同的审美个性，从而对审美客体的感受评价发生相应变化。同理，在美学实践观点的路线上，朱光潜同样高度重视个体的审美能力和经验，认为正是生产劳动中才使得“人”成为“一种有自我意识的存在”，进而才能依照“主观需要”和“美的规律”③去制造事物，而美也正是在这种本质力量的对象化中实现和生产。

除以上美学思想的转变与联系外，朱光潜前后期的美学思想及其学思体系还存在着其他诸多瓜葛与牵连，尤其是马克思主义思想改造背景下其美学观点由“直观论”到“实践论”的论争转变，不仅深刻体现了历史变革中朱光潜美学思想的沉浮波动与前后起伏，更隐射出意识形态更替下“旧知识分子”在意识形态压力中艰难而坎坷的心路历程。

总体而言，“美学大讨论”时期的朱光潜美学，通过对马克思主义的积极改造与理论学习，在斩断与过去学术的瓜葛中，重新建立起了以“物甲物乙说”为内核的“主客观统一论”，并在“唯物辩证”的认识论路线上强调美的意识形态特性。这一美学思想在屡遭批判后，在美学讨论的后期，通过对考德威尔“劳动实践观”、苏联美学以及马克思经典理论的深度阅读，进一步上升到劳动生产实践

① 朱光潜：《美学中唯物主义与唯心主义之争——交美学的底》，载《美学问题讨论集》第六集，第230页。
② 朱光潜：《谈美》，中华书局2010年版，第5页。
③ 朱光潜：《生产劳动与人对世界的艺术掌握——马克思主义美学的实践观点》，载《美学问题讨论集》第六集，第183页。

的“美学实践观点”路线上。马克思主义美学“实践观点”的确立，既是主管意识形态部门通过“美学大讨论”平台对朱光潜等“旧知识分子”思想改造的完成，又是朱光潜最终完成马克思主义思想转变的标志，也是其美学方法上由认识论挪向实践论的象征。尽管朱光潜因时代局限，仍无法完全超越“主客观二分”的认识论模式，但其实践观点在强调人与自然的辩证统一以及宇宙人生的整体性观念上已推动了美学方法论的变革。尤其是后期论争中朱光潜努力沟通认识论与实践论的尝试，不仅在“自然人化”与“人的对象化”路线上找寻到了美感的客观现实基础以及艺术生成发展的动力，更在能动的实践论与艺术审美创造精神中开辟了当代实践哲学—美学的“心体论”①方向。值得注意的还有，在审美精神与能动的实践创造这一美学路线上，“美学大讨论”时期的朱光潜美学既合理延续着早期心理学美学的内在神韵，还开启了新时期实践美学弥补建构的学理方向，甚至还预示着美学感性回归的历史趋势。

① 参见尤西林：《朱光潜实践观中的心体——重建中国实践哲学—美学的一个关节点》，载叶朗主编：《美学的双峰——朱光潜、宗白华与中国现代美学》，第 278 页。

第五章

客观形象派美学的波折与“转正”

如果说新中国成立以前的蔡仪基本完成了自己美学思想体系的创立工作，但还没有受到学界的充分重视与检验，那么新中国成立以后五六十年代的蔡仪美学思想则经过了一段波折起伏后站稳脚跟，成为美学之一大学派。

第一节　建设与批判：文化领导权之争下的蔡仪美学思想批评

中华人民共和国成立以前，中国的文化界早已分为左右两大对垒阵营。左翼文艺运动的兴起，更加壮大了以中国共产党为领导的新文艺运动的声势。但在美学领域，仍然是朱光潜为代表的“封建阶级”与现代资产阶级“中西合璧”的唯心主义美学[①]占统治地位；此外，“左翼”内部由于不同时期政治路线的不同，也分化为“国防文学”与“民族革命战争的大众文学”，主观战斗精神派与强调政治倾向性的理论之争等。毛泽东《在延安文艺座谈会上的讲话》发表以后，确定了文艺为人民服务，为工农兵服务的政治方向，解放区文艺界统一了思想。

新中国成立前夕，1949 年 7 月召开的中华全国文学艺术工作者代表大会上，朱德、董必武、陆定一等领导人以毛泽东《在延安文艺工作座谈会上的讲话》为中心，提出文艺工作者要以马克思列宁主义毛泽东思想为指导，为工农兵服务，反对超阶级超社会的文艺思想，克服缺点，迎接新时代。周恩来针对文艺界的实际情况，特别就进步文艺界的团结、文艺为人民服务、普及与提高、改造旧文艺及文艺组织等问题做了深入的阐述。在文艺界的团结方面，周恩来指出要将解放区文艺工作者和“国统区”文艺工作者团结起来，领导全国的文艺工作；在文艺为人民服务方面，指出文艺工作者应由只熟悉小资产阶级生活、思想、感情转到熟悉工农兵，特别是熟悉工人上来；在普及与提高的问题上，指出要认识到旧文艺光鲜外表下内核的腐朽性，希望属于新文艺，现阶段要普及第一，不要因新文艺的粗糙而过度批评甚至“打骂”，要爱护帮助新文艺；在改造旧文艺方面，指出主要的是改造旧文艺的内容，并对形式进行适当逐步的改造，还要尊重团结愿意改造的旧艺人，动员他们积极参加改造运动；在文艺组织问题上，指出要像产业工会一样，在中华全国文学艺术界联合会之下分部门成立文学、戏剧、

① 见敏泽：《朱光潜反动美学思想的源与流》，载《美学问题讨论集》第一集，作家出版社 1957 年版，第 165—169 页。

电影、音乐、美术、舞蹈等协会，以便于工作，便于训练人才，便于推广，便于改造。[①] 郭沫若在为大会所做的主报告中指出，五四运动以来“三十年来的新文艺运动主要是统一战线的文艺运动”[②]，运动初期由初步具有共产主义思想的知识分子、小资产阶级知识分子和资产阶级知识分子联合组成，建立了以反帝反封建为内容的新文艺；第一次大革命失败后，中国右翼资产阶级背叛了革命，文艺方面产生了以无产阶级为领导，革命小资产阶级积极参加的左翼文艺运动；抗日战争爆发前后，中国文艺界又成立了无产阶级领导的，由无产阶级、小资产阶级、资产阶级以及其他一切爱国的新旧文艺人士组成的广泛统一战线；解放战争的三年，开始了在毛泽东文艺新方向的影响之下的和人民大众结合的努力[③]。郭沫若同时号召文艺工作者通过批评和自我批评，消除资产阶级和封建主义文艺的影响。一大批文艺界的领军人物纷纷从自己的角度自觉地阐释《在延安文艺座谈会上的讲话》精神。在文艺为工农兵服务方面，欧阳予倩认为：“应当倾全力为工农兵服务……集体主义往往被误认为完全淹没个人，其实个人得到集体的支持格外能丰富自己，表现自己。许多劳动英雄不都是集体中的个人吗？……一切为群众服务，才有个人的真正成就。”[④]郑振铎欢呼文艺界“共同走上了为人民大众，为工、农、兵服务的大道上去”。[⑤] 在整顿文艺工作作风方面，丁玲指出“作品不是属于个人的，而是属于人民的”，在写作以前要开座谈会，写好之后要反复讨论，再三修改。[⑥] 在改革旧艺术内容与形式方面，梅兰芳认为：“一方面要改革内容，配合当前为人民服务的任务，一方面又要保存技术的精华，不致失传。”[⑦]在解决文艺深度不够，艺术魅力持久性不长的问题方面，丁玲认为是“文艺工作者缺少马列主义，不够了解政策，了解的是些表面的问题……毫无预见的，因此只敢实录一些现象，不敢深入问题，不敢对当时当事有所批

---

① 周恩来：《在中华全国文学艺术工作者代表大会上的政治报告》，载《中华全国文学艺术工作者代表大会纪念文集》，新华书店1950年版，第26—32页。

②③ 郭沫若：《为建设中国的人民文艺而奋斗》，载《中华全国文学艺术工作者代表大会纪念文集》，第37—38页。

④ 欧阳予倩：《在新民主主义的旗帜下团结起来》，载《中华全国文学艺术工作者代表大会纪念文集》，第388—389页。

⑤ 郑振铎：《文代大会的前瞻》，载《中华全国文学艺术工作者代表大会纪念文集》，第385页。

⑥ 丁玲：《从群众中来，到群众中去》，载《中华全国文学艺术工作者代表大会纪念文集》，第179页。

⑦ 梅兰芳：《我们所演的戏剧有进一步改革的必要》，载《中华全国文学艺术工作者代表大会纪念文集》，第391页。

评……思想性不够，政治性不尖锐，战斗性不强烈”①。这次会议，强调了集体主义精神，强调了文艺为工农兵服务的政治方向，反对文艺的个人主义、形式主义倾向，正是这些使巴金等“国统区”文学艺术家们“感到友爱的温暖……总有一种回到老家的感觉”②，开始自觉地走上了贯彻《在延安文艺座谈会上的讲话》精神，以毛泽东文艺思想为指导的文艺界团结、改造文艺队伍，建设新民主主义文艺的道路上来。

虽然这次中华全国文学艺术工作者代表大会取得了成功，但值得注意的是，参加会议的文艺界的750多位代表仅仅代表着解放区的文艺工作者和“国统区”的进步文艺工作者，而更多的其他文艺工作者并不在此列。除此而外，具有广泛统一战线性质的新文艺工作者在思想上、组织上并非没有分歧。在这次代表大会上，茅盾就曾严肃地批评“一方面描写抗日战争，另一方面则故意避免暴露抗日阵营中的黑暗面，却用男女间的恋爱故事……达到了‘左右逢源’之乐”③。对于文艺理论界，茅盾更是尖锐地批评了胡风的主观战斗精神。他指出，持主观战斗精神的人“无条件地崇拜个人主义的自发性的斗争，以为这种斗争就是健康的原始生命力的表现，他们不把集体主义的自觉的斗争，而把这所谓原始的生命力，看做是历史的原动力”④。他同时劝告这样的文艺理论家要在思想上生活上真正摆脱小资产阶级的立场，而走向工农兵的、人民大众的立场。

新中国成立以后，中国共产党在制度、组织等各个层面进一步加强了对文艺工作的领导。针对文艺宣传工作薄弱的问题，中共中央指示要“拟定党关于文化艺术的政策或地方性方针，并监督其实施。领导文学艺术的创作和批评”⑤，对电影、剧目和其他全国性的重要艺术品进行审查，同时改革旧戏曲，“发扬人民新的爱国主义精神，鼓舞人民在革命斗争和生产劳动中的英雄主义为首要任务”⑥。但是，为了改造社会，已经取得政权的中国共产党采取了整体接收“国民政府”以及文教、医疗等整个体系的办法(即包了下来)，因而在思想文化、

① 丁玲：《从群众中来，到群众中去》，载《中华全国文学艺术工作者代表大会纪念文集》，第181页。
② 巴金：《我是来学习的》，载《中华全国文学艺术工作者代表大会纪念文集》，第392页。
③ 茅盾：《在反动派压迫下斗争和发展的革命文艺》，载《中华全国文学艺术工作者代表大会纪念文集》，第53页。
④ 同③，第64页。
⑤ 中共中央政策研究室：《建国以来重要文献选编》第二册，中央文献出版社2011年版，第69页。
⑥ 同⑤，第225页。

组织建设等各个方面急需进一步整顿和教育。1950年底，电影《武训传》上映。该片放映后在社会上有较强烈反响，好评甚多，却与当时官方倡导的意识形态转变的历史趋势有所龃龉。毛泽东认为，身处中国人民反对外国侵略者和反对国内反动封建统治者的伟大斗争时代的武训"根本不去触动封建经济基础及其上层建筑的一根毫毛，反而狂热地宣传封建文化，并为了取得自己所没有的宣传封建文化的地位，就对反动的封建统治者竭尽奴颜婢膝的能事，这种丑恶的行为，难道是我们所应当歌颂的吗"①？在这里，毛泽东所关注的是文化工作领导权的问题，特别是"一些号称学得了马克思主义的共产党员"，在观看了此片后，也"丧失了批判的能力，有些人则竟至向这种反动思想投降"②，这不能不引起人的深思和忧虑。1951年7月23日到28日，《人民日报》发表了《武训历史调查记》。该调查记在调查了武训所生活的地区各阶层160多人，搜集到武训盘剥底层人民田亩地契等相当一部分确切资料的基础上，从"和武训同时的当地农民革命领袖宋景诗、武训的为人、武训学校的性质、武训的高利贷剥削、武训的土地剥削"揭开了"善人"的面纱。这一系列的讨论批判，澄清了在《武训传》这部电影问题上的混乱思想，并引起了社会各界对封建主义和资本主义文化侵蚀的警惕。蔡仪在这一运动的影响下，也参加了《武训传》的批判工作。他是从武训性格与阿Q精神的对比上进行分析的。蔡仪认为："阿Q精神……最中心之点是要向压迫者反抗而又不知道如何反抗，以致不能正当地反抗、不敢正面地反抗，只好自欺自骗以求得自己精神的安慰。武训精神是比较明显的，对压迫者毫无反抗意图，只是故作下贱以求得他们的心满意足，兴义学就正是叫财主们心满意足的很好的一个办法。"③同年10月，在中宣部的一次关于文艺工作的座谈会上，有人提出要整顿从"国统区"接收的人员的文艺思想。当时在文艺学美学领域，成系统地以专著形式出版了的著作除了朱光潜的《文艺心理学》，还有蔡仪的《新美学》。朱光潜的文艺思想，主要是在吸收克罗齐、里普斯文艺思想的基础上的继承和发展，由于他强调形象直觉说、距离说，反对党派的、政治的文艺观，因而在全民族救亡和革命的历史氛围下，早在新中国成立前

①② 毛泽东：《应当重视电影〈武训传〉的讨论》，载张炯：《中国新文艺大系（1949—1966）理论·史料集》，中国文联出版公司1991年版，第3页。

③ 蔡仪：《武训性格与阿Q精神有本质上的不同》，载《蔡仪文集》第二卷，中国文联出版社2002年版，第171页。

就已被进步人士广为批判，所以新中国成立后不可能再版《文艺心理学》；对蔡仪的《新美学》进行研究评论的人在解放区则很少，国民党的《中央日报》评论道："这书有它的新体系，无论这用新的方法所阐发出来的路线是正确抑疵谬，但至少对于旧美学的若干矛盾问题是解决了，故而这一册书是从破坏入手的。破坏了旧的美学系统，于是才建立新的系统，而处处可以发现在破坏的一方面优于建设的一方面，这是任何新科学的必然途径、必然性质。……综观全书，很多精彩的新见，尤其是批判方面确能使徘徊于旧美学圈子内的读者看到些曙光。可是作者也有他幼稚、未成熟甚至于仍带着观念论的色彩处，例如关于事物的典型性，作者还不能充分地从客观的根据去剖析，又如关于美感的种类，整章不过略为修正一些旧的解释等，未能使读者满意。然而对于美学的论说，这书已进步得多，并且借此还可以看出美学此后大概的发展的路向。"[①]可以看出，破坏旧美学、带有观念论色彩、一定的进步性是当时学人对于蔡仪《新美学》的基本看法。所以它第一版于 1948 年由上海群益出版社印行了 2500 册后[②]，于新中国成立后的 1951 年又印行了第四版，印数从 5501 册到 6500 册。当有人提出整顿文艺思想时，中宣部文艺处处长严文井责成蔡仪对《新美学》做出检查。蔡仪觉察出这次整顿不同寻常的味道，立刻通知上海群益出版社停止印行《新美学》，并准备写检查，而上海群益出版社已经印行的 1000 册《新美学》已经发行，有读者在 1952 年 4 月还在北京西单买到了第四版《新美学》。也许是历史给了蔡仪一个机会，也许是有人巧做安排，蔡仪还没来得及写检查，1951 年 11 月就被派到广西参加土改，避开了《武训传》批判风暴的锋芒。1952 年 7 月土改结束，蔡仪从广西回到北京，写成一份关于《新美学》的检查后交给中宣部负责人。真是此一时彼一时，这时中宣部的态度与前一年截然不同，负责人推说"自己不懂美学，让蔡仪去找王朝闻谈谈，蔡仪又去找王朝闻，王说自己没有什么意见，让蔡仪自己多考虑"[③]。这一连串的皮球，踢回了蔡仪的怀抱。个中的原因，从大背景来说，《武训传》批判派给蔡仪带来压力仅仅是事情的一个方面，更重要的是 1951 年的全国第一次宣传工作会议，提出十年或更长时间之后

① 转引自《蔡仪文集》第十卷，中国文联出版社 2002 年版，第 60 页。
② 蔡仪在《〈美学论著初编〉序》中说《新美学》于 1947 年出版，但群益出版社 1951 年版的《新美学》版权页标明 1948 年出第一版，因此本文以 1951 年版为准。
③ 乔象钟：《蔡仪传》，文化艺术出版社 2002 年版，第 73 页。

再搞社会主义的思想，或许会使一些本想在宣传领域做一番整顿工作的干部有所收缩。

社会文化运动既有有组织的、自觉的一方面，也有个人的、自发的一方面，自觉性和自发性都是其规律性的体现，否则就无法科学地解释社会运动。当有组织地批评蔡仪的美学思想变成"足球游戏"时，一个"不识时务"的美学家向蔡仪的美学体系发起了批评——这个人就是吕荧。

1953 年 7 月，《文艺报》刊发了吕荧的文章《美学问题——兼评蔡仪教授的〈新美学〉》。文章认为，蔡仪的《新美学》从根本上说，也像朱光潜的《文艺心理学》一样是唯心论的。因为《新美学》虽然强调了观念的根源在于客观世界，但它所宣扬的"一般事物的属性条件，也就是美的事物的一般的属性条件；美的本质就是事物的典型性，就是个别之中显现着种类的一般"的美学理论，在吕荧看来，这不是从社会物质生活的现实需要出发，更不是从人类阶级社会产生以来阶级斗争的实际出发，而是"抛弃了客观事物的现实性的本质，把事物当作孤立的、固定的、不变的个体，把现实的事物的本质看做是一种各个个体所共同具有的抽象的东西……是把现实的事物的本质变为一种形而上学的观念。"①特别是当《新美学》认为物是属性条件的统一②，物就是"形体、音响、颜色、气和味、温度和硬度等"③的统一时，吕荧断定蔡仪的唯物主义美学和马赫主义一样，"在实际上取消了物的现实性的客观存在，把它变成了抽象的主观观念中的存在，走上了主观唯心论的道路"④，并进而指出《新美学》就是"在唯物论的前提之下发展了唯心论的美学理论"⑤。

为进一步说清楚问题，吕荧的这篇文章历数了康德、黑格尔以来唯心主义美学的发展状况，指出《新美学》在理论实质上是折衷德国唯心论各派美学的产物，但还想借用唯物论的前提调和唯物论和唯心论。不仅如此，吕荧还指出之所以会出现这样的借唯物论前提宣扬唯心论的美学理论，也是 19 世纪中叶以来唯心论哲学与唯物论哲学战斗中所表现出来的新特点，即"在'科学的'旗帜掩护下进行唯心论的说教"⑥。

---

① 吕荧：《吕荧文艺与美学论集》，第 417 页。
② 蔡仪：《蔡仪文集》(1)，中国文联出版社 2002 年版，第 244 页。
③ 同②，第 317 页。
④⑤ 同①，第 422—423 页。
⑥ 同①，第 434 页。

吕荧的批评，可能会使本以为已经过关的蔡仪再次紧张起来，猜测吕荧的文章“是有来头的”①。由于吕荧的《美学问题》一文是在《武训传》批判时隔两年后，第一篇运用马克思主义观点系统有力地公开批评蔡仪美学观点的文章，此时蔡仪感到“真正步入了艰难的处境”②。但事实是，《文艺报》上的批评文章并没有影响蔡仪的组织工作与生活。文章发表时间不长，蔡仪在何其芳、力扬等人的安排下于同年秋天从中央美术学院调到了北京大学文学研究所（即后来的中国社科院文学研究所）。

第二节　争鸣与转机：论争焦点的逐步展开

人生的命运往往是在历史的流转中波澜起伏的，蔡仪也不例外。1953 年秋天，当蔡仪被调到文学研究所后，依然念念不忘吕荧的批评，一到文学所，就与何其芳商量并表态：“吕荧的文章我是要回答的。”③但吕荧的文章并不是那么好回答，以至于文学所里“其他同志也不赞同他的观点”④。何其芳劝蔡仪不必急于动笔，蔡仪思忖再三，当年写成反驳文章后，没有急于发表。

1954 年 1 月，何其芳将教育部文科教材《文学概论》拟写提纲的任务交给了蔡仪，之后又由蔡仪主持《文学概论》提纲的讨论会。讨论会上，北京大学中文系主任杨晦提出《文学概论》应以刚刚在北大讲授过文艺理论的苏联专家毕达可夫的提纲为准，蔡仪则认为应以自己为教育部拟写的提纲为准。毕达可夫的提纲可以从 1958 年出版的毕氏讲课记录《文艺学引论》看出，它除了强调文学的意识形态性、历史性与全人类性、社会主义现实主义之外，更多地谈了艺术的形象、语言、诗法原理等，是一个在强调所谓社会主义意识形态前提下塞入人性论及艺术本体论的文学理论，具有浓厚的苏联时政色彩；蔡仪的提纲可以从何其芳给蔡仪安排《文学概论》任务后，当年蔡仪为中央美术学院讲授的《艺术理

---

① 乔象钟：《蔡仪传》，第 73 页。
② 同①，第 74 页。
③ 同①，第 76 页。
④ 同①，第 77 页。

论提纲》中看出来，该提纲谈论艺术的阶级性和党性、工农兵方向的艺术、新现实主义、艺术的思想性和形象性、艺术的民族形式和民族的艺术遗产、艺术史的发展和社会史的关系等六个方面的问题①。从蔡仪的提纲看，它既部分吸收了毛泽东文艺思想内容，又将自己的现实主义艺术论、形象思维论的观点表达了出来。由于杨晦与蔡仪各不相让，不得不请示领导后由教育部高教司司长解决问题。鉴于学习苏联的政策形势，更有可能的是毕达可夫提纲更受上层领导的赏识，最后决定由蔡仪做出检查，退出会议，毕氏提纲向全国颁发使用。虽然蔡仪的提纲没有被使用，但从文学所的角度来说，由蔡仪主持《文学概论》的编写工作并没有引起其他人的异议。

1954 年 3 月，俞平伯在《新建设》上发表了《红楼梦简论》；9 月，《文史哲》发表了李希凡、兰翎的《关于〈红楼梦简论〉及其他》的批评文章，又一场关于无产阶级文化领导权的斗争很快掀起。由于俞平伯的文章具有明显的唯心主义色彩，蔡仪美学体系则要坚持所谓“唯物主义”路线和意识形态色彩，因此蔡仪积极地写成长文《胡适思想的反动本质和它在文艺界的流毒》批判俞平伯的《红楼梦》研究。文中批判了俞平伯认为《红楼梦》不过是“闺阁庭帏之传”，不具深刻社会意义，是作者“色空”观的表现，是“尽文章之妙”的形式主义作品的观点；同时指出俞平伯的思想理论来源于胡适贩卖的实用主义哲学，而实用主义哲学“不顾理论，只看事实；不顾实质，只看效果”，必然会导致“惟利是图”②。这会让文艺工作者“脱离当时紧张的革命斗争，钻入故纸堆中再也爬不出来”③，“叫人民为眼前的事实，作个人的打算，只要取得点滴的好处，就是生活的改进”④，并认为这样的思想是反动的资产阶级、帝国主义思想的流毒。

历史的惯性依然在继续。1955 年 2 月，中共中央决定对胡风的文艺思想开展批判。胡风文艺思想早在新中国前就引起了左翼内部的争论。1945 年初创刊的《希望》杂志上，发表了胡风的《置身在为民主的斗争里面》和舒芜的《论主观》。胡风认为，文艺创作“在对象底具体的活的感性表现里面把捉它底社会意义……一方面要求主观力量的坚强，坚强到能够和血肉的对象搏斗，能够对血

① 蔡仪：《蔡仪文集》(7)，中国文联出版社 2002 年版，第 336—360 页。
② 蔡仪：《蔡仪文集》(2)，中国文联出版社 2002 年版，第 358 页。
③ 同②，第 366 页。
④ 同②，第 363 页。

肉的对象进行批判，由这得到可能，创造出包含有比个别的对象更高的真实性的艺术世界，另一方面要求作家向感性的对象深入，深入到和对象底感性表现结为一体，不至自得其乐地离开对象飞去或不关痛痒地站在对象旁边，由这得到可能，使他所创造的艺术世界真正是历史真实在活的感性表现里的反映，不至成为抽象概念底冷冰冰的绘图演义”①。胡风进而指出，在封建主义和法西斯主义向人民进攻的时代里，“不管他挂的是怎样的思想立场的标志，如果他只能用虚伪的形象应付读者，那就说明了他还没有走进人民底现实生活，如果他流连在形象底平庸性里面，那就说明了，即使他在‘观察’人民，甚至走进了人民，但他所有的不过是和人民同床异梦的灵魂”②。因此，胡风要与“没有思想力的光芒，因而也没有真实性的迫力的形象的平庸性，即所谓客观主义进行文艺思想上的斗争”③。由于胡风批判了以形象思维为中心的客观主义，正好与蔡仪的美学思想格格不入，所以蔡仪从批判胡风的唯心论出发写了长文《批判胡风的资产阶级唯心论文艺思想》。不过，蔡仪没有直接从形象思维、客观论的角度反驳胡风。蔡仪是从自己对《中共中央宣传部关于开展批判胡风思想的报告（一九五五年一月二十日）》的理解出发来批判的。《报告》认为，在文艺和政治的关系上，胡风及其一派否认艺术服务于政治的原则和为工农兵服务的方向，否认党对文艺工作的领导；胡风不承认革命作家的根本问题是如何站稳工人阶级的立场问题，却强调一种所谓“主观战斗精神”；胡风抹杀作家的世界观对于文艺创作的作用，否认社会主义现实主义作家应具有的先进的、共产主义的世界观，认为社会主义现实主义者的世界观和创作方法也是可以背道而驰的；胡风否认文学反映人民的重大政治斗争和表现现实中的迫切题材的意义，而片面地强调描写自发斗争，描写所谓“日常生活”和“私生活”；轻视民族遗产，否定文艺的民族形式等。蔡仪认为，胡风引用马列主义导师的言论，歪曲马克思主义的原则，“企图按照他的面貌来‘改造’社会主义的文艺事业”④。例如，胡风认为社会主义现实主义的本质意义就是“写真实”，而抛弃了斯大林要求苏维埃艺术家学习马克思主义，使作品浸透马克思主义精神的要求；再如，胡风主张“无产阶级的”和“人民大众的”是并列的，文学要通过“人民大众底立场去表现”无产阶级立

①②③ 胡风：《置身在为民主的斗争里面》，载《胡风全集》第三卷，湖北人民出版社 1999 年版，第 187—188 页。

④ 蔡仪：《蔡仪文集》(3)，中国文联出版社 2002 年版，第 1 页。

场。但“人民”的概念是宽泛的，小资产阶级也是人民，毛泽东指出“坚持个人主义的小资产阶级立场的作家是不可能真正地为革命的工农兵群众服务的”[①]，所以蔡仪认为只有最先进的无产阶级立场才能真正代表人民大众，胡风通过人民大众的立场表现无产阶级立场，“就是要把无产阶级立场迁就以至服从小资产阶级及资产阶级的立场……就是要取消工人阶级立场在我们的社会生活中的重要意义，在文学中的重要意义”[②]。当胡风在“写真实”的、用“人民大众”立场代替无产阶级立场的道路上滑行，最终把社会主义精神解释成不过是人道主义精神，从而抽去了“工人阶级立场与马克思主义观点”[③]，而代之以资产阶级的抽象的人道主义的时候，蔡仪指出，胡风这样做的目的，就是要反对文艺为工农兵服务的方向，反对知识分子出身的作家的思想改造。

1957 年，《新港》杂志第一期刊登了巴人[④]的《论人情》。巴人写此文的起源，是在“学习了八大文件”之后，“使我觉得我们对一切事物，包括文艺在内，须结合当前现实，作一次新的估价了”。[⑤] 具体来说，是由于“自己做外交工作时，碰到大使们谈到中国电影艺术等等，总说‘政治味太浓，人情太少’”[⑥]。在国内“看各地演出时，有些人的意见，确是如此的”[⑦]，以及“文艺界里老前辈，一碰面论起当前的文艺作品来，也说缺少人情味”[⑧]。因而，巴人认定新中国成立以来的文艺作品就是缺乏人情味的。他认为，在土地改革时期和“三反五反”时期，有的青年团员和共产党员断绝了与家庭的来往，以划清思想界限，这样的做法不通人情。那什么是巴人的人情呢？在巴人看来，“人情是人和人之间共同相通的东西。饮食男女……花香、鸟语……一要生存，二要温饱，三要发展”，总而言之，那就是“出乎人类本性的”[⑨]东西。人情、情理“是文艺作品‘引人入胜’的主要东西”[⑩]。至于人类本性与阶级斗争的关系，在巴人看来，“文艺必须为阶级斗争服务，但其终极目的则为解放全人类，解放人类本性”。而这一人类本性是

---

① 毛泽东：《在延安文艺座谈会上的讲话》，载《毛泽东论文艺》，人民文学出版社 1966 年版，第 11 页。

② 蔡仪：《蔡仪文集》(3)，第 7 页。

③ 同②，第 9 页。

④ 本名王任叔，巴人是其笔名。巴人在上世纪 50 年代曾任中华人民共和国驻印尼大使、人民文学出版社社长。

⑤⑥ 巴人：《以简代文——关于〈评〈论人情〉〉的答复》，《北京文艺》1957 年第 5 期。

⑦ 巴人：《给〈新港〉编辑部的信》，《新港》1957 年第 4 期。

⑧⑨⑩ 巴人：《论人情》，《新港》1957 年第 1 期。

亘古不变的，即使是阶级斗争也“必须有人人相通的东西做基础。而这个基础就是人情，也就是出于人类本性的人道主义”①。如此看来，巴人的人情，提高到理论层面，就是人道主义，而巴人的人道主义，就是超越了阶级的饮食男女，花香、鸟语，生存、温饱、发展之类的东西。巴人的这套理论，引起了广泛争论。《论人情》发表刚刚两个月的 1957 年 3 月，《新港》杂志发表了张学新撰写的争鸣文章《“人情论”还是人性论？》。该文指出，巴人歪曲了当时文艺创作的现实：“现在的戏剧里有几个不穿插一点爱情故事的？现在的抒情歌曲中不是曲曲都在唱着‘可爱的姑娘’吗?”②至于用人情论去约束甚至反对阶级论，该文认为，“工人与资本家很难相通，乡村的农民与小资产阶级知识分子也很难一致”，即使是当时的社会主义时代，“也有人要发展集体主义，有人要发展个人主义；有人要发展社会主义，有人要发展资本主义”。③所以，在张学新看来，人情是要以阶级性为基础的。至于巴人借马克思的言论及反对文艺作品的公式化、概念化倾向来宣扬人情论，张学新指出，马克思在《神圣家族》中所用的“人类本性”的字眼，是“站在无产阶级立场，积极的维护人的尊严，为了指出资本主义经济关系的‘违反人性的现实’，‘得出’‘否定私有制的结论’，却根本没有提倡什么超阶级的‘人情’和‘人类本性’”；而真正克服公式化概念化，“首先是要作家提高觉悟，长期深入生活，与群众同甘苦、共命运，深刻的理解群众的生活、斗争、思想、感情，从而在作品中正确的表现人民的要求、喜爱、希望和人情。而绝不是依靠什么超阶级的‘人情论’，和让‘人性论’借尸还魂”④。1960 年，中国掀起了批判人性论人道主义的热潮，《北京大学学报》人文科学版第三期出版了《批判巴人修正主义文艺思想专刊》，许多文艺家从不同角度对巴人的文艺思想做了批评。蔡仪从反对唯心主义、修正主义的角度写了《人性论批判》的长文，发表于 1960 年的《文学评论》第 4 期。他指出：“人性论和相关的人道主义，实质上是一种资产阶级唯心主义的人生观和历史观……南斯拉夫修正主义者所谓‘具有人性的人道主义’”和巴人所谓“出于人类本性的人道主义”是“根本一致的关系”⑤。

---

① 巴人:《论人情》,《新港》1957 年第 1 期。
②③ 张学新:《“人情论”还是人性论?》,《新港》1957 年第 3 期。
④ 张学新:《“人情论”还是人性论?》,《新港》1957 年第 3 期。
⑤ 蔡仪:《蔡仪文集》(3),第 453 页。

从主持《文学概论》的编写工作到批判俞平伯、胡风、巴人，蔡仪既抓住了文科教材公共话语权的历史机遇，又在50年代除《武训传》批判外最重要的另外几次文艺批判运动中发了力，加之他的批判文章都在《文艺报》的头条或《文学评论》发表，所以获得了学界的肯定，以至在美学讨论开始时朱光潜自我批评的稿子和贺麟批评朱光潜的稿子都要蔡仪提意见。可以说，此时的蔡仪，决然不同于1953年为吕荧所批评的蔡仪，他的学术声誉比起1953年来有了新的变化。虽然蔡仪在《红楼梦》研究批判和胡风批判的运动中做出了贡献，赢得了声誉，但长久以来他一直没有机会专门就美学问题回答吕荧的批评。期间蔡仪除了寻求何其芳的支持外，还将文章送给胡绳、林默涵看。胡、林二人在友情上是支持蔡仪的，但在学术上还是觉得说服力不够①。但在蔡仪看来，新中国成立前在"重庆时写的《新艺术论》和《新美学》的出版都很顺利，哪里遇到过这样约了的稿件不予发表的怪事"②。就这样直到1955年，"百家争鸣"的方针出台后，蔡仪十分高兴，因为"只有争鸣的环境，他才有（在美学上——引者）发言的可能"③。

1956年，一场本着"为澄清思想，不是要整人"④的批判唯心主义的美学讨论开始后，组织上要对朱光潜前期的美学思想进行批判。蔡仪并没有把早于1953年写就的《吕荧对〈新美学〉美是典型之说是怎样批评的?》⑤一文拿出来投稿，而是从参与讨论的角度，又写成批评黄药眠的《评〈食利者的美学〉》后寄给《人民日报》。《人民日报》出于开展讨论的目的，"把蔡仪的文章打印、分发，号召批判"⑥。批黄的文章发表后，蔡仪又结合美学讨论的主题，从反对所谓唯心主义，坚持马克思主义的角度再写成新文章《批判吕荧的美是观念之说的反马克思主义本质——论美学上的唯物主义与唯心主义的根本分歧》。由于顺应了美学讨论的主题，《分歧》一文得以顺利在《北京大学学报》发表，基本达到了反批评的目的。这次，蔡仪也许认识到了"马克思主义"和"唯物主义"的政治话语

① 乔象钟:《蔡仪传》,第83页。
② 同①,第84页。其实此处是指《文艺报》不发表蔡仪对吕荧的反批评文章,并没有证据表明此前《文艺报》曾经就美学问题向蔡仪约稿。
③ 同①,第84—85页。
④ 朱光潜:《作者自传》,载《朱光潜美学文集》第一卷,第11页。
⑤ 该文后来收录进蔡仪所著《唯心主义美学批判集》中。
⑥ 同①,第88页。

权之利，随后在与朱光潜、李泽厚等的辩驳论战中，反复地批驳他人的美学理论是“唯心主义的”“非马克思主义的”，乃至在短短的两年时间里，蔡仪的美学讨论文章就集成小册子《唯心主义美学批判集》于 1958 年由人民文学出版社出版发行了。

美学讨论期间，蔡仪通过批判其他人美学的唯心主义性质，不断强调了《新美学》理论论调的正确性。按问题来说，主要有以下三类。

一、坚持美在物性客观说

蔡仪在《新美学》中认为：“物本身具备着美，也就是这物是美的……同样，物的这种属性，也不只是美感的条件，不是的，它是美感的根源，若说引起美感的物的属性不是美本身，那么哪里去找美本身呢？我可以断言，是‘上穷碧落下黄泉，两处茫茫皆不见’的。”[①]这段话可以说是蔡仪美学思想的总纲。从这一思想出发，既可以批判美属于观念、意识的主观派美学，也可以批判美在于主客观间相互影响的主客观统一派美学，还可以批判强调美在于客观的社会实践的观点。

于是在 50 年代的美学讨论中，当吕荧提出“美是物在人的主观中的反映，是一种观念”[②]时，蔡仪反驳道：“美学上的两条完全相反的道路，一条是唯物主义的，一条是唯心主义的，它们的根本分歧，就在于承认或是否认客观事物本身的美，就在于承认或是否认美的观念是客观事物的美的反映，一句话，在于认为美是客观的还是主观的。”[③]在蔡仪看来，美的观念是客观事物美的反映，甚至美就是物或物的属性，所以凡是谈美是属于物的，就是唯物主义；凡是谈美是属于意识的，就是唯心主义。这样的观点，当然不能被人接受。因为美与物是两个完全不同的事物。在唯物主义看来，在第一性问题上，世界上除了物质是第一存在外，其他的存在方式都是意识的领域。我们无法从世界的客观存在中用化学的、物理的方法分析出“美素”来，美显然不是物质。将美与物或物的属性之

---

① 蔡仪：《新美学》，群益出版社 1951 年版，第 49 页。
② 吕荧：《吕荧文艺与美学论集》，第 416 页。
③ 蔡仪：《批判吕荧的美是观念之说的反马克思主义本质》，载《唯心主义美学批判集》，人民文学出版社 1958 年版，第 22 页。

间划等号，就是把本属于意识领域的“美”等同于物质的第一存在。这样的理论既违反常识，也有悖情理，甚至蔡仪本人在谈论到真实的问题时也认为“真实的存在未必都是美的”①。吕荧对此曾指出，按照蔡仪的美是物的属性条件的统一的路子走下去，就会将物进一步变成“形体、音响、颜色、气和味、温度和硬度等”的统一。但是吕荧由此批评蔡仪“把物还原成‘属性条件的统一’的时候，就在实际上取消了物的现实性的客观存在，把它变成了抽象的主观观念中的存在，走上了主观唯心论的道路”②，这种提法也并不确切。人们将对物的模糊的认识精确到形体、音响、颜色、气味等的统一并不意味着唯心主义，只有当人们进一步在哲学上规定“存在就是被感知”，这些形体、音响、颜色、气味等只是“心、精神、灵魂或自我”所感知到的“观念的集合”时③，才会堕入到唯心主义。蔡仪的问题在于，当他把物分解为形体、音响、颜色、气和味、温度和硬度等后，直接将形体、音响、颜色作为单象美来看待，也就是把物的属性直接作为美本身，把物质直接幻化成了意识，于是物质也就变成了意识，取消了物质的独立性和第一性。只有在这个意义上，吕荧所认为的蔡仪的美学理论是唯心主义的、是“在唯物论的前提之下发展了唯心论的美学理论”④才是正确的。

即使如此，吕荧对蔡仪美学体系的分析还是开创了一条蔡仪美学批判的道路，只不过有的是将蔡仪美学体系作为机械唯物主义来批评，有的直接将其作为唯心主义美学来看待。朱光潜就是美学讨论中蔡仪美学批评者的一员。

上文我们已经介绍过，蔡仪是通过批评黄药眠的美学思想来介入美学讨论的。黄药眠《论食利者的美学》批评了朱光潜所主张的美的形象直觉说、心理距离说、移情说、神秘灵感说等理论的谬误，强调“艺术文学不是要远离开生活，而是要更深入生活”⑤，指出作家要反映客观事物，“但这反映是经过作家的分析、选择、提炼、综合和概括的”，只有这样，才能创作出艺术典型，才能“反映客观事物的本质或本质的若干方面”⑥。但蔡仪是不满于黄药眠所说的作家反映生活，又要经过作家的主观能动创作的基本观点的，蔡仪认为黄药眠没有把作为第一存在的客观的美作为批评朱光潜的根本原则，反而说了一通“美学评价”的根据

① 蔡仪：《新美学》，上海，群益出版社1951年版，第54页。
②④ 吕荧：《吕荧文艺与美学论集》，上海文艺出版社1984年版，第422—423页。
③ 列宁：《唯物主义与经验批判主义》，载《列宁选集》第二卷，人民出版社1972年版，第18—19页。
⑤ 黄药眠：《论食利者的美学》，载《美学问题讨论集》第一集，第96页。
⑥ 同⑤，第92页。

是“生活理想”，“这就等于说客观事物本身无所谓美，只有被人认为美才是美的”。①

此时，本来处于美学讨论批判焦点位置上的朱光潜，看到蔡仪的文章后话锋一转，指出蔡仪“只抓住了‘存在决定意识’一点，没有足够地重视‘意识也可以影响存在’，没有足够地估计世界观、阶级意识等等对于审美与艺术创造的作用”②，进而指出完全是客观的，与主观成分毫无关系，不依赖于人，不依赖于社会关系而存在的美，就变成了“超时代，民族，社会形态，阶级，文化修养等等而存在的……脱离无数人的美感而超然独立的……柏拉图式的客观唯心论”③。而蔡仪则在其答辩文章中认为“描写现实的真实和创造艺术的美是不可分的，而且就是一回事”④，也就是说，现实中艺术中是不需要主观创造的，在这个意义上，现实就是创造，并且批评朱光潜那作为美感对象的在“自然物的客观条件加上人的主观条件的影响而产生的”物的形象(“物乙”)⑤“是主观意识的东西”⑥。朱光潜所强调的美学的唯物主义基础被主观意识(物的形象)偷偷换掉了，朱氏还在贩卖其唯心主义美学的旧货。

蔡仪对美属于观念、意识的说法的批判并没有赢得其他客观论者的赞同。美学讨论中，社会客观论者李泽厚也对蔡仪的美学思想做出了批评。在美是否是客观存在的问题上，李泽厚与蔡仪一样，是赞同美的第一存在性的，不过与蔡仪不同的是，李泽厚认为：“美是客观存在，但它不是一种自然属性或自然现象、自然规律，而是一种人类社会生活的属性、现象、规律。它客观地存在于人类社会生活之中，它是人类社会生活的产物。没有人类社会，就没有美。”⑦基于这一认识，李泽厚认为蔡仪把美作为自然物的属性来看待，就把美变成了“脱离人类的先天的客观存在……实际已成为超脱具体感性事物的抽象的实体，十分接近客观唯心主义了”。这样的认识路线是“由形而上学唯物主义通向客观唯心主

① 蔡仪：《唯心主义美学批判集》，人民文学出版社1958年版，第54页。
② 朱光潜：《美学怎样才能既是唯物的又是辩证的》，载《美学问题讨论集》第二集，第20页。
③ 同②，第24页。
④ 同①，第77页。
⑤ 同②，第21页。
⑥ 同①，第112页。
⑦ 李泽厚：《论美感、美和艺术》，载《美学问题讨论集》第二集，第232页。

义的哲学认识论老路”①。

蔡仪在吕荧、朱光潜、李泽厚等的批评下，转移了自己美学思想的论证路径，即否认了以前自己强调的美的本质是物的属性的观点，辩驳道：“美的本质是典型性，而典型性是事物的个别性显著地表现着一般性。这说的是事物的个别性和一般性的一种统一关系，决不是物体的某种或某些自然属性本身。”②其实不论美是物的属性也好，还是个别性显著表现一般性也好，都是从抽象的，与人的活动、情感、思想无关的角度论美，只是后者更抽象、更庸俗化而已。当然，蔡仪也不忘对李泽厚的批判，从三个方面批评了李泽厚的美学理论。第一，依然从美是物的属性条件的统一的观点出发批评李泽厚的社会客观说。他认为，社会客观说将自然也归入到了社会之中，“按这种逻辑就必然达到自然界是依存于人的，而没有人就没有自然界的唯心主义的结论”。③ 第二是批评了李泽厚的所谓美感的矛盾二重性（即主观直觉性和客观功利性）。蔡仪指出一切具体的社会事物“都可能给予我们认识的直觉性和功利性”④，所谓直觉与功利基础上的美感的矛盾二重性，恰恰失去了美的特征。蔡仪进而认为，直觉只是“物的形象”的直觉，功利也只是客观功利性的观念，分别与“物的形象”和客观功利相对应而构成统一体，“直觉”与“功利”并不能构成统一体。只有美的认识的主观形式与作为物的形象的客观内容才构成“统一体”的认识，但也仅仅是“物的形象”的认识，而不是美的认识（美的认识在蔡仪这里，大概或者是“物的属性条件的统一”，或者是“个别性显著地表现一般性”）；同样，只有客观功利及其功利观念才构成统一体，但也仅是物的功利的认识。同时蔡仪否认人的感觉、实践可以将主客观两个方面统一起来，认为“两者根本没有什么互相依存的关系”⑤。第三是批评了李泽厚美学理论的非理性主义和功利主义的倾向。蔡仪批评李泽厚关于美感的直觉性特点是唯心主义的表现，主张“美的认识必须是事物的形象显现其本质规律的这样一种关系的认识”⑥，必须是理性的认识，而不是感性的、直觉的认识。至于李泽厚美感论中所体现出的功利主义倾向，蔡仪认为

① 李泽厚：《论美感、美和艺术》，载《美学问题讨论集》第二集，第 232 页。
② 蔡仪：《唯心主义美学批判集》，人民文学出版社 1958 年版，第 125 页。
③ 同②，第 138 页。
④ 同②，第 152 页。
⑤ 同②，第 153 页。
⑥ 同②，第 161 页。

“一切美的认识都是有功利性的……未必合乎事实”①。

二、坚持客观形象说

蔡仪在《新美学》中认为概念具有两重性：抽象的和具象的。抽象概念是科学的认识；具象概念并非绝对排除表象的个别的属性条件，有时又有和表象紧密结合的倾向，是个别里显现一般，特殊里显现普遍的艺术的认识，是美的认识的基础②。既然个别的表象是美之所以成为美的东西，那么什么是表象呢？蔡仪认为：“表象是单纯现象的反映”③，单纯的现象又通过感觉系统（蔡仪称之为“感觉形式”），“按照客观实体事物的规律而构成统一的形象”④。而这具体的、统一的、具象性的概念，“就是意识中的反映事物的典型形象”，也就是“美的观念”⑤。

在美学讨论中，蔡仪重申了美学形象的客观性，即物的形象不依赖于作为鉴赏者的人而存在，物的形象的美也不依赖于作为鉴赏者的人而存在，并强调了形象的理性特点。从这一认识出发，蔡仪批评了三种关于美的形象性的不同倾向。一是批评了美的形象的根本是性格、情感、“理想的表现”的说法。当黄药眠在《论食利者的美学》中认为艺术形象之所以成为“美的对象”，在于它作为作者的性格的象征、感情的抒发及“美的理想”的表现时，蔡仪批评这种观点“抹杀了形象性是艺术的根本特点，抹杀了形象是艺术的美的根本条件，也抹杀了现实主义的基本法则”⑥，实质上还是“主观唯心主义的曲调”⑦。二是批评了虽然主张美的形象性，但将形象性建立在主观直觉或主观意识基础上的倾向。朱光潜在1936年出版的《文艺心理学》中认为：“心所以接物者只是直觉，物所以呈现于心者只是形象”⑧，“美感经验是形象的直觉……它是艺术的创造”⑨。1956年，朱光潜在美学讨论中又进一步认为：“物是第一性的，物的形象是第二

---

① 蔡仪：《唯心主义美学批判集》，第162页。
② 蔡仪：《新美学》，群益出版社1951年版，第143页。
③④ 同②，第135页。
⑤ 同②，第145页。
⑥ 同①，第60页。
⑦ 同①，第56页。
⑧ 朱光潜：《朱光潜美学文集》第1卷，上海文艺出版社1982年版，第13页。
⑨ 同⑧，第19页。

性的。但是这‘物的形象’……不同于原来产生形象的那个‘物’……是夹杂着人的主观成分的物……是社会的物了。美感的对象不是自然物而是作为物的形象的社会的物……美感在反映外物界的过程中，主观条件起很大的甚至是决定性的作用，它是主观与客观的统一，自然性与社会性的统一。”①蔡仪认为，朱光潜前期的形象直觉说，来源于克罗齐的理论，是主观唯心主义的；朱光潜在美学讨论中所说的夹杂着人的主观成分的物的形象，是“物反映于人的主观意识的结果，是一种知识形式，它很显然就是主观意识的东西，决不是什么‘物’了”②。因为蔡仪心目中的作为美学领域的“物的形象”，就是“物的形式，物的现象”，与其相对的是物的实质、物的内容、物的本质，“但无论‘物的形象’或物的实质都是‘物’的”，物的形象“不是可以和物相对待地区别开来谈的”。③ 一句话，“物的形象”就是“物”本身！进一步来说，美就是物！三是批评了虽然承认美的客观性，但将美的形象性的基础落脚于客观社会性，把形象思维过程解释为移情说的倾向。李泽厚是主张美的社会客观性的，同时李泽厚也秉持形象思维说，认为形象思维不同于逻辑思维，有自己的一套“逻辑”，即利用心理学上的“‘联觉’现象，来涂上一层情感色彩的”④所谓“以情感为中介，本质化与个性化的同时进行”⑤的艺术思维模式。蔡仪一方面批评李泽厚把美归于社会客观性是把它抽象化、普泛化了，因为一切具体的社会事物，“都是既有形象性也有社会性的，却不能说这一切都是美的”⑥，另外，也不能说自然事物的美“本身有什么社会性”⑦。另一方面蔡仪又对李泽厚把形象思维解释为所谓心理联觉的移情说进行了批判，认为李泽厚“从外物上面认识了自己的情感等的外化，从自然物上面认识了社会性，从没有美的东西上面认识了美”，这样的理论“难道果然有点什么唯物主义的气息吗”⑧？

总的来看，在美学形象问题的讨论中，蔡仪反对将形象解释为理想和性格的表现，反对形象的意识色彩，反对形象思维过程的情感联觉特点，一句话，无

① 朱光潜：《美学怎样才能既是唯物的又是辩证的》，载《美学问题讨论集》第二集，第21页。
② 蔡仪：《唯心主义美学批判集》，第112页。
③ 同②，第111页。
④ 李泽厚：《形象思维续谈》，载《美学旧作集》，天津社会科学院出版社2002年版，第192页。
⑤ 同④，第189页。
⑥⑦ 同②，第170页。
⑧ 同②，第167—168页。

论是什么样的形象，都是物的客观性的表现；无论是什么样的形象思维过程，都是客观的物的形象之间的推移，毫无人的意识的色彩。

三、坚持美的种类说

蔡仪的美学体系还有一个比较大的特点是坚持美的种类说。蔡仪在《新美学》中认为：“种类范畴是决定宇宙万物的存在的，也是决定宇宙万物的美的。”[①]美的观念就是事物种类性的反映，或者按客观事物构成状态分为单象美、个体美、综合美；或者按事物的产生条件分为自然美、社会美、艺术美。关于自然美、美的阶级性都可以在这两种分类法，或在这两种分类法下的多种具体分类法中找到其根据。

将美的根源归根于种类范畴，甚至把宇宙万物存在的根源也归根于种类范畴，引起了美学界各派的强烈反对。吕荧在美学讨论开始前的1953年，就对蔡仪关于美的种类范畴说进行了批判。吕荧是将蔡仪关于美的物性客观的特点、物的抽象性特点乃至种类的抽象性特点联结成一体进行批评的。吕荧认为蔡仪的《新美学》把美当作客观存在，而客观存在的美又是物的属性，同时又把典型还原为“事物种类的一般性”，从而构成的种类观念的美学[②]，超越了一切社会关系和历史过程，属于唯心主义的美学理论。李泽厚也对蔡仪的种类说进行了批评，主要是批评蔡仪关于美的本质是“种类的一般显现在个别之中”，“到处都泄露了实际上把‘美的本质’归结为‘普遍性’的看法”[③]，十分近似柏拉图的一个个理念，“是一种与客观唯心主义相接近的抽象理性的机械唯物主义”[④]。蔡仪辩驳说他曾将美划分为自然美、社会美、艺术美，社会美决定于阶级关系，说明自己的美学理论基础不是物性客观说，而是自然和社会各有其美的客观基础，甚至改口说“自然事物的美是在于它的个别性充分地显著地表现着种属的一般性……并不是说美就是……自然属性本身”[⑤]。

其实，蔡仪用个别性与一般性的关系，用自然、社会、艺术美种类划分的办

---

① 蔡仪：《蔡仪文集》(1)，中国文联出版社2002年版，第250页。
② 吕荧：《吕荧文艺与美学论集》，第436页。
③ 李泽厚：《美学旧作集》，天津社会科学院出版社2002年版，第71页。
④ 同③，第72页。
⑤ 蔡仪：《唯心主义美学批判集》，人民文学出版社1958年版，第128页。

法来规避美在于自然属性本身，并不能挽救其美学的形而上学性质。因为“最杰出的哲学系统总是一元论的，亦即认为精神与物质只是两类现象，其原因是唯一的、不可分地同一的”①。当蔡仪把美归根于物的属性条件时，无论他的美学存在着怎样的问题，但他还可以称得上是一位思想缜密的一元化的美学家。但蔡仪这时将自然界的单纯现象、综合现象，乃至作为自然的个体的人各自划分开来，成为不同的美；将社会美也划分成行为、性格和环境的美，把统一的东西生生地割裂了开来。这相当于“把一切内在的生命运动从现象中分割开来，使现象化为本性和联系都不可理解的化石”②，不仅落入了旧唯物主义乃至唯心主义的窠臼，而且成了“只是对庸人有价值”的，“满足于一种类似的‘多面性’的”折衷派美学！③

此时的蔡仪，虽然“下定决心，不怕牺牲，要和唯心主义的美学阵营进行决战，并且主动迎战”④，但面对学界的所谓“围攻式的大论战”⑤，还是让他不得不暂时承认《新美学》脱离革命实际，有些地方还表现着严重的形而上学的倾向，个别地方有显然的唯心主义形式主义观点，如美是物的属性，美与事物的个别及种类，美与种类范畴的关系，艺术种类论等⑥。但这样一来，等于系统地全面否定了蔡仪自己的美学思想。

就是在同一年，《哲学研究》杂志刊登了对于美学讨论总结性的文章——《几年来(1956—1961)关于美学问题的讨论》。该文分为两大部分，第一部分是“概况”，很短，大约只有一千多字，第二部分很长，大约两万多字，主要内容是“主要争论问题和各派论点”，列举了美是主观的还是客观的、自然美问题、美学研究的对象问题、美感问题等。该文并没有对各派论点做出结论，甚至笔名都叫“杉思”，落款为“杉思整理”，也就是说，此文只是对各派观点的整理而已，美学讨论的最终结论是没有的，与美学讨论之前批判《武训传》、批判俞平伯红楼梦研究中的资产阶级思想、批判胡风文艺思想等各次运动所本的文化领导权之争的论调完全不同。即使起始是有一个所谓学术性的批判唯心主义美学的由

① 普列汉诺夫：《唯物论史论丛》，人民出版社1953年版，第133页。
② 同①，第117页。
③ 同①，第133页。
④ 乔象钟：《蔡仪传》，第89页。
⑤ 同④，第88页。
⑥ 蔡仪：《唯心主义美学批判集·序》，《唯心主义美学批判集》。

头，但当时的中宣部分管副部长周扬对蔡仪说，他“对美的问题没有一定的看法”[①]，参与讨论的学术权威朱光潜更是公然说，“在美学上划清唯心与唯物的界限已经不是一件容易事”[②]，既然基本学术问题都搞不清，那么无产阶级的文化领导权也就更让位于“自由的”“学术讨论”了！

既然有这样一个宽松的学术讨论环境，加上蔡仪的直接领导何其芳在美学上支持其观点，在政治上、生活上也多有照顾。（事过三十年，蔡仪还感慨地说：“没有被打成右派或反革命，那是因为何其芳这位同志做文学所所长，敢于坚持自己的见解，不是一切都惟命是从。”[③]）经过“美学大讨论”，蔡仪对自己的美学观有所修正，但基本立场仍没有改变，到了 1961 年，蔡仪准备重新修改《新美学》时，依然“感到自己还是没有辜负自己，甚至原序也还照样可用”，只是要“多吸收中国的美学思想成果，尤其是多吸收马克思主义的言论”[④]。就这样，蔡仪在所谓批判唯心主义的学术气候下，在各报刊出于所谓自由讨论、澄清问题的指导思想下，终于摆脱了新中国成立初期吕荧对他的美学思想的批评的影响，确立了美学讨论之一家的学术地位。

第三节　文学概论：意味深长的任务

经过美学讨论，蔡仪从美学讨论之前处于被批评地位、紧急停印《新美学》、倍感艰难发展到高调门地批判那些批判过他的人为唯心主义，由自己的文章难以发表发展到出版《唯心主义美学批判集》，虽然做了些象征性的自我批评，但更大的收获是备受争议的《新美学》当时（1963）“有出版社约好再版”了[⑤]。这不能不说是拜“自由”的美学讨论之所赐。在蔡仪不断反思自己的同时，1960 年，中国社科院文学研究所分工由蔡仪主持《文学概论》的编写工作，六七月间便开始拟定提纲。到 8 月份，在“第三次文代会”讨论周扬在会上的报告《我国社会

① 乔象钟：《蔡仪传》，第 121 页。
② 朱光潜：《美学怎样才能既是唯物的又是辩证的》，载《美学问题讨论集》第二集，第 18 页。
③ 同①，第 73 页。
④ 同①，第 109 页。
⑤ 同①，第 130 页。

主义文学艺术的道路》时，蔡仪强调现实主义、真实性，认为只凭作者有理想，不能断言有浪漫主义；人性不就是阶级性。他认为这次会议比1959年底召开的文化工作会议开得好。因为文化工作会议主要是批判修正主义，批判19世纪文学，批判“写真实”，而这次会议把“工农兵方向下的百花齐放”摆在首位，并且只提批“人性论”。之后，蔡仪进一步认为，当前强调“理想的反映”不真实，题材狭窄单调，对遗产否定过多，总之一句话：“反右要彻底进行，但要防‘左’。”①

1960年下半年以后，《文学概论》被纳入周扬主持的大学文科教材的系列，还责成蔡仪来负责。但是，周扬领导下的《文学概论》编撰，在一些原则问题上与蔡仪的观点是并不完全相同的。蔡仪早于1954年初次接手《文学概论》时，就按照毛泽东文艺思想的要求搞过一个提纲。1961年8月，在这次提纲讨论之初，周扬就告诉蔡仪及编写组“你们的方案可能被否定”②。讨论中，周扬一方面用一些大帽子，如“没有贯彻两条路线的斗争，没有反教条主义，没有贯彻文艺工作座谈会精神”来给原提纲定性③，一方面又说《文学概论》“不能只讲政策，‘要给人予规律性’的知识”④，并在提到《在延安文艺座谈会上的讲话》时，用很重的话对蔡仪进行了“批评”⑤，取消了蔡仪作为《文学概论》副组长的职务，“以后召集会议也不要蔡仪参加”⑥。这些批评、讽刺、职务上的调动等种种手段，对蔡仪是一个沉重的打击。蔡仪认为自己的提纲是符合党的方针原则的，符合1958年以后中国摒弃苏联模式，文艺界以毛泽东文艺思想为指导，让“文艺为工农兵服务，文艺如何为工农兵服务”贯彻到整个文艺思想中的基本思想的。而周扬要《文学概论》“从对党的文艺政策的阐释中摆脱出来”，用文艺所谓自身的“规律性”使文艺“重新回到文艺学学科本身”。⑦直到8月底再次传达周扬讲话，蔡仪才明白“周扬不同意蔡仪把文学看作上层建筑的提法”⑧。

---

① 乔象钟：《蔡仪传》，第106页。

②③⑧ 同①，第111页。

④⑦ 程正民：《历史地看待蔡仪编写的文艺学教材》，载王善忠、张冰编：《美学的传承与鼎新：纪念蔡仪诞辰百年》，中国社会科学出版社2009年版，第200页。

⑤ 同①，第113页。

⑥ 同①，第112页。

就是在这样的组织气候下，周扬进一步“明确表示不赞同讲‘文学的党性原则’”[①]，并将这一思路贯彻到整个编写组，同时用一整套的形象思维理论体系组织《文学概论》的编写工作。但是，鉴于当时无产阶级运动的历史形势，《文学概论》还是单列一节讲了“无产阶级的党的文学的原则”，还是把文学作为社会的上层建筑，以至多年以后，参与《文学概论》编著的人回忆：“这些问题周扬不是不清楚，编写组的人也不是不清楚，但是在当时很难解决。”[②]

周扬作为文化官员，不可能到处公开表态反对文学的党性原则，反对文学的上层建筑性质。他必须有个抓手，这个抓手就是形象思维。以形象思维为抓手，可以说是从苏联借来的概念，可以避开政治运动的锋芒。周扬的苦心，大约也被他所欣赏的人所领会，1959 年《文学评论》第 2 期刊载了李泽厚的《试论形象思维》。周扬开始主持文科教材的编写后，1961 年朱彤《美学，研究人的形象吧！》、杨犁夫《美是形象的肯定价值》等一批文章发表。因为周扬认为“不承认形象思维，就会导致作品的概念化”，形象思维是“不借概念进行思维，也不借概念来表述”[③]的。为了贯彻这一理论原则，周扬对蔡仪非常重视。因为蔡仪早有关于形象思维成体系、成著作的东西，而至今又没有人对蔡仪的形象思维论进行过深入认真批判。

蔡仪的形象思维论在什么程度上和周扬是一致的呢？首先，他们在美是否是客观存在的认识上是一致的。周扬认为，“所谓真善美，都应该从客观上去找根据和标准”[④]。这个客观，在周扬看来，如同规律一样，“不管你是否正确反映了它，它总是客观存在的”，也就是说，美是不依赖于人的反映的客观存在，是第一性的，甚至认为排除阶级的、思想的“一定的色彩、线条、声音，就给人以美感”[⑤]。从这一点看来，周扬与蔡仪一样彻底，都把美看作了物的属性条件，属于美的物性客观论者。第二，周扬与蔡仪在形象思维的看法上也是一致的。蔡仪在《新美学》中把概念分为抽象概念和具象概念，抽象概念“以表象的一般属性条件而构成，并没有脱离表象的倾向”，具象概念则是指“既以表象为根据，且不绝对排除表象的个别的属性条件，有时又有和表象紧密结合的倾向……它是个别里显现一般，特殊里显现普遍”。在蔡仪看来，这样的具象概念，“就是艺术的

---

①② 乔象钟：《蔡仪传》，第 203 页。
③ 周扬：《在〈文学概论〉大纲讨论会上的发言》（1961 年 8 月 9 日）。
④⑤ 周扬：《对美学组部分编写人员的讲话》（1962 年 7 月 3 日）。

认识，美的认识的基础”①，并且，这具象性中的具体概念，“就是意识中的反映事物的典型的形象”②。周扬是赞同蔡仪这些观点的。周扬认为文学的“本质应包括形象”，“形象是文学的生命”，进一步讲来，“形象与思维在创作中都少不得，而且两者不能分”③，所以主张形象思维的提法。对于毛星提出的“描绘或塑造一个事物的形象，不仅要符合事物的外貌，而且要求表达和显示出事物的内在的实质和精神……一般认为，神似比形似难，也比形似更重要”④，也就是反对形象思维的提法，周扬并没有采用。周扬很清楚，他得坚持形象思维说，这毕竟是打破以毛泽东文艺思想为纲，搞所谓学科自觉性的最好的办法。所以周扬在美学教材编写工作会议上强调“只讲意识形态不能回答什么引起人的美感的问题”⑤，在《文学概论》提纲讨论会上一再声明自己的形象思维观点来自黑格尔、别林斯基、高尔基、普列汉诺夫这一红色传统，一面又说“除了毛星同志的文章，还没见到别人反对过”，并意味深长地说，“我主张把毛星同志的文章好好研究一下”，同时明确表态“教科书中可以采用形象思维的说法”，毛星等“个人的创建可以不写到书中去”。⑥

于是，在蔡仪主编的《文学概论》中，出现了一个奇特的现象，一方面强调文学的意识形态性、阶级性，一方面用文学直观地反映社会生活来贯彻美的物性客观性和形象思维论，在理论实质上走了一条形式主义的美学道路。这些与毛泽东的“源于生活又高于生活”“革命现实主义与革命浪漫主义相结合”的文艺方针及其背后的辩证唯物主义的哲学观是背道而驰的。那么，蔡仪在文艺的意识形态性和客观形象性这两极之间，是不是就丝毫没有怀疑自己的客观派美学的理论正确性呢？我们以为是有所怀疑的。蔡仪早在 1952 年出版的《中国新文学史话》中是这样评论革命文学派和革命的小资产阶级文学派的：

> 大革命失败后，原来曾参加了革命运动的小资产阶级的作家，这时大都退下来了，又形成了两大派，就是“革命文学”派和革命的小资产阶级文

① 蔡仪：《新美学》，《蔡仪文集》(1)，第 292 页。
② 同①，第 293 页。
③ 周扬：《在〈文学概论〉提纲讨论会上的讲话》(1962 年 10 月 21 日)。
④ 毛星：《形象、感受和批评》，载《毛星集》，中国社会科学出版社 2002 年版，第 75 页。
⑤ 周扬：《对美学组部分编写人员的讲话》(1962 年 7 月 3 日)。
⑥ 周扬：《在〈文学概论〉大纲讨论会上的发言》(1961 年 8 月 9 日)。

学派……这就是创造社成了前者的中心，而文学研究会则是后者的主要部分。

从创作态度上说，浪漫主义者偏重主观，他们的政治认识有了变化，作品倾向也可以随之而变化，尤其是反抗的浪漫主义者，对于无产阶级革命思想的认识比较容易，以这种思想来改变创作的题材、主题等也容易，于是创造社的他们就成为“革命文学”的提倡者。而且事实上在正式提倡“革命文学”之前，早已理会到了革命和文学的关系，也早已论到了革命和文学的关系。至于旧现实主义的着重客观，难免拘泥于现实的现象，尤其是客观的现实主义者，纵然政治认识有了一些变化，而他的生活环境中尚不见这变化时，他们依然为感性的观察所囿，在作品中很难反映这种变化，因而文学研究会的主要作家还是保持他们旧的文学的道路。

这样在“革命文学”初期的新文学阵营，大致残存着前一阶段文学研究会和创造社的余风，形成为“革命文学”派和革命的小资产阶级文学派的对立。以创作精神来说，主要是革命的浪漫主义和客观的现实主义的对立。①

从上述引文我们可以看出，蔡仪不是不知道客观派的弱点，也不是不知道客观派参加革命后的实际阶级属性，但是由于蔡仪在组织人事方面以领导为中心的态度，在文艺的上层建筑本质论方面的让步及其美学体系中固有的物性客观论、形象思维论，使得蔡仪作出了妥协。1964 年 1 月底，《文学概论》初稿完成。其时周扬也发出指示，要讨论《文学概论》。

然而，1964 年 6 月，毛泽东批示：

这些协会和他们所掌握的刊物的大多数（据说有少数几个好的），十五年来基本上（不是一切人），不执行党的政策，当官作老爷，不去接近工农兵，不去反映社会主义的革命建设。最近几年竟然跌到修正主义边沿，如不认真改造，势必将来一天要变成匈牙利裴多菲俱乐部那样的团体。②

---

① 蔡仪：《蔡仪文集》(2)，第 310—311 页。

② 毛泽东：《关于文学艺术的两个批示》，载张炯：《中国新文艺大系（1949—1966）理论史料集》，中国文联出版公司 1994 年版，第 13 页。

在蔡仪等人看来,“这个批示像晴天霹雳”[①],从1960到1964的几年来编写的《文学概论》何去何从,自然是个问号。当他们看到文艺界在热火朝天地整风、开会,于是《文学概论》编写组与高教部负责人商量后决定,先放假两个月。这时,“四清”运动开始了,先期到安徽参加“四清”的毛星也来电催促蔡仪等尽快赴皖报到。这样,到9月18日,《文学概论》编写组吃了一顿散伙饭后,其工作也就结束了。工作虽然停了下来,但作为蔡仪美学思想核心的形象思维论紧紧地糅合进了已成书的《文学概论》之中,待有时机,它还会重新发挥作用。

① 乔象钟:《蔡仪传》,第143页。

第六章

五六十年代
李泽厚的美学思想

李泽厚的美学思想无疑是美学大讨论时期的重要收获。在讨论开始后不久，年仅26岁、对美学怀有浓厚兴趣的李泽厚就凭借《论美感、美和艺术》[1]一文一鸣惊人，不仅对朱光潜、蔡仪的美学思想进行了批判，更有意识地提出了自己的"美感二重性""美的客观性和社会性统一"观点，旗帜鲜明地加入到讨论中；紧接着又在《人民日报》发表《美的客观性和社会性》一文，开宗明义地树起"客观社会论"大旗，由此成为被官方组织、讨论阵营和广大青年共同认可的独立一派。李泽厚的积极参与，[2]不仅为整个美学讨论增添了青春活力，更有力地推动了朱光潜、蔡仪、黄药眠、吕荧、高尔泰等各派观点在你来我往的论争中不断调整或深化；尤其是他从马克思《经济学—哲学手稿》(以下简称《手稿》)中引入"人化的自然"观点来讨论美的本质，初步奠定了"实践美学"的基本原则，为20世纪80年代"美学热"的兴起和实践美学的发展与繁荣创造了条件。

由于身处"苏联模式"影响和反复论辩的时代语境中，这一时期的李泽厚美学主要集中在对美的本质、美感以及艺术美等当时讨论的焦点问题上，这虽与他后来为"美学"所界定的三个方面(即美的哲学、审美心理学和艺术社会学)相对应，但实际上从其思想发展的脉络来看，他坚持的是对美和美感的哲学分析(美的哲学)、对艺术的美学分析(艺术美学)以及对美学的实践论分析(实践美学)。

① 刊于《哲学研究》1956年第5期。

② 文艺报编辑部等编的《美学问题讨论集》(一—六集)共收录李泽厚8篇论文，按发表顺序分别是：《论美感、美和艺术美》《美的客观性和社会性》《关于当前美学问题的争论——论再论美的客观性和社会性》《论美是生活及其他——兼答蔡仪先生》《山水花鸟的美》《以"形"写"神"》《美学三题议——与朱光潜先生继续论辩》《虚实隐显之间——艺术形象的直接性与间接性》；此外，他还参加了黄药眠在北京师范大学主办的"美学讲坛"并发表讲演(1957年5月)。

第一节　美的哲学:"美感二重性"与"美的二重性"

李泽厚美学思想是以论述美感为开端的,美感理论可谓李泽厚美学的精华部分,一直贯穿在他整个美学思想的建构过程中。颇有意味的是,虽然朱光潜和李泽厚都认同美感作为美学科学的"细胞组织","是一种最单纯而又最复杂、最具体而又最抽象的东西",[①]也都选择从美感开始自己的美学研究,但二人的根本出发点却不同:朱光潜从"审美心理学"出发,发现"近代美学所侧重的问题是:'在美感经验中我们的心理活动是什么样?'至于一般人所喜欢问的'什么样的事物才能算是美'的问题还在其次"[②];而李泽厚则从"美的哲学"出发,认为"近代美学正是随着近代哲学认识论理论的发展而发展起来的。美学史上的许多先行者们都从美感开始自己的探讨,这并不能看作是一种偶然的现象"[③]。虽然二人都提到"近代美学",却意义有别:前者指的是 19 世纪的心理学美学(如克罗齐的直觉说、布洛的距离说、里普斯的移情说等),后者则指的是 16 至 19 世纪的古典哲学理论(如英国经验派、大陆理性派以及康德等)。因此,李泽厚认为,"美学科学的哲学基本问题是认识论问题。美感是这一问题的中心环节。从美感开始,也就是从分析人类的美的认识的辩证法开始,就是从哲学认识论开始,也就是从分析解决客观与主观、存在与意识的关系问题——这一哲学根本问题开始"[④]。这意味着,李泽厚始终坚持对美感和美进行"哲学的分析"[⑤],更具体地说,是在哲学认识论的基础上来回答、分析和解决美感和美的问题。

一、"美感二重性":主观直觉性与客观功利性

正是从马克思主义唯物主义揭露和分析矛盾的主张出发,李泽厚认为,美

①③④ 李泽厚:《论美感、美和艺术》,《哲学研究》1956 年第 5 期。

② 朱光潜:《朱光潜全集》第一卷,安徽教育出版社 1987 年版,第 205 页。

⑤ 1979 年 12 月,李泽厚在为《论美感、美和艺术》做的"补注"中说道:"本文上述对美感的探讨,并非心理学的现象描述或规定,而仍只是哲学的分析,对美的探讨当然更如此。美的本质不是心理学课题,而是哲学课题。"参见李泽厚:《美学论集》,上海文艺出版社 1980 年版,第 19 页。

学的基本矛盾正是美感的矛盾二重性，研究美学科学的关键正在于分析和解决这一矛盾，这也是反对唯心主义的重要环节。在《论美感、美和艺术——兼论朱光潜的唯心主义美学思想》一文中，李泽厚首先对“美感的矛盾二重性”作了这样的明确界定：

美感的矛盾二重性，简单说来，就是美感的个人心理的主观直觉性质和社会生活的客观功利性质，即主观直觉性和客观功利性。美感的这两种特性是互相对立矛盾着的，但它们又相互依存不可分割地形成为美感的统一体。前者是这个统一体的表现形式、外貌、现象，后者是这个统一体的存在实质、基础、内容。①

由此，李泽厚认为，所谓“美感”就是“包含着伦理功利等社会内容，而以直觉判断为形式的一种高级的反映和认识”。② 在这里，我们不妨以朱光潜、黄药眠、李泽厚三人的“梅花之辩”为例，来看看各家对美感问题的不同观点，尤其是李泽厚“美感二重性”的独特价值。

在朱光潜的早期美学思想中，“美感的经验”就是直觉的经验，其特征在于“心所以接物者只是直觉而不是知觉和概念；物所以呈现于心者是它的形象本身，而不是与它有关的事项，如实质、成因、效用、价值等等意义”③。为了说明这个抽象的观点，朱光潜便以梅花为例做了这样的阐释：

比如见到梅花，把它和其他事物的关系一刀截断，把它的联想和意义一齐忘去，使它只剩下一个赤裸裸的孤立绝缘的形象存在那里，无所为而为地去观照它，赏玩它，这就是美感的态度了。在科学态度中，梅花因与其他事物有关系而得意义；在实用态度中，梅花因其可效用于人而生价值。在美感态度中它除去与其他事物有关系以及可效用于人两点之外，自有意义，自有价值，梅花对于科学家和实用人都倚赖旁的事物而得价值，所以它的价值是“外在的”(extrinsic)，对于审美者则独立自足，别无倚赖，所以它

① 李泽厚：《论美感、美和艺术》，《哲学研究》1956年第5期。
② 李泽厚：《关于当前美学问题的争论——试再论美的客观性和社会性》，《学术月刊》1957年第10期。
③ 朱光潜：《文艺心理学》，复旦大学出版社2011年版，第5页。

的价值是“内在的”(intrinsic)。①

在一株梅花所引起的三种态度(美感、科学、实用)中,美感态度的独特性在于:审美者斩断一切与梅花形象无关的外在干扰(与其他事物的关系、联想与意义等),以一种无所为而为的直觉方式观照孤立绝缘的梅花形象本身,从而获得梅花自身的意义和价值,这种价值也就是“美”,因为“美就是事物显现形相于直觉时的特质”。②

黄药眠在《论食利者的美学》一文中针对朱光潜的“梅花”一例做了非常细致的批评。他认为:“我们对于梅花的直觉的形象,乃是我们对于客观世界底主观的反映。而它之所以形成,乃是经过长期的生活实践积累起来的,这里面没有一点神秘的东西。”③这“生活实践”既包含对自然梅花的感觉,也包含对有关梅花的诗、图画、传说等的记忆,在他看来,“正是由于我们的感觉是人化了的感觉,能从这许多方面联系起来看这株梅花,所以梅花这个形象有可能成为我们的高度的审美的对象。割断了梅花和别的事物的关系,割断了梅花和人类历史文化的传统,我们就是把赤裸裸的梅花看上一二个钟头,它也不会给我们以更高的审美的意义——除了在视觉上给予我们以一些快感以外”④,他还以“经验证明”的方式表明个人的带有情绪色彩的联想和记忆、生活情调及心境与美感的产生密切相关。

李泽厚对朱光潜的美感直觉观既给予了适当肯定,又进行了批评改造,进一步阐发了自己的“美感二重性”观点。他所肯定的是,朱光潜对“美感存在的直觉性”的认知是合乎事实的,因为“在事实上,美感的确经常是在这样一种直觉的形式中呈现出来,在这美感直觉中的确也常常并没有什么实用的、功利的、道德的种种个人的自觉的逻辑思考在内。一个人在欣赏梅花的时候,他的确并不一定会想到这种欣赏有什么社会意义或价值”⑤;他所批评的是,美感直觉又并非像朱光潜所认为的那样完全限制、规定和满足在这个“独立自足”“无沾无碍”“孤立绝缘”的个别具体形象中,其“背后”有着更深层次的内容,即“我们能

① 朱光潜:《文艺心理学》,复旦大学出版社2011年版,第6页。
② 朱光潜:《谈美》,中华书局2011年版,第5页。
③④ 黄药眠:《论食利者的美学》,载《美学问题讨论集》第一集,第81页。
⑤ 李泽厚:《论美感、美和艺术》,《哲学研究》1956年第5期。引文重点为原文所有,下同。

从直觉中对个别事物有知识，是因为我们在日常生活和文化教养的影响和熏陶下，不自觉地形成了对这个个别事物的了解，对这个事物在整个生活中的关系和联系的了解”[①]。对此，他也进一步以“梅花”为例来加以说明：

> 我们所以能欣赏一株梅花，我们所以能从观赏梅花或梅花画中得到一种刚强高洁的美感享受，绝不是因为我们仅仅对这株梅花本身有一种“孤立绝缘”的神秘的“知识”，恰恰相反，而正是因为我们在生活中对梅花与其他事物的关系、联系的认识而不自觉地获得了十分牢靠丰富的知识。没有社会生活内容的梅花是不能成为美感直觉的对象的。[②]

可见，朱光潜因信奉克罗齐的“知识二分法”（“直觉的知识”与“名理的知识”）并恪守其“形象的直觉”说，所以有意夸张了直觉形式本身，截断了梅花“与其他事物的关系”，将其置入“孤立绝缘”的真空之境；李泽厚则一方面尊重事实，承认美感的主观直觉性，另一方面又借用黑格尔《小逻辑》中“存在之反映他物与存在之反映自身不可分”的哲学反映论，认为“梅花”只有在其与他物的关系中才真正存在，才能被把握和了解。同时，李泽厚进一步强调，美感直觉“不是简单的生理学或心理学上的概念，而是人类文化发展历史和个人文化修养的精神标志”，“具有着更高级的社会生活内容和文化教养的内容和性质”[③]，因此与低级的感性直觉不同，也不能还原或归结为一种生理学上的观念，即不能用快感也不能用朱光潜介绍的“内模仿”筋肉运动说来解释美感。为了论证美感的这一社会本质，他还分别援引了车尔尼雪夫斯基、普列汉诺夫、马克思的理论作为论据。总之，李泽厚赋予了直觉形式以社会生活的内容，并强调了这一内容的绝对优先权和决定权，主观直觉性与客观社会功利性犹如一枚硬币的正反面被绑定在一起，成为美感不可分割的两个特性。

需要注意的是，李泽厚在与朱光潜的“梅花之辩”中，虽然只字未提黄药眠与朱光潜的“梅花之辩”，也从未有正面批评黄药眠的文章，但他对美感的社会生活、历史文化、个人主观性等内容的强调显然与黄药眠的“生活实践”论有着

①②③ 李泽厚：《论美感、美和艺术》，《哲学研究》1956年第5期。引文重点为原文所有，下同。

一定的关联。尽管李泽厚和蔡仪把黄药眠与朱光潜都视为主观唯心主义，但比较来看，在与朱光潜的"梅花之辩"中，李泽厚和黄药眠的同异显而易见：相同的是，二人都坚持哲学反映论的立场，都批评朱光潜割断了审美对象与其他事物的关系，都指出了朱光潜的"联想"说无益于弥补"直觉"论的缺陷，都着重从直觉形象的生成原因上予以辩驳，都强调社会生活、人类历史文化和个人因素对美感生成的重要影响。不同的是，信仰马列主义唯物论的黄药眠，反对朱光潜的孤立绝缘的形象直觉说，主张美感的"社会性""实践性"，又联系自身实际从创作心理学角度承认"个人主观性"，最终把美感视为"一个人对于某种事物之审美的评价"①；而李泽厚则既没有因为"美感的直觉性质"是克罗齐或朱光潜美学理论的核心就简单将其否定或抹杀，也没有"对主观存着迷信式的畏惧"，而是借用黑格尔、车尔尼雪夫斯基、普列汉诺夫、马克思等哲学思想资源，兼取朱光潜与黄药眠的理论之长，提出主观直觉性与客观社会功利性矛盾统一的美感主张，既承认美感具有不同于科学和逻辑的直觉性质，"把美感直觉看作是能够把握和认识真理的一种人类高级的反映形式，尽管它所采取的形式是感性的"②，又强调"这一直觉本身是社会历史的功利的理性的产物"③，还对"美感的社会性质"作了更进一步的阐发："一方面，作为直觉的反映，美感具有客观的内容；另一方面，作为感情的判断，它包含着评价态度等主观因素在内。正确的美感就是这二者的和谐一致，即作为主观感情判断的美感，同时又还是一种对客观世界的正确认识和反映。前者不但不妨碍后者，而且还正是后者的必要条件。"④

由上可见，李泽厚的"美感二重性"理论很好地吸收和整合了朱光潜的主观直觉论以及黄药眠的"历史文化积累""个人性""主观评价"等思想，⑤从而实现了对朱、黄二人美感论的批判性改造。

"美感二重性"是李泽厚进入美学领域提出的第一个富有丰富容量的命题，是其美学思想体系的奠基石，也是其建构"实践美学"的理论前提。由于主客观条件限制，李泽厚在这一时期对美感构成诸要素虽有提及但未及深入，如在《试

---

① 黄药眠：《黄药眠文艺论文选集》，北京师范大学出版社，第 431 页。
②④ 李泽厚：《关于当前美学问题的争论——试再论美的客观性和社会性》，《学术月刊》1957 年第 10 期。
③ 李泽厚：《论美感、美和艺术》，《哲学研究》1956 年第 5 期。
⑤ 关于黄药眠"生活实践论"对李泽厚早期实践美学的影响详见下节。

论形象思维》(1959)中提到情感和理解因素，在《审美意识与创作方法》(1963)中提出美感是感知（表象）、想象、情感、思维（理解）四种心理功能的复杂的动力综合等。这说明，他关于审美心理结构的基本思考已经形成。他后来在《美的历程》(1981)中首次提出以“美感四要素”（感知、理解、想象、情感）为基石的“美感心理数学方程式”猜想乃至“审美双螺旋”等看法，在给刘纲纪的信(1982)中又首次提出“美感三层次”（悦耳悦目—悦心悦意—悦志悦神）等创见，他在为滕守尧的《审美心理的描述》一书中所设计的关于审美心理的图表，以至他在《美学四讲》中对审美心理的总结整理，都是从审美心理学角度对“美感二重性”进行的继续发展和完善。

二、“美的二重性”：客观性与社会性

美是主观的还是客观的还是主客观的统一，这个关于“美的本质”的哲学基础问题“是这次美学讨论中最早提出的，也是争论得最激烈的焦点所在”[①]。当时论争各方都试图从马克思主义哲学中找寻理论支撑以确立其言说的“合法性”，李泽厚也不例外。在评述当时的几种意见时他就说道：“美是主观的，还是客观的？还是主客观的统一？是怎样的主观、客观或主客观的统一？这是今天争论的核心。这一问题实质上就是在美学上承认或否认马克思主义哲学反映论的问题，承认或否认这一反映论必须作为马克思主义美学的哲学基础的问题。”[②]换言之，在他看来，“美是客观的”（蔡仪）、“美是主观的”（高尔泰、吕荧）、“美是主客观的统一”（朱光潜）等观点的根本谬误正在于否认了马克思主义哲学反映论，否认了反映论必须作为马克思主义美学的哲学基础。姑且不论这是否也是对马克思主义哲学的“误解”或“曲解”，事实上李泽厚也并未完全机械地坚持反映论，在“存在（客观）—意识（主观）”的二元对立模式中转圈，而是根据论辩需要比较灵活地增加了“社会性”的维度，提出“美是客观性与社会性的统一”这一“不合逻辑”的组合型观点；尤其是为了批驳蔡仪的“美是典型”论和朱光潜的“移情”说、“物甲物乙说”，他率先提出“自然美”问题并进行了多次阐释，

① 杉思：《几年来(1956—1961)美学问题的讨论（资料）》，载《美学问题讨论集》第六集，第396页。

② 李泽厚：《关于当前美学问题的争论——试再论美的客观性和社会性》，《学术月刊》1957年第10期。

通过强调自然的客观性、社会性以及形式美的特征来论证美的客观性、社会性以及形象性，从而建立起与“美感二重性”相映成趣的“美的二重性”理论。

（一）美的客观性

首先需要说明的是，李泽厚特意选择从“自然美”这个极端复杂的问题入手进行“破”和“立”，由此可见其敏锐的洞察力、强烈的问题意识以及过人的学术胆识。正如他后来在《美学四讲》“自然美”一节开篇所言：

> 就美的本质说，自然美是美学的难题。1956年我在自己第一篇美学文章中特地把它提出来，有如《美学三题议》所说，“在自然美问题上，我觉得各派美学观暴露的最为鲜明。因为在这里，美的客观性与社会性似乎很难统一。……不是认为自然无美，美只是人类主观意识加上去的（朱光潜），便是认为自然美在其本身的自然条件，与人类无关（蔡仪）。我当时主要是企图说明这两条路作为哲学都行不通，只有认为自然美的本质仍然来自客观的社会生活、实践，才是正确的道路”。①

自然美究竟是来自主观的情感意识，还是来自自然本身的色彩、形体、姿态等条件，这不仅是朱光潜和蔡仪向他“提出”的论辩难题，更是美学研究必然遭遇到的棘手问题。对此，李泽厚提出了“美的客观性与社会性的统一”即“自然的人化”说，表明“美不是物的自然属性，而是物的社会属性。美是社会生活中不依存于人的主观意识的客观现实的存在。自然美只是这种存在的特殊形式”②。即自然美的本质来自客观的社会生活实践。

所谓美的“客观性”是指美具有不依存于人类主观意识、情趣而独立存在的性质，也就是说，自然美不是来自主观的情感意识，而是社会存在，是客观事物的属性。正是在这一点上，李泽厚批判吸收了蔡仪的“客观典型论”思想，并将自己与朱光潜、黄药眠、高尔泰、吕荧等人区别开来。在他看来，朱光潜虽然用社会意识或意识形态代替了过去的超理智功利的个人直觉，但对美在心（主观）

---

① 李泽厚：《美学四讲》，三联书店2008年版，第294页。
② 李泽厚：《论美感、美和艺术》，《哲学研究》1956年第5期。

还是在物(客观)这一美学基本问题还是"一直有所保留的"[①],虽然他承认"物甲"(自然物)的客观存在,但又认为物甲之成为"物乙"(物的形象,指美)完全依赖于、被决定于人的主观意识、美感,因此,"朱光潜在这里的主要错误,过去在于现在就仍然在于取消了美的客观性,而在主观的美感中来建立美,把美感等同于、从属于主观的美感,把美看作是美感的结果、美感的产物"[②]。其"主客观统一"论("物甲物乙"论)实质上是"一种康德式的主客观统一论",仍然是美感决定美、主观决定客观、"心借物以表现情趣"的主观唯心主义。

需要注意的是,讨论中的多数人都会在文章中言及"美的客观性",但在李泽厚看来,只有宗白华、洪毅然、周谷城等与他看法一致,而侯敏泽、鲍昌、许杰等虽然也讲"美的客观性"[③],"却根本没有弄清美的'客观性'到底是什么意思,都把美的客观性等同于美有没有客观标准或客观的内容了"[④]。在论辩过程中,常常由于各家对同一术语的用法不同而造成理论的混乱和对话的艰难,李泽厚注意到这一问题,因此提出"讨论中要特别注意每个人用语的含义"[⑤],并一直强调理论思维、概念辨析、学理逻辑的重要。

(二)美的社会性

所谓美的"社会性"是指"美是客观存在,但它不是一种自然属性或自然现象、自然规律,而是一种人类社会生活的属性、现象、规律。它客观地存在于人类社会生活之中,它是人类社会生活的产物。没有人类社会,就没有美"[⑥]。换言之,自然美与社会美一样,都要依存于人类社会生活,都具有社会性,正是在这一点上,李泽厚与蔡仪、朱光潜产生了根本分歧。

在李泽厚看来,自然美的论点是蔡仪理论中最薄弱的一环。虽然蔡仪在《新美学》中以自然美为论证根据和主要对象,但他"拒绝从自然与实践(社会生活)的活生生的关系中去考察和把握自然的美,认为自然美与人类生活根本无

---

①⑥ 李泽厚:《论美感、美和艺术》,《哲学研究》1956 年第 5 期。

② 李泽厚:《美的客观性和社会性——评朱光潜、蔡仪的美学观》,《人民日报》1957 年 1 月 9 日。

③ 参见敏泽:《主观唯心论的美学思想》,载《美学问题讨论集》第二集,第 46—63 页;鲍昌:《论美感、美及其他》,载《美学问题讨论集》第三集,第 370—384 页。

④ 李泽厚:《关于当前美学问题的争论——试再论美的客观性和社会性》,《学术月刊》1957 年第 10 期。

⑤ 李泽厚:《论美是生活及其他——兼答蔡仪先生》,载李泽厚:《美学论集》,上海文艺出版社 1980 年版,第 101 页。

关,认为自然美在于自然本身,它先于人类而存在"[①],这种自然美观念正是其整个美学体系缺乏社会性的突出体现。蔡仪的"新美学"虽然认为"美在于客观的现实事物……因此正确的美学的途径是由现实事物去考察美,去把握美的本质"[②],但他"在考察美的客观的现实存在时,从来没有谈到人对于现实作为实践者的存在"[③],也就是说,他只是抽象地坚持了美的客观性,而根本上否认了活生生的社会生活,否认了美的社会性,从而错误地把人类社会中极为复杂的现实的美归结为一种不依存于人类社会的简单不变的物体自然条件或属性("典型")[④],把形式的规定性当作美的本质:这是一种静观的、机械的、形而上学唯物主义的美学观。

相较而言,自然美的论点却是朱光潜理论中最强的一环。针对朱光潜早期所钟情的近代西方美学家最喜谈论的"移情说"自然美理论,李泽厚认为,"移情"现象虽然存在,但它只是美感的一种形式,"为什么会'移情',移什么情,这完全是客观地被决定和制约于整个人类社会生活,是人类长期社会生活环境和文化教养熏陶教化的结果而形成的一种不自觉的直觉反射,它具有深刻的客观性的内容"。[⑤] 可见,移情的内容和美感的内容一样,都具有严格的社会功利性,是一种社会意识的表现,是美的社会性的反映。虽然朱光潜后来也主张社会意识论,承认自然美有社会性,但他所依照的却是"物甲+社会意识=美"的公式,因此,他的社会性只是社会意识,是主观的社会性。总之,朱光潜始终认为自然本身无美,"自然美是人类主观社会意识(社会性)作用于自然物客观属性的结果"[⑥]。那么,自然美的社会性究竟是怎样的社会性?李泽厚提出了自己的观点:"自然美的社会性基本上就是自然物本身的社会性,因而就是客观的,它不是社会意识的结果,而是社会存在的产物,它不属于社会意识而属于社会存在的范畴。"[⑦]针对论敌庸俗化的直线演绎,他又郑重强调,自然美的社会性"只是一个最一般的大前提",不能将它"直接套用到某一具体自然物或自然美上面",

---

① 李泽厚:《〈新美学〉的根本问题在哪里?》,载《美学论集》,第128页。

② 蔡仪:《新美学》,群益出版社1947年版,第17页。

③ 同②,第121页。

④ 蔡仪在《新建设》座谈会发言时说:"我的看法,认为自然美在于自然事物本身,却不是说美就是自然属性。"参见《怎样进一步讨论美学问题》,载《美学问题讨论集》第五集,作家出版社1962年版,第13页。

⑤ 李泽厚:《论美感、美和艺术》,《哲学研究》1956年第5期。

⑥⑦ 李泽厚:《关于当前美学问题的争论——试再论美的客观性和社会性》,《学术月刊》1957年第10期。

而是要在这前提下，“对具体自然对象作多方面包括社会意识形态作用在内的具体分析”。[①]

更为重要的是，李泽厚通过引入马克思“人化的自然”观点来阐明“自然美”的社会性。他认为：“自然对象只有成为‘人化的自然’，只有在自然对象上‘客观地揭开了人的本质的丰富性’的时候，它才成为美。”“自然本身并不是美，美的自然是社会化的结果，也就是人的本质对象化的结果。自然的社会性是自然美的根源。”[②]从这个意义上说，自然美是社会美（现实美）的一种特殊的存在形式，是一种“对象化”的存在形式，“自然美的本质在于‘自然的人化’”。[③] 与此同时，李泽厚还从艺术史角度考察了自然美，说明自然（物）的社会性随着人类社会变化发展而变化发展，也就是说，自然美是随着人们社会生活的变化、发展而变化、发展的。虽然朱光潜、高尔泰、张庚等人也提出了“人化的自然”或“山水的人化”等概念，但李泽厚认为：“我们所理解的自然美的所谓‘人化的自然’的意义：通过人类实践来改造自然，使自然在客观上人化，社会化，从而具有美的性质，所以，这就与朱光潜、高尔泰所说‘人化的自然’——社会意识作用于自然的结果根本不同。”[④]主张自然美是由于社会生活所造成的“自然的人化”，而不是由于意识作用所造成的“自然的人化”。可见，社会生活实践使自然与人的丰富关系充分展开，使自然成为美的自然：这是“自然的人化”的真正含义。

此外，李泽厚还敏锐地指出“自然的人化”的过程是一个漫长的人类历史过程，“在这个过程中，人类创造了客体、对象，使自然具有了社会性，同时也创造了主体、自身，使人自己具有了欣赏自然的审美能力”。[⑤]这也就意味着，“自然的人化”（“实践”）不仅创造了客体（自然），也创造了具有审美能力的主体（人），由此，他不仅将美的客观性与社会性统一起来，而且也将美与美感历史地、客观地统一起来。虽然他此时还未能就此话题深入展开，但实践美学最核心的一个概念——“自然的人化”的提出，无疑为此后“积淀”“情本体”“新感性”等实践美学理论的产生和发展奠定了坚实的基础。

在以“客观社会性”确定“美的本质”的同时，李泽厚不忘指明美的根本特征在于具体形象性。所谓“具体形象性”是指“美必需是一个具体的、有限的生活

---

①④ 李泽厚：《关于当前美学问题的争论——试再论美的客观性和社会性》，《学术月刊》1957年第10期。
②⑤ 李泽厚：《论美感、美和艺术》，《哲学研究》1956年第5期。
③ 李泽厚：《美学三题议——与朱光潜同志继续论辩》，《哲学研究》1962年第2期。

形象的存在，不管是一个社会形象还是一个自然形象”[①]很显然，“形象性”的提出针对的还是蔡仪“美是典型”的观点。在蔡仪看来，构成具体自然形象的某些自然属性本身——如均衡、对称、性能、形态等——就是美；而在李泽厚看来，这些自然属性本身并不是美，而是“构成美的重要或必要的条件”，其作用在于“帮助美的形成和确定”。[②] 具体到自然美，其本质、内容是“自然的人化”，而其现象、形式则是形式美，前者是唯一的，而后者则是丰富多样的，且是一种相对独立的外在形式的美，比如山水花鸟等自然物的形式美。而这些形式之所以能成为美的要素，关键在于它们在人类的社会生活进程中“逐渐带有社会性质”，即“形式本身具有了社会性”[③]。从这个意义上说，“美必须是具有具体形象的社会存在物。没有形象的社会机构、制度等等的存在不能是美”[④]一言以蔽之，“美是形象的真理，美是生活的真实”[⑤]。

正如李泽厚所言，“自然美问题上的论争实质上是哲学基础问题论争的具体化和引申”[⑥]，正是在这一问题上，充分显露出各派美学观的差异和交锋的深度与力度。李泽厚审时度势地率先提出这一关键问题，并通过批判地吸收和融合朱光潜、蔡仪、黄药眠等人的美学思想，将“似乎很难统一”的美的客观性、社会性与形象性统一起来，既以“客观性”矫正了朱光潜、黄药眠、高尔泰、吕荧等人的“主观性”之偏，又以“客观社会性”“具体形象性”矫正了蔡仪抽象的“客观自然性”之弊，补苴罅漏，以一种综合、调和又稳妥的姿态建立起自己的哲学美学学说。在今天，公允地来看，李泽厚、朱光潜、蔡仪都对“美的本质”问题尤其是“自然美”问题做出了各自的学术贡献，诚如有学者所言：“朱光潜从审美心理学的角度深化了自然审美心理，指出自然审美过程中主体审美心理的主动性功能；李泽厚则从人类学角度指出自然审美中超自然的人类文化内涵，均深化了自然审美研究。但所有这些深化，当以蔡仪对自然美独立性的承认为前提。”[⑦]

---

①⑤　李泽厚：《论美感、美和艺术》，《哲学研究》1956年第5期。

②③④　李泽厚：《关于当前美学问题的争论——试再论美的客观性和社会性》，《学术月刊》，1957年第10期。

⑥　李泽厚：《美学三题议——与朱光潜同志继续论辩》，《哲学研究》1962年第2期。

⑦　薛富兴：《新中国前期蔡仪美学述略》，《贵州师范大学学报》（社会科学版）2004年第1期。

第二节　艺术美学：艺术的基本美学原理

无论是在“《新建设》座谈会”[①]（1959）之前还是之后，李泽厚自始至终都有意识地从哲学美学的角度探讨艺术和艺术美问题，既不惧惮因“脱离艺术实际”而陷入“哲学式的贫困”，又坚决反对洪毅然等人“离开美学的规律来讲艺术的规律，不通过艺术来讲美学”[②]，因为在他看来，“美学问题的讨论不能看作是与艺术实际无关的学院式的繁琐争论，它与现实的文艺创作在理论上是有联系的”[③]，“要求美学与现实紧密地联系，并不也不应该妨碍它的哲学的抽象的概括性质。把美学搞成一些琐碎的失去概括意义的东西，我觉得也不合适”[④]。后来通过对艺术与现实的关系、艺术形象与典型、艺术的美学范畴等基本问题的美学阐释，李泽厚将讨论的话题由抽象哲学引向了具体艺术问题、由美的本质论延伸到美的功能论，更加坚定了自己最初对“美学对象问题”的看法，即：“美学基本上应该研究客观现实的美、人类的审美感和艺术美的一般规律。其中，艺术更应该成为研究的主要对象和目的，因为人类主要是通过艺术来反映和把握美而使之服务于改造世界的伟大事业的。”[⑤]可以说，艺术在美学中占有重要地位，[⑥]它不仅是李泽厚哲学美学的主要研究对象，也是检验其美学理论有效性的最理想的场所，考察李泽厚的艺术美学思想，不仅能准确把握其美学思想

---

① 1959 年 7 月 11 日，《新建设》编委会邀请北京部分哲学、美学和文学艺术工作者座谈怎样进一步地贯彻党的“百家争鸣”的方针、展开美学讨论的问题。其中归纳起来的五点意见的第一条就是：“今后的美学讨论，应当避免从概念出发，而更多地从丰富多彩的艺术实践和现实生活出发，来探讨美学问题。”参见《怎样进一步讨论美学问题》，载《美学问题论集》第五集，第 1 页。

② 李泽厚：《美学三题议——与朱光潜同志继续论辩》，《哲学研究》1962 年第 2 期。

③ 李泽厚：《论美是生活及其他——兼答蔡仪先生》，载《美学论集》，第 101 页。

④ 李泽厚：《美学的研究和讨论应该更多地体现时代精神和民族特色》，《怎样进一步讨论美学问题——〈新建设〉编委会邀请北京部分哲学、美学、文学艺术工作者举行座谈》，载《美学问题讨论集》第五集，第 26 页。

⑤ 李泽厚：《论美感、美和艺术》，《哲学研究》1956 年第 5 期。

⑥ 李泽厚后来从人性培育角度再次强调了艺术在美学中的重要意义和价值，按其所言：“美学不能归结于研究艺术，但艺术之所以在美学中占有突出地位，却在于此，即在培育、发展人的个体特性（能力和感情）上的极大可能性，而不是伦理教训或理性认识。”参见李泽厚：《关于“美育代宗教”的答问（2008）》，载《哲学纲要》，北京大学出版社 2011 年版，第 390 页。

的艺术之维，也能更好地看清其美学理论对当时文艺创作的批判和引导作用。

一、艺术与现实的关系：艺术美学的根本问题

这一问题实质上也就是艺术美与现实美以及自然美的关系问题。在坚持反映论的李泽厚看来，美感是美的反映，美感的主观直觉性是美的具体形象性的反映，美感的客观社会性是美的客观社会性的反映。由此他认为，艺术（品）作为美感的对象，作为美，是不以人们意志为转移的客观物质的社会存在，这意味着：艺术是现实生活的反映，在本质上是与科学一致的、共同的（只是形式有别），艺术美客观地存在于生活之中，这正是与朱光潜的分歧和争论所在，因为朱光潜恰恰认为科学是反映，艺术不是反映，艺术美不是客观的存在而是主客观的统一。当然，李泽厚也并未忽视艺术美的主观性一面，按其所言，"艺术美只是美的反映，相对于观赏者的意识，它诚然是客观的存在，但相对于现实美（包括社会美与自然美）来说，它却是第二性的，意识形态的，从而也就是属于主观范畴的"①。换言之，艺术美虽然是现实美的摹写和反映，但同时也是现实美的集中和提炼。这种属于主观范畴的"集中和提炼"正是艺术美区别于现实美、自然美的特性所在。

这是因为：在人类的历史进程中，社会美内容丰富却形式拘束，自然美形式生动却内容模糊，相形之下，艺术美却实现了内容（社会性、思想性、政治标准）与形式（形象性、艺术性、艺术标准）完满和谐的统一。李泽厚认为："只有当社会美被当作反映的主题，通过提炼集中成为广阔明确的艺术内容，自然美当作被运用的物质手段，经过选择琢磨成为精巧纯熟的艺术形式，在艺术中融为一体，美的内容与形式，社会美与自然美才高度统一起来，成为一种更集中、更典型、更高的美。这就是艺术美。"② 可见，艺术美虽然是第二性的，但因为融合了自然美的形式和社会美的内容而完满地体现出社会生活的本质真理，将美引向了更高级的形态和阶段：这也正是人们在自然美、社会美之外仍须要通过艺术美来感知美的原因所在。在这里，李泽厚和蔡仪一样吸收了毛泽东《在延安文

①② 李泽厚：《美学三题议——与朱光潜同志继续论辩》，《哲学研究》1962 年第 2 期。

艺座谈会上的讲话》的精神，也持守一样的“艺术美的根源在现实生活”[①]的反映论（艺术反映现实、艺术美反映现实美）观点，虽然没有像朱光潜那样明确强调“要发挥主观的能动性和创造性”[②]，但一定程度上也肯定了艺术家“集中”和“提炼”生活尤其是把自然丑转化为艺术美的主观能动性，这对于纠正当时普遍的机械反映论美学观以及概念化、公式化的文艺创作弊端是非常有价值的。

更重要的是，李泽厚在《论美感、美和艺术》《美学三题议》中，明确提出“艺术反作用于生活”“艺术美反作用于现实美”的观点。他说：

> 美诞生于生活、实践与现实的能动关系中（第一性的美、客观），它经过艺术家的主观意识的反映，成为艺术中的美（第二性的美，主观），这物化形态的艺术美（相对于欣赏者的主观来说是客观），经过人们的思想情感（主观）影响人们的活动，又去创造和增多生活、实践中的美（第一性的美，客观）。于是反复循环，不断上升，人们就不断创造出了更新更美的生活，也创造出了更新更美的艺术。[③]

需要注意的是，这种“反作用”与朱光潜所指出的美感“影响”美的“反作用”不同。朱光潜的意思是美随美感的发展而发展，而李泽厚的意思则是美感随美的发展而发展，具体到艺术美就是：现实美经由艺术家的主观意识的反映而成为艺术美，而艺术美又经由欣赏者的主观思想情感而影响其实践活动，创造更多的现实美。具体来说，这种“影响”体现在两个方面：一方面，艺术美以其无实用价值的自由形式来深刻明确地反映广阔丰富的社会生活，通过满足精神需要，塑造心灵，进一步推动社会生活实践的发展，即反作用于现实美的内容，另一方面，艺术美作用于社会物质生活的形式外貌，使之多彩化、条理化、韵律化，以进一步将世界美化，即反作用于现实美的形式。经过这种“反复循环，不断上升”，“艺术美就日益渗透在现实美中，使人们在生活实践的各方面日益自觉地‘按照美的规律来造形’”。[④]于是，美与真、善渐渐融合在一起，生活越来越美，艺

---

① 蔡仪：《鲁迅论艺术的典型与美感教育作用》（写于“1956 年 9 月 20 日”），载杜书瀛编：《蔡仪美学文选》，河南文艺出版社 2009 年版，第 369 页。

② 朱光潜：《美学中唯物主义与唯心主义之争》，载《美学问题讨论集》第六集，第 232 页。

③④ 李泽厚：《美学三题议——与朱光潜同志继续论辩》，《哲学研究》1962 年第 2 期。

术越来越美。李泽厚很自信地表明："这才是真正的思维与存在的同一性，主观与客观、艺术与现实的辩证法，这才是真正的美学实践观点：艺术来自现实，又为现实、为政治服务的观点。"①撇开"为政治服务"不谈，这种"艺术与现实的辩证法"一定程度上降低了现实（客观、存在）对艺术（包括艺术家）的绝对支配作用，缓解了艺术与现实之间的紧张关系，既有利于艺术与人生的互化，也有利于美的丰富、美感的提升以及二者的和谐。

二、艺术形象与典型：艺术与现实关系问题的具体化

艺术形象与典型是艺术的中心环节，而推动其展开的正是美的客观社会性和具体形象性。在李泽厚看来，"美的社会性是寓于它的具体形象中，美感的功利性是寓于它的具体直觉中"。也就是说，艺术美是通过具体感性的艺术形象来反映社会生活的真实和真理的，"艺术美感是真理形象的直观"②，其特点就在于从整体上、从具体形象中去把握、反映现实。在李泽厚的艺术美学中，对艺术形象和典型形象以及意境形象的考察，是其重心所在。

（一）艺术形象的美学特性

形象问题的提出，一方面是由于形象对于艺术至关重要，另一方面是由于当时的艺术品未能创造出具体的感性的形象。在李泽厚看来，"艺术美是现实美的反映和集中，艺术的形象也即是现实生活的形象的反映。所以，形象就是艺术生命的秘密，没有形象，就没有艺术"③。正是在这个意义上，李泽厚批评了当时公式化、概念化的艺术创作，他说："一切苍白的公式化、概念化的艺术品，就是因为它们没有创造出真正的形象，它们用逻辑的议论来代替形象，违反了、破坏了艺术美的反映论的原则。现实美本身就是具体的感性的形象，而这些作品却根本没去反映它。"④在这里，李泽厚虽然没有（也不可能）追问这种公式化、概念化文艺创作之所以产生的根本原因，但至少从美学上批评了当时流行的以逻辑议论代替形象塑造、以贫乏僵化的公式概念代替丰富生动的现实生活的创

---

① 李泽厚：《美学三题议——与朱光潜同志继续论辩》，《哲学研究》1962 年第 2 期。

②③④ 李泽厚：《论美感、美和艺术》，《哲学研究》1956 年第 5 期。

作现象，强调了形象创造对于艺术、艺术美的重要作用，其积极意义是值得肯定的。

在《论美感、美和艺术》中，因为篇幅和论题关系，李泽厚并未对“如何创造真正的形象”“艺术形象具有怎样的美学特性”等问题进行细致分析。后来，在《以“形”写“神”》(1959)、《虚实隐显之间》(1962)两文中，李泽厚将由美的社会性和形象性所引出的三对哲学范畴（有限与无限、偶然与必然、直接与间接）与艺术形象相结合，对上述问题作了细致解答。在李泽厚看来，艺术中的形象是有限的、偶然的、直接的（实、显），而要突破形象的有限、偶然与直接，就必须使形象具有深度和空间，使其最大限度地反映和表达出丰富的生活内容和广阔深远的情感思想，在有限中蕴含无限，在偶然中体现必然，在直接中寓藏间接，即以一当十，以“形”写“神”，“只有‘形’中见‘神’，以‘形’写‘神’才成为美”。① 可见，美的艺术（形象）必然是有限性与无限性、偶然性与必然性、直接性与间接性和谐统一即“形神兼备”的产物，这正是其美学特性所在。

需要注意的是，在论证过程中，李泽厚从中国传统艺术美学中借来“形—神”“虚—实”“隐—秀”等意涵丰富的古典范畴，并加以转化，实现了中西话语、理论与实际之间的亲密接触与融合。一方面，特别强调了突破“形似”达到“神似”、追求“象外之旨”“弦外之音”“言外之意”对于创造艺术形象、艺术美的重要意义，据此他直言不讳地批评了当时的文艺作品困于“形”（“写炼钢就只是炼钢，画积肥也只是积肥”）而不能传其“神”（“反映广阔的时代生活的本质”）的弊病，另一方面，又辩证地指出这些矛盾双方相互依存、相互制约的关系，强调神似必须寓于感性的形似之中，既反对自然主义或形式主义的艺术，又反对公式主义和推理论文式的艺术，据此他又批评了当时艺术创作中仅从逻辑概念上表现无限、必然和间接的“突出毛病”，特别是从读者接受角度强调了情感观照和想象的重要性。总之，李泽厚对艺术形象美学特性的批判性思考和倡导，汇通中西，熔铸古今，为“创造一个万紫千红、百花齐放、富有多样性独创性的艺术形象的园地”② 提供了可能。

①② 李泽厚：《以“形”写“神”——艺术形象的有限与无限、偶然与必然》，《人民日报》1959 年 5 月 12 日。

（二）典型形象的艺术特性

"形—神"的问题实质上也就是典型形象的问题。如果说形象问题是艺术美的核心问题，那么，典型问题就是艺术形象的核心问题，换言之，艺术美通过典型形象来集中、强烈、真实地反映现实美，典型形象是美的社会性与形象性的统一。在《新美学的根本问题在哪里》(1959)中，李泽厚着重批评了蔡仪用"典型"将现实丑改造为艺术美的谬误，认为他混同了美的艺术品与美的艺术形象，从反面表明"无论在现实生活中或艺术形象里，典型的东西并不就等于美"，"艺术不能通过典型来美化现实的丑"。[①] 在《典型初探》(1963)中，李泽厚又围绕典型作为共性与个性的统一、典型与审美意识和审美理想、典型形式的历史发展这三个问题，正面阐明了自己对典型形象的艺术特性的认识。其主要观点是：

其一，典型是具有历史具体的特定社会普遍性(共性、必然、本质)的艺术形象。李泽厚既反对用共性和个性的一般关系来剖析典型，反对脱开种种历史具体的社会矛盾，将典型的共性简单地归结为某种阶级属性，又反对将典型的共性作一种离开时代、阶级特定具体内容的理解(如蔡仪)，反对任何把典型看作是一种抽象的性格类型的倾向。与这些由于平面的、静止的、抽象的方法论错误而造成的谬见不同，他将辩证法运用于认识论，将共性与个性的范畴推进到本质与现象、必然与偶然的范畴，认为："艺术典型是体现特定的社会生活和历史发展的本质必然和规律(在阶级社会里，经常是阶级关系、阶级斗争的本质必然和规律)，而具有历史具体的特定社会普遍性(共性)的。"[②]这一观点从阶级关系的"动力学的状态"(借自列宁的概念)中来历史具体地阐释和把握艺术典型的必然性的本质内容，坚持了辩证唯物主义与历史唯物主义的统一，具有一定的合理性。

其二，典型是鲜明地表现艺术家主观审美意识和审美理想(个性、偶然、现象)的艺术形象。审美意识即人们反映现实、认识现实的一种方式，是情与理、感性与理性的统一，审美感受和审美理想各有侧重地体现着这个统一。艺术家如何捕捉集中审美感受上升为审美理想的过程，与艺术家在创作中所遵循的原

---

① 李泽厚：《〈新美学〉的根本问题在哪里？》，载《美学论集》，第132页。

② 李泽厚：《典型初探》，《新建设》1963年第10期。

则和途径、精神和方法（即创作方法）有着内在必然的关系。① 如果说客观生活的社会普遍性与艺术典型的内容必然性方面密切相关的话，那么，审美理想的个体经验性则与艺术典型的形式偶然性方面密切相关。与蔡仪轻感性、轻个别以及把美的本质归结为普遍性不同，李泽厚从美的客观社会性和具体形象性统一的美学观出发，认为艺术典型的基本特征在于典型（本质必然）与个性（偶然性）相反相成的统一（即“形神兼备”），虽然他认为共性—本质—必然是矛盾的主导方面，但格外强调了个性化、偶然性对于构成艺术典型特性的极大意义，这为创造多样性、丰富性、复杂性、独特性的典型艺术形象提供了理论依据，也有力矫正了那些把典型说成“种类的一般性”“阶级的共性”等简单化、庸俗化的文艺理论。

其三，艺术典型的形式是历史的产物。李泽厚认为：“艺术典型作为共性与个性、本质与现象、必然与偶然的统一，其统一体的矛盾双方所处的地位，它们相互联系的特点，随着这种发展也是各有不同的。这种不同便形成了艺术典型的多种历史的和现实的形态。”②典型的最显著的历史形态或形式可概括为两种：古代（资本主义以前）的类型性的典型与近代（资本主义以来）的特征性（或性格性）的典型，前者的特点是共性、本质、必然在现象形式中直接呈露，以美为理想和目标，后者则是个性的、偶然的、现象的方面被突出出来，以“崇高”和“表现”为理想和目标。这种从中西艺术史角度对典型的动态考察，表明了典型不是一成不变的、单一的形态，而是随社会历史条件不断变化和发展的多样形态，这有力地回应了蔡仪的静观式的典型论。

值得注意的是，在阐述典型在艺术现实中的不同形态时，李泽厚将中国传统美学范畴“意境”创造性地转化为马克思经典美学范畴“典型”。他认为，作为美学范畴的典型具有对各门艺术的普遍意义，但在不同的艺术种类中具有不同形态：“典型”是以再现（模仿）为主的艺术（如小说、戏剧、雕塑、风俗画等）所特有的形态，而“意境”则是以表现（抒情）为主的艺术（如建筑、音乐、抒情诗、山水画等）所特有的典型形态。这种会通“意境”与“典型”的意义正如有学者所言：“李氏不是将‘意境’（为王氏‘境界’的另一表述）简化为‘形象’，而是将‘意境’

---

① 参见李泽厚：《审美意识与创作方法》，载《美学论集》，第 363 页。
② 李泽厚：《典型初探》，《新建设》1963 年第 10 期。

升华为足以同‘典型环境—典型性格’相平行，且相媲美的现实主义美学范畴。”[①]而二者会通的基础正是他早在《“意境”杂谈》(1957)中就提出的“形与神”“情与理”两对范畴。国内已有学者对此进行了研究，此处不赘。[②]

总之，为了深入阐释典型形象的艺术特性，李泽厚从共时(主客)与历时(历史)角度进行了考察，尤其是对当时很少讨论的典型的主观一面即艺术家个性化的审美意识(审美感受和审美理想)进行了初步探讨，揭示了其共性与个性之间历史的、矛盾的统一，比较合理地解释了艺术典型的倾向性与多样性、艺术创作的典范性与独创性、典型形式的古代类型性与近代特征性以及艺术手法的现实主义和浪漫主义等各种复杂关系，这构成了其艺术美学的核心内容。需要注意的是，李泽厚在把艺术与现实的关系问题具化为典型问题之后，又再次将典型问题具化为艺术创作中的形象思维问题。形象思维问题是李泽厚持续关注的重要问题，也是贯穿两次美学热的关键问题，故另辟章节专门论述。[③]

三、 艺术的两对美学范畴：时代性和永恒性、阶级性和人民性

在《论美感、美和艺术》中论及“艺术批评的美学原则”时，李泽厚第一次明确提出了艺术的这两对重要的美学范畴：时代性和永恒性、阶级性与人民性，这是对“现实美的历史和时代性如何反映在艺术美中”以及“反映着一定历史时代的现实美的艺术美如何能够长久地保留下来供后人欣赏”两个问题的回答。事实上，早在李泽厚加入“美学大讨论”之前就写作发表的《关于中国古代抒情诗中的人民性问题》(1955)、《谈李煜词讨论中的几个问题》(1956)中，就涉及艺术的这两对美学范畴，尤其是后者严肃批评了当时“后主词讨论”[④]中暴露出的一

---

① 夏中义：《世纪初的苦魂》，上海文艺出版社1995年版，第179页。

② 参见朱维：《“意境”创造性转化的启示和问题——由李泽厚入选〈诺顿理论和批评选集〉引发的思考》，《文艺争鸣》2011年第2期。

③ 在二十年间，李泽厚相继写下五篇专论“形象思维”问题的论文：《试论形象思维》(《文学评论》1959年第2期)、《形象思维的解放》(《人民日报》1978年1月24日)、《关于形象思维》(《光明日报》1978年2月21日)、《形象思维续谈》(《学术研究》1978年第1期)、《形象思维再续谈》(1979年6月)。其相关论点参见第九章，此处不赘。

④ 1955年8月下旬，《光明日报》于“文学遗产”专栏发起了有关李煜及其词的讨论。此次讨论持续至1956年底，词学界许多老一代知名学者和青年学者纷纷参与讨论，公开发表在报刊上的李煜词评论文章计20余篇。《文学遗产》编辑部将这次讨论的成果收集起来编为《李煜词讨论集》(作家出版社，1957)。此次讨论主要涉及以下几个重要问题：一是，李煜词的人民性问题；二是，李煜词与爱国主义的问题；三是，李煜词中的爱情问题；四是，李煜词的艺术性问题；五是，李煜词成就地位的评价问题。

些基本理论观点和研究方法问题，一定程度上奠定了其哲学美学的基本框架、思路和方法：这是目前学界尚未关注的重要问题。

在李泽厚看来，这两对范畴有着相互依存、相互制约、矛盾而又统一着的极为生动、丰富、复杂的辩证关系，实质上是一个问题的不同表现方面，这个问题就是“艺术产生在一定时代、反映一定阶级的情绪、利益，为一定阶级服务，同时却具有着能超越其时代、超越其阶级的性质”[①]。问题的关键正在于“超越”如何成为可能。对此，李泽厚认为，历史地、形象地反映一定时代的生活本质、规律和理想，反映一定的先进阶级、阶层的利益要求、思想情感的美好的艺术作品，正确地描写和揭示了生活真理，表达了与人民共同或相通的思想情感，因而一定能突破时代和阶级的局限而成为永恒的、人民的艺术。正是在这个意义上，古代的抒情诗、李煜的词才能“世世代代地激起人们普遍的共鸣和反应”[②]。很显然，这两对范畴正是美的社会性、形象性的显现：社会性决定艺术（品）超越时代和阶级的永恒性、人民性，而形象性则决定其特定的时代性、阶级性，马克思主义艺术批评的美学准则（政治标准和艺术标准）正与此一一对应。

虽然由于时代和个人学识的限制，李泽厚此时对阶级性的强调要高于审美性，并且也只是从社会心理角度分析艺术作品（如后主词）的真正历史背景，没有涉及更实质性的“人性心理结构”问题[③]，但他对唯心论美学和庸俗社会学或形式主义文学研究的批判，对继承优秀的中国古代文艺批评传统的倡导，无疑对新中国初期的美学研究、古典文学研究以及文学理论研究等都发挥了积极的引导作用。

① 李泽厚：《论美感、美和艺术》，《哲学研究》1956 年第 5 期。

② 李泽厚：《关于中国古代抒情诗中的人民性问题——读书札记》，《光明日报》1955 年 6 月 19 日。

③ 在 1979 年所作的“补记”中，李泽厚写道：“后主词长久引起后人‘共鸣’，以及文学艺术的永恒的感染力，实质涉及所谓人性心理结构问题。这种心理结构，不是动物性的先天属性，而是社会的产物，历史的成果。如同物质财富一样，它是人类精神财富的表现，是人区别于动物之所在。”参见李泽厚：《美学论集》，第 456 页。

第三节　实践美学:从"生活论"到"实践论"

在20世纪中国美学史上,实践美学可以说是影响最大、争议最多、时间跨度最长的美学学派,而"美学大讨论"正是孕育其诞生的土壤,也是李泽厚实践美学思想的开端。虽然李泽厚在大讨论时期并未明确提出"实践美学"这一概念①,但作为学界公认的实践美学的代表人物,李泽厚的意义却是在大讨论时期就开始显露的。通过考察李泽厚早期实践美学的思想资源,比较其与论敌朱光潜的实践美学思想的异同,可以更深入地把握李泽厚实践美学的独特意义乃至中国实践美学的独特价值,更好地理解八九十年代实践美学的繁荣和新实践美学、后实践美学的兴起。

一、从"生活论"到"实践论":"苏联模式"与"中国模式"的思想会通

概括来说,李泽厚早期实践美学的思想资源主要来自两个方面:一是"苏联化的马克思主义"哲学和美学,主要包括车尔尼雪夫斯基的生活论美学、普列汉诺夫的艺术社会学、列宁的辩证唯物主义认识论哲学、以万斯诺夫和斯托诺维奇为代表的"社会派"美学,以及俄文版马克思著作(如《经济学—哲学手稿》)②;二是中国化的马克思主义哲学和美学,主要包括毛泽东的"实践论"哲学和黄药眠的"生活实践论"美学。无论是外部影响的"苏联模式",还是内部生成的"中

① 在2004年9月18—20日于北京第二外国语学院召开的"实践美学的反思与展望"研讨会上,李泽厚说:"我自己从来没有用过'实践美学'这个词,包括我在50年代所写的文章里,也没有用过'实践美学'这个词。我讲'实践'讲的很多,当然也讲'美学',但从来没有把这两者合在一起叫'实践美学'。这是别人加在我头上的。在这次会议上,我愿第一次表示接受这个词。"参见王柯平主编:《跨世纪的论辩——实践美学的反思与展望》,安徽教育出版社2006年版,第26页。

② 1932年,苏联正式发表马克思《经济学—哲学手稿》;1956年,苏联将《手稿》与马克思、恩格斯其他早期著作一起编为《马克思恩格斯早期著作》第一次出版;1956年9月,何思敬据此版本翻译为中文,以《经济学—哲学手稿》为名由人民出版社正式出版。美学大讨论中,李泽厚、高尔泰等人的相关引文皆引自该中文版,朱光潜则根据俄译参照英译自行译出。

国模式”，归根结底都是“马克思主义模式”，这是苏联美学家或中国美学家在当时都无法逾越的理论框架。需注意的是，对于中国美学家来说，在“必须以苏联为师”①的特殊语境中，为了建设“真正科学的、根据马克思列宁主义原则的美学”②，实质上不得不背负双重的话语要求：既要挪用移植苏联化马克思主义的美学话语，又要借鉴引入经典马克思主义的美学话语，两种话语纠缠交错，界限不明，既为中国美学家提供了充分的理论资源，又由于被个性化地解读、取舍和应用而造成了美学家内部的种种分歧和论争。李泽厚的独到之处在于，不拘一格地会通这两种模式，取长补短，渐进发展，在借用和批判车氏“美是生活”观的基础上，走出了一条从“生活论”到“实践论”的美学道路。

（一）“美是生活”：批判武器与武器批判

车尔尼雪夫斯基的“美是生活”观点虽然在西方美学史上一直被忽视，但由于“恰好适应了当时的革命文艺和革命人生观的需要”③，而对 20 世纪 50 年代的中国美学界、文艺批评界产生了巨大影响，尤其是提出该观点的车氏著作《生活与美学》由周扬翻译出版，更使得“美是生活”被当作俄苏唯物主义美学的代表性观点在中国广泛传播和接受。④ 从某种意义上说，“从 1954 年开始的‘美学大讨论’，正是在普遍接受了‘美是生活’的思想之后，对车尔尼雪夫斯基思想实现的突破。李泽厚的实践美学的萌芽，也是脱胎于‘美是生活’思想的。”⑤所谓“脱胎”是指李泽厚对车氏“美是生活”命题“作了一次解释学的援用”，⑥然后以此为“武器”批判朱光潜、蔡仪的美学思想，并对该武器本身进行了批判，从而迈出了实践美学的第一步。

在《论美感、美和艺术》中，为了表明自己所谈的“美的客观性和社会性”观点的合理性，也为了引出自己对美的基本性质的看法，李泽厚第一次正面论及

---

① 朱光潜：《把美学建设得更美！》，《文汇报》1959 年 10 月 1 日。

② 参见 1956 年第 12 号《文艺报》发表朱光潜《我的文艺思想的反动性》时配发的“编者按”。

③ 参见李泽厚：《批判哲学的批判：康德述评》，三联书店 2008 年版，第 430 页。

④ 参见施昌东：《论“美是生活”》，《文史哲》1954 年第 9 期；［俄］车尔尼雪夫斯基：《生活与美学》，周扬译，人民文学出版社 1957 年版。

⑤ 刘悦笛：《从“实践”美学到“生活”美学——当代中国美学本体论的转向》，《哲学动态》2013 年第1 期。

⑥ 李泽厚认为：“车氏所用‘生活’一词本意是生命、生命力，虽然其中也包括社会生活，但基本上仍是抽象人本主义以至生物学的。在中国，人们却甩开车氏的这层含义，突出强调了其中的社会生活以及这种生活中的阶级内容等意义，作了一次解释学的援用。”我们以为，李泽厚本人也在这“人们”之列。参见李泽厚：《批判哲学的批判：康德述评》，第 430 页脚注。

车尔尼雪夫斯基的"美是生活",并认为"这无疑是强有力的接近于马克思主义唯物主义的观点"[①];在《论美是生活及其他——兼答蔡仪先生》一文的开篇,李泽厚又高度肯定了这一"武器"的功用:"车尔尼雪夫斯基这一观点,恐怕仍是迄今较好的简明看法。这个看法鲜明地反对了唯心主义,坚持了唯物主义;它肯定美存在于现实生活之中,艺术只是现实生活的反映和复制";[②]在《〈新美学〉的根本问题在哪里》一文中,李泽厚再次肯定其"虽然还不是科学的马克思主义,但毕竟是革命民主主义者的斗争产物","把美与生活、与革命实践联系起来了","比以往唯心论和静观唯物论高出一头"。[③] 总之,这种革命的、唯物的、"准马克思主义"的特性,使"美是生活"成为批判唯心论和静观唯物论美学的理想武器,如其所言:"'美是生活'说不但是反唯心主义的有力武器,而且也还是反对机械唯物主义和形式主义美学的有力武器。"[④]

在李泽厚看来,"我们与朱先生的分歧是根本前提的分歧,是承认还是否认'美是生活'这一唯物主义基本原则的分歧。这一分歧实质上也就是在美学中承认或否认马克思主义哲学反映论的分歧"[⑤]。在这里,"美是生活"仿佛成为马克思主义哲学的"化身"而被当作区分唯心和唯物的唯一标准。朱光潜的"主客观统一论"以"美是艺术的属性"为根本前提,因此由"艺术作为一种意识形态"而认为美必然是意识形态性的,即美必须是主观意识形态作用于客观对象才能产生;而李泽厚则以"美首先必需是生活的属性"为根本前提,因此认为艺术美来源于生活美,是生活美的集中反映。正是在这个意义上,李泽厚批评朱光潜提出的"在列宁反映论之外加上马克思的意识形态论"的主张,批评其把艺术作为意识形态与艺术美作为客观存在混为一谈。反过来,李泽厚的"客观社会论"也被朱光潜批评为"把车尔尼雪夫斯基的'美是生活'和黑格尔的'理念从感官所接触的事物中照耀出来'两个水火不相容的定义合并在一起",[⑥]在这一点上,朱光潜确实抓住了车尔尼雪夫斯基"美是生活"观抽象的、主观概念的软肋,逼迫李泽厚必须对"美是生活"的弱点进行批判和改造。

---

① 李泽厚:《美学论集》,第 29 页。
② 同①,第 100 页。
③ 同①,第 123 页。
④ 李泽厚:《论美是生活及其他——兼答蔡仪先生》,载《美学论集》,第 111 页。
⑤ 同④,第 102 页。
⑥ 朱光潜:《论美是客观与主观的统一》,载《美学问题讨论集》第三集,第 11 页。

虽然李泽厚认为自己在这次讨论中的主要论战对象是朱光潜、吕荧等人的唯心论而不是蔡仪的机械唯物主义论，但实际上，李泽厚的多篇文章尤其是“美是生活”观点主要针对的还是蔡仪的“美是典型”论。与批判“唯心论”（朱、吕等）相比，批判“静观唯物论”（蔡）似乎更能显示出自己的学说才是真正的马克思主义唯物主义美学。在李泽厚看来，蔡仪的“美是典型”论实质上是一种僵死的、机械的庸俗社会学和教条主义的典型论，因为他以一种机械的、抽象的“一般性”“本质真理”来规定“自然美”和“社会美”，认为美可以脱离人类社会生活而存在，并且从来没有谈到人对于现实作为实践者的存在。他说：“正因为蔡仪在哲学问题上不了解生活、实践的观点的这种根本谬误，就使他连车尔尼雪夫斯基的‘美是生活’说也不能接受”①；又说：“对于蔡仪来说，美是生活、实践的理论，却始终是他的‘美是典型’说的格格不入的对头。”②可见，作为唯物主义美学底线的“美是生活”倒成为蔡仪美学无法抵达的上线，按黄药眠的话来说，“蔡的美学其实是前车氏的美学”。③ 对李泽厚的这一批评，蔡仪在近二十年后写了《论车尔尼雪夫斯基的美学思想》一文④，以批判车氏美学的方式给予了回应。而在批评蔡仪抽象地规定“美”的同时，李泽厚也意识到“美是生活”观点自身的抽象性问题。

总之，李泽厚利用“美是生活”作为“有力武器”对朱、蔡的唯心主义、机械唯物主义作了有力批判，但在这过程中，其自身的缺点也暴露无遗，因此李泽厚又不得不返身对“武器”本身进行了批判。

其一，“美是生活”最显著的缺点在于“这个理论的哲学基础还只是费尔巴哈的抽象的人本主义，它对生活内容还不能达到历史唯物主义的了解。因此虽然它坚定地否定现实、要求革命，却仍不能科学地指示出现实发展和变革的必然方向和进程”⑤。因此，“生活”只是一个抽象、空洞的、非社会历史的人类学的

---

① 李泽厚：《论美是生活及其他——兼答蔡仪先生》，载《美学论集》，第123页。

② 同①，第124页。

③ 黄药眠：《看佛篇——1957年5月27日对研究生进修生的讲话》，《文艺研究》2007年第10期。

④ 参见蔡仪：《论车尔尼雪夫斯基的美学思想》，载杜书瀛编：《蔡仪美学文选》，河南文艺出版社2009年版，第192—233页；首发于《美学论丛(2)》，中国社会科学出版社1980年版。该文发表后又引起杨恩寰等人的批评。参见杨恩寰：《评车尔尼雪夫斯基的‘美是生活’说——兼与蔡仪同志商榷》，《河北师范大学学报》1981年第4期。

⑤ 同①，第106页。

概念，“美是生活”只是模糊的、抽象的理论。其二，李泽厚借用普列汉诺夫的观点[①]指出，车尔尼雪夫斯基对“美是生活”的补充，又造成了一个尖锐的无法解决的矛盾，即美必须是客观的“美好的生活”，同时又必须是合乎主观概念的“应当如此的生活”。之所以有这些缺点，归根结底是因为“美是生活”还只是一种接近马克思主义美学的“旧美学”观，而非真正具有科学的哲学基础的马克思主义美学观。

为了解决这些矛盾，有效回答朱光潜的质疑并预备蔡仪的反批评，李泽厚主张“把‘美是生活’的唯物主义贯彻下去，把车尔尼雪夫斯基的‘应当如此的生活’从主观概念的世界中搬到客观现实生活中去”[②]，也就是说，“用历史唯物主义的关于社会生活的理论，把‘美是生活’这一定义具体化、科学化”[③]。为了实现这样的“企图”和“任务”，“历史唯物主义”的典范理论——马克思主义“实践论”被适时地召唤出场了，成为改造车尔尼雪夫斯基“美是生活”论的更有力的武器。

（二）“实践论”转向：马克思主义实践论思想的内外合力

在“美学大讨论”时期，从车氏的“生活美学”转向李氏的“实践美学”不是一蹴而就的，也不是某一方力量作用的结果。仅从话语层面来看，从“生活”到“实践”就至少经过了三次转变：在《论美是生活及其他》(1958)之前的文章中，“生活”被当作独立的、核心的概念广泛使用(如“社会生活”“现实生活”)；在大讨论期间未公开发表的《〈新美学〉的根本问题在哪里？》(1959)一文中，“生活”与“实践”被组合在一起，“生活、实践”或“实践(生活)”成为一种过渡的、特殊的表述方式；在《美学三题议》(1962)之后，“实践”被当作一个独立的、核心的概念开始广泛使用(如“生产实践”“艺术实践”)。从“生活”到“实践(生活)”再到“实践”，“生活”的隐退，“实践”的凸显，充分表明：随着论辩的深入，“实践”逐步摆脱“生活”的束缚而从后台走到前台，为“客观社会说”注入了至关重要的实践内涵，旧唯物论所坚持的反映一认识论(蔡)逐渐被马克思主义所坚持的实践一认识论(朱、李、蔡)所取代。而这一转向的实现，与其说是马克思“一家”的功劳，不如

① 参见普列汉诺夫：《车尔尼雪夫斯基的美学理论》，《哲学译丛》1957年第6期。
② 李泽厚：《论美是生活及其他——兼答蔡仪先生》，载《美学论集》，第108页。
③ 李泽厚：《论美感、美和艺术》，《哲学研究》1956年第5期。

说是马克思主义实践论思想的内（中国模式）外（苏联模式）合力的结果。

1. 外力："苏联模式"的马克思主义实践论

以《手稿》为代表的俄文版马克思著作对李泽厚早期实践美学的影响是直接而深远的，它不仅为其赢得了"马克思主义美学"的先机，更为其提供了重要的、长期的思想资源，为其指明了与苏联美学乃至世界美学同步的实践美学方向。

在《论美感、美和艺术》《美的客观性和社会性》《美学三题议》中，李泽厚三次援引马克思《手稿》中有关"人的本质力量对象化"的同一段话，引入了"人化的自然"观念，对上述"自然美"问题作了深入阐发；尤其是在《〈新美学〉的根本问题在哪里？》这篇被普遍忽视的文章中五次引用《手稿》来说明"自然的人化""实践"的内涵，强调实践作用于自然，"使自己对象化，同时也使对象人类化"。[①]总之，马克思"自然的人化"思想的引入，不仅为李泽厚自己的"客观社会说"提供了坚实的哲学基础，还恰当地批判了蔡仪静观唯物论、朱光潜唯心论的谬误，更将"见物不见人"（蔡）、"见人不见物"（朱）的美学引向了"见人见物"的美学，将"美的本质"的追问方式从绝对的、静态的、偏执于"客体"一方或"主体"一方转变为"自然（现实，客体）—人类（实践，主体）"之间辩证的、历史的关系，将"解释世界"的静观认识提升到"改造世界"的革命实践高度，一定程度上改变了后期美学大讨论的整体走向。

需注意的是，学界至今很少关注到马克思《费尔巴哈论纲》[②]对李泽厚实践美学的影响。事实上，李泽厚在讨论中多次引用其中的观点，而此后也多次谈到其"主体性"的提出与之有关。[③] 比如，在《〈新美学〉的根本问题在哪里？》中，李泽厚在指出车尔尼雪夫斯基对"生活的本质"理解得很不明确之后，紧接着就援引马克思在《费尔巴哈论纲》中的一个非常重要的判定——"社会生活在本质上是实践的"，并由此认为"马克思主义发现了历史发展的科学规律，把人的社

---

① 李泽厚：《〈新美学〉的根本问题在哪里？》，载《美学论集》，第144页。

② 根据李泽厚《美学论集》第156页的注释，其所引用的《费尔巴哈论纲》应出自由莫斯科1949年出版的《马克思恩格斯文选》（两卷集）译介的中文版，由集体翻译、唯真校订，莫斯科外国文书籍出版局1954年出版，《费尔巴哈论纲》收录于第二卷第401—404页。

③ "当年我提出主体性，是在中国特殊的环境下，是要突出个人，不过马克思的《费尔巴哈论纲》里也讲到主体和客体的问题。我所谓的主体……是指人作为一种物质的、生物的客观存在，他的活动能力、他与环境的关系。这个思想是想遵循马克思的《费尔巴哈论纲》，回到那个论纲。"参见李泽厚访谈《历史眼界与理论的"度"》，《天涯》1999年第2期。

会生活理解为生产斗争和阶级斗争的实践，说明了它们不以人们意志为转移的客观性质，这在美学上也就为含糊笼统的‘美是生活’说提供了一个科学发展的基础”①；而在《美学三题议》这篇重要文章中，他又说：“自然美的本质——‘人化’，是一个极为深刻的哲学概念，而不能仅从表面字义上来狭隘、简单、庸俗地去理解和确定；正如马克思主义所讲的‘实践’是一个深刻的哲学概念，不能从它表现为‘污秽的小商人活动的方面加以理解和确定’，而要理解为人类的生产斗争、阶级斗争的革命批判活动一样。”②可见，李泽厚的“人化”“实践”观吸收的是马克思对费尔巴哈人本主义的批判思想，即作为哲学概念的“人化”和“实践”要在普遍的、整个社会历史成果的基础上来理解，而不能在偶然的、个人主观意识活动的基础上狭隘、简单、庸俗地理解。这种实践哲学观使李泽厚的实践美学在革命批判性上接通和发展了车尔尼雪夫斯基的“生活美学”，但也使其在最初比较偏重于必然性、社会性、客观性的一面。③

作为“苏化马克思主义”的化身，列宁哲学在中国无疑享有和马克思主义哲学同等的地位，这从李泽厚以及其他讨论者的引证频率即可看出。但也正如朱光潜所指出的：“我们看到的企图运用马克思主义去讨论美学的著作几乎毫无例外地都简单地不加分析地套用列宁的反映论，而主要的经典根据都是列宁的‘唯物主义与经验批判主义’一书。”④对善于吸纳和发现的李泽厚而言，关注的不是谁的哪本书哪种理论，而是能否合理地为我所用。比如，一方面，他吸纳“社会的存在是不依存于人们的社会意识的”（《唯物主义与经验批判主义》）、“观察的客观性”（《哲学笔记》）等“客观”思想，⑤为其“美的客观社会性”观点提供了有力论据；另一方面，他又发现了“生活、实践的观点，应该是认识论的首先的和基本的观点”（《唯物主义与经验批判主义》）、“‘善’被理解为人的实践”（《哲学笔记》）等“实践”思想，⑥从而较早地从反映认识论中抽身出来，踏上了实

① 李泽厚：《美学论集》，第124页。

②⑤ 李泽厚：《美学三题议——与朱光潜同志继续论辩》，《哲学研究》1962年第2期。

③ 李泽厚很早就注意到“偶然性”，认为偶然性不仅是必然性的表现，而且是它的补充。尤其是在《典型初探》中，他提出，“典型（本质必然）与个性（偶然性）的统一，是艺术典型的基本特征”。在梳理西方艺术典型形式的发展史时，他又指出浪漫主义艺术的特点在于“艺术形象在共性与个性、本质与现象、必然与偶然的统一中，个性的、偶然的、现象的方面被突出出来”。参见李泽厚：《美学论集》，第311、318页。

④ 朱光潜：《论美是客观与主观的统一》，载《美学问题讨论集》第三集，第14页。

⑥ 同①，第123、183、161页。

践认识论的道路。当然，与此同时，李泽厚也把列宁实践论的前提即“把人类实践的总和当作认识论的基础”[①]当作自己实践论的前提，强调以人类群体为认识（实践）主体，而不是以个人个体为认识（实践）的主体。总之，列宁的唯物反映认识论在讨论前期也被李泽厚机械地套用到美和美感的关系上，使其和蔡仪、吕荧等人一样，一度困囿于“主观—客观”“唯心—唯物”的非此即彼的二分模式之中；但列宁唯物主义实践认识论的发掘又为李泽厚讨论后期的实践美学提供了重要的启示和哲学基础，既促使其从“真”（客观现实）与“善”（主体实践）的相互作用和统一中探寻“美”的本质，又为实践“主体”限定了“人类学”内涵，可谓利弊共存。

如果说苏联美学大讨论与中国美学大讨论在“时间维度、理论向度上”[②]有着相似和同构关系的话，那么其突出表现正在于苏联“社会派”美学、自然派美学和“主客观统一论”美学对李泽厚“客观社会说”实践美学、蔡仪“客观典型说”美学以及朱光潜“主客观统一论”美学有着直接或间接的深刻影响。当时国内几乎与苏联同步的理论作品的译介和发表，使这种“影响”成为可能。比较来看，李泽厚与万斯诺夫、斯托诺维奇等“社会派”美学家之间存在着诸多相似之处：其一，马克思《手稿》是他们共同的思想资源，“人化的自然”“人的本质对象化”等观点是他们探究“美的本质”的共同哲理依据；其二，边破边立的论辩策略是他们的共同选择，即一面批判“客观派”或“自然派”，一面建构自己“美在客观性与社会性统一”的美学理论；其三，“实践观点的美学理论”成为他们共同的美学追求。

比如，万斯诺夫在《客观上存在着美吗?》一文中，从“脱离了人们的社会历史实践”的角度批评了“客观唯心论”“主观唯心论”和“直观唯物论”，接着又从“客观性”和“社会实践性”两个维度对车尔尼雪夫斯基“人本主义”的美学观提出了批评，并援引马克思“人化的自然”说对主张美在客观自然物属性的“自然派”进行了反驳，指出“自然界只有成为人的生活活动的场所和条件，成为人的自然生活的环境，即人所掌握了的世界的时候，自然界对人才是美的”。[③] 斯特

① 列宁：《列宁选集》第2卷，第142页。
② 章辉：《苏联影响与实践美学的缘起》，《俄罗斯文艺》2003年第6期。
③ 伏·万斯诺夫：《客观上存在着美吗?》，《学习译丛》1955年第7期。

洛维奇也认为"'人化的自然界'是人的一切感觉和感受的基础"[①]。李泽厚同样在多篇文章中从"客观性"和"社会实践"两个方面批判了车氏"美是生活"观脱离"社会实践"的"人本主义"缺陷，同样援引马克思"人化的自然"观对本土的主张美在自然物典型属性、否认人的社会历史实践的"客观论"进行了批评，指出"只有社会实践的发展，使自然不断地'向人生成'，成为'人类学的自然'的时候……它才成为美"。[②] 总之，无论是在逻辑演进上，还是在观点学理上，强调"社会历史实践"的"社会派"美学对李泽厚的早期美学具有重要的启示作用。当然，由于文化和国情的差异，60年代中期之后，"社会派"美学在逐渐从哲学认识论美学转向了价值论美学以及符号学美学，而李泽厚则通过将康德的批判哲学、儒道互补的中国传统哲学融入马克思实践哲学而建立起更为完善的以"人类学历史本体论哲学"为基础的实践美学。

2. 内力："中国模式"的马克思主义实践论

毛泽东的"实践论"思想作为"马列主义实践论中国化"的代表产物，被引入"美学大讨论"是本土革命语境中建设"马列主义美学"的必然。在新中国成立初期，为了在意识形态上实现破"旧"立"新"，全国上下掀起了学习、讨论和运用毛泽东"实践论"的理论高潮，《人民日报》《光明日报》《新建设》等中央权威报刊在"头版头条"刊发学习毛泽东"实践论"的理论文章，《解放日报》《北京大学校刊》等报刊还专门列出了"学习'实践论'参考文献"，并且人们都从"阶级斗争经验"的角度，把毛泽东的"实践论"当作"充实发展了的马克思主义的认识论"[③]。在此影响下，李泽厚不仅一开始就从《在延安文艺座谈会上的讲话》汲取话语资源，阐明艺术美"集中"地反映现实美的特性，而且也自觉地从《实践论》中获取实践认识论思想并融入其对美和美感的理论建构过程中。

比如，在《论美感、美和艺术》中，李泽厚为了强调理性认识和逻辑思维对美感直觉和形象思维起着极为巨大的影响、制约和决定作用，他这样说道："毛泽东同志告诉我们：'感觉到了东西，我们不能立刻理解它，只有理解了的东西才能更深刻地感觉它。'这一马克思主义认识论的原理，对于艺术创作、艺术欣赏

---

① 斯托洛维奇：《论现实的审美特性》，载《美学与文艺问题论文集》，学习杂志社1957年版，第51页。
② 李泽厚：《〈新美学〉的根本问题在哪里？》，载《美学论集》，第147页。
③《人民日报》"社论"：《学习毛泽东同志〈实践论〉》1951年1月29日。

具有深刻的指导意义。”①可见，李泽厚将毛泽东《实践论》中的认识论视为“马克思主义认识论”，并以此为“指导”来建构感性与理性、主观直觉性与客观社会性相统一的唯物主义美学理论。正如他后来所说：“从马、恩、列、毛到卢卡契，反映论的认识论成了马克思主义美学的基石”②，“从恩格斯到普列汉诺夫、列宁，到毛泽东《实践论》，讲的都是认识论”③。为了在中国建设马克思主义美学，他尽管有意从反映论的认识论中抽身而出，却依然惯性地从“认识论”角度去理解“实践”（无论是马克思的、列宁的还是毛泽东的）。这使其在《〈新美学〉的根本问题在哪里？》中引用并认同毛泽东《实践论》中的这一核心论点——“实践的观点是辩证唯物主义的认识论之第一的和基本的观点”④，并将此作为与旧唯物反映认识论绝然不同的马克思主义实践认识论的注脚之一。总之，毛泽东实践认识论思想作为马克思主义实践论在中国本土的特殊映射，使李泽厚在批判旧唯物主义反映认识论美学（蔡）和唯心主义认识论美学（朱）这一“本土问题”时获得了某种话语优势，但也因此而陷入“认识论”的牢笼之中，没能最大化地发挥出“实践”的理论效力。

被打成“右派”（1957年6月）的美学主将——黄药眠，在失去发言机会之前就已从马克思《费尔巴哈论纲》和列宁《哲学笔记》等理论资源中汲取了“实践”思想，积十余年之功建立起自己独树一帜的“生活实践论”，对李泽厚产生了一定的影响。早在文章《论约瑟夫的外套》和《论美之诞生》（1945）中，黄药眠就指出：“我们首先要加强实践，只有在实践的过程中，才能使主观更明显和更有力……我们所说的‘实践’‘生活’是指根据于一定的社会的历史的任务去斗争”⑤，“只有从生活这个角度去看，从阶级意识这个观点去看，才能获得一个满意的美学上的答案”⑥。黄以此分别批评了舒芜剥离社会生活和人类历史的“主观论”、朱光潜脱离生活和社会历史的“直觉论”；在《论美与艺术》（1950）又指出“人类是从生活实践中去找寻出美”，并批判吸收车尔尼雪夫斯基和蔡仪的美学观点，将“美”定义为“美是人们在当时历史的具体条件之下，各自根据其阶级立

---

① 李泽厚：《论美感、美和艺术》，《哲学研究》1956年第5期。
② 李泽厚：《批判哲学的批判：康德述评》，三联书店2008年版，第252页。
③ 李泽厚：《与高建平的对谈》，载《世纪新梦》，安徽文艺出版社1998年版，第252页。
④ 参见李泽厚：《美学论集》，第123页。
⑤ 黄药眠：《论约瑟夫的外套》，香港人间书屋1948年版，第20页。
⑥ 同⑤，第28页。

场民族传统，从生活实践中去看出来的一个系列的客观事物的典型性”[①]；在美学大讨论时期最后一次公开发表的“不得不说的话”(1957)中，他明确表明：“离开人的生活去谈线条色彩是不对的，因为线条在人的社会生活实践中才有意义，故美不是存在于事物本身中，而是对于客观事物的美的评价。”[②]可见，黄药眠始终坚持从“生活实践”的角度阐释美学文艺学问题，并以此为基础逐渐形成了自己独特的“美学评价”说。虽然李泽厚认为“右派军师黄药眠”的《论食利者的美学》“只是对美感作了一些极零碎的日常经验式的叙述，而并没有什么真正科学或理论上的系统论证，因此它并没有什么理论上的代表性”[③]，但事实上他吸纳与继承了黄药眠的“生活实践论”思想并用以批评黄药眠、朱光潜和蔡仪等前辈。比如，针对朱光潜脱离社会生活实践而强调个人主观审美经验的美感论，李泽厚借用上述黄药眠的“生活实践”“阶级立场”“民族传统”等美学思想批评道：“美感这种表面上的个人主观偶然的心理活动，就完全是客观必然地决定于那个时代和社会的……是作为人类认识和改造世界的有力工具而服务于人类的生产斗争和阶级斗争的社会实践的。”[④]而针对蔡仪美在事物本身自然属性以及抽象的社会美等观点，李泽厚又借用上述黄药眠“生活实践”的思想批评道：“一切的美都必需依赖于作为实践者的‘人’亦即社会生活实践才能存在。”[⑤]

李泽厚并没有停留于黄药眠的“生活实践论”或是任何一家一派的理论，而是在综合上述中苏模式的马克思主义实践论思想的基础上，适时地引入了“自然的人化”思想，进一步丰富和发展了黄药眠的“生活实践论”，为自己的“客观社会说”打下了实践哲学的基础。虽然他依然无法摆脱强大的认识论哲学框架的束缚，也无法像苏联“社会派”美学那样强调文学艺术自身的审美规律，但至少通过这种内外思想的会通，实现了由“生活”到“实践”的美学转向，不仅部分地化解或转移了其理论内部由于主观－客观、感性－理性等二元对立带来的紧张和冲突，更为自己以及“美学大讨论”突破反映论局限找对了马克思主义的方

---

① 黄药眠：《黄药眠美学文艺学论集》，北京师范大学出版社 2002 年版，第 22 页。

② 黄药眠：《美是审美评价：不得不说的话》，载《黄药眠美学文艺学论集》，第 28 页。这是黄药眠于 1957 年 6 月 3 日在北京师范大学“美学讲坛”上的最后一次美学讲座的讲稿。

③ 李泽厚：《关于当前美学问题的争论——试再论美的客观性和社会性》，载《美学问题讨论集》第三集，第 181 页。

④ 李泽厚：《论美感、美和艺术——兼论朱光潜的唯心主义美学思想》，载《美学问题讨论集》第二集，第 21—22 页。

⑤ 李泽厚：《〈新美学〉的根本问题在哪里？》，载《美学论集》，第 122 页。

向。总之，李泽厚的这次“实践论”转向，对其早期实践美学乃至整个实践美学体系的建构以及“美学大讨论”的后期发展来说可谓至关重要。

二、李泽厚“人类学实践美学”与朱光潜“艺术实践美学”比较

按上所述，李泽厚在“自然的人化”基础上通过兼收并蓄实现了实践论的美学转向，尤其是在《〈新美学〉的根本问题在哪里？》一文中第一次明确提出了“美的本质就是现实对实践的肯定”“自由的实践就是创造美的实践”①等重要命题：这标志着其实践美学的正式诞生。紧接着他又在《美学三题议》中提出“美是现实肯定实践的自由形式”这一更加完善的命题，在美的“必然内容”之外揉进具体形象性（自由形式）一面，即美是现实的对象世界以一切感性的东西（即美的形象性）肯定着人的实践，从而在“实践论”的基础上重新解释了美的客观社会性与具体形象性，并据此对“美的本质”的具体展开——美学范畴进行了重新界定，比如崇高（包括悲剧）是现实肯定实践的严重形式，滑稽是这种肯定的比较轻松的形式，②这成为其在美学大讨论时期实践美学的基本内涵。

总体来看，其突出的特征在于：他借用马克思《手稿》中有关“人类的普遍性”“人类的自然”“历史是自然向人的生成”等话语资源，从一开始就赋予了这种美学的“实践”观以“人类学”的视野与内涵。因为在他看来，现实之所以成为美的现实、具有美的性质，是因为它们肯定着人类的实践，实践使人类自身对象化，“同时也使对象人类化”。因此，“现实的美在本质上都是人类的、社会的”，无论是自然、社会，还是人的社会生活、人的自然，“都具有人类的社会的性质”③。总之，他的结论在于：“美的本质就是现实对实践的肯定；反过来丑就是现实对实践的否定。美或丑的多少取决于人类实践的状况、人类社会生活发展的状况，取决于现实对实践的关系。”④拿“自然美”来说，只有当“自然”成为“人类学的自然”的时候它才成为美，这种“自然”不仅指可被人类劳动实践所直接

① 李泽厚：《美学论集》，第 147、148 页。
② 李泽厚：《关于崇高与滑稽》，载《美学论集》，第 197—225 页。
③ 同①，第 146 页。
④ 同①，第 147 页。

征服的对象（如大地园林、水库港湾），也指那些非劳动所直接征服的对象（如高山大海、日光月色），因为它们“与人类社会生活实践发生了良好有益的关系（即这些现实事物也是肯定着人们实践的）”[①]；而自然的“向人生成”的状况和程度也就是人类改造自然的状况和程度决定了自然是“美”还是“丑”。可见，李泽厚所谓的“实践”（“自然的人化”）是历史的、社会的、“人类的”实践，而非“个人”的实践，其过程是“一个长期的人类历史过程”，其内容是“在漫长的实践史过程中……实践在人化客观自然界的同时，也就人化了主体的自然——五官感觉，使它不再只是满足单纯生理欲望的器官，而成为进行社会实践的工具”[②]。换言之，人类几十万年实践的历史成果实现了“客观自然的人化”与“主体的自然人化”，亦即他后来所命名的“自然的人化”的两个方面——“外在自然的人化”与“内在自然的人化”。虽然他此时只将“实践”视为认识论范畴，但不容否认，这种认识论实践美学的“人类学”内涵与其后来实践美学的哲学基础“人类学本体论哲学”的“人类学”内涵是一以贯之的。按其在《批判哲学的批判：康德述评》中所言：“本书所讲的‘人类的’‘人类学’‘人类学本体论’，就完全不是西方的哲学人类学之类的那种离开具体的历史社会的或生物学的含义，恰恰相反，这里强调的正是作为社会实践的历史总体的人类发展的具体行程。它是超生物族类的社会存在。”[③]从这个意义上说，李泽厚的这种早期实践论美学可称之为“人类学实践（认识论）美学”，正如有学者所言：“人类学视野是李泽厚哲学与美学提出与回答问题最根本的学理依据，是这一理论学术个性的根源，同时也是其有效性的明确边界。”[④]

相较而言，从同一起点（马克思主义实践论）出发的朱光潜则走上了与李泽厚迥然不同的“艺术实践美学”的道路。联系其实践美学的代表文章《美学研究些什么？怎样研究美学？》（1960）、《生产劳动与人对世界的艺术掌握》（1960）、《美学中唯物主义与唯心主义之争》（1961）等来看，朱光潜在根据马克思的“美学的实践观点”建立自己的“美学的实践观点”时，始终紧扣“艺术”“艺术实践”来进行驳论和立论，“美是文艺的一种特质，文艺是一种社会意识形态，所以美

① 李泽厚：《美学论集》，第 139 页。
② 李泽厚：《美学三题议——与朱光潜同志继续论辩》，《哲学研究》1962 年第 2 期。
③ 李泽厚：《批判哲学的批判：康德述评》，三联书店 2008 年版，第 89 页。
④ 薛富兴：《李泽厚后期实践美学的内在矛盾》，《求是学刊》2003 年第 2 期。

必然带有意识形态性或阶级性”[1]，这是其“实践美学”的根本论点；美学研究应以艺术为中心，艺术实践等同于劳动实践，这是其“艺术实践美学”最突出的又紧密相关的两个特点。

在朱光潜看来，“因为艺术是人类艺术掌握的最集中最高度发展的形式，只有先把艺术认识清楚，然后才能认识一般现实生活中的审美的性质”。这正如马克思所言的“人脑解剖是猴脑解剖的基础”；又因为“美是艺术的一种属性”，“美的本质只有在弄清艺术的本质之后才能弄清，脱离艺术实践而去抽象地寻求美，美是永远寻不到的”。所以，美学研究要以艺术（实践）为中心即主要对象，“离开‘用艺术方式掌握世界’，离开人的认识和实践活动，不能有所谓美”[2]。正是从“用艺术方式掌握世界”（即“在自己所创造的世界里观照自己”）这一命题出发，朱光潜首先区分了“科学的理论性的掌握世界的方式”和“艺术的实践精神的掌握方式”，并指出实践掌握与艺术掌握既密切相关又有区别，继而指出，马克思主义美学实践观要求艺术应视为生产（劳动）实践的必要构件，按其所言，“实践观点就是唯物辩证观点，它要求把艺术摆在人类文化发展史的大轮廓里去看，要求把艺术看作人改造自然，也改造自己的这种生产实践活动中的一个必然的组成部分”[3]，继而在“人化的自然”（“人的本质对象化”）这一共同原则的基础上将“艺术实践（创造）”与“劳动实践（创造）”相等同；最后借用“劳动的异化”理论阐明劳动实践与艺术实践原本就是一体的，只不过在阶级社会中脱了节，而马克思主义的共产主义的理想就是要“使劳动和艺术活动由在阶级社会中的分裂回到二者之间里所应有的统一”[4]。

由此可见：朱光潜的艺术实践美学始终贯穿着他从《手稿》《〈政治经济学批判〉导言》《资本论》《费尔巴哈论纲》等经典著作中所理解的“马克思主义美学”的精神要义；尤其是其坚持“艺术是一种社会意识形态”这一认识与实践相统一的主张，强调艺术家个人的主观“意识活动”对艺术和美的重要作用，一定程度上减弱了美学讨论中其他讨论者“对于主观创造活动带主观唯心主义嫌疑的危惧”，纠正了仅仅从认识、客观、社会等方面单向性地理解艺术和美的偏颇。

---

① 朱光潜：《在中国科学院哲学社会科学学部委员会第三次扩大会议上的发言》，《新建设》1961 年第 1 期。

② 朱光潜：《美学研究些什么？怎样研究美学？》，《新建设》1960 年第 3 期。

③ 朱光潜：《生产劳动与人对世界的艺术掌握》，载《美学问题讨论集》第六集，第 205 页。

④ 朱光潜：《美学中唯物主义与唯心主义之争——交美学的底》，载《美学问题讨论集》第六集，第245 页。

当然，朱光潜的问题也显而易见：他既认为一切实践活动包括生产劳动和艺术、一切创造性的劳动包括物质生产与艺术创造，又认为“艺术审美活动起于劳动或生产实践”“劳动就是艺术活动”，那么，劳动与实践、艺术活动（实践）与生产活动（实践）究竟是什么关系？由此看出，朱光潜对“艺术”“劳动”“生产”“实践”这些核心概念的表述混乱不清，尤其是对“艺术”和“实践”作了最广义的理解。洪毅然很快就指出“朱先生混淆了审美认识与生产实践的界限，把两者等同起来混为一谈”[①]，而李泽厚则更敏锐地揭示出这种“概念的迷乱”（蔡仪语）背后的隐秘“心思”：“朱先生实际上是口讲生产，心指艺术，在两种实践、生产的混淆中用艺术实践吞并了生产实践，精神生产（劳动）吞并了物质生产（劳动）。”[②]与其说这表现了朱光潜言说策略的高妙，不如说表现了他试图继承欧美心理（经验）主义美学的最后一点遗产，又迫于形势不得不以马克思主义实践论加以改造的两难与不彻底。这种不彻底也集中表现在他哲学方法论上的进步性与保守性的并存。“进步”是指他看到并指出了从单纯认识活动来看美学（艺术）问题的“直观观点”（以柏拉图为代表）的错误，并试图以马克思主义的“实践观点”——即从认识与实践的统一且实践为基础的原则——来看美学（艺术）问题，因此特别强调人与自然、个人与社会、认识与实践这三组关系的“对立统一”[③]；“保守”是指由于时代氛围和学术视野的限制，他最终又退回到他所批判的反映论框架内，尤其是在提出以马克思主义社会意识形态论打破列宁反映论之后，又不得不对自己所犯的这一“严重错误”进行“自我批评”，于是他只能在强调“存在决定意识”的同时补充强调“意识反过来影响存在”，在马克思主义“实践”观的掩护下极力为艺术的“主观的能动性和创造性”争得最后的一席之地。这种“明修栈道暗度陈仓”的实践美学自然遭到了李泽厚以及蔡仪、魏正等人的共同批评。[④]

---

① 洪毅然：《论“人对世界的艺术掌握”及其相关问题——对朱光潜先生美学近著的几点质疑》，载《美学问题讨论集》第六集，第 214 页。

② 李泽厚：《美学三题议——与朱光潜同志继续论辩》，《哲学研究》1962 年第 2 期。

③ 朱光潜：《生产劳动与人对世界的艺术掌握》，载《美学问题讨论集》第六集，第 206 页。这种“对立统一”的观点来自于对黑格尔美学的辩证法基础的吸收，在他看来，黑格尔“替美学上的实践观点种下了种子”，“提出了一系列的辩证的对立与统一的原则，例如人与自然，精神与物质，主观与客观，感性与理性，特殊与一般，认识与实践，个人性格与当时社会流行的人生理想等对立范畴的辩证的统一”。参见朱光潜：《黑格尔美学的评价》，载《美学问题讨论集》第五集，第 338 页。

④ 参见李泽厚《美学三题议》，蔡仪《朱光潜先生旧观点的新说明》，魏正《关于美学问题的哲学基础问题》，载《美学问题讨论集》第六集，第 304—355 页，第 166—175 页，第 256—303 页。

李泽厚的“人类学实践美学”与朱光潜的“艺术实践美学”可谓中国实践美学的两种最早形态。比较来看，二者的相同之处在于：二者都从中苏马列主义经典著作中汲取“实践论”思想营养，也都竭力将其熔铸到各自的理论框架中，以一种不断调整的积极姿态抢占中国化马列主义美学的话语优势；都反对机械的静观的唯物主义美学（蔡仪），都主张在现实与实践的关系中、在具体的社会历史过程和历史条件中考察美的（实践的）对象。而二者的根本差异在于：是以“艺术”还是以“生活”为“美”定性。朱光潜认为“美是艺术的一种属性”，因此他“最关心的是‘找’艺术，其次才是‘找’美”，“把艺术美放在首要地位，把自然美放在次要地位”，[①]可以说，艺术是其实践美学的出发点、研究对象和归宿；而李泽厚则批评朱光潜“把美圈定在艺术的范围内，圈定在艺术创作和艺术欣赏的过程中，否定在艺术和艺术活动之外还有美的存在”，认为“美首先必需是生活的属性”，[②]因此在其实践美学观念中，生活（实践）是第一性的，艺术作为“现实生活的反映”必然是第二性的，也因此“自然美”“生活美”被放在着重探讨的首要地位，而来源于或者说集中反映生活美、自然美的“艺术美”只能屈居次要地位（见上节所述）。正是由此根本差异，才导致了二人对“实践”“生产”“人化”等核心概念的理解差异。[③]

之所以有如此差异，主要原因恐怕在于二人对现代西方美学在理解和接受上存在差异。朱光潜因受现代西方美学思想——尤其是克罗齐“艺术即直觉（表现）”的美学观[④]——的影响而倾向于将美学完全聚焦于艺术，从而形成了一

① 朱光潜：《美学中唯物主义与唯心主义之争——交美学的底》，载《美学问题讨论集》第六集，第240、228页。

② 李泽厚：《关于当前美学问题的争论——试再论美的客观性和社会性》，《学术月刊》1957年第10期。

③ 比如对“人化”的理解：在李泽厚看来，“‘人化’者，通过实践（改造自然）而非通过意识（欣赏自然）去‘化’也”（《美学三题议》）。也就是说，马克思所谓的“人化”不是指人类的审美活动，而是指人类通过改造自然这一客观实践活动赋予自然以社会的（人的）性质、意义。因此，“自然的人化是指经过社会实践使自然从与人无干的、敌对的或自在的变为与人相关的、有益的、为人的对象”，即马克思所言的“自然向人生成”，自然变成“人类学的自然”，成为“人类的非有机的躯体”。而朱光潜则认为：“人‘人化’了自然，自然也‘对象化’了人。这个辩证法原则适用于人类一切实践活动（包括生产劳动和艺术）”（《美学中唯物主义与唯心主义之争》），即艺术被看作使自然“人化”的实践活动。二者的根本区别正如李泽厚所言：“朱先生的‘人化的自然’是意识作用于自然，是意识的生产成果；我所理解的‘人化的自然’是实践作用于自然，是生产劳动的成果。”（《美学三题议》）

④ 参见克罗齐：《美学原理》，朱光潜译，正中书局1947年第一版（或作家出版社1958年第二版）。此外，还可能也受到美国马克思主义美学家路易·哈拉普艺术美学理论的影响。如朱光潜在翻译哈拉普著作《艺术的社会根源》（新文艺出版社1951年版）的“序”中所言，“这部书想介绍马克思主义的美学中的一些为人熟知的原则，并且提出一些问题，以备许多学者和思想家们以集体的努力，作进一步的研究”。参见哈拉普：《艺术的社会根源》，朱光潜译，载《朱光潜全集》第十一卷，第296页。

种"艺术批评"的元理论；而在俄苏模式和中国模式共同影响下的李泽厚则对此不以为然，他反对欧美流行的并占主导地位的分析哲学的美学和艺术本体论的美学，按其后来所言："现代资产阶级美学中，对审美经验的分析和对艺术的研究，几乎成了美学的主体甚至唯一主题，在另一些人那里，对艺术的'元批评学'替代了美学。对美的哲学探讨的兴趣完全消失，一概斥之为形而上学，这是我所不敢苟同的。"[①]可见，"对美的哲学探讨"（哲学美学）才是李泽厚所坚持的作为"元批评"的美学。从某种意义上说，这种差异也是他们身份差异的显现：朱光潜是出身教育学专业、有着深厚的中外艺术修养和丰富文学创作经验的作家型学者，而李泽厚则是出身哲学专业并以哲学研究为业的专家型学者。

饶有意味的是，朱光潜将艺术与人生、与自我实现联系了起来，赋予"美"以实在的、个人性的内涵，当他说在共产主义社会里"每个人都是多面手的劳动者，同时也是艺术家"的时候，我们不难发觉这与其早期最具代表性的美学观点——"人生的艺术化"之间的密切关联。与其说这是一种乌托邦的美学理想，不如说这是他在理论和实践两方面都始终坚持的一种以艺术塑造人（生）的美育主张，李泽厚自 20 世纪 80 年代以来格外强调"教育"（尤其是作为美学内容的"美育"），强调"把艺术和审美与陶冶性情、塑造文化心理结构（亦即建立心理本体）联系起来"，[②]无疑是一种迟到却殊途同归的呼应。

第四节　李泽厚早期美学思想的贡献与局限

作为一个坚持"走自己的路"的思想者，李泽厚在美学大讨论中所表现出的学术姿态和求真品格是有目共睹的。通过批判吸收车尔尼雪夫斯基、普列汉诺夫、列宁以及"社会派"等苏联哲学和美学思想以及黄药眠的"社会生活实践"论美学思想和毛泽东"实践论"思想，尤其是从马克思《手稿》中汲取"自然的人化"思想，针对朱光潜、蔡仪等人的理论缺陷而提出了以"客观社会论"为中心的哲

① 李泽厚：《美学论集》，第 33 页。
② 李泽厚：《美学四讲》，引自李泽厚《美学三书》，天津社会科学院出版社 2003 年版，第 418 页。

学美学和艺术美学理论;继而将车尔尼雪夫斯基的"美是生活"命题进一步具体化、科学化,即把抽象主观的"生活"转换为具体客观的"实践",把"美是生活"转换为"美是现实肯定实践的自由形式",初步建立了实践美学的基本原则和理论框架。

从思想观念上来说,李泽厚早期美学思想重要的一个贡献是率先将马克思的"自然人化"思想引入美学大讨论,促使其他各派都纷纷运用马克思的"自然人化"思想来改进自己的美学研究,确保了马克思主义美学的建设方向和质量。比较来看,蔡仪恪守"客观典型说"而根本否认了"自然人化"的美学意义,朱光潜、高尔泰用"自然人化"来直接揭示审美活动,理解上都有偏差,而李泽厚则从"人化的自然"提出的具体文献语境出发,认为"马克思并不是谈艺术或审美活动问题时提出这个概念,而是在谈人类劳动、社会生产等经济学和哲学问题时用这个概念的。所以,马克思用它('人化')……是指人类的基本的客观实践活动,指通过改造自然赋予自然以社会的(人的)性质、意义",[①]这使得以此作为理论基石的"客观社会论"在当时的论争中获得了较大的影响力和生命力,开辟出一条以实践论为哲学基础来探索"美的本质"的道路。

从哲学方法论来看,李泽厚坚决反对庸俗实用主义者(如姚文元、庞安福等)贬低和轻视理论思维和抽象分析的方法,而始终主张和坚持辩证的、理性的方法,使得整个美学大讨论保持住了思辨的哲学品格,避免了滑向庸俗实用主义的泥潭。在他看来,"美学问题能够提到哲学根本问题上来争论,尽管抽象,有时且带有学院派的繁琐缺点,但总的说来,却是值得注意而不只是值得厌烦的事情。这种争论远比去提倡争论'衣裳打扮'之类的所谓具体问题重要得多"[②]。这种方法论态度以及他本人的理论文章促使理论思维的科学方法即"从抽象到具体、从简单到复杂"逐渐成为美学科学的独特方法,从而有效抵制了姚文元"照相馆里出美学"的经验主义的庸俗实用主义美学观对美学科学的渗透,确保了美学大讨论始终在学院派的学术话语中围绕"哲学的根本问题"来深入展开,而没有被政治化的革命话语所绑架:这是历来论者所未曾注意到的李泽厚的一个重要贡献。

---

① 李泽厚:《美学论集》,第171—172页。

② 李泽厚:《美学三题议——与朱光潜同志继续论辩》,《哲学研究》1962年第2期。

从理论内涵上来说，李泽厚提出别具一格的“美感二重性”和“美的二重性”理论，批判吸收了朱、蔡二人的理论之长，突出强调了“客观社会性”的统摄作用，为美学大讨论贡献了独特的具有可持续发展的一派理论，尤其是个人心理的主观直觉性与社会生活的客观功利性相统一的“美感二重性”命题，极富见地，因为“与‘美是生活’、‘美是典型’等命题相比，这一命题，更深地进入审美世界，也更紧密地联系到文学艺术的内在规律”[①]。虽然由于特定的时代限制，李泽厚对其中的“主观直觉性”言之寥寥，“主观”“直觉”等概念在其艺术美学、实践美学中也被迫隐退，但他对“情感”在审美心理活动中的地位和作用非常重视，明确提出艺术创作中的形象思维必须“包含情感”，甚至认为情感性比形象性对艺术来说更为重要，这种对情感逻辑的坚持在“谈情色变”的阶级斗争年代是难能可贵的，某种程度上为艺术创作摆脱公式化、概念化的束缚提供了一线生机，也为其后期“情感本体说”“新感性说”等思想的诞生奠定了学理基础。

事实上，李泽厚的这些理论观点在“美学大讨论”中就遭到其他各派的强烈质疑和批评，尤其是其“客观社会论”观点更是招致四面八方的反驳和批判。比如侯敏泽说：“李泽厚同志认为：要么承认美是客观的，要么就承认它是主观的，这其间没有中间的路线。这样的提问方法事实上表现了一种形而上学的观点，企图把复杂的美学现象简单化。”他虽然肯定李泽厚对“美的社会性问题”的强调是“十分必要”的，但同时指出其缺点在于用“一种简单的阶级和社会分析方法”“机械地去套一切自然的现象”。[②] 在朱光潜看来，李泽厚“客观社会论”的基本出发点——“自然物同时是一种‘社会存在’”——是“非常模糊的、混乱的”，因为“自然与社会的区别是常识所公认的，也是马克思主义者所公认的。如果说，自有人类社会以后，自然就已变成社会存在，那么世间一切都是社会存在了，自然和社会就用不着区分了”。朱光潜还通过辨析李泽厚所举的国旗和货币的例证来说明自然与社会性之间的关系，证明其“思想的混乱”。此外，他还指出李泽厚“把艺术是一种社会意识形态或上层建筑这个马克思主义的基本原则一笔抹杀了”。造成这些混乱的根本原因在于李泽厚“想把车尔尼雪夫斯基的‘美是生活’和黑格尔的‘理念从感官所接触的事物中照耀出来’两个水火不

---

① 刘再复：《李泽厚美学概论》，三联书店2009年版，第72页。

② 敏泽：《美学问题争论的分歧在哪里》，载《美学问题讨论集》第二集，第61—62页。

相容的定义合并在一起”，“结果却是拿黑格尔压倒了车尔尼雪夫斯基”。[①] 黄药眠认为李泽厚“忽视了艺术，似乎整个美就是社会存在，就是生活”，“也没有谈到人如何创造艺术，也没有谈到人在艺术创造中的主观作用”，并且“他把社会存在就看为客观，而不是看作是通过人的意识去表现出来的”，“没有看到美感的个人因素”，也“没有注意到审美现象的本身特点”，就“认为美感决定于美”，这是“不妥的”，根本错误在于李泽厚“把哲学上的认识论拿来生搬硬套”。[②] 在高尔泰看来，李泽厚“社会性和客观性的统一”这一提法是“片面和狭隘的”，因为“首先在语法上就是不合逻辑的。社会是相对于自然而言的；客观是相对于主观而言的。社会的东西有其主观方面，也有其客观方面；客观的东西有其自然方面，也有其社会方面。把任何事物描述为社会性和客观性的统一，或者自然性与客观性的统一，如果不是毫无意义的同语反复的话，就只能是语法不通了”[③]。

从这些批判中，我们不难发现李泽厚早期美学的局限所在。概括起来，主要表现在这样几个方面：

其一，始终没有摆脱认识论哲学的束缚，一定程度上存在着以哲学认识论硬套美学问题的弊病。这是李泽厚早期美学思想的最大局限。

在美学中，认识论是不能轻易放弃的。正如有学者所言，“在审美活动中，仍然时时刻刻都依赖知识，通过审美活动增长知识，同时有知识增长的快感”[④]，我们可以借用语言论来“融化”主客观，在新层次上回归知识论和认识论，但如果完全在认识论的框架中探讨美学问题，则势必陷入重存在轻意识、重理性轻感性、重客观轻主观的偏狭之中。在美学大讨论中，李泽厚最初像其他各家各派一样深受列宁反映论的认识论哲学影响，坚持存在一意识、客观一主观、唯物一唯心等非此即彼的二元对立立场，在美的本质问题上拒绝在“美是主观”与“美是客观”之间选择“折中调和”的中间路线，从而提出“不合逻辑”的“美是客观性与社会性的统一”；在美与美感的关系问题上则认为：“美是第一性的，基元的，客观的；美感是第二性的，派生的，主观的。承认或否认美的不依存于人类

① 朱光潜：《论美是客观与主观的统一》，载《美学问题讨论集》第二集，第8、10、11、12页。
② 黄药眠：《看佛篇——1957年5月27日对研究生进修生的讲话》，《文艺研究》2007年第10期。
③ 高尔泰：《现代美学与自然科学》，载《谈美》，甘肃人民出版社1982年版，第214页。
④ 高建平：《美是主观的还是客观的?》，《文史知识》2015年第3期。

主观意识条件的客观性是唯物主义与主观唯心主义的分水岭。”[①]而在引入“自然的人化”并经历“实践论”的转向之后，马克思主义的实践一认识论哲学成为其实践美学的哲学基础，一方面，“美”被重新界定为“现实以自由形式对实践的肯定”[②]，这表现出在“实践”基础上对反映一认识论的反思和僭越以及试图统一人与自然、理性与感性的对立的意愿，但根本上还是认识论哲学束缚下“客观社会论”的翻版，是物质生产实践完全“统治”的美，另一方面，美感本身的特性问题被转换为“美感从根本上如何可能”的审美发生学问题，认为“美感的实质就是人们能在精神上把握和肯定着自己的实践（生活）”，强调主体的自然人化与客体的自然人化是“社会历史实践”的产物，“客观自然的形式美与实践主体的知觉结构或形式的互相适合、一致、协调，就必然地引起人们的审美愉悦”，但同时又认为这种审美愉悦之所以是“一种具有社会内容的美感形态”，是“因为它是对现实肯定实践的一种社会性的感受、反映”，[③]也就是说，美与美感的关系仍被理解为“反映”与“被反映”的关系。总之，李泽厚早期的哲学美学、艺术美学和实践美学是在认识论哲学的有限范围内建构和发展的，相对缺少哲学价值论视角的美学追问，这既是他个人的思想局限，更是那个时代的集体的思想局限。

其二，这种拘泥于哲学认识论的时代局限，使得李泽厚在理解“实践”“主体”“艺术”等核心美学范畴时也停留于认识论阶段，从而造成了其早期美学的学理局限。

尽管李泽厚在综合吸纳中苏马克思主义实践论思想基础上很快建立起自己的“人类学实践美学”，但“实践”仅仅被当作认识论的概念，并被狭义化地理解为物质生产实践，正如有学者所言：“李泽厚虽然强调的是美的客观性和社会性，但实际上他还是从客观认识论的立场上来强调实践而没有从真正的本体论立场上来规定实践，并没有把实践赋予本体地位。”[④]事实上，直到李泽厚在《批判哲学的批判》（1979）中提出“人类学历史本体论”或“主体性实践哲学”时，“实践”才真正成为一个本体论概念。同样，虽然他此时也提出了“主体”概念，并将实践的“主体”与“人类”“社会实践的历史总体”相关联，但很显然他对实践认识

---

① 李泽厚：《论美感、美和艺术》，《哲学研究》1956 年第 5 期。

②③ 李泽厚：《美学三题议——与朱光潜同志继续论辩》，《哲学研究》1962 年第 2 期。

④ 张伟：《认识论・实践论・本体论——当代中国美学研究思维方式的嬗变与发展》，《社会科学辑刊》2009 年第 5 期。

论的“客体”更加信赖，在他看来，“具有主观目的、意识的人类主体的实践，实际上正是一种客观的物质力量”①。因此这里实践的“主体”还只是一个完全由“客体”决定的、缺乏“主体性”内涵的一般概念，而这为他此后吸收康德主体性思想提供了可能。此外，他也从认识论出发，简单地把艺术等同于认识，视艺术为现实生活的反映，直到《形象思维再续谈》(1979)他才明确提出“艺术不只是认识”，“仅仅用认识论来说明文艺和文艺创作是很不完全的”，“艺术创作、形象思维主要属于美学和文艺心理学的研究范围，而不只是、也主要不是哲学认识论问题”。②

其三，这种学理局限还表现在他过分夸大了“社会性”的统摄力，试图用社会性解释人类所有的审美对象，把一切事物之所以“美”的根源都归结于“社会性”即“人类集体的理性”，一定程度上掩盖了自然美、艺术美本身的独特内涵与个体价值。

虽然李泽厚最先将马克思《手稿》中的“自然的人化”观点引入到美学中，但由于没有充分理解和消化，所以过分夸大了“人化”的美学功能，认为“一切的美都必需依赖于作为实践者的‘人’亦即社会生活实践才能存在”③，忽视了自然事物、艺术作品等审美客体本身的审美属性以及审美主体的审美意识和趣味。这从他对“国旗”“货币”等例证的阐述以及对“艺术”的理解可以见出。比如李泽厚在以“国旗”为例说明“自然美的社会性”时认为，国旗的美“是一种客观的(不依存于人类主观意识、情趣的)、社会的(不能脱离社会生活的)存在，是新中国的国家、人民和社会生活的客观存在，而我们的美感(我们感到国旗美)就仍然是这一客观存在的美的主观的反映，是我们对我们今天的国家社会的美的认识”④，且不论李泽厚误将本为“社会物”的“国旗”当作“自然物”，单就这种观点来看，李泽厚至少忽略了“五星红旗”本身在应征的 3000 多种图案中所体现出的与众不同的审美属性，否定了参加设计、投票的所有人的个人的主观意识和审美情趣在审美评价过程中的作用，可见其对“自然人化”思想理解上的局限。同样，在他看来，“艺术创作如果不去把握和表现自然对象的人的、生活的内容，

① 李泽厚:《美学三题议——与朱光潜同志继续论辩》,《哲学研究》1962 年第 2 期。
② 李泽厚:《美学论集》,第 555、560、561 页。
③ 李泽厚:《〈新美学〉的根本问题在哪里?》,载《美学论集》,第 122 页。
④ 李泽厚:《美的客观性和社会性——评朱光潜、蔡仪的美学观》,《人民日报》1957 年 1 月 9 日。

也很难成为美的山水诗、风景画”①。艺术只是现实的摹写和反映，艺术美（艺术的本质）只是现实美的集中反映，“是现实肯定实践的一种自由形式”②，这种“自由”显然是“客观社会性”（群体性、理性）作用的结果，而非“主观能动性”（个体性、感性）作用的结果，可见其相对忽视了艺术自身的审美特性和价值以及艺术家艺术创造的主体性、审美情趣的个别性，只把艺术当作了社会现象。③

此外，由于对美学学科的科学化、客观化要求，李泽厚倾向于将“美”与“真”“善”相提并论，并赋予它们以“统一性”和“客观性”，这是“美学大讨论”中的其他各家各派直接或间接表露出的某种普遍的思维病症。在他看来，“真”是不依存于意识、意志的客观必然性，“善”是社会普遍性，而对象化的善（对应于“美的内容”）与主体化的真（对应于“美的形式”）便是“美”，“美是‘真’与‘善’的统一。真、善、美都是客观的”。④可见，原本是感性活动的“美”与科学认知的“真”、伦理要求的“善”混为一体，在“实践”（人类的物质生产实践）基础上被视为一种合目的性和合规律性的“客观存在”，所谓“美的普遍必然性正是它的社会客观性”，而非人与对象之间的“审美价值关系”。诚如有学者所言：“心体与美的能动性价值自始就是李泽厚实践观最薄弱的一环……当李氏倾力强调将美与‘心’还原于物质生产的实践时，这种作为人类学本体基础条件的物质生产实践同时已自觉不自觉地吞并了价值的本体。”⑤李泽厚的这种客观性的“真善美相统一”的思想归根结底还是苏化马克思主义认识论哲学的中国化表现，这既为其后来的“以美启真”“以美储善”“以美立命”的实践美学命题奠定了基础，也表明了其“人类学实践美学”在“美学大讨论”中的先天性理论缺陷。

总之，在“美学大讨论”的激烈论辩中，年轻的李泽厚凭借其过人的智慧和学养，批判吸收各家观点，兼容并包中外理论，边破边立，初步构建起以马克思“自然人化”为哲学基础的“客观社会论”实践美学思想，虽然不可避免地存在着一些局限，但在论争中还是占据了有利地位，赢得了极高的学术声誉。也正是以此为起点，通过融合康德的批判哲学、马克思的实践哲学以及儒道互补的中

---

①②④　李泽厚：《美学三题议——与朱光潜同志继续论辩》，《哲学研究》1962 年第 2 期。

③　“在对‘美是生活’的命题的批评中，李泽厚只看到文学艺术是一种社会现象，没有强调或者不确认文学也是一种生命现象，因此，他批评把文学视为生命现象是‘生物学化的倾向’，力图把‘美是生活’命题推向更彻底的境地。这一批评也有值得商榷之处。”参见刘再复：《李泽厚美学概论》，第 71 页。

⑤　尤西林：《朱光潜实践观众的心体》，《学术月刊》1997 年第 7 期。

国文化传统等思想资源并进行“转换性创造”，李泽厚在20世纪80年代实现了对早期实践美学思想的进一步充实、提升和完善，建构起以“人类学历史本体论”（主体性实践哲学）为基础的“实践美学”体系，创生出“积淀”“情本体”“新感性”“工艺—社会结构”“文化心理结构”等一系列美学新概念、新命题，有力地推动了中国实践美学和当代美学学科的繁荣发展。

第七章

五六十年代其他美学观点

很显然，新中国成立最初的十几年中，不仅仅是“美学大讨论”中四个学派的“四重唱”，而是“百家争鸣”“百花齐放”式的集体大合唱，尽管是在一个“指挥家”（马克思列宁主义哲学）的指挥下演出的。我们既不能否认这些代表性的学派和人物在论争中所发挥的积极的学术引领作用，也不能无视那些由于多种原因（尤其是政治意识形态原因）而被学界所忽略甚至被历史所遮蔽的其他人物，及其所做出的重要贡献。[①] 从某种意义上来说，“美学大讨论”之“大”正在于后者所呈现出的规模性、丰富性、复杂性和深远性。在这里，我们谨对“美学四派”之外在当时具有一定影响力和代表性的其他美学家的观点予以简述，以期窥斑见豹，还原历史本真。

① 据不完全统计，除上述代表性的四派美学家之外，参加此次美学大讨论的还有（按姓氏拼音排序）：阿甲、鲍昌、曹景元、陈克明、陈辽、陈鸣树、程代熙、程至的、冯契、冯文炳、佛雏、甘霖、贺麟、洪毅然、胡经之、华耀祥、黄药眠、继先、蒋孔阳、李淮春、李可染、李醒尘、梁水台、刘纲纪、刘宁、陆贵山、陆梅林、马奇、梅宝树、敏泽、庞安福、钱锺书、钱中文、汝信、施昌东、孙潜、萧平、许杰、杨恩寰、杨黎夫、杨辛、姚文元、叶秀山、余素纺、王朝闻、王先霈、王向峰、王子野、魏正、吴大、吴调公、吴汉亭、伍蠡甫、吴元迈、赵宋光、张庚、周谷城、周来祥、朱彤、宗白华等近百人，这其中许多中青年学者后来成为八九十年代“美学热”“文化热”的积极参与者和推动者。

第一节　黄药眠的价值论美学

黄药眠，广东梅县人。早年加入创造社，出版诗集《黄花岗上》，后从事文艺与美学方面的批评和理论研究。新中国成立后，任教于北京师范大学。其文艺理论和美学方面的著作有《沉思集》《批判集》《初学集》等。在“美学大讨论”中，他无疑是独立于“美学四派”之外的一个“特殊”人物。言其“特殊”是因为甘霖和杉思在综述美学讨论的文章中对黄药眠只字未提，朱光潜认为他“还未形成一种学派”[①]，李泽厚认为“右派军师黄药眠的‘论食利者的美学’一文……只是对美感作了一些极零碎的日常经验式的叙述，而并没有什么真正科学或理论上的系统论证，因此它并没有理论上的代表性”[②]，许多年后仍说“黄药眠因为没什么理论，不算一派”。[③] 而童庆炳则认为，黄药眠不但有“派”，而且还是“中国20世纪50年代美学大讨论的第一学派”。[④] 究竟应如何评价这个“特殊”人物呢？

一切从历史事实出发。事实是：1956年，黄药眠在《文艺报》率先发表《论食利者的美学——朱光潜美学思想批判》，正式拉开“美学大讨论”的序幕[⑤]；接着

---

① 黄药眠：《看佛篇——1957年5月27日对研究生进修生的讲话》，《文艺研究》2007年第10期。

② 李泽厚：《关于当前美学问题的争论——试再论美的客观性和社会性》，载《美学问题讨论集》第三集，第181页。

③ 李泽厚，刘绪源：《该中国哲学登场了？——李泽厚2010年谈话录》，上海译文出版社2011年版，第17页。

④ 童庆炳：《中国20世纪50年代美学大讨论的第一学派——为纪念黄药眠先生诞辰110周年而作》，《北京师范大学学报(社会科学版)》2013年第6期。

⑤ 在新中国成立初期，《文艺报》就邀请了蔡仪和黄药眠对朱光潜的美学进行批判。1950年，《文艺报》第一卷第八期发表了黄药眠的《答朱光潜并论治学态度》，第一卷十二期上又头条发表了黄药眠《论美与艺术》，黄在批判朱光潜唯心论美学的同时，从生活实践的角度阐发了自己对于美的思考。

又在北京师范大学中文系组织举办“美学论坛”①，并在蔡仪、朱光潜、李泽厚之后连续作了“看佛篇”与“塑佛篇”（即《美是审美评价：不得不说的话》）两场学术报告，不仅明确反对“各派”美学“用哲学上的认识论的命题硬套在美学上”②，还提出了“美是审美评价”的观点，由此将马克思主义美学视野转向到“价值论”。③通过美学思维方式由“美是什么”向“美学评价”“审美评价”的视域转换，黄药眠不仅摆脱了“主客模式”的认识论窠臼，还对美、美感与艺术进行了全新思考与解答，进而形成了一套以生活实践为基础、以价值论为核心的“价值论美学”思想体系。尽管黄药眠这一美学思想因“反右”运动被剥夺话语权在当时未能传播开去，从而被历史遮蔽，但今天，我们有必要拂去历史尘埃，破除种种成见或偏见，客观还原黄药眠美学思想的真实本色及其独特价值。

一、以“生活实践”为基石，对朱光潜、蔡仪与李泽厚的美学进行批评和破解

1956 年，为响应“中共中央关于宣传唯物主义思想，批判资产阶级唯心主义思想的指示”④，《文艺报》就朱光潜“资产阶级唯心主义美学思想”率先发表了黄药眠《论食利者的美学——朱光潜美学思想批判》这篇“发难”之作。黄药眠此文主要从两方面对朱光潜给予批判：一是延续早期社会学美学的思路，从“生活实践”角度批判朱光潜的“美感论”仅仅局限于“孤立绝缘的形相直觉”，而忽视“直觉”之外丰富的社会生活实践；二是从创作心理学角度在肯定朱光潜倡导的

---

① “美学论坛”由北京师范大学中文系于 1957 年 3 月开始举办，是“又一个‘百家争鸣’的讲坛”（《文汇报》1957 年 5 月 8 日）。其中，蔡仪讲了四次；朱光潜讲了二次，第二讲即是后来发表的《论美是客观与主观的统一》一文；李泽厚讲了一次，即是后来发表的《关于当前美学问题的争论》一文；作为东道主的黄药眠讲了两次，第一讲即是《看佛篇》，是对前面三人所讲内容的点评，第二讲是《塑佛篇》，是对自己“美是审美评价说”思想的阐发。可惜的是，讲坛一结束，“反右”便开始，黄药眠被打成了“右派”。《看佛篇》与《塑佛篇》没来得及发表，直到 1999 年和 2007 年才分别以《看佛篇》和《不能不说的话：美是审美评价说》为题发表在《文艺研究》（2007 年第 10 期）和《文艺理论研究》（1999 年第 3 期）上。详细史料可参阅张荣生：《记上个世纪五十年代的美学大讨论》，《新华文摘》2012 年第 7 期。“美学讲坛”引起社会各界的广泛关注，《文汇报》1957 年 4 月 24 日以及《光明日报》1957 年 5 月 8 日均对此进行了宣传报道。

② 黄药眠：《美是审美评价：不得不说的话》，《文艺理论研究》1999 年第 3 期。

③ 李圣传：《黄药眠：生活实践土壤中的价值美学倡导者——从朱光潜与黄药眠的“梅花之辩”说开去》，《北京师范大学学报》（社会科学版）2013 年第 6 期。

④ 参见《人民日报》“社论”：《展开对资产阶级唯心主义思想的批判》，《人民日报》1955 年 4 月 11 日。

美感“个性”因素（认为“个人心境”“个体意识”及“美学理想”等“个人主观性”因素对于美感具有重要影响）前提下，又主张“心境乃是和那个人意识，即被社会存在所决定着的意识有关”。[①] 针对朱光潜后来强调“物甲—物乙”说的“主客观统一论”思想，黄药眠在“美学论坛”上又表现出与蔡仪、李泽厚不同的态度。他首先肯定了“朱光潜有进步”，并赞同朱光潜强调美“要有主观能动性，艺术是社会意识形态”的观点，认为“我们批评他，要具体地分析，不必扣大帽子”。但与此同时，他也提出了对朱光潜美学的不同意见。

首先，黄药眠认为朱光潜将美学局限在艺术学的范围不妥，因为“在艺术之外还有审美现象”；另外，在基本同意艺术“是社会意识形态”的基础上又指明其不足，黄药眠认为艺术除社会意识形态外还应包括“个人的感觉、情感等”，因为“社会意识形态包括不了社会存在，后者比它更丰富”。其次，黄药眠认为朱光潜“物甲—物乙”的说法不妥，而应改成“物甲（一）—物甲（二）”，因为“作者描写甲，结果比甲更多些，也少一些，带有作者的感情和希望，描写必带有主观色彩”。第三，黄药眠认为“朱认为美的社会性就是主观性，也不能令人同意。社会意识形态有主观性，但也有客观性。美的社会性也有客观性。通过个人的头脑是主观的，但也是客观决定的。如有的看法某一阶层都这样想，就有客观性”。[②] 应该说，黄药眠对于朱光潜美学的批评与破解是客观合理的，他既肯定了朱光潜向“唯物主义”转向的积极性以及对“主观能动性”的重视，同时又指出不能将美学仅仅局限于艺术学，因为艺术之外的各种审美现象，如自然美等问题也亟须解决，也不能将艺术仅仅看成是社会意识形态，因为艺术在社会意识形态之外还包括有个人的感觉与情感等因素。

针对蔡仪“客观典型说”美学的缺陷，黄药眠在“美学讲坛”上也以“社会实践”的视角从三个方面进行了批评和“破解”：首先，他认为蔡仪美学“不新”，“其实是前车氏的美学”，尽管蔡仪强烈要求用马克思唯物主义的“新方法撰写新美学”，但他美学思想实际近乎是一种机械式的旧唯物主义论。其次，他以花为例，认为蔡仪“不是从社会、个人对花的实践关系去谈美，这种脱离社会生活实践去谈美，是机械的唯物论”。他认为花之所以美并不是因其“自然属性”，而是

---

① 黄药眠：《论食利者的美学——朱光潜美学思想批判》，《文艺报》1956 年第 14—15 号。

② 黄药眠：《看佛篇——1957 年 5 月 27 日对研究生进修生的讲话》，《文艺研究》2007 年第 10 期。

“在人的生活实践中，人与花发生了关系，有情感，于是人对花的关系，也就是人与人的关系的反映”[①]。与蔡仪机械唯物论不同，黄药眠能够在“物”之外见出“人”的“生活实践”的重要性，将花的美看成是人与物在实践关系中形成的情感活动，而这种人对物在实践关系中形成的情感态度，在黄药眠看来是因为“人的社会生活与人的文化教养”。正是在生活实践的基础上，黄药眠破除了蔡仪“见物不见人”的美学观，并在“文化教养”等维度上真正赋予了“人”在审美活动中的主体地位。第三，他认为蔡仪的典型论“脱离了人的社会实践，不是从阶级斗争的实践去把握”，而且还把“艺术只看为现实的描写，至于作者对现实的态度则没有谈”。[②]虽然黄药眠也强调“客观事物美的典型”，但与蔡仪“纯客观”的理解不同的是，黄药眠主张从“生活实践”的角度去解释“美的典型”，认为“美的典型性虽然是客观的存在着，但它是从人类生活实践中的立场去显现出来的，各人的立场不同，因而各人所遵循着的序列不同，而所谓典型也就不同了”。[③] 他同时认为“艺术的特点，不能简单地归结为形象性的反映现实，还要看有没有个性，有没有情感的激动，然后才讲有没有形象”[④]。总之，黄药眠紧紧抓住社会实践，强调生活实践以及人的情感、文化教养的重要性，在对蔡仪“见物不见人”式的机械唯物论的反驳中辩证地看到主体与对象的整体性关系，尤其是指出了“人”在审美活动中的核心地位，强调了“实践性”与“社会性”对于正确理解美的重要作用。

尽管讨论中李泽厚受黄药眠美学思想启发提出了“美感二重性”思想，但他在具体的美学阐发中只强调“客观的社会性”一个维度，对“主观直觉性”的涉及“唯心”的一面近乎“丢弃”。不但如此，他在来回论辩中甚至还对之加以否定，比如在“国旗”的例子中，否定人的主观美感而认为国旗之所以美“是因为国旗本来就是美的反映”。[⑤] 这种思考逻辑显然因陷入蔡仪式的反映论模式中而难以成立。李泽厚的这一“失误”并非偶然，因为他的美学思考逻辑同样是“心—物”二分的哲学认识论。尽管李氏在后来的论辩中增加了对社会生活和实践的马克思主义“元素”的阐释，但他始终将美学问题与马克思主义反映论捆绑在一

①② 黄药眠：《看佛篇——1957年5月27日对研究生进修生的讲话》，《文艺研究》2007年第10期。
③ 黄药眠：《论美与艺术》，《文艺报》1950年3月10日。
④ 黄药眠：《塑佛篇》，载《中国现代学术经典·黄药眠卷》，北京师范大学出版社2012年版，第206页。
⑤ 李泽厚：《美的客观性和社会性——评朱光潜、蔡仪的美学观》，载《美学问题讨论集》第二集，第44页。

起，这使得其美学在客观社会存在的背后“空缺”着人的丰富的意识情感。在“美学论坛”，黄药眠同样对李泽厚美学的这些缺陷进行了批评：首先，“李没有估计到人类发展到今天，人已有各种各样的生活面，而各种不同的生活面，可以欣赏不同的生活现象”。黄药眠认为，“美感包含有功利主义的使用目的，这对，但不能把所有的美感包括进去。原始时的人的美感是与实用直接联系或间接联系的，而现在则不，有时间接而间接，甚至没有联系”。其次，“他忽视了艺术，似乎整个美就是社会存在，就是生活”。黄药眠认为，“美存在于生活中，但不仅仅是，更主要是在于艺术中，艺术是美的中心，是美的最高表现”，并指出李泽厚还忽视了“人在艺术创造中的主观作用”，仍停留于车尔尼雪夫斯基“美是生活”的层面上，认为美就是生活的模仿和反映。第三，“他把社会存在就看为客观，而不是看是通过人的意识去表现出来的，他没有看到美感个人因素”，此外，“他还认为美感决定于美，这不妥”，黄药眠认为“这是把哲学上的认识论拿来生硬套”，“没有注意到审美现象的本身特点”。[①] 总之，李泽厚美学的巨大贡献在于将马克思“自然的人化”观点引入美学研究中，同时也注意到了美的社会性，这些都是黄药眠极为赞同的，因为这也是他的一贯主张。李泽厚美学的缺陷在于将美感的“主观直觉性”这一重要维度“遗弃”，认为美感决定于美，甚至依据“存在决定意识”的反映论原则得出红旗的美仅仅是“客观存在着的红旗本身决定的”这一结论，这些都是黄药眠所不能认同的，也是他与李泽厚美学的分歧和批评的重点所在。

可见，黄药眠与蔡仪、朱光潜以及李泽厚美学观的根本差异，就在于他将美学的地基建立在“实践性”的生活土壤中。正是从“生活实践”出发，黄药眠既批判了朱光潜“孤立绝缘”的“直觉论”，也间接地驳斥了蔡仪机械的“客观典型论”，以及李泽厚“遗弃”主观作用的“客观社会论”。可以说，黄药眠通过对马克思、列宁关于“实践”观点的吸收，提出建筑于社会生活土壤上的“实践论”的社会学美学观，尤其十分重视审美过程中文化的积累和传承，在当时的学术语境中来看，不仅具有理论上的闪光点，而且在各种实际问题的解决上也显得十分有力、有效。

---

① 黄药眠：《看佛篇——1957年5月27日对研究生进修生的讲话》。

二、以“审美评价”为核心，建构超越认识论模式的价值论美学

黄药眠的这种既强调“社会性”“实践性”“阶级性”，但又不否定“个性”“审美差异”的社会学美学，也遭到了来自同一阵营的蔡仪的批判。蔡仪因同样批判朱光潜的文章先后被《文艺报》和《人民日报》退稿，于是在“百家争鸣”气氛中将批判矛头调转瞄准“同伴”黄药眠，写作发表了《评“论食利者的美学”》一文，认为黄药眠“和朱光潜是没有什么不同的”，“实质上还是主观唯心主义的‘曲调’”。[①] 而颇有意味的是，率先批判黄药眠的是蔡仪，但最早发现黄药眠价值论美学“新说”的也是蔡仪，其文章同时指出：

> 按“美学的意义”和“美学评价”，相同于一般所谓“美的评价”；“美学理想”大约相同于“美的理想”或“艺术理想”之类。黄药眠在这里着意避免用“美”之一词而以“美学”代之，当亦自有其用意。[②]

众所周知，蔡仪美学思想是极力反对滥用“审美”一词的，认为“美”就是“美”，是“客观的”。[③] 在此，黄药眠提出“美学评价”与“美学理想”，则显然与蔡仪这种“客观论”美学思想不符。但确如蔡仪所说，在黄药眠的美学思考中，他着意用“美学”代替“美”，用“美学评价”去代替“美是什么”，这不仅将“美的本质”的知识论追问转换到“审美评价活动”内，还预示着美学范式的变革。因从哲学本质出发，“美是什么”的回答只能得出“主观—客观—主客观统一”三种结论，而将之置换为“美学评价”或“审美评价”，就上升到“审美评价活动”这一价值论视域中，既有效化解了哲学原点上“主观—客观”“唯心—唯物”的思维阈限，还避免了“主观”即“唯心”“反动”的政治认定。

然而，蔡仪《评“论食利者的美学”》引发了黄药眠的不满与深思。对于这种“主观”即“唯心”的唯物反映论的“正统”思维，黄药眠先是在 1957 年 2 月写作的《问答篇》中作了侧面回应。他认为，在文学艺术中，除从社会科学去研究外，

---

①② 蔡仪：《评“论食利者的美学”》，《人民日报》1956 年 12 月 1 日。

③ 参见杜书瀛：《蔡仪先生——纪念蔡仪先生百年诞辰》，载《美学的传承与鼎新：纪念蔡仪诞辰百年》，中国社会科学出版社 2009 年版，第 239 页。

还应从心理学进行研究以揭示探索个人的主观情感世界，却不能说“从主观出发就是唯心主义”。[①] 再就是1957年初《文艺报》“美学小组”部分同志举行的小型座谈会上，黄药眠也从《论食利者的美学》一文谈起并进行了口头反击，认为：“我有没有讲清楚的地方，但说我是唯心主义，缺乏事实的根据。我是想从创作心理学的角度研究美感和艺术创作的特点。但批评文章却很少从这样的角度去考虑，只是用一般哲学原理代替对一切具体现象的分析。”[②]

黄药眠真正直接而正面的回答是在“美学讲坛”上。在“看佛篇”“塑佛篇”的两场学术报告中，黄药眠认为：蔡仪、朱光潜、李泽厚在“批评别人时都有正确之处，但自己提出的看法又不能令人满意”[③]，原因在于“各派”美学家均束缚于“哲学认识论”的框框中，将“美”视为外在于“人”的孤立固定的实体化存在。他明确指出：

> 从认识论来说，从哲学来说，客观现实是先于人发生的，但不能因哲学有此命题而认为美也先于人而存在。若说美的存在，是先于人的存在，那就是将哲学上的认识论命题（物先于人存在）硬套在美学上，是不适当的。这样会抹杀美是作为社会生活现象而存在的这样命题。[④]

为反驳这种脱离“人”的美学思路，黄药眠延续此前“美学评价”的思路，竭力从“人”出发，并将美学问题延伸到“审美评价活动”视域中。为此，黄药眠集中从马克思主义价值论进行立论，围绕“美是审美评价”命题依次从“美学是什么”“美与美感”“形式美”“自然人化”“审美能力”“审美个性”以及“艺术美”等多个层面进行了充分系统的阐发，由此确立了其“审美评价说”的价值论美学思想雏形。黄药眠“审美评价”思想的提出，一方面源于当时“美的本质”问题上普遍的哲学认识论化倾向，忽视并排斥人的情感因素，另一方面则得益于生活实践基础上对马克思《资本论》等经典著作中关于“审美需要”与“价值”“评价”思想的启发借鉴。

---

① 黄药眠：《问答篇》，载《初学集》，长江文艺出版社1957年版，第91—92页。

② 转引自方青《什么是美的本质？美是客观的？是主观的？抑是主观与客观的统一？美学家们有不同的看法》，《文艺报》1957年5月12日。

③ 黄药眠：《看佛篇——1957年5月27日对研究生进修生的讲话》。

④ 黄药眠：《美是审美评价：不得不说的话》。

“美学大讨论”中，各派美学的一大弊端均在于将马克思主义哲学基础仅仅窄化为单一的认识论或反映论，并将审美活动等同于认识活动或物质实践活动，未能看到马克思主义思想中蕴藏的其他丰富多维的方法论，这其中，价值论便同样是重要的方法论武器之一。马克思在《资本论》中指出，人们只是按照“满足于人的需要”及“有用的方式”去“改变自然物质的形状”，“一切商品，当作价值，都是物质化的人类劳动”①。在阐释“剩余价值理论”时，马克思更指明：“一个歌唱家为我提供服务，满足了我的审美需要；但是，我所享受的，只是同歌唱家本身分不开的活动，他的劳动即歌唱一停止，我的享受也就结束；我所享受的是活动本身，是它引起的我的听觉的反应。”②可见，价值本质不仅与对象（商品）相关，更与人的“审美需要”相关，只有对象能够满足主体的某种审美需要，人才会感到审美的享受。《德意志意识形态》一书中也指出：“在任何情况下，个人总是‘从自己出发的’，但由于从他们彼此不需要发生任何联系这个意义上来说他们不是唯一的，由于他们的需要即他们的本性，以及他们求得满足的方式，把他们联系起来（两性关系、交换、分工），所以他们必然要发生相互关系。”③在马克思看来，价值不仅与对象的属性有关，更与主体人的需要与评价息息相关，正如马克思指出的：“只有当对象对人来说成为人的对象或者说成为对象性的人的时候，人才不致在自己的对象中丧失自身。”④依照马克思价值论的逻辑思路：“美”作为人的一种价值评价，不仅不能脱离现实生活，更与主体的内在尺度与需要相关；对象之于人所谓“美”，正是包含着劳动实践中人的物质愿望以及生活的理想与价值满足。

马克思这种将“人的需要”视为人的本质之一，并将价值视为人对客观对象的“审美需要”与“评价”，不仅构成了马克思主义价值哲学的基本原则，还同样成为黄药眠贯彻马克思主义价值美学的话语资源和理论依据。受此启发，在“美”被普遍实体化、简单化的学术语境中，黄药眠凭借自己丰富的创作经验，不仅格外重视主体的情感体验，还充分注意人在“审美评价活动”中的主体性地位。因此，在《论食利者的美学》一文中，黄药眠在生活实践基础上就已充分注

① 马克思：《资本论》第一卷，人民出版社1975年版，第46页，第72页。
② 马克思：《资本论》，《马克思恩格斯全集》第二十六卷（第1册），人民出版社1972年版，第435—436页。
③ 马克思：《德意志意识形态》，《马克思恩格斯全集》第三卷，人民出版社1960年版，第514页。
④ 马克思：《1844年经济学哲学手稿》，人民出版社2008年版，第86页。

意到“个人意识”“审美需要”“审美能力”等多重因素对于美感形成的重要影响，并从“美学的意义”“美学理想”“美学评价”等学理维度上进行美学思考。黄药眠这种自发自觉的关于“美学评价”的构想到了“反右”前夕“美学讲坛”上所作的《美是审美评价》讲演中发挥到极致。该讲演不仅在“美学是什么”替代过去“美是什么”的思路置换中严肃批评了“哲学认识论硬套美学”以及“离开人去谈物的属性”[①]的方法论迷失，更在生活实践基础上提出“美不是存在于事物本身中，而是人对于客观事物的美的评价”[②]这一核心思想，并从人的审美需要、审美能力、审美个性等多重维度上对“美是审美评价”这一马克思主义价值美学命题予以了集中阐明。

依据马克思主义价值论思想，所谓“评价”，是主体依据一定的价值标准对客体所作出的价值判定，价值不仅与人的需要及内在尺度相关，更与评价紧密相连，离开了价值就无所谓评价。“美”也正是主体在实践活动中依据自身需要而与对象形成的价值看法和评价，倘使“在价值活动和价值现象之外寻找美”[③]则无异于缘木求鱼。因此，黄药眠从“审美需要”与“审美评价”这一价值论视角对“美的本质”的重新阐发，不仅将美学问题纳入审美评价活动视域内，还在社会实践与审美评价的路径上完成了价值论美学对认识论美学的模式超越，并率先开启了马克思主义美学路线上“价值论美学”的大门。

三、 价值论美学的基本主张与历史贡献

尽管黄药眠并没能将自己的美学体系命名为“价值论美学”，也缺乏系统深入的理论阐明，但透过一系列审美艺术现象的美学诠释，我们仍可从中抽绎并归纳出其价值论美学思想轮廓。依照其理论思考的逻辑向度与学理脉络，我们可从“美论”“美感论”“艺术论”这一网状结构中依次加以总结评析。

就“美论”而言，黄药眠最初也从“主客模式”去追问“美的本质”[④]，并主张“美是典型”，只不过与蔡仪“客观典型论”美学不同，黄药眠是从“生活实践”角度去阐释“典型”。在意识到“哲学认识论硬套美学”的不足后，他又率先将美学

---

①② 黄药眠：《美是审美评价：不得不说的话》，《文艺理论研究》1999 年第 3 期。

③ 杜书瀛：《价值美学》，中国社会科学出版社 2008 年版，第 68 页。

④ 黄药眠：《论美与艺术》，《文艺报》1950 年第 1 卷第 12 期。

视点转向价值论，从“审美需要”与“价值评价”去解释“美的本质”。其核心主张在于：

（一）美是“审美的评价”

为反驳“客观”“实体”化的认识论美学倾向，黄药眠转换视野，从“人”出发，并凸显人在审美评价活动中的主体性。黄药眠认为，“离开人去谈物的属性，将美归结为类的典型。那是错误的”，因为“离开人去谈，会将美的法则抽象化”，“美不是存在于事物本身中的，而是人对于客观事物的美的评价”，“美是人对客观事物的审美的评价”①。在此，黄药眠实际要表达的就是价值主体对于评价的重要性，因为价值与评价密不可分，评价又是依据主体的内在尺度对客体的评定，因而脱离人，离开价值主体，对象则毫无意义。

（二）美应从“生活实践”中找寻

黄药眠认为，“美必须是经过人类的认识才能成为美，而人类对于美的认识则又是从生活实践出发的”②，审美现象也首先应“从生活与实践中去找寻根源”，因为正是在“劳动创造”中，既“产生了人的主观力量”，又“造成了人们对它的需要”，并且“人的主观力量不断发展，人的情感与审美评价也日益变化”③。在此，黄药眠不仅从价值的“主体性”层面意识到“审美评价”随“主体需要”的变化而变化，还格外强调“生活实践”的重要性，这也恰恰是马克思主义价值论哲学的出发点与根本源泉。

（三）美存在于审美评价活动之中

黄药眠认为“美是有客观性的，不以某个人的意志为转移”，但“离开人就谈不到美”，因此，“美存在于能满足我们物质生活与精神需要的对象之中，同时也存在于人们为追求人类幸福生活而斗争的生活中”④。这里，黄药眠实则强调美的审美活动基础，美既非独立“人”之外的“客体性实体”，也非脱离对象的“主体性实体”，而是“主客体间”相互构成的审美评价关系。

---

①③④ 黄药眠：《美是审美评价：不得不说的话》，《文艺理论研究》1999 年第 3 期。

② 黄药眠：《论美与艺术》，《文艺报》1950 年第 1 卷第 12 期。

（四）美是“劳动的创造”也是“自然的人化”

黄药眠认为，一方面因“人在劳动中”及“生活经验”的约定俗成，进而“在生活中不断地接触了事物，而发现了形式的美”，另一方面“人与自然的关系是人化了的人与人化了的自然之间的关系”，因而“人与自然的历史演变关系，决定于人的生活力”并“表现出人的生活的本质”。[①] 黄药眠把审美活动作为一种人的本质力量的对象化结果，实则仍是要强调“主客体相互作用”的“互动性”生成过程，这也是价值关系区别于认识关系和实践关系的重要特点之一。

尽管黄药眠对“美”的诸种理解稍显零碎，也缺乏系统性，但他始终是以一种价值论的眼光从“人”的价值尺度出发将“美的本质”建立在人与对象的“审美评价”关系中来打量和诠释。在20世纪50年代普遍宣扬“唯物—反映”的主导性学术语境中，这不仅在思维方法上冲破了“主-客”“心-物”的认识论桎梏，还在审美评价活动中为深入揭示美感经验及艺术现象开辟了方向。

就“美感论”而言，黄药眠对美感的阐释基本越出了“思维—存在”的界面，不仅从“历史文化积累”的角度论说了美感生成的历史动因，分析了美感与美、快感及移情作用的辩证关联，还在价值论路线上深入探讨了美感经验与审美能力、审美个性等深层审美经验现象，初步形成了自己开放独特的美感论体系。其核心主张在于：

（一）“美—美感”并非机械静止的“心-物”和“反映-被反映”关系，而是辩证统一的

黄药眠反对抓住哲学上的教条来回答美与美感的关系问题，竭力摆脱“美是第一性、美感是第二性”[②]的错误认识，而坚持从“审美评价”这一价值论视点予以新的诠释：一方面从“生活实践”看，美感与个人的气质情愫及“审美趣味”相关，又“直接或间接地决定于生活”，且“各阶层的生活不同，趣味不同，美的价值亦不同”[③]；另一方面从“文化积累”看，美感还与历史文化的“层累涵濡”相关，

---

① 黄药眠：《美是审美评价：不得不说的话》，《文艺理论研究》1999年第3期。
② 李泽厚：《美的客观性和社会性——评朱光潜、蔡仪的美学观》，《人民日报》1957年1月9日。
③ 黄药眠：《论美之诞生》，《黄药眠美学文艺学论集》，北京师范大学出版社2002年版，第2—3页。

形象的直觉实际是“长期的生活中积累起来的结果”①，正是这种长期的沉淀才“逐渐形成我们的审美能力”②。黄药眠对美感的论述并没有拘泥于浅表的“什么是美和美感”与“美感是美的反映”等机械推演上，而是试图在审美活动的动态关系中对美感进行科学阐明。

（二）美感的生理心理学基础及其与“内模仿说”“移情说”的关联

在“唯物”与“客观”主流的意识形态语境中，黄药眠不但勇于对“文学反映客观现实”的律条提出质疑，还从创作心理学的角度明确反对“从主观出发就是唯心主义”③的做法，重视美感的生理与心理学基础。在黄药眠看来，“美感是由于快感，或是快感的渴望而生的”，在许多时候“快感正是美感的基础”，因而不能将快感与美感划分开，正如谷鲁斯“内模仿说”所指“美感经验是由于主观的丰富的感情的外射而起的”，以及里普斯“移情作用”引发美感一样，美“不仅是包涵作者，而且也包含欣赏者，不仅是客观的线条，色彩，声音，也是主观的要求和倾向”。④

（三）美感与“审美能力”“审美个性”等审美经验活动

黄药眠极为重视主体的审美能力与审美个性对于美感形成的重要性，认为“没有审美能力，就不能发生美感”⑤，因为只有具有了“审美能力”，事物才构成审美对象，审美评价活动才能进行。此外，“审美能力又有个性之别，故审美现象不同于科学，科学只要得出公式后，则人人必须承认。有些人完全将审美现象中的个性色彩抹掉，认为承认了个性就没有发展规律了”⑥。在黄药眠看来，美感现象之所以不同于科学，是因为“审美个性”十分重要，文学艺术的形象思维“常常是和他的情感的活动伴随在一起的”，并在这种情感活动中完成对形象本身的评价。⑦ 当然，这种审美能力和审美个性“并不是由一个美的事物来决定的，而是从生活习惯、知识教养、能力趣味等形成的整体生活结构来决定”，“教养不同，阶级不同，美的评价也会不同”，因而审美评价既“带有个人的情绪色

---

① 黄药眠：《论食利者的美学——朱光潜美学思想批判》，《文艺报》1956年第14—15号。

②⑤⑥ 黄药眠：《美是审美评价：不得不说的话》，《文艺理论研究》1999年第3期。

③ 黄药眠：《问答篇》，载《初学集》，第92、95页。

④ 黄药眠：《论美之诞生》，《黄药眠美学文艺学论集》，北京师范大学出版社2002年版，第8、10页。

⑦ 同③，第109页。

彩”，也“不仅受到社会存在的影响，而且也受到其他意识形态的影响”。①

由上观之，黄药眠的“美感论”已从“美感是美的反映”这一唯物静态反映论模式转向到“审美评价活动”这一多维动态的价值论美学视野内。不仅从美感的生理学和心理学基础延伸内化了美感的意涵，还在审美能力、审美个性等审美现象的多维视野中拓展深化了美感的结构层次，且始终将“美—美感”嵌入到审美评价活动中加以整体思考。这种思维范式的转换，无论在理论还是方法层面，均将当时的美学思考向前推进了一步。

就“艺术论”而言，黄药眠始终没有“脱离艺术”去抽象地“谈美”，而是将艺术现象的考察纳入自己的美学范围中，并将艺术问题视作美学问题的核心，这使其价值论美学在人的审美活动中既关注到美、美感及美的规律，还在艺术与现实生活的审美关系中深入触及创作规律、美感经验及形象思维等理论范畴，极大地丰富了其思想体系。其核心主张在于：

（一）美学问题集中体现在艺术中

黄药眠认为，美和艺术“是相连贯的”，如果一味追究“什么是美”那就“毫无意义”，因为“我们之所以要研究它，目的是在于探究出美的规律性，并从而建设美的艺术。所以从现代人的眼光看来，美学的问题，主要的就是艺术学的问题”②。此外，艺术作为人的创造，不仅是“满足我们自己的审美要求”，还是人的“有意识地创造”，因而美学的问题也“集中地高度地表现在艺术中”③。

（二）美学研究“审美现象”特别是“艺术的基本规律”

黄药眠认为“美学是一种科学，研究审美现象的基本规律，特别是美的最高表现——艺术——的基本规律的科学”，因为艺术是“审美现象里面的一部分”，而且是人依据自身审美要求而有意识进行的一种创造，更复杂地体现着审美现象的基础规律。④因此，既应“将艺术看作美学研究的最高标准”，还应将美学研究视为研究“艺术美的规律”的科学。⑤

①③④⑤ 黄药眠：《美是审美评价：不得不说的话》，《文艺理论研究》1999年第3期。
② 黄药眠：《论美与艺术》，《文艺报》1950年第1卷第12期。

（三）艺术与生活既矛盾又统一，既是意识形态又不完全是意识形态

黄药眠认为"艺术既反映了现实生活中的美，又反映了艺术家对生活对艺术的评价"，前者可以说"生活高于艺术"，而后者则可以说"艺术高于生活"，因此，艺术与生活既矛盾又辩证统一①。尽管"美是社会生活现象"，却并不意味着"美就是生活"，因为"美存在于生活中，但不仅仅是，更主要是存在于艺术中，艺术是美的中心，是美的最高表现"②。此外，黄药眠还指出，因艺术创作中常夹杂着"社会内容"，并含有"阶级性情调"与"时代色彩"，因而具有意识形态性，但与此同时，在许多音乐和文学作品中，却并无明显的社会意识形态倾向。

（四）艺术是感性与理性、形象与情感的辩证统一

黄药眠认为，文学艺术"反映客观现实的本质"这一观点严重"贬低艺术文学的价值"，因为文学艺术不仅"具体、生动和丰富地表现生活"，还"常常带有情绪色彩，可以在情感上感染人们"③。黄药眠认为："一般地说，艺术是形象性地反映生活。但这样说不够"，"它必然也包含有个性"，"如果光是本质没有个性，则不能动人"；此外，"艺术一定是感性的具体的，同时又是理性的"，"过去只重视理性"但"缺乏感性"，"艺术要求形象与思维的统一"。④据此，黄药眠指出："艺术的特点，不能简单地归结为形象性的反映现实，还要看有没有个性，有没有情感的激动，然后才讲有没有形象。"⑤

可以说，与"美学大讨论"中"各派"美学普遍与现实生活中的审美现象及艺术活动相隔离并"脱离实践和实际而凌空虚蹈、自说自话"⑥不同，黄药眠不但擅长以丰富鲜活的实例去印证自己的美学观点，还将艺术上升到美学研究的最高标准加以探索。这不仅为其艺术论深入到审美经验现象中，为探究审美趣味、审美能力、审美个性等诸形态开辟了道路，还为进一步思考"文艺的本质""形象思维"等文艺理论命题奠定了美学基础，由此也充分彰显其艺术理论主张的现实意义和理论价值。

---

①④⑤ 黄药眠：《美是审美评价：不得不说的话》，《文艺理论研究》1999 年第 3 期。
② 黄大地编选：《中国现代学术经典·黄药眠卷》，第 196 页。
③ 黄药眠：《问答篇》，载《初学集》，第 95、100 页。
⑥ 谭好哲：《二十世纪五六十年代美学大讨论的学术意义》，《清华大学学报》（哲学社会科学版）2012 年第 3 期。

总之，黄药眠的价值论美学不仅将美学问题置于“审美评价”的价值论平台上进行研讨，有效突破了“主客二分”的认识论美学模式阈限，将“美—美感”统一起来，还格外强调“生活实践”这一马克思主义价值哲学的出发点，重视“主体需要”这一马克思主义价值哲学的内驱力，并在主客体相互作用的过程之中去追问美学的意义。将“社会实践”作为人类存在发展的前提，将“人的需要”视为“人的本质”之一，这也可谓是黄药眠价值论美学思考的核心主线。这种美学思路，不仅在审美实践活动中因强调审美“需要-能力”而维护了“人”的“主体性”，还在“主客体间性”层面上同“美学大讨论”中偏重“客观性”与“社会性”、忽视个体意识的以李泽厚为代表的“实践论美学”划出了界限。若联系 80 年代“后实践论美学”对李泽厚等“实践论美学”的批判、“新实践论美学”对“后实践论美学”的批判以及晚近兴起的“认知美学”对“实践论”美学谱系的批判等来看，我们仍可从黄药眠所开辟出的“价值论美学”路线中寻找到“新的做美学的方式”[①]。而就价值论美学的世界发展历程来看，黄药眠在 1950 年代针对当时中国美学讨论的实际困局提出的这一迥异于“认识论美学”的“价值论美学”新观点，不仅扭转了美学研究的范式，为“实践论美学”及其谱系的建设发展提供了经验性的启示和参考，还早于苏联学界率先开辟了马克思主义美学的价值论方向，[②]并为“价值论美学”的本土发扬与建构勾勒了一幅历史的理论草图，[③]其贡献和意义值得当下学界重新关注与重视。

第二节　洪毅然的“社会功利”论与“美的科学”论美学

洪毅然是 20 世纪著名的美学家、艺术理论家和艺术教育家，大众美学的开

---

① 高建平:《美学的当代转型:文化、城市、艺术》，河北大学出版社 2013 年版，第 18 页。

② 1960 年，苏联美学家图加林诺夫《论生活和文化价值》的出版及随后《马克思主义中的价值论》的出版(1968)，才象征着马克思主义价值理论的起步，直至 1972 年斯托洛维奇《审美价值的本质》一书的出版，才将马克思主义价值论美学推向世界。

③ 当前学界普遍认定价值论在中国的正式兴起是在 20 世纪 80 年代初，其标志信号是 1980 年《学术月刊》发表的《马克思主义论事实的认识和价值的认识及其联系》一文，参见李德顺:《价值论在中国》，载王玉樑、岩崎允胤主编:《中日价值哲学新论》，陕西人民教育出版社 1995 年版，第 13—15 页。

拓者、现代中国艺术大众化的践行者。1937 年，洪毅然毕业于国立杭州艺术专科学校绘画系，后逐渐由绘画实践转向艺术理论与美学研究，先后出版《艺术家修养论》《新美学评论》《美学论辩》《新美学纲要》《大众美学》《艺术教育学引论》等著作，还有《艺术论大纲》《美学文钞》《美学笔记类钞》《美学论辩续编》《生活的美学》《艺术心理学教学大纲》《国画论丛》《艺术概论》《敦煌艺术初探》等未出版的著作以及大量零散手稿。在 20 世纪五六十年代的美学大讨论中，洪毅然以极大的热情积极参与论辩，《美学问题讨论集》六集收录其八篇文章，①占总数的近八分之一，可见其在当时的活跃度和影响力。在这些文章中，他坚持马克思主义哲学立场，围绕美学的研究对象、美的性质、美感实质及美与艺术的关系等关键问题，提出了“美是在物，不是在心”“美的科学”等“不少有益见解”，有力地批驳了“艺术科学论”的错误和纠正了“艺术为主论”的偏颇，为美学研究的科学化、大众化发展开辟了道路，为 20 世纪中国美学的现代理论建构和学术发展做出了重要贡献。

一、美的本质：从“心物相接”到“社会功利”

1949 年 5 月，洪毅然将公开演讲的美学讲稿整理成其第一本美学专著——《新美学评论》（“新人文小丛书”），由新人文学术研究社正式出版，这可以算是国内美学界兼评朱、蔡两派对立学说的较早著作。1950 年后，洪毅然的艺术思想逐步有了变化，在早期西方美学理论理解的基础上，他努力接受并提高自身马克思主义哲学水平，尤其是经过美学大讨论的洗礼，他重新思考和抛弃了以往的西方自由主义思潮的方向，而接受了马克思主义思想的改造，逐步改变了以前的学术面貌，转而坚持从艺术理论家的角度理解美学，以马克思主义哲学作为指导思想理解艺术，并以实践美学的观点和主客辩证的方法解释审美现象，这成为其后期美学和艺术思想的主导倾向。

① 这八篇文章分别是：《美是什么和美在哪里？》《美学的研究对象——美学与艺术学的区别》（见《美学问题讨论集・第三集》），《美是不是意识形态——评朱光潜“论美是客观与主观的统一”及其他》《略谈美的自然性与社会性——与李泽厚同志商榷》《美是客观存在的性质，还是意识形态的性质——与朱光潜先生再商榷》（见《美学问题讨论集・第四集》），《再论美是什么和美在哪里》（《美学问题讨论集・第五集》），《发展密切联系人民生活的美学——简答马奇同志》《论“人对世界的艺术掌握”及其相关问题——对朱光潜先生美学近著的几点质疑》（见《美学问题讨论集》第六集）。

“美是客观还是主观”是马克思主义认识论美学的一个基本问题，也是美学大讨论前期争辩的核心话题。而洪毅然早在民国时期便已对这一问题展开了研究与讨论。诚如刘悦笛、李修建在《当代中国美学研究》中所言：“‘美在心物相接’这种观点的明确提出，其实最早是洪毅然，他在1949年出版的《新美学评论》当中就认定……更鲜为人知的是，当时的洪毅然还将美的本质问题置于价值的视野内来加以审视。”[①]即针对蔡仪的客观论美学观点，洪毅然明确提出了自己“美在心物相接”的观点，他说：“美为心物相接，心物合一之产品。美在心物相接，心物合一之时所存在”，[②]并认为，美“以感觉为主，而统摄着理知与意欲的一种价值；亦即渗透着知解与实用的要素之一种感觉上的评价，因而是与真和善都密切相关，而不是孤立绝缘与独立自足的”[③]。“美在心物相接”的观点有效避免了“在心”或“在物”的非此即彼的美学悖谬；从表述和内涵上看，似乎又接近于朱光潜早年提出的“心物婚媾”说，即“美不完全在外物，也不完全在人心，它是心物婚媾后所产生的婴儿”[④]，同样意在倡导一种“主客观统一”的“美的本质”论。将美理解为与真、善关系密切的价值，一种不离感觉又超乎感觉之上的主观评价，洪毅然的这种价值论而非实体论的“美的本质”观在当时是颇为独特、耐人寻味的，正如邓牛顿在比较洪毅然与蔡仪的美学思想时所评价的：“洪毅然对美的本质认识不同，认为美不是事物的‘属性条件’，而是物我相接时产生的一种评价……必须对观念派美学、实验派美学流派采取兼容并包、谨慎去取的态度，抛弃纯粹绝对的客观主义，顾及美在意识形成过程中的主观意识作用，方不致‘画地自限’‘滞碍难通’。”[⑤]

而到了50年代，像洪毅然这些从香港回来的学者在华北革命大学接受了专门的学习和改造，以前在林风眠艺术和“国统区”文艺影响下的思想逐渐发生了变化。在新中国成立后的第一篇美学文章中，洪毅然这样说道：“美即人的生活有益的事物所具备之一切足以充分显现其内容本质的形式。而美的观念则是那个事物的形式在人的头脑中的一种反映。”[⑥]继而他认为：“美是客观存在着

---

① 刘悦笛、李修建：《当代中国美学研究(1949—2009)》，中国社会科学出版社2011年版，第64页。

②③ 洪毅然：《新美学评论》，载洪毅然著，李骅编：《陇上学人文存·洪毅然卷》，甘肃人民出版社2010年版，第19页。

④ 朱光潜：《谈美》，中华书局2011年版，第47页。

⑤ 邓牛顿：《中国现代美学思想史》，上海文艺出版社1988年版，第238页。

⑥ 洪毅然：《关于〈新美学〉》，《西北师院学报》第24期，1953年。

的事物所呈现出来，而可以被（也可以不被）人们主观意识感觉所感知的，事物本身某种自有的属性，不是人的主观意识情趣所投射出去，而赋予给客观事物，或被视为它那样的。”①可见，在接受改造之后，洪毅然已经从观念论与美学本质观模糊认识中逐渐转变过来，由美是一种“评价”过渡到美是一种“实体”，即“美是在物，不是在心”②；“美的观念”由感觉之上的一种主观评价变为一种反映论的主观认识，从“唯心主义”走向了唯物主义。这是在“美学大讨论”中自觉运用马克思主义原理来解决“美的本质”问题，即用辩证唯物主义方法反省和改造自己的“美的本质”观的典型表现。

在美学大讨论时期，洪毅然对审美本质的认识和理解经历了从自然功利到社会功利、从模糊到清晰的过程，这为他后来的美育、艺术大众化等理论奠定了基础。如其所言：“十分清楚的是我们关于纹身所知道的一切完全证实了我所指出的这个原则的正确性：以功利观点对待事物的先于以为审美观点对待事物。”③可见，他最初所说的“功利”（实用）主要是指事物的自然使用价值，它对人的生存当然很重要，但它对人类或非人类的效应是一致的，人人可用或无用，不会因人而异。但事物的自然实用价值不是决定美丑实质的内容，实质上，决定美丑实质的是它们的社会功利关系价值，美丑只是社会功利关系价值的形态表现，也就是说，在时间、地点、条件所规定了的限度内，事物处于人类某种特定的生活实践关系之中，所起作用如果有益于促进人类生活向前发展者就好、就美，美学不是事物的固有自然物的形态，而是与人发生某种社会性关系的形态。这就将美学从附属和浮游在哲学上的现象中，拉回到了现实生活里来，并以事物与审美主体之间的生活实践来限定或评价，即美丑是社会功利关系形态，美是有利于审美主体的社会功利关系形态，丑是有害于审美主体的社会功利关系形态。它们都是以事物的自然功利关系形态和自然物质形态为物质载体和存在条件，即他后来认识到的，美的形态不是事物固有的自然物质形态，而是与人发生社会性关系的形态。从这个意义上说，美的价值不是自然性的实用价值，而是社会性的实用价值；审美活动的实质在于人对自然事物的物质形态和自然功利形态关系双方的感知，并且再进一步认识其内涵和社会功利关系。虽然他对

①② 洪毅然：《美学论辩》，上海人民出版社1958年版，第40页。

③ 普列汉诺夫：《论艺术（没有地址的信）》，曹葆华译，三联书店1973年版，第117页。

“价值”的表述有“观念论”的色彩，但是从中可以看出他对“社会功利”思想的独到看法，以及其一贯主张的要把研究视角直接对准“生活”和“实践”。

洪毅然的这种“社会功利”论美学虽然在美的客观性和社会性这一论题上与李泽厚基本一致[①]，但不同在于，洪毅然将理论重点落在了“功利”二字之上，强调人类最初以功利观点对待事物，把美学的本质认识从自然功利上升到了社会功利关系形态之上，并强调社会功利关系对“美”的决定作用，凸显出一种美学的“功利主义”色彩。而之所以会形成这种实用的、功利的“社会功利”美学，一方面来自其早年所受的杜威等人美学思想的影响，另一方面则主要来自抗战大后方在艺术科学化的基础上研究实用艺术的影响；此外，还包括苏联美学的影响，以及对“五四”前后某些“功利主义”美学思想的继承等。当然，这种“社会功利”的美学观既不同于王国维从寻求“形而上学”的学术态度出发而提出的“以人为本”的生活美学，也不同于蔡元培用“超越性”来达到“纯粹之美育”的观点，而是立足于自身艺术创作实践基础上的感性认知和理论综合。正如邓牛顿所说：“他能融合贯通，在批判的基础上提出富有实践意义的见解，真正体现出是自己的思想观点。”[②]正因为这种批判和融通二者得兼的立场和态度，使其早年虽然对朱光潜的美学理论有所质疑和批判，但极力赞同朱光潜提出的通过“美和艺术”来培养国人素养、实现“人生的艺术”的主张，并明确提出“培养美育的基本手段是艺术”。

二、美学研究对象：从“艺术科学”论到“美的科学”论

在中国20世纪初思想界的运动中，科学发挥了巨大作用，可以说，“自从中国讲变法维新以来，没有一个自命为新人物的人敢公然毁谤‘科学’的”。[③] 胡适用西方科学精神所做的批判、陈独秀大力提倡科学民主的现代文明、吴稚晖对科学工业的赞赏、丁文江所持的科学态度等，都给后来的思想家以重要影响。由此也可看出：“中国的唯科学主义论世界观的辩护者并不是科学家或者科学

---

① “宗白华、洪毅然、周谷城等同志的文章，在美的客观性这一论题上与我的看法基本是一致的。”见李泽厚：《关于当前美学问题的争论——再谈美的客艰性和社会性》，《学术月刊》1957年10期。

② 洪毅然：《美学论辩》，第238—239页。

③ 胡适：《科学与人生观》，上海亚东图书馆出版1923年版，第2—3页。

哲学家，他们是一些热衷于用科学及其引发的价值观念或者假设诘难、甚至最终取代传统价值主体的知识分子。”[①]洪毅然亦是这样的知识分子。由于深受老师潘谷神科学思想的影响，他早年的艺术思想形成上，一直到其成熟的美学思想都会看到这个因素在起作用。从早年放弃国画学习西画的实践历程，以及从“艺术科学化”到“美的科学论”的主张，可以看出洪毅然在艺术界和美学界是一位典型的唯科学主义者，这也使得他在同时期的艺术家和美学家中显得格外独特。

（一）“艺术科学”论

在“美学大讨论”中，“关于‘美的科学’的观点……主要代表人物是洪毅然，姚文元认为美学应研究‘生活中的各种美和丑的事物’的观点，庞安福批评艺术美并力主现实美的观点，也可以被归于此类”。[②] 洪毅然后来更明确地表明“美学是一门关于美的科学”，这一观点究其根源来自民国时期其关于“艺术科学”的理解，他对于“艺术科学”的理解又受到“五四”新文化运动思潮中科学精神的影响。研究洪毅然从“艺术科学”论到“美的科学”论这个渐变的过程，对于我们深入了解洪毅然的艺术思想和美学思想的形成具有重要作用。

在晚清民初的氛围中，科学精神对中国思想界产生了巨大影响，洪毅然的艺术思想即是在这一影响下形成的。尽管“科学话语共同体”[③]在思想界成熟较早，但是在艺术和美学界步伐缓慢，原因主要在于中国美学的学科体系在这时候尚未建构完成，具体到艺术这样的小学科就更显得步履蹒跚了。延续思想界的这种现代性思路，综合刊物《大学》于 1942 年做了一个专论，刊发了六篇文章，分别是：惕文《关于‘中国学术科学化’的问题》、陈觉元《中国思想的科学化化》、傅懋绩《中国训诂的科学化》、王抱冲《中国历史的科学化》、洪毅然《中国艺术的科学化》、孙次舟《中国文艺的科学化》，同时配发“编者按”（《科学与人生》）；此外，另一期上还有“中国书法的科学化”等专门艺术的科学化探讨。洪毅然站在实验派美学家的视角，将其受新文化运动影响的思想运用到了艺术的研究：“说艺术与科学绝对无关的理论根据，是由于把人生内容中的‘知’‘情’

---

① 郭颖颐：《中国现代思想中的唯科学主义（1900—1950）》，雷颐译，江苏人民出版社 2010 年版，第3 页。
② 刘悦笛、李修建：《当代中国美学研究（1949—2009）》，中国社会科学出版社 2011 年版，第 29 页。
③ 汪晖：《现代中国思想的兴起》，三联书店 2008 年版，第 108 页。

‘意’——即‘明理知识’‘审美经验’‘实用行为’一方面误认为完全绝缘的三种活动而不知其彼此之间本为互相依存、互相渗透，而且是互相转化的缘故。反之，说艺术是科学，科学家完全能做艺术家的工作的理论，亦不免未认清艺术与科学的‘合而之分’的错误命题。”①正如思想界的其他讨论一样，洪毅然强调的艺术科学化并不是艺术家从事科学家的事，而是面对当时中国艺术缺乏科学性死气沉沉的现状，用西方先进的理性思想和西方艺术科学性的优点来改革中国传统艺术，将中国艺术忽视艺术科学性的重要之处提了出来，并说明了此时此地重视艺术科学的必要性。

在洪毅然的长文《中国艺术的科学化》的“中国艺术思想的科学化”一章中，他分析了我国传统艺术思想是以玄学为主的艺术形态，尤其发展到明清，艺术更是没落，古代文人只有形式而无内容的艺术，完全是无病呻吟。面对这种情况，他强调首先要艺术思想上科学化：“所以要做到中国艺术思想的科学化，必须要求中国艺术家的世界观与人生观，首先彻底科学化，不把客观的世界当做主观的理念之化象，而且不再逃避现实追求超脱的幻景，客观地现实主义地生活着，并且客观地现实主义地对之做观察、体验、欣赏与表现。”②他并不是追随中国传统艺术的连续性的“再临摹”，而是用科学的世界观反对旧的世界观、反对以玄学为主的艺术观。“中国艺术内容的科学化”中，他专门讨论了题材的选取和题材的处理，指的是作家的世界观、人生观要科学化。洪毅然认为一个对客观世界和主观世界没有正确认识的作家，其对自然、社会、人方面的题材处理上不会正确把握；对题材的选取绝不是仅仅限制为科学的工具。针对洪毅然“中国艺术科学化”的提出，回应者有陆俨少、觉元、百比等人，大家怀疑洪毅然提出艺术科学化限度模糊等方面的问题，于是，他在当年《华西日报副刊》第九期中写了一篇《艺术科学化及其探讨途径》，以及在 1945 年 3 月 10 日《华西日报》上又发表《今日中国之艺术运动——现代化、科学化、现实化、生产化、大众化、中国化、世界化》。他认为科学化是艺术现代化的一条有效途径，这些写作的目的就是建立科学的人生观，建立艺术科学化的艺术观。到了 1947 年，洪毅然艺术的审美眼光已经打破了生活、艺术、科学、美的界限：“艺术的天地即科学

①② 洪毅然：《今日中国之艺术运动——现代化、科学化、现实化、生产化、大众化、中国化、世界化》，《华西日报》1945 年 3 月 10 日。

的天地，亦即实用的天地；而艺术的天地中科学家会忘记他们的科学，实用主义的庸人且必须变成圣者。”①

在艺术技术的创新方面，洪毅然认为艺术创作有必要应用各种科学的成果，因为艺术技术史属于科学的发展史，特别是社会科学和理论自然科学的研究成果能对艺术的技术发展提供直接的指导。洪毅然将“艺术科学化”推到“艺术实用化”来进一步阐释，提倡艺术的“现实化”“实用化”达到新写实主义科学艺术观的普及。对艺术现实化的提倡前提有两方面，一方面是接受苏联新美学思想的影响，另一方面是针对我国当时的实际情况。他认为当时的第一要务是实行艺术的科学化，对艺术与生活进行客观现实主义的体验、观察和表现。艺术的实用化，是洪毅然抗战时期艺术思想中很重要的一部分，这种艺术的主张来源于杜威实用主义哲学思想的影响。面对艺术与社会生活游离的现状问题，他极力提倡艺术的“实用化”和“科学化”相结合来应对当时的艺术问题。洪毅然对艺术实用性的理解还有一个能说明其潜在原因的经历——曾任四川省立艺术专科学校的应用美术教师。为了进一步说明这个关系，他将艺术的范畴进行了扩大，他认为要打破纯粹艺术与实用艺术的边界，甚至要打破艺术与生活的界限。在文章《艺术与实用——艺术思想中一个大胆的预言》中，洪毅然从哲学的角度继续阐明了这种关系的重要性，所以在大后方艰苦的条件下更提倡科学的工艺设计，这种对实用艺术提倡更能代表其对艺术范畴理解狭隘者的批评。

（二）“美的科学”论

美学在中国的发生发展是向西方学习的结果，学术界的普遍观点认为中国现代美学是从王国维的学术开始的，1915 年徐大纯发表的《述美学》继续明确了这些，到了 20 年代，经过吕澂、陈望道、范寿康等人由移情说的影响开始了美学原理的建构，随后在蔡元培的倡导下，美学开始步入中国新时期的进程。洪毅然研究美学是从艺术实践到艺术理论起步的，明确标明“美”或“美学”的文章见于 1933 年的《美与人生》，文中已经初步讨论了美的标准、真善美相联系的新美学境界，肯定了当前的美的标准是“人生的真，而人生，也正应该是‘美的’人生

① 洪毅然：《艺术，科学，神秘，美》，《华西日报》1947 年 12 月 14 日。

才可以成为'真的人生'"[①]。1936年发表的《美感经验的基本要素》(译)、《略论美感经验中的物我两忘》,在后一篇中主要从对朱光潜物我两忘的美感经验的质疑开始,他提出:"美感经验只是'偏于感觉的物我两忘'。"[②]在其第一本美学专著《新美学评论》中,洪毅然认为:"这里所谓的科学,不仅指自然科学中,心理、生理、物理等而言,并兼指社会科学中,政治、经济、历史、文化等。"[③]可以说,洪毅然对美学的理解是建立在其前一阶段艺术科学化之上,美的科学化是艺术科学化的延伸。

在50年代的"美学大讨论"中,大家展开了关于美学研究对象的激烈讨论,美学界形成了代表性的四派意见:第一派以洪毅然为代表,认为美学是研究美的规律的科学,参照了苏联学者车尔尼雪夫斯基、普齐斯的观点,研究什么是美,美的创造和发展等问题;第二派以马奇为代表,认为美学是研究艺术一般规律的科学,艺术理论就是美学,研究艺术的本质、特征、规律、欣赏、批评、发展的规律;第三派是李泽厚提出来的,他认为美学由美的哲学、审美心理学和艺术社会学三部分构成;第四派认为,美学是研究审美关系的科学,它以审美关系为中心,把美、审美和艺术统一起来进行研究。洪毅然与马奇的观点产生了激烈的交锋,马奇认为"美的科学"的观点恰恰是车尔尼雪夫斯基所反对的,其实"洪毅然追随的是鲍姆嘉通的原义,他认为,美学最初就是作为研究人类的感性认识而出现的一门科学,因此,美学始终是作为'关于美的科学'而存在,美学的目的就是研究美的概念的各方面及其是如何体现的"[④]。在80年代初,洪毅然在《新美学纲要》绪论的第三节中旁征博引了许多苏联专家论美学的文章,继续论证了他的观点:"美学作为一门关于美的科学,它的特定研究对象,就是人对世界的审美关系诸领域中所特有的美与丑的矛盾,以及与之相关和派生的一系列矛盾(例如美感和丑感之间的矛盾等),就是对于美与丑的运动形式及其一系列互相关联和互相转化的运动形式之分析。"[⑤]按照洪毅然的理解,美学是研究关于美丑的存在、美丑的认识,以及上述主客两方面的相互关系的科学。

美学实质上应是"美丑学",仅仅孤立地研究美的单方面是绝对行不通的。

---

① 洪毅然:《美与人生》,《亚波罗》1933年第4期。
② 洪毅然:《略论美感经验的"物我两忘"》,《东南日报·学苑副刊》1936年9月26日。
③ 洪毅然:《新美学评论》,新人文学术研究社出版1949年版,第4—5页。
④ 刘悦笛、李修建:《当代中国美学研究(1949—2009)》,中国社会科学出版社2011年版,第30页。
⑤ 洪毅然:《新美学纲要》,青海人民出版社1982年版,第9页。

因为美与丑都是泛对称的相对范畴，二者相互依存，相互转化，并且相互为衡量的坐标系，是同一事物的两面表现。洪毅然强调这一点，为美学的真正独立找到中心支柱和基础，他强调丑在美学中与美的对等性、依存性、并列性，强调社会生活作为美学研究对象的主体性、系统性，强调自然美丑是社会美丑的表现的从属性、派生性，强调美学与社会科学、自然科学的广泛联系的复杂性、多面性等。这些观点都是他在美学性质问题上的独到见解，这对于我们认识美学作为一门现代综合性的社会科学应该具备的内容及属性，是很有启迪的。

从“艺术的科学论”一路走来的“美的科学论”，具有很强的时代特点和理论延续性，更重要的是，“洪毅然却间接接受了车氏的‘美是生活’的观点，进而认定对‘现实美’的研究先于对‘艺术美’的研究，就像了解艺术本来就要了解生活一样。但这种观点所谓的‘现实美’其实所指的就是‘生活美’，后来的观点更倾向于要求将美学研究扩大到生活中美的各个领域”①。后来，洪毅然逐渐将公众物品纳入广阔的审美视域范围之内，涉及沙发、高跟鞋、厨具、窗帘、床、灶台、茶几、水杯、花架、鞋子、枪、农具、炉子、发饰、机器、火箭、车子、箱子、楼房、庭院、商场、食物、田地、电话、首饰、花盆等生活中人工形态的日常用品，也涉及劳动、心灵、语言、人体、交往、举止等抽象形态的艺术审美。

总之，由于早年受到杜威实用主义哲学和科学哲学的启蒙影响，坚持“为抗战而艺术”和“为人生而艺术”的艺术理念，洪毅然在“美学大讨论”中形成了独特的“社会功利”论和“美的科学”论主张，为20世纪中国美学的发展做出了自己的重要贡献。当然，其早年和晚年的著述以及未刊稿中所蕴含的美学思想（如将“生活艺术化”与“艺术生活化”相结合的公共艺术审美观）也是不容忽视的。

第三节　其他“美学大讨论”参与者的美学观点

学界一直未曾关注的是，在“美学大讨论”过程中实际上有一个从哲学美学走向生活美学与艺术美学的转变，而转变的标志性事件就是1959年7月11日

① 刘悦笛、李修建：《当代中国美学研究（1949—2009）》，中国社会科学出版社2011年版，第30页。

"《新建设》座谈会"[①]的召开。以此为界，美学大讨论可以划分为前后两个时期、两种倾向：前期主要倾向于从哲学高度对朱光潜美学思想进行批判，围绕"美的本质"等关键问题进行研究，于 1957 年"反右"前夕掀起了论辩的第一次高峰；后期主要倾向于将美学和艺术实践、现实生活相结合，讨论的内容由前期"美的本质"问题延伸到关于"自然美""美学研究的对象及方法""艺术实践""美感及美育"等话题上，论争的阵地也由前期的《文艺报》转移到《新建设》，于 1961 年掀起了论辩的第二次高峰。正如杉思在综述文章《几年来(1956—1961)关于美学问题的讨论》中所言："自一九五六年起，争论虽时起时落，但一直没有停歇。今年(指 1961 年——笔者按)以来，讨论开始更广泛地铺开，学术界、文艺界以及许多高等院校的有关教研机构组织了座谈和讨论。提出了美育、人体美等新问题。而近一阶段最主要的特色，则是美学研究和讨论日益与艺术实际联系和结合起来，各艺术领域、艺术部门均开始提出一些如悲、喜、建筑风格、山水诗、花鸟画等美学问题进行讨论。"[②]尽管这篇文章刻意回避了已被打成"右派"的黄药眠、高尔泰、侯敏泽、许杰等人，但对大讨论的情状描述是基本可信的。前面我们已经对"美学四派"以及黄药眠、洪毅然等代表美学家的美学观点做了扫描，在此，我们不妨依据这两个时期、两种倾向来对其他参与者的观点择其要者进行概述，以呈现美学大讨论的丰富性与复杂性。

一、 美学问题的哲学批判

"美学大讨论"的参与者前期大都将所讨论的美学问题提到哲学的高度来进行论辩，这其中部分哲学家的身影和观点尤其值得关注。尽管他们也都是在马克思列宁主义反映认识论的框架中，以主观与客观、唯物主义与唯心主义、反

---

① 1959 年 7 月 11 日，《新建设》编委会邀请北京部分哲学、美学、文学艺术工作者座谈"怎样进一步地贯彻党的'百家争鸣'的方针，展开美学讨论的问题"。出席会议的有王庆淑、甘霖、朱光潜、孙定国、李元庆、李希凡、李泽厚、何其芳、吴传启、宗白华、郑昕、马采、马奇、许姬传、杨辛、蔡仪、潘梓年等。座谈会由《新建设》编辑会召集人张友渔主持。在会上，大家回顾了过去三年的美学讨论情况，并对今后进一步开展讨论主要提出了五点意见，其中第一条就是"今后的美学讨论，应当避免从概念出发，而更多地从丰富多彩的艺术实践和现实生活，来讨论美学问题"。参见《怎样进一步讨论美学问题(座谈记录)》，载《美学问题讨论集》第五集，第 1 页。

② 杉思：《几年来(1956—1961)关于美学问题的讨论》，载《美学问题讨论集》第六集，第 395 页。

动与进步的二元对立思维来对朱光潜美学思想进行批判的，但其观点所暗含的某些积极性是不容否定的。

贺麟，四川金堂人，哲学家，新儒家代表人物之一。1926—1930 年先后在美国奥柏林大学、芝加哥大学、哈佛大学等学校研读西方哲学，1930—1931 年在德国柏林大学研读进修德国古典哲学，1931 年回国后，在北京大学任教。1955 年后在中国科学院哲学研究所（今中国社会科学院哲学研究所）工作。作为黑格尔研究专家，贺麟率先对朱光潜文艺思想的主要哲学根源——克罗齐进行了深入的考察和批评。在《朱光潜文艺思想的哲学根源》①这篇预先准备好的批判文章中，他通过批判"克罗齐的反辩证法思想""艺术即直觉说""直觉即创造说""直觉即表现说""移情说"，认为克罗齐和朱光潜是"发展了康德、黑格尔的唯心论，抛弃了黑格尔的辩证法"，而朱光潜对克罗齐的批评则表现了他的尼采式的反理性主义思想。颇有意味的是，这篇批判他人的文章再次强化了他本人"自我批判"的力度。如其所言："在批评朱光潜文艺思想的过程中，也就批评了我自己过去相同于他的某些唯心论思想，初步和那些反动思想划清界限"，而之所以批评朱光潜和自我批评，则是"因为认识到批评资产阶级唯心主义思想，对于学习和宣传马克思主义哲学，对于社会主义建设在思想战线上的胜利都有极大的意义"，②这与他此前在《两点批判，一点反省》中批判胡适和梁漱溟的唯心主义思想并表明"自己要和自己过去的资产阶级唯心论思想划清界限"③是异曲同工的。不容否认，这篇文章虽然也受时代所限，以"反动""资产阶级""唯心主义"来形容和批判朱光潜的文艺思想，但比起那些充满浓厚斗争色彩的文章来说还是体现出了一定的哲学思辨性和学术含量，其中所涉及的观点，如艺术应该是"形象的思维"，应该是有高度概括性、高度思想性的东西，艺术的任务在于表达现实，表达自然和精神的本质和普遍实质等，推动了后来对"形象思维与逻辑思维""艺术和科学"关系问题的深入

① 1956 年 2 月，贺麟应邀参加《文艺报》召开的小型座谈会，会后写成《朱光潜文艺思想的哲学根源》。稿子写成后，贺麟先后请蔡仪、冯至提意见。稿子经修改，送到《文艺报》，最后又经胡乔木提意见，首先发表于《人民日报》（1956 年 7 月 9、10 日第七版）；随后，又被收入《美学问题讨论集》第一集。

② 参见贺麟《朱光潜文艺思想的哲学根源》，载《美学问题讨论集》第一集，第 36 页。

③ 贺麟：《两点批判，一点反省》，《人民日报》1955 年 1 月 29 日。

讨论。[①] 此外，这种政治意识形态对学术研究以及研究者人格心理的直接影响也是值得深入反思的。

曹景元在《美感与美——批判朱光潜的美学思想》中对朱光潜的美学观进行批判并提出自己对美和美感的认识。他认为，"美不是事物的个别属性，美是一定对象的一种性质"，而"这种性质是为一定的对象与人、与人的生活发生的特定的关系，内在的联系所规定的"，"人们在劳动实践中积极作用于自然界，而引起自然的'人化'与人的'对象化'的结果，才使人逐渐认识到事物中的美，也才发展起人的审美能力"。而美感的特征之一在于它"与理性同时又与感性活动相联系"，即美感必然与理性、思维相联系，必须以理性为基础，同时也不能脱离具体的形象的感性活动。对于美感与美的关系，他认为："美感的来源是客观存在的美的事物作用于主体的结果，美感必须基于客观存在的美的事物，美的事物是第一性的，美感是第二性的。"[②]当然，他也指出，在审美时还有着审美主体的主观因素(如美的观点、审美心情等)起作用，这是马克思主义唯物主义的、辩证的美学观点。在他看来，美的真正本质或唯一标准是生活，而只有劳动人民进步人类的生活才是真正的人的生活，由此出发，他认为现实主义创作方法是使艺术繁荣的正确方法。这篇文章与其另外一篇文章《既不唯物也不辩证的美学》[③]一样，虽然没有也不可能摆脱反映认识论的窠臼，存在着完全否定旧唯物主义和主观唯心主义、以阶级性简单判定反映美的本质的正确或歪曲等问题，但它对现实生活、现实主义、审美主体的主客观条件等的强调是具有积极意义的。

其他文章，如侯敏泽《朱光潜反动美学思想的源与流》、王子野《战斗的艺术——对朱光潜的艺术"非实用论"的初步批判》、周来祥《反对美学中的修正主义——评朱光潜先生美学观的新发展》、叶秀山《"美是主客观统一"说质疑》、魏

---

① 这篇文章在《人民日报》发表时配发了"编者按"："关于美学问题的研究在我国文艺界、学术界还很不发展。我们在这里发表贺麟先生的文章，希望引起文艺界、学术界深入研究这一问题的兴趣。本文所接触到的一些基本问题，如形象思维和逻辑思维的关系问题、艺术和科学的关系问题，还需要大家继续讨论。本文是批判朱光潜先生的过去的美学见解的；朱光潜先生在六月三十日出版的《文艺报》上发表了《我的文艺思想的反动性》一文，对他自己过去的唯心主义美学思想作了恳切的批判，希望读者参看。"参见《人民日报》1956年7月9日。

② 参见《美学问题讨论集》第一集，第140、154页。

③ 同①，第64—98页。

正《关于美学的哲学基础问题——与朱光潜同志商榷》等文章，[①]都坚持以各自所理解的马克思列宁主义哲学作为美学科学的理论基础和方法论，对朱光潜的“主客观统一说”进行批判，其中也不乏一些严厉的革命的政治批判话语（诸如“作为帝国主义和买办阶级反动艺术思想”），否定“艺术作为艺术”，可看出当时的美学讨论在暗暗地诱导一种美学脱离艺术的倾向。

二、从哲学美学走向与现实生活和艺术实践相结合的美学

宗白华、王朝闻、阿甲、李可染等倡导美学与现实生活、艺术实践相结合，他们不仅身体力行地对诗文、电影、戏剧、绘画等艺术实践问题进行深入探究，还提倡“从具体的艺术实践中抽出美学原则，再以美学原则指导具体的艺术实践”[②]，既表现出对艺术本体特性的关注和肯定，更有效地矫正了“美学脱离艺术”的不良倾向，以及以政治论断代替艺术评价的偏颇。

宗白华在“《新建设》座谈会”中提出，美学讨论“应该同现实生活、艺术实践紧密结合起来”，“搞美学的人，应该向戏剧家、音乐家、舞蹈家和作家们学习，了解他们在艺术实践中的情况和问题，便于联系实际，进行美学研究”。[③] 他主张“美学工作者和艺术工作者应当密切联系、互相帮助”，这无疑是纠正美学讨论中概念化、抽象化之弊的正道。在《美从何处寻?》中，宗白华通过引证大量的古今中外文学实例（如自己的《流云小诗》、宋代罗大经《鹤林玉露中载某尼悟道诗》《伯牙水仙操·序》、郭六芳《舟还长沙》、里尔克《柏列格的随笔》、张大复《梅花草堂笔谈》、荷马《伊里亚特》等）认为，“美对于你的心，你的‘美感’是客观的对象和存在”，“专心在心内搜寻是达不到美的踪迹的。美的踪迹要到自然、人生、社会的具体形象里去找”，但另一方面他又认为，“心理距离构成审美的条件”，“心的陶冶、心的修养和锻炼是替美的发见和体验作准备。创造‘美’也是如此”[④]。这种既重客观又重主观的“美论”接近于朱光潜心物二分的“主客观统一论”，但他又以中国的“移我情”说取代里普斯的“移情说”，强调审美心理的积

① 参见《美学问题讨论集》第一集，第165—217，218—238页；《美学问题讨论集》第四集，第34—63，129—138页；《美学问题讨论集》第五集，第256—303页。

② 阿甲：《戏剧艺术的真与美》，载《美学问题讨论集》第六集，第375页。

③ 参见：《怎样进一步讨论美学问题》，载《美学问题讨论集》第六集，第16—17页。

④ 宗白华：《美从何处寻》，载《美学问题讨论集》第三集，第300—308页。原载《新建设》1957年6月号。

极因素和条件；还强调“美不但是不以我们的意志为转移的客观存在，反过来，它影响着我们，它教育着我们，提高生活的境界和意趣”①。这就由“从生活中寻找美”走向了“以美来塑造自我、建构美好生活”。而在《美学的散步》中，他又以古今中外的诗画为例呈现出一个具有比较美学气息的“艺术意境”。② 这两篇文章没有诸如“唯物”“唯心”“资产阶级”“无产阶级”等字样，没有“抓辫子”“扣帽子”“打棍子”，只有娓娓道来的诗一样的语言和境界，表现出与“斗争哲学”趣味完全不同的古典美学趣味，这种过滤掉政治意识形态色彩的诗性话语和美学趣味使其在美学大讨论中显得尤为独特，十分难得。

王朝闻通过对具体的戏剧和电影作品的探讨，表明了自己对艺术的美学理解，尤其是对艺术与现实、艺术与政治的关系的批判性反思。在《钟馗不丑》一文中，他指出戏剧《嫁女》里的钟馗形象以丑的外在特征表现内在的性格美，以此说明“美在生活中的表现形式是多种多样的，反映美的艺术方式也不能简单化”，认识了艺术中或现实中的这种复杂情况，“有利于克服把艺术作用看得太简单的毛病”，③这种观点所批评的正是当时艺术创作中存在的把艺术与生产、与政治的关系看得很狭窄而产生的概念化弊病。而在《老虎是“人”》一文中，他又从木偶电影《一只鞋》谈起，一方面，批评“电影不适当地强调了虎的实感，而这种实感和造形应有的假定性、象征性不协调，难怪有些观众误会电影在歌颂野兽”，即只强调了老虎的自然性的一面，而没有强调其决定性的作为社会的“人”的一面，另一方面，又指出“艺术和政治有联系又有区别，艺术上的缺点和政治上的错误不可混淆”，“评价一件作品的政治性如何，必须从它的根本性质着眼，看它的总的倾向如何。你把没有政治错误的作品说成是毒草，这种结论未免下得太匆忙了”。④ 这些生动鲜活的例证，朴素合理的观点，充分表现出一位有良心的艺术家对艺术、对美学的尊重，对模糊艺术性和政治性的界限、以艺术创作图解政治观念等不良倾向的不满，这在“政治标准第一，艺术标准第二”的特定历史文化语境中是非常可贵的。

阿甲在《新建设》编辑部 1961 年 9 月 16 日召开的一次美学问题座谈会上，

① 宗白华：《美从何处寻》，载《美学问题讨论集》第三集，第 300—308 页。原载《新建设》1957 年 6 月号。
② 宗白华：《美学的散步》，载《美学问题讨论集》第五集，第 221—234 页。原载《新建设》1959 年 7 月号。
③ 王朝闻：《钟馗不丑》，载《美学问题讨论集》第三集，第 257—258 页。
④ 王朝闻：《老虎是“人”——从木偶电影〈一只鞋〉谈起》，载《美学问题讨论集》第六集，第 359、374 页。

针对当时体验派和表现派所激烈争论的“演员矛盾”问题以及艺术形象的表现问题从美学层面发表了个人意见。他认为，“演员矛盾”问题的中心问题是“舞台情感”问题，而“这种舞台感情是具有美学评价的。这是舞台感情的实质。这种具有美学意义的感情，不可能不具有表现的性质，唯‘体验’派所强调的感情体验实质是破坏美的感情的”①，也就是说，演员既需要有情感体验，更必须按照舞台规律、美学原则来创造一个有思想的能揭示客观真理的艺术形象。“美和真是不能分开的。一味强调表演技巧，就要走上破坏艺术的道路。戏剧的美的感情，是在演员生活经验的基础上挖掘出那和角色有某些类似的感情，将这种感情的幼苗在舞台幻觉的创造中培养起来的一种诗化的感情，它是美的，又要有几分真的。只强调表现则失真，只强调体验则失美。”②可见，阿甲提出的是一种兼容体验派和表现派观点的“体验－表现”观，体验是为了求真，表现是为了求美，美和真是统一于舞台情感，密不可分的。③ 另外，针对美学研究中重视艺术的思想情感而忽视艺术形式的问题，阿甲特别强调了艺术形式的表现手法即物质手段的重要性。他说：“艺术形象，不是一般地和内容的结合，而必需和艺术的物质工具结合起来，这就涉及如何运用技术的问题。用颜色，用线条，用音响作为艺术手段时（艺术语言），它的技术操作是不同的，构思方法也是不同的”④。当然，每种艺术形式又都有其自身固有的特质，因此“忽视每种艺术形式物质手段以及由于这种特点对反映生活的局限性也是不对的”⑤。这也正是阿甲在此前一篇文章《关于戏曲舞台艺术的一些探索》中所谈的“旧形式与新内容有制约关系”，以戏曲表现当前生活，必须理解这种制约关系，即“接受传统形式，首先是从具体生活出发，是生活的特点决定艺术的特点，同时也必须承认每种艺术形式又总有限制在自己的特殊手段去反映生活的”。⑥ 这种从艺术与生活的关系出发辩证地看待艺术形式的美学观点，无疑十分有利于完美地表现艺

① 阿甲：《戏剧表演论集》，上海文艺出版社 1962 年版，第 13—14 页。

② 同①，第 15 页。

③ 在另一篇文章《关于戏曲舞台艺术的一些探索》中，阿甲对此说得更为明确：“任何剧中的舞台艺术，按其本性来说，所谓体验和表现，无法绝对分开。角色，必须靠演员的思想、情感，去分析它，体会它，所谓‘设身处地，将心比心’，这就不可能没有体验；演员，至少在假定的生活环境、虚构的事件中活动，所谓‘假戏真做’，这就不可能没有表现。当然，把它当作一种科学的创作方法来研究，将二者予以区别，这是有意义的。”参见《美学问题讨论集》第五集，第 271 页。

④⑤ 同①，第 16 页。

⑥ 阿甲：《关于戏曲舞台艺术的一些探索》，载《美学问题讨论集》第五集，第 273 页。原载《人民日报》1959 年 12 月 9 日。

术形象，有利于正确处理继承传统与发展传统的关系，至今仍具有启示意义。

李可染在《漫谈山水画》一文中，围绕"意境"与"意匠"对中国山水画作了言简意赅的美学阐释。一方面，他指出，"意境是山水画的灵魂"，所谓意境就是"景与情的结合""写景即是写情"。而要获得意境，则"要深刻认识对象，要有强烈、真挚的思想感情"[①]，另一方面，他认为，要创造意境，就必须要有意匠，二者是山水画的两个关键。所谓"意匠"，就是"表现方法、表现手段的设计，简单地说，就是加工手段"。而中国画的意匠大体有三个方面：一是剪裁，即"计白当黑"，取舍得当；二是夸张，即"抓住对象的本质特征，狠狠地表现，重重地表现，强调地表现"；三是组织，即构图，"把复杂的事物组织穿插起来，以最经济的笔墨画最丰富的画，以最小的纸，画最大的画"。[②] 作者不仅特别强调了"意境"是山水画的核心美学范畴，更强调了意境的创造来自对表现技法等传统遗产的继承与发扬，意境的独创性来自创作主体对客观对象的强烈、真挚、朴素的思想感情以及对意匠的苦心经营，有力地凸显了主体性、主观情感等在艺术美创造中的地位和作用。

总之，相较于前期对美的本质、美感的抽象的理论探讨，上述的这些紧密联系艺术实践的美学观点使整个美学大讨论呈现出一种"接地气"的效果，不仅有的放矢地批判了当时艺术创造中的诸多弊端，更从中提炼出了种种美学原则并验证了古今中外美学理论的有效性，尤其是在中西比较的背景下不同程度地表现出对中国传统美学概念和思想（如"意境""移我情"等）的回归，表现出继承和发扬古典美学传统并进行现代转化的可能。这些艺术家们从自己长期的、切身的艺术实践出发，返回艺术内部探求美学原理，有效地回避了政治话语的干预或影响，从而在"美学大讨论"中表现出一种尊重艺术和传统、一切从实践出发的实事求是的态度和精神，呈现出一抹靓丽的异彩。

---

① 中国画研究院编：《李可染论艺术》，人民美术出版社 1990 年版，第 76—77 页。

② 同①，第 78—81 页。

第八章

形象思维全国大讨论

形象思维在我国的讨论历史，可大致分为四个阶段：第一个阶段是20世纪30年代，是形象思维传入中国的时期，关于这个话题虽然没有形成大的讨论现象，却与中国的时代特征相结合，理论内涵发生了重要的变化。第二阶段是我们所熟知的20世纪50年代中期到1966年“文革”前夕，关于形象思维在我国第一次掀起了全国性的讨论热潮，郑季翘的一篇重量级文章终结了形象思维的讨论，并影响前期讨论的很多学者在“文革”中受到不同程度的人身迫害。第三阶段是在新时期初期，毛泽东给陈毅的一封信件发表之后，全国展开了关于形象思维的第二次讨论热潮。这一次可谓形象思维的“翻身仗”，赞同形象思维的观点呈压倒式状态。第四次关于形象思维的讨论在新世纪之交，讨论的状况类似于第一次在中国的传入，有学者继续关注形象思维问题本身，但更多的是转而研究其他内容，但蕴含着形象思维的内容。本章论述第二阶段。

第一节　“形象思维”从俄苏到中国传入期的理论内涵变迁

关于形象思维从俄苏到我国传入期的理论内涵变迁，没有引起学界足够的重视，往往语焉不详，或一笔带过。形象思维从别林斯基提出，到法捷耶夫将其纳入国家话语体系，它的内涵已经发生了诸多重要的转变；而“形象思维”在我国的传入期恰逢新文化运动之后的文学定义重构期，使这一段历史存在着非常大的阐释空间。

一、别林斯基提出形象思维

别林斯基的“形象思维”理论脱胎于黑格尔美学——“美是理念的感性显现”，他明确提出：“观念是一部艺术作品的内容，是普遍事物；形式是这个观念的局部的显现。”[①]别林斯基认为，思维的第一条道路是人类先民的神话，也就是哲学上的宗教；思维的第二条道路是艺术，它从象征起，到诗意形象为止；最后，充分发展并成熟的人，转入了最高级和最后的思维领域，那就是纯粹思维，摆脱了直感，把一切提升为纯粹概念。艺术从属于更抽象的哲学，也就是黑格尔说的“绝对理念”，“这与史所公认的别林斯基本人的黑格尔哲学背景完全相符”。[②]在此前提下，别林斯基提出了旨在概括艺术独特性的“形象思维”这一概念。在《伊凡·瓦年科讲述的〈俄罗斯童话〉》中，别林斯基写道：“既然诗歌不是什么别的东西，而是寓于形象的思维，所以一个民族的诗歌也就是民族的意识。”[③]在1840年的《艺术的观念》一文中，他真正展开了论述，只不过将“诗”换成了“艺术”，也就是说，“诗是寓于形象的思维”这一定义，变成了“艺术是寓于形象的思维”，并在文中加注释标明，在俄文中他是第一个使用这个定义的人。别林斯基

① 别林斯基：《〈冯维辛全集〉和札果斯金的〈犹里·米洛斯拉夫斯基〉》(1838)。原载《别林斯基全集》第二卷，第559—561页。中译见中国社会科学院外国文学研究所主编：《外国理论家、作家论形象思维》，中国社会科学出版社1979年版，第55页。

② 尤西林：《形象思维论及其20世纪争论》，《文学评论》1995年第6期。

③ 别林斯基：《伊凡·瓦年科讲述的〈俄罗斯童话〉》(1838)，载《外国理论家、作家论形象思维》，第55页。

强调的艺术独特性在于，“单纯的、直感的、由经验得来的认识，在诗歌和哲学之间看到一种差别，正像存在于生动的、热情的、彩虹一般的、展翅而飞的想象和干巴巴的、冷淡的、精微的、严峻的、喜欢唠叨词费的理性之间的差别一样”。[①]既然强调艺术的独特性，那么艺术家个人的独特性是艺术作品能够具有这种独特性的根本保证。于是，艺术家所应该具备的素质，成为别林斯基关注的内容。

> 他的形象，不由他作主地发生在他的想象之中，他被它们的光彩所迷惑，力求把它们从理想和可能性的领域移植到现实中来，也就是说，使本来只被他一个人看见的东西变得大家都能看见。[②]

> 精神在人的身上发现了自己，找到了它的充分的、直感的表现，在人的身上认识了作为主体或个性的自己。[③]

> 诗人首先是一个人，其次是他的祖国的公民，他的时代的子孙。[④]

上述三段引文中透露出一个强烈的信号：艺术创作具有强烈的个人化色彩。诗人首先应该是单个的“个人”，他看到别人没有看到的艺术美景，体会到别人没有意识到的艺术魅力，他要努力寻找艺术的形象，“他被它们的光彩所迷惑，力求把它们从理想和可能性的领域移植到现实中来”，因此，“诗人首先是一个人”；艺术家所要做的事情，是“使本来只被他一个人看见的东西变得大家都能看见”。这里的“个人”颇有康德“天才论”的意味，饱含着浪漫主义的气息。浪漫主义思想的最早主题之一，是艺术家的“退隐”，追求审美的修道式生活。[⑤]浪漫主义的艺术思想最终被总结成一个著名的口号，“为艺术而艺术”。浪漫主义美学的一个重要任务，就是为艺术立法，致力于勾勒出艺术自律的领域，审美

① 别林斯基：《艺术的观念》(1841)，载《别林斯基全集》第四卷，第585—586页，第592—596页。中译见《外国理论家、作家论形象思维》，第60页。

② 别林斯基：《智慧的痛苦》(1839)，中译见《外国理论家、作家论形象思维》，第58页。

③ 同②，第61页。

④ 别林斯基：《一八四八年俄国文学一瞥》(1847—1848)，原载《别林斯基全集》第十卷，第304—307页，311—312页。中译见《外国理论家、作家论形象思维》，第76页。

⑤ 门罗・C. 比厄斯利：《西方美学简史》，高建平译，北京大学出版社2007年版，第258页。

对象由于其无目的的合目的性，而成为某种与所有功利主义的对象完全不同的东西；它的创造动机也是独特的，独立于科学和哲学之外。对美和崇高的欣赏给人带来一种其他一切行为都不能赋予的价值，因为这些与知识或者是道德都没有关系。艺术家因而成为与社会保持一定距离的人，他们应该是与众不同的特立独行者，他能看到大家所没有看到的东西。艺术家的个人审美素养必须得到应有的尊重，并不是每个人都能够成为诗人或艺术家，这也就是别林斯基强调的艺术作品的“为难”之处：“不，根据天性和天职而成为诗人，可不是这么容易的！”[①]解读艺术作品，在别林斯基看来，“这是一件很难办的事情……只有具有和思维性相结合的深刻的审美感觉的人才能够办到”[②]。

正因为此，别林斯基反复将文学艺术与哲学、科学等内容进行对比，提出文学与艺术的特殊性就在于其“形象性”。从这个意义上说，在“形象思维”这一概念中，承载着艺术家个人化的体验、直感，强调着文学艺术的纯粹性与独特性，诗人或艺术家需要做的，是把这种艺术美景和艺术魅力体现出来。创作艺术作品的过程会渗透进时代的特征、历史的语境、民族的文化甚至人类未来的梦想，因此，诗人还是“他的祖国的公民，他的时代的子孙”。这种个人性的重要体现，用别林斯基自己的话来说，就是“直感”，“精神在人的身上发现了自己，找到了它的充分的、直感的表现，在人的身上认识了作为主体或个性的自己”。在《艺术的观念》中，别林斯基反复论述了“直感”的重要性与重要特征，“现象的直感性是艺术的基本法则，确定不移的条件，赋予艺术崇高的、神秘的意义”[③]。直感既是艺术家个人化体验，也是文艺创作独特性的重要体现，如同桥梁一样，将形象思维的个人性与艺术创作的独特性联系起来。

二、 形象思维在俄苏经历的变迁

提出形象思维理论的别林斯基，正处于“唯心主义”的阶段，是黑格尔哲学的信奉者。在俄国革命民主主义者中，别林斯基的后继者车尔尼雪夫斯基和杜

① 别林斯基：《普希金作品集》，第 5 篇论文（1844），载《别林斯基全集》第七卷，第 313 页。中译见《外国理论家、作家论形象思维》，第 72 页。

② 别林斯基：《〈冯维辛全集〉和札果斯金的〈犹里·米洛斯拉夫斯基〉》（1938），原载《别林斯基全集》第二卷，第 559—561 页。中译见《外国理论家、作家论形象思维》，第 57 页。

③ 别林斯基：《艺术的观念》（1841），中译见《外国理论家、作家论形象思维》，第 66 页。

勃罗留波夫，没有直接论述过“寓于形象的思维”，车氏谈到艺术中的想象与创造性想象，认为想象不过是回忆罢了；杜氏谈到作家对艺术形象的捕捉过程，但也没有明确谈论过形象思维。在19世纪，援引别林斯基形象思维的主要作家有屠格涅夫和冈察洛夫。他们赞同别林斯基的观点，屠格涅夫说，“这句名言是完全无可争论的、正确的”①；冈察洛夫认为，“艺术家是用形象来思考的，这一点我们在一切有才华的小说家那里处处都看到了”②。他们结合自己的创作经历论述形象思维的展开过程。屠格涅夫认为自己的创作是“从形象出发”，而不是“从观念出发”，“形象——是根植于诗人的心灵的”。③ 冈察洛夫将作家分为自觉的和不自觉的，并认为后者优于前者，他自己就属于“不自觉的”作家，文艺创作是一种“本能”。可以说，在19世纪，俄国文艺界对别林斯基的形象思维理论是认同的，主要关注形象思维对于艺术独特性的重要意义。

“十月革命”前后的理论家与作家们，接受了马克思主义的学说，对形象思维的阐述和认识，首先开始关注形象思维说的唯物主义基础。俄国最早的马克思主义者普列汉诺夫，将别林斯基的理论进一步系统化，总结了别林斯基的五个美学规律。第一个规律，也就是别林斯基的基本规律是，“诗人应该表明，而不应当证明，是用形象和图画来思考，而不是用三段论法和两段论来思考……我们知道，诗是对真理的直感的默察或者是寓于形象的思维”④。卢那察尔斯基也同样赞同形象思维说，他提出的背景在于，国家需要通过艺术来了解自己，“这一任务正在通过中央统计局、通过我们的通讯和调查来执行”。要得到社会人群的具体状态，所有调查都“不如使用艺术语言”。⑤ 为了完成这个任务，作家就要从生活中撷取形象。

“十月革命”之后，布尔什维克党和苏联政府的领导核心列宁、托洛茨基、布哈林等人，在一系列政治、军事斗争和经济建设的同时，高度关注文学艺术问题，在文化战略、文艺政策、文艺发展走向乃至具体作家的创作评价上，提出了

① 屠格涅夫：《序言》，载1880年版《长篇小说集》，俄文本见《屠格涅夫文集》第11卷，苏联国立文学出版社1956年版，第409—410页。中译见《外国理论家、作家论形象思维》，第103页。

② 冈察洛夫：《迟做总比不做好》(1889)。中译见《外国理论家、作家论形象思维》，第106页。

③ 同②，第104页。

④ 普列汉诺夫：《别林斯基的文学观》(1897)，载《普列汉诺夫文学与美学论文集》第1卷，苏联国立文学出版社1958年版。中译见《外国理论家、作家论形象思维》，第125—126页。

⑤ 卢那察尔斯基：《当代文学的道路》(1925)，载《卢那察尔斯基文集》第2卷，苏联国立文学出版社1964年版，第278—281页。中译见《外国理论家、作家论形象思维》，第135—136页。

一系列重要的见解，成为马克思主义文艺理论的重要组成部分。在这种大环境下，原先出自唯心主义立场的“形象思维”理论，其内涵也在逐步发生变化。高尔基对艺术作品成功与否的判定，以作家能否将生活中众多人物的阶级特性集中到一个人身上为标准，那么这个过程就是形象思维的过程。高尔基用想象定义形象思维，“想象在其本质上也是对于世界的思维，但它主要是用形象来思维，是‘艺术的’思维”[①]。1934 年，高尔基对作家的思维能力和逻辑思维的关系又进行了阐述：“艺术家是善于赋给语言、声音和色调以形式和形象的人，艺术家应该努力使自己的想象力和逻辑、直觉、理性的力量平衡起来。”[②]在 1935 年，高尔基更加明确地提出了作家创作艺术形象所应遵循的意识形态原则，“科学社会主义的各种预见正愈来愈广泛和深刻地被党的活动所实现着，这些预见的组织力量就在于它们的科学性……应该使文学家熟知科学的革命假设”[③]。

在 20 世纪 20 年代，苏联文学界流行着庸俗社会学派、无产阶级文化派和“拉普”的种种极左思潮，一些人机械地认为，“艺术生产从属于物质生产的规律”，艺术作品是“用艺术形象的语言来翻译社会经济生活”，作家首先是“阶级的等价物”和“阶级心理的代表者”。[④] 而“拉普”是 20 世纪 20 到 30 年代苏联最大的文学团体，断言文学是“特定的阶级意识形态的产物”，深刻地影响了苏联的文艺理论话语走向。1930 年，身为“拉普”主要领导人的法捷耶夫，对形象思维做了全面的解释，使之正式进入苏联的国家话语体系。此时的法捷耶夫对许多极左的观点都是赞同并积极执行和维护，他在这个时期的理论批评著作有着教条主义和庸俗社会学的毛病。[⑤] 在解释形象思维时，法捷耶夫也存在这样的倾向。

法捷耶夫在一篇题为《争取做一个辩证唯物主义的艺术家》的演说中，第一次从正面解释了形象思维这一概念：“大家知道，科学家用概念来思考，而艺术家则用形象来思考……艺术家传达现象的本质不是通过对该具体现象的抽象，

① 高尔基：《谈谈我怎样学习写作》(1928)，原载《高尔基论文学》，苏联作家出版社 1953 年版。中译见高尔基：《我怎样学习写作》，戈宝权译，三联书店 1951 年版，第 4、6、7、9、10、62、63、64 页。

② 高尔基：《和青年作家谈话》(1934)，原载《高尔基论文学》。中译见《高尔基文学论文选》，第 313 页。

③ 高尔基：《致亚·谢·谢尔巴科夫》(1935)，载《高尔基文艺书简集》，苏联作家出版社 1957 年版，第 485 页。中译见中国社会科学院外国文学研究所主编：《外国理论家、作家论形象思维》，中国社会科学出版社 1979 年版，第 156 页。

④ 张杰、王介之：《20 世纪俄罗斯文学批评史》，译林出版社，2000 年版，第 258 页。

⑤ 赵德泉、夏忠宪、陈明至：《法捷耶夫与文艺批评》，《武汉大学学报(社会科学版)》1982 年第 4 期。

而是通过对直接存在的具体展示和描绘。”①同时，法捷耶夫认为，艺术家本人就是一定的社会阶层或阶级的代表，要求作家“必须站在无产阶级的先进世界观的高度”②；在选择材料时，并不是每一件都同样使他震惊，也不是同样使他发生兴趣和激动，艺术的形象要“根据明确的世界观和明确的思想而得出直感印象”③，只有这样的直感印象才能构成无产阶级艺术的形象。在此基础上，法捷耶夫特别批判了别林斯基所提倡的“直感”，艺术家因此“注定了在现象的表面绕来绕去”④。无可否认，在这里，法捷耶夫的观点颇有“主题先行”的味道。

“十月革命”产生的影响，在政治领域和文化艺术领域都是空前的。中苏两国的无产阶级文学运动在同一历史时期内相继发生，都展开了理论上的激烈论战。“在20世纪世界文学的整体中，它们同属于以社会主义为意识特征的文学体系。”⑤中国从引入形象思维理论开始，便带有苏俄的背景。

三、我国30年代对形象思维论的引入

20世纪30年代，形象思维传入我国。1931年11月20日，“左联”机关刊物《北斗》杂志刊载了由何丹仁（冯雪峰）翻译的法捷耶夫的《创作方法论》，提到“形象思维”，胡秋原在1932年也谈到过这个概念。40年代，形象思维逐步渗入文学概论的教材中，很多大家开始使用甚至列题准备长文进行讨论，但终究没有形成气候。⑥ 因此，这个阶段可以看成是“形象思维”在我国的传入期。

在30年代，恰逢我国文学界从“文学革命”到“革命文学”的转变。胡适先

---

① 法捷耶夫：《争取做一个辩证唯物主义的艺术家》（1930年），载《三十年间》，苏联作家出版社1957年版，第80—84页。中译见《外国理论家、作家论形象思维》，第166—167页。

② 同①，第170页。

③ 同①，第169页。

④ 同①，第168页。

⑤ 艾晓明：《苏俄文艺论战与中国“革命文学”论争》，王晓明主编：《二十世纪中国文学史论》，东方出版社，1997年11月，第146页。

⑥ 1933年3月，北新书局出版的《文学概论讲话》中，把“想象”解释为“具体形象的思索或再现”。1935年，郑振铎、傅东华邀请欧阳山为“形象的思维”作解释，但原文并未印出。40年代，胡风曾经列题“论形象思维——作为实践，作为认识的创作过程”，也未完成。1943年，蔡仪在《新艺术论》一书中，明确指出：“艺术的认识是形象的思维”，并作出了学理上的解释。蔡仪的解释可以被认为是我国学者第一次从理论上对“形象思维”的内涵进行拓展。这一段资料参考了王敬文、阎凤仪、潘泽宏《形象思维理论的形成、发展及其在我国的流传》一文，详见中国社会科学院哲学研究所美学研究室和上海文艺出版社文艺理论编辑室合编：《美学》第1期，上海文艺出版社1979年版，第200—201页。

提出了《文学改良刍议》，标志着中国现代文学的开端；陈独秀的《文学革命论》要以文学来改造国民性；而到了 30 年代的"革命文学"，更加明确了文学的意识形态功能。在 1928 年，冯乃超、朱镜我、彭康、李初梨和李铁声于 1 月 15 日创办了《文化批判》这一激进的理论刊物，提出了新的"无产阶级革命文学"的历史主题，将"革命文学"前加上了"无产阶级"的定语，"意识形态"成为新的关键词——《文化批判》1928 年第 1 号刊登《意德沃罗基》(即"意识形态"的英文 Ideology 的音译)。1928 年对"文学"定义的重新界说，则又要求文学负担起社会责任，恢复文学与政治的联系。

1931 年将"形象思维"引入我国是意味深长的。此时恰逢文学观念的转型期，从强调纯文学与个性解放的"五四"启蒙范型，转向了注重文学意识形态的救亡范型，从"文学革命"转向了"革命文学"。把"形象思维"介绍进中国的作家，是左翼重要的理论家冯雪峰。冯雪峰当时所依据的关于形象思维的解释，并不是别林斯基本人提出的形象思维理论，而是时任"拉普"主要领导人的法捷耶夫解释后的形象思维理论。从冯雪峰引入"形象思维"的时间来看，刊发形象思维是在 1931 年 11 月，而就在同一个月，"左联"执委会通过了《中国无产阶级革命文学的新任务》，特别强调文学的意识形态功能。

1932 年，胡秋原编著的《唯物史观艺术论》一书中，专门论述了普列汉诺夫的艺术观，胡秋原在当时用的术语是"形象的思索"。关于艺术的本质，普列汉诺夫认为，首先是"专门就诗而论的"："科学(哲学，批评，政论同样)可以认为是藉演绎法的思索，反之，诗是藉形象的思索。这是柏林斯基(别林斯基——引者注)得意的思想，普列汉诺夫常常引用，将它做自己'美学法典之基础'。"①与别林斯基强调艺术的感性特征不同的是，胡秋原总结的普列汉诺夫关于艺术的论述，意在以马克思主义为指导，建立一种"科学的美学"，即"马克思主义社会学之基础上关于艺术的科学"②。普列汉诺夫认为："美学的职务只限定于此——即观察各种历史时期，有支配势力的种种法则和态度是怎么样发生的这个问题而已。美学不是宣言艺术永久的法则，而是努力于研究决定艺术之历史底发达所根据的永久法则……总而言之，美学与物理学一样，是客观的，因此，与一切

---

① 胡秋原编著：《唯物史观艺术论——普列汉诺夫及其艺术理论》，神州国光社 1932 年版，第 38 页。
② 同①，第 25 页。

形而上学是缘远的东西。”[①]因此，美学的任务不是研究艺术的感性特征，而是要找到蕴含在艺术感性形式之下的规律，因此是科学的、客观的，这种研究方法最终是要寻找到艺术与政治的深层联系，“客观批评只要是真正表现为科学的，则亦表现为政论的批评……关于科学批评可以说，其批评之解剖愈是客观——即那批评愈将社会弊端更明了地浮雕地表现，则那批评亦必愈明了地显出社会的罪恶”[②]。胡秋原也非常认同普列汉诺夫的观点，并认为这种藉形象的思索就是“创造的幻想”，“艺术家则将思想具体化于形象之中的。而且也很知道是依据于‘创造的幻想’的”[③]，也就是我们今天所说的创造性想象。

1933年1月，赵景深的《文学概论讲话》交付出版社，1935年10月在北新书局出版。关于形象思维的论述，赵景深的这本讲义中篇幅并不长，但内容的分量是很重的。在第一讲《文学的定义》中，赵景深将文学的要素分解为五个部分，分别是文字、思想、情感、想象与艺术——各种主义的重要分配，赵景深对想象的定义是“这里所说的想象，意思只是具体形象的思索或再现”[④]。由此可见，在赵景深看来，形象思维等于想象，并且占据非常重要的位置，赵景深引证普列汉诺夫对于艺术的定义，“艺术是藉着活生生的形象而表现，而在这里存着她（她指文学——引者注）的最主要的特质”[⑤]。在第三讲《文学的要素》一章中，赵景深把想象分为三种，分别是创造的想象、联想的想象和解释的想象，这种分类与我们今天关于想象的分类已经非常类似了。赵景深对文学的定义是“文学是为了要写点什么，因为把作者自己的想象通过了情感用艺术方法写成的文字”[⑥]。所以，形象思维在赵景深的《文学概论讲话》中占有重要的地位，它成为文学的基本要素，在文学创作过程中发挥着非常重要的作用，构成了文学之为文学的本质特征。文学研究的目的，也是像普列汉诺夫所说的那样，去研究文学背后的根源问题，寻找到文学发展的规律。

周立波出版于1963年的《亭子间里》，除了《论春天》，都是在1935年到1937年期间，在上海的亭子间里完成的。在写作期间，作者加入了中国左翼作

---

① 胡秋原编著：《唯物史观艺术论——普列汉诺夫及其艺术理论》，神州国光社1932年版，第28页。
② 同①，第29页。
③ 同①，第40页。
④ 赵景深：《文学概论讲话》，北新书局1935年版，第7页。
⑤⑥ 同④，第8页。

家联盟，稍后，又加入了中国共产党，因此，这个小册子是有纪念意义的。① 随着时间的推移，1937 年抗战全面爆发，对文学的研究应该服从时代最突出的主题成为大家的共识。周立波在《亭子间里》开篇对文学的定位是："目前，中华民族的国耻，已经打破历史上所有的记录……在这种时期，我们的文学，从最初一课到'最后一课'，都应当是为了救国。"②在《文艺的特性》一章中，作者明确了文学的特性。周立波反对托尔斯泰所认为的艺术在于表现情感的观点，而是认为"一切文学都浸透了政治见解和哲学思想"③，但是，"文学不从抽象的观念出发，不从数字和概念出发，用艺术家的彩笔涂出生活的颜色、用艺术的手段表现生活和思想，使思想和生活在形象化的手段中活生生地再现出来，而社会的矛盾和发展也自然透露"④。周立波所赞同的，是现实主义文学对典型形象的塑造，要求作家使思想倾向成为事件和情势中自行流衍出来，而反对席勒式的表达；⑤同时，周立波也反对现代主义文学的形象思维，反对"为艺术而艺术"的主张，他所举的例子包括唯美主义、表现派、颓废派、象征派等。⑥

上述是 20 世纪 30 年代我国知识分子关于形象思维比较有代表性的观点，从中我们可以看出，当时由于民族国家更加紧迫的时代主题，学者们大多选择了经过苏联国家话语意识形态化了的"形象思维"理论。其实，在 30 年代，也并不是只有这一种声音，"谈论'形象思维'之时，另一个受西欧和北美学术影响的学术圈子刚从另一个角度谈论艺术的思维特征和艺术本质问题，这方面的主要代表，是朱光潜先生"⑦。朱光潜用"形象的直觉"建立起自己的美学体系，然而这种努力的倾向由于时代的需要并没有成为主流声音。

四、 40 年代的形象思维论争

胡风专门谈过"形象"和"形象化"，也曾列题"论形象思维——作为实践，作

① 周立波：《亭子间里》，湖南人民出版社 1963 年版，第 115 页。
② 同①，第 1 页。
③ 同①，第 22 页。
④ 同①，第 23 页。
⑤ 同①，第 26 页。
⑥ 同①，第 25 页。
⑦ 高建平：《"形象思维"说的发展、终结与变容》，载高建平：《当代中国文艺理论研究（1949—2019）》，中国社会科学出版社 2019 年版，第 192 页。

为认识的创作过程”，但一直没有完成。我们从胡风关于形象思维片段的论述中，首先可以确认，胡风是赞同形象思维的，他说，“在美学或艺术学上，我们可以说‘形象的思维’或‘形象地思维’”。胡风提出：“在艺术创造过程里面，思想（思维、作家底主观认识）只能是一根引线，始终要附着在生活现实里面，它底被提高只能被统一在血肉的生活现实里面同时进行。”①其次，胡风将形象分为“内在形象”和“外在形象”。胡风所理解的内在形象是创作对象的内在精神，外在形象是内在形象的表现，而且只有当作家深刻把握创作对象的内在形象，也就是精神实质时，外在形象才有意义；否则只能是一具空洞的躯壳。他以阿 Q 为例，阿 Q 的癞疮疤只有当他在忌讳“光”“亮”的心理状态中才能够产生精神胜利的意义。所以，胡风提倡作家写内在形象，而反对空洞的外在形象：“一个真正能够把握到客观对象底生命的作家，就是不写人物底外形表征，直接突入心理内容和行动过程，也能够使人物在读者眼前活生生地出现，把读者拖进现实里面，而主观公式主义者所制造的指手画脚的‘外在形象’，只有使人发生滑稽之感，客观主义者所抄录的死样活气的‘外在形象’，只有使人对现实厌倦或者对现实达观而已的。”②第三，胡风的“形象化”与他所反对的“外在形象”是一脉相承的。他反对仅仅描写对象的外在特征，而不能把握对象的内在精神实质，这谈的是在小说中人物形象的塑造问题。在诗歌中，胡风也反对仅仅为了追求形象性而进行所谓的“形象化”。在他看来，诗歌的“形象化”无异于先有思想而后捏造一个形象，或者寻找一个形象来表达这种思想。胡风认为这种指导思想创作出来的诗歌缺乏主观战斗精神，人物也是一个没有灵魂的纸扎的人。胡风说：“至于‘形象化’，那是先有一种离开生活形象的思想，然后再把它‘化’成‘形象’，那思想就成了不是被现实生活所怀抱的，死的思想，形象成了思想底绘图或图案的，不是从血肉的现实生活里面诞生的，死的形象。”③胡风所反对的形象化，其实也就是恩格斯所谈到的“席勒化”，人物成为思想的传声筒。那么，形象化当然是现实主义作家所反对的，用胡风的话来说，这就是“机械论”，是庸俗的现实主义生下来的“小宝宝”。从胡风所列举的专题题目中，我们得知胡风其实对形象思维是有自己深入的体会的，以他个人的经历，也很能够结

①③ 胡风：《关于“诗的形象化”》，载《胡风论诗》，花城出版社 1988 年版，第 76 页。
② 胡风：《关于形象——创作对象的人》，载《胡风评论集》（下），人民文学出版社 1985 年版，第 332 页。

合当时中国文坛的创作状况进行展开。很可惜的是他没有完成这个题目。从上文所谈到的几点内容来看，假如胡风要谈论形象思维的话，他的论述一定也是与他的主观战斗精神联系在一起的，也一定是他评判真伪现实主义的一个重要依据。形象思维在胡风这里，应该是他的主观战斗精神在创作过程中的展开过程，最后作品中所出现的艺术形象应该是主观战斗精神最终的体现和结晶。

在 40 年代，还有一个不应忘记的有关形象思维的阐释者就是周扬。在延安时期，周扬翻译了车尔尼雪夫斯基的《生活与美学》，并于 1942 年在《译后记》中分析了"美是生活"这个命题。周扬分析了车尔尼雪夫斯基"美是生活"这个命题的开拓性意义，指出车尔尼雪夫斯基"美是生活"的伟大意义不仅在于纠正了黑格尔以来的唯心主义美学中"美高于生活"的错误，而且看到了美的观念会随着人类生活的物质条件而变化，不同阶级的美的理想是不一样的。① 在此前提下，艺术不仅要揭示生活中什么是美的，更应该"批判生活"。周扬认为，车尔尼雪夫斯基关于艺术对生活的能动作用中没有达到马克思和恩格斯的高度，理想的艺术形态应该是现实主义和浪漫主义的结合，这就需要不断探索艺术形象所应该具备的特征。1944 年，周扬在《表现新的群众的时代》中提出："艺术性，就是真实地，具体地，生动地反映了生活。艺术性和形象性是差不多的意思；愈形象化，艺术性就愈高。"②在这里，周扬显然是赞同形象思维说的，相比胡风强调艺术形象形成过程中作家的主观能动作用，周扬更强调艺术形象的来源是客观生活。这一点，是造成二人关于"形象思维"观点分歧的根本原因。

40 年代的中国大致可以分为两个时期，一个是抗战时期，一个是解放战争时期。在这两个时期内，中国化的马克思主义美学探索取得了重大的进展。继 30 年代左翼作家联盟的成立之后，40 年代的重要收获是毛泽东《在延安文艺座谈会上的讲话》，《讲话》从指导思想上确立了文艺为政治的方向。在 40 年代，除了战场上真刀实枪的斗争之外，《讲话》的发表其实代表了另外一条战线的斗争，即文艺战线的斗争：一种是左派知识分子坚持的鲁迅文艺路线，一种是强调

---

① 周扬：《关于车尔尼雪夫斯基和他的美学》，载《周扬文集》，人民文学出版社 1984 年版，第 370 页。
② 周扬：《表现新的群众的时代》，载《周扬文集》，人民文学出版社 1984 年版，第 451 页。

服从的文艺为政治服务的路线。“两种文艺思想的对立……本来就存在，但它从不很明显变得明显，却跟一些人分别对两种文艺思想所做的解释和发挥有关。这里特别应该提到两个人：一个是周扬，一个是胡风。”[①]周扬最早根据延安文艺整风对《在延安文艺座谈会上的讲话》作了理论上的阐释，进一步发挥了文艺从属于政治的命题。而胡风则不同，他继承并发扬了鲁迅的很多观点，在“主观战斗精神”这一概念中，更加突出了文艺的独立自主性。这种矛盾延续到了 50 年代而愈演愈烈，也直接成为 50 年代形象思维讨论的重要原因。

第二节　50 年代的形象思维大讨论

50 年代最早见报的文章可能是发表于 1955 年，李拓之的《论形象思维与创作实践——批判胡风的反动文艺理论》[②]。这篇文章在题目中直接点明，讨论形象思维的目的，是批判胡风的反动文艺理论。文章展开的具体着眼点是讨论形象思维究竟赋予文学艺术怎样的一种特殊性，但这个特殊性的讨论，是以“是否能够掌握科学的反映论指导下的美学观点”[③]为前提。李拓之赞同别林斯基三段论的观点，并进一步提出，文学艺术特殊性的界定与美学观点之间的密切联系。文章的主要观点试图论证这样一个命题，即形象思维作为文艺的特殊法则，主要是从逻辑思维与形象思维二者的关系中去理解的，离开形象思维的美学立场，是没有办法论述清楚的。因此，作者肯定形象思维与逻辑思维有共通之处。与 50 年代苏联讨论形象思维所形成的格局大体类似，我国形象思维讨论高潮期所形成的观点大体上也可以分为“赞同派”和“反对派”两大类，而且也是以“赞同派”为多数，只是在形象思维具体展开过程中，各自存在差异；反对形象思维的学者属于少数，以毛星为代表。

---

① 支克坚：《从鲁迅到毛泽东——关于二十世纪三十到四十年代革命文艺思潮的变化，兼论周扬和胡风在变化中的地位》，《鲁迅研究月刊》2004 年第 8 期。

②③ 李拓之：《论形象思维与创作实践——批判胡风的反动文艺理论》，《厦门大学学报》（社会科学版）1955 年第 4 期。

一、霍松林论形象思维文章及其引起的讨论

从1956年开始,有关形象思维的讨论正式进入了高潮期。霍松林的文章《试论形象思维》①得到了广泛回应,是引发形象思维讨论的第一篇文章②。霍文首先从形象思维和逻辑思维的共同性出发,来肯定形象思维的重要地位。文章总结形象思维与逻辑思维的共同性有两处:一是二者都遵守思维对存在的关系这个基本的哲学规定,都是存在决定思维。从这个意义上,霍松林把艺术看成是现实的反映,"生活实践问题,是形象思维的根本问题"③。二是认为,形象思维在能够真实地揭示生活的本质及其规律性这一点上,与逻辑思维是一致的。而形象思维完成这个任务,就需要逻辑思维的帮助,帮助艺术家在研究生活的时候,正确地理解事物的本质及其内部规律性。霍松林文章的第二部分,论述了形象思维的特殊性。因为艺术的对象与科学的对象是有区别的。艺术的对象是"人",而不是物。霍松林认为,人应该是活的整体的人,要凭借具体的形象来进行思维。所谓"具体的形象",是指"凭借处于特定环境中的人的形象(外在形象和内在形象)进行思维的"④。逻辑思维是经由具体而走向抽象,形象思维则并不离开具体,而正是通过具体来显示抽象。霍松林反对从具体到抽象再到形象的过程,而认为形象思维是抽象化和具体化的统一,典型人物就是通过选择、概括、有意识地夸张和突出地刻画,最充分、最尖锐地表现一定社会力量本质的典型特征的过程创造出来的。霍松林认为,形象思维的特殊规律是通过具体的个别的东西揭示本质的、一般的东西,这是形象思维的特殊规律。文章的第三部分是关于作者世界观对创作的影响,批判胡风所谈的世界观对创作无影响的观点,认为世界观决定着创作的立场。

温德富的文章《关于形象思维过程问题的商榷——读霍松林〈试论形象思维〉》⑤,不同意霍松林关于形象思维过程的观点。霍松林提出,形象思维是抽象化和具体化的统一,反对从具体到抽象再到形象的过程。温德富认为,这是错误的,任何思维都离不开"从具体到抽象的过程"。霍松林所认为的形象思维就

---

①③④ 霍松林:《试论形象思维》,《新建设》1956年5月号。
② 高建平:《形象思维的发展、终结与变容》,《社会科学战线》2010年第1期。
⑤ 温德富:《关于形象思维过程问题的商榷——读霍松林〈试论形象思维〉》,《新建设》1956年8月号。

是心理学上所说的创造性想象，这在温德富这里也是反对的。温德富认为，这种观点混淆了想象和思维。随后，任秉义的《试谈形象思维的过程》①提出了反对温德富的观点。这篇文章认为，温德富的观点"形象思维也是由具体到抽象"的说法，忽视了形象思维的特殊性，在一定程度上混淆了形象思维和逻辑思维的区别。任秉义认为，形象思维的过程的特征是其形象性、具体性，其实就是将记忆表象经过创造性想象而概括成艺术形象的过程。逻辑思维帮助形象思维而不能代替。这篇文章具有浓厚的心理学色彩。周勃的文章《略谈形象思维》②，反对巴人提出的从感性认识到理性认识再到形象的过程，对霍松林的文章基本是赞同的，但反对形象思维过程的一个方面，即形象思维与逻辑思维的关系。周勃认为应该具体问题具体分析，不能用某个公式概括。此外，蒋孔阳的专著《论文学艺术的特征》③对霍松林的观点也有进一步的发挥，认为形象思维也是从个别到一般，但一般是始终体现在个别的形式中，并通过个别的形式来反映一般的规律性；它完全通过具体的人物和事件，具体的生活现象和细节，来概括作家对于现实生活的认识。形象思维的构思过程，始终都是和个别的具体的感性东西结合在一起，在这个过程中，逻辑思维是形象思维的基础。蒋孔阳还讨论了心理学中想象、虚构、联想和夸张的作用。

二、 陈涌论形象思维及其引起的讨论

陈涌的文章《关于文学艺术特征的一些问题》④，通过对形象思维的探讨，引出了一个新的问题，即文艺特殊性的结果。由霍松林的文章引起的讨论，理论家们主要关注的是形象思维的过程，形象思维究竟是如何展开的，它对批判资产阶级唯心论具有怎样的意义；而陈涌的文章通过形象思维谈论主要分析近年来在文艺批评和审美教育中的庸俗社会学倾向。文章把批判庸俗社会学和美学联系在一起，认为"庸俗社会学和唯心论同样都是违反真正的科学，违反马克思主义，危害文学艺术事业的发展的"。文章还将形象思维与

---

① 任秉义：《试谈形象思维的过程》，《新建设》1957 年 1 月号。
② 周勃：《略谈形象思维》，《长江文艺》1956 年 8 月号。
③ 蒋孔阳：《论文学艺术的特征》，新文艺出版社 1957 年版。
④ 陈涌：《关于文学艺术特征的一些问题》，《文艺报》1956 年第 9 期。

艺术的审美功能联系在一起，认为"庸俗社会学的一个显著的特征，就是否认文学艺术的特殊的性质和任务，否认文学艺术有它自己不同于其他意识形态的特殊的规律，而用一般社会学的公式生吞活剥地代替对于文艺的具体生动的实践的研究"。陈涌批评了三段论式的形象思维过程，即"具体—抽象—具体"的思维过程，而是认为，艺术思维自始至终都应该保持艺术的特色。更为重要的是，文章不仅讨论了形象思维的过程，而且讨论了艺术审美教育的特点。在这里，陈涌的文章在阐释过程中突出的特色是，第一次将形象思维与中国古典美学思想联系在一起，借鲁迅所说的唐传奇的"文采"和"意想"来论证艺术的特性，蕴含着突破当时主流的反映论倾向。"鲁迅在这里所说的'意想'，主要的也就是作者的美的理想。"陈涌反思当时的文艺创作后说："如果我们给自己规定一个任务，认为主要的是学习反映主要矛盾斗争的作品，那么，过去这样的作品又有多少呢?"而且，陈涌反对文艺直接为政治服务，而且反对文艺主要为政治服务，"文学艺术为具体的工作服务也是需要的……但这不能成为我们整个文学艺术创作的主要任务。文学艺术为政治服务……但它的作品未必是直接为这项工作服务的"。这些论断当然是正确的，但敢于表达出来，需要非常大的勇气。

陈涌的文章同样产生了非常大的影响，他反对文艺创作与文艺接受中的庸俗社会学倾向，成为继批判胡风等"唯心主义"之后的重要内容。从1956年以后，在有关形象思维的文章中，作者批判的主要内容大多与典型、现实主义创作中的概念化、公式化相关，这些作者对庸俗社会学也持反对态度。这些理论家都赞同形象思维一说，但对其过程各有解释。尼苏的《形象思维过程究竟是怎样的?》[①]代表了另外一种方向，他反对形象思维过程中的抽象："我认为形象思维始终不经过抽象的过程"，"形象思维……就是始终不脱离形象的具体思维"。狄其骢的《关于形象思维问题》[②]也认为，形象思维认识的全过程，不是脱离对象的具体感性和生动细节，而是自始至终把客观对象作为活的整体来综合性地把握。形象思维是思维化与形象化的辩证统一过程。

---

① 尼苏：《形象思维过程究竟是怎样的?》，《人文科学杂志》1957年第2期。

② 狄其骢：《关于形象思维问题》，《新建设》1958年5月号。

三、李泽厚论形象思维

使形象思维问题的讨论直接与美学大讨论联系起来的学者是李泽厚。李泽厚在当时虽然是一位青年学者，然而以其卓尔不群的观点成为当时参与美学大讨论，并与朱光潜、蔡仪等为代表的美学家对举的一派风云人物。李泽厚参与形象思维讨论时，他已经名扬学界。而在他的成名作《论美感、美和艺术——兼论朱光潜的唯心主义美学思想》中，不仅对蔡仪、朱光潜的美学思想进行了深入的批判，而且提出了自己的概念：美感二重性、美的客观性与社会性统一，从而被学界认为李泽厚的美学思想自成一派，有力地推动了美学大讨论的进行。至于形象思维的话题，在这篇文章中，李泽厚几乎用到了三分之一的篇幅讨论这个问题，后来又单独撰文《试论形象思维》[①]。正是由于李泽厚，使形象思维与美学大讨论的关系从隐性到显性地联系了起来。

第一，李泽厚提出，美感存在着二重性的矛盾，并对之作了明确的界定：

> 总括我们关于美感矛盾二重性的论点，是认为，美感是有客观必然的社会功利性的，在这一方面，它与科学与逻辑思维是一致的，它们都揭示事物之间的必然联系，揭示事物的本质，而为人类服务，但是，美感却又有其不同于科学和逻辑的独具的特征，这就是它的直觉性质，没有这一性质，就不成其为美感，就会与人类其他的认识方式完全等同起来。所以美感的矛盾二重性是一个统一的存在，忽视或否认任何一方，都是错误的。[②]

第二，李泽厚从美感二重性出发，论述了美的二重性。据以上论述，美感的二重性中蕴含的，其实是客观的社会的功利性与主观的个体的直觉性。而这一点，恰好构成了美的两个基本特征："美的两个基本特性之一是它的客观社会性……它构成了美的客观社会性的无限内容；美的另一基本特性是它的具体形象性，即美必须是一个具体的、有限的生活形象的存在。"[③] 如果"美感的客观功

① 载《文学评论》1959年第2期。

②③ 李泽厚：《论美感、美和艺术》，《哲学研究》1956年第5期。

利性只有在美的社会性中求到解答”①，那么，具体的艺术形象应该对应着美的另外一个特征，即具体形象性。所以李泽厚说：“美的两个基本性质（亦即美的内容与形式）问题，一方面总结了美感的矛盾二重性问题，而另一方面却又开展为艺术形象与典型这一艺术的中心环节。”②这样，李泽厚将美感、美与形象联系了起来。经过对美感二重性的批判、美的客观社会性与具体形象性的论述之后，美学集中到对艺术美的讨论之中。李泽厚说：

> 艺术美是现实美的反映和集中，艺术的形象也即是现实生活的形象的反映。所以，形象就是艺术生命的秘密，没有形象，就没有艺术。形象问题是艺术美的核心问题。典型问题又是艺术形象的核心问题。典型是美的社会性和形象性的统一。典型问题就必须通过形象思维来研究。③

第三，形象思维是美学的一个根本问题。到这里已经非常明确了，形象思维不但是美学大讨论的一个延续，而且构成了美学大讨论关于艺术美特质这一根本问题的基石。用李泽厚的话来说：“形象思维又是怎样进行‘抽象’‘概括’而使认识由感性阶段进到理性阶段的呢？这显然是形象思维的一个根本问题。因为形象思维能否以及如何上升到理性阶段的问题，也就是艺术能否以及如何反映现实生活本质的问题。”④也就是说，美感的二重性是由个人的主观直觉性质和社会的客观功利性质构成，而美的二重性对应的是具体的形象性和客观的社会性。艺术美是美的典型体现，它的核心问题是形象问题，即艺术美的最终体现是“典型”。那么典型是如何创造出来的？这就是形象思维的过程。在这个意义上，李泽厚第一次将形象思维与美学大讨论联系了起来，他的《试论形象思维》一文成为形象思维讨论与美学大讨论的关节点。因此我们可以说，李泽厚的《试论形象思维》也应该是美学大讨论的有机组成部分。美学大讨论是论述了美的哲学认识论基础，而形象思维则是美学大讨论的具体问题展开，就是要回答美的形象是如何诞生的这一问题。

在《试论形象思维》一文中，李泽厚首先肯定了形象思维的存在，并将之看成是一种“认识”：“思维，不管是形象思维或逻辑思维，都是认识的一种深化，是

---

①②③④ 李泽厚：《论美感、美和艺术》，《哲学研究》1956年第5期。

人的认识的理性阶段。人通过认识的理性阶段才达到对事物的本质的把握。形象思维的过程在实质上与逻辑思维相同，也是从现象到本质、从感性到理性的一种认识过程。”但是，形象思维又不同于逻辑思维，在李泽厚看来，“形象思维的过程又有与逻辑思维不同的本身独有的一些规律和特点，这就是在整个过程中思维永远不离开感性形象的活动和想象”。在这篇文章中，李泽厚对形象思维过程明确界定为“个性化与本质化的同时进行”，最终要形成恩格斯所说的独特的“这一个”，也就是典型。本质化的过程是对形象代表性的深入，是对艺术形象的社会意义的发掘，而个性化则是艺术形象美的体现，是具体的外化的主观表现。二者缺一不可，是“完全不可分割的、统一的一个过程的两方面”。离开本质化，个性化缺乏深度，是形象思维的混乱，或是一堆无意义的奇异情节；离开个性化，本质化又会显得空洞和刻板，人物成为一个影子或者符号，就容易产生公式化和概念化的作品。

其次，李泽厚在提出了形象思维是个性化与本质化同时进行之后，提出了形象思维所不应或缺的情感维度：“形象思维还有一个主要特征：这就是它永远伴随着美感感情态度。”在李泽厚看来，艺术家的情感态度，“其本质是一个美的理想问题”，它是“一种深入骨髓的在长期生活和教养下培养形成的具有强烈的阶级性质的东西”。在这里，李泽厚再次将形象思维与美学讨论联系起来。李泽厚说，“艺术家主观的美的理想与现实生活中客观的美的理想能否、如何以及在何种基础、何种范围和何种程度上统一和一致”是一个关键问题，关键的关键“又在美感”，因为它决定了“主客观的美学理想是否一致或接近”。这样，文章的结论必然是倡导艺术家应该具有工农兵的情感态度，这一结论是符合《讲话》精神的。

再次，李泽厚在形象思维与逻辑思维的关系问题上提出，“逻辑思维是形象思维的基础”。因为“对历史和现实生活的逻辑了解和理论认识常常自觉或不自觉地渗透到以后的形象思维中并构成艺术家整个感受和感性的内容和基础了”。而且，“逻辑思维经常插入形象思维的整个过程中来规范它、指引它”。艺术思维的整个过程，包含形象思维与逻辑思维两个方面。逻辑思维不能代替形象思维，因为从概念、判断等逻辑推理形式不能直接诞生艺术形象。这个问题再深一层的含义，关涉到了“创作方法与世界观的问题”。到 1959 年，距离胡风案件的定性已经过去三年多的时间，李泽厚的文章依然与其产生了回应。在反对公式化、概念化的创作问题上，李泽厚提出，因为形象思维是以逻辑思维为基础，“客观形象大于主观思想”；同时，艺术家的主观思想也能够把握住形象的“本质意义”。

最后，李泽厚考察了形象思维在门类艺术中的不同特色，这一点在李泽厚看来“其实更为重要”。这一点是李泽厚在当时形象思维讨论中的一个突出的特色。在这里，李泽厚探讨了电影形象思维的“微相学——细微的面部表情变化传达出千言万语不能表达出的人的内心细微活动和变化”、绘画“要求形象思维的极大的细节确定性”等，其实已经涉及了各门类艺术所使用的不同符号的特色问题，只不过在当时由于理论资源的局限而未能深入展开。此外，李泽厚还提出了随着创作方法不同而形象思维有所不同、形象思维的民族特色、艺术家个人的才情性格不同而使各自的形象思维有所不同等问题。可以说，这篇《试论形象思维》的最后一部分，是非常精彩的。根据前文所述，李泽厚在美学大讨论中提出，艺术美是美的关键问题，而形象思维则是关键的关键，所以讨论各种艺术中形象思维的特点，是形象思维问题讨论的应有之义。可见，形象思维的讨论的确无法离开美学大讨论这一背景，而且，正是美学大讨论的背景赋予形象思维讨论更为深刻的意义，使形象思维讨论脱离了只在各种哲学术语中打转的苍白境地，而是能够在各种具体的门类艺术中彰显出缤纷的色彩，也使原来探讨文学创作的一个相对单薄的理论话题，变得充实而丰满。

此外，在这篇文章整体上更为明显的特征是对中国古典美学思想的发掘，可以说在形象思维本土化过程中，李泽厚在陈涌的基础上将之发扬光大，以《文心雕龙·神思篇》“神用象通，情变所孕；物以貌求，心以理应”作为文章的题记。陈涌在关于形象思维的论述中，中国古典美学是作为一小部分的论据出现，而李泽厚将之作为支撑形象思维理论的基础，这是二人就此问题最大的不同。李泽厚在谈到形象思维的特点是“自始至终都不断地有较清晰、较具体的形象的活动”，引证《陆机·文赋》中的“情瞳胧而弥鲜，物昭晰而互进”；在论述如何捕捉形象时，李泽厚以中国古代画院以诗题画为例，来证明形象的获得要经过精细的琢磨与想象；在论述形象思维永远伴随美感感情态度时，李泽厚以《乐记》“情动于中，故形于声”、《诗品》“非长歌何以骋其情”为例；这样的例证贯穿了全文的论述。李泽厚深厚的学养使他对中国古典美学的引证信手拈来，不仅使来自异域的形象思维概念在华夏文化的土壤中落地生根，而且带动了我国学者对古典美学的深入研究，使古典美学与西方的美学在形象思维的讨论中产生了第一次深度的对话与碰撞。更进一步，李泽厚首次提出形象思维的民族特色，这是其他学者在当时所没有注意到的。文章说："形象思维在民族生活的传统习惯的长期影响下，在创作过程和表述上也产生了特色。这当然就涉及艺术的民族形式问题，涉及中国艺术传统的典型化方法的规律和特色问题。"因此，我们可以将这篇文章看成是形象思维本土化过程中的一个高潮，形象思维的讨论在李泽厚的推动下，关于艺术独特性的探索以及对中国古典美学资源的发掘，成为美学大讨论的重要成果。李泽厚的这一看法对中国古典文艺理论和美学的研究影响颇深，到 60 年代，张文勋写出了以形象思维为纲，对中国古典美学研究的大文章：《我国古代文学理论家对文学艺术特征的认识》[①]，按照中国历史发展顺序，以形象思维的视角进行批评，这在 60 年代还是比较罕见的。还有像《刘勰在〈文心雕龙〉中关于形象思维和比兴手法的论述》[②]等文章，尽管很多论断在现在看来还有待商榷，例如，囿于时代而对王国维"唯心主义"和"唯美主义"的批判，以形象思维为原点对中国古代文论和美学思想的评价是否合适，但毕竟是我国学者试图将形象思维本土化的可贵努力，也切实推动了学界对古典美学的研究。

四、 蔡仪论形象思维及其后续讨论

1943 年，蔡仪在《新艺术论》一书中明确指出："艺术的认识是形象的思维"，并做出了学理上的解释。蔡仪的解释可以被认为是我国学者第一次从理论上对"形象思维"的内涵进行拓展。[③] 更为重要的是，蔡仪谈"形象思维"理论并不只就一个单独问题而论，而是在其系统的马克思主义美学体系之上进而论及形象思维的展开过程、地位及其意义的。因此，我们在理解蔡仪的形象思维理论时，一定不能忽视这种系统性。

蔡仪始创于 20 世纪 40 年代的美学体系以"新方法"即马克思主义唯物主

① 张文勋：《我国古代文学理论家对文学艺术特征的认识》，载《形象思维散论》，云南人民出版社 1979 年版，第 26—77 页。

② 张文勋：《刘勰在〈文心雕龙〉中关于形象思维和比兴手法的论述》，《光明日报》1962 年 12 月 16 日。

③ 王敬文、阎凤仪、潘泽宏：《形象思维理论的形成、发展及其在我国的流传》，详见中国社会科学院哲学研究所美学研究室和上海文艺出版社文艺理论编辑室合编：《美学》第 1 期，第 201 页。

义为指导,是我国马克思主义美学中国化的宝贵成果。[①] 蔡仪在《新艺术论》开篇提出“艺术与现实”的关系,奠定了唯物主义认识论的基础。根据艺术反映现实的不同侧面,蔡仪分析了艺术的个性、阶级性、时代性和永久性等内容,然后提出了现实主义的理想是典型,并将典型分为正的典型和负的典型。最后,蔡仪对从古至今的现实主义进行梳理,总结批判现实主义和社会主义现实主义的不同阶段。最后蔡仪得出的结论是,艺术是反映现实的,艺术是现实的典型化以及美就是典型等。在 1944 年完成的《新美学》中,蔡仪关注的对象从艺术转向了美学,但很多问题仍是密切联系在一起的。蔡仪首先确定美的属性是客观的,这与他一贯的唯物主义立场是一致的。那么,人要如何把握美的本质呢?从客观出发,这是唯一正确的途径。据此,蔡仪批判了旧美学的错误在于其主观性,新美学的中心结论是,美的东西即典型的东西,美的本质即事物的典型性。

无论在《新艺术论》还是在《新美学》中,蔡仪都谈到了“典型”。那么,应该如何实现艺术创作中的典型呢? 这还需要通过形象思维来完成。在蔡仪看来,艺术首先是一种“认识”,这种认识不同于科学与技术,具有特殊性,它是一种“具体的概念的认识”。蔡仪认为,概念包含两个方面,分别是抽象和具体。概念的抽象性的发展即是抽象概念,它是科学认识的基础;概念的具象性发展即为具体概念,它是艺术认识的基础。具体的概念“能唤起具体的个别的形象的概念”,它是形象思维的基础。

形象思维是“由具体的概念去结合已知的东西和未知的东西,并借它和已知的东西的关联,我们可以施行形象的判断,借它和未知的东西关联,我们可以施行形象的推理”[②]。根据具体的概念,我们在艺术中可以进行形象的思维,蔡仪认为,形象思维与一般所谓的“艺术的想象”[③]是一致的。可以说,蔡仪在初版《新艺术论》中,对形象思维的探讨是初步的,在随后的《新美学》和改写版《新艺术论》中,又将之进行了系统化的论述。我们说胡风的形象思维论与其“主观战斗精神”密切联系,与此类似,蔡仪的形象思维论也与其客观派的美学理论是联系在一起的。蔡仪美学体系中的形象思维过程,渗透着他的唯物主义精神,倡

① 李云雷:《中国马克思主义艺术理论的深化与拓展》,见宋建林、陈飞龙主编:《中国马克思主义艺术理论发展史》,三联书店 2011 年版,第 208—209 页。
②③ 蔡仪:《新艺术论》,商务印书馆 1943 年版,第 36 页。

导作家从现实生活出发，创造现实主义文艺作品的典型形象。蔡仪也努力地从一种辩证的姿态来看待形象思维过程，他提出："艺术的认识，固然是由感觉出发而通过了思维，却是没有完全脱离感性，而且主要地是由感性来完成，不过这时的感性已不是单纯的个别现实的刺激所引起的感性，而是受智性制约的感性。"[①]在"具体的概念"中，蔡仪想要证明，形象可以思维，这个思维过程不能脱离智性的制约，也要经过比较、分析、综合，只不过不那么明显。与 30 年代的左翼作家对形象思维的翻译介绍或者是直接运用相比，蔡仪所思考的是非常宝贵的。相对于胡风的主观战斗精神基础上的形象思维论，蔡仪的阐释具有更加明显的哲学思考痕迹，更强调客观世界对思维的决定作用，这与蔡仪有意识运用马克思主义哲学的"新方法"是分不开的。

蔡仪对形象思维的看法融入了他所主编的《文学概论》之中，但该书在当时没有出版，直到 1979 年出版，前后经历了 18 年的时间。

五、 形象思维讨论高潮期的观点总结与其他理论成果

（一）对于形象思维含义的界定

尽管多数学者认可"形象思维"这一概念的存在，但究竟什么才是"形象思维"，每位学者的说法又不尽相同。蔡仪、霍松林、李泽厚等学者认同形象思维就是"创造性的艺术想象"，任秉义认为创造性想象只是思维的一个中介："形象思维也就是心理活动上人类把基于生活实践而在意识中产生的表象通过创造性想象性而改造制作成一种新的形象的过程。"[②]

还有一种说法，认同形象思维是始终不脱离形象的思维，尼苏、李泽厚就持这种观点。还有吴调公认为，形象思维是"一种用具体感性的方式来进行的思维"，"在提高深化过程中，它始终带着形象走，而没有一个摆脱形象的、抽象的'真空'阶段"。[③] 蒋孔阳则说："运用生动的、具体的、能唤起美感的方式，来进行

① 蔡仪：《新艺术论》"第二章第二节"，载《蔡仪文集》第一卷，中国文联出版公司 2002 年版，第 40 页。
② 任秉义：《试探形象思维的过程》，《新建设》1957 年 1 月号。
③ 吴调公：《与文艺爱好者谈创作》，长江文艺出版社 1957 年版，第 17 页。

构思的人类的思维活动，我们一般称为形象思维。"[①]还有像狄其骢、亦门等学者也持类似观点。狄其骢说，形象思维是"形象化了的思维，思维化了的形象"[②]。

另外，还有学者区分了日常生活中的形象思维与艺术创作中的形象思维，如樊挺岳认为："形象思维有两种含义：一种是专指作家在进行创作时所特有的一种思维形式，另一种是泛指一切人们都具有的，凡是不依靠抽象概念，而是与具体事物相联系的，一种富有形象性的思维活动"，而且将作家所特有的形象思维称为"艺术思维"。[③]

（二）形象思维的过程

有学者通过论证将形象思维与典型联系了起来，这一观点在当时也非常普遍，如前所述，李泽厚在他的美学成名作《论美感、美和艺术》、蔡仪在《新艺术论》中也都认同形象思维是典型的创作过程。霍松林认为，形象思维的特点之一是"用具体的感性的形象形式体现认识生活的结果，即通过个别的具体的东西，反映一般的、本质的东西"[④]。蒋孔阳也谈到："它生动，它具体，它活泼泼的生活本身的感性形式，来对现实生活进行本质的概括，进行典型化。"[⑤]虹夷认为："形象思维始终以具体的形式来活动，来进行选择、概括，创造艺术典型。"[⑥]

形象思维究竟是否存在一个抽象思维的过程，学者们的观点各自不同。有的学者认为，形象思维自始至终都离不开形象。李树谦认为，形象思维始终不脱离形象，"都是和对具体感性的、具有本质意义的细节的选择与提炼紧紧联系在一起的"。[⑦] 以群也持类似的观点，认为形象思维的过程"没有一个阶段会离开形象而只留下概念的"[⑧]。尼苏在反驳温德富的观点时，也表达了类似看法。还有的学者认为，形象思维与抽象思维是相互纠缠在一起的。如狄其骢认为："形象思维的过程，乃是思维化与形象化的辩证统一的复杂过程。"[⑨]温德富赞同

① 蒋孔阳：《文学的基本知识》，中国青年出版社 1957 年版，第 23 页。
②⑨ 狄其骢：《关于形象思维问题》，《新建设》1958 年 5 月号。
③ 樊挺岳：《关于作家的艺术思维》，《学术论坛》1957 年第 2 期。
④ 霍松林：《诗的形象及其他》，长江文艺出版社 1958 年版，第 30 页。
⑤ 蒋孔阳：《论文学艺术的特征》，新文艺出版社 1957 年版，第 82 页。
⑥ 虹夷：《关于形象思维的问题》，《文学评论》1959 年第 1 期。
⑦ 李树谦、李景隆编著：《文学概论》，吉林人民出版社 1957 年版，第 34 页。
⑧ 以群：《论无产阶级革命文艺的发展方向》，上海文艺出版社 1960 年版，第 165 页。

高尔基对形象思维三段论的说法，认为“人的任何思维过程都离不开‘从具体到抽象’的过程”①。

把形象思维与逻辑思维对举是当时学者比较普遍的做法。早在1956年，张文勋就提出，“形象思维自始至终占主导地位”，逻辑思维处于“指导”“帮助”地位。② 任秉义、老凡、萧殷等学者也表示认同。李泽厚、蒋孔阳明确表示“逻辑思维是形象思维的基础”。还有的学者认为形象思维和逻辑思维相互启发、相互渗透、相互转化、相互作用、相互指导。霍松林、李树谦、吴调公、巴人、张若名、周来祥、杨喜仁等很多学者都认为，形象思维与逻辑思维有密切关系。1958年第1期和第11期的《学术月刊》就如何理解形象思维与抽象思维及其相互关系曾展开讨论。这场讨论促进了人们对形象思维认识的深化，扩大了形象思维这一观点的影响力，蕴含在其中的包括对艺术特殊规律的认识、文艺心理学的初步探索。但不可否认的是，由于当时学术资源的缺乏，学者们引用的资料难以脱离马恩列斯等马克思主义经典作家的论述，将心理学作为一种辅助的手段来讨论形象思维，或者引证作家对创作过程回忆从而让形象思维的讨论缺乏相应的学理深度，也有很多观点重复提出，内容驳杂。

（三）形象思维作为文艺特征的定论写入高校教材

形象思维作为定论写入由中宣部组织编写的高校教材和其他地方院校教材中。1961年2月至1962年10月，周扬多次参加《文学概论》的编写讨论会并发表讲话，在后来整理的发言记录稿中，周扬多次提到了“形象和形象思维”“形象思维”，如第二次讲话他就用“形象”表征艺术的特性：“（文学的）本质是反映社会生活，特征是形象。”③紧接着他便建议在全书结构确定之后，好好讨论“形象思维、形象、典型”④。1961年6月16日，周扬在《文艺工作座谈会的总结发言》中说：“形象思维和逻辑思维是两个东西……搞理论靠概念，搞概念的人就容易搞逻辑思维，搞艺术的人，就容易搞形象思维。”周扬明确提出，自己赞同形象思维说，这也为形象思维进入教材奠定了基础。“关于形象思维这个问题，自从黑格尔提出来，最后

① 温德富：《关于形象思维过程的商榷》，《新建设》1956年8月号。
② 张文勋：《关于文学艺术的特征问题》，《文史哲》1956年8月号。
③ 周扬：《对编写〈文学概论〉的意见》，载《周扬文集》第三卷，人民文学出版社1990年版，第239页。
④ 同③，第240页。

为普列汉诺夫所肯定，直到今天除了毛星同志的文章，还没见到别人反对过，也许毛星同志正确，但我是偏向于有形象思维的。"[①]1962 年，在中宣部的领导下，由蔡仪担纲，组成了《文学概论》编写组，将形象思维以定论的形式写入了高校教材之中。以群的《文学的基本原理》[②]，将形象思维写入高校的教科书，认为"形象思维是作家、艺术家在整个创作过程中所进行的艺术的思维活动"，并将形象思维分为两个阶段，从感性经验出发，上升到理性认识，存在一个"去粗取精、去伪存真、由此及彼、由表及里"的过程，然后进行集中概括，再创造一个形象。以群也以中国古典文论进行印证，并论述了想象、联想、幻想等心理活动在艺术构思过程中的重要作用。在 1964 年的再版中，以群将"形象思维"换成了"艺术思维"，认为形象思维是"作家、艺术家在整个创作过程中所进行的艺术的思维活动"。[③] 在地方性文艺理论教材中，由山东大学中文系文艺理论教研组主编的《文艺学概论》，也将形象思维写入教材，认为"形象思维是人们通过创造性的想象、具体感性的形象反映现实的一种思维形式"，它"是受世界观指导的"，"是人们通过实践在感性认识（感觉、知觉、表象）的基础上形成的"。[④]

如果我们总结一下高潮期的形象思维讨论可以看出，对形象思维持赞同态度的学者占到绝大多数。关于形象思维的讨论过程，大体上可以分为两类观点，一类是"统一论"，以霍松林为代表。这一派学者认为形象思维始终离不开形象，形象思维一直居于主导地位，逻辑思维是形象思维的基础。但在具体表述上各有不同，如抽象化和具体化的统一（霍松林）、概括化和个性化的统一（蒋孔阳）、形象化和思维化的统一（狄其骢）、个性化与本质化的统一（李泽厚）等。还有一类与高尔基的两段论相似，如温德富、程千帆、巴人、以群等学者。无论是哪一类观点，二者的共同点是都认为对形象思维的不正确理解会导致人物形象的僵化，创作的概念化和公式化。总之，学者们普遍认为，艺术是一种独特的认识，要用形象来思维，才能够达到从现象到本质的认识。

从文章的行文风格来看，文章批判的口吻越来越弱，更多的是学者之间的

---

① 周扬：《对编写〈文学概论〉的意见》，载《周扬文集》第三卷，人民文学出版社 1990 年版，，第 243 页。这一组讲话时间跨度长，作者还有很多次提到形象思维，表示赞同形象思维的说法，并提议写到教材中去，在此不再赘述。

② 以群：《文学的基本原理》，上海文艺出版社 1963 年版。

③ 以群：《文学的基本原理》，作家出版社 1964 年版，第 186 页。

④ 山东大学中文系文艺理论教研组：《文艺学新论》（修订本）上册，山东人民出版社 1962 年版，第 222 页。

争鸣。50 年代中期的形象思维讨论刚刚开始，普遍进入学者视野的一个事件是胡风案件，因此有关形象思维的文章中都会提到正确认识形象思维理论与批判唯心主义观点之间的联系。到 50 年代后期，胡风案逐渐淡出理论家视野，大家关于形象思维讨论的另外一个切入点是创作中的概念化和公式化倾向，反映出学者们对当时文艺创作的焦虑和不满，这其中尤以陈涌的文章为代表。在众多讨论作为创作过程的形象思维的文章中，陈涌是少数从文学批评和文学审美的角度对形象思维进行讨论的学者。其实对庸俗社会学、创作中概念化和公式化的现象，胡风也是极力反对的，他所反对的“形象化”正是这个意思。只是限于当时的错误批判，胡风的观点当然被抛弃了。

这一时期的讨论为形象思维理论的本土化进程奠定了重要的基础。在苏联引起广泛关注的是作家尼古拉耶娃，而在中国是理论界的力量，如霍松林、陈涌、李泽厚和毛星等文艺理论家，这些理论家为形象思维的展开论述提供了多样的理论资源，这一点在 50 年代后期，美学家介入形象思维之后尤为明显。如前文所述，朱光潜从“形象的直觉”开始，在美学大讨论中以马列主义美学改造过的主客观统一论，参与了新中国成立以后第一次全国性的美学大讨论。陈涌是第一次将形象思维与中国古典美学思想联系起来的学者，直到李泽厚的《试论形象思维》达到了高潮，再到后来有张文勋等学者也推动了这个过程。当众多的美学家投入到形象思维的讨论过程中时，有关形象思维的理论资源显然比早期更加丰富，文学创作、绘画构思、电影拍摄等艺术现象，都成为形象思维的用武之地。在此前提下，形象思维应该是美学大讨论的有机组成部分。

第三节　形象思维的反对及其落潮

一、毛星对形象思维理论的反对

最早明确提出反对形象思维的声音来自 1957 年的毛星。毛星是旗帜鲜明地反对形象思维理论的。首先，毛星所依据的形象思维理论，是别林斯基提出的形象思维理论，而不是经过法捷耶夫阐释过的形象思维理论，这二者的区别是非常大的，在本章第一节已经论述过这个问题。毛星引用别林斯基最早提出形象思维的论文，认为别林斯基的“形象思维”理论脱胎于黑格尔美学——“美是理念的感性显现”，因为别林斯基明确提出：“观念是一部艺术作品的内容，是普遍事物；形式是这个观念的局部的显现。”[①]所以，在毛星看来，形象思维“只是发展着的思维在人的身上的一个发展阶段。这纯粹是黑格尔的唯心主义的论调”[②]。其次，毛星认为，思维的规律是共通的，所不同的只是思维的内容，毛星说：“我以为，人的思维，如果指的是正常人的正确的思维的话，它的根本特性和规律只有一个，而思维的内容却可以是各种各样的。”[③]一方面，科学家也需要从各种现象中进行观察，依据形象进行思维，不只是艺术家的独特行为，另一方面，毛星认为，思维只能是概念、判断和推理，而不能只是一堆形象。他提出，“所谓思维……不可能离开概念、推理和判断”，艺术家同样需要对现象进行深入思考和理性加工，才能提炼艺术形象的深层本质，也就是形成文学理论中的“典型”。第三，毛星认为，作家区别于科学的创造而进行创作，“需要更多的想象和幻想”。作家的想象和幻想，“由于对象和人物的不同，除了想象在文学艺术活动中占有特殊的地位，除了想象的内容和想象中所塑造的形象科学的和文学艺术的有着差异之外，作家和艺术家的想象中感情的因素也占有特殊的地位”。但是，“想象不为作家和艺术家所专有”。在毛星看来，“孕育、塑造形象的本领是人区别于动物的一种特性，而不是作家和艺术家区别于其他人的特性”。针对当时在艺术创作过程中出现的公式化、概念化的倾向，毛星认为是缺乏对生活的深入了解造成的，而不是没有提倡形象思维造成的。

《文学评论》1959年第2期发表的李泽厚的《试论形象思维》中有这样一段文字：

> 苏联《共产党人》杂志58年第1期有一篇伊凡诺夫的文章：《谈谈艺术的特征》(见58年6月份《学习译丛》)。这篇文章与毛星同志的文章是正好相反的。毛星同志主张文艺的特征在于思维的内容，而不在于思维的形

---

① 别林斯基：《〈冯维辛全集〉和札果斯金的〈犹里·米洛斯拉夫斯基〉》(1838)。载《外国理论家、作家论形象思维》，第55页。

②③ 毛星：《论文学艺术的特征》，《中国科学院文学研究所专刊(4)》，人民文学出版社1958年版。

式，这篇文章的论点则恰好相反：主张文艺特征只在思维形式，而不在思维内容。因此这两篇文章可以对照着读。我是同意伊凡诺夫的论点的。

在后来编选进《美学论集》的《试论形象思维》一文中，这段文字已经删除。然而在当时，这段文字引起了形象思维反对论者的注意。郑季翘的夫人华迦女士在《郑季翘批判形象思维论始末》一文中认为，这是李泽厚在借《共产党人》主编伊凡诺夫的口吻来反对当时《文学评论》的主编毛星。[①] 无论这一论断是否属实，一个可考的现象是，在60年代初期，在公开发表的文章中，的确再难找形象思维反对论者的观点。

可以看出，在60年代早期，形象思维已经成为我国学界关于文学艺术特征探索的一个定论，不仅没有公开的反对声音，而且得到了文艺界领导人的支持，在中宣部的组织下写入了全国性的高校教材，在有关学者那里，“形象思维”俨然成为古今中外关于文学艺术特征的集大成论。在此情境中，反对形象思维的郑季翘的文章，又是如何发表的呢？在这背后又隐藏着怎样的历史线索呢？我们可以从国外和国内两个角度来分析其中的原因。

二、郑季翘反对形象思维理论的背景与主要内容

从中苏文艺关系史而言，双方关系的恶化是不容忽视的事实，这直接导致诞生在俄国的“形象思维”受到“修正主义”的牵连。早在50年代末期，中苏关系已经出现了裂痕，最早始于苏共二十大。在文艺界，一个公开的标志是“两结合”的提出——革命现实主义和革命浪漫主义的结合，即“两结合”，它将先前高标的“社会主义现实主义”取代，成为中苏文艺界裂痕的显著征兆。60年代初期，中国对俄苏文学的译介呈明显的递减趋势。1962年以后，不再公开出版任何苏联当代著名作家的作品；1964年以后，所有俄苏文学作品均从中国的一切公开出版物中消失。[②] 在文论译介方面，此时对俄苏文论的引入已经从最初“一边倒”式的学习变成了批判，发行方式也从公开发行转为内部刊物。比较著名

---

① 华迦、冯宝兴：《郑季翘批判形象思维论始末》，《当代文学研究资料与信息》2006年第4期。

② 陈建华：《二十世纪中俄文学关系》，高等教育出版社2002年版，第186页。

的有《现代文艺理论译丛"增刊"》，由于这套书的封面是黄色，因此该书又被称为《现代文艺理论译丛》"黄皮书"。这套书的理论部分包括：《苏联文学与人道主义》(1963)、《苏联文学中的正面人物、写战争问题》(1963)、《苏联青年作家及其创作问题》(1963)、《苏联一些批评家、作家论艺术革新与"自我表现"问题》(1964)、《人道主义与现代文学》(上、下册，1965)、《勒菲弗尔文艺论文选》(1965)等共 15 种(16 本)。这些理论书籍从 1961 到 1965 年先后由作家出版社、中国戏剧出版社、人民文学出版社以"供内部参考"形式出版。① 另外，《外国文学现状》增刊从 1964 年 6 月至 12 月共出了 6 号，每一号的正文前面都有"编者按"，对本号的基本内容作简略介绍并加以批判。

从国内状况来看，在 1963 到 1964 年之间，文艺界诞生了两个著名的批示。1963 年 12 月 12 日，毛泽东在中共中央宣传部文艺处编印的一份关于上海举行故事会活动的材料上作了批示："各种艺术形式——戏剧、曲艺、音乐、美术、舞蹈、电影、诗和文学等等，问题不少，人数很多，社会主义改造在许多部门中，至今收效甚微。许多部门至今还是'死人'统治着。不能低估电影、新诗、民歌、美术、小说的成绩，但其中的问题也不少。至于戏剧等部门问题就更大了。社会经济基础已经改变了，为这个基础服务的上层建筑之一的艺术部门，至今还是大问题。这需要从调查研究着手，认真地抓起来。"②随后，毛泽东又加上了批注："许多共产党人热心提倡封建主义和资本主义的艺术，却不热心提倡社会主义的艺术，岂非咄咄怪事。"③ 1964 年 6 月 27 日，毛泽东针对文联和文艺界各协会又写了一个更为严厉的批示，明确表示："这些协会和他们所掌握的刊物的大多数(据说有少数几个好的)，十五年来，基本上(不是一切人)不执行党的政策，做官当老爷，不去接近工农兵，不去反映社会主义的革命和建设，最近几年，竟然跌到了修正主义的边缘。"④这两个批示是在 1966 年《红旗》杂志第 9 期重新发表毛泽东《讲话》时的按语中首次公开发表的。"这两个批示同《讲话》同时发表，不仅隐含了批示与《讲话》内在理路的一致，而且不证自明地示喻了毛泽东文艺思想合乎逻辑的发展。"⑤此时，对文艺进行整改已经是非常迫切的任务了。

---

① 这里的资料参考了陈男先：《苏联文艺理论在当代中国的传播和影响》，广东技术师范学院学报(社会科学)2011 年第 3 期。

②③ 张炯《中国新文艺大系(1949—1966)理论・史料集》，中国文联出版公司 1994 年版，第 13 页。

④ 同②，第 13—14 页。

⑤ 孟繁华：《中国 20 世纪文艺学学术史》，中国社会科学出版社 2007 年版，第 213 页。

那么，在此背景下，要发表一个反对文艺界领导一直以来支持的形象思维的观点，就不可能再是一个简单的学术争鸣，而是具有相当分量的政治话语建构。因此，郑季翘文章的发表经过一个漫长的阶段。

1963年2月，郑季翘完成了《应该坚持马克思主义认识论——关于文艺创作中形象思维论的批判》第一稿。因为文章反对形象思维，与当时文艺界的领导周扬的意见相左，于是郑季翘上书中宣部。文章一直没有发表。1964年夏天，郑季翘联系到《红旗》杂志总编辑陈伯达，陈伯达表示赞成文章的基本观点，并于当年10月完成修订稿。在第二稿中，郑季翘对形象思维的过程进行了正面解释，并提出“表象—概念—表象”的公式，并将形象思维定位为现代修正主义文艺思潮的先声和基础。第二稿对形象思维说的态度提高到了政治的高度。1965年10月，周扬根据陆定一的指示，在北京召开了专门讨论郑季翘文章的会议。会议的结论是支持郑季翘文章在《红旗》杂志发表，之后郑季翘对文章进行了第二次修订。[①]

郑文的题目是《文艺领域里必须坚持马克思主义的认识论——对形象思维论的批判》[②]，共分为六个部分。在第一部分“引言”里，首先提出：“文艺工作者拒绝党的领导、向党进攻的时候，他们就搬出形象思维理论来，宣称：党不应该‘干涉’文艺创作，因为党委是运用逻辑思维的，而他们这些特殊人物却是用形象来思维的。”这样，文章将“形象思维”放置在非常敏感的政治语境之中，“所谓形象思维论，不是别的，正是一个反马克思主义的认识论体系，正是现代修正主义文艺思潮的一个认识论基础”。这个理论成为文艺界反对党的领导、而且向党进攻的武器，这是之前在形象思维理论讨论过程中不曾出现过的。

引言之后，行文思路是先破后立，即先驳斥学界关于形象思维的诸多论述，然后再提出作者自己的观点。郑文引述了以群、李泽厚、蒋孔阳、霍松林以及山东大学中文系文艺理论教研室在《文艺学新论》中关于形象思维的论述。郑季翘在引述中首先强调，这些学者都认为，形象思维属于艺术的特殊规律，它与逻辑思维是相对的。但是，这些学者都认为，形象思维不仅仅是一堆表象，而是要

---

① 这里的论述参考了文章华迦、冯宝兴：《郑季翘批判形象思维论始末》，《当代文学研究资料与信息》2006年第4期。

② 郑季翘：《文艺领域里必须坚持马克思主义的认识论——对形象思维论的批判》，《红旗》1966年第5期。引用这篇文章的内容，不再单独标注出处。

通过形象达到理性的深化。郑季翘认为，这是矛盾的，而且与毛泽东同志的《实践论》是相违背的，因此，“所谓形象思维论，就是在文艺领域中反对毛泽东同志的这个论点的”①。

郑文第三部分重在指出赞同形象思维论的荒谬之处。首先，郑季翘引用斯大林关于思维和语言的论述，提出“不用概念的思维，是不存在的”，而这个过程是不能离开思维的抽象过程的，形象思维恰恰反对这一点。虽然形象思维论者提出，形象思维离不开逻辑思维，但都认为所有这个过程不能离开形象，这在郑季翘看来，他们“实际上就是在文艺创作中取消思维，反对理性”。其次，形象思维论是对马克思主义认识论的修改。形象思维论的“个性化和本质化同时进行”的观点，违反了马克思主义认识论的过程，违反了毛泽东关于特殊和一般的认识关系。再次，形象思维论者“反对创作时有主题思想，有思想指导”。郑季翘认为这是一种空论，主题在创作之前就应该有了，“作家没有个主题思想，就不知从何写起”。显然，郑季翘是主张在创作过程中需要有主题先行。因此，郑季翘主张，在文学创作过程中，需要“把理性放在第一义”，而所谓的形象思维，“在世界上是根本不存在的”。

文章的第四部分旨在说明“马克思主义认识论是说明文艺创作不容代替的科学理论”。思想是客观世界的反映，以概念、判断、推理等形式反映客观世界的存在；人在进行思维时，需要经过去粗取精、去伪存真、由此及彼、由表及里的过程。郑季翘反对形象思维，在这一段提出了“表象是由物质到思想所必经的中间环节，同样也是由思想到物质所必经的中间环节”。但是，两个阶段的表象性质是不一样的，前一个是“已有的客观事物在头脑中的映像的再现”，后一个是“由人的思想意图转化而成的，是理性认识在人们头脑中的感性体现”，也就是创造性想象。在这里，作者提出了他关于艺术创作的公式：表象（事物的直接映像）—概念（思想）—表象（新创造的形象）。

郑季翘在文章第五部分考察了形象思维这个概念在俄苏的演变过程，认为它的作用“就是要在文艺理论中挖掉马克思主义认识论的根基，使文艺成为非理性的、神秘主义的东西，以便于他们在其中兴妖作怪”②。在中国，就是胡风及

---

① 着重号是作者郑季翘原文所有。

② 着重号是作者郑季翘原文所有，这里“他们”是指修正主义者。——引者注

其追随者们的“形象思维”论。第六部分结语再次强调文章一开始的定论，形象思维理论是一个反马克思主义的认识论体系，是现代修正主义文艺思潮的认识论基础，它否定了党的领导和马克思主义世界观指导的可能性，也使文艺批评成为白费。

1965年下半年，周扬确诊肺癌，之后去天津休养。还在周扬养病期间，“文化大革命”爆发，周扬随即被打倒。《红旗》杂志在发表郑季翘的文章时，编者按语是“郑季翘同志对形象思维问题发表了新的看法”，原来的按语是“郑季翘同志对形象思维问题提出了自己的看法”，这两种论述显然是不同的。原按语将形象思维反对的论断定位在郑季翘的个人行为，新的按语明显肯定了郑季翘对于这个问题的新高度。于是，郑季翘的文章《在文艺领域里坚持马克思主义的认识论——对形象思维论的批判》在一个山雨欲来风满楼的时刻高调登场，本来在1965年10月召开的有关郑季翘形象思维会议上确定的争鸣写作班子自动解散，直接导致了形象思维问题成为“一个政治问题，一个理论禁区”①。

① 刘欣大：《“形象思维”两次大争论》，《文学评论》1996年第6期。

第九章

“十七年”时期美学建设的成就与反思

总体上说,“十七年”时期的美学建设脱不开时代语境的孕育——新中国的话语建构,主流意识形态的强化,知识分子改造的大背景,也有美学知识的普及、翻译和苏联美学研究范式的引进,以及在学术框架内展开争鸣的“美学大讨论”的系列成果。可以说,处在思想改造和学术争鸣之间的“美学大讨论”,是“十七年”中浓彩重抹的一笔,其成果是这一时期最主要的美学收获。此外,这一时期美学建设的另一成就是,美学学科的建制化(开设多门专业课、成立教研室和人才培养),为再次“美学热”蓄积了力量。因此,本章主要从美学的体系化构建,以及各门类艺术创作中的美学形态发展等,来具体阐述“十七年”时期美学学科建设的成就。

总体上看,“十七年”时期的美学发展,主要通过一些学者的美学研究、域外美学资料和成果的翻译、特别是影响深远的“美学大讨论”,在学科建构中逐步确立了马克思主义美学研究的主导地位;在此进程中,还广泛涉及美学各学科专业教材的编写,包括美学研究人才及其队伍建设等环节,以及各门类艺术活动中的审美趣味及其美学形态,这些色彩斑斓又有着同一性底色的景观构成了“十七年”时期美学建设的主潮。

第一节　美学学科体系的构建及其历史遗产

美学学科建设，从外部环境来看，主要关涉国民教育体系的课程设置，以及学科的规范和学位制度；从内部视角看，则具体指涉美学研究机构的建立和美学教材的编写；从教育体系的完善及其规范来看，美学被纳入国民教育（高等教育）体系中，对美学学科建设具有重要意义。早在蔡元培就任北大校长和民国政府教育总长时，就把美育提高到国家教育方针的地位，在 20 世纪 20 年代美学就成为高等学校的一门课程。新中国成立后，尽管在思想界开展的“美学大讨论”很热烈，美育的地位却有所下降。在社会主义改造基本完成后的 1956 年，毛泽东在《关于正确处理人民内部矛盾的问题》中提出，教育的方针应该使受教育者在“德育、智育、体育”各方面都得到发展，美育并没有提到相应的高度。美育研究方面也很薄弱，1961 年 5 月《文汇报》曾组织过一次关于美育问题的讨论，部分学者认为美育是人的全面发展教育的组成部分，却未能改变美育被冰封的命运。除了温肇桐的《新美术与新美育》（1951）和蔡迪的《美育与体育》（1954），也未曾形成重要的理论收获。从学科规范来讲，按照国务院学位办制定的学科分类标准，与美学相关的学科门类主要是哲学和文学，因此，通常在高等院校的哲学系、艺术系和中文系开设有关美学研究的课程，有哲学美学和文艺美学等二级学科。这样，美学作为学科既是哲学的二级学科，又是文学和艺术学的二级学科。通常，在高等院校的人文学科专业（哲学、中文、艺术、旅游等）中，美学是一门专业基础课或者必修课，另外，还在其他专业作为博雅教育的通识课或者美育课存在。本节主要从内部视角探讨“十七年”时期美学学科的发展，从学科建设上评估这一时期美学的成就与不足。

一、美学学科体系的初创

新中国成立后，美学的学科语境在中国有了很大不同，美学从此前零散式的研究，经由五六十年代“美学大讨论”的普及与提高，日益受到社会和学界的广泛关注，逐渐从此前的一门课程开始朝着学科体系化方向发展。

新中国成立初期，百废待兴，当时的美学学科建设非常薄弱，缺乏学术积累和研究人才，学科建设严重滞后。在全面“向苏联学习”的语境下，20 世纪 50 年代新中国仿效苏联的高等教育体制进行了院系调整，随着国内高校院系调整和学科重组，能够开设美学课程的学校很少。在一段时期内，仅有北京大学、中国人民大学等极少数大学开设美学专业课，并且由于受到苏联的影响，基本上采用的是苏联的教学模式，甚至直接采用苏联的教科书、教学大纲和教师，也很少有人撰写美学方面的专著。

美学学科体系化建设始于制度化的学科编制和研究人才的培养，其标志是北京大学、中国人民大学美学教研室的成立。1960 年教育部批准成立的中国人民大学和北京大学哲学系美学教研室，可以说是新中国最早的美学教研机构。人大美学教研室由马奇主持并任主任，田丁（本名王惠民）、丁子霖、李永庆和杨新泉等是教研室成员。北大成立美学教研室时，最初由王庆淑主持，后由杨辛担任教研室主任，教师有甘霖、于民、李醒尘和阎国忠，金志广负责资料工作。此后宗白华、马采相继调入，朱光潜虽然编制在西语系，但教学科研工作基本上都在美学教研室，朱光潜主讲“西方美学史”，宗白华主讲“中国美学史”，杨辛、甘霖主讲“美学原理”。随着美学研究机构的成立，美学学科建设初步体系化。在美学学科体系化建构过程中，还有一系列美学活动作为支撑，其中的“美学小组”活动和北师大的“美学论坛”对推动美学学科体系化有一定的作用。所谓“美学小组”活动是指 1956 年七八月份，在黄药眠、朱光潜等的倡导下，以自愿结合的方式成立的“美学小组”，黄药眠、蔡仪、贺麟、宗白华、朱光潜、张光年、王朝闻、刘开渠、陈涌、李长之和侯敏泽等 10 多位学者多次参与小组活动，《文艺报》的侯敏泽担任美学小组秘书，负责会议的联络和组织工作。由于侯敏泽的关系，美学小组的讨论地点选择设在《文艺报》，讨论的主要话题有：美学的对象问题、美的主观和客观问题、美的主观规律性问题、美感的差异性、形象思维和逻辑思维在创作和欣赏中的原则等问题、中西雕塑的差异性等问题。“美学小组”是新中国成立后成立的第一个美学组织，对推动当时的美学学科发展做出了贡献。① 北师大

① 参见敏泽、李世涛：《“国家不幸诗家幸，赋到沧桑句便工”——敏泽先生访谈录》，《文艺研究》2003 年第 2 期。

“美学论坛”是指1957年3月，为响应中共中央“向科学进军”的号召，黄药眠在北京师范大学组织发起了“美学论坛”，依次邀请蔡仪、朱光潜、李泽厚三位美学家到场开设讲座。其中，蔡仪讲了四次，朱光潜讲了两次，李泽厚讲了一次，主要都是美学大讨论中的观点，有的最后以书面形式发表，成为当代美学史上的经典文献。如朱光潜讲座的核心思想后以《论美是客观与主观的统一》为名发表，李泽厚的讲座后来以《关于当前美学问题的争论——试再论美的客观性与社会性》为名发表。

美学学科体系的初创，还体现在这一时期出版的一系列研究成果上，代表了“中国美学”的建构收获。如蔡仪的《唯心主义美学批判集》（人民出版社，1958）、朱光潜的《美学批判论文集》（作家出版社，1958）、洪毅然的《美学论辩》（上海人民出版社，1958）、吕荧的《美学书怀》（作家出版社，1959）、蒋孔阳的《论文学艺术的特征》（新文艺出版社，1957）等，尽管大多是当时“美学大讨论”中论争的产物，但都是依据马克思主义美学原则研究的成果。这里要着重指出既是理论家又是艺术家的王朝闻，虽然不是论争中的哪一派，却以其思想的开放性对四派中的合理性观点多有吸收，他把马克思主义美学原则与中国的诗文评传统相结合，并基于自身的艺术实践，形成了一套符合马克思主义的“艺术辩证法”。从《新艺术创作论》（新华书店，1950；人民文学出版社，1953）的起笔不凡，到《新艺术论集》（人民文学出版社，1952）、《面对生活》（艺术出版社，1954）、《论艺术的技巧》（艺术出版社，1956）、《一以当十》（作家出版社，1959）、《喜闻乐见》（作家出版社，1963），王朝闻不仅著述颇丰，还以其美学研究成绩和学术声誉被中宣部副部长周扬选中担纲统编教材《美学原理》的主编。

二、美学学科教材的编写

五六十年代期间的美学学科教材建设可谓“一穷二白”，直到1957年才翻译出版了两本美学著作：一本来自法国列斐伏尔的《美学概论》，该书是其早年的著作；一本是苏联的瓦·斯卡尔仁斯卡娅在中国人民大学哲学系的讲稿《马克思列宁主义美学》。总体上说，新中国成立初期的美学教材建设非常薄弱，几乎没有什么积累，以至于难以进行有效的美学教学。为改变这种状况，总结“美学大讨论”的成果，完善美学研究领域的意识形态工作，确立马克思主义美学研究的主导地位，以及当时中央对教育形势的判断，特别是基于对使用苏联教科书的不满，中宣部会同高教部决定成立全国文科教材办公室，直接规划统编文科教材。具体到美学学科，最终商定《西方美学史》由朱光潜主编，《中国美学史》由宗白华主编，《美学概论》（当时的名称是《美学原理》，1981年出版时改为《美学概论》）的主编是王朝闻，由周扬亲自点名。参与《美学概论》编写的成员，北大的教师有杨辛、甘霖、于民、李醒尘，人大的教师有马奇、田丁、袁振民、丁子霖、司有仑、李永庆、杨新泉，后来陆续调入的有中国科学院哲学所的李泽厚、叶秀山，武大的刘纲纪，山大的周来祥，《红旗》杂志社的曹景元，北师大的刘宁，中央美院的佟景韩，音乐所的吴玉清，《美术》杂志的王靖宪，中宣部文艺处的朱狄，兰州师院的洪毅然等，[①]共有20余人，其中多是美学名家。这本《美学概论》虽然出版于1981年，不过1964年就写出了40万字的讨论稿，足以代表五六十年代的美学成就，体现那个时代的美学观点和美学话语特色。作为统编教材，《美学概论》"力图以马克思主义观点为指导"，全书共引用马克思主义经典作家原文119处，其中马恩的有6处，马克思的30处，恩格斯的9处，列宁的12处，毛泽东的9处，普列汉诺夫的24处，高尔基的14处，鲁迅的15处，[②]这些权威话语构成了该书立论的基础。在整体框架方面，该教材分为三部分——审美对象、审美意识和艺术，也就是通常所说的三大块：美、美感和艺术。全书有340页，艺术部分有221页，可见艺术部分是全书的重点，体现了鲜明的王朝闻的艺术研究特色。就基本观点而言，该书总结了"美学大讨论"的成果，综合了以蔡仪为代表的客观派和以李泽厚为代表的客观社会派的观点，代表了当时美学大讨论中的主流取向。

按照教材编写规划，《西方美学史》由朱光潜主编。1963年3月23日朱光潜在《文艺报》上发表了《美学史的对象、意义和研究方法》，由此确立了西方美学史研究的对象：从学科独立来看，美学由文艺批评，哲学和自然科学的附庸发展成为一门"独立的社会科学"；从历史发展看，西方美学思想始终侧重在"文艺理论"，也是"根据文艺创作实践作出结论"，又转过来"指导创作实践"。然后，按照朱光潜所接受的中国化马克思主义的观点，美学也要符合"从实践到认识

① 李世涛：《中国当代美学史上的"教科书事件"——关于编写〈美学概论〉活动的调查》，《开放时代》2007年第4期。

② 参见张法：《20世纪中西美学原理体系比较研究》，安徽教育出版社2007年版，第219页。

又从认识到实践”这条规律，所以美学必然要侧重社会所迫切需要解决的文艺方面的问题，美学必然主要成为文艺理论或“艺术哲学”。其中，“艺术美”是美的“最高度集中的表现”，所以，从方法论的角度看，文艺也应该是美学的“主要对象”。当然，其哲学基础是马克思的历史唯物主义，在此基础上朱光潜发表了一系列构成美学史著作内容的文章。《西方美学史》的上册于 1963 年 7 月由人民文学出版社首版，下册于 1964 年 8 月首版，1979 年上、下册经过修订后，6 月上册出二版，11 月下册出二版。当时就有学者指出，这是“一部具有开创性的教材，中国人撰写的第一部《西方美学史》，而且是用马克思主义观点为指导写成的《西方美学史》”，而且，“善于从全局的观点出发来分析和评价每一个美学家和每一个美学问题”。①

从整体结构看，《西方美学史》分为三部分：第一部分从古希腊罗马时期到文艺复兴，第二部分是十七八世纪和启蒙运动，第三部分从 18 世纪末到 20 世纪初，从前苏格拉底时期一直贯穿到克罗齐时代，可谓是贯通古今的简要美学通史。这部著作深受黑格尔《美学》的影响，事实上，朱光潜也是该书的译者。西方美学史著作真正对中国美学研究产生影响，应当是 20 世纪 80 年代之后的事。可以说，具有“中国第一部西方美学史”赞誉的朱光潜的《西方美学史》，有其自身的不可替代性和本土化特色，是一部中国特色的西方美学史。对此后研究和撰写“西方美学史”产生重要影响，由此开创了中国学者撰写《西方美学史》的惯例。按照朱光潜的构想：能够“入史”的标准是“代表性较大”“影响较深远”“公认为经典性权威”“可说明历史发展线索”“有积极意义”，“足资借鉴的才能最终”入选《西方美学史》。以此朱光潜选取的主要流派当中的主要人物，很合乎马克思主义文论中的“典型说”——典型环境中的典型人物。只是他把这些人物放在了唯物史观的历史线索中，并以唯物主义哲学的基本立场进行评价和批判。由此形成了自己的特色，成为一种美学史撰写中的“朱光潜模式”：时代背景——人物简介——著述介绍——思想呈现。

按照统编教材编写规划，《中国美学史》由宗白华主编，很遗憾该书未能按时出版，只出版了《中国美学史资料选编》。“十七年”时期关于中国古代美学的研究成果可谓寥寥。据统计，1955 到 1965 年，“国内各报刊发表了约 50 篇有关

① 蒋孔阳：《西方美学史研究中的一项重要成果——评介〈西方美学史〉》，《文学评论》1980 年第 2 期。

中国古典美学的文章”。[①] 不仅主题零散,研究范围很狭窄。比较重要的是宗白华的若干研究论文:《关于山水诗画的点滴感想》(《文学评论》1961年第1期)、《中国艺术表现里的虚与实》(《文艺报》1961年第5期)、《中国书法里的美学思想》(《哲学研究》1962年第1期)、《中国古代的音乐寓言和音乐思想》(《光明日报》1962年1月30日)等。从这些零散的研究成果,大致可以感受到当时的美学界对中国古典美学研究的虚无主义态度,这注定了“中国美学”建构既外在于西方,又疏离于自身的美学传统和本土化的美学经验,仅仅追随于苏式美学及其研究范式(包括美学教材)的末端而已。

三、 文艺学教材的编写

除了美学教材编写,与美学研究相关的还有文艺学。当时,有两部苏联文艺学教材对中国文艺学研究产生重大影响,一部是季摩菲耶夫的《文学原理》[②],另一部是他的学生毕达可夫的《文艺学引论》[③]。以其作为范本的影响下,这一时期我国高校统编的文艺学教材,也主要有两种,一种是以群主编的《文学的基本原理》[④],另一种是蔡仪主编的《文学概论》[⑤]。这两种教材,是在1961年由周扬主持的高校文科教材编选计划会议结束后同时启动的。它们对中国文艺学学科建设发挥了重要作用,两书都以马克思列宁主义为指导,结合中国文学实际,以历史唯物主义的态度研究文学的各种问题,在许多问题上有巨大突破,建立了相对完整的理论体系,为我国建设有中国特色的文艺理论奠定了基础。有学者指出:丰富的材料引用和中国化的表述语言、逐步深入的表述方式,对于后来的研究都具有很好的借鉴作用。[⑥] 从今天的视角看,这两部教材各有其明显的特点:一是理论体系的完整性、系统性比较强;虽是不同版本的教材却大致同属一个理论体系,基本理论观点具有普遍性和可通约性。其存在的问题主要是

---

① 詹杭伦:《当代中国古典美学研究概观》,《西北师大学报》1988年第1期。

② 1953至1955年由查良铮先生翻译,上海平明出版社分三卷陆续出版。

③ 此书为其为北京大学文艺理论研究生开设的课程讲稿,由其口授、打字员打字记录,中文系文艺理论教研室集体翻译,1955年北京大学印刷厂印刷。1958年9月由高等教育出版社正式出版。

④ 初稿写成于1961年底,曾在1963—1964年分上、下册出版。在1978年以原编写人员为主修订重版,上海文艺出版社出版。

⑤ 1963年完成讨论稿,1979年修订,人民文学出版社出版。

⑥ 毛庆耆等:《中国文艺理论百年教程》,广东高等教育出版社2004年版,第217页。

“理论视野的狭窄和文学观念的滞后”。[1] 对于这份“教科书”遗产，放在国际比较视野中来看其局限性愈加突出。蔡仪版的《文学概论》1979 年出版，而苏联学者波斯彼洛夫 1978 年出版了他的《文学原理》。相形之下，波斯彼洛夫的教材无论在文艺学的知识积累和研究的深入，还是在意识形态禁锢的突破上，都有很大变化。不再像 50 年代的苏联文艺理论那样，很少或绝对否定西方文艺学派，而只对马列经典作家推崇备至，他不仅在书中客观评价了文化史派、比较文学派、形式主义派以及结构主义等文学研究流派，还对苏联文艺学中的庸俗社会学进行了批评。差不多同一时期(1977)，荷兰学者佛克马和易布思出版了《二十世纪文学理论》，作者声称本书的写作，旨在提供有关 20 世纪文学理论的“审慎而精确的情报”。[2] 此后英国西方马克思主义者伊格尔顿出版了他的《当代西方文学理论》，作者不仅在书中阐释了马克思主义文论，还系统介绍了现象学、阐释学、接受理论、结构主义和符号学、后结构主义以及精神分析。正如有学者指出的，从比较中我们可以看到，“建国后近三十年的时间，我国文艺学在原来的起点上几乎没有前进多少。文艺学没有被作为知识向学生传授，而是作为一种意识形态向学生灌输。因此，我国两本统编的文艺学教材，从一个侧面表达了权力形式。也就是说，当文艺学教学纳入到社会体制之内的时候，对它的传授并不是随心所欲的，支配性也不取决于专家教授的研究成果，它是国家权力的一个表征”[3]。这种评价一定程度上也可用于“美学教科书”，也更加警示我们注意权力运用的边界。

作为时代的“风向标”，教科书具有一定的示范效应。从 20 世纪 50 年代中后期，除了北京大学、北京师范大学、华东师范大学等高校有自己自编但尚未正式出版的文艺学教材外，还有一些比较有影响的教材：巴人的《文学论稿》(1950 年由上海海燕书店出版，1954 年分上下册由上海新文艺出版社出版)、霍松林编著的《文艺学概论》(陕西人民出版社，1957)、冉欲达等编著的《文艺学概论》(辽宁出版社，1957)、李树谦、李景隆编著的《文学概论》(吉林人民出版社，1957)、刘衍文的《文学概论》(新文艺出版社，1957)、蒋孔阳的《文学的基本常识》(中国

---

① 赖大仁：《也谈现行文学理论教材问题》，《光明日报》2002 年 8 月 14 日。

② 佛克马、易布思：《二十世纪文学理论》，林书武等译，“作者前言”，三联书店 1988 年版。

③ 孟繁华：《激进时代的大学文艺学教育(1949—1978)》，载《文学前沿》第 2 辑，首都师大出版社 2000 年版。

青年出版社，1957)，此外，还有山东大学文艺理论教研组编著的《文艺学新论》(山东人民出版社，1959)。这次教材编著热与由周扬主持的全国统编教材，显示了中国美学界和文艺学界开始了建构自己的美学与文艺学教材体系的尝试，但遗憾的是大多数教材基本上没有脱除苏式美学话语和“日丹诺夫”式的文艺学研究范式的影响。

四、反思美学“教科书”遗产

教科书编写是一个国家教育事业发展中的重要事件，不仅体现了国家的教育理念和人文理想，还体现了执政党的意志和意识形态的教化意图。新中国成立初期，除了通过组织建设和意识形态规训来保障对文艺的领导，还有一系列教育制度的完善和文艺政策的实施，包括文化政策的制定、文艺制度和文艺生产方式的确立，甚至都由最高领袖决定，以确保党和国家领导与组织文艺事业的意图得以实现，这一切的制度安排都对文艺创作和学术研究产生了深刻影响。可以说，文化政治化构成了文艺创作和学术研究的外部环境，并以隐性的方式深入到文艺创作和学术研究的内部肌理。

具体地说，编写美学专业教材是当时美学学科体系化的一个重要事件。以国家工程的方式，来组织全国力量编写高等教育的学科教材，这一做法至今仍在延续。为了编写高质量的美学教材，编写组非常重视调查研究和资料建设，先后拟定了中国美学资料选编、马克思恩格斯论美、西方美学家论美和美感、西方现当代美学、苏联当代美学讨论、中国当代美学讨论、马克思的《经济学—哲学手稿》论文选、西方主要国家大百科全书美学词条汇编等八个专题。通过对资料梳理，编写组熟悉了中外美学研究现状，也了解了美学基本理论问题研究方面的新进展，为编写教材打下了牢靠的基础。现在看来，评估20世纪中国美学史的得失，不仅教材编写对“十七年”时期的美学学科建设意义重大，就是当时的资料整理也有效地推动了学科发展，对“中国的美学”建构意义非凡，可谓“中国的美学”学科建设的奠基礼。当时，不仅“美学在中国”发展得不充分，甚至越来越狭隘化、单极化了，“中国美学”研究更是准备不足，美学知识的普及、美学研究的组织机构建设、对什么是美学的共识等，都存在很大争议。因此，美学教材资料的编写对建构“中国的美学”学科具有了填补空白的价值。一方面，这些资料作为论据被教材撰写者广泛引用，或被作为支撑论点的材料，另一方面，这些资料开阔了编写组对美学研究的视野，从中外比较的视野吸收了国外的学术成果，提高了教材的学术水准。作为当时编写教科书留下来的“美学遗产”，这些资料对20世纪80年代的“美学热”提供了理论基础，即使在今天中西学术研究交流频繁和便利的语境下，这些资料仍有重要的学术参考价值，还时不时地被学者引用。同时，资料编辑工作的另一重要遗产就是培养了一批美学研究人才。王朝闻指出：“‘文革’之后，过去只做资料工作而未能参与撰写篇章的同志，大都能够独立作战，教授美学和出版专著，这与当年收集和整理资料工作是密切相关的。”①

从美学学科体系化的建构来看，新中国成立之初的一系列思想文化“设计”和组织制度建设，特别是意识形态对知识分子的询唤和规训，都取得了一系列成效。

第二节 门类艺术创作实绩扫描

“十七年”美学杂糅了“美学在中国”和“中国美学”的现代建构，既形成了“美学大讨论”中的四派，也以马克思主义美学理论的实践品格和美学观念影响了各门类艺术生产。研究“十七年”美学，自然少不了各门类艺术的视角，艺术实践与理论建构及其主导美学观念的互动与偏离，成为考察“十七年”美学发展状态的重要线索。各门类艺术既体现了鲜明的时代美学特征及其共同的审美价值取向，又彰显了自身的审美特色。同时，还以其广阔视角洞悉“美学大讨论”中一些以贴标签替代具体审美问题分析，和美学论争与具体审美经验、文艺创作实际相脱节的现象，及其发生“隔阂”的原因。有感于“美学大讨论”中概念的空洞化现象，《新建设》杂志编委会在1959年7月11日，邀请北京部分哲学、美学、文艺工作者进行座谈，呼吁“今后的美学讨论，应当避免从概念出发，而更多地从丰富多彩的艺术实践和现实生活，来讨论美学问题”；同时还提出“除了

① 李世涛、戴阿宝：《王朝闻先生访谈录》，《东方丛刊》2000年第4期。

专业美学工作者积极参加外，希望各文学艺术部门的同志关心和研究美学问题”。[①] 这些认知促进了美学与各门类艺术形态之间的互动与关联，强化了美学理论探讨对具体艺术实践的影响。

一、文学创作及其美学追求

“十七年”文学是在体制框架内展开，在高度政治化的一体化话语建构中演绎着自身的“辉煌”和不足。文学体制不但对文学发展有规范作用，还承担了掌握文化领导权、发挥主流意识形态规训的功能。“‘十七年’文学思潮的发展过程，首先体现在一系列的文艺运动——批判、斗争——的交替更移中。这整个过程，既是社会主义文艺理论建构的实际步骤，也是确立文学新规范、新秩序的重要部分。”[②]

文学规范的建构离不开一系列革命历史题材的红色经典。如《保卫延安》（杜鹏程）、《红日》（吴强）、《林海雪原》（曲波）、《红旗谱》（梁斌）、《青春之歌》（杨沫）、《战斗的青春》（雪克）、《三家巷》（欧阳山）、《红岩》（罗广斌、杨益言）、《风云初记》（孙犁）等，这些作品承担着以革命形象诠释革命意识形态的叙事功能，具有民族风格、民族气派、为工农兵喜闻乐见的特点，体现了新的历史语境下新文学的追求。这些作品“以对历史‘本质’的规范化叙述，为新的社会的真理性作出证明，以具象的方式，推动对历史的既定叙述的合法化，也为处于社会转折期中的民众，提供生活准则和思想依据——是这些小说的主要目的”[③]。因作家生活经验、艺术想象以及所采用的叙述方式的差别，革命史小说有多种形态。作为一种国家意志的张扬，“这些作品在既定意识形态的规限内讲述既定的历史题材，以达成既定的意识形态目的，它们承担了将刚刚过去的‘革命历史’经典化的功能，讲述革命的起源神话、英雄传奇和终极承诺，以此维系当代国人的大希望与大恐惧，证明当代现实的合理性，通过全国范围内的讲述与阅读实践，建构国人在这革命所建立的新秩序中的主体意识”[④]。如《林海雪原》充沛的革命

---

① 参见《新建设》杂志 1959 年 8 月号，第 33 页。
② 朱栋霖等主编：《中国现代文学史 1917—2000》，北京大学出版社 2007 年版，第 5 页。
③ 洪子诚：《中国当代文学史》，北京大学出版社 1999 年版，第 106 页。
④ 黄子平：《革命. 历史. 小说》，牛津大学出版社（香港）1996 年版，第 2 页。

英雄主义的豪迈情感及传奇色彩,易激发读者对新中国油然而生的崇高感,以此实现对大众的询唤。通过对民族国家想象和新中国蓝图的建构,"革命"意识被植入广大民众思想中,建构起与现代民族国家的关联,以完成国家的现代化想象。这些小说多以民族艺术形式注入政治内涵,歌颂英雄领导群众进行阶级斗争,强化民族性、政治性向度,而忽视文学性和艺术性价值。被称为大革命前后农民革命运动壮丽史诗的《红旗谱》,以恢弘的气势,史诗化的审美质素再现了波澜壮阔的革命斗争史,昭示出:"中国农民只有在共产党的领导下,才能更好地团结起来,战胜阶级敌人,解放自己。"[①]小说不仅描写了"壮阔的农民革命的历史图画",还塑造了"高大、完美"的农民英雄朱老忠的形象,这种史诗性使其成为"革命历史的审美化见证"[②]。这些作品在叙事上把民间叙事与政治话语相结合、宏大叙事与民族艺术形式相结合,在审美风格上追求"崇高",文艺的政治教化意味明显。

总体上看,"十七年"文艺基本上被纳入一体化话语结构,而呈现出一体化的特性。洪子诚甚至认为,一体化是当代文学的本质。首先,它指的是文学的演化过程,一种文学形态,如何"演化"为位居绝对支配状态、甚至几乎是唯一的文学形态。其次,"一体化"指的是这一时期文学组织方式、生产方式的特征,包括文学机构、文学报刊,写作、出版、传播、阅读、评价等环节高度的"一体化"组织方式,和因此建立起来的高度组织化的文学世界。再次,"一体化"又是这个时期文学形态的主要特征。这个特征,表现为题材、主题、艺术风格、方法等的趋同倾向。[③] 新中国文艺发展的国家规划,使"十七年"在美学上成为意识形态与审美活动现实感距离最小的时代,也是社会主义意识形态与社会主流文化价值观缝隙最小的时期。杂糅多元的价值诉求与艺术多样化的文艺形态,最终在政治挂帅的框架下,伴随马克思主义美学在学术研究中主导地位的确立,有着不同表情的文艺形态不断聚焦人民文艺的建构,在风格上不断趋向崇高。可以说,"十七年"文艺发展几乎是配合着政治逻辑展开,那些激情澎湃的作品大多遵循政治逻辑。因着时代的际遇,意识形态的规训,对文化的整合和改造,及对现实文化的询唤,在凸显文艺的政治向度时使政治文化与文人文化在很大程度

---

① 梁斌:《漫谈〈红旗谱〉的创作》,《人民文学》1959 年第 6 期。
② 雷达:《〈红旗谱〉为什么活着》,《文艺报》2010 年 7 月 7 日。
③ 洪子诚:《问题与方法》,三联书店 2002 年版,第 188 页。

上处于共鸣状态。"'文艺为政治服务'的观念在'十七年'文学创作中得到强化和系统化，在描写革命历史题材的作者那里，更有一种圣洁的仰视和庄严的使命，他们唯恐歪曲了历史，损害了英雄的形象；唯恐减低了作品的教育意义。"[①]"十七年"文艺作为新中国精神发展的主要形式，清晰地烙上了时代政治的印记，诠释新政权的合法性，书写民族战争的历程及其伟大胜利，在新生政权的意识形态询唤下愈加趋向话语的一体化。以"政治正确"保障了意识形态的有效性，培养了一批文艺新人，并赋予其政治资本，强化对意识形态的认同，对共产主义的信仰，不断地巩固党的文化领导权。这种对文化人的精神意识及其文艺观念的重塑，使文艺在发展中凸显人民美学的价值取向，及其对崇高风格的追求。

"十七年"文学的意义通过对作品中主人公的"我们是谁""我们向哪里去"来揭示对新中国的文学想象，描绘了一幅新社会应该尽善尽美的蓝图，体现了农民翻身做主人的自豪感。这里既有显性政治话语的主流价值诉求，也有隐性的民间话语和艺术自律性的潜在屈伸。如《创业史》的作者所说："这部小说要向读者回答的是：中国农民为什么会发生社会主义革命和这次革命是怎样进行的。回答要通过一个村庄的各个阶级人物在合作社运动中的行动、思想和心理变化过程表现出来。这个主题思想和这个题材范围的统一，构成了这部小说的具体内容。"[②]有学者指出：《创业史》的写作"完成了意识形态对新中国文学长久的期盼"。[③] 小说不仅有史诗般的厚重，在反映农村生活广阔性和深刻性方面作出贡献，还塑造了"典型环境中的典型人物"——青年农民梁生宝——一个符合社会主义理想的新人形象，也是政治话语和国家话语的代言人和积极承载者。"《创业史》是一部深刻而完整地反映了我国广大农村在土地革命和消灭封建所有制以后所发生的一场无比深刻、无比尖锐的社会主义革命运动的作品。"[④]"梁生宝是一个无产阶级化了的青年农民的高大而又真实的形象。他既具有渭河边的普通青年农民的美好性格和他自己的个性特色，也具有我国农业劳动模范的共同特征。这真是一个社会主义的、共产主义的新人。作者是把他作为马克

---

① 孔范今主编：《二十世纪文学史》，山东文艺出版社 1997 年版，第 1116 页。
② 柳青：《提出几个问题来讨论》，《延河》1963 年第 8 期。
③ 萨支山：《试论五十至七十年代"农村题材"长篇小说》，《文学评论》2001 年第 3 期。
④ 冯牧：《初读〈创业史〉》，《文艺报》1960 年第 1 期。

思列宁主义真理和中国共产党的政策在农村的接受者、执行者、传播者和体现者来表现的。”[1]《创业史》是柳青深入生活的艺术结晶，它所展现的生活，为后人了解那火热的时代提供了重要的认识价值，其呈现的丰满动人的各色人物形象，对剖析中国各类农民的心理诉求有重要的历史文本价值。

“十七年”政治抒情诗很发达，通过选取一系列唤起崇高感的词语和意象，营造一种恢弘的历史感。如郭小川的《甘蔗林——青纱帐》《向困难进军》，贺敬之的《放声歌唱》《雷锋之歌》《回延安》等，有学者指出：“爱国主义、国际主义和民族奋发向上的英雄气概，是‘十七年’诗歌蓬勃发展的主旋律。”[2]郭小川用诗人的情怀写出了战士的革命精神，以一个“战士型”诗人对内心的不断探索来感知社会的巨大变化，审视个人与集体、个人与时代的关系，抒发对社会主义，对新时代、党和人民的赞美歌颂之情。在诗歌形式上，他追求民族化与大众化的目标，通过押韵和节奏来创造雄浑的气势，渲染激情。相对于郭小川艺术精神的复杂性，贺敬之的诗歌追求可能更质朴，他的诗歌始终洋溢着昂扬向上的奋发之气和革命的乐观主义精神。“在贺敬之的诗中，‘我’、抒情主体已是充分本质化的，有限生命的个体已由于对整体的融合、对历史本质的获得而转化为有充分自信的无限，我们无法觉察、寻觅到其间的不协调的缝隙，感受不到可能有的情绪上、心理上的焦躁不安、困惑和痛苦。”[3]贺敬之的诗具有政治的美学化与美学的政治化的突出品格。其以诗学传达政治学的理念和情绪，把硬性的“文学为政治服务”艺术化为诗的形象性、情感性来建构政治的美学形象；同时，他又通过象征主义把美学政治化而将文学的社会性、政治性维度推进到历史上前所未有的高度，直接切近了时代主题。他的政治抒情诗与时代和政治结合紧密，强调诗歌的社会功用，突出题材的时事性和主题的政治规范化。原本最具审美自律和抒情意味的诗歌，在他的笔下成了表现政治风貌和新时代新气象的有力工具。贺敬之的政治抒情诗，很难令人感受到诗人的个体自我与大我、个体化的感性与集体化的理性、美学与政治、个体与历史之间的裂隙、矛盾与冲突，看不到由张力所引发的个体抒情的忧郁、游移、感伤和痛苦。个体的自我、个体化的感性、美学完全融入到了集体、理性、政治和强势的历史意志中。新中

---

① 冯健男：《谈梁生宝》，《上海文学》1962 年第 1 期。
② 苏景超：《论十七年的诗歌创作》，《文艺理论与批评》1997 年第 3 期。
③ 洪子诚：《个人“本质化”的过程》，《诗探索》1996 年第 3 辑。

国成立初期，歌颂性的抒情诗和与政治紧密融合的叙事诗成为诗歌的主导形态，既有宏大的政治抒情诗，也有温情的生活抒情诗，其审美底蕴都是崇高情愫。“它们在内容上从宇宙之大到蝼蚁之微，从心灵到外物都可入诗，形式上更是各施绝技，自由体、格律体、楼梯式、民歌体等八仙过海，各臻其态，民歌体受到了普遍推崇。它们不仅最早为当代文学带来青春气息，而且还在以民族化的方式传达了中华民族五六十年代的情感精神和心灵历史的同时，构筑了一种阔大的诗风，形成了以力和崇高为主、兼具绮丽与美的独特审美风格。”①政治抒情诗切近了时代的审美形态而成为“十七年”诗歌的主流样式，具有突出的政治美学化与美学政治化的诗学品格，它积极地参与了民族国家共同体的想象，在诗中建构了“人民共和国的”形象。在人民美学的艺术追求中，贺敬之等诗人是真诚的、坦率的，也是全身心投入的，这种情感来自对祖国和人民深沉的爱。

“十七年”散文充分展现了新中国气象，在文学美的创造上可谓高标独步。前期散文创作注重叙事性与人物化，抒发新社会新景象的激情与表现抗美援朝的主题成为散文创作的重点。战地通讯很发达，如巴金的《生活在英雄们中间》、魏巍的《谁是最可爱的人》、杨朔的《鸭绿江南北》和刘白羽的《朝鲜在战火中前进》等。另外，火热的社会主义建设激情也是创作的重点。如杨朔的《香山红叶》和《东风第一枝》、秦牧的《社稷坛抒情》和《花城》、冰心的《小桔灯》和《樱花赞》、刘白羽的《红玛瑙集》等，以及《一场挽救生命的战斗》《为了六十一个阶级兄弟》《毛主席的好战士——雷锋》《县委书记的好榜样——焦裕禄》等报告文学以其激情和政治向度的凸显，充当了歌颂社会主义建设的号角。此外，还有吴晗、邓拓的杂文，相比较报告文学政治向度的凸显，杂文在坚持作家个人立场的同时，展现了独特的艺术魅力。总体上看，这一时期的散文时代感强烈，热情饱满，反映现实，服务社会主义事业的色彩明显，发挥了“文艺轻骑兵”的作用，在审美观念、个性追求和文学进展方面都有其特点。如杨朔散文中的诗意追求，把散文“当诗一样写”，其散文有诗的旋律，充满了抒情诗的美。而秦牧散文的“知识性”和刘白羽散文的“激情”都给读者留下深刻印象。

在当时一些人的构想中，“新中国”是一个纯粹的、政治化的、道德化的世界，而“新文化”也在不断追求纯粹、净化、透明的境界。实现要依靠组织化、体

① 罗振亚：《是与非：对立二元的共在——“十七年诗歌”反思》，《江汉论坛》2002年第3期。

制化方式,发挥意识形态对文艺最大程度的整合,最大限度地建构和巩固党的文化领导权。如作为新文化的“新歌剧”创作,就是文艺工作者用无产阶级政党的意识形态对民间/民族传统戏曲的现代性开发和改造的典范,是建构党的文化领导权的重要手段,其主要特性是文艺的政治化和政治的美学化。发展到极端造成了戏剧的情节封闭、人物性格扁平、冲突简单对立、语言直白、直露甚至空洞、缺失文学性、个性化程度不高等弊病。在歌剧的真实性、政治性和艺术性三者关系上,真实性品格被政治性要求所压抑和统一,而艺术性也被统一于政治性要求。结果:其一,是真实性的匮乏和思想主题的单义性,表现为多“歌颂”,少甚至无“揭露”“批评”;多“喜剧”而少或无悲剧,回避和粉饰现实。其二,在文艺日益政治化、政策化,阶级斗争意识日益激进的环境中,艺术探索无法在开放、平和的语境和心境中从容展开。可见,以“纯洁”为目标的纯粹、净化、透明的无杂质的道德化世界诉求,很难容忍原生态生活的复杂性、多面性和混沌性,不能接纳人情、人性的常态存在,不允许人道主义、洋派风格的自由生长和肆意蔓延,终致新文化发展陷入“乌托邦的幻象”。

二、 美术创作和电影对新中国视觉形象的建构

新中国美术有别于旧美术体现为对新中国视觉形象建构,是以视觉形象的方式,理解、认识和表达新中国形象,实现意识形态的建构和询唤。有学者指出:“在新中国的历史中,美术创造在总体上是围绕着执政的中国共产党对新中国的认识、理解和希望的维度开展的。”[①]只不过新美术延续了“延安传统”,它之于国家形象是中国共产党自觉、主动参与建构,以国家力量动员艺术家为创造新中国形象服务,必然存在一个指导思想、艺术观念、创作手法及其研究模式的转型,在否定过去中融入新的艺术生产体系。典型做法是“深入生活”(所谓“生活”是指工农兵的生活)参加生产和劳动实践。从某种意义上讲,“新国画”关联于新中国的成立,是特定身份的艺术家在特定历史条件下的一种心态表达,即对新中国的一种认同。尽管新中国成立初期多方美术力量的会聚和重组隐藏着未来的斗争和冲突,但此后的美术创作中,毛泽东文艺思想处于绝对主导地

① 邹跃进:《新中国美术史》,湖南美术出版社 2002 年版,前言,第 1 页。

位，是“毛泽东时代的美术”的一个新的也是最重要的发展阶段。“毛泽东时代的美术”是在毛泽东文艺思想指导下，通过一体化的艺术体制，各种思想观念的冲突，才逐渐完成毛泽东的社会理想和社会主义新中国的形象建构，在这一历史过程中，诞生了一批被称作“红色经典”的美术作品。①

新年画运动是新中国成立初期一个令人瞩目的现象。某种程度上，年画这种艺术形式最能体现“文艺为工农兵服务”的思想。在新年画创作指示精神鼓舞下，全国许多地方举办了新年画作品展，一些展览还改在郊区，除了让农民欣赏，还让他们提意见，这样既扩大了年画的影响，也取得较好的宣传党的方针政策的效果。1950 年中央人民政府还颁发新年画创作获奖作品，这是一次表达新中国形象的尝试，也是对群众的一次思想教育活动，体现了新年画为新政权服务的意图，用新年画的形式宣传党的各种政治主张，极具象征意义。实践证明，新年画是宣传党的政策、认识新中国形象、思想和观念的一个有效载体，切实地体现了新中国之“新”。新年画不仅是最早宣传新中国形象的艺术形态，而且当油画、国画进入改造后，也受其影响。后来新年画发展不断程式化，并向其他画种渗透，逐渐形成“红、光、亮”的艺术表现模式。

电影生产在新中国成立后由私营完全转向国营，在高度集中的行政管理体制下，新中国电影可以说是政治性的，政治电影成为主导模式，并创造了中国社会主义政治电影的经典，在 1959 和 1962 年前后形成了电影创作的两座巅峰。在“政治正确”的理念下，电影创作强调文艺直接歌颂光明面，反映的生活比现实生活更高、更美、更典型、更理想，凸显英雄主义的崇高风格。电影成为一种政治文本，为接受者替代性地虚构出一个主体生存的社会环境，通过叙事策略和语言结构的意识形态化，形象地诠释党和国家的方针政策，经意识形态的询唤，和对历史的重新编码，往往使电影观众主体性地把银幕情景误认为现实世界，从而实现“国家对思维模式进行塑造，将对未来的憧憬附加于大众身上，形成大众自己的思考模式”。② 为保障电影教化的有效性，题材规划是电影生产的一大特色，“新中国的电影在很大程度上不是由电影制作者而是由负责题材规划的各个权力领导部门创作出来的”，“领导部门按照全面反映政策、配合当时

① 邹跃进：《新中国美术史》，前言，第 2 页。

② Bourdieu, *Practical Reason* (Oxford: Blackwell Publishers, 1998), p. 46.

形式的原则制定题材规划，创作人员则按照规定好的题材和主题去寻找人物和事件。

在电影领域，新中国电影不同于旧电影，在性质上从娱乐、教化、启蒙等多功能的混合转向了以政治功能为主导，担负意识形态教化的新艺术形式，站在中国共产党的政治立场重新书写中国历史乃至人类历史，阐释中国社会的走向，完成大众对自我的身份建构和对新生共和国的认同，在传播上从以城市市民为主要对象的流行文化转向以“无产阶级”和“劳动人民”为主体的政治文化。

在此背景下，“十七年”创作了电影《桥》(王滨、于敏编导，1949)、《白毛女》(王滨、水华导演，1950)、《南征北战》(成荫、汤晓丹、萧郎导演，1952)、《董存瑞》(郭维导演，1955)、《祝福》(桑弧导演，1956)、《林则徐》(郑君里、岑范导演，1959)、《林家铺子》(水华导演，1959)、《青春之歌》(崔嵬、陈怀皑导演，1959)、《红旗谱》(凌子风导演，1960)、《红色娘子军》(谢晋导演，1961)、《甲午风云》(林农导演，1962)、《李双双》(鲁韧导演，1962)、《小兵张嘎》(崔嵬、欧阳红樱导演，1963)、《早春二月》(谢铁骊导演，1963)、《英雄儿女》(武兆堤导演，1964)、《舞台姐妹》(谢晋导演，1965)等一批红色经典。这些影像话语生产遵循的是“政治正确”，应和意识形态的教化要求，新中国电影在美学精神上割断了与 1949 年前电影艺术的联系，并在与旧传统对立基础上确立了新美学原则，不断强化电影作为国家意识形态的手段和对象，把广大民众纳入一种国家规范的道德意识和政治意识中，在政治与艺术、时代要求与传统继承的夹缝中书写了自身的辉煌。虽然不同艺术家所处的社会地位和政治文化观点不同，影片所表现的内容和产生的效应有很大差距，但都凸显社会功利性。电影作为艺术家参与社会政治化现实的一种方式，其高度的社会责任感显现为影片中强烈的现实性与时代感，着重表现政治气氛和时代脉搏，积极地为电影观众重述历史。这种强烈的国家意志源自时代氛围和发自艺术家内心的激情，以及当时普遍的社会心理。许多艺术家努力寻求政治与艺术的平衡，所谓平衡也就是让影片更“艺术”一些，润色主题先行下的艺术感觉，以技巧雕琢电影画面等。电影艺术家对社会主义现实主义创作原则的实践，以其独有的美学诉求服务于国家意识形态，使观众最大限度地认同影片内容，自觉追随党的领导，唤起民族自信心、自豪感，以及建设家园的热情，对坚定和巩固党的政治领导地位发挥了无可替代的作用，这种强大的社会整合力确立了电影在“十七年”中国文艺舞台上的核心地位。

三、 现代戏与新歌剧的政治品格

现代戏的创作同样体现出对崇高的审美追求，并非一般地提倡创作现代题材剧目，而是提倡某一种现代戏——歌颂现代历史进程中胜利者的剧目，其内涵是“歌颂大跃进，回忆革命史”。主要以中国共产党革命斗争史为题材的现代戏剧成绩突出，如京剧《红灯记》《沙家浜》《智取威虎山》《红嫂》《六号门》，沪剧《芦荡火种》，话剧《槐树庄》（胡可）、《东进序曲》（顾保璋）、《豹子湾战斗》（马吉星）、《兵临城下》（白刃等）、《八一风暴》（刘云等）、《英雄万岁》（杜锋）、《红色风暴》（金山等）、《七月流火》（于玲）、《杜鹃山》（王树元）等。这些戏剧延续了新中国成立后以革命史为题材，以歌颂赞扬为基调，以政治理念宣传为目的的创作路径和创作模式，在传播中不断被确认和强化，为“文革”期间“样板戏”的生成发展奠定了基础。现代戏创作在 1958 年和 1964 年比较突出，成绩最突出的是“新歌剧”，如《白毛女》。所谓“新”，首先在于确立一个全新的主题：旧社会把人变成鬼，新社会把鬼变成人，从而直接表达阶级斗争的观念。这一时期不断凸显的“新歌剧”以传达革命意识形态为主导意图，不断通过文艺创作建构民众对革命意识形态的认同，成为建构民族国家文化领导权的一种有效文艺形式。其前身是延安时期的“新秧歌剧”，抗战中“新秧歌剧”发挥了动员和教育民众坚持抗战的功能。新中国成立后作为“新文艺”的载体，成为新中国的艺术形象，伴随艺术的成熟和内容含量的增大，演变为具有中国作风、中国气派的“新歌剧”。“新歌剧”重构了党所领导的革命史，在叙事中确立民族国家的历史主体地位，以艺术、美学的形式捍卫中国共产党作为历史主体的资格。换言之，“新歌剧”以大众喜闻乐见的形式，对中共革命史与新中国作为革命斗争的结果及其民族国家的独立，进行合法性论证。《长征》以宏大的规模和气势，再现了红军二万五千里长征的伟大历程，在舞台上首次塑造了毛泽东的艺术形象。《洪湖赤卫队》写贺龙创建和领导洪湖赤卫队打恶霸、斗土匪的英雄事迹，被视为继《白毛女》之后中国第二代民族歌剧的代表作。《刘胡兰》改编自共产党员刘胡兰的英雄事迹，塑造了这位对党和人民无限忠诚的英雄形象。《江姐》（改编自《红岩》）塑造了共产党员江竹筠的高风亮节和坚定信仰。这种革命史的理想化重构，与牺牲和苦难的严酷事实相连接，给予幸存者及后人以突出的警示和教育意义。

从“新歌剧”的发展历程上看，其诞生伊始就肩负着民族救亡、阶级解放的民族动员使命。在中国革命史的讲述中，“新歌剧”形成了昂扬激越的主导美学风格，开创了“新歌剧”的民族国家叙事模式，这一模式后来随着中国革命史的推进发展为阶级模式。诞生于“新秧歌剧”的“新歌剧”注重吸收并化用民间文化资源，将民族解放和阶级斗争故事做了充分地民间化、伦理化处理，极大地激发了文化程度并不高的解放区广大农民的政治热情，建构了底层民众对新意识形态的情感认同，充分昭显了“新歌剧”的民族性和阶级性。就此而言，“新歌剧”作为新文化的一部分，同样具有浓厚的历史性、政治性品格，侧重于文艺的现实介入性，回应了民族救亡和阶级解放的历史询唤。尤其是，其作为一种体现了民族化、大众化追求的文体，具有广泛的受众，极大地宣扬了新民主主义和社会主义的思想文化，焕发民众对“新社会”“新中国”优越性的理性认知和文化认同。“新歌剧”除了鼓动宣传的工具价值外，也提高了戏剧的美学化、民族化品格，由最初单纯的消遣娱乐演变为意识形态的教化。有学者从话语分析视角指出：“《白毛女》中革命话语的背后隐含着对民间话语的借助和转换。民间话语中的道德逻辑构成了政治话语进行有效运作的基础，政治话语借此获得了民众道德文化意识深层的认同；同时，政治话语又以自己的逻辑转换了道德话语秩序，将后者有效地纳入自己的运作逻辑之中。民间文化（文学）和民间道德伦理中一些因素如惩恶扬善（替天行道论）、善恶有报（因果报应论）、神魔鬼怪、离奇变幻等被延续和保留下来，并被纳入‘阶级’的理论视域和‘阶级斗争’的情节构思中，实现了革命意识形态的转换，一变而为阶级控诉、斗争动员和抒发革命浪漫主义情怀的有力凭借。”① 在话语转换中，“新歌剧”从对民族国家的关怀，转向一种宏大叙事，着重展示杰出的革命者、解放者的历史功绩，对其思想、精神、境界、意志等进行一种本质化、静态化、纯净化的诠释，把普通民众的“成长故事”更换为“英雄传奇”，把某种绝对“正确”的政治理念、政策观念、时代本质“植入”英雄人物，使其具有无可置疑的权威性。

① 朱德发、魏建编：《现代中国文学通鉴》，人民出版社 2012 年版，第 903 页。

四、音乐美学的学科建构

自新中国成立到“文革”结束，是中国音乐美学学科建构的关键时期，本部分在搜集整理阅读分析文献资料的基础上，力图对音乐美学的本质、音乐形象的争鸣、中西音乐的关系、音乐功能的阐释、音乐批评的视角、中国的音乐美学和外国的音乐美学等层面，进行宏观有机动态的理论把握，旨在推进这一时期音乐美学学科的发展。

1. 关于音乐美学的本质

“音乐是什么?”这是音乐美学最重要的元理论问题。对这个问题的研究，要从两个方面入手：一个是音乐与人的审美关系，另一个是音乐与现实的关系。首先，音乐是人为了满足人类自身听觉感性需要而创造的精神产品，它在一定时间内呈现并直接作用于人的听觉，进而由主体心灵自由建构，获得美的享受。音乐“是用声音的形象来表现我们的思想感情的一种特殊的艺术形式”①。它是纯粹的听觉艺术，不依附任何非音乐因素，直击人类心理，表达人们的思想情感。人类用听觉感知音乐音响，体悟生命精神的凝结和升华。其次，音乐是人们从现实生活中提取创作素材，“用有组织的乐音构成艺术形象，主要通过表达人的思想感情来反映社会生活。因此，我们不可能按照造型艺术或语言艺术的特点来理解和解释音乐的形象性”②。安波所说的“音乐是以乐音为手段（或称媒介物）通过人们的听觉去反映和感受现实的一种艺术”③，道出了音乐与现实生活关系的特质。

在回答“音乐是什么”的追问时，还会涉及音乐与其他艺术的比较，以凸显音乐的特殊性。茅于润将音乐与戏剧、电影等艺术进行比照，指出音乐既不能也不需要使人“感受到由视觉所引起的具体形象或像文学那样表达具体的意义或概念”，但提醒我们不能因此而否定音乐的思想性、表现性，否则将陷入康德所谓“自由美”的泥沼。他认为：“音乐和其他文艺形式一样，都是经济基础的上

① 张洪岛：《我的看法》，载王宁一、杨和平：《20世纪中国音乐美学文献卷（1900—1949）》，现代出版社2000年版，第166页。
② 《艺术概论》编写小组：《艺术概论（节选）》，载《20世纪中国音乐美学文献卷（1900—1949）》，第443页。
③ 安波：《批判黎青主的音乐美学》，载《20世纪中国音乐美学文献卷（1900—1949）》，第127页。

层建筑，为它的基础服务的，一切有关文艺的原则问题，都是在马列主义毛泽东文艺思想指导下进行创作、讨论、研究的，绝不因其表现形式的不同而有所差异，甚至矛盾。音乐作品是人，阶级的人所写的，因此不带有作者阶级的思想、情感、目的去从事创作是难以想象的。”①还有其他人也赞同从反映论角度来解释音乐的本质。如徐凯翔、章正续整理的《音乐美学和其他》一文中指出：音乐“和其他艺术一样是再现生活和作用于生活的”②。王晋认为，音乐是通过“作曲家依据他的世界观和生活经验，以及相应地使用音乐的表现手段的能力，创造出了反映现实生活中形形色色的景象、思想、情感的音乐形象”③，是劳动人民在现实生活中汲取自然界的声音，经过加工提炼，通过音乐语言来反映生活、表现人类内心感情的艺术。

与上述观点不同，蔡仪认为“音乐是直接表现音响美的单象美”。音乐的美在音响之中，音响美就是音响的节奏美、旋律美。蔡仪似乎陷入了“自律论”的封闭圈内，但他在分析若干历史阶段的音乐现象后补充说：“不完全否认一般所说音乐也可以间接表现其他的东西。不过这所谓间接表现，其实不过是由于一种心理的联想，或者说是同感。这种心理的联想或同感，虽不一定原是美感的，有时却可能增加美感。”④他认为这是音乐与感情关系密切的根本原因。这样的观点切中了音乐美的本质，但没能引起音乐界的足够重视。

新中国成立后到“文革”结束这近30年时间是中国音乐美学学科理论建构的重要时期，学科建设开始受到学界的重视。王东路列举了新中国成立以来音乐学科不发展的主要表现，如理论建设薄弱、美学观点混乱等，不利于音乐创作、表演和批评的发展，他特别指出：“美学理论在我们音乐事业中是一个薄弱的部门，出版的美学理论书籍少得可怜。”⑤为了推动现实主义美学思想在我国的广泛传播，促进我国音乐学科发展，他极力主张开设音乐美学课程以增强学生对音乐艺术本质和音乐实践的认识。尽管在当时的社会环境中不可能立刻实现，但体现了作者高度的学科责任意识和社会担当。1959年，中央音乐学院

---

① 茅于润：《音乐——听觉的艺术》，载《20世纪中国音乐美学文献卷(1900—1949)》，第59页。
② 徐凯翔、章正续整理《音乐美学和其他》，载《20世纪中国音乐美学文献卷(1900—1949)》，第563页。
③ 王晋：《反对音乐工作中的唯心主义思想》，载《20世纪中国音乐美学文献卷(1900—1949)》，第172—173页。
④ 蔡仪：《单象美的艺术》，载《20世纪中国音乐美学文献卷(1900—1949)》，第4页。
⑤ 王东路：《应当重视音乐科学的发展》，载《20世纪中国音乐美学文献卷(1900—1949)》，第216页。

音乐学系音乐美学小组拟定了《〈音乐美学概论〉提纲（草案）》[①]，涉及音乐的特殊性、音乐的逻辑以及音乐实践的美学问题等，成为20世纪中国音乐美学史上最早的学科理论架构，遗憾的是受外在环境影响而夭折，未能得以贯彻实施。

应当说，这一时期的音乐理论家们结合音乐实践，从音乐美的本质、音乐与其他艺术的比较、音乐特殊性以及音乐美学课程建构等层面的探讨中，分析音乐独特的存在方式，揭示音乐的美学本质等相关问题，从逻辑意义上概括出音乐艺术的内外格局，具有深刻的美学内涵，为人们揭示音乐的美学本质提供了理论支撑，确立起音乐美学的学科属性。

2. 关于音乐形象的求解

音乐形象是音乐利用特定音响的变化与特定的波动起伏的情感对应共振，反映复杂多样的社会生活，表现人们内在精神状态、情绪活动，包括情感、意志、愿望、品格等，而不是某一个人物和事物的外在表象。

李焕之指出，音乐形象"不是某一个人物和事物的外在表象的描写，而是人们的精神状态——主要是情感、心境等情绪活动——通过精炼的音乐语言所直接体现的"[②]。在他看来，音乐的任务就是用典型形象来反映人类的普遍情感、反映现实生活、表现社会的本质。家浚认为，李焕之的观点有一定的理论高度，但没有对音乐形象如何反映生活的问题进行应有的阐述，同时也低估了想象在音乐创作中的作用，不适当地强调了情感因素在音乐形象中的积极意义，用"感情"概括"形象"有失偏颇，并且，他认为，李焕之倡导的音乐塑造"生活中一切反面的人物和事件通过正面人物的情绪来反映"的论述，有值得商榷的地方。[③] 因为历史上有很多塑造反面形象来展现现实生活中矛盾冲突复杂性的优秀作品，如肖斯塔科维奇《第七交响曲》中的法兰西侵略者、张非《我是一个伟大的建筑家》等。赵宋光指出，音乐形象塑造与情感表达是一件事情的两个方面，这是艺术共同的特征。但音乐有其特殊的呈现方式，"在音乐艺术里，声音这种物质材料不是唤起艺术手段的外壳，而是艺术手段本身；不是引到限定概念的桥，而是

---

① 中央音乐学院音乐学系：《〈音乐美学概论〉提纲》，载《20世纪中国音乐美学文献卷（1900—1949）》，第316—323页。

② 李焕之：《我对音乐中社会主义现实主义的理解》，载《20世纪中国音乐美学文献卷（1900—1949）》，第66页。

③ 家浚：《音乐形象的特征问题——对〈我对音乐中社会主义现实主义的理解〉一文的两点商榷》，载《20世纪中国音乐美学文献卷（1900—1949）》，第206—212页。

自由联想的起点”[①]。但是,将自由联想当成是音乐形象不确定性产生的根源也是不确切的。因为音乐欣赏活动中的自由联想,虽没有明确的对象,但有确定的范围,音乐塑造形象的特殊方式,并不在于所引发的联想是自由的,而在于自由联想是由对乐音的直接感受中迸发出来的,无须经过任何中介。造成音乐形象不确定性的根源在于音乐材料的非语义性和创造性。

如果说上述关于音乐形象的探讨还属于纯粹理论思辨层面的话,那么这一时期涌现出的关于戏曲、交响乐、歌曲、器乐等形象塑造的探究则被赋予了应用音乐美学的色彩。1959 年,中央音乐学院音乐学系拟定的《〈音乐美学概论〉提纲(草案)》中设有“音乐艺术通过音乐形象来反映生活”的专题,围绕“音乐的特殊性”“音调”以及“音乐逻辑”等重要范畴展开讨论,对于音乐形象的探索提供了很好的契机。同年,茅原、郑桦、武俊达等联合发表了《关于戏曲音乐刻画形象的几个美学问题》,文中提出“一曲多用”的戏曲音乐美学命题,认为戏曲音乐是通过本剧种的基本“曲牌和板类”的变化来刻画不同形象,并认为戏曲音乐刻画形象的美学问题体现在以下三个方面:其一是“具体性音乐思维与概括性音乐思维的辩证统一”;其二是“音乐形象的完整性和不完整性的辩证统一”;第三是“音乐形象的确定性与不确定性的辩证统一”。[②] 该文引发了戏曲音乐刻画形象的争鸣。吴一立认为,这篇文章从美学高度对教条主义的批判,对戏曲音乐刻画形象的美学原则所作的探索,为大家进一步研究戏曲美学问题有很好的启发。他进而主张研究戏曲美学,要以戏曲音乐刻画形象的综合性基础及其美学原则为前提,同时还不能把问题从整体中孤立开来,即戏曲音乐刻画形象要遵循“主观与客观统一”和“典型性”原则。曹凯针对茅原等人的文章发表了不同的看法,认为茅原等人提出的戏曲音乐刻画人物形象的三个美学原则脱离了各个剧种固有的音乐传统,没有把戏曲传统提到重要的位置上来。[③] 曹凯基于对诸多戏曲刻画音乐形象典型事例的分析,指出戏曲音乐形象的刻画,不能脱离戏曲剧种固有的音乐传统。对此,茅原等人做出回应,再度撰文《再谈戏曲音乐刻画形象的美学问题》,承认自身存在有不全面的地方,如没有说明谈论戏曲音

---

① 赵宋光:《论音乐的形象性》,载《20 世纪中国音乐美学文献卷(1900—1949)》,第 626 页。

② 茅原、郑桦、武俊达讨论,茅原执笔:《关于戏曲音乐刻画形象的几个美学问题》,载《20 世纪中国音乐美学文献卷(1900—1949)》,第 282—295 页。

③ 曹凯:《也谈戏曲音乐刻画人物形象的问题》,载《20 世纪中国音乐美学文献卷(1900—1949)》,第 324 页。

乐刻画人物形象的背景、目的等是明显的缺点。《再谈戏曲音乐刻画形象的美学问题》指出，当时的言论是针对实际工作中搬用歌剧创作中专曲专用的创作方法而否定一曲多用的创作方法所引发的，其目的在于和大家探讨戏曲音乐“一曲多用”是怎样刻画形象的。除此，该文在原来的基础上，对“具体性音乐思维和概括性音乐思维的关系”“音乐形象的确定性与不确定性的关系”等作了进一步阐释；认为传统戏曲音乐“一曲多用”是现实主义的创作方法，离不开传统；而音乐形象的确定性与不确定性同时存在是音乐艺术中的普遍现象，并指出现实生活中声音的确定性与不确定性，以及音乐形象确定性与不确定性作用的不平衡，反映为戏曲音乐刻画形象的确定性与不确定性，而音乐思维与音乐形象相互关联，绝非彼此独立。[①] 周大风对茅原、曹凯等人的观点作了梳理分析，提出了“一曲多变应用”的理论命题，即戏曲音乐同一个基本调系统，不但可以刻画不同年龄、不同身份、性格各异的人物形象，而且还能形象地表现人物喜怒哀乐的具体情感。他认为“一曲多变应用”比“一曲多用”的提法更准确。因为“戏曲的内容范围是多样的，但是可以在一个基本调中用概括的手段和变化的手段来表达多种多样的内容”[②]。苏宁肯定了茅原等人《关于戏曲音乐刻画形象的几个美学问题》的价值，但指出：“作者们对这些论点、材料所做的具体分析，以及从这些分析里归纳出来的几条理论原则，却显得很不确切，十分牵强。”[③]并从戏曲音乐继承传统的目的、戏曲音乐形象的理解、戏曲音乐形象的典型意义方面作出深层的阐发。

1960年，郭乃安针对戏曲音乐创作“一曲多用”的手法，提出了民间曲调的“可塑性”命题，即“同一个民间曲调能够适应不同内容的歌词的现象”。[④] 他认为，民间曲调的可塑性是历史的产物，与民间音乐传承千年的集体创作方式联系密切。这种集体创作的传承方式具有高度的概括性思维。从塑造音乐形象的视角看，民间曲调的可塑性与音乐形象的确定性、不确定性都有一定的联系，却是不同的概念范畴。吴毓清指出，郭乃安论述的问题十分广泛，也提出了许多有益的见解，但有些论断他不赞同，说郭乃安“片面地强调了今天社会主义新

① 茅原等：《再谈戏曲音乐刻画形象的美学问题》，《音乐研究》1959年第5期。
② 周大风：《关于戏曲音乐刻画人物形象问题的意见》，载《20世纪中国音乐美学文献卷（1900—1949）》，第401页。
③ 苏宁：《论戏曲音乐形象等问题》，载《20世纪中国音乐美学文献卷（1900—1949）》，第425页。
④ 郭乃安：《试论民间曲调的可塑性》，载《20世纪中国音乐美学文献卷（1900—1949）》，第447页。

音乐文化对于过去遗产的继承，从而否认了今天社会主义新音乐文化与过去遗产之间的不可混淆的界限，以及二者之间的原则区别”①。

此外，郭乃安在《冼星海作品中的音乐形象》②中指出，冼星海作品中音乐形象的丰富性在于他所创造的音乐形象具有高度的真实性，即用音乐语言真实地反映了多彩的现实生活。王云阶的《谈交响音乐中的音乐形象和矛盾冲突》③认为，交响乐的音乐形象包括了交响乐创作的立场、观点、艺术表现手法等丰富内容。该文着重论述交响乐中的形象塑造与戏剧冲突的问题。而他的另一篇文章《谈交响音乐中的音乐形象和形式体裁》④，则揭示了各种体裁音乐形象的塑造问题。赵宋光的《关于器乐塑造形象的几个问题》⑤，就创作中存在“把现成曲调当作符号来使用”“热衷于模拟现实音响”，以及“忽视情感概括而追求细节交待”等发表了自己的创见。肖民的《歌曲创作要塑造音乐形象》⑥，从音调、旋律等方面总结自己在歌曲创作中塑造音乐形象的经验。叶林的《音乐形象与形象思维散论》⑦，围绕着音乐创作、表演和欣赏中的形象塑造阐述了自己的理解。以及苏夏的《音调的形象特点》⑧，从歌词、音调的视角阐述了歌曲创作塑造音乐形象的规律。

可以说，以上论述以辩证唯物主义哲学“反映论”为思想基础，即认为音乐是现实的反映；在美学上则以“情感论”为主旨，即认为音乐直接表达情感，并认为音乐通过感情的表达来反映现实生活。“形象性”本身则浸透了“革命性”“民族性”“阶级性”“时代性”“典型性”以及“世界观”“立场”“态度”等当时历史阶段的典型概念和观念。⑨ 虽然此间音乐形象的探讨观点林立，呈现百花齐放的态

① 吴毓清：《对〈试论民间曲调的可塑性〉一文的商榷》，载《20世纪中国音乐美学文献卷（1900—1949）》，第477页。

② 郭乃安：《冼星海作品中的音乐形象》，载《20世纪中国音乐美学文献卷（1900—1949）》，第114—123页。

③ 王云阶：《谈交响音乐中的音乐形象和矛盾冲突》，载《20世纪中国音乐美学文献卷（1900—1949）》，第508—517页。

④ 王云阶：《谈交响音乐中的音乐形象和形式体裁》，载《20世纪中国音乐美学文献卷（1900—1949）》，第550—557页。

⑤ 赵宋光：《关于器乐塑造形象的几个问题》，载《20世纪中国音乐美学文献卷（1900—1949）》，第658—665页。

⑥ 肖民：《歌曲创作要塑造音乐形象》，载《20世纪中国音乐美学文献卷（1900—1949）》，第699—707页。

⑦ 叶林：《音乐形象与形象思维散论》，载《20世纪中国音乐美学文献卷（1900—1949），第900—914页。

⑧ 苏夏：《音调的形象特点》，载《20世纪中国音乐美学文献卷（1900—1949）》，第933—937页。

⑨ 宋瑾：《论20世纪中国的音乐美学研究》，《黄钟》2006年第3期。

势，但大都站在音乐美学的高度，广涉“内容与形式”“确定性与不确定性”“标题与非标题”等美学范畴，试图对中国传统音乐的存在本质和表现方式进行规律性地理论概括。从茅原提出的戏曲音乐“一曲多用”，到周大风的“一曲多变应用”，再到郭乃安“民间曲调的可塑性”的提出，充分展示出学者们的概括在理论广度、深度和高度上都得到了升华，彰显出应用音乐美学的意义。

3. 关于中西音乐的关系

西方音乐的传播，以及一批批音乐学子留学归国后兴办音乐教育等，促使“中西音乐关系”成为许多学者关注的焦点。不论是“全盘西化”“中西融合”“中西并存”，还是“复古倾向”以及“民族化发展”等观点，始终呈现为“仁者见仁、智者见智”的状态。

中西之间不同民族特点的矛盾应站在更高的层面上进行研究，并给予科学的总结。只有在建立民族自信心的基础上，学好、学透西方音乐，做到兼收并蓄，才能创造出我们民族的新音乐。孟文涛认为，我国音乐事业的发展，既要区分、尊重中西差异，又要相互融化，创造出新的东西。讨论“中西并存”，首先要明确“中”“西”的区别。在他看来，区分“中”“西”的标准只能是“风格”。也就是说具有民族风格的作品就是“中”的，反之则为“西”的。他基于对音乐创作、表演实践的考察，指出：“中西并存意味着各自有独立发展的可能……甚至可以相互融化。”[①]决定音乐民族风格的因素主要是音乐语言，包括音调、和声、复调等。陆华柏则认为，区分中西音乐风格的关键在于民族形式。在他看来，音乐艺术的形式有内在和外在之分，“属于内在形式的有：乐制（律的体系）、音阶、调式、节奏、曲式、风格、复音或复调处理（即和声、对位）以及乐曲的结构等等”。[②] 这是决定民族形式的主要东西，直接影响到作品的风格。

就中西音乐关系问题，李焕之强调，外国音乐文化的先进经验，在任何时候都值得我们学习、吸收。但是，我们一定要在切实钻研民族音乐遗产的基础上借鉴，否则将会造成严重的错误。他指出：“要在自己民族音乐的基础上，创造性地借鉴、吸收外国的先进经验，来发展我们的民族音乐，这的确不是‘一蹴而就’的，一定要走过许多弯曲的路子。”[③]我们只有严格要求自己，努力追寻民族

---

① 孟文涛：《“中西并存”一解》，载《20世纪中国音乐美学文献卷(1900—1949)》，第182页。
② 陆华柏：《音乐艺术“中西并存”的问题》，载《20世纪中国音乐美学文献卷(1900—1949)》，第187页。
③ 李焕之：《音乐民族化的理论与实践》，载《20世纪中国音乐美学文献卷(1900—1949)》，第201页。

音乐传统，才能逐步迈向成功。俞抒认为：“如要解决目前的音乐问题，单靠钻研民族音乐实在是有很多问题不可能得到解决的。”[①]故而他主张在加强学习民族音乐的同时，必须认真总结西欧的经验，掌握其精神原则，并将其灵活地运用于我国音乐的实际工作。吴巽结合当时音乐理论的发展现状，一针见血地披露：当前理论研究普遍存在的“厚古薄今”“重外轻中”的现象，不利于我国音乐文化事业的发展，必须从思想上提高认识，在实践中彻底克服。“很少有对当前音乐美学思想、创作倾向和现代作曲家以及其作品进行深入分析研究的文章。”[②]他认为，我们应当要批判地借鉴其中一切有价值的东西。可以这样说，离开民族性的文化，不是具体的真实存在的文化；不表达时代特征的文化，必定是僵死的文化。建立民族音乐文化的目标就不应以传统音乐文化的标准为模式，而必须以体现时代精神即现代化要求为参照系。所以，一切背离现代化精神的观念意识和价值体系，都应该自然成为重建民族音乐文化所要扬弃的对象。同理，一切传统的、古老的音乐都要在这一新的参照系下受到挑剔、筛选和审查，这就是我们确立以多元文化观作为方法论和历史观的新思路。

实际上，20 世纪中国音乐文化的发展，不论是实践层面，还是理论研究，所走的就是一条“中西音乐融合”的道路。应当说，“文革”结束前对于中西音乐关系问题的研究，贯通古今中外，而且还渗透在音乐创作、表演等实践领域，以及音乐形象、音乐的内容与形式等美学范畴，为当代中国音乐选择崭新的音乐文化参照系和价值目标，提供了有益的借鉴。

4. 关于音乐的作用

所谓音乐功能，指音乐音响结构在内部和外部的关系中表现出来的特性。纵观中西音乐发展的历史，音乐艺术功能始终处于一个动态、变化、发展的过程当中。以往对音乐艺术功能的研究，有的套用艺术理论关于艺术功能的论述方法，把音乐艺术功能同等地分成认识、教育和审美三大功能；有的则认为音乐具有教育、净化、精神享受的功能；还有的将音乐艺术功能分成审美功能和教化功能两方面。另外，关于音乐艺术功能的娱乐功能和社会功能等也都有人提出

---

① 俞抒：《对〈音乐民族化的理论与实践〉的几点意见》，载《20 世纪中国音乐美学文献卷（1900—1949）》，第 219—220 页。

② 吴巽：《“厚古薄今”和“重外轻中”都要不得》，载《20 世纪中国音乐美学文献卷（1900—1949）》，第 228 页。

过。这些倾向虽然都有可取之处，存在一定的合理性，但从理论上给予音乐艺术功能某种定论还不充分。对音乐艺术功能问题的研究，不能忽略音乐艺术功能在不同历史时期、不同社会背景下所具有的不同内涵。

1959 年《人民音乐》编辑部关于音乐表演曲目的讨论，发表了《让音乐表演艺术的百花灿烂开放》。该文认为，不同类型的音乐作品，其具体作用是不完全相同的。文章说："有一些音乐艺术作品，以其深刻的思想内容，强烈激发听众的正义感，使听众产生巨大的精神力量；有一些音乐艺术作品，集中地概括了生活中最美丽或者最富有生命力的事物，使听众从中感受到生活的美好幸福，因而更愉快地去劳动创造；有一种音乐艺术作品，镌刻人们生活历程中各种感情激动的画面，揭示生活中各种令人深思的问题，使人缅怀过去，向往未来，从而对于生活、工作更加充满信心；还有一种音乐艺术作品，仅仅以其轻松活泼或者诙谐有趣的情调，使人意趣盎然，精神紧张与松弛得到适当调节，从而保持充沛的精力。"①

关于音乐的功能价值，郑伯农指出："音乐的社会职能是多方面的，但是在阶级社会里，它最基本的职能就是作为阶级斗争的工具，音乐的社会作用、政治作用，实质上是一个东西。"他认为，《让音乐表演艺术的百花灿烂开放》中对音乐艺术功能的分类和具体作用不同，以及将音乐的思想教育作用和精神娱乐作用完全分离的做法是错误的。因为"任何作品都必须具有思想性和艺术的美…… 应当是形式和内容的统一，给人以社会主义思想的教育和美的享受"。他在论述古代音乐作品的作用时，虽然强调古代音乐作品具有"永久的魅力"，但说不能直接"为社会主义服务"②。足见，郑伯农关于音乐艺术社会功能的论述有合理的一面，但也存在自相矛盾的地方。

涂途、易原符等人针对郑伯农的观点发表了自己的见解。涂途指出，郑伯农对《让音乐表演艺术的百花灿烂开放》中关于音乐社会功能的批评有失偏颇，郑伯农将"音乐的社会作用、政治作用、阶级斗争的工具等等都混淆在一起，合二为一了，从而，就否定掉了他本人承认了的音乐的多方面的社会职能"③。在

---

① 人民音乐编辑部：《让音乐表演艺术的百花灿烂开放》，《人民音乐》1959 年第 7 期。

② 郑伯农：《让音乐表演艺术的百花在为社会主义服务的方向下灿烂开放——和〈人民音乐〉编辑部商榷》，《人民音乐》1961 年第 4 期。

③ 涂途：《从音乐的社会作用谈起》，载《20 世纪中国音乐美学文献卷(1900—1949)》，第 503 页。

涂途看来，音乐作品在发挥思想政治教育、道德教育作用，为社会主义建设事业服务的作用的同时，也具有丰富人们认识自然和社会生活的功用和独特的审美作用。易原符认为，郑伯农关于古代音乐作品社会价值的论述站不住脚，主张研究音乐的社会功能要从人民群众的需要和音乐作品自身的特点出发。他说：“人民精神生活的需要是实际的一方面，音乐作品本身的特点，它所能发挥的作用，也是实际的一方面。”虽然《让音乐表演艺术的百花灿烂开放》中对音乐艺术社会功能的分类阐释不一定准确，但该文还是体现着从实际出发的原则。郑伯农虽然承认音乐社会功能的多方面性，但又认为基本功能与多面功能是“根本不同”的。这样的论点具有片面性，故而易原符主张：“衡量文艺理论批评是否正确，就看它是否对发展创作、继承遗产、活跃演出起到促进作用。”[①]要做到这一点，还是得从现实的需要出发。赵宋光从艺术的社会作用出发，围绕“认识”这一概念的阐释，指出音乐的认识作用，“就在于发展人们对于对象世界之实践精神的、情感态度的、审美的把握能力”。他在对艺术认识作用作了全面考察分析后指出：“艺术之作用于情感、通过情感对实际行动的制约而间接作用于行动，这是艺术的伦理教育作用”，[②]音乐也不例外。

新中国成立后相关音乐社会功能的研究，不仅涉及音乐的审美功能、政治功能，而且也有论及音乐教育功能、道德伦理价值等问题，揭示了音乐社会功能的原理与表征，代表了这一时期音乐功能理论研究的高度和水平。

5. 关于音乐批评

音乐批评是音乐艺术家运用一定的评价标准，以批评的态度，对音乐创作、表演、欣赏以及理论研究等事项，作出审美判断和价值评定。这是促进音乐创作、推动音乐发展的有力手段，也是音乐美学研究的主要论题。

新中国建立以来，吕骥是较早意识到新中国音乐事业面临诸多问题的音乐批评家，他根据新中国成立以后的政治、经济和文化的具体情况，对中国音乐文化的建设，作出了具有音乐界官方性质的批评。他指出：“我们在音乐理论、技术，特别是西洋古典音乐和各种技术，都缺乏系统的学习。”[③]这是当时音乐界存

① 易原符：《从实际来看待音乐艺术的社会作用》，载《20 世纪中国音乐美学文献卷(1900—1949)》，第 531 页。

② 赵宋光：《论音乐的形象性》，载《20 世纪中国音乐美学文献卷(1900—1949)》，第 639 页。

③ 吕骥：《新情况，新问题》，《人民音乐》1950 第 2 期。

在的主要问题，他从深入生活、大力普及、增强学习以及提高认识四个方面提出了对应性的解决对策。李焕之则以南京文联1950年在《文艺》杂志上所展开的介绍西洋音乐问题的讨论为契机，指出："介绍西洋音乐问题是目前中国音乐活动上的一件大事，它涉及音乐的政策问题。"[①]他认为，广播电台的音乐节目要适当介绍西洋音乐知识，并且要选择那些有进步意义的加以介绍。1953年，李焕之针对全国第二次文代会把"社会主义现实主义"的创作原则与艺术手法确定为文学、艺术创作的方法和批评的准则，发表了《我对音乐中社会主义现实主义的理解》，该文较为全面地阐释了艺术领域领导阶层对音乐艺术进行批评的观念。他说："社会主义现实主义并不是超越时代、高不可攀的创作和批评的方法，而是引导我们沿着正确的艺术创造的道路前进的方法。社会主义现实主义是我们创作实践最可靠的途径，是鞭策我们前进的力量，同时是我们最高的奋斗目标。"[②]

1954年，贺绿汀发表了《论音乐的创作与批评》，肯定了新中国成立以来音乐创作取得的成绩，同时也指出了存在的问题。他认为，学习马列主义与体验生活、学习技术与单纯技术的观点、民族形式与西洋风格、抒情歌曲与小资产阶级感情、形式主义以及新歌剧等问题，都是严重制约当时音乐创作与批评的核心难题。音乐创作存在公式化、概念化倾向，与脱离现实生活、技术水平低下、音乐批评落后等不无关联。在谈到批评家与被批评对象时，他指出："业务修养是一个批评家很重要的条件。"而对于被批评对象，则应当有"勇气接受任何严厉的批评"。[③] 贺绿汀以一位音乐家的艺术情怀和音乐领导者的文化胸襟，对当时音乐创作与批评中存在的许多问题提出了高屋建瓴的批评，切中当时音乐生活的时弊。但在"左派幼稚病"还有很大市场的50年代，他的这种出于公心但果敢、辛辣的批评，是必定招致被批评者的强大反弹的。一场声势浩大的批贺运动展开了。《人民音乐》曾经先后发表了20余篇文章与贺文进行讨论。马紫晨首先谈到音乐批评的重要作用，认为："批评，是推动创作与演出工作不断前进的重要力量之一，是我们为文学艺术的高涨和繁荣而进行斗争的不可或缺的

① 李焕之：《从广播音乐谈到介绍西洋音乐问题》，载中国音乐家协会：《音乐建设文集（上册）》，音乐出版社1959年版，第7页。
② 李焕之：《我对社会主义现实主义的理解》，载《20世纪中国音乐美学文献卷（1900—1949）》，第62页。
③ 贺绿汀：《论音乐的创作与批评》，载《20世纪中国音乐美学文献卷（1900—1949）》，第87页。

武器，也是我们把创作与演出内容向群众推荐与解释的有效媒介。”接着指出，贺绿汀的言论“未免有些冤枉了我们的批评家，而且也不符合几年来的全部事实”①，只强调技术学习，而忽略了思想政治的修养。老志诚则认为，贺绿汀文章中的主要精神是从实际出发提出来的，“特别是加强技术学习和端正批评态度两个问题，的确是目前必须重视的问题”②，对于今后音乐文化事业的发展将有积极作用。与老志诚的观点基本一致，张洪岛明确表示，贺绿汀文中论述的“政治、生活与创作的关系、技术对于音乐艺术的重要性等问题”③，对音乐创作情况的估计等，都对今后音乐艺术的发展会有很大帮助。

对于音乐批评，马思聪认为，“要有自己的个性和独特的风格”，并指出当前一些评论“对于聂耳、冼星海作品的评价是不够实事求是的”。④ 随后，汪立三、刘施任、蒋祖馨的《论对星海同志一些交响乐作品的评价问题》开篇指出：“人们对星海同志的作品的评价往往是不够实事求是，而是流行着一种全盘肯定、过分赞扬的做法，这种做法特别明显地表现在对星海同志的交响乐作品的评价中。”他们认为，冼星海“忽略了音乐艺术本身的规律及在表现上的特点，而热衷于史实细节的自然主义的表现，企图用音符去‘直译’新闻报道”⑤。

另外，山谷的《对批评家提出的要求》、沙叶新的《审美的鼻子如何伸向德彪西》、群山的《从德彪西讨论想起的》、郑焰如的《德彪西是怎样一位音乐家》、余大庚的《德彪西评价初探》、居思理的《审美必须提高阶级嗅觉》、廖辅叔的《德彪西真相试探》、廖乃雄的《德彪西思想、艺术散论》、郑蓉的《“革新家”的悲剧》、贺绿汀的《姚文痞与德彪西》、王云阶的《从〈克罗士先生〉看德彪西的美学观点》、于润洋的《审美的鼻子究竟如何伸向德彪西》、丁善德的《漫谈德彪西的创作技巧及如何借鉴问题》、铭人的《从德彪西想到星海》，以及赵沨的《标民族之新 立民族之异》等，围绕德彪西的创作倾向、创作技巧、作品特点、音乐贡献，以及对我国的借鉴和影响等方面展开讨论。

---

① 马紫晨：《对贺绿汀〈论音乐的创作与批评〉一文的商榷》，载《20 世纪中国音乐美学文献卷(1900—1949)》，第 108 页。

② 老志诚：《我对贺绿汀〈论音乐的创作与批评〉基本精神的理解》，载《20 世纪中国音乐美学文献卷(1900—1949)》，第 161 页。

③ 张洪岛：《我的看法》，载《20 世纪中国音乐美学文献卷(1900—1949)》，第 165 页。

④ 马思聪：《作曲家要有自己的个性和独特的风格》，《人民音乐》1956 年第 8 期。

⑤ 汪立三、刘施任、蒋祖馨：《论对星海同志一些交响乐作品的评价问题》，《人民音乐》1957 年第4 期。

可以说，这一时段中国音乐批评的论域，不只停留在理论层面的论述，而且与具体的音乐创作实践紧密地联系在一起。尽管有些人的观点存在政治化倾向，却为我国音乐批评的理论建构，为音乐创作、表演合乎要求的音乐作品，提供了重要的参考。

6. 关于中国古典音乐美学研究

中国“古代音乐美学著述卷帙浩繁、蔚然可观。从先秦至清代(1900 年后不计)，具有音乐美学意义的文献达 200 余种”①，为中国音乐美学的学科建构提供了丰富的滋养。在新中国成立后到“文革”结束这一段时间里，主要研究集中在诠释中国音乐美学理论著述、人物音乐美学思想方面。

在注经古代音乐美学经典文献方面，吉联抗梳理了《乐记》的主要内容，指出：“《乐记》主要谈到音乐的根源、音乐的作用、音乐对不同阶级发生的不同影响、音乐的美学观点、音乐的形式等几个音乐社会学、音乐美学上面的重要问题，它是我国二千年前的音乐理论，也是我国古代最早的音乐理论。”②他的研究开了这一时期挖掘整理古代音乐美学资源的先河。随后，余嘉锡取比较的研究视角，将《礼记·乐记》与《史记·乐书》进行比对，发表了《〈礼记·乐记〉与〈史记·乐书〉》③。与余嘉锡采用比较的视野相同，杨荫浏将《乐记》与《乐论》展开比较，文中指出此二者的相同点在于“他们同样承认音乐为物质世界在人们意识中的反映；他们同样承认音乐有着极大的社会功能；他们同样承认音乐的内容应当首先得到重视。他们对音乐本质的认识基本上是唯物主义的，他们对音乐社会功能的看法，也是从总结经验中得来的。但他们又同样强调音乐上的等级区别，同样强调统治者创作音乐的重要性”④。文中认为它们的不同主要表现在时代背景、思想体系方面。公孙尼子的学说是与奴隶主贵族阶级的利益联系在一起的，在音乐方面，带有宗教迷信色彩。而荀子的学说否定宗教迷信，主张自然的客观规律。就影响而言，不论在当时还是在后世，二者的差别是不大的。

---

① 杨和平：《20 世纪音乐美学在中国的传播与研究》，《中国音乐学》2006 第 2 期。

② 吉联抗：《〈乐记〉——我国古代最早的音乐理论》，《人民音乐》1958 年第 5 期。

③ 余嘉锡：《〈礼记·乐记〉与〈史记·乐书〉》，载《20 世纪中国音乐美学文献卷(1900—1949)》，第 665—675 页。

④ 杨荫浏：《公孙尼子的〈乐记〉与〈荀子·乐论〉》，载《20 世纪中国音乐美学文献卷(1900—1949)》，第 802—803 页。

丘琼荪的《〈乐记〉考》着重考察了《乐记》的作者问题[①]；廖辅叔《公孙尼的〈乐记〉》则将《乐记》的基本精神归为四点：其一，认为音乐是外物影响人心而产生；其二，看到了音乐与政治的关系；其三，认为音乐的最高标准是“德音”，提出“乐者，通伦理者也”的观点；其四是为统治阶级服务。[②]

宗白华认为，《乐记》中包含着“中国古代极为重要的宇宙观念、政教思想和艺术见解”。我们从《乐记》中的“清明象天，广大象地，始终象四时，周旋象风雨，五色成文而不乱，八风从律而不奸，百度得而有常”，“见到音乐思想与数学思想的密切结合”；从“金石丝竹，乐之器也。诗，言其志也。歌，咏其声也。舞，动其容也，三者皆本于心，然后乐器从之”中“见到舞蹈、戏剧、诗歌和音乐的原始的结合”。这充分表明，“古代哲学家认识到乐的境界是极为丰富而又高尚的，它是文化的集中和提高的表现”[③]。1976年，中国人民解放军五一〇三一部队特务连理论组、中央五七艺术大学音乐学院理论组的《〈乐记〉批注》在对《乐记》进行批注的基础上，就其成书目的、文艺思想、哲学思想等方面作了详尽的分析，指出：“《乐记》成书于汉武帝时代，作者是刘德及其手下的一批儒生。”而在哲学思想方面，认为“《乐记》是属于唯心主义阵营的，它体现了地地道道的唯心主义先验论的哲学路线”[④]。1977年，董建发表了《〈乐记〉是我国最早的美学专著》，文中就《乐记》的学术价值和历史地位提出了自己的看法。该文指出：“对《乐记》进行正确的研究和评价，不仅有助于我们从古代的美学理论中取得某些启发和借鉴，而且对于填补中国美学史的空白，提高民族自信心，也是有好处的。”作者认为，《乐记》是我国奴隶制时代艺术发展的理论总结，在美学理论上有着重要的贡献。首先，《乐记》中提出的“乐”“其本在人心之感于物也”的观点，是对艺术与现实之关系的朴素唯物主义阐释，这在我国古代美学史上是有里程碑意义的，绝不亚于亚里士多德的“模仿说”；其次，《乐记》第一次明确论述了音乐与政治的关系，主张音乐具有“同民心而出治道”的功效，进而阐明音乐的内容与形式、音乐的思想性与艺术性之间的辩证关系；再次，《乐记》第一次系

① 丘琼荪：《〈乐记〉考》，载《20世纪中国音乐美学文献卷(1900—1949)》，第798—801页。

② 廖辅叔：《公孙尼的〈乐记〉》，载《20世纪中国音乐美学文献卷(1900—1949)》，第804—805页。

③ 宗白华：《〈乐记〉中的音乐思想(二则)》，载《20世纪中国音乐美学文献卷(1900—1949)》，第577—580页。

④ 中国人民解放军五一〇三一部队特务连理论组、中央五七艺术大学音乐学院理论组：《〈乐记〉批注》，载《20世纪中国音乐美学文献卷(1900—1949)》，第806—872页。

统论证了艺术教育的特点，将“礼”和“乐”进行多次的比较分析，提出了“乐也者，动于内者也”“乐也者，情之不可变者也”等观点，说的就是音乐通过用内心的“情感”来打动人，达到教育的目的。董建表示，我们在肯定《乐记》学术价值的同时，也要看到它的不足。它代表统治阶级、地主阶级的利益，也充斥着唯心论和形而上学的毒素。比如主张将音乐“用于宗庙社稷，事乎山川鬼神”，就在鼓吹封建迷信思想。在这篇文章中，董建还考察了《乐记》成书的时代、作者及全貌，在对诸家观点的考证后，明确指出今传《乐记》的原作者应是战国初期的公孙尼子。①

此外，在注经古代音乐美学文献方面，还有吴钊的《徐上瀛与〈谿山琴况〉》，介绍徐上瀛的生活背景，指出《谿山琴况》的思想渊源，认为：“徐上瀛的音乐观基本上是道家的学说，但也接受了儒家的观点，特别是注意音乐社会教育作用的部分。”②该文着重论述了“和”“气”“恬”“远”“迟”等审美范畴，还指出了《谿山琴况》存在的不足，如追求“古道”、反对创新；强调古琴音乐的教育功能，否定其娱乐作用等，带有片面色彩。此外，在音乐美学遗产的整理方面，还有中央音乐学院音乐研究所编辑出版的《中国古代乐论选辑》③。该书自先秦至清代编排，汇集了历代主要论乐的文字，为后来人们研究音乐史、音乐美学提供了资料的保障，对承续中国古典音乐美学遗产具有积极意义。

与音乐美学经典一样，古代也有许多往圣先贤阐述过自己的音乐思想。在这一期间出现有围绕孔子、墨子等人音乐美学思想展开研究的成果。关于孔子音乐美学思想的探讨，李纯一发表《孔子的音乐思想》，指出孔子生活在优越的社会文化背景中，利用自己渊博的知识，系统地整理、阐发古代留下的礼、乐、诗、书等文化遗产，并将其传授给弟子，为中国古代文化的发展作出了重要贡献。在音乐方面，孔子不仅熟练掌握了唱歌、弹琴、击磬、鼓瑟等技巧，还具有很高的音乐鉴赏能力，如提出了《韶》“尽美矣，又尽善也”，《武》“尽美矣，未尽善也”的观点。孔子的音乐思想，可靠的记载较为少见。从“兴于诗、立于礼、成于乐”的论述来看，孔子是十分重视音乐的社会作用的。《乐记》中记载的“乐者为

---

① 董建：《〈乐记〉是我国最早的美学专著》，载《20世纪中国音乐美学文献卷（1900—1949）》，第880—899页。

② 吴钊：《徐上瀛与〈谿山琴况〉》，载《20世纪中国音乐美学文献卷（1900—1949）》，第609—616页。

③ 中央音乐学院音乐研究所：《中国古代乐论选辑》，中央音乐学院出版社1962年版。

同，礼者为异。同则相亲，异则相近。乐胜则流，礼胜则离。合情饰貌者，礼学之事也”，说明孔子也注重礼乐配合，反对不合于礼之乐。由此可见，孔子心目中的礼乐是有严格的等级划分的，所谓“八佾舞于庭，是可忍也孰不可忍也”，说的就是这个意思。由于孔子生活在中国古代社会发生大变革时期，为了保存旧有的宗法等级制度，建立理想的社会秩序，他提出了“乐则《韶》、《舞》，放郑声”的正乐主张。可见孔子的音乐思想带有浓厚的伦理道德色彩和鲜明的社会政治标准。上述构成了孔子礼乐学说的核心，孔子成为中国古代礼乐学说的先驱。什么是“礼”？什么是“乐”？“礼乐”何以产生？其功能如何？周谷城在《礼乐新解》中从字源学的角度作出了阐释。他认为，礼、乐的性质完全不同，却“在《礼记·乐记》中，两者始终是相连并举的”，文中给予了解释。他说：《乐记》记载的“乐由中出，礼自外作”，用现代的话讲，就是乐产生于主观，礼出于客观。此二者是矛盾对立的统一体，在生活过程上是相继发生的，这便是文献中礼、乐并用的依据。至于礼乐的功能，将其归为三层。第一层在发现规律，树立信仰，“乐统同，礼辨异”讲的就是这个道理；第二层是依据规律，改造现实，实现信仰，“礼以道行，乐以道和”便是例证；第三层是使心理习惯倾向于发现规律，遵守规律，达到“自然中和”的目的。但周谷城强调，礼乐的功用是有限度的，所谓“礼胜则离，乐胜则流”的意义就在这里。[①]

关于墨子音乐美学思想的诠释，李纯一认为：“墨子的音乐观点和古代许多思想家们一样，也是被包含在他的社会政治学之中，并且作为它的一个组成部分。”[②]这为我们研究墨子的音乐美学思想提供了思路。在墨子看来，在“饥者不得食，寒者不得衣，劳者不得息”的社会背景中，制造乐器、演奏音乐、欣赏音乐、享受音乐，只会加重人民群众的负担，妨碍社会生产，故而他提出了“非乐”主张。墨子看到了当时统治者过分享受音乐给人民群众带来的许多危害，“非乐”是反对音乐享受，以减轻人民群众的负担。在这个意义上说，墨子非乐无疑是有进步意义的。但他又片面地夸大音乐功能，并使之绝对化，存在狭隘的功利主义倾向。李纯一认为，这与墨子本人的伦理观、世界观、认识论以及思想方法密切相关，使他走向了与“礼乐”对抗的局面，遭到了统治阶级的排斥。吉联抗

① 周谷城：《礼乐新解》，《文汇报》1962 年 4 月 9 日。
② 李纯一：《论墨子的“非乐”》，载《20 世纪中国音乐美学文献卷(1900—1949)》，第 300 页。

在《怎样看待墨家的“非乐”》中也从类似的角度分析了墨子“非乐”的原因，指出：“对于墨家的非乐理论，我们可以吸取到有益的营养，也可以吸取经验教训，把它作为镜子来照一照我们今天对音乐问题的看法。”[①]墨子的“非乐”有其历史的局限性和必然性，春秋时期的音乐思想也是如此。李纯一在《略论春秋时代的音乐思想》[②]中就指出周代人认为音乐具有魔术性质，带有浓厚的迷信色彩。这种认识的产生有着悠久的历史传统，我们的原始先民很早就用带有魔术意味的音乐去“袚除不祥”“消灾纳福”。《周礼·春官》所载“司巫掌群巫之政令。若国大旱，则帅巫而舞雩”，就是西周人用歌舞求雨的记载。由于西周人的认识水平低下，认为音乐不仅能感动上天鬼神，还能促进农作物生长、预测军事上的吉凶等，这都是将音乐神化的体现。

除去上文提到的孔子、墨子，还有子产、医和、晏婴、伶州鸠等都发表了音乐美学思想言论。子产站在无神论的立场上，认为音乐美的标准是那种效法于自然规律并作为一切社会规范和道德规范的“礼”。医和站在自然唯物主义的立场解释音乐。医和的音乐思想与子产有相通之处，都主张音乐美的标准是自然“和”，带有浓厚的自然主义倾向和朴素唯物主义色彩。与子产、医和不同，晏婴则从政治实践的角度来衡量音乐美的标准。李纯一评价说：“晏婴之所以把音乐和政治实践甚至生产实践联系起来，是由于当时生产的发展和人民的不断反抗使然的，所以他主张改善政治生活和社会生活，而把政治实践放在首要的地位。”[③]一方面，晏婴承认音乐可以“平君子之心”，但在另一方面又将其局限在统治阶级内部，认为音乐是君子的主观创造，与史伯的观点一脉相承，带有唯心的倾向。但从当时的历史情况看，晏婴的音乐思想总体来说是有一定进步意义的。伶州鸠在当时人民不断反抗统治阶级的背景中，提出“平和之声”用以缓和阶级矛盾，维护统治阶级利益。他的音乐思想与晏婴有异曲同工之妙，都把音乐美的标准与政治实践、生产实践和道德实践密切联系起来，带有唯心色彩。

新中国成立后近30年来，为了使古代音乐美学思想得到系统的梳理和更好的传播，涌现出吉联抗、李纯一、杨荫浏、安波等音乐学者，在整理、挖掘中国

① 吉联抗：《怎样看待墨家的“非乐”》，载《20世纪中国音乐美学文献卷（1900—1949）》，第370页。
② 李纯一：《略论春秋时代的音乐思想》，载《20世纪中国音乐美学文献卷（1900—1949）》，第247—262页。
③ 同②，第256页。

音乐美学遗产方面作出了开创性的贡献。他们围绕论著、人物音乐美学思想展开了多方面的理论观照，不仅具有文化史、思想史和音乐美学史的意义，而且对于构建具有中国特色的音乐美学体系也具有奠基性的意义。但这对于思想源远流长、著述浩如烟海、内容丰富多样的中国古代音乐美学资源而言，还显得势单力薄，处在零散状态。

7. 关于外国音乐美学文献的译介

由于新中国刚刚成立，在社会主义文化的建构方面缺乏经验和参照，也没有专门的音乐美学研究机构和人才。1949 年以后，“我们看得更清楚了，我国的音乐文化的发展绝不是孤立的，虽然有着我们自己的民族特点，但绝不应该拒绝吸收苏联及其他社会主义国家发展社会主义音乐文化的先进经验”[①]。新中国成立后近 30 年的中国音乐美学研究，将目光投向已经成功创建社会主义国家政权和文化体系的苏联、东欧等，积极译介和引进他们的音乐美学理论成果。据不完全统计，这一时期“发表在各音乐刊物与非音乐刊物上包括许多著作中有关音乐美学的章节，约 120 余篇。传播与介绍西方音乐美学理论的译文 53 篇，占 45%”[②]。众多译文译著内容包含学科原理、音乐形象、音乐批评、音乐心理以及音乐表演等音乐美学范畴。

关于音乐美学学科原理，苏联的丽莎说：“从严格的科学、理论以及认识论的意义上来看，阐明音乐美学的基本概念不仅对今日的音乐文化很重要，而且阐明这些基本概念能有效地引导人们在实践中得出结论，就是说，能引导音乐家改造他们的思想意识，并且也改造了他们的创作。要按自己的方法去改变现实的马克思主义美学的意义也正在于此。”[③]诸多涉猎学科原理的译著译文中，尤以克列姆辽夫的《音乐美学问题》[④]、丽莎的《音乐美学问题》最具影响。克列姆辽夫的《音乐美学问题》运用马克思辩证唯物主义与历史唯物主义相统一的方法论原则，首先，分析了各种音乐美学流派对音乐本质阐释的主要观点，指出思想性是艺术最基本的东西，音乐是以音乐形象来体现人类社会思想的一种艺术。音乐对于人类社会的发展具有巨大的功用，在历史上的各种进步运动中产

① 中国音乐家协会：《音乐建设文集（上册）》，人民音乐出版社 1959 年版，“序言”。
② 杨和平：《 20 世纪音乐美学在中国的传播与研究》，《中国音乐学》2006 年第 2 期。
③ 丽莎：《音乐美学问题》，廖尚果等译，人民音乐出版社 1962 年版，“序言”。
④ 克列姆辽夫：《音乐美学问题》，吴启元、虞承中译，音乐出版社 1959 年版。

生着强大的思想威力。其次，阐述了标题音乐、非标题音乐与声乐之间的共性与个性，指出标题性在音乐艺术中的重要作用。他说："标题是内容的一部分，是它的简洁陈述。准确的标题不但表示作者的意念富有原则性和目的性，并且使读者和观众也能明了这个意念。"第三，论述了现实音调与音乐、与逻辑、与形式的关系。认为现实音调在音乐中是丰富和深化了的反映，是典型化、概括化、形象化的表现。最后，分析了音乐本质的优劣，指出音乐不具备雕塑、文学等明确的对象性、语义性，却是最能影响人类情感的一种艺术。杨琦指出，克列姆辽夫的《音乐美学问题》分析了"党性原则在音乐艺术上的反映、音乐艺术的社会主义、音乐艺术的本质、音乐的标题性、音乐与语言的关系、音乐与真善美的关系、音乐的人民性、音乐的民族特征…… 有助于我们解决目前音乐艺术的某些难以明确的问题"[①]。这样的评价无疑是切中肯綮的。

丽莎的《音乐美学问题》，运用辩证唯物主义和历史唯物主义的观点，论述了音乐与语言的关系、音乐与社会现实的关系、音乐风格、音乐的民族性、音乐的阶级性、音乐批评等问题。该著开篇即对斯大林关于上层建筑的观点展开剖析，认为艺术作品不等同于艺术观点，而是艺术观点的基础。丽莎指出："在一定的基础的压力下产生的巩固基础并为之服务的任何一种当代的音乐创作，在每一个具体的历史时代里，构成了这个基础的上层建筑，并属于上层建筑；相反，作为过去某基础的产物而保持其作用的任何音乐现象，在我们看来，目前都不发挥上层建筑的特殊功能，这些音乐现象都被我们列入社会意识的范畴内，列为社会意识范畴内的意识现象。"[②]所以，音乐可以属于上层建筑，也可以脱离上层建筑。在丽莎看来，"一部音乐作品，无论是在其产生的那个时代，还是在后来的时代(例如在我们的时代)都能唤起人们的感情，打动听众并丰富他们的内心世界，这时它才称得上是持续存在着的。音乐作品能不能完成这样的功能，这是它的价值和持续存在性的标准"[③]。由此，音乐可持续存在的基础一是音乐中的情感性，二是音乐理解的灵活性，并且音乐的持续存在是一个不断丰富、完善的过程。但是，音乐可持续存在也伴随着一定的可变性，这是音乐非语义性特征所决定的。由于音乐具有非语义性，对音乐的理解也就产生了多样性

① 杨琦：《介绍〈音乐美学问题〉》，载《20 世纪中国音乐美学文献卷(1900—1949)》，第 80—85 页。
② 丽莎：《音乐美学问题》，人民音乐出版社 1962 年版，第 48 页。
③ 卓菲娅・丽莎：《音乐美学译著新编》，于润洋译，中央音乐学院出版社 2003 年版，第 125 页。

和可变性。关于音乐的阶级性问题，丽莎认为音乐作品的创作者——作曲家具有阶级意识，这是音乐阶级性的根源；除此，音乐的阶级性还表现在其功能上。丽莎运用西方音乐史上的多个宗教音乐证明了音乐的阶级性功能，并指出音乐的阶级性功能是有时间限制的，即在一定历史时期内，对上层建筑明确起积极作用的音乐作品，随着时间的推移会逐渐丧失这样的功能。丽莎还谈到音乐作品中的阶级性与民族性问题，指出音乐中既有阶级性因素也有非阶级性因素，二者共同起作用。丽莎的观点充满着辩证的思维，对当时我国的音乐美学研究产生了积极的影响。

涉及音乐美学学科原理的译作还有中华全国音乐工作者协会编的《苏联音乐论文集》、肖斯塔科维奇等的《苏联音乐论著选译》、万斯洛夫的《论音乐在现实生活中的反映》、格·阿普列相的《音乐是一种艺术》、西尼·芬克斯坦的《音乐怎样表达思想》、聂斯齐耶夫的《论音乐的民族特点》、爱德华·汉斯立克的《论音乐的美——音乐美学的修改新议》等。《音乐译文》中也编辑翻译了一些音乐美学论文，如符·别雷的《音乐语言的若干问题》[①]、C. 斯克列勃科夫的《我们对音乐美学的要求》[②]、斯·冠勒的《关于音乐的特殊性问题》[③]、克·安盖洛夫的《关于现代音乐美学和音乐实践的某些问题》[④]、车尔尼雪夫斯基的《音乐》[⑤]，以及《马克思列宁主义美学原理(第七节——音乐)》[⑥]、柏克的《声音的美》[⑦]等，这些论著都从不同的视角涉及音乐本质、音乐的功能作用、音乐的人民性、音乐的阶级性以及音乐的特殊性等重要音乐美学问题。

此外，从 1955 年起，《音乐译文》陆续发表了苏联学者相关音乐形象的论文，后集结成论文集《论音乐形象》于 1959 年出版。关于音乐形象，勃·雅鲁斯托夫斯基的《论音乐形象》认为，音乐形象是有思想的音乐艺术家从现实生活现象中挑选、分析出具有典型性的东西，通过意志加以组合后的产物。音乐形象

---

① 符·别雷：《音乐语言的若干问题》，高士彦译，《音乐译文》1955 年第 5 辑。
② C. 斯克列勃科夫：《我们对音乐美学的要求》，汪启璋、徐月初译，《音乐译文》1957 年第 2 辑。
③ 斯·冠勒：《关于音乐的特殊性问题》，廖尚果、廖乃雄译，《音乐译文》1959 年第 4 辑。
④ 克·安盖洛夫：《关于现代音乐美学和音乐实践的某些问题》，叶明珍、杨燕迪译：《音乐译文》1959 年第 4 辑。
⑤ 车尔尼雪夫斯基：《音乐》，周扬译，车尔尼雪夫斯基：《艺术与现实的审美关系》，人民文学出版社 1957 年版。
⑥ 陆梅林等译：《马克思列宁主义美学原理(第七节——音乐)》，载《20 世纪中国音乐美学文献卷(1900—1949)》，第 569—576 页。
⑦ 柏克：《声音的美》，孟纪青、汝信译，载《20 世纪中国音乐美学文献卷(1900—1949)》，第 676—682 页。

的产生不仅取决于客观存在的生活现象，也有赖于艺术家的创作思想与情感诉求，故而表现出现实生活的典型性及其社会本质。在雅鲁斯托夫斯基看来，音乐形象的塑造是主客观因素的统一。客观因素主要是现实的社会生活对象，而音乐艺术家描写对象的态度是主观因素。他指出："音乐形象具有对现实中的反面事物加以暴露和尖锐批判的可能。""它随着时间而开展，随着运动随着发展而呈现"，还具有"通过复杂的发展过程来表现种种最微妙的情绪色调和近乎隐秘的感情活动，因而在人们心灵中引起生动的反应"等特征。[①] 而伊·雷日金的《音乐形象的具体性与概括性》则认为，音乐形象具有具体性和概括性。所谓具体性，指现实中独一无二、感官感受到的现象；而概括性则是将感官感受到的多个现象统一起来，塑造多面、完整形象的过程。涅斯契耶夫指出，"音乐形象的特点主要地在于它的综合性质——把音乐的表现手段和诗词、舞台动作、哲学思维有机地结合起来的性质"[②]，并认为音乐形象在音乐表现中有着重要作用，而在音乐形象的创造中，节奏、音调和旋律起主导作用，它们的繁复、变化都会赋予音乐形象以新的意义。对此，克列姆辽夫认为，音乐形象的音调的多面性是音乐形象具有丰富表现力的关键。他说："音乐形象的音调物象多方面性（特别是同一时间内的）是音乐美学的重要范畴。正因为有多方面性，在音乐创作里现实主义地多方面地反映现实生活的可能性才扩大了。"[③]克列姆辽夫的观点受到万斯洛夫和波多尔尼等人的反对。万斯洛夫、波多尔尼指出："克列姆辽夫夸大了在音乐中的描写性的作用，片面强调把'音乐化'的人类语言的音调再现的任务……实际上远不是任何曲调都包含有语言的音调。"[④] 他们认为，音乐形象具有多方面性，这是音乐构成材料的非语义性、创造性所决定的。随后克列姆辽夫撰文《关于音乐的描写性》对此展开反驳，认为万斯洛夫等人站在唯心论的立场上企图把音乐感性的具体形象说成是超感性的存在，得出"音乐的物质本体消失了"的结论一定是唯心的。

阿波斯托洛夫针对歌剧《十二月党人》的批评文章，撰写了《论在音乐中体现反面形象的问题》，认为"歌剧中体现反面形象的问题"是众多批评文章中"涉

---

① 雅鲁斯托夫斯基：《论音乐形象》，载音乐译文编辑部编：《论音乐形象》，音乐出版社 1959 年版，第 12 页。
② 涅斯契耶夫：《论音乐形象的表现力》，载音乐译文编辑部编：《论音乐形象》，第 87 页。
③④ 克列姆辽夫：《论音乐形象的音调多方面性》，载音乐译文编辑部编：《论音乐形象》，第 130 页。

及音乐美学中的本质问题之一”。他说，有些批评家认为这部歌剧中“沙皇尼古拉一世的形象的塑造是不成功的”，这是“不善于历史地从现代美学观点出发来对待艺术中的各种现象”的表现，因为“近百年来反面形象在音乐中的体现有很多次都是以更加有力的各种表现手段来实现的”[①]。格罗舍娃、萨皮妮娜撰文《论在音乐中体现反面形象的问题》回应称，阿波斯托洛夫的批评受无冲突理论的影响，“在分析具体作品的时候，往往不是从该种艺术现象的本质，从它的体裁特点和音乐风格出发，而是从他预先构想的一种含有杜测性的美学公式出发的”[②]，也没有看到各种表现手法复杂的综合，势必陷入了公式化、教条主义的泥潭，不仅不利于音乐创作的讨论，也绝对不能促进苏联音乐的发展。对此，阿波斯托洛夫撰文《再论邪恶形象兼谈争论的一些方法》，表示不同意格罗舍娃、萨皮妮娜的观点。文中他列举了三条反驳的理由：其一是苏联歌剧里有很多反面形象正是以声乐手段或曲调悦耳的器乐手段来描绘的，并且往往表现得比正面形象更有力、更清晰；其二，歌剧中，不论正面形象还是反面形象，其音乐特征描写的器乐手段只要处理得巧妙，同样能像声乐体裁一样起到莫大的作用；其三，从历史中探寻亦能找到不少甚至于用器乐或声乐“器乐”描写正面形象的手法。[③] 斯克列勃科夫在《苏联交响音乐中的音乐形象问题》中认为，音乐形象问题的论述颇多，但较少涉及音乐形象的本质问题，指出“研究有关音乐形象本质的问题时必须有历史主义的观点；同时还想援引某些支持这个论点的资料”[④]。事实上，斯克列勃科夫的历史主义的观点对所有问题的研究都有借鉴价值。除此，还有霍斯迪尼斯基的《论标题音乐》[⑤]、柏辽兹的《论音乐中的模仿》[⑥]等，都是论述音乐形象的代表译文。

音乐批评也是新中国成立后近 30 年音乐美学译文译著中的一个重要论题。赫联尼柯夫在《音乐批评的今日和它的任务》[⑦]中认为，音乐批评对于音乐

① 阿波斯托洛夫：《论在音乐中体现反面形象的问题》，载音乐译文编辑部编：《论音乐形象》，第 141 页。
② 格罗舍娃、萨皮妮娜：《论在音乐中体现反面形象的问题》，载音乐译文编辑部编：《论音乐形象》，第 163 页。
③ 阿波斯托洛夫：《再论邪恶形象兼谈争论的一些方法》，《音乐译文》1956 年第 6 辑。
④ 斯克列勃科夫：《苏联交响音乐中的音乐形象问题》，载音乐译文编辑部编：《论音乐形象》，第 192 页。
⑤ 霍斯迪尼斯基：《论标题音乐》，《音乐译文》，1958 年第 3、4 辑。
⑥ 柏辽兹：《论音乐中的模仿》，张洪模译，《音乐译文》1959 年第 2 辑。
⑦ 赫联尼柯夫：《音乐批评的今日和它的任务》，朱世民译，载《20 世纪中国音乐美学文献卷（1950—1978）》，现代出版社 2000 年版，第 18—35 页。

创作的发展有着决定性意义。但苏联音乐批评与音乐发展脱节，没有发挥应有的作用。他认为，现实的苏维埃音乐批评，在一定程度上批评了狂妄的形式主义及其辩护者，但没有彻底揭发他们反爱国主义的观点。要改变这一落后的局面，我们的音乐批评家要具备“深爱社会主义文化、了解人民的精神趣味，真切注意苏维埃音乐艺术作品”等品格，必须坚决反对一切反人民、反爱国主义的倾向、理论与学说。赫联尼柯夫希望音乐批评家要用马克思列宁主义的方法来认识现实，把批评与自我批评放在手里，以推动苏联社会音乐发展为己任。涉及音乐批评的论述还有克列姆辽夫的《关于音乐的描写性》[①]《论音乐批评》[②]《卡米尔·圣桑和他的美学观》[③]和卡塔拉的《论德彪西的美学观点》[④]等。

此外，新中国成立后近 30 年译介的西方音乐美学成果中，米契尔的《音乐心理学研究对马克思主义音乐美学发展的意义》[⑤]、赫特·布劳科普夫的《交响乐，音乐会与听众》[⑥]、刘燕当的《音乐由了解而欣赏》[⑦]等涉及音乐心理的探讨；而京兹布尔格、索洛甫佐夫编的《论音乐表演艺术》[⑧]则是音乐表演美学研究的代表。

由此说，新中国成立后近 30 年间中国学者对苏联、东欧音乐美学理论的译介，有效地促进了国外音乐美学在中国的传播，为中国音乐美学学科的建构提供了有益参照。音乐美学的译作，在当时的中国音乐美学研究中将近占去一半的比例，不论是对于国内当时刚刚起步的音乐美学研究，还是在借鉴外来经验发展中国新音乐等方面，都具有重要的实用价值和深远的历史意义。

综上，自新中国成立到“文革”结束这一时期的中国音乐美学研究是 20 世纪中国音乐美学发展史上极具价值的阶段。尽管逐渐兴起的中国音乐美学学科受当时特定政治、经济和文化背景的干扰，特别是“文革”时期“左”的思潮的影响，致使新中国成立后中国音乐美学研究领域兴起的相对繁荣局面遭到严重摧残，但总体来说，这一时期的中国音乐美学研究，与 20 世纪上半叶相比，有了

---

① 克列姆辽夫：《关于音乐的描写性》，张洪模译，《音乐译文》1955 年第 3 辑。
② 克列姆辽夫：《论音乐批评》，曾大伟译，《音乐译文》1957 年第 3 辑。
③ 克列姆辽夫：《 卡米尔·圣桑和他的美学观》，曾大伟译，《音乐译文》1958 年第 2 辑。
④ 然·卡塔拉：《论德彪西的美学观点》，张洪模译，《音乐译文》1956 年第 6 辑。
⑤ 米契尔：《音乐心理学研究对马克思主义音乐美学发展的意义》，廖乃雄译，《音乐译文》1959 年3 辑。
⑥ 赫特·布劳科普夫：《交响乐，音乐会与听众》，韦郁佩译，《外国音乐参考资料》1978 年第 2 辑。
⑦ 刘燕当：《音乐由了解而欣赏》，《音乐与交响》1975 年 10 月号。
⑧ 京兹布尔格、索洛甫佐夫：《论音乐表演艺术》，音乐出版社 1959 年版。

进一步的深化、拓展，取得了许多有价值的学术成果，涌现出一批有成就的音乐美学家，为中国音乐美学学科体系的建构作出了奠基性的贡献，突出地表现在以下几个方面：

第一，音乐美学研究者结合中国古代音乐美学思想内涵、融汇西方音乐美学成果，从完整的逻辑意义上概括出音乐艺术的内外格局，具备了深刻的美学内涵，从音乐与人的审美关系、音乐与现实的关系，以及音乐与其他艺术的比较等方面，揭示出音乐之所以成为人的审美对象的原因，为人们认识音乐的本质规律提供了理论支撑，建构起音乐美学学科理论基础。

第二，关于音乐形象及其相关问题的研究贯穿于新中国成立后近 30 年的中国音乐美学研究进程之中。李焕之、茅原、曹凯、周大风、郭乃安、赵宋光等一批具有前瞻意识的音乐家，在诸多文章中结合我国音乐实践对音乐形象问题进行了深入的探索。这包含了音乐创作的动力与源泉、想象与灵感，音乐表演和音乐欣赏等层面，是对那个时代音乐实践的深度考量，它直接影响了音乐创作、音乐表演和音乐欣赏，使其具有理论层面的支持，彰显出应用音乐美学的理论品格，其理论意义与价值不可低估。

第三，随着 20 世纪以来西方音乐的引入，中西音乐关系成为学界讨论的重要问题，尤其是孟文涛、陆华柏等对“中西并存”的阐释，以及李焕之、俞抒等对音乐民族化发展的探析，重新解读了我国古代音乐美学思想，从中西音乐关系之争中探索中国音乐发展的出路，具有高屋建瓴的眼光，也是那一辈音乐家对中国音乐的发展所作出的集体努力，为新中国成立后音乐事业的发展起到了方法论的指导作用。

第四，对于音乐功能价值的研究，发展了古代音乐美学思想中关于音乐价值的理论，又接受了苏联、东欧音乐功能的研究成果，既包含音乐的审美功能、教育功能、认识功能，又有在特殊时期作为特殊工具的实用功能。但受特殊时代“左”的思潮的影响，致使一些论述有失偏颇，过分推崇音乐的实用功能，贬低了音乐的审美价值。

第五，新中国建立以来，涌现出李焕之、吕骥、贺绿汀等音乐批评家，结合音乐实践，对音乐创作、表演、欣赏及理论研究，作出了客观公允的审美判断和价值评定，对于推进中国音乐文化建设的发展起到了重要的作用。但在“山雨欲来风满楼”的时代，敢直言、有创建的批评家往往遭到围攻，学术研究蜕变成政治运动，这不能不说是时代的悲剧。

第六，在整理、挖掘中国音乐美学遗产方面，涌现出了吉联抗、郭乃安、李纯一、赵宋光、吕骥、茅原等一批音乐美学研究专家，他们围绕中国音乐美学经典，以独有的探索精神，展开了多视角、多层面的理论阐释。不仅展示出他们的学术求索精神，而且彰显出中国传统音乐美学的理论品格。但这些对于思想源远流长、著述浩如烟海、内容丰富多样的中国古代音乐美学资源而言，还显得势单力薄。

第七，新中国建立伊始，由于缺乏经验和专门人才，以翻译的形式，引进苏联、东欧等国家的音乐美学成果，适应了当时中国社会发展的政治气候、文化氛围，有效促进了国外音乐美学在中国的传播，不论是对于国内当时刚刚起步的音乐美学研究，还是在借鉴外来经验发展中国新音乐等方面，都具有重要的实用价值和深远的历史意义。

总而言之，这一时段的中国音乐美学研究者在积极借鉴西方音乐美学成果的基础上，开始运用音乐美学理论，研究我国音乐实践中的美学问题。在音乐本质、音乐形象、音乐批评、中西音乐关系，以及整理、诠释传统音乐美学思想等方面均取得了丰硕成果，奠定了中国音乐美学的学科体系的基础，建构起中国音乐美学学科发展的未来图景。

第三节　人民文艺观的形成与新美学原则的确立

1949年10月1日，新中国成立。这种“新”不仅意味着新的执政党、新的国家政体，对民众来说还意味着新的生活、新的世界、新的理想，在艺术上表现为一种新的价值追求和审美风格的确立。

一、文艺发展的国家规划及其文化领导权建构

“十七年”既是新政权在政治、经济、文化和军事等方面，基于对社会主义的无限憧憬，在全面向苏联学习的语境下，按苏联模式进行规划，又是发动和号召学术、文艺为社会主义建设服务，全面建构和传播社会主义意识形态的时期。

新中国新形象一切都体现出国家规划和意识形态规训的色彩。也就是说，新中国文艺发展有着鲜明的国家、政党组织或管理的特点，呈现出国家组织文艺生产方式的一体化特征，通过不断把文艺纳入体制内，获得广大民众认同并体现出人民美学的价值诉求。

为使新中国从战争状态转入和平建设，一方面新的执政党努力为自己创造社会主义的新政治、新经济和新文化，试图完成新中国社会主义经济基础和上层建筑的统一，以形成稳定的社会结构。为占据道德舆论优势、建构党的文化领导权，新政权通过在学术领域对知识分子实施一系列思想改造运动，经由意识形态询唤转变其政治立场，在美学领域最终确立了马克思主义思想的指导地位，在文艺领域则实施了一套有别于学术领域的领导权建构的方式和策略。

文艺领域的文化领导权主要通过文艺发展的国家规划，确立文艺的社会主义意识形态，对非社会主义不断清理与纯化。通过文艺生产的国家规划及其政策保障，文艺成了传播社会主义意识形态的大众媒体，文艺创作不断想象和建构新中国形象，为社会主义建设鼓与呼。可以说，这一时期的美学发展和文艺生产是国家的“文艺事业”，是中国追求现代性进行现代化建设的一部分，它并没有游离于中国自 1840 年以来始自被动继而主动的现代性追求。

文艺生产固然是一种精神生产活动，但作为生产方式之一它必然离不开人、财、物的有效配置。国家规划首先体现在文艺生产的组织方式上，即通过体制保障使艺术家积极投入国家形象的建构。以美术创作为例，在中央政府层面由文化部对美术工作担当行政领导，由中国文联、美协组织美术活动，并对美术教育、出版、发行机构进行接管与改造，加上画院、研究机构、展览馆、美协、美术院校、美术出版社和专业杂志等各种文艺团体和文化机构共同构成新中国的美术生产和宣教体系。这套体系是计划性的，所有单位都要在分工基础上实行合作。

国家形象的艺术建构离不开文艺家主体。当时通过赋予不同类型的文化人以政治资本和象征资本（如名誉、政治级别、生活待遇等），使这些文化人（作家、编剧、演员、画家等）借助体制化力量迅速提高了政治地位，从社会底层进入新的精英阶层，在情感上乐意接受和认同社会主义意识形态的询唤，由此成功地赢得艺术家政治上的支持，以及艺术上的合作，这契合了共产党政权让人民（底层民众）当家作主的宗旨。通过授予文艺家“人民艺术家”称号，实行国家工资制度，把其纳入组织结构改写身份使其自觉真诚地为广大工农兵服务，从而夯实了国家主流文化价值观传播的支柱，使其自觉担负起守门人的职责。通过这种支持与合作，各艺术门类都在大众中积极传播新政权的合法性，书写演绎中共历史，建构新中国形象，塑造社会主义新人。通过组织化、体制化，国家规划对艺术家创作具有某种规制，文艺生产不再是此前个体散漫的自由创作，而有了一种文化生产的国家特点，并被整合进一体化话语结构。在此进程中，借助意识形态的力量，而"意识形态不仅仅是一套观念体系，而是渗透和浸润社会生活一切方面的实践性力量和机制，意识形态的作用是维系社会的运作以及保障主体的再生产"[①]，从而带来文艺生产主体意识和意志的改变，改变了文化人的意识和意志，也就成功地转变了艺术家的情感立场，再通过社会化改变文艺的生产方式，自然就掌握了文化领导权。这构成"十七年"文艺发展的常态和鲜明特点。

文艺发展的国家规划还体现在对生产资料的控制和调配，在生产资料的社会主义改造完成后，国家几乎掌控了所有文化资源，由国家按编制划拨经费，组织排戏和生产电影、赞助艺术创作等，从而实现国家对文化的统制。"十七年"通过对文艺机构和团体的逐渐国有化，主导了整个社会的文艺生产，使文艺生产主体被赋予国家意志，体现鲜明的"党性原则"和国家性质，而呈现组织化、规范化特征。

这一时期的艺术具有鲜明的社会主义性质，文艺与政治的关系空前密切，文艺体现了为工农兵服务，确实创造了一些恢弘的艺术作品，如歌舞剧《东方红》，美术创作的《开国大典》，雕塑的《人民英雄纪念碑》，大型长征组歌《红军不怕远征难》，大型音乐舞蹈史诗《东方红》，芭蕾舞剧《红色娘子军》《白毛女》等经典，都体现了时代特征和美学特色，追求"崇高"的审美风格。

二、独尊的人民美学

作为政治话语与美学理论相结合的概念，人民美学是"十七年"的一种典型审美形态，是马克思主义美学理论在文艺领域的实践，它以人民大众为本位，把

① 王杰：《中国马克思主义美学的基本问题与理论模式》，载《中英审美现代性的差异》，中央编译出版社2012年版，第10页。

人民大众作为表现对象和审美主体而塑造出一系列“人民”(新人)形象,其情感呈现出鲜明的“人民性”价值取向。从理论诉求而言,马克思主义文化现代性所确立的目标就是建构人民主体性,它赋予人民以自由发展的权利。正如有学者所说:“人民主体文化身份的确立,是人民美学的现代性标志。”[①]“文艺为人民服务”的思想,就是为了确立“人民主体论”的文化发展观,在社会主义文艺实践中倡导人民美学,在审美主体论中明晰人民主体身份,从而建构一种有别于康德美学的中国现代性美学。中国马克思主义美学家在文艺实践中都注重发挥马克思主义美学的革命功利性,而不同于西方马克思主义美学对现实的认知性和颠覆性。

中国现代性文化是“反对帝国主义压迫,主张中华民族的尊严和独立的”文化。作为新的大众文化,“它应为全民族中百分之九十以上的工农劳苦民众服务,并逐渐成为他们的文化”[②]。这种以人民大众为社会主体的思想,重构了知识分子与大众的关系,表现为对“人民大众”的独特阐释和价值评判。毛泽东在《在延安文艺座谈会上的讲话》中说:“什么是人民大众呢?最广大的人民,占全人口百分之九十以上的人民,是工人、农民、兵士和城市小资产阶级。”正是毛泽东把大众(主要是农民)提高到一个绝对的革命高度,赋予其崇高的政治和社会地位,并让艺术家向他们学习,这体现了毛泽东对社会平等的追求。新中国成立后,毛泽东虽然进了城,党和国家建设的战略重心也由农村转向了城市,但毛泽东心目中的“大众”仍以 5 亿农民为主体,这些底层民众是革命的依靠,既是革命主体也是新文化建设的主体,广大农民的文化认同是建构文化领导权的重要基础。在毛泽东看来,农民(即人民大众)天生就具有伦理优势,是道德上的“纯净者”,这种优势直接导致他们在艺术欣赏乃至创作上的发言权。使农民在喜闻乐见的文艺形式中接受意识形态的教化,是赢得大众思想意识统一的重要文化形式,不仅电影生产,包括新年画运动以及民间文艺创作,都被新政权通过各种形式、方式(如评奖活动)调动起来。新年画创作不仅经常听农民的意见,到 60 年代中期,甚至创作的主体也成了“人民群众”,在《美术》上发表的几乎全是工人、农民的作品。因为有着广泛群众基础的戏曲、电影能激发民众的爱国

① 冯宪光:《人民美学与现代性问题》,《文艺理论与批评》2001 年第 6 期,第 10 页。
② 毛泽东:《毛泽东论文艺》(修订版),人民文学出版社 1992 年版,第 31 页。

主义精神，新诗歌运动、戏曲改良运动包括电影如何讲述故事，都会尊重农民的文化意愿。因强调为工农兵，特别是 5 亿农民拍摄，导致电影的思维、语言和格调都倾向于情节曲折、结构完整、叙事简洁、节奏明快，许多影片擅长表现新旧社会两重天的对比，具有鲜明的意识形态倾向性。人物被分成好与坏、忠与奸、革命与反革命等二元模式，通过情节的引导，使一方获胜，一方失败或受到教育，从而使人物所代表的思想或价值观等灌输到观众思想中。为加强艺术家与大众的直接沟通，1962 年设立以群众评选为主的“百花奖”，一方面成为观众表达对影片好恶的重要渠道，一方面使其成为协调审美趣味的途径，是电影人了解工农兵需要，调整自我创作的一种机制。新中国成立之初文艺政策强调普及先于提高，文艺的政治内容优于艺术形式，文艺创作目的是服务 5 亿农民；同时，通过意识形态教化和思想改造，使知识分子不再凌驾于劳动人民之上，而是转变情感和态度与价值观，自觉站在劳动人民立场为其代言，掌握了革命的主体和文艺生产与消费的主体也就掌握了文艺领导权。

可以说，“十七年”文艺一直在毛泽东思想指导之下。这除了毛泽东的政治权威和行政上至高无上的权力，以及毛泽东思想作为执政党的思想具有统治力量外，在建构新中国形象、改造艺术家思想、推动社会主义文艺发展等方面还有其内在的依据和动力，即毛泽东文艺思想能成为新中国文艺发展中占统治地位的思想，与其在人类文艺思想史上的创新和独特艺术观有关。“道德的优势是毛泽东文艺思想能够从延安之后直到社会主义文艺的发展过程中，一直占据统治地位的根本原因。这也就是说，毛泽东在文艺思想史上的创新和独特性，主要体现在道德的优势上。而这种优势又是建立在人文主义和启蒙文艺思想上的。换句话说，毛泽东的文艺思想既吸收了西方启蒙运动以来对普通大众的关注，又同时在这一基础上向前推进了一步。”①其在根本点上体现了社会主义国家人民当家作主的诉求，人民大众有享受艺术、创造艺术的平等权利。与之相应，在全国开始建立服务普通大众的博物馆、展览馆、文化馆等公共艺术空间。对普通大众的关注，使启蒙思想的艺术观有了道德优势，艺术家被提高到一个新的道德高度，艺术不再是为一小部分贵族和统治阶级服务的工具，永远处于被支配地位，而是把艺术还给人民大众，让艺术成为大众的欣赏对象，使其从作

① 邹跃进：《新中国美术史》，第 10 页。

品中看到自己的形象，感受到生活的意义。“从新中国文艺发展史的角度看，正是毛泽东的社会理想的独特性质，使他在艺术家、知识分子与大众的关系上具有独到的认识；使他的艺术观具有道德上的优越性和情感上的感召力；使新中国文艺，在毛泽东时代里，成了他的理想的象征表达。”①新中国成立后的社会主义转型，从根本上确立了文艺发展的政治方向和价值诉求，通过确立人民主体身份，把马克思主义的人类解放理想，同中国革命解放劳苦大众的目标，与人民大众必须成为文艺创作、欣赏和批评主体的无产阶级革命文艺、社会主义文艺的建设要求相统一。惟此，需确立以《讲话》精神为主体内容的新中国文艺思想的权威地位，清理与之相矛盾的各式形态的文学传统与美学观念，积极传播社会主义意识形态。

“双百”方针在精神和气度上显示出社会主义意识形态和权威话语的充分自信，这种对知识分子前所未有的信任，使其深受鼓舞，极大地调动起创作激情。同时，人民当家作主的巨大激情要求文艺表现新的生活、新的人生，合力促成歌颂社会主义新天地的人民文艺成为主流，人民文艺成了新中国文艺的指导思想。它不仅体现了文艺政策的指向，还契合了从新民主主义向社会主义建设道路上前进中获得政治自由的广大人民的文艺诉求与政治要求，而成为一种国家文艺观。“‘人民’作为一个具有内在深度的政治民族主义文化概念得到各民族文学传统的有力支援，导致在现代中国‘人民文学’作为民族国家的文化建设力量，最终成为政治—文化民族主义的意识形态的权力话语。”②在文艺内部，《讲话》确立了人民文艺的发展方向；在文艺外部，经由一系列文化批判，及其对知识分子思想改造的意识形态规训，共同保障了人民文艺的有效性。无论是各级文艺组织的成立，还是文艺理论批评标准的设立都以国家政治要求作为规范指导，这一方面体现了新中国成立后整治改造文化的迫切要求，一方面说明人民文艺的建构是国家政治力量、文艺自身的发展逻辑与时代精神相结合的产物。在此观念指导下，文艺界创作了一大批有中国特色、反映时代风貌的革命经典作品，描写和塑造了一系列“新人”形象——工人、农民和革命知识分子，它体现了中国马克思主义美学的实践品格，人民文艺成为现代中国最具特色的话

① 邹跃进：《新中国美术史》，第13页。

② 朱德发、贾振勇：《评判与建构：现代中国文学史学》，山东大学出版社2002年版，第53页。

语形态，是中国文化现代性的重要组成部分。人民文艺在创作上坚持现实主义典型化原则，1953年第二次文代会确立了社会主义现实主义的正统地位，1960年第三次文代会，随着中苏关系的交恶，确立了革命的现实主义和革命的浪漫主义相结合的创作方法。社会主义现实主义观念最早源自苏联日丹诺夫的解释，后经周扬在1935年介绍到中国，成为当时左翼文坛的主要创作方法。日丹诺夫作为斯大林在文学与艺术上的具体实践者，凭借革命领导权，用行政干预的手段对文学艺术肆意干涉，滥用权威强力推行社会主义现实主义创作手法、风格和理论，号召作家坚守文学的“党性原则”，宣传党的方针，表现社会主义经济建设中的劳动主题，揭露文学艺术上的“唯心论的和反科学的观念”，反对“为艺术而艺术”的西方资产阶级的理论倾向，要求作家成为人民和国家利益的“忠实和灵敏的表现者”。[①] 新中国成立后，周扬指出：“向苏联文学的社会主义现实主义学习，对于我们，今天最重要的，就是要学习如何描写生活中新的和旧的力量的矛盾和斗争，学习如何创造体现了共产主义高尚道德和品质的新的人物的性格。”[②]借此周扬进一步阐释强化了其中的阶级性。“判断一个作品是否是社会主义现实主义的，主要不在于他所描写的内容是否是社会主义的现实生活，而是在于是否以社会主义的观点、立场来表现革命发展中的生活的真实。”[③]邵荃麟则具体指出：“社会主义现实主义所要求的，是政治性与艺术性统一的作品，也就是艺术描写的真实性和以社会主义精神教育改造人民的人物相结合的作品。”[④]新中国成立之初基本上以社会主义现实主义规约文艺创作，使其呈现强烈的时代特色，充斥着政治性的审美诉求。

新中国使包括工农兵在内的所有劳苦大众不仅翻身做了国家主人，也成了社会主义现代新文化的建设者。“十七年”电影是最具大众化和意识形态号召力的娱乐与宣传工具，故事片的总产量大概是769部，观众从1949年的4700多万人次，发展到1965年的46.3亿人次。影片建构了新中国的伟大形象，塑造了工农兵群象，特别是阶级斗争题材、英雄颂歌等影片的主人公，豪迈乐观、

① 日丹诺夫：《关于〈星〉与〈列宁格勒〉两杂志的报告》，人民文学出版社编辑部编：《苏联文学艺术问题》，曹葆华译，人民文学出版社1953年版，第45、58页。
② 周扬：《社会主义现实主义——中国文学前进的道路》，洪子诚主编：《中国当代文学史.史料选》（上），长江文艺出版社2002年版，第226页。
③ 周扬：《社会主义现实主义——中国文学前进的道路》，《人民日报》1953年1月11日。
④ 邵荃麟：《沿着社会主义现实主义的方向前进》，《人民文学》1953年第11期。

自信、坚强、富有斗争精神。为实现影片的教化意图，电影不仅要体现“人民性”的价值属性，在情节设计和人物形象造型上，还要体现革命“大家庭的温暖”和对个人的救赎。“十七年电影一直试图在意识形态领域内将党的路线、方针、政策融入感性的、个人化的历史无意识之中。个人政治群体化与政治群体家庭化构成了基本的叙事策略，并由此确定了革命家庭的历史表象。一系列影片确立了革命队伍在表意含义上首先是一个温暖的家。”①无论是《青春之歌》还是《小兵张嘎》《苦菜花》《母亲》《闪闪的红星》等，所展示的革命大家庭，不仅是温暖，还意味着只有在革命大家庭中，在党的教育下，才能成为一个英雄主体，揭示了革命对个人命运的拯救，从而阐释：个人只有献身革命（如董存瑞），或者放弃个人回归集体（如《李双双》中的喜旺），才能成为英雄人物。因尽可能抑制英雄的个性、个人欲望、私人生活，而突出其作为阶级、政党工具的代表，因而人物被符号化，个体被融入集体。

三、 崇高风格的凸显

在审美风格上，粗犷雄浑的崇高是界定“十七年”文艺的风向标，文艺作品表现了革命的浪漫主义斗志和改天换地的革命气魄。通过典型化创作，凸显崇高的意蕴和雄奇的美感，追求一种国家话语的宏大叙事，一种纪念碑式的大制作。在电影的美学运用上，借助灯光、机位角度、化妆造型、环境布置和空间表达等，美化影片要着力塑造的一方，贬抑所要否定的一方。崇高审美形态与重大的社会题材、雄伟壮烈的斗争生活相联系，“庆典式的叙事风格，仪式化的戏剧场景，英雄化的人物性格，礼赞性的叙述语言，构成独具魅力的崇高美”。② 这在深层次上体现了民众为打破旧世界、建设新社会而迸发出的激情，许多影片振奋人心，振聋发聩。随着文艺的发展，崇高风格逐渐成为一种固定的、甚至唯一的美学规范，限制了电影人的艺术创造，电影语言越发保守，许多镜头尤其是群像很像是某种舞台造型的定格，这样的镜语模式遵循了“典型环境中的典型

---

① 潘若简：《十七年新中国电影的辉煌与惨淡》，《拓展中的影像空间》，北京广播学院出版社 2000 年版，第 55 页。

② 郦苏元：《当代中国电影创作主题的转移》，转引自罗艺军、杨远婴主编：《20 世纪中国电影理论文选》，中国电影出版社 2001 年版，第 542 页。

性格”的文艺原则，对英雄的仰拍和对反面人物的俯拍构成基本的镜头法则。甚至在影片的结尾处，摄影并不遵从电影叙事惯例升拉开去，而是定格在主人公、胜利红旗或庆典的某一细部的近景或特写镜头之上，因为它希望观众接受的并非好莱坞式的故事，而是自觉要求影片构成一种现实，至少是现实的一部分。它要求最大限度的认同以实现最有效的询唤。[①] 可见，教化功能成了电影的第一任务。

从理论建构上看，人民美学的逻辑起点是人民大众，但它并不讳言审美的功利性和文艺的意识形态属性，积极主张人民的文化权利，既不是文化专制主义对民众文化权利的剥夺，也超越了狭隘的党派政治立场。美学从来不是真空中的“假花”，伊格尔顿认为，必须对美学进行政治意识形态分析，所谓“审美只不过是政治之无意识的代名词，它只不过是社会和谐在我们的感觉上记录自己、在我们的情感里留下印记的方式而已”[②]。美学一定意义上是审美政治，不仅有其政治立场，更有其特定的价值诉求，无论是披着普遍性的外衣，还是打着地方性理论的旗号。作为时代的强音，人民美学试图把散乱的个体整合到共同体想象中，强调个体对共同体的服从与规训，在艺术实践上呈现出人民性诉求。一定意义上，中国马克思主义美学在本质上就是人民美学，是一种以表达广大人民群众的情感和愿望为基本诉求目标的美学。文艺作品通过创作情感化的个别性的艺术形象来表征和体现人民大众的内在情感和伦理要求，传达出“某种历史的必然”，这是文化领导权建构的合法性基础，它在理论上应和了“美学大讨论”中马克思主义美学主导地位的确立，在学理上支撑了美学研究的“中国学派”的得以可能。从根本上说，中国马克思主义美学起源于农民文化，是农民革命意识形态的组成部分，但新中国成立后中国马克思主义美学成为权力话语，角色的转换使其不再具有原初的革命性和批判精神，而成为一种肯定性美学。

人民美学的价值取向使文艺创作追求一种宏大话语和历史性叙述，随着文艺的政治意识的融入和宣扬，文艺普遍有一种崇高的审美韵味。尽管对崇高的内核和底蕴存在争议，但可以肯定地说，由政治激情支撑的崇高是文艺审美的

---

① 戴锦华：《历史叙事与话语》，《北京电影学院学报》1991年第2期。

② 特·伊格尔顿：《审美意识形态》，王杰等译，广西师范大学出版社2001年版，第27页。

主导形态。有学者指出:“我们的文学作品的突出特色,是充满爱国主义和国际主义精神,充满革命英雄主义和革命乐观主义精神,充满对伟大的社会主义建设事业和人类解放事业的无限信心。”①同时,“我们的理论批评有鲜明的政治倾向,它坚定不移地为无产阶级的政治服务,为人类历史创造者——广大劳动人民服务”②。事实上,这种爱国主义和革命激情的英雄主义的崇高审美形态,既区分也逐渐明确了社会主义文艺的意识形态属性,使文艺成为当时社会主义文化改造的一部分,有力地巩固了党的文化领导权。“十七年”文学以其创作实绩,确立了“我国社会主义时代劳动人民自己的崭新文学”③。

第四节 “十七年”美学建设的历史反思与现实期望

“十七年”各艺术门类的创作和欣赏不仅与“美学大讨论”有某种内在呼应,还形成了美学价值取向的同构性,相应于美学研究中马克思主义美学主导地位的确立,艺术生产充分贯彻了“党性原则”和独尊人民美学的价值取向。20世纪中国美学史尤其是断代史写作,采用美学思想史或艺术发展史的研究模式较常见,而放在同一理论框架及其审美理念主导下、洞察美学发展与各门类艺术的审美互动的“平远”式研究不多见。所谓“平远”乃是“自近而望及远曰平远”,平远多是渲染而虚无缥缈,从近山瞭望极目眺望远山,即平视,视野左右宽阔。以这种思维和视角关注美学断代史是一种新的探索,试图在文本的敞开状态中建构一种融入历史意识的现场感,以激发美学与审美经验的互动。美学史特别是断代史写作,在描述和评判中固然需要历史的还原,或坚持论从史出,但更需要一种思想的激烈交锋和审美经验的震荡。

“十七年”逐步确立了马克思主义美学研究的主导地位,在苏联美学话语的影响下,建构了认识论基础上的反映论美学研究范式,在艺术生产上主要运用社会主义现实主义和“两结合”创作方法塑造一系列典型形象。尽管“美学大讨

①② 邓绍基等:《建国十年来文学简述》,《科学通报》1959年第22期。
③ 邵荃麟:《文学十年历程》,《文艺报》1959年第18期“庆祝建国十周年专号”。

论”中形成四派，但研究范式和哲学基础的同构性，使不同艺术门类在创作原则和审美风格上有同质化倾向，从而形成主导性的人民文艺和崇高的审美风格。这一时期，人民美学和国家主义的价值取向对各门类艺术发展有某种规约，不同程度地影响了各门类艺术的存在形态，体现出文艺创作的实用理性和狂热的政治激情的结合，呈现出阶级斗争的二元对立思维模式的普泛化，以及民族主义、爱国主义热情的膨胀，对西方文化及其思想观念全面排斥，对待传统文化的某种虚无主义倾向。尽管生产了一批红色经典影片，但这一时期的电影生产基本上在封闭系统内运行，脱出了世界电影发展主潮，如法国的“新浪潮”运动、新德国电影、以黑泽明导演为代表的日本电影，以及意大利的新现实主义等，这些现代主义思潮（表现手法）被作为资本主义的产物遭到拒绝和排斥。对中国电影产生重要影响的是苏联社会主义现实主义影片，主要是苏联蒙太奇学派的对立冲突观念和日丹诺夫式的“党性原则”及政治功利主义理论，好莱坞电影只能作为供内部观摩批判使用。有学者指出：“为了强调政治的优越性而强调新生文化的优越性，而为了强调新生文化的优越性，就要排斥其他文化，把所有官方艺术以外的其他所有艺术视为敌对的和反动的。这样新中国电影在世界电影从传统时期向现代电影转变过程中未能同步，与世界电影在技术和艺术观念上越来越疏远，中国电影逐渐走向了封闭自足。”[①]这与“中国美学”的理论建构几乎异曲同工，其研究范式是在“美学在中国”的苏式审美话语膨胀和压抑西方美学话语中形成的。这一时期“美学在中国”与“中国美学”在各艺术门类实践中的互动、美学观念与艺术体验之间的复杂关联，演绎出一幅色彩斑斓又有着同质化底色的审美画卷。

新中国成立之初的现实国情决定了“十七年”文艺的创作主要趋于普及，在“为政治服务”的方针指导下，文艺拨弄了时代的政治琴弦。文艺作为无产阶级革命宣传机器上的“齿轮”和“螺丝钉”，要用艺术的审美方式去塑造革命传统，以史诗般的庞大气魄感染和凝聚新一代中国人对现代政治革命理念的价值认同。通过讲述“革命故事”论证新的现实秩序的合法性，解决“我们从哪里来”；通过现实题材（工业题材、农业题材）作品解决“我们是谁”和“我们向哪里去”，即通过主体本质的构建来确立现实意义秩序。革命战争题材、当代农村题材、

---

① 尹鸿等：《新中国电影史》，湖南美术出版社 2002 年版，第 22 页。

名著改编影片、反特片是最具时代特色的主流电影。其中，革命历史题材片超过100部，居各类题材之首，从风格样式上大致分三类：英雄成长片、革命战争/斗争片、史诗传奇片。在主导性的英雄成长类型中，对英雄形象的刻画取代了情节设计，性格冲突取代了事件冲突，过度关注形象塑造，导致部分国产电影忽视情节，出现拖沓、人物造型僵化的弊端。不仅电影创作充斥着意识形态教化意味，电影批评和学术研究也愈加政治化，以政治标准为主要或唯一的批评标准，注重思想内容、社会内容评价，缺乏美学批评，尤其缺少电影美学分析，用政治斗争话语取代学术批评分析，成为当时文艺批评的主要方式。同时，电影迎合没受过教育的大众欣赏口味，以通俗易懂、喜闻乐见的形式描绘充满乐观主义的故事和美好生活，使工农兵得到精神的愉悦和满足，既满足他们的自我投射欲望——一种从作品中看到自我形象的光荣感，又使他们忘掉现实的忧愁和艰难，从而勇敢坚定地走向未来。

“十七年”文艺大多成为“国家建构过程中的一个关键手段，是现代中国民族国家中不可缺少的文化纽带，是中国民族主义的一个基本政治因素”。在此进程中，“既包含一套特殊意义的生产与分配，也试图抑制或阻止其他意义的潜在扩展。它总是被利用来作为文化——经济抵抗的策略，以及在面对国际控制时主张民族自治的手段”。[①] 文艺的民族认同强化了政治与艺术的关联，无论是影片讲述的故事或对这些故事的讲述，都是讲述故事的那个时代的最形象的铭记，当再度审读这些影像时，依旧令人心潮澎湃，为时代精神所感染和激励！“十七年”电影担当了意识形态对公民的询唤功能，以其电影艺术的探索创作出有民族风格、形态多样的作品，即使是表现革命史的正剧，也以抒情性、叙事性和戏剧性的完美结合展现“十七年”电影的水平，成为大众记忆中难以磨灭的红色经典。不可否认，“十七年”文艺有高度的政治性，但这不仅是权力意志的体现和意识形态教化的需要，更是当时社会情境下人民群众的政治期待。特定历史时期和时代际遇，使社会主义意识形态与社会主流文化价值观处于共鸣状态，使二者之间的缝隙弥合和落差成为最小的时期。在发挥鼓与呼的功能中，文艺与政治的关系愈加密切，这种关系不应仅被理解为政党对艺术的利用和改造，也是文艺深刻复杂的文化内涵的体现。

---

① 鲁晓鹏：《文化.镜像.诗学》，天津人民出版社2002年版，第67页。

戏剧上，在贯彻“双百”方针中，还提出了“推陈出新”的戏剧发展观。二者之间的价值取向有一定错位，“百花齐放”意味着政府要营造一个艺术发展的自由宽松环境，在提供适当规范与引导的前提下，让民众根据自己的艺术欣赏趣味与需求自由选择，体现了对艺术多样性的发展规律的尊重；而为“推陈出新”进行“戏改”则是政府的直接行为，是政府权力对文化领域的干预，试图直接向民众提供符合政府意志的作品，以改变大众欣赏趣味。随戏改出现的经改编的一些传统剧和创作剧目，确实受到当时民众的喜爱，它们在艺术上的成就，也一直为后人称道。[①] 这一定程度上体现了“五四”新文化运动的革命理想，得到很多激进知识分子的认同，但随之出现的后果即“演出剧目贫乏”问题始终未解决，有论者反思说：“戏剧事业在整体上是否符合戏改的理想目标，仿佛并不是戏剧繁荣的标志而且恰相反。换言之，尽管世纪初以来两代文化人坚信的文化与审美理想，在1950年代以后的戏改历程中出人意料地成为主流意识形态，它所导致的最终结果，却远不像倡导者们当年想象的那样美好。十分接近于激进主义审美理想的戏改，不仅没有实现使中国戏剧脱胎换骨成为一种新的、更有生命力和更繁荣的艺术样式的初衷，反而导致它丧失了自身生存发展的动力，并且不可遏止地落向衰亡，这样的结果，肯定是知识分子们始料未及的。”[②]从意识形态的规训看，戏改是当时文化改造的一部分，它不仅“改戏”，还“改人”“改制”，把戏剧纳入一个控制严密的社会梯级结构中，以硬性的文化制度使其担当传播社会主义意识形态的使命。

---

① 张庚主编：《当代中国戏曲》，当代中国出版社1994年版，第48页。

② 傅谨：《“戏改”与美学的意识形态化》，载《文学前沿》第3辑，首都师大出版社2000年版。

第十章

60 年代中期到 70 年代中期文艺及其美学形态

1966至1976年，中国经历了十年“文革”。这十年中，文艺批评及其理论始终贯穿其中，它不仅是这场带来严重灾难的内乱非常重要的组成部分，而且文艺批评和理论始终贯穿在“文革”时期历次大大小小的运动之中。从很大程度上，“文革”时期文艺批评及其理论是与这场以“文化”冠名的政治运动完全一体的，也可以说，“文革”在很大程度上是由文艺批评和理论的面目出现的，文艺批评和理论对“文革”进程确实起到了极大的推进作用，“文革”时期文艺批评及其理论突出体现了文艺与政治、文艺与历史语境的密切关联。

正因为如此，“文革”时期形成的一系列文艺实践、文艺批评和美学原则及其特殊性，是中国20世纪美学和文艺批评史上不能忽视的环节。

第一节　"三突出"理论形成及"样板戏"文艺实践

我们知道,"文化大革命"被冠以"文化"的名义,具有强烈的意识形态革命的特征。的确,整个"文化大革命"期间,意识形态鲜明特征的美学、文艺理论及其指导下的文艺实践大行其道,其核心思想可以概括为"三突出"理论。

一、《纪要》——"三突出"理论形成的纲领性文件

"三突出"美学的主要理论基础和前提,是1966年2月2日至20日根据林彪的委托,江青在上海邀请了几个人,就部队文艺工作若干问题进行座谈,会后写出了《林彪同志委托江青同志召开的部队文艺工作者座谈会纪要》(以下简称《纪要》)。江青在其中系统提出了一整套适应"文革"极左政治路线的文艺理论和美学原则。

《纪要》是在江青要求部队有关文艺工作者"先看作品,再阅读一些有关的文件和材料,然后交谈"的基础上形成的。江青要求部队参加座谈的文艺工作者阅读"毛主席的有关著作","先后同部队的同志个别交谈八次,集体座谈四次"。江青要求部队有关文艺工作者"看了二十一部电影";组织部队文艺工作者"看电影十三次,看戏三次",包括"《奇袭白虎团》《智取威虎山》两出比较成功的革命现代京剧","在看电影、看戏过程中,也随时进行了交谈"。在此期间,"江青同志又看了电影《南海长城》的样片,接见了《南海长城》的导演、摄影师和一部分演员,同他们谈话三次"。《纪要》称,"江青同志对毛主席思想领会较深,又对文艺方面存在的问题作了长时间的、相当充分的调查研究,亲自种试验田,有丰富的实践经验",与部队文艺工作者"一起交谈",给了部队文艺工作者"很大启发和帮助"。[①] 由此可见,《纪要》是江青一手制造出来的文艺理论和美学

① 《林彪同志委托江青同志召开的部队文艺工作座谈会纪要》,载洪子诚主编:《中国当代文学史·史料选》,长江文艺出版社2002年版,第520页。

原则。

概括起来，《纪要》有以下核心内容：

1. 对新中国成立以来思想文化领域的基本判断是“两条路线的斗争”

《纪要》认为，中国革命无论是新民主主义阶段还是社会主义阶段，“文化战线上都存在两个阶级、两条路线的斗争，即无产阶级和资产阶级在文化战线上争夺领导权的斗争”①。毛泽东思想则始终代表着无产阶级革命路线。新中国成立以来，在文艺界，“一条与毛主席思想相对立的反党反社会主义的黑线专了我们的政，这条黑线就是资产阶级的文艺思想、现代修正主义的文艺思想和所谓三十年代文艺的结合”②。“在这股资产阶级、现代修正主义文艺思想逆流的影响或控制下”，新中国成立的十几年，好作品不多，不少作品处于“中间状态”，还有一批“反党反社会主义的毒草”。

在这样一种把阶级斗争无限上纲的基本判断之下，《纪要》几乎完全否定了 20 世纪中国新文艺，并且重点否定了新中国成立之前的“左翼文艺”和新中国成立之后的“十七年文艺”。

首先，《纪要》将 20 世纪 30 年代中国左翼文艺思想判定为“资产阶级思想”，宣称：它“实际上是俄国资产阶级文艺评论家别林斯基、车尔尼雪夫斯基、杜勃罗留波夫以及戏剧方面的斯坦尼斯拉夫斯基的思想”，“他们的思想不是马克思主义，而是资产阶级思想”。③

其次，《纪要》将“十七年文艺”思潮归纳为“黑八论”，即“写真实”论、“现实主义广阔的道路”论、“现实主义深化”论、反“题材决定”论、“中间人物”论、反“火药味”论、“时代精神汇合”论和“离经叛道”论等，悉数判定为中国“资产阶级”和“现代修正主义”文艺“黑线”的“代表”。④《纪要》还提出了“文艺上反对外国修正主义”的问题，指出苏联作家肖洛霍夫是“修正主义文艺的鼻祖”，他的《静静的顿河》《被开垦的处女地》《一个人的遭遇》是现代修正主义的代表作，必须加以“有说服力的批判”。⑤

《纪要》认为，总体看来，毛泽东《在延安文艺座谈会上的讲话》发表以后，中

① 《林彪同志委托江青同志召开的部队文艺工作座谈会纪要》，第 520 页。
②④ 同①，第 521 页。
③ 同①，第 523 页。
⑤ 同①，第 526 页。

国的革命文艺"有了正确的方向",但是新中国成立以后,文艺界许多同志"没有抵抗住资产阶级思想对我们文艺队伍的侵蚀"。《纪要》因此强调,"我们的文艺是无产阶级的文艺,是党的文艺。无产阶级的党性原则是我们区别于其他阶级的最显著标志"。革命文艺工作者要"读一辈子马克思列宁主义和毛主席的书,革一辈子命。特别要注意保持无产阶级的晚节"①。

如此看来,《纪要》中的文艺指导思想,比苏联日丹诺夫主义文艺理论更"左",更极端,更激进。

基于以上这一系列认识,《纪要》认为,当前必须开展"文化战线上的社会主义大革命"(即"文化大革命"),藉此搞掉上述文艺"黑线",并称这是一场"兴无灭资"的斗争,是"一场艰巨、复杂、长期的斗争",它"关系到我国革命前途的大事,也是关系到世界革命前途的大事"。②

2. 文艺革命要"有破有立""标新立异",核心是"塑造工农兵英雄人物"

既然对30年代"左翼文艺"及新中国成立以来的"十七年文艺"持基本否定立场,即破字当头,那么,"破"了之后的"立"当是题中应有之义。《纪要》认为,文化革命要"有破有立","立"就要"标新立异",这是"标社会主义之新,立无产阶级之异"。③ 因为,"文化大革命"是"一次最后消灭剥削阶级、剥削制度,和从根本上消除一切剥削阶级毒害人民群众的意识形态的革命",所以要创造出"伟大的""社会主义的革命新文艺",它"是开创人类历史新纪元的、最光辉灿烂的新文艺。"④

《纪要》规定,"社会主义文艺的根本任务"是"努力塑造工农兵的英雄人物"。⑤

为达此目的,第一,要时刻牢记"只有人民生活才是文学艺术的唯一源泉"这一社会主义文艺的基本原则。⑥为此,"选择题材要深入生活",主创人员"要长期地、无条件地深入到火热的斗争生活中去","很好地进行调查研究"。具体来说,就是要"表现正确路线",不写"错误路线";要写"英雄人物",不写"中间人物";要"暴露"敌人,不"美化"敌人;不写"谈情说爱",不写"低级趣味",不表现

① 《林彪同志委托江青同志召开的部队文艺工作座谈会纪要》,第527页。
② 同①,第521页。
③⑤ 同①,第523页。
④⑥ 同①,第524页。

“爱”和“死”等所谓“永恒主题”。①

第二，文艺创作要“走群众路线”②。在创作过程中，“要尽可能地掌握第一手材料，不可能时也要掌握第二手材料”③；“要依靠群众，从群众来，到群众中去”；“要实行党的民主集中制，提倡‘群言堂’，反对‘一言堂’”④；“要善于倾听广大群众的意见”，“好的就吸收”；“坏作品不要藏起来，要拿出来交给群众去评论”。⑤

第三，要“力求达到革命的政治内容和尽可能完美的艺术形式的统一”⑥。在具体创作过程中，“要破除对中外古典文学的迷信”，用“批判的眼光研究”它们，做到“古为今用，外为中用”。⑦

在创作方法上，坚持“革命的现实主义与革命的浪漫主义相结合”的方法，强调“不搞资产阶级的批判现实主义和资产阶级的浪漫主义”。这就要求文艺创作人员以塑造“典型人物”的方式，“千方百计地塑造工农兵英雄形象”。具体说，要表现工农兵英雄人物的“革命的英雄主义和革命的乐观主义”，不要“渲染和颂扬”战争的“苦难”“残酷性”，防止表现出“资产阶级和平主义倾向”；要更多地塑造“活着的英雄”，不要“死一个英雄才写一个英雄”。⑧

第四，“提倡革命的战斗的群众性的文艺批评”。《纪要》将文艺批评看做“党领导文艺工作的重要方法”，“展开文艺斗争的重要方法”，明确提出：首先，要“把文艺批评的武器交给广大工农兵群众”，让“专门批评家和群众批评家结合起来”。其次，特别强调文艺批评要“加强战斗性”，评论文章在文风上提倡“多写通俗的短文”，要“把文艺批评变成匕首和手榴弹”。⑨甚至明确指出，文艺批评不要怕当“棍子”，即便被“敌人”骂作“简单粗暴”也要“坚决顶住”。⑩

从历史的角度看，“文革”美学所有的理论都源自江青这个著名的《纪要》。《纪要》奠定了“文革”美学与文艺理论的核心理论——“三突出”理论的基础。江青作为“文化大革命”的“旗手”，是促成“文革”美学从诞生到流布的最重要人

---

①《林彪同志委托江青同志召开的部队文艺工作座谈会纪要》，第527页。
②⑤⑨ 同①，第525页。
③④⑦ 同①，第524页。
⑥ 同①，第524—525页。
⑧⑩ 同①，第526页。

物,而她的几乎所有言论无不打着毛泽东文艺思想的旗号,虽然标榜自己最忠实地执行了毛泽东革命路线和文艺路线,但实际上以一种极“左”的、极端的、激进的形式,彻底背离了毛泽东文艺思想的基本原则。

二、“样板戏”与“三突出”理论的诞生

如果说江青的座谈会《纪要》奠定了“三突出”理论的基础,那么在《纪要》指导下的“样板戏”文艺实践则直接催生了“三突出”理论。

1967年5月,为纪念毛泽东《在延安文艺座谈会上的讲话》发表25周年,现代京剧《红灯记》《智取威虎山》《沙家浜》《海港》《奇袭白虎团》,芭蕾舞剧《红色娘子军》《白毛女》以及交响乐《沙家浜》等8个所谓“革命样板戏”,在北京集中汇演,宣告了“样板戏”作为“文革”最具代表性的文艺实践登上了历史舞台。

随后,中共中央最权威的理论刊物《红旗》杂志在1967年第6期上发表了社论《欢呼京剧革命的伟大胜利》,一开头这样点出“革命现代京剧”的意义:“京剧革命”,是“无产阶级文化大革命的开端”,“这是毛泽东思想的伟大胜利,是毛主席《在延安文艺座谈会上的讲话》的伟大胜利”①。

社论还说:“《智取威虎山》《海港》《红灯记》《沙家浜》《奇袭白虎团》等京剧样板戏的出现”,是京剧革命“最可宝贵的收获”。“它们不仅是京剧的优秀样板,而且是无产阶级文艺的优秀样板,也是无产阶级文化大革命各个阵地上的‘斗批改’的优秀样板。”②

在该社论前面的版面,《红旗》杂志专门配发了江青1964年京剧现代戏观摩演出人员的座谈会上的讲话《谈京剧革命》。这无疑以官方形式确认了江青在领导样板戏中的地位,甚至以此昭示了江青在整个“文革”时期的文艺领导权。同样,在1968年5月23日,上海文艺界隆重集会纪念毛泽东《在延安文艺座谈会上的讲话》发表26周年,大会以“上海文艺界无产阶级革命派”的名义,“热情颂扬江青同志高举毛泽东思想伟大红旗,坚决贯彻、坚决捍卫毛主席的革命文艺路线的丰功伟绩”。大会号召:“以江青同志为榜样”,“彻底肃清反革命

---

①② 《欢呼京剧革命的伟大胜利》,《红旗》1967年第6期。

修正主义文艺黑线的流毒”，“让毛泽东思想的伟大红旗在文艺阵地上高高飘扬”。[①] 可见，在“文革”期间，江青在文艺领域是以毛泽东文艺思想的最高代表的面目出现的。“文革”时期，文艺实践与文艺理论都是高度政治化的，这种官方的文艺作品与理论呈现出高度的一致性。在江青极“左”文艺思潮指导下，与“样板戏”匹配的“三突出”文艺理论很快应运而生。

就在毛泽东《在延安文艺座谈会上的讲话》发表26周年纪念日之际，也是“革命样板戏”诞生一周年之时，1968年5月23日《文汇报》第四版发表了上海市文化系统革命筹备委员会主任于会泳的长篇文章《让文艺舞台永远成为宣传毛泽东思想的阵地》。文章以《智取威虎山》和《海港》为重点，对近年来“江青同志亲自领导的京剧革命的历程”作了回顾。文章指出，对于样板戏，“我们根据江青同志的指示精神，归纳为‘三个突出’，作为塑造人物的重要原则，即在所有人物中突出正面人物来；在正面人物中突出主要英雄人物来；在主要人物中突出最主要的即中心人物来”。文章还说：江青这个以“毛泽东思想为武器”的创作原则，不仅是“创作社会主义文艺的极其重要的经验”，而且是“对文学艺术创作规律的科学总结”。这是在“文革”期间第一次提出“三突出”理论，此后，它被迅速确定为“文革”期间一切文艺的一条基本的美学和创作原则。可以说，“文革”文艺通过“样板戏”的实践，不断总结和丰富了“三突出”理论，而“三突出”理论又作为官方认定的唯一美学原则，被推广到“文革”期间一切文艺作品的创作中去。

1969年《红旗》第11期发表署名为“上海京剧团《智取威虎山》剧组”的文章《努力塑造无产阶级英雄人物的光辉形象——对塑造杨子荣等英雄形象的一些体会》，并于11月3日《人民日报》全文转载；1970年《红旗》第5期发表了署名为“中国京剧团《红灯记》剧组”的文章《为塑造无产阶级的英雄典型而斗争——塑造李玉和英雄形象的体会》；同年《红旗》第6期发表了署名为“北京京剧团《沙家浜》剧组”的文章《〈在延安文艺座谈会上的讲话〉照耀着〈沙家浜〉的成长》；1972年《红旗》第5期发表了署名为“上海京剧团《海港》剧组”的文章《反映社会主义时代工人阶级的战斗生活——革命现代京剧〈海港〉的创作体会》。这些文章都是经过直接听命于江青的“理论写作班子”反复修改、定稿并重点推出

---

① 《上海文艺界隆重集会纪念〈讲话〉发表26周年》，《文汇报》1968年5月24日。

的代表性文章，它们对以“英雄人物形象塑造”为核心的“三突出”理论做了比较系统的总结和阐发，实际上也起到了对“文革”文艺推波助澜的重要作用。

整体来看，“三突出”理论强调，“无产阶级文艺”创作的“首要的政治任务”是：“塑造无产阶级英雄人物的光辉形象”，比如杨子荣这样的英雄人物。因为这类英雄人物“是人类艺术史上前所未有的光辉形象，是为彻底消灭一切剥削阶级和剥削制度而英勇战斗的共产主义战士，是巩固无产阶级专政的有力武器，是‘帮助群众推动历史前进’的巨大力量”[①]。

为此“无产阶级文艺”要秉承“革命的现实主义与革命的浪漫主义相结合”这一总的创作方法。[②]具体方法如下：

(1) 要塑造既“高大”又“丰满”的英雄形象。这就需要“把英雄人物放在一定历史时代革命的阶级斗争的典型环境中”，在“世界观、思想、作风、性格气质”等各个方面，“完整、深刻”地体现他的“阶级素质”，“表现他高度的政治觉悟，展现他内心世界的共产主义光辉”。比如，现代京剧《智取威虎山》在塑造杨子荣这样的解放军侦察英雄过程中，通过“调动文学、音乐、舞蹈、表演、舞美等各种艺术手段”，集中表现了几个主要侧面，即在阶级觉悟上，“他对首长、对同志、对劳动人民”有“深厚的阶级爱”，对“美蒋、对土匪、对一切阶级敌人”有“强烈的阶级恨”；对打倒座山雕匪帮有“坚强的革命意志”，对“中国革命”和“世界革命”有“宏伟远大的理想”。在性格气质方面，他有“叱咤风云，气冲霄汉的勇敢豪迈气概”，又有“沉着冷静，精细机智的性格特质”。经过这样的表现与塑造，矗立在观众面前的就是一个“胸怀无限宽广”、具有“彻底革命精神”“处处突出无产阶级政治”“顶天立地”的、“既高大又丰满的光辉形象”。[③]

(2) 英雄人物要“处处突出无产阶级政治”。突出“无产阶级政治”可以说是“三突出”理论的宗旨和核心指向。何为突出“无产阶级政治”？各个“样板戏”通过各自的艺术实践不断丰富和建构了它的内涵。《努力塑造无产阶级英雄人物的光辉形象——对塑造杨子荣等英雄形象的一些体会》一文认为，最主要的是要突出英雄人物“胸有朝阳”，即“对毛主席、对毛泽东思想的赤胆忠心、无限

---

①②③ 上海京剧团《智取威虎山》剧组：《努力塑造无产阶级英雄人物的光辉形象——对塑造杨子荣等英雄形象的一些体会》，《红旗》1969 年第 11 期。

忠诚”。[①] 比如，样板戏《智取威虎山》第四场，特地为杨子荣设计了一段【西皮原板】—【二六】—【快板】的成套唱腔“共产党员”，从而表现出他“坚定地贯彻执行毛主席的战略、战术思想”，表现了他“一颗红心似火焰，化作利剑斩凶顽”“明知征途有艰险，越是艰险越向前”的“斗争意志”。[②]这就使得英雄人物有了突出的政治内容，从而使观众明确地认识到：英雄人物是在“毛泽东思想教育下百炼成钢的工农子弟兵的典型”，杨子荣这样的英雄，首先拥有为“战无不胜的毛泽东思想”武装起来的“灵魂”，所以才有了无穷的力量，机智勇敢地深入到敌人心脏中去，最终取得完全的胜利。再如，在样板戏《红灯记》里，“从李玉和手提红灯、沉着稳健地第一次上场，到就义时振臂高呼‘毛主席万岁’，自始至终都贯穿着对伟大领袖毛主席和对伟大的党的无限热爱和忠诚的一条红线”[③]。为了充分诠释李玉和是执行毛主席革命路线的代表，改编后的样板戏《红灯记》刻意设计了柏山游击队伏击歼敌的“雄伟场面”，以体现毛泽东思想中“枪杆子里面出政权”的论断。

1970 年《红旗》第 5 期又发表了署名为“中国京剧团《红灯记》剧组”的文章《为塑造无产阶级的英雄典型而斗争——塑造李玉和英雄形象的体会》。文章对“三突出”理论作了进一步诠释和补充。这种进一步补充与诠释首先体现在如何“突出”英雄人物的“无产阶级政治”方面。第一，进一步强调“要写出共产主义战士对无产阶级的、共产主义的事业坚定不移的信仰”。[④]这种信仰就是共产主义远大理想，就是对“以毛主席为领袖的中国共产党的信仰”，而表现这种信仰是“无产阶级文艺极其重要的原则”[⑤]。为此，样板戏《红灯记》特地在第八场为英雄人物李玉和设计了一个单独抒情的场景，即以一个有层次的成套二黄唱腔《雄心壮志冲云天》，“集中、充分、鲜明、感人肺腑、扣人心弦”地“展现了他灵魂深处的共产主义光辉”。[⑥]

第二，强调在全剧中最大限度地突出“阶级斗争”这个“主干”。《红》剧精心设计了《粥棚脱险》《赴宴斗鸠山》《刑场斗争》等一个接一个专场，刻意描绘李玉和对敌人“拍案而起、奋臂怒斥”的英雄“壮举”，以及“像火山一样爆发”的分明

---

①② 上海京剧团《智取威虎山》剧组：《努力塑造无产阶级英雄人物的光辉形象——对塑造杨子荣等英雄形象的一些体会》，《红旗》，1969 年第 11 期。

③④⑤⑥ 中国京剧团《红灯记》剧组：《为塑造无产阶级的英雄典型而斗争——塑造李玉和英雄形象的体会》，《红旗》1970 年第 5 期。

“憎恨”，这些设计与描绘，归结为一点，就是突出“不同的阶级斗争场面和不同的阶级斗争方式”。[①]

第三，突出英雄人物和“最广大的人民群众”的血肉联系。《红》剧把三个异姓的“工人阶级成员”李玉和、李奶奶、李铁梅设计为一家人。这个革命的一家内部是新型的“革命关系”：李玉和关心母亲、教育女儿，不是传统上的“父慈子孝”，而是为了革命的需要、体现的是阶级感情。于是，在李玉和被捕时，他把任务交给了李奶奶，在李奶奶被捕时，又把任务传给了李铁梅。李玉和对交通员救护和指路，体现了他对阶级同志的“爱”；李家和田家互相支持、“同仇共苦”，体现了李玉和与人民群众“同呼吸、共命运”的关系。[②]

文章对样板戏《红灯记》的阐释，又是置于《毛泽东选集》中“共产党员”“是具有远见卓识的模范”[③]（《中国共产党在民族战争中的地位》），“阶级斗争，一些阶级胜利了，一些阶级消灭了。这就是历史，这就是几千年的文明史”（《丢掉幻想，准备斗争》）[④]，“我们共产党人区别于其他政党的又一个显著标志，就是和最广大的人民群众取得最密切的联系”[⑤]（《论联合政府》）等论断之下的阐释，可见，《红灯记》的艺术实践及该文章的理论总结——“三突出”理论，实质上都是对毛泽东思想的文艺极左的诠释或者说图解，并且可以说是一种几乎绝对的、机械的图解，扭曲了真正的艺术规律。

1970年《红旗》第6期发表了署名为“北京京剧团《沙家浜》剧组”的文章《〈在延安文艺座谈会上的讲话〉照耀着〈沙家浜〉的成长》。该文对突出“无产阶级政治”做出了更极端的阐释，即更加强调舞台上英雄人物的塑造要体现“两个阶级、两条道路、两条路线的斗争”，而这“两条道路、两条路线”中正确的一方、胜利的一方始终是“毛主席革命路线”。比如，该剧对郭建光这个主要英雄人物，就是“从各个侧面，调动一切艺术手段”，把他塑造成“坚决执行毛主席的军事路线”的代表的[⑥]；阿庆嫂不顾个人安危、机智勇敢地与敌人斗智斗勇，其原因在这里被极其夸张、上纲上线地阐释为：“她的一切信心、勇气、力量，都来源于毛泽东思想。”文章还这样解释道：“《授计》一场，她在严重的局势，重重的困难

①②③④⑤ 中国京剧团《红灯记》剧组：《为塑造无产阶级的英雄典型而斗争——塑造李玉和英雄形象的体会》，《红旗》1970年第5期。

⑥ 北京京剧团《沙家浜》剧组：《〈在延安文艺座谈会上的讲话〉照耀着〈沙家浜〉的成长》，《红旗》1970年第6期。

面前，耳旁仿佛响起《东方红》乐曲的声音，想到了伟大领袖毛主席，响起了毛主席的教导，就顿时觉得‘定能战胜顽敌度难关’，变得更坚定更聪明起来。这是阿庆嫂思想性格的核心。”①

1972 年《红旗》第 5 期发表署名为“上海京剧团《海港》剧组”的文章《反映社会主义时代工人阶级的战斗生活——革命现代京剧〈海港〉的创作体会》。该剧不同于以上三剧描写解放前革命战争时期的内容，而是取材于解放后的“社会主义工业建设”，因此，该剧在塑造英雄人物方面更加被打上了“时代”的印记。该剧同样强调要突出“无产阶级政治”，不过具体内容有了转换，即为“表现我们时代的重大主题，必须以阶级斗争为纲，正确处理两类矛盾的关系”②。所谓“正确处理两类矛盾的关系”就是指毛泽东所说的“正确处理敌我矛盾和人民内部矛盾的关系”。该剧“集中描写了以方海珍为代表的码头工人实行无产阶级国际主义和阶级敌人破坏国际主义的斗争”③。方海珍和“她的战友们”实行无产阶级国际主义即抢运“援非稻种”，“与人民内部的错误思想斗”，即教育“革命责任感”④不强、政治觉悟不高的韩小强；同时与“暗藏的阶级敌人”斗，即与“三朝元老式”的敌人钱守维你死我活的斗争，⑤从而突出“无产阶级专政下继续革命”的“时代主题”。

按照这样的阶级路线观点和阶级分析方法，对于不同矛盾，艺术表现被规定为不同的表现方式：对于韩小强这样的人民内部的落后分子，“有细致的说理，有感情的抒发，有针锋相对的辩论，有亲切诚恳的诱导，有深切的期望和热情的鼓励”，并将这些教育行为解释为“把毛泽东思想的阳光雨露，点点滴滴都洒到小韩的心坎上”。⑥对于老战友老赵的“右倾思想”，则“语重心长”地指出其中的要害——“阶级斗争的观念淡薄了”。⑦而对于阶级敌人钱守维，则“当众击破钱守维企图借口开仓清点数字来掩盖罪证的诡计”，把斗争的紧急关头安排在全剧高潮的前一场，用“鲜明强烈的舞台行动”“闪光的语言”，表现与敌人面对面的“交锋”“扣人心弦的斗争”。⑧可见，这个样板戏的艺术形式完全成了“文革”理论的图解和推演，毫无生活和艺术的真实性可言。

---

① 北京京剧团《沙家浜》剧组：《〈在延安文艺座谈会上的讲话〉照耀着〈沙家浜〉的成长》，《红旗》1970 年第 6 期。

②③④⑤⑥⑦⑧ 上海京剧团《海港》剧组：《反映社会主义时代工人阶级的战斗生活——革命现代京剧〈海港〉的创作体会》，《红旗》1972 年第 5 期。

(3) 以反面人物来“陪衬”、以其他正面人物来“烘托”、环境气氛来“渲染”，共同为突出主要英雄人物服务。三突出理论认为，“一切人物的安排和环境的处理，都要服从突出主要英雄人物这一前提”。①

为此，样板戏《智取威虎山》总结出三条创作“规律”。第一，“用反面人物陪衬主要英雄人物”。这一创作方法被上升到阶级斗争的高度，指出：“陪衬就是服从”，在舞台上谁服从谁，就是哪个阶级“主宰舞台”的问题。比如样板戏《智》剧把敌人座山雕的座位由原剧舞台的正中搬到了侧边，始终“作为杨子荣的陪衬”，“而杨子荣在雄壮的乐曲声中昂扬入场，始终居于舞台的中心；再用载歌载舞的形式，让他处处主动，牵着座山雕的鼻子满台转；在献图时，让杨子荣居高临下，而座山雕率众匪整衣拂袖，俯首接图”②。如此形式上的布局，才能“大灭了资产阶级的威风，大长无产阶级的志气”。③样板戏《红灯记》的《赴宴斗鸠山》一场，以“敌人‘为自己’的剥削阶级世界观”来陪衬李玉和“‘完全’‘彻底’为革命毫无自私自利的共产主义世界观”；在酒宴上、在重刑下、在刑场上，让李玉和处处“居于斗争的主动地位”，“全剧始终由他牵着鸠山的鼻子转，使鸠山焦头烂额、一败涂地”④。

第二，“用其他正面人物烘托主要英雄人物”，即“主要英雄人物既不能脱离群众，又要高于群众”。因此，“写一般正面人物要从塑造主要英雄人物出发，烘托主要英雄人物形象，而不能让一般正面人物夺了主要英雄人物的戏，也不能用极力贬低群众的办法，把主要英雄人物弄成一个‘鹤立鸡群’的‘超人’。”比如，《智》剧第一场结束时是以杨子荣为中心的集体亮相，由于追剿队英雄群像的有力烘托，起到了“绿叶扶红花”的艺术效果，给人印象深刻。⑤再如，样板戏《红灯记》里，革命母亲李奶奶“有声有色”的念白和李铁梅“英姿飒爽”的歌唱，既具有鲜明的个性，又从不同角度烘托了李玉和这个主要人物的英雄形象。李奶奶的一段《痛说革命家史》也再现了李玉和在二七大罢工中“为革命东奔西忙”的英雄品质。⑥又如，在样板戏《沙家浜》中，阿庆嫂是个主要英雄人物，《沙》剧在第二场末尾反“扫荡”场景中安排了阿庆嫂“扶老携幼”的一段戏，增加了不

①②③⑤　上海京剧团《智取威虎山》剧组：《努力塑造无产阶级英雄人物的光辉形象——对塑造杨子荣等英雄形象的一些体会》，《红旗》1969年第11期。

④⑥　中国京剧团《红灯记》剧组：《为塑造无产阶级的英雄典型而斗争——塑造李玉和英雄形象的体会》，《红旗》1970年第5期。

少群众反抗日寇的细节；又塑造了沙奶奶这样“人老心红的革命妈妈”，沙四龙、王福根、阿福这样一些“朝气蓬勃的青年”，所有这些设计与塑造，都是为了烘托出阿庆嫂这样一个领导着群众对付敌人扫荡、又在群众协助下从容完成革命工作的地下联络员的光辉形象。①

《海港》一剧还把反面人物陪衬、其他正面人物烘托英雄人物，归结为“舞台上谁为谁作铺垫的问题”。② 比如，第一场高志扬与赵震山争论装运稻种的问题，“就直接为方海珍第一次上场作了铺垫，使她一开始就居于矛盾冲突的中心地位”。又如，第六场，马洪亮深情地对韩小强讲述“血泪斑斑的家史”，为方海珍引出港史、“展望五洲风云，抒发伟大胸怀”，起到了恰到好处的铺垫作用。③

第三，“运用环境渲染突出主要英雄人物”。环境渲染，包括舞台美工。比如，《智》剧第五场，一株株松树高大挺拔，直入云霄，树缝中透出道道阳光，这样的自然环境，与气冲霄汉的雄壮歌曲交相辉映，生动形象地表现出杨子荣豪迈刚强的英雄气概和坚贞不屈的英雄性格。④ 再如，《红灯记》剧中，在刑场一幕，特地设计了一个高台，让英雄李玉和就义时居高临下，一束稳定的红光投射到英雄身上，高大挺拔的青松烘托出李玉和顶天立地的高大形象，从而达到壮美、崇高的美学效果。⑤ 又如，样板戏《沙家浜》第二场有一段《朝霞映在阳澄湖上》唱腔，这一段唱“采用明快爽朗的‘西皮’曲调，以嘹亮的竹笛吹出富于江南风味的音乐作为唱腔的前奏”，同时辅以优美明丽的舞台布景——“岸柳成行”“朝霞瑰丽”，既“清新”又“气势飞动”。所有这些设计都是为了烘托英雄人物郭建光的“革命胸怀”和“激情”。⑥

(4) 塑造英雄人物，要达到“革命的英雄主义和革命的乐观主义”的统一。这就是说，要“运用革命现实主义和革命浪漫主义相结合的创作方法，正确处理革命斗争的艰苦性和革命战争的严酷性，以烘托无产阶级英雄典型的崇高品

---

①⑥ 参见北京京剧团《沙家浜》剧组：《〈在延安文艺座谈会上的讲话〉照耀着〈沙家浜〉的成长》，《红旗》1970年第6期。

②③ 上海京剧团《海港》剧组：《反映社会主义时代工人阶级的战斗生活——革命现代京剧〈海港〉的创作体会》，《红旗》1972年第5期。

④ 上海京剧团《智取威虎山》剧组：《努力塑造无产阶级英雄人物的光辉形象——对塑造杨子荣等英雄形象的一些体会》，《红旗》1969年第11期。

⑤ 中国京剧团《红灯记》剧组：《为塑造无产阶级的英雄典型而斗争——塑造李玉和英雄形象的体会》，《红旗》1970年第5期。

质，突出主题思想”[①]。1970年《红旗》第5期发表的文章《为塑造无产阶级的英雄典型而斗争——塑造李玉和英雄形象的体会》直接援引《林彪同志委托江青同志召开的部队文艺工作座谈会纪要》中的话对此阐释道：“不要在描写战争的残酷时，去渲染或颂扬战争的恐怖；不要在描写革命斗争的艰苦时，去渲染或颂扬苦难。”[②]比如，《红灯记》一剧在李玉和被捕离家一段，为他设计了一段精彩唱腔《浑身是胆雄赳赳》，这里没有悲伤、苦难或恐怖之感，倒处处表现了李玉和“钢铸铁打”、浑身闪烁着光芒的磅礴气势，给人一种巍峨、立体的“雕塑感”。在李玉和受酷刑一段，主要表现英雄“真金哪怕烈火炼”的铮铮铁骨，特别在表演上，李玉和一个“翻身”，扶着椅子傲然挺立，怒目圆睁，纵声大笑，仿佛“魔鬼的宫殿在笑声中动摇”，这是何等的崇高的英雄主义情怀，又是何等的乐观主义精神！这一段还特地赋予了一段“磋步”舞蹈，以表现李玉和虽身受重刑、伤痛欲裂，但“锁不住我雄心壮志冲云天”、视死如归、“一往无前”的革命豪情。在其基调里，始终找不到低沉苦难的悲曲，通篇是高亢的凯歌。[③]

革命乐观主义精神，还表现在《红灯记》全剧一般都是“辉煌”“胜利”、完满的、类似大团圆式的结局。因为样板戏的任务就是要“满腔热情地歌颂无产阶级革命事业的发展”，其目的就是要突出英雄用“血汗换来的人民革命事业的辉煌胜利”。比如，在《红》剧中，特意在李玉和牺牲后设计了《前赴后继》一场，赋予李铁梅一段颇具感染力的《仇恨入心要发芽》唱段，在李铁梅身上“再现了李玉和的气质和理想”，李玉和的死提高了邻居田家的觉悟，激发了八路军游击队“同仇敌忾的革命热情”。凡此种种都是为了表现一个英雄倒下去，千万个英雄站起来，革命事业后继有人的主题。全剧结束在一幅绚烂的画卷中：“根据地红旗招展”，游击队员雄姿英发，“挥枪起舞”，象征着革命事业如“排山倒海”般的、不可战胜的洪流。[④]

“三突出”理论还将这种为了表现革命英雄主义和乐观主义精神的“歌颂”式创作方法归纳为“三个反对”，即“既要坚决反对渲染和颂扬革命斗争、革命战争的‘苦难’和‘恐怖’，又要坚决反对不描写革命英雄人物艰苦奋斗、英勇牺牲，把革命战争写成‘逛花园’‘遛马路’一样，还要坚决反对资产阶级自然主义以及

①②③④ 中国京剧团《红灯记》剧组：《为塑造无产阶级的英雄典型而斗争——塑造李玉和英雄形象的体会》，《红旗》1970年第5期。

形形色色剥削阶级的反动创作方法”。[①] 这里所谓“形形色色剥削阶级的反动创作方法”，包括“现代派”“抽象派”“野兽派”等西方现代主义形式技巧。[②]

（5）突出英雄人物，要处理好人物语言、行动、唱腔的“辩证”关系。《海港》一剧在处理英雄人物的语言和行动关系时，认为：“英雄人物的语言，既不能太实——就事论事，没有思想的火花；也不能太虚——不着边际的空发议论。要言之有物，虚实结合，以实表虚，以虚带实。”[③]比如，方海珍对自己的同志韩小强、老赵的教育感化工作，就是虚实结合的典型例子。

在英雄人物的唱腔设计上，《海港》一剧提出了“音乐艺术的辩证法”原则。[④]该剧创作人员认为：“音乐艺术中的高与低、快与慢、整与散、疏与密、断与连、强与弱等等，都是对立的统一。”“不能片面认为只有音调越高，才能表现英雄形象。”比如，如果方海珍的唱段音调都处在高音区，那么唱到“忠于人民忠于党”一句，该高也高不到哪里去了。另外，也不能片面认为“只有高音调、快速度、强音量才能表现英雄人物的激情”。在一定条件下，恰恰运用低音调、慢速度、强音量才能表现英雄人物的激情。比如，【吟板】“烈士的血浸透了这码头的土壤”唱段就是在低音区吟唱的效果最佳。[⑤]

继八个样板戏之后，几年内一批“新的样板作品”，如钢琴伴唱《红灯记》、钢琴协奏曲《黄河》、革命现代京剧《龙江颂》《红色娘子军》《平原作战》《杜鹃山》、革命现代舞剧《沂蒙颂》《草原儿女》和革命交响音乐《智取威虎山》等相继问世，数量虽不多，但在官方媒体大力宣传下产生了巨大影响。

同时，官方媒体力促将“样板戏”创作原则推广到一切文艺题材和领域。比如：仅 1974 年《人民日报》较密集地在 4 月 24 日发表文章《进一步普及革命样板戏》，在 5 月 5 日发表文章《新诗要向革命样板戏学习》，在 5 月 14 日发表文章《捍卫样板戏的创作原则》，在 7 月 12 日发表文章《努力塑造无产阶级英雄典型》，等等。

1974 年堪称样板戏及其创作理论的总结年，是年《红旗》在第 7 期发表署名“初澜”的文章《京剧革命十年》。文章着重从政治方面较系统、也很宏观地阐述

---

①② 中国京剧团《红灯记》剧组：《为塑造无产阶级的英雄典型而斗争——塑造李玉和英雄形象的体会》，《红旗》1970 年第 5 期。

③④⑤ 上海京剧团《海港》剧组：《反映社会主义时代工人阶级的战斗生活——革命现代京剧〈海港〉的创作体会》，《红旗》1972 年第 5 期。

了以“样板戏”为代表的京剧革命的意义及其一般原则。有以下几点值得我们特别关注：

首先，所谓“京剧革命”是以江青1964年7月在“京剧现代戏观摩演出人员座谈会”上发表《谈京剧革命》为起始点的，这就突出了江青在“样板戏”及其“三突出”理论中特殊重要的地位。①

其次，“文革”中，“样板戏”是在文艺领域乃至整个“意识形态”和“上层建筑”领域“打头阵的”②，对于推动“文化大革命”的进程具有特殊重要的作用。

再次，以“样板戏”为代表的京剧革命是“无产阶级文化大革命”的“伟大胜利”和“战果”。最主要的意义是，巩固了无产阶级的“文艺阵地”，防止了资本主义和修正主义的“复辟”。③可见，样板戏及京剧革命是始终以“政治标准”为旨归的，而且把艺术中的政治标准强调到无以复加的地步，从而完全取消了艺术的独立价值或者相对独立性，只是“文革”极左、激进政治的御用工具。

第四，这里重申了样板戏及京剧革命在艺术上的一般原则：即重申并强调“革命的政治内容与尽可能完美的艺术形式的统一”；④重申并强调“创作样板戏的核心问题是‘满腔热情、千方百计地塑造无产阶级英雄典型’”⑤；重申并强调京剧革命要坚持“古为今用”“洋为中用”“推陈出新”的方针，让“破字当头，立在其中”，⑥等等。

虽然该文在表述上使用的“文革”时期特有的极左语言，但它客观上对样板戏及其“三突出”理论作了一次初步的总结。

第二节 《朝霞》月刊及其文艺批评

“九一三”事件后，“文化大革命”进入到后期阶段。但是，“文革”以来总的指导思想、根本理论并未改变，在其后连续展开的“批林批孔—儒法斗争”“工业学大庆、农业学大寨”“反击右倾翻案风”等政治运动的大气候之左右下，文艺实践及其理论在极“左”的道路上继续前行，越走越远。

①②③④⑤⑥ 初澜：《京剧革命十年》，《红旗》1974年第7期。

另一方面，自“文革”以来，除了有限的一些“样板戏”外，文艺受到了重创，整个文坛一片凋敝。林彪事件以后，全国各行各业出现了调整迹象。这一时期江青集团在林彪集团覆灭以后势力得到了加强，尤其在他们长期掌控的文艺领域影响力进一步凸显。为了顺应文艺调整、恢复的潮流，更为了进一步巩固和加强他们在“文革”以来树立的极“左”文艺思潮，江青集团在他们影响力最大的中心城市——上海，创办了《朝霞》月刊。《朝霞》所走过的路在很大程度上是“文革”后期文艺实践与美学思想发展的一个缩影，体现了“文革”后期文艺发展的种种特点。

一、继续奉行“文革”激进极“左”的文艺思潮

从1974年1月创刊到1976年9月终刊，《朝霞》月刊的编辑工作直接听命于上海市委“写作组”。其创刊号以《努力反映文化大革命的斗争生活》为题的“征文启事”集中体现了它的办刊宗旨。

“征文启事”开头这样写道：“伟大的无产阶级文化大革命，是在社会主义条件下，无产阶级反对资产阶级和一切剥削阶级的政治大革命。在毛主席亲自发动和领导的这场波澜壮阔的革命斗争中，亿万人民意气风发，一大批革命闯将锻炼成长，广大工人阶级和革命人民奋起批判刘少奇、林彪修正主义路线，批判资产阶级和一切剥削阶级的反动思想，创造了多少具有深远意义的新生事物和英雄业绩啊！”①

这篇“启事”发表在创刊号上，实际上起到了发刊词的作用。它之所以重申了“文化大革命”的“伟大”意义，其背景是：林彪事件以后，人心思定，在全国各行各业出现了调整迹象，周恩来抓住主持中央日常工作的契机，开始部分地“纠左”，于是全国生产秩序得到了一定程度的恢复，“文革”中被打倒的老干部、知识分子、文艺工作者部分地恢复了工作，思想、教育和文化领域也出现了一丝松动和“解放”。但是，这一切都是在毛泽东首肯的前提下进行的，当这些调整迹象发展成为在社会上出现的一种渴望否定“文化大革命”的情绪时，要不要将“文化大革命进行到底”，要不要“捍卫文化大革命的胜利成果”，就成为“文革”

---

①《努力反映文化大革命的斗争生活》，《朝霞》1974年1期。

后期的一个重大问题。江青集团正是利用了党中央的这种担心，在他们的控制较为牢固的文艺领域和上海市创办了《朝霞》月刊。它以“热情歌颂无产阶级文化大革命的光辉胜利，大力宣传无产阶级文化大革命中涌现的新生事物，努力塑造具有无产阶级文化大革命的精神的英雄形象”为宗旨[①]，自觉把文艺刊物和文艺创作作为“党的事业的一部分”，凸显文艺为政治服务的功能，它是这样说的，事实证明它也是这样做的。

在以后两年多的办刊过程中，《朝霞》月刊不断开设新专栏、实时发表相关作品与评论，以第一时间配合和呼应“批林批孔”（包括“儒法斗争”）、“批判《红楼梦》”“批判《水浒》”“反击文艺黑线回潮”“反击右倾翻案风”等主流意识形态领域内的全国性政治运动，并伴随着“文革”的结束而终结，使之成为一份地地道道的“文革”刊物。

二、创作与批评并举，做“反映现实斗争”的“轻骑兵”

《朝霞》主要栏目有“小说”“诗歌”“散文”“报告文学”“理论”等。前后出版的33期总共发表小说181篇，诗歌378首，散文、报告文学、特写等89篇，评论和理论文章191篇。从中可以看出，它作为一份文学期刊，评论和理论文章占据着很大比重，这在当时同类文艺期刊中是不多见的。其中小说和理论文章的篇幅都不很长，诗歌散文等更是如此，恰如它所谓的“轻骑兵”[②]。《朝霞》为何偏爱“轻骑兵”？《朝霞》1975年第1期“小说”栏目中又辟出“小小说·小评论”专栏，专栏开头《编者的话》多少道出了其中的原委：“我们提倡写小小说。因为小小说短小精悍，内容丰富，迅速反映现实斗争。”[③]无独有偶，1976年第6期“让思想冲破牢笼”专栏中《编者的话》也表达了相似的意思：“小小说就是我们向资产阶级迅速出击的有力武器。它犹如匕首投枪，短小精悍，尖锐锋利”，“它锻造方便，根据生活中一朵斗争的浪花，一个闪光的思想，一个动人的场景，加以提炼，即可成篇”。“因而反映现实特别迅速，配合斗争特别及时，这是它最大的长

① 《努力反映文化大革命的斗争生活》，《朝霞》1974年1期。
② 严隽雄：《关于〈朝霞随笔〉的随笔》，《朝霞》1976年第8期。
③ 《编者的话》，《朝霞》1975年第1期。

处。”[①]其实，何止小小说、小评论，《朝霞》里的大多作品、大多栏目都具有这种短小灵活、实时跟进的“轻骑兵”特征。这是它力图为“文化大革命”中的具体政治运动服务的办刊方针所决定了的。

这一点从历年各期不断翻新的“专栏”及其内容的编排上便可一目了然。

1974年《朝霞》创办之初正值全国开展声势浩大的“批林批孔运动”，《朝霞》旋即从第2期始连续两期开办了“深入批林批孔·提高路线斗争觉悟”专栏以配合形势。它包括以“工人阶级是批林批孔的主力军”和“批林批孔炮声隆”为总标题的两组诗歌，一篇题为《上海工人批林批孔战斗巡礼》特写，一篇署名“石一歌”的理论文章《“中庸之道”“合”哪个阶级的“理”？》，还有历史故事《孔老二的故事》（六则）、《孔家店二老板——孟轲的故事》（三则）等。

这一时期，为配合“批林批孔运动”，全国还掀起了一股评论《红楼梦》的热潮。为此，《朝霞》从1974年第5期开始也开设“《红楼梦》评论”专栏。

“批林批孔”运动很快转向以“儒法斗争”主题的批判运动。《朝霞》从1974年第7期开始，开设“法家诗文选读”专栏，将中国历史上的文学大家粗率地归入“法家”与“儒家”两家，比如，曹操、李白、李贺、王安石等统统被视作“法家”。该专栏分期分批简要介绍这些文学家的作品，这种简介主要是进行儒法斗争式的解读与讲解。

1975年上半年以《红旗》1975年第4期发表张春桥《论对资产阶级的全面专政》一文为代表，全国“批林批孔运动”进入了批判“资产阶级法权”阶段。这一时期，《朝霞》在1975年第1期开设“小小说、小评论”栏目，发表了《广场附近的应征点》《十年树人》《榔头篇》《战鼓催征急》《归心似箭》《鱼鹰初试》等6篇；又在第3期“小小说”栏目中发表《万年青》《老门卫》《友谊手》等3篇；第6期又开设“让思想冲破牢笼”专栏以取代“小小说·小评论”专栏，除发表8篇小小说外，还集中发表了《牢记权力是谁给的》《这一关把得好》《关键在于自觉》和《向最高理想攀登》等4篇小评论；第7期“杂文”专栏还发表了《“还有我”和“不是我”》《赞“傻”》和《说“人情”》，都是针对“限制资产阶级法权”问题而发的议论。上述小说、评论、杂文等都以“短小精悍”的篇幅，实时反映了“资产阶级法权”问题，并对这一问题进行了符合当时政治需要的阐释和评论。至于小说方面，

① 《编者的话》，《朝霞》1976年第6期。

1975年第3期《店堂前的红灯》和《营业之外》、第4期《百分之九十五》、第8期《女采购员》、第10期《无产者》等，都是图解所谓“限制资产阶级法权”的文学作品。

1975年8月以后，随着毛泽东发表关于评论《水浒传》的谈话，全国“批林批孔”运动转向了以评《水浒传》为重点。《朝霞》紧跟着在第9期开设“鲁迅论《水浒》”专栏，并发表了“石一歌”的文章《〈水浒〉儿童版（增订本）前言》，拉开了“评水浒”的大幕。接下来的《朝霞》第10期，密集发表了一系列评水浒作品，凸显了“评水浒”的主题。首先，该期在“诗歌”栏目里开设“评《水浒》诗选”专栏，发表了3首诗，即《金匾——木枷》《宋江与高俅》和《宋江祭晁盖》。其次，在“评论”栏目里发表了4篇评《水浒》文章，即《〈水浒传〉与〈荡寇志〉》《从青少年评〈水浒〉想起》《宋江私放晁盖新析》和《评〈水浒〉中宋江的诗词》。如此看来，《朝霞》作为文艺期刊，在评水浒运动中，其紧跟政治形势之快，反应之迅速，确实堪称“现实斗争”的“轻骑兵”。

从某种程度上说，1974年《朝霞》月刊的诞生是当时“反击修正主义文艺黑线回潮”政治需要的产物。《朝霞》第2期推出了“对短篇小说《生命》的评论”专栏，该专栏刊出3篇评论文章《要正确地反映无产阶级文化大革命的光辉历史》《老铁头是无产阶级革命造反派的光辉形象吗?》《〈生命〉是对无产阶级文化大革命的否定》，分别从小说主题、人物形象、小说的意义等方面对《生命》进行了批判，专栏最后还附上了《生命》小说的节录本。

批判苏联当代所谓“修正主义”文学，是“反击修正主义文艺黑线回潮”运动的一部分。《朝霞》自第4期开始开辟了新专栏“苏修文学批判”。该专栏陆续发表了不少针对反映苏联当代社会生活的文学作品的评论文章，并经常在评论文章之后附上所批判作品的“故事梗概”或“内容提要”等。

“文革”期间的最后一次政治运动是1975年底发动的“批邓、反击右倾翻案风”运动，《朝霞》也一如既往地及时跟风。实际上，自1976年第1期直到第8期，“反击右倾翻案风”的主题在《朝霞》中占据着突出位置。首先，在原先的“诗歌”栏目中为运动开辟了“八亿征帆战狂澜”“千军万马追穷寇”两个新专栏。其次，为了加强与“走资派”针锋相对的斗争，新设了“朝霞随笔”专栏。专栏自第1期至第8期，发表文章36篇，直接呼应和间接策应了“反击右倾翻案风”运动。比如，第1期《秧苗与〈春苗〉》、第2期《报春花礼赞》《且说“改造”》、第3期《复辟狂的鞭子》、第4期《泥沙辨》《光明与黑暗》、第5期《真伪辨》、第6期《且谈“黄绢之术”》《“忙人”与“闲人”》、第7期《太阳颂》《也谈“秤砣”》、第8期《我们什么也不怕》等，都是紧跟运动政治形势极强的小评论。正如该专栏自称的，这些“短小精悍”的随笔、杂文，“紧‘随’现实斗争的步伐”，极具“尖锐泼辣”的战斗风格；不仅“歌颂了百花齐放的无产阶级文艺革命”，而且“抨击了邓小平‘一花独放’的奇谈怪论”，“形象地揭示了资产阶级‘就在共产党内’”“不斗争就不能进步”的“真理”，从而“鼓励我们搞好无产阶级专政下的继续革命”。①

三、扶持“工农兵业余作者”及其效果

《朝霞》从创刊伊始就很重视扶持与培养“工农兵业余作者”。这一办刊原则当然与江青1966年部队文艺座谈会《纪要》关于文艺创作要走“群众路线”②的要求是高度一致的。实际上，在“文革”后期，主流意识形态明确提出了“工农兵业余作者”的培养任务，《人民日报》在1971年12月16日第一版发表评论《发展社会主义的文艺创作》认为：“认真坚持为工农兵服务的方向，以革命大批判开路，以革命样板戏为榜样，以塑造工农兵英雄人物为根本任务，工农兵业余作者和专业作者相结合，是这个创作运动（即“社会主义文艺创作运动”——笔者注）的特点。”该文将“工农兵业余作者”置于“专业作者”之前，显然极力突出了“工农兵业余作者”的地位。该文接着要求道：“要在革命样板戏的带动下，进一步发展群众性的创作；又要在群众性创作的普及基础上加以提高，产生有较高思想性和艺术性的新作品。”“发展社会主义的文艺创作，要有一支革命化的文艺创作队伍。要加强这支队伍的思想建设和组织建设。要努力培养和教育工农兵业余作者，并按照党的知识分子政策整顿文艺工作队伍。”③

在培养与扶持“工农兵业余作者”方面，《朝霞》也是紧跟政治形势的急先锋。

首先，《朝霞》旗帜鲜明地鼓励和倡导“工农兵业余创作”。《朝霞》在创刊号

① 《关于〈朝霞随笔〉的随笔》，《朝霞》1976年第8期。

② 《林彪同志委托江青同志召开的部队文艺工作座谈会纪要》，载洪子诚主编：《中国当代文学史·史料选》，第525页。

③ 《发展社会主义的文艺创作》，《人民日报》1971年12月16日。

发表题为《努力反映文化大革命的斗争生活》"征文启事"即明确写道，自发动"文化大革命"以来，"亿万人民意气风发"，"创造了多少具有深远意义的新生事物和英雄业绩啊"。为此，"热情歌颂无产阶级文化大革命的光辉胜利，大力宣传无产阶级文化大革命中涌现的新生事物，努力塑造具有无产阶级文化大革命的精神的英雄形象，通过文学这个形式来说明'这次无产阶级文化大革命，对于巩固无产阶级专政，防止资本主义复辟，建设社会主义，是完全必要的，是非常及时的'。这应当是我们工农兵业余作者和革命文学工作者的光荣任务。"该"征文"主要面向"上海地区及上海所属单位的作者"，显然这里主要针对的是绝大多数的"工农兵业余作者"。[①]《朝霞》把"工农兵业余作者"当作"文革"文艺中涌现出来的"新生事物"，并这样评价道："无产阶级文化大革命以后，一支无产阶级文艺创作大军迅速形成，许许多多工农兵拿起了笔，热情讴歌伟大的党，伟大的时代，讴歌在毛主席革命路线指引下所产生的'新的人物和新的世界'。这些年轻的作者有热情、有干劲，敢想、敢说、敢作，他们经历一段实践后陆续问世的作品同他们自己一样闪烁着火辣辣的时代性格，内容革命，形式健康，很受群众的欢迎。"[②]为此，《朝霞》号召，即使它们"还不够成熟"[③]，也要以对待新生的"嫩苗""灌溉佳花"[④]的态度，"满腔热情地支持它，为它大喊大叫"[⑤]。

虽然，《朝霞》直接听命于上海市委写作组，写作组里的专业作者常以"石一歌""任犊""方泽生"等笔名发表文艺评论等，但是，《朝霞》里包括文艺评论在内的大多数文艺作品出自名不见经传的所谓"工农兵业余作者"之手，内容包括小说、诗歌、散文、评论等各种体裁，仅以1974年为例，其中质量较高、影响较大的作品有：小说《电视塔下》（段瑞夏，第1期）、小说《追图》（征文选刊，中华造船厂"三结合"业余创作小组，第2期）、诗歌《围垦工地诗抄》四首（奉贤星火农场，第2期）、革命故事《滨海新一代》（金山县金卫公社八二大队创作组，第4期）、评论《坚持方向就要坚持斗争》（工农兵业余作者集体讨论，周林发、邵华，第5期）、评论《喜看良种抗寒流——评独幕话剧〈抗寒的种子〉》（复旦大学工农兵学员张震钦，第6期）、独幕话剧《工厂的主人》（上海工人文化宫业余小戏班集体创作，

---

① 《〈努力反映文化大革命的斗争生活〉征文启事》，《朝霞》1974年第1期。
② 高信：《提倡写好序——从鲁迅写序谈起》，《朝霞》1974年12期。
③⑤ 谢镇夏：《希望有更多的好评论》，《朝霞》1975年8期。
④ 石望江：《批评家和"不平家"》，《朝霞》1976年第2期。

贺国甫、黄荣彬，第7期）、故事新编《桑弘羊舌战群儒——〈盐铁论〉》（上海电焊机厂一车间工人理论小组，第8期）、评论《美术革命的新成果——评组画〈鲁迅——伟大的革命家、思想家、文学家〉》（建工局工人评论组桑耀，第9期）、相声《进军号》（上海江南造船厂创作组、上海歌剧院文艺轻骑队，第10期）、评论《从刘姥姥三进荣国府谈起》（杨浦区图书馆工人业余评论组，任林、高珍，第10期），等等。

为提高这些业余创作的质量和水准，编辑部还组织了针对"工农兵业余作者"的征文、开辟"新人新作"专栏、举办各类型座谈会、讨论会等，以使这些业余作者们"有机会相互交流经验，发扬优点，克服缺点，以利再战"。①

《朝霞》还经常性地发表介绍业余作者创作经验的文章，比较有代表性的，1974年有第1期《赤脚医生》创作组撰写的《我们的体会》、第5期周林发、邵华执笔的《坚持方向就要坚持斗争》、第6期任犊撰写的《燃烧着战斗豪情的作品——〈农场的春天〉代序》②、第8期沪东工人文化宫文艺评论组的《喜看战友颂英雄——读长篇小说〈较量〉》、第12期的《关键在于路线》，1975年有第2期的《谈谈文艺作品的"新"与"深"》、第4期的《作群众忠实的代言人》、第9期上海市属国营农场三结合创作组撰写的《第一步》、第11期陈祖言写的《在内容和形式的统一上下功夫——学习写诗的一点体会》，1976年有第1期复旦大学中文系工农兵学员龚挺的文章《迎着朝阳阔步前进——喜读短篇小说集〈迎着朝阳〉》、第3期方学的《语言·形象·思想——读〈大海铺路〉想到的》、第4期杨代藩的《火力与眼力——从〈会燃烧的石头〉到〈只要主义真〉》和杜恂诚的《工业题材长篇小说漫谈》、第6期的《新生事物与限制资产阶级法权——〈女采购员〉创作体会》、第7期的《快把那炉火烧得通红——〈无产者〉序》、第8期陆建华的《录时代风云，塑一代新人——漫评段瑞夏同志的短篇小说》，等等。这些文章从政治思想、题材、体裁、技巧等多角度，或由主创人员现身说法谈创作体会，或由另一些业余作者谈自己的阅读感受，也有少数专业评论家的评论，篇幅不算长，但几乎每期都有1至2篇，足见《朝霞》对工农兵业余作者创作的重视与

① 《〈努力反映文化大革命的斗争生活〉征文启事》，《朝霞》1974年第1期。

② 《农场的春天》是"战斗在国营农场的知识青年写的"一本短篇小说集，由上海人民出版社1974年出版，被认为是"近年来工农兵业余文学创作中的可喜成果"，在当时影响很大。《朝霞》编辑部还专门为该文配发了"编者按"。参见任犊：《燃烧着战斗豪情的作品——〈农场的春天〉代序》，《朝霞》1974年第6期。

扶持。

《朝霞》之所以如此看重“工农兵业余作者”，其直接原因当然是“文革”主流意识形态对文艺创作要走“群众路线”的要求使然，这一创作要求将毛泽东《在延安文艺座谈会上的讲话》的“工农兵方向”极端化、绝对化、庸俗化了，明显违反了艺术规律，当然出不了真正的上乘之作。

从根本上讲，毛泽东曾说过，工人农民，尽管他们的手是黑的，脚上有牛屎，还是比资产阶级和小资产阶级知识分子要干净。“四人帮”将毛泽东这一论述做断章取义的理解，为了搞掉新中国成立十七年来占据文坛主流的所谓“文艺黑线”，他们必须打倒一大批卓有成就的艺术家，剥夺这些艺术家们的话语权，在重建“毛泽东文艺革命路线”的旗帜下，通过扶持和培养“工农兵业余作者”，让工农兵们的“无产阶级思想”占领“文艺阵地”，从而“改造”专业的知识分子作者的资产阶级、小资产阶级、修正主义思想，以此达到所谓“无产阶级全面专政”的目的。说到底，它是在“无产阶级专政下继续革命”理论指导下的文艺实践的一部分，而这一实践，在“文革”后期的文坛，尤其在《朝霞》刊物中得到了切实的体现。

不过，《朝霞》诞生在“文革”高潮已过、各行各业在调整中得到一定程度恢复的“文革”后期，又因为《朝霞》创办伊始便确定了培养“工农兵业余作者”的基调，于是，它客观上给有志文学的“知识青年”提供了施展才情的小小舞台。“文革”后脱颖而出的一批文坛新秀，其中不少曾在《朝霞》上初试锋芒，包括作家黄蓓佳、陆天明、古华、钱钢、路遥、孙颙、王小鹰、贾平凹、余秋雨、赵丽宏、刘绪源等，批评家陈思和、孙绍振、刘澄翰、陈大康等，他们发表在《朝霞》上的作品有小说、诗歌、散文、剧本、报告文学、评论、杂文等。

在当时那个文艺资源十分匮乏的时代，《朝霞》的出现的确培养了一批青年对文学的兴趣和审美追求。有的学者回忆说：“此时上海出版了四份杂志：《学习与批判》《朝霞》《摘译》自然科学版和社会科学版。虽然也是左，但比‘两报一刊’好看，相信同年龄的人都还记得。这四种杂志，父亲总是定期寄到我生活的地方，引起周围同道者的羡慕。”[①]也有的学者这样回忆道：“我曾经在一篇文章中说到自己当年阅读《朝霞》时的情景。我自己关于文学的许多观念就萌芽在

---

① 朱学勤：《书斋里的革命》，长春出版社1999年版，第58页。

这种阅读之中，虽然我此后不断校正和抛弃‘许多观念’中的种种，但其影响挥之不去。”①

这些当代学者的记忆或多或少折射出《朝霞》当年的影响力，虽然这并不能证明《朝霞》具有很高的艺术水准，却从一个侧面说明了，即便在文化凋敝的年代，一本质量不高的文学杂志也能唤起人们的文学梦和审美追求。或许正是这种对美的渴望与追求一点一点地积累起来，才为日后我国文学在思想解放、改革开放的环境下获得大发展储备了人才、集聚了内生的动力。

从历史角度看，“文革”时期文艺及其美学形态，是新中国成立以来我国极“左”文艺思想不断演进并发展到极端的产物。它几乎完全取消了文艺与国家政治行为的界限。在“文革”美学和文艺理论看来，文艺生产、传播与批评，本身就是“政治”，没有任何的独立价值和自足性，文艺的党性原则被提高到无以复加的地步。基于这样的理念，以江青部队文艺座谈会《纪要》为指导，并在“样板戏”文艺实践基础上总结出来的“三突出”理论，成了这一时期唯一的文艺理论和美学原则。其实，这里的“三突出”只有一个突出，即突出所谓“无产阶级政治”。“文革”后期，文艺政策有了少许调整，凋敝的文艺有了一定程度的恢复，但基本指导思想未变，“三突出”理论仍然占据统治地位。“三突出”理论指导下的“文革”文艺根本违背了艺术发展的自身规律，因此必然是失败的，事实上，它随着“文革”的结束而走向了终结。

---

① 王尧：《迟到的批判》，大象出版社 2000 年版，第 2 页。

结　语

从新中国成立到“文化大革命”结束这一段，是我国社会主义建设的探索期。这种建设与探索，不仅体现在物质基础层面，也体现在精神和文化层面。前者主要是指从新中国成立开始的社会主义改造及其完成，以及随后的经济和生产领域为促进发展所做的各种尝试；后者主要是指围绕着确立马克思主义在思想领域的指导地位，完成社会主义国家意识形态的构建而做的一系列努力。这一时段的美学和文艺建设，属于后者。这一时代的美学和文艺建设，与当时国家层面的文化建设联系紧密，既由于受到党和政府的高度重视，因而获得了长足发展，同时又因为与政治和时代的直接相连，不可避免地带有一定的历史局限性。具体说来，这一时段的美学和文艺发展具有如下方面的贡献、特色与不足。

首先，确立了马克思主义在美学领域的指导地位，并在此基础上，分析和解决了美学学科的一些基本问题，初步构建了美学学科的基本框架，为马克思主义理论中国化提供了操作路径和典型范例。在美学大讨论当中，所有的参与者都自觉地运用马克思主义基本原理来分析美学问题，无论是认为美在主观、美在客观，还是认为美在主客观统一、美在客观性和社会性的统一，其基本的理论来源都是马克思主义的。很多时候，参与讨论的美学家们都是直接引用马克思、恩格斯等马克思主义经典作家的著作来为自己的观点辩护。这一过程普及和扩大了马克思主义基本原理在中国思想领域的运用，锻炼和提升了中国学者运用马克思主义解决中国问题的能力，也形成了中国美学学科的马克思主义特色。尤其是朱光潜和李泽厚，这两位对中国当代美学学科建设有着举足轻重地位的美学家，在讨论中较早征引和借鉴了马克思早期著作《经济学—哲学手稿》中的思想来阐释美学问题，为20世纪80年代的“《手稿》热”提供了最初的灵感，也为实践美学的体系建设奠定了良好的基础。更为重要的是，在美学大讨论的这一过程中，中国学者整体转变了认识世界和解释世界的思维框架，使马克思主义基本原理内化为学者自身的理论意识，使从马克思主义立场出发成为中国知识分子的一种自发性的理论直觉。

其次，在这一时段，中国美学家们运用马克思主义基本原理，重新解读中国美学和艺术现象，构建了一套美学和艺术实践领域的中国话语。从哲学立场上的唯物主义唯心主义划分，到美学和艺术本质层面的唯物主义和唯心主义的分辨，从这一立场衍生出的艺术与现实关系的现实主义和浪漫主义区分，以及马克思主义美学经典语汇与命题，这些构成了新中国成立以后中国美学和文艺学主要的本质论和价值论体系，并在美学阐释活动中得到明确而有效的执行。这种做法对中国美学和文化的当代构建都影响巨大，至今仍然是我们认识和分析美学以及其他人文学科问题的重要参照和指导。

但因受到时代视野的局限，当时中国学者普遍对马克思主义缺乏全面而深入的理解，因此在具体运用过程中存在机械化与简单化倾向。具体而言，唯物主义与唯心主义，人民性与阶级性等的划分背后，是壁垒分明的马克思主义与反马克思主义、革命与反革命、进步与反动等一系列简单价值判断。中国美学家们将这种价值判断运用到美学实践中，将美学和艺术的历史发展化约成唯物主义与唯心主义、现实主义与浪漫主义的对垒。这一点可以在朱光潜写作的《西方美学史》中得以印证。他认为柏拉图是西方浪漫主义的源头，亚里士多德是西方现实主义的源头，柏拉图的客观唯心主义是反动的，而亚里士多德的思想徘徊在唯心主义和唯物主义之间，但在文艺与现实的关系方面，则基本上是唯物主义的[①]。在《西方美学史》的结尾，朱光潜提出了西方美学三个关键性问题，即“美的本质问题”“典型人物性格”“浪漫主义和现实主义”[②]。这在某种程度上意味着，他使用了当时中国美学界主流话语——唯物主义与唯心主义、典型、现实主义和浪漫主义，重构了西方美学的发展历程。与之相类似的，如游国恩、萧涤非等撰写的《中国文学史》，也以现实主义和浪漫主义、阶级性和人民性等视角或标准，对古往今来的文学家重新进行历史排位。用周扬的话来说，就是“运用马列主义毛泽东思想研究文学历史是一个新的尝试”[③]。但其问题正如

---

① 参见朱光潜：《西方美学史》上卷，人民文学出版社 1963 年版，第二章“柏拉图”、第三章“亚里士多德”。
② 参见朱光潜：《西方美学史》下卷，人民文学出版社 1964 年版，“结束语”。
③ 周扬：《周扬文集》第四卷，人民文学出版社 1991 年版，第 68 页。

胡风所指出的:苛责巴尔扎克没有能够成为社会主义的现实主义者,这是反历史主义的行径[①]。但在20世纪五六十年代,不仅是像巴尔扎克这样的批判现实主义作家,甚至中国古代的诗人、词人,都无一例外地要受到这种阶级性、政治立场等的考察与评判。应该说,马克思主义基本原理与中国美学领域的结合,给中国美学发展带来了新的时代面貌,但在具体结合的过程中,反历史和机械化倾向也带来了大量的理论问题。

这种机械化倾向不仅体现在美学研究上,也体现在美学家和美学著作的引进上。在这一时段,西方思想进入中国,同样需要进行政治立场等意识形态层面的筛选。因此被翻译引进国内的,除美学史上经典著作外,主要是一些被认为是哲学上属于唯物主义立场并坚持现实主义美学原则的作者,如布瓦洛、狄德罗等(但实际上,中国知识界的认定与西方美学家自身的美学立场和观点等存在很大距离。中国知识界的认定有将现实主义扩大化的嫌疑)。除此之外,就是德国古典美学以及马克思、恩格斯等马克思主义经典作家在其著作中表示过肯定的作者。德国古典美学,如康德的《判断力批判》、黑格尔的《美学》等,能够被引进,又与其属于马克思主义思想重要来源直接相关。而马克思、恩格斯等肯定过的作者,如莎士比亚、席勒、海涅等,在当时氛围中也天然地获得了合法性。而对于西方现当代美学,则不仅翻译少而且也主要用于内部批判,沦为当时批判腐朽堕落的西方世界的靶子。例如《现代美英资产阶级文艺理论文选》虽然编选了艾略特、兰色姆、赫丽生、墨雷、伍尔夫等人的著作节选或论文,但总体评价是"它反映了现代资产阶级思想的腐朽性和腐蚀性"[②]。值得注意的是,在这套上下两卷文论选中,也编选了一些受到马克思主义影响的一些西方学者的著作,如威尔逊、派灵顿等,但编选者对其评价是:"有更多作家或者别有用心,或者只是一时投机,或者经不起考验,不久便原形毕露,有的消极颓废,有的积极反动;他们当时搬弄马克思主义词句的文艺论著,有的偶尔提出了具有表面价值的一些说法,有的似是而非,有的故意歪曲,就性质说,形成了资产阶级文艺理论的一个变种。"[③]很显然,这种评价主旨方向仍是否定的。

---

① 胡风:《胡风全集》第六卷,湖北人民出版社1999年版,第168页。
② 中国科学院文学研究所西方文学组编:《现代美英资产阶级文艺理论文选》,作家出版社1962年版,"后记"。
③ 中国科学院文学研究所西方文学组编:《现代美英资产阶级文艺理论文选》,"编辑前言"。

这些状况带来当时国内美学研究总体上的一些不足：美学研究视野与方法的简单化和僵化倾向，限制了美学研究的深度和广度，而可以作为借鉴和开阔思路的外来文献资源不仅有限，而且还因为过于严格的筛选也带有极大的片面性。对西方著作引进的片面性，验证了我们自身已经被简单化的美学立场的可靠性，而我们自身美学立场的褊狭，又决定了我们在选取西方著作时的视野和判断，这就构成了一种非良性循环。这种状况不仅限制了美学的发展，限制了马克思主义基本原理与中国美学和艺术实践之间的有效融合，而且在新时期之后获得的是历史性的反弹式解决，即西方美学和著作大批量进入中国。如果说，在20世纪五六十年代，西方现当代美学和哲学著作进入中国少而又少，是经过一再筛选，那么新时期之后，西方著作进入中国则是几乎没有筛选，每一种潮流进入，都带着可以解决中国问题的光环，同样也造成了一些问题，这些都是美学发展过程中需要我们吸取的教训。

再次，苏联美学思想在这一时段的中国美学建设中扮演了重要角色。上文中我们谈到，中国美学界在这一时期引进的西方美学很少，但这并不意味着中国美学是在一种完全封闭的状态下发展。事实上，在这一时期，我们大量引进和译介了苏联的美学理论。第二次世界大战之后，世界格局发生了很大变化，形成了资本主义和社会主义两大阵营。西方世界奉行冷战思维，这客观上导致了中国政府在外交政策与对外交流方面的一边倒倾向。反映在美学和文艺理论领域，能够引进到国内的相关文献主要是以苏联为主，同时还包括保加利亚、匈牙利、越南、捷克、波兰等社会主义国家的著作。但在这其中，苏联美学显然占据着绝对的优势，对当时中国的美学建设产生了举足轻重的作用。

苏联美学的这种作用和影响可以从以下方面体现出来。其一，苏联美学直接参与了中国当代美学的建构，成为当时中国美学思考的主要参照物。作为一门学科的美学，20世纪初由日本传入中国。新中国成立之前，中国的美学学科发展很不发达，主要的著作只有范寿康《美学概论》、朱光潜《文艺心理学》、蔡仪《新美学》等几部。新中国成立后，这几部仅有的美学著作并不能满足新中国美学学科建设的需要，而在“一边倒”的国际大环境中，在缺少又十分需要可资参考的文献和研究成果的情况下，苏联美学自然成为重要的借鉴来源。当时不仅翻译苏联美学方面的相关著作，还邀请苏联美学和文艺学方面的专家来中国授课，甚至直接把苏联美学学科的教学大纲、教材等翻译过来，作为中国大学教员和学生的教材和样本。例如 1954 年，官方邀请苏联专家毕达可夫来北京大学为中国学者讲授文艺学基本理论，他的讲义于两年后出版，名为《文艺学引论》。1956 年，斯卡尔仁斯卡娅受邀在中国人民大学讲授马克思列宁主义美学，后来她的讲义被整理为《马克思列宁主义美学》一书。与她同年，苏联专家柯尔尊也受邀在北京师范大学讲授文艺学概论。1957 年，国内翻译了马拉霍夫的《“马克思列宁主义美学基础”教学大纲》，这些都对中国文艺学与美学的学科框架产生了重要影响，构成了当时中国学者思考美学和文艺学问题的基本框架模式。其二，中国美学研究者当时看待美学问题的目光，往往是通过苏联学者的视野和眼睛来看的。以斯卡尔仁斯卡娅的《马克思列宁主义美学》的讲义为例，这本书不仅讲授了马克思、恩格斯、列宁等经典马克思主义作家对美学的一些观点，同时还介绍了俄国美学家别林斯基、车尔尼雪夫斯基、杜勃罗留波夫，也介绍了西方美学家的思想。但她在介绍西方美学家时，采用的框架是唯物主义与唯心主义的二分模式，其标题即为“马克思主义以前的美学中唯物主义与唯心主义的斗争”，这种模式我们在朱光潜的《西方美学史》中也能够看到。在这一框架下，她介绍了古希腊美学、文艺复兴时期的美学、古典主义时期的美学等西方美学的重要时期和美学家。这种做法对于中国而言，具有双重意义，一则是她提供了如何构建美学史的马克思主义方法，一则是她提供了基本的西方美学思想，只不过这种思想是经过了她本人，即作为一个苏联学者的理解和过滤的。更能够明显体现出这种情况的是由中国科学院文学研究编译的《现代文艺理论译丛》，在作为定期期刊出版之前，该刊物曾经不定期地出版过六辑。其中第一辑讨论“社会主义现实主义”，第二辑讨论“批判修正主义和资产阶级文艺思想”，第三辑讨论“当代美学问题”，第四辑是关于“比较文艺学与其他反动的资产阶级美学流派”，第五、六辑是关于“古典的美学和文学理论”①。从讨论的基本内容来看，第一辑属于苏联美学的专论。然而其他各辑，作者也几乎都是苏联学者。这意味着，所谓的当代美学即是苏联美学，对资产阶级美学的批判也并不是所谓的资产阶级自己站出来说话，或者中国学者基于自己的理论立场的反思，而是苏联学者对他们的批判。也就是说，当时中国美学界对世界的观望，是

① 中国科学院文学研究所现代文艺理论译丛编辑委员会：《现代文艺理论译丛》，人民文学出版社 1963 年版，第 1 期，“编后记”。

通过苏联这一中介来实现的。

这种与苏联美学之间的亲密联系，带给中国美学的影响其实也是非常复杂的。一方面，在学科建设差不多一穷二白的状况下，苏联美学无疑为中国美学带来了可发展的内容和方向，在其影响下，中国逐渐有了属于自己的美学学科，这是无论如何不能抹杀的历史功绩。但另一方面，与之相伴随的是，苏联美学所固有的机械化、庸俗唯物主义倾向，也深深影响了中国美学界。苏联美学在其发展历程中经历的挫折和困惑，在一段时间之后，也成为中国美学界不得不面临的问题。苏联美学，除马克思主义影响外，自有其传统。例如，“别车杜”的思想，对苏联美学自身的构建影响极大，而它们的哲学基础都与机械唯物论有着千丝万缕的联系，但旅行到中国，被视为唯物主义的重要内容，成为马克思主义思想的重要同盟军，苏联身份使它们免去了本应接受的异域考察和反思。在这种情况下，中国美学界无论是对马克思主义自身的理解，还是对世界范围内美学发展的理解，都不可能没有偏差。然而更加复杂的是，由于当时的政治和文化氛围，苏联美学具有的天然合法性，又使这一美学理论资源变成为另外一种力量，即中国美学研究者借助它们，试图为中国美学发展寻找到一点自由的空间，适当调和当时已经日益明显的“左”倾和机械僵化的倾向，这可以从当时关于“文学是人学”以及典型等问题的讨论中看出。一个本身就带着强烈的机械唯物论色彩的理论，被用来为机械唯物论倾向松绑，这种诉求和美学作为本身也意味深长。

最后，相对于其他学科发展，美学学科在这一阶段获得了更大的自由度和宽松氛围。自由是美学这门学科与生俱来的内容，自康德为现代美学立法而来，就将人的自由、学科的自由赋予了这门学科。这种学科特质为美学在当时获得自由争取到了合法性，并且当时国家的相关政策也对美学给予了一定的包容和空间。例如“美学大讨论”是由对朱光潜新中国成立之前美学思想的批判开始，但朱光潜并没有因为他的前期思想而受到政治定性，其学术活动也没有受到影响。再如吕荧，在1951年山东大学中文系主任任上，发生了“吕荧事件”，带给他的是出走北京任职。随后在对胡风的批判中，他虽然受到了牵连，但在“美学大讨论”中，可以比较自由地发表自己的美学观点，恢复了学术活动。这种相对宽松的氛围就使学者敢于畅所欲言，使相关问题的讨论更加充分和丰富。从学科内部来看，当时“美学大讨论”中已经触及了艺术的特殊性问题，这也是美学自由的一种体现。与美的本质哲学基础讨论差不多同时进行的，是对艺术特性以及形象思维的讨论。“美学大讨论”一般认为是自1956年6月朱光潜对自己的美学思想展开自我批判开始，几乎同时，霍松林在《新建设》5月号上发表了《试论形象思维》。霍松林的论文虽然不是新中国成立之后最早触及形象思维问题的论文，却是“最早写出较为厚重的专门讨论‘形象思维’大文章的”[①]。霍松林的观点得到了很多学者的认同，例如蒋孔阳、李泽厚等。形象思维话语的背后，其实是对文学与艺术的特殊性的诉求。与逻辑思维不同，艺术思维是一种形象思维，这种理解就将艺术从一般哲学认识论下解放出来，突出了它自身的特殊性。

尽管在“文化大革命”结束之前，受国际大环境和国内小环境等诸多因素的影响与限制，美学的发展出现了诸多的困境与危机，但是纵观前三十年左右的美学历程，不能否认，取得的成就仍然是主要的。从理论建设来看，具有中国特色的马克思主义美学体系初步建立起来；从实践领域来看，诸门类艺术，无论是电影、戏曲、文学、音乐、美术等，都获得了长足的发展，为美学理论提供了思考的基础。同时，在当时相对严峻的政治话语语境中，美学讨论氛围相对活泼和宽松，基本维持在学术问题范围之内，使当时对美学问题的讨论相对充分，为后来学界树立了较好的模范，也为新时期拨乱反正奠定了基础。在新时期思想解放的潮流中，美学成为无可争议的弄潮儿与此是相关的。而更为重要的是，“美学大讨论”中关于形象思维问题的讨论，在新时期伊始，成为美学学科自身和思想解放破冰之旅的起点，为认识和思考新中国成立后到“文化大革命”结束这一时段美学发展留下了更多可供回味的空间。

---

① 高建平：《“形象思维”说的发展、终结与变容》，载高建平等：《当代中国文论热点研究》，中国社会科学出版社2016年版，第151页。

后 记

《20世纪中国美学史》是高建平先生主持的2012年度国家社科基金重大招标项目，历经数载，现已全部完成。本项目共分四个子课题，成果为四卷，本书为第三子课题成果，主要研究范围为新中国成立到“文化大革命”结束这一段。

这一时期的中国美学发展非常重要，其发展历程也十分曲折，如何更好地回到历史语境，还原当时面貌，给予当时美学家和美学观点以同情理解，同时又能跳出历史纠缠与学术是非，并站在今天的立场之上，重新审视这一阶段的理论贡献与经验教训，是本卷课题组成员感到颇费心力而又必须直面的地方。在高建平先生课题研究总体规划及具体指导下，我和本课题组所有成员多次聚集京城，讨论写作框架和提纲，研究具体内容与细节，平时还利用一切机会，通过个别碰头、电话、电子邮件、微信等多种方式，就课题研究过程中出现的临时性问题进行沟通。书稿完成以后，我们又多次就书稿进行讨论，请专家把关，并根据专家建议增删内容，几易其稿。高建平先生也几次通读全稿，提出修改建议，最终才使本卷成果以我们比较满意的样子呈现于读者面前。

本书具体分工如下：

导　论　丁国旗

第一章　周兴杰

第二章　丁国旗

第三章　李小贝

第四章　李圣传

第五章　董　宏

第六章　江　飞

第七章　江　飞

第八章　安　静

第九章　范玉刚（第二节“门类艺术创作实绩扫描”中“音乐美学的学科建构”由杨和平撰写）

第十章　曹　谦

结　语　丁国旗

作为一本集体合作的研究著作，虽然我们已经在任何可能的细节进行了考虑，并制定了详细的撰写体例与规程，并进行了多次全书的统稿工作，但由于参与人数较多，个人学术理解和语言风格的不同，书稿中难免会有一些在思想观点、叙述方式方面不一致的地方，以及其他方面的疏漏之处，在此还请读者原谅并请批评指正。

丁国旗

2019 年 2 月 20 日

国家出版基金项目
NATIONAL PUBLICATION FOUNDATION

"十三五"国家重点出版物出版规划项目
国家社科基金重大招标项目成果（批准号：12&ZD111）

20世纪中国美学史

第四卷

从"美学热"到美学的复兴

A History of Chinese Aesthetics in the 20th Century

主　编　高建平

本卷主编　张　冰

编写者　高建平　张　冰　安　静
李　健　李世涛　江　飞
孙晓霞　韩锺恩　张之薇
顾　林　李媛媛　韩　伟
段吉方

江苏凤凰教育出版社
Phoenix Education Publishing, Ltd

图书在版编目(CIP)数据

20世纪中国美学史. 四卷本/高建平主编. —南京:江苏凤凰教育出版社,2024.1(2025.10重印)
ISBN 978-7-5743-0801-5

Ⅰ.①2… Ⅱ.①高… Ⅲ.①美学史—中国—20世纪
Ⅳ.①B83-092

中国版本图书馆CIP数据核字(2024)第013889号

书　　名 20世纪中国美学史(四卷本)
主　　编 高建平
分卷主编 吴泽泉　杨向荣　丁国旗　张　冰
策 划 人 王瑞书　章俊弟
责任编辑 周敬芝　吴文昊　王建军　王　岚
装帧设计 夏晓烨
责任监制 石贤权
出版发行 江苏凤凰教育出版社(南京市湖南路1号A楼　邮编210009)
苏教网址 http://www.1088.com.cn
照　　排 南京前锦排版服务有限公司
印　　刷 南京爱德印刷有限公司(电话:025-57928000)
厂　　址 南京市江宁区东善桥秣周中路99号(邮编211153)
开　　本 787毫米×1092毫米　1/16
印　　张 105.25
版　　次 2024年1月第1版
印　　次 2025年10月第2次印刷
书　　号 ISBN 978-7-5743-0801-5
定　　价 600.00元
网店地址 http://jsfhjycbs.tmall.com
公 众 号 苏教服务(微信号:jsfhjyfw)
邮购电话 025-85406265,025-85400774
盗版举报 025-83658579

目 录

第四章　《1844 年经济学哲学手稿》中美学问题的讨论

第五章　实践美学的历史内涵与多元发展

第六章　科学主义潮流

第七章　门类美学研究

第八章 外国美学理论的译介及其影响

第九章 美学交叉学科的新拓展

第十章 中国古典美学研究的兴起和发展

第十一章　审美文化研究热潮与文化研究的兴起

第十二章　美学在世纪之交的复兴

导论

有关“新时期”的起点，学界一般有两种表述方式：其一，是把时间定格在1976年10月的“文化大革命”（以下简称“文革”）结束；其二，是从1978年12月中国共产党十一届三中全会的召开算起。这两种说法各有其合理性。由于早在十一届三中全会召开之前，美学、艺术和文学领域就出现了理论与实践层面的解冻，因此，我们这里所说的“新时期”，是从“文革”结束时算起。对新时期美学的描述，需要与新时代政治、社会、艺术和文学等的发展放到一起来考察。这一时期的美学，无论是热潮的掀起，还是此后经历的低潮以及再复兴，都与上述因素直接相关。在我们看来，新时期20余年的美学发展，大致经历了三个阶段：自“文革”结束即20世纪70年代末到20世纪80年代中后期，是美学大繁荣、大发展时期；20世纪80年代末到90年代，是美学发展相对的低谷和沉寂期；20世纪90年代末到21世纪初，在新的语境下，美学出现了复兴的新局面。

一、20世纪70年代末到80年代中后期：引领时代风潮的“美学热”

回顾整个新时期，甚至整个20世纪，美学从来没有像在80年代那样受到万众瞩目：一本美学著作的出版，动辄售出数万册至数十万册；一位美学家，如同今日活跃在各种媒体上的偶像明星，有着大量的崇拜者；从学术象牙塔的高校校园、研究机构到乡间田野和工厂车间，大家都会讨论严肃艰涩的美学问题……那是一个思考的时代，也是一个激情洋溢的时代，那是美学的黄金时代，然而就一个学科而言，那也是一个社会赋予它的历史使命超出其学科负荷的时代。

新时期上承“文革”10年，“文革”曾经给我国政府与人民带来深重的伤害，因此，尽管它结束了，还是遗留下来很多历史问题。与我们议题相关的部分主要有:“文革”带给人民的心灵创伤需要通过适当方式得到抚慰,这是新时期伊始的情感任务;“文革”结束后,党和政府在经历了短暂的徘徊期后,选择了对内搞活、对外开放的新的治国理政思路,因此需要在思想观念上作出回应和准备,这是新时期伊始的意识形态任务。谈到这一时段,我们习惯提到两个词语,即“拨乱反正”和“思想解放”,它们是对当时社会思想精髓的提炼,同时也是亟须解决的历史任务。在那一特殊的历史时期,能够被时代挑选出来,成为思想领域排头兵的,都与解决上述历史问题直接相连。美学在当时得到社会的普遍关注,成为时代弄潮儿,自然是与它有效配合和解决这些历史问题息息相关。因此,对 20 世纪 80 年代“美学热”兴起的描述和考察,需要从其学科性质与社会需求之间的互动关系说起。

就学科内在肌理而言,美学符合了当时社会思想吁求的诸多想象,契合了时代社会心理,因而受到普遍的欢迎与关注。

首先,从词源义来看,美学是感性学,它的研究领域是感性。这种学科指向与新时期希望冲破禁区、彰显感性的集体社会心理恰好契合。最早将美学学科引入中国的,是一些来华的西方传教士,只不过当时对这一学科的译名没有统一,有人把它译作“审美之理”“佳美之理”等。德国传教士花之安把它译作了“美学”,但没有获得通用。美学学科译名的统一受到日本的影响。明治维新时期,日本政治家中江兆民翻译法国学者的美学著作时,采用了汉字“美学”来翻译这门学科。20 世纪初的中国学者从日本接受了这种译法,并把它引进国内,于是这门新学科就成了“美学”①。这一译法与该学科诞生时的语义指向之间有偏差,然而正是这种偏差形成了美学在中国独有的张力和魅力。美学诞生于德国,学界一般把鲍姆加登《美学》第一卷的出版时间,即 1750 年视为美学的诞生时间,但美国著名分析美学家比厄斯利对此给出了不同看法,在他看来,鲍姆加登“在《对诗的哲学沉思》(1735)一书中造出了‘美学’这个词,为一门专门学科的研究命名”②。无论是诞生于哪一个具体时间,这门学科由鲍姆加登倡导,在 18、19 世纪获得了知识界的广泛认同,经康德、席勒、黑格尔等美学家的发展,最终成为有相对完整体系的新学科。就内在知识逻辑来看,美学学科的建立是西

---

① 有关“美学”译名在中国的确立,请参见本套书第一卷第一章“美学学科的初建”。

② [美]门罗·比厄斯利著,高建平译:《美学史:从古希腊到当代》,高等教育出版社 2018 年版,第 257 页。

方思想语境内部的反叛，鲍姆加登呼吁重视和研究感性，为感性寻找到立论依据和学科定位，这是从大陆理性主义哲学运思范式中突围的一种方式。然而，他所确立的重视感性的新传统，在20世纪80年代却被中国知识界用来反驳“左”倾思潮，为走出“左”倾政治设立的情感禁区提供理论支持。借助研究感性的美学，国人就可以持之有据地探讨感性与情感。这对于长期受到压抑的国人来说，不啻是一种情感的释放。

其次，美学对感性的研究，属于思辨性研究，它是感性与理性的有机结合。这种特质非常符合20世纪80年代知识界对精神创伤的情绪反应。由于长时间经受精神压抑，国人需要寻找到突破口，宣泄情感，但总要痛定思痛，因此在情感纾解的时代，除了言说伤痛外，实际上也需要内省与反思，需要为情感上的旧伤口和新期待提供学理论证。美学从哲学中脱胎，是从理性维度对感性展开研究，因此与生俱来地带有思辨性。中国知识界通过美学来表达情感，这使得他们的讨论不至于沦为单纯的情绪宣泄，而是上升到理性哲思，并进而为从学理上反思历史和国民性奠定基础。

再次，美学是一门非常具有包容性的学科，这种包容性可以规避学科自身的孤立性，极易进入其他领域，或与其他领域相通。这种特质恰好满足了新时期思想解放整体性的需要。鲍姆加登在为美学下定义的时候说：“美学（美的艺术的理论，低级知识的理论，用美的方式去思维的艺术，类比推理的艺术）是研究感性知识的科学。”①从这个定义就能够看出，这门学科研究范围十分广泛，它既包括纯艺术的理论，也包括艺术，还涉及低级认识。广泛的研究范围使美学的研究对象自学科诞生之日起就成为一个有争议的话题。20世纪80年代，中国学界对此也曾经争论过。但吊诡的是，这种研究对象的含混，同时也为这门学科带来了生机，使其具有巨大的包蕴性和弹性空间，既可以作抽象的形上思辨，也能够与具体艺术门类相结合，走向实践，同时还可以与其他相关学科，如文化学、心理学、社会学、政治学等学科交叉，给其他学科的发展提供多维视角，甚至还可以走进生活，为生活中与美有关的现象提供思考的路径。与之相应，新时期进行的思想解放是一个复合运动，它并非只是发生在某一具体领域的现象，而是渗透在社会政治、经济、意识形态等各个角落，因此它需要借助具有包

① 北京大学哲学系美学教研室：《西方美学家论美和美感》，商务印书馆1980年版，第142页。

容性和广泛性的思想观念或学科,相对宽泛地解释或探讨诸种社会问题。美学的这种包蕴性,恰好能够适应当时社会思想解放的总体性特征,使之在宽泛的意义上发挥卓有成效的作用。

最后,美学具有超越性,这一特质是它当时在知识界备受青睐的重要因素。美学的超越性是审美自律性的集中表现。康德主义者在设定这一法则时,其对立面是现实功利性,因而这种超越性可以解释成对现实的超越和非功利等。美学的这一特质恰好能够为 20 世纪 80 年代中国社会走出“左”倾思潮提供坚实的理论基础。借助这一思想诉求和学科立场,中国学者可以实现美学、文学、艺术等相对于“左”倾政治的独立。于是,在 80 年代,审美超越性在中国实现了意味深长的逆转。它强调的内容之一是对现实的超越,强调与现实无涉的自足,然而在当时的中国,它所起到的作用却正是诊治时弊,因而与当时社会密切相关。审美超越性暗含远离政治,然而当时的中国学者却试图通过这一现代美学特质,解决摆脱“左”倾意识形态过度干预的问题,为文学和艺术争得自由空间,这本身就是一个极具政治性的话题。

美学能够被时代挑选出来,受到从知识分子到普通民众的垂青,担当思想解放的重要角色,还与 20 世纪五六十年代“美学大讨论”奠定的良好基础有关。“文革”期间,特殊的政治语境把文艺变成图解政治概念的工具,设置了很多禁区,同时也炮制了很多违背艺术发展规律的观念。“文革”结束后,历史仿佛又回到了原点。新时期的美学建设,在某种程度上绕过了“文革”10 年,上承“十七年”美学建设的历史成果。“十七年”时期的美学发展,与当时的政治形势同步,属于新中国成立时意识形态领域建设的重要组成部分。新中国成立之初,社会意识形态领域亟须解决的问题是统一思想认识,完成向马克思主义的转变,或者说,用马克思主义基本原理整合和构建新的意识形态,实现马克思主义的中国化。在美学领域,最明显的表现就是 20 世纪五六十年代的“美学大讨论”。这场讨论从认识论立场对美是主观还是客观这个问题作了非常充分的论辩,形成了著名的四大派,即以吕荧、高尔泰为代表的主观派,以蔡仪为代表的客观派,以朱光潜为代表的主客观统一派和以李泽厚为代表的社会性与客观性相统一的客观社会派。这四种观点,随着时代的变化,在 20 世纪 80 年代之后,经历了不同命运,但就学理性而言,它们基本上囊括了在主客观论辩框架下可能存在的主要选择项,奠定了新时期之后美学发展的基础。相对于学术界的其他争论，当时的美学讨论，虽也常常出现互相扣帽子、政治立场攻讦等现象，但总体而言，还属于比较单纯的学术争论，参与者并没有因观点分歧受到太多政治上的波及或批判，这也在一定程度上为新时期之后美学热潮的出现保存了学术实力。还值得关注的一点是，在大讨论的后期，即自20世纪50年代末开始，文学和艺术的特殊性得到一定程度的重视，学界开始了对形象思维的讨论。虽然由于60年代中期之后特殊的政治环境，对形象思维的理论探讨戛然而止，但这一概念中所暗示的艺术、文学的独立性，正是新时期文艺界和美学界思想解放亟须的资源和立场。也正因为这样，新时期美学的破冰之旅，是以形象思维的重新出场拉开帷幕的。而在20世纪五六十年代的"美学大讨论"中形成的不同于其他争论的相对于时代政治语境的超越和活跃，也给学者们留下了良好印象，这在一定程度上，鼓励了进入新时期的学者从美学视角对社会和现实问题展开讨论。

新时期的美学，在那个特殊的历史关口，充当了思想先锋：形象思维大讨论，促成了对文学与艺术独立性的体认；人性、人道主义的讨论，深化了对人的本质和美的本质的理解；美学翻译运动，拓展了国人的学术视野，有效补充了新时期美学建设的资源；对《1844年经济学哲学手稿》（以下简称《手稿》）中美学思想的争论，将美学问题与社会关切紧密联系；等等。在20世纪中国美学史上，这一段历史无论如何高度评价都不过分。就学科自身发展而言，它唤起了国人对美学的兴趣，激励了一大批青年学子走近美学。20世纪80年代中期之前，美学一波又一波的浪潮，如"形象思维年""《手稿》热""方法论年"等，为美学拓展自身视野、建设自身体系奠定了坚实的基础。更重要的是，那个时候，美学关心的话题，实际上也是社会普遍关注的话题，是知识界拨乱反正和思想解放的重要内容。在与时代关切保持同步的语境下，美学获得了无限荣光。然而，也正是在这种荣耀中，暗藏了美学走入萧条的因子。当美学与时代关切同步，它自然会成为历史的幸运儿，反之，当它回归学科自身，与时代不能同步时，就应该是它完成了历史使命，逐渐淡出历史舞台的时候。

二、20世纪80年代末到90年代：美学在低谷中求索

当回首审视新时期近30年美学发展时，学界普遍认为，在20世纪80年代

末,美学逐渐淡出了社会关注的中心,回归到这个学科应有的位置。相对于 20 世纪 70 年代末到 80 年代中期的热闹与荣光,80 年代末开始的回归显得有些冷清和寥落。在这个意义上,我们将之视为低谷期。这种情形的出现,有学科自身的原因,但主要还是由于社会大环境的变迁。

20 世纪 70 年代末开始的思想解放运动,担负着双重使命:一方面,它反思和批判"左"倾思潮和"左"倾政治带给国人的伤害,拨乱反正,慰藉人们的心灵,努力使人们在思想和心理上恢复正常的秩序;另一方面,它呼唤新思维和新的社会规则,为改革开放、为"以经济建设为中心"的新建设思路鸣锣开道。美学承担的主要是前一方面的使命。然而,主导社会前进的力量,却是后一方面。十一届三中全会之后,党和政府实行了"对内搞活,对外开放"的政策,在短时期内,中国经济飞速发展,取得了令世人瞩目的成就。伴随着经济浪潮的到来,人们的观念也发生着翻天覆地的变化。从 80 年代中后期开始,经济观念成了主宰这个社会的主流观念,一切向钱看。举国上下都忙于如何赚钱,从城市到乡村,从政界到文人圈,人们纷纷"下海"经商,在商海中搏击成为一股无法阻挡的潮流。90 年代之后,市场经济取代计划经济,成为社会经济体制运转的主轴,在将改革开放的成果进一步巩固和推向纵深的同时,也更深层次地改变了曾经以农业立国的中国大地。经济腾飞使整个社会发生了突飞猛进的变化,改革红利随处可见,人们更加坚定地相信经济能够解决这个社会上出现的各种问题。物质实用主义很快成为主导价值取向。同样的,在经济飞速发展的同时,人们的生活也进入了快节奏,工作需要出效率,吃饭是快餐。日常生活的更新也在加速,各种生活物品不断更新换代,从计算机、笔记本电脑、手机等电子产品到各式家具、牙膏、牙刷、洗衣粉等日用品,漫天的广告告诉人们的是它们在技术上的不断向前。新的生活模式需要新的思想体系与之相适应,而讲求对现实利害的超越以及耽于沉思冥想的美学显然与飞速变化和讲求实用主义的中国大地格格不入。二者之间的龃龉在 80 年代中期就已初露端倪,但当时并不特别明显,80 年代末 90 年代初,随着中国经济发展带来的社会财富积累,人们对金钱的追逐开始变得明确而直接,这种龃龉变得清晰可见。在这种物质欲望扩张和横行的语境中,人们把目光主要聚焦于实际的经济效益与富足享乐的日常生活,美学的边缘化局面直接摆在了研究者的面前,成为难以扭转的文化趋势。

不仅如此,从学科内部关联来看,曾经与美学联系紧密的文学和艺术,也逐渐分道扬镳，走上各自独立发展的道路。与经济领域的情形相类似，美学与它们之间的隔膜也可以追踪到20世纪80年代中期。“文革”结束后的最初几年，经济带给社会的巨大冲击力尚未得到充分显现，而拨乱反正，从思想意识上清算“左”倾思潮带给社会和个体的伤害，则是当务之急。美学的发展，与当时的政治导向以及文学、艺术等各个领域的发展和诉求基本同步。美学界在进行拨乱反正、反思和控诉，文学、艺术界同样如此。“伤痕文学”“反思文学”“人道主义艺术”等，都是那个时代的标志性内容。美学满足了时代的需求，且能够从学理层面为文学和艺术提供支持，因而大行其道，得到社会各阶层的关注，这是80年代“美学热”得以出现的原因之一。然而，随着改革和思想开放程度的加深，中国越来越融入世界，人们打开了知识视野，一个多元化时代迅速到来。在文学和艺术领域，经过80年代的翻译运动，大量外国著作和思潮进入中国，拓宽了国人的思考空间，加深和重构了作家、艺术家对文学和艺术的本质理解，更新了他们的创作模式和表现手法。同时，新的经济和社会模式也带来了新的问题，作为时代敏感神经的文学和艺术很快感受到了这种变化，并用自己特有的方式作出回应。于是在80年代中期，正当美学进行学科试验，探索人文学科与自然科学的合作时，在文学领域却出现了先锋文学、寻根文学、实验戏剧等，而在艺术领域，出现了新潮的“85美术运动”。著名艺术评论家高名潞在总结“85美术运动”时指出，“85美术运动的针对性则是面对开放后的西方文化的再次冲击，反思传统，检验上一个创作时代（上一个运动），其指向性，则是中国美术的现代化”①。他的这一观点指出了“85美术运动”的两个突出面向：其一，“85新潮”受到西方文化的影响和冲击；其二，这一运动与前一个运动，即所谓的“人道主义艺术”不同，后者立足于对“文革”创伤的清算，前者则是中国美术现代化，即其现代性的探索。这种探索，不仅在艺术领域中进行，1985年前后文学领域中的各种实验也属于现代性探索的有机组成部分。文学与美术的发展，究竟在多大程度上与当代社会的发展同步是一个值得探究的问题，然而，从它们在1985年前后出现的变化能够看出，它们的发展与美学正在进行的学科探索之间已经有很大的距离。

美学在20世纪80年代出现热潮，究其实，是以它与社会关切的话题，以及

---

① 高名潞：《中国前卫艺术》，江苏美术出版社1997年版，第107页。

与文学、艺术的紧密联系为前提的;然而,从 80 年代中期开始,正如前述,美学无论是与社会普遍聚焦,还是与文学、艺术之间的关系,都出现了疏离,这种疏离,使它在一定程度上失去了学科发展的社会基础和实践基础。这种情况的出现,是由多重因素造成的。除经济大潮对整个社会观念的冲击这一因素外,就学科而言,一个突出的因素则是其学科固有的封闭性。中国美学是在本土文化受到西方影响和冲击的基础上逐渐建立起来的。对中国美学建设作出巨大贡献的先行者,如王国维、蔡元培、朱光潜、宗白华等人,都深受康德主义影响。这就使中国美学在建构的过程中,有着浓郁的康德主义色彩。新时期之初,出于对"左"倾思潮和政治的反拨,康德主义的审美无利害以及艺术自律等观念变得特别有吸引力,获得了极为广泛的认同。"伴随着国际上反理性主义美学思潮、文艺思潮的发展,和西方 20 世纪各种哲学、美学、文艺学、语言学代表著作的译介和阐释,在我国美学界、文艺理论界,开始出现了'要康德,不要黑格尔'的倾向。"①这方面可以李泽厚为代表,1981 年,他曾经在一次讲座中说:"今年国际上有个会议的议题之一就叫'要康德,还是要黑格尔?'我的回答:都要!但如果必须选择其一,那就要康德,不要黑格尔!"②李泽厚的美学思想融合了康德思想与马克思主义哲学,其突出意义在于把康德主义转变为强有力的推动现实的力量。在李泽厚的影响下,"雄心勃勃的后学们从康德开始了他们 20 世纪 80 年代的新长征"③。这种话语背景使得新时期的美学成了康德主义与马克思主义的微妙结合。然而,尽管康德主义美学命题中的审美无功利、主体性以及审美超越性等思想曾经在 80 年代激动人心,但这种价值取向也暗示出了现代美学的短板,即如果过分强调美学与现实、与生活、与政治等无关,必然会导致学科自身的封闭性,与活泼生动的社会发生脱节。80 年代美学在中国的发展也恰好验证了这一情况。随着美学对自足性的强调,它越来越从社会中抽离,回归到学科内部的发展。在 80 年代早期,对形象思维的讨论,对人性、人道主义的讨论等,很快就淡出学科视野,代之而起的是美学学科自身的体系建设和开拓等问题,如关于美本质和美的定义的思考、新的美学方法等。就一个学科而言,这

---

① 李衍柱:《文学理论:思辨与对话》,复旦大学出版社 2016 年版,第 111 页。

② 上海市美学研究会、上海市社会科学院哲学研究所美学研究室:《美学与艺术讲演录》,上海人民出版社 1983 年版,第 54 页。

③ 丁耘:《启蒙主体性与三十年思想史》,见赵士林主编:《李泽厚思想评析》,上海译文出版社 2012 年版,第 3 页。

些问题当然是基础性问题，值得讨论，然而，相对于新时期伊始美学与社会，与文学、艺术的紧密联系，这种讨论显得不接地气，缺少了深厚的现实和社会根基。

事实上，自20世纪80年代中期开始，美学就已经出现与社会关注、与文学和艺术脱节的现象，但当时还鲜有人意识到美学的边缘化危机已经悄然来临，要注意到这一现象，还需要滞后一段时间。因为事物达到峰值后，在走向低谷的过程，同样还需要一段时间。美学边缘化的迹象，虽然在80年代中期就开始显露，但由隐在到浮出地表，进而衍变成新的文化现象，还需要几年的时间。正是由于这种滞后，让我们把美学的边缘化与低谷期的出现，定格在80年代末90年代初。而这种边缘化，真正被学界意识到，则需要更长的时间，即已经是90年代之后的事情了。需要指出的是，学界之所以会在90年代之后才意识到美学走入低谷，还与两方面因素有关：其一，是美学已经实实在在被社会抛向边缘，成为象牙塔内的智力游戏；其二，是80年代末90年代初特殊的政治与社会状况，使90年代的知识界从80年代的浪漫激情中走出来，开始反思这种激情中无法避免的浮躁和乌托邦色彩。

20世纪90年代，美学学科遭遇了前所未有的冷清局面。很多美学研究者从美学领域淡出，开始从事其他方面的研究。高建平曾经在其论文中回忆90年代后期他刚回国时的情况，来到书店，书架上只能找到一两本美学著作，这种萧条给他留下了深刻印象。[①] 然而那时的美学研究者并不是完全没有作为，他们也在尽可能地使美学重回中心，有的放矢。这表现在90年代中期前后审美文化研究的兴起。“审美文化”这一术语早在80年代就有学者使用，较早使用者如潘一，他在论文中对青年审美文化的现象、产生条件、特质等作了分析，指出“青年审美文化的产生正是文化分化和整合的某种结果”[②]，他的分析，主要还是立足于青年特殊文化圈，与90年代审美文化研究之间有理论联系，但二者并非同义。因此，在我们看来，审美文化，作为一个受到关注，且有着自己独立价值诉求的新的美学生长点，则出现在90年代之后。这种情况的出现，与当时学者的反思以及期望美学从既有的康德主义体系中突围有关。80年代，美学领域

① 高建平：《“美学的复兴”与新的做美学的方式》，载《艺术百家》2009年第5期。

② 潘一：《青年审美文化研究纲要》，载《当代青年研究》1984年第11期。

对康德主义审美自律观念的认同与召唤，最终导致了美学将自身封闭于象牙塔之内，越来越与社会脱节。审美文化研究则反其道而行之，以大众文化与变化中的日常生活为研究对象，试图重建美学与社会之间的联系。

20 世纪 90 年代之后审美文化研究的兴起，除了与走出美学学科发展瓶颈的直接诉求有关，至少还关涉如下几方面因素。其一，它是 80 年代“文化热”的延续。80 年代是一个文化上的特殊时期，古与今、中与西、传统与现代等交汇在一起，使那时的中国成了各种思想的操练场。在重重对立、冲突和杂糅中，一股从文化视角反思中国与应对当下的潮流兴起。“文化：中国与世界”编委会编辑出版了大量书籍，“现代西方学术文库”“新知文库”等系列丛书，深深影响了当时的学子。李泽厚在同期出版的一些著作，如《美的历程》《华夏美学》《美学四讲》等，也都带有浓郁的文化意味。他在 80 年代美学界特殊的地位，自然会使这种隐含的文化意蕴在其后学中得到延伸。除此之外，反思传统文化的系列丛书也大量涌现。在这股潮流下，思想领域的各种研究在一定程度上都带有些许文化色彩。其二，新的文化现象和社会生活出现在人们面前。1992 年，邓小平南方谈话后，中国很快建立了市场经济体制，出现了新一轮经济大发展，百姓日常生活发生了巨大变化，商品审美化倾向日趋明显，大众文化迅速崛起，这无疑会给寻求突围、重返社会的美学提供机遇。其三，知识分子内部学源背景更新带来兴奋点的转移。80 年代的美学研究者，都经历过“文革”，都受到过苏联思想的深刻影响，他们对政治有着难以名状的敏感，话语体系也主要是在苏式马克思主义框架内打转。90 年代之后的学者，则成长于 80 年代西学大放异彩的时代，弗洛伊德、斯特劳斯、海德格尔、福柯、杰姆逊……才是他们熟悉的名字。他们对各种“后”学，如后现代、后殖民、后结构主义等如数家珍，受这些思想影响，他们质疑 80 年代新构建起来的美学体系，如进入 90 年代之后的实践美学与后实践美学之争，同时，对权力、文化政治、性别诗学等充满兴趣，因而用新的视角和理论解读当下的中国，成了他们的自觉选择。在他们的努力下，审美文化研究成了 90 年代最亮丽的一道美学风景。

三、20 世纪 90 年代末到 21 世纪初：美学在与世界再次相遇中复兴

经历了 20 世纪 90 年代近 10 年的沉寂，在新的千禧年钟声即将敲响之际，

中国美学逐渐走出了此前的低回逡巡，重新介入社会，应对和诠释新的文化和审美现象，展露出复兴的态势。这次复兴，是在与世界再度相遇的背景下发生的。这次相遇，与此前单向度接受西方影响不同。经济全球化带来了世界某种程度上的一体化，使得中国与欧美发达国家在文化和社会语境方面取得了一定的同步性，因而，当中国美学研究者从其西方同行那里获得更多灵感和更加开阔的视野之时，也获得了与世界平等对话的机会。

这次美学复兴，被学界称为第三次“美学热”①。就具体内容来看，它是与文化研究，尤其是日常生活审美化现象的出现和学理探究联系在一起的。在20世纪90年代末和21世纪之初，科技更新的加速以及经济迅猛发展给中国和世界都带来了巨大变化，从发达的资本主义国家到类似于中国这样的后发国家，从价值观念到日常生活，从都市到乡村，全球似乎都迎来了一个崭新的天地。高新科技改变了人们的生存方式和感知模式，把世界变成了一个“村落”。距离不再是问题，人们完全可以早晨在世界的这个地方，晚上来到另一个国度，即使身在两地，也同样可以通过互联网对话交流，产生同时性体验。跨国企业的工厂建在世界各地，把相同的产品输送到全世界各个角落。很多国际知名品牌不再是某一个国家或地区的专属品，而可能会有很多产地。同样的，很多产品，它的生产部件也不再局限于一个区域，很可能是多个国家合作的结果。当这些产品几乎同时出现在世界各个角落的时候，也就意味着一个共享时代的到来。知识界把这个时代称作“全球化”时代。法国哲学家鲍德里亚、英国社会学家费瑟斯通等人则喜欢从另外一个角度来诠释这个时代，他们将之命名为“消费社会”。这个社会的特征之一就是“日常生活审美化”。

对日常生活审美化的描述，国内比较重视的是费瑟斯通的定义：“我们可以在三种意义上谈论日常生活的审美呈现。首先，我们指的是那些艺术的亚文化，即在第一次世界大战和本世纪(20世纪)20年代出现的达达主义、历史先锋派及超现实主义运动。在这些流派的作品、著作及其活生生的生活事件中，他们追求的就是消解艺术与日常生活之间的界限。”“第二，日常生活的审美呈现还指的是将生活转化为艺术作品的谋划。”“日常生活的审美呈现的第三层意

---

① 姚文放：《新中国的三次“美学热”》，载《学习与探索》2009年第6期；高建平：《日常生活审美化与美学的复兴》，载《天津师范大学学报》2010年第6期。

思，是指充斥于当代社会日常生活之经纬的迅捷的符号与影像之流。”①在这三种含义中，国内学界关心的，主要在第二和第三种指向上。这主要是因为，第一种主要属于艺术圈内的理论尝试，而后两种才是消费社会的表征。对日常生活审美化的讨论，其意义是多重的。首先，它是 90 年代审美文化研究的一种延续，在 20 世纪末又与源自西方的文化研究在某种程度上纠缠到了一起。其次，它抓住了时代发展的文化特质，重塑了美学与社会之间的关系，同时也改变了美学在中国的象牙塔式发展态势。随着国内经济的繁荣，中国的都市生活与文化在某种程度上也具有了消费主义特征，出现了大量的日常生活审美化现象，对这种现象的美学关注，开启了美学诠释社会的新思路，同时也使美学重新返回社会，进入社会话语视野。再次，它突破了旧有的接受西方影响的模式。中国对西方的接受，是在被动情况下开始的历程。因此，从一开始，就存在着与西方的不对等。世纪之交，这种局面发生逆转。这一方面是由于中国强大的经济实力，使其在某种程度上成为世界经济发展的火车头，使原本强势的西方也无法忽视这股新生力量，因而产生了解和平等对待中国文化的冲动，而中国知识分子也从这种经济强盛中确立了文化自信；另一方面则是因为随着经济的高速发展，中国以城市为主导的优势地区，也在迅速转型，出现消费社会的症候，因而原本仅仅产生在发达资本主义世界的文化现象，如今也在中国都市出现。正是因为这样，对日常生活审美化现象的讨论，不是对一个西方美学命题的新一轮追逐，而是美学介入和思考中国现实的一种尝试。也正因此，中国学者才获得了与西方同行面临相同问题的机会。

但美学这次重建与社会之间的联系，与 20 世纪 80 年代的“美学热”情形有很大不同。80 年代的美学热潮与思想解放运动直接相连，是为了配合党和政府的拨乱反正历史任务而出现的，它面对的是民生凋敝的社会和心灵千疮百孔的人民，是对“左”倾政治的强烈批判，它的社会性更多地体现在一种政治意义上。然而，20 世纪末的美学复兴，虽然也以建立美学与生活、社会的紧密联系为价值标的，但它没有 80 年代“美学热”的政治诉求。它对政治也感兴趣，但这种兴趣，不是具体的党派政治，而是比较宽泛的文化政治。并且，80 年代的“美学热”，就学科内容构成而言，是康德主义的中国式解读，是试图用康德主义的审

① [英]迈克·费瑟斯通著，刘精明译：《消费文化与后现代主义》，译林出版社 2000 年版，第 95—98 页。

美无功利和艺术自律命题对抗极端的艺术工具论，而20世纪末的美学复兴，恰好走了相反的路径。从其价值诉求来说，它恰好是走了反康德主义潮流。在中国语境中包含了两个方面的意义。从学科来看，它是美学研究者反思80年代美学发展路径，试图走出康德，重建美学与生活的联系，解决学科困境的一种努力。从关注的中心内容来看，它也恰好是寻求审美与生活之间的联系，反对康德主义的艺术与生活的二分，与世界范围内的反康德主义取得了一致。从精英与大众之间的关系来看，80年代"美学热"秉持的是精英主义立场，仍然将大众视为被启蒙的角色。而新一轮的美学复兴，则是文化精英主动放弃自身立场，并不试图启蒙大众，而试图与大众和解，认同大众的文化与价值，希望通过这种方式，理解和解释社会，重建美学与社会、大众之间的关系。

但是，伴随着这种复兴，同样存在另外一种论调，即对美学终结和艺术终结的有趣回应。日常生活审美化，从学科内部来看，它意味着审美的泛化，艺术与生活距离的消弭，是对现代美学价值圭臬的反叛。因此，西方学者往往将之视为审美和艺术终结的表现形态。20世纪末，中国学术界也曾经就审美文化研究对传统美学研究领域的偏移提出质疑。这种质疑是建立在假设存在着一个美学领地的前提之上的，且将学者们对大众文化的研究单纯看作是青年一代学者对西方理论的着迷，还没有从美学和艺术学科危机与突破的立场来思考。随着西方艺术终结的讨论进入中国，学界很快意识到可以把审美文化研究放到一个更加广阔的背景中获得解释，它是消费时代的美学呈现。这带来了一个非常有趣的现象：20世纪末，中国美学研究者寻找到了新的理论生长点，重建了美学与艺术、社会之间的联系，又与文学和艺术实践领域的研究者达成和解，使后者重新接受了美学的研究和指引，正是在这种情况下，美学出现了复兴的局面；吊诡的是，此时美学正在讨论的话题却是日常生活审美化及美学和艺术的终结，它所体现的恰好是艺术和美学学科的危机。中国美学通过一个耐人寻味的话题实现了它的复兴。

20世纪末，除了对日常生活审美化和艺术终结的讨论颇引人注目外，中国与西方交流的模式发生转变也是值得一提的事。前面我们提到，这一时期中西方交流与20世纪两次大的西方文化对中国产生影响的运动不同，无论是五四时期还是新时期，知识界都是借西方思想，试图为中国问题找寻理论资源，希望从西方思想家那里，获得解决中国问题的办法。这种影响是单向度的。然而，在20世纪末,中国与西方再度相遇,这种相遇,不再是单向度的,而是二者越来越趋向于平等的交流与对话。于20与21世纪之交,钱中文在文艺学领域提出对话理论和新理性精神,这一概念极能够代表那个时代中国学者的诉求,即不是单方面向西方学习,而是在交流沟通中确立自身文化和理论话语的合法性,在尊重差异的前提下,寻求互相理解,求同存异。这一立场获得了中国知识分子的普遍认同。在美学领域,高建平提出“美学在中国”和“中国美学”的区别,主张建立复数美学的思想。这都是在试图为中国思想和美学争取合理有效的空间。在这种思路和价值诉求召唤下,中国学者与西方展开了广泛交流。这表现在多个方面,如很多西方理论界召开的世界哲学大会、美学大会会专门设置“东方”或“中国”板块,中国学者当选为国际美学学会主席,中国美学界承办世界美学大会,中国学者与西方学者合编有关中国美学方面的论文集等。这些一方面使西方学者更加了解中国,另一方面也恰好说明,中国美学和文化已经作为一股不可忽视的力量,获得世界性认可。而中国美学的复兴与繁荣,也恰好是在这种大背景下实现的。

第一章

形象思维全国大讨论的重新登场

文艺是时代的晴雨表。在“文革”结束后，中国社会所经历的重大变化，首先是在文艺战线上表现出来的。最先发声的是一大批批判“文革”、呼唤新时期的文艺作品，如郭沫若的《水调歌头·粉碎“四人帮”》、贺敬之的《中国的十月》以及卢新华的《伤痕》等。紧接着，文艺界的拨乱反正工作开始，批驳“四人帮”的“文艺黑线专政论”，重提“双百”方针。在这一系列重大方针调整之前，第二次形象思维全国大讨论在紧锣密鼓的筹划中逐步展开。20世纪五六十年代的中国“美学大讨论”终于“形象思维”，而新时期的“美学热”始于“形象思维”，这并不是偶然的巧合。从延安时期开始，文艺就被放置在从属于政治的地位，新中国成立后的社会主义现实主义成为社会意识形态运作的必要保障，其最高的理想是在艺术作品中创造出“典型形象”。而实现典型的方法，则是参照文艺界领导人周扬支持的形象思维理论。在“文革”前夕，形象思维因其与“修正主义”的渊源和反马克思主义认识论而被画上终止符，当时的“典型”被异化为“三突出”理论，观念先行，主题先行，由概念而生形象成为一种必然。正所谓解铃还须系铃人，新时期到来之际，“文革”前终结的中国美学讨论的形象思维必须首先被重新解读和梳理，然后才能翻转文艺界乃至整个中国的社会风气。于是，在形象思维讨论之后，久违的“双百”方针才能顺利重新登场，后来的写本质、写真实、人性人道主义讨论才能有空间。在这里，形象思维话题像一道闸门，只有先把它打开，之后的更加具有抽象性的问题才能进一步展开。第一次形象思维讨论的终结是一个历史的选择，第二次形象思维讨论的开始则重新创造了历史。

第一节　形象思维大讨论的前期准备与隆重登场

一、《人民日报》《诗刊》与《人民文学》的准备工作

1977年11月12日，《人民日报》邀请茅盾、刘白羽、张光年、贺敬之等人参加座谈会，批判"四人帮"炮制的"文艺黑线专政"论。11月25日，《人民日报》加"编者按"发表座谈会的报道，同时登载茅盾的发言《贯彻"双百"方针，砸碎精神枷锁》和刘白羽的发言《从"文艺黑线专政"到阴谋文艺》；12月7日，又登载了张光年的发言《驳"文艺黑线专政论"——从所谓"文艺黑线"的"黑八论"谈起》。在"编者按"中，还对所谓的"文艺黑线专政"论进行了揭露。这次座谈会召开后不久，《解放军文艺》编辑部召开驻京部队部分文艺工作者座谈会，揭露江青勾结林彪炮制"文艺黑线专政"论的阴谋。出席座谈会的有魏巍、丁毅、时乐濛、杜烽、唐诃、陆柱国、严寄洲、黄宗江等。在这一阶段的准备过程中，文艺界的主要任务是批判"文艺黑线专政"。1977年12月14日，中共中央宣传部邀集在京诗歌界、文艺界的著名作家、学者，到《诗刊》社学习，座谈毛泽东给陈毅同志谈诗的一封信。① 会议首先在小范围内举行，12月25日、26日后扩大召开，出席会议的达到300多人。在这次座谈会上，贺敬之、臧克家、冯牧、唐弢、蔡仪、谢冕等60多位学者发表感言。此次座谈会认为，毛泽东信件的发表，是"整个文艺战线和我国文化生活中的一件大事"。当年的这份《座谈会纪要》首先肯定了形象思维的社会意义，"它是我们打碎'四人帮'强加于文艺界的种种精神枷锁，批判'四人帮'反马克思主义的种种谬论的极其锐利的思想武器"。郑季翘在1966年发表于《红旗》第5期的文章《文艺领域里必须坚持马克思主义的认识论——对形象思维论的批判》，在此时成为众矢之的，座谈会将这篇文章作为"四人帮"言论的组成部分，表示了"极大愤慨"。反驳郑季翘文论的言论，其实也依然充斥着政治斗争的味道，"否定了形象思维，也就否定了作家深入生活、掌握丰富

① 《诗刊》社：《毛主席仍在指挥我们战斗——学习〈毛主席给陈毅同志谈诗的一封信〉座谈会纪要》，载《诗刊》1978年第1期。

的艺术原料的极端重要性,其结果,只能导致作家脱离工农兵的火热斗争,使文学艺术脱离人民生活这个唯一的源泉。归根结底,也就实际上否定了文学艺术”。

在有关形象思维的座谈会召开之后,《人民文学》编辑部于 1977 年 12 月 28～31 日,邀请在京的作家、诗人、文学评论家、翻译家和文学编辑等 100 多人举行座谈会,就深入批判“四人帮”炮制的“文艺黑线专政”论,以及如何繁荣社会主义文艺创作等问题,展开了热烈讨论。时任国家主席华国锋为《人民文学》题词:“坚持毛主席的革命文艺路线,贯彻执行百花齐放、百家争鸣的方针,为繁荣社会主义文艺创作而奋斗。”①这次座谈会的主要内容是批判“四人帮”留下的历史遗毒,重新高扬“百花齐放、百家争鸣”的方针,复兴党的文艺事业。

从两次会议的内容来看,《诗刊》社有关形象思维的讨论为《人民文学》的讨论奠定了话语方向转变的基础。如果说形象思维讨论的是一个具体的理论话题,那么,《人民文学》召开此次座谈会的主要目标就是确立新时期文艺创作的重大方针。

二、“形象思维”的正式登场和讨论热潮

经过前期一系列紧锣密鼓的充分准备,在国家最高领导人批示之后,1977 年 12 月 31 日,《人民日报》与《光明日报》第一版刊登《毛主席给陈毅同志谈诗的一封信》,并附上毛泽东手迹。这封信原本写于 1965 年 7 月 21 日,起因是陈毅把自己写的几首诗寄给毛泽东,请他修改。毛泽东把修改过的《西行》附上,并提出了诗歌创作的一些意见。毛泽东在信中说:“又诗要用形象思维,不能如散文那样直说,所以比、兴两法是不能不用的……宋人多数不懂诗是要用形象思维的,一反唐人规律,所以味同嚼蜡……要作今诗,则要用形象思维方法,反映阶级斗争与生产斗争……”1978 年第 1 期的《诗刊》和《人民文学》也同时刊登了这封信,肯定了形象思维在文学创作中的重要作用。报纸版面分为两个部分,上半部分以仿宋体字排印信件内容,下半部分影印了毛泽东的亲笔信件。在报纸的右侧上方,配以“毛主席语录”——“百花齐放,推陈出新;古为今用,洋

① 王振川:《中国改革开放新时期年鉴·1978 年》,中国民主法制出版社 2015 年版,第 26 页。

为中用”。两份报纸的排版设计完全一致。在这一期的《人民日报》上，还刊登了12月30日来自中宣部关于文艺界座谈会的消息。这次会议产生了广泛持久的影响，为清理“四人帮”在社会上造成的恶劣影响开辟了道路。

1978年第1期的《诗刊》与《人民文学》同样刊登了毛泽东的这封信，《诗刊》还发表了《座谈纪要》与林默涵的《读毛主席谈诗的信》、臧克家的《论诗遗典在》，《人民文学》还刊发了《中国文联主席郭沫若同志的书面讲话》《中国作家协会主席茅盾同志的讲话》以及作家杜埃的《调整和贯彻好党的文艺政策》等文章。这两次会议的主要议题是肯定形象思维在艺术创作中的重要作用，重新将毛泽东“百花齐放，推陈出新”和“古为今用，洋为中用”的思想作为文艺指导方针，彻底扭转“四人帮”所造成的万马齐喑的局面。至此，形象思维不再是文艺学中的一个具体学术问题，而成为整个时代扭转话语风气的契机。

随着中央高层对形象思维理论的倡导，全国立刻展开了形象思维大讨论，众多学术期刊1978年第1期都选择形象思维作为刊物的主要话题。《文学评论》刊登了王朝闻的《艺术创作有特殊规律》、蔡仪的《批判反形象思维论》、唐弢的《谈“诗美”——读毛主席给陈毅同志谈诗的一封信》、王元化的《释〈比兴篇〉“拟容取心”说——关于意象：表象与概念的综合》等4篇文章谈论形象思维。有学者统计，仅在1978年1月，在全国报刊上发表形象思维问题的署名文章有58篇以上，报道有87篇以上；仅1月，在报纸上用“诗要用形象思维”7个字的同题作文在8篇以上。自2月至年底，不到1年时间，在《红旗》杂志、《哲学研究》《文学评论》以及主要大学学报和各省文艺刊物上发表的“形象思维”专论在60篇以上。以“形象思维”为主题的论文集，在全国范围内涌现出来，1978年5月，出版了复旦大学中文系文艺理论教研组编辑的《形象思维问题参考资料》；1978年6月，湘潭大学文艺理论教研室、湘潭市文化馆编印的《形象思维资料集》出版；1978年9月，由四川大学中文系资料室编辑的《形象思维问题资料选编》正式出版；1979年1月，由中国社会科学院编辑，将近50万字的巨著《外国理论家、作家论形象思维》问世。正因如此，1978年被称为文艺界的“形象思维年”。[1] 这种热潮延续到了1979年，由中国社会科学院哲学研究所美学研究室与上海文艺出版社文艺理论编辑室合编的《美学》（俗称“大美学”）的创刊号上，

① 刘欣大：《“形象思维”的两次大论争》，载《文学评论》1996年第6期。

刊登了 4 篇有关形象思维的文章：朱光潜的《形象思维：从认识角度和实践角度来看》[①]，赵宋光的《论音乐的形象性》[②]，张瑶均的《电影艺术与形象思维》[③]和王敬文、阎凤仪、潘泽宏的《形象思维理论的形成、发展及其在我国的流传》[④]。其中，最后一篇文章是关于形象思维讨论的总结与回顾。

三、全国形象思维讨论初期的特点

纵览形象思维第二次讨论启动初期的这些文章，我们可以在总体上归纳一下它们的特点。

第一，从哲学基础而言，本次大讨论与 20 世纪 50 年代的形象思维讨论有着相同的哲学基础，都以哲学反映论作为立论的根本，还没有走出艺术作为认识反映的园囿，艺术的任务还在于塑造典型形象。在 20 世纪 50 年代的论争中，无论是形象思维的赞同者还是否定者，都有一个共同的结论：形象思维的研究离不开马克思主义认识论，这一点从苏联到中国都是相通的。也就是将文学看作是对现实生活的一种反映，这种反映与机械的认识论相对立，允许作家进行主观创造，根据现实生活状况在艺术世界里合成一个新的“形象”，形象的形成过程就是形象思维的展开过程。艺术家所创造出来的形象要符合现实主义作品的理想，最高目标是创造出一个“典型”。在这次讨论的初期依然如此。例如，孟伟哉的论文《形象思维二题》中谈道：“艺术的特征却是它的形象性，艺术实践中的直接任务却是创造鲜明而生动的典型。”[⑤]我们知道，典型寄托着现实主义文学作品的审美理想，是现实主义作品所追求的目标。典型不是所有类型作品的终点，比如唐弢提出的“诗美”，就不能以“典型”来衡量。囿于当时的理

① 朱光潜：《形象思维：从认识角度和实践角度来看》，见中国社会科学院哲学研究所美学研究室和上海文艺出版社文艺理论编辑室合编：《美学》第 1 期，上海文艺出版社 1979 年版，第 1—11 页。

② 赵宋光：《论音乐的形象性》，见中国社会科学院哲学研究所美学研究室和上海文艺出版社文艺理论编辑室合编：《美学》第 1 期，上海文艺出版社 1979 年版，第 135—151 页。

③ 张瑶均：《电影艺术与形象思维》，见中国社会科学院哲学研究所美学研究室和上海文艺出版社文艺理论编辑室合编：《美学》第 1 期，上海文艺出版社 1979 年版，第 166—173 页。

④ 王敬文、阎凤仪、潘泽宏：《形象思维理论的形成、发展及其在我国的流传》，见中国社会科学院哲学研究所美学研究室和上海文艺出版社文艺理论编辑室合编：《美学》第 1 期，上海文艺出版社 1979 年版，第 185—215 页。

⑤ 孟伟哉：《形象思维二题》，载《解放军文艺》1978 年第 3 期。

论局限，几乎多数理论家在谈到形象思维时，一个强大的惯性结论就是“典型”。这一点在1978年早期关于形象思维的讨论中尤其明显。其实，并非参与讨论的学者们没有注意到这个问题，在孟伟哉的这篇论文中，就谈到了音乐在创作过程中想要表现的主题和感情，想要描绘的情景和形象，其实这些也是不能用“典型”一而括之的。在这篇文章中，孟伟哉试图提出一个“语言”的中介，以此来作为思维的媒介，将形象思维过渡到“用语言来思维”，这就为突破“典型”论创造了契机。浦满春的文章《形象思维探讨——学习〈毛主席给陈毅同志谈诗的一封信〉》中也说道，“文艺创作必须运用形象思维的方法。因为文学艺术反映现实不同于科学，它不是用概念而是通过形象反映现实生活，要塑造出个性鲜明的典型形象”①。司钟的文章《高尔基对形象思维的论述》也认为，形象思维中的想象，“就是把现实生活中的事物，加以夸张，使之更加典型化，更加突出地反映出事物的本质特征”②。

第二，从形象思维这个话题的时代意义来看，形象思维理论一跃而成为古今中外美学发展的主纲，几乎所有的艺术理论、美学现象、审美理想都可以统摄到形象思维理论的大旗之下，这不仅是中国社会科学院主编《外国理论家、作家论形象思维》③一书的初衷，也是众多文章立论的基础。如郭绍虞、王文生的文章《我国古代文艺理论中的形象思维问题》开篇提出：“毛主席肯定的这一原则也适用于一切以形象来反映生活的文艺，因而具有普遍的理论意义和深刻的实践意义。”④文章以形象思维为总纲，梳理了我国文艺理论中对形象思维认识的发展过程。王朝闻在《创作、欣赏与认识》一文中提出：“《毛主席给陈毅同志谈诗的一封信》，不仅是指导我们诗歌创作的一个重要文献，也是怎样提高川剧和整个文艺创作的指导思想。”⑤唐弢的文章《谈“诗美”——读毛主席给陈毅同志谈诗的一封信》，主要以毛泽东所谈的“诗味”为出发点，讨论艺术独特的审美特性。作者认为，“诗美，无论是音乐美或者图画美，都是诗人通过形象思维对他

---

① 浦满春：《形象思维探讨——学习〈毛主席给陈毅同志谈诗的一封信〉》，载《红旗》1978年第2期。

② 司钟：《高尔基对形象思维的论述》，载《北京师范大学学报》1978年第1期。

③ 除了这本集子以外，还有其他类似的集子，都将形象思维看成自古以来中外艺术家所赞同和运用的艺术创作规律。例如，由上海文艺出版社出版的《形象思维问题参考资料》（第三辑），用编者的话来说，这部集子辑录的是“古今中外代表性作家、艺术家运用形象思维进行创作的体会”。

④ 郭绍虞、王文生：《我国古代文艺理论中的形象思维问题》，载《上海文学》1978年第2期。

⑤ 王朝闻：《创作、欣赏与认识》，载《四川文艺》1978年第3期。

熟悉的生活的概括……尤其重要的是，只有对复杂多样的生活作了深入的比较、考察、思索，不仅有自己切身的经验，而且有自己切身的感受，这种经验和感受随着时间钻入毛孔，流进血管，成为诗人本身的细胞与神经，这时才会有既新且深的形象”①。这就将所有的艺术规律都归结为形象思维的创作过程。叶林在文章《驰骋吧，舞蹈形象思维》中认为，“形象思维是文艺的基本特征，是中外古今一切艺术的根本规律”②。这其中并不是没有问题，而是大家都把各种问题的特殊性压抑下去，将所有的艺术规律都集中到形象思维的话题之中。叶林在文章中，把舞蹈视作一种形体艺术，其形象的动态性，主要表现在人体的律动、姿态和表情，这就不一定适合用形象思维来解释了。孟伟哉在论文《形象思维二题》中也谈到，思维的工具是语言，那么就需要解决语言的抽象性与人物形象性之间的矛盾。

承认形象思维，意味着承认艺术创作的独特性，政治不能够代替艺术，一般的认识论规律不能够代替艺术的规律，这就蕴含了艺术走出政治的契机。其实，从王国维的无功利艺术观与梁启超的小说救亡论开始，文艺与政治的关系在中国美学现代性进程中就打了一个结，成为相互较量的二元对立因素。在 20 世纪 30 年代，形象思维由左联文艺理论家冯雪峰引入中国，他所依据的资料是法捷耶夫关于形象思维的阐释，而不是别林斯基提出的形象思维，二者强调的形象思维的内涵是不同的。40 年代，随着延安精神的传达，政治成为艺术首先需要高举的大旗。50 年代，阿垅提出艺术即政治。50 年代中期的胡风事件就是用政治打压文艺的历史教训，而 60 年代的“文革”更是以政治清洗文艺的极端错误，而当时对形象思维的赞同，也被戴上了“反马克思主义”的政治帽子。到了 70 年代后期，形象思维不再是一个理论禁区，而是国家最高领导人支持的理论。由此延伸出对艺术的肯定，寻找艺术的独特规律成为可以探索的话题。

第三，承接上述内容，在形象思维话题解禁的同时，我们还可以看到与第一次形象思维讨论所不同的特点，也体现了文艺作为时代风气之先的重要转变。

从对形象思维展开论述所引证的资料来看，更多的学者重新引证别林斯基关于形象思维的论述，而不是原来“拉普”领导人法捷耶夫关于形象思维意识形

---

① 唐弢：《谈“诗美”——读毛主席给陈毅同志谈诗的一封信》，载《文学评论》1978 年第 1 期。
② 叶林：《驰骋吧，舞蹈形象思维》，载《舞蹈》1978 年第 1 期。

态化的论述。此外，维柯、黑格尔等很多之前被称为“腐朽的、资产阶级的”文艺理论家关于艺术想象的相关论述开始解禁。

伴随形象思维讨论的，还有对“四人帮”“文艺黑线专政”论的批判，反对“四人帮”的“主题先行”和“三突出”理论，反驳郑季翘的文章，美学界普遍认为郑季翘的文章为“四人帮”的言论提供了理论支持。现在艺术界要支持“双百”方针，反对“四人帮”的倒行逆施，郑季翘早年的文章也成为众矢之的。如《文学评论》1978 年第 1 期刊发的蔡仪的文章《批判反形象思维论》，就是专门反驳郑季翘文章的论文。蔡仪的理由在于，思维不只是抽象，概念也可以有形象。他说：“思维作用对于感性材料的加工改造所形成的东西，既有抽象性重的，也有形象性重的，前者一般称为概念，也不能认为只是抽象的；后者一般称为意象，也不是毫无抽象的。”①在蔡仪看来，形象思维也不否认抽象的作用，“所谓形象思维并不否认在它的思维活动过程中有抽象作用……所谓形象思维或抽象思维，是指思维活动的某一过程就其主要倾向而说的，至于思维活动的某一过程中的抽象作用或具象作用，两者……却总是相反相成、相须为用的”②。与很多理论家一样，蔡仪也非常认同创造性想象在艺术创作中的重要性。蔡仪的这篇文章，主要是从学理上反对郑季翘的观点，反对“文革”时期的“三突出”创作方法。此外，还有像浦满春的论文《形象思维探讨》③，此文以一节的篇幅反驳郑季翘的观点。此时，形象思维成为一个不证自明的真理。学者、作家、艺术家、新闻工作者等各个领域、各条战线上饱受“四人帮”摧残的人们，将压抑了 10 余年的生活热情、学术热情与工作热情，全部迸发出来，投射在形象思维的讨论中。早在毛泽东信件发表之前，文艺界就进行了一系列的准备工作，形象思维是文艺界拨乱反正的一个有机组成部分。在这些步骤之中，只有形象思维得到了毛泽东亲笔信件的支持，有这样一个“明证”，人们将所有言说的底气也全部集中到其中。

形象思维讨论不仅是一个文艺理论问题，由于它涉及艺术的创作规律、艺术的审美鉴赏规律等重要的美学问题，关于形象思维的讨论直接开启了我国新时期的第二次美学热。以下三节分别以当时美学热的代表人物蔡仪、朱光潜和李泽厚等人的形象思维观为主要分析对象，以此来作为时代讨论的侧记。

---

① 蔡仪：《批判反形象思维论》，载《文学评论》1978 年第 1 期。
② 同上。
③ 浦满春：《形象思维探讨》，载《红旗》1978 年第 2 期。

第二节　与抽象思维平行
——蔡仪在新时期论形象思维

一、蔡仪论述形象思维问题的渊源及其在新时期的理论成果

蔡仪关于形象思维最早的论述，可以追溯到 20 世纪 40 年代的《新艺术论》。他提出："艺术的认识，固然是由感觉出发而通过了思维，却是没有完全脱离感性，而且主要地是由感性来完成，不过这时的感性已不是单纯的个别现实的刺激所引起的感性，而是受智性制约的感性。"[①]在"具体的概念"中，蔡仪想要证明，形象可以思维，这个思维过程不能脱离智性的制约，也要经过比较、分析、综合，只不过不那么明显。本来，蔡仪的这些思考已经融入新中国成立之后由中宣部组织、蔡仪作为主编的《文学概论》之中，但由于时代的原因而未能出版。

在 20 世纪 50 年代，蔡仪发展了他的美学体系，"具体来说，可用两个关键词来概括，即'客观'和'典型'"[②]。蔡仪认为，美是客观的，并不依赖人而存在，美只是人认识的对象。但是，美是需要人来感受和评判的，因此，蔡仪又将"典型"这个概念引入他的理论体系。事物的美在于它的典型，文学和艺术就是要创造出能够代表一类典型的事物和人物。问题因此而来，什么是典型，如何判定典型，成了蔡仪与当时众多美学家们争论的内容。到了新时期，蔡仪依然坚持他的观点，在认识论的体系中考察美与典型，将 50 年代的思考结果融合到新时期他关于形象思维的解读中来。

在新时期，蔡仪就"形象思维"的话题发表了多篇文章，分别是《批判反形象思维论》[③]《诗的比、兴和形象思维的逻辑特性》[④]《再谈形象思维的逻辑特

① 蔡仪：《新艺术论》第二章第二节，见《蔡仪文集》第 1 卷，中国文联出版公司 2002 年版，第 40 页。
② 高建平主编：《当代中国文艺理论研究(1949—2009)》，中国社会科学出版社 2011 年版，第 442 页。
③ 蔡仪：《批判反形象思维论》，载《文学评论》1978 年第 1 期。
④ 蔡仪：《诗的比、兴和形象思维的逻辑特性》，载《诗刊》1978 年第 3 期。

性》①《形象思维的逻辑规律》②《形象思维的历史渊源和当前问题——论形象思维问题》③《艺术的典型形象》④。在蔡仪主编、出版于1979年的《文学概论》中，有两章提到“形象”，特别是在第六章《文学创作过程》中，专门论述了“创作过程中的思维活动”⑤，此外，从1979年到1980年，蔡仪在中国社会科学院研究生院专门讲授过形象思维问题，讲稿发表于1985年出版的《蔡仪美学讲演集》中。⑥ 可见，在新时期，蔡仪关于形象思维的思考是持续的。作为新中国一代开山立派的美学家，蔡仪认为美就是典型，而实现典型的方法要通过形象思维。蔡仪说：“文学创作的中心环节是形象塑造……主要就是人物形象的典型化。”⑦“关于文学创作的典型化，主要是从文学反映社会生活这个角度来考察的。不过从这个角度来考察文学创作的典型化，是为了说明典型化的客观根源，还只是问题的一方面；另一方面就是还得从作者的主观认识活动来说明，则是要考察形象思维问题了。”⑧

二、立论基础：概念的两个维度与思维的两个作用

蔡仪在《批判反形象思维论》一文中，明确表示支持形象思维理论，并以高尔基在《谈谈我怎样学习写作》一书中关于形象思维的界定来论证自己的观点。我们知道，高尔基提出，作家创作有两个过程，第一个是抽象化的过程，第二个是具体化的过程，这就是典型化过程的两个阶段。前一个过程是认识，是抽象化的；后一个过程是表现，是具体化的。这里的抽象化不是抽掉形象，而是抽取形象；这里的具体化，是将抽取出来的形象集中到一个人身上。“高尔基的这个说法，终不失为关于人物典型化的一种普遍方式。”⑨在《文学概论》第六章“文学

---

① 蔡仪：《再谈形象思维的逻辑特性》，载《上海文学》1978年第4期。

② 蔡仪：《形象思维的逻辑规律》，载《求索》1987年第5期。

③ 蔡仪：《形象思维的历史渊源和当前问题——论形象思维问题》，载《河北学刊》1987年第5期。

④ 蔡仪：《艺术的典型形象》，载《文艺理论与批评》1992年第4期。在这里所列举的文章中，后三篇文章刊出时间靠后，分析蔡仪在新时期关于形象思维的论述，主要依据前三篇文章。

⑤ 蔡仪主编：《文学概论》，人民文学出版社1979年版，第232—237页。

⑥ 蔡仪：《蔡仪美学讲演集》，长江文艺出版社1985年版。

⑦ 同⑤，第227页。

⑧ 同⑤，第231页。

⑨ 同⑤，第228页。

的创作过程”中,蔡仪详细展开了形象思维的过程。

作家认识生活也从感性开始,往往由于某种社会生活现象或者某个人物的言行,而产生兴趣,留下了深刻的印象或表象。作者所得到的这些印象,还只是一种感性认识。这个印象也许只是一时存在于作者的头脑里,并不发生别的作用;也许它还是作者受到一些启发和感奋,因而想到过去所经验过的一些事件或人物的印象,也就是在某种共同点之上把它们联系起来,并把它们所具有的共同特点综合起来,形成一个新的形象……这种情况正表明艺术形象从感性认识逐步上升为理性认识,成为一种形象思维活动。①

在这个过程中,蔡仪认为形象思维“始终不离开感性印象的生活素材,并且是以形象与形象的关系为线索而形成的”②。

蔡仪之所以赞同高尔基的两段论,是由于他认为概念具有抽象和形象两方面特征,这一点与他在 20 世纪 50 年代的思考是一致的。以此类推,那么作为思考概念的思维也应该对应两个方面,分别是抽象作用和具象作用,“一方面是把许多表面的偶然的东西抽象掉,另一方面也有要把它‘取’而加以概括化的东西”③。这两个方面分别形成了概念和意象。前者偏重抽象而具有普遍性,后者偏重具象而具有形象性。在蔡仪看来,两者实质上都是由思维的概括作用而形成的,本质上都是思维概括作用的体现,并且可以互相推移。形象思维就是要用形象来思维,但是,与其他学者对形象思维定位不同的是,蔡仪认为,这里的形象不是我们所看到的形象,而是“由思维活动的概括作用所形成的形象,即思维中的形象”④。它天然地具有理性和逻辑性的特征,也要经过去粗取精、去伪存真、由此及彼、由表及里的改造制作工夫。那么,形象思维与抽象思维的区别又在哪里呢?蔡仪认为,这样对思维进行划分,是因为思维的方式或者偏重形象,或者偏重抽象,但总是相反相成、相须为用的。显然,在这里蔡仪并没有论述清楚“形象”是如何在思维过程中发挥逻辑作用的,而且理论基础也显得薄弱。然而,这不是一篇文章能够完全说清楚的问题,因此,在 1978 年后来两篇关于形象思维的文章中,蔡仪主要论述了有关形象思维逻辑性的问题。

---

① 蔡仪主编:《文学概论》,人民文学出版社 1979 年版,第 233—234 页。
② 同上,第 234 页。
③ 蔡仪:《批判反形象思维论》,载《文学评论》1978 年第 1 期。
④ 同上。

三、论述的重点：形象思维如何具有逻辑性

蔡仪结合毛泽东的信，用中国古典诗词中的赋、比、兴三种方法，来解释形象思维为什么具有逻辑性，这是《诗的比、兴和形象思维的逻辑特性》与《再谈形象思维的逻辑特性》两篇文章的主要内容。在蔡仪看来，赋，能够敷陈其事而体物浏亮。首先，语言能够描绘事物的情状，也就是具有鲜明的形象性；其次，语言还能够点出景物带给人的心理感受，或暖或寒。这些都可以表明作者对于景物的认识是具体的，作者的思维是形象的。比，能够以此物比彼物，也就是采用打比喻的方法，用一物来比拟另外一物，也是通过形象来比拟形象，因而也属于形象思维的方法。兴，先言他物而引起所咏之辞，兴中带比，也属于形象思维的范畴。因此，赋、比、兴分别构成了形象思维的三种方式。

蔡仪认为以上的论证只说明了形象思维的方式，证明了语言的表述可以具有形象性，而逻辑是从何而来的呢？蔡仪进一步论证了这个问题。因为比和兴"要认识彼物和此物的能够相比的基础，即两者的共同性。这种认识就是理性思维的认识"[①]，而赋天然地属于理性思维，这是"不成问题"的。形式逻辑的判断和推理都建立在概念与概念之间的关系上，投射到客观对象上来说，判断和推理联系的纽带是事物和事物之间的关系。事物之间只有存在共同性，才能得出这个判断。在一个形式逻辑的判断中，主词(S)和宾词(O)之间由系词(L)联系起来。主词和宾词之间具有共同性，这是形象的；同时，主词和宾词之间，也不可能包罗万象，只能抽取其中的一个属性，因而这个判断又体现出了抽象性。[②] 由于比和兴不仅要用分析的方法来求得事物之间的共同性，而且要用综合的方式把两物关联起来，"使之综合成为一个完全突出的崭新的形象""主要由于思维的具象作用、综合作用最后形成，这种诗句是形象的，这种思维也就是形象思维"。[③] 比和兴在蔡仪看来显然具有这种特性，因而比兴所体现出来的形象思维具有逻辑特性。

蔡仪还讨论了创造性想象和夸饰等艺术手法，但他认为这些手法的命名

---

① 蔡仪：《诗的比、兴和形象思维的逻辑特性》，载《诗刊》1978 年第 3 期。

② 蔡仪：《再谈形象思维的逻辑特性》，载《上海文学》1978 年第 4 期。

③ 同上。

“对于文艺理论根本问题的解答没有什么意义”，归根到底还是需要将艺术看作一种认识，“必然有它的逻辑性”，[①]无论是形象思维还是抽象思维都离不开正确的世界观的指导。

蔡仪关于形象思维的论述，主要目的在于证明形象思维与抽象思维一样，具有逻辑性，符合马克思主义的认识论。蔡仪所针对的对象，基本上还是停留在对郑季翘文章的反驳。由于当时理论资源相对匮乏，蔡仪在文章中反复使用的论据，也仅限于形式逻辑的三段论，只不过在不同的文章中反复展开，并结合具体的诗歌例证来阐释。“文革”之后，无论是社会文化心理还是学术争鸣，都迫切需要更加新鲜的理论元素来丰富和发展，蔡仪的论述显得软弱无力，而且蔡仪立论的前提是概念的形象方面和抽象方面，这本身就是含混不清的，因此，对形象思维的研究陷入无法自圆其说的困境。

第三节　从“形象的直觉”到“实践”
——朱光潜在新时期论形象思维

一、形象的直觉：朱光潜对美学的最初定义

形象思维与朱光潜美学思想之间的联系，可以追溯到更为久远的 20 世纪 30 年代。朱光潜在他的《文艺心理学》一书中，以“形象的直觉”为核心概念开始了自己的美学建构。他将知识分为两类，一类是直觉的(intuitive)，一类是合理的(logical)。朱光潜认为，美学是一种知识论，西方语言中的“aesthetic”，与其叫作“美学”，还不如叫作“直觉学”。朱光潜说，“因为中文‘美’字指事物的一种特质，而 aesthetic 在西文中是指心知物的一种最单纯最原始的活动，其意义与 intuitive 极相近”[②]。朱光潜将美学定位为直觉学，受到了克罗齐的影响，也就是说，艺术的形象中渗透着作者的感性，而美学研究的对象，就是对感性的完善。这种观点在美学大讨论中，朱光潜没有据他所钟爱的“感性直观”直接展

① 蔡仪：《再谈形象思维的逻辑特性》，载《上海文学》1978 年第 4 期。

② 朱光潜：《朱光潜全集》第 1 卷，安徽教育出版社 1987 年版，第 208 页。

开，但是在他所提出的著名的“物甲”和“物乙”之间，其实还有一些话没有说完。如何从“物甲”过渡到“物乙”，美感是如何产生的，这些都是问题；而这一点，也恰恰成为李泽厚批评朱光潜理论的切入点。关于形象思维，朱光潜在形象思维的第一次大讨论中并没有公开发表文章。只是在郑季翘的夫人华迦女士所写的《郑季翘批判形象思维理论始末》[①]中提到，关于《文艺领域里必须坚持马克思主义的认识论》一文，在正式发表之前，受中宣部部长陆定一指示，由周扬在北京召开讨论郑季翘文章的座谈会。在这次会议上，朱光潜表达了自己对于形象思维的看法。朱光潜认为思维就是开动脑筋，既包括感性认识，也包括理性认识，感性阶段是形象思维，理性阶段是抽象思维。这也从侧面印证了朱光潜对形象思维的定位——感性直观，其实也就是审美的直觉。当时，朱光潜的这些观点并没有形成文字公开发表过。

二、统摄西方美学史的“形象思维”

由中国社会科学院哲学研究所美学研究室和上海文艺出版社文艺理论编辑室合编的《美学》创刊号上，刊登了三篇关于形象思维的文章，第一篇是朱光潜的《形象思维：从认识角度和实践角度来看》。这篇文章后来收录到了朱光潜1979年版的《西方美学史》中。《西方美学史》是我国第一部研究西方美学史的专著，上卷出版于1963年7月，下卷出版于1964年8月。1979年6月和11月，上、下卷先后出版了第二版。作者在全书结束语中，增加了“形象思维”这一节，这就是作者发表于1979年《美学》上的《形象思维：从认识角度和实践角度来看》。这篇文章对《形象思维与文艺的思想性》一文中提到的关键内容展开论述，而且与新时期朱光潜的“实践观”有着密切联系。

在这篇文章中，朱光潜继续坚持他以往的观点，认为形象思维就是想象，它们所指的“都是一回事”，而且是西方美学近代以来讨论的主题之一。在文章的第二部分——“从西方美学史来看形象思维”，朱光潜将“形象思维”作了一种扩大化的解释，以“想象”甚至是“原始思维”代替了“形象思维”，认为“想象”这个词“最早出现在住在罗马的一位雅典学者菲罗斯屈拉特斯(170—245)所写的

① 华迦、冯宝兴：《郑季翘批判形象思维理论始末》，载《当代文学研究资料与信息》2006年第3、第4期。

《阿波罗琉斯的传记》中”;而“原始思维”出现得则更早,朱光潜的例证是黑格尔的《美学》第二卷,在论象征型艺术中涉及希腊、中世纪欧洲以及古代埃及、印度和波斯的宗教和神话部分,由此可见,“形象思维是各民族在原始时代就已用惯了”①。从西方美学发展的历史来看,朱光潜认为,“形象思维古已有之,而且有过长期的发展和演变,这是事实,也是常识”②。尽管朱光潜在这里并没有解释清楚,“形象”为什么能够“思维”,但在这里的意义并不仅仅是壮大形象思维支持者的声势,而是从他的美学体系中来考量形象思维的重要意义。

三、从“实践”的角度看形象思维

朱光潜在新时期最重要的收获,是从马克思主义实践观的角度整合他的美学思想。当时影响巨大的《谈美书简》③,便是这一时期的重要著作。在第一篇《代前言:怎样学美学》中,他谈到了马列主义和毛泽东思想的重要性:“在我所走过的弯路和错路之中,后果最坏的还是由于很晚才接触到马列主义、毛泽东思想。”这样做的要求“首先就要从一切具体的现实生活出发”。④ 在第三篇《谈人》一文中,朱光潜解释了他的“生活”——“生活是人从实践到认识,又从认识到实践的不断反复流转的发展过程”⑤。实践是什么呢?文艺之于社会又有着怎样的意义呢?朱光潜在《关于马克思主义与美学的一些误解》中进行了回答。

> 实践是具有社会性的人凭着他的“本质力量”或功能对改造自然和社会所采取的行动,主要见于劳动生产和社会革命斗争……应用到美学里来说,文艺也是一种劳动生产,既是一种精神劳动,也并不脱离体力劳动;既能动地反映自然和社会,也对自然和社会起到改造和推进作用。作为一种意识形态,文艺归根到底要受经济基础的决定作用,反过来又对经济基础

① 朱光潜:《形象思维:从认识角度和实践角度来看》,载《美学》1979 年第 1 期。
② 同上。
③ 朱光潜:《谈美书简》,见《朱光潜美学文集》第 5 卷,上海文艺出版社 1989 年版。
④ 同上,第 8—9 页。
⑤ 同上,第 19 页。

和政法的上层建筑发生反作用。[①]

这段话对理解朱光潜关于“形象思维”的讨论具有重要意义。朱光潜将文艺也看成实践的一种类型，而且特别强调文艺对现实的改造作用，也就是说，文艺不仅仅是反映现实，它同样具有实践层面的意义。而实践最重要的意义，在于“人”——“在这过程中，自然日益受到人的改造，就日益丰富化，就成了‘人化的自然’；人发挥了他的本质力量，就是肯定了他自己……人在改造自然之中也改造了自己。”[②]“人”成为朱光潜美学的最终归宿，在当时的社会语境中，强调人的主体性精神成为时代主流，李泽厚、汝信、周扬等重要学者，都在新一轮的美学启蒙之中高扬起“人”的大旗，从这个意义上说，朱光潜强调人在马克思主义哲学中的重要地位，毫无疑问有开风气之先的重要意义。

在此前提下，我们谈论形象思维在朱光潜美学思想中的重要地位也有了具体的内容。朱光潜在《形象思维与文艺的思想性》一文中，明确提出了形象思维与人的实践的密切关系：

在第三封信《谈人》里我已约略谈到认识和实践的关系以及感性认识和理性认识的关系，现在不妨回顾一下，因为形象思维与此是密切相关的。[③]

朱光潜引用马克思《关于费尔巴哈的提纲》，认为人的思维是一个实践问题，而不只是一个认识问题。朱光潜说：“马克思主义创始人分析文艺创造活动从来都不是单从认识角度出发，更重要的是从实践角度出发，而且分析认识也必然是要结合到实践根源和实践效果。”[④]

不仅如此，朱光潜还提出，如果从实践的角度来看，把文艺创作看作一种生产劳动，那么文艺创作从人类的远古时期就已经存在。劳动是一个综合五官的发展过程，这一点恩格斯在《劳动在从猿到人转变过程中的作用》中已经进行了

---

① 朱光潜：《谈美书简》，见《朱光潜美学文集》第5卷，上海文艺出版社1989年版，第29页。
② 同上。
③ 同上，第63页。
④ 朱光潜：《形象思维：从认识角度和实践角度来看》，载《美学》1979年第1期。

非常详细的论述。由此推论,作为审美活动的文艺创作也是一个综合五官的过程,因此审美活动不能以某种单一的感觉来解读。“过去美学家们在感官之中只重视视觉和听觉这两种所谓‘高级器官’和‘审美感官’,就连对这两种也只注意到它们的认识功能而见不出它们与实践活动的密切联系。”[①]从朱光潜的角度来看,我们认识形象思维不能仅从审美感受来研究,而应该从生活实践的角度进行探讨。这样的结论一方面在驳斥“四人帮”的主题先行和观念先行,另一方面从哲学的高度论证了审美的综合性和实践性。

按照朱光潜的看法,如果承认形象思维从远古就已经存在,那就必须承认形象思维之于人的重要意义。劳动过程将猿改造成了人,那么作为审美活动的形象思维则使人成为人本身。朱光潜引用马克思的《巴黎手稿》论证了这一点:“他不仅造成自然物的一种形态改变,同时还在自然中实现了他所意识到的目的。”[②]在这个意义上说,“形象思维……是一种改造主体自己的实践活动,意识之外还涉及意志,涉及作者对自己自由运用身体的和精神的力量这种活动所感到的乐趣”[③]。

众所周知,年届六旬的朱光潜以真诚的心态重新学习了马克思主义,对俄文的掌握达到能够阅读和翻译的程度,此时他以马克思主义哲学来解读形象思维,其用心程度是令人敬佩的。与李泽厚的“积淀”说相类似,形象思维在朱光潜这里也被解读成自人类诞生以来的重要活动,毋宁说此时的形象思维就等于艺术审美活动。李泽厚认为,在形象思维形成与展开的过程中积淀的是人类的情感,应从“情本体”的角度来界定人;朱光潜则从形象思维的形成与展开过程解读出人类的实践活动,从实践的高度来肯定人。他们的根本不同之处在于,朱光潜对“实践”的界定更为宽泛,将文艺活动也看成是人的实践活动,而李泽厚与此相反,他仅将人的物质生产活动看成是实践活动,人所从事的艺术审美活动在李泽厚这里成为生产实践的结果。后期实践美学常常诟病李泽厚的实践美学缺乏对个体的关怀,忽视感性活动的重要意义,其实朱光潜的观点未尝不是一种有益的补充。到 1980 年,李泽厚宣布形象思维不是认识,正如机器人不是人一样,似乎在这里也埋下了伏笔。相反,朱光潜将“形象思维”作为基本

① 朱光潜:《形象思维:从认识角度和实践角度来看》,载《美学》1979 年第 1 期。
② 同上。
③ 同上。

要点收入《西方美学史》的后记，足见朱光潜对形象思维的重视，在实践意义上的形象思维，当然也不会被朱光潜放弃。这就是朱光潜与李泽厚对形象思维理解的根本不同。

第四节　从"以情为本体"到"走出认识论"——李泽厚在新时期论形象思维

一、从"个性"到"情感"：李泽厚1978年论形象思维的重要突破

李泽厚在20世纪80年代所提出的"主体性实践哲学"，是从建构人类心理情感本体的角度出发的。在其主体性实践哲学中，情感这个本体或审美心理结构作为人类内在自然人化的重要组成部分，物化的对应者就是艺术品。从这个意义上说，艺术的本质就是人类共同的心理情感本体的物化。那么，对艺术的研究就不仅具有形式上的意义，其内涵是对人类情感心理结构的研究，也就是对情本体的研究。情本体和工具本体成为主体性实践哲学的两个基础。在第一次有关形象思维的讨论中，李泽厚的美学思想与形象思维之间已经建立起了密切的联系：李泽厚早在20世纪50年代就将形象思维展开的过程界定为"个性化与本质化的同时进行"①。在这个过程中，形象思维起到了非常重要的作用："只有对形象作出精细的推敲琢磨，才能使它更真实更准确地概括和反映出生活中美好的、本质的东西。而形象思维所以被看作是思维，其意思和价值也全在此；去粗取精，去伪存真，由此及彼，由表及里，以达到或接近本质的真实。""形象思维还有一个主要特征：这就是它永远伴随着美感感情态度。"②而在1978年，李泽厚对形象思维的定位经历了从强调"个性"到强调"情感"的重要转变。

1978年，李泽厚关于形象思维的第一篇文章是《形象思维的解放》，发表于1月24日的《人民日报》。在文章中，李泽厚与当时众多的学者一样，首先要表

---

① 李泽厚：《试论形象思维》，载《文学评论》1959年第2期。
② 同上。

达一个文艺工作者久违的兴奋，因此关于形象思维的存在不需要更多的证明，由于“这封信中三次提到形象思维，指出不管古诗今诗，都要用形象思维的方法去创作，否则将味同嚼蜡。可见，形象思维问题实际关系文艺的本质特征”。与此相对应，批判“四人帮”成为谈论形象思维的首要切入点。形象思维在李泽厚看来，“总是‘浮想联翩’，富有情感，整个创作过程不能脱离开感性形象的具体想象活动”。[①] 由于“四人帮”破坏的是艺术的独特性，能够体现艺术独特性的要义当然首先是“个性”，而不是体现社会历史的“本质”。可见，在《形象思维的解放》一文中，李泽厚强调的是形象思维过程的“个性化”。如果不遵循这个规律，必然会出现艺术上的雷同。这就是李泽厚批判的“四人帮”文艺：“艺术形象成了他们反动思想的传声筒，所有情节、场景、人物都是凭概念对号入座的形象图解。”[②]为了强调这种个性化，李泽厚特意指出“人的形象思维”。正因为人的千差万别，才构成了艺术创作的各具特色，“用形象思维的方法，一般不大容易产生这种千篇一律的概念化的作品，也就不能够为他们那个反动纲领和概念服务”[③]。

接着，在《形象思维的解放》中，李泽厚提出了形象思维的情感维度，只是此时李泽厚对情感的强调，还没有作为标志性的结论进行展开。在该文的论述过程中，重点反驳的是郑季翘终结第一次形象思维讨论的公式：表象(事物的直接映像)—概念(思想)—表象(新创造的形象)。李泽厚明确提出，“综合想象的过程，也即是形象思维的过程”，而思维不能独立离开这个想象过程，“思维能够在暗中起引导、规范和制约的作用，它根本不是一个脱离形象想象的抽象概念的阶段”。这就明确了逻辑思维和形象思维的关系。在文章中，李泽厚表达了他对艺术创作过程与艺术作品本身的情感态度，“没有爱憎感情的文艺创作和作品，即上述那种概念外化的形象图解，又怎么能打动人呢?”[④]我们可以将这段简短论述看成是他“情本体”最初的朦胧表达。

那么，李泽厚为什么将“个性”作为他第一篇谈论形象思维文章的切入点呢? 虽然，李泽厚在这篇文章中，模糊地提出了“使情成本体”论，而且提出了艺

---

① 李泽厚：《形象思维的解放》，载《人民日报》1978 年 1 月 24 日。
② 同上。
③ 同上。
④ 同上。

术理想不仅要有典型，还应该有“意境”，对现实主义一统艺术格局的状况有所突破，但限于文章发表的时间 1978 年 1 月 24 日，距离刊发《毛主席给陈毅同志谈诗的一封信》不到 1 个月，再加上报纸文章的篇幅局限，李泽厚在这篇文章中不可能展开论述自己的“使情成本体”论。他要完成的重要任务，是借文艺理论批判“四人帮”给整个社会所造成的万马齐喑的局面，助力社会风气的扭转和变革，因此，表达一个理论工作者的欢欣，批判郑季翘的公式成为主要着力之处。而“文革”以来对个体生命所造成的摧残与漠视，对个人情感的伤害成为捎带之笔。在“个人”与“情感”二者之间，李泽厚当然首要选择“个人”。因为他的主要目标是批判“四人帮”。“四人帮”的文艺理论最为臭名昭著之点当属“三突出”，在这里，最具个性化的文艺创作成为集体制造的流水线，戏曲也以“样板”而著称，文艺变成了专制的工具，千篇一律、千人一面成为必然结局。面对“四人帮”遗留下的危害，突出“个性”自然成为谈论形象思维的切入性话题。而且，也与李泽厚在 20 世纪 50 年代所提出的“形象思维是个性化与本质化同时进行”的观点相一致。

李泽厚此时对形象思维的哲学定位，依然没有走出马克思主义哲学认识论的园囿，提出坚持形象思维并不是反马克思主义认识论，而是坚持真理。在这一点上，李泽厚与当时中国绝大多数学者的观点是一样的。李泽厚将艺术看作是一种认识，说得更明确一些，其实是一种哲学认识。唯物主义认识论坚持从物质到意识的认识论路线，在马克思主义认识论框架内，认为物质世界是客观存在的，认识是人对客观现实的反映。于是，在文章中，从马克思主义认识论的角度强调艺术的重要作用是李泽厚的不二选择：“文艺作品反过来又作为阶级斗争的武器，使人民‘惊醒起来，感奋起来，推动人民群众走向团结和斗争，实现改造自己的环境’。”在这里，李泽厚对形象思维的论述与第一次讨论还非常相近，还没有对形象思维为什么能够成为艺术的独特规律，以及这种独特规律是怎样的等问题展开论述。

李泽厚在之后发表的《形象思维续谈》①中，再次强调了形象思维所蕴含的情感维度，借形象思维表达了他对“积淀”说（此时李泽厚用的词是“沉淀”）的初步设想。在 20 世纪 50 年代，李泽厚提出了形象思维的两个特点：一个是“个性

① 李泽厚：《形象思维续谈》，载《学术研究》1978 年第 1 期。

化和本质化同时进行”,一个是“始终伴随着情感”。在这篇文章中,李泽厚将上述两个特征联系起来,认为形象思维是“以情感为中介,本质化与个性化同时进行”,然后分析了形象思维与逻辑思维的关系,借此展开了他的“使情成本体”理论。

李泽厚认为,逻辑思维是形象思维的基础。由于这个观点与很多学者的看法不同,李泽厚为了说明这一点,提出了“美感”问题。首先,美感的产生与形象思维有很大的关联。美感的一个基本特征是直觉性。从表面看,一个人是否对一个事物产生美感,是一个个人化的感受问题。看一个东西美不美,一个人并不会通过概念推理来判断,而是直觉地感受到它美不美。但是,从深层看,个人的美感“是有其阶级的、社会的、文化教养等方面的原因。在美感直觉中,潜伏着功利的、理智的逻辑基础”①。在这里,李泽厚指出美感在个人化的感受中潜伏着社会的理智因素,这与他后来展开的“积淀”说已经有非常密切的联系了。其次,从美感的构成因素来看,美感包含着知觉、情感、想象和理解。在情感和想象的自由运动中,理解在暗中起作用。艺术能够引起美感,原因就在于它不是用概念道破,而是“使想象、情感和理解产生了合规律性的自由运动”②,从而产生审美享受。

艺术家的创作与美感产生的过程非常类似,这就是艺术家的形象思维。艺术家将生活中分散的美感集中起来,展开艺术想象,进入创作过程,其中看似是个人化的创作,但蕴含和沉淀了“深厚的逻辑基础和原因”,与美感产生的过程是类似的。这样,李泽厚以个人化的美感态度“沉淀”着社会化的理智因素,将艺术创作与美感感受联系了起来,而形象思维是创作过程中重要的思维特征。用他的话说,“形象思维的这个规律,不过是美和美感的本质特征在艺术创作中的体现”“美是具体形象性和客观社会性的矛盾统一,美感是个人直觉性和社会功利性的矛盾统一,展示和表现在形象思维、艺术创作中,便是个性与共性、偶然和必然的矛盾统一”③。可以看到,李泽厚借形象思维表达了他后来影响甚大的“积淀”说。

那么,“沉淀”的内容是什么呢?是情感。与逻辑思维的演算不同,形象思

① 李泽厚:《形象思维续谈》,载《学术研究》1978年第1期。

② 同上。

③ 同上。

维要以“情感作为媒介或中介，才能使形象彼此联系起来”[1]，这样才能把现实生活中的复杂性和多面性作为整体表现出来。心理学中的“联觉”、文艺创作中的“移情”都是以情感为中介的。形象思维的过程以情感为中介，“想象和理解处在自由的运动中，这就同时把情感客观化，使理解沉淀在情感之中，具有理性的内容”[2]。这种情感性的因素不光在作者创作中发挥作用，在审美鉴赏的过程中，情感更重要的价值在于使人产生“情感的力量”，其中包含社会伦理理智的功能，这就是审美教育。可见，情感贯穿在艺术创作与审美鉴赏过程中。在这个过程中，美感始终发挥着重要的作用，将多种心理因素融为一体。从这个意义上讲，形象思维便不再是一个简单的思维问题，而是一个美学问题，这就为形象思维走出狭义的“认识论”奠定了基础。这一点，成为 1978 年形象思维讨论最重要的成果之一。

二、走出认识论：李泽厚论形象思维的重要转变

1979 年 9 月 18 日上午，北京市哲学会美学组在北京师范大学举行了关于形象思维的讨论会。李泽厚、孟伟哉、郭拓、王方名、张帆、郑涌等学者在讨论会上发言。在这次讨论会上，会议首先将形象思维确定为一个学术问题，而不是政治问题。其次，会议的一个重要内容是讨论形象思维和认识论的关系。李泽厚的发言可以看成是他发表于 1980 年《形象思维再续谈》的前奏，这篇文章中的很多观点在此次发言中都有表达。在发言中，李泽厚对过去形象思维的讨论进行了总结，认为基本上有“取消论”和“平行论”两种观点[3]，这两派都把艺术创作当作认识问题进行探索；而他认为艺术不应该仅仅是认识，甚至主要不是认识。艺术是要通过形象来表现那些用概念语言表达不出来的东西。因而，研究形象思维应该从艺术心理学、审美心理学和美学方面展开，而不应该通过认识中的思维规律来研究。艺术中的情感要客观化、对象化，借自然景物或别的东

① 李泽厚：《形象思维续谈》，载《学术研究》1978 年第 1 期。

② 同上。

③ 李毓英整理：《北京市哲学会美学组关于形象思维讨论的一些问题》，载《哲学动态》1979 年第 12 期。需要说明的是，“取消论”就是“否定说”，总体意思是不承认形象思维的存在。“平行论”或“平行说”含义一致，李泽厚在发言中和文章中的表述有别。为尊重历史，沿用不同的说法。

西把它表达出来。李泽厚认为应该通过艺术心理学来研究,王方名认为应该通过人类思维发展史来研究,孟伟哉认为,还应该通过艺术家的创作实践来研究,郑涌则认为,应该通过"形象思维"这个词的来源及其不同含义发展的历史情况去研究。会议最后总结出,形象思维仅从一般认识论的意义进行研究是不够的,还需要从艺术心理学、艺术社会学和艺术哲学角度进行探讨。①

《形象思维续谈》一文为李泽厚否定形象思维论埋下了伏笔。在文章开篇,李泽厚一反前述赞同形象思维的常态,而是说"'形象思维'这个词,本身看来似乎就有矛盾,因为在一般习惯中,思维一词通常狭义(严格意义使用),主要是指脱离开表象(即形象)的概念、判断、推理。所以,有人说形象和思维联在一起就不通,主张用'艺术想象'来替代它"②。文章的第二部分主要借美感来论述形象思维的重要意义,而美感的重要特征,在李泽厚看来就是它的"直觉性",并借此初步论述了后来影响甚大的"积淀"说,"形象思维以情感为中介,使想象和理解处在自由的运动中,这就同时把情感客观化,使理解沉淀在情感之中,具有理性的内容"③。李泽厚在这篇文章中表达了一个重要的结论:"形象思维并不仅仅是一个思维问题。"④"思维"在这里更多含有"认识"的意味。这可以看成是李泽厚在 1980 年正式提出"艺术不仅是一种认识"的前奏。我们可以如下一段文字作为证明。1979 年 12 月,李泽厚在《关于形象思维》的文末附上了一段"补记":

> 关于逻辑思维应否干预形象思维,我在本书《形象思维再续谈》一文中对自己的提法略有修正。该文指出,形象思维并非思维,艺术不是认识,并肯定创作过程中的非自觉性,反对逻辑思维过多地干预形象思维,因为我认为,这正是我们文艺作品数十年来的一个主要毛病。⑤

在《形象思维再续谈》中,李泽厚既不同意"否定说"——郑季翘、高开、韩凌、舒炜光、王极盛等学者的观点,因为这种观点会抹杀艺术的独特性,导致创作中的概念化和公式化;也不同意"平行说"——认为形象思维是与逻辑思维对

---

① 李毓英整理:《北京市哲学会美学组关于形象思维讨论的一些问题》,载《哲学动态》1979 年第 12 期。
② 李泽厚:《形象思维续谈》,载《学术研究》1978 年第 1 期。
③ 同上。
④ 同上。
⑤ 李泽厚:《关于形象思维》,见李泽厚:《美学论集》,上海文艺出版社 1980 年版,第 268 页。

立的观点，即蔡仪与何洛等学者的观点。李泽厚认为，这两派观点的一个共同结论，是将艺术看成一种“认识”和“反映”；而他在文章中明确提出，艺术带给人的，不是认识和反映，而是审美感染力，“艺术包含认识，它有认识的作用，但不能等同于认识”①，美学也不仅是认识。形象思维并不是独立的思维方式，而是艺术想象。

否定形象思维是“思维”，一个必然的结果就是否定艺术是一种认识。由此出发，李泽厚更加强调艺术的情感特征，“我们只讲艺术的特征是形象性，其实，情感性比形象性对艺术来说更为重要。艺术的情感性常常是艺术生命之所在”②。这里的理论立场与之前他对艺术的定位是不同的。刚开始，李泽厚提出形象思维的过程是“个性化与本质化同时进行”，最早提出的时间是 1959 年，新时期之后，他逐渐强调艺术的情感因素，可以说到 1980 年，李泽厚完成了放弃“思维”而“转向情感”的历程。对于如何研究艺术中的情感，李泽厚提出应更多地用心理学知识，而非哲学的认识论。在文章的第二部分，李泽厚引用科林伍德的“情感表现”说、鲍桑葵的“使情成体”说和苏珊·朗格的“情感符号”说等国外美学理论，来强调艺术中的情感作用。李泽厚也论及“比兴”“移情”“艺术想象”等艺术心理学概念来论证自己的观点。在文章的最后，李泽厚重点论及“创作中的非自觉性”，而这一点正是形象思维在传入我国时被忽略的内容。

在李泽厚这篇文章发表之后，由于他的激进观点，引来不少批评和回应，同年，在《文学评论》第 5 期上刊登了何洛、周忠厚的《评〈形象思维再续谈〉》，叶伯泉的《创作中的非自觉性质疑》两篇文章。这两篇文章基于先前形象思维讨论的依据——哲学认识论来质疑李泽厚的观点。囿于时代理论局限，反驳文章并没有抓住李泽厚观点的重心——艺术走出认识论的呼声，因此，在今天看来这些文章其实与李泽厚讲的是不同的内容。无论如何，“李泽厚的这篇文章，可以看成是‘形象思维’讨论的分水岭。从这一篇文章起，‘形象思维’的讨论就开始走下坡路”③。

---

① 李泽厚：《形象思维再续谈》，载《文学评论》1980 年第 3 期。

② 同上。

③ 高建平：《“形象思维”的发展、终结与变容》，见高建平主编：《当代中国文艺理论研究(1949—2009)》，中国社会科学出版社 2011 年版，第 162 页。

第五节　形象思维研究的转型

形象思维研究的转型当然不是在 1980 年骤然发生的,而是在全国大讨论中学者们的不断碰撞与探索中出现的。这里所说的转型,主要是指在 1980 年出现了比较明显的关于形象思维研究转型的标志性文章。

一、从形象思维到原始思维的研究

在形象思维的争鸣过程中,关于"形象思维是否存在"这个问题,不同的学者给出了不同的答案。其中有一种观点认为,形象思维是先于逻辑思维的一种思维形式,它是自人类诞生以来就存在的。这类学者有的以心理学作为依据,认为人类童年的思维方式就是形象思维,儿童的身心发展证明了这一点,他们都是先以形象为思考的依据,然后慢慢发展出抽象思维。由于童年时期非常类似于人类发展过程中的早期状态,于是人类早期的形象思维研究逐步进入学者视野,他们从而提出应该对原始思维展开研究。这种观点在形象思维的第二次大讨论中,最早由朱光潜在《形象思维:从认识角度和实践角度来看》一文中提出。朱光潜说:"现代瑞士儿童心理学家庇阿杰也从研究儿童运用语言方面论证了儿童最初只会用形象思维。"[①]与此同时,朱光潜用黑格尔《美学》第二卷中的论象征性艺术涉及的希腊、中世纪欧洲以及古代埃及、印度和波斯的宗教和神话部分,来论证"形象思维是各民族在原始时代就已经用惯了"[②]。1979 年 9 月 18 日上午,北京市哲学会美学组在北京师范大学举行了关于形象思维的讨论会,在会上,王方名的主要论点也是从原始思维出发来探讨人类形象思维的起源和发展。1980 年,朱光潜在反驳郑季翘的第二篇有关形象思维的文章《必须用马克思主义认识论解释文艺创作》[③]时,进一步论证了他的关于人类早期发展过程中的形象思维问题,这篇文章是《形象思维在文艺中的作用和思想性》。

---

① 朱光潜:《形象思维:从认识角度和实践角度来看》,载《美学》1979 年第 1 期。
② 同上。
③ 郑季翘:《必须用马克思主义认识论解释文艺创作》,载《文艺研究》1979 年第 1 期。

朱光潜认为,“各民族在原始时期,人在婴儿时期,都不会抽象思维而只会形象思维,抽象思维在各民族中是长期发展的产物,人在婴儿时期也要经过几年的生活经验和学习才能学会。从马克思所高度评价的摩尔根的《古代社会》和维柯的《新科学》到近代瑞士的庇阿杰等人的儿童心理学著作,都提供了无数实例”[①]。朱光潜和郑季翘论争的焦点首先在于,二人关于“思维”的定义是不同的。按照当时所理解的“马克思主义的”和“科学的”认识论,只有概念才能思维,而形象不是概念,因此形象思维之于郑季翘来说并不成立,它只是艺术的一种表现方式。而朱光潜则认为,思维是人类的一种实践方式,从远古时代已经存在,人类儿童时期也表现出运用形象思维的现实,因此,作家当然可以有形象思维,而且按照马克思所说的“掌握”世界的多种方式来看,艺术不一定是要认识世界,也可以直接由形象来表现真理。

进入 20 世纪 80 年代以后,人类学得到了长足发展,很多重要的著作被翻译成中文,大大推动了形象思维转向原始思维的研究。第一次全国美学会议于 1980 年 6 月 4～11 日在昆明召开。在本次会议上,形象思维是其中的讨论话题,争论的中心主要围绕形象思维是不是一种独立的思维方式和艺术创作(包括认识过程和思维过程)的特殊规律。对这一问题的看法,大体上可以分为三种,肯定、否定和保留。肯定者认为,形象思维是独立的思维方式和艺术创作的特殊规律。相对于以往,新的观点认为现代人的思维是以抽象思维为主导,抽象思维与形象思维相互渗透、协同工作的思维方式。这种观点的依据是,在新的生理解剖学中,人脑左右半球结构不同,左半球负责抽象思维,右半球负责形象思维,这是从猿到人长期生产劳动的进化结果。这种观点将形象思维基本等同于原始思维。1981 年,丁由翻译的列维-布留尔的《原始思维》[②]出版,1986 年,朱光潜翻译的维柯的《新科学》[③]问世,掀起了原始思维研究的热潮,90 年代之后文学人类学也由此迅速发展起来。

---

① 朱光潜:《形象思维在文艺中的作用和思想性》,载《中国社会科学》1980 年第 2 期。

② [法]列维-布留尔著,丁由译:《原始思维》,商务印书馆 1981 年版。

③ [意]维柯著,朱光潜译:《新科学》,人民文学出版社 1986 年版。

二、从形象思维走向艺术与科学关系的思考

从形象思维走向艺术与科学关系的思考，为 20 世纪 80 年代中期科学主义批评方法的盛行奠定了基础。1980 年，《中国社会科学》第 3 期发表了刘欣大的《科学家与形象思维》和沈大德、吴廷嘉的《形象思维与抽象思维——辩证逻辑的一对范畴》两篇文章之后，引起了学界的广泛关注。刘欣大的文章《科学家与形象思维》论述了一个观点，科学家也同样离不开形象思维，这就把形象思维的适用范畴由艺术推向了科学。原来理论界讨论形象思维的独特性，蕴含着这样一个前提，即形象思维是艺术所独有的思维形式，而现在这篇文章显然要推翻这一前提，阐明科学家与形象思维结下了不解之缘。沈大德与吴廷嘉的文章也同样包含这层意思。《科学家与形象思维》在结尾部分提出，《毛主席给陈毅同志谈诗的一封信》公开发表一年半以来，被诸多原因阻断了十多年的关于形象思维的讨论又活跃起来了，很多同志热心探讨形象思维的特征，从多方面阐述形象思维的功能，但仍然囿于文艺领域。于是，作者呼吁，希望哲学家、心理学家、脑和神经系统研究工作者、作家、艺术家、文学史和文艺理论工作者通力协作。沈大德与吴廷嘉在 1980 年 6 月下旬致信科学家钱学森，并附上了自己的文章。钱学森在 7 月 1 日回信，提出了在研究思维规律科学中一些值得重视的问题。钱学森在信中表示，他认同思维是一种实践，但并不认为思维仅局限于形象思维和抽象思维，还应该包括“灵感”。此外，研究思维的方法，不应该仅是哲学上的理论思辨，还应该包括实验、分析和系统的方法。

到这里，学界对形象思维的研究已经发生了根本性的变化。新时期最初关注形象思维问题，是把它作为探讨艺术独特性的切口，更深层次来说，在于扭转“文革”之后的社会风气，从形象思维入手来清理“四人帮”的余毒，反拨“两个凡是”给社会造成的影响。当时学术界一方面对形象思维问题的解放欢欣鼓舞；另一方面也在积极探索着艺术的独特性，而且当时的一个重要印象是，似乎古今中外的文艺理论家、艺术家都在谈论形象思维。无论是几乎一边倒的“赞同派”，还是少数学者的反对声音，大家都还在艺术哲学的领域对形象思维的有无、过程、特征、意义等诸多重要问题努力思考着。从 1979 年开始，从形象思维逐步引申出“思维”的内涵与特点，学者们的注意力逐渐由艺术转向思维科学。

可以说刘欣大和沈大德与吴廷嘉的文章共同推进了这一话题的方向，特别是沈大德与吴廷嘉的文章，中间很大一部分论据来自生理解剖学关于大脑皮层的结构分析。而钱学森的回信，更加促使形象思维走向心理学中对人类认知关系的探讨。可以说，1980 年的形象思维讨论文章，越来越具有“（自然）科学”的内涵，由此带动了关于艺术与科学关系的思考。

三、由形象思维的讨论带动文艺心理学的研究

“形象思维”从别林斯基提出这个概念起，就包含了创作心理的维度，而且别林斯基也正是希望通过形象思维来突出艺术的独特性。别林斯基在《当代英雄》中提出：“艺术家……必须首先看到许多人物出现在自己的面前，他的剧本或者小说就是由这些人物的相互关系所形成的……”[①]作家的创作过程是如何展开的，单靠哲学的思辨是不能解决这些问题的，因此必然会牵涉创作心理的问题。从最初作家结合自己创作经验的叙述，到引证巴甫洛夫的第一、第二信号系统，再到毛泽东给陈毅同志回信中对“比、兴”手法的强调，心理学的维度呼之欲出。本来，从“形象思维”这一概念表述来看，“思维”本来就应该是心理学研究的范畴。而“形象”则是这种心理过程展开的中介。然而，关于形象思维的讨论，基本处于哲学认识论的思辨领域，还没有和现代心理学很好地接轨。“形象思维”既得不到心理学的系统研究，也没有被完全否定，还处于一种悬置的状态。在第一次形象思维的大讨论中，心理学的呼声还不是非常明显。随着时代的进步，在第二次大讨论期间，我国出现了几部重要的心理学著作，如金开诚的《文艺心理学论稿》[②]、滕守尧的《审美心理描述》[③]以及彭立勋的《美感心理研究》[④]，为形象思维的心理学转型打开了大门。这几部著作相对而言还缺乏现代心理学系统的研究手段，也并没有专门针对形象思维而展开。因此，“形象思维”这个话题还是一个值得深入开采的富矿，需要综合多个学科进行研究。

---

① ［俄］别林斯基：《当代英雄》(1840 年)，见中国社会科学院外国文学研究所主编：《外国理论家、作家论形象思维》，中国社会科学出版社 1979 年版，第 58 页。

② 金开诚：《文艺心理学论稿》，北京大学出版社 1982 年版。

③ 滕守尧：《审美心理描述》，中国社会科学出版社 1985 年版。

④ 彭立勋：《美感心理研究》，湖南人民出版社 1985 年版。

四、形象思维热带动对中国古典美学的研究

由于得到毛泽东亲笔信件的支持,特别是在信中所提出的“比、兴”二法对诗歌创作重要性的强调,这一次形象思维讨论对中国古典美学研究的促进作用非常大,其规模远不是第一次形象思维讨论所能及的。在第一次形象思维的讨论中,对中国古典美学研究的影响是小范围的,从最早的陈涌用中国古典美学的部分理论证明形象思维,到后来的李泽厚提出形象思维的民族性问题,其他类似的研究基本没有见到。张文勋从形象思维出发,系统考察蕴含在中国古典美学中的二元张力——思想政治要求和艺术独特规律。作者体现出来的态度是折中的,“我们既要大力反对那种片面强调所谓‘艺术特征’而取消政治思想性的倾向;也要防止那种把政治思想性简单化,忽视文学艺术的特征的倾向”①。在第二次形象思维的讨论中,几乎所有的文章都涉及中国古典美学中的“比、兴”问题,而且将之作为艺术创作的必然规律。单独以“形象思维”与“比、兴”设题对二者的关系进行探讨的文章也不在少数。其中影响比较大的一篇文章是郭绍虞和王文生的《我国古代文艺理论中的形象思维问题》。张文勋的文章是以形象思维为准绳,对我国古代文艺理论中或者过于强调作品的思想性、或者过于强调艺术的特殊性进行批评,进而肯定二者兼顾的理论。郭绍虞和王文生的文章则不同,他们对中国古代文艺理论进行梳理的目的,是要证明中国古典美学中早已蕴含形象思维的内容,这个过程是一个“由低级到高级、由知之不多到知之较多的发展过程”②。这篇文章的一个创新是,首次用中国美学的术语表达了形象思维的内涵,即其产生的原因是“感悟造端”“缘事而发”;其过程是“联类感物”“神与物游”;艺术创作者的情感是“登山则情满于山,观海则意溢于海”,艺术鉴赏的结果是引起读者“味之者无极,闻之者动心”。作者在行文中的态度是肯定形象思维对于艺术独特性的重要意义。

对形象思维的研究当然不止于1980年,其后各种期刊依然陆续刊登着有关形象思维的文章,例如《文汇报》1982年8月23日刊发了黄药眠的《“形象思

---

① 张文勋:《我国古代文学理论家对文学艺术特征的认识》,见《形象思维散论》,云南人民出版社1979年版,第77页。

② 郭绍虞、王文生:《我国古代文艺理论中的形象思维问题》,载《上海文艺》1978年第2期。

维”小议》,李传龙于1986年出版了专著《形象思维研究》[①]。《形象思维研究》在认识论的基础上推进了形象思维在心理学范畴的研究,文中试图用心理学术语对形象思维进行理论领域的拓展,这本专著还从符号学维度对形象思维展开研究,如将形象分为实有性的、或然性的、虚幻性的、假定性的等八类。虽然作者本人并没有明确指出这一点,但是,毕竟也为形象思维确立新的研究方向奠定了基础。1998年,李欣复出版了厚重的《形象思维史稿》[②],研究人类形象思维的生成发展史,是在最广义的形象思维内涵的意义上进行立论的。这部专著虽然没有针对文学艺术领域的“形象思维”进行论述,但也为综合各学科力量研究形象思维问题树立了榜样。到了21世纪,高建平提出了形象思维的符号学转型,提倡美学从最初哲学二元对立的认识论走向主客统一的新的认识范式,足以说明形象思维问题的意义还有待深入开掘。我们说1980年是形象思维研究的落潮与转型之年,主要基于几个重要的学术标志。从1980年李泽厚发表《形象思维再续谈》一文开始,形象思维伴随着中国美学研究一道,探索着走出哲学认识论的道路,此后,形象思维不再是学术热点,而是以隐含的方式转入原始思维、艺术与科学以及文艺心理学等诸多话题。

第二次形象思维大讨论的社会意义在于,它扭转了“文革”以后的社会风气,探索用艺术、美救疗“文革”留给社会的创伤,甚至被视为改革开放“实践标准”讨论的排头兵;其学术意义在于,直接为后来的美学热奠定了重要的学术基础和社会心理基础,为新时期文艺美学的发展作出了不可磨灭的贡献。无论何时再来书写我国新时期的美学史,关于形象思维的讨论都是一个绕不开的话题。然而,历史不可能总围绕一个话题进行,形象思维最终不会再是学术热点,但这并不代表这个问题不再有研究的价值。形象思维的符号学转型,形象思维的认知美学方向,形象思维所带来的中国美学的认识论超越,特别是在21世纪的图像时代,直到今天依然具有巨大的现实意义。

---

① 李传龙:《形象思维研究》,中国文联出版公司1986年版。

② 李欣复:《形象思维史稿》,山东教育出版社1998年版。

第二章

“美学热”的掀起与20世纪80年代初期的美学新图景

“美学热”一词是对20世纪80年代初中期出现的美学繁荣景象的一种描述，它大概在80年代中期成为一个通行术语。从文献考察来看，这一词语的使用最初出现在1981年北京市哲学会美学组讨论美本质等问题的会议综述里。综述作者李毓英总结道：“大家一致认为当前出现的‘美学热’是个值得肯定的现象，这对美学工作者是很大的鼓舞。这种‘美学热’的出现不是偶然的……”①这说明在这次讨论会上，就有学者采用了这一说法，并获得在场学者的认同，所以最终反映在综述中。国内目前常把这一提法归于李泽厚。② 在时间标注为“1980年12月”③的《美学译文丛书》序中，在讨论目前翻译外国美学书籍的迫切性和基本构想时，李泽厚说：“但我想，值此所谓‘美学热’，大家极需书籍的时期，许多人不能读外文书刊，或缺少外文书籍，与其十年磨一剑，慢腾腾地搞出一两个完美定本，倒不如放手先翻译，几年内多出一些书。”④在我们提供的两段文献中，可以发现，最初“美学热”都是对20世纪80年代美学盛况的一种描述。后来，这一提法也被延伸使用，新中国成立后的几次美学热潮都可以称为“美学热”。李泽厚后来也是这样使用这一术语的。他曾在接受采访时说：“建国（编者注：新中国成立）以来，‘美学热’出现了两次，50年代美学讨论算一次，现在算一次。”⑤姚文放在《新中国的三次“美学热”》⑥中，把20世纪五六十年代的“美学大讨论”、80年代的“美学热”和90年代延至21世纪的日常生活审美化都视为“美学热”。夏中义在《朱光潜美学十辨》中把1956～1962年

① 李毓英：《北京市哲学会美学组讨论美的本质等问题》，载《国内哲学动态》1981年第11期。

② 笔者对此种观点存疑，原因请参看本页注释3。

③ 实际上，在《美学译文丛书》刚刚出版时，李泽厚在序中并没有采用“美学热”一词，而是用的“美学饥荒”，例如，1982年出版的《美感》、1983年出版的《艺术问题》，都用的是这一短语，待及1984年出版《艺术与视知觉》《艺术》等著作时，序言已经改成“美学热”一词，因此，这一术语只是在“《美学译文丛书》序”中出现，并非出现在1980年末，而是出现在1984年前后，这与这一术语在学界的流行差不多同步。

④ 李泽厚：《美学译文丛书》序，见[美]鲁道夫·阿恩海姆著，滕守尧、朱疆源译：《艺术与视知觉》，中国社会科学出版社1984年版，第2页。

⑤ 李泽厚：《走我自己的路》，生活·读书·新知三联书店1986年版，第50页。

⑥ 姚文放：《新中国的三次“美学热”》，载《学习与探索》2009年第6期。

的“美学大讨论”时期称为“第一次‘美学热’”，在页下注中，他把1979年到20世纪80年代初期称为“第二次‘美学热’”①。本文所讨论的“美学热”则仅指20世纪70年代末到80年代中期思想界出现的美学热潮。

本章重点想要解决如下几个问题：第一，探究20世纪80年代“美学热”掀起的原因；第二，对“美学热”语境下出现的美学新图景作总体扫描，即对20世纪70年代末直至80年代中期美学状况作出归纳；第三，在总体扫描中，我们将重点以美学家本人的思想为中心，考察老一辈美学家在新语境下的新发展，兼及80年代其他著名美学家的思想等，期冀通过这种扫描，为80年代的“美学热”提供粗略的全景图，为接下来各章节的讨论奠定基础。

① 夏中义：《朱光潜美学十辨》，商务印书馆2011年版，第237页。

第一节 20 世纪 80 年代“美学热”掀起的原因

谈及 20 世纪 80 年代“美学热”出现的原因，蒋孔阳将其总结为“80 年代经济建设的繁荣”“‘实践是检验真理的唯一标准’的讨论带来的思想解放”和“十一届三中全会以后改革开放的政策”[①]等。这是从“美学热”出现的外部因素着眼。祝东力认为“可以把美学兴盛的动因归结为”三项，“(20 世纪)五六十年代的学术准备”“‘文革’记忆”和“新时期的人性复归理念”，[②]他强调的是时代语境的聚合，并适当注意到了美学学科的内在逻辑发展。

在我们看来，20 世纪 80 年代之所以会出现“美学热”，无论是从学科内部发展来看，还是从社会语境变迁的外部因素来看，都存在着极其复杂的原因，因而应该是内外部因素合力的结果，是时代和社会对美学学科所作出的历史选择，同时也是美学学科在一定程度上符合社会文化心理需求的表现。第一，从社会文化语境的变迁来看，“文革”以后，国家政策逐渐出现宽松的态势，这为思想界畅所欲言提供了很好的契机。解放思想，不仅是民心所向，同时也是主流国家意识形态的有意倡导，这种倡导为美学出现在历史前台提供了有利条件。第二，整个社会潮流趋向思想解放，民心思变是当时时代的主旋律，人们要找寻到恰当的突破口，释放这种心理诉求和紧张，美学学科名称中的“美”字可以从通俗意义上满足这一需求和想象。第三，从中国文化传统来看，新意识形态的构建，往往从文艺和美学方面首先体现出来，在这种传统中还包含着如下内容，即中国文化传统中文学和艺术的功利化定位，这也就意味着，中国的文学和艺术一直与社会发展和变革息息相关，联系十分紧密。这一倾向从近代开始越发明显。在这种思维定式中，一旦社会有诉求，通过文学和艺术来传达风气之先，就成为人们的惯性选择。第四，从美学学科构成来看，它实际上包括哲学、心理学、文学和艺术等方面的知识，这种多方面、多层次的知识，对研究者素养提出了很高的要求，但对于 80 年代的社会心理来说，这种多方面的知识构架，也会产生一个意想不到的效果，即可以在美学下面容纳更多内容，通过美学或直接

---

① 蒋孔阳著，郑元者编：《蒋孔阳学术文化随笔》，中国青年出版社 2000 年版，第 221 页。

② 祝东力：《精神之旅——新时期以来的美学与知识分子》，中国广播电视出版社 1998 年版，第 88 页。

或间接地来表达人们的心理诉求。第五，马克思主义美学属于介入性质的美学，中国化之后，与中国传统中对文学艺术的工具化诉求相结合，构成了从新中国成立到“文革”结束的中国美学主潮。新时期以来，美学的康德主义传统被学者们迅速捕捉到，成为走出“左”倾的有效途径，遇合了当时社会的普遍心理。这使80年代“美学热”呈现出一个特别重要的现象：即中国社会选择美学作为思想解放的突破口，这种选择本身是工具性的，带有强烈的政治倾向，这既是中国文化传统，尤其是近现代文化传统的延续，同时也是新时代的新需求；但他们选择发展的美学，却又是康德主义的现代美学，这种美学强调无功利性，所以，中国当代美学的发展，是用一种无功利性的现代美学完成对“左”倾思潮的解构任务，这实质上又是极具功利性的行为。从这些分析中我们可以知道，20世纪80年代美学能够成为时代急先锋，是众多因素的合力。在这当中，我们希望重点强调这一学科内在特质与时代之间的遇合。在接下来的分析中，我们将重点讨论这种遇合。

一、思想解放的时代需求与美学的遇合

李泽厚在一次谈话中指出，从新中国成立到20世纪90年代的美学发展，“它真正的意义、价值，恐怕更要从文化上、思想史上来看待”①。这一观点指出了一个非常重要的方面，即新中国成立后的美学发展，实际上从来都不是一个单纯的学科问题，而是与时代思潮紧密结合在一起的。这也意味着，无论是50年代的“美学大讨论”，还是80年代的“美学热”，背后都存在或隐或显的时代推手。

李泽厚的这一观点其实还可以继续延伸。中国现代美学的确立和发展，都可以从思想史和文化史的角度来看，都与时代和社会诉求直接相关。20世纪早期，美学家蔡元培提出“以美育代宗教”，是针对中国社会缺少宗教语境的现实诉求；30年代鲁迅提倡功利主义美学，呼吁美学、艺术为民族革命服务，这些都体现出中国现代美学从确立之初，就与时代风雨紧密相连。同样，20世纪80年代“美学热”的出现也与时代风云息息相关，它幕后明确的时代推手是后“文革”

① 李泽厚、王德胜：《关于哲学、美学和审美文化研究的对话》，载《文艺研究》1994年第6期。

语境。“纯粹从叙述的角度看,无论对发动者个人还是对整个承受了它的社会来说,‘文革’只能被看成是一场悲剧。”[1]这一悲剧是极“左”思潮发挥到极致带来的必然后果。它带给整个社会和民族的精神伤害是无法估量的。“文革”结束后,民心强烈渴望新变,期冀执政者调整过去在庸俗马克思主义指导下的大政方针。这种变的需求体现在方方面面,包括经济、政治、精神、社会生活等各个领域,但制约这些改变的其实仍是人的思想观念。因此,思想解放运动在“文革”结束后很快被提上日程。在众多可以转化成时代思想和精神的学科中,哪一个可以被挑选出来,成为时代弄潮儿,需要这一学科能够满足思想解放的内在指向。

在我们看来,思想解放首先是感性的解放。赵士林在谈到80年代“美学热”时指出:“任何解放都首先是感性的解放,都不能不落实到感性的解放……伴随着基本国策的重大改变,意识形态重心、伦理价值取向、社会文化氛围、国人精神面貌都逐渐地发生着深刻的变化。这些变化都很快就在感性的世界——情感的世界张扬开来。”[2]确实如此。走在新时期思想解放最前头的是文学,它所宣扬的正是感性的合法性与情感的释放。在“文革”后的两年徘徊期里,刘心武发表了《班主任》,这是新时期的第一篇小说,从情感上开始清算“文革”给亲历者带来的精神伤害。随后,卢新华的《伤痕》、张洁的《爱,是不能忘记的》、张弦的《被爱情遗忘的角落》、刘心武的《爱情的位置》、张抗抗的《爱的权利》等作品纷纷涌现,在文学世界里,为亲情和爱情等人类正常情感的安放重新找到了位置。随后在整个社会文化生活领域,都出现了感性解放的趋势:“从中世纪式的禁欲主义到弥漫国中的春心烘动,迪斯科、披肩发、流行歌曲、朦胧诗、裸体画、伤痕文学、星星画展……抗议、暴露、颠覆、挑战、戏弄、转型,一切‘新感性’的‘新的崛起’,都在1979年和1980年发生了!”[3]这些感性体验重新回到人们的视野,但如何使它们获得合法地位,或者说如何从学理上为其正名,是新时期思想界的一个课题。

其次,思想解放是人性的复归和解放。在极“左”思潮笼罩下的中国,人性

---

① [美]R. 麦克法夸尔著,[美]费正清编,俞金尧等译:《剑桥中华人民共和国史》下卷,中国社会科学出版社1992年版,第113页。

② 赵士林:《对“美学热”的重新审视》,载《文艺争鸣》2005年第6期。

③ 同上。

等话题完全是思想禁区。新时期之后，朱光潜曾经在文章中指出，由于“右的和左的干扰”，“对文艺创作和理论凭空设置了一些禁区”，为了使文艺和美学与“四个现代化”建设合拍，他呼吁“解放思想，冲破禁区”。他列举了与人性话题相关的几大禁区——“‘人性论’这个禁区”，与人性论密切联系的“‘人道主义’禁区”，“由于否定了‘人性论’，‘人情味’也就成了一个禁区”。[①] 然而，当他指出这些是禁区，不能够被人们讨论时，这个时候禁区就已经被跨越了。对人性的讨论是思想上的破冰之旅。人性是复杂的多面体。朱光潜认为人性主要是指人的自然属性。[②] 周原冰认为，虽然马克思没有否定人的自然属性，但马克思“显然是把人性和人道同人的社会关系紧密地联系的；他也没有否认人的‘自然本质’，但他显然认为，仅靠‘自然本质’，不足以说明人同生物界的区别”[③]。言下之意则是，他主张人性是自然属性和社会属性的统一，但以社会属性为根本。人性究竟是人的自然性，还是社会性的，抑或是二者合一，在20世纪80年代曾经引起激烈讨论，最终获得相对统一的观点是二者合一。但无论将其归结为哪一种，在以极“左”思潮和“文革”为潜在对话语境的情形下，讨论本身就是一种解放。

人的感性是人性的重要组成部分，我们在这里之所以把感性单独列出来叙述，是强调感性同样是新时期以来的关键词，强调它，能够开掘出思想解放的不同面向，寻找思想解放与美学之间更多的契合点。人的感性，主要强调的是人的情感面向，它主要发生于大众文化、艺术和文学实践领域，它既是思想解放的重要内容，又是推动思想解放的原生力量，二者共振交织在一起。人性复归面向，我们强调的是它的理性维度，它对应的哲学和美学命题是人的异化。知识界通过对人性及其异化的讨论，超越了极“左”时代只谈人的阶级性的单向度立场，重新定义了人的本质，丰富了对人性的理解。

从思想解放对美学的作用来看，“美学热”具有双重意义：一方面，它受思想解放的时代潮流影响；另一方面，它自身就是思想解放的重要组成部分。它之所以能够成为其中一分子，一个非常重要的因素就是它与思想解放吁求的遇合。感性解放，需要理论为其提供存在的合法性，但哲学的形而上特质，在一定

① 朱光潜：《关于人性、人道主义、人情味和共同美问题》，载《文艺研究》1979年第3期。
② 同上。
③ 周原冰：《人性和人道》，载《解放日报》1981年1月14日。

程度上限制了它向实践领域的延伸。美学,就其传统而言,是研究感性认识的学科,因此,它的“感性”特质恰好可以与思想解放的感性面向形成呼应,为思想解放提供一定的学理基础。王岳川曾经有一段话描述从感性角度审视中国当代美学的发展:“80年代一个重要的人文景观,是全民族的‘美学热’。美学热不仅是理论的自我甦生,而且是被压抑的感性生命解放的勃发形式。当思想解放以美学热的方式表征出来时,美学实际上成为当代新生命意识存在的浪漫诗意化的表达——对人自身感性存在意义的空前珍视和浪漫化想象。”①他的这段话恰好指出了“美学热”对人的感性存在解放的意义。思想解放中的人性解放面向,一定程度上规定了美学在新时期的出场方式。20世纪70年代末,美学出场中的一个关键面向就是讨论共同美的问题,这一话题本身是人性、人道主义哲学观念的重要组成部分。这就使美学与哲学、与当时的思想解放潮流紧密地结合在一起。

二、现代美学的学科特质与时代需求的遇合

思想解放中的感性解放面向以及对人性的重新定位,都与现代美学学科的内在特质存在遇合关系,这决定了从新时期一开始,美学就获得了前所未有的受到全社会瞩目的重要地位,社会上出现了空前的美学热潮。

卜松山曾经指出:“中国现代美学主要是在与德国传统美学碰撞中形成的。鉴于翻译和接受的困难,德国传统美学——从唯心主义到马克思主义——的引入推迟了100至150年,因此,二十世纪中国美学思想带有十八、十九世纪德国哲学范畴的印记。”②卜松山描述的主要是20世纪80年代及其之前的中国现代美学状况。这一特质对美学与时代吁求的遇合非常关键。德国传统美学是西方现代美学的开端。鲍姆加登这位“美学之父”在建立这门学科时,就把研究对象定位为感性认识。后来康德等哲学家虽然批判了鲍姆加登的美学体系,但仍坚持在认识论的框架内讨论美学。上文我们曾经提到,思想解放首先是感性的解放,尽管这一“感性”与德国古典哲学和美学所指的“感性”并非完全同义,并

---

① 王岳川:《中国镜像——90年代文化研究》,中央编译出版社2001年版,第30页。

② 卜松山:《以美学为例反思西方在中国的影响》,载《青岛海洋大学学报》(社会科学版)1998年第1期。

且也有着完全不同的话语背景,但语词相似足以构成演绎一种理论的理由。鲍姆加登所言的感性,是相对理性而言的,是大陆理性主义传统对感性压制带来的反拨,并且,他对感性的认可与思考还是在认识论框架之内完成的,虽然提升了感性的地位,但实质上还是理性主义运思方式。但中国对“感性”的强调,正如前文所言,是针对极“左”思潮对人的普遍和正常情感的刻意回避和压抑的反制,它指向的不是一种低级认识,而是情感,进一步说,就是构成一个丰富立体的人的七情六欲。虽然思想和时代语境不同,并且,这一语词的具体指向也有很大差异,但在80年代,正是“感性”这一语词带来的感召力量,让当时的学者和大众感到兴奋,并走近美学,出现了工厂女工购买和阅读美学著作的既让人叹息又意味深长的情景。

在中国,美学的感性面向还与“美”字有关。在传统文化中,美既不是非常重要的范畴,也不是代表极高境界的范畴,相反,它往往是被否定的对象。尽管儒家强调“尽善尽美”,但在美善之间,善一直是核心范畴,美只是处于补充性的从属地位。孔子欣赏《韶》乐,否定《武》乐,并不是认为《武》乐不美,而是因为它没有达到儒家的“善”。在中国艺术中,值得追求的艺术境界是“神”“妙”“逸”等范畴,“美”一般被指派给外在感性形式,只是愉悦人的感官而已。“五色令人目盲,五音令人耳聋”①,在大多数情况下,“美”与“俗”相联系,并被否定。鲍姆加登命名的“Aesthetica”这一学科最终在中国被翻译成“美学”,有着一段值得探究的历史。但当它被翻译成中文的“美学”时,在汉语语境中,它又出现了新的转换,即指向可以娱人的外在感性形式。因此,美学的感性面向又具有了一重意义,即对被传统剥夺的外在感官娱乐形式在生活中位置的肯定。这种肯定,对于反拨极“左”思潮和突破传统“禁区”有着重要意义,它指出了感官娱乐与享受的合法性。

现代美学的第二种特质,即超越性,这是康德主义的核心理念。西方现代美学中的康德主义传统一直是非常重要的传统。中国现代美学是在接受西方思想的基础上构建起来的,因此,在构建之初,就受到审美无利害和超越性命题的深刻影响。中国知识界对审美超越性的解读主要体现在两个方面:其一,朱光潜等美学家对超越性的倡导;其二,借助西方美学思想对传统文化的重新定

---

① 陈鼓应:《老子注译及评介》,中华书局1984年版,第106页。

位和整合。中国现代美学的确立，最初是由王国维、蔡元培、梁启超等前辈学人倡导，但贡献最大的是后来者朱光潜。朱光潜在 20 世纪 30 年代主要引介的是康德主义美学，尤其对“心理距离”说情有独钟。距离说的提出者是英国学者布洛，它强调审美主体与对象之间保持一定距离，超越于现实功利之外，从而确保主体与对象之间形成审美关系。朱光潜的推介，使知识界对审美超越性和无功利性有了更深的理解，对中国现代美学体系的建立影响非常深远。随着西方美学的进入，中国学者有意识地根据西方思想对中国传统思想进行整合和构建。从王国维开始，包括朱光潜，他们都在中西比较的视野中把中国传统文化解释成具有审美特质。例如，朱光潜在《文艺心理学》中，就把布洛的“心理距离”说解释成中国道家潇洒出尘的人生态度，从而把后者的确保无利害审美关系成立的条件转变成一个人该持有的人生态度，开掘出中国传统思想的审美维度。也是在这种思路中，中国艺术获得了对照性定位。

中国艺术，特别是绘画，在传统文化中具有较为特殊的地位，相对于文学，它明显远离政治。“中国文学，正如钱锺书和徐复观所指出的，源于中国古代意识形态教材‘五经’。尽管文学后来成为一种独立的艺术形式，‘五经’的痕迹仍然可见，文学为社会和为政治服务的目的一直是很有影响的观念。然而，这种影响在绘画中要弱得多。绘画中很早就有一句口号，即作画是为了自娱。”①这种自娱精神使绘画远离了儒家正统的实用主义观念，而与康德主义的无功利性暗合。因此，正好可以借此将二者对接。当然，这种对接是通过把道家精神解读成审美性质，然后把中国艺术精神解释成道家精神来完成的。在这一点上，徐复观的观点非常具有代表性。他指出：“老、庄思想当下所成就的人生，实际是艺术的人生；而中国的纯艺术精神，实际由此一思想系统所导出。”②(着重号为原文所有)所谓“纯艺术精神”，就是相对自足、远离功利的审美精神，也就是道家精神。20 世纪之后，从审美超越性角度解读道家思想逐渐成为主流观念，获得了知识界的普遍认同，成了中国知识界理解美学、传播美学的重要途径。

这种观念对于新中国成立后在极“左”条件下仍能够相对保持美学研究的学术品格非常有益。李泽厚、聂振斌等人在解释“美学热”出现的原因时，都曾

① 高建平：《中国艺术的表现性动作——从书法到绘画》，安徽教育出版社 2012 年版，第 35 页。
② 徐复观：《中国艺术精神》，春风文艺出版社 1987 年版，第 41 页。

提到美学的超越性，认为正是这种超越性，使20世纪50年代的美学大讨论在极“左”条件下仍能够获得一定的自由空间，坚持讨论的学术性走向，进而为80年代美学讨论打下良好基础。这种美学超越性的价值还在于，新时期伊始，人们有着强烈的走出“左”倾思潮的吁求，而“左”倾思潮的突出表现是政治上的“左”倾激进主义，美学的超越性恰好符合时代社会心理，美学的自足性成为远离政治的极佳理由。

“美学热”在20世纪80年代出现，当然不仅仅是由于以上分析到的理由。正如我们在本节最前面所提到的，出现的原因还包括经济繁荣，国家政策宽松，整个社会呈现出积极、乐观、向上和包容的健康状态等，但上述理由是美学学科特质与思想解放遇合中较为明显和极为关键的方面。在此我们需要补充的是，虽然美学在一定程度上符合了时代的思想解放需求，但二者之间并不是完全重合的关系。也就是说，美学终究只是一门学科，它有着自身学科的规定性，它无法承载思想解放需求的全部内容，也会与后者之间出现分歧和疏离。这就带来“美学热”中的一些现象。其一，当时人们对美学感兴趣，其实并非是对这一学科感兴趣，在某种程度上是对美学望文生义，是一个语词带给人们的想象。于是出现一种情形，即非专业人士接触到美学著作之后，往往感到与其心理期待甚远。“许多听了美学课的大学生对美学颇感失望：这就是美学啊！什么‘理念的感性显现’、什么‘人本质的对象化’、什么‘合规律性与合目的性’，美学课真的一点也不美，搞的人一头雾水。”[①]其二，美学具有双重性，它既是思想解放的一部分，同时又因为思想解放潮流而站到了历史前台。因此，在70年代末美学重新出场的时候，它的出发点并不在于一门学科的建制，而在于当时思想解放的舆论需求。这能够解释一种情况，即新时期美学是从讨论“共同美”和“形象思维”开始的，很显然，这并不是美学学科建设中最重要或最基本的问题，而是当时最迫切需要的意识形态建设问题。其三，美学追求超越性，它也因为这一点而被时代选择出来，成为大家情绪宣泄的突破口，成为80年代走出“左”倾路线的强有力的理论支撑。但这一挑选行为本身是极具现实功利主义目的的，与现实政治有着直接联系，因此成了历史的一种吊诡。其四，随着美学趁着热潮的东风获得巨大发展，其学科性特征愈来愈明显，愈来愈走向象牙塔，也愈来愈

① 赵士林：《对“美学热”的重新审视》，载《文艺争鸣》2005年第6期。

背离它被时代挑选出来的初衷,并最终带来它自身的沉寂。

第二节 “美学热”图景扫描

“美学热”作为 20 世纪 80 年代思想界的重要景观,有其发展的预热期、高潮期和沉寂期。本节我们重点考察前两个阶段,通过对它们的扫描,尽可能还原当时热烈的美学场景,凸显美学在该阶段的特殊价值和意义,并使读者对 80 年代“美学热”形成整体观感。

一、“美学热”的出场

“美学热”拉开序幕,是从毛泽东私人信件的发表以及何其芳的一篇回忆毛泽东的散文开始的。虽然那个时候毛泽东已经逝世,但他对 20 世纪中国发展的卓越贡献和丰富深刻的思考,使他仍然是新时期伊始绕不过去的身影。并且从国家形势来看,当时整个社会氛围都还处于徘徊之中,如何在思想上走出这种逡巡状态,从毛泽东相关言论出发自然是有效而合理的方式。1977 年《人民文学》第 9 期发表了何其芳的遗作《毛泽东之歌》。在这篇回忆性散文中,何其芳谈到 1961 年毛泽东对他说过的一段话:“各阶级有各阶级的美,不同阶级之间也有共同美。‘口之于味,有同嗜焉。’”这一说法对走出“文革”时期得到大肆宣扬并被机械化了的阶级论和阶级人性论非常重要。毛泽东的领袖身份和权威话语,为当时知识分子重新认识阶级和阶级性以及讨论不同阶级之间的共通性等,提供了合法依据。这段话可以解读出很多层意思,但无疑对人的理解是其中最重要的面向,并且也最能够传达当时人们的思考和心声。对人的理解,知识界并没有直接从哲学上的论证入手,而是选择了这段话里的一个关键词,即“共同美”。于是,“共同美”作为思考人的突破口,成了思想解放在理论层面的报春花。有关“共同美”的讨论,还意味着美学讨论在新时期的恢复,以及由于特殊的时代需要,美学被推到了历史前台。

与毛泽东的这段谈话公开发表差不多同时,1977 年 12 月 31 日,《人民日报》头版刊发《毛主席给陈毅同志谈诗的一封信》,《诗刊》在 1978 年第 1 期也刊登了这一封信。当时《湖南师院学报》《安徽师范大学学报》《文学评论》《武汉师范学院学报》《山东师院学报》《郑州大学学报》《人民戏剧》《中山大学学报》《四川大学学报》《青海民族学院学报》(藏文)等多家杂志先后转载了这封信。在这封信里,毛泽东三次提到形象思维,并明确指出写诗需要形象思维。他指出,“诗要用形象思维,不能如散文那样直说,所以比、兴两法是不能不用的”“宋人多数不懂诗是要用形象思维的,一反唐人规律,所以味同嚼蜡”“要作今诗,则要用形象思维方法,反映阶级斗争与生产斗争,古典绝不能要”①。这封信写于1965年7月21日,正是形象思维得到热烈讨论之时,此后形象思维论受到了批判并销声匿迹,此时公开发表此信,推动了新时期对形象思维的大讨论,从而为“美学热”的出场准备了条件。

在毛泽东相关思想的鼓舞下,中国知识界感受到了前所未有的振奋,短时期之内,围绕“共同美”、形象思维问题发表了大量论文,编辑出版了大量书籍,随之美学发展呈井喷态势,被描述成以“美学热”为代表的美学黄金时代来临。当时针对“共同美”的话题,刊登了不少文章。首先是1978年《复旦学报》复刊号②上发表的邱明正《试论“共同美”》,次年,该杂志第1期发表陈东冠的文章《“共同美”在哪里?——与邱明正同志商榷》,第4期发表胡惠林的文章《怎么没有“共同美”?》,第6期发表杨振铎的文章《要辩证地认识共同美》。1979年,《文艺研究》第3期发表朱光潜的文章《关于人性、人道主义、人情味和共同美问题》,《学术月刊》第7期发表邱锡昉的文章《“美的意识从诞生的时候起,便具有鲜明的阶级性”吗?》,《北京师范大学学报》第5期发表钟子翱的《论共同美》。1980年,计永佑在《文艺研究》第3期发表《两种对立的人性观——与朱光潜同志商榷》,陆荣椿在《社会科学辑刊》第3期发表《也谈文艺与人性论、人道主义问题——兼与朱光潜同志商榷》等。而楼昔勇则已经开始发表综述当时正在讨论的有关问题的文章,③指出讨论涉及的几个主要问题,如有没有“共同美”、“共同美”的含义是什么、“共同美”表现在哪些方面、产生“共同美”的原因是什么等。这些文章表明,1978～1980年,有关讨论已经形成一定气候,争鸣氛围也开始出现,美学延续了五六十年代相对健康的辩论氛围。更重要的是,“共同美”

① 毛泽东:《毛主席给陈毅同志谈诗的一封信》,载《诗刊》1978年第1期。
② 《复旦学报》于1978年8月复刊。
③ 楼昔勇:《关于“共同美”的讨论》,载《文艺理论研究》1980年第2期。

话题,正如朱光潜在文章中指出的,与之相连的是人性、人道主义、人情味问题,是对人的思考,这种思考,意味着不能把"共同美"单纯理解成一个美学问题,而应该放到更为广阔的哲学语境和思想语境中来考察,它是时代向知识界提出的理论命题。同时,正如很多学者指出的,这个问题又曾经被"左"倾思潮人为划入禁区,因此,对它的讨论,就有了跨越禁区、解放思想的意味。这也正如我们在上一节中所强调的,从新时期美学出场伊始,美学就与当时的思想解放运动紧密联系在了一起,因而极大增强了这门学科的时代使命感和历史厚重感。

与之同时,有关形象思维的讨论也如火如荼地开展起来。从1977年底到1978年初,知识界先是以学习毛泽东相关思想的方式开始了对形象思维的讨论。《湖南师院学报》是较早刊发《毛主席给陈毅同志谈诗的一封信》的刊物之一,它刊发于1977年第4期,同期还发表了两篇学习该信精神的文章,一篇为韩罕明《指路的明灯　克敌的武器——学习〈毛主席给陈毅同志谈诗的一封信〉的初步体会》,一篇为马积高《光辉的指示　锐利的武器——学习〈毛主席给陈毅同志谈诗的一封信〉的体会》。除此之外,《教学与研究》1977年第4期发表了王伟民的文章《说"比""兴"》。根据国家哲学社会科学学术期刊数据库统计,1978年,以学习这封信为题的文章共有70余篇,并集中发表于当年学术刊物的第1和第2期,学者当时久被压抑而得到释放的学术热情可见一斑。除此之外,直接讨论形象思维的论文也集中出现。仅在1978年,李泽厚的《形象思维续谈》[①]、蒋孔阳的《形象思维与艺术构思》[②]、何洛的《形象思维的客观基础与特征》[③]、刘煊的《论形象思维》[④]、周忠厚的《形象思维和马克思主义的认识论》[⑤]、童庆炳的《略论形象思维的基本特征》[⑥]、蔡仪的《批判反形象思维论》[⑦]等100余篇与形象思维相关的论文在国内各大期刊发表。1979年这方面的文章继续增长,发展态势十分惊人。不仅如此,在极短时间内,学者们编选出版了大量有关形象思维的书籍和参考资料。例如,甘肃师范大学中文系文艺理论组编《"形象

① 李泽厚:《形象思维续谈》,载《学术研究》1978年第1期。

② 蒋孔阳:《形象思维与艺术构思》,载《文学评论》1978年第2期。

③ 何洛:《形象思维的客观基础与特征》,载《哲学研究》1978年第5期。

④ 刘煊:《论形象思维》,载《北京大学学报》1978年第1期。

⑤ 周忠厚:《形象思维和马克思主义的认识论》,载《文学评论》1978年第4期。

⑥ 童庆炳:《略论形象思维的基本特征》,载《北京师范大学学报》(哲学社会科学版)1978年第3期。

⑦ 蔡仪:《批判反形象思维论》,载《文学评论》1978年第1期。

思维”学习参考资料》(1978年)，湘潭大学文艺理论教研室编《形象思维资料集》(1978年)，哈尔滨师范学院中文系形象思维资料编辑组编《形象思维资料汇编》(1979年)，复旦大学中文系文艺理论教研组编《形象思维问题参考资料》(第一辑、第二辑)(1978年、1979年)，尤其是中国社会科学院外国文学研究所组织了一批专家在短时间内翻译出《外国理论家、作家论形象思维》(1979年)。这些成果的出现，表明中国知识分子沐浴在思想解放的春风里，迸发出了前所未有的学术激情。并且，关于形象思维的讨论具有多重意义：其一，对形象思维的讨论，虽然最初主要是在马克思主义认识论框架内，但随着讨论的展开，逐渐开掘出该概念内含的心理学维度，这对于“左”倾机械唯物论是一次强有力的突破，它意味着这一讨论与思想解放同步，是其中的重要组成部分；其二，它意味着对文学和艺术特殊性的承认，为文学和艺术摆脱“左”倾政治观念束缚，争取相对自由空间提供了学理依据；其三，这种对特殊性的体认，背后隐约可见康德主义的审美无利害观念，这就使对一种思维方式的讨论转变成一个美学问题，成为新时期“美学热”的先声。

“共同美”和形象思维问题，实质上是以美学问题介入当代社会现实，表达出知识界对现实的关切，因此，其思想史意义重于学科自身理论建设意义，是思想解放的排头兵。确保这种讨论顺利进行的，或者说激发出知识界灵感的，是毛泽东的话语。后者的权威使这两个美学问题的讨论以“解经”的方式获得了新的意义。又由于所引述的两段话属于毛泽东日常生活中与人交流的内容，这种非正式性又与他本人以国家领袖身份发布的政策指导性话语之间有所疏离，这种弹性空间使这种“解经”活动显得更加灵活生动，很自然地把思想解放以及美学学科建设所需要的内容迅速填充了进来。

二、“美学热”语境下的美学学科发展

自新时期伊始到1985年前后，美学引领着时代，一方面起到了解放思想的积极作用，另一方面也为本学科建设开拓了多个领域。李泽厚在回顾20世纪80年代“美学热”时指出：“在学术层面上……这十多年来中国美学是在向广度发展。原来在20世纪50年代，美学主要讨论一些哲学性的问题，如美的本质、自然美等等。到了七八十年代，各种各样的美学都提出来了，包括技术美学以

及各个艺术部类如书法、工艺等等,都在做美学研究,铺的面很广,不再只是 50 年代所讨论的那些问题了。所以,我在《美学四讲》中说,美学在中国现在已是一个'家族'。"[①]也就是说,新时期以来,美学获得了长足进步,不再仅仅集中在几个本质问题上,也不再局限于认识论视野,而是全面开花,在美学基础理论、门类美学、方法论、美育、美学史等多个面向都有所开拓。

蒋孔阳在《美学新论》中把"美学热"的表现归纳为四种:手稿热、方法论热、心理学热和应用美学热。[②]《中国高校哲学社会科学发展报告》指出,美学热体现在"美的本质这一传统话题在更为广泛、深入的基础上得到探讨;审美心理研究异军突起、方兴未艾;部门美学研究蓬勃发展,使美学研究更趋横向扩张;审美教育研究得到重视,美学史的研究有了长足的进步"[③]。周小仪则指出,美学热的表现包括"共同美"讨论、手稿热、主体性美学等几个方面[④]。这些总结都在一定程度上描绘出了当时的美学研究图景。根据本书的基本构架,我们作出如下描述:

第一,总体而言,美学学科各项工作迅速恢复和展开。首先,美学研究机构成立。1978 年夏,中国社会科学院哲学研究所成立美学研究室,河北大学成立美学研究社。北京大学哲学系美学教研室成立于 1960 年,在"文革"中解散,1979 年开始恢复美学原理专题课。更重要的学术组织是中华全国美学学会。1980 年 6 月 4～11 日,第一次全国美学会议在云南昆明召开,在会议的最后一天,成立了中华全国美学学会,通过了《中华全国美学学会简章》,选举朱光潜为会长,王朝闻、蔡仪和李泽厚为副会长,李泽厚同时兼任学会秘书长。参加第一次全国美学会议的 38 所高校还同时成立了中华全国美学学会高等学校美学分会,推举马奇为会长,王世德、杨辛为副会长。在此后的一两年中,各省市地方美学学会也相继筹备或成立。例如,1981 年 1 月 20～23 日,上海市美学研究会成立,蒋孔阳任会长。其次,个别高校和科研机构开始招收美学专业研究生,中华全国美学学会还举办了美学进修班。中国社会科学院文学所文艺理论研究

---

① 李泽厚、王德胜:《关于哲学、美学和审美文化研究的对话》,载《文艺研究》1994 年第 6 期。

② 蒋孔阳:《美学新论》,安徽教育出版社 2007 年版,第 470—471 页。

③ 孙正聿编:《中国高校哲学社会科学发展报告:1978—2008・哲学》,广西师范大学出版社 2008 年版,第 61 页。

④ 周小仪:《审美的命运:从救赎到物化》,见陈平原主编:《现代中国》第 2 辑,湖北教育出版社 2002 年版,第 84 页。

室和哲学所美学研究室、四川大学中文系文艺学教研室等于1978年开始招收美学研究生，四川大学1979年还在中文系高年级学生中组织成立了美学研究组。1980年下半年，根据昆明全国美学会议的建议，由教育部、中华全国美学学会高校分会和北京师范大学联合举办了全国高等院校美学教师进修班，参加者有来自全国26所高校的30名正式学员，还有在京院校、科研单位和文艺团体百余名走读生和旁听生，该进修班于1981年1月结业。再次，美学专业书刊大量涌现。当时，代表性的刊物有：1979年，中国社会科学院哲学所与上海文艺出版社文艺理论编辑室合编的辑刊《美学》①（俗称“大美学”）出版，这是“文革”之后最早出版的美学专业刊物之一。与之差不多同时，中国社会科学院文学所文艺理论研究室编辑的《美学论丛》②也出版面世。《美育》1981年创刊，由湖南人民出版社主持出版。《美学评林》1982年创刊，由蔡仪主编。《美的研究与欣赏》1982年创刊，由西南师院（现西南大学）、重庆市文联和重庆出版社联合出版。《美学文摘》1982年创刊，由四川省社科院文学研究所主持，重庆出版社出版。《美学译文》1980年创刊，由中国社会科学院哲学所美学研究室编译，主要介绍国外美学信息。《美学与艺术评论》1984年创刊，由蒋孔阳主持。除此之外，还有《美术史论丛刊》（1981年创刊）、《世界艺术与美学》（1983年创刊）、《外国美学》（1984年创刊）、《美学新潮》（1985年创刊）等。这些专业刊物的面世，对当时如饥似渴地渴求美学知识的学子来说，是难得的学术盛宴。这些刊物，传达了国内美学诸派别对美学基本问题的观点和态度，讨论了当时最热门的美学话题，如形象思维、门类美学等，同时也介绍了国外美学的发展动态，对于开拓美学初学者和专业人士的视野有着积极的意义。

第二，“手稿热”。它是指20世纪80年代初期学界对马克思早期著作《1844年经济学哲学手稿》（下文简称《手稿》）的解读热潮。对它的解读，包括两个领域，其一是美学，其二是纯粹的哲学领域。我们关注的是其中美学层面的讨论。由于该《手稿》写于巴黎，因此又称《巴黎手稿》。这部《手稿》主要内容原本涉及的是经济学与哲学，但由于马克思在其中表达了很多关于人的本质、人与自然的关系等方面的思考，因此，可以生发出很多美学观念。中国学者从美

① 《美学》从创刊到停刊，历时8年，共出版7期。

② 《美学论丛》从创刊到停刊，历时14年，共出版11辑。

学角度关注《手稿》,最早可以追溯到20世纪30年代梁实秋、周扬的著作。在20世纪50年代美学大讨论时,蔡仪、朱光潜、李泽厚、吕荧等美学家都引用了《手稿》中的话。到了新时期,关于《手稿》的讨论与文学思潮中对人性、人情、人的共通性、人道主义以及哲学上对人的本质、异化等问题的思考交织在一起,成为思想解放中特别突出的声音。可以这样说,《手稿》既参与了中国当代美学的建构过程,同时也是它的主干部分。它的贡献具体体现在两个方向上:其一,对人性、人的本质力量的探索上;其二,对实践美学的构建上。从前一个方向来看,学界重点挖掘的是其中的“人的本质力量”“异化”等命题,结合中国本土情况进行阐发。从后一个方向来看,学界重点挖掘的是“自然的人化”“劳动创造了美”“美的规律”“两个尺度”等命题。在这些观念的基础上,80年代中期,以李泽厚为代表的实践美学体系基本完成。有论者总结了《手稿》对于中国当代美学构建的意义:“作为20世纪80年代的重要思潮,‘手稿热’的发生是‘文革’后美学话语寻求突破的策略性表达,也是当时整个社会文化语境转向在美学上的折射。我们也许可以这样理解:新时期伊始的那场关于‘人性’‘人情’‘人道主义’与‘异化’问题等各种关涉到人的价值的人文话语的建构,终于在《手稿》中找到了依据,并且在对《手稿》的阐释中得到了系统的表达。同时,在对《手稿》的激烈争论中,‘实践美学’确立了在中国美学界不可撼动的地位,成了中国美学的主流,其美学话语中的关键词‘实践’‘主体性’‘自由’等积极地配合了‘思想解放运动’,从而在美学和主流意识形态之间架起了一座沟通桥梁。”①当然,《手稿》所带来的影响是多方面的,并不仅仅限于“实践美学”。

第三,“方法论热”。它是指20世纪80年代中期美学界和文艺界出现的科学主义潮流。这股潮流的出现基于如下前提:其一,20世纪西方以量子力学、相对论和电子技术等新科技浪潮带给社会深刻的变革,以其为基础的控制论、信息论和系统论(即所谓的“老三论”)等新兴学科更新了既有知识体系,很快渗透进社会科学和人文学科领域,带来了思维方式上的深刻革命;其二,从五四时期开始,中国知识界开始引进西方科学,即所谓的“赛先生”,试图用科学精神更新国家意识形态,用科学技术推动社会进步。这一传统对20世纪的中国影响

---

① 包妍、程革:《经典文献对本土话语的拯救——1980年代“手稿热”探源》,载《东北师范大学学报》(哲学社会科学版)2014年第2期。

深远。新时期之后，随着改革开放政策的执行，西方先进科学技术迅速进入中国，党和政府在一定程度上也积极倡导科学精神，这对整个国家的思想走向和知识体系的构建有着不言而喻的意义；其三，新时期之后，西方理论的大量涌入，很快打开了学者们的视野，传统单一的社会—历史范式美学已经无法满足人们求新逐变的审美需要；其四，新时期之后，随着国家政策的宽松、经济的发展，文学和艺术迎来了新一轮繁荣。文学和艺术作品花样翻新，风格多变，使用传统的美学和文学理论很难进行有效阐释，因此，引进新方法势在必行。对方法论的引入，最初是在哲学领域。《哲学研究》1980年第1期，第一篇文章以本刊评论员的身份呼吁“积极开展科学方法论的研究”，呼吁哲学应该“概括和总结科学发展的新成就，以丰富和发展自己的内容，然后再反过来指导各门具体科学”①。在这篇文章中，作者介绍了包括“老三论”在内的科学方法，指出了这些自然科学方法对丰富马克思主义方法论的价值和意义。哲学的讨论很快蔓延到其他人文科学和社会科学领域。1984年11月，中国社会科学院文学所召开座谈会，讨论文学研究的方法。1985年，在厦门、扬州、武汉等地召开了三次方法论方面的学术会议，把方法论研究推向高潮，因此，1985年又被称为“方法论年”，涌现出林兴宅、黄海澄、肖君和等一批优秀学者。

第四，“门类美学热”。门类美学属于美学与其他领域横向联系所产生的亚美学体系。蒋孔阳曾经依据美学联系的领域，将门类美学分成三个部分：与艺术相联系，则有音乐美学、舞蹈美学、绘画美学、电影美学等；与人类科技活动相联系，则有技术美学、生产美学、工业美学、生物美学、体育美学等；与社会生活相联系，则有环境美学、服装美学、家具美学、生活美学等。② 本书中所言及的门类美学则主要指第一种，即与艺术发生联系而出现的美学门类。这些门类美学主要是在“美学热”潮流中建立起来的以各门艺术为研究对象的亚美学体系。对门类美学的重视，自美学在新时期恢复讨论伊始就已经出现。在1980年6月第一次全国美学会议上，参会者对一些门类美学如建筑美学、舞蹈美学、戏曲美学等就非常关注，与对形象思维的讨论、对美的本质的讨论等一样，门类美学也成为会议的重要议题之一。研究门类美学的意义在于：其一，在中国传统文

---

① 本刊评论员：《积极开展科学方法论的研究》，载《哲学研究》1980年第1期。

② 蒋孔阳：《蒋孔阳全集》第4卷，安徽教育出版社1999年版，第171—172页。

化中，并不缺少各门艺术方面的理论，但有意识地从美学角度来构建其思想体系，是 80 年代“美学热”的产物和表征；其二，门类美学属于美学与各门艺术交叉生成的新学科，在某种程度上属于美学原理与其在实践领域的结合，因此，门类美学的出现，是美学的下移，也是对美学理论与生俱来的抽象性的补充，使其更为有效地与生活相连；其三，艺术活动是性灵的产物，传统艺术理论相对倾向于经验总结，美学理论的介入，对于各门类艺术自身体系建设，具有重要意义。

第五，“美学史热”。对中国美学史的研究，同样是“美学热”的表征和产物。20 世纪以来，虽然王国维等近代美学家也曾经对中国古典美学有所关注，但当时尚未形成气候。在 50 年代的美学大讨论中，只有少量论文关注到古典美学。1961 年，中宣部组织召开全国高校文科教材编选工作会议，部署了全国高校文科 80 多个专业的教材编写工作，并成立全国文科教材办公室，宗白华受命主持《中国美学史》的编写工作，最终并没有完成。新时期之后，《中国美学史》的编写及相关问题才重新被提上日程。1979 年，宗白华在《文艺论丛》第 6 辑中发表了《中国美学史中重要问题的初步探索》一文，对中国美学史学习方法及基本内容作了简单鸟瞰，提出了很多具有建设性的见解。1980 年左右，中国社会科学院哲学所美学研究室开始集体编写《中国美学史》，文学所侯敏泽开始独撰《中国美学史》。北京大学在宗白华主持下于“文革”前编选的《中国美学史资料选编》得到重新修订，后很快出版，成为 80 年代中国美学研究者的主要参考资料。1983 年 10 月 17～22 日，由江苏省美学学会、《江苏画刊》编辑部、江苏省社科院文学研究所联合主办的“中国美学史学术讨论会”在无锡召开，这是国内第一次中国美学史讨论会，参加者有洪毅然、王世德、吴调公等学者。在 80 年代，国内一些比较有影响的中国美学史著作，如《美的历程》(李泽厚)、《中国美学史(先秦两汉编)(魏晋南北朝编)》(李泽厚、刘纲纪)、《中国美学史大纲》(叶朗)、《中国美学思想史》(敏泽)等都先后出版。这股中国美学史热潮的突出特征表现在三个方面：其一，它是以西学为参照系，借助西方美学思想和观念构建中国美学体系。这种构建的背后，还存在着一种民族主义勃兴和对话意识，即这种构建，并不是用中国资料证明西方美学思想，而是利用西方美学的体系性和学理性特质，整合中国传统美学资源，试图与西方文化进行对话。其二，它与时代哲学和美学思潮一直联系紧密。在 80 年代初期，中国美学史的构建往往会突出唯心主义和唯物主义的非美学判定，实践美学勃兴，则在美学史写作中突出实践性和审美功利主义等。其三，到目前为止，对中国美学史的写作，基本上是在三个面向上进行，即思想意识史、范畴史和文化史。例如，李泽厚本(《中国美学史》)可视为思想史范式，叶朗本(《中国美学史大纲》)可视为范畴史范式，陈炎本(《中国审美文化史》)可视为文化史范式等。

第六，“翻译热”。20世纪80年代的翻译运动与思想解放和改革开放政策的实施同步进行。在“文革”结束后，百废待举，整个思想界需要新的思想来更新既有观念，打破僵化格局。与之同时，随着经济的发展，中国社会也在不断发生着翻天覆地的变化，新的变化需要得到有效的解释。就美学学科建设而言，50年代的美学大讨论，虽然在一定程度上统一了知识界对美的本质在意识形态层面的认识，但整个构建还有很长的路要走。新时期之后，整个美学界积极吸收外来思想营养，构建中国美学体系。在1980年召开的全国美学会议上，李泽厚就曾指出，现在很多爱好美学的年轻人没有基本的美学知识，原因在于他们不了解目前国外美学研究达到了怎样的水平。因此“目前的当务之急就是应该组织力量尽快地使国外美学著作大量翻译过来”[①]。在这一认识和号召下，80年代初，李泽厚主持翻译了《美学译文丛书》，集中翻译出版了一大批国外20世纪下半期的美学著作，如阿恩海姆《艺术与视知觉》、苏珊·朗格《艺术问题》、贝尔《艺术》、桑塔耶纳《美感》等。商务印书馆也在《汉译世界学术名著》丛书系列中大量引进美学著作，如黑格尔《美学》[②]、鲍桑葵《美学史》等。蒋孔阳、伍蠡甫等人在上海也积极引介西方美学和文论，如伍蠡甫的《西方文论选》(上下)和《现代西方文论选》、蒋孔阳翻译的李斯托威尔《近代美学史评述》等。80年代的翻译运动，与20世纪其他时代的翻译活动有着诸多不同。它规模大，差不多把西方2000多年来的思想发展都浓缩在中国差不多10年的引进活动中。它有着强烈的社会诉求，可以说，它是为了新时期以来社会思想和文化转型而展开的运动。在这种引进过程中，它还有一个突出特点，即以西方为师，这决定了中西方在某种程度上的不平等地位，并且预示了中国美学的后期发展必然会出现历史性反弹，即强调本土意识。

---

① 李泽厚：《美学译文丛书》序，见苏珊·朗格：《艺术问题》，中国社会科学出版社1983年版，第1页。
② 黑格尔《美学》由人民文学出版社于1958年初出版，1979年商务印书馆出版了修订本。

第七,“实践美学热”。20世纪80年代“美学热”形成的最大理论成果和最具有中国学人原创性的美学实绩是实践美学的构建。这一美学思想主要来源于马克思早年著作《手稿》。早在50年代的美学大讨论中,李泽厚的美学思想就显现出实践美学的萌芽。最早以实践为题来思考美学的美学家是朱光潜。在《新建设》1960年4月号上,他发表了《生产劳动与人对世界的艺术把握——马克思主义美学的实践观点》一文,在该文中,他大量引用了《论费尔巴哈的提纲》《手稿》等著作中的相关思想,指出:“客观世界和主观能动性统一于实践。所以在美学上和在一般哲学上一样,马克思所用的是实践观点,和它相对立的是直观观点。”[①]新时期之后,李泽厚在其当时发表或出版的论文、著作以及一些演讲,如《美学的对象与范围》[②]《中国美学及其它》[③]《美感的二重性与形象思维》[④]《批判哲学的批判》《美的历程》等中,逐渐形成了自己对实践美学的独特理解。相对于其他美学研究者从“人的本质力量对象化”的观点出发,李泽厚把他在50年代解释自然美产生根源的“自然的人化”观点作了更加广泛的阐释,将其分成广义和狭义两种,并作了内在自然与外在自然的细分,从而将其实践美学观奠基于这一命题基础之上,最终形成了“美是自由的形式”的著名主张。除李泽厚外,后期的朱光潜、杨恩寰、梅宝树、王朝闻、赵宋光、蒋孔阳、刘纲纪、杨辛、甘霖等人的美学观念也都可以归入这一美学体系之内,这一庞大的美学阵容足以体现实践美学在80年代声势浩大。虽然他们可以统一在实践美学的旗帜下,但实际上他们的观点之间还是存在或多或少的差异。例如,朱光潜对实践的理解,内里是其主客观统一论,赵宋光为强调实践的行动性,提出“立美”,蒋孔阳把人的情感意志等也放到了实践的内涵之中等。虽然存在这些差异,但就总体而言,他们都赞成从实践维度来阐释美的发生,也都是从马克思主义经典著作中汲取养分。可以这样说,他们的差异在一定程度上恰好构建了实践美学五彩缤纷的花园。

---

① 朱光潜:《生产劳动与人对世界的艺术把握——马克思主义美学的实践观点》,见新建设编辑部:《美学问题讨论集(六)》,作家出版社1964年版,第177页。

② 李泽厚:《美学的对象与范围》,载《美学》1981年第3期。

③ 李泽厚:《中国美学及其它》,见刘纲纪、吴樾编:《美学述林》,武汉大学出版社1983年版。

④ 李泽厚1981年在全国高等院校美学教师第二期进修班上的演讲,载上海市美学研究会、上海社会科学院哲学研究所美学研究室编:《美学与艺术讲演录》,上海人民出版社1983年版。

第三节　三派美学家思想在20世纪80年代的新开拓

20世纪80年代“美学热”最重要的成果之一便是实践美学的确立。由于实践美学在当代拥有极其重要的思想史地位，因此在本书中，我们将专门辟章，讨论实践美学和李泽厚的美学思想。但是，50年代美学大讨论中的其他三派，除吕荧于1969年去世外，还有主客观统一派的朱光潜、客观派的蔡仪和同样是主观派的代表人物高尔泰①。到了20世纪80年代，虽然朱光潜和蔡仪两位美学家都已经年迈，但仍然保持着旺盛的学术创造力，高尔泰却正当盛年，延续了他哲学、文学艺术交相辉映的理论特色，为美学再次提供了深邃的思索。并且，在新的历史条件下，由于国家整体氛围宽松，以及新的思想资源的加入，他们为中国美学发展又作出了新的贡献。这些都是不可忽略的80年代美学新景观。

一、朱光潜在20世纪80年代的美学贡献

1976年“文革”结束时，朱光潜已是79岁的耄耋老人，正忙于翻译艾克曼的《歌德谈话录》。在两年后给友人的一封信中，他谈到81岁的自己：“仍很忙。下年须带文艺批评方面的研究生，虽已年逾八十，脑力虽衰，但精神仍很振奋。”②这种“振奋”自然源自思想解放的社会氛围。在生命最后10年光阴里，他笔耕不止，还在源源不断地生产着直至今天美学界仍在受益的美学著述。

在那段日子里，朱光潜主要的美学工作体现在两个方面。其一是翻译工作。20世纪80年代“美学热”，其中最重要内容之一便是“手稿热”，有感于当时《手稿》翻译存在的问题，他重新翻译了该书的部分章节，发表于《美学》第2期。同时他还重新校译了《关于费尔巴哈的提纲》，附于《美学拾穗集》书后。他翻译的《歌德谈话录》于1978年由人民文学出版社出版。此外，他还翻译了维科的

---

① 高尔泰，又写作“高尔太”。高尔泰在1956年发表《论美》时，排版工人将“泰”字误排成“太”，因而误写作“高尔太”，由于《论美》一文流传甚广，这一名字也一直沿用。在本书中，我们统一用“高尔泰”。

② 朱光潜：《致章道衡》，见《朱光潜全集》编撰委员会：《朱光潜全集》第10卷，安徽教育出版社1993年版，第438页。

《新科学》,这是他最后一部译著,从 1980 年开始翻译,1982 年完成,但出版则是由商务印书馆在他辞世 2 个月后的 1986 年 5 月完成的。其二是发表了一些有分量的论文,推动了当代美学的发展。例如,《研究美学史的观点和方法》发表于《文学评论》1978 年第 4 期,《文艺复兴至十九世纪西方资产阶级文学家艺术家有关人道主义、人性论的言论概述》发表于《社会科学战线》1978 年第 3 期,《上层建筑和意识形态之间关系的质疑》发表于《华中师范学院学报》1979 年第 1 期,《关于人性、人道主义、人情味和共同美问题》发表于《文艺研究》1979 年第 3 期,《形象思维:从认识角度和实践角度来看》发表于《美学》1979 年创刊号,《形象思维在文艺中的作用和思想性》发表于《中国社会科学》1980 年第 2 期,《马克思〈经济学—哲学手稿〉中的美学问题》发表于《美学》1980 年第 2 期,《朱光潜教授谈美学》发表于《美育》1981 年第 1、第 2 期等。除此之外,1980 年他还出版了最后两本著作:《谈美书简》由上海文艺出版社出版,《美学拾穗集》由百花文艺出版社出版。前者写于 1979 年,后者是他“文革”结束后著述的合集。

论及晚年自己的思想,朱光潜在给蒋孔阳的信中说:“写了三篇短文介绍马克思主义的美学基本观点,可以代表我近来有所改变的美学观点。主客观统一的观点仍坚持不变,不过所举的理由较过去较清楚,较充足。”①在致阮延龄的信中,他又说道:“我对美学的见解近来有些转变,写过一篇长文,题为《形象思维:从认识角度和实践角度来看》,以补拙著《西方美学史》的总结章。”②根据朱光潜的自我评述,我们知道,在对美的本质问题上,他的观点与 20 世纪 50 年代美学大讨论时期相比,并没有发生变化,即他仍然坚持美是主客观的统一。他所言的理由“较过去较清楚,较充足”,与他的资料选择有关。在 50 年代,他的主客观统一说的思想灵感,他自己认为是马克思主义关于文艺的基本原则,即“文艺是一种意识形态或上层建筑”③,自然形态的是“物”,社会意识形态的是“物的形象”。这表明,那时他美学思想主要的学术资源是马克思《〈政治经济学批判〉序言》等。新时期之后,对美是主客观统一的观点,他往往没有特别论证,而是以

---

① 朱光潜:《致蒋孔阳》,见《朱光潜全集》编撰委员会:《朱光潜全集》第 10 卷,安徽教育出版社 1993 年版,第 467 页。

② 朱光潜:《致阮延龄》,见《朱光潜全集》编撰委员会:《朱光潜全集》第 10 卷,安徽教育出版社 1993 年版,第 445 页。

③ 朱光潜:《论美是客观与主观的统一》,见文艺报编辑部:《美学问题讨论集》第 3 集,作家出版社 1959 年版,第 5 页。

此为视点，解释其他马克思主义著作，例如《手稿》《关于费尔巴哈的提纲》《资本论》、毛泽东《实践论》等。这些著作参与到他的美学观念中，应该就是他觉得“较过去较清楚，较充足”的原因。

但除此之外，他还认为，自己的观点有了改变，谈及这一点时，他专门提到了自己的论文《形象思维：从认识角度和实践角度来看》。从表面上看，这是一篇“时文”，在讨论形象思维时代的一篇相关文章而已，但既然他谈到这里涉及自己思想的变迁，那么我们就不能把它单纯看作一篇讨论形象思维的论文。结合同时期他的其他著述，我们发现，朱光潜的美学观念的改变体现在如下两个方面：

首先，对形象思维作了新的解读，为20世纪80年代美学讨论打下坚实的学理基础。形象思维在五六十年代就有所讨论，很多学者都参与其中，然而，耐人寻味的是，那时的朱光潜并没有表示出对这个话题的兴趣。在《西方美学史》的写作中，他也没有对此作过多关注。但是新时期之后，在《西方美学史》再版之时，他则加入了有关形象思维的内容，并把最后一章“关于三个关键性问题的历史小结”改为四个，即把形象思维加入其中，作为西方美学史中的关键词来对待。关于这次修改，他在给编辑的信中也提道：

> 拙著《西方美学史》已校改完，另包挂号寄奉，新增加的有下列几篇：
>
> 一、序论第二部分：研究美学史的观点与方法（谈到学习历史唯物主义的一些甘苦）。
>
> 二、第二十章总结部分：
>
> 1. 形象思维：从认识角度和实践角度来看。
>
> 2. 马克思和恩格斯关于典型人物性格的五封信。
>
> 增加的有三万多字，原来正文略有删削和修改。[①]

从这封信中，我们能够了解到在他晚年的思考中形象思维所占有的分量。

朱光潜对形象思维的解读较为独特的地方在于，他把形象思维和想象相

① 朱光潜：《致蒋璐》，见《朱光潜全集》编撰委员会：《朱光潜全集》第10卷，安徽教育出版社1993年版，第444页。

连，认为形象思维就是指想象，从而为形象思维开辟出心理学维度，构建出可以贯串中西方美学史的发展历程。他说："形象思维就是想象，是人类思维的一种方式。它从现象出发，来反映本质和规律。文艺必须用形象思维，才能够创造出富于思想性的反映出生活真实的作品。"[①]把形象思维等同于想象，是普遍被其他学者所诟病的观点，但朱光潜用这种混淆，发掘出形象思维在当时思想界的特殊意义。想象，就其含义而言，是"表象运动"，其实质是一心理学术语。朱光潜用想象解释形象思维，很自然地就把后者转换成一个心理学命题。并且更重要的是，如果把形象思维作为一个关键词，回溯中西方美学史，那么就能够发现讨论者并不多，因此，其话语资源就会有很多局限，但如果将其等同于想象，那么中西方美学史上的大量内容就都可以放到这一题目下来讨论，因为想象无疑是美学史中的重要内容之一。无论是西方柏拉图对艺术的攻击，黑格尔对象征型艺术的论述，还是中国传统文论中刘勰的"神思"、陆机的《文赋》，都可以转换成形象思维的前身。也正因为这样，朱光潜才能够把菲罗斯屈特拉斯在《阿波罗琉斯的传记》中的一段论及想象的话、培根在《学术的促进》里对想象的触及等都放到了自己的论文中，并且还指出，英国自经验主义之后，没有不重视想象的。也还是在这一特殊理解下，朱光潜才可以指出，"马克思肯定了形象思维"[②]，因为在《〈政治经济学批判〉导言》里马克思在讨论神话时，提到了想象和幻想。这种历史的清理，就使形象思维不再是我们在特定时代提取出来的有价值命题，而是转变成贯穿于整个美学史的大问题。这种提升和定位，或许才是朱光潜的目的所在。正如他在论文中的论断："'形象思维'古已有之，而且有着长期的发展和演变。"[③]

朱光潜对形象思维问题进行讨论时的第二个关键点在于将它与实践联系起来。这里所说的"实践"源自马克思的《关于费尔巴哈的提纲》和《手稿》中的"劳动"概念，所以它是指"人的感性活动"。朱光潜指出："马克思主义创始人分析文艺创造活动从来都不是单从认识角度出发，更重要的是从实践角度出发，

① 朱光潜：《形象思维在文艺中的作用和思想性》，载《中国社会科学》1980年第2期。

② 朱光潜：《形象思维：从认识角度和实践角度来看》，见《朱光潜全集》第5卷，安徽教育出版社1989年版，第472页。

③ 同上，第471—472页。

而且分析认识也必然是要结合到实践根源和实践效果。”[①]朱光潜对当代美学贡献的一个突出表现正在于此，即他是较早将美和实践联系在一起的美学家。早在20世纪60年代，他就有意识地将二者相联系，写出了《生产劳动与人对世界的艺术掌握——马克思主义美学的实践观点》这篇论文，并且在论文开篇，他就提到了马克思在《关于费尔巴哈的提纲》第一条中那段强调实践的著名文字[②]。在我们所引的这段话中，能够见出朱光潜对当代美学的超越。50年代的美学大讨论基本上是在认识论的框架内进行的。新时期之初的形象思维讨论，也差不多延续了这一思路。但朱光潜明确指出，马克思主义创始人是以实践为基点，即使是在分析认识活动的时候，也仍然以实践为根基。他以马克思著作中蜜蜂建造蜂房和人的建造活动的区别为例，认为“马克思的这段教导对于美学的重要性无论如何强调也不为过分，它会造成美学界的革命”[③]。因为“建筑师用蜡仿制蜂房，不是出于本能，而是出于自觉意识，要按照符合目的的意识和意志行事。在着手创作之前，他在头脑中已构成作品的蓝图，作品已以观念的形式存在于作者的观念或想象中，足见作品正是形象思维的产品”[④]。把形象思维等同于想象，马克思主义经典文献中的相关论述就可以自然地进入当时的语境，于是，实践、想象和形象思维就被顺理成章地联系在了一起，把形象思维讨论提升到了更高的视界，也为它与之后的实践美学之间提供了勾连线索。

其次，重新翻译和解释马克思主义经典著作，为《手稿》的讨论和人性、人道主义讨论中的美学维度提供基础。新时期之初，国内学界曾经有一种论调，认为马克思主义经典文献中缺少系统完整的美学体系，他们并没有写过专门的美学著作。对于这一观点，朱光潜进行了驳斥。他认为马克思主义美学的完整体系是“经过长期发展而且散见于一系列著作中的，例如从《手稿》《德意志意识形态》《关于费尔巴哈的提纲》《政治经济学批判》直到《剩余价值论》《资本论》和一系列通信”[⑤]。造成马克思主义美学没有体系错觉的是《马克思恩格斯论文艺》

① 朱光潜：《形象思维：从认识角度和实践角度来看》，见《朱光潜全集》第5卷，安徽教育出版社1989年版，第474页。

② 朱光潜：《生产劳动与人对世界的艺术掌握——马克思主义美学的实践观点》，见《美学问题讨论集》(六)，上海文艺出版社1964年版，第176页。

③ 同①，第475页。

④ 同①，第476页。

⑤ 朱光潜：《谈美书简》，见《朱光潜全集》第5卷，安徽教育出版社1989年版，第255页。

选本的语录式摘录，这种支离破碎的选本并不是学习马恩美学思想的捷径。他为此呼吁要全面阅读和理解马克思主义经典文献，尽量不要断章取义，“任何一篇文章或一个论点都不能就它本身孤立地看，要找到它的来龙去脉”，要掌握好一两门外语，因为“经典著作的各种译文不一定都很正确”“应深入研究，作出自己的判断”。① 正因为这样，他重新翻译了《关于费尔巴哈的提纲》《手稿》部分章节等。

不仅如此，他还通过对这些原典的重译，把当时正在讨论的人性问题和实践美学等联系在一起。将马克思主义创始人的著作与实践观、实践美学相联系，通过前文有关形象思维与实践相连的论述可见一斑，此处我们对马克思主义经典著作与人性问题的联系略作分析。在谈到《手稿》时，朱光潜对它的定性是：“这部手稿是既从人性论又从阶级斗争观点出发的。”②为了突出人性观念，在他本人翻译的《手稿》译文中，他把多处翻译成“人性”。例如，国内目前通用的刘丕坤本为：饮食男女等等也是真正人类的机能；③朱译：吃、喝、生殖之类固然也是些真正的人性的功能；④刘丕坤本：私有财产的积极的扬弃，作为人的生活的确立，是一切异化的积极的扬弃；朱译：私有制的彻底废除，作为人性的生活的占有，就是一切异化的彻底废除。这些细微改变，一定程度上增强了阅读者对文本中有关人性部分的理解。

二、蔡仪在20世纪80年代的美学贡献

王善忠在分析蔡仪美学在新时期的发展态势时指出：“近 10 多年来，蔡仪的美学著述甚丰，其影响也越来越大。”⑤这种越来越大的影响与蔡仪 20 世纪中后期以来对中国美学的贡献有关，也与他在新时期依然勤奋写作有关。在老一辈美学家中，应该说，“文革”结束后，他的著述是最多的，在学术活动方面也十分活跃。这可以从如下几个方面得到证实：从著述情况来看，他的著作有《新美学》(改写本)(第一卷、第二卷)，由中国社会科学出版社于 1985 年、1991 年分别

---

① 朱光潜：《关于马列原著译文问题的一封信》，载《中国社会科学》1981 年第 3 期。
② 朱光潜：《美学拾穗集》，见《朱光潜全集》第 5 卷，安徽教育出版社 1989 年版，第 413 页。
③ [德]马克思著，刘丕坤译：《1844 年经济学哲学手稿》，人民出版社 1979 年版，第 48 页。
④ 同②，第 445 页。
⑤ 王善忠：《蔡仪美学思想论》，载《文学评论》1992 年第 4 期。

出版;《蔡仪美学演讲集》,由长江文艺出版社于1985年出版,其中第二、第三辑都是新时期以来的讲演合集;《蔡仪美学论文选》,由湖南人民出版社于1982年出版,其中有一半以上的文章为新时期之后所写。在教材建设方面,60年代,蔡仪承担了《文学概论》教材的主持编写工作,该教材1979年由人民文学出版社出版。新时期之后,他主编的美学教材有《美学原理提纲》,由广西人民出版社于1982年出版;《美学原理》,由湖南人民出版社于1984年出版;《美感教育》,由漓江出版社于1984年出版等。在主持专业出版物方面,《美学论丛》是新时期出版的第一本美学专业出版物,共出版11辑,《美学评林》共出版7辑,《美学讲坛》共出版2辑。除此之外,他还主持了《美学知识丛书》的编写,共10册,由漓江出版社于1984年出版等。在论文方面,关于形象思维、关于《手稿》的讨论、关于美的本质和美的规律,他都曾写下颇有影响的论文。例如,自1978年始,关于《手稿》,他曾经写下《〈经济学—哲学手稿〉初探》,发表于《美学论丛》1981年第3辑;《马克思思想的发展及其成熟的主要标志——〈经济学—哲学手稿〉再探(上篇)》《论人本主义、人道主义和“自然人化”说——〈经济学—哲学手稿〉再探(下篇)》,分别发表于《文艺研究》1982年第3、第4期,并收录于同年出版的《蔡仪美学论文选》;《〈经济学哲学手稿〉三探》发表于《美学论丛》第6辑,其基本要点发表于《江汉论坛》1983年第6期,标题为《〈经济学—哲学手稿〉的基本概念也是马克思主义的吗?》;《关于〈经济学—哲学手稿〉讨论中的三个问题》发表于《学术月刊》1983年第8期。关于形象思维,实际上蔡仪是较早承认形象思维,并从形象思维角度来解释艺术特殊性的美学家。新时期伊始,他在《文学评论》1978年第1期发表《批判反形象思维论》;此后他还写了《形象思维的逻辑规律》,发表于《求索》1987年第5期;《形象思维的历史渊源和当前问题》发表于《河北学刊》1987年第5期等。除此之外,他比较重要的论文还有《马克思究竟怎样论美?》,发表于《美学论丛》第1辑;《谈美学的哲学基础问题》发表于《文艺研究》1989年第4期等。

从以上著述可以看出,新时期之后,蔡仪主要的研究工作集中在《新美学》的改写与《手稿》的研究上。毛崇杰曾经有过这样一段评价:“朱光潜、蔡仪、李泽厚是我国美学界观点不同的三位代表人物。他们在新时期美学思想的变化和发展从表面上看,以李泽厚变化最大,朱光潜次之,蔡仪变化最小;而在根本上,三者都没有实质性的改变,可以说各自在旧有的理论基地上做着加固、砌高或修补的工作,这当然也是发展。"[1]这段话指出新时期之后蔡仪美学思想的基本情况,即变化最小,基本上是修补工作。这从蔡仪改写《新美学》可以看出。虽然改写后的两卷本比起新中国成立前的旧版《新美学》,资料上更加充实,观点论述也更加充分,但整体观点未变,蔡仪仍然坚持美是客观的,美感是认识,美的领域分为社会美、自然美和艺术美。但很明显,在这种修补的工作中还是可以见出新时期美学发展和论争的痕迹。在改写本中,他大幅度调整了结构安排。例如,旧版第一章为"美学方法论",在第一节中就提出"怎样把握美的本质""是由客观事物出发,还是由主观精神出发",但在改写本中,第一编第一章是"美学史的回顾",增加了美、美感和艺术的历史线索回顾,从而充实了著作的文献部分。除此之外,蔡仪还为马克思的美学思想单独辟章,作为著作的第二章,其中包括"马克思论现实美和艺术美""马克思论美的规律"和"马克思论艺术"。这种安排,一方面使其坚持马克思主义历史唯物主义方向的学术立场得到明确展示,另一方面也是时代美学的重要内容,20世纪80年代,关于美的规律和社会美问题,都是美学界争论的热点。

除了改写《新美学》外,蔡仪关于《手稿》特立独行的观点也是值得关注的。新时期之后,实践美学异军突起,迅速成为当代美学中最璀璨的明星。这一美学派别的核心命题,来自《手稿》。实践美学认为,马克思基本哲学观的理论基石是实践。实践即劳动,是人类认识自然和改造自然的活动,人类社会中的其他精神现象或者说意识形态以此为根源,因此,美的本质和根源也是实践。在阐发这些观念的过程中,实践美学发掘出《手稿》中"人的本质力量对象化""自然的人化""劳动创造了美""两个尺度"和"美的规律"等命题,以它们为基本框架,构建了实践美学的基本内容。但在蔡仪看来,许多问题还有讨论的空间。首先,对《手稿》性质的定位问题。在《手稿》中,马克思多次赞扬肯定费尔巴哈的哲学观点,这表明,此时马克思的思想倾向是人本主义的,在通过文本细读后,蔡仪得出结论说:"从《手稿》的全面论述的思想实质来看,还不能说有什么历史唯物主义的萌芽,更不能说有什么科学共产主义理想,或其中的主要倾向、根本观点就是什么马克思主义的。"[2]其次,对于实践的理解。蔡仪认为,王阳明

① 毛崇杰:《朱光潜、蔡仪、李泽厚在新时期(1977—1986)美学思想的变化和发展》,见《美学论丛》第10辑,文化艺术出版社1989年版,第46页。

② 蔡仪:《关于〈经济学—哲学手稿〉讨论中的三个问题》,载《学术月刊》1983年第8期。

曾经提出“知行合一”,孙中山曾经提出“知易行难”,英国经验主义哲学家以及存在主义等对实践也都有所论述,因此,不能够把“实践”看作是马克思独有的理论特色和根本观点。他还指出,毛泽东在《实践论》中所提出的“实践的观点是辩证唯物论的认识论之第一的和基本的观点”①,这一观点是在认识论框架内,在辩证唯物主义的前提下说的,如果单纯强调实践,强调主体对对象、对客观的改造,则会抹煞唯物主义和唯心主义的区别。② 再次,蔡仪主张对“劳动创造了美”“自然的人化”等概念也不应该断章取义,而应该回到《手稿》文本。“劳动生产了美”下一句是“但是给劳动者生产了畸形”。很显然,畸形与美相对,因而是丑,这就意味着劳动不仅可以生产美,也会生产丑。因此他得出结论说:“由此可知,不能把马克思前一句话作为马克思论美的根据。”③并且他还指出,用“劳动创造了美”和“自然的人化”来解释美的产生,存在着过泛的问题。“所谓劳动创造的东西太广泛了,自人造卫星到扫把、便壶,哪一种都是有价值的,有用的,但却未必都是美的。如果只是根据它是人的劳动创造的这一点就规定它美,那么,山货店都成了美术馆了。”④

蔡仪在当代美学史中的价值,当然不是以上罗列出的这些许具体观点可以体现的。在我们看来,他的价值还在于,在实践美学逐渐一统天下、占据主流之时,他用他一以贯之的坚持,保持住了当代美学多元化的争鸣局面,用他敏锐的学术眼光和缜密的哲学思维,为20世纪80年代沉浸在激情中的思想提供了一丝冷静。毛崇杰在论文中曾经引用了如下一段话:“正如我国当前一位深有影响的美学家深深感到:‘如果没有蔡仪,中国美学界就不会这样热闹。’”毛崇杰接着说:“这个话无论其寓义是褒,是贬,倒是说出了一定的历史事实。”⑤新时期以来,由于多种原因,蔡仪的美学观念颇受冷遇。随着时间的流逝,当时的社会语境逐渐被历史淘尽,他美学体系的独树一帜和严密完整,获得了越来越多的重视和肯定。

---

① 毛泽东:《毛泽东选集》第1卷,人民出版社1991年版,第284页。

② 蔡仪:《蔡仪美学讲演集》,长江文艺出版社1985年版,第138—139页。

③ 同上,第136页。

④ 同上。

⑤ 毛崇杰:《朱光潜、蔡仪、李泽厚在新时期(1977—1986)美学思想的变化和发展》,见《美学论丛》第10辑,文化艺术出版社1989年版,第79页。

三、高尔泰在20世纪80年代的美学研究

在《当代中国美学研究概述》中,赵士林说:“朱光潜、宗白华、李泽厚、蔡仪、高尔泰,5位先生本属两代学人。朱、宗、蔡年已耄耋,为美学界耆宿,新中国成立前均有重要美学论著出版;李、高按时下说法,则尚为中年知识分子。然大器早成,50年代即脱颖而出,分别成就两个重要美学派别。”[①]在这里,赵士林将高尔泰与李泽厚、宗白华、蔡仪、朱光潜并列,足见对高的推重。虽然这种并举存在争议,[②]但高尔泰大学刚刚毕业时,年仅22岁,就在美学界展露才华,引起各方注意却是不争的事实。20世纪80年代,辽宁人民出版社出版了一套《当代中国美学思想丛书》,一共介绍了7位当代美学家,其中之一就是高尔泰。

与其他美学家不同,高尔泰多才多艺,能写会画。新时期之后,随着政策的落实,他恢复了工作,先是在兰州大学哲学系任教,随后被借调到中国社会科学院哲学研究所,在这几年中,他迸发出了旺盛的学术和创作热情,写了两部深受大家喜爱的小说,研究中国山水画,还参与当时的美学讨论。他出版的美学著作有《论美》,由甘肃人民出版社于1982年出版;《美是自由的象征》,由人民文学出版社于1986年出版。他发表的论文有:《中国古代山水画探源》,发表于《西北师范大学学报》1978年第2期;《异化辨义》,发表于《国内哲学动态》1979年第4期;《关于人的本质》,发表于《西北师范大学学报》1981年第2期;《美学研究的中心是什么——与蒋孔阳同志商榷》,发表于《哲学研究》1981年第4期;《美是自由的象征》,发表于《西北师范大学学报》1982年第1期;《中国哲学与中国艺术》,发表于《西北师范大学学报》1982年第2期;《艺术概念的基本层次》,发表于《美术》1982年第8期;《人道主义与艺术形式》,发表于《西北民族大学学报》1983年第3期;《唯物史观与人道主义》,发表于《学习与探索》1983年第4期;《“人应当成为人”》,发表于《文艺理论研究》1986年第6期;《关于艺术的一些思考》,发表于《社会科学战线》1986年第3期;《美学可以应用熵定律吗?》,发表于《文学评论》1988年第1期等。从他的这些著作和论文可以看出,新时期之

---

① 赵士林:《当代中国美学研究概述》,天津教育出版社1988年版,第1页。

② 例如朱光潜、李泽厚等人只承认有“三派”,并不认为有“四派”,即他们并不认为主观派可以自成一派。

后，他的美学研究主要集中于三个方面：关于异化和人道主义、美的本质和定义、中国古典美学研究等。

首先，关于异化和人道主义的思考。异化和人道主义问题是哲学问题，却又与美学有着千丝万缕的联系。在高尔泰那里，对异化和人道主义的观照，在某种程度上是他对现实社会反思的一部分，同时也是他美学思想的有机组成部分。丁枫在论述高尔泰的美学逻辑时说：“高尔泰实际是从美作为人的一种感受出发，经由对人的探索，达到了近乎人本主义的美学。在高尔泰看来，研究美也就是研究美感，研究美感也就是研究人。所以美学是人学，美的哲学也就是人的哲学。”[①]高尔泰的美学观念差不多也是来自对《手稿》的阐发，因此，从这一逻辑中就能够看出异化和人道主义在他美学思想中所占有的基础性位置。新时期之后，从人的观点出发来思考哲学和美学问题，是他越来越清晰的思路。在他看来，异化首先是一个经济学事实。“人类历史上的异化现象，首先是一个经济学上的事实。从字面上来解释，它是指原来属于自己的东西现在不属于自己了。拉丁文‘异化’一词和‘出卖’‘转让’是同义词。在《经济学—哲学手稿》中，马克思曾强调指出这一点。”[②]异化是《手稿》中的核心概念之一，但大家更多的是从哲学角度来思考，往往忽略了它内指一种经济现象。从字源学角度解释，就明确了异化所属的最初范畴。他认为，马克思的异化，首先是一种经济结构属性，是人必须被迫服从私有制这一历史发展的必然趋势。然而问题在于，如果异化只是一种经济现象，那么高尔泰本人的人学美学观点就无法展开，二者之间缺少必然的关联。于是他又从“出卖”“转让”这一基础义出发，作了更加细致的延伸。在一次学术讲座中，他指出，“这种‘出卖’和‘转让’不同于一般的‘出卖’和‘转让’，而是一种主体的‘出卖’与‘转让’，亦即主体的客观化”[③]。由对“出卖”“转让”的细分，明确其含义为主体的客观化、物化，这就为他的美学观与《手稿》中的人学思想之间搭建了桥梁，从而回到了他的主观论美学和从人的角度出发的基本哲学运思路径。人的自由本质一直是他的出发点和归宿，因此他对异化的理解也秉持了这一特色。在他看来，劳动是人类的本质，是实现自

---

① 丁枫：《高尔泰美学思想研究》，辽宁人民出版社1987年版，第39页。

② 高尔泰：《异化辨义》，载《国内哲学动态》1979年第4期。

③ 高尔泰：《异化及其历史考察》，见《人是马克思主义的出发点——人性、人道主义问题论集》，人民出版社1981年版，第164页。

由的手段,劳动产品既是人目的的树立,又是人目的的成果,因此是对人的本质的具体肯定。正是由于劳动及其产品的这种特殊性,“所以马克思把劳动异化看作人的异化的前提,把产品异化看作是人的异化的主要形式,把人受其同类压迫和被社会必然性所支配看作是人的自我的完全丧失”①。异化作为私有制的普遍形式,其实质是人自我的丧失,在马克思看来,只有扬弃了私有制,才能够扬弃异化。不仅如此,异化作为对人的自由本质的否定,对它的扬弃,还是人道主义的体现。高尔泰指出:“对于无产阶级和社会主义来说,阶级斗争不是最终目的,消灭私有制本身也还不是最终目的,这些不过是为了解放生产力,为了实现人的解放的一种手段而已。”②这就意味着,阶级斗争的消失,私有制的消灭,都不是人类最终的目的,人类最终目的是解放自身。因此,作为人类社会的最后阶段,共产主义的目的是实现人的解放。在高尔泰看来,这是人道主义的最高表现。所以他引用马克思的话说,共产主义就是一种人道主义。

其次,关于美的本质和定义的思考。高尔泰在新时期之后,提出了“美是自由的象征”这一著名定义。他指出,这一定义可以通过三段论的方式获得诠释。“美是人的本质的对象化,人的本质是自由;所以美是自由的象征。这一自上而下的三段论式,恰好表述了一个我们自下而上地得到的信念。”③如何来理解这一三段论,是高尔泰美学思想的核心。在他看来,人的本质力量对象化表明的是一个物化的过程,也就是说,是人将自身客观化。“自在的客观存在不可能‘物化’,因为它自身本来就是物。‘物化’的事物只能是人的属性。”④但“对象化”只是美的第一个层次,它所对应的,是“没有物化”,也就是将人与其他自然物区别开来。但接下来的问题是,宗教、工业、货币、法律等都是人对象化的产物,在这其中的划分,则是美的第二个层次,高尔泰把人的对象划分为两种,物化为美和物化为丑。所谓美,是对人本质的肯定,而丑则是对人本质的否定。他对人本质的规定是自由。也就是说,美是对人自由的肯定,因而是自由的象征。这是美的第三个层次。通过这一三段论式论证,他完成了自己对美的定义的理解。在这其中,还有两个关键术语,其一是自由,其二是象征。在他那里,

① 高尔泰:《异化现象近观》,见《人是马克思主义的出发点——人性、人道主义问题论集》,人民出版社1981年版,第75页。

② 同上,第74页。

③ 高尔泰:《论美》,甘肃人民出版社1982年版,第34页。

④ 同上,第139页。

自由是"认识和把握了的必然性"[①]。就主体而言,它是一种主体心理结构,就客体而言,它则是一种手段。高尔泰强调,必然性并不是与自由对立,而是包含在自由之中。虽然在人类发展历程中,它是不断被扬弃的环节,但也正因此,它变成了自由的构成要素。象征则是信息和符号的意思,他说:"美的形式是自由的信息,是自由的符号信号,或者符号信号的符号信号,即所谓象征。美是自由的象征,所以一切对于自由的描述,或者定义,都一概同样适用于美。"[②]在这里,很明显,美是自由的表达形式,是自由对象化而外现出来的信息。

就总体而言,高尔泰对美本质的理解与他20世纪50年代写《论美》时区别不大,但论述方式确实发生了一些变化。在50年代,他强调美的主观性,在《论美》的开头,他就直接提出:"有没有客观的美呢?我的回答是否定的,客观的美并不存在。"[③]他所秉持的立场是审美相对主义立场,并将美等同于美感,因为是先有感受,才有美,美是感受的呈现形式。但在80年代之后,他大量运用《手稿》里关于人的本质的思想,强调人的自由本质,对美是主观的观点和审美相对主义的立场存而不论,作为自己整个思考的背景。我们强调这一点,是想说明,虽然在新时期之后,高尔泰提出了"美是自由的象征",并且论述其这一思想是从《手稿》及其他马克思主义经典著作中来,但实际上都没有改变他早年持有的美学观念。

第四节 20世纪80年代其他著名美学家思想扫描

在20世纪80年代的美学热潮中,实践美学独领风骚。从宽泛的意义上来说,新时期的所有美学家都与实践美学有千丝万缕的联系。关于这种理论关联,我们将在第五章中专门研究。除此之外,80年代还有几位美学家需要我们专门观照。本节我们选择的是叶朗、周来祥和胡经之三位美学家。在50年代的美学大讨论中,这三位美学家都已经不同程度地登上了美学的历史舞台,并崭露头角。80年代,他们正值壮年,在美学发展的新机遇中,或是在实践美学中开辟出属于自己的路,或者借助新的美学资源提出对美的新理解。他们用自己

---

① 高尔泰:《论美》,甘肃人民出版社1982年版,第34页。

② 同上,第36页。

③ 同上,第1页。

的实绩,为新时期以来中国美学的发展作出了积极贡献。

一、叶朗:“美在意象”

20世纪的中国美学,是在西学东渐的语境下构建起来的。因此,大多数当代中国美学家都受到西学的深刻影响,因此也更习惯于从西方美学的相关设定进入问题。然而,与大多数美学家不同,叶朗却从中国古典美学做起,他对美本质的思考也是从这里开始的。

在20世纪80年代,叶朗以其对中国古典美学方面的研究引起知识界的关注。1982年,北京大学出版社出版了他的《中国小说美学》;1985年,上海人民出版社出版了他的《中国美学史大纲》。此外,他还参与了《中国美学史资料选编》《西方美学家论美和美感》这两本至今常被学者引用的文献资料的选编工作。这种学科背景,很容易使人们认为他是单纯从事古典美学研究的学者。然而,实际情况是,从一开始进入美学领域,他就立足于美学学科在中国的建设问题,思考美本质的本土文化特性。这对于当时的美学界来说,具有非常特殊的意义。

20世纪80年代,西学强势进入中国思想界,给学界带来一股新风,提供了更多认识世界、思考美学和艺术的方式及角度。更多学者选择用西方美学的思路来思考中国美学问题,一定程度上出现了西方出思想、中国出材料的现象。但在叶朗看来,中国美学的构建不能够完全照搬西方的思想体系,而应该有自己的独立系统。他说:“中国美学和西方美学分属两个不同的文化系统。这两个文化系统当然也有共同性,也有相通之处,但是更重要的,是两个文化系统各自都有极大的特殊性。中国古典美学有自己独特的范畴和体系。西方美学不能包括中国美学。不能把中国美学看作是西方美学的一个分支,或一种点缀。更不能把中国美学看作是西方美学某个流派的一个例证,或一种注释。”①这种清晰的本土意识,在时代语境下,有着非常重要的学术史意义。他对当时美学界研究美学的方式提出了明确质疑。在他看来,虽然中西美学存在一致性,但其区别是更为本质的。他曾对中西美学的核心范畴作出区分:“在中国古典美学体系中,‘美’并不是中心的范畴,也不是最高层次的范畴。‘美’这个范畴在中国

---

① 叶朗:《中国美学史大纲》,上海人民出版社1985年版,第2页。

古典美学中的地位远不如在西方美学中那么重要。"[①]美是什么的问题一直是西方美学家们思考的核心,于是出现了不同的美的定义。但在中国古代典籍中,直接谈到"美"字的却很少,并且很多谈到美的地方,也并不是将其看作是审美理想或者最高范畴。例如,《论语》中"尽善尽美"、《孟子》中"充实之谓美""牛山之木尝美矣"等与现代美学中美的范畴之间实际上存在很大距离。因此"一些人""把力量集中于到古代思想家著作中寻找那些谈到美的段落"[②]的做法是不可取的。

有鉴于此,叶朗提出,中国美学构建的核心范畴应该是"意象"。在《中国美学史大纲》的"绪论"里,他就提出了这一观点。"中国古典美学体系是以审美意象为中心的。"[③]从其著述来看,对"意象"的理解,从提出到现在,他的思考是在不断发展的。在《中国美学史大纲》中,他主要着眼于美学史体系的建设,把重心放在审美范畴上,只不过在众多的范畴中,他认为"意象"是核心。《现代美学体系》是他主编的美学教材类著作,因此可以认为其中体现出的是他本人的美学观念。在这部著作中,他明确指出,美学研究的对象是审美活动,而审美活动作为人类的一种精神活动,它包括很多内容,有着不同的侧面,例如审美设计学、审美艺术学、审美形态学、审美文化等,但其中还是存在核心要素。"从全书的体系来看,最核心的范畴乃是审美感兴、审美意象和审美体验。我们的体系可以称为审美感兴、审美意象、审美体验三位一体的体系。"[④]从中我们可以知道,此时他不再把意象仅仅作为中国古典美学的核心范畴,而是将其作为一门学科构建的核心要素,在此基础上,构建具有中国本土特质的美学学科体系。并且,他还把审美意象拓展成三个部分:感兴、意象和体验,这三部分三位一体,形成一个动态的过程。这在一定程度上又拓展了意象可以包含的内容。待及21世纪之后,在叶朗独立写作的《美学原理》[⑤]中,他则直接提出了"美在意象"的命题。此时的意象理论又有了进一步发展,它不再仅仅是审美活动的核心环节,同时还通向了审美人生,从而也把他的美学思想推向了现实领域,成为人应该去追求的人生境界。新近出版的叶朗自选集名为《意象照亮人生》,这一名称

---

① 叶朗:《中国美学史大纲》,上海人民出版社1985年版,第3页。

② 同上。

③ 同上。

④ 叶朗:《现代美学体系》第2版,北京大学出版社1999年版,第30页。

⑤《美学原理》一共有两个版本,一名《美学原理》,一名《美在意象》。两本书都由北京大学出版社出版,前者出版于2009年,后者出版于2010年。

充分体现了他的美学取向。

从这些发展我们能够发现,叶朗认为"意象"至少具有两方面指向。首先,在狭义的范畴层面,意象是中国古典美学中的范畴之一,它与"气韵""意境""意兴""兴象""神韵"等一样,都属于中国传统美学中的范畴。只不过在众多范畴之中,他认为,意象是核心范畴。就广义而言,意象是审美活动的核心要素,是审美活动能够顺畅进行的关键。他认为审美活动主要由审美感兴、审美意象和审美体验共同构成,很明显,审美感兴是兴发阶段,它的归宿是形成审美意象,而审美体验的获得,需要以审美意象为基础。因此,虽然这三个要素是三位一体,但很明显,审美意象才是其中的关键部分,其他两个因素都受其制约。其次,对于意象的具体内涵,叶朗的观点受王夫之情景理论影响非常明显。他指出:"在中国传统美学看来,意象是美的本体,意象也是艺术的本体。中国传统美学给予'意象'的最一般的规定,是'情景交融'。"[①]也就是说,意象是指一种情景交融的审美世界。有关意象的理论,在中国古典美学中探讨极多,从《周易》的"立象以尽意"命题,到魏晋南北朝的"得意忘象""窥意象而运斤",再到唐代"兴象""境生于象外"等命题,对意象理论的探讨不绝于缕。然而,在这些命题中虽然都存在着主体情思与物象的辩证关系问题,但都没有完全落实到情与景的关系上。对情景关系作出探讨,在中国古典美学中,最有代表性的观点是王夫之在《姜斋诗话》中提出的。"情景名为二,而实不可离。神于诗者,妙合无垠。巧者则有情中景,景中情。"[②]"情景虽有在心在物之分,而景生情,情生景,哀乐之触,荣悴之迎,互藏其宅。"[③]在他的这些观点中,关键之处在于对情景关系的理解。从表面看来,情景有在心在物之别,但实际情况却是二者名二实一,情是由景起,无景无情,景是情中景,并不是纯粹的客观物象。叶朗对意象的理解,基本上是从王夫之这里"接着讲"。王夫之所认为的情中景、景中情,在一定程度上取消了"象"的客观性,但并没有取消它的具象性。在叶朗看来,意象的特点正在于此。"美(意象世界)不是一种物理的实在,也不是一个抽象的理念世界,而是一个完整的、充满意蕴、充满情趣的感性世界。"[④]审美意象不是客观世界,因为它不

---

① 叶朗:《美学原理》,北京大学出版社 2009 年版,第 55 页。

② 王夫之:《姜斋诗话》,人民文学出版社 1961 年版,第 150 页。

③ 同上,第 144 页。

④ 叶朗:《意象照亮人生》,北京大学出版社 2011 年版,第 14 页。

能够脱离主体而存在，但它又不是完全主观的，它与外在自然存在联系。他的这种主客互融的交感理论，典型地继承了中国古典美学，尤其是王夫之的思想。

除此之外，叶朗还认为，他的意象观是对现代美学家朱光潜、宗白华等人的继承。他曾多次提到，朱光潜曾经在《论美》一书的“开场话”中就指出：“美感的世界纯粹是意象世界。”[①]他的“物乙”所指的就是一个意象世界。深究朱光潜的观点，例如，“美感的世界纯粹是意象世界”这句话在《论美》一书中，只是半句，下半句为“超乎利害关系而独立”，因此，该论断的思想根源是康德主义的无利害思想，强调美感世界的主观性，此处的意象世界更准确的理解应该是主观世界。这种理解也更加符合朱光潜的早期思想。至于其“物乙”，虽然是指主客观统一的“物的形象”，但仍然倾向主观，与叶朗所理解的意象，虽然较《论美》中的理解更加接近，但应该还不是一回事。但叶朗的这种阐释，就使其意象美学观具有了深厚的历史性。客观而言，叶朗对朱光潜、宗白华美学思想的继承，主要还是他们对审美态度与人生境界之间的关联。叶朗最终与这两位美学家一样，认为审美能够实现对功利性现实的超越，使人回归到自由的精神家园。他说：“美（意象世界）是对‘自我’的有限性的超越，是对‘物’的实体性的超越，是对主客二分的超越，从而回到本然的生活世界……也就是回到人的精神家园，回到人生的自由境界。”[②]

叶朗美学研究的意义在于，首先，在一个受西学强势影响的学术语境下，他坚持用本土范畴来构建美学学科。其次，在一个把走出“左”倾政治作为主旋律，对于学科建设尚无暇顾及的时代，他强调美学的学科建设。再次，他坚持“接着讲”的治学模式，将自己的美学观念与朱光潜、宗白华等人的观念相连。

二、周来祥：美是和谐

在某种程度上可以说，周来祥是新时期以来美学领域著作最丰的美学家之一。1984年，他出版了《美学问题论稿》（陕西人民出版社出版）、《文学艺术的审美特征和美学规律》（贵州人民出版社出版）、《论美是和谐》（贵州人民出版社出

---

① 朱光潜：《论美》，见《朱光潜全集》第2卷，安徽教育出版社1987年版，第6页。

② 叶朗：《意象照亮人生》，北京大学出版社2011年版，第15页。

版),1987年出版了《论中国古典美学》(齐鲁书社出版),1996年出版了《再论美是和谐》(广西师范大学出版社出版)、《古代的美　近代的美　现代的美》(东北师范大学出版社出版),1998年出版《周来祥美学文选(上、下)》(广西师范大学出版社出版),2007年出版《三论美是和谐》(山东大学出版社出版);主编的著作有《中国美学主潮》(山东大学出版社1992年出版)、《西方美学主潮》(广西师范大学出版社1997年出版)、《美学概论》(文津出版社2002年出版)、《中华审美文化通史》(安徽教育出版社2007年出版)等。这些美学著述阐释了他对美本质的理解,即美是和谐。

周来祥"美是和谐"的观点虽然是新时期以来美学领域取得的重要成果之一,但这一观点的提出却是在20世纪60年代。他本人曾经说过,"1961年在《美学原理》编写组的一次讨论会上,我第一次提出了美是和谐说"[①]。这一观点在当时引起了一些美学研究者的关注,但随着"文革"的开始,没有能够得到继续阐发。新时期之后,在新美学资源的参与下,周来祥对这一思想作了全面而系统的解释。

1984年,在《论美是和谐》这本著作中的同名文章里,他明确提出:"究竟什么是美呢? 我认为美是和谐,是人和自然、理性和感性、自由和必然、实践活动的合目的性和客观世界的规律性的和谐统一。"[②]这一定义是在该篇文章的伊始处用着重号方式提出的,在随后的阐述中,他把西方美学史分成五大线索和派别,即从柏拉图的理念论到中世纪神学再到理性主义的完善说、亚里士多德的美在和谐到经验主义的美在快感再到狄德罗的美在关系说、德国古典美学的美在自由说、车尔尼雪夫斯基的美在生活说、马克思的人的本质力量对象化理论等,通过这些来确证美是和谐观点的合理性。但很明显,这五大派别对美的理解存在很大差异,因此,如果它们都是和谐,那么必然存在着对和谐理解的多重指向。然而在这篇讨论美的学科发展和本质探索的文章中,周来祥并没有作出进一步的明确区分。《古代的美　近代的美　现代的美》中的首章"美的本质的探索"在某种程度上是对《论美是和谐》[③]一文的改写,在梳理完西方美学史之

① 周来祥:《古代的美　近代的美　现代的美》,东北师范大学出版社1996年版,第1页。

② 周来祥:《论美是和谐》,贵州人民出版社1984年版,第74页。

③《论美是和谐》是周来祥出版于1984年的著作,其中第四篇文章名为"论美是和谐",此处指的是这篇文章。

后，他添加了“美是和谐的逻辑分析”一节，指出：“和谐是一个深刻的美学和哲学范畴。它起码包括这样紧密联系的四层含义：1. 形式的和谐。人、物、艺术、外在因素的大小、比例及其组合的均衡、和谐(形式美)。2. 内容的和谐。即主观与客观、心与物、情感与理智的和谐(内容美)。3. 形式与内容的和谐统一。4. 内容的和谐又被决定于主体与客体、人与自然、个体与社会的和谐自由的关系，这种和谐自由的关系集中体现为完美的、全面发展的人(在艺术中则体现为理想的典型和意境)。”[①]这四层次划分，是对其和谐观念的细化。从中还可以知道，在这一阶段的思考中，周来祥更加强调了和谐指向中内容与形式两个层面的统一，补充了早期定义中过于倾向内容层面的定位，并明确把美和人生联系起来，纠正了早期定义审美和艺术特质不明显，而更像哲学一般规定的弊病。再者，经过这次细化和扩容，其美是和谐观念就更加符合西方美学史的发展，或者按照他所一贯倡导的，在某种程度上达到了逻辑与历史的统一。

周来祥的美是和谐的观念，并非像同时期其他美学研究者所做的，只是单纯地给出一个有关美是什么的简单答案，而是承载了他本人的思想特质和美学诉求，因此，除具体指向外，还有很多值得我们探究的地方。首先，就其根源而言，这一观念来自《手稿》中“人的本质力量对象化”的思想。对于美的本质，周来祥坚持从两个方面来解释：其一，从根源角度来看，他认为美根源于实践；其二，从特征和定义的维度来看，美是和谐。从对根源的解释可以见出他思想与实践美学之间的关联，以及他思想内在的时代美学肌理。但具体定义，又使他与实践美学出现疏离。实践美学，正如很多学者已经指出的，在某种程度上是把根源当作本质，但周来祥的审美本质观没有出现这种情况，他虽然也是从“人的本质力量对象化”命题出发，但是把它理解成主客体之间的一种关系，基于这种关系属性，他才进一步提出了美是和谐的观点。他在此基础上，将这种关系拓展成内容与形式、人与自然、感性与理性、心与物等多重并立要素的统一。因此，他的这一观点是在马克思“人的本质力量对象化”命题基础上的推进。其次，与大多数国内美学研究者单纯讨论美的本质不同，周来祥试图把他的美学定义放到美学历史中去考察，努力使自己的美学观念与美学史的发展相一致，用后者来支持前者，用前者来阐释后者。为此，他带领一批自己的学生撰写了

---

① 周来祥：《古代的美　近代的美　现代的美》，东北师范大学出版社1996年版，第48—49页。

《中国美学主潮》和《西方美学主潮》,用和谐美思想重构了中西方美学的发展历程。尽管他的这种构建存在着或多或少的问题,但这种尝试本身对当代中国美学的建设无疑是非常有意义的。再次,周来祥的美是和谐观最大特色是其论证方法,即辩证思维,因此他喜欢把自己的和谐美叫作"辩证和谐美"。他的辩证和谐观念来自黑格尔。在新时期美学家中,受到黑格尔主义影响的很多,但周来祥是非常有特色的一位。这恰好集中体现在他的辩证和谐观上。在他看来,无论是西方,还是中国的美学史发展,都经历了同样的进程:古代和谐美阶段,近代崇高美阶段和现代辩证和谐美阶段。他对古代、近代和现代有明确规定。古代是指奴隶社会和封建社会时期,近代是指资本主义时期,现代是指社会主义时期。这种划分,会使我们清楚地意识到,他在有意识地把中国和西方纳入同一个言说体系之中。在他看来,"古代的美偏重于和谐美,近代的美(广义的)偏重于对立的崇高,我们现代的美则是对立的和谐统一"①。根据他的解释,古典和谐美,是人与自然、主体与客体之间一种朴素的、无冲突的和谐,近代则体现出人与自然、主体与客体之间的对立,由于美是和谐,因此近代崇高美具有过渡性,它的发展指向是和谐统一。当它实现了发展目标,同时也就意味着过渡到了美学的现代阶段。很明显,在这一美学发展历程的背后,是黑格尔的辩证法,是他的否定之否定的辩证规律。古代和谐美是美发展的初始阶段,崇高美,作为美发展的更高阶段,是对古典阶段原始和谐美的扬弃,而现代对立和谐美一方面是向古典和谐美的复归,另一方面也是对崇高美的扬弃,保留了其审美属性中的对立性,却发展到了更高的和谐阶段。这种解释模式,是黑格尔哲学辩证法的具体应用,同时也是他美学思想的主要特色之一。

除美是和谐观念外,周来祥一些具体美学观念也引起了学者的关注。例如,他对中西方美学特质的讨论。"这些看法发表之后,被不少同志接受和发挥。短短几年之内,已被有些同志说成是当前普遍流行的观点了。"②他对中西方美学的区别主要归结为如下几点:从体系上来看,周来祥认为,西方偏重再现,中国偏重表现;从对普遍性、必然性的理解上来看,虽然"东方和西方都强调描写普遍性、必然性的事物,强调类型性的典型化原则。但由于西方再现艺术

---

① 周来祥:《美学问题论稿》,陕西人民出版社1984年版,第3页。
② 周来祥:《论中国古典美学》,齐鲁书社1987年版,第3页。

特别发展(戏剧、小说),相应地发展了艺术典型的理论;我国由于表现艺术更为繁荣,相应地创造了艺术意境的理论”①;从真善美关系来看,西方美学强调美真合一,中国美学强调美善合一。这些观点在20世纪90年代流传甚广,在一定程度上成了中国学者审视西方美学,确立本土美学特质,实现与西方同行对话的基础。虽然我们并不能说,这些有关中西美学差异的观点完全是由周来祥所推动,但很明显,他的论述特别清晰完整,是当时相关观点中的突出代表。

三、胡经之的文艺美学思想

在20世纪中国美学史上,“文艺美学”的出现堪称一个重要的学术事件。它不仅标志着中国美学研究的转折,同时也标志着有民族特色的中国美学建设开始步入正轨。因此,最早提出发展文艺美学并着手学科创建的胡经之是20世纪中国美学研究不能绕开的人物,对他的文艺美学的研究实绩必须给予客观的评价。

1978年,胡经之读到台湾学者王梦鸥的《文艺美学》,受到启发。这本书讨论文学、美学和文学批评等问题,论述虽然简略,然而,“文艺美学”这个名称却引起胡经之的关注。王梦鸥的“文艺美学”仅仅是个书名,提法具有随意性,能不能将“文艺美学”作为一个学科来发展,以区别于哲学美学或其他美学?这引发了胡经之的思考。

其实,“文艺美学”这一概念早在20世纪三四十年代就出现了。李长之在《苦雾集》的一篇对话体文章《文艺史学与文艺科学》中就曾经这样说过:“但是文艺教育须以文艺批评为基础,而文艺批评却根于‘文艺美学’。文艺美学的应用是文艺批评,文艺批评的应用才是文艺教育。”②这篇文章原本是李长之为他自己翻译的德国美学家和文艺理论家玛尔霍兹的一本著作《文艺史学与文艺科学》所写的序言。在李长之看来,文艺美学就是德国人所说的诗学。那时,由于李长之是右派,他的书是禁书,胡经之并没有读到他的书,直到2004年,胡经之才看到李长之的相关讨论。

1980年6月,中华全国美学学会成立大会在昆明召开,这是新中国成立以

---

① 周来祥:《论中国古典美学》,齐鲁书社1987年版,第172页。

② 李长之:《李长之文集》第3卷,河北教育出版社2006年版,第140页。

来的第一次美学盛会。朱光潜等老一代的学者参加了这次大会。大会成立了全国高校美学分会。在全国高校美学分会成立大会上，胡经之建议，高校文学、艺术系科的美学教学，不应该停留在讲授哲学美学原理上，而应开拓和发展“文艺美学”。接着，他就将“文艺美学”发展为一门学科简单陈述了自己的想法。这一建议引发了热烈的讨论，得到了朱光潜、伍蠡甫、蒋孔阳等美学家的热忱鼓励。

回到北京大学之后，胡经之积极准备开设文艺美学课程。1980 年秋天，新学期伊始，在北京大学的课程表上，增加了一门新的课程——文艺美学。这是新中国大学教育史上第一次开设这门课程。胡经之成为主讲文艺美学的第一人。这一年，胡经之开始招收硕士研究生，他在文艺理论专业下面开辟一个新的专业方向“文艺美学”。于是，中国的硕士研究生招生目录中，第一次出现了“文艺美学”。

1981 年，胡经之的文艺美学研究正式登场，他从艺术形象的美学思考切入，探讨了文艺美学学科存在的依据，构筑了比较完整的文艺美学体系，尤其注重对艺术生命意义的发掘。

（一）关于艺术形象的美学思考

胡经之的文艺美学研究是从反思艺术形象开始的。1981 年，他发表了《论艺术形象——兼论艺术的审美本质》长文，比较深入地论述了艺术形象问题。在这篇文章中，胡经之并没有受 20 世纪 80 年代以前关于文学形象研究的左右，而是从艺术形象和非艺术形象切入，思考艺术形象的审美特性，进而揭示文学艺术的审美本质。在胡经之看来，艺术形象是一个审美物象，但艺术形象并非仅仅是个审美物象，它以审美物象作为自己的构成形式，借助于审美物象来表达特定的精神内容，这一精神内容就是审美意象。因此，审美意象成为胡经之关注的焦点。胡经之认为，审美意象隐藏于作家、艺术家的内心深处，要想使审美意象成为艺术形象，必须经过符号化。他说：“审美意象，乃是包含着审美认识和审美感情的心理复合体。”[①]也就是说，在审美意象中，既包含着审美认识又包含着审美感情。审美认识是对现实对象的审美价值和审美属性的认识，这种认识并非单纯的理解、思维，还有感知、直觉等。而审美感情是与审美认识纠

---

① 胡经之：《论艺术形象——兼论艺术的审美本质》，见《文艺论丛》第 12 辑，上海文艺出版社 1981 年版，第 14 页。

结在一起的，它是人对现实对象的审美属性能否满足人的审美需要作出的反应。审美认识和审美感情的融合完善了审美意象。审美意象对审美认识和审美感情的偏重和选择形成了不同的艺术类型。突出审美感情的艺术以抒情为主，形成抒情性艺术；突出审美认识的艺术以造型为主，形成造型艺术。造型艺术的审美意象以形寓情，抒情性艺术的审美意象使情具形。胡经之以大量的诗歌、音乐作品为例加以论证，凸显了他对这一问题的认识与众不同。胡经之对审美意象的特征、结构方式和符号化的探讨，在学术界产生震动，一定程度上深化了艺术形象的理论内涵。这篇文章发表之后很快被收入中国社会科学院文学研究所编的《中国新文艺大系·理论卷》(1976～1982)，后又被收入美国著名美学家布洛克与朱立元共同编选的《中国当代美学》一书，被译介到西方。

（二）文艺美学学科存在的依据

文艺美学是什么？这是胡经之在开拓这一学科之初一直思考的问题。在中西方规范的学科中，有文艺学、诗学、美学，这些学科虽然互有交叉，但基本独立。那么，文艺美学是一个什么学科？1982年初，胡经之发表了《文艺美学及其他》《“文艺美学”是什么》等论文，对这一问题作出解答。

胡经之说：“文艺美学，顾名思义，当是关于文学艺术的美学。它的研究对象，自然是文学艺术。”[①]既然文艺美学研究的是文学艺术的美学问题，那么，它与文艺学、美学之间到底有怎样的联系与区别？胡经之特别强调，他所说的文艺学，不是西方所谓狭义的文学学，而是包括文学学和艺术学在内的广义的文艺学。中国古代向来就有把文学和艺术放在一起考察的传统。胡经之很看重这种传统。文艺学以文学艺术为研究对象，文艺美学也以文学艺术为研究对象，那么，它们的区别又在什么地方呢？在胡经之看来，文艺学是对文学艺术作全面、综合、系统的研究，它主要由文艺理论、文艺历史、文艺批评三个门类组成。文艺批评不是一般意义上的认识活动，而是一种评价活动，它是作者与读者之间的桥梁，是作者与欣赏者反馈关系的中介。文艺历史属于历史学科，研究的是文学艺术的历史发展，探讨文学艺术的发展规律。文艺理论运用的是逻辑的方法研究文学艺术，把所有的文学艺术门类作为一个整体来对待，探索文

① 胡经之：《文艺美学及其他》，见《美学向导》，北京大学出版社1982年版，第26页。

学艺术共有的性质、功能、规律。这三个门类实际形成了三个学科,它们之间相互联系,且相互影响。文艺理论与哲学、社会学、心理学、美学等学科的关系非常密切。文艺理论的研究侧重于不同学科间的联系,便形成了文艺理论的不同学科,产生了文艺哲学、文艺社会学、文艺心理学、文艺美学等。因此,胡经之认为,文艺美学属于文艺学,是文艺学的一个组成部分。“文艺美学从美学上来研究文学艺术,深入到文学艺术的审美方面,揭示文学艺术的特殊审美性质和特殊的审美规律。”[①]然而,胡经之又说,文艺美学又可归入美学。既然这样,那么,文艺美学和美学的联系与区别又在什么地方呢?为了解答这一问题,胡经之考察了中西方美学思想的发展历史。他发现,在中西方美学思想的发展历程中,美学虽然是属于哲学的一个部门,却始终与文艺理论纠缠在一起,这是因为,美学的研究对象包括文学艺术。直到18世纪,美学才成为哲学中的一个独立门类,一个独立学科。在胡经之看来,西方的所谓美学,其实又是审美学,“它不只研究美,而是研究整个审美”[②]。西方美学尤其是德国古典美学是从哲学上来研究审美的,这种研究,可以称之为“哲学美学”。当然,哲学美学也关注文学艺术,有人甚至把美学归结为艺术哲学。胡经之认为,美学研究的不只是艺术审美,还应广及人文审美(包括生活审美)和自然审美等人类全部的审美活动。文艺美学则集中研究文学艺术的创造及审美,它要揭示的是文学艺术自身与其他审美活动相区别的特殊规律。这就基本上把文艺美学的独特性发掘出来,给它确定了一个比较明确的研究对象。那就是:文学艺术特殊的审美性质和审美规律。

文艺美学研究的是文学艺术特殊的审美性质和审美规律,并不意味着它要分解文学艺术各个门类,而是把文学艺术作为一个整体来对待,对之进行系统研究。文学艺术本身就是一个系统,这个系统由三方面构成,即文学艺术创造、文学艺术作品、文学艺术接受(消费)。这三个方面都有自己的审美规律。文艺美学就是要系统地研究文学艺术的作品、创造和接受这三方面的审美规律。这就是文艺美学的研究对象和内容。

1989年,胡经之出版了《文艺美学》,1999年修订再版。在修订再版的绪论中,胡经之对文艺美学是什么问题的思考又深入一步。他强调,文艺美学是诗

---

① 胡经之:《文艺美学及其他》,见《美学向导》,北京大学出版社1982年版,第32页。

② 同上,第34页。

学和美学的融合，它与人的现实处境和灵魂归宿联系在一起。胡经之说：“以追问艺术意义和艺术存在本体为己任的文艺美学，力求将被遮蔽的艺术本体重新推出场，从而去肯定人的活生生的感性生命，去解答人自身灵与肉的焦虑。”[①]文艺美学要解决的核心问题是艺术的意义和艺术本体之真，揭示艺术活动系统的奥秘，把握多层次的审美规律，深拓艺术生命的底蕴。这适应了文艺美学现代化的需求，研究目标更加明确。

胡经之将“文艺美学”从一个名词提升到学科的高度，这就意味着“文艺美学”的背后存在着一个完整的理论系统，这是一个等待人们去开拓的学术领域，其研究前景非常广阔。

（三）构筑比较完整的理论系统

既然文艺美学不同于文艺学、美学，那么，文艺美学应该有怎样的理论构成？对此，胡经之进行了非常艰苦的斟酌与思考。这一思考的成果，一直到1989年《文艺美学》出版才得到完整的揭示。从这一思考的最终成果来看，它确实不是文艺学和美学的原理，也不是两者的简单相加，而是一个独特的理论系统。对此，胡经之自己有一个表白：

> 在我的思考中，曾想以艺术形象作为我分析的出发点，由艺术形象的特性引出艺术的内容、形式、构成、形态等等，然后再转入创作活动和欣赏活动。这是从静态分析走向动态考察的行程，常见的教科书就是采用这种方法。但我经过几番思考，还是放弃了这条路程，而顺着另一脉络展开去。我想，与其面面俱到，四平八稳，还不如有感即发，无感不发，有话即长，无话即短。审美活动、艺术本体、审美体验等问题，别人说得不多，而我有话要说，为何不由此入手展开？而别人在过去已谈得不少的批评、鉴赏等问题，我又何必多说！于是，我先从分析审美活动着手，剖析艺术把握世界的方式，进而探究审美体验的特点，寻求艺术的奥秘，然后才转入艺术美、艺术意境等的论述。这是从动态分析走向静态考察的路程。也许，这不是最

① 胡经之：《文艺美学》，北京大学出版社1999年版，第1页。

好的方法,但既然我已沿着这条脉络展开我的思路,那就让它去罢!①

胡经之对文艺美学理论问题的逻辑思考,基本都体现在这本书的逻辑结构之中。从中,我们能够清晰地看出他对文艺美学独特的理解与创造。全书由十一个重要问题组成,依次是:审美活动、审美体验、审美超越、艺术掌握、艺术本体之真、艺术的审美构成、艺术形象、艺术意境、艺术形态、艺术阐释接受、艺术审美教育。对每一个问题的探讨,胡经之都倾注了创造的心血。这些问题,与文艺学的作品、创造、接受的三维构成和美学对审美活动、审美意识、审美本质等问题的形而上思辨存在巨大的差异。这基本印证了胡经之对文艺美学的看法,即:文艺美学以文学艺术为研究对象,既可归入文艺学,又可归入美学。

然而,胡经之的这个文艺美学的理论构成有什么独特之处?又具有怎样的价值呢?

首先,它是一个逆向思维的产物。就像胡经之所说,一般的教科书对理论问题的分析往往采用的是从静态走向动态的考察方法,而《文艺美学》却反其道而行之,先从动态分析着手,然后进入静态的研究。这种逆向思维是一种创新。在胡经之看来,审美活动、审美体验、审美超越、艺术掌握是动态的,艺术本体之真、艺术的审美构成、艺术形象、艺术意境、艺术形态是静态的,而艺术阐释接受、艺术审美教育是动态还是静态的呢?在我们看来,仍然是动态的。实际上,胡经之的文艺美学的理论体系是一种"动态——静态——动态"的结构。这就使得这一理论的构成充满灵性,具有鲜活的生命之动。

其次,它对艺术本体和艺术意义非常重视。这是当时的文艺学、美学原理严重忽略的方面。胡经之说:"文艺美学将从本体论高度,将艺术看作人把握现实的方式、人的生存方式和灵魂栖息方式。"②这就是说,文艺美学的研究应该以人为中心,追问人的生命意义。而人的生命意义是蕴涵在艺术本体之中的。要想完整发掘人的生命意义,必须追问艺术本体,探讨艺术意义。

再次,它将文艺学和美学熔于一炉。胡经之文艺美学的理论体系把审美活动作为自己立论的逻辑起点,论述了审美体验、审美超越、艺术掌握、艺术本体

---

① 胡经之:《文艺美学》,北京大学出版社 1999 年版,序,第 3 页。

② 胡经之:《文艺美学》,北京大学出版社 1999 年版,第 1 页。

等问题，这些，都是既关乎文艺学又关乎美学的问题。然而，文艺美学既不是文艺学，也不是美学，同时，既可属于文艺学，又可归为美学，处于文艺学和美学中间。胡经之将之熔于一炉，使之相互融化渗透，在融化渗透中，寻求文学艺术的独特规律，彰显了自己的个性。

（四）注重对艺术生命意义的发掘

文艺美学最重要的价值是对艺术生命意义的发掘，这是贯穿胡经之文艺美学研究的一根耀眼的红线，也是当时文艺理论、美学研究中最为缺乏的。胡经之对文艺美学各问题的讨论都交织着这一主题。艺术生命关系着艺术本体问题，它凝视的是文学艺术的终极存在，探求的是文学艺术的根本属性。由于它紧密关联着人的生存价值与生命意义，又与认识论相互交织、密不可分，对矫正机械的认识论有一定的作用。

在对艺术生命意义的追问中，德国哲学家、美学家海德格尔对胡经之有很大启发。海德格尔把诗（艺术）与思高度哲理化，认为一切思都是诗，而一切文学艺术的创造都是思，把诗看作思的存在方式。胡经之正是从这里切入进入艺术生命意义的思考。他说：“人类正是通过真正意义上的创造，通过‘思着的诗’或‘诗化的思’使自己的本真存在在语言之中进入敞亮，获得生命的价值和意义。因此，艺术的根本目的是通过审美之途，通过赋诗运思，感悟人生生命意蕴所在，并在唤醒他人之时也唤醒自己，走向‘诗意的人生’。”①

艺术的本真存在是感悟人的生命意蕴，走向诗意人生，这就是艺术的生命意义之所在。把握艺术的生命意义，只有依靠审美。因此，胡经之一开始就把自己的目光聚焦于审美活动。他着意强调审美活动的主客体交流与契合是人类自由的实践活动，认为只有当人类的活动转化为自由的实践活动时，人类才有审美需要，人类的活动才有审美的意义。审美活动中的主客体交流是一个非常复杂的心理流程，从这一过程的实质看，主客体的交流是交互的。在胡经之看来，这种交流有两个特殊的过程：一是来自艺术家自身，二是来自客观的材料。这些材料本身有自己的运动秩序，有自己的规定性和发展规律，在交流的过程中被社会化，获得审美的定性，从而，使得主客体在交流的过程中相互制约又相

① 胡经之：《文艺美学》，北京大学出版社1999年版，第17页。

互创造。审美活动使人的内心世界本身达到了平衡。然而,平衡是相对的,不平衡是绝对的,无论平衡还是不平衡都会促使人去改变世界,最终获得审美的感悟。

胡经之的这一思考虽然没有绕开中西美学史上关于主体与客体的二元论认识,却有超越的地方。这超越之处就是还原审美活动中的主客体的交互性,认定这种交互性是一种平衡。这一思想还贯穿在他对其他问题的讨论中。在研究审美超越时,胡经之把自己的视角放在对文艺的审美特征、文艺与审美的关系以及艺术的审美价值等问题的思考上。尤其是对艺术价值的讨论,他一反传统将美仅仅看作形式或者将美确定为机械的伦理道德内容的做法,认为艺术价值不仅在于完成作品,更在于完成人的灵魂塑造。在思考审美掌握时,胡经之关注的不仅是人与世界的审美掌握方式,更把这种审美掌握与艺术家的意象思维联系在一起。而最为精彩的莫过于他对审美体验的认识,他把审美体验置于中西文艺理论、美学的大背景中加以讨论,发掘了审美体验的心理动力,揭示了审美体验的心理奥秘,归纳出审美体验的层次性和拓展性,从中,我们能够完整看出他对艺术生命意义的理解。

胡经之对艺术生命意义的追问还表现在他对艺术意境的思考上。艺术意境是中国古典文艺学和美学的一个重要范畴,它的理论内涵非常复杂。胡经之并没有将这一理论静态化,而是将它放置到一个动态的背景中进行分析。他指出,中国古代的“言志”说、感物说、比兴说、言不尽意说等等,都与意境的发生有着千丝万缕的联系。在胡经之看来,审美意境的构成有三个层面,那就是:境、境中之意、境外之意。境是象内之象,它是“审美对象的外部物象或艺术作品中的笔墨形式和语言构成的可见之象”;境中之象是“审美创造主体和审美欣赏主体情感表现性与客体对象现实之景与作品形象的融合(包括创造审美体验和欣赏的二度体验)”;境外之象是无形之象,它不是一种能够独立存在的境,而存在于前两种境之中,却是审美意境的极致。它秉承了宇宙之气的生命心灵,具体表现为天、地、人之间的和谐关系,达到了“天人合一”的妙境。这种对意境的思考视角是非常独特的。[①]

胡经之的文艺美学产生于改革开放之初,是对文艺学、美学研究的拨乱反正。它极大地改变了中国文艺学、美学的生态,因此,具有很高的思想史价值。

---

① 胡经之:《文艺美学》,北京大学出版社1999年版,第260—261页。

第三章

人性、人道主义与审美问题的讨论

第一节　人性、人道主义和审美问题的讨论与新语境的出现

在中国现代文艺史上，以鲁迅为代表的左翼阵营（包括“左联”）与自由主义作家、“第三种人”就进行过关于人性与阶级性的讨论。他们各执一词，前者过于强调、夸大阶级性，忽视、淡化或否认人性及其在审美中的表现，在阶级斗争激烈、大敌当前和民族矛盾尖锐的情况下，这种观点当然有其合理性，但从肯定阶级性走到了否定人性的极端，其缺陷也是相当明显的，不仅把情感、审美的丰富性简单化，也无法解释人性与审美的复杂关系、人性广泛存在于审美的现象；后者强调人性及其对审美的作用，在一定程度上提高了审美的丰富性，解释了审美的复杂性，却走到了否认阶级性的另一个极端，有意模糊、否认阶级性，这样就无法说明审美与社会的复杂关系，尤其是那些夹杂着社会矛盾、民族矛盾和阶级斗争的审美现象。在国共两党殊死斗争的特定时代，他们代表各自的集团、利益，其理论都有其合理性、适用性和片面性，但是，在列强压迫和侵略中国、民族冲突空前激烈、大敌当前的形势下，过分强调人性甚至以人性消解人的社会性、掩饰社会矛盾确实有些不合时宜。

新中国成立以后，中国进入了相对和平、正常的历史时期，阶级斗争、民族矛盾已经今非昔比，也为深入探讨人性问题提供了可能。但是，由于夸大了阶级与阶级斗争的存在及其作用，“以阶级斗争为纲”的影响甚大，政治压制了正常的学术探索，学界习惯于把人性和人道主义作为资产阶级、修正主义思想进行批判，人性甚至成为“禁区”。可贵的是，巴人、王淑明、钱谷融、周谷城等理论家勇敢地提出了这个问题并进行了一定的探索，针对山水诗、“共鸣”等具体审美现象说明了人性及审美表现人性的合法性，并在一定程度上涉及人性与阶级性的关系。遗憾的是，“文革”爆发后，这些极为有限的探索也被迫终止。新中国成立后，在“三大改造”基本完成后，阶级斗争不应该成为社会的主要任务和日常生活的主要内容，应该恢复审美、艺术等文化现象在日常生活中的合理地位。在这种背景下，强调审美适当地关注人们共通的思想、感情、行为，有助于扩大审美的范围，全面而深刻地表现社会、个人，增强审美的表现力和感染力，

并充分发挥审美满足人们精神需求的作用。但令人遗憾的是,人性却遭受了批判,学界对此噤如寒蝉,有学者甚至为此付出了沉重的代价。

20 世纪 70 年代末,随着“四人帮”被粉碎、中国共产党十一届三中全会的召开、拨乱反正的深入,中国进入了改革开放的新的历史时期,时代的变迁为讨论人性、人道主义问题提供了相对正常、宽松的环境。在这种历史背景下,面对新的审美、社会问题,学界重新进行了深入的、更为注重学理的探讨。当然,此前的讨论为这次讨论作了一定的铺垫,其成果、教训都为这次讨论提供了一定的参照。

新时期以来,人性、人道主义讨论涉及的论题较多,时间跨度较大,且主要集中于 20 世纪 70 年代末到 80 年代,所以,本章以这个时期的讨论为重点展开叙述。其中,有些论题属于一般哲学理论、马克思主义理论的基本问题,但这些问题与美学的联系密切,甚至是美学研究的基础,鉴于此,本章也涉及了这些论题。此外,20 世纪 90 年代,人性与审美关系的讨论主要涉及市场经济引发的资本与精神生产、感性与理性、现实性与超越性的紧张与平衡问题。21 世纪以来,这个问题又转化成新的形式,学界围绕人性与文艺评价的标准、文艺的永恒性等问题展开了讨论。为此,本章也根据实际情况兼顾了这两个时期的论述。

第二节　人性、人道主义、异化及其与审美关系的讨论

从 20 世纪 70 年代末开始,政治上的“拨乱反正”带来了各行各业的复苏,文化事业与学术研究逐渐正常化,哲学界、美学界、文艺理论界集中讨论的第一个理论问题就是人性、人道主义和异化问题。1977 年,何其芳引述了毛泽东关于共同美的观点,即“各个阶级有各个阶级的美,各个阶级也有共同的美。‘口之于味,有同嗜焉’”[①]。这个观点为讨论人性提供了契机。1978 年,美学家朱光潜发表了《文艺复兴至十九世纪西方资产阶级文学家艺术家有关人道主义、人性论的言论概述》(《社会科学战线》1978 年第 3 期)一文,尝试谈论这一议题。

① 何其芳:《毛泽东之歌》,载《人民文学》1977 年第 9 期。

之后，汝信、王若水等学者逐渐介入这个问题，[①]他们大都谨慎地从研究国外的理论入手。1980年，讨论才逐渐转向从马克思主义角度来研究这些问题，并把讨论引申到对现实的理论思考。其中，汝信、王若水等学者的文章引起了广泛的关注和讨论，讨论在1984年达到了高潮。据统计，1978～1983年，发表的相关文章就有600多篇。而且，学界还多次召开专题性研讨会，《人民日报》《哲学研究》《文学评论》《文艺研究》等重要理论报刊都刊发了大量的文章，人民出版社及时出版了论文集《人是马克思主义的出发点》(1981年)、《关于人的学说的哲学探讨》(1982年)、《人性、人道主义问题讨论集》(1983年)和《关于人道主义和异化问题论文集》(1984年)，北京三联书店出版了《为人道主义辩护》(1986年)，这几部论文集也对研究起到了推波助澜的作用。这次讨论也由此成为新时期以来，参与人数最多、规模最大、持续时间最长、发表成果最多的一次讨论。这次讨论显然具有强烈的现实针对性，即对“文革”中践踏人格、人的价值、人的尊严的抗议，也是从理论上对这些灾难的反思。而且，随着《班主任》等“伤痕文学”作品的涌现，这些作品所展示的“文革”的种种惨象与畸形，成为文艺创作界、文艺理论界反思“文革”的动力，甚至比单纯的抽象理论探索更具冲击力。随后，这股力量与哲学界、美学界汇合，共同参与了理论上的讨论。也就是说，否定、反思“文革”已经成为知识界的共识，并由此结成了一个清理与反思“文革”的“知识共同体”，这个共同体成为这次讨论的中坚力量。此外，这次讨论还明显受到存在主义等国外理论思潮、西方“马克思学”和西方马克思主义等学术因素的影响。

在这次讨论中，不少论者都是以马克思早期的思想，特别是《手稿》中的思想为根据，来论述马克思主义与人道主义的关系。这就涉及如何评价这部著作以及如何看待马克思思想的发展。汝信、王若水等学者都肯定了这部著作的理论价值及其在马克思主义思想史上的地位，他们认为，马克思在《手稿》中就人的问题阐发了“极其深刻的思想”，诸如“这种共产主义作为完成了的自然主义，等于人道主义”“共产主义则是以扬弃私有财产作为自己的中介的人道主义”，这与成熟的马克思思想有着密切的联系，它代表了马克思对人道主义的看法，

① 详见汝信：《青年黑格尔关于劳动和异化的思想》，载《哲学研究》1978年第8期；墨哲兰：《巴黎手稿中的异化范畴》，载《国内哲学动态》1979年第8期；王若水：《关于“异化”的概念》，载《外国哲学史研究集刊》1979年第1期。

也能够以此为根据来研究马克思主义与人道主义的关系。[①] 周扬从整体上清理了人道主义与早期、晚期马克思主义的关系：

> 马克思在他的早期著作中，曾经肯定地谈到人道主义。不能否认，这个时期他还未完全摆脱黑格尔、费尔巴哈的错误影响。1845年以后，马克思、恩格斯都曾对“真正社会主义者”的人道主义呓语进行批判。在他们成熟时期的著作中，也确实不再用人道主义这个词了，这些都是毋庸回避的事实。不承认马克思主义有一个发展过程，看不到马克思早期著作与后来成熟时期著作的区别，是不正确的；但是，否认马克思早期著作与后来成熟时期著作的联系，把两者完全对立起来，认为后期马克思从根本上抛弃了人道主义，也同样是不正确的。即使马克思在早期著作中讲的人道主义，也是和费尔巴哈的人道主义不同的……马克思从费尔巴哈那里吸取了一些东西，但并没有停留在费尔巴哈的水平上，他超越了费尔巴哈；马克思批判了费尔巴哈的人道主义，但未从根本上否定人道主义。后来唯物史观和剩余价值论的创立，使马克思的人道主义思想放在更科学的基础上，而不是抛弃了人道主义思想。[②]

邢贲思、蔡仪等学者认为，马克思的这部探索性的著作明显受到黑格尔和费尔巴哈的人本主义的影响，并不成熟，也不能代表马克思后来的思想；在《神圣家族》中，异化已不是中心内容了，《关于费尔巴哈的提纲》初步地概述了其唯物史观，《德意志意识形态》标志着历史唯物主义理论的建立，后两部著作已经否定了费尔巴哈和《手稿》中的人本主义思想，以此为根据并不能说明马克思主义与人道主义的关系；夸大这部著作的价值，实际上就等于夸大了“青年马克思”在马克思思想发展中的地位，这在西方的“马克思学”和一部分中国学者的研究中都有所反映。这些基本判断必然导致对一些具体问题看法的分歧。

---

① 详见汝信：《青年黑格尔关于劳动和异化的思想》，载《哲学研究》1978年第8期；墨哲兰：《巴黎手稿中的异化范畴》，载《国内哲学动态》1979年第8期；王若水：《关于“异化”的概念》，载《外国哲学史研究集刊》1979年第1期。

② 周扬：《关于马克思主义的几个理论问题的探讨》，载《人民日报》1983年3月16日。

哲学界、美学界、文艺理论界都参与了这次讨论，他们的讨论既有共同点，又有区别。他们讨论的侧重点不同：哲学界偏重于在理论上的讨论，主要探讨人性、人道主义、异化等理论问题及其与马克思主义的关系，他们的讨论显得抽象些；美学界、文艺理论界也从理论上探讨人性、人道主义和异化问题，但这不是他们关注的重点，他们主要关注审美、文艺与这些问题的关系，审美和文艺作品应不应该表现这些主题，如何表现这些主题，以及表现这些主题的得失和审美价值，他们的讨论具有很强的针对性和现实性，也很具体。他们的共同点和联系也颇多：相同的主题有助于他们共同进行理论上的探索，也促使他们相互影响、相互借鉴对方的成果；都把马克思主义作为其理论资源和立论的根据，甚至还策略性地运用马克思主义的话语来表达自己的看法。这次讨论可以总称为人道主义讨论，人道主义又包含了人性、异化两个主题。为了论述的方便，我们把讨论涉及的内容归纳为几个问题，也包括关涉美学问题基础的基本理论问题，以全面反映当时讨论的实情。

一、人性的含义、人性与阶级性的关系及其与审美、文艺的关系

（一）人性的含义及其与审美、文艺的关系

20 世纪 70 年代末，随着政治上"拨乱反正"的展开，文艺界也开始检讨新中国文艺的得失，重新反思文艺的基本问题，特别是文艺与政治的关系问题。《上海文学》1979 年第 4 期发表了署名评论员的文章《为文艺正名——驳"文艺是阶级斗争的工具"说》，反对把文艺作为阶级斗争的工具，并引发了文艺与政治关系的讨论，这个事件也为人性、人道主义讨论开辟了道路。在这种背景下，人性及其与阶级性的关系，特别是审美、文艺应该如何认识和表现人性与阶级性的关系，又一次成为美学界、文艺理论界关注的重点。探讨这个问题首先面临的是对人性的理解，对人性的不同理解，决定了对人性与阶级性关系的阐释，也决定了如何理解审美、文艺与人性和阶级性关系的阐释。这里仅介绍讨论中几种有代表性的观点。

1. 人性是人的自然属性

这种观点以朱光潜为代表。他在文章中开宗明义："什么叫做'人性'？它

就是人类自然本性。”人性指的是《手稿》中所说的“人的肉体和精神两方面的本质力量”①。在阶级社会中,尽管人要受到阶级性的制约,但人能够通过类似的经历、感受、审美经验积淀起倾向于一致的思想感情,这集中地表现为人情味。审美、文艺就应该表现这种人性、人情味。

2. 人性是人的社会属性

人性是人的社会属性,即人的社会关系或社会性。在阶级社会中,人性主要表现为阶级性,但也有一些非阶级性。王元化认为:“构成人的本质的东西,恰恰是那种为人所特有的、失去了它人就不能成其为人的因素。而这种因素,就是人的社会性。”②马奇认为:“人性就是人的社会性,它受社会的经济、政治、道德、宗教各方面的影响,是一个很复杂的东西。在阶级社会里,人的社会性不全是阶级性,也不只是人的共同性。如果认为人性只是人的共同性,人的共同性又是自然性,其结果,人性就只能是动物性,而社会性也就只是阶级性了。”③实际上,他们认为,人性是由人的自然性与社会性、阶级性和共同人性所构成的,其中,在阶级社会中,人的社会性、阶级性占主导地位。因此,这种人才是现实中真实的人,文艺应该表现这些人性。与此相似,还存在着一种“社会关系总和”的人性观。马克思在《关于费尔巴哈的提纲》中指出:“人的本质,并不是单个人所固有的抽象物,在其现实性上,它是一切社会关系的总和。”这种人性观通过引用马克思的论述得出了“人性是社会关系总和”的结论,审美、文艺应该关注和描绘人的社会关系,并反映其本质。

3. 人性是人的阶级性

毛星认为,人性是人的社会性,在阶级社会中,社会性就是阶级性。因此,人的本质和本性是阶级性。④ 在阶级社会中,二者是对等的、一致的。因而,审美、文艺只要表现了阶级性,也就等于表现了人性,没有抽象的、超越阶级性的思想感情。

4. 人性是人的自然属性与社会属性的统一

王润生认为:“马克思是把人性和需要这两个概念联系在一起的,需要由人

---

① 朱光潜:《关于人性、人道主义、人情味和共同美问题》,载《文艺研究》1979 年第 3 期。

② 王元化:《人性札记》,载《上海文学》1980 年第 3 期。

③ 马奇:《马克思〈1844 年经济学—哲学手稿〉与美学问题》,见全国高校美学研究会、北京师范大学哲学系编:《美学讲演集》,北京师范大学出版社 1981 年版,第 89 页。

④ 毛星:《关于文学的阶级性》,载《文学评论》1979 年第 2 期。

性所决定，而决定需要的人性当然包括自然属性和社会性这两个方面。”[①]胡义成也是这样认为的，但他的分析更为细致：从人性的层次上看，作为社会成员，人是社会性和动物性的对立统一；作为阶级的成员，人是阶级性和超阶级性的对立统一；作为阶级成员的具体的人，人是阶级性的人和具有个性特点的人的对立统一体；作为民族成员的具体的人，人是具有民族特点、全人类共性以及特定阶级性的对立统一体。但“人性、民族性、阶级性和超阶级性等概念，都不具有直接现实性。它们的直接现实，只能是具体人的个性”[②]。因此，审美、文艺要反映活生生的人，以人为凝结点，既要反映出人的社会性、阶级性和民族性，也要反映出人的生物性、超阶级性、个性、全人类性。

5. 人性是共同人性与阶级性的统一

钱中文认为，人性“主要指共同人性而言，它和阶级性一样，是现实的人的根本特征”[③]。持类似观点的计永佑认为，借助于个性可以表现二者：“共同的人性是全民的社会现象，而这种全民性的共同人性，体现在具体的人的个性中，它又与一定阶级的人性联系在一起。”[④]鉴于此，审美、文艺应该关注并描绘具体的人的个性，并通过个性反映出全民的共同人性和阶级性。刘大枫认为，阶级社会导致了人性的异化。他还细致地分析了人性中“异化”的部分和未被“异化”的部分：对于前者，应该认为“‘异化’了的部分人性尚且仍是人性而不是阶级性了”；对于后者而言，“也有可能以个性的形式存在”“带着阶级性的人性，绝不是说就是阶级性，而是彼此之间同中有异、异中有同的人性”“人性和它的表现形态人情是始终存在的”[⑤]。因此，审美、文艺就应该表现人性、人情和人的个性，在表现它们的过程中也就自然地表现了渗透于人性中的阶级性了。

（二）人性与阶级性的关系

从这些讨论中，可以发现人性与阶级性之间的关系主要表现为：1. 在阶级社会中，阶级性等同于人性；2. 在阶级社会中，人性是共同人性加阶级性，人性

① 王润生：《人的自然本性、社会性和阶级性——与胡绳生、袁杏珠同志商榷》，载《辽宁大学学报》（哲学社会科学版）1980 年第 3 期。
② 胡义成：《人、人情、人性》，载《社会科学》1980 年第 1 期。
③ 钱中文：《论人性共同形态描写及其评价问题》，载《文学评论》1982 年第 6 期。
④ 计永佑：《两种对立的人性观——与朱光潜同志商榷》，载《文艺研究》1980 年第 3 期。
⑤ 刘大枫：《人性的“异化”并非人性的泯灭》，载《南开学报》1981 年第 2 期。

大于并包含了阶级性;3. 在阶级社会中,人性与阶级性是对立统一的关系,即它们是普遍与特殊、共性与个性、一般与个别的关系;4. 人性与阶级性是不同的范畴,前者是为了区别人与动物,后者是为了区别社会的不同集团,因此,它们之间是并列的关系,不能把它们联系起来看待。在前三种情况下,阶级性与人性呈现出相互渗透、融合、吸收、转化的状况。既然如此,审美、文艺就应该描绘、表现出人性与阶级性的这种复杂状态。

二、人道主义、异化及其与马克思主义的关系

人道主义、异化问题主要是哲学和政治学的问题,但是,它们与人性、阶级性、马克思主义关系密切,也与审美现象、文艺有着密切而复杂的关系,而且,澄清这些问题,有助于全面而科学地把握马克思主义。鉴于此,这里有必要涉及这个议题。

对人道主义的讨论首先遇到的问题就是如何界定人道主义。学界在理解人道主义时的分歧倒不大,新时期较早研究异化问题的学者汝信的界定已为多数学者接受:"狭义的人道主义指的是欧洲文艺复兴时期新兴资产阶级反封建、反宗教神学的一种思想和文化运动;广义的人道主义则泛指一般主张维护人的尊严、权利和自由,重视人的价值,要求人能得到充分的自由发展等等的思想和观点。""用一句话来简单地说,人道主义就是主张要把人当作人来看待。人本身就是人的最高目的,人的价值也就在于他自身。"①实际上,学界的主要分歧在于对人道主义的评价和其他一些问题上,这些分歧主要表现为:

(一) 如何理解马克思主义与人道主义的关系

马克思主义与人道主义的关系,不仅仅是一个理论问题,它还涉及人道主义在中国的合法性,以及中国是否应该实行人道主义的实践问题。这样,一些学者就从人道主义与马克思主义的关系入手,试图以此为突破口,展开了对人道主义的讨论。汝信明确肯定马克思主义包含了人道主义的原则:

---

① 汝信:《人道主义就是修正主义吗?——对人道主义的再认识》,载《人民日报》1980 年 8 月 15 日。

> 我认为不能把马克思主义笼统地和人道主义绝对地对立起来，更不能不加分析地一概把人道主义当作修正主义来批判。当然，不应该把马克思主义融化在人道主义之中，或是把马克思主义完全归结为人道主义，因为马克思主义不仅仅是研究人的问题。但是，马克思主义应该包含人道主义的原则于自身之中，如果缺少了这个内容，那么它就可能会走向反面，变成目中无人的冷冰冰的僵死教条，甚至可能会成为统治人的一种新的异化形式。
>
> 马克思主义的人道主义和过去的人道主义学说虽有一定的批判继承的关系，但却有着根本的区别。特别是，在一系列重大原则问题上，马克思主义者是和资产阶级人道主义者相对立的。因此，决不能把马克思主义的人道主义和其他人道主义流派混淆起来，而应把它看作人道主义的一种高级的科学的形式。①

他在同一篇文章中还指出了马克思主义的人道主义区别于资产阶级的人道主义的四个重要特征。汝信的观点引发了持续的争论。王若水与汝信的观点大致相同："不能把马克思主义全部归结为人道主义，但是马克思主义是包含了人道主义的。马克思始终是把无产阶级革命、共产主义同人的价值、人的尊严、人的解放、人的自由等问题联系在一起的。这是最彻底的人道主义。"②蔡仪、杨柄、陆梅林等学者较早对此作出了理论上的回应，其中，蔡仪的看法很有代表性：人道主义"在思想实质上和马克思主义是根本矛盾而不相容的"③。在后来的讨论中，王若水、周扬都表达了与汝信大致相同的观点，周扬认为："我不赞成把马克思主义纳入人道主义的体系之中，不赞成把马克思主义全部归结为人道主义；但是，我们应该承认，马克思主义是包含着人道主义的。当然，这是马克思主义的人道主义。"④在讨论相持不下的情况下，胡乔木对此作出了权威性的结论，他把人道主义划分为"作为世界观和历史观的人道主义"("同马克思主义的历史唯物主义是根本对立的")和"作为伦理原则和道德规范的人道主

---

① 汝信：《人道主义就是修正主义吗？——对人道主义的再认识》，载《人民日报》1980年8月15日。

② 王若水：《为人道主义辩护》，载《文汇报》1983年1月17日。

③ 蔡仪：《论人本主义、人道主义和"自然人化"说——〈经济学—哲学手稿〉再探(下篇)》，载《文艺研究》1982年第4期。

④ 周扬：《关于马克思主义的几个理论问题的探讨》，载《人民日报》1983年3月16日。

义”(即社会主义的人道主义),其关系是:

> 作为世界观和历史观,马克思主义和人道主义,历史唯物主义和历史唯心主义,根本不能互相混合、互相纳入、互相包括或互相归结。完全归结不能,部分归结也不能。人道主义并不能说明马克思主义,不能补充、纠正或发展马克思主义,相反,只有马克思主义才能说明人道主义的历史根源和历史作用,指出它的历史局限,结束它所代表的人类历史观发展史上一个过去了的时代。①

他还指出了产生分歧的原因:

> 历史唯物主义观察和解决人的问题的基本方法论原则,就是从一定的社会关系出发来说明人、人性、人的本质等等,而不是相反,从抽象的人、人性、人的本质等等出发来说明社会。这是马克思主义的历史唯物主义同资产阶级人道主义的历史唯心主义的一个根本分歧,也是我们现在这场争论中的一个根本分歧。②

有论者从历史角度质疑了胡乔木的判断,认为胡乔木所讲的历史没有主体,其历史主体是没有价值和抽象的。③

(二) 马克思主义的出发点是什么?

这个问题是马克思主义的基本问题,对于整体上理解、掌握马克思主义极为重要。汝信较早地提出了马克思主义的出发点问题:“至于马克思主义学说本身,则不仅不忽视人,而且始终是以解决有关人的问题作为自己的出发点和中心任务的。”④王若水表达得更为直接:“总之,人既是马克思主义的出发点,又是马克思主义的归宿点。”⑤这个观点也引起了争议,其中,陆梅林和丁学良还对

---

① 胡乔木:《关于人道主义和异化问题》,载《人民日报》1984 年 1 月 27 日。

② 同上。

③ 陈卫平、高瑞泉:《评新时期十年的五次哲学争论》,载《华东师大学报》1989 年第 1 期。

④ 汝信:《人道主义就是修正主义吗? ——对人道主义的再认识》,载《人民日报》1980 年 8 月 15 日。

⑤ 王若水:《关于人道主义》,载《新港》1981 年第 1 期。

此进行了直接的辩论。陆梅林认为，汝信讲的“人”是马克思说的那种“一个生活在不论哪种社会形式中的人”。而且，这个错误还导致了唯物史观的缺失，并混淆了马克思主义和人道主义。应该从“那些使人们成为现在这种样子的周围生活条件”出发来观察人，这样，马克思主义的出发点则应该是具有社会人的一定性质，即“他所生活的那个社会的一定性质，因为在这里，生产，即他获取生活资料的过程，已经具有这样或那样的社会性质”。陆梅林还认为，“马克思和恩格斯从马克思主义之所以叫作马克思主义时起，始终坚持了这个出发点、这个基本前提的”①。丁学良直接质疑了陆梅林的看法：“作为马克思主义出发点的，不仅仅是劳动阶级经济上遭受剥削的问题，而且是一切人在资本主义社会里都得不到健康完整的发展、人的世界相对于物的世界的贬值、整个人类价值受到严重损害的问题，也就是说，是一切人都遭受深重奴役的大问题。”“马克思从来也没有改换过自己学说的根本出发点，没有否定过它的中心任务就是为了彻底解决人的问题。马克思把有关人的问题的解决作为自己的出发点和中心任务，这不是出于主观任意的原因，而是决定于近代历史发展的必然。”②这样看来，马克思主义的“出发点”具有“方法论意义上的出发点”和“社会使命意义上的出发点”两种含义，陆梅林论述的也是“社会使命意义上马克思主义的出发点问题”，但是，“陆梅林同志并没有对出发点的不同含义进行精确的区分，没有仔细辨析马克思恩格斯著作中论到‘出发点’时，究竟说的是哪种意义上的出发点，而只是瞩目于字眼上的一模一样，结果就把马恩关于方法论意义上的出发点的言论，援引了来为他争论第二种含义上的出发点作证，从而导致了理解上的困难”，这样，“就会发觉陆文的这个结论是值得商讨的”。③ 在讨论中，许明把“人的物质生产活动”作为马克思主义的出发点。其依据是：既然我们讨论的是“马克思主义的出发点”而不是“马克思的出发点”，就有必要从历史唯物主义中寻找其出发点；成熟的马克思主义（即历史唯物主义）确立于 1845 年，其标志是《德意志意识形态》的出版。④ 胡乔木对此所作的结论是“人类社会，人们的社会关系（首先是生产关系），这就是马克思主义的新出发点”⑤。

---

① 陆梅林：《马克思主义与人道主义》，载《文艺研究》1981 年第 3 期。
② 丁学良：《〈马克思主义与人道主义〉一文质疑》，载《文艺研究》1982 年第 2 期。
③ 同上。
④ 许明：《人的物质生产活动是马克思主义的出发点》，载《学术月刊》1982 年第 4 期。
⑤ 胡乔木：《关于人道主义和异化问题》，载《人民日报》1984 年 1 月 27 日。

(三) 如何理解人的解放和人性的复归与马克思主义出发点的联系?

这个问题是马克思主义的重要问题,涉及马克思主义的最高目标是否是人的解放的问题,这个问题对于把握马克思主义的人学思想也是极为关键的。

不少学者认为,人的解放是马克思主义的最高目标。对此,学界也存在着分歧。陆梅林认为:

> 这种说法并不符合马克思主义理论的真谛,并未把握住科学社会主义的要义。这种说法恰恰模糊了科学社会主义和空想社会主义的本质区别……在恩格斯看来,恰恰应当颠倒过来,首先无产阶级要求得自身的解放,然后才能解放全人类。这是马克思和恩格斯的共同思想。①

而且,在陆梅林看来,马克思还

> 指明了今后人类历史发展的实际进程:通过工人的解放而解放全社会,解放全人类。也就是说,首先是工人阶级的解放,然后才是全人类的解放。当然,马克思后来还说过,无产阶级不解放全人类,也就不能彻底解放自己。这就把马克思的共产主义和人道主义者的共产主义划分开来了。②

丁学良质疑了陆梅林的看法,他认为,在对马克思主义的最高目标、最终目的的理解上,陆梅林的论述是“自相矛盾”的:一方面,陆文似乎告诉人们,马克思主义与空想社会主义的目标不同,前者以无产阶级的解放为目标,后者以人的解放、全人类的解放为目标;另一方面,人们还可以从陆文中得出这样的结论:“马克思主义并不否定解放全人类的目标,马克思主义反对的是空想社会主义实现这一目的的程序(即不是首先解放无产阶级,然后再实现全人类的解放,而是要求同时解放一切人);马克思主义也是把人的解放、彻底解放全人类作为自己的最终奋斗目标的。”③丁学良认为,后一种说法是正确的,陆文误解的原因

---

① 陆梅林:《马克思主义与人道主义》,载《文艺研究》1981年第3期。
② 同上。
③ 丁学良:《〈马克思主义与人道主义〉一文质疑》,载《文艺研究》1982年第2期。

在于，他机械地、狭隘地理解了“解放”的内容，即仅仅把“解放”理解为“政治和经济的概念，而没有把人的解放理解为一个完整的、具有多方面内容的过程……共产主义不仅是人的政治经济的解放，而且是人的一切感觉和特性的彻底解放”。丁学良认为，从文化史，特别是文艺复兴运动以来的文化史的角度来看，“全面发展的人”就是“人道主义的基本标记”，而不能说，马克思主义的解放人的目标没有人道主义精神。①

与人的解放相联系的另一个问题则是人性的复归。汝信认为，共产主义的目的不仅仅是为了解放工人阶级，而是为了谋求全人类的解放，正是在这种意义上，马克思才在《手稿》中提出了“人的复归”的命题，他显然赞同这种提法。在后来的讨论中，对于这个提法以及这个问题的解释存在着不同的看法。一种观点认为，提“人性的复归”是必要的，也就是回归到人性被异化前的原始状态（也可以说原始共产主义社会），这是马克思成熟的思想，而且，这种“复归”，实质就是发展。它的特点是在保留人在历史发展中所积累的全部物质财富和精神财富的基础上，回复到私有制产生之前的人与人之间的自由平等关系。这种复归后的人性要比‘人之初’的人性具有无比的丰富性。所以马克思把这种“复归”或“发展”称作“积极的扬弃”。②

但是，有不少论者或者反对这种提法，或者反对把它作为马克思的成熟思想，或者对“人性的复归”的含义进行了不同的解释。在黄药眠看来，“将来的共产主义社会，同原始的共产社会，已有很大的不同，难道要我们将来的人复归到原始共产社会？所以我认为这个提法不够恰切。我只同意人性也是历史发展的”③。许明基本上否定了这个命题：“‘人的本质异化和复归’不能成立，不仅因为成熟的马克思主义著作中没有这个命题，批判了这个命题，而更因为在实践中是解释不通的。”④他分析了其结论的根据和这个命题的困境：第一，“这个命题的基本前提是确立人的本质”。第二，“如按照‘复归’论，势必认为阶级社会是对人性的泯灭和堵塞”。第三，“即使坚持‘现实的人’是出发点，但是，人的本质的现实性不能不是一种历史性。这就出现了无法解决的难题：如要坚持‘人

① 丁学良：《〈马克思主义与人道主义〉一文质疑》，载《文艺研究》1982 年第 2 期。
② 孙月才：《“人的复归”诌议》，载《文汇报》1983 年 6 月 28 日。
③ 黄药眠：《人性、爱情、人道主义与当前文学创作倾向》，载《文艺研究》1981 年第 6 期。
④ 许明：《人的物质生产活动是马克思主义的出发点》，载《学术月刊》1982 年第 4 期。

是出发点’,设定一个人的本质,再演绎出人的本质异化和复归,那么,人就无法是‘现实的人’;如果坚持‘人是现实的’,那么,人的本质的预先设定就不可能,人的本质的异化和复归就成了一句空话,整个立论的内容就要被推翻”①。

三、异化与马克思主义、社会主义的关系

异化与人性、阶级性密切相关,这次讨论还涉及了异化理论与马克思主义、社会主义的关系。马克思在借鉴黑格尔、费尔巴哈的异化概念的基础上,发展出对这个概念的解释。实际上,这次讨论对“异化”概念本身没有多少分歧,学界大都认为,异化就是使原本属于自己的东西疏远、脱离自身,并变成了异己的、与自己敌对或支配自己的东西。但是,在异化理论是否科学、是否是马克思的成熟思想等问题上,学界产生了严重分歧。一种观点是,“异化”思想在马克思思想的发展过程中发挥了重要作用:

> 马克思把费尔巴哈讲的生物的人、抽象的人变成了社会的人、实践的人,从而既克服了费尔巴哈的直观的唯物主义,并把它改造成实践的唯物主义,又克服了费尔巴哈的以抽象的人性论为基础的人道主义,并把它改造成为以历史唯物主义为基础的现实的人道主义,或无产阶级的人道主义。在这一转变过程中,“异化”概念的改造起了关键的作用。②

而且,这个概念本身也是应该肯定的:

> “异化”是一个辩证的概念,不是唯心的概念。唯心主义者可以用它,唯物主义者也可以用它。黑格尔说的“异化”,是指理念或精神的异化。费尔巴哈说的“异化”,是指抽象的人性的异化。马克思讲的“异化”,是现实的人的异化,主要是劳动的异化……那种认为马克思在后期抛弃了“异化”概念的说法,是没有根据的。③

---

① 许明:《人的物质生产活动是马克思主义的出发点》,载《学术月刊》1982年第4期。
② 周扬:《关于马克思主义的几个理论问题的探讨》,载《人民日报》1983年3月16日。
③ 同上。

另一种观点与此相反：

> 总之，对异化概念，要区别两种情况。一种是把异化作为基本范畴和基本规律，作为理论和方法，一种是把异化作为表达特定的历史时期中某些特定现象（包括某些规律性现象）的概念。马克思主义拒绝前一种异化概念，而只在后一种意义上使用这一概念，并且把它严格限制在阶级对抗的社会，特别是资本主义社会。①

此外，还有一种观点强调了马克思的异化思想的复杂性：

> 把马克思的异化理论简单地看成是马克思主义的重要组成部分，甚至是核心部分，是不对的。但把它看成是黑格尔的思辨哲学和费尔巴哈的人本主义的混合，也是一种简单化的片面观点，无论如何，马克思是努力从经济事实出发去寻求人类社会发展的客观规律，同黑格尔和费尔巴哈已经有了明显的区别。马克思的异化理论是马克思主义形成过程中的产物，不可避免地带有二重性。②

关于异化问题的讨论还引申出社会主义是否存在异化现象的问题。王若水对此持肯定态度："现在我想提个问题：在社会主义社会里还有没有异化呢？实践证明还有。尽管我们消灭了剥削阶级，但还有些问题没有解决，有些新问题又产生了。"其表现是"思想上的异化，政治上的异化，经济上也存在异化"。③ 在后来的讨论中，有论者肯定了社会主义也存在异化现象，但应具体分析，不能滥用这个概念。黄枏森认为，任何社会都不可能避免异化现象（主要指对抗性的异化），社会主义也同样如此，警惕异化现象，尽量减少、减轻异化现象和盲目性，这样的异化和异化概念对社会主义是有现实意义、理论价值的。但

---

① 胡乔木：《关于人道主义和异化问题》，载《人民日报》1984 年 1 月 27 日。

② 何玉林：《黄枏森等在纪念马克思逝世一百周年学术报告会上的发言摘要》，载《人民日报》1983 年 3 月 14 日。

③ 王若水：《文艺与人的异化问题》，载《上海文学》1980 年第 9 期。

是,异化现象与马克思所说的异化劳动("资本家攫取工人的剩余价值")是不同的,社会主义的异化现象表现为矛盾、对抗性的矛盾和阶级矛盾。为此,他强调:"我不反对用异化概念来表现社会主义社会中的某些现象,但不应滥用,尤其不应不管具体含义随便使用,这只能引起思想混乱。"[①]有论者坚决反对"社会主义异化论",胡乔木在总结这次讨论时得出的结论就很有代表性:"他们脱离开具体的历史条件、把异化这种反映资本主义特定社会关系的历史的暂时的形式,变成了永恒的,可以无所不包的抽象公式。然后,又把它运用于分析社会主义,从而提出社会主义的异化问题。他们就是用这种方法把社会主义社会同资本主义社会混为一谈。"[②]事实证明,否认社会主义存在异化的学者主要进行了理论上的推演,确实对当时出现的异化现象缺乏足够的重视,对以后即将出现的异化也缺乏预测,从而出现了偏颇。现在看来,社会主义同样存在着异化或异化现象,我们应该正视这种现象并号召人们抵制它们,并最大限度地减少其危害。

四、审美和文艺与人性、异化、人道主义的关系

这次讨论不但涉及了人性、人道主义的基本理论,而且还涉及了审美和文艺与人性、异化、人道主义的关系,这些问题主要是从基本理论研究、审美创造、审美评价、文艺创作和批评中反映出来的。

(一) 审美、文艺与人性的关系

朱光潜是新时期最早为审美、文艺表现人性正名的理论家之一,他在文章中呼唤文艺要写人情,重视"对人性的深刻理解和描绘"[③]。范民声翻案性地重新评价了《论人情》。[④] 遭受过批判的王淑明也表明了自己的看法:"在文艺作品中只要写人,就应该表现出完整的人性。如果只承认人的阶级性,不承认非阶

① 何玉林:《黄枬森等在纪念马克思逝世一百周年学术报告会上的发言摘要》,载《人民日报》1983 年 3 月 14 日。

② 胡乔木:《关于人道主义和异化问题》,载《人民日报》1984 年 1 月 27 日。

③ 朱光潜:《关于人性、人道主义、人情味和共同美问题》,载《文艺研究》1979 年第 3 期。

④ 范民声:《重评巴人的〈论人情〉》,载《东海》1979 年第 11 期。

级性，在文艺创作中就必然会造成公式化、概念化。”[①]当时，这些观点起到了突破禁区、解放思想的作用。

在讨论人性时，理论家们已经指出，审美、文艺应该关注并描绘人的自然属性、人的社会属性、人的阶级性、人的自然性与社会性的统一、人的共同性与阶级性的统一，以及人性与阶级性的渗透、转化。从当时的讨论看，美学界、文艺界已经克服了过去认识人性的局限，努力把握复杂的、多维的、动态的人性，并要求审美、文艺充分地开掘、描绘、反映人的复杂性，以塑造出符合实际存在的、真实的、生动的人物形象。其中，有些现象比较突出：人性是阶级性的人性观，已经失去了支配地位，美学界、文艺界开始反思其局限及其对创作的不良影响，这些反思为正确对待人性扫清了障碍，也有利于审美创造、文艺创作；人性是人的社会属性、人性是人的自然属性与社会属性的统一、人性是人的共同人性与阶级性的统一等人性观，以其理论的说服力、现实的正当性获得了广泛的支持，审美创造、文艺创作反映或印证了这些探索成果，推动了审美、文艺的发展；学界开始正视、重视人的自然属性，不但承认其合理性，而且也肯定了它对人的日常行为的影响，并要求审美、文艺关注和表现这些人性因素。

在这些观念的影响下，审美、文艺对共同人性的表现逐渐增多。当时，审美、文艺对人性的描绘主要表现在：重视表现人的本能、生命欲求、动物性等自然属性；重视表现不同阶级、阶层的共同性或共通性，如对自然的欣赏、追求爱、要求情感满足等等；重视表现人在追求真善美的过程中的人性亮点；重视人性对狭隘的阶级性的超越。但不可否认的是，当时对人的自然属性的描绘也出现了一些矫枉过正、片面的、极端的问题。在过去的审美创造、表现中，人的自然属性往往遭到极端漠视、压制和批判，出于对这种状况的不满和反拨，也由于受到自然主义、生命哲学、精神分析学等国外文化与审美思潮的影响，审美创造、文艺创作空前重视人的自然属性。这当然有其合理性，但是，有的作品热衷于不遗余力地挖掘与展示人的性本能、破坏本能、欲望、冲动等因素，极端地反对社会、文化、文明、伦理、道德，导致人沦为动物、生物，丧失了人的社会性、特性和超越性。这种倾向很快就遭到了一些批评，诸如，“只承认人的自然属性，否定其社会属性，固然是违背马克思主义的；而承认了人的社会属性，但把人的自

① 王淑明：《人性·文学及其他》，载《文学评论》1980 年第 5 期。

然属性抽象化、永恒化，把它与社会属性相割裂、相对立的二元化的人性观，也不符合马克思主义”[①]“有的作品还提倡抽象的人道主义，抽象的‘爱’，根本抹煞是非、善恶的界限，抹煞正义与邪恶、革命与反革命的界限，把一切都加以颠倒，或企图用抽象的人道主义，抽象的爱的说教来解决社会矛盾”[②]。此外，某些审美创造者也没有处理好阶级性与人性、人情的关系。一些作品片面地夸大人性、追求极端纯粹的人性和超越阶级性的人性，并由此走向了否定人的阶级性、社会性的偏颇，有的理论家还干预了这种倾向，要求在描写人情时仍然要作具体分析：“当然，我并不认为，一切‘人情’，都无一例外地包括这两个部分。事实上，这两部分在一个具体的‘人情’中所处地位和所起作用是很不相同的，必须具体分析。”[③]

人性及其与阶级性的复杂关系、文艺的审美性都决定了文艺表现阶级性时的复杂性和特殊性：不同文艺门类表现阶级性的程度、层次、侧重点都有所不同，文学、影视、绘画可能直接些，音乐、舞蹈可能间接些；文艺对阶级性的表现与不同的创作方法有关，现实主义作品可能直接些、明白些，浪漫主义、现代主义作品可能含蓄些、隐蔽些；阶级社会中的审美、文艺可能更重视阶级性，和平时期的审美、文艺可能更重视人性和人情。尽管如此，如果审美、文艺极端地强调阶级性或人性，可能都会损害审美、文艺的表现效果，也不利于科学地分析审美、文艺和文艺史等现象。因此，美学、文艺理论应该总结正确处理阶级性与人性关系的规律，使审美、文艺在二者的平衡中得以发展，也应该从这个角度出发去研究审美、文学艺术家、文艺作品、文艺批评和文艺发展史等现象。总之，这次讨论促进了对人性的全面认识，有助于克服以往片面的、机械的倾向，科学地对待人性及其描绘、表现；及时纠正了夸大人的自然性和过分表现人的自然性的泛滥，有利于审美、文艺表现健全的人性；合理地界定了阶级性，纠正了以往无限夸大阶级性的偏颇，有利于审美、文艺表现阶级性及其对人的思想行为的影响，也有利于塑造人物、重新研究与此有关的审美和文艺现象。

---

① 张韧、杨志杰：《从〈啊，人……〉到〈人啊，人！〉——评近几年文学创作中的人性、人道主义问题》，载《文学评论》1984 年第 2 期。

② 何玉林：《黄枬森等在纪念马克思逝世一百周年学术报告会上的发言摘要》，载《人民日报》1983 年 3 月 14 日。

③ 胡义成：《人・人情・人性》，载《社会科学》1980 年第 1 期。

（二）审美、文艺与异化的关系

把审美、文艺与人性的关系再向前延伸一步，就成为审美、文艺与异化的关系。如果承认社会主义社会存在着异化（思想异化、政治异化和经济异化）或异化现象，那么，审美、文艺就应该关注、揭露、鞭挞和表现这些异化或异化现象，以尽量减少它们及其影响。相反，如果否认社会主义社会存在着异化或异化现象，那么，审美、文艺也就无所谓再去表现这些现象了。学界存在着社会主义社会有无异化或异化现象的分歧，这样的分歧必然会影响到审美、文艺，并在审美观、文艺观上表现出来。俞建章认为，阶级是人类社会特定历史时期的社会现象，阶级是从人中派生出的现象，阶级性是人性的异化。审美、文艺应该表现人性的异化和复归："如果说，人的异化现象发生在社会主义社会同发生在资本主义社会有什么不同，那就是，由于排除了生产资料私有制，在今天的社会中，人的异化过程也是这种异化被自觉地认识、被积极地扬弃的过程，是人自觉地向合乎人性人的自身复归的过程。"①

与此相反，计永佑认为，社会主义社会不存在异化和异化劳动，这样，"异化论既然不能正确地解释我们的社会主义社会的现实生活，当然也无从正确地指导我们的社会主义社会现实生活的文艺创作，也无从正确地体现社会主义文艺的客观规律""也无助于正确地反映与区别两种不同性质的矛盾""也无助于正确地处理文艺作品的歌颂与暴露问题"②。事实证明，社会主义社会仍然存在着异化或异化现象，审美、文艺也应该表现它们。

（三）审美、文艺与人道主义的关系

新时期以来，随着《班主任》等"伤痕文学"作品的出现，描写人性、人道主义的作品越来越多，通过《啊，人……》《人啊，人！》《爱，是不能忘记的》等作品的名称就可见一斑。出于对"文革"的反思和对现实生活中无视人的价值等现象的抗议，这些作品的出现是必然、必要而合理的。这些作品与学界就人性、人道主义、异化问题展开的讨论相呼应，它们借助于感性、情绪、情感、感受触及人的问

① 俞建章：《论当代文学创作中的人道主义潮流》，载《文学评论》1981年第1期。
② 计永佑：《异化论质疑》，载《时代的报告》1981年第4期。

题,甚至以其具体性、感染力获得了更大的冲击力和影响。因此,文艺理论界、美学界大都对审美和文艺作品中的人道主义主题持肯定态度。其中,一部分论者继续朝着“文学是人学”的方向发展,钱谷融重新论证了人道主义之于文学的意义:“文学既以人为对象,既以影响人、教育人为目的,就应该发扬人性、提高人性,就应该以合于人道主义的精神为原则。”他还从文学评价标准的角度肯定了人道主义:“人道主义原则是评价文学作品的一个最基本、最必要、也可以说是最低的标准。”①美学家高尔泰与钱谷融的观点不谋而合,他从艺术本质的角度肯定了人道主义与艺术的密切联系:“历史上所有传世不朽的伟大文学艺术作品,都是人道主义的作品,都是以人道主义的力量,即同情的力量来震撼人心的……艺术本质上也是人道主义的。”②

另一部分论者则从新时期文艺中寻找人道主义的合理性。何西来从文学潮流嬗变的角度指出:“人的重新发现,是新时期文学潮流的头一个,也是最重要的特点,它反映了文学变革的内容和发展趋势,正是当前这场方兴未艾的思想解放运动逐步深化的重要表现。”其三个标志为“从神到人”“爱的解放”“把人当作人”,重新发现人,在文学上表现为人性、人情、人道主义的重新提出。③

但是,也有论者反对把人道主义与社会主义文学联系起来。王善忠反对用人道主义作为标准来衡量社会主义文学:“社会主义文学首先是把共产主义思想作为自己的核心,其次它主要塑造无产阶级英雄和社会主义新人形象。这两个特点就不是人道主义所具有的,因为这是两种不同质的潮流,决不能混同或互通。”④洁泯则反对以人道主义潮流来概括新时期的文学创作:“在文学思想上,把近几年来的文学成就,都归结为‘人道主义的潮流’,将充满着时代精神和革命激情的文学成绩,都划到抽象的人道主义里面去……把抽象的人、抽象的人道主义作为准绳来解释历史的变化和文学的变化,必将得出谬误的结论,最后将导致背离马克思主义和社会主义。”⑤这两种观点截然对立。后来,人道主义与审美的关系又被转化为性格问题、主体性问题得到了讨论,它们分别以刘再复的《论文学的主体性》(《文学评论》1985 年第 6 期)、《性格组合论》(上海文

① 钱谷融:《〈论“文学是人学”〉一文的自我批判提纲》,载《文艺研究》1980 年第 3 期。
② 高尔泰:《人道主义与艺术形式》,载《西北民族学院学报》1983 年第 3 期。
③ 何西来:《人的重新发现——论新时期的文学潮流》,载《红岩》1980 年第 3 期。
④ 王善忠:《社会主义文学与人道主义问题》,载《文学评论》1984 年第 1 期。
⑤ 洁泯:《文艺批评面临的检验》,载《光明日报》1983 年 12 月 8 日。

艺出版社 1986 年出版)为代表。持人道主义审美观的刘再复高度肯定了人道主义之于新时期文学的意义:“我们可以找到一条基本线索,就是整个新时期的文学都围绕着人的重新发现这个轴心而展开的。新时期文学作品的感人之处,就在于它是以空前的热忱,呼唤着人性、人情和人道主义,呼唤着人的尊严和价值。”①他还从四个方面为人道主义进行了辩护,人道主义由此在社会主义文学中取得了合法地位:“毫无疑问,我们的社会主义文学应当成为最富有人情、人性、人道主义精神的文学。那种以反对抽象的人道主义为名,硬把社会主义描绘成非人道主义的文学,将给社会主义文学带来极大的错误和不幸。”②

(四)“共同美”问题

20 世纪 70 年代末,在何其芳披露了毛泽东关于共同美的意见后,与人性、人道主义讨论相联系,美学界、文论界围绕“共同美”问题展开了广泛而热烈的讨论,也可以说,“共同美”讨论是这次讨论中与审美有直接关联的一次讨论。其中,很少一部分学者否定存在共同的美,也否定了“共同美”提法的科学性。他们认为,作为一种社会现象和人类实践的产物,美或审美活动与人的功利性、主观意识和主观倾向关系密切,不存在完全自然的、无功利的审美,不存在“共同美”,这种提法也不科学。③ 有的学者同时否定了“共同的美”和“共同的美感”的存在,即不可能有超阶级的美感,也无法理解超阶级的“共同美”,它们都不存在,而且,“共同美”不能够反映审美本质和艺术本质,它没有理论价值。④ 有的学者还认为,美感有阶级的差异性和共同性,但美不存在阶级的差异性和共同性,因为后者是客观的,所有客观的美都是“共同美”,这样,丧失了最初含义的“共同美”也就没有存在的必要了。⑤

多数学者都肯定了共同的美或美感的存在,在许多具体问题的理解上却出现了差异、分歧。

分歧最大的就是对“共同美”中“美”的含义的理解。多数学者认为“美”指

① 刘再复:《文学的人道主义本质的回复和深化》,载《新华文摘》1986 年第 11 期。

② 同上。

③ 开强:《阶级性　人性　共同美——中文系文艺理论教研组举行学术座谈会》,载《西南民族大学学报》(人文社科版)1980 年第 2 期。

④ 潘家森:《“共同美”研究简介》,载《哲学动态》1980 年第 2 期。

⑤ 同上。

美感，它显然是主观的，指在一定条件下不同阶级的人对某一事物产生的相似或相同的审美感受和审美评判，或者说，在一定条件下不同阶级的人都能够感受到某一事物的美，并产生美感。少数学者认为“共同美”中的“美”指美而非美感，强调的是审美对象引发了共同美感的美，主要基于客体自身的属性。还有一部分学者认为“美”包含了美感、美，“共同美”则是“共同的美”加上“共同的美感”，显然是主客观的统一，既有客观的美，又有人、社会的因素。钟子翱就是这样看待“共同美”的：“不同阶级的人，在一定的条件下，对同一个审美对象都产生美感，感到它美。”①实际上，这样的分歧也出现在对毛泽东关于“共同美”的那段话的理解上。② 对“美”的理解的分歧必然导致对“共同美”的不同解释，与三种“美”的含义相对应，“共同美”可以分别理解为共同的美感、共同的美、共同的美感和美。

在具体的研究中，洪毅然针对研究的混乱提出，必须区分并深入研究不同阶级的审美者主观的“审美意识”的共同性和客观事物的“美”(或客观的“美之存在”)的共同性，避免把它们混淆起来。他强调，讨论“共同美”应该承认并遵守一个前提：“事物的美或不美，是客观的；人们的美感和关于美或不美的观念、概念等审美意识，是主观的。”③在他看来，审美意识包括美感，以及美的观念、概念(审美理想、审美标准等)，阶级社会的审美意识必定是阶级性和共同(共通)性的统一，它们是特殊与一般的关系，反对只强调一方而否定另一方，这样必然会割裂特殊与一般的联系。他认为，事物的“美”的阶级性和共同性都是客观的：“都不是取决于人们的审美意识之主观性，而乃取决于事物实际上处在什么人们之什么样的生活实践关系中，它们自己实际上作为什么人们之什么样的‘生活事物’，及其因之而实际上所具有普遍的什么样具体形象意义等客观条件。”④因此，必须反对两种倾向：强调“美之存在”的普遍性、共同性、客观性而否认其阶级性；强调它的阶级性而掩盖、淡化、否定其普遍性、共同性、客观性。同时，还应该科学地对待“美之存在”的客观的阶级性：如果否认其客观的阶级性，就会把人的审美意识的阶级性混淆为“美之存在”的阶级性，走向唯心主义；

① 钟子翱：《论共同美》，载《北京师范大学学报》(社会科学版)1979 年第 5 期。
② 潘家森：《“共同美”研究简介》，载《哲学动态》1980 年第 2 期。
③ 洪毅然：《简论美和审美意识的阶级性和共同性》，载《甘肃社会科学》1980 年第 2 期。
④ 同上。

或者把“美之存在”的客观性片面地绝对化、孤立起来，使之与人的实践、生活绝缘，变成绝对同质化的不可能存在的“共同美”，并走向形而上学机械唯物主义。这样，也就区分了“审美意识”和“美之存在”的阶级性和共同性。针对有学者过分强调“共同美”的同质性，张松泉指出，“共同美”是相对的而不是审美感受的绝对相同，它“是指不同阶级对同一审美对象在某些方面、某些基本点上的相似、相近和一致，并不是在一切问题上的完全等同”①。也就是说，它是绝对的差异性和相对的同一性的统一，“阶级社会中的审美活动，一般地说，总是表现为不同阶级的差异性和各个阶级的同一性的辩证统一，差异性是绝对的，同一性是相对的”②。他着重研究了共同美中的差异性的主要表现：不同阶级的审美体验的侧重点不同，相似或相近的审美评价中仍然夹杂着不同阶级的评价的特点；不同阶级的审美趣味不同。实际上，人性和阶级性的关系构成了共同美问题的哲学基础：“在阶级社会里，不同阶级的人既在阶级性上相互区别，又在人性上相互联结，因此，阶级性是不同阶级的个性，而人性则是各个阶级的共性，人类阶级社会就是两者对立统一的整体。”③这样，我们就应该承认共同美、反对人性论，也应该承认阶级性和差异美，并进行具体而细致的分析。

实际上，“共同美”是一种广泛存在的客观现象，它涉及美的创造、欣赏和接受，以及古今中外的审美共鸣的各个方面与环节，大量存在于自然、社会和文艺领域，在自然美、形式美、社会美中都有不同程度的表现。在阶级社会中，在肯定美的阶级性的同时，也应该承认“共同美”的存在。其中，就形式而言，“共同美”可能存在于下述两种形式中：第一，充分地表现了内容的有独立审美价值的文艺形式，包括艺术思维的形象形式、艺术语言、艺术结构、艺术技巧、表现手法等因素，它们是没有阶级性的客观存在。④ 第二，高度审美性的文艺形式。就内容来说，“共同美”可能存在于下述情况中：政治、阶级倾向和斗争不明显，或者说没有阶级性的作品，如自然美、形式美和有的文艺作品；进步或民主的文艺家一定程度地克服了其所属阶级的倾向性，创作了表现进步阶级或人民情感、愿望、思想的阶级性作品，或者表现了爱国主义、民族之情、高尚的道德情操的作

① 张松泉：《共同美问题初探》，载《学习与探索》1980年第2期。
② 同上。
③ 同上。
④ 同上。

品,它们虽然有阶级性,但最终超越了创作者所属的剥削阶级的局限而获得了大范围的认同,产生了“共同美”,受民众支持、拥护、认同的人民性是其基础;不同阶级的思想情感相互传播、影响、渗透、吸收也可能产生“共同美”;美的观念、审美活动是历史性和时代性的统一,传统的继承可能产生“共同美”;在激烈与缓和并存的阶级斗争中,不同阶级有斗争也有妥协,也有共同的利益,反映不同阶级共同利益、实践的作品可能产生“共同美”。这些“共同美”现象的根源就在于“不同阶级审美者,与同一审美对象有某种相同、相似的审美联系”①。此外,一个民族相同的语言、历史、生活、传统导致了相同或相似的审美心理结构、民族性格、认同和习惯,并可能产生“共同美”,张松泉称之为“民族的美”:“同一民族的不同阶级也有共同美,也就是民族的美。”②人类相同的生理和心理机能、心理积淀、审美机制,诸如性爱、亲情、喜怒哀乐等不同民族的生活、情感的相似性,也可能产生“共同美”。因此,“共同美”涉及的范围很广:“不仅是同时代同民族不同阶级之间的审美现象,而且也是不同时代不同民族不同阶级之间的审美现象。”③同样,导致“共同美”的原因也是复杂的、多种多样的,“既有审美者方面的原因,也有审美对象方面的原因,更有审美对象与审美者关系方面的原因”④。

美学界关于“共同美”的讨论有非常重要的理论意义、现实意义,不但有助于我们澄清美学的基本理论问题,深入研究美的创造、欣赏和接受,促进美学的发展,还有助于研究文艺的创作和接受,有效地吸收、继承传统文艺,更好地接受域外文化。

人性、人道主义讨论开始于 20 世纪 70 年代末,一直持续到 80 年代中期,并达到高潮。随着政治力量对这次讨论的介入,特别是以胡乔木代表中央意识形态主管部门发表的《关于人道主义和异化问题》⑤一文为标志,讨论受到影响,这方面的文章逐渐减少。事实上,人道主义讨论不仅仅存在着思想观念的分

---

① 钟子翱:《论共同美》,载《北京师范大学学报》(社会科学版)1979 年第 5 期。

② 张松泉:《共同美问题初探》,载《学习与探索》1980 年第 2 期。

③ 潘家森:《“共同美”研究简介》,载《哲学动态》1980 年第 2 期。

④ 同①。

⑤ 胡乔木吸收了知识界的一些意见,并代表意识形态主管部门对这些问题作了权威性的结论,这就是影响甚广的《关于人道主义和异化问题》,此文首先发表于《人民日报》1984 年 1 月 27 日,后来又发表于中央理论刊物《理论月刊》1984 年第 2 期,之后人民出版社又在 1984 年出版发行了《关于人道主义和异化问题》的单行本。

歧，还掺杂了政治、人事等方面的因素。因此，这次讨论始终与政治密切相关，在广泛而热烈的讨论背后，始终存在着政治力量隐秘的干预，学术与政治的矛盾几乎贯穿始终，这种现象在胡乔木代表意识形态主管部门对这些问题所作的权威性结论和讨论中以及所发生的一些重要事件中都有所反映。结果，周扬等倡导或支持人道主义的几位重要理论家被迫作了公开、非公开的检讨，学术讨论还导致了一些人事方面的变动，由此可见政治对这次讨论的巨大影响。[①] 客观地说，在这次讨论中，虽然反对共同人性、人道主义的学者仍然为数不少，但是，赞同共同人性、人道主义的学者更多，这些论者则因其强烈的现实针对性和历史合理性获得了更多的同情与道义上的支持。实际上，人性、人道主义不仅仅是抽象的理论问题，更是历史和现实的实践问题。李泽厚就从这个角度肯定了支持共同人性、人道主义的学者所占据的制高点："没能具体地科学地考察中国这股人道主义思潮的深厚的现实根基、历史渊源和理论意义，也就是说，这批判没有注意到这股人道主义思潮有其历史的正义性和现实的合理性。批判离开了这个活生生的现实，仍然是就理论谈理论，从而这批判也抽象、空泛、贫弱，离开了正在前进中的中国社会实践，它当然不能取胜。"[②]之后，一方面，少量的这方面的讨论还在继续；另一方面，这些问题又被转化为其他问题得到了讨论。

第三节　人性、人道主义及其与审美关系讨论的意义

客观地说，人性、人道主义讨论是当时社会文化发展的合乎逻辑的产物，有其必然性和合理性。随着讨论自由度的加大，这次讨论取得了不少成绩，不但具有了相当高的理论价值，而且还直接间接地推动了政治、社会的发展，还对审美、文艺创作产生了一定的指导意义和影响。从这些方面看，我们理应重视这次讨论及其留下的遗产。

---

① 关于这次讨论的详情和周扬参与讨论的情况可以参考《忆周扬》（王蒙、袁鹰主编，内蒙古人民出版社1998年出版）、《晚年周扬》（顾骧著，文汇出版社2003年出版）、《知情者眼中的周扬》（徐庆全著，经济日报出版社2003年出版）、《唐达成文坛风雨五十年》（溪流出版社2005年出版）等著作，以及其他一些回忆性文章或学术论文。

② 李泽厚：《中国现代思想史论》，东方出版社1987年版，第209页。

一、人性、人道主义讨论的政治意义

粉碎“四人帮”以后，随着清理“文革”流毒的逐渐展开，各行各业都开始进行拨乱反正的工作。学术界一方面要清除“以阶级斗争为纲”的极“左”思想的余毒，另一方面还要继续反思“文革”、极“左”思潮的思想根源。美学界也是如此，美学工作者逐渐清理、纠正了新中国成立后(特别是“文革”时期)的极“左”思想在美学领域的表现，尤其是一些错误的美学思想、理论命题、范畴，废弃了一些不合时宜的提法。在这个过程中，美学也在某种程度上参与了当时的政治，甚至成为当时政治活动的一个有机组成部分。20世纪70年代末以来，中国逐渐打破了长期的闭关锁国的封闭状态，开始与国外交流，在开放的同时还开始了国内各行各业的改革，也由此重新启动了现代化工程。而且，美学界还根据社会现实和审美、文艺的实际发展状况，提出了一些新的理论。随着社会的变革、发展，一方面，现实变化要求文艺、审美、文化顺应时代潮流，反映社会生活中的这些变革和人们的精神风貌，并引发它们的巨变；另一方面，社会的发展也为它们提出了新的时代课题，扫除封建的、落后的消极思想的影响，克服不作为的惰性思想，为改革开放扫清前进道路上的障碍，也要求文艺、审美、文化针对社会现实生活的实际状况提出并解决新的问题，以特有的方式参与社会变革，服务改革开放的全局和时代的需要。可以说，在当时的语境中，改革开放是最大的政治，时代要求美学服务政治，美学也以特有的方式参与、服务政治。这是新时期美学建设的政治语境，也是理解当时美学界关于人性、人道主义讨论所必须考虑的。

关于人性、人道主义的讨论具有非常重要的政治意义。许多美学学者都直接或间接地反对“以阶级斗争为纲”的提法，尤其反对夸大当时社会的阶级矛盾、阶级斗争的种种思想，有助于引导人们冲破极“左”思想的束缚，解放思想，促使人们摆脱“文革”式狂热的阶级斗争的思维模式、思想和行为，走出“文革”带来的心理阴影，并由此获得了巨大的政治意义；诸如高尔泰等美学家对美、人道主义的呼唤和探索，实际上是对自由的呼唤和张扬，包含着对“文革”的专制和强权政治的控诉，以及对当时社会现实中存在的僵化、教条政治的不满，美学观念的背后是强烈的政治诉求和指向，高尔泰当时还创作了一些“文革”题材的小说，这些小说反映了普通人在畸形政治下的命运变迁，形象地贯彻、体现了他的美学观；有许多讨论者积极呼唤、探索人的共性及其审美表现，并要求适当地关注阶级性及其与共同人性的关系，反对夸大阶级性，是对新中国成立后特别是“文革”时期过分地强调阶级性、阶级斗争的反拨，也包含着对不合常态的火药味异常激烈的阶级斗争的不满和对合乎人情味的、闲适的社会生活的期待；“文革”的梦魇、封闭的思想、落后的现实都从反向倒逼社会变革，改革开放已经成为绝大多数中国人的共识。人性、人道主义讨论还从特定的人的角度展示了美学界对现代、现代化的憧憬，从而使这次讨论在针砭封建愚昧、呼唤现代文明等方面获得了特殊的政治意义。

人性、人道主义讨论与当时兴起的人的解放的思潮高度吻合，或者说，这次讨论就是这股思潮的有机组成部分。美学研究者倡导人的自由而全面的发展，张扬人的个性；呼唤适应现代社会、充满现代气息的现代人；反对封建思想、专制思想对人的奴役，提倡人的自由；呼吁社会尊重人的天性、个性，为人的成长提供、创造应有的条件和氛围；为人的感性、欲望、自然性正名，吁求审美的人。现代化首先要求人的现代，没有现代思想、现代人，现代化就无从谈起。这次讨论从特定的美学角度、理论角度促进了人的解放，续写了五四运动发现人、解放人的传统，对于纠正“文革”的弊端、促进人的全面发展、塑造现代人起到了不可替代的作用。

二、人性、人道主义讨论促进了对马克思主义、马克思主义的人学思想的研究

这次讨论内容广泛，不但研究了人性、阶级性、异化、人道主义这些基本问题及其关联，还梳理了中国现当代哲学史、美学史、文论史关于这些问题研究的得失，在基本理论的研究方面取得了一定的成绩，并结合中国当时的实际尝试推动这些理论与实践的结合，尤其是把这些理论探索与审美表现结合起来，促进了美学研究和社会的共同发展。作为新时期参与讨论人数最多、规模最大的一次讨论，当然很难做到让参与者取得完全一致的看法，但是，确实形成了一些多数人能够接受的共识，诸如正视人作为动物的自然属性、承认其存在的合法性、反对夸大它的作用并防止其泛滥，尤其要处理好人的自然属性与社会性之

间的关系，同时，要把这些理论探索的成果落实到审美表现中；承认阶级社会中人的阶级性及其审美表现，但也不能否定共同人性及其审美表现，谨慎地处理好和平时期，特别是社会主义建设时期的阶级矛盾、阶级性及其审美表现的问题，还要纠正新中国成立后，特别是"文革"时期的实践和理论中过分强调阶级性及其审美表现的错误；人道主义及其审美表现在历史上曾经发挥过反封建、提高人的精神境界的积极作用，现在仍然具有合理性和存在的必要，也应该成为我国社会主义精神生态中的一个重要的参考标准，并在审美领域适当地、丰富地予以表现。这些讨论还促进、丰富了中国的人学研究，推进了美学、文艺对人的重视和表现。

这次讨论非常关注马克思主义、马克思主义人学的基本思想，学界以马克思主义的经典论著为根据，系统地研究了诸如青年马克思的思想及其在马克思主义思想史上的意义、马克思主义的基本思想、马克思主义的出发点、马克思主义的归宿以及阶级观、异化、社会主义、共产主义等马克思主义的基本问题。这些讨论有较大的分歧，在交锋、对话中澄清了一些误解，纠正了一些错误，也形成了一些共识，有助于全面而深入地理解、把握马克思主义思想。而且，讨论还与学术界关于马克思《手稿》的讨论结合在一起，学术界依据《手稿》和马克思主义的其他论著，关注并系统地研究了诸如马克思主义的人性观、马克思主义对人道主义的理解、人的异化、人的解放、人性的复归等马克思主义的人学思想。虽然理解这些问题时存在着较大的分歧，但多数学者倾向于认为，马克思主义重视人的阶级性、社会性及其审美表现，但并没有否定、排斥人的自然属性和不同阶级之间的共通性及其审美表现；马克思主义肯定人道主义的历史和现实意义，并在一定层面上倡导人道主义。马克思主义、人道主义都追求人的全面和自由发展，但二者有着重大的差别，人道主义主要停留在对不人道的思想行为的抽象抗议、抗争上，主要诉诸观念、思想、感情层面的呼吁和温和的行动，这样并不足以从根本上解决问题；马克思主义则把全人类的解放和自由发展作为自己追求的目标，依靠阶级斗争、最终消灭阶级差别和阶级的方式，从而解放所有的人，并由此超越人道主义。鉴于此，审美不但应该关注并表现一般意义上的人道主义，更应该关注并表现马克思主义所讲的人道主义，以及当下社会主义社会的人道主义。

学术界还就异化、人性的复归、人的解放等问题展开了激烈的讨论，多数学者认为，人的解放是马克思终生关注的问题，但青年马克思确实较为直接，较多地关注异化、人性的复归等问题。例如，写作《手稿》时马克思的思想较为复杂，一方面他受费尔巴哈的影响，仍然拖着人本主义的尾巴；另一方面在这部著作中有其后来多数重要思想的萌芽、雏形。成熟的马克思也关注这些问题，但他不是一般性地泛泛地谈论这些问题，而是把这些问题纳入了其历史唯物主义和辩证唯物主义的框架，更为重视阶级分析、社会结构分析，从生产力与生产关系、经济基础与上层建筑之间的矛盾和变化入手分析这些问题，为解决这些问题提供了坚实的基础和切实有效的途径。审美领域应该表现人的异化、人性的复归、人的解放这些主题，但也有个度的问题，或如何科学地把握的问题，否则，就可能仅仅以人性的异化与复归的简单化倾向来看待复杂的社会、审美现象，把问题简单化，再次引发新的混乱。

这次讨论取得了重要的理论成果，有助于人们正确地认识和把握人性、人道主义、异化和马克思主义的人学思想等问题，以及审美与人性、人道主义、异化的关系。这次讨论促进了学界的交流，尽管无法消除根本性分歧，但仍然有利于澄清误读、误解和认识上的混乱。这次讨论推动学界从理论上科学地理解马克思主义及其人学思想，也有助于克服对《手稿》的过度阐释。而且，这次讨论以反思的方式介入历史，在一定程度上克服了以往的机械主义、教条主义倾向，能够帮助我们在理论和实践层面思考新中国成立后，特别是“文革”时期在处理人的问题方面的缺陷，从而汲取教训，避免重蹈覆辙。

三、这次讨论推进了对一些具体美学问题的研究，为美学研究奠定了基础

美学界从现实出发，勇敢地突破禁区，就人性、阶级性、人道主义、异化、人的解放及其审美表现问题展开了广泛而深入的讨论，从理论上澄清了一些问题，形成了一些共识，促进了人们对现实和历史问题的认识，还推动了这些问题与审美关系的研究。在“共同美”问题上，美学界以毛泽东的有关谈话为契机，深入地研究了“共同美”现象，极大地推进了对这个长期困扰美学界的难题的解决，有助于破除“极左”思想的影响，正确地看待这种审美现象。

作为新时期美学的主要讨论之一，这次讨论在纠正错误、片面认识的基础

上还形成了一些共识,为新时期以来的中国当代美学建设奠定了理论基础,也可以说,这些研究已经成为中国当代美学研究的有机组成部分;同时,也指导或潜移默化地影响了审美领域和文艺创作领域,并取得了积极的成果。

20世纪90年代之后,中国的现代化建设日益深入,政治已经回归其常态和正常的位置,政治、阶级斗争对人们日常生活的影响也日趋减弱,人们更为注重闲适、幸福、愉悦的生活,人性的侧重点也有所转移。这时,全球化以更快的速度迅猛发展,资本的流通也随之加速,经济成为时代的主题和日常生活的重心,由此而生发的是金钱、商品、市场、感官刺激、畸形的欲望、过度享乐等对健全人性的侵蚀,这对审美形成了更大的挑战,提出了更高的要求。人性与审美的关系问题又被转化为如何在感性与理性、精神性与物质性、现实欲望与超越性等各种因素的平衡中寻求人性合理的满足和健康的发展,此时,如何发挥审美对健全人性的形塑和影响,就成为中国当代美学界面临的重要任务,也成为这个时期美学、文艺研究的主要议题。关于这些问题有一些讨论,但大都针对一些具体问题,也不很系统。尽管这些问题非常重要,但不可能在短时间内解决。而且,在新世纪又有愈演愈烈之势,这需要在相当长的时期内从理论、实践层面展开深入的探索和研究。

20世纪末以来,人性、人道主义与审美的关系又转换成新的形式得到了讨论。1996年,复旦大学出版社出版了章培恒主编的《中国文学史》,章培恒在导论中提出了该书评价作家、作品的"人的一般本性"标准,他主要从人的自然性理解人性,他强调"个人的全面而自由的发展"应该最大限度地解放人的"原欲",即"本能的个人欲望",充分实现人性的社会就是不压抑人的欲望、保障"每个人的个人利益都得到了最充分的满足"的社会。[①]《中国文学史》贯彻了以"人性"评价中国古代文学现象的标准,与此相似,在中国现代文学研究领域,也出现了类似的情况。为了克服中国现代文学阐释中过于强调文学社会价值的局限,并适应全球化的趋势,黄修己基于"全人类性"的标准提出了"中国现代文学全人类性的阐释体系"。其主要内容为,"以人性论为理论基础,研究现代文学在特定的时代背景下,如何反映或表现人类共有的人性""承认人类共同的价值底线,以此为标准来衡量、评价现代文学的得失,解释它的历史"。这样,就可能

① 章培恒、骆玉明:《中国文学史新著》,复旦大学出版社2007年版,序,第4—5页。

建构一个“超越了民族、国家、阶级集团的价值观，是持不同的社会价值观的人们都能理解、接受，都能在这个思想层面上沟通的”“反映了全人类公共利益需求”“为人类公认为价值原则和行为原则”。[①] 邓晓芒则用“永恒普遍人性”解释文艺作品的永恒性问题，他理解的文艺的本质是“将阶级关系中所暴露出来的人性的深层结构展示在人们面前，使不同阶级的人也能超越本阶级的局限性而达到互相沟通”[②]，这样，历史上所有描写不同阶级之间矛盾、斗争的文艺作品都“丧失”了其本质。针对这些现象，王元骧对此进行了辨析。他认为，马克思的“人性”概念包含了社会性，不能仅仅理解为人的自然的欲望、本能，它还是一个理想而不是现实的尺度，章培恒、黄修己、邓晓芒对“人性”的理解都不同程度地偏离了这两点，不过，其错误又有差别。而且，如果偏离这两点，必然导致文艺评价中的两种错误倾向：第一，“由于把人性抽象化、自然化而导致对文学社会内容、思想意义的贬损和否定”；第二，“由于把‘人性’与社会性相分离，必然导致文学评价标准的迷乱和思想导向的失误”。[③] 具体而言，他们的错误各有侧重。章培恒不但错误地理解了马克思对爱尔维修和边沁的思想的接受，而且对马克思关于人性的理解也是错误的。实际上，马克思批判了“原欲”及其支配的状态，当然也反对把一切社会关系、社会规范都视为对人性的压抑，而且，他反对将“人的机能”沦为“动物的机能”，并批判资本主义异化劳动“使动物的东西变成人的东西，而人的东西成为动物的东西”。鉴于此，章培恒的错误理解，必然导致他依据“人性”标准评价文艺现象的错误、偏颇，尤其是他对人物的欲望、本能及其描写的不合适的评价。[④] 黄修己根据“人性”提出的超越性的“价值观”不但很难在现实中存在，而且更难被接受、认同，既然如此，也就谈不上反映“全人类公共利益需求”的“全人类性的价值底线”了。同时，即使阅读同一作品，不同读者的侧重点也未必相同。据此，王元骧反对对“人性”及其派生的“概念”进行过度的阐释和运用，他认为：“我们也不能因为文学作品为不同阶级所阅读就认为有人类公认价值原则的存在，更不能认为只有表现了共同人性和人类公认价值原则的作品才能为不同阶级读者所接受，否则都难免会把复杂的问题简单

---

① 黄修己：《全球化语境下的中国现代文学研究》，载《文学评论》2004 年第 5 期。

② 邓晓芒：《艺术作品的永恒性》，载《浙江学刊》2004 年第 3 期。

③ 王元骧：《关于文学评价中的“人性”标准》，载《文学评论》2006 年第 2 期。

④ 同上。

化。”[①]再从黄修己的批评实践看，他排斥那些反映、描绘社会矛盾的文艺作品，推崇五四时期一些“颂扬宽广的人间爱”的“问题小说”，这种做法也存在很大的问题，这些问题也都源于其关于人性的错误思想。邓晓芒依据“人性”解释文艺的永恒性，试图割断文艺与现实（尤其是阶级状况）之间的关系，从读者对作品价值的感受性认同中寻找文艺的永恒性，则混淆了审美意识和日常意识，用日常意识层面的沟通标准评价作品，实际上排斥了那种普遍的必然的原则，使文艺接受沦为感受性认同的低层次的、缺乏客观性的、随意的评价，也就无从认识作品的永恒性。介入这次讨论的学者不多，但是，讨论中提出的问题很有意义、深度，也由此凸显了这次讨论的重要性。这次讨论有利于认识审美、文艺、文艺批评的基本问题，尤其是在新的历史条件下出现的人性与审美关系的新变化，也有利于纠正以前的错误认识，进而达成共识，其理论意义自然非常重要。而且，这次讨论还涉及了对诸如文艺的永恒性、文艺批评的标准、中国文艺作品的评价等具体与人性有关的审美问题的辨析和重新理解，探索了在新语境中如何理解它们的问题，为我们认识这些问题提供了新的视角、思路，同时也有助于消除在理解这些问题上的分歧。

人性、人道主义问题及其与审美、文艺的复杂而重要的关系，中国当代美学家应予以高度重视，结合当下的社会、文化实践给出有实际意义的答案，以有效指导和促进审美、文艺、健康人性的共同发展。我们应该珍视并继承新时期以来人性、人道主义讨论所留下的这笔丰富遗产，有结论的应该继承、发扬，错误的应该纠正、扬弃，不能适应时代发展的应该结合新的形势和时代要求进一步探索、调整，使其焕发出新的活力。为此，中国美学界仍然需要从这份遗产中获得资源、汲取力量，重新阐释这个问题在新语境中的变化，从理论和实践层面完成这个重要、艰巨的历史使命。

---

① 王元骧：《关于文学评价中的“人性”标准》，载《文学评论》2006 年第 2 期。

第四章

《1844 年经济学哲学手稿》中美学问题的讨论

在20世纪中国美学史上，马克思的《1844年经济学哲学手稿》（下文简称《手稿》）①具有特殊的意义，不但影响了中国学界对马克思主义美学的理解，还成为中国当代美学建设的重要理论资源，发挥了不可替代的作用。据考证，早在20世纪30年代，《手稿》就进入了中国学者的视野，蔡仪1933年在日本求学时就接触并思考了这部著作（当时叫作《神圣家族》）中的某些内容。② 1957年，《手稿》③第一个中译本出版后，就为中国学界所关注，在20世纪五六十年代的美学大讨论中，李泽厚尝试运用《手稿》研究美学问题，特别是自然美问题。在新时期的美学研究中，随着新的《手稿》译本④的出版，朱光潜亲自翻译的一些重要章节在李泽厚主编的《美学》上发表，《马克思恩格斯全集》第42卷所收录的新译文的出版，《手稿》发挥的作用就更大了。《手稿》不但成为实践美学立论的根据和理论基础，还影响了许多美学理论的建构，促成了具体美学问题的解决。关于《手稿》的研究在1982年形成了一个热点、高潮，马列文论研究会举办的哈尔滨会议、中华全国美学会举办的天津会议、中国社科院文学所举办的南宁会议、江苏省美学会举办的苏州会议等专门对《手稿》开展专题性研讨。⑤ 之后，《手稿》的研究一直持续不断，时有论文、论著发表、出版。

《手稿》是马克思主义思想发展史上的一部重要理论著作，并因它与美学的密切关联及其丰富的美学思想而备受美学界的关注。20世纪八九十年代和21世纪，中国美学界围绕《手稿》的美学思想进行了广泛而深入的讨论，涉及了众多论题。本章论述以20世纪80年代为主，兼及其他时期。

---

① 关于《手稿》，译名有《巴黎手稿》《1844年经济学—哲学手稿》《1844年经济学哲学手稿》，本书除已发表论文题目仍保留原使用译名外，其余一律统一采用新近译法，即《1844年经济学哲学手稿》。

② 杜书瀛：《家族记忆》，中国戏剧出版社2008年版，第198页。

③ [德]马克思著，何思敬译，宗白华校：《经济学—哲学手稿》，人民出版社1957年版。

④ [德]马克思著，刘丕坤译：《1844年经济学—哲学手稿》，人民出版社1979年版。

⑤ 东方牧、周均平：《近年来关于马克思〈1844年经济学—哲学手稿〉中的美学思想问题讨论综述》，载《山东师范大学学报》1983年第2期。

第一节 关于《手稿》的学术价值及其在马克思主义思想史中地位的讨论

关于《手稿》的理论意义及其在马克思主义思想史中的地位、价值，这个问题非常重要，不但涉及对这部著作价值的认识，还涉及更为根本的对马克思主义、马克思主义发展史的理解。而且，关于《手稿》的基本判断是研究其美学思想的基础，也必然影响到对其美学思想的理解和评价。事实上，国外马克思主义学界或学派，如前欧美、苏联和东欧等国家的学界和存在主义、结构主义等学派，对这部著作的评价存在着很大的分歧，并与“两个马克思”的判断联系在一起，使这个问题显得异常复杂。由于种种影响，中国学术界对这个问题的认识也存在着很大的分歧，主要有两种代表性的观点。

一派以蔡仪等学者为代表，他们否认《手稿》是马克思主义的成熟之作，也对《手稿》中美学思想的价值持保留意见。蔡仪认为，写作《手稿》时的马克思受黑格尔、费尔巴哈的影响很大，他抽象地谈人，他的社会观、历史观的性质是人本主义，仍然保留了费尔巴哈人本主义的弱点，“表明他的人生观、社会观或历史观是唯心主义的，表明他的唯物主义是不彻底的”①。而且，《手稿》中的唯物主义没能达到马克思历史唯物主义的高度，也不能解释实践并由此作为唯物主义的基础。鉴于此，《手稿》是青年马克思向成熟的马克思主义发展过程中的过渡性著作，是不成熟的，它当然也不能代表马克思主义的基本思想和马克思主义思想的高峰。而且，《手稿》的不成熟性也要求我们应该慎重地运用其中对美的相关问题的判断，而不宜过分夸大其作用，更不能机械地照搬、套用其结论。在“文革”之前，蔡仪的思想基本上都是如此，对《手稿》的评价不高，但他在20世纪80年代仍然写了诸如《马克思究竟怎样论美？》《〈经济学—哲学手稿〉初探》《马克思思想的发展及其成熟的主要标志》《论人本主义、人道主义和“自然人化”说》等长文，更为系统地、深入地阐发了他的这些基本思想。尽管如此，他仍然从《手稿》中吸收了不少思想用来建构其美学理论和对具体美学问题的研

① 蔡仪：《〈经济学—哲学手稿〉初探》，见蔡仪主编：《美学论丛》第3辑，中国社会科学出版社1981年版，第9页。

究。毛崇杰、钱竞等学者都比较认同蔡仪的基本判断,并由此出发研究了青年马克思的思想。毛崇杰认为,青年马克思的主导思想仍然是人本主义的思想:

> 在写作《手稿》时,(马克思)还受着费尔巴哈的唯物主义人本主义影响,这种人本主义与唯心主义人本主义区别在于坚持了自然观的唯物主义,因此,在"出发点"上没有抛弃作为"劳动材料"的自然界;但同时也还没有找到社会关系对人的规定而笼统含糊地也以"主体的人"为出发点。这种人本主义使马克思从人本学(人类学)上去为人寻找本质力量,如"感觉、情欲"等,另一方面又以这种人的本质力量去肯定对象世界的客观实在性。①

另一派以朱光潜、李泽厚、马奇、刘纲纪等学者为代表,他们充分肯定了《手稿》的理论价值及其在马克思主义发展史上的意义。他们认为,《手稿》深刻地阐述了人性、人的本质、哲学的出发点、实践、自然的人化、人道主义、异化、资本主义、共产主义和人的解放等重要问题,它们是马克思对这些问题的独特回答,也反映了马克思主义的基本观点;《手稿》有丰富的美学思想和重要的美学价值,应该把它作为基本的理论依据来研究马克思主义美学、美学的基本理论和具体的美学问题,有些学者还运用马克思主义的实践观建构了实践论美学。朱光潜充分肯定了《手稿》的人性观、人道主义:"马克思正是从人性论出发来论证无产阶级革命的必要性和必然性,论证要使人的本质力量得到充分的自由发展,就必须消除私有制。"②他甚至把马克思主义解释为一种人道主义,把它们等同起来,他还吸收了《手稿》的人学思想和美学思想,并用来建构其美学理论。在"文革"之前,李泽厚就充分肯定了《手稿》的美学价值,20 世纪五六十年代美学大讨论时,他就运用《手稿》的思想,特别是"自然的人化"等思想来论证美的社会性、客观性。80 年代初期,李泽厚没有专门研究《手稿》的文章,也没有直接参与《手稿》的讨论,但他仍然发表了不少对《手稿》的看法,他的基本美学观、美的本质观、"积淀说"和对美感的解释都吸收了《手稿》的思想,他本人也成为实

① 毛崇杰:《怎样看待马克思主义实践观点——兼评"实践美学"》,见中国社会科学院文学所编:《马克思哲学美学思想论集——纪念马克思逝世一百周年》,山东人民出版社 1982 年版,第 271 页。

② 朱光潜:《关于人性、人道主义、人情味和共同美问题》,载《文艺研究》1979 年第 3 期。

践论美学的重要理论家。在“文革”之前就不同意蔡仪《手稿》观的马奇连续写了三篇长文，这些文章都被收入马奇所著的《艺术哲学论稿》，即《马克思〈1844年经济学—哲学手稿〉与美学》《马克思〈1844年经济学—哲学手稿〉中的美学问题》《对〈1844年经济学—哲学手稿〉的理解》，对于《手稿》，他没有直接反驳其他人，而是从正面系统地阐述了自己的思想，即写作《手稿》时期的马克思的思想已经成为马克思主义了，《手稿》的思想是马克思主义的初始形态，已经具备了马克思主义三个组成部分的雏形，应该把《手稿》作为马克思主义看待，也应该重视其包含的美学思想。陆梅林与马奇的思想比较接近，他认为写作《手稿》时马克思的唯物史观已经形成：“马克思早在《1844年经济学—哲学手稿》中即已初步形成物质生产实践观。关于唯物史观和新美学的基本前提的思想，就是从这部《手稿》生发滥觞起来的。马克思的这种唯物史观的思想，在此之前即露端倪，唯在这部《手稿》中发挥得比较清楚。”[①]刘纲纪写作了专门探讨《手稿》美学思想和反驳蔡仪观点的文章《略论“自然的人化”的美学意义》《关于马克思论美》，这两篇文章都收入《美学与哲学》，他肯定《手稿》是成熟的马克思主义著作，同时，作为马克思主义的唯物主义，历史唯物主义以实践为基础，与实践的观点不能分离，蔡仪理解的唯物主义属于旧唯物主义或机械唯物主义，不是马克思主义的唯物主义。而且，他还分析了《手稿》中具体的美学问题及其对美学建设的意义，尤其是其实践思想对中国实践论美学的建设性，否定了用实践观点研究美学是重蹈苏联修正主义覆辙的看法，但他反对用以《手稿》为代表的人道主义来概括马克思主义，即马克思主义包含了人道主义，但不能把二者等量齐观。蒋孔阳也运用《手稿》的思想来解决美学问题，并为实践美学作出了独特的贡献。

关于《手稿》的这两种基本观点和评价存在着巨大的差异、分歧，这样的分歧又深刻地影响了对《手稿》中具体美学问题的理解。

第二节 “自然的人化”

“自然的人化”（亦称之为“人化的自然”或“人的本质的对象化”）是《手稿》

① 陆梅林：《马克思主义美学的崛起——〈1844年经济学哲学手稿〉读后》，见程代熙编：《马克思〈手稿〉中的美学思想讨论集》，陕西人民出版社1983年版，第137页。

中的一个重要命题,并对新时期的美学产生了重要的影响。这个命题主要围绕人与自然的关系展开,马克思在《手稿》中从主客观两个方面阐述了这个命题。从客观方面讲,人必须依靠自然,进而利用、改造自然为人类所用,人类的生产、实践活动的介入,使人类获得了区别于动物族类的属性,也使自然成为实践的对象(或者说创造、观照、审美的对象):

> 人则使自己的生命活动本身变成自己的意志和意识的对象。他的生命活动是有意识的。这不是人与之直接融为一体的那种规定性。有意识的生命活动把人同动物的生命活动直接区别开来。正是由于这一点,人才是类存在物。或者说,正因为人是类存在物,他才是有意识的存在物,也就是说,他自己的生活对他是对象。仅仅由于这一点,这种生产是他的能动的、类的生活……通过这种生产,自然界才表现为他的作品和他的现实。因此,劳动的对象是人的类生活的对象化:人不仅像在意识中那样在精神上使自己二重化,而且能动地、现实地使自己二重化,从而在他所创造的世界中直观自身。①

从主观方面看,人的感官、感受力、审美能力的产生和发展离不开实践(特别是"人化了的自然界"),没有后者就不可能有感知、感受:

> 只是由于人的本质的客观地展开的丰富性,主体的、人的感性的丰富性,如有音乐感的耳朵,能感受形式美的眼睛,总之,那些能成为人的享受的感受,即确证自己是人的本质力量的感觉,才一部分发展起来,一部分产生出来。因为,不仅五官感觉,而且所谓的精神感觉、实践感觉(意志、爱等等),一句话,人的感觉、感觉的人性,都只是由于它的对象的存在,由于人化的自然界,才产生出来的。五官感觉的形成是以往全部世界历史的产物。②

---

① [德]马克思著,中共中央马克思恩格斯列宁斯大林著作编译局译:《1844年经济学哲学手稿》,人民出版社1985年版,第53—54页。

② 同上,第83页。

当然，如果没有“人化了的自然界”对主观的影响，就根本不可能产生审美主体和审美活动。马克思主要是从人类实践的角度来谈论这个问题的，但是，审美是人类的一种特殊的实践类型，“自然的人化”也应该适用于审美活动，这也是中国当代大多数美学研究者如此关注这一命题并积极运用它解决美学问题的原因。

基于对《手稿》的基本判断，蔡仪对“自然的人化”的评价也不高，并由此引发了广泛的关注和争议。蔡仪认为，《手稿》的“人类化了的自然界”和“对象化了的人”的前提是“私有制的扬弃”“一切人的感觉和属性的完全的解放”，而不是一般的人类实践。这样，“人类化了的自然界”是马克思对废除了私有制的社会的人与自然关系的表述，是特殊社会形态中的人类实践。据此，蔡仪得出了独特的判断：“我们认为《手稿》中所谓‘自然的人化’和‘人的本质对象化’的语句，根本不是表现马克思主义思想的，而是表现人本主义原则的。这种人本主义虽然从唯物主义观点出发，却终于走上了‘物我交融、物我同一’的主观唯心主义的道路上去了。”[①]蔡仪这个观点的依据是：马克思在《手稿》中论述人的本质时，把人的本质从劳动经过“有意识的生活活动”最后归结为感觉，这样，就可以把人的本质力量进一步具体化为“五官感觉”以及“所谓的精神感觉、实践感觉”，人的自然性也就成了人的本质，马克思就像费尔巴哈那样把人的本质经过“理性、意志、心情”最后归结为爱；马克思在看待人和自然的关系时，不仅主张用自然来规定人和人的本质，也重视用人和人的本质来规定自然，所以，他主张“人的本质对象化”“自然的人化”这样的自然和人互化的理论，这表明《手稿》中的人本主义原则实际上已经“化”为道道地地的主观唯心主义了。[②] 而且，蔡仪还否认《手稿》有“自然人化”和“人的本质的对象化”的提法：“所谓‘自然界的人化’和‘人的对象化’，我们翻来覆去地查，也没有找到明确的出处。”[③]蔡仪对“自然的人化”的这种态度和判断源于他对《手稿》的基本思想的判断，也可以说，是其对《手稿》的总体判断在这个问题上的具体表现。

与蔡仪的判断不同，多数美学研究者都从正面肯定了“自然的人化”的美学价值和理论意义。

在20世纪50年代的美学讨论中吸收了“自然的人化”思想的李泽厚继续

---

① 蔡仪：《论人本主义、人道主义和“自然人化”说》，载《文艺研究》1982年第4期。

② 同上。

③ 蔡仪：《美学论著初编》(下)，上海文艺出版社1982年版，第924页。

肯定、发掘、拓展了这一命题的意义和价值。他认为,首先,“自然的人化”有助于认识美的产生、发展和美的本质,即:

> 通过漫长历史的社会实践,自然人化了,人的目的对象化了。自然为人类所控制改造、征服和利用,成为顺从人的自然,成为人的“非有机的躯体”,人成为掌握控制自然的主人。自然与人、真与善、感性与理性、规律与目的、必然与自由,在这里才具有真正的矛盾统一。真与善、合规律性与合目的性在这里才有了真正的渗透、交融与一致。理性才能积淀在感性中,内容才能积淀在形式中,自然的形式才能成为自由的形式,这也就是美。①

其次,李泽厚扩大了这个命题的适用对象和范围,他认为这个命题也应该包括诸如天空等未经人类直接改造、加工并留下了人工痕迹的自然和自然现象,并进行了广义、狭义的区分。他经过长期的思考和多次阐释,赋予了这个命题历史的视野和实践的维度,对此作出了独特的解释:

> 其实,“自然的人化”可分狭义和广义两种含义。通过劳动、技术去改造自然事物,这是狭义的自然人化。我所说的自然的人化,一般都是从广义上说的,广义的“自然的人化”是一个哲学概念。天空、大海、沙漠、荒山野林,没有经人去改造,但也是“自然的人化”。因为“自然的人化”指的是人类征服自然的历史尺度,指的是整个社会发展达到一定阶段,人和自然的关系发生了根本改变。“自然的人化”不能仅仅从狭义上去理解,仅仅看作是经过劳动改造了的对象。狭义的自然的人化即经过人改造过的自然对象,如人所培植的花草等等,也确乎是美,但社会越发展,人们便越要也越能欣赏暴风骤雨、沙漠、荒凉的风景等没有改造的自然,越要也越能欣赏像昆明石林这样似乎是杂乱无章的奇特美景。这些东西对人有害或为敌的内容已消失,而愈以其感性形式吸引着人们。人在欣赏这些表面上似乎与人抗争的感性自然形式中,得到一种高昂的美感愉快。所以,所谓“被掌握了的规律性”,也是从广义上讲的。和谐、小巧、光滑、对称是掌握了的规

① 李泽厚:《批判哲学的批判》,人民出版社 1979 年版,第 403 页。

律性。不和谐、巨大、杂乱在这里也是作为一种掌握了的规律性。艺术家就经常运用这种规律性。所以，应该站在一种广阔的历史视野上理解“自然的人化”。[①]

程代熙也持类似的看法，他的角度稍有不同，他强调要分别从客体和主体的角度去看待“人化的自然”，就前者而言，马克思的“人化的自然”指人类生产的除了他自身之外的“整个自然”(或者说“第二自然”)；就后者而言，它有两个意义，“(一)它，即‘人化的自然’是人的‘作品’；(二)它又是人的现实。说它是人的‘作品’，是说它是人生产劳动的对象，是劳动的产物。至于说它是人的现实，则是如马克思所说，人能够‘在他创造的世界中直观(按：似乎应译为‘观照’——引者)自己’。说得稍微明确一点，‘人化的自然’是人的力量、意志和意识的表现”[②]。而且，还要辩证地看待“人化的自然”，马克思主义辩证地看待人与自然的关系，既把人作为自然的组成部分，又把自然作为人的组成部分，同样，“人化的自然”也体现着客体(自然)和主体(人)的辩证统一。鉴于此，程代熙把未经人类直接改造、加工的自然也视为“人化的自然”。

最后，李泽厚把“感官的人化”和这个命题联系起来并予以发展，他在《美感谈》中指出：

人化的自然有两个方面，一个方面是外在自然，即山河大地的“人化”，是指人类通过劳动直接或间接地改造自然的整个历史成果，主要指自然与人在客观关系上发生了改变。另一方面是内在自然的人化，是指人本身的情感、需要、感知以至器官的人化，这也就是人性的塑造。[③]

“感官的人化”不但包括了外部的自然的人化，也应该包括人的内在自然的人化，这样，就增加了人的感官、生理和心理等主体方面的因素，把审美主客体都考虑进来，进一步拓展了这个命题的内涵、适用性和意义。事实上，对“自然

① 李泽厚：《美学四讲》，三联书店(香港)有限公司1989年版，第56—57页。

② 程代熙：《试论马克思、恩格斯“人化的自然”的思想》，见程代熙编：《马克思〈手稿〉中的美学思想讨论集》，陕西人民出版社1983年版，第368页。

③ 李泽厚：《美感谈》，见李泽厚：《李泽厚哲学美学文选》，湖南人民出版社1985年版，第384页。

的人化”这个命题的重视、发展，贯穿了李泽厚的整个美学研究，对其美的发生、美的本质、美感、美的功能等问题的研究都产生了深刻的影响。

20 世纪 80 年代，马奇发表了几篇研究《手稿》的长文，他主要从实践角度充分肯定了这个命题的重要美学价值：“生产实践是产生美的事物的根源，也是形成和发展人的审美能力、审美意识的根源，又可以说是产生艺术以及欣赏艺术的能力的根源。”①

朱狄及时回应了蔡仪的看法。朱狄认为，蔡仪说的《手稿》没有“自然界的人化”“人的对象化”乃翻译的差异所致，如果不拘泥于字面，就能够找到这样的表达。同样，更应该从基本思想出发研究马克思的美学，而不能仅仅拘泥于字面的表述。而且，异化是一个历史的概念，对象化是一个超历史的概念，不能像蔡仪那样因为异化会伤害美的创造和欣赏就否定异化社会中人和自然的对象化关系：“对象化是处在异化概念笼罩之外的一个超历史的概念，它并不随异化的扬弃而扬弃，相反，只要有人类社会，人和自然的关系就是一种对象化了的关系……”②刘纲纪非常重视《手稿》及其“自然的人化”思想的价值，他与蔡仪展开了激烈的争论，格外引人注目。他高度肯定了马克思的“自然的人化”思想之于马克思的历史唯物主义和美学思想的巨大意义，即它是“马克思所创立的历史唯物论的哲学前提，同时也是马克思美学思想的前提”③。刘纲纪认为，应该重视“自然的人化”的两层意义，它包含了在实践中形成的人与自然的关系，即自然怎样人化、人化怎样形成；它还是人类自由的感性形式的表现，并由此获得了美学的意义。这样，就应该从两方面看待“自然的人化”的美学意义：

> 一方面是可以直观到的感性自然的形式，另一方面是处处透过这种感性自然形式所表现出来的人的自由。这种感性自然的形式是一种合规律、合目的的形式。所谓合目的在美学上已越出了满足肉体生存需要的实际目的，而且即使在这种目的的范围之内，也不在目的的实现所带来的实际

---

① 马奇：《艺术哲学论稿》，山西人民出版社 1985 年版，第 176 页。

② 朱狄：《马克思〈1844 年经济学—哲学手稿〉对美学的指导意义究竟在哪里？——评蔡仪同志〈马克思究竟怎样论美?〉》，见程代熙编：《马克思〈手稿〉中的美学思想讨论集》，陕西人民出版社 1983 年版，第 116 页。

③ 刘纲纪：《略论“自然的人化”的美学意义》，见刘纲纪：《美学与哲学》，湖北人民出版社 1986 年版，第 124 页。

利益，而在从目的的实现中所表现出来的人的自由……同时，“自由不在于幻想中摆脱自然规律而独立，而在于认识这些规律，从而能够有计划地使自然规律为一定的目的服务”，因此体现了人的自由的感性自然形式又必然是合规律的。[①]

换言之，人类能够从感性自然形式中得到一种自由和美，这种自由来源于直接的实践，而实践则是发挥人自由的意志和情感的结果。此外，美还表现在“感性物质的形式中的人的自由”，具体来说，

这种自由是指劳动以及与之相关的人的其他的活动，不仅仅是用以维持人的肉体生存需要的手段，而成为多方面地发展人的个性、才能和力量的手段。它的感性物质的形式作为人的创造性的自由的活动的表现具有了观赏的价值。这个自由的领域所在，即是美的领域所在。这样看来，“自然的人化”作为人的实践创造所取得的自由的感性现实的成果去观察，就叫作“美”。[②]

也就是说，自由的实践一定会转化成实在的感性物质形式，这种有观赏价值的物质形式就是美的形式，也是美赖以存在之处。在刘纲纪看来，蔡仪错误理解这个问题的原因在于，蔡仪没能正确地研究出马克思是在何种意义上讲劳动是人的对象化，又是在何种意义上讲私有制中的劳动是人的异化。刘纲纪理解的马克思的原意是：

我认为，当马克思说劳动是人的对象化的时候，他是从人与自然的关系来看劳动的。从人与自然的关系来看，劳动都是人改造自然以满足人的物质生活和精神生活需要的活动，因而都是人的对象化的活动。这是普遍的，适用于一切社会（包括私有制社会）的。但当马克思谈到私有制下的劳动时，他又指出这种劳动是异化劳动。这时，马克思是从人和他的劳动以

① 刘纲纪：《略论“自然的人化”的美学意义》，见刘纲纪：《美学与哲学》，湖北人民出版社1986年版，第135页。

② 同上，第136页。

及劳动产品的关系来看劳动的……但是当马克思说私有制下的劳动是人的异化时,他并未否定私有制下的劳动从人与自然的关系来看也同样是人的对象化。他不但没有否认这一点,而且还充分地肯定和论证了这一点,因为这正是马克思揭露劳动异化的前提。只有肯定了从人与自然的关系上看,劳动本来是人的对象化,才能有力地揭露和批判私有制把劳动变成了人的异化。如果从人与自然的关系上看,劳动本来就是人的异化,那就不存在什么批判异化劳动的问题。不论私有制下的或消灭了私有制的社会下的劳动都是人的对象化,所不同的是前者是在异化的形式下存在着,后者则消除了异化。①

鉴于此,蔡仪对马克思的“自然的人化”和“人的对象化”的理解是有偏颇的,不符合马克思的原意,还导致他完全否定这个思想之于马克思美学的巨大的重要性。

周长鼎也充分肯定了“自然的人化”,“自然的人化”思想是马克思对现实自然界的极为深刻的理解,标志着马克思主义的“历史自然观”开始形成,也标志着马克思已经开始迈向辩证唯物主义和历史唯物主义。②

有些学者把“人化的自然”与“人的本质力量对象化”联系或等同起来,为理解这个命题提供了新的可能。

蒯大申则从范畴的角度理解马克思的“人化的自然”,把它归为本体和关系的范畴,自然从人类出现前的“自在”状态发展为人类“观照和实践的对象”,并与人类的历史发生了关联。这样,它的含义就与“人的本质力量对象化”等同了:“所谓‘人化’就是人的本质力量的对象化,就是人的意志、目的在对象身上的实现。”③“人化的自然”包括了相互联系、不可分割的两个向度:人改造自然,并使它服务于人的存在、发展,导致了客体的主体化;人类的实践也影响、改造了人类自己,生成、发展着人的本质力量,导致了主体的客体化。主体和客体是对立统一的辩证关系,既有不同和对立的质的规定性,又相互依赖、互相转化。

① 刘纲纪:《关于马克思论美》,见刘纲纪:《美学与哲学》,湖北人民出版社1986年版,第43—44页。
② 周长鼎:《正确看待马克思的“自然人化”理论》,见《马列文论研究》第8辑,中国人民大学出版社1987年版,第139页。
③ 蒯大申:《马克思“人化的自然”思想的美学意义》,载《江淮论坛》1981年第5期。

其哲学意义是“人化的自然”的一个方面，它之于美、美学和马克思的美学思想的意义则更为重大：

> 美是主体与客体的关系发展的一定阶段上的产物。在客体方面，自然已经不是人类史前的自然，而是向人生成的自然；在主体方面，人的感觉已经不是动物性的感觉，而是在对象身上日益展开的，日益社会化，日益“人化”的感觉。只有在这个时候，美才应运而生。因此，美不仅仅在客观，也不仅仅在主观，而在两者的对立统一之中。美不仅仅在“自然”，也不仅仅在“人”，而是在“人化的自然”之中。主体与客体，“自然”与“人”，不管失去了哪一方，美就成了一种子虚乌有的东西。美是人的本质力量对象化的结果，是人的社会实践的结果。①

这样，对于马克思的基本美学思想、认识美的本质甚至整个美学学科，“人化的自然”都是极为重要的命题，无疑应该肯定其学术价值。蒯大申从关系的视角研究“美”很有价值，也发现了这个思想之于实践论美学思想的意义，但他把“人化的自然”等同于“人的本质力量对象化”似乎不妥。施昌东接受了蒯大申论美的前提和部分观点，进而修正、发挥了对美感和美的认识，即人类在创造性的实践活动或结果中发现了其积极的本质力量、生活的价值，收获了追求的期待、愿望和目标，观照到了其信仰、气质、意志和人格等精神性的因素，由此感到了喜悦，这种喜悦就是美感，也可以从这里得到美的本质，美是人的积极的本质力量对象化的结果。② 施昌东的论述很有针对性，正确地把丑、消极、落后排除出了美的领域，但对美感的解释有些狭隘，也不应该把美的本质等同于人的本质力量（包括积极的本质力量）的对象化。尽管如此，他们还是有意无意地泛化、夸大了这个命题的作用，应该实事求是地看待这个命题的适用性，马奇的看法有助于纠正这种偏颇：“人的本质力量的对象化、自然的人化，可以说是美的根源的所在，不宜说它们就是美的本质，美的定义。”③何国瑞具体地分析了“人的本质力量对象化”的两种不同类型，即人的劳动的对象化和耳朵等五官感觉

① 蒯大申：《马克思“人化的自然”思想的美学意义》，载《江淮论坛》1981年第1期。
② 施昌东：《关于美的本质问题》，载《学术月刊》1981年第9期。
③ 马奇：《艺术哲学论稿》，山西人民出版社1985年版，第176页。

的对象化。他认为,这两种类型存在着辩证唯物主义和唯心主义之别:

其中第一种“劳动的对象化”,讲的是主体通过物质实践改造客观世界,在对象上体现主体的目的。这是辩证唯物主义的,是可以通过感性经验加以证明的。第二种“全面本质的对象化”,则要加以分析了……有的则是唯心主义的,如人凭视觉、听觉、嗅觉等难道也能“把自己的生命贯注到对象上去”,从而引起自然物质改变么?这种“感觉的对象化”来源于费尔巴哈。[①]

蒯大申、施昌东都涉及了“人的本质力量对象化”的美学价值,林清奇把这个问题转化为以下两个问题:“人的本质力量对象化”与美的关系,人与现实之间的关系是否是审美关系?在第一个问题上,林清奇与施昌东的看法一致,认为“人的本质力量对象化”是产生美的前提和基础,但人的本质力量对象化的结果并非都是美。在第二个问题上,林清奇和蒯大申一样都从关系的范畴看待人与现实的关系,即它们是对象性的关系,但又不能把这种关系简单地等同于人与现实的审美关系,原因是:

人与现实的对象性关系也是一个大范畴,它与人对现实的审美关系之间,也是一般与个别,普遍与特殊的关系。这就是说,人与现实的审美关系要以人与现实的对象性关系为基础,没有对象性关系,就没有审美关系。[②]

中国美学界关于“人化的自然”的讨论形成了明显对立的两派,其根源主要是对马克思写作《手稿》时的思想是否成熟的不同判断。大致说来,指认马克思的思想是人本主义的一派否定了这个命题的意义,相反,把马克思的思想视为历史唯物主义的一派自然会肯定这个命题的意义。在这两派中,后一派明显占据了优势,多数学者都持这样的看法,其响应者也颇多。

美学界讨论“人化的自然”有重要的学术价值。这次讨论关注了马克思的

---

① 何国瑞:《要用马克思主义方法研究〈1844 年经济学哲学手稿〉中的美学思想》,见《马列文论研究》第 8 辑,中国人民大学出版社 1987 年版,第 236—237 页。

② 林清奇:《马克思〈1844 年经济学—哲学手稿〉中的美学思想探讨》,载《山西师范学院学报》(哲学社会科学版)1983 年第 1 期。

人本主义思想、人学思想的得失，不少学者极为重视马克思的人本主义思想、人学思想之于美学研究的重要价值，并尝试根据这些思想来研究美的本质、美感、美的创造和欣赏、美的功能、形式美等基本美学问题，从特定角度促进了对具体美学问题的研究，也有利于从整体上推进中国当代美学的建设。

阐释“人化的自然”这个命题，必然涉及对其基础“实践”的理解。蔡仪等学者把“实践”定性为人本主义思想的产物，自然就否定了“实践”概念以及建立在其基础上的“人化的自然”命题及其美学意义。相反，肯定《手稿》及其唯物主义思想、肯定“实践”概念的李泽厚等学者也就自然地肯定了这个命题及其美学价值，并在阐发这个命题的过程中构建、发展了中国当代美学史上极有影响的实践论美学。实际上，“实践”概念和“人化的自然”已经成为实践论美学的基础。

从现在来看，“人化的自然”显然是一个现代性的哲学和美学命题，它主要强调人类对自然的征服、改造和利用，以满足人类的愿望、需求、生存、发展，而没有从自然与人类平等、互补、和谐共存、共同发展的角度看待问题，有严重的人类中心主义倾向。新时期中国美学界对这个命题的研究也同样存在这样的局限性，这是由当时的时代状况、现实导致的，也是不可能避免的，因为改革、发展生产力、促进物质文明建设是当时全民的共识和现实的必然选择，思想观念也应该适应、服务于此。21 世纪以来，人类的生存环境逐渐恶化，全球性的环境问题日益突出，随着国外的影响和国内生态主义的出现，中国学界开始反思这种局限性，直至生态美学的产生、发展，美学层面的反思才逐渐展开、深入，并由此开始反思这个命题的局限性。

第三节 “两个尺度”

马克思在论述人与动物的区别时谈到了“两个尺度”，《手稿》直接关涉“两个尺度”的文字是：

> 通过实践创造对象世界，改造无机界，人证明自己是有意识的类存在物，也就是这样一种存在物，它把类看作自己的本质，或者说把自身看作类存在物。诚然，动物也生产。它也为自己营造巢穴或住所，如蜜蜂、海狸、

> 蚂蚁等。但是动物只生产它自己或它的幼仔所直接需要的东西;动物的生产是片面的,而人的生产是全面的;动物只是在直接的肉体需要的支配下生产,而人甚至不受肉体需要的支配也进行生产,并且只有不受这种需要的支配时才进行真正的生产;动物只生产自身,而人再生产整个自然界;动物的产品直接同它的肉体相联系,而人则自由地对待自己的产品。动物只是按照它所属的那个种的尺度和需要来建造,而人却懂得按照任何一个种的尺度来进行生产,并且懂得怎样处处都把内在的尺度运用到对象上去;因此,人也按照美的规律来建造。①

美学界对“(物)种的尺度”和“内在的尺度”的理解出现了很大的分歧。事实上,《手稿》的不同译本对“内在的尺度”的翻译也不尽相同:何思敬译本和《马克思恩格斯全集》第 42 卷都将其翻译为“内在尺度”,刘丕坤译本将其翻译为“内在固有的尺度”,朱光潜则将其翻译为“本身固有的(或内在)尺度”。

有学者建议首先要从语义和翻译的角度澄清其含义,他们就“内在尺度”的翻译进行了讨论。朱光潜把“物种的尺度”翻译为“物种的标准”,把“内在的尺度”翻译为“本身固有的(或内在)尺度”。程代熙结合马克思的用词,从词源学的角度细致地分析了它们的含义,马克思习惯用生物学术语论述人类,他用德文 guttung 谈论人类自身,其拉丁语词源是 genus,俄语翻译成 род,其意思与中文的“属”“类”贴近;他从“物种”的角度论述人类时用拉丁词 Species,俄语翻译成 БпД,接近于中文“种”“物种”的意思。而且,马克思是严格使用“尺度”这一术语的,作为哲学和美学的术语,它对事物的质和量都有相应的要求,即它是事物特定的质和相应的量的对立统一。也就是说,事物特定的质和相应的量相互关联、匹配,量的变化具有一定的限度,如果超出了这个限度,必然引发事物的质变,限度则是由特定的质规定的。通过分析马克思的用法,程代熙认为,马克思的原本意思是,不同对象有各自不同的规律,人们根据这些不同的规律(或者说具体对象自身所固有的尺度),进行实践活动,进而达到目的。他在《关于美的规律》一文中引用马克思论述“美的规律”译文时,对《马克思恩格斯全集》第

① [德]马克思著,中共中央马克思恩格斯列宁斯大林著作编译局译:《1844 年经济学哲学手稿》,人民出版社 1985 年版,第 53—54 页。

42卷中的译文稍作改变，把“内在尺度”改为“对象固有的尺度”，原因在于，“尺度”(亦称之为“规律”)是独立于人的意志的客观存在，它理应是对象的尺度，是对象客观的本质特征。[1] 墨哲兰对此提出了不同的看法：

> “dem”是第三格(给予格)，而不是第二格(所属格)，不能译成“客体的内在标准”或“对象所固有的尺度”，而应译成“内在尺度用于对象”或“把内在尺度运用到对象上去”。[2]

这样，对格的不同理解导致了对内在尺度主体的不同解释，人而非对象才是内在尺度的主体。同样，“美的规律”不是客观的自然规律，而是包括了主体的人的创造自由的规律。之后，他们就此继续争论，但都没能说服对方。20世纪90年代，翻译的争论再度出现，陆梅林对比原文和俄文、英文进行了重译，他认为，俄文、英文的翻译是贴切的，可以据俄文翻译为中文“并且处处对对象运用固有的尺度”，原因是，根据俄文的语法，这里的“尺度”是对象固有的，形容词“所固有的”要求把名词变成第三格(即“给予”格)，但之前的“对象”一词已经是第三格了；英文翻译(the inherent standard of the object)明确使用了“属于”(inherent)，可以确定该尺度是属于“对象”的。据此，陆梅林认为，“两个尺度”都指对象客体的尺度。[3] 曾簇林、朱立元等学者也参加了讨论，但都无果而终。从语义和翻译角度厘清这个术语的意思，是正确把握“两个尺度”的基础和必不可少的环节。但是，仅仅依靠这种方法并不能解决所有的问题，而且，鉴于美学界理解上的巨大分歧，仍然有必要纵观马克思的整个思想和整体论述进行更细致的研究。

美学界关于“两个尺度”的理解主要有四种看法。

第一种，“物种的尺度”和“内在的尺度”相同说，即二者的内容大致相同，都指对象自身固有的尺度，差异是叫法的不同和对象的细微区分。蔡仪就是这样认为的，他把“尺度”界定为“测定事物的标准”“标志”“特征”或“本质”，进而把

---

① 程代熙：《关于美的规律——马克思美学思想札记》，载《学习与探索》1980年第2期。

② 墨哲兰：《人的本质与美的规律》，见程代熙编：《马克思〈手稿〉中的美学思想讨论集》，陕西人民出版社1983年版，第465页。

③ 陆梅林：《〈巴黎手稿〉美学思想探微》，载《文艺研究》1997年第1期。

二者等同起来:“‘物种的尺度’和‘内在的尺度’,无论从语义上看或从实际上看,并不是说的完全不同的两回事。物种的特征既有外表的也有内在的。而所以说到‘内在的’,不过是因为事物的内在的特征,比之外表的特征更难于掌握些。”[①]王庆璠也持有类似的看法:

> 这两个尺度实质上都是从不同角度去阐发同一个东西,都是指为对象所固有的尺度。前一个尺度指为对象所固有的尺度自不待言。而说“随时随地都能用内在固有的尺度来衡量对象”,则是强调人这个生产主体的能动性,他能用为对象所固有的尺度去衡量自己的创造物,合乎“内在固有的尺度”,就肯定它;否则,或修改,或重作,总要使这一创造物是符合对象固有尺度的成功的产品。“内在固有的尺度”即是为对象所固有的尺度。早在费尔巴哈的著作中,他就坚决反对了以人为万物尺度的主观唯心主义思想。《手稿》是以费尔巴哈的唯物主义哲学为前提的,坚持了同样的唯物主义立场。因此,有人把此处的“内在固有的尺度”当作人主观所有的尺度,是不正确的。尺度既然是为对象所固有的尺度,它当然是客观的、不以人的意志为转移的存在。[②]

第二种,“物种的尺度”和“内在的尺度”不同说,这种看法把“物种的尺度”解释为作为客体的对象的尺度,把“内在的尺度”解释为作为主体的人的尺度。以李泽厚为代表的多数学者都是这样认为的,尽管这类学者的看法大致相同,但各自的侧重点、解释仍然有细微的差别。具体而言,李泽厚对“物种”作了宽泛的解释,把“物种的尺度”理解为“客观世界本身的规律”,把“内在固有的尺度”理解为“实践的目的性”,也就是人的“内在目的”。[③] 刘纲纪把“物种的尺度”和“内在的尺度”分别理解为狭义的动物的尺度和人所要求的尺度:

> 马克思所说的物种的尺度和内在的尺度决不是一个东西。前者指的

---

① 蔡仪:《马克思究竟怎样论美?》,见蔡仪主编:《美学论丛》第 1 辑,中国社会科学出版社 1979 年版,第 51 页。

② 王庆璠:《马克思主义美学的哲学基础到底是什么? ——与郑涵同志商榷》,载《文学评论》1983 年第 1 期。

③ 李泽厚:《美学三题议》,见李泽厚:《美学论集》,上海文艺出版社 1980 年版,第 163 页。

> 是动物所属的物种的尺度，后者指的是和动物不同的人自身所要求的尺度。之所以称之为“内在的尺度”，就因为它不是外在的物种所具有的尺度，而是人根据他的目的、需要所提出的尺度。如果说这内在的尺度是物种自身所具有的尺度，那么马克思就决不会说什么“把内在的尺度运用到对象上去”这样的话。①

夏放强调了“物种的尺度”的客观属性，“该物的机械、物理、化学的属性”，“内在的尺度”指“在实践中人的尺度与物的尺度达到统一而言的。这种统一是一个客观的实践过程”②。换言之，“内在的尺度”是人实践中运用“人的尺度”时所导致的它和“物的尺度”之间的取舍、协调、相互适应和统一，“人的尺度”大于并包含了“内在的尺度”。杜书瀛也是这样理解“两个尺度”的。③

第三种，“物种的尺度”指主体、人的属性，“内在尺度”指作为客体的对象的属性或特性，朱光潜是这种看法的代表。在朱光潜看来，“物种的尺度”是包括人在内的动物的标准，“内在尺度”则是客体的对象的客观规律或标准，二者具有很大的差异：

> 前条指的是每个物种作为主体的标准，不同的物种有不同的需要，例如人造住所和蜜蜂营巢各有物种的需要，标准（即尺度）就不能相同。蜜蜂只知道按自己所属的那个物种的需要和标准，而人的普遍性和自由就在于人不但知道按自己的物种的需要和标准去制造高楼大厦，而且还知道按蜜蜂的需要和标准去仿制蜂巢。这就是前一条要求。后一条比前一条更进了一步。对象本身固有的标准就更高更复杂，它就是各种对象本身的固有的客观规律。④

朱光潜说的是广义的有其“需要和标准”的动物，实际上也包括比一般动物更高级的人，人能够达到主体的高度并有普遍性和自由。彭吉象也持这种观点：“所

① 刘纲纪：《关于马克思论美》，见刘纲纪：《美学与哲学》，湖北人民出版社1986年版，第52—53页。

② 夏放：《“美的规律”和人的尺度》，见程代熙编：《马克思〈手稿〉中的美学思想讨论集》，陕西人民出版社1983年版，第496—498页。

③ 杜书瀛：《两个“尺度”与文学创作》，载《文学评论》1987年第5期。

④ 朱光潜：《朱光潜美学文集》第3卷，上海文艺出版社1983年版，第469—470页。

谓‘物种尺度’是指人和动物在各自所属的物种里作为主体的标准。”①

第四种,“物种的尺度”和“内在的尺度”异中有同说,即二者各有不同,但又有共同之处,都是主客观的辩证统一。马奇最早运用这种思路来阐释“内在的固有的尺度”,它包括客观的“物的尺度”和人对客体的主观认识:“所谓‘用内在固有的尺度来衡量对象’,就是劳动者认识和运用自然规律。比如原始人用石头作投掷、打击工具,而不用土块,因为在实践中他逐渐懂得石头比土块坚硬。”②持同样看法的陆贵山对此进行了细致的分析:

> 马克思提出“按照任何物种的尺度”和“用内在固有的尺度”,旨在论述人在生产过程中的认识和实践的深化。“物种的尺度”较之于“内在固有的尺度”而言,显然是指物种的“外在的尺度”。由于“人也是一种物种存在”,那么,“按照任何物种的尺度”,也应理所当然地包括人——即主体的尺度;同理,“内在固有的尺度“不仅指对象的客观规律性,而且也包括主体的内在需要和“本质力量”。马克思意在阐明:作为社会的人的生产实践活动,不仅能够“按照任何物种的尺度”,即不仅能够根据对象外部的感性特征和主体的外在的狭隘的肉体生活的需要,而且还能够“用内在固有的尺度”,即依照事物的内部规律来塑造物体,同时体现出自身的“内在固有的尺度”即“人的本质力量”。③

也就是说,尽管马克思说的“物种的尺度”侧重于外在的特征,“内在的尺度”侧重于内在规律,但“两个尺度”都具有对象的尺度和主体的人的尺度,都是主体和客体相互对立、作用、协调、适应的辩证的统一。具体而言,“物种的尺度”包括了作为客体的对象的外在特征和作为主体的人的狭隘的生物需求;“内在的尺度”包括了客体的内在规律和主体的“人的本质力量”。而且,“两个尺度”与人的实践、认识是密切联系在一起的,任何物质实践和精神活动都同时需要“人

---

① 彭吉象:《从“劳动创造了美”看美的本质——学习马克思〈1844 年经济学—哲学手稿〉的体会》,载《北京大学学报》(哲学社会科学版)1983 年第 1 期。

② 马奇:《马克思〈1844 年经济学—哲学手稿〉与美学问题》,见全国高校美学研究会、北京师范大学哲学系编:《美学讲演集》,北京师范大学出版社 1981 年版,第 79 页。

③ 陆贵山:《试论“按照美的规律来塑造”》,载《学术月刊》1982 年第 6 期。

的尺度”和“物种的尺度”。陆贵山强调了主客观的辩证统一，还有一些学者也运用同样的思路来解决问题。何国瑞沿袭了这个思路，结论也大致相同，但他认为把“物种的尺度”理解为“自然物”似乎不妥：“‘物种的尺度’指的是质量统一的客观自然物，但它必须为主体所认识为主体所需要，才能按照它来进行生产；‘内在固有的尺度’指的则是体现了主体的目的意象，但它也是根据自然物种提炼、加工、想象、综合而成的。”①

综上所述，中国美学界对“两个尺度”进行了深入而广泛的探讨，但无论翻译还是理解都是异见纷呈、难有共识。分歧的焦点主要在于“内在的尺度”指的是主体的人的尺度还是客体对象的特征？从讨论的情况看，多数学者都把它视为主体的尺度、人的尺度。实际上，马克思在《手稿》中是把这个问题与“美的规律”联系在一起论述的，对“两个尺度”的理解必然影响到对“美的规律”的理解，对前者理解的分歧也必然导致对后者理解的分歧。中国美学界对“美的规律”的理解仍然是分歧重重，下面转入学界关于“美的规律”的讨论。

第四节 “美的规律”

马克思在论述人与动物的区别时涉及了“美的规律”，但没有明确的界定和解释，这为理解其准确的含义留下了讨论的空间，也是导致学界分歧的重要原因。

20世纪70年代末，蔡仪就发表了长文《马克思究竟怎样论美?》，该文集中阐述了他对“美的规律”的理解。在这篇文章中，蔡仪提出，理解“美的规律”必须强调两点：第一，美的规律、美都是客观的。“原来美的规律之所以说是美的规律，首先就有这样的意义：任何事物，无论是自然界事物或社会事物，也无论是人所创造的艺术品，凡是符合美的规律的东西就是美的事物……那也就是说，事物的美不美，都决定于它是否符合于美的规律。那么美的规律就是美的事物的本质，或者说是美的事物之所以美的本质。”②第二，美的规律是美的本质

① 何国瑞：《关于马克思的“美的规律”》，载《零陵师专学报》1984年第2期。

② 蔡仪：《蔡仪文集》4，中国文联出版社2002年版，第146—147页。

和规律。“简单来说,美就是一种规律,是事物之所以美的规律。”[①]根据他的理解,美的规律就是通过鲜明的形象反映出美的事物的本质特征,也就是典型:“就是以非常突出的现象充分地表现事物的本质,或者说,以非常鲜明、生动的形象有力地表现事物的普遍性……我认为美的规律就是典型的规律,美的法则就是典型的法则。”[②]蔡仪强调“美的规律”是一种客观存在的自然规律,他的观点得到了王善忠、张国民等人的支持。王善忠和蔡仪一样强调“美的规律”的客观性:“而所说的‘美的规律’,应是指美在于客观事物本身,或者说,在客观事物中存在着规定事物之所以美的客观规律。”[③]张国民细致地区分了“美的规律”的客观性和反映它时的主观性:“马克思提出‘美的规律’论,只是客观的美的规律性在他的头脑中的反映,只是他发现了美的规律,并作理论的概括。”[④]

刘纲纪不同意蔡仪对“美的规律”的解释,早在1980年,他就撰文间接地阐明了自己的观点。刘纲纪的主要看法是:

> 第一,马克思是从人的生产与动物的生产的本质区别出发去探求美的规律的,也就是从人类所特有的改造世界的实践活动出发去探求美的规律的。第二,马克思是从人类历史发展的广阔的视野内来观察美的规律的。他所说的美的规律,指的是从根本上决定着一切美的现象的本质的规律,不同于我们一般所理解的使某一事物成为美的那些较为具体的规律。第三,马克思所谓的美的规律,就他所讲到的物质生产劳动的范围来看,即就人对自然的改造的范围来看,是物种的自然尺度同人所提出的内在尺度这两者的统一。这个统一,从哲学上看,也就是客观的自然的必然性同人的自由的统一。表现在人对社会的改造上,则是社会发展的客观的必然性同人的自由的统一。所以,从哲学的最高的概括来看,美的最根本、最普遍的规律,即是必然与自由的统一。而且这个统一,是在人的生活实践中获得了完全感性具体地实现的,是从完全感性具体的对象上表现出来,并为我

---

① 蔡仪:《蔡仪文集》4,中国文联出版社2002年版,第147页。

② 同上,第151页。

③ 王善忠:《也谈“美的规律”》,见程代熙编:《马克思〈手稿〉中的美学思想讨论集》,陕西人民出版社1983年版,第484页。

④ 张国民:《如何认识马克思的“美的规律”论》,见中国社会科学院文学所编:《马克思哲学美学思想论集——纪念马克思逝世一百周年》,山东人民出版社1982年版,第187页。

们所感知的。第四，马克思所说的美的规律同他所说的“人的本质的对象化”在根本上是一致的……所以马克思所说的“人的本质的对象化”即是人的自由的对象化，也就是现实的感性具体的对象所具有的必然性同人的自由两者的统一。这个统一，是一切美之为美的本质所在。因而也就是美的最根本、最普遍的规律。一切使某一事物成为美的具体规律，都不过是这种统一的具体的表现形态。①

刘纲纪强调，应该从人类实践出发研究美的规律，美的规律指包括了物质生产和精神生产的、超越了某个或某类具体对象的美的规律，它是最根本的规律，美的规律感性地呈现了必然与自由的统一，这些都是“美的规律”应该涉及的东西。此外，他还结合“人的本质的对象化”研究“美的规律”，为探讨这个问题提供了新的可能。遗憾的是，他没有直接从正面给出严格意义上的答案，也没有回答如何处理各个层次的美的规律的关系，尚有继续研究的空间。

朱狄也不同意蔡仪对“美的规律”的理解。朱狄强调，《手稿》的主要研究对象不是美学，只是偶尔涉及美学，它并非严格意义上的美学著作。针对蔡仪的论述，朱狄根据自己对《手稿》主要内容的理解，提出了一种不同的思路，即应该从人类生产实践活动和动物行为的差异、人类生产实践的特点入手来理解“美的规律”：

(正是因为)马克思是在区别人的生产有别于动物的生产这一前提下来谈美的规律的问题的，因此孤立地离开人之所以为人的实践活动的前提来探索美的规律就未必是正确的。马克思在讲到美的规律问题时我以为重点仍然并非在讲美的问题，他无非预先在说恩格斯在后来才说的话，就是：“人离开动物愈远，他们对自然界的作用就愈带有经过思考的、有计划的、向着一定的和事先知道的目标前进的特征。”按照美的规律去进行创造的历史前提是人有向着一定的和事先确定的目标前进的能力。人之所以能够建立对整个自然界的统治，就在于能认识和正确运用自然规律。②

---

① 刘纲纪：《关于马克思论美》，见刘纲纪：《美学与哲学》，湖北人民出版社1986年版，第54—55页。

② 朱狄：《马克思〈1844年经济学—哲学手稿〉对美学的指导意义究竟在哪里？——评蔡仪同志〈马克思究竟怎样论美?〉》，见程代熙编：《马克思〈手稿〉中的美学思想讨论集》，陕西人民出版社1983年版，第127页。

也就是说,马克思在《手稿》中谈及“美的规律”时,他的着眼点不是人类的审美活动,而是人类的物质实践活动,此时马克思谈到的“生产”指的是物质生产而不是艺术生产、审美的创造。鉴于此,马克思的立意在于,人类的生产实践活动是不同于动物的有意识、有目的的活动,人类实践活动的这种特点能够使人类“按照美的规律来塑造物体”。

朱狄提供了新的思路,但没有就此展开细致的探讨,蒋孔阳由此出发,深入而细致地分析了人类实践活动的特点以及依据“美的规律”进行的实践的特殊性和“美的规律”的含义。蒋孔阳认为,自由、自觉是人类劳动实践的根本特征,前者意味着人类的劳动是一种不违背自然规律的创造活动,后者意味着人能够意识到其劳动的行为及其目的。因为人类的劳动有这两种特性,所以,人类才能够“依照美的规律来塑造物体”。蒋孔阳细致分析了“美的规律”的应有之义,即“美的规律”应该与人类的劳动实践(尤其是劳动的目的性)密切相连,也应该与不同客观对象的规律(包括美的规律)相符合,还应该是具体的,并寓于事物的物质形式或形象之中。这样,他理解的“美的规律”就有了特定的含义:

> 人类在劳动实践的过程中,按照客观世界不同事物的规律性,结合人们富有个性特征的目的和愿望,来改造客观世界,不仅引起客观世界外在形态的变化,而且能够实现自己的本质力量,把这一本质力量自由地转化为能够令人愉悦和观赏的形象。由于人类的劳动过程是人与自然相互交往和相互影响的过程,因此,哪里有人与自然(现实)的关系,哪里有劳动,哪里就应当有美的规律。①

与蔡仪主要关注“美的规律”的客观性不同,马奇则强调了人的实践活动、人、主体与“美的规律”的密切联系:

> 马克思是从人类最基本的实践出发讲到美的规律的,因而,美的规律肯定与“按照任何物种的尺度来进行生产”“用内在固有的尺度来衡量对象”有关,显然不能把美的规律和实践的关系分割开来,马克思这里讲的人

① 蒋孔阳:《美的规律——蒋孔阳自选集》,山东教育出版社1998年版,第13页。

之不同于动物之点，都是从主体的角度来说的，当然也不能说美的规律跟人的活动无关……[①]

虽然马奇与刘纲纪、朱狄、蒋孔阳等学者的思路相近，马奇的结论却很独特，并与其他人有很大的差别：

> 我认为美的规律不只是真和善相统一的规律，而是在真和善的基础上，以真、善为内容的形式的规律。美的规律就是关于形式、美的形式、造形的规律。人类具有按照美的规律造形的能力，但不等于说任何时候任何人都能够按照美的规律来造形。[②]

马奇把"美的规律"界定为以真、善为内容的形式的规律，虽然它偏重于形式方面，但这种形式中也积淀了真和善："作为审美对象的形式，尽管表现为'不顾任何实用的考虑'的形式，却积淀着真和善的意义。"[③]马奇一方面强调"美的规律"偏重于形式，另一方面也承认"美的规律"是真和善(即内容)统一的规律，那么，"美的规律"究竟倾向于内容还是倾向于形式呢？他显然倾向于形式，但他在关于形式的论述中也包含了内容，他的论述确实存在着矛盾。

还有些学者主要从人、人的本质的角度研究"美的规律"。潘知水认为马克思的人的本质与"美的规律"密切联系，人类在实现其本质——生产实践的过程中创造了美。他强调从人的能动性和受动性介入"美的规律"：前者表现在人类认识、改造世界的过程中，意味着人的实践的自由自觉性和超越了其物种本能的灵活性、全面性；后者意味着作为感性存在的人是受动的、对象性的存在物，具体表现为人在物质方面、精神方面对自然的依赖以及人的需求、追求活动和对象的丰富性。就它们与美的关系而言，能动性更具认识意义，受动性更具生理、心理意义。鉴于此，"美的规律"涉及人实现其本质过程中的认识、生理、心理等方面，美的创造包括了欲望、需求、情感、体验、感知、想象等因素。这样，"美的规律"与人、人本质的实现密不可分："马克思的美的规律总结了美的创造

---

① 马奇：《艺术哲学论稿》，山西人民出版社1985年版，第179—180页。
② 同上，第181页。
③ 同上，第183页。

原则。美的创造实现了人的能动性与受动性、理性与感情、物质与精神、对象与主体的统一。”[①]张涵同样关注人与“美的规律”的关系，他把“美的规律”宽泛地理解为人的实践活动的重要规定、体现，并从物质生产、精神生产和人的塑造三个方面理解“美的规律”：

> (1)“美的规律”首先是由自然物种内在“固有的尺度”和人的物种内在“固有的尺度”通过人的社会实践而生成的一种新的“尺度”；(2)“美的规律”只是在人的社会实践发展到一定的阶段和层次上才出现的，并具体地表现在人的物质生产、精神生产和人的塑造等各个领域中；(3)贯彻这各个领域的是人的积极而独特的社会个性。[②]

何国瑞更进一步，把“美的规律”理解为包括美的创造在内的人的生产中体现出来的规律：

> 《手稿》中这段话，本是马克思用来论述人的生活活动的特点，论述人的“类”的本质的。在他看来，人与动物不同。动物只是被动地适应自然界，动物的所谓“生产”，只不过是自身的繁殖和维持自身及后代的生命的一些本能活动；人则能有意识地改造自然界，能按照“两个尺度”来生产，以满足肉体和精神的需要。因此，这所谓“美的规律”，实际就是生产的规律。人们在生产中是可以创造出美的事物来的。人为美离不开按照“两个尺度”来生产。[③]

这样，他直接否定了与人的创造没有关联的“自然美”和“美的规律”的关系，当然，也就不能把“美的规律”作为所有美的规律和本质。

高少峰针对当时研究的困境，提出了一种新的思路，即结合马克思关于人的本质特征的论述和“两个尺度”来综合理解“美的规律”。高少峰认为，马克思《手稿》中关于人的本质特征的研究以生产实践为出发点，并揭示了人的自由

---

① 潘知水：《马克思“美的规律”刍议》，载《国内哲学动态》1981年第10期。
② 张涵：《关于“美的规律”的读书札记》，载《社会科学》1982年第7期。
③ 何国瑞：《关于马克思的“美的规律”》，载《零陵师专学报》1984年第2期。

性、有意识性、有目的性、创造性的特征，它直接影响了对“美的规律”的理解。而且，也应该把“美的规律”与“两个尺度”联系起来。他认为，“两个尺度”也与人的劳动实践活动、人的本质关系密切，为此，应该首先研究人的劳动实践活动的特点，“人能够发现、认识并运用自然界的客观规律进行生产”；人的劳动实践活动“也改造作为主体的自然（人本身）”，包括人的身体、精神、美感等。实际上，“两个尺度”都生成于人的生产实践活动：“任何物种的尺度和人的尺度，都既不是客观现成存在于整个自然界，也不是人的主观意识所固有的。”[①]这样，有必要从人的生产实践、人的本质的实现的角度，历史地来理解“美的规律”：

> “美的规律”总是被时代和人的实践所规定了的，它不是什么永恒的东西。对任何物种尺度的认识都是被历史所规定，人的内在尺度也被历史所规定。在历史发展的长河中，人的本质随着社会的不断前进而不断发展。人类不断地发现物种的新尺度，不断地提高、丰富人的认识能力（包括审美能力），而被提高了的人的认识能力（包括审美能力），又推动人们去发现更新的物种尺度。[②]

也就是说，要历史地、发展地看待“美的规律”，它不是既定的、一成不变的、普遍适用的规则，一旦把握、运用了“两个尺度”，也就获得了“美的规律”，同时，也就历史性实现了人的本质。陈望衡沿用了同样的思路，把“物种的尺度”和“内在固有的尺度”的结合作为“美的规律”：

> 从语义上来看，“内在固有的尺度”这一句的主语应该是“人”，主语的省略是承前省。那么，“内在固有的尺度”应理解为人的尺度，而不应理解为物的尺度。“物种的尺度”讲的是客体的特征，“内在固有的尺度”讲的是主体的特征，两者的结合，才能构成“美的规律”。[③]

---

① 高少峰：《怎样理解“美的规律”》，载《福建论坛》1982 年第 5 期。

② 同上。

③ 陈望衡：《试论马克思实践观点的美学——兼与蔡仪先生商榷》，见程代熙编：《马克思〈手稿〉中的美学思想讨论集》，陕西人民出版社 1983 年版，第 219 页。

20世纪90年代后期，陆梅林发表了《〈巴黎手稿〉美学思想探微》，再次引发了讨论。陆梅林认为，“美的规律”指“美之所以为美的规律”，也“为美的事物本身所具有”，它还是“二者(内容和形式——引者注)的有机统一”。他重新强调了“美的规律”的客观性，即“美的规律”是客观的规律，是不以人的主观意志、感受、感知为转移的客观存在，无论人能不能够、愿不愿意承认它，它都是存在的。而且，作为物的一种客观属性，物的审美价值是“正面”“积极”的，它产生于审美判断，并表现于审美关系，人与物、主体与客体之间的辩证关系。① 朱立元不同意陆梅林对“美的规律”的含义及其客观性、价值和审美价值的理解。朱立元认为，“美的规律”应该是指“事物(包括人)何以成为美的事物、何以具有审美特性、何以成为审美对象的规律”，从《手稿》能够间接归纳出马克思论述“美的规律”的思路及其所应包含的内容，即它是“属人的规律”，仅仅对于人类有意义；它关涉不同于动物本能活动及人的物质实践活动，人的自由自觉的生产实践为美的创造和欣赏提供了可能，物质实践是“美的规律”的基础；马克思突出了人的生产的全面性、自由性、自觉性、目的性，这种能动性使生产实践与“美的规律”建立了一种内在的因果关系，并使前者成为后者最深刻的基础。他也反对把“美的规律”作为自然规律。② 应必诚的理解也不同于陆梅林对“美的规律”看法，他把“美的规律”视为人的实践的一种规律，它和认知方面的真、功利方面的善共同构成了人的实践，它是人的本质力量的对象化，并把主体与客体、主体人的尺度与客体对象的尺度统一起来，它理应包括人的尺度的规律。而且，“美的规律”还与审美、美有密切关系，即审美超越了实践，不但有能动性，还需要感性的人：

> 美是在真和善的基础上，人的更高的追求。这就是要通过实践在对象中表现出人本身。求真求善都离不开主体人，从中我们可以看到人和人的能动性，但它还不是人本身，即活生生的人本身。所以美是人的本质力量的对象化，但只有对象中有人，有人性，有人格，有人的个性和情感，有人的感性生命的表现，一句话有活生生的人本身，才能成为审美感受、观照体验

---

① 陆梅林：《〈巴黎手稿〉美学思想探微》，载《文艺研究》1997年第1期。

② 朱立元：《对马克思关于“美的规律”论述的几点思考——向陆梅林先生请教》，载《学术月刊》1997年第12期。

的对象，才具有审美的价值。①

应必诚理解的“美的规律”主要指人的审美实践的规律，当然也包括审美的人的尺度，他试图做更大的综合，但他没有指出审美的人与“美的规律”的具体关联，其论述也沦为大而化之的笼统的原则，缺乏明确的结论，与80年代的一些论述也比较相似。

之后，杨曾宪回应了陆梅林、朱立元的争论。杨曾宪认为，马克思的《手稿》不是美学著作，他没有建立并完成其美学理论，因此，我们应该严谨、科学地对待马克思的探索，而不应该轻言“马克思美学”，也不应该以“马克思主义美学”自居，更不应该用自己演绎的“马克思主义美学”吓唬、打压别人。而且，无论马克思美学是否已经成熟，它都不应该成为当今美学研究的“逻辑起点和理论归宿”，当代美学研究可以吸收马克思主义或其他研究方法，但必须反对“经典推演”，即拘泥于经典文本，仅仅停留于对它的推理、演绎、阐释，避免走向“六经注我”的困境。杨曾宪从区分思辨美学、诗化美学和社会科学美学、自然科学美学的角度批评了陆梅林、朱立元的观点，他认为，陆梅林以阐释《手稿》中“美的规律”为基础建立了其美学理论，其研究方法就“不可取”，朱立元有时也混淆了这两种美学。从这个基本判断出发，杨曾宪论述了对“美的规律”的看法。第一，不应该继续把“合规律性、合目的性统一”作为对马克思“美的规律”的阐释。第二，美学是研究美的本质、美的规律的学科，现在仍然需要研究美的规律。第三，美的规律包含两层意义：本质意义上的“美的规律”指“意义存在和灵魂探求的规律”，关注终极价值和灵魂的安放，需要永远的探索；科学美学意义上的“美的规律”关注形而下的获得美的途径、欣赏美的方式，应该有“共度性”“可复验性”和“真理性”。虽然杨曾宪也在谈美的规律，但他选取了其泛化的意义，与马克思所说的“美的规律”并没有在相同的维度上，只是借助于马克思《手稿》中“美的规律”的提法，既没有具体的界定，也否认应该从《手稿》中寻找、研究其具体的含义。实际上，他已经回避了这个问题。② 针对朱立元、应必诚对陆梅林的反驳，曾簇林撰文支持陆梅林，他肯定“美的规律”是审美性的对象的内在本质

① 应必诚：《〈巴黎手稿〉与美学问题》，载《中国社会科学》1998年第3期。

② 杨曾宪：《关于美学方法、学科定位及审美价值的几点浅识——兼向陆梅林、朱立元先生请教》，载《学术月刊》1998年第5期。

及其表现相统一的客观规律，认为:“美的规律是对象客体自身矛盾运动的表现，是对象客体自身固有的特征，属于客观的规律，只有客观性。”①而且，他还批判了中国美学界从主观角度理解“美的规律”的倾向，我国美学界“由于陷入对所谓‘两个尺度’的误读而造成对‘内在尺度’的误读，以致把对象客体所固有的、客观的‘美的规律’，误解为主客观统一的规律，即把对象客体所固有的、客观的规律，说成主客观统一的主体活动的规律，也就是把‘人也按照美的规律来建造’与‘美的规律’作了混同。”②这次讨论好像是 20 世纪 80 年代讨论的重演，仍然是两种基本观点的对立、分歧。但是，也涉及了如何理解审美价值的新内容，杨曾宪对于美学研究方法、美学学科定位的反思也很有新意。

20 世纪 80 年代绝大多数学者都肯定了马克思提出的“美的规律”的美学价值，与之相反，有极少数学者否认这个命题与审美有关联，自然也就否定了其美学价值。毛庆其认为“美的规律”并非马克思关于美的一个命题，或者说，它并非审美的规律，实际上，“美”的本意指美好、完善，“规律”的本意指为达致美好而完善的目标所应遵循的规则。毛庆其从五个方面论证了他的结论:“美”的字义是“善”“好”“良”;从美学概念方面讲，客观唯心主义、主观唯心主义都犯了把“美”作为一个实体的错误;马克思眼中的人和动物的区别在于，人类有意识，其生产能够超越肉体的、本能的制约，并能够依据任何物种的尺度;从艺术的起源看，原始人最初的制造活动都源于生存，审美只是次要、附加的因素，不能把原始人所有的物质活动都泛化为审美;艺术从生产中独立出来以前，人类制造活动的目的主要是实用，艺术独立后，人的制造活动的主要目的才有了审美和实用的区别。尽管毛庆其进行了细致的论证，但对马克思的“美的规律”的“美”的解释确实存在着问题，进而导致结论也有问题。③ 实际上，20 世纪 90 年代仍然有类似看法，尽管持这样观点的学者为数很少。在刘晓文看来，马克思的“美的规律”阐发的是人类不同于动物的特征，而非美的问题，而且，从审美的视角看，人类生产的产品并非都是美的。同时，“美的规律”包括“种的尺度”和“内在尺度”，但“美的规律”并不等于“两个尺度”，“两个尺度”是“美的规律”的必要前提。这样看来，“美的规律”与美的关系不大，它指人类生产的规律，绝非美的规

① 曾簇林:《马克思关于“美的规律”的客观性》下，载《湘潭大学学报》1998 年第 5 期。

② 同上。

③ 毛庆其:《论马克思“美的规律”的概念涵义》，载《学术月刊》1982 第 10 期。

律,美的规律也不是“两个尺度”的统一。[①] 李祥林的观点更极端,他认为,“美的规律”是马克思在区分人和动物时提出的,它反对的是古罗马思想家泽尔斯、启蒙运动哲学家赖马鲁斯和拉美特利所提出的观点,即动物也同人一样有美感。这样,马克思的意思是人有美感,动物没有美感,美的规律指美感的规律,而不是美的本质问题。而且,李祥林考察了国内20世纪80年代关于美的规律的研究后,判定这些研究没有新意,仍然是五六十年代研究的翻版,并以此重申了其看法:“只要心平气和地坐下来仔仔细细地研读马克思原著,摒弃任何主观性的先入之见,就能看出,马克思在《1844年经济学哲学手稿》中提出‘人也要按照美的规律来塑造’,所要论证的根本不是所谓美的本质问题。”[②]这些观点并没有引起学界的重视和深入讨论,而且,响应者也很少。

纵观20世纪八九十年代的讨论,我们可以发现,美学界争论的焦点主要有两点:“美的规律”关涉的是自然领域还是社会历史领域?“美的规律”是客观的还是主客观统一的?这两个问题又与学界对“两个尺度”的不同理解密切相关,更增加了这两个问题的复杂性。从讨论的实际情况看,多数学者都支持或坚持后一种观点。实际上,根据《手稿》的论述,马克思主要是在比较人的物质生产与动物的本能性生产的时候才提到“美的规律”的,据此我们不难发现:“美的规律”与人的物质生产或物质实践活动的关系最直接,换言之,“美的规律”首先是物质生产的一种规律;人的物质生产活动必然体现着作为生产主体的人的因素,它也因此成为一种主体和客体相互作用的活动、一种社会历史现象。当然,审美生产、艺术生产与人的物质生产既有相同和相通之处,又有不同之处。如果承认这些并由此出发,根据具体的文本,再结合马克思关于“美的规律”的其他相关论述和他对“两个尺度”的论述(直接的字面上的联系、意义上的联系都无法回避),就可能研究出马克思的“美的规律”的含义。实际上,多数学者也正是按照这种思路展开研究的。这也是后一种观点占据上风的主要原因,但也应该承认,持这种观点的有些学者(比持前一种观点的学者更多)确实存在着过度阐释的问题,甚至有学者把自己的观点或自己发挥《手稿》的观点强行加在马克

---

① 刘晓文:《“两个尺度”与“美的规律”——读马克思〈1844年经济学哲学手稿〉札记》,载《重庆师院学报》(哲学社会科学版)1990年第3期。

② 李祥林:《马克思为何提及“美的规律”——对国内〈手稿〉美学研究的一点反思》,载《探索与争鸣》1993年第2期。

思的名下,这是不足取的。我们也应该承认,持前一种观点的学者虽然较少,但他们对某些具体问题的阐释还是有所推进的。同时,我们还可以发现,在这两派之外,还存在着诸如完全否定“美的规律”与美学有关系等看法,但大多只是自说自话,影响也非常有限。

第五节 “劳动创造了美”

在《手稿》中,“劳动创造了美”是马克思在论述异化劳动时提出的命题,具体来说,这个命题是马克思在批判国民经济学对资本主义社会中工人及其劳动的异化的分析中提出来的。马克思说:

> 国民经济学以不考察工人(即劳动)同产品的直接关系来掩盖劳动本质的异化。
>
> 当然,劳动为富人生产了奇迹般的东西,但是为工人生产了赤贫。劳动创造了宫殿,但是给工人创造了贫民窟。劳动创造了美,但是使工人变成畸形。劳动用机器代替了手工劳动,但是使一部分工人回到野蛮的劳动,并使另一部分工人变成机器。劳动生产了智慧,但是给工人生产了愚钝和痴呆。①

换言之,这个命题并非马克思直接从审美的角度提出的,但劳动确实是马克思考察人类审美活动的一个重要维度,而且,这个命题也从宽泛意义上揭示了美的产生。但是,劳动包含了异化劳动,异化劳动与美的关系又非常复杂。这样,这个命题就必然涉及几个相关问题,它有无美学价值?劳动与美的关系究竟如何?异化劳动能否创造美?这些问题也是《手稿》讨论中涉及的重要问题。

许多学者都肯定了“劳动创造了美”的美学意义。郑涌充分肯定了劳动之

---

① [德]马克思著,中共中央马克思恩格斯列宁斯大林著作编译局译:《1844年经济学哲学手稿》,人民出版社1985年版,第49—50页。

于历史唯物主义、马克思的美学思想的意义:“《手稿》正是在政治经济学中寻求对市民社会的解剖,把‘劳动’、劳动的‘异化’和异化的‘扬弃’等作为现代的社会的范畴,揭示资本主义社会的各种关系和结构,从资本主义社会本身的内在联系说明资本主义历史,以此作为他建立历史唯物主义的起点。”①刘纲纪高度肯定这个命题是美学史上一个标志着美学的重大变革的命题。即使否定异化劳动能够创造美的施昌东也充分肯定了劳动之于美的重要意义,他还把“劳动创造了美”作为马克思主义美学的基本观点予以充分肯定:“美首先是由人类的劳动创造出来的;美及其表现即艺术,都起源于劳动。这是马克思主义美学的一个基本观点。”②栾栋认为,“劳动创造了美”是马克思主义美学的纲领,也是理解马克思主义美学的最佳途径,解决了研究美的前提、美的本质、美感和研究思路等问题,其意义重大、不可替代。具体来说,这个命题的意义在于:

> 马克思把人的本质力量的核心深刻地揭示了出来,同时也把为什么劳动在实质上是美的问题清楚地告诉了人们:人们在劳动中相互创造、相互补充、相互证实,从而生动具体地证实了,实现了“我”和“你”的完整的人的本质。这一过程是人的本质力量在对象、产品、环境、资料、生产关系以及由此制约的社会关系诸方面感性显现的过程。所以,马克思说这样的劳动能使人完整地感受到人的本质,直观到人的本质力量的活生生的形象,享受到由之产生的人的乐趣——美感。③

也就是说,基于辩证唯物主义和历史唯物主义的立场和方法,马克思首先科学地界定、分析了研究美的起点。他从劳动这种人类最基本、最重要的实践活动入手研究美,把美界定为人的本质力量的对象化,这样,美就成为社会实践的产物,并由此区别于把美作为绝对精神显现的客观唯心主义美学和把美作为纯主观的主观唯心主义美学。其次,马克思在人与自然的关系中引入了劳动的中介环节,阐发了三者之间的关系,以及劳动发挥的独特作用。马克思还揭示了劳

---

① 郑涌:《历史唯物主义与马克思的美学思想》,见《马克思美学思想论集》,中国社会科学出版社1985年版,第188页。

② 施昌东:《“美”的探索》,上海文艺出版社1980年版,第63页。

③ 栾栋:《美学的钥匙》,陕西人民出版社1983年版,第246—247页。

动与社会的关系、劳动的作用，作为社会化的实践，劳动不但是人的本质，还是决定人与人关系的基础。同时，马克思不但关注一般劳动，还关注特定社会（即私有制社会）中特殊的异化劳动，并由此解释人及其社会活动。最后，马克思把作为实践的劳动与美联系起来，得出了劳动创造美、美感的结论。

在这个问题上，也有一种意见否定“劳动创造了美”。他们或者质疑它是美学命题，或者否定这个命题及其美学意义。蔡仪对《手稿》有一个基本的判断，即马克思当时仍然深受费尔巴哈的人本主义的影响，其唯物主义具有不彻底性，尚没有达到历史唯物主义的高度。据此，蔡仪认为，马克思的劳动、实践等概念也是人本主义、唯心主义的，建立在这些概念上的“劳动创造了美”的命题自然也就失去了意义。潇牧从可能性的角度理解“劳动创造了美”，并否定了它作为美学基本命题的合法性：“‘劳动创造了美’一语，仅仅是在劳动能够创造美的涵义上提及的，而绝非是从美根源于劳动的角度来阐发的。他仅仅是肯定了异化劳动也可以产生美的产品，绝非是把‘劳动创造了美’作为美学基本命题提出。”[①]阎志强认为，应该根据“劳动创造了美”的语境和文本中的具体位置理解它的实际含义。马克思在《手稿》中首先研究了资本主义的经济结构和经济规律，然后从批判资产阶级的国民经济学开始，进而研究了异化劳动和私有制的本质，这是“劳动创造了美”的语境。根据“劳动创造了美”的出处看，它的意思应该是：

> 正是在论述私有制下劳动同它的产品的直接关系时，《手稿》提出“劳动创造了美，但是使工人变成畸形”。很明显，这句话与《手稿》在括号内所说的“按照国民经济学的规律，工人在他的对象中的异化表现在……工人的产品越完美，工人自己越畸形……”是一个意思，只不过一是说的劳动与它的产品的关系，一是说的工人与他的生产对象的关系罢了。因为《手稿》指明了“劳动同它的产品的直接关系，是工人同他的生产的对象的关系”。[②]

---

① 潇牧：《美的本质疑析》，载《学术月刊》1982年第7期。

② 阎志强：《“劳动创造了美”与“美即劳动产物”说》，载《徐州师范学院学报》（哲学社会科学版）1983年第1期。

阎志强根据这些情况，否认了这个命题指涉美的本质、起源等美学问题：

“劳动创造了美”（按朱先生的译法则是“劳动生产出美”）这句话，既与“劳动创造了宫殿”“劳动用机器代替了手工劳动”等构成排比的格式，又与“但是使工人变成畸形”表明了完全相反的结果。《手稿》在这句话里所包含的意义很明确：在私有制下的异化劳动，虽然生产了很多美的（完美的、美好的）产品，但是却使工人在繁重劳动的折磨下变成了残废、畸形的人。这里根本没有涉及美的本质与起源问题，丝毫不能为“美就是劳动产物”说与“美起源于劳动”说提供任何理论根据。①

王善忠反对抽象地夸大这个命题的美学意义并具体分析其学术价值：“把‘劳动创造了美’的‘美’理解为‘美的产品’或‘美的东西’是符合本段落内容的，也与其他例子相协调。如若像某些人那样，把‘劳动创造了美’单独抽取出来，而根本不考虑它在原段落中的地位和情况，而作任意的解释，是难以准确地、完整地理解马克思主义的理论的。”②何国瑞非常极端，完全否定这个命题与美有关联：“马克思在这里说到‘劳动创造了美……’的话，基本上就是采用的‘国民经济学的语言’，只不过稍做文字异动，去掉了它的绝对化的毛病。他根本没有提出什么美学命题的意思。”③

施昌东从这个命题得出了“美起源于劳动”“美首先是由劳动创造出来的”“‘美’是劳动的产物”等结论，有学者以他的论述为引子发表了对这个命题的看法。涂途认为，劳动可能产生美，也可能产生非美的东西，劳动和美的关系、劳动的结果和美的关系不都是因果的、必然的。鉴于此，他强调主体要认识、把握、运用“美的规律”，客观上也需要为创造美提供相应的条件、材料、手段等，这样的创造才可能产生美。同时，他还强调历史、社会因素对创造美的具体的影响，反对超历史、抽象地研究美：

① 阎志强：《“劳动创造了美”与“美即劳动产物”说》，载《徐州师范学院学报》（哲学社会科学版）1983年第1期。

② 王善忠：《怎样理解“劳动创造了美”》，载《学术月刊》1983年第5期。

③ 何国瑞：《要用马克思主义方法研究〈1844年经济学哲学手稿〉中的美学思想》，见《马列文论研究》第8辑，中国人民大学出版社1987年版，第233页。

在不同的社会经济形态中,劳动的表现形式也不同;不同的社会制度下的劳动,具有不同的社会属性。这样,又从根本上决定着人类劳动的性质,从而也影响着劳动所产生的成果的美丑。超历史、超社会地去看待劳动和美的关系,肯定只能得出片面的、错误的论断。①

他反对把劳动与美简单等同起来,澄清了一些笼统的、含混的说法,有利于人们探索美的复杂性,也有利于破除对领袖言论的盲目信从。李春青在质疑施昌东的结论时阐发了其看法。李春青根据美从被认识到被创造的时间顺序,认为美首先是认识和发现的结果,然后才是根据规律创造的结果。鉴于此,他强调还应该进一步区分发生学意义上的美的产生和具体的按照"美的规律"所创造的美:"美最初是怎样产生的"和"人们根据美的规律来造成东西"。这样看来,施昌东的错误源于他没有进行必要的区别,结果,他混淆了发生学意义上的美的产生与具体事物的美的产生。

我们可以得出结论:美是随着人类意识的形成,随着包括人类在内的自然作为人的对象而存在,在原始人的劳动、战争以及全部其他社会活动中被发现的,从这个意义上看也可以说,美是在劳动中产生的。从施昌东同志的结论和所举大量例子看,他所说的劳动创造美,不同于我们所说的美在劳动中产生。施昌东同志的意思很明显,美就像制造一件工具,建一所房子一样创造出来的;而我们所说的在劳动中产生美,则指人们在劳动中通过彼此接触,通过与自然接触,逐渐地认识了客观事物的美的属性。而且,据施昌东同志的观点,美的唯一源泉就是劳动,而我们则认为美的源泉是客观世界,劳动的意义不过是对美的发掘而已。②

李春青把"美作为客观事物的一种社会属性",并据此修正了施昌东的结论,即美产生于劳动之中,美的唯一源泉是客观世界。

判断"劳动创造了美"是否有价值必然涉及异化劳动能否创造美的问题(或

① 涂途:《"美起源于劳动"说异议》,载《江汉论坛》1982 年第 4 期。
② 李春青:《怎样理解"劳动创造了美"——兼与施昌东同志商榷》,载《河北师范学院学报》(哲学社会科学版)1982 年第 1 期。

者说，异化劳动与美的关系），换言之，不能正确地回答后者就无法正确地回答前者。马克思在《手稿》中分别分析了劳动、人的本质、产品、人与人的关系的异化后，阐述了他对异化劳动的基本看法："我们已经看到，对于通过劳动而占有自然界的工人说来，占有就表现为异化，自主活动表现为替他人活动和他人的活动，生命过程表现为生命的牺牲，对象的生产表现为对象的丧失，即对象转归异己力量、异己的人所有。"①实际上，多数学者都承认自由、自觉的劳动能够创造美，但问题是，异化劳动对于美的创造和欣赏大都是不利的。因此，必须研究异化劳动与美的关系，当时，美学界主要研究了私有制社会中的异化与美的关系。美学界对于私有制社会中异化劳动能否创造美的问题，主要有两种看法：异化劳动不能创造美，异化劳动能够创造美。

一部分学者认为，异化劳动不能创造美。早在20世纪60年代，李泽厚就曾撰文，非常明确地否定异化劳动能够创造美：

> 但在阶级社会里，劳动成果被剥削，劳动本身也歪曲为敌对自己的"疏远化"的活动……因此，自然作为肯定劳动实践的现实，作为劳动活动的对象化的自由形式，作为劳动实践的历史成果，对社会普遍地必然地具有娱乐观赏关系的大自然的形式美，对劳动者就反而是异己的，没关系的，不成为美。②

对《手稿》价值评判完全对立的朱光潜、蔡仪也不认为异化劳动能够创造美。朱光潜认为，马克思在继承改造黑格尔和费尔巴哈的异化思想的基础上，批判了资本主义私有制中的异化劳动使劳动者丧失劳动成果、人的本质力量、人的族类的特征的异化现象，这样，异化劳动当然就不能产生美。③ 蔡仪更为关注马克思与黑格尔和费尔巴哈的异化思想的联系，尤其是马克思论述异化劳动时所受的唯心主义、人本主义的影响：

---

① ［德］马克思著，中共中央马克思恩格斯列宁斯大林著作编译局译：《1844年经济学哲学手稿》，人民出版社1985年版，第59页。

② 李泽厚：《美学论集》，上海文艺出版社1980年版，第176页。

③ 朱光潜：《马克思的〈经济学—哲学手稿〉中的美学问题》，见程代熙编：《马克思〈手稿〉中的美学思想讨论集》，陕西人民出版社1983年版，第59页。

> 马克思提出劳动的异化,这劳动既是指的生产的实践活动,这个论点,单从表面的意义来看,是唯物主义的;但是所谓劳动的异化,同时却又表示这是指劳动作为人的本质来看待,作为人的族类的本质来看待,也就是作为"把人类和动物的生活活动区别着"族类特征来看待的……而且马克思自己就曾在《手稿》里屡次赞扬人本主义思想,甚至把人本主义、自然主义作为共产主义思想要求其实现。①

这样,既然马克思说的异化劳动有悖于实现人的本质、人的族类的本质,那么它当然就不能创造美了。

多数学者认为,异化劳动能够创造美。朱狄肯定异化劳动可以创造美:"马克思认为即使在异化劳动中创造出来的美也是实存的,就像宫殿一样,它耸立在历史的道路上。它的美是具体的,并不仅仅只是对过去的一种感伤的回忆。"②朱狄还以劳动者的美感为证据支持其观点:"我们不能设想我们现在所看到的古代的美的艺术,对它的创造者来说完全是非美的,如果殷周青铜器的制造者并没有审美的感觉,他们的产品怎么可能是美的呢?所以对异化的概念还必须放到一定历史条件下去分析,才有合理地解释一切复杂的历史现象的可能。"③也就是说,被剥削的劳动者可能有美感,异化劳动可以创造美,美的欣赏也可以存在于私有制社会中。同属于肯定派的蒋孔阳细致地分析了异化劳动创造美的具体原因:第一,尽管异化劳动是特殊形态的、被异化了的劳动,但它还是劳动,具有人类一般劳动的性质。第二,纵观人类社会发展史,异化劳动导致了劳动的分工,尤其是物质生产、精神生产的分工,分工则为创造美提供了可能和积极的条件,否则,精神文明、美就无从谈起。第三,人类的异化劳动不可能与自由的劳动完全绝缘,而且,异化劳动的产品也可能是美的,因为遭受压迫和剥削的劳动从一定意义上讲也是人的本质的表现(特殊表现)。第四,异化劳动有可能反向地推进美的发展,严重的异化引发了文艺家的关注,进而产生反

---

① 蔡仪:《〈经济学—哲学手稿〉初探》,见程代熙编:《马克思〈手稿〉中的美学思想讨论集》,陕西人民出版社1983年版,第291—292页。

② 朱狄:《马克思〈1844年经济学—哲学手稿〉对美学的指导意义究竟在哪里?——评蔡仪同志〈马克思究竟怎样论美?〉》,见《美学》第3期,上海文艺出版社1981年版,第89页。

③ 朱狄:《美学问题》,陕西人民出版社1982年版,第23页。

异化的文艺作品。[①] 应当说，蒋孔阳虽然在探讨马克思的思想，但进行了较大的发挥，也主要是他本人的看法。

朱狄、蒋孔阳主要从正面肯定异化劳动能够创造美，实际上隐含着问题的另一个方面，承认异化劳动常常摧残或不利于美的创造，甚至产生丑或不美的东西，这个问题也可以表述为，异化劳动既创造美又摧残美。针对这种现象，尤其是蔡仪的“否定说”，刘纲纪特别强调，尽管异化劳动是资本主义制度下的劳动，异化劳动可能扼杀和摧残美，但不能据此否认创造美的事实，而且，异化劳动也是劳动的重要组成部分。为此，他列举并分析了异化劳动创造美的事实及其特殊原因：

> 首先，那对劳动者自身来说是否定着他的自由的劳动，从对自然的改造上来说仍然是人创造性地支配自然的活动。创造的成果虽然是以劳动者自己的牺牲为代价，但它体现了人类改造自然的伟大力量，从而成为美的对象……其次，劳动者的异化了的劳动创造出了被不劳动的剥削者所占有的自由时间，从而使统治阶级中的少数人有可能专门进行美与艺术的创造。从这方面看，异化劳动也间接地创造着美。但是，异化劳动在人类历史上又极大地阻碍着美的创造。[②]

同时，刘纲纪还独特地发现从异化劳动中可能获得作为美的前提的自由。因为异化劳动和一般劳动一样，也必须使个体结合进整体性的社会，必须协调、合作，才能从自然中获取自由。因此，尽管程度不一、效果不同，异化劳动和一般劳动都能够从自然中获得自由，正是这种自由为美的创造提供了必不可少的前提，同时，自由也构成美的重要内容或本质。刘纲纪由此肯定私有制条件下的异化劳动能够创造美，公有制下的劳动就更是如此了，这也成为肯定“劳动创造了美”的重要依据。

主张辩证分析异化劳动的马奇也肯定了异化劳动对于审美的积极意义，并把异化劳动作为创造美的前提和基础：“从劳动者在物质生产领域的劳动活动

---

① 蒋孔阳：《美的规律——蒋孔阳自选集》，山东教育出版社 1998 年版，第 32—37 页。

② 刘纲纪：《略论“自然的人化”的美学意义》，见刘纲纪：《美学与哲学》，湖北人民出版社 1986 年版，第 131 页。

来看,异化劳动对于劳动者既有摧残劳动者的肉体和精神的一面,即妨碍美的创造和发展的一面,同时也要看到它还有创造和发展美的一面,因为异化劳动下的劳动活动仍然是一般生产劳动,是改造自然的活动,是人的本质力量的对象化,尽管劳动者不能把劳动当作自己的体力和智力的活动来享受,仍然是美的创造和发展的前提和基础。"①钱念孙则恰当地把异化劳动的这个特点明确地概括为异化劳动创造美的"矛盾两重性",即创造美、发展美的肯定性和摧残美、制造丑的否定性,不但细致地分析了这种特点,而且还进一步分析了异化劳动能够创造美的基础及其在大工业中的表现:

一、从异化劳动与正常劳动的关系来看,尽管两者是相对立的事物,异化劳动是对正常劳动的否定,但是它在否定中却将正常劳动的积极成果保留了下来,在否定中体现着发展的连续性,包含着肯定的因素。因为当异化劳动出现时,它并没有抛弃以前劳动所取得的成果,而是保留和继承了其生产力的发展水平及其一切劳动财富,使生产力得到持续上升。这一点,是我们理解异化劳动状态下美的创造问题的基础。二、人在异化劳动中支配自然、创造美的情况是复杂的,尤其在近代大工业生产中,一般都要分设计和操作两大阶段。就具体操作这一阶段而言,从事体力劳动的劳动者往往并不能充分发挥自己的本质力量,甚至带有很大的被迫性和痛苦感。然而,由于他们总得按照设计者的要求来进行操作,所以,虽然操作过程对他们来说没有创造性,是痛苦的、被迫的;但就整个生产程序来说,却又是合规律性和合目的性的。可是,从总体上看,异化劳动所生产的产品,总是凝聚着人的本质力量,体现着人的聪明才智的。因而,我们不能否认异化劳动可以创造美。②

他的分析结合现实,尤其是大工业的实际情况,有助于深入理解异化劳动与美的复杂关系。朱立元则从具体劳动(或对象化的劳动)和抽象劳动的视角辩证地分析了异化劳动的积极、消极作用:"一方面,它的对象化的、具体劳动的

---

① 马奇:《马克思〈1844年经济学—哲学手稿〉中的美学问题》,见《艺术哲学论稿》,山西人民出版社1985年版,第188页。

② 钱念孙:《关于〈1844年经济学哲学手稿〉中美学问题的讨论》,载《中国社会科学》1983年第2期。

方面决定了劳动产品对人具有直观的、感性的、审美的性质，即具有积极的美学意义，它是劳动者在异化劳动中仍然具有美感的物质基础；另一方面，它的异化的、抽象劳动的方面则决定了劳动产品对人的审美和创造美具有消极的、摧残的性质。”①

与其他问题相比，美学界关于“劳动创造了美”的讨论相对缓和些。事实上，包括劳动在内的人类实践确实与美有着非常密切的关系。在原始社会中，美的生产与人类的物质生产活动是直接联系在一起的，也可以说，美是人类物质生产的副产品。后来，随着社会分工的出现和发展，美的生产逐渐从人的物质生产中独立、分化出来，成为专门的领域和独特的一种生产，但是，美的创造和欣赏仍然离不开人类的物质生产及其成果，物质生产能够直接或间接地产生美，即使最为特殊的私有制社会中的异化劳动虽然总体上不利于或伤害到美的生产，但在特殊的条件下仍然可以产生美。因此，“劳动创造了美”的命题对于以历史唯物主义、辩证唯物主义为基础的马克思主义美学当然具有非常重要的意义，而且，这个命题也有利于从人类的物质生产和实践活动中认识美的根源、产生、发展等问题。当然，不能靠这个命题一劳永逸地解决所有的问题，还要进一步有针对性地分析这个命题及其涉及的具体美学问题。

纵观中国当代美学史，《手稿》的作用和影响都是非常深刻而重要的。其中，中国美学界在20世纪七八十年代展开的讨论占据了显著的位置。这次讨论被称为“手稿热”，《手稿》的研究有了很大的拓展，其深度和广度都具有标杆意义，讨论存在着不少分歧，尤其是两种基本判断的对立仍然没能消除，但在有些具体的问题上也取得了一定的共识。《手稿》讨论不但关涉了哲学、美学等学术问题，还因与20世纪七八十年代的中国现实的密切联系而获得了强烈的现实意义。当时，思想界针对“文革”对人、人性的戕害，强烈呼唤对人、人性的尊重，长期遭受压制的人道主义思想受到极大的欢迎。作为中国的主流意识形态，马克思主义的权威性、合法性都是无可置疑的，借助马克思来宣传人道主义无疑是切实可行的途径和有效策略，而《手稿》也确实存在着人本主义、人道主义的因素，为宣传人道主义提供了可能，这样做还有针对性地批判了“文革”的暴行和现实生活中存在的种种反人性的思想行为。而且，国外也存在着诸如

① 朱立元：《历史与美学之谜的求解》，学林出版社1992年版，第244—245页。

“青年马克思”“两个马克思”等争论。在此背景下,突出或放大马克思思想中的人本主义因素,呼唤人道主义,就成为当时思想界和美学界的主流,也具有现实的合理性,当然,也不能否认由此导致的对马克思思想的有意无意的误读、曲解甚至歪曲,更应该对此进行学理上的辨析、甄别、清理。

这次《手稿》讨论不但涉及许多具体的美学、哲学问题,还涉及对马克思主义、对《手稿》的全面理解。讨论之所以激烈、分歧很大,原因在于对马克思主义、对《手稿》的基本评价存在着巨大的差异,也在于所讨论的具体问题的复杂性,而且,对马克思主义、《手稿》的基本评价必然在具体的研究中表现出来。同时,讨论的具体问题也都是相互联系的。这次讨论很有针对性,虽然多数讨论关涉的是具体问题,但都直接或间接地深化了对《手稿》、马克思主义、马克思主义美学的全面而科学的理解和评价,也有助于澄清对《手稿》和马克思主义的误读、误解;《手稿》讨论直接或间接地促进了实践论美学的产生和发展;人本主义确实是马克思《手稿》的思想,讨论引发了对马克思人学思想的重视,美学界直接或间接地运用这些思想来解决美的本质等美学基本问题,也从特定角度促进了对这些具体美学问题的研究。

之后,随着文化语境的改变和美学界关注重心的转移,相关的讨论逐渐减少,换言之,《手稿》研究的高潮已经过去了。沉寂了几年之后,20 世纪 90 年代中后期,讨论又有所升温,讨论主要围绕“美的规律”展开,但大都重复了 80 年代的观点,缺乏新意,进展并不大,值得注意的是,有极少数论者开始否定“美的规律”及其美学意义,其影响非常有限,但有论者以此为契机开始反思中国当代美学研究的局限性,则具有积极意义,值得肯定。

进入 21 世纪以后,仍然有讨论《手稿》的文章发表,但对其基本美学理论问题的研究则大为减少,已经很难与 20 世纪八九十年代相提并论了。这个时期的研究又有了新的变化,主要围绕两个议题展开。一个是研究《手稿》的生态思想、生态美学思想。受到国外生态主义、后现代主义、现代性理论的影响,有学者开始研究《手稿》的生态思想。阎丽杰认为,不同于西方的反对经济增长的生态中心主义和用技术掌控、榨取自然的技术中心主义,马克思《手稿》中的生态美学思想有其独特的内涵。第一,作为自然的产物,人类不能离开自然界,人自身就是自然界的存在物,人与有机物、无机物这些自然界的其他存在物共同构成了自然的整体,人和自然、人和其他存在物的关系理应是平等、平衡、相互依存、彼此和谐的。如果破坏了这种动静态的平衡，就可能遭到自然的报复和其他存在物的报复。第二，以私有制、不平等为基础的资本主义社会的异化劳动不但通过剥削加剧了人与人之间的不平等，而且还过度地压迫、压榨大自然，导致了各种形式的对立、冲突、矛盾。第三，必须重建人与人、人与自然之间的和谐，从而达到理想的生态环境。其中，人的主观能动性能够发挥重要的作用。人类应该在尊重自然及其规律（包括"美的规律"）的前提下，发挥其主观能动性，使人类的智慧、道德关怀渗入自然和自然界，也应该吸收自然、自然界的精华，构建二者之间的和谐。[①] 与此同时，也有学者开始反思《手稿》（尤其是"自然的人化"等命题）中人类中心主义等局限性。另一个是《手稿》的身体美学思想。随着市场经济引发的欲望的泛滥、感性的膨胀，以及"身体写作""身体美学"的出现，有论者研究了《手稿》的人的全面发展的思想、身体美学思想。董希文分析了《手稿》的身体美学思想主旨，即马克思提出的身体美学出于现实革命实践的需要，身体自由是人的自由的重要组成部分，具有人类解放的意义；作为社会范畴，身体美关注人的社会性，追求人的自由，但这种自由始于人的自然属性并具有精神超越性，而且，重视人的各个方面的全面和谐的发展；身体美具有超越性，要摆脱外部的束缚、限制，但不是绝对的、无条件的自由，要符合"美的规律"。董希文还揭示了身体美学思想对于当下身体文化建设的三个重要意义。第一，有助于研究"身体转向"的根本原因，从马克思实践论的视角看，作为消费社会、消费文化的伴生物，当下的"身体转向"有其必然，但不容忽视的是，它深受流行时尚、资本的控制，在追求展示价值的狂欢中迷失了主体、自由，导致了新的异化。第二，有助于认识"身体书写"的两面性，应该重视人的自然属性，描写感性欲望、展示身体，更应该以此为手段提升、关注社会层面的人，而不应该仅仅停留在动物的层面。第三，有助于走出充斥于消费社会的诸如健身瘦身、医学美容之类的身体塑造的误区。[②] 还有学者以《手稿》的思想为参照研究当代美学、文艺、文化中的"身体崇拜"。这些研究开拓了新的研究领域，较有新意，但都不是很深入、系统，其影响也很有限。此外，还有一些少量的、零散的关于《手稿》基本美学理论问题的研究。同时，仍有不少学者以《手稿》的美学观点进

① 阎丽杰：《论马克思〈手稿〉中的生态美学思想》，载《辽宁大学学报》（哲学社会科学版）2009 年第 5 期。
② 董希文：《马克思〈手稿〉中的身体观念及其当代美学意义》，载《文艺理论研究》2009 年第 4 期。

行文艺、文化评论。因此,客观地说,《手稿》的影响尚在。

综上所述,我们完全可以毫不夸张地说,《手稿》及其美学问题讨论极大地推动了中国当代美学、中国马克思主义美学的建立和发展,是值得我们重视的美学遗产。

第五章

实践美学的历史内涵与多元发展

萌生于20世纪五六十年代的“美学大讨论”、奠基于马克思《手稿》的“实践美学”，在70年代末至80年代的“美学热”中得到不断发展和完善，逐渐形成了一个在当代中国美学史上最具影响力的主导思潮和流派，有力地推动了当代中国的美学发展和思想启蒙。学界一般认为，“实践美学”是指坚持以马克思主义的实践唯物主义和实践观点作为哲学基础和主要视点的美学流派，以李泽厚的实践美学为代表，包括朱光潜“整体的人”实践美学、王朝闻“审美关系论”美学、杨恩寰“审美现象论”实践美学、周来祥“和谐论”美学、刘纲纪“创造自由论”美学、蒋孔阳“创造论”实践美学等。80年代末90年代初，伴随着“实践论”向“生存论”的转向，实践美学受到以杨春时“超越美学”、潘知常“生命美学”、张弘“存在美学”、王一川“体验—修辞美学”等为代表的“后实践美学”的质疑和挑战，与此同时，邓晓芒与易中天的“新实践美学”、张玉能的“新实践美学”、朱立元的“实践存在论美学”也随之在实践美学内部孕育而生。如果说“新实践美学”是试图在实践美学内部对旧实践美学进行改造和完善的美学新形态的话，那么，“后实践美学”则试图从外部对实践美学进行发展和超越。三者的一致性在于，都坚持本体论的视角，都不同程度地以一种“西式话语”来建构理想的“现代中国美学”。正是由于新实践美学和后实践美学从内外、正反两方面极大地丰富和发展了实践美学，它们之间既彼此批判又相互吸纳，不断由对抗走向对话，从而使实践美学呈现出与时俱进、多元开放的面貌，使中国当代美学呈现出多元共存、不断创新的发展态势。

第一节　李泽厚的主体性实践美学

李泽厚是实践美学最具代表性的人物，如果说20世纪五六十年代是李泽厚实践美学的“萌芽和雏形”时期，那么，“文革”之后到20世纪末的20年，则是李泽厚实践美学“形成和发展”“深入和分化”以及“新发展”的关键时期。[①] 通过深入发掘和整合中国思想文化传统、马克思的实践哲学、康德的批判哲学等思想资源并对它们进行“转换性创造”，李泽厚建立起以“内在自然的人化”“积淀”“文化心理结构”“人的自然化”“西体中用”“实用理性”“乐感文化”“儒道互补”“儒法互用”“两种道德”“历史与伦理的二律悖反”“情本体”等原创范畴为核心的“人类学本体论哲学”体系，[②]以及以此为基础的主体性实践美学体系，为“实践美学”的发展壮大和“现代中国美学”的真正建立作出了突出贡献。

一、人类学本体论哲学视域下的美学命题

1970年代至1980年代末，李泽厚通过运用马克思的实践观点对康德哲学进行批判和改造，广泛吸收皮亚杰的发生认识论、荣格的集体无意识、格式塔心理学等西方理论资源，较早提出了“自由形式”“主体性”“积淀”“文化心理结构”“建立新感性”等学说；1990年代，他深入中国儒家传统文化寻找实践美学的理据，从“实用理性和乐感文化”中提炼生发出“情本体”“人的自然化”等思想精髓，以美学作为“第一哲学”来克服现代人的日趋严峻的道德颓丧和精神危机。这些面向现实、在人类学本体论哲学视域下不断孕生的美学命题，使李泽厚的“实践美学”成为既具有学术价值更具有现实价值的思想体系，为中国新时期思想启蒙和解放以及现代人性的建构和发展提供了重要动力和指引。

---

① 徐碧辉：《中国实践美学60年：发展与超越——以李泽厚为例》，载《社会科学辑刊》2009年第5期。

② 在李泽厚的理论表述中，“人类学本体论哲学”和“主体性实践哲学”异名而同实，其共同点在于强调人类的超生物族类的存在、力量和结构，差异在于两方面：前者更着眼于包括物质实体在内的主体全面力量和结构，后者更侧重于主体的知、情、意的心理结构方面；主体性更能突出个体、感性与偶然。参见李泽厚：《哲学答问》，见《实用理性与乐感文化》，三联书店2008年版，第122页。

(一) 美的本质＝美的根源＝人类实践的历史成果

与以“认识如何可能”作为第一课题的康德“先验”哲学不同，李泽厚的人类学本体论哲学明确以“人类如何可能”作为第一课题，因为在他看来，“‘认识如何可能’只能建立在‘人类(社会实践)如何可能’的基础上来解答。只有历史具体地剖析人类实践的本质特征，才能解答人类认识的本质特征”[①]。同样，“审美如何可能”“道德如何可能”也都来源和从属于“人类如何可能”。通过批判康德的唯心主义“批判哲学”，李泽厚提出人类制造和使用工具的物质生产活动，即“实践”，是使“人类”成为可能的本体：这是人类学本体论哲学的核心观点，也是其“人类学本体论的美学”的逻辑起点。换言之，“实践”是“人之所以为人”(“人是什么”)、美之所以为美的根本、根源、充分而必要的最后条件，像“人类如何可能”一样，“美如何可能”的问题也必须从“实践”这一根源上来回答，也就是说，美学大讨论时期所争论的“美的本质”问题必须从人类学的、实践论的哲学角度才能获得合理解答。

在李泽厚看来，“只有从美的根源，而不是从审美对象或审美性质来规定或探究美的本质，才是‘美是什么’作为哲学问题的真正提出”。[②] 而这“根源”即是他在“美学大讨论”中率先引入的“自然的人化”。他坚持了自己在《美学三题议》(1962)中以“自然的人化”(实践)来解释美的本质的看法，又进一步强调了“美的本质”与“人的本质”的密切关联，他说：“美的本质和人的本质不可分割。离开人很难谈什么美。我仍然认为不能仅仅从精神、心理或仅仅从物的自然属性来找美的根源，而是要用马克思主义的实践观点，从‘自然的人化’中来探索美的本质或根源。”[③]通过引入格式塔的同构说，他以“自然的人化”解释和回答了自然形式与人的身心结构之所以发生同构反应的根本原因，“美的根源出自人类主体以使用、制造工具的现实物质活动作为中介的动力系统。它首先存在于、出现在改造自然的生产实践的过程之中”[④]，正是“实践”使主体方面的审美心理结构得以萌发和形成，同时使客体方面成为美的根源。

---

① 李泽厚：《批判哲学的批判：康德述评》，三联书店 2007 年版，第 263 页。

② 李泽厚：《华夏美学·美学四讲》，三联书店 2008 年版，第 275 页。

③ 李泽厚：《美的对象与范围》，见《美学》第 3 期，上海文艺出版社 1980 年版，第 17 页。

④ 同②，第 280 页。

在《批判哲学的批判》(以下简称《批判》)中,李泽厚明确表明了"实践"作为"美的根源"的"人类学"意义:

> 通过漫长的历史的社会实践,自然人化了,人的目的对象化了。自然为人类所控制改造、征服和利用,成为顺从人的自然,成为人的"非有机的躯体",人成为掌握控制自然的主人。自然与人、真与善、感性与理性、规律与目的、必然与自由,在这里才具有真正的矛盾统一。真与善、合规律性与合目的性在这里才有了真正的渗透、交融与一致。理性才能积淀在感性中,内容才能积淀在形式中,自然的形式才能成为自由的形式,这也就是美。①

在这里,李泽厚坚持了"美是现实肯定实践的自由形式"的早期观点,从"自然的人化"的角度再次认定了"美是自由的形式",是合目的性(善)与合规律性(真)相统一的实践活动和过程本身,也就是说,"自由(人的本质)与自由的形式(美的本质)……是人类和个体通过长期实践所自己建立起来的客观力量和活动""自由形式作为美的本质、根源,正是这种人类实践的历史成果"。② 这事实上意味着"实践"才是美的最终根源和真正本质,这种人类学本体论哲学的美学观也就因此与康德"美是道德的象征"以及高尔泰"美是自由的象征"、朱光潜"主(意识)客观统一"等其他哲学美学观区别开来。③

(二) 主体性的两个"双重":工艺社会结构与文化心理结构,群体与个体

如前所述,早在美学大讨论中,李泽厚就已提出人是实践的"主体",但由于时代和个人的局限而未揭示出其"主体性"的内涵。直到发表了《批判》,李泽厚

① 李泽厚:《批判哲学的批判:康德述评》,三联书店 2007 年版,第 164 页。

② 李泽厚:《华夏美学・美学四讲》,三联书店 2008 年版,第 283 页。

③ 为了与朱光潜把人的主观意识、情感、思想也当作"人的本质力量"的美学观明确区别开来,李泽厚在后期有意放弃了早期使用的"人的本质对象化"的说法,而只说"自然的人化""自由的形式";又多次在论著和访谈中强调自己的"美是自由的形式"与高尔泰的"美是自由的象征"在"哲学意义"上的不同。前者参见李泽厚:《华夏美学・美学四讲》,三联书店 2008 年版,第 284 页;后者参见李泽厚:《与高建平的对谈》,见《世纪新梦》,安徽文艺出版社 1998 年版,第 270 页。

才从康德哲学中发掘出“主体性”的理论价值,以贡献于马克思主义哲学。在“主体性哲学论纲系列”文章中[①],他立足于使用—制造工具的物质实践,对“主体性”概念进行了全面深入的阐释,真正建立起以作为主体的人(人类和个体)为探究对象的“主体性实践哲学”。他认为康德哲学的功绩不是提出了具有唯物主义色彩的“物自体”,而是在唯心主义的先验论体系中第一次全面地提出了“主体性”问题。正是紧紧扣住“主体性”这一现代哲学的核心命题,但又从实践而非认识论(如笛卡儿)角度来讲人的主体性,他提出了主体性实践哲学的美学观念。

在《康德哲学与建立主体性的哲学论纲》(以下简称《论纲》)中,他表明人类的主体性就是人性,是“相对于整个对象世界,人类给自身建立了一套既是感性具体拥有现实物质基础(自然),又是超生物族类、具有普遍必然性质(社会)的主体力量结构”[②]。并以此为特定视角,沿着《批判》的思路对康德的认识论、伦理学和美学又分别作了批判,再次强调了《批判》中所反复强调的观念——要以使用和制造工具来规定“实践”,并将其提高到作为马克思主义哲学核心和主题的“唯物史观”的高度;[③]而在《关于主体性的补充说明》中又明确提出“主体性”的“两个双重”的内容和含义,更全面地解析了主体性的深刻内涵:

> 第一个“双重”是:它具有外在的工艺—社会的结构面和内在的文化—心理结构面。第二个“双重”是:它具有人类群体(又可区分为不同社会、时代、民族、阶级、阶层、集团等等)的性质和个体身心的性质。这四者相互交错渗透,不可分割。而且每一方又都是某种复杂的组合体。[④]

---

① 包括《康德哲学与建立主体性的哲学论纲》(1980)、《关于主体性的补充说明》(1983)、《关于主体性的第三个提纲》(1985)、《第四提纲》(1989)等,而《人类起源提纲》(1964)则是“主体性哲学论纲系列”的第一论纲,文中明确强调了“工具的重大意义”,认为“在使用工具、制造工具的实践基础上,动作思维、原始语言日益成为巫术礼仪的符号工具,建构起了根本区别于动物的人类的原始社会”。这成为人类学本体论哲学的“工具本体论”“实践论”的先声。参见李泽厚:《人类起源提纲》,《实用理性与乐感文化》,三联书店 2008 年版,第 193—199 页。

② 李泽厚:《实用理性与乐感文化》,三联书店 2008 年版,第 202 页。

③ 李泽厚认为,“唯物史观是马克思主义哲学的核心和主题。唯物史观就是实践论。实践论所表达的主体对客体的能动性,也即是历史唯物论所表达的以生产力、生产工具为标志的人对客观世界的征服和改造,它们是一个东西,把两者割裂开来的说法和理论都背离了马克思主义”。参见李泽厚:《实用理性与乐感文化》,三联书店 2008 年版,第 207 页。

④ 李泽厚:《关于主体性的补充说明》,见《实用理性与乐感文化》,三联书店 2008 年版,第 217 页。

不难看出，李泽厚利用和改造了结构主义哲学的思维和方法，按照客观与主观、群体与个体的二分法对“主体性”作了结构分析：其一，外在的工艺社会结构和内在的文化心理结构分别构成了主体性的客观方面（社会存在）和主观方面（社会意识），客观方面是指人类主体的物质现实的社会实践活动，即后来所概括的“工具本体”，“这个本体首先是物质的社会力量或物质力量，即人掌握工具、科技进行生产活动的现实。没有它，整个人类不再生存。一切人类文明、文化无法存在或延续”[①]。这是对“人活着”的说明。主观方面的文化心理结构“主要不是个体主观的意识、情感、欲望等等，而恰恰首先是指作为人类集体的历史成果的精神文化、智力结构、伦理意识、审美享受”[②]，即后来所概括的“心理本体”，也即“人性”之所在，这是对人“如何活”（认识论）、“为什么活”（伦理学）、“活得怎样”（美学）的说明。其二，同时存在着人类主体性和个体主体性这两个层面的主体结构，这就与只强调人类总体性的黑格尔哲学或只强调个体性的萨特哲学，或根本否认个体主体性的结构主义语言学派哲学等流行哲学区别开来。由此，人类普遍心理的结构形式和个体心理的创造功能成为人性主体性要探究的两个基本课题。

归根结底，李泽厚认为：人类群体的工艺—社会的客观结构是主体性的本质现实和历史原动力，起根本决定作用，这是因为“社会群体的生产实践是人类的第一个历史事实”，即“‘人活着’是第一个事实。‘活着’比‘为什么活着’更根本，因为它是一个既定事实”[③]。因此，无论是在《美学三题议》还是在《论纲》等系列文章中，“实践”“理性”“人类”“社会”等作为主体性实践哲学的内容被反复强调；也正是按照这一“事实”逻辑，李泽厚在1990年代提出“吃饭哲学”来对抗“斗争哲学”，提出“西体中用”来对抗“中体西用”。当然，与美学大讨论时期几乎完全偏重于主体性客观方面的“客观社会论”不同，《论纲》及其补充文章明确以主体性的主观方面为讨论主题，即“从马克思的工艺—社会结构走向康德的文化—心理结构”[④]，因为在他看来：“美的本质是人的本质的最完满的展现，美的哲学是人的哲学的最高级的峰巅；从哲学上说，这是主体性的问题，从科学上

---

① 李泽厚：《关于主体性的第三个提纲》，见《实用理性与乐感文化》，三联书店2008年版，第234页。

② 李泽厚：《批判哲学的批判：康德述评》，三联书店2007年版，第89页。

③ 李泽厚：《第四提纲》，见《实用理性与乐感文化》，三联书店2008年版，第241页。

④ 刘再复：《与李泽厚的美学对谈录》，见《李泽厚美学概论》，三联书店2009年版，第105页。

说,这是文化心理结构问题。”[①]文化心理结构问题也就是人性问题,包括人类群体的文化心理结构(“大我”)和个体文化心理结构(“小我”),他着重讨论了后者,比如“个体主体性”“个体实践”“个体自由”等问题,从而进一步丰富和完善了“主体性”的意涵。

在李泽厚看来,黑格尔和马克思主义的哲学在一定程度上以纯粹的认识论、逻辑学掩盖或抹煞了人的现实存在及其创造历史的主体性、偶然性。在这一批判的基础上,他提出了一种基于“存在”立场的实践论,认为,“人的本质不能脱离人的存在”“实践就其人类的普遍性来说,它转化为人类的逻辑、认识结构;另一方面,实践总是个体的,是由个体的实践所组成、所实现、所承担的。个体实践的这种现实性也就是个体存在,它的行为、情感、意志和愿望的具体性、现实性。这种现实性是早于和优于认识的普遍性的”[②]。可见,在强调普遍的、人类的“社会存在”的意义和价值时,现实的、个体的“个人存在”的意义和价值也是不容忽视或阉割的,重视个人实践也就是重视个体的感性现实、自由选择及其历史偶然。“实践”的本体意义正在于:使人类群体具有了超生物族类的普遍形式,即主体性的人性结构,具体表现为“理性的内化”(智力结构)、“理性的凝聚”(意志结构)和“理性的积淀”(审美结构),即作为人类学本体的“心理三结构”;又使它们具体落实在个体心理上并使其“以创造性的心理功能而不断开拓和丰富自身而成为‘自由直观’(以美启真)、‘自由意志’(以美储善)和‘自由感受’(审美快乐)”[③]。不难看出:李泽厚赋予了审美的主体心理结构比认识论和伦理学的主体心理结构更高的、更特殊的意义,这是因为后两者还具有某种外在的、片面的、抽象的理性性质,而审美则实现了“总体与个体的充分交融,即历史与心理、社会与个人、理性与感性在心理、个体和感性自身中的统一”[④]。也正是在这个意义上,李泽厚认为审美是主体性系统的归宿,是超道德的、高于或能替代宗教的本体境界,也即中国文化传统所追求的“天人合一”的人生最高境界,从而赋予美学以“第一哲学”的地位。

---

① 李泽厚:《康德哲学与建立主体性的哲学论纲》,见《实用理性与乐感文化》,三联书店2008年版,第215页。

② 同上,第209页。

③ 李泽厚:《关于主体性的补充说明》,见《实用理性与乐感文化》,三联书店2008年版,第221页。

④ 同上,第229页。

问题是：在主体性的人性结构的形成过程中，总体与个体、历史与心理、理性与感性、社会与自然、内容与形式的交融统一是如何实现的？换言之，总体、历史、理性、社会、内容是如何具体地落实在个体、心理、感性、自然、形式中的？李泽厚的回答是：积淀。

（三）积淀论：审美心理结构的历史生成

"积淀"是李泽厚所独创的并被学界广泛接受的一个范畴。就逻辑演进来看，从"美学大讨论"时期的《论美感、美和艺术》《意境杂谈》到《典型初探》，再到新时期的《批判哲学的批判：康德述评》，"积淀"概念相应地经历了从"积累"到"沉淀"再到"积淀"的演变；[①]就思想资源来看，"积淀论"不仅继承了中国本土美学语境中前辈理论家黄药眠的"积累说"思想，[②]同时对西方理论资源如康德"先验论"、贝尔"有意味的形式"论、皮亚杰"发生认识论"、荣格"集体无意识"论以及苏珊·朗格"情感结构"说等进行了批判吸收和创造性的改造。他从主体性实践哲学出发，用"客观社会性"解读康德的"普遍必然性"，用人类生活实践所历史形成的文化心理结构来逐一解读康德的先验形式，提出了"积淀说"，回答了康德所悬置的思辨理性与实践理性的来源问题。需要注意的是，"积淀"不仅是一个哲学范畴，也是一个美学范畴，"'积淀'思想的提出和阐释，提供了一把打开自然的人化之谜的钥匙，是李泽厚哲学、美学思想的理论秘密之所在"[③]。

何谓"积淀"？李泽厚自己说道，"积淀"有广义和狭义之分，"广义的积淀指所有由理性化为感性、由社会化为个体、由历史化为心理的建构行程，它可以包括理性的内化（智力结构）、凝聚（意志结构）等等；狭义的积淀是指审美的心理情感的构造"[④]。可见，积淀是使社会与个体、历史与心理、理性与感性相统一的中介，积淀的过程实质上就是人性建构的过程，也就是文化心理结构或者说心理本体生成的历史过程，换言之，所谓"人性"（human nature）也就是文化积淀而成的心理结构形式。无论是广义的还是狭义的"积淀"，都是通过"自然的人

---

① 李泽厚在1964年曾写的《积淀论论纲》（未刊残稿）可认为是"积淀论"的最早雏形。参见李泽厚、刘绪源：《该中国哲学登场了？》，上海译文出版社2011年版，第20—21页。

② 李圣传：《从"积累说"到"积淀说"——李泽厚对黄药眠文艺美学思想的继承与发展》，载《文学评论》2013年第6期。

③ 赵士林：《李泽厚美学》，北京大学出版社2012年版，第64页。

④ 李泽厚：《华夏美学·美学四讲》，三联书店2008年版，第406页。

化”——尤其是“内在自然的人化”——的过程来实现的。[①]

狭义的“积淀”即审美，因为它使主体在(内在)“自然的人化”中建立起理性与感性相统一的审美心理(情感)结构，使直观的感受成为自由的感受，使客体在(外在)自然的人化中成为自然性与社会性相统一的美的对象，使自然的形式成为自由的形式，换言之，美的自由形式和审美的自由感受正是“自然的人化”所能达到的最理想、最完满的境界。相较于“理性的内化”(自由直观)、“理性的凝聚”(自由意志)，作为“理性的积淀”[②]的自由审美无疑享有比认识、道德更合乎目的性的自由、更合乎人的生命的主体性，[③]因此，他在论及主体性人性结构时主张“以美启真”“以美储善”，强调“美学和艺术中享有的自由正是科学中可以依靠和借用的钥匙和拐杖”，强调“潜在的超道德的审美本体境界，储备了能跨越生死不计利害的道德实现的可能性”。[④] 按其所言：“它(理性的积淀)不再是一般压倒个别，而是沉积着一般的个性潜能的充分培育和展现。自由审美可以成为自由直观(认识)、自由意志(道德)的钥匙。从而理性的积淀——审美的自由感受便构成人性结构的顶峰。”[⑤]由此可见：审美虽然只是人性总结构中关乎人性情感的某一种子结构，却由于实现了个体与总体的融合，尤其是个体潜能得到创造性表现，而占据了人性结构的顶端。[⑥]

在《美学四讲》中，李泽厚进一步将“积淀”(狭义)从审美本体论延展至艺术本体论，将其再分为“原始积淀”“艺术积淀”“生活积淀”，以对应艺术作品的三个层面：形式层、形象层和意味层。在他看来，“原始积淀”是产生最早的美的形式和审美感受的一种最基本的积淀，也就是说，在原始人漫长的社会性的劳动

---

① “人性建构”“文化心理结构”“心理本体”“内在自然的人化”这四个范畴在李泽厚的“人类学历史本体论哲学”中是名异而实同的。

② 李泽厚后来改用“理性融化”代替“理性的积淀”(即“狭义的积淀”)，用“理性内构”代替“理性的内化”。参见李泽厚：《实践美学短记之二》，《华夏美学 · 美学四讲》，三联书店 2008 年版，第 421 页。

③ 李泽厚认为，因为人的生命力量展开在心理情感本体中，“艺术和审美才不属于认识论和伦理学，它不是理智所能替代、理解和说明，它有其非观念所能限定界说、非道德所能规范约束的自由天地。这个自由天地恰好导源于生命深处，是与人的生命力量紧相联系着的”。参见李泽厚：《华夏美学 · 美学四讲》，三联书店 2008 年版，第 387 页。

④ 李泽厚：《关于主体性的补充说明》，见《实用理性与乐感文化》，三联书店 2008 年版，第 224、第 229 页。在《实践美学短记之二》中，李泽厚又结合“人自然化”的最高境界(既执着人间，又回归天地)而提出“以美立命”的主张，参见李泽厚：《华夏美学 · 美学四讲 · 附录》，三联书店 2008 年版，第 428 页。

⑤ 李泽厚：《关于主体性的补充说明》，见《实用理性与乐感文化》，三联书店 2008 年版，第 229 页。

⑥ 相关图示可参见赵士林：《李泽厚美学》，北京大学出版社 2012 年版，第 46 页。

实践中，外界合规律的自然形式与主观合目的性相统一而积淀为美的形式，同时，原始人对这种形式规律的把握，对自然秩序的感受也积淀为审美心理结构，而这种原始积淀中生成的原始美感经由原始巫术礼仪才积淀为艺术形式，从这个意义上说，他认为“审美先于艺术”“审美起于劳动，艺术起于巫术，二者并不同源”[①]。而呈现更为内在的人性结构的艺术形象层，则由于情欲与观念的交错而不断变异，展现为一种“由再现到表现，由表现到装饰，再由装饰又回到再现与表现”[②]的流变，这种艺术与审美“二律背反”、否定之否定的演变过程就是“艺术积淀”；生活积淀则通过引入新的社会氛围和人生把握而革新、变换着原有的原始积淀、艺术积淀，使艺术“透过形式的寻觅和创造而积淀着生命的力量、时代的激情，从而使此形式自身具有生命、力量和激情”[③]，即具有包括、超越形象层、感知层的“意味”和“有意味的形式”中的“意味”的某种更深沉的人生意味，这就是“生活积淀”。

总之，艺术发展的历史，就是人类心理（情感）本体不断充实、更新、扩展和成长的历史，也正是积淀的历史。“这艺术社会学与审美心理学的融合统一，恰好是马克思讲的人的心理以及五官是世界历史的产物，亦即‘自然的人化’这一哲学命题所揭示的具体科学途径。”[④]所谓“人的心理以及五官”的“自然的人化”也就是李泽厚所命名的“内在自然的人化”，正是以此为基础，美感论由早期的“美感二重性”拓展至“新感性”的建立和培育。

（四）建立“新感性”：“内在自然的人化”与美感“四要素”“三形态”

“自然的人化”是贯穿李泽厚早期和后期实践美学的核心范畴和理论基石。它在人类社会劳动实践过程中形成，又同时为美和美感的诞生提供了最根本的基础和可能，可以说，“自然的人化”是主客同步、彼此交融的双重历史实践过程，即外在自然的人化和内在自然的人化过程。1990 年代，李泽厚在此基础上又进一步阐释了各自的“硬件”和“软件”所指。概而言之，“外在自然的人化”意味着自然经由人类的劳动实践被直接或间接地改造（硬件）而“向人生成”，自然

① 李泽厚：《华夏美学·美学四讲》，三联书店 2008 年版，第 375 页。
② 同上，第 389 页。
③ 同上，第 406 页。
④ 同上，第 365 页。

与人之间的关系发生改变(软件);后者意味着人类主体自身——感官的人化(硬件),以及内在的情感、需要、感知、愿欲等心理状态的人化(软件),即人性的塑造;前者使美得以产生,是美的本质,后者使人类具有了特殊的审美能力和审美情感,是美感的本质。总之,美感就是“内在自然的人化”,具有双重性,即“一方面是感性的、直观的、非功利的,另一方面又是超感性的、理性的、具有功利性的”①,这也就是他早在处女作《论美感、美和艺术》(1956)中就提出的“美感的矛盾二重性”——个人心理的主观直觉性和社会生活的客观功利性,“积淀”说的创生正是为了回答后者(社会、历史、理性)是如何表现在前者(个体、心理、感性)中的。

所谓“新感性”也就是“自然的人化”或者说积淀的历史成果,是由人类自己历史地建构起来的心理本体。如其所言:“社会的、理性的、历史的东西累积沉淀成了一种个体的、感性的、直观的东西,它是通过‘自然的人化’的过程来实现的。这样,美感便是对自己存在和成功活动的确认,成为自我意识的一个方面和一种形态。它是对人类生存所意识到的感性肯定,所以我称之为‘新感性’。”②这种超生物性的、积淀了理性的“新感性”,既是感性的,又是超感性的,相对于纯粹生物性的感性以及认识领域、伦理领域所表现的“感性中的理性”来说,无疑是新颖而独特的:这是其后期实践美学解释美感的基本途径。需要注意的是,马尔库塞也曾提过“新感性”,但李泽厚认为他误读了马克思的《手稿》,导致他把“新感性”当作一种纯自然的东西,主张性即爱、性的快乐本身就是爱;而在他看来,“从整个文化历史看,人类在社会生活中总是陶冶性情——使‘性’变成‘爱’,这才是真正的‘新感性’,这里边充满了丰富的、社会的、历史的内容”,换言之,“新感性”既是从人类理性向个体感性的积淀,也是社会性、历史性向个体心理结构的积淀,从这个意义上说,“‘新感性’的建构便成为丰富复杂的社会性与个体性的交融、矛盾和统一”③。显然,“建立新感性”是“美感二重性”理论在新时期的进一步发展与深化,正如“内在自然的人化”是“自然的人化”理论在新时期的进一步发展与深化。

和自然的人化一样,“新感性”的建立也是一个深刻而复杂的问题。从审美

---

① 李泽厚:《华夏美学·美学四讲》,三联书店 2008 年版,第 320 页。
② 同上,第 320 页。
③ 同上,第 321 页。

心理学角度来说，它至少包括两方面的子问题：一是美感过程和心理结构是如何完成的？二是人（人类和个体）拥有怎样的审美能力？对于前者，李泽厚从经验现象上作了细致的描绘；对于后者，他提出了“审美能力形态学”。在《美学四讲》中，李泽厚以图示表明了美感过程和心理结构，①直观地显示了其关于“美感心理数学方程式”的猜想②。他将瞬间的审美过程细分为准备、实现和成果三个阶段，尤其是将“美感二重性”发展为“美感四要素”，即在康德“审美判断”所强调的“理解”“想象”之外加上了“感知”和“情感”两个因素，并以此为最重要的常项提出了“美感心理数学方程式”。所谓美感也就是感知、理解、想象、情感等基本心理要素和功能共同活动的结果，按其所言，“审美愉快（美感）不只是一种心理功能，而是多种心理功能（感知、理解、想象、情感等等）的总和结构，是复杂的、变项很多的数学方程式。这些变项被组织在一种不同种类、性质的动态平衡中，不同比例的配合可以形成不同类型的美感”③。这种“数学方程式”就是“审美心理结构的数学方程式”，审美心理四要素（功能）如同 DNA 基因双螺旋似的交错融合，形成了异常复杂的审美心理结构（即“美感双螺旋”结构），其成果就是使人们具有了不同于日常情感心理的独特的“审美感情”。

在李泽厚看来，这种“审美感情”既不是日常经验、感情的“中和”（瑞恰兹、杜威），也不是对对象形式（色彩、线条、音响）的反应（克莱夫·贝尔、罗杰·弗莱），而是“与这种艺术形式相对应的主观感情结构”，其特殊性在于“这个作为心理结构的审美感情已经不同于作为这种心理结构因素之一的一般情感，它使这种一般情感在理解、想象诸因素的渗透制约下得到了处理，也即是所谓‘情感的表现’、‘情感的逻辑形式’”④。这也就是积淀了理性的感性——“新感性”的特殊情感性所在。当然，要研究复杂的人类（审美）心理结构，必须从它的物态化成果——艺术作品入手，因为“心理结构创造艺术的永恒，永恒的艺术也创

① 李泽厚：《美学四讲》，三联书店 2008 年版，第 305 页。

② “美感心理数学方程式”这一猜想最早出现在《美的历程》（文物出版社 1981 年版）中，他认为：“人性不应是先验主宰的神性，也不能是感官满足的兽性，它是感性中有理性，个体中有社会，知觉情感中有想象和理解，也可以说，它是积淀了理性的感性，积淀了想象、理解的感情和知觉，也就是积淀了内容的形式，它在审美心理上是某种待发现的数学结构方程，它的对象化的成果是本书第一章讲原始艺术时就提到的‘有意味的形式’。”参见李泽厚：《美的历程》，天津社会科学院出版社 2001 年版，第 350 页。

③ 李泽厚：《华夏美学·美学四讲》，三联书店 2008 年版，第 336 页。

④ 同上，第 339 页。

造、体现人类传流下来的社会性的共同心理结构”①,而且“各种不同类型、不同风貌、不同韵味的艺术作品所引起的相对应的各心理因素、功能的不同配置排列,便有各种不同的审美感受”②,所以,李泽厚认为,美学研究中大有可为的领域就是,从艺术作品中,研究由不同形式的不同配置而产生的不同心理效果,探测不同比例的心理功能的结合。

需要注意的是,李泽厚这样从哲学角度来谈美感问题只是个人的理论猜想,其科学性还必须寄希望于审美心理学的未来发展来加以实证,如其所言:“审美心理学,将从真正实证科学的途径来具体揭示我们今天只能从哲学角度提出的文化心理结构、心理本体、情感本体的问题。我相信,迟早这一天将会到来,也许在下个世纪,也许在下下个世纪。”③当然,毋庸置疑,李泽厚通过对康德美学的重新阐释以及审美过程和心理结构复杂性的补充揭示,为“审美心理学”的建立打下了坚实的基础。

在李泽厚看来,“新感性”的建立还应着眼于审美过程和结构的完成,也就是“成果阶段”人的审美能力(审美趣味、观念、理想)的拥有和实现,这是人的感知心意和内在精神的塑造建立。由此,他把审美分为“悦耳悦目”“悦心悦意”“悦志悦神”三个方面,建立起展现人(人类和个体)的审美能力多种形态的“审美能力形态学”。“悦耳悦目一般是在生理基础上但又超出生理的感官愉悦,它主要培育着人的感知。悦心悦意一般是在理解、想象诸功能配置下培育人的情感心意。悦志悦神却是在道德的基础上达到某种超道德的人生感性境界。”④三者分别强调了生理性与社会性、感性与理性、感性与超感性的统一和积淀,既有所区别,但又不可截然分开,因为它们都助成着也标志着人(人类和个体)的人性的成长,心理的成熟。从耳目愉悦的范围、对象和内容的日益扩大,到心意愉悦的心意的培育、心灵境界的提升,再到志神愉悦对宇宙规律性以合目的性的领悟感受,审美能力从低到高逐步提升,审美愉悦逐渐臻于“天人合一”之至境,都标志着积淀的人性、内在的自然、建立新感性、人类所独有的心理—情感本体在不断丰富和发展。总之,从美的哲学角度看,悦耳悦目、悦心悦意、悦志悦神

① 李泽厚:《美的历程》,天津社会科学院出版社2001年版,第349页。
② 李泽厚:《华夏美学·美学四讲》,三联书店2008年版,第340页。
③ 同上,第308页。
④ 同上,第349—350页。

都是“自然的人化”“积淀”的结果，都是建立“新感性”的目标；从审美心理学角度看，三者从质的角度细致描述了审美心理的层次。此外，这美感三形态又与“人的自然化”、自觉塑造心理—情感本体等美学问题密切相关，预示着在新时代“建立新感性”的未来方向。

（五）“人的自然化”：走向“情本体”

“人的自然化”是李泽厚在马克思主义实践论基础上的独特创造，是对“自然的人化”继续充实和补充的结果。在《关于主体性的第三个提纲》(1985)中，李泽厚第一次提出“人的自然化”命题；在《美学四讲》和《己卯五说》中，李泽厚对“人的自然化”进行了更详细的阐释。他认为，“人的自然化”是“自然的人化”的对应物，是整个历史过程的两个方面，包含三个层次或三种内容：一是人与自然环境、自然生态的关系，人与自然界友好和睦，相互依存；二是把自然景物和景象作为欣赏、欢娱的对象；三是人通过某种学习，使身心节律与自然节律相吻合呼应，而达到与“天”(自然)合一的境界状态。[①] 可见，他以目的从属于规律的个体感性与自然的三层(种)直接交往，补充和纠正了规律服从于目的的人类生产实践和理性形式结构。如果说“自然的人化”是工具本体的成果的话，那么，“人的自然化”就是情感(心理)本体的建立。

李泽厚立足于个体和心理(情感)本体而专门提出“人的自然化”问题，以“天人合一”作为人(人类和个人)最理想的存在状态，是出于对工具本体主导下的个体存在意义、人类发展远景的现代反思和时代要求。从其人类学本体论哲学来说，“自然的人化”过程形成了强大的工具本体，它一方面满足了人类生存和发展的物质需要，带来了物质文明的极大繁荣、工艺科技的飞速发展，另一方面也造成“人为物役”，加剧了“人性”(个体的心理情感)的异化，人们或多或少都受控于语言、知识、权利以及商业文化等外在力量，由此个体自身的存在意义问题被凸显出来。如何克服诸如荒谬、无聊、“忧”“烦”“畏”、无家可归等生存疑难？如何战胜死之必然而好好活下去？在李泽厚看来，“只有‘人自然化’才能走出权力—知识—语言。人才能从 20 世纪的语言—权力统治中解放出

---

① 李泽厚：《华夏美学·美学四讲》，三联书店 2008 年版，第 300 页。

来……既不退回到动物世界,也不沦为权力—知识—语言的社会奴隶"①。也即"人自然化"能够使个体回归感性,回归自然,最终走向"天人合一"的审美至境。"人自然化"何以有如此强大的"解毒"功效?这是因为它的目标在于"要求人回到自然所赋予的人的多样性中去,使人从为生存而制造出来的无所不在的权力—机器世界中挣脱和解放出来,以取得诗意生存,取得非概念所能规范的对生存的自由享受,在广泛的情感联系和交流中,创造性地实现人各不同的潜在的才智、能力、性格"②。

先有个体的解放和自由,才会有全人类的解放和自由。但要实现个体的解放和自由,李泽厚认为又必须"靠人类的物质实践、靠科技工艺生产力的极大发展和对这个发展所作的调节、补救和纠正来达到"③。这也正是李泽厚"人的自然化"的个体与尼采之"超人"的根本区别所在。换言之,"人的自然化"与"自然的人化"的统一才是李泽厚所讲的"天人合一",是儒、道互补的中国美学精神。因此,李泽厚从未简单否定工具本体或自然的人化的重要性乃至"异化"的必要性,恰恰相反,他所强调或希冀的是:异化的消退或人(人类和个人)的自由必须以工具本体的成长发展作为前提和基础,我们"不必去诅咒科技世界和工具本体,而是要恢复、采寻、发现和展开科技世界和工具本体中的诗情美意"④;也不必顺从于"必然"对自我命运的主宰,而应高扬个体主体性,参与和影响总体的历史,"将人道主义、伦理主义具体地注入历史,使生产人性化,生活人道化,交往人情化,从而使个体主体性从各种异化下挣脱和发展起来"⑤,逐步消除外在于人的异己力量,完成"社会的人化",最终实现"天人合一"的人类社会,即创造一个"在工具本体上生长出情感本体、心理本体,保存价值性、田园牧歌和人间情味"⑥的审美世界。这是李泽厚乐观主义的社会理想,也是其哲学美学服务于社会建设与人性建构的远景目标所在。

最终,在经历一系列的理论追索和阐发之后,"情本体"顺理成章地成为其人类学历史本体论哲学、主体性实践美学以及"人的自然化"理论的"最后实在"。

---

① 李泽厚:《己卯五说》,三联书店2008年版,第263页。
② 同上。
③ 李泽厚:《华夏美学·美学四讲》,三联书店2008年版,第289页。
④ 同上,第303页。
⑤ 李泽厚:《哲学答问》,见《实用理性与乐感文化》,三联书店2008年版,第132页。
⑥ 同③。

在李泽厚看来，"情感本体，是华夏美学的精髓，这是一种哲学精神，也是一种美学精神"[①]。在《华夏美学》中，他整理出以儒家为主体的美学，并将"情"视为儒学之根本，但未多作论证；在《美学四讲》的结尾，他发出了"情感本体万岁，新感性万岁，人类万岁！"[②]的深情呼唤；后来在《第四提纲》中才明确提出了"情感本体"概念，并在21世纪以来的《实用理性和乐感文化》中对其进行了深入阐释。这一命题一经提出便引起极大争议，其中争议最大的问题莫过于："情"能否作为哲学之"本体"？或者说"情本体"还是不是哲学？

首先，李泽厚有意识地规避形而上学的哲学之弊，对西方哲学中的"本体"概念作了解构式的重新界定。在他看来，"所谓'本体'不是 Kant 所说与现象界相区别的 noumenon，而只是'本根''根本''最后实在'的意思。所谓'情本体'，是以'情'为人生的最终实在、根本"[③]。可见，所谓"情本体"并非传统形而上学意义上的"本体"或"本质"，或者说，"情本体"就是无本体，其"形而上"就在"形而下"之中，因为"'情'是'性'（道德）与'欲'（本能）多种多样不同比例的配置和组合，从而不可能建构成某种固定的框架、体系或'超越的''本体'"[④]。显然，这种以现象为体、"理"（宇宙规律）"欲"（一己身心）交融的"情本体"哲学，既不同于解构一切价值的"动物的哲学"、专攻语言的"机器的哲学"或海德格尔"向死而生"的"士兵的哲学"等西方现代哲学，也不同于以"性"或"理"为本体的从程朱到阳明到现代新儒家（如牟宗三）的中国哲学，它既承继了"本体"哲学思维，又意在解构或超越西方本体论哲学，它既贯彻了由"巫史传统"所决定的"一个人生、一个世界的华夏精神"，又意在将传统的道德形而上学引向审美形而上学。这种"不中不西"又融汇中西的"情本体"真正体现了"体用不二"的特殊"本体"性。

其次，把个体性的"情"作为最后实在，既源于中国传统文化—哲学—美学—艺术的思想启示，也是"情感"自身的独特性以及后现代社会"人性建设"的必然要求。在李泽厚看来，自原典儒学之后直到牟宗三、冯友兰的哲学，"情"都没有地位，而在原典儒学中"情"却是根本或出发点。无论是"逝者如斯夫""汝

---

① 李泽厚：《与高建平的对谈》，见《世纪新梦》，安徽文艺出版社 1998 年版，第 275—276 页。

② 李泽厚：《华夏美学·美学四讲》，三联书店 2008 年版，第 407 页。

③ 李泽厚：《关于情本体》，见《实用理性与乐感文化》，三联书店 2008 年版，第 54 页。

④ 李泽厚：《世纪新梦》，安徽文艺出版社 1998 年版，第 27 页。

安乎”(孔子),还是“恻隐之心”(孟子),“情”(情感、情境)都被视为人道甚至天道之所生发;尤其是郭店楚墓竹简的发现更佐证了这一判断,所谓“道始于情”“礼生于情”“情生于性”“性自命出,命自天降”等[①],皆强调人道、天道之重“情”。而在物态化的艺术中,“情”同样是其“本体”“生命”之所在,如他所说:“艺术所展现并打动人的,便正是人类在历史中所不断积累沉淀下来的这个情感的心理本体,它才是永恒的生命。”[②]总之,李泽厚试图回归或接续这一重“情”之中国传统,并以人道为基础和根本,走一条“由人而神,由‘人道’现‘天道’、从‘人心’建‘天心’的路”[③]。换言之,“道在伦常日用之中”,而“道”又由“情”生,我们只有停留、执着、眷恋于感性的、偶然的、伦常日用中的“情”,个体的生命、生存、生活才是本真的、合乎人道—天道的生命、生存和生活,人生的意义和价值正在于此。

在后现代社会,人在工具理性的强力支配下容易变成机器,而在反理性主义的诱惑下又容易变成动物,无论是成为纯理性的机器还是成为动物感性、欲望的奴隶,人都并非真正的、自由的人。在李泽厚看来,人之所以为人,在于拥有历史积淀的文化心理结构(人性),而“人生的意义在于情感”[④],这是因为“人的情感既不是理性的、纯精神性的,也不是生理的、纯动物性的,它是‘理’与‘欲’的融合……从而理性就不是一种主宰、控制、规范,更不是一种外在的约束,而是溶化在情感之中,成为人的情感本身的一种因素、成分或特色。这正是人的情感不同于动物的情感之所在”[⑤]。“‘情’是多元、开放、异质、不定、复杂,它有万花齐放的独特和差异,却又仍然是现实的”[⑥],正因为这种“情感”是人类/个体所特有的、现实的东西,是“普泛而伟大的情感真理”,所以,以“情”为本体成为他所设定的后现代社会重建人性、重建价值的中心任务。如其所言:“在我这里,因为美学和哲学是统一的,所以价值重建就是人性重建,而人性重建就是把人的情感调整到不是动物性的奴隶、不是机器性的奴隶,使情感真正取得‘自

① 荆门市博物馆编:《郭店楚墓竹简》,文物出版社1998年版,第203、第203、第179、第199页。
② 李泽厚:《华夏美学·美学四讲》,三联书店2008年版,第165页。
③ 李泽厚:《哲学纲要》,北京大学出版社2011年版,第211页。
④ 李泽厚:《世纪新梦》,安徽文艺出版社1998年版,第243页。
⑤ 同上,第300页。
⑥ 李泽厚:《历史本体论·己卯五说》,三联书店2008年版,第123页。

由的形式'的本体地位。"[1]由此推演，美学后来被李泽厚推上了"第一哲学"的本体地位。

再次，就内涵而言，这种"情感"既非西方基督上帝之情，亦非中国仁义道德之情，而是植根于日常生活的、与自然和他人之间共建共享的真情、情境。如其所言：

> 既无天国上帝，又非道德伦理，更非主义理想，那么，就只有以这亲子情、男女爱、夫妇恩、师生谊、朋友义、故国思、家园恋、山水花鸟的欣托、普救众生之襟怀以及认识发现的愉快、创造发明的欢欣、战胜艰险的悦乐、天人交会的归依感和神秘经验，来作为人生真谛、生活真理了。为什么不就在日常生活中去珍视、珍惜、珍重它们呢？为什么不去认真地感受、体验、领悟、探寻、发掘、敞开它们呢？[2]

可见，"情本体"所希冀的是，在解构的"后现代"社会，每个人都应当实现自己的潜能，珍重自己在人世间的情感生存，享受(感受)以情感和生活为本的独一无二的人生，它既不是道德(伦理)，也不是认识(知识)，也不同于宗教，而是美学。每个人在这真情实感、具体情境中进入天地(审美)境界，获得"美"的自由享受，便可以"启真""储善""立命"，即建立起审美形上学和世界观，走向"诗意栖居"。一言以蔽之，现实人生是"最终所指"；生存之"美"，"美在深情"。从哲学上来说，这种建立在实践基础上又格外重视人(尤其是个体)之存在的思想，无疑受到了海德格尔存在哲学的影响，或者更准确地说，是"以 Heidegger 所揭示的死亡这无定的必然所造成的'烦''畏'，即个体存在的心理本体的基础上，再次回到人际世间的各种具体情境中"[3]。如果说《批判》是"由马克思回到康德"，即由人类生存的总体回到个体和个体心理，那么，《己卯五说》则是"从海德格尔回到黑格尔"，即把海德格尔没能说清的抽象的"Being"("无")具体落实于人世情感("有")中：这两重"回到"的统一，使李泽厚美学实现了由"实践本体论"向"实践生存论"的再次转换。

---

① 李泽厚：《世纪新梦》，安徽文艺出版社 1998 年版，第 313 页。

② 同上，第 30—31 页。

③ 李泽厚：《历史本体论・己卯五说》，三联书店 2008 年版，第 97 页。

二、主体性实践美学的理论价值、文化意义和美学史地位

(一) 理论价值

毋庸置疑,李泽厚以“活”(“实践”“生生”)为圆心、以“生命的同心圆”结构建立起了一个“体现出高度的首尾连贯和内在自洽”[①]的人类学历史本体论或主体性实践哲学体系及其美学部分——实践美学。总体来看,其实践美学思想“经历了从实践认识论到实践本体论(人类学历史本体论),再到实践生存论,尤其是个体生存论的变化过程。他所关注的对象,从对美感及美感与美的关系,转换到人类整体生存的基础即人类生存所必需的物质生产活动,最后走向探讨人的生存方式、生存境界和生存意义”[②]。按照李泽厚在《美学四讲》中对“美学”的学科设定和自我总结,他的这种“实践美学”既是一种“哲学美学”,也是一种“马克思主义美学”,更是一种“人类学本体论的美学”。其实践美学的理论价值正集中体现在这三个方面:

1. 哲学美学

从哲学角度探讨美和艺术,不仅是 20 世纪之前西方美学的主流,也是 20 世纪中国美学的主流[③],还是李泽厚矢志不渝的美学追求。与其他美学家相比,李泽厚的特殊身份在于,他首先是一位哲学家、思想家,其次才是一位美学家,哲学使其能够从总体上解释世界和把握人类的精神现象(包括审美活动),其实践美学的理论魅力正在于它是对人类审美现象进行哲学思辨的产物,是以“实践”为美的核心范畴的哲学美学。在《美学四讲》这部总结自己美学思想或者说哲学美学思想的著作中,他公开将“哲学美学”置于理论美学、各实用美学之上,即美学学科金字塔的顶端,这不仅意味着他有意承继西方古典美学传统(美学是哲学的分支之一),更意味着他深刻认识到美的哲学思辨是任何心理学、社会学的科学研究都无法替代的。按其所言:“美的哲学所要处理、探寻的问题,深刻地涉及了人类生存的基本价值、结构等一系列根本问题,涉及了随时代而发

---

① 周瑾:《生命的同心圆——李泽厚〈哲学纲要〉评注》,载《社会科学论坛》2012 年第 12 期。

② 朱志荣:《论实践美学发展的必然性》,载《湖北大学学报》(哲学社会科学版)2008 年第 3 期。

③ 一般来说,前期以蔡仪的认识论哲学美学为代表,后期以李泽厚的实践论哲学美学为代表。

展变化的人类学的本体论。”[1]正因如此，尽管现代西方哲学美学理论日益苍白，尽管美学的分化和科学化（如实用美学、科学美学等）日益丰富，但李泽厚依然强调要保留哲学美学这块“自由天地”，并作“人类学”的开拓。

就李泽厚哲学美学的发展过程来看，从前期引入马克思的“自然的人化”、立足于历史唯物主义“实践”哲学，提出“美是客观性与社会性的统一”“美感二重性”等核心命题的实践认识论哲学美学，到后期引入康德的“主体性”立足于主体性实践哲学，提出“美是自由的形式”“美感三形态”“积淀”“艺术三层次”等核心命题的实践本体论哲学美学体系，李泽厚始终将哲学的指导性、彻底性贯穿在美学研究中，居高临下般地考察和追寻美之所以为美的根源、人之所以为人的“最后实在”。由此也可见出，其哲学美学的最大特色在于敢于变通、具有明确的“人生”指向和强烈的现实关怀：当新中国成立后几乎所有哲学家都持从黑格尔经费尔巴哈到马克思的发展线索时，李泽厚却敢于提出“宁要康德，不要黑格尔”[2]，并提出从康德经席勒再到马克思的发展线索，从而形成了一种独具个性的主体实践哲学理论；同时，他从马克思的人类总体的宏观历史角度出发，树立起“为人生”的哲学观，即主张哲学是“人生之诗”“研究人（人类及个体）的命运，或者更准确一点说，哲学是对人的命运的关怀、思考和谈论”，其使命“主要是去探求人生的真理或人生的诗意”。[3] 而之所以选择变通、指向“人生”，关键在于他具有强烈的现实关怀，其论著似乎“全在讲过去，但起点却出于对现实的思考”，[4]与其说他关心的是思辨抽象的哲学，不如说他关心的是现实社会的问题，诸如如何走出“文革”意识形态的阴影、如何坚持以“实践”为本大力发展生产力、如何正确理解“人性”、建立“新感性”等与中国现实和人民生活密切相关的当代问题。以现实问题意识指引哲学美学的研究，以哲学美学的思考方式积极介入和干预社会，这是其哲学美学之所以能够在中西哲学美学谱系中脱颖而出，能够在当时乃至此后获得超学院、超美学的广泛社会影响的根本原因。

---

① 李泽厚：《华夏美学·美学四讲》，三联书店 2008 年版，第 246 页。

② 1981 年 9 月，在北京人民大会堂召开了“纪念康德《纯粹理性批判》出版 200 周年和黑格尔逝世 150 周年学术讨论会”，李泽厚在会上提出了这一石破天惊之论。

③ 同①，第 243、第 246、第 244 页。

④ 李泽厚：《李泽厚十年集·第四卷·走我自己的路》，安徽文艺出版社 1994 年版，第 75 页。

2. 马克思主义美学

马克思主义美学是流行和统治 20 世纪中国现代美学的主导美学，也是李泽厚自身持之以恒的学术追求，尽管他不得不承受海内海外诸如“反马克思主义”“死守马克思主义”的两面批评。他始终坚持历史唯物主义的“实践”论，强调艺术的社会功利性，并要求从时代意识出发发展马克思主义哲学。一方面，他强调实践论就是马克思主义唯物史观，强调以使用和制造工具来界定“实践”，强调工具本体（主体性的客观方面）对于人类存在和心理本体（人性）的历史生成的基础意义，从而提出外在自然的人化、内在自然的人化以及人的自然化等新命题，进一步深化了马克思自然人化理论；另一方面，他批判地吸收了欧美流行的分析哲学的美学、艺术本体论的美学等美学理论和派别的思想。他明确指出，“马克思主义美学主要是一种讲艺术与社会的功利关系的理论，是一种艺术的社会功利论”[①]，这种社会功利论也成为其马克思主义美学艺术论的主题，强调艺术对塑造人性的社会功能；同时，通过对马克思主义美学的哲学基石——反映论的认识论——进行反思和批判，认为，“马克思主义及其美学必须随时代的需要和特质来发展自己，否则就难以生存”[②]。换言之，就是要根据时代意识来发展马克思主义哲学和美学，把马克思主义理论研究从特定历史时代（如“美学大讨论”时期）对批判性、革命性、实践性的关注，转移到适应新的历史时代的需要上来，把马克思主义哲学从“革命的哲学”转变为“建设的哲学”，即从人类总体的宏观历史角度来建设新的文明（包括物质文明和精神文明）。为此，李泽厚积极吸收卢卡奇、葛兰西等西方马克思主义哲学以及皮亚杰、阿恩海姆、贝尔、朗格、荣格等现代美学成果，尤其批判吸纳了康德的主体性哲学思想资源，并融合丰富的中国思想史资源进行转换性创造，不仅使其马克思主义美学体系得到了更新和完整化，也丰富和拓展了正统马克思主义。

总之，一方面，马克思主义的基本思想保证了李泽厚美学在 1980 年代的思想文化氛围中能被广泛接受和备受赞赏；另一方面，他善于兼容并包、勇于开拓创新，形成了独特的美学体系，受到外国美学界的关注。从这个意义上说，李泽厚的实践美学正是马克思主义美学在新时代的发展，或者说是马克思主义美学

① 李泽厚：《华夏美学·美学四讲》，三联书店 2008 年版，第 249—250 页。

② 同上，第 254 页。

中国化的代表成果之一，正如有学者所总结的："李泽厚的实践美学是 20 世纪后期中国马克思主义美学的重要组成部分……同是马克思主义美学，毛泽东美学表现为政治功利主义，或曰社会学、社会功利主义美学，蔡仪美学表现为唯物主义认识论美学，李泽厚美学呈现为历史唯物主义美学，朱光潜后期美学则同时具有唯物主义认识论和历史唯物主义的因素。他们都从各自不同的角度理解和运用马克思主义，形成自己的理论特色，作出自己的贡献，汇为一体，形成 20 世纪后期马克思主义美学之大观。"①

3. 人类学本体论的美学

在李泽厚看来，美学不应当定于一尊，而应当是多元化的，不能把美学仅仅规定为艺术理论，或仅仅从理性、语言的世界中寻求人类未来，但也不能把什么都看成是美学，而应当从人类本体论或主体性实践哲学角度来对待和研究美与艺术，因为它所思考和探究的正在于使现代人"从机械化的理性桎梏和语言世界中逃脱，从一个破碎的解构废墟上重新站起"②，重建人性，重获命运。正是凭借如此开放的气度和深沉的人文情怀，李泽厚最终建立起这种"以人为本"的人类学本体论的哲学和美学。

与当时诸多美学家视康德为唯心主义哲学家而有意回避不同，李泽厚恰恰从康德哲学的终点（"第四批判"）出发，通过确立"人活着"这一根本出发点，继而追问人"如何活""为何活"和"活得怎样"等问题，来回答康德"人是什么"之问。他将康德的先验的认识、道德和审美等主体性结构统统建基于马克思的历史唯物主义实践论之上，又借用康德的主体性思想对重视理性、群体规范、客观社会性的马克思主义作了修正和改造，提出马克思未曾谈论的"知""情""意"三方面心理结构问题，尤其突出强调了感性的、个体自由的、主观创造性的一面③，并从人类历史出发提出"积淀论"来解释文化心理结构（包括智力、意志和审美三种形式结构）即人性的历史生成问题，阐明了美学领域人类普遍化的艺术形式的历史形成，以及"历史建理性、经验变先验、心理成本体"的由人类到个人的转换之理。这种人类学本体哲学不仅强调人类就是本体，同时强调以使用一制

---

① 薛富兴：《李泽厚实践美学的特征与地位》，载《湖南社会科学》2003 年第 6 期。

② 李泽厚：《华夏美学・美学四讲》，三联书店 2008 年版，第 260 页。

③ 李泽厚认为，马克思是重视个体的，强调人的感性的实践的，但其所说的、被后人误解为对"人"的定义的"人是一切社会关系的总和"这句话，忽略了作为生物存在的感性个体。参见李泽厚：《与高建平的对谈》（1993），见《世纪新梦》，安徽文艺出版社 1998 年版，第 255 页。

造工具界定实践，即用“人类如何可能”取代康德的“认识如何可能”，用实践本体论取代实践认识论，在此基础上建立起“人类学本体论的美学”或者说“主体性实践美学”，实现了对早期“实践认识论美学”的修正和超越。如果说马克思是对康德、黑格尔作了扬弃改造的话，那么李泽厚则既借用马克思主义对康德作了扬弃改造，使其从先验(唯心)哲学成为实践(唯物)哲学；又借用康德对马克思主义作了扬弃改造，使其从“革命的哲学”真正成为“建设的哲学”，因此李泽厚将自己的哲学公式概括为“康德←→马克思”，而不是“黑格尔←→马克思”。这种十分别致的“马克思与康德的互动”模式实现了工具本体与心理本体、人类主体性与个体主体性的融合，也实现了对“文革”时代革命的或“现代新儒家”的道德形而上学和主观唯心论的反拨；而随着同步进行的中国思想史研究的深入展开，他又以孔子为代表的厚生贵生的中国传统融合和补充了马克思和康德的思想，正如文森特·利奇在《诺顿理论和批评选集》中所表明的，“通过融合中西视角，李泽厚以‘人的自然化’弥补了马克思的‘自然的人化’，又以基于中华民族长期经验和实践的唯物论的‘实用理性’弥补了康德的‘先验理性’”[①]，使其哲学回归到或扎根于重“生”重“情”的“中国哲学的传统精神”，从而生发出“两种道德”(宗教性道德与社会性道德)论的伦理学、“儒法互用”的政治哲学[②]以及“美学是第一哲学”的审美本体论，“情本体”则是贯穿这三者的主线。这正是“人类学本体论”或“主体性实践”哲学的主要内容和特色所在。

人类学本体论哲学(主体性实践哲学)具有不同于其他哲学美学、马克思主义美学的独特角度，按李泽厚自己所言：“从这个角度谈美，主题便不是审美对象的精细描述，而将是美的本质的直观把握。由这个角度去谈美感，主题便不是审美经验的科学剖解，而将是提出陶冶性情、塑造人性，建立新感性；由这个角度去谈艺术，主题便不是语词分析，批评原理或艺术历史，而将是使艺术本体

① Vincent B. Leitch, ed., *The Norton Anthology of Theory and Criticism*, New York & London: W. W. Norton & Company, 2010, p. 1745.

② 李泽厚虽未专门研究过政治学或政治哲学，但在人类学历史本体论基础上提出了诸多有影响的政治哲学观点，如，“历史与伦理的二律背反”(1980)、“历史在悲剧中前行”(1999)、“两德论”(1994)、“经济发展个人自由社会正义政治民主”四顺序论(1995、1999)、“要社会理想，不要理想社会”(1994)、“欧盟是走向世界大同之道”(1992、2002)等。参见李泽厚：《哲学纲要》，北京大学出版社 2011 年版，第 120 页。

归结为心理本体,艺术本体论变而为情感作为本体的生成扩展的哲学。"[1]可见,这也是"人类学本体论的美学"区别于西方现代分析美学、艺术本体论美学以及中国其他实践美学的独特性所在。其最大价值在于:回到"人"(尤其是个人)本身,既高度重视工具本体和技术美学,又将审美和艺术与陶冶性情、塑造文化心理结构(即建立心理—情感本体)、建设精神文明关联起来,不仅使马克思主义美学有了新面貌,而且为发展整个美学开辟了一条新路,为人类最终实现变"工具"为"目的"、由"必然王国"进入"自由王国"创造了可能。所谓"回到人本身",一方面意味着回到"人活着"这一首要事实,这决定了工具本体(工艺—社会结构)或者说"自然的人化"(人的实践活动和客观自然的规律性的统一,即美的本质)在人类文明发展史中的首要地位,由此决定了与美的本质直接相关的技术美学在美学中比自然美、艺术美更重要。[2] 另一方面意味着回到作为感性存在的人,即消除了主客二元对立的审美主体,"'活'不只是'如何活'和'为什么活',而是'活'在对人生、对历史、对自然宇宙(自己生存环境)的情感的交汇、沟通、溶化、合一之中,人从而不再是与客体世界相对峙(认识)相作用(行动)的主体,而是泯灭了主客体之分的审美主体,或'天地境界'"[3]。也即从"如何活"(自由直观的认识论)、"为什么活"(自由意志的伦理学)进到"活得怎样"(自由享受的美学),由马克思的人类学实践宏观视角(社会—工具本体)回到康德的普遍必然的文化—心理本体,从人类主体性回到个体主体性,这是与人类学历史本体论哲学的独特路径——"从理性(人类、历史、必然)始,以感性(个体、偶然、心理)终"[4]相一致的,而作为个体性的审美和审美心理对应物的艺术不仅培育自我人性,也将历史地积淀为人类的文化—心理本体。总之,人类学本体论的美学最后归结于情(审美)本体,只有在日常情感或情感物态化的艺术中抵达审美境界或者说充分实现了"人的自然化"的生活才是美的生活,只有美的生活才真正是人的生活,即美的本质与人的本质融为一体的生活:这成为李泽厚所设想的后现代社会中"人"(人类和个人)的最后归宿,也成为开辟美学的未来新路——"生活美学"的一个契机。

---

① 李泽厚:《华夏美学·美学四讲》,三联书店 2008 年版,第 266 页。

② 李泽厚:《美育与技术美学》,见《杂著集》,三联书店 2008 年版,第 186 页。

③ 李泽厚:《世纪新梦》,安徽文艺出版社 1998 年版,第 29 页。

④ 同上,第 30 页。

(二) 文化意义

时势造美学。在中国,美学从来就不是仅限于美学专业范围内的纯粹理论,而具有更为广阔深远的文化意义;尤其是在 20 世纪 80 年代“美学热”的特殊时代氛围中,美学更是顺应时势地“成为一种当时所特有的公共话语”[①],扮演着“新启蒙”的精英文化角色,而李泽厚实践美学则当仁不让地成为这一精英文化中的“精英”、公共话语中的“话语”。1994 年,在被王德胜问及“美学热”过渡到“文化热”的原因时,李泽厚曾这样说道:“因为美学在中国绝不仅仅是一个美学问题,它既联系中国传统,也联系现代化,也就是传统与现代化的关系和冲突等等问题,所以它使人们走向文化的思考。当然,一部分美学工作者转向对文化问题的讨论,也是一个原因。”[②]事实上,李泽厚实践美学具有超美学文化意义的原因正在于此。他以“实践”为根本圆心,以“人类学”为哲学框架,一方面联系中国传统,从思想史、美学史、艺术史中找寻实践理性和乐感文化的精神,揭示中国人的文化性格和人生智慧;另一方面联系中国的现代化进程,从传统与现代的现实冲突中寻求使社会和谐、人性完满的可能,从而由纯粹的美学问题逐步转向涉及伦理、宗教、政治等的文化问题。由此,其美学研究也由基本的美的本质、审美心理、艺术美等美学的本体问题,转向了“美学在道德滑坡、信仰缺失、正义缺席、价值崩溃、人性异化的后现代世界中的贡献”这一美学的社会—文化功能问题。归根结底,他希望美学“要在当代社会、当代文化的价值重建过程中起到一种人文精神的引导作用”,而所谓“美学的人文精神”在他看来就是告别旧的“社会工程的乌托邦”,建设新的“关于人性建设的乌托邦”,“这个乌托邦就是要设想一种比较好的人性,而情感在其中具有核心地位。这正好与中国强调生命的传统哲学接上头,与强调人与自然和谐这样一种‘天人合一’的人文精神接上头。而这也是可以对后现代的世界作出贡献的”[③]。美学在后现代社会的文化意义和现实使命正在于斯。就此论,与其说李泽厚是一位哲学家,不如说他是一位有强烈人文情怀的文化学者,为 1990 年代“文化热”、文化研究(尤其是审美文化研究)的兴起做好了“预热”工作。

---

① 高建平:《美学的当代转型:文化、城市、艺术》,河北大学出版社 2013 年版,第 17 页。

② 李泽厚:《与王德胜的对谈》,见《世纪新梦》,安徽文艺出版社 1998 年版,第 304 页。

③ 同上,第 314 页。

正如李泽厚说要将“美学热”当作一种文化现象来研究一样，李泽厚的主体性实践美学同样不能仅仅从美学理论本身来解释，而应当作为一种文化现象来探究，如同他所发起并担任主编的《美学译文丛书》①，不能仅仅视为美学翻译资料书，而应当置入当时的文化启蒙中考察其思想史的意义。事实上，李泽厚主体性实践美学在20世纪八九十年代所作的贡献，也正在于发挥了这样“一种人文精神的引导作用”，捎住了后“文革”时代文化启蒙的闸门，开启了“美学热”向“文化热”的过渡或转换。正是这种自觉的文化气魄和文化学要求，使得主体性实践哲学—美学思想一经提出，就在哲学界、美学界产生了巨大震动和影响。

就国内影响而言，作为一种与当时“思想解放”的文化氛围有着高度契合的人文思想，李泽厚主体性实践美学适时地引领和促进了1980年代文化的启蒙、人性的解放、命运的反思，比如，为“实践是检验真理的唯一标准”提供了强有力的哲学—美学注脚，从而为“真理标准大讨论”推波助澜；亲身参与当时关于人道主义、异化以及人性论问题的讨论，并将其进一步推向深入；在“反精神污染运动”之前写作《画廊谈美》支持“星星画展”，不顾诗歌界对朦胧诗的非议，称赞其是“新文学的第一只飞燕”②；为刘再复提出“文学主体性”观念提供直接启示，开启了文学创作和理论领域对人的主体精神的热切关注和深度研讨；等等。③ 尤为重要的是，主体性实践美学对启“真”储“善”的“美”的追求、对主体性的倡扬、对人（人类和个人）的心理—情感的强调、对华夏文明历史的尊重，为经历“文革”而人性异化的人们（尤其是青年人）追求一种美的人生理想、人生境界，重新探索民族、国家以及自己的命运，指出了一条建构“主体性”“建立新感性”、同步建设“两个本体”和“两个文明”的中国特色现代化道路，意义深远。

就国外影响而言，李泽厚坚持“人类视角，中国眼光”，有意识地发掘出中国哲学、美学的独特价值，贡献于世界，为21世纪人类把握自己命运、为中国文化的世界传播以及中西文化的深入对话提供了可能。④ 2010年，李泽厚成为作品

---

① 该丛书由李泽厚在1980年6月第一次全国美学会议前后发起并任主编，由滕守尧实际操作，原计划出版100种，实出50种（1982—1992），涉及中国社会科学出版社、光明日报出版社、辽宁人民出版社、中国文联出版公司、知识出版社等五家出版社。

② 李泽厚：《画廊谈美》，载《文艺报》1981年第2期；李黎：《读〈诗与美〉》，载《读书》1986年第1期。

③ 刘再复：《论文学的主体性》，载《文学评论》1985年第6期、1986年第1期。

④ 关于中国哲学在世界舞台上能否登场、如何登场等问题，参见李泽厚、刘绪源：《该中国哲学登场了？》，上海译文出版社2011年版；《中国哲学如何登场？》，上海译文出版社2012年版。

入选世界公认的权威性理论著作《诺顿理论和批判选集》(第二版)的唯一华人,这不仅表明了李泽厚个人"走进世界",也"代表了当代中国哲学、理论及批评'走进世界'的重大业绩,成为华夏学人的骄傲"[①]。编委会之所以从其《美学四讲》中选择收录"形式层与原始积淀"一节,不仅仅因为它详细阐释了李泽厚"最负盛名、最具独创性"的"积淀"理论,更在于它运用中国的"气"这一与人的生理及物质材料和形式结构皆相关的概念,来探讨处理材料以产生艺术魅力的一些方式,并与"身体""劳动"一起被置于美学推论的中心,通过"融合中西美学理论而形成一个看似简单实则日趋复杂的艺术理论,使人联想到维柯、休谟、席勒、黑格尔、皮埃尔·布迪厄和巴巴拉·哈默·史密斯等西方美学家的著作"[②]。换言之,积淀论作为中西思想对话交融的产物,既实现了世界对中国文化(传统的和现代的)的认同与接纳,又表明了跨国界、跨文化、跨学科的多元融合正是未来理论(不仅仅是美学理论)的必然走向。

当然,在今天中西对话的全球化语境中,两种文化的差异性以及中国文化传统的独特性也是必须首先认清和明确的。早在 1994 年与西方马克思主义代表理论家杰姆逊的对话中,针对西方(尤其是美国)"美学的政治化"问题,李泽厚就特别强调了与之截然不同的中国文化传统中的美学,表明了中国人对美感和美的特殊理解,他说:"对于中国人来说,美感就像某种超越现实世界的个体和精神自由,就如我们在道家中看到的。美是一种生活方式,而不是仅供观看的东西……美的范围不只是艺术,而是社会和宇宙。"[③]这似乎是对《美的历程》《华夏美学》和《美学四讲》最精辟的思想概括。美不仅存在于艺术之中,更应存在于社会和宇宙之中,把美(而非语言)"当作一种生活方式",在美感(而非宗教)中获得超越现实的个体精神的自由,抵达最高的"天人合一"的审美境界。李泽厚将这一中国传统美学思想纳入自己的实践美学之中,赋予"审美"以建构主体的心理本体、建立新感性的文化使命,其实践美学也由此成为回答现代人"活得怎样"的一种终极关怀理论。由此也就不难理解,他为何多次赞赏蔡元培的"以美育代宗教"说,认为"它很有哲学意义""很符合中国国情,即不是通过宗

---

① 贾晋华:《走进世界的李泽厚》,载《读书》2010 年第 11 期。

② Vincent B. Leitch, ed., *The Norton Anthology of Theory and Criticism*, New York & London: W. W. Norton & Company, 2010, p. 1745.

③ 李泽厚:《与杰姆逊的对谈》,见《世纪新梦》,安徽文艺出版社 1998 年版,第 232 页。

教而是通过审美达到对最高人生境界的追求”。[①] 在这一点上，李泽厚事实上与主张“人生艺术化”的朱光潜殊途同归。这种审美本体论与其说是他的一种乌托邦想象，不如说是他诚心为日益“解构”的世界、人类和个人开出的一剂陶冶性情、建构人性、把握命运的中国药方。当然，人必须先靠“吃饭”活着才谈得上“活得怎样”，因此李泽厚始终强调“吃饭哲学”“工具本体”“西体中用”，主张把引进西方先进工艺、发展科技生产力作为中国进入现代社会的关键（“西体”），再“转化性地创造”出最适合中国国情的政治、经济、文化等模态和形式（“中用”）。无论“西体中用”（对中国而言），还是“中体西用”（对西方而言），“体”“用”都不能分割，正如中西两种文化只有在多元的全球化文化生态中彼此求同存异、取长补短，才能真正实现“以文化人”，使各自国民真正享受“美”的生活。

（三）美学史地位

颇有意味的是：李泽厚在“美学热”中获得了极大的声名和地位，被誉为“青年导师”；与此同时，他又一直首当其冲地经受着学界的诸多质疑和批评。概括来说，批判者对其主体性实践美学的批评主要集中在五个方面：1.“哲学”与“美学”之间的矛盾；2. 二元对立的思维矛盾；3. 狭隘地理解和界定“实践”概念；4. 将“美的本质”与“美的根源”相等同；5.“双重（多重）本体”的观点。对于这些质疑和批评，李泽厚在各种学术文章、对话访谈、研讨会中或多或少都有所反驳和澄清，而这些话题至今仍可以继续讨论。无论如何，李泽厚及其主体性实践美学在现代中国美学史上占有重要地位，这主要表现在两个方面：

1. 超越了“西方美学在中国”[②]的特定框架，开创了现代“中国美学”的独特话语和学科体系

从理论上来说，自20世纪初“美学”概念进入中国以来，现代意义上的“中国美学”便诞生了。然而，最早的中国现代美学家（留学欧美或日本）只能通过翻译和译述西方美学经典著作来塑造中国美学，“中国美学”事实上成为“美学在中国”或者说“西方美学在中国”。尽管如此，深受康德、叔本华、尼采影响的王国维，试图借“境界”说在这些西方文论和美学思想之外提出某些中国思想；

---

① 李泽厚：《杂著集》，三联书店2008年版，第185页。

② 高建平最早对“美学在中国”即“西方美学在中国”（Western aesthetics in China）和“中国美学”作了概念区分和阐释。参见高建平：《全球化背景下的中国美学》，载《民族艺术研究》2004年第1期。

作为康德《判断力批判》译者的宗白华，执着于探究中西艺术、美学、哲学的差异，“他们对中国文学艺术的独特特征的研究，对于中国艺术与中国哲学的关系的研究，使他们成为超越‘西方美学在中国’的框架的重要的先驱”①。不容否认，这些现代美学家都不愿将中国美学变为西方美学的翻版或附庸，都试图通过“以西释中”或中西美学比较的方式来建构中国现代美学，但他们终究无法跨越这一建设现代中国美学的必经过程，也未能真正建立起具有中国特性的“中国美学”。

作为新中国出现的第一代美学家，李泽厚一登场便处于马(德国)列(苏联)美学及其深刻影响的“中国美学”的“包围”中，而对中国思想史和艺术的兴趣和研究，②又使其葆有了强烈的中国文化情怀、审美趣味和审美精神，这些特殊性使得他在实践美学(尤其是后期)的建构中，能够立足于“美学”本体，于中国现实与中国文化的大格局内，笼西方哲学、美学、心理学等思想之优长，于中国传统哲学、美学、艺术学之形内，并使二者之间形成对话和互动，从而超越中西二元对立思维模式，超越“西方美学在中国”的特定框架。比如，他指出中国美学的“灵魂”所在：“‘天行健，君子以自强不息’的儒家精神、以对待人生的审美态度为特色的庄子哲学，以及并不否弃生命的中国佛学——禅宗，加以屈骚传统，我以为，这就是中国美学的精英和灵魂。”③他以此为中国美学史的基本线索；同时又将马克思的“自然的人化”、贝尔的“有意味的形式”、荣格的“深层结构”、皮亚杰的“格局与同化”以及朗格的“同型同构”等西方观念融注于《美的历程》《华夏美学》《中国美学史》以及《美学四讲》之中，以“生生”“儒道互补”“天人合一”等释说“实践”“工具本体与心理本体的统一”“自然的人化与人的自然化的统一”等，不仅提出了“自然的人化”“人的自然化”“主体性”“积淀”“工具—社会结构”“文化—心理结构”“新感性”“情本体”等一系列带有西方哲学印记的美学话语和命题，更开创性地提出了“龙飞凤舞”“屈骚传统”“佛陀世容”“盛唐之音”“儒道互补”“美在深情”“实用理性”“乐感文化”等一系列具有中国特性的哲学—美学话语和命题。可以说，李泽厚建立起一种融合中西、贯通古今的现代“中国美学”新范式，为中国美学在世界美学阵营中占据一席之地作出了重要贡献。

---

① 高建平：《全球化与中国艺术》，山东教育出版社 2009 年版，第 37 页。

② 李泽厚学术研究的起点是中国思想史，其发表的第一篇学术论文是《论康有为的〈大同书〉》(《文史哲》1955 年第 1 期)，出版的第一部学术著作是《康有为谭嗣同思想研究》(上海人民出版社 1958 年版)。

③ 李泽厚：《宗白华〈美学散步〉序》，载《读书》1981 年第 3 期。

2. 奠定了中国当代美学学科的建构基础和发展方向，培养和影响了一大批美学研究者

研究表明，“现代学科意义上的中国美学是20世纪初由西方传入的。早期的美学理论体系和学科规范均承袭西方美学传统，三四十年代美学学科的建构在中国化、‘本土化’的过程中发生了转向(这一转向以蔡仪的《新美学》为标志)，80年代的实践美学将这一转向继续向纵深推进，一直延续至今天的美学学科建构当中”①。事实上，五六十年代孕育而生的李泽厚早期实践美学，不仅批判了机械化的蔡仪美学，而且填补了这中间“美学中国化(或本土化)”的空白，奠定了以其为代表的实践派美学在中国现代美学学科建设中的基础地位，标志之一便是王朝闻主编《美学概论》的出版；②而作为80年代实践美学中流砥柱的李泽厚，从哲学视角研究美学，坚持马克思主义美学的立场和方法，最终确立了“以人为本”的人类学本体论问题域，不仅开创了独特的话语谱系，还针对美学学科提出了诸如“哲学加诗”“第一哲学”“审美存在论”以及“多元化”“大众化”“美育”等诸多看法，③不但确立了当代中国美学学科的概念范畴、框架结构、话语系统，而且为后来“后实践美学”的超越、“新实践美学”的更新提供了发展方向，标志之一是他提出的“美感二重性”“审美心理数学方程式”等观点，有力地推动和影响了八九十年代美学的分支之一“审美心理学”的发展。④

无论是在“自上而下”的“第一次美学热”(即美学大讨论)时期，还是在“自下而上”的“第二次美学热”时期，李泽厚都凭借其深邃透彻的哲学思辨和美学理论感染和征服了大批年轻的美学爱好者。从某种意义上说，主体性实践美学不仅成就了李泽厚的美学史功绩，更为现代中国美学的继承和革新储备了专门人才。这种影响是无形的、精神上的，却是最为深远的，即使是试图打破李泽厚

---

① 柳改玲：《中国现代美学学科视野的建构及其延伸——以李泽厚的实践美学为例》，载《中外文化与文论》2013年第1期。

② “实践派美学的基本思路和总体架构，以权威的高等院校教科书的形式，凝聚在王朝闻主编的《美学概论》中。此书1961开始编写，1981年由人民出版社正式出版，当年参加过此书编写工作的有李泽厚、刘纲纪、马奇、洪毅然、周来祥、李醒尘、朱狄、叶秀山、杨辛等众多国内美学名家，汇聚了当时美学研究的最高水平。恰如编者所说，‘尽可能反映出一门学科已有的研究成果，力求较系统地阐述本学科的基本知识’。此书奠定了国内后来多种《美学概论》或《美学原理》教科书的基本框架。”参见代迅：《去西方化与再中国化：全球化时代中国美学研究的问题与方法》，载《社会科学战线》2008年第2期。

③ 李泽厚对美学学科的看法主要见于：《美学的对象与范围》，载《美学》1980年第3期；《什么是美学》，1981年《美育》创刊号；《华夏美学·美学四讲》第一节“美学”，三联书店2008年版，第233—244页。

④ 彭立勋：《20世纪中国审美心理学建设的回顾与展望》，载《中国社会科学》1999年第6期。

实践美学“神话”的后实践美学者，也无法回避或根本否认对这种“影响的焦虑”。

第二节　蒋孔阳、王朝闻、杨恩寰、刘纲纪等人的实践美学

诚如李泽厚所言：“实践美学是一个开放的词，可以有各种各样不同的实践美学。”①作为复数概念的“实践美学”，除了李泽厚的主体性实践美学之外，还包括诸如蒋孔阳的“创造论”实践美学、王朝闻的“审美关系论”实践美学、杨恩寰的“审美现象论”实践美学、刘纲纪的“创造自由论”实践美学等“各种各样的实践美学”。他们既共同坚持以马克思主义实践观为基础，又通过不同角度的理解、阐发和创新而形成了观点有别、风貌各异的实践美学，丰富和充实了整个实践美学的谱系结构，使之呈现出一种开放、多元、共存的发展格局。换言之，正是由于他们“多声部的合唱”，才使得实践美学成为现代中国美学史上最具影响力的主导思潮和流派，为“新实践美学”的内部“改良”和“后实践美学”的外部“革命”提供了基础和标靶。

一、蒋孔阳的“创造论”实践美学②

就个人学术史来看，蒋孔阳的“创造论”实践美学先后经历了萌芽、发展和成熟三个阶段，即从“美学大讨论”时期发表的《简论美》(1957)和《论美是一种社会现象》(1959)，到“美学热”时期发表的《美和美的创造》(1980)、《美的规律与劳动的关系》(1983)、《美的规律与文艺创作》(1983)、《美在创造中》(1986)等一系列研究“美的规律”“美的创造”的文章，再到“美学热”退潮后出版的总结其美学思想的论著《美学新论》(1993)，一步步形成了“以实践论为基础，以创造论为核心的审美关系说”，即形成了“中国当代美学研究的总结形态”③——“创造

① 王柯平主编：《跨世纪的论辩——实践美学的反思与展望》，安徽教育出版社2006年版，第115页。

② 也可称为“创造美学”，最早见于张玉能1991年在“蒋孔阳美学思想研讨会”上提交的论文《创造美学的建构和发展——蒋孔阳美学理论体系综览》(《学术月刊》1991年第8期)。

③ 童庆炳：《中国当代美学研究的总结形态》，载《文艺报》1994年4月23日。

论”实践美学体系，不仅在实践美学的阵营中标新立异、贡献卓著，而且在20世纪中国美学史上留下了独特而深刻的印记。

(一) 实践：物质劳动与精神劳动的统一

蒋孔阳从一开始便以物质劳动和精神劳动的统一来界定“实践”，这与李泽厚坚持以使用和制造工具的物质生产劳动来界定“实践”明显不同。在其美学处女作《简论美》中，通过批判唯心主义和旧唯物主义的美学观，他明确指出：

> 从社会生活实践的观点来探求美，我们就可以看出来：美既不是人的心灵或意识，可以随意创造的；但也不是可以离开人类社会的生活，当成一种物质的自然属性而存在。它是人类在自己的物质与精神的劳动过程中，逐渐客观地形成和发展起来的。[①]

不难看出，这其中包含了三层意思：1. 实践既包括物质劳动，也包括精神劳动；2. 实践创造美，美是客观的；3. 美是社会历史的产物。一方面，蒋孔阳早年文学创作实践的经验和文学基本理论的研究，[②]使其和朱光潜一样将“精神劳动”(尤其是文学艺术)视为“实践”的必要组成部分，而不是像早期李泽厚等实践论者那样，从认识论的角度将其视为第二性的社会意识范畴而排除在外；另一方面，通过文学阅读和理论学习而初步形成的苏联化马克思主义历史唯物论思想，[③]又使蒋孔阳赞同并吸收了李泽厚的“客观社会论”观点，强调美的客观性、普遍性、社会性、历史性和动态性。这种不拘一格的“比较综合”能力由此也可见一斑。

---

① 蒋孔阳：《简论美》，见文艺报编辑部编：《美学问题讨论集》第2集，作家出版社1957年版，第269页。

② 在此之前，蒋孔阳已先后在《合川日报》《中学生》《大公报·星期文艺》《中国青年》《芜湖日报》《大江报》《文艺月报》《解放日报》等报刊上发表诗歌、评论等多篇；并在复旦大学结合“文学引论”“写作”等课程的教学编写了《文学的基本知识》(中国青年出版社1957年版)，发表了《论文学艺术的特征》(《复旦大学学报》1956年第2期)等。参见高楠：《蒋孔阳年谱简编》，《蒋孔阳美学思想研究》，辽宁人民出版社1987年版，第288—290页。

③ 蒋孔阳于1954年5月被派往北京大学学习，听了苏联专家毕达可夫的文艺理论课，初步接触到苏联季摩菲耶夫的文艺理论体系，后将其融入《文学的基本知识》《论文学艺术的特征》这两部著作中；此前他还翻译了库尼兹的《从文艺看苏联》(原名《苏联文学史》，商务印书馆1950年版)，在大量阅读苏联小说之后，他还发表了《学习苏联小说描写英雄人物的经验》(《人民文学》1951年第9期)。参见高楠：《蒋孔阳年谱简编》，《蒋孔阳美学思想研究》，辽宁人民出版社1987年版，第289—290页。

同时,蒋孔阳又从《手稿》中获得启示,强调劳动实践的历史过程使审美主客体同时形成。按其所言,“无论是作为审美对象的现实,或是作为主体的人的审美能力,都是社会历史的产物,都是人们在劳动实践的过程中,客观地形成起来的。正因为它们都是人类社会的产物,所以,它们都不属于自然的范畴,而属于社会的范畴;美不是自然的现象,而是社会的现象”①。这一观点后来在他的《论美是一种社会现象》一文中得到了进一步阐发。② 而在“文革”后发表的《美和美的创造》一文中,他坚持强调劳动实践的内涵在于“人的本质力量的对象化”,特性在于“创造”,结果在于创造了物质的和精神的“两种产品”与双重满足,即“人通过劳动所得到的,不仅是物质上的满足,同时也是精神上的享受。劳动所创造的,不仅是物质的产品,而且也是劳动者的思想和感情、聪明和智慧等这样一些本质力量的实现。就在这些本质力量的实现的过程中,人感到了愉悦和庆幸,因而也感到了美。马克思说‘劳动生产了美’,就是这个意思”③。由此可见,劳动实践(“人的本质力量的对象化”)不仅创造了美,而且创造了“美感”。这种从现实生活的经验、现象以及马克思原典出发规定“实践”内涵、统一对立二元(主体与客体、物质劳动与精神劳动、物质满足与精神享受)、统一美和美感的思路,使其有效避免了美学大讨论中“存在决定意识”“不是唯物就是唯心”的认识论干扰,还原和凸显了精神与物质、主体与客体之间同生共在、辩证统一的关系。以实践中形成的人与现实之间的这种“关系”为前提,蒋孔阳才提出了美学研究的出发点——“人对现实的审美关系”。

(二)“人对现实的审美关系”

蒋孔阳对“人与现实的关系”的关注和强调同样得益于马克思“实践本体论”的启示。马克思以唯物史观的“实践”来解决人与世界之间的根本关系,“实践”作为一种关系本体而存在,从这个意义上说,所谓“实践本体论”其实也就是“关系本体论”。因此,在蒋孔阳看来,马克思在《德意志意识形态》中提出只有人才意识到“关系”,并从人与自然的关系中全面地来研究人,是马克思划时代

① 蒋孔阳:《简论美》,见文艺报编辑部编:《美学问题讨论集》第2集,作家出版社1957年版,第270—271页。

② 参见蒋孔阳:《论美是一种社会现象》,载《学术月刊》1959年第9期。1961年9月修改后收入新建设编辑部编:《美学问题讨论集》第五集,作家出版社1962年版,第118—154页。

③ 蒋孔阳:《美和美的创造》,江苏人民出版社1981年版,第49页。

的意义。由此,他认为,“正是人与自然以及人与人的关系,构成了人与现实的关系。现实包括自然,也包括社会”[①]。一方面,作为关系的主体(人)与客体(现实),在内容上各自都非常丰富复杂:“人”具有自然性与物质性、社会性与精神性、历史性与历史感,并在它们的交互影响下形成了人的生理和心理结构,“现实”包括从自然到社会、从物质到精神、从过去到现在的存在的一切现象;另一方面,“人与现实的关系”本身更为丰富复杂,其中最根本的是实用关系;随着人类生产力和感觉能力的不断提高,审美关系才慢慢从实用的、认识的、工艺的、道德的等关系中独立出来并无处不在。而人之所以要和现实发生审美关系,则是由于人的本质具有审美需要,而人的本质又是人在漫长的劳动实践过程中逐渐形成的。蒋孔阳认为,相较于其他关系,人对现实的审美关系有四个特点:一是通过感觉器官来和现实建立关系;二是审美关系是自由的;三是审美关系是人作为一个整体来和现实发生关系,人的本质力量能够得到全面的展开;四是审美关系还特别是人对现实的一种感情关系。[②] 由此,他揭示出审美关系的四个特性:感性性(形象性和直觉性)、自由性、整体性以及感情性;此外,他还强调人对现实的审美关系是不断变化和发展的,即动态性。总之,他认为,“人对现实的审美关系,是美学研究的出发点。美学当中的一切问题,都应当放在人对现实的审美关系当中,来加以考察”[③]。可见,“人对现实的审美关系”是其实践美学研究的根本问题或者说本体所在。

“人对现实的审美关系”这一命题的提出,意味着蒋孔阳深刻认识到:美学研究不应偏重于客观的实体或主观的实体,而应落脚于审美活动结构中审美主体与审美客体及其所形成的审美关系三位一体的动态、立体的子结构之上。这种以“审美关系”为本体的美学思想,无疑是对西方哲学和美学史上传统形而上学的“实体(实在)本体论”的否定,对马克思“实践(关系)本体论”(人类本体论)的顺应,不仅实现了对主客二元对立的消解或超越,而且为探讨美和美感准备了合情合理的理论空间。按其所言,“美是普遍地客观地存在于人类社会生活之中的。有生活的地方,就有美;有人的地方,也就有美感”[④]。无论是普遍性、

① 蒋孔阳:《美学新论》,人民文学出版社 1993 年版,第 5 页。
② 同上,第 11—15 页。
③ 同上,第 3 页。
④ 蒋孔阳:《简论美》,见文艺报编辑部编:《美学问题讨论集》第 2 集,作家出版社 1957 年版,第 276 页。

客观性的“美”,还是属人的“美感”,二者历史地、动态地共存于社会生活——人与现实的各种关系的总和——之中。这虽然在根源上有混淆“美”与“美感”的危险,但对于凸显作为实践主体、审美主体的“人”无疑具有积极意义,值得肯定。

需要注意的是,在《简论美》中,蒋孔阳还提出“美”并非“人对现实的审美关系”的唯一特性,在他看来,“人和现实的美学关系,并不限于美;现实的美学特性,除了美之外,还有悲剧、喜剧、崇高、滑稽、丑恶等”,但他同时也认为,这些“其他的美学特性,却都必须直接或间接地为美服务,直接或间接地肯定美”①。关注与美相关的重要的美学范畴,而不将“美”绝对化,这是与李泽厚的思路相一致的,正如后者在《关于崇高与滑稽》一文中所表明的,“美学范畴是与美的本质相联系的,它们是美的本质的具体展开。对美的本质的不同哲学理解,自然会对诸美学范畴作不同或相反的揭示”②。正因如此,蒋孔阳在《美和美的创造》中从“人对现实的审美关系”出发对“喜剧”“崇高”等美学范畴进行简要说明,又在《美学新论》第五编中专门讨论了“崇高”“丑”“悲剧性”“喜剧性”四大“审美范畴”,③从而深化了对“美的本质”和美感问题的理解。当然,从“人对现实的审美关系”出发,以“创造”为核心探讨“美的本质”、美感以及美的规律问题,才是蒋孔阳实践美学最主要的、最有特色和贡献的内容。

(三)“创造美学”与“美学创造”

以实践论为哲学基础,立足于人对现实的审美关系,蒋孔阳建立了以“创造论”为核心的“创造美学”,主要包括美论、美感论和艺术论三部分,提出了“美在创造中”“美是多层累的突创”“美感与美同时诞生、同步存在”“美感是多种因素的因缘汇合”等诸多具有创造性的命题和学说,实现了对实践美学的新的“美学创造”。

1. 创造美学:美论、美感论与艺术论

蒋孔阳之所以以“创造”作为其美学理论体系(包括美论、美感论、艺术论)

---

① 蒋孔阳:《简论美》,见文艺报编辑部编:《美学问题讨论集》第 2 集,作家出版社 1957 年版,第 276 页。1979 年之后,他将“美学关系”改称为“审美关系”。

② 李泽厚:《美学论集》,上海文艺出版社 1980 年版,第 198 页。

③ 参见蒋孔阳:《谈谈喜剧性》,载《文艺理论研究》1990 年第 4 期;《论崇高》,载《东方丛刊》1992 年第 3 辑。

的核心范畴，主要有理论和实践两方面原因：就理论而言，马克思在《手稿》中提出“人类也按照美的规律来造形”“劳动生产了美”“由他来创造的世界中直观着自己的本身”等“创造”观。在综合这些观点的基础上，蒋孔阳提出，“劳动充满了创造性的喜悦，劳动的规律成了美的规律。人类就是这样依照美的规律来劳动，并通过劳动来创造美的”①。简言之，“劳动创造美”。在这里，劳动实践被赋予了“使人的本质力量对象化”的目的性、自由性和创造性特征，不仅改造客观世界，同时也改造主观世界；不仅为主体生产对象，同时也为对象生产主体：这就为回答美的本质、美感等问题提供了可能。就实践而言，蒋孔阳与其他实践美学家不同，他首先是以作家和文学研究者身份进入学界并遭受批判的，通过对文学艺术的创造实践和批评研究，他亲身体味到“文学艺术的创作，比较起人类其他的生产活动，是最富有目的性和创造性的，是最自由的美的活动”②“艺术创作是人类最能创造美的一种劳动”“美是艺术的基本属性”③。总之，无论是物质劳动，还是精神劳动(文艺)，都是“美的创造”。

(1) 美论：“美在创造中”与“美是多层累的突创”

就美论而言，蒋孔阳以“美在创造中”对“美的本质”问题作了最为简洁的回答。在《美和美的创造》一文中，他曾对“美是什么”的本质问题作了这样的界定，“美是一种客观存在的社会现象，它是人类通过创造性的劳动实践，把具有真和善的品质的本质力量，在对象中实现出来，从而使对象成为一种能够引起爱慕和喜悦的感情的观赏形象。这一形象，就是美”④。即美是人类的劳动实践创造的一种形象，这依然是对“美”的一种实体性的、绝对性的定义。而在1986年发表的《美在创造中》一文中，他通过对古今中西美学史的梳理而提出“美的相对性”，主张“打破关于美的形而上学的观点，从变化和运动当中，从多层次的结构当中，来探讨和研究美”。⑤ 在他看来，美的本质问题既无法否认，也无法回避，与其进行形而上学的定义，不如对形成美的主客观条件进行形而下的科学探究：

---

① 蒋孔阳：《美和美的创造》，载《学术月刊》1980年第2期。
② 蒋孔阳：《简论美》，见文艺报编辑部编：《美学问题讨论集》第2集，作家出版社1957年版，第277页。
③ 同①。
④ 同①。
⑤ 蒋孔阳：《美在创造中》，载《文艺研究》1986年第2期。

> 我们探讨美的本质问题，应当打破传统美学的一些观念，把美看成是某种固定不变的实体，无论是物质的实体或精神的实体，把美看成是由某种单纯的因果所构成的某种单一的现象。与此相反，我们应当把美看成是一个开放性的系统，不仅由多方面的原因与契机所形成，而且在主体与客体的交相作用的过程中，处于永恒的变化和创造的过程中。美的特点，就是恒新恒异的创造。①

在这里，蒋孔阳沿着早期“美是一种社会现象”的思路，对“美”进行了“现象还原”，即不再追问“美”的某种实体性的、固定的“本质”，而是探究“美”何以成为一种复杂的、变动的现象。受当时“方法论”热、《手稿》热的影响，他把“美”视为“一个开放的系统”，并揭示其特点在于“恒新恒异的创造”。之所以是“开放”的、“恒新恒异”的，原因在于“天下没有固定不变的美”，无论宇宙还是人类社会，无论自然美还是社会美，都在不断地变化和创造过程中，作为一种社会现象的“美”也同样如此。所谓“美在创造中”，也就是“美在恒新恒异的创造中”。

那么，美究竟是如何创造出来的呢？哪些因素、条件影响美的创造呢？蒋孔阳通过细致分析多个经验性的例证(如欣赏中山陵、仰望星空等)，证明了一个新的最具独创性也是最核心的命题——“美是多层累的突创”。②

首先，这一命题的理据在于马克思主义唯物辩证法的量变质变规律。在他看来，美的创造不是无中生有，而是由各种因素先通过联系、矛盾和冲突形成量变，然后由量变发展到质变。他从创造论或者说生成论的视角对美的内容和表现形式作了明确阐发：就内容而言，美是多种因素、多种层次在时空中相互作用、相互积累而形成的复合结构(“多层累”)，蕴含了人类的各种文化成果、心理因素及功能，因此具有多层次、多侧面的特点；就美的表现形式而言，它是突然出现的经由量变而突然变化的质变(“突创”)，具有纯粹性、完整性、直观性的特点，其结论在于，“美一方面是多层因素的积累，另方面又是突然的创造，所以它能把复杂归于单纯，把多样归为一统，最后成为一个完整的、充满了生命的有机

---

① 蒋孔阳：《美在创造中》，载《文艺研究》1986 年第 2 期。

② 关于“多层累的突创”说的来源主要有五种：顾颉刚的历史“层累”说、李泽厚的“积淀说”、唯物辩证法的质量互变规律思想、达尔文的生物进化论以及杜威的“突创论”。参见朱志荣：《论蒋孔阳先生的“多层累的突创”说》，载《学术月刊》2003 年第 12 期；姚文放：《“多层累的突创”说探源——蒋孔阳创造美学与杜威“突创”论的相关性》，载《学术月刊》2013 年第 10 期。

的整体”[1]。比如在“仰望星空”的例子中，他指出，星空之所以“美”，正是各种因素和条件(诸如星球群的存在、太阳光的反射、黑夜的环境、文化历史所积累下来的关于星空的种种神话和传说以及观赏者所具备的心理素质、个性特征和文化修养)积累突创的结果。

由此，蒋孔阳将“美”这一复合结构置于“双重关系”即时空关系和审美主客体关系之中，进一步考察其多层次性与突创性。一方面，“美”的复合结构可解析为四个层次，即“自然物质层”“知觉表象层”“社会历史层”和“心理意识层”。其中，自然物质层决定了美的客观性质和感性形式，知觉表象层决定了美的整体形象和感情色彩，社会历史层决定了美的生活内容和文化深度，心理意识层决定了美的主观性质和丰富复杂的心理特征。因此，美是内容与形式、客观与主观、物质与精神、感性与理性相统一的复合体；另一方面，这一复合体又是一个处于不断创造过程中的复合体，这是因为“在空间上，它有无限的排列与组合；在时间上，它则生生不已，处于永不停息的创造与革新。而审美主体与审美客体的关系，则像坐标中两条垂直相交的直线，它们在哪里相交，美就在哪里诞生”[2]。可见，“美”是一个在时空中多层次积累的、由主客体共同创造的有机结构或开放系统，任何简单化、固定化的观点都无法揭示出美的这种丰富性、复杂性、突然性和创造性。

(2) 美感论：“火光之喻”与“因缘汇合”

如果说蒋孔阳是将审美对象的“美”放在主客体关系中加以考察形成其“美论”的话，那么，他同样也将审美主体的“美感”放在主客体关系中加以考察，并将“美在创造中”的思想也贯彻其中，从而形成了与众不同的“美感论”。时时不忘美与美感的关系，处处不离主体与客体的关系，正是其美感论的特点。比如，在《美学新论》“美感论”部分的开篇，他就这样说道：“如果说，美是人的本质力量的对象化，是人的本质力量在客观对象上的自由显现，那么，美感则是这一本质力量得到对象化或者自由显现之后，我们对它的感受、体验、观照、欣赏和评价，以及由此而在内心生活中所引起的满足感、愉快感和幸福感，外物的形式符合了内心的结构之后所产生的和谐感，暂时摆脱了物质的束缚后精神上所得到

---

① 蒋孔阳：《美在创造中》，载《文艺研究》1986 年第 2 期。

② 同上。

的自由感。”[1]美感与美相辅相成，正如与审美主体、审美客体在实践中同时形成。换言之，他始终在审美主体与审美客体、美感与美的密不可分的相互关系中来探究“美”和“美感”。

那么，美感与美究竟是何种关系呢？蒋孔阳以“火光之喻”作了形象生动的说明。在他看来，美感“离不开美，但范围要比美更为广阔、丰富和复杂。这就好像光，虽然来源于火，但却不等于火，而且要比火更为丰富和广阔一样”[2]。“火光之喻”的提出好像一下子也点燃了其“美感论”的思想火光，据此他又提出了“循环”说和“同时同在”说。一方面，火生成光，光亦生成火，火与光互为因果，彼此循环，也就是说，“美本身在不断地创造中，它既有客观的原因，也有主观的原因，美感就是创造美的主观原因，这样，美感又成了创造美的原因之一。它们二者相互循环，我们很难说，有了美就产生美感”[3]。另一方面，火与光的产生没有先后，火在即光在，光生即火生，也就是说，“美和美感都是人类社会实践的产物。在实践的过程中，它们像火与光一样，同时诞生，同时存在”[4]。“火光之喻”的意义是不言而喻的，它不仅打破了认识论哲学的思维逻辑，更重要的是将美学研究建基于“生活和历史的实践”之上，如其所言，“从哲学的认识论和思维的逻辑顺序来说，是先有存在后有思维，先有物质后有意识，先有美后有美感，但从生活和历史的实践来说，我们却很难确定先有那么一个形而上学的、与人的主体无关的美的存在，然后再去由人去感受和欣赏它，再由美产生出美感来。我们只能说：美和美感都是人类社会实践的产物”[5]。不能像美学大讨论时期那样完全以认识论的思维逻辑在美与美感之间强分先后，简单地将美感视为美的反映，而应当尊重生活、尊重实践、尊重历史，认识到二者各自的复杂性、变动性以及它们之间关系的同时性：这无疑是一种“突破认识论框架的成功尝试”[6]。

至于“美感是如何诞生的”这一关键问题，蒋孔阳同样从发生学角度将其归

---

① 蒋孔阳：《美学新论》，人民文学出版社 1993 年版，第 251 页。
② 同上。
③ 同上。
④ 同上，第 252 页。
⑤ 同上，第 251 页。
⑥ 朱立元：《美感论：突破认识论框架的成功尝试——蒋孔阳美学思想新探》，载《文史哲》2004 年第 6 期。

结于“实践”——制造和使用工具的劳动实践。在他看来：“人通过制造和使用工具的劳动实践，把主体的意识如目的、愿望、聪明、才智等，灌注到客体的对象中去，从而使对象成为主体意识的自我实现，或者对象化，就在这对象化的同时，人观照和欣赏到自我的创造，感到了自我不同于动物并超越动物的本质力量。这时，他所得到的，不仅是物质实用上的满足，同时也是心理上和精神上的满足。于是，美感就诞生了。”①可见，通过综合运用马克思的“自然的人化”“人的本质力量的对象化”等历史唯物主义实践论思想，他认为：美感的诞生不是一蹴而就的，也不是一劳永逸的，而是“有一个极其漫长的发展和演变过程”②。制造和使用工具的劳动实践最初产生的是“那些能成为人的享受的感觉，即确证自己是人的本质力量的感觉”③，在此“感觉”基础上产生的美感主要是一种低级的满足感④；而随着人类制造的工具不断发展、实践能力的不断提高，人日益成为自由的人，美感便进入最高阶段——自由感，按其所言，“只有当人类制造的工具进一步发展，提高了征服自然的能力，从自然的必然中逐步解放出来，超越了自我的限制和自然的限制，这时，他方才能够把生命的创造力量和本质力量，自由地在客观对象中展现出来，既感到了自我与外界的和谐，又感到了自我的解放和自由。只有这时，他们的美感才不仅是满足感、愉快感和幸福感，而且同时还是和谐感和自由感。这是美感的最高阶段。只有充分发展了的人，也就是真正自由了的人，才有这样的美感”⑤。可见，美感是在主体与客体的双向互动关系中由低到高不断生成的。

蒋孔阳以“实践”作为美和美感的创造根源，又主张美感与美“同时诞生、同步存在”，但并没有将美与美感相混淆或等同，恰恰相反，他明确指出：“从美到美感，这当中有许多中介环节，离开了这些中介环节，有了美并不一定能够产生美感。”⑥而要探究这些“中介环节”，就必须借助于更为深入的、科学的心理学研

① 蒋孔阳：《美学新论》，人民文学出版社 1993 年版，第 254—255 页。

② 同上，第 256 页。

③ [德]马克思著，中共中央马克思恩格斯列宁斯大林著作编译局译：《马克思恩格斯全集》第 42 卷，人民出版社 1985 年版，第 125 页。

④ 早在《简论美》中，蒋孔阳便认识到美感、美与感觉的密切关系。他说：“美是通过感觉来把握的，所以它和感觉分不开。”“人的感觉能力像人的思维能力一样，都是人在劳动的实践过程中，长期地发展起来的。”参见文艺报编辑部编：《美学问题讨论集》第 2 集，作家出版社 1957 年版，第 273—274 页。

⑤ 同上，第 258—259 页。

⑥ 同上，第 251 页。

究。在蒋孔阳看来,“由于美感是一种心理活动,所以人类对于心理学研究所达到的高度,常常决定了美感研究所达到的高度”[①]。因此,他既坚持马克思主义历史唯物主义的实践观,同时又对西方 18 世纪以来从心理学角度研究美感的“审美心理学”持肯定态度。如果说美是“多层累的突创”,那么,美感就是审美能力、审美环境、审美心理、审美态度等“多种因素的因缘汇合”。

(3) 艺术论:艺术创造与“美的规律”

艺术论在蒋孔阳的实践创造论美学体系中占据举足轻重的地位。和李泽厚一样,蒋孔阳也把艺术作为美学研究的主要对象,主张“通过艺术来研究美”[②],不同在于后者主要从哲学美学的角度观照艺术美本身,而前者则从创造美学的角度阐明艺术美是如何创造出来的,即艺术创造与“美的规律”的关系问题。

在蒋孔阳看来,劳动不单创造了人,创造了美,也创造了艺术,“艺术的本质与劳动的本质,从根本上来说,应当是相通的、一致的,它们都是‘人的本质的对象化’”[③],都按照美的规律来进行创造,只不过劳动创造的是“物体”,而艺术创造的是“形象”。那么,艺术又是如何按照美的规律来创造的呢? 通过融合中国古代画论(“外师造化,中得心源”)与马克思《手稿》中的“两个尺度”说,他对此进行了阐释:

> 所谓“外师造化”,就是要懂得“任何物种的尺度”;而“中得心源”,则是人类“内在固有的尺度”……外师造化,中得心源,既要深入生活,对周围现实有细致周密的观察和感受,又要有内心的修养和高尚的情操,对人生具有炽烈的同情心。这是对文艺工作者提出的两个最基本的要求。[④]

可见,蒋孔阳以内外“两个尺度”对创造主体(“人”)的内在素养和外在能力作了具体要求,从理论上说,解释了生成艺术美的首要主体条件;从方法上说,实现了中西思想跨文化、跨学科的互证与互释。值得注意的是,他同时也指出

---

① 蒋孔阳:《美学新论》,人民文学出版社 1993 年版,第 262 页。

② 蒋孔阳:《美和美的创造》,江苏人民出版社 1981 年版,第 10 页。原题为《什么是美学? ——美学研究的对象和范围》,首发于《安徽大学学报》(哲学社会科学版)1979 年第 3 期。

③ 同①,第 239 页。

④ 同①,第 240—246 页。

中西思想的差异性，"'外师造化，中得心源'的提法，是把造化与心源看成各自独立的两个方面；而马克思所提的两个'尺度'，则是在劳动实践的过程中统一起来，成为'美的规律'。这一'美的规律'，既是劳动的特点，又是文艺创作的特点，它们都是人的本质力量的对象化，都是人的自我实现和自我创造"①。"实践"作为本体，不仅实现了实践主客体之间的对立统一，更重要的是，创造了"人"（人类和个体）的劳动（包括艺术创作）所应遵从的"美的规律"，为整个"创造美学"夯实了基础，确立了法则。

2. 美学创造：生成论、关系论、综合比较论、人本论

不容否认，以实践为基础，以人对现实的审美关系为出发点，以创造论为核心、美论—美感论—艺术论三位一体并彼此呼应的"创造论"实践美学体系，为"实践美学"开创了新的领地，在美学史上作出了自己的独特贡献。这种"美学创造"主要表现在以下几个方面：

（1）以"生成论"突破本质主义窠臼。蒋孔阳坚决贯彻马克思主义的历史唯物主义哲学观念，将惯常的追问方式从"美是什么""美感是什么"转换为"美是如何生成的""美感是如何生成的"，即从一种动态的、历史的、发生的视角探究美生成的多种因素或必要条件：这无疑是一种突破本质主义的思路。这种思路的直接表现就是——放弃"定义"，代之以"描述"。在《美学新论》中，他分别从"美在创造中""人是'世界的美'""美是人的本质力量的对象化""美是自由的形象"四方面来论"美"，不难看出：这些话语都不是一种对"美"或"人"的一种本质性定义，而是一种多角度的规定和描述；即使像"美是××"（包括核心命题"美是多层累的突创"）这样的判定语，其实也只是对"美是一种开放性的系统"的说明。同样，所谓"美感是多种因素的因缘汇合"以及"满足感""愉快感""幸福感""和谐感""自由感"之类，也只是对美感的描述而非定义。总之，"创造美学"的创造性之一在于把美和美感视为丰富复杂（多层累积或多种因素汇合）的研究对象，多向度地揭示和描述其生成的多种主客观条件，使其最终突破本质主义窠臼，摈弃唯一的、封闭的、恒定的美和美感，而追求一种复数的、开放的、生成的美和美感。

（2）以"关系论"突破实体论。按上所述，"关系论"是蒋孔阳构建美学的理

① 蒋孔阳：《美学新论》，人民文学出版社 1993 年版，第 246 页。

论基石,事实上也是一种结构主义思维的美学表现。在《美学新论》的第一编“总论”部分,他就把“人对现实的审美关系”确立为美学研究的出发点;在第二编“美论”部分,他又一连串地探究了与“美”紧密相关的十种“关系”:“美和美的东西”“美与形式”“美与愉快”“美与完满”“美与理念”“美与关系”“美与生活”“美与距离”“美与移情”“美与无意识”,几乎将古今中外代表性的“美论”一网打尽。正是以主体(“人的本质力量”)与客体(“对象”)的“关系”为本体,“以‘美在关系’为其中心线索”,创造美学实现了“对于传统美在客观与美在主观的实体论美学的重要突破,开启了中国美学界研究美在经验的先河”①。这种“关系论”实践创造美学成为20世纪90年代中国美学的一种别开生面的创造。

(3)以“综合比较论”实现创新。在美学研究和学科建设问题上,蒋孔阳主张采取“综合比较”的方法,以求创新:这正是其成功经验的总结。他说:“目前,我们正处在一个古今巨变、中外汇合的时代,各种思想和潮流纷至沓来,我们面临多种机遇和选择。这就决定了,我们不能故步自封,我们要把古今中外的成就,尽可能地综合起来,加以比较,各取所长,以为我所用。学者有界别,真理没有界别,大师海涵,不应偏听,而应兼收,综合比较百家之长,乃能自出新意,自创新派。”②其创造美学之所以能自成一派,正在于他综合比较了古今中外的美学思想和研究方法,③并根据自己的实践经验,将其熔铸为自己的新方法(唯物论、辩证法与历史主义三合一),创造出自己的新理论(创造论实践美学)。无论是对“美学大讨论”时期四派理论的客观评价和比较吸收,还是综合比较“中西艺术与中西美学”以建立中国化的“马克思主义美学思想体系”,④蒋孔阳真正做到了突破性、创新性、科学性、时代性的融合,不仅实现了其所服膺的“真理占有我,而不是我占有真理”(马克思语),而且为中国现代美学的建设提供了理念和方法的指引。

(4)以“人本论”服务人生。以上在理论、方法、理念等方面的重要创造,最终都可归结于蒋孔阳对美学学科特性和根本任务的认识。他始终坚持“人的本

---

① 曾繁仁:《蒋孔阳教授在20世纪中国美学史上的杰出贡献》,载《社会科学战线》2014年第4期。

② 蒋孔阳:《美学新论》,人民文学出版社1993年版,第47页。

③ 参见蒋孔阳:《德国古典美学》,商务印书馆1980年版;《近代美学史评述》,上海译文出版社1980年版;《先秦音乐美学思想论稿》,人民文学出版社1986年版。

④ 参见蒋孔阳:《建国以来我国关于美学问题的讨论》,载《复旦学报》(社会科学版)1979年第5期;《美学新论》第六编“中西艺术与中西美学”,人民文学出版社1993年版,第415—492页。

质力量的对象化”“人类也是依照美的规律来造形”等马克思的实践观，并表明：“照马克思看来，美学其实是一门关于人的科学。我们研究美学的任务，就在于充分地发挥人之所以不同于动物、人之所以为人的本质力量。这样，美学研究的任务、目的是为了艺术，但又不限于艺术。它在提高艺术美学质量的过程中，丰富和提高了整个的人生。美学的根本任务，是在为整个人生服务！”[①]事实上，其实践创造论美学正是以此为根本任务的，处处体现了“以人为本”的人本主义精神和情怀。在他看来，“人对现实的审美关系”是美学研究的出发点和根本问题，人本身就是“世界的美”，“世界的美是人创造的，离开了人，世界再没有美”；[②]人是实践的主体、创造的主体、审美的主体，人的这种“主体性”始终贯穿在上述创造美学的所有命题中。胡适曾在《中国哲学史》开篇说道：“凡研究人生切要的问题，从根本上着想，要寻一个根本的解决。这种学问，叫做哲学。”[③]如果说，胡适选择的是以哲学来根本解决人生的切要问题，那么，蒋孔阳则选择以美学来“研究人生切要的问题”，在这一点上，他与主张将美学作为“第一哲学”的李泽厚是殊途同归的，共同创造了一种“为人生”的实践美学。

毋庸置疑，创造论实践美学也存在着一些有悖于马克思主义实践观的缺陷，如：不加区别地对待美和美的对象，常以审美对象的创造取代美的创造；宽泛地理解“劳动”和“人的本质力量”，把人类所有的劳动都当成了“人的本质力量的对象化”，将艺术劳动等同于生产劳动，也就无法阐明美的本质及审美活动的特殊性；没有彻底贯彻实践论，以主体意识来解释“两个尺度”，以艺术生产的规律来阐释“美的规律”；等等。当然，瑕不掩瑜，创造美学的美学创造与历史贡献是不容否认的，它已经并将继续为建设中国现代美学发挥重要作用。

二、其他诸家美学思想扫描

除一“北”（李泽厚）一“南”（蒋孔阳）两家“实践美学”之外，其他诸家在“美学热”时期亦各自发声，其影响力和历史价值同样不可小觑，值得关注。

---

① 蒋孔阳：《美学研究的对象、范围和任务》，见《美和美的创造》，江苏人民出版社 1981 年版，第 10 页。原题为《什么是美学？——美学研究的对象和范围》，首发于《安徽大学学报》（哲学社会科学版）1979 年第 3 期。

② 蒋孔阳：《美学新论》，人民文学出版社 1993 年版，第 148 页。

③ 胡适：《中国哲学史大纲》，商务印书馆 2011 年版，第 1 页。

(一) 王朝闻的“审美关系论”实践美学

身为艺术家,王朝闻(1909—2004)最大的特点在于善于总结自己的审美和艺术经验。他在自己丰富的审美感受、艺术体验基础上,坚持马克思主义的唯物辩证法,并将马克思主义美学思想与中国传统艺术美学思想熔为一炉,建立起一种主体与客体相统一、创造与欣赏相统一的“审美关系论”实践美学。①

正如学界所评价的:“从早年到晚年,王朝闻都是马克思主义实践观的最坚决的坚持者。他始终把实践看作是审美与艺术创造的唯一源泉。”②早在《美学概论》(1963 年、1964 年编写)这部集中反映主编王朝闻美学思想的著作中,他就采用了马克思主义实践观来回答争议最大的“美的本质”问题,认为:“美既是主客观统一的产物,同时又是客观的。”③而在 1980 年代,王朝闻又以此为基础,着重从艺术创作和欣赏的角度对“审美关系”问题进行了专门研究,先后出版了《审美谈》(1986)、《审美心态》(1989)两部总结性的美学著作。在他看来,“审美关系”就是美(包括现实美与艺术美)的欣赏者(审美主体)与美的对象(审美客体)之间的关系,“是一直比较复杂的带有情感特征的关系,它们(主体与客体)之间在相互依赖、相互作用和相互创作中,产生审美的快感”④。

综合来看,“审美关系”具有以下几个特点:其一,审美关系是审美主体(创造者、欣赏者)与审美客体(自然、艺术)之间形成的一种复杂的、感性的情感关系;其二,审美关系之所以能形成,条件在于:主体要有审美能力、需要,客体要有与之相适应的属性、特征,二者相互依赖;其三,在审美关系中,缺少客体就没有审美感受,缺少主体就没有审美体验,主体与客体相互作用而产生美和美感;其四,在审美关系中,审美主体的能动作用和重要地位需要突出强调,审美是审美主体以自己的经验、情感、想象、感悟对审美客体的“创造”;对于艺术欣赏者的审美而言,则是“再创造”。作为雕塑艺术家,王朝闻根据自己欣赏和创作的审美经验对审美主体的复杂心理因素作了许多细致分析,为审美心理学提供了

---

① 周来祥将王朝闻的美学思想命名为“体验美学”。参见周来祥:《中国化的马克思主义的体验美学——我看王朝闻美学思想》,载《文艺理论与批评》2009 年第 4 期。

② 刘纲纪:《中国马克思主义美学的建设者与开拓者——王朝闻美学研究的当代意义》,载《文艺研究》2005 年第 3 期。

③ 王朝闻:《美学概论》,人民出版社 1981 年版,第 2 页。

④ 简平:《王朝闻传》,宁夏人民出版社 2009 年版,第 275 页。

诸多有益的理论；其五，在审美关系中，审美主体又被审美客体（形式和内容）所制约和限定。比如艺术品作为“以点代面”“以一当十”的客观对象，既为审美主体提供了想象和创造的条件，也限定着这种想象和创造，因此，对艺术的审美体验是主体（艺术欣赏者和艺术创造者）与客体（艺术品）“相互创作”或“合作”的结晶。正如周来祥评价王朝闻时所言：“不管是研究审美体验还是研究艺术的本质特征，不管是剖析具体的曲艺欣赏还是概括研究雕塑艺术的美学特征，不管是宏观的思考还是细微的个案研究，他都首先把它放在审美关系中来思考。审美关系是他的理论基点，也是他审视问题的思维框架。”①

与李泽厚相比，王朝闻偏重于对审美和艺术现象的具体研究，其美学是“艺术家的美学”而非“哲学家的美学”，这既是其特色所在，亦是其局限所在；而与同样聚焦于“创造”“审美关系”的蒋孔阳相比，王朝闻更强调创作与欣赏、主体与客体的辩证统一，尤其是欣赏者（观众）的再创造、主体性问题。其不足在于，虽然他在研究审美关系时反复强调生活实践对主体审美能力的形成和发展至关重要，但并没有将审美感受、美的欣赏与“美是人类生活实践创造的产物”观点相关联并进行阐发，尽管这一观点早在《美学概论》中就已提出。

（二）杨恩寰的“审美现象论”实践美学

杨恩寰（1928—　）虽然从 1980 年代才正式开始研究美学，但其前期长达 20 年的心理学、文艺学、哲学等学科的教学和研究工作，为其后来完成颇具影响的实践美学著作《美学引论》（1992）奠定了坚实的基础。综合来看，杨恩寰实践美学的特色在于：

首先，立足于马克思主义历史主体性的实践哲学。通过深入研读《手稿》，紧扣“劳动创造了美”“美的规律”以及美感问题，他探讨了“马克思的历史主体性思想”“实践观”与美学的关系问题，②最终认为：“历史主体性的实践哲学是历史唯物主义的基础和核心，从总体上把实践哲学确定为美学的哲学基础，是合乎逻辑的。美的根源不在自然中，也不在意识中，而在主体实践引起的自然改

① 周来祥：《中国化的马克思主义的体验美学——我看王朝闻美学思想》，载《文艺理论与批评》2009 年第 4 期。

② 杨恩寰：《历史主体性思想与美学问题——学习马克思〈1844 年经济学—哲学手稿〉札记》，载《辽宁大学学报》（哲学社会科学版）1982 年第 4 期；《马克思主义实践观和美学》，载《辽宁大学学报》（哲学社会科学版）1983 年第 4 期。

变中,即人和自然的实践关系中,人化的自然中,故而实践是美的根源。美的本质不是自然的本质,也不是人的本质,而是通过实践达到的自然的本质与人的本质的统一。"①由此,马克思主义历史主体性的实践哲学成为其美学研究的理论和方法论的基础,他据此对当时美学研究中的几种代表性的实践观点(高尔泰、蔡仪、蒋孔阳、李泽厚)进行了客观评价。②

其次,厘清"实践"概念的内涵,强调实践要顺应自然即"人的自然化"。根据马克思主义历史主体性实践哲学,他认为:"实践作为一个哲学概念,不能作直观的、抽象的理解,而应把实践放在人与自然的关系中,放在人类历史过程中加以理解,换句话说,应作历史的逻辑的理解。"③因此,他既反对李泽厚狭隘地将"实践"定义为"使用和制造工具的活动",又反对把人的一切活动都称为"实践",而主张将其界定为"制造和使用工具与符号的活动";同时强调其层次性,即"制造和使用工具的活动"是基础性、本源性的,"制造和使用符号的活动"是派生性的。由此,"实践"就把科学、艺术、审美等人类的精神文化活动都涵纳其中了。其他美学家由于对"实践"概念理解和使用的偏颇,又造成了对实践的工具性即改造和征服自然的畸重,对此弊端,他强调实践不仅造成"自然的人化",也造成人类对自然的适应和顺从,即"人的自然化",因此,人的生理、心理、精神的自然化不能被忽视。在这里,他与李泽厚一样,都表现出对人类未来生存与发展的强烈关切。

最后,以"审美现象"为中心,"为实践美学贡献了一个全新的逻辑框架"④。对美学研究对象这一美学基础理论问题,杨恩寰通过"三个提纲"进行了逐步深入的思考。⑤ 在"第三提纲"即《美学引论》中,他"以'审美现象'(经验的审美对象与对象的审美经验)为起点和轴心,向客体和主体延伸,外向客体,论及审美对象、审美客体(审美属性)、审美存在系统、美本体;内向主体,论及审美经验、审美机制、审美个性,并展开为审美欣赏、审美批评、审美创造,落实在审美教

① 杨恩寰:《杨恩寰学术思想自述》,载《美与时代》下旬 2013 年第 11 期。
② 杨恩寰:《评美学研究中的几种实践观点》,载《辽宁大学学报》(哲学社会科学版)1985 年第 2 期。
③ 杨恩寰:《马克思主义实践观和美学》,载《辽宁大学学报》(哲学社会科学版)1983 年第 4 期。
④ 汪裕雄:《实践论美学的更新与拓展——评〈美学引论〉》,载《马克思主义美学研究》1999 年第 1 辑。
⑤ 杨恩寰美学基础理论研究的"第一提纲"即《基础美学》(统稿,1986 年,未出版),"第二提纲"即《美学教程》(统稿,中国社会科学出版社 1987 年版),以及围绕其中的"审美教育学"和"审美心理学"两个专题完成的《审美教育学》(主编,辽宁大学出版社 1987 年版)和《审美心理学》(独著,人民出版社 1991 年版)。

育；进而横向扩展审美文化，纵向追溯审美起源，这样使美学理论框架显示为一个系统权变的开放体系”①。这一内外发散、纵横拓展的“理论美学”，坚持以历史唯物主义的实践论为基础，综合认识论和价值论来揭示审美现象的历史根源和本质，有力地推动了实践美学在“美学热”退潮期的更新和发展。

（三）刘纲纪的“创造自由论”实践美学②

如果说“劳动”是刘纲纪（1933—2019）实践美学的基础，那么马克思主义哲学意义上的“自由”则是其核心所在。针对美的本质问题，刘纲纪提出，“美是人在改造世界的实践创造中所取得的自由的感性具体表现”③。这一融汇了马克思主义实践论思想和黑格尔“美是理念的感性显现”思想的观点，既与李泽厚的“美是自由的形式”不同，也与高尔泰的“美是自由的象征”有别，李氏强调的美是合规律性与合目的性即真与善统一的结果，高氏则把美当作主观精神的寄托。刘纲纪将这一观点贯穿在《美学与哲学》《艺术哲学》《美学对话》以及《中国美学史》（与李泽厚合著）等系列美学著作中，形成了其独具特色的“创造自由论”实践美学。综合来看，其内涵或者说独特性主要表现在：

1. “创造”与“自由”是从实践到美之间的中介。与其他诸多实践美学家一样，刘纲纪也坚持马克思“劳动创造了美”的观点，从美的发生学来理解劳动实践的意义，但在劳动（实践）与美之间增加了“创造”“自由”两个中介环节，即“实践—创造—自由—美”。他认为，劳动是人类生活与动物生活的根本区别，而劳动的特性即在于创造性，这种“创造性”既表现在人类凭借“本质力量的对象化”改造了客观世界，也表现在人类在改造自然的过程中通过掌握和应用自然规律实现了人的目的、要求、愿望和理想，即劳动创造实现了“合规律性与合目的性的统一”，完成了“从必然到自由的飞跃”，而劳动创造的成果即人的物质生活与精神生活（艺术与审美）。由此，他说：“自由是创造的产物，创造是自由的表现，

---

① 杨恩寰：《杨恩寰学术思想自述》，载《美与时代》下旬 2013 年第 11 期。

② 刘纲纪最初认为自己的实践美学可以更准确地命名为“社会实践本体论”，以与卢卡奇的“社会存在本体论”以及李泽厚的“人类学本体论”相区别（参见刘纲纪：《艺术哲学》，湖北人民出版社 1986 年版，第 248 页）；21 世纪以来又重新命名为“实践批判存在论”，意在避免“本体论”一词的神秘性和争议性，并将审美、艺术和人的存在问题联系起来（参见刘纲纪：《马克思主义美学研究与阐释的三种基本形态》，见《马克思主义美学研究》第 4 辑，广西师范大学出版社 2001 年版，第 13 页）。

③ 刘纲纪：《美学与哲学》，湖北人民出版社 1986 年版，第 2 页。

两者是内在地联系在一起的。”从这个意义上说，实践(劳动)本质上就是人的自由创造活动，“创造美的劳动，指的是人改造自然的创造性的自由的活动”，而劳动又是人与动物的本质区别，因此可以说“创造—自由是人的本质”；说“劳动创造了美”也即意味着，美既是劳动(实践)创造的历史产物，又是人的自由—创造本质的具体表现。继而他认为，最能实现人的这种自由—创造本质的无疑是艺术，如其所言，“正是人类劳动自身所特有的创造性质引起了‘快乐’，于是才产生了再度体验这种‘快乐’的模仿，产生了和物质生产劳动不同的，看来好像不过是一种‘游戏’的艺术”，这种“快乐”即“美感”，“再度递延这种‘快乐’的模仿”即美的艺术，换言之，艺术是“人的自由的感性表现”“处在自由的最高位置上”。[①] 这实际上也就强调了“自由”或“创造性”正是美和艺术的特质所在。

2. 美是自由的感性显现，是个人与社会高度统一的表现。“美是自由的感性显现”是刘纲纪实践美学的核心命题，这其实隐在地统一了“美”的“内容”与“形式”两个方面：“内容”的特性在于“自由”，“形式”的特性在于“感性”。究竟何谓“自由”呢？在《美——从必然到自由的飞跃》一文中，刘纲纪曾对美学意义上的“自由”作了三点规定：一、这是已经超越了物质生活需要满足范畴的自由；二、这是创造性地掌握和支配了客观必然性的自由；三、这是个人与社会达到了高度统一的自由。可见，“自由”不是为所欲为，而是人超越了基本的生存需要而走向更高的审美需要，是个体与社会的统一，是合规律性与合目的性的统一。其中，他认为第三点尤为重要，因为个体必须在与他人、自然的社会关系中肯定自己，“社会性”不仅是对“人”(个人或人类)的本质规定，也是对“美”的本质规定，换言之，“美是人的社会性的完满实现”[②]。同时，美的自由又必然是感性形式所表现的自由，这是因为：社会性终究要具化为个体性，个体的自由终究要表现在某个具体的、人化的、社会性的对象上。“美是人在改造世界的实践创造中产生的自由的情感，在他所改造了的物质世界的感性形式上的表现”[③]，这意味着美是“自由情感的对象化”，对个体而言，他是“从对象上直观着人的自由”，在劳动实践中感性具体地体验着“对象化了的自由情感”，由此，美的自由便转换为美感的自由，二者都根源于实践本体。

---

① 刘纲纪：《美学与哲学》，湖北人民出版社1986年版，第192页。

② 同上，第17页。

③ 同上，第142页。

总之,刘纲纪将马克思主义哲学本体论理解为“实践本体论”(后称之为“实践批判存在论”),并以此作为美学基础,创造性地发挥了“自由”的美学意义,表现出与李泽厚、蒋孔阳、杨恩寰等共同的研究倾向,这与其说是偶然,不如说是1980年代中期以后思想界转变的历史结果,是中国现代美学研究和学科发展过程中的历史必然。当然,也不容否认,对“自由”的这些理解都完全是理性主义的,因此,在“感性至上”的1990年代遭到“后实践美学”的批判也就在所难免。

第三节　“实践美学”“新实践美学”与“后实践美学”之争

“实践美学”在20世纪80年代顺时应势地成为新时期美学思潮的主流,而李泽厚的主体性实践美学则被视为“主流的主流”,二者被绑定在一起成为“后实践美学”所批判的靶的,这既是历史的选择,也是美学自身发展的必然结果。学界普遍以“实践美学与后实践美学之争”来笼统地概述20世纪80年代中后期至今围绕“实践美学”展开的一系列论争,[①]这是不确切的。因为这在一定程度上遮蔽了“实践美学”与“新实践美学”的显著差异,也忽视了“后实践美学”与“新实践美学”在对待“实践美学”态度上的差异。事实上,这场持久论争主要包括“实践美学与后实践美学之争”和“新实践美学与后实践美学之争”两个部分,前者重在批判和超越“实践美学”,后者则重在继承与改造“实践美学”,二者共同推进了“实践美学”的发展,其影响甚至决定了当下中国美学的格局和方向。

一、“实践美学”与“后实践美学”之争

20世纪80年代末90年代初,杨春时在日益明晰的现代语境中冷静深入地思考“超越实践美学如何可能”。他相继发表了《超越实践美学》《走向“后实践美学”》等系列文章,既对“实践美学”提出了批评,又展开了与“新实践美学”的

---

① 如章辉:《论实践美学与后实践美学之争》,载《文学评论》2005年第6期;周均平主持:《关于实践美学与后实践美学论争(笔谈)》,载《甘肃社会科学》2005年第2期;李世涛:《对实践美学和后实践美学的评价及其论争》,载《甘肃社会科学》2005年第4期;林朝霞:《实践美学与后实践美学在论争中发展》,载《学术月刊》2007年第4期;孙媛:《新世纪以来实践美学与后实践美学的论争》,载《漳州师范学院学报(哲学社会科学版)》2013年第3期;等等。

论战,既提出了"后实践美学"这一集体概念和美学方向,又构筑起自己的以"生存—超越"论为核心的"超越美学",并成为"后实践美学"学派中最具影响力的一种理论形态。在这些论文中,他不止一次地说道:"中国美学进一步发展和现代化,要求超越实践美学。"①"希望中国美学能够在'后实践美学'阶段走向世界、走向现代化。"②正是这种强烈的以建设为目的的"现代"焦虑,促使这位曾经的"实践美学"学派中的一员作出了"超越实践美学、建立超越美学"的选择。

在第一篇宣言性文章《超越实践美学》(1993)中,杨春时就指出:"实践美学既具有历史合理性,又具有历史局限性。因此,对其应采取扬弃、改造、发展和超越的态度,在这个基础上建立现代的美学理论体系。"③在随后的纲领性文章《走向"后实践美学"》中,他对"实践美学"历史局限和理论不足的批评由"五项"累增为"十项"。在他看来,"实践美学"之所以存在这些局限和不足,在于背负了太多的传统美学、古典美学的重担,不仅与现代精神、当代世界美学的发展格格不入,更束缚了中国美学的进一步发展,换言之,只有挣脱"实践美学"的襁褓,才能发展中国美学,"步入现代美学领域",与当代世界美学同步。为此,他一方面宣判"实践美学"已经"完成了自己的历史使命",认定"一种叛逆性的、新的美学思潮"将成为中国美学发展的新的历史趋势,并将这种包括体验美学、生命美学等在内的思潮命名为"后实践美学";另一方面,在"后实践美学"的整体框架下,他以"生存"作为美学的逻辑起点,从生存方式的角度来界定审美,从而构筑起以"生存本体论"为基础的"生存—超越美学"体系。他认为,相较于"实践","超越"的优势在于:"实践"是生存的低级形式,"超越"才是生存的最高本质,所谓"审美"既是超越现实的一种自由生存方式,也是一种超越理性而直接领悟生存意义的解释方式。在另一篇文章中他说得更为明确:"审美是超越性的活动,即超越现实的生存方式和超越理性的解释方式,审美具有超越现实、超越实践、超越感性和理性的品格。正是这种超越才使人获得了精神的解放和自由。"④一言以蔽之,"超越性是审美的本质特征,超越即自由",⑤这是"生存—超越美学"的核心要义,也是与其他美学体系的区别所在。杨春时不仅以"生存"

---

① 杨春时:《超越实践美学 建立超越美学》,载《社会科学战线》1994年第1期。

② 杨春时:《走向"后实践美学"》,载《学术月刊》1994年第5期。

③ 杨春时:《超越实践美学》,载《学术交流》1993年第2期。

④ 杨春时:《新实践美学不能走出实践美学的困境——答易中天先生》,载《学术月刊》2002年第1期。

⑤ 杨春时:《20世纪中国美学论争的历史经验》,载《厦门大学学报》(哲学社会科学版)2000年第1期。

作为其超越美学的基础，也以此作为整个“后实践美学”的基础，并得到了大多数“后实践美学”论者的认同。也就是说，他认为，以“生存本体论”取代“实践本体论”，以超越性、精神性、个体性的“自由”取代现实性、物质性、人类性的“自由”，是从“实践美学”走向“后实践美学”的必由之路。

然而，杨春时又并未否定或割断“后实践美学”与“实践美学”、“超越”与“实践”之间的内在关联，恰恰相反，他明确强调“‘后实践美学’虽然试图超越实践美学，但仍然不可避免地受到实践美学的影响，有意无意地接受了其许多合理成果。因此，在这个意义上，‘后实践美学’只是在实践美学基础上的新发展，是对实践美学的继承、批判、扬弃与超越”①，强调“审美的超越性应当建立在实践观的基础上，并以此与西方某些唯心主义美学所主张的超越性相区别”②。对这种关联性的重视，一定程度上也表明了“后实践美学”对“实践美学”的“突破”或“超越”，并非一种颠覆性的变革，而是一种批判性的转变：这无疑是一种既尊重传统又有利于缓释“现代”焦虑的历史唯物主义态度。有意思的是，杨春时对“实践美学”的批判不仅拉开了“实践美学与后实践美学之争”的序幕，也拉开了“新实践美学与后实践美学之争”的序幕，由此，“后实践美学”开始了双线作战，其中，其“队友”潘知常在前一论战中发挥了冲锋陷阵的重要作用。

1990 年代，潘知常提出“生命美学”，与“实践美学”的支持者刘纲纪先后在《文艺研究》《学术月刊》《光明日报》等报刊上展开争论，产生了很大影响。在潘知常看来，“实践美学”是一种见“物”不见“人”的无根的“冷美学”，忽略了人类自身的生命活动和生存体验，而“真正的美学一定是光明正大的人的美学，生命的美学”③，进而提出“现代意义上的美学应该是以研究审美活动与人类生存状态之间关系为核心的美学”④，并认为生命活动是“美学的现代视界”，“生命美学”于是诞生。“所谓‘生命美学’，意味着一种以探索生命的存在与超越为指归的美学”，换言之，“生命美学”追问的是“生命存在与超越如何可能这一根本问题”⑤，而“审美活动”正是这一问题的答案。他认为，“一旦我们既在人类生命活动与审美活动的同一性的基础上深刻揭示出它们之间的相异性，又在人类生命

① 杨春时：《走向“后实践美学”》，载《学术月刊》1994 年第 5 期。
② 杨春时：《超越实践美学　建立超越美学》，载《社会科学战线》1994 年第 1 期。
③ 潘知常：《美学何处去》，载《美与当代人》（即《美与时代》）1985 年第 1 期。
④ 潘知常：《众妙之门——中国美感心态的深层结构》，黄河文艺出版社 1989 年版，第 4 页。
⑤ 潘知常：《生命美学》，河南人民出版社 1991 年版，第 13 页。

活动与审美活动相异性的基础上揭示出它们之间的同一性，我们也就最终揭示出审美活动与人类生命活动的关系，揭示出审美活动的本体意义、存在意义、生命意义，从而完成马克思主义美学大厦的建构”①。在这里，审美活动被视为一种具有超越性的、自由性的生命活动，一种本体意义上的生命存在，“存在即生命”“生命即审美”，反之亦然：这是“生命美学”的要义所在。总之，潘知常试图将实践哲学规定下的“物的美学”彻底还原为生命哲学、存在哲学规定下的“人的美学”“生命的美学”，以实现“超越实践美学”的目标。

作为始终坚守“实践美学”的代表人物，刘纲纪的态度在某种意义上也代表了“实践美学”学派的共同心声，他与潘知常、杨春时的论争一定程度上也代表了“实践美学”与“后实践美学”的根本分歧所在。在《马克思主义实践观与当代美学问题》一文中，一方面他“并不认为包含在(实践美学)这一概念下的各种观点都是正确的，也不认为实践美学已经很好地解决了美学中的各种问题”，因而主张“实践美学”应随时代发展而要有新的大的发展；另一方面，他又认为“后实践美学”放弃马克思主义实践观这一哲学前提是错误的，因为“正是马克思主义的实践观点的提出使传统的美学宣告终结，为一种真正新的美学的产生开辟了广阔的道路”②，言外之意就是，“后实践美学”的批评是有益的，但宣判马克思主义“实践美学”的终结则为时过早，“实践美学”还大有可为。这一态度是包容的，但也是坚定不移的。③

针对刘纲纪的批评，杨春时、潘知常分别从各自的“超越美学”“生命美学”立场发表了一系列商榷文章。④ 综合来看，双方争论的焦点主要在于三对关系：一是实践活动与审美活动的关系，二是感性与理性的关系，三是主体与客体的关系。尽管论战双方都承认马克思主义实践原则对于美学研究的指导作用，然

① 潘知常：《生命的诗境》，杭州大学出版社1993年版，第173页。

② 刘纲纪：《马克思主义实践观与当代美学问题》，载《光明日报》1998年10月23日。

③ 在10年后的访谈中，刘纲纪说：“我对‘后实践美学’的出现是持欢迎态度的，因为他们对实践美学的批评可以推动持实践美学观的同志们想想，实践美学有哪些弱点？哪些东西还没有讲清楚？或者我们自以为讲清楚了，可别人还是不清楚。这样，就有利于实践美学的发展。”参见刘纲纪、李世涛：《我参与的当代美学讨论——刘纲纪先生访谈录》，载《文艺理论研究》2009年第4期。

④ 参见潘知常：《实践美学的本体论之误》，载《学术月刊》1994年第12期；《生命美学与实践美学的论争》，载《光明日报》1998年11月6日；《再谈生命美学与实践美学的论争》，载《学术月刊》2000年第5期；《实践美学的一个误区：“还原预设”——生命美学与实践美学的论争》，载《学海》2001第2期；《生命美学与超越必然的自由问题——四论生命美学与实践美学的论争》，载《河南社会科学》2001年第2期；杨春时：《审美的超实践性与超理性——与刘纲纪先生商榷》，载《学海》2001年第2期。

而在如何理解这一原则上却各持己见，各有偏重：刘纲纪再次强调了实践对于美的本质、审美活动的决定作用，主张以重建理性与感性的统一与和谐来克服感性、理性的局限性、对立性；而杨春时则再次强调了审美的超实践性、超理性、超现实性，主张以超理性来克服感性与理性的对立；潘知常强调了“审美如何可能”，主张应对“超越必然的自由即自由的主观性、超越性”问题进行考察。归根结底，三者都是体系性的哲学美学，之间的分歧根源于哲学“本体论”的差异：刘纲纪坚持“实践美学”学派集体所坚持的以“实践”为本体，而杨春时坚持以“生存”为本体，潘知常则坚持以“生命”为本体；而无论“实践美学”，还是“后实践美学”，都无法规避本体论哲学以概念范畴构造整套理论体系的弊病。总之，这次论战可谓“实践美学”与“后实践美学”之间正面遭遇的阵地战，其意义诚如旁观者阎国忠所言：“与五六十年代那场讨论不同，当前美学的论争虽然也涉及到哲学基础方面问题，但主要是围绕美学自身问题展开的，是真正的美学论争，因此，这场论争同时将标志着中国(现代)美学学科的完全确立。”①

二、“新实践美学”与“后实践美学”之争

杨春时对“实践美学”的批判以及“后实践美学”“超越美学”构想的提出，还引起了“实践美学”拥趸者(如邓晓芒、易中天、张玉能、朱立元等)的反驳和拓展，而后者又并非旧调重弹，而是旧曲新唱，由此形成了论争的另一极：“新实践美学”与“后实践美学”之争。这一论争主要以《学术月刊》《社会科学战线》为阵地，从20世纪90年代初一直延续到今天。首先必须说明的是，“新实践美学”概念存在狭义和广义之分：狭义既指最早产生的邓晓芒、易中天的“新实践美学”，其系统的理论阐释见于他们的合著《走出美学的迷惘——中西美学思想的嬗变与美学方法论的革命》(1989)，又指20世纪90年代产生但直到21世纪才命名的张玉能的“新实践美学”，其系统的理论阐释见于《新实践美学论》(2007)；广义是指相对于“实践美学”“后实践美学”而言的美学新思潮，涵括上述两种狭义的以及朱立元倡导的“实践存在论美学”。由此，从美学史来看，“新实践美学”(广义)与“后实践美学”之争实际上包含三部分：一是邓晓芒、易中天

① 阎国忠：《关于审美活动——评实践美学与生命美学的论争》，载《文艺研究》1997年第1期。

“新实践美学”与杨春时“后实践美学”之争，二是张玉能“新实践美学”与杨春时“后实践美学”之争，三是朱立元“实践存在论美学”与杨春时“后实践美学”之争。而在论争中，又因为始终交织着对第三方(即“实践美学”)的批评、辩护与发展，从而使得这些论争显得更为丰富，也尤为复杂。

(一) 邓晓芒、易中天“新实践美学”与杨春时“后实践美学”之争

邓晓芒、易中天以马克思主义哲学和中西美学思想为资源，在马克思主义实践美学观的基础上，建立了自成体系的“新实践美学”。尤其是在《走出美学的迷惘——中西美学思想的嬗变与美学方法的革命》最后一章提出了“美学之谜的历史解答(新实践论美学大纲)”①，也即“新实践美学”体系的三大哲学原理：艺术发生学的哲学原理、审美心理学的哲学原理和美的哲学原理。其中，“美的哲学原理”又包括三大原理，即实践论美学的“第一原理：美的本质定义”“第二原理：艺术与美的辩证法”和“第三原理：审美标准”。在 21 世纪与“后实践美学”的论争中，②他们又进一步对这一体系进行了充分阐释和完善。综合来看，“新实践美学”和“后实践美学”论争的焦点问题，或者说“新实践美学”之“新”主要表现在：

其一，对“实践”概念的新理解。邓、易认为，“在马克思看来，实践既不是一种纯主观的东西，也不是一种纯客观的东西，而是一种‘主客观的统一’。最基本的实践，即作为人类的现实本质和整个社会存在基础的实践，是人的社会物质生产劳动。在这种劳动中，主观自觉性、目的性和伴随而来的‘自由感’，是产生于肉体的客观物质需要，又体现为能动地改造客观世界的物质活动，因此，生产劳动是‘主观统一于客观’的活动”③。也就是说，实践首先是一种物质与精神(尤其是情感)相统一的活动。据此，邓晓芒不仅批评了康德、黑格尔式的唯心

---

① 本书再版时更名为《黄与蓝的交响——中西美学比较论》(人民文学出版社，1999)；后修订再版(武汉大学出版社，2007)，本章更名为“美学之谜的历史解答(新实践论美学大纲)”。

② 论争的论文主要有：易中天：《走向“后实践美学”，还是“新实践美学”——与杨春时先生商榷》，载《学术月刊》2002 年第 1 期；杨春时：《“新实践美学”不能走出实践美学的困境——答易中天先生》，载《学术月刊》2002 年第 1 期；邓晓芒：《什么是新实践美学——兼与杨春时先生商讨》，载《学术月刊》2002 年第 10 期；杨春时：《实践乌托邦批判——兼与邓晓芒先生商榷》，载《学术月刊》2004 年第 3 期；邓晓芒：《评美学上的“厌食症”——答杨春时先生》，载《学术月刊》2005 年第 5 期。

③ 邓晓芒、易中天：《走出美学的迷惘——中西美学思想的嬗变与美学方法论的革命》，花山文艺出版社 1989 年版，第 402 页。

实践观（“客观统一于主观”），更批评了将劳动中的主观意识“消融于”或“等同于”客观的李泽厚等人的“实践美学”，表明了“新实践美学”的“人学”实践观，“旧实践美学正是由于企图把这些主观因素从物质生产劳动中清除出去，才导致了机械主义和行为主义，从而失去了建立美学的合理根据。在这方面，旧实践美学和蔡仪派的‘机械唯物主义美学’才真正是‘没有本质的区别’。新实践美学则是对这一切旧唯物主义美学的根本超出，因为它把人当人看，把人的活动当作人的活动（而不仅仅是动物的活动）来看，并试图从人的最根本的物质生产活动中发现人的全面丰富的本质要素，以从中引出人的一切人化活动、包括审美活动的根据”①。

其二，对审美“超越性”的新理解。邓认为，“后实践美学”的弊病在于把“现实性”与“超越性”完全对立起来，而他们根据对“实践”的理解认为，实践本身就具有自我超越的因子，人类精神生活的超越性正是从现实的实践活动中升华出来的，“超越性并不只是审美所特有的属性，而是包括人类真、善、美在内的一切精神生活的属性；至于说审美的‘超越感性与理性的品格’，则并不一定是绝对必要的品格，审美也完全可以与感性和理性和谐共存”②。易也认为，“超越也好，自由也好，种种生存方式也好，都不是人的天赋、本能或自然属性。它们只能来源于实践并指向实践……当然，实践并不万能，也并不理想，它并不像旧实践美学设想的那样，可以造就一个尽善尽美的人间天堂，一劳永逸地解决人类生存的所有问题”③。在杨、潘论述的基础上，“后实践美学”的支持者章辉博士对“审美超越”概念又作了两层划分，一层是一般超越的“形而上学内涵”，表现在宗教活动、哲学思辨和审美体验等精神领域，另一层是基于一般超越之上的审美超越，是指审美活动对人的生存意义的终极性建构，是一种情感超越。④ 对此，邓晓芒在反驳文章中认为其“审美超越”无法与其他形式的超越（宗教超越、哲学超越等）划清界限，进一步表明了“新实践美学的审美超越原理”，即从艺术发生学的哲学原理出发，阐明了艺术的超越性及其体现在不同时代、阶级和民族之间所发生的“共同美”之上；并从哲学人类学和现象学的高度对审美超越特

① 邓晓芒：《什么是新实践美学——兼与杨春时先生商讨》，载《学术月刊》2002年第10期。

② 同上。

③ 易中天：《走向“后实践美学”，还是“新实践美学”——与杨春时先生商榷》，载《学术月刊》2002年第1期。

④ 章辉：《论审美超越——兼向邓晓芒先生请教》，载《人文杂志》2003年第6期。

有的心理机制进行了前所未有的分析。[①]

其三,对“美的本质”的现象学新定义。邓、易以“美的本质定义”为新实践美学的第一原理,并以此贯穿在对艺术社会学、审美心理学乃至中西美学历史的论述中。他们给“美的本质”下了三个定义:

> 定义 1:审美活动是人借助于人化对象而与别人交流情感的活动,它在其现实性上就是美感。
>
> 定义 2:人的情感的对象化就是艺术。
>
> 定义 3:对象化了的情感就是美。[②]

可见,这三种定义分别是对美的特殊性、个别性和一般性所作的本质规定,构成了一个不可分割的命题系统:美感是人类最直接、最明显、最普遍的审美事实,是理解一切艺术和美的前提;艺术和美是审美活动的两个本质环节的对象化表现。在这里,“新实践美学”虽然仍运用了“实践美学”所钟情的马克思“对象化”这一表述,但又依据对“实践”的现象学理解,突出强调了“情感”作为“人的本质力量”在“美”的生成过程中的决定作用。

在最早提出“新实践美学”基本提纲的《关于美和艺术的本质的现象学思考》(1986)中,邓晓芒便表明“美的本质问题,以及直接由此而得到确定的艺术的本质问题,只有在运用现象学方法所建立的‘意识形态学’中才能得到彻底的解决”,也就是说,“将一切意识形态所赖以产生和存在的客观物质实体本身用‘悬挂法’存而不论”。[③] 这种“回到美学本身”的本体研究态度和现象学方法,使其能够避免成为美的“客观性”的权威证明,而将美和艺术当作精神现象来研究,寻找其自身的特殊规律。如其所言,“所有这些定义中的‘对象化’一词,都是来自实践本身的现象学结构:实践就是人的本质力量的对象化。正是在这样

① 邓晓芒:《新实践美学的审美超越——答章辉先生》,载《河北学刊》2008 年第 4 期。二人之间的进一步争论可参见章辉:《实践美学若干问题再探讨——兼与邓晓芒先生商榷》,载《湖北大学学报》2009 年第 6 期;邓晓芒《关于新实践美学原理的再思考——再答章辉先生》,载《湖北大学学报》2009 年第 6 期。

② 邓晓芒、易中天:《走出美学的迷惘——中西美学思想的嬗变与美学方法论的革命》,花山文艺出版社 1989 年版,第 472 页。

③ 邓晓芒:《关于美和艺术的本质的现象学思考》,载《哲学研究》1986 年第 8 期。

一种现象学的理解中，实践论美学首次克服了自然主义和心理主义的局限性，把在李泽厚的旧实践论美学那里互不相容的‘工具本体论’（自然主义的理解）和‘情感本体论’（心理主义的理解）的二元对立扬弃了”①。而内含于“实践”的“情感”，不仅使“人与对象、工具和产品之间保持一种超认识、超功利的精神联系”，而且“情感的对象化”或“对象的情感化”使人与人之间实现情感的传达或共鸣成为可能，因此，“美感”实质上就是“对情感的情感”，即“人们借一个对象来达到情感的相互共鸣所产生的情感”“审美是传情的唯一手段”。② 由此，“新实践美学”也被称为“传情说”。它不仅强调了“情感”的个体性、社会性，丰富了“审美活动”“美感”的内涵，而且凸出了美和艺术的情感性特征，表明了自我与他者之间存在一种带有胡塞尔“主体间性”色彩的相同情感的相互交流印证，这为杨春时后来倡导“主体间性”美学提供了启示。

尽管由于论战双方在概念上始终纠缠不清而自说自话，导致双方之争成为一场遭遇战而非阵地战，但不难看出，邓晓芒、易中天的“新实践美学”具有批评吸收、综合创新的独特意味：虽然他们对李泽厚、杨春时都有所批评，但与前者一样都坚持了“实践”的本体意义，区别在于他们以“主客观的统一”定义实践，而前者则以客观来定义实践；他们又与后者一样都认为要有坚实的哲学基础和可靠的逻辑起点来创造具有权威性的现代美学体系，区别在于他们选择了“实践”，而后者则选择了“生存”。而三者之所以具有对话的可能，关键在于他们都同意“美的本质就是人的本质”，这种“人类学”的共同倾向无疑又是李泽厚在新时期以“人类学本体论”率先开拓的。总之，相较于“后实践美学”或“实践美学”，邓、易“新实践美学”的独特之处在于既坚持马克思的实践本体论，又充分吸收了胡塞尔和海德格尔的现象学方法和成果，以“传情”说为中心对实践美学、审美超越等问题作了深入而富有突破性的研究。

（二）张玉能“新实践美学”与杨春时“后实践美学”之争

在与“后实践美学”的论争中，张玉能、朱立元作为“实践美学”主将之一蒋孔阳的弟子，不仅继承了“实践美学”的“实践本体论”遗产并为之辩护，又各自

---

① 邓晓芒：《“传情说”与文艺的思想性》，载《甘肃社会科学》2011 年第 3 期。

② 邓晓芒、易中天：《走出美学的迷惘——中西美学思想的嬗变与美学方法论的革命》，花山文艺出版社 1989 年版，第 451—452 页。

从不同角度对其进行了深化、弥补和拓展,事实上形成了两种“新实践美学”。

张玉能在与杨春时的跨世纪论争中,始终本着“坚持实践观点,发展中国美学”的立场,不仅着力批评了杨对“实践美学”的种种“误会和曲解”,比如“把实践美学硬性划在古典美学的理性主义范畴之内”“对实践美学的一些主要范畴术语,如实践、人的本质、自由等的理解是不准确的、似是而非的”等,而且指出“超越美学”的哲学基础——生存本体论和解释学认识论是唯心主义和唯我主义的,因而难以成立。[①] 其间,他还声援邓晓芒、易中天,对杨春时的“实践乌托邦批判”以及“主体间性”概念等进行批评;[②]并对“后实践美学”支持者章辉的批评进行了反驳。[③] 在这些你来我往的论争中,他逐渐形成了建构实践美学范畴体系的信心和决心,最终于 21 世纪出版了“对实践美学讨论进行系统总结”的专著《新实践美学论》,试图建构起“一个有中国特色的新实践美学的美学范畴(美的范畴)体系”。[④] 综合论争的关键问题和其理论内涵,可以看出其“新实践美学”之“新”主要表现在:

其一,重新界定“实践”概念并进行分类学研究。张玉能从实践唯物主义哲学基础出发,重新界定本体论意义上的实践概念,认为:“人类的实践是人们为了实现自己的生存而进行的处理人与自然、社会、他人之间关系的感性的、现实的活动。因此,实践也理应区分为三大类型:物质生产、精神生产、话语实践。物质生产主要是以物质的手段处理人与自然的关系,以解决人们的实际生存的问题;精神生产主要是以意识(精神)的手段处理人与社会的关系,以解决人们的生存发展的问题;话语实践则是在物质生产和精神生产的基础上,主要以语言为手段处理人与他人的关系,以解决人与人之间的交往以及与之相关的现实生存和生存发展的问题。”[⑤]由此,他强调实践是一个关系本体(而非实体本体或

---

① 张玉能:《坚持实践观点,发展中国美学——与杨春时同志商榷》,载《社会科学战线》1994 年第 4 期。

② 杨春时:《实践乌托邦批判——兼与邓晓芒先生商榷》,载《学术月刊》2004 年第 3 期;张玉能:《实践的自由是审美的根本——与杨春时同志商榷》,载《学术月刊》2004 年第 7 期;杨春时:《实践乌托邦再批判——答张玉能先生》,载《汕头大学学报》(人文社会科学版)2007 年第 4 期;张玉能:《主体间性是后实践美学的陷阱——与杨春时教授商榷》,载《汕头大学学报》(人文社会科学版)2004 年第 3 期;杨春时:《主体性美学与主体间性美学——兼答张玉能先生》,载《汕头大学学报》(人文社会科学版)2004 年第 6 期。

③ 章辉:《告别实践美学——评两种实践美学发展观》,载《学术月刊》2005 年第 3 期;张玉能:《新实践美学的告别——答章辉博士》,载《吉首大学学报》(社会科学版)2006 年第 1 期。

④ 张玉能等:《新实践美学论》,人民出版社 2007 年版,导言,第 7 页。

⑤ 张玉能:《实践的自由是审美的根本——与杨春时同志商榷》,载《学术月刊》2004 年第 7 期。

先验本体)概念,对实践美学而言,这种本体性意味着“人的现实存在只能是实践,在实践的整体中,物质生产、话语实践、精神生产是内在地统一的,组成了以物质生产为核心、以话语实践为中介、以精神生产为显象的交互作用的立体网络系统,而其最具有显象的敞亮的光辉的,则是审美活动及其价值显现——美”①。不难看出,他在继承前人“物质生产”“精神生产”两分法的基础上,又创造性地发掘出马克思主义语言观的实践本体论意义,接通分析哲学、现象学哲学和存在主义哲学等现代语言本体论,突出“话语实践”在审美活动中的重要作用。这种对实践内涵的独特理解和扩充,与其说是马克思主义经典原著给他的理论启示,不如说是20世纪西方哲学和美学的“语言学转向”给他的思想启示。除了按表现形式来分类,他还根据发展程度将实践分为获取性实践、创造性实践和自由(创造)性实践,三者既有主客体间性又有主体间性;其中,自由性实践使人与自然之间产生了审美关系,美和美感正是这自由实践的产物,即“自由的实践”使人的本质充分实现,使人获得超越实用的、伦理的、宗教的等功利目的的美感,从这个意义上来说,“超越性”的审美和自由始终存在于“实践”的人世间,而不是存在于“后实践美学”所言的超现实的彼岸世界。

其二,深入解析实践结构的多层累性、开放性、多功能性及其与美学问题的关系。所谓“多层累性”是指实践结构由诸多要素立体交叉、多层累积而成,包含物质交换层、意识作用层和价值评估层三层,层递累积,相互交错;前者决定美的外观形象性,由工具操作系统(决定美的外观形式)、语言符号系统(决定美的感性可感性)和社会关系系统(决定美的理性象征性)三方面构成;中者决定美的情感超越性,由无意识系统(决定美的精神内涵性)、潜意识系统(决定美的超越功利性)和意识形态(决定美的情感中介性);后者决定了美的自由性,由合规律的评估系统(决定美的合规律性)、合目的的评估系统(决定美的合目的性)及合规律和合目的相统一的评估系统(决定美的合规律和合目的的统一性)。所谓“开放性”是指实践过程是一个不断矛盾运动、变化发展的恒新恒异的创造过程,这一过程呈现出受动和主动、物质和精神、共时与历时相统一的特征,而审美活动正是这一实践过程自我矛盾运动的结果,按其所言,“在这个过程中,由于实践的合规律与合目的的统一生成的审美目的,由于实践的超越物质,感

① 张玉能等:《新实践美学论》,人民出版社2007年版,第28页。

性、直接功利目的而生成的审美超越性(超感性的理性象征性、超直接功利目的的非功利性),由于实践的共时的群体确定性和历时的个体不确定性的统一生成的审美图式,在实践过程的运动之中生成出了显示实践自由的审美活动。因此,审美活动即自由的活动,因此,审美活动具有合规律与合目的的相统一性,超越感性功利的理性象征性,融合个体差异性的社会共同性”①。所谓“多功能性”是指“实践,主要有肯定性的建构功能、转换性的转化功能、否定性的解构功能,它们对应着实践的自由、准自由和不自由、反自由,也就在审美领域相应地产生柔美(优美)、刚美(崇高)和幽默、滑稽、丑”②。将美的诸多范畴与实践的多个功能联系起来进行考察,有利于人们避免像“实践美学”那样因过分关注实践的建构功能而陷入“工具理性”“人类中心主义”的漩涡,也有利于人们避免像“后实践美学”那样盲目舍弃现实、追求超越而陷入神秘玄妙之境。

其三,坚决主张多维动态地发展实践美学。张玉能不仅从本体论维度发展实践美学,还从价值论维度来发展实践美学。他认为,实践美学的价值论维度是实践美学内在的、有机的组成部分,是对自然本体论美学和认识论美学的客体主义和主客二分思维方式、理性主义和人类中心主义的超越,而且还是实践美学与时俱进的自我超越,可以统一真善美,使实践美学成为培养和造就全面自由发展的人的主要途径。③ 也就是说,开放实践美学的价值论维度不仅对实践美学的发展至关重要,而且对人类自身自由全面的发展乃至世界全面和谐的发展具有重要意义。同时,正如他将“实践”“美”“美感”视为动态发展的过程一样,他同样以动态发展的眼光来看待马克思主义实践美学,因此,他既反对杨春时、章辉等人将“实践美学”视为古典形态的美学,以西方现当代美学为尺度来衡量或曲解“实践美学”,又认为后现代美学对“实践美学”发展具有重要价值和意义,主张在后现代语境下拓展“实践美学”。他不仅详细论证了马克思主义“实践美学”与西方后现代美学的同步发展,而且指出在后现代语境下拓展实践美学的三条道路④: 这对于主张要“终结”或“告别”实践美学的“后实践美学”来说,无疑是最有力的反击。

---

① 张玉能等:《新实践美学论》,人民出版社2007年版,第39页。

② 同上,第40页。

③ 张玉能:《实践美学的价值论维度》,载《三峡大学学报》(人文社会科学版)2005年第3期。

④ 张玉能:《后现代主义与实践美学的同步》,载《江汉大学学报》(人文社会科学版)2002年第4期;《后现代主义与实践美学的回答》,载《华中师范大学学报》(人文社会科学版)2002年第1期。

总之，张玉能的“新实践美学”不仅直接继承了蒋孔阳“美在创造中”“美是恒新恒异的创造”“美是多层累的突创”等思想，而且沿着其综合比较与哲学体系化的思路，广泛吸收了马克思主义实践唯物主义哲学、系统论、结构主义、人类学、符号学、社会学、精神分析心理学以及后现代主义哲学、美学等理论营养，多角度、多层次地深入分析了实践本体的结构、类型、过程和功能等，揭示出“实践”与美的特征、审美活动的特征等美学问题之间的复杂关系，体系精密繁复，分析辩证周全，既有力地回应了“后实践主义”者的种种批评，又有效地丰富和发展了“实践美学”。

（三）朱立元“实践存在论美学”与杨春时“后实践美学”之争

如果说张玉能专注于构建一个中西融通的美的范畴体系并打出“新实践美学”旗号的话，那么，朱立元则埋首于建构一个具有“新实践美学”之实而以“实践存在论美学”为名的美学体系。在与杨春时的论争中，[①]通过重新研读马克思主义经典著作以及蒋孔阳先生的著作，尤其是通过研究西方现当代哲学、美学，特别是现象学存在论思想，[②]他对实践美学、后实践美学的认识发生了重要转变：一是对李泽厚的主流派实践美学由全面辩护转变为反思其局限性；二是对“后实践美学”由完全批判转变为部分接受其同样的西方思想资源的影响。在这三种中西思想资源中，马克思实践观及其所包含的存在论思想被当作核心和基础，始终贯穿于“实践生存本体论”美学的代表性著作《走向实践存在论美学》(2008)、《马克思与现代美学革命》(2016)中，也体现在《美学》教材及其两次修订中(2001、2007、2015)。综合论争的关键问题和其体系内涵，可以看出“实践存在论美学”的独特创新主要表现在以下三个方面：

其一，坚持马克思实践的唯物主义，确立现代存在论的哲学根基和人本主义内涵。针对某些批评者有意切断马克思“实践”概念与从亚里士多德到康德（德国古典哲学）的整个西方哲学对“实践”概念的理解之间在语义上的血脉联系，朱立元坚持在西方思想史的背景下考察马克思“实践”概念的完整内涵，深入解析了亚里士多德、康德、黑格尔以至马克思等人的实践概念，尤其是通过对

---

① 朱立元：《“实践美学”的历史地位与现实命运——与杨春时同志商榷》，载《学术月刊》1995年第5期；杨春时：《再论超越实践美学》，载《学术月刊》1996年第2期。

② 朱立元：《我为何走向实践存在论美学》，载《文艺争鸣》2008年第11期。

马克思主义美学史上第一个重要文献——《巴黎手稿》进行文本细读，充分说明实践是马克思唯物史观的核心范畴之一，与整个西方思想史上“实践”概念的基本含义及其演变有着不可分割的联系，指明马克思的实践观是“吸收和改造了从亚里士多德到康德、黑格尔的实践观点的基础上形成的，并以此作为建构自己的实践唯物主义即唯物史观的思想资源和理论起点的”[①]。继而，针对批评者在某种程度上遮蔽和贬低马克思实践唯物主义哲学变革的革命性意义，朱立元再三强调应从存在论根基处重新认识和解读马克思哲学变革的性质和意义，认为马克思以“实践”为核心建构的唯物史观掀起了一场影响深远的哲学革命，创建了实践的唯物主义即历史唯物主义，“实践的唯物主义是对绝对唯心主义和直观唯物主义的双重扬弃和超越”“为美学确立了现代存在论的哲学根基”“为现代美学确立了人本主义的基本尺度”。[②] 不难看出，朱立元对马克思的实践概念、“实践的唯物主义”内涵以及实践唯物主义的存在论维度等作了层层深入、鞭辟入里的阐发，不仅仅是为了全面、准确地理解马克思理论的精髓要义，更是为了借此来回应中国自身的美学问题和社会问题(比如金钱和商品拜物教对心灵的腐蚀，日益严重的环境污染和生态破坏等)。实践存在论美学坚持马克思实践的唯物主义，将美学研究的中心定位为现实“人”，使美学的研究视角、开拓思路、理论展开回归到实践中的“人”本身，既有利于颠覆传统美学的形而上学二元对立的僵化思维，突破自然中心主义或人类中心主义的狭隘视野，更有利于推动当代中国美学话语体系和理论范式的重建，建构人与自然和谐共生的现代生态美学，因而是合乎历史规律的，也是合乎人本主义诉求的。

其二，坚持“两个本体”合二为一，确立“一个对象”审美活动。在辨析“本体论”范畴的五种误释的基础上，朱立元着重通过分析海德格尔的本体论(存在论)表明“把现代生存论或存在主义哲学硬行与本体论分割开来，排除在本体论视野之外，乃是一个极大的错误”[③]。由此，他肯定海德格尔生存论哲学所引领的这一现代本体论思路的正确，在此启发下，回过头来重新发现和揭示出由于种种原因被遮蔽的马克思实践观的存在论维度，最终主张“从存在论(本体论)

---

① 朱立元:《马克思与现代美学革命——兼论实践存在论美学的哲学基础》，上海交通大学出版社 2016 年版，第 13 页。

② 同上，第 169—187 页。

③ 朱立元:《当代文学、美学研究中对“本体论”的误释》，载《文学评论》1996 年第 6 期。

的角度把实践的内涵理解为人最基本的存在方式，理解为广义的人生实践，从而实现实践论与存在论的有机结合”①，于是，实践与存在都是对人生在世的本体论（存在论）的陈述，存在论与本体论合二为一，原本以“实践”为本体的实践美学就变成了以“实践”和“存在”为本体的实践存在美学，它虽然仍以实践论作为哲学基础，但其哲学根基已从认识论转移到了存在论上。正因如此，朱立元一再表明，“实践存在论美学虽然受过海德格尔存在论的某些启发，但真正使我们获得和转移到存在论根基，并非海德格尔的，而是马克思的存在论”②，而不是某些批评者所指责的“对马克思主义学说的‘海德格尔化’”。因为我们不难看出：实践存在论美学既不同于只强调存在的“存在美学”，也不同于只强调“生产实践”的李泽厚“实践美学”，而是使实践立足于存在论根基上，强调：在存在论意义上，实践是人的基本存在方式；在实践论意义上，存在中具有基本的实践品格。由“两个本体”合二为一出发，“审美活动”（审美关系的现实展开）也就具有了实践和存在的双重意义。按其所言，“审美活动是人超越于动物、最能体现人的本质特征的基本存在方式之一和基本的人生实践活动之一”③“审美活动是在对象之中的活动，是主、客合一的活动”④。由此，审美活动取代美和美的本质而成为实践存在论美学研究的主要对象和逻辑起点。坚持实践与存在“两个本体”合二为一，明确“一个对象”审美活动，使实践存在论美学超越了主客二分的认识论思维框架和实践概念的狭隘理解，一定程度上修正和拓展了“实践本体”一元论美学。⑤

其三，以动态生成观取代现成论，坚持“关系在先”原则。在朱立元看来，现成论是认识论思维方式的又一显著特征，它使得“美”被预设为一个现成的、固定不变的客观对象，由此追问“美（的本质）是什么”等问题，这是“实践美学”始终无法摆脱的痼疾。美的首要问题应是美的存在问题即“美存在吗”“美如何存

---

① 朱立元：《我为何走向实践存在论美学》，载《文艺争鸣》2008 年第 11 期。

② 朱立元：《马克思与现代美学革命——兼论实践存在论美学的哲学基础》，上海交通大学出版社 2016 年版，第 30 页。

③ 朱立元：《走向后实践美学》，苏州大学出版社 2008 年版，第 295 页。

④ 朱立元：《美学》，高等教育出版社 2001 年版，第 59 页。

⑤ 需要注意的是，朱立元的“两个本体”论不同于李泽厚的“两个本体”（工具本体与心理本体）论，后者之“本体”是意在解构西方哲学形而上学“本体”概念的“根本”“最后实在”，而这正是前者所批评的误释之一。朱立元对李泽厚“两个本体”论的学理批评参见朱立元：《试析李泽厚实践美学的“两个本体”论》，载《哲学研究》2010 年第 2 期。

在”等存在论问题,只有以生成论取代现成论,才能解决这些美学基本问题。朱立元认为,“动态生成观是实践的唯物主义存在论必然的、革命性的逻辑推演,它取消了现成的主客体存在的自明性,同时跳出了二元对立的思维方式,使哲学理论不再停留于主体与客体、感性与理性、思维与存在、物质与精神等简单、僵硬的非此即彼的二分法的问题模式之中,与辩证法具有精神上的一致性”①。换言之,马克思实践的唯物主义存在论中包含着深刻的“动态生成”的辩证观念和思维方法,按照“动态生成”观,既没有现成存在的、永恒不变的主体,也没有现成存在的、永恒不变的客体,所谓的主体与客体都是在实践活动中现实地生成的,并继续处在变化的过程中。按照这种双向生成的实践的唯物主义的动态生成观,朱立元主张,美永远是一种“现在进行时”,审美关系、审美活动以及美都是生生不息的过程,将随人类和人类文明的存在和发展而永远生成下去:这是历史与逻辑的双重证明。之所以将“审美关系”放在首位,这体现了“关系在先”的原则。“在时间上,审美关系的建构与审美主客体的生成是同时、同步的,没有先后之分;但是,从逻辑上讲,则是审美关系在先,审美主客体在后,审美关系是审美主客体的确定者,审美关系之前和之外,无所谓审美主体和审美客体。这就是‘关系在先’原则。”也就是说,审美主客体以及美都在具体的审美关系中生成,没有审美关系及其现实展开的审美活动,就没有审美主客体,也就没有美,美只能在现实的审美关系和活动中生成。以生成论取代现成论,坚持“关系在先”原则,使实践存在论美学很好地继承和发扬了蒋孔阳的实践生成论、审美关系论思想,又在一定程度上回应了“后实践美学”在批评“实践美学”时所提出的“实践美学并未彻底克服主客二分的二元解构”“美首先是自我主体的创造物”等观点。

总之,朱立元的“实践存在论美学”始终坚持马克思主义的基本立场,用马克思主义的实践论改造海德格尔的存在论,用海德格尔的存在论解读马克思主义的实践论,既揭示出马克思主义的存在论维度及其美学意义,又批判借鉴和吸收了海德格尔基础存在论的合理因素,创造性地将马克思主义的实践论、蒋孔阳的实践生成论与海德格尔后期的存在论等思想熔为一炉,以实践论融合存

① 朱立元:《马克思与现代美学革命——兼论实践存在论美学的哲学基础》,上海交通大学出版社 2016 年版,第 179 页。

在论，以生成论取代现成论，为超越思维与存在、主体与客体等二元对立的认识论美学思维模式，为继承和发展实践美学，开拓了新的道路，使实践美学谱系结构呈现出多元共存、多声部合唱的良好面貌，同时使中国当代美学尤其是马克思主义美学呈现出与时俱进、不断创新的蓬勃态势。

三、三派美学之争的意义、问题与启示

无论是"新实践美学"，还是"后实践美学"，都沿着"实践美学"已经初步建立起来的具有中国特色的美学体系"接着讲"，或批判地继承和拓展（部分超越），或在继承中批判和创新（整体超越），求新求变，求同存异，从内外、正反两方面共同推动了"实践美学"的多元发展，打破了"实践美学"一统天下的格局，而且在论争中丰富和发展了马克思主义，真正实现了马克思主义美学的中国化，在"美学热"退潮之后，"沉寂和冷清"的美学界掀起了多元化地建设中国现代美学的新高潮，并有效地回应了多元化的社会实践与文化交往的现实。一直以来，学界也在不断反思这场论争的意义①，这促使我们要更加深入地理解"后实践美学""新实践美学"与"实践美学"各自的历史意义、问题及启示所在。

首先，就"后实践美学"而言，以"生存""生命"为逻辑起点，以"超越""自由"为中心论题，着意突出审美情感的内在超越性，有利于人们在 20 世纪 90 年代以来日益严重的物质化的社会中保持独立人格，提升人生境界，实现人的自由解放，因而具有一定的现实意义。问题在于，它对"实践美学"存在着某种误读与误判，对"生存""超越""自由"等关键概念范畴的使用也往往存在主观性与片

① 张立斌：《实践论、后实践论与美学的重建》，载《学术月刊》1996 年第 3 期；阎国忠：《关于审美活动——评实践美学与生命美学的论争》，载《文艺研究》1997 年第 1 期；朱振海：《谈实践美学与"后实践美学"之争》，载《学术月刊》1999 年第 8 期；周均平：《关于实践美学与后实践美学论争（笔谈）》，载《甘肃社会科学》2005 年第 2 期；孙盛涛：《有关实践美学与后实践美学思维方式的思考》，载《甘肃社会科学》2005 年第 2 期；李世涛：《后实践美学与实践美学的批判与反批评——从对立、排斥走向对话、汇通之二》，载《甘肃社会科学》2005 年第 3 期；李世涛：《对实践美学和后实践美学的评价及其论争——从对立、排斥走向对话、汇通之三》，载《甘肃社会科学》2005 年第 4 期；林朝霞：《实践美学与后实践美学在论争中发展》，载《学术月刊》2007 年第 4 期；徐碧辉：《美学争论中的哲学问题与学术规范——评"新实践美学"与"后实践美学"之争》，载《学术月刊》2008 年第 2 期；谷鹏飞：《实践美学、后实践美学、新实践美学学派争鸣》，载《河北大学学报》（哲学社会科学版）2009 年第 1 期；等等。

面性。比如,杨春时在列举实践美学的十大缺陷时,仅以李泽厚实践美学为批判对象,无视1990年代以来实践美学多样化的新发展,忽视其他实践美学代表人物如蒋孔阳、周来祥、刘纲纪等人的实践美学新思想、新成果,再加上单一的批判模式,使得"这种批判并没有击中实践美学的要害,甚至是某种程度上的误读"[①];潘知常把"实践美学"判定为一种"知识型的美学",认为其未突破主客对立的二元结构以及古典美学的理性主义窠臼,这显然没有真正理解马克思主义的实践观,简单化地把主客体关系混同于主客观关系;杨春时以对人类生存方式的三种划分("自然""现实"与"自由")作为"超越美学"的基础,由此来论证审美属于超越于现实的自由生存方式,但这一划分本身过于随意,存在着难以自圆其说的逻辑漏洞,"这种人为割裂现实与自由的思维方式看起来是对自由的极大崇扬,是把自由的地位提到了无比的高度,但实际上,把自由从现实中排除出去、把它架空于某种现实中不存在的'超越性'的境界中,实际上等于取消了自由"[②]。更何况马克思在其经典著作(如《资本论》)中表明,"自由王国"建立在"必然王国"的基础之上,而在必然王国里,"自由"体现为人们对必然规律的熟练、自由的掌握和运用,而非只存在于超越性的精神领域。

这些问题的产生,归根结底是由于"后实践美学"完全以西方现代和后现代的非理性主义哲学作为美学研究的指导思想而缺少深入辨析,努力杂糅现代现象学、存在论、解释学等各种西方思想资源而又食而不化,试图摆脱主客二元对立的牢笼,却又陷入二元对立的深渊之中,将理性与感性、物质与精神、现实活动与审美(自由)活动、"实践活动"与"生命活动"、"主体性"与"主体间性"等绝对地割裂和对立起来,片面强调非理性因素(如潜意识、直觉、情感、意志、体验等)在人的生存活动中的地位和作用,因而难免坠入空想的"审美乌托邦",难免被批评为"只是西方思想的变形,而不是中国自身的美学"[③]。作为旁观者的王元骧,对此作了相对公允的评价:"'后实践美学'从审美活动与审美经验的角度对于美,以及审美与人的追求自由、超越的本性联系起来进行探讨,对于推进中国美学研究从实践论维度向人生论维度发展是有积极意义的;但若是完全否定

① 彭锋:《从实践美学到美学实践》,载《学术月刊》2002年第4期。

② 徐碧辉:《美学争论中的哲学问题与学术规范——评"新实践美学"与"后实践美学"之争》,载《学术月刊》2008年第2期。

③ 彭富春:《"后实践美学"质疑》,载《哲学动态》2000年第7期。

实践在人的社会生活中的基础地位，否定任何个人都是生活在一定社会关系之中，就其性质来说都是‘社会性的个人’，以脱离人的社会关系的所谓‘生命’‘生存’作为美学研究的逻辑起点，那就很难突破非理性主义的思想局限。”[①]简言之，我们需要吸收现代“非理性主义”的合理因素来克服近代“理性主义”的思想局限，但不能从一个极端（理性主义）走向另一个极端（非理性主义），“实践美学”的历史功绩和不断丰富发展的现实无法终结或超越。

其次，就“新实践美学”而言，它是对“后实践美学”的批判性回应和修正，从某种意义上说，也是在马克思主义实践观基础上重建新的实践美学体系：这是其积极意义所在。而其内部的三种不同重建路径又呈现出各自的问题：邓晓芒、易中天的“新实践美学”试图重新阐释“实践”概念以摆脱“传统的机械唯物主义的束缚”，但又从心理学而非历史唯物主义角度来理解实践，将其理解为个体性的生存活动和心理活动，从而将美的问题归结为审美心理问题，将美定义为“情感的对象化”。这种明显带有主观论倾向的美学观点，使其对肯定美的客观性的李泽厚美学予以批驳，而对主张“美是主观与客观的统一”“移情说”的朱光潜美学倍加推崇。而朱立元的“实践存在论美学”强调马克思历史唯物主义“实践论”本身包含着现代存在论的维度，但似乎还需要更加充分的证明；而张玉能的“新实践美学”对实践的类型、结构、过程和功能等的分类学研究虽然非常细致，但其分类的理论依据则相对薄弱，在一定程度上存在着强行分类、泛化“实践”概念等问题。

最后，就“实践美学”而言，与其说危机来自“新实践美学”与“后实践美学”的批判，不如说来自其自身理论的模糊和不完善。比如，就其最核心、最基础的“实践”概念而言，便一直处于言人人殊、莫衷一是的尴尬处境。2004 年 9 月 18～20 日，“实践美学的反思与展望”研讨会在北京第二外国语学院召开，李泽厚在提交的论文中将“实践”作了狭义和广义的区分，狭义是指使用—制造物质工具的劳动操作活动（即社会生产活动），广义是指“从生产活动中的发号施令、语言交流以及各种符号操作，到日常生活中种种行为活动，它几乎相等于人的全部感性活动和感性人的全部活动，其中还可分出好几个层次”，并认为“要把这个概念应用到某个具体的审美对象上去，那是要经历很多层次的，是要经过

① 王元骧：《“后实践论美学”综论》，载《学术月刊》2011 年第 9 期。

转换的”。[1] 这种看似明确的界定，要么过于狭隘，要么过于宽泛，至于“如何转换”“经过哪些层次”，又言之寥寥。为此，与会学者争论不休，在讨论中时常返回到“实践”的概念辨析、范围界定等问题上：这对于自成体系的理论而言，无疑是一种悖谬。而这次研讨会所设计的五个专题似乎也正暗示了“实践美学”的问题所在或有待于完善的五个方面：

1. 实践美学中的理性是否压倒了感性？
2. 实践美学中的哲学是否代替了美学？
3. 实践与生存是何关系？
4. 实践美学是否与当代审美文化脱节？
5. 实践美学的问题与前景(工具与符号的关系)？

无论如何，“实践美学”具有自身的理论优势和旺盛的生命力，但又确实存在着亟待修复和改进的巨大空间，正如李泽厚所认为的，“实践美学还没有开始，应该把它努力做起来，大可不必担心‘被替代’之类的问题”[2]。

综上所述，尽管“新实践美学”与“后实践美学”在论争中既彼此批判又相互吸纳，不断由对抗走向对话，甚至部分融合，以至界限不明，但总体上看，论争三方始终无法摆脱在哲学、美学基本概念使用上的自说自话，也无法规避自身在发展过程中必然遭遇的理论缺陷和思想局限，更无法达成某种集体共识。[3] 然而，三者的根本动力或者说终极目标又是一致的，那就是“建设现代中国美学”。换言之，“现代性”和“中国性”是参与这场论争的三个美学学派的共同诉求。而之所以会产生这种自由自觉的美学诉求，按朱立元所言，“一方面同我们国家改革、开放，特别同市场经济的发展分不开，因为正是改革、开放和市场经济催生了社会文化的重大转型，也带来了人们审美观念的深刻变化，这就呼唤着美学

---

① 王柯平主编：《跨世纪的论辩——实践美学的反思与展望》，安徽教育出版社 2006 年版，第 59—60、第 92 页。

② 同上，第 27 页。

③ 比如王元骧就将以邓晓芒、易中天为代表的“新实践美学”和以朱立元为代表的“实践存在论美学”都囊括进“后实践美学”，而朱立元则表示反对。参见王元骧：《“后实践论美学”综论》，载《学术月刊》2011 年第 9 期；朱立元：《“实践存在论美学”不是“后实践美学”——向王元骧先生请教》，载《辽宁大学学报》(哲学社会科学版)2012 年第 3 期。

理论的现代性变革；另一方面也同80年代我国美学界接受西学的深远影响分不开，当时西学的大量引进，对中国学界从思想、观念到研究思路、方法等方面的启迪、影响是不可低估的”[①]。因此，进入20世纪90年代之后，这些深受社会文化和西学影响的中青年美学家纷纷利用西方现代哲学、美学思想资源，来打破或推动旧有学派尤其是“实践美学”学派的既定格局，实现“美学理论的现代性变革”：这也是这场论争的根本意义所在。

当然，在如何理解和处理“现代性”与“中国性”的关系问题上，三者存在着根本差异：“实践美学”并非“后实践美学”所指责的属于古典美学，而属于现代美学。尤其是李泽厚的“人类学历史本体论”实践美学，通过融合中国古典美学传统和西方现代哲学、美学传统，以统一真、善的美学作为“第一哲学”，由“工具本体”“心理本体”走向“情本体”，继而走向一种更为本源、更为基础的“宇宙存在论本体”，建构起一种兼具现代性和中国性的一元论美学。“后实践美学”自称“继承了中国古典美学的主体间性传统，并与现代西方美学接轨”，试图走一条“中国美学现代性的道路”。[②] 但是，按上所述，“后实践美学”试图“超越”一方（现实、理性、物质、社会）而抵达另一方（超现实、超理性、精神、个人），这种割裂和对立实践（现实）活动与审美（自由）活动的“超越”，虽然回归和继承了中国古典美学主体间性的现象学传统，但是它既“脱离中国古典美学的生命气质，背离了中国美学现代性建设中已成定格的真善美部分传统”，又“完全使用西方美学现代性的单一意涵来谈论中国美学现代性，忽视了美学现代性所蕴含的一个美学地理学问题”，[③]可以说，后现代美学所建构的是一种缺失了中国性又简化了现代性的西式美学；“新实践美学”试图兼取“实践美学”和“后实践美学”之长而力避其短，如朱立元“实践存在论美学”试图揭示出马克思的实践论本身包含着存在论内涵，以此为指导，来建构一种中西兼容的现代一元论哲学美学。可以说，“新实践美学”力图建构一种现代性与中国性相互融洽的马克思主义美学。

那么，究竟如何“建设现代中国美学”呢？这场论争以及三派的得失给了我们这样三点启示：

---

① 朱立元：《走向多元化的21世纪中国美学》，载《文学前沿》2000年第1期。

② 杨春时：《从实践美学的主体性到后实践美学的主体间性》，载《厦门大学学报》（哲学社会科学版）2002年第5期。

③ 谷鹏飞：《实践美学、后实践美学、新实践美学学派争鸣》，载《河北大学学报》（哲学社会科学版）2009年第1期。

一是立足本土,融汇中西。由上可见,论争三方主要凭借的都是西方哲学、美学(如马克思、胡塞尔、海德格尔、伽达默尔等)等思想资源,也都不同程度地存在着将“西方性”等同于“现代性”、以“现代性”压抑“中国性”的思维倾向,这使得这场论争仿佛是西方哲学、美学在中国主场的理论折射与实力比拼,相较于“实践美学”,“新实践美学”和“后实践美学”对中国古典美学资源的吸纳都显得较为贫乏。当然,这种追“新”逐“后”的美学发展模式既是中国美学现代性建设过程中不可避免的必经阶段,也是20世纪八九十年代中国第二次“西学东渐”文化思潮影响的必然结果。[①] 换言之,尽管“实践美学”确实存在着其他两方所批评的一些问题,但李泽厚、刘纲纪等人对中国古典美学资源和话语体系的发掘和阐扬,立足本土、融汇中西的意识与努力,是值得后学效仿和坚持的。

二是多元共存,平等对话。正如潘知常所言:“不同美学观点之间,应该是一种平等共存(而不是超越)和对话(而不是对抗)的关系。彼此都因为自己存在局限而被对方所吸引,又因为自己存在长处而吸引对方,从而各自到对方去寻找补充。在这方面,那种‘谁胜谁负’‘定于一尊’,甚至‘唯我独尊’的意识,对于论争中的任何一方,都显然是不可取的。”[②]这种平等对话、取长补短的态度是论争三方都共同遵循的,在此之下,他们贡献出了多元化的美学观点、多元化的美学研究方法等。事实上,这场论争本身就是刻意打破“定于一尊”的“实践美学”,建设多元化美学格局的结果。比如其中“新实践美学”与“后实践美学”之争就是双方代表“具体策划”的结果[③],二者以“超越”和“坚持”“实践美学”的名义展开论辩,在主观上建立了自己的理论体系,在客观上实现了对“实践美学”的批判性改造,使其在内外两个向度都获得了更加多元化的发展。可以说,“多

① 这种追“新”逐“后”的发展模式在文学创作和文学理论领域,也同样表现得十分突出。比如在文学创作上,兴起了“新写实”“新感觉”“新乡土”“新文化”“新状态”“新体验”“新市民”等各种“新”文学;在文学理论和批评上,流行起“后启蒙”“后国学”“后现代”“后殖民”“后知识分子”“后结构”等各种“后”理论。

② 潘知常:《生命美学与实践美学的论争》,载《光明日报》1998年11月6日。

③ “1993年12月在北京呼家楼宾馆召开的中华全国美学学会的一次会员大会上,受当时改革开放和解放思想的大好形势的影响,在西方后现代主义思潮蜂拥而至的条件下,张玉能、杨春时、曹俊峰在会议期间具体策划了在《社会科学战线》上开展实践美学与后实践美学论战的步骤,在《社会科学战线》1994年第1期杨春时发表了《超越实践美学》的文章,接着张玉能在第4期上发表了《坚持实践观点,发展实践美学》,一场实践美学与后实践美学的论战就此拉开序幕。到1995年以后,这场论战就在全国蓬蓬勃勃开展起来。”参见黄健云、张玉能:《中国当代美学史上的又一次交锋——“实践美学与中国当代美学发展”学术研讨会综述》,载《河北师范大学学报》(哲学社会科学版)2013年第1期。

元共存，平等对话”不仅是“美学大讨论”时期便已初步形成的优良传统（如“美学四派”），也是美学热时期“实践美学”能够成为主流学派的重要原因，还是“走向21世纪中国美学”的必然趋向。

三是面向现实，联系实践。这里的“现实”指当下现实生活，“实践”指当下的艺术创作和批评实践。虽然论争三方都试图将“美学”与“人生”相关联，但又往往围绕“实践”“超越”“生命”“存在”等哲学概念、“逻辑起点”等进行往来论辩，没有摆脱黑格尔式的“体系”诱惑，没有跳出哲学美学的拘囿，都不免因缺乏现实的指涉而陷入“哲学的贫困”。在美学研究的具体对象问题上，他们虽然突破了传统美学学科的美论、美感论、艺术论三大“板块”，开拓出“艺术审美”“审美教育”“审美文化”等新领域，但基本上还是美学框架中的理论推演，缺少与当代艺术创作和批评实践的对接。如果说，“理论是在生活中生长起来的。理论要解决生活中提出的问题，只有这样的理论，才是活的、有根的理论”[①]，那么，生活现实就要成为美学理论产生的土壤，美学理论的研究就要解决当下美学中的问题，当代中国的美学实践就应成为引入西方话语时的选择标准。从这个意义上说，“美学大讨论”后期所提出的“应当避免从概念出发，而更多地从丰富多彩的艺术实践和现实生活出发，来讨论美学问题”[②]，依然值得我们反思。

诚如有学者所言，“实践美学的最大特色和恒久魅力就是论争。论争是美学理论推进和学科范式转换的有效手段，通过论争这种直接的对话方式可以把问题的焦点展现出来。实践美学的生长发展历史就是一部学术论争史，这一点构成了实践美学的生命个性”[③]。正如“美学大讨论”在论争中形成了“四派”，率先开启了多元竞争、共存发展的格局，上述“实践美学”“新实践美学”与“后实践美学”的论争又再次生动地说明了这一点。

总之，在今天，只有摆脱将中国与西方、古典与现代、旧与新（后）等相对立并以后者为尊的“非此即彼”式思维，坚持立足本土、融汇中西、多元共存、平等对话、面向现实、联系实际的立场，才可能在“实践美学”的基础之上建立起超越“实践—新实践—后实践”这一格局的“现代中国美学”，在中国乃至世界范围内掀起新的、更大的“美学热”来。

---

① 高建平：《从当下实践出发建立文学研究的中国话语》，载《中国社会科学》2015年第4期。

② 新建设编辑部编：《美学问题讨论集》第5集，作家出版社1962年版，第1页。

③ 章辉：《实践美学：历史谱系与理论终结》，北京大学出版社2006年版，第274页。

第六章

科学主义潮流

在“科学的春天”呼唤下，20世纪80年代中期的美学界出现了科学主义批评的热潮，尤其以1985年文学批评的“方法论年”为突出代表。在已有的研究成果中，一般将这一时期的流行方法概括为“老三论”和“新三论”：所谓的“老三论”包括系统论、控制论和信息论，“新三论”包括耗散结构论、协同论和突变论。在当代中国美学研究中，由于其短暂的发展进程，过于积极求新的学术风气，这一段历史容易被评论家一笔带过。然而，在中国当代美学研究中的科学主义潮流中，它以“80年代”这个独特的历史为语境，以“方法论”这个具有永恒性的哲学命题为主题词，以人文学科的本体发展为价值追求，以文艺美学的独立性为最终的审美归宿，所有这些要素都使得这一段历史具有不可替代的意义，即使在今天看来也依然具有值得深入阐释的空间。

第一节　科学主义批评潮流兴起的历史背景

一、“科学”的词源考辨

从词源上来说，英文的“science”（科学）一词来源于拉丁文的 scientia，原来的意思只是指通过学习获得的知识而已。从古代到中世纪，自然科学知识和其他学科知识是共生在一起的，其动词 scire 即“知道”，相当于英语中的 to know，在古希腊人那里就是“认识”（episteme）。德语中的“科学”（wissenschaft）来自动词 wissen，同样意为“知道”，也与“知识”相关；法语的 science 和德语的 wissenschaft 含义较为宽泛，不仅指自然的知识，还包括关于社会的各门知识以及哲学。因此，在科学正式成为一个独立、健全的知识体系和学科之前，它一直被称为“自然哲学”（natural philosophy）。按照古典主义和人文主义传统，自然哲学一直被划定在人文的范畴内。在古代，“哲学”并不是一门学科，而是受到尊重的个人——智者意见的总和。从教父时代一直到 17 世纪，基督教文明统治着西方世界。只有到了 18 世纪的启蒙运动之后，追求清晰化的倾向在学科建制的体现是，形成了一个个分门别类的学科，自然科学才取代宗教成为思想生活的中心，而哲学成为我们现代意义上的学科，康德的研究为哲学奠定了基本的范式。“美学”也经过漫长的酝酿，在康德三大批判的哲学体系中最终建立起来。“科学”在此时形成了一个特别的含义，即指建立在数学与实验基础上的、对于自然和社会的专门研究，而这也是一个较为“晚近的概念”。据英国哲学家莱尔（1900—1976）的论述，在布拉德雷（1846—1924）进大学到莱尔本人进大学期间，不列颠群岛的知识界，特别是学院的知识分子的身份，经历了从绝大多数的教会人士到几乎全部变成来自世俗知识分子群体的转变。在布拉德雷的青年时代，大部分学院派的研究人员同时兼任教会圣职，很大一部分学生出身于教会家庭，并且注定将来要担任主教或牧师职务。当时活跃在理论界的人是神学家，或者反对神学的人，争论的主体也是在神学家与神学家之间，或者神学家与反对神学家的人之间进行。即使比较纯粹的哲学分歧的背后，一般也总有信仰和怀疑的分歧。

只是到了19世纪,科学家们才不再对哲学感兴趣,而只对实在的事物感兴趣,从而出现了科学与哲学真正的分离。1876年英国出版《心灵》季刊,此后不久,成立了亚里士多德学会,哲学教师在学会会议上宣读并讨论许多文章,以后便在学会的年报上发表这些文章。穆勒、赫胥黎和史蒂芬曾在普通的《评论》上发表哲学论文,而布拉德雷、摩尔和罗素则在哲学家的专业机构或者哲学家的都市论坛的会报上发表论著。这种通过同行专家的批评来提出问题和进行辩论的新的专业实践,导致对哲学方法日益增长的关注,导致对追求推论的严格性日益增长的热情。雄辩的口才并不能使持反对意见的专家折服,而说教和训导也不能使专业研究人员心悦诚服,对任何一种大的"主义"的反对或支持,光靠一纸论文或者讨论文章是远远不够的。由于以上两方面的原因,超验的用语已经不适用,而逻辑理论和科学方法的术语在哲学家们的谈论中却不断得到增强。

到了20世纪中期,原本与宗教、哲学同宗同属的"科学"地位上升,与宗教、哲学分庭抗礼,罗素在他的《西方哲学史》中这样描述他眼中的哲学:

> 哲学,就我对这个词的理解来说,乃是某种介乎神学与科学之间的东西。它和神学一样,包含着人类对于那些迄今仍为确切的知识所不能肯定的事物的思考;但是它又像科学一样是诉之于人类的理性而不是诉之于权威的,不管是传统的权威还是启示的权威。一切确切的知识——我是这样主张的——都属于科学;一切涉及超乎确切知识之外的教条都属于神学。但是介乎神学与科学之间还有一片受到双方攻击的无人之域;这片无人之域就是哲学。①

继19世纪科学、哲学的兴起,并对思辨哲学提出了质疑,20世纪的科学研究全面渗透到哲学的研究之中;作为哲学分支的美学,自然也体现了同样的趋势。19世纪丹纳运用种族、环境和时代公式对文学和艺术的历史进行研究,克劳德·贝尔纳的《实验医学研究引论》启发了左拉的实验小说思想和自然主义文学观。20世纪的美学心理学转向,也是在心理学的极大发展的刺激之下应运

① [英]伯特兰·罗素著,何兆武等译:《西方哲学史》上卷,商务印书馆1963年版,第11页。

而生的，如弗洛伊德的精神分析美学等。再如俄国形式主义及其后继者布拉格学派受到索绪尔语言学的深刻影响，英美语义学和新批评派文论则受益于逻辑实证主义哲学，它们都体现出冷静客观的文本分析方法与严肃的科学态度。在绘画领域，立体主义对原来视网膜艺术世界的破坏与自然科学对空间和时间的重新解释有着密切联系，像《从楼梯上下来的少女》等立体主义绘画与以达利为代表的超现实主义作品，与黎曼空间原理、非欧几里得几何空间解释之间有着异曲同工之妙。与这种美学向科学靠拢的趋势同时存在的，是科学技术强大的力量日益渗透到社会生活的每一个毛孔之中，追求利益和效益的最大化成为一种集体无意识，“科学技术是第一生产力”成为社会主导的声音，在这种情景下，美学与其他人文学科一道，也在不知不觉间越来越成为自然科学的补充和社会的零余者。

由此可见，“科学”，特别是自然科学取代宗教和哲学成为社会发展的主导动力，也不过是到了20世纪才全面实现的事情，而且随着时代的发展，在科学研究的内部，也呈现出越来越多的“艺术化”或“美学化”特征，这种情况尤其在爱因斯坦的相对论取代牛顿定律之后尤为明显。我们知道，爱因斯坦相对论的提出，打破了牛顿经典物理学的时空观念，现代宇宙学及量子力学、时空量子化假说、时空弯曲、大爆炸、宇宙黑洞、时间可逆性等新的物理学知识对人类传统的时空认识产生了巨大冲击，产生了难以估量的影响。有关时间和空间的研究包含着对世界上一切生命组织原则的猜测，今天的科学家们根据地球和宇宙留下来的痕迹——时空烙印，利用化石、放射性元素、光、热等能量体的时空变化规律，来推测人类、地球和宇宙的过去，而这一切，都离不开在艺术创作领域的想象、推测和猜想。物理学中出现的新理论，从内部瓦解了科学是一种纯粹客观的认知模式的传统观念。再比如，海森伯著名的测不准原理认为，我们可以精确测量一个亚原子的位置或运动，但我们不能同时既测准其位置又测准其动量，也就是说，在一个系统中只能寻找一种语言的表达内容。换言之，在一个系统中存在着极大的多样性和不确定性，这样，科学符号就无可置疑地汇入了文学语言的层面，用诺贝尔奖获得者普里高津的话说，在某个层面上，科学与艺术一样可以被看作“虚构”(fiction)和对“现实的观念化”。[①] 科学也不能揭示事物

① Ilya Prigogine and Isabelle Stengers, *Order out of Chaos*, New York: Bantam, 1984, pp. 225 - 226.

的全部真理,只能在某一个系统内揭示局部的真理。而这一点,在纳尔逊·古德曼的著作中也反复被提到。当代著名的科学哲学家恩斯特·马赫在其《认识与谬误》中提出了“思想实验”(thought experiments)这一概念,即所有的认识主体都“想象条件,把他们的期望与条件联系起来,并推测某些结果:他们获得思想实验”[①]。从根本上说,一切知识,包括科学知识和人文知识都来源于感觉和观察,因此,思想实验是科学实验和人文虚构的本原。在这个意义上,人文科学与自然科学在内在的思想层面产生的“假设”将通过不同的途径具体化为外在的物质现实。

二、科学主义在20世纪80年代成为国家意识形态

科学主义批评之所以能够兴起,除了与20世纪迅猛发展的科学技术革命相关之外,在中国亦有其独特的历史文化背景。可以说,之所以在文学研究领域兴起科学主义批评的热潮,与中国社会发生在80年代的重要变革有诸多密切的联系。从社会文化语境而言,“文革”结束后,全国人民走出“文革”的思维方式和文化阴影并不是一蹴而就的事情,“两个凡是”依然成为禁锢社会思潮的枷锁。政治领域的激烈变革并不适应中国的国情,那么,在人文科学与自然科学这种距离意识形态较远的上层建筑中率先开始变革的尝试,当然要容易一些。因此,1977年充当社会风气先锋的,是先于真理标准问题大讨论的形象思维问题。在“形象思维”讨论开始之后,紧接着在1978年3月,党中央和国务院在北京召开了全国科学大会,邓小平在会上为知识分子正名,提出“知识分子已经是工人阶级自己的一部分”,令全国的知识分子大受鼓舞。郭沫若在会议结束前发表了著名的《科学的春天》演讲辞,让此次科学大会成为具有划时代意义的一次全国盛会,“科学”不仅成为与迷信、宗教等一切“落后”事物对立的事物,而且作为一种意识形态进入国家话语层面,凡事都要讲科学成为做事的通行准则。路甬祥在纪念《科学的春天》发表30周年时谈道:

在1978年的全国科学大会上,邓小平同志全面阐述了科学技术的社

---

① [奥]恩斯特·马赫著,李醒民译:《认识与谬误》,商务印书馆2007年版,第204页。

会功能、发展趋势、战略重点，以及科技人员的政治地位、人才培养、研究所实行所长负责制等重大主题，旗帜鲜明地提出了“科学技术是生产力”“知识分子是工人阶级的一部分”“四个现代化关键是科学技术的现代化”“必须打破常规去发现、选拔和培养杰出人才”等著名论断。在“文革”阴霾尚未消尽的历史环境中，小平同志以政治家的勇气和高瞻远瞩从战略高度确立了我国新时期发展科学技术的指导思想，对我国科技界解放思想、拨乱反正、恢复正常科研秩序、落实知识分子政策等起到了巨大的作用，激发了我国广大科技工作者献身科技创新和现代化建设的热情，迎来了我国科学技术改革发展的历史时期，科学大会具有历史里程碑的意义。1988 年 9 月 5 日，邓小平进一步作出了“科学技术是第一生产力”的论断，揭示了科学技术的社会价值和本质属性，确立了科学技术在国家发展战略中核心地位的理论基础。①

本来，按照马克思主义对社会结构的划分，我们可以发现，“科学”本来并不属于观念意识形态领域，它应该是处在非意识形态领域的精神活动之中。马克思主义哲学把社会分为物质实践活动和精神活动两大领域，其中物质生活的生产方式是根本，它决定着更高层次的精神活动：“物质生活的生产方式制约着整个社会生活、政治生活和精神生活的过程……人们的社会存在决定人们的意识。”②在经济基础上则“耸立着由各种不同的、表现独特的情感、幻想、思想方式和人生观构成的整个上层建筑”③。那么，上层建筑就是由经济基础影响和制约的各种制度、情感、信念、幻想、思想方式和世界观的总和。在上层建筑中，意识形态是在一定经济基础上形成的，包括人们对世界和社会的有系统的看法和见解，哲学、政治、艺术、宗教、道德等是它的具体表现。意识形态是上层建筑的有机组成部分，在阶级社会中具有阶级性，也就是我们所说的观念意识形态。自然科学并不属于意识形态领域，而是可以为不同的经济基础服务的，属于非意识形态领域的精神活动。一个最简单明了的事实就是，无论是资本主义的美

① 路甬祥：《从科学的春天到建设创新型国家》，载《科学时报》2008 年 3 月 18 日。

② [德]马克思著，中共中央马克思恩格斯列宁斯大林著作编译局译：《马克思恩格斯选集》第 2 卷，人民出版社 2012 年版，第 2 页。

③ [德]马克思著，中共中央马克思恩格斯列宁斯大林著作编译局译：《马克思恩格斯选集》第 1 卷，人民出版社 2012 年版，第 695 页。

国,还是社会主义的中国,在面对自然科学问题时,需要遵循同样的原理,比如研究卫星上天都要克服地球的引力;而面对文化问题时,则可能是完全不同的。尽管“科学”与“意识形态”的关系在法兰克福学派的论述之中是一个非常复杂的问题[①],但是,在这里,笔者更愿意使用阿尔都塞对科学技术的论述:“……科学建立在另一个基础上,它是以新问题为出发点而形成起来的,科学就现实提出的问题不同于意识形态所提出的问题。”[②]中国刚刚经历了 10 年的“文革”,各方面建设的停滞不前成为全国面临的一个亟待解决的问题。“科学”从自然实验科学的领域进入国家话语意识形态之中,在“科学”这个能指之中,渗透进秩序、严谨和实践,跨越到国家建设的方方面面,当然也包括人文学科领域。

三、作为文学批评的科学主义来源

在文学批评领域兴起科学主义的潮流,也有一个历史发展的过程。早在科学主义潮流大行其道之前,在文艺美学的理论研究与文艺作品批评之中,全国热议的话题是“形象思维”问题。在这里我们并不是再次追述形象思维讨论的历程,而是需要看到这两次讨论之间的联系。从时间上看,形象思维讨论在 1980 年之后逐步开始退潮,而提倡科学主义方法论的第一篇文章是王兴成发表于 1980 年《哲学研究》第 2 期上的《系统方法初探》一文。从理论追求来看,对形象思维展开讨论的主要目的,是要强调艺术不同于科学,科学要用逻辑思维,而艺术要用形象思维,由形象思维所隐含的指涉是对艺术本体论的追问;现在反其道而行之,艺术也要用科学的方法来研究,那么,这时学界对于艺术基本的哲学定位是什么?艺术还是否具有在形象思维讨论中所蕴含的那种独立性?而且,这两个阶段的讨论是否具有根本的联系?还仅仅是对前一次的否定与反驳?这不能不说是引人深思的问题。

1980 年,《中国社会科学》第 3 期发表了刘欣大的《科学家与形象思维》和沈

---

① 因强烈的批判性而著称的法兰克福学派,最早由霍克海默将科学技术视为启蒙运动以来工具理性的基础,马尔库塞则将科学技术看成是现代社会人的单向度化的重要根源,最后由哈贝马斯系统阐述了“科学技术即意识形态”这一思想。

② L. Althusser: *For Marx*, London: Verso editions, 1979, p. 78.

大德、吴廷嘉的《形象思维与抽象思维——辩证逻辑的一对范畴》两篇文章，在学界引起了广泛关注。刘欣大的文章《科学家与形象思维》论述了一个观点，科学家也同样离不开形象思维，这就把形象思维的适用范畴由艺术推向了科学。原来理论界讨论形象思维的独特性，蕴含着这样一个前提，即形象思维是艺术所独有的思维形式，而现在这篇文章显然要推翻这一前提，阐明“科学家与形象思维，结下了不解之缘”。沈大德与吴廷嘉的文章也同样包含这层意思。刘文在结尾部分提出，“毛泽东同志给陈毅同志谈诗的信公开发表一年半以来，被诸多原因阻断了十多年的关于形象思维的讨论又活跃起来了，很多同志热心探讨形象思维的特征，从多方面阐述形象思维的功能，但仍然囿于文艺领域”。于是，作者呼吁，“希望哲学家、心理学家、脑和神经系统研究工作者、作家、艺术家、文学史和文艺理论工作者通力协作”。沈大德与吴廷嘉在 1980 年 6 月下旬致信科学家钱学森，并附上了自己的文章。钱学森在 7 月 1 日回信，提出了在研究思维规律科学中一些值得重视的问题。钱学森在信中表示，他认同思维是一种实践，但并不认为思维仅局限于形象思维和抽象思维，还应该包括“灵感”。此外，研究思维的方法，不应该仅是哲学上的理论思辨，还应该包括实验、分析和系统的方法。可以说，1980 年的形象思维讨论文章，越来越具有（自然）“科学”的内涵，由此也带动了关于艺术与科学关系的思考。

在文学创作领域，1980 年前后也成为小说创作方法的探索热潮时期。80 年代的中国文坛，受到西方哲学、美学影响甚为深远的是西方现代主义文学，尼采、弗洛伊德、萨特是对 80 年代文学影响最大的西方思想家，“上帝死了”“力比多”“他人即地狱”“存在先于本质”等思想观念深深影响了 80 年代的创作。1980 年，由上海文艺出版社推出的《外国现代派作品选》（袁可嘉、董衡巽、郑克鲁选编）开启了 80 年代中国文坛引进西方现代主义文学的先河，一大批欧美现代派作家和作品引起中国文坛的强烈兴趣与热切关注。从早期茹志鹃的《剪辑错了的故事》、王蒙的《春之声》，再到后来刘索拉的《你别无选择》、徐星的《无主题变奏》等，都为文学创作突破现实主义，探索新的方法作出了贡献。

此外，科学方法论的国外理论影响来源同样不可忽视。发表于 1982 年《国外社会科学》第 2 期上的 A. 布明什的《文艺学的方法论问题》，以及发表于 1982 年《国外社会科学提要》第 9 期上的马尔凯维奇的文章《现代文艺学的方法论问题》,对我国的方法论研究都有很大的启迪作用。[①] 1985 年,文化艺术出版社出版了上、下两卷本的《美学文艺学方法论》,比较集中地介绍了一些国外当代文艺美学研究方法的最新发展概况;书中还包括《历史唯物主义是分析审美活动的世界观:方法论基础》等章节,介绍了"西方马克思主义"的方法论。1985 年,上海人民出版社出版了由杨国璋、金哲等主编的《当代新科学手册》,介绍了第二次世界大战以来国内外社会科学中新科学、社会科学与自然科学相互渗透的综合性学科、边缘学科及分支学科共 140 门。从 1985 年起,时任中国作家协会书记处常务书记的鲍昌,开始主编一部《文学艺术新术语词典》,介绍了外国的文艺思潮、文艺理论和文艺方法,这部词典于 1987 年由百花文艺出版社出版。在出版领域,江西人民出版社在推动科学主义方法论的大潮中,作出了重要贡献。由江西省文联文艺理论研究室主编的《文艺研究新方法论文集》,是全国第一本关于文艺研究新方法论的文集,该书于 1987 年出版,收录了 1984 年 11 月份之前的新方法论方面的文章。1985 年 5 月,江西省文联文艺理论研究室又编订了《文学研究新方法论》和《外国现代文艺批评方法论》,组成了一套文艺研究新方法论丛书。1986 年 4 月,江西人民出版社出版了由傅修延、夏汉宁编著的《文学批评方法论基础》,对文学批评中各种方法进行了全面的介绍,既讲述基本原理,又分析批评实践,并对批评方法的体系、运用、嬗变作了较为详细的论述。这本书是我国第一部较为系统地阐述文学批评方法论原理的著作。在文学批评领域,现实主义加浪漫主义的批评方法统治了新中国成立以来 30 年的历史,现在,有必要以科学的方法来代替原来旧有的方法,因此,在文学批评领域兴起科学主义潮流也就成为顺理成章的事情了。

综上,20 世纪 80 年代中国文艺美学界兴起科学主义方法的探索,是一个综合的结果。从大的学术语境而言,20 世纪世界科技革命的深入,让科学成为世人膜拜礼遇的对象;转型时期的中国国情更让"科学"以雄健的姿态进入国家意识形态的话语之中;国外的文学翻译、国内的作品创作也为科学主义方法论的流行奠定了基础;在文艺美学领域兴起科学主义潮流的思潮,既有前期理论热点话题的铺垫,也是当时中国文艺理论界的自觉选择。

---

① 在这里的叙述参考了刘顺利:《科学方法论在文学研究领域的历险》,见高建平主编:《当代中国文艺理论研究(1949—2009)》,中国社会科学出版社 2011 年版,第 257 页。

第二节　系统论美学

一、系统论方法的概述

系统论与控制论、信息论一道，被称为“横向方法”。所谓“横向方法”一般是指自然科学与社会科学、人文科学之间的科学方法的借用。在20世纪80年代，我国的文艺美学研究和批评，出现了越来越多的横向方法移植，主要表现为系统论、控制论和信息论。这三论本来都属于系统论，都是把对象作为系统来考察，但这三种方法也各有侧重：系统论重在综合研究，控制论考虑的是如何调整系统活动来使系统活动达到最优化，信息论则是把系统作为一个信息变换过程来对待。“三论”的相关性本来是很强的，但为了讨论的方便，本章对“三论”分开讨论。

“系统论”的内涵可以从两个维度来理解，一个是一般系统论，一个是文学批评中的系统论。一般系统论的产生，与20世纪20年代中期生物学界的机械论与活力论的激烈争论有直接关系。美籍奥地利生物学家贝塔朗菲提出机体概念，他强调，应该把有机体看成一个整体或者系统来考察。1937年，贝塔朗菲第一次提出一般系统论。1949年，贝塔朗菲发表了专著《生命问题》，全面论证了机体论生物学和科学知识系统，阐明了一般系统论的原理。1968年，贝塔朗菲的专著《一般系统论：基础发展和应用》在加拿大正式出版，被学界公认为一般系统论的经典著作。60年代以后，一般系统论得到广泛认可，渗透到自然科学、社会科学和思维科学等一切科学知识领域和生产技术领域。系统论的基本原则可以概括成一句话，即世界上的一切事物、现象和过程，差不多都是有机整体，各个事物内部自成系统，同时事物之间又互相联系成为一个大系统。

具体来讲，第一，系统论崇尚整体性原则。贝塔朗菲说：“普通系统论是对‘整体’‘完整性’的科学探索。”①在研究时，人应该把自己的研究对象当成一个

① ［美］贝塔朗菲：《普通系统论的历史和现状》，见中国社会科学院情报研究所编：《科学学译文集》，科学出版社1980年版，第314页。

不可分割的有机整体,主张"整体大于部分之和",从整体当中分离开来的部分,已经失去了它在整体中的功能,或者即便能够发挥一些功能,也不是在整体中的功能了。因此,部分应当放在整体的系统中进行考察。在系统论的整体功能中,特别强调由各个元素结合在一起之后所产生的功能。整体性原则是系统论思想的核心,系统论的其他原则均由此派生而来。第二,系统论崇尚动态性原则。系统只有在运动中,按照一定的规律性进行整体与部分、部分与部分、整体与环境以及不同层次之间的信息、能量、物质的联系和交换,并且在联系和交换中保持整体各个部分的一定关系,系统整体才能体现为一定的系统特质,达到一定的整体效应。系统论的动态原则十分强调从系统的生成、演化、发展、运动等方面去观察和把握系统的属性。这条原则要求人们把研究对象看成是运动的、生成的,因而研究一个对象时,应该注意研究它的运动形式和运动过程。第三,系统论强调整体的结构性原则。任何系统所具有的整体性,都是在一定层次中形成一定结构基础上的整体性。仅有基本要素并不能构成系统,只有在一定的结构方式条件下,要素才能形成一个运动的有机系统。在这条原则之下,系统论要求研究系统各个要素之间按照某种方式排列和组合起来。一般说来,系统的有序性越高,结构也就越严密。如果说时间具有一维性,空间具有三维性的话,那么人的知识结构则具有多维性。第四,系统论遵守层次性原则,这个原则又叫有序性原则。任何有机整体都是按照一定的秩序和等级组织起来的。生物系统是分层次、按照严格的等级组织起来的。整个自然界犹如一座巨大的建筑物,各个层次的系统逐级组合,成为一个庞大的系统。在系统结构的无限层级中,一个小的系统相对于更高一级的系统,仅仅是一个要素;而一个要素相对于低级的系统而言,则可能是一个系统。层次原则要求研究者用辩证的视角来看待母系统与子系统之间的层次叠加关系。在此前提下,任何研究对象都具有二重性,既是系统又是要素。因此,层次性原则要求研究者从不同层次去考察对象。第五,系统论崇尚相关性原则。任何系统都处于一定的环境之中,需要与外界其他环境进行联系或物质、能量、信息等方面的交换。任何一个事物都是系统,但都不可能是一个孤立的系统。系统论的相关性原则,要求人们在研究对象时,需要把研究对象投入一个更大的更高层次的系统中去考察,也就是要求人们去考察被研究对象与周围系统的联系性。总之,系统论的方法原则是整体性、最优化和模型化。最优化是系统论要达到的目的,选择最优的系统方案，使系统处于最优的状态，达到最优效果。为了达到这一目的，就要运用模型化的手段，用系统模型来代替难以直接分析的真实系统。

二、系统论在文艺批评中的运用

根据系统论所提倡的原则，我们可以提炼出系统论文艺批评的主要观点。第一，系统的整体性原则要求研究者将文学作为一个系统来看待。具体来讲，我们可以将一部作品作为一个系统，或者将一个人物形象看成是一个系统，部分只能在系统中发挥作用。例如，分析文学作品时，需要将时代背景、作家生平、故事情节、人物形象等要素整合在一起进行研究。再如，对于文艺作品的价值——真善美，也不应该只知其一而忽视其他；过分强调某一部分只能造成认识的偏差。我国在文艺批评的标准问题上，曾经走过很长时间的弯路，就是过分强调了文艺为政治服务的善的功能，而忽视了文艺作品所应该具备的美的功能。第二，系统论强调动态的原则，在文艺批评的运用中同样具有重要的启发意义。例如，对艺术永恒魅力来源的阐释，这个问题仁者见仁智者见智，用系统论运动的观点来看，这个问题就比较容易理解了。除了艺术作品本身的魅力之外，作品作为一个系统与外界的交互运动，即一代一代的读者和艺术鉴赏者的审美运动过程，也是艺术魅力恒久的来源。再如，我们为什么要在已有文学史和艺术史的基础上再次撰写当代的文学史和艺术史，是因为时代的变迁带来审美风尚、评价标准、评价尺度等重要的艺术体制变化，当代的文学史和艺术史需要我们来续写，而古代的文学史和艺术史在新材料的支撑下，书写的立场、视角和结构等都可能发生重要改变，一代有一代之文学史和艺术史，原因也正在于此。第三，系统论的结构性原则要求我们关注文本本身，探索文学作品所具有的文学性。就当时而言，20 世纪 80 年代，国内学术界引入当时西方最新流行的结构主义原则和阐释方法，同时也使学术界开始关注文本语言、文学艺术的符号问题等，都是系统论对结构性原则推崇的结果。第四，系统论的层次性原则对文学史的写作具有重要的启示意义。将文学作品放置在历史的长河中，层次性原则可以启示我们将一个时代的文学艺术作品按照系统原则进行综合考察，探索这个时代文学作品之间的有机联系，从中发现某个特定时代作品的一些共通特性，形成系统的认识和评价。第五，系统整体的相关性原则启发我们对于文学作品的研究应该是与其他领域相互关联的,如文学与哲学、文学与社会、文学与心理学等等。这一点在文学理论的多样形态中已经有非常明确的划分,在系统性原则介入之后,我们可以引申出横向和纵向的研究方式,如将某个特定的文学类型作为一个系统,但它可能是更大系统的一个要素,进行纵向考察;也可以将之放置在横向的系统领域,在同时代的其他系统中进行研究。这是我们根据系统的特点生发出来的系统文学批评的可能角度,在实际的批评运用过程中当然不只是这些内容,系统原则在批评中的运用在 80 年代的中国取得了非常丰硕的成果。

系统论在文学批评中的运用始于苏联。20 世纪六七十年代以来,苏联的美学和文学批评界非常重视系统分析方法,鲍列夫、卡冈、赫拉普钦科、波斯彼洛夫等著名的文艺理论家都曾撰文,如鲍列夫的《对艺术作品的系统完整分析》、波斯彼洛夫的《对文学作品的完整的系统理解》、赫拉普钦科的《关于文学的系统分析的思考》等,足见系统论在苏联文艺界的重要地位。

1981 年,文艺理论界的年轻学者张世君推出了她的论文《〈巴黎圣母院〉人物形象的圆心结构和描写的多层次对照》,文章用结构主义分析的方法把习惯中的直线偏偏改变成为圆形,这篇文章被认为是方法论年的第一篇论文。1982 年,张世君的硕士毕业论文《哈代"性格与环境小说"的悲剧系统》按照系统论的方法,试图将哈代的四部小说《还乡》《卡斯特桥市长》《德伯家的苔丝》和《无名的裘德》整合为一个系统进行考察。作者在论文中探讨了人物构成的悲剧命运系统、环境构成的绘画系统、由情绪形成的音乐系统以及人物感受形成的认识系统。文章以系统论的全新方法,重新诠释了哈代"性格与环境小说"的艺术特色和特定含义,令人耳目一新。同年,曾永成的论文《运用系统原理进行审美研究试探》第一次将人类的审美活动作为一个系统性领域进行研究。这篇文章主要运用系统性的整体性原则,即系统各个部分并不是简单相加,而是组成该事物整体的各个部分(或因素)在一定结构和程序中相互作用和制约的结果,这就是所谓的系统质。文章分别在"自然向人生成"的系统运动中考察美的本质,在具体的关系系统中考察具体事物的审美性质,在审美主体和对象所处的系统中考察审美感受,以及在社会多系统的关系中考察审美关系的实现条件,该文对审美特质的探索确实提纲挈领,洞见深刻。

真正让系统论成为具有全国影响力的重要方法得益于林兴宅的《论阿 Q 的

性格系统》，这篇文章发表于1984年《鲁迅研究》第1期上。该文之所以能够写入文艺学和美学发展的历史，除了取决于作者自觉地运用了时代的热点方法，关键还在于作者成功地运用了系统论的方法。首先，作者将之前人们对阿Q研究的问题进行了深入系统的分析，这就将前人研究的缺憾以及引入系统论的方法在学理上得以确立，指出运用系统论的方法并非作者哗众取宠，而是确有必要。紧接着，作者非常独到地分析出阿Q性格的二元对立特征，揭示了性格内部结构的多种元素，这就为运用系统论奠定了基础。作者认为，阿Q性格的突出特征是两重人格、退回内心和泯灭意志，这三个突出特质构成了阿Q的奴性心理。这是作者从自然质的角度对阿Q性格自身固有的基本性质进行规定。作者随后运用系统论中的动态性原则分析了阿Q性格的功能质——半封建半殖民地旧中国失败主义思潮的象征，中华民族的国民劣根性的象征以及人类"史前时代"世界荒谬性的象征。这三种象征之间还具有层级递进的关系，由此推演出阿Q性格超越国别的世界性意义。这是作者运用系统功能质从历史角度来分析阿Q性格在不同时空条件下的典型意义。不仅如此，作者运用系统论的相关性原则，将阿Q的性格系统放置到社会这个大系统中进行考察，弄清它在各种社会精神文化系统中不同的系统质。作者的结论是，从社会学的角度看，阿Q是乡村流浪雇农的写照；从政治的角度看，阿Q性格是专制主义的产物；从心理学的角度看，阿Q性格是轻度精神病患者的肖像；从思想史的角度看，阿Q性格是庄子哲学的寄植者；从近代史的角度看，阿Q性格是辛亥革命的一面镜子；从哲学的角度看，阿Q性格是异化的典型。

这篇文章能够引起学界的普遍反响，并不是偶然的。首先，文章选择了一个普遍的难题，关于阿Q的性格，虽然已经有很多讨论文章，但依然存在很多问题。其次，从分析的方法来看，作者选用了具有前瞻意义的系统论方法。当然，这一点并不是最重要的，关键在于，作者用系统论的方法分析了人的性格。系统论分析方法由于重视系统内部要素以及系统与外部事物之间的有机联系，因此特别适合分析复杂的对象，这些对象的构成要素数量繁多，各要素之间又存在错综复杂的关系，与周围事物之间的联系又带有易变性和随机性特征，系统论分析方法可以有效避免简单化和片面化，能够较好地处理这些复杂性，而经典的艺术作品中的典型性格更是如此。这就是说，这篇文章不仅具有采用新方法进行文学批评的示范性作用，还具有方法论的意义，充分肯定了在文学批评中运用自然科学方法的重要意义。系统论一度成为热门的方法,渗透到人文研究的各个领域。就文艺和美学而言,上自神话研究,下至最新的文本分析,都可以看到采用系统论的方法进行研究的论文。《运用系统论对民歌进行研究的一些设想》[①]一文,将民歌研究分为主体研究部分与两翼研究部分,其中两翼包括民歌史与民歌搜集整理方法论两大系统。1985年12月,闵家胤翻译的美国哲学家拉兹洛的名著《用系统论的观点看世界》一书由中国社会科学出版社出版。这本书论述了系统论的方法论特点、系统论的自然观和关于人的系统论观点,对于系统论的普及起到了良好的作用。

系统论在我国影响甚广,各个领域的研究几乎都出现了运用系统论的方法进行专业探索的论文。单就文学领域而言,无论是马克思主义的文学原理研究,还是中国古典美学的研究,都出现了此类论文。早在林兴宅论阿Q的文章发表之前,乔先之的《马克思主义与文学系统原则》[②]对马克思主义与文学批评原理作了初步的探索,作者力图在马克思主义文艺理论和系统论之间架起桥梁,认为马克思主义自觉地体现了系统原则。季红真的《文学批评中的系统方法与结构原则》[③]与乔先之的文章出发点类似,也是试图在历史唯物主义中引入系统论的视角,对复杂的文学现象进行综合的整体研究。刘烜的文章《文学的有机整体性和文学理论的系统性》[④]引入系统论的视角,对文学的有机整体性进行了考察,同时提出,在文学研究中正确处理系统论的方法和文学作为一种艺术所具有的特质。以上文章是对系统论在具体文学样式和文学现象中的运用进行梳理与反思。还有学者将系统论运用到中国古代文艺理论的研究之中,如张文勋的《从系统论和信息论看中国古代文艺理论研究》[⑤],从系统论和信息论角度对中国古代文论的研究进行反思,并特别以《文心雕龙》在当代的研究成果来证明古代文论研究需要最新的方法。殷骥的文章《神话系统论——兼论中国上古神话不发达的原因》[⑥]利用系统论的原理,对中国的神话形成进行考察,颇

① 苗晶:《运用系统论对民歌进行研究的一些设想》,载《中国音乐学》1986年第2期。
② 乔先之:《马克思主义与文学系统原则》,载《西北师范大学学报》(社会科学版)1983年第2期。
③ 季红真:《文学批评中的系统方法与结构原则》,载《文艺理论研究》1984年第3期。
④ 刘烜:《文学的有机整体性和文学理论的系统性》,载《文艺报》1984年第11期。
⑤ 张文勋:《从系统论和信息论看中国古代文艺理论研究》,载《云南民族学院学报》1985年第2期。
⑥ 殷骥:《神话系统论——兼论中国上古神话不发达的原因》,载《江西师范大学学报》(哲学社会科学版)1985年第4期。

具综合视野；而且分析了神话系统之外存在的信息干扰源：历史、哲学、宗教等。文章的结论是，由于中国古代社会的早熟，使神话系统内诸要素的协同作用失调，因而神话层次进化缓慢，还在较低的层次上时，整个神话系统便瓦解了。再加上历史信息、哲学信息和宗教信息对神话系统不同强度的干扰，使许多神话历史化、寓言化和仙化，从而导致了中国神话系统的支离破碎。也有学者将系统论扩展到艺术领域的探索之中。如朱振亚的《艺术活动的系统分析》①把艺术活动（即艺术作品的创作过程、欣赏过程以及社会作用的总和）作为一个系统来加以考察。杨健民的《论艺术观察系统》②汲取系统论的基本原则，把艺术观察看作一个由自然质、功能质、系统质组成的大系统，这个大系统具有综合效应，是一个有机整体。肖君和的《关于艺术系统的分析和思考》③对艺术作了系统的综合性分析和思考。彭立勋的《从系统论看美感心理特征》④在一定程度上可以看成是新方法在美学热中的回响，文章对“美感”这一主观性感受的概念进行深入分析，具有明显的心理学研究的色彩。杨曾宪的《城市美系统论》⑤是较早对城市美学运用系统论进行探索的文章，将城市的艺术美、自然美与建筑美看成是城市环境美和文化美的构成要素，并剖析了三要素的关系，颇具当代生态美学的意味。

运用系统论对各种文艺思想、原理以及现象进行研究，是当时非常热门的文章选题，各大刊物也在有意识地推动这种潮流⑥，所刊发的文章当然不止上述的只言片语，仅择要而述。

三、对系统论在文艺美学中运用的反思

系统论对文艺美学的影响我们可以从两个方面辩证来看，以期总结经验，汲取教训，对未来的研究有所助益。

---

① 朱振亚：《艺术活动的系统分析》，载《当代文艺思潮》1984 年第 2 期。

② 杨健民：《论艺术观察系统》，载《福建论坛》（人文社会科学版）1984 年第 4 期。

③ 肖君和：《关于艺术系统的分析和思考》，载《当代文艺思潮》1984 年第 6 期。

④ 彭立勋：《从系统论看美感心理特征》，载《文艺理论研究》1986 年第 6 期。

⑤ 杨曾宪：《城市美系统论》，载《东岳论丛》1986 年第 3 期。

⑥ 在 1985 年前后，全国的学术刊物大都在推进着方法论话题的讨论，甚至刊登了一些并不是非常成熟的提要，例如，在 1987 年《文艺研究》第 1 期上，刊登了山东大学中文系研究生谢明仁的论文摘要：《试从系统论看汉大赋的兴盛和消亡》。这种现象在当代文艺学美学研究中还确实比较少见。

系统论最初的运用基本限定于文学研究的范围之内,之后逐步扩展到艺术领域,开始对艺术观察、审美感受等美学研究的概念与现象进行考察,进而逐渐上升为哲学的思考,如系统论与马克思主义美学的基本原则、辩证法的关系,系统论作为方法还是方法论的问题等,这些都使系统论在中国当代的文艺美学历史上写下了浓重的一笔,而不仅仅是一些空洞名词的搬运,在一定程度上也促进了当代中国美学的发展。

单从研究的一种方法来看,系统论所提倡的原则及其所带来的影响是不容忽视的。首先,系统论毫无疑问为当代文学与美学的研究提供了一种新颖的方法,很多问题在系统论的观照之下,的确呈现出新的探索结论,令人信服。由于它首倡整体性原则,能够使研究者打破学科领域的局限性,将文学研究与艺术研究置于更为广阔的学科环境之中。与整体性原则相联系的是相关性原则,这就要求人们不仅以整体的框架看待文学与艺术,而且要以综合的视野考察某个文学现象于外于内的相互关系,这不能不说是历史的进步。其次,系统论所倡导的动态性原则,要求研究者注意研究对象的生成、演化和发展过程,在很大程度上具有启蒙现代性的味道,号召学者们探索和建立属于自己的学术体系。虽然这不一定是一个能够在现实研究中完成的目标,但至少给人以动力。20 世纪 80 年代中期,我国兴起对中国古典美学发展历史的研究,也受到了系统论这种动态性原则的影响。再次,系统论的结构性原则与西方 20 世纪的结构主义相辅相成,而当学界普遍掀起学习西方的热潮时,结构主义的方法、原则毫无疑问可以丰富我们的认识,扩充中国学人的视野。

作为一种具体分析方法的运用,系统论在具体的文本研究、门类艺术研究中只是一部分。随着对系统论的深入研讨,学者们逐步开始从哲学层面对系统论进行剖析。这一类论文也不在少数。例如陈志良的《关于系统论的哲学思考》①、周荫祖几乎同题的文章《关于系统论及其哲学思考》②等,这种思考甚至一度持续到 90 年代。关于系统论在方法论意义上的反思,首先就是要处理好系统论与马克思主义的关系。很多学者认为,系统论与马克思主义并不违背,很多革命导师自己已经开启了对系统论的探索。例如,冯瑞芳的《恩格斯晚年

---

① 陈志良:《关于系统论的哲学思考》,载《哲学动态》1986 年第 1 期。

② 周荫祖:《关于系统论及其哲学思考》,载《社会科学》1985 年第 1 期。

社会系统论思想初探》认为,“第一次对人类社会系统作出科学分析的是马克思和恩格斯……在一定意义上说,唯物史观就是关于社会系统及其运动的一般规律”。因此,系统论是符合马克思主义基本原理的。其次,由于系统论除了强调系统与外部世界之间的联系之外,也强调系统的相对封闭性,只有相对封闭,系统才能有边界和范围,也才能是一个确定的系统。与系统论相对立的是机械论,机械论几乎抹杀了文学艺术的独特性,只将文艺看成是一种反映,是意识形态。如果将文学艺术看成是一个系统的话,那么这个系统应该有属于自己的特质,这对探索艺术的特质而言,是大有裨益的。在80年代中期,对艺术独特性的探讨、走出认识论、对审美与情感的研究和讨论不仅是贯穿在第二次形象思维讨论过程中的关键词,也是时代主旋律的基本音符。系统论最早进入文艺理论学者的视野,正是在系统论的带动下,控制论、信息论等其他一系列方法论随之进入我国学者的研究范围,促进了对各种艺术现象和文艺理论本身的探索。在这个意义上说,系统论带给文艺特征的研究毫无疑问应该是新时期美学的重要组成部分,而且从哲学本体论的高度上肯定和推动了这些理论成果。最后需要补充的是,直到今天,系统论留给我们一个依然没有解决的问题,而且也依然是21世纪的学者们关注的话题,那就是艺术与科学的问题。相较于“老三论”中的其他两种方法,即控制论和信息论,系统论对于美学研究的适用性更好一些,但系统论毕竟还是属于实证科学研究的方法,在当时而言,的确存在为数不少的,只为搬运一些空洞名词的研究论文,今天看来不忍卒读。但是,在这个问题背后,其实隐藏着一个更大的问题,即艺术与科学的区别和界限如何来界定。随着科学技术的进步和在各个艺术领域的运用,比如电影、摄影,有太多的特技和特效需要借助科技的手段来完成,这个时候,对艺术这个系统来说,它的边界又在哪里呢?

第三节　控制论美学

一、控制论方法的概述

控制论古已有之,而且随着社会的发展而发展。在古希腊,柏拉图将“控制论”看作是驾船术或驭人术。19 世纪，法国物理学家安培将管理国家的科学叫作“控制论”。1943 年，美国科学家维纳(Norbert Wiener，1894—1964)、工程师毕格罗、神经生理学家罗森勃吕特联合发表论文《行为、目的和目的论》，首次提出了有关控制论的基本思想，这篇文章可以看成是控制论萌芽阶段的标志。① 1948 年，维纳出版专著《控制论》，提出了一整套完备的控制论理论，宣告了现代控制论的诞生，维纳成为现代控制论(cybernetics，control theory)的奠基人。维纳综合了经典控制理论、电子技术、数理逻辑、信息论、生物学、神经学等多种学科，将控制论定义为“关于动物和机器中控制和通讯的科学”②。1978 年，在瑞典的阿姆斯特丹召开了第四届国际控制论和系统会议，专题讨论了社会控制论。控制论的诞生，对工业技术和各个门类的具体科技都产生了巨大的影响。我国在 20 世纪 60 年代出现了对控制论的最早译介，对其的全面介绍和深入研究出现在 80 年代中期。③ 在 1985 年的文学研究的方法论热潮中，控制论紧随系统论成为“老三论”的组成部分之一。

现代控制论认为，任何一个有组织的、有序的系统，总是同时具有某种不稳定性。受到热力学第二定律的启发，维纳认为任何系统都存在着熵增加的趋向。所谓“熵”，指的是系统内的无组织、无序化的程度。控制论的根本任务是想方设法对系统加以控制，克服系统的不稳定状态，防止无组织、无序化趋向的增大，从而使系统稳定地保持或达到某种需求的状态，这是控制论的初衷。为了实现这个目的，控制一般要完成三个步骤：一是通过感受、接受装置，获取系统外与系统内的各种信息；二是通过中枢控制装置，对获取的信息予以分析比较、加工处理，作出判断决策，发出指令信息；三是通过执行机构对中枢控制装置发出的指令信息予以执行。在这个过程中，产生了对系统内外对象的控制机制。上述三个过程，涉及对象亦人亦物，实际上是在一个整体中完成的，因此，控制论、系统论和信息论可谓三位一体，有着密切的联系，根本原因也就在这里。

根据上述控制论原理，衍生出控制论方法(cybernetics method)。控制论方

① 傅修延、夏汉宁：《文学批评方法论基础》，江西人民出版社 1986 年版，第 262 页。
② 鲍昌主编：《文学艺术新术语词典》，百花文艺出版社 1987 年版，第 33—34 页。本章关于“老三论”和“新三论”的基本原理介绍，都参考了这本词典。
③ 杨国璋等主编：《当代新科学手册》，上海人民出版社 1985 年版，第 18 页。

法的特殊之处在于，它既不是纯粹抽象的数理逻辑方法，也不是某个门类科学的具体方法，而是针对各种控制问题概括出来的一般方法。例如，可以通过建立模型，制定最佳控制方案的方法；运用数理逻辑手段或应用电子技术，来分析对象规律及预测方法等等。控制论方法已经超出工程控制范围，在生物学、心理学、经济学、社会学、管理学等多个学科领域都得到了广泛的应用。

与系统论类似，控制论也有一些最基本的原则，这些原则与控制论的基本方法是联系在一起的。控制论的最基本方法大体上可以分为信息方法、黑箱系统识别法和功能模拟法。

首先，信息反馈是控制论的重要原则。系统借助于信息的获得、传递、加工和处理，从而实现系统的运动。在信息变换过程中，存在着信息的输入与反馈，而且反馈信息会反作用于输入信息，并对信息的再次输出产生重要影响，反馈信息就成为一个中介。反馈是指系统的输出通过一定的渠道再次回到系统输入端的过程。反馈可以分为正反馈和负反馈两种类型。正反馈能够促进系统运动，加强输入对输出的影响，使系统变得不稳定，产生质变；负反馈与此正好相反，它的特点在于加剧系统偏离正在进行的目标，从而使系统趋于稳定。在控制论中，主要采用负反馈来使系统保持目前的状态，以达到控制的目的。

其次，重视黑箱系统辨识法。所谓的“黑箱”，是指认识的主体由于某些条件的限制，暂且还不能认识一些对象，这些对象的结构和机理还不能直接观察，对于研究者来说，这个对象就是一个“黑箱”(black box，又译作“暗盒”)。当这个黑箱可能被直接观察时，它就被称为“灰箱”；如果完全掌握了这个对象的全部奥秘，那么黑箱就变成了“白箱”。黑箱辨识法主要是指通过考察和研究一个系统的输入、输出及其动态变化的过程，进而推断出系统行为规律的一种科学方法。黑箱方法是以控制论中关于控制系统行为方式理论为基础的一种科学方法，它是建立在哲学认识论理论之上的经验和理性相结合的一种方法。

再次，相对于系统论，控制论更注重对系统状态的控制。也就是说，要维持一个系统，关注系统整体的静稳是必须的，否则系统就会从一个系统变成了另一个系统；控制论更加注重对系统的运动、状态、行为和功能进行研究。在牛顿力学体系中，运动被定义为物体位置的变化，也就是“位移”；牛顿力学体系属于机械力学。控制论对此恰恰是反对的，控制论视角的运动，是指随着时间的推移，对象或系统发生的一切变化。如果要保持系统的稳定性，那么控制的任务就是控制系统运动的指标,也就是“算子”,使算子的行为受到约束,受控量和原定的工作状态就会保持不变,系统也就会保持稳定。控制论要想实现保持系统的目的,一个重要的途径是保持系统的结构稳定。于是,从控制论的角度来认识和研究系统中的结构,是控制论的重要切入点。那么,如何控制结构呢? 那就要认识系统中整体和部分的关系。如果说系统论对结构的强调在于重视系统的物质结构和能量结构的话,那么控制论重点关注系统的功能结构。

二、控制论在文艺批评中的运用

与上述原则相联系,我们可以从三个方面来归纳控制论在文艺研究中的主要运用途径。

第一,从控制论注重负反馈的信息输入来看,在文艺研究中重视读者或艺术接受者的反馈信息是非常必要的。“这种反馈信息包括对作家世界观和创作方法、对作品思想和艺术各个方面的评价。它必将在某个角度、某种程度上影响作家信息的再输出,即作家的新创作。如果作家能够自觉运用反馈方法,分析、利用反馈信息,调整自己的创作,他的作品在思想、艺术上将会有更大的提高。”[①]这一点与接受美学的观点不谋而合。在 21 世纪的今天,控制论正在艺术创作的各个领域发挥着重要的作用,很多公共艺术设施在正式投入建设之前,都要在互联网上公布设计方案,听取民众意见,然后进行必要的修改;有时甚至提供多个选择方案,让民众来决定究竟采用哪一种。在电视台的节目制作、电影拍摄等视听艺术作品出台之前,往往要预先进行公众意见的调查,以便对节目的设计环节、故事的情节发展进行适当的修改,预测收视率和票房成绩。在这个意义上说,控制论注重反馈信息的主张与做法,在今天依然有非常重要的现实意义。

第二,黑箱识辨法其实与信息反馈是紧密联系在一起的。我们还没有深入了解的艺术现象、艺术问题都可以看成是一个黑箱。研究者可以通过观察和记录信息输入与输出的对比状况进行研究,最典型的莫过于对艺术反馈状况的调查研究。其实我们研究任何一个学术问题,都需要首先检索前人的研究成果,

---

① 程文超:《从反馈角度看陈奂生系列小说的创作》,载《当代文艺思潮》1984 年第 5 期。

这个文献梳理的过程,就可以看成是一个黑箱识辨方法的应用过程。我们输入需要检索的词,对比前人的意见,在此基础上综合整理,并提出自己的看法。这几乎可以说是每一位科学研究者的必需途径。具体到文艺研究领域,我们可以对古典诗词中朦胧的意象、多义的解读尝试进行黑箱识辨。综合比较前人的研究成果,提取前人的解读意见,然后再进行多方位的综合,进而得出我们自己的结论。如果说控制论对反馈信息的重视在接受美学兴起之后更加显示出其重要意义,那么黑箱识辨法甚至是更为古老的研究方法,在未来的科学研究中也是不可或缺的,更具有超越时代的意义。

第三,控制论对系统功能的重视要求我们通过动态的过程来考察文艺现象与文艺问题,这一点当然也是很多批评方法所提倡的原则。控制论的特殊之处在于,它运用很多理工科的方法,如模型来研究,而且有研究者得出了令人意想不到的结论,如生物、技术以至社会很多不同领域的系统在行为和功能方面,存在着很高的相似性和一致性。以此推论,在很多领域可以进行类比研究,这在以前看来可能是荒诞不经的,但在控制论的视野下,这样的方法是存在科学依据的。在当时利用控制论研究文艺影响较大的学者黄海澄,在《从控制论观点看美的客观性》一文中提出:"正是由于这种'不伦不类'的类比,许多以仿生学为基础的自动控制机……被源源不断地创造出来了。类比法是现代科学方法论中的一个重要组成部分。"①陈飞龙也提出,艺术创作和接受者的反馈过程,"……是可以用数学模型来进行功能模拟的"②。而这种类比,也指向了更高的脑科学与脑思维研究:"只玩弄类比的法术是不行的,而必需研究思维着的人脑的活动本身和它的形成方式。正是这一点始终是自然科学的高级任务。"③

控制论在苏联文学批评中的运用较为广泛,我国在20世纪80年代中期对控制论的运用主要集中在美学问题的讨论中,而在具体的文本批评方面,运用控制论的文章则相对较少。在美学研究中推进控制论运用的学者,首屈一指的是黄海澄。黄海澄先后发表了《从马克思主义和现代控制论观点看审美现

① 黄海澄:《从控制论观点看美的客观性》,载《当代文艺思潮》1984年第1期。

② 陈飞龙:《文艺控制论》,见《马克思主义文艺理论研究》编辑部编选:《美学文艺学方法论》下册,文化艺术出版社1985年版,第658页。

③ [苏]鲁宾斯坦著,赵璧如译:《关于控制论之谜的一些简单想法》,载《外国心理学》1981年第3期。

象》[①]《控制论的美感论》[②]《从控制论观点看美的客观性》[③]《从控制论观点看美的功利性》[④]《控制论与美学研究》[⑤]等一系列文章。这些论文的基本特点是从控制论的原则出发,结合美学研究的各种范畴,试图为控制论在美学研究中的合理运用探索一条合适的道路。从题目上我们就可以看到,控制论与"审美现象""美感""美的客观性""美的功利性"等问题关联起来,这些问题在"美学热"中,都是学者们所关注的话题。在《从马克思主义和现代控制论观点看审美现象》这篇文章中,黄海澄把控制论的一些基本原则运用于审美现象的研究中,着重论述了审美现象产生的必然性和它的发展及其历史作用。文章把审美定位为人类这个系统为了维持稳定的状态而必然产生的一种调节机制,审美机制的活动导致了审美现象的产生。从根源上来说,审美是人类系统活动本身的需求,因而带有必然性。《控制论的美感论》是美学研究走出认识论的一个重要信号,文章开篇的一句"美感是审美主体对于美的事物的情绪的或情感的反应",将原来的意识形态"反映论"定义为心理学意义上的"反应论",为美感的研究披上了一层心理学的色彩。文章遵循了控制论中人与动物类比的原则,将人类的动物祖先和人类都看作是自组织、自控制、自调节的系统,它的目的是向更高的社会形态、向更高的物质文明和精神文明迈进。作者认为,"只有把情绪和情感现象当作这些自控制系统的调节功能来看,才能认清它的本质和作用"[⑥]。文章还分析了艺术的功利性是对系统的,而非对系统内的个体的功利性。《从控制论观点看美的功利性》这篇文章的基本前提与前述几篇文章是一致的,都是将人类社会看成一个大系统,里面包含了各个级别的子系统。系统的运动、变化和发展需要调节,而美的功利性就在于使系统最佳的状态向它的高级的目标进发。黄海澄以控制论为根基,对美学研究中的概念与范畴进行考察,努力在美学研究中建构起一座控制论的大厦,"这种努力总还是值得赞许的"[⑦]。除却时

① 黄海澄:《从马克思主义和现代控制论观点看审美现象》,载《世界艺术与美学》第3辑,文化艺术出版社1984年版。
② 黄海澄:《控制论的美感论》,载《文艺理论研究》1985年第4期。
③ 黄海澄:《从控制论观点看美的客观性》,载《当代文艺思潮》1984年第1期。
④ 黄海澄:《从控制论观点看美的功利性》,载《当代文艺思潮》1984年第3期。
⑤ 黄海澄:《控制论与美学研究》,载《青海社会科学》1986年第2期。
⑥ 同②。
⑦ 傅修延、夏汉宁:《文学批评方法论基础》,江西人民出版社1986年版,第275页。

代对各种新方法热捧的因素，这些论文的美学意义还在于它们推动了美学研究走出认识论，并将美学研究的方法拓展到心理学领域，尝试用心理学的基础来沟通人类与动物的运行机制，显现出将美学研究带回到生活的倾向。这对于走出“文革”思维是大有裨益的。

在黑箱理论的运用中，作家祖慰在《试撬神秘的美的“黑箱”》（之一、之二）[①]中，尝试用黑箱方法来探索“美”。文章以爱因斯坦的“思想实验”为基点，将美学、心理学、生理学进行综合，得出了颇具自然实证科学特点的结论。首先，审美结果不仅由客观事物所决定，而且与审美干扰相关。同步干扰有害审美。前干扰会增强美感，后干扰则会影响回味，即反馈。其次，审美需要的强度、审美心情不仅与干扰有关，还与需要存在正比例的关系。再次，空间距离和向量会影响到视觉审美效果。最后，审美与光照相关。祖慰得出的结论与当代心理学认知美学的研究非常类似。认知美学是近年来逐渐发展壮大的美学新分支。它结合了实验心理学和思维科学的内容，以科学研究的方法探索人类的审美认知经验，为单纯的理论思辨美学提供了新的研究思路。王兴华的《写作控制论初探》[②]挖掘了写作过程中的控制论。文章提出，要掌握好写作的矛盾运动过程，可以在定向、定度、定势与定序方面实施相应的控制，从而实现写作过程的优化。文章不仅探讨了来自西方的控制论，更为可贵的是，作者在论述过程中结合了中国古代文论中有关写作的理论，试图在中西理论的对话中发现写作的奥秘，这种探索是令人敬佩的。

程文超的《从反馈角度看陈奂生系列小说的创作》一文，以反馈概念作为基本理论，分析了陈奂生系列小说为什么能够引起广泛而强烈反响的原因。文章立论的前提是将文学看成创作—欣赏、批评—创作这样一个系统，反馈是这个系统信息交换的重要内容。作者认为，高晓声在创作小说时，注意到读者的反应，并从这些反应中寻找到了启迪，进而调整自己的写作。如前文所述，这里的“反馈”，可以说与接受美学的基本思想非常类似。接受美学注意从读者的角度来研究文学和艺术现象，反馈信息进入作家的头脑，其目的在于让作品“引起更多人的注意”。这样，作者对读者有期待，读者的反馈信息对作家产生积极影

---

① 祖慰：《试撬神秘的美的“黑箱”》，载《现代作家》1985 年第 1 期、第 2 期。

② 王兴华：《写作控制论初探》，载《延边大学学报》（社会科学版）1984 年第 3 期。

响,从而生成新的艺术形象。

此外,控制论在门类艺术中的运用更为广泛。当时,舞蹈界、音乐界与戏曲界等领域,如潘新宁的系列文章《戏曲艺术控制论系列论文》分析了戏曲的形成、发展和演变过程,以及主体的表现性特征,程式化结构方式,探讨了中国戏曲的当代前途和未来出路等戏曲美学问题。这些文章的时间跨度从 1985 年持续到了 1988 年。尽管对某些问题的论述显得有些牵强,但文章思考的内容也是我国戏曲发展中非常重要的问题,所以,这些研究成果在我国戏曲理论的研究中也是非常宝贵的财富。①

三、对控制论在文艺美学中运用的反思

控制论在文艺美学中的运用是以系统论为前提的,因为控制的目的在于促进系统向有利的方向运动。注重从运动的状态来把握研究的对象,是控制论的一个重要特点。有学者以控制论为基本方法来建构自己的美学大厦,从人类社会系统的运动中看到了美和美感所具有的特性,认为它们都是社会系统自我调节的有效手段。有的学者看到了作者与读者之间的互动,从反馈的角度来看读者对作者创作的影响,这在当时来说还是非常新颖的角度,为接受美学的中国接受起到了积极的推动作用。

除了关注系统的运动特质,在运动的状态下研究理论问题之外,控制论的一个重要结果是推动了心理学方法在美学领域的运用。作家祖慰的文章《试撬神秘的美的"黑箱"》与王兴华的《写作控制论初探》尤为典型。美学研究在 20 世纪的一个重要转向就是从心理学的角度出发来探索美的生成奥秘。随着科技的进步和发展,结合心理学来探索人类感知美和认识美的心理反应机制在 20 世纪已经变得越来越普遍。如鲁枢元的《文学家的艺术知觉与心理定势》②,对

① 潘新宁在当时发表了很多文章,如《从控制论和心理学的角度看新时期文学主潮流的变化》(《求索》1985 年第 5 期)、《综合与分化目的系统制导下的择优途径——从控制论观点看中国戏曲的形成、发展和演变》(《艺术百家》1986 年第 4 期)、《由确定转向随机——从控制论观点看中国戏曲的当代前途和出路》(《艺术百家》1987 年第 1 期)、《对历史与现实的双层超越——从控制论观点看中国戏曲主体性的表现特征》(《艺术百家》1987 年第 3 期)、《论作为戏曲组织结构的程式化》(《四川戏剧》1988 年第 2 期)。

② 鲁枢元:《作家的艺术知觉与心理定势》,载《文艺研究》1985 年第 2 期。

作家创作的艺术知觉与心理定势之间复杂微妙的关系进行研究，引证了大量的心理学知识。孙绍振的《文学家的心理素质》①结合作家的创作经验，以出色的心理学分析，揭示了作家的心理素质不同于常人的特殊之处。杨文虎的《创作动机的发生》②从发生学和心理学入手，对创作动机进行细致而深入的分析。再如前文所述，认知美学在这一方面所取得的进展是令人鼓舞的。如果说一个正在走向科学的美学是美学研究的分支，那么控制论所带来的对心理学研究方法的重视毫无疑问是这条路上的一个重要推手。

控制论是自然科学的研究方法，给美学研究带来机遇的同时，也对未来世界提出了很多的设想，如是否可以发明一种写作的机器，靠程序的编订来实现信息的输入与输出，从而完成写作，这种设想在 20 世纪 60 年代国外已有学者提到过③，在今天看来已经成为现实。在当今科技逐渐渗透进艺术之后，它的伦理问题更为复杂，如画家可以雇佣画工来进行创作，这其实是人对人进行控制的结果，签名不足以确定这件作品一定是艺术家本人完成的，而仅仅能够说明艺术家是这件作品的“通讯作者”，那么古典美学中崇尚的艺术天才、艺术的神圣性从何而来？再如，一件精致的刺绣作品很可能不是人的手工制作，而且在很多刺绣针法中，机器制品与人工制品根本无法区别，人控制了机器，那么谁又能来界定其间的美学伦理问题？是艺术界，是美学家，还是一个事件？当然这些都是更为深刻和复杂的问题，在今天看来，这些“制造”艺术的行为更具控制论的色彩，在这里不再展开。仅就当时控制论的运用而言，它也伴随着相应的问题，如有的论文所采用的方法过于驳杂，不乏作者生搬硬套这种并不成熟的方法。但瑕不掩瑜，对控制论在中国当代美学的探索从总体上应该予以肯定，它从一个新角度探索了很多美学问题，也启发了学者们从这个角度研究中国古典美学，我们今天不应该轻易否定，甚至忘记历史留给我们的宝贵遗产。

---

① 孙绍振：《文学家的心理素质》，载《当代文艺探索》1985 年创刊号。

② 杨文虎：《创作动机的发生》，载《上海文学》1985 年第 1 期。

③ [英]G. H. R. 帕京逊：《控制论对美学的探索》，载英国《哲学》1961 年第 1 期。文章引自《马克思主义文艺理论研究》编辑部编选：《美学文艺学方法论》(下册)，文化艺术出版社 1985 年版，第 448—461 页。这篇文章以音乐为例，设想了发明一种可以自动进行创作的机器，进而引出了美学伦理学的很多问题。

第四节　信息论美学

一、信息论方法的概述

信息论是研究信息的本质,并用数学方法研究信息的计量、传递、变换和储存的一门学科。[①] 信息系统就是广义的通信系统,泛指某种信息从一处传送到另一处所需的全部设备所构成的系统。美国贝尔电话研究所的数学家克劳德·艾尔伍德·申农(Claude Elwood Shannon, 1916—2001)被认为是信息论的创始人。1916 年 4 月 30 日,申农诞生于美国密歇根州,与发明家爱迪生有远亲关系。早在 1938 年,申农就以布尔代数在逻辑开关电路中的应用为主题,撰写了题为《继电器与开关电路的符号分析》(*A Symbolic Analysis of Relay and Switching Circuits*)的硕士论文。哈佛大学的霍华德·加德纳(Howard Gardner)教授称这篇论文是 20 世纪最重要、最著名的一篇硕士论文。1940 年申农获得麻省理工学院(MIT)数学博士学位和电子工程硕士学位。1941 年,他加入了贝尔实验室的数学部,一直工作到 1972 年。申农在 1948 年 6 月和 10 月在《贝尔系统技术杂志》(*Bell System Technical Journal*)上连载发表了具有深远影响的论文《通讯的数学原理》。1949 年,申农又在该杂志上发表了另一著名论文《噪声下的通信》。两篇论文成了信息论的奠基性著作,宣告了信息论作为一门独立学科的诞生。在这两篇论文中,申农从理论上阐明了信源、信宿、信道和编码等有关通信方面的一些基本问题,创建了通信系统的模型,提出了度量信息的数学公式,初步解决了从信息接收端(信宿)提取由信息源发来的信息技术问题,提出了充分利用信道的信息容量,在有限的信道中以最大的速率传递最大信息量的基本途径,并着手解决充分表达信源信息,较好利用信道容量的有关编、译问题。1956 年,申农成为麻省理工学院客座教授,并于 1958 年成为该校的终身教授。

“信息”一词至今未有公认的统一定义。随着对通信问题的深入研究,产生

---

① 杨国璋等主编:《当代新科学手册》,上海人民出版社 1985 年版,第 6—13 页。

了三种影响较为广泛的定义。一种是“技术信息”概念，认为信息是物质属性的反映；一种是“语义信息”概念，认为信息是我们适应外部世界，并同外部世界进行交换的内容的标记；还有一种是“价值信息”概念，认为信息是具有价值性、有效性、经济性及其他特性的知识。现代自然科学把信息看作是物质和能量在空间和时间中分布的不均匀程度。信息论一般而言分成三种不同的类型，一是狭义信息论，主要研究信息量、信道容量以及消息的编码问题；二是一般信息论，主要研究通信问题，同时包括噪声理论，信号滤波与预测，调制与信息处理问题；三是广义信息论，不仅包括狭义信息论和一般信息论的内容，而且包括所有与信息相关的领域，如心理学信息论、管理学信息论，以及我们将要重点展开的文学信息论。

信息的特征是信息论研究者共同关心的问题。总体而论，信息可以通过感觉器官直接识别，也可以通过各种探测手段间接识别，要视不同的信息源区别对待。信息是可以转换的，例如，语言、文字、图像、图标等信息，与计算机的代码、广播、电视、电信的信号，都可以进行相互的转换。信息可以再生，计算机、移动硬盘收集的信息可以用显示器、打印机以及绘图等形式再次生成。信息也可以储存，进行运算处理，也可以进行传递。

信息论的主要研究内容是运用数学理论研究有关描述和度量信息的方法，探索传递和加工处理信息的基本原理。信息论认为，任何一个通信之所需要，就是因为接收终端在收到信息之前不知道发送的信息是什么，在这个过程中存在一个信息不对称的问题。接收终端对发送的信息具有“不确定性”。当获得信息之后，这种“不确定性”的多少就可以减少乃至消除。信息数量的大小可以用“不确定性”的多少来表示，事物“不确定性”的多少，可以用概率函数来描述。申农和维纳建立了一个公式，公式中的量是统计量，常常被称为是统计信息或概率信息。在信息论中，采用“熵”这个量，来刻画对象的不确定程度，用收到信息后熵的减少，来表示不确定性的减少，以此度量信息量的多少。那么，通信系统的效率就是传送信息量的效率。

二、信息论在文艺和美学研究领域的运用

在文艺研究领域运用信息论的方法，探索文学和艺术问题的交叉学科，在

我国称作“文艺信息学”①，而在欧美则称作信息论美学。无论名称如何，一般要遵循两个原则：第一，信息论把信息概念看成分析和处理问题的基础，从信息的角度去分析和考察控制系统中的信息联系、信息结构，以掌握系统行为和功能方面的变化规律；第二，信息论通过对信息的获取、转换、传输和贮存等过程的研究，来考察和掌握控制系统的运动规律。在欧美国家，这种研究方式在20世纪60年代左右，取得了颇有价值的研究成果。但是，这种研究方法也存在着天然的缺陷。因为信息是以基本符号出现的概率为基础的，而艺术信息出现的概率很低，使信息论美学中的重要概念“概念”几乎失去了意义。同时，实验的方法在美学研究中会遇到很多困难，比如将审美信息的有序水平进行分离，这是非常有难度的一件事。

在我国，相对于系统论、控制论，信息论最晚进入文艺研究领域。具体而言，我国文艺信息学包括两方面的内容。第一，研究文学艺术与信息的一般关系问题，比较偏重于理论的思辨，大体包括三方面的内容。首先，研究作家、艺术家与信源的关系。作家、艺术家被看作信息的信源，比如可能探索作家、艺术家为什么发出这样的信源。其次，文艺信息的信道研究。就文学而言，信道可以分为两种类型，声音符号（如朗读）与文字符号，它们都可以把文学的信息传递出去，那么这两种信道之间可以进行比较研究，也可以各自进行单独的研究。这里已经涉及符号学的内容，但在文艺信息学中采用信息论的方法。再次，文艺信息的反馈研究。读者或者观众对文艺作品的反应被当作反馈。文艺活动中的反馈要求快速、准确和深刻，这其实是文艺批评的要求。第二，研究文艺和美学理论与信息论的交叉问题，这方面一般对具体问题研究得多一些。首先包括对艺术作品的“高熵原理”研究。如前文所述，“熵”是指信息的不确定性，熵越高，说明不确定性越大。那么，在信息系统中，控制熵是非常重要的，这一点更多含着控制论的意味。其次，对艺术作品的可理解性研究。过于新颖的作品无法被读者接受，过于陈旧的作品又没有意义。文艺信息学在此的目的，是寻找到最佳的独创信息与可理解信息的结合点。再次，对艺术作品的信息噪声研究。信息论认为，信号＝信息＋噪声。艺术作品的“信息噪声”是指对作品的误解以及艺术家信息编码的误差。信息噪声认为，这种误差与人为因素有关，同

① 鲍昌主编：《文学艺术新术语词典》，百花文艺出版社1987年版，第19—20页。

时也与文化背景有直接关系。最后，文艺信息学研究“信息译解”。人面对信息，存在一个译解的过程，它依赖于头脑中积淀的信息储存或以此为工具的有效思维活动。译解时，人们会自觉遵守一种规则图式，它至少与某一特定门类的艺术相符。规则图式是某一时代、文化、民族或某一团体所特有的，从而形成特定的艺术风格、艺术流派。“文艺信息学的译解”，就是人的头脑依据积淀的信息，识别出这些图式。此外，还有人提出研究文艺信息的独特性问题，即审美信息的特点。

从目前检索到的资料来看，虽然新中国成立初期对信息论的关注和研究比欧美国家相对滞后，最初的译介文献的数量并不是很多，但对信息论的关注除了 10 年“文革”之外，还是一直有所介绍的。最早接触到信息论的领域，并非人文社会科学，而是自然科学。1956 年，《电信科学》刊出 3 篇专题文章，以专题形式介绍了信息论，其中毕德显的《介绍信息论》[①]可能是新中国成立以来第一篇介绍这个话题的文章。此后关于信息论，我国一直有所关注，但每年刊发的文章不超过 10 篇。直到 1980 年，有关信息论的文章在年度文献检索中达到了 30 余篇，信息论的研究波及各个行业，哲学层面的反思文章也相继出现。1981 年是我国系统关注信息论的一年。在《国外自动化》杂志中，分 5 期介绍了信息论的基础知识；[②]进而出现了在哲学层面对信息论进行反思的文章：《信息论、控制论、系统论在认识论上提出的一些问题》[③]《信息论的发展和意义》[④]《系统论、信息论、控制论给哲学提出了新课题》[⑤]等。1983 年，信息论第一次进入文艺研究领域，李欣复的《形象思维与信息论》[⑥]一文，用信息论来解释文学创作中的形象思维问题。作者认为，信息在形态上可以分为概念性和形象性两大类，而这两大类信息又存在于每一种思维之中。按照信息论原理，一切思维活动都是大

---

① 毕德显：《介绍信息论》，载《电信科学》1956 年第 5 期。同期刊出的文章还包括蔡希尧的《离散通信体系中的几个重要问题》以及童志鹏翻译的 A. A. 哈尔基维奇的《通信统论概要》一文。

② 王文、吴伟陵：《信息论》(一)，载《国外自动化》1981 年第 2 期；王文、吴伟陵：《信息论》(二)，第二讲“信源和信息量”，载《国外自动化》1981 年第 3 期；王文、吴伟陵：《信息论》(三)，第三讲“信道和信道容量”，载《国外自动化》1981 年第 4 期；吴伟陵、王文：《信息论》(四)，第四讲“编码定理”，载《国外自动化》1981 年第 5 期；王文、吴伟陵：《信息论》(五)，第五讲“信息处理”，载《国外自动化》1981 年第 6 期。

③ 傅平：《信息论、控制论、系统论在认识论上提出的一些问题》，载《哲学研究》1981 年第 7 期。

④ 王鼎昌：《信息论的发展和意义》，载《自然辩证法通讯》1981 年第 2 期。

⑤ 魏宏森：《系统论、信息论、控制论给哲学提出了新课题》，载《编辑之友》1981 年第 4 期。

⑥ 李欣复：《形象思维与信息论》，载《当代文艺思潮》1983 年第 5 期。

脑神经对各种信息进行感受、贮存、判断和组合。形象思维则是对形象性信息的反映和处理。作者在这里借用了信息论的原理,将信息分为概念性信息和形象性信息,从实质上来看,则是文与图之间的划分。作者对人脑信息的处理,还是定位在反映论的基础上,但是由于作者提出的文章观点的基础是人脑对于信息的处理,又使形象思维问题延伸出哲学思辨的范畴,而使其具备了认知心理学的特色。

1984 年,是我国文艺领域有意识运用信息论来研究专业问题成果丰硕的一年。《文汇报》8 月 7 日刊登了朱立元的文章《重要的信息的反馈器》,是用控制论、信息论的观点来研究文艺评论社会功能的文章。文章认为,文艺评论对文艺创作来说是一个重要的信息反馈器。陈伟的文章《文艺作品的符号是如何表达信息的》[①],从艺术符号如何表达信息入手,运用信息论来解释艺术符号在传递艺术信息方面的独特作用。作者提出,艺术符号是艺术信息的载体,有它的相对独立性。作者基于这个立场提出一个新的观点,认为过去的文艺理论将艺术作品分成"内容"与"形式"两部分是不恰当的,因为艺术符号不但传达了艺术家想要表现的艺术信息,而且体现着艺术家表达这种艺术信息的信息。那么,表达艺术家选择某种艺术信息的信息,应该属于内容范畴,但根据原来的文艺理论则属于形式范畴。这样就出现了解决不了的矛盾。因此,在作者看来,艺术作品应该分为艺术信息与艺术符号。鲁萌的文章《诗歌的信息系统概论》[②]运用信息论的方法,试图解释诗人、诗作和读者之间的关系,认为诗人是信息源,诗作是信息储存器,读者是信息接受者。张文勋在中国古典文论的研究中继续探索着新的方法,发表了《从系统论和信息论看中国古代文艺理论研究》[③]一文。此后,关于信息论的文学研究一直是信息论在文艺领域运用的一个重要分支方向。

除了文学研究之外,信息论美学的研究也是方法论年的一道非常靓丽的风景,而且是在 1985 年首次出现的年度关键词。姜国庆的《信息论美学及其发展》[④]是目前能够找到的有关信息论美学的最早评介文章。文章对信息论美学

---

① 陈伟:《文艺作品的符号是如何表达信息的》,载《学术月刊》1984 年第 4 期。

② 鲁萌:《诗歌的信息系统概论》,载《当代文艺思潮》1984 年第 4 期。

③ 张文勋:《从系统论和信息论看中国古代文艺理论研究》,载《云南民族学院学报》1985 年第 2 期。

④ 姜国庆:《信息论美学及其发展》,载《未来与发展》1985 年第 4 期。

在国外的发展现状与大体内容进行了介绍。文章说，信息论美学把一切美的现象都看成一种信息，例如把创作素材看成是信源，创作过程是编码，读者的感受系统就是信道，阅读过程是译码，作品最终的接受可以看成是达到了信宿。在这个意义上说，任何一种美的现象都可以被分离为由一连串符号组成的信息，然后可以对这些信息进行度量，从而确定这些信息所具有的特点。信息论美学与哲学美学的本质性区别在于，传统美学是思辨的哲理阐释，而信息论美学是定量的数学计算。数学计算当然无法解决美的本质、艺术的本质等哲理性问题，而只对对象进行具体的分析。最后，作者对信息论美学未来的发展提出了展望，认为信息论美学将促进整个美学学科的科学化，它的应用范围还将不断扩大，并对整个信息科学作出自己的贡献。金克木的《谈信息论美学》[①]也是在同年度中较早对信息论美学进行总体评介的文章。文章除了对信息论美学的理论要点作概述之外，引人思考的是作者本人对信息论美学提出的延伸性研究，体现出信息论美学的特殊性，或者说信息论美学要解决的很多困境。首先是层次。在一般的信息传递中，信息是比较容易区分出层次来的，然而在艺术信息的接受过程中，信息的分层是比较困难的。其次是艺术信息的审美特性。一般信息我们只要接收它的语义信息即可，但艺术信息显然不是这样，而且各种门类艺术的审美信息又各具特点。再如对接收者了解信息能力的限度问题。一个人对接收语义信息与审美信息可能会相互排斥，但也会相互综合。文章对信息论美学所面临的困境作了深入剖析，但并不是放弃对它的信心，认为信息论美学具有很大的理论意义和实践意义。李欣复的《论审美信息和审美系统》[②]在信息论的视角下，对审美信息的信源、特性等内容进行分析。作者认为，审美信息系统属于社会信息系统，它最大的特点是信息主体是有生命个性和精神意识的人。离开了审美信息主体是谈不上审美信息的。审美信息系统的信源包括自然界、社会生活以及文学艺术。文章将审美信息的特点归结为三个：一是感性愉悦的直接性同理性快慰间接性的辩证统一；二是形式和内容两方面都表现为新颖性与可理解性的辩证统一；三是审美信息内容含义的确定性与不确定性的辩证统一。此后，在20世纪80年代末乃至90年代，陆续还有学者关

① 金克木：《谈信息论美学》，载《读书》1985年第7期。
② 李欣复：《论审美信息和审美系统》，载《学术论坛》1985年第11期。

注信息论美学,如涂途的《信息论美学和“审美信息”范畴》[①]《信息论美学研究的几个问题》[②]等重要文章的问世。信息论美学也被运用到各种门类艺术的研究中,出现了以信息论的研究方法来探讨具体艺术现象的文章。与早期的思辨性文章相比,后来的文章更多地采用了真正意义上的信息论美学研究方法。

三、对信息论在文艺理论和美学研究中运用的反思

随着越来越多学者对信息论的关注,这种方法的运用也越来越深入,相应的研究文章也越来越多。1985 年到 1988 年,每年有关信息论主题的文章都超过 200 篇,在 1986 年甚至达到了 312 篇。[③] 由于信息论与系统论、控制论紧密联系在一起,这些文章与其他两种方法存在很多的交叉,因此,单纯以信息论命名的文章数量要少很多。从所发表文章的研究内容来看,与信息论相关的研究领域涉及了社会生活的各个行业,文学研究并不是信息论运用最多的地方。相对于系统论与控制论,信息论是一种实践性和操作性更强的方法,它对数学计算的要求更高,比如对某种词频概率的统计与计算,在计算机没有普及的 20 世纪 80 年代还是一件非常困难的事情。因此,信息论在文学与艺术领域的运用显得更为“慢热”。直到 20 世纪 90 年代,我们才可以更多地看到运用信息论的计算方法来研究文学文本与各个门类艺术的成果。

在信息论美学的扛鼎之作《信息论与审美感知》的最后结语部分,作者提出了这样的设想:“信息论可以被看成是起到基础科学理论的作用,它是具有方法论意义的学科,它带有综合科学的性质。”[④]这样,信息论美学当然应该在哲学方法论的层面上进行思考,它超越了单纯的计算方法而成为哲学的方法论。早在半个世纪之前,信息论美学的创始人莫尔斯的很多经验就值得借鉴。莫尔斯曾用信息论的方法对西欧各国 150 多位著名古典音乐家创作的作品进行调研,对各种演奏会上不同曲目引起听众的不同反映进行分析,进而从大量的数据中得

① 涂途:《信息论美学和“审美信息”范畴》,载《文艺研究》1988 年第 6 期。

② 涂途:《信息论美学研究的几个问题》,载《长沙水电师院学报》(社会科学版)1989 年第 3 期。

③ 这是在中国知网(www. cnki. net)以“信息论”为主题词进行检索得到的结果。

④ Abraham Moles, *Théorie de L' informationet perception esthétique*, Flammarion, éditeur, Paris, 1958. 此处参考了涂途:《信息论美学和“审美信息”范畴》,载《文艺研究》1988 年第 6 期。

出最受观众喜爱的作品的相应信息论系数，再以这个系数为基础，归纳出音乐美的基本规律；之后再将这些数据应用于其他艺术节目的编排之中，得到的结果非常令人欣喜。在互联网广泛渗透到社会生活的方方面面之后，信息论这种方法在未来应该有更加广阔的天地。

无论是我国的学者，还是信息论美学的创始人，都将“审美信息”看成是信息论美学的核心概念。关于这个概念的内涵，学者们的观点各有所长。莫尔斯认为，语义信息是人能够长久记忆的信息，而审美信息是随机性的，如同我们对某个形象感知后留存的记忆，它的储存时间取决于感知程度的深浅。马赫·本泽用存在论的视角来考量审美信息的特点，他所认为的审美信息就是艺术家从混沌自然的存在中，由于自己的个性化选择而产生的显示自己个性特征的信息。如前所述，我国学者关于审美信息的特点也提出了自己富有见地的论述。在这里，引人深思的是信息论美学关于审美信息的提问方式带给美学的重要意义。之前，我们在提到美学时，遵循唯物主义与唯心主义的阵营划分，立刻会想到，美是主观的还是客观的等本体论层面的问题。信息论美学建立的基础是“信息”，在创立者申农那里，并没有谈到信息究竟是物质的还是精神的，抑或是一种能量。这就给信息论美学下一步的思考开辟了一块不受主客观二元对立局限的理论天地。在这里，不需要首先回答这类思辨性问题，而是可以直接关注审美信息的特质，在这个问题背后，隐含着对于艺术独特性的追问，从而避开了学者们反复纠缠的主观与客观问题。既然存在艺术独特性，那么理论思考的视野应该是各种各样的艺术现象，生动活泼的门类艺术以及整个艺术链条上信息传递的过程，作为信源的艺术家以及作为解码的艺术接受者等。更为重要的是，信息论试图在一个统一的“信息”概念基础上，探寻一种超越科学与艺术界限的基础性学问，诗与艺术从理论根基上就站在了与自然科学同等重要的起跑线上。由于信息论美学对“信息”本身的重视，信息的载体“符号”也成为信息论美学关注的一个重要内容，使美学在一个广义的符号学的视角中打开了进一步深入研究的天地。很多文章在今天读来同样发人深省。特别是在当代的互联网大数据时代，信息的接受与传递构成了社会运转中的重要一环，对各种信息的采集和分析，在 21 世纪的今天才刚刚开始。虽然信息论美学并非完美没有瑕疵，20 世纪 80 年代参与信息论研究的学者对信息论美学的宏伟预言与所寄予的厚望，在今天看来可能才刚刚起步，但是，随着电子时代信息重要性的不断提升,以及自然科学方法对人文社会科学的不断渗透,我们有理由相信,信息论美学在21世纪应该可以发挥更为重要的作用,拥有更为广阔的天地!

第五节 “新三论”的美学尝试

在高建平主编的《当代中国文艺理论研究(1949—2009)》一书中,由刘顺利主笔的第十一章《科学方法论在文学研究领域的历险》[①]安排了两节,第一节的标题是“‘老三论’在文学研究中的运用”,第二节的标题是“‘新三论’及其他科学方法论在文学研究领域中的历险”。这两节的标题颇有深意,“老三论”是“运用”,“新三论”则被称为“历险”,由此可见,“新三论”以及其他科学方法对文学艺术研究的适用性和有效性是要打一个问号的。所谓“新三论”,包括耗散结构论、协同论以及突变论。这些理论无论在观念层面还是方法层面,都是更加纯粹的自然科学方法,相对于“老三论”在我国风行时的盛况,“新三论”在文艺研究领域的运用可谓非常有限。本节分而述之。

一、耗散结构理论在美学领域的尝试

耗散结构(dissipative structure)理论是比利时物理学家普利高津在1969年发表的《结构、耗散和生命》这篇论文中提出来的。所谓耗散结构,是指系统在远离平衡态的非平衡条件下通过与外界进行能量交换和物质交换而形成的一种新型的有序组织状态。一个开放系统在到达远离平衡的非线性区域时,一旦系统内的某个参量的变化达到一定的阈值,通过涨落,系统可能由原来的无序状态变为稳定有序的耗散结构状态。耗散结构理论与熵定律正好相反。前文曾提到,“熵”指的是一种无序状态,按照熵定律,宇宙将逐步失去秩序,变为一片混沌,这就是“热寂”。而耗散结构理论指出,系统变化要经历从不稳定到稳定的状态,如几千人同时鼓掌,开始可能杂乱无章,但后来可以趋向稳定同

---

① 刘顺利:《科学方法论在文学研究领域的历险》,参见高建平主编:《当代中国文艺理论研究(1949—2009)》,中国社会科学出版社2011年版,第256页。

步，这就是“负熵”现象。但有些系统并不能形成耗散结构。耗散结构只存在于开放的系统中，而且系统内的负熵值要高于熵的绝对值。目前，耗散结构理论运用于化学、生物学、环境科学、社会学等领域。[①]

“熵”定律首先可以应用到文学艺术发展历史的研究中。耗散结构理论告诉我们，一个结构发展的历史是动态的，既有熵流体现，即某种文艺思潮的消失和流派的解散，也有负熵现象，如文艺信息量的总体增加和文艺手段的高级化。在耗散结构理论的框架下，艺术创新是艺术系统保持活力的必要因素。人类的艺术是一个开放的系统，它也处在不断的运动变化之中，需要不断地吐故纳新，进而形成一种以创新为机制的复杂耗散结构。艺术发展史同时也是艺术的创新史与信息和能量的交换史。罗艺峰的文章《论音乐中的增熵现象》[②]，运用熵定律考察西方音乐发展史，认为音乐发展史是一个逐步组织化、有序化的过程。在 20 世纪前后，原来的音乐体系逐渐开始瓦解，增熵现象出现，但作者并不悲观，认为耗散结构可以自我调节，新的组织化系统也在这个过程中逐步形成。其次，在耗散结构理论视野下观照艺术家的创作，我们可以发现，艺术家的心理过程也要经历一个将所有原始信息整合成为艺术信息的过程，这个过程也可以看成是负熵效应的体现。一旦形成了艺术家独特的创作特性，也就形成了艺术家个人化的风格。再次，从一件艺术作品的视角而言，人物形象的展开过程，也存在类似于耗散结构的过程。刘再复的《论人物性格的二重组合原理》[③]一文，运用了熵定律的原理，论述了人物性格的多重组合关系。作者之所以重视性格，是因为性格的二重性与美感的二重性与马克思所讲的“莎士比亚化”是一致的。作者不仅分析了性格由于空间的差异性和时间的变迁性而产生的流动性，而且看到了性格的相对定向性、稳定性、一贯性和整体性，并结合中国古典美学的相应观点进行论证，也对高尔泰的论文《美是自由的象征》作出了评价。

耗散结构原理中的熵定律其实提出了一个艺术的创新问题，同时也是一个艺术终结的问题。为什么这样说呢？因为一个系统作为一种耗散结构，必然要

---

① 鲍昌主编：《文学艺术新术语词典》，百花文艺出版社 1987 年版，第 34—38 页。本节中关于“新三论”的基本理论介绍，参考了这本词典。

② 罗艺峰：《论音乐中的增熵现象》上、下，载《音乐艺术：上海音乐学院学报》1983 年第 3 期，1984 年第 1 期。

③ 刘再复：《论人物性格的二重组合原理》，载《文学评论》1984 年第 3 期。

存在一个从平衡到不平衡再到新的平衡的过程。在这个过程中,旧有的平衡被打破,新的平衡建立,这个过程实质上是一个艺术的创新过程。而新的艺术诞生也意味着旧的艺术消亡与终结。在《耗散结构和艺术创新》一文中,作者丁宁实质上提出了这个问题,看到了“艺术的创新问题与耗散结构的辩证的发展观有着惊人的相通之处”。作者提道,“艺术的发展史就是艺术的创新史,它表明了艺术没有创新的品格就必然没有多少生命力……艺术创新的进程就如开放性的耗散结构,不断地吸引新质,又不断地耗散旧质。同时,正由于是一种耗散结构,艺术的发展又维持了一种特殊的有序稳定结构,使艺术鲜明地体现出阶段性以及时代性特点,并且成为自身进一步发展、创新的前提条件之一”①。耗散结构的负熵定律把艺术放置在社会这个综合的大系统之中,看到了艺术与其他社会相关因素之间的复杂关系,并且在这个关系中去考察艺术的风格、时代特点、流派特点等问题,既看到了艺术的创新,也看到了艺术的终结。这对突破艺术的陈旧与程式化,有重要的推动作用。可以说“推陈出新”是耗散结构原理运用到艺术研究中非常重要的成果。

耗散结构理论也并不完全适用于所有的艺术现象,因为耗散结构认为,一个系统还是要达到一种稳定的状态,以形成鲜明的风格流派,但是在艺术多元化的时代,短暂但具有非常惊艳的艺术效果的现象,很可能不足以引起足够的信息能量转换而成家立派,这种现象在互联网时代很可能更为普遍。此外,负熵定律也要求大量的数学计算,这也不是仅有人文社科学术背景的学者能真正在方法的层面运用起来的,而且平衡与不平衡,是否能够被称为一种风格,也还是多种社会力量博弈的结果。

二、协同论在美学领域的尝试

“协同”(synergetics)一词来源于希腊文,协同论是研究不同事物共同特征及其相互协同机理的新兴学科。1977 年,德国物理学家哈肯(H. Haken)在其专著《协同学导论》中提出一种新的系统科学理论,他将其称为“协同学”。哈肯认为协同学研究的系统是包含有大量子系统的复杂系统,这些子系统在性质上

① 丁宁:《耗散结构和艺术创新》,载《当代文艺思潮》1984 年第 6 期。

可以非常不同。例如，人是由大量的原子、分子、细胞组成的复杂系统，各子系统分别具有物理的、化学的、生物的、社会的等不同的性质。在一定条件下，各子系统从无序到有序发生演变时，呈现出非常相似的特征，遵从相同的发展规律。协同学就是研究这些基本规律的科学。协同学研究的复杂系统实际上是一个多维度的复杂系统，其间充满着各种确定的和不确定的因素。哈肯运用动力学和统计学等方法，把它们结合起来考察，从而探究系统从无序到有序的演变。哈肯认为，一个这样的复杂系统，会有许多个自由度，假如存在着一个或者几个不稳定的自由度，它们就会牵制着稳定的自由度，使整个系统内部发生变化，一直达到某个稳定的点。这个点就是系统的稳定状态，而其他的点都不稳定。这个稳定状态也可能不是一个点，而是一个振荡圈，它是这个复杂系统的目标。哈肯提出的这个协同学理论，阐明了复杂系统如何从无序走向有序，以及为什么具有目的性的问题。哈肯同时还提出，不仅开放系统如此，即使是封闭系统也是如此。

哈肯的协同学理论，以现代信息论、控制论和突变论为基础，已经被运用到许多学科之中。在我国 20 世纪 80 年代的文艺研究中，直接运用协同论进行研究的文章并不多见，现在被收录进《文学研究新方法论》①的文章仅见一篇，即《论审美趣味自组织的协同性》②。文章首先界定了自组织的概念。组织指的是在一组事物或变量从无联系的状态进化到某些特定状态的过程，而自组织则是指诸事物或一组变量之间自动发生的，不需要诸事物或该组变量以外的力量加以干预的组织过程。作者丁宁认为，审美趣味是一个完整的系统，其自组织形成的过程实际上也就是内部诸要素（子系统）之间的一种协同过程。文章的主旨是将审美系统看成一个特定的“场”。在这个场域之中，审美心理、定向性审美心理、认识观和价值观、深层社会意识等各种因素默契合作而产生综合的美感效应。在这些因素中，审美心理处于最表层，依次往下直到深层社会意识。其次，这篇文章分析了审美趣味这个自组织所具有的三个基本特征：一是审美趣味以情感为组织核心；二是它的亚稳定性，即审美趣味具有向各种不同组织形式发展的可能性；三是审美趣味的自组织过程具有不可逆的性质。再次，文

① 江西省文联文艺理论研究室编：《文学研究新方法论》，江西人民出版社 1985 年版。

② 丁宁：《论审美趣味自组织的协同性》，载《当代文艺思潮》1985 年第 2 期。

章讨论了系统支配参量在自组织协同过程中的重要意义以及系统各要素的相关效应所呈现的“放大”(amplification)现象。什么是“放大”呢？也就是系统内部的各个要素好像是自发地协同组织起来，从而使系统本身产生一种“宏观有用的行为”，出现一种整体性和新的质。作者并不认为某个因素会决定性地支配一个人的审美趣味取向，而是系统中各个要素相互协调的耦合度。

除了审美心理之外，我们可以发现，其他很多类似的现象也可以用协同论来解释，比如阅读经验期待视野、艺术的审美效果等等。因此，协同论的运用在当时来说仅是初步尝试，如果大规模地运用，特别需要注意避免简单机械地套用。直到今天，协同论主要也只是在社会学、教育学、管理学中运用比较多，在文学艺术研究中的运用还不是很普遍。

三、突变论在美学领域的尝试

突变论(mutation theory)是在20世纪70年代发展起来的数学分支，“突变”一词来自法文，原意是灾难性突然变化之意，它的创始人是乔治·居维叶(Georges Cuvier，1769—1832)。与达尔文的进化论不同，居维叶认为，新物种是在不连续的、偶然的显著变异中出现的。现代科学家发现物种的染色体畸变、基因畸变、细胞质畸变，都是物种发展过程中的突变现象。突变理论脱胎于生物学，在20世纪70年代由法国数学家雷纳·托姆引入数学研究领域。在出版于1972年的专著《结构稳定性和形态发生学》中，托姆系统地阐述了图宾理论，主要内容是考察某一过程从一种稳定状态向另一种稳定状态的跃迁现象。作者认为，任何一个事物都是一个系统，系统结构的稳定性是事物的普遍特性之一。事物本身、事物的运动、事物与事物之间的联系一般都是稳定的。这种状态可以用一组参数描述，即当系统处于稳定状态时，标志着该系统状态的函数值就是唯一的；当一个系统的函数值不止一个极值时，系统必然要处于不稳定的状态。这时，当不稳定的系统重新进入稳定状态时，就会发生突变。突变有三种形式，分别是飞跃式质变、渐进式质变以及结合前两种方式的飞跃式。雷纳·托姆将突变的飞跃形式总结为七种数学模型。只要改变控制的条件，就可以使突变飞跃改变成为渐变飞跃。研究突变理论的目的不仅是描述各种质变现象，更重要的是研究对于质变各种形态的控制。在这个意义上说，突变论与系统论、控制论都有密切的联系。

直接在题目中点明运用突变论进行文学艺术研究的文章为数寥寥，由于它与“老三论”之间的密切联系，有些研究文章是与“老三论”联系在一起的，例如研究一个时代的文艺思潮演变、流派分合、形式变化等，都以系统论为基础理论。这也说明单纯的突变论运用于文学艺术研究的确存在很大的困境。

方法论年的科学主义潮流主要体现在“老三论”的运用上，“新三论”中的耗散结构理论与协同论在文艺研究领域的成果要略好于突变论。科学主义潮流是自然科学强力发展而渗透进文艺研究的结果，也是我国时代背景使然。当时在发表的文章中，不乏生搬硬套之作，令人不忍卒读，但总体而言，科学主义潮流并不应该被轻易忘却，在这股潮流中，历史为我们留下了大量宝贵的财富，触及现代科学研究的很多方法，对于文艺走出旧有批评模式，探索新的批评方法，对于借鉴科学思维的方式，都有巨大的推动作用，促进了社会思潮的开放，开阔了人们的视野。科学主义潮流从根本上涉及的是艺术与科学的问题，这个问题直到今天仍具有现实意义，未来应该进一步探索，它有着更加广阔的空间！

第七章

门类美学研究

自1746年夏尔·巴托提出“美的艺术”概念至今，音乐、诗歌、绘画、雕塑、舞蹈、戏剧、建筑以及电影电视等新近加入的年轻门类共同构成了人类审美经验的一个对象群。在艺术史上，围绕这个群体形成了诸多定义和命题，从艺术即模仿、艺术即表现、艺术即创造、艺术即经验到后来提出的家族相似论、艺术界论、艺术制度论等，对艺术本质的不断追问，却始终没有一个确切的答案，从侧面说明了形态各异的门类艺术在各自鲜明的学科特征之下，很难以一个单一概念或标准模式来对它们进行界定或规约。不过，从社会发展的宏观视角来审视，我们会发现在一些特定历史时期，不同门类艺术的活动仍旧会被裹挟在政治、文化、经济的大漩涡中，呈现出共有的规律和特征，这一点在并不遥远的20世纪八九十年代显得尤为突出。

“文革”结束后的20多年间，在中国社会发生巨变的大背景之下，音乐、绘画、舞蹈、戏剧、电影等艺术门类也都于一夜之间苏醒过来，在百废待兴的形势下，艺术界充溢着探索求新的创作热情，各种新主题、新体裁、新形式、新手法等轮番上阵，崭露头角，并纷纷诉诸美学理论的言说以取得话语权，希望在思想纷争中能占据一席之地，这种自我变化、自我求证的争执风潮一直延续到20世纪末期才逐渐平息下来。从最初的热情高涨到后期的相对理性，20多年间门类艺术的美学思潮转变呈现为三个明晰的阶段：

第一个阶段是“文革”结束到80年代初期。文化艺术界的活动集中表现为对“文革”进行回顾、反思与控诉，基本上与政治意义上的批判和清理同步，成为政治上“拨乱反正”、寻求思想解放的一部分。在具体的艺术理论中，反思“文革”、强调艺术主体性的“伤痕美学”与重现“十七年”艺术经典，回到民族艺术、传统美学的审美经验，这两条线路并行，形成了一个特殊时期的艺术创作及相关美学理论思索的小高潮。

第二个阶段是80年代初中期至80年代末期。在80年代“美学热”的浪潮中，一方面，具体艺术门类如绘画、音乐、舞蹈、戏剧等由于得天独厚的学科优势成为美学研究的新热点——自下而上的理论路径要求美学家就具体的艺术活动展开思考；另一方面，各门类艺术在突破传统、解除束缚的内在冲动下，希望借助美学话语寻求学术独立，谋求学科合法性。两方力量的合流让具体艺术门类如绘画、音乐、舞蹈、影视及戏剧的理论表达呈现这样一种特征：都以美学界的话语模式为依托，出现了大量关于具体门类的艺术本体、艺术功能、艺术观念的理论思考及争鸣。但是，杂陈着吸纳西方现代文化和因袭传统及旧有体制之间的矛盾和冲突，不少门类艺术中都出现了由于所执观念的不同导致彼此阋墙的问题。整体而言，这一时期的门类美学显得精进不足、躁动有余。

第三个阶段是进入 90 年代之后，在中国社会进一步开放，全方位解除思想束缚的人趋势下，各门类艺术活动在走向国际化的道路上继续寻求来自外部和内部的双重认可。对现代艺术观念的理解更加深入，并在重新发现传统文化精神及审美精神的意识驱动下，更加注重方法的更新以及对学术中理性精神的呼唤，使得在西方与东方、传统与现代两条脉络上的不同艺术观念逐渐被认可，在相互的接纳与融合中，艺术观念的多元共生格局初步形成。同时“美学热”的冷寂反而让门类艺术在关注自身的美学话语体系和学科系统建设的进程中向前迈进了一步。

第一节　新时期门类美学的发生动因

1978 年底,中共中央召开十一届三中全会,决定把工作重点转移到社会主义现代化建设上来,这意味着国家告别了以阶级斗争为主的政治时代,迎来了追求美好生活的现实主义时代。欢欣鼓舞的艺术家敏锐地捕捉到了社会变革的气息,一改往日配合政治需求进行创作的被动局面,主动创作了许多反思性的作品。艺术活动化身为疏解与释放社会情绪的最优选择,但是受长期以来的政治使命感驱动的惯性影响,艺术活动在寻求去政治化及自由创作时,还小心翼翼地保持了一定的限度,并没能迅速直接地进入审美层面,有了来自国家层面的肯定与支持,才更大程度地解除了对艺术观念的束缚。

1979 年 10 月,在十一届三中全会提供的思想解放大背景下,全国第四次文艺工作者代表大会在北京召开,这是一次自上而下解放文艺的政治及文化举措,更是推动文艺界变革的强力支持。邓小平在大会的《祝词》中不再用“文艺为政治服务”的提法,指出“艺术创作上提倡不同形式和风格的自由发展,在艺术理论上提倡不同观点和学派的自由讨论”“文艺创作思想、文艺题材和表现手法要日益丰富多彩,敢于创新。要防止和克服单调刻板、机械划一的公式化概念化倾向”“文艺这种复杂的精神劳动,非常需要文艺家发挥个人的创造精神。写什么和怎样写,只能由文艺家在艺术实践中去探索和逐步求得解决。在这方面,不要横加干涉”。[①] 在不同话语、不同价值标准、不同立场碰撞对立这样一种冷暖交替、错综复杂的历史情境下,这一调整无疑是一个重要的历史转折。此后,艺术活动开始展现异彩纷呈的景象。

艺术不再附属于政治,且在创作上提倡不同形式和风格的自由发展,在理论上提倡不同观点和学派的自由讨论,弱化艺术与政治的工具性关联和隶属关系,强调艺术本身的特质,这些信号的释放让文艺界开始了大胆反思。1979 年 11 月,中国美协召开常务理事扩大会,会上就有人指出:“为政治服务具体化的结果就是写中心、画中心,一个政治运动还没有开始或刚刚开始,就强令去紧密

① 《邓小平同志代表中共中央和国务院在中国文学艺术工作者第四次代表大会上的祝词》,见《中国文学艺术工作者第四次代表大会文集》,四川人民出版社 1980 年版,第 1—8 页。

配合，必然导致主题先行，把文艺当侍女，听从主人的使唤。”①去除“政治中心主义”，倡导自由创作的思想不能仅停留在喊口号、搞批判的层面，解放文艺创作思想亟须相关的学理支撑，作为与美学息息相关的“审美对象”，门类艺术成为美学界普遍关注的研究内容。

一、“自下而上”的美学研究

在新的形势下，人们所关心的内容由政治化的艺术论题反身走向探索艺术的本体及其审美的独特规律，以批驳“文革”期间的政治化、概念化的艺术观，重新肯定各门类艺术自身的特性。将艺术本体视为美学研究的重要内容，对艺术进行哲学思考，并在美学领域重置艺术的学科地位等，成为美学界的热点话题。几位重要的美学研究者如蒋孔阳、李泽厚以及高尔泰等人还就美学是否研究艺术、如何研究艺术等问题展开辩论。蒋孔阳认为美学研究的中心就是艺术②；李泽厚则认为美学作为审美关系的科学，它的“对象就是研究美—美感—艺术这样一个总过程，它由抽象的哲学到具体的心理学和艺术学”③；他因此提出“美学——是以美感经验为中心研究美和艺术的学科”，美学体系包括：“从哲学到心理学到艺术学，从美的本质到审美态度到审美对象。”“美的哲学、审美心理学和艺术社会学是一个‘统一整体’。”④高尔泰则在《美学研究的中心是什么——与蒋孔阳先生商榷》一文中表达了与李泽厚相似的观点。⑤ 无论大家争执的结果如何，将艺术作为美学研究的对象也好，作为一个过程中的重要阶段也罢，在当时那样一种忽然开放的现实环境下，美学开始走出纯粹抽象思辨的论争范式，转而关注具体的艺术实践与理论，更大程度地进入具体的门类艺术之中。

讨论美学中的艺术问题，并对门类美学问题进行大规模集中思考是在第一次全国美学会议上。会上学者们就“美的本质”、中国美学史编写及方法、“形象思维”、审美教育、几个艺术门类的美学（造型艺术美学座谈会）等专题举行了多

① 《总结经验、繁荣创作——中国美术家协会召开常务理事扩大会议》，载《美术》1979 年第 11 期。

② 蒋孔阳：《什么是美学？——美学研究的对象和范围》，载《安徽大学学报》（社会科学版）1979 年第 3 期。

③ 李泽厚：《美学论集》，上海文艺出版社 1980 年版，第 187 页。

④ 李泽厚：《美学的对象与范围》，见《美学》第 3 期，上海文艺出版社 1982 年版。

⑤ 高尔泰：《美学研究的中心是什么——与蒋孔阳先生商榷》，载《哲学研究》1981 年第 4 期。

次报告会和座谈会。其中伍蠡甫提出在编写“中国美学史”时不妨和中国书法美学史、中国绘画美学史、中国建筑美学史等的编写同时进行。[①] 在论及关于中国美学史方法论的报告时,北京大学胡经之提出:一、要求历史和逻辑相统一;二、注意上面和下面的结合,美学的历史呈现出“自上而下”和“自下而上”两种趋势,前者思想家在论证自己的体系时,也论证自己的美学思想,这是从哲学体系出发,后者却是从具体的审美现象、艺术现象出发,概括出比较系统的艺术理论。会上也深入开展门类美学的思考,例如,王世仁的《建筑形象的艺术性和创作思维特征》、朱立人的《舞蹈的几个美学特征》、周来祥的《关于乐记》,绘画方面有郭因的《传神论的产生和发展》,另外,淮阴师专的肖兵呼吁美学界要开展雕塑美学研究。[②] 当然,会上也有质疑声,洪毅然就对是否需要搞各艺术门类的美学表示怀疑,他认为如果要搞“绘画美学”“音乐美学”等,则不宜使之混同于各门类的艺术理论才好。[③] 这次会议打开了门类美学的多向度探索空间之门。

到 1983 年中华全国美学学会第二届年会召开时,会议的一个重要议题就是“门类艺术美学”。这时的与会专家对美学与各门类艺术理论的区别及关系已经有了较为明确的意见和看法。其中佟景韩认为,艺术理论是美学的有机组成部分;徐书诚认为,美学和艺术理论对象免不了有重叠部分,同一个对象可以从不同的角度去研究;袁柏梁认为,艺术理论与艺术美学既有联系又有区别,艺术理论的任务是使人“知其然”,美学的任务则是使人“知其所以然”。会上也有很多学者强调艺术理论与美学的区别。满都夫认为,艺术理论是艺术自身以理论方式认识自身本质的必然产物,它一方面表现为对艺术表现手段即艺术的美及其尺度认识的技术理论形态,另一方面表现为对艺术实践的经验总结和对艺术功用及其对现实美学等方面的理论认识。美学理论则是以这些方式对艺术认识、创作及实践规律的认识结果。邱明正认为,门类艺术理论是研究本门艺术的本质、特征和产生、发展、创造、构成、批评、鉴赏规律的科学;门类美学则是研究本门艺术中的美(包括美的本质、特征、产生、发展、构成)、美感和美的创造

---

① 《全国美学会议分别召开高校美学教学和造型艺术美学座谈会》,见《第一次全国美学会议简报》第 5 期,1980 年 6 月 8 日。

② 《全国美学会议继续举行学术报告会并对美的本质、中国美学史等问题进行座谈》,见《第一次全国美学会议简报》第 4 期,1980 年 6 月 8 日。

③ 邹其昌:《建国五十年美的本体论研究述评》,载《武汉交通科技大学学报(社会科学版)》1999 年第 3 期。

规律的科学。邵洛羊认为，美学是艺术哲学，带有深而远的哲理性，凡要上升入美学范围的艺术论点，必须具有哲理性。① 此外，会上也有就电影美学、音乐美学、中国画与中国书法艺术的特殊规律及与其他各门类艺术美学的关系进行探讨的发言。②

就学术会议而言，往往是对特定语境下的一些重大问题进行集中对话和探讨，代表着当时的理论焦点和问题意识。从两次会议的主题设定与讨论对象也能看出，在当时，门类美学已经成为美学中的一个重要研究领域。传统“象牙塔”内美学的分化和研究路向的反转在不断拓宽着美学的发展空间，很多理论家都主张“从具体到抽象”“自下而上”的美学研究路径，如王朝闻、伍蠡甫、周来祥、刘纲纪、汝信等人都强调美学研究要从特殊走向一般，要对具体门类的艺术美学进行研究才能对整体的美学有一概括性认识。王朝闻提出只有通过掌握雕塑美、绘画美、戏剧美的本质等才能掌握总体的或一般的美的本质，因此他反对抽象地、形而上地讨论美的本质，认为基础理论研究要充分重视对具体艺术感性经验的把握。

> 中外美学史和群众的审美实践表明，作为意识形态的艺术，虽然不是美学的唯一对象，却是美学研究十分重要的对象。艺术的门类众多，每一大门类之中又有许多小门类。它们自身随着条件的变化不断变化，新的门类正在萌芽或者将要壮大……艺术美学不只要掌握各门艺术的共性，而且要掌握各种艺术的个性。经验表明：即使为了掌握艺术美学的一般规律，也必须掌握不同门类艺术美学的特殊规律。
>
> 包括以各种艺术为研究对象的各门类艺术美学，它们的存在价值决定于它们在学术领域中的地位和对艺术实践的指导作用。同时，艺术美学的理论形态可以是多种多样的，譬如说，具象的也可能就是抽象的，著者可以有寓论断于描述的自由，描述也可能具备理论的深度。③

在王朝闻看来，一切艺术都是在一定时空条件下发生发展的，因此必然存

① 《中华全国美学学会第二届年会简报》第 2 期，1983 年 10 月 9 日。

② 赵捷：《中华全国美学学会第二届年会与福建省美学研究会年会综述》，载《福建论坛》1983 年第 6 期。

③ 王朝闻：《“掌握诀窍”——艺术美学丛书・艺术美丛书序》，载《艺术研究》1986 年春季号。

在着差异性与一致性并存的问题;而关于艺术的美的概念性把握就是要以微观的具体的不同艺术门类特点为基础,若仅着眼于各门艺术的一致性和稳定性,就会忽视它们的独立性和差异性,同时也无法准确把握各门艺术发展的运动性,因此,他提出:“即使从艺术美学研究自身的深化着眼,只要不是独立地对待某一门艺术,分门别类地对它体现着共性的个性作理论的探讨,在艺术美学的研究任务中也是非常必要的。”①他还以辩证法的论述方式提出,要从客观需要出发,在美学中不只研究美学原理,而且要研究门类艺术美学。美学与门类艺术美学两者相辅相成。

在艺术活动不断恢复生机的同时,美学研究由关于传统实践哲学和认识论立场的美学原理转变为对具体艺术的审美特性以及艺术作为“审美对象”的问题的探究。学界倡导将“自上而下”与“自下而上”两种路向结合起来,主动借助具体艺术的创作实践和欣赏等多方面的特性来探讨美学问题,并注重强调对美学分支进行自成系统的研究。受这些新路径的触动与启发,音乐、舞蹈、美术、戏剧戏曲等各门类艺术也开始从美学视角审视自身的理论发展。艺术研究与美学处在相互吸引、走向对方的并轨过程中,快速形成了一种朴素直接的、充满活力的理论上升态势。

二、“形象思维”带来的启发

新时期以来,整个社会政治风向的转变为文化艺术的自由发展带来了巨大的动力和广阔的空间,艺术创作在反思中逐渐恢复。同时,美学研究成为中国知识界冲破牢笼、解放思想的精神出口,并在特殊的政治、文化语境下成为推动社会变革的公共话语平台,整个社会都对美学充满了巨大的热情,作为美学研究主要对象的艺术自然不甘落后,艺术界也掀起了从美学视角审视自身的争鸣热潮。

美学研究将艺术活动深度地纳入自我系统,这种思潮反过来也渗透到艺术的各门类学科中,特别是代表一定政治风向标的关于艺术创作中“形象思维”问题的讨论,无疑是一个带有催化性质的爆破点。音乐、舞蹈、绘画、书法、电影、

① 王朝闻:《“掌握诀窍”——艺术美学丛书·艺术美丛书序》,载《艺术研究》1986年春季号。

戏剧、雕塑、建筑等多个门类都受此启发，理论的复苏多从关于“艺术的形象”的讨论开始，进一步发展为对各自学科的一些核心内容，诸如本质、规律、审美特性、呈现方式等进行探究，从自身的艺术特性及规律出发，开始有意识地确立和构建相关学科体系。

如前所述，1978 年“形象思维”这一美学概念的重提暗含着十分重要的政治涵义和文艺指向。同年，李泽厚发表了《形象思维续谈》（1959 年李泽厚曾发表过《试论形象思维》），重申形象思维中的直觉、灵感等是文艺特有的思维方式，艺术不能以逻辑思维和现实生活为唯一标准：“因为光从模拟或狭义的认识出发，要求音乐、舞蹈等表情性艺术也去模拟现实对象，便违反了这些艺术的形象思维的要求和规律。”[①]李泽厚因此提出各门艺术都有其形式结构方面的要求，在创作中必须遵循艺术在形式上的规律；另外，他认为逻辑思维是形象思维的基础，其中包含对艺术形式结构方面熟练掌握的要求。

关于形式与内容的这些思考很快就形成了一种新的话语时尚，1978 年高凯发表《形象思维辨》一文，就艺术中的形式与内容问题进行了反复论证，他认为形象思维是艺术的普遍规律，是艺术创作必须遵循的方法；诗的规律在于用形象的描绘来反映诗歌的内容，这是整个文艺创作的规律，是艺术的形式和内容的关系问题：

> 艺术要讲究艺术的形式，离开了艺术的形式，艺术就失去了它的本质，就不成其为艺术。形式是具有一定内容的形式，内容是在一定形式下的内容，没有无内容的形式，也没有无形式的内容。在形式和内容的范畴中，二者的位置不是固定不变的，作为此一事物的形式的，于彼一事物则为内容，反之亦然。这里没有什么绝对的东西，而一切都是相对的。
>
> 艺术的基本形式或最高形式是形象思维，即通过艺术形象的塑造，寓示（从典型形象的深处揭示）真理。无此形式，便不成其为艺术。我们通常所说的艺术的形式，如文学、戏剧、电影、美术、音乐等，不是对艺术的最高形式而言，而是对能够寓示真理的具体形象的具体内容而言，而这些作为具体形象的具体内容的形式，对艺术的最高形式而言，则不是它的形式而

① 李泽厚：《形象思维续谈》，载《学术研究》1978 年第 7 期。

是它的内容了。当然,从艺术的最高形式以下,还会有若干中间环节的过渡,一直到典型形象这个基本内容。无此内容,便失去了艺术的意义。①

在这段论述中,艺术的形式与内容的关系以及艺术的形象思维问题被处理得高深而抽象,这套深奥的带有哲学意味的辨析与解读方式后来成为各艺术门类都乐于采纳的一套话语方式。相较之下,朱光潜的观念更为明晰而有针对性,他阐明艺术的思维主要是形象思维,文艺这种精神生产活动要注重艺术自身的形式与情感表现,希望在艺术活动中强调艺术自身本质规律性的纯粹形式,为此他引用了休曼的一段话来支持自己的观点。

德国大音乐家休曼的一段话时常在对我敲警钟:

"批评家们老是想知道音乐家无法用语言文字表现出来的东西。他们对所谈的东西往往十分没有懂得一分。上帝呀!将来会有那么一天,人们不再追问我们在神圣的乐曲背后隐寓什么意义么?先把第五音程辨认清楚罢,别再来干扰我们的安宁!"

休曼在警告我们不要在音乐里探索什么隐寓的意义或思想,因为一般思想要用语言文字来表达,而音乐本身是不用语言文字的,它只是音调节奏的起伏变化的纯形式性的艺术。不过音调节奏的变化是与情感的变化密切联系的,所以音乐毕竟有所表现,所表现的是情感之类内心生活,不是某种概念性的思想。②

显然,朱光潜的提法更为直接和明确,那就是希望在理论探索中要思考各种艺术自身特性及内在规律——纯形式性。艺术要能回到自身纯形式性的部分,突出作者真实的情感表现,这不啻吹响了回归艺术本体的号角,也是对长久以来受政治意识形态管控的艺术的一场思想与理论的解放运动,对于多年来遵循"主题先行"的艺术创作产生了强大冲击力。在美学研究方面,这种关注艺术"纯形式性"特征的理论波及各门艺术的理论建设,在门类美学研究中掀起了一

① 高凯:《形象思维辨》,载《社会科学战线》1978年第3期。
② 朱光潜:《形象思维在文艺中的作用和思想性》,载《中国社会科学》1980年第2期。

场关于形式与内容的论争。

借助“形象思维”这个政治上正确、学术界认可的概念，艺术界找到了进入学科本体的话语依据和理论入口。为了能从认识论和艺术实践的角度肯定形象思维的存在价值与意义，艺术家和理论家们开始借助具体艺术的创作实践和欣赏等多方面的特性来探讨“形象思维”问题，从艺术创作过程中的学科特性来挖掘与形象思维相关的理论话语。在音乐界，钱仁康认为：“在艺术中，形式的因素是很重要的。没有形式美，就不能引人入胜。形式有一定的独立性，但这种独立性是相对的，形式要服从于内容，而反过来，又对内容起积极的能动作用。两者是互相依存，互相渗透，不可分割的。”①舞蹈界关于舞蹈本体性的探讨在“文革”结束后不久就已经开始了，其中，形式与内容的关系也同时成为舞蹈学界的一个话题。1980 年，王元麟提出舞蹈动作正是舞蹈的审美本体，要通过舞蹈的“风格素材”“舞蹈动作本身”这样的“纯然形式”来弄清舞蹈的美学特点；徐尔充、隆荫培认为舞蹈艺术的特性就是通过形式美来区别于生活原型，因此应当重视舞蹈艺术形式美，要不断丰富舞蹈的表现手段②。绘画界有艺术家们直接从自我实践的角度开始思索形式与内容的关系，吴冠中提出的“要大谈特谈形式美的科学性”③等言论在绘画界激起轩然大波，引发了长达 5 年之久的激烈论辩。这些关于本门艺术之形式与内容关系以及强调形式的重要性等的讨论为门类美学开启了理论研究的通道，后文详述。

在一个百废待兴的政治和文化语境下，各门艺术在马克思主义美学理论的基础上，通过形式与内容的讨论达到凸显本门艺术的本体价值和独立存在依据，其根本目的是让艺术摆脱政治功用的束缚，回归其内在规律。今天我们回过头来审视，处在这样一个时代背景下，艺术界关于形式与内容的讨论带有很多局限性，甚至与今天的艺术理论背道而驰，但我们不能就此否认形式与内容之争的历史影响力，恰恰是在这样一个显得较为幼稚而躁动的美学进程中，各门类艺术的学科意识被激活，压抑已久的艺术理论界在相对狭窄的学术视野下，通过美学这条路径，左冲右撞地开始走向学科的自觉，门类美学正式登上历史的舞台。

---

① 钱仁康：《音乐的内容和形式》，载《音乐研究》1983 年第 1 期。

② 参阅徐尔充、隆荫培：《试谈舞蹈艺术形式美》，载《文艺研究》1980 年第 5 期。

③ 吴冠中：《绘画的形式美》，载《美术》1979 年第 5 期。

第二节　绘画美学：观念的博弈与交锋

由于学科本身的先天优势，在对绘画作品的评判中总是更容易直接反映出整个社会对文化艺术的审美态度和心理趋向，因此绘画界的每一次观念激变都能触及甚至引领最新的文化思潮，从而影响着文艺观念的转变。整体来看，从改革开放初期到 20 世纪末，绘画美学的发展大致可以分为两大阶段。

第一阶段是从“文革”结束至 80 年代中期，这一时期主要是新中国成立以来确立的“政治艺术”与西方现代性的“纯粹艺术”之间的争执。其基本问题可以归结为艺术是应该为社会政治服务还是该遵循艺术自身规律。这个问题始终渗透在从反思“文革”、反拨极“左”到争取艺术主体性的多个艺术事件中。同时，由于受“艺术服务于政治”观念束缚已久，理论在围绕着某一艺术事件或观念展开讨论时总会不自觉地将言说者个人的意识形态立场、哲学观念、情感个性以及审美倾向夹杂在一起，因此这一时期理论的话语特征主要表现为针锋相对的批判和饱含激情的论争。

第二阶段从 80 年代中后期一直延续到 90 年代末期，其间尽管也有比较明显的时间上的断隔，但主要的问题都体现为西方现代艺术观念与传统艺术观念之间的对冲。在当时的情境下，面对现代艺术观念恣肆扩张与本土艺术意识逐渐崛起，有视西方艺术为通向思想自由的坦途而欢欣鼓舞者，也有视西方现代艺术为洪水猛兽，认为中国绘画穷途末路的忧虑之思者。因此，理论关注的问题基本可以归结为西方现代艺术之优劣和传统艺术在现代社会的延续与转型两大部分，话语的特征相对理性且注重哲思与辨析。

与音乐美学迅速在理论研究中树立学科意识、架构学科体系，并在后续的发展中不断确立并完善学科的发展路径不同，绘画美学在 20 多年的发展中更多地与艺术实践紧密贴合在一起，以批评的方式触动美学观念的生成。因此，这一时期的理论特征就是激荡交错着多种复杂的情绪和心理，它们在时代浪潮的最高点通过博弈和交锋推动着绘画观念以及文艺思潮的更迭，决定着学科的发展走向。但反过来说，正是这样的特征决定了其学科在学理性、系统性等方面都难以达到严格意义上的完整与明晰。

一、反思极“左”思潮与主体确认

在“文革”结束后不久，绘画创作就开始了反思之路，艺术家们从对阶级斗争的忠诚粉饰转为对“文革”的反思、质疑，进入对乡土的写实和对绘画自身特质的确认。可以想象，在这样一种蜕变过程中，必然会充满对所选择方向的怀疑，必然要经历走向独立征途中的挫折与反复。

（一）“伤痕美术”的反思之力

1978 年 8 月，上海《文汇报》发表了卢新华的小说《伤痕》，作品一改过去仅仅描写现实光明、社会宏伟的主题先行创作手法，以人的情感挫折来折射人生的悲剧性一面，引起人们对“文革”的艺术性反思，也将“伤痕”情结传播到各艺术领域。实践的艺术家比理论家们更早地捕捉到了这股审美倾向，先后出现了一大批伤痕风格的绘画作品。

1. 从社会伤痕到个人感伤

1978 年，《连环画报》邀请刘宇廉和陈宜明、李斌根据卢新华的小说创作了同名作品《伤痕》，揭露“文革”中个人生活及命运的悲剧性一面；1979 年，《连环画报》第 8 期又发表了连环画《枫》[①]，将个人在社会大动荡、精神世界空前扭曲中的命运悲剧呈现在画面中。这是绘画界开始进行反思的重要作品，人们重新思考艺术所应承担的社会责任：“我不认为社会主义的艺术主要的是批判缺点和揭露黑暗。但，处在这样一个经历了剧变的时代，艺术责无旁贷地应该回答千百万人关切的问题。”[②]艺术创作仍延续着与社会生活之间的紧密联系，但是艺术的功能不能仅仅为政治意识形态服务，而应该有针对现实的批判能力，这在当时是十分难能可贵的一种艺术观。1979 年，闻立鹏创作的《大地的女儿——献给张志新烈士》、尹国良创作的《千秋功罪》等作品集中对现实中的英雄进行歌颂，对历史给予批评，带有深深的反思和审视意识，艺术家的社会责任感随着时代语境的转换变得更为真实。随后，伤痕的内容超越英雄人物和重大

---

① 《枫》是根据郑义同名小说改编的由 32 幅画面构成的连环画，以一种近乎自然主义的笔法描述了“文革”期间的恋人由于在武斗期间各执一派立场，最终相残致死的悲剧。

② 迟轲：《连环画〈枫〉的时代意义》，载《美术》1979 年第 8 期。

事件主题,转而聚焦于被卷入政治斗争漩涡中的个人命运与情感世界。1979年,在中国美术馆举办的“建国三十周年全国美展”上,高小华的《为什么》、程丛林的《1968 年×年×日雪》等一系列色彩灰暗、基调忧伤的悲剧性作品问世。作品抛开了过去红、光、亮的色彩和高、大、全的人物形象,采用一种没有明确效果意义或中心主题的手法描绘“文革”时期的武斗场面,用同情和哀伤的艺术氛围表达一种与之前截然不同的政治诉求。它们的出现彻底将伤痕美术作为一种崭新的审美风格确立起来。

最初的“伤痕美术”作品着力再现“文革”中斗争后的惨淡场面,但也有相当一部分作品开始弱化这种主题性的内容,更多转向个人的情绪表达。艺术的精神逐渐被引向了在迷茫中听从个人内心的驱使,从伤痕的社会主题演变为个人感伤的记忆,对个体存在方式及意义进行思索。何多苓 1982 年的作品《春风已经苏醒》、1984 年的作品《青春》等,进一步将感性诗意发展为对时代生存经验的形象象征。王川的《再见吧！小路》和王亥的《春》则是对知青经历的记忆再现。《再见吧！小路》表现一个女知青返城离开农村前夕,深情回望曾无数次走过的乡村小道;《春》则弥漫着女知青的忧郁而无奈的情绪。在谈及作品时,王川说道:“在这样一条艰深而苦痛的小路上,我感见了……一本陈旧历书,这里面有我们多少甜美的笑,又有多少悲伤的歌……但我仍感到了一个孤独的心灵的彷徨、悔悟。”[①]绘画进入个人的内在情感空间,遵从真实人性所指向的心理变化进行创作,迷茫、感伤、孤独、彷徨、忧郁、悔悟等个体情绪性的话语内容成为绘画要表现的主题。无论是表现迷茫还是追求光明,“伤痕美术”一改过去绘画用以粉饰社会、再现政治生活的虚假现实主义,将艺术对象变为个人的真实经历与情感,反而“以形象的真实性,证实了审美的现实性”[②]。

通过对“文革”时期的社会、民族乃至个人历史命运的反思与回望,理性揭示“文革”带给国家和个人的伤痛,重新寻找个体的感性存在,艺术家用艺术作品启动观众的情感闸门,引发观众的审美共鸣,在当时的社会引起了极大的反响。同时,感伤风格的“伤痕美术”从过去高度意识形态化的现实主义创作手法走向了个体的情感表现,进而以个人命运的不幸来暗示国家历史的悲剧性,促

① 王川:《期望着她走在大路上》,载《美术》1981 年第 1 期。

② 孔新苗:《二十世纪中国绘画美学》,山东美术出版社 2000 年版,第 384 页。

进了整个社会的审美意识和精神风貌的转变。

2. 对人道主义的讨论

1981年初，罗中立的油画《父亲》获“第二届全国青年美展”一等奖。作为新时期美术的一个典型和象征，作品以深深的同情和写实主义手法刻画了一个底层农民的艰辛与贫困，将过去不愿意承认的一个国家的伤痕暴露在观众面前。在习惯了看红、光、亮，高、大、全的领袖巨幅画后，忽然看到这样一幅困苦麻木的农民头像，观众所感受到的视觉冲击和心灵震撼完全超出了以往的视觉经验，可以说正是这幅作品让“伤痕美术”走向了普泛意义上的人道主义精神关怀，受到了高度评价。1981年，《美术》刊物特地刊发了罗中立谈创作动机的文章，成为这幅画的重要注解。文中，罗认为这个端着破瓷碗、满脸皱纹的驯良、老实巴交的“父亲”形象“不是某一个农民的父亲，是我国经过10年浩劫的8亿农民的父亲，也是当代中国农民的形象。这个形象所体现的力量，是撑持我们整个民族、整个国家从过去走向未来的伟大力量”，“‘我要为他们喊叫！’这就是我构思这幅画的最初冲动”①。无疑，这幅作品反映的是作者心底最柔软的部分，打动人们的正是艺术中闪耀的人性之光。要为底层的普通人呐喊，艺术担起了准确再现社会真实的重任。

当然，面对《父亲》这样一幅暴露社会现实问题、揭示人民真实形象的艺术作品，争议是存在的。针对这种人道主义的同情立场，支持者认为“（这幅作品）说明艺术从天国向现世回复，无论它的作者是否自觉，它都反映了把被颠倒的历史重新颠倒过来的趋势，反映了现实主义的胜利和革命人道主义的胜利”②“他合理地继承了历史上有进步意义的美学观念，大胆地从现实生活中发掘美，他忠实于生活，从生活出发”③。作为一种全新的创作风格，《父亲》这幅作品以处在社会边缘或底层的农民肖像为主题，描绘社会的本来面目，在当时特定的历史语境中具有特殊的意义和价值，这一点是毋庸置疑的。

由于艺术观的分歧，作品在得到广泛赞誉的同时，也受到了以邵养德为首的很多人带有政治意味的批判。邵养德从艺术的社会效应视角切入，站在一种政治的立场上对作品进行价值判断。他在《创作·欣赏·评论——读〈父亲〉并

① 罗中立：《〈我的父亲〉的作者的来信》，载《美术》1981年第2期。

② 西来：《青春的旋律》，载《美术》1981年第1期。

③ 张少侠、李小山：《中国现代绘画史》，江苏美术出版社1986年版，第330页。

与有关评论者商榷》中提出,艺术家应比一般人看得更远些,要看到普通人看不到的东西,“如果说‘守粪’是‘苦差’,那也不是为了地主和资本家,而是为国家、为集体、为个人,谈不上‘吃亏’或‘不吃亏’……应当为旧社会的农民不能为自己‘守粪’而‘喊叫’,不要为新社会的农民为自己‘守粪’而‘喊叫’……农民在旧社会的‘苦’,没完没了,在新社会吃‘苦’是为了未来的幸福”,且“作者在他(‘父亲’)身上没有注入任何崇高的革命理想,不知道他怎么会成为 8 亿农民的父亲”“艺术创作要注意社会效果,艺术评论也要注意社会效果,不要言过其实”。[①] 其实,当时的艺术家和社会舆论风潮都已经对粉饰性、教化性的艺术活动极为反感,但是理论家在此时还是有些相对保守与迟疑,不能敏锐地把握到这种变化,因此才会站在为“新社会”辩护的立场上,以缺乏现实意义、没有理想等局限性来评判艺术作品,并要求艺术家创作能表达“幸福”的、有理想的面孔。

邵养德这种工具论式的原则概念创作理论招致了一片反对声。1981 年,《美术》杂志第 11 期上发表了邵大箴《也谈〈父亲〉这幅画的评价》,文章认为邵养德忽略了“原型”与“艺术形象”的不同,才会把罗中立的创作动机与构思过程混为一谈;为此邵养德又发表文章与邵大箴进行商榷,强调艺术创作的典型意义。在此之前,《美术》1982 年第 1 期上,不仅发表了李伟铭《也谈油画〈父亲〉——兼与邵养德同志商榷》一文,甚至还刊登了来自江苏沭阳县朝阳公社的一位农民郭祖祥的一篇声明《我们不会为“父亲”感到耻辱》和江苏泰县(现为泰州市姜堰区)一位教员王纲的文章《〈父亲〉与“高大全”》,以证明打破这种一贯以来僵化教条的美学观是从人民的主体意愿出发的,要求艺术必须符合历史发展需要,并与人民生活相统一。这种全民参与的美学思考,一方面说明了《父亲》这幅作品在全社会产生的巨大影响,另一方面也反映出 80 年代“美学热”的盛况,全社会各个群体都乐于对艺术进行批判和评断,艺术批评不是理论家独享的权力,也不是政治意志的从属品或显性承载者,任何人都可以参与艺术批评,都有权发表关于美、关于艺术的审美感受,且可以被视为进行审美判断的重要依据,这也是这一时期艺术理论耐人寻味的阶段性特征。

实际上,带着“文革”遗风的政治批判在这种审美经验的浪潮中陷入了深深的无力感,也从反面进一步说明了无论是对底层农民深切同情的表达,还是对

---

① 曾静初:《画什么·怎么画·美在哪里》,载《美术》1981 年第 3 期。

蹉跎岁月逝去青春的伤感回忆，都是社会变革后民众的真实情绪。加之这一时期多数人所拥有的伤痕记忆造就了观众对伤痕美学的强烈体认。“伤痕美术”改变了一贯的从主题立意出发对作品进行判断的话语模式，将艺术活动从歌颂式的创作中解脱出来，走向重新审视自我，更加注重真实的人性描绘。在争议与辩论中，绘画界逐渐开始抛弃了对艺术单一定式的、工具论性质的美学观念，在艺术家的积极引领下，重新开启了绘画美学的新空间。

（二）“星星美展”的反叛与突围

“星星美展”是由群众自发组织的一次社会活动。与专业画家那种相对理性的反思和伤感的气质不同，业余画家们组织的“星星美展”不论是展出形式还是视觉主题，都充满了遭受创伤后的冲动不安和咄咄逼人的气势，甚至由于他们有意识地干预社会现实的突围方式引发了整个艺术界的骚动，因而在美术史进程中留下了深刻的印记，拉开了中国现代主义艺术思潮的序幕。

1979 年 9 月 27 日，以王克平、马德升、黄锐等为代表的青年业余画家组织了一场非官方的艺术作品展——“星星美展”，作品在中国美术馆东侧的公园栅栏上展出，150 多件油画、木刻、钢笔画、雕塑等作品参展。展览刚一亮相就由于其内容和展出形式引发了社会的强烈震动，第二天有关部门以影响群众正常生活和秩序为由[①]阻止了该展览，1979 年 10 月 1 日，“星星美展”的部分成员在北京进行游行抗议，“星星”与地方行政管理部门的对峙成为中国现代主义艺术史上的重要事件。1979 年 11 月 23 日—12 月 2 日，经各方协调后，“星星”作品在画舫斋展出。此次展出的作品共有 23 件，展览前言上写道：“过去的阴影和未来的光明交叠在一起，构成今天我们多重的生活状况，坚定地活下去，并且记住每一个教训，这是我们的责任。”[②]而王克平提出“珂勒惠支是我们的旗帜，毕加索是我们的先驱”。栗宪庭采访王克平、马德升、黄锐和曲磊磊的报道中记录道：“人们为什么对我们展览产生这么强烈的共鸣，如果不是人人共有的伤痕，只靠我们不成熟的产物是不够的，这也是我们热爱生活的产物，使我们敢于通过艺术语言把心灵的创伤，从曾经被塞住的嘴里喊出来。”[③]绘画艺术的本质，就

---

① 王克平：《星星十年》，汉雅轩 1989 年版，第 25—26 页。

② 转引自栗宪庭：《关于“星星”美展》，载《美术》1980 年第 3 期。

③ 同上。

是画家内心的自我表现,要把他生活中的感受,欢乐与痛苦画出来。这些宣告艺术要介入社会、表达真实的现代主义艺术口号,成为当时人们宣泄情绪的最好出口。

1980 年 8 月 20 日,第二届“星星美展”进入中国美术馆展出,展览一直到 9 月 7 日方才结束,据称有 8 万多观众参观了这次展览,这成了当时美术界的重要话题,各方意见纷纭。支持者吴甲丰撰文《看星星美展,漫谈艺术形式》为“星展”辩护称:“若谓‘星展’作品一味模拟外国而没有自己的探索和创造,那也将是一种莫大的误会……他们的作品固然显得有点形式新奇,却也不是一味地‘为形式而形式’,而是试用一些新的‘造型语言’表达他们的思想感情。”[①]但这些观念在当时招致更多的是反对声。高焰在《不是对话,是谈心——致星星美展》中反对“星星”作品抽象的形式,提出“艺术,毕竟是一种社会意识形态,有其社会功能,作品也要经得起社会实践的检验”[②]。子泉在《致星星美展作者们的一封信》中则就形式与内容问题对“星星美展”提出质疑,认为形式依附于内容,“美术作品是属于意识形态范畴的东西,应该把美术作品作为教育人民的一种手段,使人看了美术作品,潜移默化,从而提高共产主义道德、品格的修养”[③]。干预生活、注重对形式美的探索,“星星美展”的这些主题在当时那样一种社会语境之下无疑具有破冰的重大意义,但是反观理论界针对它的一些讨论,尽管涉及艺术的形式与内容、艺术的社会功能等多个主题,但显然都是带有一种“文革”的话语遗风,附带着一定的观念偏见或政治意图来表达一种功能性的美学观,并未形成深入严谨的理性对话,就这一问题来看,理论的滞后是显而易见的。

(三) 关于形式的论辩

无论是“伤痕美术”还是“星星美展”,其中都有一个重要的话题无法绕过,那就是关于绘画中形式与内容的关系。特别是“星星美展”中提出的“为艺术而艺术”,在理论界引发了关于艺术形式与内容的争议,但所有这些问题最为明确的阐述来自吴冠中。当时,理论界还大量延续着文艺服务于政治主题的创作和

---

① 吴甲丰:《看星星美展,漫谈艺术形式》,载《读书》1980 年第 11 期。

② 高焰:《不是对话,是谈心——致星星美展》,载《美术》1980 年第 12 期。

③ 子泉:《致星星美展作者们的一封信》,载《美术》1981 年第 1 期。

学术惯性，讨论的话题仍旧集中在主题和题材等内容性方面，当很多人还是主张要从生活和人民中汲取经验，要为人民战斗事业而进行艺术创作时，吴冠中逆向而动，针对绘画美学的形式与内容问题发表了一系列言论和观点。

1979年5月，吴冠中发表《绘画的形式美》。文章并不是纯然的理论思辨或推导，而是从自己的实践经历和感受出发，对绘画提出了自己的观点，“希望看到更多独立的美术作品，它们有自己的造型美意境，而不负有向你说教的额外任务”“要大谈特谈形式美的科学性”[①]。由于坚持反对让美术作品一味承担说教功能，因此在第四次文代会座谈会上，他开诚布公地提出：“什么画种搞什么题材，我看这类框框要不得了！”[②]1980年，吴又发表《关于抽象美》，提出“抽象美是形式美的核心”“掌握了美的形式抽象规律，对各类造型艺术……都会起到重大作用”[③]。到1981年时，吴冠中更加笃信形式对于造型艺术的重要性，在《美术》第3期上发表的《内容决定形式？》一文开篇就质疑了数十年来“内容决定形式”这条不成文的法则，认为这种观念极大地束缚了美术创作，因此提出造型艺术中的形式不同于其他生产中的“形式主义”，造型艺术的特性本身就是形式，形式就是美术本身，“造型艺术，是形式的科学，是运用形式这一唯一的手段来为人民服务的，要专门讲形式，要大讲特讲”；因此，内容要依附形式而存在，“不是说不要思想，不要内容，不要意境；我们的思想、内容、意境……是结合在自己形式的骨髓之中的，是随着形式的诞生而诞生的，也随着形式的被破坏而消失，那不同于为之作注脚的文字的内容”。尽管当时美学界已经有了关于“形象思维”的大讨论，但在绘画界，在艺术观念刚刚解禁不久的中国，要碰触“内容决定形式”这条法则还是要有超前意识与莫大勇气的。吴的这些颇为激进的观念一出，就如同巨石入水，掀起的浩大波澜迅速将一大批理论家都卷入其中。

1980年，洪毅然在《美术》第12期上发表《艺术三题议》，文中提出：“艺术形式的美，不能也不应当脱离其所表现的‘艺术内容’，而是要被其所表现之特定具体‘艺术内容’决定的。可以提出艺术形式的美，而不是艺术的‘形式美’，以避免陷入形式主义的泥潭。”而冯湘一在《给吴冠中老师的一封信——也谈：“内容决定形式”》中则认为，吴冠中自己创作的画作就是内容在先，形式在后，形式

---

① 吴冠中：《绘画的形式美》，载《美术》1979年第5期。

② 吴冠中：《我的感想和希望》，载《美术》1980年第1期。

③ 吴冠中：《关于抽象美》，载《美术》1980年第10期。

是为表现内容而服务的。邵大箴用一篇对话体文章来呼吁艺术不可以脱离政治而存在,他提出艺术的形式必须在一定的内容前提下而存在:“艺术史发展的经验告诉我们:艺术形式的发展不能靠艺术形式本身的探索去解决,艺术的发展要由社会,由人们的生活,由内容来推动和促进。”①更为集中的反对发生在1980 年年底,浙江美院文艺理论学习小组就艺术的形式问题召开了三次座谈会,集中声讨吴冠中的言论,会上提出:“形式美本身不应当成为艺术创作的目的……片面追求形式美,其结果必然是削弱艺术所应有的认识功能、思想教育功能和审美功能。”②艺术创作和评判所依据的标准到底是自身的规律还是其外用性的功能?艺术是应该服务于社会、服务于政治还是应该仅仅根据艺术本身规律来创作?文艺领域为一个新观点专门召开三次学术会议,这在今日看来是不可思议的,但考虑到时代的特殊性,我们会发现形式与内容二者在当时分别代表着两种意识形态倾向,就一个美学问题作出抉择实际上暗示着个人或团体的政治取向。表面上,这场争论是关于艺术形式与内容的辨析,实际上却演变成关于美术的功能问题的讨论,甚至附带有文艺是否为政治服务的立场性选择。

除了这种直截了当的反对之外,还有一种是希望能将形式与内容统一的论调。刘纲纪偏重于认可艺术形式的独立性,他认为把文艺与政治的关系问题作为根本性的原理来讲是不妥当的,那种政治第一、艺术第二的原则是他所反对的,在《关于艺术与政治的关系》一文中,他提出:“相反,有些作品,即使没有什么重大的、深刻的思想内容,甚至还包含有某些不正确、不健康的内容,但只要它能把这种内容表现在优美的、新颖的、精致的艺术形式之中,那我们还得承认它是难得的真正的艺术作品。”③因此在谈及绘画的形式问题时,他注重从关于形式美的本体论的层面来阐释绘画的形式问题,提出:绘画艺术中的形式美或抽象美,指的是把具体事物所共同具有的形状、线条、色彩和这些具体事物相对独立开来加以观察,感受它们所具有的美,并在绘画艺术中加以表现④。叶朗则主张将形式与内容统一起来,艺术形式美与艺术形象之间是一种辩证关系,形

① 邵大箴:《此路不通:为艺术而艺术——和一位画家的对话》,载《美术》1981 年第 6 期。
② 浙江美术学院文艺理论学习小组:《形式美及其在美术中的地位》,载《美术》1981 年第 4 期。
③ 刘纲纪:《关于艺术与政治的关系》,载《文学评论》1980 年第 2 期。
④ 刘纲纪:《略谈“抽象”》,载《美术》1980 年第 11 期。

式美应该融化在艺术完整形象之中，不露声色才是最高级的，形式美服务于一个整体的艺术形象："艺术形式美不应该坚执着它与艺术内容的对立，这个对立应该达到和谐的统一，融合为一个完整的艺术美的形象。也就是说，当艺术的感性形式诸因素把艺术内容恰当地、充分地、完善地表现出来，从而使欣赏者为整个艺术形象（艺术意境、艺术典型）的美所吸引，而不再去注意形式美本身时，这才是真正的艺术形式美。在这里，艺术形式美只有否定自己，才能实现自己。"①

除此之外，詹建俊、钱绍武、沈鹏等艺术实践者也先后发表论文就形式与内容的关系阐发观点。例如，沈鹏认为："艺术的内容与形式关系还有另一层更广泛的含意：就艺术作为上层建筑的一种形态而言，艺术是一种形式。社会的上层建筑除了政治制度，在意识形态中还有哲学、社会学、伦理学等多种形式。形式的不同意味着内容不相一致。""我认为，每一件具体的艺术作品的'内容'是被艺术作为意识形态的一种特殊'形式'制约的。艺术仅仅是人们再现生活和进行思想教育的一种手段，不能要求它代替一切认识生活和思想教育的手段。"②归结起来看，艺术受政治的约束，艺术应该有一定的教化功能，形式与内容的关系虽然不一定是内容决定形式，但形式一定要与内容联系在一起才具有意义，这种观点无疑是占据主流的。

在热衷于论述形式与内容的辩证关系之外，有一篇关于绘画形式技法的重要性的文章显得较为特别。在《父亲》这幅作品大获成功时，多数人热衷于对其所传达的人道主义关怀进行讨论，对其所呈现的技法与形式上带给当时绘画界的启示并没有太多关注，同为四川美术学院的张方震却通过这幅作品看到了在理论中探索形式技术法则的重要性，并发表了《要注重形式探索——从油画〈父亲〉的艺术成就看形式探索的重要性》一文。文章开篇指出：

> 在文艺创作中，内容决定形式是大家所熟悉的论点，但形式对于内容的反作用——完满、充分地体现内容或使内容受到歪曲与损害——理论家们则议论较少，特别在十年浩劫时期更是不敢触及的命题。近年来，我国

① 叶朗：《艺术形式美的一条规律》，载《文艺研究》1980 年第 6 期。

② 沈鹏：《相互制约——讨论形式与内容的一封信》，载《美术》1981 年第 12 期。

年轻一代的油画创作取得了可喜的收获,固然与他们熟悉生活、富于情感、敏于思考有关,但也不能不看到,由于他们对中外遗产的不抱成见的学习借鉴,对艺术形式的大胆探索和勤于实践,因而对形式技术法则的掌握与运用,也取得了较明显的成绩。①

张方震认为,罗中立的油画《父亲》在艺术上的成就就是一个辩证地运用形式技术法则、比较完满地体现作品内容的例子。为了进一步促进美术创作的健康发展,繁荣祖国艺坛,对在美术创作中起着极其重要作用的形式技术法则进行专门性而不是谈思想内容的附加成分的探讨是时候了。②

相较而言,张方震在关于形式与内容关系论辩的漩涡之中,冷静地对绘画中的形式技法进行了探索,特别是从四个方面分析了《父亲》这幅作品在形式技法方面取得的成就,"巨与细的辩证统一""详与略的对照关系""色彩与主题的关系""技法的运用与主题的关系",他充分肯定了技法、色彩等绘画的本体性、规律性知识及其表现技巧对于表现内容的重要性,并强调了创作中对形式的探索不亚于作者对生活体验和情感酝酿的重要性。将绘画技法问题提升到形式与内容关系的理论层面展开讨论,这是实践者对绘画美学回归本体的一次响亮发声。

从形式与内容的关系开始,感性的画家提出的问题虽然缺乏理论严密性,却具有现实针对性,是多年禁锢后的一次社会意识的审美逆袭,而理论界虽然声音多元,看法与态度大不相同,但多没有意识到绘画艺术处于社会变革中的深刻意义,多数理论家仍偏重于从反对形式主义、为现实主义辩护的二元对立角度对艺术观念进行价值判断,对新时期下的艺术与社会审美文化及意识形态之间的关系没有顺畅地接受。加之由于立论角度和逻辑轨道的错位,由创作需求而发出的个人审美观和由理论表述而呈现的美学话语并没有统一在一个对话的平台上,因此,来自不同领地的争论尽管表现为一种"百家争鸣"的局面,但由于受思维的局限,很难真正从学理上形成对艺术本质的清晰认识或建构起一个可以对此问题继续追问的理论起点。不过这场辩论让许多

① 张方震:《要注重形式探索——从油画〈父亲〉的艺术成就看形式探索的重要性》,载《美术》1981 年第 9 期。

② 同上。

中青年学者在美学研究领域凸显出来，成为后续绘画美学及批评领域的中坚力量。

随着时间的推移，这场辩论的基调在1982年前后发生了变化，虽然“内容决定形式”的声音还在继续①，但对于艺术形式及其审美功能的认识有了更为明确的肯定态度。贾方洲在《试谈造型艺术的美学内容——关于形式的对话》中提出：“艺术应该发挥多种社会功能，应该具有深刻的思想内容和丰富的社会内容，但这不应是对一切种类艺术的要求……审美内容却是一切艺术所必须具备的，而且在造型艺术的某些领域，审美功能是它们的主要功能。如果强求其表现思想内容和社会内容，甚至以这些内容来取代审美内容，只能造成对这些艺术样式的损害。尊重各门艺术的特殊规律，对于艺术理论具有不容忽视的意义。”②当时还在湖北宜城县（今宜城市）文化馆从事基层工作的彭德发表了《审美作用是美术的唯一功能》一文。文章在当时的美学话语之外引经据典，纵横捭阖，选取古今中外的重要美学理论来论述形式美的重要性，大胆提出美无关于教化、认识等功能，美术的唯一功能就是审美，只有先“为艺术而艺术”才能使美术为社会和人民服务的观点：“唯美主义经常被指控为对社会的逃避，是为艺术而艺术。与此相反，确认唯一性的根本动机是力求提高美术功能自身的社会价值，并必然以为人生、为社会、为人民大众服务的美术作品为归宿，使之能在实用的、科学的、道德的和政治的领域，充分施展它的威力。”③在文章中，彭德尖锐地批驳了将艺术的形式美、审美功能等与资本主义形式主义联系在一起而进行全面否定的观念：

> 流行的逻辑是，确立唯一论就会滑向唯美主义，强调形式美就会导致形式主义。这种悲天悯人的情绪，反映出传统偏见的深重僵化性，它笃信的是这样一种判断：唯一性和形式美的提法，或萌芽于资本主义的土壤，或为唯心主义思想家和艺术家所宣扬，因此必然是毒草和谬误。这种判断忘

① 例如，1982年，郎绍君发表于《美术》第7期上的《两条借鉴之路——试谈中国画的出新》一文就主张国画的出新要始终围绕着形式，关键是旧形式如何成为新形式。但他也明确指出，形式出新的要求是由新内容提出来的，因此形式的出新永远不是纯形式问题，它归根结底为内容所左右。当然这与之前带有意识形态的内容决定形式论还不是一个概念。

② 贾方洲：《试谈造型艺术的美学内容——关于形式的对话》，载《美术》1982年5期。

③ 彭德：《审美作用是美术的唯一功能》，载《美术》1982年第5期。

记了一个基本常识：正是在资本主义土壤里，产生了达尔文的进化论、爱因斯坦的相对论和马克思主义；正是在唯心主义大师黑格尔和形而上学主将费尔巴哈那里，相继发现了辩证法和唯物论。既然这些划时代的思想能在旧的土壤中生根开花，美术有什么必然的理由会例外呢？①

在一片关于形式与内容的辩证统一、艺术与政治不可分割等观念论争中，彭德冒天下之大不韪，从本体层面肯定形式美，反对将形式美与意识形态联系起来进行判断的一贯作风，这种观点的提出是振聋发聩的。在论证审美作为美术的唯一功能时，他甚至正确预见了美术在未来的发展方向："以审美作用为特质的美术功能，是一个历史的范畴，它在历史的洪流中携沙挟泥而逐渐异化，伴随历史的进步，它又向自己的本体逐渐靠拢并获得空前高级和充实的内涵。这个否定之否定的过程，在我国，随着人民群众精神文化生活的不断提高，终将成为拭目可待的事实。"②在充分肯定艺术自身规律和审美特性的基础上谈论艺术的功能，相较于意识形态斗争下的僵化的话语论调，这种学理性思辨为绘画美学带来新的活力，形式与内容的大辩论于此达到了理论的高度。

从"内容决定形式"的旧体制传统到形式与内容的和谐统一，再到肯定审美作为美术的唯一功能，显然，学界对绘画的认识从工具论开始转向本体论。

(四) 书法美学的活力重现

经历了"文革"时期的沉寂与萧条，20世纪70年代末，借助于全国上下的文化艺术界的思想解放大潮，一夜之间书法艺术开始复苏。这种变化的直接表现就是出现了众多关于书法的专业画刊。上海书画出版社于1977年10月创办了大陆第一个书法专业刊物《书法》，1979年又创办了《书法研究》，1982年又推出了《书与画》杂志。在展览方面，《书法》杂志社于1979年举办了"全国群众书法征稿比赛"；1980年5月举办了"全国第一届书法篆刻展"；1981年4月举办了"历代书法展览"。影响最大的是1981年中国书法家协会正式成立，这是改变中国书法史的具有里程碑意义的重大事件，让中国书法的整个生态系统发生

---

① 彭德：《审美作用是美术的唯一功能》，载《美术》1982年第5期。

② 同上。

了改变。此后，各省也相继成立了书法家协会，为当代书法事业的发展提供了组织保障。同时，对外书法交流也日益频繁，1984 年，中国书协主席舒同访问日本和中国书法家代表团访问新加坡等活动，也使大家了解了国外书法发展的现状，形成了国内国际书法界的良性互动。但这个时期书坛注重的还是传统风格书法，一大批老书家如林散之、启功、沙孟海、王蘧常、吴玉如、陆维钊、萧娴、朱复戡、陶博吾、沈延毅、陆俨少等先生，都保持着旺盛的创作活力，且以风格各异的特点，基本延续了“传统风格书法”的特征。

伴随着书法组织的不断建立健全，对书法“观念”新变影响甚大的是 20 世纪 80 年代的“书法美学大讨论”。1979 年，刘纲纪的《书法美学简论》出版发行，他将书法看作社会生活在人类头脑中的反映，并以此为出发点来论述艺术的本质特征，是一种反映论的书法艺术观。在刘的启发下，姜澄清、金学智、叶秀山、陈振濂、刘正成、邱振中、陈方既、周俊杰等一批中青年学者先后发表文章，阐述各自的理论观点，中国书法界掀起了空前热烈的美学大讨论。最有影响力的当属李泽厚将“书法”看作“线的艺术”“造型艺术”，他认为书法并不依存于其作为汉字符号的文字内容和意义，它是“有意味的形式”“自由的形象”，强调实践“主体”的创造性，从而极大地促进了艺术精神的解放。这场大讨论从中国书法的美学特征、本体特征、审美特征谈到书法的哲学形态、审美心理现象以及中国书法的美学精神等领域，强调中国书法艺术与西方艺术之最大不同之处，即在于它由一种具有高度抽象力和表现力的线条代替了一切具象的刻画和描绘。最终讨论形成了抽象性、具象性、表现性、表情性、表义性、造型艺术、线条艺术等几大美学范畴，虽然整体论述还缺乏对艺术本质的深入分析，但还是达成了一定的理论共识，基本认可了书法作为抽象符号的表现性特征，并形成了初具体系的理论成果。这场大讨论的影响延续了 10 年左右，此后的 1986 年，陈振濂出版《书法美学》，对书法艺术作了系统论述，提出了书法艺术的时空观等美学观点，在国内美学界产生了一定的影响。叶秀山于 1987 年出版的《书法美学引论》也强调书法可作为独立的艺术活动等。至此，这场讨论从中国汉字的起源去探究中国书法的本源形态，并以此来实现对传统的超越及现代书法的转型，涉及了多方面的书法美学问题，可谓是书法艺术家的思想启蒙运动，同时也确定了书法终究会回归传统的理论基调。

二、20 世纪 80 年代中后期：现代主义的冲击

在 20 世纪 80 年代中期，绘画界的美学观念有了明显的改变，最重要的事件莫过于针对绘画界保守、僵化的创作风格而召开的“黄山会议”与“85 新潮美术”。主流学者提出的观念革新与青年艺术创作者进行的大胆试验在艺术形式和观念上意外地上下合流，汇成一股强劲的变革之力，启动了中国现当代艺术这辆大车，也让绘画界的美学观念发生了彻底的改变。

(一) 体制内外的合力变革

1985 年是绘画思想史上一个极其重要的年份。由于 1984 年第六届全国美展所展览的作品普遍重题材、轻艺术形式，模仿流行，缺乏创新，被批评为“文革”艺术观念的再次蔓延，被定位为陈旧封闭艺术观的最后一次大检阅和终结之展，不满之余，理论界发出了绘画观念革新的呼声。

1985 年 4 月下旬，中国艺术研究院美术研究所、安徽美协、中央美术学院等单位联合在黄山召开“油画艺术研讨会”，美术史上称之为“黄山会议”①。来自全国各地的老中青三代艺术家及理论家结合破除油画创作单一模式，批判“题材决定论”，强调从艺术本体发挥创作个性等问题，提出了“观念更新”的口号。会议的议题涉及观念的更新、油画的民族化、艺术家与观众、艺术家与社会环境、油画的创新、油画的意象造型、油画的风格、油画艺术语言的个性、艺术批评、传统与现代、现代主义艺术、抽象绘画以及西方现代绘画的历史等多个话题，虽然会议上有人倡议艺术创作要多样不要一统化(有艺术家就自己的创作受到理论的束缚提出意见，认为理论逻辑越多越画不好画，反对用一种统一的理论和观念作为艺术作品的鉴赏标准②)，但整体艺术文化气候的转变让大家在更新绘画观念，强调艺术本体的本质功能和艺术的自律性，提倡用艺术的方法研究创作问题等方面达成了高度的一致性。与会者一致认为艺术是一门强调个性创造的精神劳动，没有个性就没有创造，没有创造就谈不上发展。这是油

① 解淑智、张祖英：《“黄山会议的前前后后”访谈录》，载《中国油画》2010 年第 6 期。

② 参阅中国艺术研究院美术研究所现代美术研究室编：《油画艺术的春天》，文化艺术出版社 1987 年版。

画界自觉反思过去、主动寻求新世纪发展而组织的学术活动，涉及面广，对话坦诚而充满理想，理论的风向走出了“左”的思维定式。正如会后出版的论文集《油画艺术的春天》所昭示的那样，“黄山会议既是对 80 年代前期以关注形式美的感性创造而解构‘文革’模式努力的总结，同时又是由‘形式的’感性平面向‘语言的’文化层面推进的宣言”[①]。自此题材决定论、内容决定论等政治统摄下的艺术观念彻底被否定，个性的观念表现得到认可，脱离传统的艺术形式，肯定西方现代艺术观念等都为“85 新潮美术”提供了来自官方的理论支持。

作为中国当代美术新阶段开始的信号，1985 年，“前进中的中国青年美术作品展览”在北京举办，由于其强烈的反叛意识和极端、激进的姿态，展览迅速在全国范围内，包括内蒙古、甘肃、宁夏、西藏、青海等边远地区都掀起了现代艺术的风潮。在没有任何纲领或统一策划的自然形态下，短短两年内共有 79 个艺术群体出现。这次展出同“星星画展”在组织方式上有一种承续的关系，也是在体制之外进行的可以自由发表观念的青年群体作品展。所有这些艺术群体的作品明显受西方现代艺术的影响，不追求形式、技法等，却充满了鲜明的批判意识和参与社会的激进态度。其目的就是：一要通过“非正式”的展览让其“先锋性”作品不需要通过体制内评委的审查就得以与大众见面；二要采用集体展出的方式来彰显个人，个人通过群体的力量来表达对社会的疏离和反抗，进而为激进的美学观念争取合理空间，肯定自我的存在。群体的体制外活动成为“85 新潮美术”的基本实践方式，也带动了之后青年艺术家在体制之外的空间内自由追求独立创作人身份的风尚。

理论界有不少人对“85 新潮美术”所带来的巨大活力和多元风格及其对后世的启示作用表示肯定。袁运甫如此评价：“从这些青年人的作品中，真正感到了中国艺术的发展正在从一个面孔走向多元，各种艺术风格的追求开始拉大距离，并形成自己独特的面貌，看到这些作品由衷地感受到百花齐放的艺术春天到了。如果说，过去不少作品的倾向更多的是如实反映生活的话，那么青年人更多的是富有想象力地面对生活，思考、追求、表现是这些作品的明显特色。”[②]徐家康也发表了《感性形式里的理性世界——新潮美术启示录》，文章认

① 孔新苗：《二十世纪中国绘画美学》，山东美术出版社 2000 年版，第 422 页。

② 袁运甫：《评画印象记——谈“前进中的中国青年美展”》，载《美术》1985 年第 7 期。

为新潮美术探求了“美之为美的根源”，对这种新的审美观念给予肯定。① 郎绍君则对它饱满的艺术情怀倍加称赞：“它(新潮美术)产生了强劲的冲击力和影响。当有的人正忙于用自己熟练的技艺和声名换取某些实惠的时候，这些无名小辈们在读书、思考、试验，进行着至少是十分严肃的艺术探讨。他们用青春的激情造成了一个新的艺术现实，而这个现实恰好与当代中国的开放、改革同步。”②新潮美术中对自由艺术、反叛精神的崇尚以及要求对艺术自身进行反思的行为使得这一时期的绘画美学研究中更多地加入了哲学性内容。

但是，由于理论的纯粹思辨与批评的话语系统并没有完全融合，因此关于绘画的审美现代性等还未成为理论的核心命题，而这时的理论界仍充斥着非此即彼的思维模式，不少人热衷于对现代艺术观念进行非理性的价值批判，引发了理论的混战，这场论战从“85 新潮美术”发生之初一直延续到 90 年代初期。杜键认为 80 年代中国新潮美术其实就是中国的现代派艺术，是我们借鉴西方文化的必然结果，他说，“由于西方人道主义传统精神的渗透而提出的正义、公平的思想倾向在现代派作品中也有反映”，因此，“(新潮美术)是一种不可避免的历史现象”③。在当时反对全盘西化、反对资产阶级自由化倾向的文化语境中，这一言论很快招致更大范围的批判。反对者主张反思“85 新潮美术”，反对西方的“垃圾艺术”进入艺术殿堂。如杨成寅就认为：“中国的所谓新潮美术，就其主导倾向来说，恰恰是反艺术规律性和反社会目的性的……在美术界有一小股不健康的暗流从 80 年代初就逐渐冒了出来，这股暗流在创作和理论上主要表现为：否定革命现实主义；否定革命文艺的成果；鼓吹西方现代美术诸流派，其中包括形式主义、抽象主义，说形式是美术的独生公主，说形式就是内容，说什么条件一旦成熟在中国必然会发展抽象主义，主张美术的本质是自我表现，等等。”④

蔡若虹在分析了杨成寅和杜键的两篇文章后，认为虽然杨和杜二人的分歧在于“两个作者的不同立场，杨成寅同志显然是站在保卫社会主义美术的立场上，而杜键同志，他寸步不离的却是保卫‘新潮美术’的立场”，但两人都没有意

---

① 徐家康：《感性形式里的理性世界——新潮美术启示录》，载《美术》1988 年第 8 期。

② 郎绍君：《论新潮美术》，载《文艺研究》1987 年第 5 期。

③ 杜键：《对〈“新潮美术”论纲〉的意见》，载《文艺报》1990 年 12 月 29 日。

④ 杨成寅：《新潮美术论纲》，载《新美术》1990 年第 3 期

识到"'新潮'理论造就了一批民族虚无、社会虚无主义的思想上的流浪汉,'新潮'作品造就了一批脱离科学艺术观、脱离人民群众生活的艺术上的游民"①。文中蔡若虹进一步将"新潮美术"的泛滥归结为三个原因:一是由于对学院派严格的写实主义的反拨,由严谨走向放荡;二是由于对"文革"时期极"左"思潮的过度反拨,由"无产阶级文化革命"的过分狂热走向资产阶级自由化浪潮的高涨;三是西方现代派绘画(复制品)在我国画家们面前不断地出现;特别是资产阶级自由化思潮的泛滥,对"新潮美术"的产生不仅起了催生作用,而且对"新潮美术"的繁衍与扩散,还起了极为广泛的传播作用。

之后,熊寥发表《新潮美术是一种不可避免的历史现象吗?——与杜键同志商榷》一文,他认为现代艺术与现代派艺术不同,杜键所推崇的现代派艺术并不是源自资本主义社会的进步艺术,而是与现实联系微弱、艺术家自己纯粹主观想象的产物,"西方现代派艺术不仅完全解脱了所谓内容对形式的束缚,而且在艺术形式问题上,又往往把其中某一种因素抽出来加以孤立、突出,甚至绝对化"。这种形式与内容的关系在熊看来是不符合社会主义美术功能、美术自身发展规律及是非标准的,因此"西方现代派艺术的变种——新潮美术于80年代在中国的泛滥,绝非出自社会主义中国机体内在需要,恰恰相反,它是在中国社会主体机体上出现的一种痛症!"②尽管有前文提到的"黄山会议"上达成的解放个性的自由创作精神,但对于"新潮美术"而言,理论界否定的声音远远超出我们的想象,意识形态之剑仍然高悬在艺术观念之上,并以学术性的话语方式隐在形式与内容的关系、艺术的功能等问题的论争中,约束着艺术创作及批评的思维习惯。

这一时期艺术创作者在现代性思潮的驱动下,不断运用西方的艺术观和价值体系来对旧有传统审美观进行清理、解析,甚至与其决裂,但理论界在保守绘画传统和抵御外来文化冲击的双重压力下,表达的语言内涵可能是政治的、审美的、个人的、情绪的,也势必造成既有的审美判断标准被质疑、复杂化,但这恰恰是在当时的社会语境下新旧艺术观念交替的一种必要过程。绘画审美观念就是在肯定和否定的相互冲击下不断向前发展的。经历了"星星画展""85新潮

① 蔡若虹:《分歧在于不同的立场——对杨成寅、杜键同志两篇文章的意见》,载《美术》1991年第9期。
② 熊寥:《新潮美术是一种不可避免的历史现象吗?——与杜键同志商榷》,载《美术》1991年10期。

美术”,一路走来的现代艺术在 80 年代末期走到了一个拐点。

作为非官方的民间学术机构举办的大型展览,1989 年在中国美术馆举办的“中国现代艺术展”从原则、身份、形式到内容都充满了争议和矛盾,展览中出现的装置、行为、波普等另类越界的艺术作品夹杂着枪击事件、爆炸威胁等“花絮”,给当时的艺术生态甚至整个社会都造成了极大的冲击,这让中国当代艺术从最初温和的反叛者变成了充满危险的破坏者、反社会者。一时间审美层面的现代艺术形式变成了社会事件,现代艺术的影响力也达到了顶峰。但此次展览最大的软肋在于各种艺术观念混杂、审美认同不一,整体层次较低,徐冰作为学院派前卫艺术家曾感慨道:“中国的前卫艺术尚处于一个浅层次上,相比之下,自己过于书生气,太过于严肃。”王端廷也直接地指出:“中国没有现代艺术,现在是几个倒爷在搞‘现代艺术’。”[①]由此可以看出,激进的艺术家们所推崇的现当代艺术在一种反艺术、反社会的思想引导下,尽管显得来势凶猛、火药味浓重,但由于普遍缺乏理论根基和自我艺术语言,因此有一种掩盖不住的虚败气象。之后在反对资产阶级自由化的政治批判和清理下,现代艺术受到来自美术理论界、文化界的多重攻击,一时间热潮消退,“新潮美术”所代表的现当代美学思潮的上升之势受到压制。

(二) 中国绘画研究的沉潜与危机

在现代艺术观念一步步挺进绘画特别是油画创作领域,试图扭转或击破中国特有的政治化、工具化艺术生产格局时,传统的中国画由于表达手法的特殊性,还没有被迅速纳入现代化的进程中。因此,新时期初期中国画研究的很多精力都集中在美学范畴及史论的理论建构上,出现了一大批颇有影响的绘画美学著作。

1. 传统书画理论研究

1982 年,郭因的《中国古典绘画美学中的形神论》一书出版,该书通过对中国绘画美学史的梳理,对形神的提出、发展、深化及演变作出了系统的分析和论述,充分肯定了形神论在中国古典美学中的地位,论述涉及中国古典艺术中的写形、传神,以及主观的禀赋、素养、个性、思想、想象、灵感等在绘画创作中的作

① 杭间、曹小鸥:《中国现代艺术展侧记》,载《美术》1989 年第 4 期。

用等一系列问题。此外，郭因还先后出版了《中国绘画美学史稿》《元明绘画美学》《中国近代绘画美学》《先秦至宋绘画美学》。这一系列的美学史研究，在社会巨变、群情激动的绘画界变革时期，显得有些格格不入，跟不上时代的脚步，但这也是这一时期中国传统绘画理论的显著特点，那就是于现代化风驰电掣的大车之旁踽踽而行，悄然间收获了不少理论著作。1985 年，伍蠡甫主编的《山水与美学》由上海文艺出版社出版，书中重点收录了蒋孔阳、朱光潜、蔡仪、王朝闻、张庚、宗白华等人关于自然与中国传统的诗、书、画美学关系的相关论述共 34 篇文章；1986 年，伍蠡甫又出版了《艺术美学文集》（复旦大学出版社出版），凭借自己对西方美学知识的掌握和对中国古典绘画的深刻理解，对当时绘画界争执不休的形式、抽象、艺术想象、艺术直觉等几个美学命题进行了历史性的客观梳理，而不作过多的立场或价值判断，在将“形式”大争论的几个主题引入哲学思辨的同时起到了一种以正视听的作用。葛路的《中国绘画美学范畴体系》（漓江出版社，1989 年）为国内第一部完整梳理中国绘画美学范畴的著作，从中国绘画的特质和社会功能、审美标准、创作法则三方面对中国绘画美学中的诸多概念进行了梳理，在对风格和概念的理论化辨析中，展开了中国绘画美学思想形成和发展的过程。

一些重要的论文也对中国绘画精神及重要命题进行了整理。王宏建的《试论六朝画家关于现实美的思想》立足于唯物主义的现实观和反映论对六朝时期涉及的美学基本范畴进行解析，从艺术与现实的关系、社会美、艺术美、自然美、艺术的社会功能、美感与审美评价等角度解读戴逵、顾恺之、谢赫、宗炳、王微等人的美学观点。此外，王宏建的《试论宗炳的美学思想》，刘长久的《石涛美学思想初探》，严昭柱的《论自然山水美》，何新、栗宪庭的《试论中国古典绘画的抽象审美意识——对于中国古代绘画史的几点新探讨》，杨力行的《儒学与中国古代绘画的审美观念》，马鸿增的《北宋画论中的“类型”论》，刘汝醴的《南北宗绘画的美学对立》，陈三弟的《论文人画与禅宗》，殷杰的《中国绘画的独特性——论意象艺术》，徐书城的《再谈抽象美和中国画》，徐建融的《静——传统美学的一个重要命题》，胡德智的《宋代墨戏与禅宗》，黄坚的《中国古代绘画理论体系的构成初探》，王韬的《老子的哲学思想与中国画表现体系》等文章都对中国绘画精神进行了深入的阐释与解读。在现代主义之外，关注中国传统绘画精神及美学观念是当时的一个理论生发点，中国传统绘画的美学研究由于远离了现代主义思潮的影响,反而能集中精力对传统绘画精神及其美学理论进行深入思考,为之后绘画美学向传统回归作了充分的理论铺垫。

2. 中国画危机论

在西方文化思潮的强力冲击下,没有什么能幸免于难。在传统绘画理论取得不少成就的同时,中国画却恰恰由于固守传统没有进入现代化革新的队列而受到猛烈的批判。作为反传统的信号弹,1985年,李小山提出“中国绘画已到了穷途末路的时候了”“传统中国画作为封建意识形态的一个方面,它根植在一个绝对封闭的专制社会里”“纵观当代中国画坛,我们无法在众多名家那里发现正在我们眼前悄悄展开的艺术革新运动的领导者”。[①] 中国画面临危机!赞同者认为,中国文人画的审美境界所体现的纯粹性和独立性根源只是为了排遣和释放内心的乡愁与孤寂感,获得精神慰藉,“但在我们这个时代中,退避现实的精神还乡显然也不宜再作为民族意识的本体,我们所需要的是‘匈奴未灭,何以家为’的直面现实的大勇主义”[②]。以这样的要求来看,中国画确实难以适应当时的现代主义艺术需求。

不过上述的论调并没有成为主流话语,它们的出现更多的意义是促使人们开始将中国画放置在整个文化的现代化进程中进行考量。人们思索在文化突变时代,如何认识中国画这样的传统文化的基本特质与当代价值?中国传统艺术和审美趣味如何应对并与现代文化相对接?冯远认为“今天我们所推崇,并且一再加以肯定的中国画形式和理论体系,实际上是建立在文人画的美学原则基础之上的”[③]。因此,文人画的革新其实决定着整个中国画的现代化进程。梁江就认为:“表面上,人们看到的似乎仅仅是在外来文化碰撞冲击之下引出的,某些审美趣味争论的延续和扩展。实际上,从思想文化这一整体的高度而进行反思,进行再估价,其意义早已超出了一般意义上的文学艺术和狭义的文化的范畴,它必将影响到中国人的精神状态、价值尺度、思维方式、心理结构和审美观念,影响到整个社会的面貌和未来的前途。”此外,梁江在文中还提出:“我们许多热门的关于文化和艺术的题目,常常会出现阵势分明,针锋相向的不同看法,但热烈地争辩了一通之后,又经常发现不过是风马牛不相及地大战了一场,

① 李小山:《当代中国画之我见》,载《江苏画刊》1985年第7期。
② 徐建融:《文人画的审美境界》,载《新美术》1986年第3期。
③ 冯远:《并非背叛的选择》,载《新美术》1986年第4期。

甚至连争论的是什么也并不清楚。同一措辞可以互有所指，中国的概念往往没有达到范畴的高度，其中常常夹杂着模糊性、异义性和很大的伸缩范围。有时，从逻辑的、思维的角度看一看某些争论，反而可以发现问题的症结。”①不仅是中国画的问题，整个绘画领域的思想交锋都存在着逻辑错位、概念不统一等问题，这是对先前激烈争鸣的相对客观的评论。但是，关于中国画是否面临危机的这场讨论也反映出学界对于传统文化在现代社会生存和承续状况的忧思和焦虑之情。这种心理和情绪一直到90年代关于“新文人画”“笔墨等于零”等的论争中才一点点平复下来。

三、20世纪90年代：审美的多元化

与20世纪80年代新观念、新流派即出就有异见针锋相对的态势不同，90年代的艺术观念及理论发展更为成熟，话语表述较为分散多样，大规模的论辩现象已不多见。在80年代，我们可以看到“伤痕绘画”、形式主义、现实主义、先锋派、新文人画派等不同的艺术流派，而在90年代之后，除了当代艺术逐渐走向国际市场，从不同角度切入当代生活的形式各异的创作风格淹没在整体混杂的多样性特征中，我们几乎很少再看到以不同的艺术追求来命名的某个流派能盘踞一时了。这一状况的益处在于，整体文艺环境进一步宽松，具有独特追求的画家“个人”审美经验更加得到彰显。特别是在1992年之后，随着改革开放的力度不断加大，绘画观念进一步解放，社会情境的巨大转变给艺术创作带来了极为有利的自由空间，艺术家们进行着各种试验，先后出现了新生代艺术家、波普绘画、新表现绘画、超级写实主义绘画、抽象绘画、装置艺术、女性艺术等多个流派，它们轮番上阵，你方唱罢我登场，一时间中国绘画界喧嚣热闹、气象万千，却很难再有明晰的主流脉络可循。

（一）后现代主义思潮下的绘画美学

20世纪80年代末期，一面是政治说教所坚持的保守态度的压制，一面是不断涌入的西方现代艺术观念的激荡，在两种观念的较量中，青年艺术家及理论

① 梁江：《历史的重负与现代的自觉》，载《美术》1986年第7期。

家们发现自己在旧有秩序衰退、新思想喷涌的时代,很难找到一个稳定的价值体系和清晰的历史观念来支撑自我精神世界,他们开始求助于哲学思考,一些理论家和艺术家开始普遍地通过新的思维方式,包括新的研究方法(例如曾经红极一时的系统论、控制论、信息论等),从西方哲学和历史的研究角度来论述艺术。当时,一些著名的近现代哲学家,尼采、萨特、海德格尔、柏格森、弗洛伊德、维特根斯坦都成为艺术家所追捧的精神指引,艺术家们在社会活动中扮演着哲学家的角色,借艺术作品来传达哲思并试图对社会现象以及中国绘画进行批评,形成深刻的洞见。在创作方面,艺术家更关心以个人经验为基础的人的生存问题,这样也迫使中国艺术家关心个人的命运,关心他周围的生活和社会环境,但受后现代主义美学的影响,所呈现的艺术形式又带有强烈的实验性、反社会性和解构意识,作品中喜欢采用挪移、拼贴、时空错位等手法彰显个性。张晓刚、岳敏君、曾梵志、方力钧、王广义、周春芽等人的作品,大多形成了艺术家特有的个性与符号。东村艺术家集体创作的"为无名山增高一米"、蔡国强在中国嘉峪关"延伸长城一万米计划"等行为艺术作品,表达了个人的感觉、个人化的生存境遇和意识。

后现代主义思潮下的这些多种多样的新艺术表达形式引发了新的理论热点,出现了不少对后现代艺术及后殖民主义、女性主义艺术等新问题、新概念的思考。但后现代主义到底是什么? 1995 年的《美术观察》杂志创刊号上还分别刊登了王瑞芸的《如何看待后现代主义艺术》,邵大箴的《后现代艺术之我见》,朱伯雄的《关于后现代艺术与后现代研究》,朱狄、碧湘的《后现代主义的来源及其困惑》,李一的《后学热与九十年代美术走向》等多篇文章。其中,王瑞芸认为后现代艺术是一种"态",而不是一种"形",是一场思想观念的革命;邵大箴指出后现代艺术就是否定"经典现代主义",反对艺术的精英化,倡导大众文化,是一种多元化、多中心的艺术形态;朱伯雄认为"后现代既不是现代主义艺术的延续,也不是一种具体的艺术流派,它只具有广泛的文化时向性意义。创作者较之现代派艺术家更多地关心周边的政治、社会或文化问题"。[①] 正如李一所概括的那样:"1989 年后,面对日趋活跃的后现代文化现象,一批青年学者一方面翻译介绍后现代主义理论,一方面用理论武装后的批评策略展开研究。德里达的

---

① 朱伯雄:《关于后现代艺术与后现代研究》,载《美术观察》1995 年创刊号。

解构主义、拉康的精神分析、福柯对知识和权力的论述、杰姆逊的第三世界文化理论、利奥塔的元叙事以及哈桑、哈贝马斯、佛克马、罗蒂等理论家有关后现代研究的著述和观点在中国青年知识分子中引起强烈反响。以'后'打头的术语逐渐增多起来,'后学'在中国渐有显学之势。"①理论的热情再度被点燃,后现代主义与后现代艺术的相关话语占据了思想的舞台。此后,相关理论系统及艺术观念不断被引入,在绘画界掀起了一股强劲的西方理论话语风尚。

后现代艺术强调最大程度的自由,为绘画界的女性主义、实验艺术、后殖民主义等新兴艺术观念提供了可能的思想空间。由于后现代主义、女性主义、实验艺术等自身具有的思辨话语基因和反思精神,因此与此前关于绘画的大辩论场景相比,在这些相关的理论阐述中已经很少能看到情绪化的批斗遗风或者是带有政治说教立场的批判话语,取而代之的是哲思性的美学表述和对社会现实的忧思。例如,《美术观察》1997 年第 3 期上不仅刊登了多幅女性画家的作品,还发表了陶咏白的《走向自觉的女性绘画》、贺诚的《中国有没有女性主义艺术》、李移舟的《五十年代中国视觉图像中女性符号的创造》、蒋岳红的《女性主义在中国》等多篇涉及女性主义艺术的学术文章。关于实验艺术,最为中肯的评价当属巫鸿所指出的:"在 90 年代中国当代艺术的所有分支当中,实验艺术最为敏锐地反映了环境的巨变——传统景观与生活方式的消失,后现代城市以及新型都市文化的兴起,人口的大规模迁移……其结果是出现了一大批以种种视觉艺术形式来表现自我的作品,包括绘画、摄影、行为、装置及录像等等,这些作品共同反映的是人们处于剧烈变化的社会中对于个性的迫切追求。"②这些流派纷呈的理论阐述为绘画美学引入了多个思想体系及研究视角,基本上确立了后来的绘画批评形式和话语表达方式,对今日的视觉艺术批评及理论产生了深刻的影响。

(二) 现代书法的探索运动

如前文所述,西方艺术观念在 1980 年代初中期对当代美术和书法产生了重大影响,直接催生了 80 年代的"现代书法"思潮。1985 年 10 月 15—29 日,部分受西方艺术思潮影响的书画家在中国美术馆举办"中国现代书法首展",同时

① 李一:《后学热与九十年代美术走向》,载《美术观察》1995 年创刊号。
② 巫鸿主编:《重新解读:中国实验艺术十年(1990—2000)》,澳门出版社 2002 年版,第 252 页。

宣布“中国现代书画学会”成立，这标志着“现代风格书法”从幕后走向了前台。这种极力解构“传统风格书法”、努力探索新书法的表达方式，先后共举办了20多次重要的“现代书法”展览。可以说，80年代的“现代书法”在书坛上产生了重大的影响，出现了以谷文达、徐冰、洛奇等为代表的解构汉字、打破传统的后现代倾向。进入90年代后，这种倾向与后现代艺术思潮完全汇合，形成一股更加新奇而自由的创作方式。谷文达对汉字偏旁的重组具有水墨效果，且仍遵循了传统的笔法，因此作品的反叛充满了“温和色彩”；徐冰在《天书》系列之后开始循着“中国”设计“新英文书法”，自造自刻了许多“新英文”，具有强烈的解构性质，也是书法创变的个体语言的典型代表。这种拆组、消解及融合外域文化的方式影响到整个90年代现代书法的美学走向，并导致了90年代洛奇倡导的“书法主义”的出现。“书法主义”主张“抽象书写”，并对文字进行抽象式的拆解，从本质上对抗传统命题，否定书法的原义，成为现代书法在90年代最为重要的表现形式。①

当然，在现代书法不满足于“传统风格书法”的艺术模式，坚持宣称“笔墨当随当代”时，80年代自然受到传统书法拥护大军的贬抑，并与传统书法在观念和形式方面形成对峙，但是进入90年代之后，这种对立状况得到改善，传统书法中也开始强调在传统之外发掘现代观念的价值，逐渐形成了“书法新古典主义”与“新文人主义”“学院派”等书法流派，这种开放性的探索让传统书法在90年代艺术活动全面国际化的大背景下，仍能成为创作者及理论者关注的焦点。这一时期的主要理论著述有：陈云君的《中国书法美学纲要》，侯镜昶主编的《中国美学史资料汇编：书法美学卷》，萧元的《书法美学史》，金学智的《中国书法美学》(上、下)，陈方既、雷志雄的《书法美学思想史》，陈振濂的《书法美学教程》，陈延祐的《书法学新探》，陈文的《明清书法美学探微》，毛万宝的《书法美学论稿》，尹旭的《中国书法美学简史》，郑晓华的《翰逸神飞：中国书法艺术的历史与审美》。这些理论成果奠定了书法美学的学科基础。

(三) 中国绘画美学的转型与崛起

1. 中国画的承续与转型

为了应对来自现当代艺术观念的挑战，同时反对部分现代水墨画派过于激

① 刘宗超：《中国书法现代史》，中国美术学院出版社2001年版，第119—122页。

进的做法，1989 年，中国美术馆举办了“新文人画展”。尽管有人认为新文人画的出现并没有扭转传统绘画消沉的局面，它可能也还是西方现代艺术观念冲击之下的一种妥协之举，但更多人认为，作为一个流派，新文人画是传统水墨艺术在现代转型中形成的一个特色含混的探索方式，是在经历过 80 年代新潮美术理论对文人画的批判后出现的，旨在显示传统艺术的生命力，超越简单激进的新旧论，以及现代与封建等对立概念。薛永年认为，新文人画注重强调“（中外美术）共同具有的审美娱情作用，则是实现人的主体精神的自由和本质力量的展现。这在紧张的峥嵘岁月过去之后，更是适应人类需要的一个重要方面”①。陈绶祥认为文人画是代表中华艺术精神的核心，它与西方绘画有根本性不同。文人画薄技法而厚精神，重在寻求自我、抚慰人生、展示文化精神，“我们很难将‘文人画’当成某种特定风格流派的产物，也很难说出它们代表着某类作者或某些作品所表达出来的那些具体艺术追求。它们实质上是一种文化的诸多基因在一定时代条件下所表现出来的在绘画艺术上的认识与继承，是一种民族绘画语言中那些较高层次与较有个性的对文化理解认识结论在不同时代中的发展与阐释”②。因而，陈绶祥坚持 20 世纪的新文人画与中国文化的发展相对应，是一种绘画的主张和文化追求，新文人画是传统复兴的象征，从打倒到改造，从恢复到重建，是历史发展的必然③。与之持相似观点的还有林木，他认为，文人画虽然在今天已经失去了外在意义，但作为“具特定内涵的浪漫主义绘画思潮，在今天和将来，仍然会对中国画坛产生深刻影响”④，它曾经具有的垄断画坛的地位是历史发展的必然。

邓福星客观地解读了新文人画，认为它不同于其他当代水墨画和传统文人画，它是前卫派艺术刺激中国传统文化的结果，其最大的特点在于与现实保持距离。新文人画既区别于传统，又“与旧文人画有着最直接和最明显的继承关系，它们在最基本的艺术观念和创作方式上保持着一致性。新文人画是旧文人画在当代历史条件下的一种新形态”，“新旧文人画在创作目的上持出世态度，从题材到立意，都较少社会意义”。⑤ 这种观念也非常有代表性。同样，王鲁湘

---

① 薛永年：《大陆新学院派与新文人画的兴起》，载《雄师美术》1990 年 5 月号第 231 期。

② 陈绶祥：《文人画新论》，载《美术研究》1990 年第 1 期。

③ 陈绶祥：《新的聚合——新文人画经纬》，广西美术出版社 1998 年版。

④ 林木：《论文人画》，上海人民美术出版社 1987 年版，第 179 页。

⑤ 邓福星：《新文人画略说》，载《美术》1989 年第 4 期。

将新文人画的特点归结为,“轻视现代观念”“反刍传统尤其是文人画传统”“强化被现代工业文明破坏了的自然意境与古朴人生”“笔墨多承南宗绘画潇散蓬松、飘逸轻灵一路”“最重要的一点,他们的绘画是庄禅精神的当代表现”等①。因此,新文人画所追求的镇定、智慧、成熟三种精神品质是传统文化精髓在现代社会的体现,但是王本人也承认这是一种迟暮精神,并不符合现代社会的发展需求。封学文也认为作为一种新的艺术语言,新文人画必须减少中国画中的虚无一面,“中国画若没有雄强、阳刚之气为其支柱的话,是难以振作起来的”“中国画必须重新构建自己的心理结构,延伸传统精神要立足于本民族现代意识的研究与开拓,在传统与现代、新与旧、东方与西方的碰撞、交融中,产生出一个崭新的艺术世界”。② 这些观念反映出当时人们对待传统绘画的一种矛盾和犹豫心理,既对在断裂之后能延续传统绘画方式和精神的新文人画欢喜不已,又对其无法满足或应对社会变革的需要而心有焦虑。

今天我们从中国绘画美学观念发展历史的角度来看,新文人画作为一个历史性的审美范畴和新的艺术形态,在当时社会其实有其存在的必要性和必然性。它的出现消解掉了使命感驱动下的批判式激进美学观,使艺术家以一种从艺术自身规律和画家自我生存体验的角度来进行创作,以平稳心态进行艺术活动,在多元文化共生的格局下,为传统绘画的审美趣味正名,一定程度上张扬了中国绘画的民族性与文化内涵。

2. 传统艺术精神的再发现

同样是关于中国画,90 年代吴冠中的再一次发声引起争论。1992 年,吴冠中在香港《明报月刊》上发表了《笔墨等于零》一文,1997 年,这篇文章被《中国文化报》全文转载,1998 年,《美术观察》第 2 期再次摘录了该文。文中吴直言不讳地指出:“脱离了具体画面的孤立的笔墨,价值等于零。”③吴的本意是要反对死守传统笔墨、不求创新的保守态度,此言论一出即被推到学术争论的风口浪尖,对当代美术产生了巨大的影响。不久张仃就“笔墨等于零”问题予以正面回应,发表了《守住中国画的底线》一文,文中从中西绘画的恩怨纠葛谈起,认为笔墨才是中国画的根本,是其底线,否定笔墨就是否定整个中国画,“它是认识中国

---

① 王鲁湘:《“新文人画”与“有教养的画”》,载《美术》1989 年第 4 期。
② 封学文:《新文人画的构架》,载《美术》1990 年第 11 期。
③ 吴冠中:《笔墨等于零》,载《明报月刊(香港)》1992 年 3 月。

画的最根本的立脚点，是中国画的识别系统”；因此，“笔墨就是中国画的局限性，就是中国画的个性。现在，是到了积极地而不是消极地评价笔墨局限性的时候了”。[①]

围绕着吴张两位艺术家不同的“笔墨”观，一大批艺术家和理论家参与了这场讨论，使得这场讨论逐渐演变为美术界的学术论辩，产生了不同的论派。关山月认为笔墨当随时代，他认为，否定了笔墨中国画就等于零。郎绍君在分析了笔墨的形态、风格、格调及其与色彩、造型的关系后，提出：“笔墨在漫长的历史过程中积淀了中国文化与心理意识结构的特质，已非单纯的技巧制作。”“传统绘画对笔墨格调及其与人品一致性的强调，正体现着中国艺术对真与善尤其是善的极大关怀。应该说，这正是中国艺术传统的本质特色之一。”[②]陈传席在《笔墨岂能等于零——驳吴冠中先生〈笔墨等于零〉之说》中指出，笔墨集中着画家的功力和情思，它自身就是一个主体。“传统中国画的最高价值，就集中地体现在笔墨中，中国画的灵魂也集中体现在笔墨中，笔墨岂能等于零！”[③]这场关于笔墨的纷争一直延续到 21 世纪，后世有学者将其归纳为四大阵营：口号派认为笔墨是根本，否定笔墨就是否定中国画；传统派通过反驳笔墨等于零的论点，对笔墨进行概念上的阐释，确立其在中国画艺术体系中的重要地位；客观派则重点分析吴、张二人思想中的合理与不合理成分，进行价值判断；革新派则强调笔墨的造型功能，积极思考中国画中笔墨的创新与发展[④]。

由于笔墨是集合中国传统艺术精神的典型性审美符号，因此，这场学术争鸣实际上更多是一种在全球化语境下对中国画转型困境的自觉反思，是中国绘画美学在东西方艺术观念相会相融时在存在方式和边界等问题上的一次清理，它对解决中国现代绘画美学发展所面临的“东方与西方”“传统与现代”关系问题产生了深刻的影响，是中国探索现代绘画，走出一条符合自己的当代美术道路过程中的一次思想清理，对促成中国画审美风格的多元化发展起到推波助澜的作用。

---

① 张仃：《守住中国画的底线》，载《美术》1999 年第 1 期。
② 郎绍君：《论笔墨》，载《美术研究》1999 年第 1 期。
③ 陈传席：《笔墨岂能等于零——驳吴冠中先生〈笔墨等于零〉之说》，载《美苑》1999 年第 1 期。
④ 刘凯：《二十世纪末美术界“张吴之争”分析与研究》，载《清华大学学报（哲学社会科学版）》2011 年第 3 期。

(四) 绘画美学研究的理性回归

随着对外交流的日益频繁,社会科学方面的译介研究不断增多,人们对西方理论的掌握更加全面,加之对中国传统哲学精神的重新发现和继承,以及对中国传统画论研究的不断深入,理论家拥有了开阔的历史与思想视野,发现新经验、创造新美学的动力,让理论界从20世纪80年代的集体亢奋中形成的“百家争鸣”的氛围中走出来,逐渐形成了相对系统的绘画美学理论形态。

1. 海外学者的影响

历史厚重、传统社会特征鲜明的中国文化历来是西方学者关注的一个重要方面,特别是在改革开放之后,中西方文化交流通道不断拓宽,海外学者对中国艺术的研究和学术信息的交流也更加便利,20世纪八九十年代在欧美涌现了一批包括罗樾、苏立文、高居翰、方闻等人在内的中国艺术研究学者,并一度形成了相应的谱系和流派,而这些研究也陆续被译介到国内,影响到八九十年代的中国艺术理论。例如,洪再辛主编的《海外中国画研究文选(1950—1987)》(上海人民美术出版社,1992年),薛永年《书画史论丛稿》中的《美国研究中国书画史方法略述》(四川教育出版社,1992年)均对此有所介绍。1986年,方闻整理的有关中国绘画在美国的研究概况被翻译成中文发表[①]。在1996年出版的*Possessing the Past*一书中,方闻对中国画乃至整个中国艺术背后的文化现象进行讨论,在研究方法和学术专业性方面为中国艺术史研究作出了积极的贡献。

在众多海外中国艺术研究者中,苏立文是20世纪第一个系统地向西方世界介绍中国现代美术的西方人。从20世纪上半叶起,他就与众多艺术家有着密切的交往经历,掌握了大量的第一手资料,也更深入地理解了中国艺术家不同的艺术趋向,其史论叙述穿梭于中国古代美术与现代美术之间,他长于从社会学角度探讨中国美术与社会发展的关系,这也是当时国内许多艺术史研究者难以企及的。在八九十年代,苏立文的《东西方艺术的交会》《20世纪中国艺术与艺术家》等著作出版,它们对中西方美术进行比较,特别是对20世纪中国美

---

① 方闻著,石守谦译:《西方的中国画研究》,载《故宫文物月刊》第4卷第9期。

术的现代性进程作出阐释并向国际学界传播中国美术，这些著作的贡献是历史性的。有学者准确地评价道："苏立文为 20 世纪中国美术所作的通观性叙述，为这 100 年来中国美术的丰富史实编织了相互关联的网状结构，而且突出了中国社会变革的现实与中国文化对美术创作的支撑，从而建构起中国美术自身发展的文化逻辑。"①

2. 走向成熟的中国绘画美学

进入 20 世纪 90 年代之后，中国绘画美学理论研究在西方艺术观念的恣意漫流中崛起，出现了一大批整理中国绘画美学理论脉络、强调中国绘画审美精神的理论著作，成为全球化大潮中发现本土精神的一次理性回归，也代表了绘画界在寻求他者认可的过程中，通过向传统文化精神的回溯来确立审美主体性的心路历程。这一时期的中国绘画美学研究蓬勃兴盛，内容繁多，本文仅选取笔者认为的荦荦大者按时间顺序进行简单介绍。1992 年，周志诚出版了《石涛美学思想研究》(漓江出版社)，石涛的绘画美学思想融儒道禅为一体，有独到而完整的体系和鲜明的中国美学特色，是后世研究和理解中国画的重要理论基石，周志诚将石涛的《画语录》作为一个完整的美学思想表述，从中梳理出"艺术本质论""艺术创作论""艺术发展论"和"艺术家"四条脉络，系统地阐释了石涛绘画美学思想中的东方特色。1994 年，高建平的《画境探幽》(香港天地图书公司)出版，重点对中国古典绘画的美学与社会学问题进行分析。1996 年，高建平又于瑞典乌普萨拉大学出版社出版了《中国艺术的表现性动作(英文)》(中译本于 2012 年由安徽教育出版社出版)，动作是隐含在中国传统绘画理论中的重要元素，是书法与绘画存在血脉关系的明证。高建平从线条、线条与线条之间的关系、动作在绘画中的具体表现等方面具体论证了中国绘画的特质。1998 年，朱良志在《扁舟一叶——理学与中国画学研究》(安徽教育出版社)一书中强调不能用西方的绘画观念来生硬地裁剪中国画的特质，中国画家尤其是宋元之后的中国画家用思想来绘画，因而作者从新儒学的角度来解剖中国画学和绘画创作的研究路径，力求走向绘画的背后，寻找在其中流淌的中国思想文化的一脉清流。此外，1998 年，樊波出版了《中国书画美学史纲》(吉林美术出版社)，1999 年，徐志兴出版了《中国书画美学简论》(江苏美术出版社)，1999 年，程至的出版

① 《中国美术》编辑部：《苏立文与 20 世纪中国美术》，载《中国美术》2012 年第 6 期。

了《绘画·美学·禅宗》(中国文联出版社)等,这些都是中国绘画美学研究的重要著作。2000 年,王朝闻主编的《中国美术史》(北京师范大学出版社)出版,作品以中华民族审美意识的发生、发展和演变为纲统摄一切美术现象,提出了一整套有独到见解的绘画美学史观。

上述著作积极构建作为审美主体的中华民族及其所创造和接受的绘画美学体系,尽管这些理论研究在一定程度上是受西方美学研究方法的影响而作的,但更多是通过西方的学术思想来不断反思自己的问题,它们不仅仅是简单的美学观念或问题的解读与解决,而多试图从中国传统文化中抽绎出鲜活的思想,带动了中国绘画美学理论走向成熟和系统化。

第三节　新时期音乐美学发展状况

20 世纪初,伴随西方文化以及相关思潮,音乐美学作为学科概念进入中国,以萧友梅 1920 年发表《乐学研究法》以及之后青主 1930 年出版《乐话》、1933 年出版《音乐通论》等著述为起点,音乐美学学科建设在中国正式开启。1949 年,中华人民共和国成立,确立了马克思主义为中国国家意识形态,1959 年,中央音乐学院音乐学系起草第一份研究性教材提纲《音乐美学概论》(草案),1979 年,第一届全国音乐美学会议召开,1985 年,中国音乐美学学会成立等一系列重要历史事件,表明了中国音乐美学学科不断发展,其独立自主性不断凸显。尤其自 1979 年以来,在取得历史性、突破性发展的基础上,音乐美学在扩大领域、深入发掘的前提下,扎实稳步地向纵深发展,挖掘思想遗产,广采精华,融会贯通,通过对体验问题的认知关切、对感性问题的理性关切、对美学问题的哲学关切,进一步提升对音乐美学学科性质的深度认识,不断寻求并逐渐回归学科原位,对音乐美学学科何以安身立命的绝对尺度有了进一步的自觉认知与体悟。近年来,中国音乐美学学术共同体通过思想与作品研究,凸显音乐的艺术问题、美学问题和哲学问题,并不断接近音乐美学学科原位。老一代倾力开拓,中生代日益成熟,新生代层出不穷,学科谱系编织精致,学人风范绚丽斑斓,逐渐形成了中国音乐美学的当代学统。

一、重要学术活动与成果

新时期以来的音乐美学成就，集中体现在一些重要的学术活动与学术成果之中，本部分将分别论述之。

全国音乐理论工作座谈会于1979年12月18～27日在广州举行。这是“文革”结束之后第一次召开的全国性音乐理论工作座谈会。该会原本为全国音乐理论工作者座谈会，由于关于音乐美学问题的讨论受到会议的特别关注，因此，在会议期间被作为专题进行单独讨论，有鉴于此，在1985年于漳州召开的全国音乐美学会议上，有人提出将该会音乐美学专题讨论作为学科发展的一个重大事件予以追认，得到绝大多数与会者的响应，并得到漳州会议期间成立的中国音乐美学学会的确认。由此，把1979年在广州召开的全国音乐理论工作座谈会中的音乐美学问题讨论作为第一届全国音乐美学学术研讨会，按此顺序，把1982年在南昌召开的全国第一次音乐美学座谈会作为第二届全国音乐美学学术研讨会，把1985年在漳州召开的全国第二次音乐美学座谈会作为第三届全国音乐美学学术研讨会，之后的全国音乐美学会议，即按此后续排定。会议主题：在中共十一届三中全会精神的鼓舞下，进一步解放思想，畅所欲言，针对当时音乐评论、音乐美学、音乐创作等方面存在的问题进行讨论。关于音乐美学问题的讨论，主要涉及：音乐的形式功能与表现功能的美学问题，波兰音乐学家丽莎的音乐美学思想，艺术的阶级性问题，奥地利音乐美学家汉斯立克音乐美学思想。除此之外，还有关于社会生活问题、音乐美问题、音乐欣赏问题、音乐特殊性问题、一曲多用问题等。中国音乐家协会主席吕骥在全国音乐理论工作座谈会结束时作总结报告，会后以《用“百家争鸣”促“百花齐放”》[①]为题在《音乐研究》1980年第1期上发表文章，就“十七年”音乐理论工作的经验、当前音乐理论中存在的问题、音乐美学、音乐刊物、音乐理论的规划5个问题发表意见。

第二届全国音乐美学会议于1982年10月5～14日在南昌举行。会议主题：以党的“双百”方针为指南，共同交流近几年来音乐美学研究的成果，并就我

① 吕骥：《用“百家争鸣”促“百花齐放”》，载《音乐研究》1980年第1期。

国现实音乐生活中的美学问题以及音乐美学如何在建设高度的社会主义精神文明中发挥应有的作用等问题进行研讨。会议讨论的议题，主要涉及：理论联系实际、音乐教育及其审美教育、音乐的阶级性、标题音乐与非标题音乐、音乐形象问题，以及音乐美学研究的对象与内容、如何建立具有民族特点的音乐美学体系、对中国古代音乐美学思想和西方音乐美学思想的评介、音乐表现的特点、音乐的娱乐性等许多问题。与会者提交的论文大致内容包括：音乐的本质及其规律、音乐的内容与形式、音乐形象、音乐审美教育、中国古代音乐美学思想、音乐美学史等。座谈会一致同意，成立音乐美学研究组，隶属于中国音乐家协会理论委员会，并初步制定了今后的研究课题。数年后，人民音乐出版社于1987年12月出版《音乐美学问题讨论集》，其大部分论文系参加该次会议所提交的论文或者会议上的主要发言。

第三届全国音乐美学会议于1985年12月15～25日在漳州、厦门举行。会议主题包括：对音乐的本质——音乐是否表现感情、如何表现感情——的探讨，有关“音乐形象”问题的思考，有关形式与内容关系的问题，音乐社会学角度的探索，马克思主义与新方法论的关系问题等。除此之外，还有对中国古代儒、道各家音乐美学思想的考察，对西方历史上一些音乐美学思想的评介，对音乐创作实践、音乐表演艺术实践中美学原则的分析，从价值论角度对音乐审美价值的探索，以及从未来学角度对音乐发展方向、趋势的畅想等。会议结束之前，在全体与会代表的表决下，中国音乐美学学会正式成立，隶属于中国音乐家协会理论委员会。

第四届全国音乐美学学术讨论会于1991年4月9～13日在北京平谷县(今平谷区)举行。发言涉及的内容十分广泛，如音乐美学对象和方法、音乐美学的哲学基础及其反映论与主体论问题、音乐美学论域、音乐的存在方式、中西音乐美学思想史、中西音乐美学观的比较研究、音乐创作本质、音乐感性鉴赏力的审美生成、音乐风格、音乐形象、意境、传统音乐中的美学问题、具体音乐型态中的美学问题、音乐与其他艺术的比较研究、音乐审美问题、音乐心理学、音乐审美教育，等等。会议形成的讨论热点主要有：1.关于音乐的主体性问题；2.关于传统音乐中的人文精神问题；3.关于音乐美学研究对象问题；4.关于音乐美学的哲学基础问题。中国音乐美学学会副总干事何乾三代表学会干事会作总结发言[①]，后以《上下求索，任重道远——在第四届全国音乐美学学术讨论会上的总结发言》为题先后在《人民音乐》1991 年 6 月号和《中央音乐学院学报》1991 年第 3 期发表文章，文章指出，中国的音乐美学学科已经基本完成起步阶段，即将进入扩大领域、深入下去的发展阶段。

第五届全国音乐美学学术研讨会于 1996 年 5 月 8～12 日在山东淄博师专举行。会议把音乐存在方式确定为音乐美学的基本问题，在此总体框架内把具体论域限定在音乐存在方式的美学思考上，大致形成以下几个方面的切入点：1. 音乐以何种方式存在，构成音乐存在的基本要素是什么？2. 从基础理论、史论研究、比较研究、美育等不同视角出发论述音乐存在方式；3. 从音响型态结构的内在依据、形成音乐风格的外部条件、音乐风格体裁的综合分析、总体的音乐学分析等方面涉及具体的研究对象；4. 从音乐活动的不同环节——创作、表演、接受、批评、教学、传播、传承等触及音乐存在方式；5. 通过音乐存在方式的变易探究音乐审美价值的相对性和绝对性。其总体目的在于，弄清楚何谓音乐存在的关键因素，何谓音乐审美的真实意义，音乐艺术与其他艺术在存在方式上的根本区别何在。同时，通过对具体现象的分析以达到美学理论形态的升华。2008 年 6 月，依托上海市第二期重点学科，即特色学科“音乐文化史”，由上海音乐学院出版社出版了以《音乐存在方式》[②]为名的文集，由韩锺恩任主编，内容包括会议上提交的绝大部分论文。

第六届全国音乐美学学术研讨会于 2000 年 8 月 1～4 日在兰州西北民族学院举行。会议主题为以美学作为理论基点，立足世纪转换之当下，针对贯穿世纪发展的中西音乐文化关系进行回望与前瞻，并具体通过创作、表演、理论、教育等路径切入。研讨会之后，举行了中国音乐美学学会大会，会长于润洋作会议总结，并代表理事会作题为《1996—2000 音乐美学学科发展与学会工作的回顾与展望》的报告。他指出，中国的音乐美学研究正经历一个在不断扩大学科领域的基础上，稳步地向学科的纵深发展的阶段。报告从基础理论、历史研究、向新的边缘学科领域的扩展、音乐实践中的美学问题、介入现实、文献建设等六个方面进行了总结。

---

① 何乾三：《上下求索，任重道远——在第四届全国音乐美学学术讨论会上的总结发言》，载《人民音乐》1991 年 6 月号，《中央音乐学院学报》1991 年第 3 期。

② 韩锺恩主编：《音乐存在方式》，上海音乐学院出版社 2008 年版。

第七届全国音乐美学学术研讨会于2005年11月21～23日在广州举行。会议主题为“20世纪以来音乐美学新发展、传统音乐美学研究、音乐美学学科建设问题研究”。中国音乐美学学会会长赵宋光在开幕词中指出：音乐美学学术研究和学科发展中面临五惑，即理论层面的疑惑、实践方面的困惑、非学术甚至反学术的诱惑、学术道路上的迷惑、音乐生活中有一些使人难以自制的蛊惑。他针对三种失语现象(民间音乐文化资源、先锋现代思潮、娱乐空间低俗泛滥)，提出从思辨转向诉求，并促成艺术门类各界专家携手联合。

第八届全国音乐美学学术研讨会于2008年11月24～26日在上海举行。会议主题包括：音乐美学与音乐哲学的关系、音乐感性体验与表达、20世纪中国音乐美学研究及相关学科建设问题。会议主办单位上海音乐学院，依托上海市第二期重点学科“音乐文化史”特色学科建设项目，编辑出版5种(6册)学术出版物提供给会议研讨：韩锺恩主编的《音乐存在方式》[①]，韩锺恩主编与导读的《中国音乐学经典文献导读》音乐美学卷[②]，韩锺恩主编的《音乐美学基础理论问题研究》[③]，韩锺恩主编的《二十世纪中国音乐美学问题研究》上下册[④]，韩锺恩、李槐子主编的《音心对映论争鸣与研究》[⑤]。研讨会后举行学会会员大会，韩锺恩会长作了《2005—2008中国音乐美学学科建设与中国音乐美学学会工作报告》，通过对3年历史的重点回顾，给出这样的基本估计和总体评价：立足当下，以学科自觉姿态，通过深入发掘与注重内涵建设，不断寻求并逐渐回归学科原位。具体表现在以下几个方面：学科队伍素质愈益精良——由粗放到集约，学科意识指向愈益明确——由铺张到聚焦，基本进入有所为和有所不为的自觉转换——由学术泡沫到学科软着陆，特性研究与个性写作逐渐占据主位——规模一统性范式消解，通过研究生教学拉动产学研互动——学术共同体逐渐成型，通过问题驱动研究——当代意义愈益凸显。他还进一步提出中国音乐美学学科发展与中国音乐美学学会工作的未来方略：通过优化结构、合理配置、融资融智、乐学互动，去孵化与培育更多更成熟的学术共同体。

第九届全国音乐美学学术研讨会于2011年11月25～27日在西安举行。

---

① 韩锺恩：《音乐存在方式》，上海音乐学院出版社2008年版。

② 韩锺恩：《中国音乐学经典文献导读》，上海音乐学院出版社2008年版。

③ 韩锺恩：《音乐美学基础理论问题研究》，上海音乐学院出版社2008年版。

④ 韩锺恩：《二十世纪中国音乐美学问题研究》上下册，上海音乐学院出版社2008年版。

⑤ 韩锺恩、李槐子：《音心对映论争鸣与研究》，上海音乐学院出版社2008年版。

会议主题包括：现代性进程、多元化语境、跨学科策略与当代中国音乐美学，音乐美学基本问题与相关实践问题，改革开放以来音乐美学学科的发展以及于润洋、赵宋光、蔡仲德、茅原、王宁一、张前等著名音乐美学家学术思想等。会议期间，西安音乐学院音乐学系、中国音乐美学学会编写的《1994—2004：谐和的同唱——西安音乐学院音乐美学硕士论文选》①，罗艺峰主编的《无穷的探索——音乐美学研究文集》②，罗小平、冯长春编著的《乐之道——中国当代音乐美学名家访谈》③，刘红庆的《耀世孤火——赵宋光中华音乐思想立美之旅》④等提供给会议研讨。韩锺恩会长就会议涉及的问题作了总结，对会议论题的关注焦点进行点评，并认为美学史有向思想史转移的发展趋向，应当注重对音乐历史文化内容的研究，注重对音乐表述问题、跨学科与多元化等问题的研究。

第十届全国音乐美学学术研讨会暨中国音乐美学学会成立 30 周年庆祝大会于 2015 年 6 月 18～20 日在北京举行。会议主题包括：学会成立 30 周年及学科发展近百年的历史回顾与前瞻，基础理论问题研究，应用理论问题研究（包括表演、教学、美育等），中国音乐美学史与中国音乐的美学问题研究等。会议分学科发展、中国音乐美学史、中国传统音乐的美学问题、音乐创作、作品与批评、音乐文化批评、聆听与理解、音乐与人文、基础理论问题研究、应用理论研究等主题，并设有青年论坛。

除以上所列十届全国性学术研讨会之外，自 1978 年至今，尚有若干具有影响力的学术活动也值得一提：1985 年 4 月 1～6 日，在北京中央音乐学院举行《乐记》《声无哀乐论》学术讨论会。1986 年 12 月 15～24 日，在北京中国艺术研究院音乐研究所举行音乐美学哲学基础、对象、方法读书研讨会。1993 年 4 月 5～7 日，在北京中央音乐学院举行“作为社会文化现象的流行音乐”专题研讨会。1993 年 9 月 3～6 日，在山东省东营市胜利油田举行“（当代/20 世纪）中国音乐美学志述”课题研讨会。1994 年 12 月 6～8 日，在香港大学举行中国音乐美学研讨会。2006 年 12 月 10～11 日，在上海音乐学院举行 2006 音乐美学专题笔会：20 世纪中国音乐美学问题研究。2008 年 5 月 19～20 日，在兰州西北

---

① 中国音乐美学学会：《1994—2004：谐和的同唱——西安音乐学院音乐美学硕士论文选》，太白文艺出版社 2009 年版。

② 罗艺峰：《无穷的探索——音乐美学研究文集》，太白文艺出版社 2010 年版。

③ 罗小平、冯长春：《乐之道——中国当代音乐美学名家访谈》，上海音乐学院出版社 2011 年版。

④ 刘红庆：《耀世孤火——赵宋光中华音乐思想立美之旅》，齐鲁书社 2011 年版。

民族大学音乐舞蹈学院举行 2008 音乐美学专题笔会：音心对映论争鸣。2009 年 10 月 17～19 日，在北京中国音乐学院举行 2009 音乐美学专题笔会：多元文化语境中的音乐审美价值。2010 年 11 月 19～20 日，在浙江师范大学音乐学院举行 2010 全国音乐美学学会高层论坛暨专题笔会：音乐美学教学问题研究。2012 年 12 月 2 日，在广州华南师范大学举行 2012 音乐美学专题笔会：音乐美学学科资源考掘与身体在音乐审美活动中的作用。2013 年 11 月 16～17 日，在南京艺术学院音乐学院举行 2013 音乐美学专题笔会：中国古典与传统音乐美学问题研究。2014 年 9 月 13～14 日，在长春吉林艺术学院音乐学院举行 2014 音乐美学高峰论坛：音乐的意义与价值问题研究、音乐的理解与诠释问题研究。

根据历年《中国音乐年鉴》中相关音乐美学研究综述记载，新时期以来音乐美学研究主要集中在以下几个方面：基础与对象、现象与本质、客体与主体、实践与应用、音乐美学基础理论、中外音乐美学史论、古典范式与传统程式的音乐美学问题、新方法新思潮的影响等。显而易见，这些研究主要还是处在常规性研究范围之内。从学科发展看，更加值得关注的是，自 1980 年代以来，相关研究逐渐由音乐美的本质向音乐审美经验、音乐存在方式、音乐意义、音乐感性体验与表达、音乐聆听与理解诠释、音乐美学学科语言问题扩展或者转换，并且在方法上通过汲取外来资源时有变化。一定程度上说，这 30 余年来的研究愈益接近音乐美学学科原位。

二、主要学科问题

(一) 学科渊源

总体而言，当代中国音乐的学科形成有多重结构渊源。首先是 20 世纪初，中国传统，包括古典范式音乐美学理论与传统程式音乐美学实践等，因新文化运动与西方扰动中断；其次是 1920 年，主要来自德国传统(里曼)的萧友梅的音乐美学理论，以及后来青主受德国思潮影响进行的论述，对形成具有现代范式、呈现理论形态的学科有相当的意义，但比较生硬、粗略，而且基本没有传承下去；再次是 1949 年之后，基本影响来自苏联与东欧，尤其是苏联意识形态的强制性输入，并成为学科重心；之后是 1978 年改革开放之后，西方现代与后现代思潮大面积席卷我国，造成一定程度的结构性消化不良，马克思主义统摄依然是重要事实，中国古典传统有所接续；接下来是2000年前后，知识更新与学科换代借资源配置进行格式化，并呈现明显的重新布局态势，中生代的自觉与新生代的自信逐渐凸显。

（二）学科断代

整个20世纪中国音乐学科大致可依据以下四个方面来进行断代划分：音乐功能、音乐本质、音乐经验、音乐意义。这样的情况，基本类似于牛龙菲在《当代中国音乐美学的历史哲学反思》[①]中的描述，该文从历史哲学的反思角度，对20世纪中国音乐美学的学术范式转型与思维运动行程进行如下定位：当代中国音乐美学的初始要旨是关注创造实践之社会功能，当代中国音乐美学的难解之谜是关注客体作品之美的本质，当代中国音乐美学的热门话题是关注欣赏主体之审美感受，当代中国音乐美学的未来焦点是关注音乐艺术之存在方式。

除此之外，宋瑾的《论20世纪中国的音乐美学研究》[②]与杨和平的《感性的体验、理性的表达——新中国音乐美学研究60年》[③]，对历史的总体概括也值得关注。

宋瑾的《论20世纪中国的音乐美学研究》以历史时段划分为前提，对相关问题进行较为全面系统的概括：第一个时期，19世纪末至1949年，包括实用主义音乐美学、音乐教育和音乐社会功能的中国古代音乐美学思想研究，几乎涉及音乐各个方面的研究；第二个时期，1950年至20世纪70年代末，包括受苏联影响的音乐美学文论，配合政治发表的音乐批评，真正学术意义的音乐美学研究；第三个时期，70年代末至90年代末，包括学科基本问题研究，理论联系实际的研究。其中，涉及基本问题的有：50至70年代末，主要涉及音乐与意识形态的关系，革命现实主义与革命浪漫主义及民族化问题，音乐形象的问题；70年代末至90年代末，主要涉及对音乐美学学科的界定，哲学层面的音乐美学研究，音乐美学中自律与他律观点的专门研究，音乐的内容与形式问题的专门研

---

① 牛龙菲：《当代中国音乐美学的历史哲学反思》，见《20世纪中国音乐美学问题研究》上，上海音乐学院出版社2008年版，第14—67页。

② 宋瑾：《论20世纪中国的音乐美学研究》，载《黄钟》2006年第3期。

③ 杨和平：《感性的体验、理性的表达——新中国音乐美学研究60年》，载《黄钟》2011年第4期。

究等。

杨和平的《感性的体验、理性的表达——新中国音乐美学研究 60 年》，回顾了新中国音乐美学学科的发展历程，盘点了新中国音乐美学学科的丰硕成果，检讨了新中国音乐美学学科存在的缺失，展望了新中国音乐美学学科的未来前景：承续中构建——音乐美学学科发展的新视域(20 世纪上半叶至改革开放)，瓦砾中崛起——音乐美学学科发展的新维度(改革开放至 20 世纪 80 年代中)，融合中互补——音乐美学学科发展的新论域(20 世纪 80 年代中至 20 世纪 90 年代末)，繁荣中开拓——音乐美学学科发展的新视界(21 世纪初至今)，反思中检讨——音乐美学学科发展的新路径。

(三) 学科主体

当代中国音乐美学的学科主体，主要指基本问题与范畴两个方面。

值得关注的基本问题主要有：蔡仲德的《中国音乐美学史》[①]中所提到的情与德(礼)、声与度、欲与道、悲与美、乐与政、古与今、雅与郑六个关系。韩锺恩的《音乐美学基础理论问题研究》[②]中提出 21 个基本问题，其中属传统美学范畴的有：形式与内容、自律与他律、音响与情感、形态与风格、感性与理性；属工作美学范畴的有：结构与功能、功能与价值、声音与声音概念、情感与形式、有声与无声、感性与形式、作品与现象、感受与诠释、事实与实事、意向与意义；属思辨哲学范畴的有：经验与先验、存在与理式、时间与空间、语言与表述、艺术与美学、美学与哲学，以及在此之后又有补充的诗意与绝对、立美与审美。

范畴方面值得关注的主要有：蔡仲德的《中国音乐美学史范畴命题的出处、今译及美学意义》100 则[③]；于亮的《琵琶"声"况、"情"况、"意"况研究》[④]，文中提出声、情、意 3 况；杨赛的《中国音乐美学原范畴研究》[⑤]等。例如，杨赛在其著述中提到的范畴有：乐从和，大音希声，放郑声，非乐，乐者、乐也，天乐，与民同乐，声无哀乐，音乐是上界的语言等 9 个范畴。韩锺恩 2005～2006 年先后提出声、

① 蔡仲德：《中国音乐美学史》，人民音乐出版社 1995 年版。
② 韩锺恩：《音乐美学基础理论问题研究》，上海音乐出版社 2008 年版。
③ 蔡仲德：《中国音乐美学史范畴命题的出处、今译及美学意义》，中央音乐学院中国音乐美学史课程讲义，1999 年。
④ 于亮：《琵琶"声"况、"情"况、"意"况研究》，上海音乐学院音乐美学方向硕士学位论文，2008 年。
⑤ 杨赛：《中国音乐美学原范畴研究》，华东师范大学出版社 2015 年版。

音、乐、情、理、意 6 个范畴和声、音、乐、行、象、意、情、理、神 9 个范畴。后来韩锺恩又于 2009 年提出中国音乐美学 12 个具有核心意义的中国音乐美学原(根)范畴[①]。和乐：异物相杂阴阳相生和谐的音乐；礼乐：文质彬彬尽善尽美合乎礼仪的音乐；非乐：无利民生的奢靡的音乐；天乐：有别于令人耳聋的自然天成的音乐；至乐：依天生籁的使其自己咸其自取的音乐；艺乐：著意生象经由艺术作业的音乐；美乐：无涉感性或者情感评价的音乐；声乐：得意忘言去声存意并丝竹肉渐进自然的音乐；器乐：通过指弦及其音意形神德艺的音乐；情乐：发乎情性由乎自然的音乐；心乐：乞灵于内界产生于上界的音乐；官乐：通过音乐厅临响并直接面对音响敞开甚至于纯粹声音陈述的音乐。韩锺恩后来又在此基础上，将中国音乐美学元范畴提炼为 4 个：声、音、乐(yuè)、乐(lè)。再进一步，将其置于历史范畴之中，又钩沉出 4 个具断代意义的转型：1. 古代转型在乐象与哀乐，具音乐事项的艺术与美学指向逐渐明显；2. 近代转型在琴况，针对并围绕声音概念的描写以及相应的感性经验表述形成；3. 现代转型在上界，显然受西方影响以至呈现朦胧的纯理性问题；4. 当代转型在临响，在不排斥纯粹声音陈述的前提下复原感性直觉经验的本体存在。

三、对当代音乐美学发展的反思与前瞻

中国音乐美学问题的基本次第：首先是哲学问题先行，受中国传统的形而上者谓之道与形而下者谓之器思想的影响十分明显，这一点，和属西方传统的道成肉身理念以强调声音实体并围绕作品成型的审美体验非常不同；其次是美学问题若隐若现，主要表现在美学问题与艺术问题的界限不甚明确，一个典型的现象是，似乎用哲学方式研究音乐问题就成了音乐美学，以至于把音乐美学置于形而上学论域，而忽略了它作为所有音乐学最初进阶属形而下者的感性通道；再次是音乐美学问题逐渐凸显，尤其是近年来，感性问题被逐渐关注，针对并围绕与音乐作品相关的感性直觉经验进行描写与表述标示出学科的一个重要指向，但是，即便把默认音乐表达情感作为一个自明的理论事实，却依然面临如何通过诗意转换情感，如何通过文字语言描写与表述文字语言所不能表达的

① 韩锺恩：《一个存在，不同表述——中西音乐美学中的几个问题》，载《深圳大学学报》2012 年第 4 期。

东西这样一些音乐美学研究乃至音乐学写作的基本问题。这样三个基本特点，一方面可以看作是不同历史阶段的各自重心，另一方面也可以将此横架过来视为不同的研究类别，并作为进一步进行学科断代的一种依据。比如：重哲学者出于对音乐美学具有哲学性质的认识，重美学者出于对音乐美学具有特殊对象的认识，重音乐美学者出于对音乐中声音具有艺术特性的认识；再比如：重哲学者偏于理式，重音乐美学者偏于质料，重美学者则折中。

历史地看，前辈音乐美学家大部分都是有坚定信仰的学者，不管是马克思主义者还是人本主义者或者实践主义者，他们所持守的信仰是一种面对特定问题进行公开诉求并诉诸公众的古典代言，甚至于是意识形态的承诺。后辈学人应该在接续前辈思想的基础上，进一步去考虑在历史叙事与理论陈述的过程中强化学科自身意识和弱化意识形态承诺的可能性，不断凸显问题意识并旁及别界，以寻求更为广阔与深度的理论平台，为建构尽可能合理的规模结构、资源结构和方法结构而努力。

20 世纪对中国具有明显的转型意义，一方面，在此特定历史阶段，中国音乐美学的现代性特征不容忽略，其中，五四新文化运动以来西方哲学美学以及音乐美学理论对中国音乐美学产生了绝对的影响，一定程度上成为主流；另一方面，及至 80 年代音响结构形态的变异扩张以及当代音乐中存在的极端个性写作又在相当程度上对音乐美学形成挑战的态势。由此，当代中国音乐美学与中国古代音乐美学形成隔代关系，于是，如何在此转型前提下汲取外来资源又接续本土传统，将是未来发展的一大课题。在当代音乐美学论域，毫无疑问，对音乐的艺术问题与美学问题的关注开始成为核心。具体体现为针对音乐作品的美学指向逐渐明显，围绕声音概念的描写与相应感性经验的表述再度接续，与此同时，纯理性问题有所呈现，即在不排斥纯粹声音陈述的前提下复原感性直觉经验的本体存在。核心问题是：文化批判能否作为阶段性终端？进而，又能否面对特定问题进行公开诉求并诉诸公众？针对于此，关键就在于处理好这样 3 个关系：1. 当代中国音乐美学与西方乃至世界音乐美学的关系，彼此汲取、互动共赢，谁也吃不了谁的共同发展应该成为主流；2. 当代中国音乐美学与中国古代音乐美学的关系，深入发掘、趋利避害，谁也离不开谁的错位发展应该成为主流；3. 当代中国音乐美学的自身建设，在相对文化价值与绝对历史演进之间的理论关系尚未确立，独断、怀疑、宿命环链依然扭结的前提下，在相对充裕的规模资源基础上，进一步通过方法资源的发掘去进行内涵建设和定位发展，优化丰富多样的结构资源，从而使当代中国音乐美学不断凸显出愈益增量升值的意义，以形成一种别人没有唯我独有的文化核心竞争力。

随着现代性进程的推进与全球化范围的扩大，当代中国音乐美学无论在整体结构方面还是在局部功能方面，都发生了极其深刻的变化，由此引发的当代问题日益凸显。为此，有必要在已有研究基础上凝聚新的理论焦点，包括：哲学性质、美学方式、人类学事实、艺术学前提、批评学干预、心理学边缘、社会学关切、价值学定位、历史学考掘、语言学关联、文化批判终结，以及其本身的基本问题、范畴、学科语言、to be 问题等。与此同时，再通过对当代音乐转型与换代研究实现学科扩张，以推进整体学科建设。

第四节　新时期舞蹈美学的发展

随着粉碎“四人帮”消息的传出，全国各地的舞蹈工作者和群众一起涌向街头，扭起秧歌欢庆胜利和光明的到来，因此，这个时期的舞蹈艺术的主调从一开始就充满着乐观、理想主义的色彩，舞蹈艺术也迅速走上了拨乱反正、重新复兴的道路。同文艺思潮一样，舞蹈也在探索、追求中度过了这一时期。所不同的是，它与新中国成立初期的政治主题相比，带有更多个体强烈的审美意识的介入与表现，因此，也更具有丰富斑斓的色彩。在此后的 20 年间，中国舞台上先后出现了古典舞、新古典舞、民间舞、新民间舞、当代中国舞、现代舞、芭蕾舞、爵士舞、拉丁舞等，各类流行舞蹈风起云涌；与此相呼应，舞蹈美学也得到了快速发展。

一、1977～1985 年：废墟上的重建工作

“文革”结束后，经历了异常曲折的舞蹈界面对要在近乎废墟的基础上进行重建的难题，如何发展，方向在哪里？谁也没有明确答案，于是乎在伤痛中复兴传统就成为最好的选择。人们心中对“文革”的抵触和伤痕记忆使得舞蹈的重建开始于对“文革”的反抗和反省。“新时期”舞蹈演出的内容就经历了从揭露

批判"四人帮"到扭起大秧歌;从恢复优秀传统剧目到创作新剧目的历史过程。

1978年6月,中国舞蹈工作者协会恢复工作,专业刊物《舞蹈》则早于1976年3月恢复。随后重新排演"文革"时期被否定的民族舞蹈,《荷花舞》《飞天》《鱼美人》等一批优秀作品重新上演,承续了怀旧的民族舞风格,但是直到一些超越传统艺术思想和艺术观念的新创舞蹈出现,才形成了全新的历史样式和美学思潮。1979年,甘肃省歌舞团在深入研究敦煌壁画乐舞的基础上创作了舞剧《丝路花雨》,该剧是"文革"之后在中华大地上出现的第一部历史舞剧,创造性地将中国民族民间舞、古典舞与敦煌壁画中的舞蹈形象结合在一起,其中大量的独舞段落,反弹琵琶舞、波斯舞、盘上舞等都是从未出现过的,特别是突出"S"形的动作体态,形成了敦煌舞蹈这种新的舞蹈形式。该剧一经演出就广受好评。1980年,中国兴起音乐美学元范畴研究,《丝路花雨》在全国各地巡演193场,在中国文艺界刮起一股强劲的敦煌艺术旋风,继而轰动国内外,在世界范围内引起强烈反响,为中国舞蹈剧开辟了新路,被誉为中国舞剧的里程碑,中国舞剧从此走向一个新的创作时期。《丝路花雨》为民族舞剧的复兴开辟了新的道路,引发了人们对民族民间舞蹈和中国古典舞蹈的丰富想象和理性思考。例如,降大任的《试谈圆的美》(《社会科学战线》,1980年第3期)通过分析舞剧《丝路花雨》中英娘的动作特征,解读了中国舞中注重"圆"的审美特色。兆先的《〈丝路花雨〉的舞蹈语言》(《文艺研究》,1980年第2期)分析《丝路花雨》对传统敦煌乐舞的继承与创新、优势与不足等。

之后,《文成公主》《铜雀伎》《编钟乐舞》《九歌》等作品陆续上演,形成了依托古代叙事来展示现代精神的一种"寻找古风"的创作风潮。这种将深厚的古典精神与现代舞蹈创新结合的趋向体现为中国舞蹈意识的苏醒和再造的时代特征。但由于这些舞剧的创作与中国传统戏曲、文学、戏剧有着很多交集和依赖关系,加之现代艺术观念的逐渐渗入,也让理论界在面对突然迸发的舞剧创作热潮时,发出了"什么是舞蹈"的诘问。作为新时期第一批舞蹈学理论工作者和新时期观念冲突的亲历者,于平在回忆新时期舞蹈书写轨迹时对第一次理论争鸣有过大致的梳理①,循着这条线索,很容易就找到了改革开放初期舞蹈界新观念的生发点:1977年4月徐尔充发表了《舞蹈要有舞蹈》(《舞蹈》,1977年第

① 于平:《舞蹈书写的轨迹——为纪念改革开放三十年而作》,载《中国艺术报》2008年2月29日。

4期)，之后，王元麟、彭清一发表了《什么叫“舞蹈要有舞蹈”?》，苏祖谦发表了《舞蹈就是要有舞蹈》，等等。单从这三篇有同义语重复之嫌、让人眼花缭乱的文章标题就可以看出，当时那种辩论式的理论风气在舞蹈界也十分盛行，而迫切地想要证明自我门类的独立性和主体性也是当时舞蹈理论的鲜明特色。此外，唐莹在《浅谈舞蹈艺术的特性》(《舞蹈》，1978年第6期)一文中提出舞蹈的特性是可视性、音乐性和造型性。汪加千、冯德的《关于舞蹈艺术的特性》(《舞蹈》，1979年第1期)则认为舞蹈艺术的基本特性是动态性、律动性和强烈的抒情性、虚拟性、象征性。所有这些理论的目的都是要求舞蹈作品要克服单一的，受戏剧、文学、戏曲作品模式的影响局限，要呈现出舞蹈本体的特点，这是新时期理论界在追寻舞蹈本体时的一致呼声。

1980年，文化部和中国舞蹈家协会联合举办了第一届全国舞蹈比赛，一些新创作品避开了戏曲化、公式化的创作手法，出现了诸如《金山战鼓》《水》《敦煌彩塑》《希望》等作品，将民族舞蹈和现代舞的表现形式进行改造、变形，突出一种舞蹈视觉表现中的形式美。与此同时，在理论界，形式与内容的关系也同时成为舞蹈学界的一个话题。徐尔充、隆荫培的《试谈舞蹈艺术形式美》(《文艺研究》，1980年第5期)就认为舞蹈艺术的特性是通过形式美来区别于生活原型，因此应当重视舞蹈艺术形式美，要不断丰富舞蹈的表现手段。王元麟的《论舞蹈与生活的美学反映关系》(《美学》，1980年第2期)提出舞蹈美学的内容指某一社会生活内容在某一动作上的特定风格反映，舞蹈的动作正是舞蹈的审美本体，作为舞蹈动作本身的舞蹈表现就是舞蹈界称为风格素材的纯然形式，舞蹈的纯然形式是弄清楚舞蹈美学特点的核心。此外，还有于平发表的《形式、形式美、形式感》(《舞蹈论丛》，1980年第6辑)，蓝凡发表的《试论中国舞蹈的形式美与民族性》(《上海师范大学学报》，1981年第2期)等文章。但与美术、戏剧戏曲或影视艺术门类中的关于形式与内容的大争鸣局面相比，舞蹈美学中没有过多地纠结于形式与内容的关系研究，更多地将理论的重心放在了舞蹈美学的一些核心问题上。例如，兆先的《舞蹈的“造型性”与“流畅感”》(《舞蹈艺术丛刊》，1982年第4辑)，就舞蹈的美学特征、造型的独特性及统一性等问题进行阐述。

此时还有一个特别重要的舞蹈美学理论发展现象，就是出现了多篇整理总结中国舞蹈身段审美特征的文章。李正一、唐满诚、王萍、郜大琨、张强等人从舞蹈教学训练及创作的需求出发，不断总结中国古典舞蹈中的动势及其审美特征，并通过专业化的理论论述，探讨舞蹈者身体动作体系内所包含的规律，首次将中国戏曲中的动作与现代舞蹈发展趋势结合，扩展古典舞的动作数量，提炼出多种动势“冲、移、伏、靠、拧、倾、长”“云肩转腰”“出、收、扬、搭、绕、冲、背”“提、沉、冲、靠、含、腆、移、旁提”等多种身韵动势，并总结出中国古典舞运动法则“平圆、立圆、八字圆”等，将中国古典舞蹈动作性格化，建构了富于艺术表现力和时代形象的古典舞身韵体系，影响了之后的古典舞蹈的发展。①

二、20世纪80年代中后期：创作的巅峰与理论的探索

20世纪80年代中后期，中国舞蹈在创作方面迎来了一个小阳春，一批富有创新精神的舞蹈，带着开放的、热情奔放的时代印记给中国的舞蹈艺术界带来了活力。

除了新时期初期确立的新古典舞风之外，中国舞蹈的另一大版块是民族民间舞。八九十年代，民族民间舞取得了飞速发展，最早盛行起来的是以各地方民俗风情作为集中表现对象的风情舞，其中最为出色的当属山西省歌舞团以张继刚为代表创作的黄河系列：《黄河一方土》《黄河儿女情》《黄河水长流》。该系列以山西民间风俗为基调，把民间传统表演艺术升华为歌舞剧的表现形式，将黄河儿女真挚、火热、质朴的性格特征与情感世界表现得淋漓尽致，作品纯朴生动、俏致有力，而又不离开舞蹈艺术的融合灵魂与躯体的精神内核，引领了中国舞蹈界寻找文化之根的创作风潮。民族舞蹈方面，杨丽萍的《雀之灵》、中央民族大学排演的《奔腾》、原南京军区政治部前线歌舞团排演的《黄河魂》等作品借助不同民族的舞蹈主题动作进行创作，极大地提升了民族舞的舞台品质。古典舞在80年代后期也有上佳的作品，《小溪、江河、大海》将从中国戏曲中提炼出的古典舞身韵贯彻到整个演出中，整个作品气韵连贯，动作清晰而流畅，从神到形完美地诠释了中国古典精神中关于水的意境想象。80年代中后期，从舞蹈创作、传播媒介以及民众的接受程度等多方面看，都是舞蹈发展的黄金时期。

在舞台上充满活力与生命力的舞蹈作品并没有引起太多的理论关注，相反舞蹈理论界更多地将精力集中在本学科本体问题上。实际上，80年代中后期人

① 冯双白：《新中国舞蹈史：1949—2000》，湖南美术出版社2002年版，第141—145页。

们不再过多地纠缠于“什么是舞蹈?”这个问题,更多的是从美学研究的视角进入,对舞蹈学科进行有意识的建构。隆荫培在论文《舞蹈美学的内容及其它》中主张:“舞蹈美学就是从审美的角度来研究舞蹈艺术的一门科学。它主要研究舞蹈美和舞蹈审美——包括舞蹈美的本质、舞蹈美的特点、舞蹈美的构成、舞蹈美的来源、舞蹈美的作用、舞蹈审美意识的本质、舞蹈审美艺术的表现形态和心理特征、舞蹈审美的阶段性时代性民族性、舞蹈审美的客观性和主观性、舞蹈审美的共同性独特性多样性等。这种对舞蹈美和舞蹈审美的研究,其对象就是客观存在的舞蹈。因此所谓的舞蹈美学的内容,也就是从审美的角度对舞蹈艺术本身进行研究。”[①]之后隆荫培又连续发表了《舞蹈美学思考提纲》[《舞蹈艺术》(丛刊)第 6 辑,文化艺术出版社 1984 年版]、《舞蹈审美创造规律的探讨》(《舞蹈论丛》1987 年第 4 期)、《舞蹈形象创造漫谈》[《舞蹈艺术》(丛刊)第 29 辑,文化艺术出版社 1989 年版]等,就相关问题展开讨论。

《舞蹈艺术》(丛刊)第 12 辑上发表了兆先的《舞蹈表演艺术的美学特征》,文中关于舞蹈美学的理论进行思索。《舞蹈艺术》(丛刊)第 13 辑上发表了赵大鸣、苏时进的《应当变革的舞蹈美学观念》,要求重新建立新的舞蹈审美标准,认识舞蹈中的美与不美问题。应萼定的《简谈舞蹈观念的更新》[《舞蹈艺术》(丛刊)第 13 辑,文化艺术出版社 1985 年版]则反对仅从外形动作出发去认识舞蹈,应该重视舞蹈语言的抒情功能,而不是叙事功能。胡家禄的《应重视舞蹈的独立价值》[《舞蹈艺术》(丛刊)第 13 辑,文化艺术出版社 1985 年版]也通过分析舞蹈与文学思维的关系,强调舞蹈的虚、实、形、神相统一的艺术规律及其独立的艺术价值。

之后,美学领域的形式美、造型美、形象思维等时尚话题纷纷进入理论家的视野,相关理论研究大量涌现,先后有黄宣德的《谈舞蹈艺术的个性美》[《舞蹈艺术》(丛刊)第 16 辑,文化艺术出版社 1986 年版],强调舞蹈艺术的外部形式美是舞蹈赖以生存的个性美之所在;冯碧华的《试论舞蹈形象思维》;宋今为的《试论舞蹈中人体动作的造型性》[《舞蹈艺术》(丛刊)第 18 辑,文化艺术出版社 1987 年版];田静的《浅谈“丑”的艺术美》[《舞蹈艺术》(丛刊)第 18 辑,文化艺术出版社 1987 年版];于平的《舞蹈美学探究》(《美学》,1987 年第 7 期);胡尔肃的

① 隆荫培:《舞蹈美学的内容及其它》,载《舞蹈论丛》1982 年第 2 期。

《舞蹈的“合流倾向”与美学观的更新》[《舞蹈艺术》(丛刊)第 25 辑,文化艺术出版社 1988 年版]等。

这一时期,受社会科学表述中引入科学思维的影响,美学研究曾一度热衷于运用系统论、信息论、控制论来开展美学研究,舞蹈界也有相关的研究内容出现,通过“三大论”来审视舞蹈美学特征,例如,殷亚昭的《从信息论看舞蹈美学特征》(《艺术百家》,1986 年第 4 期)。关于舞蹈心理、舞蹈鉴赏、舞蹈中的个体认知等问题也成为舞蹈美学讨论的主要话题。胡尔岩的《舞蹈表演心理谈》分为上中下三部分分别发表在《舞蹈艺术》(丛刊)第 8 期和第 12 期上,应用心理学家的研究成果,讨论了舞蹈表演中的下意识状态、想象等艺术创作的存在问题。胡尔岩又发表了《重新认识观众——舞蹈鉴赏心理漫谈》[《舞蹈艺术》(丛刊)第 13 辑,文化艺术出版社 1985 年版]。这些文章在当时,试图在理论资源相对匮乏的学术生态中,努力运用新兴的研究方法深入舞蹈美学,尽管显得含混不清、不够理性,但也不失为一次勇气可嘉的理论探索。

吴晓邦是近现代中国新舞蹈运动的开拓者,也是著名的舞蹈理论家,是现代舞蹈学学科建设的集大成者,他穷其毕生精力致力于学科构建的研究和探索。早在 1952 年吴晓邦就出版了《新舞蹈艺术概论》(三联书店),1982 年,该书的修订本由中国戏剧出版社出版;1984 年,他在《舞蹈艺术》(丛刊)第 8 辑上发表了《关于舞蹈基础资料理论分科上的一些问题》①一文;1985 年,其专著《舞蹈新论》由上海文艺出版社出版。吴的理论研究对舞蹈的实体、属性及其与其他艺术的关系,舞蹈美和舞蹈思想以及舞蹈学科的对象、方法,舞蹈的想象力和情感等方面均有涉猎。对舞蹈美的研究不局限在舞蹈艺术本身,而把舞蹈看作一种社会现象、一种联系社会的发展与需要而存在的艺术门类。

三、20 世纪 90 年代之后:主体意识的崛起

进入 20 世纪 90 年代,舞蹈创作更加注重强调主体意识的存在感。舞蹈舞台不断突破传统宏大叙事的观念束缚,强调舞蹈的表现性本质,注重对人的内

① 吴晓邦:《关于舞蹈基础资料理论分科上的一些问题》,见《舞蹈艺术》(丛刊)第 8 期,文化艺术出版社 1984 年版。

心世界的分析和挖掘等。正如冯双白所言:“90 年代,中国当代舞蹈史上一个多姿多彩的时代,一个以突破、解构、分析为标题的时代,一个舞蹈之叙事性遭到严重怀疑而动作主体意识高涨的时代……”①

90 年代初,舞蹈界成就最为突出的当属编导张继刚。在民间风情舞黄河系列大获成功之后,张继刚的舞蹈编导并没有停滞于乡舞乡情的内容表现,而是进一步将现代主义的文化主旨纳入中国民族民间舞蹈之中,通过更加注重对单个人物或群体性格的深入刻画,展示作为主体的人在生存中的悲剧性以及人性光辉的闪现。他连续创作了《黄土黄》《一个扭秧歌的人》《好大的风》《母亲》等作品,这些作品或表现黄土与人互为生命的深刻哲理,或展示个人执着与奉献牺牲精神,或揭示男权社会下的女性悲剧与不屈精神,在舞蹈层面打破了语言的障碍,突出了大写的“人”,不露声色地将现代性的主体意识代入民间舞蹈的叙述和表现中,悄然改变着中国舞蹈的审美走向。

如果说 20 世纪 80 到 90 年代初是中国本土传统舞蹈在新时期绽放华彩的光辉历史时期,那么 90 年代中期更加夺人眼球的是现代舞蹈的异军突起。早在 80 年代早期国门初开之时,在一些中外舞蹈交流过程中,中国舞者已初步认识并了解了欧美的现代舞。一些欧美的现代舞团来华访问演出时将超越人们常规认知系统的舞蹈表达方式介绍进来,带给中国观众深刻的记忆和巨大的心理冲击。之后,很多中国舞蹈家走出国门学习,再一点点将现代舞蹈传回中国。1987 年,北京舞蹈学院设立了第一个现代舞研究室;同年,广东舞蹈学校“现代舞实验班”成立。此后,在西方现代文化全方位渗入的态势下,现代舞以一南一北两个爆破点,在中国大地上以燎原之势恣肆发展,成为中国舞蹈艺术中的主流内容。但是由于现代艺术自身具有的反叛意识与对艺术本身的批评和思考,中国的现代实验舞蹈也开始了对舞蹈本体的反思与审视。

1995 年,“首届中国现代艺术小剧场展演”在广东实验现代舞团小剧场举行,作品《同居生活》《拥挤》《角落》《户外即兴》等充满了观念挑战,纯粹即兴的表演不断挑战着观众的心理极限。特别是演出结束后,组织方又立即在舞蹈现场举办了座谈会,通过对话将现代舞的主体意识与当时观众及艺术理论家对现

① 冯双白:《新中国舞蹈史:1949—2000》,湖南美术出版社 2002 年版,第 173 页。

代舞的认知之间的错位状况呈现出来,引发了一系列关于现代舞的争论和思考[①]。舞蹈到底是跳给谁看的?跳自己的舞蹈需不需要观众的存在?将现实生活元素真实地呈现给观众是否还是舞蹈?舞蹈家沉浸在自我想象与体验中的这种表演是否合理?审美观念上的分歧与争论也为这场实验性的现代舞蹈演出在中国现代舞蹈史上留下了鲜明的印迹。

作为中国文化改革的产物,1996 年北京现代舞团成立,以《红与黑》作为首演,先后推出了《向日葵》《贵妃醉"久"》《纯粹视觉》《九九 · 艳阳》《'99 国际电脑音乐节现代舞专场》《舞蹈新纪元》系列之一、之二、之三、之四等多种风格各异的作品及剧目。北京现代舞团自其诞生之日起就带有鲜明的时代特征并有着重大的标志意义,它延续着北方舞蹈一以贯之的厚重和富有力量的特征,强调一种回归路径中的出发意识,创作中强调用中国传统的写意手法来表现艺术的个性,更加强调和突出民族意识。在一定程度上看,它的演出又打破了所谓固定的西方的现代舞概念,将一种"跨界""开放"的理念灌入舞蹈创作中,因此其中大量地将传统元素与现代手法结合,表现出一种敞开、流动的现代舞意识,正如冯双白所评价的:"《四喜》绝不是照抄西方现代舞的作品,它的可贵之处,正在于在保持传统文化醇厚博大之意蕴的同时,探索了新变的可能性。"[②]

与现代舞创作及表演中强调自我情绪及关注内心世界相对应的是,20 世纪 90 年代的舞蹈美学界也出现了对主体内在情感的理论阐释。张丽凝的《舞蹈的审美特征》[③]认为由于舞蹈独特的审美经验要求,使得在新中国几次美学热的历史上,舞蹈研究都是个相对被冷落的角落,但也有不少理论家对舞蹈美学有过深入的思考,并由此提出自己的舞蹈美学观。张丽凝提出舞蹈是自然和情感的融合,二者构成舞蹈艺术特定的内容和形式,舞蹈是把人内在的、充实的生命活力在其特定的审美形态中直观外化,以舞蹈独具的审美形态,将人的无形情感予以形象自然的呈现。同时,受现象学哲学思潮影响,吴子连的《作为审美对象的舞蹈之"在"》试图区分作为客体的舞蹈和作为审美对象的舞蹈,也是在舞蹈

① 冯双白:《新中国舞蹈史:1949—2000》,湖南美术出版社 2002 年版,第 180—183 页。
② 同上,第 185 页。
③ 张丽凝:《舞蹈的审美特征》,载《西北师大学报(社会科学版)》1989 年第 6 期。

美学理论方面的一次尝试①。

四、舞蹈美学的学科建设

20世纪90年代前后，舞蹈美学的学科建设取得了明显的进展，特别是在90年代后期，很多舞蹈美学的相关理论专著出现，关于舞蹈的美学思考渐趋成熟，在学科的自觉和本体确认等方面形成了基本的话语圈，初步勾勒出舞蹈美学学科研究的基本框架。

在1989年出版的《中国大百科全书——音乐舞蹈卷》中，叶宁担负了舞蹈美学条目的撰写工作，对舞蹈美学的内涵与哲学性质都作出了精准而明晰的阐释。叶宁推崇中国古典舞独有的审美特征，注重中西方舞蹈美学比较研究；1999年，80岁高龄的叶宁又出版了《舞论集》(中国戏剧出版社)，其中亦收进了多篇有关舞蹈美学的文章，该书由季羡林作序，对其中美学论文给予了很高评价。朱立人在参与编辑《现代西方艺术美学文选》时，主编了《舞蹈美学卷》(春风文艺出版社，1990)，他组织和收集了20世纪以来许多有关舞蹈美学研究的重要论文，从哲学、心理学和艺术社会学三个方面研究舞蹈的一般规律。1997年，隆荫培出版了《舞蹈艺术概论》一书，对舞蹈的特性、种类、起源发展、传播、形式结构、语言及创作的审美规范等进行了全方位的深入解析，特别是对创建中国舞蹈学学科提出了自己的观点："舞蹈学是以舞蹈艺术为研究对象，对舞蹈这种特殊的社会现象作全面的、系统的、历史的研究的一种科学。它的研究范围主要包括：舞蹈理论、舞蹈历史和舞蹈流传三大部分。"②可以说，隆荫培的这本书为中国舞蹈学学科理论建设提供了全面、系统、历史性的学术资料。袁禾的《略论中国舞蹈的美学特征》(《文艺研究》，1998年第5期)一文通过对中国舞蹈的审美特征分析，提出了"回"的形态、"流"的过程、"韵"的内核为中国舞蹈之三大美学特征的见解。此外，还有雨石的《吴晓邦美学思想论稿》(中国舞蹈出版社，1991)、张华主编的《舞蹈美》(湖北教育出版社，1992)、王元麟的《王元麟论美》(舞蹈杂志社，1997)等都对舞蹈美学进行了理性的阐述。这些专著及论

---

① 吴子连：《作为审美对象的舞蹈之"在"》，载《学术论坛》1991年第5期。

② 隆荫培、徐尔充：《舞蹈艺术概论》，上海音乐出版社1997年版，第544页。

述在并不丰厚的舞蹈美学史基础上,将美学理论与舞蹈创作实践连接为一个整体进行认知与表述,对舞蹈美学的发展作了有益的探索,对中国舞蹈美学的建立起到了拓荒作用,填补了中国舞蹈美学这一学科的空白。

在促进现代舞蹈的发展和西方现代舞蹈美学理论的引进方面也出现了一批理论著述。王耕夫的《西方现代派舞蹈美学思潮评述》(《舞蹈艺术》,1988年第25辑)较早对西方现代舞蹈进行了详尽细致的介绍,影响颇大。在这方面贡献更多的是欧建平。欧建平从20世纪80年代末到90年代期间一直专注于西方舞蹈美学理论的译介与舞蹈美学的研究,有效地补充了中国舞蹈美学学科体系的不足,促进了中国舞蹈美学学科的不断完备。1988年,欧翻译了道格拉斯·拉基的《动作理论与舞蹈美学》(《舞蹈艺术》,1988年第4辑)、朱迪思·B.奥尔特的《科林伍德的〈艺术原理〉中包含了一些舞蹈理论吗》(《舞蹈艺术》,1991年第2辑)、约翰·马丁的《芭蕾的审美理想》(《舞蹈艺术》,1991年第2辑)等。1995年,欧建平、宁玲合译了杰伊·弗里曼1976年和1980年出版的两部美学专著《舞者与观众:审美距离说》和《舞者与其他审美对象》,并以《当代西方舞蹈美学·第一卷》[①]为标题出版。该专著是从大量的观舞印象和美学理论中提炼而出的,多为杰伊个人的艺术活动和多年观察舞蹈和舞者的结果,是一种直观感受的理性表达。上卷围绕审美距离说,以生动的事例阐述日常生活与审美王国、舞蹈形象与演员自我等多重关系,对舞蹈的审美姿态、艺术表现力等在一定审美距离中所表现出的复杂性多有分析。下卷《舞者与其他审美对象》,从绘画、音乐、诗歌、散文、雕塑、歌剧、电影、摄影等多个艺术门类进入艺术批评。1996年,欧建平本人出版了《舞蹈美学》(东方出版社)一书[②],这是新时期以来第一部由中国学者撰写的以“舞蹈美学”命名的专业理论著作,通过对芭蕾舞、现代舞及东西方舞蹈美学理论的比较研究,从多个视角和层面来回答什么是舞蹈的本质,是一次难得的理论探索。这些理论的引入和介绍使中国舞蹈界可以了解西方舞蹈美学的发展状况,为中国舞蹈界的理论发展提供了新的声音和视角。

---

① [美]杰伊·弗里曼著,欧建平、宁玲译:《当代西方舞蹈美学》第1卷,光明日报出版社1995年版。

② 本书属叶秀山主编的《袖珍美学丛书》(东方出版社出版,1996)中的一册。该丛书于1990年出版第一版时并没有舞蹈美学的相关内容,1996年再版前,欧建平在与叶秀山的通信中提出将《舞蹈美学》加盟该丛书,以尽量弥补艺术门类不全的遗憾,1996年,《舞蹈美学》被纳入该套丛书出版。

第五节　新时期戏曲美学研究

1978年年末的中共十一届三中全会对于中国的意义或许不亚于1949年10月1日天安门城楼上的开国大典，因为这两个时刻对于每一个经受过灾难的中国人来说都有着共同的意义——“新生”和“希望”，于是“新时期”的提法不胫而走。“新时期”的“新”与30年前新中国成立伊始的“新”并不完全相同，在艺术领域，它意味着经历了“文革”的梦魇之后，人们重新反省政治与艺术的关系，人们重新修复被政治“暴力”冲垮的艺术格局。“拨乱反正”是这一时期众望所归的第一步。被彻底中断的整理传统剧目的工作陆续恢复，在“文革”10年中被严重破坏的新编历史剧、地方剧种也渐次恢复，地方剧团开始活跃，而销声匿迹10年的传统戏更是出现了“井喷”。无论在物质方面还是精神方面都异常困厄的国人终于迎来了“第二次解放”，关于“真理”标准的大讨论和“解放思想，实事求是”口号的提出，打破了曾经的一元话语体系，也让人们对外面的世界分外好奇。

一、关于“十七年”的重新评价：1977—1979年的“拨乱反正”

“文革”结束后，重新评价“十七年”成为这一时期艺术领域的重点。无论是关乎历史的还是关乎社会建设的，无论是关乎文化的还是关乎戏剧的，“十七年”都是一个需要重新审视的关键点。在“文革”10年，“十七年”创作剧目曾被彻底否定。而到了新时期，也正是以对“十七年”戏剧创作的恢复上演和重新评价为起点来实现戏曲的“涅槃”。

“文革”结束后的一两年，政治话语方式依旧占据主要位置，因此“文革”中遭遇了完全否定的“十七年”文艺政策理所当然地发生了180度逆转，从全面否定变成全面肯定，对“十七年”创作剧目的否定也变成了肯定。随着《逼上梁山》《十五贯》《杨门女将》等剧目的重新上演，大量对“文革”时期被彻底否定的剧目重新评价的文章纷纷现身，如郭亮的《重看〈杨门女将〉有感》、董健的《传统戏曲推陈出新的成功典型——祝昆剧〈十五贯〉重新上台》、郭汉城的《十年重话〈朝阳沟〉》、周扬的《重看豫剧〈朝阳沟〉》、俞为民的《重新评价〈海瑞罢官〉》、王朝闻的《尽情尽理——评〈春草闯堂〉》等。尽管此时的文章政治意味仍然十分明显,但是对"十七年"的美好回忆却溢于言表,对传统剧和历史剧的正确对待也提上了日程。当然,民间意义上的传统戏远非这些,"样板戏"的长期上演导致了人们对传统戏的极度饥渴,于是,先是经历了 1977 年到 1978 年地方剧种和古装戏的先行试探,到了 1979 年,传统戏"井喷"上演,一时间传统戏在上演的剧目中达 90%以上,新编历史剧和现代戏上演比例锐减,随之出现的是传统戏质量上的良莠不齐以及在经济利益驱动下传统戏制作粗糙低级的问题。传统剧目究竟应该如何"拨乱反正",究竟应该如何继承和革新,成为彼时官方和戏曲界探讨的关键。1979 年,为期 1 年的国庆 30 周年献礼展演之后①,1980 年 7 月 12 日,戏曲剧目工作座谈会在北京召开。会议总结了新中国成立 30 年来的戏曲政策和经验,重申了"百花齐放,推陈出新"的根本方针和"两条腿走路""三并举"的剧目政策。而"推陈出新"更被视为这一时期传统剧目重新上演的重要原则,它也成了为新时期戏曲"出新"保驾护航的利器。

于是,"回到十七年",准确地说就是回到那个戏剧政策曾经摇摆不定的年代中相对温和的状态,但是对"传统"和传统戏的把握依旧脱离不了漫长 10 年的既定思维。所以,此时对于一些在新中国成立后屡有争议的传统戏,如《四郎探母》《斩经堂》等是否能够重新上演的大讨论再次兴起②。这标志着刚刚进入新时期的破冰时刻,"非主流"的个体情感依旧还会被拿来质疑,对传统戏价值观的判定依旧脱离不了政治逻辑的阐释。不过,对抢救戏曲遗产的迫切呼吁最终还是为传统戏打开了大门。

二、戏曲危机:振兴与探索的 80 年代

进入 20 世纪 80 年代,抢救戏曲遗产的工作竟与传统戏的降温同步而来。

① 献礼展演上新编的历史剧有黔剧《奢香夫人》、越剧《胭脂》、川剧《卧虎令》、吕剧《姊妹易嫁》、绍剧《于谦》、京剧《司马迁》等;现代戏有京剧《南天柱》、秦腔《西安事变》、越剧《报童之歌》《三月春潮》、京剧《一包蜜》、柳琴戏《小燕和大燕》等;经过整理改编的优秀传统剧目有莆仙戏《春草闯堂》、豫剧《唐知县审诰命》、采茶戏《孙成打酒》。可以看出,剧目也大多是以新中国成立后的新编历史剧和现代戏为主,而新中国成立后经过推陈出新整理改编的传统剧目则相对有限。

② 1956 年、1962 年,波及文艺界、戏剧界的一大批理论家都曾经对《四郎探母》展开过大讨论。

“文革”十年不正常的文艺生态导致老艺人的技艺减退，老艺人相继离世导致表演艺术毁灭性的倒退，地方剧种“京戏化”也使得剧种的地方特色越来越模糊，“文革”10年间没有传统戏的上演导致年轻演员对“传统”显得极为陌生，而戏曲的受众也出现了断代。与之对应的是，80年代初在中国改革开放的大背景下，各种艺术形式，如小说、电影、诗歌、话剧、音乐等渐渐深入人心，戏曲这种中国传统艺术受到冲击，观众群进一步流失。于是，1980年到1984年，关于“戏曲危机论”的提法甚嚣尘上。

80年代初，刘厚生等戏剧理论家率先提出了传统戏曲可能消亡的警示，可谓新时期以来对戏曲的一次当头棒喝。于是，戏曲界人士纷纷献计献策，展开了对“戏曲危机论”的探讨。汪曾祺从京剧文学的角度指出在京剧中存在着陈旧的历史观、人物性格的简单化，以及结构松散、语言粗糙等缺点，认为京剧只有增加语言的文学性和哲理性以及可读性，才能引起年轻观众对戏曲的兴趣。① 而王蕴明、李准的《时代潮流和戏曲改革》则在对“传统热”变冷这一现象的思索下，认为传统剧目大多具有封建思想性质。因此，一是在剧目内容上，二是在艺术表现形式和手法上要做到顺应时代潮流，“推陈出新”就成了他们对“戏曲危机”的解决之策。② 这或许也代表了80年代对戏曲创作的一种主流思路。

对“戏曲危机”的讨论进一步扩大，在1984年《戏剧艺术》第3期特辟的“当代戏剧论坛”专栏中，众多戏剧界人士集体发声探讨“戏曲危机究竟‘危’在哪里”。与前述理论家们将“戏曲危机”的症结落脚在思想内容上不同，署名文飞的文章《“戏曲”已近尾声》提出了戏曲在形式上不适应时代的问题，就很有代表性。当然，还有更多的理论家在正视危机的同时，依旧很乐观地认为“戏曲是不会消亡的”，如俞康生的《审美心理与戏曲现状》、蓝青的《关于冲击波的思索——兼评“戏曲消亡论”》、王朴的《戏曲将随时代的变革而发展》等文。

对“危机”的觉醒，也许在戏曲领域并非坏事，步入新时期的戏曲从国家政治工具真正回归自身。人们开始看清楚戏曲之于观众的意义就是“戏”和“曲”，就是娱乐和欣赏。这样，当演出不尽如人意的时候，当技艺大不如前的时候，自

---

① 汪曾祺：《从戏剧文学的角度看京剧的危机》，载《人民戏剧》1980年第10期。

② 王蕴明、李准：《时代潮流与戏曲改革》，载《戏剧论丛》1982年第1期。

然就与观众渐行渐远,“危机”也就不期而至。强烈的“危机”意识终于促使戏剧创作者重新思索:戏曲究竟将向何处去?

而此时话剧界,一场关于“戏剧观”的大讨论似乎也对戏曲界颇有启发。“戏剧观”的讨论使人们重新认识戏剧功能,并对戏剧中人性的探索,以及对戏剧表现形式横向借鉴展开探讨,与此同时,对人内心情感的丰富性和复杂性的探究也成为“戏剧观”大讨论下戏剧创作的直接结果。这些讨论不可遏制地弥漫到戏曲领域,但戏曲创作究竟是应该“戏曲化”还是“现代化”也成为那时创作的焦点,并在形式创新之余也焕发出创作者对“人”前所未有的关注。因此,新时期的前 10 年对戏曲的革新和探索,几乎是每一个创作者的目标。以《徐九经升官记》和《弹吉他的姑娘》为代表作的余笑予和以《易胆大》《四姑娘》《潘金莲》为代表作的魏明伦可谓是 80 年代前期和后期的两个重要探索的典范,而陈亚先、马科、尚长荣三位一体的《曹操与杨修》却为新时期 10 年的探索画上了完美的句号。

三、戏曲的探索:“戏曲化”还是“现代化”?

一个值得注意的现象是,20 世纪 80 年代初那场关于“戏曲危机”的讨论竟然是与大量戏曲佳作的产生如影相随的。从 1980 年起,新编历史剧创作进入高潮,出现了京剧《司马迁》(1979)、《徐九经升官记》(1980),莆仙戏《新亭泪》(1982),川剧《巴山秀才》(1983),越剧《五女拜寿》(1984),莆仙戏《秋风辞》(1985)等大批佳作。现代戏也脱离了曾经强烈的政治意味,产生出如川剧《四姑娘》(1982),花鼓戏《六斤县长》(1982)、《八品官》(1982),京剧《药王庙传奇》(1983),汉剧《弹吉他的姑娘》(1985)等优秀作品。但是,稍微注意一下,就可以发现这些作品虽然不及 80 年代中后期的诸多被命名为“探索戏曲”的剧目在形式和思想上步子迈得大,但是其创作宗旨无一不是抱着变革的明确目的,新编历史剧和现代戏就成为新时期“戏曲危机论”影响下“创新”的主导。同时,不可忽视的一股力量是话剧界彼时正热火朝天进行的一场关于“戏剧观”讨论的大背景,这场讨论对戏剧功能的重新认识,对戏剧中人性的探索,以及对戏剧表现形式的横向借鉴等迅速弥漫到整个戏剧创作领域,当然也包括戏曲领域。所以,话剧界的“探索戏剧”自 1982 年《绝对信号》始,开启了一段对西方现代派演剧理论大规模摹仿、“拿来”的亢奋期。与此同时，对人内心情感的丰富性和复杂性的探究也成为“戏剧观”大讨论下戏剧创作的直接结果。而戏曲，在受西方现代派理论浸染的大环境下，在其丰富而厚重的程式传统下，并不能像话剧那样自由地从时空到表演，从人性的深度刻画到剧作哲理性内涵作出大胆实验，但是，戏曲创作究竟是应该“戏曲化”还是“现代化”的探索也成为那时期创作的焦点。而在形式创新之余也焕发出对“人”前所未有的关注。80 年代前期戏曲的探索呈现出比 80 年代后期戏曲探索更大的内敛态势。

《徐九经升官记》是 80 年代前期戏曲创作的佳作，它的“佳”就体现在导演余笑予没有被“戏曲危机论”中质疑“戏曲形式不能适应时代”的理论家们吓倒，而是真正领悟到戏曲独特的形式对内容的制约作用。他对丑行艺术的大胆创造和发挥，对丑行大段唱段的铺排，无一不显示着戏曲行当与剧中人物性格的妥帖或制约。无疑，从余笑予对戏曲规律的遵循上看，他是“戏曲化”的身体力行者，但是，同时他也秉承“现代化”的创造手段，他提出了创造“当代戏曲”的追求。所谓“当代戏曲”，他认为是“脱胎于传统戏曲的母体，又受当代文明的滋养，以当代观众的审美需求为出发点，它以鲜明的时代特色和独具一格的民族风采傲立于世界艺术之林”。[①]《徐九经升官记》中“苦思”一场，在梦境中徐九经“良心”和“私心”的斗争段落，导演用两个徐九经各自代表“良心”和“私心”进行相互角力，大胆吸取了西方戏剧内心外化的创作手段，可谓是对戏曲传统形式的突破。对戏曲形式美和技巧的重视是余笑予创作的着眼点，不过他也注意到观众在欣赏京剧、昆剧、汉剧时对表演技艺方面的热衷远远甚于对剧中情节的热衷这一现象。于是，余笑予的创作就从拆除观众与人物之间的那堵高墙开始，而着眼点就在于对“情”的推升，这就使导演在创作中力图对人物和情节进行塑造和编排。剧中，徐九经 70 多句“当官难”的[四平调]，唱来声情并茂，意趣跌宕，在体现人物内心的矛盾方面淋漓尽致，并将“情”的高潮和技艺很好地结合在一起。大多数传统戏曲作品在表现“情”方面似乎总有一定的局限性，而新时期的戏曲创作则开始注重美好情感与戏曲本体性的融合，这无疑是一个大大的进步。

其实，无论是“戏曲化”还是“现代化”，或许在余笑予的心中并没有明确的

---

① 余笑予：《从当代观众的审美需要出发》，载《戏剧报》1985 年第 8 期。

界限，他曾说过，“戏曲化是基础，现代化是目标”[①]。不管是像《徐九经升官记》这样的新编古装戏，还是像《药王庙传奇》《弹吉他的姑娘》这样的现代戏，余笑予的创作宗旨始终谨守戏中剧中人物与当下人们情感的勾连，即对“当代戏曲”观念的追求。不过，在现代戏的创作中，在与现代生活紧密相关的现代题材下，余笑予依旧将民族戏曲观念和戏曲形式的把握置于重中之重。他在谈到《弹吉他的姑娘》的创作时提道，“戏曲特色不是体现在具体程式的运用上，而是体现在民族戏剧观的自始至终的贯穿上，换句话说，我们没有去照搬具体的传统程式，去迁就这种所谓的‘戏曲化’，却遵循着中国传统戏曲写意、传神、夸张、变形的基本规律”“《弹》剧舞台环境的虚实得度，给演员的表演提供了自由的天地……‘电话舞’得到了观众的欣赏，说明它是和谐统一的。这种统一不是在传统程式基础上的统一，尽管它运用了许多具体的程式动作，也不是在现代歌舞基础上的统一，尽管也有许多现代歌舞的成分。这是在新的基础上的和谐统一。它熔当代歌舞、古典戏曲动作、时代音调和戏曲曲调为一炉，呈现出当代戏曲特有的艺术魅力”[②]。

余笑予可谓 80 年代前期和中期对戏曲创新卓有成就的导演，他对“戏曲化”的重视，以及对“当代戏曲”观念的追求，在今天看来是取得了“戏曲化”和“现代化”的一个良性平衡。但是，1984 年关于戏曲的创新究竟该走多远，似乎并没有一个很明确的答案，而冲破“戏曲化”的束缚，强调大力横向借鉴，似乎在当时是更响亮的呼声。而编剧魏明伦就是打着“川剧现代化”和“现代戏戏曲化”两方面的旗号，一路高歌猛进而引起人们注意的。

魏明伦 1980 年创作《易胆大》，1982 年创作《四姑娘》，并明确提出前者是侧重对“川剧现代化”的探索，后者是侧重对“现代戏戏曲化”的探索。在他看来，“尤其是青年观众，他们不适应传统的一整套戏曲程式、‘套子’，认为繁杂、琐碎”[③]。于是“在《易胆大》的情节结构上，借用话剧的分幕式、多线头交织的矛盾冲突及快速推进的节奏，打破喜剧、悲剧、正剧、闹剧各立门户的样式，加强了综合性。戏的结尾，是有意学习外国电影的结构和韵味。在表演形式上，也借鉴

① 余笑予：《对“当代戏曲”的追求》下，载《戏曲艺术》1985 年第 4 期。

② 余笑予：《关于当代戏曲形式美的思考》，载《文艺研究》1986 年第 5 期。

③ 纪双鼎：《关于“现代化”和“戏曲化”的尝试——访〈四姑娘〉和〈易胆大〉的作者魏明伦》，载《中国戏剧》1981 年第 12 期。

了话剧的特长。如幕一拉开，艺人花想容在台上唱戏，麻大胆带着人从台下（也就是观众席间），骂骂咧咧地冲上戏台。这就把观众的注意力吸引过来。这种手法，话剧多见，我借用了。在唱腔上，打破川剧‘一种声腔’的束缚，紧密结合急速多变的剧情，交替使用昆曲、高腔、胡琴、弹戏、灯调五种声腔。如易胆大怀念九龄童时唱高腔，花想容在茶馆唱弹戏，惊尸唱灯调，最后唱二黄，适应观众广泛的欣赏兴趣”[①]。魏明伦的“现代化”观念，不仅打破戏剧本身的类型，而且是对纯西方现代艺术最大化的横向借鉴，以适应年轻观众的审美需求。可谓是对“戏曲现代化”特立独行的大胆尝试。而在《四姑娘》这一根据小说和电影《许茂和他的女儿》改编的现代戏的尝试中，在注重“戏曲化的结构以外，我还注意戏曲舞台艺术的特点，充分发挥戏曲唱做念打的长处”[②]。魏明伦为了发挥戏曲之长，充分表现人物情感，注重意境的安排，让人物用大段的独唱、背躬对唱，充分抒发人物之间的关切、爱慕之情。

与余笑予不同的是，魏明伦在对戏曲“现代化”和“戏曲化”的尝试方面似乎更为割裂和极端，但是这也代表了当时戏曲界很多人对变革与创新的渴求。那就是，似乎步子不是太大，而是还不够大，这可以从 1984 年在上海召开的戏曲现代戏年会可见一斑。张庚曾在文章中描述了对年会的印象：会上“发言不约而同集中在‘话剧加唱’这个问题上面，而且听起来意思似乎在说，现代戏之不能长足进步，乃是由于一些人提倡戏曲化束缚了创作者的手脚，只有搞‘话剧加唱’的人才做出了真正的成绩，在讨论会的过程中，上海《文汇报》发了一条消息，说与会的代表提出看法：‘要大胆冲破“戏曲化”的束缚，掌握时代信息，重视“横向借鉴”，在戏曲表现形式上进行第二次革命。’提出：‘“戏曲化”已成为传统化、程式化、繁琐化、老化、僵化的代名词，它似紧箍咒束缚了从事现代戏创作的同志的手脚，成为现代戏发展的障碍。’”[③]张庚显然不同意戏曲界一部分人对戏曲创作的偏执倾向。颜长珂更是对“冲破戏曲化的束缚”这一观点提出了质疑，他认为“‘戏曲化’执着于艺术的民族性，强调对民族文化传统的纵向继承。它与戏曲的‘现代化’或对横向借鉴的重视，并非决然对立、相互排斥，而应是互为

① 纪双鼎：《关于“现代化”和“戏曲化”的尝试——访〈四姑娘〉和〈易胆大〉的作者魏明伦》，载《中国戏剧》1981 年第 12 期。

② 同上。

③ 张庚：《上海戏曲现代戏年会会后感》，载《戏剧报》1985 年第 3 期。

补充、相辅相成的。在这两者之中,我们似乎没有必要非要作出非此即彼的判断不可”[①]。他更是对社会上人们对“传统”的漠视进而否定的态度感到不安。“传统的严肃的艺术缺少竞争力,这在当前似乎是一个带有国际性的通病……鉴于目前的处境,有些同志对戏曲‘落后’的方面似乎特别敏感,革命热情高涨。主张大胆冲破‘戏曲化’束缚,格外强调重视横向借鉴,就是这种情绪的反映。仿佛戏曲的前途只有依靠吸收外来营养才有办法,民族化、中国特色是不值一提了。这不能不说是一种片面性。”[②]但是,尽管如此,仍然有理论家对“戏曲化”创作不能认同,尚章霍就认为“在相当长的时期内,相当多的同志致力于‘戏曲化’,实践的结果是:不少作品可谓彻头彻尾、彻里彻外地‘戏曲化’了,表现手段用的全是戏曲的东西,但广大观众偏偏不欢迎;有的作品吸收了许多新因素,突破了戏曲原有的规范,被某些行家指责为‘不像戏曲’,‘不像 * * 剧种’,却场场爆满,久演不衰,深受青年观众的喜爱……‘戏曲化’解决不了戏曲面临的困境,这是实践给人的启示”[③]。

在进入新时期后的 80 年代,确实存在着观众对“新”和“异”的盲目屈从以及对传统戏曲漠视的现象。这一方面是由于新观念的层出不穷,80 年代是西方思潮和现代观念大规模涌入中国的一个阶段,诸如:“多元体”“现代性”“哲理化”“大文化”等新兴概念的迭出;另一方面是由于新鲜事物的大量涌现,如音乐、舞蹈、电视、电影等各种艺术都处于生长期,“新”可谓是那时最为繁荣的显学。

也正是因为如此,80 年代中后期,戏曲在探索方面的步伐没有丝毫的停顿,而相较于 80 年代前期的作品,在形式上的标新立异表现得更为明显,一大批明确被冠以“探索戏曲”的剧目也在此时不断涌现。可以说,以荒诞川剧《潘金莲》(1985)为始,以京剧《曹操与杨修》(1988)为终,以桂剧《泥马泪》(1986)、川剧《田姐与庄周》、中国音乐美学元范畴研究《红楼惊梦》(1987)、梨园戏《节妇吟》(1987)、湘剧《山鬼》(1987)、京剧《洪荒大裂变》(1988)等探索剧贯穿,为新时期头 10 年戏曲的“探索”画出了一条完美的轨迹。何为“探索戏曲”?王蕴明在《戏曲探索剧目雏见》一文中,以数个特征进行概括:观念和表现形态的“超前

① 颜长珂:《“冲破戏曲化束缚”质疑》,载《戏剧报》1985 年第 2 期。
② 同上。
③ 尚章霍:《冲破“戏曲化”束缚——与颜长珂同志商榷》,载《戏剧报》1985 年第 4 期。

性”，从内容到形式的“变异性”，观念、技法、样态的“多元性”，为我所用的“开放性”，对传统超越的“继承性”等。[①] 可以看出，80 年代人们对“探索”的宽容和拥趸，而这可以从魏明伦的荒诞川剧《潘金莲》引起的巨大轰动说起。

在那个或许连戏剧理论家们还不一定明确何谓戏剧语境下的“荒诞”年代，一出“荒诞川剧”横空出世了，夺尽了各方人士的眼球。《潘金莲——一个女人的沉沦史》，在那个还不敢大胆谈情说性的年代，这个题目可谓超前。剧中让当时流行文化中走红的小说《花园街五号》中的吕莎莎和历史上的人物武则天、托尔斯泰小说中的安娜·卡列尼娜、《红楼梦》中的贾宝玉、传统戏曲中的七品芝麻官，以及现代女法官各色人物相继登场，对潘金莲这一自古就背负“淫妇”骂名的女人进行评判，在内容上可谓极具“开放性”；剧中将多种艺术形式杂糅，如川剧、昆腔、豫剧、俄罗斯民歌、当代流行音乐、迪斯科音乐等，在技法上可谓极具“多元性”；剧中结构完全打破传统戏曲一线到底的贯穿式，而是采取“戏中戏”结构，可谓既有“继承性”又有“变异性”。实际上，关于“潘金莲”的剧目在传统剧目中并不少见，但是固有的对潘金莲形象的塑造始终没有脱离“淫”和“荡”的道德判断，而魏明伦的《潘金莲》可谓在新时期解放思想的时代背景下，对这一传统女性的首度重新认识，同时也引发观众更多的思考。《潘金莲》的探索意义应该是达到了，就像魏明伦自己所说的，他写这个戏就是为了引起争论，此戏在 80 年代中期在多个城市巡演，所到之处无不轰动，由这个戏所引起的争论也持续了数年，甚至全国几十个剧种的 200 多个剧团对此戏进行移植，荒诞川剧《潘金莲》也成为整个 80 年代最为引人注目、惹人争议的戏曲剧目。

但是，当今天我们再次回望《潘金莲》这出“荒诞川剧”时，不得不为对它的定义不准、张冠李戴而感慨。“荒诞”在那个年代曾经是个多么模糊的概念，甚至被无数理论家囫囵吞枣地误读，“所谓荒诞，我以为可以理解为夸张变形幅度更大的一种‘想象’。它对于我们多年来惯用的写实主义方法有‘突破’的意义，而对于‘非奇不传’的戏曲传统又可以说是一种复归”[②]。对“荒诞”这一西方现代派概念的完全误读，使得当时很多理论家认为魏明伦在剧中将中外古今人物跨越时空，跳进跳出，突破写实主义的舞台就是荒诞。而荒诞的实质却是一种

① 王蕴明：《戏曲探索剧目雏见》，载《地方戏艺术》1989 年第 2 期。

② 安葵：《戏曲的探索与发展趋势》，载《戏剧报》1988 年第 3 期。

与精神生活密切相关的形而上的痛苦。“人之所以陷入困境，是由于人的存在与其环境不协调而变得毫无目的之故。（荒诞的字面意思即为不协调）由于全部所作所为毫无意义……因此便产生了一种形而上学的痛苦状态，这就是荒诞派戏剧作家们的中心主题。”[①]看来，此“荒诞”非彼“荒诞”，对“荒诞”概念的错误借用也可以窥测出在20世纪80年代追求“现代”仿佛成了戏曲界的一剂猛药，言必称“创新”的创作氛围，迎合的观念蓬勃迭出，剧作家们各出新招、异招、怪招、奇招，靠博取各方的眼球也赚得了满堂的喝彩。但就在评论界众声叫好，咸言“现代”即是拯救戏曲的最佳良方、传统戏曲需要大刀阔斧地革新和探索，并认为救赎之路就是从观念到形式最大化地借鉴西方姊妹艺术时，少数理性而清醒的评论家却“不合时宜”地唱出了反调。在对魏明伦的《潘金莲》一片叫好之声中，章诒和的《川剧〈潘金莲〉的失误与趋时》显得格外异类，作者清醒地指出，“有的戏，虽说在陈述遥远的历史故事，但从中开拓出时代的精神。有的戏从外观上是紧贴时势的，然而实质上作者并未站在时代的前列，充其量是一种‘趋时’之作。加之，缺乏对当代社会的真知灼见（不在于运用了多少新名词、新概念），而具有一定的浅薄症与庸俗性，恕我直言，川剧《潘金莲》就是本色意义上的‘趋时’之作，它与今天的时代精神貌合神离。在形式上非常现代化，但在观念上，体现的是带有某种庸俗性的市民心理意识”[②]。

这样的评判在当时自然迎来无数的反驳，但是以《潘金莲》在今天再也没有上演的可能性可以证明，对其“失误与趋时”的论断是不为过的。所以，对戏曲的探索，究竟是应该注重“现代化”还是“戏曲化”的探讨，从《潘金莲》的演出和之后的状况可以看出一二。显然《潘金莲》对于戏曲史理论层面的意义似乎远远大于对于戏曲舞台的“经典”意义。

而另一个80年代末的戏曲作品——京剧《曹操与杨修》恰恰与之相反。

陈亚先的《曹操与杨修》虽然在戏曲的“探索”背景下应运而生，但是被冠以“探索戏曲”似乎有些牵强，因为它并无意于形式创新，也无意于具备“超前性”，它更无意于从内容到结构的“变异性”和“开放性”，而是着意于其中人物的刻画和命运的冲突，也许正是因为《曹操与杨修》不够时尚和流行，决定了它经得住

① [英]阿诺德·欣奇利夫著，刘国彬译：《荒诞说——从存在主义到荒诞派》，中国戏剧出版社1992年版，第1—2页。

② 章诒和：《川剧〈潘金莲〉的失误与趋时》，载《戏剧报》1986年第10期。

历史的考验，在21世纪的今天，依旧散发着隽永的魅力。

但是，又不能否认京剧《曹操与杨修》是一部具有极大创新性的作品。作为新编历史剧，自新中国成立以来，几次关于历史剧创作的讨论说明了戏曲界对历史剧创作的重视程度。历史剧的创作总不免陷入牵强附会、影射时弊的嫌疑中，毕竟对"古为今用"的理解人人都有自己的解释。但是，进入80年代，脱掉政治的外衣，抛弃主题先行的创作观念，新编历史剧的创作究竟该如何"古为今用"，究竟该如何对历史有更深刻的把握，究竟该对人性如何更深入地挖掘，究竟该对戏剧文学和舞台如何更合理地协调，《曹操与杨修》则是这些问题的最佳答案。同时，可以说，正是它的出现，彻底扭转了戏曲探索阶段形式标新立异，内容却经不住推敲的创作状况，为戏曲创作"现代化"和"戏曲化"的争论又增加了一个良好的例证。

说《曹操与杨修》符合戏曲的"现代性"创造，这首先体现在编剧上，陈亚先"力图写出曹操和杨修这两个主人公的伟大和卑微，透过这两个灵魂去思索我们的历史。过去，是今天的历史，今天又将是未来的历史"①。当剧作家意识到历史与现实的勾连时，他也就认识到了人、人性跨越历史、跨越时代的共通性。所以，陈亚先曾经说过"我就是杨修"，实际上这个"杨修"，既会有历史上那个杨修的影子，也会有陈亚先的影子，更会有天下所有有此种遭遇的人的影子，而曹操则是所有有"杨修"这种人格的人的强势对立面。历史与现实的勾连透过跨越千古人性的勾连来达成，"人"成了剧中所有外在呈现的根本，此时，它的经典性实际上也就奠定了。正如余秋雨所说，"从剧作者陈亚先开始，不经意地碰撞到了当代广大中国观众一种共同的心理潜藏。这种潜藏是数千年的历史交付给他们，又经过这几年的沉痛反思而获得凝聚的。我把它称之为正在被体验着、唤醒着的人文——历史哲理。戏中曹操与杨修间的互相周旋、觊觎、对耗，本是横贯中国历史的封建权势人格和文人智能人格之间难以调和的对峙结构，这个结构的悲剧性后果早已被日趋疲惫的民族机体苦涩品尝，并越来越引起全民性的内心惊觉"②。一对遥远的历史人物，唤醒了今天现实中无数人心底的惊觉，它的现代性不言而喻。更加重要的是，陈亚先作品中的"人"是真正的"人"，

---

① 陈亚先：《莫愁前路无知己——〈曹操与杨修〉创作札记》，载《解放日报》1989年1月26日。

② 余秋雨：《成功索秘》，载《解放日报》1989年1月26日。

而不是完美无缺的“神”,人之真谛就在于人性的丰富性和复杂性,人如果是完善完整的,是彻底理想的人,是超凡入圣的人,实质上意味着人性的单一,所以,在人的美好中发现其弱点,对人之不够完美、不够完善的真实展现才是人性的真谛。曾经有人说,“比情节整一性的文体形式更为紧要的,是‘人’的发现与解放,是创作的精神自由的状态,这是现代戏曲的精神内涵”[①],显然《曹操与杨修》做到了。剧中的曹操雄心勃发、爱才惜才却又妒才,加之生性多疑,造就了他矛盾的性格。而杨修才智过人,却恃才傲物,锋芒外露,两种人格的冲突造就了这个千古悲剧话题的永恒魅力。

就是这样一个符合现代戏曲精神内涵的作品,却又没有丢失“戏曲化”的创作规律,这离不开导演马科的观念和主角曹操的扮演者尚长荣的人物塑造。遵循京剧艺术的美学原则,用舞台手段去表现生活,是马科导演的第一理念,但是,他又不忘把塑造人物作为舞台创作的最高使命。达到了“传统”与“现代”两相结合,“戏曲化”和“现代化”的相互协调。导演并不以形式上追求标新立异为目的,而是紧紧围绕着主题、人物、性格的需要来安排场面,并注重从表演、音乐、舞美各个方面为人物服务;不以传统戏曲单纯的唱念做打为表现目的,而是将京剧的表现手段与人物性格良好地结合,甚至打破行当壁垒,对程式进行借用或革新,以达到塑造人物性格的目的。导演统领全局,对戏曲美学原则的把握,加之尚长荣对曹操塑造时对传统的“拿来”,使得《曹操与杨修》成为一部经得起时间考验的戏曲作品。传统在古老的戏曲作品中并不单单意味着技艺和程式,还意味着“对于每出戏、每一个极细微的动作都能说出个‘为什么’,也就是寻找人物的心理依据”。[②] 尚长荣创造曹操的手段一定是立足于传统,同时又“激活”传统的,依旧没有脱离“戏曲化”的创造。他为了演好“这一个”曹操,“不仅运用了自己花脸的艺术功底,而且还加了小生的潇洒、老生的持重”“再以笑的表演而言,尚长荣在这出戏中用了起码不下于七种笑的方法”[③],表现不同的心理,着实把传统程式中的“笑”用活了。

新时期的头 10 年,是探索的 10 年,这 10 年有很多优秀剧作家产生,有很

① 董健、胡星亮:《中国当代戏剧史稿(1949—2000)》,中国戏剧出版社 2008 年版,第 406 页。
② 尚长荣:《一个演员的求索》,载《光明日报》1995 年 12 月 12 日。
③ 陈云发:《新的求索》,见龚和德、黎中城主编:《京剧〈曹操与杨修〉创作评论集》,上海文化出版社 2005 年版,第 133 页。

多优秀的导演出现，更有很多优秀的作品横空出世，但本书用余笑予、魏明伦、马科这三个人所代表的作品来总体涵盖它的走向。当余笑予用《徐九经升官记》《药王庙传奇》《弹吉他的姑娘》诠释他对戏曲形式美和戏曲技艺重视的同时，不忘以“情”为支点，让观众领略内涵更为丰富的唱念做打，开启了新时期戏曲作品的第一步。而魏明伦以《易胆大》《四姑娘》《潘金莲》横扫整个中国，掀起阵阵话题的时候，意味着“探索”已然进入大胆创新的顶峰，社会对一切新异的宽容度、关注度已经进入一个新的层面，反之，对传统之根的重视也被推至边缘。而马科的《曹操与杨修》产生在 80 年代末期，或许有其偶然性，也有其必然性，观念的沉淀、思想的解放同步而行，注定了它将是 80 年代的集大成者，汲取 80 年代思想解放的精华，将对“人”的发现置于前景，却不遗忘传统的给予，将内容与形式完美融合，《曹操与杨修》的时代性和经典性自然难以泯灭，该作品成为 80 年代戏曲探索阶段的收官之作自然也不奇怪。

在话剧舞台上，1976 年到 1979 年间，《南海长城》《豹子湾的战斗》等剧作恢复上演，新创作的《于无声处》《枫叶红了的时候》《报春花》《未来在召唤》等一批优秀剧目给人留下了深刻印象。但是，短短三四年后，话剧界和京剧界先后发出了“危机”的呼声，观众忽然对戏剧失去了兴趣，戏剧界霎时间呈现出一派萧瑟气象。其时，理论界最先发出了反思的声音，对戏剧自身的审美本质及社会定位的探讨，对戏剧实践中的新问题的争鸣成为理论界的两大板块。

1980 年，曹禺发表了《戏剧创作漫谈》一文，就中国话剧创作长期唯斯坦尼斯拉夫斯基独尊的演剧模式造成的公式化、概念化、教条化积弊进行批评[①]。之后陈恭敏的《戏剧观念问题》一文针对中国话剧陈旧的戏剧观念和错误的创作倾向进行了尖锐而深刻的批评：“我国的话剧，从剧本到创作到演出形式，70 多年来主要是恪守易卜生社会问题剧的传统。受镜框式舞台与三面墙的先知，追求‘生活的幻觉’，存在自然主义的倾向，缺乏深刻的哲理与诗意。形式呆板，手法陈旧。”[②]戏剧现代化，必须打破传统的戏剧观念，戏剧必须是现代的。之后，

---

① 1962 年，黄佐临在“全国话剧、歌剧创作座谈会”上提出“戏剧观”这个理论概念。文中提出了三大戏剧观：斯坦尼斯拉夫斯基戏剧观、梅兰芳戏剧观、布莱希特戏剧观，三者之间的最根本区别在于对待“第四堵墙”的方式。斯氏戏剧观相信第四堵墙，布氏戏剧观要推翻这第四堵墙，而以梅兰芳为代表的戏曲传统讲求程式化，不存在造成生活错觉的第四堵墙。

② 陈恭敏：《戏剧观念问题》，载《戏剧》1981 年第 5 期。

胡伟民发表了《话剧艺术革新浪潮的实质》①,直接挑战了传统戏剧观念所推崇的"第四堵墙",推崇形式革新。在形式革新观念的引领下,陈白尘的《阿Q正传》(1981)等一批带有实验性的话剧出现,这些作品敏锐地抓住戏剧观念变革的动因,大量吸收了西方现代派的戏剧手法,突破了话剧传统的时间结构,拓宽了戏剧表现空间,探索新的戏剧观念,包括舞台观念,催生了整个实验话剧的创作潮。一时间追求多场次、多声部、假定性、剧场性、表现、象征、荒诞等种种新手段、新观念、新方法的话剧在舞台上逐一呈现,特别是胡伟民等人倡导的戏剧"假定性"概念,启发了一大批理论家就戏剧的基本概念进行热烈讨论。基于戏剧生存"危机"而自发兴起的关于内形式革新的理论大论战就这样在全国范围内轰轰烈烈地展开了,讨论最核心的出发点是希望通过"形式革新"或观念的"创新"来实现戏剧的"复兴"。

如此花样翻新的动力正是戏剧审美意识的觉醒,是基于戏剧家对戏剧本体而进行的思考,这一点值得肯定。但是在中国社会空前开放,走向伟大历史转折的转型期,这种观念的迅速转变不免带有各自的历史局限性和突然被解除束缚后的盲目性,用当时理论界自己的话说:"外国戏剧在90年里玩过的主要花样,中国戏剧家在不到10年的时间里手忙脚乱地大致玩过了一遍。"②但驳杂新奇的手法,希望赋"自由戏剧观"予戏剧的形式革新并没有真正给中国戏剧和戏曲带来革命性的改观。正如田本相所言:"看看我们的剧作,那些被尊为创新的剧作,其外在形式可以说极尽浮华矫饰、恣意雕琢之能事,而内骨子里,却是根深蒂固的概念化的一套。"③马也亦曾一针见血地指出:"研究中国艺术的规律应该从其自身出发。引进外国理论无可非议,但即使在别国是正确的理论也不能以其代替戏曲自身的规律,更不能以其为模式来剪裁中国艺术。"④这场充满激情和气势的大论辩虽然在规模上前所未有,但多缺乏理论的深度和细致来推动话剧的美学研究。

① 胡伟民:《话剧艺术革新浪潮的实质》,载《中国戏剧》1982年第7期。

② 廖全京:《当代戏剧的走向》,载《戏剧与电影》1987年第7期。

③ 田本相:《中国20世纪80年代戏剧观论争的回顾与思考》,载《戏剧文学》2004年第9期。

④ 马也:《戏曲的实质是"写意"或"破除生活幻觉"的吗——就戏剧问题与佐临同志商榷》,载《戏剧艺术》1983年第4期。

四、危机下的应对：市场经济大潮下的 90 年代

与 20 世纪 80 年代戏剧理论界的“危机论”和创作圈的“探索热”并行不悖不同，90 年代的戏曲创作面临的是方方面面的滑坡。就在人们心急火燎地探讨戏曲究竟应该如何发展，如何让戏曲跟上时代的时候，批评界李洁非的一篇对古典戏曲命运理性认识的短文却直言不讳地将戏曲的命运定格在“死与美”的框架中。在他看来绝响的命运丝毫不能毁损古典戏曲的美，戏曲的衰亡与戏曲本体无关，而与这个纷繁浮躁的时代有关，进而更提出戏曲为什么一定要跟上这个时代的论断。[①] 的确，一方面作为大众文化代表的电视传媒几乎抢占了一切欣赏群体，成为 90 年代大众娱乐的主体；另一方面，经过 80 年代的国营剧团生存状况愈加举步维艰，国家拨款经费越来越少，造成剧目创作无论是数量还是质量都在下滑，演出市场不断萎缩。戏曲的生存和院团体制的改革问题深深地纠结在一起，成为众多国营剧团不断思考的问题，而在这一问题的思考中，戏曲与市场的关系首先成了所有人都绕不开的话题。

陈多在《戏曲危机与文化市场》一文中指出，从文化市场角度来检视戏曲是一条重要途径，他认为曾经各朝各代戏曲兴盛衰败的更替都与对戏曲的群众性、娱乐性、通俗性的摒弃和重视有关，艺术作品就是文化市场的商品[②]。而将艺术的商品性拿上桌面，在新中国戏曲史的前 40 年是不可想象的，一度被人们遗弃的“市场”在 20 世纪的最后 10 年重见天日，更多的人将戏曲的成败，甚至戏曲进入 21 世纪的走向直接与市场相连。但是也有人担忧，完全市场化的选择，到底会是“汰精”还是“选优”？正如王仁杰所言，“艺术沦为商品，是人类心智的式微与退化，但也无人可以挽狂澜于既倒。就这样，庸俗的艺术及其相应的观众在这里相互作用，主宰一切”[③]。总之，是要“市场”还是不要“市场”，是全情投入地要，还是半遮半掩地要，是进入 90 年代后，理论家和戏剧工作者们时常纠结的问题。于是，90 年代初罗怀臻的《金龙与蜉蝣》打着“都市新淮剧”的招牌进军戏剧市场，90 年代末的陈薪伊则打着“乡土”与西递村民俗的卖点夺得人

---

① 李洁非：《死与美——对古典戏曲命运的理性认识》，载《上海戏剧》1993 年第 1 期。

② 陈多：《戏曲危机与文化市场》，载《民族艺术》1998 年第 2 期。

③ 王仁杰等：《面对当前文化市场——戏剧家心态面面观》，载《中国戏剧》1994 年第 3 期。

们眼球,而王仁杰则干脆超越市场,企图以《董生与李氏》对古典戏剧品格的坚守来征服观众。

面对市场,不仅创作者,而且处于困境中的国营院团也在努力求生。因此,关系着戏曲未来命运的院团体制如何改革,也是戏剧界讨论的重点。但是圈养已久的国家制院团,已经完全失去了市场竞争力,此时有人想到了古老的戏班。李洁非在《回眸戏班制》中认为戏班制具有激发艺术竞争,赢得市场的能力,更由于它本身必须具备的营利性而客观上促进了戏班的良性发展、人才更替,而演员的艺术实力和观众的选择是戏班运作机制中的关键点。[①] 作者将传统戏班制与当下剧团制相对比,希望引起人们对院团体制改革的思考。而傅谨在《文化市场发展与剧团体制改革》一文中更是通过对50年代演出团体所有制变革的回顾,对国营院团体制困境的分析,提出在市场经济大潮下民营剧团或许可以对国营剧团的改革给予一定的启示和参照。[②] 很多国营院团无法在市场中占得先机,只得转身寻求另外一个出路,即争取政府的财政拨款,排"政府戏",然而"政府戏"的尴尬在于,它完全与市场规律背道而驰,主旋律的创作取向和获奖的创作目的使得90年代的"政府戏"与观众之间存在着很大的距离。

虽然在市场化的浪潮中,戏剧戏曲演出情形起起伏伏,遭遇各自不同,但在理论界,关注的问题却比较集中,即西方写实与中国写意之间的选择。西方写实的舞台表演从进入中国之后就成为中国戏剧戏曲美学发展的一个重要参考,但是作为与西方戏剧写实性对应的"写意性"一词高度概括了中国传统戏曲的本质特征,也是对中国戏曲美学品格的论定[③],当时就有理论家在中国本土的戏剧戏曲理论中寻找出路。例如,吴功正的《戏剧美学综合机制论》(《艺术百家》,1989年第4期)、游友基的《中国古典剧论中"趣"的美学范畴》(《齐鲁艺苑》,1993年第1期)等。特别要提出的是,张庚作为老一辈戏剧理论家对新时期的美学理论建设卓有贡献:"他结合戏剧艺术实践,在戏曲史论、戏曲批评、戏曲美学理论等方面多有建树,特别是对戏曲现代戏和戏曲的现代化问题,作了积极的理论探索和总结,这是张庚先生在新时期对中国戏曲理论的最大贡献之

① 李洁非:《回眸戏班制》,载《上海戏剧》1993年第6期。
② 傅谨:《文化市场发展与院剧体制改革》,载《文艺研究》1998年第4期。
③ 刘彦君:《取法乎西方——20世纪中国戏剧观众的倾仄》,载《中华戏曲》2003年第2期。

一。”[1]早在1979年张庚就发表了《论戏曲的表演艺术》(《戏剧艺术》,1978年第4期)以强调戏曲的本体价值。之后,在八九十年代的研究中张庚逐渐形成了自己对中国戏曲美学的系统论述,1980年,张庚出版了《戏曲艺术论》,1984年,张庚、阿甲等出版了《戏曲美学论文集》(中国戏剧出版社)。张庚认为,继承与创新必须遵从戏曲本身的艺术规律,戏曲现代化与戏曲创新都离不开对传统戏曲的研究与传承,在80年代末90年代初他陆续发表了《戏曲规律与戏曲创新》(《文艺研究》,1986年第5期)、《戏曲美学三题》(《文艺研究》,1990年第1期)、《要解决对戏曲现代化的认识问题》(《剧本》,1991年第5期)等文,就是希望在探索中不断追寻"民族化"与"现代化"的命题,努力推动传统戏曲在新时代的发展。

在发掘中国戏剧与传统文化关系方面着力较重的当属姚文放。在八九十年代,姚先后发表了《李渔戏剧美学的古典倾向与近代因素》(《艺术百家》,1989年第2期)、《中国戏剧美学与周易》(《艺术百家》,1994年第4期)、《中国戏剧美学的规范思维》(《江淮论坛》,1995年第2期)、《中国戏剧美学的具象思维》(《江海学刊》,1995年第2期)等多篇文章。1997年,姚文放还出版了《中国戏剧美学的文化阐释》(中国人民大学出版社)一书,在中华传统文化的大背景下分析戏剧艺术精神及其美学思想,以审美为中心,将戏剧放在儒家、道家、佛学、禅学、理学等传统文化、宗教及哲学思想的坐标下进行审视,对中国戏剧的社会功能、审美本质、存在方式、情感表现形式乃至悲剧意识等一系列基本范畴进行了深入准确的剖析,以一种现代学术体系的架构将中国戏剧美学的价值意义阐释得十分透彻,将中国戏剧美学理论研究向前推进了一大步。

戏剧美学的系统化最直接地体现在相当多著作的出现。这一时期较有影响的著作还有吴毓华的《古代戏曲美学史》(文化艺术出版社,1994),书中系统地整理和探索了中国古典戏曲美学思想及其发展规律,对我国历代有关戏曲美学的观点、范畴、审美思想等都有系统的论述,对于戏曲美学史上的重要人物及其美学命题的思想渊源和衍变历程等都作了细致阐述,是第一部研究戏曲美学史的专著。此外,还出现了隗芾、詹慕陶等选编的《戏剧美学论集》(中国戏剧出版社,1984)、余秋雨的《戏剧审美心理学》(四川人民出版社,1985)、朱立元的

---

① 何玉人:《张庚戏剧理论及其对21世纪戏剧艺术发展的期待与思考》,载《艺术百家》2012年第1期。

《黑格尔戏剧美学思想初探》(学林出版社,1986)、中国戏剧出版社编辑部编辑的《戏剧美学思维》(中国戏剧出版社,1987)、吴乾浩的《戏曲美学特征的凝聚变幻》(中国戏剧出版社,1988)、曹其敏的《戏剧美学》(人民出版社,1991)、彭修银的《中西戏剧美学思想比较研究》(武汉出版社,1994)、牛国玲的《中外戏剧美学比较简论》(中国戏剧出版社,1994)、焦尚志的《中国现代戏剧美学思想发展史》(东方出版社,1995)、苏国荣的《戏曲美学》(文化艺术出版社,1995)、傅谨的《戏曲美学》(文津出版社,1995)、沈达人的《戏曲的美学品格》(中国戏剧出版社,1996)等。这些著作有力地推动了中国当代戏剧戏曲美学的发展。

第六节　新时期电影美学发展状况

从“文革”结束到 2000 年的中国电影,从其美学发展的意义上,可以说经历了三个阶段[①]:第一阶段是从“文革”结束到 1978 年 12 月中国共产党第十一届三中全会召开的这两三年,这是“文革”结束后的恢复时期,社会生活的方方面面及人们的心灵都处在艰难复苏的阶段。相对于这一时期文艺界其他领域的高歌猛进,“文革”中受钳制及迫害最深的电影界反应相对迟缓。这两年创作的 60 余部电影作品,也未能摆脱“文革”中盛行的虚假造作习气,其美学取向基本延续了所谓的“文革”美学,即一种革命理想主义和浪漫主义的糅合。第二阶段是 1979 年到 1989 年这 10 年,社会开始步入一个正常发展的轨道,宽松的政治氛围及大量引进的西方现代电影、美学理论,极大地提升了中国电影人的革新意识,这 10 年成为中国电影美学的重要转型期。以谢晋为代表的第三代导演接续了中国传统现实主义的血脉;张暖忻、谢飞等第四代导演是力图以现代性革新传统的一代,但总体而言,其革新流于形式,他们的作品更多体现的是对传统现实主义的深化;20 世纪 80 年代中期横空出世的第五代导演成为中国传统美学的真正“叛逆者”,这一时期的作品是现代主义美学在中国电影中第一次较为完整的实践。第三阶段是 1989 年到 2000 年,这是中国社会全方位市场化转

---

① 本文从美学发展的意义上关于新时期中国电影的分期主要参考以下两本书——金丹元等:《新中国电影美学史(1949—2009)》,上海三联书店 2013 年版;钟大丰、舒晓鸣:《中国电影史》,中国广播电视出版社 1995 年版。

轨的时期，伴随而至的是大众文化的勃兴。后现代主义美学成为这一时期电影创作新的审美趋向，第五代、“后五代”，以及第六代（又称“新生代”）导演的创作都不同程度地体现了后现代主义的美学追求。不过，现代性意义上的批判意识、有关存在的思考，以及充满人道主义关怀的现实主义精神在他们的作品中也都不难觅见踪迹。事实上，这一时期，三代电影人都在不同方向上深化了现实主义的创作，第六代导演则在第五代前期创作的基础上进一步在“人”的主题上表现出对现代性更为深刻的认识。[①]

一、“后‘文革’时期”（1976年10月—1978年12月）：革命理想主义和革命浪漫主义的延续

从1976年10月“文革”结束到1978年12月中国共产党第十一届三中全会召开这两年多的时间，被称为“文革”后的“恢复时期”或“后‘文革’时期”。这是一个过渡阶段，社会发展的步伐沉重而迟缓。不过，文艺界作为时代的急先锋，往往能够相对迅捷地作出反应。这一时期，“朦胧诗”暗潮涌动，话剧界、美术界也正酝酿着创新和突破，思想解放、艺术独立是艺术工作者普遍的心声。小说界以刘心武《班主任》(1977)为代表的“伤痕文学”则以真实、质朴的形式闯入了人性、人道的禁区，一时间，人性的觉醒、人道的启蒙成为全社会共同关注的议题，也决定了这一时期及随后新时期文艺创作整体的审美趋向。

相对于文艺界的其他领域，电影界在“文革”中受意识形态钳制、迫害最深，而“文革”后的复苏也尤为缓慢。直到1977年10月才开始反思对“黑八论”的批判[②]，陆续揭发“四人帮”扼杀《海霞》《创业》等优秀影片的罪行，大量老影片在重审后得以解禁复映，而新的故事片也快马加鞭投入了创作生产。但中国电影的传统血脉已被割裂，长期的政治高压、思想禁锢，极大地破坏了电影工作者的

---

① 文中所述的“中国电影”指的是不包括香港电影、台湾电影在内的中国内地/大陆电影。香港电影、台湾电影的发展轨迹、题材风格、精神意趣与大陆电影颇有相近之处，譬如80年代初期发起的台湾新电影运动，与大陆第五代导演的早期实践及第六代导演的个人化书写、作者倾向之间，便有着较为一致的精神追求和风格取向。下文会适当涉及，以作参照。

② 在“文革”期间，林彪、江青把新中国成立以来文艺理论方面的代表性论点归纳为“黑八论”：即“写真实”论、“现实主义——广阔的道路”论、“现实主义的深化”论、反“题材决定”论、“中间人物”论、反“火药味”论、“时代精神汇合”论和“离经叛道”论，对之进行了批判。“黑八论”被列入《林彪同志委托江青同志召开的部队文艺工作座谈会纪要》。

艺术创造力。1977年生产故事片约18部,1978年生产了40余部,数量不少,但质量乏善可陈。

这几年生产、放映的电影从题材来看,主要分成三类:第一类是揭批“四人帮”罪行,反映人民群众与“四人帮”及其追随者作斗争的影片,这类影片约10多部,如《十月风云》(1977)、《严峻的历程》(1978)、《蓝色的海湾》(1978)。第二类是以革命历史为题材的影片,这类影片也有10多部,如以前被错误批判、禁止公开放映的故事电影《大浪淘沙》,重拍的革命经典《万水千山》,还有新拍的《拔哥的故事》(1978)、《大河奔流》(1978)等,相对前一类影片,这类影片内容相对丰富,艺术处理上也更自然真切些。第三类电影是惊险反特片,共有7部,其中相对出色的是《熊迹》(1977)、《黑三角》(1977)、《猎字99号》(1978),这类电影在“文革”期间曾被叫停,但在“后‘文革’时期”,反间谍、反特务的题材具有政治正确的基本立场,而这类电影对悬念、恐怖氛围的设置,也赢得了观众的喜爱,由此具有了特殊的生存空间。①

此外,值得一提的是谢晋导演的影片《青春》(1977),这部电影堪称这一时期银幕上的一抹亮色。影片避开了阶级斗争和路线斗争的僵化框架,将关注的焦点放在了对人性的思考和对个体生命的尊重上。描写了一个年轻的聋哑人哑妹,在女军医的治疗下恢复健康,成长为一名合格通信兵的故事。影片细腻抒情,哑妹的扮演者陈冲散发出的青春魅力赢得了观众的喜爱,呼应了人们要求回归真实、自然的审美愿望。当然,这部影片也不可避免地打上了时代烙印,没有摆脱歌功颂德的时代窠臼,但它复归人性的尝试在当时的情境下显然具有一种潜在的冲击力。

总体看来,这一时期的电影创作无论在内容上还是在形式上都无大的突破,其总体审美取向基本延续了所谓的“文革”美学,即一种“在极‘左’政治意识形态下呈现出来的极致化了的革命理想主义和革命浪漫主义的相糅合”②。作为历史的产物,历史的宿命不可能一下子摆脱,“文革”后两年中国电影发展的滞缓是可以理解的。

---

① “后‘文革’时期”生产的电影及其分类参见金丹元等:《新中国电影美学史(1949—2009)》,上海三联书店2013年版,第228—234页;钟大丰、舒晓鸣:《中国电影史》,中国广播电视出版社1995年版,第141—143页。

② 金丹元等:《新中国电影美学史(1949—2009)》,上海三联书店2013年版,第235页。

二、改革开放前10年(1979-1989年)：传统现实主义的回归与现代主义初探

20世纪80年代是冲破文化、体制藩篱，思想大解放的时代。新的时代氛围深刻影响了中国电影的创作及电影美学观念的建构，这一时期中国电影终于摆脱了“政治宣传工具”的沉重镣铐，而力图成为艺术家表达真实体验与思考、具有独立品性的艺术媒介。这10年，中国影坛群芳争艳，老(第三代)、中(第四代)、青(第五代)三代导演几乎同时活跃在电影第一线[第二代电影导演沈浮在这一时期还拍摄了他最后一部电影《曙光》(1979)]。电影理论界也是百家争鸣，各类专业或通俗类的电影杂志纷纷复刊或出刊，既为学者们的专业研究与争鸣提供了阵地，也接通“地气”，提供了与普通观众进行交流的平台；而这一时期翻译出版的一系列国外电影著作，如巴赞(André Bazin)的《电影是什么?》、克拉考尔(Siegfried Kracauer)的《电影的本性——物质现实的复原》、萨杜尔(Georges Sadoul)的《世界电影史》，也开拓了中国电影人的视野，从根本上促进了思想的解放、观念的革新。正是在这一起点上，中国的电影美学具有了自己的理论雏形，真正开启了学术性的思考。

借助各种学术平台，20世纪80年代的电影理论界主要就电影语言的“现代化”、电影与戏剧的关系、电影与文学的关系、电影美学与电影民族化以及电影观念等问题进行了激烈论辩。这些论辩清理了“三突出”之类陈旧的电影观念，带来了新的电影理论和观念，为电影美学的理论探索积累了宝贵经验，同时也成为中国电影创作实践的指路明灯。总体来看，20世纪80年代的电影论辩与创作呈现出回归、探索与重识“现实主义”的美学趋向及对现代主义的美学追求。从整体的美学追求来看，第三代导演谢晋的创作体现出对传统现实主义的回归；而以张暖忻为代表的第四代导演则在西方思想与现代电影观念的启发下，以“纪实美学”及散文化、诗化的风格表现寻求对传统现实主义的突破；如果说，第四代导演的作品已经出现了现代主义的元素和表现手法，如荒诞、幻觉、梦境、开放式结构、淡化情节等，那么直到第五代导演的出现，中国电影才真正显露出现代主义意识的萌芽。

(一) 谢晋电影对传统现实主义的回归

谢晋的作品大多取材于世人关注的重大历史、社会问题。《天云山传奇》(1980)是中国电影第一次艺术地、完整地对反右运动进行反思,《牧马人》(1981)描述了“血统论”给个体带来的命运波折,《高山下的花环》(1984)涉及对越自卫反击战,《芙蓉镇》(1986)则描绘了反右、反右倾,以及“文革”中的历次运动给人民生活和命运带来的深刻影响。谢晋电影的选材折射出他深重的忧患意识和历史使命感,这也是深受儒家文化浸染的中国传统知识分子共有的精神品质。

现实主义基本的审美原则之一是塑造出“典型环境中的典型人物”。谢晋电影之突出,不仅在于其影片题材的敏感及重要意义,还在于他对塑造人物的重视。回顾他的作品,可以看到一条极富光彩的人物画廊。《天云山传奇》中的罗群、冯晴岚、宋薇、周瑜贞、吴遥等,都是既有代表性又具备独特个性的人物;《高山下的花环》中善良、憨厚的梁三喜,性情急躁又好恶分明的靳开来,也是令人难忘的银幕形象;《芙蓉镇》中的胡玉音、秦书田、谷燕山以及流氓无产者王秋赦和“革命左派”李国香也都个个性格鲜明。谢晋影片中的大多数人物不仅体现着自身的个性,更深深打上历史、时代、政治的烙印,因此具有普遍意义。

在思想解放、充满创造激情的新时代,谢晋的创作也体现出新的探索。在新时期的第一部作品1979年的《啊!摇篮》中,谢晋就力图在表现手法上有所突破;1980年的《天云山传奇》则在整体结构上打破了传统的以时间为序的叙事方式,而以三位女性,即周瑜贞的回忆叙述、宋薇的内心独白、冯晴岚的来信结构全片。但总体而言,作为第三代导演的谢晋,其骨子里的传统意识远超过其创新意识。首先,其创作基本上没有脱离传统现实主义情节剧的叙事模式;其次,其作品对传统人伦、道德、人情的彰扬,在一定程度上冲淡了历史反思的力度和深度,有论者指出,谢晋影片以特有的方式提供了“一幅主流意识形态的‘抚慰图景’,为影片似乎直面的尖锐的社会矛盾或现实困境提供了一种‘想象性解决’”[①]。谢晋电影中的忧患意识和“歌德”倾向,在某种程度上,与20世纪

① 戴锦华:《电影理论与批评手册》,科学技术文献出版社1993年版,第99页。

60 年代台湾的“健康写实主义”电影[①]有着相近的精神旨向，二者都与儒家的文艺观有着密切联系，体现了中国传统现实主义电影思想与精神的基本取向。

在思想大解放、现代思潮涌动的 80 年代，谢晋导演的电影引发了极大争议。首先对其提出诘难的是朱大可。1986 年 6 月，在上海市召开的城市文学、电影讨论会上，朱大可指出，“谢晋模式”是“中国文化变革进程中的一个严重的不谐和音，一次从‘五四’精神的轰轰烈烈的大步后撤”。他认为，“谢晋电影是一种文化儒学，是封建伦理原则的动人具形，尤其是其中的妇女形象，更是集中表现了谢晋本人对传统道德的执着神往；同时，作为精致的俗电影，它往往利用感情扩张，将观众置于受摆布的地位，从而使其在情感昏迷中被迫接受了某些化解社会冲突的陈旧意识”[②]。随后他又在《文汇报》上发文，题为《谢晋模式的缺陷》，进一步阐发了自己的观点。朱大可的发言和文章在电影界内外引起了强烈反响和激烈争论。总体来看，支持谢晋、对谢晋的创作持同情性理解的还是占多数。如邵牧君在《为谢晋电影一辩》中指出，现代意识是有民族性和历史性的，以一种泛化的现代意识为标准将谢晋的电影斥为一种“儒电影”，是有失公允的。他指出，“与中国的现代意识相悖的‘儒电影’，只能是宣传专制主义、人治传统、男权至上、伦理中心之类封建宗法和小生产者思想的电影”，这显然与谢晋的电影挂不上钩。[③] 而钟惦棐的《谢晋电影十思》，则从 10 个方面对谢晋电影作出了历史的、客观的评价。[④]

---

① 1950 年到 1963 年，台湾电影主要有三大类型：反共电影、闽南语片和武侠片。这些电影要么严重失实，要么粗制滥造，要么一味渲染血腥暴力。为扭转这种病态的局面，1963 年 2 月，台湾“中影”公司龚弘提出了“健康写实主义”创作路线，指出电影创作“必须应时代要求力予鼓舞”，要“使社会振作，引导人人向善，走向光明”。这是当代台湾电影的第一次重要转型。“健康写实主义”电影观与 20 世纪 20 年代以及 80 年代初期大陆的电影观以及早期的香港电影，来自一个共同的思想源头，即儒家“文以载道”的文艺观和美学观。“健康写实主义”所追求的“健康”实则就是教化，由此其写实主义的表现是有限的。参见孙慰川：《1949—2007：当代台湾电影》，中国广播电视出版社 2008 年版，第 63—71 页。

② 张智华、史可扬：《中国电影论辩》，百花洲文艺出版社 2007 年版，第 332 页。

③ 邵牧君：《为谢晋电影一辩》，转引自张智华、史可扬：《中国电影论辩》，百花洲文艺出版社 2007 年版，第 335 页。

④ 钟惦棐的评价不偏不倚，既肯定了谢晋的成就和贡献，认为谢晋是“一个孜孜以求艺术与群众相结合的电影导演”，其影片的“雅俗共赏、老少咸宜”是谢晋的功绩，也认为在电影观念的革新方面，谢晋在同代人中是具有“超前性”的；同时也不隐讳谢晋电影的不足，“社会思想多年停滞而陷入半睡状态的不足”。这不仅是谢晋一人的问题，而是历史在一代知识分子和艺术家身上刻下的烙印。对于朱大可的批评文章，钟惦棐一方面给予认可，认为“其表现了对整个社会的和文艺的责任感，不应以锋芒毕露和某些不当而忽视它的合理内核”；同时针对在谢晋电影讨论中一些言辞过激的风气指出，批评不能“以鸣鞭为职业”，写文章不能像写大字报，文学批评作为艺术科学，应该要考虑自己的文风和学风。参见钟惦棐：《谢晋电影十思》（原载《文汇报》1986 年 9 月 13 日），《钟惦棐文集》（下卷），华夏出版社 1994 年版，第 694—696 页。

关于谢晋电影的大讨论,真实反映了 20 世纪 80 年代西学东渐所引发的文化冲突与价值观裂变的思想现实,也引发了人们对中国电影传统模式的深思与探索。

(二) 张暖忻、谢飞等第四代导演对传统现实主义的反思和深化

20 世纪 80 年代初真正开始对中国电影传统进行反思、力求革新的是第四代导演,他们的反思和革新主要从两个方面进行:一是以张暖忻、郑洞天为代表的关于“纪实美学”的探索,以及吴贻弓等散文化、诗化风格的创作,对传统现实主义过于倚靠“戏剧性”的表现方式的反拨;一是谢飞、吴天明等在新时期文学的基础上,其影片对“人”这一主题的丰富展现和较为深度的挖掘,拓展并深化了传统现实主义的精神旨趣和哲学意涵。

1. 1979 年,张暖忻和李陀发表了《论电影语言的现代化》一文,回应了同一年早期白景晟在《丢掉戏剧的拐杖》一文中的观点。文章指出,从世界电影发展的趋势来看,“戏剧式”电影在表现手法上已经“陈旧过时”了。文章进一步把白景晟“非戏剧化”的观点上升到电影语言“现代化”的层面,呼吁中国电影人应该尽快、自觉地变革电影语言。[①] 张暖忻和李陀的文章或许有“矫枉过正”之嫌[②],但在当时的语境下,他们的观点在促进电影自身意识的觉醒,打破戏剧式电影观念和电影模式上,起到了相当积极的作用。

张暖忻和李陀对“非戏剧化”的倡导,其根本的内在动力在于对“真实”的追求。对银幕“真实”的渴望是 20 世纪 80 年代人们的普遍心理;而以巴赞为代表的“纪实美学”,追求影像写实,注重对生活原生态的呈现,则在理论层面给了他们直接启发,为他们的实践探索提供了颇具说服力的理论支持。1981 年,张暖忻执导的《沙鸥》和同年郑洞天、徐谷明导演的《邻居》堪称这一时期“纪实美学”

---

① 张智华、史可扬:《中国电影论辩》,百花洲文艺出版社 2007 年版,第 208—209 页。

② 张暖忻和李陀的文章,尤其是文中关于电影语言“现代化”以及电影语言“新陈代谢”发展特征的描述,很快引起了广泛争议。譬如邵牧君在《现代化与现代派》一文中就指出,“电影语言”并不存在一个张暖忻和李陀所言的“以新代旧、新陈代谢”的“淘汰式”发展过程,有的只是一个“不断创新”“新旧并存”的“累积式”发展过程。中国电影就形式而言,最大的问题不在于表现手法的“陈旧”,而在于“单调”,在于远远未能充分利用电影艺术历来累积的技巧手段。应该说,邵牧君的观点是客观而中肯的。不过,7 年之后,在《中国电影创新之路》一文中,邵牧君反思了自己的观点,同时从“创新”的角度高度评价了张暖忻和李陀文章的意义。参见张智华、史可扬:《中国电影论辩》,百花洲文艺出版社 2007 年版,第 203—204 页。

探索的代表作品。在电影艺术表现上，张暖忻具有非常明确的个人意识：一方面，她追求巴赞的纪实美学，“要使银幕上的一切都如同生活本身那样真实可信”[①]；另一方面，她又力求影片在朴素、自然的姿态下，体现出哲理和诗意，“成为一种作者个人气质的流露和感情的抒发”[②]。这两方面在《沙鸥》中，都达到了相当的高度。一方面，影片呈现给观众的仿佛是女排运动员们真实的生活记录；另一方面，在某些段落，又合理地通过丰富而富有表现力的电影语言，营造出一种意境，传达出强烈的主观意念。《邻居》表现相对单纯些，影片以纪录片式的风格表现了一个狭窄的筒子楼里几家人的日常生活。真实的环境、真实的人物，配以自然的环境音响和有声源的音响效果，将城市居民迫切需要解决的住房问题真实呈现在银幕上，为老百姓提供了一条情绪宣泄的渠道。正如郑洞天所言：“不管舆论上承认不承认，国产片的剧作、蒙太奇语言、表演、摄影用光、画面造型、音响音乐等各方面发生的巨大变化，都得益于纪实美学的影响。”[③]

值得注意的是，巴赞理论背后有现象学、存在主义等深刻的哲理基础，追求一种“纯信息”或“纯粹事实”，因此要求创作者持一种保持距离的客观冷静的观察姿态。而 20 世纪 80 年代中国的纪实电影更多只是汲取巴赞纪实美学的技法，譬如长镜头、非职业演员的选用等，却未真正领略其背后的哲学意涵，当然其中也有一种主动过滤的成分。80 年代初期，郑雪来曾就巴赞理论发表过一系列冷静的、近乎苛刻的表述。他对巴赞理论的质疑主要在于，他认为，巴赞的纪实美学“导致无定形的创作，这种创作只是反映了艺术家模糊不清的无法解释的体验”，但排斥世界观在艺术活动中的作用从根本上是不可能的。[④] 应该说，张暖忻等对巴赞理论的不完全贯彻及郑雪来对巴赞理论的质疑，其根本因子深植在中国现实主义的传统之中。中国传统的现实主义秉承的是儒家经世致用的规训，创作者的主观意旨是有必要呈现的，中国前三代导演践行的都是这样一种现实主义。张暖忻、郑洞天等第四代导演尽管受到西方现代理论的影响，但基于他们的生命阅历，从精神血脉上不可能割断与传统的联系。

在追求纪实风格的同时，还有一些第四代导演以对一种淡化或简化的诗意

---

① 张暖忻：《努力拍摄一部有追求的影片》，载《电影文化》1981 年第 3 期，转引自钟大丰、舒晓鸣：《中国电影史》，中国广播电视出版社 1995 年版，第 174 页。

② 钟大丰、舒晓鸣：《中国电影史》，中国广播电视出版社 1995 年版，第 174 页。

③ 郑洞天：《〈鸳鸯楼〉导演阐述》，载《当代电影》1987 年第 6 期。

④ 张智华、史可扬：《中国电影论辩》，百花洲文艺出版社 2007 年版，第 223—225 页。

或散文化风格的追求，在进一步摆脱传统现实主义电影的戏剧性表现方面展开了更为彻底的实践。吴贻弓1982年拍摄的《城南旧事》，以及胡炳榴1983年拍摄的《乡音》，正是其中突出的代表。这两部作品都摒弃了激烈的戏剧冲突，而着墨于那些日常所见的平淡细节。“淡”是二者共同的美学追求，但这“淡”中渲染着某种意境、传递着某种情绪和对生命、对世界的感悟。吴贻弓、胡炳榴两位导演对意境的追求，以及作品的具体表现手法，显示出他们对中国传统文化的有意识继承，然而这种虚实结合、意象合一的美学追求显然与现代美学是相通的。

除此之外，还有不少第四代导演在对传统现实主义表现形式的突破上，作出了自己独特的贡献。譬如张铮、黄建中导演的《小花》(1979)运用大量的闪回，将过去与现在穿插对比，打破了传统的线性叙事结构；杨延晋的《苦恼人的笑》(1979)运用大量的幻觉和梦境表现人物的心理活动，这些幻觉和梦境充满了现代主义的隐喻、象征、荒诞的意味，生动控诉了时代的荒诞，呈现出知识分子内心的痛苦与挣扎；滕文骥、吴天明导演的《生活的颤音》(1979)则大量运用高速、降格、定格、时空跳接、变焦、意识流等现代电影手法。影片最突出的尝试是整体的音乐构思，音乐与画面、与人物的内心情感构成了有机的整体；杨延晋的《小街》(1981)相对于他的《苦恼人的笑》而言，具有更为强烈的创新意识，影片以开放式、多重性的结尾，突破了传统的封闭式结构，在银幕与观众之间建立了一种新的联系方式，《小街》结尾的叙事方式，从世界范围来看，在当时也是不多见的；颜学恕的电影《野山》(1984)则将一个“戏剧性”很强的题材表现得自然平实，毫无“虚构”“巧合”等人工痕迹，堪称现实主义传统与电影新发展完美结合的典范；而1985年的《青春祭》与《城南旧事》《乡音》一样追求淡化的诗意风格，彻底消融了戏剧性；1987年，女导演黄蜀芹的《人·鬼·情》则围绕一个“情”字，将“实”(人的世界)与“虚”(鬼的世界)两条线索巧妙交织在一起，构建了一个风格颇为独特的艺术世界。

2. 随着萨特《存在主义是一种人道主义》等西方有关“人道主义”的较新阐释传入中国，加上作为20世纪80年代思想先锋的中国美学界关于“人化的自然”、对人性正面价值的呼吁，以及对于“人体美”的肯定，中国文学艺术界和思想界对人性与人道主义的意涵有了更为全面而深刻的认识。到80年代中后期，以谢飞、吴天明等为代表的第四代导演的作品在有关人性主题的探索上，就有了很大程度的拓展与深化。

这一时期，中国电影在“人的问题”上认识的拓展主要体现在两个方面。首先体现在从单纯的人的社会属性中突围出来，大胆呈现了人的自然属性，包括人体之美及对人之生理性欲望的认识。譬如《良家妇女》(1985)、《青春祭》(1985)、《疯狂的代价》(1988)中都出现了裸女的形象，《疯狂的代价》中更有长达5分多钟的裸露镜头，尽管被处理得朦胧，但着实体现了一种开放的姿态；而《良家妇女》《寡妇村》中对人受压抑的情欲的表现，则体现了对人性的关注。

而颜学恕的《野山》(1985)，谢飞的《湘女萧萧》(1986)、《本命年》(1989)，吴天明的《人生》(1984)、《老井》(1986)等作品，则体现了这一时期在“人的问题”上的另一种突破，即超越了传统现实主义“历史、政治境遇中的人”的叙述框架，开始倾向于关注传统文化与人，以及现代都市中人的困惑与人的异化等颇具现代主义色彩的主题。《野山》涉及“换妻”这样戏剧性很强的题材，不过颜学恕遵循现实主义的创作传统，处理得相当朴实，而在人物塑造上又体现出现代性。譬如片中的桂兰，尽管是一个农村妇女，却渴望更广阔的天地，希望掌握自己的命运，这种女性觉醒的意识在当时是非常具有现代性的；《湘女萧萧》则展现封建礼俗对女性生理欲望的压抑，以及青春少女不可遏止的性爱冲动，从而对传统伦理作了有力批判；《本命年》中姜文饰演的主人公李慧泉是一个劳改释放的都市青年，影片展现了他进入正常生活后的茫然不适，没有回避人物鲁莽无知的弱点，也展现了他善良、义气的另一面，对他的性压抑，影片中也有几次隐讳的表现。《本命年》应该是第一部呈现都市边缘人生存状态的影片，对人的命运、人的尴尬处境的表现颇具存在主义的意味；《人生》《老井》则在传统文化、伦理道德与人的现代性追求的悖论之间展开了对人物命运的描写，塑造出高加林、孙旺泉这样复杂立体的农村青年形象。

不过客观而言，第四代导演的作品尽管有了现代意识的萌芽，但正如有学者指出的，基于自身和历史的原因，他们和以谢晋为代表的第三代导演一样，都属于“改良主义艺术家”，是“中国传统电影文化自觉的维护者”[①]，尽管他们的作品在内容和形式上都对传统现实主义产生了一定的冲击，但总体看来，变化还是局部的、小范围的，并没有完全脱离传统现实主义的轨道，他们的沉思更多还

---

① 陆绍阳：《中国当代电影史：1977年以来》，北京大学出版社2004年版，第29页。

是“体制内的沉思”①。但在这样一个过渡时期,应该说第四代导演和第三代导演都很好地完成了他们的历史使命。真正脱离传统现实主义的表现轨道,让国人乃至世界震惊的是这一时期第五代导演的作品。

(三) 第五代前期: 现代主义初探

1984 年是中国电影史上不同寻常的一年。这一年,第五代导演张军钊的《一个和八个》、陈凯歌的《黄土地》、田壮壮的《猎场札撒》、吴子牛的《喋血黑谷》横空出世,在国内外引起了巨大反响。这些作品在思想及形式上充满自主意识的大胆创新,开启了中国电影史上的新纪元。随后田壮壮的《盗马贼》(1986)、陈凯歌的《大阅兵》(1986)及《孩子王》(1987)都延续了这种探索与叛逆的精神。1987 年,张艺谋的《红高粱》问世,其在国际上获得的声誉及在国内的口碑、票房上的成功,意味着第五代导演的电影创作达到了最高点。而在有些影评人看来,《红高粱》对主流意识形态及大众口味的有意无意的迎合,也标志着以“叛逆者”形象出现的第五代电影创作的终结。②

第五代前期的这些作品,题材、风格不尽相同,但它们在思想倾向及美学的追求上有着鲜明的共性。对人类的苦难和命运的关注是中国传统现实主义电影的基本特点,第五代导演的作品没有脱离这个基本轨道,譬如《一个和八个》《喋血黑谷》表现了对战争中人的苦难与命运的同情;《黄土地》则流露出对世世代代生活在黄土地上的人们真挚的情感和充满矛盾的思索,初步呈现出一种历史的悲剧意识;《猎场札撒》通过对大草原上猎场札撒(札撒即准则、规矩的意思)的表述,传达了艺术家的社会理想,表达了对人类命运的关注;《红高粱》也表现了战争中人类的苦难和生命的热烈。然而,第五代导演对苦难的表达、对命运的关注却又是不同于前人的。有学者指出,谢晋、吴贻弓等前辈导演在正

---

① 陆绍阳:《中国当代电影史: 1977 年以来》,北京大学出版社 2004 年版,第 29 页。

② 在戴锦华、李奕明、钟大丰的《电影: 雅努斯时代》(载《电影艺术》1988 年第 9 期)这篇对话录中,学者们较高评价了“文化反思热潮”中第五代电影创造的历史功绩,指出第五代导演的创作是自觉追求使电影成为“文化的载体”,要“反叛”和“批判”,不想成为“时尚的附庸”,而想成为自觉的“社会象征行为”。不过,第五代导演终究抵挡不住消费主义的洪流,《红高粱》完成了对“民族神话的重写”,让人们在潜意识中获得了“宣泄与满足”,由此,它既象征着第五代电影的成功,同时也极好地表明了第五代电影的“终结”。第五代电影从一种“文化的叛逆”沦为“迎合主流意识形态、大众口味的时尚”。转引自张智华、史可扬:《中国电影论辩》,百花洲文艺出版社 2007 年版,第 367 页。

视人类苦难的同时，是希望以此苦难去“感化”人类的良知，由此流露出一种不可抑制的感伤情绪；而第五代导演正视的不仅是苦难本身，更是苦难之根源，他们力求以此去启迪人对自身的反省，在叙述这个根源时，往往“宣泄”着一股不可名状的愤懑情绪。在这种反省与宣泄中，第五代导演提炼出了“人的本质精神”，并铸就了历史跨度较大的时代意识与超时代意识，这无疑是对正统的时代意识和民族精神的一种反叛。[①]

第五代导演在一种反叛的冲动中，对于“超时代意识”和“人的本质精神”的推崇和追求，在有些学者看来是剔除了“社会的急需内容”而囿于一种“抽象的理念”，从而导致了与观众审美之间的落差。[②] 不过恰是这样抽象的、具有哲学意味的理念追求，体现了电影的美学属性和对电影美学现代性的自觉探索。而第五代导演的作品于有意无意间显露出的强烈的生命意识，也可以说是对以尼采哲学为代表的现代主义美学的回应。如田壮壮的《猎场札撒》《盗马贼》和张艺谋的《红高粱》。这三部影片在对一种民族生命之集体无意识的呈现中，流露出了现代主义美学所看重的个体生命意识，尤其是《红高粱》，更是将一种混杂着原始情欲的个体生命意识表达到了极致。生的热烈，死的悲壮，这种痛快淋漓的人生态度确实颇能让人联想到尼采的超人哲学。

除了思想主题上的现代性意味，第五代导演前期的作品更突出的成就表现在他们对电影形式的现代性追求。在传统电影中，形式与内容是二元对立的，形式附属于内容，为表达内容服务，正是在这个意味上，我们说张暖忻等第四代导演在电影形式上的探索其创新意义是有限的，因为其没有脱离形式与内容的二元对立，没有脱离传统现实主义的基本道路。不过，第五代导演的创作却在一定程度上化解了形式与内容的二元对立，形式本身具有了意味，形式也成了内容的一部分。在他们的作品中，“景物造型”不再只是作为环境或背景的元素，也不再只是满足传统意义上的托物寄意、借物抒情，而上升到影片“角色”的地位，成为影片“思想意蕴”的直接体现者；“色彩”也不再只是外部世界的简单还原，而被赋予了强烈的“象征涵义”和“主观意愿”，使之具有“诗化”和“剧作”的功能；同时，“电影空间”也不再只是娴熟的场面调度的对象，而着力探索对空

---

① 陈恳：《第五代：穿透中国银幕的幽灵》，载《电影艺术》1988 年第 3 期，转引自张智华、史可扬：《中国电影论辩》，百花洲文艺出版社 2007 年版，第 366 页。

② 同上。

间环境的洞察力和揭示力，确立“在空间中展示动作，揭示思想意蕴”的意识。[①] 在第五代导演早期的作品中，《黄土地》在运用视听造型、语言表意方面尤具创造性和完整性。除了演员外，黄土地、黄河水、影片的色调、镜头角度、镜头的运动与静止、音乐与声响等，都深含寓意。中国传统的电影美学观基本建立在“电影之为影戏”的认识上，戏为电影之根本，影像则只是完成戏的手段而已，而第五代导演对影像造型表意功能的探索，丰富和深化了对电影美学本体论的认识，促成了电影思维从文学本体观向电影影像本体观的转化。这也是对20世纪80年代中后期中国电影理论界有关“电影本性问题”的激烈论辩，在实践上作出的良好回应。

第五代导演前期的探索使得中国电影继第四代导演的“纪实美学”等探索之后，在现代性的道路上又进入了一个新的阶段，这显然是一个更具创造性的飞跃。尽管与第四代导演相比，第五代导演的创新更为彻底全面，然而，对于他们所传达的“超时代意识”“人的本质精神”等现代性的哲学命题，他们的认识实际上还是缺乏深度的。而在下一个10年中，第六代导演的作品所凸显的个体人的彷徨、困惑或意识的觉醒，倒更切中以存在主义、精神分析哲学为代表的现代主义美学的本质。

三、20世纪90年代到世纪末(1990—2000年)：现实主义、现代主义和后现代主义美学的交融

20世纪80年代是思想解放、文化寻根的时代，到了90年代，时代氛围发生了根本变化，思想的激情退却，那种颇具现代性的启蒙意识、精英趣味逐步消隐在一种平面性、娱乐性，更符合大众口味的“后现代性”文化中。这种变化实际上在80年代中后期随着经济、文化向市场机制的转轨，便已初现端倪，到90年代初，随着市场经济的正式提出与确立，商业性的大众文化得到了更为迅猛的发展。电影是市场化转轨的先行实践者，加上80年代中期以来，电影界对娱乐片的价值、功能的多次探讨及对电影娱乐本性的重新认知，包括张艺谋在内的

① 任仲伦：《骚动的电影探索新潮——关于青年电影导演的群体考察》，载《上海师范大学学报》1987年第3期。转引自张智华、史可扬：《中国电影论辩》，百花洲文艺出版社2007年版，第360—361页。

一大批导演在80年代后期就逐渐放弃了纯精英视角，转而拍摄更符合大众口味的娱乐性影片。而90年代初电影机制改革决策的正式出台，则彻底拉开了电影面向市场化改革的大幕。

电影市场化所带来的电影美学的新发展是“后现代主义美学”的兴起。[①]1988年，根据王朔小说改编的四部电影：《顽主》《轮回》《大喘气》《一半是海水，一半是火焰》，可以说是“后现代主义美学”在中国电影中第一次突出而完整的亮相。而到了90年代，中国电影便更加普遍而堂皇地放弃或淡化了启蒙、载道的精英宗旨，从表现内容到表达方式都广泛呈现出消解深度、抨击崇高、走向世俗、逃避历史、张扬私人化等后现代性特性。张建亚的《三毛从军记》(1992)、《王先生之欲火焚身》(1993)及冯小刚的贺岁片[②]，堪称这一时期电影后现代性表现的翘楚；而第六代导演尤其是其前期作品也非常突出地呈现了“不确定性”“碎片”“非规范化”“反讽”“混杂性”“无序”“组合”等后现代性表征；以张艺谋、陈凯歌为代表，前期高扬现代性追求的第五代导演在新的历史时期也自觉不自觉地开始了后现代的转向；黄建新、宁瀛等“后五代”导演以他们平民化的视角，在回归现实主义的同时，运用拼贴、戏拟等后现代表现手法，发出对存在的探寻与叩问，他们作品中普遍流露出一种化解生活苦痛的颇为轻松幽默的态度，在某种意义上，也正是后现代性的特征；后现代思潮的涌入，使得一贯以弘扬国家意志、坚持宏大叙事的主旋律电影，也开始在作品中添加一些后现代的质素，力求“在娱乐性和政治性之间寻找某种接合部和协作点”[③]。

不过20世纪90年代中国社会与文化的特殊性在于，在迎进后现代主义的同时，也提供了现实主义的土壤和现代主义的空间。加之，后现代性本身的复

---

① “后现代主义”理论在西方兴起于20世纪五六十年代“后工业社会”形成之始，80年代初被介绍到中国，不过由于“太缺乏和本土文化的亲和力，使它始终如雾中月、水中花一样的漂浮不定”。而到80年代中期，由于后现代主义理论家弗雷德里克·杰姆逊在华讲学著书的推广，“后现代主义”以及“后现代主义”电影很快在电影界和理论界引起了广泛而深刻的关注，而这一时期中国市场经济的提出和确立、商业性大众文化的迅猛发展，无疑也为“后现代主义”在中国的勃兴提供了合适的土壤。参见张智华、史可扬：《中国电影论辩》，百花洲文艺出版社2007年版，第388—391页。

② 冯小刚90年代的贺岁片作品有《甲方乙方》(1997)、《不见不散》(1998)、《没完没了》(1999)。

③ 金丹元等：《新中国电影美学史(1949—2009)》，上海三联书店2013年版，第353页。主旋律与后现代的嫁接，这方面做得非常突出的有叶大鹰的《红樱桃》(1995)、《红色恋人》(1998)，冯小宁的《红河谷》(1999)、《黄河绝恋》(1999)等，这些作品在弘扬主流意识形态的同时，运用明星效应、宏大奇观、猎奇式的情节等对作品进行了种种商业性的修饰、镶嵌，在商业上取得了成功，其电影也投射出人性光彩和人道主义精神。

杂性、其与现代性之间错综复杂的关系,以及现实主义精神在某种意义上的持久常存,90 年代的影像美学在后现代主义的蓬勃表象下,现实主义的脉络并没有中断,而现代性的追求在后现代主义的表征下也不难寻见。从这一时期仍在创作的第四代导演胡柄榴的《安居》(1997),谢飞的《香魂女》(1992)、《黑骏马》(1997)、《益西卓玛》(1999)等影片中,可以看到老导演们对人们现实生存、精神状态和情感关系的关注,折射出知识分子的忧患意识和社会责任感;第五代导演在商业化转型的过程中,其作品仍不时透露出现代性的批判与反思意识,田壮壮的《蓝风筝》(1993)、陈凯歌的《霸王别姬》(1993)、张艺谋的《活着》(1994)则以史诗般的气质,对民族创伤进行沉重反思,对人性充满悲悯与理性追问,充分彰显了经典现实主义的历史批判精神,体现了现实主义在中国电影中的发展与深化;李少红、宁瀛、黄建新等"后五代"导演的"新写实主义"作品,将关注的焦点对准了普通人的平凡人生,在开放性的、非戏剧的叙事中,体现了对普通人生存状态、现实境遇的关怀,其传达的美学意蕴又于不经意中契合了萨特的"现象即本质"等存在主义话语;在张元、王小帅等第六代导演作品的后现代性表征下也深蕴着现代主义的内涵,其作品中对"自我"存在的焦虑与追问,可以认为是"不成熟地实践着一种中国式后存在主义探寻"①,他们的作品真正确立了现代性意义上的个体存在。而贾樟柯的《小武》(1997)、《站台》(2000),以及随后出现的王超的《安阳婴儿》(2001)则是巴赞纪实美学从形式到精神的真正继承者,他们的作品渗透着强烈的人文关怀和人道主义的悲悯情怀,在明显的后"存在"的思考中,昭示着现实主义本质精神的回归。

(一) 第五代导演:现代意识与后现代意识的兼收并蓄、经典现实主义的确立

在大众文化、消费文化逐渐占据文化主导地位的 20 世纪 90 年代,第五代导演也被裹挟进时代的潮流中,自觉不自觉地开始了后现代转型。在第五代导演中,张建亚具有明确一贯的后现代主义追求。《三毛从军记》(1992)的问世被认为是第五代导演中后现代主义风格导演人才出现的标志。随后的《王先生之欲火焚身》(1993)与前者一样改编自漫画,影片把古今中外许多电影中的经典

① 金丹元等:《新中国电影美学史(1949—2009)》,上海三联书店 2013 年版,第 392 页。

场景巧妙地融汇在一起，同样呈现出强烈的后现代意味。即使在后来彰显主流价值观的主旋律电影《绝境逢生》(1994)、《紧急迫降》(1999)、《极地营救》(2002)中，张建亚也没有放弃他的后现代性追求，借鉴好莱坞类型电影的制作元素，在影片中运用电脑数码技术为观众呈现了各种视觉奇观。

与张建亚一贯的后现代性追求不同的是，张艺谋、陈凯歌、田壮壮等在90年代仍在一定程度上持守着现代主义的理性启蒙精神，对历史、现实、人性、传统文化作出理性的追问。当然，新的时代氛围仍然对他们产生了强烈冲击。张艺谋在1987年的《红高粱》中已经对大众文化的上浮有所意识，他新时期的电影形态也是最为复杂的。1989年，他和杨凤良合导的《代号"美洲豹"》以及同年由他主演的《古今大战秦俑情》开始走上了类型化电影的道路；《菊豆》(1990)、《大红灯笼高高挂》(1991)则回归到《红高粱》所开创的"新民俗电影"风格，"新民俗电影"以民俗奇观吸引了西方的注意，也获得了商业上的成功，不啻是中国电影在后工业化时代的一种商业策略，但商业化的外表下仍渗透着现实主义的精神和现代主义的先锋诉求；而《秋菊打官司》(1992)、《一个都不能少》(1998)又贴近了法国写实主义风格，以平实、朴素的纪录片式的手法传达了对底层民众生活和生命状态的关切；《有话好好说》(1996)则以反常规的人物形象、荒诞的情节设置、MV式的镜头语言呈现出强烈的后现代意味，以一种喜剧的方式揭露了都市人的生存状态，在一种诙谐的语调中实现了对都市生活的批判。

与张艺谋相比，陈凯歌转变的道路相对平缓些，《边走边唱》(1991)改编自史铁生的短篇小说《命若琴弦》，影片依旧延续了他早期民族寓言式的艺术主张和影像风格，在一种寓言式、象征性的视觉世界中，力图传达创作者对民族性格的思考，而原作对个体存在层面的哲思追问则相对被淡化了；随后的《霸王别姬》(1993)、《风月》(1996)、《荆轲刺秦王》(1999)逐渐显示出具有诗人哲学家气质的陈凯歌开始寻求艺术性与商业性之间的和解，以相对前期更为复杂的故事、人物塑造、情感关系追求可看性的同时，依然坚持着自己对于人性、历史、民族的理性表达。

田壮壮应该说是第五代导演中最为执守自己艺术理念的一个。1991年，由姜文、刘晓庆主演的《大太监李莲英》是田壮壮90年代的第一部作品，影片意不在展现宫廷秘史，而在于塑造李莲英这样一个充满复杂性的人物，传达了对人性的思考及对个体命运的悲悯，体现了一种超越历史评说的人道主义关怀；田壮壮的《蓝风筝》(1992)与陈凯歌的《霸王别姬》(1993)、张艺谋的《活着》(1994)一起，开启了中国电影现实主义创作的新篇章。这三部影片都具有宏大的史诗规模，在对历史的纵向书写中，不回避民族的历史伤痕，对人性、对历史、对传统文化作出了引人深省的反思与批判。这三部影片所体现出的历史批判意识与精神标志着经典现实主义的确立。

(二)“后五代”导演：新写实电影的后现代性和存在主义意涵

较之第五代导演对历史的兴趣，“后五代”更为关注当下现实，他们的创作构成了一种新写实主义的潮流。新写实主义总体来看，仍属于现实主义的范畴，不过在某种程度上却是对传统现实主义的一种反叛。传统现实主义或多或少都存在一种理性的思考，以塑造典型环境中的典型人物为核心，力图追求一种“本质的真实”。而在中国后现代语境中诞生的新写实主义电影，则受到这一时期以池莉作品为代表的新写实文学的影响，追求一种“本色的真实”。他们放弃塑造典型人物，日常生活中操劳庸碌的小人物成为影片的主要人物，为还原生活的本来面貌，大量平淡琐碎的生活场景取代了传统现实主义中人为的戏剧性情节，在一种日常审美化的影像中，他们的电影充满了平民化的关怀。“后五代”的“新写实主义”特色在宁瀛的《找乐》(1992)、《民警故事》(1995)、《夏日暖洋洋》(2000)中表现得最为突出。这三部影片被称为宁瀛的“北京三部曲”，表现的都是当时北京普通老百姓平凡而琐碎的生活小事：《找乐》写了一群退休后的老人为打发生活的无聊空虚组建了一个业余京剧团而带来的喜怒哀乐；《民警故事》以老民警杨国力为中心，展现了普通片儿警工作、生活中的琐碎事情；《夏日暖洋洋》围绕出租车司机德子的生活，反映了一群都市青年在现代生活环境中的精神状态，尤其表现了他们对婚姻和爱情的无奈。宁瀛以接近纪实的风格真实呈现了当代都市中普通人的生活常态和生存体验，这种平实的记录中深隐着人道主义的关怀，让观众于不知不觉中感受到一种动人的力量。

夏钢的《遭遇激情》(1991)、《大撒把》(1992)、《无人喝彩》(1993)，关注的都是都市青年的生活，他的作品一方面充满了生活化的细节元素，另一方面，又脱离了写实主义的轨道，而假以戏剧性的情节包装，从而呈现出一种非真实化的游戏特质，在满足观众娱乐要求的同时，也显现出后现代语境中都市青年人的迷惘与无奈。黄建新的作品则体现了一种更为丰富的杂糅状态。1986 年的《黑炮事件》主体表现为现实主义和现代主义风格的杂糅，但在某些段落已带有后现代主义因子；1987 年的《错位》和 1988 年的《轮回》在体现他现代性追求的同时，也呈现出后现代的色彩；而 90 年代的《站直啰，别趴下》(1992)、《背靠背，脸对脸》(1994)、《埋伏》(1997)，被认为是“后五代”新写实主义的力作，这三部影片比较全面地展现了社会变革时期的都市人物群像，然而在呈现生活原生态的同时，影片又以诙谐的人物对话、非常态化的情节设置赋予了影片喜剧的特质，在一定程度上消解了真实人生的沉重，符合后现代社会观众的审美需求。

20 世纪八九十年代的新写实主义小说一个重要的原则是作家情感的零度介入，而“后五代”导演的新写实主义电影尽管在影像风格等方面表现出冷静的旁观者姿态，但他们在对生活原生态真实或戏拟的呈现中，依然有其明确的价值取向，在带有后现代色彩的新现实主义的探索中，“不自觉地出现了各种后存在主义式的叩问和质疑”[①]。“后五代”导演的作品尽管具体表现不尽相同，但基本上都属于这一形态的电影。他们的作品以对充满偶然性的生活流的展示或非真实化的情节设置，以及不时闪现出的带有几分幽默态度的荒诞细节，表达了城市普通人群的生存体验，借此引发观众关于当下生存的存在主义式思考。

(三) 第六代导演：后现代主义表征下的现代性内涵、纪实主义美学的确立

20 世纪 90 年代出现在中国影坛的还有张元、王小帅、娄烨、贾樟柯等“第六代”电影人，这一时期第五代、“后五代”导演身上那种复杂的艺术面貌同样存在于他们的作品中。相对而言，第六代导演的创作呈现出更为鲜明的后现代主义美学表征。他们作品的后现代性首先突出地表现在对中国电影宏大叙事传统的颠覆。可以看到，“后五代”导演的新写实主义作品以及第五代导演的某些作品，已经将关注点对准了普通人的世俗生活，在题材上具有一种小叙事的倾向，但精神实质仍属于一种追求内在意义和目的性的“宏大叙事”，真正具有后现代性的小叙事出现在第六代导演的作品中。

第六代导演前期的作品大多聚焦于表现现代社会青年在物质与精神情感上的双重尴尬处境。他们影片中的主人公，无论是摇滚青年、青年画家、行为艺

① 金丹元等：《新中国电影美学史(1949—2009)》，上海三联书店 2013 年版，第 399 页。

术家，还是城市或小镇看似普通的青年都属于主流之外的边缘人物，这些人物的境遇也是创作者自身的青春体认，由此他们的作品呈现出一种私语化倾向，在一定程度上体现了中国电影中个体意识的觉醒。同时，这种私语化的倾向以及对个人命运、事件发展之偶然性或不可预测性的强调，又背离了宏大叙事的目的性和意义追求，而于有意无意中践行了后现代主义的“去中心”“消解同一性和整体性”“放逐元话语”等理论言说。譬如张元的《北京杂种》(1994)围绕着一群“社会的异己分子”——摇滚乐手、画家、艺术院校的学生、混在北京的浪子展开镜头，影像零散混乱却真实呈现了一种不被理解的边缘生活。姜文的《阳光灿烂的日子》(1995)颠覆了传统的叙述角度和话语风格，基于记忆的不确定性，在现实与幻想两条线索中游走，呈现了“文革”时期部队大院子弟的生活状态和青春期困惑。《长大成人》(1997)则是导演路学长这一代人带有鲜明时代印记的青春记忆或成人式。

在镜语风格表现上，拼贴、碎片式影像、间断的跳跃式解构等后现代主义的表现手法，在第六代导演的作品中也是随处可见。张元的《北京杂种》，五条线索插入六章摇滚乐，在结构上颇具无序、杂糅拼贴的后现代特征；娄烨的《苏州河》(2000)打破了叙事的常规，在不断切换的叙事视角和模棱两可的画外提示中，解构了事件的可信度，呈现出不确定、断裂和跳跃的叙事特征。而《苏州河》影像风格的碎片化特征更是鲜明，这些破碎的影像一方面消解了“宏大叙事”，同时又准确传达了都市边缘人的生存环境和生存感受。

较之前代导演，第六代导演的作品尽管呈现出更为强烈的后现代色彩，然而在其后现代性的表征下，同样不乏现实主义的关怀和现代性的内涵。考察中国电影美学史，可以看到，无论是张暖忻等第四代导演80年代初的创新之作，张艺谋、陈凯歌、田壮壮等第五代导演80年代中期的寓言化创作，还是他们新时期的三大史诗性作品[田壮壮的《蓝风筝》(1992)、陈凯歌的《霸王别姬》(1993)、张艺谋的《活着》(1994)]，以及宁瀛等“后五代”导演的新写实主义创作，其关注的主体仍然深刻着民族的、时代的或社会的烙印，一种先天具有的“宏大叙事”的情怀使得中国电影中几乎从未出现过一个纯粹个体意义上的人的形象。可以说，直到第六代导演的出现，一种纯粹的个体人的意识才得以确立。尽管他们没有完全脱离时代、具体环境展现人物，然而他们更注重的不是展现时代或历史中的人，他们无意挖掘个体身上的历史承载或时代意涵，他们更关注的是个体命运、性格形成的个人原因，及其事件发生的偶然性和不可预测性，同时，他们注重展示的不仅仅是人物的行动，而更注重其行动背后种种有意识或更多则是无意识的内在冲动，由此准确地也较为深入地切入了“存在主义对焦虑、空虚、茫然若失的个体生存的敞开，以萨特式的人道主义来凸显后现代境遇中的年轻人的‘随意选择’及其盲动性”①。

在现实主义的表现层面，第六代导演也作出了突出贡献。张元的《妈妈》(1990)、《儿子》(1999)，贾樟柯的《小武》(1997)、《站台》(2000)，以及新世纪王超的《安阳婴儿》(2001)，朱文的《海鲜》(2001)，李杨的《盲井》(2002)，路学长的《卡拉是条狗》(2003)，在影像上均呈现出纪实主义的风格，在一种冷静客观的书写中流露出悲天悯人的情怀。这类影片预示着第六代导演已经从早期偏于自恋的“自我”情绪的抒发，转向了对自我之外他者存在境遇的关注，昭示着一种真正的人道主义及现实主义本质精神的回归。如上文所述，巴赞的纪实主义美学在 20 世纪 80 年代前期就对中国电影产生了影响，但是应该说，第六代的这些导演才是巴赞纪实主义美学从形式到内容上的真正继承者，他们的创作丰富了中国电影现实主义的表现。

总之，20 世纪 90 年代的电影美学呈现出斑驳杂陈的复杂色彩，现实主义、现代主义以及后现代主义并存互渗，营构出这一时期中国电影美学的多元生态，这或许是中国电影，也是世界电影发展的必经之路。

---

① 金丹元等：《新中国电影美学史(1949—2009)》，上海三联书店 2013 年版，第 389 页。

第八章

外国美学理论的译介及其影响

在中外美学理论交流史上,20 世纪 80 年代无疑是一个极富戏剧性、理想性的时期,也是当代中国学术文化发展的一个重要阶段。这个时期,对外国美学理论著作的引进和研究,在数量和规模上都是史无前例的,更重要的是,这次大规模的翻译运动是作为整个社会的文化转型和价值重建的一部分出现的,因而,这场运动及其所带来的奇特文化景观有其特殊的历史意义。它所确立的思维模式、概念范畴、话语系统和批评方式,至今仍在持续影响着中国美学学科的发展走向。20 世纪 90 年代的美学译介工作既在 80 年代译介成果的基础上展开并向纵深推进,又呈现出走向新世纪、寻求国际学术交流对话的新特点。

第一节　作为思想解放运动的美学理论译介工作

20 世纪 70 年代末 80 年代初，随着“文革”的结束，我国政治和思想文化领域开始正本清源、拨乱反正，着力清除极“左”思潮的负面影响。同时，改革开放使中国的国门重新打开，意识形态的禁锢逐渐被打破，中国美学界在重大历史机遇中谋求新的发展。

1979 年，全国第四次“文代会”召开，邓小平同志在《祝词》中明确表示：“党对文艺工作的领导，不是发号施令，不是要求文学艺术从属于临时的、具体的、直接的政治任务，而是根据文学艺术的特征和发展规律，帮助文艺工作者获得条件来不断繁荣文学艺术事业。”[①]这次会议发出了一个重要信号，它表明政治高层、知识界以及全社会在文艺与政治的关系问题上已经达成共识，整个理论界掀起了解放思想的潮流。

中华人民共和国成立之后到 20 世纪 70 年代末之前，中国美学界的主要理论来源是苏联式的马克思主义，几乎达到“一统天下”的程度。随着极“左”思潮的远去，苏式理论的权威性逐渐消失，理论界也开始反思其负面影响，在新形势下，它显然已不足以完成学术重建的任务。当在中国美学和文艺学界占主导地位近 30 年的旧理论体系被推翻时，首先面对的一个问题是：用什么样的理论资源建构新的知识谱系和价值系统？邓小平同志在第四次“文代会”《祝词》中强调：“所有文艺工作者，都应当认真钻研、吸收、融化和发展古今中外艺术技巧中一切好的东西，创造出具有民族风格和时代特色的完美的艺术形式。”[②]这样一项要求为文艺学和美学界跳出以俄苏理论为主的旧知识框架，以开放的心态大规模引进、借鉴国外美学理论提供了基本依据。此时，西方美学理论迅速进入人们视野，并在“现代化”的诱惑之下，很快呈现强劲传播态势。这样一种选择主要基于以下几个重要背景：

其一，照搬苏联模式的失败成为引进西学的强大动力。中华人民共和国成

① 中共中央文献编辑委员会：《邓小平文选(1975～1982)》，人民出版社 1983 年版，第 185 页。
② 同上，第 184 页。

立后,中国的文艺理论和美学理论建设基本上沿着全面借鉴苏联理论的道路前行。苏联官方意识形态强调艺术的思想性、人民性、阶级性、党性和社会意义,中华人民共和国成立后,对这样一些原则的极端化继承和遵奉,在思想文化领域产生了极大影响,带来了惨痛教训。外国理论译介工作在文本选择上参照苏联模式,遵循政治标准和党性原则,带有很强的意识形态排他性,使得美学研究领域思想资源匮乏、视角狭窄、观点陈旧。对于长期浸淫于苏联模式的中国美学界来说,西方美学理论,尤其是现当代西方美学理论提供了全新的话语体系和研究理路。它既迎合了人们对于苏联理论的逆反心理,又为新时期美学研究带来了新的理论范式,开辟了广阔的空间。

其二,中国学界与国外学术界近半个世纪的隔绝状态增加了引入西学的迫切性。苏联对西方现当代美学理论采取排斥态度,用西方现代文学艺术创作方法(如"为艺术而艺术"原则、唯美主义等)创作的作品则被斥为市侩主义和庸俗趣味,认为它们是腐朽的、有毒的。这样一种否定态度对将苏联理论界思想原则奉为圭臬的中国学术界产生的巨大影响可想而知,欧美国家的美学和文艺理论一概被作为"资产阶级"的产物而遭到拒斥,中国学界对西方现当代美学理论有着很深的隔膜,甚至闭目塞听。虽然在 20 世纪 50—70 年代期间中国学界翻译了一些西方文艺理论和美学理论,主要为了供批判使用,但以古典和近代理论为主,而西方现当代理论则几乎没有涉及。中国与世界文明潮流长期隔绝,对国外学术界的动态和学科发展处于茫然无知的状态,显然不利于美学学科的发展,也不利于思想文化的繁荣,确实需要"补课"。

其三,引入西学为现代化的顺利展开以及在全社会进行思想启蒙奠定了良好的基础。如何使中国文化走向现代化,是 20 世纪 80 年代中国思想文化界面临的一个重要课题。西方理论资源成为跳出原本惯性思维框架的一个出口,同时也是与世界文明接轨的一个入口。理论界对西方美学理论的态度由 50 年代的拒绝、排斥、批判转向欢迎、吸纳、赞赏。通过译介国外理论著作,寻找新的生长点,改变中国美学理论封闭的局面,进入世界学术发展的前沿,融入现代文明的主潮,成为国内学人的共同希冀。

第四次文代会的精神受到知识界的积极回应,我国文艺理论界和美学界思想空前解放,各项活动空前活跃,西方美学理论的介绍和引进工作逐步开展。开始只是重新出版一些已经出版过的古典译著,如黑格尔的《美学》(第一卷)

（商务印书馆，1979；上海译文出版社，1979）、柏拉图的《文艺对话集》（人民文学出版社，1980）、亚里士多德的《诗学》以及伍蠡甫主编的《西方文论选》（上、下）（中国戏剧出版社，1986）等。同时，由于“文革”而中断的翻译工作也得以继续，如朱光潜所译黑格尔的《美学》（第二、第三卷，商务印书馆 1979，1981）、莱辛的《拉奥孔》（人民文学出版社，1979）和《歌德谈话录》（爱克曼辑录，人民文学出版社，1979）、鲍桑葵的《美学史》（商务印书馆，1985），都得以陆续出版。商务印书馆 1981 年开始将过去以单行本刊印的译本汇编成《汉译世界学术名著丛书》，重新出版了一些 60 年代曾经出版过的西方美学著作。从书目可以看到，这些译著依然局限于对一些古典论著的介绍和研究。尽管如此，仍然可以从这些成果中看到新局面开始的曙光。

1980 年，召开了第一届全国美学研讨会，李泽厚在这次会议上说了这样一段话：“现在有许多爱好美学的青年人耗费了大量的精力和时间冥思苦想创造庞大的体系，可是连基本的美学知识也没有。因此他们的体系或文章经常是空中楼阁，缺乏学术价值。这不能怪他们，因为他们根本不了解国外现在的研究成果和水平。”这种情况在当时具有相当的普遍性，长期与外部世界隔绝，造成了话语体系的单一、学术视野的狭窄，没有必要的知识储备，而忙于闭门造车，虚构体系，显然无益于推动学科的进步。因此，“目前的当务之急就是应该组织力量尽快地将国外美学著作大量翻译过来。我认为这对于彻底改善我们目前的美学研究状况具有关键的意义，你搞一篇有价值的翻译比你写十篇缺乏学术价值的文章作用大得多”①。

1986 年 4 月，中国作家协会、中国社会科学院文学研究所、外国文学研究所、天津市作协分会和天津南开大学在天津召开了一次“中外文艺理论信息交流会”。时任中国作协书记处常务书记鲍昌、书记韶华，中宣部有关部门负责人，天津市委宣传部领导等人出席并讲话，何西来、钱中文、王春元、袁可嘉、吴元迈、章国锋、陈辽、鲁枢元、林兴宅、孙绍振、杨匡汉、黄海澄、王逢振等知名学者参加并积极发言，都加重了这次会议的分量，使之成为一个里程碑式的事件。会议主张对西方的一些理论、观念、方法，先“统统拿来，然后加以咀嚼和消化”，并且，“当我们将它们‘拿来’的时候，不一定先简单地给它们贴上这样或那样的

① 《美学译文丛书》每一本的“序”中都刊载了这段话。

‘标签’,匆忙地给它们‘定性’。更不要先入为主地断定它们是错误的,便拒绝对它们分析研究”,因此这次会议又被称为“拿来主义”会议。[①] 在将这次会议上提交的论文结集出版时,组织者发出了这样的宣言:“我们宁肯做一个有过失误的创造者,也不要做一个‘永不走路’‘永不跌跤’,对社会什么贡献也没有的碌碌无为者。一个有失误的创造者,比一百个总是重复前人正确理论的人更有价值。”[②]很明显,这次会议与李泽厚在第一次“全国美学研讨会”上提出的观点是一致的,甚至带有某种“宣言”的意味,以开放的胸襟和充分的自信引入西方美学和文艺理论,鼓励探索、创造,反对封闭、孤立,其中渗透了与改革开放时代相契合的变革意识、开放精神和现代理念。

随着思想的进一步解放,人们逐渐认识到,文艺界多年来奉行的理论体系和模式,已经跟不上文艺发展的步伐,不能对新的文艺和审美现象作出解释,因此,借助引入外国美学理论来推动方法论的变革和观念的变革,成为当务之急。1985 年,在厦门、扬州、武汉召开了三个学术研讨会,讨论文艺学研究方法,这一年被称为“方法论”年。信息论、控制论、系统论、皮亚杰的“发生认识论”、普里高津的“耗散结构论”等新的理论方法进入文艺学研究领域,对自然科学方法的借鉴,带来了新的思路和立场。自然科学方法强调价值中立,注重系统性、严谨性、精确性,这既符合“文革”后文学研究远离意识形态、排斥政治功利性的普遍取向,同时也推动了新的学术规范的确立。[③]

有了这几次重要会议的推波助澜,更重要的是迎合中国新时期中国美学学科建设的迫切要求,西方美学理论的译介工作迅速推进,而这项工作是作为当时“翻译热”的一个重要组成部分展开的。据统计,“1978—1987 年间,仅是社会科学方面的译著,就达 5 000 余种,大约是这之前 30 年的 10 倍”[④]。“翻译热”之所以会在这个时候出现,主要基于思想界的一个共识:中国社会各领域百废待兴,通过译书来了解西方、认识西方,成为第一要务。正因为如此,“翻译”的意

---

① 《中外文艺理论概览》,春风文艺出版社 1986 年版,序,第 2 页。

② 同上,第 4 页。

③ 对于“三论”是否可以用于人文科学研究,学界看法不一。但即便对“三论”持欢迎态度的学者也认识到,将自然科学方法移植到文艺学领域,要避免直接套用的做法,而应本着借鉴和启迪的原则,主要是借用其方法和理念,拓宽文艺学研究视野。

④ 王晓明:《翻译的政治——从一个侧面看 1980 年代的翻译运动》,见《印迹》(第 1 辑),江苏教育出版社 2002 年版,第 275 页。

义就不只是语言转换这么简单，而是指向一个更高的目标，即完成思想的启蒙，实现民族的伟大复兴，与国际接轨，走向世界。

由四川人民出版社在20世纪80年代初期出版的百余本《"走向未来"丛书》是当时广受欢迎的一套书，其中大部分是翻译介绍当今世界新的科技、人文、政治、法律等方面的著作，成为80年代文化标志之一。如丛书的"编者献辞"所说，该丛书志在迎接"一个富有挑战性的、千变万化的未来"，使中华民族开始自己悠久历史中的"又一次真正的复兴"。编者还引用了弗兰西斯·培根的一段话以明志："希望人们不要把它看作一种意见，而要看作是一项事业，并相信我们在这里所做的不是为某一宗派或理论奠定基础，而是为人类的福祉和尊严……"[①]正像丛书的命名所昭示的那样，该丛书的组织者希望通过倡导科学理性，来开启一条通向未来的光明大道。这个时期翻译活动的组织者们深信自己所做的工作对于中国学术，乃至整个中国社会的发展都将起到难以估量的作用。正如一位学者所言：80年代的翻译者们"既不是从官方意识形态的需要出发，也不像1990年代许多人所主张的，从专业和学术建设的需要出发，而是从当时整个社会的思想和文化变革的需要出发，从他们对于自身作为知识分子的社会和历史使命的理解出发，投身到大规模的翻译活动的组织工作中去"[②]。因此，这场大规模译介西方理论活动的意义就不仅仅囿于学术领域，而是整个民族思想大解放运动的一个重要表征，同时也有力地推动了思想解放的进程。

这时的美学著作的翻译，是作为这项整体进程的一部分出现的，但是，它又带有一定的特殊性，即，当时思想界所普遍关注的人的价值、人的本质等问题，同时也是美学和文艺理论领域探讨的核心，美学可谓得风气之先，成为思想解放、引领社会思潮的学科，这也是80年代"美学热"出现的原因之一。如陶东风所说，"80年代美学文艺学热，乃至整个人文科学热的根本原因正在于它与当时整个中国社会、政治、文化思潮的内在联系，在于它充当了当时思想解放（意识形态革命）的急先锋"，因而"本质上依然带有强烈的功利性、意识形态性乃至于政治性"。[③] 这样一种取向有两个方面的特点：一方面志在推动全民族的思想

---

① 李醒民：《走向未来丛书·激动人心的年代》，四川人民出版社1983年版，编者献辞。

② 王晓明：《翻译的政治——从一个侧面看1980年代的翻译运动》，见《印迹》第1辑，江苏教育出版社2002年版，第278—279页。

③ 陶东风：《80年代中国文艺学主流话语的反思》，载《学习与探索》1999年第2期，第102页。

解放,努力摆脱以前政治工具主义的影响;另一方面,高扬审美性、学术性,淡化政治性,但在它的背后,隐藏着一种更大的政治。

第二节　20世纪80年代美学理论译介情况概览

在“翻译热”的大势席卷之下,大规模引进西方美学理论,尤其是西方现当代美学理论成为学术界的一项重要活动。起初仅仅是以单篇形式散见于一些刊物或译丛中,但很快就形成一股强劲的潮流。这个时期,译介的力度和速度都是空前的,据统计,仅1983年9月间,介绍西方现代主义文艺思想和流派的文章就有400多篇,专著10余种,其中涉及现代主义文艺观念、艺术特点、艺术手法及其主要流派等。① 西方现当代各种思潮如潮水般涌入,成为中国美学理论和文艺理论建设的主要理论资源之一。这一时期影响较大的译文丛书主要有:李泽厚主编的《美学译文丛书》,中国社会科学院文学研究所文艺理论研究室王春元、钱中文负责的编译小组所编的《现代外国文艺理论译丛》,中国社科院外国文学研究所文艺理论研究室编的《当代外国文艺理论译丛》《二十世纪欧美文论丛书》,商务印书馆的《汉译世界学术名著丛书》。另外,还有中国艺术研究院马克思主义文艺理论研究所组织编写的《外国文艺理论研究资料丛书》、金观涛主编的《“走向未来”丛书》中的某些译著、甘阳主编的《现代西方学术文库》以及北京大学出版社《文艺美学丛书》中收录的一些译著等。除此之外,还有几种以翻译单篇文章为主的刊物性书籍,如由中国社会科学出版社出版的《美学译文》、文化艺术出版社出版的《世界艺术与美学》、四川省社会科学院出版社出版的《美学新潮》,等等;另有中国社会科学院外国文学所“20世纪外国文学评论丛书”编委会所编的《西方文艺思潮论丛》,以中国学者的评述性介绍为主;由复旦大学出版社出版的《美学与艺术评论》开辟了“美学书刊评介”专栏,也对西方现代美学理论进行介绍。80年代文艺理论和美学理论翻译全面繁荣,译丛、译著众多,本章只能择其要者加以介绍和分析。这一时期影响较大的丛书主要有

① 葛秀华:《从“西方化”到“中国化”——论20世纪末中国美学研究对西方学术资源态度的变迁》(硕士论文),2003年,第7页。

以下几种：

李泽厚主编的《美学译文丛书》，分别在中国社会科学出版社、辽宁人民出版社、光明日报出版社、中国文联出版公司等四家出版社出版。该译丛收录了西方 20 世纪重要的经典论著，如桑塔耶纳的《美感》（缪灵珠译，中国社会科学出版社，1982）、克莱夫·贝尔的《艺术》（周金环、马钟元译，滕守尧校，中国文联出版公司，1984）、克罗齐的《美学的历史》（王大清译，袁华清校，中国社会科学出版社，1984）、科林伍德的《艺术原理》（王至元、陈华中译，中国社会科学出版社，1985）、苏珊·朗格的《情感与形式》（刘大基等译，中国社会科学出版社，1986）、李普曼的《当代美学》（邓鹏译，光明日报出版社，1986）、康定斯基的《论艺术的精神》（查立译，滕守尧校，中国社会科学出版社，1987）、布洛克的《美学新解》（滕守尧译，辽宁人民出版社，1987）等，覆盖了符号学、形式主义、新康德主义、自然主义等流派的代表著作。切合“美学热”的大浪潮，该丛书共出版了 50 多部，其中苏联作品只有 7 部，其余大部分都是西方现当代美学大家、名家的作品，大都堪称经典。

中国社会科学院文学研究所文艺理论研究室王春元、钱中文负责的编译小组所编的《现代外国文艺理论译丛》，由三联书店发行。在这套译丛的说明中，编译者写道：“本译丛主要编译介绍现、当代世界各国文学理论和文艺学研究的重要成果……近年来……深感我们对最近数十年来国外文学理论研究的现状，知之甚少，有的甚至完全不知。这种状况，对于建设、发展具有中国特点的现代马克思主义文艺学的迫切要求，是很不适应的。”①这种论断反映了在理论界普遍存在的一种焦急心态，即尽快了解西方文艺理论在 20 世纪的新进展，并与西方学术界展开对话，在很大程度上带有“补课”的意味。在这套译丛中收录了很多具有代表性的对当时文艺学、美学学科发展起到巨大推动作用的译作，其中包括韦勒克、沃伦的《文学理论》（刘象愚等译，1984），斯托洛维奇的《现实中和艺术中的审美》（凌继尧、金亚娜译，1985），卡冈的《艺术形态学》（凌继尧、金亚娜译，1986），巴赫金的《陀思妥耶夫斯基诗学问题》（白春仁、顾亚铃译，1988），佛克马、易布思的《二十世纪文学理论》（林书武译，1988），今道友信的《东方的

① 王忠琪等译：《现代外国文艺理论译丛·法国作家论文学》，生活·读书·新知三联书店 1984 年版，现代外国文艺理论译丛说明。

美学》(蒋寅等译,1991)等14部作品。

中国社科院外国文学研究所文艺理论研究室编的《当代外国文艺理论译丛》,由吴元迈担任主编,1986年出版第一辑。“主要编译介绍当代世界各国文艺理论批评领域中,那些具有新特点和新倾向的著作,供我国文艺理论工作者和爱好者参考之用。它既包括当代西方各国文艺理论批评领域中不同思想流派的著作,也包括苏联、东欧及其他国家有较大影响又有一定代表性的文艺理论著作。总之,力求结合我国文艺理论建设的需要,和尽可能比较全面地反映当代世界文艺理论发展的趋向。”[①]该丛书由中国社会科学出版社出版,收录了伊格尔顿的《当代西方文学理论》(王逢振译,1988)、奥符相尼科夫和萨莫欣编的《现代资产阶级美学》(涂武生、杨汉池译,1988)、艾布拉姆斯的《镜与灯——浪漫主义理论批评传统》(袁洪军、操鸣译,1991)、戈尔德曼的《论小说的社会学》(吴岳添译,1988)等7部作品,产生了广泛的影响。

甘阳等编的《“文化:中国与世界”丛书》(三联书店),主要译介西方近代以来的哲学和美学著作,如尼采的《悲剧的诞生》(周国平译,1986)、海德格尔的《存在与时间》(陈嘉映、王庆节译,1987)、萨特的《存在与虚无》(陈宣良等译,1987)、罗蒂的《哲学和自然之镜》(李幼蒸译,1987)、本雅明的《发达资本主义时代的抒情诗人》(张旭东、魏文生译,1989)、马尔库塞的《审美之维》(李小兵译,1989),等等,这套丛书强调哲学性、思想性、学术性,对翻译质量的要求颇高,在当时思想界引起了巨大的轰动效应。

随着译介工作的全面、深入展开,国内学术界开始陆续出现了介绍西方美学理论的教材。80年代后期到90年代,复旦大学出版社出版了一套西方美学名著选编,包括蒋孔阳主编的《二十世纪西方美学名著选》(上、下册,1987),李醒尘主编的《十九世纪西方美学名著选》(德国卷,1990),高若海主编的《十九世纪西方美学名著选》(英法美卷,1990)。此外,伍蠡甫的《欧洲文论简史》(人民文学出版社,1985),汝信的《西方美学史论丛续编》(上海人民出版社,1983),缪朗山的《西方文艺理论史纲》(中国人民大学出版社,1985),胡经之主编的《西方文艺理论名著教程》(北京大学出版社,1986),胡经之、张首映的《西方二十世纪

---

① 中国社会科学院外国文学研究所文艺理论研究室编:《当代外国文艺理论译丛》,中国社会科学出版社1986年版,编辑说明。

文论史》(中国社会科学出版社,1988),杨恩寰的《西方美学思想史》(辽宁大学出版社,1988),等等,都产生了较大影响。张隆溪以"现代西方文论略览"为题,从 1983 年第 4 期开始在《读书》杂志上连续介绍 20 世纪西方文艺理论的主要流派,后结集为《二十世纪西方文论述评》(三联书店,1986)。这些教材和文选虽然偏重介绍国外文艺理论,但显然已经开始着力在消化吸收的基础上,尽可能清晰地梳理西方文艺理论的发展脉络,构筑较为完整的理论体系。与此同时,产生了一些高质量的研究性著作,如蒋孔阳的《德国古典美学》(商务印书馆,1980)、周国平的《尼采——世纪的转折点(上)》(上海人民出版社,1982)、阎国忠的《古希腊罗马美学》(北京大学出版社,1983)、凌继尧的《苏联当代美学》(黑龙江人民出版社,1986)、滕守尧的《审美心理描述》(中国社会科学出版社,1985)、杨春时的《系统美学》(中国文联出版公司,1987)等。

这个时期的外国美学理论译介活动呈现出速度快、范围广的特点,思想更为解放,一些在以前属于研究禁区的著作陆续出版,全面覆盖了现当代西方美学理论和文艺理论的主要流派及其代表人物,努力提供介绍新思潮、新方法论、新理论学派的第一手资料,景象异常壮观。

从编辑出版方面考察,可以看出,这些丛书的组织者,都是当时最活跃、影响力最大的学者,如李泽厚、钱中文、甘阳、吴元迈、金观涛等。他们是一批引导社会思潮的精英,对于学科和整个社会的发展,有着异常明确的目标。在国门打开之时,这些学者最先投入组织和翻译工作中来,从一个侧面反映了当时的学术界普遍认识到译介外国美学和文艺理论,尤其是西方现当代理论的紧迫性和重要性。由于迎合时代需要,市场前景广阔,出版社也非常积极地出版这些翻译著作。可以说,学界和出版界的紧密配合,是促成这一时期外国美学理论翻译工作迅速铺开的一个重要因素。① 与此相联系的另一个特点是翻译队伍的年轻化,与五六十年代"名家名译"的原则相比,20 世纪 80 年代的译丛常常启用一些名不见经传的年轻人,其中很多人正是通过参与这些翻译工作而走上学术道路或建立学术声誉的。

从接受范围和效果来看,这些译作、译著的影响力并不限于学术界和思想

---

① 关于这种新的翻译主导机制的确立,详见王晓明:《翻译的政治——从一个侧面看 1980 年代的翻译运动》,见《印迹》第 1 辑,江苏教育出版社 2002 年版。

界,在普通读者中也有相当大的市场。中国社会经历长时间的思想封闭,每个人都有强烈的求知欲,各种外来思潮的大量涌入,直接影响并活跃了中国人的精神生活。由于切合“美学热”对于新鲜理论资源的需要,《美学译文丛书》最初的几部初版印数都在几万册,该丛书每本书的销量都达到上万册,甚至十几万册,例如,科林伍德的《艺术原理》在北京就刊印了 7.5 万册,《艺术与视知觉》几个月内便卖出了 6 万册。像尼采的《悲剧的诞生》、萨特的《存在与虚无》、海德格尔的《存在与时间》这样一些专业人士都觉得晦涩难懂的哲学著作,也有数万乃至数十万册的销量。当然,这其中不乏赶时髦的成分。在读者中有一些有趣的现象,即根据字面意思,或仅凭书名来决定是否阅读或购买一本书。如卡西尔的《人论》是一本难懂的符号学著作,人们望文生义,以为它是一本关于“人”或“人道主义”问题的书,这是当时最受关注的话题,结果这本书出版后一年内就印了 20 多万册,极其畅销。

伴随着思想解放的浪潮,在尽可能迅速地了解外来思潮的狂热气氛中,尼采、叔本华、弗洛伊德、海德格尔、萨特等在西方都只是在学术界范围内讨论的人物,在中国却受到很多人的热烈追捧。而与这种喧闹繁荣的景象相对的是,一些在西方学术界极受重视的重量级著作,翻译到中国来之后却石沉大海,并未得到中国美学界的积极回应,如李普曼的《当代美学》、沃尔海姆的《艺术及其对象》等。同样,我们的理论界对于 20 世纪中叶之后占据欧美哲学讲坛的分析美学重要代表作几乎没有引进,对于一些处于国际学术话题中心的重要理论也缺乏关注。出现这种情况,一是因为西方美学和文艺理论大规模地涌入,乱花迷眼,泥沙俱下,表面的活跃背后隐藏着一定程度上的混乱,在读者中有一种跟风而上、一哄而起的效应,而对这些外国理论缺乏认真的鉴别;二是由于中国长期与国际学术界失去联系,对国外同行正在做的工作及讨论的话题茫然不知,在文本的接受和选择上,尚存在一些盲点和误区;三是这个时期的人们迫切希望用西方理论来解决中国问题,因此钟爱更为宏大的叙事,而对于学术性较强、较为专门的著作缺乏兴趣。这些情况在外国美学理论的译介方面明显表现为严重的信息不对称。这也在一定程度上反映出中国美学理论和文艺理论译介工作的重要特点,即立足于现实的高度选择性和与文化思潮的紧密联系。

第三节　20世纪80年代美学理论译介的“中国化”过程

不管我们是否意识到，是否承认，事实上，自从西方美学理论进入中国以来，它的本土化历程就从没有停息过。任何理论在进入一个不同于其发源地的文化语境时，都必然会出现“理论的旅行”效应，即当一种观念和理论从此时此地向彼时彼地流通时，往往会产生变异。这个运动的过程一般包含几个阶段：“首先，有一个起点，或类似起点的一个发轫环境，使观念得以发生或进入话语。第二，有一段得以穿行的距离，一个穿越各种文本压力的通道，使观念从前面的时空点移向后面的时空点，重新凸显出来。第三，有一些条件，不妨称之为接纳条件或作为接纳所不可避免之一部分的抵制条件。正是这些条件才使被移植的理论或观念无论显得多么异样，也能得到引进或容忍。第四，完全（或部分）地被容纳（或吸收）的观念因其在新时空中的新位置和新用法而得到一定程度的改造。”[①]这个理论，可以解释前文所述的20世纪80年代中国学界对西方美学理论的选择性译介，以及中国读者选择性接纳的状况。中国固有的“经世致用”的强大传统，决定了对于西方理论的态度必然是切合中国的现实需要和理论创新的要求，对之进行挪用、改造、变形、重构，使之成为中国美学理论的组成部分。制约着西方美学理论本土化的因素，主要源自几个方面：一是中国的现实理论需求，二是文化重建、价值重建的需求，三是中国原有的文化和美学理论传统。中国美学界和文艺学界对西方文艺理论的吸收借鉴始终立足于“中国本位”的选择，即从中国问题出发，借西方理论这一“他山之石”，来对本土问题进行反思。

20世纪80年代的历史特殊性使这样一种“理论旅行”效应更为突出。如程光炜所说：“‘文革’的终结，绝不只是一段历史的告别，而在更深层次上潜伏着与之相关的历史叙述体系的总体危机，并内在地连带着知识者的精神失语。”[②]这样一

① ［美］爱德华·W.赛义德著，马海良译：《理论旅行》，选自《赛义德自选集》，中国社会科学出版社1999年版，第138—139页。

② 程光炜：《一个被重构的“西方”——从“现代西方学术文库”看八十年代的知识范式》，载《当代文坛》2007年第4期，第42页。

种接受心理，决定了在引进西方理论资源时必定会有很大的选择性，而西方理论在"化"中国的同时，也不可避免地要经历一个中国"化"的过程。例如，80年代思想界的理论热点是人的生存状态，即侧重于人的生命价值、生命本质等问题。80年代初的人道主义大讨论，是新时期文学观念变革的先驱。"文革"给人的精神带来了巨大的创伤，人的尊严和价值受到践踏，个体的生存状态受到忽视，人们处于焦虑、烦恼、困惑情绪当中，对于自身的存在有明显的"荒诞感"，反思"文革"带来的灾难和危机，对生存问题的关注引起共鸣。周扬、胡乔木、王若水等有相当政治地位的人物的主导和参与，使得这场大讨论具有了更浓重的政治和历史意味，在整个社会范围内引起了一场思想风暴。与这场风暴相呼应，中国文艺学和美学界也在积极地将这种潮流推向高峰，而西方理论资源在中国学界的主体性重建的过程中发挥了积极的作用。如李泽厚的"主体性理论"主要来源于康德，同时也可以从中看到克莱夫·贝尔、荣格等人的影子。刘再复的"文学主体性"理论在很大程度上是受美国学者马斯洛的人本主义心理学和对马克思主义进行重新解读的影响，在此基础上提出的"性格组合论"则取自英国小说家福斯特的《小说面面观》，可以看作是对五六十年代以来仅从阶级性出发来塑造人物，造成类型化、脸谱化人物形象的文艺创作方法的批判，刘再复也因此被称为"中国的卡西尔"。

随后，"萨特热""弗洛伊德热""尼采热"轮番兴起，都绝非偶然之事，它们契合了当时中国社会普遍的社会心理状况，反映了主体意识长期受到压抑后的觉醒，触动了人内心深处的危机感。精神和心灵的绝对自由以及审美主体的主动性、积极性、创造性受到关注，如《悲剧的诞生》的译者周国平所说，尼采"在美学上的成就主要不在学理的探讨，而在以美学解决人生的根本问题，提倡一种审美的人生态度。他的美学是一种广义美学，实际上是一种人生哲学"。① 而尼采对"重估一切价值"的呼唤则暗自与人们对政治功利主义的反感、对人性的重新审视相契合。

除此之外，鲁道夫·阿恩海姆的《艺术与视知觉》中文本于1984年出版，运用格式塔理论对艺术作品各部分之间的张力关系作出了深刻分析，该书第一次印刷3万本，以后曾几次重印。苏珊·朗格的《情感与形式》中文本于1986年

---

① ［德］尼采著，周国平译：《悲剧的诞生》，生活·读书·新知三联书店1986年版，译序。

出版,第一次印刷4万本。两本书都是“方法论热”在美学领域兴起的表现,在中国美学界都产生了很大反响。作为新康德主义美学的代表人物,苏珊·朗格著作的理论模式和思维方式使当时已受康德美学理论影响至深的中国美学界既感熟悉,又受到了新的启示。

朱立元指出:“虽然当时处在新时期文艺学美学发展的初探阶段,外国自然科学以及人文、社会科学等领域优秀成果大量译介、引进、借鉴居显要位置,但应当看到,选择、批判、消化和吸收等工作也同时在扎扎实实地进行着,不但引进、译介是有选择的,而且借鉴、应用更是有选择的、有批判的。”[①]例如,“接受美学”于20世纪60年代兴起,80年代开始在中国译介推广。《文艺理论研究》在1983年第3期刊载了意大利学者弗·梅雷加利介绍接受美学的重要代表人物姚斯和伊瑟尔思想的文章《论文学接收》(冯汉津译)。继而,张黎发表《关于“接受美学”的笔记》(《文学评论》,1983年第6期);张隆溪在《文艺研究》1983年第4期上发表《诗无达诂》,将我国古代文论中的诗无达诂与接受美学相互阐释,接着又于《读书》1984年第3期上发表《仁者见仁,智者见智》,对阐释学、接受美学和读者反应批评作了概述;罗悌伦以“接受美学简介”为题摘要翻译了德国学者G.格林的《接受美学研究概论》(《文艺理论研究》,1985年第2期);章国锋在《国外一种新兴的文学理论——接受美学》(《文艺研究》,1985年第4期)中,较为细致地介绍了接受美学重要学者姚斯、伊瑟尔、瑙曼的理论。这些介绍性的文章迅速引起学术界的反响,相应的翻译工作随之开展。如周宁、金元浦翻译的《接受美学与接受理论》,合并收录了姚斯的《走向接受美学》和霍拉勃的《接受理论》,该作被收入了李泽厚主编的《美学译文丛书》,于1987年由辽宁人民出版社出版。1988年,霍桂桓、李宝彦翻译伊瑟尔的《阅读活动:审美反应理论》(中文译本书名为《审美过程研究》),由中国人民大学出版社出版。1989年,刘小枫编选的《接受美学译文集》(三联书店)、张廷琛编的《接受美学》(四川文艺出版社)、中国艺术研究院马克思主义文艺理论研究所外国文艺理论研究资料丛书编委会编《读者反应批评》(文化艺术出版社)出版。相关译著的大量出版,也为接受美学理论研究的深入开展创造了条件。汤传民的《浅议接受美学中的反馈思想》(《学术研究》,1985年第3期),程伟礼的《谈谈接受美学及其哲

---

① 朱立元、刘阳军:《1985:文艺学美学方法论年的文化记忆》,载《社会科学战线》2016年第1期。

学基础》(《社会科学》,1986 年第 1 期),朱立元的《文学研究新思路——简评姚斯的接受美学纲领》(《学术月刊》,1986 年第 5 期),易丹的《接受美学：作品本体的毁灭》(《四川大学学报》,1987 年第 4 期),蚁布思、伍晓明的《接受理论的发展：真实读者的解放》(《文艺研究》,1988 年第 2 期),金元浦、周宁的《文学阅读：一个双向交互作用的过程——伊瑟尔审美反应理论述评》(《青海师范大学学报》,1988 年第 2 期)相继出版,1989 年朱立元的《接受美学》一书由上海人民出版社出版,并产生广泛影响。这些研究从不同角度对接受美学理论进行了深入的探讨。

尤为值得关注的是,此后的接受美学研究方法和理念迅速渗入中国古典美学研究,形成了一大批颇具影响力的本土研究成果。如钱锺书于 1983 年出版的《谈艺录》(补订本)将中国古代文论中的“诗无达诂”与接受美学相互阐释。叶嘉莹 1986—1987 年间应《光明日报 · 文学遗产》之邀撰写的“随笔”中的《三种境界与接受美学》一文以及 1988 年撰写的《对传统词学与王国维词论在西方理论之观照中的反思》一文都用了接受美学、阐释学等理论对王国维词论作了别具一格的阐发。此外,张思齐的《中国接受美学导论》(巴蜀书社,1989),蒋成瑀的《读解学引论》(上海文艺出版社,1998),陈文忠的《中国古典诗歌接受史研究》(安徽大学出版社,1998),董运庭的《中国古典美学的“玩味”说与西方接受美学》(《四川师范大学学报》,1986 年第 5 期),殷杰、樊宝英的《中国诗论的接受意蕴》(《华中师范大学学报》,1992 年第 3 期),王志明的《“诗言志”“以意逆志”说和接受理论》(《文艺理论研究》,1994 年第 2 期),樊宝英的《中国古代诗论“出入”说的接受美学意蕴》(《文史哲》,1996 年第 5 期)等一批高质量的研究成果相继问世。①

接受美学理论之所以能在中国美学界受到广泛关注和接受,其重要原因是与中国古典美学传统的契合,即将接受者作为审美体验和艺术体悟的重要载体,并作为一种新的方法论直接推动了中国本土美学的研究,而中国独特的审美经验和实践又丰富并拓展了接受美学的维度。在此过程中,接受美学在中国既经历了有意识的“中国化”的选择和应用,也形成了中西美学的深层对话。因

① 周启超：《20 世纪 80 年代外国文化引介：回望四个镜头》,载《学习与探索》2015 年第 3 期;马大康：《接受美学在中国》,载《东方丛刊》2009 年第 4 期。

而,“新时期引进的许许多多文艺学新思维、新方法中,接受美学及叙事学在中国所产生的影响是最为深刻的,所取得的成绩也是最为丰硕的”①。其他如表现主义美学、符号论美学、阐释学美学、现象学美学等,在中国学界引起译介热潮,也是缘于类似的原因。

与此同时,另外一个值得注意的现象是,当我们引进西方美学理论和文艺理论时,出现了一系列的时空错位问题。有学者指出“当形式主义文艺思潮,如英美新批评派和结构主义已经日薄西山时,在中国学界却开始暴热走红;当西方学术开始从对文艺的‘内部规律研究’走向‘外部规律研究’时,中国学界却反其道而行之,从对文艺的‘外部规律研究’转向‘内部规律研究’;当西方学术的‘非理性主义转向’后,中国的学界和文学创作界制造了大量的非理性主义的芜杂而又纷乱的本土化产品,但中国作为发展中国家最需要理性,特别是最需要启蒙理性和科技理性;当西方学术出现‘文化转向’之后,中国学界虽然一部分人承接和跟进,而相当一部分精英知识分子却选择与文学研究相通的部分,对大众文化采取轻视乃至抵制的态度;当西方的新历史主义、后殖民主义、女权主义和新马克思主义勃兴和传播时,当代中国学者由于在西方出版的《东方学》的启发下,才开始意识到文学的政治诉求和重构文学的政治维度的重要性,但当时的中国学界,特别强调文学的自主性、自足性、独立性、审美自律性,公然宣称‘文学与政治离婚’”②。这种错位,一定程度上可以理解为理论移植的时间性错位,而更本质的原因,则是中国本土的文化发展趋向和学术发展的现实需要使然。

例如,韦勒克和沃伦在20世纪40年代出版《文学理论》,成为“新批评”学派的经典著作。值得注意的是,“新批评”理论在20世纪70年代的西方理论界已经开始衰落,伊格尔顿的《文学原理引论》即是作为替代性论著而取代了《文学理论》在英美文学理论界的地位。但在中国,1984年出版的《文学理论》中译本(刘象愚等译,三联书店),很快成为该领域的研究必备书目和研究生的教科书,“新批评”的理论主张和分析方法受到热烈追捧。此后,杨周翰于1981年在《国外文学》上发表《新批评派的启示》,赵毅衡出版《新批评——一个独特的形

① 马大康:《接受美学在中国》,载《东方丛刊》2009年第4期,第33页。

② 陆贵山:《现当代西方文论本土化的成果与问题》,载《沈阳工程学院学报》(社会科学版)2008年第3期。

式文论》(中国社会科学出版社,1986 年)一书,张隆溪的《作品本体的崇拜——论英美新批评》对“新批评”的观念进行介绍,产生了广泛影响。[①] 自此,文本细读成为文艺研究领域的重要研究方法。《文学理论》对“文学的外部研究”和“文学的内部研究”进行了明确区分,认为文学研究的主要方式是“分析和解释作品本身”[②]。对文艺自身规律和形式特征的强调,也使中国的文艺美学研究从注重外部研究转向侧重内部研究。有学者认为:“‘西方知识谱系’为八十年代中国学术提供的,不仅是用以表述自身状态的思想资源和知识表达方式,同时更是一个借重构‘西方’来重构本国‘学术文化’的理想化镜像。”[③]对“新批评”学派的热切接纳和回应也反映出中国读者和学界刻意去政治化的价值取向。文艺从属于政治、为政治服务,是从新中国成立后直到“文革”结束以前处理文艺问题的指导思想,它的弊端在 20 世纪 70 年代末已彰显出来。因此,80 年代美学理论建设的起点就是“去政治化”,由此产生的另一个效应是对客观性、学术性、审美性的重视。这样一种取向既是对之前文艺思潮的否定性延伸,同时为这个时期的中国美学理论的重构扫除了障碍。

除了这种理论热点的时空错位之外,中国在 80 年代引入西方理论时,还存在一定程度的误译与误读现象。诚然,在两个不同的语言表意系统之间进行的意义转换,不可能是完全从一种语言到另一种语言的直接的等价互换。因为“翻译不只是简单地把一个原先不属于某个系统的概念安插到它中间而已,一个概念一旦在一个系统中被介绍、接受并获得合法性,它和那个系统都会因互相的作用而改变”[④]。输入西学与西学在西方的形成过程有着很大差异,西方理论是作为一种异质性因素输入中国的,而西学在本土的形成和发展有一定的时代、思想传承、文化传统的土壤。文化传统的隔膜、语言本身的系统性和结构性差异,在某种程度上造成了不可翻译性,而恰恰是这种非等价转换,为理论旅行时的“放大”效应创造了大量空间。

因此,也就不难理解程光炜所描述的这样一种现象:“尽管萨特和海德格尔

① 关于“新批评”理论在中国的译介情况,参见周启超:《20 世纪 80 年代外国文论引介:回望四个镜头》,载《学习与探索》2015 年第 3 期。

② [美]韦勒克、沃伦著,刘象愚等译:《文学理论》,生活·读书·新知三联书店 1984 年版,第 145 页。

③ 程光炜:《一个被重构的“西方”——从“现代西方学术文库”看八十年代的知识范式》,载《当代文坛》2007 年第 4 期。

④ 徐贲:《文化批评往何处去》,吉林出版集团有限公司 2011 年版,第 91 页。

几乎同时被介绍进来，而'萨特热'却为什么明显高过了'海德格尔热'？进一步说，当时人们的确更需要'接受'的是萨特'存在'之'虚无'，而不是海德格尔'存在'之诗性的'时间'，尽管两人最后都将对'荒谬'的态度转化为'反抗'，寻找一种更有价值的'存在意义'，'文库'却对之做了'删节'和'偏离'。一定程度上，或许正是这些看似'微不足道'的'知识的偏离'，型构了八十年代中国式的'存在主义'。"[①]译者有意识的引导和偏离，在某种程度上可以看成是配合当时的社会心态和社会需求的权宜之计。

从读者一方看，受原本的政治意识形态、文化批评的惯性所影响，常常会出现对文本的"误读"。如乐黛云所说，人们在接触另一种文化时，"他原有的'视域'决定了他的'不见'和'洞见'，决定了他将对另一种文化如何选择，如何切割，然后又决定了他如何对其认知和解释"[②]。从这个意义上说，"误读"在所难免，翻译的"透明化"只能作为一种理想存在。对于读者来说，回到哲学史和思想史语境，在尽可能深入研究、正确把握基本思想内涵、理解作者原意的基础上，吸收外来文化资源，促进自身文化的发展和创新，是较为理想的境界。

第四节　20世纪80年代美学理论译介的意义与缺失

20世纪80年代，外国美学，尤其是西方理论资源的输入对中国美学学科建设的影响重大而深远，它不仅改变了苏联理论在我国美学界一统天下的局面，将美学和文艺理论话题的讨论纳入了新的问题框架，扩大了理论版图，更新了知识系统，而且，更重要的是，它改变了中国美学理论的总体格局。有学者指出，"假如与'五四'时期的中国文论相比，那么，新时期文论无论在方法更新、观念突破、学科重建、学人阵容与思潮规模上，都不是'五四'时期文论所能比的"[③]。80年代的美学理论和文艺理论译介工作呈现出一派繁荣景象，朝气蓬勃、绚丽多彩，并在以下几个方面推动了美学学科的发展。

---

① 程光炜：《一个被重构的"西方"——从"现代西方学术文库"看八十年代的知识范式》，载《当代文坛》2007年第4期。

② 乐黛云：《文化差异与文化误读》，载《中国文化研究》1994年第2期。

③ 夏中义：《新潮学案》，生活・读书・新知三联书店1996年版，前言，第3页。

一是丰富了美学研究的话语系统。这个时期美学研究领域出现了很多新的词汇,如阐释、期待视野、召唤结构、对话、细读、语境,等等,这些关键词几乎都来自西方美学理论。“召唤结构”“期待视野”来源于接受美学,“细读”来源于“新批评”,“能指”“所指”来源于符号学,“无意识”“情结”来源于精神分析学说,等等,每个术语的背后都是一个新的美学理论体系和观念体系。

二是产生了新的方法论。文艺传播学、接受美学、现象学、解释学、符号学、阐释学、语义学、结构主义、发生学,甚至模糊数学、突变理论等都被中国的美学研究者所吸纳,甚至直接影响了艺术创作。例如,在诗歌理论领域,80 年代初,谢冕发表了《在新的崛起面前》,孙绍振发表了《新的美学原则在崛起》,还有徐敬亚的《崛起的诗群》,这三篇文章的共同特点是都推崇现代主义文艺美学原则,强调自我表现和艺术革新,对过去尊崇的现实主义、古典主义原则构成了挑战。从此开始,“朦胧诗”获得肯定,象征、视角变幻、变形、直觉幻觉、通感、荒诞、意识流等手法作为新的创作方式大量出现于艺术作品中。方法的变革带来了艺术创作和研究观念的更新,有助于摆脱旧的思维方式和理论体系。

三是形成了新的问题意识。西方启蒙运动以来的一系列人本主义思想传统,如康德关于“审美无利害”的观念、存在主义对于人的生存状态的感受等直接接引国内学界关于“主体性”的大讨论以及之后的美学研究“向内转”倾向。

20 世纪 80 年代特殊的社会环境和文化氛围使得外国美学理论译介工作处于一种矛盾状态之中,从某种意义上说,它的功绩同时也造成了它的缺憾,它们犹如一枚硬币的两面,无法割裂开来。具体说来,主要有以下几个方面:

第一,通过翻译引入新的理论、新的思想、新的观念,中国美学界和思想界逐渐摆脱了狭隘的意识形态模式的禁锢。在苏联理论模式笼罩下曾经讨论了几十年的话题显得陈旧枯燥,难以继续激起人们的兴趣。大规模输入西方美学理论资源本身基于对一种美好前景的预设,即通过引进西方理论,改变苏联理论一统天下的局面,中国美学界将迎来一个繁荣的春天。通过引进西方美学理论,拓宽了理论视野,80 年代美学研究领域的所有理论热点都与引进西学有着直接关联。如理论界关于文学主体性的讨论、文艺与人道主义关系的大讨论、异化问题大讨论、方法论热、存在主义热、现象学热、解释学热、结构主义热、解构主义热、女性主义热、新历史主义热等一波又一波的浪潮,潮水般涌入的西方理论令人目不暇接。学界对于西方美学理论的大规模翻译、引进和介绍,推动了中国美学界知识体系、话语体系和理论模式的重构，直接导致了 80 年代中后期学术界研究热点的变换，形成了明确的问题意识。但是，这样一种缺乏时间顺序的进入，难免使人心浮气躁、眼花缭乱，一时难以理顺各种思潮之间的关系，对各个理论体系的发展逻辑线索缺乏清晰的认知。事实上，由于与西方学界长期失去联系和沟通，国内文艺理论界对西方当代文艺理论和美学的发展有很深的隔阂。因此，对这些外来理论的理解常常存在错位，较少还原这些理论的语境，也无法清楚地梳理其发展的逻辑线索，这在很大程度上造成了理解的浅表化，甚至导致误读。

第二，理论资源的调整带来了研究范式的转型。程光炜指出："由于有《现代西方学术文库》《走向世界》等译介丛书的'西方知识'的示范性，明显更新了 80 年代文学批评、文学理论的知识结构和语言系统，从而促进了文学批评由感悟式批评向知识化批评的历史转变。"[①]西方美学理论的特点是有着严密的逻辑层次、条分缕析、环环相扣；观点新颖，富于独创性；重视个体的价值，充满人文关怀，等等，这对习惯苏联理论高头讲章式的批评和中国古典美学理论的感悟式批评的中国学者产生了巨大吸引力。通过这些译著，人们对西方文艺思潮和美学理论有了更全面、更深入的了解。在此之前，由于受意识形态的束缚，人们只是看到这些译著中的只言片语，就展开批判，难免产生误读。例如，在 50 年代对以杜威为代表的实用主义哲学的批判，常常根据字面意思，将之理解为功利主义、"市侩哲学"，而事实上，实用主义只是批判从欧洲传来的传统哲学的那种不切实际的学院空谈之风，提出一个新的切入点。通过对实用主义代表著作的翻译和客观的研究解读，可以澄清误解，使人们更理性、更深刻地看待这个学派提出的问题，这有利于我们的文艺学和美学学科的建设。再如，对俄国形式主义、巴赫金的研究，在改革开放前受苏联影响，要么多有负面评价，要么不重视。而 80 年代后受到西方影响，多有正面肯定，某种程度上存在"跟风"心理，有学者称这种现象为对西方同类研究的"追尾"式跟踪。同时，新的理念和方法的引进，开辟了新的学科。举例来说，文艺心理研究在 80 年代以前几乎是一个无人问津的学科。一方面是由于对非理性、潜意识等心理层面的研究被苏联斥为"伪科学"，如朱光潜的《悲剧心理学》《变态心理学》《文艺心理学》等早在 20

---

① 程光炜：《80 年代文学批评的"分层化"问题》，载《文艺争鸣》2010 年第 5 期。

世纪三四十年代就曾出版，但在“文革”前都曾被当成资产阶级理论受到严厉批判，80 年代才得以再版；另一个原因则是缺乏可以借鉴的相应的理论资源。80 年代初诸多心理学译著的出版，带来了新的方法和观念，也为开辟文艺心理学这片处女地提供了可能。金开诚的《文艺心理学论稿》(北京大学出版社，1982)，滕守尧的《审美心理描述》(中国社会科学出版社，1985)，彭立勋的《美感心理研究》(湖南人民出版社，1985)，吕俊华的《艺术创造与变态心理》(三联书店，1987)，钱谷融、鲁枢元主编的《文学心理学教程》(华东师范大学出版社，1987)等相继出版，为中国文艺心理学的发展奠定了坚实的基础。

但是，80 年代的理论界对于纷繁的西方理论基本采取一种“拿来主义”的态度，刚开始还把西方现当代文艺理论当作反面教材引进，供国内学界研究、批判，但很快就转变立场和姿态，主要以“学习”和“补课”为目的。一般引入外来理论的过程是碰撞以后的吸纳和融合，但 80 年代的翻译缺乏“碰撞”这一环节，对于西方的理论观点基本是无条件接受，对西方现当代文艺美学理论的态度从五六十年代的全盘否定到 80 年代的全盘肯定。有学者指出，“在 1980 年代发表和出版的关于西方文论的大部分论文和著作中，以否定和批判精神为主题的少而又少”[①]。这种态度，造成了另一个误区，即从照搬俄苏模式转向套用西方模式，逐渐形成了一种对西方美学理论盲目崇拜的趋势，对外国理论缺乏认真审视和有效鉴别，这容易导致生搬硬套、囫囵吞枣，在分析研究时，仅停留于一般性介绍、泛泛而谈。当然，也有例外。但总的来说，80 年代我国学界对待西方理论的态度是：重吸收，轻改造；重学习，轻对话。

第三，在“美学热”和“文化热”的共同驱动下，对文艺理论和美学理论的介绍作为当时知识界全面了解西方的一部分，在思想界和整个社会范围内都有着异常强烈的需求。由于时间紧迫，为了使中国读者能够以最快的速度了解西方文艺理论和美学发展，翻译组织者大都非常重视翻译的速度。因此，很多丛书的翻译较为粗疏，甚至存在一些错漏。但从另一个角度看，这也许正是当时的目标使然。在《美学译文丛书》的序中，李泽厚指出：“值此美学饥荒时期，许多人不能读外文书刊，或缺少外文书籍，与其十年磨一剑，慢腾腾地搞出一两个完

---

① 周小仪、申丹：《中国对西方文论的接受：现代性认同与反思》，载《中国比较文学》2006 年第 1 期。

美定本，倒不如先放手大量翻译，几年内多出一些书。”[①]“定本”固然好，但是鉴于当时理论界的饥渴程度，相形之下，翻译速度更为重要。在这种需求的驱动下，这套丛书中的很多译作采用合译的方式，以便以最快的速度推出。李泽厚后来曾回忆说：“这套丛书原计划一百种，其中好些重要著作，如杜威的《艺术即经验》、杜夫海纳的《审美经验现象学》、阿多诺的《美学理论》以及海德格尔、维特根斯坦、贡布利希、本杰明等等有关论著，或因未找到译者，或因译者未译或未完成译事，以致均付阙如。已出版的原作水平也参差不齐，有的质量颇差因某些原因勉强收入。”[②]李泽厚所说的几本未能收入《美学译文丛书》的书现在都有中译本问世，但是他这里提到的某些译文的质量问题，的确是无法回避的。[③]

除此之外，还存在很多不合规范的地方，如“编译和摘译盛行；随意删去注释和参考书目；不注明原作的版本和出版时间；搬用台湾或二三十年代的陈旧译本，等等——但这些问题并没有引起太多的争议，不仅是因为那时候学风粗疏浮躁，不如今天那么讲究‘学术规范’，还因为在更大的使命感和整体性问题意识面前，这些所谓‘学术规范’问题根本就不成其为‘问题’”[④]。不过，这种情况随着 90 年代初中国加入《世界版权公约》，以及中国社会和法制建设进程的推进而基本结束。

80 年代外国美学理论译介工作的意义在于重新建立起与世界美学之间的联系，为新时期的美学和文艺理论建设输入新的活力。由于选择翻译的文本本身大部分都是名著，无论在西方还是在中国都影响巨大，而这些译著所引发的话题，以及在这些译本的影响下产生的各种阐释、批判性的论著和论战的推波助澜，引起更多人对原著的关注和研读，逐渐形成了一种“滚雪球”效应，西方理论的影响力和辐射范围越来越大，成为一种强势话语。而其中有很多理论与中国思想文化和社会发展的实际状况之间仍然存在差距。中国学术界似乎更多停留于亦步亦趋的介绍和评述，而缺乏批判性的反思和独到见解，甚至使中国理论成为西方理论的注脚。

---

① 《美学译文丛书》每一本的“序”中都刊载了这段话。

② 李泽厚：《关于“美学译文丛书”》，载《读书》1995 年第 8 期。

③ 翻译质量的问题，不可一概而论。80 年代的文艺理论和哲学美学译著不乏好的译本。如《现代西方文库》出版的系列译本，由于是知识精英推动，如《人论》《存在与时间》《存在与虚无》等，翻译质量都是比较高的，海德格尔的入室弟子熊伟教授认为《存在与时间》的中译本丝毫不逊色于英译本。

④ 罗岗：《“韦伯翻译”与中国现代性问题》，引自中国当代文化研究网：http://www.cul-studies.com。

不可否认,80 年代在引入外来美学理论时,中国学界的确存在过于倚重西方理论话语,而缺乏立足本土理论创新的问题,但是不能将此单纯看成是本土意识的缺失。如果我们仅仅从“话语霸权”或“文化殖民”的角度来理解 80 年代的这种“西学东渐”带来的后果,那么我们就很容易把目光局限于问题的一面,而忽视出现这种现象的社会政治环境和文化需求。为什么当时中国学界能一呼百应,在翻译介绍西方理论问题上达到高度的共识?为什么当时的人们,尤其是年轻人普遍表现出对西方美学知识的饥渴?为什么这些译著的影响能迅速从学术圈蔓延开去,成为一项全社会积极参与的活动?毋宁说,在迅速进入世界文明主潮和学术前沿的压力面前,本土意识只是作为一种潜意识,隐藏在后台,被暂时性地悬置和遮蔽了。当“补课”告一段落之后,它才走到前台。

事实上,当时的知识精英们对于当代中国学术文化的重建步骤是非常清楚的,如王晓明所言:“他们差不多一致认为,今天的中国人需要建立自己的思想和哲学,而这是一个系统的工程,因此,第一步应该是全面介绍西方的现代哲学思想,第二步是深入地评述这些哲学思想,然后就可以达到第三步:中国的学者建立起至少不亚于别人的思想框架和哲学论述。”①翻译是迈出的第一步,是中国学术和文化走向世界的坚实地基。当中国走向世界之时,旧有的美学理论体系已不足以与他国之间形成对话,在普遍性的学术准备不足的情况下,奢谈改造和构筑自身的新体系,无疑是不现实的。当译介工作取得阶段性成果之时,“如何对待西方美学理论,如何看待中国本土美学理论,如何创建新的中国美学”这样一些问题才有了讨论的平台,人们认识到,中国本土的美学学科建设仅仅依靠引进西方理论是不够的。但无论如何,关于“失语症”的反思说明中国学术界已经有了自觉意识,不再愿意继续做西方理论的附庸。从某种意义上说,对 80 年代的译介工作中存在的问题进行总结、反思甚至批判,是中国学界逐渐回归理性的必然逻辑结果。有学者提出,西方美学理论和文艺理论的中国化“绝不是简单的翻译介绍和引进,而是一种在吸收基础上的‘内化’,‘内化’基础上的‘开拓’,‘开拓’基础上的‘创生’”。② 而回归、解构之后的重构、内化基础上的“开拓”和“创生”是更为艰巨的任务。面对中国美学理论和文艺理论的输出

① 王晓明:《翻译的政治——从一个侧面看 1980 年代的翻译运动》,见《半张脸的神话》,广西师范大学出版社 2003 年版,第 306 页。

② 毕日升:《20 世纪西方文论中国化道路论略》,载《燕赵学术》2011 年第 1 期。

与西方理论的引进之间存在的严重逆差，中国美学界开始了重建中国美学理论体系的努力。

第五节　20世纪90年代以来：从单向传播走向多元对话

进入20世纪90年代，中国美学研究领域出现了新的趋势。一方面加强学科自律性，回归美学学科内部研究；另一方面，加强美学学科与社会变革的关联性研究，推动美学的学科转型和文化转向，文化研究、日常生活审美化等话题成为美学研究的热点。这样一种向内深耕和向外转向的研究取向，使得外国美学理论的翻译和引进工作也呈现出不同于80年代的新特点。

首先，对于80年代的美学译介工作进行反思，对于西方美学理论的态度由全盘接受转为开始审慎甄别甚至是批判，本土意识开始逐步凸显。80年代，国内学界对待西方理论的态度更多的是横向移植，最常见的做法是用西方的理论框架来分析中国的材料，很多时候未能达到与中国本土文学和文艺理论的融会贯通，甚至与人们所熟悉的中国古代文论和马克思主义理论脱节。于是，到了90年代，一些学者开始对西方的话语霸权，甚至"文化殖民"提出质疑。例如，有学者指出，"在很长一段时间里，我们怀着一种崇拜的激情全盘照搬西方文论，把它生硬牵强地套用在中国文学研究当中，而忘记了语言文化的差异，忘记了中西文论有着两套根本相异的话语，随之而来的后果就是严重的消化不良和'失语症'"①。这种观点本身体现了经过积累和沉淀之后对80年代西方理论译介活动的批判性反思和突出的"本土意识"。中国学界对于外国理论资源的态度日趋理性：将西方美学作为参照系和评判标准的方法已无法解释当代中国的文化现状，译介借鉴是为了在有选择地吸收和创造性地改造的基础上，更好地建设中国美学。90年代中国美学研究形成了具有本土特色的诸多热点论题，都是契合当时社会思潮的发展状况，在综合运用中国古典美学、马克思主义美学和西方美学等理论资源的基础上，形成新的理论整合，如实践美学论战、生态美

① 曹顺庆、邹涛：《从"失语症"到西方文论的中国化——重建中国文论话语的再思考》，载《三峡大学学报》2005年第5期。

学、日常生活审美化、艺术终结等问题，虽然在某种程度上借鉴了国外的理论，但立足并解决的是中国问题。

其次，这个时期的外国美学理论译介工作更理性，也更系统，以梳理、阐释为主，带有更强的学术性，并且，不仅仅是停留在方法论、术语等表层，而是向纵深发展，有着较为明确的学科发展意识。对于 80 年代未来得及消化的各流派的思想和理论进行深入考察和系统研究，同时查漏补缺、填补空白，把一些重要的，但是仍未译成中文的学术著作引介进来。如上文李泽厚所提到的 80 年代未能翻译过来的几本书，这一时期都陆续翻译出版。杜威的《艺术即经验》由高建平翻译，2005 年由商务印书馆出版；杜夫海纳的《审美经验现象学》由韩树站翻译，1996 年由文化艺术出版社出版；阿多诺的《美学理论》由王柯平翻译，1998 年由四川人民出版社出版。除此之外，门罗・比厄斯利的《西方美学简史》(原名《美学：从古希腊到当代》(高建平译，北京大学出版社，2005)也翻译成书。这本著作在国外是美学专业研究生的必读书目，多年来却由于种种原因一直未能与中国读者见面。值得一提的是，该书只写到了 20 世纪 60 年代，原作者也已故去，为了更完整地再现西方美学史的全貌，使中国读者更好地了解当代美学的新进展，中译本的第二版，加入了美国著名美学家柯提斯・卡特续写的当代部分《美学：从 1966 到 2006》，使之成为名副其实的当代美学史，堪称佳话。

除此之外，在 80 年代未引起充分重视，但在国际美学研究领域广受关注的一些重要著作也被译成中文出版。例如，法国著名现象学家梅洛-庞蒂，在哲学美学界的影响甚大，但他的著作在中国一直未有问世。直到 21 世纪初，他的一些重要著作，如《哲学赞词》(杨大春译，商务印书馆，2000)、《知觉现象学》(姜志辉译，商务印书馆，2001)、《眼与心》(杨大春译，商务印书馆，2007)等都被收入《当代法国思想文化译丛》，陆续有了中译本。再如，分析美学的代表人物阿瑟・丹托的《艺术的终结》(欧阳英译，江苏人民出版社，2001)(原名为《艺术对哲学的剥夺》)也译成中文，收入丛书，引发了中国美学研究界长达若干年的关于“艺术终结”话题的争论。此后，他的《美的滥用》(王春辰译，江苏人民出版社，2007)、《艺术终结之后》(王春辰译，江苏人民出版社，2007)相继译介过来，产生广泛影响。

再次，美学与当代社会思潮的发展紧密结合，理论热点发生变化。从 90 年代中后期开始，一方面，现代性理论、后现代思潮、后殖民理论等方面的译著数量迅猛增长；另一方面，西方马克思主义理论及文化研究理论开始勃兴。

早在80年代中后期，杰姆逊就曾在北京大学作“后现代主义与文化理论”的专题讲座，当时并未引起大的反响，主要原因是不符合当时的中国社会发展状况，中国刚刚开启现代化的征程，“现代性”在中国初露端倪，此时讨论“后现代”为时尚早。但是，到了90年代，随着中国与世界的思潮接轨，后现代理论迅速受到热捧。1991年，引进了佛克马和伯顿斯主编的《走向后现代主义》（王宁等译，北京大学出版社，1991），其他代表性著作，如杰姆逊的《后现代主义与文化理论》、利奥塔的《后现代状况：关于知识的报告》、福柯的《性史》《疯癫与文明》都曾出过多个版本。此后，霍兰德的《后现代精神分析》（上海文艺出版社，1995）、利奥塔的《后现代主义》（社会科学文献出版社，1999）、伊格尔顿的《后现代主义的幻象》（商务印书馆，2000）、默克罗比的《后现代主义与大众文化》（中央编译出版社，2001）等译著相继出版，中国学者相继跟进，此方面的论文和论著蔚为大观，美学界掀起了“后”学热。

西方马克思主义美学也在90年代成为显学。80年代时，陆梅林就曾编选《西方马克思主义美学文选》（漓江出版社，1988），其中节选了卢卡契的《历史与阶级意识》和佩里·安德森的《西方马克思主义探讨》等西方马克思主义美学的经典著作。但当时中国刚刚开启改革开放的历程，西方马克思主义文化批判的社会土壤还不具备，因此，在中国的接受度有限，并引发了很多论争，某种程度上存在理解上的误区。到了90年代，伴随着中国社会的急遽转型，市民社会中的消费主义、大众文化兴起，文化研究成为90年代的显学，西方马克思主义、伯明翰学派、法兰克福学派的相关译著陆续出版。如北京大学出版社出版了雷蒙德·威廉斯的《文化与社会》（吴松江、张文定译，北京大学出版社，1991），一些书刊如《文化研究读本》（罗钢、刘象愚译，中国社会科学出版社，2000）上也刊载了一些译文，如斯图亚特·霍尔和理查德·霍加特的文章。卢卡契的《审美特性》（徐恒醇译，中国社会科学出版社，1986、1991）、《历史与阶级意识》的不同版本（张醺平译，重庆出版社，1989；杜章智、任立译，商务印书馆，1992）、本雅明的《机械复制时代的艺术作品》（王才勇译，中国城市出版社，2002）、《发达资本主义时代的抒情诗人》（张旭东、魏文生译，生活·读书·新知三联书店，1989）、《本雅明文选》（陈永国、马海良译，中国社会科学出版社，1999）、马丁·杰伊的《法兰克福学派史：1923—1950》（单世联译，广东人民出版社，1996）也陆续出版。重庆出版社组织翻译了法兰克福学派的重要代表著作,如阿多诺、霍克海默的《启蒙辩证法(哲学片段)》(洪佩郁、蔺月峰译,重庆出版社,1990),阿多诺的《否定的辩证法》(张峰译,重庆出版社,1993),霍克海默的《批判理论》(李小兵译,重庆出版社,1989),哈贝马斯的《交往行动理论》(洪佩郁、蔺菁译,重庆出版社,1994)、《交往与社会进化》(张博树译,重庆出版社,1989)等。这些译介工作,直接促成了 90 年代文化研究热潮的兴起,法兰克福学派、伯明翰学派的研究论著也成为中国文化批评和审美批判的重要理论来源。

张一兵主编的《当代学术棱镜译丛》,内容主要集中在两个方面:一是 20 世纪 90 年代以来国外学界最新最重要的学术动态和热点问题;二是拾遗补阙,汇编名家经典,将一些重要的尚未译成中文的国外学术著述囊括其内。该译丛收入了很多西方马克思主义和文化研究领域的相关美学译著,如《麦克卢汉精粹》(何道宽译,南京大学出版社,2000)、马克·波斯特的《第二媒介时代》(范静哗译,南京大学出版社,2001)、鲍德里亚的《消费社会》(刘成富、全志刚译,南京大学出版社,2001)、约翰·菲斯克的《解读大众文化》(杨全强译,南京大学出版社,2001)、约翰·斯道雷的《文化理论与通俗文化导论》(杨竹山等译,南京大学出版社,2001)、伊格尔顿的《文化的观念》(方杰译,南京大学出版社,2003),等等。

这些译介活动反映了新世纪外国美学译介工作的重要特点,即立足于中国社会发展的现实状况和理论需求,回归学术本位,用专业精深的研究来回应并阐释当代中国社会思潮的变化。

复次,外国美学和文艺理论的翻译工作逐渐缩小译介的时间距离,致力于介绍最新的国际理论动态,日益呈现出“共时性”的特点。随着全球化进程的加剧,信息技术的进展,中国与世界其他各国都拥有同样的信息平台,各种学术交流日益广泛、频繁,当代西方的文艺理论和思潮几乎能够同步进入中国,并引起反响。例如,齐格蒙特·鲍曼的《全球化——人类的后果》,是根据波利蒂出版社 1998 年版翻译的,中译本出版时间是 2001 年,几乎没有什么时间差,反映出中国学术界对西方学者讨论的前沿问题反应迅速。

周宪、许钧主编的《现代性研究译丛》,收录了马泰·卡林内斯库的《现代性的五副面孔》(顾爱彬、李瑞华译,商务印书馆,2002)、彼得·比格尔的《先锋派理论》(高建平译,商务印书馆,2002)、戴维·哈维的《后现代的状况——对文化变迁之缘起的探究》(阎嘉译,商务印书馆,2003)、沃尔夫冈·韦尔施的《我们的后现代的现代》(洪天富译,商务印书馆,2004)等一些重要的西方学者关于现代性背景下的美学问题的论著。该译丛的立意非常明确:"在中国思考现代性问题,有必要强调两点:一方面是保持清醒的'中国现代性问题意识',另一方面又必须确立一个广阔的跨文化视界。"①新时代的中国不再遥遥地跟在西方后面奋力追赶,而应该有自己的问题意识,立足自身的实际,同时又把这些问题放在一个更高、更宽的平台上来思考。这反映出当代中国学术界对于自身的定位:中国已被纳入世界体系,一切国际美学前沿问题都与中国有关,中国应该在对这些前沿问题深入理解并思考的基础上,对这些问题的解决作出自己的贡献。

周宪、高建平主编的《新世纪美学译丛》,收录了当代国际美学研究的前沿成果:理查德·舒斯特曼的《实用主义美学》(彭锋译,商务印书馆,2002)、迪萨纳亚克的《审美的人》(户晓辉译,商务印书馆,2004)、诺埃尔·卡罗尔的《超越美学》(李媛媛译,商务印书馆,2006)、库比特的《数字美学》(赵文书、王玉括译,商务印书馆,2007)、理查德·舒斯特曼的《身体意识与身体美学》(程相占译,商务印书馆,2011)、埃克伯特·法阿斯的《美学谱系学》(阎嘉译,商务印书馆,2011)、《艺术与介入》(李媛媛译,商务印书馆,2013)。如编者所说:"西方美学经过差不多两代学者的不懈努力,基本面貌已经发生了根本的变化。一些新的、有影响的美学论述出现了,一些新的理论框架产生了,美学上的论争开始在新的理论平台上进行。"契合这种新的发展趋势,该译丛的目的是"了解国际美学发展的现状,以我们自身的理论资源,参加到国际美学对话中去,这是新世纪中国美学的必由之路"②。

除此之外,王逢振和希利斯·米勒主编的《知识分子图书馆》、商务印书馆出版的《商务新知译丛》、北京大学出版社出版的《未名译库》、中国人民大学出版社出版的《20世纪西方学术思想译丛》等,都收录了部分外国美学研究的较新成果,致力于介绍国际美学研究动态。

以上译丛均体现了这样一种努力:经过80年代的积累、90年代的发展,中国美学界正尝试着通过与国际美学研究前沿的接轨,与西方美学界展开平等对

① 周宪、许钧主编:《现代性研究译丛》,商务印书馆2002年版,总序。
② 周宪、高建平主编:《新世纪美学译丛》,商务印书馆2002年版,总序。

话。中国学术界不再呈现学生的姿态,而有清晰的中国本位立场和国际交流对话意识,这不能不说是一种可喜的进步!

最后,进入国际学术前沿,展开多元对话。当代美国著名美学家托马斯·芒罗曾指出:“美学从未像其他更古老的科学那样,以概括世界范围的现象为基础来成为一门完全国际性的学科。作为一个西方的学科和哲学的分支,它长期以来的基础是选择了希腊、罗马和少数几个西方国家的艺术和思想。同时,它还力求去概括所有艺术,所有审美经验,所有人类社会中艺术的价值……而今天,我们还像在 18 世纪和 19 世纪初叶的人们那样,想过分依赖来自支离破碎的西方艺术知识中的基本概念……倘若西方美学家们想继续忽视东方艺术及其理论,就可能会更准确地给自己的著作冠之以‘西方美学’的标题,而不会去佯装出议论全世界范围的样子。”①一种真正的国际美学的形成,不能仅囿于少数国家和少数人所创造的美学史,而应将目光投向全世界,重视所有文化传统的贡献,由单向传播走向多元对话。

进入 90 年代后期,这样一种交流已变成一种主动的选择。新世纪中国的美学理论建设正在逐渐跨越单纯的引介和挪用国外资源的阶段,思考如何形成中国自己的美学研究特色,以及如何利用传统美学资源,构造有独特学术个性的理论格局,在与世界各国美学的对话中掌握话语权。与此同时,很多西方学者开始把关注的目光转向东方,从中寻找新的灵感和发展契机。如意大利美学会会长马其亚努所言,“我所提出的为世界美学构造一种世界语或共同语的提议,就是想让人们知道在东方人与西方人的思维方式和感觉方式之间存在的富有意味的联系”②。我们看到,在中国美学界有意识地着手建构自己的美学和文艺学理论体系的同时,外国同行也积极地从中国传统文化中寻找灵感和学术资源,以走出西方美学的发展困境。因此,在 21 世纪,我们应该在有选择地借鉴国外先进理论成果的基础上,依托中国的传统美学及近现代以来的美学研究成果,建构有自身特色的美学理论形态,在与世界的平等而有效的对话中发掘中国美学的当代价值,为构建更加丰富多维的世界美学作出贡献!

---

① [美]托马斯·芒罗著,欧建平译:《东方美学》,中国人民大学出版社 1990 年版,第 4—5 页。
② [意]马其亚努著,李媛媛译:《美学作为一种多界面理论的基础:东方的思想与感觉》,载《哲学研究》2003 年第 2 期。

第九章

美学交叉学科的新拓展

20世纪的知识系统存在一个非常明显的趋势，即学科交叉。新时期之后，随着西学迅速参与中国思想界知识更新的进程，这些交叉学科也逐渐被引入，并引起中国知识系统的新一轮学科交叉的发展，进而在80年代，中国知识界逐渐兴起了一些新的边缘学科。与美学学科相关，并在中国知识界产生重要影响的，主要有如下几门交叉学科：符号学美学、文艺心理学、科技美学和审美人类学等。本章将结合这些交叉学科产生的具体历史和知识语境，逐一扫描它们在新时期以来的勃兴和发展，并凸显这些学科在本土的现实诉求下，在发展过程中所显露出来的突出特征、理论和现实意义等。

第一节　符号学对美学学科空间的拓展

美国当代美学家比厄斯利曾经说过:“从广义上来说,符号学无疑是当代哲学以及其他许多思想领域的最核心理论之一。”[①]符号学并非自20世纪始,早在古希腊先哲那里,例如希波克拉底、亚里士多德等人,就曾作过讨论。现代符号学兴起于20世纪,这与20世纪以来哲学的语言学转向直接相关。现代符号学的主要创始人之一索绪尔,正是为哲学打开语言学视野那扇窗户的人。他的语言学知识背景导引了符号学中主要发展路径之一的语言学路径,即以语言为核心来探讨符号学基本规律。

何谓符号?索绪尔认为,符号就是能指与所指的二元关系组合。能指是语言符号的音响形象,所指是语言符号所表达的概念。因此,符号就是概念与音响形象的结合体。现代符号学的另一位主要创始人皮尔士采用的是三元关系理论。在他看来,符号包括表象(representamen)、对象(object)和解释(interpretant)三个成员,是一组关系。皮尔士主要从逻辑学角度来思考符号的意义。学界一般认为,尽管索绪尔和皮尔士发展了符号学的不同面向,但其实还是有相通之处的,毕竟他们讨论的是相同的对象,即符号。索绪尔语言学中的“能指”与皮尔士符号学中的“表象”有相通之处,其“所指”与后者观念中的“对象”有可沟通的地方,皮尔士相较于索绪尔,多出的是“解释”。那么,又何谓“符号学”呢?对此学术界至今尚无定论。在《普通语言学教程》中,索绪尔指出:“我们可以设想有一门研究社会生活中符号生命的科学;它将构成社会心理学的一部分,因而也是普通心理学的一部分;我们管它叫符号学。它将告诉我们符号是由什么构成的;受什么规律支配。”[②]索绪尔所理解的符号学,很明显是指关于符号的构成和规律的学科,并且它属于社会心理学的一部分。这种理解与他把符号的能指部分定位为音响形象直接相关。董学文在《符号学美学》“译者前言”中指出:“所谓符号学,按一般理解,就是研究符号的一般理论的学科。

① [美]李普曼:《当代美学》,光明日报出版社1986年版,第7页。
② [瑞士]索绪尔著,高名凯译:《普通语言学教程》,商务印书馆1980年版,第38页。

它研究事物符号的本质、符号的发展变化规律、符号的各种意义以及符号与人类多种活动之间的关系。”[①]这差不多是国内学界对符号学学科比较流行的一个定义。赵毅衡近 20 多年来，几乎一直致力于符号学与叙述学的研究，他为符号学提供的定义是“关于意义的学说”[②]。虽然关于何谓符号学以及它的研究对象包括什么，学界还没有取得共识，但以上所提供的几种定义，会有助于我们对这一问题的理解。

现代符号学诞生之后，迅速向其他学科辐射，文学、艺术、美学、广告、语言学等学科领域开始应用符号学基本原理对本领域的一些问题进行探索，于是产生了一些新的交叉学科。符号学美学就是符号学与美学交叉而形成的新的边缘学科。

一、符号学美学在 20 世纪 80 年代中国发展状况扫描

根据赵毅衡《中国符号学九十年》中的历史溯踪，中国最早提出“符号学”这一中文语词的学者是赵元任，他在 1926 年一篇名为《符号学大纲》的长文中提出了这一术语。“赵元任在此文中说，与他提出的‘符号学’概念相近的词，可为 symbolics，symbology 或 symbolology。”[③]赵毅衡由此判定，赵元任是独立于索绪尔和皮尔士而提出符号学的学者。但由于当时这篇论文发表于科学杂志，因此并没有引起人文学科学者的注意。赵元任的独立提出，使符号学这一学科的命名与很多学科在中国的发展不一样，例如，美学这一学科的命名，先是日本学者中江兆民借用中国汉字来对译西方著作，再由日本传入中国的。而符号学，则是由赵元任这位本土学者直接提出的。新中国成立后，虽然偶尔在一些学者的引介文章中也会只言片语地提到符号学，如《现代外国哲学社会科学文摘》1961 年第 12 期发表的由吴棠摘译的《哥本哈根的语言理论》、《外语教学与研究》1962 年第 4 期上发表的桂燦昆的《索绪尔的语言学简述》等，但并没有引起学界的充分重视。直到新时期，符号学这个语词才再次进入学界视野。

---

① [法]罗兰·巴特著，董学文、王葵译：《符号学美学》，辽宁人民出版社 1987 年版，第 5 页。

② 赵毅衡：《中国符号学六十年》，载《四川大学学报》2012 年第 1 期。

③ 赵毅衡：《跋：中国符号学九十年》，见唐小林、祝东：《符号学诸领域》，四川大学出版社 2012 年版，第 369 页。

当历史甫一跨入新时期，各大学术期刊刚刚恢复刊行，符号学就重新进入了中国知识界。马福聚发表于《国外社会科学》1978 年第 4 期的《第十二届世界语言学家大会》介绍了 1977 年 8 月在维也纳召开的世界语言学家大会的盛况，他指出大会为符号学设置了专门议题，“讨论了符号学和人性学”“符号学和音乐研究”等非常繁杂的问题。方昌杰译，法国学者保罗・李科尔著《现代法国哲学界的展望》[①]中把符号学放在首要位置进行介绍。王德春译，苏联学者布达哥夫著的《符号—意义—事物(现象)》[②]中根据索绪尔语言学理论、皮尔士符号学理论对这三者之间的关系作了讨论。最具标志性的事件是 1980 年高名凯翻译的索绪尔《普通语言学教程》由商务印书馆出版，对此后国内语言学和符号学的发展都影响深远。

80 年代之后，有关符号学的论文和著作更是如雨后春笋般出现。从论文翻译来看，有王祖望翻译的《符号学的起源与发展》[③]《符号学的近况和问题》[④]，译著有卡西尔的《人论》(甘阳译，上海译文出版社，1985)、《语言与神话》(于晓等译，三联书店，1988)、《符号・神话・文化》(李小兵译，东方出版社，1988)，日本学者池上嘉彦的《符号学入门》(张晓云译，国际文化出版公司，1985)，法国学者罗兰・巴特的《符号学美学》[⑤](董学文、王葵译，辽宁人民出版社，1987)，英国学者霍克斯的《结构主义和符号学》(瞿铁鹏译，上海译文出版社，1987)，法国学者吉罗的《符号学概论》(怀宇译，四川人民出版社，1988)，美国学者罗伯特・司格勒斯的《符号学与文学》(谭大立、龚见明译，春风文艺出版社，1988)，意大利哲学家艾柯的《符号学理论》(卢德平译，中国人民大学出版社，1990)等。中国学者发表的相关论文也很多，试举几例以呈当时盛况：童斌的《日本的符号学研究》[⑥]、金克

① [法]保罗・李科尔：《现代法国哲学界的展望——特别是自从一九五〇年以后》，载《哲学译丛》1978 年第 2 期。

② [苏联]P. A. 布达哥夫：《符号—意义—事物(现象)》，载《现代外国哲学社会科学文摘》1980 年第 6 期。

③ [苏联]谢拜奥克：《符号学的起源与发展》，载《国外社会科学》1981 年第 5 期。

④ [法]M. 阿里维：《符号学的近况和问题》，载《国外社会科学》1983 年第 2 期。

⑤ 该书原名应为《符号学原理》，到目前为止，该书共有如下中文译本：台湾南方丛书出版社 1988 年版，洪显胜译；三联书店 1988 年版，李幼蒸译(李幼蒸译本 2008 年后由中国人民大学出版社再版)；广西民族出版社 1992 年版，黄天源译；三联书店 1999 年版，王东亮译。

⑥ 童斌：《日本的符号学研究》，载《国外社会科学》1982 年第 3 期。

木的《谈符号学》[1]、史建海的《符号学与认识论》[2]等。

由于20世纪下半叶以来,符号学与其他学科交叉趋势日渐明显,因此,新时期之后,在引进符号学的同时,与符号学有交集的交叉学科也几乎同步获得引进,其中特别突出的是符号学美学的引进。在这方面,金克木的《谈符号学》是一篇比较有代表性的文章。在这篇论文中,虽然作者对符号学的缘起、符号内涵、符号学与其他学科的交叉等作了简要评述,但同时他也对以文学艺术等为主要内容的符号学美学作了非常详细的介绍。他还指出:"美学性符号……这是当前国际上正在发展的,关于人类文化中的文学艺术的一项科学研究。"[3]这些介绍以及对国外符号学走向的描述给国内知识界带来耳目一新之感。除此之外,还有很多学者也对国外的符号学美学发展作了引介工作。如李幼蒸的《结构主义与电影美学》[4],武菡卿译、雅姆波尔斯基的《梅茨电影符号学述评》[5],刘开济的《谈国外建筑符号学》[6],霍军译、冈田晋的《电影与符号学》[7],李春熹译、考弗臧的《戏剧的十三个符号系统》[8]等。在这种倾向指引下,国内很多学者也开始运用符号学理论来推进美学学科的问题建设:在论文方面,有艾定增的《符号论美学和建筑艺术》[9]、安和居的《"符号学"与文艺创作》[10]、于润洋的《符号、语义理论与现代音乐美学》[11]、徐增敏的《电影符号学与符号学——关于电影符号的若干性质》[12]、胡妙胜的《戏剧符号学导引》[13]、陈明的《戏剧演出中记号间的相互关系》[14]、程代熙的《罗兰·巴尔特的结构主义文艺观》[15]、周晓风

---

① 金克木:《谈符号学》,载《读书》1983年第5期。
② 史建海:《符号学与认识论》,载《内蒙古社会科学》1984年第4期。
③ 同①。
④ 李幼蒸:《结构主义与电影美学》,载《电影艺术译丛》1980年第3期。
⑤ [苏联]雅姆波尔斯基著,武菡卿译:《梅茨电影符号学述评》,载《电影艺术译丛》1980年第3期。
⑥ 刘开济:《谈国外建筑符号学》,载《世界建筑》1984年第5期。
⑦ [日]冈田晋著,霍军译:《电影与符号学》,载《文艺研究》1985年第5期。
⑧ [波兰]考弗臧著,李春熹译:《戏剧的十三个符号系统》,载《戏剧艺术》1986年第1期。
⑨ 艾定增:《符号论美学和建筑艺术》,载《建筑学报》1985年第10期。
⑩ 安和居:《"符号学"与文艺创作》,载《文艺评论》1985年第1期。
⑪ 于润洋:《符号、语义理论与现代音乐美学》,载《音乐研究》1985年第3期。
⑫ 徐增敏:《电影符号学与符号学——关于电影符号的若干性质》,载《当代电影》1986年第4期。
⑬ 胡妙胜:《戏剧符号学导引》,载《戏剧艺术》1986年第1期。
⑭ 陈明:《戏剧演出中记号间的相互关系》,载《戏剧艺术》1986年第1期。
⑮ 程代熙:《罗兰·巴尔特的结构主义文艺观》,载《文艺争鸣》1986年第6期。

的《朦胧诗与艺术规律——对于现代诗歌的一个符号学探讨》[①]等；在著作方面，有林岗的《符号·心理·文学》[②]、俞建章和叶舒宪的《符号：语言与艺术》[③]、何新的《艺术现象的符号——文化学阐释》[④]、杨春时的《艺术符号与解释》[⑤]等。在这种引进和构建中，符号学美学获得了长足发展，一时成为风潮，深刻影响了当代美学理论的发展构想。

二、20世纪80年代符号学美学发展特质辨析

符号学美学在20世纪80年代中国的出现与繁荣，是与当时的社会语境直接相关的，是时代诉求通过这一学科的价值取向来表达的，因此，这一交叉学科在本土的生长，就有着特殊的价值和意义，呈现出超出其学科自身的特质。

首先，从这一学科在本土构建的过程来看，它并不是直接取源于索绪尔或皮尔士的符号学理论，将其符号学原理运用或延伸于美学之中，而是取源于西方学者的符号学美学著作，用西方既有交叉学科理论成果，开拓本土美学理论视野。在80年代，卡西尔的《人论》[⑥]、苏珊·朗格的《艺术问题》[⑦]《情感与形式》[⑧]、罗兰·巴特的《符号学美学》等先后译成中文，成为中国学者对这一学科最初设想的来源。从卡西尔的这部在80年代影响甚巨的著作名称就能够知道，人们关注的其实并不单纯是其对人的符号性定位，而是他对人本质的另一种视角的思考。苏珊·朗格的符号学与索绪尔的语言符号学关系不大，她的观点更多的是从罗素、卡西尔而来。她对艺术的符号学理解，可以说一定程度上触动了中国学者当时的学术神经，使他们获得了自己想要的东西。苏珊·朗格思想中有几个关键词——符号、形式、情感。在她看来，艺术是一种“不同于语

① 周晓风：《朦胧诗与艺术规律——对于现代诗歌的一个符号学探讨》，载《重庆师范学院学报》1987年第4期。

② 林岗：《符号·心理·文学》，花城出版社1986年版。

③ 俞建章、叶舒宪：《符号：语言与艺术》，上海人民出版社1988年版。

④ 何新：《艺术现象的符号——文化学阐释》，人民文学出版社1987年版。

⑤ 杨春时：《艺术符号与解释》，人民文学出版社1989年版。

⑥ [德]卡西尔著，甘阳译：《人论》，上海译文出版社1985年版。

⑦ [美]苏珊·朗格著，滕守尧译：《艺术问题》，中国社会科学出版社1983年版。

⑧ [美]苏珊·朗格著，刘大基等译：《情感与形式》，中国社会科学出版社1986年版。

言符号的特殊符号形式”,是关于“情感生活”的形式。[①] “形式”“情感”这些观念在新中国成立后,直至“文革”结束的美学和文学理论当中,某种程度上都是缺席的成员,而从符号角度来界定艺术,认为它是艺术的本质和衡量尺度,对于中国学者而言,是提供了不同于艺术的意识形态理解,这些应该说都是新时期以来,中国知识界迫切需要的美学运思方式,因此,朗格的思想很快在中国大地生根。罗兰·巴特的思想亦如是。他的符号学理论,最突出的特点在于对符号学基本原理的文化学泛化。虽然他的观点基础是语言学,这可以从他《符号学美学》一书的各层级标题中充斥着索绪尔语言学的术语上看出,但实际上他又把符号学进行了泛化,从而为其进入人文学科其他领域奠定了基础。“他(指罗兰·巴特)借用语言学一些术语、概念,搭设了符号学原理的基本框架,涉及了众多的文化社会现象和领域,他的论点,多具有举一反三的性质,带有符号元科学的特色。”[②]这也就是说,巴特已经把语言学意义上的符号泛化成文化符号,在转变其内涵指向的同时,也拓宽了它的适用范围。苏珊·朗格和罗兰·巴特对符号学基本原理的改造本身,一定程度上使他们远离了语言符号学。这种倾向也影响到中国学者对符号学以及符号学美学的理解。因为,这些著作是最早翻译到国内的,所以也成为中国学者最初可以接触到的符号学美学著作,因而也成为他们对这门学科最初的框架构想。

其次,符号学美学在中国的发展,结构主义倾向十分明显。符号学美学这门学科的命名,在中国源自罗兰·巴特的著作《符号学美学》。其实这本书原名为《符号学原理》,只是在最早的译本中译者董学文和王葵将其翻译成了“符号学美学”,才被习惯性地接受下来。虽然在某种程度上,这是一种误译,但正是这种误译,使符号学美学在中国知识界被明确提了出来,成为一门学科。而罗兰·巴特本人的知识背景,也同时被中国学者理解成符号学自身的一部分。《符号学美学》[③]另一译本的译者在其“译者自序”中说:“一般认为,符号学作为一门学科研究是 60 年代在法国兴起的。这个研究的先锋是罗兰·巴特,他的

① [美]苏珊·朗格著,滕守尧译:《艺术问题》,中国社会科学出版社 1983 年版,第 120 页。
② [法]罗兰·巴特著,董学文、王葵译:《符号学美学》,“译者前言”,辽宁人民出版社 1987 年版,第 25 页。
③ 正如前文指出,《符号学美学》有多个中译本版本,此处由于是探讨“符号学美学”,因此我们统一采用“符号学美学”这一名称。

《符号学原理》的发表，标志着符号学正式成为一门学科，符号学理论开始形成。”[①]对罗兰·巴特的介绍，译者是这样说的：“罗兰·巴特是法国著名的语言学家、符号学家、文艺批评家。”[②]这些评述表明，巴特的这本书在当时被国内学者视为符号学观念的范本，巴特甚至被指认成符号学的先行者。然而，从学术谱系来说，巴特是法国结构主义和后结构主义的代表人物，他的符号学美学思想，主要可以划归于他思想的结构主义时期。虽然在西方，符号学作为一门涉猎广泛的学科，与人文学科中的很多领域都存在交叉，具体到美学和文艺领域，除与结构主义有着不解之缘外，它也与俄国形式主义、布拉格结构主义、新批评、解构主义等渊源甚深，是20世纪语言学转向的重要组成部分和突出表征之一。但由于在80年代受接受视野和传播途径的限制，符号学与结构主义之间的区别与联系并没有得到有效区分。李幼蒸在其《符号学美学》的另一翻译版本的“译者前言”中则从结构主义角度来定位罗兰·巴特，把他视为“法国结构主义人文思潮的主要代表人物之一”[③]。他对巴特的介绍相对比较准确。然而他的书名标题却恰好说明了国内对符号学美学研究的结构主义倾向。他所翻译的《符号学美学》与董学文本、黄天源本不同，是巴特比较有代表性的论文和著作的合集，其中最后一篇即为巴特的《符号学美学》，然而，他为全书起的名字是《符号学原理》，并加了一个副标题——“结构主义文学理论文选”，这种书名的出现，就暗示出在当时中国学者的视野中，结构主义与符号学（美学）之间在某种程度上可以合而为一。

再次，符号学美学，最初在中国生根发芽，除作为解放思想时代诉求之美学工具外，其实也与当时具体的方法论热背景直接相关，应该说，这一学科在某种程度上是作为一种新的美学研究和文艺批评的方法被引入国内的。周宪在介绍罗兰·巴特在中国旅行过程的一篇文章中说，“巴特的初始镜像显然是结构主义符号学家，是创造性地将索绪尔语言学的方法运用于文学、文化和社会分析的方法论革新者。巴特的这种中国接受的期待视域表明，那时的学术研究需求是，如何引进新的学术方法论来改变政治控制严密的伪学术……形成学术研

---

① [法]罗兰·巴特著，黄天源译：《符号学原理》，广西民族出版社1992年版，第2页。

② 同上。

③ [法]罗兰·巴尔特著，李幼蒸译：《符号学原理：结构主义文学理论文选》，三联书店1988年版，第1页。

究的新局面"[①]。也就是说,巴特《符号学美学》的引入,是作为文学和美学研究新方法、新路径对待的。这一分析符合符号学美学观念进入中国时的学术背景。80年代,中国学者曾大批量地引进各种方法,试图借此突破既有僵化地考察文学和美学的观念和思路,开拓美学、文学研究新视野。在当时,不仅人文社会科学领域各种方法被引入国内,甚至自然科学方法,如系统论、控制论和信息论等也被大量用于文学和美学领域。符号学美学正是在这一背景下被引入中国,因此在当时被看作是一种新方法不足为奇。稍后出现的一些方法论通论书籍,如赵宪章的《文艺学方法通论》,胡经之、王岳川主编的《文艺学美学方法论》都把"符号学方法"列为一章,作专门学理阐述。从20世纪西方文论和美学的发展状况来看,这种方法论读解方式也存在合理性。费希纳曾经说过,研究美学有两种方法,一种是自上而下,一种是自下而上。20世纪一定程度上翻转了19世纪哲学和美学研究的宏大叙事范式,转而研究具体的美学问题,因而更注重形而下的实践操作。从这个角度来说,20世纪产生的众多对文学和艺术本体的理解,如俄国形式主义、英美新批评、结构主义、接受美学、解构主义等,都不是基于形而上的哲学演绎,而是形而下的对研究对象的操练,即具体的解读文学和艺术作品及现象的方法。现代符号学理论生长于斯,自然也具有这种特质。这意味着,从符号学自身来看,这种方法论读解方式也与其学科特质相吻合。并且,还需要指出的是,符号学强调学科交叉的横向联系,因为它本身就是多种学科的融合体,心理学、文化学、人类学等学科的思想都或多或少交汇于这门学科,从这个角度来说,它本身就是一门交叉学科,就是交融了多种学科的一门方法论。

三、20世纪90年代以来符号学美学新气象

把符号学美学的发展分成80年代和90年代之后两个时期,是基于如下理由:学界一般认为,80年代与90年代在学术旨趣上存在着很大区别,80年代重思想,90年代重学术。虽然这种划分存在简单化倾向,却有助于我们对这两个时段学术兴奋点的把握。我们可以在这种定位下来考察具体的符号学美学的

① 周宪:《罗兰·巴特的中国"脸谱"》,载《天津社会科学》2009年第5期。

发展。在80年代，这一学科的出现和繁荣与当时的思想解放直接相关，学界迫切需要新知识来开拓视野，转换思路，因此，在当时，它的价值是外在的，对它的发展具有一定的片面性，应该根据本土现实需要来选择对其进行接受。到了90年代，随着思想上的激进主义遭遇挫折，中国知识分子进入了新一轮反思。在这一语境下，对学科自身的建设逐渐提上日程，而符号学美学的发展，也逐渐走出了受时代风潮左右的倾向，慢慢开始进入学科自身的构建和丰富的旅程。

90年代之后，关于符号学美学的著作继续得到引进。卡西尔，这位在中国80年代有着重要影响的哲学家，他的与符号学有关的著作得到了更广泛的翻译。如《国家的神话》(华夏出版社，1990)、《人文科学的逻辑》[1](沉晖、海平等译，中国人民大学出版社，1991)、《卢梭·康德·歌德》(刘东译，三联书店，1992)、《神话思维》(黄龙保、周振选译，中国社会科学出版社，1992)。罗兰·巴特的著作也被翻译进来，如《符号帝国》(孙乃修译，商务印书馆，1994)、《流行体系》(敖军译，上海人民出版社，2000)、《S/Z》(屠友祥译，上海人民出版社，2000)。除此之外，影响较大的相关译著还有很多：乌蒙勃托·艾柯的《符号学理论》(卢德平译，中国人民大学出版社，1990)、瓦尔特·本泽的《广义符号学及其在设计中的应用》(徐恒醇译，中国社会科学出版社，1992)、俄国学者波利亚科夫编的《结构—符号学文艺学》(佟景韩译，文化艺术出版社，1994)、法国学者高概的《话语符号学》(王东亮编译，北京大学出版社，1997)、池上嘉彦的《诗学与文化符号学——从语言学透视》(林璋译，译林出版社，1998)等。进入21世纪之后，有关符号学的美学著作仍在不断被引进，例如，四川大学出版社推出的“符号学名著译丛”，四川教育出版社推出的“当代符号学译丛”，南京大学出版社推出的“符号学丛书”中的译著部分，如《劳特利奇符号学指南》等。

在这段时期，更加突出的现象是中国本土学者对符号学美学的构建，在这方面，李幼蒸、赵毅衡等学者作出了重要贡献。根据赵毅衡对中国符号学发展的历史清理，1988年1月，他与李幼蒸、张智庭等在北京召开“京津地区符号学讨论会”时，中国学者关于符号学方面的研究还很少，因此在那次讨论会上，他着重介绍的是西方学界的相关研究。然而到了90年代，中国的符号学研究则

---

① 此书最早中译本由台湾台北联经出版公司1986年出版，译者为关子尹。

出现“稳步前进”[①]的发展态势。赵毅衡曾经对符号学论文在 90 年代这 10 年的发表情况作过统计,发现共有论文 6 000 余篇,这一数字足以说明符号学在中国的繁荣状况。由于论文数量过多,我们在此主要关注的是著作。这一时期的著作大体可以列举如下:赵毅衡的《文学符号学》(中国文联出版公司,1990)、张振华的《第三丰碑:电影符号学综述》(湖南文艺出版社,1991)、张讴的《电视符号与电视文化》(北京广播学院出版社,1994)、周晓风的《现代诗歌符号美学》(成都出版社,1995)、孙新周的《中国原始艺术符号的文化破译》(中央民族大学出版社,1998)、王明居的《叩寂寞而求音——〈周易〉符号美学研究》(安徽大学出版社,1999)等。在这些著作中,门类美学符号学视野构建和传统文化的符号学体系构建特质比较明显。

进入 21 世纪之后,符号学美学的发展呈现多样化。有学者立足于对西方相关学者思想的研究,如吴风的《艺术符号美学:苏珊·朗格符号美学研究》(北京广播学院出版社,2004)。张杰、康澄的《结构文艺符号学》(外语教学与研究出版社,2004),康澄的《文化及其生存与发展的空间》(河海大学出版社,2006)这两本专著都是针对洛特曼的符号学美学思想的研究。有学者致力于用符号学思想阐释中国传统文化、美学以及西方美学现象,如辛衍军的《意象空间:唐宋词意象的符号学阐释》(辽宁大学出版社,2007)、龚鹏程的《文化符号学》(上海人民出版社,2009)、文一茗的《〈红楼梦〉叙述的符号自我》(苏州大学出版社,2011)、吴卫的《中国传统艺术符号十说》(中国建筑工业出版社,2011)、张新木的《法国小说符号学分析》(外语教学与研究出版社,2010)等。还有的学者选择了对符号学基本原理的构建,如黄汉华的《抽象与原型:音乐符号论》(上海音乐学院出版社,2004)、赵毅衡的《符号学原理与推演》(南京大学出版社,2011)、冯钢的《艺术符号学》(东华大学出版社,2013)等。

从这些著作的出版状况可以看出,90 年代之后,学界对符号学美学的研究出现了一些新动向。首先,80 年代学者普遍关注的卡西尔、苏珊·朗格等符号学家人本主义倾向思想的研究,在这个时候差不多都已淡出,反之,学者们更加关注的是这一学科自身的历史、主要观念、基础理论等。以罗兰·巴特为例,学界对他的研究不再局限于符号学,而是还原到他本人的学术理路和学源背景

---

① 唐小林、祝东:《符号学诸领域》,四川大学出版社 2012 年版,第 374 页。

上，即将其作为法国结构主义和后结构主义的代表人物来引介和研究。这种倾向表明，对符号学美学及其代表人物的研究，学界已经逐渐回归到学术自身，不再让其承载更多的社会诉求；其次，与 80 年代相比，90 年代之后的符号学美学研究，非常注重本土建构，这与这一时段的整体学术走向是一致的。在这一段时期，学者们并没有把更多的精力放在对西学的引进上，而是借用符号学基本理论进行本土传统文化和美学的整合，希望借这一新视角，为中国文化的解读提供新视野。再次，这一时期的符号学美学与叙事学关系变得异常密切，实际上这是符号学回归学科本位的必然结果。从两个学科的立论基础来看，它们都与语言学有着千丝万缕的联系。从学源背景上看，现代符号学和经典叙事学都与结构主义有着非常密切的关系。很多结构主义大家在符号学和叙事学方面，都颇有建树。例如罗兰·巴特、托多洛夫、普罗普等，甚至他们的结构主义思想就是由这些内容来支撑的。因此，当中国学者对符号学美学的研究回归学科本位时，就很容易发现这一学科与叙事学之间的勾连，从而自觉不自觉地会穿行于其间。例如赵毅衡，虽然他的研究重心在符号学，但他在叙事学方面的研究也是当下叙事学领域不能忽视的重要组成部分。

第二节　审美心理学对社会学美学的补充

新中国成立之后，对美学的研究，主要是社会学取向，强调审美的社会属性面向。20 世纪 50 年代“美学大讨论”时，学者们的关注点在于美是主观还是客观的问题，即美是一种社会现象还是来自心灵的问题，其背后是唯心主义和唯物主义之争，是国家意识形态在美学领域的构建、确立和收编。在这一过程中，唯心主义逐渐成为美学禁忌，进而与“主观”“心”有关的一切理论探讨都成为禁区。但与之形成鲜明对照的是，现代美学自兴起之日起，就与心理学有着千丝万缕的联系，尤其是自 19 世纪后期开始，审美心理学在西方某种程度上已经成为突出的美学走向。在《西方美学史》中，朱光潜先生总结道：“近百年来德国主要的哲学家和心理学家中，几乎没有一个人不涉及美学，而在美学家之中也几乎没有一个人不论述到移情作用。”[①]这也就是说，很多哲学家和心理学家涉足美学理论，为美学理论提供心理学和哲学基础，与之相呼应，美学家们也会讨论心理美学问题，进而促成美学研究的心理学转向。移情作用是 19 世纪下半期以来的一个非常重要的心理美学命题，与之并峙的还有奠基于内省心理学基础之上的“心理距离说”、克罗齐的“形象直觉”说等，这些观念一起成了美学心理学走向的重要代表。在新时期，思想解禁之后，这一美学传统对恢复“心”“主观”在美学中的位置非常有助益。而又由于探讨“心”在新时期伊始具有强烈的思想解放意味，因此，审美心理学在符合时代诉求的有利条件下，迅速发展起来。

实际上，在我们的学科建制中，审美心理研究，一般称作文艺心理学。这与这门学科在中国的独特发展历程有关。根据当代学者彭立勋的整理，早在 20 世纪二三十年代，“一些有影响的美学家和美学著作”就“把审美主体和审美心理的研究作为建构自己美学体系的核心。如 20 年代出版的范寿康的《美学概论》和陈望道的《美学概论》，几乎都是以里普斯的‘移情说’作为主要的理论出发点的”[②]。这也就是说，在中国学者开始接触西方美学、构建现代美学学科之际，审美心理学就进入了他们的视野。1933 年，朱光潜在法国斯特拉斯堡大学出版社出版其博士论文《悲剧心理学》，它集中考察了西方美学中的悲剧心理理论。朱光潜曾经把这本书看作是他“文艺思想的起点”，称它是《文艺心理学》的“萌芽”[③]。在某种程度上可以说，那是一本严格意义上的审美心理学著作。但中国学界一般把这门学科的建立归于朱光潜的另外一本著作，即写于 1936 年的《文艺心理学》。在那本著作里，朱光潜介绍了西方审美心理学方面的基本知识。在“作者自白”里，他谈到对这本书的命名“曾费一番踌躇”，认为“它可以叫作《美学》”，但为了与西方美学的另一支传统，即哲学美学相区分，他决定不用“美学”这一名称，而称之为“文艺心理学”。他认为这两个名称分歧不大，所谓的文艺心理学，就是“从心理学观点研究出来的‘美学’”[④]。这说明，在他看来，文艺心理学与美学同义。然而，在这份自白中，朱光潜还谈到了文艺心理学与

---

① 朱光潜：《西方美学史》下，见《朱光潜全集》第 7 卷，安徽教育出版社 1989 年版，第 262 页。
② 彭立勋：《20 世纪中国审美心理学建设的回顾与展望》，载《中国社会科学》1999 年第 6 期。
③ 朱光潜：《朱光潜全集》第 2 卷，安徽教育出版社 1987 年版，第 2 卷说明。
④ 朱光潜：《文艺心理学》，见《朱光潜全集》第 1 卷，安徽教育出版社 1987 年版，第 197 页。

哲学美学之间的区别。“美学是从哲学分支出来的，以往的美学家大半心中先存有一种哲学系统，以它为根据，演绎出一些美学原理来。本书所采的是另一种方法。它丢开一切哲学的成见，把文艺的创造和欣赏当作心理的事实去研究，从事实中归纳得一些可适用于文艺批评的原理。”[①]他的这种区分，实际上与费希纳所提出的研究美学的两种方法，即自上而下和自下而上方法是一致的。但值得注意的是，朱光潜在这里对文艺心理学的定位，其实与我们当下的学科划分之间有细微错位。即从文艺的创造和欣赏中归纳出一些文艺批评原理，这在中国当代知识系统中，主要属于文艺学范围。这种模糊就使文艺心理学在新时期之后，实际上是在两个方向上发展：其一，是朱光潜《文艺心理学》中所开辟的自下而上讨论审美心理学的研究传统，这一传统重审美经验和审美心理；其二则是回到文艺心理学的学科意义，把它视为文艺学和心理学的交叉学科，或是借用文学现象证明心理学理论，或是运用心理学原理解释文艺现象。前者实际上才是“文艺心理学”这一短语的准确所指，后者严格来说，应叫作心理文艺学。但出于习惯，学界还是将之称为文艺心理学，并指定它为文艺学的分支学科。通过这段论述，我们试图表明，这种学科上的模糊是一个值得注意的现象，它影响到了文艺心理学在当下的发展特质。但由于学界一直把它们视为一体，因此在接下来的考察中，我们也会暂时将这种区别放在一旁，把文艺心理学和审美心理学放在一起，作为统一的文艺心理学学科对象来讨论。

一、新时期文艺心理学发展状况扫描

新时期的文艺心理学研究热是以一本书的出版为标志的，那就是金开诚教授的《文艺心理学论稿》[②]。夏中义曾经在反思文艺心理学学科发展的文章中提到自己初读这本书时的欣喜：“当时我刚毕业留校。我至今仍记得《论稿》的出版，给又惊又喜、奔走相告的青年学子带来节日般欢畅的情景。甚至还没有阅读正文，我们都已从书名中‘文艺心理学’几字读出来枯木逢春般的粲然笑靥。”[③]从这段回忆中我们些许能够感受到文艺心理学研究在新时期刚恢复时带

① 朱光潜：《文艺心理学》，见《朱光潜全集》第1卷，安徽教育出版社1987年版，第197页。

② 金开诚：《文艺心理学论稿》，北京大学出版社1982年版。

③ 夏中义：《思想实验》，学林出版社1996年版，第65—66页。

给学界的那种振奋。“文革”结束后，百废待举。文艺心理学并不是美学领域最早的弄潮儿。在美学领域，最早开始的破冰之旅是有关形象思维和“共同美”的讨论。到了1982年左右，这两个话题逐渐淡出人们的视野。就在这个时候，北大教授金开诚的《文艺心理学论稿》出版了，迅速吸引了学界的目光。相较于前两个美学话题，文艺心理方面的研究将会被未来的历史证明，它对中国美学和文艺学发展的影响更加深远。

早在1980年，金开诚就率先在北京大学开设文艺心理学课程，他的《文艺心理学论稿》是在讲稿基础上，修改整理出的其中一部分。除此之外，还有他新时期之后写作的一些与文艺心理学有关的几篇论文。在整本书中，他主要谈了三个方面的问题："表象""思维"和"情感"。他在开篇《致青年读者》中自称，自己的思想主要来自曹日昌的《普通心理学》。曹日昌是一位著名的心理学家，《普通心理学》是他1963年出版的心理学教材。从这本教材的基本内容，如感觉、知觉、注意、记忆、思维、意识等观念能够发现，曹日昌的学术兴奋点主要在认知心理学方面。这在一定程度上影响到了金开诚，他的文艺心理学思想，基本上也是奠基于认知心理学。除此之外，在他论著的框架中，我们还能够发现当时学界正在讨论话题的影子，其中最突出的就是形象思维。从其学源背景和论著构成可以看出，尽管他是新时期文艺心理学研究的发起者，但与后来同道的关注点之间有很大分歧。这在一定程度上限制了他著作对时代的影响。夏中义也发现了这个问题。他也认为，从认知心理学角度进入文艺心理学，是金开诚心理美学观“专业不对口”的表现，因为“认知绝非是艺术的本体属性”[①]。但无论怎样，金开诚著作的筚路蓝缕之功是不能够抹煞的。

继金开诚之后，文艺心理学研究在接下来差不多20年光阴里一直是学界关注的重要内容之一。我们主要以著作为例，扫描这一学科的发展。除金开诚的《文艺心理学论稿》及其之后的《文艺心理学概论》[②]外，还需要重点提及的著作有：吕俊华的《阿Q精神胜利法的哲理和心理内涵》(陕西人民出版社，1982)，《艺术创作和变态心理》(三联书店，1987)；庄志民的《审美心理的奥秘》(上海人民出版社，1983)；滕守尧的《审美心理描述》(中国社会科学出版社，

① 夏中义：《思想实验》，学林出版社1996年版，第70页。

② 金开诚：《文艺心理学概论》，人民文学出版社1987年版。

1985)；彭立勋的《美感心理研究》(湖南文艺出版社,1985),《审美经验论》(长江文艺出版社,1989)；鲁枢元的《创作心理研究》(黄河文艺出版社,1985),《文艺心理阐释》(上海文艺出版社,1988)；陆一帆的《文艺心理学》(江苏文艺出版社,1985)；郭振华的《文艺心理学探新》(内蒙古人民出版社,1985)；劳承万的《审美中介论》(上海文艺出版社,1986)；钱谷融、鲁枢元的《文学心理学教程》(华东师范大学出版社,1987)；高楠的《文艺心理探索》(辽宁大学出版社,1987),《艺术心理学》(辽宁人民出版社,1988)；黄鸣奋的《论苏轼的文艺心理观》(海峡文艺出版社,1987)；周文柏的《文艺心理研究》(中国人民大学出版社,1988)；许一青的《文学创作心理初探》(南京出版社,1989),《文学创作心理学》(学林出版社,1990)；卢燕平的《唐代诗人审美心理》(敦煌文艺出版社,1991)；胡山林的《文艺欣赏心理学》(河南大学出版社,1991)；杨恩寰的《审美心理学》(人民出版社,1991)；童庆炳的《中国古代心理诗学与美学》(中华书局,1992),《现代心理美学》(中国社会科学出版社,1993)；董小玉的《文学创作与审美心理》(四川教育出版社,1992)；刘煊的《文艺创造心理学》(吉林教育出版社,1992)；周宪的《走向创造的境界——艺术创造力的心理学探索》(吉林教育出版社,1992)；邱明正的《审美心理学》(复旦大学出版社,1993)；周冠生的《新编文艺心理学》(上海文艺出版社,1995)；朱恩彬的《中国古代文艺心理学》(山东文艺出版社,1997)；梁一儒等的《中国人审美心理研究》(山东人民出版社,2002)；户晓辉的《中国人审美心理的发生学研究》(中国社会科学出版社,2003)等。

除以上著作外,还有两套有关文艺心理学方面的丛书也值得注意：一是陆一帆主持的《文艺心理学丛书》,该丛书 1988 年在中山大学出版社出版两本,即《观众心理学》《笑的心理学》,1989 年在海南三环出版社出版了《悲剧心理学》《民族审美心理学》《文艺心理探胜》《艺术情感学》《音乐心理学》《喜剧心理学》《中国文艺心理学史》等。二是童庆炳主持的《心理美学丛书》,它包括童庆炳的《艺术创作与社会心理》,程正民的《俄国作家创作心理研究》,丁宁的《接受之维》,顾祖钊的《艺术至境论》,陶水平的《审美态度心理学》,杨守森的《艺术想象论》,李平的《创作动力学》,陶东风的《中国古代心理美学六论》,唐晓敏的《精神创伤与艺术创作》,李春青的《艺术情感论》,王一川的《审美体验论》,黄卓越的《艺术心理范式》,童庆炳、毛正天、李家杰等的《中国古代诗学心理透视》等,这套丛书于 1990—1992 年之间由百花文艺出版社出版。

从这些主要集中于20世纪八九十年代出版的文艺心理学著作能够看出，这个学科在那个时代的兴盛。学者们从心理视角，差不多把古今中外的文艺学和美学知识重新作了一次整合，并以这种方式推进了中国美学和文艺学知识的更新。

二、新时期文艺心理学著作评述

从上一节研究状况的扫描中，我们能够发现这一时段的文艺心理学研究蔚为大观，成果颇丰。本节我们希望通过对其中几部代表性著作的评述，来管窥这一领域研究的基本面向和主要特质。到目前为止，在众多文艺心理学著作中，学界常常津津乐道的是金开诚的《文艺心理学论稿》，滕守尧的《审美心理描述》，鲁枢元的《创作心理研究》，吕俊华的《艺术创作和变态心理》和钱谷融、鲁枢元主编的《文学心理学教程》，这几本著作差不多可以勾勒出新时期文艺心理学的发展实绩。由于金开诚的《文艺心理学论稿》在上一节我们已经作过简单评述，因此，接下来我们主要评述其他几本著作。

滕守尧的《审美心理描述》，主要立足于西方美学资源，虽然在行文中，他也希望能够对中国传统美学有所关注，例如，将庄子的“无为”与毕达哥拉斯的“旁观者”观念并举等，但总体而言，他的研究重心在西方美学，是对西方从古到今，尤其是现代美学中的心理美学部分的集中观照和运用。在他看来，“审美心理学研究的中心内容是审美经验”[①]。因此，他的这部著作基本上就是以审美经验为核心概念来结构全书的。在建构的过程中，他首先从微观角度对审美经验的要素和过程作了非常详细的描述。他指出，在审美经验中，感知、想象、情感和理解是基石，它们相互作用形成奇妙的审美体验。并且这种相互作用，构成了一种动态结构，对这一结构发生先后顺序的描述，就是审美经验的过程。滕守尧把审美经验过程分成初始、高潮和效果延续三个主要阶段，作了非常详细的分析。除了从其基本构成的角度来审视审美经验外，滕守尧还从多重维度考察了审美经验的特质，这包括形式、再现、表现、符号和意义。他最终把这些内容

---

① 滕守尧：《审美心理描述》，中国社会科学出版社1985年版，第1页。

都落实在审美快乐上，认为它是“审美的总体效果”[①]。在作者对这些内容的分析中，我们能够发现，首先，他对西方理论的引用和借鉴，并不是单纯的介绍，而是为我所用，即把新引进的心理学理论，如马赫条带，“格式塔”心理学，弗洛伊德、荣格、苏珊·朗格的符号学等，作为自己观点的立论支撑；其次，这部著作另一个值得关注的地方是其明确的体系建构意识，作者以审美经验为纲，试图构建一种审美心理学体系；再次，作者在这部著作中，还广泛吸收了当时的学界热点，并从审美心理学视角，对之重新进行整合，如符号学、美感、美育等，这些都体现出鲜明的时代特色。

鲁枢元的《创作心理研究》，在某种程度上可以说是新时期文艺心理学研究方面最有影响的著作。他在该书1987年版的《再版后记》中说：“《创作心理研究》一书于1985年7月由黄河文艺出版社出版后，不到3年的时间连续印行3次，这是我无论如何没有想到的。天南地北寄来的读者的热情洋溢的来信，更常常使我感动、使我感激。”[②]从他描述的有关该书的发行、读者反应热烈等情况，我们足以感受到当时这本书所引起的关注度。《创作心理研究》，书如其名，研究的主要对象是主体创作心理。在鲁枢元看来，虽然心理世界是物质世界的反映，但二者之间并不是机械的因果关系，也不是单一的同步对应关系，“外部刺激引起的心理反应，很大程度上是由活动主体的心理素质和心理品格决定的”[③]。因此，文学艺术的反映，最终要落实在主体身上，文学作品里的生活，是经过作家心灵折射的个性化体验式的生活。正是基于这一理解，鲁枢元才把作家的创作心理作为自己的研究兴趣点。虽然这本书在某种程度上可以说是一本论文集，其中大部分章节都是作者先在各大期刊报纸上发表，后经过少量删削才结集成书，因而这本书的体系性表面上看起来并不强，似乎每一篇都在说着各自的问题和观点。但是，如果我们细读文本，就能够发现，这些论文差不多触及了创作主体心理的方方面面。夏中义曾经对该书有过热情洋溢的赞扬：“《研究》所以不同凡响，因为它几乎囊括创作论的全部基本命题，而在阐释每一命题时又想努力提炼出一个相应的、心理美学色泽浓郁的独立概念。”[④]他的这

---

① 滕守尧：《审美心理描述》，中国社会科学出版社1985年版，第304页。

② 鲁枢元：《创作心理研究》，黄河文艺出版社1987年版，第354页。

③ 同上，第3页。

④ 夏中义：《思想实验》，学林出版社1996年版，第84页。

些充满情感的话语指出了鲁枢元在文艺心理学研究方法上的突出贡献,即在某种程度上他从心理角度对创作论作了比较完整的梳理,并提出或重新解释了至今被学界不断使用的概念,例如,“情绪记忆”“情感积累”“艺术变形”“知觉定势”“创作心境”等。如果说,滕守尧的《审美心理描述》以一种非常体系化的方式实现了他以审美经验为核心观念构建理论的诉求,鲁枢元则是通过篇章式的概念清理、个案分析,将创作主体的心理层面作了全面描述。

与鲁枢元的《创作心理研究》对创作主体的关注所不同的是,吕俊华关注的是艺术创作活动及作品中变态心理的种种表现,这构成了他的著作《艺术创作与变态心理》的主要内容。他对变态心理的理解是:“所谓变态心理,其最显著的特征就是虚实不分,真假莫辨,混淆现实与想象或幻想的界限,把想象或幻想当成真实,把心理的东西当成物理的东西。他们在内心里建立一个现实世界。”①从他的定义中可以知道,他所说的变态心理,只是变态心理中的一种表现,但这种表现,与文学艺术之间的关联又是最紧密的,因为文学本身的虚构性,那种假定其真实的特质,恰好与之可以吻合。也正是因为这一点,吕俊华对艺术的解读才更有说服力。实际上,早在80年代初期,他就用变态心理理论解读了鲁迅笔下的阿Q形象。在阿Q精神胜利法中所体现出的自我麻痹,以及通过虚构的优越感来超越现实处境的卑微方式,使吕俊华从中发现了其变态性格的存在。而1987年出版的这部著作,是进一步的理论提升。在他看来,人我不分、物我一体、幻觉和错觉等都是变态心理的主要表现,变态心理又是潜意识的表现形式,而潜意识是心灵中最本质的东西,具有创造性。在书中,围绕这些基本观点,吕俊华对原始思维与儿童思维、潜意识与理性之间的关系等都作了非常详细的分析。相较于我们评述的其他著作,这本著作的显著特点在于,它较早引进了潜意识等观念,并对其作了多方位的分析,但又没有过浓的欧化色彩。并且,他对潜意识的理解,没有当时流行的弗洛伊德主义底色,而是将其与自由、情感等联系在一起。他认为,情感是自发性的,是潜意识的,不能强迫其有,也不能强迫其无,它的自然流露,就是自由的表现。② 虽然他的这些思考中还有许多需要进一步论证的地方,但对于当时的学界来说,提出变态心理、自

① 吕俊华:《艺术创作与变态心理》,三联书店1987年版,第1页。
② 同上,第170页。

由、潜意识等观念本身，又能够运用这些概念来解读艺术，无疑就已经具有了现实意义。该书值得注意的地方还在于，在变态心理作为一种极具包容性的概念这一语境下，吕俊华把病理学、生理学等与心理学有关的知识，也引入艺术心理的分析中，这无论是在当时，还是现在，都有着开拓性意义。直至今日，他的这本书仍然获得极高的评价。2009 年，这本书再版，在《再版说明》里，编者对这本书的评价是："说这本书是经典，不仅因为它是中国新时期文艺变态心理学研究的开山之作，有着显赫的历史地位，更因为它至今仍然放射着学术光彩，至今还是从心理学角度了解、研究文艺的必读之物。"①

《文学心埋学教程》是 80 年代教材建设方面的重要成果之一，它由钱谷融、鲁枢元两位学者主编。这一教材具有如下特点：第一，它有着明确的体系意识。作为教材，它在某种程度上是文学理论教材的心理学维度建构，包括作家论、作品论和接受论，这种构架以及其中选取的内容，如风格、意象等，甚至编排位置都与同时期徐中玉、童庆炳等学者主持编写的新文学概论教材框架相对应。第二，它又有着明确的建构意识。80 年代，诸种心理学派别和学说涌入中国，对中国知识界产生了强烈震动。在编写教材的过程中，对它们如何取舍，又如何摆脱它们的强大影响，在这一基础上编出具有当代性和本土性的教材，是摆在学者面前不易完成的任务。然而，这本教材却能够做到这一点。它融合了古今中外的文艺心理学思想，却又超越于某一派别之外，采用了多元视角，对文艺心理学的研究对象作了全息透视。第三，这一教材中的很多概念和思想来自鲁枢元此前发表的论文，尤其是作家论部分和文学语言的心理机制部分，由于教材的编写工作由鲁枢元本人承担，因此很多都是其对此前思想的细化和进一步系统阐发。这本教材自诞生之日起，一直到今天，仍在不断再版，这足以说明其生命力和学术价值。

通过以上简单描述，我们发现，新时期以来，中国文艺心理学的发展，具有如下突出表现。其一，大量吸收国外心理学和文艺心理学研究成果。在翻译运动中，学界大量引进西方心理学理论资源，不仅弗洛伊德、荣格、马斯洛、阿德勒等 20 世纪以来的具有人本主义取向的心理学知识进入中国，而此前学界熟悉的作者，如柏拉图、亚里士多德、康德等，他们思想中的心理学内容也被重新发

① 吕俊华：《艺术与癫狂：艺术变态心理学研究》，作家出版社 2009 年版，《再版说明》。

掘。在这种影响下,很多学者的著作都有比较明显的外来痕迹,例如金开诚的《文艺心理学论稿》和《文艺心理学概论》,都带有明显的苏联心理学发展痕迹,对苏联社会文化历史学派的心理学观点借鉴较多,而滕守尧的《审美心理描述》,则从体系构建到话语生成,都存在明显的欧化色彩。其二,虽然受到西学的强大影响,但学者们的本土构建意识仍十分明确。滕守尧以审美经验为核心概念,结构了一部审美心理学,彭立勋在《美感心理研究》一书中以美感为聚焦点,从其自身特质、形态与感知、联想、想象、形象思维、情感之间的关系等各个角度对其进行透视和分析,鲁枢元用艺术现象重新充实了心理学概念,真正将后者带入美学领域中来。其三,充分开掘中国传统美学资源中的心理学内容。虽然在中国传统文化中,缺乏现代意义上的心理学学科,然而有关心理的讨论,却又极其丰富,这与中国哲学历来重视“心”有关。在美学思想中,“虚静”说、“物感”说、“童心”说、“性灵”说等,其中都含有无法忽视的心理学指向。在思想解放的潮流中,在“主观”与“心”重新回到人们视野的语境下,传统美学的心理维度获得了充分的展开,进入当代文艺心理学体系的构建之中。这在以上我们介绍的文艺心理学著作中随处可见。其四,文艺心理学教材建设也取得了长足发展。金开诚的《文艺心理学论稿》和《文艺心理学概论》,钱谷融、鲁枢元的《文学心理学教程》,陆一帆的《文艺心理学》等,至今仍是文艺心理学教学重要的参考教材,它们也为后来相关教材的框架构成打下了良好的基础。

三、文艺心理学研究对当代美学发展的意义

文艺心理学,同 20 世纪 80 年代很多学科发展一样,既是思想解放的产儿,又是后者的直接体现者。但也正是思想解放让人迸发出的那份激情,使 80 年代很多知识的传播与构建,都是浅尝辄止,很快成为激情燃烧后的灰烬。但文艺心理学的研究并没有如此,它真正走进了中国当代美学学科构建的纵深处,推动了中国美学向前发展。

第一,文艺心理学作为一门学科出现,超越了新中国建立之初从社会学维度理解艺术的本质、构建美学体系的局限,使对艺术本质的理解走向深入,同时也充实了审美关系中主体方向的研究。从中国当代美学知识体系来看,新时期

之前，中国美学主要行走在马克思主义社会学美学的框架之内，这种美学重艺术与社会、现实之间的关系，强调前者是后者的反映。但对于前者如何能够成为后者的反映，前者又以怎样的方式反映后者，在某种程度上是理论空白。这与当时时代提供的可能条件有关，对人的讨论、对主体的强调往往被视为政治立场上有问题，进而成为思想禁区，因而也限制了学界对美学中这一核心内容研究的深入。而新时期以来的文艺心理学研究，恰好填补了这一部分内容。学界常常会引用普列汉诺夫的社会结构因素五项式来为文艺心理学的合法性提供依据。

在《马克思主义的基本问题》中，普列汉诺夫指出：

> 如果我们想简短地说明一下马克思和恩格斯对于现在很有名的“基础”对同样有名的“上层建筑”的关系的见解，那么我们就可以得到下面一些东西：
>
> （一）生产力状况；
>
> （二）被生产力所制约的经济关系；
>
> （三）在一定的经济“基础”上生长起来的社会政治制度；
>
> （四）一部分由经济直接所决定的，一部分由生长在经济上的全部社会政治制度所决定的社会中的人的心理；
>
> （五）反映这种心理特性的各种思想体系。①

普列汉诺夫在这里发展的是恩格斯的“中间环节”理论。在恩格斯看来，经济基础对上层建筑的决定，并不是一种机械的、直接的决定，而存在“中间环节”，这些环节才是影响上层建筑，并与上层建筑发生关系的直接要素。但对于它们是什么，恩格斯并没有作进一步阐发和明确。普列汉诺夫则把“社会中人的心理”加了进来，将其视为经济基础与思想体系之间的中间环节，从而明确了人的心理在社会结构中的位置和重要价值。我们把这一思想运用到艺术中来，就能够发现，艺术对现实的反映，其中间环节“人的心理”是非常重要的部分。艺术并不是对社会的机械复制，而是经由人心理的消化、吸收、转换，再诉诸固化形态

---

① ［俄］普列汉诺夫著，张仲实译：《马克思主义的基本问题》，人民出版社 1957 年版，第 57 页。

的艺术,因此,从这个角度来说,艺术是人心灵的产物。如果欲对艺术本质有更深刻的理解,对人心理的研究是非常重要的部分。反之,从人的心理出发来研究艺术,才是最靠近艺术的直接因素。从社会—艺术到社会—人的心理—艺术,这一公式的变化,表征了美学界对艺术本质体认的深入。不仅如此,当对人的心理开始重视时,在美学学科中,不仅开辟了文艺心理学一门新的边缘学科,还意味着将对主体的研究提上日程。美学的核心研究对象是人与对象的审美关系,由于此前受"左"倾思潮影响,在美学中,主体部分在某种程度上是被空置的,不可能作深入讨论。随着思想解放运动的开展,主体研究重新进入知识界的视野,文艺心理学无论是从创作维度来说,还是从接受角度来看,都是对主体心理的探究,或者说,都是对主体的研究。由于文艺心理学把注意力主要集中于主体,恰好能够弥补新中国成立以来对主体研究的缺失,进而对美学学科自身的健全作出卓越贡献。

第二,文艺心理学汇集了新时期伊始美学领域很多争论的成果,并把它们进一步向纵深推进。正如我们在本节开篇所言,文艺心理学并不是新时期美学之旅的出发点,在它之前,有关共同美、人性、异化和形象思维的大讨论等都已经开始。虽然金开诚的《文艺心理学论稿》出版于 1982 年,但文艺心理学真正的喷涌期是在 1985 年前后。这个时候,关于人的本质、形象思维等讨论已经逐渐淡出。但是,在某种程度上可以说,文艺心理学接过了它们思考的接力棒,继续对其进行思考。形象思维在讨论中被开掘出多个方向,其中心理学维度是其重要面向。在介绍金开诚的《文艺心理学论稿》时,我们曾指出,他把形象思维看作非常重要的艺术规律来研究,体现出时代知识背景对他的影响。在陆一帆的《文艺心理学》里,他也用了很大篇幅专门讨论文艺中形象思维的特殊性。例如,在他看来,此前学者对形象思维的讨论,还停留在一般形象思维特质上,没有看到艺术中形象思维的特殊性。艺术中的形象思维与一般形象思维既有共同点,又有区别。前者概括所得的是典型形象,而后者所得的则是一般形象;前者所获得的形象,不是纯粹客观事物的映象,而是主客体综合体,后者获得的形象,是纯粹客观事物的反映。[①] 从他的这些观点中能够看出,文艺心理学对形象思维的讨论是在承接既有成果基础上的提升。

---

① 陆一帆:《文艺心理学》,江苏文艺出版社 1985 年版,第 96—101 页。

对人的本质的讨论也存在类似情况，只是文艺心理学在这方面讨论的意义更加深远。在20世纪80年代初期，有关人性的讨论，主要的话语资源是马克思早期著作《1844年经济学哲学手稿》，学者们的关注点也集中于对人的本质、异化现象的讨论。这种讨论主要还是在理性和社会层面对人的思考，异化仍然是在特定历史条件下人与社会关系的错位，以及人自身理性的分裂。对人本质的多层次性，却很少涉及。而20世纪以来，对人本质的理解，其理性与非理性、意识与潜意识的结构划分已经获得普遍认同。国内学界接触到这方面的知识，主要来自弗洛伊德思想在中国的传播。一个非常具有象征意味的事件是，新时期最早进入学界视野的是弗洛伊德和以他为代表的精神分析学派。《美国文学丛刊》1981年第1期发表了美国学者研究弗洛伊德的文章《弗洛伊德与文学》，顾闻在《华东师范大学学报》1982年第2期发表了《弗洛伊德文学思想中几个重要观点》一文，张隆溪在《读书》1983年第5期发表了《谁能告诉我，我是谁？》一文，介绍精神分析和弗洛伊德的思想。弗洛伊德对人的本质，从欲望和非理性角度的规定，对于刚刚经历过“文革”的中国人的痛苦心理有着难以言说的抚慰，但其真正参与中国美学的建设，是文艺心理学作出的突出贡献。文艺心理学通过对创作主体心理的探寻，对作品中隐含心理现象的揭示，对接受者心灵的追问，论证了人性深处如冰山般的无意识的存在，从而使我们对人性的理解更深一步。这种探究，很明显是对80年代初期更多注重人性的社会属性面向的补正。

从艺术自身的属性出发，我们能够发现，从心理学维度对其审视，有着天然合法性。有论者曾经指出：“无论是把文学看作社会生活的外部刺激在作家头脑中反映的产物，还是把文学看作作家的记忆、志趣、感受、体验在语言文字中的自由表现，还是把文学看作人类个体之间进行精神交往一种生生不息、绵延不绝的再创造过程，文学活动都可以被看作一种心理现象，文学与心理学的关系就总是一个合乎逻辑的必然存在。”①这段话既适用于文学，也适用于艺术。作为人类重要表征的精神活动，作为艺术家心灵的灌注，艺术活动的确是一种心理现象。从心理维度探究艺术特质，构建美学体系，无疑是走在它应该走的道路上。

① 钱谷融、鲁枢元：《文学心理学教程》，华东师范大学出版社1987年版，第1页。

第三节 技术美学对美学领域的扩容

技术美学这一概念出现于20世纪50年代中期,由捷克斯洛伐克的佩特尔·图奇内提出。他"把生产劳动工具的艺术设计理论称作技术美学。他通过分析工具、机床和仪表的使用情况,以及劳动中的人体测量学因素、生理学因素和心理学因素,把技术美学局限于研究工具以及机床和仪表的操纵装置的质量和外观问题上"[①]。从中我们可以看出最初提出者图奇内对技术美学的理解,主要是指劳动工具的艺术设计。但在此后的发展中,其内涵发生了一定程度的变化。从图奇内规定的技术美学的内容来看,这是一门与我们在本章中评述的前两种边缘学科有很大不同的交叉学科。它是理论与实践、自然科学与人文学科、工业技术与美学观念的结合,这种学科跨度自然会使其在建构的过程中困难重重,存在着众多理论难点。甚至这一学科的名字,至今也尚未统一,除称之为技术美学外,还有工业美学、生产美学、科技美学等叫法。相对而言,在国内,"技术美学"是比较通行的一种称呼。图奇内也往往被国内外学者视为这一学科的命名者。

作为一门新兴美学学科,技术美学的命名虽然出现于20世纪50年代,但它的发展历史,需要从更早的时间说起。学界一般认为,19世纪中期英国作家、工艺美术家、空想社会主义者威廉·莫里斯是技术美学的先驱。在《乌有乡消息》里,他构想了一个海上岛国"乌有乡"。那是一个理想世界。在那里,没有私有制,没有剥削,人们以劳动为乐,劳动和艺术、技术和艺术结合在了一起。他思想中的这些闪光点被后来者继承和实践,其中最著名的就是德国的"包豪斯"团体。严格意义上的技术美学兴起于20世纪三四十年代。"二战"前后,受30年代全球经济大萧条的影响,企业家们千方百计为其产品寻求出路,促成了技术设计革新和在工业生产中使用美学观念。1944年12月,英国创立了第一个有关技术美学学会的组织。"二战"结束后,技术美学迅速在资本主义世界发展起来。1951年,美国成立了技术美学组织,日本也在50年代初成立了工业艺术

① 眭平:《技术创新的横向研究》,清华大学出版社2013年版,第162页。

科学研究所等。法国在 1953 年国际工业美学会议上制定了工业美学宪章。1957 年，在日内瓦成立了国际技术美学协会，定期召开国际技术美学大会。①

中国技术美学研究起步较晚。在 50 年代，只有少量学者关注这一学科。如陈叔亮在《装饰》1959 年第 8 期发表了《为了美化人民生活》，王家树 1962 年在《人民日报》上发表了《工艺美术品适用性和审美性的统一》。在著作方面，上海万叶书店 1950 年出版了雷圭元的《新图案的理论和做法》等。到了 80 年代，这一学科才真正引起学界关注，报纸期刊上也开始出现相关论文。《〈技术美学〉丛刊》第 1 辑于 1983 年出版，这是"我国有史以来第一个技术美学出版物"②。1984 年 9 月北京市哲学学会美学研究会召开了技术美学专题座谈会，邀请涂途介绍技术美学基础知识。一些比较有影响的著作差不多都是在 80 年代中期之后出现的。如涂途的《现代科技之花——技术美学》，1986 年由辽宁人民出版社出版；徐恒醇的《技术美学原理》，1978 年由科学普及出版社出版，《技术美学》1989 年由上海人民出版社出版等。这些著作以及相关论文的发表，标志着中国技术美学的诞生。

一、对技术美学研究对象与范围的探讨

由于技术美学是一门新兴学科，因此，国内对其讨论主要还是围绕学科构建过程中的基本问题展开的。从这些问题中我们抽取出较为典型的几个，借此管窥 80 年代以来技术美学的发展景观。

技术美学的研究对象与范围，是该学科建设面临的第一个问题。只有这一问题得到明确，这门学科的特殊性才能够得到凸显。最早倡议科学技术与艺术、美学结合的，其实是老一辈科学家钱学森。在 1980 年的一篇文章中，他指出，从文学艺术的发展历史来看，艺术深受科学技术的影响，没有照相技术，就没有摄影艺术，没有电影技术，就没有电影艺术。同样，在科学技术当中，也不是没有艺术，例如建筑艺术，就介乎工程技术与造型艺术之间，人们日常生活中使用的物品，如钟表、杯、碗等器皿，也包含着艺术创造。因此他提出，现代科学

---

① 以上梳理参考了涂途：《现代科学之花——技术美学》，辽宁人民出版社 1986 年版，"技术美学简史"部分。

② 《技术美学》编辑部：《〈技术美学〉丛刊》第 1 辑，安徽科学技术出版社 1983 年版，第 10 页。

技术和文学艺术要结合起来。[①] 在这种结合中所产生的新学科,他认为应该是"把美学运用到技术领域中去的新兴科学""美术为科学技术的产品设计和制造服务"[②]。从中可知,他认为技术美学是研究美学在技术领域中的应用,是技术为主,美学为辅。

中国技术美学开山之作——涂途的《现代科学之花——技术美学》中认为,技术美学主要研究两方面内容:其一是劳动生产过程及其产品的美学问题;其二是"迪扎因",即现代艺术设计问题。劳动生产不仅包括工业生产,也包括农业、商业、运输、服务、科研等,是一种泛称。现代艺术设计关涉社会生活各个领域,从日常生活用品到人类生态环境等。[③] 涂途对技术美学研究范围的理解,实际上比较宽泛,并没有将其限制在工业生产领域,尤其是把生态环境放到学科研究领域中来,对于今天都有很好的启示意义。并且他对技术美学学科的理解,与钱学森的观点存在很大差异,他认为应该研究的是劳动过程、产品和现代设计中的美学问题,这仍然是以美学为主,是对实践领域的美学提升。

徐恒醇也是新时期以来在技术美学领域建树颇多的美学家。在他的两本著作里,他对技术美学研究对象的规定存在细微差异,在这种差异中还能够看出其自身理论的推进,因此我们分别介绍。在《技术美学原理》中,他认为,技术美学"研究在物质生产领域中所涉及的各种美学问题",这"各种美学问题"包括"生产领域中与审美有关的范畴形态和人的与审美有关的心理"[④]。这也就是说,技术美学研究的是生产领域中产生的特殊的审美范畴和审美心理。从这里我们可以认为,徐恒醇与涂途一样,也是把技术美学的落脚点落在美学上,同样把技术领域看成是美学理论走向实践的场所。在《技术美学》中,他把技术美学规定成研究物质生产和物质文化中美学问题的一门学科。它的基本内容包括:产品是技术美学研究的逻辑起点;与产品相关的另一组范畴是功能—结构—形式,它是产品与人发生相互作用的不同方面;与产品构成相关的意识过程的是设计。[⑤] 在这一理解中,他仍然认为技术美学的核心是美学问题,注重美学范

① 钱学森:《科学技术现代化一定要带动文学艺术现代化》,载《科学文艺》1980 年第 2 期。
② 钱学森:《对技术美学和美学的一点认识》,见《〈技术美学〉丛刊》第 1 辑,安徽科学技术出版社 1983 年版,第 5 页。
③ 涂途:《现代科学之花——技术美学》,辽宁人民出版社 1986 年版,"技术美学的研究对象"部分。
④ 徐恒醇:《技术美学原理》,科学普及出版社 1987 年版,第 2 页。
⑤ 徐恒醇等:《技术美学》,上海人民出版社 1989 年版,"技术美学的学科性质和内容"部分。

畴，则不再强调审美心理。并且，从他的这一新规定中，我们能够发现，他的着眼点主要在产品，是由产品所生发出来的体系，无论是其功能—结构—形式范畴系列，还是艺术设计，都是围绕着产品展开的。这相较于涂途对技术美学研究领域的规定，范围要小很多。

对于技术美学的研究范围，除以上三种观点外，还需简单提及一下其他学者的观点。张相轮、凌继尧认为，技术美学是自然科学与社会科学相结合的学科，它的研究对象是技术领域一切与美有关的问题，它研究人周围的环境，以及劳动成果的审美改造和艺术改造的规律。① 李泽厚认为，技术美学又可以称为科技美学，属于应用美学范畴，它的主要研究对象是科学美和技术美。② 宗白华虽然没有明确提出技术美学的研究对象，但从其《谈技术美学》中，可以发现，他认为技术美学要研究的就是现代物质生活和产品中隐含着的美学规律。③ 学者张帆认为，“技术美学研究的范围应当同工业设计相一致”④，他的这种观点与国外技术美学研究保持相通性，因为从西方技术美学传统来看，它主要是对“迪扎因”，即工业设计的研究。

从以上陈述可以发现，对于技术美学的研究范围，实际上并没有定论。这与整个国际技术美学研究的状况相一致，由于技术本身的发展性，它所包含的范围会不断发生变化，因此，很难给出一个十分明确的定义。然而，一门学科的研究对象无法得到确定，必然会影响到它自身的体系建构和现实发展，也必然会招致对这门学科合法性的质疑。技术美学在发展中，需要面临和解决这一难题。

二、对技术美学范畴构建的研究

在技术美学的建设中，学者们提出了新的美学范畴，其中最有代表性的是技术美和功能美。技术美是技术与美学结合的产物，功能是技术追求的主要目的，因此技术与美学的结合，必然会产生功能与美学相结合的问题。这两个范

① 张相轮、凌继尧：《科学技术之光——科技美学概论》，人民出版社 1986 年版，第 166 页。

② 李泽厚：《谈技术美学》，载《文艺研究》1986 年第 6 期。

③ 宗白华：《谈技术美学》，见《宗白华全集》第 3 卷，安徽教育出版社 2008 年版，第 620—622 页。

④ 张帆：《当代美学新葩——技术美学与技术艺术》，中国人民大学出版社 1990 年版，第 7 页。

畴是技术美学的核心概念,因此受到学者们的普遍重视。

徐恒醇在《技术美学》中指出,“技术美学的中心范畴是技术美,是物质产品所具有的审美价值,是附丽于物质功能的美。技术美的主要成分是功能美”①。这段话明确了两个范畴之间的关系。技术美是技术美学的中心范畴,它的主要组成部分则是功能美。或者说,技术美主要是通过物品的功能美来体现的。他的这一观点差不多得到学界的普遍认同。

在徐恒醇看来,技术美作为技术美学的核心范畴,它是物质产品具有的审美价值,但又与实用有关,注重功能性。它与技术艺术不是一回事。技术艺术还属于艺术,因而是一种观念性存在,而技术美具有实体性,它是一种物质实在。他曾经以公园里一座雕塑和长椅为例,前者是艺术品,后者体现了技术美。“雕像是对人的形象的模拟。”“它与人的这种联系是观念上的。而长椅则是一种技术产品,它的形式反映了它自身的功能。”②这也就是说,虽然雕像也存在物质形态,但就其所属领域来说,还是属于观念领域,是人心灵的灌注,但长椅不一样,它首先是作为供人休息的椅子存在,然后其审美属性才会被考虑。所以,对于技术美来说,其主要内容是功能,是有用,是在有用基础上的美化。於贤德认为,“功利性……成为人与客观事物建立审美关系的最根本的纽带”,因此善的内容是美的本质的重要基础。同理,技术美的内在本质是善。真则是其存在形式,这种真包含两方面,一方面是实践主体把握到的规律性,另一方面则是指这种规律性需要通过技术实践而具有物质形态,它是把握技术美形式特质的前提③。许喜华认为,技术美主要在于产品的效用功能美,但除此之外,还有非功能的一面,如形式美、肌理美等。他把技术美分成五个方面:功能美、结构美、形式美、材质美和肌理美。虽然在技术美的内部构成中,它们并不是并列关系,但它们互相重叠交叉,体现出技术美的多层次性。④ 金亚娜从技术美与艺术美、自然美之间的区别中寻找技术美的特质。在她看来,相较于艺术美和自然美,技术美是一个独立的审美形态,它是产品功能显现时自然的力的美和工业设计所产生的人工美的综合,是艺术性和功能性的结合⑤。

---

① 徐恒醇等:《技术美学》,上海人民出版社1989年版,第10页。

② 同上,第13页。

③ 於贤德:《论技术美的本质》,载《浙江大学学报》(社会科学版)1991年第2期。

④ 许喜华:《技术品美的构成》,载《浙江大学学报》(社会科学版)1991年第4期。

⑤ 金亚娜:《论物质生产领域审美文化的本体——技术美》,载《求是学刊》1994年第2期。

李泽厚认为，技术美是技术领域所表现出的美的形态，它属于社会美的重要内容。他从80年代提出的“美是自由的形式”观点出发，认为技术美集中体现了这一点。在技术美中，随着技术的娴熟、提高，就越能解决目的性与规律性的对峙，因而达到技术美。[①] 他还从“自然的人化”命题角度解释过技术美。关于这一命题，他曾提出过存在广义和狭义之分。狭义的“自然的人化”就是指人类借助工具改造自然界，他指出，这种狭义的“自然的人化”产生的就是技术美。[②] 陈望衡则从技术理性角度来理解技术美，他指出，技术理性是西方工业革命之后产生的一种重要文化观念，由于科学技术在人类生活中起到越来越大的作用，成为影响整个社会的、具有政治和伦理内涵的意识形态，并进而导致整个社会的理性化。技术理性特质影响到技术美：一方面，它是技术美在内在意蕴方面的抽象化；另一方面，技术美的审美效应企望是普遍的、大众的，所以从本质上来说，技术美是一种共同美。[③] 杜书瀛、江业国对技术美的理解，主要是从其形态和构成要素来看。在他们看来，技术美的形态分为技术手段美和技术产品美。前者是指实践主体在改造对象世界过程中驾驭技术物质材料，改变事物形态和性能所表现出来的能唤起主体对人的自由自觉创造能力感到惊奇、愉悦、骄傲和满足的操作技能和技巧的美。后者是指合目的和合规律相统一的技术操作的结果（包括现象和产品）所表现的完整性、有用性和体验性相结合的形态美。[④] 而无论技术美体现在手段上还是产品上，它的基本构成因素都由物质材料、内部功能、结构形式以及环境因素来构成。[⑤]

从这些学者的观点可以发现，除李泽厚、陈望衡外，大多数学者对技术美的理解基本上都是从技术成果的物质存在形态，即物品的角度，来定位它的特质。这种定位有其局限性。毕竟技术不仅体现在成果，还应该体现在过程中，但对这方面，学者们还是探讨不多。李泽厚与陈望衡的观点，美学形而上体系意味非常浓，而技术美学属于应用美学，二者之间如何融合，还是一个需要思考的问题。

关于功能美的讨论。当代可见文献中，最早提出功能美的，是在一位日本

① 李泽厚：《谈技术美学》，载《文艺研究》1986年第6期。
② 李泽厚：《美育与技术美学》，载《天津社会科学》1987年第4期。
③ 陈望衡：《“技术理性”与技术美》，载《自然辩证法研究》1999年第7期。
④ 杜书瀛、江业国：《技术美的形态》，载《沈阳大学学报》1990年第1期。
⑤ 杜书瀛、江业国：《技术美的构成因素》，载《广西师范学院学报》1990年第4期。

学者竹内敏雄的中文翻译文章中。在文中,他指出,技术具有实用性,它的美需要以此为基础。在主体的劳动与客观的物质材料之间合规律性与合目的性的和谐一致中,美才能够产生。“这一切互相联系的价值因素的有机的统一形成了技术美的综合的结构。但是这种美的核心的特征,只能是存在于功能表现之中的美。”可以“把这称为‘功能美’”。[①] 中国学者中对功能美倡导最力者是徐恒醇。在前面具体讨论技术美与功能美关系时,我们曾提到他的观点,他认为,功能美是技术美的核心,也是其根源。他主张把功能美与自然美、艺术美并列,作为美的三种基本形态。[②] 后来他还把功能具体细化为实用功能、认知功能和审美功能三个部分,认为这三个方面彼此联系,互相转化。[③] 但与竹内敏雄不同,他并不认为功能美与技术美同义,而是主张二者存在质的区别。“技术美是从其审美价值的本源和构成形态上作出的界定,而功能美则是从其审美价值的表现和效用形态上作出的界定。前者是以合目的性(善)为中介对其合规律性(真)的观照,后者则是以合规律性(真)为中介对其合目的性(善)的观照。”[④]这也就是说,功能美和技术美,虽然都是合规律性与合目的性的统一,但统一的过程是不一样的,重点也不同,技术美更强调规律性,功能美更强调目的性。陈望衡在《科技美学原理》中对功能美也作了非常详细的分析。在他看来,从本质上来说,技术美在于功能美,但二者不能等同,技术美还有非功能性的一面。他对功能作了分析,认为不能简单把功能理解成实用,“如果把产品的功能仅仅理解为实用,或者认为实用是产品的唯一功能,而忽视产品应具有的与人的心理和谐协调关系中滋长出来的各种功能、产品与环境和谐协调的功能等,那么,将会导致人类的技术产品永远停留在低效能、低起点的设计水平上”[⑤]。因此,他提出对功能美的考察应该置于“人—产品—环境”这一大系统中。在这一理解前提下,他把功能美分成四个层面:效用功能、操作功能、审美功能和经济功能。在每一层面,都与美有着不同的联系,它们共同构成了功能美的多层次与多侧面。张帆认为,功能美是技术美的特质之一,它是指“功能的形态化所体现的

---

① [日]竹内敏雄:《论技术美》,见《技术美学与工业设计丛刊》第1辑,南开大学出版社1986年版,第17页。

② 徐恒醇:《技术美学》,上海人民出版社1989年版,“第七章　功能美”部分。

③ 徐恒醇主编:《实用技术美学——产品审美设计》,天津科学技术出版社1995年版,“第六章　产品的功能”部分。

④ 徐恒醇:《设计美学三题》,载《天津社会科学》1997年第2期。

⑤ 陈望衡主编:《科技美学原理》,上海科学技术出版社1992年版,第232页。

美。这是社会目的性和客观规律性的统一或者说善取得了真的形式在生产过程和产品上的具体实际体现”①。功能和美结合，决定了功能美具有两方面含义：美的形式依附于功能，不能够离开功能而追求美；功能本身也并不直接构成美，不能认为“有用即是美”。功能美需要由其形式来体现。

从学者们对于功能美的讨论可以看出，他们基本上都把功能美作为技术美的集中表现，或者说核心部分来看，对于功能美的解释，也主要是从合规律性和合目的性的统一协调的角度来看。并且，学者们还普遍注意到了功能美与技术美之间的区别，讨论了功能美的结构、特征等。这些对于深入理解功能美、功能美与技术美的关系，进而对完善技术美学的体系都大有助益。

三、技术美学当代构建得失辨

对于技术美学在中国建设过程中得与失的问题，很多学者也注意到了。徐恒醇认为，当代技术美学发展取得了一定成果，引起国内工业设计和生产部门的兴趣和关注，但还存在三大误区：

第一，在学科性质的取向上，不是把技术美学当成美学，而是当成技术科学。针对有学者将技术美学分成工业设计、人体工程学和理论方法论三个部分的做法，他提出异议，认为它们属于综合性技术学科，既不回答美学问题，也非技术美学能够涵盖。第二，在研究对象和内容上存在泛化和混同。技术美学对工业设计和物质生产方式关注是理所当然，但如果要单纯罗列所有带审美因素的产品类型，那么技术美学就会成为“杂货铺”。因此，需要对形形色色的现象进行本质抽象，认识功利价值和审美价值的区别。他还认为，技术美学虽然研究范围广泛，但能否从审美感受性来谈到物质对象审美创造问题，是衡量是否属于技术美学的标尺。第三，在研究方法上存在割裂和孤立化倾向。这是针对很多学者推出色彩美学、材料美学、形态美学、功能美学的独立体系现象而提出的。在他看来，任何材料或环境，都有一定形态的物质组成，都是一个整体，都是在与人、环境相互作用中成为审美对象的，因此不能把各种形式要素和功能、

① 张帆：《当代美学新葩——技术美学与技术艺术》，中国人民大学出版社 1990 年版，第 58 页。

内容,把局部与整体等割裂开来审视。[①] 张博颖认为,20 世纪 80 年代以来,中国技术美学发展取得了可喜成果。从纵向来看,填补了国内在这方面研究的空白,研究数量多,质量也在不断提高;从横向来看,国外工业美学、技术美学研究的繁盛期在 20 世纪六七十年代,80 年代后相对比较冷落,而我国其时正方兴未艾,在理论探索方面具有一定的深度和广度,逐渐形成了中国特色。存在的问题则在于,从技术美学的基本理论构成来看,技术美学不仅要研究技术美本体问题,也要开展对物质文化、技术产品的美感或审美经验、审美意识的研究,国内目前这方面比较薄弱。从史学角度来看,有关中西方技术美学史的清理还有很多工作可以做,国内目前在这方面的研究还很少[②]。范玉刚在《技术美学的当代对话》中对该学科的当代发展作了反思,他认为,随着 80 年代“美学热”的余波,各种五花八门的现象都被冠之以美学,技术美学生长于这样的环境,因而存在很多误区。误区之一是把技术美学等同于美化论。审美仿佛“以太”,既灌注于艺术之中,也充溢在制造、使用物品和伦理行为中,使人们真正感受到生活的美好,只有诉诸现实地改造环境的实践,生活“美化”不是肤浅意义上的“好看”的装饰,而是一个生活人化的问题。误区之二是把技术和艺术美割裂开来,借口对立而把技术美学排除在美学之外,把技术美学等同于迪扎因,即工业设计。误区之三是把技术美作形式化的简单理解。技术美学不是简单的技术加艺术,而是从技术角度切入审美,使技术审美化,扩大技术本身的艺术、审美内涵,也即劳动审美化。[③]

除以上学者提到的问题,站在今天反观技术美学发展的角度,还有如下问题需要讨论:

第一,技术美学在中国兴起的原因。技术美学与其他美学交叉学科存在很大不同,它是技术与美学、技术与艺术的结合。而回顾美学史可以发现,美学史的构建过程,其中的一条线索就是艺术从技术中独立出来。而技术美学是在二者分离之后的再结合,它们再结合的学理基础是什么?现实条件如何?在中国本土的发展,其特殊性在哪里?这些其实都需要进一步讨论。从目前既有研究来看,涂途在《现代科学之花——技术美学》这部中国技术美学开山之作的开

① 徐恒醇:《当前技术美学研究的三大误区》,载《哲学动态》1999 年第 11 期。
② 张博颖:《技术美学研究现状及发展趋势》,载《天津社会科学》1994 年第 6 期。
③ 范玉刚:《技术美学的当代对话》,载《西北美术》1997 年第 4 期。

篇，注意到了这一问题。他的这本著作选择了独特的方式，不是从学科研究对象和性质进入，而是选择首先回答这门学科在我国产生的历史必要性问题。在他看来，技术美学成为一门独立的科学具有必要性。它之所以能够产生，首先，是因为它有其应该研究的独特对象和领域，即由于现代工业社会和新兴科学技术中出现了一些符合美学规律的现象，形成新的美学问题；其次，是因为随着现代文明社会的发展，对于劳动产品的审美需要日益普及和提高；再次，是因为现代产品质量观念发生变迁，以往生产的产品比较注重其牢固性、灵敏度、大小尺寸等实用方面的因素，如今审美要素也被考虑进来；最后，还有一个则是产生于劳动过程中的，即产品设计本身存在美学问题，现代设计追求艺术化，从而将技术设计和艺术设计结合在了一起。最终他得出结论说："技术美学成为一门独立的学科绝非偶然。它作为横向交叉学科的诞生是现代科技发展的必然结晶，也是现代文明社会多种需要的结果。"①其他学者往往对这一问题只是稍稍提及，如在徐恒醇看来，技术美学的诞生是时代需求的结果。他也认为，随着现代科技的发展，人们对精神生活和情感生活的需求日益提升，要求人类重新审视物质与精神、实用与审美之间的关系，因而诞生了技术美学。② 但就总体而言，学者们对这一问题的讨论少而肤廓，还没有结合该学科自身逻辑、社会、时代、美学学科的发展需求等多元因素来深入探讨这一问题，并且学者们关注少，这表明其重要性尚未引起研究者重视。

第二，20 世纪末，日常生活审美化成为现实生活中重要的美学现象，因而也很快成为美学中一个非常重要的命题，得到讨论。这一美学现象的出现，是由多种因素促成的，如消费时代消费理念的变化因素，现代美学体系自身发展反拨因素，审美观念向现实生活转换因素等，但不争的事实是，它与技术发展有很大关系。麦克卢汉、鲍德里亚的相关讨论就是以技术在现代社会的重大变迁为基础的。这能否使这一命题与技术美学发生联系？并且，日常生活审美化，涉及生活用品、人居环境、人自身等的审美化，这些面向与技术美学的研究对象之间有重叠现象，二者如何区分？又或者，由于二者研究对象有重叠，那么，它们是否可以在相互补充中相互促进发展？提出这些问题，是想弄清楚，技术美学

① 涂途：《现代科学之花——技术美学》，辽宁人民出版社 1986 年版，第 19 页。
② 徐恒醇：《技术美学》，上海人民出版社 1989 年版，"第一章　绪论"部分。

在今天,能否结合新的美学命题,获得新的视角和阐释。这些都是有待继续探究的课题。

第四节　审美人类学在美学发展新路径上的探索

与此前我们讨论的三门交叉学科不同,审美人类学并非出现在"美学热"背景下,而出现在 20 世纪 90 年代之后,尤其在新世纪之交,它成为当时美学领域的显学之一,引起广泛关注。

从字面义来看,审美人类学是美学和人类学交叉结合而形成的边缘学科。但由于美学和人类学这两门学科的研究领域都比较宽泛,因此它们交叉所形成的新学科的研究对象、方向、具体名称等都存在不同程度的模糊性。冯宪光、傅其林在梳理审美人类学形成的文章中指出,从审美人类学的形成过程来看,它存在着不同的内涵指向。他们指出,从词源来看,审美人类学最初出现在鲍桑葵 1892 年的《美学史》中,在书中,作者提到了"亚里士多德的审美人类学",在冯宪光、傅其林看来,从哲学人类学视角审视美学问题,可以为审美的生物学基础作出人类学解释。这一思路被后来的学者延伸到席勒和马克思那里。审美人类学另外一种典型形态是立足于人类学的完善和发展而建立起来的,是人类学家在自身领域内涉及美学和艺术问题,形成两个学科的互渗,彼此影响。还有一种是具有明确学科建制意义的审美人类学,它是 20 世纪后期出现的新兴学科,是随着传统人类学统一性研究范式的分化而出现的。[①] 这也就是说,存在着审美人类学发展的三大指向,以美学为基础的审美人类学,或者说人类学美学,以人类学为基础的审美人类学以及具有明确学科意识的审美人类学。董龙昌在其论文中,曾把国内审美人类学发展划分成六大取向:哲学人类学取向、文化人类学取向、文艺人类学取向、艺术学取向、美学/审美人类学取向和民俗学取向。[②]

从学者们的归纳总结中可以看出,审美人类学实际上存在广狭义之分。广义的审美人类学具有多个指向。狭义的审美人类学则是美学学科内部学者发

---

① 冯宪光、傅其林:《审美人类学的形成及其在中国的现状与出路》,载《广西民族学院学报》2004 年第 5 期。
② 董龙昌:《中国艺术人类学学科建构的回顾与前瞻》,载《民族艺术》2013 年第 1 期。

起的，在美学中引入人类学视角，从而拓展了美学学科空间的一门新兴边缘学科。如果把审美人类学的发展仅仅局限于狭义理解上，那么便无法观察到这一学科在中国发展的全貌。因此，本部分拟根据国内目前该学科发展的活跃情况，从相对宽泛的意义上来审视审美人类学，将其分成三个方面，即文学人类学、艺术人类学、审美人类学，来考察这一学科的现实发展。还要补充的是，由于这三个方面属于同一学科发展的不同面向，因此，它们彼此间的交叉是在所难免的。在具体分析过程中，我们会有意识地将它们分开来论述。

一、文学人类学发展状况扫描

将文学人类学放在我们要讨论的第一部分，是以时间为依据的。在我们要介绍的内容中，文学人类学在我国出现得最早。从渊源上来看，文学人类学在国外一般被追溯到 19 世纪人类学家弗雷泽在《金枝》中提出的理论和方法。《金枝》主要是对原始部落的宗教、神话、巫术、仪式、文化、思维等进行的人类学研究。他的方法被后学继承，出现了人类学中著名的“剑桥学派”。后来，心理学家荣格在其集体无意识和原型理论中发挥了弗雷泽的思想，把现代文明与原始初民的心灵、神话、仪式等联系在一起。这些观点又启发了加拿大文学理论家弗莱，他由此开创了神话—原型批评范式和方法。这种批评方法强调把作品个案放到历史系统中来考察和定位，使个别文学现象在整体中获得意义和理解。他根据自然的春夏秋冬循环模式把西方文学史符码化成与之对应的不同神话原型。他的这种做法被叶舒宪看作是“半人类学的”[①]，因为他只是对西方 2000 年来的文学发展历史进行考察，还没有包括非西方文学。此后，文学人类学还在其他方向上得到发展，如新历史主义的文化诗学、伊瑟尔的文学人类学理论等。中国学者最早用人类学方法解读文学和典籍可以追溯到 20 世纪二三十年代的茅盾、顾颉刚、闻一多等人。[②] 当时茅盾注意到神话研究，写作了《神话

① 叶舒宪：《文学人类学研究的方法与实践》上，载《中文自学指导》1996 年第 3 期。

② 对于中国文学人类学发生的时间，目前观点并不一致。有些学者主张从清末西方文学人类学观念进入中国，以 20 世纪初王国维、鲁迅的研究为标志；有的学者认为以茅盾、闻一多 20 世纪二三十年代的神话研究为标志；有的学者认为，用人类学方法研究文学，在中国古已有之。详细梳理请参阅代云红：《中国文学人类学基本问题研究》，云南大学出版社 2012 年版，第二章第一节“中国文学人类学的历史起点”。在这三种观点中，支持以茅盾、闻一多的研究为学科起点的学者相对较多，因此本文也采用这一观点。

杂说》《中国神话初探》等，闻一多在三四十年代撰写了 20 余篇论文，探讨伏羲、龙凤、高唐神女传说等，后收录于《神话与诗》。这些著作和观点可以视为文学人类学的先声。

文学人类学再度走进中国学者视野，是在 20 世纪 80 年代。根据方克强的总结，1985 年前后，一些与文化人类学、神话—原型批评有关的术语，如神话、图腾、禁忌、仪式、原型、自然崇拜、巫术、原始意象、集体无意识等，开始在批评文章中出现。一些用文学人类学视角阐释文学的文章也开始出现，如凌宇的《重建楚文学的神话系统》，方克强的《神话和新时期小说的神话形态》与《阿 Q 与丙崽：原始心态的重塑》，王斌、赵小鸣的《"神话"的再现》等。[①] 除此之外，我们还要补充的是，1981 年，列维-布留尔的《原始思维》中译本由商务印书馆出版，1987 年，弗雷泽的《金枝》(节选)中译本由中国民间文艺出版社出版，叶舒宪编译的《神话——原型批评》由陕西师范大学出版社出版，荣格的《心理学与文学》由三联书店出版，《探索心理奥秘的现代人》[②]由社科文献出版社出版，列维-斯特劳斯的《野性的思维》由商务印书馆出版等。这些著作为文学人类学的中国构建提供了理论资源。在 80 年代，较早注重神话与原型本土研究的学者是何新。他的《诸神的起源——中国远古神话与历史》[③]、《中国远古神话与历史新探》[④](《诸神的起源》改写本)、《神龙之谜——东西方思想文化研究之比较》[⑤]、《诸神的起源续集——〈九歌〉诸神的重新研究》[⑥]、《爱情与英雄——天地四季众神之颂》[⑦]等，为中国学者从神话原型整理和起源维度思考本民族文化与文学提供了很好的积累和思路。90 年代之后，中国学者在文学人类学方面的本土建设成果迅速显现出来，获得良好的学界影响。在此我们简单介绍。当时《文艺报》《文艺争鸣》《上海文论》《民族艺术》《文艺研究》等刊物都曾辟专栏探究文学人类学相关问题。1996 年，中国比较文学学会在长春召开第 5 届年会时，决定成立二级学会，即中国文学人类学研究会。这一时期学术上的收获表现为两套丛

① 见方克强：《跋涉与超越》，上海文艺出版 2007 年版，第 18—19 页。
② 该著作还有一个版本，名为《现代灵魂的自我拯救》，于 1987 年由工人出版社出版。
③ 何新：《诸神的起源——中国远古神话与历史》，三联书店 1986 年版。
④ 何新：《中国远古神话与历史新探》，黑龙江教育出版社 1988 年版。
⑤ 何新：《神龙之谜——东西方思想文化研究之比较》，延边大学出版社 1988 年版。
⑥ 何新：《诸神的起源续集——〈九歌〉诸神的重新研究》，黑龙江教育出版社 1993 年版。
⑦ 何新：《爱情与英雄——天地四季众神之颂》，四川人民出版社 1992 年版。

书的出版。一是《中国文化的人类学破译》系列丛书(1991～2004),先后由湖北人民出版社出版了《楚辞的文化破译》(萧兵著)、《诗经的文化阐释》(叶舒宪著)、《老子的文化解读》(萧兵、叶舒宪著)、《山海经的文化寻踪——“想象地理学”与东西文化碰触》(叶舒宪、萧兵著)、《庄子的文化解析》(叶舒宪著)、《史记的文化发掘》(王子今著)、《中庸的文化省察：一个字的思想史》(萧兵著)、《说文解字的文化说解》(臧克和著)等。二是新世纪之交,叶舒宪主持出版的《文学人类学论丛》丛书系列,由社科文献出版社出版了《文学与治疗》(叶舒宪主编)、《性别诗学》(叶舒宪主编)、《文化与文本》(叶舒宪主编)、《神话何为》(吕微著)、《神力的语词》(弗莱著,吴持哲译)、《英雄之死与美人迟暮》(孙绍先著)、《中国古代小说的母题与原型》(吴光正著)、《文学与人类学》(叶舒宪著)、《神话与鬼话》(俄　李福清著)等。新世纪之后,四川大学成立了文学与人类学研究所,所长徐建新主持了《文学与人类学论丛》丛书的编写工作,目前正在出版中。

在文学人类学研究领域,方克强、叶舒宪的研究在20世纪90年代比较引人注目。我们希望通过对这两位学者思想的扫描,庶几可以管窥文学人类学在中国的当代发展。

方克强对文学人类学是这样理解的:“站在人类本位的立场上对文学现象作跨文化探究,力求在常识确认的差异性中寻找出其中的同一性与连续性……借用的是人类学(主要指文化人类学与思维人类学,而不是体质人类学)的理论方法及研究成果,故而我称之为文学人类学批评。”①从这段话我们可以看出,首先,方克强对人类学的理解,是从人的角度出发,这一“人”倾向表明其文化内涵。正是基于此,他才认为,文学与人类学相通,建立在“人学”的意义上。其次,他对文学人类学的理解,更强调其方法性,而不是学科性,是借用人类学理论方法来研究文学现象。这种倾向在其著作中随处可见,且从其代表作的书名也可以得到证实。他把自己20世纪80年代到90年代的论文结集成书,就是《文学人类学批评》,这种命名不见学科建制性,而方法论指向却非常明显。再次,他强调文学人类学的跨文化性。这种跨文化性体现在国与国、民族与民族之间,在其背后存在取消文化中心主义理论基础,这在90年代的价值取

---

① 方克强:《文学人类学批评》,上海社会科学院出版社1992年版,第3页。

向中,值得关注。国与国之间的文化比较,是90年代流行的中西文化比较学术倾向的折射,而民族与民族之间的文化比较,在某种程度上开启了对本土汉民族之外民族文化与文学的研究。在方克强看来,文学人类学主要包括两方面内容,即原始主义批评和神话—原型批评。原始主义"可以指人的追怀往古、返璞归真的天性,也可指怀疑文明、回归自然的文化思潮,还可以指用原始来对比和批判现代的文学创作倾向。这多种意指归结为一点,那就是以原始作为价值评判的准绳与理想"[①]。与原始主义有关的文学现象和作品,即为原始主义文学。而原始主义批评就是对原始主义文学的批评。神话—原型批评的核心概念是"神话"和"原型",它在操作上存在三个环节,其一是神话的概念和批评对象的选择,其二是原型的概念和批评方法的运用,其三是人类集体意识和集体潜意识的概念和批评目标的完成。[②] 以此为划分基础,他把自己当时发表的论文分成两大类,从原始主义角度解读寻根文学、新文学的中国梦等,从神话—原型批评角度解读《红楼梦》、新时期小说的神话形态等。

叶舒宪的学术发展与方克强有相似之处,同时又有很大不同。相似之处在于,他们都深受神话—原型批评的影响;不同之处在于,叶舒宪的学科意识更强。叶舒宪早年整理翻译了《神话—原型批评》一书,这本书的出现以方法论热为背景,但很显然,他对文学人类学的理解,是将其视为一门学科而不是一种方法。他曾多次指出,文学人类学是一门边缘交叉学科[③]。并且,叶对这门学科的理解,是从比较文学、民族文学的视角切入的。他曾说过:"如果从合并的逻辑上推测,比较文学加上世界文学,不就是人类的文学或'文学人类学'吗?笔者倾向于将比较文学看成各个民族国家从隔绝封闭时代走向开放交流时代的文学研究之大趋势;同时把这一趋势的前瞻景象描述为一种文学人类学。"[④]从这一定位可以知道,他对文学人类学的理解,除神话—原型批评的知识背景外,还有对跨文化研究知识的吸收。叶舒宪还提出了"三重证据法"和"四重证据法"。

---

① 方克强:《文学人类学批评》,上海社会科学院出版社1992年版,第10页。

② 同上,第11—12页。

③ 叶舒宪:《文化对话与文学人类学的可能性》,载《北京大学学报》1996年第3期;叶舒宪:《文学人类学的现状与未来》,载《荆州师范学院学报》2001年第6期;叶舒宪:《文学人类学:一个跨学科的研究领域》,载《郑州大学学报》2003年第6期;叶舒宪:《文学人类学及其在中国的发展》,见高建平:《当代中国文艺理论研究》,中国社会科学出版社2011年版,第229页;等。

④ 叶舒宪:《文学人类学及其在中国的发展》,见高建平:《当代中国文艺理论研究》,中国社会科学出版社2011年版,第224页。

在20世纪90年代，他提出了“三重证据法”。在他看来，传统国学重考据，因此以文献为证，此为“一重证据”，王国维提出以地下发掘的考古材料为证，可视之为“二重证据”，郭沫若、闻一多、李玄伯、卫聚贤等人以民俗、神话、图腾理论等为证解读古代文学和典籍，新时期以来的文学人类学继承这一传统，可视为对“三重证据法”的发扬光大。[①] 这种方法从闻一多时起，就备受争议。但叶舒宪对此非常乐观，他热情洋溢地称赞道：“就其方法论意义而言，就在于将民俗和神话材料提高到足以同经史文献和地下材料并重的高度，获得三重论证的考据学新格局。”[②]新世纪之后，叶舒宪实现了自我突破，再次提出了“四重证据法”。用最简单的话来说，它是指“出土或传世的古代文物及图像资料”，借助它，“探究失落的文化信息，以期获得直观性的立体释古效果”[③]。新世纪之后他的著作，如《熊图腾》《神话意象》就是运用“四重证据法”的实例。“三重证据法”，其背后的立论基础是神话原型批评，“四重证据法”，其背后的理论语境是世纪末的图像转向。从这两种证据法的提出，我们既能够看到时代对叶舒宪的影响，同时也能够看到他在发展中对文学人类学的坚持。

文学人类学在国内最初出现的语境是方法论热，它首先被视为一种方法，一种审视文学问题的新视角。因此，神话—原型批评方法是其立论的重要基础和来源。这从叶舒宪、方克强都深受该方法影响可看出。然而，从一种方法进入学科建设，这种延展关系需要得到清晰揭示，换句话说，二者之间的关系需要得到严密的逻辑论证。到目前为止，这一问题还有待进一步澄清。学者傅道彬的质疑非常有针对性：“我们所说的文学人类学，究竟是一种批评方法，还是一个新的学科？如果它是一个新的学科，它到底是属于文学，还是属于人类学？”[④]其次，文学与人类学，是两门有着极大差异的学科，前者重文本，后者重实证，即田野调查，叶舒宪曾经在文章中指出，文学人类学，存在于文本与田野之间[⑤]，如何从田野到文本，即现实考察的证据如何进入虚构文本，二者之间的张力如何有效解决，这其实都是问题。

---

① 叶舒宪：《文学人类学研究的方法与实践》下，载《中文自学指导》1996年第5期。

② 叶舒宪：《人类学“三重证据法”与考据学的更新》，载《书城》1994年第1期。

③ 叶舒宪：《文学人类学的中国化过程和四重证据法》，载《社会科学战线》2010年第6期。

④ 傅道彬：《文学人类学：一门学科，还是一种方法?》，载《文艺研究》1997年第1期。

⑤ 叶舒宪：《文学人类学：田野与文本之间》，载《文艺研究》1997年第1期。

二、艺术人类学发展状况扫描

艺术人类学与接下来我们要讨论的狭义审美人类学之间的交叉重叠现象,要比它们与文学人类学之间的更多。因为根据知识传统,美学的主要研究对象就是艺术。但我们把二者分开来论述,主要是因为,目前国内相关研究的学者,各自坚持自己的名称表述,即有的学者将之称为艺术人类学,有的学者将之称为审美人类学,这种表述一定程度上标示了他们对该学科存在不同理解,其次还因为,目前国内称作艺术人类学和审美人类学的两门学科各自研究重心也存在或多或少的差异。因此,将其分开论述,存在一定合理性。

艺术人类学在中国的滥觞,根据相关学者的梳理,可以追溯到 20 世纪初的蔡元培。1918 年,蔡元培曾经根据西方人类学资料,撰写了《美术的起源》。1929 年,凌纯声调查松花江流域赫哲族的风俗人情,从而写成了《东北松花江下游的赫哲族》,其中详细介绍了赫哲族歌舞器乐等艺术活动。他另外的几部著作《湘西苗族调查报告》《中国边疆民族与环太平洋文化》《畲民图腾文化研究》也对民间艺术有所关注。1937 年,岑家梧在借鉴西方原始图腾艺术研究成果和研究视角的基础上,写作《图腾艺术史》,归纳了中国古典文献中与图腾有关的巫风傩俗,他的《史前艺术史》《中国艺术论集》等被视为人类学家研究初民艺术形态的典范之作,林惠祥的《文化人类学》一书中也辟专章介绍原始艺术。[①] 但对艺术人类学展开规模研究,则是在 20 世纪 90 年代之后。

从学科建设上来看,1995 年,复旦大学开始开设艺术人类学本科课程,1998 年,招收该专业硕士研究生。新世纪之后,复旦大学成立了我国第一个艺术人类学博士点,设有艺术人类学理论与实践、视觉人类学、音乐人类学等方向。中国艺术研究院和复旦大学都成立了艺术人类学研究中心。云南大学、中央民族大学、华东师范大学等学校也相继开设相关专业,培养研究生。1999 年,中国艺术人类学研究会成立。2006 年,中国艺术人类学学会成立。

从著作情况来看,1992 年,易中天的《艺术人类学》出版[②],这是新时期中国

① 王建民:《中国民族学史》,云南教育出版社 1997 年版;洪颖:《中国艺术人类学研究述评》,载《学术界》2006 年第 6 期。

② 易中天:《艺术人类学》,上海文艺出版社 1992 年版。

学者最早以艺术人类学为名的专著。该书由两部分组成，即发生机制和原始形态。发生机制部分从走出自然界、人的确证、图腾原则、原始冲动、实践思维、理性精神等角度探索艺术的原始发生。原始形态则从工艺、建筑、雕塑、舞蹈、绘画、诗歌、音乐等多种现代艺术形式维度回溯性反观艺术的初级性状。如果不以命名为标准，那么新时期最早的艺术人类学著作是朱狄出版于 1982 年的《艺术的起源》[1]，在这本书里，朱狄表达了这样的观点，即艺术的起源以人类的起源为前提，若想讨论艺术的起源问题，一定要借助考古学和人类学的知识与成果。他列举了大量艺术哲学家和人类学家对艺术起源的观点，引用了大量考古学和人类学资料，详细论述了艺术起源的多种解释、原始艺术的类型等。与易中天的《艺术人类学》差不多同时出版的郑元者的《图腾美学与现代人类》[2]，是在其硕士论文基础上修改而成的艺术人类学著作。该书以图腾美学为研究对象，具体包括图腾美、图腾的审美经验、图腾艺术和图腾的原始美育等四个部分。在这本书里，郑元者既指出研究图腾美学的价值和意义，同时还指出，这方面的研究，除了借用美学知识外，还需要借助古人类学、文化人类学、民族志、考古学、民俗学等学科的思维方法和材料。这种建议和实践本身就是艺术与人类学的交叉合作。在这些先行者的引领下，艺术人类学著作在 20 世纪 90 年代之后仿佛雨后春笋般出现。如郑元者、胡樱的《崇高之始——中国图腾文化》[3]，郑元者的《艺术之根：艺术起源学引论》[4]，刘其伟的《艺术人类学》[5]，王建民的《艺术人类学新论》[6]，王胜华、卞佳的《艺术人类学》[7]，高长江的《艺术人类学》[8]，安丽哲的《符号・性别・遗产——苗族服饰的艺术人类学研究》[9]，方李莉、李修建的《艺术人类学》[10]，方李莉的《艺术人类学的本土视野》[11]等。而周星主编的《中国

① 朱狄：《艺术的起源》，中国社会科学出版社 1982 年版。
② 郑元者：《图腾美学与现代人类》，学林出版社 1992 年版。
③ 郑元者、胡樱：《崇高之始——中国图腾文化》，沈阳出版社 1997 年版。
④ 郑元者：《艺术之根：艺术起源学引论》，湖南教育出版社 1998 年版。
⑤ 刘其伟：《艺术人类学》，雄狮图书股份有限公司 2005 年版。
⑥ 王建民：《艺术人类学新论》，民族出版社 2008 年版。
⑦ 王胜华、卞佳：《艺术人类学》，云南大学出版社 2010 年版。
⑧ 高长江：《艺术人类学》，中国社会科学出版社 2010 年版。
⑨ 安丽哲：《符号・性别・遗产——苗族服饰的艺术人类学研究》，知识产权出版社 2010 版。
⑩ 方李莉、李修建：《艺术人类学》，三联书店 2013 年版。
⑪ 方李莉：《艺术人类学的本土视野》，中国文联出版社 2014 年版。

艺术人类学基础读本》[1]则是对近些年学者发表的有关艺术人类学学科构建、研究方法以及专题性研究论文的合集。除此之外，还有一些丛书值得关注：宋耀良主持，上海社会科学院出版社出版的《艺术与人类学丛书》，包括宋耀良的《艺术家生命向力》、叶舒宪的《英雄与太阳》等；何明主持，社科文献出版社出版的《艺术人类学丛书》，包括何明主编的《仪式中的艺术》、洪颖主编的《田野中的艺术》等，目前还在编辑出版之中。再者，中国艺术人类学学会自成立以来，学术活动非常活跃，召开学术会议时都会有非常丰硕的成果结集，到目前为止，结集出版的有《艺术人类学的理论与田野》(上、下)、《艺术活态传承与文化共享》(上、下)、《非物质文化遗产传承与艺术人类学研究》(上、下)、《文化自觉与艺术人类学研究》等。

就总体而言，坚持以艺术人类学为学科名称的学者，其研究主要集中在三个方面，其一，该学科的学理构建与论证；其二，有关艺术发生学的人类学维度讨论；其三，田野调查，即对各少数民族的文化、艺术、习俗的实地考察研究以及门类艺术的人类学研究。在对艺术人类学学科构建的研究中，学者们的着眼点主要集中于人类学与艺术哲学之间沟通的可能性，人类学视野和方法的介入对美学和艺术哲学学科自身更新的价值，新的交叉学科的研究对象、方法、特质、发展历程等。例如，郑元者认为，在西方，人类学与艺术牵手早在 16 世纪就已经出现，但艺术在人类学中的位置在 19 世纪之前并没有得到公允对待，这种状况阻碍了艺术人类学建构和发展的进程。在他看来，西方 19 世纪之后发展的艺术人类学存在很大局限性，主要还是对无文字社会艺术的研究，但到了现代社会，尤其是当代中国艺术人类学的发展，应该有一种全景式视野，发掘一种全景式人类艺术景观图。因此，他对艺术人类学研究对象的规定是“全景式人类艺术景观”，学科的目标与使命是“直面人的存在，直面艺术真理和人生真理”[2]。郑元者还有一个观点值得关注。即在他看来，中国艺术人类学学科建设和理论形态，应该以中国文化和艺术特性为本，在全景式的人类文化和艺术景观中揭示中国文化和艺术的特殊符码。[3] 何明对艺术人类学对美学学科发展的价值表

---

① 周星主编：《中国艺术人类学基础读本》，学苑出版社 2011 年版。

② 郑元者：《艺术人类学与知识重构》，载《文汇报》2000 年 2 月 12 日。也见《艺术人类学的生成及其基本含义》，载《广西民族学院学报》2006 年第 4 期。

③ 郑元者：《“本土化的现代性追求：中国艺术人类学导论”述要》，载《文艺研究》2004 年第 4 期。

示关注。他认为，艺术人类学的含义远不是“艺术”和“人类学”的组合，它意味着知识学科视野和操作理念的更新和超越。西方当代美学，放弃了从理性、概念出发演绎抽象理论体系的学术模式，追寻对具体美学和艺术问题的解答。这种思路为人类学走进美学提供了契机。他认为，艺术人类学具有双重历史使命，一方面，它需要建设自身，使之成为独立学科；另一方面，它又要对美学的发展承担责任，起到美学转换视角和超越困境的策略功能。就其学科性质而言，它以美学和艺术哲学为潜在理论资源，以人类学的田野实证为具体途径，[①]在“异文化”和“本文化”、“简单社会”和“复杂社会”等并置中，开展对艺术文化的分析。[②] 王建民指出，艺术人类学诞生100多年来存在多次范式转换，每种范式有着不同的关注点。例如，古典进化论范式关注艺术发生学研究，功能主义范式强调艺术在维持社会结构中的功能，20世纪80年代之后的反思范式，侧重点从非西方“小规模社会”中的艺术转移到当代文明社会中的艺术等。在归纳完艺术人类学不同发展范式后，王建民提出，当代艺术人类学应当在更加宏观的境界对艺术进行研究，从传统文化、民间文化的田野工作中挖掘丰富的材料，这是中国艺术人类学发展的必由之路[③]。

艺术发生学方面的研究。早在1986年，邓福星出版了他的博士论文《艺术前的艺术——史前艺术研究》[④]，他认为，艺术在形成与发展过程中，存在三种形态，即萌发期艺术、史前艺术和文明人的艺术，第一种属于形成中的艺术，后两种则是广义的艺术，采用这种划分方式，邓福星是有其目的的。在他看来，当前对艺术起源的理解，主要还是从史前艺术开始，忽略了萌芽期正在形成中的艺术。而对艺术的讨论，应该从萌芽期开始，它“是艺术发生的最基本的起点”[⑤]。这本书最大的贡献在于，它以大量考古文献为依据，较早地论证了艺术的起源与人类起源同步。郑元者在20世纪90年代末发表了一系列有关艺术起源方面的论文，并且将其博士论文修改后出版，即《艺术之根：艺术起源学引论》一书。在这些著述中，他指出，“起源”与“根源”不同，后者是本体论范畴，但起源则具有两方面含义，其一是指“开端”，就是事物出现的初始状态或最早时间，其

---

① 何明、吴晓：《艺术人类学的学科基础及其特质》，载《学术探索》2005年第3期。

② 何明：《学术范式的转换与艺术人类学的学科建构》，载《学术月刊》2006年第12期。

③ 王建民：《艺术人类学理论范式的转换》，载《民族艺术》2007年第1期。

④ 邓福星：《艺术前的艺术——史前艺术研究》，山东文艺出版社1986年版。

⑤ 同上，第4页。

二是指导致该事物发生的“动机”或“起因”。在他看来,艺术起源问题从逻辑上来说包括三个问题环:艺术何时(When)发生?艺术如何(How)发生?艺术何以(Why)发生?对艺术起源的解释,不能只偏重于其中某一个方面,而应该回到这三个问题,如此才能够获得对这一问题较为全面的解释。以此为立足点,他提出艺术起源的“图腾观念特化”理论假说。他认为,史前人类对图腾存在“依赖”,这种依赖是自我灵性的体化物,反映了人在幻想的现实性中对自身存在的某种最初的、始基性的自觉,史前艺术作品的“先兆”,是这些自觉的形象化写照。[①] 而他又认为,艺术的起源不是单数,而应该是复数的,因此,图腾观念特化原理也包含着多重内指,它们构成一个历史序列,即原初性图腾观念—巫术观念—灵魂观念—精灵观念与万物有灵观念—人的自我神化观念等。这些观念形成一个巨大的动力系统,是艺术发生的历史脉络。

田野调查与门类艺术人类学研究。人类学的基本研究方法是田野调查。艺术研究,参与人类学因子后,走向田野、注重实践就变成了一种重要的研究范式。在这方面,到目前为止成果众多。例如,方李莉的《陕北人的窑洞生活:历史、传承与变迁》[②]《安塞的剪纸和农民画》[③]《传统在现代化中的重构——景德镇田野札记》[④]等、曾澜的博士论文《地方记忆与身份呈现——江西傩艺人身份问题的艺术人类学考察》[⑤]、范秀娟的《少数民族民歌研究的艺术人类学意义》[⑥]、刘焱的《对藏族唐卡的艺术人类学阐释》[⑦]等。这些都是研究者深入当地调查,根据实际情况提出的问题与思考。如曾澜的博士论文,就是对江西傩艺人的实地考察,考察他们身份的转变以及这种转变与地方记忆之间匹配关系的质变等。在门类艺术人类学中,音乐人类学的成就最为突出。20 世纪 80 年代,民族音乐的提法开始出现,2000 年左右,音乐人类学的提法已经出现。2001 年,萧梅的《田野的回声——音乐人类学笔记》[⑧]出版,此后,管建华的《音乐人类

---

① 郑元者:《艺术之根:艺术起源学引论》,湖南教育出版社 1998 年版,第 88 页。

② 方李莉:《陕北人的窑洞生活:历史、传承与变迁》,载《广西民族学院学报》2003 年第 2 期。

③ 方李莉:《安塞的剪纸和农民画》,《文艺研究》2003 年第 3 期。

④ 方李莉:《传统在现代化中的重构——景德镇田野札记》,载《装饰》2008 年 S1 期。

⑤ 曾澜:《地方记忆与身份呈现——江西傩艺人身份问题的艺术人类学考察》,复旦大学出版社 2012 年版。

⑥ 范秀娟:《少数民族民歌研究的艺术人类学意义》,载《杭州师范学院学报》2006 年第 6 期。

⑦ 刘焱:《对藏族唐卡的艺术人类学阐释》,载《康定民族师范高等专科学校学报》2009 年第 1 期。

⑧ 萧梅:《田野的回声——音乐人类学笔记》,厦门大学出版社 2001 年版。

学导引》[1]及其编译的《音乐人类学的视界》[2]、洛秦编的《音乐人类学的理论与方法导论》[3]等也先后出版。除音乐人类学外，其他门类艺术的人类学研究也在逐渐开展起来，如，马也的《戏剧人类学论稿》[4]、王胜华的《戏剧人类学》[5]、李永祥的《舞蹈人类学视野中的彝族烟盒舞》[6]、王昕的《综合与反思——舞蹈人类学理论方法探研》[7]等。在众多门类艺术人类学的研究中，方李莉的《中国陶瓷史》[8]有着良好的学术反响。在这本书的开篇，作者就指出，从艺术人类学视角写作工艺美术史和理论，是她多年的夙愿。而陶瓷工艺是她非常熟悉的领域，因而她选择从这里开始她的探索。在这本书里，作者非常重视艺术人类学的整体研究法，即强调在研究艺术的过程中，重视艺术产生、制作的文化语境、社会关系、社会语境等因素，反对把艺术看作孤立于文化、社会的东西。作者还借鉴了古典人类学传播学派的思想，考察瓷器在中国独立发明之后，在全世界的传播过程。这本书题记中的第一句话就是："这是一部以艺术人类学的视角和全球性的学术眼光完成的《中国陶瓷史》。"[9]正因为这样，有论者指出，"方李莉新的《中国陶瓷史》在研究视角和方法方面都对前面的陶瓷史来说是个突破"[10]。

三、审美人类学研究状况扫描

正如前文提到的，我们接下来要讨论的审美人类学，主要是指以美学学科的拓展为研究指归的新兴交叉学科，也可以称其为人类学美学。这一学科的发展早在20世纪70年代末80年代初就展露端倪。李泽厚在《批判哲学的批判》中，提出了"人类学本体论"哲学。在《美学四讲》里，他又明确提出"人类学本体

---

① 管建华：《音乐人类学导引》，陕西师范大学出版社2006年版。
② 管建华：《音乐人类学的视界》，南京师范大学出版社2004年版。
③ 洛秦：《音乐人类学的理论与方法导论》，上海音乐学院出版社2011年版。
④ 马也：《戏剧人类学论稿》，文化艺术出版社1993年版。
⑤ 王胜华：《戏剧人类学》，云南大学出版社2013年版。
⑥ 李永祥：《舞蹈人类学视野中的彝族烟盒舞》，云南民族出版社2009年版。
⑦ 王昕：《综合与反思——舞蹈人类学理论方法探研》，世界图书出版公司2014年版。
⑧ 方李莉：《中国陶瓷史》，齐鲁书社2013年版。
⑨ 同上，"题记"。
⑩ 安丽哲：《全球化下的学科融合与新历史观——方李莉〈中国陶瓷史〉研讨会综述》，载《南京艺术学院学报》2014年第5期。

论美学”。李提出的“人类学”观念,针对的是两种现象,一种是西方哲学人类学,在他看来,它们的弊端在于脱离具体历史社会语境,或者存在纯生物学的取向,一种是过往对马克思主义美学的研究,这种研究主要在艺术的外围打转,只是关注作为上层建筑的艺术与社会、生活、政治等的关系,忽视人的主体性。因此,他提出“人类学本体论的美学”。这种美学强调主体的社会实践,关注主体在社会实践过程中的心理本体建设,关注人类命运。李泽厚曾指出,人类学本体论的美学与主体实践美学同义,如果是这样,那么所谓的人类学本体论美学,就是他的实践美学观。李泽厚对人类学美学的理解,与后来学者们对这一学科的构建、讨论存在一定差异,因为 90 年代之后,无论是本土美学发展,还是世界性的美学图景,都发生了深刻变化。但李泽厚从人类学立场来解释美学问题,重新解读马克思主义,无疑给后来者以很大启发,对马克思著作中人类学美学思想的开掘,也是 90 年代之后审美人类学领域的学者们突出的努力方向。

李泽厚提出这一观念后,一些学者开始尝试从此角度来解释美学基础理论、美学史以及马克思主义美学等。如宋伟的《审美之谜的人类学本质》①、尤西林的《审美的无限境界及其人类学本体论涵义》②、彭富春的《当代西方美学的人类学转向》③、邵建的《从人类学本体论角度论马克思主义文艺美学的建设问题》④、赖大仁的《马克思人类学美学思想略论》⑤以及潘知常的《人类学美学札记》系列论文等。审美人类学真正的繁荣,是自 20 世纪 90 年代末开始的。那个时候,中国美学发展的历史语境已经发生了深刻变化,审美人类学除了延续此前话题和思考外,更重要的是填充进了新的内容。从著作方面来看,有汤龙发的《审美人类学——环境与人的审美创造》⑥、覃德清的《审美人类学的理论与实践》⑦、王杰的《审美幻象与审美人类学》⑧、户晓辉的《中国人审美心理的发生

① 宋伟:《审美之谜的人类学本质》,载《锦州师范学院学报》1986 年第 2 期。
② 尤西林:《审美的无限境界及其人类学本体论涵义》,载《当代文艺思潮》1987 年第 3 期。
③ 彭富春:《当代西方美学的人类学转向》,载《中国社会科学院研究生院学报》1987 年第 2 期。
④ 邵建:《从人类学本体论角度论马克思主义文艺美学的建设问题》,载《文艺争鸣》1992 年第 2 期。
⑤ 赖大仁:《马克思人类学美学思想略论》,载《青海社会科学》1992 年第 1 期。
⑥ 汤龙发:《审美人类学——环境与人的审美创造》,广西师范大学出版社 1996 年版。
⑦ 覃德清:《审美人类学的理论与实践》,中国社会科学出版社 2002 年版。
⑧ 王杰:《审美幻象与审美人类学》,广西师范大学出版社 2002 年版。

学研究》[1]、覃守达的《审美人类学概论》[2]、傅其林的《审美意识形态的人类学阐释》[3]、向丽的《审美制度问题研究》[4]等。除此之外，还要特别提到的是《审美人类学丛书》系列，这套丛书由广西师范大学出版社出版，主编和副主编分别为王杰和覃德清，研究队伍主要由广西师范大学文学院文艺学教研室的教师及其研究生构成。到目前为止，已经出版《寻找母亲的仪式》《神圣而素朴的美》《天人和谐与人文重建》《民族区域文化的审美人类学批评》《自然美的审美人类学研究》《审美人格的批判与重构》《审美人类学与区域文化建设》《审美人类学视野中的民歌文化》《黑衣壮神话研究》《席勒的审美人类学思想》等10余本著作，在学界产生强烈反响。除此之外，在学术期刊方面，广西师范大学中文系主办的《东方丛刊》于2001年和2003年分别开设了"审美人类学"专栏。王杰主编的《马克思主义美学研究》也专设有审美人类学研究栏目。其他则散见于《文艺研究》《民族艺术》《广西民族研究》等刊物上。

至于审美人类学研究的具体状况，与文学人类学、艺术人类学相类似，很多学者对这门学科的基本问题，如学科成立的可能性、研究对象、理论旨趣、价值和意义等都作了非常有意义的探讨。如户晓辉在《审美人类学如何可能》一文中指出，传统美学，无论是西方还是中国，表面上从普适性角度来构建美学体系，但其背后都有其民族限定性，因而都有其局限性。审美人类学是以对传统美学的反思为基本特征和出发点的。它是一种生活世界的美学，同时也是一种经验研究的美学。这种生活性体现在它不是对博物馆艺术的研究，而是对人类生活的具体而又现实的情境的研究。它的经验性在于，它不是从抽象的先验哲学体系出发，而是从经验中归纳出的一种知识化美学。[5] 户晓辉的这些理解，受到了迪萨纳亚克的影响。他曾经翻译了后者的著作《审美的人》。向丽认为，从严格意义上来说，审美人类学是一门新兴学科，兴起于20世纪70年代的西方，名称除审美人类学外，也有称之为人类学美学、美学人类学等。这门学科把对美和艺术的考察重点集中在特定的审美感知和活动得以形成的社会文化机制之中，亦即讨论人们在关于"什么是美""如何审美"等方面的观念是如何构建和

① 户晓辉：《中国人审美心理的发生学研究》，中国社会科学出版社2003年版。
② 覃守达：《审美人类学概论》，广西民族出版社2007年版。
③ 傅其林：《审美意识形态的人类学阐释》，巴蜀书社2008年版。
④ 向丽：《审美制度问题研究》，中国社会科学出版社2010年版。
⑤ 户晓辉：《审美人类学如何可能》，载《广西民族学院学报》2004年第5期。

规范的。覃德清通过大量引证文献指出,蔡元培当年提出“以美育代宗教”的口号,就暗含了人类学与美学之间的相通,对宗教的研究是人类学的重要内容,美育和人类学在塑造和提升人的审美情感上存在契合点。而西方 100 多年来在审美人类学方面的探索,如马林诺夫斯基、博厄斯、本尼迪克特、列维-斯特劳斯等人类学巨擘也为当代这一学科的建设打下坚实基础,使美学人类学的学科轮廓愈加清晰。审美人类学将以人类学的理性精神,以科学意识和民间视角,补正经济至上、进步理念和繁荣梦想等现代性价值取向。这是该学科的逻辑起点。① 从学者们的观点可以看出,他们对这一学科的构建历史、研究旨趣与价值诉求等,虽然略有差异,但总体取向还是具有一致性的,即主要关注传统美学学科的局限性,试图用人类学方法和研究来补正。

在审美人类学的学科建设中,王杰是其中最有代表性的学者。自 20 世纪 90 年代以来,他一直在从事相关研究,为学科设计作出了很大贡献。我们接下来将从对他的研究入手,来考察这一学科在建设方面的一些突出表现。从实践操作层面来看,1998 年 4 月,王杰带领广西师范大学中文系教师申请了广西壮族自治区教育厅项目“审美人类学系列研究”,并获得立项,这意味着“立足于广西各族群的社会文化实际传承形态,开展实地调查和研究,构筑适应 21 世纪学术发展趋势的审美人类学研究新范式”②的出现。在他主导下,10 余年间,这一团队编选和撰写了《审美人类学丛书》系列,在《马克思主义美学研究》《东方丛刊》《广西师范大学学报》《柳州师专学报》等刊物上开辟专栏,研究审美人类学基本问题和壮族特有的民俗艺术生态,其中关于漓江流域的审美习俗、黑衣壮、南宁国际民歌艺术节等富有地域特色的文化资源的人类学研究尤为引人注目。从学科的理论建设层面来看,王杰的研究主要体现在两个方面,这两个方面同时也是审美人类学发展中比较突出的两个面向:

其一,是对马克思主义审美人类学思想的开掘。王杰认为,虽然马克思主义与人类学从学科传统、研究思路到方法论基础都存在很大差异,但马克思主义美学又是一种人类学美学,从创始人马克思、恩格斯开始,一直到普列汉诺夫、卢卡奇、本雅明、雷蒙・威廉斯等,都大量运用文化人类学材料。与之相应,

① 覃德清:《审美人类学的理论与实践》,中国社会科学出版社 2002 年版,第二章。

② 覃德清:《中国审美人类学研究的回顾与反思》,载《柳州师专学报》2008 年第 2 期。

人类学家们，如列维-斯特劳斯、怀特等人也深受马克思主义影响。这些现象表明，二者之间存在沟通可能。他指出，马克思的人类学美学的主要观点可以从三个方面来理解，即马克思关于人的身体与审美需要之间的关系，古希腊神话永恒魅力问题以及审美活动与历史进步之间的关系。[①] 在王杰之前，汤龙发也在其《审美人类学》一书中对马克思的人类学美学思想进行过阐发，在那本书里，作者的立论基础是马克思《1844 年经济学哲学手稿》中的思想，但就整体框架来看，作者还是尽量以人类学传统研究领域为基本考察点，以人类的审美建造活动为论述中心。王杰的马克思人类学美学研究，与其有着很大不同。首先，他更多是从理论维度探讨从人类学视角理解马克思主义美学的可能性、合理性及马克思人类学美学思想的基本内容等。其次，王杰非常注意马克思主义人类学美学思想中审美幻象、审美与意识形态、权力等之间关系的阐发，这种思路受到西方马克思主义美学家阿尔都塞、伊格尔顿、法兰克福学派等的影响。“审美幻象”是王杰在 90 年代攻读博士时提出的一个概念。在他看来，“审美幻象是一种意识形态的情感性话语实践”[②]，是“人类掌握世界的一种基本方式”，是“个体与环境相互沟通、与群体相互交流的必要媒介”[③]。对审美幻象的理解，最初王杰是从意识形态维度来审视的，但随着研究的深入，他逐渐发现，这一概念与人类学之间有着密切联系。因为想象和幻象是人类的基本能力，对它们的解释，需要用人类学方法，从人的本性、人性的依据等维度来阐发。这种受伊瑟尔启发的思想，就使他早期的马克思主义美学研究、马克思人类学思想研究与 90 年代末的审美人类学研究勾连起来。

其二，是关于广西壮族自治区民俗文化的田野调查研究。冯宪光、傅其林在总结审美人类学当代发展时说道：“以王杰等为代表的广西师范大学学者形成的审美人类学研究群体在国内开创了另一种途径。这就是侧重于民族审美文化的审美人类学研究，这是一种侧重于人类学的美学研究。这就接近于目前国外人类学家的审美人类学研究，体现出审美人类学的跨国际整合的姿态，具有独特的价值。”[④]这种评价是非常中肯的。因为王杰等人的研究，出发点是超

---

① 王杰：《审美幻象与审美人类学》，广西师范大学出版社 2002 年版，“马克思的审美人类学思想”一节。

② 王杰：《审美幻象研究——现代美学导论》，广西师范大学出版社 1995 年版，第 20 页。

③ 同上，第 4 页。

④ 冯宪光、傅其林：《审美人类学的形成及其在中国的现状与出路》，载《广西民族学院学报》2004 年第 5 期。

越传统美学自上而下的思路，为本学科寻找新的生长点，所以选择的方法是自下而上的、注重民族审美文化的人类学方法，因此，他们在这一学科建设过程中，探索出一条卓有成效的道路。自 1998 年以来，王杰等学者调查了漓江流域、南宁国际民歌艺术节和那坡县黑衣壮等壮侗民族聚集区的民俗审美文化，取得了一系列成果。在这一过程中，王杰提出了“地方性审美经验”的概念。他曾指出：“地方性审美经验是与文化全球化密切联系的理论范畴。”[①]段吉方在其研究王杰美学思想的文章中曾对这一概念作过归纳：“‘地方性审美经验’是王杰在审美人类学研究中提出的概念，他尝试将少数民族审美文化经验与审美认同问题结合起来，并强调在全球化语境中来自少数民族文化的审美经验的特殊性审美功能，用‘地方性审美经验’概括和指称全球化语境下非西方主流文化，特别是少数民族审美文化与经验，在审美维度上的存在方式和存在形态。”[②]在此基础上，我们希望强调的是，第一，王杰的“地方性审美经验”是以文化全球化为对照范畴的概念，因此，在这一观念中，包含了与“全球”相对应的“地方”含义，这一“地方”因此具有本土性的含义。从这一点来看，地方性审美经验与此前他所主张的中国审美经验存在一脉相承的理论关联。第二，这一“地方性审美经验”，又是针对中国本土现实语境而言的。中国是一个多民族国家，除汉族外，其他各民族也有着丰富的审美文化和独属的审美经验。因此，王杰所言的地方性审美经验，其实又是与其中国审美经验相对的一个概念。如果相对于全球化，中国审美经验被视为一个具有同一性的整体的话，那么，地方性审美经验恰恰关注的是中国审美经验内部的异质性。王杰所试图构建的审美人类学，其关注点应该是在这里。第三，审美经验是一个心理学概念，它的特点是个体性和特殊性突出，不同的民族、地域、时代和个人，会有完全不同的审美经验。同时审美经验又往往不是抽象的，而是与具体的民族、地域、时代、个人的生活、文化相联系的，因此，把审美经验视作连接点，很容易有效地把抽象、思辨的美学观念与考察的民族、个体的具体生活联系在一起。也许正是因为这一点，王杰所代表的审美人类学的学科建设才能够产生如此良好的反响。

---

① 王杰：《地方性审美经验中的认同危机》，载《文艺研究》2010 年第 9 期。

② 段吉方：《投向现实的审美情怀——王杰美学研究的理论、方法与问题》，载《江西社会科学》2011 年第 5 期。

第十章

中国古典美学研究的兴起和发展

20世纪中国古典美学研究真正兴起于80年代，因此本章的讨论对象是这一时期促进古典美学研究兴起的若干因素，并重点分析王国维研究、宗白华研究在这一时期的历史意义。

第一节　20世纪中国古典美学研究兴起的动因及实践

“美学”并非是一门中国本土学科，在中国古代并没有现代意义上的“美学”一词。众所周知，美学是德国学者鲍姆加登在18世纪后期主张建立的一门以理性的方式研究感性的学问。对于这门学问，日本学者以“美学”二字翻译之，20世纪初中国留日学生又将这个词从日本引入国内，自此这一新兴学科才在中国理论界正式落户。而任何一门学科的形成、发展都不是一蹴而就的，这一学科在西方已经有了较为完备的学科建制，但面对中国崭新的文化环境，则必须寻找其能够赖以扎根的文化土壤，因此对中国古代艺术资源的重新反思和审视便是其必须选择的途径。在某种意义上，可以说美学在中国的落户过程也是中国古典美学资源再发现的过程。

一、学科化与文化寻根

古典美学研究是美学学科在中国“学科化”的结果，研究者为了增强学科意识而自觉地寻找中国古典资源。在这一过程中，美学这一新兴学科需要必要的本土资源来进行文化的合法性建构，同时中国古代的艺术思想也借以寻找到了彰显自身的途径，这两者实现了充分的良性互动。伴随对中国古代艺术思想的“回头看”，20世纪80年代之后，各种古代美学史的研究成果逐渐涌现，并蔚为大观，“比兴”“风骨”“意象”“意境”等中国传统艺术概念逐渐被以“美学范畴”视之，并焕发生机。这里需要澄清一个事实，其实在80年代之前很多研究者出于各种考虑，往往过分强调“美学的中国属性”，而将之视为中国本来就有的一门学科，其中较具代表性的人物是朱光潜，1961年，他曾在《文艺报》上发表《整理我们的美学遗产，应该做些什么》一文，文中写道：“认为美学是一种新科学，我们自己仿佛还没有，必须由外国搬过来的看法是不正确的……认为我们自己没有美学未免是‘数典忘祖’了。”[①]这一说法当然要考虑到当时意识形态因素的影

① 朱光潜：《整理我们的美学遗产，应该做些什么》，载《文艺报》1961年第7期。

响,其基本立足点是认为中国有上千年的文艺创作实践,这一过程便形成了丰富的文艺理论和美学思想,可以说这种美学民族化的良苦用心自然是应当给予肯定的,但朱光潜忽略了这样一个事实:之所以要整理“美学遗产”,钩沉“美学思想”,建构“中国美学”,其理论前提恰是用“美学”这一既成框架和体系来审视中国艺术思想。相形之下,与朱光潜同时的宗白华则略显平和,其基本立足点也与前者存在差异,他并未在美学是中国的还是西方的这一问题上过于纠结,而是在强调中西美学差异性的同时,突出中国古典美学的理论资源,他认为:“中国古代的文论、画论、乐论里,有丰富的美学思想资料,一些文人笔记和艺人的心得,虽则片言只语,也偶然可以发现精深的美学见解。”①其与朱光潜的明显不同是,他并未决然地割裂西方美学体系来谈中国美学,对此有学者指出这种“中国与西方二元对立的图景,实际上仍是以西方为一极,以非西方为另一极的思维模式的体现”②。以西方既有的美学角度观照中国古典美学,进而追求对话的可能,或显现自身的独立性,或彰显两者的相似性,虽然有陷入二元对立模式的嫌疑,但毕竟在学科建构角度上潜在地承认了先有美学,然后才有“中国古典美学”这样的事实。

可以说,随着国内研究者研究的不断深入,到了20世纪80年代基本上已经没有学者武断地将中国古典美学研究与西方美学学科划清界限了,这在某种程度上是沿着宗白华的理论思路而发展的。事实上,80年代以后的众多美学研究者如李泽厚、刘纲纪、叶朗、于民、敏泽、皮朝纲等人都试图将这一问题推向更为纵深的层面,即不再追问美学是西方的还是中国的这样已经形成共识的问题,而是在“美学”的基本框架下,努力探索中国美学的特殊性,在他们看来这才是更具挑战性的任务,比如叶朗在承认“美学是一门理论学科。它并不属于形象思维,而是属于逻辑思维”③的同时,指出:“中国古典美学有自己的独特范畴和体系。西方美学不能包括中国美学。不能把中国美学看作是西方美学的一个分支,或一种点缀。更不能把中国美学看作是西方美学某个流派的一个例证,或一种诠释。应该尊重中国美学的特殊性,对中国古典美学进行独立的系

① 宗白华著,林同华编:《宗白华全集》第4卷,安徽教育出版社1994年版,第775页。

② 高建平:《全球化与中国艺术》,山东教育出版社2009年版,第32—33页。

③ 叶朗:《中国美学史大纲》,上海人民出版社1985年版,第4页。

统的研究。”[①]诚然，这里所提到的“独立的系统的研究”是带有一定的臆想性质的，试图不以西方的概念体系来生硬地框定中国古代艺术思想，其基本立足点与前述宗白华的倾向如出一辙。因此，80 年代以后美学的“学科化”努力愈发明显，自觉地寻找中国美学的“特殊性”在某种意义上便是在建构中国特色的美学体系，然而既然称中国美学存在“特殊性”，便是潜在地承认了西方美学体系的普泛性影响，在这一过程中，古典美学研究一方面是学科建设的需要，另一方面亦应看到在其背后存在的彰显民族文化自信的策略性诉求。正是基于此，20 世纪 80 年代以后中国古典美学研究开始迎来真正的春天。

在谈完“学科化”对古典美学研究的学理性诉求之后，我们还应看到 80 年代中期以来中国文艺界的寻根思潮对古典美学研究兴起的促进性作用。所谓“寻根”，实际是在启蒙和现代性相互交织的语境下产生的，五四运动以来精英阶层的启蒙意识在这一时期以一种另类的方式体现了出来，启蒙的手段不再是西方的科学和民主，而是中国传统文化中的有益资源。所以，在某种程度上可以说，80 年代中期的文化寻根思潮并不单单是就古代研究古代的理论自觉，而是一种基于启蒙现代性基础上的文化钩沉。因此若从这一角度来重新审视文化寻根以及在这一背景下展开的古典美学研究，便会发现美学领域亦进行着殊途同归的探索和尝试，这可能是潜存在古典美学研究幕后的深层文化动因。叶舒宪说：“文化寻根是一场再认识运动。其主旨可以从人类学的角度概括如下：在后殖民语境下，如何重新审视长久以来在西方主流的霸权话语压制下的被边缘化和卑微化的事物之真相，重新发现各种本土性、地方性知识的特有价值。”[②]诚然，我们对“文化寻根”的认识以往可能仅限于文学层面，寻根文学无疑是当代文学史中需要浓墨重彩的一笔，韩少功 1985 年在《文学的“根”》[③]一文中指出我们应该努力追寻“深植于民族传统文化土壤”中的“文学之根”，故此，民族传统文化便被视为一种带有本土性和反殖民性的资源进入了当时的文学领域。如果说韩少功、王安忆、张承志等文人在努力寻找“文学之根”的话，那么当时的众多美学研究者则试图从学术角度探求“美学之根”，可以说，无论在创作实践层面还是在理论层面，他们都将寻根之源归结为中国传统文化。

---

① 叶朗：《中国美学史大纲》，上海人民出版社 1985 年版，第 2 页。

② 叶舒宪：《文化寻根的学术意义与思想意义》，载《文艺理论与批评》2003 年第 6 期。

③ 韩少功：《文学的“根”》，载《作家》1985 年第 4 期。

若以本尼迪克特·安德森《想象的共同体》一书的观点考察之，便会发现1980年代中期的文化寻根实际上是一种营构“民族国家”的尝试，而这一可行的途径便是对传统艺术思想的“现代重塑”，对于中国古代艺术思想来说，已经在中国理论界逐渐扎根且初具雏形的“美学”当然是最佳的表现途径。因此，中国古代艺术思想便在启蒙、现代性、寻根等多重视角的契合下开始了“现代重塑”的旅程。这种“现代重塑”一方面符合文化寻根的基本思路，另一方面也很好地处理了美学的西学性质与本土资源的相互关系。可以说，对传统艺术思想的“现代重塑”不仅最大限度地发掘了中国美学的特殊性，而且也是在当时普遍的“西化”语境下探索“民族国家”未来美学走向的另一种可能的知识实践。除此之外，需要说明的是“文化寻根”不仅仅是一种单纯的基于启蒙基础上的外在诉求，在当时的美学研究领域亦存在或隐或显的内在渴望。李泽厚1979年出版了《批判哲学的批判》一书，书中他在以往的“凝冻”“沉淀”等概念的基础上第一次提到了著名的“积淀说”。所谓“积淀说”即是探讨“积淀在人们的行为模式、思想方法、情感态度中的文化心理结构”[①]。其理论核心虽是主要探索主体审美心理形成的社会历史性和实践性，但其在客观上毕竟强调了传统文化对于这种审美心理的激发性作用。在其《中国现代思想史论》(1987)一书中，他更强调对传统文化的“转换性的创造”，“传统”在李泽厚看来是指向现在的文化存在形态，对待它不能重蹈五四时期覆辙，一味地否定批判而全盘西化，我们要做的“不是像五四那样，扔弃传统，而是要使传统作某种转换性的创造”[②]。事实上，李泽厚的这种基于文化传统的现代性向往，在80年代中期以后的美学界是存在诸多共识的。叶朗在其1988年出版的《现代美学体系》一书中便进一步彰显了这种带有时代性的美学诉求，在他看来，建构现代美学体系的重要原则不仅要将传统美学与当代美学贯通，而且要将东方美学与西方美学融合，这里他尤其强调东方美学当以中国美学为主，“将中国传统美学的一些基本概念和命题……作为建设现代美学体系的重要思想资料”[③]。至此，可以说1980年代兴起的古典美学研究潮流除了立足“学科化”基础上的“回头看”之外，还有深层的文化寻根动机，而研究者基于学理层面的对传统文化的向往，也与这种外在的

---

① 李泽厚：《中国现代思想史论》，三联书店2008年版，第40页。

② 同上。

③ 叶朗：《现代美学体系》，北京大学出版社1988年版，第22页。

寻根做法相互暗合。所以，如果说学科化是20世纪古典美学研究的起因的话，那么80年代的文化寻根思潮便充当了催化剂的角色。

二、权力话语及其渗透

下面谈一谈促进1980年代古典美学研究兴起、繁盛的另一个重要催化剂。这种繁荣的背后除了"学科化"的内在诉求之外，还必须提到权力话语的参与。从《在延安文艺座谈会上的讲话》之后，不论我们是否承认，受"政治标准"所左右的意识形态因素都潜在地对艺术领域有一定的规约性和指导性，因此在抽象地从学理层面讨论古典美学建设之后，亦应看到权力话语在其中扮演的角色。

毛泽东1965年7月21日在写给陈毅的回信中不仅谈到了后来在文艺界影响深远的"形象思维"的问题，也重点谈到了"比""兴"的问题，并将它们联系在了一起。陈毅写信给毛泽东，希望其对自己所做的五言律诗加以修改，在回信中毛泽东说："诗要用形象思维，不能如散文那样直说，所以比、兴两法是不能不用的……宋人多数不懂诗是要用形象思维的，一反唐人规律，所以味同嚼蜡。要作今诗，则要用形象思维方法，反映阶级斗争与生产斗争。"①信中毛泽东又以朱熹《诗集传》中的观点对赋、比、兴作了进一步解释。由于这封信在毛泽东生前没有发表，其影响是在20世纪70年代末才真正凸显出来的。对此，蔡仪在1978年先后写了《诗的比兴和形象思维的逻辑特性》《诗的赋法和形象思维的逻辑特性》两篇文章进行回应，明确指出："关于形象思维要能谈得实际一点，还是想从诗的赋比兴谈起。"②很明显，这两篇文章主要的讨论对象应该是"形象思维的逻辑特征"，文中运用了很多形式逻辑的方法对形象思维进行了解读，其主要考察对象并不是赋、比、兴等纯粹古代的艺术思想，它们充其量也只不过是解读形象思维的一个例证或注脚，但不可否认，这在客观上毕竟起到了为古典艺术思想张目的效果。进入80年代以后，形象思维的讨论持续升温，其表现形态也更为多元化，高建平认为80年代中期的"意象"研究热潮便是其中之一："从20

① 中共中央文献研究室编：《毛泽东文集》第8卷，人民出版社1999年版，第421页。
② 蔡仪：《探讨集》，人民文学出版社1981年版，第293页。

世纪 80 年代中期到 90 年代,是中国古典美学大繁荣的时期,众多的古代文学概念,特别是影响巨大的‘意象’研究,直接承续‘形象思维’的讨论而来。”①可以说,形象思维对新中国成立后理论界乃至古典美学研究领域的影响,仅是主流话语参与文艺建设的一个显性个案,从总体上看类似现象是普遍存在的,这恐怕是任何国家的文艺发展都难以绝对摆脱的文化基因吧。

事实上,如果仔细考察这种影响的话,不仅“意象”如此,古典美学的很多观念、范畴都表现出这种痕迹,比如李泽厚 1957 年在《“意境”杂谈》一文中便将意境与“典型环境中的典型人物”相互勾连,进而认为意境也是“典型化”的结果,意境与典型“它们的不同主要是由艺术部门特色的不同所造成,其本质内容却是相同的。它们同是‘典型化’具体表现的领域;同样不是生活形象简单的摄制,同样不是主观情感单纯的抒发;它们所把握和反映的是生活现象中集中、概括、提炼了的某种本质的深远的真实”②。将意境与典型、真实等概念相贯通,即便存在一定的合理性内核,但马克思主义的实践观、唯物论还是赫然存于李泽厚的思想深处的,并成为其讨论意境的基本指导原则,甚至在解读“韵外之致”时,他亦能密切联系实际,称中唐上与魏晋下与明末构成了中国古代三个“双百”时期③。

不过,值得注意的是,进入 20 世纪 80 年代以后,权力话语对美学研究的影响逐渐由显入隐。笔者认为 20 世纪 50 年代到 70 年代末这种影响是停留在显性层面的,比如上文提到的朱光潜对中国美学的看法以及蔡仪关于形象思维与赋比兴关系的看法,都属于这一范围。可以说,尽管这一时期在理论建设上存在诸多弊端,却对古典美学研究的兴起起到了较为直接的促进作用。80 年代以后,权力话语对美学研究的影响进入隐性层面。研究者不再先入为主地从既定的主题出发来探讨美学问题,而是首先以讨论学术问题为主,然后才策略性地加入一些流行成分,不妨以王运熙 1980 年发表的《魏晋南北朝和唐代文学批评中的文质论》一文为例,全文总体上在进行学术研究,只不过在文章的结尾处谈到胡应麟《诗薮》中的文质思想时,说:“所以把诗歌语言风格的质文变化,说成与政治上的所谓质文互变完全一致,这当然是片面的;不过,这却是一个鲜明的

---

① 高建平:《中国当代文艺理论研究》,中国社会科学出版社 2011 年版,第 166 页。

② 李泽厚:《美学旧作集》,天津社会科学出版社 2002 年版,第 301 页。

③ 李泽厚:《韵外之致——关于中国古典文艺的札记之二》,载《文艺理论研究》1980 年第 2 期。

例子，表明文论中'质''文'的含义，与政论中'质''文'的含义，有着怎样密切的联系。"[①]由此一例不难看出当时学术研究与主流话语之间的微妙关系，自此之后，学术的纯粹性进一步获得彰显，到了80年代中期以后已经很难在文中看到明显的主流话语的影子了。

实际上，在20世纪80年代初期，文学与现实的关系、文学与政治的关系是反复被涉及的问题，相应的，它们也成了很多美学研究者讨论美学问题所依凭的坐标，尽管随着此时"文艺与政治的关系是否有必要"之类的讨论逐渐出现，[②]在理论研究中也体现出较为澄明自由的学术氛围，一些以前被刻意回避的领域也被逐渐发掘，似乎意识形态的影子已经荡涤不见，但不可否认的是，它毕竟在新时期以后古典美学研究的源头处发挥了重要作用，借用"没有晚清何来五四"的逻辑，便可看到意识形态因素对今天蓬勃的古典美学研究的深远影响。所以主流话语的参与也在客观上为古典美学资源的重新被重视起到了推波助澜的作用，当我们重新审视20世纪80年代古典美学研究兴起的时候，除了从学理层面对之加以考察之外，权力话语层面的因素也应是我们考虑的重要维度。

三、王国维与宗白华的"被发现"

正是在上述"内"与"外"多种因素的作用下，中国古典美学研究开始形成并发展。其显在的表现是王国维、宗白华等人理论资源的再发现。可以说20世纪80年代以后，对他们理论中古典资源的介绍和深入解读，代表了古典美学研究的最初形态，随后，研究者的视角才逐渐打开，沿着他们的足迹将审视的对象扩展到整个古典美学领域。在这一过程中，对王国维、宗白华等人的重视便带有很强的策略性和历史性味道。

对中国美学而言，早在20世纪上半期，以王国维、宗白华为代表的学者便开始进行尝试性研究，只不过在他们的体系中仍然带有一定程度的西方美学的

① 王运熙、杨明：《魏晋南北朝和唐代文学批评中的文质论》，载《文艺理论研究》1980年第2期。

② 比如1980年4月22日，《文汇报》刊载了古里木的《文艺与政治关系小议》一文，5月7日，郑汶在《人民日报》上发表《对一种批评的反批评》进行论辩，同年，在《文艺理论研究》第3期中，进一步针对"文艺与政治"关系这一问题展开讨论，发表了丁玲、徐中玉、钱谷融、敏泽、黄药眠、白桦等人的文章，讨论的矛头直指文学政治化的弊端。

因子，或者说某种意义上是在西方美学的总体框架下展开的。王国维在康德、叔本华、尼采等人思想的影响下写就了《红楼梦评论》《人间词话》等著作，其中不仅将悲剧、优美、壮美等西方美学概念移植到中国艺术领域，同时也提出“境界”之类的概念，用于体现中国艺术思想的独特性，进而或多或少地彰显了中国艺术精神与西方美学思想的差异性特质。宗白华则较为自觉地在中西二元思维模式下讨论艺术领域的问题，早年留学欧陆的经历，使其西学功底不可谓不深厚，但他更愿意做的是采取一种脱离西方理论框架和言说体系的新方式来观照中国艺术和中国艺术思想，新中国成立后，宗白华陆续发表了《关于山水诗画的点滴感想》(《文学评论》，1961 年第 1 期)、《中国艺术表现里的虚与实》(《文艺报》，1961 年第 5 期)、《中国书法里的美学思想》(《哲学研究》，1962 年第 1 期)、《中国古代的音乐寓言和音乐思想》(《光明日报》，1962 年 1 月 30 日)等。这些文章中所体现的中国艺术精神便成了 80 年代之后宗白华被学术界普遍重视的内在原因。

如果说王国维、宗白华在中西大背景下开展的对中国古典艺术思想的钩沉，代表了一种西方美学中国化的尝试的话，那么真正使这种尝试发扬光大并将其推向纵深则是从 20 世纪 80 年代以后对王国维、宗白华的思想进行研究开始的。这里，我们需要厘清一下思路，王国维、宗白华研究中带有一定程度的古典美学因子，但在较长时间内两人这方面的成就其实并未得到应有的重视，直到 80 年代以后，两人的相关研究成果和学术思想才被逐渐推向前台，在某种程度上可以说王国维、宗白华的“被发现”对其后中国古典美学研究的兴起起到了非常重要的奠基作用，这种对研究的研究是当代古典美学研究的最早雏形。

其实对王国维的研究早在王国维在世时就已经开始了，傅斯年在推介《宋元戏曲史》专文中称：“近年坊间刊刻各种文学史与文学评论之书，独王静庵《宋元戏曲史》最有价值。其余间有一二可观者，然大都不堪入目也。”[①]陈寅恪在为王国维遗稿所撰序言中亦认为“其著作可以转移一时之风气”，是将来为学问者之“轨则”，足见对其人、其学的服膺之情。而在现代学术史上影响最大的评价则来自郭沫若，1946 年在《王国维与鲁迅》一文中，郭沫若称：“王国维的《宋元戏曲史》和鲁迅的《中国小说史略》，毫无疑问，是中国文艺史研究上的双璧。不仅

① 傅斯年:《宋元戏曲史》，载《新潮》1919 年第 1 卷第 1 号。

是拓荒的工作，前无古人，而且是权威的成就，一直领导着百万的后学。”[①]至此，王国维的学术地位获得了进一步确立，也为后来的研究者定下了总体基调。进入 80 年代，对王国维的研究变得空前繁荣，相较于之前一味地从文学角度研究王国维，这一时期逐渐向美学领域转型，这也为之后的古典美学研究起到了塑形作用。

1983 年，华东师范大学出版社出版了由吴泽、袁英光编选的《王国维学术研究论集》，这是王国维研究在 80 年代兴起的最早信号，虽然该集中除了佛雏的《王国维“境界”说的两项审美标准》一文之外，大多是集中在为史学和考古学方面的成就立论的，但毕竟使王国维研究经过“文革”之后重新进入理论研究者的视野。几乎与此同时，王国维研究开始逐渐繁荣，而从美学角度切入也渐趋从幕后走到了台前，李泽厚、刘纲纪在《中国美学史》绪论中称：“（王国维）对中国传统的文艺和美学有深刻的了解，所以他对西方美学的介绍是同对中国传统的文艺和美学的研究结合在一起的。”[②]而叶朗将之作为近代美学家置于《中国美学史大纲》倒数第二章进行介绍，将其著作以“美学著作”称之，将其艺术思想以“美学观点”称呼，较全面系统地介绍了王国维西学视野下的中国古典美学思想。其后，在学界影响较大的要数聂振斌的《王国维美学思想述评》一书，该书对这位中国近代美学的“第一个奠基者”自觉地以“美学思想”为考察视角进行研究，表明此时王国维研究的这种新动向已经逐渐被学界所接受，而且在谈到王国维美学思想来源的时候，将中国古代的道家思想放于首位，然后才是叔本华、尼采、康德的观念，认为对其美学思想发生影响的先是“国学”，后是“西学”[③]。并在此基础上对王国维思想中的“美”及“审美范畴”进行了系统性介绍。与聂书相隔两年，卢善庆的《王国维文艺美学观》出版，与聂振斌不同，卢善庆一方面承认“西学”在王国维美学思想形成过程中的主导作用，另一方面，他也自觉地以西方美学为总体框架考察王国维，将其美学观从美的产生和来源、美的本质和作用、美的第一形式、美的第二形式、悲剧美、美的创造和欣赏、审美标准等方面展开考察，[④]带有明显的西式美学研究色彩。虽然聂振斌与卢善庆在国

① 郭沫若：《鲁迅与王国维》，载《文艺复兴》1946 年第 2 卷第 3 期。
② 李泽厚、刘纲纪：《中国美学史》第 1 卷，中国社会科学出版社 1984 年版，第 49 页。
③ 聂振斌：《王国维美学思想述评》，辽宁大学出版社 1986 年版，第 41 页。
④ 卢善庆：《王国维文艺美学观》，贵州人民出版社 1988 年版，第 1 页。

学与西学孰主孰从和研究角度方面存在差异,但他们的著作代表了80年代以来对王国维美学思想进行系统研究的最高成就,都注意到了王国维美学思想的中西汇通色彩,相应的,他们也采取了与这种学术风格相适应的研究模式。事实上,对王国维的研究不仅为系统地进行古典美学研究开辟了先河,也使人们透过这些研究,以王国维为中介更加系统地了解中国古典美学的独特魅力以及研究古典美学的方法。

如上文所述,80年代对中国古典美学研究具有这种开启意义的不仅包括王国维的研究,还包括宗白华的研究。宗白华与王国维的最大区别是,后者是历史学家、考古学家兼美学家,而前者则属于纯粹的美学家,而且扎根传统吸收西方养料。宗白华成名于20世纪30年代,当时与邓以蛰、朱光潜齐名,但新中国成立后相当长的时间内则湮没无闻,在各种“热点”讨论中我们都无法看到他的身影,更不是被讨论的重点,在这一点上他与朱光潜是明显不同的。进入80年代之后,宗白华的地位和影响开始凸显,有学者将之与朱光潜视作“美学的双峰”,甚至“翻检20世纪后20年中国的美学研究成果,我们就会发现,凡是研究中国美学、中国艺术者,几乎无有不引用,甚至直接承续宗白华思想话语的”①。由此不难看出宗白华对中国美学的影响。由于宗白华逝世于1986年,而其最为重要的文集《美学散步》(1981)、《美学与意境》(1987)、《艺境》(1987)、《宗白华全集》(1996)等都是80年代以后结集出版的,所以较之王国维,其对80年代以后中国美学研究的影响更为直接,可以认为中国古典美学的开展,他是在场的建构者之一。就是说,虽然大规模的宗白华研究是在90年代以后才出现的,但在这之前宗白华的直接影响已经相当突出了。

李泽厚在1981年为宗白华《美学散步》所作的序言可以视作80年代最早的研究宗白华的专论。文中他不仅将朱光潜与宗白华进行了对比,而且指出朱光潜的美学是近代的、西方的、科学的,宗白华的美学则是古典的、中国的、艺术的。1987年,由宗白华的弟子林同华所著的《宗白华美学思想研究》一书出版,该书是辽宁人民出版社组织的“当代中国美学思想研究丛书”中的一本,丛书中还包括朱光潜、王朝闻、蔡仪、李泽厚、蒋孔阳、高尔泰的作品,由此宗白华才获得了应有的重视,正如李泽厚所说:“关于宗白华先生过去大家都不知道,现在

① 王德胜:《散步美学:宗白华美学思想新探》,河南人民出版社2004年版,第1—2页。

这种状况已经在改变了。为真理作出贡献的人迟早会被人们认识。”①自此之后对之进行研究的专著、论文如雨后春笋般一发不可收。也正是在这一研究过程中，宗白华的地位得以进一步确立，相应的，中国古代艺术思想也逐渐进入研究者的视野，并得到了应有的认可。

四、“被发现”的历史意义

结合上文，总体来说，20 世纪 80 年代对王国维和宗白华思想的研究是一种时代的信号，预示着中国古典美学研究的开始，也预示着以他们为中介的中国古代艺术思想开始受到重视。概而言之，当时对王、宗思想进行研究的意义表现在两个方面：

首先，中西二元、中西比较的思维方式成为一种潜在的研究模式。通过上文的分析，我们知道无论王国维还是宗白华，其实他们的主要立足点是将中与西分开来看的，或者借西方谈中国，或者以中学为体，西学为用，但总体上他们的研究模式是有相似之处的。80 年代王国维、宗白华的学术思想被更多人重视，其更为深远的意义在于他们的研究方式逐渐变成了一种潜在的研究模式，并在后来的实际研究中被确定了下来。

对这种影响，不妨以 80 年代曾对后来古代美学学科建构有重要意义的两部美学史为考察对象，首先来看李泽厚和刘纲纪的《中国美学史》，该书仍未完全摆脱对“美”的本质问题的追寻模式，当谈到“何谓美”这一问题的时候，其在论证美与感官快适的关系时便以西方观念为参照：“这从字源学上也可以清楚地看到。如德文的‘Geschmak’一词，既有审美、鉴赏的含义，也有口味、味道的含义。英文的‘taste’一词也是这样。”②并进一步结合《说文解字》对“美”的解释，认为中国美学中的“美”也是同味觉快感相联系的。除此之外，在后面的行文过程中，西方美学家如毕达哥拉斯、赫拉克利特、亚里士多德等人，更是多被援引，甚至会直接出现将孔子美学与柏拉图美学、亚里士多德美学相比较的章节（第三章第五节），而且西方的哲学（尤其是马克思主义）、心理学、伦理学也不

---

① 邹士方：《宗白华评传》，香港新闻出版社 1989 年版，第 289 页。

② 李泽厚、刘纲纪：《中国美学史》第 1 卷，中国社会科学出版社 1984 年版，第 79 页。

断被用来解释中国艺术问题,限于篇幅,不赘述。叶朗的《中国美学史大纲》一书较之李、刘的《中国美学史》,虽然直接援引西方美学家、美学思想的地方减少了很多,但这种痕迹仍较为明显,比如在对《易传》美学思想中的"阳刚之美"(壮美)和"阴柔之美"(优美)之间的关系进行言说时,便涉及了西方美学中崇高和美之间的关系,将壮美与崇高、优美与美相比附,并指出"在西方美学中,崇高和美是对立的。美是内容与形式的和谐的统一,崇高则是理性内容压倒和冲破感性形式。中国古典美学中的壮美……它和优美(阴柔之美)并不那么绝对对立,也并不互相隔绝。相反,它们常常互相连接,互相渗透,融合成统一的艺术形象"①。而且在叶朗看来,现代特色的中国美学体系,要不断地借鉴哲学美学、审美心理学、审美社会学、审美发生学、审美文艺学等学科的知识,可以说,这种自觉不自觉之间的中西对比和借鉴不仅在叶朗思想中经常体现,同时也构成了这一时期中国美学研究的基本思路,从此之后便深深地蕴含在80年代以后的整个研究领域。

尽管80年代中期以后的研究中"外来之观念"因素开始弱化,逐渐由显性层面的观念和思想对照转化成一种方法论和逻辑层面的吸收,但王国维、宗白华的中西比较视野,以及对中国古代"固有材料"的征引在客观上将古典艺术资源纳入中国研究者的视野,起到了拓展研究视域的关键性作用。事实上,80年代初期的很多美学研究者也恰是受到王国维、宗白华研究路径的启发进行美学研究的,他们在研究过程中或者不自觉地拿中国艺术思想与西方的某些观念进行比对,刻意塑造所谓的中国特点,或者在思维方式和写作思路上体现出哲学性与艺术性的结合(前者恰源自西方美学)。

其次,将西式的哲学美学转化为中式的艺术美学。如果说王国维研究的意义更多地体现在中西互通的潜在研究模式的确立的话,那么宗白华研究的意义除了中西比较视野之外,更多的则是对真正艺术美学的回归,这一点无疑更符合中国美学的独特性。相较于王国维,宗白华对80年代中期以后的中国美学研究的影响似乎更直接一些,其自身的思想以及研究者对其思想的再开发,对美学史研究的开展形成了一种双重影响。

宗白华自觉地结合其他艺术门类进行跨学科研究,从而形成了符合中国美

① 叶朗:《中国美学史大纲》,上海人民出版社1985年版,第80页。

学特色的艺术美学研究模式。宗白华是较早进行撰写中国美学史尝试的人，虽然由其负责的《中国美学史》最终并未写成，但他写了一些围绕这方面的专论，如《中国美学史中重要问题的初步探索》《中国美学史专题研究：〈诗经〉与中国古代诗说简论》(初稿)、《中国美学思想专题研究笔记》，在这些文章中，他对中国美学史的构成、范围、研究方法、研究对象等问题都作了规定，其中一个重要的研究原则便是对除文学之外的其他艺术门类的关注，这些想法成了 80 年代中期以后撰写美学史的基本指导原则。

其实，这种艺术美学的研究原则在后来李泽厚、刘纲纪、叶朗的美学史中都有体现，而在叶朗的《中国美学史大纲》中体现得更为突出，原因在于叶朗 60 年代曾做过宗白华的助手，宗白华当年负责编写《中国美学史》，虽然由于各种原因计划最终流产，但据其弟子林同华回忆，宗先生最初的编写思路是要广泛结合其他艺术门类来进行，"汤(用彤)、宗(白华)两位先生都从艺术实践所总结的美学思想出发，强调中国美学应该从更广泛的背景上搜集资料。汤先生甚至认为，《大藏经》中有关箜篌的记载，也可能对美学研究有用。宗先生同意汤先生的见解，强调指出，一些文人笔记和艺人的心得，虽则片言只语，也偶然可以发现精深的美学见解"①。这种倾向势必会对后来的叶朗产生不小影响，所以其撰写的美学史也一定程度地关注了绘画理论、书法理论和音乐理论。在 90 年代对宗白华的研究中，研究者也都不同程度地注意到了这一点，并对这一思路给予了充分肯定，于是在进行中国美学研究时，尤其在撰写美学史时，都不约而同地开始关注音乐、舞蹈、绘画等方面的思想，并专辟"门类美学"加以讨论，这一现象是对 80 年代以哲学、文学思想为主的研究模式的超越，逐渐从哲学美学向真正的艺术美学方向发展，甚至在进入 21 世纪以后研究者又开始从审美意识、审美文化角度进行研究，这些更符合中国艺术史实际的做法，都不同程度地带有宗白华的影子，其影响是不能忽视的。

综上所述，中国古典美学研究是 20 世纪 80 年代以后开始盛行的，虽然它是多种复杂因素共同作用的结果，但笔者认为学科化、文化寻根、意识形态权力话语是其中最为显性的三个原因，美学的学科化是最根本的契机，文化寻根和权力话语不失时机地充当了催化剂的角色。除此之外，对王国维、宗白华的研

① 宗白华著，林同华编：《宗白华全集》第 4 卷，安徽教育出版社 1994 年版，第 775 页。

究是古典美学研究的最早实践,这一研究本身与其说是一种历史的必然,毋宁说是一种研究策略的体现,两人的研究方式构成了 80 年代古典美学研究的潜在模式。王国维、宗白华研究模式对古典美学研究的影响,是以 80 年代开始的对二人思想的研究为中介的。研究者试图以一种具体可感的在场意识切入美学领域,也试图通过对这两位对古典美学有精深研究的大家的研究,一方面摸索研究的路径,一方面也在研究过程中加深对古典美学的了解。但是问题依然存在,陈寅恪当年在总结王国维的治学原则时,其中一条是"取外来之观念,与固有之材料互相参证"①,虽然进入 21 世纪以后中国古典美学研究在努力肃清西方美学的思维方式和研究框架的痕迹,但成绩并不明显,不客气地说,直至目前这种模式似乎仍然隐性地存在着,很多学者一方面无法摆脱西方美学的思维方式,另一方面又缺少了王国维、宗白华学贯中西的知识视野,所以导致在研究领域自说自话、生搬硬套、一味求新现象十分明显,这无疑是一种"屋下建屋"的恶劣、浮躁学术生态的表现。

第二节　中国古典美学史的建构与突围

事实上,中国美学研究经历了一个从"美学"到"中国美学"再到"中国古典美学"的发展过程,第一个阶段的时间节点是 20 世纪初,蔡元培、梁启超、王国维是最早期的代表人物,三四十年代则以朱光潜、宗白华为承继者,而从"中国美学"到"中国古典美学"的情况则复杂一些。"中国古典美学"研究真正获得凸显的时间节点应该是 80 年代,此时美学在中国已经经历了大半个世纪的发展历程,尽管波折不断,但已经逐渐找到了与中国文化相处的方式,并渐趋水乳交融。正是因此,学界对美学的学科定位、研究方法、研究角度等方面的问题都更为明朗,于是在这种外在环境的推动下中国古典美学研究也开始告别 80 年代以前的感悟式研究模式(这在朱光潜、宗白华等人那里表现得很明显),而变得更为具体,且关注的问题更为多元,研究角度更为明确,研究层面更为明晰。我们认为"美学中国化"的过程最重要的组成部分便是对"中国古典美学"的重视,

① 陈寅恪:《王静庵先生遗书序》,见《金明馆丛稿二编》,上海古籍出版社 1980 年版,第 219 页。

这也是研究者在80年代的一种理论突围，具体来讲，80年代以后的中国古典美学研究大致围绕三个方面展开：建构古代美学史、审美范畴研究、体系开拓与视角转化。本节主要梳理第一方面，古典美学史的建构。

一、美学通史的视角拓展

在某种程度上，中国美学获得学科合法性的过程是在挖掘本土理论资源的过程中完成的，道理很简单，任何学科的确立除了要有自己的概念体系、研究方法之外，更为主要的是要有丰富的理论资源作为理论支撑。正是基于这种考虑，20世纪中叶以后，研究者便有了撰写中国美学史的考虑，早在1961年，宗白华便受当时的全国文科教材办公室的委托编写《中国美学史》，试图与朱光潜受命编写的《西方美学史》以及王朝闻主持编写的《美学概论》一道构成美学的教材体例，但可惜最终《中国美学史》未能写成，宗白华在编写过程中搜集的材料后来以《中国美学史资料选编》为名出版，算作该项目的副产品。到了1979年，《中国美学史中重要问题的初步探索》一文发表，在这篇文章中宗白华不仅对中国美学的特点和学习方法作了介绍，也对中国美学史上的重要时期（如魏晋）、重要美学典籍（如《考工记》《易经》《乐记》）、重要美学范畴（如“错彩镂金”“芙蓉出水”“气韵”“风骨”等）、重要艺术门类（如音乐、绘画、雕塑等）作了较为精到的论述，可以说这篇文章对后来美学史的不同写作模式具有重要的奠基意义。同年，施昌东的《先秦诸子美学思想述评》由中华书局出版，该书属于断代史，也为后来同类美学史的写作建立了模板，该书主要特色集中在对先秦美学流派和诸子思想的梳理层面，其1981年出版的《汉代美学思想述评》仍然沿用了这一写作模式，施昌东的这两本书是国内最早明确以“美学”冠名的美学史著作。1981年，李泽厚的《美的历程》出版，该书虽然重在阐释审美趣味的历史性，且对各个朝代的论述有“以点带面”的倾向，但毕竟对从远古图腾、歌舞直到明清市民文艺的思想发展轨迹进行了简要梳理。到了1983年，中国美学研究继续向前推进并开始获得更多关注，这一年《复旦学报》编辑部编写的《中国古代美学史研究》出版，收录了1980—1982年相关论文30篇，内容广泛，涉及诗论、画论及各门类美学，人物涉及先秦至清代的文人20余人。同年10月，在无锡举办了中国美学史学术讨论会，此次讨论会由江苏省美学学会、《江苏画刊》编辑部、江苏省社科院文学研究所联合主办,也是国内第一次关于中国美学史的专题研讨会,来自全国各地的美学研究者80余人参会,学者们就中国美学的研究对象、方法、体系、范畴、中西美学比较以及历代有代表性的思想家的思想展开充分讨论,由于与会学者大多来自高校,所以此次会议对中国美学后来的学科建设具有非常重要的意义。①

1984年至1990年间,美学史写作更为活跃,李泽厚和刘纲纪的《中国美学史》(1984—1987)、叶朗的《中国美学史大纲》(1985)、敏泽的《中国美学思想史》(1987—1989)等在后来颇具影响的美学史专著都是这一时期的产物,这些早期的美学史著作一定程度上构成了90年代以后同类写作的基本范型。纵观20世纪中国美学史写作从兴起到成熟的20年(指80年代以后),无论是在研究对象、研究方法、研究观念还是在写作模式、美学史观等层面都表现出历史的流变性,②下面便主要围绕美学通史、断代美学史两个方面对20年间的历史流变作概要的梳理,以便使读者从中窥得20世纪中国古典美学研究的大致轮廓,以及进展和不足。

就美学通史而言,从20世纪80年代到世纪末的20年间集中表现为研究视角的拓展。研究对象和视角的选择实质上代表了研究者的美学观,甚至某种程度上可以从中窥得研究者对"美是什么"这一命题的认识。80年代的美学史整体上是从广义和狭义两个层面来看待美学史记述的对象的,这种提法首先见于李泽厚和刘纲纪的《中国美学史》中,广义的研究"就是不限于研究已经多少取得理论形态的美学思想,而是对表现在各个历史时代的文学、艺术以至社会风尚中的审美意识进行全面的考察,分析其中所包含的美学思想的实质,并对它的演变发展作出科学的说明"③。很明显,所谓广义的研究实际上是对"审美意识"的研究,而审美意识则既囊括精英阶层的审美趣味,也可包括市民阶层的审美理想,既体现在写成文字并成为经典的美学著作中,也渗透在普通百姓的行为方式之中,因此,将其作为美学史研究的对象虽然是最为准确的,但实际操

---

① 马增鸿:《中国美学史学术讨论会纪要》,载《哲学动态》1984年第3期。

② 目前对这一问题进行反思的文章已经很多,其中较具代表性的有:张节末《中国美学史研究法发微》(《浙江大学学报》,2001年第4期)、黄柏青《中国美学史研究三十年》(《甘肃社会科学》,2009年第2期)、祁志祥《中国美学史研究的观念更新及路径创新》(《学术月刊》,2009年第7期)、张弘《近三十年中国美学史专著中的若干问题》(《学术月刊》,2010年第10期)等。

③ 李泽厚、刘纲纪:《中国美学史》第1卷,中国社会科学出版社1984年版,第4页。

作的难度是可想而知的，这不仅需要对各个时代的全面重塑，也需要丰富的史料作为支撑。所以，包括李泽厚和刘纲纪本人在内都未采取这一方式，而是“主要以历代思想家、文艺理论批评家著作中所发表的有关美与艺术的言论作为研究对象”①。事实上，李、刘二人对美学史狭义研究对象的认识，对后来研究者有诸多启发，这不仅表现在对理论性著述和著名美学家的深入勾连，更表现在方法论层面，因此很多研究者往往选取一个自己可以掌控的角度展开美学史的写作，叶朗的《中国美学史大纲》便是以审美范畴为红线串联整个美学史的，他认为“一部美学史，主要就是美学范畴、美学命题的产生、发展、转化的历史”②。从狭义层面观照美学史的著作还有周来祥与孙海涛的《中国美学主潮》（山东大学出版社，1992）、王向峰的《中国美学论稿》（中国社会科学出版社，1996）、陈望衡的《中国古典美学史》（湖南教育出版社，1998）等。

这里尤需提及的是陈望衡的《中国古典美学史》一书，该书实际上与叶朗的《中国美学史大纲》体系建构较为相似，即都是以自己的美学思想作为总纲来建构美学史，其将“意境”看成是中国美学的最高范畴，并以之为基点构筑美学体系。具体来讲，其美学本体论是由“意象”“意境”“境界”构成的体系，其美感论以“味”为核心范畴（如正味、兴味、神味、真味等），其艺术鉴赏论以“妙”为基本范畴，涉及概念如妙语、妙音、妙容、妙理等。该书以上述美学观念为指导，将中国美学分成奠基期（先秦）、突破期（汉代至魏晋南北朝）、鼎盛期（唐宋元）、转型期（明代）和总结期（清代），这种分期较之李泽厚、刘纲纪《中国美学史》的分期有一定出入，比如将汉代归入“突破期”，而李泽厚、刘纲纪则将其与先秦同归入“奠基期”，之所以会有诸如此类的出入，原因在于该书更倾向于概念范畴的勾连，且试图在行文中将美学思想、美学意识的痕迹表现得更为明显。这与上面提到的其固有的美学体系是分不开的。除了将中国美学史进行重新分期之外，该书的另一个特点是囊括的内容较丰富，除了对每个时期的总体审美风尚、美学思想和美学范畴进行介绍之外，还涉及书法、绘画、建筑、音乐、戏曲等诸多领域。

而上文提到的“广义研究”在 80 年代也并非绝对不存在，其中敏泽的《中国美学思想史》（1987）便有这种倾向，敏泽认为：“美学思想史研究的对象，最根本

---

① 李泽厚、刘纲纪：《中国美学史》第 1 卷，中国社会科学出版社 1984 年版，第 6 页。

② 叶朗：《中国美学史大纲》，上海人民出版社 1985 年版，第 4 页。

的一点，就是要研究我们这个伟大民族的审美意识、观念、审美活动的本质和特点发展的历史。”①尽管该书仍将研究的重点放在了“有关美学思想的理论形态的著作中”，但其对各个时代审美意识的关注则具有一定的进步意义，尤其是其将史前时期纳入研究体系之中，并重点以彩陶、图腾崇拜、原始神话、钟鼎等为对象考察原始先民审美意识的产生、发展乃至成熟的过程，这种倾向在后续的章节中虽略显薄弱，但其在每一时期的开头都有意识地展示当时的社会文化风貌，这是难能可贵的。与敏泽的《中国美学思想史》同年出版的由郑钦镛、李翔德合写的《中国美学史话》一书则较之前者体现出更多的开放性，该书总体上较为通俗，且并非以理论家及理论典籍为基点展开，按照蒋孔阳的说法便是，“他们利用‘史话’这一名称，而又灵活加以运用，把中国古代的美学思想，糅合种种神话、传说、故事等之中，从而写出一部自有特色的《中国美学史话》”②。事实上，80 年代包括现在的很多美学史往往倾向于从哲学著作和文学艺术中探讨中国美学的发展，从而忽视对社会风俗乃至市民生活的具体考察，导致很多美学史显得十分干瘪。该书从远古神话入手，探讨美与善的起源，题目诸如“女阴崇拜”“以粪为美”“审美光晕”“大象无形”“佛教之花”等，从具体美的现象入手勾勒了从远古到当下美学发展的总体轮廓。可以说，该书各章虽有“蜻蜓点水”“浮光掠影”(作者自语)之嫌，却可以视为从审美文化的角度撰写古代美学史较早的尝试。

而 80 年代这种“广义研究”的尝试，到了世纪末则大放异彩，这可以从两个方面来看：一是，源于 80 年代以来的内在研究理路，广义的审美文化、审美意识研究虽未成为主流，却一直如游丝般存在；二是，90 年代中期以后整个中国美学发生了一次由人生论向文化学的大转向，此种思想背景导致研究者往往采取一种更为贴近生活实际的新历史主义视角审视约定俗成的历史，这一过程当然包括美学史。而较典型的著作便是由陈炎主编的《中国审美文化史》(山东画报出版社，2000)，该书共四册，分“先秦”“秦汉魏晋南北朝”“唐宋”“元明清”四卷，100 余万字，存有大量插图。编者试图将原来的条目性历史还原为鲜活的历史，从中华民族特定时代的“生产方式”“生活方式”“信仰方式”和“思维方式”等多

---

① 敏泽：《中国美学思想史》，齐鲁书社 1987 年版，序言。

② 郑钦镛、李翔德：《中国美学史话》，人民出版社 2011 年版，序言(该序言 1987 年版未及收入)。

重因素的渗透和影响来考察审美文化，其中对青铜器、陶器、纹绘、饮食等具体事物给予了较多关注。这种书写方式用陈炎自己的话说，其并非仅仅是美学史研究对象的扩大和丰富，“它标志着美学史研究形态的真正成熟”。该书的基本立场是“‘审美文化史’既不同于逻辑思辨的‘审美思想史’，又不同于现象描述的‘审美物态史’，而是以其特有的形态来弥补二者之间的裂痕”[①]。也就是说审美文化是介于理论和实践两者之间并对二者有机包容的存在形态，在某种程度上，该书与郑钦镛、李翔德的《中国美学史话》在出发点上有相似之处，但较之后者则更为详尽且更具学理性，如果说《中国美学史话》是一种美学史写作的偶然行为的话，那么该书则更多地体现为一种观念和方法上的自觉，一方面与时代美学潮流相一致，另一方面也为21世纪的美学史写作打开了一扇新的窗户，与之同年出版的张法的《中国美学史》（人民出版社，2000）、许明的《华夏审美风尚史》（河南人民出版社，2000），以及21世纪后出版的王振复的《中国美学的文脉历程》（四川人民出版社，2002）、吴中杰的《中国古代审美文化论》（上海古籍出版社，2003）、周来祥的《中华审美文化通史》（安徽教育出版社，2007），在某种程度上都可视为这一倾向的具体展开。

二、断代美学史的深化

近20年的美学史研究除了在美学通史撰写方面呈现出研究视角由狭义到广义、由范畴到文化的拓展之外，还在其他方面有所突破，最主要的方面便是断代史研究走向纵深。下面具体讨论之。

断代史研究也始于20世纪80年代，如本章开头提到的，施昌东的《先秦诸子美学思想述评》（1979）和其后出版的《汉代美学思想述评》（1981）虽然由于特定时代的原因还带有“唯物主义与唯心主义、朴素辩证法与形而上学的对立和斗争”的痕迹，但其开创性意义是不容忽视的，这不仅体现为其以“美学”冠名美学史，还体现在对后来美学史写作的积极影响层面。于民的《春秋前审美观念的发展》（中华书局，1984）一书便是早期较具学术含量的断代史著作，而且该书的难度也较大，原因在于其研究的对象是春秋以前，作者试图对中国人审美意

---

① 陈炎：《中国审美文化史》，山东画报出版社2000年版，绪论。

识的产生和原始形态作本源性的探索，其基本思路是从物质存在层面反观文化乃至美学的特征，这一思路的哲学基础是物质生产与精神生产的关系，“我们知道，思想观念最初是直接与人类的物质生产活动、物质交换和与之相联系的语言的运用交织在一起。只是由于人类实践活动的逐步扩展与深入，与物质生产活动交织于一起的意识观念才获得逐步发展，直至成为一种独立于物质生产之外的活动，即精神生产活动”[①]。而审美意识和艺术观念恰是精神生产活动的重要组成部分。断代美学史研究除了对先秦美学给予重视之外，另一个研究重镇是六朝美学，较具代表者如袁济喜的《六朝美学》(北京大学出版社，1989)和吴功正的《六朝美学史》(江苏美术出版社，1994)。两者比较而言，前者更注重对审美范畴和审美命题的研究，介绍人物品评、魏晋玄学、佛教思想的目的是为归纳并剖析审美范畴和命题服务的，因此该书对“文气说”“传神写照”“隐秀”“意象”“形神论”“虚静”“神思”“文笔之辩”等问题关注较多，相比之下吴功正的《六朝美学史》的重点则并不在此，该书具备两个特点：一是将六朝美学思想、美学范畴产生的历史动因归结为由庄园经济、哲学思潮、名士风流、隐逸情怀、佛国世界等构成的“合力”；二是给予六朝的门类美学异常关注，对绘画、书法、乐舞、雕塑、园林、文学及其理论作了充分介绍，约占全书一半以上的篇幅。这些都有效地避免了美学史研究只关注理论家和理论著作的弊端，这也是吴功正美学史观的体现，他所理解的中国美学史“是由两大板块所构成的，即元美学和美学学双峰并峙却同归一脉”[②]，他的这一倾向在其《唐代美学史》(陕西师范大学出版社，1999)中仍然延续着，全书将唐代美学分成五段：初唐、盛唐、盛中唐间的交替、中唐、晚唐。基本写作原则总体上与《六朝美学史》一致，只是更突出对诗人个案进行研究，该书的另一个特点是着重从审美心理的角度剖析诗人，进而总结出某一时期的总体审美理想，他直言：“美学史就是审美心理结构史。只有从心理上才能了解和把握美的历程。”[③]事实上，对审美心理的重视是其基本的美学史观，在《六朝美学史》的绪论中，他就说：“全景全幅式的美学史应该涉及：审美主体的审美心理，审美客体的审美特征、风貌，美学理论中的审美范畴、规范，

① 于民：《春秋前审美观念的发展》，安徽教育出版社 2013 年版，第 56 页。

② 吴功正：《六朝美学史》，江苏美术出版社 1994 年版，第 4 页。

③ 吴功正：《唐代美学史》，陕西师范大学出版社 1999 年版，前言，第 4 页。

美学史心理结构的演变。"[①]由此可见，吴功正20世纪的两部断代美学史的写作理念是比较一致的。

事实上，相较于通史性研究，断代史的优点是可以对研究对象进行更为全面而细致的把握，但其缺点则是宏阔性不足，会出现审美意识的断裂。避免断代史研究弊端的有效途径是，研究者要以通史的意识写断代史，由点及面，最终形成一个断代史的序列，并以同一种思想倾向加以统摄，吴功正2007年亦出版了《宋代美学史》一书，因其不在本书论述范围，故不述。与吴功正的研究路径相似，霍然也有系列性的断代史著作。在霍然的《唐代美学思潮》(长春出版社，1990)中作者试图深入唐人审美文化的最底层，其选取的角度是社会审美心理，并剖析在文化大融合的特定时代人们审美观念的改变历程，寻找唐人心灵、情感、意趣的种种变化，可以说，这是一种十分有益的尝试，有效地避免了隔靴搔痒的弊端。所以，该书也可视为一部断代性的审美文化史和审美心灵史。除此之外，作者在书中还提到了一些很有见地的观点，比如他认为："唐代美学思潮的源头，其实并不在偏安半壁的江南六朝。相反，那被历代文人学者有意无意间忽略冷落了的北朝，倒是唐代美学思潮真正的源头。"[②]对北朝文化的重视可以视为该书的基本倾向。这种宏阔的眼光也表现在他对西域文化尤其是西域乐舞的重视。其《宋代美学思潮》(长春出版社，1997)仍以分析审美心理的发展为线索。客观地说，这本书并未超越《唐代美学思潮》，且并未提出特别具有建设性的观点，不过该书将"市井风情"作为宋代美学思潮展开的重要部分来论述还是有一定开拓性的，试图从世风民俗的角度审视宋代独特的美学样式，"繁复多样的世风民俗，既为艺术作品提供了丰富多彩的内容，也给画师塑匠的精心创作与市民阶层的审美欣赏提供了相沟通的契机"[③]。但可惜作者并未在全书中将这种观念充分展开。另外，作者自己也意识到该书并未对辽金审美风尚给予关注，并未从民族文化融合的角度审视宋代美学，这一点也是逊色于《唐代美学思潮》的。

20世纪的断代美学史除了较多关注先秦、六朝、唐、宋之外，也有些研究者开始关注近代美学史。较具代表者是同在1991年出版的卢善庆的《中国近代

---

① 吴功正：《六朝美学史》，陕西师范大学出版社1999年版，第8—9页。

② 霍然：《唐代美学思潮》，长春出版社1990年版，第8页。

③ 霍然：《宋代美学思潮》，长春出版社1997年版，第159页。

美学思想史》(华东师范大学出版社,1991)和聂振斌的《中国近代美学思想史》(中国社会科学出版社,1991)。聂振斌在其美学史的绪论中便对近代美学的研究对象、方法和历史分期等问题作了界定,在他看来,包括近代美学在内的中国美学史应是“研究美学理论(或思想)的发展史,即研究对审美对象的认识的发展史,而不是直接研究审美对象的发展史,如文学艺术史”①。所以该书主要是以近代理论家为线索进行写作的,包括王国维、蔡元培、梁启超、鲁迅、吕澂、朱光潜、宗白华和邓以蛰等人。在研究方法上,该书遵循马克思主义的辩证唯物主义和历史唯物主义的研究方法,在历史分期上,将 19 世纪 40 年代到 20 世纪初期的美学定义为近代美学。如果用今天的眼光来看,这本书的上述方面都并无新意,甚至有些陈旧,但历史而辩证地看,该书作为第一批系统梳理近代美学史的著作,其开创意义是巨大的。比较而言,卢善庆的《中国近代美学思想史》与之则有诸多不同,该书虽然也是“一部以理论形态(论著)为对象、以人物为重点的中国近代美学思想史”②,但在论著及人物的选取方面则与聂著出入较大,将龚自珍、魏源、阮元等人归入“启蒙意义的美学思想”部分,将洪仁玕归入“太平天国美学思想”部分,将曾国藩、刘熙载归入“古典主义美学的余绪和终结”部分,将康有为、梁启超、黄遵宪、严复归入“改良主义美学思想”部分,将章炳麟、柳亚子、蔡元培和早期鲁迅归入“民主主义美学思想”部分,基本上按照“以人代派”的方式进行构建,除此之外,尚设“诗歌美学研究的新动向”和“文学、戏剧、绘画美学思想”等部分,对陈廷焯、况周颐、陈衍、刘师培、林纾、吴梅等人的美学主张作了全面展示。通过这些介绍不难看出,卢善庆的思想史较之聂振斌的思想史更为全面、宏阔,且真正做到了近代美学与古代美学的勾连贯通,避免了断代史的封闭性。

20 世纪较重要的断代性美学史除了上文所述的若干部之外,还有杨安仑、程俊的《先秦美学思想史略》(岳麓书社,1992),彭亚非的《先秦审美观念研究》(语文出版社,1996),张海明的《玄妙之境:魏晋玄学美学思潮》(东北师范大学出版社,1997)等,限于篇幅,不赘述。总体来看,断代美学史写作取得了较大的进步,表现为研究视角和研究方法更为多元,往往从微观层面的审美心理结构

---

① 聂振斌:《中国近代美学思想史》,中国社会科学出版社 1991 年版,第 3 页。

② 卢善庆:《中国近代美学思想史》,华东师范大学出版社 1991 年版,前言,第 1 页。

升华到对整体审美文化的考察，并且意识形态因素逐渐减弱，这些都是值得肯定的。但这并不意味着一点问题也不存在，最大的问题是研究时段存在明显的不平衡性。相较于先秦、两汉、唐宋，有的朝代还少有人涉足，如魏晋美学思想、元代美学思想、金代美学思想、清代美学思想等就还有许多空白点和盲点，而且对作为中华美学组成部分的各少数民族的美学思想也研究得不够。

需要补充说明的是，整个20世纪80年代以来中国美学史研究的成绩，除了上述通史性和断代性著作取得突破之外，另一个重要的发展是门类美学史研究获得了充分展开。所谓门类美学史，是指对音乐、舞蹈、文学、绘画、书法、园林、建筑乃至民间艺术等各艺术门类发展史的专门研究。无疑，中国古代有非常丰富的门类艺术理论资源，这些是建构门类美学史的基本质素。因在本书的其他章节还要作专门讨论，此处不再赘述。

第三节　中国古典美学范畴之建构
——“意象”的勃兴

20世纪中国美学勃兴的最直接表现是古典审美范畴研究的勃兴，研究者都在努力发掘中国本土美学范畴，并有意识地对其进行探索，甚至有以之为基点构筑美学体系的考虑。蔡锺翔、陈良运在《中国美学范畴丛书》的总序言中指出：“自20世纪80年代后期以来的10余年中，美学范畴日益受到我国学界的重视，古代美学和古代文论的研究重心，在史的研究的基础上，有逐渐向范畴研究和体系研究转移的趋势，这意味着学科研究的深化和推进，预期在21世纪这种趋势还会进一步加强。”①相较于西方美学中优美、崇高、悲、丑等核心范畴，中国古典美学中缺少与之绝对对应的概念体系。但中国美学研究者则针对中国古典美学实际，深入梳理并探索诸如淡、韵、情、味、风骨、兴寄、意象、意境、和、气、道等一系列范畴，构建本土美学范畴体系。相关研究专著如曾祖荫的《中国古代美学范畴》(华中工学院出版社，1986)、成复旺的《中国美学范畴辞典》(中国人民大学出版社，1995)、张皓的《中国美学范畴与传统文化》(湖北教育出版

① 蔡锺翔、陈良运：《和：审美理想之维》总序，百花洲文艺出版社2001年版，第1页。

社，1996)等，另有蔡锺翔、邓光东自1987年开始历时13年策划的《中国美学范畴丛书》，该项目收书共计30种。需要指出的是，20世纪对审美范畴的关注源于王国维，其在《红楼梦评论》《人间词话》等著作中提出了“境界”“古雅”等美学概念，在其后的三四十年代林语堂、梁宗岱、朱光潜等人陆续展开了对中国古典审美范畴的钩沉、研究。① 到了五六十年代伴随美学大讨论的兴起，学界对美学范畴的研究逐步开展起来，这一时期无论在关注的广度还是深度上都较上一时期进步许多，在众多美学范畴中被关注较多者是“雅”与“俗”的问题，如洪毅然的《“雅”与“俗”》(《新建设》，1957年12月号)和“形”与“神”的问题，如李泽厚的《以“形”写“神”》(《人民日报》，1959年5月12日)。除此之外，也对“情”“景”“风骨”“兴寄”“境界”等美学范畴展开讨论。进入80年代，一方面，承续了五六十年代的固有研究热情，逐渐对中国本土审美范畴进行深度挖掘，审美范畴变得异常丰富；另一方面，受到80年代美学热的影响，形成了从政府到民间都参与其中的空前研究局面，在某种意义上这一时期的研究热潮源于美学发展的自身走向固然不错，但这也不能脱离主流政治话语乃至文艺政策的推波助澜，早在1981年，周扬就提出要在马克思主义美学观的指导下进一步整理中国本土的美学范畴，构筑本土美学体系的构想，他说：“在美学上，中国古代形成了一套自己的范畴、概念和思想，比如兴、文与道、文与情、形神、意境、情景、韵味、阳刚之美、阴柔之美等等。我们应该对这些范畴、概念和思想作出科学的解释。”②限于篇幅，本书不能详细地梳理每一个范畴在100年中的演变过程，而是试图选取20世纪中国美学两个独特的美学范畴“意象”和“意境”作为考察对象(“意境”将在下节具体讨论)，从这两个具有鲜明古典色彩的美学范畴出发考察20世纪中国美学范畴研究的发展脉络。本节以“意象”作为考察对象基于两点考虑：首先，在众多美学范畴中，这一范畴最具生长性，很多研究者将其视为中国美学史的核心范畴，从而形成“意象本体论”来构筑美学体系。其次，在对这一范畴百年的研究历程中，经历了中西理论碰撞、时代思潮的洗礼，并进行了现代转化，可以将其看作是美学范畴研究的时代缩影。

---

① 林语堂《说潇洒》(《文饭小品》创刊号，1935年2月)、梁宗岱《论崇高》(《文饭小品》第4期，1935年5月)、朱光潜《刚性美与柔性美》(《文学季刊》第1卷第3期)。

② 周扬：《关于建立与现代科学水平相适应的马克思主义的中国美学体系和整理美学遗产问题》，载《美学》1981年第3期。

一、“意象”理论的确立及深掘

意象在唐代以前是作为总体性概念出现的，是一种广义的观念象征。刘勰的《文心雕龙》将之引入文学领域，但在魏晋时期这一概念仅是偶然被用到，如蒋寅所言：“从意象的语源及其本义来说，它应该有两个基本含义：1. 以具体名物为主体构成的象征符号系统的总体，源于《周易·系辞》‘圣人立象以尽意’；2. 构思阶段的想象经验，源于《文心雕龙·神思》‘独照之匠，窥意象而运斤’。”①意象真正作为美学范畴出现于唐代，这一点已经成为学界的普遍共识，王昌龄、刘禹锡、皎然、殷璠、司空图等人都是这一理论的重要建构者，自唐代以后，黄庭坚、李东阳、何景明、王廷相、王世贞、胡应麟等人都不同程度地对这一范畴加以运用甚至改造。沿着这一脉络一直延伸到 20 世纪，并仍然被众多美学家进行重新考量。这一范畴之所以能够历久弥新，笔者认为关键在于其深深植根于中国文化的最深层，在哲学层面其与儒释道都关系密切，在文学层面它是对文学形象的最本质概括，乃至在诗歌传统渐趋衰落的明清时期亦是如此，“其作品的情景表现，是有意象存在的，乃至更为宏观的喻象体系，如《西游记》《红楼梦》等作品，从根本上说依然体现着以意象为特征的中国艺术精神。至于戏曲，更是表意性很强的文体，其中的意象特征较小说也更为明显”②。

事实上，自五四运动前后到 80 年代初期相当长的一段时间内，胡适、闻一多、梁实秋、朱光潜等老一辈学者由于受到西方文学思潮的影响，普遍认为中国传统文学中并无“意象”范畴，该范畴是随着西方意象主义文学在中国的推广才进入国人视野的。即便在这些人的文章中偶有提及“意象”概念，但其与今天意义上的“意象”在内涵上也绝不相同。胡适到晚年才偶尔重视诗歌中“影像”的重要性，闻一多即便与胡适不同，一开始就关注“意象”，但此“意象”更多的源自意象派，“闻一多从意象派的‘信条’中找到了三种元素：意象、韵律、色彩”③，所以其在《冬夜评论》等文章中倡导的“浓丽繁密而且具体的意象”也并非是具有中国意味的意象。可以说，胡适、闻一多对意象的认识代表了五四运动前后的

① 蒋寅：《语象·物象·意象·意境》，载《文学评论》2002 年第 3 期。
② 朱志荣：《中国文学艺术论》，山西教育出版社 2000 年版，第 57 页。
③ 罗义华：《胡适、闻一多与意象派关系比较论》，载《外国文学研究》2013 年第 2 期。

一种整体观念,梁实秋、朱自清、刘延陵、徐迟等人对“意象”的认识基本未脱离这一总体框架,甚至这种影响被不断延续,40 年代诗论家唐湜在《论意象》一文中称:“意象当然不是装饰品,它与诗质间的关联不是一种外形的类似,而应该是一种内在精神的感应与化合,一种同情心伸缩的支点的合一。”[①]这一认识与意象派庞德的认识如出一辙,庞德宣称:“意象主义的要点,就是不把意象用于装饰。意象本身就是语言,意象是超越公式化了的语言的道。”[②]不仅如此,这一时期的诗人、理论家除了以意象派为参照之外,亦借鉴其他现代派诗歌理论来理解意象,同样是在唐湜《论意象》一文中他还十分推崇波德莱尔的诗歌,并借助《应和》这首诗来解释意象,他说:“是的,诗正是这样的自然,这样的神殿,那些活的柱子,那象征的森林正是意象,相互呼唤,相互适应以组成全体的音响体系的有机物。”[③]而这种认识在 20 世纪三四十年代到 80 年代的理论界是具有普遍性的,不仅如此,在理论建构层面很多西方理论家如克罗齐、弗洛伊德、荣格、立普斯、谷鲁斯等都相继被借鉴、引用,用以建构中国“意象”理论,这在朱光潜等人的理论中表现异常明显,将在下文讨论。

所以,很长一段时间内中国学界对“意象”的认识,是将其作为舶来品看待的,认为中国文化乃至新诗中的“意象”源自西方。而较早对这种认识提出质疑的应该是钱锺书,据敏泽的《钱锺书先生谈“意象”》一文回忆,1983 年他撰写《中国古典意象论》一文后请钱锺书修改,钱先生十分同意其将中国古典意象的源头上溯到《周易》和《庄子》的观点,并认为《文心雕龙》和《二十四诗品》中提到的“意象”范畴应属于不可拆分的“偶词”,与文论史后期所说的“意象”并非完全等同,自此之后“凡是论述意象问题的文章,再没有人将它视之为西方文学的专利品了”[④]。由此,可以说钱锺书乃至受其点拨的敏泽为新时期中国古典意象的研究开辟了先河。事实上正如赵毅衡所言,西方意象派所提倡的“意象”实际上是从中国古典文学中“拿去”的,[⑤]而 20 世纪初的很多学者恰恰忽视了这一点。80 年代以后,中国理论界对“意象”概念逐渐重视起来,并将之看作最能体现中国文学艺术特点的美学范畴之一。相应的,对它的理论探讨也逐渐增多并走向纵

---

① 唐湜:《论意象》,载《春秋》1948 年第 5 卷第 6 期,第 27 页。

② [英]彼德·琼斯著,裘小龙译:《意象派诗选》,漓江出版社 1986 年版,第 33 页。

③ 同 1,第 28 页。

④ 敏泽:《钱锺书先生谈“意象”》,载《文学遗产》2000 年第 2 期。

⑤ 赵毅衡:《意象派与中国古典诗歌》,载《外国文学研究》1979 年第 4 期。

深,因此下文将对20世纪80年代到20世纪末的“意象”研究历程作适当的勾勒。

借助中国知网(CNKI)对这20年关于意象理论的研究文章进行的简单梳理(对具体诗人及其作品的意象分析不在此列),就会发现20世纪80年代到90年代相关文章约100篇,90年代到世纪末相关文章300余篇,这表明对“意象”理论的探讨在20世纪的后20年中呈现逐渐蓬勃的态势。这些研究成果基本围绕以下几方面来展开:1.艺术形象与意象之关系;2.对意象的心理学探讨;3.对意象之中国古典源头的探索;4.中西意象理论对比;5.挖掘意象的文艺美学肌理;6.文学之外的其他艺术门类的意象问题(下文权称为“艺术意象问题”)。上述六个方面代表了80年代以后20年的整体研究方向,当然除此之外,还包括语言与意象的关系问题、文学翻译过程中的意象问题,但相形之下这两个方面90年代之后才逐渐被提及,成果相对较少,并未成为主要研究方向。

上述六个方面表现出两种不均衡性:首先是数量的不均衡,如上所述90年代之后的理论文章明显多于80年代,几乎是前者的三倍之多。笔者认为这应该属于正常现象,任何一个有价值的学术领域、学术问题都会有如此表现;不均衡性的第二个表现,也是最为重要的,体现在对上述六个方面问题的关注度和开掘深度层面。在这六个方面中,无论80年代还是90年代,占据绝对研究主流的是对意象的文艺美学肌理的研究,其几乎可以占成果总数的一半以上,重点围绕意象的哲学基础、审美特征、美学意蕴、意象与意境之关系等问题展开。另外两个被研究者普遍关注的方面,一个是对意象的古典源头的探索,另一个是中西意象理论的对比。就第一个方面而言,自从80年代钱锺书、敏泽、叶朗等研究者将意象的源头上溯到《周易》《庄子》,并对刘勰、王昌龄、司空图以及明代前后七子的意象理论作了历史性梳理之后,基本上已将理论流变的脉络勾勒清楚,这便导致整个90年代尽管相关文章数量激增,但整体水平并未有明显提升。就第二个方面而言,90年代的文章不仅数量明显多于80年代,而且表现为中西比较的领域逐渐扩大,其中英美意象派理论与中国古典意象理论的对比无疑是最受关注的,事实上,正是由于中国古典文学与意象派的密切关系,所以在“意象”问题上两者必将存在可以互作参照的空间。除此之外,研究者也逐渐从原型、神话、风格、修辞(如象征、比喻)等诸多层面进行对比。对于艺术形象与意象关系的探讨,90年代以后逐渐式微,原因在于这一问题的提出本身就是存在现实背景的,或者说它在 80 年代是作为形象思维大讨论的副产品而被重视的,时过境迁,自然要归于沉寂,但笔者认为这一问题并非是伪问题,且存在继续讨论的空间。对于意象的心理学探讨,早在 20 世纪 30 年代朱光潜便有《文艺心理学》出版,从心理学层面讨论文学问题是一个重要的角度,对意象的研究自然也是如此,探索意象之"意"的来源和复杂性必然涉及创作心理乃至接受心理等诸多问题,因此,这一方面的研究虽未成为意象研究的主流,却一直向前推进着,在 90 年代突出表现为对意象思维的重视,这一概念几乎可以囊括从意象构思到意象接受的诸多心理问题。值得一提的是,90 年代以后艺术意象研究开始繁盛,这是对意象研究的新发展。包括音乐、绘画、书法、舞蹈、戏剧甚至是民歌、广告中的"意象"问题被不断论及,"语象""音象""乐象""戏剧意象""绘画意象"将 80 年代便已兴起的"审美意象"概念加以进一步细化。笔者认为就文艺美学而言,这种趋势是对以往单纯的文学意象研究的有效拓展,也最大限度地回归了中国古典意象范畴的最初内涵。

通过上面的分析,我们似乎可以得出这样的结论:20 世纪中国美学的"意象"研究经历了曲折的发展道路,世纪之初的几十年乃至世纪之末的 20 年,是其发展的较好时期。就世纪末的 20 年而言,随着"意象"范畴的凸显,其逐渐完成了从"美学在中国"到"中国美学"的转变,①不仅对意象的诸多特征、理论流变、中西异同进行了详尽探索,而且也对之进行了较为重要的理论拓展,甚至很多研究者将之作为中国美学的基本生发点来看待。同时也应注意到这一时期的理论发展也较为复杂,常常是拓展与倒退同时并存,因此在内在研究理路上存在不平衡性,这便导致我们不能以单纯的进化论思维衡量意象的相关研究。以上是笔者对 20 世纪尤其是 80 年代以后意象研究的总体状态进行的宏观勾勒,下文将主要针对其中对中国意象理论贡献最为突出的两个研究趋势进行微观描绘,进而达到考镜源流的目的。

二、"意象"之体系建构及泛化

20 世纪 80 年代以后,"意象"研究的重要发展是众多研究者将之作为中国

① 高建平:《全球化与中国艺术》,山东教育出版社 2009 年版,第 30—44 页。

美学的最核心范畴，在深入挖掘其内涵、勾勒发展过程的基础上以之建构整个中国美学体系，因此笔者称之为“意象本体论”潮流。在此过程中，出于现实性的考虑，“意象”的泛化也在同时发生。

真正使中国古典美学研究得以勃兴，并去除掉固有的意识形态因素影响的时期，是20世纪80年代中后期。此时，中国古典美学得到了较大程度的重视，这就比80年代前期又前进了一步。叶朗的《中国美学史大纲》(1985)便是在这种环境下完成的，“意象”是叶朗一以贯之的美学主题，并在其美学思想成熟的过程中逐渐得到凸显。在后来出版的《现代美学体系》(1988)一书中叶朗明确表明了“意象本体论”的倾向，该书总结出中国古典艺术研究的“四大奇脉”，即元气论、意象说、意境说、审美心胸说，并对“意象说”进行了重点论述，认为“艺术的本体乃是审美意象”①，并将审美意象分作三类：兴象、喻象和抽象。而叶朗对“意象”的推崇在21世纪之后的著作中则表露得更为明晰，《美学原理》(2009)一书可以说是在较成熟的“美在意象”观念指导下形成的，所以他着重从意象的角度切入古代乃至近现代美学家的美学思想，如提到朱光潜，他说：“《诗论》这本书就是以意象为中心来展开的。一本《诗论》可以说是一本关于诗歌意象的理论著作。”②提到宗白华，他也称：“宗白华美学思想的立足点是中国哲学……从中国古代这一天人合一的生命哲学出发，他也提出了美在‘意象’的观点。”③不能不说，虽是原理或概论性质的著作，但其中的主观倾向性较明显。笔者认为叶朗提出“美在意象”的目的在于摆脱朱光潜以来从主客二分的角度思考美学问题的思维模式，摆脱将审美活动单纯看成认识活动的简单思路。所以他提出“审美活动是人的一种以意象世界为对象的人生体验活动”④，在这种意象世界中人与外物是相统一的，人与外物混融一体，从而有效地避免了主客二分的思维定式。

与叶朗几乎同时，皮朝纲也一度以意象或审美意象为基础构筑中国美学史。但皮朝纲的研究兴趣较为广泛，其理论体系从关注人生美学到关注审美心理学，再到禅宗美学，所以对意象的重视仅是其在特定时期的一种理论倡导，这

---

① 叶朗：《现代美学体系》，北京大学出版社1988年版，第90页。
② 叶朗：《美学原理》，北京大学出版社2009年版，第7页。
③ 同上，第8页。
④ 同上，第14页。

与叶朗一以贯之的思路是不同的。在《中国古代文艺美学概要》(1986)一书的下编,皮朝纲除了将“味”看成是具有主客观统一特性的范畴之外,亦认为“审美意象”是整个审美过程能够发生的关键,并据此总结出这些范畴的层次关系,这与其1985年出版的《中国古典美学探索》一书中的观点大同小异:“‘味’(审美主体的审美观照及体验)与‘悟’——‘悟’与‘兴’(‘兴会’)——‘兴’与‘意象’(‘审美意象’)——‘意象’(‘审美意象’)与‘神思’——‘神思’与‘虚静’——‘虚静’与‘气’(文艺创造的推动力)……——‘味’(审美对象的审美特征)与‘意象’(‘艺术意象’)——‘意象’(‘艺术意象’)与‘意境’——‘意境’与‘气’(艺术作品的生命力)……”①从中不难看出其将“意象”(“艺术意象”)看成审美能够发生的必要保障,并且从中亦可看出“审美意象”是贯穿于其从创作到欣赏的整个过程中的,于是他进一步解释称:“因为在文艺创作(特别是艺术构思)中,文艺家的主要任务就是要营构‘审美意象’(即意中之象),只有当‘审美意象’形成之后,才能‘窥意象而运斤’(《文心雕龙·神思》),把‘审美意象’物态化为艺术形象;进行文艺欣赏,也要首先把文艺家所塑造的‘艺术意象’转化为自己头脑中的‘审美意象’,才能进一步去领会和把握‘艺术意象’(形象)的内在意蕴和文艺家的审美情趣。”②通过比较《中国古代文艺美学概要》与《中国古典美学探索》所描绘的范畴体系,可以发现“味”的核心地位未变,而“意象”和“气”两个范畴则成为这一范畴体系中的基本范畴。在距离上述两本著作10余年后出版的《中国美学沉思录》一书中,皮朝纲又将自己的意象本体论作了更明确的表达:“我们认为,艺术的本体是审美意象。”③

对意象本体的坚持,除了叶朗、皮朝纲两位早期的拥护者之外,在90年代还有夏之放、姜开成、朱志荣等人,限于篇幅,权作简要介绍。夏之放在1990年发表的《论审美意象》一文中便明确提出了“用审美意象作为文艺学体系的第一块基石”的观点,④后来又重申“应该理所当然地把审美意象看作是文学理论体系的逻辑起点和中心话语”⑤。姜开成与夏之放的观点非常接近,他是从对“形象”概念的批判引入“意象”范畴的,从50年代美学大讨论开始,文学便被看成

---

① 皮朝纲:《中国古代文艺美学概要》,四川省社会科学院出版社1986年版,第11页。
② 同上,第9页。
③ 皮朝纲:《中国美学沉思录》,四川民族出版社1997年版,第247页。
④ 夏之放:《论审美意象》,载《文艺研究》1990年第1期。
⑤ 夏之放:《以意象为中心话语建构文艺学理论体系》,载《求是学刊》1995年第6期。

形象、情感和想象的组合体，但到了 90 年代这种认识则有待商榷，姜开成认为将“形象”作为核心范畴，带有较大的片面性和局限性，所以他认为“传统文论中‘意象’的内涵经革新后，可以取代‘形象’，这有助于全面、深入地把握文学的本质特征”①。朱志荣则认为意象论是古典美学雅俗论、风格论、文体论、语言论、鉴赏论的基础，其也将意象作为中国古典美学的最为基础的核心概念，“‘意象’成了中国传统文学内蕴的一种标志……我将‘意象’作为中国文学的艺术特征的核心内容加以探讨”②。本章节认为上述诸人倡导“意象”本体的潜在话语是对“形象说”的反拨，他们普遍认为将文学尤其是中国文学单纯认为是形象性的是有失偏颇的，试图以“意象说”加以转化。一方面，这种认识体现出 90 年代学者不断思考的科学精神，以求最大限度地摆脱意识形态以及反映论的影响，对“形象”的重视实际上是西方模仿论、再现论的翻版；另一方面，实际上这也是时代潮流的一种投影，文学形象问题是 80 年代“美学热”的核心和热点问题，而到了 80 年代中后期这种潮流则渐渐退去，在此种背景下研究者开始冷静地思考文学基本属性的问题，正如高建平所指出的，“从 1980 年代中期到 1990 年代，是中国古典美学大繁荣的时期，众多的古代文学概念，特别是影响巨大的‘意象’研究，直接承续‘形象思维’的讨论而来”③。

事实上，在叶朗、夏之放、姜开成等人极力倡导意象本体的同时，他们亦对这一问题有清醒的认知。因为毕竟这一范畴的产生土壤是古代艺术，五四运动以后特别是 80 年代中期以后的文学状况改变较大，因此要想使这一范畴重新获得有效性，对之进行适当转化便在所难免。在某种意义上，本体化的过程实际上与泛化的过程是同时存在的，对某一概念或理论的钟爱发展到一定阶段便试图赋予其包含一切的解释能力。这便涉及概念或理论的扩容和转化问题，意象问题也是如此。

当然还要提到叶朗，上文已经提到，他将意象分成三类：兴象、喻象和抽象，“抽象”意义的引入便为解释西方现代派文学中的形象留有了余地，他说：“可以看出现代派艺术在一定程度上丰富、扩大、深化了艺术的意象空间和意象构成

---

① 姜开成：《论“意象”可以成为文艺学的核心范畴》，载《浙江学刊》1997 年第 4 期。

② 朱志荣：《中国文学艺术论》，山西教育出版社 2000 年版，引言，第 16 页。

③ 高建平：《“形象思维”的发展、终结与变容》，载《社会科学战线》2010 年第 1 期。

方式，从而对艺术的发展作出了自己的贡献。”[①]事实上，其在《现代美学体系》中便开始以多元性的研究思路建设现代美学体系了，其基本原则在于一方面坚持传统美学与当代美学的贯通，另一方面坚持中国古典美学与西方美学的融通。在《胸中之竹——走向现代之中国美学》(1998)一书后记中，他有这样的总结：“10 多年来，我逐渐形成了一个基本观念，就是‘意象’乃是中国传统美学的核心范畴，同时‘意象’又是中国传统美学和西方现代美学的契合点。”[②]与之类似，上文提到的夏之放、姜开成等人眼中的意象也是具有现代含义的美学概念，夏之放将意象分为四种[③]：当下审美意象、象征性意象、想象意象和幻想意象，很显然后三种是具有极大包容性的。姜开成则主张对“意象”进行新的意义阐释，并以之代替传统的“形象”说，他认为应该将“意”与“象”的外延进一步开拓，使其不再局限于再现文学或抒情文学，而“应该尽可能适用一切文学”[④]。

可以说，各位研究者的上述态度是 1990 年代以后意象研究者的普遍共识，这种转变在当时的各种文学理论、美学教材中便有十足的反映。以新时期以来影响较大的童庆炳所编写的《文学理论教程》多个版本为例，可以发现一些很有意思的现象。在 1989 年版的教材中并未提及“意象”范畴，仅是提及了文学艺术具备形象性的特征，并在进一步论述文学形象的性质时提到了“意象性”的概念，但检阅全文，其对“形象的意象性”的解释却并未将意象作为本土概念来看待，反而以意象派代表庞德对意象的定义为重要依据。[⑤] 这种情况在 1990 年代的教材中则转变较大，1992 年之后的版次中都无一例外地专列“文学意象”一节，明确提到：“意象是中国首创的一个审美范畴。”[⑥]并进一步指出文学意象作为审美意象具备哲理性、象征性、荒诞性、抽象思维的参与等特征，[⑦]从中不难看出，实际上童庆炳试图将西方现代派文学中难以用典型形象进行归类的格里高尔式的“符号性形象”归入意象范畴之下，由此可以说童氏的系列教材正是意象泛化潮流的真实映射。

---

① 叶朗：《美学原理》，北京大学出版社 2009 年版，第 153 页。

② 叶朗：《胸中之竹——走向现代之中国美学》，安徽教育出版社 1998 年版，后记。

③ 夏之放：《论审美意象》，载《文艺研究》1990 年第 1 期。

④ 姜开成：《“意象”说替代“形象”说之我见》，载《浙江师大学报》1997 年第 2 期。

⑤ 童庆炳：《文学概论》，武汉大学出版社 1989 年版，第 78 页。

⑥ 童庆炳：《文学理论教程》，高等教育出版 1998 年版，第 287 页。

⑦ 同上，第 289—292 页。

对“意象”范畴的泛化，除了上述诸位研究者最大限度地扩大其现实解释能力之外，还存在另一种趋势，便是将其进一步“细化”。事实上，这两种趋势是同步发生的，通过上文可知很多研究者在对“意象”解释能力进行扩充的同时已经普遍运用“审美意象”这一范畴了。

“审美意象”的较早提法见于朱光潜 20 世纪 60 年代出版的《西方美学史》，他在翻译康德的最高审美范畴“Asthetische Idee”时，依据希腊文将其译为“审美意象”，是一种“理性观念的感性形象”①。20 世纪 80 年代，胡经之在其《文艺美学》(1989)中设有“艺术形象与审美意象”一节，专门讨论审美意象及其如何转化为艺术形象的问题。胡经之较之其他学者的不同之处在于，他明确地对审美意象与艺术形象进行了区分，他指出：“意象，这是思维化了的感性映像，是具体化了的理性映像。意象一旦得到物化，就可以转化为形象。但是，并非任何意象都可转化为艺术形象。意象，有审美意义的，也有非审美意义的。”②这里，所谓“有审美意义的”经过物化便可称为艺术形象，而“非审美意义的”最终则很难具有艺术价值。所以，胡经之的进步之处在于从艺术创作角度指出了“眼中之竹”到“手中之竹”的复杂转化过程，进而也看到了“意象”与“审美意象”的重要区别。并且，“审美意象”虽脱胎于中国古典美学，但在胡经之倡导的文艺美学的大框架下，它更多的是对艺术创作过程中所塑造形象的统称，这便将古典意义上较为广义的“意象”进行了细化和现代转型，其将“审美意象”定义为主体审美认识和审美情感的有机结合，且将其扩展到音乐、绘画、戏剧、书法、建筑、电影等诸多艺术领域。

胡经之对“意象”的另一个贡献在于从艺术思维的角度对意象进行了重新认识，并指出艺术中的思维不是概念思维，也不是通常意义上的形象思维，他创造性地提出“意象思维”的概念，“以意象为思维材料的思维，性质已不同于无概念的形象思维，应称它为意象思维，以区别于无概念的形象思维，又区别于概念思维”③。当然其对意象思维的界定和认识是与其对“意象”一词的充分体认以及对古典美学意义上的意象的现代拓展分不开的。在胡经之看来，意象的形成、深化和物化过程，便是意象思维和概念思维交替、结合的过程，从而看到了

① 朱光潜：《西方美学史》，人民文学出版社 1979 年版，第 391 页。

② 胡经之：《文艺美学》，北京大学出版社 1989 年版，第 200 页。

③ 同上，第 142 页。

艺术创作过程中感性与理性、形象与抽象相互扭结的性质。自从胡经之提出这一概念,并对之进行描述之后,研究者陆续对这一问题进行探讨,相关论文如褚兢的《意象思维略述》(1992)、高晨阳的《试论中国传统意象思维方式》(1993)、杨惠臣的《论意象思维》(1995)、邹建军的《“意象思维”的五大特性》(1998)、黄石明的《中国古代诗学的意象思维特征论》(1999)、彭景荣的《试论意象思维与意象艺术》(2000)等。而之所以从胡经之开始众多学者推崇“意象思维”,本文认为其深层动因一方面是试图打破传统形象思维与抽象思维的二元对立模式,试图用这一概念将之整合,进而更好地表现艺术思维的特殊性;另一方面也有整合当时意象研究与心理学研究的考虑,诚如高建平在《“形象思维”的发展、终结与变容》一文中所言,1985 年以后“形象思维”的讨论已经“化身为文艺心理学、文学人类学研究和古代文论中的‘意象’研究”①,而胡经之等人提倡的“意象思维”恰体现出了文艺心理学与“意象”研究的双重属性,或者说是这两种倾向的综合。

综上,如果说叶朗等人对意象概念的改造是将其应用于西方现代派文学之中,从而使学界对相应的符号化形象具备了区别于“典型”概念的理论称谓的话,那么胡经之等学者则是从文艺美学、文艺心理学的高度将这一概念加以拓展,从而使其具备了涵盖审美心理、审美认识、审美情感的泛性意义。但不可否认,无论是叶朗还是胡经之的上述扩界行为都是基于对“意象”概念的最核心认识,而这种认识无疑源于中国古典美学,所以这种“泛化”的尝试便与五四时期直到 80 年代初的意象观念决然不同,同时,也与下文将要提及的刘若愚、叶维廉等人比较美学视野下的意象理论建构相差甚远,叶朗、胡经之志在同化,而刘若愚、叶维廉则志在沟通。

三、“意象”与西方理论的对话

实际上,在中西对话的理论背景下观照、讨论中国美学问题是整个 20 世纪中国美学研究的基本底色,原因在于梁启超、王国维、蔡元培等美学先行者们都有十分深厚的西学渊源,他们无一例外地采取了一种世界性的眼光重新审视中

① 高建平:《“形象思维”的发展、终结与变容》,载《社会科学战线》2010 年第 1 期。

国古典文化。对“意象”范畴的认识也是如此，这里尤其要提及者是朱光潜，其在《诗论》《谈美》等著作中试图从西方心理学角度审视意象范畴，《谈美》一书的开头即指出“美感的世界纯粹是意象世界”①，这里所谓的“意象”既受克罗齐“形象的直觉”的思想影响较大，也是一种主体之意与客观之象的结合体，因此朱光潜将其视为沟通中西美学体系的首选媒介，在某种意义上“美在意象”的源头应该上溯到朱光潜这里。同时，他也对意象的内在机制进行了深层解释，他曾以人们凝神观赏梅花为例，即使你无暇思索关于梅花的现实境况，但“这时你仍有所觉，就是梅花本身形象（form）在你心中所现的‘意象’（image）。这种‘觉’就是克罗齐所说的‘直觉’”②。在谈到意象与情趣的关系时，朱光潜又借鉴立普斯的“移情作用”（empathy）及谷鲁斯的“内模仿”（inner imitation）理论来剖析意象在主体心理层面的生成过程。所以可以说，朱光潜关于意象的认识是中国美学史上较早借鉴西方理论进行讨论的开创性成果。

在朱光潜之后，较早在中西比较诗学视野下观照中国古典“意象”范畴的应该是刘若愚。早在其1962年出版的《中国诗学》一书中，他就专门讨论了意象的性质和分类问题，其中不乏带有西方理性分析性质的深刻见解。在刘若愚看来，“意象”一词的英文是“image”，源自拉丁文“imago”，它不仅指诗人在诗中描摹的自然物象，而且是诗人表达抽象意念的媒介。可以说，单纯这一认识并不具有新意，但他的贡献在于针对西方学者对意象纷繁复杂而难以统一的认识，提出了自己的观点，主张按照意象的不同种类，分别加以界定。于是，他将中国古典诗歌中的意象分作两大类：简单意象（或单一意象）（simple imagery）和复合意象（compound imagery）。“简单意象（单一意象）是唤起感观知觉或者引起心象而不牵涉另一事物的语言表现；复合意象是牵涉两种事物的并列和比较，或者一种事物与另一事物的替换，或者一种经验转移为另一种经验的词语表现。”③前者指诸如云、水、柳、青山等仅包含一个意义的意象，后者则较为复杂。在他看来，复合意象可分为：并置意象（juxtaposition）、比拟意象（comparison）、替代意象（substitution）和转移意象（transference）四类，刘若愚主要以类似分

① 朱光潜：《谈美》，华东师范大学出版社2012年版，开场话。
② 朱光潜：《诗论》，江苏文艺出版社2008年版，第48页。
③ 刘若愚著，杜国清译：《中国诗学》，台北幼狮文化公司1977年版，第152页。

析合成词的方式,并按照本体与喻体之间的关系来分析诗歌中意象的构成,[①]除此之外,他还对意象与西方文学中象征的关系进行深入辨析,一方面承认两者在构造形式上存在相似甚至相通性,但另一方面则重点剖析了两者的不同,指出通常情况下意象中本体与情感之间的联系是相对固定的,而"一个传统的象征由于情况不同,其意义和情感方面的联系是可以有变的"[②]。早在《中国诗学》出版的前1年,刘若愚还撰写过《英诗中之意象》(1961)一文,所以刘若愚是站在中西文化的宏观角度审视两种文学各自的独特形象的,正因如此其对中国"意象"范畴的认识才会更为客观,且具有启发性。

与刘若愚比较文学视野相应,叶维廉对意象的认识也带有沟通中西的考虑,其在《比较诗学》一书的《语法与表现——中国古典诗与英美现代诗美学的汇通》《中国古典诗和英美诗中山水美感意识的演变》《语言与真实世界——中西美感基础的生成》等部分中都有相关讨论。叶维廉主要是从道家美学角度审视意象概念,并将之运用于解释庞德、威廉斯等人的诗作。在他看来,意象之"象"源自自然本有,"中国诗中的意象往往就是以具体的物象捕捉这一瞬的元形"[③],而且就诗人主体来说也应以离形去智、心斋坐忘的心态看待自然物。在叶氏看来,意象是基于外在世界与人内在情感的深层同构关系而得以展现的,这无疑是对道家美学齐物观点的有效继承。而他之所以如此重视意象范畴,是与文学阐释的现代性困境密不可分的,在语言学转向的大背景下,对语言的过分倚重使得文学研究单纯成了由语言和意义两种元素构成的算式拆解,这不能不说是语言学转型的突出弊端,对形象的忽视极大地消解了文学的生命力。

叶氏对西方理论的另一个突破之处在于,很多汉学家、翻译家都将"形象"(image)翻译成"意象",而忽视了两种文化"模子"的差异,在他看来,西方人眼中的"意象"是存在本体和喻体、能指和所指之分的,且所指的意义相对单一、固定,本体与喻体之间往往也并非存在情感的同构性,这与具有鲜明道家特点的中国"意象"概念明显不同,比如在《中国古典诗和英美诗中山水美感意识的演变》一文中,他将王维和华兹华斯的山水诗进行了对比分析,认为:"王维的诗,

---

① 对四类复合意象的解释详见詹杭伦:《刘若愚:融合中西诗学之路》,文津出版社2005年版,第198页。

② 刘若愚著,杜国清译:《中国诗学》,台北幼狮文化公司1977年版,第167页。

③ 叶维廉:《叶维廉文集》,安徽教育出版社2002年版,第88页。

景物自然兴发与演出，作者不以主观的情绪或知性的逻辑介入去扰乱眼前景物内在生命的生长与变化的姿态，景物直现读者目前；但华氏的诗中，景物的具体性渐因作者介入的调停和辩解而丧失其直接性。"[①]所以叶维廉是以东方物我浑一思维纠正西方学者对文学形象乃至意象的认识，是对西方思维中主客二分逻辑的有效回避，在这一点上笔者认为这也是对刘若愚意象理论的修正和超越。

在中国内地，20 世纪 80 年代之后很多理论家也陆续注意到西方学界对语言的重视，并开始了中国式的语言学转型，在此种背景下传统的"意象"范畴自然要被重新审视，相应的，在"言""象""意"三要素中，"言"这个在传统意象理论中被忽视的元素开始进入研究者视野。尽管他们中的一些人并非纯粹的美学研究者，客观上却扮演了深化"意象"这一美学范畴内涵的角色。较早涉及这一问题的应该是赵毅衡，赵毅衡在《新批评》一书中用"语象"[②]作 icon 和 image 的译语。在该书第六章第一节中他说："我们可以大致确定'语象'这译法与新批评派所谈的 icon 或 image 的意义比较能相应。"[③]但 icon 或 image 恰恰在他之前通常被译为"意象"，陈晓明在《本文的审美结构》中对语象进行了如下规定：1. 语象建立在本文的本体构成意义上，也就是语象具有"存在性"；2. 语象是本文的自在存在，它是本文的基本"存在视象"；3. 语象只是呈示自身，不表明任何与己无关的意义或事物；4. 语象是既定的语言事实，它与作者和读者以及其他本文无关。[④] 总而言之，"语象"较之"意象"更加突出了"语言"和"文本"的基础性或本体性地位，兼顾形而下之"语言"，同时重视形而上之"象外之象"。可以说，即使如有的研究者所言，"语象"一词的中国化过程可能存在某种误读的事实[⑤]（其实很多西方概念都存在这种情况），但笔者认为这种误读是合理的再创造，因为它在某种程度上被中国学者赋予了新意，而这恰恰构成了对中国文学中一直以来的"形象"乃至"意象"概念的有效补充和拓展，我想这也是诸多著名学者愿意使用这一概念的初衷。

---

① 叶维廉：《叶维廉文集》，安徽教育出版社 2002 年版，第 174 页。

② 对"语象"一词的认识，目前学界仍有颇多争议，该词最早由赵毅衡在 20 世纪 80 年代引入，后经蒋寅、韩经太、王一川等人的不断延伸、借用，从而形成了一个能指更为丰富的概念。相关论文如蒋寅《语象·物象·意象·意境》（《文学评论》，2002 年第 3 期），韩经太、陶文鹏《也论中国诗学的"意象"与"意境"说》（《文学评论》，2003 年第 2 期）等。

③ 赵毅衡：《新批评》，中国社会科学出版社 1986 年版，第 136 页。

④ 陈晓明：《本文的审美结构》，花山文艺出版社 1993 年版，第 92 页。

⑤ 黎志敏：《语象概念的"引进"与"变异"》，载《广州大学学报》2008 年第 10 期。

众所周知,在普泛意义上意象是“意”与“象”的有机组合,是主体将自己的主观感情投射到外在对象之上,使之在作品中带有超出纯粹客观的意味,依赖物象但又远远超出物象。但问题马上出现了,即不是任何文学作品都有这种带有深厚含义的形象存在的,即使在古代诗词中也并非决然如此,在新时期的文学作品中这种情况则更为突出,语言实验、叙事圈套、个人独白等新的叙事策略充斥着整个文坛,在这种背景下连鲜明可感的“形象”都难以索迹,更遑论“意象”了。而“语象”范畴的应用恰可弥补这一空缺,若从最通俗意义上来看待这一概念,“语象”一方面仍然承载着“象外之象”的基本内涵,但另一方面,也是最为重要的是它承认了语言的重要性,语言本身就是一种有意味的形象,只有发掘出语言的这一特性,才可以更深入地看待中国古典文学作品中的形象之美,这一点是传统美学理论、文学理论很少注意的方面。

在赵毅衡之后对“语象”概念进行拓展,甚至多少带有些极端意味的是王一川,他提出了“语言形象”的命题。“谈论中国文学,对我们来说,其实往往就是谈论汉语文学。而汉语文学的特点之一,是汉语本身就具有美的形象。”①事实上,王一川所倡导的语言形象是在语言学转向的现代性大背景下展开的,在他看来,文化现代性的重要组成便是语言现代性,新文化运动以后古典式语言或者是古典式语言写作渐渐淡出国人视野,白话语言和白话文写作成为百年中国文学领域的主流,伴随语言这一文学的首要因素的变革,其体现出的整体味道或者说其美学特质必然发生某种转变,如果说前现代社会文学语言以能塑造出含蓄隽永的“意象”为最高成就的话,那么伴随语言形式和文体形式的改变,此时文学语言所塑造的形象则与古典文学存在明显的断裂,“香草美人”与“丁香一样的姑娘”自然韵味不同,此种背景下考察古典“意象”在现代乃至后现代社会的存在样态自然十分必要。事实上,王一川从最初倡导体验美学到后来倡导语言论美学,再到 90 年代末倡导修辞论美学,这一发展过程也与中国文学理论 80 年代以来的理论走向相一致。“语言形象”恰是伴随语言学转型而产生的副产品,但不管怎样,王一川不失时机地抓住了汉语文学的本质因素,并将其同社会文化紧密联系起来,这就打破了原有古典式的“意象”研究体现的精英疆域和封闭状态,语言形象不仅成了文学语言塑造的独特形象体系,更为主要的是从

① 王一川:《汉语形象美学引论》,广东人民出版社 1999 年版,第 3 页。

中可以看到意识形态、作家个性、美学理想等诸多内涵，“语言形象是文学的艺术形象系统的最直接‘现实’”①。其在《中国形象诗学》《汉语形象美学引论》等书中的基本观点是将语言形象看作是由文学作品的具体话语组织所呈现的富有作者个性特征和独特魅力的语言形态，是文学作品艺术形象系统的组成部分，主要包括语音形象、文法形象、辞格形象和语体形象四个层面。

这里需要指明的是，王一川理论中的“语言形象”与传统意义上的“意象”不同，也与“语象”概念有所区别，因为无论意象还是语象都较为重视文学作品中的“形象”因素，两者的区别仅是对语言因素是否关注而已，而“语言形象”似乎走得更为彻底，相较前两者，它更突出语言自身的形式性因素，后来他甚至说“所谓语言形象，主要不是指由具体语言（话语）所创造的艺术形象（如人物形象），而是指使这种艺术形象创造出来的具体语言组织形态，或者说，是创造这种艺术形象的具体语言组织形态”②。从中不难看出，传统的“意象”范畴在20世纪末由于缺乏现实的解释能力，随着文学形态和文学观念的根本变革，其在进行着十分艰难的理论突围。

行文至此，有必要对刘若愚等人的理论作出适当的反思。上述诸位学者的理论贡献诚如所述，但其理论缺陷也是十分明显的。刘若愚实际上是以西方分析哲学的方法，以主客二分的西方传统思维来对意象进行了过于理性的探讨。叶维廉尽管在某种程度上避免了刘若愚的局限，但其研究中国古典意象的参照系是英美近现代诗歌，文化模式及时间上的双重错位加之其对中国古典诗歌的选择性提及，不免使其观点存在片面性。而赵毅衡、王一川对“语象”“语言形象”的坚持，很显然其研究方法源自西方，“语象”概念是在英美新批评的理论框架下展开的，至于“语言形象”则明显已经超出了形象的范围，严格意义上说是对语言特征和语言个性的描述。

综上，纵观整个20世纪“意象”范畴的发展脉络，可以说其经历了理论自由、理论潜行和理论自觉三个时期。从五四运动时期到40年代是理论的自由时期，尽管将这一时期定位为西方概念，但整体的理论空气是澄明的，这也为80年代意象理论的重振、中西沟通奠定了坚实基础；40年代至80年代是理论的潜

① 王一川：《汉语形象美学引论》，广东人民出版社1999年版，第12页。

② 王一川：《汉语形象与汉语形象美学》，载《浙江学刊》1999年第1期。

行期,在社会环境、意识形态等多重因素的包夹之下,从《在延安文艺座谈会上的讲话》对文艺创作中“形象”问题的讨论到 80 年代早期对“形象思维”的高度重视,“意象”问题实际是被包裹在“形象”问题之下的。但不可否认,这些讨论无论在文艺心理学还是在文艺美学层面都为后来对“意象”深层肌理的挖掘作了必要准备;80 年代尤其是中期以后是意象理论的自觉期,这也是“意象”理论获得最充分发展的时期,上文论及的体系建构、泛化以及中西的理论沟通都发生在这一时期,通过意象本体化及泛化的努力,最大限度地扩大了意象的内涵和外延,最终使其成为具有现实意义的美学范畴。所以,笔者认为这一范畴是古代文论现代转化过程中最为成功的案例,事实上,目前在其他艺术领域中“音象”“乐象”“戏剧意象”“绘画意象”等“意象”子范畴的提出恰好是这一观点的绝好印证。

第四节　中国古典美学范畴建构之尴尬
——“意境”的现代化困境

不可否认,中国美学学科的出现是西方美学中国化的产物,虽然“美学”学科在西方早已建立,但直到 20 世纪初才被引入中国。面对全新的文化环境,西方的“哲学美学”显然会出现水土不服的症状,因此如何将之改造成一种符合本土特点的理论形态便成了当时众多学人首先要解决的问题。事实上,纵观 20 世纪以后的中国美学发展历程,我们的美学其实是沿着“艺术美学”的路径发展的,相较于“哲学美学”,它更多地重视对艺术思想的总结、对美学范畴的钩沉、对现实问题的关注。其实,西方美学的本土化与中国美学的建立是一体之两面,在这一过程中中国古代艺术资源起到了不容忽视的重要作用。为了构建本土化的美学体系,中国古代的众多艺术思想、艺术范畴被重新整理,并被赋予了前所未有的重要性,中国古典美学的现代崛起便是在这一背景下开始的。而从另一个角度来看,20 世纪中国古典美学的崛起又似乎天然地带有某种非自觉性,或者说它是在一种外力推动的作用下展开的。正因如此,便决定了它在后续发展过程中必然要面临一种“寄人篱下”的困境,虽然父母是亲生的,房子却是别人的,因此要想过得安稳,获得永久的居留权,便要努力迎合房主人的好恶。甚至有时还要违心地改变甚至隐藏父母遗传给自己的脾气秉性，变得低三下四，而这一过程有时又吃力不讨好，最终自己改变了，却未得到房主人应有的尊重和认可，或者由于天性使然，自始至终便会同房主人磕磕绊绊。我想，用这个例子来说明中国古典美学现代崛起过程中所遇到的尴尬是十分合适的。由于这个话题过于笼统，因此下文将主要以“意境”这一公认的中国美学的核心范畴为考察对象，试图分析它的现代化旅程及面临的尴尬处境，以此管窥中国古典美学崛起的脉络及美学范畴建构过程中存在的问题。

一、“意境”的现代化旅程

“意境”是中国古代艺术思想中的重要范畴，20 世纪 80 年代以后形成了对之研究的热潮，到目前为止仅在中国知网（CNKI）中便收录相关论文 5 000 余篇，而实际的数字当然不止于此。这些论文中探索意境源流问题的占据相当比重，经过不断地挖掘、讨论，目前基本上认为“意境理论”发轫于先秦时期，孕育于魏晋南北朝，形成于唐代，盛行于明清之际。其中唐代是意境的成熟期，王昌龄、皎然、刘禹锡、司空图等人将这一理论在文学领域进一步拓展，后来如南宋的严羽，明代的谢榛、朱承爵，清代的叶燮、王士祯、陈廷焯、况周颐等人对意境理论都有所贡献，而成就尤为突出者则是王国维。上述观点，基本上代表了目前最为主流的意境发展史，而且这种认识也贯穿在众多的美学史和文学批评史中。当然，除此之外也有一些不同的声音存在，比如罗钢便认为“意境”说并不是中国传统美学和诗学本有的，而是德国美学以王国维、梁启超、朱光潜等人为中介在中国的具体化。[①] 可以说，这种观点具有一定的理论依据，因为尼采、叔本华、康德等人确实对上述理论家产生了重要影响，他们的理论体系也体现出鲜明的德国美学色彩。但据此便将“意境”纳入德国美学体系，似乎有些武断且牵强，因为包括德国美学在内的西方美学在意境现代化转化的过程中仅是起到了一种催化剂的作用，甚至即便在意境获得凸显的过程中，它们真的发挥了重要作用，但这种作用则并非是根本性的，忽视意境的中国本土色彩，单纯地强调外部因素的作用是不够客观的。

---

① 罗钢：《意境说是德国美学的中国变体》，载《南京大学学报》（哲学社会科学版）2011 年第 5 期。

“意境”范畴现代化旅程的肇始点是王国维1904年在《教育世界》中发表的《孔子之美育主义》,在文中他首次提到“境界”说。1907年,在托名樊志厚发表的《〈人间词〉乙稿序》中,他正式提出“意境”概念,称:“原夫文学之所以有意境者,以其能观也。出于观我者,意余于境;而出于观物者,境多于意。然非物无以见我,而观我之时,又自有我在。故二者常互相错综,能有所偏重,而不能有所偏废也。文学之工不工,亦视其意境之有无与其深浅而已。”①虽然在1908年出版的《人间词话》中他仍然使用“境界”一词,但在3年后的《宋元戏曲考》中则又大量使用“意境”这一概念,至于为什么会发生这种术语的游移现象,估计这与“境界”范畴自身的缺陷不无关系,“第一,‘境界’一词既曾屡经前人使用,有了许多不同的含义,因此当静安先生以之作为一种特殊的批评术语时,便也极容易引起读者们不同的猜测和解说,因而遂不免导致种种误会。第二,静安先生自己在《人间词话》中对‘境界’一词之使用,原来也就并不限于作为特殊批评术语的一种用法而已,它同时还有被作为一般习惯用法来使用的情形”②。可以说,“境界”在王国维的理论体系中是一个总体性的概念,其具有批评术语和日常词汇的双重角色,相较而言“意境”则更为纯粹,所以在《宋元戏曲考》中才被集中运用。当然,无论“境界”还是“意境”,在其体系中其实都带有鲜明的西学色彩,比如其将有我之境、无我之境与西方美学的优美、壮美相比附就是一个显例,若细加分析,尚有许多这样的例证,不赘述。

在王国维之后,朱光潜是继承并发展王氏“境界说”的重要人物。他在《诗论》中专列一章来讨论“诗的境界”,此处涉及的“境界”便源自王国维,如其所述:“从前诗话家常拈出一两个字来称呼诗的这种独立自足的小天地。严沧浪所说的‘兴趣’,王渔洋所说的‘神韵’,袁简斋所说的‘性灵’,都只能得到片面。王静安标举‘境界’二字,似较概括,这里就采用它。”③事实上,“意境”或者“境界”从唐代产生之后,并未成为直接的文学批评术语,甚至宋代至晚清之前都很少有人使用,其被使用的频次远远低于“兴趣”“神韵”“性灵”等其他范畴。到了近代,随着王国维、梁启超等人的提倡才得以重见天日,甚至将以往的“兴趣”“神韵”“性灵”等都纳入了“意境”的范畴之内,不能不说其中体现出明显的人为

① 谢维扬、房鑫亮主编:《王国维全集》第14卷,浙江教育出版社、广东教育出版社2010年版,第682页。
② 叶嘉莹:《王国维诗学及其文学评论》,河北教育出版社2000年版,第165—166页。
③ 朱光潜:《诗论》,江苏文艺出版社2008年版,第46—47页。

建构的痕迹。当然，王国维之后，朱光潜便成了这种建构过程的接力者。他仍然沿袭王国维的“境界”概念，并认为诗的境界是情与景、情趣与意象的融合，并用克罗齐的直觉说、费肖尔父子的移情说以及谷鲁斯的内模仿说对“境界”的创造和体验过程加以阐释。可以说，朱光潜一方面将王国维理论中歧义频出的“境界”概念落实到了“诗”（即文学）的范围，而且在这一过程中也对中国传统文艺中意义较为模糊的“意境”概念进行了带有现代意义的界定，使其内涵更为明确。虽然该书出版于 1942 年，但据序言可知其基本的纲要则成型于 30 年代初期，由此看来朱光潜无论在理论层面还是在实践层面都具有重要的承上启下作用。

与朱光潜齐名且对“意境”范畴的现代化作出重要贡献的另一位理论家是宗白华。其实早在 1920 年，宗白华在发表的《新诗略谈》中便涉及了“意境”：“我想诗的内容可分为两部分。就是‘形’同‘质’。诗的定义可以说是：‘用一种美的文字——音律的绘画的文字——表写人的情绪中的意境。’这能表写的、适当的文字就是诗的‘形’，那所表写的‘意境’，就是诗的‘质’。”[①]需要指出的是，这段文字是宗白华针对写白话新诗而说的，因此，此处之“意境”便与王昌龄乃至王国维笔下的“意境”不尽相同，用他自己的话说，它更倾向于一种“感想情绪”。不过，其将“意境”看成诗歌必不可缺之“质”，在当时还是具有相当的进步性的。以此为契机，宗白华的意境论在 40 年代获得了充分展开，1943 年 3 月，宗白华在《时与潮文艺》创刊号上发表了《中国艺术意境之诞生》一文，这篇被视为宗白华“意境”理论奠基之作的文章意义非凡，“真正赋予了它（指意境）作为中国美学核心范畴的地位”[②]。总体上，宗白华是抱着一种对中国传统艺术思想“同情的了解”的情绪展开研究的，从而给予“意境”范畴新的评价和充实的界定，在他看来，“研寻其意境的特构，以窥探中国心灵的幽情壮彩，也是民族文化底自省工作”[③]。可以说，这种“自省”既是一种文化的钩沉和接续，更是一种基于热爱基础上的现代化努力，所以他笔下的“意境”获得了最为明晰的内涵。与朱光潜相似，在《中国艺术意境之诞生》一文中，宗白华也看到了情与景在意境建构过程中的意义，将意境看成是“情”与“景”的结晶，除此之外，他也看到了

① 宗白华：《美学的散步》，安徽教育出版社 2000 年版，第 172 页。
② 刘成纪：《重谈中国美学意境之诞生》，载《求是学刊》2006 年第 5 期。
③ 宗白华：《美议》，北京大学出版社 2010 年版，第 69 页。

“实”与“虚”之间的辩证关系，认为“化实景为虚境”是构建艺术境界的重要维度，而且在他看来，意境中的“虚境”又与佛教之“禅境”、道家之“道”(或“无”)十分接近，艺术中大量存在的空白在某种程度上就是一种体现“禅境”和“无”的手段，可以说，较之王国维和朱光潜，宗白华对中国艺术意境的认识是最为深入的，也是最为全面的，而且也看到了意境范畴较之其他概念的形而上属性。无疑，宗白华是中国古代意境理论的集大成者，更是意境现代化过程的最主要践行者。至此，意境的情景交融、虚实相生以及韵味无穷的基本属性得到了最准确的挖掘和言说。

宗白华的贡献在于真正明确地使用了“意境”概念，并将之看成中国艺术的最核心范畴，虽然在具体讨论时他也经常以西方艺术作为参照，但较之王国维和朱光潜要自觉得多，不仅很好地处理了“境界”与“意境”相互混杂的使用情况，而且也很好地摆正了中西哲学、中西艺术之间的体用关系。

如果按照历时的顺序梳理“意境”现代化的过程，那么下面将要讨论的应该是李泽厚。由于他的“意境论”除了包含现代化的因素之外，还涉及意识形态的内容，且对80年代的相关讨论产生了复杂的影响，因此将之放在本节第二部分来谈。

二、“意境”与“意象”之博弈

如上文所述，在朱光潜、宗白华之后，使“意境”理论产生广泛影响的是李泽厚。其《“意境”杂谈》一文，发表于《光明日报》1957年6月9日和16日。概而言之，这篇文章的第一个贡献在于，以现代逻辑推演的方式分析意境，而且对主观情意与客观景物又进行了细致的分析，从而脱离了古代感悟式的言说模式。在他看来，“意境”是“意”和“境”两方面的有机结合，同时“‘境’和‘意’本身又是两对范畴的统一:‘境’是‘形’与‘神’的统一;‘意’是‘情’与‘理’的统一”①。在“境”的方面，超越“形似”之上的“神似”往往是能体现中国艺术神韵的关键，其实这便是宗白华所说的“实”与“虚”的统一。在“意”的方面，艺术作品除了要充分地表达作者的“情感”之外，还要对这种情感进行节制，“理”既是一种社会规

① 李泽厚:《门外集》，长江文艺出版社1957年版，第140页。

范，更是一种逻辑思维。由这些分析，我们可以看出其相较于宗白华对意境的分析是有所进步的，宗白华虽然也试图将意境加以界定，但仍属于一种总体性论述，而李泽厚则从哲学分析角度对“意境”的构成进行了详细的论证，从而使“意境”的内涵愈辩愈明。

《“意境”杂谈》的第二个贡献，也是最为重要的方面是将之置于“形象思维”的时代文艺思潮之下来讨论（这一点并非属于对意境理论建设的贡献，事实上将“典型”与“意境”放在一起言说恰是十分牵强的，其贡献在于为我们展现了“意境”在时代话语影响下的另类现代化。时过境迁，今天看来李泽厚在这方面的努力是不成功的）。在《“意境”杂谈》中，李泽厚将“意境”与“典型”放在一起讨论，并指出了两者诸多方面的相通性，下面这段话被广泛征引：

> 诗、画（特别是抒情诗、风景画）中的“意境”，与小说、戏剧中的“典型环境、典型性格”是美学中平行相等的两个基本范畴（这两个概念并且还是互相渗透、可以交换的概念；正如小说、戏剧也有“意境”一样，诗、画里也可以出现“典型环境典型性格”）。它们的不同主要是由艺术部门特色的不同所造成，其本质内容却是相同的：它们同是“典型化”具体表现领域，同样不是生活形象简单的摄制，同样不是主观情感单纯的抒发；它们所把握和反映的是生活现象的集中、概括、提炼了的某种本质的深远的真实。①

“典型”问题之所以在新中国成立后的理论界备受关注，一方面与当时的现实主义文艺倾向有关，另一方面也与一直以来对形象思维的重视关系密切。李泽厚的上述认识便很好地展示出了时代的理论讯号，而其 1963 年 10 月发表在《新建设》上的《典型初探》一文又进一步重申了“意境”与“典型”之间的密切联系，甚至将“意境”作为“典型”在表现（抒情）艺术中的一种特殊形态来看待，他说：“‘意境’的创造，是抒情诗、画以至音乐、建筑、书法等类艺术的目标和理想。‘意境’成为这些艺术种类所特有的典型形态。”当然，他也看到了“意境”并非是客观的描绘，而是对主观情感的抒发。

若细加分析便会发现，实际上“典型”问题是“形象思维”讨论的副产品，李

① 李泽厚：《门外集》，长江文艺出版社 1957 年版，第 138—139 页。

泽厚将“意境”与“典型”相互勾连，便是试图从形象思维的角度看待意境，他亦曾直言“意境的基础首先是形象”。典型问题的提出与形象思维关系密切，而后者又与毛泽东《在延安文艺座谈会上的讲话》《给陈毅的信》等有内在关联，并成为左右中国 20 世纪 50 年代到 80 年代文艺界的潜在文艺话语。所以，李泽厚的“意境”理论是依附在“典型”论之上的，而对“意”与“境”的分析模式也是按照典型理论的分析模式展开的。可以说，李泽厚的上述观点在当时还是产生了不小影响的，甚至在 80 年代的教材中仍有体现，如 1985 年出版的十四院校《文学理论基础》修订本就认为，文学典型是一个内涵比较宽泛的概念，“在叙事性的作品中，所谓典型是指典型人物，或称典型性格。在抒情性的作品中，典型就是意境”[①]，“抒情性作品(主要是抒情诗)中的意境与叙事性作品(主要是小说、戏剧)中的典型人物，应该是一对平行的对等的概念……按其本质来说，则都具有文学(艺术)典型的特点”[②]。这种牵强的认识直到 90 年代才有所改变。

“形象思维”这个潜在指挥棒的存在，导致了“意境”理论的衰落，同时却促使了另一个美学范畴的崛起，并在美学领域取代了“意境”，它就是“意象”。由于将“意境”与“形象”嵌合在一起有失牵强，便导致了意境在现代化的过程中遇到了巨大的阻力，并逐渐让位给“形象性”更为突出的“意象”。相较而言，“意象”更强调“象”的因素，更符合形象思维、形象问题的理论空气，所以在 80 年代以后便成为一个主流的美学、文论术语。从 80 年代初开始，对于“意象”的研究开始逐渐铺开，恰如本章第三节所述，“意象”在中国美学、文论中的凸显是有一个过程的，自五四运动前后到 80 年代初期相当长的一段时间内，胡适、闻一多、梁实秋、朱光潜等老一辈学者由于受到西方文学思潮的影响，普遍认为中国传统文学中并无“意象”范畴，该范畴是随着西方意象派文学在中国的推广才进入国人视野的。即便在这些人的文章中偶有提及“意象”概念，但与我们今天的理解也不尽相同。所以，20 世纪初的很长一段时间内中国学界对“意象”的认识，是将其作为舶来品看待的，认为中国文化乃至新诗中的“意象”源自西方。直到 1983 年，敏泽在撰写《中国古典意象论》一书时接受了钱锺书的意见，才重新将

---

① 十四院校《文学理论基础》编写组：《文学理论基础》，上海文艺出版社 1985 年版，第 13 页。

② 同上，第 18 页。

“意象”范畴正本清源，将其源头上溯到《周易》和《庄子》。[①] 自此之后学界便逐渐形成共识，认为西方意象派受到了中国意象式思维的影响，而其思想的本尊恰源自中国古典美学。到了80年代中后期，众多研究者便开始将“意象”作为中国美学的最核心范畴，试图在深入挖掘其内涵、勾勒发展过程的基础上以之建构整个中国美学体系，其中叶朗、皮朝纲、夏之放、姜开成、朱志荣等人便是代表。

正是由于众多理论者的积极参与，“意象”得到了最大程度的认可，并成为众多美学研究者钟情的对象，认为中国美学的发展史便是“意象”范畴的演变史，而且也将这种思想广泛贯彻于各种美学教材中，产生了巨大影响。与“意境”现代化的中途夭折相比，“意象”获胜的外因是其很好地借助了80年代仍然延续的“形象问题”讨论的余脉。因此，如果说20世纪五六十年代形象思维乃至文学形象的大讨论是借助“典型”问题得以彰显的话，那么到了20世纪80年代它则以“意象”为载体仍然滞留在理论领域。就“意境”研究而言，李泽厚将“意境”看作是“典型”的一种特殊形式，而叶朗则将其看成是“意象”的一种特殊形式，从中不难看出一直以来理论界的潜在话语是一以贯之的，只不过“意境”由于自身特质的限制，而与“形象”若即若离，并且逐渐在理论的聚光灯下渐行渐远。

所以，在新中国成立后尤其是在80年代构筑中国美学体系的过程中，存在一个潜在的“意象”与“意境”博弈的过程。最终导致“意境”败下阵来的原因较复杂：一方面，与权力话语的参与有关，任何文化建设与文艺思潮都无法决然脱离社会，处于真空状态的文艺思想是不存在的。新中国成立后对文学形象、形象思维问题的重视，使“意象”顺理成章地备受关注。另一方面，从学理角度来看，意象的可操作性较强，两者相比较，意象形而下色彩更为鲜明，它与文学的形象、想象等要素关系更为明朗，而意境虽然也是“实”与“虚”的统一，但更加强调后者，带有强烈的民族性，也仅仅局限在抒情文学藩篱之中，这也便潜在地限制了它现代化的步伐。虽然早在王国维那里就开始了“意境”现代化的潮流，如王一川所言，意境“适时地满足了现代中国人在全球化时代重新体验古典文化

---

① 敏泽：《钱锺书先生谈“意象”》，载《文学遗产》2000年第2期。

韵味的特殊需要”“只有从王国维开始，意境才获得真正的现代性生命”①，而且新中国成立之后李泽厚等人将之与“典型”“形象”等概念进行了逻辑性的比附，然而这一范畴自身的局限性，导致其并未成为文艺学、美学的最核心范畴。相较而言，“意象”则突破了中国抒情文学的限制，在文学领域，或者被认为是“文学形象的高级形态”，或者被用来解释西方现代派文学的符号化形象，在美学领域，则成为建构中国美学的基石，从而产生了“意象本体论”(如叶朗)的主张。可以说“意象”的现代化扩容过程进行得相当顺利，相较而言，“意境”由于自身的过分抽象性，在古代诗词消亡的现代文学土壤中，则发生了明显的水土不服的现象。辩证地看，这既体现了这一范畴的独特性和准确性，同时在另一方面也必然限制了其自由发展的可能性。

事实证明，宗白华提出的“意境本体论”与后来叶朗的“意象本体论”形成了前后两个时期的对话关系，就目前来看，在“意境”与“意象”的博弈过程中“意境”败下阵来，其中既有权力话语的原因，也有理论自律的原因，更有文化传统断裂的原因。这就给我们提出了一个严峻的课题：中国古典的东西在面临现代化的时候，是将其看成一种机遇，还是看成一种挑战，是主动转化还是保持自律？所谓的现代性转化是否是一厢情愿，抑或是否具有转化的普遍可能性？

三、“意境”的现代化之痛

在某种程度上，“意境”的现代化是中国传统艺术思想、艺术范畴现代化的缩影，其遇到的问题亦具有普遍性。不得不承认，受西方美学学科引入的影响，我们在相当长的时期内是抱着一种乐观态度的，并以西方美学的基本框架和思维方式重新审视中国古典艺术资源，因此我们梳理出了中国美学史，也钩沉出众多的美学范畴。进而，我们为了建构自身理论的合理性，广泛地征引、参照西方哲学、美学思想进行言说。虽然这种状况到了 20 世纪 80 年代以后开始由显入隐，但是不争的事实是，我们宣扬的所谓理论的世界化乃至理论的现代转化，暴露了我们的基本立场。

作为美学范畴的“意境”，其现代化进程是不成功的，甚至是充满心酸的。

---

① 王一川：《文学理论》，四川人民出版社 2003 年版，第 268 页。

“意境”研究的蓬勃期出现在20世纪80年代以后，出现了数量众多的研究论文、研究专著，据古风的《意境探微》一书介绍，仅在1978—2000年间，“约有1 452位学者，发表了1 543篇‘意境’研究的论文；平均每年约有69位学者投入‘意境’研究，发表73篇论文”①。这一时期的论文大多侧重对意境内涵、特征、来源的梳理，90年代以后这方面的研究虽然在数量上有所增加，但有价值的研究只有有限的几篇，其中于民的《空王之道助而意境成——谈佛教禅宗对意境认识生成的作用》（《文艺研究》，1990年第1期），顾祖钊的《论意境的称谓和渊源》（《文艺理论研究》，1995年第1期），古风的《意境的“语象符号”阐释》（《学术月刊》，1997年第7期），叶朗的《说意境》（《文艺研究》，1998年第1期）、《再说意境》（《文艺研究》，1999年第2期），蒋寅的《语象·物象·意象·意境》（《文学评论》，2002年第2期）等是较具学术含量的专论。

除此之外，20世纪80年代以后的“意境”研究也呈现出一些新的动向，笔者认为其中最具特色的是从“美学”角度切入的研究，学界开始有意识地将“意境”与“美学”相互勾连。或者将“意境”直接以美学范畴称呼，或者探索它的美学特征，或者分析其美学内涵，由此不难看出，研究者已经自觉地将其从古典艺术中进行提纯，并赋予其新的学科定位，这在某种程度上是对王国维、朱光潜、宗白华、李泽厚等人致力的“意境”现代化的延续。在这方面的研究中，张少康的《论意境的美学特征》较具代表性，该文对王国维乃至李泽厚从“文学形象”角度定义意境的做法提出了质疑，试图从“空间美”“动态美”“传神美”“自然美”等层面对意境进行重新审量，其结论是：“我国古代艺术意境的基本特征是：以有形表现无形，以有限表现无限，以实境表现虚境，使有形描写和无形描写相结合，使有限的具体形象和想象中无限丰富形象相统一，使再现真实实景与它所暗示、象征的虚境融为一体，从而造成强烈的空间美、动态美、传神美，给人以最大的真实感和自然感。”②既然到了80年代“意境”的美学归属问题、美学特征问题得到了很好的解决，那么下一步就是要将这种中国美学思想在世界文艺园地中加以推广，从而使其具有普遍的解释能力。将“意境”范畴从美学角度加以审视，在某种程度上便是试图将其纳入现代学科体系，从而达到与西方话语的融合，

① 古风：《意境探微》，百花洲文艺出版社2001年版，第16页。
② 张少康：《论意境的美学特征》，载《北京大学学报》1983年第4期。

沿着这一思路进行讨论,便会发现将意境“现代化”和“泛化”的努力似乎一直未曾中断过。20世纪以来,王国维、朱光潜这些以西学解释意境的学者自不必说,即便是在相对平等地讨论中西艺术的宗白华那里,这种痕迹也相当明显,在《中国艺术意境之诞生》一文中,他在分析艺术意境的结构时说,“从直观感相的模写,活跃生命的传达,到最高灵境的启示”可分为三个层次:“西洋艺术里面的印象主义、写实主义,是相等于第一境层。浪漫主义倾向于生命音乐性的奔放表现,古典主义倾向于生命雕像式的清明启示,都相当于第二境层。至于象征主义、表现主义、后期印象派,它们的旨趣在于第三境层。”①由此不难看出,宗白华眼中的“意境”是具有普遍意义的,是可以涵盖一切西方文艺流派的。其实,严格意义上说,宗白华对意境的上述区分,已经超越了中国传统意境论的范畴,它更类似于一种艺术创作或艺术欣赏的境界,比如第一、第二两个“境层”其实属于实景或实情,并不具备“虚实相生”的属性,尚未存在“象外之象”。由此可见,宗白华对“意境”的认识虽然有泛化的嫌疑,但其宗旨是想使“意境”具有普遍的解释能力。

与宗白华相似,叶朗在《现代美学体系》一书中便开始涉及“意境的哲理性意蕴”,并将之纳入“现代美学体系”之中,认为意境蕴含的文化内涵是多元性的,并不仅仅局限于道、禅的世界观之内,“承认‘意境’蕴涵的文化内容的这种多样性,是把‘意境’肯定为一个普遍的美学范畴的前提”②,足见叶朗带有强烈的将“意境”进行现代转化的动机。但是我们必须看到实际上他是将意境看成意象的一种“最富有形而上意味”的类型,这是基本的理论前提,因此与其说他是在谈“意境”,毋宁说是在讨论“意象”的一种特殊形式而已。这种观点在《说意境》(《文艺研究》,1998年第1期)一文中再次出现,除了仍然坚持认为“意境”是“意象”的一种特殊类型之外,更加强调了将意境世界化的方面,文章的最后一部分专门讨论了“西方艺术作品也有意境”,对音乐和电影中的意境问题都作了举例。但相较于前面对“意象”系统性和学理性的论述,这部分明显让人感到力不从心,仅是现象层面的罗列且有以偏概全的嫌疑,像是后续的壁虎尾巴。

相较于“意境”,“意象”更加强调具体之“象”,而大凡艺术品都必须具备形

---

① 宗白华:《美议》,北京大学出版社2010年版,第77页。

② 叶朗:《现代美学体系》,北京大学出版社1988年版,第145页。

象性，这就为之提供了不断生成和扩展的潜能，并且可以作为中国美学国际化的突破口。而“意境”则缺少这种潜能，原因在于较之“意象”，“意境”更具形而上色彩，更加侧重“虚”“无”的层面，对它的认识只可意会难以言传，可以说，这既是中国美学独特性的体现，同时也限定了它的世界性。所以，笔者认为“意境”并不具备世界化或者国际化的张力，这是一个仅停留在中国美学体系中的核心范畴。而从另一个角度来看，我们亦没必要将之进行所谓的现代性、世界性的转型，这样做的潜在动机往往存在一种理论上的不自信，仿佛只有能融入西方体系才是合理的。无疑，这是西方中心主义在作祟，每种文化都有自身的独特性，其中孕育着只有在这种文化背景下才能理解的概念范畴，因此我们没有必要一味地以所谓的世界性为衡量标准。就好像，西方现代文论中的很多思想就只是存在于自身的文化、文学体系中，难以削足适履地嫁接到中国文学中一样，比如以形式主义、英美新批评为代表的语言—形式分析研究，便与中国文学存在天然的鸿沟，究其原因是西方美学、文学的语言学转向是以表音文字体系为基本理论土壤的。这便与中国文字系统明显不同，尽管它们的某些主张可以在中国文学中找到某些契合之处，但这种契合是十分有限的。即便如此，我们仍然承认这些理论主张在世界文论中的应有地位。以此类推，我们便没有必要因为“意境”“风骨”“神韵”“平淡”等中国范畴不具备世界性潜能而徒劳地自卑了，因为没有任何一种理论或范畴是普遍有效的，只要能很好地解决自身所属问题域中的问题就可以了。

第五节　中国古典美学研究的体系建构与视角转换

实际上，20 世纪中国美学的发展并不是一帆风顺的，其间伴随着痛苦的“迷失”经历，马克思主义和西方其他哲学话语几乎占据着压倒性的优势，但这并不意味着中国的美学研究者便心甘情愿地安于现状，他们中的一些人选择了理论的突围。这种突围的共性是摒弃文化的不自信心态，努力在本土的理论资源中寻找具有原创性且同时具有生发性的美学范畴或思想，对之加以系统梳理，并以之为核心构建带有鲜明中国特点的美学体系。即便有的学者在体系的展开过程中可能会涉及西方问题或美学原理性问题（如周来祥、叶朗），但其哲学根基则是源于中国古代艺术思想,这恰是中国理论获得学术地位乃至国际地位的第一步。但是,亦应看到,本土理论的建构和开拓过程又并非一蹴而就,其间伴随着诸多问题,不争的事实是,研究者往往更倾向于对中国古代美学进行外在性研究和封闭式讨论,从而体现出研究的表面化趋向。

一、体系建构之尝试

周来祥是 20 世纪 80 年代古代美学研究者中较特殊的一位,其美学思想中蕴含着深沉的古典质素,如其所言:“我喜欢美学和文艺学,我更热爱中国的古典美学和古典文论。”①事实上,对和谐的推崇构成了周来祥基本的中国美学史观,其主编的《中国美学主潮》(山东大学出版社,1992)便是潜在地以这一美学史观为基本红线而完成的,该书的前两章集中梳理了中国和谐美的诞生及其基本雏形,并认为其构成了中国古代美学的哲学基础。但是周来祥的独特之处是并不仅仅停留在对中国古典美学的诠释层面,而是将“和”与“和谐”上升到了美学本体论层面,进而构筑了自己的美学体系,所以时至今日,当我们在提到周来祥的时候首先反应在头脑中的是他的和谐论美学。本书认为,这种从古典美学中发掘资源进而构建自己美学体系的行为恰是对中国古代美学的体系性建构。

可以说,周来祥并不是专门致力于中国古代美学研究的,其对中国古典美学和谐体系的梳理也是其整体美学框架下的副产品,但从上述分析可以看出,周来祥据以安身立命的和谐美学的思想源泉和哲学基础恰来源于古代,忽视了这一点其理论大厦便会失去根基。所以可以说,虽然周来祥主要精力并不在中国古代美学研究上,但客观上其对中国古代美学的梳理深化了学界对中国古典美学本质、性质、形态的认识,起码他的这些认识代表了 80 年代以后的重要一极,是一种十分响亮的理论声音。但是必须看到,周来祥对中国古代美学的研究并非其主业,所以很多问题往往点到即止,甚至有时流于表面,启发性有余但挖掘的深度不够。即使在《论中国古典美学》一书中,他的多数文字也是局限于与西方美学的比较,以及以优美、壮美、崇高为主线的逻辑分析上。

除了周来祥之外,还要提到叶朗,如本章第三节所述,叶朗提出了“美在意

① 周来祥:《论中国古典美学》,齐鲁书社 1987 年版,序言,第 1 页。

象”的命题，这一命题虽然在21世纪之后才明朗化，但实际上自20世纪80年代开始，“意象”便是其美学史观和美学体系的最核心因素。在这方面，叶朗受朱光潜的影响更为明显一些，或者说“美在意象”的学术源头是朱光潜，其在《谈美》一书的开头即指出：“美感的世界纯粹是意象世界。”[①]与朱光潜相似，叶朗“美在意象”的观点，既承认客观之“象”，亦主张主观之“意”的重要性，就思维方式而言与朱光潜应属同一路径，只不过“意象世界”是一个有机的整体世界，是“象”与“意”混融一体的世界，这就有效地避免了朱光潜主客二分的思维模式。在80年代的文化背景下对意象本体推崇的目的在于摆脱朱光潜以来从主客二分的角度思考美学问题的思维模式，摆脱将审美活动看成认识活动的弊端，于是他提出了“意象世界”的概念。在意象世界中人与外物是相统一的，人与外物混融一体，从而有效地避免了主客二分的思维定式。这在某种程度上也是对中国传统美学中天人合一思维方式和物我一体世界观的回归。

与叶朗相类，对意象本体持肯定态度的还有皮朝纲、夏之放、朱志荣等人，这些人的观点已在本章第三节有所涉及，这里需要补充的是皮朝纲的美学体系建构。实际上20世纪80年代以后的20年，皮朝纲据以建构体系的核心范畴是有所转变的，具体而言，他早期的美学研究其实很大程度上是依赖于对古代审美范畴的梳理而完成的，在这些范畴中其最先关注的并非是“意象”而是“味”，以此为核心将“悟”“兴”“神思”“意象”“情”“理”等范畴连接起来，[②]构成由审美创作论和审美体验论组成的古代美学体系。后来，他对这套范畴体系又进行了调整，在保持原有体系框架的基础上，又重点突出了“意象”和“气”两个范畴的地位，[③]这在《中国古代文艺美学概要》(四川省社会科学院出版社，1986)一书中有较为集中的体现，全书分上下两编，上编为“中国古代文艺美学的重要范畴”，重在对“味”“悟”“兴会”“意象”“神思”“虚静”“气”“意境”等重要美学概念进行梳理，该书出版的时间正值“美学热”期间，对美之本质的追问在研究领域仍占据很大比重，因此皮朝纲对“味”的研究恰是此时美学潮流的体现。下编为“中国古代文艺美学思想发展梗概”，是对先秦至明清时期的文艺美学思想发展的总体勾勒，每个时期选取几个较为重要的理论问题或理论家展开研究，以点

---

① 朱光潜：《谈美》，华东师范大学出版社2012年版，开场话。

② 皮朝纲：《中国古典美学探索》，四川师范大学出版社1985年版，第31页。

③ 皮朝纲：《中国古代文艺美学概要》，四川省社会科学院出版社1986年版，第11页。

带面，这一部分与叶朗《中国美学史大纲》的行文风格颇为相似。

二、建构之困境

但是必须承认，皮朝纲的美学体系远未达到周来祥和叶朗的圆融程度。表现为在对待“味”与“意象”“气”的关系上存在模糊性。皮朝纲在20世纪90年代曾一度主张中国古代审美心理学研究，在《中国美学沉思录》(1997)一书中专设“开展中国古代审美心理学研究的构想”一节，认为古代审美心理学中的审美范畴和命题可分为五个部分：审美心理结构(文气、才力、养气等)、审美心理需要(物感说、发愤著书)、审美创作心理过程(澄怀味象、心游玄想)、审美作品心理分析(风骨、兴象、意境)、审美鉴赏心理法则(含英咀华、情迁感会)。其最终结论是：“中国古代审美心理学思想的各部分范畴与命题都是以‘气’作为内在逻辑结构的。”①同样，该书还设有“中国美学体系的哲学思考”一节，在结尾处他说：“我们认为，艺术的本体是审美意象。审美意象是生命的形式，也是审美体验活动的中介和成果……‘意象’是中心范畴；‘兴象’则是‘意象’的典型形态；‘意境’是‘意象’的序列、组合和升华，是主体与客体、心与物、神与形、意与境的相互交融，完美统一。”②除此之外，在这一节他还提出了构建“人生美学”的命题，“中国古代美学是人生美学。中国古代美学审美观念的确立，是以‘人’为中心，基于对人的生存意义、人格价值和人生境界的探寻和追求，旨在说明人应当有什么样的精神境界，怎样才能达到这种精神境界，人应当怎样生活，怎样才能生活得幸福、愉快而有意义。换句话说，中国古代美学的思想体系是在体验、关注和思考人的存在价值和生命意义的过程中生成和建构起来的”③。事实上，在1999年出版的《审美与生存——中国传统美学的人生意蕴及其现代意义》中，皮朝纲又系统地阐释了其人生美学的基本内涵，这本书也是其美学研究由范畴论美学向人生论美学、体验论美学转变的标志。从这些分析我们可以看到，皮朝纲在范畴论美学阶段其实是存在内在矛盾性的，“味”“气”“意象”甚至是“人生”在体系中频繁出现，且在不同层面都具有美学本体的地位和作用，尽管他曾反

① 皮朝纲：《中国美学沉思录》，四川民族出版社1997年版，第57页。
② 同上，第247—248页。
③ 同上，第224页。

复指出中国美学思想体系是“以‘味’为核心范畴，以‘气’与‘意象’为基本范畴的美学思想体系”，努力对其概念体系进行调和，但客观的事实是，他仍没能较好地解决“味”与“气”“意象”之间的关系问题，并未对不同时期所提观点进行深层调和，从而呈现出两面性甚至多面性的状态。综上，本书认为皮朝纲的理论体系一方面存在不彻底性，另一方面，由于这种不彻底性，便使得其理论的生发性不强，对古代美学的很多问题往往入乎其内而缺少出乎其外的理论努力，这就与周来祥和叶朗的理论建构过程有所不同，仅仅停留在“照着说”层面而没有上升到“接着说”的高度，事实上这也导致了皮朝纲频繁地进行理论转向。

而20世纪90年代以来，以构建独立体系为目标但又陷入理论困境的并非仅皮朝纲一人。陈望衡与蔡锺翔的中国本土理论建构也带有这种特征。陈望衡在《中国古典美学史》(1998)等著作中较为明确地表明了自己的美学观，即将“意境”看成中国美学的最高范畴，并以之为基点构筑美学体系，学界通常将陈望衡的这一美学观称为“境界本体论”美学，可以说陈望衡的美学思想抓住了中国美学的一个非常核心的概念，具有一定的启发性，但这并不意味着其理论便无懈可击，突出的问题是其赖以建构美学体系的核心存在矛盾，在《中国古典美学史》中，他直言其本体论是“以‘意象’为基本范畴的审美本体论系统”①，这就意味着其美学本体是一个“体系”，而在行文中他又进一步解说称“‘象’‘境’以及由‘象’‘境’组合而成的‘意象’‘意境’‘境界’是中华美学的审美主体”②“在中国古典美学中，处于审美本体地位的是‘意象’或‘意境’”③。由此可见，陈望衡所谓的“美学本体”实际上是一种多元论，而从哲学角度来看，很显然这是有悖学理的。另外，从上述分析也可看出，实际上陈望衡是借用了西方美学中本体论、美感论、艺术鉴赏论的三维模式来审视中国美学的，这种方式固然可以用在审视西方美学包括某些西方后现代美学上，但完全拿过来套用中国美学则有削足适履之嫌，这也便导致了上述本体论的困惑。因此，西方美学的某些局部观念、局部方法是可以用来考察中国美学的，但生硬地融合在一起并人为地构筑所谓的圆融模式则会陷入一厢情愿的窠臼。

在构建自身体系的过程中，呈现出理论复杂性的研究者中，蔡锺翔是另一

① 陈望衡：《中国古典美学史》，武汉大学出版社2007年版，第17页。
② 同上，第20页。
③ 同上，第27页。

个代表。蔡锺翔认为“自然”是中国传统美学的元范畴或称核心范畴，而对“美在自然”的认可也是中国美学的理论支柱。虽然对自然之美的推崇与道家思想密不可分，但在历史的演变过程中对自然的青睐已经逐渐成为中国文化的底色，也成了中国人审美领域的集体无意识。在蔡锺翔看来，“自然”是最高的艺术品位，中国古代的诗论、画论、书论、乐论都无一例外地将其作为艺术水准高低的衡量标准，“道”“真”“本色”“妙”“逸”“天籁”“淡”“意境”等范畴都无不以之为内在核心。但是蔡锺翔的美学观还是较为辩证的，在承认道家自然观(美在自然)的同时，也承认儒家和谐思想(美在和谐)的重要性，并认为两者共同构成了中国传统美学的两大理论支柱：“‘自然’是中国传统的最高审美理想。这种观念的影响之深远，足以与‘中和’相提并论。‘中和’源于儒家的中庸哲学，‘自然’源于道家的自然思想。‘中和’之美表现为多样的和谐统一，‘自然’之美表现为整体的浑然天成。”[①]由此不难看出，与周来祥等人略带极端式的理论观念不同，蔡锺翔是以较为客观的姿态看待中国传统美学的。事实上，蔡锺翔对“自然”与“中和”的双重认可仍陷入了哲学上的二元论，但需要指出的是这种二元论并非由蔡氏自身的理论推演所导致，而这恰是中国文化的基本特征。所以本书认为蔡锺翔的二元论与陈望衡的二元论还是有所区别的，主要原因在于陈望衡的二元论是由其理论体系的不严密导致的，试图机械地构建一元的美学体系，但在论证过程中出了问题。

除了上述诸人的美学体系之外，20世纪另一个值得关注的中国美学体系是“美学即人学”。这一体系的特殊之处在于它不是一个完整系统，却一直存在。徐复观指出中国文化的特征是“在人的具体生命的心、性中，发掘出艺术的根源，把握到精神自由解放的关键”[②]。牟宗三亦曾指出：“每一个文化由于开端的通孔不同，所产生的文化、哲学也不同。中国文化在开端处的着眼点是在生命，由于重视生命，关心自己的生命，所以重德。”[③]文学是人学，美学也是人学，离开了人，美无论在抽象层面还是在具体层面都会失去依托，在西方文化语境下美学是作为理论形态的感性之学而存在的，在中国虽然从学科角度上与西方美学内涵不尽相同，但美学自始至终都是与人的现实生活乃至人的精神生活关系密

---

① 蔡锺翔：《美在自然》，百花洲文艺出版社2001年版，第77页。

② 徐复观：《中国艺术精神》，华东师范大学出版社2001年版，自叙，第1页。

③ 牟宗三：《中国哲学十九讲》，上海古籍出版社1997年版，第43页。

切的。事实上，在美学中国化的过程中将“审美”与“人生”相联系，最早发生于20世纪二三十年代，梁启超、朱光潜、宗白华等人都有这方面的论述，虽然他们对美学与人生关系的关注与西方哲学、美学的影响不无联系，但来自中国道家哲学的影响是不容忽视的。这种倾向，经过李泽厚、叶朗、徐复观等人的中间环节，在90年代变得蔚为大观。其中需要提及的是成复旺的《中国古代的人学与美学》(中国人民大学出版社，1992)一书，该书认为中国古代的审美实际上是与对人生的观照、对理性人格的欣赏密不可分的，“从根本上说，审美的意义与文化同。它们都是人的产物，因而也都是人的工具。你渴望什么样的人生，你追求什么样的人格，那么就请你从这样的需要出发去选择文化，选择审美”①。作者把中国古代的人学与美学相结合，从各种不同的人学思潮探索各种不同的美学思潮，其具体思路是以儒家、道家以及明中叶以后产生的启蒙思潮为基本线索，勾勒出美学与人学的关系。虽然成复旺对中国美学与人学关系的探讨终止于明代，但其恰好抓住了中国美学最为核心的本质因素，90年代又将这些观念重提绝不是旧瓶装新酒，相反，此时这一观念则具有了厚重的历史意义。

事实上，“美学即人学”更多地体现为对中国美学性质的描绘，尚不能完全将之看成一种可以构建美学体系的基石，但这反映了20世纪中国美学研究中一个非常重要的现象，就是本体性建构的先天不良。因此可以说，一个世纪以来中国美学研究中这方面的成就是不能令人满意的。究其原因，本文认为一方面源于五四运动和“文革”两次对传统文化的冲击，导致中华文化之流出现断裂，古典美学对现实的解释力相对减弱，此种背景下学者出于“现实性”的考虑往往忽略对元美学及体系建构的追求，加之固有诗性研究模式的限制，所以导致其理论体系往往陷入困境；另一方面，20世纪相当长的一段时间内，美学是在意识形态的包裹之下而存在的，在这种情况下对美学自身的探索就相对变少，而到了90年代，随着后现代反本质主义浪潮的兴起，对美学的本体建构也渐趋势弱。

三、视角转换与性质描绘

相形之下，多数传统美学研究者对体系建构采取回避态度，更多致力于对

① 成复旺：《中国古代的人学与美学》，中国人民大学出版社1992年版，第20页。

中国古代美学的性质进行描绘，不重视体系生发而重视静态刻画，研究者往往转移视角采取一种相对“讨巧”的方式关注中国古代美学。所以可以说，20 世纪的中国古典美学研究劣于体系建构，而长于性质探索。具体来讲，对古典美学性质层面的关注包括：中国美学的特征问题、历史分期问题、哲学基础问题、思维方式问题、审美心理问题、审美意识源头问题等。

对中国美学特征的探索在 20 世纪一直没有中断过，梁启超、王国维、朱光潜、宗白华等人都有大量这方面的研究，80 年代以后研究者更是乐此不疲，几乎每部美学史都会涉及这方面问题，较具代表者如李泽厚、刘纲纪的《中国美学史》，其认为中国美学的特征是“高度强调美与善的统一”“强调情与理的统一”“强调认知与直觉的统一”“强调人与自然的统一”“富于古代人道主义精神”“以审美境界为人生的最高境界”等六个方面[①]。这些认识几乎概括了古代美学的总体特征，后来研究者基本未脱离这一基本认知。与对美学特征的探索扭结在一起的是对中国美学历史分期问题的讨论，在这一方面可谓仁者见仁智者见智，姑举数例：在《中国美学史》第 1 卷中，李泽厚、刘纲纪二人以社会形态的不同将中国美学分为五期[②]：先秦两汉(奴隶社会美学)、魏晋至唐中叶(前期封建社会美学)、晚唐至明中叶(后期封建社会美学)、明中叶至戊戌变法前(末期封建社会美学)、戊戌变法至“文革”前后(近现代形态的美学)。叶朗在《中国美学史大纲》中将近代以前的中国美学史分为三期[③]：先秦两汉为古典美学的发端，魏晋南北朝至明代为古典美学的展开，清代前期为古典美学的总结，加上近代(以梁启超、王国维、鲁迅、蔡元培为代表)共四期，并以李大钊的美学为现代美学的始点。陈望衡在《中国古典美学史》和殷杰在《中华美学发展论略》中也基本上是依据中国美学本身的逻辑发展来进行历史分期的。前者将中国美学分为奠基(先秦时代老子至屈骚美学)、突破(汉至魏晋南北朝)、鼎盛(唐宋)、转型(元明)、总结(清初至王国维)五期。后者亦分为奠基(先秦)、大一统(秦汉)、大解放(魏晋南北朝)、整合(唐宋)、分化(明清)五期。诸如此类。

对中国美学哲学基础的探索也是研究领域的热点问题之一。儒家与道家无疑是中国美学的理论基石，比如李泽厚侧重从儒家思想角度审视古代美学，

---

① 李泽厚、刘纲纪：《中国美学史》第 1 卷，中国社会科学出版社 1984 年版，第 23—33 页。

② 同上，第 34—48 页。

③ 叶朗：《中国美学史大纲》，上海人民出版社 1985 年版，第 7—10 页。

叶朗侧重从道家思想角度解读古代美学，还有的研究者陆续开始重视佛教尤其是禅宗思想对中国美学的影响，除此之外，《周易》也被看作中国美学的思想来源之一，比如有的学者认为《周易》、元气以及阴阳五行是中国美学的理论基石，[①]还有的学者除了提到儒道两家思想之外，亦将明中叶以后出现的启蒙思潮看成是中国美学的重要原质。[②] 凡此种种，研究者虽然对中国美学哲学基础的认识各有侧重，但不争的事实是中国文化是一个浑然一体的有机体，绝难从孤立的一元来审视美学之源，这一点也是所有中国美学研究者的共识，所以尽管学者的观点各有侧重，但基本未脱离儒释道的整体框架。

对中国古代美学思维方式以及审美心理的讨论虽然一直存在，但其真正获得广泛关注是以文艺美学的兴起为契机的。中国传统美学的思维方式迥异于西方美学，西方美学是在经验主义与理性主义对立的模式下展开的，而尤以后者最为突出，而中国古典美学无论在流派、范畴、人物、文本等层面都表现出鲜明的“诗性思维”模式，这种方式构成了中国古典美学最为特殊之处。美学在西方的学科体系中隶属于哲学，是以理性的方式研究感性思维的一门学科，由此带有较强的思辨色彩和逻辑性。而中国古典美学中的“美学”含义则与西方美学概念不尽相同，其属于文学或艺术的领域，并且带有极强的感性和经验色彩，因此可以说时至今日两者还是以类似油和水的关系在研究领域并存着，“美学”一词与“中国”和“西方”的不同词组组合时含义是不同的，一为诗性美学，一为理性美学。总而言之，中国古典美学研究与时代的美学热潮乃至有意识的美学建构之间并无必然联系，诚然美学讨论作为整个时代的美学背景会对一些研究者产生这样或那样的影响，但就总体而言两者还是沿着各自的轨迹，沿着各自的理论路数向前推进的，古典美学研究有其自身的内在框架、范畴体系、研究方法。或者可以这样认为，带有西化色彩的美学热潮和讨论对中国古典美学研究的影响主要是在思维方式层面，即伴随西方美学的引入，中国学者开始以理性的思维方式观照古代的艺术观念和艺术范畴，并对之进行钩沉梳理。

对审美心理研究而言，其首先是作为文艺学范畴而被关注的，之后才将理论的触角伸入古典美学领域。20 世纪初，王国维便有意识地从心理学层面考察

---

① 韩林德：《境生象外》，三联书店 1995 年版，第 119—219 页。

② 成复旺：《中国古代的人学与美学》，中国人民大学出版社 1992 年版，第 24 页。

中国传统作品和作家,其《红楼梦评论》便是以叔本华的悲剧心理学来解读《红楼梦》的典范,另外在《人间词话》中又提出所谓的“境界”说,“境界”是一个涵容审美主体和审美客体的综合性概念,审美主体需具备“离形去知”的心理状态,并能够“入乎其内,出乎其外”,最终进入对无我之境的观照。到了 20 世纪 30 年代,朱光潜的《悲剧心理学》(1933)首先在国外出版,同年,其《变态心理学》亦出版,1936 年,开明书店出版了其 1931 年便已完成的《文艺心理学》,这是中国现代文艺心理学研究的最早雏形。但有意思的是,文艺心理学研究并未承续这一良好态势继续发展,如童庆炳在《文艺心理学教程》序言中指出的那样:“三四十年代之后,中国现代文艺心理学沉寂了近半个世纪,直到八九十年代才迎来了中国文艺心理学的春天。”[①]80 年代的美学热亦使古典美学研究走向纵深,伴随“形象思维”的大讨论,学界开始关注古典美学中的形象思维问题,并以此为契机进一步拓展对古典美学中审美心理的考察,这种潮流甚至延伸到 90 年代,相关的研究成果如皮朝纲、李天道的《中国古代审美心理学论纲》(成都科技大学出版社,1989)、陶东风的《中国古代心理美学六论》(百花文艺出版社,1992)、童庆炳的《中国古代心理诗学与美学》(中华书局,1992)、陈德礼的《人生境界与生命美学——中国古代审美心理论纲》(长春出版社,1998)等等,在对古代审美心理的研究过程中,诸如心斋、坐忘、虚静、兴味、韵味、游心、感应等概念被逐渐挖掘,并获得了充分的阐释。

对中国古典美学性质层面的关注除了上述几个方面之外,还涉及对华夏审美意识源头的探讨,通过探索审美意识的产生、发展过程深入洞察中国美学的演变轨迹。相较于前述几个方面,这种研究难度较大,却具有重要的理论价值。早期的成果如于民的《春秋前审美观念的发展》(中华书局,1984)以及日本学者笠原仲二的《古代中国人的美意识》(北京大学出版社,1987)等。以笠原仲二为例,在他看来中国人审美意识的产生与日常生活和生理体验是密不可分的,“归根结底中国人最原初的美意识是起源于‘甘’这样的味觉的感受”[②],并认为“美”所包含的最原初的意义是视觉的、味觉的、触觉的、经济角度的。他的这种认识与李泽厚的看法不谋而合,李泽厚认为中国人的审美意识源于氏族社会的巫术

---

① 童庆炳:《文艺心理学教程》,高等教育出版社 2001 年版,第 5 页。

② [日]笠原仲二著,魏常海译:《古代中国人的美意识》,北京大学出版社 1987 年版,第 2 页。

行为和图腾崇拜，并逐渐通过动物性的官能感受发展成最终的美感（即“羊大为美”）。[①] 除此之外，80 年代的研究者更多的是从“劳动”的角度切入这一问题的，如敏泽便将中国审美意识的源头上溯到旧石器时代，认为原始人对器具形式和色彩的重视是最早的审美意识萌芽，在这一过程中劳动起到了至关重要的作用。[②] 到了 90 年代，研究的角度更为多元，如有的研究者从商周神话角度阐释审美意识的发生，[③]有的研究者侧重探索审美意识的深层机制，从哲学、美学、心理学等多个角度探索审美意识的实质，并对审美意识的作用进行讨论。[④] 凡此种种，不一而足。

综上，在 20 世纪百年的中国古代美学研究过程中，原创且具有生长性的内在体系建构并未取得令人满意的成绩，更多的研究者选择了宏观层面的现象描述和特征探索，潜移默化之中将研究的难度降低，转移了研究的视角。但这毕竟作为一种有益的尝试或者说作为一种理论声音，在西方话语横行的理论现实面前让我们看到了自己的身影。尤其在 21 世纪，当人们都在反思解构之后如何建构的世纪难题的时候，胸中仍会存有一丝温情的希望，而中国古代美学这个理论宝库存在被继续发掘的潜能，以诗性思维为基础的本土美学体系肩负着在复杂的背景下进行理论突围的重任，美学“中国性”的探究和确立将是我们努力的方向。

---

① 李泽厚：《华夏美学》，天津社会科学院出版社 2001 年版，第 8—20 页。

② 敏泽：《中国美学思想史》，齐鲁书社 1987 年版，第 5—7 页。

③ 毛宣国：《商周神话与中国古代审美意识的发生》，载《湖南师范大学社会科学学报》2000 年第 1 期。

④ 陈明：《审美意识价值论》，安徽大学出版社 2006 年版。

第十一章

审美文化研究热潮与文化研究的兴起

审美文化研究热潮和文化研究的兴起是20世纪中国美学发展中值得深入总结的理论思潮，它与最近30年来中国当代美学研究的整体变革同步发生，既是社会文化变迁和审美话语转型的结果与表征，同时又深刻地融入这一话语变革的理论、问题与经验之中。在美学理论层面，审美文化研究热潮和文化研究的兴起极大地扭转了康德美学以来的经典美学话语在20世纪中国美学中的主导性地位，体现了20世纪中国美学研究不断融入现实审美文化领域，努力把握现实文化经验的理论发展趋向；在审美实践层面，则体现了中国当代美学研究与社会文化现实发展的一种结构性关联的趋向，从大众文化发展与日常生活变迁的角度体现了中国美学研究的理论新变。从20世纪90年代开始，审美文化研究热潮和文化研究的兴起激发了中国当代美学研究界最优秀的一批学者的理论思考，现在来看，尽管“文化研究”热和“审美文化”研究在学理逻辑和文化批评实践方面还有很多需要提升和总结的内容，在文化多样性语境中还难以避免“西方文化研究在中国”单向的理论旅行和理论接受的阐释困境，但它无疑极大地提升了中国当代美学研究呼应当代审美现实的能力和品格，这也是我们需要对20世纪中国美学发展中这一重要理论思潮进行反思和批判的地方。

第一节　审美文化研究的起源语境及其基本问题

审美文化研究的出场是中国当代美学研究努力向现实审美文化经验与现实开放的结果。在起源语境上，审美文化研究深刻地呼应了 20 世纪 90 年代中国当代社会大众文化崛起与消费文化勃兴的现实，是在中国社会现代化进程不断加剧、精英主义文化意识形态遭到无情拆解的过程中出现的。在这个过程中，审美文化研究不但体现了中国当代美学研究积极投身大众审美文化建构的努力和要求，而且展现了现代文化发展中美学研究的一种现实性的文化境遇，因此，在问题层面，审美文化研究的出现也是中国美学研究的现代意识逐步觉醒的标志。

一、审美文化研究：20 世纪中国美学研究的新课题

审美文化研究是 20 世纪八九十年代中国美学研究的一个新的理论热点，同时也是 20 世纪中国美学发展中值得进一步反思的理论课题。审美文化研究广泛涉及了中国当代美学研究中的美学理论视阈拓展、审美话语转型、美学研究跨学科转向、美学研究方法论变革以及美学学科发展转型等复杂的理论问题，同时也与中国当代美学研究的理论思维与价值观念变革紧密相连，对中国当代美学研究理论格局的拓展与理论观念的更新起到了重要的作用。20 世纪 90 年代以后，随着西方美学理论话语的不断引入以及当代美学与文论的发展，美学研究进一步呈现多元化的理论图景，审美文化研究渐有淡出中国美学研究核心理论视野的趋势，但是，我们仍然不能忽视审美文化研究重要的理论启发，在近 30 年的审美文化研究进程中，它所提出的理论问题正是促使中国当代美学研究不断发展的思想和理论潜源，同时也以鲜明的理论研究成绩被纳入中国当代美学史和学术史视野之中。

审美文化研究贯穿了 20 世纪八九十年代美学研究的主要历程。从 20 世纪 80 年代以来，审美文化研究发展历程大致经历了三个阶段：80 年代中后期审美文化研究的理论倡导与初步发展，90 年代以来审美文化研究的理论高潮和

集中阐发,90 年代后期以来审美文化研究的理论发展和延续阶段。80 年代中后期是审美文化研究的理论倡导和初步发展时期。早在 20 世纪 80 年代早期,潘一的文章《青年审美文化研究纲要》就使用了“审美文化”的概念。[①] 但在文章中,“审美文化”并没有作为一个美学概念被提出,“审美文化”是在艺术社会学研究层面被使用的,强调的是艺术社会学研究中的“青年审美文化”概念,区别于后来美学研究中作为单独概念使用的“审美文化”概念。但在这时期的研究中,已经注意到了审美文化现象研究的必要性以及审美文化产生的条件,并认为“青年审美文化的产生正是文化分化和整合的某种成果”[②],很显然,这样的研究立论是恰当的,而且与后来美学研究从文化分化和去分化的理论视阈中探究审美文化的历史与根源有着重要的理论相关性。80 年代,较为明确地在美学研究领域提出审美文化概念的是北京大学的叶朗教授。叶朗在发表于 1988 年的《审美文化的当代课题》中首次将审美文化研究提升到美学理论研究的层面。在这篇论文中,叶朗指出了通俗艺术与严肃艺术的不同功能,批判了西方先锋派艺术的反传统、反艺术、反文学倾向,提出了“审美文化的两极运动律”,并对现代科技与审美文化的关系作出了理论说明。[③] 叶朗同年出版的《现代美学体系》则进一步将审美文化的概念引向美学的高度,在《现代美学体系》中,叶朗构筑了一个包括审美形态学、审美艺术学、审美心理学、审美社会学、审美教育学、审美设计学、审美发生学、审美哲学八个理论分支的现代美学理论框架,[④]其中审美文化即包含在审美社会学的理论框架中,提出审美文化作为审美社会学的核心范畴,是指“人类审美活动的物化产品、观念体系和行为方式的总和”[⑤]。叶朗的《现代美学体系》最早是作为美学教材出版的,但在这部理论著作中,叶朗从美学研究的现代形态与方法等问题出发,超越了传统美学的理论观念,对现代美学体系的建立及其理论完善进行了深入的理论探索,至今仍然是美学研究中不可忽视的原创性理论著述。在 20 世纪 80 年代,《现代美学体系》的确给人耳目一新的感觉,他对审美文化的理论内涵、构成与特性的理论阐发也为后来蓬勃发展的审美文化研究提供了重要的理论准备。在 80 年代的中国当代美学

---

① 潘一:《青年审美文化研究纲要》,载《上海青少年研究》1984 年第 11 期。

② 同上。

③ 叶朗:《审美文化的当代课题》,载《北京社会科学》1998 年第 3 期。

④ 叶朗:《现代美学体系》,北京大学出版社 1988 年版,第 32—33 页。

⑤ 同上,第 260 页。

研究中，虽然有叶朗等前辈学者的理论倡导，但审美文化研究仍然处于零散状态，其中将审美文化概念用于区别美学和其他相邻学科的现象比较普遍，所以，审美文化研究还没有在学理层面进入美学研究的主导理论范畴。这个过程是在90年代完成的。

20世纪90年代是审美文化研究理论高涨的时代，这主要体现在以下几个方面。首先，审美文化研究获得了美学研究领域众多学者的一致关注，在充分的理论共识和学术聚焦中，审美文化研究迅速成为美学理论研究的主要领域和崭新课题，并由此带动了一批专门性的学术研究机构的诞生。比如，1994年成立了中华美学学会审美文化委员会，一些高校成立了专门的审美文化研究所，一些报刊辟出专门的版面作为审美文化研究阵地，学术界召开了多次审美文化研讨会。[①] 这说明，审美文化的研究价值不但已被学术界所认可，而且已经成为当时中国美学研究的学术前沿问题。其次，有关审美文化研究的论文、专著、研究辑刊等研究成果不断涌现，并集中在中国美学研究的一批优秀学者身上，如叶朗、聂振斌、夏之放、刘叔成、肖鹰、高建平、徐岱、周宪、陈炎、姚文放、陶东风、王柯平、王一川、王德胜等不断把研究目光聚焦于审美文化研究，不断在审美文化研究中作出学理上、观念上和方法上的理论提升和学术争鸣，真正形成了审美文化研究的理论高潮，并创作了一批有代表性的理论研究成果，如夏之放、刘叔成主编，肖鹰作为执行主编的“当代审美文化书系”(此书系也是国家“八五”规划重点课题“当代审美文化研究”成果，包括夏之放的《转型期的当代审美文化》、肖鹰的《形象与生存——审美时代的文化理论》、陈刚的《大众文化与当代乌托邦》、李军的《“家”的寓言——当代文艺的身份与性别》、邹跃进的《他者的眼光——当代艺术中的西方主义》)(作家出版社，1996)、周来祥主编的《东方审美文化研究》(广西师范大学出版社，1996)、林同华的《审美文化论》(东方出版社，1992)、王德胜的《扩张与危机——当代审美文化理论及其批评话题》(中国

① 20世纪90年代，中国美学研究中以“审美文化研究”为主题的研讨会有：1994年10月21—23日，汕头大学“当代审美文化研究”课题组与中华美学学会审美文化委员会于北京共同举办的“当代中国审美文化前瞻”学术研讨会；1996年7月28日，中华美学学会审美文化专业委员会和云南省红河哈尼族、彝族自治州政府联合主办的“中国当代审美文化学术研讨会”；2004年9月18—20日，山东大学文艺美学研究中心、山东大学文学与新闻传播学院、曲阜师范大学文学院共同主办的“全国审美文化学术研讨会”在山东日照召开；2006年11月16—18日，中国传媒大学、中华美学学会联合主办了“2006年审美文化高峰论坛”等。

社会科学出版社，1996)、姚文放的《当代审美文化批判》(山东文艺出版社，1999)、聂振斌的《艺术化生存：中西审美文化比较》(四川人民出版社，1997)、陶东风的《社会转型与当代知识分子》(上海三联书店，1999)、徐岱的《艺术文化论》(人民文学出版社，1990)、周宪的《中国当代审美文化研究》(北京大学出版社，1998)、王一川的《张艺谋神话的终结——审美与文化视野中的张艺谋电影》(河南人民出版社，1998)以及汕头大学出版社的《审美文化丛刊》(1994)等，这些优秀的研究成果极大地促进了审美文化研究的理论发展。另外，大量的学术论文围绕审美文化概念的内涵、审美文化研究与美学学科的关系、审美文化研究的意义、审美文化研究与当代美学理论走向、审美文化与大众文化批判等问题展开了非常深入的讨论，也促使审美文化研究开始作为中国美学的学术主流话语进入美学理论史和思想史的视野之中。最后，在 20 世纪 90 年代，审美文化研究的高涨还带来了一种新的美学转向的出现，即通过审美文化研究促使美学研究进一步关注日常生活与大众文化，美学研究也进一步融入社会文化发展的大环境，实现了审美与生活的融通，审美文化也成为描述当代文化总体性特征的一个重要范畴。

20 世纪 90 年代，审美文化研究的高涨带来了美学理论的繁荣和复兴，这是继 80 年代“美学热”之后中国美学新的理论高峰时代，也带来了“美学的复兴”①。20 世纪末到 21 世纪初，中国美学界又产生了一批新的审美文化研究的理论成果，如陈炎主编的《中国审美文化史》(山东画报出版社，2000)、黄力之的《中国话语：当代审美文化史论》(中央编译出版社，2001)、王柯平的《中西审美文化随笔》(旅游教育出版社，2001)、陶东风的《社会转型期审美文化研究》(北京出版社，2002)、吴中杰的《中国古代审美文化》(上海古籍出版社，2003)、王杰的《神圣而朴素的美：黑衣壮审美文化与审美制度研究》(广西师范大学出版社，2005)、仪平策的《中古审美文化通论》(山东人民出版社，2007)、张晶的《当代审美文化新论》(中国传媒大学出版社，2008)、周均平的《秦汉宏观审美文化》(人民出版社，2007)、余虹的《审美文化导论》(高等教育出版社，2006)、徐放鸣的《审美文化新视野》(中国社会科学出版社，2008)，等等。这些理论著作虽然出版于 2000 年以后，但有力地承续了 90 年代以来中国美学在审美文化研究方面

① 高建平：《“美学的复兴”与新的做美学的方式》，载《艺术百家》2009 年第 5 期。

所取得的理论成绩，特别是经过了一定的理论沉潜和思想提升之后，审美文化研究达到了一个新的理论高度，因此也是审美文化研究在 20 世纪 90 年代以来重要的理论延续，共同构成了 20 世纪中国美学发展史上审美文化研究理论发展与丰富的成绩。由于审美文化的内涵较为丰富，特别是审美文化研究涉及的中国当代美学研究的思想语境和社会背景较为复杂，审美文化研究的问题史和学术史的清理往往会淹没在众声喧哗的话语迷雾之中。这一点也正是 20 世纪 90 年代后期以来审美文化研究的主要问题，所以，虽然审美文化有着 90 年代的高涨，但随着社会文化语境特别是理论主潮的转移，审美文化研究也不断走向泛文化研究，特别是随着 20 世纪 90 年代以后西方文化研究理论与方法的大量引入，在美学理论研究中耕耘的审美文化研究日益被广义的文化研究所代替，这也正是从审美文化走向文化研究的中国美学的新的理论阶段。

二、什么是“审美文化”

从 20 世纪 80 年代审美文化研究开始在中国美学界被倡导，一直到 90 年代中国当代美学研究中审美文化研究的高涨，关于“审美文化”概念的界定一直是美学界认真探讨的问题，也是在很长一段时间内有着不同理论见解的问题。首先，在对审美文化概念界定的必要性上，学术界的看法不一。关于审美文化的概念，有的学者认为“根本不必管它什么是审美文化研究，什么不是。你做出成果就是了。”“应该是先做起来，这样你才会知道它是什么东西”①，但也有的学者认为，“如果真的把这一问题悬置起来不闻不问，我们研究的范围、对象将是漫无边际的，研究的目的、方向也将是模糊的”②。其次，在“审美文化”概念的学理来源上，学界也有不同的看法。有的学者把审美文化概念的历史追溯到了 18 世纪的席勒，③有的则从 19 世纪英国哲学家斯宾塞的有关论著中寻找审美文化概念的最早理论依据，④还有的学者认为，审美文化这个范畴是“一个现代概念”，它“是在文化的现代化进程中突现出来的”，体现了现代性的重要范

---

① 李泽厚、王德胜：《关于哲学、美学和审美文化研究的对话》，载《文艺研究》1994 年第 6 期。

② 聂振斌：《什么是审美文化?》，载《北京社会科学》1997 年第 2 期。

③ 肖鹰：《审美文化：历史与现实》，载《浙江学刊》1997 年第 5 期。

④ 王柯平：《西方审美文化的绵延》，载《浙江学刊》1998 年第 2 期。

畴。[1] 再次,在审美文化概念的本土理论依据上,有的学者积极从中国美学研究的传统和历史中寻找理论依据,也有的学者认为"'审美文化'这一概念不是土生土长的,而是中国学者接受了西方文化思潮,特别是后现代主义思潮影响之后提出来的""是改革开放以来,中西文化交流的产物,也是市场经济条件下新出现的文化现象"[2]。最后,最复杂的是在对审美文化概念的理解上存在不同的理论向度,学者们从不同的角度看待审美文化,因而有着各种各样甚至是截然相反的结论。诸多的争论说明审美文化还正处于不断进行理论探索和争鸣的过程之中,其完整的、系统的理论体系还没有形成,或许还需要一个相当艰难的过程。

在审美文化研究中,关于审美文化概念的界定既是一种初步的学术研究工作,同时又是一个严肃的美学理论问题。由于审美文化研究本身涉及了美学学科的理论传统与现代美学理论发展及其当代演进等复杂的理论问题,所以,审美文化概念的界定与理解一方面无法回避传统美学和现代美学理论话语的发展变化,另一方面又无法脱离美学发展的当代语境,特别是美学发展的当代语境有可能使审美文化的概念滑入泛文化理解之中,这种理论研究和发展态势有可能抹杀审美文化在美学层面的内涵,使其学理意义不突出,让审美文化与通常意义上的大众文化、通俗文化混为一谈。正是在这个意义上,在审美文化研究中,概念的明确、研究对象的清楚及理论共识的统一是必要的。在审美文化研究中,多数学者积极探索一个恰当合理的能够为大多数研究者所接受的审美文化概念。因此,在 20 世纪八九十年代的审美文化研究中,尽管学界对审美文化概念的界定仍然存在差异,但我们仍然可以发现其中的某些共同的理论指向。

首先,在审美文化研究中,关于审美文化概念的界定,学界已经充分考虑到审美文化现象的复杂性、审美文化研究领域的多面性以及审美文化研究的历史性和广泛性。在这个意义上,从事审美文化研究的学者首先强调的是"审美文化"是一个整体性的概念,并积极倡导它的价值属性,强调审美文化研究是对一定历史情境中的文化现状和美学主潮的理论概括和价值引导。其次,对于审美

---

① 周宪:《文化的分化与去分化——审美文化的一种解释》,载《浙江学刊》1997 年第 5 期。

② 聂振斌等:《艺术化生存——中西审美文化比较》,四川人民出版社 1997 年版,第 532 页。

文化的概念，学者们在整体性的立场上考虑到了“审美文化”一词与“审美”和“文化”这两个概念的关系，强调“审美文化”不是简单的“审美的文化”或“文化的审美”，而是从审美现实的视角和文化态势的深度体现出来的掌握和改造世界的感性文化系统。这种审美文化概念的界定方式肯定的是从一定时期的文化现状和人们审美意识现实出发，促使人类按照“美的尺度”自觉地建造，日益丰富物质文化并不断提升人们的精神境界的文化模式，并最终对人类文明进程中的文化行为作出理智的思考。再次，在对审美文化概念的界定过程中，积极强调对审美文化的整体性描述，强调审美文化具有整合现实活动中人们审美体验方式的生产和消费功能，更充分地突出了审美文化研究的针对性和有效性。鉴于这种思考角度，在审美文化研究中，学者们对审美文化概念的理解充分考虑到了中西审美文化的历史与现实，更多地强调在比较研究的立场上融合中西方各自文化情势的演进与审美风尚变革，寻找审美文化概念的共同逻辑起源与价值支点，并作为当代审美文化研究的学理依据。这种研究方式对审美文化研究有非常重要的意义。中西方各自有着独特的审美观念和文化现代化历史，由此衍生出来的审美文化图景也就呈现出不同的色相，审美文化研究重视并深入探究不同的审美文化图景，其实也是强化了审美文化概念的理论内涵及其研究价值。最后，在审美文化概念的研究中，学者们充分突出了审美文化研究的问题性，那就是审美文化研究在根本上不一定强调那种宏观的学理建设，而是促使美学理论立足中国当代的审美文化现实，深入挖掘中国优秀的审美文化传统，并吸收西方审美文化经验中的合理成分，以发挥美学研究把握当代社会人们审美体验的基础性功能。这一点也正是审美文化概念和理论内涵的应有之义。

尽管审美文化概念的内涵较为复杂，不同的研究者从不同的角度和立场看待审美文化，但在20世纪八九十年代的审美文化研究中，学界对什么是审美文化能够达成基本的理论共识，那就是对审美文化概念的理解，我们既不能忽略西方绵延已久的审美文化传统，又不能脱离中国特有的审美文化现实，而应该采取一种宏观的、比较的视野来把握它的学理问题及其理论特征。审美文化是一个从人类文化整体内剥离出来的，体现了人类本身审美智慧和美学观念的感性文化形态，是伴随着人类自身的物质文化创造和审美观念变革而不断接近现实经验的文化现象和观念体系。由于审美文化具有这样一种学理和现象特征，所以审美文化研究不能脱离现实文化语境中的感性审美经验与现实，特别是对具体的审美文化文本的阅读和分析，从而实现美学研究的现实审美关怀，彰显美学理论把握现实的能力和品格，这也是审美文化研究对20世纪中国美学史发展的重要理论贡献及价值。

三、审美文化研究的起源语境与美学吁求

审美文化研究热潮的出现不是偶然的，在起源语境上，审美文化研究在20世纪八九十年代的出现既是中国特殊的社会文化发展现实决定的，同时也离不开西方美学理论的启发，更与中国当代社会文化与意识形态语境中的美学研究格局的整体变革有关。审美文化研究的出现首先是20世纪80年代以来中国当代现实文化语境促动的结果，也是90年代以来从事审美文化研究的学者们曾经经历过的一种社会现实。在审美文化研究过程中，学者们普遍设身处地地感到了90年代以来中国当代审美文化现实的新变化，特别是随着改革开放的深入和经济社会的转型发展，日常生活和精神生活中各种样态审美文化现象的勃兴给审美文化研究提供了重要的现实基础。朱立元在谈到审美文化研究时曾明确提出，迅捷走向大众化、世俗化的当代生活体现了审美文化研究的语境特征，他提出，在全球化语境中，90年代初的中国社会文化发生、经历了历史性的重大转型，出现了“当代文学中经典文本的匮乏以及对‘经典’的颠覆和消解；文艺关注和描写的对象世俗化、生活化；雅俗界限日趋模糊甚至消失”①等现象，王一川总结描述20世纪90年代中国当代文化发展现实时也强调：“一方面，‘审美’不断向普通‘文化’领域渗透，弥漫于其各个环节；而另一方面，普通‘文化’也日益向‘审美’靠近，有意无意地把‘审美’规范当作自身的规范，这就形成两者难以分辨的复杂局面。在此意义上不妨说，当代文化实质上就是审美的文化。”②审美文化研究在起源语境上正是承续了90年代中国当代社会世俗化、大众化、消费化发展的现实，在这种起源语境中，审美文化研究将更多的目光聚焦于影视作品、传播媒介、流行音乐、大众文学、青年亚文化等各种新兴文化形式，

① 朱立元等：《迅捷走向大众化、世俗化——对20世纪90年代中国审美文化的几点反思》，载《海南师范学院学报》2001年第5期；另见朱立元：《雅俗界限趋于模糊——90年代“全球化”语境中的中国审美文化之审视》，载《常德师范学院学报》2000年第6期。

② 王一川：《从启蒙到沟通——90代审美文化与人文精神转化论纲》，载《文艺争鸣》1994年第5期。

体现了美学研究对现实审美文化经验发展的一种理论的回应。

审美文化研究的出场还是20世纪90年代中国美学研究受西方文化研究理论影响的结果。从20世纪80年代开始，中国当代美学与文学理论从西方文化研究中汲取了丰富的理论资源和思想资源，其间的理论交汇和实践影响所产生的思想张力也对审美文化研究起到了重要的理论推动作用。审美文化研究在学理层面上首先受到的是雷蒙·威廉斯等英国文化研究理论的影响。在审美文化研究中，英国文化理论家雷蒙·威廉斯的通俗文化和大众文化概念给审美文化研究提供了非常重要的理论资源，同时，雷蒙·威廉斯等英国大众文化研究者的视角也为中国当代美学深入把握当代文化现象，提出审美文化学理研究提供了重要的方法论参照。其次，在西方美学理论中对审美文化研究有较大影响的还有法兰克福学派的文化工业理论。法兰克福学派的文化工业理论与雷蒙·威廉斯等的英国文化理论对大众文化有不同的理论态度，更多地坚持对大众文化的意识形态蕴含予以批判。在审美文化研究中，英国文化研究理论的大众文化研究的理论视野和方法与法兰克福学派文化工业理论的批判视角，可以说相得益彰地促进了当代美学研究的话语转向，也是审美文化研究理论重要的发展方向。

在一次访谈中，叶朗谈到他的《现代美学体系》时曾说，《现代美学体系》的编写，有感于这样一种现实，当时的美学教材"与改革开放之后我国的审美实践相脱节，没有研究新时期的审美实践、文艺实践的新成果、新经验和提出的新问题。这些缺陷，使得我们的美学教材显得陈旧、单调、乏味，缺乏时代感和现实感，越来越不能适应高等学校美学教学的需要，也越来越不能适应文艺实践的需要以及各行各业进行美育的需要。我们当时编写《现代美学体系》，就是希望能够克服这些缺陷"①。《现代美学体系》是中国美学研究中较早涉及审美文化研究的著作，早已超越了美学教材建设的原初理论设想，它对审美文化问题前瞻性的理论研究也极大地拓展了审美文化研究的理论发展。叶朗的说法在探讨审美文化的起源语境问题上较有代表性，审美文化研究的出场，除了现实文化语境的影响之外，还像叶朗说的那样，正是反映了中国美学界试图扭转当时美学理论研究陈旧单调、乏味现实的理论努力，可以说，在这方面，审美文化研

① 彭锋：《美在意象——叶朗教授访谈录》，载《文艺研究》2010年第4期。

究体现了当代美学理论发展的一种内在吁求。这个美学吁求就是在走出或者经过了 80 年代的“美学热”之后,中国美学理论研究在 90 年代新的社会文化现实中,如何实现新的理论更新,如何走向新的超越与回归的理论道路的问题。在这个意义上,90 年代审美文化研究的兴起正是超越 80 年代“美学热”的结果。所谓超越,正像高建平说的那样,“是说要走出‘纯’美学,也就是说,要挑战过去所理解的美学的一些基本前提,由此而作出一些新的研究”①。这种美学吁求既适逢其时,同时也体现了中国当代美学理论发展的某种深层次的理论格局的变革态势。所以,在某种意义上,审美文化研究的出场既是一种外在文化现实促动的结果,同时也内在地体现了中国美学话语理论突围的努力和成绩。

第二节 审美文化与中国美学话语的理论突围

审美文化的勃兴既是现代文化扩张中美学现代意识逐步觉醒的结果,又是当代文化现实中审美风尚突转的产物。当代审美文化研究热潮的兴起,体现了国内美学理论界强烈的危机意识和前瞻意识。危机意识萌发于传统美学的现实迷惑,提出审美文化研究,意在利用审美文化更接近人们日常体验的特性,推动美学研究向深层而现实的方向演进,从而促使美学能突破自身体系的封闭状态,走向自觉融合不同文化内涵和理论向度的完善境界;前瞻意识肇端于当代学者面对新的历史语境,思考美学研究如何在信息化、全球化时代,更深层次地观照现实文化经验与人们的日常体验,实现美学理论把握现实的应有使命。

一、关于美学学科定位的重新思考

在审美文化研究中,尽管在关于审美文化的概念、内涵、功能以及意义的探讨中人们会各抒己见,立足点和观念有一定差异,但核心的理论探究也有明显的一致之处,那就是随着 20 世纪 90 年代中国社会的文化转型以及在文化全球化以及媒介、生产、传播与消费文化话语逐渐生成的语境中,如何恰当准确地把

① 高建平:《美学的超越与回归》,载《上海大学学报》2014 年第 1 期。

握美学的学科定位问题。所以，当美学研究的理论形态及其话语方式发生一定变化之后，特别是在市场化的文化发展以及文化生产与消费迫使美学研究不断寻找理论的下行路向之时，关于美学的学科定位问题就成了审美文化研究在理论层面的核心主题。

美学学科的定位问题本身比较复杂。从近代美学的崛起时刻起，美学学科的定位问题就聚讼纷纭。美学学科的定位问题既影响着美学研究的方向与格局，也影响着美学研究的现实走向。从 20 世纪 50 年代开始，中国当代美学在学科定位中较多地受康德美学的理论框架影响，基本上是以本体论、认识论为主要哲学理论资源来看待美学的学科定位的，在这种学科定位中，美学研究基本上是以哲学美学的理论形态展现出来的。20 世纪 80 年代以来，中国当代美学在世界范围内美学话语转向的影响下，出现了价值论美学、实践论美学、语言论美学以及文化论美学等新的美学话语形态，美学的学科定位问题在这些新的美学话语形态的影响下也发生了新的变化。其中影响较大的是文化论美学，文化论美学受到西方文化理论的启发，强调文化是人类的一种符号表意行为，强调运用跨学科手段去综合分析各种文化现象，而不是像传统美学那样注重美学的元理论话语研究。20 世纪 80 年代，审美文化的兴起与美学的文化转向可以说是同时发生的，因此伴随着美学研究的文化论转向，关于美学的学科定位问题自然进入审美文化研究的前台。在审美文化研究中，王德胜曾经提出："尽管'当代审美文化研究'的发生直接联系着以'美学学科定位'为目标的'美学话语转型'的努力，然而，实际上，当代审美文化研究的展开及其具体表现，却又无疑在另一个层面上做着另外的一件工作。换句话说，进入 90 年代以后，当代审美文化研究的出现不仅没有减少'美学学科定位'问题的难度，甚而也没有改变这一问题的存在维度。"[①]他的这一论断是客观的，可以说，所有致力于审美文化研究的学者都不由自主地触及了美学的学科定位问题，因为审美文化研究其主要的理论走向就是不再以本体论、认识论的美学理论形态为主要趋向，不再从哲学美学的学科定位角度看待具体的美学问题研究，而是将各种具体的审美文化经验、媒介与大众文化现实、审美与日常生活作为主要的研究内容与研究方向，因此产生对美学学科定位问题的新的反思与理论阐释也是自然而然的。

① 王德胜：《当代审美文化研究的学科定位》，载《文艺研究》1999 年第 7 期。

关于审美文化研究中的美学学科的定位问题，学界一开始也是看法不一，有的研究者强调："着重研究审美现象的'文化'层面，用'审美文化'这个核心概念把握审美现象的本质和审美活动的规律。"[①]有的研究者则强调大众媒介在审美文化研究中的作用，认为："在审美文化向消费文化的转型中，并不是说审美文化完全销声匿迹了，而是说它失去了赖以存活的历史语境之后形神涣散并已极度边缘化。"[②]有的学者则干脆强调："'文化'与'审美'本来就有内在的一致性，'审美文化'凝结为一个具有浓郁的时代印痕的命题，则包蕴着太多的人文积淀，且开启了美学发展的新的路向。"[③]正是由于这些理解和阐释角度的差异，在审美文化研究中，美学的学科定位问题不一定是一个直接的研究内容，而更多地从具体的研究成果中看出理论研究的路向和理解方式，这也是审美文化研究对美学理论发展的一个特殊的理论贡献。

在审美文化研究中，触及与呼应美学的学科定位问题的基本有三种路向，一是立足于中国美学的传统资源，改变传统美学的思辨趋向，在思辨与实证相结合的观念上突出中国审美文化研究的理论资源与思想价值。在这方面，往往着眼的是中国审美文化的历史概貌，强调从审美文化历时性的角度与美学具体问题相印证，以学科重构的方式深入美学学科的定位问题。在这方面，陈炎主编的《中国审美文化史》(山东画报出版社，2000)是关于中国审美文化研究的典范之作，在审美文化研究方面，陈炎强调从中国传统审美文化发展的特殊的生活方式、思维方式与文化特性入手，在为中国审美文化研究建构特殊的文化结构与理论形态的过程中，实现对中国美学新的理解与阐释，较为明显地体现出对美学学科定位问题的深入理解。吴中杰主编的《中国古代审美文化论》(上海古籍出版社，2003)也是审美文化研究中的重要作品，在这部著作中，作者提出："审美文化所要研究的，是人类文明发展进程中，审美意识的发展历史、它的逻辑规范及其在各个文化领域中的衍化。"[④]在这种思路下，作者的研究包括中国古代审美意识发展史、中国古代审美范畴研究、中国古代门类艺术研究三个部分，在完整系统的研究中体现出对美学学科定位的新的思考。此外，周均平的

---

① 李林：《美学研究的新思维：审美文化学》，载《广西大学学报》(哲学社会科学版)1991年第2期。

② 赵勇：《从审美文化到消费文化——论大众媒介在文化转型中的作用》，载《探索与争鸣》2008年第10期。

③ 张晶：《作为美学新路向的审美文化研究》，载《现代传播》2006年第5期。

④ 吴中杰主编：《中国古代审美文化论》，上海古籍出版社2003年版，第2页。

《秦汉审美文化宏观研究》虽说是一部关于秦汉审美文化研究的著作，围绕着秦汉审美文化的发展历程、理论资源与审美特点展开研究，但在精细的视角与系统性的架构中对中国古代审美文化的建构作了深入的探索，对在审美文化研究中如何确定美学的学科定位问题也有一定的启发。二是立足中国审美文化的纵向发展与横向阐释，强调中国审美文化的古今对比、中西审美文化的比较研究，在史论结合方面将审美文化问题置于美学研究核心，可以说在理论的外向形态上触及了美学的学科定位问题。在这方面，余虹主编的《审美文化导论》（高等教育出版社，2006）可作为一个理论代表，在这部作品中，余虹强调从审美文化的历史样态与审美文化的当代状况两个方面确立审美文化研究的理论框架，采用一种历史纵向研究与当代阐释相结合的理论方式，其中在关于审美文化的历史样态研究中，突出从审美文化角度介入中西美学发展史上的文学、艺术与文化个案研究，可以说以较突出的个案研究的方式深化了审美文化研究的理论成果，自然对美学学科定位问题也有重要的影响。三是立足西方审美文化理论发展与中国当代大众文化与审美文化语境，在大众文化、消费文化的个案探究中，强化对美学学科定位问题的反思性研究，突出的是审美文化研究现象层面与大众文化发展中美学话语的现实指向。比如，周宪的《当代中国审美文化研究》（北京大学出版社，1997）、徐放鸣等的《审美文化新视野》（中国社会科学出版社，2008）引入古今对比的视角，在审美文化发展的历史逻辑分析中对消费文化、大众传媒、新媒体艺术等审美文化现象作的个案研究，在令人耳目一新的同时对重新理解和评判审美文化研究中的美学学科定位问题有积极的意义。

审美文化研究中这三种理论路向或倾向于中国审美文化发展的纵向梳理，或强调审美文化现象与现实发展的文化诠释，或强调审美文化发展中的中西互补的个案阐释，均从不同层面推动乃至重新阐释美学学科定位问题，这种定位不同于20世纪中国美学发展中其他理论思潮的一个重要方面，就是关注现实审美文化的具体发展，从而有力地推动了中国美学话语的转型，同时也体现出美学理论发展本身的变革态势。审美文化研究既涉及了中国审美文化研究，也包含当代大众文化研究，更强调媒介、影视等具体的审美文化门类研究，但无论哪一方面的研究，如何在现象研究层面走向更深层次的学理建设，这也是审美文化研究着力要探究的另一方面内容。

二、向现实开放的美学：审美文化研究的理论走向

审美文化研究是中国当代美学继20世纪80年代的“美学热”以来的新一轮美学热潮，正像80年代的“美学热”促使中国美学研究在学理层面有一个本质的飞跃一样，审美文化研究也极大地促进了中国当代美学的学理建构。80年代的“美学热”曾引发了中国美学理论的深入拓展与学科交融，不但实践美学、生命美学、体验美学、生态美学等新的美学理论思潮不断出现，而且出现了美学理论研究的纵深发展，康德、黑格尔与马克思、尼采、海德格尔等西方美学家的思想得到了深入阐释，宗白华、朱光潜、李泽厚、王朝闻等当代美学家的思想研究也在中国美学界充分展现，而且还出现了《文艺美学丛书》《艺术美学丛书》《美学译文丛书》等一批重要的美学理论著述，此外，电影美学、戏剧美学、绘画美学、雕塑美学、音乐美学等新的美学领域也得到了深入的拓展。从时间上来看，审美文化研究与80年代的“美学热”有重合之处，在80年代的“美学热”中已经出现了审美文化研究的趋向，但从内在的理论动向来看，审美文化研究与80年代的“美学热”的整体理论趋向仍有不同之处。首先，从理论内涵来看，80年代的“美学热”其实是一种宽泛的描述，所谓“美学热”其实难以描述那个时期具体的美学研究的理论与问题，也很难指涉美学理论研究的方向，而审美文化研究则具有明确的理论指向，这种理论指向强调的就是美学研究进一步面向现实，走出美学研究踯躅于纯理论层面难以把握具体问题的理论困境。其次，从时间延续历程上看，审美文化研究显然持续得更久，而且在审美文化研究中没有完全延续80年代的“美学热”理论观念。最后，审美文化研究同样具有宽泛的领域，但这个宽泛的领域其实已经跟古典形态的美学研究不可同日而语，正是因为宽泛，在审美文化研究中已经包含了更多的非美学理论的因素，社会、经济和文化因素不断融入美学研究中来，因而大大拓展了美学研究的范围和领域，当然，这也让美学研究承载着美学泛化的危险。在这个过程中，审美文化研究在挑战了传统美学的学科定位之后，已经促使美学研究不断走向日常生活和现实文化，因此，不断向现实文化经验拓展的美学研究理路构成了审美文化研究主要的理论走向。在这个层面，审美文化研究无疑代表了20世纪中国美学在新的历史和文化语境中的思考。

首先，向现实开放的审美文化研究带来了美学研究边界的消解和变迁，审美文化研究明显的理论趋向在于拒绝纯粹的美的“意义”与“本质”，“传统审美文化的类型和规则，以及许许多多的禁忌正在或已经瓦解，新的游戏规则正在取而代之”①。审美文化研究在具体文化现象和审美文化个案研究方面取得的成果就说明了这一点，具体文化现象和个案研究已经不是为了说明和佐证纯理论问题，而本身就是研究的对象和目的所在，王一川在20世纪80年代持续关注张艺谋电影，在《张艺谋神话的终结——审美与文化视野中的张艺谋电影》中，他从审美文化的角度对张艺谋电影作了出色的文化研究，认为“张艺谋神话的终结，表明80年代的精英文化意义上的启蒙与个性神话已移位为大众文化意义上的商业神话”②，就说明了这一点。肖鹰在他的《形象与生存——审美时代的文化理论》中对先锋派文学作出了不同于以往的研究，也是着眼于先锋文化与经典瓦解的现实语境，表明“先锋已经实现它与现实的结构性缝合”③。此外，像周宪的视觉文化研究、陶东风的大众文化研究，其实都着眼于审美文化研究中的文化个案，从而体现出美学研究边界的文化泛化与变迁特征。

其次，向现实开放的审美文化研究还意味着美学研究方法论的变革，以及由方法论变革带来的对新的理论体系性问题的重新评估。在传统美学研究的理论格局中，理论的体系性建设是一个重要的理论研究方面，无论康德、黑格尔、费尔巴哈还是马克思，他们的理论研究均有突出的理论建构色彩。但随着美学理论的发展以及现实文化经验的发展，美学研究的体系性研究格局渐渐地暴露出它的偏颇。因为人们渐渐发现，美学日益脱离人类社会实践和人类生存状态的理论思辨特征，不但导致了美学研究的思维方式日益狭窄、美学话语日益空泛、美学原理极端抽象，而且还影响美学体系的封闭。在这种理论研究格局中，美学最初高声唱响的人文精神、崇高意识与终极关怀，正经历着曲高和寡的尴尬。随着审美文化研究的兴起，美学研究进一步向现实审美领域扩展，因而对美学的研究对象、研究格局以及理论内容方面予以强烈冲击，以至于有的研究者提出“流行歌曲、摇滚乐、卡拉OK、迪斯科、肥皂剧、武侠片、警匪片、明星

① 周宪：《边界的消解与审美文化的变迁》，载《浙江学刊》1998年第4期。

② 王一川：《张艺谋神话的终结——审美与文化视野中的张艺谋电影》，河南人民出版社1998年版，第268页。

③ 肖鹰：《形象与生存——审美时代的文化理论》，作家出版社1996年版，第153页。

传记、言情小说、旅行读物、时装表演、西式快餐、电子游戏、婚纱摄影、文化衫”都可以包括在审美文化研究之列。①

再次,审美文化研究努力向现实审美开放还体现了中国当代美学研究在现代文化扩张中的现代意识的逐步觉醒。美学现代意识的觉醒就在于突破以往的美学研究的思维方式与理论观念,不断在吸收新的理论资源及其现实养分的过程中,走向新的文化创造。这个过程既有特殊的社会历史背景的影响,比如商品经济觉醒给美学研究的现实性的刺激,从而使审美文化研究具有明显的时代症候,但更多的是当代美学研究在变革的时代大潮中人文关怀意识的体现,从而体现出美学话语转型的超越性影响。审美文化的出现,其本质就是一定社会的文化现代化的结果,是哈贝马斯所说的文化现代化发展中“认识—工具结构,道德—实践结构,以及审美—表现结构”的文化分化的结果。② 当代审美文化研究所面临的经典的消弭、大众文化的兴起、消费文化语境的生成、传媒文化的发展等,都是当代社会现代化进程不断加剧以及文化现代性语境不断凸现的表现。美国学者丹尼尔·贝尔认为,现代文化运动(或称文化倾向、文化情绪)是一个令人困惑的社会学问题。全面的现代化运动和现代主义的激烈反叛在制造了庞大的社会物质大厦和文化景观之余,更使人们普遍地进入一种自我生存根基整体性崩溃的无根无依的漂泊和分裂状态。因为“人们一旦与过去切断联系,就绝难摆脱从将来本身产生出来的最终空虚感”③。中国当代审美文化研究也面临着这样的理论及现实困惑,所以才走向深入的美学批判。在这个意义上,审美文化研究向现实审美领域开放正体现了当代美学话语转型中中国美学的当代人文关怀意识,也体现了美学研究强烈的危机意识和前瞻意识。危机意识萌发于传统美学的现实迷惑,提出审美文化研究,意在利用审美文化更接近人们日常体验的特性,以推动美学研究向深层而现实的方向演进,从而促使美学能突破自身体系的封闭状态,走向自觉融合不同文化内涵和理论向度的完善境界;前瞻意识肇端于当代学者面对21世纪,思考高科技、信息化、全球化时代,美学如何实现努力关怀人类文明发展和人类生存状态的应有使命,规避工

---

① 姚文放:《当代审美文化批判论纲》,载《北京社会科学》1999年第1期。

② [德]哈贝马斯:《论现代性》,见王岳川编:《后现代主义文化与美学》,北京大学出版社1992年版,第62页。

③ [美]丹尼尔·贝尔著,赵一凡等译:《资本主义文化矛盾》,三联书店1989年版,第97页。

具理性和社会理性的话语造成的内在精神沦丧的异化历史，因此，在人们审美意识不断向生活的各个层面延伸的历史情境下，通过审美文化研究，建立一种以人的精神体验和审美观照行为为主导的社会感性文化形态，以消除和补充工具理性文化和社会理性文化所带来的对人类个体生存的某种限定和束缚，正是当代审美文化研究共同的价值追求。

三、审美文化研究的批判向度

在20世纪八九十年代的审美文化研究中，批判性的视角与美学的批判性反思是审美文化研究主要的研究思路和价值取向。批判性反思的内容与方向主要针对的是当代美学研究的困境与危机，审美文化研究试图走出美学研究的原有理论格局，特别是打破长期以来美学研究的本体论困囿，试图在面对复杂广泛的审美文化现实与经验的过程中实现美学的理论突围与价值重构，从这个意义上看，审美文化研究努力体现出来的正是一种美学理论“接地气”的理论趋向，其批判性理论的价值在今天看来仍然是一种重要的思想资源。

基于批判性反思的审美文化研究在深层次上也与80年代“美学热”所体现出的美学吁求有关，在80年代的“美学热”中兴起的实践美学、生命美学、体验美学等理论思潮已经体现出充分关注现实审美文化经验，特别是强调现实的人的个体生命体验的特征，只不过，在审美文化研究中，其理论方向和价值取向更加明确，美学理论研究的形而下走向更为明显，当然，它的理论调整的战略面临的现实文化经验的挑战也更加明显。高建平曾经谈到，如果说，80年代的“美学热”让中国美学在争论中前行，那么到了90年代，显然美学实际上处在一个困境之中，出现了“建立中国美学体系的要求与满足这个要求的条件还不成熟之间的矛盾”①。也就是说，“80年代的理想主义，那种‘让思想冲破牢笼’的精神，那种勇于学习、勇于实践的学术气氛，造就了一种‘新启蒙’的话语。到了90年代，学术气氛为之一变，来到了一个‘后启蒙’时代”②。审美文化研究正是这种启蒙反思的结果。审美研究最值得重视的一种美学精神就是审美批判，审美批

① 高建平：《中国美学三十年》，载《四川师范大学学报》2007年第5期。

② 高建平：《后文化研究时代的美学》，载《美育学刊》2011年第4期。

判体现了中国当代美学研究对审美文化现实的理论把握方式，即美学研究积极深入当代审美文化现象中的一些具体的文化现实问题，如当代文化发展中经典意识的匮乏、经典文化边界的消失以及大众消费文化的崛起等，这种审美批判精神其实暗含了中国当代思想文化发展中的一种深刻的理论反思意识，它指向的是大众文化的崛起与“后启蒙”时代来临中的美学精神困境问题，审美文化研究正是“从启蒙走向了沟通”①。

审美文化研究的批判性反思在理论趋向上体现出努力向现实开放的理论精神和文化精神，它所强调的不仅仅是中西美学发展历程中复杂的美学理论资源，更主要的是阐释评判当代社会文化发展中的大众审美经验和文化现实，因此，从理论研究的范围和内容来看，基于批判性反思的审美文化研究还与中国当代大众文化的发展有密切的关系。在中国当代美学发展的视野中，大众文化的兴起也是 20 世纪八九十年代以来重要的文化现实，大众文化的兴起是 80 年代以来中国改革开放的文化语境、商品化发展的经济环境以及媒介变革的现实促成的。从本质上看，大众文化的兴起其实也是中国当代最重要的审美文化现象，在这个意义上，审美文化研究有着等同于大众文化的成分，因此，在审美文化研究中，强调审美文化与大众文化的区别是一种主要的理论趋向。很多学者旗帜鲜明地坚持审美文化不等于大众文化，滕守尧从英国文化研究的理论历史与状况出发，提出不能将大众文化与审美文化混为一谈；②朱立元也提出，在审美文化研究中，把审美文化等同于大众文化是考虑到了审美文化发展中的大众共享性的、媒介化的文化特性，有一定道理，但是，把“审美文化”直接等同于当代大众文化，其局限性也是相当明显的。朱提出，“首先，‘审美文化’到底是否一个典型的现代概念，还难定论”。其次，“‘等同’说对‘审美的’(Aesthetic)一词的解释也存在片面性，它仅仅从形式上(即‘形象游戏’的外表且‘游戏’亦非康德的‘自由游戏’之意)把当代大众文化的商业化、技术化包装上升为‘审美的’，却忽略了此词在西方文化传统中更为实质性的一些涵义，如‘自由性’‘非功利性’‘超越性’‘愉悦性’等，这就把‘审美’降低为一种纯粹低级的功利的感官享乐，也是对‘审美的’一词的反传统新解。更确切地说，这是对‘审美’一词

① 王一川：《从启蒙到沟通——90 年代审美文化与人文精神转化论纲》，载《文艺争鸣》1994 年第 5 期。

② 滕守尧：《大众文化不等于审美文化》，载《北京社会科学》1997 年第 2 期。

的反审美解释”①。

最后，审美文化研究的批判向度还表现在对大众文化和审美文化现象中的商业性和消费主义的批判。在审美文化研究中，很多学者对当代大众文化研究中的消费指向和趣味主义退避三舍，批判商品文化及消费文化成了审美文化研究的主要趋向。在审美文化研究中，自觉抵制、批判商品文化的现象极为明显，朱立元提出，迅捷走向大众化、世俗化是当代审美文化研究的主要特征，“当代文学中经典文本的匮乏以及对‘经典’的颠覆和消解；文艺关注和描写的对象世俗化、生活化；雅俗界限日趋模糊甚至消失”②等，都使得审美文化出现世俗化的倾向。姚文放的《当代审美文化批判》从当代的哲学思潮、当代的社会心理、当代人的新宗教意识、传统审美文化、商品经济、科技以及地域、艺术形式变革、西方影响等方面全面批判了当代审美文化现实，特别是对商品经济、科技发展与当代大众文化发展现实作出了深刻的剖析，对审美文化发展中的商品化原则予以深入的批判。体现出批判商品文化的主要方向。林同华的《审美文化学》（东方出版社，1992）、李西建的《审美文化学》（湖北人民出版社，1992），也对审美文化中的消费文化持批判态度；陈炎主编的《当代中国审美文化》广泛涉及了当代审美文化研究中的文学、音乐、舞蹈、戏剧、电影、电视、网络、广告等新兴的审美门类，对审美文化研究的消费景观作了全景式的展现。

审美文化研究不可避免地要涉及消费文化与商业文化，可以说这是审美文化发展既定的社会语境，同时也是它面临的主要研究主旨。在这方面，中国当代审美文化研究批判消费文化和商品文化并非是单纯地反对消费文化，而是提出了一种新的理论阐释向度，即对新的美学语境中的消费审美文化现象的整体分析与解读，在这方面，章建刚的看法也是如此，他强调，我们不能将“审美文化研究”与“审美文化”混为一谈，审美文化研究既然诞生于审美文化现象的批判，但不能将审美文化研究简单地看作“审美文化现象的批判”，他提出：“对于近年来所谓‘审美文化’现象，人们完全有理由给予积极的评价。”③赵勇也提出：“在审美文化向消费文化的转型中，并不是说审美文化完全销声匿迹了，而是说它

① 朱立元：《“审美文化”概念小议》，载《浙江学刊》1997年第5期。

② 朱立元等：《迅捷走向大众化、世俗化——对20世纪90年代中国审美文化的几点反思》，载《海南师范学院学报》2001年第5期。

③ 章建刚：《何谓“审美文化”?》，载《哲学研究》1996年第12期。

失去了赖以存活的历史语境之后形神涣散并已极度边缘化。”①可以说,在当代社会,消费文化无处不在,“我们处在‘消费’控制着整个生活的境地”②,法国学者波德里亚如此论断并非夸大其词。“消费是个神话”③,在很多时候,人们不仅陶醉于它给我们带来的物质满足感之中,而且由于文化消费的广泛性与大众化,人们欣喜地庆贺自己轻而易举地成为文化与艺术的积极参与者,在有可能让我们的生活充满“审美化”和“艺术化”的设想中,人们更多地认同与“消费”结伴而行的娱乐逻辑和享乐主义。我们不能否认消费文化的内质中含有人生审美化的意义,我们也不否认当代消费文化追求休闲娱乐、崇尚所谓高品质的优质生活是现代审美文化的内涵之一,但是我们不仅是“娱乐至死的物种”④,更需要在重温生活中的感受和艺术中的激情之时获得真正的生命感动,正因如此,在消费文化、功利主义意识形态不断地侵蚀当代审美文化的现实空间,消费中的文化借“通俗”与“大众”之名面目全非之时,我们就该在“无边的消费主义”中“重拾艺术崇高论的话题”,这正是需要我们对消费文化进行严肃批判反思的理由,也是审美文化研究给当代美学提出的重要的理论启发。

第三节 “文化研究”热与中国美学研究的理论进境

在 20 世纪中国美学发展过程中,审美文化研究热潮和“文化研究”热具有共同的起源语境,但就内在的研究性质而言,二者仍然有一定区别,审美文化研究更多强调对当代各种审美文化现象作批判阐释,而文化研究不仅仅满足于对包括文学在内的审美文化现象进行批判研究,还具有文学研究泛文化特点,文化研究不像审美文化研究那样从美学发展的内部孕育而生最终又走向美学,它与美学既存在联系又有一定疏离,并由此影响了中国美学研究的理论进程。

---

① 赵勇:《从审美文化到消费文化——论大众媒介在文化转型中的作用》,载《探索与争鸣》2008 年第 10 期。

② [法]让·波德里亚著,刘成富等译:《消费社会》,南京大学出版社 2000 年版,第 6 页。

③ 同上,第 227 页。

④ [美]尼尔·波兹曼著,章艳译:《娱乐至死》,广西师范大学出版社 2004 年版,第 4 页。

一、“文化研究”热兴起的原因

20 世纪的最后 20 年，中国美学的发展与“文化研究”热的兴起几乎是同步发生的，文化研究既是美学理论变革的表征，同时又深度融入这一变革之中并起到了重要的推动作用。中国当代美学与文学理论从文化研究中汲取了丰富的理论资源和思想资源，文化研究的实践性品格和跨学科优势也让中国美学研究发现了新的突围方向，文化研究的开放性旨趣和批判性精神也让美学研究增强了面向现实的勇气和力量。在当下，文化研究队伍不断扩大，文化研究的成果也不断丰富，文化研究的机构与平台不断发展，①文化研究和美学研究的理论交汇和实践影响所产生的思想张力对中国当代美学、文学理论等学科的方法观念产生了强大的冲击，并引发了相关学科的理论反思。

20 世纪 90 年代中国美学中的“文化研究”热的兴起既是西方文化研究理论与资源影响中国文学理论批评的结果，同时，更是中国当代美学在特殊历史文化境遇中出现的新现象、新趋势、新发展，体现了美学研究对当下审美文化发展的一种新的判断或描述。文化研究在中国美学界的发生发展，首先与西方文化研究理论的引进与译介分不开。从 20 世纪 80 年代中后期开始，最早介入文化研究的是一批从事文学理论与美学研究的学者，现在仍然是以这一批学者为主，他们借助文学理论与美学研究的学科优势把文化研究的理论与方法引入中国。西方文化研究中起过奠基作用的重要理论，如英国早期的“伯明翰学派”、德国的“法兰克福学派”以及以雷蒙・威廉斯、托尼・本尼特等为代表的英国文化研究理论是中国美学界最早接触的西方文化研究理论作品。英国早期“伯明翰学派”的理论家理查德・霍加特(Richard Hoggart)、斯图亚特・霍尔(Stuart Hall)以及英国文学理论家雷蒙・威廉斯(Raymond Williams)等人的《文化与

---

① 目前在中国学术界，文化研究产生了较为深远的影响，一些文化研究者建立了比较有影响的文化研究网站，如“文化研究：中国与西方”(http://www.culstudies.com/)、“当代文化研究网”(http://www.cul-studies.com/)、“左岸文化网”(http://www.eduww.com/)、“人文与社会”(http://wen.org.cn/)等；涌现出了一批文化研究的刊物，如陶东风、周宪主编的《文化研究》，童庆炳主编的《文化与诗学》，周启超主编的《跨文化的文学理论研究》，上海交通大学国家文化产业创新与发展研究基地主编的《中国都市文化研究》，顾江主编的《文化产业研究》，李凤亮主编的《深港文化创意参考》，陶东风主编的《文化研究年度报告(2010)》等。

社会：1780—1950》(*Culture and Society*：*1780—1950*，1958)、《关键词：文化与社会的词汇》(*Keywords*：*A vocabulary of Culture and Society*，1976)、《漫长的革命》(*Long revolution*，1961)，斯图亚特·霍尔的《电视话语中的编码和译码》(*Encoding and Decoding in the Television Discourse*，1973)、《文化研究：两种范式》(*Cultural Studies*：*Two Paradigms*，1980)等理论著作较早地被引入国内。正是对这些作品的理论译介，使得中国美学研究获得了文化研究的理论参照。除了直接的文化研究的理论著作之外，像马歇尔·伯曼的《一切坚固的东西都烟消云散了》、斯蒂芬·贝斯特等的《后现代理论：批判性的质疑》《后现代转向》、大卫·格里芬的《后现代精神》、约翰·多克的《后现代主义与大众文化》、芬伯格的《可选择的现代性》、马泰·卡林内斯库的《现代性的五副面孔》等著作也被中国学者所关注，这些理论著作强调进一步从哲学、美学的角度阐释西方文学理论的文化研究背景和特征，在传统文学理论研究与后现代主义的对话语境中展现出深广的哲学视野，这些理论著作或重在理论阐释，或重在思想批判，或重在对话分析，或重在思想建构与解构，体现出文化研究的理论范式对当代美学研究话语转型的积极作用，它们所揭示的相关理论问题也正是中国当代美学研究所要着重突出的理论观点。

文化研究的兴起还在于中国美学界对文化研究话语方式的认同和接受。所谓话语方式的认同和接受指的是中国美学研究在译介西方文化理论过程中，认同和接受西方文化研究理论的观念和方法，主动将西方文化研究理论范式作为美学理论问题研究的话语方式。中国当代美学最早也是从20世纪80年代开始引进西方文化研究理论话语的，20世纪80年代，中国美学界曾经发生了深刻的理论观念和话语转型，比如，1985年曾被称为“文学方法论年”，1986年被称为“文学观念年”，并引发了人道主义的讨论、文艺学方法论的突破、文学主体性问题的论争，以及科学主义、人文主义探讨等，这些理论探讨体现了中国当代美学试图通过深入的理论论争建立自己的话语体系及其问题框架的努力。但在后来的理论发展中，特别是随着西方文论的整体引入及社会审美文化现实的深入发展，中国当代美学在把握自身理论问题的过程中开始受到西方文化研究理论话语的影响，并没有将这些理论论争的成果深入总结并贯穿下来，倒是有了一个对西方文化研究理论话语的大范围接受过程。其中，英国早期的文化研究理论以及“法兰克福学派”的文化理论是对中国美学理论话语影响最大的理论流派。英国早期文化研究理论著作，如雷蒙·威廉斯的《文化与社会》(1961)，理查德·霍加特的《识字的用途》(1961)，以及“法兰克福学派”学者的著作，如霍克海默、阿多诺的《启蒙辩证法》，马尔库塞的《审美之维》等，都不同程度地对中国当代美学研究产生重要的影响，他们对待大众文化研究的态度、从事文化研究的理论方法以及话语方式构成了中国当代文化研究的理论来源。无论雷蒙·威廉斯、霍加特，还是霍克海默、阿多诺，他们都重视大众文化的研究，大众文化研究孕育了他们的理论形式和范式。但是，对他们来说，大众文化既是研究对象，也是一种“问题式”的文本经验，特别是英国文化研究理论和“法兰克福学派”，英国文化研究理论是直接从工人阶级大众文化中生长出来的，大众文化是它生发性的根，“法兰克福学派”则是从大众文化的批判中得出理论范式的，大众文化是批判性的生长点。无论是理论范式的生成还是批判性的生长点，它们都是在继承中发展的，是在广泛地回应现实文化经验的过程中实现理论的现实性的，这其实也影响了中国当代美学对文化研究的理论态度和选择，中国当代美学研究积极关注大众文化研究，正是从西方文化研究理论话语中汲取了丰富的理论话语资源。

文化研究的兴起还与中国当代语境中的文学现实与文学经验的裂变有一定联系，特别是当代文学发展中“文学性”的变革，促使文学研究在思维方式、研究方法、知识生产与知识建构等方面作出调整，从而使文化研究的理论范式逐渐渗入文学研究领域，导致了文学研究的泛文化转折。在当代语境中，伴随着经济全球化与文化全球化时代的到来，以娱乐和实用为中心的当代文学经验在“文学性”方面感官化和消费化的趋势日益明显。文学经验的感官化强化的是当代“文学性”理解上的非理性倾向，文学研究中的所谓“三还原”(感觉还原、意识还原、语言还原)、“三逃避”(逃避知识、逃避思想、逃避意义)、“三超越”(超越逻辑、超越语法、超越理性)，“不及物写作”“下半身写作”“美女作家”“身体叙事”“肉身冲动”等，就是其集中的表现。文学经验的消费化则直接促使消费文化的崛起和文学接受的娱乐化倾向。市场和消费使文学变成了一种消费和感官享受的对象，也使“文学性”变成了“娱乐至死”的载体。文学经验的感官化和消费化进一步在社会文化生态中制造了文学经验中的实用主义和媚俗主义，也损伤了传统“文学性”方面所包含的经典意识和精英意识。文学与文化生产方式的变化，既产生了中国当代消费文化研究的语境、土壤和对象，同时促使美学研究不断面对文学和文化现实的复杂面向以及在实践过程中所产生的各种问题,因此,出现了各种文化研究的理论观念与研究内容,像媒介研究、视觉文化研究、日常生活审美化理论、图像研究等都与此种背景相关,因而引发了文化研究的抢滩登陆。

文化研究是当代美学理论研究中突出的发展趋向,同时也是当代艺术生产的新变化、新趋势,中国当代美学研究已经无法回避文化研究的影响,更需要对这一历史与现实语境作出呼应与判断,把握文化研究语境下中国当代美学理论发展的基本问题也正是中国当代文化研究的价值所在。

二、理论与经验:当代文化研究的理论立场及其学术路径

中国当代美学从 20 世纪 80 年代开始关注文化研究,30 年过去了,中国当代美学视野的文化研究及其引发的理论热潮仍在持续,文化研究和文学研究的理论交汇和实践影响所产生的思想张力正对当下的美学研究产生重要的影响,它所引发的美学研究的文化转向也受到了较多的理论关注,爬梳和整理当代文化研究的理论与经验,把握文化研究的理论立场及其学术研究路径,是探索中国当代美学研究发展历程的一个重要方面。就基本的理论发展和学术路径来看,中国当代文化研究的研究内容及其理论收获主要体现在以下几个方面,首先,对"文化研究"知识谱系、学术背景与实践形式有集中的探讨,梳理了西方文化研究的理论范式特征以及理论创新表现。由于中国当代文化研究较为明显地受到西方文化研究理论的影响,所以在中国当代文化研究的起始乃至较长的理论发展中,介绍、分析与描述西方文化研究理论谱系及其理论观念就是一项非常突出的理论工作。可以说,中国当代文化研究的一批领军人物,特别是有过西方学术研究、交流与合作背景与资源的学者更是走在前列。高建平、陶东风、金元浦、罗钢、刘象愚、周宪等一批学者是中坚力量,罗钢、刘象愚主编的《文化研究读本》(中国社会科学出版社,2000)是国内较早系统编译西方文化研究理论的著作,对从事文化研究的研究者们了解西方文化研究理论颇具参考意义,至今仍然是文化研究不可回避的文献;陶东风较早翻译介绍斯图亚特·霍尔、托尼·本尼特、葛兰西等西方文化研究理论家的著作,他的《文化研究:西方与中国》(北京师范大学出版社,2002)从批判性的角度出发,全面深入地探究了

西方文化研究理论的起源、背景及其理论范式特征，特别是强调在批判性的理论框架下展现文化研究中的知识分子研究问题，并对当代批判性知识分子尤其是中国批判性知识分子作出了历史性考察，其理论价值至今值得重视。此外，金元浦的《文化研究：理论与实践》(河南大学出版社，2004)，陆扬、王毅的《文化研究导论》(复旦大学出版社，2006)，汪民安主编的《文化研究关键词》(凤凰出版传媒集团、江苏人民出版社，2007)等也对西方文化研究理论及其相关个案研究作了集中的探索，这些理论著作，有些是理论编译，有些是文献整理，有些是研究教材，但都对中国当代文化研究的理论发展起到了重要的作用，对文化研究理论谱系的整理挖掘以及文化研究理论方法的把握更有重要的参考价值。

其次，中国当代文化研究受到西方文化研究理论的启示，积极尝试将文化研究的观念和方法纳入中国本土文学研究，同时，积极将文化研究理论引向文化实践和文化分析，试图跨越学院与学科的壁垒，在美学批评实践中凸显文化研究的理论转向。陶东风的一系列论文《日常生活的审美化与文化研究的兴起》《日常生活的审美化与文艺社会学的重建》《移动的边界与文学理论的开放性》等，提出当代文化视野中的日常生活审美化以及审美活动日常生活化导致了文学生产方式、传播方式及其意义存在阐释的多维度变化，因此，中国当代美学和文艺学研究应该“正视审美泛化的事实，紧密关注日常生活中新出现的文化/艺术活动方式，及时地调整、拓宽自己的研究对象与研究方法”①。他的观点引发了文艺学界的广泛争鸣，赞赏者有之，商榷者有之，有的研究者提出，陶东风等学者把西方文化研究概念移植到中国之后没有对它进行价值判断，“虽然不断指出要对这种现象进行分析，但取消了价值判断之后的分析有可能会让分析或所谓的文化研究变成一种话语游戏”②，陶东风就此观点进行了理论回应。此后，仍然有关于“日常生活审美化”问题研究的相关讨论，这些理论论争和讨论都是正面的，具有一定的问题意识，因此，对文化研究在中国的理论发展及问题研究的深入是有一定现实意义的。此外，金元浦的论文《阐释中国的焦虑——转型时代的文化解读》《文艺学的问题意识与文化转向》等也在文化研究与文学理论范式转化中作出了积极探索。罗岗、王一川等也借助文化研究全新

---

① 陶东风：《日常生活的审美化与文艺社会学的重建》，载《文艺研究》2004 年第 1 期。

② 赵勇：《谁的“日常生活审美化”？怎样做“文化研究”？——与陶东风先生商榷》，载《河北学刊》2004 年第 5 期。

的视角和思考模式,重视中国当代消费主义文化景观,以及媒介文化发展所带来的文学格局的变化,强调从当代审美/文化实践的现实出发,走向美学理论的文化研究。

再次,提出了文化研究与中国当代美学的知识建构问题,通过文化研究理论,反思了中国当代美学、文艺学知识生产与知识建构中的不足,试图借鉴西方文化研究理论推进文艺学的学科发展。文化研究的理论范式对中国当代美学、文艺学的理论研究带来不可忽视的理论影响乃至学科发展的冲击,因此,从文化研究的理论范式反思中国当代美学、文艺学的理论建构问题是中国当代美学研究的一个重要内容。高建平曾将文化研究视为中国当代美学的第三次理论高潮,文化研究"给美学提供着新的可能性"①,但他也看到了文化研究对中国当代美学、文艺学知识建构的消极影响,那就是"在文化研究这样一个模糊的概念下,人们研究着各种各样的问题。这些研究,本来都可以成为美学研究的补充,但实际上,却成为走出美学的大潮"②。这也正是文化研究给当代美学、文艺学学科带来的深刻影响,说明中国当代美学、文艺学面临着多种学术资源融汇与整合的压力,"在文学理念、思维形式、研究方法、话语体系、表达方式等方面面临着时代与自身理论生命力的双重挑战"③。在这方面,陶东风的论文《反思社会学视野中的文艺学知识建构》、李西建的论文《文化转向与文艺学知识形态的构建》、罗岗的论文《读出文本和读入文本——对现代文学研究和"文化研究"关系的思考》、余虹的论文《文学的终结与文学性蔓延》、段吉方的论文《中国当代文艺学知识建构中的焦虑意识及其价值重建》等都作了深入的分析。

最后,重视文学研究与文化研究之间的张力互补关系,从文学现象的复杂性和多面性出发,强调对文学研究的文化转向问题保持审慎的理性态度,深入批判文学研究的泛文化现象,廓清文学研究文化转向所导致的理论迷雾,对当代研究的文化转向作正本清源的思考,对当前美学的学科发展与建设作高屋建瓴的把握。曾繁仁在他的论文《当代社会文化转型与文艺学的学科建设》中曾经提出,面对全球化时代文化研究掀起的热潮以及文艺学学科发展现状,首先应该正视我们所面临的当代社会文化转型形势,才能正确地认识文艺学学科当

① 高建平:《中国美学三十年》,载《四川师范大学学报》2007年第5期。
② 高建平:《美学的超越与回归》,载《上海大学学报》2014年第1期。
③ 段吉方:《中国当代文艺学知识建构中的焦虑意识及其价值诉求》,载《文学评论》2009年第6期。

前所出现的争论与今后的发展，由传统计划经济向社会主义市场经济，由农业社会到工业社会以及后工业社会信息社会，由印刷的纸质文明到网络文化，由知识阶层的经验文化到受众空前的大众文化的转变，分别代表了当代社会、文化转型的主要特征，而文艺学的学科转型则面临着当代理论的哲学形态的转变，“即哲学领域由古典形态到现代形态的转型，表现为由主客二分到有机整体、由认识论到存在论、由人类中心到生态中心、由欧洲中心到多元平等对话的转变等等”①。在这种语境中，文化研究的崛起，导致了对传统审美的内部研究方法的解构，这些挑战是一种冲击也是一种机遇，促使文艺学美学研究面对新时代，改造旧体系，充实新内涵。王元骧在他的论文《文艺理论中的“文化主义”与“审美主义”》中对中国当代美学中的文化主义和审美主义话语作出了深入的批判，他认为，以消费文化、通俗文化形式出现的中国当代大众文化与传统的通俗文化有本质的区别，二者在接受主体、艺术形式和文化土壤方面有一定的区别，因此，“把这种消费文化作为当今文艺发展的潮流和方向，并从根本上来否定审美文化，不仅不可能为现实所承认，而且也与我国的国情相悖”。无论从哪方面来看，文化研究都不可能是我国文艺理论研究的当代形态。② 朱立元也对由“日常生活审美化”研究所引发的文化研究与中国当代美学的学科发展提出了自己的意见，他认为中国当代文艺学、美学的学科危机并非是全局性的乃至关乎学科合法性的问题，批判地借鉴、吸收文化研究的某些思路、视角、思考方式、研究方法和合理成果，对于文艺学的学科建设十分必要，努力借鉴和引进当代西方文化研究的理论和方法，也是很有价值的，但对当前文艺学学科危机的性质、程度以及具体表现等问题的认识，离不开对新时期以来我国文艺学现状的基本估计与判断，“与日新月异的文学实践相比，我们的文学理论缺乏前瞻性，常常朝后看，因而跟不上文学现实的发展。这才是文艺学所存在问题和危机的要害所在”③。李春青也提出，中国当代文学理论的危机主要体现在“对象失控”“失去依托”“新的研究路向的出现”。其中新的研究路向的出现就是文化研究，但他不赞成文学理论让位给文化研究，提出我们今天的文学理论可以吸收西方文化理论的成果，建设新型的文学理论，主要措施包括打破狭隘的学科

① 曾繁仁：《当代社会文化转型与文艺学的学科建设》，载《文学评论》2004 年第 2 期。

② 王元骧：《文艺理论中的“文化主义”与“审美主义”》，载《文艺研究》2005 年第 4 期。

③ 朱立元：《关于当前文艺学学科反思和建设的几点思考》，载《文学评论》2006 年第 3 期。

限制，关注当下的具体问题，而不是空谈理论，坚持平民主义、平等的对话立场。[①] 可以说，这些研究成果拓展了中国当代美学、文艺学的理论研究视野，同时对中国当代美学研究的文化转向与文艺学研究的泛文化现象有较清醒的认识，对文化研究与中国当代美学、文艺学的学科发展也有较为明显的理论反思与理论把握，是中国当代研究中值得重视的理论立场。

以上的理论探究也说明，在当代语境中，中国当代美学研究面临文化转向所导致的话语转向的考验，甚至出现了某种理论发展危机的征兆，段吉方在他的论文《中国当代文艺学知识建构中的焦虑意识及其价值重建》中曾将这种理论的危机概括为四个方面：1. 随着中国当代审美文化向纵深发展，中国当代文艺学的知识话语、运思方式和理论思维正日益失去对现实文化经验的解析能力，文艺学知识生产和建构已不适合当代文化经验的突变，文学理论的思维方式和表达方式与人们现代文化体验间的距离日益明显，出现了“理论消亡论”的危机；2. 伴随着消费文化的崛起，中国审美文化现实快速进入了一个极度感性化、肉身化和平面化的历史时段，审美文化研究越来越体现出把握当下文化体验的优势，文艺学研究面临文化研究的挑战；3. 当代技术与传媒力量日益发达，传统的文学和文学理论面临着电子媒介的挑战，出现了所谓的“文学消亡论”；4. 本质主义的思维模式影响了文艺学知识建构和传授方式，文艺学研究存在着“宏大叙事”的困境，文艺学知识生产和建构面临自身理论生命力的危机。[②] 可以说，中国当代美学、文艺学研究要突破理论困境，走出危机，就不能不对文化研究的出现所导致的美学研究种种学理上的分歧以及现象上的困惑作出反思与判断。从这个角度而言，文化研究与中国美学的当代建设既是一种同源语境中的思考，同时又是一个具有同一性的问题。从理论研究经验而言，在文化研究的促动下，中国当代美学文艺学研究出现了复杂的观念变革与方法变革，而且涉及了当代美学、文艺学知识生产与知识建构中的一些核心问题，比如知识格局的陈陈相因、知识体系的凝固封闭、知识培养与传授机制的困境、研究方法的陈旧与失效等，也体现了当代美学知识生产和知识建构格局的复杂性，这些问题正是需要我们在总结文化研究理论经验与价值的过程中认真面对的。

---

① 李春青：《文化研究语境中的文学理论建设》，载《求是学刊》2004 年第 6 期。

② 段吉方：《中国当代文艺学知识建构中的焦虑意识及其价值诉求》，载《文学评论》2009 年第 6 期。

三、“文化研究”的本土接受与本土化反思

从中国当代美学研究被引入文化研究以来，文化研究队伍不断扩大，文化研究的成果也不断丰富。但这并非意味着文化研究已经是一种成熟、稳定的理论形态，在某种程度上，文化研究呈现出的复杂面向以及在实践过程中所产生的各种问题，仍然是中国当代美学研究所要反思的内容。文化研究在中国有一个广泛的研究队伍，现在这个队伍仍然在不断扩大，但是，这个队伍也是庞杂的、混成的。从 20 世纪 80 年代中后期开始，最早介入文化研究的是一批从事文学理论与美学研究的学者，现在仍然以这一批学者为主，当年他们借助文学理论与美学研究的学科优势把文化研究的理论与方法引入中国，贡献是应该予以肯定的，但就文化研究来说，这既是优势更是短板。从文学理论与美学层面发生的文化研究也意味着它的理论与方法是在从文学研究到文化研究的移植过程中横向产生的，而不是真正从文化研究的核心观念、核心范畴、核心方法的内部产生的。从理论范式与方法理念来看，中国当代美学研究的文化研究仍然没有摆脱学理化、学术化、学科化的弊病，甚至在很大程度上还是以西方文化研究的理论转述及其理论旅行为内容的。所以，文化研究在中国美学中很大程度上仍然是一种理论描述的对象而不是学理建构的内容。正是由于这些因素，当我们面对当代文化研究种种成绩的时候，也应该注意到它也面临着本土化接受的困境。

其实，从文化研究在中国当代文学理论研究中开始出现的那一天起，它就面临着本土化的问题。所谓“文化研究的本土化”，即文化研究是以一种什么样的理论方式与理论形式融入中国美学理论研究整体过程的问题，也是文化研究如何与中国文学、美学研究的基本经验与基本问题相契合进而实现理论的现实性问题。文化研究的兴起与西方文论的话语引进密切相关，在 20 世纪 80 年代，西方文论话语的引进是在中国美学面临一个深刻的历史与现实变化的时刻发生的，在文化研究开始引入中国的时候，中国当代美学研究已经经历了话语转型，但是，很多理论观念并没有得到深刻的消化，这时我们迎来了文化研究的高潮。如果说，在 20 世纪 80 年代，中国当代美学还有可能通过深入的理论论争建立自己的话语体系及其问题框架的话，那么随着西方文论的整体引入及社

会审美文化现实的深入发展,中国当代美学在把握自身理论问题的过程中无疑失去了恰当的机会。也正是由于这个因素,当我们面对文化研究的本土化问题时,我们应该追问的是包括文化研究在内的西方文论的整体移植到底在多大程度上影响了中国当代美学理论研究的经验意识与问题意识。目前,文化研究正愈演愈烈,美学理论研究的现实性与时效性也在接受种种质疑,在这个过程中,反思文化研究的本土化问题其实也正是一种重新定位与思考,在这里,首先涉及的就是如何继承作为一种思想资源的文化研究的问题。

在当下文化研究如火如荼的时候,如果再去考察"什么是文化研究"这样的问题,有可能会被视为一种多余的思考。在学理逻辑上,这样的问题应该时时具有它的先行判断和解释。我们不能说中国当代文化研究还没有拥有这样的答案,但至少需要更深入的反思批判。反思如何继承作为一种思想资源的文化研究问题,也正是面向这样一个问题的过程。继承作为一种思想资源的文化研究就是要继承文化研究的经验,从知识论与方法论的层面将经验研究与经验方法融入具体研究过程,并将经验作为阐释某些特定文化文本的方法与路径。在文化研究中,经验是一种理论的再生产,它意味着研究首先基于具体化的过程,其次才上升到学理化的原则。这就要求我们不能仅仅满足于阐释性分析的理论模式,而要真正将文化研究的理论经验融入中国当下的历史语境与现实经验,在文化经验分析与文化个案分析中实现文化研究的方法精神。

在文化研究刚刚引入中国的时候,学者们曾经担忧文化研究会取代文学研究。现在看来,这种担忧并不是一个严肃的学理问题。因为文化研究影响的是文学研究的内在肌理问题,是文学研究如何进行下去的问题,而不是文学研究能否进行下去的问题,所以,所谓的"取代论"只不过是一种浅表层的假象。无论在西方还是在中国,文化研究首先是在文学研究内部发生的,或者说文化研究是在文学研究的学术谱系上展开的,文化研究在学术传统上与文学研究本身就有着深刻的联系。特纳曾经明确提出,"文化研究起源于文学批评传统"①,美国文化理论家理查德·约翰生也认为,"在文化研究史上,最早出现的是文学批评"②。"英国文化研究"就是随着英国文学学科的学术发展而发展的,它与英国

① [澳]格雷姆·特纳著,唐维敏译:《英国文化研究导论》,亚太图书出版社2000年版,第2页。

② 罗钢、刘象愚主编:《文化研究读本》,中国社会科学出版社2000年版,第4页。

文学研究的学术迈进有很大的联系,“英国文化研究”的理论家大多经过了严格的职业化的文学训练,如理查德·霍加特、雷蒙·威廉斯、斯图亚特·霍尔、特里·伊格尔顿,在走上文化研究道路之前,他们的身份都是文学理论家、文学批评家,甚至是作家。“法兰克福学派”的学者也是如此,霍克海默、阿多诺、本雅明等人都曾从事过严格意义上的文学研究,而且取得了很高的造诣。正是文学研究的学术训练和职业培养使这批文化理论家获得了深入社会文化文本所必备的经验。从方法论的角度看,文化研究就是文化个案批判,文化研究的理论就是文化研究的实践。这种方法论精神注重的是具体的文化经验的理解和分析,并试图走出学院化、体制化和制度化约束,所以,它的方法论追求不是为了取代文学研究,而是深化拓展文学研究,也可以说,它仍然有文学研究的理想与期盼。只不过这种理想的实现采取了不同的方式,跨学科、反学科、学科交叉、方法融合等都是文化研究的方法论原则,但在这些方法原则中,文学研究仍然是一个重要的内容。落实到具体的方法形式上,典型的如“英国文化研究”的“文化唯物主义”和“民族志”的方法,它们其实都包含着丰富的文学研究因素。“文化唯物主义”重视文化与生活经验的关系,“民族志”方法则把来源于人类学的方法运用于工人阶级文化经验的分析,这两种方法都是从最基本的经验、个案出发而不是从一定的理论体系和观念出发来考察文化个案、具体的文化经验在文化意识形成中的作用,这其实也正是文学研究的内容,它们在实现了文化研究的目的之后,更丰富了文学研究的内涵。在这个意义上,无论是文化研究,还是文学研究,都未必拥有一种永远不变的理论范式,像雷蒙·威廉斯、理查德·霍加特、托尼·本尼特等这些文化理论家,他们既在文化研究的理论与实践层面研究工人阶级大众文化、通俗文化、青年亚文化,并在这个过程中从事文化研究的理论建构与实践探索,但他们也重视文学批评的传统,重视文化与文学的经验研究,他们也研究英国小说,也从事马克思主义文学批评。他们的文化研究其实是立足于文学研究的宏观传统。立足于这个传统其实就是立足于人文学科的整个基础,在这种情况下,文化研究跨越文学研究的边界,文化研究拓展文学研究的范围,也是在另一种意义上复活了文学研究的当代价值。

既然文化研究不能取代文学研究,那么,在中国当代美学、文艺学研究中,片面强调以文化研究全然取代文艺学研究的策略也未必可取,以文化研究的眼光检视文艺学知识生产的缺陷也未必令人信服。在中国当代文化研究中,学者们希望进一步通过文化研究将美学、文艺学的知识生产和知识建构历史化、个性化与细节化，希望在当代文化生态与文化格局中拓展文学研究的具体问题。在这方面，中国当代的文化研究所提出的问题有深刻的理论启发和思想启迪，对当代美学与文学研究的接受语境也有深刻的理论思考。但是，就现实而言，文化研究在把握当代文学经验深层裂变的现实方面仍然存在一定的阐释“瓶颈”。当代文学经验的裂变是在媒介文化、视觉文化、消费文化导致传统文学研究的边界泛化与非经典化过程中造成的，文化研究在扭转传统文艺学研究的本体论思维和方法论观念方面有一定的冲击力，但在深入当代文学生产方式与文化属性问题上还没有找到合适的途径，在把握当代文学经验裂变的具体过程中还没有展现令人信服的实践。“文化研究”作为一种学科形态和研究视野，关注既定社会的文化构成与文化裂变，重视社会文化系统中的新兴文化事物与文化主体，这些对传统的文学研究构成挑战与压力也在所难免，但是这种压力是文化研究学科的学术研究辐射力的结果，无论是英国的“伯明翰学派”，还是德国的“法兰克福学派”，以及西方“马克思主义学派”，他们的文化研究并没有取代文学研究。在文化研究层面，文学的本质特征、文学发展规律、文学的语言特性、文学批评原则等问题并非完全是一种理论的“虚构”。而经过了几十年的发展，中国当代美学研究早已形成了自己集中的问题领域，笼统地以文化研究挑战与颠覆传统的美学研究并不能够对这些问题有根本性的深入探讨，这正是在文化研究的本土化反思中需要我们认真面对的问题。

经过了半个多世纪的发展，无论西方还是中国，文化研究也经历着理论上的转折与挑战，挑战来自文化研究的学科化趋势，在文化研究刚刚开始的时候，西方文化研究理论家约翰生曾直言不讳地说：“文化研究就发展的倾向来看必须是跨学科的。”[①]特纳也曾经指出，“文化研究不仅是某种跨学科的领域，也是许多问题关切点和不同方法交互汇流的领域”“如果有人将文化研究视为一种新的学科领域，或者将文化研究当作某种学科领域的排列组合，将会造成一种错误”[②]。但是，现在文化研究已经有了专门的研究机构和研究课题，文化研究也有了学科化的规划，已经形成了一种准学科的形式，当初坚决寻求从学院、学

① 罗钢、刘象愚主编：《文化研究读本》，中国社会科学出版社 2000 年版，第 9 页。

② [澳]格雷姆·特纳著，唐维敏译：《英国文化研究导论》，亚太图书出版社 2000 年版，第 4 页。

科、制度、规范中独立出来的文化研究，现在又面临着被再度学院化、学科化、制度化的危机。从跨学科的动力发展而来的文化研究曾经给文学研究带来了新的转折路向，如今文化研究重走学院化和学科化的路子，在这种情形下，文化研究要想全面把握中国当代美学、文艺学研究的理论问题，实现理论上的全盘胜利其实也就成了一个不现实的话题。但是，就在文化研究被引入中国当代美学理论的过程中引出的中国当代美学、文艺学的学科发展问题应该引起关注。在当下，美学研究的重要任务及其理论责任就是要尊重中国当代的审美文化现实，在充分把握审美文化现实经验的过程中实现理论对象化现实的能力和任务，这正是中国当代美学研究所要实现的理论责任。在当下，各种新兴文化经验的发展为各种异质文化因素的成长提供了可能，也为当代美学研究具体问题的接受语境缔造了感官化和非理性化的审美变异空间，但不影响包括文学经典在内的当代审美文化仍然可以深入人心的可能。文化研究的价值维度在于美学理论面向现实的精神，展现的是美学与文化理论研究融入现实经验、解决现实问题的实践主张，在当代语境中，我们强调文化研究就应该基于这样的立场。从学理的眼光来看，文化研究的出场体现了某种文学研究传统在一定历史现实中的裂变过程，同时也在这个裂变中折射出文学研究的当代选择。或如詹姆逊所言，“文化研究是一种愿望，探讨这种愿望也许最好从政治和社会角度入手，把它看作是一项促成‘历史大联合’的事业，而不是理论化地将它视为某种新学科的规划图”①。中国当代文化研究也需要这样的理论定位，继承作为一种思想资源的文化研究，回到那种“问题式”的语境中，强调文化经验与理论建构相互作用的过程与形式，从而走出那种“理论化”的文化研究和文化实践的困囿，进而释放文化研究的理论价值，这正是中国当代美学研究应该重视的理论前行的方向。

---

① [美]弗雷德里克·詹姆逊著，王逢振等译：《快感：文化与政治》，中国社会科学出版社 1998 年版，第 399 页。

第十二章

美学在世纪之交的复兴

20世纪的中国美学，经历了几次起伏，有世纪前半叶的引进和建构，也有后半叶的三次美学热潮。历史上一般将20世纪后半叶的三次美学热潮分别称为50年代中期到60年代初的“美学大讨论”，70年代末到80年代中期的“美学热”，到了20世纪末和21世纪初，经过了一段时间的萧条之后，美学复兴的迹象越来越明显。

世纪之交的“美学复兴”，是多方面原因形成的，包括经济大潮后人文研究气氛的复苏，国际学术交流带来的对学科发展的新的刺激。当然，更为根本的是变化了的时代、社会和文艺对这个学科的现实需要。

第一节　中国美学界与世界的再次相遇

从1978年开始的“美学热”，原本就是在多重因素的推动下而形成的。首先，这是一种“后文革”现象。“文化大革命”从“文化”始，也要以“文化”终。从批判《海瑞罢官》开始的“文革”，以“形象思维”大讨论终结。选择“形象思维”话题来突破“文革”文艺思想体系，似乎有某种偶然性，“美学热”的出现本身却绝不是偶然的。思想上的革新常常以复古的形式出现，这一古老规律，这时再一次呈现出来。20世纪50年代后期的“美学大讨论”从“美的本质”的讨论开始。当时，美学家们所关心的，是建立美学的哲学基础，或者更为确切地说，是试图在唯物主义的基础上建立新的美学体系。而随后兴起的对“形象思维”的讨论，则转向对艺术独特规律的关注。1978年的“美学热”，则走了一条相反的路：从“形象思维”讨论开始，再转向“美的本质”。先是用“形象思维”来克服“文革”时期的“三突出”理论，号召研究和尊重艺术创作的规律，进而反思50年代提出的美学基本理论问题。

然而，在80年代，美学研究者们很快就开始突破既有的对“美的本质”的探讨，寻找新的理论资源。50年代中国美学研究的几大派，是在特定时代，在“百家争鸣”的大形势下，同时也是在相对封闭的学术语境中形成的美学派别。80年代的“美学热”，不可能只是50年代“美学大讨论”的简单重演。在改革开放的大形势下，中国的美学研究也再次打开了国门。1980年6月在昆明召开的第一次全国美学大会，对于中国美学界来说，是一次具有里程碑意义的大会。此后回溯，许多重要的学术观点和主张，都是在那次会议上提出的。例如，那次会议的《会议简报》上说：“中国社会科学院哲学所李泽厚同志在发言中强调指出：现在有许多爱好美学的青年人耗费了大量的精力和时间苦思冥想，创造庞大的体系，可是连基本的美学知识也没有。因此他们的体系或文章经常是空中楼阁，缺乏学术价值。这不能怪他们，因为他们根本不了解国外研究成果和水平。”①

---

① 李泽厚：《美学译文丛书》序，见[美]鲁道夫·阿恩海姆著，滕守尧、朱疆源译：《艺术与视知觉》，中国社会科学出版社1984年版，第1页。

在改革开放的大潮下，出现了外国美学的翻译热，一些西方美学名著被译成中文，赢得了大量的读者。这些著作中的一些观点也融合到中国美学家的思想之中。例如，在80年代占据主流地位的李泽厚的美学思想，即后来被人们命名为“实践美学”的体系，就是吸收了古斯塔夫·荣格的“积淀”说、克莱夫·贝尔的“有意味的形式”，以及“主体性”、“格式塔”心理学与让·皮亚杰的“发生认识论”等许多思想的要素，并加以改造而形成的。

一些舶来的概念，迅速被中国学界吸收并使用，融入中国美学家所创制的体系之中。然而，在引进国外的美学方面，80年代还有一些局限性。首先是“美学热”经历的时间太短，实际上只是从1978年到大约1985年前后，此后，这股热潮就开始消退。在这短短的八九年里，所引进的国外美学论著，具有高度的选择性，受到重视的主要是康德主义线索的美学。当时所建立的体系，也具有草创的性质。到了80年代后期，一些翻译的美学著作销量就直线下降。李泽厚主编的《美学译文丛书》，据说原计划有100本，实际翻译出版50本，包括的内容也很广泛，但影响比较大的，仍只有10多本。人扭不过大势，形势比人强。在“美学热”过去以后，尽管美学家们仍然在努力组织翻译，但印数越来越少，出版也越来越困难。从80年代后期到90年代，尽管在一些高校里，还在开设美学课程，还在出版新的美学书，然而80年代初期美学所具有的那种社会影响力却不复存在。在社会上，出现的是经济大潮，许多学者作家下海经商，而在美学领域，美学家们在分化，一部分人继续走专业性道路，社会影响却越来越小；一部分人离开美学而走公共性的道路，在“文化研究”和其他一些学科中寻找公共平台。

到了世纪之交，美学迎来了新一轮的复兴。这一复兴，是多种原因促成的。

首先，经济大潮发展到一定程度，文化的需求重新呈现出来。社会本来就是需要协调发展的，片面的经济发展，必然会带来各种社会问题，需要文化的发展与之相适应。这就像钟摆一样，摆到一定幅度就会又摆回来。在经济大潮的鼎盛期，就开始有“人文精神”的讨论，有对“审美文化”的关注。终于，在20世纪末，美学全面复兴。社会需要美学，无论美学当时如何萧条，“美学热”时代留下的种子会重新长出新芽，在社会需要之时，显示出这个学科的力量。

其次，中国的“文化研究”原本具有“反美学”的倾向。在“文化研究”与美学研究并行发展时，文化研究者认为，美学研究不及物，过于哲学化；而美学研究者则认为，文化研究者将学术研究化为社会运动的诉求，从学术上看空虚而流于口号化。这种对立最终导致相互融合。在中国，从事美学研究和从事文化研究的人，属于同一个群体。他们之间的对话，最终形成的是相互的影响和吸收，实现了美学的文化学转向，同时也实现了文化研究的美学转向。美学在这时出现了复苏的契机。

再次，中国加入世贸组织，经济上的新一轮开放，也在推动学术和文化与国际接轨。世纪之交，中外学术交流日益常态化。中国的美学研究队伍，也在发生着变化，新一代美学研究者成为研究的主力。这一代人与前一代人有着不同的知识结构，也有着学术创新的活力，也更愿意接受新的知识。

我们可以从以下几个方面来描绘世纪之交外国美学对中国美学影响的情况：

第一，美学作品的翻译有了新的发展。20 世纪 80 年代，李泽厚主编的《美学译文丛书》产生了巨大的影响。这一套丛书有多本，但真正有影响的，还是像克莱夫·贝尔、苏珊·朗格、鲁道夫·阿恩海姆等人的著作。除了这一套丛书以外，还有王春元和钱中文主编的文论丛书，以及其他一些哲学和社会学的丛书。

到了世纪之交所出现的新译丛，与此前一代人翻译的著作有所不同。

周宪与许钧合作，编辑了《现代性研究译丛》，其中包括了一些重要的与美学有关的著作。例如，特里·伊格尔顿的《后现代主义的幻象》、彼得·比格尔的《先锋派理论》、沃尔夫冈·韦尔施的《我们的后现代的现代》等。此后，周宪与高建平合作，编辑了《新世纪美学译丛》，集中收入了许多目前西方正在活跃的美学家的新作。这一译丛中有理查德·舒斯特曼的《实用主义美学》、诺埃尔·卡罗尔的《超越美学》、肯达尔·L. 沃顿的《扮假成真的模仿》等著作。北京大学出版社由彭锋等人主持，组织出版了《美学与艺术丛书》，还出版了舒斯特曼等一些正处于创作活跃期的西方美学家的著作。此外，还有一些出版社组织了一些专题性的美学译丛，一些属于分析美学和后分析美学、新实用主义、现象学与存在主义、“法兰克福学派”的美学著作，以及环境生态美学的著作，都陆续被翻译出来。沈语冰主持翻译了艺术学的译丛，介绍了众多外国艺术学和艺术史学的研究著作。最近，高建平与张云鹏合作，在河南大学出版社出版了《新时代美学译丛》，第一辑收入 5 本译著，其中包括阿列西·艾尔雅维奇与高建平合编的《美学的复兴》、沃尔夫冈·韦尔施的《超越美学的美学》、柯蒂斯·卡特的《跨界：美学与艺术学》等。

这些世纪之交与新世纪之初出现的译著，选择的范围很宽泛。除了继续翻译一些西方古典美学的论著进行拾遗补阙外，更多的是选择西方一些现在仍活着的，与我们属于同时代人的，处于新思想建设期的美学论著。这些论著更具有当代性，面向并致力于解决当代问题，对当代中国也有着更多的可借鉴性。

第二，从世纪之交到新世纪之初，在中国召开了一系列国际学术会议。这些会议，对于推动中外学术交流，发展中国美学，起到了重要作用。

1995 年 11 月 15 日至 20 日，中华美学学会与深圳大学合作，在深圳召开了一次国际学术会议，“来自中国大陆、台、港等地区和瑞典、德国、芬兰、日本等国家的美学家和美育工作者共 90 余人参加了会议”①。这次会议围绕中西美学和美育问题进行了研讨。参会者除了一些境内外的著名学者外，还有一些来自美育第一线的大中小学教师。这是在中国召开的第一次国际美学学术会议。从某种意义上说，这是此前翻译和研究外国美学工作的继续，也是世纪之交中外学术交流条件得到改善的体现。

2002 年，中华美学学会、中国社会科学院、北京第二外国语学院合作，组织了一次规模盛大的美学会议，有近 100 人参加了会议。“这次会议是中外美学史上的一次盛会，吸引了分别来自英、美、德、意、日、韩、加、印度、荷兰、芬兰、希腊、土耳其、斯洛文尼亚、克罗地亚、澳大利亚和中国(包括台湾和香港地区)等 17 个国家的近百名美学家。”②这次会议后，编辑出版了中英文对照的论文集《美学与文化·东方与西方》一书。

2006 年，国际美学协会与中华美学学会共同主办，四川师范大学承办，在四川成都举办了国际美学协会执行委员会会议暨“多元文化中的美学”国际学术研讨会。参加这次会议的有当时的国际美学协会会长、副会长、秘书长，各国美学组织的负责人。在这次会议上提交的论文，编入了英文版的《国际美学年刊》。③

在从世纪之交到新世纪之初的这几年中，中国学者周来祥和高建平，以及

---

① 徐碧辉：《深圳国际美学美育会议综述》，载《哲学动态》1996 年第 1 期，第 13 页。

② 高建平、王柯平：《新世纪美学发展的契机》，见高建平、王柯平主编：《美学与文化·东方与西方》，安徽教育出版社 2006 年版，第 657 页。

③ *International Yearbook of Aesthetics*: *Aesthetics and the Dialogues among Cultures*, Vol. 11, 2007, ed. Gao Jianping.

中国香港的学者文洁华分别参加了 1995 年在芬兰拉赫底召开的第 13 届世界美学大会和 1998 年在斯洛文尼亚首都卢布尔雅那召开的第 14 届世界美学大会。

在卢布尔雅那大会上，中华美学学会提出申请，经国际美学协会执委会批准，正式成为国际美学学会的会员，从此开始了与国际美学协会的合作。尽管这两次会议参加的中国学者很少，但对于中国美学走向世界，融入国际美学大家庭来说，是重要的开端。

国际美学协会的历史可以追溯到马克斯·德索尔(Max Dessoir)于 1913 年在德国柏林组织的第一次世界美学大会。当时的名称叫国际美学委员会(International Committee of Aesthetics)，是一个由欧美和日本等一些“美学强国”参与的封闭的国际团体。1980 年，在克罗地亚的杜布罗夫尼克召开的世界美学大会上，决定进行改组，实现开放和民主化，成立国际美学协会(International Association of Aesthetics)。从 1980 年以来，国际美学协会相继选举哈罗德·奥斯本、约然·赫尔梅仁、阿诺德·贝林特、阿列西·艾尔雅维奇、佐佐木健一、海因茨·佩茨沃德、约斯·德穆尔、柯蒂斯·卡特、高建平、亚勒·艾尔珍共 10 位美学专家担任协会主席，每位主席任期 3 年，不可连选连任。国际美学协会的宗旨主要有两条：一是加强国际间美学学术交流，发布最新研究成果；二是将美学的学科知识传播到美学不发达的国家和地区，帮助这些国家和地区建立美学组织，开展美学活动。

2001 年，在日本东京千叶召开了第 15 届世界美学大会，这是新世纪的第一次世界美学大会，也是世界美学大会第一次在亚洲召开。这次会议专门设立了亚洲美学系列圆桌，其中包括一个中国美学专题，会议邀请叶朗主持，参加者有高建平、彭锋、罗筠筠，以及来自德国的中国美学研究者卜松山(Karl-Henz Pohl)。除此之外，中国学者周来祥、陈望衡、蒋述卓、杨曾宪、文洁华等多人参加了这次会议。

2004 年，在巴西的里约热内卢召开了第 16 届世界美学大会。由于路程远，中国学者参会人数略有下降，但也有高建平、王柯平、杨曾宪等一些学者参加。

2007 年，在土耳其的安卡拉召开了第 17 届世界美学大会。中国美学界有多人参加这次会议，中华美学学会会长汝信率中国社会科学院的高建平、王柯平、徐碧辉、刘悦笛等人参会。北京大学彭锋、武汉大学陈望衡、复旦大学陈佳、华东师范大学朱志荣、西南大学代迅、四川外国语大学王毅、香港浸会大学文洁华等人参会。中国美学界参加世界美学大会的热情在不断升温。这种中外学术界的直接交流,逐渐成为常态,这打开了中国美学家们的眼界,对美学的发展,起到了潜移默化的作用。

此后,2010 年在北京召开了第 18 届世界美学大会。这是一次国际美学界空前的盛会,除了有约 400 名各国美学家参加这次会议以外,有大约 400 多名中国美学和艺术研究者与会。会议由北京大学承办,国内多所高校协办。从此以后,中外美学交流就走向了常态化,中国融入世界美学的发展之中。

除了国际美学协会这个平台以及定期召开的世界美学大会以外,从 20 世纪 90 年代末以来,在中国、日本和韩国轮流召开的系列"东方美学论坛",对推动这三国的美学交流起到了重要作用。

第三,中国美学界对外国美学的研究,从 20 世纪 80 年代以来,也呈逐年上升的趋势。美学这个学科,从一开始就具有输入的特点。20 世纪初期美学在中国的兴起,与当时留学日本和欧美的学生的积极倡导有密切关系。美学的发展,曾经历了一个从"美学在中国"到"中国美学"的发展历程。当然,这并不是说,要把 20 世纪中国美学的发展分为两段,前一段是"美学在中国",后一段是"中国美学",而是指美学在中国,有一个从引进吸收,再到自主创造的发展过程。这是一个连续的过程,不能截然分成两段,前一段吸收,后一段创造。实际上,创造的活动早就开始了,从王国维到朱光潜和宗白华,都走在自主创造的路上;从另一方面看,吸收的活动到现在也没有结束。

外国美学对中国美学研究的影响,除了上述几个译丛以及召开的一系列重要会议以外,更重要的,还有中国学者对外国美学的研究。在 20 世纪 80 年代,随着克莱夫·贝尔、苏珊·朗格、鲁道夫·阿恩海姆、西格蒙特·弗洛伊德、古斯塔夫·荣格等人的著作被译成中文,中国学者在自己的著作中,融入了相关思想。到了 90 年代以后,"法兰克福学派"、英国文化研究以及一些法国的文化和社会研究的思想进入中国,使中国美学界出现了新的局面。这些美学观点的引入,对狭义的美学构成了冲击。现象学美学、存在主义美学、分析美学、实用主义美学,随着中外美学交流的扩大而在中国陆续有所发展。

从 20 世纪 80 年代起,一份集刊对外国美学的研究起到了很重要的作用,这就是《外国美学》。1985 年,《外国美学》在汝信先生的主持下问世。与当时的其他几份集刊不同，这份集刊出刊较晚。当这个集刊问世之时，已经到了“美学热”的末期。“美学热”初起之时，适应了当时的政治环境，有借美学这个平台推动改革开放，使中国人的政治和文化生活走向正常化的作用。到了1985年，形势有了很大的改变，美学逐渐走向学科化、专业化。“文革”以后上大学的新一代学者逐渐成长，陆续走到了学术研究的前台。这时出现的《外国美学》集刊，在学术上有着对外国美学进行专门化研究的追求，同时，对于培养新一代的美学研究者，也具有重要意义。许多学者曾深情回忆自己通过阅读该集刊和为此集刊撰稿，在美学研究道路上成长的历程。这个集刊从那时起，一直延续到2000年，出版了18辑，此后，经历了短期的中断，2005年筹备复刊，一直到今天又出了10多辑，影响越来越大，成为“美学热”时代硕果仅存的一份集刊。

第二节　美学的新流派和新思考

与其他人文社会科学相比，美学这个学科在中国一向有着争鸣的传统。这种争鸣在20世纪前期就表现了出来。20世纪初，王国维所引入的“无功利”的静观美学，与梁启超关于文艺以“新民”的论述，就有着潜在的对立。蔡仪展开和发挥了从日本学到的以“客观论”和“典型论”为核心的马克思主义美学，与朱光潜所坚持的以“直觉”“距离”和“移情”为核心概念的当时西方流行的美学之间形成鲜明的对立。如果说，这一切还是各说各话，在不同的领域和地域发出各自声音的话，50年代的“美学大讨论”，则将一些不同的观点集中到了一起。许多学者同时写文章，甚至在同一份刊物上发表，进行直接的、逐条逐句的相互批判。这种情况是过去没有的。对于“美学大讨论”的意义，现在学术界有着不同的评价。有人轻蔑地一笔带过，说这是苏联影响的结果，这是不对的。“美学大讨论”不应被看成是苏联影响的结果，正好相反，应该被看成是尝试克服苏联影响的结果。

1949年以后，中国学术界，特别是文艺理论界，确实受到过苏联的巨大影响。在文艺理论方面，翻译出版了季摩菲耶夫的《文学原理》，请来了毕达可夫和柯尔尊授课。在此期间，先后引进了多本苏联的文学理论教科书。许多中国学者边学习边模仿，并且依照这些教科书的模式，写出了自己的教科书。但是，美学领域的情况则完全不同。历史上被称为“美学大讨论”的这场争论，是有意图、有领导、有组织地发动起来的。

“美学大讨论”正式开始于1956年6月朱光潜的文章《我的文艺思想的反动性》在《文艺报》上的发表。众所周知，1956年2月，苏联共产党召开了第20次代表大会。在这次会议上，赫鲁晓夫作了批判斯大林的秘密报告。消息传到国内，中国人的反应是双重的：一方面，中国的领导人不赞成这种对斯大林的全面否定；另一方面，中国人也开始检讨此前一切向苏联学习，照搬照抄的做法。1956年4月，毛泽东作了《论十大关系》的报告，其中谈道：“最近苏联方面暴露了他们在建设社会主义过程中的一些缺点和错误，他们走过的弯路，你还想走？过去我们就是鉴于他们的经验教训，少走了一些弯路，现在当然更要引以为戒。”①同月，毛泽东在中共中央政治局扩大会议上说：“艺术问题上的百花齐放，学术问题上的百家争鸣，我看应该成为我们的方针。”②这是中国人摆脱苏联影响，走自己道路的开端。“美学大讨论”正是在这一背景下出现的，是“百家争鸣”方针的试验田。

据朱光潜回忆：“在美学讨论前，胡乔木、邓拓、周扬和邵荃麟等同志就已分别向我打过招呼，说这次美学讨论是为澄清思想，不是要整人。我积极地投入了这场论争，不隐瞒或回避我过去的美学观点，也不轻易地接纳我认为并不正确的批判。”③

朱光潜的《我的文艺思想的反动性》一文发表后，规模宏大的“美学大讨论”开始了。正是这个背景，促成了美学上的派别之争的形成，也形成了当代中国美学的争论与积极建立学派的传统。20世纪50年代所形成的美学上的四大派，即主观派、客观派、主客观统一派，以及客观社会派的争论，除了主观派声音比较弱，后来销声匿迹外，其他三派的争论一直在持续，由此形成了当代中国美学的传统。这种学派意识，在学界造成了一个错觉，要研究美学，就要发明美学的一个派别，提出一种对“美的本质”的观点，树起一面大旗。

到20世纪70年代末和80年代“美学热”发动之时，美学上的这四大派又

① 毛泽东：《论十大关系》，见《毛泽东文集》第7卷，人民出版社1999年版，第23页。

② 毛泽东：《在中共中央政治局扩大会议上的总结讲话》(1956年4月28日)，见《毛泽东文集》第7卷，第54页。

③ 朱光潜：《作者自传》，见《朱光潜美学文集》第1卷，上海文艺出版社1982年版，第11页。

重新出现。各派都在整理自己的观点，把过去的文章编成书，并在原有基础上发展完善。然而，在这时，相比之下更为活跃的，是以李泽厚为代表的客观社会派和以蔡仪为代表的客观派。这两派分别编辑了《美学》（俗称“大美学”，由上海文艺出版社出版）和《美学论丛》（由中国社会科学出版社出版）。“四大派”是在特定年代产生的特别现象，具有那个时代所特有的、不可复制的特点。

到了 90 年代，继“四大派”之后，不少人宣称，自己创立了“第五派”。这种“第五派”，不是一家，而是多家。谁是第五派？是和谐美学派、生命美学派，还是此后的生态、生活、身体神经美学等各派？实际上，“四大派”是一个历史的概念，是在 20 世纪 50 年代中国特定学术环境中形成的。此后的派别，都不能放在同一个层面上来论述。我们可将这些派别统称为“第五派”，但“第五派”并不是一个派，而只是一种现象。这种现象对于美学领域的学术创新，意义是双重的，我们也应该辩证地看。一方面，学派意识会带来论辩的深入，从而使研究者在论辩中得到提高；但另一方面，门派意识也会造成研究的非理性化，出现非理性的站队。

世纪之交，周来祥教授曾总结说：“随着朱光潜、蔡仪、吕荧等老一辈的相继去世，随着美学探讨的发展，美坛上也由老四派发展为自由说、和谐说、生命说等新三派。”[①]他的这种表述表明，一些新的派别，不再是在原有的四派基础上再增加一派，而是既有学派在新的环境中的分化和发展。

这里的“自由说”，仍是德国古典哲学的余波。围绕着“自由”，李泽厚与高尔泰曾有过一个争论。高尔泰认为，“美是自由的象征”，而李泽厚则认为，“美是自由的形式”。他们关于“自由”的概念，都来自德国古典思辨哲学的传统。高尔泰所追求的，是对规律的超越，而李泽厚则强调对规律的掌握。当杨春时等人试图以李泽厚为批判对象，提出“超越”的概念时，他们实际上是从高尔泰等人的观点中受到启发，将现存的状况看成是“异化”，要从对它的“超越”所获得的“自由性”来定义美。

周来祥提出的“美是和谐”，是回到人与自然以及人与人的关系中去寻找美，这是一个很好的思路。但是，和谐可以成为美的一种特性，并不等于和谐就是美。美的对象不一定和谐，和谐的对象也不一定美。何况，和谐也有各种各

---

① 周来祥：《新中国美学 50 年》，载《文史哲》2000 年第 4 期。

样的,自然界有和谐,人与自然界有和谐,人与人之间有和谐。不同的民族、不同的文化、不同的时代,对于和谐又可以有不同的理解。

与一些从批判“实践美学”立论的观点相反,在美学界也出现了一些“新实践美学”的研究者。在这里,具有代表性的是朱立元的“实践生存论美学”。朱立元一方面继续坚持将美的本质建筑在“实践”概念之上,另一方面,试图对李泽厚的美学进行修正。第一,他认为李泽厚的“实践”主要指物质生产劳动,而他则强调包括精神实践在内的广义的实践。实践是去“做”什么,而离开操作性的人的精神活动能否被称为“实践”? 这成为讨论的焦点。人去“做”,在活动中产生感受,以至产生对这种活动的思考,从而改进人的活动,这是实践。这里的思考、感觉、情感等精神性活动,并不能被独立出来称为实践,而只是在成为人的物质性活动的一部分时,才被纳入实践中。第二,他认为,由于蒋孔阳提出了“美在创造”,因此认定李泽厚的美学是“现成的”,而他根据蒋孔阳的“创造”的思想发展出来的美学是“生成的”。实际上,当李泽厚说,审美的“文化心理结构”形成时,其中有一个从文化到心理的过程,心理是通过“积淀”而建构起来的,其本身就有生成的含义。第三,朱立元强调关系,提出了“关系生成论”。这种观点是从李泽厚和蒋孔阳关于“实践”和“创造”的观点生发而来,但在主动性方面还是有差异的。他强调“人生在世”,并将之理解成“实践”。实际上,“实践”所要强调的,不是“存在”(being)或“生存”,而是主动地去“做”和“创造”。

无论是李泽厚,还是蒋孔阳、朱立元,以及所有实践美学、新实践美学的拥护者,都从一个观点出发:劳动使猿变成了人。因此,人的本质在于能进行制造和使用工具的劳动。这本身是关于人的起源的一种哲学学说,但美学家们将之移植到关于美的本质的定义上来。人的本质被当成是人区别于动物之处,再从这种人与动物的差异来寻找美的来源。于是,最早的美就只能是在打制石斧的劳动中所形成的形式感,以及从最早的原始崇拜中所积淀下来的关于色彩和图形的“有意味的形式”。这种从概念上对动物与人之间差异的寻找和认定,并以此作为逻辑起点来定义美的本质,与从动物到人的连续进化过程的事实,显然是不符的。事实的情况是,动物也追求美,认定人才有美,动物不可能有美,是人类中心主义的遮蔽而产生的偏见而已。只要还原到进化论,克服神创论的立场,就可以扫除这种偏见。那种“超越说”将美诉诸“自由”概念,更是一种从逻辑概念出发而产生的结论,是一种对历史的逻辑限定和心理投射。

在当代中国美学中,还有一派也很有影响,这就是从“生态美学”到“生生美学”的美学观。生态美学在出现时,就在是美学的一个分支还是一种新的美学流派的冲突之间纠结和徘徊。它最初提出时,是致力于建立一个美学的分支。据曾繁仁讲,生态美学有狭义与广义两种理解。狭义的理解,是“从生态系统的角度来审视自然之美”。这是致力于对原来就有的自然美给予一种新的理解和阐释。关于自然美,此前有“自然的人化”的解释,落脚点在于人对自然的征服和改造。生态美学致力于从人与自然一体化的角度来看待自然之美,吸收了中国古代的天人合一的思想传统。对生态美学的广义理解,是指生态文明新时代的美学。这是给生态美学赋予了一个历史的概念,即属于一个时代的美学,而这个时代以生态文明来命名。这个命名基于这样一种对历史的认识,即在工业文明之后,有一个后工业的文明,这是一个“后现代”的生态文明新时代。

这种生态美学向本体论的进一步发展,就致力于走向一种更倾向于生命美学性质上的生生美学。困扰于这种美学的创立者心中的一个难题,是如何克服人类中心主义。生态学讲的生态是人的生态。环境美学也是如此,我们所说的环境友好型,所指向的还是对人的友好。生生美学,讲众生平等,万物生长,是对这种人类中心主义的克服,并以此与中国传统的哲学联系了起来。然而,众生平等还是不平等?这个问题并没有解决。众生平等是反进化论的,但我们还是想守住“进化论”这条底线。人类高于动物,高于众生,又能友好地生活在世界之中,这种哲学观念,并不能从过去,更应从未来汲取理论资源。人是来自动物又高于动物,从动物到人,有着连续性。

除了以上这几组争论外,在美学界还存在着四个理论群组的争论,也都产生了一定影响。这四个理论群分别是:

第一,生命美学、生活美学和人生论美学。这三种理论各有其不同的理论来源,却由于种种机缘,在中国汇合到了一起。生命美学是在生命哲学影响下形成的。在柏格森、狄尔泰、齐美尔等人的哲学思想影响下,学术界在20世纪末出现一些讨论生命美学的文章。这些文章试图从一个新的视角,对美学的基本问题进行探讨。这些思想引起了一系列的争论,也活跃了学术气氛。除此以外,在杜威、韦尔施和费瑟斯通的理论影响下,中国美学出现了从“日常生活审美化”到“生活美学”的研究。研究者对美学的日常生活化持不同的态度,也因此出现了一些讨论。这一组理论中的第三种,即“人生论美学”,既受生命美学和生活美学的影响,更受中国传统的审美人生观念的影响。从某种意义上讲,这更像是一种生活态度,在现有美学理论中起着补充作用。

第二,身体美学。在当今的中国,身体美学已经成为一个大家族,有众多的研究者。这个概念在一开始,很受梅洛-庞蒂的存在主义哲学影响,属于现象学和存在主义一系。自从 2002 年舒斯特曼的《实用主义美学》译成中文以后,实用主义线索的身体美学观在中国占据了更大的优势。舒斯特曼的理论出发点,是杜威的实用主义美学,特别是杜威关于经验的论述。杜威解释什么是经验时,曾说到,经验既是“受”(undergoing),也是“做”(doing)。是一种感受与操作的双向动作。据于此,在谈到身体时,舒斯特曼特别强调,他不要用 body aesthetics,而用 somaesthetics。Body 所指的身体,有尸体的含义。他所要强调的,是以活着的,活动过程中的人的身体的感觉来研究美学,不能离开处于经验中的人。这种理论来到中国,一些学者望文生义,展开对身体的研究,并为此多方寻找资源。这里有发展,也有种种误读。当然,误读也是发展。“被曲解了的形式”可以成为“普遍的形式”,[①]借他人之酒杯,浇心中之块垒。舒斯特曼也曾多次指出这种误读,但后来,随着他的理论在中国影响越来越大,误读也越来越多,他感到无奈,似乎开始变得享受这种误读了。

第三,生理—心理的美学。现代中国美学有着深厚的心理学传统,这一传统至少可以追溯到朱光潜的《文艺心理学》。在这本书中,朱光潜综合了直觉、距离、移情、内摹仿等心理学说,运用大量中外文学艺术的例证加以说明,使之成为一本在 1949 年以前有着巨大影响的著作。在 20 世纪 50 年代的“美学大讨论”中,由于西方心理学受到了批判,美学中的心理学色彩有所淡化,但心理学的影子仍存在,一些重要美学家仍努力在研究中加入心理学因素,例如,有人在论述中使用巴甫洛夫的“第二信号系统”。到了“美学热”之时,心理学又大规模地进入美学之中。例如,鲁道夫·阿恩海姆的“格式塔”心理学,弗洛伊德、荣格的心理分析方法及其理论模型,以及皮亚杰的发生认识论等,都在中国产生了巨大影响。但是,从总体上讲,中国的心理学美学成果,主要还是引进的,原创的理论还不多。当然,近些年来,在这方面有一些努力。例如,李泽厚在他综

---

① [德]马克思:《马克思致斐迪南·拉萨尔的信》,见[德]马克思著,中共中央马克思恩格斯列宁斯大林著作编译局译:《马克思恩格斯全集》第 30 卷,人民出版社 2001 年版,第 608 页。

合“有意味的形式”“积淀”“文化心理结构”等理论的基础上，尝试建构“感知”“想象”“理解”和“情感”四要素心理学假设。除了这些带着假设性的观点之外，有一些学者开始了神经生理的假设及其求证工作，他们的努力是重要的，也取得了一些成果，可惜的是，这些方法的实验条件还不具备，还缺乏神经生理学、病理学、医学等科学领域的合作，没有形成很好的科学实验团队并拥有相关的设备。如果条件具备，相信这种科学实验会取得一定的成果。

第四，进化论美学。这方面的研究，目前在中国比较弱，有一些学者尝试作了一些探索，但影响还不大。从20世纪50年代开始的美学上的“四大派”，观点虽各不相同，但有一点他们是一致的，那就是将美与人联系起来，认为只有人才有美。在这几派中，只有蔡仪的客观论派，将美归结为物的特性，但这一派持“反映论”立场，认为美要获得美感，也仍然要通过人。持主观论立场的美学家认为美即美感，由于人的美感才有美。持主客观统一派的学者认为“在物为刺激，在心为反映”，是物与心的统一，也是从人的角度来谈论美。持客观性与社会性统一的一派，则将美归结为人的社会性，美离不开这种社会性。

到了80年代，被称为“实践美学”的一派占据着主导地位。这时，美被归结为人的劳动实践。劳动使动物变成了人，也产生了美。从原始人打制石斧开始，就把人与动物区分开了，同时，也宣告了美的诞生。打制石斧，形成了人的最早的形式感，这种形式感的积淀，完成了外部世界对形式的追求和内部世界形式感的形成。于是，人的起源就同时成为美的起源，人的本质也同时成了美的本质。

由于这种人本主义力量过于强大，在中国一直占据着统治地位。学界也有人尝试对这种观点进行批评和挑战，但一直没有产生太大影响。直到今天，美学讨论还在纠缠是否“有人”。似乎“有人”就是好的，“无人”就不好，而没有对如何从“无人”到“有人”的发展过程作出说明。

最近一些年，一些国外学者的著作，例如沃尔夫冈·韦尔施的《动物美学》被译成中文，不断有一些人类学、进化论的美学观点被人们提起。达尔文、杜威等人关于“美”的起源的一些观点重新受到人们的关注。从动物到人的进化，原本是一个连续的过程，只是由于受一些传统哲学观念的影响，特别是德国古典哲学形成的“理性”传统的影响，学术界致力于从人与动物区分这一点来立论。达尔文和杜威在思考这个问题时，则正好相反，是从动物到人的连续性方面来思考美和美感的根源。

第三节　中国当代美学研究发展的趋势

世纪之交的美学处于建构期,这一建构,如果仅仅用这一时期产生了多少流派来概括,那将是片面的。正如前面所说,从 20 世纪 80 年代开始的美学流派建设,与 50 年代的几大派,在性质上具有不同的含义。50 年代的美学处于一个相对封闭的状态下,美学家们各自建立自己的体系,目的是寻找和建立马克思主义的美学理论体系。80 年代,许多重要的美学家都不再致力于建构大体系,带着一种“多研究问题”的态度,致力于学科基础的建设。在这一时期,从国外引入的分析美学、现象学美学和实用主义美学,也都具有回到问题本身,而不是树立一个学派的特点。分析美学致力于概念分析而不是建立一种新的本体论,现象学美学“悬置”本质而专注现象,实用主义美学超越美学本体论的争论,致力于在不同学派的研究之间架起桥梁。受这些思想的影响,在中国的美学界,超越学派间争论的立场成为主流。学者们不是致力于在不同学派间争出一个是非,也不是在学派意识比较强的代表人物之下选边站,而是努力回到问题本身。

80 年代“美学热”的另一个遗产,是在中国形成了一支实力强大的美学研究队伍,依托着大学的哲学系、文学系和外语系,这支研究队伍生产出了数量可观的美学著作。尽管在 80 年代后期至 90 年代初,美学学科显得萧条,一批研究者从美学学科出走,在别的学科中寻找出路,但在美学这个学科中,仍有一批人在坚守。这些美学学科的守望者们,除了上面所说的从事外国美学的译介,传统中国美学的再发现,以及对美的本质问题的新探讨以外,还组织团队,进行较大规模的美学编纂活动。这些组织活动形成了一批具有里程碑意义的成果,也通过团队的活动,在青年研究人才的培养方面起到了积极作用。具体说来,这方面的研究主要有以下几方面:

第一,编辑和出版美学史著作。继朱光潜的《西方美学史》之后,中国学者撰写了多种西方美学史研究著作。早在 20 世纪 60 年代,汝信就出版过《西方美学史论丛》[①]，后又在 80 年代出版其续编，[②]蒋孔阳 1980 年出版了《德国古典美学》[③]一书，对西方美学进行专题研究。90 年代，毛崇杰、张德兴、马驰合著了《二十世纪西方美学史主流》[④]一书。此后，蒋孔阳和朱立元合作主编的七卷本《西方美学通史》[⑤]，汝信主编的四卷本《西方美学史》[⑥]出版。这些大容量多卷本的美学史著作，以及其他如张法、牛宏宝、凌继尧、章启群、周宪等撰写的单卷本的西方美学史著作，各自体现了中国学者对西方美学的理解，其中有不少独特的见解。

在这一时期，一些西方重要的美学史著作也被译成了中文。例如，鲍桑葵的《美学史》[⑦]，克罗齐的《美学史》[⑧]，吉尔伯特、库恩的《美学史》[⑨]，除此以外，还有李斯托威尔的《近代美学史评述》[⑩]，门罗・比厄斯利的《美学史：从古希腊到当代》[⑪]等。这些国外美学名著的译介，拓展了中国美学研究者的视野。

中国美学史的研究，实际上与西方美学史的研究有着一种对应的关系。美学作为一个学科，从 20 世纪初期就开始被引入中国。但是，中国美学史的撰写，直到 20 世纪 80 年代才兴盛起来。在 80 年代以前，国内有中国文学批评和中国文学理论的史类著作出现，也有一些对中国古代美学经典的研究著作出现，然而中国美学史的撰写意识，却是在 80 年代才出现的。中国人开始写作中国美学史，一方面与美学这个学科在中国的兴盛，从而有历史追溯的要求有关，另一方面也与引入的和中国人开始撰写的西方美学史所起的示范作用有关。

20 世纪 80 年代，李泽厚和刘纲纪合作编写的《中国美学史》(共二卷)[⑫]、叶

---

① 汝信著：《西方美学史论丛》，上海人民出版社 1963 年版。
② 汝信等著：《西方美学史论丛续编》，上海人民出版社 1983 年版。
③ 蒋孔阳著：《德国古典美学》，商务印书馆 1980 年版。
④ 毛崇杰、张德兴、马驰著：《二十世纪西方美学史主流》，吉林教育出版社 1993 年版。
⑤ 蒋孔阳、朱立元主编：《西方美学通史》，上海文艺出版社 1999 年版。
⑥ 汝信主编：《西方美学史》，中国社会科学出版社 2005—2008 年版。
⑦ [英]鲍桑葵著，张今译：《美学史》，商务印书馆 1985 年版。
⑧ [意]克罗齐著，王天清译：《美学的历史》，中国社会科学出版社 1984 年版。
⑨ [美]吉尔伯特、[德]库恩著，夏乾丰译：《美学史》，上海译文出版社 1989 年版。
⑩ [英]李斯托威尔著，蒋孔阳译：《近代美学史评述》，上海译文出版社 1980 年版。
⑪ [美]门罗・C. 比厄斯利著，高建平译：《美学史：从古希腊到当代》，高等教育出版社 2018 年版。该书于 2006 年以《西方美学简史》为书名，在北京大学出版社出版。
⑫ 李泽厚、刘纲纪主编：《中国美学史》，第 1 卷，中国社会科学出版社 1984 年版；第 2 卷，中国社会科学出版社 1987 年版。

朗著的《中国美学史大纲》[①],这两本书开了一个很好的先河,在美学界产生了重要影响。随后,敏泽出版了《中国美学思想史》(三卷本)。[②] 到了 90 年代,许多学者都出版了各自的中国美学史著作,其中包括周来祥的《中国美学主潮》[③]、陈望衡的《中国古典美学史》[④]。

早在 1981 年,李泽厚出版了《美的历程》[⑤]一书,产生了巨大影响。他的这本书的写法,促成了许多效仿者出现。在世纪之交,有两套多卷本的著作,不仅限于"美学",而且还讲"审美风尚"和"审美文化"。许明主编的《华夏审美风尚史》(十一卷本)[⑥]、陈炎主编的《中国审美文化史》(四卷本)[⑦]这两套书的问世,在学界引起了广泛的注意。它们将视野投向了范围广泛的审美现象,以比《美的历程》大得多的篇幅,对中国人审美的历史作了全面扫描。

此后,21 世纪初,由叶朗任主编,朱良志任副主编,出版了三套大书:《中国历代美学文库》(共 19 册)[⑧]、《中国美学通史》(八卷本)[⑨]、《中国艺术批评通史》(七卷本)[⑩]。这三套书规模巨大,是这一时期中国美学研究的重要成果。曾繁仁主编了《中国美育思想通史》(九卷本)[⑪],朱志荣主编了《中国审美意识通史》(八卷本)[⑫]。这些著作,显示出中国美学研究界具有巨大的科研生产力,这在世界范围内也是少见的。

第二,美学的范畴和概念史研究。20 世纪中期,在英国、北欧和北美,曾出现了一个重要的美学流派,即分析美学。分析美学最早是在维特根斯坦的语言哲学的影响下形成的,致力于用语言分析的方法来研究美学。从 20 世纪 50 年代到 80 年代,是欧美分析美学兴盛的时代,出现了许多重要的美学家,提出了不少重要的美学思想和方法。然而,在这一时期中国所出现的"美学大讨论"和

① 叶朗著:《中国美学史大纲》,上海人民出版社 1985 年版。
② 敏泽著:《中国美学思想史》,齐鲁书社 1987 年版。
③ 周来祥著:《中国美学主潮》,山东大学出版社 1992 年版。
④ 陈望衡著:《中国古典美学史》,湖南教育出版社 1998 年版。
⑤ 李泽厚著:《美的历程》,文物出版社 1981 年版。
⑥ 许明主编:《华夏审美风尚史》,河南人民出版社 2000 年版。
⑦ 陈炎主编:《中国审美文化史》,山东画报出版社 2000 年版。
⑧ 叶朗主编、朱良志副主编:《中国历代美学文库》,高等教育出版社 2003 年版。
⑨ 叶朗主编、朱良志副主编:《中国美学通史》,江苏人民出版社 2014 年版。
⑩ 叶朗主编、朱良志副主编:《中国艺术批评通史》,安徽教育出版社 2015 年版。
⑪ 曾繁仁主编,祁海文、刘彦顺副主编:《中国美育思想通史》,山东人民出版社 2017 年版。
⑫ 朱志荣主编:《中国审美意识通史》,人民出版社 2017 年版。

“美学热”，与西方同时代分析美学并没有形成对话关系。思想体系不同，使用的方法也不同，学术研究的导向也不同。那一时期中国主流美学家们对分析美学都持排斥的态度，即使有个别分析美学的著作被译成中文，也不受重视。[①] 然而，到了世纪之交和21世纪之初，中国学界开始了对“分析美学”的引入，几部与概念史研究有关的著作，也在中国学界起着示范作用。这其中有美国美学家布洛克《美学新解》的再版（再版时改名为《现代艺术哲学》）[②]，以及波兰美学家塔塔尔凯维奇《西方六大美学观念史》的台湾译本在大陆出版[③]。同时，在文论研究中，也兴起了“关键词”研究热，对美学中的关键词研究起到了推动作用。许多学者仿照这两本书的做法，开始对中国美学中的概念进行研究。

在中国美学概念研究中，篇幅比较大的著作有成复旺的《中国美学范畴辞典》[④]，王振复主编的《中国美学范畴史》[⑤]《中国古代美学范畴丛书》[⑥]等。除此以外，还有一些学者围绕着“意境”“意象”“气韵”“风骨”等概念，进行了专门的研究，取得了一定成就。

由于中国美学在历史上具有继承性，许多明清时流行的概念范畴都可溯源自先秦、两汉、魏晋时期，因此，概念范畴史的研究，成为中国美学史研究的一个很好的方法。这种概念和关键词的研究，对克服大体系的建构具有积极的意义。同时，除了对中国美学的概念范畴研究之外，还有一些人从事一项富有挑战性的工作，进行中西方概念和范畴的比较。这方面的尝试，会对美学研究的发展起到积极的作用。

第三，在世纪之交的中外交流大背景下，出现了一些在当代美学语境下研究中国传统美学和艺术观念的尝试。这些研究不是就古代来研究古代，而是努力挖掘这些研究的当代意义，同时以这些理论资源来进行国际对话。

20世纪90年代，叶朗尝试用“意象”来克服主客二元对立的美学观，认为

---

① 例如，理查德·乌尔海姆（Richard Wollheim）所著的《艺术及其对象》（*Art and Its Object*）一书由傅志强和钱岗南译成中文，由光明日报出版社1990年出版发行。由于当时“美学热”已经过去，印数很少，没有受到关注。

② ［美］H. G. 布洛克（Gene Blocker）著，滕守尧译：《美学新解》，辽宁人民出版社1987年版。

③ ［波兰］塔塔尔凯维奇（Wladyslaw Tatarkievicz）著，刘文潭译：《西方六大美学观念史》，上海译文出版社2006年版。

④ 成复旺：《中国美学范畴辞典》，中国人民大学出版社1995年版。

⑤ 王振复：《中国美学范畴史》，山西教育出版社2006年版。

⑥ 王振复：《中国古代美学范畴丛书》，百花洲文艺出版社2001—2009年版，全书三辑共三十本。

"意象"既是主观之"意",也是客观之"象",又自成一个整体。此后,他努力将这种研究与哲学现象学结合起来,在现代哲学语境中思考这一命题。

在中西绘画观念的比较中,宗白华曾提出,中国绘画是"线"的造型,而西方是"团块"造型。中国艺术源于书法,而西方艺术源于建筑。因此,中国与西方在艺术方面有两种完全不同的起源。在这方面,高建平撰写了一本英文著作《中国艺术的表现性动作:从书法到绘画》①,这本书被列入《美学百科全书》中卜寿珊所著《中国美学:绘画理论与批评》词条的参考书目。② 这部著作讲述了在中国绘画艺术中存在着一种"看不见的身体",即身体动作所具有的表现性。绘画是静态的,但本身具有动态性。该书出版后,在国外的美学和汉学的权威学术刊物上出现了不少书评,对该书的一些学术观点给予肯定,同时,一些学者,例如,美国"格式塔"学派美学家鲁道夫·阿恩海姆和瑞士日内瓦大学汉学教授毕莱德都为该书撰写了书评,分别在《英国美学杂志》和荷兰《通报》上发表。

在世纪之交,有一种现象引起了美学界的普遍注意,这就是"图像转向"。这一转向最早从一篇文章的翻译开始,即阿列西·艾尔雅维奇的《眼睛所遇到的……》③。在此后,图像世界、图与文的关系等课题,吸引了众多研究者的注意。一些优秀学者对此作出了很有价值的研究,这些研究虽然不属于狭义的美学研究的范围,但作为"超越美学的美学"的一种,对当代美学的改造和构建具有积极的意义。

① Jianping Gao, *The Expressive Act in Chinese Art: From Calligraphy to Painting*, Stockholm: Almqvist & Wiksell International, 1996.

② Susan Bush, *Chinese Aesthetics: Painting Theory and Criticism*, in Michael Kelly, ed. *Enclyclopedia of Aesthetics*, New York: Oxford University Press, 1998, Vol. 1, pp. 368 - 373.

③ [斯洛文尼亚]阿列西·艾尔雅维奇著,高建平译:《眼睛所遇到的……》,载《文艺研究》2000 年第 3 期。

结语　回到未来的中国美学

20世纪的中国美学波澜起伏。从向西方学习，到与世界平等对话，从引入一些理论模式并采用中国人熟悉的例证来解说这些理论，到在中西结合的基础上进行理论创新，中国美学界的理论姿态在悄悄发生变化。

当然，中国美学所面临的问题还很多。在派别意识的引导下，有些著述显示出“立口号树旗帜”意愿大于实际内容，形式创新大于理论自身的创新等问题，这些问题又与学术体制方面的问题纠结在一起。

新世纪的美学如何发展？当然，理论创新是必不可少的。20世纪的美学处于不断创新之中，出现了众多新的流派，不断出现新的转向。那么，下一步的路该如何走？我们还是要从理论的反思开始，走“回到未来”之路。在不断出现新的理论之时，回望20世纪的各种理论创造，检讨其得失，温故以知新，在前人研究的基础上，在一些具体的美学问题、具体的概念范畴研究方面，作出扎实的贡献。

后　记

本书为20世纪中国美学史第四卷，系高建平先生主持的同名国家社科重大招标项目的第四子课题。

这一卷承担的内容是描述和辨析新时期以来中国当代美学的发展状况。在准备提纲、搜集资料的过程中，我和我们这一组的所有成员都感到了撰写这部分内容的困难：资料繁，话题多，变化快。还记得我最初接到这个任务时，在中国知网上下载相关论文，每日从早到晚，一干就是两个多月，当最后将这些论文标题都列出来时，已近百页。从话题更新来看，这个时期是各领风骚三五年的时代，每一个话题，在学界的主要视野中活跃的时间都不长。例如，形象思维在1978—1979年是最热门的话题，然而进入80年代之后，其热度很快就消退了。甚至“美学热”也就持续了七八年的光阴。这种话题多而又变化快的特点，给史论性的描述设置了无形的障碍。再加上，对历史的爬梳需要时间的沉淀，时间越长，其意义和价值才能够更加凸显。但我们这一卷，最远的也只是20世纪70年代末，有些话语甚至是“现在进行时”式的，如文化研究。这种情形让我们这些后学十分惶恐，在写作的过程中都尽可能地谨慎客观。

第四卷能够顺利完成，需要感谢参与的各位作者。在过去的几年时光里，我们多次聚在一起讨论章节的安排，内容的书写，有时也会通过电子邮件、微信、电话等方式进行沟通，在这一过程中有交流，也有交锋，当然更重要的是结下了深厚的情谊。在此，我愿意把他们的名字一一写下，以此表达我的谢意和敬意：

导论　张冰

第一章　安静

第二章　张冰(其中第四节胡经之部分由李健撰写)

第三章　李世涛

第四章　李世涛

第五章　江飞

第六章　安静

第七章　孙晓霞(其中第三节音乐美学由韩锺恩撰写,第五节戏曲美学研究由张之薇撰写,第六节电影美学由顾林撰写)

第八章　李媛媛

第九章　张冰

第十章　韩伟

第十一章　段吉方

第十二章　高建平

结语　高建平

本卷是众多作者集体劳动的结晶。文如其人,我们每个人都各有自己的性情,因此虽然在大方向上取得了一致,但具体行文以及细节思考上,难免会有差异。在校对时,我尽量作了协调,但挂一漏万,难免会有不一致之处,在此还请读者谅解。

张冰

2019 年 3 月

《20 世纪中国美学史》后记

我于 2020 年 1 月初回江苏扬州陪老父老母过春节，适逢新冠病毒肆虐，不让出行，就困在了这里。跟踪新闻，为所发生的种种事焦虑，但也不能做什么，只能闭门著书校书。利用这个时间，把书稿读了一遍，作一些增删，又补了最后一章，今天终于完成。现在，疫情管控降级，又要出发去上班了。此文既为这次避灾，也为这套大书的工作画了一个句号。

这套书的故事，我在全书的序言中已经讲过。很早就发愿要著这套书。过去中国学者所写的美学史，不是西方美学史，就是中国古代美学史。20 世纪的中国美学史，有人从事过断代的研究，却没有写出全貌。大约在 2010 年，江苏凤凰教育出版社的章俊弟先生找到我，说他们出版集团要报出版计划，要我报一项。于是，我就报了这套书。当时设计的纲要和规模大体就是现在这个样子。报告提交上去，也就开始忙别的事。过了一段时间，俊弟先生来信，说是批下来了。我吓了一跳。这样一套大书，不是说写就能写出来的；并且，如果要写，就要写好，写不好，还不如不写。当时我就想，还是申请一个国家社科基金项目吧。有了这个名号，名正才能言顺，也好组织团队。于是，设计、申请，最终在 2012 年获批国家社科基金重大项目。这套书有四大卷，每一卷的编者，就成为这个项目的子课题负责人。他们四位又分头找了许多人。总的原则是，发挥各人的特长，听说哪位学者在某个方面有研究，就去请。从那时起，开了许多次会，进行了许多次的调整。在这个过程中，克服了许多困难，真正体会到做成一件事的不易，终于在 2016 年完稿并顺利通过评审结项。书稿虽然结项了，我们的工作并没有完。我通读全书，提出了一些具体的修改意见，又要求各位参编者认真领会结项专家的意见，进行了一次彻底的修改。此后，这套书又经申请，获得了国家出版基金的资助。在此，我要对所有参编者，向所有支持过这个项目的专家表示衷心的感谢，也希望我们拿出的这一成果能使各位专家满意。

整理总结20世纪的中国美学史，这套书应该说是“规模空前”了。在设计这个课题时，尽可能完整地总结这一个世纪的历史，实现“全覆盖”，是我们的初衷。书写完了，才发现这个初衷几乎是无法实现的。20世纪的中国美学，内容极其丰富，也出现了许许多多重要的美学家，现在的这个稿子还有许多缺失。有些学者应该提到的，没有提到。有些学者应该多讲一些的，由于我们知识有盲点，没有讲全，没有讲好。这种现象，在各卷中都有，世纪初期的，由于时间久远，研究不够，出现缺漏。世纪后期的，由于涉及的人太多，篇幅有限，也有缺失。新世纪已经有20年了，美学界又有一代新人出现。我们将本书的时间下限定在2000年前后，对于当下的美学情况，也没有多讲。还有，书是多人写的，也反映了作者们各自的观点。我要求书中的观点，从总体上讲要相互谐调，但也允许各抒己见。读者如果细读，也可以看出其中的一些差异。对此，我的想法是，如果一套书一定要追求观点一致，就只能在参加者的观点中寻找公约数，就只能去掉各种原创的个人见解，使书变得单薄而单调。要想丰富多彩，就要让参编者发挥自己的个性和创造性。

书终于写完了，就交给了学界，成为一个公共的物，任人评说。请学界的各位朋友多提意见。希望能有再版的机会，那时可将各位的意见吸收进去。

高建平

2020年5月1日